Forschung mit Röntgenstrahlen

Prof. Dr. W. C. Röntgen

Friedrich H. W. Heuck Eckard Macherauch
(Herausgeber)

Forschung mit Röntgenstrahlen

Bilanz eines Jahrhunderts (1895–1995)

Mit einem Geleitwort von Dr. Jürgen Rüttgers
Bundesminister für Bildung, Wissenschaft, Forschung und Technologie

Mit 441 Abbildungen und 29 Tabellen

Springer

Professor Dr. med. Friedrich H. W. Heuck
ehem. Ärztlicher Direktor des Radiologischen Instituts
Katharinenhospital der Stadt Stuttgart
Akademisches Lehrkrankenhaus, Universität Tübingen
Kriegsbergstraße 60, 70174 Stuttgart

Professor Dr. rer. nat. Dr.-Ing. E.h. mult. Eckard Macherauch
Institut für Werkstoffkunde I, Universität Karlsruhe (TH)
Kaiserstraße 12, 76128 Karlsruhe

ISBN-13:978-3-642-78842-0 e-ISBN-13:978-3-642-78841-3
DOI: 10.1007/978-3-642-78841-3

Die Deutsche Bibliothek – CIP-Einheitsaufnahme. Forschung mit Röntgenstrahlen: Bilanz eines Jahrhunderts (1895–1995); mit 29 Tabellen / Friedrich H. W. Heuck; Eckard Macherauch (Hrsg.). – Berlin; Heidelberg; New York; London; Paris; Tokyo; Hong Kong; Barcelona; Budapest: Springer, 1995

NE: Heuck, Friedrich (Hrsg.)

Softcover reprint of the hardcover 1st edition 1995

Umschlaggestaltung: Künkel u. Lopka Werbeagentur GmbH, Ilvesheim
Satz: Elsner & Behrens GmbH, Oftersheim

SPIN: 10133148 21/3135-5 4 3 2 1 0 – Gedruckt auf säurefreiem Papier

Geleitwort

Am 8. November 1895 entdeckte der Physiker Wilhelm Conrad Röntgen im Physikalischen Institut der damaligen Königlichen Universität Würzburg eine bisher unbekannte Strahlung. Sie vermochte Materie und damit auch den Körper des Menschen zu durchdringen und dabei Informationen über die Struktur der durchstrahlten Materie nach außen zu vermitteln.
100 Jahre nach ihrer Entdeckung reicht das Anwendungsspektrum der Röntgenstrahlen von der Medizin über die Naturwissenschaften und die Technik bis hin zu Archäologie, Paläontologie und Kunst. Röntgenstrahlen liefern Informationen über die kleinsten Bausteine der Materie genauso wie Informationen über das Universum. Sie helfen bei der Herstellung von Mikrochips wie bei der Sicherheitsprüfung von Ozeanriesen.
Die Entdeckung Röntgens hat damit nicht nur die wissenschaftliche Welt in epochaler Weise verändert. Sie ist ein bedeutendes und nicht zuletzt populäres Beispiel für ungeahnte Wirkungen grundlegender Entdeckungen über die Jahrzehnte hinweg. Dies gilt auch heute. Mit der Forschung in der Gegenwart wird die Grundlage geschaffen für die Innovationen in der Zukunft. Damit solche Innovationen möglichst schnell und in aller Breite stattfinden können, gehört heute die Beseitigung möglicher Hemmnisse auch zu den Aufgaben des Staates und seiner Forschungsförderungspolitik.

Dr. Jürgen Rüttgers

Bundesminister für
Bildung, Wissenschaft, Forschung und Technologie

Vorwort

Die Entdeckung der Röntgenstrahlen gilt unbestritten als eine der herausragenden Leistungen in den Wissenschaften Ende des letzten Jahrhunderts. Die dadurch eingeleiteten Forschungen und Entwicklungen in vielen Bereichen der Medizin, der Naturwissenschaften und der Technik stellen ein herausstellungswürdiges Beispiel für die Breite der Auswirkungen dar, die eine einzelne physikalische Beobachtung nach sich ziehen kann. Es liegt nahe, der Entdeckung, die der damals 50jährige Wilhelm Conrad Röntgen am 8. November 1895 im Physikalischen Institut der Julius-Maximilian-Universität Würzburg machte, in angemessener Weise zu gedenken. Dies geschieht in diesem Buche dadurch, daß die Geschehnisse, die zu dieser wissenschaftlichen Glanzleistung führten, nachgezeichnet und die daraus im Laufe der Zeit auf bestimmten Gebieten entstandenen Forschungsaktivitäten von ausgewiesenen Wissenschaftlern zusammenfassend dargestellt werden.

Die Ermutigung, einen derart konzipierten Röntgen-Gedenkband über die Ergebnisse von Forschungen mit Röntgenstrahlen in Medizin, Naturwissenschaften und Technik für das Jubiläumsjahr zu erstellen, resultierte aus Gesprächen mit Dr. phil. Dr. med. h. c.mult. Heinz Götze, dem Mitinhaber und langjährigen Geschäftsführer des Springer-Verlages. Es war für uns, die Herausgeber, in deren Berufsleben die Röntgenstrahlen eine erhebliche Rolle spielten, eine reizvolle Aufgabe, die dazu erforderlichen Arbeiten zu übernehmen. Bei unseren Vorgesprächen wurden uns stets spontane Zustimmung zu dem Vorhaben und fast immer große Bereitwilligkeit zur Mitarbeit bekundet. Wir danken allen Fachkolleginnen und -kollegen, die an diesem Buche mitwirkten, sehr herzlich dafür, daß sie trotz ihrer starken beruflichen Belastung die erbetenen Überblicke über ihe Fachgebiete erstellt haben.

Bei der Wahl der Beiträge waren Beschränkungen notwendig. Angestrebt wurde die Erfassung wichtiger Bereiche der Medizin, der Naturwissenschaften und der Technik. Herausgeber und Verlag waren sich dabei bewußt, daß die erforderliche Begrenzung des Umfangs der erbetenen Übersichten die Arbeit der Autoren erschweren würde. Die Einzelbeiträge sollten unter diesem Gesichtspunkt mitbetrachtet werden. Trotz dieser Einschränkung sind der völligen Freiheit, die die Autoren bei der Beschreibung und der Beurteilung ihrer Fachgebiete besaßen, individuelle Bestandsaufnahmen zu verdanken, die das internationale Geschehen nach der epochalen Entdeckung Wilhelm Conrad Röntgens bis zur Gegenwart in eindrucksvoller Weise widerspiegeln. An den dabei erzielten Fortschritten waren Wissenschaftler und Techniker aus vielen Ländern beteiligt. Vielfach wurde, weil der erreichte Kenntnisstand dies nahelegte, an mehreren Stellen gleichzeitig und unabhängig voneinander an denselben Problemen gearbeitet. Viele neue und weiterführende Ideen und Beobachtungen entsprangen zudem Gemeinschaftsarbeiten. Ferner ist aber auch zu erkennen, daß manche Aussagen früh erschienener Publikationen bis heute aktuell geblieben sind.

Falls an der einen oder anderen Stelle dieser Bestandsaufnahme bei bestimmten Gebieten Mängel oder Unausgewogenheiten in den gegebenen Darstellungen empfunden werden, so sollte man sich der erwähnten Beschränkungen erinnern und bedenken, daß sich bei Bewertungen wissenschaftlicher Entwicklungen individuelle Einflüsse nie ganz vermeiden lassen. Alle Autoren, die zu diesem Jubiläumsband beigetragen haben, strebten an, die von Medizinern, Naturwissenschaftlern und Ingenieuren weltweit erbrachten Leistungen gebührend herauszustellen, die zu weiterführenden Anwendungen der Röntgenstrahlen bei der Krankenversorgung sowie zu neuen Erkenntnissen in der Grundlagenforschung und zu Fortschritten in der Technik führten. Die in diesem Buche gegebenen Rückblicke auf die radiologischen und röntgenographischen Arbeiten, die seit Röntgens Entdeckung durchgeführt wurden, belegen auf das eindrücklichste den Nutzen erkenntnisorientierten wissenschaftlichen Strebens für viele Bereiche der Medizin, der Naturwissenschaften und der Technik und damit auch den Nutzen für die Menschheit insgesamt.

Die großzügige Gestaltung dieses Gedenkbandes wurde durch Unterstützung der Agfa-Gevaert Gruppe der Bayer AG, Leverkusen ermöglicht. Dafür danken Herausgeber, Autoren und Verlag sehr. Es ist den Herausgebern ein Anliegen zu betonen, daß bei der Herstellung des Werkes kommerzielle Gesichtspunkte gegenüber der Zielsetzung, die geschichtliche Entwicklung nationaler und internationaler Forschungen zusammenzustellen, in den Hintergrund getreten sind. Für die vorzügliche Ausstattung und die fristgerechte Fertigstellung des Gedenkbandes danken wir dem Springer-Verlag sehr. Besonderer Dank gebührt dabei der konstruktiven Mitarbeit von Frau Dr. Ute Heilmann sowie dem unermüdlichen Einsatz von Frau Ursula Davis, Frau Ingrid Haas und Frau Gerlinde Prodehl. Aber auch den vielen ungenannten Helferinnen und Helfern in den Instituten der Autoren sowie den Kollegen, die Bildmaterial zur Verfügung stellten oder die durch konstruktive Kritik zum Gelingen dieses Buches beigetragen haben, danken wir sehr.

Friedrich H. W. Heuck · Eckard Macherauch

Inhaltsverzeichnis

Röntgens Entdeckung

Röntgens erste Mitteilungen über eine neue Art von Strahlen

Eckard Macherauch und Hans Neff

Wilhelm Conrad Röntgen wurde am 27. März 1845 in Lennep im Bergischen Land geboren. Fünfzig Jahre später machte er am 8. November 1895 als Professor der Experimentalphysik an der philosophischen Fakultät der Julius-Maximilian-Universität Würzburg und Direktor des dortigen Physikalischen Institutes beim Experimentieren mit einem Gasentladungsrohr eine mehr zufällige Beobachtung, ging ihr systematisch nach und entdeckte „Eine neue Art von Strahlen". Die Abb. 1 zeigt eine Originalaufnahme von Versuchseinrichtungen, die damals im Würzburger Physikalischen Institut zur Verfügung standen. Am 28. Dezember 1895 legte Röntgen darüber dem Secretar der Physikalisch-Medicinischen Gesellschaft zu Würzburg handschriftlich eine „Vorläufige Mittheilung" vor, deren erste Seite in Abb. 2 wiedergegeben ist. Sie faßte in 17 Abschnitten die in den vorangegangenen Wochen gemachten Beobachtungen knapp zusammen und wurde noch „Ende 1895" in den Sitzungsberichten der Gesellschaft gedruckt. Darin wird unter 2. von einem „Agens" gesprochen, „das im Stande ist, lebhafte Fluoreszenz zu erzeugen", und unter 3. werden diesem Agens „Strahlen" zugeordnet, für die Röntgen in einer Fußnote als Begründung schreibt:

„Der Kürze halber möchte ich den Ausdruck *Strahlen* und zwar zur Unterscheidung von anderen den Namen X-Strahlen gebrauchen."

Schon am Neujahrstage 1896 konnte Röntgen Sonderabdrucke dieser denkwürdigen Mitteilung unter Anfügung von Kopien einiger Photographien, die er mit den neu entdeckten Strahlen angefertigt hatte, an Kollegen verschicken.

Abb. 1. Versuchseinrichtungen in Rontgens Laboratorium. *Links* Funkeninduktor, *Mitte* Kathodenstrahlröhre auf einem Dreibein, *rechts* Quecksilberpumpe

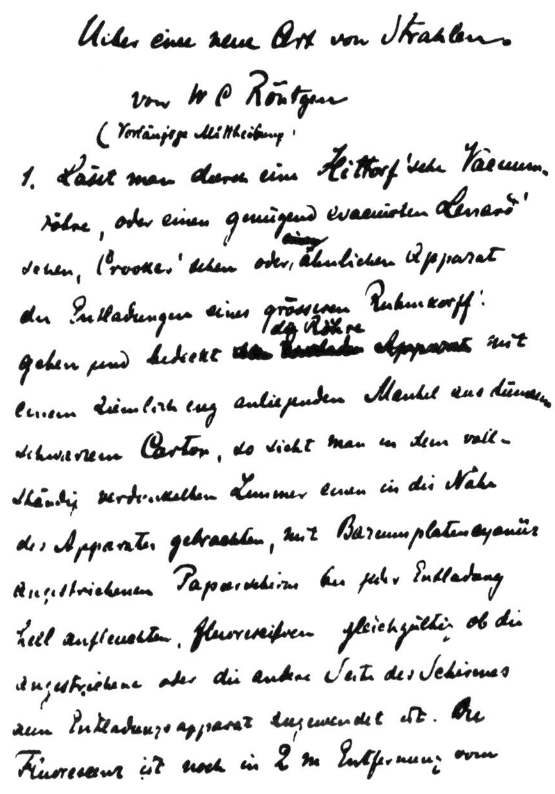

Über eine neue Art von Strahlen.

von W C Röntgen

(Vorläufige Mittheilung)

1. Lässt man durch eine Hittorf'sche Vacuumröhre, oder einen genügend evacuirten Lenard'schen, Crookes'schen oder ähnlichen Apparat die Entladungen eines grösseren Ruhmkorff's gehen und bedeckt die Röhre mit einem ziemlich eng anliegenden Mantel aus dünnem schwarzem Carton, so sieht man in dem vollständig verdunkelten Zimmer einen in die Nähe des Apparates gebrachten, mit Bariumplatincyanür angestrichenen Papierschirm bei jeder Entladung hell aufleuchten, fluoresciren, gleichgültig ob die angestrichene oder die andere Seite des Schirmes dem Entladungsapparat zugewendet ist. Die Fluorescenz ist noch in 2 m Entfernung von

Abb. 2. Handschriftliche Fassung des Anfangs von Röntgens 1. Mitteilung

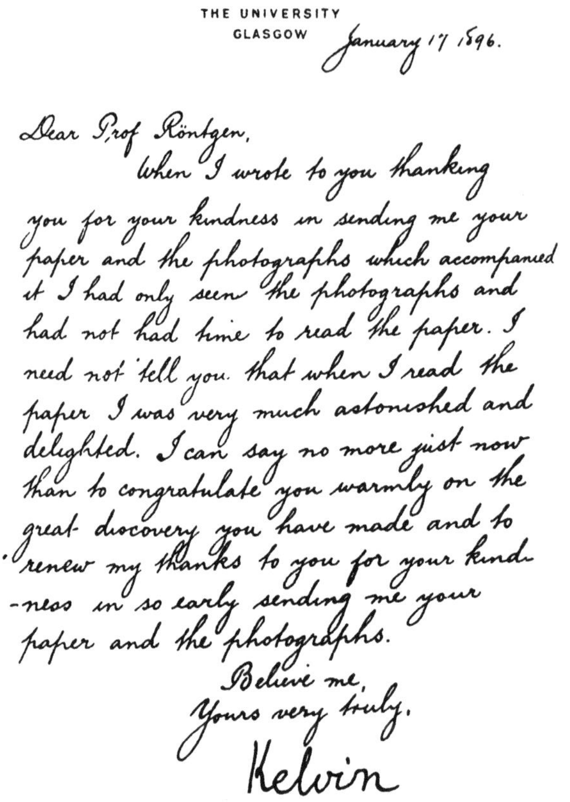

THE UNIVERSITY
GLASGOW January 17 1896.

Dear Prof Röntgen,

When I wrote to you thanking you for your kindness in sending me your paper and the photographs which accompanied it I had only seen the photographs and had not had time to read the paper. I need not tell you that when I read the paper I was very much astonished and delighted. I can say no more just now than to congratulate you warmly on the great discovery you have made and to renew my thanks to you for your kindness in so early sending me your paper and the photographs.

Believe me,
Yours very truly,
Kelvin

Abb. 3. Handschreiben von Lord Kelvin an Röntgen

Die Nachricht von Röntgens Beobachtungen verbreitete sich für die damalige Zeit erstaunlich schnell. Sie wirkte weltweit als wissenschaftliche Sensation und fand in der internationalen Öffentlichkeit eine ungewöhnliche Resonanz. Bereits am 4. Januar 1886 wurden bei der Fünfzigjahrfeier der Physikalischen Gesellschaft in Berlin Röntgens Mitteilung sowie dessen Photographien ausführlich diskutiert. Einen Tag später wurde in Wien durch *Die Presse,* die nach Röntgens eigener Bekundung „die Reklametrompete" blies, die Öffentlichkeit über „die sensationelle Entdeckung" informiert. Der *London Daily Cronicle,* berichtete am 6. Januar, die *Frankfurter Zeitung* am 7. Januar, die *Vossische Zeitung* in Berlin am 8. Januar, *Le Matin* in Paris am 13. Januar und die *New York Times* am 16. Januar über die neuen Strahlen. Am 9. Januar telegraphierte Kaiser Wilhelm I. herzlichste Glückwünsche. Einen Tag später beorderte er Röntgen auf 12. Januar zum Vortrag über seine Entdeckung nach Berlin. Als Vertreter der wissenschaftlichen Welt bekundeten so herausragende Persönlichkeiten wie Boltzmann, Warburg, Lord Kelvin, Stokes, Poincaré und andere ebenfalls schon im Januar 1896 brieflich Anerkennung und Freude über die Entdeckung. Die Abb. 3 zeigt Lord Kelvins Glückwunschschreiben. Auch viele natur- und ingenieurwissenschaftliche Zeitschriften informierten ihre Leser rasch über das Geschehen in Würzburg. So berichtete z. B. der *London Electrician* am 8. Januar unter der Überschrift „Sensational Worded Story" und das *British Journal of Photography* am 10. Januar mit den Schlagworten „Wonder Camera of the Würzburg Professor". In der französischen Zeitschrift *L'Illustration* erschien am 17. Januar ein Bericht über die Strahlen mit der Aufnahme einer durchleuchteten Hand. Der volle Text von Röntgens vorläufiger Mitteilung wurde von *Nature* (London) am 16. Januar und von *Science* (New York) am 24. Januar veröffentlicht.

Eine besonders enthusiastische Resonanz fanden die neuen Strahlen aber in der Medizin und deren Publikationsorganen. Schon am 5. und 6. Januar wurden auf den Sitzungen der Medizinischen Gesellschaft und der Gesellschaft für Innere Medizin in Berlin die Vorteile der X-Stahlen für diagnostische Zwecke in der Unfallchirurgie heftig diskutiert. Am 11. Januar würdigten der *New York Medical Record,* der *English Lancet* und das *British Medical Journal* Röntgens Entdeckung. Ferner schrieben die *Münchner Medizinische Wochenschrift* am 14. Januar, die *Wiener klinische*

Wochenschrift am 16. Januar, *Comptes Rendus* (Paris) am 20. Januar, der „Sitzungsbericht der Akademischen Wissenschaften Wien“ am 23. Januar und *Settimana Medica* (Florenz) am 25. Januar über die neuen Strahlen.

Röntgen selbst hielt erstmals am Abend des 23. Januar 1896 vor der physikalisch-medicinischen Gesellschaft zu Würzburg eine auch der Öffentlichkeit zugängliche Vorlesung über seine noch „im Anfangsstadium befindlichen“ Arbeiten. Davon und von den durchgeführten Demonstrationsversuchen zutiefst beeindruckt schlug bei dieser Veranstaltung der Anatom A. v. Koelliker vor, die X-Strahlen künftig als Röntgensche Strahlen zu bezeichnen. Im deutschen Sprachgebiet wird seither von „Röntgenstrahlen“ gesprochen, während im englischen Sprachgebrauch die Bezeichnung „X-rays“ beibehalten wurde.

Am 31. Januar berichtete H. Muensterberg, der sich damals als Professor der Philosophie der Harvard-University an der Universität Freiburg aufhielt, in *Science* ausführlich über die Möglichkeiten, die die Röntgenstrahlen für medizinische Forschungen biete. Die vielerorts in der Medizin spontan durchgeführten diagnostischen Experimente und die dabei erhaltenen photographischen Aufnahmen und Leuchtschirmbilder von Teilen des menschlichen Körpers förderten weltweit das öffentliche Interesse an der neuen Art von Strahlen auf das nachhaltigste. Kurze Zeit später, am 18. Februar, publizierte das *Journal of the American Medical Association* einen enthusiastischen Leitartikel über die ersten Versuche mit den Röntgenschen X-Strahlen, dem im Laufe des Jahres weitere Berichte folgten.

Im Februar 1896 erschien bereits die fünfte Auflage von Röntgens erster Mitteilung, allerdings mit dem Hinweis, daß sie nunmehr auch in englischer, französischer, italienischer und russischer Sprache erhältlich sei. In einer zweiten Arbeit, die am 9. März 1896 unter dem Titel „Eine neue Art von Strahlen (Fortsetzung)“ in den *Sitzungsberichten der Würzburger physikalisch-medicinischen Gesellschaft* erschien, faßte Röntgen dann in den Abschnitten 18–21 die Ergebnisse seiner weiteren Beobachtungen zusammen.

Röntgens Entdeckung leitete eine Epoche ein, die den Naturwissenschaften auf den verschiedensten Gebieten großartige Erfolge mit faszinierenden Fortschritten und der Medizin in den meisten ihrer Zweige ungeahnte diagnostische und therapeutische Möglichkeiten eröffnete. Parallel dazu entwickelte sich eine spezielle Röntgentechnik, die die für medizinische, naturwissenschaftliche und technische Belange erforderlichen Geräte und Einrichtungen zur Verfügung stellte. Somit rechtfertigt es das Jahr 1995 in doppelter Hinsicht, Wilhelm Conrad Röntgens zu gedenken, und zwar einmal wegen der 150. Wiederkehr seines Geburtstages und zum anderen wegen der 100. Wiederkehr des Tages, an dem er seine epochale Entdeckung machte, die hinsichtlich ihrer Auswirkungen als eine der größten Leistungen in der Wissenschaftsgeschichte angesehen werden darf.

Literatur

Glasser O (1959) Wilhelm Conrad Röntgen und die Geschichte der Röntgenstrahlen, 2. Aufl. Springer, Berlin Göttingen Heidelberg

Muensterberg H (1896) X-rays. Science 3:167

Röntgen WC (1896) Ueber eine neue Art von Strahlen (Vorläufige Mittheilung). Sitzungsberichte der Würzburger Physik-medic. Gesellschaft. 137–141

Röntgen WC (1896) Eine neue Art von Strahlen (Fortsetzung). Sitzungsberichte der Würzburger Physik-medic. Gesellschaft. 11–19

Röntgens Werdegang bis zu seiner epochalen Entdeckung

Eckard Macherauch und Hans Neff

Die Entwicklung Röntgens bis zu der Entdeckung der nach ihm benannten Strahlen ist wohl dokumentiert und läßt sich durch die Heraushebung bestimmter Stationen seines Lebensweges angemessen beschreiben. Kurz nach Röntgens Geburt verlegten seine Eltern ihren Wohnsitz von Lennep im Bergischen Land nach Apeldoorn in den Niederlanden. Dort besuchte der junge Röntgen die Schule des Martinus Hermanus van Doorn. Später, 1862, folge der Umzug nach Utrecht. Dort wurde Wilhelm Conrad Schüler der Utrechter Technischen Schule, die er jedoch 1864 ohne Abschluß wieder verlassen mußte. Anfang 1865 mißlang ein Zulassungsexamen an der Universität Utrecht. Deshalb konnte er dort nur Gasthörer werden, wobei sein Interesse den Fächern Mathematik, Physik und Chemie sowie Zoologie und Botanik galt. Der eigentliche Ausbildungswunsch, Maschinenbau zu studieren, schien zu dieser Zeit wegen des fehlenden Reifezeugnisses kaum mehr realisierbar. Zufällig erfuhr Röntgen damals, daß vom Eidgenössischen Polytechnikum in Zürich Studenten auch ohne einen zum Studium berechtigenden Abschluß nach Bestehen eines Aufnahmeverfahrens immatrikuliert werden konnten. Deshalb bewarb er sich dort. Die dabei vorgelegten Utrechter Zeugnisse reichten aus, daß er ohne zusätzliche Prüfung Ende 1865 zum Studium der Maschinenbaukunde in Zürich zugelassen wurde. Während seiner Studienzeit wuchs Röntgens Interesse an eigenständigen experimentellen und theoretishen Untersuchungen. Nach Konstruktion und Berechnung einer Maschinenanlage im Rahmen seiner Diplomarbeit erhielt er im August 1868 das Diplom eines Maschineningenieurs. In Zürich lehrte damals R. J. Clausius, der 1857 den 2. Hauptsatz der Thermodynamik formuliert hatte. Vermutlich regte das Wirken dieser Persönlichkeit Röntgen dazu an, sich nach bestandenem Diplom mit „Studien über Gase" zu beschäftigen. Dabei gelang ihm eine neue Formulierung des Mariotte-Gay-Lussacschen Gesetzes und die Entwicklung eines Verfahrens zur Bestimmung der spezifischen Wärmekapazität von ein- und mehratomigen Gasen. Mit diesen Arbeiten promovierte Röntgen am 22. 6. 1869 an der Hohen Philosophischen Fakultät der Universität Zürich zum Dr. phil.

Die Entwicklungen in der Physik während der 60er Jahre des letzten Jahrhunderts waren geprägt durch die Arbeiten von F. Neumann zur Theorie der Kristallelastizität, durch die Entdeckung der später Kathodenstrahlen genannten Strahlen durch J. Plücker (1859), durch die von H. v. Helmholtz entwickelte „Lehre von den Tonempfindungen" (1862) sowie durch die Bestimmungen der Lichtgeschwindigkeit mit der Methode des rotierenden Spiegels durch J. B. Foucault (1862). Herauszuheben sind ferner die Bemühungen von J. C. Maxwell um eine vereinheitlichte Theorie der Elektrizität und des Magnetismus sowie um die von ihm 1865 postulierte Existenz elektromagnetischer Schwingungen mit Lichtgeschwindigkeit. Im gleichen Jahr entwickelten unabhängig voneinander D. J. Mendelejew und L. Meyer das Periodische System der Elemente. Außerdem erfand W. v. Siemens (1867) das dynamoelektrische Prinzip, führte A. Gadolin (1867) den erneuten Nachweis der Existenz von nur 32 Kristallklassen, verbesserte L. E. Boltzmann (1868) das Maxwellsche Verteilungsgesetz der Geschwindigkeit von Gasmolekülen und wies J. W. Hittorf (1869) die magnetische Ablenkbarkeit der Kathodenstrahlen nach.

1868 wurde auf den Lehrstuhl für Physik an dem Züricher Polytechnikum als Nachfolger von R. J. Clausius der junge Physiker A. Kundt berufen. Für die „Physikalischen Übungen" zur Ergänzung seiner Vorlesung über Experimentalphysik suchte er einen Assistenten. Seine Wahl fiel auf Röntgen, dessen experimentelle und theoretische Begabung er erkannt hatte. Kundt, einer der ausgewiesensten Experimentalphysiker seiner Zeit, wirkte prägend auf Röntgen. Als Kundt 1870 einem Ruf an die Universität Würzburg folgte, nahm er Röntgen mit und versuchte, diesen dort zu habilitieren. Die Annahme der

Habilitationsschrift wurde jedoch wegen des fehlenden Reifezeugnisses des Kandidaten von der zuständigen Fakultät verweigert. Bereits 1872 wechselte Kundt an die Reichsuniversität Straßburg. Röntgen folgte ihm, habilitierte sich dort am 13. 3. 1874 für das Fach Experimentalphysik und wurde als Privatdozent am Physikalischen Institut tätig. Ein Jahr später nahm er einen Ruf an den Lehrstuhl für Physik und Mathematik an der Landwirtschaftlichen Akademie in Hohenheim bei Stuttgart an. Aber schon 1876 kehrte er auf Wunsch von Kundt wieder nach Straßburg zurück und besetzte dort die ihm angebotene Professur für Theoretische Physik. Nur 3 Jahre später, 1879, wurde Röntgen auf das Ordinariat für Physik an der Universität Gießen berufen.

In knapp einem Jahrzehnt hatte sich Röntgen in der Fachwelt eine hervorragende Reputation verschafft. Seine Untersuchungen zur Physik der Gase, zur Poisson-Zahl, zur elektrischen Entladung von Dielektrika, zur Bestimmung isothermer Flächen in Kristallen, zur elektromagnetischen Drehung der Polarisationsebene des Lichtes in Gasen und zur Doppelbrechung von Kristallen unter Einwirkung von elektrischen Feldern hatten ihn als vorzüglichen Experimentator mit ausgeprägten theoretischen Befähigungen weithin bekannt gemacht.

Diese Entwicklung erfolgte in den Jahren, in denen F. W. v. Bezold (1870) den Beweis für das Auftreten von elektrischen Schwingungen in Leitern mit Funkenstrecken erbrachte, C. F. Varley (1871) die negative Ladung der Kathodenstrahlen nachwies, F. Kohlrausch (1875) die voneinander unabhängige Bewegung der positiven und negativen Ionen in Elektrolyten erkannte und H. Rowland (1876) für bewegte elektrostatische Ladungen dieselben magnetischen Wirkungen wie für Leitungsströme in Metallen nachwies. Zudem wurde damals von E. Goldstein (1876) die Ablenkung der Kathodenstrahlen durch elektrische Felder entdeckt, von W. Crookes (1879) die schattengebende Wirkung der von einem Metall abgefangenen Kathodenstrahlen im Fluoreszenzbereich der Wand der benutzten Gasentladungsröhren untersucht und einem korpuskularen Charakter dieser Strahlen zugeschrieben, sowie von W. Thomson, dem späteren Lord Kelvin (1878), die Theorie der Pyroelektrizität entwickelt.

Röntgens Wechsel nach Gießen erfolgte also in einer Zeit, in der in den verschiedensten Bereichen der Physik, insbesondere aber auf dem Gebiete der elektrischen und magnetischen Phänomene, umwälzende theoretische und experimentelle Forschungen durchgeführt wurden. Beherrschend wirkten die Arbeiten von J. C. Maxwell über die elektrischen und magnetischen Wirkungen zwischen getrennten Körpern unter Einbeziehung des dazwischen liegenden materiefreien oder materiebehafteten Raumes. Dabei sollte bei Einwirkung eines veränderlichen elektrischen Feldes in jedem Dielektrikum, das einen elektrischen Leitungsstrom unterbricht, ein sog. Verschiebungsstrom entstehen und magnetische Wirkungen wie ein Leitungsstrom zeigen. In der damaligen Akzeptanzphase der Maxwellschen Vorstellungen kam diesem Verschiebungsstrom eine erhebliche Bedeutung zu. Röntgen beschäftigte sich deshalb in Gießen nicht nur mit den optischen sowie thermo-, aktino- und piezoelektrischen Eigenschaften des Quarzes, sondern auch

- mit den Form- und Volumenänderungen von dielektrischen Körpern unter Einwirkung von Elektrizität (1880)
- mit Versuchen über die elektromagnetische Wirkung der dielektrischen Polarisation (1885) und
- mit der elektrodynamischen Kraft, die aufgrund der Bewegung eines in einem homogenen elektrischen Feld befindlichen Dielektrikums erwartet wurde (1888).

Röntgen zeigte, daß die Bewegung eines polarisierten Dielektrikums mit der magnetischen Wirkung eines Stromes verknüpft ist. Dieser Nachweis stützte die Maxwellsche Feldwirkungstheorie stark. Einem Vorschlag H. Poincarés folgend, wurde dieser Strom als *Röntgenstrom* bezeichnet. Durch diese Arbeiten wurde Röntgen zu einem der angesehensten Experimentalphysiker im deutschsprachigen Raum. Verständlicherweise versuchten deshalb mehrere Universitäten, ihn für sich zu gewinnen. Ehrenvolle Berufungen nach Utrecht und nach Jena lehnte er ab. Dem im Herbst 1888 erhaltenen Ruf als Nachfolger von F. Kohlrausch auf das Ordinariat für Physik an der Universität Würzburg entzog er sich dagegen nicht.

Am Ende der 80er und zu Beginn der 90er Jahre des letzten Jahrhunderts wurden in den Naturwissenschaften wichtige neue Erkenntnisse gewonnen. S. Arrhenius (1882) schuf die Theorie der elektrolytischen Dissoziation, E. Goldstein (1886) entdeckte die sich zu den Kathodenstrahlen invers verhaltenden Kanalstrahlen, W. Hallwachs (1888) entdeckte den Photoeffekt, W. Nernst klärte die Natur der elektromotorischen Kräfte (1889) und A. W. Goodspeed (1890) beobachtete die Schwärzung einer Photoplatte durch Kathodenstrahlen. 1888 gelang H. Hertz die endgültige Bestätigung der Maxwellschen Theorie mit dem experimentellen Nachweis der Existenz von elektromagnetischen Schwingungen im Laborraum. Außerdem rundete er 1890 durch Einbezug des Faradayschen Induktionsgesetztes das System der Maxwellschen Gleichung ab und wies 1892 nach, daß Kathodenstrahlen dünne Materieschichten durchdringen. 1893, im gleichen Jahre, als W. Wien sein berühmtes Verschiebungsgesetz für die Energieverteilung einer Hohlraumstrahlung formulierte, ließ P. Lenard aus dem Inneren eines evakuierten Entladungsrohres Kathodenstrahlen durch ein dünnes Aluminiumfenster in den Umgebungsraum austreten und machte sie dadurch für weitere Experimente zugänglich.

Röntgen setzte in Würzburg zunächst einige der in Gießen begonnenen Untersuchungen fort. Dabei standen neben Problemen der Kompressibilität von Flüssigkeiten vor allem die Druckabhängigkeit verschiedener physikalischer Eigenschaften, so z. B. der Dielektrizitätskonstanten und des Brechungsexponenten sowie des galvanischen Leitvermögens von Elektrolyten, im Vordergrund seines Interesses. Daneben wollte er aber – wie er in einem Schreiben im Mai 1894 an P. Lenard zum Ausdruck brachte – dessen „wichtigen Versuch über Kathodenstrahlen in der freien Atmosphäre sehen und“ bestellte sich „dazu bei Müller-Unkel einen *bewährten* Entladungsapparat“. Erste Versuche mit der vom Hersteller „Kathodenstrahlröhre nach Lenard“ genannten Einrichtung erfolgten im Juni 1894. Die Übernahme des Rektoramtes an der Universität Würzburg und die Bewältigung der damit verbundenen Aufgaben im akademischen Jahr 1894/95 ließen dann aber offensichtlich bis zum Herbst 1895 keine weiteren experimentellen Untersuchungen zum Problemfeld der Kathodenstrahlen mehr zu. Am 2.1.1895 zitierte Röntgen in seiner Rektoratsrede den Polyhistor P. A. Kircher, der von 1629 bis 1631 als Professor der Philosophie, der Mathematik sowie der hebräischen und syrischen Sprachen in Würzburg wirkte und sich mit Vorliebe mit physikalischen Fragen beschäftigte, mit den Worten:

„Die Natur läßt oft staunenswerte Wunder selbst an gewöhnlichsten Dingen hervortreten, welche nur von Leuten erkannt werden, die mit zum Forschen geschaffenem Sinne bei der Erfahrung, der Lehrmeisterin aller Dinge, sich Rat holen.“

Nur knapp 11 Monate später, am 8. November des gleichen Jahres, ergab sich für Röntgen selbst ein solches „Wunder“, als er im verdunkelten Experimentierraum seines Institutes nach Einschalten des Funkeninduktors, mit dem er eine von schwarzem Papier umgebene Entladungsröhre betrieb, zufällig in größerer Entfernung befindliche Bariumplatincyanürkristalle aufblitzen sah. Schon Mitte Dezember 1895 hatte er erkannt, daß die Kathodenstrahlen, wenn sie auf die Glaswandungen von Entladungsröhren oder auf Aluminium fallen, dort neuartige Strahlen erzeugen, die

- deutlicher als jede bisher bekannte Strahlenart andere Stoffe durchdringen,
- von verschiedenen Stoffen unterschiedlich geschwächt werden,
- in ihrer Intensität mit dem reziproken Quadrat des Abstandes vom Entstehungsort abnehmen,
- photographische Platten schwärzen,
- bestimmte Stoffe zu Fluoreszenzerscheinungen anregen,
- keine Brechung durch Glasprismen erfahren,
- von festen Körpern diffus gestreut werden,
- zu keinen Interferenzerscheinungen führen und
- bei der Durchdringung der menschlichen Hand ein Schattenbild des Knochenaufbaus ergeben.

Röntgen vermutete, daß es sich bei den neuen Strahlen um „longitudinale Ätherschwingungen“ handele.

Die in Deutschland mit der Entdeckung der Kathodenstrahlen durch J. Plücker eingeleitete und durch die nachfolgenden Arbeiten von J. W. Hittorf, E. Goldstein, W. Crookes, H. Hertz und P. Lenard fortgesetzte Erforschung der elektrischen Entladungen in verdünnten Gasen erfuhr durch Röntgens Entdeckung einen krönenden Höhepunkt.

Literatur

Beier W (1985) Wilhelm Conrad Röntgen. Biogr. hervorrag. Naturwiss. Teubner, Leipzig (Techn Med Bd 78)

Dessauer F (1951) Wilhelm C. Röntgen. Die Offenbarung einer Nacht. Knecht, Frankfurt am Main

Glasser O (1959) Wilhelm Conrad Röntgen und die Geschichte der Röntgenstrahlen, 2. Aufl. Springer, Berlin Göttingen Heidelberg

Hermann A (1981) Weltreich der Physik, 2. Aufl. Bechtle, Esslingen

Hoppe E (1926) Geschichte der Physik. In: Scheel K (Hrsg) Handbuch der Physik I. Springer, Berlin

Laue M v (1959) Geschichte der Physik, 4. Aufl. Ullstein, Frankfurt/Main (Ullstein Buch Nr 222)

Nitske WR (1971) The life of Wilhelm Conrad Röntgen. The University of Arizona Press, Tuscon, Arizona

Pais A (1986) Inward bound, of matter and forces in the physical world. Clarendon, Oxford, Oxford University Press, New York

Pupin M (1929) Vom Hirten zum Erfinder. Meiner, Leipzig

Schreier W (Hrsg) (1991) Geschichte der Physik - Ein Abriß, 2. Aufl. Deutscher Verlag der Wissenschaften, Berlin

Segrè E (1982) Die großen Physiker und ihre Entdeckungen. Piper, München Zürich

Streller E, Winau R, Hermann A (1973) Wilhelm Conrad Röntgen 1845–1923. Moos, München

Medizin und Arztberuf am Ende des 19. Jahrhunderts

Heinz Goerke

Wer von der begeisterten Zustimmung der Ärzte in aller Welt weiß, mit der die Entdeckung der Röntgenstrahlen und die Hoffnung begrüßt wurden, daß sich für die Medizin bisher nicht vorstellbar gewesene Möglichkeiten eröffnen könnten, dem wird der Beginn einer neuen Epoche in der Medizin bewußt. Dieser Eindruck der Zeigenossen wurde, was nicht so häufig ist, auch später bestätigt und ist bis in die Gegenwart geblieben. Für das rasch erwachte Interesse der Ärzte war vor allem verantwortlich, daß die von Röntgen selbst gefertigte Aufnahme der Hand seiner Frau mit den deutlich erkennbaren Knochen, die zu Jahresbeginn 1896 seinen Fachkollegen der Physik zugänglich gemacht und schon bald darauf auch in Tageszeitungen abgebildet wurde, die Nutzanwendung für die ärztliche Diagnostik jedermann nahelegte.

Daraus erklärt sich auch das frühe Interesse der Chirurgen an der Benutzung der neuen Strahlen, während die Vertreter der Inneren Medizin sich noch lange abwartend verhielten. Um die Auswirkungen der diagnostischen und therapeutischen Anwendung der Röntgenstrahlen auf die Medizin insgesamt verstehen zu können, muß man sich den Stand der Medizin in Klinik und Praxis sowie die Situation des Arztberufes in den letzen Jahrzehnten des vorigen Jahrhunderts vor Augen führen.

Tiefgreifende Veränderungen auf allen Gebieten des abendländischen Lebens kennzeichnen das 19. Jahrhundert. Die Naturwissenschaften erreichten einen beherrschenden Einfluß, die Technisierung und Industriealisierung machten ebenso rasch Fortschritte wie die Entwicklung des Verkehrs zu Lande und auf dem Wasser. Verstärkt wirkten sich die wirtschaftlichen Beziehungen der europäischen Staaten zu ihren überseeischen Kolonien, zum osmanischen Reich, zu Rußland und nicht zuletzt zu Nordamerika aus. Dadurch veränderte sich nicht allein das politische Weltbild, nicht weniger spürbar waren die Einflüsse dieser Vorgänge auf die sozialen Verhältnisse, wobei erhebliche Unterschiede von Land zu Land bestanden. Die Verlagerung großer Teile der Bevölkerung vom flachen Land in die Städte, die Entstehung der Fabrikarbeiterschaft als auch politisch bedeutsamer Machtfaktor, die immer deutlicher von weiten Bevölkerungsschichten erhobenen Forderungen nach Verbesserung der Lebens- und Arbeitsbedingungen und der Befreiung aus obrigkeitlicher Bevormundung, wie sie schon in den Revolutionen der 40er Jahre erkennbar geworden waren, und schließlich die Kriege um die Vorherrschaft in Mitteleuropa sind weitere kennzeichnende Merkmale der Jahrzehnte zwischen der napoleonischen Zeit und dem Ende des Jahrhundert.

Die Medizin kam, in Deutschland verspätet durch die zeitweilig starken Einflüsse naturphilosophisch orientierter Ärzte, mehr und mehr zu einer naturwissenschaftlich bestimmten Denkweise. Damit war der Weg gebahnt für die Entwicklung der experimentellen Medizin, aber auch darüber hinaus für die Übernahme von Methoden und Hilfsmitteln der Zoologen, Botaniker, Physiker und Chemiker. Auf den technischen Fortschritten beim Bau von Mikroskopen beruhten neue Erkenntnisse über die Feinstrukturen im Bau von Pflanzen und Tieren. Die Begründung der Zellenlehre führte zu der von Rudolf Virchow (1821–1902) entwickelten Zellularpathologie, die zur beherrschenden allgemeinen Krankheitslehre wurde. Die neue Wissenschaft von der Bakteriologie bot die Voraussetzung für eine wirksame Bekämpfung der Seuchen, aber auch für die Lehre von der Asepsis, die zusammen mit der Einführung wirksamer Verfahren zur Schmerzausschaltung, der allgemeinen und lokalen Anästhesie, bisher ungeahnte Möglichkeiten für die operative Chirurgie eröffnete. Die vielhundertjährige Abspaltung der Chirurgie von der Medizin, des handwerklichen Barbierchirurgenberufs von den auf Universitäten ausgebildeten Ärzten, wurde überall in Europa aufgehoben.

Während die letzten Vertreter der alten Wundärzte, durch Gesetz förmlich in den Ärztestand übernommen, noch als Zeugen des unseligen

„Dualismus in der Heilkunde" vereinzelt sogar bis in das nächste Jahrhundert tätig waren, erwuchs dem Arztberuf bereits seit der Jahrhundertmitte eine neue Bedrohung seiner gerade gewonnenen Einheit. Es begann die Spezialisierung, die es bis dahin nur in Ansätzen in den Universitätskliniken gegeben hatte. Bereits um die Mitte des Jahrhunderts waren weitsichtige Ärzte davon überzeugt, daß es keinem mehr möglich sei, die Medizin in ihrer ganzen Breite allein zu beherrschen. Neue Teilgebiete entstanden nicht nur aufgrund der Entwicklung spezifischer apparativer Hilfsmittel für die Diagnostik, wie z. B. die Einführung des Augenspiegels durch Helmholtz (1850) und des Zystoskops durch Maximilian Nitze (1877), auch in kleineren, nicht dem Unterricht von Studenten dienenden Krankenhäusern entstanden Abteilungen für äußere (chirurgische) und innere Krankheiten sowie auch bald, wenn auch vereinzelt, solche für Geburtshilfe und Gynäkologie. So kam es, daß in der zweiten Hälfte des vorigen Jahrhunderts allmählich auch in der ambulanten Medizin der „praktische Arzt" seine vorherrschende Rolle verlor, zuerst allerdings nur in den großen Städten. Noch gab es den Hausarzt, der für das Bürgertum die Aufgaben wahrnahm, die bei großen und kleinen Fürstenhäusern den Leib- und Hofärzten übertragen waren.

Wer außerstande war, die Kosten für einen Arzt aufzubringen, dem standen in vielen Ländern Europas staatlich besoldete oder von den Gemeinden angestellte Ärzte zur Verfügung, die in der Regel hauptsächlich jedoch Aufgaben des öffentlichen Gesundheitswesens wahrzunehmen hatten. Diese Kreis-, Bezirks- und Landgerichtsärzte konnten allerdings nur in begrenztem Umfang Unbemittelte versorgen. Dies wirkte sich erst recht aus, nachdem die zur Behandlung berechtigten „niederen Heilpersonen" keinen Nachwuchs mehr bekamen und dieser Berufszweig für die Betreuung der breiten Bevölkerung entfiel. Mit der Verabschiedung der Sozialversicherungsgesetze im Deutschen Reich, die in den kommenden Jahrzehnten zum Vorbild für viele Staaten wurden, erhöhte sich schlagartig seit 1883 die Zahl der Anspruchsberechtigten auf ärztliche Leistungen. Damit wurde der Kassenarzt zu einer gesundheits- und berufspolitischen Größe. Die Folge waren heftige Auseinandersetzungen zwischen den seit der Jahrhundermitte entstandenen ärztlichen Berufsorganisationen und den Krankenkassen über die Höhe der Vergütungen für ärztliche Leistungen.

Über die Gefahren der Spezialisierung sind seit der Jahrhundertmitte lebhafte Diskussionen geführt worden, bei denen wohl die erfolgreiche Arbeit, die auf neuen Teilgebieten geleistet worden war, anerkannt, dennoch die Notwendigkeit betont wurde, die Einheit des Arztberufs zu erhalten. Zu diesem Zweck sind auch die Kongresse für innere Medizin geschaffen worden, deren erster 1882 in Wiesbaden stattfand. Der Kongreßvorsitzende Theodor Frerichs (1819–1885), der durch seine physiologisch-chemischen Untersuchungen und seine bedeutende Monographie über den Diabetes bekannte Berliner Kliniker, stellte in seiner Eröffnungsrede fest: „Die innere Heilkunde ist und bleibt der segenspendende Strom, von welchem die Spezialfächer wie Bäche sich abzweigen und gespeist werden, die aber im Sande versiegen und verrinnen werden, wenn sie sich abtrennen." Als abträglich empfand Frerichs vor allem die dominierende Stellung, die die Pathologie unter dem Einfluß von Karl von Rokitansky (1804–1878) und insbesondere Rudolf Virchow auch in klinischen Fragen erlangt hatte. Nicht weniger Anlaß zum Handeln aber sahen die Vertreter der inneren Medizin in den neuen Möglichkeiten die sich den Chirurgen in der operativen Therapie erschlossen hatten. Auf diesem ersten Internistenkongreß hat übrigens Robert Koch, der am 24. März des gleichen Jahres in einer Sitzung der Physiologischen Gesellschaft im Hörsaal des Hygienischen Instituts der Universität Berlin in der Dorotheenstraße seine Entdeckung des Tuberkelbazillus bekanntgegeben hatte, einen viel beachteten Vortrag über die Ätiologie der Tuberkulose gehalten. In der Diskussion wurde die Frage erörtert, ob allein die Erreger für die Entstehung der Krankheit verantwortlich seien oder ob noch andere Faktoren hinzutreten müßten. In seinem Schlußwort hat Koch schon damals (20. 4. 1882) festgestellt, was von orthodoxen Bakteriologen in späteren Auseinandersetzungen nicht mehr beachtet worden ist, „daß die Bedingungen, welche das Wachstum der Parasiten begünstigen, ungleich verteilt sind ..."

Vergegenwärtigt man sich den Stand der medizinischen Diagnostik in der zweiten Hälfte des 19. Jahrhunderts, so stehen die Perkussion und die Auskultation neben der Thermometrie und der einfachen Urindiagnostik im Vordergrund der objektiven Untersuchungsverfahren. Sie ergänzen das, was der Arzt durch die Befragung des Kranken, die Erhebung der Anamnese, und die Inspektion und Palpation festgestellt hatte. Eindeutig im Mittelpunkt stand die Aussagekraft der Anamnese. Große Bedeutung kam auch der Messung der Frequenz und der Bestimmung der Qualität des Pulses zu. Daher gehörte die

Taschenuhr ebenso selbstverständlich zum Instrumentarium des Arztes wie das Stethoskop.
Um 1850 wurde in Deutschland die klinische Thermometrie durch Friedrich Wilhelm von Bärensprung (1822–1864), Ludwig Traube (1818–1876) und Carl Wunderlich (1815–1877) eingeführt. Traube und Wunderlich schlugen vor, die Aufzeichnung der Meßergebnisse in Kurvenform vorzunehmen. Sehr schnell wurden dann auch krankheitstypische Kurvenverläufe bekannt. Das Fieberthermometer gehörte fortan zum Krankenhaus- und Praxisinventar und fand bald auch den Weg in die häuslichen Krankenzimmer.
Seit Anfang des Jahrhunderts war die schon 1761 von Leopold Auenbrugger (1722–1809) in Wien entdeckte Perkussion, das Beklopfen des Brustkorbs und die Beurteilung der dabei auftretenden Schalleffekte, vor allem von französischen Ärzten, unter ihnen Jean Nicolas Corvisart (1755–1821), zu einem anerkannten Hilfsmittel der Thoraxdiagnostik entwickelt worden. Auch wenn gelegentlich Ärzte schon früher durch Anlegen des Ohres an die Brustwand der Kranken Atemgeräusche und Herztöne gehört hatten, so wurde die Auskultation doch erst durch René Théophile Hyacinthe Laennec (1718–1826), Arzt am Hôpital Necker in Paris, zu einem wissenschaftlich geprüften, aussagefähigen diagnostischen Verfahren entwickelt. Das von ihm eingeführte röhrenförmige Stethoskop wurde dann innerhalb weniger Jahrzehnte zum unentbehrlichen ärztlichen Instrument und erhielt Symbolcharakter wie das Uringlas im Mittelalter. Die von Laennec bereits 1819 (verbessert 1826) eingeführte Nomenklatur für die akustischen Phänomene bei der Auskultation hat über ein Jahrhundert Bestand gehabt. Wie bedeutungsvoll die Perkussion und die Auskultation für die Diagnostik innerer Krankheiten geworden waren, bestätigt ein Blick in die Lehrbücher, die für beide Techniken unter dem Oberbegriff der physikalischen Diagnostik bis weit in unser Jahrhundert hinein erschienen sind. Dabei erinnert man sich auch an die große Bedeutung der „Klopfkurse" für die Ausbildung der Medizinstudenten.
Bereits seit dem Mittelalter war die Harnschau eine für den Arzt unerläßliche diagnostische Maßnahme. Noch bis in die 20er Jahre unseres Jahrhunderts gehörten das breithalsige gewölbte Standglas unter jedes Krankenbett und die kritische Betrachtung des Urins zu den wichtigsten Handlungen des Arztes. Erst im dritten Viertel des vorigen Jahrhunderts fanden erstmals chemische und mikroskopische Untersuchungen des Urins Eingang auch in Kliniken und ärztliche Praxen. In einigen Medizinischen Universitätskliniken wurden sogar in dieser Zeit bereits Chemiker beschäftigt, während niedergelassene Ärzte Harnanalysen nicht selten im Laboratorium einer Apotheke ausführen ließen. In den 80er Jahren kamen die von Anatomen und Physiologen entwickelten Techniken zur Untersuchung des Blutes auf zellige und chemische Bestandteile mehr und mehr auch in der klinischen Medizin zur Anwendung. Dadurch wurde es möglich, bisher unbekannte Krankheiten des Blutes zu erkennen und zu differenzieren. So sind in den Jahrzehnten von der ersten Beschreibung (1868) der perniziösen Anämie durch Anton Biermer (1827–1892) bis zur Entdeckung der Blutgruppen durch Karl Landsteiner (1868–1943) im Jahre 1901 die Grundlagen der klinischen Hämatologie geschaffen worden.
In dieser Zeit waren aber auch die Möglichkeiten zur Vorbeugung und Therapie innerer Krankheiten deutlich erweitert und verbessert worden. Einen wichtigen Beitrag dazu hatten die Ergebnisse der bakteriologischen Forschung geleistet. Neben der Entdeckung des Tuberkelbazillus sind der Nachweis der Erreger des Bauchtyphus (Eberth 1879), der Lepra (Hansen, 1880), der Diphtherie (Loeffler 1884), der Cholera (R. Koch 1884), der epidemischen Genickstarre (Weichselbaum 1887) und anderer Voraussetzungen dafür gewesen, daß bisher allein nach dem äußeren Erscheinungsbild und dem Fieberverlauf bekannte Krankheitsbilder aufgrund des Erregernachweises eindeutig zugeordnet werden konnten. Es ließen sich, nach Aufklärung der Übertragungswege, auch vorbeugende Maßnahmen treffen und viele seit Jahrhunderten bewährte Vorgehensweisen bei Seuchen, wie die strenge Isolierung und die Quarantäne, erwiesen sich als begründet.
Die medikamentöse Therapie des Fiebers bei den Infektionskrankheiten, für die seit langem bereits als erstes spezifisch wirksames Medikament das Chinin zur Verfügung gestanden hatte, wurde durch die Einführung neuer Stoffe verbessert. Nachdem Hermann Kolbe (1818–1884) die Synthese der Salicylsäure gelungen (1859), das Antipyrin durch Ludwig Knorr (1859–1921) entdeckt worden war (1883) und Oscar Hinsberg (1857–1939) das Phenacetin im Jahre 1887 synthetisiert hatte, waren die Antipyretika zum festen Bestandteil des Arzneischatzes geworden. Im Jahre der ersten Anwendung der Röntgenstrahlen in der Medizin (1896) wurde dann das von Friedrich Stolz (1860–1936) dargestellte Pyramidon und drei Jahre später das Aspirin (F. Hofmann, H. Dreser) in die Praxis eingeführt. Eine derartige Bereicherung der medikamentösen Fiebertherapie löste von selbst neue Diskussionen über die

Bedeutung des Fiebers für den Krankheitsprozeß aus und führte dazu, die Indikationen für die Behandlung mit antipyretisch wirkenden Stoffen einzugrenzen. Die Möglichkeit der Behandlung schmerzhafter Zustände und rheumatischer Prozesse durch diese neuen Präparate wurde jedoch vorbehaltlos begrüßt.

Auch wenn als Schmerz-, Schlaf- und Beruhigungsmittel Opium und Morphium vielseitig verwendet wurden - noch gab es keine die Anwendung durch den Arzt beschränkenden gesetzlichen Regelungen (erstmals 1929) -, so waren doch bereits seit den 70er Jahren die Gefahren der Gewöhnung bekannt und die Behandlung der Süchtigen, der Morphinisten, wurde zu einem zunehmend schwierigen Problem. Deshalb wurde die Entwicklung synthetisch gewonnener Schmerz- und Schlafmittel begrüßt. Sie fanden rasch Anklang, wie z. B. das 1869 von Oskar Liebreich (1839–1908) als solches empfohlene Chloralhydrat, das Justus von Liebig (1803–1873) bereits 1831 dargestellt hatte. 1884 entdeckte Eugen Baumann (1846–1896) das Sulfonal, das wenige Jahre später (1888) als Schlafmittel klinisch eingesetzt worden ist. Als wesentlich wirksamer erwiesen sich dann die Barbiturate, deren erster Vertreter, die Diäthylbarbitursäure, bereits 1882 von Max Conrad (1848–1920) und Max Guthzeit (1847–1916) hergestellt worden war. Ihre schlafmachende Wirkung wurde jedoch erst 1903 durch Emil Fischer (1852–1919) und Josef von Mering (1849–1908), damals Klinikdirektor in Halle, bekanntgegeben.

Für die Behandlung der Herzkrankheiten, in erster Linie der Herzinsuffizienz, hatte die von William Withering (1741–1799) bereits 1785 mitgeteilte Wirkung der Digitalis an Bedeutung noch dadurch gewonnen, daß Ludwig Traube durch Tierversuche überzeugende Beweise für die Überlegenheit dieser Therapie erbracht hatte (1851). Gegen Ende der 80er Jahre, nachdem die physikalisch-diätetische Behandlung großen Zuspruch gefunden hatte, vor allem die von Max-Joseph Oertel (1835–1897) eingeführten „Terrainkuren", wurde diese der medikamentösen Behandlung kritisch gegenübergestellt. Gefordert wurden begründete Indikationsstellungen. In der Folgezeit gewann die medikamentöse Therapie der Herzkrankheiten eindeutig Vorrang. Auch wenn schon bekannt war, daß es krankhafte Erhöhungen des Blutdrucks gab, wie durch blutige Messungen bei Untersuchungen durch Physiologen nachgewiesen worden war, und ein Zusammenhang mit dem Zustand vermutet wurde, der noch lange als Vollblütigkeit (Plethora) bezeichnet worden ist, so wurde doch erst nach Einführung des 1896 von Scipione Riva-Rocci (1863–1937) veröffentlichten neuen Instruments die unblutige Messung des Blutdrucks allmählich Bestandteil der Kreislaufdiagnostik. Obwohl es bereits seit Anfang des 19. Jahrhunderts besondere Krankenhäuser für Kinder gab, so wurde doch die Pädiatrie erst gegen Ende des uns beschäftigenden Zeitraums zu einem eigenen Spezialfach, das seine Bindung zur inneren Medizin verlor. Der akademische Lebensweg des ersten Ordinarius für dieses Fach in Deutschland, Otto Heubner (1843–1926), ist bezeichnend für diese Entwicklung. In Leipzig, wo er für innere Medizin habilitiert war, hielt er eine pädiatrisch-klinische Vorlesung, bekam eine außerordentliche Professur und baute aus Spenden eine neue Kinderklinik, die 1891 in Betrieb genommen wurde. Breite Aufmerksamkeit fanden die an seiner Klinik schon früh, Ende 1892, erfolgreich durchgeführten Behandlungen von diphtheriekranken Kindern mit dem von Emil von Behring (1854–1917) entwickelten Heilserum. 1894 folgte Heubner dem Ruf an die Universität Berlin, wo er einen ordentlichen Lehrstuhl für Kinderheilkunde erhielt.

Die Nervenheilkunde hatte ebenfalls ihre Wurzeln in der inneren Medizin. Dies gilt sowohl für die Psychiatrie als auch die Neurologie, beide im 19. Jahrhundert entstanden. Noch im vorhergehenden Jahrhundert stand die „Irrenpflege" in keiner Beziehung zur ärztlichen Berufsausübung. Mit der Erklärung der Menschenrechte wandelte sich die Einstellung zu den „Irren" und man bemühte sich, sie als Kranke zu verstehen und angemessen zu betreuen.

In Deutschland entstanden in der ersten Hälfte des 19. Jahrhunderts die später als „Heil- und Pflegeanstalten" bezeichneten Einrichtungen, vielfach untergebracht in ehemaligen Schlössern oder Klöstern, abseits größerer Städte und meist verbunden mit eigenen Landwirtschaftsbetrieben. Interesse an einer über die Bedürfnisse des Anstaltsbetriebes hinausgehenden Beschäftigung mit diagnostischen und therapeutischen Möglichkeiten gab es nur vereinzelt, die Verwahrung war die vordringliche Aufgabe. Einige dieser Anstalten unterhielten aber bereits Verbindungen zu Universitäten. So besaß die Berliner Charité bereits seit 1800 eine „Abteilung für Irre und Epileptische", aus der mit der Berufung von Wilhelm Griesinger (1817–1868) auf einen ordentlichen Lehrstuhl im Jahre 1865 die Psychiatrische Klinik der Universität hervorgegangen ist. Nach Göttingen wurde 1866 die damals noch hannoversche Irrenanstalt gelegt, um sie für den Unterricht nutzen zu können.

Moritz Rombach (1795–1873), der 25 Jahre als Armenarzt in Berlin tätig gewesen war, bis er 1845 den ordentlichen Lehrstuhl für spezielle Pathologie und Therapie an der Universität Berlin erhielt, hat mit seinem *Lehrbuch der Nervenkrankheiten,* das 1840/46 in 1. Auflage erschien, den ersten wichtigen literarischen Beitrag zur Verselbständigung des Faches geleistet. Mit Griesinger begann die Vereinigung von Psychiatrie und Neurologie zu einem Spezialgebiet, eine von den Vertretern der inneren Medizin angefochtene Bestrebung. Für die Erforschung der Erkrankungen des Nervensystems hatte die Anerkennung der Zellularpathologie als Grundlage der allgemeinen Krankheitslehre allein dadurch einen wesentlich Einfluß, daß sie dem anatomischen und dadurch lokalistischen Denken Vorschub leistete. Der alte Gedanke, daß Geisteskrankheiten Gehirnkrankheiten sind, erhielt Berechtigung. In welchem Ausmaß sich Ärzte der neuen Fachrichtung zuwandten, dafür ist das Lebenswerk von Wilhelm Erb (1840–1921) ein überzeugender Beweis. Seine Arbeiten zur Elektrodiagnostik und über die Tabes lieferten neue und wertvolle Erkenntnisse. Bereits im Jahre 1862 war die Psychiatrie in Bayern Prüfungsfach geworden, jedoch nur für die Zeit bis zur einheitlichen reichsgesetzlichen Regelung im Jahre 1872. Erst 1906 sind Psychiatrie und Neurologie in Deutschland Pflicht- und Prüfungsfach geworden. In der Schweiz war dies schon seit 1886 der Fall. Noch in den für uns interessanten Zeitabschnitt fällt das Wirken von Emil Kraepelin (1856–1926), der 1886 Ordinarius für Psychiatrie in Dorpat geworden war, 1891 nach Heidelberg und schließlich 1903 nach München berufen wurde. Er hat durch sein seit 1883 in 9 Auflagen erschienenes Lehrbuch die moderne psychiatrische Systematik begründet.

Obwohl den Ärzten die Zusammenhänge zwischen seelischen und körperlichen Prozessen seit langem bekannt waren, zeigte sich doch gerade nach so erfolgreichen Jahrzehnten naturwissenschaftlich fundierter Entwicklung der Medizin eine erneute Hinwendung zu den daraus herzuleitenden Therapiemöglichkeiten. Im Jahre 1890 veröffentlichte der Breslauer Kliniker Ottomar Rosenbach (1851–1907) seine Schrift mit dem bezeichnenden Titel *Über psychische Therapie innerer Krankheiten* und 1895 erschienen die *Studien über Hysterie* von Sigmund Freud (1856–1939) und Josef Breuer (1842–1925). Sie bedeuten den Beginn einer neuen, sowohl diagnostisch als auch therapeutisch nutzbaren Krankheitslehre, später als psychosomatische Medizin bezeichnet.

Die spektakulärsten Erfolge jedoch hatte in der zweiten Hälfte des vorigen Jahrhunderts die Chirurgie aufzuweisen. Mit der Allgemeinnarkose kam erstmals eine Entdeckung aus der Neuen Welt, aus Nordamerika, der Medizin zugute. Im Jahre 1846 war in Boston die erste Operation in Äthernarkose vorgenommen und gezeigt worden, daß damit der Operationsschmerz ausgeschaltet werden kann. Schon 2 Monate später wurde das Verfahren in England angewandt und wenige Wochen später auch auf dem europäischen Kontinent. Ende 1847 wurde in Edingburgh erstmals eine Inhalationsnarkose mit Chloroform durchgeführt.

Die Lokalanästhesie geht auf den Wiener Augenarzt Carl Koller (1857–1944) zurück, der auf Empfehlung von Sigmund Freud Kokainlösung applizierte und damit die Hornhaut des Auges empfindungslos machen konnte. Aber auch Weichteilfelder und Nervenstämme ließen sich durch Infiltration mit Kokainlösung anästhesieren. Die Grundlagen dieser Technik, der Lokal- und Leitungsanästhesie, haben die Chirurgen Themistokles Gluck (1853–1942) und Max Oberst (1849–1925) in den Jahren 1887–1890 gelegt. Auch der mehr als schöngeistiger Schriftsteller bekanntgewordene Carl Ludwig Schleich (1859–1922) hat sich um die Einführung dieses Verfahrens verdient gemacht.

Auch wenn Eingriffe am Schädel, am Brustkorb und in die Bauchhöhle schon lange vor der Entdeckung der Allgemeinnarkose, zumeist als Notoperationen, ausgeführt worden sind, so waren diese doch selten erfolgreich. Ebenso wie bei den in der Kriegschirurgie häufig notwendigen Amputationen von Gliedmaßen hatte fast immer eine gnädige Ohnmacht den Patienten vor dem Operationsschmerz bewahrt.

Nun jedoch nach Einführung der Narkose konnten die Chirurgen sich an bisher unmöglich gewesene Eingriffe heranwagen. Für deren Planung kamen Beobachtungen zugute, die bei den immer öfter vorgenommenen Obduktionen gemacht worden waren. Schon 1848 hat der Londoner Chirurg Harry Hancock (1808–1880) als erster einen entzündeten Wurmfortsatz entfernt mit dem erklärten Ziel, eine Perforation und nachfolgende Bauchfellentzündung zu verhindern. Es dauerte jedoch noch mehrere Jahrzehnte, bis Chirurgen diesen Eingriff regelmäßig vorgenommen haben. Die erste erfolgreiche Entfernung einer Niere gelang 1869 Gustav Simon (1824–1876) in Heidelberg. Bereits 1877/78 wurden die ersten Dickdarmresektionen bei Vorliegen eines Karzinoms vorgenommen. 1881 hat Theodor Billroth (1829–1894) in Wien eine Teilresektion des Magens wegen bösartigen Tumors mit Erfolg durchführen können. Im folgenden Jahr

glückte dem Berliner Chirurgen Carl Langenbuch (1846–1901) erstmals die operative Entfernung einer steingefüllten Gallenblase.
Die gefürchtetste Komplikation bei jedem chirurgischen Eingriff war seit jeher das Auftreten einer Wundinfektion. Wundfieber waren im Kriege auf Verbandplätzen und in Lazaretten, nicht weniger in den chirurgischen Stationen ziviler Krankenhäuser, wie es schien, unvermeidlich und machten immer wieder die Bemühungen der Operateure zunichte. Die von dem englichen Chirurgen Joseph Lister (1827–1912) eingeführte antiseptische Wundbehandlung mit karbolsäuregetränkten Verbänden, später auch das Versprayen von Karbolsäure im Operationsraum, fanden am Ende der 60er Jahre auch auf dem Kontinent viele Anhänger. Ganz eindeutig verbesserten sich dadurch die Heilungsaussichten für Verwundete und Operierte. Wundinfektionen ließen sich in vielen Fällen vermeiden.
Nachdem Robert Koch nachgewiesen hatte (1877), durch welche spezifischen Erreger diese Wundinfektionskrankheiten verursacht werden, wurden die von ihm erprobten Verfahren der Desinfektion und Sterilisation auch für die chirurgischen Arbeitsräume und Arbeitstechniken übernommen. Wegweisend dafür wurde die Chirurgische Universitätsklinik in der Ziegelstraße in Berlin, die seit 1882 unter der Leitung von Ernst von Bergmann (1836–1907) stand. Hier wurde die aseptische Operationssaaltechnik entwickelt, nicht nur der „aseptische Drill“ (Carl Ludwig Schleich), sondern auch das dazu benötigte spezielle Instrumentarium und verschiedene Geräte, wie Dampfsterilisatoren und die dazu erforderlichen trommelförmigen Behälter. Bergmanns Assistent Kurt Schimmelbusch (1860–1895) hat dafür wertvolle Anregungen gegeben. Die von ihm entwickelten Sterilisationstrommeln erhielten seinen Namen.
In den Monaten, als diese Entwicklungsarbeiten in der Klinik in der Ziegelstraße in vollem Gange waren, geriet Ernst von Bergmann aus besonderem Anlaß in das Kreuzfeuer öffentlicher Auseinandersetzungen. Er wurde 1887/88 zur Behandlung des an Kehlkopfkrebs erkrankten deutschen Kronprinzen und Kaisers Friedrich III. hinzugezogen. Die nach dem Tode des Herrschers, auf den viele Menschen in Deutschland und im Ausland große Hoffnungen gesetzt hatten, herausgegebene offizielle Denkschrift enthält das amtliche Material zu diesem schicksalhaften Krankheitsfall. Sie stammt weitgehend von Ernst von Bergmann. Das Interesse der Öffentlichkeit wandte sich jedoch nicht nur den betroffenen Personen zu, sondern auch die Fragen der Leistungsfähigkeit der Medizin und ihre Grenzen wurden berührt.
Die besseren Aussichten für operative Maßnahmen, die seit Einführung der aseptischen Technik bestanden, führten zu erweiterten Indikationen für chirurgisches Handeln. In den 80er Jahren wandte sich u. a. das Interesse nun verstärkt der Wurmfortsatzentzündung zu. 1889 beschrieb der amerikanische Chirurg Charles McBurney (1845–1913) die Druckempfindlichkeit des später mit seinem Namen belegten Punktes im rechten Unterbauch als Indikation zur Appendektomie. Anfang der 90er Jahre hat sich dann Eduard Sonnenburg (1848–1915), Chirurg am Krankenhaus Moabit in Berin, eingehend mit dem Krankheitsbild der Appendizitis (Perityphlitis) beschäftigt und sich für die Operation im Frühstadium und im Intervall eingesetzt. Nachdem der italienische Chirurg Edoardo Bassini (1844–1924) neue Verfahren zur operativen Behandlung der Leisten- und Schenkelhernien angegeben hatte (1889, 1893), bei denen nur eine geringe Rezidivgefahr bestand, wurde der nach ihm benannte Eingriff zum festen Bestandteil der Operationsprogramme chirurgischer Kliniken.
Ein Ereignis besonderer Art war es, als 1896 Ludwig Rehn (1849–1930) in Frankfurt am Main einen Patienten vorstellen konnte, bei dem er eine Stichverletzung des Herzens durch eine Naht hatte verschließen können.
Dank neuer Erkenntnisse und Erfahrungen in der neurologischen Diagnostik wurden um 1890 auch erste neurochirurgische Eingriffe ausgeführt. Doch bestand Grund genug, noch vor übertriebenen Hoffnungen zu warnen, vor allem auch vor der Vorstellung, Geisteskranke durch chirurgische Eingriffe behandeln zu können. In den 90er Jahren wurde auf dem Gebiet der orthopädischen Chirurgie, die bereits um die Mitte des Jahrhunderts u. a. durch die Entwicklung der subkutanen Osteotomien durch Bernhard von Langenbeck (1810–1887) und Ludwig Stromeyer (1804–1876) eine Blütezeit erlebt hatte, eine neue Richtung eingeschlagen. Der Wiener Orthopäde Adolf Lorenz (1854–1946) führte die „unblutige Behandlung der angeborenen Hüftgelenkluxation“ ein, die innerhalb weniger Jahre weltweit Anerkennung fand.
Auf dem Gebiet der Geburtshilfe und Gynäkologie haben sich die für die allgemeine Chirurgie wegweisenden Fortschritte durch Einführung der Allgemeinnarkose, Antisepsis und Asepsis nicht weniger nachhaltig ausgewirkt. Die auf empirische Erkenntnisse gestützte Lehre von Ignaz Philipp Semmelweis (1818–1865) über die Ursache des Kindbettfiebers (1847) und die vorge-

schlagenen prophylaktischen Maßnahmen fanden nur gegen erhebliche Widerstände mühsam Anerkennung. Die Technik des Kaiserschnitts, der seit dem 16. Jahrhundert als Notoperation gelegentlich sogar von Laien auch an Lebenden ausgeführt worden war, wurde verbessert und die Indikationen wurden strenger gefaßt. Schon 1858 waren von dem Londoner Chirurgen Thomas Spencer Wells (1818–1897) Ovariotomien erfolgreich vorgenommen worden. Dadurch erhielt dieser Eingriff schon eine gewisse Popularität, und die operative Entfernung von Eierstockzysten wurde auch von Chirurgen außerhalb Englands übernommen.

In die zweite Hälfte des Jahrhunderts fallen auch erste Untersuchungen über die endokrinen Eigenschaften der Ovarien, und es ist recht bemerkenswert, daß bereits 1889 Albert Schinzinger (1827–1911) in Freiburg i. Br. die Kastration zur Behandlung von Patientinnen mit inoperablen Mammakarzinomen empfohlen hat.

Die Bemühungen zur wirksamen Bekämpfung der Wundinfektionen haben sich nicht nur auf die bereits erwähnten Maßnahmen beschränkt, sie beeinflußten auch die Planung und den Bau neuer Krankenhäuser. Die Überzeugung vom verhängnisvollen Einfluß schädlicher Ausdünstungen, der schon von den Ärzten in der Antike als krankmachend beschuldigten Miasmen, führte zur Empfehlung, Krankenhäuser so zu bauen, daß sie genügend von reinigender Luft durchströmt werden konnten. Die Block- und Kompaktbauweise, die für Krankenhäuser auch mit großen Bettenzahlen noch um 1800 und in den Jahrzehnten danach üblich war, wurde zugunsten einer Auflösung der Baukörper, ausgehend von England und Frankreich, aufgegeben. Die im Nordamerikanischen Bürgerkrieg (1861–1865) gemachten Erfahrungen mit Zelt- und Barackenlazaretten, günstiger verlaufene Wundheilungen als sonst in Krankenhäusern gewohnt, haben auch in Europa eine neue Entwicklung eingeleitet. Der Bau von Krankenhäusern im Pavillonsystem wurde modern. Das von den Berliner Architekten Gropius und Schmieden in den Jahren 1868–1874 errichtete Krankenhaus im Friedrichshain in Berlin mit 600 Betten wurde zum vielgerühmten Vorbild. Zu einer „glänzenden Krankenstadt" (Ernst von Bergmann) wurde der 1884–1889 entstandene Bau des Allgemeinen Krankenhauses Hamburg-Eppendorf mit einer reihenförmigen Anordnung der Gebäude. Die durch die Erfordernisse der antiseptischen und später der aseptischen Operationssaaltechniken, die Schaffung klinisch-chemischer Laboratorien und Einrichtungen für die physikalischen Heilverfahren benötigten speziell gebauten und ausgestatteten Raumbereiche ließen sich in den Pavillons unterbringen; dennoch entstanden auch dort, wo zweistöckige Gebäude zur Verfügung standen, ernste Probleme. Die Patienten mußten in diesen Pavillonkrankenhäusern über offene Innenhöfe oder durch Gartenanlagen und manchmal über erhebliche Entfernungen bei jedem Wetter transportiert werden. Dies war einer der Gründe, um später zur Kompaktbauweise zurückzukehren. Diese Bauform war bei Universitätskliniken praktisch nicht aufgegeben worden, da die einzelnen Fachkliniken nicht nur beachtliche Bettenzahlen aufwiesen, sondern auch im Gefolge von Berufungen individuell geplant werden konnten. Auf jeden Fall ist es erstaunlich, daß noch lange nach Kenntnis der Entstehungsursachen und des Verbreitungsweges des Hospitalfiebers die Pavillonbauweise beibehalten wurde. Die letzen großen Anlagen dieses Typs in Deutschland, das Rudolf-Virchow-Krankenhaus in Berlin und das Krankenhaus Schwabing in München, sind erst in den ersten beiden Jahrzehnten unseres Jahrhunderts fertiggestellt worden.

Das medizinische Zeitschriftenwesen hatte gegen Ende des 19. Jahrhunderts überall in Europa ein beachtliches Niveau erreicht. Dabei waren die allgemeinmedizinischen Publikatonsorgane noch weit in der Überzahl. Mit der Bildung neuer Fachgebiete entstanden aber in zunehmender Zahl Spezialzeitschriften als wesentliches Kriterium der Verselbständigung neben der Bildung eigener Fachgesellschaften und der Ankündigung von Spezialvorlesungen an den Universitäten. Die großen wissenschaftlichen Gesellschaften der Chirurgen und Internisten hielten alljährlich ihre Kongresse ab; die dort gehaltenen Vorträge wurden in ansehnlichen Kongreßbänden abgedruckt und sorgten für eine weitere Verbreitung der neuesten Ergebnisse der klinischen und experimentellen Forschung. Auch die neu entstehenden kleineren Fachgesellschaften hielten Kongresse ab und auch diese zeigten häufig internationale Beteiligung.

Die lokalen Ärztevereine, die seit der ersten Hälfte des Jahrhunderts nicht nur der Verbesserung der kollegialen Beziehungen unter ihren Mitgliedern dienten, sondern auch fast immer standespolitische Interessen wahrnahmen, spielten seit den 80er Jahren eine zunehmende Rolle für die Organisation von Fortbildungsveranstaltungen. Diesen fiel im Gefolge der wachsenden Bedeutung der Spezialfächer die Aufgabe zu, die niedergelassenen Ärzte, die noch immer die große Mehrheit bildeten, über die Entwicklung und die Möglichkeiten auf den Gebieten der Sonderfächer zu informieren. Darüber hinaus gab es bereits ein reiches Angebot von Ferienkursen an Universitätskliniken, die von vielen Ärzten zu ihrer eigenen Spezialisierung gern in Anspruch genommen wurden.

Viel bewegte sich in der Medizin in diesen letzten Jahrzehnten des vorigen Jahrhunderts, und man war daran gewöhnt, rasche Fortschritte in der Diagnostik und der Therapie zur Kenntnis zu nehmen. Was aber die Einführung der Röntgenstrahlen für alle Fächer der Medizin an Bereicherung erbringen sollte, konnte niemand erträumen.

Literatur

Aschoff L, Diepgen P, Goerke H (1960) Kurze Übersichtstabelle zur Geschichte der Medizin, 7. Aufl. Springer, Berlin Göttingen Heidelberg

Diepgen P (1937) Die Frauenheilkunde der Alten Welt. Bergmann, München

Diepgen P (1959) Geschichte der Medizin, 2. Aufl. Bd 2,1. DeGruyter, Berlin

Goerke H (1987) Arzt und Heilkunde, 2. Aufl. Callwey, München

Goerke H (1988) Medizin und Technik. Callwey, München

Goerke H (1970) Röntgenologie und Spezialismus. In: Glauner R (Hrsg) Verh. Dtsch. Röntgen-Kongreß 1969. Thieme, Stuttgart, S 4–9

Guthrie D (1958) A history of medicine, 2nd edn. Nelson, London Edinburgh

Hirsch A (1893) Geschichte der medizinischen Wissenschaften in Deutschland. Oldenbourg, München Leipzig

Mann G (Hrsg) (1970) Internationale Bibliographie zur Geschichte der Medizin 1875–1901. Olms, Hildesheim New York

Lichtenthäler CH (1982) Geschichte der Medizin, 2 Bde. Deutscher Ärzteverlag, Köln

Meyer-Steineg Th, Sudhoff K (1965) Illustrierte Geschichte der Medizin, 5. Aufl. Fischer, Stuttgart (überarb und hrsg von Herrlinger R und Kudlien F)

Rothschuh K (1953) Geschichte der Physiologie. Springer, Berlin Göttingen Heidelberg

Schadewaldt H, Wolf J-H (Hrsg) (1983) Krankenmedizin im 19. Jahrhundert. Schriftenreihe Münchener Vereinig Geschichte der Medizin, Bd 10

Sigerist H (1970) Große Ärzte, 6. Aufl. Lehmann, München

Das erste Jahr nach Entdeckung der Röntgenstrahlen

Friedrich H. W. Heuck, Eckard Macherauch und Hans Neff

Röntgens Entdeckung führte dazu, daß sich weltweit viele Naturwissenschaftler, Mediziner und Ingenieure spontan mit dem Komplex Röntgenstrahlen auseinandersetzten. Bis zum März 1896 wurden z. B. allein von der Pariser Akademie der Wissenschaften etwa 20 Vorträge zum Themenkreis Röntgenstrahlen gehalten. In seiner bereits erwähnten zweiten Mitteilung über „Eine neue Art von Strahlen" (vgl. S. 5) beschreibt Röntgen am 9. März 1896 ausführlich die Ionisationswirkung der X-Strahlen bei Gasen und den starken Einfluß des den Kathodenstrahl bremsenden Materials auf die Intensität der entstehenden X-Strahlen. Ferner nennt er Einzelheiten eines neu entwickelten Entladungsapparates mit einem Aluminiumhohlspiegel als Kathode, in dessen Brennpunkt ein gegenüber der Spiegelachse um 45° geneigtes Platinblech als Anode angebracht war. Bis Ende 1896 lassen sich mehr als 1100 Veröffentlichungen nachweisen, die sich auf Röntgens Entdeckung beziehen. Ein solches Phänomen war bis dahin in der Entwicklungsgeschichte der Wissenschaften noch nie aufgetreten. Es belegt eindrücklich das Aufsehen, das die neuen Strahlen in und außerhalb der Fachwelt erregten. Die meisten dieser Arbeiten waren unbedeutend und haben heute höchstens noch ein gewisses historisches Interesse. 1896 erschienen aber durchaus auch schon sehr bemerkenswerte Beiträge zu den Eigenschaften und zu der Natur, zu der Erzeugung und zu dem Nachweis sowie zu den Anwendungsmöglichkeiten der Röntgenstrahlen in Medizin und Technik. Dabei überwogen am Ende des Jahres die aus England, Frankreich und den USA stammenden Beiträge bei weitem die deutschen. O. Glasser hat in seinem Buch *Wilhelm-Conrad Röntgen und die Geschichte der Röntgenstrahlen* faszinierende Einzelheiten zu dieser Entwicklung beschrieben und ein vollständiges „Verzeichnis der im Jahre 1896 veröffentlichten Bücher und Broschüren" sowie der „veröffentlichten Arbeiten über Röntgenstrahlen" zusammengestellt (Glasser 1959). Ein kurzes Eingehen auf einige dieser Arbeiten vermittelt einen Eindruck von der damals bestehenden ungewöhnlichen Situation.

Von besonderem Reiz war natürlich die Frage nach Ursprung und Natur der Röntgenstrahlen. Bereits im Januar 1896 äußerte H. Poincaré bei der Vorlage und Erörterung von Röntgens 1. Mitteilung vor der Pariser Akademie der Wissenschaften die Vermutung, daß zwischen dem Phänomen der X-Strahlen und den Erscheinungen der Fluoreszenz/Phosphoreszenz ein Zusammenhang bestehen könne. Das veranlaßte H. Becquerel zu entsprechenden Untersuchungen bei mehreren phosphoreszierenden Substanzen, die aber alle erfolglos verliefen. Erst bei einem Uransalz, dem Uranylkaliumsulfat, gelang ihm im März 1896 der Nachweis, daß diese Substanz eine in lichtundurchlässiges Papier gehüllte Photoplatte schwärzt. Er wies zudem nach, daß die von dem Uransalz ausgehenden unsichtbaren Strahlen zwar Gase ionisieren, aber nicht ursächlich mit den Phosphoreszenzerscheinungen in Zusammenhang stehen. Mit der Entdeckung dieses Strahlungsphänomens, das später als Radioaktivität bezeichnet wurde, eröffnete sich, zusätzlich zu den Röntgenstrahlen, ein weiteres wichtiges Forschungsgebiet.

Für die Röntgenstrahlen entwickelten E. Wiechert in seiner Arbeit „Die Theorie der Elektrodynamik und die Röntgensche Entdeckung" und G. G. Stokes in seinen Untersuchungen über die X-Strahlen sehr schnell die im Grundsatz zutreffende Vorstellung, daß die Röntgenstrahlen die „Energieimpulse" darstellen, die als Folge der plötzlichen Geschwindigkeitsänderung bei der Abbremsung der Kathodenstrahlen auf der Antikathode entstehen. Damit war eine befriedigende Ausgangssituation geschaffen. E. Wiechert bemerkte dazu: „... daß die Röntgenstrahlen wahrscheinlich von der ganz gewöhnlichen transversalen Art sind ... Die Röntgenstrahlen stellen sich also den Hertzschen Strahlen gegenüber: Wie diese nach der großen Wellenlänge, so entfernen sich jene nach der Seite der kleinen Wellenlänge soweit von dem sichtbaren Licht, daß das Verhalten der Materie wesentlich geändert erscheint." G. G. Stokes fügte seinen Betrachtungen – ähnlich wie Röntgen in seiner 1. Mitteilung – weitsichtig noch den Hinweis an: „X-Strahlen, die auf Metallplatten etc. fallen, können dadurch scheinbar diffus reflektiert werden, daß sie selbst durch eine Art von Phosphoreszens andere X-Strahlen erzeugen." Die Erscheinung, daß jeder von Röntgenstrahlen getroffene Körper seinerseits eine sekundäre Röntgenstrahlung aussendet, wurde 1896 vielfach untersucht. Dabei zeigte B. Walter bereits, daß die sekundären Röntgenstrahlen eindeutig vom Atomgewicht der Materie abhängen, von der sie ausgehen. Außerdem wiesen die Untersuchungen von F. P. Le Roux sowie von A. Winkelmann und R. Straubel darauf hin, daß die Sekundärstrahlungen heterogene Strahlengemische mit materialspezifischen Komponenten sind. Weitere Arbeiten galten dem Absorptionsverhalten der Röntgenstrahlen in den verschiedenartigsten festen, flüssigen und gasförmigen Medien. Die ersten, die sich damit eingehender befaßten, waren V. Nowak und O. Sulč. Sie legten bereits im Februar der Prager Akademie der Wissenschaften die Ergebnisse von etwa 300 untersuchten Metall- und feinkristallinen Pulverproben vor, für die sie über die visuelle Beurteilung der Schwärzung von Photoplatten nachwiesen, daß das Absorptionsvermögen von Elementen und Salzen proportional zu deren Atom- bzw. Molekulargewicht ist. Ferner ließ sich die Absorption als eine additive Funktion des Absorptionsvermögens der in den Proben enthaltenen Ionen interpretieren. Zu ähnlichen Ergebnissen gelangten J. H. Gladstone und W. Hilbert, die außerdem bei gleichem Molekulargewicht, aber verschiedener atomarer Zusammensetzung unterschiedliche Absorptionsverhältnisse beobachteten. C. Morangoni untersuchte systematisch das Absorptionsverhalten der Alkalimetalle. A. Oberbeck beschrieb den Absorptionsvorgang quantitativ mit einem Potenzansatz und zeigte, daß dieser die auftretenden Verhältnisse bei kleinen Absorberdicken gut wiedergibt.

Obwohl W. C. Röntgen schon von seinen Ende 1895 durchgeführten Versuchen her wußte, daß elektrisch geladene Körper durch die neuen Strahlen entladen werden, äußerte er sich erst in seiner 2. Mitteilung ausführlicher zu diesem Phänomen. Inzwischen hatten aber bereits Untersuchungen in vielen Laboratorien gezeigt, daß Gase durch Röntgenstrahlen ionisiert und damit leitfähig werden und nach Abbruch der Strahleneinwirkung noch bestimmte Zeiten in diesem Zustand verbleiben. Beispielsweise stellten L. Benoist und D. Hurmuzescu Anfang Februar der Pariser Akademie der Wissenschaften Ergebnisse von Untersuchungen zur Luftionisation vor, die mit dem aus Abb. 1 ersichtlichen Versuchsaufbau erzielt wurden. J. J. Thomson berichtete kurze Zeit später der Royal Society in London über die Beobachtung von strahlungsinduzierten Entladungen bei statisch aufgeladenen Metalplatten. Im April veröffentlichte W. W. Robb die durch Röntgenstrahlen hervorgerufene Entladungskurve eines µF-Kondensators. Anfang März trug C. T. R. Wilson der Royal Society in London vor, daß sich in mit Wasserdampf gesättigter Luft unter der Einwirkung von Röntgenstrahlen wolkige Kondensationen bilden. F. Richards fand Ähnliches bei der Röntgenstrahleinwirkung auf einen Dampfstrahl. In beiden Fällen wirkten die längs der Röntgenstrahlen erzeugten Ionen als Kondensationskerne für die Nebelbildung.

Abb. 1. Anordnung zum Nachweis der ionisierenden Wirkung von Röntgenstrahlen

J. Perrin bewies, daß die Ionisationswirkung der Röntgenstrahlen bei vielen Gasen linear mit wachsendem Gasdruck zunimmt und entwickelte einen Luftkondensator zur Messung strahlungsbedingter Ionisationen. Außerdem stellten J. J. Thomson und E. Rutherford eine Ionentheorie der röntgenstrahlungsinduzierten Gasleitung auf.

1896 wurden verständlicherweise auch mehrere Versuche unternommen, für Röntgenstrahlen Polarisations-, Beugungs- und Brechungserscheinungen nachzuweisen. Nach der Ketteler-Helmholtzschen Dispersiontheorie war bei sehr kleinen Wellenlängen als Grenzwert für den optischen Brechungsindex $n = 1$ zu erwarten. B. Walter fand bei Diamant $n < 10002$, G. Gony folgerte aus seinen Experimenten für alle Materialien $n < 1.00002$. Aus dem Fehlen von Brechungserscheinungen schlossen J. L. van der Waals und andere, daß Röntgenstrahlen extrem kurzwellige bzw. ultra-ultra-kurzwellige Lichterscheinungen sind. Parallel dazu erfolgten erste Abschätzungen der Röntgenwellenlängen.

Mehrere Arbeiten befaßten sich auch mit der naheliegenden Verstärkung der photographischen Wirkung der Röntgenstrahlen durch die Ausnutzung von röntgenstrahlinduzierten Phosphoreszenz-/Fluoreszenzerscheinungen in filmnah angebrachten Substanzen. Bereits Anfang Februar erzielte M. Pupin mit Fluoreszenzschirmen aus Bariumplatinzyanür, die er auf photographische Platten legte, in wenigen Sekunden hervorragende Röntgenphotographien (Abb. 2). Mit gleicher Zielsetzung wurden von M. C. Henry Zinksulfid sowie von T. A. Edison und E. Giazzi Kalziumwolframat als zwei wichtige „Röntgenleuchtstoffe" gefunden. Eine weitere Verbesserung der photographischen Wirkung der Röntgenstrahlen erzielte M. Levy mit zwischen zwei Fluoreszenzschirmen liegenden beidseitig beschichteten Photoplatten. An verschiedenen Stellen wurden auch bereits stereoskopische Röntgenaufnahmen angefertigt. Weitere interessante Untersuchungen betrafen u. a. die Auswirkungen von Röntgenstrahlen auf Funkenentladungen, die Verbesserung der visuellen Beobachtung von Röntgenbildern mit fluoreszierenden Schirmen, die Verfärbungserscheinungen von Gläsern unter Einwirkung von Röntgenstrahlen, die röntgenstrahlungsbedingten elektrischen Widerstandsänderungen von Selen sowie die chemischen Wirkungen der Röntgenstrahlen.

Die schnelle Verbreitung der Nachricht über die Abbildung, die W. C. Röntgen von der Hand seiner Frau angefertigt hatte, löste in den Ländern, in denen die Medizin einen fortgeschrittenen Stand erreicht hatte, eine boomartige Beschäftigung mit den Möglichkeiten aus, die die neuen Strahlen für diagnostische Zwecke boten. Die ersten Mitteilungen über gelungene und durch Aufnahmen dokumentierte Durchleuchtungen, bei denen man sich zunächst auf schlanke Körperteile wie Arme und Hände beschränken mußte, entstanden aus der Zusammenarbeit von Medizinern und Physikern. In Deutschland wurden bereits auf den Sitzungen der Berliner Medizinischen Gesellschaft am 5., 15. und 29. Januar Röntgenbilder von unverletzten und mit Fremdkörpern (Nadeln, Glassplittern) versehenen Händen gezeigt. Ende Januar wurden im Hamburger Ärzteverein Röntgenaufnahmen einer schlecht geheilten Unterarmfraktur diskutiert. W. König, der als Physiker im Physikalischen Verein in Frankfurt a. M. tätig war, trat im Januar und Februar mit den verschiedenartigsten Röntgenbildern hervor, unter denen sich auch erste Zahnaufnahmen befanden. In Berlin zeigte Anfang Februar F. König von einem Sarkom an einem Schienbein Röntgenbilder, die ein Assistent der Berliner Sternwarte angefertigt hatte. In Kiel gelangen G. Hoppe-Seyler in Kooperation mit dem Physikalischen Institut der Universität Abbildungen der sklerotischen und verkalkten Arte-

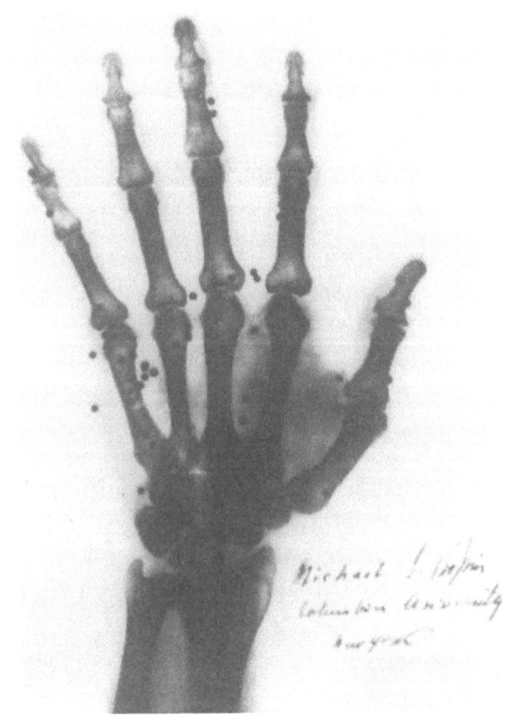

Abb. 2. Unter Ausnutzung einer Verstärkungsfolie hergestellte Röntgendurchstrahlungsaufnahme einer Hand mit Schrotkörnern. (Aus Pupin 1929)

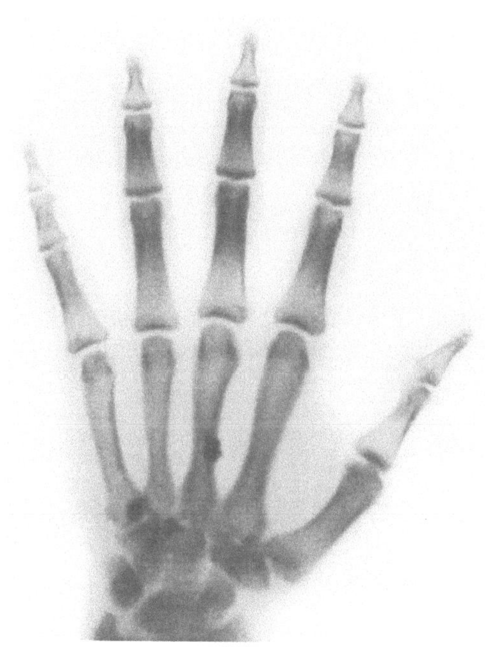

Abb. 3. Röntgendurchstrahlungsaufnahme einer Hand mit Teschin-Kugeln. (Deutsches Röntgenmuseum, Remscheid-Lennep)

rien bei einem amputierten Unterschenkel, die am 17. Februar dem dortigen Physiologischen Verein vorgestellt wurden. Ebenfalls am 17. Februar präsentierte F. Huber dem Verein für innere Medizin in Berlin mehrere an der Physikalisch-Technischen Reichsanstalt angefertigte Röntgenaufnahmen, darunter Beispiele für akuten Gelenkrheumatismus sowie für chronische Arthritis mit Knoten und starken Gelenkschäden. Ein Beispiel für die Anfang 1896 erreichbare Aufnahmequalität zeigt die in Abb. 3 wiedergegebene Photographie von einer linken Hand mit Teschin-Kugeln, die am 22. Februar 1896 im Physikalischen Staats-Laboratorium Hamburg angefertigt wurde.

Anfang 1896 machten sich viele Ärzte rasch mit den verfügbaren Röntgeneinrichtungen so vertraut, daß sie in eigenständiger Weise speziellen medizinischen Fragestellungen nachgehen konnten. Hinzu trat das von W. Petersen, Heidelberg, bereits im Februar beklagte Phänomen, daß in bestimmten Fällen verschiedenartige „Gesichtspunkte" „ein ersprießliches Zusammenarbeiten" zwischen Physikern und Chirurgen erschweren würden. Deshalb zog man es vor, in der „Chirurgischen Klinik mit eigenen, wenn auch einfachen Apparaten die Frage nach rein chirurgischen Gesichtspunkten allein weiterzuverfolgen". Vielerorts wurden deshalb eigenständige Einrichtungen für medizinische Röntgenuntersuchungen geschaffen. So wurde z. B. im „Neuen allgemeinen Krankenhaus zu Hamburg-Eppendorf" ein Röntgeninstrumentarium für diagnostische Zwecke eingerichtet. In Berlin entstanden im Spätsommer mit geringem Zeitversatz mehrere Privatlaboratorien für medizinische Untersuchungen mit Röntgenstrahlen (Buka, Levy-Dorn, Clausen u. von Bronk, Besekiel). Selbst an großen kommunalen Krankenhäusern, wie z. B. dem Katharinenhospital der Stadt Stuttgart, wurden im Laufe des Jahres die ersten Geräte für Röntgenuntersuchungen installiert. „Im Dezember genehmigte das Münchner Gemeindekollegium die Anschaffung der Apparate zur Photographie mit Röntgenstrahlen und bewilligte, daß dieselben gegen Gebührenentrichtung auch von Privatärzten benutzt werden, soweit die Bedürfnisse des Krankenhauses es zulassen." In rascher Folge entstanden damals Aufnahmen von Zähnen, Frakturen, Luxationen, arthritischen Gelenken, Epiphysenverletzungen, sklerotischen und verkalkten Arterien sowie von tuberkulösen und syphilitischen Knochenzerstörungen. Außerdem wurden die verschiedenartigsten Fremdkörper in weichen Gewebepartien lokalisiert und gezielten chirurgischen Eingriffen zugänglich gemacht.

W. C. Röntgen hatte Ende 1895 einige seiner mit X-Strahlen erhaltenen Bilder F. Exner nach Wien gesandt, dem er sich seit der gemeinsamen Assistentenzeit bei Kundt freundschaftlich verbunden fühlte. Dies führte dazu, daß Exner bereits in den ersten Januartagen im Physikalischen Kabinett der Universität Wien zusammen mit E. Haschek eigene Röntgenaufnahmen anfertigte. Diese und Röntgens Bilder wurden am 15. Januar von L. Boltzmann dem Elektrotechnischen Verein, 3 Tage später von F. Exner der Chemisch-Physikalischen Gesellschaft sowie am gleichen Tage von dessen Bruder, dem Physiologen S. Exner, der K. K. Gesellschaft der Ärzte in Wien vorgestellt. In den Tagen nach der letzgenannten Veranstaltung fertigte E. Haschek in Gegenwart zahlreicher Chirurgen weitere Röntgenaufnahmen für chirurgische Zwecke an. Auch die erste Röntgenaufnahme von Gefäßen wurde bereits im Januar von E. Haschek und O. Lindenthal in Wien gemacht. Sie gelang nach Injektion der „Teichmannschen Mischung" (Kreide, Zinnober und Petroleum) in die Adern einer amputierten Hand und erregte weltweit großes Aufsehen (Abb. 4). Ende Januar stellten A. Kreidl und G. Gärtner im Physikalischen Institut der Universität Wien verschiedene Röntgenbilder vor, darunter auch das der Hand eines achtjährigen Kindes, das die Knorpelfugen des Handskelettes

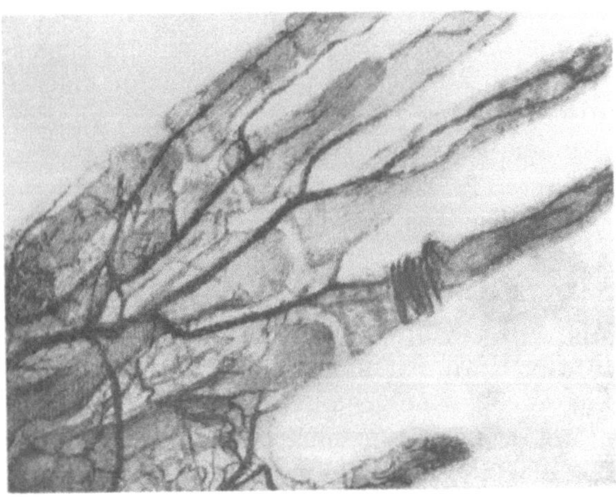

Abb. 4. Röntgendurchstrahlungsaufnahme einer mit Kontrastmittel präparierten amputierten Hand. (Aus Glasser 1959)

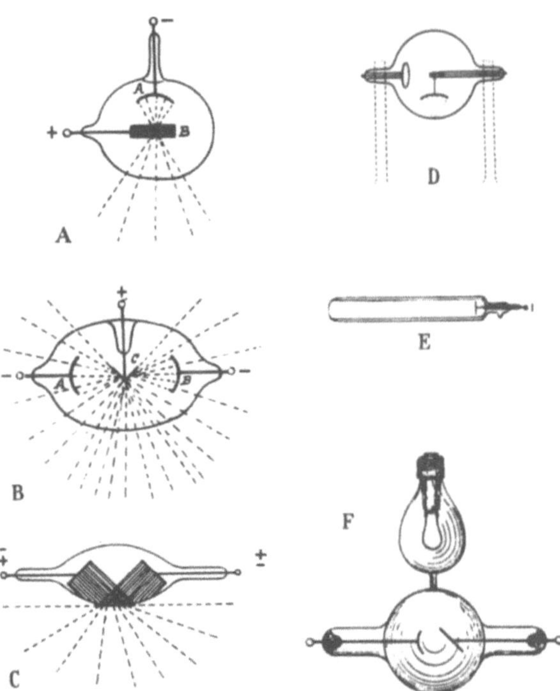

Abb. 5 A–F. Einige 1896 angegebene Röhrenkonstruktionen. **A** X- und Kathodenstrahlröhre nach W. Morton. **B** Doppelkathodenröhre nach S. P. Thompson. **C** Doppelkathodenröhre nach T. A. Edison. **D** Rotierende Glaskugelröhre nach R. W. Wood. **E** Zylinderröhre nach N. Tesla. **F** Röntgenröhre mit Kohlenfadenbirne nach W. J. Morton

deutlich erkennen ließ. Im Februar gaben J. M. Eder und E. Valenta ebenfalls in Wien erste Anregungen zum systematischen Studium der enchondralen Ossifikation des wachsenden Skelettes. Das von den letzgenannten Autoren im Februar erschienene Buch *Versuche über Photographie mittels der Röntgenschen Strahlen* besticht noch heute durch die hohe Qualität der wiedergegebenen Röntgenaufnahmen.

In den USA wurde Anfang 1896 von F. H. Williams am MIT in Boston ein Röntgenlaboratorium eingerichtet, das später einem Hospital angegliedert wurde. Parallel dazu wurden an dem Post Graduate Hospital in New York und am Hahneman Medical College in Philadelphia Röntgenabteilungen geschaffen. Viele andere Krankenhäuser und Universitäten folgten diesen Beispielen. In New York und Chicago eröffneten mehrere Ärzte private Röntgenlaboratorien. Auch in England wurden frühzeitig an den verschiedensten Krankenhäusern Röntgeneinrichtungen installiert. Ab März wurden die ersten privaten Röntgenlaboratorien gegründet und vom Faraday-Haus in London Einrichtungen für Photographien mit Röntgenstrahlen zur Nutzung freigegeben. In Schottland stand der Glasgow Royal Infirmary ab Juni 1896 ein vollständiges Röntgenlaboratorium zur Verfügung. Ab September bot die „Photographic Association London" Röntgenuntersuchungen für Patienten an.

In Frankreich wurden die ersten Röntgenaufnahmen mit medizinischer Zielsetzung im Januar 1896 im Laboratorium Le Roux an der Ecole supérieure de Pharmacie in Paris hergestellt. Ende 1896 wurde von A. Lannelongue mit Hilfe von Röntgenstrahlen nachgewiesen, daß bei Osteomyelitis eines Femurs die Zerstörung vom Knocheninneren und nicht vom Knochenrand aus erfolgt. Anfang Februar stellte Ch. V. Zenger Röntgenaufnahmen von Syringomyeliepatienten vor. Ebenfalls im Februar erörterten A. Imbert und H. Bertin-Sans Aufnahmen von Frakturen. In Belgien wurde im Januar vorgeschlagen, in allen Krankenhäusern Röntgenabteilungen einzurichten.

Dieses weltweite Interesse an der medizinischen Nutzung der Röntgenstrahlen hatte zur Folge, daß im Laufe des Jahres 1896 zusätzlich zu den zur Zeit von Röntgens Entdeckung in den physikalischen Laboratorien verfügbaren Hittorfschen, Crookesschen und Lenardschen Kathodenstrahlröhren viele neue Röhrentypen konzipiert und erprobt wurden. Die Abb. 5 zeigt einige Beispiele, die sich z. T. erheblich von den Ende 1895 verfügbaren Entladungsröhren unterscheiden. Besonders interessant sind die direkt mit Wechselstrom betreibbaren Doppelkathodenröhren (Abb. 5 B, C) sowie die Röhre mit der rotierenden Glaskugel (Abb. 5 D). Fortschritte in der Entwicklung von leistungsfähigeren Röntgenröhren mit kleinerem Fokus, von leistungsstärkeren Induktorien sowie von gesteigerten Filmplattenempfindlichkeiten führten zu erheblichen Verbesserungen der diagnostischen Möglichkeiten. Einige wichtige Ergebnisse der medizinischen Forschung, die dadurch möglich wurden, werden nachfolgend noch kurz angesprochen.

Ende Januar führten Siegel, Eder und Valenta in Wien erste Durchstrahlungsuntersuchungen an frei vorliegenden Gallensteinen durchgeführt. Es folgten entsprechende Untersuchungen von Neusser bei Nieren- und Blasensteinen. In Frankreich berichteten Chappuis und Chaurel im April über ähnliche Versuche vor der Pariser Académie de Médicine. Im Juni/Juli wurden dann sowohl in Frankreich als auch in England die ersten Lokalisierungen von Nierensteinen im Körper von Patienten mit Röntgenstrahlen durchgeführt.

Bereits im Februar veröffentlichte das *British Medical Journal* Röntgenbilder der Gefäße bei Präparaten von Händen und Nieren. Zur gleichen Zeit gelangen E. P. Davis und W. W. Keen in Philadelphia mit besonders empfindlichen Filmplatten erste Röntgenaufnahmen des Embryos einer schwangeren Frau. Am 24. März präsentierte Lebedef vor der Petersburger Medizinisch-Chirurgischen Gesellschaft Aufnahmen einer viermonatigen Uteringravidität. Fünf Tage später legten H. Varnier et al. der Académie de Médicine in Paris Röntgenaufnahmen eines exstirpierten Uterus vor, bei dem die Struktur des Fetus gut analysiert werden konnte.

Im März gelangen die ersten Röntgenaufnahmen einer Wirbelsäule. Auch die ersten Versuche, Magen und Darm eines getöteten Meerschweinchens mit Bleiacetat darzustellen, wurden im März von W. Becher in Berlin vorgenommen. Zur Darstellung des menschlichen Magens empfahl er, entweder Kalkwasser zur Verstärkung oder Luft zur Abschwächung der Absorption der Röntgenstrahlen auszunutzen. Die letztgenannte Methode wurde später von O. Levy und L. Grunmach praktisch angewandt. Unabhängig davon wurden zu dem Abbildungsproblem von Magen und Darm aber bereits im Februar in Frankreich von C. M. Gariel sowie in den USA von J. C. Hemmeter in Baltimore, von W. J. Morton in New York eigene Befunde vorgelegt. In Deutschland gelang es C. Wegele in Bad Königsborn, mit Hilfe eines durch eine Magensonde eingeführten dünnen Metalldrahtes bei Röntgendurchstrahlungen den Magenumriß sichtbar zu machen. Später wurden auch schon die Salze der Halogene Chlor, Brom und Jod von E. Sehrwald, Freiburg i. Br., und von M. Meslans, Nancy, als kontrastgebende Substanzen empfohlen. Im April wurde von F. H. Williams in Boston erstmals ein Fall von Lungentuberkulose mit Hilfe von Röntgenstrahlen diagnostiziert. Gemeinsam mit seinem Bruder C. H. Williams entwickelte er ferner eine Röntgendurchleuchtungsmethode zur Lokalisierung und Entfernung von Fremdkörpern aus dem menschlichen Auge, die rasche Verbreitung fand.

Nach den schon erwähnten ersten erfolgreichen Zahnaufnahmen mit Füllungen, die von F. König, Frankfurt a. M., vorgestellt wurden, zeigte auch die Zahnheilkunde ein zunehmendes Interesse an Röntgendurchleuchtungen. Im April erörterte W. J. Morton vor der New Yorker Odontological Society die diagnostischen Möglichkeiten, die die Röntgenstrahlen bieten. Bereits im August legte F. J. Bennett der British Dental Association eine größere Zahl vorzüglicher Zahnröntgenbilder vor.

Im Mai wurde in England von S. Rowland, „special commissioner oft the *British Medical Journal* for investigations of the new photography to medicine and surgery", die erste Fachzeitschrift herausgegeben, die ausschließlich Probleme der medizinischen Anwendung der Röntgenstrahlen publizierte. Diese Zeitschrift, die als *Archives of Clinical Skiagraphy* erschien, war ein großer Erfolg. Das erste Heft enthielt die Ganzkörperaufnahme eines 3 Monate alten Kindes, auf der Darm, Herz und Leber zu erkennen waren. Vorzügliche Hals- und Thoraxaufnahmen wurden im Juni bekannt, ebenso erste vollständige, aus mehreren Einzelaufnahmen zusammengesetzte Skelettbilder.

Am 12. Juni sprach M. Levy vor der Berliner Physiologischen Gesellschaft über die erheblichen Verbesserungen, die er mit der von ihm neu entwickelten Röntgenröhre der AEG hinsichtlich der Beobachtung von Lage, Größe und Bewegung innerer Organe erreicht hatte. Auf dem Deutschen Chirurgenkongreß (im Juli in Berlin) und auf dem Internationalen Physiologenkongreß (im August in Berlin) erregten die dadurch möglich gewordenen direkten Beobachtungen der Bewegungen des Herzens, des Zwerchfells und des Magens am lebenden Menschen größtes Interesse. Es gelang der Nachweis, daß die Amplitude der Atembewegung des Zwerchfells bei gesunden Menschen 5–7 cm beträgt.

Auch Durchleuchtungen zur Beurteilung der Herztätigkeit blieben nicht aus. Studien über den Herzschatten und die Herzaktionen führte M. Levy zusammen mit L. Grunmach und E. Du Bois-Reymond durch. Über neuartige Ergebnisse, die bei der Untersuchung herzkranker Patienten in Wien erzielt wurden, berichtete M. M. Benedikt im September 1896 in Frankfurt a. M. In den USA fanden die an der University of

Michigan durchgeführten Herzuntersuchungen große Aufmerksamkeit.
Besonderes Aufsehen erregten aber gute Schädelaufnahmen mit Kugeln im Gehirn (A. Buka, A. Eulenburg, M. Schreier). In Frankreich wurden von A. Péan und Mergier erstaunlich gute Darstellungen von Knochenzerstörungen durch Tuberkulose und von Knochenneubildungen im Schädel publiziert. Das Empyem der Nasennebenhöhlen wurde erkannt. Umstritten blieben Darstellungen des Gehirns, da noch keine geeigneten Kontrastmittel verfügbar waren. Auch Verkalkungen in den Gefäßen und in der Lunge, sowie Geschwülste der Lunge und des Magens wurden diagnostiziert. Bereits im Juli zeigte I. McIntyre vor der British Medical Association Röntgenbilder des Körperinneren. Im August beschrieb H. Lewkowitsch eine weitere röntgenologische Lokalisierungsmethode zur Auffindung von Fremdkörpern im menschlichen Auge. Im November stellte A. Fournier der Pariser Académie de Médicine Aufnahmen der inneren Organe von Erwachsenen vor. Bis Ende des Jahre 1896 gelang es mit Röntgenstrahlen auch, Fremdkörper im Bronchus, in der Luft- und Speiseröhre sowie im Magen nachzuweisen und damit die Voraussetzungen für deren spätere Extraktion zu schaffen. Im Dezember berichtete C. Bouchard der Pariser Akademie der Wissenschaften über die Ergebnisse von Röntgenuntersuchungen bei Patienten mit Lungentuberkulose und mit Brustfellentzündungen. Zur gleichen Zeit erläuterte M. Levy-Dorn in Berlin Röntgenbeobachtungen im Zusammenhang mit einem Asthmaanfall. Ebenfalls im Dezember veröffentlichte N. Raw, Manchester, Darstellungen der Gefäße verschiedener Körperregionen, die er mit post mortem injiziertem Kalziumsulfat erreicht hatte.
Die angeführten Beispiele belegen, daß bereits im ersten Jahr nach Röntgens Entdeckung die Röntgendiagnostik einen festen Platz in der medizinischen Forschung und Entwicklung eingenommen hatte. Hinzu trat, daß 1896 auch die ersten Anwendungen von Röntgenstrahlen für therapeutische Zwecke bekannt wurden. Besonders in England bemühte man sich frühzeitig – allerdings ohne Erfolg – bakterizide Wirkungen der Röntgenstrahlen nachzuweisen. Von einem französischen Arzt wurden aber nach Röntgenbestrahlung eines Kankroids des Mundes und eines Magentumors anästhetische Wirkungen beobachtet. In den USA wurden erste Strahlenbehandlungen von Brustkarzinomen durchgeführt. In Wien schließlich wurde Ende 1896 versucht, bei einem Kind ein größeres „tierfellähnlich behaartes“ Muttermal durch Strahleneinwirkung zu beseitigen.
Das Jahr 1896 erbrachte aber auch die ersten Hinweise darauf, daß ein ernstzunehmendes Gefährdungspotential für alle diejenigen besteht, die leichtfertig mit Röntgenstrahlen umgehen. Bereits im Februar wurde im *Journal of the American Medical Association* auf mögliche physiologische Wirkungen der Röntgenstrahlen hingewiesen. Im März wurden in England „sonnenbrandähnliche Hautreaktionen“ nach Röntgenbestrahlungen beschrieben. Im April wurde bekannt, daß 21 Tage nach einer Schädelaufnahme an der röhrennahen Kopfseite eines Patienten eine Epilation auftrat und daß Personen, die mit Röntgenstrahlen gearbeitet hatten, über Hautveränderungen klagten. Im Juli wurde über einen Fall berichtet, bei dem nach Durchleuchtungen mit Röntgenstrahlen Dermatitis und Alopezie auftraten. Außerdem wurden nach längeren Röntgenbestrahlungen Übelkeits- und Schwächeerscheinungen beobachtet. Im Laufe des Jahres wurden noch weitere Arbeiten veröffentlicht, die zweifelsfrei zeigten, daß als Folge von Röntgenstrahleinwirkung sowohl bei Patienten als auch bei Ärzten und bei in Laboratorien tätigen Personen Veränderungen der Hautfarbe, Epilationen, Schwellunge, Vesikkationen, Bläschenbildung, Ulzerationen, Exzeme und Sehstörungen auftreten können. Zudem wurde bereits auf die „merkwürdig lange Inkubationszeit“ hingewiesen, die mit diesen biologischen Wirkungen der Röntgenstrahlen verknüpft ist.
Erwähnenswert erscheinen noch die frühzeitig einsetzenden Bemühungen, die neue Durchleuchtungstechnik auch bei zoologischen Fragestellungen anzuwenden. Große Aufmerksamkeit erregten die ersten guten Röntgenbilder von Fischen und Kleintierskeletten, die im Januar von J. M. Eder und E. Valenta in Wien vorgestellt wurden. Zwei Beispiele für die erfolgreichen Anwendungen von Röntgendurchleuchtungen auf diesem Gebiete zeigen die in Abb. 6 wiedergegebenen Aufnahmen. Das Bild einer jungen Scholle (Peatessa) mit Muscheln im Darm (Abb. 6a) wurde am 21. 2. im Physikalischen Staatslaboratorium in Hamburg angefertigt, das Bild einer konservierten Schlange aus der Sammlung des Senckenberg Museums in Frankfurt am Main (Abb. 6b) wurde im März von W. König publiziert.
Die Möglichkeit, die neuen Strahlen bei der Überprüfung von Bauteilen der Technik auf vorliegende Ungänzen oder Materialfehler auszunutzen, hat Röntgen schon in seiner 1. Mitteilung erwähnt und im Laufe des Sommers 1896 durch die in Abb. 7 wiedergegebene Aufnahme seines

Abb. 6a, b. Röntgendurchstrahlungsaufnahme (a) einer Scholle und (b) einer Schlange

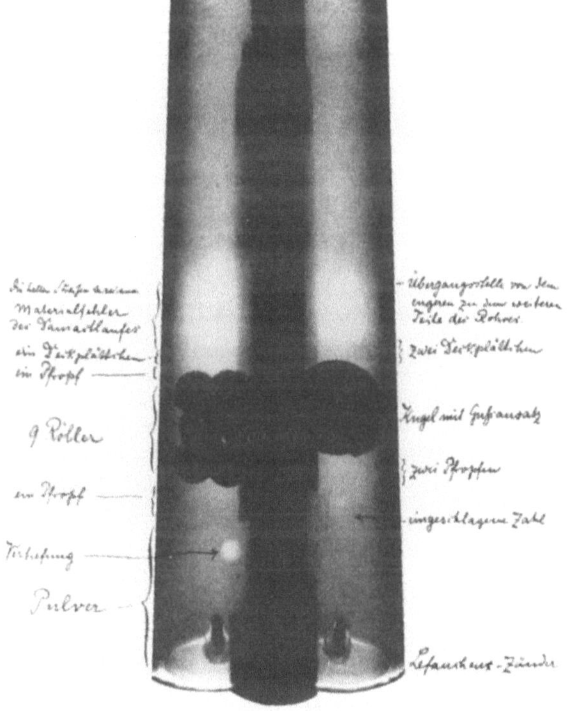

Abb. 7. Durchstrahlungsaufnahme von Rontgens Jagdgewehr

Jagdgewehrs belegt. Bis dahin hatte man aber bereits vielerorts Überlegungen darüber angestellt, wie mit Hilfe von Röntgendurchstrahlungen bei hochbeanspruchten Bauteilen visuell nicht sichtbare Defekte und Fehler erfaßt werden können. Dabei standen insbesondere geschmiedete, gegossene und geschweißte metallische Bauteile im Vordergrund des Interesses. Schon im Februar wurden in den Carnegie-Stahlwerken in Pittsburgh, USA Röntgenstrahlen für solche „Grobstrukturuntersuchungen" eingesetzt. Auch in England wurde der Röntgendurchleuchtung größerer Bauteile erhebliche Bedeutung beigemessen. Daneben wurden mit Röntgenstrahlen erfolgreich Qualitätskontrollen bei Porzellanen durchgeführt. Aber auch Bemühungen, echte Perlen und Edelsteine von unechten mit Hilfe der neuen Strahlen zu unterscheiden, waren erfolgreich. Interessant ist, daß bereits 1896 in Frankreich mit Röntgenstrahlen Überwachungen von Postsendungen vorgenommen und auch für andere hoheitliche Kontrollmaßnahmen Röntgendurchleuchtungen empfohlen wurden. Selbst bei gerichtlichen Auseinandersetzungen im Zusammenhang mit Schadenersatzforderungen nach Unfällen, nach mißlungenen chirurgischen Eingriffen oder nach falschen medizinischen Behandlungen sowie im Zusammenhang mit Fälschungsnachweisen bei Bildern oder Echtheitsnachweisen bei Edelsteinen und Perlen spielten Röntgenstrahlen schon 1896 eine beachtliche Rolle und wurden als beweiskräftig anerkannt.

Die Beschreibung der durch Röntgens Entdeckung im Jahre 1896 ausgelösten Aktivitäten wäre unvollständig ohne kurze Hinweise auf die Entwicklungen, die sich auf industrieller Seite vollzogen. Da Röntgen allen Versuchungen widerstand, sich seine Entdeckung patentieren zu lassen, war eine uneingeschränkte Beschäftigung mit röntgenphysikalischen und röntgentechnischen Problemen möglich. In Deutschland wurden die ersten Röntgenröhren von den Firmen E. Gundelach (Gehlberg), R. Goetze (Leipzig), H. Geißler (Berlin) sowie Greiner-Friedrichs (Stützerbach) angeboten. Diese Firmen hatten bereits Hittorfsche und Crookessche Röhren gefertigt. Als ausgewiesene Hersteller von Funkeninduktoren galten die Firmen Ernecke sowie Kaiser-Schmidt (Berlin), Kohl (Chemnitz) und Reiniger-Gebbert-Schall (Erlangen). Neben der letztgenannten Firma brachten dann im Laufe des Jahres auch die AEG und Siemens-Halske (Berlin) neue Röhren und Apparate zur Röntgenstrahlenerzeugung auf den Markt. Hinzu trat die neugegründete Firma des Glasbläsers und Elektrotechnikers C. H. F. Müller in Hamburg. Besonders stürmisch entwickelte sich die Röntgentechnik aber in den USA, in England und in Frankreich. Es überrascht nicht, daß diese vielschichtigen industriellen Anstrengungen bereits im ersten Jahr nach Röntgens Entdeckung zu vielen Patentanmeldungen für Geräte und Einrichtungen zur Erzeugung und Anwendung von Röntgenstrahlen führten.

Literatur

Glasser O (1959) Wilhelm Conrad Röntgen und die Geschichte der Röntgenstrahlen, 2. Aufl. Springer, Berlin Göttingen Heidelberg

König W (1896) 14 Photographien mit Röntgen-Strahlen. Barth, Leipzig

Röntgen WC (1986) Eine neue Art von Strahlen (Fortsetzung). Sitzungsberichte der Würzburger Physik-medic. Gesellschaft. 11–19

Wiedemann G, Wiedemann E (Hrsg) (1896) Beiblätter zu den Annalen der Physik und Chemie 20

Fortschritte in der Medizin

Einführung

Friedrich H. W. Heuck

Auf der mit Spannung erwarteten Sitzung der physikalisch-medizinischen Gesellschaft zu Würzburg am Abend des 23. Januar 1896, auf der Wilhelm Conrad Röntgen erstmals öffentlich über seine X-Strahlen berichtete, bekundeten lang anhaltende Ovationen die Begeisterung über diese großartige Entdeckung. Der Anatom Geheimrat von Kölliker, dessen Hand während dieser Sitzung auf einer photographischen Platte abgebildet wurde, betonte, daß er in den 48 Jahren seiner Zugehörigkeit zu dieser hoch angesehenen Gesellschaft noch keiner Sitzung beigewohnt habe, in der etwas so Bedeutendes vorgetragen worden sei. Auf die Frage Köllikers zur Verwertbarkeit der neuen Strahlen für die medizinischen Wissenschaften antwortete Röntgen, daß ihm zur Fortsetzung der Versuche die Zeit mangele und daß diese Aufgabe in die Hände der Kliniker gelegt werden müsse. Es war die Geburtsstunde der später als Radiologie bezeichneten „Röntgenologie und Strahlenheilkunde", in der die Bedeutung und die Möglichkeiten des „neuen Lichtes" für die medizinische Forschung und für die Entwicklung der Heilkunde im weitesten Sinne zusammenflossen.

Seit 1896 wurden eine große Zahl bisher unbekannter anatomischer Veränderungen der Knochen während Wachstum und Reifung des Stützgerüstes entdeckt sowie verschiedene Normvarianten und Erkrankungen des Skelettes sorgfältig beschrieben. Vergleichende Studien der im Röntgenbild erkennbaren morphologischen Veränderungen von Knochen und Gelenken mit dem dazugehörigen pathoanatomischen Befund von Operations- oder Sektionspräparaten erweiterten den Wissensstand über zahlreiche, selbst dem Pathologen bisher unbekannte Erkrankungen des Stützgerüstes. Der rasche Zuwachs an gesichertem Wissen verbesserte therapeutische Eingriffe und konservative Behandlungsmaßnahmen ganz wesentlich, wovon in erster Linie die Orthopädie und die Chirurgie großen Nutzen hatten.

Während über das gesunde und kranke Skelett relativ rasch viele neue Erkenntnisse gewonnen wurden, mußten für die Untersuchung der Organe die methodisch-technischen Voraussetzungen erst durch Weiterentwicklung und Verbesserung der Röntgenapparate und Röntgenröhren geschaffen werden. Vor allem mußten die für Röntgenaufnahmen erforderlichen, außerordentlich langen Expositionszeiten verkürzt werden, um die Bewegungsunschärfe von Organen sowie die Eigenbewegungen von Herz oder Magen-Darm-Kanal kompensieren zu können. Für Röntgenaufnahmen der Hand wurden damals 10 Sekunden bis 1 Minute, für Unterarm und Fuß etwa 2 Minuten, für Oberarm, Unterschenkel und Knie 1–3 Minuten, für Schultergelenk und Oberschenkel 3–5 Minuten, für Kopf, Thorax und Abdomen sowie das Beckenskelett etwa 2–10 Minuten Expositionszeit benötigt. War die Ergänzung einer Röntgendurchleuchtung durch die Bilddokumentation des Befundes auf einer Aufnahme der Brust- und Bauchorgane zwingend notwendig, so mußte diese bei Atemstillstand gewonnen werden. Dennoch haben die in der ersten Begeisterung über die Möglichkeiten der Röntgenstrahlen einsetzenden Bemühungen zur Diagnostik der Thoraxorgane oder Abdominalorgane bereits erstaunliche Resultate gebracht (Beck 1902; Rumpel 1908; Immelmann 1906). Die Entwicklung der Technik für die Radiologie im weitesten Sinne ist in einer sehr sorgfältig zusammengetragenen historischen Übersicht von E. R. N. Grigg (1965), später in der Geschichte der Radiologie von R. L. Eisenberg (1992) beschrieben worden. So ist in den Referaten über die Forschungsergebnisse der medizinischen Radiologie nur dann auf Untersuchungsmethoden eingegangen worden, wenn deren Kenntnis zum Verständnis notwendig erscheint.

Im Vordergrund des Interesses standen Organe, in denen Luft oder kalkhaltige Einlagerungen (wie sie in Konkrementen vorkommen) deutliche Unterschiede der Strahlenschwächung erzeugten. Diese Untersuchungen gaben den Anstoß zur Entwicklung von Kontrastsubstanzen. Nachdem Luft und bestimmte Gase als vom Organismus

gut verträgliche Kontrastmittel erkannt worden waren, erbrachten die experimentellen und klinischen Forschungen über die Anatomie, Topographie, Pathomorphologie und Funktion der Organe, des Gefäßsystems sowie des Blut- und Lymphkreislaufes am lebenden wachen Menschen ungeahnte Fortschritte in Diagnostik und Therapie.
Mit der Erkennung neuer Krankheiten – die Frage nach der eigentlichen Ursache einer Erkrankung ließ sich zu Beginn des 20. Jahrhunderts nur selten beantworten – konnte eine systematische Ordnung und Abgrenzung der Krankheitsbilder nach pathomorphologischen Gesichtspunkten erfolgen. In enger Zusammenarbeit mit weitsichtigen Pathologen gelang es, durch interdisziplinäre Forschungsarbeiten zunehmend Hypothesen und Theorien durch gesicherte Tatsachen zu ersetzen oder fundierte Erkenntnisse als Grundlage für weitergehende Forschungen vorzulegen. Die frühzeitige Entdeckung der biologischen Wirkung von Röntgenstrahlen erforderte andererseits vielschichtige experimentelle und klinische Forschungen auch auf den Gebieten der Strahlentherapie, der Strahlenbiologie und der Strahlengenetik. Eng damit verbunden waren Forschungsarbeiten zur Dosimetrie und zum Strahlenschutz.
Im Rahmen der Humanmedizin konnte sich die klinische Radiologie sehr rasch zu einem notwendigen, unentbehrlichen Fachgebiet entwickeln, das heute gleichberechtigt mit allen anderen klinischen Fachdisziplinen dem kranken Menschen dient. Ohne die großen Fortschritte bei der Erkennung von Krankheiten durch den Einsatz der verschiedenartigen Methoden der Röntgendiagnostik wäre auch die Weiterentwicklung von Spezialbereichen der Medizin zu dem heute erreichten hohen Standard kaum möglich gewesen.
In einer Festschrift *60 Jahre Medizinische Radiologie – Probleme und Empirie,* die den Teilnehmern des IX. Internationalen Kongresses für Radiologie in München 1959 vom G. Thieme-Verlag Stuttgart überreicht worden ist, hat einer der führenden Vertreter des Fachgebietes, Hans R. Schinz aus Zürich, ausgeführt: „Die medizinische Radiologie hat das große Verdienst, dem exakten Denken und Forschen in der Heilkunde zum Durchbruch verholfen zu haben. An die Stelle der qualitativen Naturbeobachtung ist die quantitativ-funktionelle Naturforschung getreten.“ Die Veterinärmedizin hat die neuartigen Möglichkeiten der Röntgenstrahlen in Diagnostik und Therapie mit gleicher Begeisterung genutzt, doch waren Anstöße zur weiterführenden Forschung nur vereinzelt erkennbar. Ein eigenständiges Fachgebiet der Veterinärradiologie konnte sich an den Hochschulen unseres Landes bisher nicht durchsetzen.
Die wissenschaftlichen Publikationen über den Einsatz der Röntgenstrahlen in der Medizin waren in Deutschland dadurch erschwert, daß kein überregional wirkendes Publikationsorgan zur Verfügung stand, welches die Resultate aktueller Untersuchungen rasch hätte zum Abdruck bringen können. Zeitschriften wie *Nature* in England oder *Comptes Rendus* in Frankreich als Publikationsorgane wissenschaftlicher Akademien fehlten. Die ersten wissenschaftlichen Zeitschriften, die über Forschungsergebnisse mit Röntgenstrahlen in der Medizin berichteten, waren in Deutschland 1897 die durch H. E. Albers-Schönberg begründeten *Fortschritte auf dem Gebiete der Röntgenstrahlen* und in den USA das 1897 von H. Robarts herausgegebene *The American X-Ray Journal.* Die Ergebnisse der in den ersten 10 Jahren nach Röntgens Entdeckung in Deutschland durchgeführten Forschungsarbeiten mit Röntgenstrahlen in der Medizin wurden 1905 auf dem ersten Kongreß der neugegründeten „Deutschen Röntgengesellschaft“ in Berlin zusammenfassend erörtert (Goerke 1980). Von den über 70 Vorträgen erwiesen sich die Übersichtsreferate und die Beiträge zur Röntgenanatomie für die weitere Entwicklung der Diagnostik als außerordentlich wichtig. Der Kongreßpräsident, R. Eberlein, Professor der Veterinärmedizin und Direktor der Chirurgischen Klinik der Königlichen Tierärztlichen Hochschule zu Berlin, konnte in klarer Erkenntnis der sich nun deutlicher abzeichnenden Möglichkeiten des Einsatzes von Röntgenstrahlen für Forschungen auf allen Gebieten der Humanmedizin und der Veterinärmedizin abschließend feststellen, daß „die Radiologie jetzt zu einer selbständigen und für alle Zweige der Medizin heute unentbehrlichen Spezialwissenschaft geworden ist“. Wäre dieser Appell an die medizinischen Fakultäten an den Universitäten richtig verstanden und umgesetzt worden, so wären wahrscheinlich Forschung und Entwicklung in der Radiologie ganz anders verlaufen und die Radiologie wäre wahrscheinlich auch früher in der Lage gewesen, den Fortschritt in den medizinischen Wissenschaften zu fördern. Erst später wurden durch die Initiative einiger vorausschauender Persönlichkeiten an wenigen Hochschulen unseres Landes, wie z. B. 1919 in Hamburg (H. E. Albers-Schönberg) und 1929 in Köln (R. Grashey), Lehrstühle für das Fachgebiet der „Röntgenologie und Strahlenheilkunde“ geschaffen, so daß bessere Voraussetzungen für weiterführende Forschungen entstanden. Als Folge der Einführung von radiologischen Spezialvorlesun-

gen an den Universitäten entwickelten sich in der Medizin weitere wissenschaftliche Fachbereiche, die - gestützt auf beachtliche Forschungsergebnisse und klinische Leistungen - den interessanten und segensreichen Einsatz der Röntgenstrahlen förderten.

Die starke Zunahme der Forschungsergebnisse in der Röntgenologie und der Strahlenheilkunde rechtfertigte eigene Kongreßveranstaltungen zur Diskussion der neuesten experimentellen und vergleichend-morphologischen sowie klinischen Arbeiten. Die Referate und Vorträge dieser Tagungen wurden entweder in Monographien oder Kongreßbänden abgedruckt und führten rasch zur Verbreitung der neuen Kenntnisse. Bereits 1898 erschien das von H. Gocht herausgegebene *Lehrbuch der Röntgenuntersuchung zum Gebrauche für Mediziner* (F. Enke-Verlag, Stuttgart). M. Immelmann hat 1900 einen *Röntgenatlas des normalen menschlichen Körpers* vorgelegt. An einem der ersten Bücher über *Die Röntgenstrahlen im Dienste der Chirurgie* von dem New Yorker Chirurgen C. Beck, das in deutscher Sprache 1902 in München erschienen ist, kann die Begeisterung abgelesen werden, mit der die Röntgenstrahlen in der Medizin auch in den Vereinigten Staaten von Amerika zum Einsatz gelangt sind. Das erste *Handbuch der Röntgenlehre* stellte 1903 H. Gocht zusammen. Als Anhang zu diesem Werk erschien 1911 *Die Röntgenliteratur* (F. Enke-Verlag Stuttgart), die bis zum Jahre 1936 eine unvergleichliche Sammlung des gesamten Schrifttums auf dem Gebiet der Radiologie gewesen ist. Abgelöst wurde *Die Röntgenliteratur* von dem *Zentralblatt für die gesamte Radiologie* (Springer-Verlag, Heidelberg). Ein *Atlas typischer Röntgenbilder vom normalen Menschen* ist 1905 von R. Grashey vorgelegt worden, der später gemeinsam mit R. Birkner zahlreiche Neuauflagen des Buches bei Urban und Schwarzenberg, Berlin-Wien, herausgegeben hat. Mit dem *Lexikon der Grenzen des Normalen im Röntgenbilde* von A. Köhler ist 1910 ein weltweit bekanntes Standardwerk erschienen, das 13mal neuaufgelegt und in die englische, französische, spanische und italienische Sprache übersetzt worden ist. Eine Monographie über *Das Röntgenverfahren in der Kinderheilkunde* hat P. Reyher 1912 (Meusser-Verlag, Berlin) verfaßt. Besondere Erwähnung verdienen die verschiedenen Ergänzungsbände zu der Zeitschrift *Fortschritte auf dem Gebiet der Röntgenstrahlen* (Verlag Lukas Gräfe und Sillem, Hamburg), die in Form von Monographien die vielschichtigen Ergebnisse der Forschungsarbeiten in der radiologischen Diagnostik - auf Einzelthemen bezogen - veröffentlicht haben. Das erste deutschsprachige *Lehrbuch der Strahlentherapie* von H. Meyer ist bei Urban und Schwarzenberg, Berlin-Wien, erschienen. Eine Zusammenfassung des erarbeiteten Wissens in allen Bereichen der Diagnostik erfolgte erstmals in dem 1928 von H. R. Schinz, W. E. Baensch und E. Friedl herausgegebenen *Lehrbuch der Röntgendiagnostik* im Thieme-Verlag Leipzig, das bis heute in zahlreichen Neuauflagen und in anderen Sprachen erschienen ist. Daneben sind die *Ergebnisse der medizinischen Strahlenforschung* von 1925 bis 1936 in 7 Bänden von H. Hohlfelder, H. Holthusen, O. Jüngling und H. Martius - später von H. R. Schinz - im Thieme-Verlag Stuttgart herausgegeben worden. Ungeachtet der wenigen genannten Buchübersichten blieb die Notwendigkeit eines Handbuches der gesamten Radiologie bestehen. 1963 wurde von H. Vieten (Düsseldorf) gemeinsam mit L. Diethelm (Mainz), O. Olsson (Lund), F. Strnad (Frankfurt-Main) und A. Zuppinger (Bern) im Springer-Verlag das *Handbuch der Medizinischen Radiologie - Enzyclopaedia of Medical Radiology* - begründet und durch Mitwirkung von F. Heuck (Stuttgart) und K. Ranniger (Richmond) ab 1970 mit insgesamt 60 Einzelbänden bis zum Jahre 1988 zum Abschluß gebracht. Es gibt bisher kein vergleichbares Sammelwerk der gesamten Radiologie in irgendeiner der Weltsprachen. Als Fortsetzung wurde die englischsprachige Buchreihe „Medical Radiology" im Springer-Verlag von L. Brady (Philadelphia), M. Donner (Baltimore), H.-P. Heilmann (Hamburg) und F. Heuck (Stuttgart) herausgegeben, um aktuelle Ergebnisse der Forschung der Radiologie in Diagnostik und Radioonkologie in loser Folge publizieren zu können. Die Forschungsresultate auf dem Gebiet der Radiologie werden heute weltweit in den verschiedensten Sprachen in einer für den Einzelnen nicht mehr überschaubaren Zahl von Fachzeitschriften publiziert.

Der im Laufe dieses Jahrhunderts erfolgte ständige Zuwachs an neuen und gesicherten Kenntnissen auf allen Gebieten der Humanmedizin war bald von einem Fachvertreter der Radiologie nicht mehr zu übersehen, so daß diese Entwicklung zur Anerkennung von Spezialbereichen und Teilgebieten führte. Auch für diesen Gedenkband wurde entschieden, die Ergebnisse der klinischen Forschungen getrennt nach Diagnostik und Therapie durch ausgewiesene Experten abhandeln zu lassen und dabei die speziellen Kenntnisse über Organe und Funktionssysteme zu berücksichtigen. Darüber hinaus wurden die wichtigsten Forschungsergebnisse für die Bereiche Dosimetrie und Strahlenbiologie durch bekannte Wissenschaftler zusammengestellt. Alle Autoren haben sich bemüht, die oft schwierigen Wege zu neuen Erkenntnissen nach Möglichkeit allgemein verständlich darzustellen, wofür ihnen besonderer Dank gebührt.

Literatur

Albers-Schönberg H (1903) Die Röntgentechnik. Gräfe & Sillem, Hamburg

Beck C (1902) Die Röntgenstrahlen im Dienste der Chirurgie. Seitz & Schauer, München

Eisenberg RL (1992) Radiology. An illustrated history. Mosby Year Book, St. Louis/MS

Glasser O (1933) The science of radiology. Thomas, Springfield/IL

Glasser O (1959) Wilhelm Conrad Röntgen und die Geschichte der Röntgenstrahlen, 2. Aufl. Springer, Berlin Göttingen Heidelberg (1931, 1. Aufl.)

Gocht H (1898) Lehrbuch der Röntgenuntersuchung. Enke, Stuttgart (6. und 7. Aufl: Handbuch der Röntgen-Lehre", 1921)

Goerke H (1980) Fünfundsiebzig Jahre Deutsche Röntgengesellschaft. Thieme Stuttgart New York

Grashey R (1909) Atlas chirurgisch-pathologischer Röntgenbilder. Lehmann, München

Grashey R (1912) Atlas typischer Röntgenbilder vom normalen Menschen. In: Lehmann's Medizinische Atlanten, Bd V, 2. Aufl. Lehmann, München (1905, 1. Aufl.)

Grigg ERN (1965) The trail of the invisible light. Thomas, Springfield/IL

Heuck FHW (Hrsg) 1969) 70 Jahre Radiologie am Katharinenhospital der Stadt Stuttgart. Stadtarchiv, Stuttgart

Hoffa A, Rauenbusch L (1906) Atlas der Orthopädischen Chirurgie in Röntgenbildern. Enke, Stuttgart

Immelmann M (1900) Röntgen-Atlas des normalen menschlichen Körpers. Hirschfeld, Berlin

Immelmann M (1906) Zehn Jahre Orthopädie und Röntgenologie. 1896–1906. Klett, Berlin

Kienböck R (1938) Röntgendiagnostik der Knochen- und Gelenkkrankheiten, II. Bd: Gelenkkrankheiten, 1. und 2. Teil. Urban & Schwarzenberg, Berlin Wien

Kienböck R (1941) Röntgendiagnostik der Knochen- und Gelenkkrankheiten, 1. Bd: Knochenkrankheiten. Urban & Schwarzenberg, Berlin Wien

Köhler A (1915) Grenzen des Normalen und Anfänge des Pathologischen im Röntgenbilde, 2. Aufl. (Lexikon der Grenzen des Normalen im Röntgenbilde, 1. Aufl.) Gräfe & Sillem, Hamburg

Meyer H (1925) Lehrbuch der Strahlentherapie. Urban & Schwarzenberg, Berlin Wien

Murphy WA (1990) Introduction to the history of musculoskeletal radiology. RadioGraphics 10:915–943

Rumpel O (1908) Über Geschwülste und entzündliche Erkrankungen der Knochen. Gräfe & Sillem, Hamburg (Fortschritte auf dem Gebiet der Röntgenstrahlen, Ergänzungsband 16)

Schinz HR, Baensch W, Friedl E (1928) Lehrbuch der Röngendiagnostik – mit besonderer Berücksichtigung der Chirurgie. Thieme, Leipzig

Schinz HR (1959) 60 Jahre Medizinische Radiologie. Thieme, Stuttgart

Wieser C, Etter H, Wellauer J (1989) Radiologie in der Schweiz. Huber, Bern Stuttgart Toronto

Radiologische Diagnostik

Stützgerüst und Bewegungsapparat

Friedrich H. W. Heuck, Peter Edzard Peters und Eberhard Willich

Einleitung

Der erste Einsatz von Röntgenstrahlen mußte sich auf die Darstellung von Konturen einzelner Körperabschnitte und der Knochenschatten im Bereich der Extremitäten beschränken. Mit Weiterentwicklung und Verbesserung der Gerätetechnik sowie der Leistungsfähigkeit der Hittorf-Crookesschen Röhren konnten auch solche Knochen des Skelettes untersucht werden, die von einem voluminösen Weichteilmantel bedeckt sind, wie das Beckenskelett und der Oberschenkel, ohne daß schon Einzelheiten der Strukturen des Knochens erkennbar wurden. So lag es nahe, zunächst an Knochenpräparaten die Konturen und anatomischen Strukturen zu analysieren, um den „Röntgenschatten" jedes einzelnen Knochens verstehen zu können. Dabei wurde deutlich, daß die Strukturen und die Architektur der Bauelemente der Knochen Gesetzmäßigkeiten folgten, die bereits am anatomischen Präparat - also vor Entdeckung der Röntgenstrahlen - erkannt worden sind (Wolff 1892). Neben der Kompakta und Spongiosa eines Knochens wurden Breite und Dichte des Markraumes beachtet. Vorhandene Kenntnisse der Makromorphologie der Bauelemente des Skelettes konnten nun am lebenden Menschen erheblich erweitert werden. Die Gelenke und ihre Funktionen waren dem Durchleuchtungsbild zugänglich, so daß verschiedene Gelenkstellungen untersucht werden konnten (Forssell 1901). Selbst solche Gelenke, deren Funktionsmechanismus bisher nicht bekannt war, wie z. B. das Handgelenk und das Kiefergelenk am Schädelknochen, konnten studiert werden.

Zuerst wurden die neuen Strahlen zum Nachweis von Frakturen, Luxationen und Fremdkörpern, Auftreibungen der Knochen und entzündlichen Veränderungen an Hand und Arm eingesetzt. Die große Zahl der ersten Ergebnisse von Röntgenuntersuchungen aus dem Jahre 1896 sind in chronologischer Reihenfolge in dem Werk von Otto Glasser (1933) zusammengetragen worden (s. S. 18). Eine explosionsartige Zunahme des Wissens über die Röntgenmorphologie des Stützgerüstes konnte in den ersten Jahrzehnten des Jahrhunderts festgestellt werden. In einem der ersten deutschsprachigen Lehrbücher haben 1928 H. R. Schinz, W. Baensch und E. Friedl das bis zu dieser Zeit erarbeitete Wissen zusammengetragen (Abb. 1). Dieses Lehrbuch ist als internationales Standardwerk in 4 fremden Sprachen und bis heute in 7 Auflagen erschienen. Die Weiterentwicklung der Untersuchungsmethoden durch entscheidende technische Verbesserungen und neue Verfahren wie die Flächentomographie und die Röntgencomputertomographie, ferner die Verwendung von Kontrastsubstanzen, der Einsatz von Sonographie und Magnetresonanztomographie haben unsere Kenntnisse über die Knochenerkrankungen erweitert und ergänzt. Vergleichende Studien der Pathomorphologie von Erkrankungen mit den bewährten Methoden der Radiologie sind sicher geeignet, den oft noch unklaren Informationswert der Magnetresonanztomographie und der Sonographie zu definieren und damit deren Indikationen auf dem Weg zur Diagnose einer Krankheit festzulegen.

Auf die erstmalige, völlig neue Möglichkeit der *Erforschung des Krankheitsverlaufes am wachen, lebenden Menschen* ohne einen Eingriff ist frühzeitig hingewiesen worden. Große Fortschritte in der Behandlung von Frakturen und den seinerzeit noch sehr gefürchteten unspezifischen und spezifischen Entzündungen der Knochen und Gelenke sowie der primären und sekundären Tumoren konnten erzielt werden. Systematische Studien über die normale und gestörte Biodynamik der Transformation des Knochens bei metabolischen und hormonalen Erkrankungen sind zunächst nur vereinzelt zu finden. Die Analyse der Lebensvorgänge des Hartgewebes Knochen mit den heute wesentlich erweiterten Möglichkeiten der radiologischen Forschung auch und insbesondere durch interdisziplinäre Zusammenarbeit, wurde in ihrer Bedeutung nicht immer richtig erkannt. Mit dem Einsatz von Isotopen zum Studium von Stoffwechselprozessen sind entscheidende Fort-

LEHRBUCH DER
RÖNTGENDIAGNOSTIK
mit besonderer Berücksichtigung der Chirurgie

Herausgegeben von
H. R. SCHINZ
unter Mitwirkung von
W. BAENSCH und E. FRIEDL

nebst Beiträgen von
A. HOTZ, O. JÜNGLING, E. LIEBMANN, E. LOOSER, K. ULRICH

Mit einem Geleitwort von
P. CLAIRMONT und E. PAYR

Mit 1722, teilweise farbigen Textabbildungen
und 5 photographischen Tafeln

GEORG THIEME · VERLAG · LEIPZIG 1928

a

b

Abb. 1. a Das erste, umfassende *Lehrbuch der Röntgendiagnostik – mit besonderer Berücksichtigung der Chirurgie* wurde von H. R. Schinz, W. Baensch und E. Friedl bei Thieme, Leipzig, 1928 herausgegeben. **b** Der Schweizer Radiologe H. R. Schinz (1891–1966) war einer der führenden Köpfe des jungen Fachgebietes der medizinischen Radiologie und 1934 Präsident des IV. Internationalen Radiologenkongresses in Zürich

schritte bei der Erforschung von Systemerkrankungen des Skelettes erzielt worden. Die Möglichkeiten, mit Hilfe von radioaktiv markierten Substanzen den Stoffaustausch im Hartgewebe Knochen *über längere Zeit* zu erfassen, wurden noch nicht ausreichend genutzt. Heute versprechen vergleichende Forschungen neue Erkenntnisse über die unbekannten Zusammenhänge des Knochenumbaus, der bei zahlreichen Krankheiten direkt oder indirekt gestört sein kann.
Eine Übersicht über die wichtigen Forschungsergebnisse wird unvollständig sein und bleiben müssen. Schwierig ist es, eine sinnvolle Ordnung für die Darstellung aller Fortschritte zum Nachweis von Krankheiten des Stützgerüstes zu finden. Unter Vernachlässigung der topographisch-anatomischen Besonderheiten einzelner Knochen oder Skelettregionen wurde versucht, neben der Erforschung von Anatomie, Wachstum und Reifung des *gesunden Skelettes* den Informationswert der röntgenmorphologischen Diagnostik *ausgewählter Krankheitsgruppen* unter Berücksichtigung der Krankheitsdynamik darzustellen.

Forschungen über Wachstum, Reifung und Alterung der Knochen

Nach den ersten Studien der Anatomie des Stützgerüstes im Röntgenbild wurde erkannt, daß mit Hilfe von Verlaufsbeobachtungen und durch ein Studium der Skelettstrukturen in den einzelnen Lebensaltern der Prozeß der enchondralen Ossifikation während Wachstum und Reifung analysiert werden kann und daß damit Aussagen über den normalen physiologischen Ablauf der Verknöcherung des knorpelig präformierten Skelettes möglich sind.
Bereits vom 3. Embryonalmonat an konnte ohne Eingriff die Entstehung des Knochengerüstes analysiert werden. Vor dieser Zeit ist der Mineralgehalt der einzelnen Knochen so gering, daß eine intrauterine Beurteilung nicht gelingt. Die ersten Verknöcherungszentren können in der 7. Embryonalwoche am Schlüsselbein nachgewiesen werden. Nach Ende des 3. Embryonalmonats sind Ossifikationsherde in zahlreichen Knochen erkennbar. Während die Diaphysen frühzeitig intrauterin sichtbar werden, lassen sich die Epiphysen der Röhrenknochen noch nicht erkennen, da sie knorpelig präformiert sind. Eine der ersten umfassenden Studien der Entwicklung des menschlichen Knochengerüstes während des fetalen Lebens verdanken wir Lambertz (1900), dessen Resultate lesenswert sind. Der Beginn der enchondralen Ossifikation in verschiedenen Kno-

chen wurde bestimmt. In der distalen Femurepiphyse konnte von der 30. Lebenswoche an ein Knochenkern nachgewiesen werden, dessen Existenz auch in der Gerichtsmedizin zur Altersbestimmung des Kindes Bedeutung erlangte (Schumacher 1933).

In der ersten Zeit sind Röntgenbilder, die in der Phase der Skelettentwicklung angefertigt worden sind, nicht selten als atypisch oder anomal bezeichnet worden, da die Kenntnisse über die enchondrale Ossifikation nur sehr gering und lückenhaft waren. Eine Verwechslung mit posttraumatischen Zuständen lag oft nahe. Aus diesem Grunde mußten systematische Analysen von Röntgenbildern der Knochenentwicklung in allen Lebensphasen - von der Geburt bis zum Abschluß des Reifungsprozesses - durchgeführt werden (Behrendsen 1897; Poland 1898; v. Ranke 1898). In einem 1902 erschienenen Band über die *Entwicklung der Knochen der oberen Extremität* von Wilms und Sick findet sich der Hinweis, daß ein intensives Studium der Röntgenanatomie von Knochenbildung und Wachstum unerläßlich ist. Es war daher verständlich, daß gleichzeitig mehrere Forschergruppen diese wichtige Aufgabe erkannten und intensive Studien durchführten (Köhler 1901, 1905; Hickey 1903; Åkerlund 1918). Vorrangig sind die Knochenkernbildungen im Handskelett Gegenstand des Interesses gewesen.

Auf dem ersten großen deutschen Röntgenkongreß in Berlin 1905 hat Béla Alexander, ein Pionier der Röntgenologie Ungarns, etwa 400 Röntgenbilder mit erläuternden Zeichnungen zur Ossifikation des Skelettes gezeigt. *Verlaufskontrollen der Ossifikation* aller knorpelig präformierten Knochenabschnitte, insbesondere der Epiphysen und Apophysen, haben Grundkenntnisse vermittelt, die es heute erlauben, eine normale Ossifikation und ein gesundes Wachstum des Stützgerüstes von Störungen verschiedenster Ursachen abzugrenzen.

Als wesentliches Nebenergebnis dieser Forschungen konnten *akzessorische Knochenbildungen,* die Entstehung und das Auftreten von *Sesambeinen* sowie die nicht selten diagnostisch und differentialdiagnostisch wichtige *Persistenz von Epiphysen und Apophysen* des Skelettes geklärt werden. In diesem Zusammenhang sei auf die Arbeiten von M. Wilms und C. Sick (1902), R. Grashey (1912), E. Ruckensteiner (1931), W. W. Greulich und S. J. Pyle (1959), sowie F. Schmid und H. Moll (1960) hingewiesen. So sind heute der *Zeitpunkt* und die *Reihenfolge des Auftretens* aller wichtigen Knochenkerne des Skelettes bekannt (Abb. 2).

Die Röntgenstrahlen im Dienste der Chirurgie.

Quidquid latet, adparebit
Nil occultum remanebit.

Von

Dr. Carl Beck,
Professor der Chirurgie,
New York.

München 1902.
Verlagsbuchhandlung Seitz & Schauer.

a

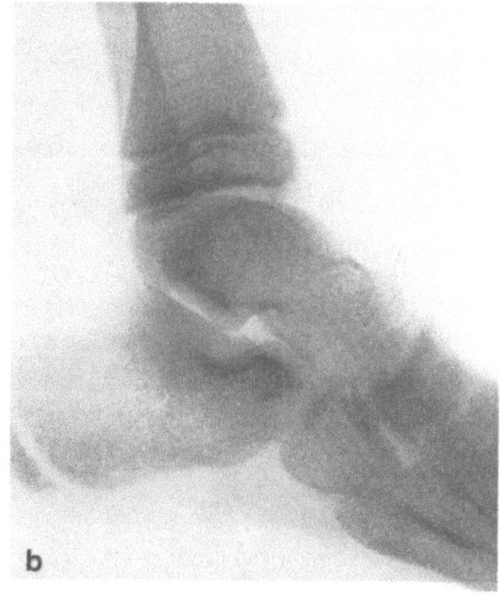

Abb. 2a–e. Nach ersten Fehlurteilen über Röntgenbilder bei dem Verdacht auf Knochenverletzungen im Kindesalter wurde die Röntgenmorphologie des Skelettes während der enchondralen Ossifikation im Wachstumsalter durch verschiedene Arbeitsgruppen studiert. (**a**) In einer frühen Zusammenstellung von Röntgenbildern aus dem Jahre 1902 „Die Röntgenstrahlen im Dienste der Chirurgie" durch den bekannten Professor für Chirurgie Dr. Carl Beck (New York) findet sich (**b**) das seitliche Röntgenbild des Fußgelenkes eines 10jährigen Knaben mit normalen Epiphysen und Apophysen (als Abb. 30 in diesem Buch, das einmal Eigentum von Alban Köhler in Wiesbaden gewesen ist). **c–e** s. S. 36

Fortschritte auf dem Gebiete der Röntgenstrahlen
Herausgeber: Dr. Albers-Schönberg
Ergänzungsband 9

Archiv und Atlas

der normalen und pathologischen Anatomie

in typischen Röntgenbildern

Die Entwickelung der Knochen der Extremitäten

von der Geburt bis zum vollendeten Wachstum

Obere Extremität	Untere Extremität
von	von
Dr. Wilms	Dr. C. Sick
Privatdozent an der Universität Leipzig	Oberarzt der chirurg. Abteilung des Allg. Krankenhauses Hamburg-Eppendorf

Hamburg
Lucas Gräfe & Sillem
(Edmund Sillem)
1902

c

Die normale Entwicklung des Knochensystems im Röntgenbild

von

Dr. E. Ruckensteiner
Assistent am Röntgeninstitut des Rudolfinerhauses,
Vorstand Reg.-Rat Primarius Dr. W. Frhr. v. Wieser, Wien

(Ausgeführt mit Unterstützung
der Österreichisch-Deutschen Wissenschaftshilfe)

Mit 63 Abbildungen im Text und 11 Kurven im Text und auf 3 Tafeln

1 9 3 1

Georg Thieme / Verlag / Leipzig

d

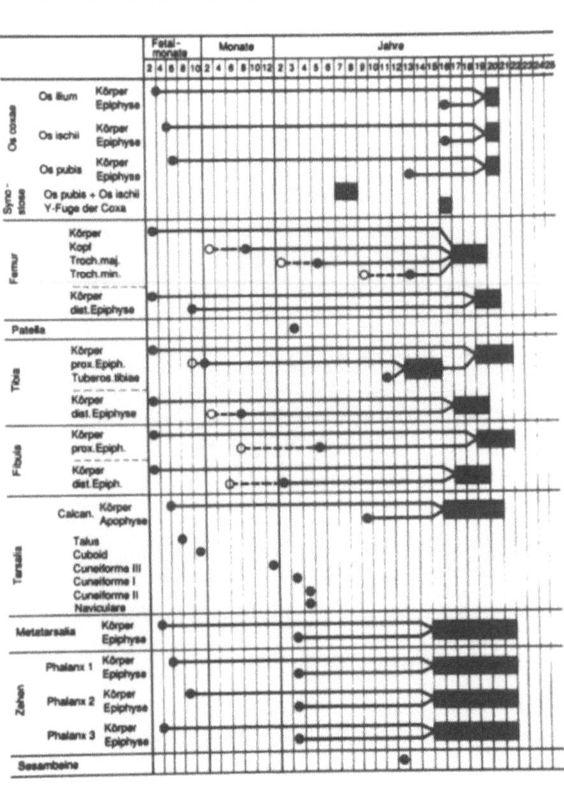

e

Abb. 2 (*Fortsetzung*). Als Ergebnis weiterer intensiver Reihenstudien konnte die Ossifikation der knorpelig präformierten Knochenabschnitte durch (**c**) Wilms u. Sick (1902) und (**d**) durch Ruckensteiner (1931) erarbeitet werden. Der Zeitablauf der Ossifikation der Knochen ist in Schemata zusammengestellt worden, in (**e**) ist das Beispiel der unteren Extremität gezeigt. (Aus Heuck 1989)

Regionale Besonderheiten

Weiterführende Aufmerksamkeit haben die Ausbildung der Endglieder von Fingern und Zehen sowie überzählige Knochen des Hand- und Fußskelettes gefunden (Hasselwander 1903; Fischer 1912; Åkerlund 1918). Die Tuberositas unguicularis der Endphalangen in ihren verschiedenartigen Formen beim Gesunden und grobe, morphologische Veränderungen unter krankhaften Bedingungen (z. B. bei der Akromegalie) sind bereits in den ersten beiden Auflagen des international bekannt gewordenen Buches *Lexikon der Grenzen des Normalen im Röntgenbilde* von Alban Köhler (1910, 1915) gezeigt worden (Abb. 3).
In der kritischen Auseinandersetzung um Fehlinterpretationen des Röntgenbefundes nach Knochenverletzungen wurde auf kleine akzessorischen Knochen, wie z. B. das Os trapezoideum, hingewiesen. Exostosenartige oder dornähnliche Vorsprünge an normalen Handknochen sind beschrieben worden. Sklerotische Verdichtungen in der Spongiosa im Sinne einer „Kompaktainsel" konnten als Normvarianten eingeordnet werden.

b

a

LEXIKON

DER

GRENZEN DES NORMALEN

UND DER

ANFÄNGE DES PATHOLOGISCHEN

IM

RÖNTGENBILDE

VON

DR. ALBAN KÖHLER

SPEZIALARZT FÜR RÖNTGENOLOGIE IN WIESBADEN.

MIT 73 ABBILDUNGEN IM TEXT.

HAMBURG

LUCAS GRÄFE & SILLEM (EDMUND SILLEM)

1910.

c

Abb. 3a–c. Ganz entscheidende Pionierarbeit in der Röntgendiagnostik, zunächst und vorrangig im Bereich der Röntgenuntersuchung des Skelettes, hat Alban Köhler (1874–1947) in Wiesbaden geleistet (**a**). Die erste Auflage seines inzwischen in aller Welt bekannten Standardwerkes erschien 1910 mit einem Einband im Jugendstil als *Lexikon der Grenzen des Normalen und der Anfänge des Pathologischen im Rontgenbilde* und wurde zunächst von Grafe und Sillem (Edmund Sillem) in Hamburg verlegt (**b**, **c**). Nachdem der Thieme-Verlag das Werk Alban Köhlers bis zur 8. Auflage betreute, hat es Emil Alfred Zimmer bis zur 12. Auflage fortgeführt und auf das Skelett beschränkt. Es ist zunächst in deutscher Sprache, später auch in englischer, französischer, italienischer und spanischer Übersetzung erschienen

Die Doppelbildung des Os naviculare und die Aplasie von Navikulare und Lunatum sind erkannt worden (Hoffmann 1911; Preiser 1911). In den ersten Atlanten von R. Grashey (1912) zur normalen Röntgenanatomie (später gemeinsam mit R. Birkner ab 10. Auflage erschienen) wurde bereits auf differentialdiagnostische Schwierigkeiten zwischen Frakturen und Ausrissen, insbesondere bei Verletzungen im Bereich von Epiphysen- und Apophysenkernen des Ellenbogengelenkes, hingewiesen. Eine knöcherne Apposition am Olekranon wurde als „Olecranonsporn" beschrieben. Die Besonderheiten der Ossifikation der Skapula wurden erkannt (Grashey 1905). Auf die Ossifikation des Os acromiale sind Bernardeau (1907) und von Lilienfeld (1914) eingegangen. Über die Folgen von ungewöhnlichen Frakturen, Ausrissen oder Fissuren am Humerus ist berichtet worden, und eine „Knochenapposition" an der Beugeseite konnte als Processus supracondylaris humeri erkannt werden. Frakturen und Luxationen der Klavikula haben Beachtung gefunden. Pathologische Kalkablagerungen in den Weichteilen und Schleimbeuteln des Schultergelenkes (Bursa subacromialis und subdeltoidea) wurden richtig eingeordnet.

Über die *Ossifikation des Fußskelettes* hat Hasselwander (1903) gearbeitet und akzessorische Knochen, analog denen am Handwurzelskelett, nachweisen können. Ergebnisse anatomischer Studien des Os tibiale externum sowie einiger Variationen des Skelettes sind von Pfitzner bereits 1891/1895 mitgeteilt worden. Partielle Synostosen sind gefunden worden. Es konnte eindeutig bewiesen werden, daß ein Os trigonum und verschiedenartige Formen des Processus posterior am Talus *keinen Krankheitswert* besitzen. Die Ossifikation des Kalkaneus, insbesondere seiner Apophyse, hat zunächst Rätsel aufgegeben, doch konnte gesichert werden, daß ein Auftreten von mehreren Ossifikationszentren als Normvariante zu werten ist. Im Bereich des Mittelfußes sind atypische, akzessorische Knochen erkannt und beschrieben worden. Der Einfluß modischen Schuhwerkes auf die Ausbildung und Entwicklung des Fußskelettes ist schon früh erörtert worden.

Die Ossifikation der *Tuberositas tibiae* in mehreren unabhängigen Knochenkernen hat zunächst für diagnostische Probleme gesorgt, bis diese als Normvarianten der Ossifikation gesichert werden konnten. Im Zusammenhang mit Schmerzzuständen während der Verknöcherung wurde von C. Schlatter (1903) ein besonderes Krankheitsbild als aseptische Nekrose beschrieben (s. Abb. 6). Differentialdiagnostisch ist die Tuberkulose erörtert worden (Köhler 1901). Akzessorische Knochenkerne im Bereich der Malleolen von Tibia und Fibula wurden später entdeckt. Die Persistenz dieser Ossifikationszentren konnte als „Os subfibulare" oder „Os subtibiale" im Sinne von Normvarianten gesichert werden (Pöschl 1971; hier weitere Literatur). Frühzeitig hat das Sesambein der Quadrizepssehne – die Patella – mit Doppelbildungen oder dreigeteilten Anlagen Beachtung gefunden (Rieder u. Rosenthal 1913).

Am *Beckenskelett* ist eine „atypische und eigenartige Ossifikationszone" im Bereich der Crista iliaca beschrieben worden, die sich später als dort auftretende Apophyse erwies. Das Hüftgelenk wurde im Hinblick auf diagnostische Fragestellungen verschiedenster Art eingehend studiert. Primär pathogenetisch nicht richtig erkannt worden ist die sog. „Arthrosis deformans infantilis", bei der eine Deformierung der Epiphyse des Femurkopfes im Vordergrund steht. Es waren Kinder vom 5. bis 12. Lebensjahr betroffen. Vornehmlich Knaben hatten diese eigenartige, bis dahin unbekannte Hüfterkrankung, bei der sich der Femurkopf *walzenförmig* umbildete. Erst sehr viel später ist dieser röntgenmorphologische Befund als „Morbus Perthes" im Sinne einer Ossifikationsstörung oder Osteochondronekrose eingeordnet worden (Perthes 1910, 1922; Müller 1941). Es sind die *kongenitalen Hüftluxationen* erkannt und richtig verstanden worden. Daneben haben Fehlstellungen des Schenkelhalses im Sinne einer Coxa vara oder valga, und Zustände nach Epiphysenlockerungen mit Verschiebungen der Epiphyse eine richtige Analyse und Einordnung gefunden (Lindemann 1941).

Die Verknöcherung der knorpelig präformierten *Wirbelkörper* im Laufe des Wachstums konnte erforscht werden (Hanson 1926; Töndury 1974). Vor allem die auf dem seitlichen Röntgenbild gut erkennbaren Randapophysen der Wirbelkörper haben in der Zeitspanne vom 10. bis 13. Lebensjahr und später zu Fehldiagnosen geführt. Nicht selten wurde hier eine Tuberkulose vermutet (Alexander 1906; Grashey 1909). Die Röntgenbildanalyse der gesamten Wirbelsäule bereitete Schwierigkeiten, doch wurde der „Zwischenwirbelraum" bald eindeutig als das anatomische Substrat der Bandscheibe erkannt (Hahn 1922). Die röntgenmorphologische Analyse der Querfortsätze, der Dornfortsätze und der Gelenkfortsätze wurde bereits in den ersten Jahren begonnen (Köhler 1915). Fehlformen des Dens epistrophi (axis), die nicht selten zweigeteilten Dornfortsätze der Halswirbelsäule, das Auftreten von Halsrippen an der oberen Brustwirbelsäule und die verschiedenen Formen der Processus spinosi an

Brust- und Lendenwirbelsäule sind röntgenmorphologisch beschrieben worden. Es wurden die heute allgemein bekannten Spezialaufnahmen der Wirbelsäule entwickelt, wie die Aufnahme des Axis durch den geöffneten Mund, Schrägaufnahmen der Wirbelsäule zur Darstellung der kleinen Wirbelgelenke und Bewegungsaufnahmen, um die Funktion des Stammskelettes erforschen zu können.

Bei dem Studium der Entwicklung des *Schädelskelettes* konnten Störungen der Ossifikation festgestellt werden. In der Regel weist das Schädelskelett eine Asymmetrie auf, die Orbita und Nasennebenhöhlen einschließt. Unterschiede der Größe der Nebenhöhlen wurden festgestellt. Entwicklung und altersmäßig unterschiedlich ausgeprägte Pneumatisation der Nasennebenhöhlen im Kindesalter sind studiert worden. Die Siebbeinzellen wurden dabei besonders beachtet. Ferner hat die Röntgenmorphologie der Keilbeinhöhlen Aufmerksamkeit geweckt. Zur weitergehenden Analyse der Schädelknochen wurden Spezialaufnahmen der Schädelbasis und des Gesichtsschädels entwickelt. Schon sehr früh hat die *Sella turcica* besondere Aufmerksamkeit gefunden, da die pathologischen Formveränderungen den jeweils zugrundeliegenden Erkrankungen, wie z. B. einem Hypophysentumor, zugeordnet werden mußten (Schüller 1905; Muntean 1963; Psenner 1963). Die Formationen der *Schädelnähte* sind differentialdiagnostisch gegen Frakturlinien abgegrenzt worden. Es konnte festgestellt werden, daß in höherem Lebensalter die Schädelnähte partiell durchkonstruiert werden (Köhler 1915; Friedmann 1963; Lorenz 1963). Die Röntgenanatomie des *Felsenbeines,* insbesondere der Warzenfortsätze, war Gegenstand intensiver Studien (Schüller 1905; Stenvers 1917; Mayer 1924; Steurer 1928). Als unerläßlich für die richtige Diagnose eines pathologischen Zustandes im Bereich der Felsenbeine wurde die Forderung nach einem *Vergleich mit der gesunden Seite* betrachtet. Ohne besondere Schwierigkeiten konnten die normalen anatomischen Strukturen des Unterkiefers und des Zahnhalteapparates mit den Zähnen zugeordnet werden (Dieck 1911; Sonesson 1963).

Umbau und Alterung der Knochen

Die *Vorgänge des Knochenumbaus* während der Wachstumsphase konnten röntgenologisch analysiert und mit den Kenntnissen der Anatomie verglichen werden (Rössle 1923). Die äußere Form des Knochens bleibt während des Wachstums und der physiologischen Transformation der Tela ossea ebenso erhalten wie die Grundzüge der Architektur der Spongiosa, da ein statisch bedingter „formativer Reiz“ gleichbleibend einwirkt. Als Folge von Veränderungen der Statik eines Knochens kann die Spongiosaarchitektur eine funktionelle Anpassung erfahren (Wolff 1892; Gebhardt 1910; Roux 1912; Kummer 1959). Auf die große Bedeutung der *Gefäßversorgung* des wachsenden Knochens wurde in dem ersten Lehrbuch von Schinz et al. (1928) am Beispiel der Epiphysenfuge und der gefäßreichen, inneren Periostschicht hingewiesen. Das *Längenwachstum* der Extremitätenknochen erfolgt von 3 Regionen aus, einmal von der Wachstumszone der Metaphyse, dann von der gelenkfernen und der gelenknahen Wachstumsfuge der Epihpyse, während das *Dickenwachstum* weitgehend periostal und perichondral gesteuert wird. In Zonen, in denen der Knochen rasch wächst, treten die Ossifikationskerne früher auf, und die Wachstumsfugen persistieren länger.

Mit fortschreitendem *Alterungsprozeß* ist ein *physiologischer Knochenschwund* beobachtet worden, der als Ursache zunehmender Brüchigkeit der Knochen angesehen wurde. Im Röntgenbild wird der Knochen „durchsichtiger“. Als Folge des Knochensubstanzverlustes treten noch verbleibende Knochenbälckchen stärker hervor und werden dadurch besser sichtbar (Kienböck 1931, 1935) (Abb. 4). Bereits vor Entdeckung der Röntgenstrahlen erforschte Zusammenhänge zwischen der Architektur eines Knochens und seiner Funktion sind am lebenden Menschen bestätigt worden. Die von Meyer u. Culmann (1867) am anatomischen Präparat erkannte Parallelität zwischen den Gesetzen der technischen Statik und dem biologischen Aufbau der Knochen hat nach der Erforschung der Röntgenmorphologie der Knochen volle Bestätigung erfahren. Mit Hilfe von Verlaufsbeobachtungen konnten die *Dynamik des Knochenumbaus* und die Anpassung der Spongiosastruktur und -architektur an die jeweilige Funktion objektiviert werden (Friedl u. Schinz 1925). Auch nach Erkrankungen des Knochens paßt sich das jeweilige Bauelement des Skelettes in seiner Architektur und Struktur den veränderten statischen Verhältnissen an, wie dies infolge von Wachstumsstörungen, nach Ankylosen der Gelenke oder bei nicht gut adaptierten Fragmenten nach Knochenverletzungen beobachtet werden kann (Abb. 5).

a

Röntgendiagnostik der Knochen- und Gelenkkrankheiten

Von

Professor Dr. Robert Kienböck

Wien

II. Band: Gelenkkrankheiten

1. Teil
Gelenksosteomatose und Chondromatose
Degenerative Wirbelsäulenerkrankungen

Mit 409 Abbildungen im Text

1938
Urban & Schwarzenberg / Berlin und Wien

b

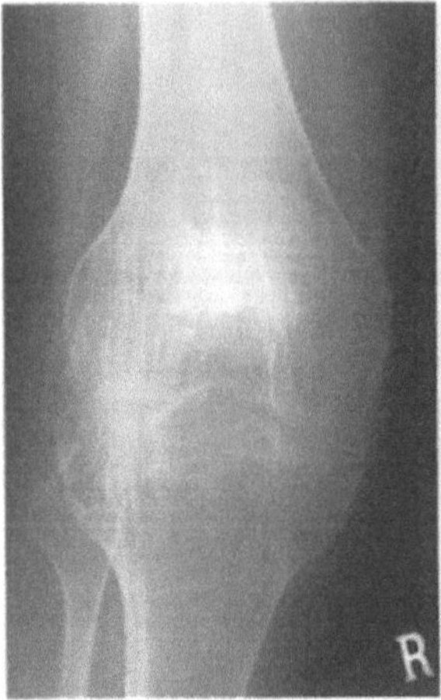

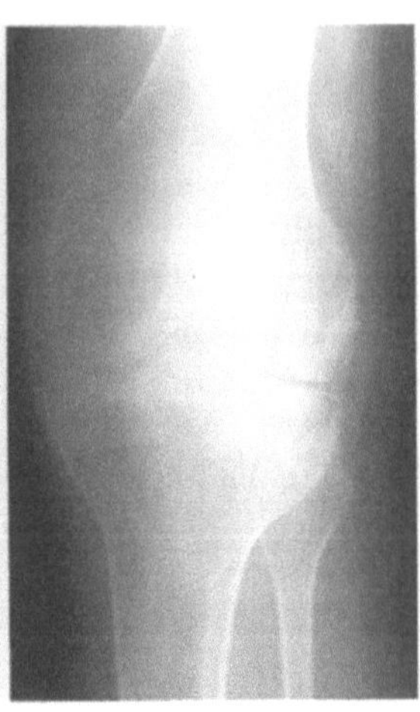

Abb. 5. Der Umbau der Knochenstrukturen mit Anpassung an die veränderten statischen Verhältnisse kommt besonders deutlich dann zum Ausdruck, wenn Gelenkversteifungen (Ankylosen) nach einem chronisch-entzündlichen Prozeß auftreten. Bei der 24 Jahre alten Frau ist nach chronisch-rheumatischer Erkrankung der Gelenke das rechte Kniegelenk versteift, während auf der linken Seite noch ein Rest des Gelenkknorpels und eine geringe Beweglichkeit erhalten geblieben sind. Im Vergleich der beiden gelenkbildenden Knochen der Kniegelenke wird die Transformation der Spongiosaarchitektur auf der rechten Seite des versteiften Gelenkes deutlich

◄

Abb. 4. a Unter den Pionieren der Radiologie in Österreich hat sich Robert Kienböck (1871–1953) besonders den Forschungen über die Röntgenmorphologie des Skelettes gewidmet. Die Strukturveränderungen des Knochens im Laufe des Alterungsprozesses und bei verschiedenen Erkrankungen, die seinerzeit als „Osteoporose" zusammengefaßt worden sind, haben ihn stark beschäftigt. (Das Porträtphoto wurde vom „Institut für Geschichte der Medizin der Universität Wien" zur Verfügung gestellt.) **b** Aus dem dreibändigen Werk *Röntgendiagnostik der Knochen und Gelenkkrankheiten* sind 1938 zuerst die Bände über die Gelenkkrankheiten erschienen

Störungen der Ossifikation

Während der ersten Jahre der Erforschung des Stützgerüstes konnten die verschiedenartigen Formen von sog. „Osteochondronekrosen" im Wachstumsalter erkannt und beschrieben werden. Frühzeitig fand die Osteochondrosis deformans coxae juvenilis durch die Arbeiten von Calvé u. Legg (1910) und Perthes (1910, 1922) Beachtung, und die Osgood-Schlattersche Erkrankung der Tibiaapophyse ist seit 1903 bekannt (Abb. 6). Die Köhlersche Erkrankung des Os naviculare pedis (1908), die Freiberg-Köhlersche Erkrankung des Metatarsalköpfchens II (1914) und einige weitere Osteochondropathien an Epiphysen oder Apophysen des Skelettes sind gefunden worden (Scheuermann 1921, 1922). Die vergleichenden histologisch-morphologischen und radiologischen Analysen des pathoanatomischen Befundes führten zur Entwicklung und Begründung verschiedener Hypothesen über Pathogenese und Pathomechanik dieser sog. „Osteochondronekrosen" (Thiemann 1909, 1910; Rieder 1922; Pöschl 1971). Das Wesen dieser Veränderungen sollte in einer entweder traumatisch oder toxisch bedingten subchondralen Knochennekrose gesehen werden. Dabei hat die *reaktive osteoplastische Neubildung* des Knochens eine besondere Bedeutung behalten. Da die Bewegungen im Gelenk zu weiteren Zerstörungen der primärnekrotischen Knochensubstanz führen können, sind die röntgenmorphologischen Erscheinungsbilder unterschiedlich. Die sich entwickelnden „Trümmerfelder" (aus zusammengesinterten Bälkchen und Knochenresten bestehend) und die nachfolgende Reparation und Regeneration des erkrankten Knochens haben neue Fragen aufgeworfen. Im eigentlichen Sinne des Wortes handelte es sich also nicht um eine „Nekrose" des Knochens, da die „Revitalisierung" eine dann normal ablaufende Ossifikation in dem zunächst als grob-pathologisch eingeordneten Prozeß ersetzen kann. Das *Ausheilungsstadium* der verschiedenen „aseptischen Epiphysen- und Apophysennekrosen" ist im Erwachsenenalter als Folgezustand noch erkennbar und durch ganz charakteristische Deformierungen der gelenkbildenden Knochen im Sinne einer Narbenheilung bekannt geworden. Umfangreiche Abhandlungen und Bücher sind diesen hinsichtlich der Pathogenese auch heute noch umstrittenen, unklaren und problematischen Veränderungen des wachsenden Skelettes gewidmet worden (Kienböck 1903; Kirchner 1907; Friedrich 1924; Ribbing 1937; Müller 1941; Häuptli 1954; Pöschl 1971; Davidson 1976; Ellegast 1981).

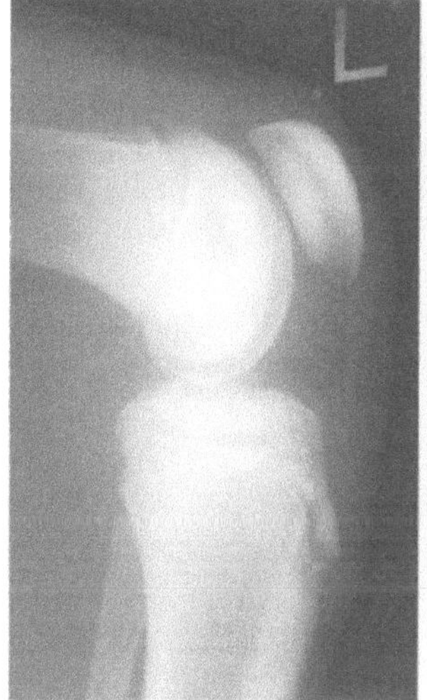

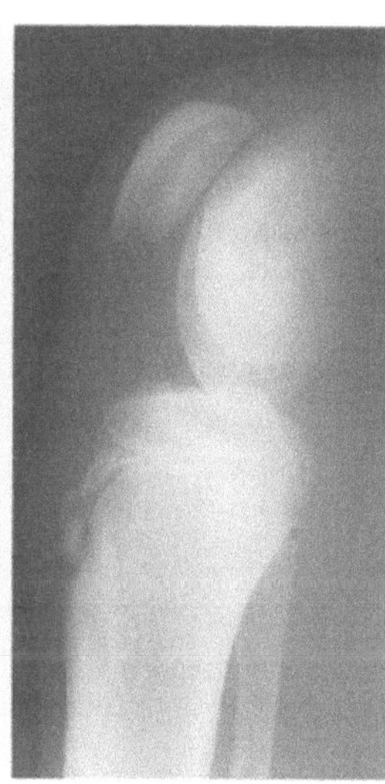

Abb. 6. Die zuerst von Osgood und Schlatter beschriebene Störung der enchondralen Apophysenossifikation im Bereich der Tuberositas tibiae, die mit Schmerzzuständen einhergehen kann, ist durch strukturelle Veränderungen, eine multizentrische Ossifikation und eine leichte Anschwellung im Bereich der hier vorhandenen Ansatzstelle der Patellasehne gekennzeichnet. An dem Beispiel eines 13jährigen Jungen ist auf der *rechten* Seite dieser Befund gut erkennbar, während *links* nur eine diskrete Konturunregelmäßigkeit des Knochenkernes der Apophyse vorliegt. Der klinische Befund einer Schwellung und Schmerzhaftigkeit fanden sich nur auf der *rechten* Seite

Neuentdeckung und Erforschung angeborener, genetischer Skelettveränderungen

Einige Erkrankungen des Stützgerüstes waren zu Beginn unseres Jahrhunderts weitgehend unbekannt und werden heute unter den Begriffen der Dysplasien, Dysostosen und angeborenen Deformitäten oder Fehlformen des Skelettes zusammengefaßt. Diese Krankheiten sind durch pathogenetisch unterschiedlich induzierte Störungen des Knochenumbaues mit Bindegewebsersatz und damit verbundene, oft regellose Form- und Strukturveränderungen charakterisiert. Erkennung und Einteilung genetischer Störungen der Knochenbildung sind in jüngster Zeit durch Erforschung der zugrundeliegenden chromosomalen Veränderungen möglich geworden.

Generalisierte Dysplasien und Dysostosen

Eine große Zahl bisher nur pathoanatomisch oder überhaupt nicht bekannter Knochenveränderungen wurde mit Hilfe der Röntgendiagnostik näher analysiert (Birkenfeld 1930; Gruber 1937;

Cocchi 1952). Sehr eindrucksvoll erschienen die morphologischen Befunde bei „multiplen kartilaginären Exostosen", die mit ganz ungewöhnlichen Deformierungen der Knochen einhergehen (Pels-Leusden 1907). Diese damals neuartigen röntgenmorphologischen Veränderungen konnten mit den pathoanatomischen Befunden verglichen und durch histologische Studien richtig eingeordnet werden. Es wurde festgestellt, daß manche Knochenerkrankungen auf einer *konstitutionellen Besonderheit des proliferierenden Periostes beruhen* und nicht selten in *einzelnen Familien* gehäuft vorkommen. So sind die Voraussetzungen geschaffen worden, um eine *genetische Prädisposition* bei bisher wenig bekannten Skelettveränderungen nachzuweisen (Schinz 1941; Cocchi 1952). Einige völlig unbekannte Krankheitsbilder wurden von Albers-Schönberg (1904, 1907) entdeckt. Zuerst ist die *Osteopetrosis* oder *Marmorknochenkrankheit* beschrieben worden, deren verschiedenartiger Erbgang (dominant-monophen oder dominant-polyphen, sowie rezessiv-monophen und rezessiv-polyphen) inzwischen gesichert werden konnte.

Das röntgenmorphologische Bild der Knochen ist charakterisiert durch Spongiosklerosen, also deutliche Verdichtungen im Bereich der Epiphysen und Metaphysen (Abb. 7). Im Wachstumsalter können periostale Appositionen an den Diaphysen vorkommen. Der Röntgenbefund erweckt den Eindruck, daß der bisher unbekannte, der Krankheit zugrundeliegende pathoanatomische Prozeß *schubweise* abläuft.

Neben der Osteopetrose ist von Albers-Schönberg (1915, 1916) das ebenfalls genetisch bedingte Erscheinungsbild der *Osteopoikilie* beschrieben worden. Kleine, enostomähnliche Verdichtungen in der Spongiosa finden sich vorwiegend im Bereich der Epiphysen und Metaphysen. Das Schädelskelett weist keine ähnlichen oder gleichartigen Verdichtungen in der Diploespongiosa auf. Die „Kompaktainseln" sind vorwiegend spindelförmig, manchmal rundlich ausgebildet und lassen deutliche Beziehungen zur Bälkchenstruktur und Architektur der Spongiosa erkennen (Abb. 8). Ein Konfluieren dieser herdförmigen Spongiosklerosen konnte festgestellt werden (Voorhoeve 1924). Nach der Pathohistologie ist vermutet worden, daß die kleinen Enostome während der Wachstumsphase des Knochens entstehen. Die Umbauvorgänge der Tela ossea werden von den Skleroseherden mitgemacht. Sehr früh ist bei dieser Knochenerkrankung auch eine knötchenförmige Hautverdickung beobachtet worden, die heute als *Dermatofibrosis lenticularis* bekannt ist (Buschke u. Ollendorf 1928).

Die seltene *Melorheostose* (Léri 1921, 1922) gehört ebenfalls zu den *erblichen* Knochenveränderungen, die in unterschiedlicher Ausprägung auftreten können. Die pathogenetischen Zusammenhänge dieser Störung sind auch heute noch völlig unklar.

Eine als *Hyperostosis generalisata ohne und mit Pachydermie* einhergehende, von Uehlinger (1941) beschriebene Krankheit kann zwar als generalisierte pathologische Veränderung des Bindegewebes betrachtet werden, doch sind die pathogenetischen Zusammenhänge weder im zellulären noch im molekularen Bereich bisher bekannt geworden.

Als angeborene Knochenerkrankung im Sinne einer genetisch präformierten Störung im Aufbau des Bindegewebes, die neben mangelhafter Knochenbildung auch andersartige Bindegewebeveränderungen infolge einer Fehlleistung bei der Kollagensynthese aufweist, wurde die *Osteogenesis imperfecta congenita* näher analysiert. Es konnten 3 Formen differenziert werden:

1. Die infantile Form, bei der Kinder ohne Frakturen zur Welt kommen und erst später Frakturen erleiden.
2. Eine fetale Form, die identisch war mit der „Osteogenesis imperfecta" und der sog. „Rachitis fetalis", bei der die Kinder (häufig Frühgeborene) mit zahlreichen Frakturen auf die Welt kommen, frühzeitig sterben oder bereits tot geboren werden.
3. Eine Form der Osteopsathyrose der Erwachsenen, die im Sinne einer gleichmäßigen Osteoporose das ganze Skelett betreffen kann und nicht nur frische, sondern auch alte Frakturen im Bereich der Röhrenknochen zeigt.

Deutlich erkannt wurden auch eindrucksvolle *Hypoplasien* wie eine abnorme Verdünnung der Knochen, eine Abplattung und bogige Verkrümmung der Diaphysen bei manchmal annähernd normalen Epiphysenbereichen (Abb. 9). Gestützt auf vergleichende pathohistologische Untersuchungen der Tela ossea bei Osteogenesis imperfecta ist eine *mangelhafte enchondrale und periostale Knochenbildung* durch Unterfunktion der Osteoblasten angenommen worden. Dabei bleibt die Struktur des Knochens annähernd normal, und das Wachstum kann ohne besondere Störungen ablaufen. So können Patienten mit einer Osteogenesis imperfecta tarda das Erwachsenenalter erreichen. Die Erkrankung bereitet dann nicht selten diagnostische und differentialdiagnostische Schwierigkeiten gegenüber andersartigen Systemerkrankungen des Skelettes. Obgleich die verschiedenen Formen der Osteogenesis imper-

a

Abb. 7a–d. Unter den ersten Neuentdeckungen bisher unbekannter Allgemeinerkrankungen des Skelettes hat Heinrich-Ernst Albers-Schönberg (1865–1921) (**a**) in Hamburg im Jahre 1904 über eine generalisierte eigentümliche Verdichtung aller Knochen des Skelettes berichtet, die eine „Marmorbeschaffenheit der Knochen“ aufwies und später dann auch als *Marmorknochenkrankheit* oder *Osteopetrose* bezeichnet worden ist (**b**). Die ersten Röntgenbilder vom Fußgelenk und Fußknochen aus der Originalpublikation zeigen den charakteristischen Befund bereits sehr deutlich (**c**, **d**). Erst später wurde der pathoanatomische und histologische Befund dieser massiven Spongiosklerose beschrieben, doch ist die Pathogenese der Erkrankung bis heute unbekannt. Über den Erbgang der genetisch bedingten angeborenen Störung der Knochenbildung liegen inzwischen gesicherte Kenntnisse vor

Eine bisher nicht beschriebene Allgemeinerkrankung des Skelettes im Röntgenbild.

Von

H. Albers-Schönberg.

(Hierzu Tafel XVII.)

Den nachfolgend beschriebenen Fall stellte ich zuerst am 9. II. 04 im Ärztl. Verein in Hamburg vor, sodann zeigte ich die Platten im gleichen Jahre auf dem Kongress der deutschen Gesellschaft für Chirurgie. Ferner nahmen eine grosse Anzahl von Röntgenologen, sowie patholog. Anatomen die Aufnahmen während der letzten Jahre in Augenschein. Wie mir die Herren mitteilten, ist ihnen eine gleiche oder ähnliche Erkrankung des Skelettes niemals vorgekommen. Da ich auch in der Litteratur keine Beschreibungen dieser seltenen Affektion habe finden können, so glaube ich die Erkrankung als eine bisher nicht beschriebene bezeichnen zu dürfen.

Wenn ich, wegen Mangels eines Obduktionsbefundes, eine Erklärung für das eigentümliche Verhalten des Skelettes auch nicht geben kann, so halte ich die Reproduktion der Bilder doch für wichtig, denn sie giebt vielleicht einem oder dem anderen Fachkollegen Veranlassung sich zu dem Falle zu äussern.

b

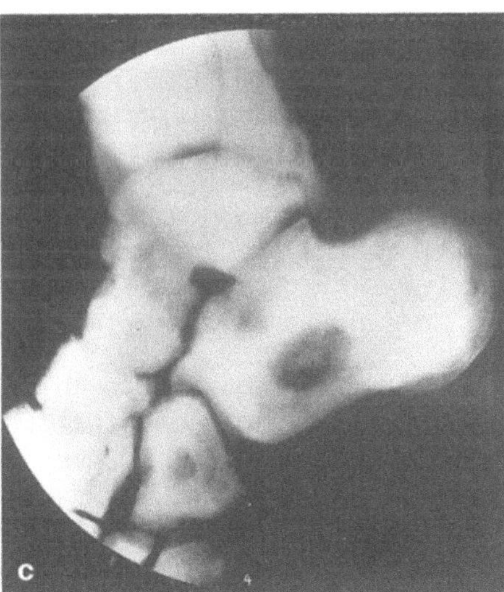
c

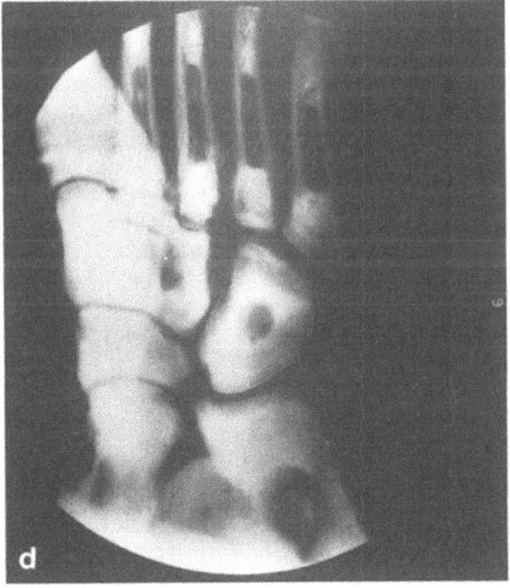
d

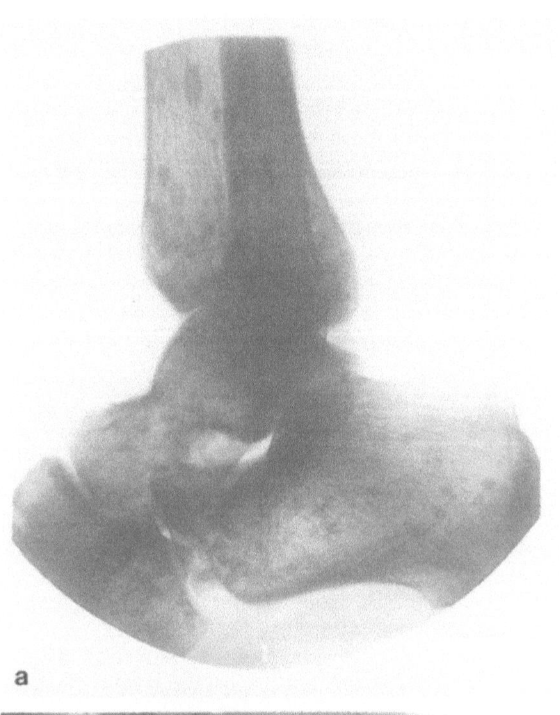

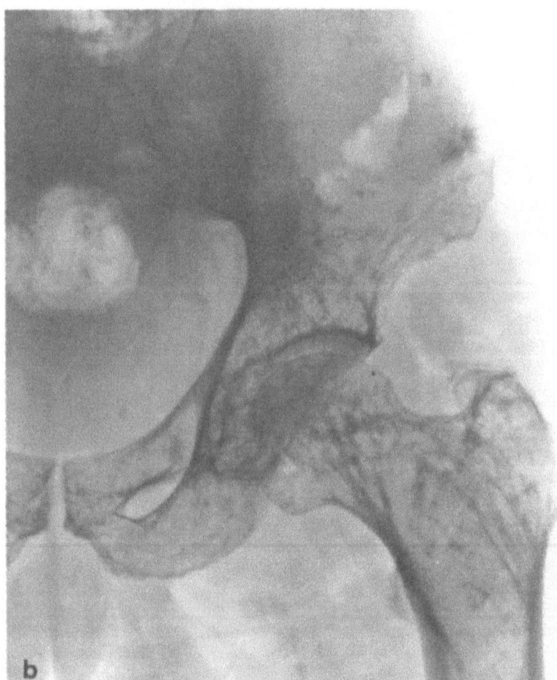

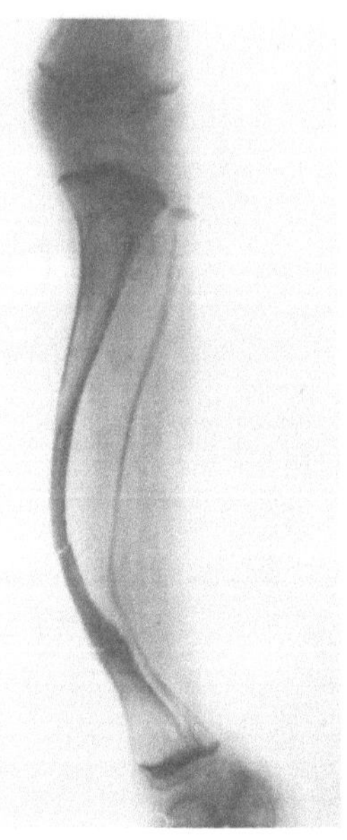

Abb. 9. Der röntgenmorphologische Befund der „Osteogenesis imperfecta" ist durch eine Störung der Knochenbildung gekennzeichnet, die im Bereich der Diaphysen mit einer abnormen Verschmälerung der Knochen, einer Abplattung und bogigen Verkrümmung einhergeht. Das Röntgenbild des rechten Unterschenkels bei einem 5jährigen Jungen zeigt eindrucksvoll den morphologischen Befund der Osteogenesis imperfecta

◀

Abb. 8 a, b. Eine andersartig ausgeprägte *fleckige Spongiosklerose* wurde 1915 von H. E. Albers-Schönberg im Röntgenbild entdeckt und als „Osteopoikili" bezeichnet. Später fanden sich knötchenförmige Hautverdickungen (Dermatofibrosis lenticularis) bei Patienten mit dieser familiär gehäuft auftretenden Veränderung, die als Zeichen für einen generalisierten Prozeß des Bindegewebes aufgefaßt worden sind (**a**). Das Röntgenbild des Fußgelenkes ist der ersten Originalpublikation entnommen und läßt die Verteilung der unterschiedlich großen Kompaktainseln und die teilweise verdickten Spongiosastrukturen bereits ebenso deutlich erkennen, wie die Röntgenaufnahme (**b**) eines erst kürzlich beobachteten Patienten ausweist

fecta schon zu Beginn der Röntgendiagnostik bekannt waren, sind erst durch weitere Forschungen über die Histologie und Biochemie des Bindegewebes sowie über die Genetik die pathogenetischen Zusammenhänge in jüngster Zeit besser verstanden worden (Brenner et al. 1989).

Bisher sind *178 Erbschäden und konstitutionelle Erkrankungen des Skelettes* und deren unterschiedliche Ausprägung entdeckt, weiter analysiert und eingeordnet worden. In diesem Zusammenhang sei an die röntgenmorphologischen Beschreibungen der verschiedenen Ausdrucksformen der *Achondroplasie* (Frangenheim 1911; Siegert 1912), an die *Myositis ossificans progressiva* und an die *fibröse Dysplasie* (Lichtenstein-Jaffé 1942) erinnert. Bei letzterer, die in der ersten oder zweiten Lebensdekade manifest wird, konnte der pathohistologische Befund einen Knochenumbau mit bindegewebigem Ersatz des spongiösen Knochens und Faserknochenbildung aufdecken (Uehlinger 1940). Es wird nicht nur der spongiöse, sondern auch der kompakte Knochen durch Faserknochen mit bindegewebigen Einlagerungen ersetzt. Der lamelläre Knochen einer äußeren Generallamelle bleibt erhalten, doch ist die Diaphysenkompakta insgesamt verschmälert. Dort, wo kalkarmer, also weicher Faserknochen auftritt, sind *Deformierungen mit Verbiegungen der Knochen* zu erwarten und beobachtet worden. Ätiologisch ist diese ungewöhnliche Knochenerkrankung noch ungeklärt.

Eine Kombination der fibrösen Dysplasie mit Pubertas praecox und sog. „Café-au-lait-Flekken“ der Haut hat Albright (1937) beschrieben. Es ist auch eine monostische neben oligoostischen Formen der Knochenkrankheit bekannt geworden.

Erwähnt sei auch die *Dysostosis-multiplex-Gruppe,* in der bei autosomal-dominantem Erbgang 23 verschiedene pathologische Stoffwechselprodukte (Proteine) verschiedene radiologische Skelettveränderungen verursachen und in Mukopolysaccharidosen, Mannoidosen, Mukolipidosen u. a. unterteilt worden sind (Hurler 1919; Pfaundler 1920; Kaufmann 1973; Spranger et al. 1974; Giedion 1981).

Die verschiedenartigen, weiteren konstitutionellen Skeletterkrankungen können im einzelnen nicht erörtert werden, so daß auf zusammenfassende Darstellungen verwiesen sei (Kaufmann 1971; Spranger et al. 1974; Lenz u. Majewski 1981; Giedion 1981; Spranger 1992).

Die Beteiligung der Knochen bei *hämatologischen Erkrankungen* wurde entdeckt und dann auch histologisch analysiert (Cooley et al. 1927). Durch vergleichende morphologische Studien mit den pathohistologischen Befunden ist es gelungen, die Gewebeveränderungen des Markraumes einerseits und der Tela ossea im Organ Knochen andererseits besser zu verstehen (Ellegast 1981).

Fehlformen und angeborene Deformitäten

Mit Hilfe der Röntgenuntersuchung sind *angeborene komplexe Fehlformen* der Knochen als Ursache von Deformitäten der Extremitäten erkannt worden (Hoffmann 1911; Gruber 1937). So konnten die *Dysostosis cleidocranialis* als angeborene Entwicklungsstörung, der *Hochstand des Schulterblattes* sowie angeborene *Fehlbildungen des Schultergelenkes mit rezidivierenden Luxationen* beschrieben werden (Abb. 10).

Eine eindrucksvolle Studie über *Mißbildungen der Extremitäten* hat G. Joachimsthal (1900/1902) vorgelegt. Nach damaliger Ansicht wurde bei der Entstehung des Extremitätenskelettes ein Stadium der *häutigen,* ein Stadium der *knorpeligen* und eines der *knöchernen* Anlage unterschieden. Das letzte Stadium konnte durch Röntgenuntersuchungen analysiert werden, da die kalkhaltigen Ossifikationskerne gut erkennbar sind (Abb. 11). Heute ist es mit Hilfe der dreidimensionalen Röntgencomputertomographie möglich (Fishman et al. 1991), dysplastische Gelenkveränderungen präoperativ zu rekonstruieren, um den operativen Eingriff zu planen.

In eindrucksvoller Weise ist dargestellt worden, welche Hinweise die Röntgendiagnostik zur weitergehenden Analyse, z. B. eines Plattfußes, Klumpfußes oder bei den sog. Spontanamputationen von Extremitäten, geben kann (Engels 1904; Baisch 1913; Hackenbroch 1924). Die Tibiadefekte, eine Polydaktylie, die Patella partita und Defektbildungen an Händen und Füßen konnten in ihrer Pathomorphologie aufgeklärt werden (Melchior 1913). Die Ursachen von Deformitäten der *unteren Extremitäten,* wie die X-Bein- oder O-Beinstellung des Kniegelenkes, konnten mit Hilfe einer Röntgenuntersuchung verstanden werden. Erstmals ist eine Differenzierung von *angeborenen* und *erworbenen* Deformitäten der Extremitäten gelungen (Blencke 1901; Ströer 1935; Weyers 1968). Die Abgrenzung sekundärer Veränderungen des Skelettes nach Erkrankungen und deren spezielle Folgezustände von primär kongenitalen Mißbildungen konnte erreicht werden. Diese Fortschritte hatten auch therapeutische Konsequenzen. Eine größere Zahl von Hypothesen über die Ursache von Verkrümmungen und Verplumpungen der Extremitäten ist durch subtile Studien und Verlaufsbeobachtungen in konkretes Wissen umgewandelt worden. Wenn ein operativer Eingriff notwendig erschien, so war damals wie heute die Röntgenaufnahme für die Operationsplanung unerläßlich, so daß zahlreiche Deformitäten, insbesondere im Bereich des Fußskelettes, einer sinnvollen orthopädischen Korrektur zugeführt werden konnten.

Die Forschungen über Mißbildungen der Extremitäten haben die Grundlage für eine subtile Analyse der durch andersartige Störungen der embryonalen Entwicklung bedingten Fehlbildungen geliefert. Von Nutzen waren diese Erkenntnisse bei der *Erforschung der Knochenbildungsstörungen,* die als Folge von *Thalidomidvergiftungen* auftraten.

Einige heute gut bekannte *Fehlformen des Stützgerüstes* wie der Turmschädel, die Trichterbrust,

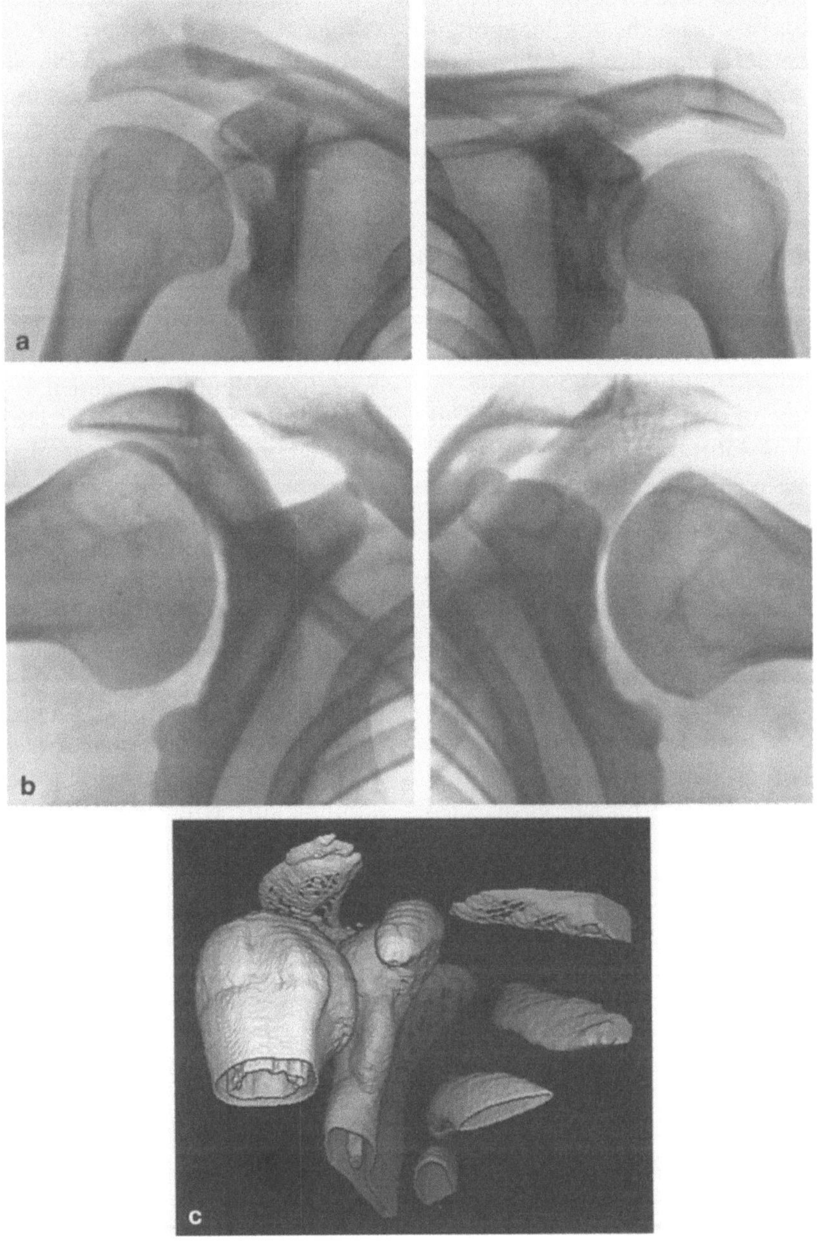

Abb. 10a–c. Gelenkdysplasien haben sowohl diagnostische als auch therapeutische Probleme gebracht. Im Röntgenbild waren die Fehlformen einer Schultergelenkdysplasie beiderseits bei einem 45jährigen Mann gut zu beurteilen (**a**, **b**). Mit Hilfe der 3-D-Konstruktion der Röntgencomputertomographie läßt sich die Schultergelenkdysplasie bei einem 13jährigen Mädchen sehr gut beurteilen. (**c**). Das Glenoid ist stummelförmig konfiguriert und besitzt keine suffiziente Gelenkfläche. Subluxation des Humeruskopfes nach dorsal

die Skoliosen und Kyphoskoliosen der Wirbelsäule konnten mit Hilfe röntgenmorphologischer Studien analysiert werden (Böhm 1909; Klippel u. Feil 1912; Kienböck 1939; Erdely 1974; Reinhardt 1976). So sind als Ursachen von Verbiegungen der Wirbelsäule nicht selten Normvarianten oder Fehlformen der Wirbelkörper erkannt worden. Die *Mißbildungen der Wirbelsäule* wurden zuerst von Putti (1909, 1910), von Schmorl (1928) und später umfassend von Diethelm (1974) beschrieben. Eine zusammenfassende Übersicht über Resultate vergleichender pathomorphologischer und radiologischer Studien über die Fehlbildungen der Wirbelsäule haben Schmorl u. Junghans (1968) vorgelegt. Heute sind die Röntgencomputertomographie (CT) und die Magnetresonanztomographie (MRT) in der Lage, neben den knöchernen Elementen eines fehlgebildeten Wirbels auch die bindegewebigen Komponenten, insbesondere die Bandscheibe und deren Fehlformen, zu studieren (Wackenheim 1974; Lange et al. 1994). Große Bedeutung hat eine sorgfältige Planung der Therapie bei schweren Skoliosen erlangt. Durch eine dreidimensionale Abbildung können Wirbelkörperfehlbildungen, begleitende Rippenveränderungen und die Beziehungen der knöchernen Strukturen zueinander plastisch dargestellt werden (Abb. 12). Die Operationsplanung und die Entscheidung über den operativen Zugang werden erleichtert.

Unter den Anlagestörungen der Wirbelsäule sind Verschiebungen der Abschnittsgrenzen erkannt worden. Der Lumbosakralwirbel ist als „Übergangswirbel" richtig verstanden worden (Böhm 1907, 1909). Der röntgenologische Nachweis einer Spina bifida occulta gelang und führte zu der Feststellung, daß diese Fehlform bei jedem 10. Patienten vorkommt. Oft liegt keine erkennbare Spaltbildung, sondern nur eine leichte Fehlform der Dornfortsätze vor. Ferner sind Spaltbildungen im Bereich der unteren Lendenwirbelsäule, später auch der übrigen Abschnitte der Wirbel-

Fortschritte auf dem Gebiete der Röntgenstrahlen
Herausgeber: Dr. Albers-Schönberg
Ergänzungsband 8

Archiv und Atlas

der normalen und pathologischen Anatomie

in typischen Röntgenbildern

Die angeborenen Verbildungen der unteren Extremitäten

von

Dr. Georg Joachimsthal
Privatdozent an der Berliner Universität

Hamburg
Lucas Gräfe & Sillem
(Edmund Sillem)
1902

a

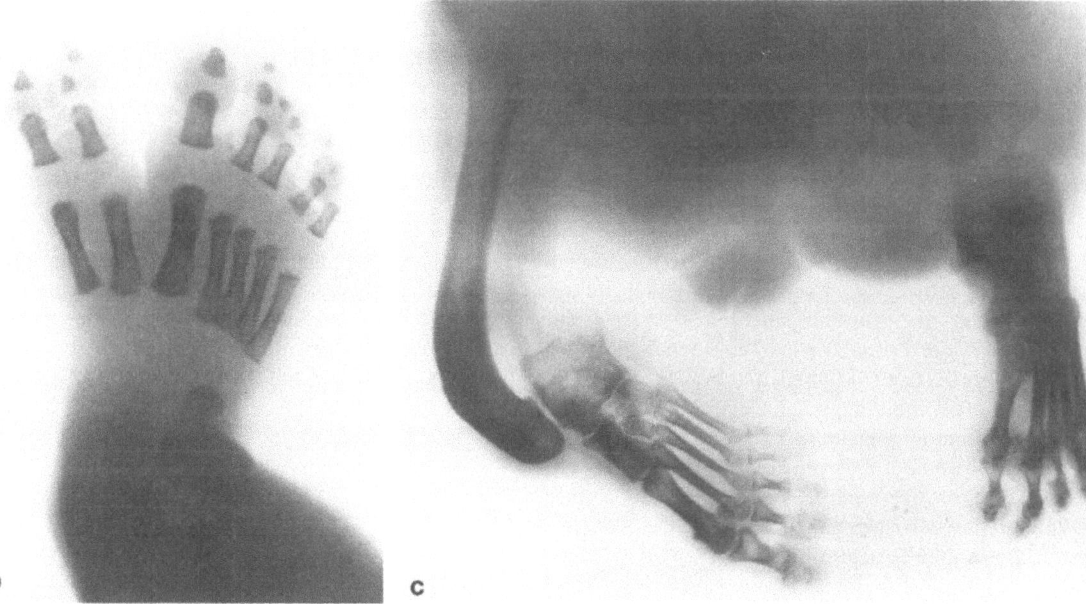

Abb. 11 a–c. Angeborene Mißbildungen der Extremitäten waren Anlaß zu vielfältigen Studien der Pathomorphologie der Knochen des Stützgerüstes im Röntgenbilde. Von G. Joachimsthal wurde 1902 in der Monographie *Die angeborenen Verbildungen der unteren Extremitäten* eine erste Sammlung veroffentlicht (**a**): Röntgenbild des Fußes eines Neugeborenen mit 7 Zehen (**b**); komplexe Mißbildung bei einem 66jährigen Mann die als „Robbenähnlichkeit" beschrieben wurde (**c**)

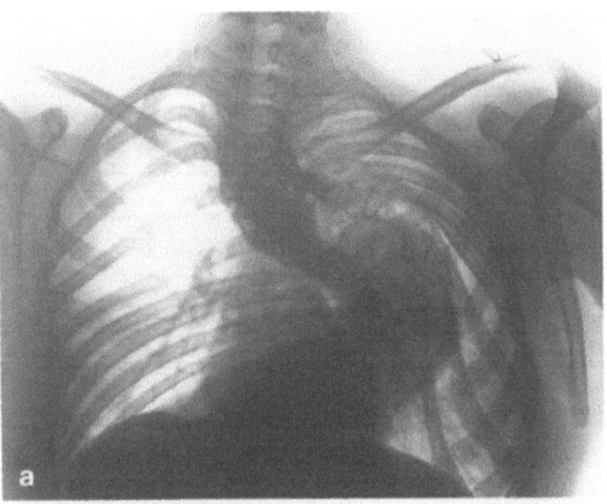

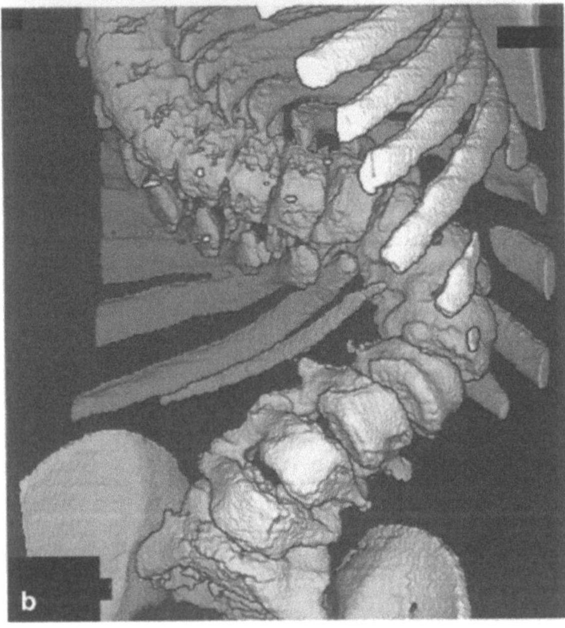

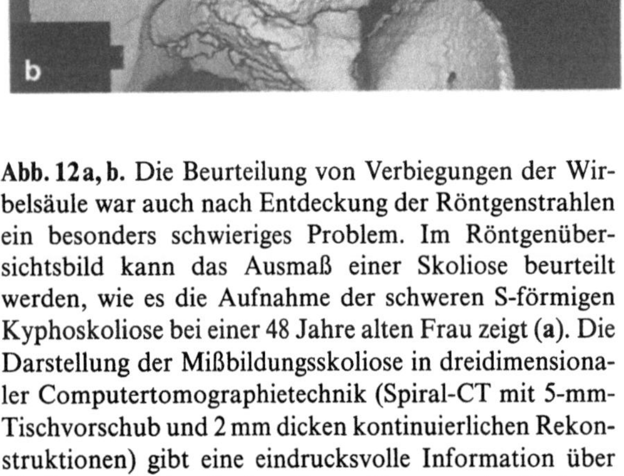

Abb. 12a, b. Die Beurteilung von Verbiegungen der Wirbelsäule war auch nach Entdeckung der Röntgenstrahlen ein besonders schwieriges Problem. Im Röntgenübersichtsbild kann das Ausmaß einer Skoliose beurteilt werden, wie es die Aufnahme der schweren S-förmigen Kyphoskoliose bei einer 48 Jahre alten Frau zeigt (**a**). Die Darstellung der Mißbildungsskoliose in dreidimensionaler Computertomographietechnik (Spiral-CT mit 5-mm-Tischvorschub und 2 mm dicken kontinuierlichen Rekonstruktionen) gibt eine eindrucksvolle Information über die Topographie aller beteiligten Elemente des Skelettes einer 52 Jahre alten Patientin (**b**)

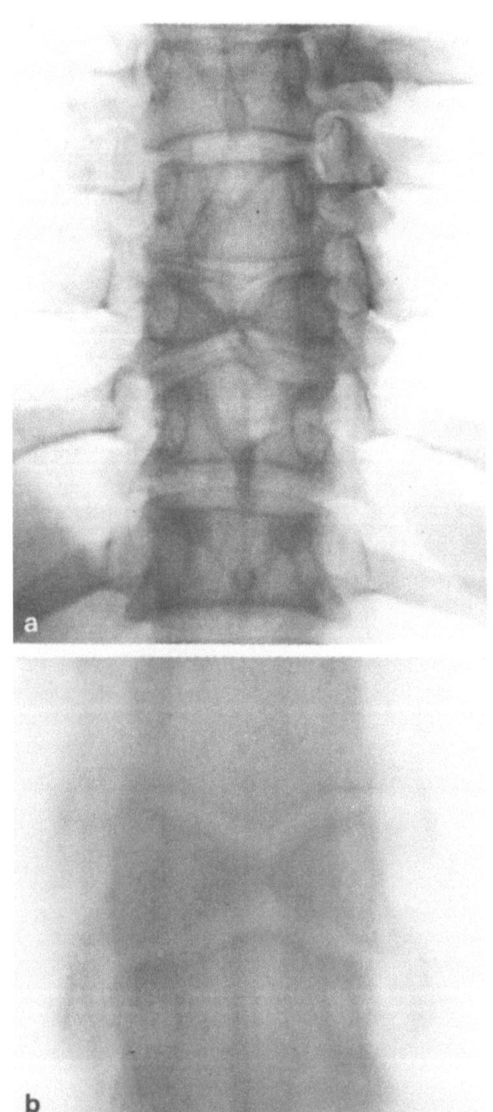

Abb. 13a, b. Die Fehlbildung des 9. Brustwirbelkörpers im Sinne eines „Schmetterlingswirbels" kommt auf dem Übersichtsröntgenbild (**a**) der Brustwirbelsäule sehr gut zur Darstellung und läßt auch die Anpassung der benachbarten Wirbelkörperformen an die Fehlform erkennen (36jähriger Mann, Zufallsbefund). In der Flächentomographie ist eine subtile Analyse der Pathomorphologie des Befundes möglich (**b**)

säule als Zufallsbefunde richtig gewertet worden (Abb. 13). Vergleichende Forschungen der Wirbelsäule mit Röntgenstrahlen haben eine differentialdiagnostische Abgrenzung von Normvarianten gegen krankhafte Veränderungen erlaubt.

Die neuen Spezialuntersuchungsmethoden der Radiologie, wie z. B. die MRT, lassen die Möglichkeit erkennen, bereits im Embryonalstadium das Auftreten von Fehlformen und Mißbildungen zu diagnostizieren und im frühen Kindesalter die

Differenzierung spondyloepiphysealer von spondylometaphysealen Dysplasien, die spondylodysplastische Gruppe und spondylokostalen Dysostosen zu ermöglichen.
Eine klinisch bereits gut bekannte Veränderung des Hüftgelenkes, nämlich die *angeborene Hüftgelenksluxation* (Abb. 14), konnte mit Hilfe subtiler Röntgenuntersuchungen weiter analysiert werden, so daß die vielen, umstrittenen Theorien der Krankheitsentstehung geklärt worden sind (Lorenz 1920). Die von Hoffa (1905) erörterte Vermutung, daß sich bei einer großen Zahl *einseitiger* Hüftgelenksluxationen auch Veränderungen der *Gegenseite* finden lassen, wurde bestätigt. Darüber hinaus konnte eine *differentialdiagnostische Abgrenzung* von angeborenen Hüftgelenksluxationen gegen die erworbenen Veränderungen des Hüftgelenkes wie eine *tuberkulöse Koxitis* gesichert werden. Ein „Übersehen" der Hüftgelenksluxation erschien bereits Immelmann (1910) vollständig ausgeschlossen. Die Anfertigung *stereoskopischer Röntgenbilder* brachte zusätzliche Informationen über die Tiefenverhältnisse der Hüftpfanne sowie über die Stellung des Femurkopfes im Hüftgelenk. In einer Mitteilung von M. Scheede (1900) ist der kritische Hinweis zu finden, daß eine Röntgenuntersuchung zwar sehr vieles aufdeckt, jedoch nicht immer alles erschöpfend zeigen kann. Empfehlungen zur *Therapie der Hüftluxation,* die vor Entdeckung der Röntgenstrahlen gegeben worden sind, ließen sich modifizieren und sind insbesondere durch die Arbeiten von Hoffa (1905) und Schede (1900) verbessert worden. Die moderne Behandlung der angeborenen Hüftgelenksverrenkungen ist auf diese Schulen zurückzuführen. So wurden die Indikationen für eine unblutige konservative Therapie oder die notwendige operative Korrektur wesentlich erleichtert.
Neben der Coxa valga ist mit Hilfe der Röntgenuntersuchung auch eine *Coxa vara* des proximalen Femurabschnittes im Hüftgelenk objektiviert worden (Hoffa 1905). Sehr bald wurde bewiesen, daß es sich ebenfalls um eine genetische Störung handelt. Es ist zu Recht betont worden, daß die Röntgendiagnostik insofern *eine besondere wissenschaftliche Bedeutung erlangt hat,* als sie den Arzt in die Lage versetzt, seine klinischen Beobachtungen durch die Erforschung der Gestalt der Gelenke und der Situation der Artikulation der einzelnen Knochen zu ergänzen.

Angeborene Wachstumsstörungen

Die verschiedenen Spielarten des Minderwuchses, des Zwergwuchses und des Riesenwuchses haben eine Einordnung und pathogenetische Klärung erfahren. Zuerst war neben der *„mongoloiden Idiotie"* der *Kretinismus* Gegenstand intensiver Forschungen. Dadurch konnte der röntgenmorphologische Befund des Kretinskelettes frühzeitig aufgeklärt werden. Weiterführende Studien haben die *zugrundeliegenden hormonellen Störungen* erkannt, so daß die Basis für die Erforschung der hormonal bedingten Systemerkrankungen des Skelettes geschaffen worden ist (s. S. 70).

Syndrome und Symptomenkomplexe

Die gesetzmäßige Kombination zahlreicher Fehlformen des Skelettes und ihre Assoziation mit *Störungen anderer Organsysteme* oder klinischer Symptome schufen die Grundlage für eine unübersehbare Zahl von Syndromen, die überwiegend mit Eigennamen belegt wurden und inzwischen Lexikoncharakter erhielten.

Fortschritte in der Traumatologie

Mit dem ersten Einsatz von Röntgenstrahlen in der Medizin konnten die Lokalisation und die Art von *Frakturen* und *Luxationen* als Folge traumatischer Verletzungen erkannt werden. Sehr früh wurde auf die Bedeutung der physikalischen Voraussetzungen und der Aufnahmegeometrie für eine sinnvolle Röntgenuntersuchung frakturierter Knochen hingewiesen. Es wurde festgestellt, daß eine zu „weiche" Röntgenstrahlung (bei niedriger Anodenspannung erzeugt), die den Knochen nicht zu durchdringen vermag, Veränderungen im Sinne von „Sklerosen" vortäuschen kann.
Die Heilung und die knöcherne Durchkonstruktion einer Frakturzone wird nur dann richtig beurteilt werden können, wenn eine entsprechend „harte" Röntgenstrahlung zum Einsatz gelangt, die auch eine *Knochennarbe* erfassen kann. So konnten *Störungen der Knochenbruchheilung* erkannt und weiter analysiert werden. Frakturen im Bereich der Wachstumszonen sind erst durch subtile Analyse der Röntgenbilder richtig beurteilt worden. Die großen Fortschritte in der Diagnostik waren Voraussetzung für entscheidende Verbesserungen der Frakturbehandlung und ermöglichten die *Entwicklung der stabilen Osteosynthese* (Küntscher 1940, 1941). Auch in

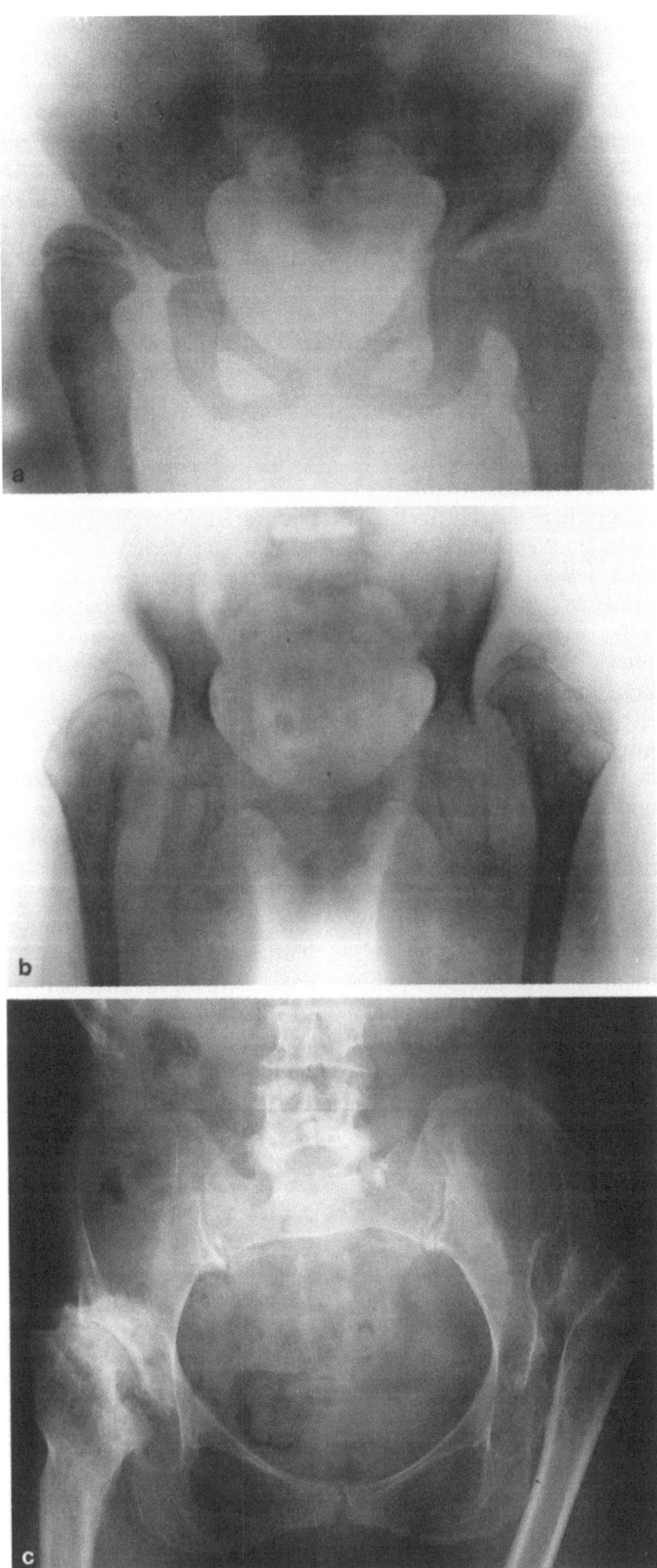

der Wehrmedizin wurde der große Nutzen der Röntgenstrahlen zum Nachweis von Knochenverletzungen und zur Lokalisation von Projektilen oder Fremdkörpern im Gewebe erkannt und genutzt.

Erkennung und Beurteilung von Frakturen

Die großen Fortschritte bei der Erkennung und Behandlung von Frakturen und Luxationen sind in den ersten Monographien über die Röntgendiagnostik des Skelettes beschrieben worden. Eine Studie über Röntgenaufnahmen von Unterschenkelbrüchen hat J. G. Mönckeberg (1900) vorgelegt, in welcher nicht nur die verschiedenen Frakturtypen erläutert, sondern auch Infraktionen und Fissuren berücksichtigt sind. Eine ins Detail gehende Analyse des Röntgenbildes wird gefordert, um selbst diskrete Verletzungen erkennen zu können. Die erste sorgfältige Zusammenstellung von Röntgenaufnahmen bei Frakturen und Luxationen der Knochen der oberen Extremität hat M. Oberst (1901) veröffentlicht (Abb. 15). Darin wird hervorgehoben, daß der umfassende Frakturnachweis, insbesondere bei Trümmerfrakturen, eine sehr behutsame Einrichtung der Fragmente ermögliche, so daß nun weitere Blutungen und andere Nebenverletzungen (durch bisher übliche unnötige Manipulation) vermieden werden können.

Von Oberst wurde gefordert, daß in *Zweifelsfällen* immer die Darstellung auch der gesunden, nicht verletzten Seite mit erfolgen müsse. Eine genügend starke Extension der Fragmente konnte Verschiebungen ausgleichen und eine funktionsgerechte Behandlung gewährleisten. Der Ablauf der Frakturheilung, die Kallusbildung sowie eine gute Durchkonstruktion der Frakturfragmente waren im Röntgenbild zu belegen (Abb. 16). Diskrete, manchmal versteckt liegende Frakturen ließen sich durch Röntgenaufnahmen in verschiedener Aufnahmegeometrie doch noch nachweisen. Studien über die mechanischen Vorgänge bei der Entstehung von Knochenbrüchen durch Krafteinwirkungen haben zum Verständnis der Dislokationen der Fragmente entscheidend beigetragen (Zuppinger 1906, 1907). Eine Abgrenzung von Verletzungen gegenüber Normvarianten und Fehlbildungen war unerläßlich. Seinerzeit haben die anatomischen Studien von Pfitzner (1891, 1895) als Grundlage für weitere vergleichende Analysen bereits entscheidende Bedeutung erlangt.

Eine bemerkenswerte Sammlung von *stereoskopischen Röntgenbildern bei Deformitäten und Mißbildungen* (1903) und über *Frakturen der unteren*

Fortschritte auf dem Gebiete der Röntgenstrahlen
Herausgeber: Professor Dr. Deycke und Dr. Albers-Schönberg
Ergänzungsheft 5

Archiv und Atlas
der normalen und pathologischen Anatomie
in typischen Röntgenbildern

Die Fracturen und Luxationen
Erster Teil
von
Professor Dr. M. Oberst
in Halle a. S.

Hamburg
Lucas Gräfe & Sillem
1901.

a

Abb. 15 a–c. Die erste Übersicht zur Röntgendiagnostik von Frakturen hat M. Oberst (1901) vorgelegt (**a**). **b, c** s. S. 52

◀

Abb. 14 a–c. Die Röntgenbildanalysen des zugrundeliegenden pathomorphologischen Befundes bei kongenitalen Hüftgelenksluxationen waren und sind bis heute Grundlage für entscheidende Verbesserungen der Behandlungsmethoden. Eine der ersten Abhandlungen über „Die angeborene Luxation des Hüftgelenkes" wurde 1900 von Max Schede vorgelegt. In Abb. 9 (Tafel II dieses Buches) wird die rechtsseitige unvollständige Hüftluxation mit asymmetrischem Becken bei einem 5jährigen Mädchen gezeigt (**a**). In Abb. 24 (Tafel V) wird eine doppelseitige Hüftgelenksluxation bei einem 7jährigen Mädchen („Luxatio supracotyloidea") mit ausgeprägten Deformierungen der gelenkbildenden Knochen und des Beckens beschrieben (**b**). Ein Röntgenbild der Gegenwart zeigt zwar den morphologischen Röntgenbefund etwas klarer, doch ist prinzipiell die Fehlform der Hüftgelenke in gleicher Weise erkennbar (**c**)

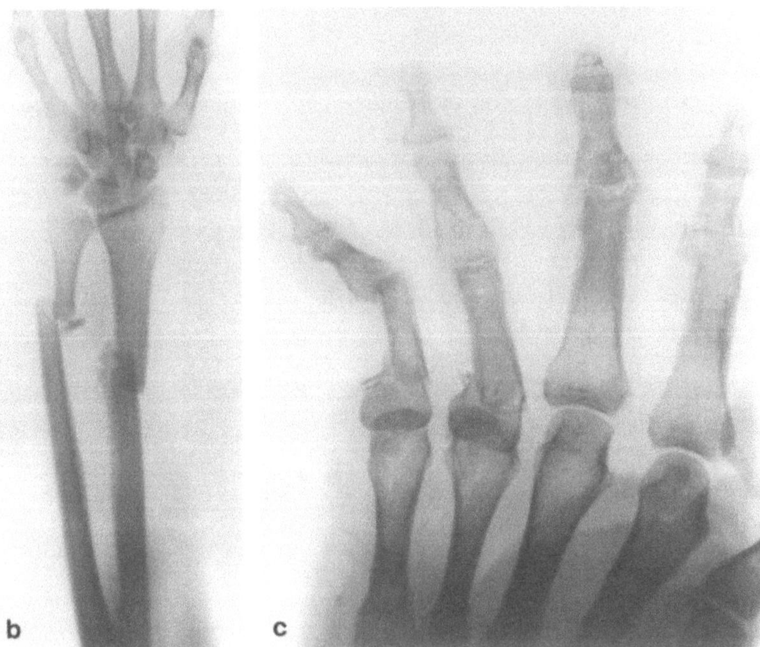

Abb. 15 (*Fortsetzung*). Querfrakturen durch indirekte Gewalteinwirkung, Aussprengungen von Knochensplittern und das Ausmaß der Dislokation der Fragmente konnten im Röntgenbild z. B. eines Unterarmes beurteilt werden (Abb. 176, Tafel XXI des Buches) (**b**). Zur Erforschung von Frakturmechanismen hat M. Oberst Versuche an Leichen durchgeführt. In Abb. 28 (Tafel VI) hat er die verschiedenartigen Frakturen am Kleinfinger und Ringfinger sowie die Frakturen und Fissuren der entsprechenden Metakarpalköpfchen und der Knochen der Mittelgelenke vom 2. und 3. Finger gezeigt, die durch kräftigen Schlag auf die geschlossene Hand erzeugt worden sind (**c**)

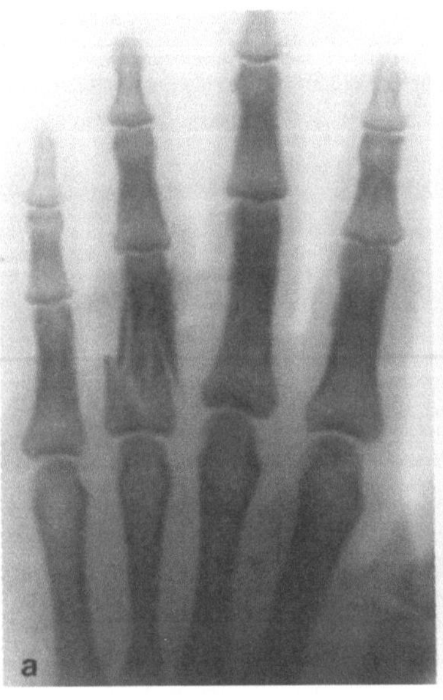

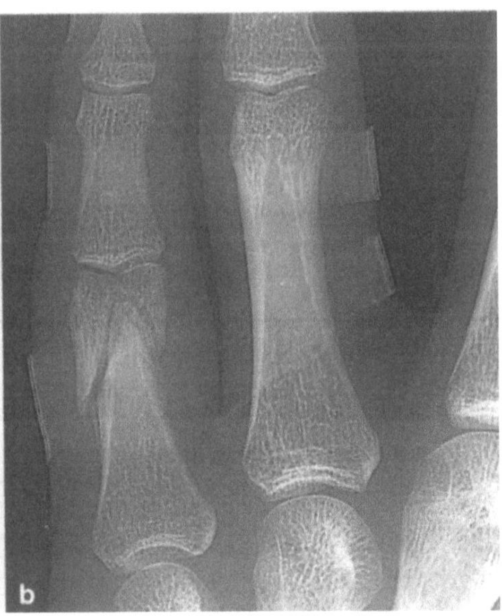

Abb. 16 a, b. Die Beobachtung der Frakturheilung im Röntgenbild hat neue Behandlungsmöglichkeiten erschlossen. In dem Buch von M. Oberst ist das Röntgenbild einer verletzten Hand (Abb. 14 in Tafel II) mit Trümmerfraktur des Grundgliedes vom 4. Finger und einer Fissur im Grundglied des 3. Fingers dargestellt (**a**). Die heute einsetzbare Vergrößerungsradiographie in digitaler Technik hat eine Verbesserung der Abbildungsqualität und der Ortsauflösung gebracht, durch die nach 28 Tagen eine Beurteilung der Kallusbildung im Frakturbereich der proximalen Phalange des 5. Fingers erleichtert wird (**b**)

Extremität (1901) haben Assistenten des „Neuen Allgemeinen Krankenhauses Hamburg-Eppendorf" (Hildebrand, Scholz und Wieting) vorgelegt. Zur Lokalisation von Fremdkörpern, zur Erkennung der Stellung von Fragmenten und zur weitergehenden Analyse von Mißbildungen des Skelettes kann die Methode hilfreich sein.

Im *Kindesalter* sind Besonderheiten der Ossifikation des knorpelig präformierten Skelettes von traumatischen Ausrissen oder Absprengungen röntgenologisch abgegrenzt worden. Besondere Frakturformen des noch nicht voll mineralisierten Knochens bei erhaltenem Periostschlauch wurden als „Grünholzfrakturen" bei Kindern beschrieben (Kirchner 1907; Köhler 1908).

Eine häufige Frakturform im *distalen Abschnitt des Radius* in der Nähe des Handgelenkes konnte röntgenologisch sehr viel besser diagnostiziert und erfolgreich behandelt werden. Als wichtiger Hinweis auf eine Radiusverletzung wurde die Fraktur des Processus styloideus ulnae erkannt. Dennoch war es anfangs nicht leicht, versteckte Frakturen, insbesondere *diskrete Verletzungen des Os naviculare,* primär richtig zu erfassen, so daß Spezialaufnahmetechniken entwickelt worden sind (Abb. 17). Bei der Analyse von Luxationen einzelner Handwurzelknochen waren Schwierigkeiten zu überwinden, die selbst heute noch trotz Einsatz der Schichtuntersuchung und der Röntgencomputertomographie existieren und zu Fehlbeurteilungen Anlaß geben können.

Die durch ein Trauma betroffenen *Gelenke* konnten im Hinblick auf sekundäre Schädigungen beurteilt werden. Es wurde klar, daß der im Röntgenbild erkennbare „Gelenkspalt" dem Gelenkknorpel entspricht, der die beiden gelenkbildenden Knochen bedeckt. Eine Schrumpfung der Knorpelschicht wird sich als Verschmälerung des „Gelenkspaltes" ausdrücken, umgekehrt kann die Verbreiterung des „Gelenkspaltes", verglichen mit einer Voraufnahme oder der inzwischen bekannten Norm, nur als Ausdruck eines *Gelenkergusses* interpretiert werden. Durch die Magnetresonanztomographie mit neuartigen Sequenzen, die gewebegebundenes Wasser signalintensiv darstellen, läßt sich der Gelenkknorpel *direkt* beurteilen (Abb. 18). Damit lassen sich wichtige Informationen bei traumatischen und degenerativen Knorpelveränderungen gewinnen (Reiser et al. 1989, 1992; Chanduani et al. 1991).

Als ein diagnostisches Problem ist früh erkannt worden, daß die *Folgen schwerer Kontusionen* sowie solcher Verletzungen, die nach einer Luxation und deren Reposition im Gelenk auftreten können, mit der Röntgenuntersuchung primär oft überhaupt nicht oder nur teilweise zu klären sind.

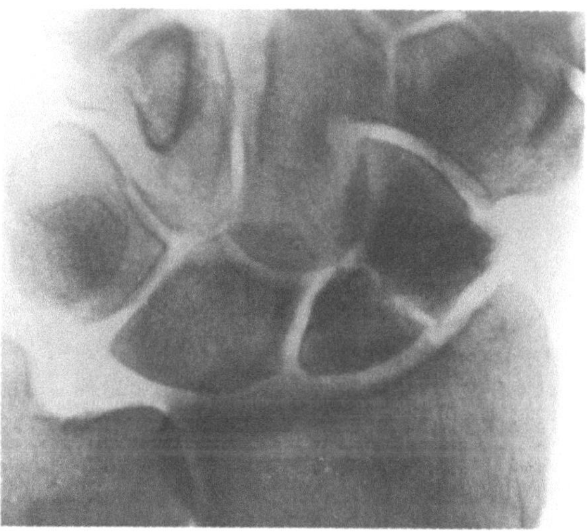

Abb. 17. Darstellung einer Navikularefraktur im Röntgenbild [Abb. 1b, Tafel XXXVI von Preiser (1911)]. Diese Fraktur soll in einem Knochen aufgetreten sein, der vorgeschädigt war. Eine diskrete Infraktion mit Blutung in die Sponiosa, nachfolgende „Nekrose" oder Ausbildung einer Pseudozyste wurden vermutet, so daß die Belastbarkeit des Knochens herabgesetzt gewesen sein könnte. Der Autor nimmt anhand verschiedener Beobachtungen, auch anderer Forscher und Pathologen, zu den Problemen der Frakturentstehung Stellung

Diese Erfahrung führte zu der Forderung, nach einigen Wochen oder Monaten im *Kontrollröntgenbild* die diskreten *reaktiven Ossifikationen* zu suchen, die sich nach einem Kapsel- oder Bänderriß sowie nach einer Periostverletzung entwickeln können. Ein „schalenförmiger Knochen" im Bereich des medialen Kondylus vom Femur hat zunächst große diagnostische Schwierigkeiten bereitet, bis Stieda (1908) über eine typische Verletzung am unteren Femurende berichtete und diesen eigenartigen Knochenschatten als Folge eines Abrisses (Ausriß des Lig. collaterale inferius oder Abriß der Sehne des Adduktor magnus mit dem Periost) erklären konnte. Spätere Verlaufsbeobachtungen machten deutlich, daß die Veränderung *etwa 3 Wochen nach einem Trauma* entsteht und primär meist kein krankhafter röntgenmorphologischer Befund erkennbar ist. Die traumatische Genese war damit gesichert. Der Nachweis eines posttraumatischen Knochenmarködems mit der Magnetresonanztomographie trägt heute entscheidend zur Klärung der genannten Fragen bei (Mink u. Deutsch 1989; Reiser u. Semmler 1992).

Eine seinerzeit sehr gefürchtete Verletzung des Oberschenkels, *die Schenkelhalsfraktur,* wurde näher analysiert, und es konnte gesichert werden,

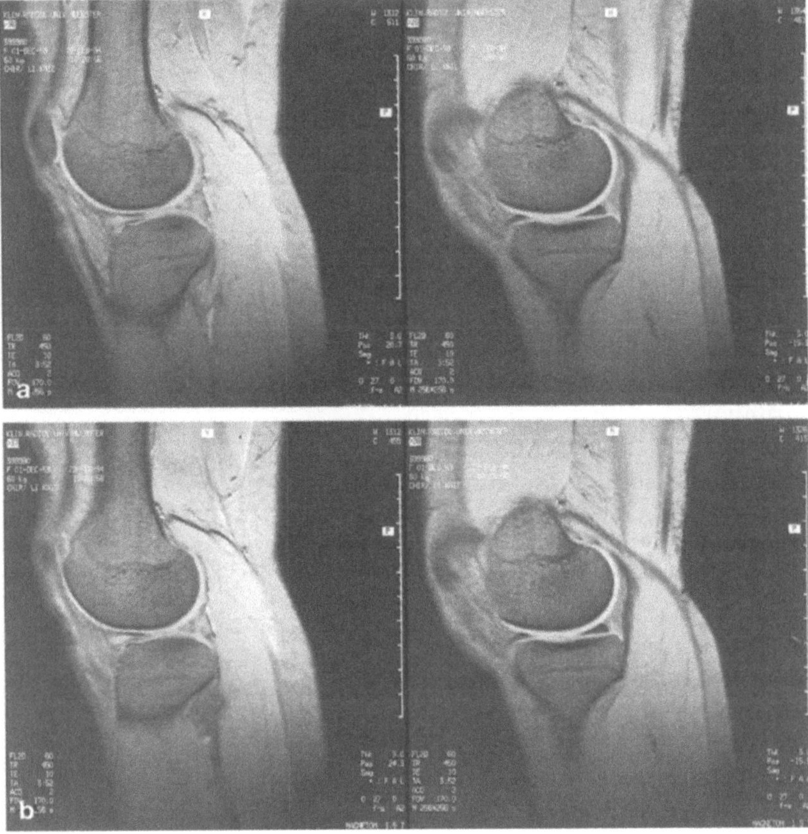

Abb. 18a, b. Die nicht-invasive, direkte Beurteilung der Gelenkweichteile wurde mit Hilfe der Röntgencomputertomographie, später noch wesentlich besser durch die Magnetresonanztomographie möglich (**a**). Am Beispiel eines linken Kniegelenkes mit ausgeprägtem Schaden des Außenmeniskus, fast vollständiger Destruktion des Hinterhornes und Schadigung des Vorderhornes mit horizontalem Einriß wird der Informationswert der Magnetresonanztomographie durch deutliche Signalanhebung im Hinter- und Vorderhorn belegt (**b**). Der *gesunde* Innenmeniskus weist geringe Signalintensität auf

daß nicht in jedem Falle eine Fraktur mit der Dislokation der Fragmente einhergeht. Die „eingekeilte Schenkelhalsfraktur" ist richtig verstanden und behandelt worden. Ohne den Einsatz der Röntgenstrahlen wäre die Behandlung dieser Frakturen im proximalen Femurabschnitt durch eine Nagelung nicht möglich geworden.

Auf den Fundamenten der neu gewonnenen Kenntnisse ist die *Frakturbehandlung* entscheidend verbessert worden. Die von Küntscher (1940, 1941, 1945) und seinen Schülern entwickelte „Marknagelung" - eine Therapie von Frakturen mit Hilfe einer in die Markhöhle eingebrachten Metallschiene nach röntgenologischer Korrektur der Stellung der Fragmente - eröffnete die Voraussetzung für eine ideale Frakturbehandlung, die als „stabile Osteosynthese" (Müller et al. 1963) weiterentwickelt worden ist (Abb. 19). Verbesserungen und Modifikationen der Röntgengeräte, wie der sog. C-Bogen mit Bildverstärkerfernsehtechnik (die Röhre ist an einem Metallbogen dem Bildverstärker gegenüber angebracht) für den Einsatz im Operationssaal haben die Weiterentwicklung der stabilen Osteosynthese gefördert (Lentz 1964; Bischoff u. Gellinek 1965). Da sich die Mehrzahl der Frakturen bei Unfällen gesunder Menschen ereignet, konnten diese wesentlichen Fortschritte der Frakturbehandlung zur Reduzierung der früher großen Zahl von Behinderungen nach einem Knochenbruch beitragen.

Mit Erforschung der *Heilung von Knochenbrüchen* sind die röntgenmorphologischen Befunde bei der Bildung von „Pseudarthrosen" erkannt worden. Neben einer unvollkommenen Kallusbildung (deren Ursache nicht immer bekannt war) spielen eine unvollständige Ruhigstellung der frakturierten Knochen sowie die Interposition von Weichteilen in die Frakturzone bei der Entstehung von Pseudarthrosen eine entscheidende

TECHNIK

DER

MARKNAGELUNG

VON

GERHARD KÜNTSCHER und RICHARD MAATZ

Professor Dr. med. habil. Dozent Dr. med. habil.

Assistenten der Chirurgischen Universitäts-Klinik in Kiel

MIT 136 ABBILDUNGEN

19 45

GEORG THIEME / VERLAG / LEIPZIG

a

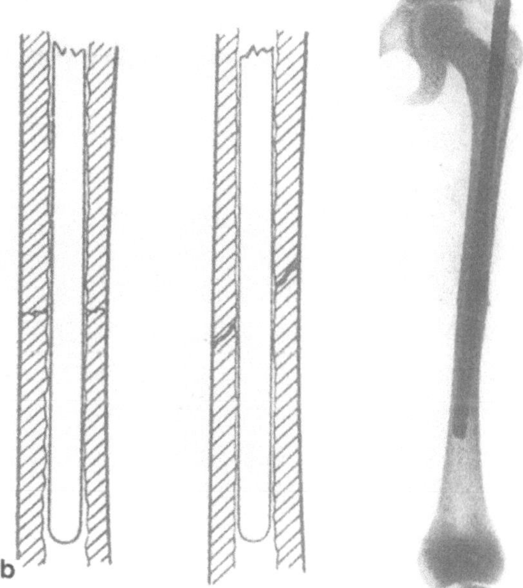

Abb. 19 a, b. Die stabile Osteosynthese wurde, gestutzt auf die Arbeiten von G. Küntscher über die „Marknagelung" weiterentwickelt. Eine Zusammenfassung der Grundlagen findet sich in dem 1945 erschienen Buch *Technik der Marknagelung* von G. Küntscher und R. Maatz (**a**), aus dem das Beispiel der Marknagelung einer Femurdiaphysenfraktur mit Skizzen zum Prinzip der Technik gezeigt wird (**b**)

Rolle (Jüngling 1914; Pommer 1917; Lexer 1922, 1925; Brandt 1937; Maatz u. Haasch 1970).

Die *Kallusbildung während des Heilungsprozesses* einer Fraktur konnte durch röntgenologische Verlaufsuntersuchungen studiert werden, so daß Abweichungen oder pathologische Formen der Kallusbildung (Preiser 1911; Schlotheim 1918) erkennbar wurden. Frühe Kallusformationen können mit der radiographischen Direktvergrößerung in Kombination mit einer digitalen Aufnahmetechnik erkannt werden (Abb. 16). Neben einer besseren Beurteilung der Frakturheilung läßt sich auch die Kallusbildung bei den neuartigen Operationsverfahren zur Extremitätenverlängerung (Abb. 20) optimal erfassen (Link et al. in press). Die *„überschießende Kallusbildung"* ist bei Zerrüttungsfrakturen oder Umbauzonen (Looser 1920; Milkman 1930) beobachtet worden. Durch histologische Studien des Kallusknochens wurde bei diesen Patienten eine Verminderung der Mineralkonzentration in der Tela ossea festgestellt und die zugrundeliegende Krankheit als „Osteomalazie", bei Kindern als Rachitis

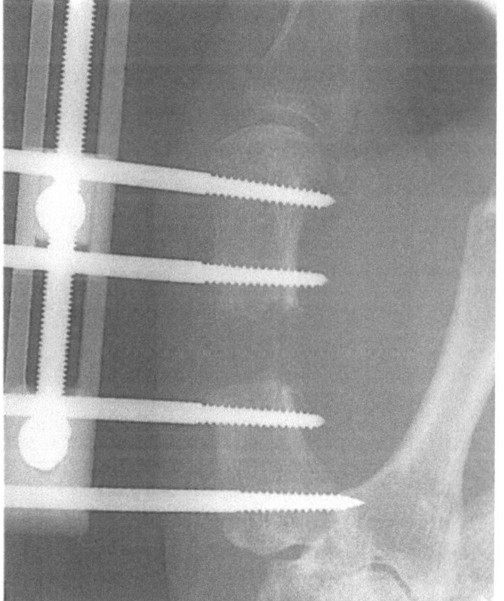

Abb. 20. Direkte Vergrößerungsradiographie (50 Kv) mit digitaler Lumineszenzradiographie, kantenbetonte Wiedergabe. Zustand nach Osteotomie mit Erhalt des Periostschlauches zur Extremitätenverlängerung („Kallusdistraktion"). Metakarpale I der rechten Hand, Fixateur externe mit kontinuierlicher Distraktion (45 Jahre alter Mann)

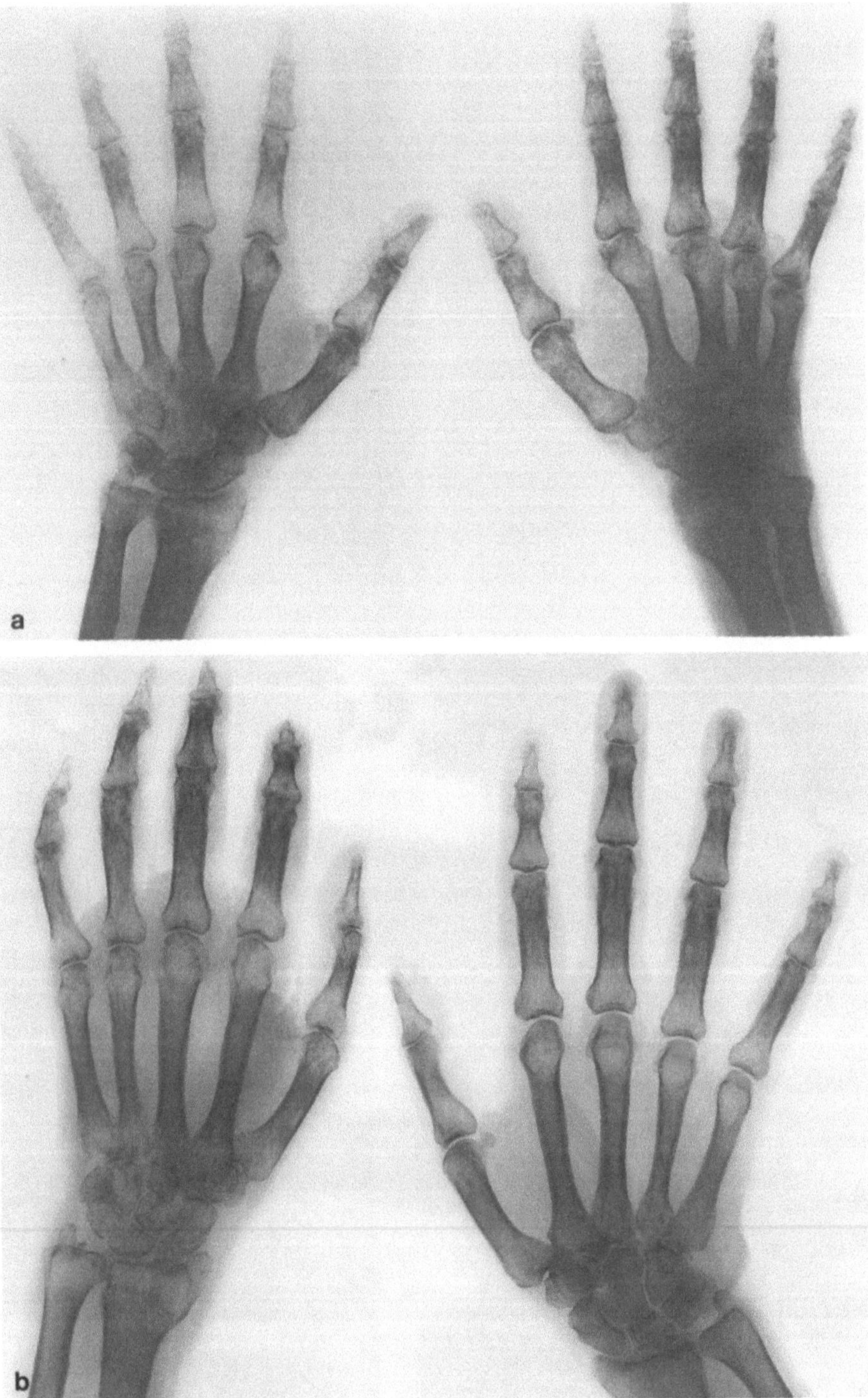

Abb. 21 a, b. Erste Darstellung der von Sudeck (1900) beschriebenen „akuten, entzündlichen Knochenatrophie" am Beispiel der linken Hand, die im Vergleich mit der gesunden Seite deutlich wird (**a**). Die bessere Detailauflösung späterer Röntgenaufnahmen zeigt zwar die Strukturveränderung der Spongiosa deutlicher, doch war der zugrundeliegende pathomorphologische Befund bereits 1900 erkennbar (**b**)

bezeichnet. Weitere Forschungen haben ergeben, daß solchen generalisierten Skeletterkrankungen oder Osteopathien verschiedenartige Störungen zugrunde liegen können, die durch metabolische oder hormonale Veränderungen bedingt sind (s. S. 66ff.).
Die *Sekundärheilung von infizierten Knochenbrüchen* und die Besonderheiten der Knochenheilung nach Osteomyelitis verschiedener Genese ließen sich röntgenmorphologisch objektivieren. Überschießende Kallusbildung, Kalluszysten und ungewöhnliche Folgezustände einer gestörten Frakturheilung konnten beurteilt werden. Atrophische Veränderungen der Knochenstruktur nach einem Trauma, wie die *Sudecksche Knochendystrophie* (Sudeck 1900, 1901, 1902; Herfarth 1924) sind frühzeitig erkannt worden (Abb. 21). Diese später als „akute Knochenatrophie" bezeichneten Strukturauflockerungen des Knochens mußten differentialdiagnostisch gegenüber andersartigen Systemveränderungen des Skelettes, insbesondere gegen die senile Knochenatrophie, abgegrenzt werden. Im Versorgungswesen sind objektive Grundlagen für Entscheidungen der Sozialgerichte bei Rentenansprüchen erarbeitet worden.

Bedeutung der Röntgendiagnostik in der Wehrmedizin

Bereits Anfang 1896 wurden die Möglichkeiten der Verwendung von Röntgenstrahlen für chirurgische Zwecke nicht nur im deutschen, sondern auch im österreichischen und englischen Kriegsministerium erkannt. Ein britisches Expeditionscorps für den ägyptischen Sudan ist schon 1896 mit 2 transportablen Feldröntgeneinrichtungen ausgestattet worden. Im griechisch-türkischen Krieg von 1897 und im spanisch-amerikanischen Krieg 1898 wurden Röntgendiagnostikgeräte mit Erfolg eingesetzt (Battersby 1899; Borden 1900; Israel 1910; Kaiser 1919, 1921; Marwedel 1920; Grashey 1922; Allen 1964). Über erste Erfahrungen mit dem Einsatz von Röntgenstrahlen in der Wehrmedizin während des griechisch-türkischen Krieges 1897 haben Stechow und Küttner (Tübingen) berichtet. Aus diesen sehr übersichtlichen Zusammenstellungen wird die Bedeutung der Röntgendiagnostik für eine planvolle Therapie von Kriegsverletzten deutlich. Nach den gesammelten Erfahrungen tritt Küttner dafür ein, daß in zukünftigen Feldzügen die Röntgenuntersuchung als chirurgisches Hilfsmittel nicht fehlen dürfe, und fordert, daß eine entsprechende apparative Ausstattung für die Feld- und Kriegslazarette zu entwickeln sei. Über die Bedeutung des Einsatzes von Röntgengeräten in den Lazaretten der US-Army während des Krieges 1898 mit Spanien hat Borden (1900) berichtet. Für die Sanitätstruppen im Ersten, später auch im Zweiten Weltkriege standen zwar wesentlich verbesserte Röntgeneinrichtungen zur Verfügung, doch fehlte es gelegentlich an qualifizierten Ärzten in den Lazaretten, um eine gute Versorgung der Verwundeten auf allen Kriegsschauplätzen gewährleisten zu können (Guleke u. Dietlen 1917; Grashey 1922; Ernst 1941; Reynolds 1945).
Die Herstellung von *mobilen* Feldröntgeneinrichtungen war bereits gelungen, so daß in den Feldlazaretten mit Hilfe von Röntgengeräten Verwundete untersucht werden konnten. In der damaligen Phase der Entwicklung von Röntgenapparaten mußten neben Ärzten auch Ingenieure und Techniker der herstellenden Firmen tätig werden. Ergänzend zu diesen medizinischen Hilfen in der Kriegschirurgie war es möglich geworden, die Schußverletzungen einem genaueren Studium hinsichtlich der *Geschoßwirkung* zu unterziehen. Spezialgeschosse, die bei dem Auftreffen auf Knochen in kleinere Teile zerplatzten (Dumdumgeschosse), konnten in ihrer verheerenden Wirkung aufgedeckt werden (Abb. 22). Die Haager Konvention von 1899 verbietet die Verwendung von Munition, die nach dem Aufprall im Körper zerplatzt. Das Röntgenbild ist ein zuverlässiger Indikator für den Schweregrad von Schußverletzungen durch solche Geschosse, die der Haager Konvention widersprechen (Coupland et al. 1991). Die Wirkungen von Schrapnellkugeln und Granatsplittern auf den Knochen und deren wechselnde Zerstörung ist erkannt, und ihre Auswirkungen auf die Knochenheilung sind verstanden worden. Unter den Infanteriegeschossen sind die normalen Projektile von „Explosionsgeschossen" und „Mantelreißern" sowie einem Revolverprojektil abgegrenzt worden.
Die Unterschiede der Heilungsvorgänge von *nicht-infizierten* sowie *infizierten* Knochenschußbrüchen wurden untersucht (Kaiser 1919, 1921). Die Heilung infizierter Schußfrakturen hat oft einen langen Zeitraum in Anspruch genommen. Ein besonders großer Fortschritt wurde im Nachweis von Sequestern im Knochen erblickt, da nach deren Entfernung eine rasche Abheilung der Schußosteomyelitis einsetzte (Abb. 23). Als Folgen entzündlich komplizierter Schußverletzungen sind lange bestehende Fisteln zu nennen. Fistelfüllungen sind zuerst mit Zirkonoxydstäbchen versucht worden, bis Jodöle als Kontrastmittel zur Verfügung standen.

Die verzögerte oder stark beeinträchtigte Heilung einer Schußfraktur führte nicht selten zur Entwicklung von Pseudarthrosen, die mit plastischen Operationen versorgt werden mußten. In all diesen Studien ist deutlich geworden, daß dem *Periost* für die Regeneration von Knochengewebe eine bis dahin wenig beachtete Bedeutung zukommt. Zur Deckung von größeren Defekten ist daher empfohlen worden, nicht nur Knochen, sondern vor allem Periostknochenlappen zu verwenden.

RÖNTGEN-ATLAS
DER
KRIEGSVERLETZUNGEN
herausgegeben von
den leitenden Ärzten der Lazarettabteilungen
des
Allgemeinen Krankenhauses St. Georg in Hamburg

Prof. Dr. A. Wiesinger, I. chirurgische Abteilung
Prof. Dr. Th. Deneke, innere Abteilung
Dr. T. Ringel, II. chirurgische Abteilung
Dr. E. Franke, Augen-Abteilung
Prof. Dr. A. Saenger, Nerven-Abteilung
Zahnarzt A. Seefeld, Zahnärztl. Abteilung

unter Redaktion von
Prof. Dr. H. Albers-Schönberg
Röntgeninstitut

Hamburg
Lucas Gräfe & Sillem
(Edmund Sillem)
1916

Abb. 22a–d. Eine der ersten Sammlungen von Röntgenbildern der verschiedenartigsten Kriegsverletzungen hat H. Albers-Schönberg in Hamburg 1916 als Röntgenatlas herausgegeben (**a**). Der damals schon sehr gewichtige Informationswert von Röntgenuntersuchungen kann an wenigen Beispielen erläutert werden. **b–d** s. unten

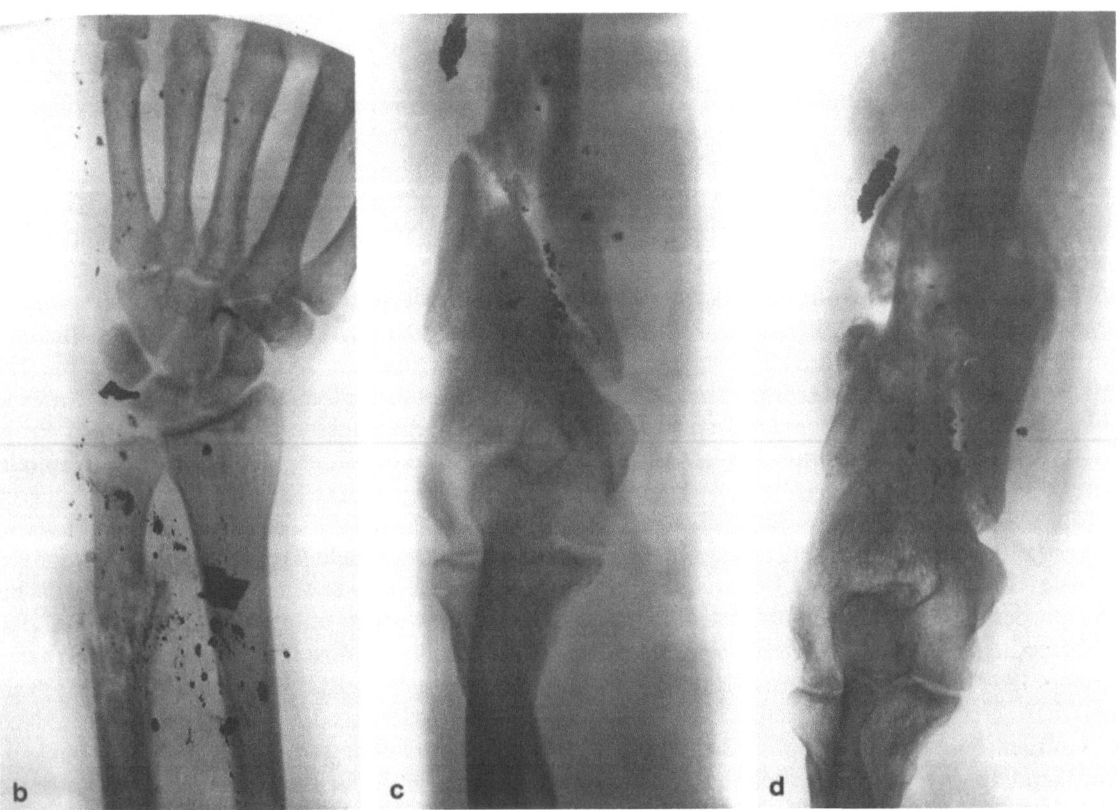

Abb. 22. b Gewehrschußverletzung des rechten Unterarmes mit einem Dumdumgeschoß. Splitterbruch der Ulna im unteren Drittel und starke Eiterung. Neben der langsamen Heilung der Fraktur und der Sequesterbildung trat eine fleckige Atrophie der Handwurzelknochen im Sinne des Morbus Sudeck auf (Abb. 110 Tafel XXVIII). **c** Oberarmschußbruch links durch Schrapnellverletzung mit breiter, stark eiternder Wunde. Die Projektilsplitter sind im Röntgenbild erkennbar. **d** Knochenheilung erst nach Osteotomie eingetreten (Abb. 90 und 91, Tafel XXIII)

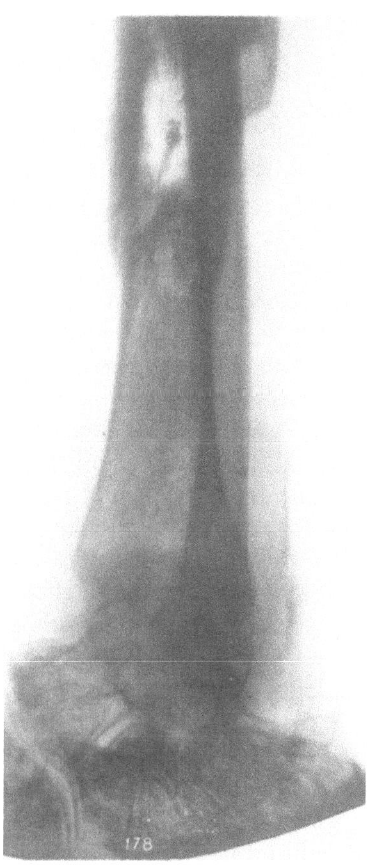

Abb. 23. Ausgeprägte Osteomyelitis nach Schußverletzung der linken Tibia. Im Röntgenbild ist die Ausbildung einer Granulationshöhle mit Sequester neben einer Kallusbrücke, die die Fraktur stabilisiert hat, gut zu erkennen. Nach der Sequesterentfernung Ausheilung der eitrigen Entzündung. Fleckige Atrophie der Knochen des Fußes im Sinne des Morbus Sudeck. (Abb. 178, Tafel XXXXV, aus dem Atlas von H. Albers-Schönberg)

Für *Verletzungen des Schädelskelettes,* insbesondere der *Kiefer,* hat die Röntgenuntersuchung insofern Bedeutung erlangt, als ohne klare Informationen über das Ausmaß der Knochenzerstörung eine chirurgische Plastik zur Defektdeckung nicht geplant werden konnte.

Objektive Begutachtung von Traumafolgen

Für die Begutachtung von Kriegsschäden und Unfallfolgen wurde die Röntgenuntersuchung bald als unentbehrliche Voraussetzung betrachtet. Die sachgemäße Anfertigung von Röntgenaufnahmen der verletzten Knochenregion in mindestens 2 Ebenen ist gefordert worden. Immelmann (1906) betonte, es solle verlangt werden, daß „ein Beweismittel von dem so unendlich viel abhängt, nur von einem in der Röntgentechnik vollkommen ausgebildeten Arzt angefertigt wird. Die Schwierigkeit eine gute Aufnahme zu machen hat zur Folge, daß Röntgenuntersuchungen nur in eigenst dazu bestimmten Laboratorien vorgenommen werden können. Wie verschieden Röntgenbilder von ein und derselben Knochenverletzung ausfallen können, ist zur Genüge bekannt. Ebenso wie mit der Anfertigung der Röntgenogramme verhält es sich mit der Deutung derselben.“ Immelmann hat ausdrücklich hervorgehoben, daß nur eine längere Übung vor Täuschungen und Fehlinterpretationen schützen kann. Ferner weist er darauf hin, daß ein sachgemäß angefertigtes Röntgenbild der durch einen Unfallschaden betroffenen Knochen bei späterer Beurteilung von Folgen *absolut beweisend* ist. Betont wird, daß sich in allen zweifelhaften Fällen mit Hilfe einer subtilen Röntgenuntersuchung die Diagnose sichern und Folgezustände nach Verletzungen objektivieren lassen (Köhler 1901; Schinz et al. 1928; Hellner 1955). So sind unmittelbar nach Bekanntwerden der Möglichkeiten der Röntgendiagnostik auch Kriegsveteranen von 1866 und 1870 untersucht worden, um eingeheilte Steckschüsse, Knochenverletzungen durch Kriegseinwirkung und deren Folgezustände festzuhalten und als Grundlage für eine Entschädigung zu benutzen. Auf die besondere Bedeutung der Röntgendiagnostik haben von Schjerning und Kranzfelder (1896) hingewiesen, da nun sicher entschieden werden konnte, ob ein Soldat nach einer Verletzung oder einer Erkrankung noch diensttauglich oder als Invalide einzustufen sei (Israel 1910; Lehmann 1917; Grashey 1922; Lexer 1925).

Die mit Kriegsverletzungen gesammelten Erfahrungen konnten auch bei Betriebsunfällen von Fabrikarbeitern genutzt werden. Sehr früh ist die Bedeutung der Röntgenuntersuchung in der *Arbeitsmedizin* erkannt worden. Obgleich auch die Berufsgenossenschaften diesen Fortschritt der Röntgendiagnostik von Knochenverletzungen und ihrem Heilungszustand richtig bewertet haben, ist bis heute die *eigentlich selbstverständliche Forderung nach Mitwirkung des Radiologen im Gutachtenwesen* keineswegs befriedigend erfüllt worden.

Erforschung der Röntgenmorphologie entzündlicher Erkrankungen

Die entzündlichen Erkankungen des Stützgerüstes verschiedener Pathogenese konnten bereits um die Jahrhundertwende im Röntgenbild differenziert werden. Neben der *Osteomyelitis des Kindesalters*, deren röntgenmorphologischer Befund sich durch Verbesserung therapeutischer Maßnahmen in den letzten beiden Jahrzehnten grundsätzlich gewandelt hat, waren zu Beginn unseres Jahrhunderts die *Knochen- und Gelenktuberkulose* als sehr häufige Erkrankungen des Stützgerüstes gefürchtet. Die Knochenneubildung während des Heilungsprozesses einer entzündlichen Knochenerkrankung und die vom Periost ausgehende Knochenapposition im Sinne *reaktiver* oder *reparatorischer* Osteosklerosen ließen sich röntgendiagnostisch objektivieren. Unterschiede der Rarefikation von Knochen und der Reparation bei Heilungsprozessen erlaubten eine Zuordnung des röntgenmorphologischen Bildes zu dem besonderen Charakter der Entzündung, wie einer akuten Osteomyelitis nach Staphylokokken- oder Streptokokkeninfektion einerseits oder infolge einer Tuberkulose andererseits (Bürgel u. Bierling 1973).

Als Sonderform unter den entzündlichen Erkrankungen des Knochens wurde die *luische Infektion des Stützgerüstes abgegrenzt.* Dabei konnten Unterschiede der Röntgenmorphologie zwischen der *angeborenen* oder frühkindlichen Syphilis der Knochen und Gelenke und den *erworbenen* Veränderungen im Erwachsenenalter objektiviert werden.

Einige *seltene* entzündliche Knochenerkrankungen wurden durch Nachweis der Erreger pathogenetisch richtig eingeordnet. Hierzu gehören neben der Aktinomykose der Knochenechinokokkus, die Knochenblastomykosen, die Sporotrichosen, der Madurafuß (Mycetoma pedis), die Knochenlepra und der Knochenrotz, die in Europa nicht häufig vorkommen, sondern vornehmlich in den afrikanischen Ländern beobachtet werden können (Cockshott u. Middlemiss 1979). In jüngster Zeit wurde erkannt, daß auch *Virusinfektionen* von entzündlichen Knochenkrankheiten begleitet sein können.

In den ersten Jahrzehnten der Röntgendiagnostik wurden ferner die *entzündlich-rheumatischen Erkrankungen* sorgfältig studiert, so daß ein „rheumatischer Formenkreis" herausgearbeitet werden konnte.

Formen der Osteomyelitis

Die Entzündungen des Organs Knochen nehmen ihren Ausgang nicht vom eigentlichen Hartgewebe der Tela ossea, sondern beginnen im Knochenmark, seltener in der periostalen Region des Knochens oder den Haversschen Kanälen der Kompakta. Nachdem die pathoanatomischen und histologischen Vorgänge einer entzündlichen Erkrankung des Knochens erforscht worden waren, konnten mit den Möglichkeiten der Röntgendiagnostik fundierte Kenntnisse über die *Ausbreitung* einer Knocheninfektion und den *Verlauf der Krankheit* am Patienten gewonnen werden (Baetjer 1919). Die akut aufgetretene Entzündung des Knochens kann im Röntgenbild *nicht sofort* erfaßt werden. Erst nach etwa 2 Wochen finden sich Zeichen einer Destruktion des Hartgewebes Knochen, so daß die differentialdiagnostische Abgrenzung gegen andersartige Krankheiten nicht immer leicht erscheint. Auffallend ist im Kindesalter eine frühzeitige, ausgeprägte Weichteilschwellung, die sich im Röntgenbild, besser mit Hilfe der Sonographie, der CT oder MRT nachweisen und als Frühsymptom verwerten läßt.

Im Laufe einer Entzündung des Knochens durch regionalen Zelltod in der Tela ossea entstehende *„Sequester"* waren dem französischen Chirurgen David (1870) bereits bekannt, so daß er sich für die Entfernung des abgestorbenen Knochens einsetzte. In unmittelbarer Umgebung des erkrankten Knochenareals wird, von den noch vitalen Gewebebezirken ausgehend, eine reaktive Knochenneubildung erleichtert, die im *Bereich der Spongiosa zu ausgeprägten Sklerosen* führen kann. Im Bereich der *Diaphysenkompakta* tritt im Laufe der Entzündung des Knochens eine reaktive Knochenneubildung, vom Periost ausgehend, in Erscheinung, die den abgestorbenen Knochenbereich oder Sequester einhüllt und somit eine sog. „Totenlade" bildet. In dieser finden sich zahlreiche Öffnungen, die den Eiter in die Weichteile und nach außen gelangen lassen.

Durch Entdeckung der *Antibiotika,* insbesondere des Penicillins, bestand nach dem 2. Weltkrieg die Möglichkeit, selbst schwere Entzündungen des Knochens erfolgreich zu behandeln. Nicht nur die destruktiven Veränderungen einer Knochenentzündung, sondern auch die reparativen Vorgänge haben nach dem Einsatz von Antibiotika einen anderen Verlauf der Krankheit zur Folge gehabt. Durch Verbesserungen der Früherkennung von Knochenentzündungen, insbesondere der gefürchteten multilokulären, hämatogenen Osteomyelitis im Säuglingsalter, mit Hilfe radiologischer und nuklearmedizinischer Untersuchungs-

methoden können heute dank der Antibiotikabehandlung große Zerstörungen von Tela ossea im Organ Knochen, besonders in den Wachstumszonen, einschließlich der konsekutiven Wachstumsstörungen bei Kindern, verhütet werden.
Die Sonderform der *Markraumosteomyelitis* kommt im Erwachsenenalter auch heute noch relativ häufig vor und kann frühzeitig nur bei sehr eindrucksvollem klinischem Krankheitsbild durch die Röntgencomputertomographie oder die Magnetresonanztomographie nachgewiesen werden. Während am Anfang unseres Jahrhunderts dieses schwere Krankheitsbild nicht selten zum Tode führte, ist heute eine Knochenentzündung im weitesten Sinne zu beherrschen.

Röntgenmorphologie der Knochentuberkulose

Die Infektion des Knochens mit einer Tuberkulose kann erst *nach einer längeren Latenzzeit* erkannt werden. Als relativ frühe Röntgensymptomatik der Skelettuberkulose wurde eine mehr *diffuse Strukturauflockerung* im Sinne der Osteoporose beschrieben, ohne daß hierbei immer an eine spezifische Erkrankung des Knochens gedacht worden ist (Abb. 24). Erst dann, wenn deutliche Strukturveränderungen der Tela ossea eingetreten waren und ein Krankheitsherd im Knochen abgegrenzt und damit sichtbar wurde, ist die Erkrankung diagnostiziert worden (Hart 1927; König 1928; Simon 1929; Lange 1935, 1937; Uehlinger u. Künsch 1933, 1938). Spezielle Formen und Lokalisationen der tuberkulösen Knochenerkrankung sind bekannt geworden. Im Kindesalter und bei jungen Menschen wurde eine Sonderform an den Grundphalangen der Hand mit osteosklerotischer Hyperostose als „Spina ventosa" bezeichnet (Krause 1908).
Eine besondere Rolle spielte die tuberkulöse Erkrankung des Hüftgelenkes im Wachstumsalter (Johansson 1926). Der Frühbefund einer Coxitis tuberculosa im Röntgenbild erlaubte die differentialdiagnostische Abgrenzung gegenüber einer Hüftgelenksluxation. Dabei ist betont worden, daß die Konturen der gelenkbildenden Knochen des Hüftgelenkes auf der *kranken Seite* unscharf sind, während die gesunde Seite *immer scharfe Konturen* aufweist. Die radiologische Verlaufskontrolle der tuberkulösen Koxitis erlaubte die Feststellung *zunehmender Zerstörungen* der gelenkbildenden Knochen, bis Spontanluxationen auftreten konnten. Wenn eine *Ankylose* des erkrankten Gelenkes eintrat, so konnte durch Osteotomien sowohl eine Deformität korrigiert als auch eine Verlängerung der Extremität erreicht werden.

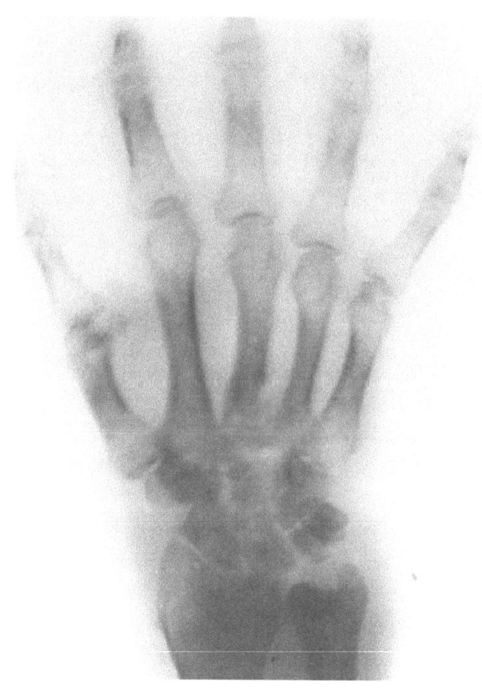

Abb. 24. Erster Röntgenbefund einer Tuberkulose des Handgelenkes, die vom 3. Mittelhandknochen ausgeht. Hochgradige Atrophie der Knochen, Schwellung und Rötung des Handgelenkes mit Fistelbildung bei 32jährigem Mann. (Abb. 4, Tafel VI, aus Köhler 1901)

Neben der Tuberkulose des Hüftgelenkes wurde die *Spondylitis tuberculosa* im Röntgenbild erkannt und analysiert (Löffler 1922; Malluche 1947). Eine mit schweren Nekrosen und Substanzverlust des Knochens einhergehende Form der Spondylitis tuberculosa war damals gefürchtet (Diethelm u. Kastert 1974). Durch Einsatz einer Kompressionsblende (nach Albers-Schönberg) bei seitlicher Durchleuchtung konnten die Zerstörung der Wirbelkörper und eine beginnende Skoliose beurteilt werden. Sehr früh ist erkannt worden, daß mit Hilfe der Dornfortsätze, die erhalten bleiben und im Seitenbild gut erkennbar sind, eine *Aussage über die Zahl der eingeschmolzenen Wirbelkörper* möglich war. Mit Hilfe orthopädischer Maßnahmen sollte eine *starke Gibbusbildung* nach Einschmelzen von Knochensubstanz verhütet werden. Bei der Spondylitis tuberculosa trat nicht selten ein Senkungsabszeß auf, und schwere Deformierungen und Kyphosen der Wirbelsäule mit ihren weitergehenden *neurologischen Komplikationen* waren gefürchtet. Erst nach Entdeckung der Tuberkulostatika hat sich das Krankheitsbild der Knochentuberkulose entscheidend gewandelt.
Als „Ostitis cystoides multiplex" ist 1919 eine ungewöhnliche Erkrankung des Knochens von

Jüngling beschrieben worden, deren Ätiologie lange umstritten gewesen ist. Die Zuordnung der Erkrankung zur *Sarkoidose* oder zum Morbus Boeck ist zuerst Konjetzny an einem amputierten Finger aufgrund pathohistologischer Untersuchungen gelungen.

Studien zur Kenntnis der Knochenlues

Die röntgenmorphologischen Erscheinungsformen der zu Beginn unseres Jahrhunderts noch relativ häufigen *Syphilis der Knochen und Gelenke* sowie die Studien der Lues connata der Neugeborenen waren mit Hilfe der Röntgenuntersuchung möglich geworden (Fraenkel 1911). Die „Osteochondritis syphilitica" wurde 1870 zuerst von Wegener, einem Assistenten Virchows, beschrieben. Bei der syphilitischen Osteochondritis des Neugeborenen fanden sich röntgenmorphologisch in den Metaphysen größere verknöcherte Partien, die durch eine transparente verbreiterte Zone vom Knochen der Diaphysen abzugrenzen waren. In der Diaphyse erschienen da und dort hellere Bezirke ohne oder mit einer geringen Strukturzeichnung, die Störungen im Mineralgehalt entsprechen (sog. „destruierende Schaftlues" Epstein). Auffallend war, daß manchmal sehr kalkhaltige Knochentrümmer im Bereich der Epiphysenlösungen entstehen. Die charakteristischen Befunde der veränderten Strukturen waren im Röntgenbild am lebenden Kind nachzuweisen (Hochsinger 1900; Alexander 1915). Die präparatorische Verkalkungszone im Bereich der Metaphysen ist verbreitert, unregelmäßig begrenzt und manchmal „krümelig" strukturiert. Spontane Epiphysenlösungen wurden beobachtet. Ferner fand sich eine Periostitis ossificans syphilitica, die bei der konnatalen Lues die Knochen immer symmetrisch betroffen hatte (Abb. 25). Die Vorgänge bei der Entwicklung und Ausheilung luischer Knochenveränderungen ließen sich im Röntgenbild und bei Kontrolluntersuchungen subtil analysieren. Dabei waren die Formen der angeborenen Skelettlues bei jungen Säuglingen so häufig, daß trotz deren späteren Verschwindens für die metaphysären Aufhellungsbänder der Ausdruck „Osteochondritis non luetica" bis in die 50er Jahre erhalten blieb und eindringlich moniert werden mußte (Willich 1956, 1958).
Als Besonderheit der erworbenen Lues des Erwachsenen ist das knochenzerstörende „Gumma" beschrieben worden. Neben Strukturaufhellungen und reaktiven Knochenneubildungen zeigt die luische Nekrose des Knochens durch das spezifische Granulationsgewebe ein grob strukturiertes Muster. Reine Aufhellungsherde sind selten, da die Randsklerose frühzeitig in Erscheinung tritt. Neben den genannten Veränderungen bei der Lues acquisita fanden sich periostale Reaktionen, die den erkrankten Knochen mit einer kräftigen Periostschale umgeben. Die gelenkbildenden Knochen sind nicht selten betroffen, so daß bei einer fortgeschrittenen Knochenlues Bewegungseinschränkungen verständlich sind (Köhler 1901; Beitzke 1930).

Seltene Entzündungen des Knochens

Unter den seltenen Entzündungen wurden die Knochenveränderungen bei *Framboesia tropica* erkannt und beschrieben. Das Studium des Krankheitsverlaufes der *Lepra* des Knochens im Röntgenbild war Voraussetzung für eine erfolgreiche Bekämpfung dieser schweren Infektion. Der Knochenbefall bei der *Echinokokkuskrankheit* führt zu charakteristischen morphologischen Veränderungen, die als diffuse, kleinblasige Auftreibungen beschrieben worden sind (Reich 1908; Titow 1910; Kienböck u. Mayer 1929).
Ein intensives Studium der in tropischen Ländern auftretenden Infektionskrankheiten mit Beteiligung des Stützgerüstes war zwingende Voraussetzung für eine gezielte Behandlung mit konservativen oder operativen Verfahren, um die Ausbreitung der früher so gefürchteten Krankheiten einzuschränken (Cockshott u. Middlemiss 1979).
Als weitere wenig bekannte, entzündliche Erkrankung wurde der *Knochenaktinomykose* Beachtung geschenkt. Nicht selten ist sie im Bereich der Kieferknochen lokalisiert.
In die *Differentialdiagnose* entzündlicher Erkrankungen der Knochen und Gelenke sind im ersten Jahrzehnt der Röntgenstrahlendiagnostik auch *rheumatische Gelenkerkrankungen* einbezogen worden. Die Kenntnisse über die morphologischen und strukturellen Veränderungen des Knochens bei Rheumatismus waren begrenzt. Die Feinfokusaufnahmetechnik und die Weichstrahlimmersionstechnik zur subtilen Beurteilung des Handskelettes einschließich der Weichteile der Hand und des Fußes haben für die Diagnostik rheumatischer Erkrankungen Fortschritte gebracht (Fischer 1974; Heuck u. Schilling 1985). Eine methodische Verbesserung für die subtile Beurteilung von Kontur und Struktur der Knochen konnte mit der *direkten Vergrößerungstechnik* erreicht werden (Takahashi u. Sakuma 1975; Buckland-Wright 1984; Link et al. 1993).

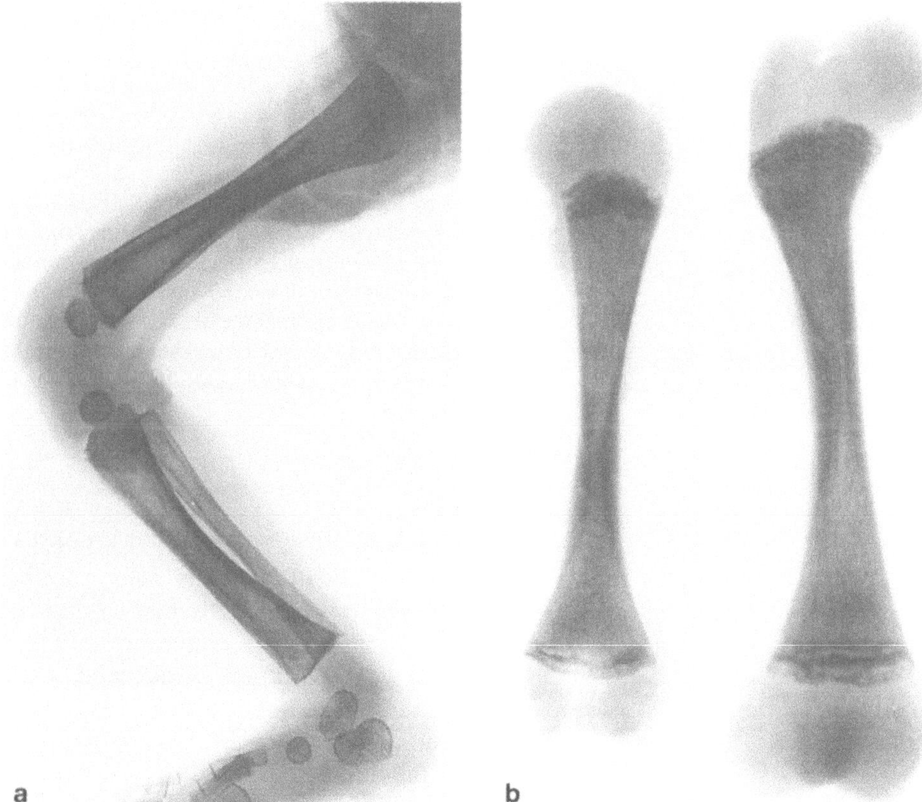

Abb. 25a, b. Die Rontgenmorphologie der kongenitalen Knochensyphilis wurde von Eugen Fraenkel (1911) eingehend untersucht. Die „ossifizierende Periostitis“ im Bereich der großen Röhrenknochen wird am Beispiel eines 6 Monate alten Knaben gezeigt (**a**). Das Präparatröntgenbild (**b**) des Humerus und des Femurs eines 31 cm langen mannlichen Fetus zeigt eindrucksvoll die Unregelmäßigkeiten der präparatorischen Verkalkungszonen im Bereich der Metaphysen, so daß vergleichende, röntgenmorphologische Studien mit dem pathoanatomischen Befund möglich waren (Abb. 4 und 4a aus Fraenkel 1911)

Ostitis deformans Paget – Eine Viruserkrankung?

Bereits 2 Jahrzehnte vor Entdeckung der Röntgenstrahlen hat J. Paget (1877) ein bis heute noch etwas rätselhaftes Krankheitsbild pathoanatomisch eingehend beschrieben. Mit Hilfe des Röntgendurchstrahlungsbildes konnte das Wesen dieser auf einzelne Knochen beschränkten Veränderung besser verstanden werden. Die Knochenerkrankung wurde primär als chronische, sich über Jahrzehnte hinziehende Entzündung angesehen. Der *entzündliche Charakter* wurde im Verlaufe weiterer Forschungen von einigen Arbeitskreisen in Frage gestellt, doch ist in jüngster Zeit erneut eine *Viruserkrankung* angenommen worden. Einige Autoren haben eine familiäre Häufung der Krankheit feststellen können, doch sind die genetischen Zusammenhänge bisher noch unklar.

In den ersten Mitteilungen hat Paget betont, daß nur ein einziger Knochen erkrankt sein kann, doch sind auch an mehreren Skelettabschnitten gleichzeitig Veränderungen beschrieben worden. Unterschiedliche Verlaufsformen des Morbus Paget mit verschiedenartigen pathomorphologischen Befunden sind charakteristisch. Im Frühstadium findet sich eine deutliche Strukturauflockerung oder „Aufhellung“ der erkrankten Knochenregion infolge eines verstärkten Knochenumbaus mit Untermineralisation der Tela ossea. Daraus resultieren eigenartige röntgenmorphologische Befunde, von denen die „Osteoporosis circumscripta cranii“ (Schüller 1929) als typisch für das Frühstadium der Ostitis deformans Paget gelten kann (Abb. 26). Ähnliche röntgenmorphologische Befunde sind auch an anderen Knochen nachgewiesen worden. Die zugrundeliegenden pathomorphologischen Veränderungen des Organs Knochen führen nicht selten zu einer statischen Insuffizienz, so daß Verbiegungen, Kompressionen und Frakturen, aber auch Umbauzonen des Knochens verständlich werden

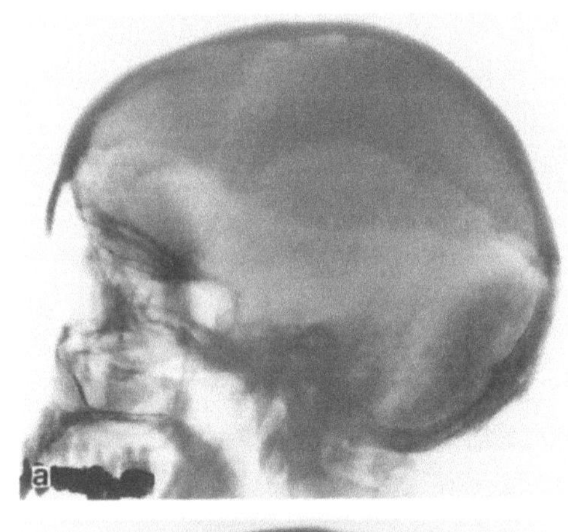

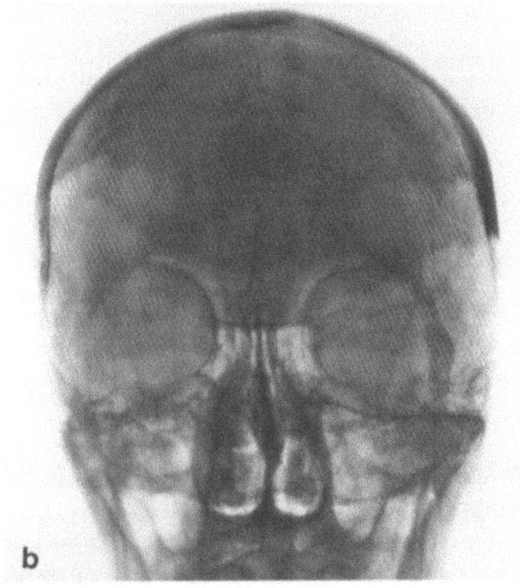

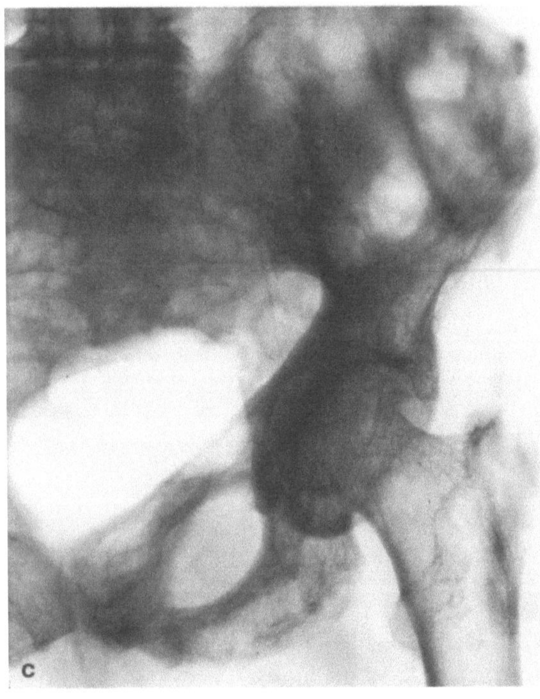

Abb. 26a–c. Seit Beginn unseres Jahrhunderts wurde eine eigenartige, von Sir J. Paget 1977 zuerst als „Osteitis deformans" beschriebene Knochenkrankheit kontrovers diskutiert. **a, b** „Landkartenartig begrenzte Aufhellungszonen" am Schädelknochen bei einem 68jährigen Mann als Ausdruck eines Mineralverlustes im Knochengewebe hat zuerst A. Schüller 1929 beschrieben. Dabei sollte es sich um ein frühes Stadium der Krankheit handeln, eine Ansicht, die später auch Bestätigung fand. **c** Das Spätstadium dieser eigenartigen Krankheit ist durch stark vergröberte und umgeformte Knochenstrukturen, sowie durch eine Volumenzunahme der erkrankten Knochen mit Deformierungen und Gelenkveränderungen (wie hier des Hüftgelenkes eines 83jährigen Mannes) charakterisiert
◀

(Looser 1926; Schmorl 1932). Ein erkrankter Wirbel kann zusammensintern. Verschiedene „Gangarten" des typischen Krankheitsbildes mit unterschiedlichen pathomorphologischen Befunden wurden erkannt. Eingehende pathoanatomische Studien hat Erdheim (1935) vorgenommen. Im späteren Krankheitsverlauf führt der starke Umbau der Tela ossea zu weitergehenden Deformierungen, Verdickungen oder Verbreiterungen der Knochen und schließlich zu fleckigen, manchmal diffusen Spongiosklerosen, die unregelmäßig verteilt sind. Verlaufskontrollen haben gezeigt, daß die Dynamik des Knochenumbaus im höheren Lebensalter abklingt. Es erscheint aussichtsreich, die Erforschung der zugrundeliegenden Störung des Krankheitsprozesses mit den neuen Methoden der Radiologie fortzusetzen und dabei vor allem dem Gefäßsystem des Knochens Aufmerksamkeit zu schenken.

Der rasante Umbau der Tela ossea beim Morbus Paget ist nach heutiger Ansicht die Voraussetzung für Tumorbildungen, unter denen das Spindelzellsarkom am häufigsten beobachtet wurde (Frangenheim 1921; Fedder 1923; Looser 1924; Schürch u. Uehlinger 1938). Ohne Zweifel handelt es sich um ein sehr interessantes Krankheitsbild des Stützgerüstes, an dem Umbauvorgänge der Tela ossea modellhaft studiert werden können.

Studien über die Röntgenmorphologie der Knochengeschwülste

Die Röntgenuntersuchung ermöglichte umfangreiche, vergleichende, pathomorphologische Forschungen über die Knochengeschwülste. Neben den häufigsten Lokalisationen verschiedener Tumorbildungen der Knochen des Skelettes konnten die Form, Kontur und Struktur der gutartigen, semimalignen und bösartigen Geschwülste röntgenmorphologisch analysiert werden. Es sind Charakteristika herausgearbeitet worden, die für eine *gutartige* Knochengeschwulst sprechen, und solche, die mit Sicherheit als Ausdruck einer *bösartigen* Neubildung des Knochens angesehen werden können. Ein Strukturdefekt im Knochen, der relativ scharf begrenzt, manchmal auch von einer Kortikalis umgeben ist (Pseudozyste) und nur sehr langsam größer wird (Haenisch 1922, 1923), ferner Tumoren der eigentlichen Tela ossea, die „Osteome" des Knochens, sind ebenso wie Neubildungen des Knorpelgewebes (Enchondrome oder Ekchondrome) als gutartige Tumoren erkannt worden (Fränkel 1925). Typisch für die Bösartigkeit einer Geschwulst ist das autonome, annähernd *unbegrenzte Wachstum* und die deutliche *Aggressivität* eines Knochentumors, wie sie für Sarkome charakteristisch ist (Codman 1925; Geschickter u. Copeland 1931; Schinz u. Uehlinger 1931; Uehlinger 1933, 1959; Lodwick 1971).

Die Röntgendiagnose einer vom Knochen ausgehenden Geschwulst kann mit 3 typischen Veränderungen begründet werden:

1. Weist die veränderte äußere Form eine mehr oder weniger deutliche regionale Begrenzung auf oder nicht?
2. Liegt eine veränderte Struktur vor, die den Untergang des normalen Knochengewebes und die Bildung neuer Knochensubstanz ausweist?
3. Findet sich eine veränderte Strahlendurchlässigkeit des Knochengewebes?

Diese charakteristischen pathomorphologischen Befunde des Knochenröntgenbildes von Tumoren konnten zuerst besonders gut am Handskelett erfaßt werden (Abb. 27). Über die zugrundeliegenden biologischen Probleme der unterschiedlichen Reaktionen des Knochengewebes bei Tumorbildungen ist eine Anzahl von Hypothesen entwickelt worden. Die Radiologie kann durch vergleichende Studien weitere wichtige Forschungsbeiträge zum Verständnis der Lebensvorgänge des Organs Knochen liefern (Abb. 28).

Abb. 27. Eine der ersten umfassenden Sammlungen „Über Geschwülste und entzündliche Erkrankungen der Knochen im Röntgenbild" von O. Rumpel enthält exzellente Röntgenbilder gut- und bösartiger Knochentumoren, aus denen bereits die entscheidende Zielsetzung der Röntgendiagnostik als „Mustererkennung" deutlich wird. In Abb. 1 des Buches sind multiple Chondrome der Hand, die das für eine Knorpelgeschwulst charakteristische Muster von Kontur und Struktur zeigen, bei einem 16jährigen Knaben abgebildet

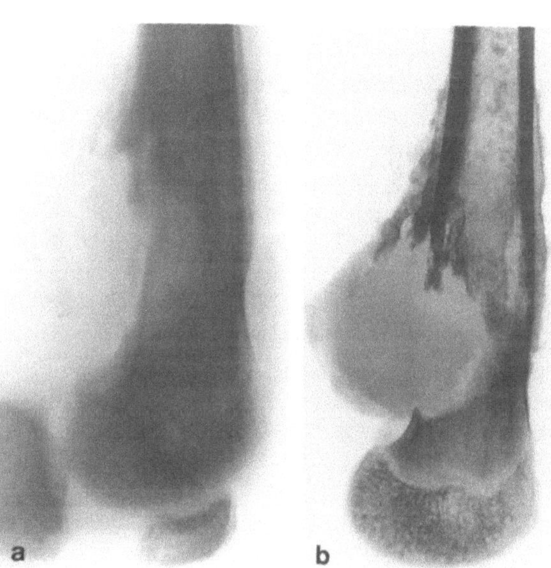

Abb. 28 a, b. Die Destruktion des Knochens durch ein Rundzellensarkom im Bereich der Beugeseite des distalen Femurs mit periostaler Reaktion und Neubildung von Knochen – der jedoch rasch wieder zerstört wird – kommt nicht nur im Röntgenbild (**a**), sondern auch in der Präparataufnahme (**b**) sehr gut zur Darstellung. Wichtig war seinerzeit die Feststellung, daß der Tumor von der Spongiosa der distalen Meta- bzw. Diaphysenregion ausgegangen sein dürfte (18jähriger Mann, Abb. 38 aus O. Rumpel 1908)

Nicht nur die röntgenmorphologischen Knochenbefunde einer Destruktion oder Proliferation von Tela ossea bei Geschwülsten, sondern auch die angiographisch erkennbare *Gefäßversorgung des Tumors* sind für die Differenzierung von gutartigen und bösartigen Neubildungen im Organ Knochen hilfreich. Aufgrund des atypischen Gefäßmusters neugebildeter Tumorgefäße kann die Zuordnung einer Geschwulst erleichtert werden. Schnell wachsende, aggressive, maligne Knochentumoren entwickeln meist ungeordnete bizarre Gefäßstrukturen, und manchmal sind Blutseen und arteriovenöse Anastomosen zu finden. Ergänzend zu den seltenen *primären* Geschwülsten des Knochens konnten die häufigeren *sekundären* Geschwülste oder Metastasen im Knochen erforscht und mit ihrer oft speziellen Röntgenmorphologie dem entsprechenden Primärtumor zugeordnet werden (Pfahler 1917). Ergebnisse vergleichender pathoanatomischer und radiologischer Studien sind vorgelegt worden.
Eine Verfeinerung der röntgenmorphologischen Tumordiagnostik wurde durch die Flächentomographie, später die Röntgencomputertomographie der primären und sekundären Knochentumoren erreicht. Für ein Staging von Knochentumoren ist die Magnetresonanztomographie eine unersetzbare Hilfe geworden (Abb. 29). Im Vergleich zur Computertomographie stellt sie den Weichteilanteil von Knochentumoren noch präziser dar und erlaubt eine bessere Abgrenzung zum gesunden Gewebe, so daß die Operationsplanung erleichtert wird (Erlemann et al. 1989; Reiser u. Semmler 1992; Berquist 1993). Die knöchernen Strukturen und Mineraleinlagerungen in Knorpelstrukturen von Tumoren werden mit der Röntgenaufnahme und der Computertomographie unstrittig am besten erfaßt. An der grundsätzlichen Tatsache, daß es sich diagnostisch um eine Strukturanalyse der Charakteristika des jeweiligen Tumors handelt, hat sich bis heute nichts geändert (Baetjer 1918; Evans 1919; Lodwick et al. 1963). Für die chirurgische, aber auch die strahlentherapeutische Behandlung von Neubildungen im Organismus sind Kenntnisse der Röntgenmorphologie von metastatischen Knochengeschwülsten wichtig. Im Vordergrund der radiologischen Diagnostik steht die *Mustererkennung der Tumoren*, und es wurden der Pathomorphologie sowohl primärer Knochentumoren als auch der Metastasen des Skelettes zahlreiche Bücher gewidmet (Rumpel 1908; Kienböck 1933, 1938, 1941; Dahlin 1957; Jaffe 1958; Mirra 1980; Remagen et al. 1980; Mulder et al. 1981; Freyschmidt u. Ostertag 1986).

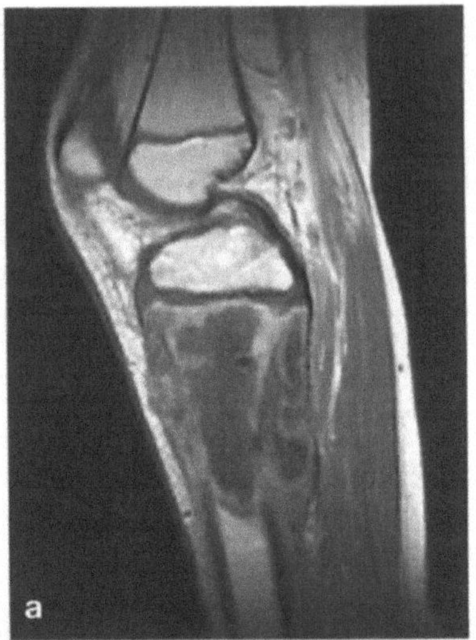

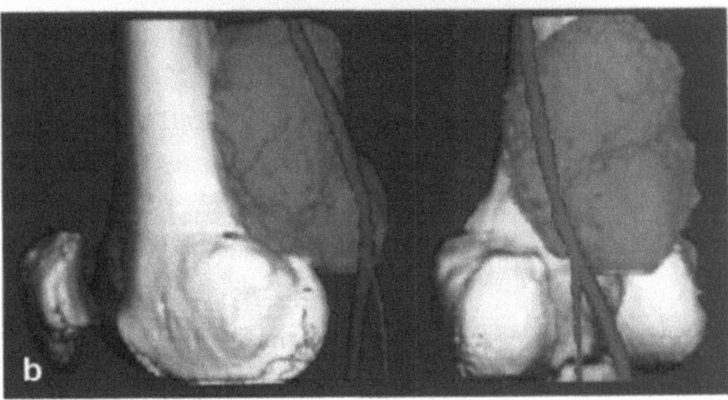

Abb. 29 a, b. Die neueren Methoden der radiologischen Diagnostik erlauben ein präzises Tumorstaging. **a** Osteosarkom des rechten Unterschenkels bei einem 49jährigen Mann. T1-gewichtete Magnetresonanztomographie nach intravenöser Gabe von Gd-DTPA (TR 550/TE 15). Knochendestruktion mit Zerstörung der Kortikalis und des Markraumes. Deutliche, extraossäre Komponente. Tumoreinbruch in die Unterschenkelmuskulatur. Die Epiphysenfuge des Knochens ist erhalten geblieben. **b** Osteogenes Sarkom niedriger Malignität im rechten Oberschenkel bei 37 Jahre altem Patienten. Spiralcomputertomographie mit sekundärer dreidimensionaler Rekonstruktion. Die Lagebeziehung des Tumors (*grün*) zum Knochen und zu den Gefäßen ist in mehreren Ebenen dargestellt

Entdeckung und Zuordnung generalisierter Erkrankungen des „Organs Knochen“

Mit Verbesserungen der Röntgentechnik durch *Steigerung der Detailauflösung* im Röntgenbild ist eine Zunahme unserer Kenntnisse über neuartige oder bisher wenig bekannte Krankheiten einhergegangen. Durch vergleichende, weiterführende pathohistologische und laborchemische Untersuchungen konnten die *Zusammenhänge der Pathogenese bei generalisierten Systemerkrankungen des Skelettes oder Osteopathien* verstanden werden. Neben den primären Erkrankungen des

Knochengewebes durch Störungen der Transformation der Tela ossea sind Erkrankungen des Organs Knochen erforscht worden, denen Veränderungen des Markgewebes durch medulläre Erkrankungen zugrunde lagen.

Primäre Erkrankungen des Knochengewebes (Tela ossea)

Während früher eine Strukturauflockerung des Knochens undifferenziert als „Osteoporose“ bezeichnet worden ist, haben vergleichende Untersuchungen von Röntgenmorphologie und Pathohistologie *Unterschiede der Umbauvorgänge* und der Mineralisation der Tela ossea ergeben. Es konnten

1. eine osteoporotische Osteopathie,
2. die osteomalazische Osteopathie,
3. die Osteodystrophie als Ausdruck der Störungen im Parathormonstoffwechsel

differenziert werden.

Einige der inzwischen bekannt gewordenen Osteopathien stellen Mischformen dar. Nach pathogenetischen Gesichtspunkten lassen sich die generalisierten Skeletterkrankungen in 3 Gruppen differenzieren:

1. Systemerkrankungen durch Störungen im Mineral- und Vitaminhaushalt des Organismus mit sekundärer Beteiligung des Organs Knochen,
2. hormonale Erkrankungen des Stützgerüstes,
3. genetische Störungen von Knochenbildung und Knochenumbau.

Die Lebensvorgänge im „Organ Knochen“ sind noch nicht hinlänglich bekannt, so daß wir uns mit Hilfe von Bruchstücken unseres Wissens ein Bild konstruieren müssen. Nachfolgend kann nur ein kurzer Überblick gegeben werden, aus dem der kundige Leser offene Fragen entnehmen sollte, zu deren Beantwortung ganz sicher auch die Radiologie mit den ihr zur Verfügung stehenden diagnostischen Verfahren *noch entscheidend wichtige Forschungsbeiträge* leisten kann.

Metabolische Osteopathien

In dem 1901 erschienenen Band über *Knochenerkrankungen im Röntgenbild* von Alban Köhler werden *charakteristische Strukturmuster* für einzelne Erkrankungen abgebildet. Die bei einer *Rachitis* erkennbaren Verbiegungen des Knochens und die Strukturveränderungen im Bereich der präparatorischen Verkalkungszone sind sehr gut dargestellt. Darüber hinaus sind bereits die röntgenmorphologischen Befunde bei der *Osteomalazie des Erwachsenenalters* beschrieben worden.

Das am Ende des 19. Jahrhundert *sehr gefürchtete Krankheitsbild der Rachitis* im Kindesalter war den Pathologen hinlänglich bekannt. Als Ursachen wurden ein Vitamin-D-Mangel und verminderte Sonneneinstrahlung erkannt. Die einzelnen Knochen des Stützgerüstes zeigten im Röntgenbild charakteristische „besenreiserartige“ Auffaserungen der Metaphysenendplatten (Abb. 30), die auch mit Verkrümmungen der Extremitäten einhergehen können (Fraenkel 1908; Schmorl 1909; Looser 1920; Fromme 1922; Wimberger 1923, 1925). Ferner war der „Rosenkranz“ am Thoraxskelett im Bereich der Rippenknorpel-Knochen-Grenze und die nicht seltene „Kraniotabes“ des Schädelskelettes bekannt. Während die präparatorische Verkalkungszone der Metaphysen eines Knochens bei gesunden Kindern scharf begrenzt und relativ dicht erscheint, kommt es bei einer Rachitis zu unscharfen, verbreiteten und unregelmäßig begrenzten Metaphysenenden sowie lückenhaft strukturierten Verkalkungszonen, die bei den schweren Formen der Rachitis *bis zum*

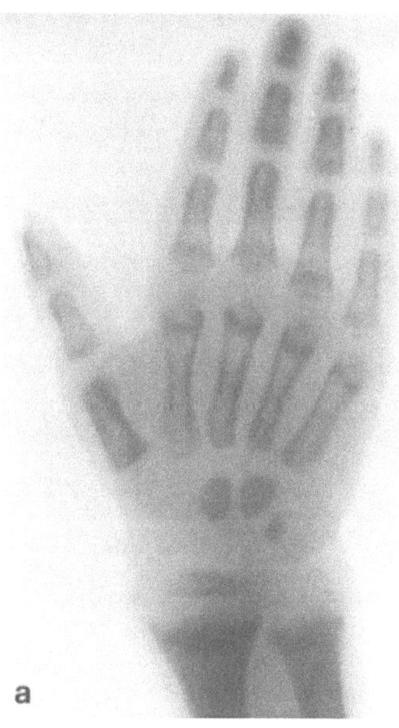

Abb. 30 a–d. Die Rachitis im Röntgenbild. **a** Hochgradige, floride Rachitis eines 3jährigen Kindes mit schweren röntgenmorphologischen Veränderungen im Bereich der Wachstumszonen der Metaphysen des Handskelettes, insbesondere starker Verbreiterung der Knorpelfugen am distalen Radius und an der Ulna (Abb. 1, Tafel VIII, aus Köhler 1901). **b–d** s. S. 68

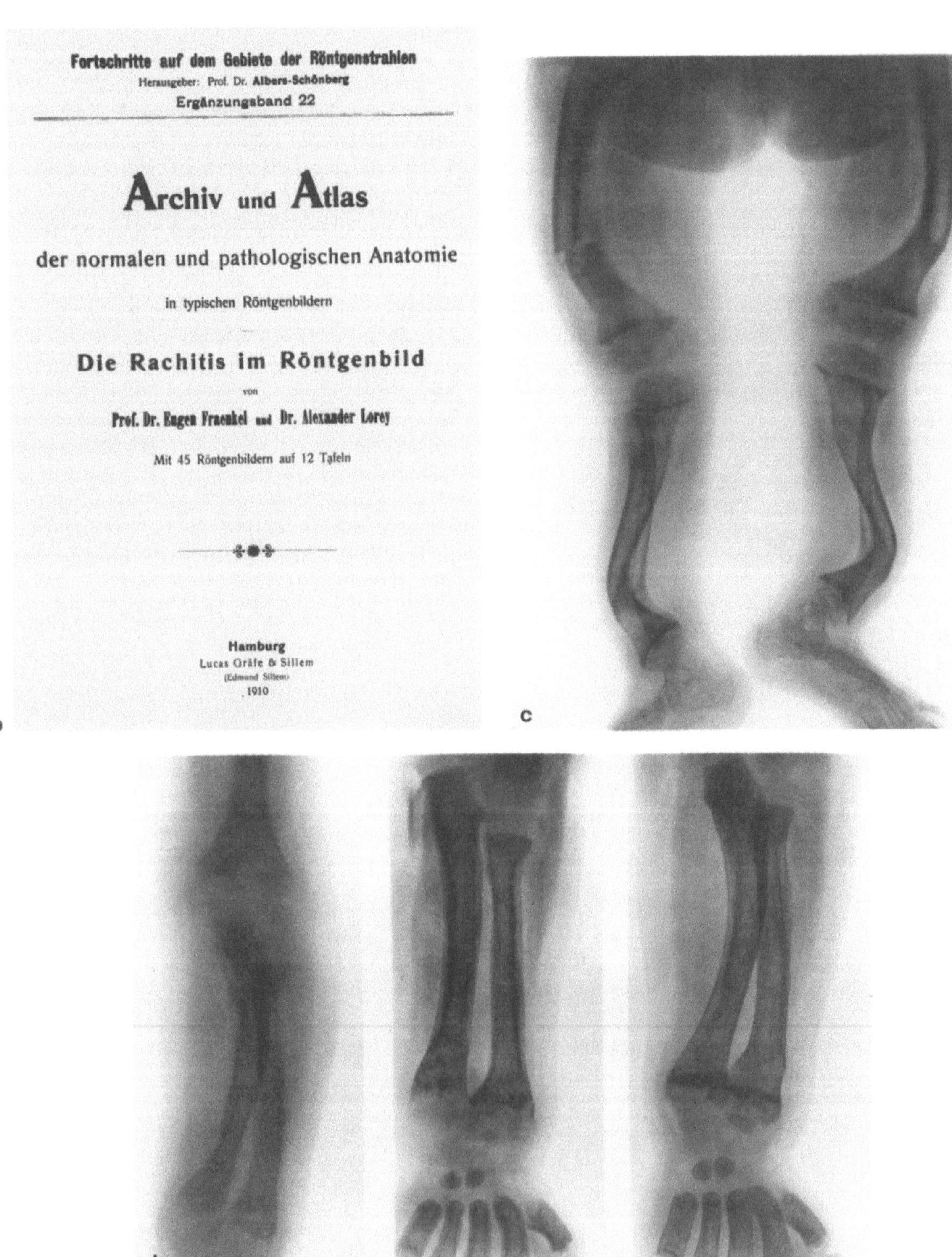

Fortschritte auf dem Gebiete der Röntgenstrahlen
Herausgeber: Prof. Dr. Albers-Schönberg
Ergänzungsband 22

Archiv und Atlas

der normalen und pathologischen Anatomie

in typischen Röntgenbildern

Die Rachitis im Röntgenbild

von

Prof. Dr. Eugen Fraenkel und Dr. Alexander Lorey

Mit 45 Röntgenbildern auf 12 Tafeln

Hamburg
Lucas Gräfe & Sillem
(Edmund Sillem)
1910

Abb. 30 (*Fortsetzung*). **b** Eine erste zusammenfassende Übersicht der Pathomorphologie der Rachitis im Röntgenbild haben E. Fraenkel und A. Lorey vorgelegt. **c** Die schweren rachitischen Veränderungen an den unteren Extremitäten mit Verbiegungen der Röhrenknochen bei einem 3jährigen Kind sind sehr gut dargestellt. Am linken Femur findet sich eine Fraktur mit unzureichend verkalktem Kallus, der rechte Femur zeigt neben der Verkrümmung eine Frakturnarbe. Die präparatorischen Verkalkungszonen sind unregelmäßig, die Metaphysen verbreitert ausgebildet. **d** Die Fußknochen sind unzureichend mineralisiert. Der Heilungsprozeß einer schweren Rachitiis eines 2 1/2-jährigen Mädchens wird sehr gut erfaßt

völligen Verschwinden dieser biologisch wichtigen Struktur führen können. Die Knochenbälkchen der Spongiosa sind ungeordnet, die Diaphysenkompakta der Röhrenknochen läßt eine Auflockerung erkennen, und es treten nicht selten Umbauzonen oder pathologische Frakturen (Schmorl 1909; Looser 1920) auf. In der ehemaligen präparatorischen Verkalkungszone der Metaphysen sind Strukturunregelmäßigkeiten, insbesondere Aufhellungsbänder, später Verdichtungen als „Wachstumslinien" bekannt geworden. Eine *differentialdiagnostische Abgrenzung* der morphologischen Befunde bei der Rachitis gegenüber denen der *kindlichen Lues* und der *Möller-Barlowschen Krankheit* als Folge eines Vitamin-C-Mangels erschien im Röntgenbild nicht schwierig (Fraenkel 1908; Fraenkel u. Lorey 1910). Dagegen war es nicht leicht, die Vitamin-D-Mangel-Rachitis im Säuglingsalter gegen andere Formen, wie die Pseudomangelrachitis oder die familiäre hypophosphatämische (Vitamin-D-resistente) Rachitis (sog. „Spätrachitis") abzugrenzen. Die Forschungen haben belegt, daß pathogenetisch entweder ein Vitamin-D-Mangel bzw. eine Störung des Vitamin-D-Stoffwechsels, bei der Pseudomangelrachitis ein Enzymdefekt und bei der Vitamin-D-resistenten Rachitis (Phosphatdiabetes) eine Membrantransportstörung für Phosphor zugrunde liegen.

Mit zunehmender Kenntnis der Mangelerscheinungen oder Stoffwechselstörungen von Vitaminen konnte auch die im *Erwachsenenalter auftretende „Osteomalazie"* verstanden und eingeordnet werden. Einige charakteristische pathomorphologische Veränderungen der Osteomalazie sind denen bei der Rachitis ähnlich. Die Rarefizierung des Knochens, eine Verminderung der Spongiosabälkchen und Lamellen sowie Strukturauflockerungen der Diaphysenkompakta sind röntgenologisch nachzuweisen. Als Folge der pathoanatomischen Veränderungen und der Untermineralisation der Tela ossea treten Zerrüttungszonen oder Loosersche Umbauzonen an den *statisch stärker belasteten Zonen des Skelettes in Erscheinung* (Abb. 31). Besondere Aufmerksamkeit wurde der Beckendeformierung im Sinne eines „Kartenherzbeckens" beim weiblichen Geschlecht gewidmet, da hieraus geburtshilfliche Probleme resultieren (Looser 1920; Milkman 1930; Jaffe 1972; Jowsey 1977).

Weniger bekannt als die Rachitis waren vor dem Einsatz von Röntgenstrahlen Veränderungen des Skelettes bei einer *Vitamin-C-Mangelerkrankung,* die als „Möller-Barlowsche Krankheit" im Kindesalter und als „Skorbut" bei Erwachsenen heute nur noch selten vorkommt. Das röntgenmorphologische Bild zeigte im Bereich der Wachstumszonen von Metaphysen Strukturveränderungen im Sinne der „Trümmerfeldzone" (Fraenkel), die auch die Diaphyse betrafen (Abb. 32). Nicht selten kam es nach subperiostalen Blutungen und nachfolgender ungewöhnlicher periostaler Knochenneubildung der Diaphysen zu ganz enormer Verdickung und bizarrer Umgestaltung der Kno-

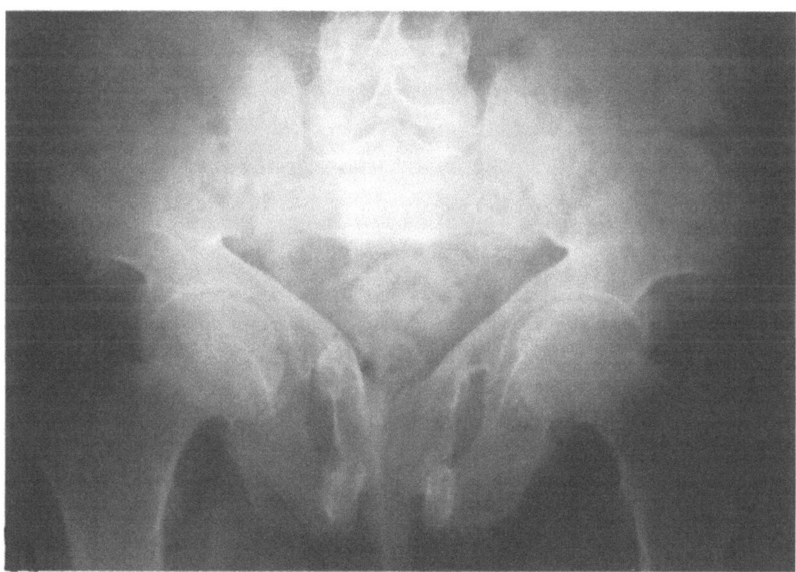

Abb. 31. Der Vitamin-D-Mangel des Erwachsenen fuhrt zur Ausbildung einer Osteomalazie, für die pathologische Frakturen oder „Umbauzonen" charakteristisch sind. Das Beckenskelett einer 48jährigen Patientin mit zusätzlicher Deformierung im Sinne eines „Kartenherzbeckens" läßt diesen Befund deutlich erkennen

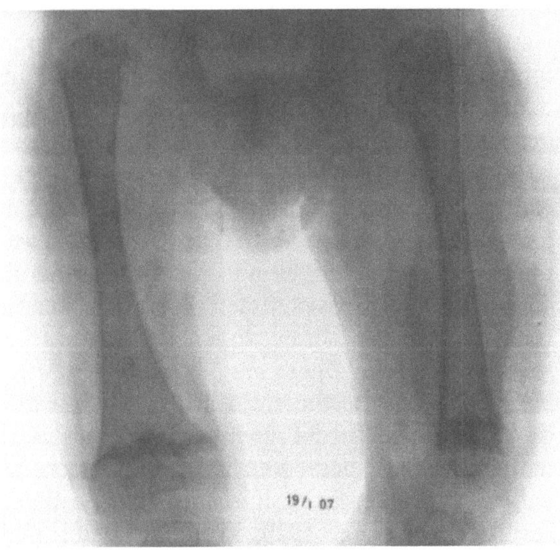

Abb. 32. In einer der ersten Zusammenstellungen über die durch Vitamin-C-Mangel bedingte „Möller-Barlowsche Krankheit" hat E. Fraenkel 1908 die Krankheitsdynamik anhand morphologischer Röntgenbefunde beschrieben. Die Abhebung des Periostes durch ein subperiostales Hämatom des Femurschaftes, die unregelmäßige Struktur am Schenkelhals und die Verdichtung in den präparatorischen Verknöcherungszonen der distalen Femurmetaphysen sind sehr gut erkennbar

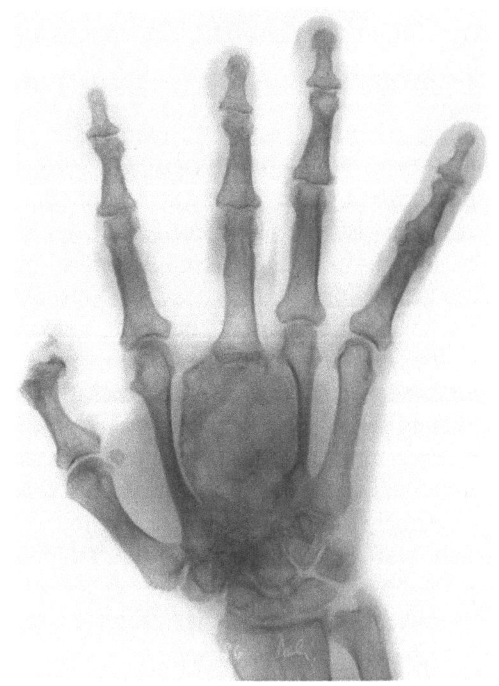

Abb. 33. Der primäre Hyperparathyreoidismus weist neben einer hohen Dynamik des Knochenumbaues die Ausbildung von pseudozystischen Veränderungen oder „braunen Tumoren" im Skelett auf. Ein solcher Befund kann an allen Knochen beobachtet werden. Charakteristisch ist der Skelettbefund an der rechten Hand einer 68 Jahre alten Patientin mit einer charakteristischen, pseudozystischen Veränderung des 3. Mittelhandknochens, die sehr leicht mit einer Geschwulstbildung verwechselt werden kann

chen (Fraenkel 1908; Frank 1921; Wimberger 1924).

Als *gastrointestinale Osteopathien* sind osteoporotische Strukturauflockerungen und ein Substanzverlust an Tela ossea nach langen Hungerzuständen sowie bei Resorptionsstörungen des Darmes (Sprue) bekannt geworden. In ähnlicher Weise sind Knochenveränderungen verstanden worden, die sich bei oder nach *schwerer Leberschädigung* einstellen. Als Ursachen wurden cholestatische Störungen, eine Leberzirrhose, aber auch eine Alkoholintoxikation der Leber erkannt. Die *„hepatogene Osteopathie„* weist Rarefizierungen der Knochenstruktur wie bei einer gastrointestinalen Osteopathie auf, und es kann sekundär zur *Zusammensinterung* stärker belasteter Knochen, insbesondere der Wirbel, des Schenkelhalses oder des Kalkaneus kommen.

Hormonale Osteopathien

Unter den hormonalen Knochenerkrankungen fanden Störungen des Knochenumbaues durch *Parathormoneinfluß* klinisch und pathomorphologisch besondere Beachtung. Der *primäre Hyperparathyreoidismus* ist mit dem Namen des Wiener Pathologen J. Erdheim (1903, 1907, 1911) eng verbunden. Er entdeckte Tumorbildungen der Epithelkörperchen bei dieser Knochenkrankheit, deren Erstbeschreibung als „Osteodystrophia fibrosa generalisata cystica" auf von Recklinghausen (1891) zurückgeht. In einem ausgezeichneten Beitrag im *Handbuch der speziellen pathologischen Anatomie und Histologie* (Henke u. Lubarsch 1937) hat L. Haslhofer dargelegt, wie er den *Einfluß der Röntgenuntersuchung des Skelettes auf den Fortschritt wertet.* Als einzige Methode gibt die Röntgenuntersuchung Aufschluß über die *Ausbreitung von pathoanatomischen Veränderungen* im Knochen, die vielfach weit über das klinisch feststellbare Maß hinausgehen. Besonders wertvoll ist die Röntgenuntersuchung für die Darstellung solcher Skelettabschnitte, die einer anatomischen Untersuchung nur schwer zugänglich sind, wie das *Handskelett* oder das *Fußskelett* (Abb. 33). Vergleichsaufnahmen eines erkrankten Skelettabschnittes mit der gesunden Seite erlauben es, die röntgenmorphologischen Erscheinungsformen einer Krankheit besonders deutlich zu beschreiben (Jaffe 1972). Es konnte beobachtet werden, daß die Strahlendurchlässigkeit des Knochens bei der von Recklinghausenschen Krankheit oder dem primären Hyperparathyreoidismus stark erhöht ist. Fundierte Beschreibungen des röntgenmorphologischen Befundes dieser Krankheit verdanken wir Kienböck (1931, 1935) sowie Looser (1924). Als pathoanatomische Grundlage des Röntgenbefundes konnte eine *Verminderung der schattengebenden, also kalkhaltigen Knochensubstanz* erkannt werden. Der Röntgenbefund des „Verschwindens" von Kortikalis wurde zu Beginn unserer Kenntnisse über dieses Krankheitsbild als Ausdruck des *Ersatzes* von Knochen durch Bindegewebe oder „kalklosen Knochen" beschrieben. Bei schweren Krankheitsbildern ist eine hochgradige, feinwabige Auflockerung der Strukturen festzustellen, so daß der Knochen nur noch als zartes, unregelmäßiges Netzwerk erscheint. Obgleich eine hochgradige „Porosierung" auftritt, sind die Knochen meist normal geformt. An den Röhrenknochen wurden *zystenähnliche Veränderungen* gefunden, die pathoanatomisch als „braune Tumoren" beschrieben worden sind. Diese zystisch-schaligen Herde konnten durch die Röntgenuntersuchung im Detail analysiert werden (Frangenheim 1921; Pommer 1925; Jaffe 1972). Erkannt wurde, daß die Zahl dieser „Zysten" oder „braunen Tumoren" in keinem Verhältnis zur Schwere der Erkrankung steht.

Gestützt auf größere Unterschiede röntgenmorphologischer Befunde wurden *verschiedenartige Formen des Hyperparathyreoidismus* definiert. Nach Albright et al. (1934) ist eine Einteilung gefunden worden, die pathomorphologische Veränderungen des Skelettes und Erkrankungen der Harnorgane in einen Zusammenhang bringt. Als Nebenerscheinung dieser Krankheit und der generalisierten Störung des Knochenstoffwechsels sind die Nephrokalzinose und die Nephrolithiasis sowie andere Schäden an inneren Organen erkannt worden (Albright u. Reifenstein 1948).

Die *sekundäre Form des Hyperparathyreoidismus* bei chronisch nierenkranken Menschen konnte begründet werden. Der auch als *„renale Osteopathie"* bezeichnete Knochenprozeß führt nicht nur zu einem beschleunigten Umbau, sondern auch zur Entstehung von Pseudozysten, wie sie ähnlich beim primären Hyperparathyreoidismus vorkommen. Im weiteren Krankheitsverlauf treten pathologische Frakturen, Epiphysenlösungen im Wachstumsalter und regional umschriebene oder gröbere Spongiosklerosen auf, die am Wirbelskelett deck- und grundplattennahe Verdichtungen (sog. Rugger-Jersey-Symptom) hervorrufen (Abb. 34).

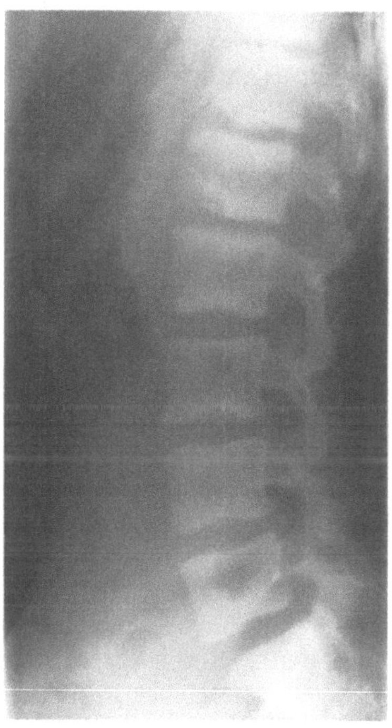

Abb. 34. Auch der sekundäre Hyperparathyreoidismus, wie er am eindruckvollsten bei chronischen Nierenerkrankungen beobachtet werden kann, geht mit einem stark beschleunigten Knochenumbau einher. Es können auch kleinere Strukturauflockerungen und Pseudozysten entstehen. Ein besonders charakteristischer Befund bei der renalen Osteopathie ist die Spongiosklerose der deck- und grundplattennahen Partien der Wirbelkörper, die als „Rugger-Jersey-Symptom" bezeichnet wird. In den Wachstumszonen der Wirbel kann sich bei jungen Menschen auch eine Ossifikationsstörung ausbilden

Störungen der *Hypophysenfunktion* haben unterschiedliche Knochenveränderungen zur Folge. Durch Unterfunktion kann es im Wachstumsalter zu Störungen der enchondralen Ossifikation kommen, so daß ein *hypophysärer Minderwuchs* verständlich wird. Das Krankheitsbild der *Akromegalie* (als Folge einer Überfunktion der Hypophyse) ist durch röntgenmorphologische Studien des Skelettes besser verstanden worden. Nicht nur eine Sellaerweiterung durch die tumorähnliche Hypophysenvergrößerung, sondern auch *Knochenappositionen* im Bereich der Akren – Hand- und Fußknochen –, der ventralen Anteile der Wirbelkörper und des Schädelskelettes sind für diese *hormonale Osteopathie* charakteristisch und heute hinlänglich bekannt. Daneben sind Störungen der Knochenumbauvorgänge nachweisbar.

Die für einen *Morbus Cushing* charakteristischen morphologischen Befunde des Skelettes bestehen

nicht nur in einer *Umbaustörung*, die mit *Untermineralisierung* der Tela ossea einhergeht, sondern haben auch eine deutliche *Strukturauflockerung* im Sinne der Osteoporose zur Folge. Sekundär wurden Zusammensinterungen der Wirbel, Störungen des Umbaus der Knochen mit Nekrosen an den größeren Gelenken sowie Schädelveränderungen beobachtet.
Bei Störungen der *Hormonproduktion der Gonaden* sind im Wachstumsalter ein *Zwergwuchs* oder *Riesenwuchs* möglich. Generalisiert können alle Knochen des Skelettes eine Osteoporose aufweisen (Redlich 1906; Rössle 1923). Bekannt wurde eine nicht selten *schwere Osteoporose* nach Eintritt der Menopause beim weiblichen Geschlecht, deren Folgen bis zur *Invalidität* führen können und die in den letzten Jahrzehnten besondere Beachtung gefunden haben. Die Früherkennung dieser schweren Knochenumbaustörung kann mit ergänzenden Methoden der „quantitativen Radiologie" gelingen (Heuck u. Vanselow 1980).
Der Einfluß der *Thyreoidea* auf das Skelett wurde erst in den letzten Jahrzehnten eingehender studiert. Eine *Hyperthyreose* führt zu beschleunigtem Knochenumbau und dann meist auch zu einem *Verlust an Tela ossea*, so daß eine „Osteoporose" resultiert. Im Wachstumsalter führt die *Verminderung der Schilddrüsenfunktion* zum sog. *Kretinismus* (Bircher 1909). Hierbei treten durch Störungen der Ossifikation der Epiphysenkerne Wachstumsverzögerungen auf. Eine Persistenz von Ossifikationszonen im Bereich von Epiphysen oder Apophysen ist als Folge dieser Hypothyreose beobachtet worden. Nach hormoneller Substitution kann es mit fortschreitender Ossifikation zum Verschmelzen der noch persistierenden Wachstumszonen mit dem Hauptknochen kommen.
Bei einem länger bestehenden *Diabetes mellitus* sind Knochen- und Gelenkveränderungen bekannt geworden, deren Pathogenese bisher noch nicht befriedigend geklärt worden ist. Es wird eine Mikroangiopathie bei Diabetes als vorwiegende Ursache der Knochenerkrankung angeschuldigt, doch kommen auch generalisierte Störungen des Knochenumbaus sowie Strukturauflockerungen von Kompakta und Sponiosa vor. Sekundär kann sich eine *schwere Arthropathie* entwickeln, bei deren Entstehung wohl auch nervale Störungen eine Rolle spielen mögen.

Toxische Osteopathien

Mit Hilfe subtiler Strukturanalysen des Röntgenbildes der Knochen konnten Veränderungen entdeckt werden, die sich bei weiterführender klinischer und laborchemischer Untersuchung als Krankheiten einordnen ließen, die nach Einwirkung exogener toxischer Stoffe entstanden sind. Hierzu gehören Schäden des Knochens durch *Phosphorintoxikation* oder *Strontiuminkorporation*. Weniger beachtet wurden zunächst die infolge einer *Bleiinkorporation* auftretenden Knochenveränderungen und die durch eine verstärkte *Fluoraufnahme* entstandenen Spongiosklerosen und metaplastischen Verknöcherungen in Sehnen und im Bandapparat der Gelenke. Erst später sind diese Schädigungen des Stützgerüstes als Intoxikationen objektiviert worden. Der Schaden tritt nicht nur beim Menschen, sondern auch bei Haustieren wie Rindern auf, die das Element in fluorverseuchten Gebieten mit der Nahrung aufgenommen haben. Nach systematischer Forschung konnten eingehende umfassende Zusammenstellungen aller toxischer Osteopathien erfolgen (Diethelm u. Fritz 1983). *Kupfermangel* verursacht exogen *bei Frühgeborenen*, hereditär auch bei Säuglingen, als „Menkes-kinky-hair-Syndrom" Skelettveränderungen, während *vorwiegend nach der Pubertät* die hepatolentikuläre Degeneration (Morbus Wilson) als erbliche Kupferstoffwechselstörungen bekannt wurde.

Primäre Erkrankungen des Markgewebes

Röntgenmorphologische Befunde bei medullären Osteopathien

Die wechselseitige Beeinflussung von Erkrankungen des Knochenmarkes einerseits und der Tela ossea andererseits kann am Beispiel von medullären Osteopathien erkannt werden. Interessante Forschungsresultate konnten bei hämatologischen Krankheiten gefunden werden. Bei der *Osteomyeloretikulose* treten im Endstadium unregelmäßige Spongiosklerosen auf (Abb. 35). Knochenveränderungen bei verschiedenen Formen der Anämien sowie bei akuten und chronischen Leukämieformen, ferner den malignen Lymphomen und den Plasmozytomen konnten besser verstanden werden (Heuck 1972; Ellegast 1981).
Die Krankheitsbilder einer lokal begrenzten oder generalisierten Vermehrung der Mastzellen, verbunden mit der *Urticaria pigmentosa*, wurden mit ihren radiologischen Skelettbefunden und dem pathohistologischen Bild eingehend studiert

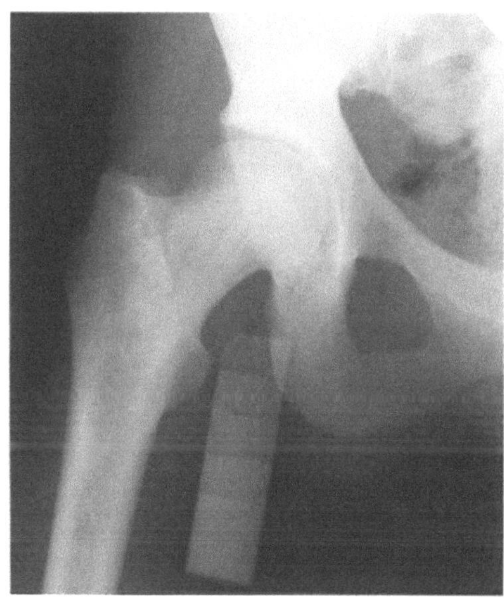

Abb. 35. Als charakteristischer Befund für die reaktiven Veränderungen des Knochengewebes bei der „Osteomyelosklerose“ finden sich diffuse, manchmal mehr fleckige Verdichtungen der Spongiosa bei unveränderter Größe und Form der Knochen, so daß der Befund schon im Röntgenübersichtsbild deutlich wird (32jährige Frau)

(Deutsch et al. 1956; Bürgel u. Oleck 1959; Lennert 1962).

Forschungen über Speicherkrankheiten

Unter dem Sammelbegriff der „Speicherkrankheiten“ sind generalisierte Skeletterkrankungen zusammengefaßt worden, die erst durch vergleichende pathohistologische und röntgenmorphologische Studien erkannt und weiter analysiert werden konnten. Als Speicherkrankheiten des *retikulohistiozytären Systems* oder *Histiozytosen X* sind unterschiedliche Krankheiten eingeordnet worden. Genannt sei der *Morbus Gaucher* als angeborene, familiäre Störung mit Kerasinspeicherung im retikulohistiozytären Knochenmark, durch die eine osteoporotische Rarefizierung der Tela ossea eintritt (Epstein 1924; Pick 1926; Uehlinger 1981). Eine längere Diskussion über pathogenetische Probleme des *eosinophilen Granuloms* und dessen Beziehungen zur *Hand-Schüller-Christianschen Krankheit* hat verschiedene Arbeitskreise in Europa und Amerika beschäftigt (Schüller 1915; Jaffe u. Lichtenstein 1944; Lichtenstein 1953; Uehlinger 1981).

Die *osteoartikuläre Amyloidose* (dysproteinämische Osteoarthrose) ist das Ergebnis einer meist symmetrischen Amyloidablagerung in das Markgewebe des Organs Knochen, ferner in die Gelenkkapsel, das Binde- und Fettgewebe der Gelenke, in die Sehnenscheiden und Schleimbeutel, seltener auch in die Muskulatur bei vermehrter Amyloidproduktion, wie sie als Folge verschiedenartiger Krankheiten auftritt (Wiernik 1972). Es kommen auch Amyloidablagerungen im Knochenmark vor, die sich zu *solitären Amyloidgeschwülsten* des Skelettes entwickeln können (Hedrén 1907; Dahlin 1950; Uehlinger u. Dihlmann 1981; Weiske et al. 1988).

Folge von Zirkulationsstörungen

Durch vergleichende Studien der Röntgenmorphologie mit pathoanatomischen Befunden konnte zu Beginn unseres Jahrhunderts die besondere Bedeutung der Zirkulation für den Umbau und die Mineralisation des Knochengewebes erkannt werden (Haslhofer 1937). Besondere Aufmerksamkeit erweckte die von P. Sudeck (1900) zuerst beschriebene *akute entzündliche Knochenatrophie,* wie sie nach Verletzungen der Extremitäten, aber auch im Zusammenhang mit Entzündungen beobachtet wurde (Abb. 21). Nachdem dieser zunächst ungewöhnlich erscheinende Prozeß verstanden worden ist, hat insbesondere Pommer (1925) die pathohistologischen Grundlagen studiert und festgestellt, daß eine *Drucksteigerung* im Knochengewebe die Endothelzellen der Blut- und Lymphbahnen stimuliert, vermehrt *Osteoklasten* zu bilden und daß dann durch Hyperämie sowie die Entwicklung von Granulationsgewebe ein Schwund der Tela ossea zustande kommt. Da sich der Abbau des Knochengewebes *entlang der Gefäßbahnen* ergibt, sind die Spongiosabälkchen und Lamellen *primär* am stärksten betroffen, und erst in zweiter Linie wird der endostale Bezirk der Kompakta infolge Erweiterung der Haversschen und Volkmannschen Kanäle eine Rarefikation erfahren. Für diese besondere Form der Knochenatrophie wurde postuliert, daß zwar der Knochenabbau – verglichen mit der Norm – vermehrt ist, jedoch der Knochenanbau in unterschiedlicher Weise annähernd normal abläuft. Demgegenüber sind die andersartigen Formen der Osteoporose durch einen *verminderten Anbau* bei sonst normalen Abbau charakterisiert. An diesen grundlegenden Vorstellungen hat sich bis heute wenig geändert. Im Vordergrund der klinischen Überlegungen stand die *venöse Hyperämie als Folge von Stauungen im venösen Schenkel der Strombahn,* aus der sich die Zirkulationsstörung ergibt (Herfarth 1924; Kienböck 1901).

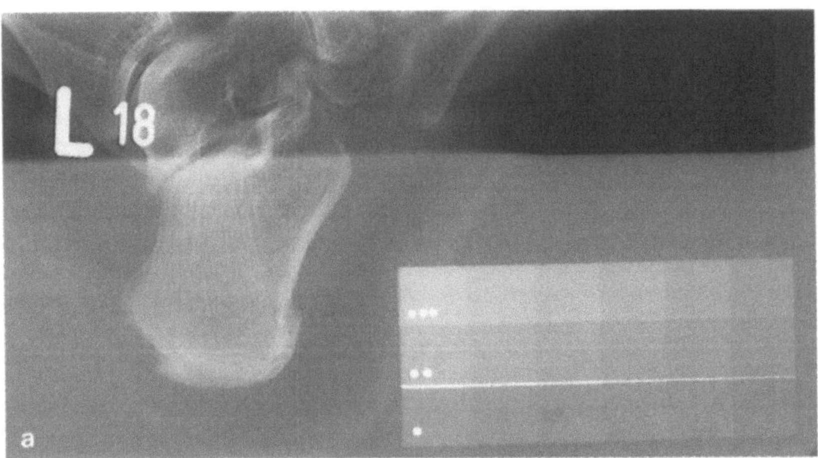

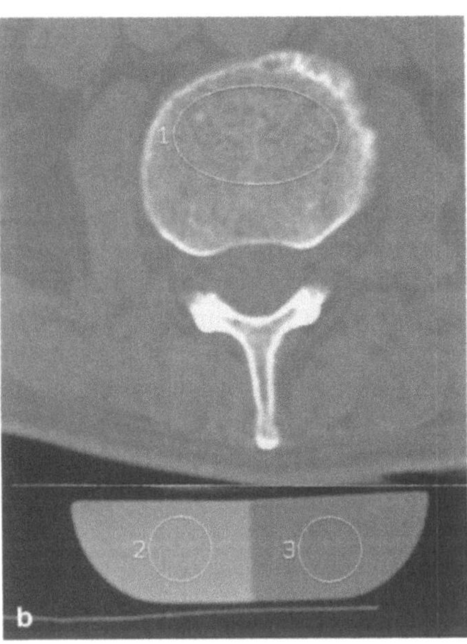

Abb. 36a, b. Zur Früherkennung generalisierter Skeletterkrankungen, die mit einem Verlust an Mineral- oder Knochensubstanz einhergehen, sind Meßmethoden der Morphometrie und Densitometrie des Knochens entwickelt worden. Als Grundlage einer quantitativen Radiologie mußten Normalwerte erarbeitet werden. Eine Verbesserung der Meßresultate des globalen Knochenmineralgehaltes ist mit Hilfe vergleichender Messungen der Strahlenschwächung durch Referenzsysteme erzielt worden. **a** Der erste stabile, reproduzierbare, geeichte Referenzkörper war eine Kunststofftreppe, in die Hydroxylapatit (das im Knochen enthaltene Kalziumphosphat) einpolymerisiert worden ist. Eine Verbesserung dieser Apatittreppe wurde durch wasseräquivalenten Kunststoff erreicht. **b** Die quantitative Computertomographie zur Bestimmung des globalen Mineralgehaltes in der Wirbelspongiosa verwendet ein gleichartiges Kalibrierphantom zur Umrechnung der Hounsfield-Werte und der Korrektur von geräteabhängigen Abweichungen. Am Beispiel des 4. LWK ist die elliptische ROI (Region of Interest) eingetragen

Quantitative Analyse des Knochens

Mit der Zunahme unseres Wissens über Systemerkrankungen des Skelettes sind weitergehende Untersuchungen der Knochen mit den Verfahren einer „quantitativen Analyse“ durchgeführt worden. Neben Vermessung von Knochenstrukturen, wie der Schichtdicke von Diaphysenkompakta und Kortikalis, wurden elektronische Strukturanalysen der Spongiosa vorgenommen. Mit Methoden der radiologischen Densitometrie konnte die globale Mineralkonzentration in einem definierten und umschriebenen Knochenareal bestimmt werden. Zur Beseitigung von Meßfehlern und Störungen im Meßverfahren sind *Referenzsysteme* bekannter Zusammensetzung verwendet worden, die *gleichzeitig* mit dem zu analysierenden Knochen auf dem Röntgenbild dargestellt werden (Steven 1947; Heuck u. Schmidt 1960; Heuck 1970). Neben Aluminium wurde als knochengleiches Mineral der basische *Hydroxylapatit* als Referenzkörper eingesetzt (Abb. 36). Die quantitative Röntgencomputertomographie der Knochen war zu Messungen an den Wirbelkörpern, also in einem rein spongiösen Knochen, gut geeignet (Montag et al. 1988). Es ist bereits eine größere Zahl von Meßresultaten bei Gesunden und bei verschiedenen Systemerkrankungen des Skelettes erarbeitet worden (Heuck u. Vanselow 1980).

Aussagen der Mikroradiographie des Hartgewebes Knochen

Die Forschungen mit Röntgenstrahlen besonderer Qualität zur Untersuchung von Gewebeschnitten oder Knochendünnschliffen haben im histologischen Bereich weiterführende Ergebnisse gebracht (Engström 1970; Jowsey 1977; Heuck 1969, 1974). Mit speziellen Mikrosägen sind unentkalkte Knochendünnschnitte bis zu 20 mμ Schichtdicke gelungen. Bei Verwendung einer weichen Röntgenstrahlung, deren Wellenlängenmaximum im Bereich der Absorptionskante des Kalziums (3,06 Angström) liegen sollte, lassen sich *Studien über die Verteilung und Konzentration der Kalksalze im Knochengewebe* (Tela ossea) durchführen. Selbst diskrete Unterschiede der Mineralkonzentration der Tela ossea können bis in den zellulären Bereich erfaßt werden (Abb. 37). Vergleichende Studien des pathomorphologischen Befundes im makroskopischen Bereich des Röntgenbildes bis zu den mikroskopischen Dimensionen der Gewebestrukturen und der Zellen haben interessante Beiträge zum Verständnis mancher Krankheitsbilder geliefert.

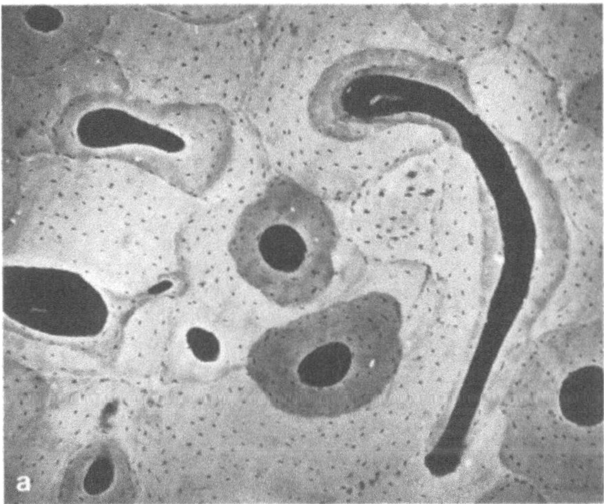

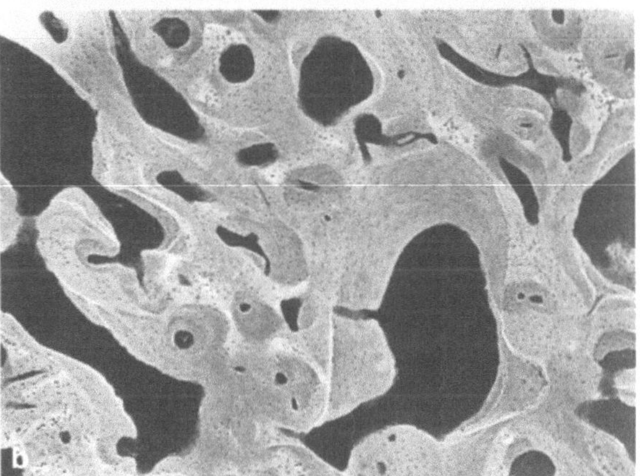

Abb. 37a, b. Im Mikroradiogramm von Knochendünnschliffen (etwa 50 mμ dick) des nativen mineralisierten Hartgewebes Knochen können Verteilung und Konzentration der Knochenminerale bis in den zellulären Bereich analysiert werden. **a** Normaler Knochendünnschliff aus der proximalen Femurdiaphyse eines Erwachsenen. Die Osteone weisen eine geringere Mineralkonzentration auf als die übrigen Abschnitte der Tela ossea. **b** Knochendünnschliff aus der Femurdiaphyse bei einer Osteopetrosis (Marmorknochenkrankheit, Albers-Schönberg, s. S. 42f., Abb. 7). Die ungeordnete Knochenstruktur sowie hochmineralisierte Kitt- oder Zementlinien und eine eigenartige Mikrostruktur des Knochens fallen auf

Erforschung von Gelenkerkrankungen

Mit Hilfe der Röntgendiagnostik wurde die *normale Anatomie* verschiedener Gelenke im Durchstrahlungsbild untersucht und nach morphologischen und strukturellen Gesichtspunkten analysiert. Es konnte erkannt werden, daß die „Gelenkspaltbreite" der Schichtdicke des Knorpels äquivalent ist, der den Knochen bedeckt und die beiden Gelenkflächen bildet. Während des Wachstums ist dieser „Gelenkspalt" wesentlich breiter als bei Erwachsenen, da die Knorpelschicht der Epiphysen röntgenologisch nicht sichtbar wird. Bei Gelenken, die einen Diskus besitzen, wie das Kniegelenk, sind die nicht schattengebenden Strukturen erst nach Luftfüllung der Gelenkhöhle (Luftarthrographie) einer weiterführenden Analyse zugänglich gewesen (Wernerdorff u. Robinson 1905; Hoffa 1906; Wollenberg 1906, 1908). Die Schichtdicke des gesunden Gelenkknorpels konnte ermittelt werden.

Der röntgenmorphologische Befund des Rheumatismus und der Gelenkerkrankungen des rheumatischen Formenkreises hat weiterführende Forschungen angeregt. Eine Klärung der Pathogenese dieser Erkrankungen ist indes noch nicht erfolgt. In jüngster Zeit wurde betont, daß neben *regionalen* Knochenveränderungen eine generalisierte Störung des Knochenumbaus zu sekundärer Osteoporose führen kann. Die Fortschritte der immunologischen Forschungen lassen auf diesem Gebiet weitere Kenntnisse erwarten.

Eine ungewöhnliche Form der Gelenkerkrankung, die allerdings schon mehrere Jahrhunderte bekannt war, konnte mit Hilfe der Röntgendiagnostik pathomorphologisch geklärt werden. Es handelt sich um die *Arthritis urica (Gicht),* die das Ergebnis einer Harnsäurestoffwechselstörung ist. Experimentell wurde nachgewiesen, daß Harnsäureablagerungen strahlendurchlässig sind, so

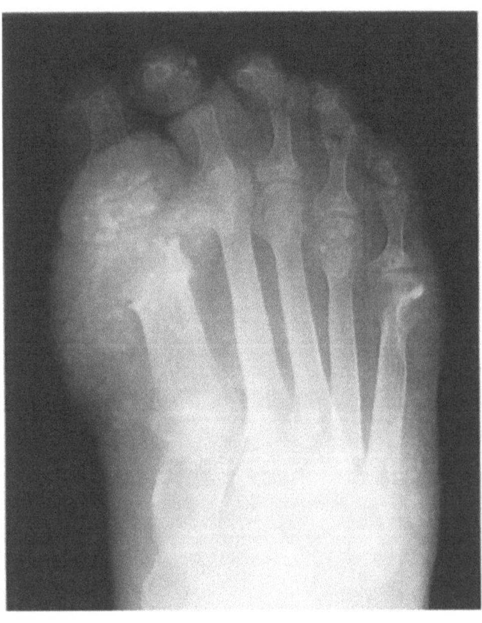

Abb. 38. Die als Folge einer Stoffwechselstörung auftretende Gicht (im Volksmund auch „Podagra" genannt) zeigt im röntgenmorphologischen Bild die Folgen der Harnsäureablagerung im Knochen mit zum Teil schweren Destruktionen gelenkbildender Knochen, die nicht selten zuerst im Grundgelenk der Großzehe auftreten. Als reaktive Veränderungen finden sich auch unregelmäßige Verknöcherungen oder Verkalkungen in den umgebenden Weichteilen der „tumorartig" veränderten Gelenke. Ein sehr eindrucksvoller ungewöhnlicher Befund findet sich am Fußskelett eines 40 Jahre alten Mannes mit schwerer Arthritis urica (Gicht), die bereits zur Zerstörung eines Teiles der gelenkbildenden Knochen im Großzehengrundgelenk beiderseits geführt hat

daß die „Defekte" in den gelenkbildenden Knochen als „Gichtknoten" (Gichttophi) objektiviert werden konnten (Abb. 38).

Unter dem Sammelbegriff der „Kalkgicht" sind Ablagerungen in Gelenknähe oder in der Gelenkkapsel beschrieben worden, die nach Art der Gichttophi als Folge von Störungen des Kalzium- oder Phosphatstoffwechsels eingeordnet worden sind. Die eigentliche Pathogenese war primär unklar. Inzwischen ist gesichert, daß sich bei der renalen Osteopathie, bei Vitamin-D-Stoffwechselstörungen oder nach einer sehr hohen Dosierung von Vitamin D fast gleichartige, periartikuläre Verkalkungen ausbilden können.

Unter den schweren, *deformierenden Gelenkerkrankungen* sind die *neuropathischen Arthropathien* bei *Tabes dorsalis* und bei der *Syringomyelie* zuerst erkannt und beschrieben worden (Nonne 1901, 1902). Der Nachweis von freien Gelenkkörpern bei einer *Chondromatose* oder der „Osteochondrosis dissecans" ist gelungen und stellte einen großen Fortschritt dar (Lexer 1907). Die *Gelenkveränderungen bei Hämophilie* wurden beschrieben und richtig zugeordnet. Das „Blutergelenk" ist durch Strukturveränderungen der gelenkbildenden Knochen, pseudozystische Prozesse und Randusuren gekennzeichnet.

Neben den Erkrankungen der gelenkbildenden Knochen sind frühzeitig und vorrangig *Subluxationen, Luxationen* und *Luxationsfrakturen* durch subtile Röntgenbildanalysen studiert und erklärt worden. Neben der traumatischen Luxation von Gelenken konnten Stellungsänderungen der gelenkbildenden Knochen erkannt werden, die Folge von *kongenitalen Mißbildungen* sind (Abb. 10 und 14).

Die *Gelenke der Wirbelsäule* waren röntgenologisch einem subtilen Studium zugänglich. Es konnten Luxationen auch im Bereich der Halswirbelsäule erkannt und behandelt werden. So gehörten bald die bisher häufiger vorkommenden, nicht reponierten Luxationen und Neoarthrosenbildungen im Bereich der Wirbelsäule zu den Ausnahmen.

Der *Alterungsprozeß des Stützgerüstes* ist zuerst und vorrangig durch charakteristische Gelenkprozesse objektivierbar. Die „Arthrosis deformans" des alten Menschen wurde sorgfältig untersucht, so daß Verschmälerungen des Gelenkknorpels, die subchondrale Sklerose und die Randappositionen an den Außenkanten der gelenkbildenden Knochen als charakteristische Befunde des *alten Gelenkes* erkannt und beschrieben worden sind (Preiser 1911; Weiss 1968) (Abb. 39). Die zugrundeliegenden oder auslösenden Störungen bei diesen Krankheitsbildern sind noch nicht hinlänglich erforscht.

Die *Spondylarthrosis deformans* des alternden Menschen wurde primär als Ausdruck einer Spondylitis betrachtet, ohne daß die Pathogenese bekannt war. Auffallende Randappositionen der Wirbelkörper fanden sich im Bereich der Vorwölbungen der Bandscheiben, die als solche auch richtig erkannt und eingeordnet worden sind. Ferner wurde im Röntgenbild beobachtet, daß sich *als Folge von Wirbelfrakturen eine Spondylosis deformans* entwickeln kann, und zwar nicht nur im eigentlichen Bereich des Frakturgeschehens, sondern auch in unmittelbarer Nachbarschaft.

Gegen diese pathomorphologischen Befunde wurde die *Spondylarthritis ankylopoetica* (Morbus Bechterew) abgegrenzt, deren röntgenmorphologisches Bild an der Lendenwirbelsäule durch die metaplastischen Verknöcherungen der Ligg. intertransversalia und interspinalia sowie eine Ankylose der Gelenke selbst charakterisiert

a

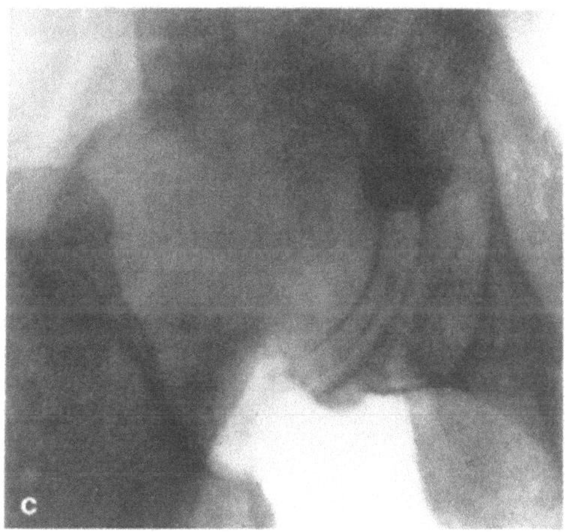

c

Aus der Röntgenabteilung (Vorstand Dozent Dr. K. Weiß) der Allgemeinen Poliklinik in Wien

Über die Verdoppelung von Gelenkflächen bei Arthritis deformans

Von **Konrad Weiß**

Mit 6 Abbildungen

Die grob-makroskopische Morphologie der Arthritis deformans ist wohl seit langem und auch allgemein bekannt — über Pathologie und Pathogenese aber haben uns erst die Forschungen der letzten Jahrzehnte genauere, wenn auch noch keineswegs erschöpfende Kenntnisse vermittelt, die durch die Ergebnisse der Röntgenologie als Forschungsmittel ganz wesentlich bereichert und dem Verständnis des Klinikers nähergebracht werden konnen. Soll aber eine solche Bereicherung unseres einschlägigen Wissens durch die Röntgenologie gewonnen werden, so erfordert dies sorgfältige Analyse der in manchen Fällen so überaus zahlreichen pathogenetisch verschieden zu deutenden Einzelsymptome. Hier nun findet sich noch manche Lücke im allgemeinen Besitzstand röntgenologischen Wissens. Im folgenden sei auf ein gar nicht seltenes, aber — wie ich mich vielfach überzeugen konnte — noch ganz ungenügend bekanntes Vorkommen hingewiesen, auf die sog. Verdoppelung der Gelenkflächen. Patho-anatomisch haben Heine, F. J. Lang und H. Walter dieses Vorkommen zuerst beschrieben — röntgenologisch aber ist mir eine Beschreibung und richtige Deutung desselben nicht bekannt. Ich will zunachst an einem typischen, schon vorgeschrittenen Fall das Zustandsbild erörtern und dann erst auf verschiedene Entwicklungsstadien und Lokalisationen sowie auf die Pathogenese dieses Vorganges eingehen.

b

Abb. 39a–c. Im Rahmen der Forschungen über Gelenkerkrankungen spielten die Studien zur Pathomorphologie der Arthrosis deformans des alten Menschen eine herausragende Rolle, doch sind subtile Analysen der veränderten Knochenstrukturen des Hüftgelenkes im Röntgenbild erst von Konrad Weiss (1940) durchgeführt worden (**a**). Weiss konnte 1940 ausführlich „Über die Verdoppelung von Gelenkflächen bei Arthritis deformans" berichten (**b**) und bereits das charakteristische Röntgenbild des Hüftgelenkes bei Arthritis deformans eines 51jährigen Mannes mit „Verdoppelung der Gelenkflächen" zeigen (**c**)

ist. Die begleitende Synostose der Sakroiliakalgelenke wurde früh erkannt (Dihlmann 1982). Zunächst fand die Pathogenese der Krankheit wenig Beachtung, doch haben Forschungen ergeben, daß es sich um eine Sonderform des rheumatischen Formenkreises handeln könne.

Mit Einführung von Kontrastmitteln in die Röntgendiagnostik sind Substanzen gefunden worden, die für die *Arthrographie* geeignet waren (Ricklin et al. 1964; Freiberger et al. 1966; Fischedick 1973). So konnten auch die Gelenkweichteile beurteilt werden. Schwere *Meniskusläsionen* und Rupturen der Menisci des Kniegelenkes sowie Zerreißungen des Kapsel-Band-Apparates der Gelenke sind erkannt und analysiert worden. Damit waren die Voraussetzungen zur Operationsplanung gegeben, und es sind immer weitergehende subtilere Operationstechniken entwickelt worden.

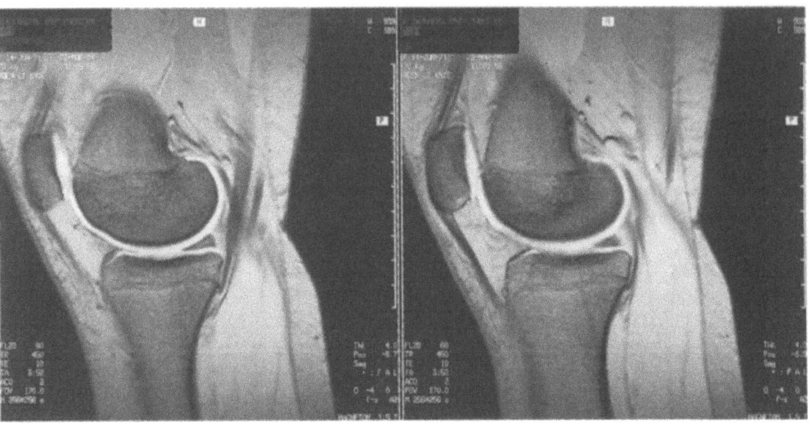

Abb. 40. Eine wesentliche Ergänzung und Erweiterung der Gelenkdiagnostik ist durch die Magnetresonanztomographie erreicht worden. Es können nicht-invasiv Knorpelstrukturen, Gelenkweichteile und im Kniegelenk Meniskus und Kreuzbänder beurteilt werden

Die Flächentomographie, die Röntgencomputertomographie und die Magnetresonanztomographie haben in jüngster Zeit wesentlich zur Ergänzung und Erweiterung der Gelenkdiagnostik beigetragen (Reiser u. Semmler 1992). Es können nicht-invasiv Knorpelstrukturen, Gelenkweichteile und im Kniegelenk Meniskus und Kreuzbänder beurteilt werden (Abb. 40). Mit der Weiterentwicklung von Verfahren der Endoskopie hat sich auch die *Arthroskopie* unter Röntgenkontrolle als Fortschritt erwiesen. Es konnten kleine subtile Veränderungen im Gelenk direkt erkannt und mit arthroskopischen Operationsverfahren behandelt werden.

Studium der Strukturen der Weichteile

Die Röntgendiagnostik ermöglichte es, *begrenzt* die Weichteile des Stützgerüstes zu beurteilen. Neben *krankhaften Aufhellungen* durch Gase in den Weichteilen oder Gasbildungen bei Infektionen (Gasbrand) sind *pathologische Verdichtungen* im Weichteilschatten erkannt und weiter analysiert worden. Es konnten *Verkalkungen* von *Verknöcherungen* in der Muskulatur oder im Unterhautbindegewebe, ferner Sehnen- und Bänderverknöcherungen differenziert werden (Stieda 1908; Köhler 1910, 1915). Den *neuropathischen Verknöcherungen* als Folge von Querschnittslähmungen und Störungen des Zentralnervensystems (Paraosteoarthropathien) ist Beachtung geschenkt worden.

Bei diffus im Unterhautbindegewebe auftretenden Verkalkungen wie der *Calcinosis interstitialis* blieb die Pathogenese der Erkrankung unklar. Es ist an posttraumatische Nekrosen des subkutanen Fettgewebes gedacht worden.

Der Nachweis von *Fremdkörpern* in Weichgeweben sowie deren exakte Lokalisation vor der operativen Entfernung ist röntgenologisch möglich geworden. An einigen wichtigen Organen, insbesondere dem Augapfel, konnten Tiefenbestimmungen der Lage eines Fremdkörpers zur Erleichterung des operativen Eingriffes vorgenommen werden.

Eine größere Anzahl von Verkalkungen im Bereich des Beckens wie verkalkte Myome, Dermoidzysten, Mediaverkalkungen der A. iliaca, Verkalkungen der Uterusgefäße, Wismutreste, Verkalkungen nach tuberkulösen Erkrankungen – vor allem der Harnblase – sind schon im ersten Jahrzehnt des Einsatzes von Röntgenstrahlen zu diagnostischen Zwecken richtig analysiert und dem entsprechenden anatomischen Substrat zugeordnet worden. Verschiedenartig ausgebildete Verkalkungen in den Weichteilen konnten nach Form und Struktur den verursachenden Krankheiten (Trichinose, Zystizerkose u. a.) (Stieda 1904) zugeordnet werden (Abb. 41).

Eine wesentliche Verbesserung und Erweiterung der Weichteildiagnostik des Stützgerüstes ist vor längerem mit der Elektroradiographie (Xeroradiographie), in jüngster Zeit aber mit Hilfe der digitalen Lumineszenzradiographie möglich geworden. Bei diesem neuen Verfahren der Projektionsradiographie können die Auslesealgorithmen so geändert werden, daß ein stärker kantenbesontes Bild zur Analyse von Knochenstrukturen oder ein entsprechend harmonisiertes Bild zur Beurteilung von Weichteilprozessen resultiert. Auch die Röntgencomputertomographie ist zur Darstellung von Weichteilprozessen wegen ihres

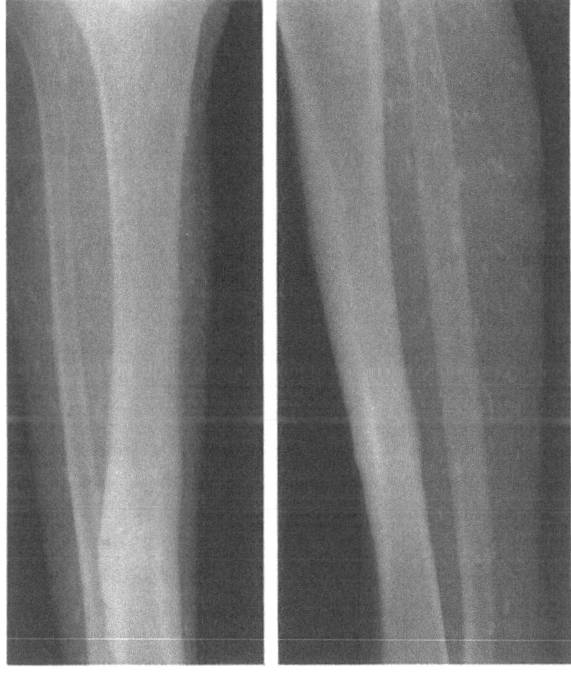

Abb. 41. Im Röntgenbild konnten kalkhaltige oder gashaltige Weichteileinlagerungen dargestellt werden. So lassen sich die spindelförmigen Verkalkungen von Zystizerken in der Muskulatur des Unterschenkels bei einem 52 Jahre alten Mann sehr gut differenzieren und dem Krankheitsbild zuordnen

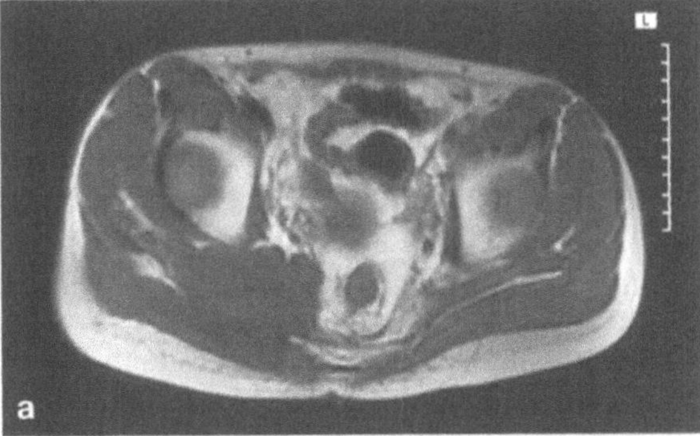

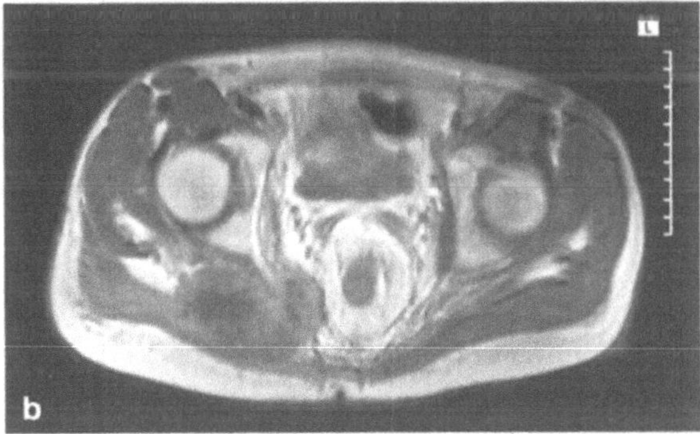

Abb. 42 a, b. Extraossales Ewing-Sarkom in der Glutaalregion rechts bei einem 33 Jahre alten Mann. Transversalschnitt in Höhe der Femurköpfe mit der Magnetresonanztomographie. **a** T1-gewichtetes Spinechobild (TR 65 = / TE 17). **b** T1-gewichtetes Spinechobild nach intravenöser Gabe von Gd-DTPA. Der Tumor bricht in das kleine Becken ein und infiltriert das perirektale Fettgewebe. Nach Gabe des paramagnetischen Kontrastmittels (Gd-DTPA) kann eine zentrale Nekrose erkannt werden

besseren Kontrastauflösungsvermögens dem konventionellen Röntgenbild überlegen. Mit der hoch auflösenden Röntgencomputertomographie können selbst feinste Strukturen subtil analysiert und danach dem entsprechenden Gewebe und der zugrundeliegenden Erkrankung zugeordnet werden.

Weitere Fortschritte in der Gewebeanalyse hat die Magnetresonanztomographie gebracht (Weekes et al. 1985; Reiser u. Semmler 1992), mit der nicht nur die Ausdehnung von Weichteiltumoren erfaßt werden kann, sondern auch eine Abgrenzung benachbarter Strukturen, wie Gefäße und Knochen, möglich ist (Abb. 42). Eine Darstellung von Weichteilprozessen gelingt auch mit der Sonographie, doch ist die weiterführende Analyse begrenzt.

Schlußbetrachtung

Nach diesem Rückblick auf die Ergebnisse von 100 Jahren Forschung mit Röntgenstrahlen am Stützgerüst und Bewegungsapparat soll der Versuch unternommen werden, den künftigen Forschungsbedarf und mögliche Forschungsziele zu skizzieren. Bei diesem Unterfangen verläßt man naturgemäß den Boden gesicherter Erkenntnisse und gibt sich Spekulationen hin, die nicht unbedingt in dieser Form eintreten müssen.

Aus der Sicht des Jubiläumsjahres 1995 können einige allgemeine Thesen über Forschungsziele formuliert werden:

1. Die Forschung mit Röntgenstrahlen am Stützgerüst und Bewegungsapparat wird ungeachtet der eindrucksvollen Ergebnisse der Magnetresonanztomographie weitergehen.
2. An die Stelle des Röntgenfilmes werden in zunehmendem Maße elektronische Dokumentationsmedien treten.

3. Die elektronische Dokumentation eröffnet neue Wege der quantitativen Bildauswertung und der computergestützten Diagnostik (computer assisted diagnosis, CAD). Außerdem können die elektronischen Bilder besser archiviert und transportiert werden.
4. Die Rolle der Röntgencomputertomographie bei Erkrankungen des Skelettsystems und vor allem in der Traumatologie wird wachsen. Im gleichen Maße, wie die Magnetresonanztomographie frühere klassische CT-Indikationen (z. B. Neuroradiologie) übernimmt, werden Kapazitäten an den CT-Geräten frei, die vorwiegend für Untersuchungen der Lunge und des Skelettsystems eingesetzt werden.
5. Dreidimensionale Rekonstruktionen aus CT-Datensätzen werden die Diagnostik in komplexen anatomischen Regionen verbessern. Das gilt in besonderem Maße für komplizierte Brüche und Mißbildungen. Dreidimensionale Rekonstruktionen werden jedoch auch benutzt, um interaktiv am Monitor Operationen zu planen. 3D-Rekonstruktionen werden in den studentischen Unterricht in der Anatomie des Skelettsystems Einzug halten.
6. Maßgeschneiderte Prothesen werden schon heute nach CT-Daten angefertigt. Im Rahmen einer extremitätenerhaltenden Tumorchirurgie wird die Bedeutung individueller Prothesen zunehmen.
7. Neue Röntgenröhren mit sehr kleinem Brennfleck erlauben die In-vivo-Vergrößerungsradiographie. In Kombination mit der digitalen Lumineszenzradiographie können ohne erhöhte Strahlenexposition routinemäßig 5- bis 10fache Vergrößerungen erzielt werden, die zum Verständnis von Erkrankungen des Knochens und von Heilungsvorgängen neue Erkenntnisse liefern werden.

Viele der skizzierten Forschungsprojekte sind in einigen Zentren bereits in Arbeit. Die Radiologen im zweiten Jahrhundert nach W. C. Röntgen werden in besonderem Maße in der interdisziplinären Zusammenarbeit gefordert; in diesem Punkt kehren sie übrigens zu den Wurzeln ihrer Disziplin zurück. Die Zeit der großen Fortschritte in der Diagnostik von Erkrankungen wird gefolgt von neuen Ansätzen in der Therapie. Dabei wird vor allem im Skelettsystem die Bildgebung mit Röntgenstrahlen ihren Platz behaupten oder an Bedeutung noch zunehmen.
Bildgesteuerte Eingriffe („image guided therapy") werden über kleinere Zugänge möglich sein. Die individuelle Planung der Operation am Monitor wird ein schonendes operatives Vorgehen erlauben mit geringeren funktionellen Einbußen. Die Zusammenarbeit wird sich nicht nur auf die klassischen medizinischen Disziplinen Chirurgie, Unfallchirurgie, Orthopädie etc. beschränken, sondern wird Informatiker, Physiker und Techniker verschiedenster Spezialisierung einbeziehen.
In diesem Szenario ist es besonders wichtig, daß der Radiologe neben seinem fachlichen Können seine Erfahrung im Strahlenschutz einbringt. Im Zeitalter der vorwiegend elektronischen Bilddokumentation sind vielfältige Möglichkeiten der Dosisreduktion gegeben, da die Strahlenexposition in Abhängigkeit von der Fragestellung über weitere Bereiche stufenlos verändert werden kann (z. B. postoperative Stellungskontrollen mit reduzierter Dosis).
Wenn sich auch nicht alle skizzierten Forschungsrichtungen realisieren werden, so kann man doch mit einiger Gewißheit prognostizieren, daß es noch eine Fülle von Aufgaben gibt, die es zu bewältigen gilt. Dabei stehen die künftigen Forscher auf den Schultern der Wissenschaftler, die Pionierarbeit in diesem Forschungsgebiet geleistet haben.

Danksagung. Besonderer Dank gebührt dem Direktor des Deutschen Röntgen-Museums Ulrich Hennig und Frau Monika Radau für die Hilfe und Unterstützung bei der Bearbeitung des Kapitels.

Literatur

Bücher und Sammelwerke

Aegerter EE, Kirkpatrick JA (1975) Orthopedic diseases. Physiology, pathology, radiology 4th edn. Saunders, Philadelphia

Åkerlund Å (1918) Entwicklungsreihen in Röntgenbildern von Hand, Fuß und Ellbogen im Mädchen- und Knabenalter. Gräfe & Sillem, Hamburg (Fortschritte auf dem Gebiet der Röntgenstrahlen, Ergänzungsbd 33)

Albright F, Reifenstein EG (1948) The parathyroid glands and metabolic bone disease. Selected studies. Williams & Wilkins, Baltimore

Alexander B (1906) Die Entwicklung der knöchernen Wirbelsäule. Gräfe & Sillem, Hamburg (Fortschritte auf dem Gebiet der Röntgenstrahlen, Ergänzungsbd 13)

Alexander B (1915) Die ostealen Veränderungen bei kongenitaler Syphilis im intra- und extrauterinen Leben. Barth, Leipzig

Allen KDA (1964) Pioneer descriptions in military roentgenology. In: Bruwer AJ (ed) Classic descriptions in diagnostik roentgenology. Thomas, Springfield, Ill, pp 1305–1405

Baker PT (1965) Normative research on human growth and aging. In: Etter LE (ed) The science of ionizig radiation, chapt 25. Thomas, Springfield, Ill, pp 615–631

Beitzke H (1930) Syphilis der Gelenke. In: Lubarsch O, Henke F, Rössle R (Hrsg) Handbuch der speziellen pathologischen Anatomie und Histologie, Bd 10. Springer, Berlin

Bessler W (1984) Rarefizierende Osteopathien. Edition Medizin, Weinheim

Bircher E (1909) Die Entwicklung und der Bau des Kretinenskelettes. Gräfe & Sillem, Hamburg (Fortschritte auf dem Gebiet der Röntgenstrahlen, Ergänzungsbd 21)

Bischoff K, Gellinek W (1965) Geräte für die Anwendung ionisierender Strahlen. In: Diethelm L, Osson O, Strnad F, Vieten H, Zuppinger A (Hrsg) Handbuch der medizinischen Radiologie. Springer, Berlin Heidelberg New York, S 121–319

Böhm M (1907) Die numerische Variation des menschlichen Rumpfskeletts. Enke, Stuttgart

Borden WC (1900) The use of the roentgen ray by the medical department of the United States Army in the war with Spain (1898). U.S. Government Printing Office, Washington DC

Brandt G (1937) Verzögerte Knochenheilung und Pseudarthrosenbildung. Ihre Ursachen und Behandlung. Thieme, Leipzig

Bürgel E, Bierling G (1973) Entzündliche Knochenerkrankungen. In: Diethelm L, Olsson O, Strnad F, Vieten H, Zuppinger A (Hrsg) Handbuch der medizinischen Radiologie, Bd V/2. Springer, Berlin Heidelberg New York, S 38–254

Bullough PG, Vigorita VJ (1987) Orthopädische Krankheitsbilder. Thieme, Stuttgart New York

Cocchi U (1952) Erbschäden mit Knochenveränderungen. In: Schinz HR, Baensch WE, Friedl E, Uehlinger E (Hrsg) Lehrbuch der Röntgendiagnostik, 5. Aufl, Bd II/1. Thieme, Stuttgart, S 621–636

Cockshott WP, Middlemiss H (1979) Clinical radiology in the tropics. Churchill Livingstone. Edinburgh, London New York

Codman EA (1925) Bone sarcoma, an interpretation of the nomenclature used by the Committee on the Registry of Bone Sarcoma of the American College of Surgeons. Hoeber, New York

Dahlin DC (1957) Bone tumors. Thomas, Springfield, Ill

Davidson J (1976) Aseptic necrosis of bone. Excerpta Medica, Amsterdam

Dieck W (1911) Anatomie und Pathologie der Zähne und Kiefer im Röntgenbilde mit besonderer Berücksichtigung der Aufnahmetechnik. Gräfe & Sillem, Hamburg (Fortschritte auf dem Gebiet der Röntgenstrahlen, Ergänzungsbd 25)

Diethelm L, Kastert J (1974) Die entzündlichen Erkrankungen der Wirbelsäule. II. Die spezifischen Entzündungen der Wirbelsäule. In: Diethelm L, Heuck F, Olsson O, Ranniger K, Strnad F, Vieten H, Zuppinger A (Hrsg) Handbuch der medizinischen Radiologie, VI/2. Springer, Berlin Heidelberg New York

Diethelm L (1974) Fehlbildungen des Corpus vertebrae. In: Diethelm L, Heuck F, Olsson O, Ranniger K, Strnad F, Vieten H, Zuppinger A (Hrsg) Handbuch der medizinischen Radiologie, Bd VI/1. Springer, Berlin Heidelberg New York, S 190–264

Diethelm L, Fritz H (1983) Toxische Osteopathien. In: Diethelm L, Heuck F, Olsson O, Strnad F, Vieten H, Zuppinger A (Hrsg) Handbuch der medizinischen Radiologie, Bd VI/5: Osteopathien. Springer, Berlin Heidelberg New York, S 649–815

Dihlmann W (1982) Gelenke-Wirbelverbindungen. Thieme, Stuttgart New York

Edeiken J (1981) Roentgen diagnosis of diseases of bone, 3rd edn. Williams & Wilkins, Baltimore, MD

Ellegast HH (1981) Aseptische Nekrosen in Epiphysen, Apophysen und kleinen Knochen. Osteochondrosis dissecans. In: Schinz HR et al. (Hrsg) Lehrbuch der Röntgendiagnostik, 6. Aufl. Thieme, Stuttgart New York, S 429–468

Ellegast HH (1981) Knochenbefunde bei hämatologischen Erkrankungen. In: Schinz HR et al. (Hrsg) Lehrbuch der Röntgendiagnostik, 6. Aufl. Thieme, Stuttgart New York, S 498–522

Engel St, Schall L (1933) Handbuch der Röntgendiagnostik und -therapie im Kindesalter. Thieme, Leipzig (720 Seiten)

Engström A (1970) Microradiography of normal bone. In: Diethelm L, Olsson O, Strnad F, Vieten H, Zuppinger A (Hrsg) Handbuch der medizinischen Radiologie, Bd IV/1. Springer, Berlin Heidelberg New York, S 296–316

Erdély M (1974) Die komplexen Entwicklungsanomalien der Wirbelsäule. In: Diethelm L, Olsson O, Strnad F, Vieten H, Zuppinger A (Hrsg) Handbuch der medizinischen Radiologie, Bd VI/1. Springer, Berlin Heidelberg New York, S 583–620

Erdheim J (1903) Zur normalen und pathologischen Histologie der Glandula thyreoidea, Parathyreoidea und Hypophysis. II. Epithelkörperchen (Glandula parathyreoidea). Fischer, Jena (Beiträge zur pathologischen Anatomie und zur allgemeinen Pathologie, Bd 33, S 205–220)

Fischedick O (1973) Arthrographie des Kniegelenks. In: Diethelm L, Olsson O, Strnad F, Vieten H, Zuppinger A (Hrsg) Handbuch der medizinischen Radiologie, Bd V/2. Springer, Berlin Heidelberg New York, S 455–542

Fraenkel E (1908) Die Möller-Barlow'sche Krankheit. Gräfe & Sillem, Hamburg (Fortschritte auf dem Gebiet der Röntgenstrahlen, Ergänzungsbd 18)

Fraenkel E (1911) Die kongenitale Knochensyphilis im Röntgenbilde. Archiv und Atlas der normalen und pathologischen Anatomie in typischen Röntgenbildern. Gräfe & Sillem, Hamburg (Fortschritte auf dem Gebiet der Röntgenstrahlen, Ergänzungsbd 26)

Fraenkel E, Lorey A (1910) Die Rachitis im Röntgenbild. Gräfe & Sillem, Hamburg (Fortschritte auf dem Gebiet der Röntgenstrahlen, Ergänzungsbd 22)

Freyschmidt J, Ostertag H (1986) Knochentumoren, Klinik, Radiologie und Pathologie. Springer, Berlin Heidelberg New York Tokyo

Friedl E, Schinz HR (1925) Zur Frage der Knochenatrophie. Thieme, Leipzig (Ergebnisse der medizinischen Strahlenforschung, Bd I, S 95–130)

Friedmann G (1963) Die Schädelnähte und ihre Pathologie. In: Olsson O, Strnad F, Vieten H, Zuppinger A (Hrsg) Handbuch der medizinischen Radiologie, Bd VII/1. Springer, Berlin Göttingen Heidelberg, S 122–152

Genant HK, Chafetz N, Helms CA (1982) Computed tomography of the lumber spine. Printing Department, University of California

Geschickter CF, Copeland MM (1931) Tumors of bone. Am J Cancer, New York

Giedion A (1981) Konstitutionelle Skeletterkrankungen. In: Schinz HR et al. (Hrsg) Lehrbuch der Röntgendiagnostik, 6. Aufl. Thieme, Stuttgart New York, S 1–260

Grashey R (1922) Röntgenologie. In: Schjerning O, v (Hrsg) Handbuch ärztlichen Erfahrungen im Weltkriege 1914–1918, IX. Barth, Leipzig

Grashey R, Birkner R (1964) Atlas typischer Röntgenbilder von normalen Menschen. Urban & Schwarzenberg, München Berlin

Greulich WW, Pyle SI (1959) Radiographic atlas of skeletal development of the hand and wrist. Calif University Press, Stanford

Griffiths H (1983) Röntgendiagnostik des Skelettes. Fischer, Stuttgart

Gruber GB (1937) Hypoplasie, Mikromelie, Phokomelie, Amelie, Peromelie. In: Schwalbe (Hrsg) Die Morphologie der Mißbildungen III. Jena

Guleke N, Dietlen H (1917) Kriegs-Chirurgischer Röntgen-Atlas. Springer, Berlin

Hahn H, Deycke-Pascha G (1907) Knochensyphilis im Röntgenbild. Gräfe & Sillem, Hamburg (Fortschritte auf dem Gebiet der Röntgenstrahlen, Ergänzungsbd 14)

Häuptli O (1954) Die aseptischen Chondro-Osteonekrosen. de Gruyter, Berlin

Haslhofer L (1937) Kreislaufstörungen des Knochens. In: Lubarsch O, Henke F, Rössle R (Hrsg) Handbuch der speziellen pathologischen Anatomie und Histologie: Knochen und Gelenke, Bd IX/3. Springer, Berlin, S 87–117

Haslhofer L (1937) Die Engel-Recklinghausen'sche Knochenkrankheit (Ostitis bzw. Osteodystrophia fibrosa generalisata v. Recklinghausen). In: Lubarsch O, Henke F, Rössle R (Hrsg) Handbuch der speziellen pathologischen Anatomie und Histologie: Knochen und Gelenke, Bd IX/3. Springer, Berlin, S 342

Hellner H (1955) Knochenerkrankungen und -geschwülste in der Begutachtung. Springer, Berlin Göttingen Heidelberg (Hefte zur Unfallheilkunde, Bd 50)

Heuck F (1970) Die radiologische Erfassung des Mineralgehaltes des Knochen. In: Diethelm L, Olsson O, Strnad F, Vieten H, Zuppinger A (Hrsg) Handbuch der medizinischen Radiologie, Bd IV/1. Springer, Berlin Heidelberg New York, S 106–295

Heuck F (1972) Skelett. In: Haubrich R (Hrsg) Klinische Röntgendiagnostik innerer Krankheiten, Bd III, 1, 2. Springer, Berlin Heidelberg New York

Heuck F (1976) Allgemeine Radiologie und Morphologie der Knochenkrankheiten. In: Diethelm L, Olsson O, Strnad F, Vieten H, Zuppinger A (Hrsg) Handbuch der medizinischen Radiologie, Bd V/1. Springer, Berlin Heidelberg New York, S 3–306

Heuck F (1983) Paraneoplastische Osteopathie. In: Diethelm L, Heuck F, Olsson O, Strnad F, Vieten H, Zuppinger A (Hrsg) Handbuch der medizinischen Radiologie, Bd V/5: Osteopathien. Springer, Berlin Heidelberg New York, S 579–648

Heuck F (1989) Radiologie des gesunden Skelettes. In: Schinz HR (Hrsg) Radiologische Diagnostik in Klinik und Praxis, Bd VI/1, 7. Aufl. Thieme, Stuttgart New York

Heuck F, Vanselow K (1980) Radiologische Methoden. „Röntgenologie, Densitometrie, Neutronen- und Protonenaktivierungsanalyse und Ultraschalluntersuchungen." In: Kuhlencordt F, Bartelheimer H (Hrsg) Handbuch der inneren Medizin, Bd 6: Erkrankungen der Knochen, Gelenke und Muskeln. Klinische Osteologie A. Springer, Berlin Heidelberg New York

Hildebrand H, Scholz, Wieting (1901) Frakturen der unteren Extremität. In: Sammlung von stereoskopischen Röntgenstrahlen II (aus dem „Neuen Allgemeinen Krankenhaus Hamburg-Eppendorf"). Bergmann, Wiesbaden

Hildebrand H, Scholz, Wieting (1903) Deformitäten und Mißbildungen. In: Sammlung von stereoskopischen Röntgenbildern VI (aus dem „Neuen Allgemeinen Krankenhaus Hamburg-Eppendorf"). Bergmann, Wiesbaden

Hochsinger C (1904) Studien über die hereditäre Syphilis. Deuticke, Leipzig Wien

Immelmann M (1906) Zehn Jahre Orthopädie und Röntgenologie. 1896–1906. Klett, Berlin

Jaffe HL (1958) Tumors and tumorous conditions of the bones and joints. Lea & Febiger, Philadelphia

Jaffe HL (1972) Metabolic, degenerative and inflammatory diseases of bones and joints. Urban & Schwarzenberg München Berlin Wien

Joachimsthal G (1900) Die angeborenen Verbildungen der oberen Extremitäten. Gräfe & Sillem, Hamburg (Fortschritte auf dem Gebiet der Röntgenstrahlen, Ergänzungsbd 2)

Joachimsthal G (1902) Die angeborenen Verbildungen der unteren Extremitäten. Gräfe & Sillem, Hamburg (Fortschritte auf dem Gebiet der Röntgenstrahlen, Ergänzungsbd 8)

Johansson S (1926) Knochen- und Gelenktuberkulose im Kindesalter. Fischer, Jena

Jowsey J (1977) Metabolic diseases of bone. Saunders, Philadelphia

Kaufmann HJ (ed) (1973) Intrinsic diseases of bones, vol 4: Progress in pediatric radiology. Karger, Basel

Kaufmann HJ, Ringertz H, Sweet E (1993) The first 30 years of the ESPR - The history of pediatric radiology in Europe. Springer, Berlin Heidelberg New York Tokyo

Keats TE (1987) An atlas of normal roentgen variants that may simulate disease. Year Book Medical Publishers, Chicago

Kienböck R (1933) Differentialdiagnose der geschwulstigen Knochenkrankheiten. Urban & Schwarzenberg, Berlin Wien

Köhler A (1901) Knochenerkrankungen im Röntgenbilde. Bergmann, Wiesbaden

König FR (1928) Tuberkulose der Gelenke. In: Kirschner-Nordmann (Hrsg) Die Chirurgie, Bd 2. Berlin

Kolář J (1981) Röntgendiagnostik arbeitsbedingter Skelettleiden. Thieme, Stuttgart

Kricun M, Edeiken J (1973) Roentgenologic atlas of the hand and wrist in systemic diseases. Williams & Wilkins, Baltimore

Küntscher G, Maatz R (1945) Technik und Marknagelung. Thieme, Leipzig

Kummer B (1959) Bauprinzipien des Säugerskeletts. Thieme, Stuttgart

Lambertz (1900) Die Entwicklung des menschlichen Knochengerüstes während des fötalen Lebens. Gräfe & Sillem, Hamburg (Fortschritte auf dem Gebiet der Röntgenstrahlen, Ergänzungsbd 1)

Lange M (1935) Knochen- und Gelenktuberkulose. Ergeb Tuberkuloseforsch 7:493

Lange M (1937) II. Spezieller Teil. Ergeb Tuberkuloseforsch 8:319

Lenz W, Majewski F (1981) Fehlbildungen der Gliedmassen. In: Schinz HR et al. (Hrsg) Lehrbuch der Röntgendiagnostik, 6. Aufl. Thieme, Stuttgart New York

Liechti A (1944) Die Röntgendiagnostik der Wirbelsäule und ihre Grundlagen. Springer, Wien

Lodwick GS (1971) The bones and joints. An atlas of tumor radiology. Radiological concepts. Year Book Medical Publishers, Chicago

Lorenz A (1920) Die sog. angeborene Hüftverrenkung. Enke, Stuttgart

Lorenz R (1963) Röntgendiagnostik des Schädeldaches. In: Olsson O, Strnad F, Vieten H, Zuppinger A (Hrsg) Handbuch der medizinischen Radiologie, Bd VII/1. Springer, Berlin Göttingen Heidelberg, S 340–429

Maatz R, Haasch K (1970) Vorgänge bei der Bruchheilung und Pseudarthrosenentstehung. In: Diethelm L, Olsson O, Strnad F, Vieten H, Zuppinger A (Hrsg) Handbuch der medizinischen Radiologie, Bd IV/1. Springer, Berlin Heidelberg New York, S 540–616

Malluche H (1947) Die Wirbeltuberkulose. Ihre Entstehung und Entwicklung im Röntgenbild. Thieme, Leipzig

Meyer H (1927) Röntgendiagnostik in der Chirurgie und ihren Grenzgebieten. Springer, Berlin

Mirra J (1980) Bone tumors. Diagnosis and treatment. Lippincott, Philadelphia Toronto

Mönckeberg JG (1900) Über Unterschenkelbrüche aufgrund von Röntgenaufnahmen. Inaug-Dissertation, Bonn

Müller ME, Allgöwer M, Willenegger H (1963) Technik der operativen Frakturbehandlung. Springer, Berlin Göttingen Heidelberg

Müller W (1932) Pathologische Physiologie der Wirbelsäule. Angeborene, konstitutionelle und funktionelle Veränderungen. Barth, Leipzig

Mulder JD, Poppe H, Ronnen JR von (1981) Primäre Knochengeschwülste. In: Schinz HR et al. (Hrsg) Lehrbuch der Röntgendiagnostik, 6. Aufl. Thieme Stuttgart New York, S 529–689

Muntean E (1963) Die Röntgendiagnostik der Schädelbasis. In: Olsson O, Strnad F, Vieten H, Zuppinger A (Hrsg) Handbuch der medizinischen Radiologie, Bd VII/1. Springer, Berlin Göttingen Heidelberg, S 430–500

Murray RO, Jacobson HG (1971/1977) The radiology of skeletal disorders. Churchill Livingstone, Edinburgh London New York

Oberst M (1901) Die Frakturen und Luxationen. Erster Teil. Gräfe & Sillem, Hamburg (Fortschritte auf dem Gebiet der Röntgenstrahlen, Ergänzungsbd 5)

Oestreich HE, Crawford AH (1985) Atlas of pediatric orthopedic radiology. Thieme, Stuttgart

Pfitzner W (1895) Beiträge zur Kenntnis des menschlichen Extremitätenskelettes. In: Morphologische Arbeiten von Schwalbe 1891–92, Bd 1, 1895 Bd 4

Pickl L (1927) Die Skelettform (ossäre Form) des Morbus Gaucher. Fischer, Jena

Pöschl M (1971) Juvenile Osteo-Chondro-Nekrosen. In: Diethelm L, Olsson O, Strnad F, Vieten H, Zuppinger A (Hrsg) Handbuch der medizinischen Radiologie, Bd 5/2. Springer, Berlin Heidelberg New York

Poland J (1898) Skiagraphic atlas showing the development of the bones of the wrist and hand. Smith, Elder, London

Preiser G (1911) Statische Gelenkerkrankungen. Enke, Stuttgart

Psenner L (1963) Die Röntgendiagnostik der Nase, der Nasennebenhöhlen und des Epipharynx. In: Olsson O, Strnad F, Vieten H, Zuppinger A (Hrsg) Handbuch der medizinischen Radiologie, Bd VII/2. Springer, Berlin Göttingen Heidelberg, S 130–364

Psenner L (1963) Die Röntgendiagnostik des Schläfenbeins. In: Olsson O, Strnad F, Vieten H, Zuppinger A

(Hrsg) Handbuch der medizinischen Radiologie, Bd VII/2. Springer, Berlin Göttingen Heidelberg, S 365–672

Reinhardt K (1976) Krankhafte Haltungsänderungen, Skoliosen und Kyphosen. In: Diethelm L, Heuck F, Olsson O, Ranninger K, Strnad F, Vieten H, Zuppinger A (Hrsg) Handbuch der medizinischen Radiologie, Bd VI/3: Röntgendiagnostik der Wirbelsäule. Springer, Berlin Heidelberg New York

Reiser M, Semmler W (Hrsg) (1992) Magnetresonanztomographie. Springer, Berlin Heidelberg New York Tokyo

Remagen W, Morscher E, Rösli A (1980) Primäre und sekundäre Tumoren der Knochen und Gelenke. In: Kuhlencordt F, Bartelheimer H (Hrsg) Klinische Osteologie B. Springer, Berlin Heidelberg New York, S 1317–1475 (Handbuch der inneren Medizin, Bd 6: Erkrankungen der Knochen, Gelenke und Muskeln)

Resnick D, Niwayama G (1981/1988) Diagnosis of bone and joint disorders. Saunders, Philadelphia

Reyher P (1912) Das Röntgenverfahren in der Kinderheilkunde. Meußer, Berlin

Ribbing S (1937) Studien über hereditäre multiple Epiphysenstörungen. Acta Radiol (Stockholm) (Suppl 34)

Ricklin P, Rüttimann A, Del Buono MS (1964) Die Meniskuslaesion. Thieme, Stuttgart

Rieder H, Rosenthal J (1913) Lehrbuch der Röntgenkunde. Barth, Leipzig

Rössle R (1923) Wachstum und Altern. Bergmann, München

Ruckensteiner E (1931) Die normale Entwicklung des Knochensystems im Röntgenbild, Bd XV: Radiologische Praktika. Thieme, Leipzig

Rumpel O (1908) Über Geschwülste und entzündliche Erkrankungen der Knochen. Gräfe & Sillem, Hamburg (Fortschritte auf dem Gebiet der Röntgenstrahlen, Ergänzungsbd 16)

Sissons HA, Murray RO, Kemp HBS (1984) Orthopaedic diagnosis. Springer, Berlin Heidelberg New York

Sonesson A (1963) Die Röntgendiagnostik der Kiefer und Zähne. In: Olsson O, Strnad F, Vieten H, Zuppinger A (Hrsg) Handbuch der medizinischen Radiologie, Bd VII/2. Springer, Berlin Göttingen Heidelberg, S 886–988

Spranger JW, Langer LO, Wiedemann H-R (1974) Bone dysplasias. Fischer, Stuttgart

Schede M (1900) Die angeborene Luxation des Hüftgelenkes. Gräfe & Sillem, Hamburg (Fortschritte auf dem Gebiet der Röntgenstrahlen, Ergänzungsbd 3)

Schinz HR (1941) Ergebnisse der physiologischen Genetik und ihre Bedeutung für die menschliche Erbforschung. Arch Julius-Klaus-Stiftung f. Vererbungslehre usw. 16:645

Schinz HR, Baensch W, Friedl E (1928) Lehrbuch der Röntgendiagnostik mit besonderer Berücksichtigung der Chirurgie. Thieme, Leipzig

Schinz HR, Uehlinger E (1931) Zur Diagnose, Differentialdiagnose, Prognose und Therapie der primären Geschwülste und Zysten des Knochensystems. Thieme, Leipzig (Ergebnisse der medizinischen Strahlenforschung, Bd V, S 387–506)

Schmid F, Moll H (1960) Atlas der normalen und pathologischen Handskelettentwicklung. Springer, Berlin Göttingen Heidelberg

Schmorl G, Junghanns H (1968) Die gesunde und die kranke Wirbelsäule im Röntgenbild und Klinik, 5. Aufl. Thieme, Stuttgart

Schüller A (1905) Die Schädelbasis im Röntgenbilde. Gräfe & Sillem, Hamburg (Fortschritte auf dem Gebiet der Röntgenstrahlen, Ergänzungsbd 11)

Stenvers HW (1928) Röntgenologie des Felsenbeines und des bitemporalen Schädelbildes. Springer, Berlin

Stoker DJ (1980) Knee arthrography. Chapman & Hall, London

Takahashi S, Sakuma S (1975) Magnification radiography. Springer, Berlin Heidelberg New York

Töndury G (1974) Embryonale und postnatale Entwicklung der Wirbelsäule. In: Diethelm L, Olsson O, Strnad F, Vieten H, Zuppinger A (Hrsg) Handbuch der medizinischen Radiologie, Bd VI/1. Springer, Berlin Heidelberg New York, S 15–64

Uehlinger E (1981) Erkrankungen des retikulohistiozytären Systems (Speicherkrankheiten, Histiozytomatose X) In: Schinz HR et al. (Hrsg) Lehrbuch der Röntgendiagnostik, 6. Aufl. Thieme, Stuttgart New York, S 478–497

Uehlinger E, Dihlmann W (1981) Die osteoartikuläre Amyloidose (dysproteinämische Osteoarthrose). In: Schinz HR et al. (Hrsg) Lehrbuch der Röntgendiagnostik, 6. Aufl. Thieme, Stuttgart New York, S 473–477

Wackenheim A (1974) Fehlbildungen am Schädel-Hals-Übergang. In: Diethelm L, Heuck F, Olsson O, Ranniger K, Strnad F, Vieten H, Zuppinger A (Hrsg) Handbuch der medizinischen Radiologie, Bd VI/1. Springer, Berlin Heidelberg New York, S 391–436

Weiss K (1968) Degenerative Gelenkerkrankungen. In: Diethelm L, Olsson O, Strnad F, Vieten H, Zuppinger A (Hrsg) Handbuch der medizinischen Radiologie, Bd V/3. Springer, Berlin Heidelberg New York, S 543–602

Weyers H (1968) Erbliche Gelenkleiden. In: Diethelm L, Olsson O, Strnad F, Vieten H, Zuppinger A (Hrsg) Handbuch der medizinischen Radiologie, Bd V/3. Springer, Berlin Heidelberg New York, S 407–511

Wilms M, Sick C (1902) Die Entwicklung der Knochen der Extremitäten von der Geburt bis zum vollendeten Wachstum. Gräfe & Sillem, Hamburg (Fortschritte auf dem Gebiet der Röntgenstrahlen, Ergänzungsbd 9)

Wohlauer F (1911) Atlas und Grundriss der Rachitis. Lehmann, München. (Lehmanns Medizinische Atlanten Bd X)

Wolff J (1892) Das Gesetz der Transformation der Knochen. Hirschwald, Berlin

Zeitschriften

Albers-Schönberg HE (1904) Röntgenbilder einer seltenen Knochenerkrankung. (Arztverein Hamburg). Münch Med Wochenschr 51:365

Albers-Schönberg HE (1907) Eine bisher nicht beschriebene Allgemeinerkrankung des Skelettes im Röntgenbild. Fortschr Röntgenstr 11:261-263

Albers-Schönberg HE (1915/1916) Eine seltene, bisher nicht bekannte Strukturanomalie des Skelettes. Fortschr Röntgenstr 23:174-175

Albright F, Aub JC, Bauer W (1934) Hyperparathyreoidism: Common and polymorphic condition as illustrated by seventeen proved cases from one clinic. J Am Med Assoc 102:1276-1287

Albright F (1937) Syndrome characterized by osteitis fibrosa disseminata, areas of pigmentation and endocrine dysfunktion, with precocious puberty in females. Report of five cases. New Engl J Med 216:727-46

Baetjer FH (1918) Differential diagnosis of bone tumors. AJR 5:260-264

Baetjer FH (1919) Osteomyelitis. AJR 6:259-263

Baisch B (1913) Bau und Mechanik des normalen Fußes und des Plattfußes. Z Orthop Chir 31:218

Battersby J (1899) The present position of the roentgen rays in military surgery. Arch Roentgen Ray 3:74-80

Behrendsen (1897) Studien über die Ossifikation der menschlichen Hand mittels des Röntgenverfahrens. Dtsch Med Wochenschr 27:433

Bernardeau (1907) Los acromial. These Bordeaux

Berquist TH (1993) Magnetic resonance imaging of primary skeletal neoplasms. Radiol Clin North Am 31/2:411-424

Birkenfeld W (1930) Zur Erblichkeit der multiplen kartilaginären. Exostosen. (Exostosen bei eineiigen Zwillingen). Dtsch Chir 226:397

Blencke A (1901) Über congenitale Femurdefekte. Z Orthop Chir 9:584-656

Böhm M (1909) Beiträge zur Pathologie und Ätiologie der „Haltungstypen" der menschlichen Wirbelsäule. Z Chir 13:81-87

Bohatyrschuk F (1944) Über Ergebnisse der Mikroröntgenographie. Acta Radiol 25:351

Brenner RE, Vetter U, Nerlich A, Wörsdorfer O, Teller WM, Müller PK (1989) Osteogenesis imperfecta: Biochemische Untersuchungen an Knochen-Callusgewebe und kultivierten Zellen. Ein Beitrag zum Verständnis der molekularen Ursachen. In: Willert, H-G, Heuck FHW (Hrsg) Neuere Ergebnisse in der Osteologie. Springer, Berlin Heidelberg New York Tokyo

Buckland-Wright JC (1984) Microfocal radiographic examination of erosions in the wrist and hand of patients with rheumatoid arthritis. Ann Rheum Dis 43:170-171

Buschke A, Ollendorf H (1928) Ein Fall von Dermatofibrosis lenticularis disseminate und Osteopathia condensans disseminata. Dermatol Wochenschr 86:257-262

Bürgel E, Oleck HG (19599) Skelettveränderungen bei Urticaria pigmentosa. Fortschr Röntgenstr 90:185

Calvé J (1910) Sur une forme particulière de pseudocoxalgie greffée sur des déformations caractéristiques de l'extremité supérieure du fémur. Rev Chir (Paris) 42:54-84

Chandnani VP, Ho C, Chu P, Trudell D, Resnick D (1991) Knee hyaline cartilage evaluated with MR Imaging. Radiology 178:557-561

Cooley ThB, Witwer ER, Lee P (1927) Anemia in children with splenomegaly and peculiar changes in the bones. Am J Dis Child 34:347

Coupland RM, Hoikka V, Sjoeklint OG, Cuenod P, Cauderay GC, Doswald-Beck L (1991) Assessment of bullet disruption in armed conflicts. Lancet 339:35-37

Dahlin DC (1950) Classification and general aspects of amyloidosis. Med Clin North Am 34:1107

Deutsch E, Ellegast H-H, Nosko L (1956) Knochen- und Blutgerinnungsveränderungen bei Urticaria pigmentosa. Hautarzt 7:257

Ellegast H-H (1965) Knochen- und Gelenkveränderungen bei Hypercorticismus und iatrogenem Hypercortisonismus. Verh Dtsch Ges Inn Med (Kompend) 71:873-876

Ellegast H-H (1966) Das Röntgenbild der Cortisonschäden. Wien Klin Wochenschr 78:747

Engels W (1904) Über den normalen Fuß und den Plattfuß. Z Orthop Chir 12:461

Epstein E (1924) Beitrag zur Pathologie der Gaucher'schen Krankheit. Virchows Arch Pathol Anat 253:157

Epstein E, Podviner E (1928) Die destruierende Schaftlues des Säuglings. Monatsschr Kinderheilkd 43:397

Erdheim J (1907) Über Epithelkörperchenbefunde bei Osteomalacie. S-B Akad Wiss Wien, Math-Nat Kl 116:311-370

Erdheim J (1911) Morphologische Studien über die Beziehungen der Epithelkörperchen zum Kalkstoffwechsel. Frankf Z Pathol 7:175-230

Erdheim J (1935) Über die Genese der Pagetschen Knochenerkrankung. Beitr Pathol Anat 96:1

Erlemann R, Reiser M, Peters PE (1989) Musculosceletal neoplasms: static and dynamic Gd-DTPA MR-Imaging. Radiology 171:767-773

Ernst EC (1941) Reminiscences of roentgenology during the last war, 1917-1919; Review of 17.000 examinations and x-ray equipment employed. Radiology 36:421-438

Evans WA (1919) Multiple myeloma of bone. AJR 6:646-649

Fedder L (1923/1924) Ostitis deformans mit sekundärer Rundzellensarkomatose. Fortschr Röntgenstr 31: 391-399

Fischer E (1974) Weichteildiagnostik an den peripheren Extremitäten mittels Weichstrahltechnik. I. Indikationen und Bemerkungen zur Aufnahmetechnik. Radiologe 14:454-456

Fischer, H (1912) Beitrag zur Kenntnis der Skelettvarietäten (überzählige Karpalia und Tarsalia, Sesambeine, Kompaktaninseln). Fortschr Röntgenstr 19:43-66

Fishman EK, Magid D, Mey DR (1991) Three-dimensional imaging. Radiology 181:321-337

Forssell G (1901) Über die Bewegungen der Handgelenke des Menschen. Scand Arch Physiol 12:168–258
Frangenheim P (1911) Chondrodystrophische Zwerge. Fortschr Röntgenstr 17:69–76
Frangenheim P (1921) Ostitis deformans Paget und Ostitis fibrosa v. Recklinghausen. Ergeb Chir Orthop 14:1
Fränkel E (1925) Über multiple Enchondrome. Fortschr Röntgenstr 33:775–779
Frank H (1921) Röntgenologische Nachuntersuchungen bei klinisch geheilter Möller-Barlowscher Krankheit. Z Kinderheilkd 27:127
Freiberg AH (1914) Infraction of the second metatarsal bone, a typical injury. Surg Gynecol Obstet 19:191
Freiberger RH, Killoran PJ, Cardona G (1966) Arthrography of the knee by double contrast method. AJR 97:736–747
Friedrich H (1924) Über ein noch nicht beschriebenes, der Perthes'schen Erkrankung analoges Krankheitsbild des sternalen Klavikulaendes. Dtsch Z Chir 187: 385
Fromme A (1922) Die Spätrachitis, die spätrachitische Genese sämtlicher Wachstumsdeformitäten und die Kriegsosteomalazie. Ergeb Chir Orthop 15:1
Gebhardt W (1910/1911) Über die funktionelle Knochengestalt. Verh Dtsch Orthop Ges 9/10:121
Hackenbroch M (1924) Der Hohlfuß. Ergeb Chir Orthop 17:457
Haenisch F (1922/1923) Zur röntgenologischen Differentialdiagnose „zystischer" Knochentumoren. Fortschr Röntgenstr 30:84–96
Hahn O (1922) Scheinbare Spaltbildung der Wirbelkörper in der Adoleszenz. Fortschr Röntgenstr 29:211
Hanson R (1926) On the development of spinal vertebrae, as seen on skiagrams, from late foetal life to the age of fourteen. Acta Radiol 5:112–126
Hart VL (1937) Acute haematogenous osteomyelitis in children. JAMA 108:524
Hasselwander A (1903) Untersuchungen über die Ossifikation des menschlichen Fußskeletts. Z Morphol Anthropol 5:438
Hedrén G (1907) Ein Amyloidtumor des Knochenmarkes. Z Klin Med 63:212
Herfarth H (1927) Beiträge zur Frage der Sudeck'schen Knochenatrophie. Bruns Beitr 132:165
Heuck F (1969) Mikroradiographische Untersuchungen der Mineralisation des gesunden und kranken Knochengewebes. Radiologe 9:142–154
Heuck F (1974) Mikroradiographie. Verh Dtsch Ges Pathol 58:114–134
Heuck F, Schmidt E (1960) Die quantitative Bestimmung des Mineralgehaltes des Knochen aus dem Röntgenbild. Fortschr Röntgenstr 93:523–554
Heuck F, Schilling M (1985) Informationswert der Weichstrahl-Immersions-Radiographie (WIR) der Hand bei hormonalen und metabolischen Osteopathien. Radiologe 25:573–581
Hickey PM (1903) The development of the skeleton. Trans Am Roentgen Ray Soc 4:120–125
Hoffa A (1905) Die angeborene Coxa vara. Dtsch Med Wochenschr 31:1257
Hoffa A (1906) Über Röntgenbilder nach Einblasung von Sauerstoff in das Kniegelenk. Berl Klin Wochenschr 43:28–30
Hoffa A (1906) Rö.-Bilder nach Sauerstoffeinblasung in das Kniegelenk. Berlin Klin Wochenschr 43:941–945
Hoffmann L (1911) Mißbildungen der oberen Extremität. Fortschr Röntgenstr 17:301
Hurler G (1919) Über einen Typ multipler Abartungen vorwiegend am Skelettsystem. Z Kinderheilk 24:220–234
Israel A (1910) Myositis ossificans neurotica nach Schußverletzung des Rückens. Fortschr Röntgenstr 27:365–374
Jaffé HL, Lichtenstein L (1944) Eosinophilic granuloma of bone. Arch Pathol 37:99, J Am Med Assoc 135:925
Joachimsthal G (1902) Über angeborene Verbildungen am Oberschenkel. Arch Gebh 65:113
Jüngling O (1914) Über Pseudarthrose im Kindesalter. Bruns Beitr 90:649
Jüngling O (1920) Ostitis tuberculosa multiplex cystica (eine eigenartige Form der Knochentuberkulose). Fortschr Röntgenstr 27:375
Kaiser F (1919/1921) Die spontane Regeneration schußverletzter Gelenke im Röntgenbilde. Fortschr Röntgenst 27:119–137
Kienböck R (1901) Über akute Knochenatrophie bei Entzündungsprozessen an den Extremitäten (fälschlich sog. Inaktivitätsatrophie der Knochen) und ihre Diagnose nach dem Röntgenbild. Wien Med Wochenschr 51:1346–48
Kienböck R (1903) Zur radiographischen Anatomie und Klinik der enchondralen Dysplasie der Knochen mit multiplen kartilaginären Exostosen. Wien Med Wochenschr 47
Kienböck R (1931) Altersosteoporose. Wien Klin Wochenschr 432
Kienböck R (1935) Altersosteoporose. Wien Klin Wochenschr 671
Kienböck R (1939) Angeborene Skelettanomalien der Lumbosacralgegend bei Kyphoskoliose. Fortschr Röntgenstr 60:134–144
Kienböck R, Mayer E (1929) Ein Fall von Echinococcose des Beckenknochens. Fortschr Röntgenstr 39:1026–1034
Kirchner A (1907) Zur Frage der juvenilen Frakturen der Tuberositas tibiae, Tuberositas naviculare und des Tub. calc. Arch Klin Chir 84
Klippel M, Feil A (1912) Anomaltie de la calonne vertébrale par absenee des vertebres cervicales, cage thoracique remontant jusqu' à la base du crâne. Bull Mem Soc Anat (Paris) 87:185–188
Köhler A (1908) Über eine häufige, bisher anscheinend unbekannte Erkrankung einzelner kindlicher Knochen. Münch Med Wochenschr 55:1923–1925
Köhler A (1913) Das Köhler'sche Knochenbild des Os naviculare pedis - keine Fraktur. Langenbecks Arch 101:560
Köhler A (1920) Eine typische Erkrankung des 2. Metatarsophalangealgelenkes. Münch Med Wochenschr 67:1289–90

Küntscher G (1940) Die Technik der Marknagelung des Oberschenkels. Zentralbl Chir 1145
Küntscher G (1941) Die Technik der Marknagelung des Oberschenkels. Zentralbl Chir 1138
Lange T, Halm H, Link TM, Peters PE (1994) Einsatz des Spiral-CT mit 3-D-Rekonstruktion in der präoperativen Diagnostik von Torsionsskoliosen. Zentralbl Radiol 148
Legg AT (1910) An obscure affection of the hip-joint. Boston Med Surg J 162:202–04
Lehmann W (1917) Zur Frage der neurotischen Knochenatrophie, insbesondere nach Nervenschüssen. Bruns Beitr 107:605
Lennert K (1962) Zur pathologischen Anatomie von Urticaria pigmentosa und Mastzellenretikulose. Klin Wochenschr 40:61–67
Lentz W (1964) Fortschritte in der Knochenchirurgie durch das Röntgen-Fernsehen. Radiologe 4:121–129
Léri A (1921) Une maladie congénitale et héréditaire de l'ossification: la pléonostéose familiale. Bull Mem Soc Med Hop Paris 45:1228–30
Léri A, Joanny (1922) Une affection non décrite des os: Hyperostose en coulée sur toute la longueur d'un membre ou „Mélorhéostose“. Bull Soc Med Hop Paris 46:1141–1145
Lexer E (1907) Gelenkchondrome. Dtsch Z Chir 88:311
Lexer E (1922) Über die Entstehung von Pseudarthrosen nach Frakturen und Knochentransplantationen. Langenbecks Archs 119:520
Lexer E (1925) 20 Jahre Transplantationsforschung. Langenbecks Arch 138:251
Lichtenstein L (1953) Histiocytosis Integration of eosinophilic granuloma of bone, „Letterer-Siwe'e disease and Schüller-Christian's disease“ as related manifestations of a single nosalogic entity. Arch Pathol 56:84
Lichtenstein L, Jaffe HC (1942) Fibrous dysplasia of bone. Arch Pathol 33:777–816
Lilienfeld A v (1914) Über das Os acromiale secundarium und seine Beziehungen zu den Affektionen der Schultergegend. Fortschr Röntgenstr 21:198–204
Lindemann K (1941) Das erbliche Vorkommen der angeborenen Coxa vara. Z Ortho 72:326
Link TM, Gaubitz M, Lenzen H, Müller-Miny H, Schneider M, Peters PE (1993) Klinische Anwendung der Vergrößerungsradiographie bei rheumatologischen Fragestellungen. Z Rheumatol 52:161–166
Link TM, Keßler T, Lange T, Overbeck J, Fiebich M, Peters PE (in press) Fracture healing: Direct magnification versus conventional radiography. Eur Radiol
Löffler F (1922) Die Pathogenese und Therapie der Spondylitis tuberculosa. Ergeb Chir Orthop 15:391
Lodwick GS, Haun CL, Smith WE, Keller RF, Robertson ED (1963) Computer diagnosis of primary bone tumors. A preliminray report. Radiology 80:273–275
Looser E (1905) Über Osteogenesis imperfecta tarda. Verh Dtsch Pathol Ges 1906:239–242
Looser E (1906) Zur Kenntnis der Osteogenesis imperfecta congenita und tarda (sog. idiopathische Osteopsathyrosis). Mitt Grenzgeb Med Chir 15:161
Looser E (1920) Über Spätrachitis und Osteomalacie. Klinische, röntgenologische und pathologisch-anatomische Untersuchungen. Dtsch Z Chir 152:210
Looser E (1924) Über die Zysten und braunen Tumore der Knochen. Dtsch Chir 189:113
Looser E (1926) Über Ostitis deformans und mit ihr angeblich und wirklich verwandte Knochenerkrankungen. Schweiz Med Wochenschr 1:5
Marwedel G (1920) Das steckengebliebene Geschoss. In: Borchard, Schmieden (Hrsg) Die deutsche Chirurgie im Weltkrieg 1914–1918. 2/1920
Mayer EG (1924) Ergebnisse der röntgenologischen Untersuchung des Schläfenbeines bei Erkrankungen des Ohres. Fortschr Röntgenstr 32:39–53
Meema HE (1987) Postmenopausal osteoporosis: Simple screening method before structural failure. Radiology 164:405–410
Melchior E (1913) Die Madelung'sche Deformität des Handgelenkes. Ergeb Chir 6:324
Milkman LA (1930) Pseudofractures (hunger osteopathy, late rickets, osteomalacia): report of a case. Am J Roentgenol 24:29–37
Mink JH, Deutsch AL (1989) Occult cartilage and bone injuries of the knee: Detection, classification and assessment with MR imaging. Radiology 170:823–829
Müller W (1941) Die Perthessche Krankheit als Erscheinungsform der Ermüdungs- und Abnutzungsreaktionen des Skeletts und ihre Abgrenzung gegenüber den verschiedenen Epiphysenstörungen. Fortschr Röntgenstr 63:247–267
Nonne (1901/1902) Über radiographisch nachweisbare akute und chron. Knochenatrophie (Sudeck) bei Nervenkrankheiten. Fortschr Röntgenstr 5:293
Osgood RB (1903) Lesions of the tibial tubercle occurring during adolescense. Boston Med Surg J 148:114–117
Paget J (1877) On a form of chronic inflammation of bones (Osteits deformans). Med Chir Trans Lond 60:37
Pels-Leusden (1907) Klinische, pathologisch-anatomische und radiologische Studien über Exostosis cartilaginea multiplex. Dtsch Z Chir 86:434
Perthes GC (1910) Über Arthritis deformans juvenilis. Dtsch Z Chir 107:111
Perthes G, Welsch G (1922) Über Entwicklung und Endausgänge der Osteochondritis deformans des Hüftgelenkes (Calvé-Legg-Perthes) sowie über das Verhältnis der Krankheit zur Arthritis deformans. Bruns Beitr 127:477
Pfahler GE (1917) The roentgen diagnosis of metastatic malignant disease of bone, with special reference to the spinal column. AJR 4:114–122
Pfaundler MV (1920) Demonstrationen über eine Typus kindlicher Dysostose. Jahrb Kinderheilk 92:420–421
Pommer G (1917) Zur Kenntnis der mikroskopischen Befunde bei Pseudarthrose. Wien Klin Wochenschr 328
Pommer G (1924) Bemerkungen zu den Lehren vom Knochenschwunde. Arch Mikrosk Anat 102:324
Pommer G (1925) Über Osteoporose, ihren Ursprung und ihre differentialdiagnostische Bedeutung. Langenbecks Dtsch Arch Klin Chir 136:1–35

Preiser G (1911) Zur Frage der typischen traumatischen Ernährungsstörungen der kurzen Hand- und Fußwurzelknochen. Fortschr Röntgenstr 17:360–362

Putti V (1909) Die angeborenen Deformitäten der Wirbelsäule. Fortschr Röntgenstr 14:285–313

Putti V (1910) Die angeborenen Deformitäten der Wirbelsäule. Fortschr Röntgenstr 15:65–92, 243–292

Ranke H v (1898) Die Ossifikation der Hand unter Röntgenbeleuchtung. Münch Med Wochenschr 43:1365–1369

Redlich E (1906) Ein Fall von Gigantismus infantilis. Wien Klin Rundsch 26

Reich A (1908) Über Echinokokken der langen Röhrenknochen. Bruns Beitr Klin Chir 59:1–39

Reiser MF, Bongartz G, Erlemann R (1989) Magnetic resonance in cartilaginous lesions of the knee joint with three-dimensional gradient-echo imaging. Skelet Radiol 18:591–598

Reynolds L (1945) The history of the use of the roentgen ray in warfare. Carman-Caldwell Lecture. Am J Roentgenol 54:649–672

Rieder W (1922) Zur Ätiologie der Schlatter'schen Krankheit. Langenbecks Arch 120:588

Ronnen JR von, Heul RO van der (1973) On the roentgenological diagnosis and differential-diagnosis of bone sarcomas. Colston Papers 24:97–112

Roux W (1912) Anpassung, Histomechanik, Histochemie. Virchows Arch 209:168

Siegert F (1912) Der chondrodystrophische Zwergwuchs (Mikromelie). Ergeb Inn Med 8:64

Simon S (1929) Zur Diagnose der frühkindlichen Extremitätentuberkulose im Röntgenbild. Fortschr Röntgenstr 40:448

Spranger JW (1992) International Classification of osteochondrodysplasias. Eur J Pediatr 151:407–415

Sudeck P (1899/1900) Zur Altersatrophie und Inaktivitätsatrophie der Knochen. Fortschr Röntgenstr 3:201

Sudeck P (1900) Über die akute, entzündliche Knochenatrophie. Langenbecks Arch Klin Chir 62:147

Sudeck P (1901/1902) Über die akute (reflektorische) Knochenatrophie und Entzündungen und Verletzungen an den Extremitäten und ihre klinischen Erscheinungen. Fortschr Röntgenstr 5:277

Scheuermann H (1921) Kyphosis dorsalis juvenilis. Z Orthop Chir 41:305-317

Scheuermann HW (1922) Kyphosis dorsalis. Acta Chir 54:29

Schjerning O v, Kranzfelder F (1986) Über die von der Medizinabteilung des Kriegsministeriums angestellten Versuche zur Feststellung der Verwertbarkeit Röntgenscher Strahlen für die medizinisch-chirurgischen Zwecke. Dtsch med Wochenschr 22:211

Schlatter C (1903) Verletzungen des schnabelförmigen Fortsatzes der oberen Tibia-epiphyse. Beitr Klin Chir 38:874–887

Schlatter C (1908) Unvollständige Abrißfrakturen der Tuberositas tibiae oder Wachstumsanomalien. Bruns Beitr 59:518

Schlotheim A (1918) Über Kallusbildung aufgrund systematischer Röntgenaufnahmen bei heilenden Knochenbrüchen. Dtsch Z Chir 144:289

Schmorl G (1909) Die pathologische Anatomie der rachitischen Knochenerkrankung mit besonderer Berücksichtigung ihrer Histologie und Pathogenese. Ergeb Inn Med 4:403

Schmorl G (1928) Über bisher nur wenig beachtete Eigentümlichkeiten ausgewachsener und kindlicher Wirbel. Langenbecks Arch Klin Chir 150:420–442

Schmorl G (1932) Über Ostitis deformans Paget. Virchows Arch 283:694

Schüller A (1915) Über eigenartige Schädeldefekte im Jugendalter. Fortschr Röntgenstr 23:12

Schüller A (1929) Über zirkumskripte Osteoporose des Schädels. Med Klin I:615

Schürch O, Uehlinger E (1938) Sarkomatöse Entartung bei Ostitis deformans Paget. Schweiz Med Wochenschr 68:631

Schumacher PH (1933) Röntgenuntersuchung des Neugeborenen, Kap IX. In: Die Röntgendiagnostik in der Geburtshilfe. Thieme, Leipzig (Ergebnisse der medizinische Strahlenforschung, Bd VI, S 395–310)

Steven GD (1947) „Standard bone". A description of radiographic technique. Ann Rheum Dis 6:184–185

Steurer O (1928) Die Röntgendiagnostik des Ohres. Thieme, Leipzig (Ergebnisse der medizinischen Strahlenforschung, Bd III, S 45–88)

Steurer O (1928) Die Röntgendiagnostik der Nase und der Nasennebenhöhlen. Thieme, Leipzig (Ergebnisse der medizinischen Strahlenforschung, Bd III, S 1–44)

Stieda A (1904) Verkalkte Parasiten (Cysticercus cellulosae) im Röntgenbilde. Bruns Beitr Klin Chir 42:245–250

Stieda A (1908) Über eine typische Verletzung am unteren Femurende. Langenbecks Arch Klin Chir 85:815–826

Ströer FH (1935) Familiäres Auftreten von Hand- und Fußabweichungen in fünf Generationen. Genetica 17:299

Thiemann H (1909/1910) Juvenile Epiphysenstörungen. Fortschr Röntgenstr 14:79–87

Titow L (1910) Über Knochenechinokokkus. Langenbecks Arch 94:186

Uehlinger E (1933a) Die hämatogene Tuberkulose der extrapulmonalen Organe. Schweiz Med Wochenschr 1150

Uehlinger E (1933b) Über Knochen-Lymphogranulomatose. Virchows Arch 288:36

Uehlinger E (1940/1941) Osteofibrosis deformans juvenilis. (Polyostische fibröse Dysplasie Jaffé-Lichtenstein). Virchows Arch Pathol Anat 306:255–299, Fortschr Röntgenstr 64:41–46

Uehlinger E (1941) Hyperostosis generalisata mit Pachydermie. (Idiopathische familiäre, generalisierte Osteophytose Friedrich-Erb-Arnold). Virchow Arch (Pathol Anat) 308:396

Uehlinger E (1959) Die pathologische Anatomie der Knochengeschwülste. Helv Chir Acta 26:597–620

Uehlinger E, Künsch M (1938) Über Zwillingstuberkulose. Untersuchungen an 46 Paaren. Beitr Klin Tuberk 92:275

Voorhoeve N (1924) L'image radiologique non encore déscrite d'une anomalie du squelette: ses rapports ave la Psychondrophasie et l'Osteopathie coudensans disseminata. Acta Radiol 3:407–416

Weiss K (1940) Über die Verdoppelung von Gelenkflächen bei Arthritis deformans. Fortschr Röntgenstr 61:240–247

Weiske R, Munding M, Schneider HW (1988) Destruierende, nicht infektiöse Spondyloarthropathie bei chronischer Niereninsuffizienz. Fortschr Röntgenstr 149:129–135

Wernerdorff KR, Robinson RH (1905) Verhandlungen Dtsch Ges orthop Chir IV, Kongreß 1905

Wiernick PH (1972) Amyloid joint disease. Medecine 51:465

Willich E (1956) Subepiphysäre Aufhellungslinien bei Säuglingen unter besonderer Berücksichtigung der Osteomyelitis. Fortschr Röntgenstr 84:587

Willich E (1958) Das Röntgensymptom der metaphysären Aufhellungslinien im Säuglingsalter. Fortschr Röntgenstr 88:635

Wimberger H (1923) Röntgenometrische Wachstumsstudien am gesunden und kranken Säugling. Z Kinderheilk 35:182

Wimberger H (1924) Die Spätdiagnose des Säuglingsskorbuts. Fortschr Röntgenstr 32:17–20

Wimberger H (1925) Klinisch-radiologische Diagnostik von Rachitis, Skorbut und Lues congenita im Kindesalter. Ergeb Inn Med Kinderheilk 28:264

Wolff J (1899) Die Lehre von der funktionellen Knochengestalt. Virchows Arch Pathol Anat Physiol 155:256–315

Wollenberg GA (1906) Apparat zur Einblasung chemisch reinen Sauerstoffes in die Körpergewebe und in die Körperhöhlen. Med Klin 2:20

Wollenberg GA (1908) Die normale Anatomie des Kniegelenkes im Röntgenbild nach Aufblasung der Gelenkkapsel. Z Orthop Chir 19:245

Zuppinger H (1906) Die Dislokation der Knochenbrüche. Bruns Beitr 49

Zuppinger H (1907) Über die mechanischen Vorgänge beim Brechen der Diaphysen der Röhrenknochen. Bruns Beitr 52:301

Atmungsorgane

Hans-Stephan Stender

Die Röntgenuntersuchung des Thorax hat entscheidend zur Erkennung und Verlaufsbeurteilung der Erkrankungen der Atmungsorgane beigetragen. Das Spektrum der mit Röntgenstrahlen diagnostizierten Lungenerkrankungen hat sich mit den Fortschritten der Untersuchungstechnik und der ärztlichen Erfahrungen bis heute stetig erweitert. Der Anteil der Thoraxradiologie beträgt weltweit um 30%.

W. C. Röntgen hatte in den drei Veröffentlichungen über *Eine neue Art von Strahlen* herausgestellt, daß Dicke, Dichte und Art der Materie die Schwächung der Strahlung in einem Objekt bestimmen. Der Thorax mit den lufthaltigen Atmungsorganen konnte so durch eine differenzierte Schwächung der Strahlung zu unterschiedlichen Schwärzungen auf der Photoplatte oder dem Leuchtschirm führen und dem Arzt wichtige diagnostische Informationen liefern.

Um eine ausreichende Darstellung der Atmungsorgane zu erreichen, war es notwendig, die geeignete Strahlenqualität und Strahlenmenge zu erzeugen, um in einer Phase des Atemstillstandes eine möglichst wirklichkeitsgetreue und scharfe Abbildung der Lungenstrukturen, des Herzens und des Mediastinums zu erhalten (Abb. 1). Da die Belichtungszeiten zunächst zwischen 1 und 60 min lagen, wurde eine beurteilbare Darstellung der Lunge im Radiogramm zunächst nur begrenzt erreicht. Demgegenüber ermöglichte die Durchleuchtung mit einem Fluoreszenzschirm aber einen informativen Einblick in die normalen Strukturen und pathologischen Veränderungen von Lunge, Pleura, Mediastinum, Herz und Thoraxwand.

Gröbere Veränderungen durch pneumonische und tuberkulöse Prozesse wurden schon 1896 und in den folgenden Jahren von Oudin u. Barthélemy, Bouchard und Béclère (Paris), Williams (Boston), Wassermann und Benedikt (Wien), MacIntyre (Glasgow), Walsham (London) sowie Levy-Dorn und Cowl (Berlin) beschrieben. Grunmach (Berlin) beobachtete gleichzeitig Lungentumoren.

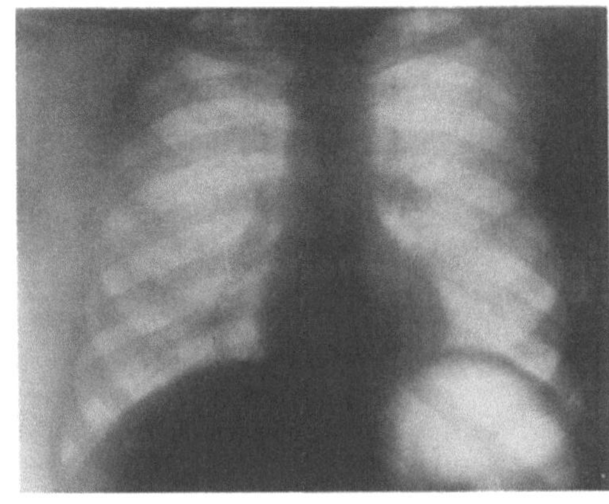

Abb. 1. Thoraxaufnahme dorso-ventral bei angehaltenem Atem. Normale Lungenzeichnung. Scharfe Begrenzung von Herz, Zwerchfell und Rippen. Zwerchfellhochstand links. (Aus Holzknecht 1901)

Schattengebende Projektile waren bei rotierender Schirmdurchleuchtung gut zu lokalisieren. Bilder von Pleuraergüssen und Pleuraschwarten demonstrierten Bouchard u. Guilleminot, Paris (1899). Minderbelüftungen einer Lungenseite als Folge von Bronchostenosen führten zu einer Volumenminderung der betroffenen Lungenhälfte und einer Verlagerung des Mediastinums zur kranken Seite (Holzknecht 1899; Jacobson 1903). Um Unterschiede der Dichte bzw. der Helligkeit der normalen Thoraxanatomie und der pathologischen Veränderungen im Lungenbild gut wahrnehmbar darzustellen, war die Wahl einer geeigneten Härte der Strahlung erforderlich (Gocht 1899; Albers-Schönberg 1903). Holzknecht unterschied 4 Helligkeitsgrade der Lunge bei: Pneumothorax, Emphysem, normaler Lunge und Stauungslunge.

Während ausgedehnte Verdichtungen durch Entzündungen (Abb. 2) und Tumoren im Röntgenbild gut zu erfassen waren, entgingen zunächst kleinere fleckige Verschattungen häufig der Abbildung. Über Kavernen in Infiltrationen berichtete 1897 Wassermann.

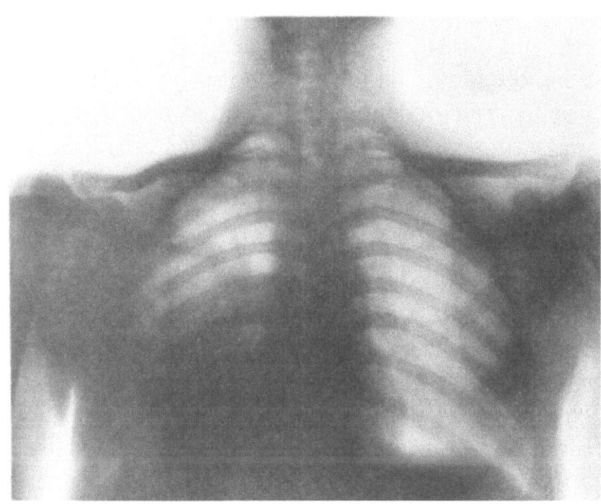

Abb. 2. Ventrodorsale Aufnahme. Pneumonie des linken Unterlappens mit flächenhafter Verschattung. Durch leichte Veratmung Unschärfe des linken Zwerchfells und nicht abgrenzbare Lungenzeichnung. (Aus Holzknecht 1901)

Das Zwerchfell, seine Formen und Bewegungen fanden zunehmend Beachtung. Muskuläre und nerval bedingte Bewegungsstörungen, teils mit paradoxer Aktion, beschrieben Cowl (1899), Hasselwander (1912), Hofbauer und Holzknecht (1907), sowie Williams (1899). Aus den Änderungen der Zwerchfellbewegungen wurden auch Rückschlüsse auf Ventilationsstörungen der Lunge gezogen (Levy-Dorn 1900; Béclère 1901; Kästle, Rieder und Rosenthal 1909). Das Bild einer Zwerchfelhernie beschrieb Hirsch (1900).
Bei den häufig sehr langen Belichtungs- und Durchleuchtungszeiten wurden als Folge der Strahlenexposition vor allem in den ersten Jahren vereinzelt Dermatitiden verschiedener Schweregrade und Haarausfall bei Patienten und Untersuchern beobachtet (Oudin, Barthélemy und Darrier 1897; Gocht 1898; Kienböck 1900; Holzknecht 1901).
Nach der Jahrhundertwende wurden die Erfahrungen der röntgenologischen Lungenuntersuchung in zahlreichen, sehr instruktiven Büchern zusammengefaßt. Eine umfassende Darstellung legte Holzknecht, Wien, 1901 in seinem Buch *Die röntgenologische Diagnostik der Erkrankungen der Brusteingeweide* vor (Abb. 3). Im weiteren sind hervorzuheben die Übersichten von Béclère, Paris (1901); Williams, Boston (1901); Rieder, München (1902); Gocht, Hamburg (1903); Albers-Schönberg, Hamburg (1903); Pfahler, Philadelphia (1905); Walsham u. Orton, London (1906); Köhler, Wiesbaden (1906); Otten, Hamburg (1906); Groedel, Frankfurt (1909). Die Ergeb-

a

Fortschritte auf dem Gebiete der Röntgenstrahlen

Herausgeber: Dr. Albers-Schönberg

Ergänzungsheft 6

Archiv und Atlas

der normalen und pathologischen Anatomie

in typischen Röntgenbildern

Die röntgenologische Diagnostik der Erkrankungen der Brusteingeweide

von

Dr. Guido Holzknecht

in Wien

Hamburg

Lucas Gräfe & Sillem

1901

b

Abb. 3. a Der Radiologe Guido Holzknecht (1872–1931), Wien. **b** Titelblatt des Buches (1901)

nisse der Röntgenuntersuchungen verdeutlichten, daß sowohl mit der Fluoroskopie als auch im Radiogramm Veränderungen dargestellt wurden, die der Perkussion und Auskultation entgangen waren. Auch die Befunde der Durchleuchtung erschienen häufig zuverlässiger als die Erkenntnisse der Auskultation und Perkussion. Umschriebene Frühveränderungen bei beginnender Tuberkulose konnten aber wegen der technischen Grenzen der Röntgenuntersuchung noch entgehen. Grundsätzlich sollten sich die physikalischen und röntgendiagnostischen Methoden bei der Früherkennung und Verlaufsbeobachtung ergänzen (Bade 1900; Béclère 1899; Holzknecht 1901; Immelmann 1899; Pfahler 1905; Rieder 1903; Tuffier 1899; Wiliams 1899).

Verbesserung der Technik

Um auch kleinere Veränderungen in der Lunge sicher zu erfassen und eine genauere Verlaufsbeobachtung der Prozesse zu ermöglichen, mußte vor allem die Technik der Fluoroskopie und Radiographie ausgebaut werden. Die Qualität der Leuchtschirme wurde durch eine Minderung des Rauschens angehoben. Die Verwendung von verstellbaren Bleiblenden zwischen Röntgenröhre und Patienten (Dessauer u. Wiesner 1903) sowie die Bleikastenblenden von Walter und Albers-Schönberg verminderten die Streustrahlung, verbesserten das Röntgenbild und reduzierten die Strahlenexposition des Patienten und Untersuchers. Die Durchleuchtung erfolgte nicht nur in verschiedenen horizontalen Schrägdurchmessern, sondern ermöglichte durch eine kraniokaudale Kippung der Röhre und des Leuchtschirms auch die Ausleuchtung verdeckter Zonen, z. B. hinter dem Zwerchfell. Dabei war auf die Zentrierung des Systems besonders zu achten. Der kurze Röhren-Objekt-Abstand bei Aufnahmen und Durchleuchtungen führte zu Vergrößerungen und Verzeichnungen der abgebildeten Anatomie.

Eine Verbesserung der Aufnahmequalität wurde durch leistungsfähigere Induktoren und Ionenröhren, die Wahl einer geeigneten Strahlenhärte, empfindlichere Platten mit doppelseitiger Beschichtung und Verstärkungsschirme (Verstärkungsfolien) angestrebt. Eine erhebliche Verkürzung der Belichtungszeit ließ sich vor allem durch die Verstärkungsschirme erreichen. Leider war die Bildqualität dabei zunächst durch die Größe des Folienkorns und seine inhomogene Verteilung verschlechtert. Dessauer, Rieder und Rosenthal (1899) war es gelungen, Momentaufnahmen (Abb. 4) in Bruchteilen einer Sekunde mit Verstärkungsschirmen und doppelseitig begossenen Platten zu erstellen. Andere Autoren, wie Albers-Schönberg (1903) und Pfahler (1905), verzichteten wegen des hohen Rauschens auf die Verstärkungsschirme und erhielten bei angehaltener At-

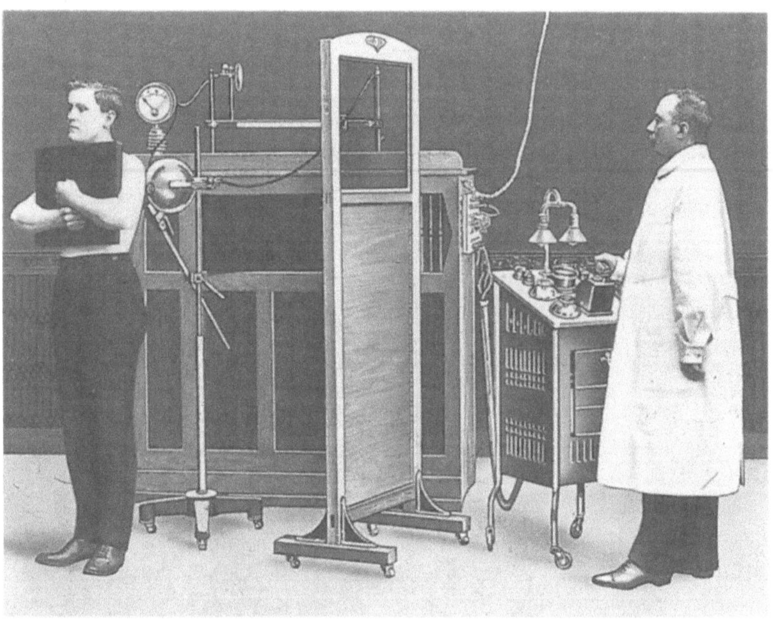

Abb. 4. Blitzapparat nach Dessauer. Thoraxaufnahme, Aufnahmezeit 1/100 s. Der Patient hält die Kassette mit der Platte vor seine Brust. Die Röntgenröhre steht kurz hinter dem Rücken des Patienten

mung brauchbare Bilder mit Belichtungszeiten von 3–10 s. Vor allem die Aufnahmen der Lungenspitzen mit Kompressionsblenden bei Tuberkulose ließen kleinere Herdschatten gut erkennen (Albers-Schönberg 1908; Assmann 1914). Da die plattennahen Lungenpartien besser abgebildet wurden, fertigte man Aufnahmen in verschiedenen Projektionen an, bevorzugt in sagittaler dorsoventraler und ventrodorsaler Richtung.

Diagnostische Weiterentwicklung

Die Thoraxuntersuchung wurde allgemein mit einer subtil durchgeführten Fluoroskopie begonnen. Es folgten vor allem bei erkannten oder vermuteten Veränderungen Aufnahmen in Sagittal-, Frontal- oder Schrägprojektionen zur Dokumentation oder besseren Darstellung der Befunde (Abb. 5). Die Aufnahmen wurden teils zur besseren Ruhigstellung in einem Aufnahmestuhl (Kienböck) im protrahierten Atemstillstand angefertigt. Stereoskopische Aufnahmen zur besseren Erkennung und räumlichen Zuordnung hatten Levy-Dorn (1897), Hildebrand (1901), Lorey (1914), Hasselwander (1916), Groedel (1921) und Drüner (1932) empfohlen.

Kehlkopf, Trachea und teilweise auch die Trachealbifurkation stellten sich als helles Band dar. Fremdkörper, Trachealkanülen, Einengungen und Verlagerungen der Trachea durch Strumen oder Tumoren lieferten wichtige diagnostische Hinweise (Pfeiffer 1901; Engel 1924; Kienböck 1908).

Die systematische Untersuchung der Bilder von Lunge und Hili ergab, daß die bildgebenden Lungenstrukturen die Arterien und Venen (Assmann 1914; Holzknecht u. Rieder 1913) und nur zum geringen Teil die Bronchien (de la Camp u. Arnsperger 1911) waren. Das unruhige Hilusbild beruhte zum Teil auf den zentralen, sich überlagernden Gefäßen. Die größeren Bronchien stellten sich im Hilus als bandförmige Aufhellungen und perihilär als lineare, die Arterien begleitende Strukturen oder orthograd als ringförmige Schatten dar (Groedel 1909; Krause 1909, 1921). In der Lungenperipherie orthograd getroffene Gefäße zeigten kleine ovale oder rundliche Schatten. Lymphknoten bildeten sich im Hilus nur ab, wenn sie vergrößert waren, und traten dann als bogige Schatten hervor (Engel 1913; Köhler 1906).

Die bakteriellen Pneumonien füllten oft große Teile des Lappens aus und wurden durch den Lappenrand scharf begrenzt. Die Rückbildung hinkte den klinischen Befunden nach (Assmann 1914; de la Camp 1904; Rieder 1913). Bronchopneumonien zeigten verstreute, teils konfluierende Schattenherde und häufig eine verstärkte Streifenstruktur zum Hilus. Bei hypostatischen Pneumonien lagen die Verschattungen oft paravertebral (Engel 1924; Dietlen 1921). Lungeninfarkte fanden sich meist peripher und waren in einer Stauungslunge schlechter zu erkennen (Assmann 1914; Rieder 1913).

Der Wert der Röntgenuntersuchung trat vor allem bei der Diagnostik der Lungentuberkulose hervor. Mit verbesserter Technik wurden zunehmend, vor allem in den Lungenspitzen, kleinere Herdbildungen dargestellt. Assmann (1914) hob die Bedeutung der Fleckschatten unterhalb der Klavikula für die Entwicklung der Tuberkulose hervor (Abb. 6). Die perihilär nachzuweisenden Streifenschatten (tuberkulöse Lymphangitis) wurden von Rieder (1903) und Stürtz (1907) nicht richtig gedeutet. Sie sind nicht Hinweise auf eine Ausbreitung der tuberkulösen Erkrankung vom Hilus zur Peripherie, sondern Folge einer zentripetalen Entwicklung. Kavernen wurden im Röntgenbild schon in den Anfangsphasen der Tuberkulose entdeckt (Rieder 1913). Ausgedehnte disseminierte Tuberkulosen (Miliartuberkulose) stellten sich bei der noch eingeschränkten Technik häufig nicht als feine Fleckschatten (Abb. 7), sondern mehr als diffuse Trübung dar. Umschriebene Lungentuberkulosen als Beginn einer Phthise bildeten Herdschatten vorwiegend in den Oberlappen mit Kavernisierung und apikokaudaler Entwicklung (Assmann 1914; Béclère 1901; Cole 1910; Hawes 1913; Krause 1914; Rieder 1913).

Die Schattenintensität der Herde und die Art ihrer Begrenzung ließen nur eingeschränkt Rückschlüsse auf die Aktivität des tuberkulösen Prozesses zu. Indurative und zirrhotische Vorgänge zeigten sich oft in Form von Verkalkungen und Schrumpfungen mit deutlichen Volumenminderungen. Die Auswertung der Beobachtungen verdeutlichte, daß Frühveränderungen der Lungentuberkulose, die mit der Perkussion und Auskultation nicht entdeckt wurden, im Röntgenbild schon deutlich dargestellt waren. Über die feinfleckigen Schatten und Knötchen in einer Größe von einzelnen Millimetern und die Besonderheiten ihrer Verteilung in der Lunge berichteten vor allem Assmann (1914), Dietlen (1931) und Rieder (1913). Zur Differentialdiagnose der feinherdigen disseminierten Lungenveränderungen wie Miliartuberkulose, Staublungenerkrankungen, Bronchiolitis, Septikämie, Karzinose und miliare Lues wurden interessante Beiträge veröffentlicht.

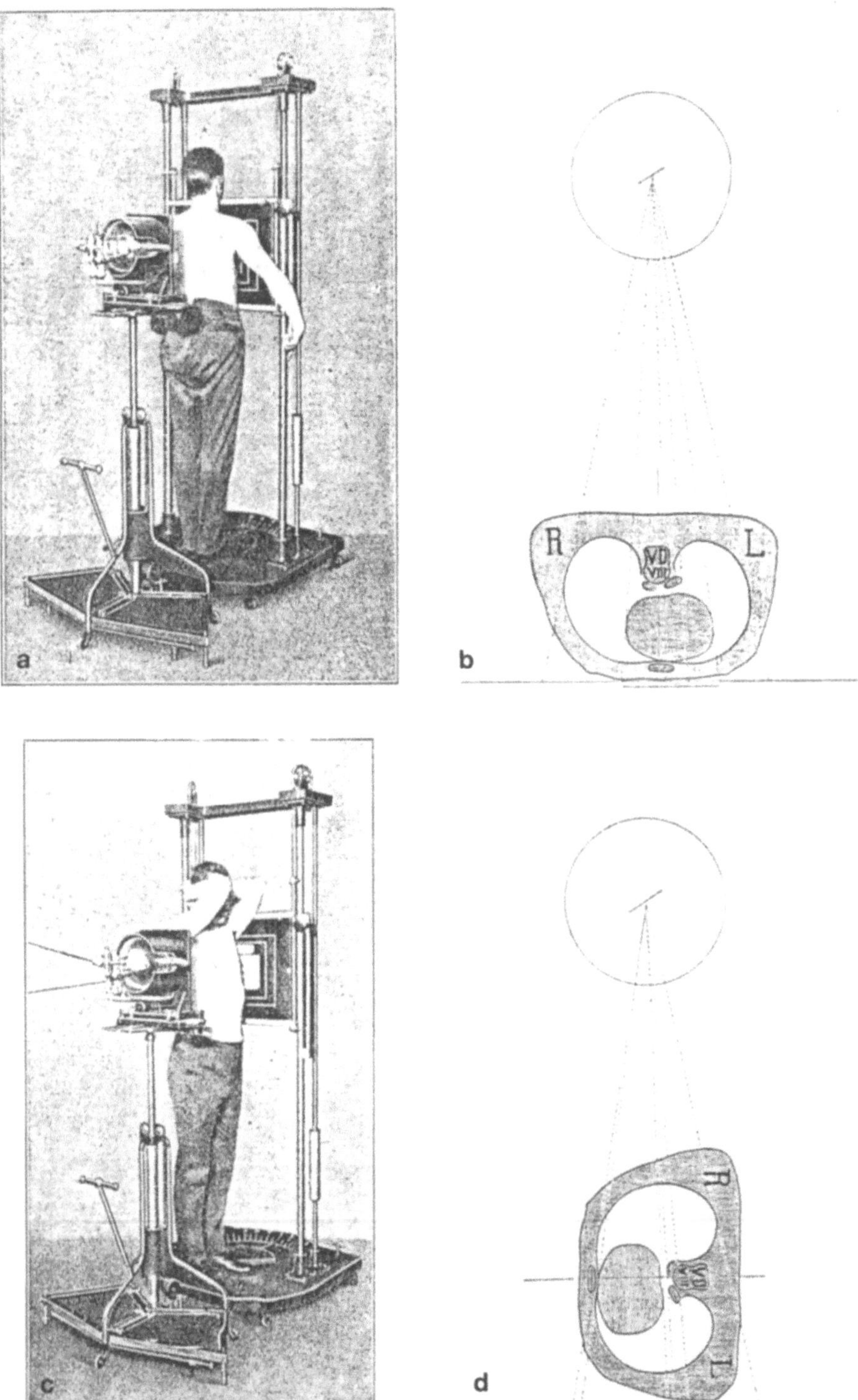

Abb. 5a–d. Aufnahmeeinstellungen zur Sagittal- und Frontalaufnahme des Thorax. (Nach Grödel 1921)

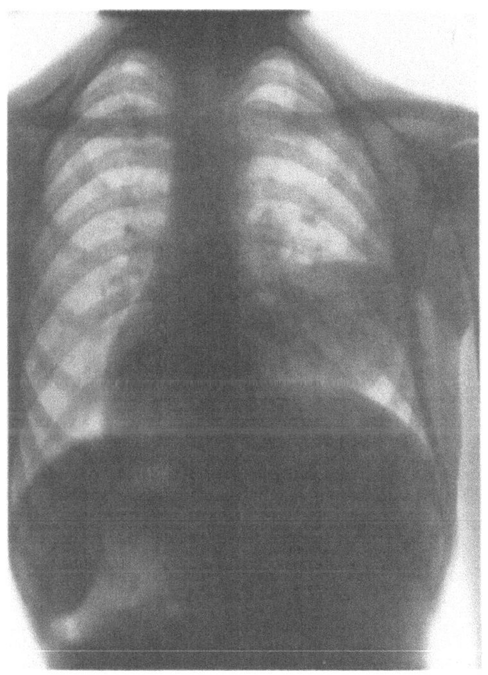

Abb. 6. Thoraxaufnahme ventrodorsal. Umschriebene fleckig-streifige Verschattung in der linken Lungenspitze, durch tuberkulöse Veränderungen, teils durch die Klavikula überlagert. Verschattung des rechten Mittellappens durch konfluierende tuberkulöse Verkäsungen. (Aus Assmann 1914)

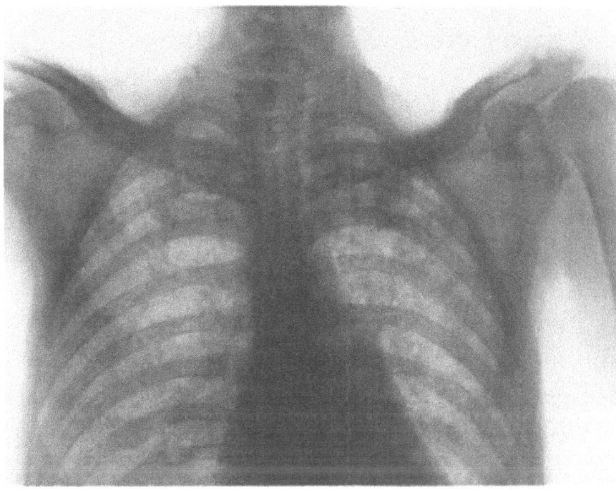

Abb. 7. Thoraxaufnahme dorsoventral (Ausschnitt). Feine, etwa hirsekorngroße disseminierte Fleckschatten bei hämatogener Lungentuberkulose. (Aus Assmann 1914)

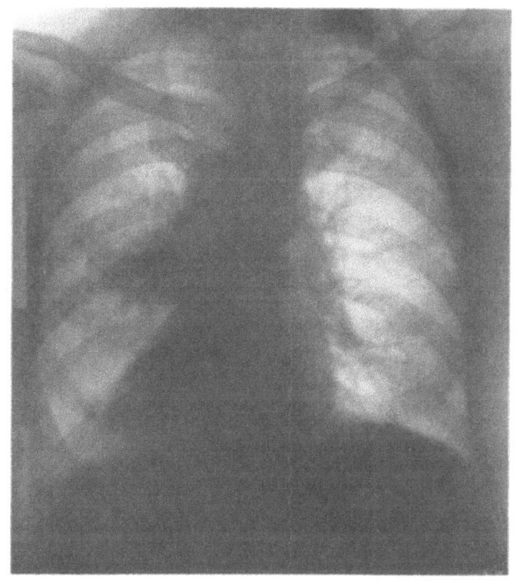

Abb. 8. Thoraxaufnahme ventrodorsal. Im linken Hilus kleinapfelgroßer Schatten mit unregelmäßiger Begrenzung bei zentralem Bronchialkarzinom. (Aus Assmann 1914)

Die zentralen Lungentumoren waren oft nur der Röntgendiagnostik zugänglich. Das zentrale Bronchialkarzinom zeigte meist streifige, perihiläre Verschattungen (Otten 1906) oder größere Hilusverdichtungen (Chaoul u. Stierlin (1920) (Abb. 8). Flächenschatten wurden als Zeichen einer Atelektase oder Obturationspneumonie gedeutet. Periphere Lungenkarzinome wiesen rundliche Schatten und teilweise streifige Verdichtungen zur Pleura oder zum Hilus über Beteilung der Lymphbahnen auf.

Metastasen bei Karzinomen und Sarkomen zeigten sich in Form von verstreuten rundlichen Schatten mit einem Durchmesser von ein bis mehreren Zentimetern (Dietlen 1921; Munk 1914; Pfahler 1907). Die Differenzierung der Lungenkarzinome von Tumoren der Pleura, des Mediastinums und der Thoraxwand sowie von Lymphomen wurde durch die rotierende Durchleuchtung sehr gefördert (Brauer 1908; Dietlen 1909; Holzknecht 1901; Kienböck 1902; Köhler 1906; Krause 1908; Pfahler 1907; Rieder 1902).

Die große Zahl der kritisch beurteilten Röntgenuntersuchungen des Thorax und speziell der Atmungsorgane hatte bis *1920* das diagnostische Spektrum erheblich erweitert. Viele Röntgenbefunde waren durch vergleichende pathologisch-anatomische Untersuchungen geklärt. Die therapeutischen Chancen wurden durch frühzeitige Erkennung und Verlaufsbeobachtung verbessert. Die prognostischen Aussagen hatten an Zuverlässigkeit gewonnen.

Fortschritte in der Technik und neue Untersuchungsmethoden

Geräte- und Aufnahmetechnik

Nach 1920 wurden die Ionenröhren zunehmend durch Glühkathodenröhren (Coolidge) und die Induktoren durch Hochspannungstransformatoren ersetzt. Dabei war eine unabhängige Wahl der Aufnahmespannung und des Strom-Zeit-Produktes möglich. Der Strichfokus der Röntgenröhre (Götze 1918) lieferte einen kleinen, optisch wirksamen Brennfleck mit höherer Belastbarkeit. Die Röhrenleistung wurde durch die Entwicklung der Drehanode (Bouwers 1928) weiter gesteigert. Die Folgen dieser Entwicklungen waren kürzere Belichtungszeiten und schärfere Bilder mit vermehrter diagnostischer Information über Lunge und Mediastinum.

Ende der dritten Dekade des Jahrhunderts war die Güte der Thoraxbilder auch durch eine Verbesserung der Röntgenfilme und feinkörnigere, höherauflösende Verstärkungsfolien gestiegen. Assmann (1922), Holzknecht (1927) und Schinz (1918) forderten von einem guten Thoraxbild, daß Lungenzeichnung, Herzrand und Zwerchfell scharf dargestellt waren.

In der Zeit nach dem Zweiten Weltkrieg profitierte die Röntgendiagnostik des Thorax vor allem von der Erhöhung der Leistungsfähigkeit der Generatoren (30–100 kW), der höheren Belastbarkeit der schnellen Drehanodenröhren und den weiter verkürzten Belichtungszeiten (unter 20 ms). Während die Thoraxaufnahmen zunächst noch mit Spannungen von 50–80 kV ohne Raster erstellt wurden, setzte sich später die Hartstrahltechnik (100–150 kV, Streustrahlenraster mit hohem Schachtverhältnis oder Abstandstechnik nach Groedel) durch, die vor allem von Franke (1926), Morgan (1947), Fomin (1953) und Frik (1954) gefordert wurde. Während die Kontraste der lufthaltigen Lunge und Weichteile erhalten blieben, waren die Knochen-Weichteil-Kontraste abgeflacht (Abb. 9). Die retrokardialen, mediastinalen und thoraxwandnahen Partien des Bildes waren transparenter dargestellt. Es resultierte ein harmonisches informatives Bild mit abgeflachten Grobkontrasten (Spiegler 1957).

Die empfindlicheren Seltenen-Erden-Verstärkungsfolien (1972) erlaubten ohne Informationsverlust eine deutliche Dosisreduktion auf die Hälfte bis ein Viertel gegenüber den alten Universalfolien mit Kalziumwolframat als Leuchtstoff.

Die Entwicklung des Bildverstärkers in Verbindung mit dem Fernsehen hatte die Thoraxdurchleuchtung im nur gering abgedunkelten Raum ermöglicht und die diagnostische Ausbeute verbessert (Coltmann 1948; Janker 1956; Stauffer et al. 1955; Noix 1962). Die Strahlenexposition des Patienten wurde bei richtig eingestellter Dosisleistungsregelung herabgesetzt.

Während die Durchleuchtung zunächst fest zur Röntgenuntersuchung des Thorax gehörte, wurden bei der verbesserten Bildqualität zunehmend Übersichtsaufnahmen in 2 Ebenen (sagittal und frontal) angefertigt und die Durchleuchtung nur noch gezielt eingesetzt.

Allgemein hatte die stetig verbesserte Darstellung feiner Bilddetails und zart kontrastierter Lungenherde den Informationsumfang des Thoraxbildes

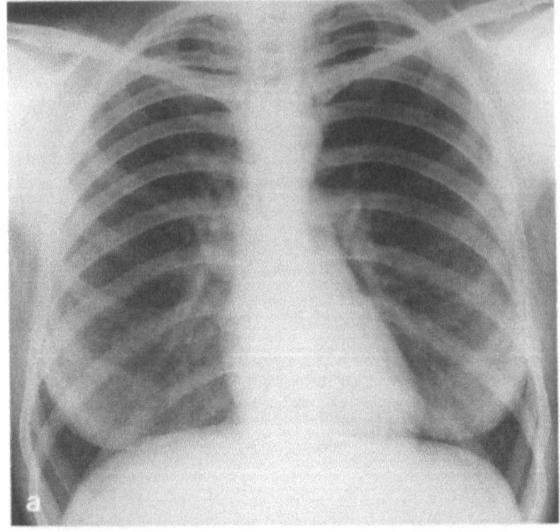

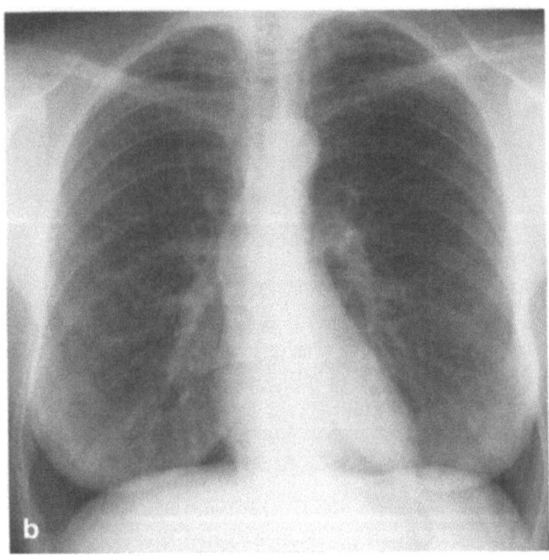

Abb. 9 a, b. Thoraxaufnahme einer Patientin (1950 und 1977). **a** Thoraxaufnahme (50 kV ohne Streustrahlenraster) in Weichstrahltechnik. **b** Thoraxaufnahme 1977 (120 kV mit Streustrahlenraster) in Hartstrahltechnik. Feine tuberkulöse Veränderungen in der linken Lungenspitze

weiter vergrößert und die Zuverlässigkeit der Röntgenuntersuchung der Atmungsorgane erhöht.

Röntgenschichtuntersuchung

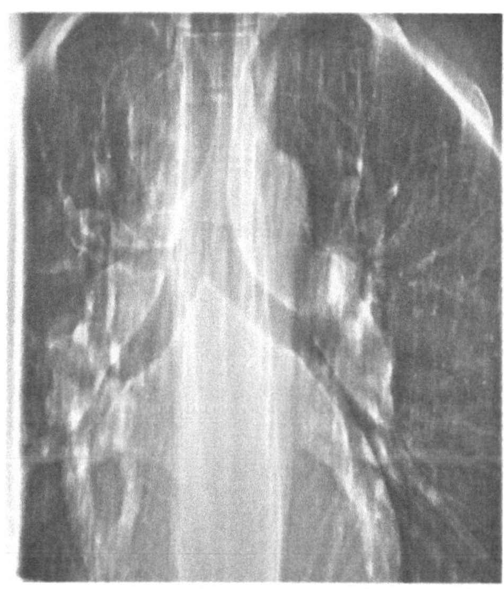

Abb. 10. Schichtaufnahme 9 cm Tiefe, Xeroradiogamm. Darstellung der Trachea und des zentralen Bronchialbaumes, hoch abgehender rechter Oberlappenbronchus

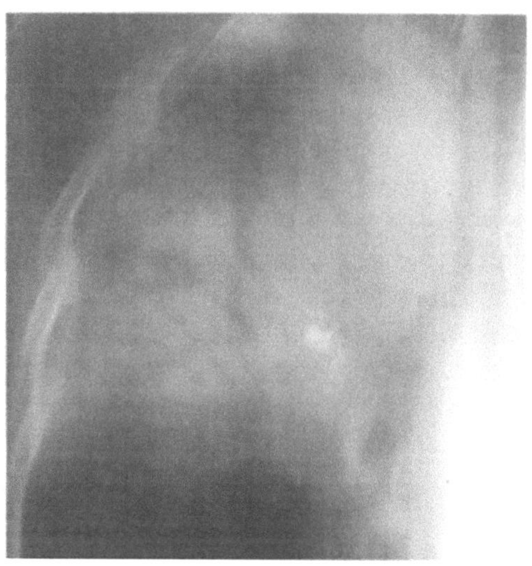

Abb. 11. Schichtaufnahme der rechten oberen Lunge in 9 cm Tiefe (1952). Verdichtung großer Teile des rechten Oberlappens durch Obturationspneumonie bei weitgehendem Bronchusverschluß durch Einbruch eines aktivierten tuberkulösen, teils verkalkten Lymphknotens (im Bild unregelmäßiger Kalkschatten). Die peripher gelegenen Bronchien sind deutlich erweitert (Bronchiektasie) und lufthaltig

Das Röntgenbild stellte die im dreidimensionalen Thorax gelegenen anatomischen und pathologischen Strukturen superponiert im zweidimensionalen Bild dar. Rotierende Durchleuchtung und Röntgenaufnahmen in verschiedenen Schrägprojektionen wurden allgemein eingesetzt, um die Überlagerungen aufzuschlüsseln. Eine zuverlässigere Differenzierung der überlagerten Veränderungen und Strukturen im Thoraxbild ermöglichte die *Schichtuntersuchung.* Diese beruhte im Prinzip auf der festgekoppelten gegensinnigen Bewegung von Röntgenröhre und Kassette während der Strahlenexposition (Bocage 1921). Dabei stellten sich die in der Drehachse der Bewegung gelegenen Thoraxteile hinreichend scharf dar, während die davor und dahinter gelegenen Partien verwischt wurden (Vallebona 1930; Ziedses des Plantes 1932; Großmann 1935; Chaoul 1935; Greineder 1935). Die Lungengefäße und die Trachea mit zentralem Bronchialbaum wurden übersichtlich dargestellt (Abb. 10).
Die Schichtuntersuchungen als Tomographie, Planigraphie oder Stratigraphie waren in der Lage, Herdbildungen in der Lunge mit ihrer Innenstruktur (Verkalkungen, Höhlenbildung) und ihren Begrenzungen darzustellen. Die Tiefenlokalisation von Fremdkörpern war erheblich erleichtert. Lungenabszesse und Kavernen bildeten sich im umgebenden Gewebe, das teils erhebliche Entzündungen, Schrumpfungen und Deformierungen aufwies, beurteilbar ab. Kleine Einschmelzungen in umschriebenen tuberkulösen Infiltraten wurden frühzeitig entdeckt (Bronkhorst 1939; Janker 1936; Kremer 1945; Gebauer 1959). Stenosen und Verschlüsse von Haupt-, Lappen- und Segmentbronchien durch Tumoren, Lymphknotenkompression oder Fremdkörper einschließlich der begleitenden Atelektasen oder Obturationspneumonien wurden dargestellt (Abb. 11). Wandunregelmäßigkeiten, Dilatationen und Ektasien der Bronchien waren in Lage und Ausdehnung zu erfassen. Prä- und postoperativ lieferte die Schichtuntersuchung wichtige Informationen zu Indikation und Komplikationen (Schmidt 1937; Teschendorf 1937; Delherm et al. 1940; McDougall et al. 1937; Stieve 1952). Der zentrale Bronchialbaum ließ sich in Schräglage von 55° verlaufsgerecht besser abbilden (Hughes 1981; Swart 1969). Vergrößerte bronchopulmonale und tracheobronchiale Lymphknoten waren als Verdichtungen im Hilus bei Primärtuberkulose, Sarkoidose, Silikose, malignen Lymphomen und Metastasen nachzuweisen. Die Raumforderungen im vorderen und hinteren Mediastinum durch Strumen, Zysten, Lymphknoten und

Tumoren ließen sich in Lage, Ausdehnung, Begrenzung und teils auch Innenstruktur beurteilen. Die Schichtuntersuchung des Kehlkopfs (Leborgue 1936) zeigte bei der Phonation das charakteristische Verhalten der Innenstrukturen und ihre Veränderung bei Innervationsstörungen (Greineder 1941; Muntean 1959). Die malignen Kehlkopfprozesse wiesen im Anfangsstadium umschriebene Schwellungen eines Stimmbandes auf und bei fortgeschrittenen Prozessen ausgedehnte Tumorinfiltrationen im Bereich des Kehlkopfs, der Epiglottis und des subglottischen Raumes (Gunsett 1937; Pagani 1939).
Die Schichtuntersuchungen in mehrdimensionaler Verwischung konnten die diagnostischen Aussagen im Thoraxbereich nur begrenzt erweitern und verbessern.

Bronchographie

Die Kontrastmitteldarstellung der Bronchien (Bronchographie) wurde zur Abklärung von Bronchialwandveränderungen eingesetzt (Lynah u. Stewart 1921; Sicard u. Forestier 1922). Die zunächst verwandten Jodöle riefen Reaktionen in der Lunge hervor (Lorey 1927). Die Verwendung wasserlöslicher visköser Kontrastmittel führte zu einem breiteren Einsatz der Methode (Morales u. Heiwinkel 1948; Fischer 1952; Di Rienzo 1960; Stutz 1949; Vieten 1949). Die Bronchographie durch Inhalation von Tantalpuder hatte sich nicht in der Diagnostik durchgesetzt (Nadel et al. 1968).
Sowohl grobe morphologische Veränderungen als auch umschriebene Bronchuswandprozesse wurden durch regionale Kontrastmittelapplikation oder im Übersichtsbronchogramm abgebildet oder mit der Cinebronchographie in verschiedenen Atemphasen (Fraser 1961) dargestellt. Die Bronchographie war indiziert bei Verdacht auf Bronchusstenosen und Bronchiektasen (Abb. 12), bei ungeklärter Hämoptyse, zur Erfassung bronchopleuraler, bronchomediastinaler und bronchoabdominaler Fisteln, zur Abklärung von bronchusstenosierenden Prozessen (Karzinom, Adenom, Karzinoid, Fremdkörper) und bei Verdacht auf Bronchuswandinstabilitäten durch Fehlbildungen, Gefäßkompression oder entzündliche Wandprozesse. Präoperativ konnte bei Bronchiektasen und Bronchusstenosen die Operationsplanung genauer durchgeführt werden.
In der Zwischenzeit hat die Fiberbronchoskopie die Bronchographie in den Hintergrund treten lassen.

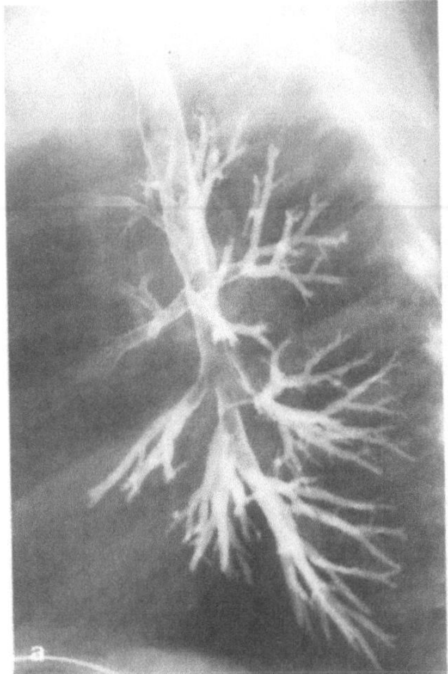

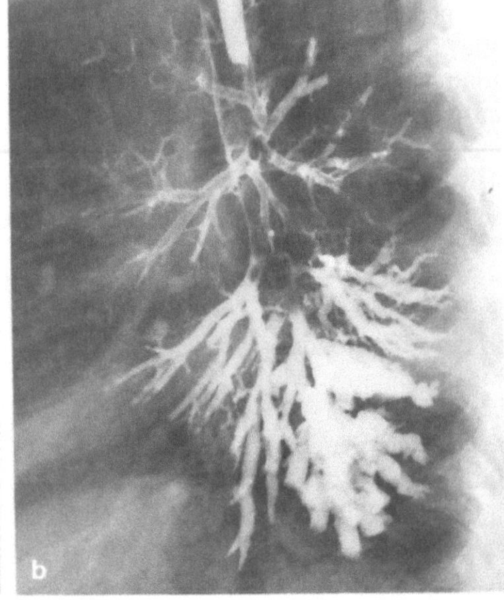

Abb. 12a, b. Bronchographie der rechten Seite. **a** Normales Bronchogramm des rechten Bronchialbaums in seitlicher Sicht. **b** Bronchiektasen der rechten Unterlappenbronchien, vorwiegend der basalen Segmente mit Volumenminderung des rechten Unterlappens sowie Verlagerung der Spitze des Unter- und Mittellappens

Pulmonalisangiographie

Die Gefäße bilden die Grundstruktur des Lungenbildes. Mit der Schichtuntersuchung in verschiedenen Projektionen konnte durch Festellung der Lage und des Verlaufs der einzelnen Gefäßschatten eine grobe Differenzierung in Arterien und Venen durchgeführt werden (Herrnheiser u. Kubat 1936; Hornykiewytsch u. Stender 1953; Kovats u. Zseböck 1953).

Pulmonalisangiogramme erhielt man durch die Angiokardiographie (Moniz u. a. 1931; Dotter u. a. 1950; Rink 1955) oder nach Katheterisierung durch die selektive Kontrastmittelinjektion in den Pulmonalisstamm (Ab. 13) oder einen seiner Äste (Cicero u. del Castillo 1956; Löhr et al. 1959). Durch Vorschieben des Katheters in einer peripheren Pulmonalarterie bis zum annähernden Verschluß und vorsichtiger Kontrastmittelinjektion stellten sich die kleinen Arterien, das Kapillarnetz und die feinen Venen dar (Wedge-Angiogramm: Löhr et al. 1960; Jacobson 1963). Die Veränderungen der kleinen Arterien und die verminderte kapillare Anfärbung (Kapillarschleier) wurden als Ausdruck einer Funktionseinschränkung des respiratorischen Parenchyms interpretiert.

Zu den Indikationen der Pulmonalisangiographie zählten der Verdacht auf Lungenembolie, Gefäßmißbildungen, unklare Lungenblutungen und die präoperative Beurteilung des Gefäßstatus bei Tumoren, großen Emphysemblasen oder destruierenden Lungenveränderungen.

Wenn der Zustand des Patienten es ermöglichte und die Luft lange genug angehalten werden konnte, wurde anstelle der direkten Pulmonalisangiographie die intravenöse digitale Subtraktionsangiographie (DSA) durchgeführt (Abb. 14).

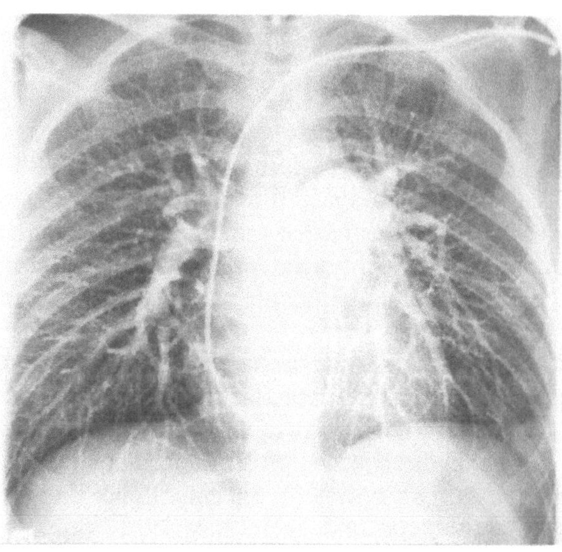

Abb. 13. Übersichtsangiographie der Pulmonalarterien durch Kontrastmittelinjektion in den Stamm der Pulmonalarterie. Darstellung der Arterienverzweigungen bis in die Lungenperipherie

Die transaortale Katheterangiographie der Bronchialarterien lieferte vor allem bei destruierenden Lungenprozessen und Tumoren präoperativ zusätzliche Informationen (Viamonte 1964; Cudkowicz 1968). Mit dieser Methode wurde auch die atypische Bronchialarterienversorgung der Lunge bei kongenitalen Herzfehlern nachgewiesen.

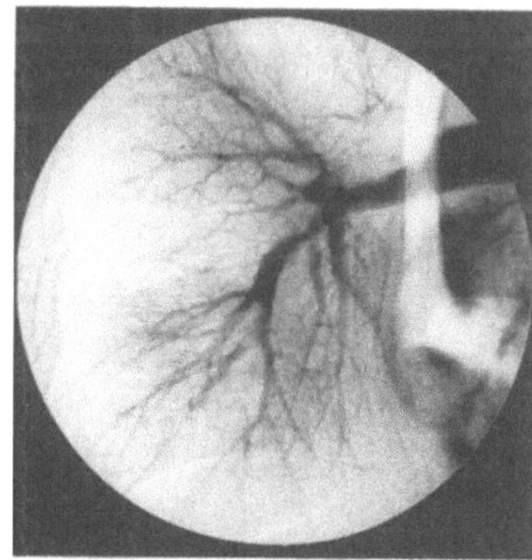

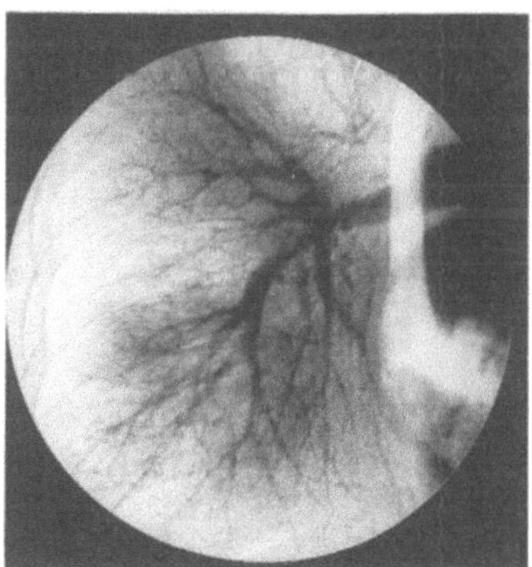

Abb. 14. Pulmonalisangiographie rechts mit intravenoser digitaler Subtraktionsangiographie. Zwei Füllungsphasen bei Lungenembolien. Ausfall der Oberlappenarterie *rechts* durch embolischen Verschluß. Unregelmäßige laterale Begrenzung des zum Unterlappen ziehenden Pulmonalarterienstammes und Verschluß der Arterie zum Mittelappen ebenfalls durch Embolie

Thoraxreihenuntersuchungen

Die Röntgendiagnostik ist grundsätzlich geeignet, eine Tuberkulose in einem frühen Stadium zu erkennen, in dem diese noch keine Beschwerden macht und klinisch stumm ist (Redeker 1929; Kaiser-Petersen 1935; Braeuning 1938; Policard 1938). Bei den zunächst durchgeführten Thoraxreihendurchleuchtungen von Lehrlingen, Rekruten, Beamten und Studenten wurde eine nennenswerte Anzahl von offenen und geschlossenen Lungentuberkulosen entdeckt (Kattentidt 1954). Der Anteil der Befunde, die bei der Durchleuchtung übersehen wurden, lag aber relativ hoch (20%). Daher wurden große Bemühungen eingeleitet, Aufnahmesysteme mit einer hoher Bildgüte zu entwickeln und diese möglichst mobil zu gestalten. Das Schirmbildverfahren (de Abreu 1938; Janker 1938; Holfelder 1938) mit einem Bildformat 24×24 mm setzte sich gegenüber dem Rollfilmpapierverfahren (Heisig 1938) durch. Bei Verdachtsmomenten auf dem Schirmbild war ergänzend eine Großaufnahme anzufertigen. Über die positiven Erfahrungen im Rahmen der Tuberkulosebekämpfung wurde unter anderem aus Dänemark, Deutschland, der Schweiz, Schweden und USA berichtet.

Das Filmformat der Schirmbilder wurde auf 70×70 oder 100×100 mm vergrößert. Die Schirmtechnik fordert aber eine relativ hohe Strahlenexposition bei eingeschränkter Bildqualität. Dies war der Grund dafür, daß das Schirmbildsystem, der technischen Entwicklung folgend, durch die Bildverstärkeraufnahmetechnik (Abb. 15) und Dokumentation auf 100×100 mm-Filmen (Groß-BV, Spalt-BV) mit hohem Informationsstand ersetzt wurde.

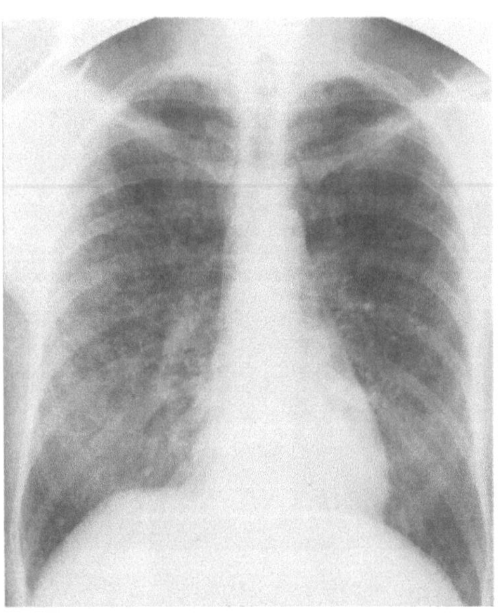

Abb. 15. Thoraxaufnahme im Mittelformat (100×100 mm) mit Bildverstärkeraufnahmetechnik. Feinfleckige disseminierte Schatten, die im Mittelgeschoß *rechts* wesentlich dichter stehen als *links* bei Sarkoidose

Computertomographie des Thorax

Die Computertomographie bildete eine aussagefähige Ergänzung der Projektionsradiographie mit den Thoraxübersichtsaufnahmen. Sie erstellte überlagerungsfreie Transversalschnitte mit hoher Kontrastauflösung. Der schwächungswertebereich des Thorax umfaßte bis zu 4000 CT-Werte, die durch geeignete Fensterung eine gut beurteilbare Darstellung der Atmungsorgane und des übrigen Thorax ermöglichten. Da das visuelle System des Menschen aus diesem großen Dichteumfang nur 30–50 Helligkeitsstufen gleichzeitig unterscheiden kann, wurde ein begrenzter, in Lage und Breite variabler CT-Wertebereich (organbezogenes Fenster) den Helligkeitsstufen des Monitors oder der Hardkopy insgesamt zugeordnet (Abb. 16). In der Standardtechnik wurde der Thorax mit Schichtdicken von 8–10 mm aneinandergrenzend abgebildet. Bei geeigneter Fensterwahl waren Lungengefäße, größere Bronchien, Interstitium, Verdichtungen (Entzündung, Tumor, Metastasen, Atelektase, Infarkt) und Strukturminderungen (Überblähung, Emphysem, Destruktion) sowie Strukturumbauten bei Fibrosen oder Schrumpfungen gut zu erkennen und diagnostisch zu werten (Döhring 1988; Naidich et al. 1991; Wegener 1978; Webb et al. 1981). Die Größenbestimmung eines Details ist nur zuverlässig möglich, wenn das Detail nicht kleiner ist als die Schichtdicke (Partialvolumeneffekt). Dichteunterschiede wie Verkalkungen, Fetteinlagerungen und kontrastmittelabhängige Änderungen und die Art der Lungenherdbegrenzung wurden diagnostisch bewertet. Zur Differenzierung der Strukturen im Hilus und Mediastinum, aber auch von Gefäßanomalien der Lunge waren Kontrastmitteldarstellungen notwendig (Angio-CT). Gefäße waren so von vergrößerten Lymphknoten und zentralen Tumoren zu unterscheiden.

Die feineren Strukturen der Lunge wurden mit der hochauflösenden Computertomographie (HRCT) dargestellt. Hierdurch wurde der Zugang eines bildgebenden Verfahrens in den intraazinären Bereich ermöglicht. Die Schichtdicke betrug dabei 1–2 mm bei einer Matrix von 512×512, speziellen Faltungskernen (kantenbe-

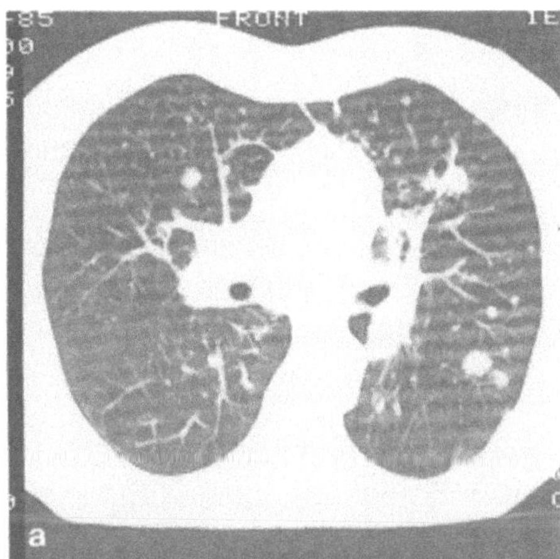

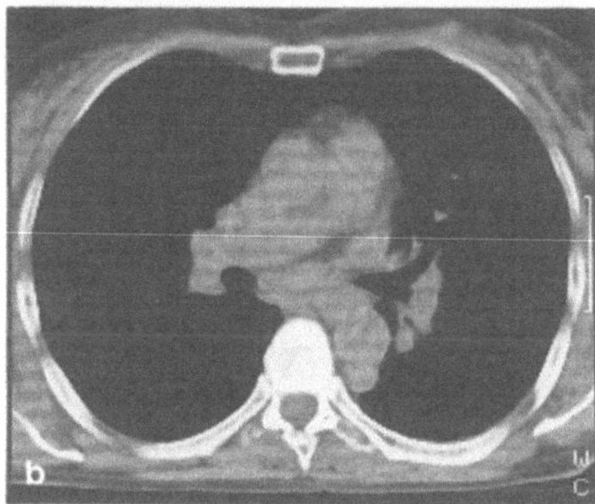

Abb. 16a, b. Computertomogramm des Thorax in Höhe des rechten Astes der Pulmonalarterie. **a** „Lungenfenster“: Differenzierung der groben Lungenstrukturen mit den Pulmonalgefäßen. Verbreiterung der Hili und mehrere rundliche Verdichtungen in der Lunge. Metastasen in den Hili und der Lunge. **b** „Weichteilfenster“: Darstellung des Mediastinums mit der angeschnittenen Aorta ascendens und descendens, der A. pulmonalis und des rechten Pulmonalisastes. Zusätzlich zu diesen normalen Strukturen stellen sich rundliche Verdichtungen im Mediastinum, im Hilus und dorsal der Aorta descendens durch Metastasen dar. Das Ausmaß der Metastasierung ist erst durch die Computertomographie nachzuweisen

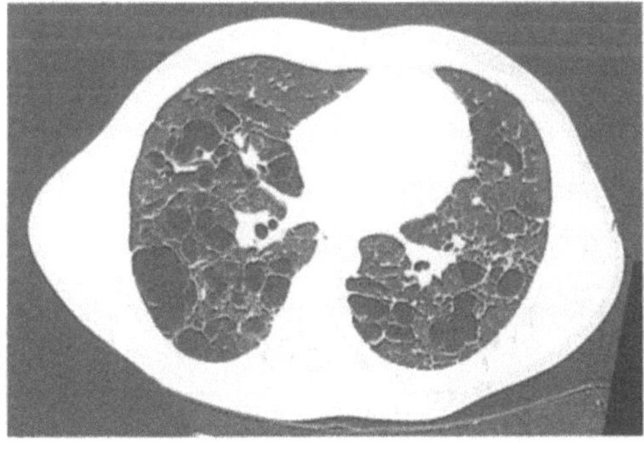

Abb. 17. Computertomogramm der unteren Lunge (hochauflösende Technik). Darstellung zahlreicher umschriebener strukturloser Bereiche bei Lungenemphysem

tonender Rekonstruktionsalgorithmus) und kurzer Aufnahmezeit von weniger als 2s (Murata 1986; Döhring 1988; Naidich et al. 1991; Genereux 1986). Die feinen Schichten gaben Einblicke in die azinären Strukturen und das alveolarseptale Netzwerk. Sie stellten subazinäre Herde, feine Granulome, perivaskuläre Verdichtungen und verdickte interlobuläre Septen dar. Panlobuläre und zentrilobuläre Emphyseme sowie ein feinwabiger oder narbiger Umbau wurden in Ausdehnung und Lage erfaßt (Abb. 17). Pneumokoniosen und interstitielle Lungenprozesse konnten im HRCT frühzeitig erkannt werden.

Das Spiral- oder Volumen-CT eröffnete die Möglichkeit, die Lunge als Ganzes in einer Atemphase lückenlos in 30–60 s zu scannen (Kalender et al. 1990; Castello et al. 1991; Prokop et al. 1992). Das Aufzeichnungssystem rotierte bei kontinuierlichem Vorschub des Patienten. Aus den aufgezeichneten Daten konnte jede gewünschte Schicht multiplanar rekonstruiert werden. Verzweigungen der Gefäße und Bronchien, Verdickungen der interstitiellen Strukturen und kleine Lungenherde waren erkennbar. 3D-Oberflächenrekonstruktionen ließen aus dem Volumendatensatz Lungengefäße, Lungenparenchymveränderungen und Hili plastisch darstellen (Abb. 18). Die Datenerfassung in der optimalen Kontrastmittelphase lieferte eine CT-Angiographie der Lunge mit der Abbildung von Embolien und eine räumliche Darstellung der Gefäße des Mediastinums.

Allgemein wurde die Computertomographie der Lunge eingesetzt zur überlagerungsfreien Darstellung pulmonaler und pleuraler Veränderungen, zur Abklärung von Rundherden und Hohlraumbildungen, zur Entdeckung hilärer und mediastinaler Lymphknotenvergrößerungen, zur Stadieneinteilung von Lungentumoren, zur Klärung des Übergreifens von Lungenprozessen auf Mediastinum oder Thoraxwand, zur frühzeitigen Erkennung und Beurteilung von nodulären und interstitiellen disseminierten Lungenprozessen (HRCT), zur quantitativen CT-Wertanalyse, regionalen Dichtebestimmung und zur CT-Angiographie der pulmonalen und mediastinalen Gefäße.

Digitale Projektionsradiographie

Die digitale Aufzeichnung, Verarbeitung und Demonstration der Thoraxbilder nutzte die Videosignale des BV-TV-Systems (Haendle 1983; Gudden 1984; Busch u. Georgi 1991) oder die Speicherphosphore der Lumineszenzfolie (Sonoda et al. 1983) als Informationsträger. Die Lumi-

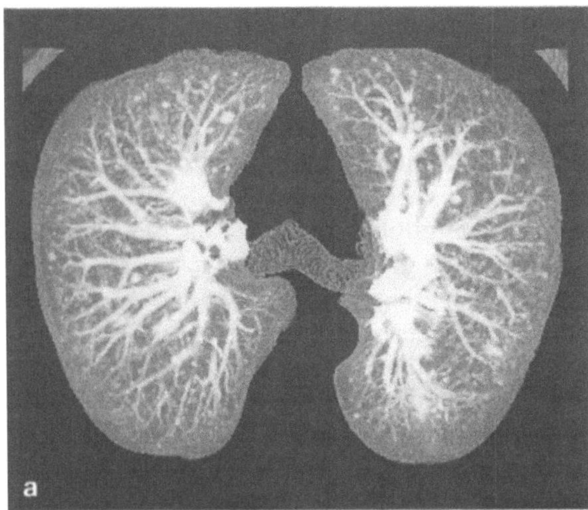

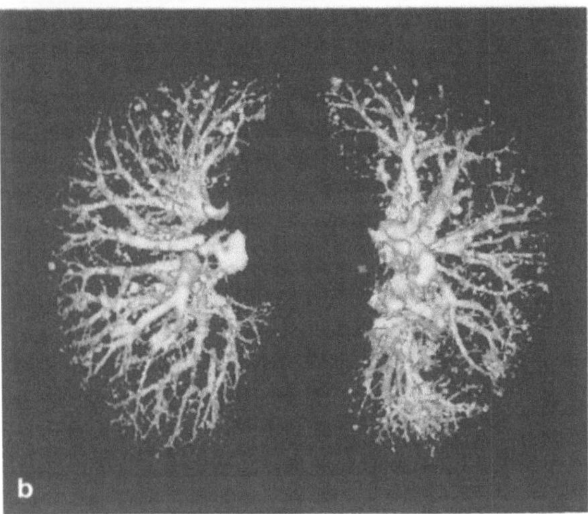

Abb. 18 a, b. Spiral-CT der Lunge. **a** In einem Lungenquerschnitt von 3 cm Höhe ist der Lungenbereich in der maximalen Intensitätsprojektion dargestellt, dabei sind die Lungengefäße und kleine, vor allem peripher gelegene Rundherde durch Metastasen zu erkennen. **b** 3D-Oberflächenrekonstruktion des 3 cm hohen Lungenabschnittes mit Darstellung der Lungengefäße und vor allem peripher gut erkennbaren kleinen Lungenmetastasen. Dorsal links Verziehung und Raffung der Lungengefäße bei alten schrumpfenden Lungenveränderungen

neszenzfolie wurde wie ein Röntgenfilm in einer üblichen Kassette belichtet. Die bisher für die Thoraxuntersuchung zur Verfügung stehende Matrix 2000×2000 setzte der Ortsauflösung Grenzen, die den Informationsgehalt bei geeigneter Verarbeitung aber kaum einschränkten. Die Lumineszenzfolie besitzt einen großen Dynamikbereich mit einer linearen Charakteristik. Durch Bildverarbeitung mit Filterung, Kantenbetonung und Grauwerttransformation konnten diagnosewichtige Details der Lunge auch in den überlagerten Bereichen hinreichend gut dargestellt werden. Bilder unterschiedlicher Verarbeitung, die dem üblichen Bildcharakter angepaßt oder hochpaßgefiltert mit Kantenbetonung waren, standen auf den Monitor oder als Hardkopy zur Beurteilung zur Verfügung. Bei der Bildverarbeitung mußte beachtet werden, daß diagnosewichtige Strukturen nicht unterdrückt wurden. Die Art der Aufzeichnung und die Bilddatennormierung schlossen Fehlbelichtungen weitgehend aus. In der Thoraxdiagnostik hat sich die Verwendung der Lumineszenzfolie vor allem an Arbeitsplätzen mit erschwerten Aufnahmebedingungen, wie z. B. auf Intensivstation und in der Notfallambulanz, bewährt.

Die Verwendung der digitalen Bildverstärkerradiographie im Thoraxbereich war wegen der Bildgröße und der begrenzten Ortsauflösung in der Regel auf Ausschnittsaufnahmen beschränkt. Die Groß-BV-Aufnahmen (57 cm) besaßen eine zu geringe Ortsauflösung.

Das digitale Computerradiogramm mit dem Fächerstrahl- bzw. Zeilendetektor, das als Übersichtsbild mit dem Computertomographen erstellt wurde, war in der Ortsauflösung nicht zufriedenstellend, lieferte aber durch Kontrastanhebungen in vielen Fällen auch im Thorax-Lungen-Bereich diagnostische Hilfen.

Weitere Verbesserungen in der Thoraxdiagnostik eröffnete das digitale Selenradiogramm (Neitzel 1992; van Heesewijk et al. 1993).

Fortschritte in der Diagnostik der Lungenerkrankungen

Die stetige Zunahme der Röntgenuntersuchungen, der Einsatz verbesserter Aufnahme- und Durchleuchtungstechniken und die weiterführenden Untersuchungsverfahren hatten die Zahl der Lungenerkrankungen, die einer röntgendiagnostichen Klärung zugänglich waren, erheblich vergrößert. Die Erscheinungsformen der Veränderungen im Thoraxbild wurden in den vergangenen Jahrzehnten eingehend analysiert und differentialdiagnostische Kriterien wurden herausgearbeitet.

Die Darstellung kleiner und kontrastschwacher Herdschatten verbesserte vor allem die Erkennung beginnender tuberkulöser Prozesse. Dabei wurden neben den Spitzenveränderungen die infraklavikulären Infiltrate (Assmann 1922; Redeker 1926) und die subprimären Initialherde (Malmros u. Hedvall 1938) als Ausgangsort der Lungenphthise erkannt (Abb. 19).

Im Gegensatz zur Primärtuberkulose der Kinder zeigte die späte Primärtuberkulose der Jugendli-

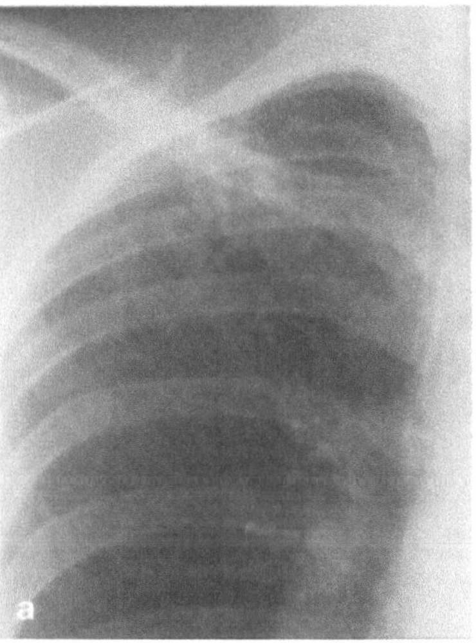

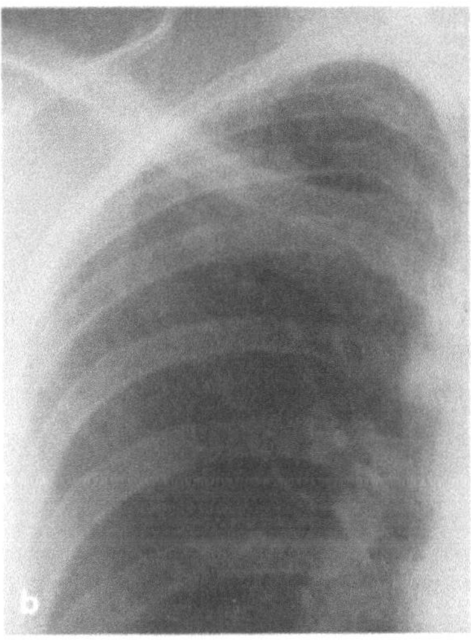

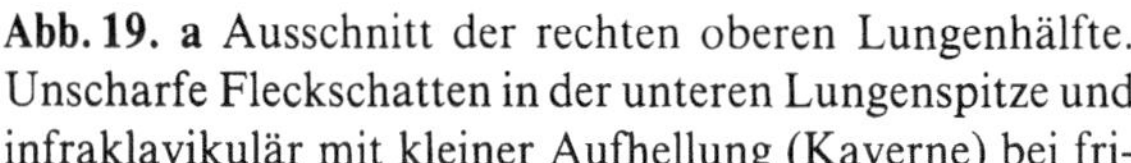

Abb. 19. a Ausschnitt der rechten oberen Lungenhälfte. Unscharfe Fleckschatten in der unteren Lungenspitze und infraklavikulär mit kleiner Aufhellung (Kaverne) bei frischer Lungentuberkulose. **b** Ausschnittsaufnahme 1 Jahr nach tuberkulostatischer Behandlung, deutliche Rückbildung mit noch mehreren derben Restherden

chen und Erwachsenen kaum vergrößerte hiläre Lymphknoten (Uehlinger (1942). Eine Differenzierung der Herdschatten in eine exsudative oder produktive Form der Tuberkulose war auch auf guten Röntgenaufnahmen kaum möglich (Ulrici 1926; Neumann 1930; Policard 1938; Morgan 1948). Die Verlaufsbeobachtungen der hämatogenen und der apikokaudalen bronchogenen Ausbreitung gaben in Verbindung mit Pleuritiden, Kavernen und Bronchustuberkulosen wichtige prognostische Hinweise.

Die Zuordnung der Lungenbefunde zu den anatomischen Lungensegmenten gewann bei pneumonischen, atelektatischen und tumorösen Prozessen diagnostische Bedeutung. Lage und Ausdehnung der Lungensegmente als bronchopulmonale Funktionseinheiten waren von Kramer u. Glass (1932), Herrnheiser (1936), Huizinga (1937), Warembourg u. Graux (1947), Esser (1949) und Cocchi (1951) beschrieben. Die Nomenklatur der Segmente und ihrer Bronchien wurde 1949 international festgelegt. Die Analyse der Röntgenbilder in 2 Ebenen, Schichtuntersuchungen und Bronchographie ermöglichten eine Segmentzuordnung von Pneumonien, Bronchialkarzinomen und Atelektasen.

Die Erscheinungsformen der anatomischen und pathologischen Strukturen im Lungenbild wurden durch makroskopische, histologische und mikrobiologische Untersuchungen sowie vergleichende Verlaufsbeobachtungen eingehend erforscht. Bei Rundherden lieferten Verkalkungen, Randkonturen und die Art der Ausläufer diagnostische Hinweise auf periphere Bronchialkarzinome, Tuberkulome, Hämatome, Lymphome, Granulome, Angiome, Neurinome, Echinokokkuszysten, Myzetome und Metastasen (Simon 1971; Newell et al. 1954; Teschendorf 1975; Rübe 1967; Perrin u. Fauré 1974; Nordenström).

Die Phänomene im Lungenbild ließen sich zu verschiedenen Mustern ordnen, und zwar abhängig davon, ob die Prozesse sich bevorzugt im Innenraum des Lobulus oder Azinus (alveoläres Muster) oder im intra- und extralobulären Interstitium (interstitielles Muster) ausbreiteten (Felson 1960, 1979; Friedman 1973; Gould u. Dalrymphe 1959; Heitzman 1973, 1984; Fraser u. Paré 1977; Anacker u. Stender 1963; Genereux 1986).

Die alveolären Muster waren gekennzeichnet durch flächenhafte oder fleckig konfluierende Verschattungen in Lappen, Segmenten und Subsegmenten oder im Lungenkern (Schmetterlingsform nach Felix 1928; Fleischner 1927; Herrnheiser 1936). Dabei schienen die Bronchuslumina luftgefüllt als Pneumobronchogramm, und zusammenhängende lufthaltige alveoloazinäre Bezirke als Pneumoalveologramm durch (Abb. 20). Bakterielle, virale und mykotische Pneumonien, Ödeme, Hämorrhagien, allergische Reaktionen, desquamative Pneumonien, Alveolarzellkarzinome und Lymphome bildeten meist das pathologische Substrat. Bei den alveolären Mustern fiel auf, daß sich das Röntgenbild auffallend schnell ändern konnte.

Das interstitielle Muster zeigte in der Regel feinherdige, streifige oder netzförmige Strukturen durch verdickte interlobuläre Septen (A-, B-, C-

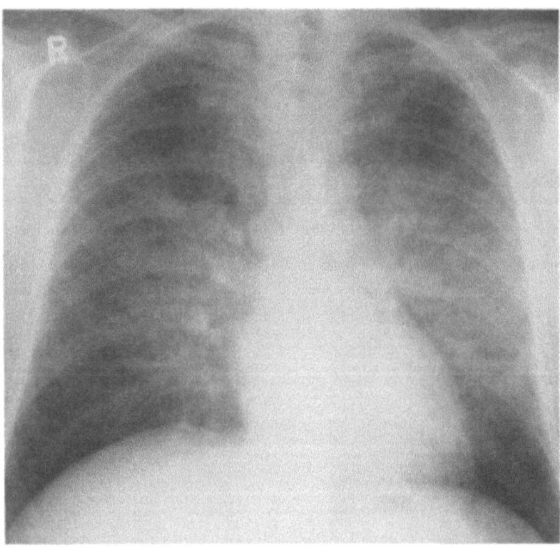

Abb. 20. Thoraxübersichtsaufnahme: Ausgedehnte alveoläre Lungenveränderungen beiderseits. Flächenhafte Verschattungen mit durchscheinenden lufthaltigen Bronchien vor allem in den mittleren Lungenpartien. Alveolare Proteinose, die die Alveolarinnenräume luminal ausfüllt

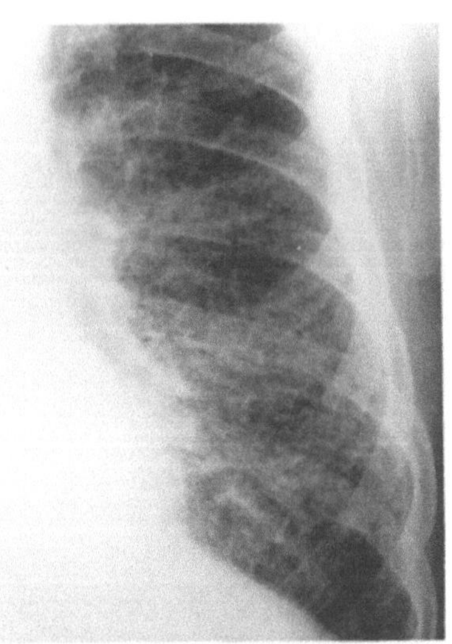

Abb. 22. Ausschnitt der linken unteren Lunge. Interstitielle Pneumonie im linken Unterlappen. Leichte diffuse Trübung, verstärkte und vermehrte interstitielle Lungenstrukturen mit verbreiterten interlobulären Septen und verdicktem perivaskulärem und peribronchialem Gewebe

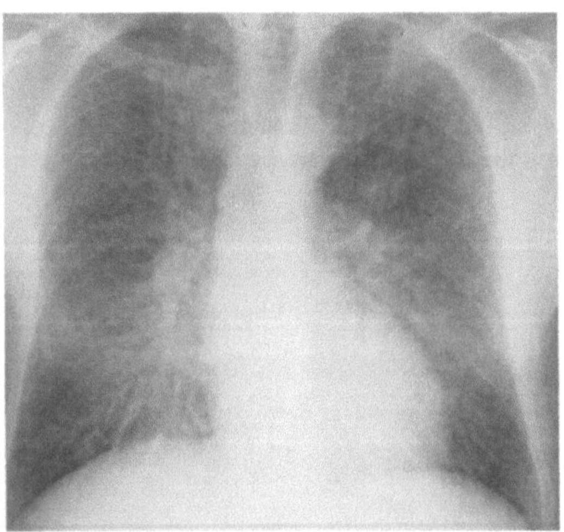

Abb. 21. Interstitielles Lungenödem bei Herzinfarkt. Diffuse Trübung beider Lungen mit linearen und grob netzartigen Verdichtungen (Kerley-Linien) und unscharfe, verbreiterte bronchovaskuläre Strukturen

Linien nach Kerley 1951) (Abb. 21). Gleichzeitig war häufig das peribronchiale, perivaskuläre und perihiläre Gewebe mit den Lymphgefäßen beteiligt. Das Röntgenbild zeigte dann unscharf begrenzte und verbreitert erscheinende Gefäßschatten, verdickte Bronchuswände und Verdichtungen perihilär (Assmann 1949; Grainger 1958; Felson 1960; Trapnell 1964). Verdickungen der Alveolarsepten und des intralobulären Interstitiums traten im Röntgenbild als feine Netzstruktur (retikulär) oder als zarte Trübung (ground glass) in Erscheinung (Friedman 1973; Genereux 1986; Mc Loud et al. 1983). Kleinere Granulome und peribronchioläre Proliferationen führten zu feinknotigen Verdichtungen. Der chronische Verlauf alveolarseptaler und interstitieller Prozesse führte zur Lungenfibrose mit derb-streifigen, großretikulären und wabigen Strukturen (honeycomb lung: Oswald und Parkinson; endstage lung: Genereux; Hamman-Rich-Syndrom; fibrosierende Alveolitis: Scadding und Hinson) (Abb. 22).

Da es bei kleinen nodulären Schatten nur schwer möglich war, zwischen feinen alveoloazinären und alveolarseptal-peribronchiolären-interstitiellen Herden zu unterscheiden, schlug Heitzman (1973) vor, ergänzend ein noduläres Muster als heuristische Hilfe einführen (Abb. 23). Aus diagnostischer und prognostischer Sicht war diesem Vorschlag zuzustimmen. Bei der diagnostischen Beurteilung der interstitiellen und nodulären Muster mußte die regionale Anordnung und Entwicklung berücksichtigt werden, da die einzelnen Erkrankungen sich räumlich und zeitlich unterschiedlich verhalten können. Die Computertomographie speziell in der hochauflösenden Technik verbesserte die Strukturanalyse, stützte zum großen Teil die Beobachtungen der Übersichtsaufnahmen, erhöhte die Zuverlässigkeit der Beurteilung und erleichterte die differentialdiagnostische Zuordnung (Müller et al. 1986; Murata et al.

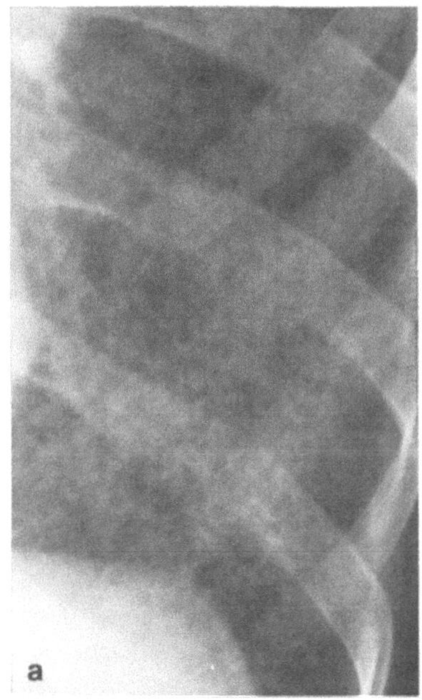

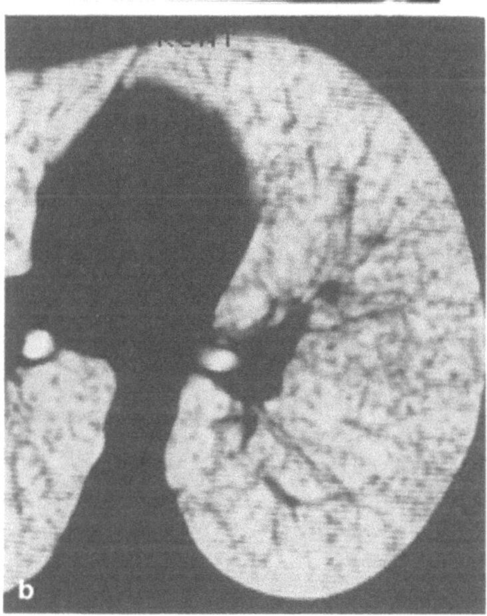

Abb. 23 a, b. Zielaufnahme des linken Unterfeldes (**a**) und Computertomogramm (**b**). Feinnoduläre Verdichtungen und retikuläre Strukturvermehrung bei Sarkoidose

1987). Im Verlauf der Lungenprozesse konnten Beteiligungen und Übergänge der alveolären und interstitiellen Phänomene beobachtet werden, wodurch die Musterzuordnung erschwert wurde. Dieses Verhalten war bei Beachtung der pathologisch-anatomischen Verläufe auch zu erwarten. Für die Bewertung der radiologischen Veränderungen im Zusammenhang mit den klinischen Befunden behält das kritisch gesehene Muster und sein Wandel aber sein Gewicht. Für die Prognose eines Lungenprozesses war die richtige Musterzuordnung von Bedeutung, da Prozesse mit vorwiegend interstitieller Ausbreitung einen in der Regel deutlich schlechteren Verlauf aufwiesen.

Disseminierte Lungenveränderungen wurden beschrieben bei Tuberkulose, Sarkoidose, Pneumokoniose, Histiozytose X, Alveolitiden, allergischer Granulomatose, Kollagenose, interstitieller Pneumonie, Zytomegalie-, Pneumocystis-carinii-Infektion, Pneumomykose, Atemnotsyndrom, toxischen und arzneibedingten Lungenreaktionen, Hämorrhagien, lymphoproliferativen Prozessen und Lungenmetastasen. Bei genauer Analyse der Eizelherde, ihrer Verteilung und der zeitlichen Form- und Größenänderungen ließen sich bevorzugte Verhaltensmuster feststellen, die eine nosologische Zuordnung erleichterten.

Die Reaktionen der Lunge auf die vielfältigen ätiologischen Faktoren und auch die Erscheinungsformen der Erkrankungen im Lungenbild sind begrenzt. Die Strukturanalyse des Röntgenbildes konnte daher einen wichtigen Beitrag zur Diagnosefindung leisten. Die Ergebnisse klinischer Beobachtungen sowie mikrobiologischer, serologischer, immunologischer, bioptischer und histologischer Untersuchungen hatten das Spektrum an Erkrankungen der Atmungsorgane in den letzten Jahrzehnten erheblich erweitert. Trotzdem blieb vor allem bei Prozessen des Interstitiums die Zahl der Erkrankungen, die ätiologisch nicht geklärt werden konnten, groß.

Die Diagnostik der Lungentumoren, insbesondere des Bronchialkarzinoms sowie der Metastasen, war durch die Computertomographie deutlich verbessert und die Stadieneinteilung zuverlässiger geworden. Dabei blieb die Beurteilung mäßig vergrößerter Lymphknoten weiter problematisch. Die Erfassung auch kleiner Lungenmetastasen und eine Beteiligung der mediastinalen Lymphknoten gewann durch die Computertomographie eine größere Sicherheit (Abb. 24).

Frühere Untersuchungen hatten festgestellt, daß die Pulmonalgefäße die Grobstruktur des Lungenbildes bestimmen. Weite, Verzweigung und Lage der Gefäße wurden durch pathophysiologische und pathologisch-anatomonische Vorgänge verändert. Die pulmonale Durchblutungsverteilung, die vom pulmonalarteriellen und pulmonalvenösen Druck, vom hydrostatischen, alveolären und interstitiellen Druck sowie vom O_2-Gehalt des Blutes abhing, führte im stehend angefertigten Lungenbild zur Engstellung der Gefäße er kranialen Lungenpartien und zur Weitstellung basal (West et al. 1964). Im Liegen glichen sich die Weiten aus. Bei Erhöhung des pulmonalvenösen Druckes (Mitralstenose, Linksherzinsuffizienz)

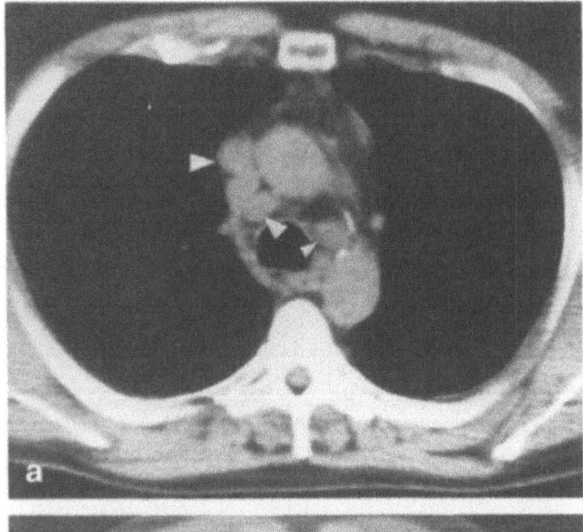

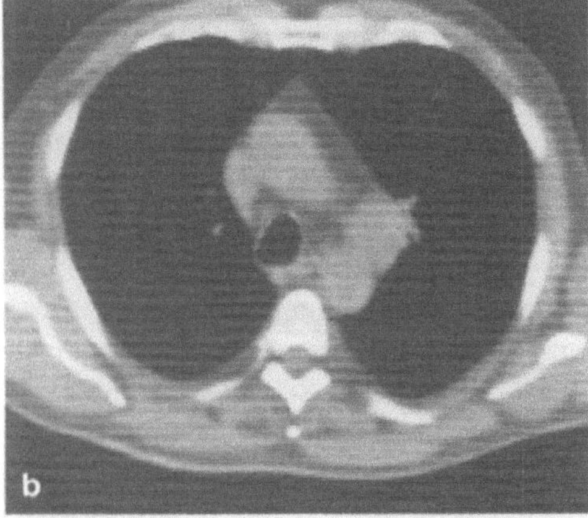

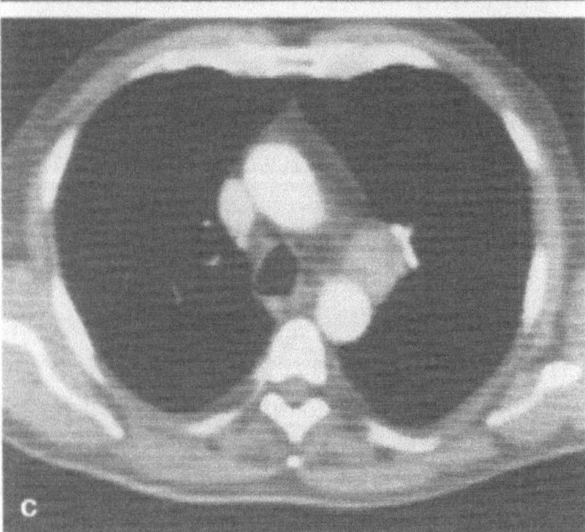

Abb. 24. a Computertomogramm des Mediastinums oberhalb der Trachealaufzweigung. Außer Aorta ascendens und descendens sowie V. cava superior und V. azygos stellen sich mehrere rundliche Verdichtungen durch vergrößerte Lymphknoten dar, die Metastasen (*Pfeile*) bei einem Bronchialkarzinom der linken Seite entsprechen. Computertomogramm vor **(b)** und nach **(c)** Kontrastmittelbolusinjektion. Vor der Aorta descendens stellt sich eine rundliche Verdichtung (Durchmesser 4 cm) dar, die sich nach KM-Gabe nicht wie die Gefäße anfärbt und durch ein in das Mediastinum eingewachsenes Bronchialkarzinom bedingt ist

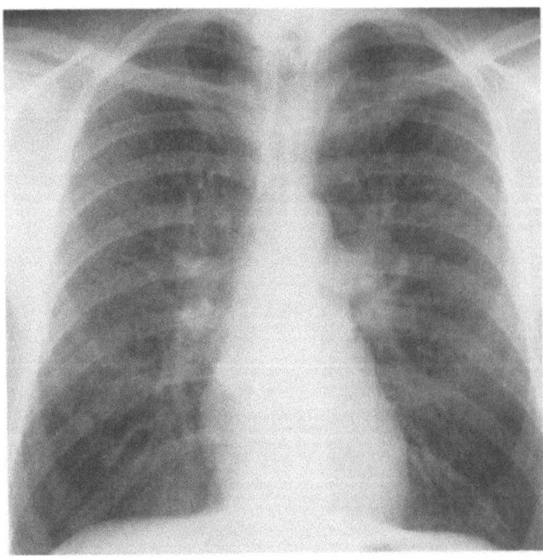

Abb. 25. Thoraxaufnahme. Engstellung der basalen Lungengefäße und Erweiterung der kranialen Äste bei Erhöhung des pulmonal-venösen und -arteriellen Druckes. Kleines mittelständiges Cor mit Betonung des linkes Vorhofes und der Ausflußbahn des rechten Herzens bei Stenose der Mitralis

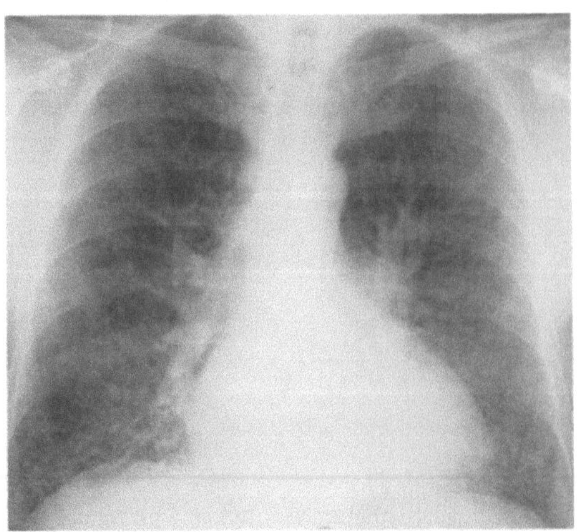

Abb. 26. Thoraxaufnahme. Basale Lungenfibrose bei Sklerodermie. Die beiden unteren Lungenhälften zeigen eine feine netzartige und wabige Strukturverdichtung und verschmälerte Gefäße. Die Lungengefäße sind infolge der kranialen Blutumverteilung in der oberen Lungenhälfte verbreitert. Das Herz ist nach links vergrößert

wurde eine Engstellung der basalen Gefäße mit kranialer Umverteilung beobachtet (Fleischner u. Sagall 1955; Lavender et al. 1962; Milne et al. 1969). Die Umverteilung der Durchblutung wurde als ein frühes Zeichen einer Druckerhöhung im linken Vorhof erkannt und klinisch gewertet (Abb. 25). Sie ging der interstitiellen Transudation in das perivaskuläre Gewebe und die intra- und interlobulären Septen bei Lungenstauung oder interstitiellem Ödem voraus. Zur kranialen Blutumverteilung führten auch basale Lungenfibrosen (Abb. 26).

Ein vermehrtes Zirkulationsvolumen der Lunge (Shuntvitien, A-V-Fistel) zeigte allgemein dilatierte Pulmonalgefäße bis in die Peripherie; ein pulmonaler Hochdruck wies demgegenüber eine periphere Engstellung und eine zentrale Arteriendilatation auf (Healey et al. 1949; Simon 1969; Dotter et al. 1949; Felix u. Banzer 1988).

Akute Lungenüberblähungen und das panlobuläre Emphysem hatten bei vergrößertem Lungenvolumen enggestellte Gefäße, die infolge regional unterschiedlicher Überblähungszonen bogige Gefäßverlagerungen aufweisen konnten. Die vaskulären Strukturen waren bei dem „increased markings emphysema" - dem zentrilobulären Emphysem - (Fraser u. Paré 1970) verstärkt, und häufig fanden sich infolge der chronischen Bronchitis auch peribronchiale Verdichtungen. Gleichzeitig bestand häufig ein Cor pulmonale chronicum.

Störungen der regulären Gefäßverteilung in der Lunge wurden durch schrumpfende Atelektasen, Fibrosen und Schwielenbildungen hervorgerufen. Angio-CT und Bronchogramme halfen bei der anatomischen Klärung.

Bei Lungenembolien konnte das Lungengefäßbild regionale Engstellungen und Ausfälle zeigen (Westermark 1938; Shapiro u. Rigler 1948). Diese Zeichen im Übersichtsbild waren aber wenig zuverlässig, so daß eine Lungenszintigraphie oder eine DSA bei entsprechender Indikation eingesetzt wurden.

Verschmälerte Gefäße eines Lungenlappens oder einer Lungenseite konten die Folge einer Minderbelüftung bei zentraler Bronchusstenose (Bronchuskarzinom) sein oder auf einer kollateralen Ventilation bei Bronchusverschluß beruhen. In dieser Situation war eine bronchoskopische Klärung notwendig.

Die exakte Beurteilung des Lungengefäßbildes trägt zur diagnostischen Klärung von Lungen- und Herzerkrankungen bei und gibt der Differentialdiagnose wichtige Anhaltspunkte.

Rückblick

Schon in den ersten Jahren nach der Entdeckung der neuen Strahlen durch W. C. Röntgen wurden die Erkrankungen der Atmungsorgane nicht mehr nur durch Perkussion und Auskultation gehört, sondern auf den Röntgenplatten oder dem Fluoreszenzschirm gesehen.

Die technische Entwicklung führte in wenigen Jahren dazu, daß im Lungenbild nicht nur größere flächenhafte Verschattungen (Pneumonie, Pleuritis, Atelektase), sondern auch kleinere Fleckschatten (z. B. Tuberkulose) sowie ausgedehnte und umschriebene Aufhellungen (Überblähungen, Emphysem, Pneumothorax, Abszeß, Kaverne) dargestellt wurden. Wegen der langen Belichtungszeiten der Thoraxaufnahmen und der dadurch bedingten Bildunschärfe setzte man zunächst die Leuchtschirmdurchleuchtung als primäres Untersuchungsverfahren ein. Die Qualität der Lungenaufnahmen wurde vor allem durch die Verkürzung der Expositionszeiten (von mehreren Minuten zu Bruchteilen einer Sekunde), empfindlichere und feinzeichnende Röntgenfilme und Verstärkungsfolien, Verminderung der Streustrahlung (Einblenden, Raster) und Vergrößerung des Fokus-Film-Abstandes verbessert. Es wurde so erreicht, daß die Gefäße als Grundstruktur mit Herz und Zwerchfell scharf abgebildet wurden.

Die Früherkennung der Lungentuberkulose und die Verfolgung ihrer Entwicklungen fanden von Anfang an besondere Beachtung. Röntgenreihenuntersuchungen mit Schirmbildeinrichtungen trugen später zur Entdeckung und Früherkennung der Lungentuberkulose entscheidend bei.

Bei Verdacht auf Erkrankungen der Atmungsorgane gehörte die Durchführung einer Röntgenuntersuchung seit den 20er Jahren zum Standardprogramm. Die Beobachtung der vielfältigen Veränderungen im Lungenbild, die Verfolgung ihres Verlaufs und die ätiologischen Klärungen durch mikrobiologische, serologische, bioptische und histologische Methoden hatten zu einer allgemeinen Röntgenphänomenologie der Lungenerkrankungen geführt.

Die Beurteilung des Lungengefäßbildes gestattete Rückschlüsse auf Änderungen der Hämodynamik und Belüftung. Die Analyse einer einzelnen lokalen oder segmentalen Veränderung, der Verteilung von Einzelherden und der ausgedehnten Dissemination gleichförmiger oder irregulärer Fleckschatten gab in Verbindung mit den ätiologischen und pathologisch-anatomischen Befunden Hinweise auf bestimmte Erkrankungen der Atmungsorgane und ihre Differentialdiagnose.

Dabei konnte der bevorzugte Befall in Form eines alveolären, interstitiellen oder nodulären Musters hilfreich sein.

Spezialuntersuchungsverfahren wie die Röntgenschichtuntersuchung, die Bronchographie und die Pulmonalisangiographie hatten die diagnostischen Möglichkeiten, speziell auch präoperativ, erweitert. Die Computertomographie vergrößerte durch die überlagerungsfreien transversalen Schichten den diagnostischen Raum und eröffnete mit der hochauflösenden Technik den Zugang zu den Feinstrukturen des Azinus und Lobulus. Die Röntgenuntersuchung des Thorax ist zum festen Bestandteil der Diagnostik der Atmungsorgane geworden. Die große Zahl der jährlich durchgeführten Untersuchungen hebt ihre Bedeutung hervor. Die Strahlenexposition bei einer Thoraxaufnahme ist im Vergleich zum Jahre 1900 auf 1/100 der geschätzten damaligen Dosis herabgesetzt. Der Nutzen der Röntgenthoraxuntersuchung übersteigt eine angenommene Schadenserwartung als Folge der Einwirkung einer kleinen Strahlendosis (nominelles Strahlenrisiko) um viele Größenordnungen.

Literatur

Abreu M de (1938) Verfahren und Apparatur zur kolektiven Röntgenphotographie (indirekte Röntgenaufnahme). Z Tuberk 80:70

Albers-Schönberg H (1903) Die Röntgentechnik. Lucas Gräfe & Sillem, Hamburg

Anacker H, Stender HS (1963) Krankheiten der Lunge. In: Haubrich R (Hrsg) Klinische Röntgendiagnostik innerer Erkrankungen, Bd 1. Springer, Berlin Göttingen Heidelberg

Arnsperger H (1909) Die Röntgenuntersuchung der Brusteingeweide und deren Ergebnisse für Physiologie und Pathologie. Leipzig

Assmann H (1914) Erfahrungen über die Röntgenuntersuchung der Lungen. Fischer, Jena

Assmann H (1922/1949) Die klinische Röntgendiagnostik der inneren Erkrankungen. Vogel, Leipzig

Bade P (1900) Über den Wert der Röntgenuntersuchung bei der Lungentuberkulose. Fortschr Röntgenstr 5:193

Béclère A (1899) Les rayons de Roentgen et le diagnostic de la tuberculose. Actualités medicales 16:1

Béclère A (1901) Les Rayons de Roentgen et la diagnostic des affections thoraciques. Baillière, Paris

Béclère A (1901) Les Rayons de Roentgen et la diagnostic des affections thoraciques. Baillière, Paris

Benedikt M (1897) Das Röntgenlicht im Dienste der inneren Medizin. Kongr Inn Medizin 307

Bouchard Ch (1896) Les raxons de Roentgen appliqués au diagnostic de la tuberculose pulmonaire. Comptesrendus, 14 decembre 1896

Bouchard Ch, Guilleminot H (1899) De l'angle d'inclination des côtes étudiée à l'aide de la radioscopie et de la radiographie, en particulier dans la pleurésie sans épauchement. Comptes rendus 1429

Braeuning H (1938) Der Beginn der Lungentuberkulose beim Erwachsenen. Thieme, Leipzig

Bronkhorst W (1939) Technik und klinische Verwertbarkeit der Planigraphie. Helv Med Acta 6:1

Busch HP, Georgi M (1991) Digitale Thoraxaufnahmen. Schnetztor, Konstanz

Caffey J (1945) Pediatric X-ray diagnosis, vol I, P249. Lloyd-Luke, London (6th edn 1973)

Camp O de la (1903) Experimentelle Studien über die akute Herzdilatation. Z Klin Med 51 1, 2

Camp O de la (1904) Was lehrt uns die radioskopische Untersuchung über die Lösungsvorgänge bei der croupösen Pneumonie? Fortschr Röntgenstr 8: 322

Carter RA (1936) Pulmonary mycotic infections. Radiology 26:551

Carvalho R (1934) A importancia da kymografia no estudo do coracao e pediculo vascular. Porto

Cauley JH (1950) Results of the Boston Chest-X-ray survey. N Engl J Med 243:631

Chaoul H (1935) Über die Tomographie und insbesondere ihre Anwendung in der Lungendiagnostik. Fortschr Röntgenstr 51:342

Chaoul H, Greineder K (1936) Lungenkarzinom und Lungenabzeß im tomographischen Bild. Fortschr Röntgenstr 53:232

Chaoul H, Stierlin E (1920) Klinische Röntgendiagnostik der Erkrankungen der Brustorgane. In: Sauerbruch F (Hrsg) Die Chirurgie der Brustorgane. Springer, Berlin

Cicero R, del Castillo H (1956) Lobar and segmental angiopneumography in pulmonary disease. Acta Radiol 45:42

Cignolini P (1934) Röntgenkymographie mit unterbrochnem Schlitz. Fortschr Röntgenstr 49:224

Cocchi U (1951) Die Lungensegmente und Segmentpneumonien. Fortschr Röntgenstr 75:57

Cole L (1910) The radiographic diagnosis and classification of early pulmonary tuberculosis. Am J Med Sci 111:29

Coltmann JW (1948) Fluoroscopy image brightening by electronic means. Radiology 51:359

Costello P, Anderson W, Blume D (1991) Pulmonary nodule: evaluation with spiral volumetric CT. Radiology 179:875–876

Cowl W (1898) Eine Methode zur Gewinnung scharfer Röntgenbilder während der Atmung. Fortschr Röntgenstr 2:169

Delherm L, Nguyen-Dink-Hoang (1937) Note sur la planigraphie pulmonaire. Bull Soc Radiol Med France 25:123

Dessauer F, Wiesner B (1916) Leitfaden des Röntgenverfahrens, 5. Aufl. Nemnich, Leipzig (1. Aufl. 1903, Vogel & Kreinbrink, Berlin)

Dietlen H (1921) Die Röntgendiagnose der Lungenerkrankungen. In: Groedel F (Hrsg) Grundriß und Atlas der Röntgendiagnostik. Lehmann, München

Döhring W (1988) Computertomographie der Lunge. In: Schinz HR (Hrsg) Radiologische Diagnostik in Klinik und Praxis, Bd 1, Teil 2. Thieme, Stuttgart, S 100

Drüner L (1932) Moderne Röntgenstereoskopie. Fortschr Röntgenstr 46:142

Engel S (1924) Erkrankungen der Respirationsorgane. In: Pfaundler, Schloßmann (Hrsg) Handbuch der Kinderheilkunde, 3:3

Engel S (1933) Der Hilus des Kindes. Ergeb Tuberkuloseforsch 5:55

Esser C (1949) Lungensegmente. Fortschr Röntgenstr 71:395

Felix R, Banzer D (1988) Zirkulationsstörungen der Lunge In: Schinz HR (Hrsg) Radiologische Diagnostik, Bd I, Teil 2, 7. Aufl. Thieme, Stuttgart

Felson B (1960) Fundamentals of chest roentgenology. Saunders, Philadelphia

Felson B (1973) Chest Roentgenology. Saunders, Philadelphia London Toronto

Felson R (1979) A new look at pattern recognition of diffuse pulmonary disease. AJR 133:183

Fleischner FG (1927) Der sichtbare Bronchialbaum, ein differentialdiagnostisches Symptom im Röntgenbild der Pneumonie. Fortschr Röntgenstr 36:319

Fleischner FG, Sagall EL (1955) Pulmonary arterial oligemia in mitral stenosis as revealed on the plain Roentgenogram. Radiology 65:857

Fomin GB (1953) Die Bedeutung der Hartstrahlenaufnahme für die Diagnostik des Lungenkrebses. Klin Med (Mosk) 31:24, Fortschr Röntgenstr 79:133

Franke H (1926) Die Messung der bei der Aufnahme wirkenden Spannung und ihr Einfluß auf das Röntgenbild. Verh Dtsch Röntgenges 17:188

Fraser RG, Paré JAP (1977) Diagnosis of diseases of the chest, 2nd edn. Saunders, Philadelphia London Toronto (1st edn 1970)

Friedman PG (1973) The concept of alveolar and interstitial disease. In: Potschen EJ (ed) Current concepts in radiology. Mosby, St. Louis

Frik W (1954) Die Ergebnisse der Erlanger Hartstrahlarbeitsgemeinschaft. Radiol Austr 8:18

Frik W (1961) Hartstrahltechnik. Thieme, Stuttgart

Fulmer JD, Crystal RG A(1979) Interstitial lung disease. Curr Pulmon 1:1

Garrigou F (1897) Radiographics du thorax. Comptes rendus, novembre 1897

Gebauer A, Muntean E, Stütz E, Vieten H (1959) Das Röntgenschichtbild. Thieme, Stuttgart

Gebauer A, Lissner J, Schott O (1974) Das Röntgenfernsehen, 2. Aufl. Thieme, Stuttgart (1 Aufl. 1965)

Genereux GP (1986) Radiologic assessment of diffuse lung disease. In: Taveras JM, Ferruci JT (eds) Radiology, diagnosis-imaging-intervention, vol 1. Lippincott, Philadelphia, p 53

Gocht H (1898) Lehrbuch der Röntgen-Untersuchung. Enke, Stuttgart

Gocht H (1903) Handbuch der Röntgenlehre, 2. Aufl. Enke, Stuttgart

Godwin ID, Webb RW (1981) Dynamic computed Tomography in the evaluation of vascular lung lesions. Radiology 138:629

Gough J (1955) Correlation of radiological and pathological changes in some diseases of the lungs. Lancet 1:161

Gould DM, Dalrymple DJ (1959) A radiological analysis of disseminated lung disease. Am J Med Sci 238:621

Grainger RG (1958) Interstitial pulmonary oedema and its radiological diagnosis. A sign of pulmonary venous and capillary hypertension. Br J Radiol 31:201

Greineder K (1941) Das Schichtbild der Lunge. Thieme, Leipzig

Groedel FM (1908) Über einige Fortschritte auf den Gebiet der Röntgenuntersuchung der Lungenspitzen. Berl Klin Wochenschr 674

Groedel FM (1909) Roentgendiagnostik in der inneren Medizin und den Grenzgebieten. Lehmann, München, S 192

Groedel FM (1921) Grundriß und Atlas der Röntgendiagnostik in der inneren Medizin und den Grenzgebieten, 3. Aufl. Lehmann, München

Großmann J (1935) Tomographie. Fortschr Röntgenstr 51:191

Grunmach (1896) Die Röntgenstrahlen im Dienst der inneren Medizin. Berl Klin Wochenschr Heft 25

Grunmach (1898) Diagnose eines Tumors mittels Röntgenstrahlen. DmW 260

Gunsett A (1937) Über die Anwendungsmöglichkeit der Planigraphie bei Erkrankungen des Kehlkopfinneren insbesondere beim Karzinom des Endolarynx.

Haendle J (1983) Digitale Radiographie. Computertomographie 3:1

Hasselwander A (1912) Über die Verschieblichkeit der Brust und Bauchorgane nach Untersuchungen im Röntgenbild. Anatomische Hefte 46:255

Hasselwander A, Brügel (1914) Anatomische Beiträge zur Frage der Lungenstruktur im Röntgenbild. Fortschr Röntgenstr 17

Hawes J (1913) Early pulmonary tuberculosis, diagnostic prognosis and treatment. Wood, New York

Healy RF, Dow JW, Sosman MC, Dexter S (1949) The relationship of the roentgenographic appearance of the pulmonary artery to pulmonary hemodynamic. Am J Roentgenol 62:777

Heitzman ER (1984) The lung, radiologic-pathologic correlations, 2nd edn. Mosby, St. Louis (1st edn 1973)

Heitzman ER (1981) Computed tomography of the thorax Current perspectives. AJR 136:2

Herrnheiser G (1936) Die Topik der Versorgungsgebiete der Lungenarterien und Bronchien erster Ordnung. Fortschr Röntgenstr 53:251

Hildebrand H (1903) Über Stereoskopie im Röntgenverfahren. In: Dessauer F, Wiesner B (Hrsg) Leitfaden des Röntgenverfahrens. Vogel & Kreienbrink, Berlin

Hofbauer L, Holzknecht G (1907) Zur Physiologie und Pathologie der Atmung. Holzknecht Mitteilungen, 2. Heft. Fischer, Jena

Holfelder H, Berner F (1938) Stand und Aussichten der Kleinbildphotographie vom Röntgenschirm. Münch Med Wochenschr 85:1818

Holzknecht G (1899) Ein neues radioskopisches Symptom bei Bronchusstenose und Methodisches. Wien Klin Rundschau 49

Holzknecht G (1901) Die röntgenologische Diagnostik der Erkrankungen der Brusteingeweide. Gräfe & Sillem, Hamburg

Holzknecht G, Kienböck (1901) Zur Technik der Röntgenaufnahmen. Wien Klin Rundschau 25

Hornykiewytsch Th, Stender HS (1953) Normale und pathologisch veränderte Lungengefäße im Schichtbild. Fortschr Röntgenstr 79:639, 704

Hornykiewytsch Th, Stender HS (1955) Das Verhalten der Lungengefäße bei angeborenen und erworbenen Herzfehlern. Fortschr Röntgenstr 83:26

Hughes RL (1981) Management of the hilar mass. Chest 79

Huizinga E, Behr E (1940) On the division of the lung segments. Acta Radiol 21:314

Huizinga E, Smelt GJ (1949) Bronchography. Stechert-Hafner, New York

Huzly A (1965) Die Bronchographie. In: Schinz HR et al. (Hrsg) Lehrbuch der Röntgendiagnostik, 6. Aufl, Bd I. Thieme, Stuttgart, S 383

Immelmann M (1899) Kann man mittels Röntgenstrahlen Lungenschwindsucht schon zu einer Zeit erkennen, in der durch die bisherigen Untersuchungsmethoden noch nicht möglich. Fortschr Röntgenstr 3:142

Jacobson G (1963) Peripheral pulmonary (wedge) arteriography: a standardized technique for the single film arteriogram. Clin Radiol 14:326

Jakobsen FO (1903) Respiratorische Verschiebung des Mediastinums, ein Symptom einseitiger Bronchusstenose. Fortschr Röntgenstr 6:242

Janker R (1938a) Leuchtschirmphotographie, Röntgenreihenuntersuchung. Barth, Leipzig

Janker R (1938b) Die Leuchtschirmphotographie. Ein Bericht über eigene zwölfjahrige Erfahrungen. Fortschr Röntgenstr 58:588

Janker R (1956) Fersehen in der Röntgendiagnostik. Röntgenblätter 9:118

Kästle C (1921) Röntgenologischer Beitrag zur Kenntnis der Tuberkulose. Münch Med Wochenschr 50

Kalender WA, Seissler W, Klotz E, Vock P (1990) Spiral volumetric CT with single-breathhold technique, continuous transport and scanner rotation. Radiology 176:181–183

Kattentidt B (1954) Die „Tuberculosis minima". Z Tuberk 105:6

Kerley P (1951) Respiratory system. In: Shanks SC, Kerley P (eds) A textbook of X-ray diagnosis. vol II. Saunders, Philadelphia

Kienböck R (1908) Über die intrathoracische Struma. Med Klin 4:488

Köhler A (1906) Zur Röntgendiagnostik der kindlichen Lungendrüsentuberkulose. Hamburg

Kovats F, Zsebök Z (1953) Röntgenanatomische Grundlagen der Lungenuntersuchung. Akadémia kiadó, Budapest

Krause P (1921a) Die Röntgendiagnose der Lungentuberkulose. In: Groedel FM (Hrsg) Grundriß und Atlas der Röntgendiagnostik, Lehmann, München

Krause P (1921b) Röntgenuntersuchung der Trachea und des oberen Mediastinums und Röntgendiagnose der Bronchialerkrankungen. In: Groedel FM (Hrsg) Grundriß und Atlas der Röntgendiagnostik in der inneren Medizin und den Grenzgebieten. Lehmann, München

Kremer W (1945) Die Deutung des Röntgenschichtbildes der Lungenobenfelder. Thieme, Leipzig

Lavender JP, Doppman J, Shawdon H, Steiner RE (1962) The pulmonary veins in left ventricular failure and mitral stenosis. Br J Radiol 35:293

Levy M (1896) Die Durchleuchtung des menschlichen Körpers zu medizinisch-diagnostischen Zwecken. Physiologische Gesellschaft zu Berlin

Levy M (1897) Über Abkürzung der Expositionszeit bei Aufnahme mit Röntgenstrahlen. Fortschr Röntgenstr 1:75

Levy-Dorn M (1897a) Verwertbarkeit der Röntgenstrahlen in der praktischen Medizin. Dtsch Med Wochenschr 119

Levy-Dorn M (1897b) Zur Kritik und Ausgestaltung des Röntgenverfahrens. Dtsch Med Wochenschr 800

Levy-Dorn M (1900) Zur Untersuchung der Brust mittels Röntgenstrahlen. Münch Med Wochenschr 481

Levy-Dorn M (1908) Röntgenuntersuchung der normalen Atmung, 4. Röntgen Kongreß 1908

Levy-Dorn M, Zadek (1899) Zur Untersuchung mit Röntgenstrahlen bei Echinokokkus. Berl Med Wochenschr 15.4.1899

Lewis L, Morgan RH (1946) The value of stereoscopy in mass radiography of the chest. Radiology 46:171

Lissner J, Hahn D (1987) Mediastinum und mediastinale Erkrankungen. In: Schinz HR (Hrsg) Radiologische Diagnostik in Klinik und Praxis, Bd I, 1. Thieme, Stuttgart, S 387

Littleton JT, Durizch ML, Callahan WP (1980) Linear vs. pluri-directional tomography of the chest: correlation radiographic anatomic study. Am J Roentgenol 134:241

Lochtkemper I (1932) Atlas der Staublungenkrankheiten. Arch Gew Pathol 3:153

Löffler W (1932) Zur Differentialdiagnose der Lungeninfiltrierungen. Beitr Klin Tbk 79:368

Löhr HH, Grill W, Scholtze H, Schölmerich R (1964) Beiträge zur Angiographie chirurgischer Lungenerkrankungen. Springer, Berlin Göttingen Heidelberg New York

Lorey A (1914a) Das Röntgenverfahren bei der Lungentuberkulose. Handbuch der Tuberkulose, Bd 1

Lorey A (1914b) Das Röntgenverfahren bei der Lungentuberkulose. In: Brauer et al. (Hrsg) Handbuch der Lungentuberkulose. Barth, Leipzig

Lorey A (1927) Die diagnostische Bedeutung der Bronchographie. Arztl Rundschau 7

MacIntyre J (1898) The application of the Röntgen rays in the medical and surgical departments of the Royal Infirmary of Glasgow. Glasgow Hosp Rep 1: 290

McDougall JB, Crawford H (1937) The use of tomograph. Tubercle 19:2

McLoud TC (1986) Chronic infiltrative lung disorders. In: Taveras JM, Ferucci JT (eds) Radiology-diagnosis-imaging-intervention, vol 1. Lippincott, Philadelphia

McLoud TC, Carrington CB, Gaensler EA (1983) Diffuse infiltrative lung disease. A new scheme for description. Radiology 149:353

Malmros H, Hedvall E (1938) Entstehung und Entwicklung der Lungentuberkulose. Tbk Bibl 68

Milne ENC (1963) Physiological interpretation of the plain radiograph in mitral stenosis - Including a review of criteria for the radiological estimation of pulmonary and venous pressures. Br J Radiol 36: 902

Morales O, Heiwinkel H (1948) A viscous water-soluble contrast preparation. Acta Radiol 30:257

Morgan RH (1947) Roentgen tube potentials in diagnostic roentgenology. Am J Roentgenol 58:211

Morgan RH (1948) The roentgenologic diagnosis of tuberculosis. Bull Johns Hopkins Hosp 82:411

Mueller NL, Miller RR, Webb WR et al. (1986) Fibrosing alveolitis: CT-pathologic correlation. Radiology 160:584

Munk F (1914) Grundriß der gesammten Röntgendiagnostik innerer Krankheiten. Thieme, Leipzig

Muntean E (1959) Kehlkopf.In: Gebauer A et al. (Hrsg) Das Röntgenschichtbild. Thieme, Stuttgart

Murata K, Itoh H, Todo G et al. (1986) Centrilobular lesions of the lung: demonstration by high-resolution CT and pathologic correlation. Radiology 161: 641

Nadel JA, Wolfe WG et al. (1970) Powdered tantalum. A new contrast medium for roentgenographic examination of human airways. N Engl J Med 283:281

Naidich DP, Zerhouni EA, Siegelman SS (1991) Computed Tomography and Magnetic resonance of the Thorax, 2nd edn. Raven, New York

Neitzel U (1992) Selen - Ein neuer Bildaufnehmer für die digitale Thoraxradiographie. Kontraste 2:12

Neumann W (1930) Die Klinik der Lungentuberkulose Erwachsener. Springer, Wien

Newell RR, Chamberlain WE, Rigler L (1954) Descriptive classification of pulmonary shadows. Am Rev Tuberc 69:566

Noix M (1962) La television radiologique, la problemes physiques, physiologiques, pathologiques. Doin, Paris

Nordenström B, Carlens E (1965) Bronchial biopsy in connection with bronchography. Acta Radiol 3:37

Otten M (1906) Zur Röntgendiagnostik der primären Lungenkarzinome. Fortschr Röntgenstr 9:369

Otten M (1910) Die Rontgendiagnose der Lungengeschwülste. Fortschr Röntgenstr 15

Oudin P, Barthélemy (1896) Applications de la méthode de Roentgen aux sciences medicales. La France Medicale 11 + 18 decembre 1896

Perrin LF, Fauré U (1974) Le poumon. In: Buffard P, Eauré U, Bochu M (eds) Radiologie clinique II. Flammarion, Paris

Pfahler J (1905) The X-rays in the diagnosis of pulmonary tuberculosis. Proc Phil Co Med Soc 26:249

Pfahler J (1907) The Roentgen ray in medical diagnosis. In: Anders H (ed) Physical diagnosis with case examples of the inductive methods. Appleton New York

Policard A (1938) Le Poumon. Masson, Paris

Prokop M, Schaefer CM, Galanski M, Nischelsky JE, Reimer P, Leppert A (1992) 3D imaging with spiral CT: experimental evaluation of object distortion. Radiology 185 (P):127

Redeker F, Walter O (1929) Entstehung und Entwicklung der Lungenschwindsucht des Erwachsenen. Kabitzsch, Leipzig

Rieder H (1902) Die Untersuchung der Brustorgane mit Röntgenstrahlen in verschiedenen Durchleuchtungsrichtungen. Fortschr Röntgenstr 6:115

Rieder H (1903) Zur Diagnose der chronischen Lungentuberkulose durch das radiologische Verfahren. Fortschr Röntgenstr 7:1

Rieder H (1913) Die Röntgenuntersuchung der Lungen und Bronchien. In: Rieder H, Rosenthal J (Hrsg) Lehrbuch der Röntgenkunde. Barth, Leipzig

Rieder H, Rosenthal (1899) Momentaufnahmen des Thorax mit Röntgenstrahlen. Münch Med Wochenschr 1048

Rienzo S di, Weber HH (1960) Radiologische Exploration des Bronchus. Thieme, Stuttgart

Rübe W (1967) Der Lungenrundherd. Thieme, Stuttgart

Schinz HR, Baensch W, Friedl E (1975) Lehrbuch der Röntgendiagnostik, 6. Aufl. Thieme, Stuttgart (1. Aufl. 1928)

Sicard JA, Forestier J (1922) Méthode générale d'exploration radiologique par l'huile jodée (Lipiodol). Bull Soc Med Hôp 38:463

Simon G (1971) Principles of chest X-ray diagnosis, 3rd edn. Butterworths, London (1st edn 1956)

Sonoda M, Takano M, Miyahara J, Kato H (1983) Computed radiography utilizing scanning laser stimulated luminescence. Radiology 148:833

Spiegler G (1957) Physikalische Grundlagen der Röntgendiagnostik. Thieme, Stuttgart

Stauffer H, Oppenheimer MJ et al. (1955) Practical image amplifier technics, fluoroscopy, cinefluoroscopy, spot-film radiography and use with closed circuit television. Radiology 65:784

Stender HS, Schermuly W (1961) Das interstitielle Lungenödem im Röntgenbild. Fortschr Röntgenstr 95:461

Stieve FE (1967) Bevorzugte Darstellung einzelner Körperschichten. In: Diethelm L, Olsson O, Struac F, Vieten H, Zuppinger A (Hrsg) Handbuch der medizinischen Radiologie, Bd III. Springer, Berlin Heidelberg New York

Stürtz (1907) Die lymphangitische Entstehung der Lungenspitzentuberkulose von den Hilusdrüsen aus. 4. Ver. der Tuberkulose-Ärzte, Berlin 1907

Stutz E (1949/50) Bronchographische Beiträge zur normalen und pathologischen Physiologie der Lungen. Fortschr Röntgenstr 72:129, 309, 447

Stutz E, Vieten H (1955) Die Bronchographie. Thieme, Stuttgart

Teschendorf W (1975) Lehrbuch der röntgenologischen Differentialdiagnostik (Erkrankungen der Brustorgane), 5. Aufl. Thieme, Leipzig (1. Aufl. 1939, 2. Aufl. 1950)

Trapnell DH (1964) Radiological appearance of lymphangitis carcinomatosa of the lung. Thorax 19:251

Tuffier P (1899) De la difficulté de localiser les lésions pulmonaires par les signes stéthoscopiques. Société médicale des hôpitaux 27. 1. 1899

Uehlinger E (1942) Die tuberkulöse Spätestinfektion und ihre Frühevolution. Schweiz Med Wochenschr 701

Uehlinger E, Schoch G (1957) Zur Diagnose und Differentialdiagnose der Lungengerüsterkrankungen. In: Schinz HR et al. (Hrsg) Röntgendiagnostik. Ergebnisse 1952–56. Thieme, Stuttgart, S 307

Ulrici H (1926) Die Formen der Lungentuberkulose. Klin Wochenschr 969

Vallebona A (1937) La stratigraphie pulmonaire. J Radiol 211

Van Heesewijk IP, Valvis IC de et al. (1993) Thoravision – Das digitale Röntgensystem für den Thorax. Kontraste 4:2

Viamonte M Jr. (1964) Selective bronchial arteriography in man. Radiology 83:830

Vieten H (1949/50) Die gezielte Bronchographie mit wasserlöslichen Kontrastmitteln. Fortschr Röntgenstr 72:270

Walsh D (1897) The Roentgen rays in medical work. Ballière, Tindall & Cox

Walsham H (1901) On the diagnosis of pleural effusion – the Roentgen rays. Br Med J II:8

Walsham H, Orton G (1906) The Roentgen rays in the diagnosis of diseases of the chest. Lewis, London

Warembourg H, Graux P (1947) Pathologie des Zones pulmonaires. Masson, Paris

Wassermann (1897) Zur Diagose innerer Krankheiten mittels Röntgenstrahlen. Wien Klin Wochenschr 4

Webb WR, Glazer G, Gamsu G (1981a) Computed tomography of the normal pulmonary hilum. J Comput Assist Tomogr 5:476

Webb WR, Gamsu G, Glazer G (1981b) Computed tomography of the abnormal pulmonary hilum. J Comput Assist Tomogr 5:485

Wegener O, Koeppe P, Oeser H (1978) Measurement of lung density by computed tomography. J Comput Assist Tomogr 2:263

West JB, Dollery CT, Naimark A (1964) Distribution of blood flow in isolated lung; relation to vascular and alveolar pressures. J Appl Physiol 19:713

Westermark N (1938) On the roentgen diagnosis of lung embolism. Acta Radiol (Stockholm) 19:357

Williams FH (1897) The Roentgen rays in thoracic diseases. Am J Med Sci 114:665

Williams FH (1899) Frühdiagnose der Lungentuberkulose mittels Röntgenstrahlen. Boston Med Surg J 140. Ref. D.m.W. 1899, 27, 175

Williams FH (1901) The Roentgen rays in medicine and surgery. MacMillan, London

Zdansky E (1924) Beiträge zur Kenntnis der kardialen Lungenstauung auf Grund röntgenologischer, klinischer und anatomischer Untersuchungen. Wien Arch Inn Med 18:461

Zdansky E (1962) Röntgendiagnostik des Herzens und der großen Gefäße 3. Aufl. Springer, Wien (1. Aufl. 1939, 2. Aufl. 1949)

Ziedses des Plantes BG (1932) Eine neue Methode zur Differenzierung in der Röntgendiagnostik (Planigraphie). Acta Radiol 13:182

Verdauungsorgane

Wolfgang Frik (†) und Manfred Persigehl

Bereits 3 Monate nach der historischen Veröffentlichung der Entdeckung der bisher unbekannten, besonderen Strahlen durch W. C. Röntgen wird der erste Einsatz dieser neuen Technik zur Untersuchung des Magen-Darm-Traktes beschrieben. Mit seiner kurzen Publikation über die Anwendung von Bleiacetat zur Darstellung von Eingeweiden bei toten Meerschweinchen ruft Becher (1896) die gastrointestinale Röntgendiagnostik ins Leben. Er fordert in seinem Beitrag, daß das Kontrastmittel sehr schattengebend und nicht toxisch sei. Außerdem schlägt er den Gebrauch von Luft zur Untersuchung des Magens vor und rät, nach Lösungen zu suchen, die eine ungefährliche Beurteilung des Magens erlauben.

Noch im selben Jahr berichtet Cannon über die ersten röntgenologische Demonstration eines Schluckaktes mit Wismutsubnitrat. Er beobachtet zunächst die Passage von Perlknöpfen durch den Ösophagus von Hunden und später auch bei Hühnern, Gänsen und anderen Tieren. Diese Untersuchungen wurden mit Kapseln aus Wismutsubnitrat durchgeführt, und 1897 mischte er das Wismut mit Futter und konnte so die Bewegungen des Ösophagus und Magens bei Katzen beobachten. Fast zur selben Zeit machten Roux u. Balthazard (1898) Experimente mit einer Mischung von Wismut und Wasser zur Untersuchung von Ösophagus und Magen bei Fröschen, Hunden und Menschen. Die erste Beschreibung eines pathologischen Zustandes in Form einer Dilatation des Ösophagus durch Obstruktion geht dann auf Rumpel (1897) zurück, der eine 5%ige Suspension von Wismutsubnitrat benutzte. Damit waren die Grundsteine für den Einsatz der Röntgenstrahlen bei der Diagnostik des Magen-Darm-Traktes gelegt, und es folgte eine stürmische Entwicklung dieses diagnostischen Verfahrens, das erstmals Aussagen über Form, Größe und Zustand dieses Hohlorgans am lebenden Menschen ermöglichte (Abb. 1).

Die Frühphase dieser Untersuchungstechnik war jedoch vielfach gekennzeichnet von Enttäuschungen über die diagnostischen Aussagemöglichkeiten. Dank des Einsatzes und des Forschergeistes von wenigen Wissenschaftlern konnten dennoch schon früh wesentliche Erkrankungen des Magen-Darm-Traktes richtig beschrieben und entscheidende Verbesserungen bei der erforderlichen Therapie erzielt werden. Dabei stellte sich als besonderer Vorteil heraus, daß der Therapieerfolg wiederum leicht mit der Röntgenuntersuchung überprüft werden konnte. In Europa ist diese Zeit mit den Namen Rumpel, Rieder, Haudek, Holzknecht, Haenisch, Schwarz oder Groedel verbunden; im amerikanischen Schrifttum haben sich Cannon, Cole, Carman, Case oder Hickey besondere Verdienste auf diesem Sektor erworben.

Neben den apparativ-technischen Fortschritten lassen sich zwei wissenschaftliche Schwerpunkte in der röntgenologischen Magen-Darm-Diagnostik unterscheiden: einmal die Bedeutung der Röntgenstrahlen für die funktionelle Diagnostik und zweitens die Beurteilung der morphologischen Aussagemöglichkeiten einer Röntgenuntersuchung.

Die funktionelle Diagnostik beschäftigt sich mit dem Nachweis etwaiger Störungen von Tonus und Motilität, Flüssigkeitssekretion, Flüssigkeitstransport und z. T. auch der Resorption, und versucht, physiologische Fragen zu beantworten. Unter den morphologischen Aussagemöglichkeiten sind 3 Schritte zu berücksichtigen: die Entdeckung einer Läsion, die makroskopische Beurteilung und die Zuordnung zum pathologischen Substrat.

Im historischen Verlauf der gastrointestinalen Diagnostik hat die Bedeutung der funktionellen gegenüber der morphologischen Diagnostik immer stärker abgenommen.

Da für die einzelnen Organabschnitte des Magen-Darm-Traktes die funktionellen und morphologischen Möglichkeiten der Röntgendiagnostik unterschiedliche Bedeutung haben, sollen sie abschnittsweise dargestellt werden.

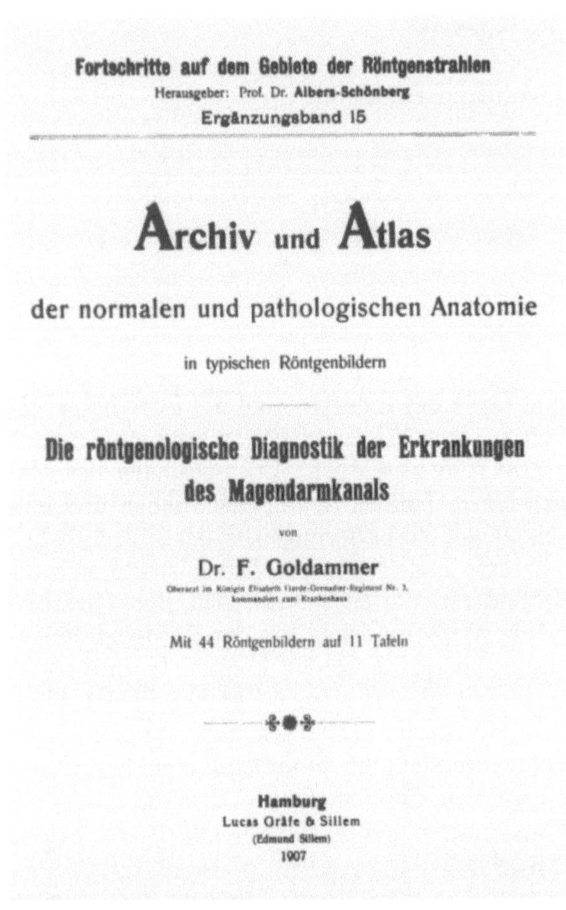

Fortschritte auf dem Gebiete der Röntgenstrahlen
Herausgeber: Prof. Dr. Albers-Schönberg
Ergänzungsband 15

Archiv und Atlas

der normalen und pathologischen Anatomie

in typischen Röntgenbildern

Die röntgenologische Diagnostik der Erkrankungen des Magendarmkanals

von

Dr. F. Goldammer

[illegible]

Mit 44 Röntgenbildern auf 11 Tafeln

Hamburg
Lucas Gräfe & Sillem
(Edmund Sillem)
1907

a

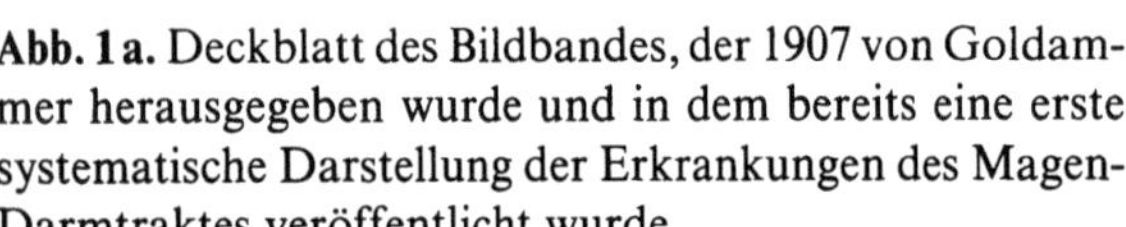

Abb. 1 a. Deckblatt des Bildbandes, der 1907 von Goldammer herausgegeben wurde und in dem bereits eine erste systematische Darstellung der Erkrankungen des Magen-Darmtraktes veröffentlicht wurde

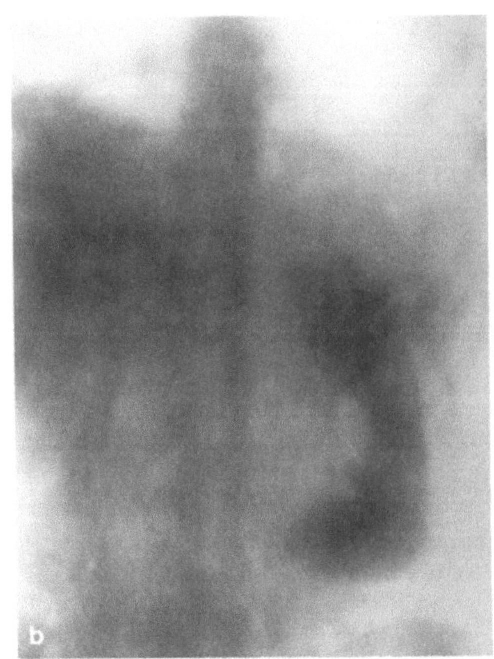

Abb. 1 b. Frühe Darstellung eines Magenkarzinoms auf der kleinen Kurvaturseite nach Verabreichung einer frisch zubereiteten Wismutmahlzeit. Der röntgenologische Befund lautete: „Sehr weit links und vollkommen senkrecht stehender, ptotischer Magen, dessen Bild an der kleinen Kurvatur einen großen, unregelmäßigen Defekt zeigt. Breite Grenze des Magenschattens nach dem Pylorus und Fehlen jeglicher Hubhöhe trotz des deutlichen Tiefstandes. Diagnose: Karzinom des Pylorus und der kleinen Kurvatur. Die Operation ergab ein überfaustgroßes Karzinom, vom Pylorus ausgehend"

Hypopharynx und Ösophagus

Die Beobachtung des Schluckaktes sowie der Passage von kontrasthaltigen Substanzen durch den Gastrointstinaltrakt waren Ziele der ersten Untersuchungen auf dem Gebiete der gastrointestinalen Radiologie. So verwundert es nicht, daß sowohl in Europa als auch in den Vereinigten Staaten schnell ein großes Interesse entstand, mit dieser neuen Methode die Physiologie des Verdauungstraktes zu untersuchen. Bereits 1899 wurde so, selbst bei Kindern, von Williams und Cannon die Passage von Wismut, das mit Brot und Milch gemischt war, durch den gesamten Verdauungstrakt verfolgt.

Schon in den ersten Tagen der Röntgenologie gab es Bemühungen, Bewegungsabläufe, die unter Durchleuchtung zu sehen waren, zu dokumentieren. Lusted hat 1956 die Entwicklungen der direkten und indirekten Cineradiographie der ersten 60 Jahre zusammengestellt. Die Cineradiographie, die eine relativ hohe Strahlendosis benötigt, wurde abgelöst durch Aufnahmesysteme vom Bildverstärkerausgang, entweder in Form der Kinematographie, der Serienaufnahmen in Mittelformattechnik und insbesondere der Bandspeichertechnik. Die Darstellung von Bewegungsabläufen mittels Kymographie (Stumpf et al. 1936) oder Polygraphie (Levy-Dorn u. Silberberg 1912) hat sich nicht durchsetzen können. Als neue digitale Techniken werden die digitale Subtraktion oder die Cinecomputertomographie für die Untersuchungen des Schluckaktes empfohlen.

Eine detaillierte Beschreibung des Schluckaktes und der beteiligten Muskelgruppen findet sich bei Donner u. Siegel (1965). Die radiologisch faßbaren Erkrankungen und Störungen des Schluckaktes sind in dem Lehrbuch *Radiologische Diagnostik in Klinik und Praxis* (Schinz) von Frik u.

Persigehl (1990) zusammengefaßt. Daraus wird sichtbar, daß die röntgenologische Untersuchung eine detaillierte Beschreibung aller wichtigen Erkrankungen, die eine Störung des Schluckaktes verursachen, ermöglicht und in den meisten Fällen auch eine differentialdiagnostische Wertung erlaubt.

Neben dem Schluckakt interessiert in der funktionellen Röntgendiagnostik besonders der ösophagogastrische Übergang. Trotz intensiver Untersuchungen sind die Mechanismen der normalen Funktion der Entleerung des Speisebreis aus der Speiseröhre in den Magen und ggf. der gastroösophageale Rückfluß noch nicht vollends geklärt. Bereits 1904 wurde die verzögerte Entleerung aus dem Ösophagus durch von Mikulicz, vermutlich unter falschen pathophysiologischen Vorstellungen als „Kardiospasmus" beschrieben. Seit Hurst (1914) ist bekannt, daß diese Störung nicht dem Spasmus der Kardia, sondern dem fehlenden Öffnungsreflex zugeschrieben werden muß. Auf die fehlende Funktionstüchtigkeit des ösophagogastrischen Übergangs in den ersten Lebenswochen wird 1947 erstmals von Neuhauser u. Berenberg hingewiesen. Bis 1960 wurde für die Funktionstüchtigkeit des gastroösophagealen Übergangs sowohl hinsichtlich des Durchtritts von Speisebrei als auch des Refluxes vornehmlich die Form des sog. His-Winkels angesehen. Seit dieser Zeit sind die Bewegungsabläufe von einer Vielzahl von Anatomen, Physiologen, Internisten, Chirurgen und Röntgenologen weiter geklärt worden, wobei sich Zusammenfassungen dieser Ergebnisse mit röntgenologischen Untersuchungstechniken bei Rosetti (1966), Dodds (1977) oder Hüpscher (1988) finden. Auf Brombart (1980) geht eine Einteilung der Achalasie in 3 verschiedene Stadien zurück. Der Mechanismus der Entstehung der Hiatushernien und ihre verschiedenen Formen sind insbesondere von Schatzki (1932) detailliert bearbeitet worden.

Bereits in den ersten Jahren nach Einführung der gastrointestinellen Röntgendiagnostik konnten die meisten pathologischen Läsionen ausreichend erkannt und beschrieben werden. Holzknecht (1900), auf den die Durchleuchtungstechnik des Ösophagus im rechten vorderen Schrägdurchmesser zurückgeht, beschrieb die ersten Resultate nach Zufuhr von Wismut bei 22 Ösophagusstenosen. Weiteren Aufschwung nahm die Röntgendiagnostik des Magen-Darm-Traktes nach Einführung von Bariumsulfat durchBachem u. Günther (1910) anstelle des nicht ungefährlichen und zudem teueren Wismuts, das in verschiedenen chemischen Verbindungen eingesetzt wurde. Bariumsulfat ist auch heute noch Mittel der Wahl, obwohl eine Vielzahl von Modifikationen der Aufbereitung und Applikation dieses Kontrastmittels im Laufe der Jahre beschrieben wurde. Eine Zusammenstellung der verschiedenen Modifikationen der Bariumaufbereitung findet sich bei Wenz (1969). Die Einführung von Zielaufnahmen zur Dokumentation wichtiger Durchleuchtungsbefunde ergänzte seit Berg (1923) die röntgenologische Untersuchungstechnik der Speiseröhre. Anfang der 50er Jahre wurde die bis dahin weitgehend standardisierte und kaum veränderte Untersuchungstechnik der Speiseröhre durch die Einführung und Anwendung des Bildverstärkers vielfach modifiziert. Obwohl auch vor diesem Zeitpunkt schon Beschreibungen der meisten grobpathologischen Veränderungen der Speiseröhre vorlagen, gelangen nun auch Beobachtungen kleinerer und oberflächlich gelegener Läsionen. Der Umfang der radiologischen Aussagemöglichkeiten konnte schließlich so verbessert werden, daß selbst der Nachweis von Frühkarzinomen gelang (Nabey 1970).

Mit der röntgenologischen Beobachtung des Schluckaktes wurden auch früh die Strukturen des Hypopharynx und der Halsweichteile miterfaßt. Auf Coutard (1922) geht eine erste Beschreibung des normalen und veränderten Larynx zurück, die von Hickey 1928 vervollständigt wurde. Fabrikant et al. (1962) haben zur besseren Erkennbarkeit von tumorösen Läsionen eine Kontrastlaryngographie empfohlen. Auch bei der Beschreibung postoperativer Zustände sowie der Erkennung von Behandlungsfolgen, z. B., in Form eines Soorbefalls der Speiseröhre nach Zytostase oder nach Antibiotikatherapie, leistet die Röntgendiagnostik entscheidende Beiträge (Weiss u. Epstein 1962).Nur röntgenologisch sind verbindliche Aussagen zur Funktionstüchtigkeit, Durchgängigkeit oder zu krankhaften Veränderungen an Anastomosen oder Interponaten möglich.

Magen und Duodenum

Im Vordergrund der ersten röntgenologischen Magenuntersuchungen von Cannon (1897) oder Roux u.Balthazard (1897) standen Beobachtungen des Bewegungs- und Entleerungsmechanismus. Von Kaufmann u. Holzknecht (1906), Schwarz (1911) und Groedel (1912) wird schon bald ein besonderer motorischer Mechanismus im Pylorus gefordert, der für die Entleerung verantwortlich ist. Aufbauend auf den morphologischen Untersuchungen über eine spezielle Muskelstruktur des Canalis pyloricus durch Torgerson (1942) haben sich vor allem Keet (1957) Věšin (1960), Williams (1962) und Persigehl (1980) bemüht, die Sonderstellung der Motorik dieses Abschnitts zu beweisen.

Neben den motorischen Phänomenen interessierte früh auch die Frage, welche Faktoren Einflüsse auf den Magentonus ausüben (Stiller 1907; Hesse 1911; Groedel u. Seyberth 1912). Zusammengefaßt wurden diese Beobachtungen von Weltz (1940) in seiner grundlegenden Arbeit über die röntgenologische Magenphysiologie.

Zur Analyse der motorischen Vorgänge wurde eine Vielzahl unterschiedlicher Untersuchungstechniken angewandt (Abb. 2). Die einfachste und älteste Methode war die Seriographie von Bachem u. Günther (1910); Levy-Dorn u. Silberberg (1912) untersuchten den Mechanismus der Magenentleerung mittels Polygraphie, während Rieder et al. (1909) die Methode der Radiokinematographie als Untersuchungsmethode empfahl. Von Cole (1914) wurde die Radiokinematographie ergänzt durch ein Pneumoperitoneum, wodurch er glaubte, die Magenbewegungen besser erfassen zu können. Stumpf (1936) versuchte, die Eigenschaften und Charakteristiken der Magenkontraktionen mittels Radiokymographie zu erklären. Erst die Entwicklung und Ausnutzung der Röntgenbildverstärker (Janker 1953) hat zur weiteren Funktionsanalyse entscheidend beigetragen.

Ergänzend zu den unterschiedlichen Untersuchungstechniken wurde zur Klärung physiologischer Vorgänge eine Vielzahl pharmakokinetischer Untersuchungen unter Einsatz diverser Stoffe wie Parasympathikomimetika, Parasympathikolytika, Cholinergika, Spasmolytika oder hormonähnliche Substanzen verwendet.

Eine wesentliche Verbesserung der Sichtbarkeit von morphologischen Veränderungen am Magen konnte durch Rieder 1904 (Abb. 3) erzielt werden, der große Mengen Wismutsubnitrat mit einem dicken Brei mischte. In dieser Zeit propagierten Holzknecht und Groedel die gezielte Palpation des kontrastmittelgefüllten Magens; allerdings wurde bereits früh auf die Strahlengefährdung der palpierenden Hand des Untersuchers hinge-

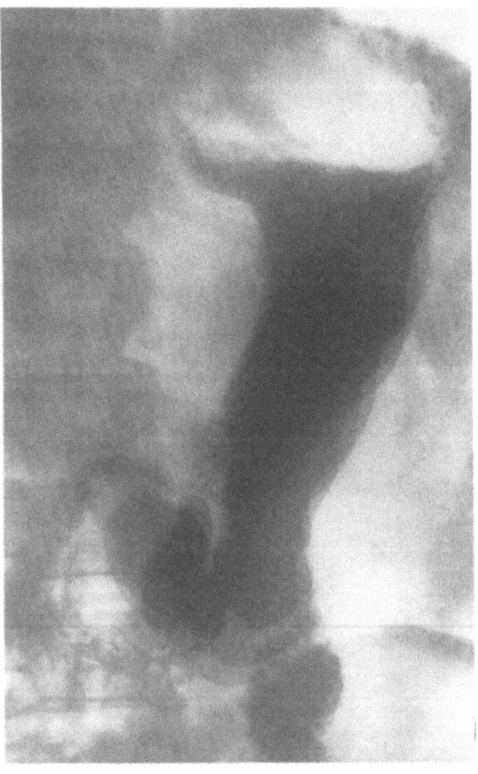

Abb. 2. Beispiel einer Polygraphie zur Beobachtung der Peristaltik des Magens. Die Veröffentlichung stammt von Věšin (1969). Die Aufnahmen wurden 10 min nach Verabreichung von Kontrastmittel angefertigt, Aufnahmeabstand 5 s. Der Autor beschreibt, daß die Peristaltik hoch an der Fornixgrenze einsetzt. Es sind 5 Wellen gleichzeitig abgebildet. Wellencharakteristik: Frequenz 4 Wellen pro Minute, Periodendauer: 15 s. Wanderungsgeschwindigkeit: 24 cm/min. Wellenlänge: 6 cm. Wellenamplitude: Magenkorpus: kleine Kurvatur 1 mm, große Kurvatur 10 mm. Magensinus: kleine Kurvatur 10 mm, große Kurvatur 10 mm. Antrum: kleine Kurvatur 15 mm, große Kurvatur 20 mm

Abb. 3. Portät von H. Rieder, der durch seine nach ihm benannte Breimahlzeit die Diagnostik des Magen-Darm-Traktes wesentlich gefördert hat, da dieses Kontrastmittel zu einer deutlichen Verbesserung der Sichtbarkeit von morphologischen Veränderungen führte

wiesen. So empfahl Carman 1910 den Gebrauch von Bleihandschuhen.
Zur besseren Darstellbarkeit der Magenfalten setzten Holzknecht u. Brauner (1906) eine verdünnte Wismutmixtur ein und sie erzielten einen Doppelkontrasteffekt dadurch, daß sie die Patienten aufforderten, eine Mischung aus Weinsäure und Natriumbikarbonat zur Erzeugung von Gas (CO_2) zu schlucken. In der Zeit von 1910–1915 folgen die meisten Beschreibungen von pathomorphologischen Veränderungen, die auch noch heute Bestand haben. So konnte Haudek (1910) als erster den charakteristischen Ulkuskrater und die Penetration eines Ulkus in Nachbarorgane beschreiben. Holzknecht (1906) oder Pfahler (1910) legten Berichte über die tumorbedingte Wandunregelmäßigkeit vor, und Cole (1914) beobachtete den konstanten Konturdefekt im Bulbus duodeni als Hinweis auf ein Ulcus duodeni.
Einen weiteren wichtigen Fortschritt erfuhr die gastrointestinale Röntgendiagnostik durch die Einführung der leistungsfähigeren Röntgenröhre durch Coolidge (zitiert nach Stevenson 1956). In den Jahren bis 1920 sind die Namen Case und Hickey noch besonders hervorzuheben. Beide haben durch ihre exzellenten klinischen bzw. pathologischen Kenntnisse präzise Beschreibungen ihrer radiologischen Beobachtungen vorlegen können, die aufgrund der jeweils vorgenommenen Korrelation zur Klinik bzw. Pathomorphologie als radiologische Standardbefunde lange Zeit Geltung hatten.
Die Reliefdiagnostik wurde anfangs nur zögernd angegangen. Arbeiten von Eisler u. Lenk (1921), die eine Radiärkonvergenz beim abheilenden Magengeschwür nachwiesen, Untersuchungen von Freud (1917), der die Diagnostik des Duodenalulkus durch die Beschreibung der röhrenförmigen Einengung im Narbenstadium bereicherte, sowie die Detailbeobachtungen des Verlaufs und der Heilungs- und Schrumpfungsvorgänge beim Ulcus ventriculi und duodeni durch Cole (1914), Case (1916), Carman (zitiert nach Stevenson 1956) oder Rendich (1923) sind Marksteine auf diesem Weg. Einen breiteren Eingang in die klinische Radiologie fand die Reliefdiagnostik erst Anfang der 20er Jahre. Es war die erfolgreiche Entwicklung und Verbreitung der Bulbusdiagnostik durch Åkerlund (1921), an die Berg angeknüpft hat. Aufbauend auf erste systemische Untersuchungen über das Innenrelief beim Ulcus duodeni in bezug zur klinischen Symptomatik hat Berg 1930 in seiner Monographie über Röntgenuntersuchungen am Innenrelief des Verdauungskanals die Methode der Reliefdiagnostik für

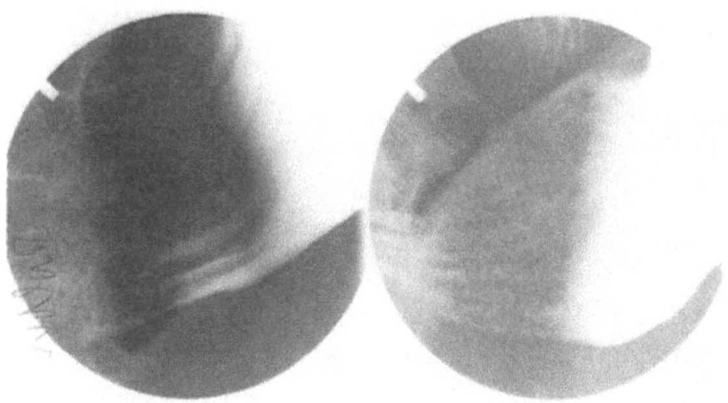

Abb. 4. Studie zur Darstellung des Magenfeinreliefs und der Areae gastricae durch Frik (1952). Die Aufnahmen wurden in dosierter Kompression angefertigt und zeigen einen gleichmäßigen Aufbau der Areae gastricae. Anhand des röntgenologischen Befundes kein Hinweis auf Gastritis

den ganzen Magen und Darmkanal ausgebaut und festgelegt.
Eine subtilere Diagnostik der Magenoberfläche wurde möglich durch die Beschreibungen der normalen Schleimhaut durch Vallebona (1926), der Areae gastricae durch Dyes (1931) oder Prévôt (1949). Aufbauend auf die ausgiebigen Untersuchungen des Magenfeinreliefs (Abb. 4) durch Frik (1957, 1958) ist es insbesondere japanischen Radiologen gelungen, die Magendiagnostik durch detaillierte Beschreibungen des Magenfrühkarzinoms zu komplettieren (Shirakabe 1969).
Die Entwicklung der gastrointestinalen Radiologie auf dem pädiatrischen Sektor, insbesondere der Pylorushypertrophie und der Kardiainsuffizienz, ist von Caffee (1956) zusammengefaßt worden. Eine systematische Darstellung der radiologisch faßbaren Erkrankungen der Neugeborenen und Säuglinge auf dem Gebiete des Magen-Darm-Traktes findet sich bei Wolf (1968), der betonte, daß der Röntgenuntersuchung beim Neugeborenen und Säugling aus 2 Gründen besonderer Wert zukommt; einmal stellen die Bildungsfehler des Magen-Darm-Traktes den Hauptteil der chirurgischen Eingriffe beim Neugeborenen dar, die röntgenologisch am zuverlässigsten erkannt werden können, und zweitens handelt es sich meist um Notfallsituationen, bei denen zügig eine Diagnose gesichert werden muß.
Vielfältige Aufgaben kamen der Röntgenuntersuchung des operierten Magens zu. So galt es nicht nur, die Früh- und Spätkomplikationen zu erfassen, sondern auch eine möglichst genaue Beschreibung der postoperativen neuen anatomischen Situationen zu erzielen, was bei der Vielzahl der möglichen Operationsmethoden am Magen

oft problematisch bleibt, da sich nicht immer alle anastomosierten Darmabschnitte ausreichend kontrastieren lassen und somit einer Beurteilung entgehen. Nach den älteren ausführlichen Darstellung von Goetze (1924) sowie Meyer u. Schmidt (1930) hat Porscher (1957) als Grundlage für die röntgenologische Beurteilung des operierten Magens eine umfassende Übersicht über alle gebräuchlichen Operationsverfahren am Magen vom röntgenologischen Standpunkt aus gegeben. Die Aufgaben der Röntgenuntersuchung des operierten Magens erstrecken sich nicht nur auf die Beurteilung der anatomischen Verhältnisse, sondern noch mehr als bei Magenuntersuchungen nicht operierter oder behandelter Patienten auch auf das funktionelle Verhalten, da bis zu 50% der magenresezierten Patienten unter postoperativen funktionellen Beschwerden leiden. Dazu zählen Veränderungen im Sinne des Dumpingsyndroms, Symptome des „kleinen" Magens, das Syndrom der zu- oder abführenden Schlinge. Die detaillierte Zusammenfassung der radiologischen Befunde dieser postoperativen Störungen und insbesondere der vorgenannten Veränderungen von Casper (1969) zeigt den Wert dieses Untersuchungsverfahrens, der mit keiner sonstigen Methode zu erzielen ist.

Dünndarm

Zur Erforschung der Bewegungsvorgänge am Dünndarm ist die röntgenologische Methode schon früh eingesetzt worden. 1902 beschrieb Cannon die rhythmischen Segmentationen, mit denen im Ileum die Inhaltsförderung stattfindet. Erste röntgenkinematographische Untersuchungen erfolgten 1912 durch Kaestle u. Bruegel. Entscheidende neue Impulse erhielt die Röntgenphysiologie des Dünndarms durch die Flächenkymographie, die mit dem Namen Pannhorst (1938) verbunden ist. Die zusammenfassenden Darstellungen von Forssell (1923), Rieder (1925) oder Kuhlmann (1936) haben viel zum Verständnis der Bewegungsvorgänge am Dünndarm beigetragen. Weltz (1937) hat die Zusammenhänge zwischen Tonus und Motilität besonders betont. Nach Lenz (1962) hängt die Motilität vom Tonus, von der autonomen Rhythmik und der anatomischen Konstruktion der Darmwand ab. Dabei wird unterschieden zwischen Förder- und Mischbewegungen. Die wichtigste Förderbewegung ist die Peristaltik, die beim Gesunden nur im Jejunum beobachtet werden kann. Im Ileum erfolgt die Inhaltsförderung dagegen vorwiegend durch rhythmische Segmentationen.

Außer der Beobachtung der Motilität war in den ersten Jahrzehnten der gastrointestinalen Radiologie nur der Befund einer prästenotischen Dilatation von Bedeutung. Herausragend war allerdings die röntgenmorphologische Beschreibung der Dünndarmtuberkulose durch Brown u. Sampson (1937). Erst nach Einsatz der Miller-Abbott-Sonde 1936 wurde intensiver begonnen, nach den pathomorphologischen Ursachen einer Dünndarmobstruktion zu forschen. Vorausgegangen waren Bemühungen von Einhorn (1926), Pribam u. Kleiber (1927) und v.a. Pesquara (1929), durch Intubation eine Verbesserung der Dünndarmdiagnostik zu erzielen. In den folgenden Jahren versuchte man, den Dünndarmeinlauf (Enteroklysma) zu verbesern und die Passage zu beschleunigen. Gershon-Cohen u. Shay haben 1939 den Dünndarm bereits im Einfach- und Doppelkontrast dargestellt. Schatzki hat 1943 vorgeschlagen, größere Mengen verdünnten Kontrastmittels zu infundieren. In dieser Zeit wurde von Pansdorf (1937) die sog. fraktionierte Dünndarmpassage eingeführt, die sich über Jahre als Standarduntersuchungsmethode etablieren konnte.

Golden hat 1945 erstmals eine komplette Zusammenfassung der bis zu diesem Zeitpunkt beschriebenen Röntgenzeichen bei Dünndarmerkrankungen vorgelegt. Das Augenmerk lag dabei auf den entzündlichen Darmerkrankungen und den Veränderungen beim M. Crohn, wobei die unregelmäßige Einengung und eine nahezu vollständige Wandstarre bereits als wichtigste Zeichen angesehen wurden. Ergänzt wurden diese Zeichen durch die Beobachtung der prästenotischen Phase (Marshak u. Wolf, 1953), die sog. „scip leson" mit zirkulärem Ödem, Ulzeration am Mesenterialansatz und Stenose (van Palter et al. 1954) oder die Aneinanderreihung von 3 Segmenten mit unterschiedlichem röntgenologischem Erscheinungsbild (Bodart et al. 1959).

Erst durch die Arbeiten von Sellink (1971) konnte der Dünndarmeinlauf weitere Anerkennung finden. Ihm gelang eine komplette Darstellung des gesamten Dünndarms sowohl im Prallbild als auch im Doppelkontrast, wodurch auch kleinste Veränderungen wie Polypen sichtbar wurden. Die mit dieser Methode radiologisch nachweisbare Dünndarmpathologie konnte von Sellink eindrucksvoll dokumentiert werden. Etwa zur gleichen Zeit veröffentlichten Marshak u. Lindner (1970) die Ergebnisse der bei fraktionierter Dünndarmpassage sichtbaren Erkrankungen. Das Werk enthält eine komplette Zusammenstellung der Röntgensemiologie der Dünndarmerkrankungen, allerdings fehlen bei der angewandten

Untersuchungsmethode Aussagen über das Innenrelief.
Verbesserungen der von Sellink beschriebenen Methode gehen insbesondere auf Herlinger (1971) zurück, der mit Methylzellulose eine stabile Lösung empfahl, die sich für die Doppelkontrastdarstellung als geeigneter erwiesen hat als das von Sellink empfohlene Gas oder Wasser. Dadurch wurde die Methode auch für den Routineeinsatz verwendbar.

Dickdarm

Die physiologischen Vorgänge des Dickdarms wie Resorption und Transport der Ingesta sind kaum röntgenologisch untersucht worden. Aufgrund der relativ langsamen Bewegungsabläufe und der dadurch erforderlichen langen Untersuchungs- und vor allem Durchleuchtungszeiten sind aus strahlenhygienischen Gründen Untersuchungen zum Studium der Motorik kontraindiziert. Die Bewegungsabläufe der segmentalen Kontraktion sind ausführlich von Ritchie (1971) beschrieben worden. Lediglich der Entleerungsmechanismus des Dickdarms in Form der Defäkographie ist sorgfältiger untersucht worden; seit ihrer Erstbeschreibung durch Walldén (1952) wird sie gelegentlich bei Kontinenzproblemen und Defäkationsschwierigkeiten eingesetzt. Allerdings ist der zur Prüfung des Kontinenzmechanismus zu bestimmende anorektale Winkel weiterhin Anlaß zu kontroversen Diskussionen. Die wichtigsten pathologischen Veränderungen wie Rektozele, anteriorer Prolaps, interne Invagination, Enterozele, solitäres Ulkus oder pathologischer anorektaler Winkel, die mit der Defäkographie beobachtet werden können, sind von Mathieu et al. (1984) zusammengestellt worden.
Bereits 1896 begann Becher, Bleisalz und Luft in den Darm einzuspritzen. Im selben Jahr demonstrierte auch Cannon verschiedene Teile des Verdauungskanals mit Hilfe von Schwermetallsalzen, die er oral verabreicht hatte. Hildebrand und Rumpel (1901) beobachteten bei Patienten multiple kleine Schatten im Dickdarn, die nach oraler Applikation von Wismut sichtbar wurden. Durch rektale Luftinsufflation hofften sie, Stenosen des Darmes, z. B. durch Karzinome, entdecken zu können.
Die insgesamt unbefriedigenden Ergebnisse der peroralen Dickdarmdarstellung führten dazu, daß empfohlen wurde, eine retrograde Füllung des Dickdarms unter Durchleuchtungskontrolle vorzunehmen. Williams (1903), Schenek (1908) oder Haenisch (1911) haben nach rektaler Zufuhr unterschiedlicher Kontrastmittel die Überlegenheit dieses Verfahrens demonstrieren können. Ab 1911 bis 1923 stellte die retrograde Prallfüllung des Dickdarms die Methode der Wahl dar. So konnten bald die klassischen Zeichen einer Tumorerkrankung mit Obstruktion, persistierendem einseitigem Füllungsdefekt und Lumeneinengung sicher erkannt und bald auch mit ausreichender Genauigkeit von gutartigen Prozessen unterschieden werden. Auch die mit der Divertikulitis oder der Zökaltuberkulose einhergehenden Einengungen wurden bald richtig gedeutet. Carmans Darstellung (zitiert nach Stevenson 1956) der Colitis ulcerosa mit dem Fehlen der Haustrierung und der Flexuren, der Verkürzung des Darms und den Stenosen und Granulombildungen auf der Oberfläche beschrieb schon früh die auch heute noch zutreffenden Röntgenzeichen. Neben Carman sind nach einer Übersichtsbetrachtung von Stevenson (1956) die herausragenden Namen dieser Zeit Schilling, Schwarz, Groedel, Cole, Cannon und Case.
1923 und 1925 beschrieb Fischer detailliert eine neue Methode, mit der er einen Doppelkontrast des Dickdarms erreichen konnte. Dazu setzte er eine Suspenison aus Bariumsulfat mit hydriertem Aluminiumsilikat und Wasser ein und applizierte anschließend Luft. Dadurch war er imstande, erstmals auch intraluminal gelegene, kleine Tumoren sichtbar zu machen. Weber (1950) modifizierte diese Technik und konnte Kriterien erarbeiten, die eine zuverlässige Differenzierung zwischen gut- und bösartigen Tumoren erlaubte. Diese Kriterien wurden bald auch für Tumorerkrankungen der Speiseröhre und des Dünndarms übernommen. In dieser Zeit konnte erstmals von Bargen et al. (zitiert nach Stevenson 1956) detailliert das Röntgenbild der Colitis ulcerosa in den verschiedenen Stadien beschrieben werden. Bis zu diesem Zeitpunkt war wegen der fehlenden Unterscheidung der verschiedenen Stadien die Röntgenpathologie häufig konfus gewesen.
In den folgenden Jahrzehnten fand eine kontrovers geführte Diskussion über die Vor- und Nachteile der Prallfüllungs- und Doppelkontrastmethode statt. Erst nach der von Welin 1955 ausgearbeiteten Modifikation der Doppelkontrastmethode, bei der eine besondere Vorbereitung des Darms mit einem Kontaktlaxans vorgenommen wurde, hat sich langsam das Verfahren allgemein durchgesetzt. Heute ist es möglich, mit dieser – in kleinen Details noch modifizierten – Technik, Reliefbilder zu erzielen, die fast dem aufgeschnittenen chirurgischen Präparat gleichen. Frühveränderungen entzündlicher Darmerkrankungen oder kleine Polypen lassen sich

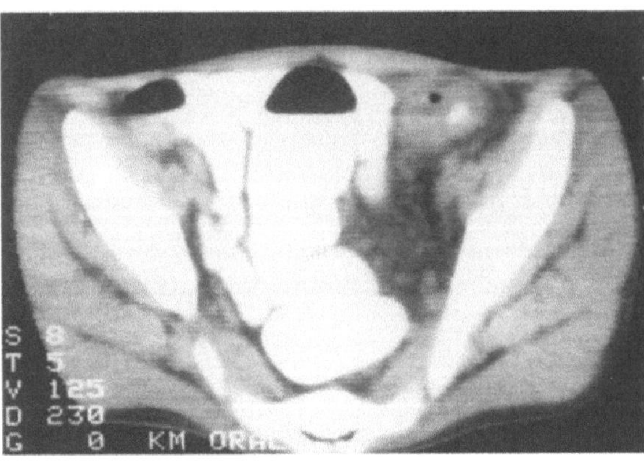

Abb. 5. CT-Schnitt durch das Becken bei Vorliegen eines M. Crohn mit hochgradiger, asymmetrischer Wandverdickung des befallenen Abschnitts des Sigmas, kleinen Lufteinschlüssen und Flüssigkeitsansammlungen in der Wand als Hinweis auf intramurale Abszedierung

zuverlässig entdecken und ergeben eine hohe Korrelationsrate zwischen Röntgen- und Operationsbefund (Laufer 1971; Maruyama 1981; Altaras 1982).

Die Beiträge zur Identifikation und Klassifizierung der verschiedenen kongenitalen Anomalien des Dickdarms sowie die verschiedenen Formen des Megakolons sind von Rudhe (1969) ausführlich zusammengestellt worden. In der postoperativen Nachsorge spielt vornehmlich die radiologische Erfassung der anatomischen Verhältnisse eine Rolle; die funktionellen Ergebnisse sind allenfalls bei der Anlage verschiedener Reservoirbildungen des Darms nach mehr oder minder kompletter Kolektomie von Bedeutung. Eine Zusammenstellung der verschiedenen Operationsfolgen des Dickdarms findet sich bei Wenz u. Hochberg (1960).

Eine bedeutende Rolle spielt die Röntgenuntersuchung bei der Verlaufsbeobachtung nach Therapie, sei es nach Tumorresektion, operativer oder konservativer Behandlung der Divertikulitis oder nach der Therapie der entzündlichen Darmerkrankungen, da nur mit dieser Methode eine vergleichbare Dokumentation von Befundergebnissen möglich ist. Dies gilt auch für die übrigen Abschnitte des Magen-Darm-Traktes.

Ergänzt wird heute die konventionelle Röntgentechnik durch Schnittbildverfahren in Form der Computertomographie. Hiermit sind zusätzliche Aussagen möglich, wie z. B. zur zirkumferenziellen Ausdehnung eines Tumors, zur Infiltration und Beziehung von Nachbarorganen, zu Abszeßbildungen, ggf. zu Fisteln bei entzündlichen Erkrankungen oder zu lokoregionalen oder Fernmetastasen (Abb. 5). Primäruntersuchung bleibt dabei allerdings die konventionelle Röntgenuntersuchung, da durch die transversale Schnittführung der Computertomographie Fehlinterpretationen des Hohlorgans leicht möglich sind.

Literatur

Åkerlund Å (1921) Röntgenologische Studien über den Bulbus duodeni mit besonderer Berücksichtigung des Ulcus duodeni. Acta Radiol (Stockh) Suppl 1

Altaras J (1982) Radiologischer Atlas Kolon und Rektum. Urban & Schwarzenberg, München

Bachem C, Günther H (1910) Bariumsulfat als schattengebendes Kontrastmittel bei Röntgenuntersuchungen. Z Röntgenk 12:369

Becher W (1896) Zur Anwendung des Röntgen'schen Verfahrens in der Medizin. Dtsch Med Wochenschr 432:202

Berg HH (1923) Über den Nachweis des Zwölffingerdarmgeschwürs mit Röntgenstrahlen. Klin Wochenschr 675

Berg HH (1930) Röntgenuntersuchungen am Innenrelief des Verdauungskanals, 2. Aufl. Thieme, Leipzig

Bodart P, Divec de Groote J et al. (1959) Le diagnostic radiologique de l'iléite de Crohn. Arch Mal Appar dig 48:1672

Brombart M (1980) Radiologie des Verdauungstraktes. Funktionelle Untersuchung und Diagnostik. Thieme, Stuttgart

Brown L, Sampson HL (1937) Tuberculose intestinale. Lea & Febiger, Philadelphia

Bücker J (1969) Die Erkrankung des Magens und Zwölffingerdarms. In: Diethelm L, Olsson O, Strnad F, Vieten H, Zuppinger A (Hrsg) Handbuch der Medizinischen Radiologie, Bd XI/1. Springer, Berlin Heidelberg New York, S 345

Caffee J (1956) The first sixty years of pediatric roentgenology in the United States - 1896 to 1956. Am J Roentgenol 76:437

Cannon WB (1896/1897) Notebook on experiments performed in 1896 and 1897. Harvard Medical Library, Boston

Cannon WB (1902) The movements of the intestines studied by means of the Roentgen-rays. Am J Physiol 6:251

Carman RD (1917) Roentgen diagnosis of concurrent gastric and duodenal ulcus. Am J Roentgenol 4: 552

Case JT (1916) Roentgen observations on the duodenum with special reference to lesions beyond the first portion. Am J Roentgenol 3:314

Casper H (1969) Der operierte Magen. In: Diethelm L, Olsson O, Strnad F, Vieten H, Zuppinger A (Hrsg) Handbuch der Medizinischen Radiologie, Bd XI/1. Springer, Berlin Heidelberg New York, S 619

Cole LG (1914) The diagnosis of the post-pyloric (duodenal) ulcer by means of serial radiography. Lancet I:1239
Cole LG (1914) Die Diagnose der bösartigen und gutartigen Magen- und Duodenalläsionen und ihre Unterscheidung durch Serienröntgenaufnahmen. Z Klin Med 79:371
Coutard H (1922) Preliminaire sur la radiographie du larynx normal et du larynx cancereux. J Belge Radiol 13:287
Doods WJ (1977) Current concepts of esophageal motor function. Am J Roentgenol 128:549
Donner MW, Siegel CI (1965) The evaluation of pharyngeal neuromuscular disorders by cinefluorography. Am J Roentgenol 94:299
Dyes O (1931) Röntgenrelief der Magenschleimhaut. Fortschr Röntgenstr 43:1
Einhorn M (1926) The duodenal tube and its possibilities, 2nd edn. Davis, Philadelphia
Eisler F, Lenk R (1921) Bedeutung der Faltenzeichnung des Magens für die Diagnose des Ulcus ventriculi. Dtsch Med Wochenschr 1459
Fabrikant JI, Richards J, Tucker GF et al. (1962) Contrast laryngography in the evaluation of laryngeal neoplasms. Am J Roentgenol 87:22
Fischer AW (1923) Über eine neue röntgenologische Untersuchungsmethode des Dickdarms; Kombination von Kontrasteinlauf und Luftaufblähung. Klin Wochenschr 2:1595
Fischer AW (1925) Über die Röntgenuntersuchung des Dickdarms mit Hilfe einer Kombination von Luftaufblähung und Kontrasteinlauf. Langenbecks Arch Klin Chir 134:209
Forssell G (1923) Studies of the mechanism of the movement of the mucous membrane of the digestive tract. Am J Roentgenol 10:87
Freud J (1917) Zur Röntgendiagnostik der Erkrankung des Duodenums. J Kurse Ärtzl Fortbild 8:40
Frik W (1957) Die Röntgendiagnostik des Magenschleimreliefs als Hilfsmittel bei der Frühdiagnostik von Magencarcinomen. Wien Klin Wochenschr 362
Frik W (1958) Röntgenuntersuchungen des Magenfeinreliefs. 2. Mitt Fortschr Röntgenstr 88:546
Frik W, Persigehl M (1990) Ösophagus einschließlich Hypopharynx. In: Schinz HR (Hrsg) Radiologische Diagnostik in Klinik und Praxis, Bd. III/1. Thieme, Stuttgart New York, S 1
Gershon-Cohen J, Shay H (1939) Barium enteroclysis. Am J Roentgenol 42:456
Goetze O (1924) Das Röntgenbild des operativ veränderten Verdauungstraktes. In: Groedel FM (Hrsg) Lehrbuch und Atlas der Röntgendiagnostik in der inneren Medizin und ihren Grenzgebieten, 4. Aufl. Lehmann, München
Goldammer F (1907) Archiv und Atlas der normalen und pathologischen Anatomie in typischen Röntgenbildern - Die röntgenologische Diagnostik der Erkrankungen des Magendarmkanals. Gräfe & Sillem, Hamburg
Golden R (1945) Radiologic examination of the small intestine. Lippincott, Philadelphia
Groedel FM (1912) Die Magenbewegungen. Gräfe & Sillem, Hamburg (Fortschr Röntgenstr Ergänzungsbd 27)
Groedel FM, Seyberth I (1912) Tierexperimentelle Untersuchungen über den Einfluß der Röntgenmahlzeit auf die Magenform. Arch Verdauungskrankh 18:8
Haenisch GF (1911) Die Röntgenuntersuchung bei Verengungen des Dickdarms. Röntgenologische Frühdiagnose des Dickdarmkarzinoms. Münch Med Wochenschr 58:2375
Haudek M (1910) Zur röntgenologischen Diagnose der Ulzerationen in der Pars media des Magens. Münch Med Wochenschr 1587
Herlinger H (1978) A modified technique for the double contrast small bowel enema. Gastrointest Radiol 3:201
Hesse A (1911) Geben uns die in der Radiologie verwendeten Metallsalze ein falsches Bild von Form und Größe des Magens. Berl Klin Wochenschr 48:931
Hickey PM (1928) Radiology of the normal larynx. Radiology 11:409
Hildebrand H (1901) Über den diagnostischen Wert der Röntgenstrahlen in der Inneren Medizin. Münch Med Wochenschr 48:2008
Holzknecht G (1900) Zur Diagnose der Ösophagusstenose. Dtsch Med Wochenschr 573
Holzknecht G (1906) Über die radiologische Untersuchung des Magens im allgemeinen und ihre Verwertung für die Diagnose des beginnenden Carcinoms im besonderen. Berl Klin Wochenschr 127
Holzknecht G, Brauner (1906) Die Grundlagen der radiologischen Untersuchung des Magens. Mitteilung aus dem Labor für radiologische Diagnostik undTherapie im k. k. allg. Krankenhaus in Wien 1:1
Hüpscher DN (1988) Radiology of the esophagus. Thieme, Stuttgart New York
Hurst AF (1914) Case of achalasia of the cardia (socalled cardiospasm). Proc Roy Soc Med 8:22
Janker R (1953) Die röntgenkinematographische Darstellung der Pylorusgegend und des Bulbus duodeni ohne und mit Bildverstärker. Fortschr Röntgenstr 79: 104
Kaestle A, Bruegel (1912) Über die Dünndarmbewegungen. Münch Med Wochenschr 59:446
Kaufmann R, Holzknecht G (1906) Die Peristaltik am Antrum des Menschen. Mitt Lab Radiol Diagn Ther Allg Krhs Wien 1:66
Keet AD (1957) The prepyloric contractions in the normal stomach. Acta Radiol 57:31
Kuhlmann F (1936) Dünndarmstörungen im Röntgenbild. Fortschr Röntgenstr 54:433
Laufer IG (1976) Double contrast gastrointestinal radiology with endoscopic correlation. Saunders, Philadelphia
Lenz H (1962) Weitere Untersuchungen zur Funktionsanalyse der Dünndarmperistaltik. Fortschr Röntgenstr 97:147
Levy-Dorn M, Silberberg K (1912) Polygramme, eine neue Art Röntgenbilder. Berl Klin Wochenschr 420
Lusted LB, Miller ER (1956) Progress in indirect cineroentgenography. Am J Roentgenol 75:56

Marshak RH, Lindner AE (1970) Radiology of the small intestine. Saunders, Philadelphia
Marshak RH, Wolf BS (1953) Chronic ulcerative granulomatous jejunitis and ileojejunitis. Am J Roentgenol 70:93
Maruyama M (1981) Röntgendiagnostik der Polypen und Karzinome des Dickdarms. Thieme, Stuttgart
Mathieu P, Pringot J, Bodart P (1984) Defecography: II. contribution to the diagnosis of defecation disorders. Gastrointest Radiol 9:253
Meyer H, Schmidt W (1930) Der operierte Magen. Ergeb Med Strahlenforsch 4:479
Mikulicz J v (1904) Zur Pathologie und Therapie des Kardiospasmus. Dtsch Med Wochenschr 30:1908
Nabey K, Takigawa T, Ri S (1976) Early esophageal cancer; definition, pathology, present status and prognosis. Stomach Intest 11:285
Neuhauser EBD, Berenberg W (1947) Cardioesophageal relaxation as a cause of vomiting in children. Radiology 48:480
Pannhorst R (1938) Röntgenkymographische Untersuchungen der Bewegungsformen des Dünndarms von Tier und Mensch. Z Ges Exp Med 102:617
Pansdorf H (1937) Die fraktionierte Dünndarmfüllung und ihre klinische Bedeutung. Fortschr Röntgenstr 56:627
Patter van WN et al. (1954) Regional enteritis. Gastroenterology 26:347
Persigehl M (1982) Bewegungsabläufe des Pylorus und seiner angrenzenden Segmente. Fortschr Röntgenstr 137:123
Pesquara GS (1929) A method for the direct visualization of lesions in the small intestine. Am J Roentgenol 22:254
Pfahler GE (1909) The Roentgen-rays in the diagnosis of the carcinoma of the stomach. N Y Med J 90:353
Porscher P (1957) Radiologie clinique de l'estomac opéré. Masson, Paris
Prévôt R (1949) Zur Röntgendiagnostik des sogenannten Etat mamelonné. Fortschr Röntgenstr 71:55
Pribam BO, Kleiber (1927) Ein neuer Weg zur röntgenologischen Darstellung des Duodenums (Pneumo-duodenum). Fortschr Röntgenstr 36:739
Rendich RA (1923) The roentgenographic study of the mucosa in normal and pathological states. Am J Roentgenol 10:526
Rieder H (1904) Radiologische Untersuchung des Magens und Darmes beim lebenden Menschen. Münch Klin Wochenschr 35
Rieder H (1925) Die physiologischen Dünndarmbewegungen beim Menschen. Fortschr Röntgenstr 33:461
Rieder H et al. (1909) Über kinematographisch aufgenommene Röntgenogramme (Bioröntgenogramme) innerer Organe des Menschen. Münch Med Wochenschr 280
Ritchie JA (1971) Movement of segmental constrictions in the human colon. Gut 12:350
Rosetti M (1966) Die Refluxkrankheit der Speiseröhre. Hippokrates, Stuttgart
Roux JC, Balthazard V (1898) Sur les fonctions motrices de l'estomac. Société de biologie 10. et 24. 7. 1897. Arch Physiol (Paris) 85
Rudhe U (1968) Congenital abnormalities of the large bowel. In: Diethlem L, Olsson O, Strnad F, Vieten H, Zuppinger A (Hrsg) Handbuch der Medizinischen Radiologie, Bd XI/2. Springer, Berlin Heidelberg New York, S 342
Rumpel T (1897) Die klinische Diagnose der spindelförmigen Speiseröhrenerweiterung. Münch Med Wochenschr 44:383
Schatzki R (1932) Die Hernien des Ösophagus. Dtsch Arch Klin Med 173:85
Schatzki R (1943) Small intestine enema. Am J Roentgenol 50:743
Schenek E (1908) Über die Darstellung von Dickdarmstenosen durch das Röntgenverfahren. Fortschr Röntgenstr 12:323
Schwarz G (1911) Versuch eines Systems der physiologischen und pathologischen Magenperistaltik. Fortschr Röntgenstr 17:128
Sellink JL (1971) Examination of the small intestine by means of duodenal intubation. Stenfert Kroese, Leiden
Shirakabe H (1969) Frühcarcinom des Magens. Atlas der Röntgendiagnostik. Thieme, Stuttgart
Stevenson CA (1956) The development of gastrointestinal roentgenology. Am J Roentgenol 75:230
Stiller R (1907) Die asthenische Konstitutionskrankheit. Enke, Stuttgart
Stumpf P (1936) Die Bewegungen der Schleimhautfalten des Magens im Flächenkymogramm. Fortschr Röntgenstr 53:356
Stumpf P, Weber HH, Weltz GA (1936) Röntgenkymographische Bewegungslehre innerer Organe. Thieme, Leipzig
Torgerson J (1942) The muscular build and movements of the stomach and duodenal bulb. Acta Radiol (Suppl) 45:1
Vallebona A (1926) Nuovo metodo di esame radiologico dell'appearto digerente. Radiol Med (Torino) 13:241
Věšin S (1960) Uliv hyperventilace na žaludečni molititu. Časaték Čes 1001
Věšin S (1969) Hinweise auf physiologische und funktionell pathologische Veränderungen des Magens. In: Diethelm L, Olsson O, Strnad F, Vieten H, Zuppinger A (Hrsg) Handbuch der Medizinischen Radiologie, Bd XI/1. Springer, Berlin Heidelberg New York, S 223
Walldén L (1952) Defecation block in cases of deep rectogenital pouch. Acta Chir Scand 1
Weber HM (1950) The diagnosis of early intestinal cancer. Am J Roentgenol 64:929
Weiss J, Epstein BD (1962) Esophageal moniliasis. Am J Roentgenol 88:718
Welin S (1955) Zur Darstellung der Kolonpolypen mit der Doppelkontrastmethode. Fortschr Röntgenstr 82: 341
Weltz GA (1937) Der kranke Dünndarm im Röntgenbild. Fortschr Röntgenstr 55:20
Weltz GA (1940) Magenphysiologie für Röntgenzwecke. Thieme, Leipzig
Wenz W (1969) Ösophagus. In: Diethelm L et al. (Hrsg) Handbuch der medizinischen Radiologie, Bd XI/1. Springer, Berlin Heidelber New York, S 1

Wenz W, Hochberg K (1960) Die Röntgenuntersuchung des operierten Dickdarms. Fortschr Röntgenstr 93:597

Williams RH (1903) The roentgen rays in medicine and surgery. MacMillan, London

Williams I (1962) Closure of the pylorus.Br J Radiol 35:653

Wolf HG (1968) Röntgendiagnostik des Magen-Darmtraktes beim Neugeborenen und jungen Säugling. In: Diethelm L, Olsson O, Strnad F, Vieten H, Zuppinger A (Hrsg) Handbuch der Medizinischen Radiologie, Bd XI/2. Springer, Berlin Heidelberg Hew York, S 659

Leber, Gallenblase und Milz

Günter W. Kauffmann und Karin Post

Das erste Röntgenbild eines Gallensteines wurde von Cattell bereits 3 Monate nach der Entdeckung der Röntgenstrahlen angefertigt (Cattell 1896). Er plazierte diesen auf einem Röntgenfilm zusammen mit einem Geldstück und einem Bleistift - eingehüllt in Papier - und stellte fest, daß der Stein einen irregulären Schatten warf. 1897 beschrieb Gilbert die Beziehung zwischen Cholesterolgehalt und Röntgendichte von chirurgisch exstirpierten Gallenkonkrementen (Abb. 1). Die erste präoperative Diagnose eines Gallensteinleidens beim Menschen gelang Beck bereits im Jahre 1899, 4 Jahre nach Entdeckung der Röntgenstrahlen. Durch eine 45-Grad-Angulierung der Röntgenröhre konnte er den überlagernden Weichteilschatten der Leber umgehen (Beck 1900).

Auf der Übersichtsaufnahme des rechten Oberbauches beschrieb Köhler 1909 die Leberkontur als Schatten vergrößerter Weichteildichte. Mit Hilfe der Durchleuchtungstechnik war die Verschieblichkeit der rechten Zwerchfellhälfte oder deren Einschränkung als Ausdruck einer starken Leververgrößerung oder entzündlichen Veränderung frühzeitig zu erfassen (Chilaiditi 1910). Die eigentliche Forschung im Umfeld der radiologischen Diagnostik von Leber und Galle setzte mit der Entwicklung ganz spezifischer Kontrastmittel ein, die die Beurteilung zunächst der Gallenblase, später der Gallengänge erlaubte.

Entwicklung gallegängiger Kontrastmittel

Die röntgenmorphologische Beurteilung der Gallenblase wurde erst durch die Anwendung von jodhaltigen Kontrastsubstanzen möglich. Anfang des 20. Jahrhunderts bilden neue physiologische Erkenntnisse die Grundlage zur Entwicklung der gallegängigen Kontrastmittel. So berichtete 1896 Sehrwald, daß Halogene (Chlor, Brom und Jod) in Lösung Röntgenstrahlen absorbieren. Die Chirurgen Graham und Cole postulierten, daß mit Halogen beladenes Phenolphthalein - intravenös verabreicht - zu einer Kontrastierung der Gallenblase führen müßte. Die Übertragung der Erkenntnisse der Grundlagenforschung in das Tierexperiment mißlang zunächst, da ein kleines, aber wichtiges Detail übersehen wurde: Erst als durch ein Mißverständnis eines der mit Kontrastmittel „behandelten" Tiere nicht gefüttert worden war, erschien der ersehnte Kontrast in der Gallenblase; die Nüchternheit der Patienten vor der Cholegraphie ist und heute eine Selbstverständlichkeit. So gelang es ihnen 1924, das erste Röntgenbild der kontrastierten Gallenblase beim Hund und im gleichen Jahr noch beim Menschen anzufertigen. Whitaker und Menees zeigten 1925, daß auch oral verabreichte Substanzen (Natrium-Tetrajodphenolphthalein und Natrium-Tetrabrom-phenolphthalein) nach Resorption im Magen-Darm-Trakt zu einer Gallenkontrastierung führen. Durch Gabe einer Reizmahlzeit konnte schon sehr früh die Kontraktionsfähigkeit der Gallenblase untersucht, und somit eine Funktionsuntersuchung des Organs durchgeführt werden (Bernstein 1933). 1931 führte Mirizzi die erste intraoperative Cholangiographie durch. Diese Methode fand rasch weite Verbreitung und verbesserte die intraoperative Beurteilbarkeit des Gallenwegssystems. Eine kombinierte Cholangiographie mit Manometrie zur Beurteilung der Funktion des Sphinkter Odii wurde 1942 von Mallet-Guy beschrieben. Bis etwa 1940 wurden ausschließlich oral verabreichte Substanzen zur Cholezystographie eingesetzt. Die gewünschte Kontrastierung der Gallenwege blieb bei Resorptionsstörungen im Magen-Darm-Trakt oft aus. Zudem traten häufig erhebliche Nebenwirkungen wie Kreislaufkollaps und schwere Unverträglichkeitsreaktionen auf. Mit der Entwicklung einer neuen Klasse von Kontrastmitteln (Dohrn u. Diedrich 1940), deren Vertreter die Jodalphinosäure (Priodax) ist, standen erstmals verträglichere Substanzen mit verbesserten Bildgebungseigenschaften zur Verfügung. Die Ausscheidung dieser Präparate erfolgte noch hauptsächlich über den Harntrakt. Die trijodierten Substanzen vom Pyridontyp (z. B.

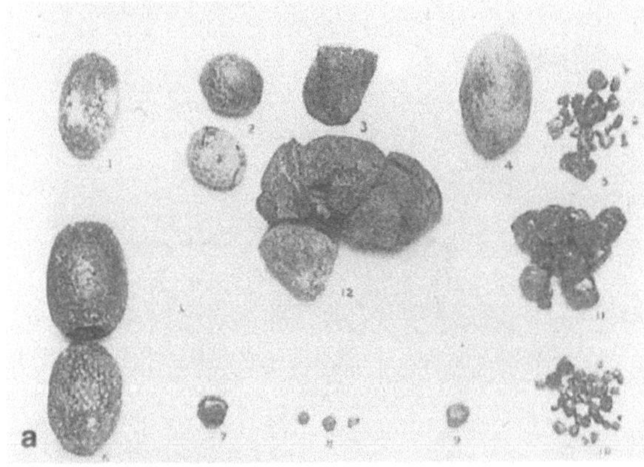

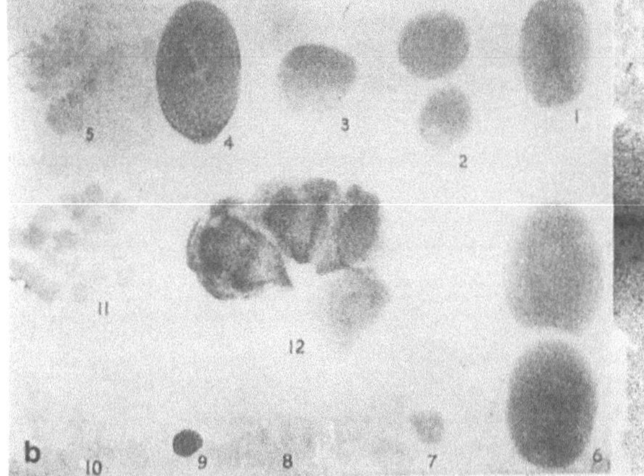

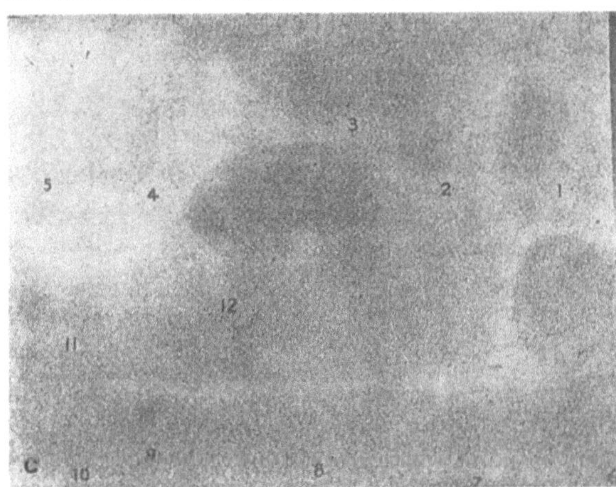

Abb. 1a–c. Röntgenologische Darstellung von Gallensteinen (1900). **a** Photographie von 12 Gallensteingruppierungen verschiedener chemischer Zusammensetzung. **b** Röntgenbild dieser Steine. **c** Röntgenaufnahme nach Positionierung dieser Gallensteine unter einen lebenden Körper

Telepaque) oder vom Benzolsäuretyp (z. B. Biliselektan) erlaubten eine bessere Wasserresorption beim Eindickungsprozeß der Gallenflüssigkeit in der Gallenblase. Aufgrund der stärkeren Albuminbindung wurde eine verbesserte Gallegängigkeit bei gleichzeitig herabgesetzter Ausscheidung über die Nieren erreicht. Somit war die Epoche der trijodierten nephrotropen und hepatotropen Kontrastmittel eingeleitet (Archer et al. 1951). Erst in den 60er Jahren wurden i.v. injizierbare Cholegraphika entwickelt. Diese bestehen chemisch aus 2 gekoppelten trijodierten Aminobenzoesäuren (Biligrafin) (Frommhold 1953) oder Jodglykaminsäuren (Bilivistan, Biligram) (Langecker et al. 1964). Durch die intravenöse Gabe war die regelmäßige Darstellung der Gallenwege intra- und extrahepatisch gewährleistet. Durch die Analyse der Schichtungsphänomene einer kontrastierten Gallenblase lernte man Rückschlüsse auf deren Funktionszustand zu ziehen (Oeser 1962). Störungen der Konzentrationsfunktion treten bei Cholezystitis und anderen Infektionen des Magen-Darm-Traktes, wie auch bei Ulkuserkrankung auf (Lindenbraten u. Krugljakaw 1964). Weiterentwickelte trijodierte Substanzen, wie z. B. Jodoxamat (Endomirabil), wiesen längere Verbindungen über Äthergruppen zwischen den jodtragenden Benzolringen auf. Die Vergrößerung des Molekulargewichtes führte zu einer erhöhten und beschleunigten biliären Ausscheidung bei besserer Verträglichkeit. Die intensive Albuminbindung dieser Substanzen limitierte den Einsatz jedoch bei einer eingeschränkten Ausscheidungsfunktion der Leberzelle, z. B. Leberzellschaden oder bei Vorhandensein von im Ausscheidungsmechanismus konkurrierenden Substanzen, wie z. B. Sulfonamiden, Antidiabetika, Barbituraten und Salizylsäure. Beim Leberkranken beobachtete Frommhold (1970) Transaminasenanstiege nach der Gabe von hohen Dosen von Joglycamid. Jodglykaminsäuren verursachen bei eingeschränkter Leberfunktion zentrolobuläre Nekrosen und eine Schädigung des endoplasmatischen Retikulums (Winckler 1978). Im Falle der weiterentwickelten Substanzen, wie z. B. Jodoxaminsäure, kann kein signifikanter Leberenzymanstieg beim Leberkranken mehr nachgewiesen werden (Ordnung u. Müting 1979). Aufgrund der z. T. hohen Albuminbindung einiger nierengängiger Kontrastmittel kann man selten eine heterotrope Kontrastmittelausscheidung in die Gallenblase beobachten (Köhler 1972). Dieses Phänomen wird häufiger bei eingeschränkter Nierenfunktion, aber auch beim Nierengesunden nach Gaben großer Kontrastmittelmenge, z. B. in der Angiographie, beschrieben. Im

Gegensatz zu den oral verabreichten gallengängigen Kontrastmitteln wiesen die intravenös verabreichten jedoch einen relativ höheren Anteil an schweren Nebenwirkungen auf (Hornykiewytsch u. Stender 1959), so daß man mit dem Einsatz dieser Substanzen angesichts der Weiterentwicklung der übrigen bildgebenden Verfahren, auf die im folgenden eingegangen wird, zurückhaltend geworden ist.

Direkte Cholangiographie

1915 kam es ungewollt zur ersten Cholangiographie: Bei einer Bariumdarstellung des Intestinaltraktes füllte sich das Gallengansystem eines Patienten über eine pathologische Fistel zwischen Duodenum und Gallenblase (Carmann 1915). Auch die zweite Darstellung 1918 erfolgte nicht gewollt. Beim Anspritzen einer kutanen Fistel wurde das Gallengangsystem mit Paraffinöl und Wismut röntgenologisch kontrastiert (Reich 1918). In den folgenden Jahren wurde das ölige Kontrastmittel Lipiodol zur Gallengangdarstellung intraoperativ (Mirizzi 1931), sowie zur Darstellung des Gallenwegsystems über Fisteln (Cotte 1925) benutzt. Die nicht chirurgische transhepatische Cholangiographie wurde in Indochina entwickelt (Huard u. Do-Xun-Hop 1937). Mit Hilfe einer Nadel wird ein Gallengang durch die Leber angestochen und Kontrastmittel eingebracht, bis das intra- und extrahepatische Gallenwegsystem zur Darstellung kommt (Abb. 2). Um ein gestautes Gallenwegsystem zu entlasten, legten Charter u. Saypol (1952) erstmals eine Gallengangdrainage nach außen an. Mit der Weiterentwicklung der angiographischen Kathetertechnik und Verfeinerung der Punktionsnadeln findet die perkutane transhepatische cholangiographische Drainage mit Beginn der 80er Jahre zunehmende Verbreitung (Okuda 1974). Somit war die Grundlage für die Entwicklung von interventionellen Techniken geschaffen (Heuck u. Kauffmann 1986).
Die endoskopisch retrograde Cholezystopankreatikographie (ERCP) wurde von 2 Radiologen entwickelt. Unter fluoroskopischer Führung passierten sie mit einem peroral eingeführten Katheter die Papilla Vateri, um so Röntgenkontratsmittel in die Gallenwege applizieren zu können (Rabinov u. Simon 1965). Mit der Entwicklung der fiberoptischen Endoskope wurde diese Technik perfektioniert (McCune et al. 1968). Sie ist heute die Methode erster Wahl zur Kontrastmitteldarstellung der intra- und extrahepatischen Gallenwege.

Abb. 2. Darstellung von Choledochuskonkrementen nach Lipiodolinjektion in einen T-Drain um 1925

Ultraschall

Bereits 1949 wurde von Ludwig u. Strutheis ein Impulsechoverfahren zur Lokalisation von Gallensteinen beschrieben. Jedoch erst mit Weiterentwicklung der Echotechnik zur B-Bildsonographie fand diese Methode Anfang der 80er Jahre Eingang in die Klinik und wurde zur meist angewandten Untersuchung bei der Beurteilung des hepatobiliären Systems (Bücheler et al. 1983). Ohne die Anwendung ionisierender Strahlen kann unter Verzicht auf Kontrastmittelgabe, auch bei vorliegender Leberparenchymerkrankung, das Gallenwegsystem und Lebergewebe beurteilt werden. Die Sonographie, die ERCP und die Computertomographie führten zu einer Verdrängung der oralen Choelzystographie (Heuck u. Kauffmann 1986). Die Duplexsonographie und die farbkodierte Duplexsonographie erlauben eine Beurteilung der Lebergefäße intra- und extrahepatisch. Eine weitere Differenzierung von Leberläsionen lassen diese Methoden jedoch nicht zu. Ultraschallkontrastmittel wurden in den letzten 5 Jahren intensiv erforscht (Schlief 1991) und können zur Charakterisierung von Leberläsionen eingesetzt werden.

Angiographie, Splenoportographie und arterielle Portographie

Verschiedene Autoren untersuchten die arterielle und venöse Versorgung der Leber und berichteten über deren Varianten (Martens 1920; Descomps u. Lalaubie 1910; Rappaport 1951). Die selektive Darstellung der leberversorgenden Gefäße konnte nach Verfeinerung der Kathetertechniken durchgeführt werden (Wenz 1965).
Vor der Ära der Ultraschall- und Computertomographie war die Beurteilung der Pfortader nur über die direkte Kontrastmittelinjektion möglich. Zu Anfang injizierte man während der Laparatomie Kontrastmittel direkt in die Pfortader oder in die mesenterialen Gefäße (Blackmore u. Lord 1945). Zu Beginn der 60er Jahre wurde tierexperimentell und später beim Menschen ein Portogramm durch perkutane intraparenchymale Kontrastmittelapplikation in die Milz erstellt (direkte Splenoportographie). Dabei nutzte man zur Bilderstellung den natürlichen Kontrastmittelabfluß über die Milzvene in die Pfortader (Abeatici u. Campi 1951). Die direkte Splenoportographie weist jedoch eine hohe Komplikationsrate auf (Milzblutung oder -ruptur, Infektion) (Rösch 1960), so daß sie seit der Beschreibung der indirekten (arteriellen) Splenoportographie (Rigler et al. 1953) nur noch in Ausnahmefällen angewandt wird. Ödmann entwickelte die arterielle Portographie weiter, indem er das intraarterielle Kontrastmittel selektiv in den Truncus coeliacus injizierte (Ödmann 1958). Die Kontrastmittelapplikation in die Milzarterie oder die A. mesenterica superior wurde später von Boijsen et al. 1963 beschrieben.

Computertomographie

Als Schnittbildverfahren mit initial langen Untersuchungszeiten erlangt die Computertomographie bei dem atemverschieblichen Organ Leber erst Mitte der 80er Jahre mit der Entwicklung kürzerer Acquisitionszeiten Bedeutung. Native Untersuchungen konnten die sonographische Detektionsrate (Smith et al. 1982) von Raumforderungen in der Leber nicht übertreffen. Die Kontrastmittelgabe und die Möglichkeit, eine dynamische inkrementale Untersuchung durchführen zu können, erreichten dann jedoch eine Sensivität von 90%. Mit Hilfe einer dynamischen Serie von inkrementalen Schnitten über einer Läsion kann eine bedingte Differenzierung der Raumforderungen vorgenommen werden. Hämangiome können durch eine charakteristische Kontrastmittelaufnahme im zeitlichen Verlauf mit großer Wahrscheinlichkeit diagnostiziert werden. Die Detektionsrate von Lebertumoren kann durch die Anwendung der CT-Angiographie mit selektiver arterieller oder selektiver portaler Kontrastmittelapplikation noch erheblich gesteigert werden. Auch Läsionen von 1 cm Größe können mit dieser Methode erfaßt werden. Die Möglichkeit, mit der neuen Spiral-CT-Technik den Oberbauch in Atemstillstand fortlaufend zu scannen (Kalender et al. 1990), erlaubt die optimale Ausnutzung des Kontrastmittelbolus. Eine Rekonstruktion beliebiger, auch überlappenden Schichten aus dem Volumendatensatz ist in der Nachverarbeitung möglich. Durch Analyse der unterschiedlichen Perfusionsphasen des Lebergewebes über eine Läsion gelingt es, Lebertumoren weiter zu differenzieren. Spezielle Software ermöglicht in einer 3D-Rekonstruktion, die Gefäßanatomie des Truncus coeliacus und der mesenterialen Gefäße herauszuarbeiten (Prokop et al. 1994).

Magnetresonanztomographie

Seit Mitte der 80er Jahre fand die Magnetresonanztomographie (MRT oder Syn.: Kernspintomographie) zunehmend klinischen Einsatz bei der Beurteilung von Lebererkrankungen. Die Spinoechosequenz war die erste und ist heute immer noch die am meisten verwendete Aufnahmesequenz, um fokale Raumforderungen zu lokalisieren. Initial erhoffte man durch Anwendung unterschiedlicher Sequenztypen und verschiedener Gewichtungen, Aussagen über die Dignität von Raumforderungen machen zu können. Mit der Entwicklung der schnellen Gradientenechosequenzen gelingt eine weitgehend artefaktfreie Darstellung des atemverschieblichen Organs (Edelman et al. 1986). Die kürzere Aufnahmezeit erkaufte man sich jedoch mit einem Kontrastverlust verglichen mit den Standardaufnahmesequenzen T1 und T2. Eine Gewebedifferenzierung kann durch Phasenverschiebung der Fett- und Wasservektoren erreicht werden und so z. B. eine Leberverfettung nachgewiesen werden. Die 1986 von Henning et al. in grundlegenden Experimenten entwickelte RARE-Sequenz stellt eine stark T2-gewichtete Spinechosequenz mit verkürzter Aufnahmezeit dar, die Flüssigkeiten wie Liquor, Harn oder Galle selektiv, ohne Kontrastgabe hervorheben kann. Damit gelingt die nichtinvasive Darstellung des biliären Systems als 3D-Cholangiogramm (Abb. 3).
Die Entwicklung der paramagnetischen Kontrastmittel erhöht die Detektionsrate von Raum-

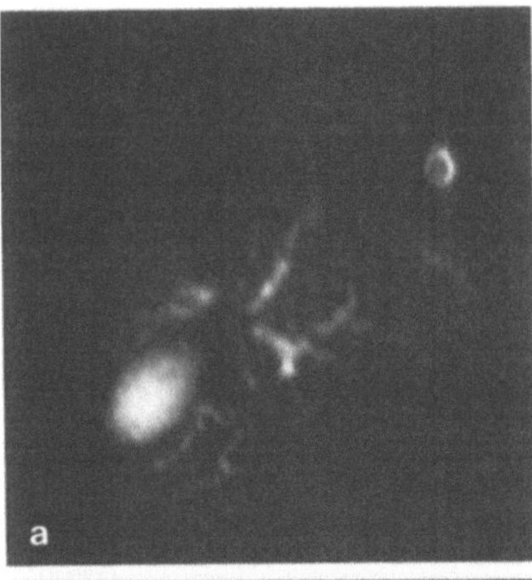

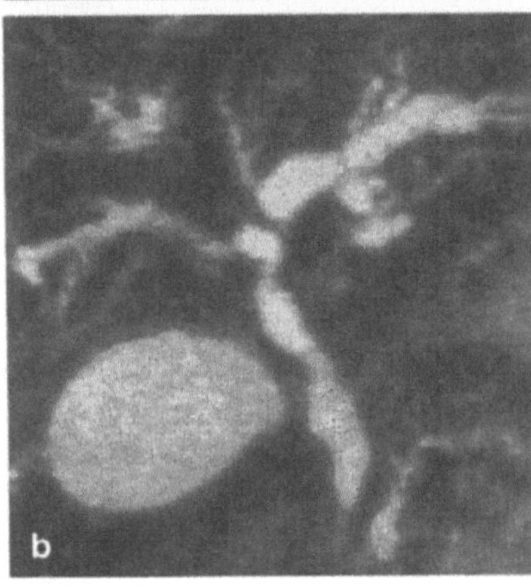

Abb. 3a, b. MR-Cholangiographie. **a** Erstes MR-Cholangiogramm 1986 auf RARE-Basis bei Verschluß des Ductus hepaticus communis mit Stauung der intrahepatischen Gallengänge. **b** Weiterentwicklung als 3D-Cholangiogramm bei Verschlußikterus

forderungen in der Leber (Stark et al. 1986). Eine Weiterentwicklung stellen die RES-gängigen paramagnetischen Kontrastmittel (z. B. Ferrite) dar, welche zur Zeit noch in Erprobung sind.
Die Weiterentwicklung der Spektroskopie könnte Informationen über die Stoffwechselsituation und damit über die Dignität einer Läsion liefern und in Zukunft vielleicht eine neue Dimension der Bildgebung eröffnen (Brinkmann et al. 1993).

Röntgendiagnostik der Milz

Die röntgennegative Darstellung der Milz als weichteildichter Schatten wurde Anfang des Jahrhunderts durch Gasfüllung der Nachbarorgane, Magen und Kolon, unterstützt (Le Page 1912). Eine weitere Kontrastverstärkung erreichte man durch Luftfüllung der Bauchhöhle (Pneumoperitoneum) (Rautenberg 1914; Goetze 1918). Das Pneumoretroperitoneum, eine Luftfüllung des Retroperitonealraumes, erlaubt eine noch bessere Abgrenzung der Milz zu den umgebenden Weichteilstrukturen (Ruis-Rivaz 1950). Revolutioniert wurde die Leber- und Milzparenchymdarstellung durch das intravasal verabreichte Kontrastmittel Thorotrast (Oka 1929). Dieses wurde aufgrund der Molekülgröße sehr gut von den retikuloendothelialen Zellen im hepatosplenalen System aufgenommen und gespeichert. Nach Bekanntwerden der onkogenen Potenz der radioaktiven Substanz wurde der Einsatz dieses Kontrastmittels jedoch gestoppt (Börner et al. 1960).
Durch die Einführung der Splenoportographie (Abeatici u. Campi 1951) und der selektiven arteriellen Angiographie fand die Milzdiagnostik dann zusammen mit der Leberdiagnostik eine neue Basis.
Erstmals war die gleichzeitige Beurteilung der Topographie und Größe des Organs, wie auch der Veränderungen des venösen oder arteriellen Strombettes möglich geworden (Heuck u. Kauffmann 1986). Erst die Etablierung des Ultraschalles und der Schnittbildverfahren (CT und MRT) eröffneten weitere Möglichkeiten der Parenchymbeurteilung.

Literatur

Abeatici S, Campi L (1951) Sur les possibilites de l'angiographie hepatique – La visualisation du systeme portale (Recherches experimentales). Acta Radiol 36:383–392

Archer S, Hoppe JO, Lewis TR (1951) The preparation and cholecystographic properties of some aminotriiodophenylalkanoic acids. J Am Pharmacol Assoc 40:617–619

Beck C (1900) On the detection of calculi in the liver and gallbladder. NY Med J 71:73–77

Bernstein A (1933) Über funktionelle Cholecystographie – Ein Beitrag zum Studium der konzentratorischen Gallenblasenfunktion mit Hilfe der „schnellen" Cholecystographie. Klin Wochenschr 2:1966–1968

Blackmore AH, Lord JW (1945) Technique of using vitallium tubes in establishing porta-caval shunts for portal hypertension. Ann Surg 122:476–480

Boijsen E, Eckman CA, Olin T (1963) Coeliac and superior mesenteric angiography in portal hypertension. Acta Chir Scand 126:315–325

Börner W, Moll E, Schneider P, Stucke K (1960) Zur Problematik der Thorotrastschäden. Fortschr Röntgenstr 93:287–297

Braband H (1960) Zwischenfälle bei Gallenblasenuntersuchungen mit Biligrafin und ihre Behandlung. Fortschr Röntgenstr 92:47

Brinkmann G, Melchert UH, Lalk G, Heller M (1993) 31P-MR-Spektroskopie von Lebererkrankungen un-

ter Berücksichtigung von unterschiedlichen Pulswiederholungszeiten. FortschrRöntgenstr 159:412–418
Bücheler E, Friedmann G, Thelen M (1983) Real Time Sonography des Körpers. Thieme, Stuttgart New York
Carman RD (1915) Roentgen observation of the gallbladder and hepatic ducts after perforation into the duodenum. JAMA 65:1812
Carter R, Saypol GM (1952) Transabdominal cholangiography. JAMA 148:253–255
Cattel HW (1896) Roentgen's discovery: Its application in medicine. Med News 68:169–171
Chilaiditi D (1910) Zur Frage der Hepatoptose und Ptose im allgemeinen im Anschluß an drei Fälle von temporärer partieller Leberverlagerung. Fortschr Röntgenstr 16:173
Cotte G (1925) Exploration of the biliary ducts with lipiodolin case of a fistula. Bull Mem Soc Natl Chir (Paris) 23:759–767
Descomps P, de Lalaubie G (1910) Les vaisseaux sangiuns et les voies biliaire dans le hile de la foie. Bull Mem Soc Anat Paris 85:323–328
Dohrn M, Diedrich P (1940) Ein neues Röntgenkontrastmittel der Gallenblase. Dtsch Med Wochenschr 66:1133–1134
Edelman RR, Hahn PE, Buxton R et al. (1986) Rapid MR imaging with suspended respiration: Clinical application in the liver. Radiology 161:125–131
Frommhold W (1953) Ein neues Kontrastmittel zur intravenösen Cholezystographie. Fortschr Röntgenstr 79:283–291
Frommhold W (1970) Enzym-Untersuchungen nach Infusions-Cholegraphie bei Kranken mit Leberschaden. Dtsch Med Wochenschr 95:1911–1914
Gilbert AC, Fournier A, Oudin P (1897) Photography of biliary calculi. Transact Biol Soc (Paris) 4:506
Goetze O (1918) Die Röntgendiagnostik bei gasgefüllter Bauchhöhle, eine neue Methode. Münch Med Wochenschr 65:1275–1280
Graham EA, Cole WH, Copher GH (1924) Roentgenological visualization of the gallbladder by the intravenous injection of tetrabromphenolphtalein. Ann Surg 80:473
Hennig J, Nauerth A, Friedburg H (1986) RARE imaging: a fast imaging method for clinical MR. Magn Res Med 3:823
Heuck F, Kauffmann GW (1986) Leber - Gallenwege - Pankreas - Milz. In: Heuck F (Hrsg) Klinische Radiologie. Diagnostik mit bildgebenden Verfahren. Springer, Berlin Heidelberg New York, S 95–142
Hornykiewitsch T, Stender H (1959) Intravenöse Cholangiographie. Fortschr Röntgenst 79:292–309
Huard P, Do-Xuan-Hop (1937) Transhepatic puncture of the bile ducts. Bull Soc Med Chir Indochine 15:1090–1100
Kalender WA, Seissler W, Klotz E, Vock P (1990) Spiral volumetric CT with single-breathhold technique, continuous transport, and continuous scanner rotation. Radiology 176:181
Köhler A (1909) Totalroentgenogramme der Leber. Fortschr Röntgenstr 13:145
Köhler R, Edgren J (1972) Gallbladder filling by urographic sodium metrizoate. Acta Radiol (Stockh) 12:184–192
Langecker H (1956) Das Kontrastmittel Biligrafin (B-1). In: Hornykiewytsch T (Hrsg) Intravenöse Cholangiographie. Grundlagen, Technik, Ergebnisse. Thieme, Stuttgart, S. 29–36
Langecker H, Kolb KH, Kramer M (1964) Diglycolsäuredi- (3-carboxy-2,4,6-trijodanilid) (Joglycamid). Ein Kontrastmittel für intravenöse Cholangiographie. Naunyn-Schmiedebergs Arch Exp Pathol Pharm 247:493–508
Le Page R (1912) La radioscope et al radiographie de la rate. Paris, These Fac med
Lindenbraten LD, Krugljakow IO (1964) Röntgenphysiologie der Gallenblase. Fortschr Röntgenstr 101:483–494
Ludwig GD, Struthers FW (1949) Considerations underlying the use of ultrasound to detect gallstones and foreign bodies in tissue. Report No 4, Projekt NM 004001, Nav Med Res Inst. Zit nach Herrick und Krusen
Mallet-Guy P, Jeanjean R (1947) L'Exploration manométrique et radiologique des voies biliaires en cours d'intervention. Etude critique. Presse Med 45:510
Martens E (1920) Röntgenologische Studien zur arteriellen Gefäßversorgung in der Leber. Arch Klin Chir 114:1001-1012
McCune WS, Short PE, Moscovitz A (1968) Endoscopic cannulation of the ampulla of Vater: Preliminary report. Ann Surg 167:752–757
Menees TO, Robinson HC (1925) Oral administration of tetraiodophenolphthalein. Preliminary report. AJR 13:368–369
Mirizzi PL (1931) La cholangiographia durante las operaciones de las vias biliares. Proc 3. Argent Congr of Surg 1:694–703
Morimoto K, Shimoi M, Shivakarva T, Aoki Y, Choi S, Miyata Y, Hara K (1992) Biliary obstruction: evaluation with three-dimensional MR chol angiography. Radiology 183/2:578–580
Oeser H, Krokowski E, Taenzer V (1962) Die resorptive Gallenblasenfunktion im Röntgenbild. Fortschr Röntgenstr 97:602–605
Oka M (1929) Eine neue Methode zur röntgenologischen Darstellung der Milz (Lienographie). Fortschr Röntgenstr 40:497–501
Ordnung W, Müting D (1979) Gallenkontrastmittel bei chronischen Leberkrankheiten. Med Klin 74:149–153
Prokop M, Schaefer-Prokop C, El-Sioufi M, Galanski M (1994) Spiral-CT in der Leberdiagnostik. Jahrbuch der Radiologie 1994. Biermann, Zülpich, S 27–39
Rabinov KR, Simon M (1965) Peroral cannulation of the ampulla of Vatter for direct cholangiography and pancreatography: Preliminary report of a new method. Radiology 85:693–697
Rappaport AM (1951) Hepatic venography. Acta Radiol 36:165–171
Rautenberg E (1914) Röntgenphotographie der Leber, der Milz und des Zwerchfells. Dtsch Med Wochenschr 40:1205–1208

Reich A (1918) Accidental injection of the bile ducts with petrolatum and bismuth paste. JAMA 71:1555
Rigler LG, Olfelt PC, Krumbach RW (1953) Roentgen hepatography by injection of contrast medium in the aorta. Radiology 60:363–367
Rösch J (1960) Risiko der Splenoportographie. Radiol Clin 29:168
Ruiz Rivas M (1950) Generalized subserous emphysema through a single puncture. Am Roentgenol 64:723–734
Schlief R (1991) Ultrasound contrast agents. Curr Opin Radiol 3:198–207
Sehrwald E (1896) Das Verhalten der Halogene zu Röntgenstrahlen. Dtsch Med Wochenschr 30:477–480
Smith TJ, Kemeny MM, Sugarbaker PH et al (1982) A prospective study of hepatic imaging in the detectionof metastatic disease. Ann Surg 195:448–491
Stark DD, Wittenberg J, Edelman RR (1986) Detection of hepatic metastases: pulse sequence performance in MR imaging. Radiology 158:327–332
Stender HSt (1953) Intravenöse Cholangiographie. Fortschr Röntgenstr 79:292–309
Wenz W (1965) Selektive Arteriographie der Oberbauchorgane. Dtsch Med Wochenschr 90:643
Whitaker LR, Milliken G, Vogt EC (1925) Die orale Gabe von Natrium Tetrajodphenolphthalein zur Cholezystographie. Surg Gynecol Obstet 40:847–851
Winckler K (1978) Lebernekrosen nach Infusions-Cholangiographie. Dtsch Med Wochenschr 103:420–424

Pankreas

Hermann Anacker und Hans-Dieter Weiss

Während das Gallengangsystem schon im Altertum bekannt war, hat sich keines der intestinalen Organsysteme so lange der Anatomie entzogen wie das Pankreas. Johann-Georg Wirsung (1600–1643) hat das Verdienst, als Prosektor des Anatoms und Pathologen Wesling in Padua 1642 das Pankreasgangsystem des Menschen entdeckt zu haben, nachdem ein Jahr zuvor J. M. Hoffmann ihm über ein ähnliches System der Bauchspeicheldrüse des Truthahns berichtet haben soll. Giovanni G. Santorini (1681–1737) entdeckte wenig später den Ductus pancreaticus minor als zweites, den Pankreaskopf drainierendes Gangsystem. Als Drüse wurde das Organ zuerst von Regnier de Graaf (1664, 1671) erkannt, der hormonbildende Anteil der Bauchspeicheldrüse wurde erst 1896 durch Langerhans beschrieben.

Mit der Entdeckung der Röntgenstrahlen (Wilhelm-Konrad Röntgen 1895) entstand begreiflicherweise sofort die Vorstellung, alle Teile des menschlichen Körpers darstellen zu können. Im Bauchraum, der ohnehin nach dem Skelettsystem und dem Thoraxraum als letzte Region durch die Röntgenstrahlen erschlossen wurde, konnten nach der Kontrastierung des Magen-Darm-Traktes (1923) die abführenden Gallenwege bzw. die Gallenblase zunächst durch die Perkutane Transhepatische Cholangiographie (Huard u. Do-Xuan-Hop 1937) dargestellt werden, später durch die Entwicklung lebergängiger Kontrastmittel auch durch die intravenöse Kontrastmittelapplikation (Frommhold 1961).

Nur das Pankreas verblieb beharrlich Terra inexplorata. Das hatte natürlich seinen Grund: Das Pankreas ist ein schmales, relativ kleines Gebilde, das versteckt hinter dem Magen und teilweise vor der Wirbelsäule bzw. der linken Niere liegt, und keinen Schatten im Röntgenstrahl hervorruft.

Man hat deshalb schon früh versucht, in Analogie zur Ausscheidungsurographie und Cholezystographie ein Agens zu injizieren, das das Gangsystem der Bauchspeicheldrüse darstellt (Drinker et al. 1927), (Shapiro 1957, 1968). Auch weitere Versuche zur transvenösen Pankreasgangdarstellung durch Silvermann u. Hill (1963) und Ledoux-Lebard et al. (1964) erbrachten keine verwertbaren Ergebnisse. Letzteres trifft auch für Versuche zur Refluxpankreatikographie zu, bei der das Pankreasgangsystem durch Verlegung der Papilla Vateri mit einer Ballonsonde bei intravenöser Cholangiographie oder durch Überdruck des Kontrastmittels zwischen zwei im Zwölffingerdarm liegenden Ballonsonden dargestellt werden sollte (Anacker 1949–1955; Stiller 1948; Sanchez San Julian et al. 1952; Wapshaw 1955; Bergkvist 1957; Thal et al. 1959; Hayes 1960).

Man war also von Anbeginn darum bemüht, entweder das Organ selbst oder sein Gangsystem im Röntgenbild darzustellen. Im Bewußtsein dessen wurden mit hoher diagnostischer Ausbeute, jedoch erheblichem Aufwand intraoperative retro- und antegrade Pankreasgangdarstellungen durchgeführt, wie zunächst durch Legér u. Arway (1951), sowie Doubilet et al. (1955), später durch weitere Chirurgen wie Mercardier u. Hepp (1956), Vosschulte (1961) und insbesondere Hess (1969). Der Nachteil dieser ersten „routinemäßigen" In-vivo-Darstellung des Pankreasgangsystems war letztlich der, daß entweder der Zwolffingerdarm zur Sondierung der Papille operativ eröffnet werden mußte oder zur Gangsondierung der Pankreasschwanz zu resezieren war. Die Komplikationsrate war hoch.

Die nächsten Jahre brachten die indirekten Untersuchungen in den Vordergrund. Daneben lief das Bemühen, auf indirektem Wege durch Darstellung der benachbarten Strukturen, der Arterien und Venen, des Magen-Darm-Traktes und des Peritoneal- bzw. Retroperitonealtraumes einen Rückschluß auf Veränderungen im Pankreas zu ziehen.

1947 gelang Olle Olsson erstmals durch Arteriographie, einen Inseltumor nachzuweisen. Dieser Weg wurde dann in späteren Jahren erheblich verfeinert und ausgeweitet.

In all diesem Bemühen und angesichts der bisherigen geringen Erfolge war es ein aufsehenerregendes Ereignis, als Alessandro Vallebona auf dem

Österreichischen Röntgenkongreß 1952 erstmals das Pankreas im Röntgenbild sichtbar vorführte. Das war möglich geworden durch die von ihm entwickelte transversale axiale Stratigraphie, die Macarini u. Oliva (1951) mit einer Gasinsufflation des Peritoneal- bzw. Retroperitonealraumes, des Magens und des angrenzenden Duodenums verbunden hatten.

So erfreulich dieser Fortschritt war, er hatte aber beträchtliche Nachteile: Die gesamte Untersuchung dauerte in der Regel gut 2 h und stellte für den Patienten mitsamt den Gasinsufflationen von Peritoneum, Magen und Duodenum eine erhebliche Belastung dar. Zudem war das Bild des Pankreas verwaschen und kontrastschwach. Oftmals konnte man überhaupt kein verwertbares Bild erzielen. Die Suche nach einer leistungsfähigen, treffsicheren und gut verträglichen Untersuchungsmethode ging also weiter.

Um gerüstet zu sein für die Zeit, in der vielleicht doch einmal eine Darstellung des Pankreasganges intravital möglich werden sollte, haben wir solche Untersuchungen am anatomischen Präparat vorgenommen (Anacker 1949–1955). Hier konnte man in Ruhe und exakt sämtliche Veränderungen des Pankreasgangsystems und der Lazerationen des benachbarten Parenchyms bei der akuten und chronischen Pankreatitis, bei den verschiedenen Formen des Pankreaskarzinoms und beim Papillenkarzinom studieren. Es stellte sich heraus, daß diese so spezifisch waren, um eine Diagnose stellen zu können.

Die nächsten Jahre brachten die indirekten Untersuchungen in den Vordergrund. 1954 zeigten Leroux u. des Scoville, daß die Darstellung von V. lienalis und V. portae, die dem Pankreas dorsal eng anliegen, geeignet sind, Veränderungen an der benachbarten Bauchspeicheldrüse aufzuzeigen. Die Splenoportographie nach perkutaner Milzpunktion oder unter laparoskopischer Sicht fand rasch weite Verbreitung. Man konnte an den Venen Impressionen, Verdrängungen, Thrombosen, Infiltrationen und Verschlüsse mit oder ohne Umgehungskreislauf beobachten. Sie erlaubten zwar den Rückschluß, daß am Pankreas wahrscheinlich ein pathologischer Prozeß vorliegt, da es sich aber um indirekte, von außen auf die Gefäße mitgeteilte Veränderungen handelte, war ihr spezifischer Wert zweifelhaft und somit die Aussagekraft der Splenoportographie eingeschränkt. Zudem war mit dieser Untersuchung ein beachtliches Risiko verbunden: Die perkutane Punktion der Milz, die – ohnehin nicht ganz einfach durchzuführen – möglichst bis zum Milzhilus reichen sollte, konnte zur gefürchteten zweizeitigen Milzruptur führen. Um diese Gefahr zu verringern, mußte die Punktur in Atemstillstand durchgeführt werden. Dadurch stand die Untersuchung, bei der ja eine Serie von Verlaufsbildern aufgenommen werden mußte und die unter Durchleuchtungskontrolle stattfand, unter einem erheblichen Zeitdruck. Verbessert wurde die Situation, nachdem man die gesamte Untersuchung in Vollnarkose durchführte und anstelle der Punktionsnadel einen Katheter verwandte. Trotzdem blieb ein gewisses Restrisiko. Dieses wurde erst in späteren Jahren beseitigt, in denen man dazu überging, die venöse Phase der simultanen Arteriographie von A. coeliaca und mesenterica superior als indirekte Splenoportographie durchzuführen, oder nachdem man transhepatisch vorging und das Kontrastmittel durch einen Katheter in das portale Venensystem injizierte.

1955 führte Liotta mit der „Duodénographie hypotonique" eine weitere indirekte Pankreasuntersuchung ein. Das Duodenum wurde durch ein Spasmolytikum in seinem Tonus reduziert und durch Luftinsufflation aufgebläht. Dadurch gelangten seine Wände in innigen Kontakt mit der Oberfläche des Pankreas. An der Ausweitung oder Verengerung der Duodenalschlinge, an umschriebenen Impressionen, Abglättung oder an Aufrauhung der medialen Duodenalwand versuchte man, einen Rückschluß auf Form, Größe und Dignität eines pathologischen Prozesses des Pankreas zu ziehen. Der Methode, die mancherorts überschätzt wurde, hafteten in besonderem Maße die Unzulänglichkeiten einer indirekten Untersuchung, insbesondere die Unspezifität ihrer Aussage bei ohnehin eingeschränkter Trefferquote an.

Einen wichtigen Fortschritt brachte 1963 die selektive, simultane Arteriographie der A. coeliaca und mesenterica superior, und später die superselektive Arteriographie der Pankreasarterien durch Rösch u. Bret (1963, 1971). Sie war möglich geworden durch die Pionierarbeiten auf dem Gebiet der Arteriographie von Seldinger und von Ödman (1952) sowie von Boijsen (1966) aus der Schule Olssons. Durch eine bis 1971 immer weiter verfeinerte Technik gelang es, nicht nur die Äste der A. coeliaca und mesenterica superior, sondern auch die kleineren Pankreasarterien gezielt zu sondieren und mit Kontrastmittel darzustellen. Gleichzeitig war von seiten der Industrie eine erhebliche Verbessung der notwendigen Geräte bis hin zur Bildverstärkerfernsehdurchleuchtung und zur automatischen Serienaufnahmegeräten vollzogen worden. Auf diese Weise konnten nicht nur die dem Pankreas benachbarten Arterien im Sinne einer indirekten Untersuchung, sondern auch die im Inneren der Bauchspeicheldrüse gelegenen kleinen und kleinsten Arterien im Sinne der so erwünschten direkten Untersuchung des Organs erfaßt werden. Man konnte Veränderungen, glatte Einengungen und Deformierungen der peri- und intrapankreatischen Arterien vor allem bei der mit einer Volumenvergrößerung einhergehenden Pankreatitis und bei Pseudozysten feststellen.

Die schon 1947 von Olsson beobachtete arteriographische Kontrastierung der Inselzelltumoren wurde als konstanter Befund routinemäßig bestätigt. Hier erwies sich die Arteriographie als besonders wichtig, weil sie auch solche Tumoren nichtinvasiv aufdeckte, die der Inspektion bei der Erstoperation entgangen waren.

Beim Pankreaskarzinom fanden sich neben Verdrängungen auch unregelmäßige Stenosierungen und Verschlüsse der Arterien. Je nachdem, ob diese Veränderungen mehrheitlich die extra- oder intrapankreatischen Arterien befallen hatten, konnten bis zu einem gewissen Grade Rückschlüsse auf die Ausdehnung des Tumors gezogen werden. Eine exakte Aussage über eine voraussichtliche Operabilität bzw. Inoperabilität konnte allerdings nicht gemacht werden, es sei denn, es stellten sich in der Spätphase der Arteriographie Infiltrationen oder Verschlüsse der splenoportalen Venen oder eine nicht sanierbare Metastasenleber dar.

Die Jahre 1969, 1970 und 1971 waren für die Pankreasdiagnostik von besonderer Bedeutung, weil die direkte Untersuchung einer ihrer Organstrukturen selbst möglich wurde, nämlich die Darstellung des Pankreasganges. In Japan war die Entwicklung zum Glasfiberendoskop herangereift. Sie erlaubte die Einführung des Gerätes bis in den absteigenden Duodenalschenkel und dort die Einstellung der Papilla Vateri. Unter endoskopischer Kontrolle konnte ein feiner Katheter in die Papille eingeführt und unter Röntgendurchleuchtungskontrolle Kontrastmittel in den Ductus pancreaticus und in den Choledochus eingespritzt werden. Oi (1969) und Takagi et al. (1970) waren die Ersten, denen diese schwierige Manipulation in klinisch relevanter Frequenz gelang. Von röntgenologischer Seite haben wir selbst die Untersuchung, nach deren Möglichkeit wir so lange vergeblich gesucht hatten, sofort übernommen (Anacker et al. 1971) und bald konnten wir umfangreiche Erfahrungen mitteilen. Der Pankreasgang spiegelt als zarte Innenstruktur die pathologischen Prozesse der exkretorischen Drüse zuverlässig wider. Die Veränderungen, die er dabei erfährt, waren bereits durch Kontrastfüllungen an anatomischen Präparaten (s. oben) bekannt. Sie haben in ihrer Aussagekraft

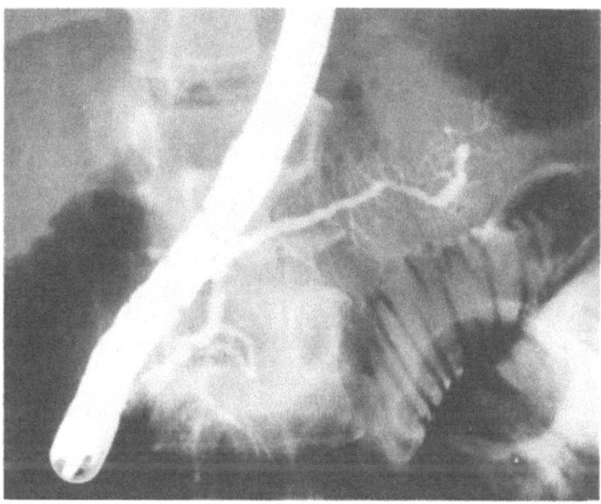

Abb. 1. Konturunregelmäßigkeiten des Ductus pancreaticus, insbesondere im Bereich des Pankreasschwanzes durch bindegewebigen Umbau des Parenchyms als Folge der chronischen Pankreatitis

durch die jetzt möglichen intravitalen endoskopischen Untersuchungen ihre Bestätigung gefunden.

Bei der beginnenden chronischen Pankreatitis finden sich am Hauptgang und gelegentlich an seinen Nebenästen nur leichte Wandunregelmäßigkeiten (Abb. 1), später Kaliberschwankungen des Ductus Wirsungianus und Unregelmäßigkeiten an den kleinen Nebenästen. Im fortgeschrittenen Stadium ist das Krankheitsbild am Gangsystem voll ausgebildet. Der Hauptbefund ist ein unregelmäßiger Verlauf und eine Ektasie des Ductus Wirsungianus, die mit einer oder mehreren Stenosen einhergehen (Abb. 2). Liegt eine solitäre Stenose (Abb. 3) bei allgemeiner Ektasie vor, so ist die Unterscheidung zum Pankreaskarzinom schwierig. Sie kann nur getroffen werden, wenn andere charakteristische Entzündungszeichen vorhanden sind.

Häufig ist bei der chronischen Pankreatitis auch der intrapankreatische Abschnitt des Ductus choledochus in Form einer typischerweise glattwandigen konzentrischen Stenose („Röhrenstenose") mitbefallen. „Steine" innerhalb des Pankreasganges kommen häufig vor. Sie machen sich an rundlichen oder länglichen Kontrastaussparungen kenntlich, die zusammen mit der Nativaufnahme des Abdomens zu werten und zu orten sind.

Das lebensbedrohende Krankheitsbild der nekrotisierenden Pankreatitis führt zur Andauung von Gängen, zum Austritt von Pankreassekret in das umliegende Drüsenparenchym und zur Bildung von nekrotischen Höhlen, letztlich großen Pseudozysten. Das zur Pankreatikographie instillierte

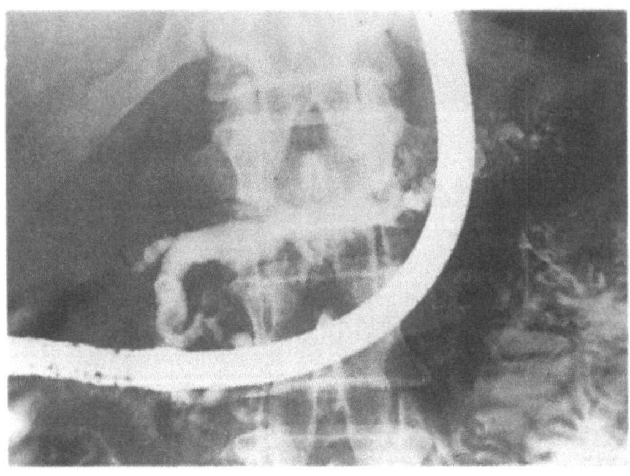

Abb. 2. Generalisierte Erweiterung des dargestellten Gangsystems der Bauchspeicheldrüse mit Reduzierung der Seitengänge. Organschrumpfung infolge des Parenchymverlustes und teilweisen Ersatz durch Bindegewebe

Abb. 4. Verengung des Ductus pancreaticus mit Zerstörung von Seitengängen durch ein Karzinom; Lakunenbildung, Extraduktate, prästenotische Gangerweiterung

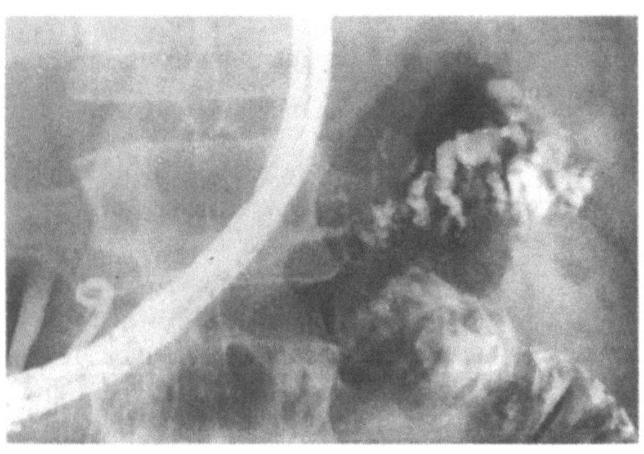

Abb. 3. Solitäre Gangstonose am Übergang zum Pankreasschwanz. Ausgeprägte prästenotische Gangerweiterung, entstanden durch den Sekretionsdruck der Bauchspeicheldrüse

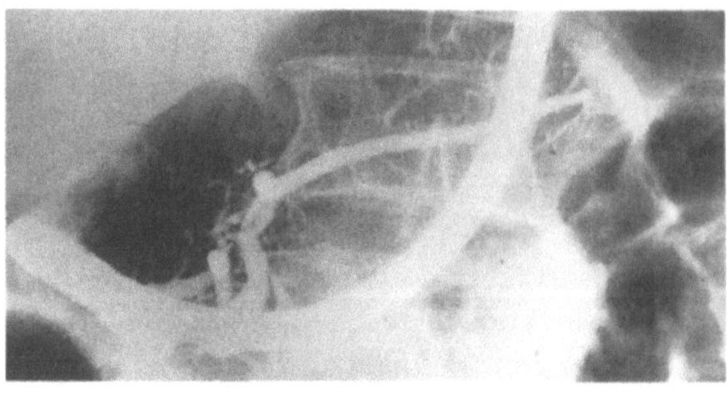

Abb. 5. Abrupter Verschluß des Ducuts pancreaticus am Übergang vom Körper- zum Schwanzbereich durch ein Karzinom

Kontrastmittel zeichnet diesen Weg nach und stellt so die Läsion dar, deren Zahl, Lokalisation und Ausdehnung exakt festgelegt werden kann. Dadurch können Art und Ausmaß einer möglichen Operation vorher abgeschätzt werden.

Das Pankreaskarzinom gibt sich am Gangsystem am häufigsten durch eine solitäre unregelmäßige Stenose des Hauptganges (Abb. 4) mit oder ohne prästenotische Dilatation oder einen kompletten Verschluß des Ductus Wirsungianus (Abb. 5) mit gelegentlicher Destruktion kleiner Nebenäste zu erkennen. Finden sich kleine mit Kontrastmittel gefüllte Lakunen, so kann oft nicht unterschieden werden, ob diese Destruktionszonen einen Tumorzerfall oder peptischen Nekrosen bei der Pankreatitis entsprechen. Da das Karzinom am häufigsten im Pankreaskopf gelegen ist, kommt es am Ductus choledochus nicht selten zu einer glatten, häufiger jedoch unregelmäßigen Einengung, die allerdings nicht immer eine sichere Differentialdiagnose gegenüber den Folgen einer Pankreatitis erlaubt.

So erfolgreich die endoskopische Pankreatikocholangiographie für die Pankresdiagnostik auch gewesen ist, einzelne diagnostische Schwierigkeiten konnten mit ihr allein nicht gelöst werden. Dazu bedurfte es der Erfassung des Gesamtorgans im Röntgenlicht, die dann mit einer leicht reproduzierbaren und den Patienten nicht belastenden Methode 1976 erfolgte (Haaga et al. 1976; Kreel et al. 1977; Sheeny et al. 1977). Fußend auf der bahnbrechenden Erfindung Hounsfields brachte der Siegeszug der Computertomographie gerade für die Diagnostik der Bauchspeicheldrüse einen wichtigen Baustein zur vollständigen und allen Anforderungen genügenden Erfassung dieses lange Jahre so verborgenen Organs. Ohne Risiko konnte jetzt mühelos bei einer Pankreatitis die Vergrößerung des Organs, sein Ödem, evtl. Nekrosezonen und Flüssigkeitsaustritte in die verschiedensten Regionen bzw. Pseudozysten mit einer Sicherheit erkannt werden, die zur diagnostischen Zuordnung des entzündlichen Prozesses in hohem Maße ausreichte. Durch die Möglichkeiten der Dichtemessung ist der Radiologe nunmehr in der Lage, zwischen fester Organsubstanz, gashaltigen, also abszedierenden Prozessen, und seröser bzw. blutiger Flüssigkeit zu unterscheiden. In ähnlicher Weise wie bei der endoskopisch retrograden Pankreatikocholangipgraphie können dadurch für die Planung der Tharapie wichtige Feststellungen getroffen werden. Das gleiche gilt für die computertomographische Diagnostik von Pankreastumoren. Hier ist es vor allem die umschriebene Vergrößerung der Organs selbst oder ein auf die Nachbarschaft übergreifender diffuser Tumor. Liegt der Tumor im Pankreaskopf, so ist fast immer auch der Ductus choledochus eingeengt. Gerade die Aufdeckung der Beteiligung benachbarter Organe, durch die viele klinische Symptome erklärt werden können, betont den besonderen Wert der Computertomographie. Durch die Möglichkeit des Nachweises von Leber- oder Lymphknotenmetastasen erhöht sich die diagnostische Sicherheit zusätzlich.

Der Wunsch der Radiologen, einerseits unter Optimierung der diagnostischen Möglichkeiten die damit verbundene Belastung der Patienten zu reduzieren, andererseits mit der Diagnostik auch direkte therapeutische Eingriffe vorzunehmen, hat dazu geführt, daß die Entwicklung der pankreasspezifischen Untersuchungsmethoden nicht stehengeblieben ist. Die klinisch-radiologische Forschung und die geräteseitige Weiterentwicklung haben bewirkt, daß die Methoden diagnostisch verfeinert und bezüglich ihrer Indikationen neu bewertet wurden.

Die Darstellung der Pankreasaterien und angrenzenden Venen wird heute fast ausschließlich in Form der digitalen Subtraktionsangiographie durchgeführt, die Bilder also elektronisch gewonnen. Dies bedeutet für den Patienten Untersuchungen mit erheblich dünnlumigeren Kathetern und geringeren Kontrastmittelmengen, was bereits methodisch zu einer deutlichen Reduzierung des Komplikationsrisikos führte. Der geringe Verlust der räumlichen Bildauflösung wird durch die elektronische Bildnachbearbeitung und die Dynamisierung der Aufnahmeserie vollständig ausgeglichen. Allerdings spielt die Pankreasangiographie differentialdiagnostisch infolge der hohen Treffsicherheit der Ultrasonographie, der Computertomographie sowie der endoskopischen Pankreatikocholangiographie nur noch eine untergeordenete Rolle, was das „exkretorische“ Pankreas, also die Hauptmasse der Bauchspeicheldrüse, betrifft, nicht jedoch für die Aufdeckung und Lokalisierung von Inselzelltumoren. Die Hauptindikation für die Angiographie ist derzeit der präoperative Nachweis oder Ausschluß fehllaufender Arterien, bzw. der Infiltration der großen arteriellen und venösen peripankreatischen Gefäße.

Die endoskopische Pankreatikocholangiographie hat sich über die rein diagnostische Seite zu einer therapeutischen Methode weiterentwickelt. Um 1974 (Classen u. Demling) ist es gelungen, die Papilla Vateri durch endoskopisch einführbare Instrumente aufzuschneiden (Papillotomie), ein therapeutisches Vorgehen, das die Behandlung insbesondere von Gallengangssteinen und damit auch gelegentlich der akuten Pankreatitis entscheidend verändert hat. Papillotomie und Steinentfernung über den endoskopischen Weg sind heute die Therapie der Wahl.

Soehendra (1979) hat die endospkopische Drainagetechnik der Gallenwege entwickelt. Diese neuen Techniken – Papillotomie und endoskopische Drainage – haben auch zur endoskopischen Entlastung von Sektretabflußstörungen der Bauchspeicheldrüse beigetragen, so daß es heute möglich ist, Pankreasgangstenosen palliativ, gelegentlich auch kurativ durch die Einlage einer Drainage zu schienen (Abb. 6).

Die Computertomographie wurde insofern entscheidend weiterentwickelt, als nunmehr neben hochauflösenden Untersuchungen (High resolution-CT), Einzelschichten im Millimeterbereich hergestellt werden können, die durch die konsekutive hohe Auflösung eine noch genauere Unterscheidung der innerpankreatischen Strukturen zulassen. Die neueste technische Entwicklung im Bereich Computertomographie ist die sich permanent um den Patieten drehende Röntgenröhre bei konstantem Tisch- bzw. Patientenvorschub (sog. Spiral-CT-Untersuchungen), mittels der ganze Organbereich – so auch das Pankreas – in einem einzigen Atemstillstand schichtweise dargestellt werden können, so daß bisher vorhandene Lücken zwischen den CT-Schichten praktisch ausgeschlossen sind. Inwieweit sich weitere Untersuchungsprogramme, wie computertomographische dreidimensionale Gefäßdarstellung, kinematographische CT-Untersuchungen oder

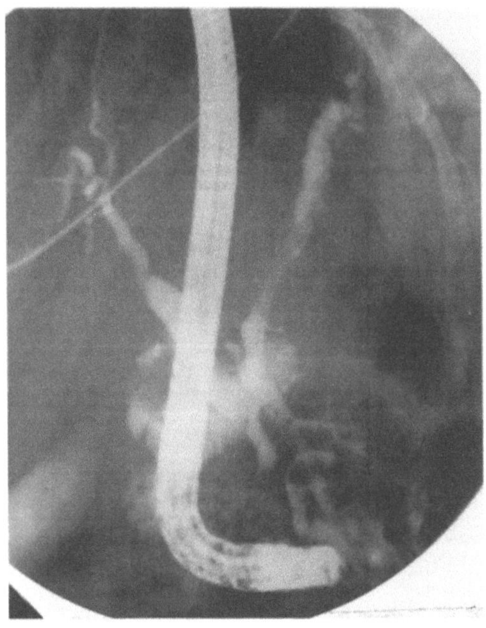

Abb. 6. Zustand nach Einlage einer Drainage in den Gallengang zur Wiederherstellung des Galleabflusses bei Gallengangstenose, entstanden durch eine chronische Pankreatitis

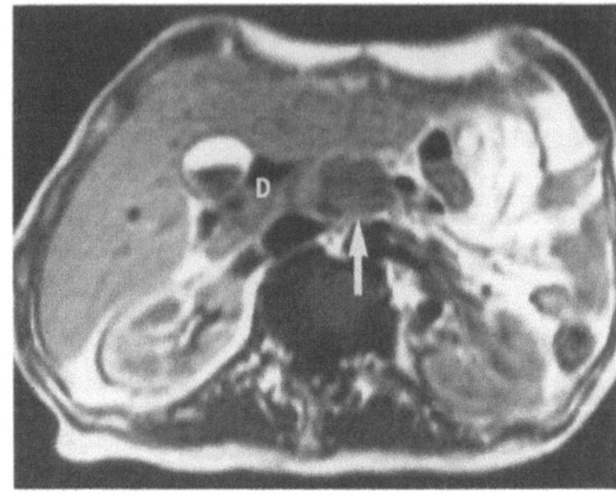

Abb. 7. Magnetresonanztomographie des Pankreas nach intravenöser Gabe eines neuen speziellen Kontrastmittels für Leber und Pankreas (Mangan-Dipyridoxol-Diphosphat) bei Pankreaskarzinom (*Pfeil*). *D* Duodenum

dreidimensionale Organrekonstruktionen, auf die Differentialdianostik der Pankreaserkrankungen auswirken werden, ist noch nicht endgültig absehbar.

Als weiteres bildgebendes Verfahren zur Diagnose von Pankreaserkrankungen hat sich seit Mitte der 70er Jahre die Ultraschalluntersuchung etabliert. Differentialdiagnostisch, aber auch zur Orientierung bei therapeutischen Eingriffen, wie der Drainage von Pankreaspseudozysten, von Abszessen oder peripankreatischen Flüssigkeitsverhaltungen, ist die Sonographie eine hervorragende Komplementärmethode zur Computertomographie.

Als neueste Entwicklung in der Diagnostik und Differentialdiagnostik von Pankreaserkrankungen könnte sich die Magnetresonanztomographie bewähren, wenn es gelingt, schnellere Untersuchungenssequenzen mit hoher räumlicher Auflösung und organspezifische Kontrastmittel zu entwickeln. Untersuchnungen dazu laufen an vielen Zentren. Möglicherweise ist durch das kernspintomographische – für Leber und Pankreas – organspezifische Kontrastmittel Mangan-Dipyridoxol-Diphosphat – an Vitamin B6 gebundenes Mangan –, bereits ein Erfolg absehbar (Abb. 7). Erste experimentelle und klinische Untersuchungen (Gehl et al. 1993) haben ergeben, daß dieses Kontrastmittel sich in der Bauchspeicheldrüse nachweislich anreichert und differentialdiagnostisch zur Unterscheidung von Pankreatitis und Karzinom verwertbar ist. Weitere Untersuchungen zum Verhalten dieses Kontrastmittels im Körper sind allerdings nötig.

Alle dargelegten Untersuchungsverfahren zur Diagnostik der Erkrankung der Bauchspeicheldrüse haben sich zu ihrer Zeit aus der Vorstellung entwickelt, ohne operativen Eingriff und vor der Therapie eine Diagnose zu erhalten, die für den Patienten den sinnvollsten und schonensten Eingriff möglich macht. Die Entdeckung der Röntgenstrahlen als bildgebendes Verfahren war die ausschließliche Grundlage. Die Bauchspeicheldrüse ist heute eines der am besten diagnostizierbaren Organe. Wie allerdings das Beispiel der Kernspintomographie zeigt, ist die Forschung der bildgebenden Diagnostik der Erkrankungen der Bauchspeicheldrüse noch nicht abgeschlossen.

Literatur

Anacker H (1962) Die path. Veränderungen des Pankreasgangsystems im Röntgenbild. Fortschr Röntgenstr 96:456–470

Anacker H, Weiss H-D, Wiesner W, Scholze H (1971) Die Bedeutung der transduodenalen endoskopischen Pankreatrographie. Dtsch Med Wochenschr 96:1764–1765

Bergkvist A, Seldinger SI (1958) Pancreatic reflux in operative cholangiography in relation to pre- and postoperative pancreativ affection. Acta chir scand 114:191–196

Boijsen E (1966) Selective pancreatic angiography. Br J Radiol 39:481–487

Classen M, Demling L (1974) Endoskopische Sphinkterotomie der papilla Vateri und Steinextraktion aus dem ductus choledochus. Dtsch Med Wochenschr 99:496

Doubilet H, Poppel M-H, Mullholland JH (1955) Pancreatography. Technics, principles and observations. Radiology 64:325–339

Drinker KR, Thompson PK, Marsh M (1927) An investigation of the effect of longcontinued ingestion of zinc, in the form of zinc oxide, by cats and dogs, together with observation upon the excretion and storage of zinc. Am J Physiol 80:31–64

Frommhold W (1961) Die Röntgendiagnostik der Gallenwege. Radiol Diagn 2:185

Gehl H-B, Urhahn R, Bohndorf K et al. (1993) Mn-DPDP in MR Imaging of Pancreatic Adenocarcinoma: Initial Clinical Experience. Radiology 186:795–798

Graaf de R (1964) De succo pancreatico. L.B.

Graaf de R (1671) Tractatus anatomico-medicus de succi pancreatici natura et usu. Leiden

Haaga JR, Alfidi JR, Zelck MJ, Meany TF, Boller U, Gonzalez L, Jelden GL (1976) Computer tomography of the pancreas. Radiology 120:589–595

Hayes MA (1960) Operative Pancreatography. Surg Gynecol Obstet 110:404–408

Hess W (1969) Die chronische Pankreatitis Bd VI, Huber, Bern, S 140–150

Huard R, Do-Xuan-Hop (1937) La ponctio trashepatique des canaux biliares. Bull Soc Med Chir Indochine 15:1090

Kreel L, Haertel M, Katz D (1977) Computed tomography of the normal pancreas. J Comput Assist Tomogr 1:290–299

Langerhans M (1886) Beitrag zur mikroskopischen Anatomie der Bauchspeicheldrüse. Imang.-Diss. Berlin

Ledoux-Lebard G, Heitz F, Atlan H, Rosier J, Behar A, Aries M (1964) La pancréatographie par excrétion d'un produit tetrajodé. Presse Med 72:1579–1582

Legér L, Arway N (1951) Pancreatographie pre opératoire. Presse Med 35:735

Leroux GF, De Scoville A (1954) Spleno-portographie transparietale. J Belge Radiol 37:89–137

Liotta D (1955) Pour le diagnostic des tumeurs du pancréas: la duodénographie hypotonique. Lyon Chir 50:455–460

Macarini N, Oliva L (1951) Sur l'insufflation retroperitoneale associée à la stratigraphie tridimensionelle. J Belge Radiol 34:281–297

Mercadier M, Hepp J (1956) L'apport de l'examen radiologique opératoire au cours du traitement chirurgical des affections pancréatiques. Ann Chir 32:725–731

Ödmann P (1958) Percutaneous selective angiography of the coeliac artery. Acta Radiol Suppl 159 (Stockholm)

Oi I (1969) Endoscopic pancreatography by fiberduodenoscope. Jap J Gastroent 66:880–883

Olsson O (1963) Angiographic diagnosis of an islet cell tumor of the pancreas. Acta Chir Scand 126:346–351

Rösch J (1971) Die „superselektive" viszerale Arteriographie. Fortschr Röntgenstr 115:718–725

Rösch J, Bret J (1963) Arteriografie pankreatu. Cs Rentgenol 17:192–199

Sanchez San Julian J, Pascual A (1952) Megias: La imagén colangiográfica del conducto de Wirsung y su significado. Rev esp Enferm Apar dig 2:3–11

Shapiro R (1957) Fluoroscopic sign of pancreatic disease. Am J Dig Dis 2:387

Shapiro R (1968) Radioopacification of the pancreas: A review of experimental efforts. Sem in Roentgenol 3:318–321

Sheeny PF, Stephens DK, Hattery RR et al. (1977) Computed tomography of the pancreas. Radiol Clin North Am 15:349–366

Silvermann J, Hill BJ (1963) Intravenous pancreatography – a negative result. Radiology 81:596–597

Soehendra N, Reynders-Frederix V (1979) Palliative Gallengangsdrainage. Eine neue Methode zur endoskopischen Einführung eines inneren Drain. Dtsch Med Wochenschr 104:206

Stiller H (1948) Ein Beitrag zur röntgenologischen Darstellung des Ductus pancreaticus. Röntgenpraxis 1:18–23

Takagi S, Ikeda S, Nakagawa K (1970) Endoscopic cannulation of the ampulla of Vater. Endoscopy 2:107–115

Thal AP, Goott B, Margulis AR (1959) Sites of pancreatic duct obstruction in chronic pancreatitis. Ann Surg 150:49–56

Vallebona A (1952) La dimostrazione radiologica diretta del pancreas. III. Congr. Europ. Soc. Nation. Gastro-Enterol. Boloqua-Montecatini

Vosschulte K (1961) Chirurgie der chronischen Pankreaserkrankungen. Dtsch Med Wochenschr 86:1369

Wapshaw H (1955) Radiographic and other studies of the biliary and pancreatic ducts. Br J Surg 43:132–141

Wirsung JG (1642) Fig. Duct. pancreat. Padua 1642. Ex Bibl Reg Acad Georgig. Aug. (Göttingen). Zool XII 6136

Herz und Gefäße

Eberhard Zeitler

Das Wissen vor und nach Röntgens Entdeckung

Vor Wilhelm Conrad Röntgens Endeckung und seinem ersten Vortrag über eine neue Art von Strahlen vor der Physikalisch Medizinischen Gesellschaft in Würzburg zur Jahreswende 1895/96 hatten die Entdeckung des Kreislaufs durch William Harvey (1578–1658), die Einführung der Perkussion zur Beurteilung der Herzgröße durch Auenbrugger (1763) sowie die Einführung der Auskultation mittels des Stethoskops durch Laennec (1819) die klinisch diagnostische Analyse von Herz- und Gefäßerkrankungen bestimmt. Zwar war bereits die Digitalisbehandlung der Herzkrankheiten eingeführt und die Angina pectoris durch Roungon aus Besançon als klinisches Krankheitsbild beschrieben worden, aber ihre Ursache war noch unklar. Der Einsatz der Mikroskopie in Anatomie und Pathologie hatte im 19. Jahrhundert das Anwachsen wissenschaftlicher Fakten gefördert und die Systematik angeborener wie auch erworbener Herz- und Gefäßkrankheiten eingeleitet. Die Erfassung intravitaler Morphologie und funktioneller Diagnostik war auf die einfachen klinischen Methoden beschränkt. Die Makropathologie der Herzerkrankungen, wie sie sich postmortal darstellt, mit den Befunden von Hypertrophie und Dilatation der Ventrikel, der Arterio- und Koronarsklerose sowie der Herzinsuffizienz und ihrer Folgezustände, die zum Tode führen, war bekannt. Allein das wissenschaftliche Werk Virchows belegt dies mit der Beschreibung der Herzmuskelschwäche, der fettigen und hyalinen Degeneration der Herzmuskelfasern und der tiefen Beinvenenthrombose.
Auch die peripheren Durchblutungsstörungen wurden im wesentlichen durch histologische Kriterien neben den Zeichen der Ischämie und Gangrän charakterisiert. Die Bürgersche oder Bürger-Winiwartersche Erkrankung ist ein typisches Beispiel für die Entwicklung der Krankheitsdefinition (Diehm 1994). Der Herzinfarkt und seine Ursache – der Koronararterienverschluß – wurde vermutet, war aber keineswegs bewiesen worden. Die verschiedenen Einflußfaktoren zwischen Angina pectoris und Koronarsklerose sowie die Möglichkeit einer objektiven in-vivo-morphologischen Diagnostik waren nicht erkennbar. Dementsprechend waren gezielte Ansätze einer kausalen Therapie weder für die Angina pectoris noch für den Myokardinfarkt existent.
Die pathologisch-anatomische Konferenz war um die Jahrhundertwende und bis in die Mitte des 20. Jahrhunderts der wichtigste Kommunikationsort der Ärzte mit unterschiedlich orientiertem Erkenntnisdrang. Auch an der Wende zum 21. Jahrhundert ist die postmortale Klärung der Todesursache und die Suche nach feinmorphologischen und biochemischen Befunden, welche das jeweilige Krankheitsbild erhellen, unersetzbarer Teil der wissenschaftlichen Medizin. Die Pathologie ist aber in ihrem Streben nach Erkenntnis an den Tod des Organismus, das entnommene Organ, Gewebe oder Zellmaterial gebunden.
100 Jahre später ist die tägliche Röntgenkonferenz der entscheidende Kommunikationsort zum interdisziplinären Austausch der individuellen Resultate von klinisch-ärztlicher Untersuchung, hämodynamisch-physikalischen Fakten, Laborparametern und den nativen und invasiven radiologischen Untersuchungsergebnissen mit bildgebenden Systemen geworden. Die Erfassung der Ursachen von Myokardinfarkt, Angina pectoris, angeborenen und erworbenen Herzfehlern, der Herzinsuffizienz in ihren Frühstadien, deren Rückwirkungen auf die Lungenstrombahn sowie viele hämodynamische Erkenntnisse wurden erst durch die Untersuchungsverfahren mit Röntgenstrahlen möglich.
Der historische Rückblick über das 20. Jahrhundert offenbart die Hilflosigkeit der Ärzte im Handeln während des 19. Jahrhunderts und macht sogleich deutlich, warum jede medizinische Fachrichtung glaubt, nicht ohne die Röntgendiagnostik und die sich aus ihr immer weiter entwickelnde In-vivo-Bildanalyse auszukommen.

Was waren die historischen Schritte?

Zuerst Röntgenaufnahmen und Durchleuchtungen, danach Kontrastmitteluntersuchungen, schließlich invasive Diagnostik und interventionelle Therapie mit Hilfe der Röntgenstrahlen. Bereits 1 Jahr nach der Entdeckung der Röntgenstrahlen hatten Haschek und Lindenthal ein erstes postmortales Angiogramm an einer Hand mit Teichmannscher Lösung dargestellt. Gleichartige Untersuchungen folgten an verschiedenen Gefäßregionen und belegten, daß die Möglichkeit zur Lehre des Gefäßsystems am besten an Aufnahmen möglich ist, die durch postmortale Kontrastfüllung und anatomische Dokumentation mit Röntgenstrahlen gewonnen wurden. 1897 wurden von Beclère durch Röntgenaufnahmen und Röntgendurchleuchtung Aneurysmen der thorakalen Aorta, sowie die Dextrokardie und andere Veränderungen der thorakalen Aorta beschrieben. Holzknecht publizierte 1901 seine Monographie über die röntgenologische Diagnostik der Erkrankungen der Brusteingeweide und Moritz 1902 seine orthodiagraphische Methode zur Herzgrößenbestimmung. Spezielle Aufnahmetechniken wie die Teleröntgenographie (Köhler 1908) bzw. die Abstandstechnik des Thorax zur Diagnostik der Herz- und Gefäßerkrankungen wurden von Groedel (1912) publiziert. Die wesentlich exaktere Bestimmung von Herzgröße und Herzform mittels der Röntgenaufnahme und Röntgendurchleuchtung gewann in den ersten Jahrzehnten unseres Jahrhunderts eine weit stärkere Bedeutung und hat die Perkussion der Herzgröße in ihrer Wertigkeit heute zunehmend relativiert.

Quantitative Bestimmungen von Herzabständen, Herzvolumina und schließlich Herzvolumen-Gewichts-Index gewannen in den folgenden Jahrzehnten eine große Bedeutung sowohl für die Diagnostik als auch für die Therapiekontrolle. Den Höhepunkt bildete die präzise Definition des Sportherzens durch Reindell (1939). Parallel zu diesen Untersuchungen der Herzgröße wurde zunehmend den Bewegungsvorgängen des Herzens besondere Aufmerksamkeit geschenkt. Die rein analytische Beobachtung am Durchleuchtungsschirm war schließlich nicht ausreichend und es kam zur Entwicklung der Flächenkymographie (Stumpf 1931) sowie deren Weiterentwicklung zur Elektro- und Videokymographie als objektive Parameter zur Erfassung spezieller Bewegungsstörungen des Herzens. Zu diesen gehörten insbesondere Herzrhythmusstörungen, die Klappenfehler, Aorteninsuffizienz, Aortenstenose und die Erkennung der kongenitalen Vitien mit Links-rechts-Shunt. Systematische Darstellungen von Zdansky belegten die Vielzahl systematischer und kasuistischer Untersuchungen mit ihrem Einfluß auf die klinische Wertigkeit. Nach Einführung des Seitengalvanometers von Einthoven (1903) nahm die systematische Analyse des in vivo abgeleiteten Elektrokardiogramms mit gleichzeitiger Interpretation der Thoraxaufnahme und Durchleuchtung an Bedeutung zu. Kraus u. Nikoley (1910), später Korth (1941) sowie Boden (1952) belegen die Bedeutung von kombinierter Bewertung der Elektrokardiographie und Röntgenuntersuchung der Thoraxorgane bei der Interpretation angeborener und erworbener Herzerkrankungen (Brugsch 1963).

Kontrastuntersuchungen von Herzhöhlen und Gefäßsystem

Obwohl bereits kurz nach Roentgens Entdeckung das erste postmortale Angiogramm publiziert war (Haschek u. Lindenthal 1896), dauerte es noch ein halbes Jahrhundert, bevor systematische Angio- und Angiokardiographie, aber auch Phlebographie und Lymphographie, Verfahren für die klinische Routinediagnostik wurden. So hatten Berberich und Hirsch 1923 in ersten Ergebnissen gezeigt, daß sich Venen und Arterien unter der Röntgendurchleuchtung kontrastieren lassen (Abb. 1). Sie hatten verschiedene Lösungen von Halogenverbindungen auf ihre Darstellbarkeit und Verwendbarkeit erprobt. Sicard u. Forestier (1923) hatten zu dieser Zeit bereits mit Jodölen Hirnarterien dargestellt, und Brooks (1924) in USA publizierte die erste verwertbare Arteriographie von Beinarterien mit einer Natriumjodidlösung.

Richtungweisend waren die Forschungsergebnisse der venösen Herzkatheterisation, die transbrachial im Selbstversuch durch Forssmann (1929) erfolgte, der die erste Darstellung der rechten Herzkammer mit einem transbrachial eingeführten Kontrastmittel ausführte. In therapeutischer Absicht hatte schon 1912 Bleichröder im Selbstversuch die Möglichkeit der Katherisation des rechten Herzens erprobt und publiziert. Von diesen Untersuchungen hatte Forssmann keine Kenntnis.

Tierexperimentelle Untersuchungen in den frühen 30er Jahren haben der Aortographie, Kardangiographie, ja sogar der Koronarangiographie, erste Impulse gegeben und ließen dabei die röntgenologische In-vivo-Diagnostik immer wahrscheinlicher werden. Postmortale Kontrastierungen von allen Gefäßabschnitten hatten bereits

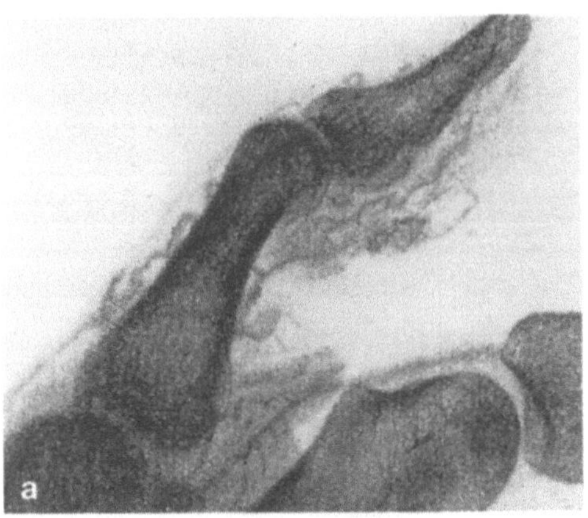

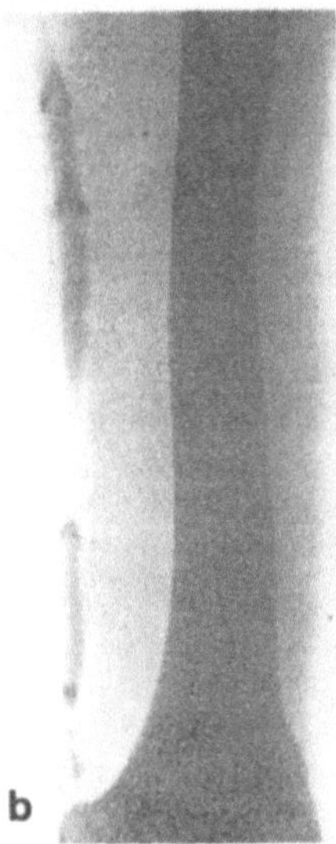

Abb. 1a, b. Erste Gefäßdarstellungen mit wasserlöslichen Kontrastmitteln am lebenden Menschen (Berberich 1923; J. und S Hirsch). **a** Arterien des Daumens, **b** Armvene mit Klappen

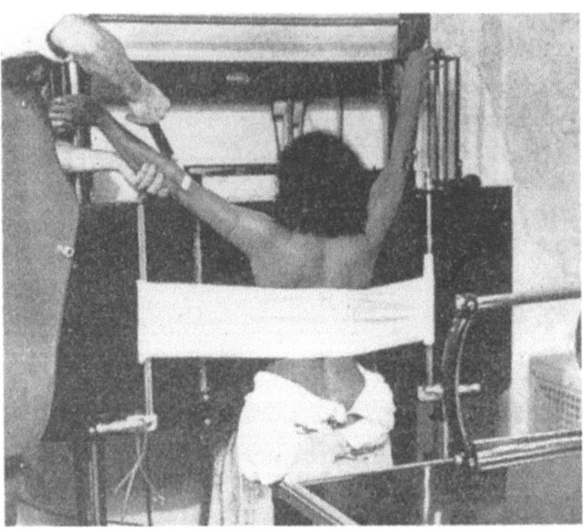

Abb. 2. Patientenpositionierung zur intravenösen Kardangiographie (Herz und Aorta thoracalis) – „Steinberg-Angiographie“ mit Diotrast. (Robb u. Steinberg 1938)

1904 erkennen lassen, daß Gefäßausgußpräparate, welche röntgenologisch dokumentiert wurden, die beste Möglichkeit für die Dokumentation der Gefäßanatomie sind und daß diese auch eindeutige makroskopisch präzise Informationen über das Ausmaß gefäßobliterierender Veränderungen geben können (Spalteholz 1924; Stolte 1981). Nuvoli (1936) hat die perkutane Punktion des linken Ventrikels und die Lävokardiographie postuliert. Rousthöi (1933) hatte gezeigt, daß eine Darstellung der Koronararterien mit einem Katheter, der in die Aorta vorgeführt wird, gelingen könnte.

Die Einführung der ersten besser verträglichen, wasserlöslichen jodhaltigen Kontrastmittel (Uroslektan B, Diodrast) eröffneten die Möglichkeit, röntgenologische Gefäßdarstellungen klinisch in vivo mit abschätzbarem Risiko einzusetzen.

So wurde 1929 von Ratschow die Kontrastdarstellung von Varizen publiziert und die abdominale Aorta unter gleichzeitiger Darstellung der Nierenarterien von Dos Santos (1929) auf dem Wege der translumbalen Aortographie Realität. Nach dem Ende des 2. Weltkrieges, zu einem Zeitpunkt, da auch die Anästhesie weiter entwickelt war, und die Gefäßchirurgie, wie die Herzchirurgie erste Schritte wagten, wurde das Bedürfnis für eine präzise präoperative Diagnostik immer größer. In diesem Zeitraum wurden viele angiographische Darstellungen mit verschiedenen Gerätetechniken und mit dijodierten Kontrastmitteln dokumentiert. Dabei war entweder die sog. intravenöse Steinberg-Technik (1938, 1939) (Abb. 2), die Nadelangiographie translumbal (Abb. 3) (Dos Santos 1929) oder durch Punktion in der Leiste, am Arm oder Hals zum Einsatz gekommen.

Die Steinberg-Technik bestand in einer beidseitigen Injektion von Kontrastmittel in die Kubitalvene mit hohem Druck und ermöglichte sowohl die Darstellung von Herzkammern, Pulmonalarterien, Aorta und den Hauptstämmen im Abdominal- und Thorakalbereich. Mit dieser Technik, die analog bei Kindern zur Diagnostik von angeborenen Vitien von Casteilanos u. Pereiras (1937) eingeführt wurde, waren die Voraussetzungen für die ersten operativen Behandlungen von Vitien gegeben. Mit der intravenösen Steinberg-Angiographie konnten insbesondere Aneurysmen der Aorta thoracalis und abdominalis, die Coarctatio aortae und der offene Ductus arteriosus Botalli

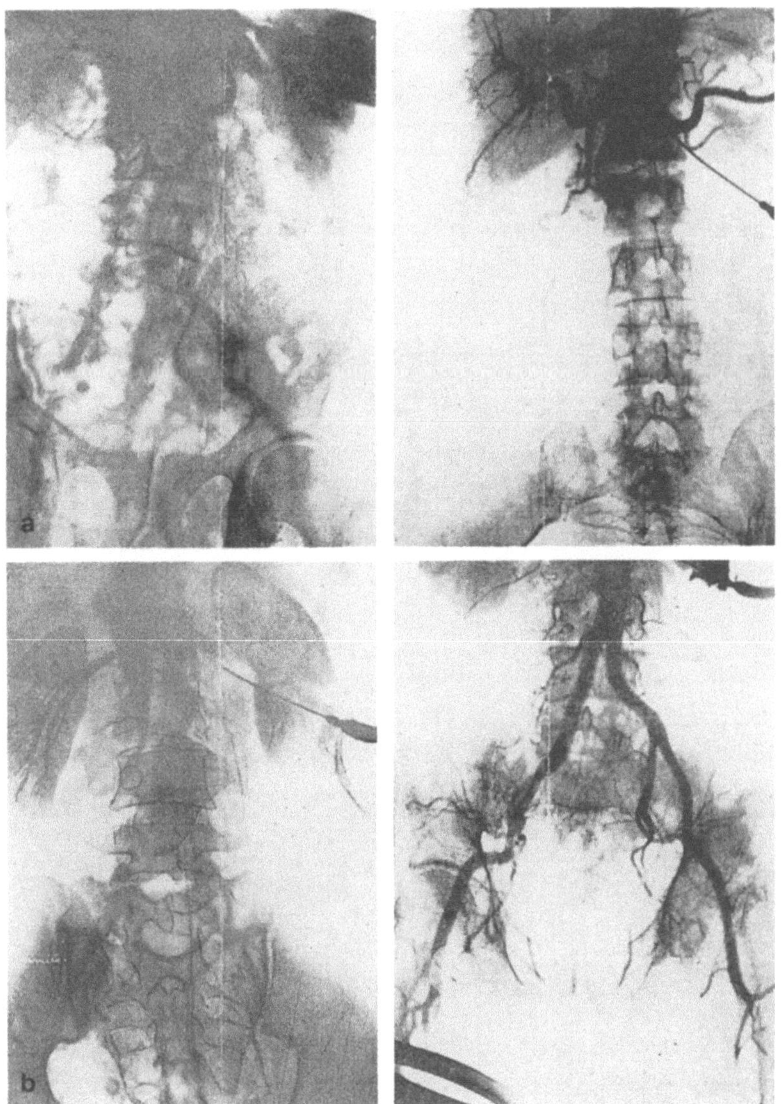

Abb. 3a, b. Erste Dokumente zur translumbalen Aortoarteriographie mit Natriumjodid (Dos Santos et al. 1929). **a** Truncus coeliacus, **b** Aortoarteriographie; Beckenarterien

dargestellt werden. Diese gehörten zu den ersten erfolgreich operierten kongenitalen Fehlbildungen. Die parallel dazu immer häufigeren Rechtsherzkatheterisationen nach Venae sectio vom Arm aus, führten zu einer immer präziseren Diagnostik der kongenitalen Vitien und eröffneten ihre chirurgische Therapie. So führten insbesondere die gemeinsamen Bemühungen des Chirurgen Blalock und der Kinderärztin Taussig (1945) zu einer erfolgreichen Therapie der „blue babies".

Die systematischen Studien mittels Herkatheter, EKG, Thoraxaufnahmen und Angiokardiographien waren die Voraussetzungen für Standardwerke, wie z. B. von Abbott als *Atlas der kongenitalen Vitien* und das von Dotter u. Steinberg (1950), welche die Anwendung der intravenösen Angiographie und Angiokardiographie monographisch dokumentierten. Spätere Darstellungen folgten von Beyer, Loogen, Walter (1967), Abrams (1983), Amplatz (1986) und anderen, sowie in den Handbüchern für Radiologie und die innere Medizin.

In der gleichen Weise, wie Angiographie und Herzkatheter die Therapie der angeborenen Vitien in ihrer Entwicklung nachhaltig befruchteten, so waren die Aorto- und Arteriographie für die Entwicklung der Gefäßchirurgie bedeutungsvoll. Das ausgedehnte wissenschaftliche Werk von De Bakey (1959) und seiner Schule haben

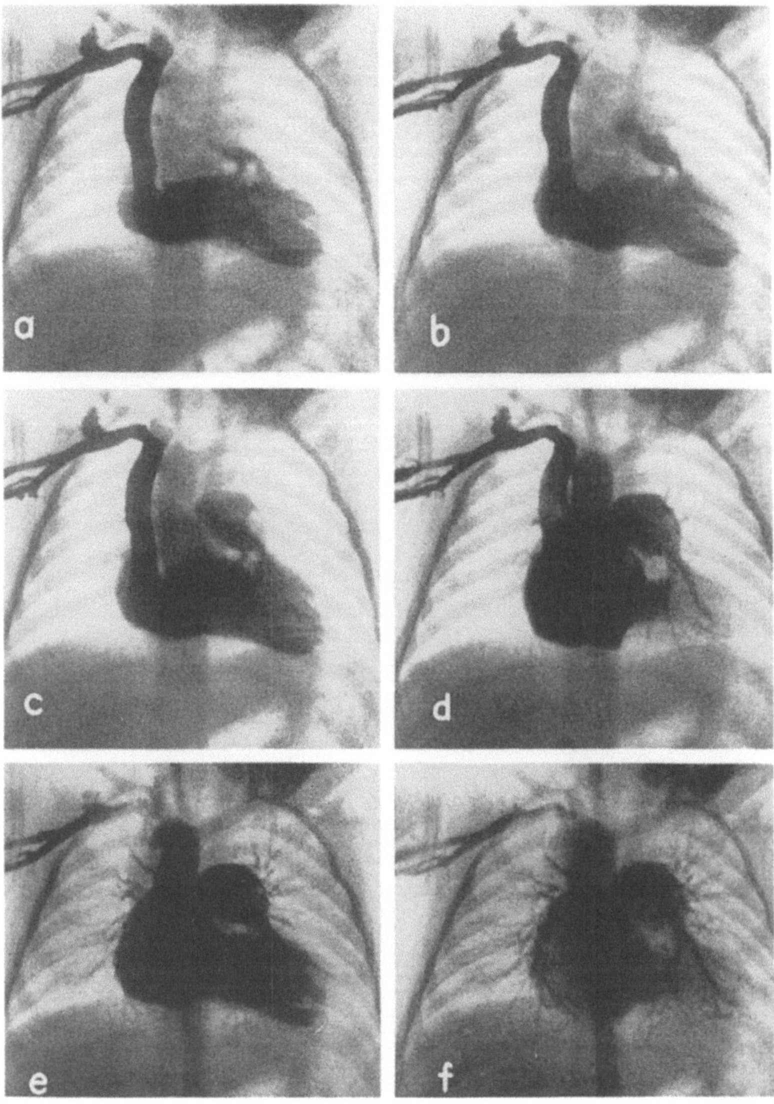

Abb. 4a–f. Angiokardiographie mit Bildverstärkerkinematographie bei einem Kind mit Fallot-Trilogie und hoher Rechtslage der Aorta. (Aus Janker 1954)

aufgrund angiographischer Darstellungen die systematische chirurgische Therapie von Aortenaneurysmen, Aortendissektionen, wie auch die Therapie der zentralen Aortenverschlüsse und Aortenrekonstruktionen erst ermöglicht. Dabei diente die Angiographie, die zu diesen Zeitpunkt entweder mit Rollfilm oder Blattfilmwechsler ausgeführt wurden, nicht nur zur präoperativen Diagnostik und zum Ausschluß einer operativen Erkrankung, sondern war darüber hinaus bereits zu diesem Zeitpunkt als postoperatives Korrektiv und Möglichkeit einer Qualitätskontrolle der operativen Techniken eingesetzt worden.

So waren es insbesondere die Entwicklung von immer besseren und weniger toxischen Kontrastmitteln und die Verbesserung der Angiographiegeräte mit ihrem Zubehör, welche die technischen Möglichkeiten der Diagnostik stärker den praktischen Gegebenheiten einer wenig risikobeinhaltenden Therapie anpassten (Speck 1971; Schmiedel 1980; Rose 1983; Peters und Zeitler 1991).

In Bonn hat Janker (1954) systematische Entwicklungsarbeit geleistet. Er hat sowohl spezielle Kassettenwechsler für die abdominale und Beinangiographie entwickelt, als auch für die Röntgenkinematographie (Abb. 4) die wesentlichen Entwicklungsarbeiten geleistet. Seine bedeutenden Arbeiten zur Röntgenkinematographie waren auch Grund dafür, daß er der einzige Deutsche war, der zu einem Referat auf dem ersten Röntgenkongreß nach dem 2. Weltkrieg nach Mexiko eingeladen war.

Seine Zusammenarbeit mit dem Gefäßchirurgen Pässler führte zu ersten systematischen Untersuchungen und Darstellungen der Becken- und Beinarterien in einer Sitzung mit einer Kassettentrommel und 6 Kassetten von 30×90 cm Länge. Damit konnte lückenlos das arterielle Gefäßsystem von der Aortenbifurkation bis zu den Unterschenkelarterien dargestellt werden. Für die chirurgische Behandlung war dies eine erste wesentliche Voraussetzung, die zu ähnlichen Kassettenwechslern von unterschiedlichen Herstellern geführt hat. Von besonderem Interesse sind auch die präzisen Geräteanordnungen von Janker zur praktischen Sicherung des Strahlenschutzes bei Angiographien.

Während die gefäßchirurgische Behandlung primär lediglich in Sympathektomie und lokaler Wundbehandlung bestand, so eröffnete die sichere Darstellung des gefäßpathologischen Befundes die Entwicklung einer offenen Thrombendarteriektomie, der Embolektomie, der halboffenen Thrombendarteriektomie mit einem Ringstripper (Vollmar 1976) und des Einsatzes des autologen Venenbypass, wie ihn Kunlin (1949) erstmals zur Anwendung brachte. In gleicher Weise kam es wie bei der Entwicklung der herzchirurgischen Behandlungsverfahren zu einen Ping-Pong-Effekt, bei dem diagnostische Techniken und operative Entwicklungsverfahren sich gegenseitig Möglichkeiten und Grenzen aufzeigten und die Durchführung der Röntgentechnik wie auch ihr Anforderungsprofil wesentlich beeinflußt haben. Auf diese Weise entstand im Zeitraum von 1955–1970 die breite Anwendung kombinierter Katheter- und angiographischer Untersuchungsverfahren im Zusammenhang mit immer besseren zunächst trijodierten, dann niederosmolaren und schließlich nichtionischen Röntgenkontrastmitteln, die dann bei der Kardangiographie und Aortographie zum Einsatz kamen. Sie wurden so essentiell, das schließlich Spezialgebiete wie Kardiologie, pädiatrische Kardiologie, Herzchirurgie und Gefäßchirurgie aus dieser Entwicklung heraus sich zu eigenständigen Spezialgebieten entwickelt haben.

Entwicklung bis zur selektiven Angiographie

Weder die Ergebnisse der Herzchirurgie bei der Behandlung erworbener Herzfehler ohne oder mit Implantation künstlicher Herzklappen, noch die Therapie mit Herzschrittmachern oder deren Korrektur sind ohne Röntgendurchleuchtung, Röntgenaufnahmetechnik und röntgenologische Gefäßdarstellung denkbar.

Bevor sich aus den Forssmannschen Selbstversuchen zur Katheterisation des rechten Herzens ein Routineverfahren entwickelt hatte, war bereits die Katheterisation der Aorta abdominalis zur Nierenangiographie von der freigelegten A. iliaca externa aus mit Hilfe eines eingeführten Ureterenkatheters von Farinas (1941) ausgeführt worden. Die damit erzielten Röntgenaufnahmen weckten das Interesse an einer häufigeren Darstellung über den Gefäßzugang mit besserer Kontrastierung als nach intravenöser Einspritzung des Kontrastmittels mit schwieriger Analyse des richtigen Zeitraumes zur Anfertigung der Aufnahmen. Entscheidend für die Weiterentwicklung waren nach vielen Jahren der präparativen Herzkatheterisation von der A. brachialis aus, für die Forssmann zusammen mit Richards u. Cournand (1953) den Nobelpreis erhielt, die Einführung der perkutanen Kathetertechnik durch Seldinger im Jahre 1953.

Dieses Prinzip hat sich, ausgehend vom Wunsch zur optimierten Darstellung arterieller Gefäße, zu einem weit verzweigten Anwendungsverfahren in Diagnostik und Therapie entwickelt. Anfangs waren nur nichtröntgendichte Katheter aus Polyäthylen oder aus Teflon mit einer Metallmarkierung am Ketheterende verwendet worden. Hettler (1960) entwickelte einen Teflonkatheter mit Endverschluß und einer Metallkappe und mehreren seitlichen Öffnungen vor diesem Katheterende. Im Gegensatz zur Seldinger-Technik (1953) war hierfür ein Einführsystem erforderlich, da das Katheterende verschlossen war. Dies war mit der von ihm entwickelten 3fach-Kanüle mit automatischem Verschluß zur Blutstillung gewährleistet. Dieses Prinzip wurde weiterentwickelt und wird heute beim Einsatz von Schleusenkathetern mit einem automatischen Verschlußventil noch immer praktiziert. Für die bessere Sichtbarkeit der Katheter im Röntgenlicht war die Einführung der röntgendichten Katheter duch Oedmann ein wesentlicher Fortschritt. Oedmann (1959) hat auch den ersten speziellen Katheter für die Pankreasangiographie über die A. coeliaca und für die Katheterisation der Aortenbogenarterien angegeben. Weitere Kathetermodifikationen zur selektiven Angiographie folgten durch Sones (1962), Amplatz (1986), Judkins (1967) und vielen Modifikationen (Abrams 1983; Athanasoulis 1982).

Im Unterschied dazu, dem Ziel einer immer forcierteren selektiven Angiographietechnik, hatten Hettler (1960) und Paulin (1964) das Prinzip der semiselektiven Angiographie mit mehreren Seitöffnungen verfolgt. Diese Techniken konnten im Rahmen der Etagenaortographie, der Etagen-

renovasographie und der semiselektiven Koronarangiographie praktiziert werden.
Mit der Einführung der trijodierten Kontrastmittel, insbesondere dem Urografin und den anderen trijodierten Kontrastmitteln (Amidotrizoate und Iothalmat), wurde die Angiographie schließlich so gut toleriert, daß eine Vollnarkose immer weniger notwendig war (Zeitler 1978; Schmiedel 1987; Speck 1980).
Die Erforschung der verschiedensten Krankheitsbilder hat mit der röntgenologischen Gefäßdarstellung nachhaltige Impulse erhalten. Diese war insbesondere im Rahmen der Diagnostik der renovaskulären Hypertonie mit Erkennung von Nierenarterienstenosen unterschiedlicher Genese wie Arteriosklerose und fibromuskulärer Dysplasie zu nennen, wobei die Angiographie eine große Rolle sowohl klinisch als auch experimentell bei der Erforschung des Angiotensinreninsystems beim Menschen als Ursache für die arterielle Hypertonie darstellt (Zeitler 1971; Abrams 1983).
Die Probleme der portalen Hypertension wurden durch Verfahren wie die Splenoportographie erstmals exakt analysierbar, und es konnten nicht nur die präportalen Ursachen der portalen Hypertonie erkannt werden, wie Milzarterienthrombose und Verschluß, sondern auch der posthepatische Obliterationstyp mit Stenosen im Bereich der V. hepatica am Eintritt zum rechten Vorhof vom Typ des Budd-Chiari-Syndroms und auch die intraportale Blockade wurde angiographisch nachweisbar. Mit der Sichtbarmachung der Kollateralkreisläufe bei Pfortaderhochdruck wurde schließlich auch die Therapie der Ösophagusvarizenblutung bei portaler Hypertension, nachhaltig beeinflußt. Auch wenn heute nach Entwicklung einer hochspezialisierten Ösophagogastroskopie Diagnostik und Therapie der Ösophagusvarizenblutung vorwiegend endoskopisch erfolgen, so lagen die Voraussetzungen für die Erkennung des Pathomechanismus in den splenoportographischen Darstellungen, welche die Wege des Kollateralkreislaufes und den Pathomechanismus der portalen Hypertension mit ihren unterschiedlichen Druck- und Strömungsbedingungen offenbarten, bereits vor. Transhepatisch erfolgte die Katheterisation der V. coronaria gastrica und ihre Okklusion. Heute steht die klinische Erprobung der TIPSS (Transjuguläre Portosystemische Stent Shunts) mit großen Erwartungen auf dem wissenschaftlichen Prüfstand (Rösch 1969; Richter et al. 1989, 1990).
Die Modifikation der Hettler-Technik für die Punktion der Brachialvenen war der Übergang zu einer neuen Form der nicht-präparativen Herzkatheterisation (Zeitler et al.). Die Weiterentwicklung der Seldinger-Technik hat schließlich dazu geführt, daß das Prinzip der Hettler-Technik in modernen Schleusen Anwendung findet. Bei der Lävokardiographie war es primär der Einsatz eines Führungsdrahtes mit einer Metallkuppe am Ende, dem Tippoccluder, der ähnliches ermöglichte wie die Hettlersche Etagenangiographie, und spezielle Anordnungen der Seitenöffnungen am Katheter führten zu einer sicheren Anwendung im Gefäßsystem bei gleichzeitig immer stärkerer Verbesserung der sog. Führungsdrähte. Während die primären endoffenen Katheter durch „jet effect" zur transmyokardialen Kontrastmittelapplikation in das Perikard führen konnten, wurde durch die Einführung des Pigtailkatheters durch Judkins eine Verletzung des Myokards völlig vermieden. Die ersten Versuche zur Koronargefäßdarstellung – zunächst im Rahmen der Angiokardiographie (Guglielmo u. Gutadauro 1962) – führten zu Weiterentwicklungen wie der Übersichtskoronarangiographie mit dem Paulin-Katheter (1964), der semiselektiven Koronarangiographie nach Hettler (1960), Ballonokklusionskoronarangiographie nach Dotter und schließlich der Koronargefäßdarstellung bei medikamentös induziertem Herzstillstand nach Arnulf (1965). Das Suchen nach der direkten Darstellung der Koronargefäße gewann angesichts der immer häufigeren Todesursache „koronare Herzkrankheit" in den Ländern der westlichen Zivilisation eine immer größere Bedeutung, und postmortale Koronargefäßangiographien wurden in vielen Publikationen und Monographien (Schönmackers 1965; Stolte 1981) veröffentlicht. Die Hypothese des Zusammenhangs von Koronararterienstenosen und Angina pectoris sowie dem Myokardinfarkt als Folge eines Koronararterienverschlusses wurde eindeutig mit der selektiven In-vivo-Koronarangiographie bewiesen. Diese wurde zuerst von Sones und Shirey auf transbrachialem Wege (1962) als kinematographisches Verfahren realisiert, und erst sie eröffnete aktive koronarchirurgische Maßnahmen. Diese bestanden primär in Thrombendarteriektomie proximaler Stenosen (Senning 1961) und in der Entwicklung von Revaskularisationsverfahren durch Implantation von Mammaria interna (Vineberg-Technik, 1946) oder anderen Arterien. Erst die Einführung des aortokoronaren Bypass durch Favoloro (1967) führte zum eindeutigen Erfolg der Chirurgie der Koronarsklerose.
Bei den diagnostischen Verfahren mittels Röntgenstrahlen waren die Risiken und Komplikationen am Anfang eine starke Bremse, bevor sie die erforderliche Akzeptanz erhielten. Nach meinem

Probevortrag vor der Medizinischen Gesellschaft in Mainz vor Eröffnung des Habilitationsverfahrens mit dem Thema „Koronarangiographie“ 1962 war z. B. die abschließende Bemerkung des vorsitzenden Internisten Duesberg: „Das ist ja alles ganz interessant, aber hier ist die Diagnostik wohl etwas zu weit getrieben.“
Die weitere Entwicklung mit der Einführung der transfemoralen selektiven Koronararteriographie durch Judkins (1967) und ihre Modifikation durch Bourrassa (1969) und Amplatz (1967) haben gezeigt, daß die moderne Medizin ohne derartige präzise röntgenologische und morphologisch exakte Verfahren einfach nicht möglich ist. Durch frühzeitige Analyse der Komplikationen der Koronarangiographie (Adams u. Abrams) 1973 und 1979 und die systematische Auswertung koronarangiographischer Befunde im Vergleich zur klinischen Symptomatik, zum Belastungs-EKG (Kaltenbach u. Roskamm 1980) und durch die Analyse der prognostischen Faktoren der einzelnen Koronargefäßerkrankungen der Einfach-, Zweifach- oder Mehrfachkoronargefäßerkrankung mit den Darstellungen der Risikostenosen am Hauptstamm der linken Kranzarterie und am R. interventricularis anterior bei jungen Männern hat die Koronarangiographie ganz entscheidend zur Pathogenese von Angina pectoris und Myokardinfarkt sowie zur Definition von Prognosefaktoren beigetragen, die allein klinisch nicht zu erhalten sind (Blümchen 1979; Lichtlen 1979; Stolte 1981; Eichstädt 1994).
Bei dem Verfahren der selektiven Angiographie spielt die Entwicklung geeigneten Kathetermaterials eine große Rolle. Hier haben die Entwicklung des Katheters mit „Torc control“ (Viamonte u. Stevens 1965) oder „Drehstabilität“, die speziellen Katheter für die selektive transfemorale Koronarangiographie nach Judkins, die Einführung des Kobrakatheters für die selektive abdominale Angiographie und Modifikationen des Katheterendes zu den sog. „headhunter-Kathetern“ für die selektive Angiographie der Hirnarterien als Weiterentwicklung aus dem ersten Oedmann-Katheter heraus eine nachhaltige Möglichkeit geschaffen, um präzise Diagnosen in Gefäßen und Organen zu ermöglichen, ganz gleich, ob präoperativ oder vor anderen invasiven Behandlungsverfahren.

Entwicklung der digitalen Angiographieverfahren

Die von der Informatik kommenden Entwicklungen der digitalen Bildanalyse und Bildgebung führten schließlich am Beginn der 80er Jahre zur Einführung der digitalen Subtraktionsangiographie. Ihr Beginn war der Hinweis auf eine möglichst wenig invasive Angiographie nach intravenöser Kontrastmittelapplikation. Sie stellte eine Kombination der intravenösen Angiographie nach Steinberg (1962) mit der photographischen Subtraktionstechnik nach Ziedses des Plantes (1936) dar. Die nichtphotographische Subtraktionstechnik versprach eine neue Dimension verbesserter Kontrastdarstellungen (Ovitt u. Nudelmann 1977; Mistretta et al. 1981; Brenneke et al. 1978; Seyferth et al. 1982). Es zeigte sich sehr früh, daß die intravenöse Form der DSA zwar das Risiko der arteriellen Katheterisation vermeidet, aber mit einer höheren Kontrastmittelmenge und dem nichtreduzierten Kontrastmittelrisiko einherging. Es kam dadurch immer stärker zu einer Umformung der DSA zu einer intraarteriellen Technik, d. h. nach Kontrastmitteleinspritzung in die Aorta oder direkt in das interessierende Gefäß (Abb. 5). Aus diesen Bestrebungen heraus entwickelte sich eine Vielzahl modifizierter Anwendungen für die neuroradiologische, uroradiologische, gastroenterologische, osteoradiologische,

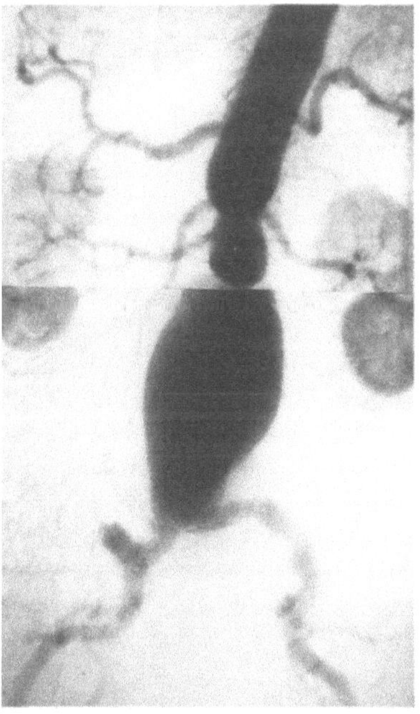

Abb. 5. Digitale intraarterielle Subtraktionsangiographie mittels Seldinger-Technik bei Patient mit abdominalem Aortenaneurysma. (Zeitler 1983)

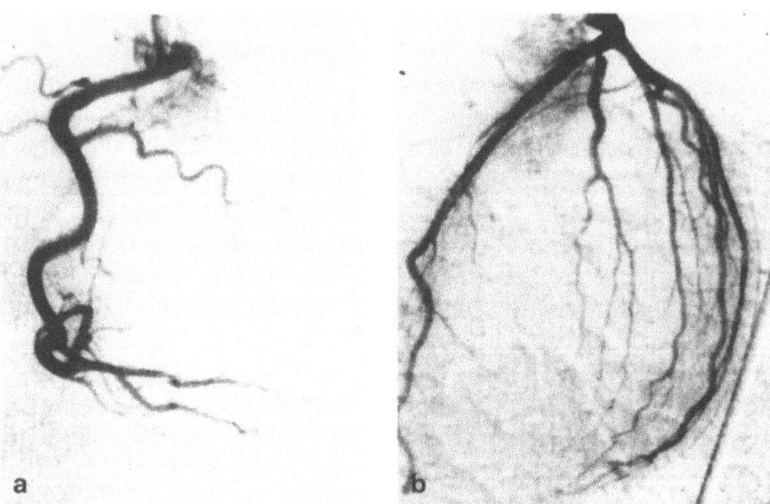

Abb. 6a, b. Selektive Koronarangiographie rechte (**a**) und linke (**b**) Kranzarterie mit DSA-Technik. (Zeitler 1990)

und natürlich die kardio- und angiologische Gefäßdarstellung bei der Differenzierung unterschiedlicher Krankheitsbilder. Sowohl bei der Darstellung von Tumorgefäßen an Organen als auch zur Darstellung von Gefäßobliterationen oder Dilatationen, Verschlüssen oder Perforationen wird sie heute eingesetzt. Der Vorteil der digitalen Angiographie besteht in der unmittelbaren Verfolgung des Kontrastmittelbolus und damit in einer schnellen Bildanalyse, so daß auch Schwerkranke in kurzer Zeit eine optimale Diagnostik erfahren können. Darüber hinaus ist mit der digitalen Technik die quantitative Bestimmung von Stenosen mittels geometrischer und densitometrischer Verfahren möglich geworden, und dies nicht nur im Bereich großer Arterien, sondern auch an den beweglichen Koronararterien (Abb. 6). Der Wunsch, der schon mittels Cinedensitometrie (Heuck et al. 1983; Ruthishauser 1987) bestanden hat, nach einer präzisen Beurteilung von Koronargefäßstenosen, hat schließlich in der digitalen Angiographie eine Realisierung erfahren (Abb. 7). Mit der digitalen Angiographie aber eröffnete sich auch immer stärker der Weg einer zuvor schon eingeleiteten Umwandlung der angiographischen Verfahren in einen Zugangsweg zur Behandlung zur perkutanen semiinvasiven intravasalen Therapie.

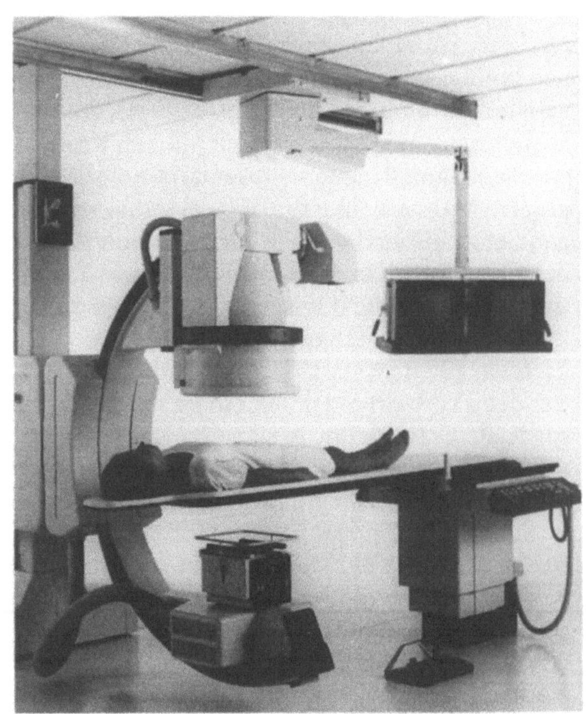

Abb. 7. Angiographieeinheit mit Bildverstärkerfernsehen und digitaler Angiographie mit automatischem C-Bogentransport zur Extremitätenangiographie (Perivision) und reduzierter Dosisleistung (Supervision). (Siemens 1992)

Röntgenangiographie als Weg zur Behandlung

Die Möglichkeiten der präzisen Diagnostik wurden Grundlage für die Anwendung der katheterangiographischen Verfahren zur Behandlung, zunächst zur Diagnostik von Blutungen und ihrer Therapie durch Medikamentengabe, schließlich durch Okklusion von blutenden Gefäßen mit Ballonkathetern, Spiralen, Gelatineschwammpartikeln, Bucrylat, Histoacryl und anderen Substanzen (Athanasoulis 1982; Dondelinger et al. 1990; Günther u. Thelen 1988; Kauffmann u. Richter 1994). Am Herzen wurden Verfahren zum Verschluß von Vorhofseptumdefekt, Duktusverschluß und arteriovenösen Shunts entwickelt (Porstmann 1968).

Dotter und Judkins beschrieben 1964 eine neue Methode zur Behandlung arterieller Gefäßverschlüsse. Dieses Verfahren ist primär nicht anerkannt, ja fast verteufelt worden, Literaturzitate, wie „the Grazy Charles Dotter", mit diskriminierenden Aussagen von Chirurgen haben zunächst die Einführung dieser Behandlungsmethode behindert. Es waren schließlich Porstmann und Mitarbeiter in der Charité in Berlin und Zeitler und Mitarbeiter in der Aggertal-Klinik in Engelskirchen (1969, 1978), die systematisch an Patienten mit peripheren arteriellen Obliterationen im Bereich der A. femoralis superficialis und poplitea dieses Behandlungsprinzip erprobten und erste systematische Nachuntersuchungsergebnisse vorgelegt haben. Mit diesen Ergebnissen sowie der Einführung des Aspirins für die perioperative Prophylaxe zur Vermeidung eines Blättchenthrombus (Zeitler et al. 1973) wurde der Weg für die perkutane aktive Therapie der Gefäßobliterationen immer realistischer. Zur gleichen Zeit hat Porstmann das perkutane Verfahren zum Verschluß des offenen Ductus arteriosus Botalli (1968) entwickelt, so daß nunmehr Möglichkeiten aufgezeigt waren, auf perkutanem Wege verschlossene Gefäße zu eröffnen und offene Shuntarterien perkutan zu verschließen.

Es war die breite Information, die von der Aggertal-Klinik ausging und dazu führte, daß die Kathetertherapie arterieller Obliterationen nicht nur im deutschsprachigen Raum Gehör fand. Grüntzig (1979), der diese Therapie in Engelskirchen kennengelernt hat, konnte in Zürich besser als andere die Idee der Verbesserung des Verfahrens umsetzen; er hat einen geeigneten Ballonkatheter entwickelt, der auch zum Einsatz der Dilatation von Stenosen an Iliakaarterien erfolgreich verwendbar war. Mit seinen Untersuchungen konnte er zeigen, daß die Ballondilatation weniger Komplikationen an der Punktionsstelle hervorruft und bessere Primärergebnisse erbringt als die einfache Dotter-Technik.

Weitere Entwicklungen folgten, so die Einführung der Dilatation von Nierenarterienstenosen, von Stenosen an den Transplantatnierenarterien, von Stenosen an den unpaaren Splanchnikusarterien und schließlich von den supraaortalen Arterien (Dotter et al. 1983).

1977 waren die tierexperimentellen Untersuchungen von Grüntzig abgeschlossen und er hat die erste Dilatation einer Koronararterienstenose an einem R. interventrikcularis anterior in Zürich ausgeführt. Dies war nur durch den Rückhalt in einer aufgeschlossenen herzchirurgischen Persönlichkeit, wie es Senning war, möglich. Die primäre Anwendung des Katheterbehandlungsverfahrens in Zürich wurde durch Siegenthaler nachhaltig gefördert, der dieses Behandlungsprinzip bereits aus seiner Zeit in Bonn im engen Kontakt mit Engelskirchen realistisch erlebt hat.

In den gleichen Jahren folgte die Entwicklung der Thrombolysebehandlung chronischer arterieller Obliterationen durch Martin, Schoop und Zeitler (1970). Angiographisch konnte belegt werden, daß es Röntgenzeichen gibt, um lysierbare Stenosen zu erkennen (Zeitler et al. 1969).

Auf diesen Ergebnissen der intravenösen Thrombolyse aufbauend, hat sich schließlich nach persönlichen Kontakten zwischen Dotter und mir die lokale intraarterielle Thrombolyse bei akuten und subakuten thrombotischen Verschlüssen entwickelt. Nach der ersten Publikation von Dotter und Untersuchungen von Dembski zur lokalen intraarteriellen Thrombolyse folgten die systematischen Studien von Hess, gefolgt von Studien durch McNamara (1985) Günther u. Thelen (1988), Roth, Dondelinger et al. (1990), Boockstein (1992) u. a. Die zunehmenden Ergebnisse mit der Ballonangioplastie, dem Grüntzig-Verfahren und die Einführung der lokalen Thrombolyse mit unterschiedlichen Kathetern, die schließlich direkt im Thrombus plaziert wurden (Katzen 1988; Mewissen 1990) erweiterten das therapeutische Spektrum zur Therapie von akuten thrombotischen und embolischen Verschlüssen.

Die systematischen Analysen über Indikation und Prognose der Angioplastie unterschiedlicher Obliterationen führten zu klaren Indikationen für die interventionelle radiologische oder gefäßchirurgische Therapie.

Dabei konnte die Entwicklung nicht stehen bleiben. Neuere instrumentelle Verfahren zur perkutanen Atherektomie, perkutanen laserassistierten Angioplastie und schließlich zur perkutanen Applikation von Endoprothesen, auf die erstmals Dotter, später Cragg, Strecker wie auch Rösch

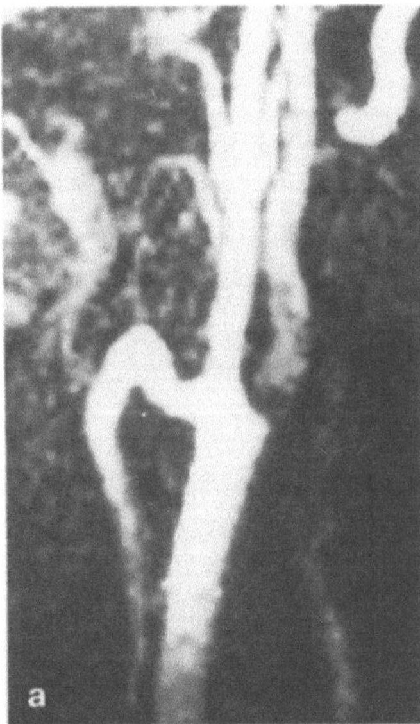

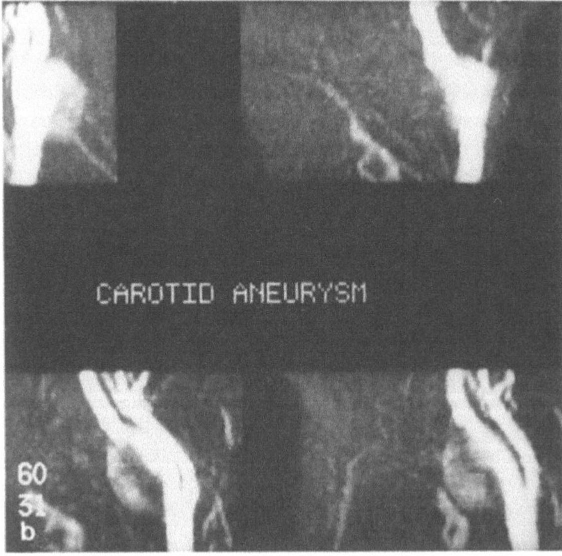

Abb. 8 a, b. MR-Angiographie zur Dokumentation der zervikalen A. carotis ohne Kontrastmittel und Punktion (Magnetom 1,5 Tesla „Time of flight" 3-D-Akquisitiontechnik). **a** Stenose der A. carotis interna links, **b** Aneurysma der A. carotis interna in unterschiedlicher Achsendarstellung

und Zollikofer hingewiesen haben, kam hinzu, daß heute aus dem Einsatz der Röntgenstrahlen ein weites Spektrum zur Diagnostik und Therapie von Gefäßkrankheiten entstanden ist. Aber die Angiographie mit Röntgenstrahlen findet hier noch nicht ihr Ende. Sie wird zunehmend auch zur Therapie arteriovenöser Kurzschlüsse im Rahmen von Embolisationsbehandlungen mit unterschiedlichem Okklusionsmaterial verwendet. Sie wird eingesetzt zur Okklusion und Embolisation blutender Gefäße, zur Chemoembolisation von primären und metastatischen Tumoren in Niere, Leber und Skelettsystem und schließlich zur perkutanen, minimal invasiven Entfernung von Fremdkörpern aus den arteriellen und venösen Gefäßsystem wie auch aus dem Herzen.

Es ist noch nicht abzusehen, ob nicht in wenigen Jahren diese therapeutischen Verfahren auch mit der immer besser werdenden MR-Angiographie (Abb. 8) möglich wird, aber es wird noch ein weiter Weg bis dahin sein. Derzeit ist es ganz eindeutig, daß viele ungeklärte Fragen der Herz- und Gefäß- sowie der Venen- und Lymphgefäßerkrankungen durch die röntgenologische Darstellung mit den speziellen röntgenapparativen Voraussetzungen und speziellen geeigneten Kontrastmitteln erhellt worden sind. Es wird nicht die letzte Erkenntnis sein, aber mit diesen Erkenntnissen konnte vielen Patienten geholfen werden, indem Leiden gelindert, Symptome beseitigt und in vielen Fällen auch eine wertvolle Überlebenszeit gewonnen werden konnte. Dies wäre ohne die Entdeckung der Röntgenstrahlen nicht möglich gewesen.

Wir haben daher aus Überzeugung allen Grund, dem Physiker W. C. Röntgen unsere Anerkennung und ein ehrendes Gedächtnis im Namen der vielen Patienten zu bewahren, die davon ihren persönlichen Vorteil in Gesundheit, reduziertem Leid oder gewonnener Lebensqualität hatten und noch immer haben.

Literatur

Monographien

Abbot M (1936) Atlas kongenitaler Herzerkrankungen. Toronto

Abrams HL (ed) (1983) Third Edition, vols I–III. Little Brown

Amplatz K, Möller JH, Castaneda-Zuniga WR (1986) Radiology of congenital heart disease, vols 1, 2. Thieme, New York

Athanasoulis ChA (ed) (1982) Interventional radiology. Saunders, Philadelphia

Bayer O, Loogen F, Walter H (1967) Die Herzkatheterisierung bei angeborenen und erworbenen Herzfehlern. Thieme, Stuttgart

Beck A (1992) Die Geschichte der Angiographie. Schwarzwälder Chronik, Konstanz

Blümchen G (1979) Beiträge zur Geschichte der Kardiologie. Roderbirken

Boden E (1952) Elektrokardiographie für die ärztliche Praxis, 7. Aufl. Steinkopff, Darmstadt

Bollinger A (1979) Funktionelle Angiographie. Thieme, Stuttgart 1979

Brewer AJ (1964) Classic descriptions in diagnostic roentgenology, vol I. Thomas, Springfield Illinois USA
Brugsch Th (1963) Kardiologie. Lehrbuch der Herz- und Gefäßkrankheiten. Hirzel, Berlin Göttingen Heidelberg
Büchner H (1963) Radiometrie, Theorie und Praxis röntgenologischer Meßmethoden. Springer, Berlin Göttingen Heidelberg
Buerger L (1924) The circulatory disturbances of the extremities. Saunders, Philadelphia London
Burri C, Ahnefeld FW (1977) Cava-Katheter. Springer, Berlin Heidelberg New York
Diehm C, Schäfer M (1993) Das Buerger-Syndrom. Springer, Berlin Heidelberg New York Tokyo
Dondelinger RF, Rossi P, Kurdziel JC, Wallace S (1990) Interventional radiology. Thieme, Stuttgart
Dotter CT, Steinberg I (1950) Angiocardiography. Saunders, Philadelphia
Dotter CT, Grüntzig A, Schoop W, Zeitler E (1983) Percutaneous transluminal angioplasty. Technique, early and late results. Springer, Berlin Heidelberg New York
Eichstädt H, Felix R, Zeitler E (1995) Herz und große Gefäße. In: Heuck F (Hrsg) Klinische Radiologie. Springer, Heidelberg
Glasser O (ed) (1933) The discovery of the roentgen rays. In: Science of radiology. Thomas, Springfield
Günther RW, Thelen M (1988) Interventionelle Radiologie. Springer, Berlin Heidelberg New York Tokyo
Groedel FM (1912) Die Röntgendiagnostik der Herz und Gefäßerkrankungen. Meußer, Berlin
Heberer G, Rau G, Löhr HH (1966) Aorta und große Arterien. Springer, Berlin Heidelberg New York
Heintzen PH (1971) Roentgen-cine- and videodensitometry. Thieme, Stuttgart
Heuck FHW (ed) (1983) Radiological functional analysis of the vascular system. Springer, Berlin Heidelberg New York
Holzknecht G (1901) Die röntgenologische Diagnostik der Erkrankungen der Brusteingeweide. Lucas, Graefe & Sillem, Wien
Janker R (1954) Röntgenologische Funktionsdiagnostik mittels Serienaufnahmen und Kinematographie. Text und Bildband. Girardet, Wuppertal-Elberfeld
Kaltenbach M, Roskamm H (1980) Vom Belastungs-EKG zur Koronarangiographie. Springer, Berlin Heidelberg New York
Kappert A (1985) Lehrbuch und Atlas der Angiologie, 11. Aufl. Huber, Bern
Korth C (1941) Klinische Elektrokardiographie. Urban & Schwarzenberg, München Wien
Kraus F, Nicolei G (1910) Das Elektrokardiogramm des gesunden und kranken Menschen. Veit, Leipzig
Lichtlen PR (1979) Koronarangiographie. Perimed, Erlangen
Martin M, Schoop W, Zeitler E (1970) Thromolyse bei chronischer Arteriopathie. Huber, Bern Stuttgart Wien
Meier B (1987) Coronary angioplasty. Grune & Strutton, Orlando, New York
Pässler HW (1952) Die Angiographie zur Erkennung, Behandlung und Begutachtung peripherer Durchblutungsstörungen. Thieme, Stuttgart
Peters PE, Zeitler E (1991) Röntgenkontrastmittel. Springer, Berlin Heidelberg New York Tokyo
Roesler H (1936) Clinical roentgenology of the cardiovasular system. Nelson, New York
Rose JS (1983) Invasive radiology: Risks and patient care. Year Book Medical Publisher. Chicago London
Roskamm H, Reindell H (1982) Herzkrankheiten - Pathophysiologie: Diagnostik, Therapie. Springer, Berlin Heidelberg New York
Sandmann W, Kniemeyer HW (1991) Aneurysmen der großen Arterien: Diagnostik und Therapie. Huber, Bern
Spalteholz W (1924) Die Arterien der Herzwand. Hirzel, Leipzig
Stolte M (1981) Anatomie und Pathologie der Koronararterien. Perimed, Erlangen
Stumpf P, Weber HH, Weitz GW (1936) Röntgenkymographische Bewegungslehre innerer Organe. Thieme, Leipzig
Taussig H (1947) Congenital malformation of the heart. The Commonwealth Fund, New York
Vollmar FJ, Nobbe FP (1976) Arteriovenöse Fisteln - Dilatierende Arteriopathien (Aneurysmen). Thieme, Stuttgart New York
Wallner B (1993) MR-Angiography. Thieme, Stuttgart
Weikl A (1989) Kernspintomographie in der Kardiologie. Boehringer Mannheim GmbH
Wenz W (1972) Abdominale Angiographie. Springer, Berlin Heidelberg New York
Widmer LK, Zemp E (1988) Angiologie 86. Huber, Bern
Zdansky E (1949) Röntgendiagnostik des Herzens und der großen Gefäße. Springer, Wien
Zeitler E (1976) Hypertonie. Risikofaktoren in der Angiologie. Witzstrock, Baden-Baden
Zeitler E (1976) Aspekte der Extremitätenangiographie. Fehldiagnosen und Fehlinterpretationen. Huber, Bern
Zeitler E, Grüntzig A, Schoop W (1978) Percutaneous vascular recanalization. Technique, application, clinical results. Springer, Berlin Heidelberg New York
Zeitler E, Seyferth W (1989) Pros and Cons in PTA and auxiliary methods. Springer, Berlin Heidelberg New York Tokyo
Ziedses des Pantes BG (1961) Subtraktion. Thieme, Stuttgart

Zeitschriften

Adams DF, Fraser DB, Abrams HL (1973) The complications of coronary angiography. Circulation 48:609
Adams DF, Abrams HL (1979) Complications of coronary arteriography a follow up report. Cardiovasc Radiol 2:89
Amplatz K, Formanek G, Stanger P, Wilson W (1967) Mechnics of selective coronary artery catheterization via femoral approach. Radiology 89:1040–1047

Arnulf G (1965) Chirurgie des Coronaires. Basis anatomiques, physiologiques and pathologiques. Coronarographie, Méthodes chirurgicales et indications. Masson, Paris

Béclère A (1904) Le thorax e le mediastin. In: Bouchard P (ed) Traité de radiologie medicale. Steinheil, Paris

Berberich J, Hirsch WS (1923) Die röntgenangiographische Darstellung der Arterien und Venen am Lebenden. Münch Med Wochenschr 2:2226–2228

Bing RJ (1952) Catheterization of the heart. Adv Inter Med V:59–141

Bookstein JJ, Valji K (1992) Pulse-spray pharmacomechanical thrombolysis. Cadiovascular and intervent. Radiology 15:228–233

Blalock A, Taussig H (1945) J Am Med Assoc 128:189

Bleichröder F (1912) Intraarterielle Therapie. Klin Wochenschr 49:1503

Bourassa MG, Lespérance J, Campeau L (1969) Selective coronary arteriography by the percutaneous femoral artery approach. Am J Roentgenol 107:377

Braunwald F, Brockenbrough E, Frahm CF, Ross J jr (1961) Left atrial and left ventricular pressures in subjects without cardiovasular disease: Observation in 18 patients studies by transseptal left heart catheterisation. Circulation 24:267

Breda van A, Katzen BT (1987) Urokinase versus streptokinase in local thrombolysis. Radiology 165:109–111

Brennecke R, Brown TK, Bürsch J, Heintzen DM (1978) Computerized video-image processing with application to cardioangiographic Roentgen image series. In: Nagel HH (ed) Digital image processing. Springer, New York, p 244

Brooks B (1924) Intraarterial injection of sodium iodid. JAMA 82:1016

Castellanos A, Pereiras R, Garcia A (1937) La angiocardiographia radio-opaca. Arch Soc ESTUD Clin Habana 31:523

Cohen M, Cohn PF, Herman MV, Gorlin R (1972) Diagnosis and prognosis of main left coronary artery obstruction. Circulation 45/46 (Suppl): 1

Cournand A (1947) Cardiac catherterization in the diagnosis of congenital heart disease. A report. Int Congr Pediat New York

Cournand A, Bing R, Dexter L, Dotter Ch, Katz LN, Warren JV, Wood E (1953) Report of committee on cardiac catheterization and angiocardiography of the Amer Heart Assoc Circulation 8:769

De Bakey ME (1959) Changing concepts in vascular surgery. J Thorac Surg 38:145

Cragg AH, Lund G, Rysavy JA, Salomonowitz E, Castaneda-Zuniga WR, Amplatz K (1984) Percutaneous arterial grafting. Radiology 150:45–49

Dembski JC, Decker D, Epple E, Heuck F, Scharf-Bornhofen E, Zeitler E (1978) Koronare Flußmessung mit der Cinedensitometrie. Fortschr Röntgenstr 128:391–396

Dembski JC, Zeitler E, Martin M (1978) Infusion into thrombus material via catheter. In: Martin M, Schoop W, Hirsh J (eds) New compacts in streptokinase dosimetry. Huber, Bern, pp 65–69

Dietlen H (1907) Über Größe und Lage des normalen Herzens und ihre Abhängigkeit von physikalischen Bedingungen. Dtsch Arch Klin Med 88:55

Dietlen H, Moritz F (1908) Über das Verhalten des Herzens nach langdauerndem und anstrengendem Radfahren. Müchn Med Wochenschr 489

Dietlen H (1910) Ergebnisse des medizinischen Röntgenverfahrens für die Physiologie 10:589

Do DD, Mahler F, Triller J, Nachbur B (1987) Combination of short- and long-time thrombolysis for peripheral arterial occulusion. Eur J Radiol 7:235–238

Dodge HT (1971) Determination of left ventricular volume and mass. Radiol Clin North Am 9:459

Doerr W (1987) Die Pathologie Virchow's und die Lehre von der Arteriosklerose. Pathologe 8:1–8

Dos Santos R, Lamas AC, Pereira-Caldas J (1929) Arteriografia da aorta e dos vasa abdominalis. Med Contemp 47:93–97

Dotter CT (1969) Transluminally placed coilspring endarterial tube grafts: longterm patency in canine popliteal artery. Invest Radiol 4:329–332

Dotter CT, Rösch J, Seaman AJ (1974) Selective clot lysis with low-dose streptokinase. Radiology 111:31–37

Einthoven W (1903) Ein neues Galvanometer. Ann Phys, Folge IV:XII, 1059

Farinas PL (1941) New technique for angiographic examination of the abdominal aorta and is branches. AJR 46:641–645

Favaloro RG (1967) Saphenous vein graft in the surgical treatment of coronary artery disease. Operative Technique. J Thorac Cardiovasc Surg 54:359–370

Fink U (1991) Peripheral DSA with automated stepping. Eur Radiol 13:50

Forssmann W (1929) Die Sondierung des rechten Herzens. Klin Wochenschr 8:2085

Forssmann W (1931) Über Kontrastdarstellung der Höhlen des lebenden rechten Herzens und der Lungenschlagader. Münch Med Wochenschr 78:489

Groedel FM (1938) Die Röntgenuntersuchung des Herzens. In: Lehrbuch und Atlas der Röntgendiagnostik in der Inneren Medizin. Lehmann, München

Grüntzig AR, Senning A, Siegenthaler WE (1979) Nonoperative dilatation of coronary artery stenoses percutaneous transluminal coronary angioplasty. New Engl J Med 301:61

Guglielmo LDi, Guttadauro M (1962). A. roentgenologic study of the coronary arteries in the living. Acta Radiol (Stockh) (Suppl) 97

Haschek E, Lindenthal DTh (1896) Ein Beitrag zur praktischen Verwertung der Photographie nach Roentgen. Wien Klin Wochenschr 9:63

Hammer G (1928) Die Herzfläche als Maßstab für die Größenbestimmung. Fortschr Röntgenstr 38:1000

Hess H, Ingrisch H, Mietaschk A, Rath H (1982) Local low-dose thrombolytic therapy of peripheral artery occlusions. N Engl J Med 307:1627–1630

Hess H, Mietaschk A, Bruckl R (1987) Peripheral arterial occlusions: a 6-year experience with local low-dose thrombolytic therapy. Radiology 163:753–758

Hettler M (1960) Der perkutane Arterien-Katheterismus mit an der Spitze verschlossenem Katheter als Grundlage der Etagenaortographie. Fortschr Röntgenstr 92:198

Higgins CB, Kaufmann L, Crooks LE (1985) Magnetic resonance imaging of the cardiovascular system. Am Heart J 109:136–151

Hugenholtz RG, Ellison RC, Urschel ChW, Mirsky I, Sonnenblick EH (1970) Myocardial forcevelocity relationsships in clinical heart disease. Circulation 41:191

Judkins MP (1967) Selective coronary arteriography. A percutaneous transfemoral technique. Radiology 89:815

Judkins MP, Gander MP (1974) Prevention of complications of coronary arteriography. Circulation 49:599

Kaltenbach M, Roskamm H (1980) Vom Belastungs-EKG zur Koronarangiographie. Springer, Berlin Heidelberg New York

Katzen BT (1988) Clinical update: Thrombolytic therapy – Strategies for peripheral vascular disease and interventional radiology. Cardiovasc Interv Radiology. 11 (Suppl): 1-567

Kaufmann GW, Richter GM (1994) Gefäßinterventionen. Springer, Berlin Heidelberg New York Tokyo

Köhler A (1908) Teleröntgenographie des Herzens. Dtsch Med Wochenschr 34:186

Kunlin J (1949) Le traitement de l'artérite oblitérante par la greffe veineuse. Arch Med Coeur 42:371

Leu HG (1985) Thrombangiitis obliterans Bürger: Pathologisch-anatomische Analyse von 53 Fällen. Schweiz Med Wochenschr 115:1080–1086

McNamara TO, Fischer JR (1985) Thrombolysis of peripheral arterial and graft occulusions: improved results using high-dose Urokinase. AJR 144:769–775

Meany TF, Weinstein MA, Buonocore E et al. (1980) Digital subtraction angiography of the human cardiovascular system. AIR 135:1153–1160

Mewissen WM et al. (1990) Symptomatic native arterial occlusions: Early experience with „over the wire" thrombolysis. JVIR 1:45–47

Mistretta CA, Crummy AB, Strother CM (1981) Digital angiography: A. prospective study. Radiology 139:273

Moritz F (1902) Über orthographische Untersuchungen am Herzen. Münch Med Wochenschr 49:1

Moritz F (1934) Größe und Form des Herzens bei Meistern im Sport. Dtsch Arch Klin Med 176:455

Nuvoli J (1936) Arteriografia dell'aorta thoracica mediante punctura dell'aorta ascendente o del ventriculo. Policlinico. Sez Med 43:227

Oedmann P (1959) The radiopaque polythene catheter. Acta Radiol (Stockh) 52:52

Ovitt TW, Nudelmann SN, Fisher D et al. (1977) Computerassisted video subtraction for intravenous angiography. Presented at work in progress at RSNA Chicago, Nov. 27.–Dec. 2

Paulin S (1964) Coronary angiography. Acta Radiol (Stockh) 39 (Suppl):233

Porstmann W, Wierny L, Warnke H (1968) Der Verschluß des Ductus arteriousus persistens ohne Thorakotomie. Fortschr Röntgenstr 109:133

Reindell H (1939) Die Herzbeurteilung beim Sportler und die differentialdiagnostische Bewertung der Befunde im EKG und Kymogramm. Dtsch Med Wochenschr 35/36:1369

Richards DW jr (1970) Cardiovascular physiology: Concepts and development of knowledge. Lowell Lecture In: Medical Priesthoods and other essays. Connecticut Printers, Cincinnati, pp 99–119

Richter GM, Palmaz JC, Nöldge G, Rössle M, Siegerstetter V, Franke M, Wenz W (1989) Der transjuguläre intrahepatische portosystemische Stent-Shunt (TIPSS). Radiologe 29:406–411

Richter GM, Nöldge G, Palmaz JC et al. (1990) Transjugular intrahepatic portocaval stent shunt: preliminary clinical results. Radiology 174:1027–1030

Robb G, Steinberg I (1938) A practical method of visualization of the chambers, of the heart, the pulmonary circulation, and the great blood vessels in man. J Clin Invest 17:507

Rösch J, Hanafee WN, Snow H (1969) Transjugular portal venography and radiologic portocaval shunt: an experimental study. Radiology 92:1112–1114

Roth FJ et al. (1990) Angioplasty and local thrombolysis. In: Dondelinger RF et al. (eds) Interventional Radiology. Thieme, Stuttgart, pp 5–26

Roth FJ, Heimig Th, Berliner P, Grün B, Koppers B, Krings W (1988) Perkutane Gefäßrekanalisation. In: Günther RW, Thelen M (Hrsg) Interventionelle Radiologie. Thieme, Stuttgart, S 20–43

Rousthöi P (1933) Über Angiographie. Vorläufige Mitteilung. Acta Radiol (Stockh) 14:419

Ruthishauser W, Krayenbühl HP (1987) Herz. In: Siegenthaler W (Hrsg) Klinische Pathophysiologie, 6. Aufl. Thieme, Stuttgart

Schad W (1968) Die angeborenen Anomalien des Herzens und der großen Gefäße. In: Schinz HR, Baensch WE, Frommhold W, Glauner R, Uehlinger E, Wellauer J (Hrsg) Lehrbuch der Röntgendiagnostik, Bd IV/Teil 1.. Thieme, Stuttgart, S 27–33

Schmiedel E (1987) Pharmakodynamik und Verträglichkeit von Röntgenkontrastmitteln. Röntgenblätter 40:1–8

Schoenemakers J (1965) Die Angiomorphologie der Koronarogramme. Fortschr Röntgenstr 102:349–368

Seldinger SI (1953) Catheter replacement of the needle in percutaneous arteriography. Acta Radiol (Stockh) 39:368

Seldinger SJ (1964) Arteries of the extremities. In: Diethelm L, Olsson O, Strnad P, Vieten H, Zuppinger A (Hrsg) Handbuch der Radiologie, Bd X/3. Springer, Göttingen Heidelberg, S 400–472

Senning A (1961) STRIP Grafting in coronary arteries. Report of a case. J Thorac Cardiovasc Surg 41:542

Seyferth W, Marhoff P, Zeitler E (1982) Transvenöse und arterielle digitale Videosubtraktionsangiographie (DVSA). Fortschr Röntgenstr 3/136:237–358

Sicard JA, Forestier G (1923) Injections intravasculaires d'huiles iodée sous controle radiologique. Compt Rend Soc Biol 88:1200

Sones FM jr, Shirey EK (1962) Cine coronary arteriography. Med Conc Cardiovasc Dis 31:735

Speck U, Siefert HM, Klink G (1980) Contrast Media and pain in peripheral arteriography. Invest Radiol 15:335–389
Steinberg I (1962) Intravenous abdominal aortography and peripheral Arteriography. NYSt J Med 62:1186
Strecker EP, Liermann D, Barth KH et al. (1990) Expandable tubular stents for treatment of arterial occlusive diseases: experimental and clinical results. Radiology 175:97–102
Stumpf P (1931) Flächenkymographie und Kymoskopie. Fortschr Röntgenstr (Ergänzungsbd 41)
Thurn P (1963) Kymographie bei erworbenen und angeborenen Herzfehlern. Radiologe 3:259
Viamonte M jr, Stevens RC (1965) Guided angiography. AJR 94:30–39
Vineberg AM (1946) Development of an anastomosis between the coronary vessels and a transplanted internal mammary artery. Can Med Assoc J 55:117
Zeitler E, Beyer E, Gersmeyer EF, Spitzbarth H (1965) Perkutaner Herzkatheterismus mit der Dreifachkanüle nach Hettler. Z Kreislaufforsch 54:315–317
Zeitler E, Halmagyi M, Richter G, Wernitsch W (1967) Experimentelle Coronarographie an Schweinen zum Studium der Kollateralgefäße nach Persantin-Medikation und Coronarverschluß. Berichtband Deutscher Röntgenkongreß. Thieme, Stuttgart, S 122–127
Zeitler E (1969) Die extrakranielle Gefäßuntersuchung bei cerebraler Mangeldurchblutung. Radiologe 9:384–392
Zeitler E, Müller R (1969) Erste Ergebnisse mit der Katheter-Rekanalisation nach Dotter bei arterieller Verschlußkrankheit. Fortschr Röntgenstr 111:345–352
Zeitler E, Martin M, Schoop W (1969) Angiographische Befunde bei chronischer arterieller Verschlußkrankheit vor und nach Streptokinasebehandlung. Fortschr Röntgenstr 111:498–510
Zeitler E (1979) Ergebnisse mit der tranfemoralen selektiven Koronarographie nach Judkins. Verh Dtsch Ges Kreislaufforsch 36:202–207
Zeitler E (1971) Angiographische Probleme zur Diagnostik und Therapie der renovaskulären Hypertonie. Radiologe 11:43–49
Zeitler E, Reichold J, Schoop W, Loew D (1973) Einfluß von Acetylsalicylsäure auf das Frühergebnis nach perkutaner Rekanalisation arterieller Obliterationen nach Dotter. DMW 98:1285–1288
Zeitler E (1974) Aortoarteriographie. In: Heberer G, Rau G, Schoop W (Hrsg) Angiologie. Thieme, Stuttgart, S 243–298
Zeitler E (1978) Risiko der Arteriographie in Lokalanästhesie. Münch Med Wochenschr 120/5:129–130
Zeitler E, Seyferth W, Raithel D, Schwaiger H (1983) Digitale Video-Subtraktionsangiographie (DSA) – Methode der Wahl zur morphologischen Therapiekontrolle in der Angiographie. Angio Arch 5:61–69
Zeitler E, Krönert E, Lux E, Richter E-I (1983) Dilatation von Nierenarterienstenosen (PTRD). Herz Kreislauf 3:772–783
Zeitler E (1985) Magnetic resonance imaging advantages in heart and vascular disease. Ann Radiol 2/28:95–96
Ziedses des Pantes BG (1935) Subtraktion. Fortschr Röntgenstr 52:69

Nieren und Harnwege

Herbert Schreyer, Klaus-Werner Preidler und Dieter H. Szolar

Die Entwicklung der Röntgendiagnostik und damit die durch die Anwendung der Röntgenstrahlen ermöglichten wissenschaftlichen Erkenntnisse der medizinischen Radiologie waren auf das Zusammenwirken verschiedener Faktoren zurückzuführen. Dazu gehörten die mit Hilfe der Röntgentechnik angewendete Strahlenphysik, sowie die fortlaufenden Verbesserungen der Darstellung des Strahlenreliefs als Bild. Einen wesentlichen Fortschritt brachte die Einbringung der Computer in die Technologie der Bildgebung. Schließlich wurden die Kontrastmittel für die Darstellung der Harnorgane unentbehrlich.

Zu den wissenschaftlichen Aufgaben bei der Anwendung der Röntgenstrahlen in der Medizin gehörte die Entwicklung und stetige Optimierung von Untersuchungstechniken mit dem Ziel, die Anatomie und Pathologie von Organen als Bild darzustellen. Die Diagnose und Differentialdiagnose dieser durch Bildgebung erfaßten pathologisch-anatomischen Veränderungen waren stets die dominierenden Themen der wissenschaftlichen Diskussion. Die Kontrastdarstellung der Harnorgane eröffnete sowohl neue Möglichkeiten der morphologischen als auch der funktionellen Diagnostik. In Zusammenarbeit mit der beteiligten Industrie bildeten die Forschungsergebnisse auch die Grundlage der stetigen Weiterentwicklung der bildgebenden Diagnostik und der sich daraus ergebenden Therapie.

Direkte Darstellung der Harnorgane: Nativdiagnostik

Die ersten Versuche, die Röntgenstrahlen für die Diagnostik von Erkrankungen der Harnorgane nutzbar zu machen, wurden bald nach ihrer Entdeckung durchgeführt. Das Ziel dieser Bestrebungen war die Darstellung von Nierensteinen. Einige Autoren führten Experimente durch, indem sie Nierensteine in anatomische Präparate legten und dann versuchten, sie auf Röntgenaufnahmen nachzuweisen (MacIntyre 1896; Lauree u. Leon 1897; Ringel 1898, 1899). In der Folge erschienen zahlreiche Einzelmitteilungen über bei Patienten nachgewiesene Nierensteine (MacIntyre 1896; Lauenstein 1899; Wagner 1899; Albers-Schönberg 1900 u. a.). Die Darstellung der Steine gelang jedoch selten, und Albers-Schönberg (1900) kam zu der Auffassung, daß der Nachweis von Nierensteinen zu den schwierigsten Aufgaben der Röntgendiagnostik gehöre. Als Ursachen wurden die unterschiedliche chemische Zusammensetzung der Steine sowie eine mangelhafte Aufnahmetechnik diskutiert. Ringel (1899) fand, daß Oxalatsteine gut schattengebend, Harnsäuresteine und Phosphatsteine hingegen stark strahlentransparent seien. Er war der Meinung, daß Harn, Eiter und Blut im Nierenbecken die Darstellung erschweren. Zahlreiche andere Untersucher kamen zu größtenteils divergierenden Ergebnissen (Moullin 1899; Wagner 1899; Hannecart 1899; Leonard 1905 u. a.). Erst die experimentellen Untersuchungen von Telemann (1911) brachten Klarheit in das Absorptionsverhalten von Harnkonkrementen unterschiedlicher Zusammensetzung, wobei von der Voraussetzung ausgegangen wurde, daß eine Absorptionsdifferenz zwischen Stein und umgebendem Gewebe bestehen muß, damit dieser röntgenologisch nachgewiesen werden kann. Demnach sind Harnsäuresteine und Xanthinsteine mit Dichtewerten von 0,97 bzw. 1 nicht direkt darstellbar. Hingegen sind Zystinsteine, phosphorsaures Ammoniak, Magnesia, phosphorsaurer Kalk, kohlensaurer Kalk und oxalsaurer Kalk mit Dichtewerten von jeweils über 1 schattengebend und daher auf Röntgenaufnahmen zu erkennen.

Die Darstellung der Harnorgane auf Röntgenbildern stellte an die Abbildungstechnik besondere Anforderungen, da dieses Organsystem in einer Körperregion mit niedrigen Kontrastunterschieden, großem Körperquerschnitt mit entsprechend durchstrahltem Körpervolumen und daher großem Streustrahlenanteil lokalisiert ist. Nach Albers-Schönberg (1900) und Rumpel (1903) war die ungenügende Untersuchungstechnik grund-

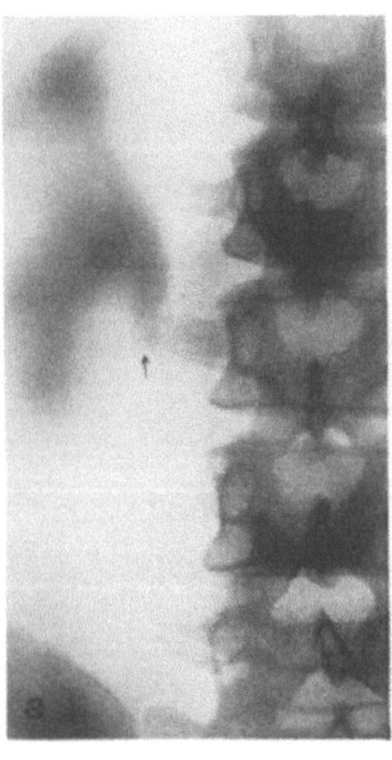

Abb. 1 a, b. Röntgenaufnahme eines Nierenbeckenausgußsteines. (Aus Rumpel 1903)

sätzlich die Hauptursache der häufig mittels Röntgenaufnahmen nicht erfaßbaren Harnkonkremente (Abb. 1). Albers-Schönberg (1900) bewies die Qualitätsverbesserung von Röntgenaufnahmen durch Reduzierung der Streustrahlung mit Hilfe von Bleiblenden. Die von Albers-Schönberg (1901) konstruierte Kompressionsblende ermöglichte nicht nur die Einblendung und damit die Reduzierung des durchstrahlten Körpervolumens, sondern verminderte auch durch Kompression den Körperquerschnitt, wodurch vor allem bei adipösen Patienten eine wesentliche Verbesserung der Bildqualität erreicht wurde. Als Qualitätskriterien einer guten Aufnahme der Nierenregion wurden von Albers-Schönberg (1900) die Darstellung der Processus transversi der Wirbelsäule und der beiden untersten Rippen sowie die Differenzierung des M. psoas angegeben. Es wurde auf die gute Erkennbarkeit der Knochenstruktur Wert gelegt. Die Darstellung des Nierenschattens wurde anfänglich als Kriterium einer technisch guten Röntgenaufnahme nicht erwähnt. Hannecart (1899) und Rumpel (1903) berichteten jedoch über die gelegentliche Abbildung einer Niere. In weiterer Folge häuften sich die Berichte über die Darstellung normal großer Nieren durch Verbesserung der apparativen Möglichkeiten. Holzknecht (1905) und Grashey (1908) wiesen darauf hin, daß die Niere um so besser abgebildet werde, je stärker die Fettkapsel des Organs entwickelt sei. Durch die Einführung der Luffapelotte durch Sträter (1907) wurde die Aufnahmetechnik weiter verbessert, da damit die respiratorische Verschieblichkeit der Niere vermindert wurde. Dies war bei den zu dieser Zeit üblichen Belichtungszeiten von 30–60 s von besonderer Bedeutung. Mit den zur Verfügung stehenden technischen Möglichkeiten wurden jedoch nur die kaudalen 2/3 der Niere mit dem unteren Nierenpol regelmäßig sichtbar. Der obere Pol war gewöhnlich durch den Weichteilschatten der Leber bzw. der Milz überlagert und nicht abgrenzbar.

Die für damalige Verhältnisse obtimierte Darstellung der Nieren wie auch der übrigen Regionen der Harnorgane brachte einen wesentlichen Fortschritt in der Steindiagnostik. Jedoch berichtete Albers-Schönberg (1906), daß durch die Abbildung anderer kalkdichter pathologischer Prozesse im Beckenbereich die Röntgendiagnose eines Harnleitersteines sehr unsicher gemacht werden würde, und zählte 10 Gruppen von verkalkten Läsionen auf, die Konkrementschatten vortäuschen können. Dazu gehörten vor allem die Phlebolithen (Goldammer 1908). Diese ursprünglich rein deskriptiv als „Beckenflecken" (Albers-Schönberg 1901) bezeichneten kalkdichten Verschattungen wurden erst durch die Röntgenuntersuchung anatomischer Präparate von Fraenkel (1907, 1909), Forsell (1908) und Haenisch (1906b) als Phlebolithen erkannt. Als differentialdiagnostische Kriterien gegenüber Steinen wurden die Form und Lage dieser Verkalkungen herangezogen. War die Differentialdiagnose auf diese Art unsicher, wurde die Einführung von schattengebenden Ureterenkathetern empfohlen, um den Verlauf des Harnleiters darzustellen. Bei Projektion der Verkalkung auf den Ureterenkatheter erfolgte die weitere Klärung mittels Aufnahmen in mehreren Projektionen (Holzknecht 1905; Albers-Schönberg 1907; Ball 1908; Vöckler 1908). Die differentialdiagnostische Abgrenzung von kalkdichten Verschattungen, meist verkalkten Lymphknoten, gegenüber Nierenbecken- bzw. Kelchsteinen gelang ebenfalls durch Aufnahmen in schräger Projektion, die eine genauere Beurteilung der Lage in bezug auf den Nierenschatten ermöglichten (Haenisch 1908b). Die statistische Auswertung über die Aussage des Röntgenverfahrens bei der Harnsteindiagnostik ergab Prozentzahlen zwischen 2 und 3% an falsch-negativen Resultaten (Leonard 1905; Reid 1905; Kienböck 1907; Immelmann 1911). Nach Immelmann (1911) waren falsch-positive Ergebnisse mit 4% häufiger.

Was die Darstellung der Niere auf Röntgenbildern anbelangt, wies bereits Hannecart (1899) auf die diagnostischen Möglichkeiten dieses Verfahrens hin. So seien mit dieser Untersuchungsmethode Lageänderungen der Nieren, die Hufeisenniere sowie die Differentialdiagnose palpabler abdomineller Tumoren - renal oder extrarenal - möglich. Rumpel (1903) erwähnte, daß die einseitige Dartstellung eines Nierenschattens für einen pathologischen Prozeß dieser Niere sprechen würde, entsprechend einem durch Tuberkulose, Tumoren oder Harnstauung vergrößerten Organ. Schürmayer (1906) erkannte die Möglichkeiten der anatomischen Beurteilung der Nieren am Lebenden mit Hilfe von Röntgenaufnahmen. Er beschrieb die Topographie der Nieren und wies auf die diagnostische Bedeutung der Abbildung des M. psoas als retroperitoneale Struktur bei Erkrankungen der Harnorgane hin. Weiter wurden die Nephroptose, insbesondere die „Dynamik der sich bewegenden Niere" sowie deren klinische Bedeutung, und die respiratorische Beweglichkeit der normal liegenden wie auch der verlagerten Niere untersucht. Da nur 2/3 der Nieren abgebildet waren, war der Längsdurchmesser als Parameter der Nierengröße nicht bestimmbar. Es wurden nur Querdurchmesser angegeben, die in Hilushöhe gemessen wurden (Sträter 1907; Haenisch 1909c). Als Ursache der gegenüber anatomischen Größenangaben höheren Werte erkannte Haenisch (1909c) die Vergrößerung durch die Aufnahmegeometrie. Auf die diagnostische Bedeutung der Darstellung der Niere durch Beurteilung von Lage, Form und Größe des Organs wurde auch von Haenisch 1908b hingewiesen. Als klinisch wertvolle Aussagen wurden angeführt: die Darstellbarkeit des Organs bei Operation der kontralateralen Niere, die Differentialdiagnose palpabler abdomineller Tumoren, die genaue Lokalisation von Konkrementen sowie die Diagnostik pathologischer Veränderungen durch Änderung der Lage, Form und Größe. Nierenerkrankungen, die zu keinen Größen- und Konfigurationsveränderungen führen, konnten nicht diagnostiziert werden.

Kontrastdarstellung der Nieren und oberen ableitenden Harnwege

Mit Röntgenaufnahmen war man in der Lage, die Nieren als Schatten darzustellen sowie kalkdichte pathologische Prozesse des Nierenparenchyms, wie z. B. bei Nierentuberkulose sowie Harnsteine zu diagnostizieren. Das normale Nierenbeckenkelchsystem und die Harnleiter wurden, da keine entsprechende Absorptionsdifferenz zur Umgebung besteht, nicht abgebildet. Schon frühzeitig versuchte man durch Einführung von schattengebenden Sonden die Lage der Harnleiter auf Röntgenaufnahmen darzustellen (Tuffier 1897). Kolischer u. Schmidt (1901) führten einen Bleidraht in den Harnleiter ein und schoben ihn bis in das Nierenbecken vor, wo er sich aufrollte. Sie erreichten dadurch die Darstellung des Harnleiterverlaufs, die genaue Lokalisation von Obstruktionen, die genaue Lage des Nierenbeckens, die Beurteilung der Größe des Nierenbeckens, die Möglichkeit der Differentialdiagnose zwischen Nieren- und Gallensteinen und schließlich erlangte man Hinweise auf die Art von Harnleiterobstruktionen. Löwenhardt (1901) verwendete einen Ureterenkatheter mit Bleimandrin. Er beschrieb diese Methode als wertvoll für die Beurteilung der kontralateralen Niere vor Nierenoperationen. Fenwick (1905) wies bei Anwendung dieser Methode auf die Möglichkeit der exakten Lokalisation von Harnsteinen hin. Wie erwähnt, wurde diese Methode in weiterer Folge von zahlreichen Autoren bei unklaren Befunden der Steindiagnostik empfohlen.

Retrograde Pyelographie

Voelker u. Lichtenberg (1906) injizierten über einen Ureterkatheter kolloidales Silber (Kollargol) in 2- bis 5%iger Lösung und stellten damit die oberen ableitenden Harnwege erstmalig mit flüssigem Kontrastmittel dar. Der große diagnostische Wert dieser Methode wurde bald erkannt (Lichtenberg u. Voelker 1909; Braasch 1910, 1915; Haenisch 1909a, b; Selby 1911; Lichtenberg 1911 u. a.). Pathologische Veränderungen des Nierenparenchyms, sofern sie durch Kontrastdarstellung des Nierenbeckenkelchsystems erfaßbar sind, wie die Tuberkulose und Nierentumoren, vor allem aber auch die Anatomie und die Pathologie der ableitenden Harnwege wie Anomalien, Abflußstörungen mit Ausbildung einer Hydro- und Pyonephrose, Strikturen sowie das Verhalten des Harnleiters bei Nephroptose konnten diagnostiziert werden. Bei fehlerhafter Untersuchungstechnik, vor allem wenn das Kontrastmittel bei bestehender Abflußbehinderung mit zu hohem Druck injiziert wurde, wurden schwere Komplikationen durch Übertreten des Kollargols in die Blutbahn beobachtet. Weiter wurde durch den Ureterenkatheterismus sowie durch die Kontrastmittelinjektion das Auftreten einer Sepsis begünstigt (Regensburger 1910). Eine schonende Injektionstechnik des Kollargols wurde von Öhlecker (1911) und Schramm (1913) beschrieben, um Komplikationen zu vermeiden. Als Folge der Berichte über Komplikationen bei der Kollargolpyelographie wurden andere Substanzen auf ihre Eignung als Kontrastmittel untersucht. Burns

(1915) empfahl Thorium-Nitrat-Zitrat. Camerron (1918) führte Natriumjodid als Kontratsmittel ein, das sich als weitgehend nebenwirkungsfrei erwies und in der Folge das Kontrastmittel der Wahl für die retrograde Pyelographie wurde.

Intraperitoneale und retroperitoneale Luftfüllung

Rautenberg (1914) beschrieb die Möglichkeit der röntgenologischen Darstellung der Nieren nach Anlegen eines Pneumoperitoneums. Dieses Verfahren eignete sich vor allem zur Beurteilung der Nierengröße. Rosenstein (1921) sowie Carelli u. Sodelli (1921) beschrieben unabhängig voneinander eine Untersuchungsmethode der Nieren, basierend auf der perkutanen Insufflation von Luft, Sauerstoff oder Kohlendioxid in das lockere perirenale Bindegewebe. Für die auf diese Art verbesserte Darstellung der Nieren wurden folgende Indikationen angegeben: Abklärung der Frage, ob eine oder beide Nieren angelegt sind, Bestimmung der Größe beider Nieren, bessere Darstellung von Nierensteinen, Darstellung von renalen und perirenalen Tumoren. Ruiz-Rivaz (1948) beschrieb als technische Variante dieser Untersuchung die retroperitoneale Luftfüllung mittels präsakraler Luftinsufflation. Mit zunehmender Verbesserung der intravenösen Urographie wurde dieses Verfahren nur mehr für die Nebennierendiagnostik angewendet und schließlich von den Schnittbildverfahren abgelöst.

Intravasale nierengängige Kontrastmittel

Durch den für die retrograde Pyelographie notwendigen Ureterenkatheterismus und die damit bestehende Infektionsgefahr entstand der Wunsch nach einer Kontrastmitteluntersuchung auf Basis einer Kontrastmittelausscheidung durch die Nieren. Osborne et al. (1923) untersuchten die Ausscheidung von Natriumjodid, welches in hoher Dosierung intravenös und peroral verabfolgt wurde, und beobachteten eine Zunahme der Dichte des Nierenparenchyms sowie eine Kontrastdarstellung des Nierenbeckenkelchsystems und der Harnleiter als Folge der renalen Ausscheidung der verabfolgten Substanz. Für eine diagnostische Aussage war die Kontrastierung der Nieren und oberen ableitenden Harnwege in etwa der Hälfte der untersuchten Patienten zu gering. Gut beurteilbar war jedoch die Harnblase, so daß diese Untersuchungsmethode als nichtinvasive Restharnprüfung empfohlen wurde.

Swick (1929) sowie Lichtenberg u. Swick (1929) berichteten erstmals über ein intravenös verabfolgtes Kontrastmittel „Uroselektan", welches einer organischen Verbindung aus der Gruppe der Pyridone entsprach und ein festgebundenes Jodmolekül enthielt. Der Jodgehalt betrug 42%. Diese Verbindung bewirkte durch Ausscheidung über die Nieren eine gute Darstellung der Harnorgane. Kurz darauf wurde das besser verträgliche „Uroselektan B" (Schering) mit 51,5% Jodgehalt entwickelt. I. G. Farben/Bayer gelang die Entwicklung einer dijodierten Pyridonverbindung Diodon (Perabrodil). Dieses Kontrastmittel war bis Anfang der 50er Jahre für die Urographie, retrograde Pyelographie wie auch für die Angiographie in Gebrauch. Abrodil (52% Jodgehalt) (IG Farben/Bayer) war als weiteres dijodiertes Kontrastmittel mit der chemischen Grundstruktur einer Jodmethansulfonsäure in Verwendung. Das weitere Ziel bei der Entwicklung von Kontrastmitteln bestand darin, möglichst gut verträgliche, biologisch inerte Substanzen, die außerdem bessere Kontrasteigenschaften durch einen höheren Jodgehalt haben sollten, zu synthetisieren (Speck et al. 1983). Anfang der 50er Jahre wurde das erste trijodierte Kontrastmittel auf Basis der Benzoesäure (Urokon) in den Forschungslaboratorien der Firma Mallinckrodt St. Louis, USA, synthetisiert. 1953 wurde bei Schering in Berlin und 1954 unabhängig davon bei Winthrop, New York, USA, das Amidotrizoat (Diatrizoat USA) entwickelt. Die Kontrastmittel auf Basis der Amidotrizoesäure waren als Natrium- oder Methylglukaminsalze dieser Säure oder als Mischform beider Substanzen in Verwendung. Es wurden zahlreiche Strukturvarianten synthetisiert, die für die Urographie, Angiographie und Computertomographie in Verwendung waren und auch heute noch sind. Sie erfüllten alle an ein Kontrastmittel gestellten Anforderungen wie hoher Jodgehalt, feste Bindung der kontrastgebenden Elemente an die organische Struktur sowie hohe chemische und metabolische Stabilität. Die Verträglichkeit dieser Kontrastmittel wurde in zahlreichen Statistiken dokumentiert mit dem Ziel der Erfassung kardiovaskulärer und allergieartiger Nebenwirkungen und vor allem auch der seltenen Todesfälle. Die bei Durchführung der Angiographie auftretenden reproduzierbaren Nebenwirkungen waren Folgen der hohen Osmolalität der als Salze gelösten *ionischen* Kontrastmittel. Die allergieartigen Reaktionen konnten jedoch dadurch nicht erklärt werden. Almen (1969) publizierte von ihm erarbeitete Vorschläge zur Synthese niederosmolarer Kontrastmittel. Als erstes *nichtionisches* niederosmolares Kontrastmittel wurde von der Firma Nycomed 1975 das Metrizamid entwickelt, welches zuerst für die Myelographie, später auch für die Angiographie verwendet wurde. Guerbet in Frankreich entwickelte ein ionisches Dimer (Ioxalat) mit niederer Osmolalität. In weiterer Folge wurde eine Reihe nichtionischer Kontrastmittel entwickelt: Iopamidol (Bracco), Iohexol (Nycomed) und Iopromid (Schering). Bei Schering wurde das erste nichtionische Dimer (Iotrolan) synthetisiert, welches in allen Konzentrationen blutisoton ist. Diese nichtionischen Kontrastmittel hatten neben der niederen Osmolalität eine deutlich bessere allgemeine Verträglichkeit als ionische Kontrastmittel. Allergieartige Nebenwirkungen traten um den Faktor 2–10 weniger auf. Die Abnahme kontrastmittelbedingter Todesfälle wurde jedoch noch nicht bewiesen (Schrott et al. 1985; Palmer 1988; Katayama et al. 1990; Brismar et al. 1991; Wolf et al. 1991).

Ausscheidungspyelographie – Ausscheidungsurographie

Die Einführung intravenös applizierbarer Kontrastmittel hatte die Entwicklung neuer Untersuchungstechniken zur Folge mit dem Ziel, die Darstellung der Harnorgane zu optimieren und um klinische Indikationen zur Anwendung dieser Methode herauszuarbeiten. Dazu war die Erforschung der diagnostischen Aussagen des Verfahrens notwendig. Großen Raum nahm die Diskussion bezüglich der Vorbereitung der Patienten zur Untersuchung ein. Unumstritten war die Darmentleerung. Die Flüssigkeitszufuhr im Zeitraum von 12 h vor der Untersuchung sollte eingeschränkt werden, um die Darstellbarkeit der Harnorgane durch Erhöhung der Konzentration des Harnes zu verbessern. Die Dosierung des Kontrastmittels erfolgte durchschnittlich mit 15–20 g Gesamtsubstanz (Haenisch 1931). Eine höhere Dosierung als 25 g Gesamtsubstanz wurde als nicht notwendig angesehen, da dadurch keine Verbesserung des Kontrastes erzielt werden konnte. Die beste Darstellung der Harnwege wurde erzielt, wenn ein hoher prozentueller Jodgehalt des Harnes mit einer stärkeren Diurese zusammenfiel. Dies war in den meisten Fällen in 15–20 min nach der Injektion der Fall (Bronner et al. 1935). Die diagnostische Aussage der Ausscheidungspyelographie wurde in morphologische und funktionelle Kriterien unterteilt.

Die *morphologischen Aussagen* wurden nach den Ergebnissen der retrograden Pyelographie gemessen. So versagte die Ausscheidungspyelographie, wenn keine Kontrastausscheidung über die Nieren erfolgte. Bei klinisch zu erwartenden geringen pathologischen Veränderungen, so bei den frühen Stadien der Tuberkulose, war die Ausscheidungspyelographie kontraindiziert (Haenisch 1931), da geringe Veränderungen wegen der ungenügenden Kontrastfüllung des Nierenbeckenkelchsystems dem Nachweis entgehen können. Stand die Frage nach morphologischen Befunden im Vordergrund, sollte die Kontrastfüllung des Nierenbeckenkelchsystems durch Harnleiterkompression verbessert werden. Der Vorteil der Ausscheidungspyelographie in der Steindiagnostik wurde im Vergleich zur retrograden Pyelographie gering eingeschätzt. Steine kamen sowohl wegen mangelhafter Füllung des Nierenbeckenkelchsystems als auch durch Kontrastmittelüberlagerung nicht zur Darstellung. Bei Kontrastmittelaussparungen konnte nicht zwischen Tumor und nichtschattengebendem Konkrement unterschieden werden. Der normale Harnleiter stellte sich schlechter dar als bei der retrograden Pyelographie. Gestaute Harnleiter waren hingegen gut zu beurteilen. Harnleitersteine waren besser zu diagnostizieren als Nierenbeckensteine. Bei Bestehen von Harnleiterstrikturen hatte die intravenöse Pyelographie Vorteile, da Strikturen oft retrograd durch Ureterenkatheter nicht passiert werden konnten. Veränderungen der ableitenden Harnwege während der Schwangerschaft wurden durch die intravenöse Pyelographie erstmalig dargestellt und zur Erklärung der Schwangerschaftspyelitis herangezogen. Die kontrastgefüllte Harnblase ermöglichte die Diagnose von Tumoren, der vergrößerten Prostata sowie von Divertikeln. *Funktionelle Aussagen* ergaben sich aus der Kontrastmittelausscheidung durch die Nieren wie auch durch die Beurteilung der Harnleitermotilität. Die Schattendichte im Nierenbeckenkelchsystem wurde als ein weniger verläßliches Kriterium einer Funktionsstörung der Nieren angesehen als die zeitgerechte Ausscheidung des Kontrastmittels. Ein einseitig späteres Auftreten der Ausscheidung war pathologisch. Bei einer geschädigten Niere trat die Ausscheidung des Kontrastmittels nicht nur später auf, sonder sie verlief auch protrahiert. Bei akuter Harnwegsobstruktion durch ein Konkrement erfolgt die Ausscheidung verzögert. Haenisch (1931) beschrieb die als Folge der Obstruktion deutliche Dichtezunahme des Parenchyms, entsprechend dem heute bekannten „obstruktivem Nephrogramm", und führte dies auf die Kontrastansammlung im Tubulussystem der Niere zurück.

Nach den Ansichten von Haenisch (1931), die den damaligen Auffassungen entsprachen, ist die

Ausscheidungspyelographie kein Konkurrenzverfahren der retrograden Pyelographie. Sie ist in geeigneten Fällen stets vor der retrograden Pyelographie anzuwenden, da sie gefahrloser und vor allem bei Männern angenehmer ist. Ein Vorteil bestehe auch darin, daß eine Aussage über die gesunde Seite gemacht werden kann. Einen weiteren Vorteil sah der Autor in der deutlicheren Darstellung des Nierenschattens. Hutter u. Sgalitzer (1930) wiesen auf die neuen diagnostischen Möglichkeiten hin, die sich aus der Kontrastdarstellung des Nierenparenchyms, die sie Nephrographie nennen, ergaben. Sie erwähnen u. a. die Möglichkeit, auch dann einen Nierentumor zu diagnostizieren, wenn dieser lediglich das Parenchym destruiert, ohne die Nierenkonturen zu verändern und das Hohlraumsystem zu verdrängen. Auch tuberkulöse Parenchymdestruktionen waren nachweisbar. Die Ausscheidungspyelographie war auch immer dann indiziert, wenn die retrograde Pyelographie technisch nicht durchführbar war oder wegen Infektionsgefahr nicht durchgeführt werden sollte. Bei fehlender Kontrastmittelausscheidung sollte dieser Befund immer durch die retrograde Pyelographie geklärt werden.

Die Ausscheidungspyelographie setzte sich in weiterer Folge nur langsam als primäre diagnostische Methode durch. Voraussetzung dafür war die Optimierung der Untersuchungstechnik mit einer besseren Parenchymdarstellung durch ein intensiveres Nephrogramm sowie eine gute Beurteilbarkeit der ableitenden Harnwege durch eine entsprechende Kontrastdarstellung. Aufgrund der zu dieser Zeit üblichen niederen Dosierung eines wenig konzentrierten Kontrastmittels ließen diese Kriterien in vielen Fällen zu wünschen übrig. Steinberg u. Ropp (1938) beobachteten anläßlich der Durchführung von Angiokardiographien eine intensive Parenchymdarstellung der Nieren nach schneller Injektion einer hohen Kontrastmitteldosis. Vesey et al. (1950) sowie Weens et al. (1951) injizierten in wenigen Sekungen 50 ml 76% Kontrastmittel (Diotrast) und erreichten so eine gute Kontrastdarstellung des Nierenparenchyms in Form eines intensiven Nephrogramms. Evans et al. (1954) kombinierten diese Methode mit der Tomographie der Nieren und erreichten in 75% gute Nephrogramme. Mit Hilfe dieser Untersuchungstechnik wurden raumfordernde Prozesse der Nieren diagnostiziert und differentialdiagnostische Kriterien zwischen Zysten und solidem Tumor erarbeitet, wobei differentialdiagnostisch eine Treffsicherheit von 90–95%, bei der Nierenkarzinomdiagnostik von 89% angegeben wurde. Schencker (1964) sowie Schencker et al. (1965) beschrieben als eine vereinfachte Methode der Parenchymdarstellung der Niere die sog. Infusionsnephrotomographie. Der Vorteil diese Methode bestand darin, daß der für die Durchführung der Tomographie notwendige intensive nephrographische Effekt länger bestand und daher mehr Zeit für die Tomographie zur Verfügung stand. Bosniak et al. (1974) wiesen darauf hin, daß die Nephrotomographie nur bei Verwendung hochkonzentrierter Kontrastmittel erfolgversprechend sei, die bei der Infusionsnephrotomographie jedoch nicht zur Anwendung kamen. Die Autoren berichteten über eine Treffsicherheit beim Nachweis von Zysten von 75%.

Erst die neuen urographischen Techniken mit wesentlich verbesserter Darstellung des Nierenparenchyms und der ableitenden Harnwege, die auch durch die seit Anfang der 50er Jahre zur Verfügung stehenden trijodierten, gut verträglichen Kontrastmittel möglich wurden, lösten die retrograde Pyelographie als primäre Untersuchung der Harnorgane endgültig ab. Der Begriff „Ausscheidungspyelographie“, der den diagnostischen Schwerpunkt des Verfahrens im Bereiche der oberen ableitenden Harnwege widerspiegelte, wurde durch den Begriff „Ausscheidungsurographie“ ersetzt, da mit dieser verbesserten Methode sowohl das Nierenparenchym als auch die ableitenden Harnwege beurteilbar wurden (Abb. 2 und 3). Die urographische Darstellbarkeit des Nierenparenchyms hatte eine wesentliche Verbesserung der Diagnostik von Nierenparenchymerkrankungen zur Folge. Möel (1956, 1961) definierte die röntgenologisch dargestellte Nierengröße anhand des auf Röntgenaufnahmen gemessenen bipolaren Längsdurchmessers und der maximalen Distanz zwischen der lateralen und medialen Nierenkontur, sowie die Änderung der Größe beim akuten Nierenversagen. Hodson (1972) beschrieb die Röntgenanatomie bei urographisch dargestellten Organen und folgte hierbei dem Konzept des lobaren Aufbaues der Nieren. Die zur Beurteilung der Dicke des Nierenparenchyms wie auch zur Beurteilung von Veränderungen dieses Parameters im Rahmen pathologischer Prozesse von Pendergrass (1943) als anatomische Hilfe eingeführte Interpapillarlinie erlangte besondere Bedeutung. Davidson (1977), sowie Davidson u. Hartman (1994) stellten die röntgenmorphologischen Veränderungen der Nieren als Folge von pathologischen Prozessen, beurteilt nach dem Ausscheidungsprogramm, in den Mittelpunkt der röntgenologischen Diagnostik und Differentialdiagnostik von Nierenparenchymerkrankungen. Als diagnostische Kriterien wurden die Größe (vergrößert, verkleinert), die Ober-

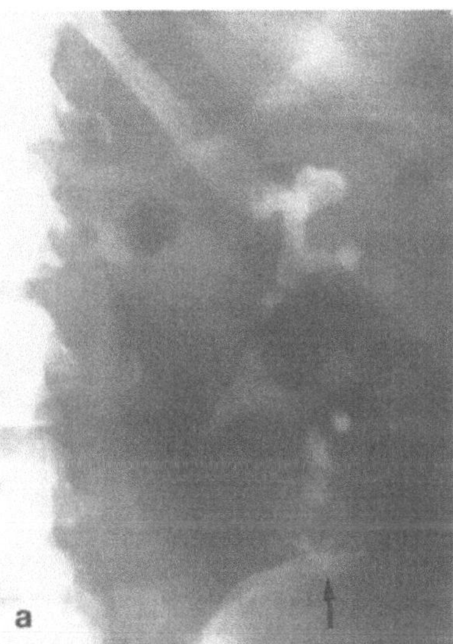

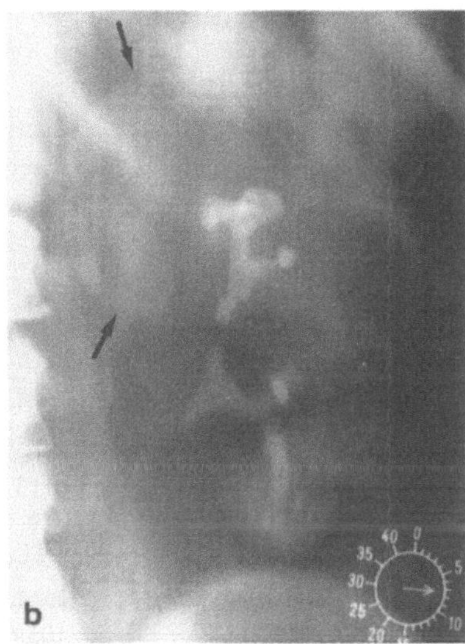

Abb. 2. a Nativaufnahme: Diffuse Vergrößerung der linken Niere, Nierenbeckenausgußstein, multiple kleine kalkdichte Konkremente im hydronephrotisch dilatierten Nierenbeckenkelchsystem des unteren Nierenpoles (*Pfeil*). **b** Urographie (Zonographie): Nierenbeckenausgußstein, chronische Obstruktion des Nierenbeckens mit Ausbildung einer hydronephrotischen Sackniere, hochgradige Verschmälerung des im Nephrogramm dargestellten Nierenparenchyms (*Pfeile*); fehlende Kontrastausscheidung

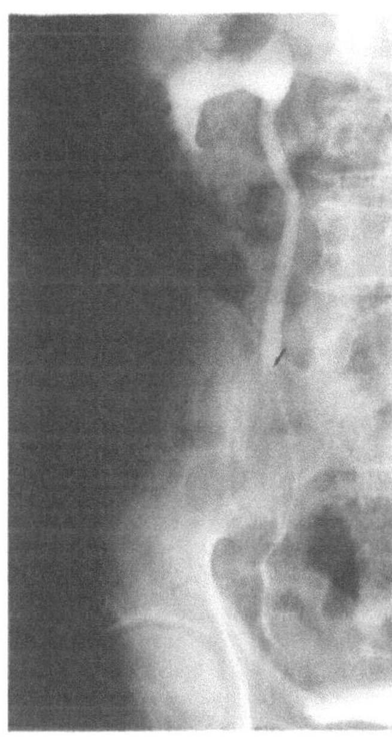

Abb. 3. Urographie: Obstruktion des rechten Ureters durch ein nicht schattengebendes, 3 mm großes Konkrement in Höhe der Gefäßkreuzung (*Pfeil*)

fläche (glatt oder unregelmäßig) sowie die Ausbildung der Veränderungen (fokal oder multifokal) sowie einseitig oder beidseitig herangezogen.
Ingrisch et al. (1980) entwickelten eine Untersuchungstechnik, um die Nierenarterien im Rahmen der Urographie darzustellen, indem sie eine spezielle Bolustechnik kombiniert mit der Simultantomographie anwendeten. Mit dieser nichtinvasiven Methode waren Nirenarterienstenosen diagnostizierbar.
In jüngerer Zeit wurde auch die funktionelle Diagnostik auf Basis von Ausscheidungsstörugen systematisiert. Davidson (1977), Newhouse u. Pfister (1979) sowie Davidson u. Hartman (1994) beschrieben das Verhalten des Nephrogramms im Rahmen der Urographie als eine Funktion der Nierendurchblutung sowie der Dynamik der Harnbildung. Abweichungen des Nephrogramms von der Norm können daher sowohl als Symptom einer Minderdurchblutung der Niere bei vaskulären Erkrankungen als auch als Folge einer Störung der Harnbildung bei systemischen Kreislaufstörungen auftreten. Glomeruläre Schädigungen sowie intra- oder postrenale Obstruktionen verursachen ebenfalls Veränderungen der Dichte des Nephrogramms.
Amplatz (1962) stellte die Pathophysiologie der Harnbildung der ischämischen Niere mittels Urographie dar mit dem Ziel, diese als Screeningmethode für die Diagnose der renovaskulären Hypertonie einzusetzen. Durchblutungsstörungen

der Nieren als Folge von Nierenarterienstenosen, die die Ursache einer renovaskulären Hypertonie sind, verursachen Störungen der Physiologie der Harnbildung. Durch die geringere Harnbildung der minderdurchbluteten Niere ist die Transitzeit des Harnes durch die Tubuli verzögert. Bei Verabfolgung diuretischer Substanzen erfolgt daher auf der erkrankten Seite eine verzögerte Auswaschung des Kontrastmittels aus dem Nierenbeckenkelchsystem. Zusätzlich konzentriert die ischämische Niere den Harn stärker, woraus eine höhere Kontrastdichte auf der erkrankten Seite resultiert. Dieses Symptom ist jedoch nicht verläßlich, da eine erhöhte Dichte durch andere Ursachen vorgetäuscht werden kann. Rathke (1961) und Siggers (1961) erfaßten die verspätete Kontrastmittelausscheidung bei hämodynamisch signifikanten Stenosen der Nierenarterie durch die Frühurographie. Wegen der falsch-positiven und falsch-negativen Befunde setzten sich diese Methoden jedoch nicht durch (Webb u. Talner 1979; Thornbury et al. 1982).
Störungen der Physiologie des Harntransports wurden durch im Stehen angefertigte Urogramme geklärt. Durch die im Stehen wirksame Schwerkraft entleeren sich nichtobstruierte Harnwege komplett. Die Methode kann bei der differentialdiagnostischen Fragestellung „obstruktive oder nichtobstruktive Dilatation der ableitenden Harnwege" eingesezt werden. Die urodynamische Wirksamkeit von Ureterabgangsstenosen als Ursache einer intermittierenden Harnentleerungsstörung wurde mittels Diuresebelastung durch intravenöse Gabe von Lasix beurteilt. Bei verminderter Abflußkapazität erfolgt eine Volumenzunahme des Nierenbeckens durch die verstärkte Diurese (Saxton 1969).
Maintz u. Wüllenweber (1936) untersuchten die mittels retrograde Pyelographie dargestellten oberen Harnwege kymographisch und definierten die normale Frequenz und Geschwindigkeit der Peristaltik. Sie untersuchten die Motorik der Harnwege während und nach Steinobstruktionen sowie Motilitätsstörungen auf infektiös toxischer Basis. Reimann (1937) betonte, daß die Abbildung der oberen ableitenden Harnwege im Urogramm eine Momentaufnahme des zu diesem Zeitpunkt bestehenden funktionellen Zustandes ist und von der Motorik beeinflußt wird.
Der normale Füllungs- und Entleerungsmechanismus des Nierenbeckenkelchsystems wurde nach urographischer Darstellung der ableitenden Harnwege von Catell u. Garsche (1957), Düx et al. (1962), Becker u. Pollack (1965), Schmid et al. (1969a) sowie Kiil (1978) mittels Röntgenkinematographie untersucht. Die Pathophysiologie des Harnleiters wurde durch Erfassung der Störungen des Peristaltikablaufes von Schmid et al. (1969b) röntgenkinematographisch dargestellt. Brezina (1973) untersuchte mit Hilfe von Aufnahmen im Liegen und Stehen wie auch röntgenkinematographisch die mittels Urographie dargestellten oberen ableitenden Harnwege, um den Einfluß der Gravidität auf den Harntransport zu klären.

Kontrastdarstellung der unteren Harnwege

Zystographie

Wittek (1903) stellte das erste Mal die Harnblase mittels Kontrastmittel dar. Er verwendete 150 ml Luft und stellte fest, daß ein Oxalatstein, der auf der Nativaufnahme kaum zu erkennen war, nach Luftfüllung der Blase deutlich sichtbar wurde. Er schloß aus der Beobachtung der deutlichen Abbildung des Weichgummikatheters in der Blase, daß auch weniger röntgendichte Steine als der im vorliegenden Fall nachgewiesene Oxalatstein, mit diesem Verfahren nachweisbar sein würden. Wulff (1905) diagnostizierte zusammen mit Albers-Schönberg eine „Vesica bilocularis", indem er eine 10%ige Aufschwemmung von Wismuth in die Blase instillierte. Völker u. von Lichtenberg (1905) beschrieben die Darstellung der Harnblase mit 2%igem Kollargol. In weiterer Folge wurden Halogenverbindungen wie Natriumjodid oder Natriumbromid für die Zystographie verwendet. Die Untersuchung diente dazu, Divertikel und Tumoren zu diagnostizieren, vor allem wenn die Blase zystoskopisch aus technischen Gründen oder wegen starker Blutungen nicht beurteilbar war. Eisler (1922) untersuchte nach Kontrastfüllung die Harnblase mittels Durchleuchtung in verschiedenen Ebenen, um ihre Form und Lage im Becken sowie ihre physiologischen Bewegungsphänomene zu erforschen. Er beschrieb die Konfiguration der Blase während der Füllungsphase sowie die Änderung der Konfiguration bei Auftreten von Harndrang, und verwendete den Begriff „Miktionsumformung der Blase". Besonders wurden die Verlagerungen der Blase während der Schwangerschaft, durch raumfordernde Prozesse sowie der Entstehungsmechanismus der Zystozele bei Prolaps des Uterus nach Betätigung der Bauchpresse beschrieben. Der Erfolg operativer Korrekturen des Prolaps war mit diesem Verfahren beurteilbar. Auch Vogt (1923) untersuchte mittels Zystographie die Formveränderung der Blase durch Aufnahmen im Stehen und Liegen bei Totalprolaps des Uterus. Reiser (1927) wendete eine Doppelkontrasttechnik an, indem er neben 30 ml Jodöl (Jodipin) 30 ml Luft in die Blase injizierte. Er untersuchte die Blase mit Hilfe der Durchleuchtung in fließender Rotation in 3 Ebenen. Als Vorteil der Methode wurde die geringe Kontrastmittelmenge, die fehlende Mischbarkeit des Kontrastmittels mit Harn sowie die guten Kontrasteigenschaften des Jodöls, die auch eine Verbesserung der Diagnostik mittels Durchleuchten ermöglichte, erwähnt. Mit dieser Untersuchungstechnik war die Darstellung auch kleinerer Tumoren möglich, jedoch wurde auf differentialdiagnostische Schwierigtkeiten gegen andere endoluminale Kontrastmittelaussparungen hingewiesen. Durch die im Vergleich zur Prallfüllung mit Natriumbromid geringe Schichtdicke des Jodöls konnten auch andere pathologische Veränderungen, wie z. B. Divertikel, besser und in einem frühen Stadium diagnostiziert werden. Bartley u. Hellander (1960) verwendeten ein jodhaltiges Kontrastmittel, das als Suspension kristalliner Teilchen gute Benetzungseigenschaften hatte (Dionosil, Glaxo). Sie versuchten damit die morphologischen Varianten von Blasentumoren (papillomatös, solid, gestielt, breitbasig) darzustellen, um daraus Malignitätskriterien abzuleiten. Mit dieser Technik war die Darstellung sehr kleiner Tumoren möglich. Bartley u. Eckerbom (1960) kombinierten die Gaszystographie mit perivesikaler Gasinsufflation und stellten die Wanddicke der Blase tomographisch dar, um präoperativ das Tumorstadium zu klären. Es bestand eine gute Korrelation zwischen der Wanddicke und der perivesikalen Tumorausdehnung. Die *Kettenzystourethrographie* wurde verwendet, um den hinteren urethrovesikalen Winkel zu bestimmen. Die Ergebnisse stellten eine Hilfe bei der Planung der operativen Behandlung der Streßinkontinenz dar (Stolz u. Fogel 1972; Christ u. Meyer Delpho 1981; Blaivas u. Olsson 1988).

Urethrographie

Cunningham (1910) führte erstmalig eine retrograde Urethrographie durch und verwendete hierbei kolloidales Silber. Als diagnostische Aussage wies er auf die Möglichkeit hin, den Grad, die Zahl, die Lokalisation sowie die anatomischen Varianten der Strikturen nachzuweisen. Sorantin (1914) diagnostizierte ein Urethradivertikel durch Kontrastdarstellung der Urethra mit 5%igem Kollargol, nachdem er zuvor das Divertikel mit einer flexiblen Nickelspirale bzw. mit einem schattengebendem Katheter auf Röntgenaufnahmen lokalisiert hatte. Kurtzahn (1922) verwendet für die retrograde Urethrographie eine Aufschwemmung von Bariumsulfat, da Kaliumjodid seiner Meinung nach zu wenig schattengebend und kolloidales Silber zu teuer war. Man konnte aufgrund der großen Kontrastdichte auch im schrägen und seitlichen Durchmesser gut beurteilbare Aufnahmen anfertigen. Besonders wurde die Injektionstechnik beschrieben. Das Kontrastmittel wurde während der Filmbelichtung injiziert. Dies entsprach somit der dynamischen Urethrographie von McCallum (1979). Die Untersuchung ermöglichte eine gute Darstellung der vorderen Urethra. Die prostatische Urethra wurde als „eng“ beschrieben, wobei darauf hingewiesen wurde, daß das normale Verhalten dieses Abschnittes der Urethra noch nicht bekannt sei und daher keine diagnostische Aussage gemacht werden könnte. Die Untersuchung hatte deutliche Vorteile gegenüber der damals üblichen Sondendiagnostik der Urethra für den Nachweis von Strikturen und Divertikeln. Frumkin (1925) führte die retrograde Urethrographie mit Natriumjodid durch und injizierte das Kontrastmittel ebenfalls während der Filmexposition. Mit dieser Technik war die vordere Harnröhre gut zu beurteilen. Der Autor erkannte, daß die Pars prostatica urethrae nur während der Miktion beurteilbar ist, da sie durch die Injektion des wäßrigen Kontrastmittels nicht dilatiert werden konnte. Er diagnostizierte eine Striktur der hinteren Urethra, die mittels retrograder Urethrographien nicht erkennbar war, auf eine Aufnahme während der Miktion und beschrieb damit als einer der ersten Autoren die Bedeutung der Miktionszystourethrographie für die Beurteilung der prostatischen Urethra. Edling (1945, 1950) stellte fest, daß während der Füllung und während der Entleerung der Harnblase die Urethra, Prostata und Blase eine funktionelle Einheit darstellen. Die pathologische Veränderung eines Organs kann eine Störung des gesamten Mechanismus zur Folge haben. Die röntgenologischen Untersuchungen der unteren Harnwege, die mit einem wasserlöslichen Kontrastmittel vom Typ des Abrodyl durchgeführt wurden, sollten daher bevorzugt als gleichzeitige Darstellung dieser Organe erfolgen, und zwar kombiniert zuerst als retrograde Urethrographie und anschließend als Miktionszystourethrographie. Damit waren sowohl morphologische Veränderungen als auch funktionelle Störungen erfaßbar. Morales u. Romanus (1952) untersuchten den unteren Harntrakt mit einem hochviskösen Kontrastmittel und erzielten damit bessere diagnostische Ergebnisse als mit herkömmlichen Kontrastmitteln. Die Bedeutung der

Durchführung der Untersuchungen unter Durchleuchtungskontrolle sowie als retrograde und Miktionszystourethrographie wurde hervorgehoben. Diagnostizierbar waren Urethrastrikturen, Blasenhalsstrikturen, Urethradivertikel sowie Urethrafisteln. Außerdem konnten entzündliche Veränderungen der Anhangsgebilde der Urethra, so vor allem auch entzündliche Destruktionen der Prostata, gut dargestellt werden. Prostatakarzinome wurden nur in Spätstadien nachgewiesen, wenn sie die Urethra infiltrierten. McCallum (1979) wies darauf hin, daß die genaue Kenntnis der normalen Anatomie die Urethra und der angrenzenden Strukturen für die Diagnostik pathologischer Veränderungen von besonderer Bedeutung sei, vor allem wenn Strikturen im Bezug auf ihre Lage zur membranösen Urethra beurteilt werden sollen. Sowohl die dynamische retrograde als auch die Miktionszystourethrographie sollten bei dieser Fragestellung in Kombination durchgeführt werden, da bei der Miktionszystourethrographie sog. weiche Narbenbildungen nicht zur Darstellung kommen. Sowohl die dynamische retrograde Urethrographie als auch die retrograde Zystographie erlangten eine wichtige diagnostische Bedeutung beim Nachweis von frischen Verletzungen der unteren Harnwege als Folge stumpfer Traumen. Aus der Lage und dem Verteilungsmuster von Kontrastmittelextravasaten konnte die Blasenverletzung - intra- oder extraperitoneal - sowohl die Lokalisation der Verletzung der Urethra - extrapelvin oder intrapelvin mit Beteiligung der membranösen Urethra - lokalisiert werden (Rieser u. Nicholas 1963; Flaherty et al. 1968; Morehouse u. McKinnon 1969; Sandler et al. 1981; Sandler et al. 1986).
Die Zystourethrographie, durchgeführt als dynamische retrograde Urethrographie und auch als Miktionszystourethrographie, ermöglichte die Darstellung von pathologischen Veränderungen von Blase und Urethra, die sich als Folge neurogener Störungen der Blasenfunktion, verursacht durch die Detrusor-Sphinkter-Dyssynergie, entwickeln können (Ney u. Duff 1950; Damanski u. Kerr 1957; Schreyer 1971).

Miktionszystourethrographie im Kindesalter

Bei Kindern wurde die retrograde Zystographie vollkommen durch die Miktionszystourethrographie ersetzt. Shopfner u. Hutch (1967, 1968) sowie Shopfner (1970) entwickelten, basierend auf neuen Erkenntnissen der Anatomie der Sphinkteren der Harnblase und Urethra sowie der Physiologie der Miktion durch Hutch (1966, 1967), ein neues Konzept der Röntgenanatomie und der Physiologie der unteren Harnwege, wie sie im Miktionszystourethrogramm darstellbar waren. Shopfner (1967a, b) widerlegte damit die früher mittels Miktionszystourethrographie häufig diagnostizierte Blasenhalsstenose sowie die Meatusstenose der weiblichen Urethra. Durch die diagnostischen Möglichkeiten der Miktionszystourethrographie den vesikoureteralen Reflux nachzuweisen und infravesikale Harnwegsobstruktionen zu diagnostizieren, wurde bei entsprechender klinischer Indikation die Miktionszystourethrographie, dokumentiert durch Serienaufnahmen mittels 100 mm-Bildverstärkerphotographie, zur Routinemethode bei der Diagnostik der Harnorgane im Kindesalter.

Vesikoureteraler Reflux

Bereits Graves u. Davidoff (1923, 1924) beobachteten das retrograde Übertreten von Blasenharn in die Harnleiter und interpretierten dieses Phänomen als pathologisches Geschehen, das Erkrankungen der Nieren und ableitenden Harnwege verursacht. Jedoch erst durch die Arbeit von Hodson u. Edwards (1960) war bewiesen, daß der vesikoureterale Reflux die Ursache einer chronischen Pyelonephritis, der sog. Refluxnephropathie, war. Hodson u. Wilson (1965) sowie Hodson (1967) beobachteten, daß die Veränderungen vorwiegend an den Nierenpolen, beschränkt auf die dort fusionierten Nierenlappen, ausgebildet waren. Sie entstanden vorwiegend bei Kindern bis zu einem Alter von 3–5 Jahren. Fendel (1971) sowie Hodson et al. (1975) wiesen nach, daß diese Narben die Folge eines intrarenalen Refluxes waren, der durch den vesikoureteralen Reflux verursacht wird. Ransley u. Risdon (1975) bewiesen, daß die Voraussetzung für den intrarenalen Reflux in einer abnormal klaffenden Mündung der Sammelrohre bestehe, die mit zusammengesetzten Papillen vergesellschaftet sind. Das Zusammentreffen von hochgradigem Reflux der Schweregrade III–V mit derartigen Papillen wurde als Ursache für das Auftreten eines intrarenalen Refluxes und in weiterer Folge einer Refluxnephropathie erkannt.
Saxton (1990) berichtete über die funktionelle Diagnostik des unteren Harntraktes mittels videourodynamischer Untersuchungen, eines Untersuchungsverfahrens, das grundsätzlich auf eine mittels Röntgenkinematographie aufgezeichnete Miktionszystourethrographie mit gleichzeitig durchgeführter urodynamischer Untersuchung zurückzuführen ist (Bates u. Corney 1971).

Fotter et al. (1986, 1987), sowie Fotter (1992) erkannten, daß mittels einer einfach modifizierten Miktionszystourethrographie ebenfalls funktionelle Aussagen erzielt werden können. Bei Durchführung eines für diese Zwecke standardisierten Untersuchungsverfahrens wurden aus der Verlangsamung oder dem Sistieren der Kontrastmittelinfusion, mit der die Blase für die Miktionszystourethrographie gefüllt wurde, Rückschlüsse auf unkontrollierte Drucksteigerungen während der Füllungsphase der Blase gezogen. Dieses Phänomen war häufig mit dem Röntgensymptom eines offenen Blasenhalses vergesellschaftet. Diese Symptomatik sprach mit großer Sicherheit für eine instabile Blase, die Ursache eines vesikoureteralen Refluxes mit entsprechenden Folgen sein kann. Die Methode ist auch geeignet für die Beurteilung von neurogenen Blasenentleerungsstörungen im Kindesalter (Fotter 1994).

Angiographie

Dos Santoz et al. (1929) führten als erste eine Aortographie mittels translumbaler Punktion der Aorta abdominalis und Injektion von ca. 35 ml einer 100%igen Lösung von Natriumjodid durch. Das Angiogramm wurde durch eine Aufnahme dokumentiert. Die Methode begann sich jedoch erst etwa 20 Jahre danach langsam durchzusetzen. Die Gründe waren darin zu suchen, daß sowohl die Punktion als auch die Kontrastmittelinjektion blind, d. h. ohne Durchleuchtungskontrolle, durchgeführt wurden, woraus zahlreiche Komplikationen resultierten. Außerdem standen erst zu Beginn der 50er Jahre gut verträgliche Kontrastmittel mit hohem Jodgehalt zur Verfügung. So erwähnte erst Nelson (1942) die Möglichkeiten der Nierendiagnostik mit Hilfe der translumbalen Aortographie und beschrieb die Darstellung gefäßreicher Nierentumoren nach Injektion von 80%igem Natriumjodid. Vogler et al. (1952) berichteten über gute Resultate bei der angiographischen Diagnose und Differentialdiagnose raumfordernder Prozesse der Niere mittels translumbaler Aortographie und wiesen auf die diagnostischen Möglichkeiten bei anderen Nierenerkrankungen mit Hilfe dieser Untersuchungsmethode hin. Nach Maluf u. McCoy (1955) waren die Ergebnisse der Tumordiagnostik schlecht. Die Ursache lag in einer ungenügenden Untersuchungstechnik. Über Versuche, die angiographische Technik zu verbessern, wurde von mehreren Autoren berichtet. Goodwin et al. (1950) beschrieben die Kontrastdarstellung der Aorta über einen transfemoral, nach chirurgischer Freilegung der A. femoralis in das Gefäßsystem eingeführten Ureterenkatheter. Die Ergebnisse waren jedoch nicht erfolgversprechend. Ähnliche Versuche wurden von Pearl et al. (1950), die einen Katheter von der Radialarterie aus in die Aorta vorschoben sowie von Peirce (1951), der den transfemoralen Zugang wählte, durchgeführt, ohne daß entscheidend verbesserte Ergebnisse erzielt werden konnten. Erst die Entwicklung der perkutanen transfemoralen Katheterangiographie unter Verwendung eines Führungsdrahtes durch Seldinger (1953) verhalf der diagnostischen Angiographie zum Durchbruch. Ödman (1956) sowie Edholm u.Seldinger (1956) beschrieben die Technik und die diagnostischen Möglichkeiten der transfemoral mittels Katheter durchgeführten selektiven Nierenarteriographie. Die Sicherheit der Seldinger-Technik, Katheter in das Gefäßsystem einzuführen, die Durchführung der Untersuchungen unter Sicht mit Hilfe der Bildverstärkerfernsehkette, neue Kathetermaterialien, gut verträgliche Kontrastmittel mit hohem Jodgehalt sowie die Möglichkeit der Anfertigung schneller Bildserien machten die Arteriographie zu einer komplikationsarmen Untersuchung mit hoher diagnostischer Aussagekraft. Der Einsatz der Angiographie erfolgte zur Diagnostik von Gefäßerkrankungen der Niere, von Nierenparenchymerkrankungen sowie von Karzinomen des Nierenbeckens und der Harnblase, wie auch von Tumoren, die vom Retroperitoneum ihren Ausgang nahmen.

Arteriographie der Nieren und Harnblase

Die transfemorale Arteriographie der Nieren, durchgeführt als Aortographie und selektive Arteriographie, brachte durch die Darstellung des Gefäßsystems und des Nierenparenchyms sowohl neue anatomische als auch physiologische Erkenntnisse.

Boijsen (1959) beschrieb die Anatomie der arteriellen Gefäßversorgung der Niere anhand angiographischer Untersuchungen. Abrams u. Cornell (1965) sowie Habighorst et al. (1966) beschrieben die Grundlagen der Gefäßanatomie für die Entwicklung von Kollateralkreisläufen bei Nierenarterienstenosen und -verschlüssen. Die Beurteilbarkeit von Rinde und Mark während der nephrographischen Phase ermöglichte die Bestimmung der Breite der Nierenrinde und des Rindenvolumens (Hegedüs u. Faarup 1972).

Aus den Phasen des Angiogramms konnten physiologische Schlüsse gezogen werden: So war der Durchmesser der Nierenarterie ein Parameter der

Nierenfunktion. Bei deutlich eingeschränkter Nierenfunktion nahm das Kaliber der Nierenarterie ab. Eine verminderte Dichte sowie eine Verschmälerung der Rinde wurde bei Nierenfunktionsstörungen beobachtet (Bojsen 1983).
Heuck et al. (1963) sowie Deininger et al. (1971, 1978) nutzten den Abtransport des Kontrastmittels durch den Blutstrom bei der Angiographie, der ein dynamischer Vorgang ist, zur Quantifizierung des Nierenkreislaufes mit Hilfe der Angiokinedensitometrie. Die Methode ermöglichte, ergänzend zu den morphologischen Aussagen der Angiographie, die Beurteilung der Nierendurchblutung. Es wurden Angaben über die Blutströmung in den Nierenarterien, bezogen auf die einzelnen angiographisch dargestellten Gefäßgebiete, die Strömungsgeschwindigkeit sowie die renalen Durchflußzeiten bei anatomisch definierten Wegstrecken gemacht. Pirolt et al. (1972) wiesen auf die klinische Beurteilung der Methode in der präoperativen Diagnostik hin. Die quantitative Beurteilung des Nierenkreislaufes wurde auch mittels Videodensitometrie durchgeführt (Silverman et al. 1972).
Den größten Raum in der wissenschaftlichen Diskussion im Rahmen der angiographischen Diagnostik der Nierenerkrankungen nahm aufgrund der klinischen Bedeutung die differentialdiagnostische Klärung raumfordernder Prozesse der Nieren ein. Als Basis für die angiographische Diagnostik von Nierentumoren wurde die Darstellung des tumoreigenen Gefäßsystems erkannt. Da der am häufigsten vorkommende Nierentumor, das Nierenzellkarzinom, gefäßreich ist und ein typisches angiographisches Bild ergab, wurde die Treffsicherheit der angiographischen Tumordiagnostik mit Werten bis zu 95% angegeben (Folin 1967; Watson et al. 1968; Meaney 1969). Diese Werte wurden auch damit erklärt, daß die meisten anderen bösartigen Tumoren der Niere selten, allerdings ebenfalls meist gefäßreich sind. Probleme bei der angiographischen Diagnostik traten bei der Beurteilung der Dignität sowohl gefäßreicher als auch gefäßarmer Tumoren auf. Zu den seltenen gutartigen, gefäßreichen raumfordernden Prozessen der Niere gehört das Angiomyolipom, dessen Gefäßbild dem Nierenzellkarzinom ähnlich ist (Becker et al. 1973; Härtel et al. 1973; Owman 1973). Die Abgrenzung gegenüber Nierenzellkarzinomen konnte daher auch auf der Basis angiographischer Befunde Schwierigkeiten bereiten. Gefäßarme raumfordernde Prozesse gehen entweder vom Nierenparenchym aus oder es handelt sich um Urothelkarzinome des Nierenbeckens. Als Ursache der Gefäßarmut von Karzinomen des Nierenparenchyms wurden meist ausgedehnte Tumornekrosen, in deren Randzonen jedoch gewöhnlich Tumorgefäße nachweisbar sind, sowie primäre gefäßarme Karzinome des Nierenparenchyms wie das papilläre Adenokarzinom erkannt, das in 5% beobachtet wurde (Bekker et al. 1967; Meaney 1969; Voegeli 1971). Völlig avaskuläre Karzinome des Nierenparenchyms wurden mit Zysten verwechselt. Das Nierenparenchym diffus infiltrierende Urothelkarzinome des Nierenbeckens wurden ebenfalls als gefäßarm klassifiziert. Bei den gefäßarmen Tumoren wurden vereinzelt Gefäßneubildungen beobachtet, die röntgenmorphologisch den Gefäßneubildungen bei chronischen Entzündungen sehr ähnlich sind. Die Differentialdiagnose gegenüber entzündlichen raumfordernden Prozessen, wie z. B. der xanthogranulomatösen Pyelonephritis (Vinik et al. 1969; Beachley et al. 1974), kann daher angiographisch schwierig sein (Rabinowitz et al. 1972; Kohler 1974; Ekelund u. Gothlin 1976; Hippeli u. Wolf 1981). Um die Tumordiagnostik zu verbessern, untersuchten Abrams et al. (1962) sowie Abrams (1964) das Verhalten des normalen Gefäßsystems der Nieren sowie des tumoreigenen Gefäßsystems nach selektiver Injektion von Epinephrin, welches kurz vor der Angiographie in die Nierenarterie injiziert wurde. Sie stellten dabei fest, daß das tumoreigene Gefäßsystem nicht auf das Epinephrin mit Kontraktion reagierte. Dadurch konnten pathologische Gefäße mit Hilfe der Angiographie besser dargestellt werden. Es stellte sich jedoch heraus, daß auch bei Gefäßneubildungen im Rahmen gutartiger Prozesse die Pharmakoangiographie einen ähnlichen Effekt hatte, so daß sich diese Methode in weiterer Folge nicht durchsetzte (Bosniak et al. 1977).
Durch die angiographische Darstellbarkeit renaler Karzinome stellte sich die Frage, inwieweit das präoperative Tumorstadium angiographisch beurteilbar sei. Lang (1971, 1973) erzielte eine gute Übereinstimmung mit dem intraoperativen Tumorstadium. Das et al. (1977) fanden, daß Fehlaussagen im präoperativen angiographischen Staging vor allem bei der Beurteilung der Tumorausdehnung in bezug auf die Nierenkapsel gemacht wurden und wiesen auf 40% falsche Ergebnisse hin. Nach Bracken u. Johnsson (1979) bestand die Hauptursache eines ungenügenden präoperativen angiographischen Tumorstagings im Fehlen verläßlicher Kriterien zur Beurteilung der Infiltration in das perirenale Fettgewebe sowie in der fehlenden Beurteilbarkeit der Lymphknoten. Sie konnten präoperativ das Tumorstadium nur in 36% korrekt bestimmen.
Die Aussage der Arteriographie beim Blasenkarzinom bestand in der präoperativen Beurteilung

des Tumorstadiums. Fortgeschrittene Tumorstadien konnten durch die Darstellung des extravesikalen Tumoranteils der vorwiegend gefäßreichen Blasentumoren erfaßt werden. Die korrekte Bestimmung des Tumorstadiums T3 und T4 gelang in 80–90% (Braedel u. Krautzun 1964; Nilsson 1967; Murphy 1978; Winterberg 1978).

Gefäßerkrankungen der Niere

Die Arteriographie der Nieren hat bei der Diagnostik von Gefäßerkrankungen für die einzelnen Abschnitte des arteriellen Gefäßsystems der Niere eine unterschiedliche diagnostische Bedeutung. Zu unterscheiden ist zwischen der Nierenhauptarterie und den Ästen 1. und 2. Ordnung sowie den kleinen Nierenarterienästen, den Ästen 3. und 4. Ordnung.

Die Angiographie erwies sich als die Methode der Wahl zur Klärung von Gefäßerkrankungen der Nierenarterie und ihrer großen Äste. Bei der Diagnostik von Nierenarterienstenosen bestanden ihre Aussagen im Nachweis der Stenose selbst sowie in der Beurteilung des Stenosegrades, der Lokalisation und der Zahl der Stenosen. Aus der Röntgenmorphologie der Stenosen und den klinischen Daten konnten Rückschlüsse auf deren Ätiologie gezogen werden: Die Arteriosklerose, die fibromuskuläre Dysplasie, die Neurofibromatose sowie Erkrankungen der Aorta wie die Koarktation der Aorta abdominalis und die Aortendissektion waren als Ursachen von Stenosen arteriographisch diagnostizierbar (Palubinskas u. Wylie 1961; McCormack et al. 1966; Kincaid et al. 1968; Meaney et al. 1968; Itzchack et al. 1974; Ekelund et al. 1977; Valdez-Davilla et al. 1979).

Die angiographischen Befunde sind die Grundlage für jegliches therapeutisches Vorgehen. Von Bedeutung ist in diesem Zusammenhang die angiographische Beurteilung der hämodynamischen Wirksamkeit von Stenosen, da diese die Ursache einer renovaskulären Hypertonie sein können. Bookstein (1965) beschrieb 2 angiographische Symptome, die mit hoher Wahrscheinlichkeit für eine hämodynamische Wirksamkeit einer Stenose sprechen: die anatomische Einengung auf 75–80% entsprechend einem Restlumen des Gefäßes von weniger als 1,5 mm, sowie die Ausbildung eines Kollateralkreislaufes.

Die Angiographie ermöglichte ferner die exakte anatomische Darstellung von Gefäßerkrankungen der Nieren wie Aneurysmen, arteriovenösen Mißbildungen und arteriovenösen Fisteln (Boijsen 1962; Boijsen u. Köhler 1963). Sie brachte schließlich wesentliche Erkenntnisse zur Klärung von Gefäßkomplikationen nach Nierentransplantationen und gefäßchirurgischen Eingriffen an den Nierenarterien (Pokieser 1971; Ekelund 1978).

Die arteriographische Diagnostik der kleinen Nierenarterienäste erwies sich als unergiebig, da Gefäßveränderungen als Folge von Nierenparenchymerkrankungen für die einzelnen Erkrankungen uncharakteristisch sind (Davidson u. Talner 1973). Als charakteristisch für die Panarteriitis nodosa wurden hingegen angiographisch nachweisbare Mikroaneurysmen angesehen (Fleming u. Stern 1965). Derartige Veränderungen waren jedoch auch bei Arteriitiden als Folge von Drogenabusus (Halpern 1971) und bei Morbus Wegener nachweisbar. Kaude et al. (1977) schlossen aus der Art und der Zahl von angiographisch dargestellten Gefäßveränderungen bei akuten Abstoßreaktionen von Transplantatnieren auf die Prognose in bezug auf die Wiederherstellung der Transplantatfunktion.

Phlebographie der Nierenvenen

Durch die Einführung der Seldinger-Technik setzte sich die selektive, mittels Katheter über die V. femoralis durchgeführte Phlebographie der Nierenvenen durch (Fuchs 1961; Caron et al. 1963; Sorby 1969). Dalla Palma u. Serbello (1956) empfahlen bei Thrombose der V. cava inferior den transbrachialen Zugang. Da die Kontrastmittelinjektion bei der selektiven Nierenphlebographie gegen den Blutstrom erfolgt, waren die Ergebnisse anfangs ungenügend, da das venöse Gefäßsystem nicht bis in die Peripherie darstellbar war. Olin u. Reuter (1965), Gyepes et al. (1969) sowie Rösch et al. (1975 führten die Nierenphlebographie nach Reduzierung der renalen Durchblutung durch eine selektive Injektion von Epinephrin in die Nierenarterie durch. Georgi et al. (1975) blockierten mit dem selben Ziel die Nierendurchblutung mit Hilfe eines Ballonkatheters. Novak (1966) verwendete zur Blockade der Blutströmung in der Nierenvene einen doppellumigen Ballonkatheter für die selektive Nierenphlebographie. Durch den Ballon wurde der Blutstrom der Nierenvene zentral des Ortes der Kontrastmittelinjektion blockiert. Die selektive Nierenphlebographie ermöglichte eine detaillierte Darstellung des gesamten Venensystems der Nieren. Die Untersuchung wurde für die Diagnostik der Nierenvenenthrombose eingesetzt (March u. Halper 1963). Zum Nachweis eines Tumoreinbruches in die Nierenvenen gehörte sie zur Routinemethode. Durch die Nierenphlebographie wurden variköse Veränderungen der Nierenvenen, der Nierenbecken- und Uretervenen als mögliche Ursache von Hämaturien diagnostiziert (Mitty u. Goldman 1974; Braedel et al. 1976; Schreyer et al. 1978). Für die angiographische Darstellung der Gonadalvenen wurden eigene Untersuchungstechniken mit entsprechend konfigurierten Kathetern entwickelt. Die Kenntnis der Anatomie und ihrer Varianten ist von besonderer Bedeutung für die erfolgreiche Durchführung einer Sklerotherapie bei Varikozele (Zeitler et al. 1929; Comhair 1981). Justich (1982) wies auf die Kompression der linken Nierenvene bei retroaortalem Verlauf als ätiologischen Faktor für das Entstehen einer Varikozele hin.

Durch die Möglichkeiten der angiographischen Darstellung des arteriellen und venösen Gefäßsystems der Nieren und des Nierenparenchyms wurden angiographische Untersuchungen nicht nur für die Differentialdiagnose raumfordernder Prozesse, sondern vielfach auch für die Klärung von Parenchymerkrankungen eingesetzt. Frimann-Dahl (1958) beschrieb die diagnostischen Möglichkeiten der Aortographie und selektiven Nierenangiographie bei der Nierentuberkulose. Auf die mittels Arteriographie im Vergleich zur Urographie bessere diagnostische Aussage bei der Abklärung des Nierentraumas wurde von zahlreichen Autoren hingewiesen (Vogler u. Bergmann 1963; Olsson et al. 1963; Elkin et al. 1966; Lang et al. 1971; Härtel et al.1972). Smith et al. (1975) wiesen nach, daß die Nierenphlebographie für die Diagnostik avaskulärer Tumoren des Nierenparenchyms diagnostische Vorteile habe, da tumorbedingte Gefäßveränderungen am Venensystem des Nierenparenchyms frühzeitig ausgebildet sind. Die Nierenphlebographie wurde als Methode der Wahl für den Nachweis einer Nierenaplasie angesehen, da hypoplastische Nierenarterien dem arteriographischen Nachweis entgehen können.

Da das Nierenparenchym arteriographisch unabhängig von der Funktion der Kontrastmittelausscheidung durch die Nieren dargestellt werden kann, wurde die Arteriographie als weiterführende Untersuchung bei der Klärung des urographischen Befundes einer nicht ausscheidenden Niere eingesetzt (Vogler 1958; Braedel et al. 1963, 1979; Abrams 1983).

Computertomographie

Über das erste Computertomographiegerät, mit dem Computertomogramme des Körperstammes durchgeführt wurden, berichteten Schellinger et al. (1975). Mit der Verbesserung der Geräte, vor allem durch die Verkürzung der Scanzeiten, nahm die Computertomographie (CT) des Körperstammes einen enormen Aufschwung. Sie ermöglichte die Darstellung der Anatomie auf axialen Schichten und brachte damit Kenntnisse über die anatomische Beziehung der Organe zueinander, wie dies am Lebenden bisher nicht möglich war. Im Einzelnen gelangte man mit Hilfe der CT zu folgenden Erkenntnissen: Die Beurteilung des Nierenparenchyms ist nativ aufgrund der Absorptionsdifferenz zwischen Nierenparenchym und Fettkapsel gut möglich. Die normalen oberen ableitenden Harnwege sind auf nativen Computertomogrammen nicht dargestellt. Die Harnblase ist, abhängig von ihrem Füllungszustand und der Ausbildung des perivesikalen Fettgewebes, erkennbar. Nach Kontrastdarstellung ist die normal kalibrierte Nierenhauptarterie darstellbar. Mit der zur Verfügung stehenden Gerätetechnologie war jedoch eine direkte Beurteilung der Arterien hinsichtlich obstruktiver Veränderungen nicht möglich. Die linke Nierenvene ist regelmäßig darstellbar, nicht jedoch die rechte Nierenvene wegen ihres ungünstigen anatomischen Verlaufes. Das Nierenparenchym läßt sich nach Kontrastmittelinjektion in Rinde und Mark differenzieren, wie dies auch von angiographischen Untersuchungen bekannt ist. Das Nierenbeckenkelchsystem ist nach Kontrastfüllung im CT abgebildet, jedoch lassen sich anatomische Details der Kelche und Papillen, wie dies urographisch möglich ist, nicht differenzieren. Der Harnleiter ist kontrastgefüllt auf Einzelschichten bis zur Blase darstellbar. Die Dicke der Blasenwand ist besser nach Luftfüllung als nach Füllung mit positivem Kontrastmittel beurteilbar (Thornbury 1979; Love et al. 1990). Eine wesentliche Erweiterung der Diagnostik wurde sowohl durch die Darstellung der perirenalen Anatomie einschließlich der Nebennieren, als auch durch die Darstellung der anatomischen Beziehungen der Harnorgane zu den Organen des Retroperitoneums und des Beckens möglich.

Die CT brachte durch die meßbare Beurteilung der Dichteunterschiede von Geweben sowie durch die Beurteilung des Kontrastverhaltens mit Hilfe der dynamischen CT einen weiteren Fortschritt bei der Diagnose und Differentialdiagnose raumfordernder Prozesse der Nieren. Dunnick et al. (1982) stellten fest, daß durch die CT neoplastische raumfordernde Prozesse sicherer diagnostiziert werden können als mittels Angiographie, wobei der computertomographisch dargestellte Vaskularisationsgrad von neoplastischen Prozessen als prognostisches Kriterium angesehen werden kann. Hypovaskularisierte oder avaskuläre Tumoren (papilläre Adenokarzinome) haben eine geringere Metastasierungsrate. Es wurde jedoch beobachtet, daß fokale chronische entzündliche Prozesse und organisierte intrarenale Hämatome ein ähnliches computertomographisches Erscheinungsbild wie Nierentumoren haben können. Beim Tumorstaging ist die CT der Angiographie überlegen, da das T3- und T4-Stadium besser beurteilt und Lymphknotenmetastasen im Gegensatz zur Angiographie öfter erfaßt werden konnten (Weyman et al. 1980; Korp et al. 1981). Croman et al. (1982) sowie Johnson et al. (1987) berichteten über die Treffsicherheit der präoperativen Bestimmung des Tumorstadiums in 91%. Durch den Nachweis von Fett innerhalb eines Nierentumors wurde die Diagnose eines Angiomyolipoms sicherer, da Lipome oder Liposarkome der Nieren selten sind und Fett in Nierenkarzinomen extrem selten vorkommt (Bosniak 1981; Kolmannskogg 1981; Pitts et al. 1980). Subramanjam et al. (1982) beschrieben die CT-Symptomatik der xanthogranulomatösen Pyelonephritis. In der Differentialdiagnose der raumfordernden Prozesse wurde die Computertomographie die Methode der Wahl, da einfache Zysten mit hoher diagnostischer Treffsicherheit nachgewiesen werden können und auch die Differentialdiagnose gegen andere zystische Läsionen und solide raumfordernde Prozesse möglich wurde (Stevens et al. 1976; Baert et al. 1977; Sagel et al. 1977; Levitt et al. 1978; Dunnick u. Korobkin 1984). Die periureterale und peripelvine Ausdehnung des Nierenbecken- und Ureterkarzinoms konnte mittels Computertomographie mit großer Sicherheit erkannt werden (Baron et al. 1982; Gatewood et al. 1982; Fund et al. 1983).

Da geringe Dichteunterschiede erfaßt werden können, gelang der Nachweis kleinster schattengebender Kelchkonkremente, die die Ursache von Hämaturien sein können (Abb. 4). Die Messung der Dichteunterschiede ermöglicht die Differentialdiagnose zwischen nichtschattengebenden Harnsteinen, Tumoren und Blutkoagel als Ursache einer Kontrastmittelaussparung im Urogramm (Segal et al. 1978; Pollack et al. 1981; Crone-Münzebrock 1983). Vergleichende Untersuchungen bei der Beurteilung des Nierentraumas ergaben, daß die Computertomographie der Urographie bezüglich der Beurteilung des Stadiums des Nierentraumas überlegen ist (Braedel et al. 1980; Federle et al. 1981; Sandler et al. 1981; Toombs et al. 1981). Die Untersuchungsmethode erwies sich außerdem als wertvoll bei der Diagnostik von Komplikationen nach Nierentransplantationen (Kittredge et al. 1978). Der direkte Nachweis arterieller Gefäßobstruktionen war bisher mittels Computertomographie nicht möglich. Indirekt konnten Gefäßverschlüsse als fehlendes Nephrogramm im Versorgungsgebiet der obstruierten Arterie (Infarkt) diagnostiziert werden (Dunnick u. Korobkin 1984). Neue Mögichkeiten der computertomographischen Diagnostik der Nierenarterien sind von der jüngst eingeführten Spiralcomputertomographie mit 3D-Rekonstruktion zu erwarten (Rubin et al. 1993). Computertomographisch kann die Diagnose eines Verschlusses des Stammes der Nierenvene durch ein intravasales Geschehen sowie durch eine Kompression von außen gestellt werden. Riedel (1982) und Justich (1982) sahen in der Kompression der linken Nierenvene durch die Aorta bei retroaortalem Verlauf eine mögliche ätiologische Ursache der Varikozele.

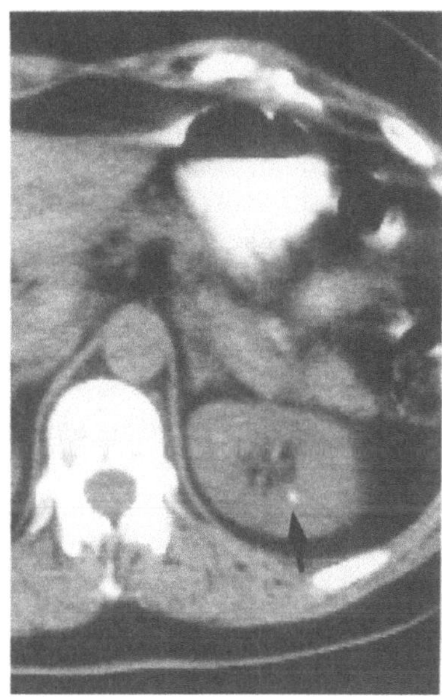

Abb. 4. Nativ-CT der Niere: Kalkdichtes Kelchkonkrement (*Pfeil*)

Die Computertomographie wurde auch für die Diagnostik funktioneller Störungen der Niere eingesetzt (Ishakawa et al. 1993). Treugut et al. (1981) sowie Jansen et al. (1989) beurteilten das Kontrastverhalten des Nierenparenchyms nach Kontrastmittelbolus und verwendeten die erhaltenen Dichte-Zeit-Kurven für die Differentialdiagnose der Ursachen des Versagens von transplantierten Nieren.

Harnblase und Prostata

Die Bedeutung der CT zur Beurteilung des lokalen Tumorwachstums wurde beim präoperativen Staging des Blasenkarzinoms untersucht. Computertomographisch konnte die Infiltrationstiefe des Tumors in der Blasenwand nicht bestimmt werden (Frodin et al. 1980; Jeffrey et al. 1981). Die Treffsicherheit bei der Erkrankung des perivesikalen Tumorwachstums betrug bis zu 85% (Koss et al. 1981; Morgan et al. 1981; Sager et al. 1983). Bei der Diagnostik des organüberschreitenden Tumorwachstums eines Prostatakarzinoms, entsprechend der Differenzierung des Tumorstadiums T2 von T3 als praäoperatives Kriterium einer radikalen Prostatektomie, hat die CT nur eine geringe Wertigkeit (Ebert et al. 1991).

Retroperitoneum und Becken

Die CT wurde die Methode der Wahl für die Diagnostik von Erkrankungen des Retroperitonealraumes (Korobkin et al. 1979). Bosniak et al. (1982) sowie Megibow et al. (1982) untersuchten die Wertigkeit der CT bei der Differentialdiagnose von Harnleiterobstruktionen, die durch intraluminale, intramurale oder periureterale pathologische Prozesse verursacht werden können, und stellten fest, daß computertomographisch periureterale pathologische Prozesse als Ursache von Harnabflußstörungen am besten diagnostizierbar sind. Ebenso wurde die CT die Methode der Wahl für die Diagnostik von Erkrankungen der Harnorgane als Folge von Erkrankungen der Organe des kleinen Beckens.

Ultraschall und Magnetresonanztomographie

Durch die Einführung des Ultraschalls (US) und der Magnetresonanztomographie (MRT) in die klinische Diagnostik standen der Radiologie neben den röntgendiagnostischen Methoden zwei zusätzliche bildgebende Verfahren zur Verfügung, mit deren Hilfe es möglich wurde, unter Verwendung anderer physikalischer Prinzipien Organe darzustellen und krankhafte Veränderungen zu diagnostizieren. Der Einsatz dieser Verfahren bewirkte bei der Klärung einzelner klinischer Fragestellungen mitHilfe der bildgebenden Diagnostik eine Änderung der Untersuchungsalgorithmen, da durch die Vielfalt der nun zur Verfügung stehenden Untersuchungsmethoden die diagnostische Wertigkeit sowie die Invasivität zu berücksichtigen waren. Der Ultraschall kam sowohl in der morphologischen Diagnostik der Harn- und Geschlechtsorgane als auch als farbkodierte Duplexsonographie für die Beurteilung der Durchblutung von Organen und pathologischen Prozessen zur Anwendung. Bisherige Erfahrungen mit der MRT ergaben, daß dieses Verfahren bei speziellen Fragestellungen des Stagings von Nieren- und Prostatakarzinomen Vorteile bringt. Dynamische MRT-Studien ermöglichten Rückschlüsse auf die Nierenfunktion (Hricak et al. 1985, 1988; Schnall et al. 1988; Krestin 1990).

Literatur

Abrams HL (1983) Renal venography In: Abrams HL (ed) Angiography, vascular and interventional radiology, vol II. Little, Brown Boston, pp 1327–1364

Abrams HL, Boijsen E, Bergstrom KE (1962) Effect of epinephrine on the renal circulation: angiographic observations. Radiology 79:911–922

Abrams HL (1964) The response of neoplastic renal vessels to epinephrine in man. Radiology 82:217–224

Abrams HL, Cornell SH (1965) Patterns of collateral flow in renal ischemia. Radiology 84:1000–1012

Albers-Schönberg H (1899/1900) Zur Technik der Nierensteinaufnahmen. Fortschr Röntgenstr 3:210–211

Albers-Schönberg H (1901/1902) Eine Kompressionsblende zum Nachweis von Nierensteinen. Fortschr Röntgenstr 5:301–308

Albers-Schönberg H (1906) Über Fehlerquellen bei der Harnsteinuntersuchung. Verh Dtsch Röntgenges 2:46–48

Albers-Schönberg H (1907) Zur Differentialdiagnose der Harnleitersteine und der sogen. „Beckenflecken“. Fortschr Röntgenstr 11:255–256

Almen T (1969) Contrast agent design. J Theoret Biol 24:216–226

Amplatz K (1962) Two radiographic tests for assessment of renovascular hypertension. Radiology 79:807–813

Baert AL, Marchal G, Staelens B, Coenen Y (1977) CT evaluation of renal space occupying lesions. Fortschr Röntgenstr 126:285–291

Ball CA (1908) The diagnosis of impacted calcules in the ureter. Fortschr Röntgenstr 13:183

Baron RL, McClennan BL, Lee JKT (1982) Computed tomography of transitional cell carcinoma of the renal pelvis and ureter. Radiology 144:125–130

Bartley D, Helander CG (1960) Double contrast cystography in tumors of the urinary bladder. Acta Radiol 54:161–169

Bartley D, Eckerbom H (1960) Perivesical insufflation of gas for determination of bladder wall thickness in tumors of the bladder. Acta Radiol 54:241–250

Bates CP, Corney CE (1971) Synchronous cine pressure – flow cystography: a method of routine urodynamic investigation. Br J Radiol 44:44–50

Beachley MC, Ranniger K, Roth FJ (1974) Xanthogranulomatous pyelonephritis. Am J Roentgenol 121:500-507

Becker JA, Felming A, Kanter I, Melicow M (1967) Misleading appearances in renal angiography. Radiology 88:691-700

Becker JA, Kinkhabwala M, Pollak J, Bosniak M (1973) Angiomylipoma (hamartoma) of the kidney: An angiographic review. Acta Radiol 14:561-568

Becker JA, Pollak H (1965) Cine fluorography studies of the normal upper urinary tract. Radiology 84:886-893

Beckmann CF, Abrams HL (1980) Renal venography: Anatomy technique, applications, analysis of 132 venograms and a review of the literature 3:45

Blaivas JG, Olsson CA (1988) Stress incontinence: classification and surgical approach. J Urol 139:727-731

Bojsen E (1959) Angiographic studies of the anatomy of single and multiple renal arteries. Acta Radiol (Suppl) 183

Bojsen E (1962) Renal arteriovenous fistulae. Acta Radiol 57:433-445

Bojsen E (1993) Anatomic and physiologic considerations. In: Abrams HL (ed) Abrams Angiography, 3rd edn. Little Brown, Boston, pp 1118-1119

Bojsen E, Folin J (1961) Angiography of carcinoma of the renal palvis. Acta Radiol 56:81-93

Bojsen E, Köhler R (1963) Renal artery aneurysms. Acta Radiol (Diagn) 1:1077-1090

Bookstein JJ (1965) Appraisal of arteriography in estimating the hemodynamic significance or renal artery stenoses. Invest Radiol 1:281-294

Bosniak MA (1974) Nephrotomography: a relatively unappreciated but extremely valuable diagnostic tool. Radiology 113:313-321

Bosniak MA (1981) Angiomyolipoma (hamartoma) of the kidney. A preoperative diagnosis is possible in virtually every case. Urol Raidol 3:135-142

Bosniak MA, Ambros MA, Madayag MA (1977) Epinephrine enhanced renal angiography in renal mass lesions: Is it worth performing? Am J Röntgenol 126:647-650

Bosniak MA, Megibow AJ, Ambos MA (1982) Computed tomography of ureteral obstruction. Am J Roentgenol 138:1107

Braasch WF (1910) Deformities of the renal pelvis. Ann Surg 51:534-40

Braasch WF (1915) Pyelography. Saunders, Philadelphia

Braasch WF, Carman RD (1925) The pyelographic and radiologic diagnosis of renal tumors. Radiology 4:445-452

Bracken B, Johnsson K (1979) How accurate is angiographic staging of renal carcinoma? Urology 14:96-99

Braedel HU, Haage H, Krautzun K (1963) Aussagemöglichkeiten der ungezielten und der gezielten Renovasographie bei der sog. stummen Niere. Fortschr Röntgenstr 98:685-698

Braedel HU, Krautzun K (1964) Die Gefäßdarstellung bösartiger Harnblasengeschwülste unter besonderer Berücksichtigung ihrer ortlichen Ausbreitung. Fortschr Röntgenstr 100:209-214

Braedel HU, Rzehak L, Schinkler E, Polsky MS, Döhring W (1980) Computertomographische Untersuchungen bei Nierenverletzungen. Fortschr Röntgenstr 132:49-54

Braedel HU, Schinkler E, Polsky MS, Papandreou N (1979) Differentialdiganostische Gesichtspunkte bei der Angiographie stummer Nieren. Fortschr Röntgenstr 98:885-698

Brezina K (1973) Zum Einfluß der Gravidität auf die Funktion der oberen Harnwege bei der Ausscheidungsurographie. Fortschr Röntgenstr 118:507-519

Brismar J, Jacobsson BF, Jorulf H (1991) Miscellaneous adverse effects of low-versus high-osmolality contrast media: A study revised. Radiology 179:19-23

Bronner H, Hecht G, Schüller J (1930) Ausscheidungs-Pyelographie mit „Abrodil". Fortschr Röntgenstr 42/2:206-219

Burchard A (1913) Die röntgenologische Nierendiagnostik. Fortschr Röntgenstr 20:244-288

Burns JE (1915) Thorium: a new agent for pyelography. JAMA 64:2126-2127

Cameron DF (1918) Aqueous solutins of potassium and sodium iodide as opaque mediums in roentgenography. Preliminary report. JAMA 70:754-755

Carelli HH, Sordelli E (1921) A new procedure for examining the kidney. Rev Assoc Med Argent 34:18-19

Caron J, Bunte G, Ribet M (1963) Technique de phlebographie renale. J Radiol 44:329

Catel W, Garsche R (1957) Bewegungs- und Entleerungsvorgänge im Bereiche von Nierenkelchen und Nierenbecken. Fortschr Röntgenstr 86:66-74

Christ F, Meyer-Delpho W (1981) Röntgendiagnostik bei der weiblichen Harninkontinenz. Fortschr Röntgenstr 134/5:551-556

Cowl W (1905) Über die Abbildung von Harnsäure- und anderen Steinen im feuchten Medium. Verh Dtsch Röntgenges 1:88-90

Crabtree EG (1947) Venous invasion due to urethrogram made with Lipiodol. J Urol 57:380-389

Cronan JJ, Zeman RK, Rosenfield A (1982) Comparison of CT, US and angiography in staging renal carcinoma. J Urol 127:712-714

Crone-Munzebrock W, Brockmann WP, Brassow F, Meyer WH (1983) Computertomographie und Sonographie bei Uretertumoren. Fortschr Röntgenstr 138, 1:19-21

Cunningham JH (1910) The diagnosis of stricture of the urethra by the roentgen rays. Trans Am Assoc Genitour Surg 5:369-371

Dalla Palma L, Servello M (1956) La phlebographie rénale. Presse Med 84:150

Damanski M, Kerr AS (1957) The value of cystourethrography in paraplegia. Br J Surg 44:398

Das G, Chrisholm GD, Sherwood T (1977) Can angiography stage renal carcinoma. Br J Urol 49:611-614

Davidson AJ (1977) Radiologic diagnoses of renal parenchymal disease. Saunders, Philadelphia London Toronto Montreal Sidney Tokyo

Davidson AJ, Hartman DS (1994) Nephrography analysis. In: Davidson AJ, Hartman DS (eds) Radiology of the kidneys and urinary tract. Saunders, Philadelphia London Toronto Montreal Sydney Tokyo, pp759–775

Davidson AJ, Talner LB (1973) Lack of specifity of renal angiography in the diagnosis of renal parenchymal disease. Invest Radiol 8:80–95

Davis DM (1950) Diagnosis of renal tumours in the adult. Radiology 54:639–645

Deininger HK, Heuck F, Vanselow K (1971) Ergebnisse der Cinedensitometrie der Nierendurchblutung. Röntgenblätter 24:361

Deininger HK, Heuck F,Vanselow K (1978) The determination of the circulation in normal human kidney by means of angiocinedensitometrie. Ann Radiol 21:365

Dinney CPN, Awad SA, Gajewski JB (1992) Analysis of imaging modalities, staging systems, and prognostic indicators for renal cell carcinoma. Urology 39:122

Dos Santos R, Lamas A, Pereira-Caldos J (1929) Arteriography of the aorta and the abdominal blood vessels. Bull Mem Soc Nat Chir 55:587-601

Dos Santos R, Lamas A, Pereira-Caldas J (1929) Arteriografia da aorta e dos vasos abdominais. Med Contemp 47:93–97

Dunnick NR et al (1989) Intravenous digital subtraction renal angiography: use in screening for renovascular hypertension. Radiology 171:219–222

Dunnick NR, Korobkin M (1984) Computes tomography of the kidney. Radiol Clin North Am 22:297–313

Düx A. Thurn P, Kisseler B (1962) Der physiologische Enleerungsmechanismus der ableitenden Harnwege im Röntgenkinematogramm. Fortschr Röntgenstr 97:687–703

Ebert T, Schmitz-Drager BJ, Burring KF (1991) Accuracy of imaging modalities in staging the local extent of prostate cancer. Urol Clin North Am 18:453–457

Edholm P, Seldinger SI (1956) Percutaneous catheterisation of the renal artery. Acta Radiol 45:15

Edling NPG (1945) Urethrocystography in male with special regard to micturition. Acta Radiol (Suppl) 58:56–96

Edling NPG (1950) Die Darstellung der Harnröhre und der Harnblase mittels wasserlöslicher Kontrastmittel. Fortschr Röntgenstr 73/1:18–29

Eisler F (1922) Röntgenologische Fortschritte im Bereiche der Physiologie, Pathologie und Diagnostik der Harnorgane durch vorwiegende und systematische Anwendung des Durchleuchtungsverfahrens. Fortschr Röntgenstr 29/1:1–20

Ekelund L (1973) Pharmakoangiographie der Nieren. Radiologie 13:279–282

Ekelund L, Gothlin J (1976) Angiography in the carcinoma of the renal pelvis and the ureter. Acta Radiol 17:676–684

Ekelund L, Gerlock J, Molin J, Smith C (1977) Roentgenologic appearance of fibromuscular dysplasia. Acta Radiol 19:433

Ekelund L, Gerlock J, Goucharenko V, Foster J (1978) Angiographic findings follwing surgical treatment for renovascular hypertension. Radiology 126:345

Elkin MC, Meng CH, de Paredes RG (1966) Correlation of intravenous urography and renal angiography in kidney injury Radiology 86:496–498

Elkin M (1990) Stages in the growth of uroradiology. Radiology 175:297–306

Evans AT (1957) Renal cancer: translumbar arteriography for its recognition. Radiology 69:657–662

Evans JA, Dublier W Jr, Monteith JC (1954) Nephrotomography: a preliminary report. Am J Roentgenol 71:213–223

Evans JA (1957) Nephrotomography in investigation of renal masses. Radiology 69:684–688

Evans JA (1974) Nephrotomography: 20 years later. Radiology 113:483–484

Federle MP, McAninch JW, Kaiser JA (1981) Computed tomography of urinary calculi. AJR 136:255–258

Federle MP, Kaiser JA, McAninch JW, Jeffrey RB, Mall JC (1981) The role of computed tomography in renal trauma. Radiology 141:455–460

Fendel H (1971) Pyelonephritis. Ann Radiol 14:236–238

Fenwick EH (1905) The value of the use of a shadowgraph ureteric bougie in the precise surgery or renal calculus. Br Med J 1:1325–1327

Flaherty JJ, Kelly R, Burnett B (1968) Relationship of pelvic bone fracture patterns to injuries of urethra and bladder. J Urol 99:297

Fleming RJ, Stern LZ (1965) Multiple intraparenchymal renal aneurysms in polyarteritis nodosa. Radiology 84:100–103

Foley WD, Milde NW (1985) Intraarterial digital subtraction angiography. Radiol Clin North Am 23:293–319

Folin J (1967) Angiography in renal tumors: Its value in diagnosis and differentialdiagnosis as a compliment to conventional methods. Acta Radiol Suppl 267

Fotter R (1992) Functional disorders of the lower urinary tract: Urodynamic and radiological diagnosis. In: Thomsen HS (ed) European Uroradiology 92. Fadl, Copenhagen Arkus Odense

Fotter R (1994) Neurogenic bladder in children. In: Dalla Palma L, Thomsen HS (eds) European Uroradiology 94. Fadl, Copenhagen Arhus Odense

Fotter R, Kopp W, Klein E, Höllwarth M, Uray E (1986) Instable bladder in children. Radiology 161:811–813

Fotter R, Kopp W, Höllwarth M, Uray E (1987) Funktionelle Aussagen mittels modifizierter Miktionszystourethrographie bei instabiler Harnblase. Fortschr Röntgenstr 182:81–85

Forssell G (1908) Beiträge zur Röntgenanatomie des Beckens, besonders in Hinsicht auf die Verkalkungen in den Gefäßen als Fehlerquelle bei Diagnose von Konkrementbildungen innerhalb der Harnorgane. Fortschr Röntgenstr 13:51–53

Fraenkel E (1907) Über Fehldiagnosen bei Harnleiterstein- und Blasensteinuntersuchungen. Verh Dtsch Röntgenges 3:157

Fraenkel E (1909/1910) Über pathologische Verkalkungen und ihren Nachweis durch Röntgenstrahlen. Fortschr Röntgenstr 14:87–100

Friedenberg RM, Ney C, Elkin M (1963) Trauma to the ureter. Am J Roentgenol 90:28

Friedenberg MJ, Eisen S, Kissene J (1965) Renal angiography in pyelonephritis glomerulonephritis and arteriolar nephrosklerosis. Am J Roentgenol 95:349–363

Frimann Dahl J (1958) Selective angiography in renal tuberculosis. Acta Radiol 49:31–41

Frodin L, Hemmingsson A, Johansson A (1980) Computed tomography in staging of bladder carcinoma. Acta Radiol 21:763–767

Frumkin AP (1925) Röntgenographie der männlichen Harnröhre. Fortschr Röntgenstr 33:401–407

Fuchs WA, Voegeli E, Burgener, Bürki WH, Bettex M (1972) Die angiographische Diagnostik der Nephroblastome. Fortschr Röntgenstr 138:192–200

Fund G, Fischedick AR, Müller RP, Langenbruch K, Müller-Rensing R (1983) Die Bedeutung der Computertomographie in der Stufendiagnostik von Nierenbeckentumoren. Fortschr Röntgenstr 138/4:473–476

Gatewood OMB, Goldman SM, Marshall FF (1982) Computerized tomography in the diagnosis of transitional cell carcinoma of the kidney. J Urol 127:876–887

Georgi M, Marberger M, Günther R, Orestano I, Halbsguth A (1975) Retrograde Nierenphlebographie bei Ballonverschluß der Nierenarterie. Fortschr Röntgenstr 123:341–346

Gomes AS, Pais SO, Barbaric ZL (1983) Digital subtraction angiography in the evaluation of hypertension. AJR 140:779–783

Goldammer WG (1908) Zur Frage der Beckenflecken. Fortschr Röntgenstr 12:299–303

Grashey R (1908) Atlas chirurgisch-pathologischer Röntgenbilder. Lehmann, München

Graves RC, Davidoff LM (1923) Studies on the ureter and bladder with especial reference to regurgitation of vesical contents. J Urol 10:185–231

Graves RC, Davidoff LM (1924) II. Studies on the ureter and bladder with especial reference to regurgitation of vesical contents. J Urol 12:93–103

Gyepes MT, Desilet DT, Gray RK, Katz RM (1969) Epinephrine assisted renal venography in renal vein thrombosis: Report of 2 adolescents with nephritic syndrome. Radiology 93:793–801

Habighorst LV, Kössling FK, Albers P (1966) Die perirenalen Arterien und der Kollateralkreislauf der Nieren im postmortalen Angiogramm. Fortschr Röntgenstr 105:35–48

Halpern M (1971) Necrotizing angiitis associated with drug abuse. Am J Roentgenol 111:663–666

Haenisch FG (1908a) Nierenaufnahmen. Verh Dtsch Röntgenges 4:143–144

Haenisch FG (1908b) Beitrag zur Nierendiagnostik vermittels Röntgenuntersuchung. Fortschr Röntgenstr 123:342

Haenisch FG (1909a) Zur Röntgendiagnostik der Hydronephrose. Verh Dtsch Röntgenges 5:157–159

Haenisch FG (1909b) Beiträge zur Röntgendiagnostik des uropoetischen Systems. I. Pyelographie. II. Fehlerquellen beim Steinnachweis: verkalktes Ovarium, Beckenflecken, Blaud'sche Pille. Fortschr Röntgenstr 14:7–12

Haenisch FG (1909c) Die Röntgenuntersuchung des uropoetischen Systems. In: Groedel F (Hrsg) Atlas und Grundriß der Röntgendiagnostik in der inneren Medizin. Lehmann, München

Haenisch FG (1931) Die röntgenologische Untersuchung des Harnapparates vermittels der Ausscheidung von kontrastgebenden Substanzen. Fortschr Röntgenstr 44/5:557–553

Hannecart V (1899/1900) De l'utilité de la radiographie pour établier le diagnostic de certaines effectians chirurgicales du rein. Fortschr Röntgenstr 3:196

Härtel MW, Fuchs A, Wicky B (1972) Röntgendiagnostik des Nierentraumas. Fortschr Röntgenstr 116:110–119

Härtel ML, Wehling C, Lindberg F (1973) Zur radiologischen Differentialdiagnose hypervaskularisierter Nierentumoren. Fortschr Röntgenstr 118:498–506

Hegedüs V (1972) Arterial anatomy of the kidney. A three dimensional angiographic investigation. Acta Radiol 12:604–618

Hegedüs V, Faarup P (1972) Cortical volume of the normal human kidney. Correlated angiographic and morphologic investigations. Acta Radiol 12:481–496

Heiken JP, Forman HP, Brown JJ (1994) Neoplasms of the bladder, prostate, and testis. Radiol Clin North Am 342:81–98

Hellmer H (1942) Nephrography. Acta Radiol 30:234–254

Heuck F, Anschütz F, Schwarzkopf HJ (1963) Ein röntgenkinematographisches Verfahren zur quantitativen Bestimmung des Blutstromvolumens. Fortschr Röntgenstr 98:428–438

Hidalgo H, Dunnick NR, Rosenberg ER, Ram PC, Korohkin M (1982) Parapelvic cysts: Appearance on CT and Sonography. Am J Roentgenol 138:667–671

Hippeli R, Wolf KJ (1981) Die Wertigkeit angiographischer Einzelphänomene bei der Beurteilung gefäßarmer Nierenprozesse. Fortschr Röntgenstr 135:125–132

Hodson CJ (1967) The radiological contribution toward the diagnosis of chronic pyelonephritis. Radiology 88:857–871

HodsonCJ (1972) The lobar structure of the kidney. Br J Urol 44:246

Hodson CJ, Edwards D (1960) Chronic pyelonephritis and vesicoureteric reflux. Clin Radiol 11:219–231

Hodson CJ, Wilson S (1965) Natural history chronic pyelonephritic scaring. Br Med J 2:191–203

Hodson CJ, Maling TMJ, McManamon LM (1975) The pathogenesis of refluxnephropathy. Br J Radiol (Suppl) 13

Höhne KH, Böhm M, Erbe W, Nicolae GC, Pfeiffer G, Sonne B, Bücheler E (1978) Die Messung und differenzierte bildliche Darstellung der Nierendurchblutung mit der Computer-angiographie. Fortschr Röntgenstr 129/6:667–672

Holzknecht G (1905) Diskussion zu Cowl W. Verh Dtsch Röntgenges 1:90

Hricak H, Demas BE, Williams RD (1985) Magnetic resonance imaging in the diagnosis and staging of renal and perirenal neoplasms. Radiology 154:709–714

Hricak H, Theoni RF, Carroll PR (1988) Detection and staging of renal neoplasms: A reassessment of MR imaging. Radiology 166:643–648

Hutch JA (1966) A new theory of the anatomy of the internal urinary sphincter and the physiology of micturition: The blase plate. J Urol (Baltimore) 96:162

Hutch JA (1967) A new theory of the anatomy of the urinary sphincter and the physiology of micturition: The urinary sphincter mechanism. J Urol (Baltimore) 97:705

Hutter K, Sgalitzer M (1930) Zur röntgenologischen Darstellung der Nieren und Harnwege durch intravenöse Injektion von Uroselektan. Fortschr Röntgenstr 41/6:919–935

Immelmann M (1911) Bericht über 2800 Nieren- und Ureteraufnahmen. Verh Dtsch Röntgenges 7:175

Ingrisch H et al. (1980) Technik der Nierenarteriendarstellung im Rahmen des Ausscheidungsurogramms Bolustechnik - Zeitbestimmung - Simultantomographie. Fortschr Röntgenstr 132/4:422–427

Ishakawa I, Onouchi Z, Saito Y (1993) Renal cortex visualization and analysis of dynamic CT curves of the kindex. JCAT 5:695–701

Itzchak Y, Katznelson D, Boichis H, Jonas A, Deutsch V (1974) Angiographic features of arterial lesions in neurofibromatosis. Am J Roentgenol 122:643–647

Jansen O, Gmelin E, Burmester E, Rob P, Weiss HD (1989) Analyse von dynamischen CT-Kurven bei Nierentransplantaten mit Abstoßungsreaktion von Cyclosporin A Intoxikation. Fortschr Röntgenstr 151/4:473–476

Jeffrey RB, Palubinskas AJ, Federl MP (1981) CT evaluation of invasive lesions of the bladder. J Comput Assist Tomogra 5:22–26

Johnson CD, Dunnick NR, Cohan RH, Illescas FF (1987) Renal adenocarcinoma: CT staging of 100 tumors. Am J Roentgenol 148:59–63

Justich E (1982) Das Kompressionssyndrom der linken Nierenvene. Fortschr Röntgenstr 136:404–412

Kahn PC (1969) Selective venography in renal parenchymal disease. Radiology 92:345–439

Katayama H, Yamaguchi K, Kozuka T, Takashima T, Seez P, Matsuura K (1990) Adverse reactions to ionic and nonionic contrast media. Radiology 175:621–628

Kaude JV, Fuller TJ, Hawkins IF, Juncos LI, Pfaff WW (1988) Prognostic value of angiography in management of severe acute renal transplant rejection. Fortschr Röntgenstr 127/2:119–123

Kienböck R (1907) Diagnose der Nierensteine unter Röntgenstrahlen. Kongreß der deutschen Gesellschaft für Urologie München Med Wochenschr 1907:2208

Kiil F (1978) Physiology of the renal pelvis and ureter. In: Harrison JH, Gittes RF, Perlmutter AD, Starkey THA, Walsh PC (eds) Campells Urology, vol I. Saunders, Philadelphia London Toronto Mexiko City Rio de Janeiro Sidney Tokyo, pp 55–86

Kincaid OW, Davis OG, Hallermann F, Hunt J (1968) Fibromuscular dysplasia of the renal arteries: arteriographic features classifications and observations on natural history of disease. Am J Roentgenol 104:271–282

Kittredge RD, Brensilver J, Pierce JC (1978) Computed tomography in renal transplant problems. Radiology 127:165–169

Köhler PR (1974) The roentgen diagnosis of renal inflamatory masses- special emphaces of angiographic changes. Radiology 112:257–266

Kolischer G, Schmidt L (1901) New method of skiagraphic diagnosis for renal and ureteral surgery. JAMA 37:1228

Kolmannskog F, Kolbenstvedt A, Nakstad PH (1981) Computed tomography and angiography in renal angiomyolipoma. Acta Radiol (Diagn) 22:635–639

Korobkin M, Callen PW, Fisch A (1979) Computed tomography of the pelvis and retroperitoneum. Radiol Clin N Am 17:301–316

Korp W, Eklund L, Olafsson G, Olsson A (1981) Computed tomography, angiography and ultrasound in staging of renal cell carcinoma. Acta Radiol 22:625–633

Koss JC, Arger PH, Coleman BG (1981) CT staging of bladder carcinoma. AJR 137:359–362

Kremser K, Münter K (1952) Die Bedeutung des Cavogramms bei Nierenturmoren. Fortschr Röntgenstr 77/6:721–723

Krestin GP (1990) Morphologic and functional MR of the kidneys and adrenal glands. Field & Wood, Philadelphia

Kurtzahn H (1922) Veränderungen der männlichen Harnröhre im Röntgenbild nch Kontrastfüllung. Fortschr Röntgenstr 28/4:294–299

Lang EK (1963) Use of arteriography in the demonstration and staging of bladdertumors. Radiology 80:62–68

Lang EK (1967) Arteriographic diagnosis of renal infarcts. Radiology 88:1110–1116

Lang EK (1971) Arteriographic assessment and staging of renal cell carcinoma: analysis of a serves in 120 patients. Radiology 101:17–27

Lang EK (1973) Arteriography in the diagnosis and staging of renal carcinoma. Cancer 32:1043–1052

Lang EK (1973) Angiographie in the diagnosis of pelvic neoplasms. Radiology 134:353–358

Lang EK, Johnson B, Martin EC (1971) Renal arteriography in the asessment of renal trauma. Radiology 98:103–112

Lauenstein C (1899/1900) Nachweis von Nierensteinen, die nur aus kohlensaurem Kalk und Trippelphosphat bestanden durch Röntgenstrahlen. Fortschr Röntgenstr 3:211

Laurie AP, Leon JT (1887) Notes on the photography of renal and vesical calculi by the x-rays. Lancet I:169

Lee JKT, McClennan BL, Melson GL, Stanley RJ (1980) Acute focal bacterial nephritis: Emphasis on gray scale sonography and computed tomography. AJR 135:89–92

Leonhard ChL (1905) The results of roentgen diagnosis in calculus conditions of the kidney and ureter. Verh Dtsch Röntgenges 1:78–80

Levine D, Gordon CD, Kinkhabwala M, Becker JA (1976) Reticular neovascularity in malignant and inflamatory renal masses. Radiology 120:61–68

Levine E, Lee KR, Weigel J (1979) Preoperative determination of abdominal extent of renal cell carcinoma by computed tomography. Radiology 132:395–398

Levitt RG, Geisse GG, Sagel SS, Stanley RJ, Evans RG, Köhler RE, Jost RG (1978) Complementary use of ultrasound and computed tomography in studies of the pancreas and kidney. Radiology 126:149-152

Lichtenberg AV (1911) Zur Diagnose der Nierentuberkulose. Verh Dtsch Röntgenges 5/4:183

Lichtenberg AV, Voelker F (1909) Über Pyelographie. Verh Dtsch Röntgenges 5:117

Lichtenberg AV, Swick M (1929) Klinische Prüfung der Uroselectans. Klin Wochenschr 8:2089-2091

Loewenhardt F (1901) Die Bestimmung der Lage des Harnleiters von Operation. Jahresbericht der Schlesischen Gesellsch Vaterländische Kultur 79:136-137

Love L, Churchill RJ, Karzam E, Autty H, Rubenstein W, Markisz J, Zirinsteyk (1990) Computed tomography of the urinary tract. In: Pollack HM (ed) Clinical Urography, 1. Saunders, Philadelphia London Toronto, pp 387-432

McCallum RW (1979) Normal anatomy, pathology and method of urethrography. Radiol Clin North Am 17:227-244

McCormack LJ, Poutasse EF, Meaney TF, Noto DJ (1966) Pathologic-arteriographic correlation of renal artery disease. Am Heart J 72:188

MacIntyre J (1896) Roentgen rays: Photography of renal calculus. Description of an adjustable modification in the focus tube. Lancet 2:118

Maintz M, Wüllenweber G (1936) Kymographische Untersuchungen über die Bewegungsvorgänge am gesunden und kranken Nierenbecken und Harnleiter. Fortschr Röntgenstr 54:505-517

Maluf NRS (1956) Role of roentgenology in the development of urology. Am J Roentgenol 75:847-854

Maluf NSR, McCoy CB (1955) Translumbar aortography as a diagnostic procedure in urology. AJR 73:533-573

March TL, Halpern M (1963) Renal vein thrombosis demonstrated by selective renal phlebography. Radiology 81:958-961

Meaney TF (1969) Errors in angiographic diagnosis of renal masses. Radiology 93:361-366

Meaney TF, Dustan HP, McCormack LJ (1968) Natural history of renal artery disease. Radiology 91:881-887

Megibow AJ, Mittnick JS, Bosniak MA (1982) The contribution of computed tomography to the evaluation of obstructed ureter. Urol Radiol 4:95

Meyers MA (1973) Acute extraperitoneal infection. Semin Roentgenol 8:445-464

Meyers MA (1975) The renoalimentary relationships: Anatomic-roentgen study of their clinical significance. Am J Roentgenol 123:386-400

Meyers MA, Whalen JP (1972) Radiologic features of extraperitoneal effusions. Radiology 104:249-257

Mitty HA, Goldman H (1974) Angiography in unilateral renal bleeding with a negative urogram. Am J Roentgenol 121:508-512

Moel H (1956) Size of normal kidneys. Acta Radiol 46:640-645

Moel H (1961) Kidney size and its deviation from normal in acute renal failure. Acta Radiol 56 (Suppl) 206

Morales O, Romanus R (1952) Urethrography in the male with a highly viscous, watersoluble contrastmedium Umbradil - Viscous U. Acta Radiol (Suppl) 95

Morehouse DD, MacKimon KJ (1969) Urological injuries associated with pelvic fractures. J Trauma 9:479-496

Morgan CL, Calkins RF, Cavalcanti EJ (1981) Computed tomography in the evaluation, staging and therapy of carcinoma of the bladder and prostate. Radiology 140:751-761

Moullin CM (1899) Radiography with special reference to the detection of renal calculi. Lancet I:1415

Murphy GP (1978) Developments of preoperative staging of bladder tumors. Urology 11:109

Nelson OA (1942) Arteriography of abdominal organs by aortic injection: a preliminary report. Surg Gynecol Obstet 74:655-622

Nesbit RM (1956) Radiology and its contribution to urology. Am J Roentgenol 75:995-996

Newhouse JG, Pfister RC (1979) The nephrogram. Radiol Clin N Am 17:213-226

Ney C, Duff J (1950) Cystourethrography: it role of diagnosis of the neurogenic bladder. J Urol 63:640

Nilsson JH (1967) Angiographie in tumors of urinary bladder. Acta Radiol Suppl 263

Novak D (1976) Selective renal occlusion phlebography with a balloon cather. Br J Radiol 49:589-593

Oehlecker F (1911) Übersichtsaufnahmen vom uropoetischen System. Fortschr Röntgenstr 17:195-207

Ödman P (1956) Percutaneous selective angiography of the main branches of the aorta. Acta Radiol 45:1-15

Olin TB, Reuter SR (1965) A pharmacoangiographic method for improving nephrophlebography. Radiology 85:1036-1040

Olsson O, Lunderquist A (1963) Angiography in renal trauma. Acta Radiol (Diagn) 1:1-21

Osborne ED, Sutherland CG, Scholl AJ, Wontree LG (1923) Roentgenography or urinary tract during excretion of sodium iodid. JAMA 80:368-373

Owman T (1973) Die Angiographie des renalen Hamartoms (Angiomyolipom). Radiologe 13:8287-8290

Palmer FJ (1988) The RACR survey of intravenous contrast media reactions final report. Austral Radiol 32:426-428

Palubinskas AJ, Wylie EJ (1961) Roentgen diagnosis of fibromuscular hyperplasia of renal arteries. Radiology 76:634-639

Partsch F, Breitlander H (1928) Die Darstellung der Harnröhre bei Strikturen und Rupturen im Röntgenbild. Z Urol Chir 25:108

Pearl F, Gray N, Friedman B (1950) Retrograde aortography with special catheter including demonstration of the coronary arteries. Ann Surg 132:959-964

Peirce EC (1951) Percutaneous femoral artery catheterisation in man with special reference to aortography. Surg Gynecol Obstet 93:56-74

Pendergrass EP (1943) Excretory urography as a test of urinary tract function. Radiology 40:223-246

Pickering RS, Hattery RR, Hartman GW, Holley KE (1974) Computed tomography of the excised kidney. Radiology 113:643-647

Piroth HD, Magin E, Georgi M, Maberger M (1977) Ergebnisse der kineangiodensitometrischen Nierendurchblutungsbestimmung. Fortschr Röntgenstr 126/2:126–128

Pitts WR Jr, Kazam E, Gray G (1980) Ultrasonography, computerized transaxial tomography and pathology of angiomylipoma of the kidney: Solution to a diagnostic dilemma. J Urol 124:907–909

Pokieser H (1971) Röntgendiagnostische Aufgaben im Rahmen der Nierentransplantation (mit besonderer Berücksichtigung angiographischer Untersuchungen). Fortschr Röntgenstr 114:1–17

Pollack HM, Arger PH, Banner MP (1981) Computed tomography of renal pelvic filling defects. Radiology 138:645–651

Rabinowitz JG, Kinkhabwala M, Himelfarb E, Robinson T, Becker JA, Bosniak M (1972) Renal pelvic carcinoma: An angiographic reevaluation. Radiology 102:551–554

Ransley PG, Risdon A (1975) Renal papillary morphology in infants and young children. Urol Res 3:110–113

Ransley PG (1976) The renal papilla and intrarenal reflux. Sci Found Urol 1:79–87

Ratke JC (1961) Differential „nephropacification“: A screening procedure for unilateral renal artery occlusion. Radiology 76:629–633

Rautenberg E (1914) Röntgenphotographie der Leber, Milz und des Zwerchfells. Dtsch Med Wochenschr 40:1205–1208

Regensburger N (1911) Tödliche Kollargolvergiftung. Fortschr Röntgenstr 17:45

Reid A (1905) On the x-ray diagnosis of calculi in the urinary tract. Verh Dtsch Röntgenges 1:73–77

Reimann F (1937) Über Dyskinesien am Nierenbecken und Ureter. Fortschr Röntgenstr 56:325–335

Reiser E (1927) Zur Röntgenuntersuchung der Blase. Fortschr Röntgenstr 35/4:756–769

Rhyner P, Federle MP, Jeffrey RB (1984) CT of trauma to the abnormal kidney. Am J Roentgenol 142:747–750

Riedl D (1980) Retroaortale Nierenvenen – eine mögliche Ursache der linksseitigen Varikozele. Fortschr Röntgenstr 133:477–479

Rieser C, Nicholas E (1963) Rupture of the bladder: unusual features. J Urol 90:53–57

Ringel (1898) Beitrag zur Diagnose der Nephrolithiasis durch Röntgenbilder. Ztralbl Chir 1217

Ringel (1899) Zur Diagnose der Nephrolithiasis durch Röntgenbilder. Arch Klin Chir 59:167

Rösch J, Antonovic R, Goldman ML, Dotter CT (1975) Epinephrinie renal venography. Fortschr Röntgenstr 126:501–513

Rolleston GL, Maling TMJ, Hodson TJ (1974) Intrarenal reflux and the scarred kidney. Arch Dis Child 49:431–439

Rosenstein P (1921) Pneumoradiographie des Nierenlagers. Eine neue Technik der röntgenologischen Darstellung der Nieren und Nachbarorgane (Nebennieren, Milz, Leber). J Urol 15:447–458

Rubin GD, Dake MD, Napel SA (1993) Three-dimensional spiral CT angiography of the abdomen: initial clinical experience. Radiology 186:147–152

Ruitz-Rivas M (1948) Diagnostic radiology: pneumokidney-original technique. Arch Espan Urol 4:228–233

Rumpel O (1903) Die Diagnose des Nierensteines mit Hilfe neuerer Untersuchungsmethoden. Fortschr Röntgenstr (Ergänzungsbd 10)

Sagel S, Stanley RJ, Evens RG (1976) Early clinical experience with motionless whole body computed tomography. Radiology 119:321–330

Sagel S, Stanley RJ, Levitt RG, Geisse G (1977) Computed tomography of the kidney. Radiology 124:359–370

Sager EM, Talle K, Fossa S (1983) The role of CT in demonstrating perivesical tumor growth in the preoperative staging of carcinoma of the urinary bladder. Radiology 146:443–446

Sandler CM, Harris JH, Corriere JM (1981) Posterior urethral injuries after pelvic fracture. Am J Roentgenol 137:1233–1237

Sandler CM, Hall JT, Rodorguez MB (1986) Bladder injury in blunt pelvic trauma. Radiology 158:633

Sandler CM, Phillips JM, Harris JD, Toombs BD (1981) Radiology of the bladder and urethra in blunt pelvic trauma. Radiol Clin North Am 19:195–211

Sandler CM, Toombs BD (1981) Computed tomographic evaluation of blunt renal injuries. Radiology 141:461–466

Saxton HM (1969) Urography. Br J Radiol 42:321–346

Saxton HM (1990) Urodynamics: the appropriate modality for the investigation of frequency, urgency, incontinency and voiding difficulties. Radiology 175:307–316

Saxton HM, Borzyskowski M, Robinson LB (1992) Nonobstructive posterior urethral widening (spinning top urethra) in boy with bladder instability. Radiology 182:81–85

Schaner EG, Balow JE, Doppman JL (1977) Computed tomography in the diagnosis of subcapsular and perirenal hematoma. Am J Roentgenol 129:83–88

Schellinger D, DiChiro G, Axelbaum SP (1975) Early clinical experience with the ACTA scanner. Radiology 114:257

Schencker B (1964) Drip infusion pyelography: indications and applications in urologic roentgen diagnosis. Radiology 83:12–21

Schencker B, Marcure RW, Moody DC (1965) Simplified nephrotomography: The drip infusion technique. AJR 95:283–290

Schmid H, Pollack JH, Oswald K (1969) Radiologische Symptomatik der Kontrastmittelpassage durch den Ureter. I: Die normale Passage. Fortschr Röntgenstr 110:446–456

Schmid H, Pollack JH, Oswald K (1969) Radiologische Symptomatik der Kontrastmittelpassage durch den Ureter. II: Die gestörte Passage. Fortschr Röntgenstr 111:96–107

Schmidt LE, Kolischer G (1901) Röntgenaufnahmen kathetisierter Harnleiter und Nieren. Monatsschr Urol 6:427–431

Schmidt W (1927) Pyelographische Darstellung von Harnkanälchen. Fortschr Röntgenstr 36/2:369-371
Schnall MD, Lerkinski RE, Pollak HM; Imai Y, Kressel HY (1988) Prostate: MR Imaging with an endorectal surface coil. Radiology S 70-74
Schramm C (1913) Zur Technik der graphischen Darstellung der ableitenden Harnwege mittels der Collargol Röntgenaufnahme. Fortschr Röntgenstr 20:36-39
Schreyer H (1971) Veränderungen der Harnorgane bei neurogenen Blasenstörungen. In Glauner R, Rüttimann A, Thurn P, Viamonte M, Vogler E (Hrsg) Ergebnisse der medizinischen Radiologie. Thieme, Stuttgart, S 115-156
Schreyer H, Justich E, Gypser G (1978) Varikose der Nierenvenen, der Nierenbecken- und Uretervenen. Fortschr Röntgenstr 129:192-198
Schrott KM, Behrends B, Clauß W, Kaufmann J, Somasundaram K (1985) Drug Monitoring für 50- bzw. 100 ml Omnipaque 360 in der Ausscheidungsurographie. Urologe (B) 25:24
Schürmayer CB (1906) Zur Röntgenologie des Abdomens und Topographie der Nieren. Fortschr Röntgenstr 10:353-369
Segal AJ, Spataro RF, Linke CA (1978) Diagnosis of nonopaque calculi by computed tomography. Radiology 129:447-450
Segal AJ, Spataro RF, Linke CA, Frank IN, Rabinowitz R (1978) Diagnosis of nonopaque calculi by computed tomography. Radiology 129:447-450
Selby NN (1911) Notwendigkeit des Zusammenarbeitens bei der Diagnose chirurgischer Zustände von Niere und Ureter. Amer Roentgen Ray Society 1911. Fortschr Röntgenstr 18:435-436
Seldinger SI (1953) Catheter replacement of the needle in precutaneous arteriography: A new technique. Acta Radiol 39:368-376
Shopfner CE (1967a) Roentgenological of bladder neck obstruction. Am J Roentgenol 100:162-175
Shopfner CE (1967b) Roengenologic evaluation of distal urethral obstruction. Radiology 88:222-231
Shopfner CE (1970) Cystourethrography: Methodology, normal anatomy and pathology. J Urol 103:92-103
Shopfner CE, Hutch JA (1967) The trigonal canal. Radiology 88:209-221
Shopfner CE, Hutch JA (1968) The normal urethrogram. Radiol Clin North Am 6:165-189
Siggers RL (1961) Early physiologic nephrourography as a test of kidney function. Radiology 77:452-457
Silverman NR, Intaglieta M, Tomkins WR (1972) Renal cortical transit times. Radiology 105:25
Smith JC, Rösch J, Athanasoulis C (1975) Renal venography in the evaluation of poorly vascularized neoplasms of the kidney. Am J Roentgenol 123:552-559
Sorantin K (1914) Harnröhrendivertikel im Röntgenbild. Fortschr Röntgenstr 22:241-242
Sorby WA (1969) Renal phlebography. Clin Radiol 20:166
Speck U, Mützel W, Weinman J (1983) Chemistry, physicochemistry and pharmacology of known and new contrast media for angiography, urography and CT enhancement. Fortschr Röntgenstr (Suppl) 118:2-10
Stanley RJ, Sagel SS, Levitt RG (1976) Computed tomography of the body: early trends in application and accuracy of the method. Am J Roentgenol 127:53-67
Steinberg I, Robb GP (1938) Mediastinal and hilar angiography in pulmonary disease. Am Rev Buerc 38:567-569
Stephens DH, Hattery RR; Sheedy PF (1976) Computed tomography of the abdomen. Radiology 119:331-335
Stolz JL, Fogel EJ (1972) The chaincystourethrogram. Radiology 103:204-206
Sträter A (1907) Die Roentgenographie der Nieren. Verh Dtsch Röntgenges 3:90-91
Subramanyam BR, Megibow AJ, Raghavendra N (1982) Diffuse xanthogranulomatous pyelonephritis: Analysis by computed tomography and sonography. Urol Radiol 4:5-9
Swick M (1929) Darstellung der Niere und Harnwege im Röntgenbild durch intravenöse Einbringung eines neuen Kontraststoffes des Uroselectan. Klin Wochenschr 8:2087-2089
Tager I, Santockiy M (1936) Die Darstellung der Harnblasentumoren mit Hilfe der Kontrastpneumographie. Fortschr Röntgenstr 53/6:882-888
Talner LB (1990) Urinary obstruction. Specific causes of obstruktion. In: Pollack H (ed) Clinical urography. vol II. Saunders, Philadelphia London Toronto Montreal Sidney Tokyo, pp 1535-1751
Telemann W (1911) Untersuchungen über die röntgenologische Darstellbarkeit von Steinen des harnleitenden Apparates. Deutsche Med Wochenschr 21:977
Thornbury JR (1979) Perirenal anatomy: Normal and abnormal. Rad Clin North Am 17:321-331
Thornbury JR, Stenley JC, Fryback DG (1982) Hypertensive urogram: a non discriminatory test for renovascular hypertension. Am J Roentgenol 138:43-49
Toombs BD, Lester RG, Ben-Menachem Y (1981) Computed tomography in blunt trauma. Radiol Clin North Am 19:17-35
Treugut H, Andersson I, Hildell J, Nyman U, Weihull H (1981) Diagnostik renaler Perfusionsstörungen durch Sequenz-CT. Fortschr Röntgenstr 135/4:381-388
Treugut H, Nyman U, Hildell J, Molde A (1981) Funktionskontrolle des Nierentransplantats durch Sequenz-CT. Fortschr Röntgenstr 135:133-142
Tuffier T (1897-1899) Sonde ureterale opaque. In Duplay et Reclus: Traite de chirurgie. Masson, Paris, pp 412-413
Valdez-Davilla O, Castaneda-Zunigg WR, Nath P, Velasquez G, Zollikhofer C, Formanek A, Amplatz K (1979) Coarctation of the abdominal aorta. Fortschr Röntgenstr 130:394-397
Vesey J, Dotter CT, Steinberg I (1956) Nephrography, simplified technic Radiology 55:827-833
Vinik M, Freed TA, Smellie WAB, Weidner W (1969) Xanthogranulomatous pyelonephritis. Angiographic considerations. Radiology 92:537-540
Voeckler T (1908/1909) Ein Beitrag zu den Fehlerquellen in der Radiolographie der Harnleitersteine. Fortschr Röntgenstr 13:394-399

Voegeli E (1971) Hypovaskuläre Nierentumoren. Korrelation zwischen Histologie und Angiographie. Fortschr Röntgenstr 114:373–380

Voelcker F, von Lichtenberg A (1905) Die Gestalt der menschlichen Harnblase im Röntgenbild. Münch Med Wochenschr 52:1576–78

Voelcker F, von Lichtenberg A (1906) Pyelographie (Roentgenographie des Nierenbeckens nach Kollargolfüllung). Münch Med Wochenschr 53:105–106

Vogler E, Kahr E, Holzer H (1952) Serienvasographie der Nieren. Fortschr Röntgenstr 77:594–601

Vogler E, Herbst R (1958) Angiographie. der Nieren. Thieme, Stuttgart

Vogler E, Bergmann M (1963) Angiographie bei stumpfem Nierentrauma. Fortschr Röntgenstr 98:675–685

Vogt E (1923) Röntgenuntersuchungen der Harnblase nach Profixation des Uterus und bei Totalprolaps. Fortschr Röntgenstr 31:691–696

Wagner H (1899/1900) Über den Nachweis von Nierensteinen mit Röntgenstrahlen. Fortschr Röntgenstr 3:214

Watson RC, Fleming RJ, Evans JA (1968) Arteriography in the diagnosis of renal carcinoma. Radiology 91:888–897

Webb JA, Talner LB (1979) The role of intravenous urography in hypertension. Radiol Clin North Am 17:187–195

Weens HS, Olnick HM, James DF, Warren JV (1951) Intravenous nephrography method of roentgen visualization of kidney. AJR 65:411–414

Weyman PJ, MacClennan BL, Stanley RJ, Levitt RG, Sagel SS (1980) Comparison of computed tomography and angiography in the evaluation of renal cell carcinoma. Radiology 137:417–424

Wilms GE, Baert AL, Staessen JA, Amery AK (1986) Renal artery stenosis: evaluation with intravenous digital subtraction angiography. Radiology 160:713–715

Winterberger AR, Wajsman Z, Merrin C, Murphy GP (1978) Eight year experience with arteriographic and lymphangiographic staging of bladder carcinoma. J Urol 119:208

Wittek A (1903) Zur Technik der Roentgenphotographie (Lendenwirbel und Blasensteine). Fortschr Röntgenstr 7:26–27

Wolf GL, Mishikin MM, Roux SG, Halpern EF, Gottlieb J, Zimmerman J, Gillen J, Thellman C (1991) Comparison of the rates of adverse drug reactions: ionic contrast agents, ionic agents combined with steroids, and nonionic agents. Invest Radiol 26:404–410

Wulff P (1904/1905) Verwendbarkeit der X-Strahlen für die Diagnose der Blasendifformitäten. Fortschr Röntgenstr 8:193–194

Würdinger H (1961) Die kombinierte endoperivesikale Doppelkontrast-Zystographie der Harnblase. Fortschr Röntgenstr 95/5:676–681

Zeitler E,Jecht E, Hatzinger R (1979) Technik und Ergebnisse der Spermatica Phlebographie bei 136 Männern mit primärer Sterilität. Fortschr Röntgenstr 131:179–184

Organe der Reproduktion

Dietrich von Fournier

Geburtshilfliche Röntgendiagnostik

Die Darstellung des Fetus bei einer schwangeren Frau erfolgte erstmalig durch Levy-Dorn (1897). Levy u. Thumin (1897) führten erste Beckenmessungen bei schwangeren Frauen durch. Sie stellten ein Mißverhältnis zwischen Kopfmaßen und Beckenmaßen fest. Diese Beckenmessung war dann für viele Jahrzehnte, z.T. bis heute, die Grundlage für eine rechtzeitige Entbindung durch Kaiserschnitt. Albert (1899) führte die Beckeneingangsmessung mit Hilfe einer Sitzaufnahme durch. Böbling (Zit. nach Möbius 1967) verwendete erstmals 1911 Röntgenaufnahmen in 3 verschiedenen Lagen der Patientin auch schon im 2. und 3. Schwangerschaftsmonat. Durch Anwendung von Verstärkerfolien betrug seine Belichtungszeit zwischen 2 und 4 s. Er sagte das Alter der Schwangerschaft und Mehrlingsschwangerschaften voraus.
Eine erste zusammenfassende Übersicht über Technik und Möglichkeiten in der Geburtshilfe wurde von Eymer (1913) gegeben. Nach Einführung der Streustrahlenblende konnte Guthmann (1927) die seitliche Beckenaufnahme der schwangeren Frau mit Einblendung eines Maßstabes einführen. Diese Technik wird bis heute angewendet und sie bestimmt genau die Größe des kindlichen Kopfes im Verhältnis zur Beckenform und zur Conjugata vera. Die röntgenologische Darstellung der Plazenta mittels Angiographie hat nie Bedeutung erlangt.
Dagegen ist die Darstellung der Hautoberfläche des Fetus durch Fetographie sowie der Amnionhöhle mittels Amniographie von Erbslöh (1955) für viele Jahre ein Standardverfahren gewesen, um Mißbildungen beim Fetus, wie beispielsweise einen Anenzephalus, festzustellen.

Beckenmessung

Die geburtshilfliche Beckenmessung erfolgt unter der Geburt bei Verdacht auf ein Mißverhältnis zwischen kindlichem Kopf und dem Becken der Mutter (Abb. 1).
Die am häufigsten angewendete Technik wurde von Borell u. Fernström (1958) entwickelt. Durch Aufnahme in 2 Ebenen mit eingeblendetem Maßstab können mit dem Zirkel jedes wichtige Beckenmaß und die Maße des kindlichen Kopfes direkt abgenommen werden. Bei Aufnahmen der Geburt kann mit großer Sicherheit vorausgesagt werden, ob mit einem ernsthaften Geburtshindernis zu rechnen ist. Dabei können auch Verschiebungen der kindlichen Schädelknochen in Rechnung gestellt werden (Spalding-Zeichen). Die Indikation zur rechtzeitigen Kaiserschnittentbindung kann gestellt und es können so Schädigungen von Mutter und Kind verhindert werden.

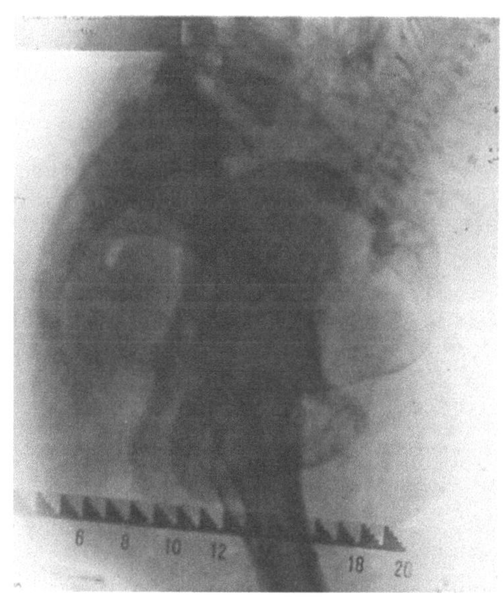

Abb. 1. Seitliche Darstellung des weiblichen Beckens unter der Geburt. Die Wirbelsäule und der Schädel des Fetus sind erkennbar. *Unten* ist ein Maßstab eingeblendet

Die Beurteilung der Beckenform erfolgt nach den obengenannten Grundtypen und nach pathologischen Verformungen des Beckens. Diese können genetisch bedingt oder Folge von Erkrankungen sein, beispielsweise einer Skoliose. Folgen von entzündlichen Beckenknochenerkrankungen oder von Unfallverletzungen sowie die Ruptur der Symphyse können dargestellt werden.
Die Beckenmessung ist heute eine wichtige Untersuchung zur Vermeidung von Schädigungen des Fetus bei der Geburt und zur Senkung der Neugeborenensterblichkeitsrate (Abb. 1).

Amniographie und Fetographie

Der Amerikaner Menees (1930) beschrieb erstmals die Injektion von Röntgenkontrastmittel in die Amnionhöhle. Durch Darstellung der Hautoberfläche wurde auch das Geschlecht des Fetus bestimmt. Die Abb. 2 zeigt eine Amniographie. Weiter konnte so erstmalig die beginnende Ablösung der Plazenta erkannt werden. Albano u. Gallina (1932) zeigten, daß der Fetus laufend Amnionflüssigkeit schluckt, und sie konnten im kindlichen Magen-Darm-Kanal das Kontrastmittel nach Stunden radiologisch nachweisen. Der Japaner Utzuki (1941) und Erbslöh (1941) führten jodhaltige Kontrastmittel zur genauen Darstellung der kindlichen Hautoberfläche, der „Fetographie", ein. Mit dieser Fetographie wurde über Jahrzehnte bis zur Einführung des Ultraschallbildes beim intrauterinen Fetus die Mißbildungsdiagnostik betrieben (Abb. 2).
In jüngster Zeit hat die Bildgebung mit Ultraschall und Magnetresonanztomographie die Röntgenfetographie abgelöst.

Pneumoperitoneum

Durch Einfüllen von Luft in den Abdominalraum hat Goetze (1918) mittels Röntgenaufnahme in sitzender Stellung der Patientin die Darstellung des Unterus und der Ovarien erstmalig beschrieben. Buice u. Gould (1958) verwendeten Stickoxydul als Gas und versuchten eine Nativdiagnostik der Ovarien. Hofmann (1963) hat zusätzlich durch Einbringung von Kontrastmittel in den Douglas-Raum die Darstellung der Ovarien verbessern können. In jüngerer Zeit wurde das Pneumoperitoneum durch Bildgebung mit Ultraschall abgelöst.

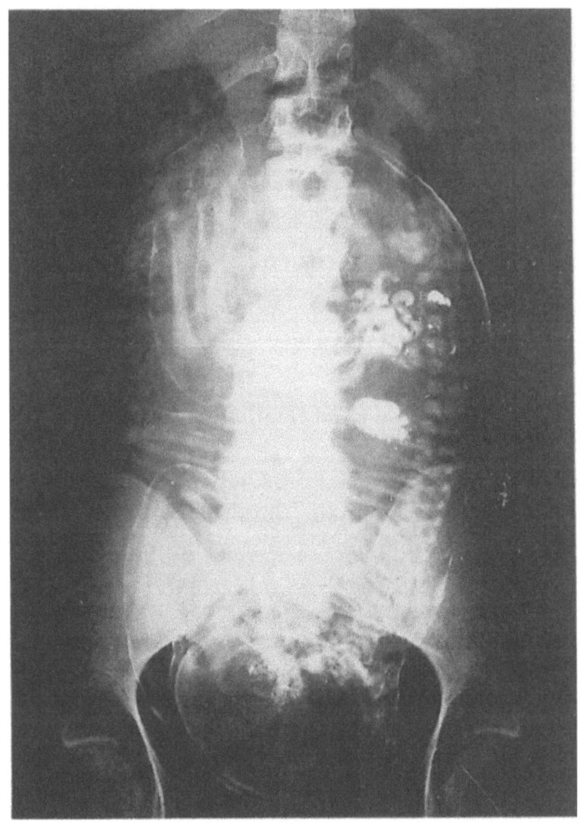

Abb. 2. Amniographie bei Mikrozephalus: Die Hautoberfläche des Fetus stellt sich durch Kontrastmittel dar. Der Darm des Fetus zeigt ebenfalls Kontrastmittelanreicherung, weil der Fetus das kontrastmittelhaltige Fruchtwasser schluckt

Fehlbildungsdiagnostik des weiblichen Genitales

Für die Diagnostik angeborener Fehlbildungen des weiblichen Genitales wird bis heute die retrograde Darstellung der Scheide und gleichzeitig der Blase mit Kontrastmittel angewendet. Mit der retrograden Kolpozystographie werden Duplikaturen der Vagina, Vaginalatresien, eine ektopisch mündende Urethra und angeborene Fistelbildungen dargestellt (Willich u. Benz-Bohm 1980). Die Methode gehört heute zur Operationsvorbereitung bei Mißbildungen.

Hysterosalpingographie (Abb. 3)

Rindfleisch (1910) beschrieb die Darstellung des Uteruskavums mit einer kontrastgebenden Wismut-Paste. Röntgenologisch wies er so eine extrauterine Gravidität nach.
Heuser (1925) stellte erstmals Uteruskavum und Tuben mit Lipiodol dar. Eine Hysterosalpingo-

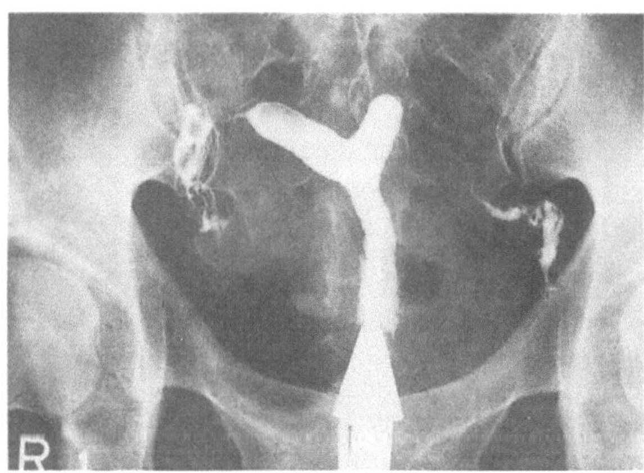

Abb. 3. Hysterosalpingographie: Zentrales Septum im Corpus uteri. Die Fehlbildung kann operativ beseitigt werden

graphie zur Operationsvorbereitung wegen Tubenverschluß wurde eingeführt. Seit dieser Zeit ist sie fester Bestandteil zur Diagnostik von Uteruskavum und Tuben bei unerfülltem Kinderwunsch. Die Untersuchung wird ambulant durchgeführt. Auf die Portio wird ein Portioadapter mit Vakuum fixiert. Wasserlösliches Röntgenkontrastmittel mit geringer Viskosität wird durch das Cavum uteri und durch den Tubengang beidseits bis in das Abdomen injiziert. Dargestellt werden Mißbildungen im Bereich des Genitalschlauches, Wucherungen wie Myome und vor allem Tubenverschlüsse (Fochem 1980). Entzündliche Tubenverklebungen können durch diesen Eingriff mit etwas erhöhtem Injektionsdruck gar nicht selten wieder gelöst werden. Durch den Eingriff ist dann gleichzeitig die Therapie einer postentzündlichen Tubenverklebung erfolgt. Für die Hysterosalpingographie gibt es derzeit keine Alternative außer der intraoperativen Betrachtung der Tuben (Laparoskopie), wobei statt Kontrastmittel eine Hysterosalpingographie mit blauem Farbstoff durchgeführt wird.
Bei der Röntgenhysterosalpingographie werden durchschnittlich 7–15 ml Kontrastmittel benutzt. Die Füllung des Genitalschlauches mit Kontrastmittel wird unter dem Röntgenbildverstärker verfolgt. Der Füllungsdruck soll 250 mm Hg nicht übersteigen. Röntgenaufnahmen zur Dokumentation werden bei vollständiger Darstellung der Tuben und bei Entleerung des Kontrastmittels in die Abdominalhöhle durchgeführt. Die Strahlenbelastung soll 1,5 cGy nicht übersteigen (Tristant u. Benmussa 1981; Hunt u. Siegler 1990).

Angiographie

Unter Angiographie wird die Kontrastdarstellung der Arterien, unter Phlebographie die Kontrastdarstellung der Venen verstanden. Diese Techniken wurden benutzt, um bei gynäkologischen Tumoren die verstärkte arterielle Durchblutung oder atypische Venenverläufe darzustellen, da es sich dabei um indirekte Tumorzeichen handelt (Breit 1980). Als Ergebnis der Gefäßdarstellung konnten größere Tumorrezidive durch eine verstärkte arterielle Blutanreicherung erfaßt werden. Genaue Aussagen über die Ausdehnung eines Primärtumors oder eines Tumorrezidivs im Genitalbereich waren nicht möglich. Die Angiographie wurde inzwischen durch die Magnetresonanztomographie ersetzt.

Computertomographie

Die Schnittführung zur Untersuchung des weiblichen Genitales erfolgt in aneinander grenzenden Schichten von 8 mm Dicke. Dargestellt wird der Bereich zwischen Symphysenunterkante und dem Promontorium bei Rückenlage der Patientin.
Bei Ovarialkarzinomen wird das gesamte Abdomen dargestellt. Gut voneinander abgrenzbar sind kalkhaltige Anteile, Fettgewebe und Flüssigkeiten. Die Muskulatur und Weichteilorgane im kleinen Becken weisen nur geringe Dichteunterschiede auf.
Als Hauptergebnis der CT-Untersuchung des Genitales lassen sich zystische Ovarialtumoren gut darstellen. Auch vergrößerte paraaortale Lymphknoten bei Genitalmalignomen können erfaßt werden. Die Magnetresonanztomographie hat das Becken-CT zur Darstellung der Genitalorgane abgelöst.

Magnetresonanztomographie (MRT)

Zur Darstellung des Genitales wird eine transversale und eine sagitale Schnittführung mit T2-Gewichtung mit Schichten im Bereich von 3–5 mm durchgeführt. Das signalintensive Endometrium läßt sich vom signalärmeren Myometrium differenzieren. Die Harnblase und weitere Nachbarorgane wie das Rektum können gut voneinander unterschieden werden. Die Ovarien, das Beckenbindegewebe und die Gefäße lassen sich gut gegeneinander abgrenzen.
Mit MRT gelingt außerdem eine Differenzierung zwischen Tumorgewebe und gesundem Uterusgewebe. So läßt sich beispielsweise ein Zervixkarzi-

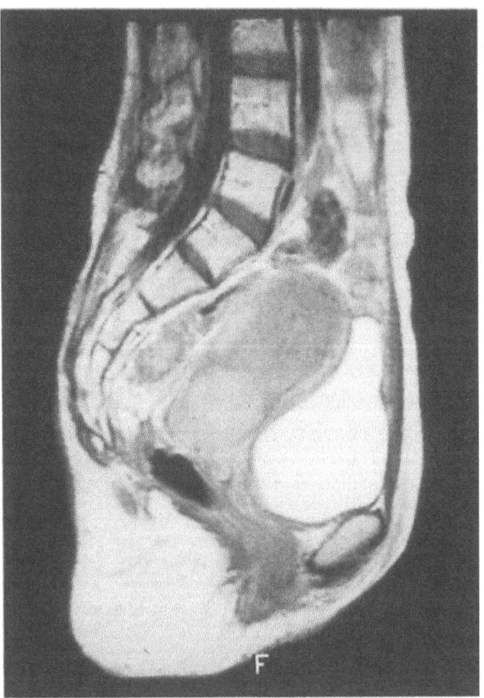

Abb. 4. Magnetresonanztomographie des weiblichen Beckens in seitlicher Projektion. Der vergrößerte Uterus zeigt im Zervixbereich eine deutliche Signalverstärkung: Hier findet sich ein Zervixkarzinom, welches sich ohne Kontrastmittel darstellt (DKFZ Heidelberg 1993)

nom relativ gut zur Umgebung abgrenzen (Abb. 4). Prätherapeutisch und während einer Strahlen- oder Chemotherapie kann das Ansprechen des Tumors auf die Therapie durch MRT-Kontrollen nachgewiesen werden. Durch Tumorbefall vergrößerte Lymphknoten lassen sich im MRT erfassen. In der Schwangerschaft kann die Größe des kindlichen Kopfes im Verhältnis zum knöchernen Becken ermittelt werden. Die geburtshilfliche Beckenmessung läßt sich mit MRT ebenso genau ermitteln wie mit der konventionellen Röntgentechnik. Beim derzeitigen Kenntnisstand löst die Beckenmessung mit MRT die Röntgentechnik vollständig ab. Die Darstellung eines Tumors im Genitale prätherapeutisch oder während der Therapie ist heute die wichtigste bildgebende Standardmethode.

Literatur

Albano G, Gallina E (1932) Amniosgrafia. Tecnica, biologia, risultati Tipograf. Agostiniana, Roma

Albert (1899) Verwertung der Röntgenstrahlen in der Geburtshilfe. Verh Dtsch Ges Gynäkol VIII:356

Borell U, Fernström I (1958) Die Umformung des kindlichen Kopfes während normaler Entbindungen in regelrechter Hinterhauptslage. Geburtsh Frauenheilkd 18:1156

Buice JW, Gould DM (1957) Abdominal and pelvic pneumography. (Gasfüllung des Abdomens und des kleinen Beckens). Radiology 69:704 Ber Gynäkol 65:147 (1958)

Edling L (1911) Über die Anwendung des Röntgenverfahrens bei der Diagnose der Schwangerschaft. Fortschr Röntgenstr 17:345

Edling L (1912) Zur Röntgendiagnose bei Extrauterinschwangerschaft. Zentralbl Gynäkol 36:1539

Erbslöh J (1955) Fortschritte der geburtshilflichen Röntgendiagnostik in den letzten 25 Jahren. Röntgenblätter 8:1

Erbslöh J (1941) Das intrauterine Fetogramm. Arch Gynäkol 173:160

Eymer H (1913) Die Röntgenstrahlen in der Geburtshilfe und Gynäkologie. Fortschr Röntgenstr 29 (Ergänzungsbd)

Fochem K (1980) Der gesunde und kranke Uterus im Hysterosalpingogramm. In: Heuck F (Hrsg) Handbuch der Medizinischen Radiologie, Bd XIII/2. Springer, Berlin Heidelberg New York, S 2–46

Goetze O (1918) Die Röntgendiagnostik bei gasgefüllter Bauchhöhle; eine neue Methode. Münch Med Wochenschr 65:1275

Heuser Ch (1925) Lipiodol in der Schwangerschaftsdiagnose. Lancet 209:1111

Hofmann D (1963) Zur diagnostischen Bedeutung der Gynäkographie. Zentralbl Gynäkol 85:1049

Hunt RB, Siegler AM (1990) Hysterosalpingography: Techniques and interpretation. Year Book Medical Publishers, Chicago

Levy-Dorn M (1897) Zur Kritik und Ausgestaltung des Röntgenverfahrens. Dtsch Med Wochenschr 23:800

Levy, Thumin (1897) Beitrag zur Verwertung der Röntgenstrahlen in der Geburtshilfe. Dtsch Med Wochenschr 23:507

Menees TO, Miller JD, Hilly LE (1931) Amniography. Am J Roentgenol 24:363

Möbius W (1967) Geburtshilfliche Strahlen-und Röntgendiagnostik. Akademie-Verlag, Berlin, S 13–17

Rindfleisch W (1910) Darstellung des Cavum uteri. Klin Wochenschr 47:780

Tristant H, Benmussa M (1981) Atlas d'hysterosalpingographie. Masson, Paris

Utzuki A, Hashidzume H (1941) Über die röntgenologische Darstellung der Körperoberfläche des Feten in utero, mit besonderer Berücksichtigung von Mißbildungen und von Totenzeichen. Zentralbl Gynäkol 65:194

Willich E, Benz-Bohm G (1980) Die gynäkologische Röntgendiagnostik in der Pädiatrie. In: Heuck F (Hrsg) Handbuch der Medizinischen Radiologie, Bd XIII/2: Röntgendiagnostik des Urogenitalsystems, Teil 2: Weibliches Genitale. Springer, Berlin Heidelberg New York, S 47–112

Zentralnervensystem

Uwe Piepgras, Jürgen Müller und Thomas Hagen

1895–1918: Die Anfänge

Die Röntgendiagnostik von Erkrankungen des Zentralnervensystems - Neuroradiologie - hat für die Entwicklung der Radiologie insgesamt stets eine zentrale Rolle gespielt. Von Beginn an wurde erkannt, welch eminente Bedeutung Röntgens Entdeckung für den Nachweis, die Lokalisation und die artdiagnostische Klassifizierung pathologischer Prozesse des Gehirns, des Rückenmarkes und ihrer Hüllen einmal haben würde. Es waren Forscher und Ärzte aus den Fächern der Neurowissenschaften, die mit ihren Fragen und ihrem Interesse Röntgens neues Verfahren 1895 begeistert aufnahmen und seine Entwicklung mit der Einführung spezieller Techniken über Jahrzehnte hinaus stimulierten und befruchteten.
Schon im ersten Jahr nach der Entdeckung der Röntgenstrahlen, im Herbst 1896, gelang dem amerikanischen Neurochirurgen Cushing (1869–1939) (Abb. 1) die Röntgendarstellung einer Schußverletzung der Halswirbelsäule (Abb. 2). Wie Cushing 1897 und 1925 berichtet, waren für diese Untersuchung mehrere Sitzungen erforderlich, wobei die durchschnittliche Expositionszeit für die Aufnahmen 35 min betrug.
In Deutschland stellte der Berliner Neurologe Oppenheim bereits 1896 fest, daß man auf Röntgenaufnahmen des Schädels die Konturen der Sella turcica beurteilen kann. Er ist wahrscheinlich der erste, der mit Hilfe von Röntgenstrahlen am Lebenden einen intrakraniellen Tumor dia-

Abb. 1. Harvey Cushing (1869–1939). (Aus Gutiérrez 1981)

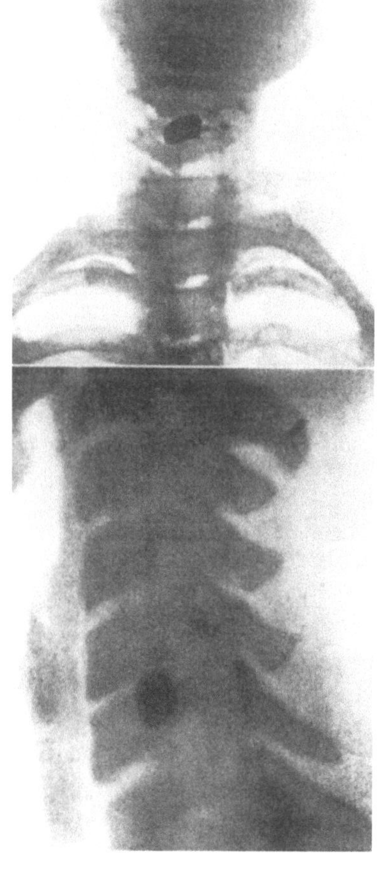

Abb. 2. Darstellung einer Schußverletzung des 6. Halswirbels im Herbst 1896. (Aus Gutiérrez 1981)

gnostizierte. Er trug am 13. November 1899 vor der Berliner Gesellschaft für Psychiatrie und Nervenkrankheiten die Beschreibung eines Falles mit einem Hypophysenadenom vor, das zu einer röntgenologisch erfaßbaren Erweiterung und Deformierung der Sella turcica geführt hatte.

Das erste Lehrbuch der Neuroradiologie *Die Röntgenstrahlen im Dienste der Neurologie* erschien 1906. Es ist von dem Nürnberger Neurologen Fürnrohr, einem Schüler Oppenheims, verfaßt. Das Buch umfaßt 300 Seiten und enthält 28 Abbildungen.

Die systematische Anwendung des Röntgenverfahrens in der Neuroradiologie begann mit Schüller, dem Altmeister und Begründer der Schädelröntgenologie. Schüller hat die Grundlagen für die Erforschung von Erkrankungen des Kopfes mit Hilfe der Röntgenstrahlen gelegt. Wir verdanken ihm Erkenntnisse und Einblicke in die Schädelpathologie, die bis heute Gültigkeit haben.

Schüller (Abb. 3a), 1874 in Brünn geboren, wurde 1909 im Alter von 35 Jahren zum Professor für Neurologie an der Universität Wien ernannt. Zu seinen Kollegen in dieser Glanzzeit der Medizinischen Fakultät der Universität Wien zählten u. a. Billroth, Nothnagel, von Eiselberg, Finsterer, Politzer, Neumann, Hochenegg, Holzknecht, Krafft-Ebing und Wagner-Jauregg. Gefördert durch Wagner-Jauregg, dem Nobelpreisträger und Vorstand der psychiatrisch-neurologischen Universitätsklinik, und Holzknecht, dem Vorstand des Zentralröntgeninstitutes in Wien, hat er die weltberühmte Wiener Schule der Schädelröntgenologie begründet. 1938 mußte er Wien verlassen. Er starb am 31. 10. 1957 als hochgeschätzter Lehrer und Forscher in Melbourne.

Bereits 1905 erschien sein Buch *Die Schädelbasis im Röntgenbild* (Abb. 3b). In einem erstaunlich frühen Stadium der Entwicklung der Röntgentechnik gelang es ihm aufgrund seiner subtilen Beobachtungsgabe, das Erscheinungsbild der basilären Impression des Schädels zu erkennen und zu beschreiben (Schüller 1911, 1912). 1915 beschrieb er die *Eigenartigen Schädeldefekte im Jugendalter* bei der Histiozytosis X, einer Erkrankung, die heute gemeinsam mit Hand und Christian seinen Namen trägt (Abb. 4). Er hat schließlich neben vielem anderen die Osteoporosis circumscripta cranii, das Frühsymptom der Paget-Erkrankung, entdeckt und 1929 beschrieben.

Schüller gilt als der Vater der Neuroradiologie (Bull 1961; Fischgold u. Bull 1967; Cabanis 1989). In jedem Falle hat er die erste Phase der Neuroradiologie, in der noch keine Kontrastmittel zur Anwendung kamen, wie kein anderer geprägt und gekennzeichnet.

a

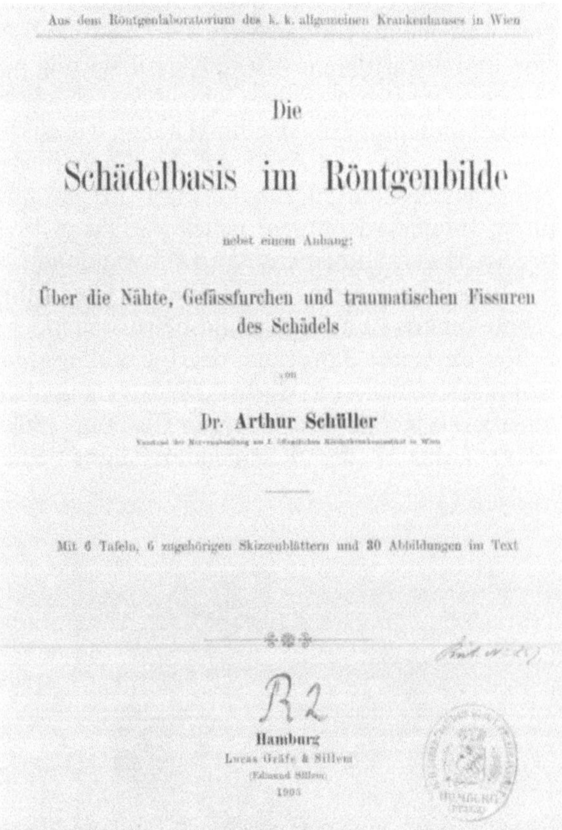

Aus dem Röntgenlaboratorium des k. k. allgemeinen Krankenhauses in Wien

Die

Schädelbasis im Röntgenbilde

nebst einem Anhang:

Über die Nähte, Gefässfurchen und traumatischen Fissuren des Schädels

von

Dr. Arthur Schüller

Mit 6 Tafeln, 6 zugehörigen Skizzenblättern und 30 Abbildungen im Text

R 2

Hamburg
Lucas Gräfe & Sillem
(Edmund Sillem)
1905

b

Abb. 3. a Arthur Schüller (1874–1957). **b** Schüllers erste Monographie

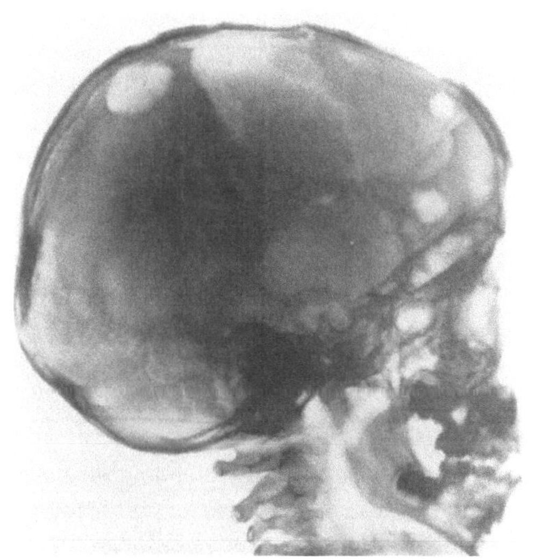

Abb. 4. Landkartenschädel bei Morbus Hand-Schüller-Christian. (Aus Dietrich 1959)

Ab 1918: Einführung und Ausbau der Kontrastmitteldiagnostik der Liquorräume

Die zweite Phase in der Röntgendiagnostik der Erkrankungen des Zentralnervensystems ist durch die Einführung und zunehmende Verbreitung künstlich kontrastgebender Substanzen bestimmt. Sie beginnt mit der Entwicklung der Luftkontrastdarstellung der Hirnkammern und -zisternen. Ihrer Einführung geht eine Beobachtung von Luckett und Stewart voraus (Luckett 1913; Stewart 1913). Die beiden Wissenschaftler berichten 1913 über einen 47jährigen Patienten, der am 24. 11. 1912 von einem Bus angefahren und mit einer Kopfverletzung in das Harlem-Hospital New York zu Luckett eingewiesen wurde. Stewart führte eine Röntgenuntersuchung durch und entdeckte eine Fraktur der Stirnhöhlenhinterwand. Der Patient wurde konservativ behandelt und konnte 12 Tage nach der Aufnahme beschwerdefrei entlassen werden. 3 Wochen danach mußte er erneut aufgenommen werden, weil nach einem Niesanfall heftigste Kopfschmerzen aufgetreten waren, wobei sich eine größere Menge Flüssigeit aus der Nase entleert hatte.
Eine erneute Röntgenuntersuchung am 14. 12. 1913 zeigte zur Überraschung von Stewart eine Darstellung des deutlich erweiterten Ventrikelsystems, offenbar bedingt durch einen Luftübertritt. Dies bestätigte sich bei der von Luckett durchgeführten Operation. Der Patient verstarb 3 Tage nach dieser Operation. Bei der Obduktion zeigte sich, daß ein Fragment aus der Stirnhöhlenhinterwand etwa 1 cm weit nach dorsal disloziert war und die eröffnete Stirnhöhle über eine Verletzung der Basis des Frontallappens mit dem Ventrikelvorderhorn kommunizierte. Über die Hirnlazerationsstelle entwichen Luftblasen aus dem Ventrikelsystem. Die Luft war, wie eine bakteriologische Untersuchung ergab, steril. Es handelt sich um die erste, präzise dokumentierte Beschreibung einer posttraumatischen Liquorfistel mit spontaner Pneumenzephalographie.
Die Einführung und den systematischen Ausbau der Luftkontrastdarstellung der intrakraniellen Liquorräume verdanken wir dem amerikanischen Neurochirurgen Dandy (1886–1946) (Abb. 5a). Dandy hatte sich klinisch und experimentell intensiv mit der Erforschung der verschiedenen Hydrozephalusformen befaßt. In eingehenden Vorversuchen an Hunden hatte er verschiedene positive Kontrastmittel mit negativem Ergebnis getestet und festgestellt, daß Luft als Kontrastmittel am besten verträglich ist. 1918 berichtet er erstmals über die erfolgreiche Anwendung seines Verfahrens der direkten operativen Ventrikulographie mit Luft nach Punktion eines Seitenventrikels über ein Bohrloch im Knochen oder über die noch offene Fontanelle bei Kindern mit Hydrocephalus internus am Johns Hopkins Hospital in Baltimore (Abb. 5b).
Dandy hat neben der operativen direkten Luftventrikulographie auch die lumbale Pneumenzephalographie erfunden. In seiner 1919 erschienenen Arbeit „Roentgenography of the brain after the injection of air into the spinal canal“ beschreibt er die Technik dieses Verfahrens und seine Ergebnisse bei der Untersuchung von 8 Patienten. Ziel seiner Bemühungen war es, durch die lumbale Luftapplikation das zerebrale Zisternensystem vollständiger zur Darstellung zu bringen, als es mit der direkten Luftinjektion in das Ventrikelsystem über einen Luftaustritt aus dem 4. Ventrikel möglich ist.
Dandy hat im weiteren Verlauf seiner praktisch-klinischen Arbeit der direkten Ventrikulographie gegenüber der lumbalen Pneumenzephalographie den Vorzug gegeben. Das geht nicht zuletzt aus seiner 1920 publizierten Arbeit hervor (Dandy 1920). Er hat das Verfahren der Kontrastdarstellung des zerebralen Ventrikel- und Zisternensystems nach lumbaler Luftapplikation nicht weiter ausgebaut.
Es ist interessant, daß Dandy die Beobachtung von Luckett und Stewart, die viel Aufsehen erregte und 1913 in einer neurologischen, einer chirurgischen und einer röntgenologischen Zeitschrift publiziert war, in seinen Arbeiten nicht erwähnt hat, obwohl er sich zu dieser Zeit wissenschaftlich schwerpunktmäßig mit dem Studium

a

ANNALS
OF
SURGERY

A MONTHLY REVIEW OF SURGICAL SCIENCE AND PRACTICE

EDITED BY
LEWIS STEPHEN PILCHER, M.D., LL.D.,
OF NEW YORK

WITH THE COLLABORATION OF

SIR WILLIAM MACEWEN, M.D., LL.D., OF GLASGOW, Professor of Surgery in the University of Glasgow.	SIR W. WATSON CHEYNE, C.B., F.R.S., OF LONDON, Professor of Surgery in King's College.

VOLUME LXVIII
JULY—DECEMBER, 1918

VENTRICULOGRAPHY FOLLOWING THE INJECTION OF AIR INTO THE CEREBRAL VENTRICLES

BY WALTER E. DANDY, M.D.
OF BALTIMORE, MD.

(From the Department of Surgery, the Johns Hopkins Hospital and University)

THE value of röntgenography in the diagnosis and localization of intracranial tumors is mainly restricted to the cases in which the neoplasm has affected the skull. In an analysis of the X-ray findings in one hundred cases of brain tumor from Doctor Halsted's Clinic, Heuer and I[1] have shown that

b

Abb. 5. a Walter Dandy (1886–1946). **b** Dandys erste Publikation. (Aus Fischgold u. Bull 1967)

des Hydrozephalus sowie der Liquorproduktion und -resorption beschäftigte (Gutiérrez 1981). Unabhängig von Dandy entdeckte der Braunschweiger Internist Bingel (1879–1953) (Abb. 6a) die lumbale Pneumenzephalographie etwa zu derselben Zeit. Ausgehend von der Erfahrung, „daß Lufteinblasungen in die Gelenke oder in die Bauchhöhle den Kontrastreichtum der Röntgenbilder ganz bedeutend steigern", hatte er zunächst die Absicht, mit Hilfe von lumbalen Luftinjektionen Rückenmarktumoren, die den Subarachnoidalraum komprimieren, zu lokalisieren (Bingel 1921–1922). Nachdem er bei Leichenversuchen gesehen hatte, daß lumbal injizierte Luft über die spinalen Subarachnoidalräume in die Zisternen und Ventrikel des Gehirns aufsteigt, steigerte er am Lebenden die von lumbal eingegebene Luftmenge und fand auf Röntgenaufnahmen des Kopfes eine diagnostisch ausreichende Kontrastdarstellung der intrakraniellen Liquorräume. In der Folge entwickelte er aus seinen Erfahrungen systematisch ein diagnostisches Verfahren, das er Enzephalographie nannte.

Bingel führte seine erste lumbale Enzephalographie 1919 durch. Die Arbeiten von Dandy waren ihm, wie er selbst schreibt, zu dieser Zeit nicht bekannt. Sie waren ihm erst zugänglich, als er sein bereits ausgereiftes Verfahren ausführlich publizierte (Bingel 1921–1922; Maurer u. Pulst 1992). Erste Ergebnisse trägt er am 31. Januar 1921 in einer Sitzung des ärztlichen Kreisvereins Braunschweig vor (Bingel 1921–1922). In seiner Arbeit beschreibt er Technik und Ergebnisse seines Verfahrens auf der Basis der Erfahrung mit 40 Patientenuntersuchungen im Detail (Abb. 6b). Für die lumbale Luftinsufflation am sitzenden Patienten entwickelte er ein spezielles Instrumentarium, das garantierte, daß die Menge des abgelassenen Liquors genau der applizierten Luftmenge entsprach und daß der Liquordruck konstant blieb. Er hielt dies für die wichtigste Voraussetzung, um Nebenwirkungen zu vermeiden. Bingel hat sein Verfahren in den folgenden Jahren ständig verfeinert. 1922 konnte er bereits über 100 Patientenuntersuchungen berichten.

Die lumbale Pneumenzephalographie hat sich – aufbauend auf den Arbeiten von Bingel – in den folgenden Jahrzehnten, bis sie nach über 50 Jahren von der Computertomographie abgelöst wurde, durch apparative Verbesserungen, insbesondere durch konsequente Einbeziehung der konventionellen Tomographie, zu einem äußerst subtilen neuroradiologischen Hochleistungsverfahren entwickelt (Abb. 7). Es besteht kein Zweifel, daß Bingel mit seinem Bestreben, die Methode unter kontrollierten und standardisierten Bedin-

a

Fortschritte

auf dem Gebiete der

Röntgenstrahlen

Achtundzwanzigster Band

Hamburg
Lucas Gräfe & Sillem
(Edmund Sillem)
1921—1922

Aus der medizinischen Abteilung des Landeskrankenhauses zu Braunschweig
(Oberarzt: Prof. Bingel).

Encephalographie,
eine Methode zur röntgenographischen Darstellung des Gehirns [1]).

Von
Adolf Bingel.

(Hierzu Tafel XII—XIV und XIIa—XIVa.)

Bei der Untersuchung des Schädels mit Röntgenstrahlen gelingt es, Veränderungen der Knochen, Frakturen, pathologische Prozesse usw. festzustellen, ferner kommen natürlich sehr schön Fremdkörper, namentlich Geschosse, zur Darstellung. Aus Knochenveränderungen, z. B. Arrosionen, kann man auf benachbart liegende Gehirnveränderungen, Tumoren, aus einer Erweiterung der Sella turcica auf eine Vergrößerung der Hypophyse schließen. Vom Gehirne selbst ist so gut wie nichts auf den Röntgenbildern zu sehen, hin und wieder mag eine gewisse Verschattung die Lage eines Abszesses oder eines Tumors anzeigen, letzterer kann deutlicher werden, wenn sich in ihm Verkalkungsprozesse abgespielt haben, ein immerhin seltenes Vorkommnis. Somit kann man wohl von einer Röntgenologie des Schädels, nicht aber von einer des Gehirns sprechen.

Nachdem wir wissen, daß luftgefüllte Gebilde, Trachea, Lunge, Pneumothorax, aufgeblähter Magen und Darm sich gut differenzieren und nachdem wir gelernt haben, daß Lufteinblasungen in die Gelenke oder in die Bauchhöhle den Kontrastreichtum der Röntgenbilder ganz bedeutend

[1]) Teilweise vorgetragen am 31. I. 21 in der Sitzung des ärztlichen Kreisvereins zu Braunschweig, siehe Med. Klinik 1921, H. 20. S. 603.

b

Abb. 6. a Adolf Bingel (1879–1953). **b** Bingels erste Publikation. (Aus Müller et al. 1994)

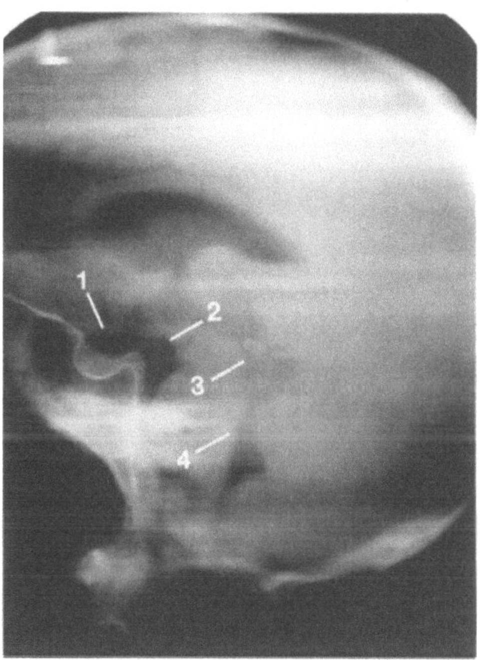

Abb. 7. Lumbale Pneumenzephalographie mit Tomographie der Mittellinienstrukturen 1967. *1* Chiasmazisterne; *2* Interpedunkularzisterne; *3* Aquädukt; *4* vierter Ventrikel. (Aus Piepgras 1970)

gungen durchzuführen, hierzu die Grundlagen gelegt hat.

Erste Versuche, auch die spinalen Liquorräume mit Kontrastmittel darzustellen, gehen auf Jacobaeus, Stockholm, zurück. Jacobaeus führte im Juli 1919 die erste Myelographie mit Luft als Kontrastmittel durch. 1921 veröffentlichte er die Ergebnisse von 3 Fällen, bei welchen spinale Tumoren durch die Luftmyelographie lokalisiert werden konnten (Jacobaeus 1921).

Dandy fand bei seinen Versuchen zur lumbalen Pneumenzephalographie das obere Zervikalmark, umgeben von luftgefüllten Subarachnoidalräumen, klar dargestellt und weist 1919 auf die Möglichkeit hin, spinale Tumoren durch lumbale Luftinjektionen zu lokalisieren. Der Norweger Wideröe teilt 1921 mit, daß die nach lumbalen Luftinjektionen bei komprimierenden intraspinalen Prozessen auftretenden Schmerzen zur Höhenlokalisation geeignet seien. Es gelang ihm jedoch nicht, die Luft unterhalb der Kompressionsstelle röntgenologisch darzustellen. Bingel (1921, 1922) machte ähnliche Beobachtungen.

1922 führten die französischen Neurologen Sicard und Forestier die positive Myelographie mit Lipiodol als Kontrastmittel ein. Dandy berichtet 1925 über die Myelographie sowohl mit Luft wie mit Lipiodol in der Diagnostik und Lokalisation von Rückenmarktumoren.

Ab 1927: Einführung und Ausbau der Hirnangiographie

Die aus heutiger Sicht und im Hinblick auf die zukünftige Entwicklung der Diagnostik und Erforschung der Erkrankungen des Zentralnervensystems bedeutendste Forscherleistung unseres Jahrhunderts in der Zeit nach Röntgens Entdeckung bis zur Einführung der Computertomographie stellt ohne jeden Zweifel die Entwicklung der Hirnangiographie dar. Wir verdanken sie dem portugiesischen Neurologen Moniz (1874–1955) (Abb. 8). In umfangreichen Vorversuchen an Hunden, Kaninchen und an der Leiche testeten Moniz und sein neurochirurgischer Mitarbeiter Lima Strontium- und Lithiumbromid als Kontrastmittel unter großen röntgentechnischen Schwierigkeiten. Bei den ersten 4 Patienten wurde die Kontrastmittelinjektion nach perkutaner Punktion der A. carotis durchgeführt. Die Versuche mißlangen jedoch. Moniz und sein Mitarbeiter verließen daraufhin die perkutane Punktionstechnik und wandten in der Folge die direkte Punktion der A. carotis nach deren operativer Freilegung an. Das Strontium- und Lithiumbromid wurden zugunsten von Jodsalzen aufgegeben.

Nach Verbesserung der Röntgentechnik gelang am 12. Mai 1927 bei dem neunten Patienten, einem 20jährigen Mann mit einem Hypophysentumor, die erste zufriedenstellende Hirngefäßdarstellung (Moniz 1940) (Abb. 9). Am 7. Juli 1927 stellte Moniz sein epochemachendes diagnostisches Untersuchungsverfahren in der Société de Neurologie de Paris vor. Sein Vortrag trug den Titel „L'Encéphalographie artérielle: son importance dans la localisation des tumeurs cérébrales" (Moniz 1927).

Schon 1931 konnte Moniz in einer ersten Monographie über seine Erfahrungen mit 180 Karotisangiographien berichten. In einer zweiten, 1934 erschienenen Monographie *L'Angiographie cérébrale. Ses appications et résultats en anatomie, physiologie et clinique* werden bereits die verschiedenen Phasen des Karotisangiogramms unterschieden, und es finden sich erste Studien zur Hirndurchblutungsmessung auf angiographischem Wege (Abb. 10). 1940 erscheint im Rahmen der Monographien aus dem Gesamtgebiet der Neurologie und Psychiatrie in deutscher Sprache die umfassende dritte Monographie *Die zerebrale Arteriographie und Phlebographie,* ein Buch, das

Abb. 8. Egas Moniz (1874–1955). (Aus Fischgold u. Bull 1967)

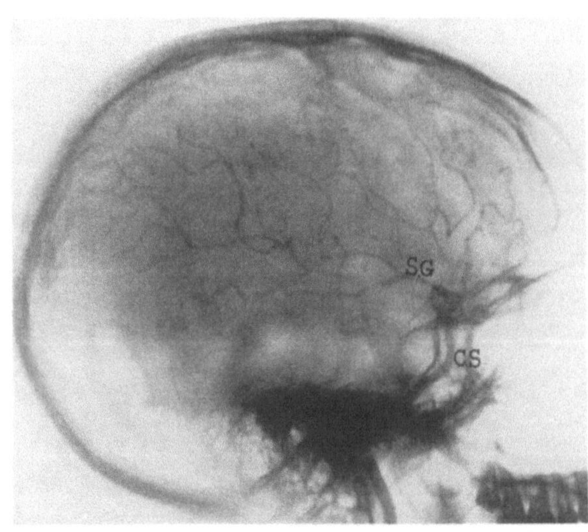

Abb. 9. Erstes Arteriogramm beim lebenden Menschen. (Aus Moniz 1940)

die Grundlage für alle weiteren Entwicklungen auf dem Gebiete der Hirnangiographie bildet.

Die enormen, bis in die heutige Zeit anhaltenden Fortschritte der angiographischen Exploration des Zentralnervensystems in der Forschung und Krankenversorgung verdanken wir vor allem 5 Faktoren:

- der Erfindung der Subtraktionstechnik 1934 durch Ziedses des Plantes,
- der Einführung der perkutanen transfemoralen Kathetertechnik 1953 durch Seldinger,

- bedeutsamen apparativ-technischen Weiterentwicklungen,
- der Verfeinerng der Kathetertechnik mit Einführung flowgesteuerter Mikrokatheter,
- der Einführung von Materialien zur Gefäßembolisation und von Kathetern mit ablösbaren und nicht ablösbaren Okklusions- und Dilatationsballons.

Auf der Basis dieser fundamentalen Neuerungen kam es Ende der 60er, Anfang der 70er Jahre auf der einen Seite zu einer subtilen Verfeinerung der diagnostischen Angiographie (Abb. 11). Auf der anderen Seite entwickelte sich daraus das neue Gebiet der interventionellen endovaskulär-therapeutischen Neuroradiologie mit seinen vielfältigen und faszinierenden Möglichkeiten. Mehr und mehr wurde das Gefäßsystem des Rückenmarks und der Wirbelsäule zum Ziel der diagnostischen und therapeutischen Angiographie. Die Einführung verschiedenartiger Substanzen und Instrumentarien für die Gefäßobliteration eröffnete ungeahnte Wege für die Behandlung von arteriovenösen Fisteln und Angiomen, von arteriellen Aneurysmen und von Tumoren. Zusätzlich zu den anfänglich ausschließlich okkludierenden wurden in der Folge rekanalisierende Techniken für die Behandlung von Gefäßverschlüssen erarbeitet.

Pioniere und Wegbereiter der bei weitem nicht abgeschlossenen Entwicklung der endovaskulären Therapie sind Doppman, Di Chiro, Newton, Kricheff, Serbinenko und namentlich Djindjian.

Diese Forscher veröffentlichten mit ihren Mitarbeitern in den Jahren 1968–1975 erste Arbeiten über die Katheterembolisationsbehandlung arteriovenöser Angiome des Rückenmarks, des Gehirns und des Kopf-Hals-Bereiches sowie über gefäßokkludierende Techniken mit Ballonkathetern (Djindjian 1970; Djindjian et al. 1971, 1975; Doppman et al. 1968, 1969, 1971; Kricheff et al. 1972; Merland u. Djindjian 1975; Newton 1968; Serbinenko 1974).

EGAS MONIZ

Professeur de Neurologie à la Faculté de Médecine de Lisbonne
C. E. de l'Académie de Médecine
Docteur *honoris causa* des Universités de Bordeaux et de Lyon

L'ANGIOGRAPHIE CÉRÉBRALE

SES APPLICATIONS ET RÉSULTATS EN ANATOMIE, PHYSIOLOGIE ET CLINIQUE

AVEC 192 FIGURES ORIGINALES

MASSON ET Cie, ÉDITEURS
LIBRAIRES DE L'ACADÉMIE DE MÉDECINE
120, BOULEVARD SAINT-GERMAIN, 120, PARIS, VIe
1934

Abb. 10. Moniz' zweite Monographie

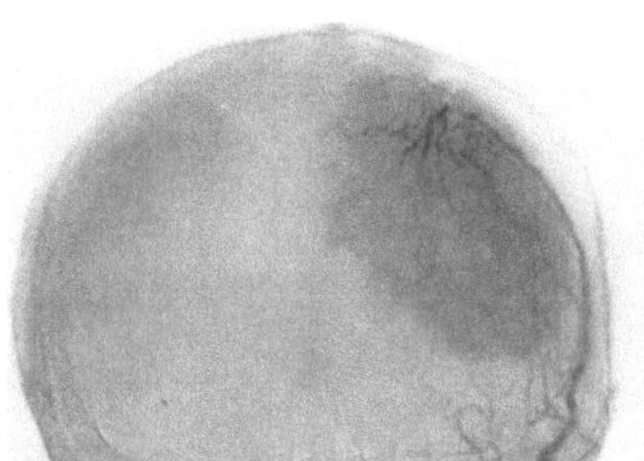

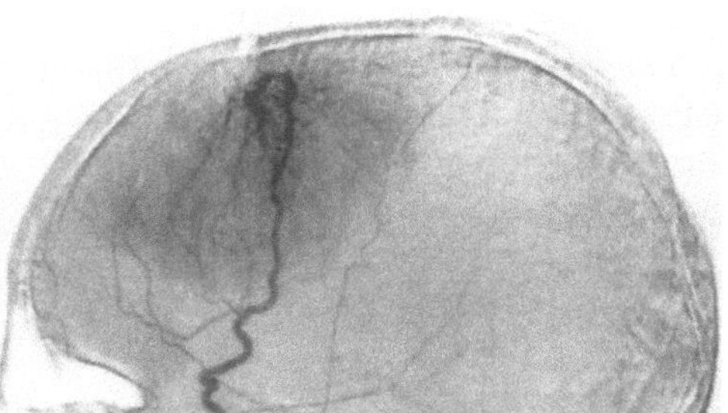

Abb. 11. Superselektive angiographische Darstellung eines links frontalen Konvexitätsmeningeoms über die dilatierte und hypertrophierte Versorgungsarterie (A. meningea media links)

Abb. 12. René Djindjian (1919–1977) bei der Entgegennahme der Ziedses-des-Plantes-Medaille anläßlich der Jahrestagung der Deutschen Gesellschaft für Neuroradiologie am 10. 9. 1976 in Homburg-Saar

Herausragender Exponent dieser Gruppe von Wissenschaftlern ist Djindjian (1919–1977) (Abb. 12), der Begründer der brillanten französischen Schule der interventionellen Neuroradiologie. Djindjian kam als Neurologe in die Neuroradiologie. Ab 1961 beschäftige er sich intensiv und mit Schwerpunkt mit der spinalen Angiographie, die er zu einem perfekten diagnostischen Standardverfahren ausbaute. Später wandte er sich der endovaskulären Okklusionsbehandlung von arteriovenösen Angiomen des Rückenmarkes zu, wobei es ihm gelang, durch Ideenreichtum und Erfahrung dieser Technik zum Durchbruch zu verhelfen und die Grundlagen für ihre breite Anwendung zu schaffen. Durch die Einführung der endovaskulären Behandlungstechniken ist es möglich geworden, dem Patienten aufwendige operative Eingriffe zu ersparen bzw. das Risiko operativer Maßnahmen durch die präoperative endovaskuläre Therapie zu vermindern.

Seine 1970 erschienene Monographie *L'Angiographie de la moelle épinère* ist ein Meisterwerk neuroradiologischer Literatur. Auf der Basis von 285 spinalen Angiographien behandelt Djindjian erschöpfend und umfassend die Neuroanatomie der spinalen Gefäßversorgung, Techniken und Risiken der spinalen Angiographie sowie die Ergebnisse in deren Anwendung bei spinalen Gefäßfehlbildungen, Tumoren und Ischämien.

Djindjian wurde für seine bahnbrechenden Arbeiten 1976, ein Jahr vor seinem frühen Tod, mit der Ziedses des Plantes-Medaille der Deutschen Gesellschaft für Neuroradiologie und der Physikalisch-medizinischen Gesellschaft Würzburg ausgezeichnet.

Zwei bedeutende Forscher beanspruchen im Rahmen des zu behandelnden Themas besonderen Raum: Erik Lysholm und George Ziedses des Plantes.

Erik Lysholm

Der schwedische Radiologe Lysholm (1891–1947) (Abb. 13a) war Partner des berühmten schwedischen Neurochirurgen Olivecrona. Sein Ziel war es, die zu seiner Zeit mögliche Röntgentechnik so zu nutzen und anwendbar zu machen, daß im Sinne einer Verbesserung der neuroradiologischen Diagnostik konstante und reproduzierbare Untersuchungsresultate erzielbar wurden. Gemeinsam mit dem Stockholmer Ingenieur Schönander entwarf und konstruierte er das erste Röntgengerät für Schädeluntersuchungen mit frei schwenkbarer Röhre und auf das Zentrum des Schädels fokussiertem Zentralstrahl. Dieses Gerät blieb jahrzehntelang Standard für Nativ- und Kontraströntgenuntersuchungen des Kopfes in der Neuroradiologie und ist die Grundlage für weitere röntgentechnische Entwicklungen bis hin zu den aufwendigen Untersuchungsanlagen mit Bewegung des Röhrenfilmträgers und der speziellen Patientensitzeinrichtung in den Spätphasen der Pneumenzephalographie.

Lysholm hat das von ihm und Schönander konstruierte Röntgengerät 1931 ausführlich und im einzelnen beschrieben. 1935 folgte seine Monographie *Das Ventrikulogramm,* die über Jahrzehnte hinaus Grundlage und Anleitung für die Durchführung von Röntgenuntersuchungen des luftgefüllten zerebralen Ventrikel- und Zisternensystems blieb (Abb. 13b).

Lysholm ist ohne jeden Zweifel der Bergründer der modernen Präzisionsneuroradiologie. Wie sehr er dieses Ziel verfolgte, geht unter anderem aus seiner Einleitung zu dem oben genannten Werk hervor:

Hervorzuheben ist, daß das im folgenden angegebene Schema für den Gang der Untersuchung nicht etwa als eine starre Vorschrift aufzufassen ist, nach welcher man schablonenmäßig arbeiten müßte. Der Einzelfall wird auch bei relativ großer Erfahrung oft zu einem speziellen Problem, mit welchem man ohne Variation und Individualisierung der Einstellungs- und Expositionstechnik

a

AUS DEM RÖNTGENINSTITUT
DES KGL. SERAPHIMERKRANKENHAUSES, STOCKHOLM
CHEF: PROFESSOR G. FORSSELL

DAS VENTRIKULOGRAMM

VON

ERIK LYSHOLM
DOZENT FÜR MEDIZIN. RADIOLOGIE

BERTIL EBENIUS UND HANS SAHLSTEDT
ASSISTENTEN AM RÖNTGENINSTITUT

I. TEIL
RÖNTGENTECHNIK

P. A. Norstedt & Söner
Stockholm

b

Abb. 13. a Erik Lysholm (1891–1947). **b** Lysholms grundlegende Monographie. (Aus Fischgold u. Bull 1967)

nicht zurechtkommt. Man soll natürlich trotzdem versuchen, alle zur Röntgenuntersuchung gehörenden Faktoren, die sich standardisieren lassen, so gleichartig wie möglich anzuwenden. Die erste Voraussetzung hierfür ist ein Einstellungsapparat, bei welchem die röntgenologischen Bedingungen aufeinanderfolgender Untersuchungen möglichst wenig variieren. Der Fokusabstand soll bei allen Aufnahmen konstant sein, der Apparat muß leicht zu handhaben sein und eine exakte Reproduzierung einer bestimmten Einstellung gestatten.

Die von Lysholm eingeführten Präzisionstechniken führten in der Folge dazu, daß Röntgenuntersuchungen des Kopfes und der zerebralen Liquorräume unter vergleichbaren Standardbedingungen vorgenommen werden konnten. Sie haben die technischen Voraussetzungen geschaffen, Erkrankungen des Schädels und des Gehirns mit größerer Sicherheit zu diagnostizieren.

Lysholm ist der Begründer der bedeutenden Schule der schwedischen Neuroradiologie. Seine Erkenntnisse und Arbeitsweisen gelangten, gebunden an die Namen Bull, du Boulay und Schechter, zunächst nach England und von dort nach Amerika. Das Werk Lysholms wurde von Lindgren fortgesetzt. Lindgren hat alle bis dahin bekannten Ergebnisse der Erforschung von Erkrankungen des Zentralnervensystems mit Hilfe von Röntgenstrahlen im *Handbuch der Neurochirurgie* 1954 meistershaft zusamengefaßt. Lindgren war Mentor und Ausbilder zahlreicher Neuroradiologen aus aller Welt.

George Ziedses des Plantes

Im Zusammenhang mit der wissenschaftlichen und klinischen Exploration des Zentralnervensystems hat ein Name ganz besonderes Gewicht: Ziedses des Plantes (1902–1993) (Abb. 14). Seine Forschertätigkeit hat die Radiologie des Zentralnervensystems nachhaltig bis in die jüngste Zeit beeinflußt und wird ihre Auswirkungen auch in der weiteren Zukunft haben.

Der große holländische Gelehrte hat einen ungewöhnlichen beruflichen Werdegang. 1921 schloß er zunächst ein Studium der Elektroingenieurwissenschaften an der Universität Delft ab. Anschließend studierte er Medizin und spezialisierte sich danach in Neurologie und Psychiatrie. 1936 habilitierte er sich in diesem Fach mit dem Schwerpunkt Neuroradiologie und Elektrophysiologie. Von 1940–1953 leitete er als Direktor die Neurologische Klinik des Städtischen Krankenhauses von Rotterdam. 1953 folgte er einem Ruf als

Professor für Radiologie an die Universität Amsterdam. In dieser Position blieb er bis zu seiner Emeritierung im Jahre 1972.

Zeitlebens galt sein Interesse in Klinik und Forschung nahezu ausschließlich technologischen Fragen. Während seiner Tätigkeit als Neurologe und Psychiater erfand er unabhängig von und in Unkenntnis der Patentanmeldungen der Wissenschaftler Bocage (1922), Pohl (1930), Vallebona (1930) und Bartelink (1932, 1933) die Röntgentomographie. Er nannte sein Verfahren der konventionellen Schichtaufnahmetechnik mit bewegter Röntgenröhre „Planigraphie". Er veröffentlichte seine Forschungsergebnisse über die Planigraphie erstmals 1931. 1932 folgte eine ausführlichere Publikation mit dem Titel „Eine neue Methode zur Differenzierung in der Röntgenographie (Planigraphie)". Diese Arbeit fand breiten Niederschlag in der gesamten Radiologie.

Die Einführung der konventionellen Tomographie hatte beträchtliche Auswirkungen auf die Entwicklung der Neuroradiologie. Sie hat unter anderem dazu geführt, daß sich die Pneumenze-

Abb. 14. George Ziedses des Plantes (1902–1993). (Aus Ziedses des Plantes 1988)

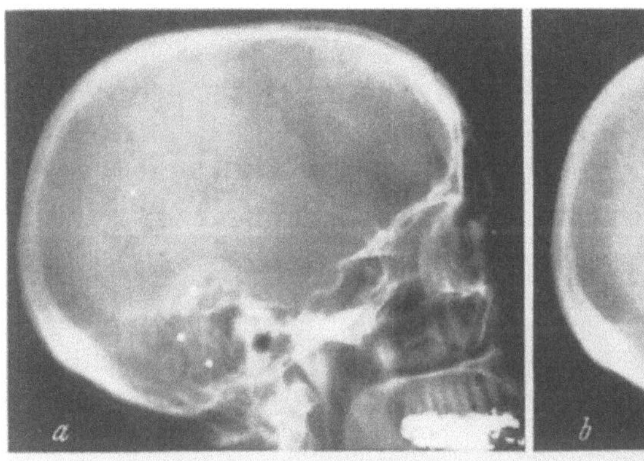

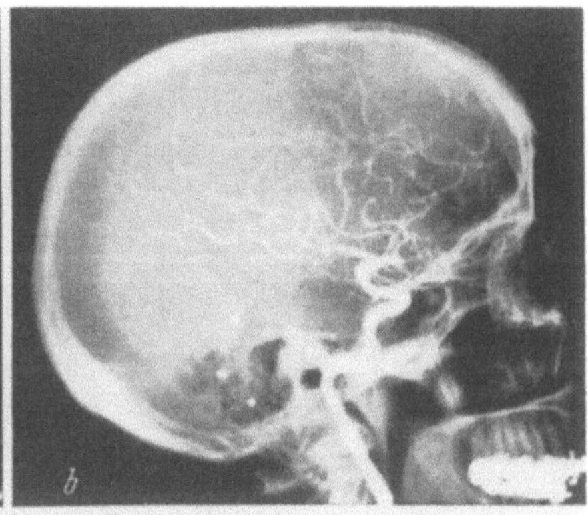

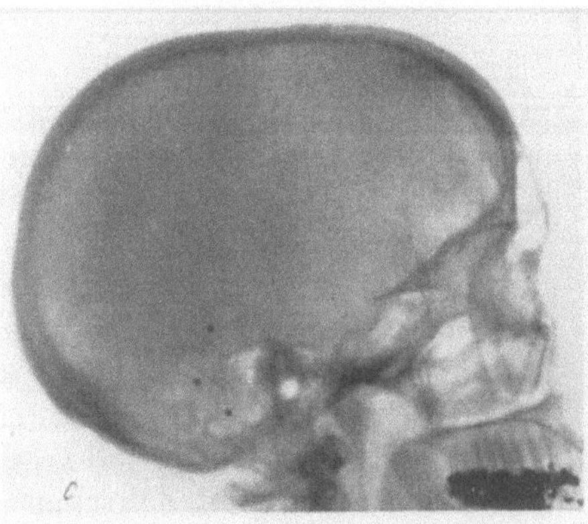

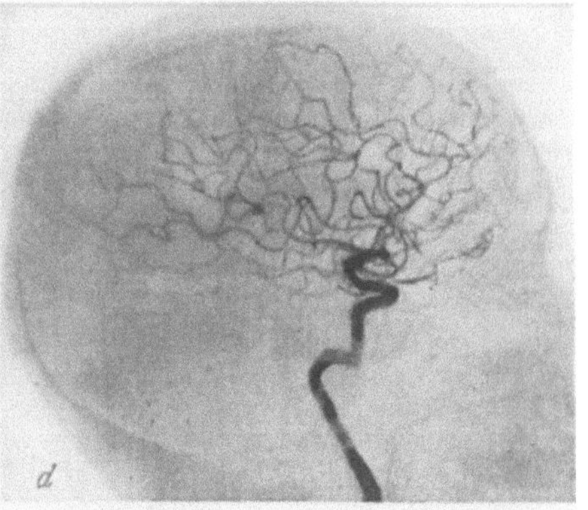

Abb. 15. Subtraktion bei der Angiographie. (Aus Ziedses des Plantes 1961)

phalographie zu einem diagnostischen Hochleistungsverfahren von außenordentlicher Präzision entwickeln konnte.

Der nächste große Beitrag von Ziedses des Plantes ist die Erfindung der Subtraktionstechnik. Das Verfahren der photographischen Röntgenbildsubstraktion ist vom Prinzip her einfach: Durch geeignete Kopiermaßnahmen wird in angiographischen Aufnahmeserien die Störüberlagerung des Schädelskeletts vom angiographischen Füllungsbild subtrahiert (Abb. 15). Ziedses des Plantes beschrieb dieses Verfahren erstmals 1934 in einer niederländischen Zeitschrift. 1935 folgte eine Veröffentlichung in deutscher Sprache. 1961 erscheint eine ausführliche Monographie mit einer zusammenfassenden Darstellung seiner Forschungsergebnisse (Abb. 16).

Die Subtraktionstechnik hat nach Einführung der Kathetertechnik 1953 durch Seldinger zu einem enormen Aufschwung der Neuroangiographie geführt. Die geniale Erfindung Ziedses des Plantes wurde zu einem Standardverfahren, dessen Anwendung in der zerebralen und spinalen Angiographie nahezu obligat war. Moderne Neuroangiographie ist ohne Subtraktionstechnik nicht mehr denkbar. Mit der Subtraktionsangiographie wurde das Instrument geschaffen, Hirn- und Rückenmarkerkrankungen auch dann zu diagnostizieren, wenn sie mit Gefäßveränderungen einhergehen, die im Millimeterbereich liegen.

Die photographische Subtraktion ist heute elektronischen, auf demselben Prinzip beruhenden Techniken gewichen. Auch für diesen Übergang hat Ziedses des Plantes die Grundlagen geschaffen (Ziedses des Plantes 1968). Die Idee der Röntgenbildsubtraktion und ihre Umsetzung in die Praxis hat wie kaum eine andere Erfindung eminente Auswirkungen auf die Fortentwicklung der Neuroangiographie gehabt. Sie löste eine imponierende Geräteentwicklung aus und ist eine der wichtigsten Voraussetzungen für die Entwicklung und die weiteren Fortschritte der interventionellen Neuroradiologie. Mit der Subtraktionsangiographie wurde die Grundlage geschaffen, auch kleinste Gefäßfehlbildungen, Hirntumoren und Gefäßverschlüsse sicher zu erkennen und im Bild darzustellen.

Ziedses des Plantes hat zahlreiche weitere Beiträge zur Verbesserung und Fortentwicklung der Diagnostik von Erkrankungen des Zentralnervensystems geleistet. Er war der erste, der die sog. Drehstuhltechnik in die Pneumenzephalographie einführte und anwandte. Mit dieser Methode der Patientenrotation wurde es möglich, mit kleinen Luftmengen gezielt alle gewünschten Abschnitte

SUBTRAKTION

VON

PROF. DR.
B. G. ZIEDSES DES PLANTES

AMSTERDAM

MIT 89 ABBILDUNGEN
IN 160 EINZELDARSTELLUNGEN

19 61

GEORG THIEME VERLAG · STUTTGART

Abb. 16. Die Monographie von Ziedses des Plantes in deutscher Sprache

des zerebralen Ventrikel- und Zisternensystems zu erfassen.

Die von ihm inaugurierte Methode der „indirekten Autoradiographie“ entspricht in den Grundzügen der Szintigraphie.

Seine Fähigkeit, klinische Belange und Forderungen mit Hilfe von röntgentechnischen Maßnahmen zu lösen, zeigt sich in seinen Bemühungen, die Therapie des Hydrocephalus internus occlusus zu verbessern. Er führte 1957 die stereotaktische Perforation der Lamina terminalis ein und hat darüber zuletzt 1978 berichtet.

Der große und bescheidene Gelehrte hat in seiner letzten wissenschaftlichen Publikation 1988 am Beispiel der Geschichte der konventionellen Tomographie gefragt, ob kreative Arbeit ausschließlich Experten vorbehalten und ihr Privileg sei. Sein Beispiel zeigt, daß dies nicht der Fall ist. Expertenwissen kann Vorteil sein, kann aber auch behindern. Er kommt aus seiner Erfahrung zu dem Ergebnis, daß die Zahl der wissenschaftlichen Arbeiten und ihrer Zitierungen nicht immer ein Maßstab für die wissenschaftliche Leistung eines Forschers ist.

Ab 1972: Der Siegeszug der Computertomographie

Die absolute Krönung erfuhr Röntgens Entdeckung mit der Einführung der Transmissionscomputertomographie im Jahre 1972.
Die Entwicklung dieses, die gesamte röntgenologische Diagnostik revolutionierenden Röntgenschichtverfahrens war möglich geworden, weil verschiedene inzwischen erfolgte Entwicklungsprozesse aus den Gebieten der Physik, der Mathematik, der Datenverarbeitung und der Computertechnik vereint und synthetisierend nutzbar gemacht wurden.
In der konventionellen Röntgentechnik erhält man bekanntlich photographische, zweidimensionale Summationsaufnahmen des durchstrahlten dreidimensionalen Objektbereiches mit zwangsläufig resultierender gegenseitiger Überlagerung von Strukturen aus unterschiedlichen Objekttiefen. Dies gilt auch für die konventionelle Röntgenschichtaufnahme mit gegenläufiger Bewegung von Röhre und Filmträger während der Exposition. In der herkömmlichen Tomographie kommt es dadurch zur „Schicht"aufnahme, daß durch die Bewegung von Strahler und Bildempfänger die außerhalb der abzubildenden Schichtebene liegenden Objektstrukturen um so stärker verwischt, d. h. bewegungsunscharf abgebildet werden, je weiter sie von dieser Ebene entfernt liegen. Das Resultat der Verwischungstomographie ist somit ebenfalls ein Summationsbild, das durch den senkrecht zur abzubildenden Objektebene verlaufenden Strahlengang erhalten wird. Der entscheidende Nachteil der konventionellen Röntgenschichtverfahren ist ihr Mangel an Kontrastauflösung.
Der Vorteil der Transmissionscomputertomographie liegt in der gegenüber den konventionellen Schichtverfahren extrem gesteigerten Kontrastauflösung. Diese macht es möglich, Differenzen in der Objektdichte von 0,5% und weniger zu unterscheiden, was dazu führt, daß erstmals mit Röntgenstrahlen Gewebe und Flüssigkeiten direkt darstellbar werden.
Die Abbildungstechnik der Computertomographie unterscheidet sich von der der konventionellen Schichtaufnahmetechnik grundsätzlich. Das Computertomogramm ist kein Summations-, sondern ein Substitutionsbild, das keine Störüberlagerung durch schichtferne Objektelemente enthält. Der darzustellende Objektbereich wird aus zahllosen unterschiedlichen Winkelstellungen von Strahler und Strahlungsempfänger punktweise abgetastet. Dabei liegt der Strahlengang in der Schichtebene, nicht wie bei den konventionellen Verfahren senkrecht zur Aufnahmeebene. Als Strahlungsempfänger dient ein Detektorsystem aus Szintillationskristallen.
In der Computertomographie erzeugt die Strahlung das Bild nicht unmittelbar, es entsteht vielmehr durch einen mathematischen Rekonstruktionsprozeß, in dem eine Vielzahl von Meßdaten, d. h. die Schwächungskoeffizienten aller erfaßten Volumenelemente, verarbeitet wird. Im Computertomogramm entspricht ein Bilddetail exakt einem Objektdetail, nicht wie in der konventionellen Röntgenaufnahmetechnik einer Vielzahl im Strahlengang hintereinander liegender Objektelemente.
Die ersten Überlegungen und Versuche zur technischen Entwicklung der Computertomographie fallen in die frühen 60er Jahre. 1961 gelang es dem amerikanischen Neurologen William Oldendorf in einem Modellversuch zu zeigen, daß bei geeigneter Anordnung von Strahlenquelle – er benützte Jod-131 – und Meßfühler eine Bildrekonstruktion durch energiereiche elektromagnetische Wellen möglich ist. Die Umsetzung seiner Versuche in eine praktische Anwendung in der Medizin scheiterte an dem zu hohen technischen Aufwand und daran, daß ausreichend leistungsfähige datenverarbeitende Systeme zu dieser Zeit noch nicht zur Verfügung standen.
In den Jahren 1963 und 1964 beschrieb der südafrikanische Physiker Cormack erstmals ein komplettes theoretisches Konzept der Computertomographie. Die Grundidee zur Erarbeitung seines Verfahrens kam ihm, als er als Dozent für Physik an der Universität Kapstadt zwischen Januar und Juni 1956 anderthalb Tage in der Woche den Krankenhausphysiker des Groote Schuur Krankenhauses in Kapstadt bei der Bestrahlungsplanung vertrat. Er setzte es sich zum Ziel, eine Methode zu finden, die die Verteilung der Absorptionskoeffizienten im Patienten in graphischer Form möglich machen würde. Ihm kam der Gedanke, daß eine derartige Darstellung auch für diagnostische Zwecke interessant sein könnte. Cormack benötigte viele Jahre, um vor allem das mathematische Problem seiner Zielsetzung zu lösen. Schließlich gelang es ihm, einfache geometrische Körper mit einer Gammastrahlung (Kobalt-60) in einem mathematisch aufwendigen Verfahren, noch ohne die Hilfe von Elektronenrechnern, zu rekonstruieren und Schichten zu berechnen.

Abb. 17. Godfrey Hounsfield

Erst etwa 10 Jahre nach Abschluß seiner grundlegenden Arbeiten mußte Cormack erfahren, daß das mathematische Problem, einen dreidimensionalen Körper aufgrund seiner Strahlenabsorptionseigenschaften zu rekonstruieren, bereits lange vor ihm von dem österreichischen Mathematiker Radon gelöst worden war. Radon hat die Ergebnisse seiner Untersuchung 1917 während seiner Tätigkeit an der Sächsischen Akademie der Wissenschaften unter dem Titel „Über die Bestimmung von Funktionen durch ihre Integralwerte längs gewisser Mannigfaltigkeiten" veröffentlicht.

Das Verdienst, die Transmissionscomputertomographie entwickelt, eingeführt und zu einem diagnostisch anwendbaren Verfahren ausgebaut und evaluiert zu haben, gebührt unbestreitbar und ohne jeden Zweifel dem Engländer Hounsfield (Abb. 17). Hounsfiled war als Elektronikingenieur bei der Firma Electro Musical Industries (EMI Ltd.) im Rahmen der Entwicklung von Computern und elektronischer Technik mit der computerassistierten Analyse von Bildmustern befaßt, wobei ihn schon frühzeitig die Probleme der Schwächung von Röntgenstrahlen bei Durchdringen von Materie beschäftigten. Gänzlich unabhängig von Cormack stellte er 1968 die Hypothese auf, daß es möglich sein müßte, mit Hilfe von mathematischen Rechenverfahren die innere Struktur eines Körpers über eine Zahl von Transmissionsstrahlenmessungen zu rekonstruieren. Wie Cormack ging er davon aus, daß dafür eine tomographische Technik am besten geeignet sein müßte. Seine Hypothese begann sich zu bestätigen, nachdem er 1967 eine Vorrichtung konstruierte, mit der verschiedene asymmetrische Probekörper aus Kunststoff vermessen werden konnten. Sein Testsystem, das auf einer Drehbank montiert war, war in seinen Grundbestandteilen bereits dem späteren Computertomographen ähnlich. Er benützte als Strahlenquelle zunächst das Americium, einen monoenergetischen Gammastrahler. Als Meßfühler diente ein Natriumjodidkristalldetektor. Der von ihm erarbeitete mathematische Prozeß zur Bildrekonstruktion wurde einer elektronischen Datenverarbeitungsanlage übertragen, die die Meßdaten speicherte und synthetisierte. Die Benützung eines Computers erwies sich als die entscheidende Voraussetzung zur praktischen Anwendung der Methode.

Das erste Computertomogramm wurde in 9 Tagen Meßzeit und 2,5 h Rechenzeit aufgenommen und rekonstruiert. Nach dem Ersatz der Radionuklidstrahlenquelle durch eine Röntgenröhre ließ sich die Meßzeit auf 9 h reduzieren.

Im Oktober 1971 konnte der Prototyp eines Computertomographen für Kopfuntersuchungen im Atkinson Morley's Hospital in Wimbledon in Betrieb genommen werden.

Die erste Patientin wurde Anfang 1972 untersucht, wobei ein hypodenser Tumor des linken Frontallappens diagnostiziert wurde (Abb. 18). Für die Untersuchung waren noch 4,5 min Meß- und 20 min Rechenzeit erforderlich. Die Rechenzeit ließ sich auf wenige Minuten reduzieren, nachdem ein moderner Computer in das System inkorporiert wurde.

In enger Zusammenarbeit mit dem Neuroradiologen des Krankenhauses, Ambrose, wurden innerhalb der folgenden 6 Monate 70 Patienten untersucht. Die Ergebnisse wurden im April 1972 auf dem Jahreskongreß des British Institute of Radiology in London vorgetragen und 1973 von Hounsfield u. Ambrose veröffentlicht.

Betrachtet man rückblickend die geschichtliche Entwicklung der Transmissionscomputertomographie, ist festzustellen, daß von allen Wissenschaftlern in sämtlichen Vorversuchen Radionuklide als Strahlenquelle benützt wurden. Dies macht deutlich, wie eng die Bezüge zwischen der Entwicklung der Transmissionscomputertomographie und der Emissionscomputertomographie (SPECT und PET) von Anfang an gewesen sind. Schließlich ist als ein gewisses geschichtliches Kuriosum zu erwähnen, daß in den Computertomographen heutiger Bauart weder das von Cormack noch das von Hounsfield, sondern das im

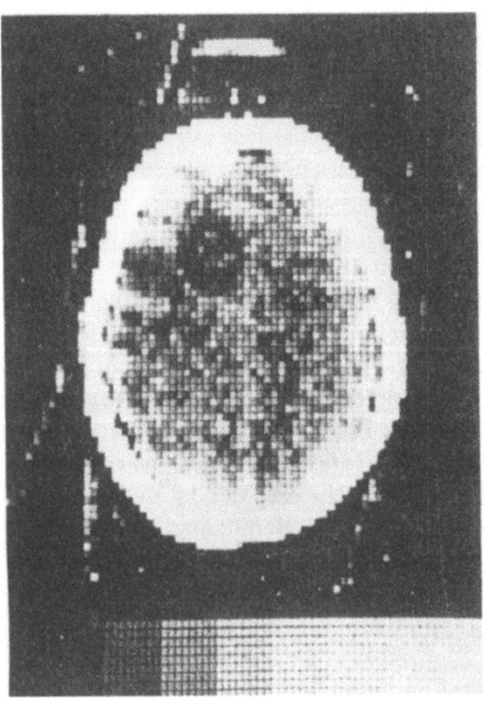

Abb. 18. Erstes Computertomogramm (1972) mit Darstellung eines hypodensen Hirntumors links frontal. (Aus Felson 1977)

Jahre 1917 von Radon entwickelte mathematische Rekonstruktionsverfahren zur Anwendung kommt (Di Chiro u. Brooks 1980).

Cormack und Hounsfield wurden 1979 für ihre bahnbrechende Leistung der Erfindung der rekonstruktiven Computertomographie mit dem Nobelpreis für Medizin ausgezeichnet.

Die Computertomographie hat wie kaum ein anderes diagnostisches Verfahren in einem Siegeszug ohnegleichen schwindelerregende Fortschritte der Radiologie herbeigeführt. Schon wenige Jahre nach Inbetriebnahme des ersten, zunächst nur für die neuroradiologische Diagnostik des Gehirns und des Schädels geeigneten Gerätes wurden Computertomographen konstruiert, die ohne Wasserankoppelung arbeiteten und für die Untersuchung auch der extrakraniellen Körperabschnitte nutzbar waren. Es kam in einem atemberaubenden Tempo nach ständigen technischen Verbesserungen zu einer stürmischen Verbreitung des Verfahrens. Heute ist die Computertomographie das radiologische Standardverfahren schlechthin. Es stehen Geräte zur Verfügung, deren Meßzeiten im Subsekundenbereich liegen und die Hirngeschwülste sowie andere pathologische zerebrale Prozesse mit höchster Präzision zur Darstellung bringen (Abb. 19).

Die Kernspintomographie, die seit Beginn der 80er Jahre im Einsatz ist, setzt in der Diagnostik von Erkrankungen des Zentralnervensystems neue Maßstäbe. Wenn sie auch kein Röntgenverfahren ist, bleibt doch festzuhalten, daß ihr Ausbau zu einem leistungsfähigen bildgebenden Verfahren zu einem so frühen Zeitpunkt ohne die Erfahrungen aus der technologischen Entwicklung der Computertomographie undenkbar wäre.

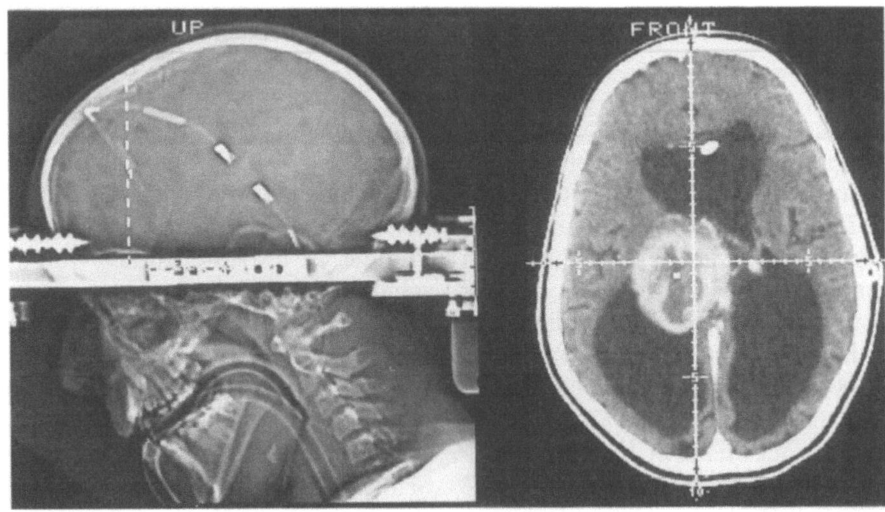

Abb. 19. Computertomogramm des Gehirns 1994. Maligner Hirntumor (PNET) im Mittellinienbereich mit Verschlußhydrozephalus. Untersuchung im sterotaktischen Ring zur Bestimmung der Biopsiekoordinaten

Derzeitiger Stand und Entwicklungstendenzen

Dank Röntgens Entdeckung und ihrer methodischen Weiterentwicklung durch die nachfolgenden Pioniere sind wir heute in der Lage, präzise Aussagen über die Morphologie des Zentralnervensystems zu machen, seine Erkrankungsprozesse mit hoher Sicherheit zu erfassen und bildmäßig darzustellen. Darüber hinaus sind mit den derzeit verfügbaren radiologischen Verfahren weitreichende Möglichkeiten erschlossen, funktionelle, metabolische und pathophysiologische Vorgänge und Zusammenhänge zu erforschen und für die Diagnostik sowie für die Prüfung von Behandlungsmaßnahmen zu nützen.

Innerhalb des Anwendungsspektrums neuroradiologischer Methoden ist es seit Einführung der Computertomographie in den frühen 70er Jahren zu nicht unerheblichen Verschiebungen gekommen. Seit es durch die nichtinvasive Computertomographie und - mit noch erheblich gesteigerter Sensitivität - durch die Kernspintomographie gelingt, unterschiedliche Gewebe und Flüssigkeiten unter Einschluß der spinalen und zerebralen Liquorräume direkt sichtbar zu machen, kann auf die den Patienten belastende Pneumenzephalographie ganz verzichtet werden. Die Computertomographie gewährt uns weitreichende Einblicke in die Pathoneurophysiologie des Gehirns. Wie kaum ein anderes röntgenologisches Verfahren zuvor unterstützt sie unsere Bemühungen, generalisierte Systemerkrankungen im Zusammenhang synoptisch zu erfassen und zu verstehen (Piepgras 1984).

Die Myelographie, die Untersuchung der spinalen Liquorräume mit negativem oder positivem Kontrastmittel, kommt immer weniger zum Einsatz, nachdem es mit der Kernspintomographie möglich geworden ist, das normale und das pathologisch veränderte Rückenmark und seine Hüllen mit hoher diagnostischer Sicherheit unmittelbar darzustellen.

Die Röntgennativdiagnostik ist stark rückläufig. Röntgenübersichts- und -schichtaufnahmen des Schädels und der Wirbelsäule kommen nur noch komplementär zum Einsatz, wenn sie für die Interpretation von computer- und kernspintomographischen Befunden von Bedeutung sind.

Höchsten Stellenwert in der Erforschung, in der Diagnostik und in der Behandlung von Erkrankungen des Zentralnervensystems hat weiter zunehmend die spinale und zerebrale Angiographie. Das Verfahren kommt in der Neuroradiologie heute ausschließlich in der Form der technisch zur Höchstleistung entwickelten digitalen Subtraktionsangiographie zur Anwendung.

Die derzeit zur Verfügung stehenden Verfahren zur Bildgebung haben ungeahnte Wege erschlossen. Die knöchernen Komponenten des Schädels und der Wirbelsäule sind durch die hochauflösende Computertomographie, die intrakraniellen sowie intraspinalen Weichteile und Flüssigkeiten durch die Kernspintomographie in so hoher räumlicher Auflösung darstellbar, daß Neuroanatomie am Lebenden in höchster Perfektion möglich geworden ist und in der Tat von einer Sectio in vivo gesprochen werden kann.

Durch systematische Erforschung der unterschiedlichen Erscheinungsbilder und eingehende Vergleiche mit den neuropathologischen Befunden sind auf der Basis einer mittlerweile über 20jährigen Erfahrung mit der Computertomographie und den Kenntnissen aus einer über 10jährigen Anwendung der Kernspintomographie Hirn- und Rückenmarktumoren sowie andersartige raumfordernde Prozesse des zentralnervensystems heute mit einer Sensitivität von nahezu 100% erfaßbar und mit äußerster Präzision zu lokalisieren (Kazner et al. 1988; Huk et al. 1990; Sartor 1992). Hirnmetastasen sind darstellbar, selbst wenn sie kleiner sind als 5 mm im Durchmesser. Die Kernspintomographie hat uns neue Erkenntnisse über die Entstehung und die Ausbreitungswege primärer maligner Hirntumoren vermittelt. Wir können zeigen, daß das sog. multifokale Glioblastom und das anaplastische Astrozytom sich nicht primär an unterschiedlichen Stellen des Gehirns entwickeln, sondern daß sich diese Hirntumoren von ihrem Ursprung aus über die Faserbahnen der weißen Substanz in beide Hemisphären ausbreiten, womit multizentrisch entstehende Hirntumoren vorgetäuscht werden.

Auch auf dem Gebiet der artdiagnostischen Zuordnung und Klassifizierung pathologischer Prozesse des Zentralnervensystems sind beträchtliche Fortschritte erzielt worden. Werden alle Untersuchungsmodalitäten in die Fallanalyse einbezogen, erreicht die neuroradiologische Diagnostik eine Spezifität von über 70%. Ähnliches gilt für die Voraussage des Tumorgradings bei den gliösen Hirntumoren.

Mit der Kernspinstomographie werden neuropathologische Veränderungen bei Erkrankungen erfaßt, die der radiologischen Diagnostik zuvor überhaupt nicht zugänglich waren. Das Verfahren trägt in hohem Maße dazu bei, unsere Kenntnisse um die neuropathologischen und pathophysiologischen Zusammenhänge bei primär degenerativen, metabolisch-toxisch bedingten und infektiösen Hirnerkrankungen zu vertiefen (Valk u. Van der Knaap 1989).

Zunehmende Bedeutung für die weitere Verbesserung der Diagnostik und für die Erschließung neuer Therapieverfahren erlangen sekundäre Auswerteeinheiten mit schnellen Rechnern und speziellen Datenverarbeitungsprogrammen. Mit diesen Zusatzeinrichtungen lassen sich Volumen- und Distanzmessungen sowie zwei- und dreidimensionale Bildrekonstruktionen durchführen, im Gehirn gelegene Prozesse auf die Oberfläche des Schädels projizieren und Resultate verschiedenartiger Untersuchungen synoptisch ineinanderprojizieren (matchen). Derartige Systeme erweisen sich zunehmend als wertvoll für eine noch weiterführende Präzision in der Lokalisationsdiagnostik und für die Operationsplanung (Abb. 20 und 21).

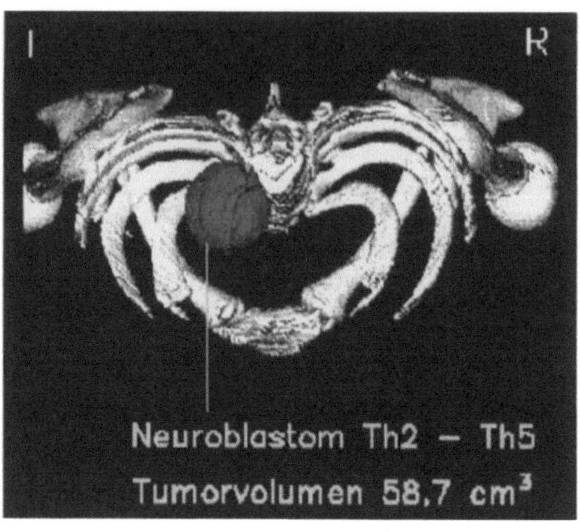

Abb. 20. Grenzstrangneuroblastom rechts. 3D-Rekonstruktion über eine sekundäre, überrgreifende Auswerteeinheit (Sun workstation, Programm Analyze)

In der invasiven neuroradiologischen Diagnostik stehen die Erfolge auf dem Gebiet der Angiographie im Vordergrund. Mit Hilfe von sehr feinen, flowgesteuerten Kathetern gelingt es, selektiv und superselektiv die Arterien des Gehirns und des Rückenmarks bis in die Aufzweigungen zweiter und dritter Ordnung zu sondieren und isoliert darzustellen. Die modernen Kathetertechniken erlauben darüber hinaus, einzelne Abschnitte des Venen- und Sinussystems getrennt zu erfassen.

Innerhalb der invasiven Diagnostik dürfen computertomographisch gesteuerte Maßnahmen wie die stereotaktische Biopsie pathologischer Prozesse des Gehirns und die gezielten diagnostischen Punktionen unklarer tumoröser, zystischer und entzündlicher Veränderungen im peripheren Bereich des Schädels, der Wirbelsäule und des Nervensystems nicht unerwähnt bleiben.

Die Zukunft der diagnostischen Neuroradiologie liegt in der Einführung und im weiteren Ausbau *funktioneller* Forschungs- und Diagnostikverfahren. Besondere Bedeutung haben in diesem Zusammenhang die radiologischen Methoden zur Analyse der Hirndurchblutung. Die mit der Einführung der Serienangiographie (Moniz 1932) beginnenden Bemühungen, arterielle und arteriovenöse Blutflußzeiten auf angiographischem Wege zu bestimmen, wurden in den 60er Jahren durch die Einführung einer densitometrischen Technik verbessert (Piepgras et al. 1968, 1969; Vanselow et al. 1968). Mit dieser Methode kann neben der Geschwindigkeit des Blutflusses (cm/s) auch das Blutminutenvolumen (ml/min) in der A. carotis interna gemessen werden. Die modernen elektronischen Angiographietechniken erlauben die Bestimmung von Blutflußparametern nur eingeschränkt. Es ist jedoch zu hoffen und kann erwartet werden, daß in näherer Zukunft auch für digitale Angiographiesysteme entsprechende Auswertemöglichkeiten entwickelt werden.

Für die Erforschung und klinische Evaluation der normalen und pathologisch gestörten regionalen Hirngewebedurchblutung eignet sich in besonderem Maße die 1978 von Drayer eingeführte Xenoncomputertomographie (Drayer et al. 1978). Die Methode basiert auf dem von Kety und Schmidt 1945 entwickelten Prinzip der Fremdgasanalyse (Kety u. Schmidt 1945). Die durchblutungsabhängigen Konzentrationsänderungen des inhalierten, diffundierenden Indikatorgases im Hirngewebe werden über den durch das Xenon als Kontrastmittel verursachten Dichteanstieg im Gewebe im Transmissionscomputertomogramm erfaßt und ausgewertet. Das Transmissionsverfahren mit stabilem Xenon hat gegenüber den nuklearmedizinischen Methoden der Emissionscomputertomographie mit radioaktiven Indikatorgasen den Vorteil, daß es eine exakte Zuordnung der Meßareale zu anatomischen Gehirnstrukturen erlaubt. Wie bei anderen Diffusionsmethoden zur Messung der Hirndurchblutung wird bei der Xenontransmissionscomputertomographie die Durchblutung des Gehirns in ml/100 g Hirngewebe/min quantifiziert. Das kleinste meßbare Hirnareal liegt in der Größenordnung von 1×1 cm. Der Aussagewert des Verfahrens hat sich beträchtlich erhöht, nachdem es möglich geworden ist, durch Stimulation der Hirndurchblutung mit dem Carboanhydrasehemmer Acetazolamid (Diamox) die zerebrovaskuläre Reservekapazität zu bestimmen.

Die Computertomographie mit stabilem Xenon hat praktisch-klinische Bedeutung vor allem für die Untersuchung und Verlaufsbeobachtung von

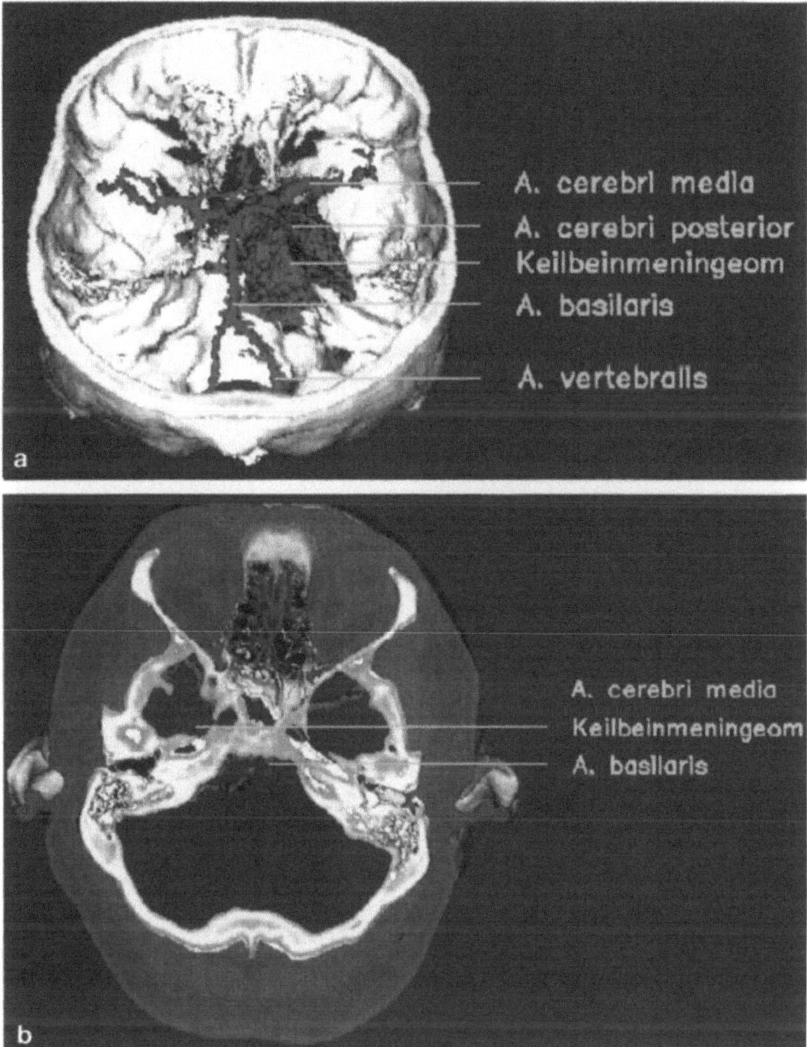

Abb. 21 a, b. Ausgedehntes Keilbeinmeningeom rechts. 3D-Rekonstruktion (Sun workstation, Programm Analyze) zur Darstellung der Lagebeziehungen des Tumors zu den Nachbarstrukturen. Segmentiert wurden der Tumor, die Hirnbasisarterien, die knöcherne Schädelbasis sowie die Schädelweichteile. **a** Ansicht von kranial, **b** Ansicht von kaudal

Patienten mit stenosierenden zerebrovaskulären Erkrankungen (Haubitz et al. 1993). Sie ermöglicht Informationen über den Schweregrad und das Verteilungsmuster von Hirndurchblutungsstörungen, erlaubt Rückschlüsse auf deren Prognose und ist wichtiges Entscheidungsinstrument in bezug auf die Wahl konservativer oder gefäßchirurgischer Behandlungsverfahren. Darüber hinaus ist das Verfahren in der Lage, unsere Kenntnisse über die pathophysiologischen Zusammenhänge zwischen Hirnperfusion, Hirndruck, Hirnödem, Hydrozephalusentwicklung u. a. zu erweitern.

Während die Kernspinresonanztomographie bereits im derzeitigen Stadium vielversprechende Ansätze zur Evaluation der Hirndurchblutung und der Liquordynamik aufweist, sind die Auswirkungen der Kernspinresonanzspektroskopie auf die zukünftige Entwicklung der Hirnfunktionsdiagnostik noch kaum abschätzbar. Die Ermittlung der Resonanzspektren und die Analyse der Resonanzamplitude bei den verschiedenen Frequenzen erlauben für bestimmte Atomkernarten, z. B. H-1, Li-7, C-13, N-15, 0-17, F-19, P-31, K-39, Na-23, Rückschlüsse auf die Art der chemischen Bindung der betreffenden Atome. Damit sind prinzipiell Aussagen über Stoffwechselvorgänge möglich. Aus Gründen der topischen Zuordnung der Spektren zu anatomischen Strukturen bewährt sich im praktischen Einsatz zunehmend die Kombination der Kernspinresonanzbildgebung mit der Protonenspektroskopie, die sog. bildgebende lokalisierte Protonenspektroskopie. Mit dieser Technik lassen sich u. a. die Konzentrationen von Cholin, Kreatin, Phosphokreatin, N-Azetylaspartat (NAA) und Laktat in ausgewählten Gewebebereichen bestimmen. Felber hat kürzlich (1993) auf der Basis einer eingehenden Studie nachgewiesen, daß sich Hirntumoren aufgrund einer NAA-Verminderung und einer Cholinerhöhung eindeutig von gesundem Hirngewebe unterscheiden. Die Abweichungen sind für verschiedene Tumorarten unterschiedlich, so daß sich Möglichkeiten eröffnen, durch die Protonenspektroskopie die Tumorartdiagnostik zu verbessern. Bei ischämischen Prozessen sind eine Verminderung von NAA und eine Zunahme von Laktat die Hauptbefunde. Die Stärke der Abweichung dieser Werte korreliert mit der Schwere und der Progredienz des Krankheitsverlaufes, so daß prognostische Aussagen möglich sind (Felber 1993).

Hochinteressante unmittelbare Einblicke in die Gehirnfunktion sind schließlich mit den Techniken der funktionellen Kernspinresonanzbildgebung möglich. Durch die Wahl geeigneter Untersuchungsparameter gelingt es, die minimalen Signalunterschiede zwischen aktivierter und nicht aktivierter Hirnrinde zu unterscheiden und zum Bild zu verarbeiten, wenn das Gehirn durch optische, akustische, motorische oder sensorische Reize stimuliert wird. Fingerbewegungen induzieren durch Aktivierung der motorischen Hirnrinde eine lokale Erhöhung der Sauerstoffausschöpfung. Diese wird durch eine lokale Zunahme der regionalen Durchblutung mit Erhöhung der lokalen venösen Blutoxygenierung kompensiert. Es kommt außerdem zu einer Abnahme von paramagnetischem Desoxyhämoglobin. Die Faktoren führen gemeinsam zu den für die Bildgebung nutzbaren Signaländerungen. Diese Verfahren sind einerseits ein Beweis für die außerordentliche Leistungsfähigkeit der Kernspintomographie, andererseits lassen sie hoffen, daß bislang ungeahnte Beziehungen zwischen Topik und Funktion des Gehirns unter physiologischen und krankhaften Bedingungen am lebenden Menschen enthüllt werden.

Den Fortschritten auf dem Gebiet der diagnostischen Neuroradiologie stehen die bedeutsamen Forschungs- und Behandlungsergebnisse des noch jungen Spezialbereiches der *interventionell-therapeutischen* Neuroradiologie gegenüber (Vinuela et al. 1992; Valavanis 1993). Mit außerordentlich verfeinerten endovaskulären Kathetertechniken gelingt es nunmehr, arteriovenöse Angiome und Fisteln des Gehirns und des Rückenmarks entweder ganz auszuschalten, d. h. zu heilen, oder so zu verkleinern, daß nachfolgende offen-operative Maßnahmen mit verringertem Risiko durchgeführt werden können. Dasselbe gilt für die präoperative superselektive Embolisationsbehandlung von Hirn- und Schädelbasistumoren (Valavanis 1993). Hervorragende Erfolge mit noch nicht absehbaren Konsequenzen für die Zukunft sind in jüngster Zeit in der endovaskulären Behandlung der Hirnarterienaneurysmen mit ablösbaren Spiralen erzielt worden (Guglielmi et al. 1991; Guglielmi 1993). Die Entwicklung dieses Behandlungsverfahrens gipfelt heute in der raffinierten Nutzung von Elektrolyse und Elektrothrombose. Dabei wird über feinste elektrisch geladene Elektroden zum einen erreicht, daß sich Platinspiralen im Aneurysmasack von ihrem Führungsdraht ablösen, zum anderen, daß es zur Thrombenbildung innerhalb des Aneurysmas kommt.

Ein fest etabliertes Verfahren der therapeutischen Neuroradiologie stellt die endovaskuläre Katheterbehandlung von Blutungen im Nasen-Rachen-Raum dar (Valavanis u. Setton 1993). Zunehmende Bedeutung erlangt die intraarterielle superselektive Fibrinolysebehandlung akuter thromboembolischer Verschlüsse im Versorgungsgebiet der Vertebralarterien, der A. basilaris, der A. carotis interna und der A. ophthalmica (Zeumer u. Zanella 1993). Andere endovaskuläre Techniken wie die Behandlung von Gefäßspasmen im Rahmen von Subarachnoidalblutungen durch aufdehnbare Mikroballons (Eskridge 1993) und die superselektive intraarterielle Chemotherapie hirneigener Tumoren befinden sich in der Evaluation (Wolpert 1993). Die perkutane transluminale Angioplastie von Stenosen der brachiozervikalen Arterien ist vorläufig auf spezielle Einzelfälle beschränkt und wird wegen der Risiken des Eingriffes und eingeschränkter Langzeiterfolge nur an wenigen Zentren durchgeführt (Théron 1992).

Neue Wege eröffnen sich der therapeutischen Neuroradiologie in zunehmendem Maße durch Nutzung der weitentwickelten Techniken der Durchleuchtung, der digitalen Radiographie und der Computertomographie zur Zielpunktbestimmung. Insbesondere mit den Meß- und Lokalisationsverfahren moderner Computertomographen ist es möglich geworden, Therapiesonden millimetergenau zu plazieren. Der Einsatz derartiger Techniken hat unser Wissen um die Zusammenhänge und die Grundlagen bei den verschiedenartigen vertebragen bedingten Schmerzsyndromen beträchtlich erweitert. Unter Beachtung strenger Auswahlkriterien gelingt es, Patienten mit vertebragenen Schmerzsyndromen gezielt zu behandeln. Zum Einsatz kommen CT- und durchleuchtungsgesteuert die Verfahren der perkutanen Behandlung von Bandscheibenprotrusionen und -prolapsen sowie die Infiltrationstherapie der krankhaft veränderten kleinen Wirbelgelenke, die sog. Facetteninfiltration (Schleifer et al. 1994).

Im Rahmen der perkutanen Nukleotomie wird über eine spezielle Sonde degeneriertes Bandscheibenmaterial angesaugt und entfernt (Onik et al. 1985; Weigand u. Heyder 1988). Das Verfahren hat sich inzwischen als Ergänzung und als Teilersatz für operative Behandlungsverfahren bewährt.

Bei der Infiltrationsbehandlung primär-degenerativ bedingter oder nach Bandscheibenoperationen auftretender arthrogener Schmerzsyndrome werden CT-gesteuert Kortikoide und Lokalanästhetika intraartikular in die kleinen Wirbelgelenke injiziert. Ändert sich danach die Schmerzsituation nicht, muß eine andere Ursache für die Schmerzentstehung angenommen und gesucht werden. Bei der Mehrzahl der in die Behandlungsindikation fallenden Patienten kommt es zu einer unterschiedlich lang anhaltenden Besserung der Schmerzsymptomatik. Der Eingriff ist nahezu frei von Nebenwirkungen und Komplikationen. Er leistet einen wichtigen Beitrag im Hinblick auf die Diagnostik und Behandlung der weitverbreiteten und häufig komplexen Wirbelsäulenbeschwerden.

Literatur

Ambrose J (1973) Computerized transverse axial scanning (Tomography). Part 2: Clinical application. Br J Radiol 46:1023–1047

Bartelink DL (1932) Over roentgencoupes. Ned T Geneeskd 76:420–424

Bartelink DL (1933) Röntgenschnitte. Fortschr Röntgenstr 47:399–400

Berenstein A, Lasjaunias P, Choi IS (1993) Endovascular treatment of arteriovenous malformations of the brain. In: Valavanis A (ed) Interventional neuroradiology. Springer, Berlin Heidelberg New York Tokyo, pp 93–110

Bingel A (1921) Intralumbale Lufteinblasung zur Höhendiagnose intraduraler extramedullärer Prozesse und zur Differentialdiagnose gegenüber intramedullären Prozessen. Dtsch Z Nervenheilkd 72:359–370

Bingel A (1921) Encephalographie, eine Methode zur röntgenographischen Darstellung des Gehirns. Med Klin 20:608–702

Bingel A (1921–1922) Encephalographie, eine Methode zur röntgenographischen Darstellung des Gehirns. Fortschr Röntgenstr 28:205–217

Bingel A (1922) Erfahrungen mit der Encephalographie. Dtsch Z Nervenheilkd 74:121–129

Bocage AEM (1922) Procédé et dispositifs de radiographie sur plaques en mouvement. Französisches Patent Nr. 536484

Bull JWD (1961) History of neuroradiology. Br J Radiol 34:69–84

Cabanis EA (1989) Contribution à l'histoire de la neuroradiologie européennne. Editions Pradel, Paris

Cormack AM (1963) Representation of a function by its line integrals, with some radiological applications. J Appl Physiol 34:2722–2727

Cormack AM (1964) Representation of a function by its line integrals, with some radiological applications. II. J Appl Physiol 35:2908–2913

Cushing H (1897) Haematomyelia from gunshot wound of the cervical spine. Bull Johns Hopkins Hosp 8:195–197

Cushing H (1925) Discussion. AJR 13:10–11

Dandy WE (1918) Ventriculography following the injection of air into the cerebral ventricles. Ann Surg 68:5–11

Dandy WE (1919) Roentgenography of the brain after the injection of air into the spinal canal. Ann Surg 70:397–403

Dandy WE (1920) Localization or elimination of cerebral tumors by ventriculography. Surg Gynecol Obstet 30:329–342

Dandy WE (1925) The diagnosis and localization of spinal cord tumors. Ann Surg 81:223–254

Debrun GM (1993) Endovascular management of carotid cavernous fistulas. In: Valavanis A (ed) Interventional neuroradiology. Springer, Berlin Heidelberg New York Tokyo, pp 23–34

Di Chiro G, Brooks RA (1980) The 1979 Nobel Prize in Physiology or Medicine. J Comput Assist Tomogr 4 (2):241–245

Dietrich H (1959) Neuro-Röntgendiagnostik des Schädels. Fischer, Jena

Djindjian R (1970) L'angiographie de la moelle épinière. Masson, Paris

Djindjian R, Houdart R, Cophignon J, Hurt M, Comoy J (1971) Premiers essais d'embolisation par voie fémorale de fragments de muscle dans un cas d'angiome médullaire et dans un cas d'angiome alimenté par la carotide externe. Rev Neurol 125:119–130

Djindjian R, Theron J, Merland JJ (1975) Embolization dans les malformations et tumeurs cervicothoraciques et rachidiennes. J Neurosurg 2:39–72

Doppman J, Di Chiro G, Ommaya AK (1968) Obliteration of spinal cord arteriovenous malformation by percutaneous embolization. Lancet I:477

Doppman J, Di Chiro G, Ommaya AK (1969) Selective arteriography of the spinal cord. Green, St. Louis

Doppman JL, Di Chiro G, Ommaya AK (1971) Percutaneous embolization of spinal cord arteriovenous malformation. J Neurosurg 34:48–55

Drayer BP, Sidney W, Rainmuth OM, Dujovny M, Boehnke M, Cook EE (1978) Xenon enhanced CT for analysis of cerebral integrity, perfusion and blood flow. Stroke 9:123–130

Eskridge JM (1993) Angioplasty of vasospasm. In: Valavanis A (ed) Interventional neuroradiology. Springer, Berlin Heibelberg New York Tokyo, pp 123–133

Felber SR (1993) 1-H-Magnetresonanzspektroskopie bei intrakraniellen Tumoren und zerebralen Ischämien. Radiologe 33:626–632

Felson B (1977) Computerized cranial tomography. A seminar in roentgenology. Grune & Stratton, New York

Fischgold H, Bul J (1967) A short history of neuroradiology. Schering, Berlin

Fürnrohr W (1906) Die Röntgenstrahlen im Dienste der Neurologie. Karger, Berlin

Guglielmi G (1993) Endovascular treatment of intracranial aneurysms with detachable coils and electrothrombosis. In: Valavais A (ed) Interventional neuroradiology. Springer, Berlin Heidelberg New York Tokyo, pp 111–121

Guglielmi G, Vinuela F, Sepekta I et al. (1991a) Electrothrombosis of saccular aneurysms via endovascular approach. Part 1: Electrochemical basis, technique, and experimental results. J Neurosurg 75:1–7

Guglielmi G, Vinuela F, Dion J, Duckwiler G (1991b) Electrothrombosis of saccular aneurysms via endovascular approach. Part 2: Preliminary clinical experience. J Neurosurg 75:8–14

Gutiérrez C (1981) The birth and growth of neuroradiology in the USA. Neuroradiology 21:227–237

Haubitz B, Holl K, Becker H (1993) Die Stable-Xenon-Computertomographie. Methodik und klinische Anwendung. Radiologe 33:620–625

Hounsfield GN (1968) A method of an apparatus for examination of a body by radiation such as X-ray or gamma radiation. Patentschrift 1283915. Patent Office, London

Hounsfield GN (1973) Computerized transverse axial scanning (tomography). Part I. Description of system. Br J Radiol 46:1016–1022

Huk WJ, Gademann G, Friedmann G (1990) MRI of central nervous system diseases. Springer, Berlin Heidelberg New York Tokyo

Jacobaeus HC (1921) On insufflation of air into the spinal canal for diagnostic purposes in cases of tumors in the spinal canal. Acta Med Scand 55:555–564

Kazner E, Wende S, Grumme TH, Stochdorph O, Felix R, Claussen C (1988) Computer- und Kernspin-Tomographie intrakraniller Tumoren aus klinischer Sicht. Springer, Berlin Heidelberg New York Tokyo

Kety SS, Schmidt CF (1945) The determination of cerebral blood flow in man by the use of mitrous oxide in low concentration. Am J Physiol 143:53–66

Krayenbühl H, Yasargil MG (1979) Zerebrale Angiographie für Klinik und Praxis. Thieme, Stuttgart

Kricheff I, Madayag M, Braunstein P (1972) Transfemoral catheter embolization of cerebral and posterior fossa arteriovenous malformation. Radiology 103: 107–111

Lindgren E (1954) Handbuch der Neurochirurgie, Bd II: Röntgenologie einschließlich Kontrastmethoden. Springer, Berlin Göttingen Heidelberg

Luckett WH (1913) Air in the ventricles of the brain, following a fracture of the skull. Surg Gynecol Obstet 17:237–240

Lucket WH (1913) Air in the ventricles of the brain, following a fracture of the skull. J Nerv Ment Dis 40:326–328

Lysholm E (1931) Apparatus and technique for roentgen examination of the skull. Acta Radiol (Stockh) Suppl 12

Lysholm E, Ebenius B, Sahlstedt H (1935) Das Ventrikulogramm. I. Teil: Röntgentechnik. Nordstedt & Söner, Stockholm

Maurer HJ, Pulst W (1992) The first description and introduction into clinical use of air encephalography. Neuroradiology 34:168–169

Merland JJ, Djindjian R (1975) Technique et résultats de l'embolisation des angiomes du territoire carotidien externe. J Neuroradiol 2:201–232

Moniz E (1927) L'encéphalographie arteriélle, son importance dans la localisation des tumeurs cérébrales. Rev Neurol 2:72–89

Moniz E (1931) Diagnostic des tumeurs cérébrales et épreuve de L'encéphalographie artérielle. Masson, Paris

Moniz E (1932) Sur la vitesse du sang dans l'organisme. Ann Med 32:193–220

Moniz E (1934) L'Angiographie cérébrale. Ses applications et résultats en anatomie, physiologie et clinique. Masson, Paris

Moniz E (1940) Die cerebrale Arteriographie und Phlebographie. Springer, Berlin

Newton TH (1968) Angiographic demonstration and non surgical embolization of spinal cord angioma. Radiology 91:873–876

Müller J, Hermes M, Piepgras U (1994) Adolf Bingel – the second inventor of lumbar pneumencephalography. AJNR (in press)

Oldendorf WH (1961) Isolated flying spot detection of radiodensity discontinuities displaying the internal structural pattern of a complex object. Inst Radio Eng Trans Biomed Electr 8:68–72

Onik G, Helms CA, Ginsberg L, Hoaglund FT, Moris J (1985) Percutaneous lumber diskectomy using a new aspiration probe: Porcine and cadaver model. Radiology 155:251

Oppenheim H (1901) Discussion. Arch Psychiatr Nervenkrankh 34:303–304

Piepgras U (1970) Gezielte Enzephalo-Tomographie. Diagnostik 3:179–182

Piepgras U (1984) Neurokutane Systemerkrankungen. Eine synoptische Darstellung aus radiologischer Sicht. Thieme, Stuttgart New York

Piepgras U, Heuck F, Vanselow K (1968) die densitometrische Bestimmung der Hirndurchblutung. Dtsch Röntgenkongreß 1967, Teil A, 197–200. Thieme, Stuttgart

Piepgras U, Heuck F, März KD (1969) Der Informationswert densitometrischer und szintigraphischer Untersuchungen des Hirngewebes bei Mangeldurchblutung. Radiologe 9:448–451

Pohl E (1930) Vorrichtung zur röntgenographischen Wiedergabe und Schirmbeobachtung eines Körperschnittes unter Ausschluß der davor und dahinter liegenden Teile. Deutsches Patent Nr. 551958

Radon J (1917) Über die Bestimmung von Funktionen durch ihre Integralwerte längs gewisser Mannigfaltigkeiten. Ber Math Phys Kl Sächs Gesell Wiss 59:262–277

Rodesch G, Lasjaunias P, Berenstein A (1993) Embolization of arteriovenous malformations of the spinal cord. In: Valavanis A (ed) Interventional neuroradiology. Springer, Berlin Heidelberg New York Tokyo, pp 135–150

Sartor K (1992) MR Imaging of the skull and brain. A correlative text-atlas. Springer, Berlin Heidelberg New York Tokyo

Schleifer J, Fenzl G, Wulf A, Diehl K (1994) CT-gesteuerte perkutane Facetteninfiltrationen bei Postnukleotomiesyndrom und degenerativen Veränderungen der LWS. Radiologe (im Druck)

Schüller A (1905) Archiv und Atlas der normalen und pathologischen Anatomie in typischen Röntgenbildern. Die Schädelbasis im Röntgenbilde. Gräfe & Sillem, Hamburg

Schüller A (1911) Zur Röntgendiagnose der basalen Impression des Schädels. Wien Med Wochenschr 61:2593–2598

Schüller A (1912) Röntgen-Diagnostik der Erkrankungen des Kopfes. Hölder, Wien Leipzig

Schüller A (1915) Über eigenartige Schädeldefekte im Jugendalter. Fortschr Röntgenstr 23:12–18

Schüller A (1929) Über circumscripte Osteoporose des Schädels. Med Klin 25:631–638

Seldinger SI (1953) Catheter replacement of the needle in percutaneous arteriography. Acta Radiol (Stockh) 39:368–376

Serbinenko FA (1974) Balloon catheterization and occlusion of major cerebral vessels. J Neurosurg 41:125–145

Sicard JA, Forestier J (1922) Méthode générale d' exploration radiologique par l'huile iodée (lipiodol). Bull Mem Soc Med Hop Paris 46:463–468

Stewart WH (1913) Fracture of the skull with air in the ventricles. AJR 1:83–87

Théron J (1992) Angioplasty of brachiocephalic vessels. In: Vinuela F, Van Halbach V, Dion JE (eds) Interventional neuroradiology. Endovascular therapy of the central nervous system. Raven, New Yor, pp 167–180

Valavanis A (1993) Interventional neuroradiology. Springer, Berlin Heidelberg New York Tokyo

Valavanis A (1993) Embolization of intracranial and skull base tumors. In: Valavanis A (ed) Interventional neuroradiology. Springer, Berlin Heidelberg New York Tokyo, pp 63–92

Valavanis A, Setton A (1993) Embolization of epistaxis. In: Valavanis A (ed) Interventional neuroradiology. Springer, Berlin Heidelberg New York Tokyo, pp 55–61

Valk J, van der Knaap MS (1989) Magnetic resonance of myelin, myelination, and myelin disorders. Springer, Berlin Heidelberg New York Tokyo

Vallebona A (1930) Una modalità di tecnica per la dissociazione radiografica delle ombre applicata allo studio del cranio. Radiol Med 17:1090–1097

Van Halbach V (1993) Embolization of dural arteriovenous malformations. In: Valavanis A (ed) Interventional neuroradiology. Springer, Berlin Heidelberg New York Tokyo, pp 35–54

Vanselow K,Heuck F, Piepgras U (1968) Theoretische Grundlagen einer Methode zur Messung der Gewebsdurchblutung am nicht narkotisierten Menschen. Fortschr Röntgenstr 108:529–535

Vinuela F, Van Halbach V, Dion JE (1992) Interventional neuroradiology. Endovascular therapy of the central nervous system. Raven, New York

Weigand H, Heyder J (1988) Perkutane Nukleotomie. In: Friedmann G, Steinbrich W, Gross-Fengels W (Hrsg) Interventionelle Methoden der Radiologie. Schnetztor, Konstanz, S 187–191

Wideröe S (1921) Über die diagnostische Bedeutung der intraspinalen Luftinjektionen bei Rückenmarksleiden, besonders bei Geschwülsten. Zentralbl Chir 48:394–397

Wolpert SM (1993) Superselective therapy for cerebral gliomas. In: Valavanis A (ed) Interventional neuroradiology. Springer, Berlin Heidelberg New York Tokyo, pp 151–157

Zeumer H, Zanella F (1993) Local intra-arterial fibrinolysis in the vertebrobasilar and carotid territories. In: Valavanis A (ed) Interventional neuroradiology. Springer, Berlin Heidelberg New York Tokyo, pp 159–172

Ziedses des Plantes BG (1931) Een bijzondere methode voor het maken van röntgenfoto's van schedel en wervelkolom. Ned T Geneeskd 75:5218–5222

Ziedses des Plantes BG (1932) Eine neue Methode zur Differenzierung in der Röntgenographie (Planigraphie). Acta Radiol 13:182–192

Ziedses des Plantes BG (1934) Een Methode om bepaalde anderdeelen van het röntgenologisch te onderzoeken voorwerp afzonderlijk in beeld te brengen. Ned Tijdschr Geneeskd 78:762–772

Ziedses des Plantes BG (1935) Subtraktion. Fortschr Röntgenstr 52:69–79

Ziedses des Plantes BG (1961) Subtraktion. Thieme, Stuttgart

Ziedses des Plantes BG (1968) Das elektronische Subtraktionsverfahren. Electromedia 36:23–25

Ziedses des Plantes BG, Crezée P (1978) Transfrontal perforation of the lamina terminalis. Neuroradiology 16:51–53

Ziedses des Plantes BG (1988) Is creative work the privilege of experts? Riv Neuroradiol 1:9–16

Endokrine Organe

Max Georgi und Karl-Peter Jungius

Endokrine Zellen sind Zellen, die Hormone produzieren und sezernieren. Sie kommen als Einzelzellen vor (z. B. enterochromaffine Zellen des Magens), sind als endokrine Zellgruppen Teil anderer Organe (z. B. Langerhans-Inseln des Pankreas, Leydig-Zwischenzellen des Hodens), oder bilden eigene Organe, die endokrinen Drüsen. Die intrakraniell gelegenen endokrinen Drüsen des Menschen sind Hypophyse als Teil des hypothalamohypophysären Systems und Epiphyse, extrakraniell liegen Schilddrüse, Nebenschilddrüsen und Nebennieren.

Die Entwicklung der röntgenologischen Diagnostik der Reproduktionsorgane wurde in dem Beitrag von von Fournier (S. 177) dargestellt, die röntgenologischen Beiträge zur Diagnostik der Hypophyse in dem Beitrag von Piepgras et al. (S. 181) besprochen. Die Radiologie der extrakaniell liegenden endokrinen Drüsen sowie des endokrinen Teiles der Bauchspeicheldrüse ist Thema dieses Kapitels.

Röntgendiagnostik der Nebennieren

Die paarig angelegten, gut durchbluteten Nebennieren sitzen dem oberen Nierenpol gleich pyramiden- oder halbmondförmigen Kappen unmittelbar oder fast unmittelbar auf. Die Größe einer Nebenniere beträgt ungefähr 50×15×5 mm. Makroskopisch sind das katecholaminproduzierende Mark und die kortikoidproduzierende Rinde zu unterscheiden.

Erhöhte Plasmakonzentrationen der Katecholamine Adrenalin und Noradrenalin werden durch adrenal oder extraadrenal lokalisierte Tumoren chromaffiner Zellen, die Phäochromozytome, verursacht. Leitsymptome der resultierenden Erkrankung sind Hypertonie und paroxysmales Auftreten von Kopfschmerz, Herzklopfen, Schwindel und Angstgefühl. Die wichtigsten Hormone der Nebennierenrinde sind Aldosteron und Cortisol sowie verschiedene 17-Ketosteroide (Geschlechtshormone). Sowohl Über- als auch Unterfunktionen der Nebennierenrinde sind als Erkrankungsursache beschrieben. Diese können als primäre Nebennierenrindenerkrankung oder als sekundäre Erkrankung bei Störungen des hypothalamo-hypophysären Systems auftreten. Die verschiedenen Formen einer akuten primären Nebenniereninsuffizienz (z. B. Waterhouse-Friedrichsen-Syndrom) sind relativ selten, die chronische Form der primären Nebennierenrindeninsuffizienz, der Morbus Addison, ist dagegen eine der wichtigsten endokrinen Erkrankungen. Patienten mit einer chronischen Nebennierenrindeninsuffizienz fallen durch reduzierten Allgemeinzustand und Hyperpigmentation auf. Die primäre Überfunktion glukokortikoidproduzierenden Gewebes, das Cushing-Syndrom, ist von der hypophysär verursachten Erkrankung, dem Morbus Cushing, zu unterscheiden. Der Glukokortikoidexzeß führt zu Stammfettsucht und Osteoporose; oft werden bei Frauen Menstruationsstörungen und bei Männern Potenzstörungen beklagt. Die übermäßige Aldosteronproduktion tritt primär als Conn-Syndrom oder im Rahmen eines adrenogenitalen Syndroms, ferner sekundär, z. B. bei renovaskulärer Hypertonie auf. Leitsymptom ist die hypokalämische Hypertonie, ferner findet man neurologische Symptome, gesteigerten Durst, Polyurie und Obstipation. Therapie der Wahl bei hormonsezernierenden Nebennierenprozessen wie auch bei malignen Tumoren ist die Exstirpation. Zum Erfolg der Therapie trägt die präoperative Lokalisationsdiagnostik wesentlich bei.

Röntgendiagnostik

Während des ersten Vierteljahrhunderts seit Entdeckung der Röntgenstrahlen gelang es in der Regel nicht, die Nebennieren röntgenologisch darzustellen. Die geringe Größe des Organpaares sowie nur geringe Absorptionsunterschiede zu den umgebenden Strukturen sind als Gründe dafür zu nennen. Allein Verkalkungen im Bereich der Nebennieren, wie sie z. B. bei posttuberkulösem Morbus Addison beobachtet werden können, oder Verlagerungen benachbarter Strukturen durch sehr große Raumforderungen, gelegentlich auch reichlich von Fett umgebene Tumoren, waren vereinzelt in Abdomenübersichtsaufnahmen oder Urographien nachweisbar.

Im Jahr 1921 veröffentlichten unabhängig voneinander Rosenstein in Berlin, sowie Carelli und Sordelli in Argentinien ein neues Verfahren, die „Pneumoradiographie des Nierenlagers" (Rosenstein 1921; Carelli u. Sordelli 1921). Durch extraperitoneale Einblasung von Sauerstoff oder Kohlendioxid wurde ein Gasmantel um die Niere gelegt, um diese so in ihren Umrissen studieren zu können. Hierbei wurde auf der zu untersuchenden Seite paravertebral eine Hohlnadel bis durch die Fascia lumbalis vorgeschoben. „In einigen wohlgelungenen Aufnahmen" kam so auch eine nicht pathologisch vergrößerte Nebenniere kranial des oberen Nierenpoles zur Darstellung. Die neue Methode wurde bald in weiteren Kliniken angewendet (Chevassu u. Maingot 1922; Hernamam-Johnson 1922; Quinby 1923).

Die Idee, mit Hilfe eines Gases die Aussagefähigkeit von Röntgenuntersuchungen zu steigern, war nicht völlig neu. Bereits 7 Jahre zuvor hatte Rautenberg zur Verbesserung der Röntgendiagnostik intraperitonealer Organe Sauerstoff insuffliert; er nannte sein Verfahren Pneumoperitoneum (Rautenberg 1914). Sauerstoff wurde auch von Robinson und Werndorf eingesetzt, als sie 1905 zum ersten Mal überhaupt ein Gas zur Kontrastanhebung im Rahmen röntgenologischer Diagnostik verwendeten (Robinson u. Werndorf 1905).

Cahill wendete 1935 die Pneumoradiographie als erster gezielt in der Diagnostik von Nebennierenprozessen an. Anstelle von Sauerstoff oder Stickstoff gebrauchte er Luft, was infolge weniger schneller Resorption zu verbesserten Abbildungen führte (Cahill 1935). Gianturco und Drenckhahn berichten 3 Jahre später zum ersten Mal ausführlich über die Anwendung dieses Verfahrens zur Untersuchung der Nebennieren. Sie beschreiben medulläre und kortikale Raumforderungen, die aufgrund der röntgenologischen Seitenlokalisation gezielt chirurgisch therapiert werden konnten. Das inzwischen entwickelte Bucky-Raster (Streustrahlenraster) hatte die Qualität der Aufnahmen verbessert (Gianturco u. Drenckhahn 1938).

Während die retroperitoneale Gasinsufflation für die Diagnostik renaler Erkrankungen aufgrund anderer Techniken wieder an Bedeutung verlor, wurde das Prinzip zur Diagnostik raumfordernder Prozesse der Nebennieren weiterentwickelt

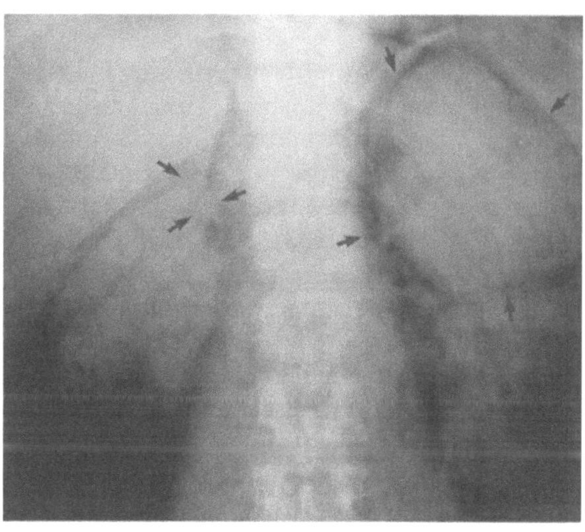

Abb. 1. Pneumoretroperitoneum bei linksseitigem Phäochromozytom: ca. 12 cm großer rundlicher Tumor, durch marginale Luftansammlung gut abgrenzbar (*Pfeile links*). Die von umhüllendem Gewebe verdeckte rechte Nebenniere ist schlecht erkennbar (*Pfeile rechts*)

und konnte die präoperative Seiten- bzw. Lokalisationsdiagnostik, z. B. bei adrenal bedingter Hypertonie (Cushing-Syndrom, Conn-Syndrom, Phäochromozytom), verbessern. Die perirenale oder präsakrale Gasinsufflation wurde mit Schichtverfahren (Laminographie, Tomographie) und mit i.-v.-Urographien kombiniert. Auf diese Weise wurden bereits relativ geringe Größenzunahmen im Bereich der Nebennieren erkennbar, oder sie grenzten sich besser als in der bis dahin üblichen Technik ab (Wilhelm 1943; Kokas u. Zsebök 1951).

Ruiz Rivas führte 1950 eine neue Technik ein, die präsakrale Insufflation eines Gases mit Ausbildung eines subserösen Emphysems, das sich generalisiert extraperitoneal, also z. B. auch im Mediastinum ausbildet (Ruiz Rivas 1950). Gegenüber der perirenalen Gasinsufflation nach Rosenberg oder Carelli erwies sich diese Methode, im deutschen Schrifttum Pneumoretroperitoneum oder retroperitoneale Pneumographie genannt, als vorteilhaft, da sie einzeitig die Untersuchung beider Nebennieren ermöglichte. Zudem traten Komplikationen mit dieser Methode seltener auf (Haubrich u. Thurn 1953). Das Verfahren gab dem Einsatz von Gas als Kontrastmittel in nicht vorgeformten Körperräumen neuen Auftrieb (Fagerberg 1952; Smith et al. 1952; Steinbach et al. 1952). Ein Pneumoretroperitoneum bei linksseitigem Phäochromozytom ist in Abb. 1 dargestellt. Fagerberg (1952) berichtet schon sehr bald auch über den erfolgreichen Einsatz des Pneumo-

retroperitoneums bei Säuglingen und Kleinkindern.
Haubrich und Thurn versuchen, mit Hilfe von Pneumoretroperitoneum und Tomographie neben der präoperativen Tumorlokalisation auch Kriterien zur Differenzierung einer Rindenhyperplasie von einem Marktumor zu definieren (Haubrich u. Thurn 1953). Joelson und Mitarbeiter betonen, daß neben der Darstellung der pathologischen Nebenniere gelegentlich die Nebenniere der Gegenseite röntgenmorphologisch unauffällig zur Darstellung kommt, was eine bilaterale Erkrankung noch unwahrscheinlicher macht (Joelson et al. 1954).
Bei dem diagnostischen Einsatz sowohl der perirenalen als auch der präsakralen Gasinsufflation kam es leider auch zu schwerwiegenden und sogar tödlichen Gasembolien (Ransom et al. 1956). Daher wurde immer wieder auch versucht, auf das subseröse Emphysem zur Opertimierung der Diagnostik adrenaler Raumforderungen zur verzichten (Hartman et al. 1966). Dennoch blieb das Pneumoretroperitoneum bis zur Einführung der Computertomographie gemeinsam mit angiographischen Methoden das wichtigste Verfahren zur Untersuchung der Nebennieren (Steinbach et al. 1957).

Angiographische Nebennierendiagnostik

Die arterielle Versorgung der Nebennieren erfolgt gemäß anatomischen Lehrbüchern durch 3 Hauptgefäße, die der A. phrenica inferior, der Aorta abdominalis und der A. renalis entspringen. Busch weist jedoch darauf hin, daß in nur 16% der Fälle diese „typische" Gefäßversorgung vorliegt (Busch 1954). Im Gegensatz zu der sehr variablen arteriellen Versorgung ist die venöse Drainage einfacher und regelmäßiger; ein venöses Hauptgefäß leitet das Nebennierenblut der linken Nierenvene bzw. auf der rechten Seite der V. cava inferior zu (Grenzmann u. Thurn 1970). Grundsätzlich ist davon auszugehen, daß der Gefäßreichtum der Nebennieren ihre angiographische Darstellung begünstigt; erschwert wird sie durch die relativ geringe Größe sowie die Überlagerung durch andere anatomische Strukturen (Ludin 1963).

Arteriographie der Nebennieren

Schon 5 Jahre nach Einführung der lumbalen Aortographie durch Dos Santos und Mitarbeiter wurde 1934 ein Bericht über die aortographische Darstellung eines gefäßreichen Nebennierentumors veröffentlicht (Roux-Berger et al. 1934). Weitere Berichte über den angiographischen Nachweis pathologischer Nebennierenprozesse blieben jedoch anfangs spärlich. Durch die Einführung und rasche Verbreitung der pneumographischen Darstellungsmethode Anfang der 50er Jahre wurde die aortographische Nebennierendarstellung zunächst ganz in den Hintergrund gedrängt (Joelson et al. 1954; Ludin 1963; Rehm u. Haage 1964).
Das Pneumoretroperitoneum konnte jedoch nicht immer die den Operateur besonders interessierende Frage der präoperativen Lokalisation einer Nebennierenerkrankung beantworten. Goodwin und Mitarbeiter (Walter u. Goodwin 1953; Goodwin et al. 1955) versuchten daher, den Wert der Aortographie für die Lokalisationsdiagnostik adrenaler Prozesse durch die Kombination mit dem Pneumoretroperitoneum zu erhöhen. Zum Zweck der Nebennierendarstellung erwies sich hierbei gegenüber der translumbalen Punktion der transfemorale Zugang für die Aortographie als besser geeignet. Im Rahmen der Untersuchungen beschreiben sie pathologische Gefäße bei einem Phäochromozytom. Die diagnostische Ausbeute der Aortographie zu vergrößern, gelang jedoch auf diese Weise nicht; dieses wurde erst durch die ständige Verbesserung der angiographischen Technik erreicht (Ludin 1963). Entscheidend hierfür war die perkutane Punktion mit einer speziellen Kanüle, durch die ein Spiraldraht eingeführt wurde. Nach Entfernen der Kanüle wurde über den Führungsdraht ein röntgenpositiver Katheter in die Aorta vorgeschoben, der Führungsdraht entfernt, das Zielgefäß sondiert und das Kontrastmittel injiziert. Diese Technik wurde erstmals 1953 von Seldinger beschrieben (Seldinger 1953).
Zwei Jahre später führten Süsse u. Radke (1957) bei zunächst 3 Patienten, bei denen das Anfertigen einer Tomographie nach Pneumoretroperitoneum zur präoperativen Klärung von Nebennierentumoren nicht möglich war, erfolgreich eine Aortographie durch. Ahlbäck berichtet 1958 ebenfalls über 3 Patienten, bei denen er Tumoren der Nebenniere aortographisch nachweist. Er weist darauf hin, daß die Zuordnung der Nebennierenarterien oft erst retrospektiv nach der Darstellung des Organs in der kapillär-parenchymatösen Phase möglich ist (Ahlbäck 1958). Bei einem wesentlich größeren Patientenkollektiv gelang Ludin in etwa 2/3 der Fälle die Darstellung der Nebennieren und ihrer Gefäße, und zwar bei Jugendlichen wesentlich häufiger als bei Erwachsenen (Ludin 1963).

Bei einer relativ großen Zahl aortographischer Untersuchungen allerdings werden die Nebennieren nicht oder nur ungenügend dargestellt; bei der selektiven Nierenarterienangiographie sind die Resultate noch unbefriedigender. Ludin wies 1966 darauf hin, daß mittels viszeraler Arteriographie des Truncus coeliacus oder der A. mesenterica superior die Nebennieren in gewissen Fällen gut beurteilbar zur Darstellung kommen (Ludin 1966).
Insbesondere zur Lokalisationsdiagnostik eines auch extraadrenal zu vermutenden Phäochromozytoms erwies sich die transfemorale Aortographie als geeignet. Boijsen und Mitarbeiter fanden bei sämtlichen 5 untersuchten Patienten atypische Gefäße; das so diagnostizierte Phäochromozytom konnte postoperativ bestätigt werden (Boijsen et al. 1966).
Um eine Nebenniere in ihrer vollen Ausdehnung darzustellen, war allerdings die direkte Katheterisierung aller 3, getrennt aus der A. phrenica inferior, der Aorta abdominalis und der A. renalis entspringenden Gefäßgruppen erforderlich (Kahn u. Nickrosz 1967). Die selektive Arteriographie wurde zunächst von Meaney und Buonocore in der Weise durchgeführt, daß nach Sondierung der A. renalis und Kontrastmittelapplikation 2 getrennte Aortogramme angefertigt wurden; zunächst applizierte man das Kontrastmittel kaudal des Nierenarterienabganges, anschließend kaudal des Abganges des Truncus coeliacus (Meaney u. Buonacore 1966). Porstmann und Mitarbeiter sondierten nach orientierender Aortographie die vorhandenen Nebennierenarterien selektiv (Porstmann et al. 1966). Das Verfahren wurde um den Einsatz vasokonstriktiv wirkender Pharmaka ergänzt (Kahn u. Nickrozs 1967; Langergren 1967). Doch gelang es auch auf diese Weise nicht, die Nebennieren in nahezu allen Untersuchungen darzustellen (Lindvall u. Slezak 1969). Von einigen Untersuchern wurde daher der weniger aufwendigen Übersichtsaortographie der Vorzug gegeben (Balau et al. 1969). Die Abb. 2 zeigt einen großen Nebennierenrindentumor nach selektiver Arteriographie der A. phrenica inferior. Die Arteriographie der Nebennieren ersetzte die pneumotomographische Nebennierendiagnostik nicht, obwohl das Pneumoretroperitoneum von einigen Radiologen als nun überholt und unnütz bezeichnet wurde (Ludin 1963).

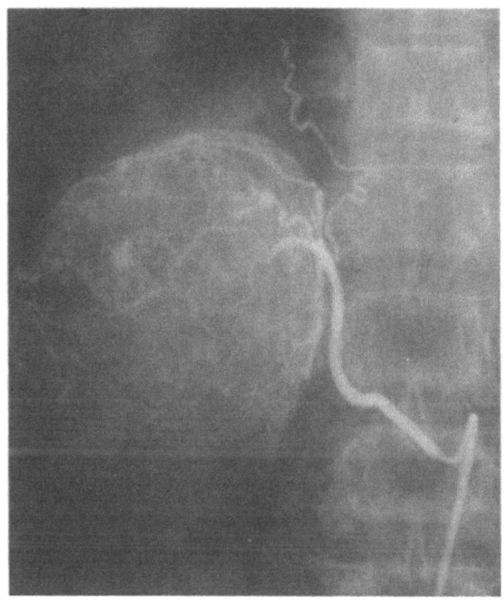

Abb. 2. Nachweis eines Cortisol produzierenden Nebennierenrindenkarzinoms durch selektive Arteriographie der A. phrenica inferior: ca. 15 cm durchmessender, gut vaskularisierter Tumor der rechten Nebenniere

Nebennierenphlebographie

Die Gesamtdarstellung einer Nebenniere ist von der venösen Seite her leichter durchzuführen, da im Gegensatz zu der Vielzahl Blut zuführender Arterien jede Nebenniere in der Regel nur über eine einzige Hauptvene drainiert wird (Voegeli u. Käser 1975). Zugleich bietet sich die Möglichkeit, Blutproben zur seitengetrennten Hormonbestimmung zu sammeln (Bucht et al. 1964; Melby et al. 1967).
Zum ersten Mal katheterisierte Masoni 1957 eine – die rechte – Nebennierenvene, wobei physiologische Studien im Vordergrund standen (Masoni 1957). Da die arteriographischen Techniken die in bezug auf Erkrankungen der Nebennieren bestehende diagnostische Lücke nicht hinreichend schließen konnten, führten Bucht und Starer die Nebennierenphlebographie in den klinischen Bereich ein (Bucht et al. 1964; Starer 1965).
Die Durchführung der Phlebographie war in der Regel komplikationsarm, und sie brachte aussagekräftige Ergebnisse; bei einigen Untersuchungen, gehäuft bei Patienten mit primärem Hyperaldosteronismus, wurden jedoch intraadrenale Hämorrhagien und einmal eine Nebennierenruptur beobachtet. Thrombosen in adrenalen oder iliakalen Venen traten bei wenigen Patienten auf (Bookstein et al. 1968; Bayliss et al. 1970; Kahn et al. 1971; Georgi et al. 1975). In Abb. 3a sind ein

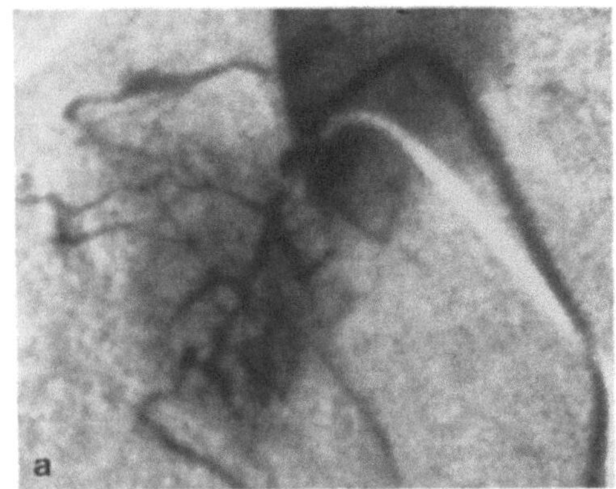

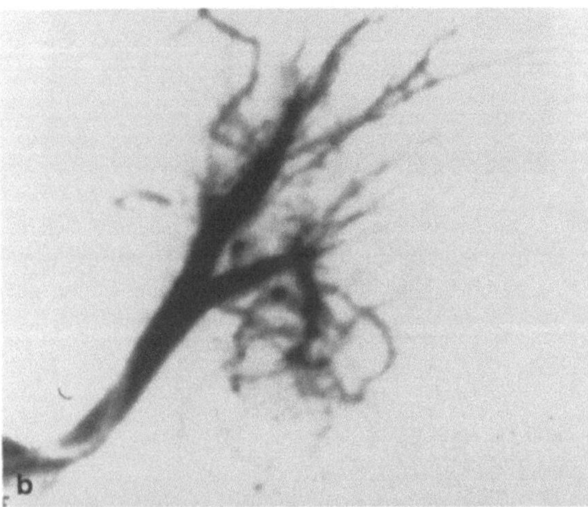

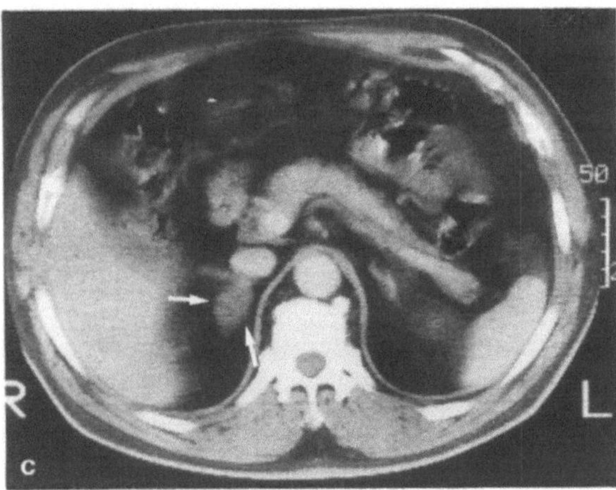

Abb. 3. a, b Retrograde Nebennierenphlebographie bei inaktivem Nebennierenrindenadenom in DSA-Technik: ca. 2×3 cm große Raumforderung der rechten Nebenniere. Unauffälliges Nebennierenphlebogramm links. **c** Die CT zeit die Raumforderung im medialen Schenkel der rechten Nebenniere (*Pfeile*). Im Hormonassay normale Funktion

rechtsseitiges Nebennierenrindenadenom und die unauffällige kontralaterale Nebenniere in einer Nebennierenphlebographie in DSA-Technik dargestellt.

In Abhängigkeit von der klinischen Fragestellung wurden die verschiedenen radiologischen Techniken kombiniert. Selektive Arteriographie, Phlebographie und die Bestimmung der Aldosteron-Plasmakonzentration nach seitengetrennter Blutentnahme ermöglichte nahezu immer, ein Aldosteronom zu lokalisieren.

Mit zunehmender Verbreitung der phlebographischen Nebennierendarstellung wurde die Arteriographie als primär-angiographisches Verfahren zur Lokalisationsdiagnostik adrenaler Erkrankungen verlasssen und vorwiegend bei phlebographisch unklaren Befunden ergänzend eingesetzt. Insbesondere bei der Suche nach einem Phäochromozytom, das bei etwa jedem 10. Patienten extraadrenal gelegen ist und das bei zahlreichen Patienten multipel auftritt, war die Aortographie zunächst weiterhin indiziert. Gelang die Lokalisation aortographisch nicht, konnte mittels etagenweiser Bestimmung der Katecholamin-Plasma-Konzentration aus der V. cava inferior eine Lokalisierung versucht werden (Voegeli u. Käser 1975). Die Phlebographie mit anschließendem Hormonassay wurde auch zur Lokalisation von Phäochromozytomen als primäres präoperatives Verfahren verwendet (Georgi et al. 1978). Die Nebennierenphlebographie wird noch heute bei auf andere Weise nicht zu klärender Lokalisation zur Diagnostik hormonüberaktiver adrenaler Raumforderungen eingesetzt.

Computertomographische Nebennierendiagnostik

Mit Einführung der Computertomographie wurden die angiographischen Methoden zur Dokumentation pathologischer Nebennierenprozesse als primäre röntgendiagnostische Maßnahme verlassen. Aufgrund der hohen Spezifität und Sensitivität, die dieses nichtinvasive Verfahren kennzeichnen, wurde die Computertomographie die wichtigste Screeningmethode bei Verdacht auf Nebennierenerkrankungen (Heuck et al. 1980). Darüber hinaus sind zystische und solide Raumforderungen einer CT-gesteuerten Punktion zugänglich (Scheible et al. 1975; Bernadino et al. 1985). Die Abb. 3b zeigt ein im medialen Schenkel der rechten Nebenniere lokalisiertes Nebennierenrindenadenom. Zur Klärung hormonaktiver Nebennierenläsionen kann ein adrenales Szintigramm oder eine Nebennierenphlebographie

mit selektiver Venenblutentnahme indiziert sein (Haertel et al. 1980; Abrams et al. 1982).
Invasive Methoden wie Arteriographie und Phlebographie wurden weitgehend verlassen. Computertomographie, Magnetresonanztomographie, Sonographie und Szintigraphie eröffneten neue diagnostische Möglichkeiten und ermöglichen eine hohe diagnostische Genauigkeit bei der Lokalisation adrenaler und extraadrenaler Tumoren. Die Computertomographie ist das bildgebende Verfahren der Wahl. Sie erlaubt heute auch die präoperative Differenzierung einer Raumforderung (Berland et al. 1988; Miyake et al. 1989). Der diagnostische Wert wird durch die Verbindung mit anderen bildgebenden Verfahren, insbesondere Szintigraphie und Magnetresonanztomographie, weiter erhöht.

Röntgenologische Diagnostik der Schilddrüse und der Nebenschilddrüsen

Die Schilddrüse besteht aus 2 seitlich des Kehlkopfes angeordneten Lappen, die durch einen Mittelteil, den Isthmus, miteinander verbunden sind. Die in der Schilddrüse gebildeten Hormone sind zum einen das Thyroxin und das Trijodthyronin, deren Funktion für Wachstum und Entwicklung unentbehrlich ist, zum anderen das Calcitonin. Die Überfunktion von Thyroxin- und Trijodthyronin-bildenden Zellen, die Hyperthyreose, führt zu einer gesteigerten Stoffwechsellage und tritt mit der Befundkonstellation innere Unruhe, leichte Erschöpfbarkeit, Schlaflosigkeit, Reizbarkeit und Schwitzen bei Wäremeunverträglichkeit auf. Die Hypothyreose zeigt einen verlangsamten Patienten; Kältetoleranz und Gedächtnisschwäche werden ebenso wie Gewichtszunahme und Parästhesien beobachtet.
In der Regel besitzt ein Mensch 4 Nebenschilddrüsen (Glandulae parathyreoideae). Ihr Name schon weist auf die anatomische Nähe zur Schilddrüse hin; Hauptlokalisationsort ist das obere vordere Mediastinum, jedoch liegen oft Dystopien vor. Das von den Nebenschilddrüsen produzierte und sezernierte Proteohormon, das Parathormon, nimmt mit dem gegenregulatorisch wirkenden Calcitonin eine Schlüsselrolle im Kalziumstoffwechsel ein. Die wichtigsten Manifestationen des primären Hyperparathyreoidismus sind Nephrolithiasis und Nephrokalzinose sowie Knochenstoffwechselstörungen, die mit Knochenschmerzen, Deformierungen und Frakturen einhergehen, ferner gastrointestinale und neuromuskuläre Beschwerden. Ossäre Läsionen werden röntgenologisch bereits früh erfaßt.

Röntgendiagnostik

Die nichtangiographische röntgenologische Schilddrüsendiagnostik umfaßt die Dokumentation der raumfordernden Wirkung bei verschiedenen Erkrankungen, die mit einer Größenzunahme der Schilddrüse einhergehen. Umschriebene Verkalkungen in der Schilddrüse kommen gelegentlich auf Thoraxröntgenaufnahmen zur Darstellung. Eine in der Regel klinisch diagnostizierte Struma kann mit Hilfe spezieller Röntgenuntersuchungen, z.B. mit Hilfe einer zur Kontrasterhöhung oral applizierten Bariumsulfatsuspension, in bezug auf Lageveränderungen des Ösophagus untersucht werden. Die Einengung oder Verlagerung der Trachea wird mit Zielaufnahmen dokumentiert. Die Untersuchungen werden bei entsprechender Symptomatik des Patienten wie Atemnot oder Schluckbeschwerden noch heute regelmäßig durchgeführt.
Die etwa linsengroßen Nebenschilddrüsen entziehen sich aufgrund ihrer geringen Größe dem Nachweis im Rahmen einer konventionellen Röntgenuntersuchung. Die chirurgische Exploration stellte lange die einzige Möglichkeit zum Nachweis pathologisch vergrößerter Nebenschilddrüsen dar; vor allem mediastinal lokalisierte Organe wurden hierbei jedoch häufig nicht erfaßt. Nathaniels et al. (1970) berichten von einem Patienten, bei dem in der ersten Hälfte unseres Jahrhunderts erst die 7. Exploration den gewünschten therapeutischen Erfolg brachte. Insbesondere in den 60er und 70er Jahren wurde intensiv an Untersuchungsverfahren gearbeitet, die eine prä- oder intraoperative Lokalisation

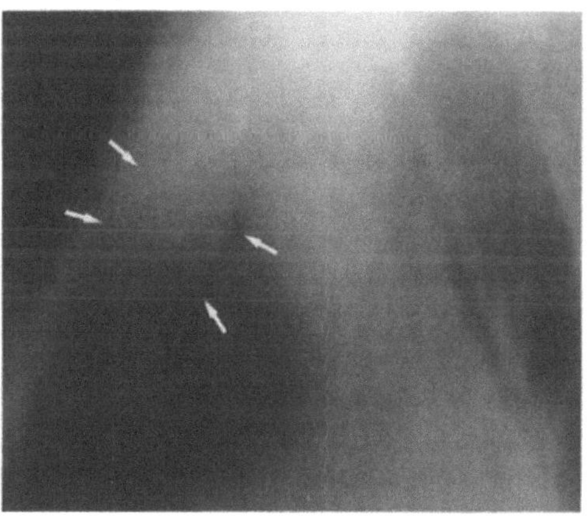

Abb. 4. Pneumomediastinum bei Nebenschilddrüsenadenom bei klinisch und laborchemisch gesichertem Hyperparathyreoidismus: ca. 3,5 cm große Raumforderung im vorderen Mediastinum substernal, durch umgebende Luft erkennbar (*Pfeile*)

pathologisch aktiver Nebenschilddrüsen ermöglichen. Neben nuklearmedizinischen Verfahren - 75-Se-Selenmethionin-Szintigraphie - und Thermographie sowie der intraoperativen Färbung mit Toluidinblau wurden auch das Pneumomediastinum (Silinková-Málková u. Balcar 1971) und die Schilddrüsenlymphographie (Kato et al. 1974) gezielt zur Klärung eines primären Hyperparathyreoidismus eingesetzt. Das Pneumomediastinum in Abb. 4 zeigt ein Nebenschilddrüsenadenom bei einem Patienten mit Hyperparathyreoidismus. Einen größeren Stellenwert erlangen die Arteriographie und - als wichtigste Technik - die retrograde Schilddrüsenphlebographie mit selektiver Blutentnahme zur Bestimmung der Parathormon-Plasma-Konzentration.

Angiographische Diagnostik

Die arterielle Versorgung der Schilddrüse erfolgt durch 2 Gefäßpaare, die rechte und linke obere Schilddrüsenarterie (A. thyreoidea superior), die als erster Ast der A. carotis externa entspringt, und die rechte bzw. linke untere Schilddrüsenarterie (A. thyreoidea inferior), gewöhnlich ein Ast des Truncus thyreocervicalis, gelegentlich auch unmittelbar aus der A. subclavia kommend; ferner gibt es die vom Aortenbogen ausgehende akzessorische A. thyreoidea ima. Die venöse Drainage erfolgt durch die ebenfalls paarig angelegten oberen und unteren Schilddrüsenvenen in der Regel in die gleichseitige V. jugularis interna; die V. thyreoidea impar leitet ihr Blut gewöhnlich in die V. brachiocephalica sinistra. Zahlreiche Varianten von dieser Anatomie werden beobachtet (Rossi et al. 1971; Günther et al. 1975).
Jede Nebenschilddrüse wird normalerweise von einer Arterie versorgt. Die das kaudale Paar versorgenden Gefäße entstammen der unteren Schilddrüsenarterie, das kraniale Paar wird entweder ebenfalls aus der unteren Schilddrüsenarterie gespeist, oder von einem der Anastomose zwischen unterer und oberer Schilddrüsenarterie entspringenden Ast. Der venöse Abfluß erfolgt über den Schilddrüsenvenenplexus in die V. thyreoidea inferior. Zahlreiche Abweichungen von dieser Anatomie können beobachtet werden.
Mit Beginn der zweiten Hälfte dieses Jahrhunderts wurden die technischen Voraussetzungen zur Durchführung angiographischer Untersuchungen wesentlich verbessert; neben der Aortographie wurden selektivere Verfahren möglich. Seldinger führte 1954 die Arteriographie ein, um Nebenschilddrüsenadenome zu lokalisieren. Bobbio et al. (1957) stellten die Gefäßversorgung der Schilddrüse nach Punktion der A. subclavia dar. Die Positionierung eines Kifa-Katheters, dessen Spitze nach axillärer Punktion im Truncus thyreocervicalis plaziert werden sollte, um den Verlauf der oberen Schilddrüsenarterie und ihrer Äste darzustellen, gelang Wickbom et al. (1967) bei gut der Hälfte der untersuchten Patienten. Nach femoraler Punktion führten Newman u. Eisenberg (1966) eine zweiseitige Untersuchung durch, wobei die Katheterspitze zunächst am Abgang des Truncus thyreocervicalis zu liegen kommen sollte, um die obere Schilddrüsenarterie darzustellen. Anschließend wurde der Katheter so weit zurückgezogen, daß die Katheterspitze in Höhe der Karotisbifurkation zur Darstellung kam; nun konnte auch die untere Schilddrüsenarterie mit Kontrastmittel dargestellt werden.
Die selektive Injektion des Kontrastmittels in den Truncus thyreocervicalis bzw. in die untere Schilddrüsenarterie führten zu einer besseren Darstellung der Schilddrüse und der Nebenschilddrüsen und pathologischer Veränderungen an diesen Organen (Doppman et al. 1969). Kam nach selektiver Darstellung keine suspekte Nebenschilddrüse zur Darstellung, konnte die Injektion von Kontrastmittel in beide Aa. mammariae internae zu dem angestrebten Ziel führen (Dodds et al. 1968). Rossi und Mitarbeiter führten die bilaterale transfemorale Punktion mit simultaner Kontrastmittelapplikation zur Darstellung sowohl der linken als auch der rechten Schilddrüsenarterien ein (Rossi et al. 1971).
Erst die genannten selektiven arteriographischen Methoden konnten bei hypervaskularisierten Nebenschilddrüsenadenomen die präoperative Lokalisation deutlich verbessern (Doppman et al. 1969). Trotz weiterer Verbesserungen ist auch mit Hilfe hochauflösender Vergrößerungstechnik (high resolution magnification), Substraktionsverfahren und vorausgehender Darstellung der Schilddrüse die sichere Differenzierung von Schilddrüsen- und Nebenschilddrüsenläsionen in der prospektiven, also präoperativen Analyse arteriographisch nicht immer erreicht worden (Eisenberg et al. 1974).
Mit der Entwicklung eines Radioimmunoassay zur Parathormonbestimmung 1963 war die wesentliche Voraussetzung für den direkten Nachweis hormonüberaktiven Nebenschilddrüsengewebes geschaffen (Berson et al. 1963). Im gleichen Jahr berichten Hardy und Eralsan von der Lokalisation eines mediastinal gelegenen hormonüberaktiven Nebenschilddrüsenadenoms durch Messung der Parathormonaktivität im venösen Abfluß des entsprechenden Epithelkörperchens (Hartdy u. Eralsan 1963). Reitz und Mitarbeiter

berichteten 1969 von der erfolgreichen präoperativen Lokalisation von Nebenschilddrüsenadenomen mittels selektiver Venenblutentnahme aus den großen Halsvenen und anschließender Bestimmung der Parathormon-Plasma-Konzentrationen mittels Radioimmunoassay (Reitz et al. 1969). Die Arbeitsgruppe um Doppman führte die selektivere Blutentnahme aus den Schilddrüsenvenen ein (Doppman et al. 1969), die sich bald als zuverlässiger herausstellte (Bilezikian et al. 1973; Aurbach et al. 1974; Eisenberg et al. 1974; Tomlinson et al. 1974; Günther et al. 1975). Zur Zuordnung der Parathormonwerte ist aufgrund der variablen Venenanatomie die Kenntnis der Phlebographie erforderlich, insbesondere da ektope Nebenschilddrüsenadenome und auch nach kontralateral drainierte Adenome beschrieben worden sind (Günther et al. 1975).
Die chirurgische Exploration führte nach Phlebographie und radioimmunologischer Parathormonbestimmung bei nicht am Hals voroperierten Patienten in bis zu 95% zu einer erfolgreichen Exstirpation des für den Parathormonüberschuß verantwortlichen Nebenschilddrüsengewebes (Satava et al. 1975).

Computertomographie

Mit Hilfe der Computertomographie kann durch quantitative Erfassung der Radiodensität eine Aussage über die Art einer Raumforderung der Schilddrüse gemacht werden. Die funktionelle und morphologische Schilddrüsendiagnostik erfolgt heute jedoch im wesentlichen laborchemisch, nuklearmedizinisch und sonographisch. Die Computertomographie hat ihren Stellenwert zum einen durch präoperatives Staging, zum anderen bei der posttherapeutischen Verlaufskontrolle maligner Schilddrüsenprozesse zusammen mit anderen bildgebenden Verfahren wie Sonographie und Szintigraphie, wobei von der Computertomographie insbesondere Aussagen über die Organbeziehungen zu Nachbarstrukturen und über Fernmetastasen erwartet werden.
Die Röntgencomputertomographie ist insbesondere bei der Suche mediastinal gelegener Nebenschilddrüsen von großem Wert, während zervikal die präoperative Lokalisationsdiagnostik heute nahezu ausschließlich sonographisch erfolgt. Die CT-gesteuerte Punktion pathologisch vergrößerter Epithelkörperchen zur Bestimmung des Parathormongehaltes im gewonnen Gewebe (Doppman et al. 1983) wurde wieder verlassen. Einen besonderen Stellenwert hat die Computertomographie heute neben der Lokalisationsdiagnostik

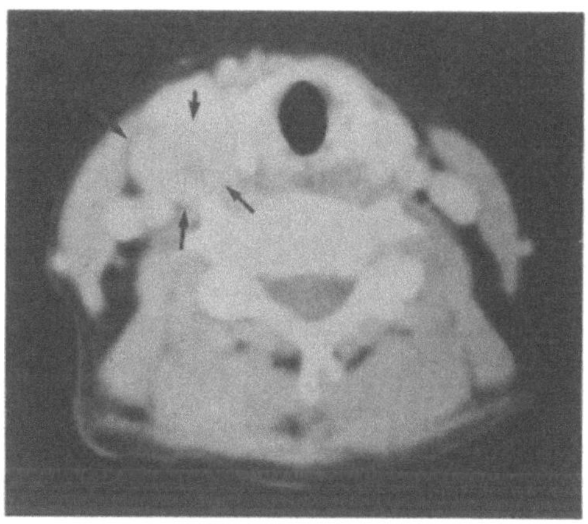

Abb. 5. CT bei klinisch, röntgenologisch und laborchemisch nachgewiesenem Hyperparathyreoidismus: ca. 3 cm große Raumforderung dorsal des rechten Schilddrüsenlappens (*Pfeile*); in der KM-CT geringer Kontrastmittel aufnehmend als die nach ventral verlagerte Schilddrüse

auch in der Rezidivdiagnostik maligner Nebenschilddrüsenprozesse. Eine CT nach intravenöser Kontrastmittelgabe (KM-CT), wie sie in Abb. 5 gezeigt wird, kann zur besseren Darstellung einer vergrößerten Nebenschilddrüse indiziert sein. Die Phlebographie wird seit der Einführung der Sonographie und der Computertomographie als präoperative Maßnahme nur noch selten, z. B. bei auf anderer Weise nicht zu klärendem Rezidivverdacht, eingesetzt.

Röntgenologische Beiträge zur Diagnostik endokriner Störungen des Pankreas

Die häufigste endokrine Erkrankung des Pankreas ist der Diabetes mellitus, der durch Ausfall der Insulinproduktion im Pankreas oder durch eine verminderte Zahl von Insulinrezeptoren an den Zellen der Zielorgane verursacht wird. Daneben sind Insulinome, Glukagonome, Somatostatinome, Gastrinome, VIPome und andere benignc Tumoren, seltener Inselzellhyperplasien oder von Inselzellen ausgehende Malignome beschrieben worden. Der häufigste Tumor, das Insulinom, weist infolge der unkontrollierten Insulinsekretion als Leitsyptom rezidivierende Hypoglykämien auf. Der Hyperinsulinismus ist klinisch und biochemisch sicher zu diagnostizieren. Neben im Pankreas gelegenen Prozessen sind auch ektope Insulinome und ein paraneoplastisch verursachter Hyperinsulinismus beschrieben worden. Das klinische Bild der anderen Erkrankungen wie Gastrinom oder Glukagonom wird analog der klinischen Präsentation des Insulinoms durch die Wirkung des produzierten Hormons bestimmt. Während der Diabetes mellitus diätetisch sowie in Abhängigkeit von Ätiologie und Schweregrad durch Hormonsubstitution oder pharmakologisch therapiert wird, ist bei den hormonsezernierenden Raumforderungen die totale Resektion des pathologischen Gewebes die Therapie der Wahl. Eine wichtige Voraussetzung hierzu ist die präoperative Lokalisation des Tumors.

In der Regel trägt die Röntgenuntersuchung des Abdomens nicht zur Klärung endokriner Störungen des Pankreas bei. Gelegentlich kommen grobschollige oder fleckförmige Verkalkungen in Projektion auf das Pankreas zur Darstellung; diese werden gehäuft bei Malignomen der Inselzellen beobachtet (Boijsen 1975; Imhof u. Frank 1977; Jahnke et al. 1977; Rosenbusch et al. 1975).

Die Arteriographie war lange die Methode der Wahl bei der Suche nach intrapankreatischen oder ektopen Insulinomen. Die Injektion von Kontrastmittel in die großen Oberbaucharterien nach transfemoraler Katheterisierung ermöglichte die Darstellung pathologischer Prozesse der Inselzellen. Olsson (1965) empfahl, Kontrastmittel simultan in die A. mesenterica superior und den Truncus coeliacus zu injizieren. Mit dieser Methode stellten sich die Gefäße und das Pankreasparenchym nach Meinung zahlreicher Autoren besser dar (Bookstein u. Obermann 1966; Lagemann 1972; Madsen 1966). Die simultane Kontrastmittelapplikation wurde durch superselektive Methoden wie die Sondierung der A. pancreatica dorsalis oder der A. gastroduodenalis, die durch neue technische Entwicklungen möglich wurden, abgelöst (Boijsen u. Samuelson 1970; Robins et al. 1973). Die Gabe vasokonstriktiver Substanzen wurde u. a. von Robins et al. (1973) erfolgreich in der Lokalisationsdiagnostik von Inselzelltumoren eingesetzt. Auch der Einsatz der Vergrößerungsradiographie und der Stereographie sowie von Subtraktionsaufnahmen konnte das diagnostische Resultat verbessern (Boijsen u. Samuelson 1970; Fulton et al. 1975; Olsson 1965).

Die direkte Phlebographie spielt in der Diagnostik endokriner Pankreaserkrankungen keine Rolle, da nur sehr große Raumforderungen erkannt werden können (Reichardt u. Ingemansson 1980). Bei arteriographisch unklaren Befunden kann jedoch die von Göthlin et al. (1974) erstmals beschriebene selektive Venenblutentnahme nach perkutaner transhepatischer Pfortaderpunktion und anschließender Insulinbestimmung mit einem Radioimmunoassay in der präoperativen Lokalisationsdiagnostik eingesetzt werden (Ingemanson et al. 1978; Reichardt u. Ingemansson 1980; Turner et al. 1978). Auch der erfolgreiche Nachweis anderer endokriner Pankreastumoren mittels selektiver Blutentnahme und RIA ist beschrieben worden (Burcharth et al. 1979; Kingham et al. 1978).

Über den erfolgreichen Einsatz der endoskopisch-retrograden Cholangiopankreatikographie (ERCP) liegen nur wenige Berichte von nahe am Pankreasgang gelegenen Raumforderungen vor. Die Sonographie hat sich für die präoperative Lokalisationsdiagnostik endokriner Pankreasprozesse nicht als geeignet erwiesen (Dunnick et al. 1980; Krudy et al. 1984).

Erste Berichte über die erfolgreiche computertomographische Insulinomdiagnostik lagen Ende der 70er Jahr vor (Fricke et al. 1978). Die Anfertigung einer computertomographischen Bildserie nach bolusartiger Kontrastmittelapplikation führt unter günstigen Umständen zur Darstellung der in der Regel gefäßreichen Tumoren (Krudy et al. 1984; Rossi et al. 1985; Stark et al. 1984). Computertomographie und Angiographie sind auch heute die wichtigsten Säulen in der Lokalisationsdiagnostik endokriner Pankreasprozesse.

Literatur

Abrams HL, Siegelman SS, Adams DF, Sanders R, Finberg HJ, Hessel SJ, McNeil BJ (1982) Computed tomography versus ultrasound of the adrenal gland: a prospective study. Radiology 143:121–128

Ahlbäck S (1958) The suprarenal glands in aortography. Acta Radiol 50:341–350

Aurbach CD, Mallette LE, Patten BM, Heath DA, Doppmann JL, Bilezikian JP (1973) Hyperparathyreoidism: Recent studies. Ann Intern Med 79:566

Balau J, Maurer H-J, Döring S, Holthausen E (1969) Häufigkeit der Nebennierendarstellung im abdominalen Übersichtsaortogramm. Fortschr Röntgenstr 110:79–86

Bayliss RIS, Edwards OM, Starer F (1970) Complications of adrenal venography. Br J Radiol 43:531–533

Berland LL, Koslin DB, Kenney PJ, Stanley RJ, Lee JY (1988) Differentiation between small benign and malignant adrenal masses with dynamic incremented CT. Am J Roentgenol 151:95–101

Bernadino ME, Walther McCM, Phillips VM et al. (1985) CT-guided adrenal biopsy: accuracy, safety and indications. Am J Roentgenol 144:67–69

Berson SA, Yalow RS, Aurbach GD, Pottos JT (1963) Immunoassay of bovine and human parathyroid hormone. Proc Natl Acad Sci 49:613

Bilezikian JP, Doppmann JL, Shimkin PM et al. (1973) Preoperative localization of abnormal parathyroid tissue: cumulative experience with venous sampling and arteriography. Am J Med 55:505

Bobbio A, Bezzi E, Zanella E, Rossi L (1959) Angiographic aspects of disease of the thyroid. J Int Coll Surg 32:79-97

Boijsen E (1975) Inactive malignant endocrine tumors of the pancreas. Radiologe 15:177-182

Boijsen E, Samuelson E (1970) Angiographic diagnosis of tumors arising from the pancreatic islets. Acta Radiol 10:161-176

Boijsen E, Williams CM, Judkins MP (1966) Angiography of pheochromocytoma. Am J Roentgenol 98:225-232

Bookstein JJ, Conn J, Reuter SR (1968) Intra-adrenal hemorrhage as a complication of adrenal venography in primary aldosteronism. Radiology 90:778-779

Bookstein JJ, Obermann HA (1966) Appraisal of selective angiography in localizing islet cell tumours of the pancreas. Am J Roentgenol 86:682-685

Bucht H, Bergstrom J, Lindholmer B (1964) Catheterization of the left adrenal vein for contrast injection and steroid analysis in a case of Conn's syndrome. Acta Med Scand 176:233-240

Burchadth F, Stage JG, Stadil F, Jensen LI, Fischermann K (1979) Localization of gastrinomas by transhepatic portal vein catheterization and gastrin assay. Gastroenterology 77:444-450

Busch W (1954) Die arterielle Versorgung der Nebenniere. Virchows Arch Pathol Anat 324:688-699 [zitiert nach Ahlbäck 1958]

Cahill GF (1935) Air injections to demonstrate the adrenals by X-ray. J Urol 34:238-243

Carelli HH, Sordelli E (1921) Un nuevo procedimento para explorar el riñón. Rev Assoc Med Argent 34:424-425

Chevassu M, Maingot (1922) A propos de l'insufflation périrénale. J Urol 13:54-57 [zitiert nach Quinby 1923]

Dodds WJ, Newton TH, Enlohe LJ (1968) Parathyroid adenoma of anterior mediastinum demonstrated by pre-operative selective arteriography. Radiology 91:923-924

Doppman JL, Hammond WG, Melson GL, Evens RG, Ketcham AS (1969) Staining of parathyroid adenomas by selective arteriography. Radiology 92:527-530

Doppman JL, Krudy AG, Marx SJ et al. (1983) Aspiration of enlarged parathyroid glands for parathyroid hormone assay. Radiology 148:31-35

Dunnick NR, Long jr JA, Krudy A, Shawker ThH, Doppman JL (1980) Localizing insulinomas with combined radiographic methods. Am J Roentgenol 135:747-752

Eisenberg J, Pallotta J, Sherwood LM (1974) Selective arteriography, venography and venous hormone assay in diagnosis and localization of parathyroid lesions. Am J Med 56:810-820

Fagerberg S (1952) Pneumoretroperitoneum. Acta Radiol 37:519-530

Fricke M, Zick R, Mitzkat HJ (1978) Das Insulinom im Computertomogramm. Radiologe 18:252-254

Fulton RE, Sheedy PF, Mellrath DC, Ferris DO (1975) Preoperative angiographic localization of insulin-producing tumours of the pancreas. Am J Roentgenol 123:367-377

Georgi M, Cordes U, Günther R, Philipp T, Lenner V (1978) Phlebographische Diagnostik des Phäochromozytoms. Fortschr Röntgenstr 128:727-733

Georgi M, Günter R, Eigand H (1975) Technik und Ergebnisse der Nebennierenphlebographie. Radiologe 15:278-286

Georgi M, Jaschke W, Trede M, v Mittelstaedt G, Cordes U, Sinterhauf K, Magin E (1980) Erfahrungen mit der Computertomographie und der Nebennierenphlebographie in der Diagnostik hormonaktiver Nebennierenprozesse. Radiologe 20:172-180

Gianturco C, Drenckhahn CH (1938) The rôle of perirenal injections of gas in the radiological study of the adrenal glands. Radiology 30:500-504

Goodwin WE, Moore EM, Peirce EC (1955) Roentgenographic visualization of adrenal glands: Use of aortography and/or retroperitoneal pneumography to visualize the adrenal glands: „Combined adrenalography". J Urol 74:231

Göthlin J, Lunderquist A, Tylén U (1974) Selective plebography of the pancreas. Acta Radiol 15:474-480

Grenzmann M, Thurn P (1970) Der Wert der Röntgenuntersuchung bei inkretorisch wirksamen Nebennierenerkrankungen. Fortschr Röntgenstr 111:353-374

Günther R, Georgi M, Rothmund M, Heicke B, Kärst T (1975) Schilddrüsenphlebographie und selektive Blutentnahme zur Parathormonbestimmung beim primären Hyperparathyreoidismus. Fortschr Röntgenstr 123:419-426

Haertel M, Probst P, Bollmann J, Zingg E, Fuchs WA (1980) Computertomographische Nebennierendiagnostik. Fortschr Röntgenstr 132:31-36

Hardy JD, Eralsan S (1963) Parathyroid hormone activity in venous drainage of funtioning intrathoracic parathyroid adenoma. Surgery 54:752-755

Hartman GW, Witten DM, Weeks RE (1966) The role of Nephrotomography in the diagnosis of adrenal tumours. Radiology 86:1030-1034

Haubrich R, Thurn P (1953) Nebennierentumoren im Pneumoretroperitoneum. Fortschr Röntgenstr 78:719-723

Hernaman-Johnson F (1922) The Carelli method of perirenal inflation. Br Med J 1:91-92

Heuck F, Buck J, Reiser U (1980) Die gesunde und kranke Nebenniere im Röntgen-Computer-Tomogramm. Radiologe 20:158-171

Imhof H, Frank P (1977) Pancreatic calzifications in malignant islet cell tumors. Radiology 122:333-337

Ingemansson S, Kühl C, Larsson LI, Lunderquist A, Lunderquist I (1978) Localization of insulinomas and islet cell hyperplasias by pancreatic vein catheterisation and insulin assay. Surg Gynecol Obstet 146:725-734

Jahnke RW, Gnekow W, Harell GS (1977) Non-beta islet tumor calcification associated with Zollinger-Ellison syndrome and multipe endocrine adenomatosis. Gastrointest Radiol 1:345-347

Joelson JJ, Persky L, Rose FA (1954) Radiographic diagnosis of tumors of the adrenal gland. Radiology 62:488-495

Kahn PC, Nickrosz LV (1967) Selective angiography of the adrenal glands. Am J Roentgenol 101:739–749

Kato T, Hattori T, Miura K, Sato M (1974) Application of thyroid lymphography to preoperative localization of hyperfunctioning parathyroid adenomas. Ann Surg 179:378–381

Kingham JGC, Dick R, Bloom SR (1978) VIPoma. Localization by percutaneous transhepatic portal venous sampling. Br Med J 2:1682–1683

Kokas F, Zsebök Z (1951) Röntgendarstellung der Nebenniere und der Niere durch perirenale Lufteinblasung. Fortschr Röntgenstr 74:218–225

Krudy AG, Doppman JJ, Jensen RT et al. (1984) Localization of islet cell tumors by dynamic CT: comparison with plain CT, arteriography, sonography, and venous sampling. Am J Roentgenol 143:585–589

Lagemann K (1972) Angiographischer Nachweis eines malignen Inselzelladenoms. Fortschr Röntgenstr 116:432–433

Lagergren C (1967) Angiographic changes in the adrenal glands. Am J Roentgenol 101:732–738

Lindvall N, Slezak P (1969) Arteriography of the adrenals. Radiology 92:999–1005

Ludin H (1963) Angiographische Nebennierendarstellung. Fortschr Röntgenstr 99:654–666

Ludin H (1966) Nebennierendarstellung mittels viszeraler Angiographie. Fortschr Röntgenstr 104:379–381

Madsen B (1966) Demonstration of pancreatic insulinomas by angiography. Br J Radiol 39:488–493

Masoni A (1957) Catheterization of the right adrenal vein in man. Acta Med Scand 159:225–234

Meaney TF, Buonocore E (1966) Selective Arteriography as a localizing and provocative test in diagnosis of pheochromocytoma. Radiology 87:309–314

Melby JC, Sprak RF, Dale SL, Egdahl RH, Kahn PC (1967) Diagnosis and localization of aldosteroneproducing adenomas by adrenal vein catheterisation. New Engl J Med 277:1050–1056

Miyake H, Maeda HJ, Tashiro M et al. (1989) CT of adrenal tumors: Frequency and clinical significance of low-attenuation lesions. Am J Roentgenol 152:1005–1007

Nathaniels EK, Nathaniels AM, Wang C-A (1970) Mediastinal parathyroid tumors: a clinical and pathological study of 84 cases. Ann Surg 171:165–170

Newman TH, Eisenberg E (1966) Angiography of parathyroid adenomas. Radiology 86:843–850

Olsson O (1965) Angiographie in drei Fällen von Insulinoma Pancreatis. Radiologe 5:286–287

Porstmann W, Wierny L, Münster W (1966) Die selektive Nebennierenangiographie. Fortschr Röntgenstr 104:150–157

Quinby WMC (1923) Perirenal insufflation of oxygen. J Urol 9:13–27

Ransom CL, Landers RR, McLelland R (1956) Air embolism following retroperitoneal pneumography. J Urol 76:664–670

Rautenberg E (1914) Röntgenphotographie der Leber, der Milz und des Zwerchfells. Dtsch Med Wochenschr 979

Reichardt W, Ingemansson S (1980) Selective venous catheterization for hormone assay in endocrine tumours of the pancreas. Acta Radiol 21:177–187

Reitz RE, Pollard JJ, Wang C-A et al. (1969) Localization of parathyroid adenomas by selective venous catheterization and radioimmunoassay. New Engl J Med 281:348–351

Rehm A, Haage H (1964) Ein Beitrag zur Diagnostik normaler und pathologischer Nebennieren. Radiologe 4:392–398

Robins JM, Bookstein JJ, Obermann HA, Fajaus SS (1973) Selective angiography in localizing islet cell tumours of the pancreas. A further appraisal. Radiology 106:525–528

Robinson, Werndorf (1905) Eine neue Methode zur Diagnostik der Gelenkerkrankungen. Zentralbl Chir 826

Rosenstein P (1921) Die „Pneumoradiographie des Nierenlagers“, ein neues Verfahren zur radiographischen Darstellung der Nieren und ihrer Nachbarorgane (Nebenniere, Milz, Leber). Z Urol 7:447–458

Rossi P, Tracht DG, Ruzicka jr FF (1971) Thyroid angiography - techniques, anatomy and indications. Br J Radiol 44:911–926

Rossi P, Baert A, Passariello R, Simonetti G, Pavone P, Tempesta P (1985) CT of functioning tumors of the pancreas. Am J Roentgenol 144:57–60

Roux-Berger J-L, Naulleau J, Contiadès X-J (1934) Corticosurrénalome malin. Aortographie. Exèrése. Guèrison opératoire. Bull Med Soc Natl Chir 60:791–802

Ruiz Rivas M (1950) Generalized subserous emphysema through a single puncture. Am J Roentgenol 64:723–734

Satava RM, Beahrs OH, Scholz DA (1975) Sucess rate of cervical exploration for hyperparathyroidism. Arch Surg 110:625–628

Scheible W, Coel M, Siemers PT, Siegel H (1975) Percutaneous aspiration of adrenal cysts. Am J Roentgenol 128:1013–1016

Seldinger SI (1953) Catheter replacement of the needle in percutaneous arteriography; a new technique. Acta Radiol 39:368–376

Seldinger SI (1954) Localization of parathyroid adenomata by arteriography. Acta Radiol 42:353

Silinková-Málková F, Balcar V (1971) Röntgenologische präoperative Lokalisationsdiagnostik der Nebenschilddrüsenadenome. Radiologe 11:103

Smith PG, Rush TW, Evans AT (1952) Extraperitoneal pneumography. J Urol 68:953–959

Starer F (1965) Percutaneous suprarenal venography. Br J Radiol 38:675–681

Stark DD, Moss AA, Goldberg HI, Deveney CW (1984) CT of pancreatic islet cell tumors. Radiology 150:491–494

Steinbach HL, Hinman F, Forsham PH (1957) The diagnosis of adrenal neoplasms by contrast media. Radiology 69:664–672

Süsse HJ, Radke H (1977) Nachweis und Lokalisierung von Nebennierentumoren mittels Aortographie. Röfo 86:599–604

Tomlinson S, Clements VR, Smith MJG, Kendall BE, O'Riordan JJH (1974) Selective catheterization of the thyroid veins for preoperative localization of parathyroid tumors. Br J Surg 61:633–637

Turner RC, Lee ECG, Morris PJ, Harris A, Dick R (1978) Localization of insulinomas. Lancet I:515–518

Voegeli E, Käser H (1975) Die Radiologie der Nebennieren. Radiologe 15:149–156

Walter RC, Goodwin WE (1953) Aortography and retroperitoneal oxygen in urologic diagnosis: a comparision of translumbar and percutaneous femoral methods of aortography. J Urol 70:526–537

Wickbom I, Zachrisson BF, Heimann P (1967) Thyroid angiography. Acta Radiol 6:497–512

Wilhelm SF (1943) Laminography in the vizualisation of the suprarenal glands. J Urol 49:785–788

Mamma

Dietrich von Fournier

Die Mammographie ist die häufigste einzelne Röntgenuntersuchung, die bei niedergelassenen Radiologen in Deutschland derzeit durchgeführt wird. Über 40% der Röntgenaufnahmen sind Mammographien (Deutscher Röntgenkolngreß 1989). Derzeit wird geprüft, ob die Mammographie als Screeningmethode auch in Deutschland, wie in anderen europäischen Ländern, eingesetzt werden soll. Die Screeningmammographie hat bei Zusammenfassung aller wichtigen Studien schätzungsweise zu einer Überlebensverbesserung der Frauen mit einem Mammakarzinom von durchschnittlich 25% geführt. Soweit Frauen oder behandelnde Ärzte eine Vorsorgemammographie wünschen, kann diese in Deutschland derzeit schon durchgeführt werden („verdecktes Screening“).

Die Entwicklung der Mammographie vollzog sich in 4 Phasen.

Entwicklung der Mammographie

Die Mammographie wurde erstmals von dem Berliner Arzt Salomon (1913) angewendet. Er hat bei ca. 3000 Operationspräparaten nach Mammaamputation Röntgenaufnahmen durchgeführt und die Ausbreitung des Tumors im gesunden Gewebe anhand des Röntgenbildes beobachtet. Die wichtigsten Tumorzeichen der Mammographie sind von ihm schon mit diesen Präparatradiographien beschrieben worden. Ziel seiner Untersuchung war es, so eine optimale Schnittführung bei der Operation zu finden.

In Deutschland haben sich zunächst vor allem die Chirurgen mit der Mammographie befaßt: 1927 führte Kleinschmidt weltweit erstmals die Mammographie bei einer Patientin durch.

Vogel (1932) berichtet, daß er routinemäßig eine Mammographie bei der Patientin vor einer Operation durchgeführen ließ.

1934 beschrieben Finsterbusch u. Gross aus Leipzig eine Differentialdiagnose der intraduktalen Verkalkungen in der Brustdrüse. Er beobachtete die Verkalkungen anhand von Mammographien und erkannte spezifische Verkalkungen an Mammakarzinomen, welche er von gutartigen Verkalkungsmustern trennen konnte.

Zielsetzung der Mammographie war die Differenzierung bei klinischen Tastbefunden zwischen gutartiger und bösartiger Erkrankung. Als Resultat der systematischen Mammographie vor Operationen begannen die Operateure bei offensichtlich gutartigen Veränderungen eine abwartende Haltung einzunehmen. Bei klaren Karzinomzeichen im Röntgenbild wurde in jedem Fall operiert. Das wichtigste klinische Ergebnis in dieser Zeit war der zunehmende Verzicht auf unnötige Operationen bei eindeutig gutartigen Veränderungen.

Internationale Verbreitung der Mammographie

Die Beschreibung der Tumorzeichen in der Mammographie wurde international von den Autoren systematisch entwickelt. Dominguez (1929) und sein Schüler Leborgne (1953) beschrieben eine Systematik der Kalkablagerungen in der Brustdrüse. Leborgne stellte im Vergleich den Mikrokalk im Röntgenbild demjenigen im histologischen Präparat gegenüber und entwickelte die Grundlagen der Differentialdiagnose der Mikroverkalkungen. Die englischsprachigen Publikationen von Leborgne weckten das Interesse an der Mammographie in den USA.

Die klassische Übersicht über die historische Entwicklung der Mammographie wurde von Gershon-Cohen (1961) verfaßt. Gemeinsam mit der Pathologin Ingleby (Gershon-Cohen 1961) führte er eine vergleichende Untersuchung zwischen Mammogramm, dem histologischen Großflächenschnitt und dem radiographischen Befund der Gewebeexzidate durch. Ziel dieser Untersuchung war es, die pathoanatomischen Ursachen für karzinomspezifische Veränderungen im Röntgenbild zu ermitteln. Es wurde festgestellt, daß die Mikroverkalkungen intraduktal Folgen von

Tumorzellnekrosen u. a. waren. Weiter wurde festgestellt, daß die krebstypischen Spikulae bindegewebige Reaktionen auf die wachsenden Tumorzellen sind.
Es wurde ferner erkannt, daß die unterschiedlichen histologischen Tumortypen auch zu unterschiedlichen typischen Veränderungen im Röntgenbild führen.
Als wichtigstes Ergebnis dieser klinischen Forschung konnte Gershon-Cohen karzinomtypische Mikroverkalkungen beschreiben, welche die Entdeckung von Brustkrebs im okkulten Frühstadium, z. T. im heilbaren Carcinoma-in-situ-Stadium führen. Mit mammographischen Serienuntersuchungen konnte Gershon-Cohen belegen, daß die Wachstumszeit des Brustkrebses von der ersten Tumorzelle bis zu einem tastbaren Knoten in der Regel über viele Jahre verläuft. In diesen Jahren besteht die Chance einer Früherkennung durch Vorsorgemammographie. Das wichtigste Ergebnis der klinischen Forschung von Gershon-Cohen war die Erkenntnis, daß durch die Screeningmammographie Brustkrebs früher zu entdecken ist als durch alleinige Palpation. Er schuf die Grundlagen für das heute weltweit in vielen Ländern verbreitete Mammographiescreening. Durch Gershon-Cohen (1961) lebte die Technik der Galaktographie wieder auf. Diese wurde in Deutschland erstmals von Ries (1930) mit Lipiodol durchgeführt. Die verfeinerte Galaktographietechnik hatte zum Ergebnis, daß in 7% der von Ries (1930) durchgeführten Galaktographien ein okkultes, sonst nicht erkennbares Mammakarzinom, meist ein Carcinoma in situ, gefunden wurde. In Europa wurden, gleichzeitig mit Gershon-Cohen, von Gros (1951, 1957) in Straßburg die wissenschaftlichen Grundlagen für die Einführung einer Molybänanode in der Röntgenröhre für die Mammographie geschaffen. Ziel der verbesserten Röntgenröhre war es, bei dem Weichteilorgan „Brustdrüse" einen möglichst großen Gewebekontrast zu erreichen. Als Resultat der verbesserten Detailerkennbarkeit im Mammogramm wurden zunehmend Mammkarzinome mit geringer Größenausdehnung, z. T. im nicht tastbaren okkulten Stadium diagnostiziert (Abb. 1).
Klinisches Hauptergebnis war eine völlige Neufassung des Konzepts der Therapie des Mammakarzinoms. Mit den 60er Jahren wurde statt der radikalen Rotter-Hallsted-Operation die brusterhaltende Operation des Mammakarzinoms eingeführt. Hierbei wird der Tumor mit einer Manschette gesunden Gewebes aus der Brust herausgeschnitten und die axillaren Lymphknoten werden von einem getrennten Schnitt aus ausgeräumt. Die belassene Restbrust muß ausschließlich mit einer Hochvoltbestrahlung mit einer Dosis von 50–60 Gy behandelt werden, um daß Auftreten eines Rezidives zu verhindern.

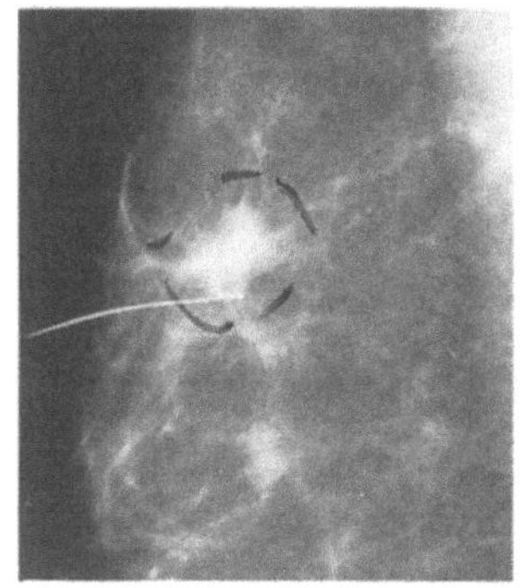
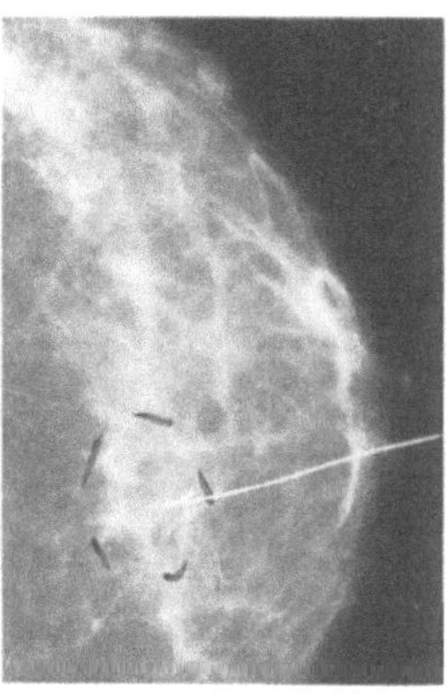

Abb. 1. Mammographie in 2 Ebenen. Im Bereich einer nicht tastbaren Verdichtung wurde ein Drahthaken zur Markierung gelegt. Die Lokalisation erfolgte stereotaktisch. Histologisch: Frühdiagnose: Ein 1 cm großes nichtinvasives intraduktales Mammakarzinom mit gerade beginnender Invasion von 1 mm

Dieses Konzept der brusterhaltenden Operation des Mammakarzinoms ist inzwischen die Standardtherapie beim kleinen Mammakarzinom geworden. Möglich wurde diese nicht verstümmelnde Behandlung erst durch die Mammographie, durch welche kleine und kleinste Malignome entdeckt werden können. Gros wurde die belebende Kraft in Europa für die Gründung von Senologie-Gesellschaften, in denen alle beteiligten Fächer für Diagnostik und Therapie von Brusterkrankungen vereint wurden.
Die Mammographie war in Deutschland für Jahrzehnte weitgehend in Vergessenheit geraten. Erste Schritte zur Wiedereinführung der Mammographie wurde von Reinhardt (1953) und Kübler (1955) unternommen.
Das erste deutschsprachige Lehrbuch wurde von Buttenberg u. Werner (1962) publiziert.

Mammographie als klinische Routinemethode

Mit dem Lehrbuch *Röntgenuntersuchung der Brust* haben Hoeffken u. Lany (1973) ein bis heute geltendes Standardlehrbuch vorgelegt. Die Mammographie entwickelte sich zu einer Standardmethode zur Abklärung unklarer klinischer Veränderungen der Brust. In der Folgezeit hat sich vorwiegend in den USA die Spezialtechnik der Xeroradiographie entwickelt. Wolfe (1976) beschrieb Risikozeichen in der Mammographie,

welche in Europa wenig Beachtung fanden. Die Technik der Xeromammographie ist inzwischen weitgehend verlassen worden. Sie wird noch in speziellen Situationen angewendet, wenn die Axilla dargestellt werden soll oder wenn Aufbauprothesen mit Silikon-Gel gelegt wurden. Barth (1990, 1994) hat systematisch vergleichende Untersuchungen zwischen Mammographiebefund, Sonographiebefund, Kernspintomographie, Mikroradiographie und histologischem Großflächenschnitt vorgenommen. Als Ergebnis können die Befunde, welche mit bildgebenden Methoden dargestellt werden, genauer den pathologischen Veränderungen in der Brustdrüse zugeordnet werden. Hierdurch wurde die diagnostische Sicherheit der Aussage bei den bildgebenden Methoden der Mamma erheblich verbessert.
Die Darstellung von Milchgängen bei blutiger Sekretion hat eine gewisse klinische Bedeutung bis heute behalten (Galaktographie). Eine wichtige Verbesserung der Mammographietechnik mit gleichzeitiger Dosiseinsparung war die Einführung der Rastermammographie mit Film-Folien-Systemen. Diese Technik ist für Screeningmammographie inzwischen international zum Standard geworden. Die Screeeningmammographie zur Früherkennung des Brustkrebses wurde erstmals von Gershon-Cohen (1965) angeregt. Serien von Mammographien über Jahre im Rahmen von Screeninguntersuchungen ergaben Aufschluß über die natürliche Wachstumsgeschwindigkeit des Mammakarzinoms und seine Biologie (Gershon-Cohen 1965; Fournier 1982). Das retrospektiv beobachtete Wachstum des Mammakarzinoms im Röntgenbild in Serienmammographien führte zu dem Hinweis, daß eine Screeningmammographie im Abstand von 1–2 Jahren für eine effektive Brustkrebsfrüherkennung zu empfehlen ist.

Screeningmammographie

HIP-Studie (Healt Insurance Plan)

Die erste große randomisierte Studie in den USA war die HIP-Studie (Health Insurance Plan). Seit 1963 wurden Frauen ab 40 Lebensjahren jährlich über 4 Jahre mammographiert. Auch nach 18 Jahren zeigten Frauen über 50 und unter 50 Jahren eine geringere Sterblichkeit an Brustkrebs als die Kontrollgruppe (Smart et al. 1993). Die Reduktion der Brustkrebssterblichkeit betrug 24% bei Frauen zwischen 40 und 49 Jahren, und 23% bei den Frauen zwischen 50 und 64 Jahren nach 18 Jahren Nachbeobachtung. Die zahlenmäßig bedeutendste Studie ist die in den USA durchgeführte BCDDP-Studie (Breast Cancer Detection and Demonstration Project; Smart et al. 1993). Diese 1973 begonnene Studie zeigt, daß nach durchschnittlich 14 Jahren Frauen über 50 Jahre, aber auch Frauen zwischen 40 und 50 Jahren, eindeutig häufiger überleben, wenn die Mammakarzinome im Screening entdeckt wurden: Die jüngeren Frauen überlebten zu 81% 14 Jahre, die älteren Frauen (über 50 Jahre) zu 80%. Erstaunlich ist die hohe Langzeitüberlebensrate bei Frauen, bei denen Brustkrebs im Screening entdeckt wurde. Ein wichtiges Ergebnis der BCDDP-Studie ist der Hinweis, daß die Überlebensverbesserung des Screenings bei jungen Frauen erst nach 8–10 Jahren Nachbeobachtung eindeutig wird. Deshalb sind Screeningstudien mit einer kürzeren Beobachtungszeit nicht für eine verbindliche Aussage geeignet.
Alle Screeningstudien zeigten bisher folgendes auf:

- Die jährliche Mammographie ist vorteilhaft gegenüber einem Abstand von 2 Jahren.
- Die 2-Ebenen-Mammographie ist vorteilhaft gegenüber einer 1-Ebenen-Mammographie (Schrägaufnahme).
- Die Tastuntersuchung zusätzlich zur Mammographie verbessert die Ergebnisse.
- Die Beurteilung der Mammographie durch 2 Untersucher (Doppelbefundung) verbessert die Ergebnisse gegenüber einem Untersucher.

Screeningmammographie in Deutschland

In Deutschland wurden zwischen 1989 und 1993 die „Deutsche Mammographie-Studie“ durchgeführt. Diese Studie wurde wissenschaftlich geleitet von Frischbier (Hamburg) und Hoeffken (Köln). In einer 1. Phase haben 4 Expertenzentren ab 1989 das Screening in einer Pilotstudie auf praktikable Durchführung geprüft (Expertenzentren: Hamburg, Köln, Heidelberg, Eßlingen). In einer 2. Phase ab November 1990 wurden die Qualitätssicherungsinstrumente in 2 Regionen flächendeckend in die dezentrale Versorgung durch niedergelassene Ärzte eingeführt. Das Screening führten 40 mammographierende Ärzte durch, 330 zuweisende Ärzte waren eingebunden. Gesichert wurde die technische und apparative Qualität, aber auch die personelle Qualität. Die Studie zeigte: Niedergelassene Ärzte können dezentral das Mammographiescreening durchführen, wenn sie Expertenzentren oder Referenzzentren zur Qualitätssicherung zugeordnet sind. Die

Publikation der Ergebnisse der „Deutschen Mammographie-Studie“ sind in Vorbereitung.

Forderungen für die Durchführung der Screeningmammographie

Für die Dosiseinsparung ist ein Rastersystem mit Filmverstärkerfolien erforderlich. Der Fokus der Röntgenröhre soll unter bzw. bis 0,4 mm liegen. Die mittlere Parenchymdosis soll unter 0,5 cGY liegen. Die Qualität der Aufnahme ist vorrangig vor der Dosisersparnis, weil ein Strahlenrisiko bei der niedrigen Integraldosis als nicht relevant gesehen wird. Die jährliche Mammographie in 2 Ebenen ist, insbesondere bei jüngeren Frauen (unter 50 Jahren Lebensalter) vorzuziehen, um die Rate der Intervallkarzinome niedrig zu halten.
Die klinische Untersuchung ist mit der Mammographie zu kombinieren. Eine Biopsierate von 2 gutartigen histologischen Ergebnissen auf 1 Mammakarzinom wird für Screening als akzeptabel angesehen. Anzustreben ist eine Rate von 1:1.

Ausblick auf weitere bildgebende Methoden für die Mammadiagnostik

Vorerst wird die Röntgenmammographie die einzige Methode sein, mit welcher Screeninguntersuchungen zur Früherkennung des Mammakarzinoms bei größeren Bevölkerungskollektiven durchgeführt werden können.
Daneben hat sich für die weitere Abklärung unklarer Veränderungen im Tastbefund oder im Mammogramm die *Mammasonographie* als Routinemethode bewährt. Mit Schallsonden von 7,5–10 MHz kann ein unklarer Röntgenbefund oder ein Tastbefund mit hoher Treffsicherheit weiter abgeklärt werden. Für tastbare Veränderungen ist die Mammasonographie in der Sicherheit der Aussage (Sensitivität, Spezifität) inzwischen der Mammographie ebenbürtig. Für Früherkennung und Diagnostik kleinster Mikroverkalkungen ist die Mammasonographie allerdings nicht geeignet (Abb. 2).
Die Magnetresonanzmammographie ist eine neue bildgebende Methode, welche sich bereits vielerorts im klinischen Einsatz befindet. Hierbei wird das Kontrastmittel Gd-DTPA als Bolus i.v. gegeben. Dann werden in der dynamischen Untersuchungstechnik wiederholte Messungen der gleichen Schichten in kurzen Zeitabständen nach der Injektion durchgeführt. Wegen der stärkeren

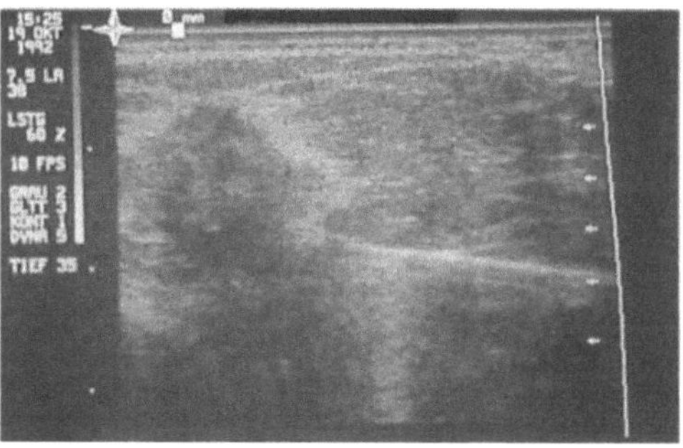

Abb. 2. Mammasonogramm eines Mammakarzinoms mit einer 7,5-MHZ-Schallsonde: Das Karzinom stellt sich als echoarmer unregelmäßig begrenzter Herd dar mit einem dorsalen Schallschatten. Unregelmäßig finden sich Binnenechos. In der Umgebung findet sich eine echoreiche Schallzone

Abb. 3. MR-Mammographie: Summationsbild von 480 Einzelbildern mit Farbkodierung. Die *hellen* Farben (*gelb, rot*) korrelieren mit der Geschwindigkeit der Signalintensitätszunahme. Ein Mammakarzinom stellt sich durch rasche Zunahme der Signalintensität nach Kontrastmittelgabe dar. (DKFZ Heidelberg 1994)

Durchblutung bösartiger Brusttumoren (tumorbedingte Angiogenese) reichert typischerweise ein Mammakarzinom Kontrastmittel in den ersten 2 min nach Injektion stärker an als das übrige Brustgewebe. Nach einer maximalen Anreicherung innerhalb von 2 min fällt dann der Kontrastmittelgehalt im Tumorbereich typischerweise wieder ab. Gutartige Tumoren oder mastopathisches Drüsengewebe zeigen eine langsamere und länger andauernde Speicherung des Kontrastmittels. Da die Brustdrüse in Einzelschichten von wenigen Millimetern insgesamt mehrfach nach Kontrastmittelgabe dargestellt wird, entstehen bis über 400 einzelne Schichtbilder. Die Auswertung der Einzelbilder erfordert einen großen Zeitaufwand. Zusätzlich können proliferative gutartige Veränderungen wie Mastopathien oder Fibroadenome ein den Karzinomen ähnliches Kontrastmittelverhalten zeigen, wodurch falschpositive Befunde vorgetäuscht werden. Bei größeren Karzinomen ist die MR-Mammographie von hoher Sensitivität, jedoch geringer Spezifität. Kleinste Karzinome im Carcinoma-in-situ-Stadium werden teilweise mit der MR-Mammographie nicht dargestellt, weil die Malignome im Frühstadium noch eine zu geringe Angiogenese aufweisen. Als Zusatzmethode zur Klärung unklarer Veränderungen im Röntgenbild scheint sich die MR-Mammographie zu einer wichtigen Ergänzung zu entwickeln (Abb. 3).

Literatur

Barth V (1994) Mammographie. Enke, Stuttgart

Barth V, Prechtel K (1990) Atlas der Brustdrüse und ihre Erkrankungen, 2. Aufl. Enke, Stuttgart

Buttenberg D, Werner K (1962) Die Mammographie. Schattauer, Stuttgart

Dominguez CM (1929) Estudio sistenatizado del cancer del seno. Dol Liga Urug Cancer 4:145

Finsterbusch R, Gross F (1934) Kalkablagerungen in den Milch- und Ausführungsgängen beider Brustdrüsen. Röntgenpraxis 172

Fournier D von (1980) Growth rate of 147 mammary carcinomas. Cancer 45:2198–2207

Friedrich M, Fournier D von, Hoeffken W (1989) The value of diagnostic methods: Mammography, screening and other imaging techniques. In: Kubli F, Fournier D v, Bauer M, Junkermann H, Kaufmann M (eds) Breast disease. Springer, Berlin Heidelberg New York Tokyo, pp 276–284, pp 112–128

Gershon-Cohen J 81961) Breast roentgenology, historical review. Am J Roentgenol 86:879

Gershon-Cohen J (1965) Detection of unsuspected breast cancer by mammography. Surg Gynecol Obstet 121:97

Gros ChM, Sigrist M (1951) La radiographie de la mamelle. Annuel Congres des medecins Electro-Radiologique de Culture latine, Brüssel, 11

Gros Ch, Burg SM (1957) Decouverte radiologique d'un cancer occulte cliniquement. J Radiol Electrol 38:1084

Hirsch J (1927) Radiumchirurgie des Brustkrebses. Dtsch Med Wochenschr 34:1419–1421

Hoeffken W, Lany M (1973) Röntgenuntersuchung der Brust. Thieme, Stuttgart

Kleinschmidt O (1927) In: Zweifel E, Payr F (Hrsg) Klinik der bösartigen Geschwülste, Bd IV. Hirzel, Leipzig

Kübler E (1955) Über die Differentialdiagnose des pathologischen Mammabildes. Fortschr Röntgenstr 82:789

Leborgne R (1953) The breast in roentgendiagnosis. Impressora Uruguaya, Montevideo

Reinhardt K (1953) Die Bedeutung der Mamma-Aufnahme für Diagnose und Verlaufsbeobachtung des Brustkrebses. Fortschr Röntgenstr 78:714

Ries E (1930) Diagnostic lipiodol injection into milk ducts followed by abscess formation. Am J Obstet Gynecol 20:414

Salomon A (1913) Beiträge zur Pathologie und Klinik der Mammacarcinome. Arch Klin Chir 103:573

Smart ChR, Hartmann WH, Beahrs OH, Garfinkel L (1993) Insights into breast cancer screening of younger women; Evidence form the 14-year follow-up of the breast cancer detection demonstration project. Cancer 72 (Suppl):1449–1456

Vogel W (1932) Die Röntgendarstellung von Mammatumoren. Arch Klin Chir 171:618

Wolfe JN (1976) Breast patterns as an index of risk for developing breast cancer. AJR 126:1130

Lymphologie und Lymphographie

Manfred Elke

Der Weg der Lymphologie nach Röntgens Entdeckung wird erst durch die vorangegangenen Beobachtungen, Einsichten und veränderten Denkformen in diesem Forschungsbereich verständlich. Ihre spannende Geschichte im 17. und 18. Jahrhundert mit den zahlreichen Spekulationen, Irrtümern, teilweise sehr persönlichen Prioritätskämpfen, jedoch auch zielbewußten Untersuchungen und Schlußfolgerungen kann hier nur gestreift werden. Sie ist in den gut zugänglichen Publikationen und bekannten Erstveröffentlichungen ausführlich nachzulesen (His 1874; Bartels 1909; Meyer-Steineg u. Sudhoff 1922; Diepgen 1949; Rusznyak et al. 1957; Mayerson 1969; Norman 1993).

Lymphologische Forschungen bis zu Röntgens Entdeckung

Angaben von Sektionen aus der antiken Medizin über Gefäße, „welche vom Darm entspringen und in gewisse drüsenartige Körper einmünden", bleiben umstritten (Neuburger 1906; Meyer-Steineg u. Sudhoff 1922; Diepgen 1949). Dagegen gibt es zuverlässige schriftliche Quellen, nach denen Gaspare Aselli (1581–1626) am 23. Juli 1622 – wahrscheinlich in Mailand – bei der Sektion „eines lebenden, gut genährten Hundes", mit der er den Verlauf der Nn. recurrentes und die Zwerchfellbewegungen demonstrieren wollte, „plötzlich zahlreiche ganz feine und blendend weiße Gebilde wie Stränge" erblickt hat, die sich „in unzählige Verzweigungen über das ganze Mesenterium und die Därme" hinzogen. Im neuen Geist der italienischen Bildungsschicht und der anbrechenden westeuropäischen Aufklärung, dem „Mut zum begründeten, selbständigen Denken und Handeln ohne Bevormundung", veranlaßt ihn der Befund zu experimentellen Überprüfungen. Damit kann er schließlich seine ersten Beobachtungen bestätigen, daß nicht Mesenterialvenen, sondern besondere „Milchgefäße" Produkte der intestinalen Verdauung abtransportieren und ihre Eigenmotorik belegen. Die überraschend entdeckten Chylusgefäße nennt er „Venae albae seu lacteae". Vier Holzschnitte, die ersten buntfarbigen anatomischen Abbildungen, dokumentieren diese „Lymphoskopie" am lebenden Tier in seiner Schrift *De lactibus* ... von 1627 „lymphographisch". Anatomische Fehler, wie die Einmündung mesenterialer Lymphbahnen in die Leber oder ein Geflecht um das topographisch falsch wiedergegebene Pankreas, zeigen jedoch, daß sich auch Aselli noch nicht völlig von dem anatomisch-physiologischen Begriffsrepertoire Galens und den Resten spätmittelalterlicher Dogmen lösen konnte.

Erst der Schwede Olaus Rudbeck (1630–1708) beschreibt dann nach systematischen Tierexperimenten 1653 in Wort und Bild erstaunlich genau die Organisation der Hauptbahnen des Lymphgefäßsystems und morphologische Feinheiten, wie die Lymphgefäßklappen. Mit Ligaturen beweist er – wahrscheinlich von William Harveys (1578–1657) bahnbrechender Publikation über den Blutkreislauf 1628 beeindruckt – den Lymphfluß als selbständigen zweiten Zirkulationsweg von den Geweben über den Ductus thoracicus zurück in die Blutbahn (Rudbeck 1653; His 1874; Tigerstedt 1895; Bartels 1909). Damit widerlegt er die spekulative Annahme der damaligen Autoren, daß die Chylusgefäße mit der Nahrung vom Darm in die Leber einmünden würden. Außerdem lehnt er die These von der Blutbildung in der Leber ab. Rudbecks Kontrahent, der berühmte Kopenhagener Anatom Thomas Bertholinus (1616–1680), gibt ebenfalls 1653 den „Milchgefäßen" ihre heute noch gültige Bezeichnung „Vasa lymphatica".

Mit schönen großformatigen Abbildungen hat dann Paolo Mascagni (1752–1815) seine imprägnierten, präparierten und so „lymphoskopisch" dargestellten Bahnen und Lymphknoten 1787 durch Kupferstiche „lymphographisch" wiedergegeben (Abb. 1). Sie setzten einen Maßstab für detailgetreue anatomische Darstellungen, der erst wieder im 20. Jahrhundert mit „direkten Röntgenbildern" nach Lymphographien – und dann

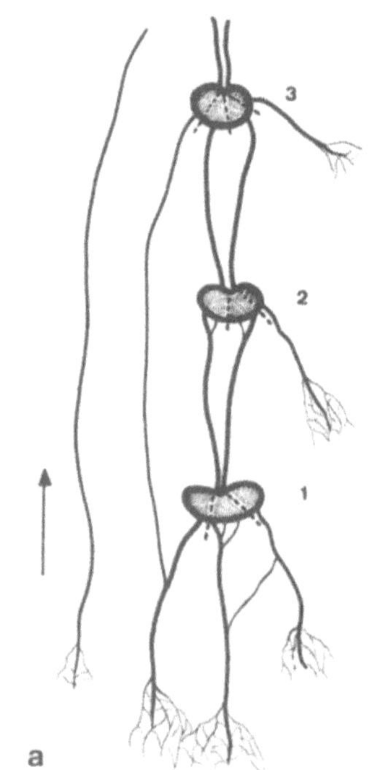

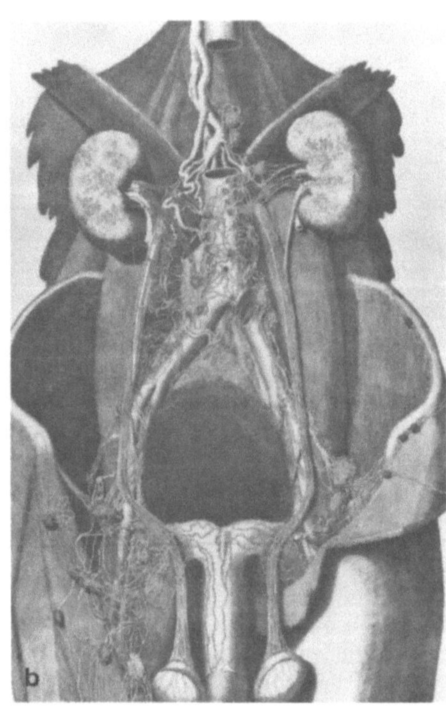

Abb. 1. a Organisation des lymphatischen Systems mit Lymphzufluß aus verschiedenen Körperarealen zu den nachgeschalteten Lymphknoten-(Lnn-)stationen *1, 2, 3* etc. Als Variation können wenige Lymphbahnen auch ohnen pathologische (z. B. karzinomatöse) Blockade und Kollateralzirkulation erste nachgeschaltete Lnn-gruppen umgehen. In solchen Bahnen abgeschwemmte Karzinomzellen überspringen dann diese „Filterstationen". **b** Kupferstich der inguinalen und retroperitonealen Lymphbahnen und Lnn mit dem Übergang in die Cisterna chyli und den Ductus thoracicus. (Mascagni 1787)

lediglich in topographischen Teilgebieten des menschlichen Körpers - erreicht wird. Wißbegierde, das Glücksgefühl des Erkennens und Erlebnisse von Schönheit der Natur und ihrer Geschöpfe kommen in dieser Art des Forschens, Beobachtens und Aufzeichnens deutlich zum Ausdruck. Durch die über Jahrhunderte angewandte Imprägnierung von Lymphgefäßen mit Schwermetallsuspensionen konnten erhaltene Präparate Mascagnis aus dem anatomischen Museum in Siena nach 1895 röntgenologisch weiter analysiert werden (Tosatti 1958). Trotz der Unzulänglichkeit des damaligen Mikroskops hat die Anatomie durch viele empirische Studien mit diesem wichtigen Forschungsinstrument beachtliche Fortschritte gemacht.

In der praxisorientierten englischen Medizin kennt William Hunter (1718–1783) am Ende des 18. Jahrhunderts:

- die topographisch-anatomische Organisation des selbständigen Lymphsystems,
- die „körpersäfte-aufnehmende und -ableitende" Funktion der „Saugadern" und
- ihren funktionellen Nebenschluß gegenüber dem Blutkreislauf.

Vergeblich bleibt jedoch die Suche mit dem Mikroskop nach dem „Ort der Lymphbildung" und den Anfängen oder „Poren" der Lymphgefäße.

Um 1800 geraten Naturwissenschaften und Medizin in Deutschland durch das Intermezzo der spekulativ-dialektischen Naturphilosopie gegenüber Westeuropa stark ins Hintertreffen. Für dieses unverbindlich-überschwengliche Denken in Polaritäten und Analogien - der nicht-rationalen, romantischen Gegenbewegung zum „Aufklärricht" - steht F. W. J. Schelling (1775–1854) als Exponent. Er sucht im bald verpufften Feuerwerk von Entwürfen einer „Einheit von Mensch und Natur" ein tieferes philosophisches Verständnis hinter dem „sichtbaren Geist der Natur". Vom Schreibtisch aus greift er die experimentelle Methode und ihre Beweise als unvollkommen an. Mit dem „Illusionsverlust" und der Einsicht, daß es so nicht geht, setzt sich nach 1830 die rationale naturwissenschaftliche Methode als Grundlage der Medizin auch in Deutschland durch. In dieser Umbruchszeit gewinnen Reformer wie der Berliner Anatom und Physiologe Johannes Müller (1801–1858), Lehrer einer ganzen Generation von Ärzten mit Weltruf, der Klinker Lucas Schönlein (1793–1864) und schließlich der Pathologe, Gesundheitspolitiker und kämpferische Liberale Rudolf Virchow (1821–1902) einen entscheidenden Einfluß.

Wesentliche Impulse für die „neue Medizin" kommen von der voranschreitenden Spezialisierung und Technik, die auch in unserem Jahrhundert fortwirken. Aus Beobachtung und Experiment werden überprüfbare neue Vorstellungen entwickelt, wie die Zellenlehre des Botanikers M. Schleiden (1804–1881) und des Zoologen Th. Schwann (1810–1882). Auf ihr baut R. Virchow 1858 seine „Cellularpathologie" nach dem Grundsatz „Omnis cellula a cellula" auf. Unzählige Einzelbeobachtungen und klar formulierte Begriffe faßt er als Gesamtkonzept der Pathologie in einem der bedeutendsten Bücher der Medizingeschichte zusammen. In der Zelle sieht er einen „Lebensherd", der auch ein „Krankheitsherd" sein kann. Jedes krankhafte Gebilde hat ein „physiologisches Vorbild" in normalen Zellen. Folgerichtig erweitern andere Wissenschaftszweige mit subtilen Untersuchungstechniken durch mathematisch berechnete optische Präzisionsgeräte, Meß- und Analyseinstrumente die Kenntnisse und Vorstellungen über die Morphologie und Funktion des lymphatischen Systems. Aber noch 1871 vertritt der Pathologe und Histologe J. Orth die summarische Ansicht: „Die Lymphgefäße besitzen im großen und ganzen denselben Bau wie die Blutgefäße und bedürfen deshalb keiner besonderen Besprechung". Unvollständige und falsche Ansichten über Lymphknoten als Lymphgefäßknäuel werden durch den mikroskopisch erkannten histologischen Feinbau der Knoten korrigiert und der Meinungsstreit über die Keimzentren als Bildungsstätten von Lymphozyten oder Reaktionszentren der Infektabwehr – beide Ansichten integrierend und erweiternd – beendet. Erneute Beobachtungen über die Eigenmotorik von Lymphgefäßen entsprechen Asellis Wahrnehmungen. Mit der Entwicklung der „Organischen Chemie" im 19. Jahrhundert kommen Kenntnisse über die physiologisch-chemische und pharmakologische Beeinflussung des Lymphflusses hinzu. Kontroverse Ansichten zur Lymphentstehung aus dem Blutplasma durch reine Diffusion oder eine zelluläre Sekretionsleistung stoßen aufeinander und werden zugunsten der ersteren entschieden. Insgesamt ist jedoch die herrschende Krankheitsauffassung unter dem Einfluß Virchows zu stark lokalistisch geprägt (Kölliker 1852; Virchow 1858; Ludwig 1858; Teichmann 1861; Cohnheim 1867; Orth 1871; v. Recklinghausen 1871, 1885; His 1873, 1874; Flemming 1885; Heidenhain 1891; Starling 1894; Diepgen 1955, 1959; Norman 1993).

Zur Zeit von Röntgens Entdeckung gibt es Forschungsergebnisse und gut belegte Vorstellungen über:

- den histologischen Aufbau der Lymphgefäße und Lymphknoten mit den Follikeln in der lichtmikroskopischen Dimension,
- Follikelreaktionen bei der Infektabwehr,
- die Lymphentstehung durch Diffusion aus den Blutkapillaren,
- den Weg und die Strömung der Lymphe über interstitielle Safträume zu „Poren" oder Stomata der Lymphkapillaren, durch nachfolgende Lymphgefäße, Lymphknotensinus und schließlich den Ductus thoracicus zurück in die venöse Blutbahn,
- die unterschiedliche Zusammensetzung der Lymphflüssigkeit aus Zellen, Eiweißen und gelösten Stoffen in verschiedenen Bahnbereichen,
- operative und autoptische Befunde der lymphogenen Ausbreitung maligner Tumoren und Lymphstauung,
- die Stoffaufnahme und Verteilung im Lymphsystem durch direkte und indirekte autoptische und tierexperimentelle Injektionen neuer Lösungen und Partikel. Dabei entstehen etliche Irrtümer durch Kunstprodukte im Kapillarbereich.

Die heute noch großenteil gültigen Erkenntnisse (Flemming 1885; Starling 1894, 1909; Cohnstein 1896; Gerota 1896; Dalla Rosa 1900; Bartels 1909) bildeten Grundlagen für die weitere Entwicklung der durch Arbeitsteilung und Spezialisierung immer zahlreicheren Teilgebiete der Lymphologie. Dabei sind die Strukturen, Funktionen, Organisationen und krankhaften Veränderungen des lymphatischen Systems mit verfeinerten Instrumenten und Methoden Forschungsthemen geblieben. Erweitert wurden sie durch neue Zusammenhangsprobleme und ungeahnte Möglichkeiten der bildgebenden Röntgenverfahren, zu denen nach der Entwicklung geeigneter Kontrastmittel (KM) die diagnostische Lymphographie am lebenden Menschen gehört.

Die Röntgendiagnostik des Lymphsystems bis zur Mitte des 20. Jahrhunderts

Über die Entstehung des menschlichen Lymphsystems aus den Venen oder unabhängig von ihnen aus perivenösen Mesenchymspalten entzündet sich nach dem in der Biologie wegweisenden Entwicklungsgedanken von Charles Darwin (1809–1882) zu Beginn des Jahrhunderts ein heftiger Meinungsstreit. Er wird vor allem zwischen amerikanischen Autoren ausgefochten. Ein enger Zusammenhang mit der Entwicklung embryonaler Venen und Lymphsäcke sowie ihre stammesgeschichtlichen Wurzeln sind vergleichend-anatomisch erwiesen und später durch die Existenz physiologischer lymphovenöser Verbindungen gestützt worden (Sabin 1913; Meessen 1972). Viele Einzelheiten dieser komplizierten dynamischen Vorgänge sind jedoch bis heute ungeklärt.

Mit den neuentdeckten, durchdringenden Röntgenstrahlen erhält die Medizin erstmals die Möglichkeit, bei unterschiedlicher Strahlenschwächung durch die verschiedenen Gewebe und anderen Substanzen - wie von außen zugeführten Röntgen-KM - zerstörungsfrei kontrastgebende Strukturen im Körperinneren des lebenden Menschen als „Schattenwurf" abzubilden (Etter 1965). Bis zu einem gewissen Grad kann auch ihre stoffliche Zusammensetzung beurteilt werden. Primär reicht jedoch der Bildkontrast nicht aus, um normale Lymphbahnen und Lymphknoten im Weichteil- und Lungenhilusbereich darzustellen. Deshalb lassen sich zunächst nur aus indirekten Zeichen bei massiver Größenzunahme von Lymphomen durch die Verdrängung abgrenzbarer Nachbarorgane mehr oder weniger zuverlässige Röntgendiagnosen stellen. Andere Voraussetzungen bestehen bei Verkalkungen in Weichteilen, Verdichtungen im lufthaltigen Lungengewebe, KM oder metalldichten Fremdkörpern. Krümelig-schollige Verkalkungen nach Tuberkulose in verschiedenen Lymphknotengruppen, schalenförmige Hilusverkalkungen bei Silikose und Lymphknotenverkalkungen nach bestrahltem Morbus Hodgkin werden je nach Topographie und Morphologie gegenüber anderen Verkalkungen abgegrenzt, die zusammen mit Anamnese, klinischen und Labordaten für die Akutdiagnostik bedeutsam sein können. Auch die röntgenologische Differentialdiagnose von Hilus- und Mediastinaltumoren wird bald ausführlich behandelt (Kienböck 1926; Lenk 1929). Kerley beschreibt 1933 im lufthaltigen Lungengewebe feine streifenförmige Verdichtungen, die bei Mitralstenose und linkskardialer Dekompensation auftreten. Ganze Systeme solcher „Kerley lines" werden in den folgenden Jahrzehnten gefunden und dilatierten bzw. verdickten Lymphbahnen beim Lungenödem, bei Pneumokoniosen und Lymphangiosis carcinomatosa zugeordnet.

Neben zufälligen radiologisch-klinischen Beobachtungen über einen lymphatischen KM-Abfluß nach KM-Injektion in verschiedene Organbereiche, Gelenke oder Körperhöhlen während anderer Untersuchungen (Pfahler 1932; Erbslöh 1942) gibt es in der systematischen Erforschung der anatomischen und physiologischen Grundlagen des lymphatischen Systems bis zur Jahrhundertmitte lediglich graduelle Fortschritte durch Studien an röntgenanatomischen Präparaten (Jossifow 1930; Rouvière 1932; Shdanov 1932; Drinker u. Field 1933). Genauere topographische Informationen über den regionalen Abfluß aus bestimmten Lymphterritorien und die Lage der verschiedenen Lymphknotengruppen mit 600–700 einzelnen Knoten sind zwar für die Planung von Operationen und Strahlenbehandlungen bösartiger Tumoren unerläßlich. Grundsätzlich führen sie jedoch nicht über den Wissensstand um die Jahrhundertwende hinaus, weil vergleichende Studien am lebenden Menschen noch nicht möglich sind. Abgesehen von Cecil K. Drinker (1887–1956), der Starlings Forschungen weiterführt, sprechen sich diese Autoren gegen die Existenz lymphovenöser Verbindungen aus. Erst mit der klinischen Lymphographie werden sie zweifelsfrei nachgewiesen und ihre Kompensationsfunktion bei Lymphstauungen erkannt (Màlek 1967, 1979; Rüttimann 1967; Meessen 1972; Lüning et al. 1983).

Drinker erfaßt die bedeutende Rolle der Plasmaproteine im Eiweißstoffwechsel des Körpers. Ihr Rücktransport aus dem Kapillartranssudat über die Lymphe in die Blutbahn zählt zu den Hauptfunktionen des Lymphsystems. Mit der vom ungarischen Physikochemiker und Nobelpreisträger George de Hevesy (1885–1966) 1913 eingeführten „Indikatormethode" und dem seit den 40er Jahren aus den Isotopenlaboratorien von Oak Ridge verfügbarem Radiojod-131 mit kurzer Halbwertszeit kann Mayerson um 1950 Blutproteine markieren und so die Herkunft der Lymphproteine aus dem Blut direkt nachweisen (Wassermann u. Mayerson 1952; Mayerson 1969). Proteine haben auch für den gezielten Transport verschiedener Substanzen eine Vehikelfunktion (Defrise 1930; Ottaviani 1930; Drinker u. Field 1933; Bennhold et al.1938). Lymphoskopische Anfärbungen oberflächlicher, feiner Lymphbahnen in der Ödemforschung mit Vitalfarbstoffen, die nach intradermaler Injektion rasch von Lymphkapillaren und Lymphgefäßen aufgenommen werden, leiten zum nächsten bedeutenden Schritt, der Lymphographie, über.

Tragisch und selbst beim damaligen Wissensstand schwer verständlich sind die trotz Warnungen durchgeführten Injektionen des akut gut verträglichen, kontrastreichen radioaktiven Thorotrasts von den späten 20er bis in die 50er Jahre (Oka 1929). Wesentlich neue Erkenntnisse wurden durch das für direkte Blut- und indirekte Lymphgefäß-, sowie Milz- und Leberdarstellungen verwendete Thoriumdioxydkolloid nicht gewonnen (Carvalho 1931). Der im retikuloendothelialen System gespeicherte Strahler mit langer Halbwertzeit verursachte Strahlenschäden in den speichernden Organen. Zu spät kam die Einsicht, daß wieder einmal nicht alles Machbare vernünftig ist. Bei weiteren lymphographischen Versuchen enttäuschten schließlich auch andere, nicht radioaktive, wasserlösliche KM, die rasch durch die Lymphgefäßwand in die Umgebung diffundieren. Damit erlosch zunächst das Interesse an der Lymphographie in vivo.

Die Periode der Röntgenlymphographie

In einem neuen Forschungsschub formiert sich nach dem 2. Weltkrieg der eigentliche Fachbereich der Lymphologie mit etlichen Subdisziplinen. Blickfeld und Wissensumfang über das Lymphsystem werden enorm erweitert und verfeinert. Hochspezialisierte Arbeitsgruppen erforschen bisher ungelöste und neue Probleme mit weiterentwickelter Technologie. Zu ihnen gehören die Zytologie und die experimentelle Zellgenetik, die zelluläre und humorale Immunologie, die Immunhistochemie, die elektronenmikroskopische Ultrastrukturforschung, schließlich die Biochemie, Pharmakologie, Lymphpathologie sowie die experimentelle und klinische Lymphographie. Mit immer tieferen Einsichten in normale und krankhafte Vorgänge hat die wissenschaftliche Methode dabei auch stets Ansatzpunkte für neue und bessere Diagnose- und Therapiekonzepte geschaffen, die immer wieder überprüft werden.

Während sich Arterio- und Venographie schon über 20 Jahre lang entwickelt hatten, standen der klinisch-diagnostischen Lymphographie KM-Fragen und andere technische Schwierigkeiten noch im Wege. Erst als zu Beginn der 50er Jahre der englische Chirurg J. B. Kinmonth die bereits bekannte „Lymphoskopie" winziger Lymphbahnen mit Vitalfarbstoffen durch weitere konsequente Schritte mit subtiler Präparation, direkter Punktion und Injektion eines verträglichen Jodlipid-KM in die freipräparierte Lymphbahn ergänzte, schlug ihre Geburtsstunde. Solche KM stellen auch tief im Körperinneren gelegene Lymphbahnen auf „Füllungsaufnahmen", dem „Lymphangiogramm", dar. Durch ihr längeres Verweilen im Maschennetz der Sinusoide durchströmter Lymphknoten werden außerdem Strukturen der Knoten im „Lymphadenogramm" sichtbar. Die so gewonnenen „Speicheraufnahmen" – eigentlich KM-Ausgüsse der Sinusoide – ermöglichen über Monate Kontrollen krankhafter Lymphknotenveränderungen in der Dimension der Lupenvergrößerung (Abb. 2).

Nebenwirkungen der Lymphographie, wie allergische Reaktionen auf den Blaufarbstoff oder Mikroembolien des öligen KM in Lungenkapillaren, waren vor allem in der Anfangszeit ein klinisch wichtiges Forschungsthema, bis die Ursachen erkannt, die Injektionsmenge stark reduziert und Kontraindikationen für die Untersuchung festgelegt werden konnten. Versuche mit diversen wasserlöslichen KM und kolloidalen Zubereitungen führten nicht zu klinisch verwertbaren Ergebnissen, weil kristalloide Lösungen rasch durch die Lymphbahnwand diffundieren und verträgliche Kolloide bald instabil werden und außerdem kontrastschwächer sind. Mit ihnen gelang vor allem keine brauchbare Lymphadenographie, die ein wesentlicher Bestandteil der lymphographischen Diagnostik von Malignommetastasen und lymphatischen Systemerkrankungen ist (Kaindl et al. 1960; Dominok 1964; Fraimow et al. 1965; Rüttimann 1967; Koehler 1968; Lüning et al. 1983; Elke 1992). In der gegenwärtigen KM-Forschung gewinnt eine von der unterschiedlichen Partikelgröße, den Mikrosomen als Transportvehikel für Kontrastmittel und von spezifischen Rezeptoren abhängige, gezielte Gewebeverteilung – auch nach indirekter Injektion – eine neue Bedeutung. Bestimmte normale oder krankhafte Strukturen sollen dadurch besser sichtbar werden. Bisher gibt es „das ideale lymphographische KM" jedoch nicht. Technisch einfacher durchzuführen als die direkte Lymphographie ist die indirekte Isotopenlymphographie (Lymphszintigraphie). Durch sie können massive Knotenvergrößerungen und -defekte sowie Lymphblockaden auch in röntgenlymphographisch nicht erfaßten Regionen dargestellt werden (zum Winkel u. Hermann 1977; Bergqvist et al. 1983). Zwar erreicht sie bei weitem nicht die feine Strukturauflösung der Lymphographie in der morphologischen Metastasendiagnostik, informiert jedoch über den Lymphabfluß in den lymphographisch nicht erreichten Territorien. Enttäuscht hat die endolymphatische Therapie mit Radionukliden wegen der Dosierungsschwierigkeiten am Tumorherd (Weissleder 1983).

Nach 1952 beginnt mit Kinmonths Lymphographie in diesem Teilgebiet der Lymphologie eine fruchtbare Periode breiter klinischer Forschung und täglicher diagnostischer Routine. Die Medizin verdankt der Untersuchungsmethode eine ungeheure Fülle von Daten über Mißbildungen und Erkrankungen der Lymphgefäße, Lymphblockaden mit Kompensationsmechanismen – wie die lymphovenösen Kurzschlüsse – verschie-

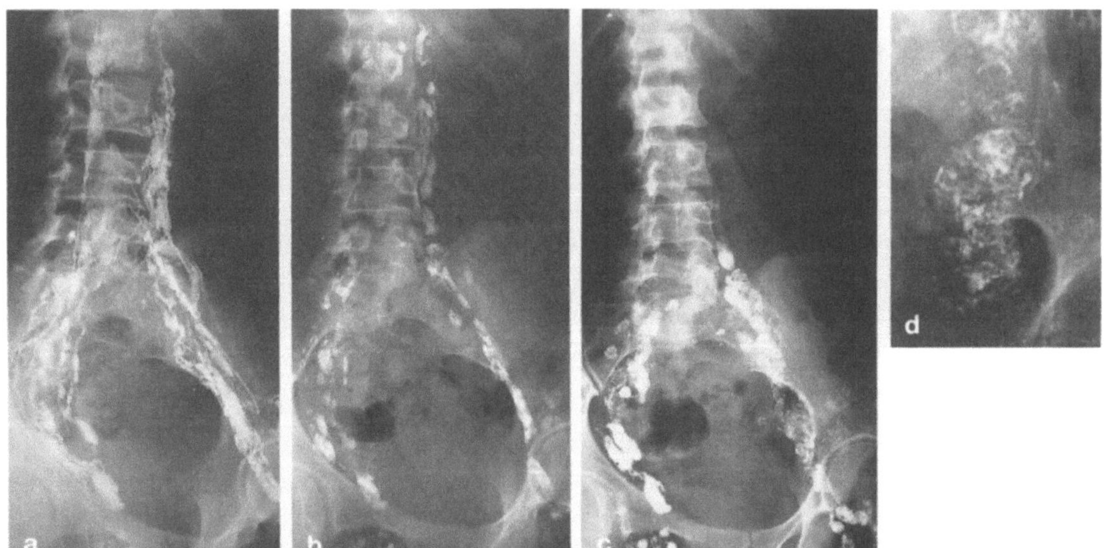

Abb. 2a–d. 32jährige Patientin mit Non-Hodgkin-Lymphom (NHL). **a** Abdomenübersichtsschrägprojektion: Lymphographie, „Füllungsphase": hochlumbal links beginnende Füllungsdefekte und Abflußverzögerung, sonst normales Lymphgefäßbild. **b** 24-h-KM-„Speicherphase": Kleine noduläre KM-Speicherdefekte in hochlumbalen Lnn links, Strukturauflockerung und Volumenzunahme aller hochlumbaler Lnn, auch rechts. Die übrigen dargestellten Lnn nach Volumen und Struktur normal. **c** Relymphographie nach 5 Jahren, „Speicherphase": Nach jahrelanger Remission des NHL unter Therapie jetzt klinisch lymphographisch Rezidiv. Systemisch stark vergrößerte lumbale und iliakale Lnn. Pathologische Lnn-Speicherstrukturen und lumbal nur noch „Lnn-Schatten" durch Reste speicherfähiger Lnn. KM bleibt wegen Abflußbehinderung in Lymphbahnabschnitten liegen. **d** Lupenvergrößerung von Becken-Lnn bei NHL mit pathologischer Speicherstruktur, Volumenzunahme und KM-Reste in Lymphbahnen

dene Stadien der Lymphstauung, pathologische Strukturveränderungen an Lymphknoten, Metastasierungswege von Malignomen und ihre topographische Ausdehnung. Am lebenden Menschen wird nun im zeitlichen Längsschnitt beobachtet, daß Lymphknoten auch morphologisch dynamische Organe sind, die sich innerhalb von Stunden bis Wochen durch verschiedene äußere und innere Reize verändern können. Frühzeitig führten Màlek und Bèlan in der Prager Arbeitsgruppe auch kinematographische Studien zur normalen und pathologischen Lymphperfusion durch (Bèlan et al. 1963; Màlek 1967). Vorübergehend vergrößern sich die Knoten nach der Lymphographie durch Sinusdilatationen und zelluläre Fremdkörperreaktionen. Knotenvergrößerungen treten aber auch bei „Abwehrreaktionen" nach verschiedenen entzündlichen Reizen, immunologischer Aktivierung, postoperativ oder in der Umgebung von Malignomzellen auf. Lymphographie und Histologie haben hier gemeinsam verschiedene Ursachen relativ einförmiger biologischer Antworten mit bisher unerreichter Genauigkeit gefunden.

Insgesamt klinisch bedeutungsvoller als bei der Diagnostik von gutartigen Lymphgefäß- und Lymphknotenerkrankungen ist die Lymphographie beim Nachweis der lymphogenen Metastasierung von bösartigen Tumoren und Systemerkrankungen. Das belegen schon die Zunahme der Krebstodesfälle von etwa 12% 1930 auf 27% 1990 aller Todesfälle in den wirtschaftlich stark entwickelten Ländern und die Prognoseverschlechterung durch die Metastasen. Ihr Nachweis und die Krankheitsprognose stützen sich lymphographisch auf funktionelle und morphologische Merkmale der Füllungs- und Speicherphase nach Lokalisation und Ausdehnung. Dazu gehören u. a.:

- regionale Lymphgefäßverlagerungen,
- Lymphblockaden, Stase, Reflux, Umgebungsbahnen und Extravasate,
- regionale Volumenzunahmen von Lymphknoten,
- Füllungs- und Speicherdefekte ab 3 mm, sowie andere Strukturveränderungen in den Lymphknoten.

Alle Untersuchungen bestätigen, daß es krankheitsspezifische lymphographische Einzelsymptome nicht gibt. Erst wenn mehrere Metastasenkriterien vorhanden sind, erhöht sich die diagnostische Treffsicherheit auf über 90% im lymphographisch erfaßten Gebiet. Die bis heute unübertroffen feine Strukturauflösung der Lymphographie zeigt morphologische Veränderungen, noch ehe eine Knotenvergrößerung eingetreten ist. Je mehr Lymphknoten befallen sind, um so schlechter ist die Prognose. Biologische Metastaseneigenschaften sind dabei zu berücksichtigen. Sie müssen nicht mit denen der Primärtumoren übereinstimmen. In den regionalen Lymphknotengruppen einer bösartigen Geschwulst gibt es oft nicht befallene einzelne Knoten. Dies ist bei Punktion und der Bewertung negativer histologischer Ergebnisse zu berücksichtigen. Den Vorteilen der Methode stehen Einschränkungen der diagnostischen Aussagemöglichkeit durch systemimmanente Schwachstellen und andere Nachteile gegenüber:

- von der punktierten Lymphbahn aus wird nur eine nachgeschaltete Lymphregion erfaßt,
- die Untersuchung ist invasiv, relativ schwierig, hat manchmal die schon erwähnten Nebenwirkungen und
- erreicht bei weitem nicht die Sicherheit zytologischer und histologischer Verfahren hinsichtlich der Artdiagnostik.

In jahrzehntelanger Forschungsarbeit neu entwickelte Einteilungen der malignen Lymphome, wie die „Kiel-Klassifikation" Lennerts, berücksichtigen zytologische und immunologische Merkmale. Ihren verschiedenen Malignitätsgraden entspricht eine unterschiedliche Aggressivität im Krankheitsverlauf. Etwa 70% der Non-Hodgkin- und 85% der Hodgkin-Lymphome sind weniger maligne und haben eine bessere Prognose. Sie können im Krankheitsverlauf, z. T. auch nach einer zunächst erfolgreichen Therapie mit Tumorrückbildung, plötzlich in einen höheren Malignitätsgrad übergehen. Methodisches Forschen hat hier zu der Einsicht geführt, daß im Gegensatz zu früheren Annahmen sehr unterschiedliche Krankheitsformen mit großer Variabilität und „Stufen der Malignität" vorliegen, deren Behandlung entsprechend variiert werden muß (Diebold et al. 1988; Lennert u.Feller 1990; Földi u. Kubik 1993). Mikroskopische, immunologische und umfangreiche radiologisch-lymphographische Untersuchungen im makroskopischen Übersichtsbild haben so die Früh- und Differentialdiagnose der lymphogenen Metastasierung bösartiger Tumoren und der lymphatischen Systemerkrankungen, ihre Stadienbeurteilung und damit die Therapieplanung und Heilungschancen für den Patienten verbessert. In vielen Studien sind Kombinationen verschiedener Merkmale

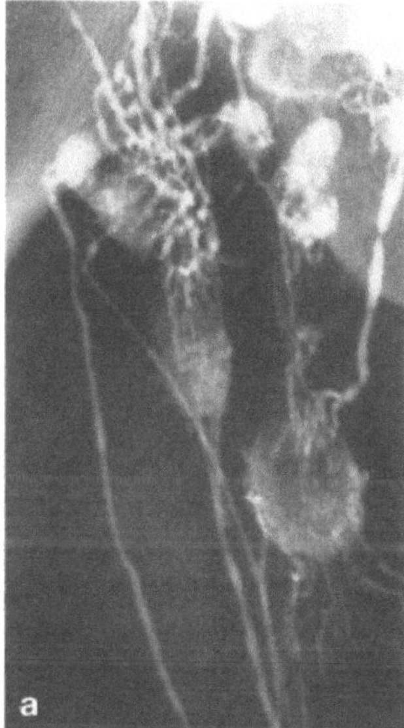

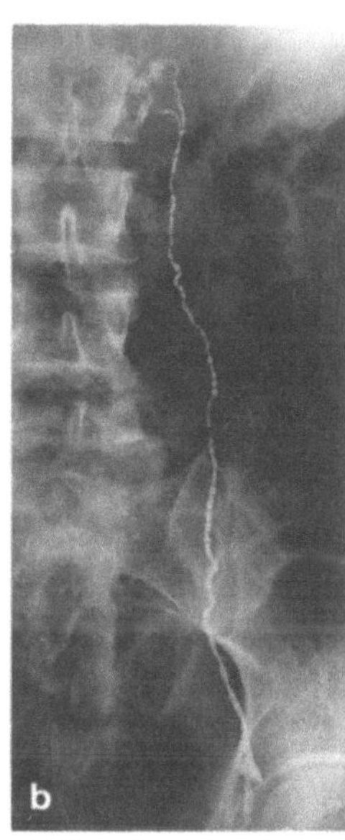

Abb. 3. a Lupenvergrößerte lymphographische Abbildung der inguinalen Lnn-Gruppe rechts mit strukturellen Feinheiten während der – hier ungestörten – „Perfusions- oder Füllungsphase". Strömungsrichtung kaudokranial. Lymphgefäßklappen verursachen Einschnürungen im Füllungsbild. **b** KM – Füllung einer punktierten einzelnen Hodenbahn links. Beispiel eines typischen Abflusses aus einem Organ in eine bestimmte nachgeschaltete – hier hochlumbale – Lnn-Gruppe als erster „Filterstation"

und ihre Treffsicherheit gegenüber anderen Verfahren analysiert worden. Auf diese kritisch nachprüfbaren Grundlagen konnten sich später neue Untersuchungs- und Behandlungskonzepte stützen (Kinmonth 1952, 1955, 1977; Kaindl et al. 1960; Wallace et al. 1961; Tjernberg 1962; Schaffer et al. 1963; Rüttimann u. del Buono 1964; Weissleder 1964; Beltz u. Thurn 1965; Gerteis 1966; Colette et al.1967; Màlek 1967, 1979; Rüttimann 1967; Fuchs et al. 1969); Meessen 1972; Haagensen et al. 1972; Elke 1983; Lüning et al. 1983; Elke u. Beltz 1984) (Abb. 3).
Auch die anderen, schon erwähnten Teilgebiete der Lymphologie erhalten um 1960 neue Impulse. Experimentelle Untersuchungen klären Ursachen und Koordination der rhythmischen Eigenmotorik funktionell hintereinander geschalteter Lymphgefäßabschnitte, ihre Reaktion auf verschiedene physikalische und chemische Reize, die Wirkungen der „Muskelpumpe", der arteriellen Pulswelle und Schwankungen des Gewebedrucks auf den Lymphabfluß (Colette 1967; Mislin 1971; Meessen 1972). Neben vielen mikroskopischen, röntgen- und isotopenlymphographischen Studien sowie Experimenten an semipermeablen Membranen sind schließlich Tierversuche unent-

behrlich gewesen. Störungen des Starlingschen Gleichgewichts zwischen den verschiedenen Druckkräften in Blutkapillaren, Interstitien und Lymphkapillaren verändern die Ultrafiltration (Diffusion) und Absorption lymphpflichtiger Stoffe. Dadurch kommt mehr Licht in die Dynamik der Lymphentstehung, ihre Zusammensetzung und die Abflußstörungen bis zur Entwicklung eines Lymphödems. Vor jeder Therapie eines Lymphödems muß seine Ursache abgeklärt werden. Dabei waren turmorbedingte Lymphblockaden, Gefäßmißbildungen und andere erworbene gutartige Lymphödeme Indikationen zur Lymphographie, bis erkannt wurde, daß sich Ödeme durch Farbstoff- oder KM-Injektionen verschlechtern können. Heute werden vor einer Entstauungstherapie - falls neben anamnestischen und klinischen Daten erforderlich - die indirekte Lymphographie, Isotopenlymphographie und neue Verfahren der onkologischen Abklärung herangezogen, um die verschiedenen Ödemformen zu unterscheiden (Rusznyak et al. 1957; Màlek 1967, 1979; Mislin 1971; Elke u. Beltz 1984). Weitere Untersuchungen über hämodynamisch bedingte Insuffizienzen des Lymphkreislaufs und andere Fragen der speziellen Anatomie, Physiologie und Pathologie des Lymphsystems einzelner Organe (Rényi-Vamos 1960), über die Transportkapazitäten, hormonalen, enzymatischen und medikamentösen Einflüsse decken bisher unbekannte, klinisch relevante Zusammenhänge auf. So beweisen Druckmessungen, daß sich bei Rechtsherzinsuffizienz und erhöhtem Venendruck einerseits die Menge des Kapillarultrafiltrats erhöht, andererseits der Abstrom der lymphpflichtigen Wasserlast über den Ductus thoracicus im Venenwinkel vermindert. Das so entstandene kardiale Ödem löst dann über verschiedene Mechanismen neurohormonal gesteuerte Dehydratationsreaktionen aus (Colette et al. 1967; Rüttimann 1967; Mayerson 1969; Mislin 1971; Meessen 1972; Olszewski 1981; Földi u. Kubik 1993). Eigene Öffnungs- und Schließmechanismen verschieden gestalteter Spalten und die schon lange vermuteten „Poren" in Endothelzellen werden durch eine bedeutende technische Weiterentwicklung, das Elektronenmikroskop, entdeckt. Es erschließt der lymphologischen Forschung eine neue Dimension. Zusammen mit Lücken in der Basalmembran sowie einem gesteuert wechselnden Innendruck von Wandzellen werden nun ultrastrukturell-funktionelle Zusammenhänge beim Transport von Ionen, Molekülen und kleinen Partikeln, wie auch aktive Zellwanderungen durch Lymphkapillar- und Gefäßwände in beide Richtungen gefunden (Casley-Smith 1980; Courtice 1986). Zytologische und molekularbiologische Arbeiten führen schließlich zu völlig neuen Einsichten in strukturelle und funktionelle Unterschiede zwischen Blut- und Lymphkapillaren, in komplizierte selektive Transportvorgänge, Selbstregulationen, Signalübermittlungen und Lymphozytenaktivierungen. Auf der vorher unbekannten molekularbiologischen Ebene werden grundlegende Vorstellungen des Nobelpreisträgers Paul Ehrlich (1854–1915) weiter erforscht und modifiziert. Das vernetzte System der Immunantwort, die sich auch durch neugebildete, spezifische Lymphozyten von den Knoten über den ganzen Körper ausbreitet, zeigt komplexe Zusammenhänge, die wir erst teilweise verstehen. Trotzdem zeichnet sich schon in einer neuen Synthese die umfassende Bedeutung des lymphatischen Systems im menschlichen Körper ab. Brennpunkte der Immunologie liegen momentan in der HIV-(Aids-), Transplantations- und onkologischen Forschung.

Das Lymphsystem verbindet zahlreiche biologisch-medizinische Funktionen miteinander. Ihre Datenfülle erforderte nun einen engeren Kontakt zwischen Grundlagenforschern und Klinikern aus den spezialisierten Teilgebieten. Es galt, Forschungsergebnisse und Ideen vorzustellen, zu vergleichen, zu kritisieren und die Arbeit zu koordinieren. Aus den verschiedenen Blickrichtungen sollten Zusammenhänge gemeinsam entwickelt und akzeptiert werden. Mit der Organisation des ersten „Internationalen Symposiums über Lymphologie" 1966 in Zürich hat der frühzeitig lymphographisch tätige Radiologe A. Rüttimann dazu den historisch wichtigen Anstoß gegeben. Er gehört auch zu den Gründungsmitgliedern der „International Society of Lymphology" (ISL) an diesem denkwürdigen Zürcher Meeting. Seitdem hat die Gesellschaft in zweijährigen Abständen internationale Kongresse organisiert und Forschungsergebisse in ihrem Organ *Lymphology* publiziert (Rüttimann 1967; Elke 1983; Läubli 1987).

Lymphologie im Zeitalter der digitalisierten Radiologie

Mit der unerwarteten Revolution durch die digitalisierte bildgebende Radiologie geht die Blütezeit der klinisch-diagnostischen Lymphographie um 1980 zu Ende. Digitalisierte Ultraschall- (US-) und Röntgencomputerschichtverfahren (CT) erschließen neue topographische Dimensionen durch vielfältige Schnittebenen, Bildrekonstruktionen und sensiblere Kontrastauflösungen. Sie verändern auch die Strategie der Lymphknotendiagnostik:

- nach Anamnese, klinischen und Laboruntersuchungen folgen nun mit genauer Fragestellung
- die US- und/oder CT-Abklärung. Ihre topographischen Befunde veranlassen, falls erforderlich, die
- US- oder CT-gesteuerte, gezielte Feinnadelbiopsie für zytologische, histologische und immunologische Untersuchungen.
- Die Knochenszintigraphie, evtl. gefolgt von der Knochenbiopsie, ergänzt dieses Grundschema des Metastasennachweises.

Für bestimmte Tumorarten bewähren sich außerdem besondere Kombinationen der CT- oder MRI-Untersuchung mit spezifischen Tumormarkern, um zu raschen und zuverlässigen Diagnosen zu gelangen.

Nach einer Übergangsphase in den frühen 80er Jahren, in der im Fachschrifttum einerseits die „Agonie der Lymphographie" prophezeit, andererseits mit deren nach wie vor unübertroffenen feinstrukturellen Auflösung argumentiert wurde, setzten sich die digitalisierten Schnittbildverfahren in der Lymphknotendiagnostik schließlich durch (Whalen 1979).

US, CT und Magnet-Resonanz-Imaging (MRI) verwenden bisher als Hauptmerkmale

- die Lymphknotengröße und
- den Befall regionärer Knotenstationen bei bekannten Primärtumoren oder systemisch bei malignen Lymphomen.

Grenzen des Normalen wurden bei einem Knotendurchmesser von 10–15 mm festgelegt. Für jeden erfahrenen Lymphologen ist das ein recht willkürliches Maß, das die große Variationsbreite normaler Knoten nach Anzahl, Form und Volumen in den einzelnen Körperregionen wie auch unspezifische Reaktionen nicht berücksichtigt. Das diagnostische Problem besteht nun für sämtliche digitalisierten Methoden und ihr Auflösungsvermögen darin, daß – variierend mit der Tumorbiologie – fast 1/3 aller Metastasen in Lymphknoten liegt, die in frühen Stadien der Abklärung einen maximalen Durchmesser von weniger als 5 mm haben und andererseits kaum die Hälfte der über 10 mm großen Knoten metastatisch befallen ist (Abb. 4). Zwar läßt sich nach intravenöser KM-Anwendung, mit dünnen Schichten und schnellen Sequenzen Fremdgewebe in Lymphknoten manchmal abgrenzen, sofern es über 3–5 mm ausgedehnt ist. Doch sind Knotenvolumen und pathologische KM-Verteilungen

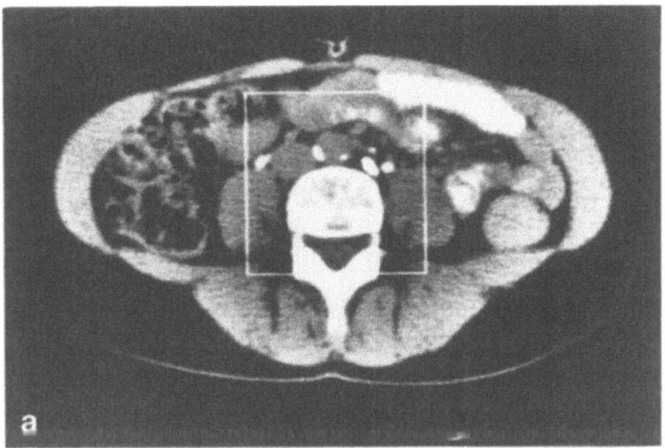

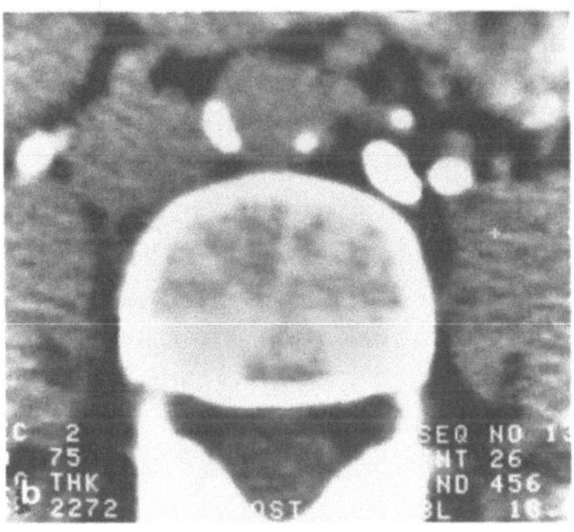

Abb. 4a, b. 40jährige Patientin mit NHL. **a** CT-Querschnitt tieflumbal: Zwischen den symmetrischen Psoasmuskelwülsten neben dem Lumbalwirbel und den großen retroperitonealen Gefäßen (V. cava inferior und Aorta vor dem Wirbelkörper) liegen normalgroße Lnn, hier mit KM nach Lymphographie dargestellt. Sämtliche Nachbarstrukturen sind unauffällig. **b** Ausschnittsvergrößerung von **a**: Nur KM-gefüllte LN stellen sich als homogen weiße Scheibchen dar. Lnn-Strukturen sind im Gegensatz zum Lymphogramm nicht erkennbar, ebenso nicht Lymphgefäße und Veränderungen des Lymphflusses

für sich allein nach allen lymphographischen Erfahrungen unsichere Kriterien einer Metastasierung gegenüber dem „Goldstandard" der Patho- und Immunhistologie, die nach gezielten Punktionen die radiologischen Befunde ergänzt und absichert.

Trotz dieser Einschränkung haben sich die neuen Schnittbildverfahren mit ihrer größeren perifokalen diagnostischen Breite in allen Körperregionen wie auch durch die technisch einfacheren und praktisch risikofreien Untersuchungen durchgesetzt. Ihre globale Treffsicherheit erreicht oder übertrifft in der Malignomdiagnostik die der Lymphographie, weil jetzt pathologische Merkmale aus der Umgebung zur Einschätzung des Lymphknotenbefalls beitragen. Mit feinerer linearer und Dichteauflösung, den KM-Verteilungsstudien durch schnelle CT-Sequenzen und ohne Einschränkung durch lufthaltige Räume ist die CT gegenwärtig eine Standardmethode der bildgebenden Diagnostik. Nach Objektivität, Verläßlichkeit und Standardisierung ist sie der Sonographie in den meisten Körperregionen überlegen. Bei der Diagnostik von Metastasen in Halslymphknoten hat sich jedoch der US - auch als farbkodierte Duplexsonographie - als rasch verfügbare und kostengünstige Untersuchungsmethode hervorragend bewährt (Tschammler et al. 1991; Steinkamp et al. 1992).

Normales und neoplastisches Lymphknotengewebe läßt sich primär im MRI aufgrund von Intensitätsunterschieden der elektromagnetischen Resonanzsignale bestimmter Atomkerne und Moleküle aus dem Körperinnern, wie bei den anderen Schnittverfahren, bisher nicht sicher voneinander abgrenzen. Die Signalbereiche dieser Gewebe, die zum Bildaufbau benutzt werden, überlappen sich zu stark. Wiederum beginnt die Suche nach einem lymphotropen KM. Es muß jetzt vor allem ein paramagnetisches MRI-KM sein, das Resonanzsignale - und damit Bildkontraste - verändert, um zuverlässiger zwischen normalem und pathologischem Gewebe unterscheiden zu können. Versuche mit Eisenoxydpartikeln haben inzwischen zu interessanten Ergebnissen im Tiermodell geführt. Selbst kleine Metastasen um 3 mm Durchmesser grenzen sich dabei nach intravenöser oder interstitieller Injektion durch ein unterschiedliches Signalverhalten ab (Weissleder et al. 1989). Hier scheint sich ein Fortschritt gegenüber der „klassischen" Röntgenlymphographie abzuzeichnen, die nur dann den gutartigen vom bösartigen Speicherdefekt unterscheiden konnte, wenn die erwähnten weiteren Merkmale der lymphogenen Metastasierung ausgebildet waren. Mit feiner Ortsauflösung der weiterentwickelten MRI-Methode wird neben dem morphologischen Metastasennachweis in Lymphknoten auch die nichtinvasive dynamische Erforschung der Lymphströmung in größeren Bahnen ermöglicht werden. Unausgeschöpft ist noch das Potential der MR-Spektroskopie zur Analyse organischer Verbindungen und ihrer Veränderungen in umschriebenen Körperarealen, der „Biochemie in vivo".

Das Jahrhundert nach Röntgens epochaler Entdeckung bestätigt erneut, wie sich die immer stärker spezialisierten Teilgebiete auch im Fachbereich der Lymphographie gegenseitig stimulieren und den Wissenszuwachs beschleunigen. Irrwege und Fehleinschätzungen konnten nicht ausbleiben. Der gegenwärtige Wissensstand bleibt das „Brennholz für morgen". Biologische Zusammenhangsprobleme, Steuerungsmechanismen und „Funktionskreise" sind stärker in den Vordergrund der lymphologischen Forschung gerückt. Mit elektronischer Speicherung, Verarbeitung und Übermittlung von Bild, gesprochenem Wort und dem direkt umgesetzten Text soll die ungeheure Datenfülle besser aufbereitet und schneller miteinander verbunden werden. Datenverarbeitung, Bildmanipulation und Telekommunikation von der radiologisch-makroskopischen bis zur immunhistologischen und molekularbiologischen Dimension erhalten eine Schlüsselfunktion. Ergebnisse aus lymphologischen Forschungszentren werden im Dialog zum Nutzen des Patienten rascher an die medizinische Peripherie gelangen. Die Wissensexplosion mit dem zunehmend beschleunigten Methodenwechsel und erneuten „Illusionsverlust" - diesmal gegenüber den Folgen der technischen Naturbeherrschung - zwingt uns jetzt zu besser überlegten Anwendungen des „Machbaren". Leitend bleibt dabei die Arbeitsweise der Wissenschaft. In ihrer Zielsetzung muß sie weniger den Beherrschungswillen über „Naturkräfte und Macht" als vielmehr das „Wissen für ein verantwortliches und hilfreiches Handeln" hervorheben. Beispielhaft dafür ist in der Medizingeschichte der Entwicklungsgrad und Nutzen der Lymphologie.

Literatur

Sammelwerke und Übersichten

Asellius G (1627) De Lactibus Siue Lacteis Venis Quarto Vasorum Mesaraicorum genere Nouo Inuento. Bidellium, Mediolani

Bartels P (1909) Das Lymphgefäßsystem. In: Bardeleben v K (Hrsg) Handbuch der Anatomie des Menschen, Bd 3, Abteilung 4. Fischer, Jena

Bartholinus T (1653) Vasa Lymphatica nuper Hafniae in Animantibus inventa, et Hepatis exsequiae. Holst, Hafniae

Bennhold H (1938) Die Vehikelfunktion der Bluteiweißkörper. In: Bennhold H, Kylin E, Rusznyak I (Hrsg) Die Eiweißkorper des Blutplasmas. Steinkopff, Dresden Leipzig

Colette JM, Jantet G, Schoffeniels E (1967) New trends in basic lymphology. Birkhäuser, Basel

Diepgen P (1949–1955) Geschichte der Medizin, Bd I–II/2. De Gruyter, Berlin

Drinker CK, Field ME (1933) Lymphatics, lymph and tissue fluid. Williams & Wilkins, Baltimore

Elke M (1983) Historischer Überblick. In: Lüning M, Wiljasalo M, Weissleder H (Hrsg) Lymphographie bei malignen Tumoren. Thieme, Stuttgart New York, S 17–19

Elke M, Beltz L (1984) Lymphsystem. In: Frommhold W, Stender H-St, Thurn P (Hrsg) Schinz: Radiologische Diagnostik in Klinik und Praxis, Bd IV, 7. neubearb Aufl. Thieme, Stuttgart New York, S 433–570

Elke M (1992) Kontrastmittel in der radiologischen Diagnostik, 3. neubearb Aufl. Thieme, Stuttgart New York, S 29–37, 128–134

Etter LE (1965) The science of ionizing radiation. Thomas, Springfield Illinois, USA

Földi M, Kubik St (1993) Lehrbuch der Lymphologie, 3. neubearb Aufl. Fischer, Stuttgart

Fuchs WA, Davidson JW, Fischer HW (1969) Lymphography in cancer. Springer, Berlin Heidelberg New York

Gerteis W (1966) Lymphographie und topographische Anatomie des Beckenlymphsystems. Enke, Stuttgart

Haagensen CD, Feind CR, Herter FP et al. (1972) The lymphatics in cancer. Saunders, Philadelphia London Toronto

Hunter W (1784) Two introductory lectures to his last course of anatomical lectures at his theatre in Windmill. Johnson, London

Jossifow GM (1930) Das Lymphgefäßsystem des Menschen. Fischer, Jena

Kinmonth JB (1972) The lymphatics; disease, lymphography and surgery. Arnold, London

Kaindl F, Mannheimer E, Pfleger-Schwarz L, Thurnher B (1960) Lymphangiographie und Lymphadenographie der Extremitäten. Thieme, Stuttgart

Kölliker A (1852) Von den Lymphgefäßen. In: Kölliker's Handbuch der Gewebelehre des Menschen. Engelmann, Leipzig

Lennert K, Feller AC (1990) Histopathologie der Non-Hodgkin-Lymphome. Springer, Berlin Heidelberg New York Tokyo

Ludwig C (1858) Lehrbuch der Pyhsiologie des Menschen. Winter, Leipzig

Lüning M, Wiljasalo M, Weissleder H (Hrsg) (1983) Lymphographie bei malignen Tumoren, 2. überarb Aufl. Thieme, Stuttgart New York

Màlek P, Bartos V, Weissleder H, Witte MH (1979) Lymphology. Proc. VI th Int Congr, Prague, 1977. Thieme, Stuttgart, Avicenium Prague

Mascagni P (1787) Vasorum Lymphaticorum Corporis Humani Descriptio Et Ichnographia. Pazzini, Senis (Siena)

Meessen H (Hrsg) (1972) Lymphgefäß-System. In: Altmann HW et al. (Hrsg) Handbuch der allgemeinen Pathologie, 3. Bd, 6. Teil. Springer, Berlin Heidelberg New York

Meyer-Steineg T, Sudhoff K (1922) Geschichte der Medizin im Überblick mit Abbildungen, 2. Aufl. Fischer, Jena, S 77–89, 310, 360–367, 403–407

Müller J (1840/44) Handbuch der Physiologie des Menschen für Vorlesungen, Bd 1, 2. Hölscher, Koblenz

Müller K-HG, Kaiserling E (1994) Lymphgefäßsystem, lymphatisches Gewebe. In: Heuck S (Hrsg) Klinische Radiologie. Springer, Berlin Heidelberg New York Tokyo

Neuburger M (1906) Geschichte der Medizin, Bd I. Enke, Stuttgart, S 263

Norman JM (ed) (1993) Morton's Medical Bibliography, 5th edn. University Press, Cambridge (Reprint)

Orth J (1878) Cursus der normalen Histologie. Hirschwald, Berlin, S 151, 221–227

Recklinghausen F v (1871) Das Lymphgefäßsystem. In: Stricker S (Hrsg) Handbuch der Lehre von den Geweben des Menschen und der Tiere, 1. Bd. Engelmann, Leipzig, S 214–250

Rouvière H (1932) Anatomie des lymphathiques l'homme. Masson, Paris

Rudbeck C (1653) Nova exercitatio anatomica exhibens ductus hepaticus aquosus et vasa glandularum serosa, nunc primum inventa, aeneisque figures delineata. Lauringerus, Arosiae

Rüttimann A, del Buono MS (1964) Die Lymphographie. In: Schinz HR, Glauner R, Rüttimann A (Hrsg) Ergebnisse der medizinischen Strahlenforschung, Bd I (NF). Thieme, Stuttgart, S 248–317

Rüttimann A (ed) (1967) Progress in lymphology. Thieme, Stuttgart

Rényi-Vàmos F (1960) Das innere Lymphgefäßsystem der Organe. Akadémiai Kiadò, Budapest

Rusznyak I, Földi M, Szabo G (1957) Physiologie und Pathologie des Lymphkreislaufes. Fischer, Jena

Sabin FR (1913) The origin and development of the lymphatic system. Hopkins, Baltimore

Schelling FWJ (1799) Einleitung zu seinem Entwurf eines Systems der Naturphilosophie. Reclam, Stuttgart, Nr 8472/1988

Starling EH (1909) The fluids of the body. The Herter lectures. Keener, Chicago

Teichman L (1861) Das Saugadersystem vom anatomischen Standpunkte bearbeitet. Engelmann, Leipzig

Tjernberg B (1962) Lymphography: an animal study on the diagnosis of Vx2 carcinoma an inflammation. Acta Radiol (Suppl) 214:119–152

Virchow R (1858) Die Cellularpathologie in ihrer Begründung auf physiologische und pathologische Gewebelehre. Hirschwald, Berlin, S 1–21, 143–158

Weissleder H (1983) Endolymphatische Therapie mit Radionukliden. In: Lüning M, Wijasalo M, Weissleder H (Hrsg) Lymphographie bei malignen Tumoren, 2. überarb Aufl. Thieme, Stuttgart New York, S 329–342

Yoffey JM, Courtice FC (1970) Lymphatics, lymph and the lymphomyeloid complex. Academic Press, London New York

Zschiesche KW (1963) Zur pathologischen Anatomie der Lymphgefäßinsuffizienz. Barth, Leipzig

Zeitschriften

Arvy L (1972) Some errors about Asellius and the chyliferous vessels. Lymphology 5:49–51

Bèlan A, Màlek P, Kolc J (1963) Röntgenkinematographischer Nachweis lymphovenöser Verbindungen im Versuch in vivo. Fortschr Röntgenstr 99:168–172

Berqvist L, Strand S, Persson R (1983) Particle sizing and biokinetics of interstitial lymphoscintigraphic agents. Semin Nucl Med 13:9–19

Carvalho R, Rodrigues A, Pereira S (1931) Sur un nouvelle méthode de mise en évidence des lymphatiques chez le vivant. Bull Ass Anat (Nancy) 25:101–109

Casley-Smith JR (1980) The fine structure and functioning of tissue channels and lymphatics. Lymphology 12:177–183

Courtice FC (1986) Has modern technology changed our concept of lymph formation? Lymphology 19:65–76

Cohnheim J (1867) Über Entzündung und Eiterung. Virchow Arch Pathol Anat 40:1–79

Cohnstein W (1896) Über die Theorie der Lymphbildung. Pflügers Arch Ges Physiol 63:587–612

Della Rosa L (1900) Über Lymphgefäßinjektionen. Anat Anz Erg H 18:141–147

Defrise A (1930) Ricerche dissetorrie e radiografiche sulla topografia degli ili neurovascolari dei muscoli somati. Arch Ital Anat Embriol 28:211–237

Diebold J, Kapanci Y, Kelènyi G et al. (1988) Updated Kiel classification for lymphomas. Lancet I:292–293

Dominok GW (1964) Die histologischen Veränderungen menschlicher Lymphknoten nach Lymphographien. Virchows Arch Pathol Anat 338:143–149

Erbslöh J (1942) Darstellung des Lymphgefäßsystems der graviden Gebärmutter nach intraamnialer Injektion von Immetal. Zentralbl Gynäkol 48:1911–1914

Flemming W (1885) Studien über Regeneration der Gewebe. I. Zellvermehrung in den Lymphdrüsen und verwandten Organen und ihr Einfluß auf deren Bau. Arch Mikroskop Anat 24:50–91, Schlußbemerkungen 24:335–361

Fraimow W, Wallace S, Lewis P et al. (1965) Changes in the pulmonary function due to lymphangiography. Radiology 85:231–241

Gerota D (1896) Zur Technik der Lymphgefäßinjektion. Eine neue Injektionsmasse für Lymphgefäße - Polychrome Injektion. Anat Anz 12:216–224

Heidenhain R (1891) Versuche und Fragen zur Lehre von der Lymphbildung. Pflügers Arch Ges Physiol 49:209–301

His W (1863) Über das Epithel der Lymphgefäßwurzeln und über die von Recklinghausenschen Saftkanälchen. Z wiss Zool 13:455–473

His W (1874) Über die Entdeckung des Lymphsystems. Z Anat Entwicklungsgesch 1:128–143

Jackson H jr, Parker F jr (1944) Hodgkin's disease. General considerations. N England J Med 231:1–8

Kerley P (1933) Radiology in heart diseases. Br Med J II:594–597

Kienböck R (1926) Zur röntgenologischen Differentialdiagnose der Aortenaneurysmen und Mediastinaltumoren. Fortschr Röntgenstr 34:849–873

Kinmonth JB (1952) Lymphography in man: a method of outlining lymphatic trunks at operation. Clin Sci 11:13–20

Kinmonth JB, Taylor GW, Harper RK (1955) Lymphangiography. Br Med J I:940–942

Kinmonth JB (1977) Lymphography 1977. A review of some technical points. Lymphology 10:102–106

Koehler RP (1968) Complications of lymphography. Lymphology 1:116–119

Läubli B (1987) The ISL: Past, present, and future. Lymphology 20:102–105

Màlek P (1967) Pathophysiological and radiological aspects of lymphovenous anastomoses. New trends in basic lymphology. Experientia (Basel) Suppl 14:197–203

Mayerson HS (1969) Three centuries of lymphatic history - an outline. Lymphologie 2:143–150

Mislin H (1971) Die kontraktilen Eigenschaften der Lymphgefäße. Angiologica 8:207–211

Oka M (1929) Eine neue Methode zur röntgenologischen Darstellung der Milz. Fortschr Röntgenstr 40:497–501

Olszewski WL (1981) Physiology and microsurgery of lymphatic vessels in man. Lymphology 14:44–60

Ottaviani G (1930) Indagini radiografiche sul sisteme linfatico. Arch Ital Anat Embriol 28:38–58

Pfahler GE (1932) A demonstration of the lymphatic drainage from the maxillary sinuses. Am J Roentgenol 27:352–356

Recklinghausen F v (1885) Über die venöse Embolie und den retrograden Transport in den Venen und in den Lymphgefäßen. Virchows Arch 100:503–539

Schaffer B, Koehler PR, Daniel CR et al. (1963) A critical evaluation of lymphangiography. Radiology 80:917–930

Shdanov DA (1932) Röntgenologische Untersuchungsmethoden des Lyphgefäßsystems des Menschen und der Tiere. Fortschr Röntgenstr 46:680–691

Starling EH (1894) The influence of mechanical factors on lymph production. J Physiol 16:224–267

Steinkamp HJ, Zwicker C, Langer M et al. (1992) Reaktive Halslymphknotenvergrößerung und Halslymphknotenmetastasen: Sonographie (M/Q-Quotient) und Computertomographie. Aktuelle Radiol 2:188–195

Tigerstedt R (1895) Die Entdeckung des Lymphgefäßsystems. Skand Arch Physiol 5:89–110

Tosatti E (1958) I linfatici ed i linfedemi degli arti inferiori. Minerva Cardioangiol 6:49–68

Tschammler A, Gunzer U, Reinhart E et al. (1991) Dignitätsbeurteilung vergrößerter Lymphknoten durch qualitative und semiquantitative Auswertung der Lymphknotenperfusion mit der farbkodierten Duplexsonographie. Fortschr Röntgenstr 154:414–418

Wallace S, Jackson L, Schaffer B et al. (1961) Lymphangiograms; their diagnostic and therapeutic potential. Radiology 76:179–199

Wassermann K, Mayerson HS (1952) Dynamics of lymph and plasma protein exchange. Cardiologia (Basel) 21:296–307

Weissleder H (1964) Das pathologische Lymphangiogramm des Ductus thoracicus. Fortschr Röntgenstr 101:573–582

Weissleder R, Elizondo G, Josephson L et al. (1989) Experimental lymph node metastases: enhanced detection with MR lymphography. Radiology 171:835–839

Whalen JP (1979) Radiology of the abdomen: impact of new imaging methods. Am J Roentgenol 133:585–618

Winkel K zum, Hermann HJ (1977) Szintigraphy of lymph nodes. Lymphology 10:107–114

Kiefer und Zähne

Eberhard Sonnabend und Christoph Benz

Von der ersten Röntgenaufnahme der Zähne zu Beginn des Jahres 1896 hat sich die zahnärztliche Radiographie bis heute zu dem wichtigsten diagnostischen Medium der modernen Zahnheilkunde entwickelt. Kariesfrüherkennung, Wurzelkanalbehandlungen, prothetische Versorgungen und Zahnimplantate, um nur einige wenige Beispiele zu nennen, wären ohne Röntgendarstellung nicht vorstellbar. Besonders in den ersten Jahren nach Entdeckung der Röntgenstrahlen wurden wesentliche Grundlagen gelegt, die bis heute fortwirken und die es im Folgenden darzustellen gilt.

Die erste Zahnaufnahme

Otto Walkhoff ließ in kluger Voraussicht der Bedeutung der X-Strahlen für die Zahnheilkunde - bereits wenige Wochen nach deren Entdeckung - durch den Physiker Giesel in Braunschweig (möglicherweise gleichzeitig mit den ersten Zahnaufnahmen des Physikers Koenig in Frankfurt) Röntgenaufnahmen seiner „Backenzähne ... mit Hilfe einer zurechtgeschnittenen und gegen Licht versicherten Glasplatte" anfertigen. Seinen Eindruck von der Aufnahme schildert Walkhoff folgendermaßen:

„Ich sah durch die Abbildung der Pulpakammern und der im Knochen steckenden Wurzeln sofort ein, daß diese Strahlen für unser Fach von Bedeutung sein müßten und kaufte mir einen ... Induktor."

Er fertigte damit sowohl intraorale Zahnaufnahmen als auch extraorale Schädelaufnahmen an, wobei 25-30 min lang bestrahlt werden mußte. „Wiederholt war es ... [dabei] vorgekommen, daß der Patient ... nahezu die ganzen Haare der Kopfseite verlor." Walkhoffs Kommentar, dies seien „unangenehme und doch wieder interessante Zugaben", veranschaulicht die Unbekümmertheit der frühen Jahre (Walkhoff 1915).

Grundlagenforschung auf dem Weg zur Praxisreife

Das neue diagnostische Medium wurde nahezu einheitlich begrüßt, wobei seltene skeptische Anmerkungen bedeutungslos blieben (Hobi 1981). Die ersten Jahre der zahnärztlichen Radiographie waren geprägt von einer stürmischen Weiterentwicklung, die alle Bereiche des neuen Fachgebiets betraf. Neben dem intraoralen Röntgenbild, welches erstmalig den „Einblick" in die Zahnhartgewebe und den Alveolarknochen gewährte, war es für die Wissenschafter faszinierend, bis dahin nur klinisch - und damit unvollständig - diagnostizierbar Befunde, z. B. bei Kieferfrakturen, bei Zysten (Abb. 1), bei Tumoren oder die Arthorpathien des Kiefergelenks jetzt röntgenologisch zu erfassen. Hier sind vor allem Sonesson aus Schweden und Steinhardt aus Deutschland zu nennen, welche durch ihre Forschungsergebnisse mit derartigen extraoralen Röntgenaufnahmen die diagnostischen Möglichkeiten entscheidend verbesserten (Beutel 1963).
Auf der apparativen Seite betraf die Weiterentwicklung insbesondere die Verwendung von hochschmelzenden Metallen (Platin, später Wolfram) als Anodenmaterial und der Übergang von der gashaltigen zur selbstgleichrichtenden Coolidge-Röhre. Damit gelang es bereits zu Beginn des 1. Weltkriegs, die Expositionszeit für Zahnaufnahmen auf etwa 10 s zu reduzieren.
Zum Nachweis der Strahlung bestand für lange Zeit ein Nebeneinander von Szintillatorschirmen und -spiegeln sowie photographischen Materialien. Bereits zur Jahrhundertwerde wurde die beschichtete Glasplatte zugunsten des selbst konfektionierten Films verlassen, wobei schon Versuche mit Verstärkerfolien und mehreren Emulsionslagen durchgeführt wurden. Ab 1913 bot dann die Firma Schleußner erstmals industriell gefertigte Zahnfilme an.
Im Bereich der Röntgentechnik galten die ersten Überlegungen der Zuordnung von Strahlenquelle, Objekt und Nachweismedium. Bereits 1904

Fortschritte auf dem Gebiete der Röntgenstrahlen

Herausgeber: Prof. Dr. **Albers-Schönberg**

Ergänzungsband 25

Archiv und Atlas

der normalen und pathologischen Anatomie

in typischen Röntgenbildern

Anatomie und Pathologie

der

Zähne und Kiefer im Röntgenbilde

mit besonderer Berücksichtigung der Aufnahmetechnik

von

Prof. Dr. med. **W. Dieck**

Abteilungsdirektor am Zahnärztlichen Institute der Universität Berlin

Mit 52 Textabbildungen und 251 photographischen Röntgenbildern auf 17 Tafeln

Hamburg

Lucas Gräfe & Sillem

(Edmund Sillem)

1911

a

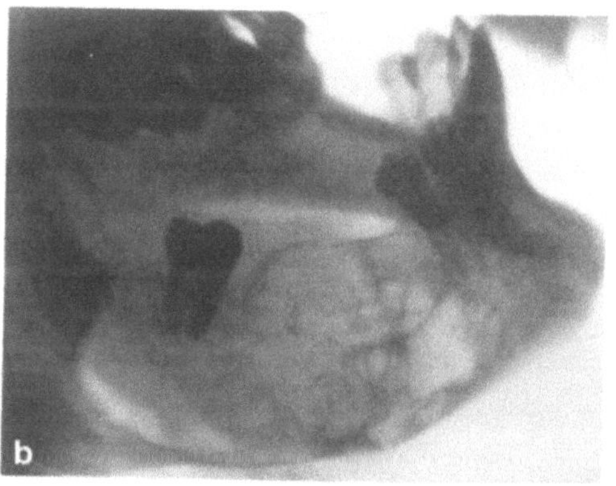

Abb. 1 a, b. Rontgenaufnahme aus dem ersten zahnarztlichen Röntgenatlas (**a**). **b** Dargestellt ist eine große multilokuläre Unterkieferzyste. (Dieck 1911)

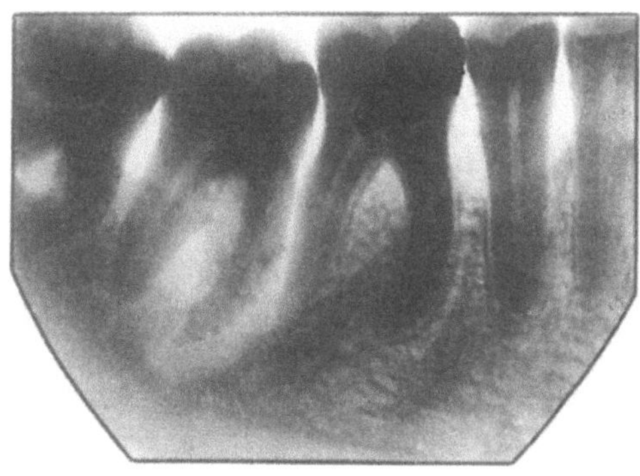

Abb. 2. Die intraorale Röntgenaufnahme stellt den nahezu vollständigen Abbau des Zahnhalteapparates (Parodontitis) an einem unteren zweiten Molaren dar. (Dieck 1911)

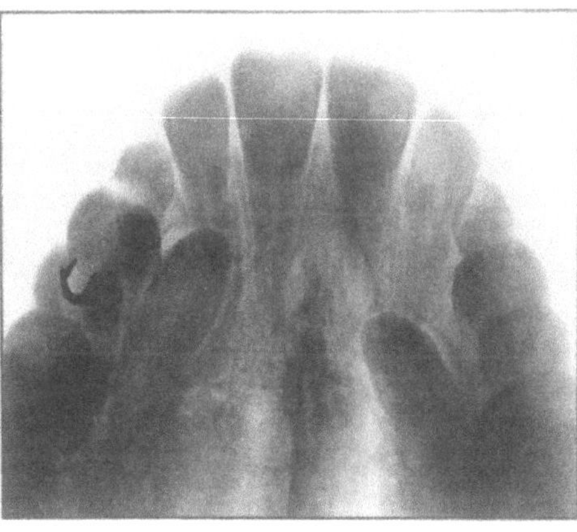

Abb. 3. Aufbißaufnahme eines Patienten, bei dem die beiden oberen Eckzähne verlagert sind. (Dieck 1911)

beschrieb Price (Price 1904) die heute noch gültigen Verfahren zur Einstellung von Zahnaufnahmen mit im Mund gelegenem Film (intraorale Aufnahme) (Abb. 2). Wenige Jahre später lieferten Cieszynski und Dieck die wissenschaftliche Begründung (Isometrieregel) für die auch heute noch gebräuchliche Halbwinkeltechnik (Cieszynski 1907). 1909 beschrieb Spitzer die Aufbißaufnahme (Abb. 3), zu Beginn der 20er Jahre entwickelte der amerikanische Dentalradiologe Raper den „bite-wing"-Film (Raper 1925), der bis heute zur Kariesdiagnostik verwendet wird (Abb. 4). Schon vor der Jahrhundertwende begann Walkhoff, mit Ganz- und Teilschädelaufnahmen zu experimentieren (extraorale Aufnahmen), wobei er fundierte anatomische Kenntnisse als unabdingbare Voraussetzung jeder sinnvollen Anwendung forderte.

Auf der diagnostischen Seite formulierte Morton, der im April 1896 vor der New Yorker Odontologischen Gesellschaft die erste Zahnaufnahme in

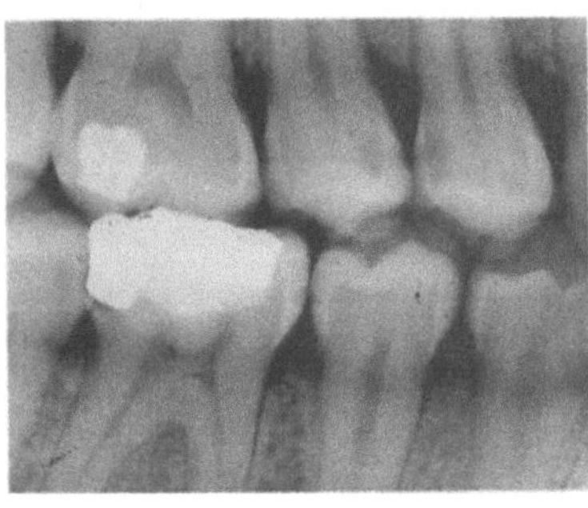

Abb. 4. Bißflügelaufnahme zur Kariesdiagnostik. Die Darstellung der Zahnkronen genügt, weil nur dort Karies entstehen kann. Die Bißflügelaufnahme verringert – und darauf wies bereits Raper hin – durch die gleichzeitige Darstellung oberer und unterer Zahne die Dosisbelastung des Patienten. Im Beispiel ist Karies besonders deutlich an den einanderzugewandten Flächen der beiden oberen Prämolaren zu erkennen

den USA durchgeführt hatte, den zukünftigen Aufgabenbereich der Röntgenstrahlung in der Zahlheilkunde. Diese 1896 wohl eher theoretischen Übelegungen waren mit solcher Weitsicht formuliert, daß sie noch heute weitgehend gültig bleiben. Morton war es auch, der bereits 1897 versuchte, den Zahnärzten die Gefährlichkeit der Röntgenstrahlen verständlich zu machen. Er forderte damals schon eine besondere Qualifikation des Personals, kurze Expositionszeiten, größeren Abstand zwischen Strahlenquelle und Haut, sowie den Verzicht auf weiche Strahlenanteile (Hobi 1981).

Röntgendiagnostik in der Praxis

Bis zum 1. Weltkrieg blieb die zahnärztliche Röntgendiagnostik einigen wenigen Spezialisten überlassen. Der häufige technische Wandel, die komplizierte Bedienung und die hohen Anschaffungskosten ließen Röntgenapparate nur sehr selten Eingang in zahnärztliche Praxen, ja selbst universitäre Ausbildungsstätten finden. Mit den durch die Entwicklungen insbesondere von Coolidge dramatisch verkleinerten Röntgenröhren, dem verbesserten Hochspannungsschutz und der Stativkonstruktin von Garretson aus dem Jahre 1917 war eine erhebliche Verkleinerung des Fokus-Objekt-Abstandes möglich geworden. Dies erlaubte es nicht nur, die Expositionszeiten weiter zu verringern, sondern ließ auch die Röntgenapparate kleiner und damit kostengünstiger werden, wodurch sie nun auch auf breiter Basis Einzug in die Praxis hielten.

Pioniere auf dem Weg zum unkomplizierten Dentalröntgengerät, das mehr und mehr auch auf die Verstellbarkeit von Röhrenstrom und Röhrenspannung verzichtete, waren die amerikanische Firma Ritter und die Siemens-Reiniger Werke (Sonnabend 1966). Im Kreis der Wissenschaftler fand diese Entwicklung jedoch nur verhaltenen Beifall. Als problematisch galten Ende der 20er Jahre insbesondere die hohe Bildunschärfe durch den geringen Film-Fokus-Abstand, sowie die Unmöglichkeit, die Strahlenqualität der Objektstruktur anzupassen (v. Reckow 1959). Während man daraufhin mit der sog. Fernaufnahmetechnik – heute würde man von Langtubustechnik sprechen – die Bildschärfe verbessern konnte, blieb der Dentalröntgenapparat mit schaltbarer Röhrenspannung – abgesehen von kommerziell wenig erfolgreichen Systemen in den 50er Jahren – lange Zeit ein Wunschtraum. Mehrpulsgeneratoren, die sich in der allgemeinmedizinischen Radiologie in der zweiten Hälfte dieses Jahrhunderts durchsetzten, waren für die Zahnheilkunde zu teuer. Erst mit den Fortschritten der Elektronik erfolgte dann Mitte der 80er Jahre der Sprung vom Einpuls- direkt zum „Hoch"frequenz-Multipuls-Generator.

Mit der großen Verbreitung der kleinen Dentalröntgengeräte in den 30er und 40er Jahren wuchs nicht nur der Kreis der Anwender, sondern auch das Interesse, immer neue Aufnahmeverfahren und Einstellhilfsmittel zu entwickeln. Die Vielzahl dieser Verfahren erlaubte es zwar, die verschiedensten Regionen im Kiefer-Gesichtsbereich mit dem Kleingerät darzustellen, konnte jedoch nicht verhindern, daß der Wunsch nach einem Verfahren zur Darstellung des gesamten Kieferbereichs mit einer einzigen Aufnahme immer lauter wurde.

Die Panoramaaufnahme

Seit 1896 beschäftigten sich verschiedene Forschergruppen, z. T. ohne Kenntnis voneinander, mit Verfahren zur Gesamtdarstellung des Kiefer-Gesichtsbereichs auf einer einzigen Aufnahme (Scheutzel 1989). Eine solche Aufnahme, für welche die Bezeichnung Panoramaaufnahme (griechisch: alles sehen) gebräuchlich wurde, ist grundsätzlich auf zwei Arten vorstellbar: Als Überlagerungsaufnahme (alles, was sich zwischen Röntgenstrahler und Film befindet, wird überlagert dargestellt), wobei sich die Röntgenröhre im Mund befinden muß, oder als Schichtaufnahme, die vom durchstrahlten Kopf des Patienten weit-

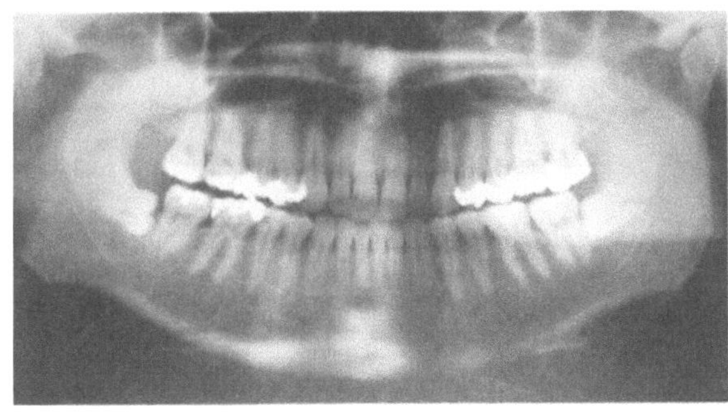

Abb. 5. Panoramaschichtaufnahme

gehend nur den Zahnbogen scharf darstellt (Abb. 5).

Bereits 1896 regte Morton die Überlagerungs-Panoramaaufnahme an. Die Arbeiten von Port (1899), Bouchacourt (1898) und Guye (1904) führten dann zwar zur Konstruktion einer speziellen Röntgenröhre, doch scheiterten diese und spätere Überlegungen an den besonderen Anforderungen, die an den Brennfleck zu stellen waren (Scheutzel 1989). Der Brennfleck muß nämlich für eine hohe Zeichenschärfe sehr klein sein und andererseits einen 270°-Öffnungswinkel aufweisen, um den gesamten Zahnbogen zu bestrahlen. Erst Mitte der 40er Jahre führten unabhängig voneinander eine deutsche und eine schweizerische Entwicklung zum Erfolgt. 1961 wurde das erste Gerät, der Panoramix (Sterzel & Koch), in Serie produziert. Kurze Zeit später folgten der Status-X (Siemens) und der Stat-Oralix (Philips-Müller). Am Anfang der 80er Jahre schließlich führte eine möglicherweise übertriebene Diskussion über die Strahlenbelastung der Mundschleimhaut zur Einstellung der Produktion dieses Gerätekonzepts.

Seit den 20er Jahren dieses Jahrhunderts beschäftigt man sich mit der grundsätzlich anderen Möglichkeit zur Gesamtdarstellung des Zahnbogens, nämlich der Schichtaufnahme. Erste Überlegungen wurden 1922 von Zulauf angestellt. Die Panographie von Numata arbeitete 1933 mit einem dem Zahnbogen intraoral angepaßten Film, und auch Paatero hatte zunächst ähnliche Überlegungen, die er 1948 unter dem Namen Parablographie vorstellte. Er wechselte dann aber im gleichen Jahr zu einem dem Gesicht außen angelegten Film, erhielt damit jedoch Aufnahmen, die durch die Schädelbasis überlagert waren. Heckmann schließlich beschrieb das Prinzip einer Aufnahme, bei der neben der in den vorgenannten Verfahren bereits integrierten bogenförmigen Bewegung eines schmalen Strahlenbündels um den Kopf des Patienten eine weitere Bewegungskomponente, nämlich die des Films hinzukam (Heckmann 1939). Damit war zwar das Konzept einer Schichtaufnahme geboren, es gelang Heckmann jedoch nicht, ein funktionsfähiges Gerät zu entwickeln, und so war es wiederum Paatero, der vermutlich in Unkenntnis dieser Vorarbeiten, 1951 ein arbeitsfähiges System vorstellen konnte. 1954 schließlich begründete der Orthopantomograph OP 1 in Zusammenarbeit von Palomex und Siemens eine Gerätefamilie, die sich bis zur aktuellen Version dem Trophy-Palomex OP 100 fortgesetzt hat.

Strahlenschutz

Während Warnungen, wie die von Morton aus dem Jahre 1897 (s. o.), zunächst ungehört blieben, gewannen Strahlenexpositionen und Strahlenschutz bei Zahn- und Kieferaufnahmen in den letzten Jahrzehnten dann doch stetig an Aufmerksamkeit. In den 60er Jahren wurden Methoden zur Messung der Dosisbelastung des Patienten bei zahnärztlichen Aufnahmen etabliert (Sonnabend 1960), auch führten nordamerikanische Vorbilder zu einer wissenschaftlichen Großuntersuchung der Strahlensicherheit von 25000 Röntgengeräten in deutschen zahnärztlichen Praxen (Sonnabend u. Babor 1970).

Die Resultate hatten weitreichende Auswirkungen auf die Industrienormung und den Gesetzgeber (Röntgenverordnung).

Elektronische Zahnaufnahme

Bereits 1897 wurde in den „Dental items" die Überzeugung formuliert, daß Diagnosen in Zukunft mit Hilfe von Farbröntgenschirmen möglich sein würden (Hobi 1981). Mittlerweile ist diese Vorstellung auch im Alltag der zahnärztlichen Praxis Wirklichkeit geworden. Als zu Beginn der 80er Jahre dieses Jahrhunderts CCD-chips (charged coupled device) kostengünstig verfügbar wurden, stellen französische Forscher Überlegungen zur Nutzung in der Radiographie an. Das kleine Format ließ dabei Anwendungen zunächst in der Zahlheilkunde sinnvoll erscheinen. Es stellte sich jedoch heraus, daß elektronische Chips durch Röntgenstrahlung in kurzer Zeit zerstört werden, und so konstruierte man ein Spiegelsystem, welches das Licht einer Verstärkerfolie auf einen strahlensicher plazierten CCD-Chip umlenkte. Diese Konstruktion hatte durchaus Ähnlichkeit mit dem – wenn gleich auch zur direkten Sicht vorgesehenen – „Roentgen Ray

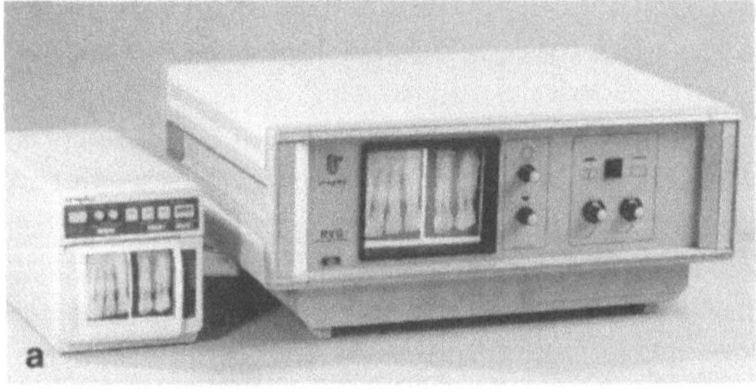

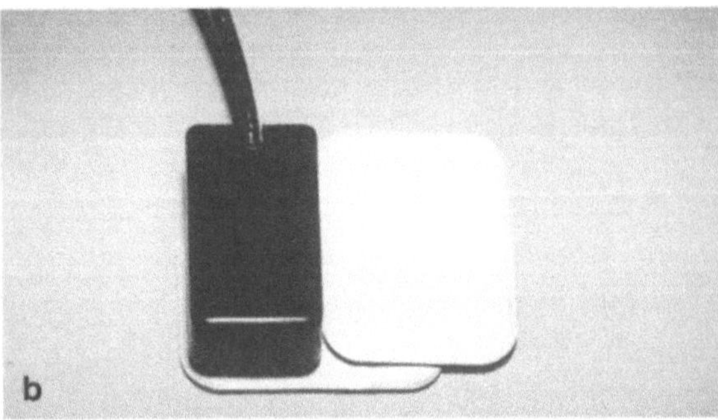

Abb. 6 a, b. Erstes kommerzielles System zur direkt-elektronischen Anfertigung von Zahnröntgenaufnahmen: **a** Zentraleinheit mit Monitor, **b** intraoraler Sensor im Vergleich zu einem $3 \times 4\,cm^2$-Zahnfilm

Converter" von Rollins aus dem Jahr 1896 (Hobi 1981). Wirklich praktikabel wurde das Verfahren jedoch erst mit einer Bleiglaslinse, die den Sensor zu einem kleinen Block schrumpfen ließ (Mouyen et al. 1989) (Abb. 6). Mittlerweile verfügen mehrere Hersteller über ähnliche Konzepte, die nun auch Lösungen für die Panoramaschichtaufnahme versprechen. Es ist damit wahrscheinlich, daß die Zahnheilkunde, möglicherweise sogar etwas früher als die allgemeinmedizinische Radiologie, auf dem Weg ist, nach 100 Jahren Abschied zu nehmen von der chemischen Bilderzeugung.

Literatur

Beutel A (1963) Die Röntgendiagnostik der Orbitae, der Augen und der Tränenwege. In: Olsson O, Strnad F, Vieten H, Zuppinger A (Hrsg) Handbuch der Medizinischen Radiologie, Bd VII/1: Röntgendiagnostik des Schädels. Springer, Berlin Göttingen Heidelberg

Cieszynski A (1907) Über die Einstellung der Röntgenröhre bei Zahnaufnahmen. Corresp f Zahnärzte 36:158–172

Dieck W (1911) Anatomie und Pathologie der Zähne und Kiefer im Röntgenbilde mit besonderer Berücksichtigung der Aufnahmetechnik. Gräfe & Sillem, Hamburg

Heckmann K (1939) Die Röntgenperspektive und ihre Umwandlung durch eine neue Aufnahmetechnik. Fortschr Röntgenstr 60:144

Hobi F (1981) Zahnärztliche Röntgenologie von den Anfängen bis zum Jahre 1914. Juris, Zürich

Mouyen F, Benz C, Sonnabend E, Lodter J (1989) Presentation an physical evaluation of Radiovisiographie. Oral Surg 68:238–242

Price W (1904) The technique necessary for making good dental skiagraphs. Dent Items 26:161

Raper H (1925) Practical clinical preventive dentistry based upon periodic roentgen-ray examination. J Am Dent Ass 12:1084–1100

Reckow v J (1959) Meilensteine der zahnärztlichen Röntgenologie. Dtsch Zahnärztl Z 14:1159–1177

Scheutzel P (1989) Entwicklung der zahnärztlichen Panoramaröntgenaufnahmeverfahren. Zahnärztl Mitt 79:2322–2328

Sonnabend E (1960) Die Strahlenbelastung des Patienten bei Röntgenaufnahmen der Zähne. Med Habil Schrift, Göttingen

Sonnabend E (1966) Zur Entwicklung zahnärztlicher Röntgenanlagen. Zahnärztl Mitt 56:1068–1074

Sonnabend E, Babor R (1970) Überprüfung zahnärztlicher Röntgenapparate auf Strahlensicherheit nach dem Röpak-Verfahren. Dtsch Zahnärztl Z 25: 577–585

Walkhoff O (1915) Altes und Neues vom Röntgenverfahren in der Zahnheilkunde. Dtsch Monatsschr Z 35:353-361

Interventionelle Radiologie

Rolf W. Günther, Dierk Vorwerk und Claus Pfannenstiel

Die Ursprünge der Interventionellen Radiologie wurden aus zahlreichen Quellen gespeist, aus Zufallsbeobachtungen im klinischen Alltag, aus industrieller und klinischer Forschung. Etliche Disziplinen (wie etwa Radiologen, Chirurgen, Internisten, Kardiologen, Urologen, Orthopäden, Neurologen) aus den verschiedensten Ländern haben daran bedeutenden Anteil. Mit der Einführung der neuen bildgebenden Verfahren und der technischen Verfeinerung des Instrumentariums wuchs auch die Interventionelle Radiologie, deren Devise vereinfachend lautet: „Diagnostik und Therapie mit Punktionskanüle und Katheter mit Hilfe bildgebender Verfahren".
Sie entwickelte sich aus der diagnostischen Angiographie; die neu hinzukommenden therapeutischen Aspekte machten sie zur „interventionellen Radiologie", „invasiven Radiologie" oder zur „Radiochirurgie" (Tabelle 1). Ihr Ziel ist es, auf perkutanem Weg einen Effekt zu erreichen, den man normalerweise nur durch einen chirurgischen Eingriff erzielt. Die Vorteile liegen auf der Hand: Die perkutanen Verfahren sind einfach, effektiv, werden in der Regel in Lokalanästhesie durchgeführt, sind damit wenig belastend und ersparen dem Patienten bei bestimmten Erkrankungen einen operativen Eingriff. Ihre Entwicklung wurde durch mehrere entscheidende Vorgänge geprägt: Entdeckung der Röntgenstrahlen, Entwicklung schnelle Aufnahmesequenzen durch Serienangiographie und Kinematographie sowie Einsatz der Bildverstärkerfernsehtechnik in den 50er Jahren dieses Jahrhunderts, ferner die Entwicklung neuer bildgebender Verfahren wie Sonographie, Computertomographie und MR-Tomographie, sowie Katheter-, Instrumenten- und Kontrastmittelentwicklung. Die Sonographie als diagnostisches Verfahren begann sich Anfang der 70er Jahre klinisch durchzusetzen, es folgten wenige Jahre später die Computertomographie und die MR-Tomographie.

Tabelle 1. Anwendungsbebiete der Interventionellen Radiologie

Diagnostik	
I.	Angiographie (Arteriographie/Venographie)
II.	Angiokardiographie
III.	Direkte Cholangiographie
IV.	Antegrade Pyelographie
V.	Arthrographie
VI.	Myelographie
VII.	Lymphographie
VIII.	Perkutane Biopsie
Therapie	
I.	Perkutane Gefäßrekanalisation
II.	Perkutane Gefäßembolisation und Gefäßverödung (arteriell/venös)
III.	Perkutane Implantation von Gefäßendoprothesen und Kavafiltern
IV.	Transjugulärer intrahepatischer portosystemischer Shunt
V.	Perkutane kardiale Eingriffe
VI.	Intraarterielle Pharmakotherapie
VII.	Transvasale Fremdkörperextraktion
VIII.	Perkutane Drainage von Hohlorganen (Gallenwege, Harntrakt, Gastrointestinaltrakt)
IX.	Perkutane Drainage von abnormen Flüssigkeitsansammlungen (Hämatom, Abszeß, Empyem) und Zystenverödung
X.	Perkutane Neurolyse
XI.	Perkutane Bandscheibenbehandlung
XII.	Perkutane Skeletteingriffe

Von den Anfängen bis 1950

Die Ursprünge gehen weit zurück und sind aus heutiger Sicht wenig spektakulär, waren damals jedoch aufsehenerregend: Entwicklung von Kathetern (aus urologischen Kathetern), von Spritzen und Punktionskanülen; Einführen von Kathetern in das Gefäßsystem und direkter Zugang zu Hohlorganen und parenchymatösen Organen. v. Leyden (1882), dem die erste perkutane Lungenbiopsie zur Klärung einer Pneumonie zugeschrieben wird, war in Berlin ebenso Pionier wie Bleichröder, der 1912 den Versuch einer intraarteriellen Pharmakotherapie bei einer Kindsbettsepsis durch Infusion von Collargol unternahm, des weiteren die V. cava inferior mit dünnen Ureterenkathetern – ohne Röntgenkontrolle – im Rahmen von Stoffwechseluntersuchungen der Leber sondierte und ferner sich im Selbstversuch einen Axillarisvenenkatheter legen ließ. Ohne Kenntnisse dieser Vorarbeiten schob sich der Chirurg Forssmann 1929 in Berlin einen „gut geölten", 1,3 mm dünnen Ureterkatheter von der Ellenbogenvene aus in das Herz vor und dokumentierte dies röntgenologisch. Diese heute so alltägliche Technik wurde damals unter Berücksichtigung der sich daraus ergebenden Möglichkeiten als so revolutionär angesehen, daß er dafür mit dem Nobelpreis ausgezeichnet wurde. Auch Cournand (1941) nutzte einen Ureterenkatheter zur Sondierung des Herzens. So ist es nicht verwunderlich, daß die Kaliberangabe der Angiographiekatheter entsprechend dem urologischen Ursprung nach Charrière (franz. Instrumentenbauer in Paris, 1803–1876) bzw. nach der französischen Maßeinteilung in „French" erfolgte.

Kontrastmittel waren eine wesentliche Voraussetzung für die Entwicklung der Angiographie und anderer Untersuchungsmethoden. Den zuerst monojodierten Kontrastmitteln folgten in längeren Zeitintervallen ab etwa 1939 die dijodierten und ab 1956 die besser verträglichen trijodierten Kontrastmittel. Ab 1931 wurde vorübergehend auch Thorotrast verwendet, auf dessen Schäden Northfield u. Russel (1937) hinwiesen. Die Entwicklung der modernen nicht-ionischen Kontrastmittel geht auf Almén (1969) zurück.

Auch CO_2 wurde vorübergehend als Kontrastmittel zur Angiographie und auch zur Darstellung des rechten Herzens benutzt (Stauffer et al. 1956; Grosse-Brockhoff et al. 1957; Hoeffken 1957) und erlebt derzeit wieder eine Renaissance im Rahmen der peripheren Gefäßdarstellung mit der digitalen Subtraktionsangiographie, während andere diagnostische Gasapplikationstechniken wie Angiokardiographie, Pneumoperitoneum, Retropneumoperitoneum, Pneumomediastinum, Gasmyelographie und Weichteilpneumoradiographie bedeutungslos geworden sind.

Bereits 1923 nahmen Berberich u. Hirsch in Deutschland die erste röntgenologische Armphlebographie und Handarteriographie durch Injektion von Strontiumbromidlösung vor, 1923 beschrieben Sicard u. Forrestier in Frankreich die Injektion von jodiertem Öl in die Femoralvene. In den USA injizierte Brooks 1924 erstmals Na-Jodid in die Femoralarterie. Der portugiesische Neurologe Moniz, der später mit dem Nobelpreis ausgezeichnet wurde, führte 1927 die röntgenologische Kontrastmitteldarstellung der Hirngefäße beim Menschen durch offene Punktion der A. carotis und Injektion von Jodsalzen ein. Die weitere angiographische Entwicklung in der Neuroradiologie ist bei Krayenbühl u. Yasargil (1979) ausführlich beschrieben.

Dos Santos, ein portugiesischer Chirurg in Lissabon, experimentierte mit der lumbalen Ganglienblockade und entdeckte 1929, daß eine translumbale Aortographie (TLA) problemlos toleriert wurde. Wegen der Einfachheit wurde die TLA später sogar gegenüber der retrograden, über eine Arteriotomie vorgenommenen Katheteraortographie (Farinas 1941) eine Zeitlang bevorzugt. Der translumbale Zugang wurde damals auch gerne zur Darstellung der Nieren benutzt (Vogler et al. 1952) und war bis Anfang der 80er Jahr ein gängiges Verfahren zur Becken-Bein-Arteriographie.

Die Angiokardiographie begann mit Untersuchungen von Rousthöi (1933), der – unabhängig von Reboul u. Racine (1933) – erstmals experimentell durch Kontrastmittelinjektion in den Bulbus aortae die Röntgendarstellung von Herzkranzgefäßen beschrieb. Radner (1945) gelang erstmals die Darstellung der Koronarien beim Menschen durch transsternale Direktpunktion der aszendierenden Aorta und Injektion von Thorotrast – allerdings mit wenig überzeugender Bildqualität. Robb u. Steinberg (1938) schlugen die Kontrastierung der Herzhöhlen durch venöse Kontrastmittelinjektion vor. Zimmermann et al. berichteten 1959 zuerst über die Katheterisierung des linken Ventrikels.

Martin u. Ellis führten 1934 durchleuchtungsgezielte Biopsien zur histologischen Sicherung des Bronchialkarzinoms durch. Die perkutane Nadelbiopsie des Wirbelkörpers geht auf Robertson u. Ball (1935) zurück und wurde später durch Ackerman (1954) sowie Craig (1956) verbessert. Lindblom beschrieb 1946 die Möglichkeit der perkutanen Nierenbiopsie bei Zysten und Tumoren. Burckhardt u. Müller führten 1921 in Marburg ausführliche Studien zur perkutanen Punktion und Röntgendarstellung der Gallenblase mit einer Feinnadel von 0,8 mm Durchmesser durch. Huard u. Do Xuan-Hop berichtete 1937 in Indochina über die perkutane transhepatische Cholangiographie, die dann durch Carter u. Saypol (1952), später durch Glenn et al. (1962) in Form der „wiederentdeckten" Feinnadelcholangiographie sowie von Oto et al. (1969) von der Chiba-Universität (mit der sog. „Chiba"-Nadel) und zahlreichen anderen japanischen Autoren, in

Skandinavien vor allem durch Wiechel (1963) und in Deutschland vor allem durch Wenz u. Kolig (1965) sowie Bayindir (1966) bekannt gemacht wurde.
Die ersten Kniegelenkarthrographien wurden nach Luft- bzw. Sauerstoffinsufflation vorgenommen (Wernerdorff u. Robinson 1905; Hoffa 1906); erst 1934 folgten die Doppelkontrastarthrographien (Bircher u. Oberholzer 1934) und ausführliche systematische Darstellungen (Lindblom 1948). Luft wurde auch früh zur Ventrikulographie und Myelographie verwandt (Dandy 1918); Sicard u. Forrestier (1922) stießen auf die Möglichkeit der Myelographie mit Lipiodol; Arnell u. Lindström (1931) benutzten dazu wasserlösliches Kontrastmittel, bevor Pantopaque verfügbar war.
Erste Hinweise zur perkutanen lumbalen Sympathikolyse bei peripheren Durchblutungsstörungen erschienen 1949 durch Haxton, die später durch Reid (1970) aufgegriffen wurde. Die intraarterielle Chemotherapie von Tumoren begann nach ersten Versuchen durch Bleichröder (1912) durch Arbeiten von Biermann et al. sowie Klopp et al. (1950) und wurde später von Sullivan et al. (1959) und anderen Autoren übernommen. Jede Untersuchungsmethode hat ihre eigene Geschichte, deren Details zu berichten den vorgesehenen Umfang dieses Beitrages überschreiten würden. Es sollen daher nur die bedeutsamsten Schritte in der Entwicklung aufgeführt werden.

Weiterentwicklung der invasiven Diagnostik und therapeutische Ansätze in Sicht (1951–1960)

Die von Seldinger im Jahr 1953 angegebene Technik zum Einführen eines Katheters in das Gefäßsystem ohne operative Gefäßeröffnung durch Verwendung einer Punktionskanüle und eines Spiralführungsdrahtes zählt zum wichtigsten instrumentellen Meilenstein der Interventionellen Radiologie (Abb. 1). Damit wurde die operative Gefäßfreilegung zur Katheterinsertion entbehrlich.
Zwar war die perkutane, venöse Gefäßpunktion mit Kathetereinführung durch eine Punktionskanüle bereits durch Forssmann beschrieben und später durch Peirce (1951) arteriell genutzt worden, die „Führungsdrahttechnik" von Seldinger bot jedoch ihr gegenüber eine Reihe von Vorteilen. Wichtig für den weiteren Fortgang dieser Technik war die Entwicklung von Angiographiekathetern. Sie waren ursprünglich nicht formbar, bestanden in der Pionierzeit aus Gummi, dann aus PVC, Polyäthylen, später aus Teflon, Polyurethan sowie anderen Materialien und wurden durch Einarbeitung von Schwermetallen schattengebend gemacht (Ödmann 1959). Die Verstärkung der Katheterwand durch Webmaterialien und feines Drahtgeflecht verbesserte später auch die Drehstabilität der Katheter, deren Spitze sich durch Hitze nach bestimmten Konfigurationen vorbiegen ließ, als wesentliche Voraussetzung für die selektiven Gefäßsondierungen.

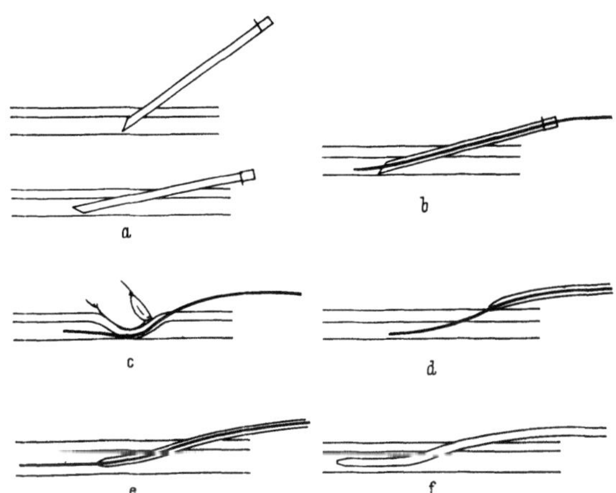

Abb. 1a–f. Seldinger-Technik: „Katheter und Führungsdraht" zur perkutanen Kathetereinführung nach Gefäßpunktion. (Aus Seldinger 1953)

Gidlund konstruierte 1956 eine pneumatische Hochdruckinjektionsspritze, um einen ausreichenden Kontrastmittelfluß und damit eine gute Gefäßkontrastierung zu erreichen.
Nach frühen experimentellen Untersuchungen ist die weitere klinische Entwicklung der Koronarographie mit den Namen Radner (1945), Jönsson (1948), Di Guglielmo u. Guttadauro (1952), Dotter (1958) (Aortenballonokklusionsmethode), Nordenström (1962), Paulin (1962), in Deutschland einige Jahre später vor allem mit Porstmann (1959), Düx (1961), Thurn (1963) und Hettler (1965) verbunden. Die selektive Koronarographie wurde in den USA von Sones, einem pädiatrischen Kardiologen, systematisch von der Armarterie aus entwickelt (1959), nachdem ihn eine ungewollte selektive Koronarographie mit hoher Kontrastmitteldosis auf diese Fährte gebracht hatte. Die transbrachiale Technik von Sones wurde von dem Radiologen Judkins (1967) durch den transfemoralen Zugang erweitert.
Der Weg zum rechten Herzen war durch Forssmann gebahnt. Die Darstellung des linken Ventrikels durch Direktpunktion wurde nach frühen experimentellen Untersuchungen später klinisch eingesetzt (Zimmermann et al. 1950) und bis etwa 1957 noch praktiziert (Grosse-Brockhoff et al.

1957), dann jedoch durch die retrograde Kathetermethode abgelöst (Porstmann u. Geißler 1958).
Die heute obsolete, damals jedoch wichtige direkte Splenoportographie geht auf Abeatici u. Campi (1951) zurück. In der zweiten Hälfte der 50er Jahre wurde die perkutane, abdominelle und periphere Katheterangiographie Allgemeingut und durch die selektive Darstellung erweitert (Ödmann 1956). Es ist nicht zu vergessen, daß die damals nicht selbstverständliche selektive Angiographie wesentliche Voraussetzung für angiotherapeutische Eingriffe wurde.
Besonders den Verdiensten der schwedischen Radiologie gebührt hier Beachtung: Sie hat die Angiographie bis etwa 1980 unvergleichlich befruchtet, nicht nur im Bereich der Angiokardiographie, sondern auch bei der abdominellen Angiographie (Boijsen 1959; Olsson 1963; Lunderquist 1965). Zu Anfang der abdominellen und peripheren Angiographie beschäftigte sich auch im deutschsprachigen Raum eine Reihe von Veröffentlichungen mit dieser Thematik (Loose 1951; Gollman 1958; Vogler 1954; May u. Nißl 1952; Wellauer 1957).
Allenthalben ergaben sich neue Anwendungsmöglichkeiten. Cope (1959) führte die transseptale Herzkatheteruntersuchung ein, gefolgt von Brockenbrough u. Braunwald (1960). Andere Techniken, wie etwa die direkte perkutane Punktion des linken Ventrikels oder des linkes Vorhofs, wurden wieder verlassen.
Die Lymphangiographie begann mit der Thorotrastdarstellung durch Servelle u. Deysson (1951); Kinmonth (1952) benutzte stattdessen wasserlösliches Kontrastmittel. Die Verwendung von öligem Kontrastmittel (Prokopec u. Kolinova 1958) verbesserte die Methode und verhalf ihr zum klinischen Routineeinsatz, nachdem auch eine geeignete Punktionstechnik der Lymphgefäße vorhanden war. (Rüttiman u. Buono 1962). Die antegrade Pyelographie wurde 1954 sowohl von Wickbom als auch Weens u. Florence veröffentlicht; sie war der erste Schritt zur perkutanen Nephrostomie (Goodwin 1955) (Abb. 2) und anderen antegraden Interventionen, die später folgten.
Es gab auch weitere Ansätze zur interventionellen Therapie: Lèger et al. (1952) nutzten den transhepatischen Weg therapeutisch zur Gallenwegdrainage - ein Verfahren, das aus der Not geboren wurde, nachdem eine operativ gelegte Gallenwegdrainage herausgeglitten war. Luessenhop u. Spence berichteten 1960 über die „blinde" Embolisation einer zerebralen a.-v.-Malformation, nicht ahnend, daß sich daraus ein höchst bedeutsamer Zweig der interventionellen Therapie in der Neuroradiologie entwickeln sollte.

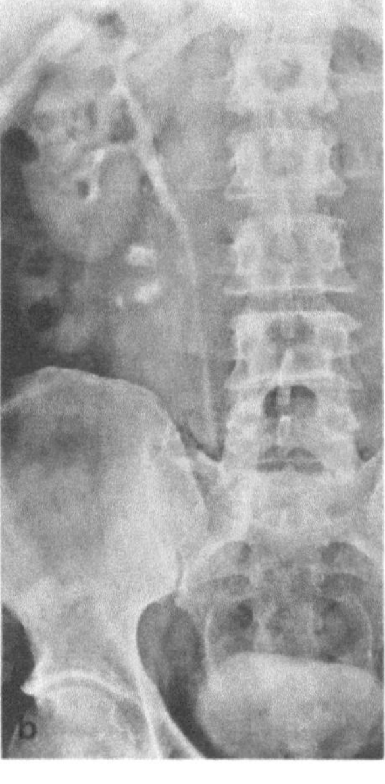

Abb. 2a, b. Perkutane Nephrostomie bei Harnwegobstruktion durch einen Uratstein. Nach perkutaner Entlastung der Niere (**a**) spontaner Steinabgang (**b**)

Fortschritte der invasiven Diagnostik und Anfänge der invasiven Therapie (1961–1970)

In der Zeit von 1961–1970 hatte die angiographische Diagnostik festen Fuß in der Radiologie gefaßt und gehörte zum diagnostischen Repertoire. Marginale Verbesserungen wurden durch die Pharmakoangiographie erreicht (Abrams 1962; Boijsen u. Redman 1967); Angiotomographie und Angioszintigraphie blieben klinisch unbedeutend. Die Angiographie hatte sich jedoch schon damals so vielfältige Anwendungen erschlossen, daß schon 1964 ein Band des *Handbuches der Medizinischen Radiologie* leicht zu füllen war (Vieten 1964). Später folgten weitere Bände und andere Monographien (Wenz 1972; Krayenbühl u. Yasargil 1979).
Eine der bedeutendsten und folgenreichsten Entwicklungen in der Interventionellen Radiologie geht auf Dotter u. Judkins zurück, die im Jahr 1964 auf die Möglichkeit der perkutanen Gefäßrekanalisation durch Bougierung hinwiesen. Das Verfahren wurde in Deutschland durch Porstmann u. Wierny (1967) sowie Zeitler u. Müller (1969) und van Andel (1976) in Holland aufgegriffen. Dotter, einer der Stammväter der Inter-

ventionellen Radiologie, machte später außerdem auf die Möglichkeiten der intravaskulären Stentimplantation (1969), der selektiven intraarteriellen Thrombolyse mit Streptokinase (1974), der Transkatheterembolisation mit Gewebekleber (1975) und der perkutanen transhepatischen Extraktion von Gallengangsteinen (1979) aufmerksam.

Über den T-Drainkanal extrahierte Mondet 1962 in Argentinien erstmals Residualsteine aus den Gallenwegen mit Hilfe einer Faßzange, ein Verfahren, das später von dem Chirurgen Mazzariello (1970) weiterverfolgt wurde. Burhenne (1972) modifizierte den Eingriff unter Röntgendurchleuchtung und benutzte zur Steinentfernung einen Dormia-Korb. Thomas et al. entfernten 1964 mit einer langen Bronchoskopiefaßzange von der V. saphena aus erstmals ein aus dem Herzen manövriertes Führungsdrahtfragment aus der unteren Holvene. Die perkutane, tranvasale Extraktion von Katheterfragmenten wurde durch Masumi u. Ross (1967) sowie Lessers u. Pickering (1967) aufgegriffen. Wer die Alternative bei der Entfernung von abgerissenen und verschleppten Kavakathetern und deren Komplikationen bei Belassung kennt, weiß den unschätzbaren Wert des perkutanen Vorgehens zu schätzen.

Den Weg zur Kathetereinführung in Schleusentechnik und damit zur Vereinfachung von diagnostischen und therapeutischen vaskulären Eingriffen wiesen Hettler (1960) sowie Desilets et al. (1966).

Lungenbiopsien unter Durchleuchtungskontrolle fanden in den 60er Jahren und später besonders in Skandinavien klinische Anwendung (Nordenström 1965; Sinner 1976). Für das Herz und die herznahen Gefäße entstanden in jener Zeit zwei wichtige Verfahren: die Ballonatrioseptostomie (Rashkind u. Miller 1966) und der transvasale Verschluß des Ductus arteriosus Botalli (Porstmann et al. 1967), 8 Jahre später erfolgte dann der erste Versuch des Katheterverschlusses beim Vorhofseptumdefekt (King u. Mills 1976). Rösch et al. beschrieben 1969 erstmals die experimentelle Möglichkeit der transjugulären intrahepatischen Shuntanlage, deren klinische Verwirklichung allerdings noch fast 20 Jahre auf sich waren ließ und erst durch die Einführung intravaskulärer Metallstents möglich wurde.

Erste Hinweise zur medikamentösen Auflösung von Lungenembolien finden sich bei Hirsh (1967).

Ishimori et al. embolisierten 1967 perkutan eine Carotis-cavernosus-Fistel, Doppman et al. (1968) eine spinale vaskuläre Malformation. Lalli et al. unternahmen 1969 die ersten Versuche mit der perkutanen transvasalen Embolisation von Tumoren der Niere und Lunge. Nusbaum et al. (1969) beschrieben die intraarterielle Infusion von Vasokonstriktiva (Vasopressin) zur Behandlung von gastrointestinalen Blutungen.

Ende des Dezenniums entstand der bedeutende Ansatz zur Synthetisierung von nicht-ionischem jodhaltigem Kontrastmittel (Almén 1969). Neben der besseren allgemeinen Verträglichkeit hatten diese auch wichtige praktische Folgen: Mußte die periphere Arteriographie bislang wegen erheblicher Schmerzen in Allgemeinnarkose durchgeführt werden, konnte sie Ende der 70er Jahre nach klinischer Einführung der nicht-ionischen Kontrastmittel in Lokalanästhesie vorgenommen werden.

Invasive Diagnostik im Zenit und Wende durch neue bildgebende Verfahren – Ausbreitung der interventionellen Therapie (1971–1980)

Kaum waren die Möglichkeiten der invasiven Verfahren zur Organ- und Gefäßdiagnostik im wesentlichen erforscht und ausgereift, zeichneten sich die vielfältigen Möglichkeiten der nichtinvasiven Diagnostik durch Sonographie und Computertomographie ab. Invasive Verfahren wie etwa die perkutane transhepatische Cholangiographie oder die Luftenzephalographie wurden entbehrlich. Die translumbale Aortographie wurden Anfang der 80er Jahre aufgrund der digitalen Subtraktionsangiographie und Entwicklung von dünnkalibrigen, dünnwandigen – und damit auch transbrachial leicht einzuführenden – Kathetern überflüssig. Auch Verschiebungen anderer Art traten ein: Die kardialen Interventionen wurden aufgrund der zunehmenden Komplexität der Materie schrittweise von den Kardiologen übernommen.

Angiographisch neigte sich die Zeit der diagnostischen Neuerungen ihrem Ende zu. Die Diagnostik im venösen Strombett wie etwa die Nebennierenphlebographie erfuhr eine vorübergehende Belebung (Georgi et al. 1975); die selektive Blutentnahme zur Hormonbestimmung aus den Nebennierenvenen und den Nebenschilddrüsenvenen (Doppman u. Hammond 1970) ermöglichte eine hormonelle Charakterisierung von Tumoren. Die selektive Blutentnahme zur ACTH-Bestimmung für die Lokalisation von hypophysären Mikroadenomen folgte erst später (Doppman et al. 1984). Recht spektakulär erschien damals die perkutane transhepatische Pfortadersondierung zur Pankreasphlebographie (Göthlin et al. 1974) und selektiven Hormonbestimmung auf der

Suche nach angiographisch nicht nachweisbaren Inselzelltumoren (Ingemannson et al. 1977). Der gleiche Weg erwies sich dann auch zur perkutanen transhepatischen Ösophagusvarizenverödung als nützlich (Lunderquist u. Vang 1974).
Herausragendes Ereignis der therapeutischen interventionellen Radiologie war die Entwicklung eines Katheters mit formstabilem Ballon hoher Druckbelastbarkeit durch Grüntzig (1974). Das Problem war auch durch Porstmann (1973) angedacht, konnte jedoch mit seinem Korsettballon nicht gelöst werden. Die bis dahin wenige beachtete perkutane Gefäßrekanalisation wurde durch den Grüntzig-Ballon technisch so verbessert, daß sie sich für viele Gefäßbereiche eignete. Die über lange Jahre hinweg in den USA nur wenig geschätzte und in Europa vor allem durch Porstmann u. Wierny (1967), Zeitler et al. (1969, 1976) und v. Andel (1976) vertretene „Dotter-Bougiertechnik" eroberte sich in Form der Ballonerweiterung („Ballonangioplastie") binnen kurzem viele Gefäßregionen (Abb. 3). Grüntzig beschrieb 1976 die Koronarangioplastie und 1978 die Nierenangioplastie, Mathias et al. 1978/80 die Karotisangioplastie, die später auch von Kachel et al. (1986) aufgegriffen wurde. Weitere Anwendungen folgten. Olbert u. Hanecka entwarfen 1977 einen modifizierten Ballonkatheter. Bemerkenswerterweise blieben die Vorstellungen über den Wirkungsmechanismus der Angioplastie lange Zeit spekulativ; Dotters ursprüngliche Theorie der Kompression des arteriosklerotischen Materials erwies sich als nicht zutreffend. Nach ersten Untersuchungen (Höhn et al. 1975) folgten ausführliche experimentelle Studien, die zum Verständnis über den Wirkungsmechanismus der Angioplastie beitrugen (Leu u. Grüntzig 1978; Castaneda-Zuniga et al. 1980; Zollikofer et al. 1988; Roeren et al. 1989).
Nicht nur die Gefäßrekanalisation, sondern auch die transvasale Embolisation machte die Besonderheit dieses Zeitabschnittes aus: Die ersten spinalen und zerebralen Embolisationen sind vor allem mit den Namen von Ishimori et al. (1967), Doppmann et al. (1968), Newton u. Adams (1968) sowie Serbinenko (1971), und der französischen Schule um Djindjian et al. (1971, 1973) verbunden. Schnell wurde die interventionelle Neuroradiologie eine bedeutende Subspezialität und fand auch im deutschsprachigen Raum entsprechende Resonanz (Voigt et al. 1981; Valavanis 1993).
Rèmy et al. (1973) berichteten über die Embolisation von Bronchialarterien, andere über die Nierenembolisation (Almgard et al. 1971) und die superselektive Embolisation bei Blutungen (Rösch et al. 1972), die Milzembolisation (Maddison 1973) und auch die Embolisation von endokrin aktiven Epithelkörperchentumoren (Doppman 1975). Yamada et al. (1978, 1983) widmeten sich der Transkatheterembolisierung einschließlich der Chemoembolisation des in Japan so häufig auftretenden Leberzellkarzinoms, die später auch als segmentale Embolisation von kleinen Leberzellkarzinomen Verbreitung fand (Uchida et al. 1990).

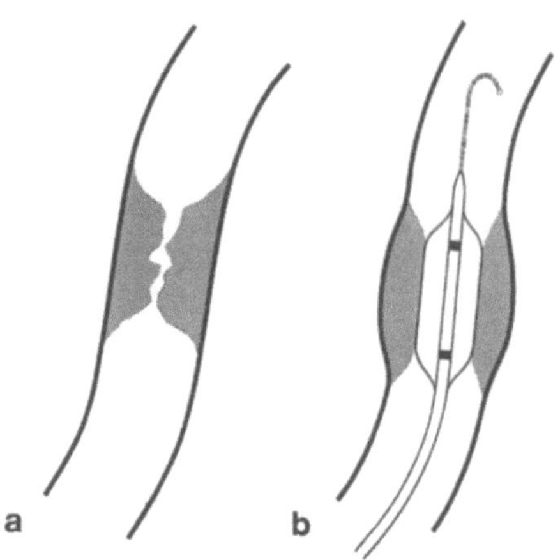

Abb. 3a, b. Ballonangioplastie (Schema): Hochgradige Gefäßstenose vor (**a**) und nach (**b**) Ballonerweiterung (Angioplastie). Mechanismus der resultierenden Gefäßerweiterung: Überdehnung von Intima und Media mit Intimaeinrissen

Generell war die Transkatheterembolisation von Neoplasien enttäuschend, da kein kurativer Effekt zu erzielen war. Im Gegensatz dazu erwies sich die superselektive Embolisation von benignen Prozessen höchst effektiv, zumal hier schonender und gezielter als bei jedem chirurgischen Eingriff ein kurativer Behandlungserfolg erreicht werden konnte. In einzelnen Bereichen, wie etwa bei der „Punktschweißung" von blutenden Nierengefäßen, entwickelte sich die Transkatheterembolisation zur Methode der Wahl vor dem operativen Vorgehen.
Porstmann verwendete 1977 selbstgefertigte Drahtspiralen zum Verschluß von pulmonalen a.-v.-Fisteln. Die Anfänge der perkutanen Varikozellenbehandlung gehen ebenfalls in diese Zeit zurück (Iaccarino 1977; Thelen et al. 1979) (Abb. 4). Auch diese beiden Verfahren sind Methode der Wahl vor dem chirurgischen Vorgehen. Eine Vielzahl neuer Embolisationsmaterialien und -techniken zum artifiziellen Gefäßverschluß wurde erprobt: autologe Koagel, Gelfoam, Silikon, Ivalon, Gewebekleber, Drahtspiralen, abwerfbare Ballons und intravasale Gleichstromapplikation (Ishimori et al. 1967; Djindjian et al.

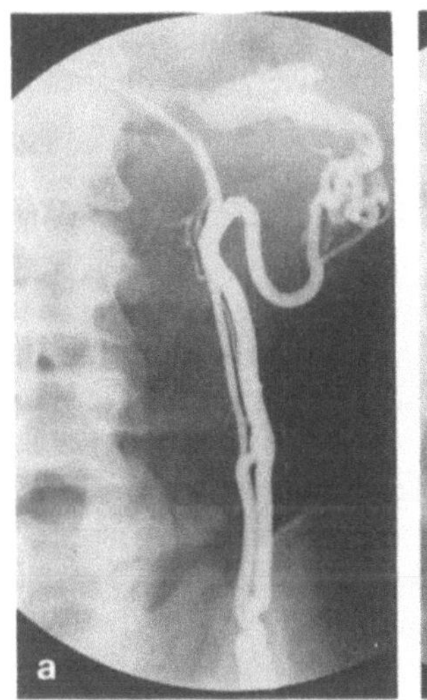

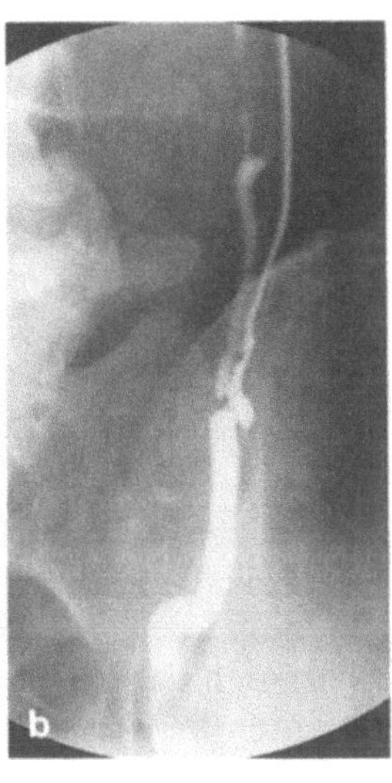

Abb. 4a, b. Perkutane Verodung von V. spermatic interna mit Äthoxysklerol bei Varikozele. **a** Spermatikaphlebographie links, **b** während der Verödung über einen tief eingeführten Katheter

1971; Philips 1973; Serbinenko 1974; Tadavarty et al. 1975; Dotter et al. 1975; White et al. 1979; Debrun et al. 1975; Günther et al. 1978; Kaufmann et al. 1976/1982; Bücheler et al. 1978; Cromwell u. Kerber 1979).

Gianturco (1975) und seine Gruppe verdienen besondere Erwähnung; unter seinen vielen Ideen ragen besonders die Entwicklung der Drahtspirale zum Gefäßverschluß und der Gianturco-Stent heraus.

Eine Reihe weiterer Entwicklungen fiel in dieses Jahrzehnt, u. a. die perkutane Implantation großkalibriger Kavafilter, vorgeschlagen von der schöpferischen Gruppe um Amplatz (Rizk u. Amplatz 1973). Der erste kleinkalibrige Kavafilter zur perkutanen Einführung (Simon 1977) gab Anstoß zur Entwicklung vieler weiterer Filtertypen (Günther 1986; Roehm 1988; Greenfield 1989; Ricco 1988; Neuerburg 1993) (Abb. 5). Inzwischen kann die chirurgische Filterimplantation als obsolet gelten.

Weiterhin wurde die selektive periphere Infusionsthrombolyse beim arteriellen Gefäßverschluß (Dotter et al. 1974) sowie die Infiltrations-

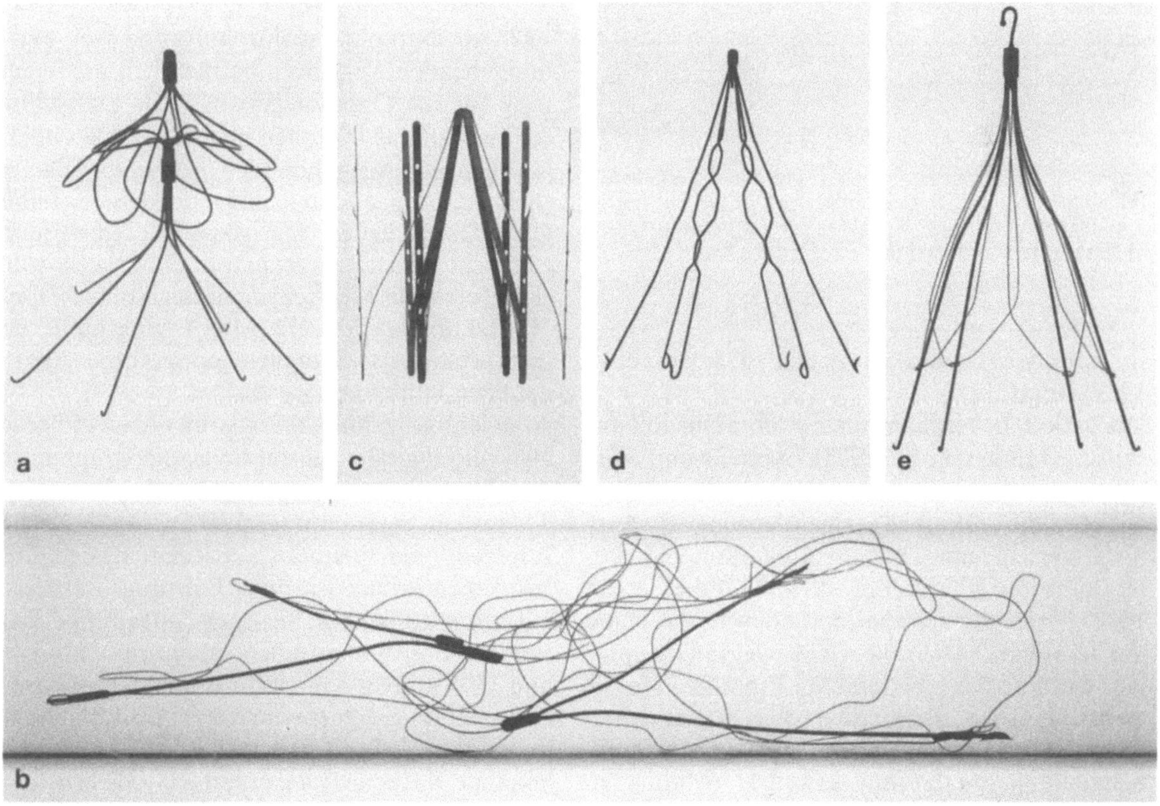

Abb. 5a–e. Cavafilter zur perkutanen Einfuhrung: **a** Simon-Nitinolfilter, **b** Birds-nest-Filter, **c** LGM-Filter, **d** Greenfield-Titanfilter, **e** Tulpenfilter

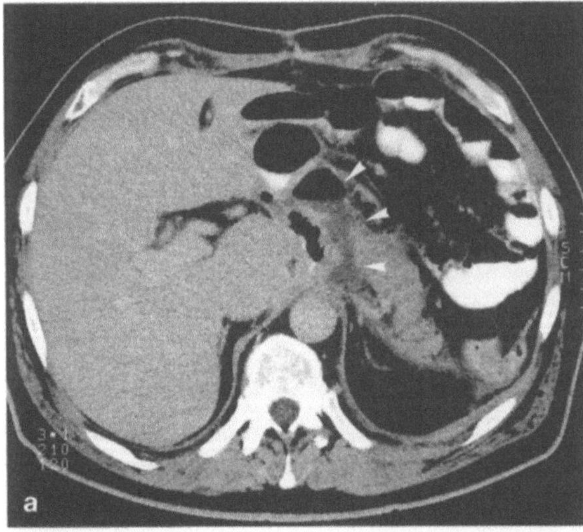

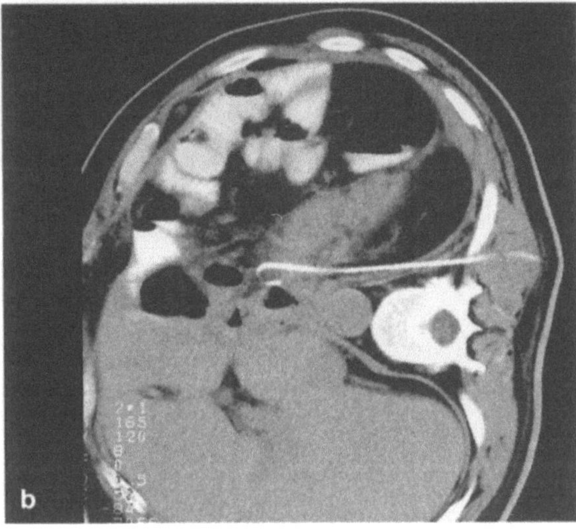

Abb. 6a, b. CT-gesteuerte perkutane Drainage eines nach Gastrektomie auftretenden Abszesses (*Pfeile*) (**a**) mit einer 8F-Drainage von dorsal (**b**)

thrombolyse (Dembski u. Zeitler 1978; Hess et al. 1989) eingeführt.

Die perkutane Nephrostomie erlebte eine Renaissance (Günther et al. 1977) (Abb. 2) und fand zahlreiche neue therapeutische Anwendungen, wie etwa die perkutane Steinentfernung, antegrade Ureterschienung, Stenosendilatation und Ureterokklusion (Fernström 1976; Günther et al. 1982). Bald gerieten die Methoden in die Hand der Urologen. Auch die Gallenwegsinterventionen wurden durch endobiliäre Eingriffe, wie die transhepatische Ballondilatation, transhepatische Elektroinzision, interne Drainage und Steinbehandlung, methodisch erweitert (Molnar u. Stockum 1974; 1978; Burcharth 1978; Dotter 1979), die teilweise auch von Gastroenterologen übernommen wurden. Die perkutane Fragmentation von Gallenblasensteinen konnten sich aufgrund der aufkommenden laparoskopischen Cholezystektomie nicht durchsetzen (Miller et al. 1989).

Eine Besonderheit stellt die perkutane Abszeßdrainage dar (Abb. 6): Erstmals diente die Computertomographie (CT) als Zielverfahren für eine therapeutische Intervention (Haaga et al. 1977; Gerzof et al. 1978) und verhalf der Methode zur klinischen Anerkennung. Die perkutane Abszeßdrainage stellte einen wichtigen Fortschritt für die Abdominalchirurgie dar (Dähnert et al. 1985), zumal die Mortalität bei operativer Abszeßbehandlung hoch war. Die Computertomographie erwies sich darüber hinaus als universelles Zielverfahren im Bereich parenchymatöser Organe, im Skelett und Abdomen, und wurde zu einem wichtigen Meilenstein für die Interventionelle Radiologie. Dies gilt auch, jedoch nicht in gleichem Maße für die Sonographie (Otto u. Deyhle 1980).

Rückgang der invasiven Diagnostik – Stürmische apparative und instrumentelle Weiterentwicklung der interventionellen Radiologie (1981–1995)

Die Angiographie verlor aufgrund der neuen bildgebenden Verfahren beträchtlich an Bedeutung für die Organdiagnostik. Zur Darstellung rein vaskulärer Läsionen blieb sie jedoch unentbehrlich mit Ausnahme der großen Gefäße, die sich auch mit anderen bildgebenden Verfahren gut erfassen ließen. Die generelle Hinwendung zur nicht-invasiven vaskulären Diagnostik sollte sich durch die Möglichkeiten der Spiral-CT mit 3D-Rekonstruktion, die MR-Angiographie und die farbkodierte Doppler-Sonographie Anfang der 90er Jahre noch verstärken.

Als wichtige technische Neuerung entstand gegen 1980 die digitale Subtraktionsangiographie, die die Blattfilmangiographie allmählich ablöste. Technische Verfeinerungen der angiographischen Interventionen betrafen außerdem das tägliche Instrumentarium, wie etwa Führungsdrähte aus Nitinol mit Gleitbeschichtung, ultradünne Führungsdrähte, dünnwandige, steuerungsstabile 4F- und 5F-Katheter – auch für hohen Kontrastmitteldurchfluß geeignet – und Flachprofilballonkatheter zum Teil mit hoher Drucktoleranz, sowie koaxiale Kathetersysteme mit 2F-/3F-Mikrokathetern. Damit wurden die Eingriffe einfacher, sicherer und konnten unter gewissen Voraussetzungen auch ambulant vorgenommen werden.

Eine Fülle neuer Instrumente und Techniken wurde seit 1980 experimentell und klinisch entwickelt, darunter:

- Rotationsinstrumente zur Gefäßrekanalisation (Kensey et al. 1987; Vallbracht et al. 1987; Simpson et al. 1985; Bildsoe et al. 1989) (Abb. 7)
- Laserassistierte Ballonangioplastie (Ginsburg et al. 1984; Lammer et al. 1991; Huppert et al. 1994)
- Intraluminale Metallstents (Gefäßstützen) (Abb. 8) (Walstén 1982; Dotter et al. 1983; Wright et al. 1985; Palmaz et al. 1985; Rabkin 1987; Rösch et al. 1988; Strecker et al. 1988)
- Intravaskuläre Stentgrafts (gewebebewehrte Metallstützen) (Cragg et al. 1984/1993; Lawrence et al. 1987)
- Aspirationsthrombektomiekatheter (Greenfield et al. 1969; Starck et al. 1985; Günther u. Vorwerk 1990)
- Neue perkutane Kavafilter zur Prävention von Lungenembolien (Simon et al. 1977; Günther et al. 1985; Roehm et al. 1988; Ricco et al. 1988; Greenfield et al. 1989; Neuerburg et al. 1993) (Abb. 5)
- Sonographiesonden für Gefäße und Gallenwege
- Miniendoskope für Gefäße und Gallenwege
- Transjuguläre intrahepatische portosystemische Shuntanlagen (Rösch et al. 1969; Richter et al. 1989) (Abb. 9)
- Thrombolyse (Zeumer et al.) und Ballondilatation von intrazerebralen Gefäßen
- Ballonvalvuloplastie und Angioplastie von Aortenisthmusstenosen (Cribier et al. 1986)
- Perkutane Implantation von Aortenprothesen zur Aneurysmabehandlung mit Stentgraft, Graftstents und dicht gewebten Endoprothesen (Volodos et al. 1986; Palmaz et al. 1990; Chuter et al. 1993; Hagen et al. 1994)
- Perkutane Behandlung von Lugenembolien durch Fragmentation (Höpp et al. 1986; Basche u. Oltmanns 1993; Schmitz-Rode et al. 1991)
- Intraluminale Bestrahlung zur Prävention einer Intimahyperplasie (Liermann et al. 1994)
- Gepulste Sprühfibrinolysetechnik (Bookstein et al. 1989)
- Behandlung von zerebralen Aneurysmen durch elektrolytisch abwerfbare Spiralen (Guglielmi et al. 1991) (Abb. 10)
- Transkatheterembolisation bei erektiler Impotenz (Bookstein et al. 1988; Schild et al. 1993)

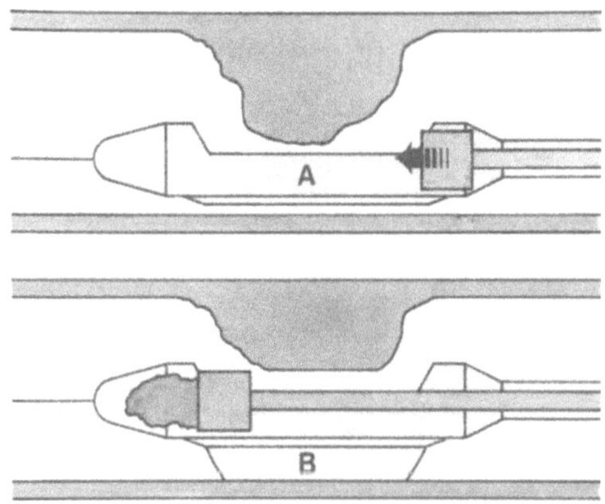

Abb. 7. Schematische Darstellung der perkutanen Atherektomie mit dem Simpson-Katheter (*A*) (Metallkammer an der Katheterspitze mit vorschiebbarem rotierendem Schneidemesse, Katheterdurchmesser 2,3–3,6 mm). Die Metallkammer wird während des Schneidevorganges mit einem Ballon (*B*) an den arteriosklerotischen Plaque angepaßt, das Material wird in der Kapsel gefangen und nach außen entfernt. Der Vorgang ist schmerzlos

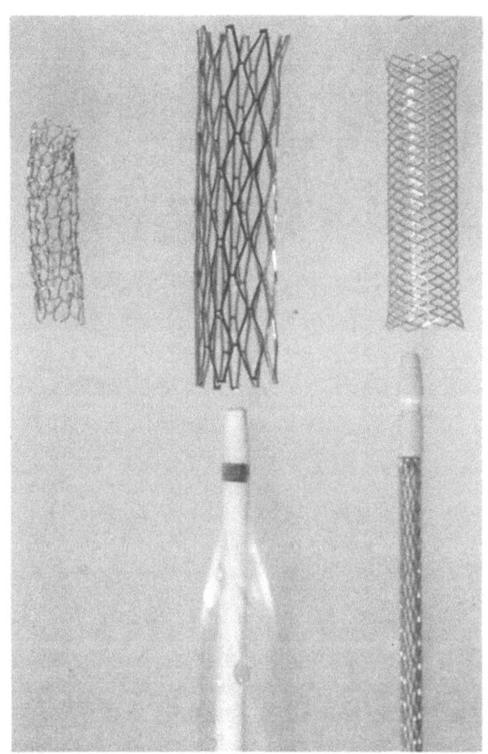

Abb. 8. Stents (metallene Gefäßstützen) als Ergänzung der Ballonangioplastie bei unzureichender Aufweitung. Der Stent wird auf einem Katheter montiert, in das Gefäß eingebracht und an der gewünschten Stelle aufgedehnt oder dehnt sich nach Freisetzung selbst auf. Von *links* nach *rechts:* Strecker-Stent, Palmaz-Stent: beide ballonexpandierbar; Wallstent: selbstexpandierend. Etwa 4 Wochen nach Applikation sind die Stents in die Gefäßwand eingewachsen

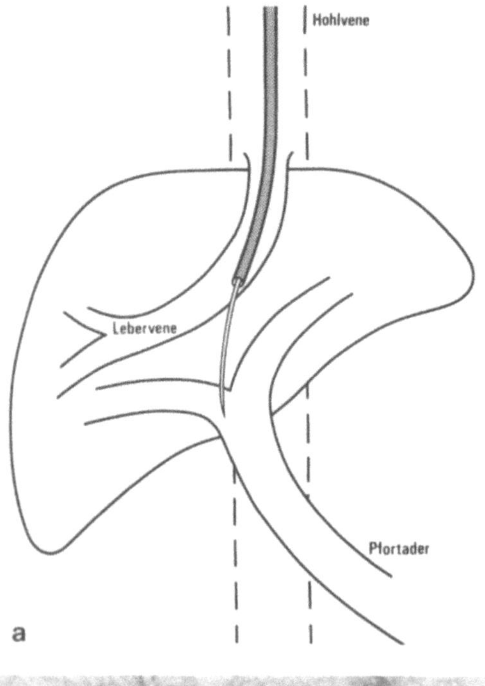

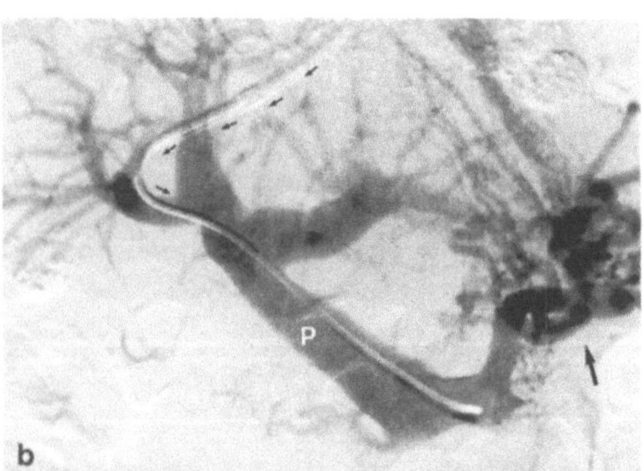

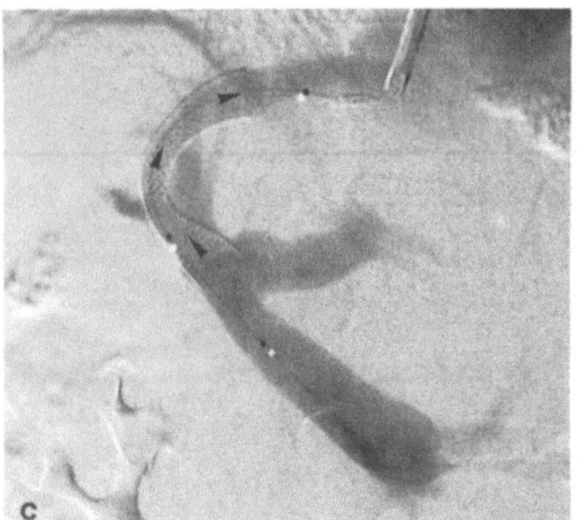

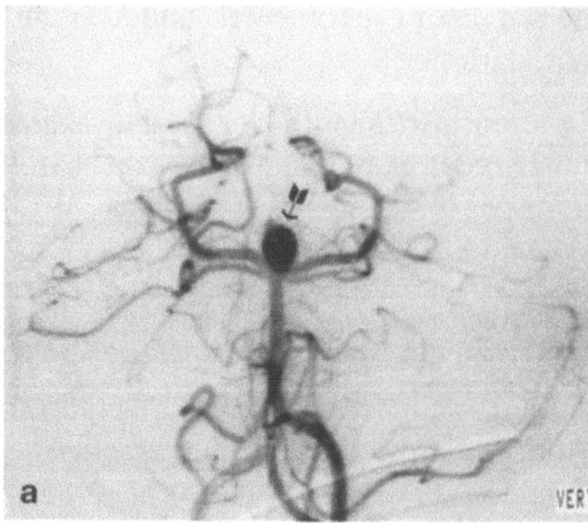

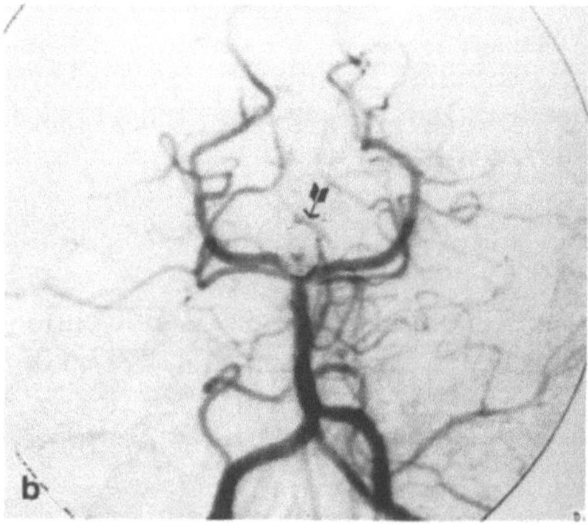

Abb. 10a, b. Perkutane Embolisation eines Basilarisspitzenaneurysmas (*Pfeil*) mit Hilfe von ablösbaren Drahtspiralen (Coils) (Dr. Reul, Neuroradiologie Aachen). **a** Vertebralisangiographie vor Embolisation, **b** nach Embolisation

◄

Abb. 9a–c. Anlage eines transjugulären intrahepatischen portosystemischen Shunts (TIPS) bei portaler Hypertension und rezidivierender Ösophagusvarizenblutung. **a** Schematische Darstellung der transjugulären transhepatischen Pfortaderpunktion mit einer modifizierten Ross-Nadel. **b** Transjuguläre transhepatische Portographie mit Nachweis ausgedehnter Magenfundus- nach Ösophagusvarizen bei Leberzirrhose. **c** Zustand nach Implantation eines Wallstents von 8 mm Durchmesser zur Schaffung einer Kurzschlußverbindung vom rechten Pfortaderast zur Lebervene zur Druckentlastung der Pfortader (*P*) und des Pfortaderkreislaufs

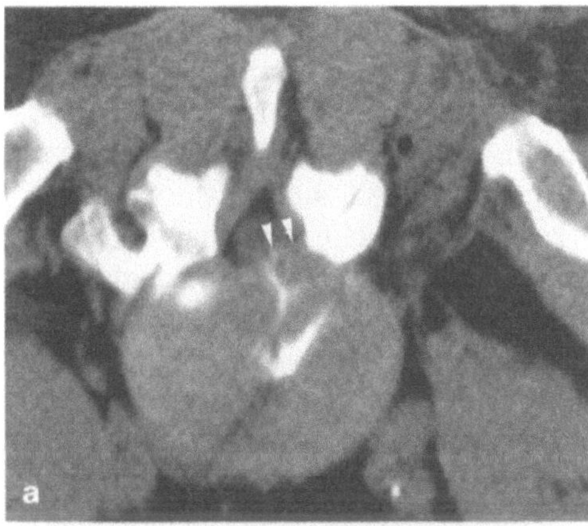

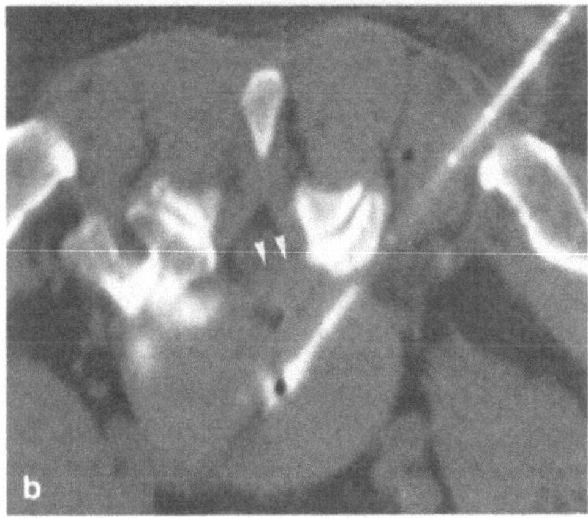

Abb. 11 a, b. CT-gesteuerte perkutane Laserablation der Bandscheibe bei Bandscheibenprolaps (*Pfeile*). **a** CT-Diskographie vor Intervention, **b** Plazierung der Glasfaser zur thermischen Laserbehandlung (NdYag-Laser) in Bandscheibenmitte

- Chemoembolisation von inoperablen Lebertumoren (global/subsegmental) (Yamada et al. 1983; Uchida et al. 1990)
- Perkutane Implantation von Hickman-Kathetern und Infusionsports
- Intraläsionale Alkoholinjektion (Lebermetastasen, a.-v.-Malformationen, autonomes Schilddrüsenadenom (Suguira et al. 1983; Livraghi et al. 1986, 1994)
- Perkutane Bandscheibenbehandlung durch Diskektomie und Laserapplikation (Hijikata et al. 1975, 1989; Onik et al. 1985; Choy et al. 1987) (Abb. 11)
- Perkutane therapeutische Skelettinterventionen (Levy 1982)
- Interstitielle Therapie (Laser-/Chemotherapie) (Steger et al. 1989; Gatenby 1987)
- Ballondilatation von gastrointestinalen Strikturen (London et al. 1981; Mc Lean et al. 1987)
- Perkutane Gastrostomie und Enterostomie (Preshaw 1981; van Sonnenberg et al. 1986)
- Perkutane Cholezystostomie zur Litholyse und Fragmentation von Gallensteinen (Allen et al. 1985; Gacetta et al. 1984; Kerlan et al. 1985; Miller et al. 1989)
- Transhepatische Laserlithotripsie von Gallengangsteinen (Brambs et al. 1992)
- Perkutane Ausschaltung der Gallenblase (Salamonowitz et al. 1984)
- Ballondilatation der Ductus nasolacrimalis bei Epiphora (Munk et al. 1990)
- Ballondilatation der prostatischen Harnröhre (Burhenne et al. 1984)

Einige Techniken ragen dabei besonders heraus. Von den anfänglich vielversprechenden niedrig- und hochtourigen Rotationskathetern zur Gefäßrekanalisation haben sich nur wenige im klinischen Routineinsatz bewährt. Für die Behandlung chronischer Gefäßverschlüsse, insbesondere der für die Ballonangioplastie wenig geeigneten exzentrischen Stenosen, ließen sich mit dem Atherektomiekatheter nach Simpson gute Ergebnisse erzielen (Simpson et al. 1985; Küffer et al. 1990) (Abb. 3).

Besondere Bedeutung haben auf einem dünnen Katheter eingebrachte Metallstützen (Stents) zum Offenhalten von kanalikulären Strukturen gewonnen. Ihre Entwicklung führte zu vielfältigen Anwendungen nicht nur im Bereich der Gefäße (Abb. 3b), sondern auch in Gallenwegen (Abb. 12), Harntrakt, Gastrointestinaltrakt (Wagner et al. 1993) und Tracheobronchialbaum (Rauber et al. 1990). Die intraluminale Stentapplikation erwies sich als wichtige Ergänzung zur Ballonangioplastie besonders zu Behandlung von rekollabierenden Stenosen (Abb. 2c–e), Verschlüssen und okkludierenden Dissektionen nach Angioplastie.

Als besonders erfolgreich stellte sich die Stentbehandlung von Beckenarterienverschlüssen heraus, auch komplizierte Stenosen und Komplikationen der Angioplastie ließen sich damit beherrschen (Rousseau et al. 1987; Günther et al. 1989; Richter et al. 1991).

Intravaskuläre Stents erwiesen sich auch von besonderer Bedeutung für den Funktionserhalt von Dialyseshunts (Vorwerk et al. 1991). Die Probleme der Restenosierung blieben jedoch bestehen, wobei die Intimahyperplasie als wichtigste Ursache der Restenose erkannt wurde. Stentgrafts (Dacron-bewehrte Gefäßstützen) sind vielversprechende Alternativen zur chirurgischen Behandlung von Aortenaneurysmen, Aortendissektionen und Aneurysmen an anderen Stellen (Laborde et al. 1992; Lawrence et al. 1992).

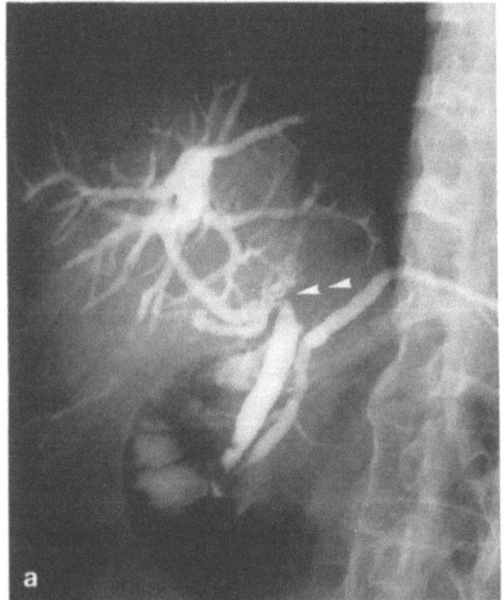

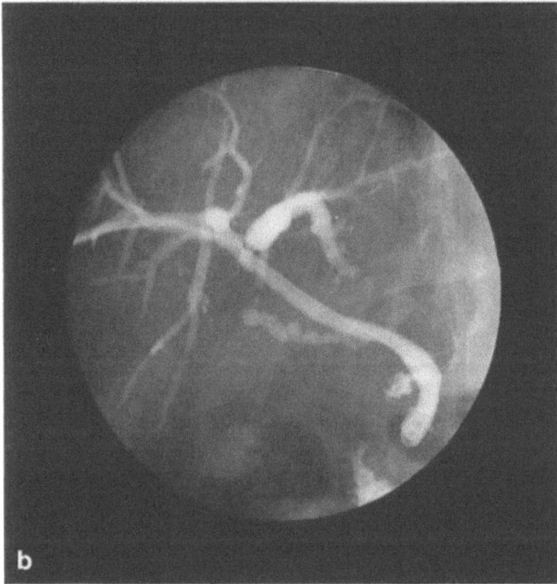

Abb. 12a, b. Postoperative Stenose des Ductus choledochus und diskrete Nahtinsuffizienz (*Pfeile*) nach Lebertransplantation, nachgewiesen durch eine endoskopische retrograde Cholangiopankreatikographie (**a**). Perkutane transhepatische interne Schienung mit einem selbstexpandierbaren Metallstent (Wallstent) von 8 mm Durchmesser (**b**)

Die Hoffnungen auf die Laserangioplastie, d. h. mit dem Laserstrahl verstopfte Gefäße dauerhaft wiederzueröffnen, haben sich nicht erfüllt: Langzeitstudien zeigten keinen Vorteil gegenüber der einfachen Ballonangioplastie (Lammer et al. 1991; Huppert et al. 1994).

Die perkutane Katheteraspiration von Thromben aus der Pulmonalarterie wurde von Greenfield et al. (1969) als lebensrettende Maßnahme bei schwerer Lungenembolie eingeführt. Bei Nierenarterienembolie aspirierten Buxton u. Mueller (1975) notfallmäßig Thromben perkutan aus der Nierenarterie zur Erhaltung der Niere.

Nachdem die Behandlung akuter peripherer Verschlüsse lange Zeit eine chirurgische Domäne war, bot sich die technisch ausgereifte, perkutane arterielle Thrombusaspiration (Sniderman 1984; Starck et al. 1985) bei nicht extremitätengefährdender arterieller Thrombose oder Embolie als wenig eingreifende und effektive Alternative an.

Die Therapie von Angiomen und Malformationen - insbesondere im Gesichtsbereich - stellte eine besondere Herausforderung an die interventionelle Behandlung dar; durch Kombination von Transkatheterembolisation und direkter Verödung ließen sich sonst unbehandelbare Fälle mit erstaunlich guten kosmetischem Ergebnis therapieren (Merland 1975; Voigt 1981; Brunelle 1988; Valavanis 1993; Gomes 1994).

Die endovaskuläre Sonographie und Endoskopie stellten zwar für den interventionellen Radiologen etwas grundsätzlich Neues dar, da die Gefäße von innen betrachtet werden. Beide Verfahren erwiesen sich jedoch lediglich in Einzelfällen bei komplizierten therapeutischen Gefäßeingriffen als nützliche Ergänzung zur Angiographie.

Die transjuguläre intrahepatische portosystemische Shuntanlage wurde durch die Verwendung von Metallstents lange nach der experimentellen Studie von Rösch et al. (1969) im Jahr 1989 klinische Realität (Richter et al. 1989) (Abb. 8).

Dank der endoskopischen Gastrostomie entwickelte sich konsequenterweise die perkutane Gastrostomie (Preshaw 1981).

Zur perkutanen Bandscheibenbehandlung beim konservativ ausbehandelten Patienten wurden die Chemolyse (Smith 1964) und perkutane Diskektomie (Hijikata et al. 1975, 1989; Onik et al. 1985) beschrieben und vereinzelt auch von Radiologen übernommen (Weigand 1991) (Abb. 11). Nach den bisherigen Veröffentlichungen scheint die thermische Laserablation von Bandscheibengewebe klinisch erfolgreicher zu sein (Choy et al. 1987; Sherk 1993), als experimentell erwartet wurde (Vorwerk et al. 1993).

Im neuroradiologischen Bereich wurde die Dilatation von intrazerebralen Stenosen durch Miniaturisierung der Ballonkatheter möglich; Vorteile brachten Mikrokatheter bei der Embolisation und Fibrinolyse bei akuten zerebralen Gefäßverschlüssen (Zeumer et al. 1982) insbesondere der A. basilaris. Besondere Bedeutung gewannen die elektrolytisch abwerfbaren und andere ablösbare Minidrahtspiralen zur Behandlung von intrazerebralen Aneurysmen (Guglielmi et al. 1991) - einer bisher von Neurochirurgen beherrschten Domäne. Die enorme Erweiterung des neuroradiologischen interventionellen Spektrums wird an anderer Stelle ausführlich dargelegt (Lasjaunias 1987; Valavanis 1993).

Zukünftige Entwicklung

Die Interventionelle Radiologie hat eine stürmische Entwicklung hinter und eine vielversprechende Zukunft vor sich. Während die invasive Diagnostik zu einem gewissen Stillstand gekommen zu sein scheint, herrscht für therapeutische Interventionen weiterhin Bedarf an Forschung, Weiterentwicklung, Verbreitung und Verbesserung in der Routineversorgung sowie Qualitätssicherung durch Entwicklung und Formulierung von Standards. Ob sich die Interventionelle Radiologie zu einer eigenständigen Subspezialität entwickelt, ist nicht abzusehen. Ebenso bleibt abzuwarten, inwieweit neben den Zielverfahren der Röntgendurchleuchtung, Sonographie und Computertomographie auch die MR-Tomographie (MRT) in Zukunft eine Rolle spielen wird. Erste Ansätze zeigen, daß sich die MRT zur Überwachung von interstitieller Thermotherapie oder als stereotaktisches Zielverfahren zur Biopsie von unklaren Prozessen zu eignen scheint. Die Möglichkeiten der dreidimensionalen Rekonstruktion in Echtzeit und der computerassistierten Eingriffe werden in Zukunft an Bedeutung zunehmen und zu einer Vereinfachung der Interventionen führen. An neuen Techniken wird u. a. bereits experimentell die perkutane Plazierung von Herzklappen und Venenklappen erprobt. Der Miniaturisierung und damit der Machbarkeit derartiger perkutaner Eingriffe sind allerdings natürliche Grenzen gesetzt.

Ein „Sic transit gloria scalpellorum" (Dotter 1981) wird es sicherlich nicht geben und ist auch nicht das erklärte Ziel der Interventionellen Radiologie.

Die Zukunft wird vielmehr durch den weiteren Ausbau der Zusammenarbeit mit anderen Disziplinen getragen, etwa bei der minimal-invasiven Behandlung von Aortenaneurysmen oder stereotaktischen therapeutischen Eingriffen in verschiedenen Organbereichen sowie gemeinsamen Forschungsaufgaben.

Literatur

Abeatici S, Campi L (1951) Sur les possibilités de l'angiographie hépatique. La visualisation du système portal. Acta Radiol 36:383

Abrams HL, Boijsen E, Borgström KE (1962) Effect of epinephrine on renal circulation: Angiographic observations. Radiology 78:911

Ackerman W (1956) Vertebral trephine biopsy. Ann Surg 143:373–385

Allen MJ, Borody TJ, Bugliosi TF, May GR, LaRusso NF, Thistle JL (1989) Rapid dissolution of gallstones by methyl tert-butyl ether. N Engl J Med 312:217–220

Almén T (1969) Contrast agent design: some aspect on the synthesis of water soluble contrast agents of low osmolality. J Theor Biol 24:216–226

Almgard LE, Ljungqvist A (1971) Experimental occlusion of the renal circulation in the dog. Scand J Urol Nephrol 5:268–272

Andel GJ van (1976) Percutaneous transluminal angioplasty. The Dotter procedure. A manual for the radiologist. Excerpta Medica, Amsterdam Oxford

Arnell S, Lindström F (1931) Myelography with Skiodan (Abrodil). Acta Radiol 12:287

Basche S, Oltmanns G (1993) Interventional therapy of massive pulmonary embolism. Cardiovasc Interv Radiol 16 (Suppl):S6

Bayindir S (1966) Perkutane transhepatische Cholangiographie. Fortschr Röntgenstr 105:839–844

Becker CD, Fache JF, Malone DE, Stoller JL, Burhenne J (1990) Ablation of the cystic duct and gallbladder: clinical observations. Radiology 176:687–690

Berberich J, Hirsch S (1923) Die röntgenographische Darstellung der Arterien und Venen am lebenden Menschen. Klin Wochenschr 49:2226–2228

Biermann HR, Byron RL, Miller FR et al. (1950) Effects of intraarterial administration of nitrogen mustard. Am J Med 8:535

Bildsoe MC, Moradian GP, Hunter DW, Castaneda-Zuniga WR, Amplatz K (1989) Mechnical clot dissolution: New Concept. Radiology 171:231–233

Bircher E, Oberholzer J (1934) Die Kniegelenkskapsel im Pneumoradiographiebild. Acta Radiol 15:452

Bleichröder F (1912) Intraarterielle Therapie. Berl Klin Wochenschr 49:1503–1506

Boijsen E (1959) Angiographic studies of the anatomy of single and multiple renal arteries. Acta Radiol Suppl 183

Boijsen E, Redman H (1967) Effect on epinephrine on celiac and superior mesenteric angiography. Invest Radiol 2:184

Bookstein JJ, Luri AA (1988) Transluminal venoablation for impotence: a progress report. Cardiovasc Interv Radiol 11:253

Bookstein JJ, Fellmeth B, Robert A et al. (1989) Pulsed spray pharmacomechanical thrombolysis: Prelminary clinical results. Am J Roentgenol 152:1097

Brambs H-J, Rieber A, Huppert PE, Duda SH, Claussen CD (1992) Perkutan transhepatische cholangioskopische Farbstofflaser-Lithotripsie von Gallengangssteinen. Z Gastroenterol 30:748–751

Brockenbrough EC, Braunwald E (1960) A new technique for left ventricular angiocardiography and transseptal left heart catheterization. Am J Cardiol 6:1062
Brooks B (1924) Intraarterial injection of sodium iodid. J Am Med Assoc 82:1016–1019
Brunelle FO, Chaumont P, Teillac D, Manach Y, Lallemand D (1988) Facial vascular malformation in children. Pediatr Radiol 16:377–382
Bücheler E, Hupe W, Klosterhalfen H, Altenähr E, Erbe W (1978) Neue Substanz zur therapeutischen Embolisation. Fortschr Röntgenstr 128:599–603
Burcharth F (1978) New endoprosthesis for non-operative intubation of biliary tract in malignant obstructive jaundice. Surg Gynecol Obstet 146:76–87
Burckhardt H, Müller W (1921) Versuche über die Punktion der Gallenblase und ihre Röntgendarstellung. Dtsch Z Chir 161:168–197
Burhenne HJ (1972) Extraktion von Residualsteinen der Gallenwege ohne Reoperation. Fortschr Röntgenstr 117:425–428
Burhenne MJ, Chisholm RJ, Quenville F (1984) Prostatic hyperplasia: radiological intervention. Radiology 152:655–657
Buxton DR jr, Mueller CF (1974) Removal of iatrogenic clot by transcatheter embolectomy. Radiology 111:39–41
Carter RF, Saypol GM (1952) Transabdominal cholangiography. J Am Med Assoc 148:253–255
Castaneda-Zuniga WR, Formanek A, Tadavarthy M et al. (1980) The mechnism of balloon angioplasty. Radiology 135:565–571
Choy DS, Case RB, Fielding W, Hughes J, Liebler W, Ascher P (1987) Percutaneous laser nucleolysis of lumbar discs. N Engl J Med 317:771–772
Chuter T, Green R, Ouriel K (1993) Transfemoral endovascular aortic graft placement. J Vasc Surg 18:185–197
Cope C (1959) Technique for transseptal catheterization of the left atrium. Preliminary report. J Thorac Surg 37:482
Cournand A, Ranges HA (1941) Catheterization of the right auricle in man. Proc Soc Exp Biol Med 46:462
Cragg AH, Dake MD (1993) Percutaneous femoropopliteal graft placement. Radiology 187:643–648
Cragg AG, Lund G, Rysavy JA, Salamonowitz E, Castaneda-Zuniga WR, Amplatz K (1984) Percutaneous arterial grafting. Radiology 150:45–49
Craig FS (1956) Vertebral body biopsy. J Bone Joint Surg [Am] 38:93–102
Cribier A, Savin T, Saoudi N, Rocha P, Berland J, Letac B (1986) Percutaneous transluminal valvuloplasty of acquired aortic stenosis in elderly patients. An alternative to replacement? Lancet I:63
Cromwell LD, Kerber ChW (1979) Modification of cyanoacrylate for therapeutic embolization: Preliminary experience. Am J Roentgenol 132:799–801
Dähnert W, Günther R, Börner N, Braun B, Gamstätter G, Rothmund M (1985) Die perkutane Drainage abdomineller Abszesse II. Stellenwert im Vergleich zur septischen Chirurgie. Chirurg 56:584–588
Dandy WE (1918) Ventriculography following injection of air into the cerebral ventricles. Ann Surg 68:5
Debrun G, Lacour P, Caron JP, Hurth M, Comoy J, Keravel Y (1975) Inflatable and released balloon technique experimentation in dog – application in man. Neuroradiology 9:267–271
Dembski JC, Zeitler E (1978) Selective arterial clot lysis with angiography catheter. In: Zeitler E, Grüntzig A, Schoop W (eds) Percutaneous vascular recanalization. Springer, Berlin Heidelberg New York, pp 157–159
Desilets D, Hoffman RB (1965) A new method of percutaneous catheterization. Radiology 85:147
Di Guglielmo, Guttadauro M (1952) A roentgenologic study of the coronary arteries in the living. Acta Radiol Suppl 97
Djindjian R, Houdart R, Cophignon J, Hurth M, Comoy J (1971) Premiers essaies d'embolisation par voie transfemoral de fragment des muscle dans un cas d'angiome alimenté par la carotide externe. Rev Neurol 125:119–130
Djindjian R, Cophignon J, Theron J, Merland JJ, Houdart R (1973) Embolization by superselective arteriography from the femoral route in neuroradiology. Review of 60 cases. Neuroradiology 6:20–26
Doppman JL, Hammond WG (1970) The anatomic basis of parathyroid venous sampling. Radiology 96:603
Doppman JL, Di Chiro G, Ommaya AK (1968) Obliteration of spinal cord arteriovenous malformation by percutaneous embolization (Letter). Lancet I:477
Doppman JL, Marx SJ, Spiegel AM, Mallette LE, Wolfe BA, Aurbach GD (1975) Treatment of hyperparathyroidism by percutaneous embolization of mediastinal adenoma. Radiology 115:37–42
Doppman JL, Oldfield E, Krudy AG et al. (1984) Petrosal sinus sampling for Cushing syndrome: Anatomical and technical considerations. Radiology 150:99–103
Dos Santos R, Lamas A, Pereira-Caldas J (1929) Arteriografia de aorta et dos vasos abdominais. Med contemp 47:93
Dotter CT (1969) Transluminally placed coil springs and arterial tube grafts: long-term patency in the canine popliteal artery. Invest Radiol 4:329–332
Dotter CT, Frische LH (1958) Visualization of the coronary circulation by occlusion aortography: a practical method. Radiology 71:502–524
Dotter CT (1981) Interventional Radiology – Review of an emerging field. Semin Interv Roentgenol 16:7–12
Dotter CT, Judkins MP (1964) Transluminal treatment of arteriosclerotic obstruction. Description of a new technique and a preliminary report of its application. Circulation 30:654–670
Dotter CT, Rösch J, Seman AJ (1974) Selective clot-lysis with low-dose streptokinase. Radiology 111:31–37
Dotter CT, Goldman ML, Rösch (1975) Instant selective arterial occlusion with Isobutyl 2-Cyanoacrylate. Radiology 114:227–230
Dotter CT, Bilbao MK, Katon RM (1979) Percutaneous transhepatic gallstone removal by needle tract. Radiology 133:242–243
Dotter CT, Buschmann RW, McKinney MK, Rösch J (1983) Transluminal expandable nitinol coil stent grafting: preliminary report. Radiology 147:259–260

Düx A, Hilger HH, Schaede A, Thurn P (1961) Zur Koronarographie. Fortschr Röntgenstr 95:1-23
Farinas PL (1941) New technique for the arteriographic examination of the abdominal aorta and its branches. Am J Roentgenol 46:641-645
Fernström I, Johannson B (1976) Percutaneous pyelolithotomy. A new extraction technique. Scand J Urol Nephrol 10:257-259
Forssmann W (1929) Die Sondierung des rechten Herzens. Klin Wochenschr 45:2085-2087
Gacetta DJ, Cohen MJ, Crummay AB, Joseph DB, Kuglitsch M, Mack E (1984) Ultrasonic lithotripsy of gallstone after cholecystostomy. Am J Roentgenol 142:1088-1089
Gatenby RA, Hartz WH, Engstrom PF et al. (1987) CT-guided laser therapy in resistant human tumors: Phase I clincal trials. Radiology 163:172-175
Georgi M, Günther R, Weigand R (1975) Technik und Ergebnisse der Nebennierenphlebographie. Radiologe 15:278-286
Gerzof SG, Robbins AH, Birkett DH (1978) Computed tomography in the diagnosis and management of abdominal abscesses. Gastrointest Radiol 3:287-294
Gianturco C, Anderson JH, Wallace S (1975) Mechnical devices for arterial occlusion. Am J Roentgenol 124:428-435
Gidlund A (1956) Development of apparatus and methods for roentgen studies in haemodynamic. Acta Radiol Suppl 130
Ginsburg R, Kim DS, Guthaber D, Toth J, Mitchell RS (1984) Salvage of an ischemic limb by laser angioplasty: Description of a new technique. Clin Cardiol 7:54-58
Glenn F, Evans JA, Muhajed Z, Thorbjarnarson B (1962) Percutaneous transhepatic cholangiography. Ann Surg 451-460
Göthlin J, Lunderquist A, Tylen U (1974) Selective phlebography of the pancreas. Acta Radiol 15:464
Gomes AS (1994) Embolization therapy of congenital arteriovenous malformations: Use of alternate approaches. Radiology 190:191-198
Goodwin WE, Casey WC, Woolf W (1955) Percutaneous trocar (needle) nephrostomy in hydronephrosis. J Am Med Assoc 157:891-894
Greenfield LJ, Kimmel GO, McCurdy WC (1969) Transvenous removal of pulmonary emboli by vacuum-cup catheter technic. J Surg Res 9:347-352
Greenfield LJ, Cho KJ, Pais SO, van Amman M (1989) Preliminary clinical experience with the titanium Greenfield vena cava filter. Arch Surg 124:657-659
Grollmann G (1958) Die isolierte Angiographie der Aortenäste mit perkutan eingeführtem Katheter, ihre Indikation und Ergebnisse. Fortschr Röntgenstr 89:383-396
Grosse-Brockhoff F, Koch D, Loogen F, Rotthoff G, Vieten H, Willmann KH (1957) Kohlendioxyd als Kontrastmittel für die Röntgendarstellung des Herzens und der Gefäße. Fortschr Röntgenstr 86:285-291
Grüntzig A (1976) Perkutane Dilatation von Koronarstenosen. Beschreibung eines neuen Kathetersystems. Klin Wochenschr 54:543-545
Grüntzig AR, Hopf H (1974) Perkutane Rekanalisation chronisch arterieller Verschlüsse mit einem neuen Dilatationskatheter. Modifikation der Dotter-Technik. Dtsch Med Wochenschr 99:2502-2505
Grüntzig A, Kuhlmann U, Vetter W, Lütolf U, Meier B, Siegenthaler W (1978) Treatment of renovascular hypertension with percutaneous transluminal dilatation of a renal artery stenosis. Lancet I:801-802
Günther RW, Alken P (1982) Percutaneous nephropyelostomy and endo-urological manipulations. Front Eur Radiol 1:25-50
Günther RW, Vorwerk D (1990) Aspiration catheter for percutaneous thrombectomy: clinical results. Radiology 175:271-273
Günther RW, Altwein JE, Georgi M (1977) Feinnadelpunktion zur antegraden Pyelographie und Nephropyelostomie. Fortschr Röntgenstr 127:439-442
Günther R, Schubert U, Bohl J, Georgi M, Marberger M (1978) Transcatheter embolization of the kidney with butyl-2-cyanoacylate. Experimental and clinical results. Cardiovasc Interv Radiol 1:101-108
Günther RW, Schild H, Fries A, Störkel S (1985) Vena caval filter to prevent pulmonary embolism: Experimental study - Work in progress. Radiology 156:315-320
Günther RW, Vorwerk D, Bohndorf K, El-Din A, Peters I, Messmer BJ (1989) Iliac and femoral artery stenoses and occlusions: Treatment with intravascular stents. Radiology 172:725-730
Guglielmi G, Vinuela F, Dion J, Duckwiler G (1991) Electrothrombosis of saccular aneurysms via endovascular approach. Part 1: Electrochemical basis, technique and experimental results. J Neurosurg 75:1-7
Haaga JR, Alfidi RJ, Havrilla TR et al. (1977) CT detection and aspiration of abdominal abscesses. Am J Roentgenol 128:465-474
Hagen B, Harnoss BM, Trabhardt S, Ladeburg M, Fuhrmann H, Franck C (1993) Transfemoral exclusion of artificial aortic aneurysms in dogs by self-expandable macroporous nitinol stents. Cardiovasc Interv Radiol 16:339-342
Haxton HA (1949) Chemical sympathectomy. Br Med J I:1026
Hess H, Mietasch A, Ingrisch H (1980) Niedrig dosierte thrombolytische Therapie zur Wiederherstellung der Strombahn bei arteriellen Verschlüssen. Dtsch Med Wochenschr 105:787-791
Hettler M (1960) Angiographische Probleme und Möglichkeiten. II. Der perkutane Arterien-Katheterismus mit an der Spitze verschlossenem Katheter. Fortschr Röntgenstr 92:198-206
Hettler MG (1965) Die semiselektive, bilaterale Koronarographie - Eine neue klinische Untersuchungsmethode der Herzkranzarterien. Fortschr Röntgenstr 103:247-261
Hijikata S (1989) Percutaneous nucleotomy - A new concept, technique and 12 years experience. Clin Orthop 238:9-23
Hijikata S, Yamagishi M, Nakayma T et al. (1975) Percutaneous discectomy: A new treatment method for lumbar disc herniation. J Toden Hosp 5:5

Hirsh J, Hale GS, McDonald IG, McCarthy RA, Cade JF (1967) Resolution of acute massive pulmonary embolism after pulmonary arterial infusion of streptokinase. Lancet 593–597

Hoeffken W, Junghans R, Zylka W (1957) Die Grundlagen der Pneumoradiographie des rechten Herzens mit Kohlendioxyd. Fortschr Röntgenstr 86:292–301

Höhn P, Wagner R, Zeitler E (1975) Histologische Befunde nach der Katheterbehandlung arterieller Obliterationen nach Dotter und ihre Bedeutung. Herz Kreisl 7:13

Höpp HW, Eggeling Th, Hombach V, Beyer D (1986) Perkutane transluminale Ballonkatheter-Rekanalisation bei akuter Lungenembolie. Dtsch Med Wochenschr 111:1660–1661

Hoffa A (1906) Über Röntgenbilder nach Einblasung von Sauerstoff in das Kniegelenk. Berl Klin Wochenschr 43:941–945

Huard P, Do-Xuan-Hop (1937) La ponction transhépatique des canaux biliaires. Bull Soc Med Chir Indochine 15:1090–1100

Huppert PE, Duda SH, Kalghi K, Baumbach A, Seboldt H, Claussen CD (1994) Periphere gepulste Laserangioplastie - Erfahrungen nach 4jährigem klinischen Einsatz. Fortschr Röntgenstr 160:125–131

Iaccarino V (1977) Trattamento conservativo del varicoceles: Flebografia selettiva e scleroterapia della vene gonadiche. Riv Radiol 17:107–117

Ingemansson S, Holst J, Larsson LI, Lunderquist A (1977) Localization of glucagonomas by catheterization of the pancreatic veins and with glucagon assay. Surg Gynecol Obstet 145:509

Ishimori S, Hattori M, Shibata Y, Shizawa H, Fujinaga R (1967) Treatment of carotid-cavernous fistula by gelfoam embolization. J Neurosurg 27:315–319

Jönsson G (1948) Visualization of the coronary arteries - preliminary report. Acta Radiol 29:531–538

Judkins MP (1967) Selective coronary arteriography. Part I: A percutaneous transfemoral technic. Radiology 89:15–824

Kachel R, Ritter H, Großmann K, Glaser FH (1986) Ergebnisse der perkutanen transluminalen Dilatation (PTD) von Hirngefäßstenosen. Fortschr Röntgenstr 144:338–342

Kauffmann G, Bischoff W, Wimmer B, Roth FJ (1976) Die Wertigkeit experimenteller Arterienverschlüsse unter besonderer Berücksichtigung ihrer Komplikationen. Fortschr Röntgenstr 125:445–452

Kauffmann GW, Richter G, Rassweiler J, Rohrbach R (1982) New topics in embolization. Effects of central, peripheral, or capillary type of occlusion in animal models simulating tumor embolization. Front Eur Radiol 1:72–99

Kensey KR, Nash JE, Abrahams C, Zarins CK (1987) Recanalization of obstructed arteries with a flexible, rotating tip catheter. Radiology 165:387–389

Kerlan RK, LaBerge JM, Ring EJ (1985) Percutaneous cholecystolithotomy: Preliminary experience. Radiology 157:653–656

King TD, Mills NL (1976) Secundum aterial septum defects: nonoperative closure during cardiac catheterization. J Am Med Assoc 235:2506–2509

Kinmonth JB (1952) Lymphangiography in man. Method of outlining lymphatic truncs at operation. Clin Sci 11:13–20

Klopp CT, Crandall A, Bateman J et al. (1950) Fractionated intraarterial cancer chemotherapy with methyl bis amine hydrochloride: A preliminary report. Ann Surg 231:811

Krayenbühl H, Yasargil MG (1979) Zerebrale Angiographie für Klinik und Praxis, 3. Aufl. Thieme, Stuttgart (Bearb v P Huber)

Küffer G, Spengel FW, Hansen R, Pfluger Th, Nathrath W (1990) Simpson-Atherektomie peripherer Arterien. Frühergebnisse und Nachkontrollen. Fortschr Röntgenstr 153:161–167

Laborde JC, Parodi JC, Clem MF et al. (1992) Intraluminal bypass of abdominal aortic aneurysm: Feasibility study. Radiology 184:185–190

Lajaunias F (1987) Interventional Neuroradiology. Springer, Berlin Heidelberg New York Tokyo

Lalli AF, Peterson N, Bookstein JJ (1969) Roentgen-guided infarction of kidneys and lungs: A potential therapeutic technique. Radiology 93:434–435

Lammer J, Pilger E, Karnel F et al. (1991) Laser angioplasty: results of a prospective study at 3-year follow-up. Radiology 178:335–337

Lawrence DD, Charnsangavej C, Wright KC, Giantruco C, Wallace S (1987) Percutaneous endovascular graft: experimental evaluation. Radiology 163:357–360

Léger MML, Zara M, Arvay N (1952) Cholangiographie et drainage biliaire par ponction trans-hépatique. Presse Med 42:936–937

Lessers BW, Pickering D (1967) Removal of an iatrogenic foreign body from the aorta by means of a ureteric stone catcher. Am Heart J 73:375–378

Leu HJ, Grüntzig A (1978) Histopathologic aspects of transluminal recanalization. In: Zeitler E, Grüntzig A, Schoop W (eds) Percutaneous vascular recanalization. Springer, Berlin Heidelberg New York, pp 39–56

Levy J, Hubbard JO, Crowe JK (1982) Computed tomography-guided removal of an osteoid osteoma: A case report. Cardiovasc Interv Radiol 5:14–15

Leyden HE v (1883) Über infektiöse Pneumonie: Verhandlungen des Vereins für innere Medizin. Dtsch Med Wochenschr 4:52

Liermann D, Bottcher HD, Kollath J, Schopohl B, Strassmann G, Strecker EP, Breddin KH (1994) Prophylactic endovascular radiotherapy to prevent intimal hyperplasia after stent implantation in femoropopliteal arteries. Cardiovasc Interv Radiol 17:12–16

Lindblom K (1946) Percutaneous puncture of renal cysts and tumours. Acta Radiol 27:66–72

Lindblom K (1948) Arthrography of the knee joint. Acta Radiol Suppl VII

Livraghi T, Festi D, Monti F, Salmi A, Vetton C (1986) US guided percutanous alcohol injection of small hepatic and abdominal tumors. Radiology 161:309–312

Livraghi T, Paracchi A, Ferrari C, Reschini E, Macchi RM, Bonifacino A (1994) Treatment of autonomous thyroid nodules with percutaneous ethanol injection: 4-year experience. Radiology 190:529–533

London RL, Trotman BW, DiMarino AJ et al. (1981) Dilatation of severe esophageal structures by an inflatable balloon catheter. Gastroenterology 80:173–175

Loose KE (1951) Die Aortographie in der Diagnostik peripherer Gefäßleiden. Chirurg 22:394–398

Luessenhop AJ, Spence MT (1960) Artificial embolization of cerebral arteries. Report of use in case of arteriovenous malformation. J Amer Med Assoc 172:1153–1155

Lunderquist A (1965) Angiography in carcinoma of the pancreas. Acta Radiol Suppl 235

Lunderquist A, Vang J (1974) Transhepatic catheterization and obliteration of the coronary vein in patients with portal hypertension and esophageal varices. N Engl J Med 291:646–649

Maddison FE (1973) Embolic therapy of hypersplenism. Invest Radiol 8:280–281

Martin HE, Ellis EB (1934) Aspiration biopsy. Surg Gynecol Obstet 59:578

Masumi RA, Ross AM (1967) Atraumatic nonsurgical technic for removal of broken catheter from cardiac cavities. N Engl J Med 277:195–196

Mathias K, Rohrbach R, Neff W, Ensinger H (1978) Percutaneous transluminal dilatation (PTD) of carotid artery stenosis. In: Zeitler E, Grüntzig A, Schoop E (eds) Percutaneous vascular recanalization. Springer, Berlin Heidelberg New York, pp 66–72

Mathias K, Mittermayer C, Ensinger H, Neff W (1991) Perkutane Katheterdilation von Karotisstenosen. Tierexperimentelle Untersuchungen. Fortschr Röntgenstr 133:258–261

May R, Nißl R (1952) Über die „Venoskopie" der unteren Extremitäten. Fortschr Röntgenstr 76:774–780

Mazariello R (1970) Removal of residual biliary tract calculi without reoperation. Surgery 67:566–573

McLean GK, Cooper GS, Hartz WH, Burke DR, Meranze SG (1987) Radiologically guided balloon dilatation of gastrointestinal strictures. Radiology 165:35–40

Merland J, Djindjian R (1975) Embolization of angiomas in the external carotid territory. Techniques and results. J Neuroradiol 2:201–232

Miller FJ, Kensey KJ, Nash JE (1989) Experimental perutaneous gallstone lithotripsy: results in swine. Radiology 170:985–987

Molnar W, Stockum AE (1974) Relief of obstructive jaundice through percutaneous transhepatic catheter - A new therapeutic method. Am J Roentgenol 122:356–367

Molnar W, Stockum AE (1978) Transhepatic dilatation of choledochoenterostomy strictures. Radiology 129:59

Mondet AF (1962) Tecnica de la extraccion incruenta de los calculos en la litiasis residual del coledoco. Bol Soc Cir Buenos Aires 46:278

Moniz E (1927) L' encephalographie artérielle, son importance dans la localisation des tumeurs cérébrales. Rev Neurol 34:72–89

Munk PL, Lin DTC, Morris DC (1990) Epiphora: treatment by means of dacryocystoplasty with balloon dilatation of the nasolacrimal drainage apparatus. Radiology 177:687–690

Neuerburg J, Günther RW, Rasmussen W et al. (1993) New retrievable percutaneous vena cava filter: Eperimental in vitro and in vivo evaluation. Cardiovasc Interv Radiol 16:224–229

Newton TH, Adams JE (1968) Angiographic domonstration and nonsurgical embolization of spinal cord angioma. Radiology 91:873–876

Nordenström B (1966) A new technique of transthoracic biopsy of lung changes. Br J Radiol 38:550

Nordenström B, Ovenfors CO, Törnell G (1962) Coronary angiography in 100 cases of ischemic heart disease. Radiology 78:714

Northfield DWC, Russels DS (1937) The fate of thorium dioxide (thorotrast) in cerebral angiography. Lancet I:377–381

Nusbaum M, Baum S, Blakemore WS (1969) Clinical experiences with the diagnosis and management of gastrointestinal hemorrhage by selective mesenteric catheterization. Ann Surg 170:506

Ödman P (1956) Percutaneous selective angiography of the main branches of the aorta. (preliminary report) Acta Radiol 45:1–14

Ödman P (1959) The radiopaque polyethylene catheter. Acta Radiol 52:52–64

Olbert F, Hanecka L (1977) Transluminale Gefäßdilatation mit einem modifiziertem Dilatationskatheter. Fortschr Med 95:867–869

Olsson O (1963) Angiographic diagnosis of an islet cell tumour of the pancreas. Acta Chir Scand 126:346

Onik G, Helms CA, Ginsburg L et al. (1985) Percutaneous lumbar diskectomy using a new aspiration probe. Porcine and cadaver model. Radiology 155:251–252

Oto M, Tsuchiya Y, Ono T et al. (1969) Percutaneous cholangiography (jap.). Nippon Rinsho 27:2798–2802

Otto R, Deyhle P (1980) Guided puncture under real-time sonographic control. Radiology 134:784–785

Palmaz JC, Sibbitt RR, Reuter SR, Tio FO, Rice WJ (1985) Expandable intraluminal graft: Preliminary study. Radiology 156:73–77

Paulin S (1962) Zur Angiokardiographie des linken Herzens. Fortschr Röntgenstr 96:618–625

Peirce EC (1951) Percutaneous femoral artery catheterization in man with special reference to aortography. Surg Gynecol Obstet 93:56–74

Philips JE (1973) Transcatheter electrocoagulation of blood vessels. Invest Radiol 8:295–304

Porstmann W (1973) Ein neuer Korsett-Ballonkatheter zur transluminalen Rekanalisation nach Dotter unter besonderer Berücksichtigung von Obliterationen an den Beckenarterien. Radiol Diagn 14:239–244

Porstmann W (1977) Therapeutic embolization of arteriovenous pulmonary fistulas by catheter technique. In: Eklöf O (ed) Current concepts in pediatric radiology. Springer, Berlin Heidelberg New York, pp 23–31

Porstmann W, Kokkalis P (1959) Zur Problematik der Koronarographie. Untersuchung an Hunden mit

Mammaria-Koronaria-Anastomose. Fortschr Röntgenstr 91:690–700
Porstmann W, Wierny L (1967) Intravasale Rekanalisation inoperabler arterieller Obliterationen. Zentralbl Chir (Suppl) 92:1586
Porstmann W, Geißler W, Wolf W (1958) Die retrograde Lävokardiographie in Verbindung mit der intrakardialen Druckmessung. Fortschr Röntgenstr 91:690–700
Porstmann W, Wierny L, Warnke H (1967) Der Verschluß des Ductus arteriosus persistenz ohne Thorakotomie. Thoraxchirurgie 15:199–203
Preshaw RM (1981) A percutaneous method for inserting a feeding gastrostomy tube. Surg Gynecol Obstet 152:659–660
Prokopec J, Kolihová E (1958) Die Lymphadenographie in der klinischen Praxis. Fortschr Röntgenstr 89:417–424
Rabkin JK, Matevoso AL (1987) X-ray endovascular prostheses. Meditsina, Moskau
Radner S (1945) An attempt at the roentgenologic visualization of coronary blood vessels in man. Acta Radiol 26:497–502
Rashkind WJ, Miller WW (1966) Creation of an atrial-septal defect without thoracotomy. J Am Med Assoc 196:991–992
Rauber K, Franke Ch, Syed Ali S, Rau WS, Bensmann G (1990) Peroral einführbare Stützgerüste aus der Memory-Legierung Nitinol - Tierexperimentelle Studie. Fortschr Röntgenstr 152:698–701
Reboul H, Racine M (1933) La ventriculographie cardiaque experimentale. Presse Med 1:763–767
Reid W, Watt JK, Gray TG (1970) Phenol injection of the sympathetic chain. Br J Surg 57:45
Rémy J, Voisin C, Dupuis C, Beguery P, Tonnel AB, Denies JL, Douay B (1973) Traitement des hémoptysies par embolisation de la circulation systemique. Ann Radiol 17:5–16
Ricco JB, Crochet D, Sebilotte P et al. (1983) Percutaneous transvenous caval interruption with the LGM filter: Early results of a multicenter trial. Ann Vasc Surg 3:242–247
Richter GM, Palmaz JC, Nöldge G, Rössle M, Siegerstetter V, Franke M, Wenz W (1989) Der transjuguläre intrahepatische portosystemische Stent-shunt (TIPPS). Radiologe 29:406–411
Richter GM, Roeren T, Nöldge G, Schild H, Gross-Fengels W, Landwehr H (1991) Ballonexpandierter Gefäßstent versus traditionelle PTA bei arterieller Verschlußkrankheit der Beckenarterien: erste Langzeitergebnisse einer randomisierten Multicenterstudie. Zentralbl Radiol 143:208
Rizk G, Amplatz K (1973) A percutaneous method of introducing the caval umbrella. Am J Roentgenol 117:903–909
Robb GP, Steinberg L (1938) A practical method of visualization of the chambers of the heart, the pulmonary circulation, and the great blood vessels in man. Am Soc Clin Invest 17:507
Robertson RC, Ball RP (1935) Destructive spine lesions: diagnosis by needle biopsy. J Bone Joint Surg 17:749–758
Roehm J, Johnsrude I, Barth M, Gianturco C (1988) The bird's nest inferior vena cava filter: Progress report. Radiology 168:745–749
Roeren T, LeVeen RF, Villanueva T, Reisman J (1989) Restenosis and successful angioplasty: Histopathologic-radiologic correlation. Radiology 172:971–977
Rösch J, Hanafee W, Snow H (1969) Transjugular portal venography and radiologic portocaval shunt: An experimental study. Radiology 92:1112–1114
Rösch JC, Dotter CT, Brown MJ (1972) Selective arterial embolization: A new method for control of acute gastroinestinal bleeding. Radiology 102:303–306
Rösch J, Putnam JSE, Uchida BT (1988) Modified Gianturco expandable wire stent in experimental and clinical use. Ann Radiol 31:100–103
Rousseau H, Puel J, Joffre F et al. (1987) Self-expanding endovascular prosthesis: An experimental study. Radiology 164:709
Rousthöi P (1933) Über Angiokardiographie. Vorläufige Mitteilung. Acta Radiol 14:419–423
Rüttiman A, del Buono MS (1962) Die Lymphographie mit öligem Kontrastmittel. Fortschr Röntgenstr 97:551–576
Salamonowitz E, Frick MP, Simmons RL et al. (1984) Obliteration of the gallbladder without formal cholecystectomy. Arch Surg 119:725–729
Schild HH, Müller SC, Mildenberger P et al. (1993) Percutaneous penile venoablation of treatment of impotence. Cardiovasc Interv Radiol 16:280–286
Schmitz-Rode T, Günther RW (1991) New device for percutaneous fragmentation of pulmonary emboli. Radiology 180:135–137
Seldinger SI (1953) Catheter replacement of the needle in percutaneous arteriography. Acta Radiol 39:368–376
Serbinenko FA (1971) Catheterization and occlusion of major cerebral vessels and prospects for the development of vascular neurosurgery. (Russisch). Vopr Neurokhir 5:17
Servelle M, Deysson M (1951) Reflux of the intestinal chyle in the lymphatics of the leg. Ann Surg 133:234–239
Sherk HH, Black J, Rhodes A, Lane G (1993) Prodoehl: Laser discectomy. Clin Sports Med 12:569–577
Sicard JA, Forestier J (1922) Méthode générale d'exploration radiologique par l'huile iodée (Lipiodol). Bull Soc Med Hop Paris 46:463
Sicard JA, Forestier G (1923) Injection intravasculaires d'huile iodée sous contrôle radiologique. Compt Rend Soc Biol 88:1200
Simon M, Kaplow R, Salzman E, Freiman D (1977) A vena cava filter using thermal shape memory. Radiology 125:89–94
Simpson JB, Johnson DE, Thapliyal HV, Marks DS, Braden LJ (1985) Transluminal atherectomy. A new approach to the treatment of atherosclerotic vascular disease (abstr.). Circulation 72 (Suppl 2):146
Sinner W (1976) The diagnosis of pulmonary lesions by percutaneous transthoracic needle aspiration biopsy. Thesis, Stockholm
Smith L (1964) Enzyme dissolution of the nucleus pulposus in humans. J Am Med Assoc 187:137–140

Sniderman KW, Bodner L, Saddekni S, Srur M, Sos TA (1984) Percutaneous embolectomy by transcatheter aspiration. Radiology 150:357–361

Sones FM, Shirey EK, Proudfit WL, Westcott RN (1959) Cine coronary arteriography. Circulation 20:773

van Sonnenberg E, Wittich GR, Cabrera OA (1986) Percutaneous gastrostomy and gastroenterostomy: 2. Clinical experience. Am J Roentgenol 146:581–586

Starck E, McDermott JC, Crummy AB, Turnisped W, Acher C, Burgess J (1985) Percutaneous aspiration thromboembolectomy. Radiology 156:61–66

Stauffer HM, Durant TM, Oppenheimer MJ (1956) Gas embolism. Roentgenologic considerations, including the experimental use of carbon dioxide as an intracardiac contrast material. Radiology 66:686

Steger AC, Lees WR, Walmsley K, Bown SG (1989) Interstitial laser hyperthermia: A new approach to loca destruction of tumours. Br Med J 299:362–365

Strecker EP, Romaniuk P, Schneider B (1988) Perkutane implantierbare, durch Ballon aufdehnbare Gefäßprothese: erste klinische Ergebnisse. Dtsch Med Wochenschr 133:538–542

Suguira N, Takara T, Ohto M, Okuda K, Hirooka N (1983) Percutaneous intraluminal injection of ethanol under ultrasound imaging for the treatment of small hepatocellular carcinoma. Acta Hepatol Jap 24:920

Sullivan RD, Miller E, Sikes MP (1959) Antimetabolite-metabolite combination cancer chemotherapy: Effects of intraarterial methotrexate-intramuscular citrovorum factor therapy in human cancer. Cancer 12:1248

Tadavarthy M, Moller JH, Amplatz K (1975) Polyvinyl alcohol (Ivalon) – A new embolic material. Am J Roentgenol 125:609–616

Thelen M, Weißbach L, Franken Th (1979) Die Behandlung der idiopathischen Varikozele durch transfemorale Spiralokklusion der Vena testicularis sinistra. Fortschr Röntgenstr 131:24–29

Thomas J, Sinclair-Smith B, Bloomfield D, Davachi A (1964) Nonsurgical retrieval of a broken segment of steel spring guide from the right atrium and inferior vena cava. Circulation 30:106–108

Thurn P, Düx A, Schaede A, Hilger HH (1963) Die Koronarographie: Methodik, Indikationen, Ergebnisse. Radiologe 3:442–455

Uchida H, Ohishi H, Matusuo N et al. (1990) Transcatheter hepatic segmental arterial embolization using Lipiodol mixed with an anticancer drug and Gelfoam particles for hepatocellular carcinoma. Cardiovasc Interv Radiol 13:140–145

Valavanis A (1993) Interventional neuroradiology. Springer, Berlin Heidelberg New York Tokyo

Vallbracht C, Kress J, Schweizer M et al. (1987) Rotationsangioplastie – Ein neues Verfahren zur Gefäßeröffnung und -erweiterung. Z Kardiol 76:608–611

Vieten H (1964) Röntgendiagnostik des Herzens und der Gefäße, Teil 3. In: Diethelm L, Olsson O, Strnad F, Vieten H, Zuppinger A (Hrsg) Handbuch der Medizinischen Radiologie. Springer, Berlin Göttingen Heidelberg New York

Vogler E (1954) Angiographische Beiträge zur Entstehung von Gefäßerkrankungen und Durchblutungsstörungen unter besonderer Berücksichtigung der terminalen Strombahn. Fortschr Röntgenstr 82:479–497

Vogler E, Kahr E, Holzer H (1952) Serienvasographie der Nieren. Fortschr Röntgenstr 77:594–601

Voigt K, Thron A, Mironov A (1981) Interventionelle Neuroradiologie. I. Kraniofaziale Embolisationen. Radiologe 21:215–226

Volodos N, Shekhanin V, Karpovich I, Troyan V, Guriev Y (1986) Synthetic self-fixing prosthesis for endoprosthesis of vessels. Vestnik Khirurgii 137:123–124

Vorwerk D, Husemann T, Blazek V, Zolotas G, Günther RW (1989) Laserablation des Nucleus pulposus: Optische Eigenschaften von degeneriertem Bandscheibengewebe im Wellenlängenbereich von 200 bis 2200 nm. Fortsch Röntgenstr 151:725–728

Vorwerk D, Günther RW, Bohndorf K, Kistler D, Gladziwa U, Sieberth HG (1991) Follow-up results after stent placement in failing arteriovenous shunts: a three-year experience. Cardiovasc Interv Radiol 14:285–289

Wagner H-J, Schwerk WB, Stinner B, Kasper M, Klose K-J (1993) Erste Ergebnisse der Implantation selbstexpandierender Nitinolstents in den Ösophagus bei maligner Dysphagie. Fortschr Röntgenstr 159:450–455

Walstén HI (1982) Swedisch patent 8202739, April 1982

Weens HS, Florence TJ (1954) The diagnosis of hydronephrosis by percutaneous renal puncture. J Urol 72:589–595

Weigand H (1991) Perkutane Nukleotomie – Eine nichtoperative, perkutane Behandlungsmethode des lumbalen Bandscheibenvorfalls. In: Günther RW, Gockel HP (Hrsg) Jahrbuch der Radiologie. Biermann, Zülpich, S 169–174

Wellauer J (1957) Arteriographie der Extremitäten. In: Schinz HR et al. (Hrsg) Röntgendiagnostik – Ergebnisse 1952–1956. Thieme, Stuttgart, S 210

Wenz W (1972) Abdominelle Angiographie. Springer, Berlin Heidelberg New York

Wenz W, Kolig G (1965) Fehler und Gefahren der perkutanen transhepatischen Cholangiographie. Fortschr Röntgenstr 103:713–725

Wernerdorff KR, Robinson RH (1905) Verhandlungen Dtsch. Ges. Orthop. Chir. IV. Kongreß

White RI jr, Kaufmann SL, Barth KH, DeCaprio V, Stranbert JD (1979) Embolotherapy with detachable silicone balloons. Technique and clinical results. Radiology 131:617–629

Wickbom I (1954a) Pyelography after direct puncture of the renal pelvis. Acta Radiol 41:505–512

Wickbom I (1954b) Pyelography after direct puncture of the renal pelvis. Acta Radiol 41:505–512

Wiechel KL (1963) Percutaneous transhepatic cholangiography. Acta Chir Scand (Suppl) 309

Wright KC, Wallace S, Charnsangavej C, Carrasco CH, Gianturco C (1985) Percutaneous endovascular stents: An experimental evaluation. Radiology 69:69–72

Yamada R, Nakatsu H, Nakamura K et al. (1978) Transcatheter arterial embolization therapy for various malignant tumors. Acta Angiol Jap 18:563–571

Yamada R, Sato M, Kawabata M et al. (1983) Hepatic artery embolization in 120 patients with unresectable hepatoma. Radiology 148:397–401

Zeitler E, Mueller R (1969) Erste Ergebnisse mit der Katheter-Rekanalisation nach Dotter bei arterieller Verschlußkrankheit. Fortschr Röntgenstr 111:345–352

Zeitler E, Schmidtke I, Schoop W, Giessler R, Dembsko J, Mansjoer H (1976) Ergebnisse nach perkutaner transluminaler Angioplastik bei über 700 Behandlungen. Röntgenpraxis 29:78–87

Zeumer H, Hacke W, Kolman HL, Poeck K (1982) Lokale Fibrinolysetherapie bei Basilaris-Thrombose. Dtsch Med Wochenschr 108:728–731

Zimmermann HA, Scott RW, Becker NO (1950) Catheterization of the left side of the heart in man. Circulation 1:357

Zollikofer Ch, Salamonowitz E, Sibley R, Chain J, Bruehlmann WF, Castaneda-Ziniga WR, Amplatz K (1984) Transluminal angioplasty evaluated by electron microscopy. Radiology 153:369–374

Röntgenstrahlen in der Rechtsmedizin

Randolph Penning, Wolfgang Eisenmenger und Wolfgang Spann

Die Anfänge der rechtsmedizinischen Anwendung der Röntgenstrahlen

Erste Anwendungsmöglichkeiten

Kaum eine andere Entdeckung dürfte in der Medizin in so kurzer Zeit und in so vielen Fachrichtungen ihren Siegeszug angetreten haben wie die Anwendung der von Wilhelm Conrad Röntgen 1895 entdeckten „X-Strahlung". Die einschneidensten Fortschritte ergaben sich dabei naturgemäß für die Diagnostik in Chirurgie und innerer Medizin. Aber auch bei der Anwendung medizinischer Erkenntnisse für die Belange von Gerichten und Strafverfolgungsbehörden in der früher „Gerichtliche und Begutachtungsmedizin", heute „Rechtsmedizin" genannten Fachrichtung sind erste Anwendungen frühzeitig dokumentiert. Nur 4 Monate nach Röntgens Entdeckung wurde bei einer Schauspielerin, die sich beim Sturz auf der Bühne eine Kuboidfraktur zugezogen hatte, in Birmingham eine entsprechende Radiographie angefertigt und erstmals 1896 in einem Schadensersatzprozeß in England als Beweismittel zugelassen (Bordas 1896; James 1980).
Kennzeichnend für die künftige Bedeutung der Röntgenaufnahmen in der Rechtsmedizin war bereits der Kommentar des Richters:

„The case is a distinct triumph of science and shows how plain fact is now furnished with a novel and successful means of vindicating itself with unerring certainty against opponents of every class" (James 1980).

Denn „der Bruch wurde mittelst einer Röntgenphotographie dem Gerichtshofe ad oculus demonstrirt, da der Verklagte Übertreibung behauptet hatte" (Bordas 1896).
Diese zitierte „untrügliche Sicherheit" als Beweismittel führte dazu, daß im Dezember 1896 Röntgenbilder auch erstmals vor einem US-amerikanischen Gericht als Beweismittel zugelassen wurden (James 1980): im Fall Smith vs. Grant durfte mittels entsprechender Aufnahmen sowie Einsatz von Vergleichsaufnahmen eines unversehrten Oberschenkels belegt werden, daß der Kläger eine Femurfraktur erlitten hatte. Nachdem im sehr peniblen amerikanischen Prozeßrecht nicht selbst durchgeführte Untersuchungen von einem Sachverständigen lediglich dann zur Grundlage seiner Ausführungen gemacht werden dürfen, wenn es sich um allgemein akzeptierte Standardtests handelt, war damit die Röntgenographie aufgrund ihrer klaren Darstellung zwar realer, jedoch vor dem menschlichen Auge in der Tiefe des Körpers verborgener Strukturen als Beweismittel auch rechtlich in beeindruckend kurzer Zeit anerkannt.
Neben der Darstellung von Knochenverletzungen ergaben sich frühzeitig auch andere rechtsmedizinische Anwendungsmöglichkeiten. So wurde ebenfalls bereits 1896 berichtet, daß auf einer Radiographie vom Kopfe des Vizekönigs Li Hung Tschang Schußkanal und Kugel sichtbar gewesen sein sollen (Bordas 1896). Kriminalistisch sensationell war auch der gleichzeitige Bericht vom Nachweis „einer mit Explosionsstoffen und einer Maschinerie versehenen Kapsel innerhalb eines Meßbuches mit Hilfe der Röntgenstrahlen" (Bordas 1896).
Aus dem Jahre 1896 datiert auch der erste Bericht über den versuchten Nachweis fetaler Lungenatmung zur Abgrenzung von Totgeburten, eine Methode, die dann 1899 von Ottolenghi in der ersten rechtsmedizinischen Originalarbeit über Röntgenstrahlen in Deutschland diskutiert wurde. Interessant aus heutiger Sicht sind die damals verwendeten Expositionszeiten:

„Die auf ein und dieselbe Pappe gelegten Stücke (10 mm war die größte Dicke der Fötuslunge, 12 mm die der Lunge des Neugeborenen) wurden auf eine mit schwarzem Papier bedeckte, in einem Couvert gehaltene photographische Platte applicirt und den X-Strahlen 4 Minuten lang ausgesetzt."

Zur Gültigkeit der Versuchsanordnung wurde ausgeführt, daß sich „das Rohr immer regelmäßig von gleicher Lichtintensität" zeigte.

Solche Fortschritte führten dazu, daß Immelmann (1901) in seinem Übersichtsartikel „Ueber die Bedeutung der Röntgenstrahlen für den ärztlichen Sachverständigen" 1901 schrieb: „Die Hoffnungen, die wir auf die Röntgenstrahlen nach dem Bekanntwerden ihrer wunderbaren Eigenschaften setzten, sind nicht nur erfüllt, sondern übertroffen worden." Gleichzeitig nannte er weitere spektakuläre Erfolge, wie z. B. einen Fall, „bei dem in der Schädelhöhle des Verletzten ein abgebrochenes Stück einer Messerklinge durch Röntgenstrahlen nachgewiesen werden konnte, während der Angeklagte behauptet hatte, ein Messer überhaupt nicht benutzt zu haben". In einem anderen Falle wurden bei einem Verletzten „Projektile verschiedenen Kalibers gefunden, trotzdem der Angeschuldigte behauptete, nur *eine* Schußwaffe benutzt und einen Komplicen nicht gehabt zu haben". Ein anderer Angeklagter „gab an, aus großer Entfernung auf sein Opfer einen Schrotschuß abgegeben zu haben, und doch saßen auf dem Röntgenbilde die Schrotkörner dicht beieinander" (Immelmann 1901).
Daß allerdings nicht alle im ersten Enthusiasmus mittels Röntgenstrahlen angeblich belegten Befunde aus heutiger Sicht nachvollziehbar sind, zeigt eine Publikation von Castiaux aus dem Jahre 1898, in dem dieser den Nachweis der „stattgehabten Athmung und stattgehabten Luftverschluckung an einem auf der Straße aufgelesenen dreimonatlichen (!?) Fötus erbringen konnte". In den Lungen, dem Magen und im Kolon seien als Zeichen der Atmung helle Flecken sichtbar gewesen, obwohl Fäulnis nach Angaben des Autors nicht in Frage käme.

Rechtsmedizinische Fragestellungen für die Radiologie 1902

Aus dem Jahre 1902 datiert dann die erste deutschsprachige rechtsmedizinische Übersichtsarbeit von Gastpar „Ueber die Verwendbarkeit des Röntgenverfahrens in der gerichtlichen Medicin". Sie erhält eine systematische Aufzählung *möglicher Einsatzgebiete des Röntgenverfahrens* in der Rechtsmedizin, die bemerkenswerterweise auch heute noch weitgehend Gültigkeit besitzt. Sie könnte kaum erweitert, sondern eher um einige Punkte gekürzt werden. Gastpar sah folgende Einsatzmöglichkeiten:

Bei der Untersuchung Verstorbener:

1. die Lebensprobe,
2. Feststellungen zum Kindesmord,
3. Feststellungen der Identität und
4. Feststellungen zum Lebensalter.

Einsatzmöglichkeiten bei der Untersuchung Lebender seien:

1. die Feststellung der Schwangerschaft,
2. die Beurteilung von Verletzungen v. a. der Extremitäten, des Rumpfes und des Schädels, sowie
3. Untersuchungen zum Thema: „Die Röntgenphotographie als Demonstrationsmittel vor Gericht und die Simulantenentlarvung".

Später verlassene Fragestellungen der Anfangszeit

Für die heutige Rechtsmedizin spielt dieser letzte Gesichtspunkt, die *„Simulantenentlarvung"*, keine nennenswerte Rolle mehr. Dies beruht jedoch weitgehend auf der heutigen Selbstverständlichkeit frühzeitiger Röntgendiagnostik bei unklaren Krankheitsbildern. Um die Jahrhundertwende galt anderes: „Bei der Entlarvung von Simulanten hat die Röntgendurchleuchtung werthvolles Material geliefert, allerdings nicht ohne einige Ueberraschungen für die begutachtenden Ärzte" (Gastpar 1902). Dies betraf insbesondere die Möglichkeit einer „Controle der Frakturen während der Heilung. Können doch ferner damit die Resultate der Behandlung kontrolirt werden, was besonders wichtig ist für die Unfallpraxis, da manche anscheinend ideal geheilte Fraktur im Röntgenbild kleine Difformitäten aufweist, die die Beschwerden des Simulanten erklären". Zur Beschreibung von Schädeluntersuchungen führte Gastpar aus, „die Zahl der auf diese Weise localisirten resp. auf ihrer Wanderung im Schädel verfolgten Geschosse ist bereits stattlich angewachsen". Wie überrascht mancher behandelnde Arzt von den Ergebnissen der Röntgenuntersuchung damals gewesen sein dürfte, zeigt ein zitierter Fall eines intrakraniell nachgewiesenen Projektils:

„Der Fall ist auch noch interessant, weilst Patient 5 Jahre in Irrenanstalten zugebracht hat, wo ihm Niemand glauben wollte, dass ihm eine Revolverkugel im Gehirn sitzt, ja, er musste bei seiner Entlassung einen Revers unterschreiben, worin er erklärte, sich bezüglich der Kugel früher im Irrthum befunden zu haben" (Gastpar 1902).

Später wieder aufgegeben wurden auch radiologische Untersuchungen zur Lebensprobe und zur Schwangerschaftsfeststellung. Die sichere *Todesfeststellung* ist heute kein ernsthaftes Problem mehr und wird über das Vorhandensein von Leichenstarre, Totenflecken oder Leichenfäulnis sowie ggf. über eine Hirntodfeststellung oder (radiologisch!) Karotisangiographie gelöst. Damals herrschte jedoch noch Unsicherheit, und so verwundert nicht, daß das Problem über die Beurteilung von Thoraxröntgenaufnahmen gelöst werden sollte, wobei der zugrundeliegende Gedankengang aufgrund der damals üblichen mehrminütigen Belichtungszeiten besticht: De Bourgade (zitiert nach Gastpar 1902) konnte „den Tod bei einem angeblich Scheintodten dadurch constatiren, dass das Aktinogramm desselben die Grenze des Zwerchfelles und Herzbeutels in einer Schärfe darbot, die sie beim Lebenden infolge der Bewegung dieser Theile niemals haben können". Die Methode konnte sich jedoch nicht weiter durchsetzen, und auch das Bestreben, eine zunehmende postmortale gleichförmige Verschattung der Lungen als sicheres Todeszeichen anzuerkennen, blieb glücklicherweise auf einzelne Publikationen beschränkt.

Aus Strahlenschutzgesichtspunkten muß aus heutiger Sicht auch begrüßt werden, daß die damals vielfach angestrebte *Schwangerschaftsfeststellung* mittels Röntgenaufnahmen letztlich an methodischen Unzulänglichkeiten scheiterte. Zwar gelang es bereits 1896 Pollak, den graviden Zustand einer Maus festzustellen. Um 1897 sei es dann auch gelungen, einen menschlichen Fetus im exstirpierten Uterus zur Anschauung zu bringen (Gastpar 1902). Ebenfalls 1897 berichtete Levi-Dorn (Gastpar 1902), ihm sei es geglückt, bei einer „Hochschwangeren den Fötus zu photographieren".

Das Thema wurde im weiteren energisch verfolgt, u. a. durch Konstruktion einer besonders geformten Röhre zur Einführung in die Vagina (Bouchacourt 1898). Insgesamt blieben die Erfolge jedoch schlecht, woran nach Ansicht von Albert (1899) „erstens die dünne Beschaffenheit der fötalen Knochen, zweitens das Schwimmen des Fötus in Wasser (schlechter Leiter) schuld" sei. Neben dem späteren Verlassen der Methodik ist aus heutigen Strahlenschutzgesichtspunkten wohl der einzige Trost, daß sich die Untersuchungen auf Hochschwangere konzentrierten, da sich nicht einmal bei diesen akzeptable Ergebnisse erzielen ließen.

Erste Arzthaftungsprozesse zur Behandlung mit Röntgenstrahlen

Angesichts des weitgehend ungebremsten Forschungsenthusiasmus der ersten Jahre verwundert es nicht, daß sehr früh ein weiterer, bis heute expandierender Zweig der rechtsmedizinischen Wissenschaften mit den Resultaten der Röntgenstrahlung befaßt wurde, nämlich das *Arzthaftungsrecht.* Ebensogut von heute stammen könnte die Anmerkung von Krause (1906) in einer Arbeit „Ueber Schädigungen innerer Organe durch Röntgenbestrahlung und Schutzmaßnahmen dagegen":

„Wie notwendig diese Schutzmaßnahmen auch vom juristischen Standpunkte aus sind, beweisen die in den letzten Jahren häufiger werdenden Schädigungsklagen seitens Geschädigter Personen. Es unterliegt keinem Zweifel, daß jeder Arzt, welcher keinen genügenden Schutz gegen die unliebsamen Wirkungen der Röntgenstrahlen angewandt hat, nur zu leicht zurecht zu erheblichen Strafen verurteilt werden kann."

Das erste einschlägige Urteil zur *„Verurtheilung eines Arztes* wegen fahrlässiger Körperverletzung durch Verbrennung infolge von Röntgenbestrahlung" fällte das königliche Landgericht in Hannover (II. Ferien-Strafkammer) am 18. 08. 1902 (LG Hannover 1903): „Fräulein H., hierselbst, hatte am Kinn einen bartartigen Haarwuchs, der ihr lästig erschien, obwohl er ihr Aussehen nur unbedeutend beeinträchtigte." Eine erste Behandlung mittels Ausbrennen jedes einzelnen Haarbalgs durch Elektrizität war anfänglich von Erfolg begleitet. „Im Laufe der Zeit stellte sich jedoch der Haarwuchs in erheblicherem Umfange wie vordem wieder ein." Infolgedessen führte der Angeklagte Dr. Sch. eine Kur in drei Perioden durch. Von Ende Januar bis Mitte März 1900 fanden etwa 17 Bestrahlungen von 15-18 Minuten Dauer mit Röntgenstrahlen statt. Die zweite Kurperiode nach einwöchiger Pause (wegen „leichter Röthungen im Gesicht, insbesondere am Kinn der Patientin") umfaßte etwa 27 Bestrahlungen von gleicher Dauer, bis die Patientin Ende Juli „von dem lästigen Haarwuchs fast gänzlich befreit" war. Bereits im August 1900 trat jedoch ein Teil des früheren Haarwuchses am Kinn wieder auf. Ermutigt durch entsprechende Mitteilungen auf einem Kongreß in Paris, motiviert möglicherweise auch durch die Erklärung des Vaters der Klägerin, daß dieser die Honorarrechnung erst nach vollständiger Beseitigung des Haarwuchses begleichen werde, folgte eine dritte, ca. zweiwöchige Behandlungsperiode mit „fast täglichen und längeren Bestrahlungen gegenüber den früheren selteneren und kürzeren Sitzungen". Nach Angaben des Nachbehandlers resultierte bei der Kranken „eine schwere Verbrennung 3. Grades. Letztere hatte heftige Schmerzen, die erst nach monatelanger Behandlung allmählich schwanden. Auch heute ist der Heilungsprozeß noch nicht vollständig beendet. Die Bewegung des Kopfes ist nach rückwärts beschränkt. Kinn, Hals und obere Brust zeigen eine nicht unerheblich geröthete Wundfläche. Letztere ist fast ganz geschlossen, hat aber Narbenbildungen zurückgelassen, die die H. entstellen und voraussichtlich lebenslänglich sie entstellen werden".

Die Verteidigung des beschuldigten Arztes würde sogar den Maßstäben heutiger Rechtsprechung gerecht: Er habe „die H. wiederholt und namentlich auch durch Vorzeigung von Bildern, auf welchen die Folgen verschiedener X-Strahlenverbrennungen erkennbar gewesen seien, auf die möglichen nachtheiligen Folgen einer derartigen Kur hingewiesen." Das Gericht folgte jedoch den gegenteiligen Ausführungen der Patientin, „der Arzt habe sie bei auftretendem Angstgefühl über etwaige nachtheilige Folgen des Heilverfahrens stets beruhigt und ihr sicheren Erfolg in Aussicht gestellt".

Die Verurteilung wurde wie folgt begründet: Dem Angeklagten sei aus der Behandlung mit Röntgenstrahlen an sich kein Vorwurf zu machen, da dies Verfahren vielfach von Spezialisten der Röntgenstrahlen-Therapie zu Kurzwecken, u. a. auch zur Ausrottung lästigen Haarwuchses angewandt werde. Der Angeklagte habe aber insofern fahrlässig gehandelt, als er, nachdem sich gegen Ende Oktober 1900 die ersten Verbrennungssymptome erheblicher Art gezeigt hatten, die Bestrahlungen fortsetzte. Die Geldstrafe wurde auf 300,– Mark festgesetzt.

Im Gefolge dieses und weiterer Prozesse sowie allmählich auflaufender Kasuistiken (z. B. „Ursächlicher Zusammenhang zwischen einer einmaligen zu starken Röntgenbestrahlung einer Hand und einer an derselben Hand aufgetretenen Krebsbildung: Obergutachten des Geheimen Medizinalrates Prof. Dr. Renvers in Berlin (1905)) veröffentlichte Gocht (1909) eine Zusammenstellung von „Schädigungen durch Röntgenstrahlen zum einen bei kurzzeitiger, aber zu intensiver, und zum anderen bei chronischer Einwirkung". Diese beträfen im speziellen alle Bestandteile der äußeren Haut, die lymphatischen und Keimdrüsen, das Nervensystem, das Wachstum sowie „die Lebensenergie und noch einige Folgekrankheiten".

Die vom Verfasser postulierten Verhaltensregeln entsprechen heutigem arztrechtlichem Standard:

1. Nur unter ärztlicher Verantwortung dürfen die Röntgenstrahlen zu diagnostischen oder therapeutischen Zwecken Anwendung finden.
2. Der Arzt, welcher mit Röntgenstrahlen arbeitet, muß die dem heutigen Stande dieser Spezialwissenschaft entsprechenden Maßnahmen kennen; er muß die Dosierungsfrage genau studieren und stets die unumgängliche notwendige Vorsicht nach allen Richtungen hin anwenden.
3. Der Arzt soll seinen Patienten darüber aufklären, daß trotz aller Vorsicht gelegentlich Überdosierungen vorkommen, zumal, wenn er eine gewisse Reaktion ersten oder zweiten Grades absichtlich hervorrufen oder unterstützen muß.
4. Es ist notwendig, die Patienten vor der Röntgenuntersuchung zu befragen, ob sie bereits mit Röntgenlicht in Berührung gekommen sind ...
5. Bei Anklagen, die vermeintliche oder wirkliche Schädigungen betreffen, ist es dringend zu befürworten, daß zur Begutachtung Aerzte herangezogen werden, die selbst anerkannte Röntgenfachleute sind ...

Die rechtsmedizinische Anwendung von Röntgenstrahlen heute

Röntgenbilder stellen heute noch ebenso wie 1896 insofern ein faszinierendes Beweismittel dar, als es sich um quasi-photographische Abbildungen der dem bloßen Auge verborgenen Strukturen des Körperinneren handelt, die in ihrer Absolutheit kaum angreifbar sind. Insoweit sind sie in ihrem Beweiswert am ehesten noch mit Photographien vergleichbar. Die dargestellten Strukturen sind nicht manipulierbar und können im Regelfall auch durch das Gericht leicht nachvollzogen werden – ein nicht zu unterschätzender Gesichtspunkt, auf den bereits Gastpar (1902) hinwies. In der Rechtsmedizin haben sich Röntgenverfahren deshalb vor allem dort durchgesetzt, wo sie einerseits anwendungstechnisch wie von der Geräteausstattung her leicht durchzuführen sind, und andererseits entweder zur Sicherung anderweitig nicht oder nur schwer darstellbarer individueller Befunde dienen können, oder aber in Beurteilungsfragen einen so hohen Beweiswert besitzen, daß er auch strafrechtlichen Anforderungen genügt. Gefordert ist im Strafrecht aber die Beweissicherheit der „an Sicherheit grenzenden Wahrscheinlichkeit".

Radiologische Untersuchungen bei Kindstötung und Kindsmißhandlung

Bei der radiologischen Untersuchung verstorbener Neugeborener, Säuglinge und Kleinkinder hat sich die Zielsetzung seit 1896 entsprechend den unterschiedlichen Erfordernissen der Zeit gewandelt. Am Anfang ganz im Mittelpunkt stand die Abgrenzung zwischen Totgeburt und Kindstötung, also der Versuch, über Röntgenaufnahmen der Lungen das „Geatmet- und Gelebthaben" zu beweisen oder zu widerlegen. Erste Beschreibungen durch Bordas datieren bereits aus dem Jahre 1896. In der deutschsprachigen gerichtsmedizinischen Literatur lag zuerst die Publikation von Ottolenghi aus dem Jahr 1899 vor. Die Allgemeingültigkeit der radiologischen Lebensprobe wurde im folgenden jedoch kontrovers diskutiert. Während Immelmann 1901 die Ansicht vertrat, daß die entsprechende Feststellung auf Röntgenaufnahmen leicht zu treffen sei, ging Hildebrandt (1914) in einer zusammenfassenden Arbeit davon aus, daß auf Röntgenaufnahmen lediglich zu unterscheiden sei, ob ein Neugeborenes entweder gar nicht oder aber bereits längere Zeit kräftig geatmet habe.

Der radiologischen Lebensprobe zugrunde liegt die Erkenntnis (Hirvonen et al. 1969):

„daß sich nach Atmung in Lungen wie im Magen-Darmtrakt die eingeatmete Luft bei Neugeborenen wie Frühgeborenen relativ gesetzmäßig verteilt. Nach ca. 15 Minuten findet sich Luftfüllung im Magen, nach 1–2 Stunden im Dünndarm, nach 5–6 Stunden im Colon und nach 12 Stunden im Rektum. Lediglich bei Kindern, die infolge natürlicher Erkrankungen oder Mißbildungen kurz nach der Geburt sterben, ist dieser Vorgang erheblich verlangsamt. Zu beachten ist auch, daß durch Wiederbelebungsversuche erhebliche Mengen Luft in die Lungen und den Magen-Darmtrakt verbracht werden können."

Nachdem aber durch Organschwimmproben bei der Sektion die Belüftung sicherer festgestellt werden kann, kommt der radiologischen Lebensprobe nicht mehr die früher geforderte absolute Bedeutung zu. Empfehlenswert sein kann sie dennoch zur Dokumentation oder als Sofortmaßnahme, wenn eine Obduktion aufgeschoben werden muß (v. Neureiter 1940). Auf keinen Fall kann sie jedoch die Sektion ersetzen (Nolte 1938), da gerade die Lungenbeatmung teilweise schlecht abgegrenzt werden kann und deshalb ein negatives Ergebnis nicht beweiskräftig ist. Allerdings läßt sich auf einer Ganzkörperröntgenaufnahme durch den Nachweis von Luft- und Gasbläschen nicht nur in Lunge und Magen-Darm-Trakt zusätzlich der allgemeine Fäulniszustand einer Leiche beurteilen und auch dokumentieren (Hobohm 1909).

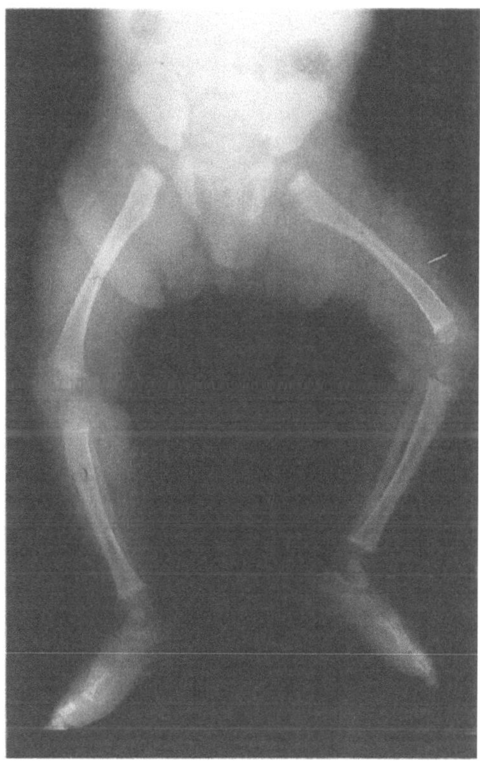

Abb. 1. Röntgenaufnahme eines durch Kindsmißhandlung getöteten 6 Monate alten Knaben. Als Zufallsbefund im linken Oberschenkel eine abgebrochene Nadel als Relikt vorangegangener Kindsmißhandlung

Anders als bei der fetalen Lebensprobe hat sich in einem ähnlichen Zusammenhang die radiologische Untersuchung als das Standardverfahren etabliert, dessen Unterlassung als ärztlicher Fehler angesehen werden muß, nämlich bei der *überlebten oder tödlichen Kindsmißhandlung*. In USA wird deshalb sogar gefordert, bei jedem unerwarteten Tod eines Kindes grundsätzlich eine radiologische Untersuchung des Skelettsystems auf Knochenbrüche und eventuelle Fremdkörper durchzuführen (James 1980). Denn bei der Kindsmißhandlung erlauben vielfach ausschließlich Röntgenuntersuchungen des Skeletts die sichere Diagnosestellung (Abb. 1).

Erste Feststellungen zur Kindsmißhandlung wurden 1860 durch den Rechtsmediziner Tardieu getroffen. Bekannt wurde der Begriff 1874 im Zusammenhang mit einem spektakulären Prozeß in New York. Erst 1946 beschrieb dann allerdings der Radiologe Caffey ein bisher unbekanntes Syndrom, bei dem Brüche der Röhrenknochen

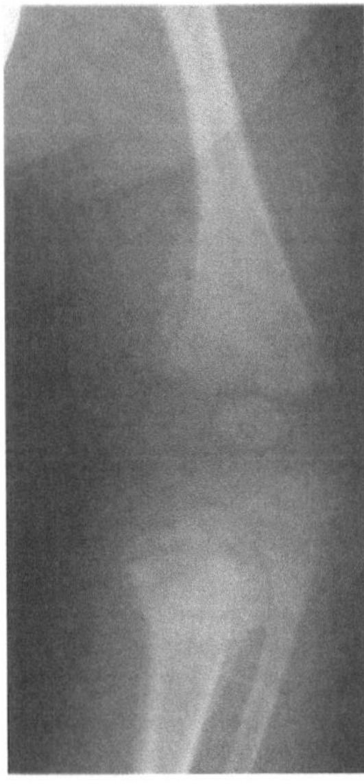

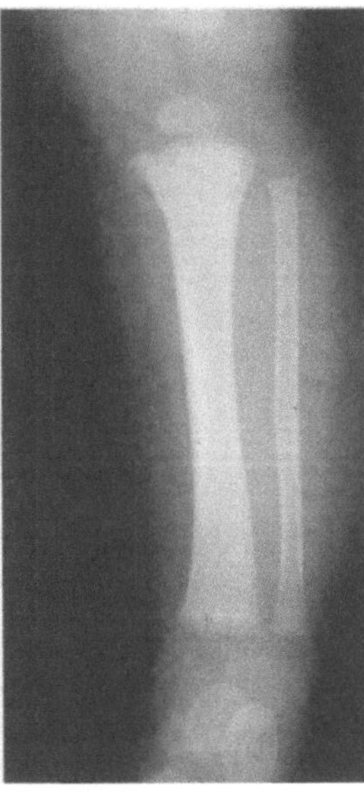

Abb. 2 (*links*). Drei Monate alter Knabe, Zustand nach schwerer Kindsmißhandlung. Am Oberschenkel 2–3 Wochen alte Fraktur, am Unterschenkel im Kniebereich frische Knochenabsprengungen

Abb. 3 (*rechts*). Selber Fall wie in Abb. 2. Abheilungszustand der Unterschenkelverletzungen 4 Wochen später

zusammen mit Subduralhämatomen auftraten. Als Ursache des Syndroms dachte er jedoch nicht an eine Mißhandlung, sondern an abnorme Knochenbrüchigkeit. Erst der Radiologe Silverman vermutete 1953 (Silverman 1972), daß die von ihm gesammelten Fälle rätselhafter Knochenveränderungen traumatischer Natur sein müßten; Wooley u. Evans führten sie dann 1955 auf Mißhandlungen zurück. 1962 schuf Kempe den Begriff des *Battered-Child-Syndrome (*Kempe et al. 1963) und stellte einen Katalog auf, dessen wichtigste radiologische Symptome sind:

- subdurale Hämatome mit oder ohne Schädelbruch, evtl. kombiniert mit Hirnparenchymblutungen oder Blutungen im Bereich des Auges,
- mehrere Knochenfrakturen in verschiedenen Heilungsstadien,
- abnorme Veränderungen an Meta- und Epiphysen,
- periostale Reaktionen.

Die Diagnose einer Kindsmißhandlung beruht also auf dem Nachweis *mehrzeitiger Verletzungen,* die aufgrund ihrer *Form* und *Lokalisation* als *ungewöhnlich* zu bezeichnen sind (Abb. 2 und 3). Diagnostisches Hauptproblem ist die Tatsache, daß nahezu alle aufgefundenen Verletzungen auch anders, z. B. durch Unfälle, erklärt werden könnten. Erst die Gesamtschau aller Befunde erlaubt die sichere Diagnose der (überlebten wie tödlichen) Kindsmißhandlung:

„Die Haut und Knochen eines Kindes können eine Geschichte erzählen, die das Kind selbst, weil es zu jung oder zu verstört ist, nicht erzählen kann" (James 1980).

Unersetzbar sind dabei die Möglichkeiten der Röntgenographie, evtl. ergänzt durch Szintigraphie, bei der Darstellung unterschiedlich alter und atypisch lokalisierter Knochenverletzung nicht nur (alternativlos!) bei lebenden, sondern auch bei verstorbenen mißhandelten Kindern. Schädelbrüche, die mehr als einen Knochen betreffen oder außerhalb des bei Sturzverletzungen in aller Regel betroffenen Os parietale, evtl. noch Os occipitale liegen, sind grundsätzlich bis zum Beweis des Gegenteils verdächtig auf eine Kindsmißhandlung. Ebenfalls nahezu pathognomonisch sind multiple, insbesondere bilaterale Rippenfrakturen, v. a. neben der Wirbelsäule, bilaterale Klavikulafrakturen (Kompression mit beiden Händen), Schulterblattverletzungen, schwere Brustbeinverletzungen, Spiralbrüche der Extremitätenknochen, Epiphysenlösungen, Verletzungen der Wirbeldornfortsätze, Unregelmäßigkeiten der Langknochenmetaphysen (durch Zupakken und Schütteln), Deformierungen und Wachstumsstörungen der Wachstumsfugen sowie Periostverdickungen nach Periostablösung oder Periostblutung. Da ärztliche Gutachten in einem eventuellen Strafprozeß häufig die einzigen Beweismittel sind, muß bei der Kindsmißhandlung in besonderem Maße auf die geforderte Sicherheit in der Beweisführung („ohne vernünftigen Zweifel") geachtet werden. Der radiologischen Untersuchung kommen somit zwei Hauptaufgaben zu: Neben der *Lokalisation von Verletzungen* ist dies der Nachweis von *unterschiedlichem Verletzungsalter;* auch dieser ist mit an Sicherheit grenzender Wahrscheinlichkeit zu führen.

Als Erklärung für diagnostizierte Verletzungen wird üblicherweise ein Sturz von Wickeltisch, Couch o. ä. angegeben, insbesondere bei Schädel-Hirn-Verletzungen. Hierzu ist zu bedenken, daß zwar bei experimentellen Untersuchungen mit Kinderleichen bereits bei geringen Sturzhöhen um 80 cm (Weber 1987) der Sturz auf harte Böden Schädelfrakturen – v. a. des Scheitelbeins – mit Regelmäßigkeit hervorrief und daß auch beim Sturz auf weichen Untergrund in einer Vielzahl von Fällen (4 von 15 beim Sturz auf eine doppelt gefaltete Decke) Schädelbrüche gefunden wurden. Es kann jedoch kaum davon ausgegangen werden, daß ein lebendes Kind ebenso reaktionslos stürzt. In großen Nachuntersuchungsserien bei Lebenden konnte deshalb auch nachgewiesen werden, daß bei „üblichen“ *Stürzen von Kleinkindern* (Bett, Sofa, Wickeltisch etc.) bis zu einer Höhe von 150 cm (Helfer et al. 1977) *in der Regel keine Verletzungen* auftraten. Lediglich bei 37 von 176 Fällen kam es zu Hämatomen oder Schürfungen, dreimal traten Schlüsselbeinbrüche, zweimal unilaterale Schädelfrakturen und einmal ein Oberarmbruch auf. In weiteren 85 Fällen, bei denen Kinder aus 90 cm hohen Klinikbetten gestürzt waren, trat lediglich einmal eine Schädelfraktur auf. Insgesamt wurden in verschiedenen Studien (Leestma 1988) rund 1000 solcher Stürze untersucht. Es kam selten zu Schädelknochenfrakturen, die darüber hinaus in keinem einzigen Fall mit relevanten intrakraniellen Blutungen vergesellschaftet waren. Demgegenüber fanden sich bei offensichtlichen Kindsmißhandlungen in 55% aller Fälle Schädelfrakturen vergesellschaftet mit *intrakraniellen Blutungen* (Hahn et al. 1983).

Schädelbrüche gelten als hochcharakteristisch für Kindsmißhandlungen (Evans u. Roberts 1989; Leestma 1988), wenn sie

- mit einer intrakraniellen Blutung vergesellschaftet sind,
- sich als Impressionsfrakturen darstellen,
- nicht das Os parietale betreffen,
- mehr als einen Knochen betreffen,
- mehr als 3–5 mm initial klaffen, oder sich
- als sog. wachsende Schädelfrakturen darstellen.

Neben Knochenbrüchen durch stumpfe Gewalteinwirkung steht bei der schweren Kindsmißhandlung das sog. *Schütteltrauma* im Vordergrund, bei dem es durch Hin- und Herschleudern des Schädels zu intrakraniellen Relativbewegungen des Gehirns gegen die festen Strukturen und dadurch zu Abrissen von Brückenvenen kommt mit der Folge eines Subduralhämatoms. Beim Verdacht auf Kindsmißhandlungen sollte deshalb auch beim Fehlen von Schädelbrüchen immer eine Abklärung bezüglich eventueller intrakranieller Blutungen erfolgen. Im CT wie NMR zur Darstellung kommen können Hirnparenchymblutungen wie subdurale Blutungen. Außerdem läßt sich im NMR möglicherweise über frische Einblutungen hinaus noch der Nachweis alter Subarachnoidalblutungen durch Nachweis von Hämosiderin (Bradley 1992) führen. Gefahndet werden muß auch in jedem Fall nach den für Schütteltraumata hochcharakteristischen Blutungen im Bereich der Augen, v. a. im Glaskörper, in der Netzhaut (70% aller Fälle) (Leestma 1988; Sinal u. Ball 1987) und am Sehnerv.

Beim Schütteltrauma können sich im Extremfall auch knöcherne Verletzungen finden, insbesondere – durch Hyperflexion im Wirbelsäulenbereich – Kompressionen von Wirbelkörpern bis hin zur Dislokation, Kantenabbrüche an Wirbelvorderrändern sowie Bandscheibeneinrisse. Ausführliche differentialdiagnostische Überlegungen beim Verdacht auf Kindsmißhandlung finden sich bei Evans u. Roberts (1989) und Oestreich (1986). Multiple *Abdominalverletzungen* bei mißhandelten Kindern sind in der Regel die Folge von Schlägen oder Tritten. Hier kann durch Röntgenbilder der Versuch des Nachweises freier Luft im Bauchraum, evtl. auch vor Obduktionen, geführt werden. Sonographisch sowie durch CT- und NMR-Aufnahmen können beim Lebenden Leber-, Milz- und Gekröseblutungen dargestellt werden, außerdem Pankreaszysten, eine nicht seltene Folge früherer schwerer Schläge gegen Bauch oder Rücken (Oestreich 1986).

Zusammenfassend ist also beim Verdacht auf Kindsmißhandlung eine *vollständige Röntgenuntersuchung des Skeletts* angezeigt. Es sollte versucht werden, den Nachweis unterschiedlich alter Verletzungen zu führen. Die Domäne von CT oder NMR sind Diagnose, Lokalisation und (forensisch) Dokumentation von intrakraniellen Blutungen und Hygromen. Auf Blutungen im Bereich der Augen sollte besonders geachtet werden. Auch beim Auftreten von sicher frischen intrakraniellen Blutungen sollte aus forensischen Erwägungen der Nachweis von Hämosiderinablagerungen als Folge älterer Blutungen im NMR versucht werden (Bradley 1992). Ohne die Möglichkeiten radiologischer Untersuchungsmethoden wäre beim überlebenden Kind der Nachweis einer Mißhandlung kaum jemals möglich.

Identifikation

Ein weiteres Gebiet der Rechtsmedizin, bei dem der regelmäßige Einsatz von Röntgenuntersuchungen unerläßlich ist, ist die Identifizierung unbekannter Toter. Unterschieden wird hierbei zwischen *primärer und sekundärer Identifikation.* Primäre Identifikation ist die zunächst ungezielte Suche nach Hinweisen auf eine bestimmte Person. Unter sekundärer Identifikation versteht man dann die Sicherung einer vermuteten Identität durch Merkmalsvergleich, z. B. anhand frisch angefertigter und schon früher vorhandener Röntgenbilder.

Die *Wege* zu einer Identifikation über radiologisch erhobene Befunde sind oft *nicht vorhersehbar.* Zum einen können aufgrund entsprechender

Vorinformationen gezielt Befunde erhoben werden, zum anderen kann durch eine ungezielte, systematische Röntgendokumentation auch an kleinen, schwer verstümmelten Körperteilen ein charakteristischer Zufallsbefund wie etwa ein seltenes Sesambein im Gelenkbereich erhoben werden. Auch wird die Grundlage zu einem späteren Röntgenbildvergleich geschaffen. Deshalb forderte der Radiologe und Anatom Neiß (1968) sogar ein eigenes zentrales Röntgenbildarchiv, in dem die verfügbaren Aufnahmen einerseits langfristig Vermißter und andererseits aufgefundener unbekannter Toter zentral zur regelmäßigen Abgleichung zusammengeführt werden sollten. Er forderte ferner, bei jedem unbekannten Toten die gesamte Leiche zu röntgen, da nie vorhersehbar sei, welche hochspezifischen Charakteristika zur Darstellung kommen könnten. So wurde über einen Fall berichtet, bei dem 1988 ein aus dem spanischen Bürgerkrieg stammendes, zwischen dem 2. und 3. Halswirbel eingewachsenes Projektil mit zur Identifikation führte (Navarro et al. 1991).

Erstmals gedacht wurde an die Möglichkeit einer Identifikation durch radiologischen Bildvergleich 1914 von Kronecker. Schüller fand 1921 im Rahmen seiner Forschungen heraus, daß die Stirnhöhle so individuell gestaltet sein kann, daß sie alleine schon eine sichere Identifikation erlaubt, eine Methode, die Culbert und Law 1926 das erste Mal praktisch umsetzten (Culbert u. Law 1927). Die erste Anwendung von Röntgenbildern zur Identifikation bei Massenunglücken beschrieb Singleton 1949, der 24 Leichen bei einem Schiffsbrand zuordnen konnte (Singleton 1951).

Identifikation bei Massenkatastrophen

In der Literatur werden häufig zwei Konstellationen unterschieden: die Identifikation bei Massenkatastrophen und die Identifikation einzelner aufgefundener Leichen. Unter *Massenkatastrophen* versteht man Unglücksfälle mit mehr als 9 Toten (Stevens 1973), z. B. bei Flugzeugabstürzen, schweren Eisenbahnunglücken, Schiffsunglücken, Bergwerksunfällen oder Naturkatastrophen. Wichtiger als diese numerische Klassifikation ist jedoch die Tatsache, daß häufig eine Passagierliste o. ä. existiert, der dann Leichen oder auch Leichenteile zugeordnet werden können. Gerade für Flugzeugabstürze sind hier zahlreiche Kasuistiken veröffentlicht, wobei die Identifikation anhand des Gebißvergleichs an erster Stelle steht. Zu den wichtigsten weiteren Methoden zählt dann aber der Röntgenbildvergleich. Beim Flugzeugabsturz von Lockerbie z. B. wurden bei allen Leichen vorsorglich Thorax und Abdomen a.-p. geröntgt, darüber hinaus soweit möglich der Schädel. Über weitere Aufnahmen wurde je nach Einzelfall entschieden (Gillespie u. Bussutil 1991).

Ein wichtiger Aspekt bei Massenkatastrophen ist das Auffinden und die Lokalisation von *Fremdkörpern,* insbesondere bei vermuteten Bombenattentaten. Hier können Röntgenaufnahmen sowohl den Hinweis erbringen, daß überhaupt eine Explosion vorlag, als auch (z. B. nach Zuordnung der einzelnen Leichen zu bestimmten Sitzpositionen im Flugzeug) die Lokalisation des Explosionsortes erlauben. Ferner können in Leichen eingesprengte Bombenanteile Hinweise auf deren Herkunft geben. Mit einem einfachen Durchleuchtungsgerät können ganze Holzsärge orientierend und ohne Zerstörung voruntersucht werden. Durch Röntgenbilder können zudem veraschte Knochenreste aus anderen Brandrückständen abgegrenzt werden (Bucky 1922).

Individualidentifikation

Bei der Individualidentifikation aufgefundener Leichen können üblicherweise zwei Schritte unterschieden werden: Zunächst muß durch die Untersuchung eine *Eingrenzung* des in Frage kommenden Personenkreises (z. B. durch Bestimmung von Geschlecht, Alter, Körpergröße, besonderen Merkmalen etc.) erfolgen. In einem zweiten Schritt muß dann versucht werden, bezüglich einzelner Personen *Identitätsbeweise oder auch -ausschlüsse* zu finden.

Die sicherste Identifikation erlaubt – solange es das Fehlen von Zerstörungen zuläßt – der *Schädel* (Abb. 4 und 5). Diejenige Einzelstruktur des Schädels, die am ehesten eine sichere Identifikation zuläßt, ist die *Stirnhöhle.* Zwar fehlt sie bei ca. 5% aller Erwachsenen, jedoch ist ihre Struktur in einer Vielzahl von Fällen hochcharakteristisch und ändert sich auch nicht mit dem Alter (Asherson 1965). Es wurde deshalb sogar vorgeschlagen (Yoshino et al. 1987), 7 Stirnhöhlenmerkmale (Gesamtfläche, Grad der Asymmetrie, Seite der größeren Ausdehnung, Kontur des Oberrandes auf beiden Seiten, Vorkommen von Septierungen sowie Vorkommen supraorbitaler Zellen) in Klassen einzuteilen und zu quantifizieren. Durch Aneinanderreihen der 7 Klassenmerkmale ergäbe sich dann eine 7stellige Zahl, die einen Vergleich auch ohne Kenntnis der zum Vergleich herangezogenen Voraufnahme erlauben soll. Auch über den Vergleich der *Gefäßverläufe,* v. a. der

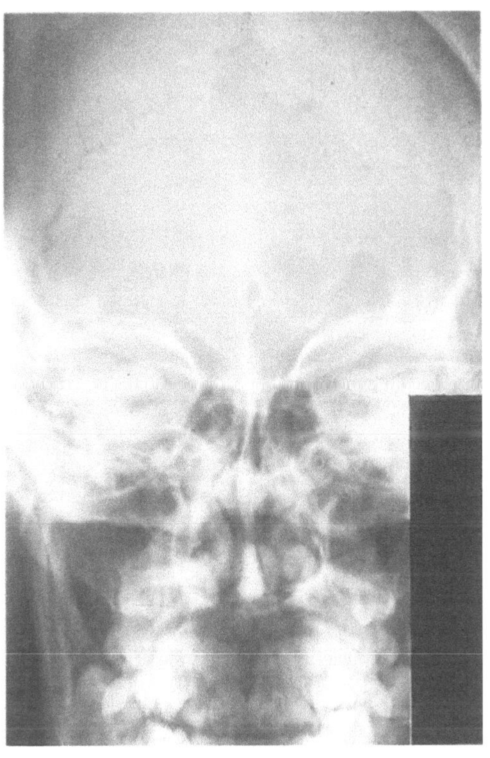

Abb. 4. Schädelröntgenbild eines 17jährigen Madchens von einem früheren Krankenhausaufenthalt. Zu beachten ist die extrem individuelle Struktur der Stirnhöhle mit deutlicher Asymmetrie und zahlreichen Septierungen

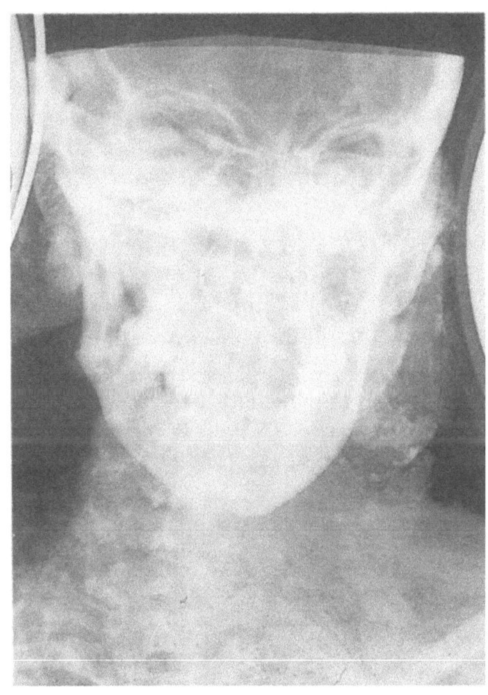

Abb. 5. Röntgenbild des bereits aufgesägten Schädels, das während der Obduktion der Leiche einer seit 3 Monaten abgängigen, hochgradig verwesten 17jährigen Frau angefertigt wurde. Es zeigt sich die selbe Stirnhöhlenstruktur wie in Abb. 4. Die Identifikation gelang allein aufgrund des Röntgenbildvergleiches

A. meningea media, *im Schädelknochen* kann eine Identifizierung möglich sein (Messmer u. Fierro 1986; Rhine u. Sperry 1991), ferner über die Form von Mastoidzellen (Rhine u. Sperry 1991), die Form der Augenhöhlenkonturen, der Crista galli oder über das Vorhandensein irregulärer intrakranieller Verkalkungen oder einfach der Schädelform (Krogman u. Iscan 1986). Können über diese Merkmale auch oftmals keine sicheren Identifikationen erfolgen, so können dennoch zumindest Identitätsausschlüsse erzielt werden. Eine weitere Möglichkeit ist die *Vermessung des Schädels,* wobei aufgrund der unbekannten Projektionsverhältnisse lediglich relative Maße verwendet werden können (Sassouni 1959). Darüber hinaus kann auch auf Röntgenbildern eine *Geschlechtsbestimmung* anhand der bekannten anthropologischen Charakteristika erfolgen.

Neben Schädelröntgenbildern lassen sich *Thoraxröntgenbilder* am ehesten zur Individualidentifikation heranziehen. Ältere Thoraxröntgenbilder liegen auch vielfach zum Vergleich vor, z. B. in Schirmbildarchiven oder Musterungsarchiven, und werden bei vielen Berufsgruppen routinemäßig für arbeitsmedizinische Untersuchungen angefertigt. Die denkbaren Identifikationsmerkmale sind zahlreich: So kann allein im thorakolumbalen Übergang die Form der *11. und 12. Rippe* hochcharakteristisch sein oder aber zumindest Ausschlüsse ermöglichen. Ebenso ist auf fehlende Rippen, eventuelle Gabelrippen oder alte Rippenfrakturen zu achten. Neben den Verkalkungen im *Sternoklavikulargelenk* können auch solche im Gelenk zwischen Brustbein und 1. Rippe herangezogen werden (McCormick u. Stuart 1988). Die *Form des Schlüsselbeines* kann ebenso wie seine Kortikalisdicke, seine Trabekelstruktur und die Ausbildung seiner Muskelfortsätze individuell gestaltet sein (Sanders et al. 1972), ferner die Form der *Schulterblattkanten* (Ubelaker 1990), die Form und eventuelle Lochbildungen des Brustbeins oder Kalkbildungen der *Rippenknorpel.* Letztere können darüber hinaus zur Alterseinschätzung verwendet werden (Barres et al. 1989).

Bei *Wirbelsäulenaufnahmen* ist wie bei Thoraxaufnahmen auf die Wirbelkörperzahl und eventuelle Fehlbildungen, z. B. Spaltbildungen, zu achten. Auch die Form der Querfortsätze ist meist gut beurteilbar. Auf *Beckenaufnahmen* können Becken- und Hüftkopfanomalien zur Identifikation ebenso herangezogen werden (Krause et al. 1968) wie Anomalien des Schenkelhalswinkels. Zur Altersbestimmung oft gut geeignet sind die *Apophysen* am Sitzbein und am Darmbeinkamm (Neiß 1968; Willich 1986). Bei Röntgenaufnahmen der *Extremitäten* gelingt eine Identifizierung am ehesten über alte oder frische *Knochenbrüche* mit entsprechender Kallusbildung oder Fehlstellung. Bei Kallusbildungen kann auch die Differentialdiagnose des zugrundeliegenden Leidens (Fraktur, Periostitis etc.) hilfreich sein. Sehr gut zur Identifikation geeignet ist altes *Osteosynthesematerial,* wobei durch Kernspintomographie mikroskopische Metallreste bereits entfernter Schrauben etc. selbst da noch nachweisbar sein sollen, wo konventionelle Röntgenaufnahmen oder CT keinerlei Hinweis mehr bieten (Amberg et al. 1989). Greulich (1960) beschreibt sogar, daß Röntgenbilder der *Hand* und des *Handgelenks* nicht nur eine sichere Altereinschätzung beim Jugendlichen erlauben, sondern daß Form, Korticalis- und Compaktastruktur dieser Knochen so charakteristisch sind, daß sie in vielen Fällen eine sichere Identifikation erlauben sollen.

Lebensaltersbestimmung

Eine weitere häufige Fragestellung der Rechtsmedizin ist die der möglichst exakten Festlegung des Lebensalters einer nicht sicher identifizierten Person. Diese Altersschätzung ist einerseits ein Teilbereich der Identifikation bei unbekannten Leichen oder Skelettfunden. Andererseits wird sie aber von Gerichten zunehmend auch bei der Untersuchung Lebender angeordnet. Bei Kindern und Jugendlichen geht es – wenn eine exakte Alterseingrenzung durch Ausweispapiere nicht möglich ist – um die Frage der Strafmündigkeit (Straffreiheit unter 14 Jahren; Anwendung von Jugendstrafrecht unter 18 bzw. 21 Jahren; Erwachsenenstrafrecht ab 21 Jahren). Neben äußeren Merkmalen und degenerativen Erscheinungen der inneren Organe können zur Altersbestimmung vor allem Knochenstrukturen herangezogen werden. Darstellbar sind diese im wesentlichen auf Röntgenbildern. Bereits 1898 demonstrierte Rehn der 70. Versammlung deutscher Naturforscher und Ärzte in Düsseldorf Röntgenaufnahmen von Verknöcherungszonen am Unterarm. Die Methodik wurde in kurzer Zeit systematisch weiterentwickelt, so daß Immelmann 1900 bereits einen Röntgenatlas des normalen menschlichen Körpers herausgeben konnte (zitiert nach Gastpar 1902).

Lebensaltersschätzung im Kindes- und Jugendalter

Die *Altersbestimmung im Kindes- und Jugendalter* anhand von Knochenkernen und Wachstumsfugenverknöcherungen entwickelte sich im folgenden in Pädiatrie wie Radiologie zu einer Standardmethode. Die Tabellen können den entsprechenden Nachschlagewerken entnommen werden (z. B. Heuck 1989). Es ist allerdings derzeit leider noch ungesichert, inwieweit solche Tabellen zum Epiphysenfugenschluß auf alle *Rassen* angewendet werden können. Ferner besteht für eine Lebensaltersbestimmung unter strafrechtlichen Beweisanforderungen („mit an Sicherheit grenzender Wahrscheinlichkeit") aus rechtsmedizinischer Sicht *Bedarf an neuen oder überarbeiteten Tabellen zum Epiphysenschluß,* die zum einen mögliche Wachstumsverlagerungen im Sinne der *säkularen Akzeleration* berücksichtigen, und zum anderen nicht nur Angaben zum üblichen Epiphysenschluß, sondern auch mögliche *Extremwerte* des normalen Wachstumsverhaltens beinhalten müssen. Die aus den derzeit verfügbaren Tabellen scheinbar hervorgehende Sicherheit der Alterseinstufung auf +/– 1/2 Jahr entspricht jedenfalls nach eigenen Untersuchungen nicht der Realität.

Lebensaltersschätzung im Erwachsenenalter

Die Einstufung des Lebensalters bei Erwachsenen anhand von Röntgenbildern ist problematisch. Neiß (1968) geht zwar davon aus, daß der erfahrene Radiologe bei der Betrachtung von Röntgenbildern subjektiv einen guten Eindruck über das Alter der dargestellten Person gewinnen kann, aber diese Altersschätzung wird selten beweisbar sein. Nach sämtlichen in der Literatur beschriebenen Methoden wird die Altersschätzung beim Erwachsenen und v. a. beim alten Menschen kaum mehr als begründete Vermutungen ergeben: Eine exakte, belegbare Eingrenzung des chronologischen Alters ist nach heutigem Wissen offenbar nicht möglich.

Kriterium am *Schädel* ist neben dem Abkauungsgrad der Zähne und der Atrophie bzw. zunehmenden Zahnlosigkeit der Kiefer der Verknöcherungsgrad der Schädelnähte. Eine Alterseinschätzung ist allerdings bestenfalls auf +/– 10 Jahre möglich. Die Unsicherheit der Methode veranschaulicht auch die Tatsache, daß für die grundle-

gende Arbeit von Todd u. Lyon (1924) zunächst 81 von 427 Schädeln als „irregulär" aussortiert wurden. Grobe Fehlschätzungen sind also nicht unwahrscheinlich, was auch die eigene Erfahrung bestätigt.
Ähnlich verhält es sich mit anderen Kriterien: An den *Halsorganen* kann die *Verkalkung von Zungenbein und Kehlkopf* herangezogen werden (O'Halloran u. Lundy 1987). Grobe Abgrenzungen können auch aus degenerativen Veränderungen der Wirbelsäule gewonnen werden (Krogman u. Iscan 1986; Neiß 1968). Zu den auf *Thoraxröntgenbildern* abgrenzbaren Altersveränderungen, insbesondere Kalkeinlagerungen der Rippenknorpel, veröffentlichte McCormick (McCormick u. Stewart 1988) ausführliche Tabellen. Am *Becken* wird die Form der Symphysen zur Altersschätzung herangezogen. Todd beschreibt 4 Stadien der Symphysenveränderung auf Röntgenbildern, die im Lehrbuch von Evans (Evans et al. 1981) auch mit Bildbeispielen unterlegt sind. Nemeskéri unterscheidet 5 Stadien, wobei allerdings der Standardschätzfehler für jedes Stadium +/− 11 Jahre beträgt (Nemeskéri et al. 1960).
Das am besten etablierte Verfahren ist jedoch die Altersschätzung nach der *Struktur des Humeruskopfes.* Die grundlegenden Untersuchungen stammen von Schranz (1933, 1959). Kriterien sind die Abgrenzbarkeit der Wachstumsfuge, die Trajektorienstruktur der Spongiosa und die Höhe der Markhöhlenkuppe im Bereich des Humeruskopfes. Funktionell ist die Wachstumsfuge etwa mit dem 20. Lebensjahr geschlossen, radiologisch ist sie noch bis ca. zum 30. Lebensjahr abgrenzbar. Die Spongiosastruktur im Humeruskopf weist zunächst einen rein trajektoriellen Aufbau auf, der sich zwischen dem 25. und 30. Lebensjahr zu einem mehr säulenartigen Aufbau der Knochenbälkchen umwandelt. Die Markhöhlenkuppe wandert höher. Ab dem 60. Lebensjahr finden sich auch jenseits der Metaphysenlinie erbsen- bis bohnengroße Höhlenbildungen, v. a. im Tuberculum majus. Im höheren Alter kommt es insgesamt zur Rarefizierung der Knochensubstanz. Ab dem 65. Lebensjahr nimmt die Kompakta auf etwa die Hälfte ihrer ursprünglichen Stärke ab (Szilvassy 1988). Von diesem Schema können allerdings grobe Abweichungen gefunden werden (Nemeskéri et al. 1960). In den einzelnen morphologischen Gruppen beträgt die Standardabweichung des mittleren Lebensalters *15 Jahre.* Daneben ist noch die Abschätzung des Lebensalters nach der *Struktur des proximalen Femurendes* (Singleton 1951) die einzige etablierte Methode zur Altersschätzung an den Langknochen, auch wenn Lynnerup ihr eine Genauigkeit von lediglich *+/− 20 Jahren* zuschreibt (Lynnerup et al. 1990).
Insgesamt kann nach den bisher bekannten Methoden die Altersbestimmung beim Erwachsenen anhand von Röntgenbildern lediglich als *Schätzung mit erheblichen Abweichungsmöglichkeiten* bezeichnet werden. Hierauf sollte bei entsprechenden Begutachtungen dringend hingewiesen werden. Die Entwicklung neuerer, exakterer Methoden wäre aus rechtsmedizinischer wie anthropologischer Sicht dringend erforderlich. Es hat sich jedoch gezeigt, daß selbst durch neuere Verfahren der Knochendensitometrie (Zusammenstellung bei Heuck 1989) zwar eine reproduzierbare und präzise Quantifizierung des Mineralgehaltes der Knochen eines Individuums möglich ist. Die interindividuellen Ergebnisse in den einzelnen Altersgruppen streuen jedoch so stark, daß auch die Densitometrie eine exakte Altersschätzung nicht zuläßt.

Schätzung des Gestationsalters bei Feten

Zahlreiche Forschungsarbeiten beschäftigten sich auch mit der Alterseinstufung bei Feten anhand der Knochenkernbildung. Diese war von besonderem forensischem Interesse, da strafrechtlich für das Vergehen einer Kindstötung die Lebensfähigkeit des Kindes vorausgesetzt war. Hierfür wurde zur Jahrhundertwende das Erreichen der 30. Schwangerschaftwoche als Grenze angesehen und als dafür typischer Befund das Auftreten des Knochenkerns in der distalen Femurepiphyse. Heutzutage ist die Methodik allerdings weitgehend obsolet geworden, da 1. die Altersbestimmung an Feten anhand sonographisch erhobener Körpermaße als einfacheres Standardverfahren etabliert ist, da 2. eine feste Altersgrenze zur Lebensfähigkeit nicht mehr angenommen werden kann und 3. auch Fälle krimineller Abtreibung praktisch kaum noch eine Rolle spielen. Die früher häufig gefragte Methodik, das Gestationsalter von *Feten* anhand der Ossifikationszentren zu bestimmen, dürfte somit heute nur noch eine untergeordnete Rolle spielen. Zudem könnten die Tabellen durch Akzelerationseinflüsse überholt sein.

Beurteilung von (Schuß-)Verletzungen; Fremdkörpersuche

Für die Rechtsmedizin stehen bei Verletzungen drei Fragestellungen im Vordergrund: Neben der klinisch fast ausschließlich interessierenden Frage, *ob* und ggf. *wo* sich Verletzungen finden, ist in der Rechtsmedizin auch entscheidend, *wodurch* diese Verletzungen verursacht wurden und in *welcher Richtung* eine eventuelle Gewalteinwirkung stattgefunden hat. Nur so ist letztendlich die sichere Rekonstruktion eines Tatherganges möglich. Gerade bei Stich- und Schußverletzungen, die ärztlich versorgt und überlebt werden, kann die weitergehende kriminalistische Bearbeitung eines Falles erheblich erleichtert werden, wenn einerseits exzidierte Stich- und Schußwunden tiefgefroren oder in Formalin asserviert werden, und andererseits - soweit vom Zeitablauf vertretbar - *Organverletzungen* in ihrem Ausmaß und ihrer Richtung *radiologisch dokumentiert* werden. Insbesondere zur Beurteilung von Schußverletzungen, und hier vor allem am Schädel bei Lebenden, sind Röntgenaufnahmen zur eventuellen Projektillokalisation sowie CT-Aufnahmen zur Darstellung des Schußkanals unentbehrlich. NMR-Aufnahmen könnten lediglich angewandt werden, wenn sichergestellt ist, daß metallische Fremdkörper nicht im Körper verblieben sind. Auch bei der Beurteilung von Schußverletzungen am Toten sind Röntgenbilder vor der Obduktion als Standard zu fordern.

Ohne Röntgenaufnahmen ist bei *Schußverletzungen,* am Lebenden wie bei der Sektion, eine *Projektilsuche* oft kaum möglich. Kugeln können im Körper abgelenkt werden und sich z. B. im Wirbelkanal (Fatteh u. Mann 1969) oder sogar in großen arteriellen Gefäßen noch weit vom ursprünglichen Schußkanal entfernen (Bratzke et al. 1982). Projektile sollten beim Lebenden allein aus therapeutischen Gründen, aber ebenso wie bei der Leiche auch aus kriminalistischen Gründen (Identifizierung der Tatwaffe), unbedingt entfernt und asserviert werden. Eine vorherige exakte Lokalisation ist nur durch entsprechende Röntgenaufnahmen möglich und auch deswegen dringend erforderlich, weil ein Projektil möglichst unverletzt und ohne Kontakt mit Metallgegenständen geborgen und nicht durch lange Suche z. B. mit einer Pinzette für weitere Untersuchungen zerstört werden sollte. Finden sich mehrere Schußöffnungen, ist auch die Frage entscheidend, ob sich überhaupt noch Projektile im Körper befinden (Abb. 6).

Bei nicht tödlichen Schußverletzungen kann der *Verlauf eines Schußkanals* nur durch computertomographische oder kernspintomographische Aufnahmen sicher dokumentiert werden. Aufgrund der möglichen Ablenkung durch Knochen kann ein Schußkanal nicht einfach mit der Verbindung zwischen Ein- und Ausschuß gleichgesetzt werden. Die genaue Kenntnis des Schußkanals kann jedoch für die gerichtliche Beurteilung (z. B. denkbare Notwehrlage) von entscheidender Bedeutung sein. Deshalb werden sogar NMR-Bilder des formalinfixierten Gehirns als Beweismittel empfohlen, da diese bei Gericht ästhetischere Dokumentationsmittel darstellen sollen als Photographien des zerstörten Gehirns (Harris 1991). Bei Schädelschüssen sollte darüber hinaus schon deshalb in jedem Fall eine Röntgendokumentation erfolgen, weil einerseits durch eine eventuelle Trichterform knöcherner Verletzungen ein Einschuß von einem Ausschuß unterschieden werden kann, und andererseits versprengte Knochenfragmente wie Projektilanteile geeignet sind, die *Schußrichtung* zu rekonstruieren.

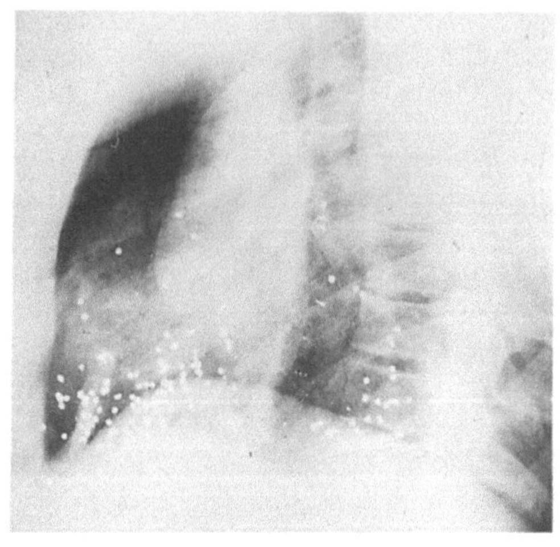

Abb. 6. Seitliche Thoraxröntgenaufnahme mit Darstellung einer Schrotgarbe, die sich vor allem im unteren Thoraxbereich in Form zahlreicher röntgendichter Bleikügelchen darstellt

Auch *Stichkanäle* sollten - wenn klinisch vertretbar - durch entsprechende Untersuchungen prä- oder zumindest postoperativ dokumentiert werden, da Wundtiefe und Wundverlauf von erheblichem kriminalistischem Interesse sind. Bei Messerstichverletzungen im Bereich von Knochen sollte allein deshalb in jedem Falle geröntgt werden, um evtl. *abgebrochene Messerspitzen* aufzufinden. Darüber hinaus kann auf Röntgenbildern aus der Form von *Knochenbruchkeilen* bei Röhrenknochen die Richtung der Gewalteinwirkung abgeleitet werden (sog. „Messerer-Keile"; die Spitze des Bruchkeils zeigt in Figdieselbe Richtung wie die Gewalteinwirkung). Spiralbrüche sprechen für eine Torsion, Stückbrüche für umschriebene stumpfe Gewalteinwirkung und Trümmerbrüche für insgesamt sehr erhebliche Gewalteinwirkung.

Beurteilung von Schädel-Hirn-Verletzungen

Bei *Schädel-Hirn-Verletzungen* steht aus kriminalistischer Sicht die Frage im Vordergrund, ob es sich um eine Sturzverletzung oder eine Fremdbeibringung handelt. Der Ort der primären Gewalteinwirkung kann vielfach durch - oft auch ganz geringe - Hautverletzungen diagnostiziert werden, v. a. dann, wenn unter solchen Verletzungen ein Bruchspalt oder Bruchspaltsystem beginnt. Aber auch allein aus der Form von Schädelbrüchen kann der Ort der Gewalteinwirkung abgeleitet werden, z. B. im Zentrum eines „spinnennetzförmigen" Biegungs-Berstungsbruchsystems, am Beginn linearer Bruchlinien oder an Verzweigungsstellen und stärkeren Knickbildungen. Differentialdiagnostisch ist dann bei *Sturzverletzungen* im Regelfall eine sog. Contre-coup-Verletzung des Gehirns zu erwarten, mit den tiefgreifendsten Parenchymzerstörungen am diametral gegenüberliegenden Anteil des Gehirns. Bei *Schlag- oder Hiebverletzungen* sind dagegen im Regelfall die schwersten Verletzungen unter der Hautverletzung bzw. dem Zentrum des Bruchspalts zu erwarten. Auf diese Weise kann eine CT- oder NMR-Untersuchung mit Darstellung und Lokalisation der entsprechenden Blutungen und Parenchymschäden die Differentialdiagnose klären.

Erst am Anfang der Entwicklung steht die radiologische Altersbestimmung bei intrakraniellen Blutungen. Noch nicht völlig überblickbar sein dürften die Möglichkeiten einer *Blutungsaltersbestimmung* v. a. bei Schädel-Hirn-Traumen im *CT und NMR,* wobei hier die exakte Einstufung bei der Bearbeitung von zumindest zunächst überlebten Kapitaldelikten eine entscheidende Rolle spielen könnte. Nach derzeitigem Wissen stellen sich folgende Einstufungsmöglichkeiten dar (Bradley 1992): Ganz frische *Hirngewebsverletzungen* zeichnen sich binnen ca. 1 h im CT ab. Im NMR werden Blutungen dagegen erst durch den Abbau von Oxyhämoglobin zu Desoxyhämoglobin in den Spinechosequenzen nach etwa 1 Tag als hypodense Zonen sichtbar. Der weitere *Hämoglobinabbau* zu intrazellulärem (nach ca. 3 Tagen) und später extrazellulärem (nach ca. 7 Tagen) Methämoglobin stellt sich in T1- und T2-gewichteten Bildern unterschiedlich dar, so daß hier weitere Alterseinstufungen getroffen werden können. Gleiches gilt für das Auftreten von Hämatoidin und die - bildlich faszinierende - Abbildung eines Rings hämosiderinbeladener Makrophagen um die Blutung nach ca. 14 Tagen. Ähnliche Abstufungen, nur etwas langsamer, werden für *subdurale* und *epidurale Blutungen* beschrieben (Bradley 1992), während frischere *Subarachnoidalblutungen* offenbar wesentlich schwerer zeitlich einzustufen sind und sich auch im CT besser darstellen (Bradley 1992). Gut darstellbar sind im T2-gewichteten NMR dagegen offenbar *ältere* Subarachnoidalblutungen als dünne kuppenständige Hämosiderinablagerungen. Nicht zuletzt zeichnet sich auch die Möglichkeit ab, durch Darstellung gleichzeitig vorhandener unterschiedlicher Blutungsaltersstufen mehrzeitige Verletzungen nachzuweisen.

Hier bleibt abzuwarten, wie engmaschig Abstufungen des Blutungsalters möglich werden könnten. Außerdem müßten für *strafrechtliche* Beweisführungen jeweils *Mindest- und Maximalalter* der einzelnen Blutungsstadien durch Untersuchung entsprechend zahlreicher Fälle erforscht werden. Versuche zur Darstellung des Alters von angetrockneten *Blutspuren* über den Hämoglobinabbau wurden bereits beschrieben (Miki et al. 1987).

Schlußbetrachtung

Faßt man zusammen, was durch Röntgenstrahlen in den ersten 99 Jahren seit ihrer Entdeckung bleibend für die Rechtsmedizin geleistet wurde, so bleiben relativ wenige, klar umrissene und auch seit langer Zeit etablierte Fragestellungen (Kindsmißhandlung, Schußverletzungen, Identifikationsfragen, Schädel-Hirn-Trauma beim Lebenden), bei denen das Unterlassen einer Röntgendokumentation sogar als Verletzung rechtsmedizinischer Sorgfaltspflichten angesehen werden könnte. Diese Begrenzung auf eng umschriebene Aufgabenbereiche verwundert um so mehr, als auch sonst das Röntgenbild mit seiner unverfälschten, objektiven Darstellung von knöchernen Verletzungen oder röntgendichten Fremdkörpern ein ideales Beweismittel darstellt. Eingeschränkt wird der Anwendungsbereich der Röntgenbilder jedoch dadurch, daß bei der Untersuchung Toter im Rahmen einer Obduktion regelmäßig durch Aufsuchen auch in der Tiefe gelegener Körperstrukturen die Beurteilung mit dem bloßen Auge ohnehin vorgenommen wird, was im Regelfall zu noch besseren Beurteilungsmöglichkeiten führt. Eingeschränkt wird die Anwendung auch dadurch, daß Weichteiltraumen im Röntgenbild kaum darstellbar sind. Gerade hier scheint sich allerdings abzuzeichnen, daß nunmehr relativ exakt 100 Jahre nach Entdeckung der Röntgenstrahlen durch moderne bildgebende Techniken, insbesondere durch die Kernspintomographie, ganz neue Anwendungsgebiete bei der Weichteilbeurteilung (z. B. Darstellung des Blutungsalters) angegangen werden können. Hier könnte sich durch selbst dem bloßen Auge (sogar bei Sektionen) kaum mögliche *Organfunktionsdarstellungen* beim Lebenden eine neue diagnostische Revolution für die Rechtsmedizin abspielen. Durch fachliche Kooperationen von Radiologen und Rechtsmedizinern wäre ein Forschungsbedarf und Forschungspotential vorhanden, bei dem in rechtsmedizinischen Fragestellungen durch Einsatz radiologischer Technik und radiologischen Fachwissens den juristischen Forderungen zur Beweissicherheit genüge getan werden könnte, was allerdings einen von der Zielsetzung her eigenen Forschungsansatz erfordert.

Literatur

Albert (1899) Ueber die Verwerthung der Röntgenstrahlen in der Geburtshilfe. Centralbl Gynäkol 418

Amberg R, Forster B, Fürmaier R (1989) Indentification by MRI. Z Rechtsmed 102:185–189

Asherson N (1965) Identification by frontal sinus prints: A forensic medical pilot survey. Lewis, London

Barres DR, Durigon M, Paraire F (1989) Age estimation from quantitation of features of „chest-plate" X-rays. J Forensic Sci 34, 228–233

Bordas F (1896) Les rayons Röntgen et leur application en médicine légale. Referat Z Medizinalbeamte 9:506–507

Bouchacourt (1898) Literaturbericht. Münch Med Wochenschr 432

Bradley WG Jr (1992) Hemorrhage and brain iron. In: Stark DD, Bradley WG Jr (eds) Magnetic resonance imaging, 2nd edn. Mosby, St Louis Baltimore Boston Chicago London Philadelphia Sydney Toronto, pp 721–769

Bratzke H, Schneider V, Dietz W (1982) Röntgenuntersuchungen bei gerichtlichen Leichenöffnungen. Fortschr Röntgenstr 136/4:463–472

Bucky G (1922) Kriminalistische Feststellungen durch Röntgenstrahlen. Ärztl Sachverst Ztg 28:166–170

Caffey J (1946) Multiple fractures in the long bones in infants suffering from chronic subdural hematoma. Am J Roentgenol 56:163

Culbert WL, Law FM (1927) Identification by comparison with roentgenograms of nasal accessory sinuses and mastoid processes. J Am Med Assoc 88:1634–1636

Evans KT, Knight B, Whittaker DK (1981) Forensic radiology. Blackwell, Oxford London Edinburgh Boston Melbourne

Evans KT, Roberts GM (1989) Radiological aspects of child abuse. In: Mason JH (ed) Paediatric forensic medicine and pathology. Chapman Hall, London New York

Fatteh AV, Mann GT (1969) The role of radiology in forensic pathology. Med Sci Law 9:27–30

Gastpar (1902) Ueber die Verwendbarkeit des Röntgenverfahrens in der gerichtlichen Medizin. Vierteljahresschr Gerichtl Med 23 (Suppl):38–93

Gillespie F, Bussutil A (1991) Forensic radiography during the Lockerbie air disaster. Zentralbl Rechtsmed 42:773

Gocht H (1909) Die Schädigungen, welche durch Röntgenstrahlen hervorgerufen werden, ihre Verhütung, Behandlung und forensische Bedeutung. Referat Z Medizinalbeamte 22:301

Greulich WW (1960) Value of X-ray films of hand and wrist in human identification. Science 131:155–156

Hahn YS, Raimondi AJ, McLone DG (1983) Traumatic mechanisms of head injury in child abuse. Childs Brain 10:229–242

Hannover LG (1903) Z Medizinalbeamte 16:41–47

Harris LS (1991) Postmortem magnetic resonance images of the injured brain: Effective evidence in the courtroom. For Sci Int 50:179–185

Helfer RE, Slovis TL, Black M (1977) Injuries resulting when small children fall out of bed. Pediatrics 60:533–535

Heuck F (1989) Qualitative und quantitative radiologische Analyse des Knochens. In: Schinz HR (Hrsg) Radiologische Diagnostik in Klinik und Praxis, Bd VI: Knochen - Gelenke - Weichteile I, 7.Aufl. Thieme, Stuttgart New York, S 151–215

Heuck F (1989) Radiologie des gesunden Skeletts. In: Schinz HR (Hrsg) Radiologische Diagnostik in Klinik und Praxis, Bd VI: Knochen - Gelenke - Weichteile I, 7. Aufl. Thieme, Stuttgart New York, S 74–77

Hildebrand H (1914) Das Röntgenverfahren in der gerichtlichen Medizin. In: Lochte T (Hrsg) Gerichtsärztliche und polizeiärztliche Technik. Bergmann, Wiesbaden, S 43–46

Hirvonen J, Tiisala R, Uotila U et al. (1969) Roentgenological and autopsy studies on the gas content of the lungs and gastro-intestinal tract in living and stillborn infants, and source of error in resuscitation. Dtsch Z Ges Gerichtl Med 65:73–86

Hobohm (1909) Der Wert der Magendarmprobe mit besonderer Berücksichtigung der Verwendbarkeit von Röntgenogrammen. Vierteljahresschr Gerichtl Med 37:238–264

Immelmann M (1901) Ueber die Bedeutung der Röntgenstrahlen für den ärztlichen Sachverständigen. Z Medizinalbeamte 14:147–150

James AE (1980) Legal medicine with special reference to diagnostic imaging. Urban & Schwarzenberg, Baltimore München

Kempe CH, Silverman FN, Steele BF, Droegenmuiller W, Silver HK (1963) Battered child syndrome. J Am Med Assoc 181:17

Krause D, Frank KH, Alber H (1968) Zur Identifizierung unbekannter Leichen durch Röntgenbildvergleiche. Wiener Beitr Gerichtl Med 24:36–41

Krause P (1906) Ueber Schädigungen innerer Organe durch Röntgenbestrahlung und Schutzmassnahmen dagegen. Z Medizinalbeamte 19:621–622

Krogman WM, Iscan MY (1986) The human skeleton in forensic medicine. Thomas, Springfield I11

Kronecker C (1914) Die Röntgenaufnahme beider Hände. Ein Vorschlag zur Ergänzung der Daktyloskopie. Dtsch Strafrecht Z 1:350–352

Leestma JE (1988) Forensic neuropathology. Raven, New York

Lynnerup N, Thomsen I, Frohlich B (1990) A non-invasive technique for age at death determination. Med Sci Law 30:317–320

McCormick WF, Stewart JH (1988) Age related changes in the human plastron: a roentgenographic and morphologic study. J For Sci 33:100–120

Messmer JM, Fierro MF (1986) Personal identification by radiographic comparison of vascular groove patterns of the calvarium. Am J For Med Pathol 7/2:159–162

Miki T, Kai A, Ikeya M (1987) Electron spin resonance of bloodstains and its application to the estimation of time after bleeding. For Sci Int 35:149–158

Navarro JA, Cortes E, Sanz CL, Pellicer MA (1991) Finding of a bullet in the cervical column of a body hit by a train. J For Sci 36:602–606

Neiß A (1968) Röntgenidentifikation. Thieme, Stuttgart

Nemeskéri J, Harsányi L, Acsádi G (1960) Methoden zur Diagnose des Lebensalters von Skelettfunden. Anthrop Anz 24:70–95

Neureiter F v (1940) Handwörterbuch der gerichtlichen Medizin und naturwissenschaftlichen Kriminalistik. Springer, Berlin

Nolte G (1938) Untersuchungen über die Bedeutung des Röntgenbildes als Lebensprobe in der gerichtlich-medizinischen Praxis. Dtsch Z Ges Gerichtl Med 116–126

O'Halloran RL, Lundy JK (1987) Age and ossification of the hyoid bone: Forensic implications. J For Sci 32:1655–1659

Oestreich AE (1986) Pädiatrische Radiologie. Enke, Stuttgart

Ottolenghi S (1899) Ein neues Todeszeichen und der Einfluß der Respiration und der Verwesung auf die Radiographie der Lungen. Vierteljahresschr Gerichtl. Med 17:282–288

Rehn (1898) Demonstrationen. Münch Med Wochenschr 1392

Renvers (1905) Ursächlicher Zusammenhang zwischen einer einmaligen zu starken Röntgenbestrahlung einer Hand und einer an derselben Hand aufgetretenen Krebsbildung. Z Medizinalbeamte 18:145–146

Rhine S, Sperry K (1991) Radiographic identification by mastoid sinus and arterial pattern. J For Sci 36:272–279

Sanders I, Woesner ME, Ferguson RA, Noguchi TT (1972) A new application of forensic radiology: Identification of deceased from a single clavicle. Am J Roentgenol 115:619–622

Sassouni V (1959) Cephalometric identification: A proposed method of identification of war dead by means of roentgenographic cephalometry. J For Sci 4:1–10

Schranz D (1933) Der Oberarmknochen und seine gerichtlich-medizinische Bedeutung aus dem Gesichtpunkte der Identität. Dtsch Z Ges Gerichtl Med 22:332–361

Schranz D (1959) Age determination from the internal structure of the humerus. Am J Phys Anthropol 17:273–278

Schuller A (1921) Das Röntgenogramm der Stirnhöhle. Ein Hilfsmittel für die Identitätsbestimmung von Schädeln. Monatsschr Ohrenheilkd 55:1617–1620

Silverman FN (1972) Unrecognized trauma in infants, the battered child syndrome, and the syndrome of Ambroise Tardieu. Radiology 104:337–353

Sinal SH, Ball MR (1987) Head trauma due to child abuse: Serial computerized tomography in diagnosis and management. South Med J 80:1505–1512

Singleton AC (1951) The roentgenological identification of victims of the Noronic disaster. Am J Roentgenol 66:375–384

Stevens PJ (1973) Investigation of mass disasters. In: Mant AK (ed) Modern trends in forensic medicine, 3rd edn. Butterworth, London

Szilvassy J (1988) Altersdiagnose am Skelett. In: Knußmann R (Hrsg) Anthropologie. Fischer, Stuttgart New York (4. Aufl. des Lehrbuchs der Anthropologie, begründet von R Martin, Bd I)

Todd TW, Lyon DW (1924) Cranial suture closure, its progress and age relationship. Am J Phys Anthropol 7:325–384

Ubelaker DH (1990) Positive identification of american indian sceletal remains from radiographic comparison. J For Sci 35:466–472

Weber W (1987) Prädilektionsstellen infantiler Kalottenfrakturen nach stumpfer Gewalt. Z Rechtsmed 98:81–93

Willich E (1986) Die Skelettaltersbestimmung im Adoleszentenalter und in der 3. Lebensdekade. Radiologe 26:227–229

Woolley PV, Evans WA (1955) Significance of skeletal lesions in infants resembling those of traumatic origin. J Am Med Assoc 158:539–543

Yoshino M, Miyasaka S, Sato H, Seta S (1987) Classification system of frontal sinus patterns by radiography. Its application to identification of unknown skeletal remains. For Sci Int 34:289–299

Strahlenbehandlung

Karl zum Winkel und Bernhard N. Kimmig

Einführung

Die medizinische Radiologie stützt sich auf Ergebnisse und Erkenntnisse der physikalischen, biologischen und medizinischen Grundlagenforschung. Die radiologische und nuklearmedizinische Krankenbehandlung benötigt die intensive Zusammenarbeit mit vielen Fachgebieten, andererseits aber auch als klinisch tätiges Fach die persönliche Zuwendung zum hilfesuchenden Patienten.

Über den historischen Ablauf gibt es mehrere Monographien (Eisenberg 1992; Glasser 1931; Mould 1993; Scherer 1993, 1994), die das Geschehen unter verschiedenen Aspekten beschreiben. Die vorliegende Abhandlung ist subjektiv, in einigen Bereichen unvollständig, weil Autoren und Fakten ausgewählt werden mußten.

Frühe Entwicklung

Die Entdeckung von Wilhelm Conrad Röntgen der später nach ihm benannten, neuartigen Strahlung (1895) führte in der Medizin im diagnostischen Bereich zu Anwendungen, die auf der Durchdringungsfähigkeit der Strahlen beruhen und auf ihrer Schwächung entsprechend dem mittleren Atomgewicht der durchstrahlten Gewebe.

Bald konnte man sich aber auch von der biologischen Wirkung dieser Strahlen überzeugen. Derartige Effekte äußerten sich in Haarausfall, entzündlich-dermatitischen Hautveränderungen, Rückgang von Lymphdrüsentumoren, passagerer Trockenheit im Mund, Sterilität und Beeinflussung von Tumorzellen.

Im April 1896 berichtete Daniel, daß exzessive Röntgenstrahlendosen Haarausfall verursachen, deshalb benutzten verschiedene Ärzte in Europa und in den USA die Röntgenstrahlen gegen Hypertrichose, gegen Mykosen und chronisches Ekzem. Die erste therapeutische Applikation von Röntgenstrahlen hat Freund in Wien 1896 durchgeführt, der die epilatorische Wirkung bei einem Mädchen mit Tierfellnävus (Naevus pigmentosus piliferus) ausnutzte. Es entstanden dabei jedoch schwere Hautläsionen wie akute Rötung, Schwellung und Blasenbildung der Haut, später ein großes Ulkus mit zentraler Nekrose, gefolgt von einer hypertrophischen Narbe (Ellegast u. Thurnher 1961; Fuchs u. Hofbauer 1966).

In den folgenden Jahren wurden vorwiegend Hautaffektionen bestrahlt, weil die Eindringtiefe der verfügbaren Röntgenstrahlen für eine Behandlung tiefgelegener Krankheitsherde nicht ausreichte. Schiff und Kümmell behandelten 1897 den Lupus vulgaris, Freund die Hypertrichosis. 1898 hat Ziemssen die Röntgentherapie bei Psoriasis, Schiff beim Lupus erythematodes, Freund beim Favus und bei Sykosis, Jutassi beim Naevus vasculosis und Hahn beim chronischen Ekzem erfolgreich angewandt (zitiert nach Schinz 1959).

Gocht beschrieb 1897 den analgetischen Effekt der Röntgenstrahlen, Sokoloff 1898 die günstige Beeinflussung des Gelenkrheumatismus.

Im Lehrbuch von Pusey u. Caldwell (1904) werden auf 475 Seiten 52 Krankheiten als Indikationen für die Röntgenstrahlenbehandlung benigner und maligner Erkrankungen angeführt. Cannon et al. haben aber 1959 erhebliche Spätschäden nach der Strahlentherapie von benignen Erkrankungen, auch bösartige Tumoren, beschrieben, ähnliches berichten Court-Brown u. Doll (1965) nach der Radiotherapie der ankylosierenden Spondylitis, deshalb wurde in den angelsächsischen Ländern die Strahlentherapie gutartiger Erkrankungen weitgehend aufgegeben, obwohl sie unter fachkundiger Leitung mit geringer Dosierung hervorragende Ergebnisse erreichen kann und unter diesen Voraussetzungen Spätfolgen nicht zu befürchten sind (Hess 1976). Die Indikationen zur Strahlentherapie gutartiger Erkrankungen sind durch die Entwicklung potenter antiphologistischer Pharmaka auf wenige Indikationen beschränkt: chronisch degenerative Gelenkerkrankungen, insbesondere Periarthritis humeroscapularis, Keloidprophylaxe, endokrine

Ophthalmopathie, postoperative Parotitis, Induratio penis plastica, postoperative Ossifikationsprophylaxe.
Bald wurden auch Patienten mit bösartigen Tumoren, vorwiegend Hauttumoren, bestrahlt. Stenbeck u. Sjögren stellten 1899 eine Patientin mit Basalzellen- bzw. einen Patienten mit Plattenepithelkarzinom nach Röntgentherapie vor. Johnson und Merrill berichteten bereits 1900 über die Anwendung der Röntgenstrahlen in der Behandlung von Karzinomen.
Die Effekte der Röntgentherapie waren sehr unterschiedlich (Lederman 1981). Ausgezeichnete Wirkungen wechselten mit völligen Mißerfolgen, z. T. waren schwache und z . T. extrem starke Effekte zu beobachten; sie wurden durch begleitende Wärmewirkung oder elektrische Effekte erklärt, bis die experimentellen Untersuchungen von Kienböck (1900) bewiesen, daß die Röntgenstrahlen selbst wirksam sind und die Wirkungen abhängen von der Qualität und Quantität der durch das Gewebe absorbierten Strahlung. Im Gegensatz zur anfangs rein empirischen trat nun die wissenschaftliche Begründung der beobachteten Effekte. Man bemühte sich um vergleichbare Bestrahlungstechniken, vergleichbare technische Ausrüstungen und insbesondere um die Dosimetrie der verabfolgten Strahlen (Holzknecht 1908). Damals vertrat man die Auffassung, die Röntgenstrahlen hätten einen selektiven Effekt auf die Haut, während Binde- und Muskelgewebe unbeeinflußt erschienen.
1903 berichtete jedoch der Chirurg Senn von der therapeutischen Wirkung bei einem Patienten mit Leukämie, die Röntgenstrahlen hatten nicht nur das Blutbild günstig beeinflußt, sondern auch eine Rückbildung der leukämischen Milz- und Drüsenschwellung herbeigeführt und den schweren Krankheitszustand beseitigt. Daraus war zu schließen, daß Röntgenstrahlen durchaus eine Wirkung auf innere Organe haben, die Teletherapie der Röntgenstrahlen war somit begründet. Albers-Schönberg stellte 1903 fest, daß bei Versuchstieren nach Röntgenbestrahlung Azoospermie eintritt, ohne daß eine Schädigung der Haut feststellbar war.
Die irrationale Erwartung, die Röntgenstrahlen wären in der Lage, alle Krebse auf wundersame Weise zu heilen, wich bald der Enttäuschung und dem Pessimismus, als Tumorrezidive und Bestrahlungsfolgen an gesunden Organen in größerem Umfang bekannt wurden und unklar war, ob der Nutzen oder die Risiken überwögen. Da viele Dermatologen und Chirurgen ohne Erfahrung die Methode verwendeten, waren die Zweifel verständlich, denn die Messung der Dosis fehlte, die Strahlenenergie war zu gering und strahlenbiologische Daten waren nicht bekannt.
Zu einem Prioritätsstreit kam es durch die Behauptung von Grubbe, der 1949 beschrieb, bereits im Januar 1986 eine Strahlendermatitis beobachtet und 2 Patienten mit Röntgenstrahlen behandelt zu haben, allerdings ohne wesentlichen Effekt. Die Behauptungen von Grubbe wurden von Hodges 1964 scharf zurückgewiesen.
Während der 2. Dekade des 20. Jahrhunderts stand die Radiumtherapie im Vordergrund des Interesses, die Röntgentherapie blieb weitgehend beschränkt auf oberflächliche Affektionen. Erst mit der Möglichkeit von höheren Photonenenergien (Coolidge 1913) konnte man von einer Röntgentiefentherapie sprechen. Erste Strahlenschutzmaßnahmen wurden eingeführt: Der Bestrahlungsraum wurde mit Blei abgeschirmt, Transformator und Gleichrichter waren in einem separaten Raum untergebracht.

Strahlenbiologische Erfahrungen

Die Folgen der fast ubiquitär, durch Erfahrene und Unerfahrene erfolgten Anwendung der Röntgenstrahlen ließen nicht lange auf sich warten. Offensichtlich waren strahlenbedingte Hautveränderungen; beobachtet wurden auch Veränderungen an tiefgelegenen Organen wie den Keimdrüsen, so daß die mit der Strahlentherapie befaßten Ärzte sich bald mit den biologischen Effekten der ionisierenden Strahlen beschäftigten. 1906 veröffentlichten Bergonié u. Tribondeau die berühmte strahlenbiologische Grundregel: erhöhte Strahlensensibilität beim zellulären Teilungsvorgang im Gegensatz zu ruhenden Zellen. Aus ihren Beobachtungen ließ sich ableiten, daß die Empfindlichkeit der Zellen unterschiedlich ist und abhängt vom Zellzyklus; die Strahlensensibiltät nimmt zu mit der Proliferation und sinkt mit der Differenzierung der Zellen. Lymphozyten mit raschem Stoffwechsel sind wesentlich strahlenempfindlicher als langlebige Nervenzellen. Tumorzellen haben eine höhere, grundsätzlich aber ähnliche Radiosensibilität wie ihr Stammgewebe. Heineke (1904) beschrieb die Strahlenempfindlichkeit der Lymphozyten und die Hemmung der Zellteilung als Strahleneffekt.
Vielfältige, komplexe Prozesse führen schließlich zum Zelltod. Bedeutungsvoll sind die gestörte Zellerneuerung in kritischen Zell- und Organsystemen, die Strahlenempfindlichkeit der Gewebe und des Gesamtorganismus, hormonelle Regulationen, Alter und andere (Quastler 1945). Die Absorption der Strahlenenergie führt allgemein

zur Ionisation und Anregung der Biomoleküle, die in allen Bereichen der bestrahlten Zellen und Gewebe stattfinden. Schließlich resultieren stabile molekulare Veränderungen. Die direkte Absorption der Strahlenenergie im Biomolekül wird als „direkte Strahlenwirkung" (Dessauer 1923; Dale 1966) bezeichnet. Bei der Erzeugung von Radikalen im intrazellulären Wasser, die mit den zellulären Makromolekülen reagieren, spricht man von „indirekter Strahlenwirkung".

Maligne Tumoren sprechen auf Strahlentherapie nicht immer an oder verlieren im Laufe der Strahlenbehandlung an Sensibilität (Ammon u. Karstens 1987). Ursache einer geringen Strahlensensibilität können sein: Tumorvolumen, Sauerstoffarmut oder Erholungsvorgänge und Repopulierung.

Das unkontrollierte Wachstum und die unbegrenzte Vermehrungsfähigkeit von Tumorzellen sind allgemein bekannt. Mit zunehmender Dosis nimmt in strahlenbiologischen Zellversuchen die Zahl der Zellen mit einer charakteristischen Schulterkurve ab - ein Effekt, der erstmals durch die sog. „Treffertheorie" gedeutet werden konnte (Dessauer 1923; Dale 1966). Faktoren für die direkte Inaktivierung der klonogenen Tumorzellen sind Zellzahl und die exponentielle Neigung der zellulären Absterbekurve. Strahlenbiologische Untersuchungen führen auf das Konzept der Tumorstammzellen (Trott 1987), das bisher allerdings nicht zweifelsfrei bewiesen werden konnte. Intratumorale Rezidive können aus einzelnen Tumorzellen mit Wachstum in die Umgebung hervorgehen. Eine immunogene Beeinflussung von Tumorzellen ist bisher kaum möglich. Früher bestrahltes Gefäßbindegewebe verhindert nicht das Wachstum von Tumorzellen. Der Erfolg kann während der Radiotherapie nicht exakt abgeschätzt werden. Die Bestimmung der Zellumsatzgeschwindigkeit vor der Behandlung ermöglicht wahrscheinlich prognostische Aussagen und eine mehr individualisierte Strahlendosierung. Grundsätzlich sind Vergleiche der erzielten Resultate schwierig wegen des nur ungenügend aussagefähigen TNM-Stadiums und unterschiedlicher Repairfähigkeit.

Methodischer Ausbau

Das erste Jahrzehnt nach der Entdeckung von Röntgen war im Bereich der Strahlentherapie geprägt von Empirie, Behandlungsversuchen und der Erprobung der neuen Röntgenstrahlen an allen oberflächlich gelegenen Läsionen (Abb. 1). Einige wesentliche Beobachtungen und Überlegungen führten zu neuen Techniken und kritischen Bewertungen.

Die Tatsache, daß mit dem Abstand der Strahlenquelle eine höhere Tiefendosis zu erreichen war, war zunächst befremdlich, dazu beschrieb Perthes zusammen mit Tribondeau 1904 die Anwendung von Filtern, um weiche Röntgenstrahlen zu absorbieren, die exzessive Hautreaktionen hervorriefen. Er beschrieb auch die erste Messung der Tiefendosis und ihre Abhängigkeit von der Strahlenenergie, ebenso wie ein Konzept zur Messung der Ionisation von Gasen.

Nachdem Coolidge (1913) die Kathodenstrahlröhre mit konstanter Leistung, ausreichender Tiefendosis und Filterung der weichen Strahlen einführte, war ein wesentlicher Fortschritt für die Strahlentherapie erzielt. Mit Strahlenenergien von 180–200 kV konnte unter Beachtung der Filterung und des Quellen-Haut-Abstandes die Tiefendosis anhand von zunächst ungenauen, später aber zunehmend exakter kalkulierten Tiefendosiskurven als Gemeinschaftswerk von Medizinern, Biologen und Physikern entwickelt werden.

Kienboeck führt in der Einleitung zu seinem Lehrbuch 1907 optimistisch aus:

„Im allgemeinen fällt die Einführung der Radiotherapie der Hautkrankheiten in die erste Periode 1896 bis 1900, die der Tumoren und Leukämie in die zweite Periode von 1900 an. Bei manchen dieser Affektionen ist die Bedeutung der neuen Methode allerdings gering, bei anderen aber so groß, daß sie einen Umsturz in der Behandlung hervorgerufen hat; so ist die Radiotherapie souverän bei Favus, bei Epitheliom und vielen Karzinomformen, bei gewissen Sarkomen und Mycosis fungoides, bei Leukämie und Lymphomatosen überhaupt und hat hier geradezu die medikamentöse und chirurgische Behandlung verdrängt. Ihre Leistung bei bisher unaufhaltsam zum Tode führenden Erkrankungen hat die kühnsten Hoffnungen, die man nur an ein neues Verfahren knüpfen kann, zum Teil übertroffen."

Die palliative Strahlenbehandlung hat schon frühzeitig erstaunliche Erfolge erzielt. Werner faßt 1925 zusammen:

„Beschwerden durch den Tumor, Schmerzen durch Tumorproliferation auf Nerven oder Knochen, parenchymatöse Blutungen und Tumorulzeration. Oft ist ein Rückgang der Schmerzen bereits nach wenigen Bestrahlungen zu beobachten, Druckerscheinungen können durch Tumorrückbildung deutlich gemildert werden. Palliative Strahlentherapie benötigt individuell auf den Tumorpatienten ausgerichtete Entscheidungen

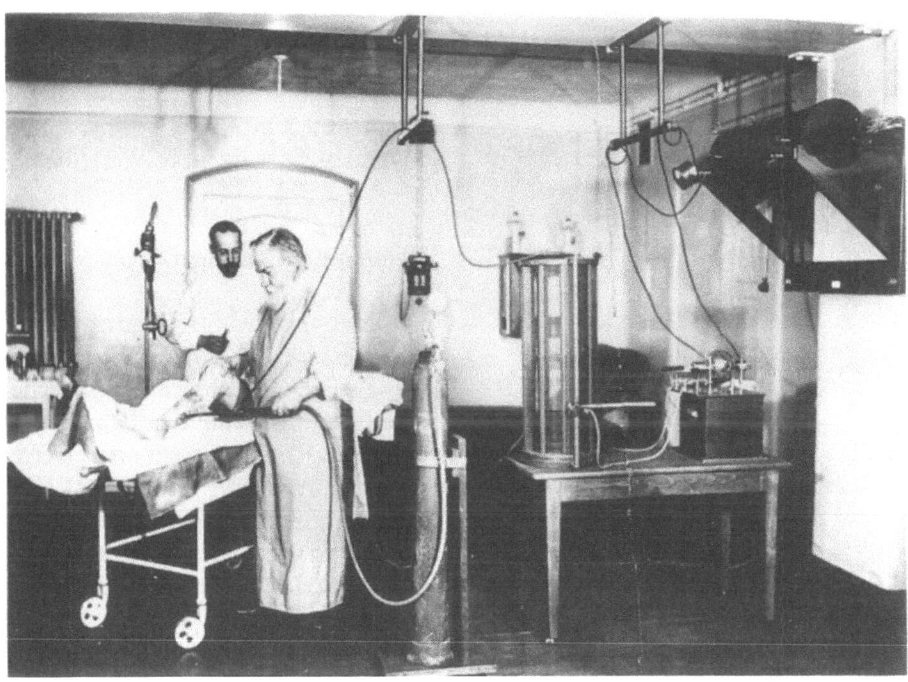

Abb. 1. Rontgenkabınett ım 1906 eroffneten Samarıterhaus (später Czerny-Klinik für Strahlentherapie) des Institutes für experimentelle Krebsforschung der Universıtat Heıdelberg mit Vıncenz Czerny (gestorben 1916 an Leukämie) bei der Röntgenbestrahlung eines Krankheitsherdes am Unterschenkel

über Indikation, Bestrahlungstechnik, Dosierung und Fraktionierung, die eine ärztliche Anpassung an die Situation des Kranken erfordern.“

Fraktionierung

Die Dosis wurde anfangs einmalig oder auf wenige Einzeldosen fraktioniert verabfolgt. Regaud beschrieb 1923 die Zerstörung der Keimzellen im Widderhoden bei fraktionierter Bestrahlung mit geringer Hautreaktion. Auf dieser biologischen Beobachtung basierend behandelte Coutard (1932) fraktioniert Tumoren der Tonsille, des Hypopharynx und Larynx.

Die fraktionierte Strahlentherapie hat sich schließlich aufgrund der klinischen Erfahrungen weitgehend durchgesetzt. Richtungweisend waren dabei die Arbeiten von Holthusen (1926, 1931).

Ausgedehnte Studien über die Dosis-Zeit-Beziehung im Hautbereich stammen von Reisner (1930, 1933). Strandquist teilte 1944 seine Erfahrungen mit der kumulativen Wirkung der ionisierenden Strahlen mit.

Die konventionelle Fraktionierung erfolgt mit 1,5–2,5 Gy bei einer Verteilung von 4 bis 5mal pro Woche.

Die Hypofraktionierung (Wannenmacher 1987) beinhaltet weniger Fraktionen, d. h. weniger als 5mal pro Woche bei erhöhten Einzeldosen und einer geringeren Gesamtdosis. Die Tumorkontrolle ist dabei verringert, Spätreaktionen treten vermehrt auf (Turesson u. Notter 1984). Angezeigt ist die Hypofraktionierung als Palliativmaßnahme, z. B. bei Skelletmetastasen.

Schumacher (1973) bestrahlte Patienten mit Bronchialkarzinom 1mal wöchentlich mit 5 Gy Einzeldosen von hochenergetischen Elektronen.

Bei der Hyperfraktionierung wird eine höhere Gesamtdosis in gleicher Zeit bei kleinerer Einzeldosis und mehreren Fraktionen pro Tag angestrebt (Wang et al. 1985; Trott u. Kummermehr 1985). Die Zellzyklen sind unterschiedlich bei Normal- und Tumorgeweben. Reparationsprozesse verlaufen im hypoxischen Gewebe langsamer, bei Normalgeweben sind sie aber bereits nach wenigen Stunden abgeschlossen. Theoretische Überlegungen ergeben einen optimalen Abstand zwischen den Einzelfraktionen von 4 h.

Die akzelerierte Fraktionierung erstrebt eine Gesamtdosis wie bei der konventionellen Behandlung, jedoch in kürzerer Behandlungszeit; Gesamtdosis und Einzeldosis entsprechen der konventionellen Fraktionierung (Abb. 2). Es ergeben sich etwa 10 Fraktionen pro Woche bei mindestens 2maliger täglicher Bestrahlung und einer

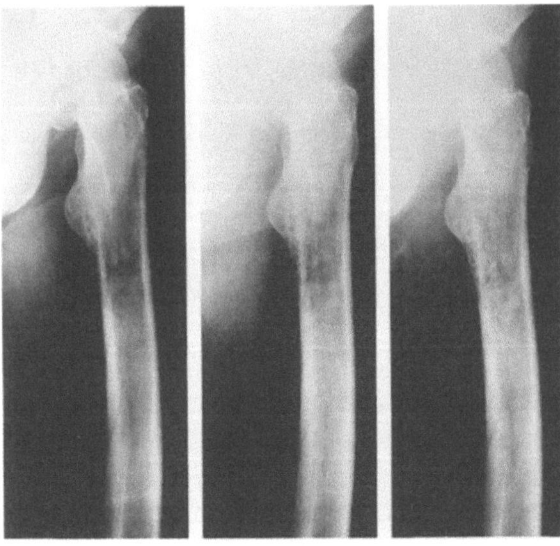

Abb. 2. Therapie einer osteolytischen Femurmetastase links subtrochantär mit Linearbeschleuniger 3mal täglich 3 Gy während 3 Tagen (27 Gy): vor, 4 Wochen und 8 Wochen nach der akzelerierten Bestrahlung, Belastungsstabilität. (Aus Rieden 1988)

insgesamt reduzierten Behandlungszeit. Akute und späte Folgeerscheinungen nach hyperfraktionierter Strahlenbehandlung beim Larynxkarzinom beschrieben Kaanders et al. (1992), doch sah Vikram (1992) weniger Spätschäden nach Hyperfraktionierung.

Die Beziehung zwischen Gesamtdosis, Behandlungszeit und Einzeldosis im Vergleich verschiedener Fraktionierungschemata (Fowler et al. 1990) hat Ellis (1969) mit einer Formel und der Nominalstandarddosis ret (1971) begründet, die sich auf normales Bindegewebe bezieht. Auch Abwandlungen dieser Formel haben bisher keine abschließende, allgemein anerkannte Deutung der unterschiedlichen biologischen Prozesse an verschiedenen Normalgeweben und an Tumoren unterschiedlicher Histologie erbracht.

Weitere Anwendungsgebiete der Hyperfraktionierung waren Bronchialkarzinome, Hirntumoren und die Ganzkörperbestrahlung vor Knochenmarktransplantation bei Patienten mit Leukosen und Lymphomen.

Viele Probleme der fraktionierten Dosierung sind bislang noch nicht befriedigend gelöst. Autoptische Untersuchungen an Tumorgeweben bei Patienten mit Bronchialkarzinom haben Eichhorn u. Hüttner (1982) mitgeteilt, die in Form einer prospektiven Studie mit normaler Fraktionierung, mit hohen Einzeldosen in einem 5–10-Tage-Rhythmus und mit einer Serie von hoher Anfangsdosis, gefolgt von täglichen kleineren Dosen, bestrahlt wurden. Die geringste Tumorzerstörungsquote wurde bei den hohen Einzeldosen beobachtet, erklärt wurde dies mit der Hypothese, daß die Strahlenempfindlichkeit zusammenhängt mit dem Anteil von proliferierenden und ruhenden Tumorzellbestandteilen.

Kombination mit operativen Maßnahmen

Die präoperative Strahlentherapie hat zum Ziel, eine bessere Geschwulstabgrenzung und damit verbesserte Operabilität zu erreichen und durch eine Devitalisierung der Tumorzellen eine perioperative Tumoraussaat zu verhindern (von Braunbehrens 1981; Trott 1981). Zur Anwendung kamen Langzeitvorbestrahlung in üblicher Fraktionierung [Van der Werf-Messing (1971) beim Blasenkarzinom] und Kurzzeitbestrahlungen mit hohen Einzeldosen. Verbesserte Operationstechniken, enttäuschende klinische Ergebnisse und erhöhte Nebenwirkungsraten haben dazu geführt, daß die präoperative Strahlentherapie nur noch selten zur Anwendung kommt.

Die routinemäßige Nachbestrahlung nach radikaler Mastektomie war lange Jahre umstritten (Jüngling 1926), schließlich wurde sie eingesetzt in Abhängigkeit vom Tumorstadium, von der Größe und Lokalisation der Geschwulst und vom Lymphknotenbefall. McWhirter empfahl 1948 die Strahlenbehandlung nach einfacher Mastektomie. Baclesse et al. (1960) empfahlen schließlich die einfache Tumorektomie mit anschließender Radiotherapie, die nach Calle et al. (1978) bei umschriebenen Tumoren mindestens die gleiche Überlebensrate bringt. Hirsch hat jedoch schon 1927 den Mammatumor entfernt und mit Radium nachbestrahlt und damit erstmalig die brusterhaltende Therapie des Mammakarzinoms vorgenommen (von Fournier 1989).

Die intraoperative Strahlentherapie von freigelegten Tumoren hat Beck (1907) vorgeschlagen. Werner u. Caan (1911) haben das Verfahren in größerem Umfange durchgeführt, um die Allgemeinbelastung und die Absorption der Strahlen in der Haut auszuschalten. Die intraoperative Röntgenbestrahlung wurde jedoch wieder verlassen, weil viele Patienten mit fortgeschrittenen Tumoren bestrahlt wurden und postoperative Komplikationen gehäuft auftraten. Erst mit Änderung der Strahlenqualität wurde das Prinzip, eine hohe Strahlendosis im Tumorbereich zu verabfolgen und die umgebenden gesunden Gewebe zu schonen, wieder aufgegriffen. Abe et al. (1974) haben hochenergetische Elektronenstrahlen wegen der gleichmäßigen Dosisverteilung und des schnellen Dosisabfalls in der Tiefe intraoperativ bei Patienten mit Magenkarzinom angewandt. Spezielle, sterile Applikatoren waren am Bestrahlerkopf des Linearbeschleunigers befestigt, um die Elektronenstrahlen zu kollimieren, das Behandlungsvolumen festzulegen und bewegliche Normalgewebe, wie den Darm, abzuschirmen. Mit dem Chirurgen muß für die Strahlenbehandlung ein ausreichender Zugang gewährleistet sein. Günstig ist die Aufstellung des Beschleunigers im Operationssaal. Indikationen sind Geschwülste von Magen, Pankreas, Retroperitonealraum, Blase und kolorektale Karzinome. Die bislang gesammelten Erfahrungen in Japan, den USA und Europa lassen verbesserte Ergebnisse erkennen (Sindelar et al. 1983).

Hyperthermie

Eine Wirkungssteigerung der Strahlenbehandlung durch Wärmeanwendung versuchten Werner u. Caan (1911) in der Vorstellung, daß eine bessere Toleranz gesunder Gewebe für die ionisierden Strahlen zu erreichen wäre und somit höhere Strahlendosen verabreicht werden könnten. Ihre Berichte waren nicht sehr optimistisch. Bisher noch ungenügend ausgeschöpft sind die Ergebnisse von additiven Verfahren zur Strahlentherapie. Die Hyperthermie (Weischedel u. Wieland 1983) verbessert die lokalen Effekte der Strahlentherapie, insbesondere bei sonst wenig beeinflußbaren Malignomen, doch erscheint es angezeigt, umfassendere klinische Beobachtungen durchzuführen. In den vergangenen 20 Jahren wurden ausgedehnte strahlenbiologische Untersuchungen durchgeführt, um die Strahlenbehandlung durch Überwärmung zu verbessern. Indikationen sind große Tumoren, schlechte Durchblutung, schlechte Sauerstoffversorgung und ausdifferenzierte Histologie. Die mangelhafte Durchblutung von großen Tumoren verhindert den Wärmeabtransport, deshalb kann sich die Wärmewirkung hier gut entfalten. Temperaturen unter 42 Grad Celsius haben einen strahlensensibilisierenden, über 42 Grad einen zytotoxischen Effekt mit Zellmembranveränderungen und Veränderungen des Intermediärstoffwechsels (Streffer et al. 1986). Strahlentherapie unter erhöhtem Sauerstoffpartialdruck haben Churchill et al. (1957) empfohlen.

Diagnostik

Von Anfang an war die Röntgendiagnostik entscheidend für die Erkennung von tiefgelegenen Geschwülsten, die Bestrahlungsplanung und die Kontrolle des Tumorgeschehens nach der Behandlung. Mit den Fortschritten der Röntgendiagnostik durch apparative Verbesserungen, Schicht- und Kontrastmittelverfahren konnte die Diagnostik verfeinert und die Bestimmung des Zielvolumens verbessert werden. Ähnliches gilt für die nuklearmedizinische Diagnostik, die darüber hinaus noch bei systematischer Anwendung die Feststellung oder den Ausschluß von Fernmetastasen ermöglicht. Einen wesentlichen Fortschritt brachte die durch Hounsfield (1973) eingeführte Computertomographie (zum Winkel u. Hermann 1977; Munzenrider et al. 1977; Goitein 1979), die dreidimensional das Bestrahlungsvolumen festlegen läßt. Nach Hermann (1978) brachte das Verfahren bei 517 Patienten in 97% eine sichere Abgrenzung des Zielvolumens, in 28% wesentliche Zusatzinformationen und in 42% eine Korrektur der Bestrahlungsfelder. Auch die Kernspintomographie führt zu weiteren Fortschritten (Breit 1992). Die Festlegung des Zielvolumens als Gebiet der potentiellen Tumorausbreitung (Konzept von Gauwerky 1975), des Restvolumens, das einer möglichst geringen Strahlenbelastung ausgesetzt werden soll, und der Grenzdosen im Risikobereich kann auch mit dem Simulator (Becker et al. 1955), einem für die Strahlentherapie speziell entwickelten Durchleuchtungsröntgengerät, erfolgen, optimal läßt sich das Zielvolumen mit der Kombination von Computertomographie und Simulator lokalisieren.

Dosimetrie

Die Bestimmung der Dosis war mit beträchtlichem Aufwand verbunden. Ursprünglich hatte man die Röntgenröhre auf einen kurzen Abstand zur Haut gebracht oder direkt auf die Haut gesetzt, ein Filter wurde nicht benutzt. Häufig wurden die Effekte an der Hand des Untersuchers bzw. Therapeuten zur Dosimetrie benutzt. Freund erklärte 1904, daß seine erste Bestrahlung eines Haarnävus (1897) mit einer Bestrahlungszeit von 10mal jeweils 2h erfolgte (Fuchs u. Hofbauer 1966). Durchleuchtung benutzte man, um anhand der Abbildungsschärfe einer in den Strahlengang eingebrachten Hand weiche von harten Strahlen unterscheiden zu können. Kolle beschrieb schon 1896 eine dosimetrische Apparatur mit zwischengeschalteten, unterschiedlich dicken Aluminiumplatten. Ähnliche Beschaffenheit hatte das Radiochromometer von Benoist (1902), das ebenfalls auf der Durchdringungsfähigkeit der Röntgenstrahlen durch Aluminium bei der Durchleuchtung basierte. Auf dem physikochemischen Effekt der Röntgenstrahlen basierten die Dosismeßgeräte von Sabouraud u. Noire (1904), die einen Vergleich mit unbestrahlten Substanzen durchführten und von Dermatologen bis 1930 in Benutzung waren (Eisenberg 1992). Holzknecht (1908) benutzte ein Radiochromometer, das mit Kaliumchlorid und Natriumcarbonat gefüllt war und durch Verfärbung die Dosis bestimmen ließ. Für den klinischen Gebrauch wurden rein empirisch die Erythem- und Epilationsdosis verwendet. Villard (1908) entwarf eine Kombination von Ionisationskammer und Elektrometer, das nach Holzknecht-Einheiten eingeteilt war. Die dann in physikalischen Laboratorien aufgestellten Ionisationskammern waren zu groß für die klinische Verwendung, auch wurden dabei Streustrahlen eingeschlossen. 1928 hat der 2. Internationale Radiologenkongreß die von Behnken 1924 definierte Einheit „Roentgen“ übernommen. Dosismessungen in Wasser wurden dem menschlichen Gewebe gleichgesetzt, Isodosenkurven konnten in Phantomen festgelegt werden.

Die Bestimmung der Strahlenenergie hatte wegen der Durchdringungsfähigkeit von energiereichen Röntgenstrahlen große Bedeutung, sie wurde erreicht durch Kupferfilter, deren Halbwertschicht nach Christen (1912) als Schichtdicke angegeben wird, die die Intensität der Strahlung auf die Hälfte schwächt. Mit der Dosimetrie und der Halbwertschichtmessung konnten Apparaturen verglichen und die applizierte Strahlendosis festgelegt werden. Dennoch war eine höhere Tiefendosis nur mit erheblicher Hautbelastung zu erzielen. Der Röhren-Hautabstand verbesserte das Verhältnis, bedeutend war aber die Änderung der Bestrahlungstechnik.

Ein Jahr nach Roentgens Entdeckung beschrieb Perrin (1896) die Ionisation der Luft und die Entladung von elektrisch geladenen Platten durch Röntgenstrahlen, zugleich veröffentlichte er das Prinzip einer Freiluft- oder Faßkammer in Form eines Luftkondensators, einer Spannungsquelle und ein Elektrometer. Küstner veröffentlichte 1924 seine Vorstellungen über die Standardisierung der Röntgendosismessung. Aus der gemessenen Ionendosis kann mittels Umrechnungsfaktoren die Energiedosis berechnet werden.

Bestrahlungstechnik

1907 beschrieb Werner einen Bestrahlungskonzentrator für die Kreuzfeuertherapie (Abb. 3). Meyer realisierte die Bewegungsbestrahlung mit der „schwingenden Röhre“ 1913. Dessauer et al. (1937) und du Mesnil de Rochemont (ebenfalls 1937) drehten bei feststehender Strahlenquelle den Patienten um eine in seinem Körper liegende Achse. Kohler (1939) führte die Strahlenquelle motorisch um den auf dem Lagerungstisch liegenden Patienten. Die Verfahren ermöglichen eine Konzentration der Strahlenbündel auf den Drehpunkt und eine Dosiserhöhung im Tumorbereich.

Wichtig war die möglichst homogene Bestrahlung des Zielvolumens, das definiert und in das Behandlungsvolumen eingeschlossen sein soll. Das Zielvolumen muß mit der Dosisverteilung korrelieren und im Isodosenbereich die zu verabfolgende Strahlendosis markieren. Auf diese Weise lassen sich Über- und Unterdosierungen bestimmter Bezirke kennzeichnen.

Die Bewegungsbestrahlung führt zu einer nahtlosen Überlappung zahlreicher Strahleneinfallsfelder an der Oberfläche unter gleichzeitiger Konzentrierung des auf den Drehpunkt ausgerichteten Strahlenbündels, was Dosisspitzen vermeiden läßt und die relative Tiefendosis im Vergleich der Kreuzfeuerbestrahlung erhöht. Bei der Rotationsbestrahlung wird die Strahlenquelle um eine innerhalb des Patienten liegende Achse bewegt, entweder als Vollrotation oder als Teilrotation mit festgelegtem Rotationswinkel. Größe der Felder und Rotationsachse sind fixiert. Wegen des relativ hohen Streustrahlenanteils kann die Röntgentherapie mit Energien bis 300 kV nur bis zu einem Verhältnis von Feldlänge zu Feldbreite in Höhe von 2 zu 1 durchgeführt werden (Kuttig 1971).

Die Schalenbestrahlung und Tangentialrotation ermöglicht schalenförmige Dosisverteilungen bei oberflächlich gelegenen Krankheitsherden. Allerdings ist diese Technik weitgehend durch die Elektronenbestrahlung abgelöst. Weitere Bestrahlungstechniken wurden in Form der Pendelkonvergenzbestrahlung und Konformationsbestrahlung (Takahashi 1965) entwickelt. Bei der Konvergenzbestrahlung wird aus mehreren Richtungen auf einen im Körper des Patienten liegenden Punkt eingestrahlt. Dies kann entweder durch Bewegung des Patienten oder der Strahlenquelle geschehen. Die Pendelkonvergenzbestrahlung hat Henschke (1938) beschrieben, bei der der Röhrenfokus eine Kreisbahn außerhalb des Körpers beschreibt, während der Zentralstrahl rotie-

Abb. 3. Bestrahlungskonzentrator von Richard Werner (1907) im Keller des Samariterhauses: Anordnung von 2 Röntgenröhren auf halbkreisförmigem Bogen, ähnlich auch in Form der Teleradiumtherapie. Im Hintergrund die abgeschirmte Bedienungskammer für den Strahlentherapeuten

rend einen Kegelmantel durchläuft und auf den Tumorbereich ausgerichtet ist.

Zur Bestrahlung von mehreren Organen bei generalisierten Erkrankungen des blutbildenden Systems hat Teschendorf (1927) die Ganzkörperbestrahlung beschrieben, die später von der Teilkörper- oder Abschnittsbestrahlung abgelöst wurde. Die Methode bedingt die Fraktion mit relativ niedrigen Strahlendosen.

Die Ganzkörperbestrahlung kann nach den Ergebnissen von Thomas et al. (1975) zur Konditionierung der Knochenmarktransplantation verwendet werden. Voraus geht die maximale Tumorreduktion durch primäre Chemotherapie und optimale Immunsuppression. Die letale Ganzkörperdosis liegt bei ca. 7 Gy Einzeitbestrahlung (Rajewski 1954). Vor der autologen oder allogenen Knochenmarktransplantation bei akuter und chronischer myeloischer oder lymphatischer Leukämie bzw. bei hochmalignen Non-Hodgkin-Lymphomen soll die Ganzkörperbestrahlung zur vollständigen Elimination der im Patienten verbliebenen Tumorzellen führen. Die angestrebte Ganzkörperdosis von ungefähr 14 Gy wird heute fraktioniert mit Reduzierung der Lungenbelastung. Die Kombination von hochdosierter Chemotherapie und „supraletaler" Ganzkörperbestrahlung läßt in Verbindung mit der Knochenmarktransplantation eine Langzeitremission bei 40–70% der Patienten mit Leukämie erreichen.

Bei der chronischen myeloischen Leukämie hat sich die Milzbestrahlung bewährt (Schoen u. Bauer 1968). Dosen von 0,05–0,1 Gy werden verabfolgt, die bis 0,5–1,0 Gy gesteigert werden können. Kritische Grenze ist eine Leukozytenzahl von 30.000/ml Blut und Thrombozyten 40.000/ml (Musshoff et al. 1968).

Eine interessante prophylaktische Anwendung der Strahlentherapie haben Pinkel et al. (1972) zur Meningeoseprophylaxe bei der akuten Leukämie des Kindes beschrieben und die Strahlentherapie des Hirns und oberen Halsmarks mit 15–24 Gy empfohlen, da Chemotherapeutika wegen der Blut-Hirn-Schranke nur unzureichend im Bereich der Hirnhäute konzentriert werden. Die Dauer der Remission und die Aussicht auf eine echte Heilung wurden entscheidend verbessert. Das Zielvolumen umfaßt den ganzen Hirnschädel, insbesondere die Schädelbasis mit Liquorräumen, die Retroorbitalräume und die oberen 2–3 Zervikalsegmente. Fraktioniert wird in üblicher Form.

Indikationen

Unter den Hautkrankheiten berichtet Wagner (1962) über die dermatologische Strahlentherapie bei 1510 Patienten in Kiel 1953–1960, 447 wegen Ekzem, 123 wegen Psoriasis, 107 wegen Neoplasma. Über den gegenwärtigen Stand der dermatologischen Strahlentherapie berichten umfassend Goldschmidt u. Panizzon (1991), wichtig ist die Verwendung von Grenzstrahlen (10 kV) mit einer Gewebehalbwertschicht von 0,2 mm und von weichen Röntgenstrahlen um 30 kV, beim Ekzem und Pruritus vulvae et ani etwa 3×1 Gy.

Bösartige Tumoren der Haut, im Kopf-Hals-Bereich (Fletcher et al. 1967), des Thorax- und Abdominalraumes, des Gastrointestinaltraktes, der männlichen und weiblichen Genitalorgane, der Prostata (Bagshaw 1978), der Brust (Abb. 4), der Harnorgane, der Bewegungs-und Stützorgane und des Nervensystems bilden - je nach Ausdehnung und Histologie - häufige Indikationen für die kurative oder palliative Strahlentherapie (Scherer 1987; Perez u. Brady 1992; Cox 1994). Gleiches trifft zu für die Systemerkrankungen. Die Strahlentherapie der Lymphogranulomatose entwickelte Kaplan (1962) in Fortführung der Berichte durch Gilbert (1931) und Peters (1950) von der punktuellen, nur auf die festgestellten Krankheitsherde ausgerichteten Bestrahlung zur großräumigen, total-nodalen Systembestrahlung mit Herddosen um 40 Gy. Pioniere im deutschsprachigen Raum waren die Freiburger Gruppen von Musshoff (1987) und Wannenmacher (1978).

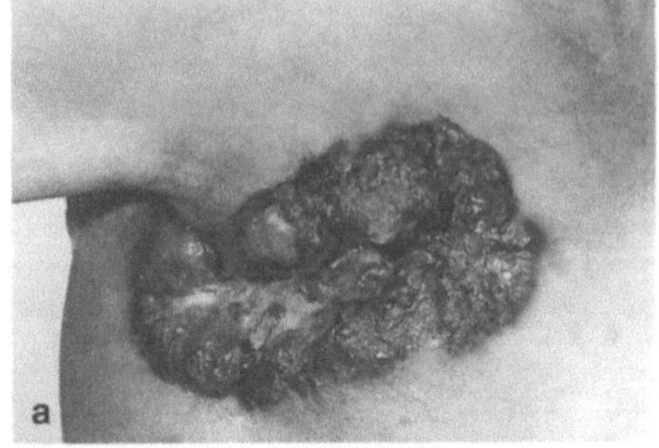

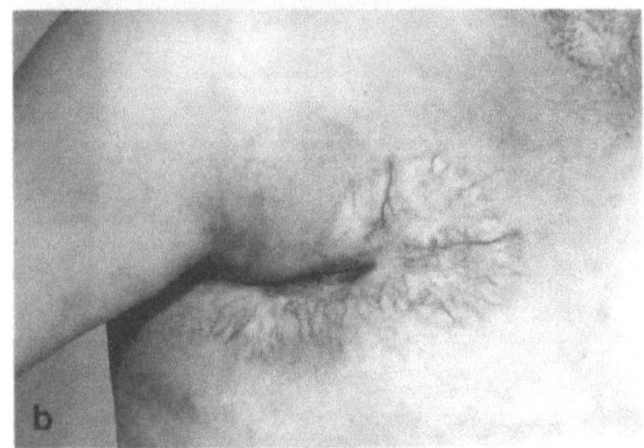

Abb. 4a, b. Betatrontherapie mit 64 Gy 15 und MeV-Elektronen bei einer Patientin mit ausgedehntem exulzeriertem Mammakarzinom, Kontrolle 6 Monate nach der Strahlenbehandlung. Nach 7 Jahren chirurgische Entfernung eines kleinen lokalen Rezidivs

Radium

Becquerel entdecke 1896 die Radioaktivität von Uran durch den Schwärzungsnachweis auf einer photographischen Emulsion. Dabei wird als Radioaktivität der gesetzmäßige, autonom ablaufende Zerfall von Atomkernen unter Aussendung von Strahlen verstanden. Das Ehepaar Curie hat 1898 Radium nachgewiesen. Rutherford stellte 1910 das Atommodell vor und wies Protonen nach.

Weitere ausschlaggebende Entdeckungen und Entwicklungen sind die Isolierung von Radiumchlorid aus Chrompechblende von M. Curie 1903, das Bohrsche Atommodell 1913, die ersten Tracerstudien von Hevesy 1923, die Entdeckung der künstlichen Radioaktivität durch I. Curie und Joliot 1934 und die Uranspaltung von Hahn und Straßmann 1938.

Rutherford berichtete 1906 über 3 verschiedene Strahlenarten beim Radium: Alphastrahlen, die eigentlich Heliumkerne sind, Betastrahlen als negativ geladene Elektronen und Gammastrahlen. P. Curie konnte radiogene Hautveränderungen beobachten und vermutete, daß Radium in der Medizin Verwendung finden könnte. Die Schwierigkeit der Radiumgewinnung und die hohen Herstellungskosten verursachten, daß meist nur Präparate mit geringer Aktivität und einer Gesamtmenge von einigen 100 mg zur Verfügung standen. Zur gynäkologischen Applikation wurden quadratische, rechteckige oder runde Platten verwendet, die fest mit einem Intrauterinstift verschraubt und nach der Einlage in den Zervikalkanal durch vaginale Tamponade fixiert werden konnten.

Die Strahlenbelastung des mit Radium umgehenden Personals ist hoch.

Radium wurde in Grammengen auch zur Teletherapie verwendet (Rock Carling 1930; Sievert 1933), doch waren die Anschaffungskosten außerordentlich hoch. Deshalb haben die in Kernreaktoren entwickelten künstlichen Radionuklide die relativ preisgünstige Möglichkeit geschaffen, Gammastrahler hoher spezifischer Aktivität für die medizinische Strahlenanwendung zu benutzen. So wurden Cobalt-60-Quellen mit relativ kleinen Abmessungen zur lokalisierten Applikation künstlich radioaktiver Isotope angewandt (Myers 1948; Becker u. Scheer 1951). Henschke et al. (1953) applizierten Gold-198-seeds interstitiell.

Eine weitere wesentliche Verbesserung für den Strahlenschutz des Personals brachte das Nachladeverfahren (Henschke 1960), bei dem die radioaktiven Quellen aus einem strahlensicheren Behälter durch eine Hohlsonde erst dann ferngesteuert an den Herd transportiert werden, wenn die Applikatoren am oder im Krankheitsherd befestigt sind. Beim Nachladeverfahren bleibt die Quellenanordnung am Applikationsort während der Bestrahlungszeit unbeweglich liegen, doch arbeiten moderne Nachladeverfahren auch mit bewegten Einzelquellen.

Die endokavitäre Kontakttherapie des Zervix- und des Korpuskarzinoms wird im fortgeschrittenen Stadium mit der Hochvolttherapie für die regionalen Lymphabflüsse kombiniert. Radium-226 wurde weitgehend durch das Caesium-137-Nachladeverfahren ersetzt. Das LDR-Verfahren (low dose rate) wurde durch HDR (high dose rate) mit Cobalt-60-Quellen ergänzt. Das LDR-Verfahren wurde ausgerüstet mit bewegten Iridium-192-Quellen, an der Einführung des HDR-Verfahren war Rotte 1981 und 1993 wesentlich beteiligt. Die Kurzzeitbestrahlung bietet technische Vorteile und läßt sich ambulant durchführen, sie kommt neben den gynäkologischen Tumoren auch in Frage bei Geschwülsten des Bronchialbaumes, von Ösophagus, Blase, Rektum, Gallenblase und Hirn. Iridium-192-Nadeln

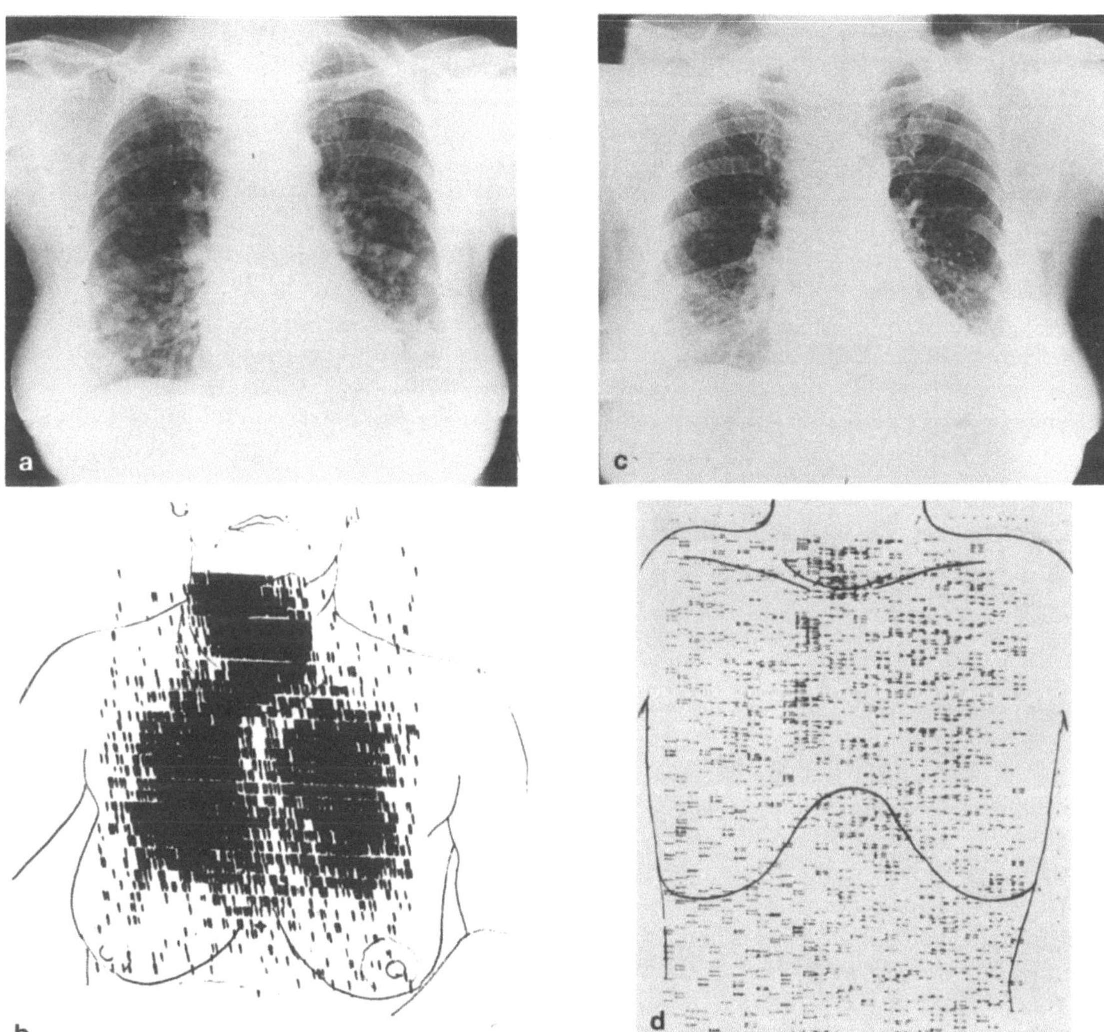

Abb. 5a–d. Radiojodtherapie von multiplen Lungenmetastasen eines Schilddrüsenkarzinoms, röntgenologischer und szintigraphischer Ausgangsbefund (1957); nach 4 Jahren keine Lungenmetastasen mehr nachweisbar, szintigraphisch keine Radiojodspeicherung

(Halbwertzeit 74 Tage) und -Röhren führten Pierquin et al. (1964) zur Brachytherapie ein. Die interstitielle Radionuklidtherapie hat sich durchgesetzt bei Tumoren im Kopf-Hals-Bereich, der Vagina, der Blase, des Penis, der Anal- und Rektalregion, der Mamma nach Tumorektomie und perkutaner Bestrahlung sowie der Haut (Pierquin 1987).
Offene künstliche Radionuklide hat erstmals Lawrence (1940) verwendet, der Patienten mit Leukämie und Polyzythämie mit Phosphor-32 behandelte. Hertz u. Roberts (1942) behandelten die Hyperthyreose mit Jod-131, Seidlin et al. (1946) das metastasierte Schilddrüsenkarzinom ebenfalls mit Jod-131 (Abb. 5). Während dieses Verfahren eine selektive Therapie durch metabolische Anreicherung des Radionuklids erfolgreich (Horst 1961) ermöglicht, wird die endolymphatische Therapie durch Applikation des Radionuklids in einem peripheren Lymphgefäß durchgeführt (Chiappa 1962; Ratti 1962; zum Winkel et al. 1975). Wieland et al. (1980) führten das Jod-131-Jodobenzylguanidin ein, das seitdem auch zur Therapie verwendet wird. Indikationen sind Phäochromozytom, Neuroblastom und Karzinoid (Kimmig 1988).

Technische Fortschritte

Röntgengeräte für die Diagnostik und die Therapie unterscheiden sich (Scheer 1961): Im Spannungsbereich und der davon abhängigen Filterung, in der Dosisleistung und der Bestrahlungszeit, somit auch in der Feldgröße und im Kühlsystem, in der Nutzstrahlenkollimierung, im apparativen und baulichen Strahlenschutz und in den peripheren Einrichtungen wie Monitoren, Bewegungsmöglichkeiten etc.
Röntgenbestrahlungsgeräte haben im allgemeinen Energien bis 300 kV und Filter aus Kupfer oder mehreren Metallplatten. Zur Erzielung einer hohen Dosisleistung werden flüssigkeitsgefüllte Antikathoden mit Fokusgrößen bis 0,8×0,8 cm sowie Kompressionstubusse verwendet. Geräte bis 100 kV mit Körperhöhlenröhren und -tubussen (Schaefer u. Witte 1932; Chaoul 1934) sind für oberflächennahe Krankheitsherde geeignet.
Der Van-de-Graaff-Generator ist ein Direktbeschleuniger (van de Graaff 1931). Beschleunigte Elektronen in einer Röntgenröhre mit 2 MV-Spannung erzeugen beim Aufprall auf der Antikathode Brems-(Röntgen-)Strahlen mit hoher Strahlenausbeute bzw. Dosisleistung. Langfristige Analysen ergaben, daß die Megavolttherapie zwar in der Vernichtung von Tumorzellen nicht effektiver ist als die konventionelle Röntgenstrahlung (Wideroe 1959), daß jedoch das umgebende Gewebe wegen der schärferen Bündelung der Strahlen und der erhöhten Tiefendosis, die auch Mehrfeld- bzw. Bewegungsbestrahlung ermöglicht, weit besser geschont wird und Allgemeinreaktionen (Holthusen 1926) deutlich seltener auftreten.
Telegammageräte mit im Reaktor erzeugtem Cobalt-60 (Merewether et al. 1952) oder Caesium-137 ermöglichen im Vergleich zu Röntgengeräten höhere Tiefendosen bei langlebigen Halbwertzeiten von 5,27 bzw. 30 Jahren. Nachteilig sind der relativ große Quellendurchmesser mit Halbschattenbildung und die monatliche Kontrolle der Quellenaktivität. Vorteilhaft ist die Strahlung ohne Energiezufuhr und ohne Betriebskosten, doch müssen wegen der allseitigen ständigen Strahlenemission besondere Maßnahmen für den Strahlenschutz sowohl für das Bedienungspersonal wie auch für den Patienten getroffen werden. Die Cobalt-60-Einheit war ein enormer Auftrieb für die Strahlentherapie. Erstmalig stand ein gut bewegliches Gerät mit hoher Tiefendosis, Haut- und Knochenschonung zur Verfügung. Nicht länger bildeten Hautreaktionen ein Hindernis für die Bestrahlung tiefliegender Tumoren, die Strahlenreaktion war geringer für den Patienten und die Behandlungstechnik für den Radiotherapeuten erleichtert (Becker u. Schubert 1961).
Beim Linearbeschleuniger wird eine Beschleunigerspannung mehrfach durchlaufen in Form von Schwellen- oder Wanderwellenbeschleunigung. Vorteile sind hohe Dosisleistung, ultraharte Bremsstrahlung von 4–35 MeV, große homogenisierte Feldgrößen bei großen Fokus-Haut-Abständen und kleinem virtuellem Fokus. Erstmalig haben Kaplan u. Bagshaw (1957) aus Stanford über die Strahlentherapie mit Linearbeschleunigern berichtet. Das Prinzip des Elektronenkreisbeschleunigers hat Kerst (1940) beschrieben. Im Betatron werden die Elektronen durch Umlauf um ein wachsendes magnetisches Feld beschleunigt (Abb. 6). Nach dem Prinzip von Wideröe (1928) kann dasselbe Magnetfeld im Vakuum mehrfach benutzt und entsprechend Steenbeck (1943) der Elektronenstrahl durch Störimpulse ausgelenkt werden. Erzeugen lassen sich Elektronen- und Bremsstrahlen mit Energien von 15–45 MeV, doch ist die Dosisleitung geringer als die des Linearbeschleunigers, Bewegungsbestrahlung ist möglich (Becker u. Weitzel 1956).
Die ersten klinischen Strahlenbehandlungen von Geschwülsten mit Neutronen begannen 1938 in Californien. Es wurden schnelle Neutronen ver-

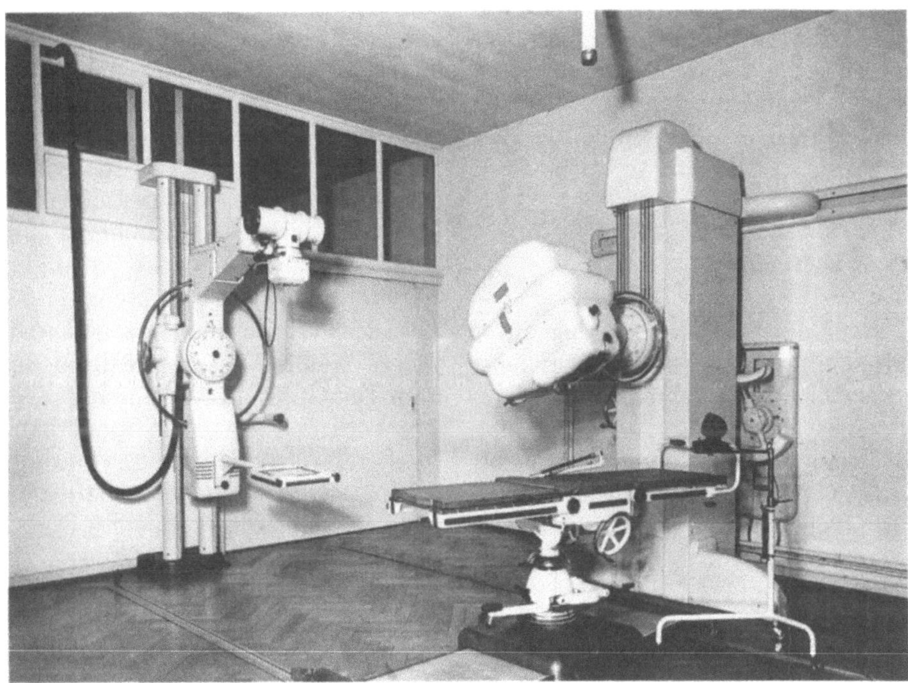

Abb. 6. Zur Pendelbestrahlung beweglich aufgehangtes Betatron für 15 MeV-Elektronen- und Röntgenstrahlen (Siemens-Reiniger-Werke), von Gund 1953 entwickelt. (*Links*) Lokalisationsgerät (Becker et al. 1955), der Bestrahlungstisch war auf Schienen zu verschieben

wendet, die durch Bestrahlung von Beryllium mit Deuteronen eines Zyklotrons erzeugt waren, zur Ausblendung hat Aebersold (1942) eine besondere Blende angegeben. Stone berichtet 1948 über die Ergebnisse der Neutronentherapie an 251 Patienten und kommt zu dem Schluß, daß schnelle Neutronen ungünstigere Effekte hervorrufen als die konventionelle Röntgentherapie. Dabei handelte es sich sowohl um oberflächliche als auch um tiefgelegene Tumoren verschiedener Organe und Lokalisationen. Die relative biologische Wirksamkeit schneller Neutronen für das Strahlenerythem der Haut lag bei über 2. Die therapeutische Breite zwischen Tumorbeeinflussung und Spätschädigung von tumorfreien Geweben ist nach Stone gering. Neutronentherapie haben Catteral et al. (1971) erneut mit Erfolg bei Kopf-Hals-Tumoren angewandt.

Neutronen haben im Gewebe hohe Ionisationsdichte und hohen linearen Energietransfer (LET), so daß die Empfindlichkeitsunterschiede zwischen aeroben und hypoxischen Zellen kleiner werden, die Repair von Strahlenschäden fehlt fast völlig, die Abhängigkeit von der Zellzyklusphase ist gering (Abb. 7). Die Fraktionierung der Neutronenstrahlung ist im Vergleich zu locker ionisierender Strahlung weniger entscheidend. In vielen Fällen von Weichteilsarkomen (Schmitt et al.

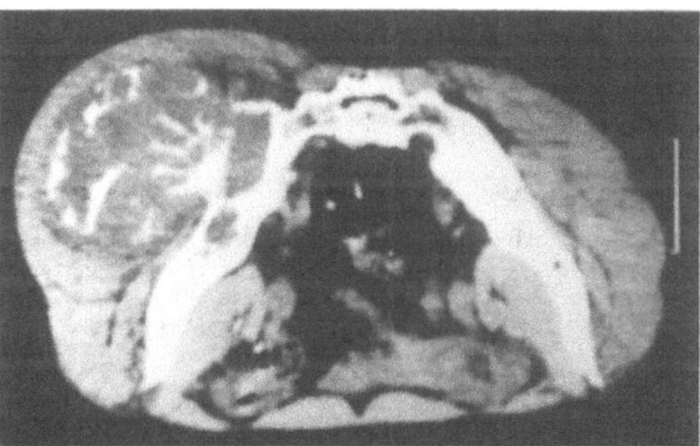

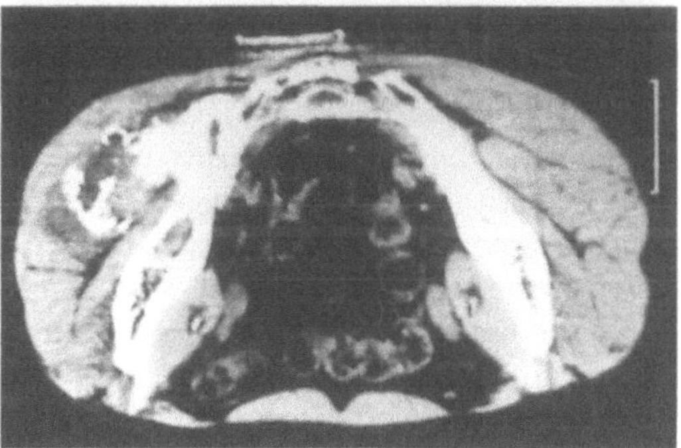

Abb. 7. Computertomographie eines Patienten mit Ewing-Sarkom in der linken Glutäalregion, Vollremission nach hochdosierter Neutronentherapie für über 2 Jahre

1985), Speicheldrüsentumoren, Bronchialkarzinomen, Melanomen, Prostata-, Rektum- und Ösophaguskarzinomen sowie Hirntumoren erfolgt wegen der Komplikationen nach alleiniger Neutronentherapie eine Mischtherapie mit Photonen.

Radiogene Nebenwirkungen

Der erste Bericht über eine Schädigung durch Röntgenstrahlung stammt bereits aus dem Jahre 1896. Der Ingenieur Leppin berichtete über eine Schädigung seiner Hand, die er - wie damals üblich - als Testobjekt zur Röhrenprüfung benutzt hatte. Mit naturwissenschaftlicher Genauigkeit wird hier auch schon das chronische Radioderm der Haut beschrieben: Die geschädigte Haut erschien „gerötet und runzlig, so daß sie um viele Jahre älter erschien, als ihre gesunde Schwester". Fast gleichzeitig wurde von Markuse über schwere Haar- und Hautveränderungen nach Durchleuchtungsversuchen berichtet (1896).

Die Beobachtung, daß radioaktive Strahlung zu einer Hautschädigung führen kann, wurde erstmals 1900 von Walkhoff publiziert, der nach einer Bestrahlung des Unterarms Entzündungssymptome beobachtete. Die gleiche Entdeckung machte Becquerel (1901) durch Zufall: Er hatte 14 Tage lang ein Radiumröhrchen in der Westentasche getragen und auf der Bauchhaut Brandwunden erlitten.

Die ersten Berichte über eine Störung des Skelettwachstums nach einer Röntgenbestrahlung stammen von Perthes, der 1903 durch einseitige Bestrahlung bei Hühnerküken experimentell eine Wachstumshemmung der Flügel nachweisen konnte.

Bei der beständig zunehmenden Verwendung von Röntgen- und Radiumstrahlung in der physikalischen Grundlagenforschung, der Biologie und der Medizin ist es nicht verwunderlich, daß sich in den folgenden Jahren die kasuistischen Berichte über schwerwiegende Strahlenfolgen an der Haut und später auch an tiefer liegenden Geweben und inneren Organen häuften. Nachdem durch kritiklose Anwendung der ionisierenden Strahlung und durch eine unkontrollierte Ausweitung der Indikationen zur Strahlentherapie in den 20er Jahren sich die schweren radiogenen Komplikationen häuften und die Strahlentherapie insgesamt diskreditiert zu werden drohte, kam es zu einer umfassenden wissenschaftlich fundierten Diskussion radiogener Komplikationen, die sich im deutschen Sprachraum in der die gesamte bisherige Literatur umfassenden Monographie von Flaskamp über Röntgenschäden und Schäden durch radioaktive Substanzen 1930 niederschlug.

Da die außergewöhnliche biologische Effektivität ionisierender Strahlung auf sämtliche Gewebe und ihre Fähigkeit zur Induktion von malignen Tumoren, insbesondere von Leukämien, nicht bekannt war und nach den ersten kasuistischen Berichten sich Strahlenschutzmaßnahmen nur sehr langsam durchsetzten, erlitt eine ganze Generation von Naturwissenschaftlern und Medizinern schwere Gesundheitsschäden, die bei vielen dieser Pioniere zu langjährigem Siechtum und zum Tode führten. Auf eine Initiative von Meyer hin wurde 1937 in einem Sonderband zur Strahlentherapie eine Sammlung von Biographien der an Spätfolgen ihrer wissenschaftlichen und ärztlichen Beschäftigung mit Röntgen- oder Radiumstrahlung verstorbenen Männer und Frauen zusammengestellt. In diesem „Ehrenbuch der Röntgenologen und Radiologen aller Nationen" befinden sich 169 Biographien, davon allein aus dem deutschen Sprachraum 26, darunter so bekannte Namen wie Albers-Schönberg, Bergonié, Holzknecht und Frau Sklodowska-Curie.

Am 4. 4. 1936 erfolgte durch die Deutsche Röntgengesellschaft die Einweihung eines Gedenksteines, der die Liste dieser Namen trägt, im Allgemeinen Krankenhaus St. Georg in Hamburg. In alphabetischer Anordnung sind die Namen der Ärzte, Physiker, Chemiker, Laboranten und Krankenschwestern eingemeißelt, deren Tod infolge Strahlenschädigung im Beruf verbürgt ist. Auf der Vorderseite weist eine kurze Inschrift darauf hin, daß alle diese Männer und Frauen aus der ganzen Welt die Wegbereiter für die jetzt mögliche gefahrlose Anwendung der Strahlen gewesen sind.

Ein zentraler Schritt für die Einordnung strahlenbedingter Komplikationen in ein therapeutisches Konzept gelang Holthusen (1936) in seiner Arbeit

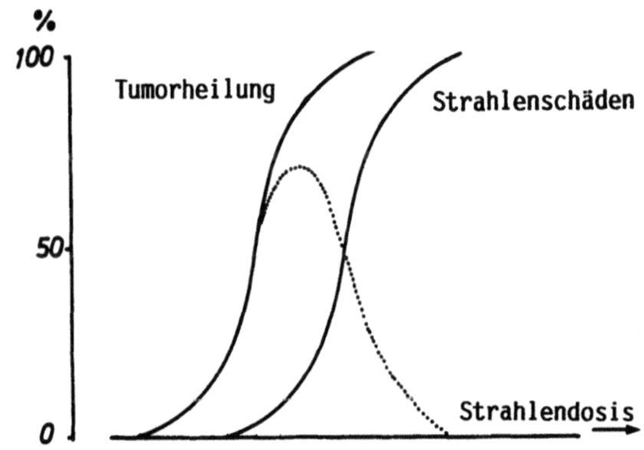

Abb. 8. Abhängigkeit der Tumorheilung und Strahlenschädigung von der Strahlendosis. (Holthusen 1936)

„Erfahrungen über die Verträglichkeitsgrenze für Röntgenstrahlen und deren Nutzanwendung zur Verhütung von Schäden". In dieser Publikation wird die therapeutische Breite einer Strahlentherapie definiert und das Dosisoptimum zwischen den Dosis-Effekt-Kurven der Tumorvernichtung und der Überschreitung der Gewebetoleranz festgelegt (Abb. 8).

Gegenwärtiger Stand und Ausblick

Während der letzten 2 Jahrzehnte war die Stellung der Strahlentherapie im onkologischen Gesamtkonzept neu zu definieren wegen der rapiden, weithin mit bevorzugtem Interesse verfolgten Entwicklung der Chemotherapie und wegen der Erfolge in der Tumorchirurgie.

In jüngster Zeit werden die Erfolge der Radiotherapie jedoch wieder stark beachtet, weil sie kritischen Überprüfungen standhalten, weil die Planung konsequent auf den Ergebnissen der modernen radiodiagnostischen Verfahren basiert, das Zielvolumen, die Dosierung und Fraktionierung optimiert werden konnten und weil schließlich die interdisziplinäre Zusammenarbeit in der Onkologie verbessert wurde (zum Winkel et al. 1987).

Nach De Vita (1982) beträgt die Fünfjahresüberlebensrate für Patienten mit bösartigen Tumoren aller Altersgruppen, Lokalisationen und Stadien 45%, daran ist die Chirurgie mit 20–25%, die Radiotherapie mit 10–15% und die Chemotherapie mit 2–5% beteiligt.

Die Strahlentherapieplanung beruht auf den Resultaten der Diagnostik. Eine Sicherheitszone von 1–2 cm um den Tumor ist zu berücksichtigen. Die dreidimensionale Planung, eingeführt von Goitein u. Abrams (1983), fortgeführt von Schlegel et al. (1987) basiert auf Computertomographiedaten und arbeitet nach einem volumenelement-orientierten Rechnungsverfahren, das individuelle räumliche Strukturen zusammensetzt und beliebig geformte, sich zeitlich ändernde Strahlenfelder bestimmen läßt. Die Methode findet Berücksichtigung bei der Pendelkonvergenzbestrahlung von Hirntumoren (Sturm et al. 1983), der Konformationstherapie (Takahashi 1965), z. B. von Lungentumoren mit Lamellenkollimator, und von Wirbelmetastasen mit der Pendeltranslationstechnik (Bohndorf 1967).

Für die Therapie spielen Änderungen der räumlichen und zeitlichen Dosisverteilung eine entscheidende Rolle. Die Protonentherapie (Munzenrider et al. 1985) hat eine hohe Durchdringungsfähigkeit und kann in dem am Ende der Bahn befindlichen Bragg'Peak moduliert oder gespreizt werden, um das Dosismaximum homogen auf ein Areal in der Tiefe zu verteilen (Graffman u. Jung 1970). Indikationen sind Aderhautmelanome, Chordome und Chondrosarkome der Schädelbasis und Halswirbelsäule, Tumoren im Kopf-Hals-Bereich, Weichteilsarkome und Prostatakarzinom (Suit et al. 1977).

Intensive Bemühungen gelten unterschiedlichen Fraktionierungsschemata unter der Vorstellung, die Therapieresultate zu verbessern, die Therapiezeit zu verkürzen oder durch Intervalle zu unterbrechen und somit eine bessere Toleranz für die Strahlentherapie zu erreichen (Wannenmacher 1987).

Die Brachytherapie, entweder in interstitieller Form oder als Nachladeverfahren, ist – besonders in Kombination mit der perkutanen Strahlentherapie – noch nicht voll ausgeschöpft. Bei der nuklearmedizinischen Therapie steht die Entwicklung neuer Radiopharmaka mit selektiver Anreicherung in Tumoren im Vordergrund, auch gelten erhebliche Anstrengungen der Behandlung von nichtmalignen Erkrankungen.

Die Schwerionentherapie erfordert außerordentlichen Aufwand mit Physik und Informatik, sie ist indiziert bei Chordomen, Chondrosarkomen, Meningeomen und Aderhautmelanomen, aber auch bei Knochen- und Weichteiltumoren (Castro 1987). Noch höherer Aufwand ist nötig für die Vorbereitung, Planung und Durchführung der Strahlentherapie mit Pionen (Greiner u. Blattmann 1987).

Weitere intensive, experimentelle wie klinische Forschung benötigt die Kombination von Radio- und Chemotherapie. Sinclair fand 1968 bei In-vitro-Experimenten hohe Strahlensensibilität in der G2-Phase des Zellzyklus, doch hatten klinische Studien von Nitze et al. (1972) und Ammon et al. (1973) nur beschränkten Wert, weil trotz chemotherapeutischer Beeinflussung des Zyklus die meisten Tumorzellen sich im G0-Stadium befinden. Cooper berichtet 1992 über verbesserte Ergebnisse bei fortgeschrittenen Kopf-Hals-Tumoren unter gleichzeitiger Chemotherapie. Hartenstein et al. (1986) bestrahlten Kopf-Hals-Tumoren 2mal täglich in Kombination mit Cisplatin und Folsäure. Dombrowsky empfiehlt 1986 die kombinierte Radiochemotherapie des Analkarzinoms.

Die Pharmakoradiotherapie erstrebt erhöhte Wirkung im Tumorbereich und geringere Beeinflussung der gesunden Umgebung. Die Strahlensensibilität ist zu erhöhen durch Beeinflussung des Zellzyklus, durch die Wirkung auf sauerstoffarme Zellen und andere komplexe Effekte. Weitere intensive Forschungen über die gegenseitige

Wirkung von Strahlen- und Chemotherapie sind nötig.

Schlußwort

Die Entwicklung und der Ausbau der Strahlentherapie unter Einschluß der Therapie mit Radionukliden beruhen auf der großartigen, interdisziplinären Zusammenarbeit der Radiologen mit Physikern, Biologen und Vertretern der Elektrotechnik. Der Radiotherapeut bekennt sich über die Anwendung von physikalischen und biologischen Fortschritten hinaus zur humanitären Aufgabe des Arztes: sich um den Kranken umfassend zu sorgen und ihm nach besten Kräften zu helfen. Unverändert gilt weiter die Feststellung von Holthusen aus dem Jahre 1936:

„Die Leistungsfähigkeit der Röntgentherapie und der Umfang ihrer Anwendungsmöglichkeiten und ebenso das Vertrauen der Ärzte und Patienten in diese Behandlungmethode hängen davon ab, in welchem Maße es möglich ist, mit dem Auftreten unerwünschter Nachwirkungen im Voraus zu rechnen, um sie als Einsatz dem, was bei der Behandlung zu gewinnen ist, gegenüberstellen zu können und ihre stärkeren und gefährlicheren Grade überhaupt zu vermeiden."

Literatur

Abe M, Yabumoto E, Takanashi M, Tobe T, Mori K (1974) Intraoperative radiotherapy of gastric cancer. Cancer 34:2034–2041

Aebersold PC (1942) The cyclotron; a nuclear transformer. Radiology 39:513

Albers-Schönberg (1903) Über eine bisher unbekannte Wirkung der X-Strahlen auf den Organismus der Tiere. Münch Med Wochenschr 1859

Ammon J, Karstens JH (1987) Pharmakoradiotherapie. In: zum Winkel K (Hrsg) Wirkungssteigerung der Strahlentherapie maligner Tumoren. Springer, Berlin Heidelberg New York Tokyo

Ammon J, zum Winkel K, Giesen M, Schwab W, Palme G (1973) Klinische Ergebnisse der synchronisierten Strahlentherapie unter Berücksichtigung ihrer theoretischen und experimentellen Basis. Laryng Rhinol Otol 52:825–833

Baclesse F, Eunuyer A, Cheguillaume J (1960) Est-on autorise a pratiquer une tumorectomie simple suivie de radiotherapy en cas de tumeur mammaire? Radiol Electrol 41:37–39

Bagshaw MA (1978) Radioactive therapy for cancer of the prostate. In: Skinner DG, de Kernion JB (eds) Genitourinary cancer. Saunders, Philadelphia

Beck C (1907) Über Kombinationsbehandlung bei bösartigen Neubildungen. Berlin Klin Wochenschr 1335–1338

Becker J, Scheer K (1951) Radiokobalt als plastisches Präparat zur Strahlenbehandlung. Strahlentherapie 85:581–588

Becker J, Schubert G (Hrsg) (1961) Die Supervolttherapie. Thieme, Stuttgart

Becker J, Weitzel G (1956) Neue Formen der Bewegungsbestrahlung beim 15-MeV-Betatron der Siemens-Reiniger-Werke. Strahlentherapie 101:180–190

Becker J, Werner K, Weitzel G (1955) Lokalisations- und Einstelltechnik bei dem 15-MeV-Siemens-Betatron. Strahlentherapie 97:202–210

Becquerel H (1896) Sur les radiations emises par phosphorescence. Compt Rend Acad Sci 122:420–421

Behnken H (1924) Z Tech Phys 4:3

Benoist L (1902) Experimental definition of various types of x-rays by the radiochromator. CR Acad Sciences (Paris) 134:225

Bergonié J, Tribondeau L (1906) Action des rayons X sur le testicule. Arch Elektr Med 14:779–923, 974, 911

Bergonié J, Tribondeau L (1906) Une interpretation de quelques resultats de la radiotherapie et essai de fixation d'technique rationelle. CR Acad Sci (Paris) 143:983–985

Bohndorf W (1967) Zur Bestrahlung großer Herdfelder in der Therapie mit energiereicher Strahlung. II. Mitt.: Die Dosisverteilung bei der Pendeltranslation. Strahlentherapie 132:370–378

Bohr N (1913) On the constitution of atoms and molecules. Phil Mag 26:476, 857

Braunbehrens H von (1981) Vorbestrahlung am verlorenen Material. In: Wannenmacher M (Hrsg) Kombinierte chirurgische und radiologische Therapie maligner Tumoren. Urban & Schwarzenberg, Berlin Wien, S 166–168

Breit A (Hrsg) (1992) Tumor response monitoring and treatment planning. Springer, Berlin Heidelberg New York Tokyo

Calle R, Pilleron JP, Schlienger P, Vilcoq JR (1978) Conservative management of operable breast cancer; 10 years experience at the Fondation Curie. Cancer (Philad) 42:2045–2053

Cannon B, Randolph JS, Murray JE (1959) Malignant irradiation for benign conditions. New Engl J Med 260:197–202

Castro JR (1987) Strahlentherapie mit schweren Ionen am Lawrence Berkeley Laboratory. In: zum Winkel (Hrsg) Wirkungssteigerung der Strahlentherapie maligner Tumoren. Springer, Berlin Heidelberg New York Tokyo, S 136–145

Catteral M, Rogers C, Thomlinson RH, Field SB (1971) An investigation into the clinical effects of fast neutrons. Br J Radiol 44:603–611

Chaoul H (1934) Die Behandlung bösartiger Geschwülste durch eine der Radiumtherapie angepaßte Röntgenbestrahlung. Münch Med Wochenschr 1:235–239

Chiappa S (1962) Il valore diagnostico e terapeutico della adenolintografia. Atti Acc Med Lombarda 17:16

Christen T (1912) Absolutmessung der Röntgenstrahlenqualität und ihre Anwendung in der Röntgentherapie. Verh Dtsch Röntgenges 13:112–122
Churchill-Davidson J, Sanger C, Thomlinson RH (1957) Oxygenation in radiotherapy. II. Clinical application. Br J Radiol 30:406–422
Coolidge WD (1913) A powerful roentgen ray tube with a pure electron discharge. Phys Rev 2:409–430
Cooper JS (1992) Induction chemotherapy in advanced head and neck tumours. Int J Radiat Oncol Biol Phys 23:671–672
Court-Brown WM, Doll R (1965) Mortality from cancer and other cancers after radiotherapy for ankylosing spondylitis. Br Med J 1327–1332
Coutard H (1932) Roentgentherapy of epitheliomas of the tonsillar region, hypopharynx and larynx from 1920 to 1926. Am J Roentgenol 28:313–331
Cox JD (ed) (1994) Moss radiation oncology, 7th edn. Mosby, St. Louis
Curie I, Joliot F (1934) Nature 133:201
Curie M (1903) Recherches sur les substances radioactives. Doctoralthesis, Univ Sorbonne, Paris
Curie P, Curie M (1898) Sur une substance nouvelle radioactive, contenue dans la pechblende. Comt Rend Acad Sci 127:175–178
Czerny V (1912) Das Samariterhaus. Hörning, Heidelberg
Dale WM (1966) Direct and undirect effects of ionizing radiations. In: Zuppiner A (Hrsg) Handbuch Medizinische Radiologie, Bd II. Strahlenbiologie Teil 1. Springer, Berlin Heidelberg New York, S 1–38
Daniel J (1896) Letter. Science 3:562
Dessauer F (1923) Über einige Wirkungen von Strahlen. Z Physik 12:38–47, 20:288–298
Dessauer F, Lion K, Muhterem G (1937) Versuche mit der Rotationsbestrahlung. Strahlentherapie 60:546–556
De Vita VP (1982) Intern Cancer Congress, Seattle
Dombrowsky W (1986) Kombinierte Radio-Chemotherapie des Analkarzinoms. Wien Klin Wochenschr 11:361–365
Eichhorn HJ, Hüttner J (1982) Der Einfluß unterschiedlicher Einzeldosen und Fraktionszahlen auf die Strahlenwirkung. Strahlentherapie 158:151–155
Eisenberg RL (1992) Radiology. An illustrated history. Mosby, St. Louis
Ellegast N, Thurnher B (1961) Anfänge der Röntgenologie in Wien. Fortschr Röntgenstr 96:145–150
Ellis F (1969) Dose time and fractionation: a clinical hypothesis. Clin Radiol 20:1–7
Ellis F (1971) Nominal standard dose and the ret. Br J Radiol 44:101
Flaskamp W (1930) Über Röntgenschäden und Schäden durch radioaktive Substanzen. Sonderband zur Strahlentherapie. Urban & Schwarzenberg, Berlin Wien
Fletcher GH, Jesse RH, Healey JE (1967) Oropharynx. In: Mac Comb WS, Fletcher GH (eds) Cancer of the head and neck. Williams & Wilkins, Baltimore, pp 179–212
von Fournier D (1989) In Memory of Joseph Hirsch (1876–1947) In: Kubli F, von Fournier D (eds) Breast diseases. Springer, Berlin Heidelberg New York Tokyo, pp 1–6
Fowler JF, Taner MA, Bataini JP (1990) Further analysis of the time factor in squamous cell carcinoma of the tonsillar region: Radiother Oncol 19:237–244
Freund L (1897) Ein mit Röntgenstrahlen behandelter Fall von Naevus pigmentosus piliferus. Demonstr Ges Ärzte Wien 15.1.
Freund L (1902) Grundriß der gesamten Röntgentherapie für praktische Ärzte. Urban & Schwarzenberg, Berlin Wien
Fuchs G, Hofbauer J (1966) Das Spätresultat einer vor 70 Jahren durchgeführten Röntgenbestrahlung. Strahlentherapie 130:161–166
Gauwerky F (1975) Begriffe der Bestrahlungsplanung. In: Röntgenkongress 1974. Thieme, Stuttgart
Gilbert R, Babaiantz L (1931) Notre methode de roentgentherapie de la lymphogranulomatose (Hodgkin); resultats eloignes. Acta Radiol (Stockholm) 12:523–529
Glasser O (1931) Wilhelm Conrad Röntgen and the early history of the Roentgen rays. Springer, Berlin
Gocht H (1897) Therapeutische Verwendung der Röntgenstrahlen. Fortschr Röntgenstr 1:14–22
Goitein M (1979) Computed tomography in radiation therapy planning. Int J Radiat Oncol Biol Phys 5:445–447
Goitein M, Abrams M (1983) Multi-dimensional treatment planning. Int J Radiat Oncol Biol Phys 9:777–797
Goldschmidt H, Panizzon R (1991) Modern dermatologic radiation therapy. Springer, Berlin Heidelberg New York Tokyo
Graffman S, Jung B (1970) Clinical trials in radiotherapy and the merits of high energy protons. Acta Radiol Ther Phys Biol 9:1–23
Greiner R, Blattmann H (1987) Strahlentherapie mit negativen Pi-Mesonen. In: zum Winkel K (Hrsg) Wirkungssteigerung der Strahlentherapie maligner Tumoren. Springer, Berlin Heidelberg New York Tokyo, S 146–165
Grubbe EH (1949) X-ray treatment, its origin, birth and early history. Bruce St. Paul, Minn
Gund H, Schittenhelm R (1953) Die physikalischen Eigenschaften der Strahlenbündel der 15 meV-Elektronenschleuder der Siemens-Reiniger-Werke. Strahlentherapie 92:506–531
Hahn O, Strassmann F (1939) Über den Nachweis und das Verhalten der bei der Bestrahlung des Urans mittels Neutronen entstehenden Erdalkalimetalle. Naturwissenschaften 27:11
Hartenstein RC, Wendt TG, Wustrow TPU, Trott K-R (1986) Simultaneous twice-daily-radiotherapy (RT) and Cisplatin (DDP)-5 FU-chemotherapy with folinic ACID (FA) enhancement (SCC) of the head and neck. Proc Am Soc Clin Oncol 5:126
Heineke H (1904) Über die Einwirkung der Röntgenstrahlen auf innere Organe. Münch Med Wochenschr 51:785
Henschke U (1938) Über Rotationsbestrahlung. Fortschr Röntgenstr 58, 456–461
Henschke UK (1960) „Afterloading" applicator for radiation therapy of the carcinoma of the uterus. Radiology 74:834

Henschke UK, Hilaris BS, Mahan GD (1964) Remote afterloading with intracavitary applicators. Radiology 83:344
Henschke UK, James AG, Myers WG (1953) Radiogold seeds in cancer therapy. Nucleonics II:46–49
Hermann H-J (1978) Computertomographie in der Planung und Kontrolle der Strahlentherapie. Habilitationsschrift, Universität Heidelberg
Hertz S, Roberts A (1942) Application of radioactive Iodine in therapy of Graves' disease. J Clin Invest 21:31
Hess F (1976) Die Strahlentherapie gutartiger Erkrankungen. In: Scherer E (Hrsg) Strahlentherapie, Springer, Berlin Heidelberg New York
Hevesy G von (1923) Biochem J 17:439
Hevesy G von (1961) Historische Übersicht der Anwendung von Isotopindicatoren. In: Schwieg KH, Turba F (Hrsg) Künstliche radioaktive Isotope in Physiologie, Diagnostik und Therapie, Bd I. Springer, Berlin Göttingen Heidelberg, S 536–570
Hirsch J (1927) Radiumchirurgie des Brustkrebses. Dtsch Med Wochenschr 53:1419–1421
Hodges PC (1964) The life and times of Emil H. Grubbe. University Press, Chicago
Holthusen H (1926) Theoretische Grundlagen der Strahlentherapie mit besonderer Berücksichtigung der Allgemeinwirkung. In: Meyer H (Hrsg) Lehrbuch der Strahlentherapie, Bd 1. Urban & Schwarzenberg, Berlin
Holthusen H (1926) Der Zeitfaktor bei der Röntgenbestrahlung. Strahlentherapie 21:275–305
Holthusen H (1931) Zur Geschichte der Langzeitbestrahlung. Strahlentherapie 41:435–449
Holthusen H (1936) Erfahrungen über die Verträglichkeitsgrenze für Röntgenstrahlen und deren Nutzanwendung zur Verhütung von Schäden. Strahlentherapie 57:254–269
Holzknecht G (1908) Chromo-radiometer. Fortschr Röntgenstr 4:1–49
Horst W (1961) Radiojod in Diagnostik und Therapie von Schilddrüsenneoplasmen. In: Schwieg KH, Turba F (Hrsg) Künstliche radioaktive Isotope in Physiologie, Diagnostik und Therapie, Bd II. Springer, Berlin Göttingen Heidelberg, S 886–950
Hounsfield GN (1973) Computerized axial scanning tomography. Part 1. Description of system. Br J Radiol 46:1016–1022
Hug O (1977) Einführung in das Problem des Zeitfaktors und seine therapeutische Bedeutung. Strahlentherapie 153:362–370
Johnson W, Merrill WH (1900) The x-rays in the treatment of carcinoma. Phila Med J 6:1089–1091
Jüngling O (1926) Ist die prophylaktische Bestrahlung beim Mammacarcinom berechtigt? Strahlentherapie 653–666
Kaanders JHAM, van Daal WAJ, Hoogenraad WJ, van der Kogel AJ (1992) Accelerated fractionation radiotherapy for laryngeal cancer, acute, and late toxicity. Int J Radiat Oncol Biol Phys 24:497–503
Kaplan HG (1962) The radical radiotherapy of regionally localized Hodgkins' disease. Radiology 78:533–561
Kaplan HS, Bagshaw MA (1957) The Stanford medical linear accelerator. III. Application to clinical problems of radiation therapy. Stanford Med Bull 15:141–151
Kerst DW (1940) Acceleration of electrons by magnetic induction. Phys Rev 58:481
Kienböck R (1900) Die Einwirkung des Röntgenlichtes auf die Haut. Münch Med Wochenschr 47:1581–1582
Kienböck R (1907) Radiotherapie, ihre biologischen Grundlagen, Anwendungsmethoden und Indikationen. Enke, Stuttgart
Kimmig BN (1988) Selektive Strahlentherapie endokriner Tumoren. Enke, Stuttgart
Kohler A (1939) Die Pendelbestrahlung, ein Fortschritt in der Behandlung tiefgelegener Krebse des Verdauungstraktes. Monatsschr Krebsbekämpfung 5:125–136
Kolle FS (1896) A new x-ray meter. Electr Engin 22:602
Küstner H (1924) Die Standardisierung der Röntgendosismessung. Strahlentherapie 17:1
Kuttig H (1971) Bewegungsbestrahlung. In: Diethelm L, Olsson O, Strnad F, Vieten H, Zuppinger A (Hrsg) Handbuch der Medizinischen Radiologie, Bd XVI, Teil 2. Springer, Berlin Heidelberg New York, S 255–335
Kuttig H (1987) Klinische Aspekte. In: zum Winkel K (Hrsg) Wirkungssteigerung der Strahlentherapie maligner Tumoren. Springer, Berlin Heidelberg New York Tokyo, S 17–35
Lawrence JH (1940) Nuclear physics and therapy; preliminary report on a new method of treatment of leukemia and polycythemia. Radiology 35:41
Lederman M (1981) The early history of radiotherapy: 1895–1939. Radiat Oncol Biol Phys 7:639–648
Leppin O (1986) Dtsch Med Wochenschr 28
Markuse (1896) Dermatitis und Alopecie nach Durchleuchtungsversuchen mit Röntgenstrahlen. Dtsch Med Wochenschr 30
McWhriter R (1948) Value of simple masteotomy and radiotherapy in treatment of cancer of the breast. Br J Radiol 21:599–617
Mende U (1992) Therapeutische und ökonomische Konsequenzen der sonographischen Diagnostik von Kopf-Hals-Tumoren. Habilitationsschrift, Universität Heidelberg
Merewether H, Osborn SB, Wygard SJ (1952) The instillation of 60-Co in a gamma ray beam unit. Acta Radiol Stockholm 37:459–486
du Mesnil de Rochemont R (1937) Dosierungsgrundlagen der Rotationsbestrahlung. Strahlentherapie 60:648–674
Meyer H (1913) Das Problem der „Kreuzfeuerwirkung" in der gynäkologischen Röntgentherapie. Zentralbl Gynäkol 37:1741
Meyer H (1925) Lehrbuch der Strahlentherapie, 4 Bd. Urban & Schwarzenberg, Berlin Wien
Meyer H (Hrsg) (1937) Ehrenbuch der Röntgenologen und Radiologen aller Nationen. Sonderband zur Strahlentherapie. Urban & Schwarzenberg, Berlin Wien
Mould RF (1993) A century of X-rays and radioactivity in medicine. Instit Physics Publish, Bristol Philadelphia

Munzenrider JE, Austin-Seymour M, Blitzer PJ (1985) Proton therapy at Harvard. Strahlentherapie 161: 756–763

Munzenrider JE, Pilepick M, Rene-Ferrero JB, Tchakarova I, Carter BL (1977) Use of body scanner in radiotherapy treatment planning. Cancer 40:170–179

Musshoff K (1987) Maligne Systemerkrankungen. In: Scherer E (Hrsg) Strahlentherapie: radiologischer Onkologie, 3. Aufl. Springer, Berlin Heidelberg New York Tokyo, S 1080–1332

Musshoff K, Bontis L, Obrecht P, Karsch T (1968) Die Lebenserwartung bei der chronisch myeloischen Leukämie in Abhängigkeit von individuellen und krankheitsspezifischen Faktoren und der Therapie der Freiburger Ergebnisse 1945–1966. Verh Dtsch Ges Med 74:648–652

Myers WG (1948) Radioactive needles containing cobalt 60. Science 107:621

Nitze HR, Ganzer U, Vosteen K-H (1972) Dis Strahlenbehandlung maligner Tumoren nach Synchronisation des Zellteilungsrhythmus. Strahlentherapie 143: 329

Pannewitz von G (1933) Die Röntgentherapie der Arthrosis deformans. Klinische und experimentelle Untersuchungen Ergeb Med Strahlenforsch 6:61–126

Perez CA, Brady LW (eds) (1992) Principles and practice of radiation oncology, 2nd edn. Lippincott, Philadelphia

Perrin JB (1896) Acad Sci (Paris) 123:878

Perthes G (1903) Über den Einfluß der Röntgenstrahlen auf epitheliale Gewebe, insbesondere auf das Carcinom. Langenbecks Arch Klin Chir 71:955–1000

Perthes J, Tribondeau I (1904) Experiments to determine the transparency of human tissues to roentgen rays and the significance of this transparency of tissues in radiation therapy. Fortschr Röntgenstr 8:1

Peters MV (1950) A study of survivals in Hodgkin's disease treated radiologically. Am J Roentgenol 63:299–311

Pierquin B (1987) Interstitielle Brachytherapie. In: zum Winkel K (Hrsg) Wirkungssteigerung der Strahlentherapie maligner Tumoren. Springer, Berlin Heidelberg New York Tokyo, S 93–101

Pierquin B, Chassagne D, Perez R (1964) Précis de Curietherapie. Masson, Paris

Pinkel D, Simone J, Hustu HO, Aur RJA (1972) Nine years experience with total therapy of childhood acute lymphocytic leukemia. Pediatrics 50:246–251

Pusey WA, Caldwell EW (1904) The practical application of roentgen rays in the therapeutics and diagnosis. Saunders, Philadelphia

Quastler H (1945) Studies on Roentgen death in mice. Am J Roentgenol 54:449–456

Rajewski B (1954) Strahlendosis und Strahlenanwendung. Thieme, Stuttgart

Rassow J (1976) Physikalisch-methodische Grundlagen. In: Scherer E (Hrsg) Strahlentherapie. Springer, Berlin Heidelberg New York

Ratti A (1962) Adenolinfografia-introduzione al tema. Atti Acc Med Lombarda 17:12

Regaud C (1923) The latent period of the biologic effects of x-rays, etc., as explanation of the histophysiology. Bull Acad Nat Med (Paris) 91:375

Reisner A (1930) Untersuchungen über die Veränderungen der Haut-Toleranz bei verschiedener Unterteilung der Strahlendosis. Strahlentherapie 37:779–787

Reisner A (1933) Hauterythem und Röntgenstrahlung. Ergeb Med Strahlenforsch 6:1–60

Rieden K (1988) Knochenmetastasen. Springer, Berlin Heidelberg New York Tokyo

Rock Carling F (1930) Radiumteletherapy. Note on the apparatus at present in use at the Westminster Hospital, with four grams of radium. Br Med J 1:232–234

Röntgen W (1895) Über eine neue Art von Strahlen. Sitzungsberichte Würzburg Phys-Med Ges 9:132–141

Rotte K (1981) Ferngesteuerte Afterloadingverfahren. In: Wannenmacher MC (Hrsg) Kombinierte chirurgische und radiologische Therapie maligner Tumoren, Bd 76. Urban & Schwarzenberg, Berlin Wien, S 313

Rotte K (1993) Radium therapy to remote afterloading: Historical review of gynaecological brachytherapy development in Germany. In: Mould RF, Müller RP (eds) Brachytherapy. Veenman Druckers, Wageningen, pp 84–106

Rutherford (1906) Radioactive transformations. Yale University Press, New Haven, Conn

Rutherford E (1910) Radioactive Substances and their radiations. Cambridge University Press, Cambridge

Sabourand R, Noire H (1904) Traitement des teigues fondantes par rayon. Presse Med 12:825–827

Schaefer H, Witte E (1932) Über eine neue Körperhöhlenröntgenröhre zur Bestrahlung von Uterustumoren. Strahlentherapie 44:283–292

Scheer KE (1961) Geräte und Konstruktionsmerkmale. In: Becker J, Schubert G (Hrsg) Die Supervolttherapie. Thieme, Stuttgart

Scherer E (Hrsg) (1987) Strahlentherapie: radiologische Onkologie, 3. Aufl. Springer, Berlin Heidelberg New York Tokyo

Scherer E (1993/1994) Chronik der Strahlentherapie 1900–1960, Bd 1: 1900–1925, Bd 2: 1926–1936. Urban & Vogel, München

Schinz HR (1959) Sechzig Jahre medizinische Radiologie. Probleme und Empirie. Thieme, Stuttgart

Schlegel W, Boesecke E, Bauer B (1987) Dreidimensionale Therapieplanung der dynamischen Therapie und der Konformationstherapie. In: zum Winkel K (Hrsg) Wirkungssteigerung der Strahlentherapie maligner Tumoren. Springer, Berlin Heidelberg New York Tokyo, S 47–57

Schmitt G, Scherer E, von Essen CF (1985) Neutron and Neutron boost irradiation of soft tissue sarcomas. Strahlentherapie 161:784–786

Schoen D, Bauer R (1968) Ergebnisse der Milzbestrahlung bei 175 Fällen mit chronisch myeloischer Leukämie. Strahlentherapie 135:1–10

Schumacher W (1973) Nutzbarmachung neuer Erkenntnisse über die Fraktionierung bei der Bestrahlung bösartiger Tumoren für die Praxis. Röntgenberichte 1:91–100

Seidlin SM, Marinelli LD, Osbry E (1946) Radioactive Iodine therapy; effect on functioning metastases of adenocarcinomas of the thyreoid. J Am Med Assoc 132:838

Senn N (1903) Case of splenomedulary-leukemia, successfully treated by the use of the Roentgen Rays. Medical Record, New York, L:XIII

Senn Nicholas (1903) Therapeutic value of the Roentgen ray in the treatment of pseudoleukemia. New York Med J L:XXVII

Sjögren T (1899) Strahlenbehandlung eines Plattenepithelkarzinoms der Wange. Sitzg Ges Schwedischer Ärzte 19:12

Sievert RM (1933) The new apparatus for teleradium treatment used at radiumhemmet. Acta Radiol 14:197–206

Sinclair WK (1968) Cyclic X-rays responses in mammalian cells in vitro. Radiat Res 33:629

Sindelar WF, Kinsella T, Tepper J, Travis EL, Rosenberg SA, Glatstein E (1983) Experimental and clinical studies with intraoperative radiotherapy. Surg Gynecol Obstet 157:205–219

Sokoloff N (1898) Röntgenstrahlen gegen Gelenkrheumatismus. Wien Med Wochenschr 12

Steenbeck M (1943) Beschleunigung von Elektronen durch elektrische Wirbelfelder. Naturwiss 31:234–235

Stenbeck T (1899) Strahlenbehandlung eines Basalzellenkarzinoms. Sitzg Ges Schwedischer Ärzte 19. 12

Stone RS (1948) Neutrontherapy and specific ionisation. Am J Roentgenol 59:771

Strandqvist M (1944) Studien über die kumulative Wirkung der Röntgenstrahlen bei Fraktionierung. Acta Radiol (Stockholm) Suppl 55

Streffer C (1977) Zeitliche Dosisverteilung in der Strahlenbiologie und -therapie. Strahlentherapie 153:361

Streffer C, van Beuningen D, Mirtsch G (1986) Untersuchungen zur Strahlensensibilisierung und Veränderung des Energiestoffwechsels durch Hyperthermie an Melanomzellen. In: Streffer C, Herbst M, Schwage H (Hrsg) Lokale Hyperthermie. Deutscher Ärzte-Verlag, Köln, S 11–12

Sturm V, Pastyr O, Schlegel W et al. (1983) Sterotactic computer tomography with a modified Richert-Mundiger device as the basis for integrated stereotactic neuroradiological investigations. Acta Neurochir 68:11–17

Suit HD, Goitein M, Tepper JE, Verhey LJ, Koehler AM, Schneider R (1977) Clinical experience and expectations with protons and heavy ions. Int J Radiat Oncol Biol Phys 3:115–125

Takahaski S (1965) Conformation Radiotherapy. Rotationstechnique as applied to radiography and radiotherapy of cancer. Acta Radiol (Stockholm) Supl 242

Teschendorf W (1927) Über Bestrahlung des ganzen menschlichen Körpers bei Blutkrankheiten. Strahlentherapie 26:720–728

Thomas ED, Storb R, Cliff RA, Fefer A, Johnson F, Neimann PE, Lerber KG, Glucksberg H, Buckner CD (1975) Bone marrow transplantation. New Engl J Med 292:832–843, 895–902

Trott K-R (1981) Vorbestrahlung der Tumoren aus der Sicht des Strahlenbiologen. In: Wannenmacher M (Hrsg) Kombinierte chirurgische und radiologische Therapie maligner Tumoren. Urban & Schwarzenberg, Berlin Wien, S 137–142

Trott K-R (1987) Biologische Aspekte. In: zum Winkel K (Hrsg) Wirkungssteigerung der Strahlentherapie maligner Tumoren. Springer, Berlin Heidelberg New York Tokyo, S 8–16

Trott K-R, Kummermehr J (1985) What is known about tumor proliferation rates to choose between accelerated fractionation or hyperfractionation? Radiother Oncol 3:1–9

Turesson I, Notter G (1984) The influence of fraction size in radiotherapy on the late normal tissue reaction-I: comparison of the effects of daily and once-a-week fractionation on human skin. Int J Radiat Oncol Biol Phys 10:593–598

van de Graaff RJ (1931) A 1,500,000 volt electrostatic generator. Phys Rev 32:1919–1920

van der Werf-Messing B (1971) Carcinoma of the bladder treated by preoperative irradiation followed by cystectomy. Eur J Cancer 7:467–472

Vikram B (1992) Does hyperfractionation reduce late complications in head and neck cancers. J Radiat Oncol Biol Phys 23:1097

Villard P (1908) The radiosclerometer. Arch Elect Med 14:692–699

Wagner G (1962) Zur Frage der Strahlenbelastung der Bevölkerung durch die dermatologische Röntgentherapie. Strahlentherapie 118:122–144

Walkhoff (1913) Die erste biologische Radiumwirkung. Eine historische Feststellung. Münch Med Wochenschr 36

Wang CC, Blitzer PH, Suit HD (1985) Twice-a-day radiation therapy for cancer of the head and neck. Cancer 55:2100–2104

Wannenmacher M (1987) Strahlentherapie mit unterschiedlichen Fraktionierungsrhythmen. In: zum Winkel K (Hrsg) Wirkungssteigerung der Strahlentherapie maligner Tumoren. Springer, Berlin New York Tokyo

Wannenmacher M, Slanina J, Kuphal K, Bruggmoser G (1978) Gegenwärtiger Stand der Großfeldtechnik unter Megavoltbedingungen bei der Strahlentherapie der Hodgkin'schen Erkrankung – Grundlagen, Durchführung, Nebenwirkungen. Radiologe 18:371–387

Weischedel U, Wieland C (1983) Ergebnisse der kombinierten Hyperthermie-Strahlentherapie maligner Tumoren des Kopf-Hals-Bereiches. Strahlentherapie 159:90

Werner R (1907) Ein Bestrahlungskonzentrator für Röntgentherapie. Verh Dtsch Röntgenges 3:114

Werner R (1925) Carcinom und Sarkome. In: Meyer H (Hrsg) Lehrbuch der Strahlentherapie. Urban & Schwarzenberg, Berlin Wien

Werner R, Caan A (1911) Über die Vorverlagerung intraabdomineller Organe zur Röntgenbestrahlung. Münch Med Wochenschr 58:553–557

Werner R, Caan A (1911) Über den Wert der Kombination von Röntgenstrahlen und Hochfrequenzbehandlung bei malignen Tumoren. Münch Med Wochenschr 36:1900–1903

Wideröe R (1928) Über ein neues Prinzip zur Herstellung hoher Spannungen. Arch Elektrotechnik 24: 387–406

Wideröe R (1959) Integraldosis für 200 keV-Röntgen- und für Megavoltstrahlen. Strahlentherapie 110:1–9

Wieland DM, Wu JJ, Brown LE, Mangner TJ, Swanson DP, Beierwaltes WH (1980) Radiolabeled adrenergic neuron-blocking agents: adrenomedullary imaging with 131-J iodobenzylguanidine. J Nucl Med 21:349

zum Winkel K (1980) Radiologische Onkologie in der Universitäts-Strahlenklinik Heidelberg. Ruperto Carola 32:95–101

zum Winkel K, Harbst H, Newiger I, Lange S, Nagel R, Emde H (1975) Endolymphatic radiotherapy in patients with urologic tumours. Abstr Intern Cong Lymphol, Buenos Aires-Rio de Janeiro

zum Winkel K, Frey M, Fritz P et al. (1987) Perspectives of Radiotherapy. Arzneimittelforsch Drug Res 37:263–272

zum Winkel K, Hermann H-J (1977) Anwendung der Ganzkörper-Computertomographie in der Strahlentherapie. Röntgenpraxis 30:291–297

zum Winkel K, Hermann H-J (1979) Computerized tomography in radiation treatment planning. In: Gerhardt P, van Kaick G (eds) Total body computerized tomography. Intern Sympos Heidelberg 1977. Thieme, Stuttgart, pp 232–241

Dosimetrie von Röntgenstrahlen

Gerhard Breitling

In seinen berühmten 3 Mitteilungen über eine neue Art von Strahlen aus den Jahren 1895, 1896 und 1897 berichtet W. C. Röntgen über den Nachweis und die Messung der Röntgenstrahlen durch die Beobachtung der Fluoreszenz von Bariumplatinzyanürschirmen, die Registrierung der Schwärzung photographischer Schichten und die Entladung positiv oder negativ geladener Körper durch die Ionisierung der umgebenden Luft, die von Röntgenstrahlen getroffen wurde. Die beschriebenen Beobachtungen über die Eigenschaften der X-Strahlen, die Untersuchungen über die Abhängigkeit der Wirkungen von der Härte der verwendeten Entladungsröhren und die Überlegungen über die chemischen und Wärmewirkungen können als Ausgangspunkt der Dosimetrie von Röntgenstrahlen gewertet werden. In der Folgezeit waren vor allem die an der Anwendung der Röntgenstrahlen interessierten Radiologen darauf bedacht, die Strahlungsemission meßtechnisch zu kontrollieren und dadurch die diagnostischen und therapeutischen Ergebnisse zu sichern.

Entwicklung der Ionisationsdosimetrie

Unter den verschiedenen beobachteten Strahlenreaktionen, die für die Kontrolle herangezogen werden konnten, zeichnete sich die Luftionisation durch den einfachen und vielerorts verfügbaren Aufbau der Meßanordnung aus. Die Luftionisation zeigte ferner hohe Empfindlichkeit und überzeugte durch gute Reproduzierbarkeit. Gegenüber anderen Strahlenreaktionen hatte die Luftionisation bei therapeutischen Anwendungen der Röntgenstrahlen außerdem den Vorteil, daß Luft wie das biologische Gewebe leichte Atome enthält und daher ähnliche Energieabhängigkeit der Strahlenwirkung erwarten läßt.

Bei den Messungen zeigte sich aber schon frühzeitig, daß die mit verschiedenen Ionisationskammern erhaltenen Ergebnisse nur dann übereinstimmten, wenn die gemessenen Ladungen ausschließlich von der Strahlenwirkung im bestrahlten Luftvolumen stammten und nicht von der Elektronenemission aus der von Strahlung getroffenen Kammerwand oder anderen umgebenden Körpern beeinflußt wurden. Auf Grund dieser Feststellung wurden von einigen nationalen Laboratorien sog. Freiluftkammern in Form von Faß- oder Parallelplattenionisationskammern gebaut, deren Konstruktion sicherstellte, daß die gemessenen Ladungen ausschließlich von der Ionisierung bestrahlter Luft herrührten. Im Röntgenbereich von 50–200 kV zeigten diese Standardkammern innerhalb ±0,5% übereinstimmende Werte, und selbst bei weichen Röntgenstrahlen betrugen die Abweichungen maximal 2–3%.

Von Behnken, der in der Physikalisch-technischen Reichsanstalt, dem in Deutschland zuständigen Laboratorium, eine solche Standardkammer entwickelte, wurde 1924 eine Definition einer Dosiseinheit mit folgendem Wortlaut vorgeschlagen:

„Die absolute Einheit der Röntgenstrahlendosis wird von der Röntgenstrahlenmenge geliefert, die bei Bestrahlung von 1 cm^3 von 18 °C Temperatur und 760 mm Quecksilberdruck bei voller Ausnützung der in der Luft gebildeten Elektronen und bei Ausschaltung von Wandwirkungen eine so starke Leitfähigkeit erzeugt, daß die bei Sättigungsstrom gemessene Elektrizitätsmenge eine elektrostatische Einheit beträgt. Die Einheit der Dosis wird 1 Röntgen genannt und mit R bezeichnet."

Die 1925 beim ersten internationalen Radiologenkongreß gegründete International Commission on Radiological Units and Measurements, die mit der Bearbeitung der bei der Strahlenmessung und -standardisierung auftretenden Probleme beauftragt wurde, übernahm 1928 die Behnkensche Dosisdefinition. Als Temperatur wurde 0 °C festgelegt und als Kurzzeichen für die Dosiseinheit r an Stelle des von Behnken gewählten R angegeben.

Eine wichtige fundamentale Änderung für die Dosiseinheit Röntgen brachte eine 1937 von der

ICRU beschlossene Definition. Danach sind bei der Messung des Sättigungsstromes alle Ionen zu erfassen, die von den Korpuskeln stammen, die im betrachteten Luftvolumen ausgelöst wurden und entlang ihrer gesamten Bahn innerhalb wie auch außerhalb des Volumens Ionen bilden. Meßtechnisch ist diese Forderung nur bei Vorliegen von Elektronengleichgewicht zu erfüllen, wenn also die Summe der kinetischen Energien der von der indirekt ionisierenden Strahlung erzeugten Sekundärelektronen, die in ein Volumelement eintreten, gleich der Summe der kinetischen Energien der aus dem Volumelement austretenden Teilchen ist.

Absorbierte Energie als Dosisgröße

Die Bedeutung der abgegebenen Energie für die Strahlenwirkung wurde bereits 1913 von Christen erkannt, der die auf das Volumen bezogene absorbierte Röntgenenergie als physikalische Dosis definierte, aus der sich die biologische Dosis durch Gewichtung mit einem Sensibilitätskoeffizienten des betreffenden Gewebes ergibt. Die Christenschen Vorstellungen wurden 1926 von Glocker präzisiert. Durch Vergleich der unter Verwendung physikalischer Wechselwirkungskoeffizienten berechneten Energieabgaben mit experimentellen Ergebnissen der betreffenden Bestrahlungen konnte Glocker zeigen, daß für die Wirkung der Röntgenstrahlen unabhängig von der Wellenlänge der Bruchteil der auffallenden Röntgenenergie maßgebend ist, der innerhalb des betrachteten Volumens in kinetische Energie von Photo- und Comptonelektronen verwandelt wird. Nachdem durch die Konstruktion von Elektronenbeschleunigern ultraharte Röntgenstrahlen verfügbar wurden, mußten neben den Photo- und Comptonelektronen auch Paarbildungselektronen in die Energiebilanz einbezogen werden. Der als Glockersches Grundgesetz der Röntgenstrahlenwirkung bekannt gewordene Sachverhalt wurde an einer Vielzahl von Strahlenreaktionen wie Luftionisation, Erregung von Fluoreszenzlicht, Änderung der Leitfähigkeit, photographische Schwärzung, chemische Wirkung und Verfärbung überprüft und generell bestätigt.

Schon frühzeitig wurde festgestellt, daß die Ionisierung von Luftmolekülen einen Energieaufwand erfordert. So gaben Rutherford und McClung bereits 1900 an, daß in Luft für die Bildung eines Ionenpaares durch Röntgenstrahlen 88 eV benötigt werden. Wegen der großen Bedeutung des Energiebedarfs pro Ionenpaar für die Ionisationsdosimetrie wurden wiederholt Untersuchungen mit verbesserter Meßtechnik durchgeführt. Eine große Zahl neuerer Messungen ergab übereinstimmend, daß der mittlere Energieaufwand pro Ionenpaar für Elektronen mit Energiewerten über 5 keV für Luft praktisch konstant ist und $33{,}97 \pm 0{,}15$ eV beträgt. Die mit einer Ionisationskammer pro R erzeugte Ladungsmenge der Ionenpaare von 1 elektrostatischen Einheit entspricht daher einer Energiegabe an die bestrahlte Luft von 87,7 erg.

Um für die abgegebene Energie ein Maß zu schaffen, schlug Parker 1948 vor, für ionisierende Strahlung eine Dosiseinheit einzuführen, mit der die volumenbezogene absorbierte Strahlungsenergie angegeben wird. Als Energiewert pro Volumeneinheit der mit roentgen-equivalent-physical (abgekürzt rep) bezeichneten Dosiseinheit wählte er 84 erg/cm^3, was nach der seinerzeitigen Kenntnis der an Luft pro Röntgen abgegebenen Energie gleichkam. Später wurde der Zahlenwert des rep in 93 erg/g geändert, um der Energieabsorption pro Masseneinheit in Gewebe, das 1 Röntgen ausgesetzt wurde, zu entsprechen.

Einführung neuer Dosisgrößen und Dosiseinheiten

Die genauere Kenntnis der bei der Wechselwirkung von ionisierender Strahlung mit Materie ablaufenden Vorgänge sowie die Fortschritte in der Strahlungsmeßtechnik und die dadurch erzielte Erhöhung der Genauigkeit legten eine Neufassung der Dosisgrößen und Dosiseinheiten nahe. Bei der Neufassung waren vielfältige Überlegungen bezüglich des Dosisbegriffs zu berücksichtigen. Ferner war eine strenge mathematische Definition aller logisch notwendigen dosismetrischen Größen und Einheiten unter Verwendung existierender physikalischer Größen und Einheiten anzustreben.

Die Wechselwirkung indirekt ionisierender Strahlung mit Materie erfolgt in 2 Schritten: Im 1. Schritt wird die Strahlungsenergie auf geladene Teilchen übertragen. So lösen im Fall der Röntgenstrahlen die Strahlungsquanten zunächst Photo-, Compton- und Paarbildungselektronen aus und übertragen ihnen kinetische Energie. Die geladenen Teilchen geben im 2. Schritt ihre kinetische Energie durch Coulomb-Wechselwirkungen an die bestrahlte Materie ab. Die im 1. Schritt an die geladenen Teilchen übertragene Energie pro Masseneinheit wird durch die neu formulierte Dosisgröße Kerma erfaßt, für die folgende Definition festgelegt wurde:

Die *Kerma K* (kinetic energy released in material) ist der Quotient aus dW_k und dm, wobei dW_k die Summe der Anfangsenergien der kinetischen Energien aller geladenen Teilchen ist, die von indirekt ionisierender Strahlung aus dem Material in einem Volumenelement dV freigesetzt werden, und $dm = \varrho \cdot dV$ die Masse des Materials mit der Dichte ϱ in diesem Volumenelement.

Die SI-Einheit der Kerma $K = dW_k/dm$ ist das Gray mit 1 Gy = 1 J/kg. Die bisher benützte Einheit war das Rad mit 1 rd = 0,01 Gy. Da die Energieübertragung an die geladenen Teilchen materialabhängig ist, muß das Bezugsmaterial angegeben werden.

Mit der Kerma ist die nach dem Glockerschen Grundgesetz für die Röntgenstrahlenwirkung maßgebende kinetische Energie der Sekundärelektronen exakt definiert und durch die Kerma-Einheit Gray quantitativ erfaßt.

Die im 2. Schritt der Wechselwirkung indirekt ionisierender Strahlung mit Materie auftredenden Coulomb-Wechselwirkungen umfassen einerseits Stoßprozesse der geladenen Teilchen mit den Atomelektronen, die zu Ionisierungen bzw. Anregungen der Atome und Moleküle und damit zu lokalen Energieübertragungen längs der Bahn der Teilchen führen. Andererseits sind Strahlungswechselwirkungen der geladenen Teilchen mit dem Coulomb-Kraftfeld der Atomkerne möglich. Dabei werden Bremsstrahlungsquanten erzeugt, die, verglichen mit den geladenen Teilchen, verhältnismäßig durchdringend sind und ihre Energie im Gegensatz zu den lokalen Energieabgaben bei den Stoßprozessen im wesentlichen entfernt von der Bahn der Teilchen umsetzen.

Die Energieübertragungen durch Stoßprozesse werden in der Energiedosis zusammengefaßt, für die folgende Definition gilt: Die *Energiedosis D* ist der Quotient aus dW_D und dm, wobei dW_D die Energie ist, die durch ionisierende Strahlung auf das Material in einem Volumenelement dV übertragen wird, und $dm = \varrho \cdot dV$ die Masse des Materials mit der Dichte ϱ in diesem Volumenelement. Es gilt $D = dW_D/dm$.

Die SI-Einheit der Energiedosis ist das Gray mit 1 Gy = 1 J/kg. Die bisher gebräuchliche Einheit war das Rad mit 1 rd = 0,01 Gy. Das Bezugsmaterial (Material von dm) muß angegeben werden.

Gegenüber der von Parker vorgeschlagenen Dosiseinheit rep für die übertragene Energie hat das Gray den Vorteil, daß es eine rein physikalische Einheit und damit von Materialeigenschaften, wie Energie pro Ionenpaar oder Absorptionskoeffizient, unabhängig ist.

Bei geringen Energien der geladenen Teilchen und Wechselwirkungen in Materialien niedriger Ordnungszahl sind die Energieabgaben durch Erzeugung von Röntgenbremsstrahlung gegenüber denen durch Stoßprozesse zu vernachlässigen. Sie betragen z. B. in Wasser für Elektronen mit Energiewerten von 10 keV nur 0,22‰ der Energieverluste durch Stoßprozesse. Bei 100 keV steigt dieses Verhältnis zwar auf 0,81‰ an, erreicht aber auch bei 1 bzw. 10 MeV erst Werte von 1,35% bzw. 9,01%. Im Bereich der Röntgendiagnostik, wo i. allg. nur Röhrenspannungen bis 150 kV verwendet werden, stimmen daher die Werte der Kerma und der Energiedosis praktisch überein.

In Materialien hoher Ordnungszahl sind dagegen die Energieverluste hochenergetischer Elektronen durch Bremsstrahlungserzeugung mit denen durch Stoßprozesse vergleichbar, und die Energiedosis bleibt mit zunehmender Elektronenenergie gegenüber der Kerma zurück. So macht die Energiedosis von 10 MeV-Elektronen in Blei nur noch etwa 50% der Kerma aus.

Die in den wiedergegebenen Definitionen der Kerma und der Energiedosis zum Ausdruck kommende Exaktheit in der Festlegung der in physikalischen Ausdrücken und Einheiten formulierten Größe und die sorgfältig gewählte Benennung fehlte bei der Definition der Röntgeneinheit für die Ionisationsdosimetrie. So wurde die Größe in der 1937 von der ICRU gewählten Definition des Röntgen mit „quantity or dose of x-rays“ bezeichnet. Um diese Unklarheit über die physikalische Größe, als deren Einheit das Röntgen definiert wurde, zu beseitigen, führte die ICRU 1962 die Bezeichnung „exposure“ ein, während in Deutschland der Ausdruck „Ionendosis“ mit folgender Definition gewählt wurde:

Die *Ionendosis J,* die von einer ionisierenden Strahlung erzeugt wird, ist der Quotient aus der elektrischen Ladung dQ der Ionen eines Vorzeichens, die in Luft (air) in einem Volumenelement dV durch Strahlung gebildet werden, und der Masse $dm_a = \varrho_a \cdot dV$ der Luft mit der Dichte ϱ_a in diesem Volumenelement; es gilt $J = dQ/dm_a$.

Die SI-Einheit der Ionendosis ist das Coulomb/Kilogramm: C/kg. Die bisher gebräuchliche Einheit war das Röntgen: $1\,R = 2{,}58 \cdot 10^{-4}$ C/kg.

Verschiedene Arten ionisierender Strahlung, die vor allem für den Strahlenschutz von Bedeutung sind, können bei gleichen Energiedosiswerten voneinander abweichende biologische Reaktionen aufweisen. Zur Angabe der unterschiedlichen Strahlenwirkung und zur Abschätzung eines evtl. erhöhten Strahlenrisikos wurde daher die Äquivalentdosis als zusätzliche Dosisgröße eingeführt, die sich aus der Energiedosis durch Gewichtung mit einem dimensionslosen Bewertungsfaktor ergibt. Der Bewertungsfaktor wird durch Übereinkunft bei Berücksichtigung biologischer Erkenntnisse festgelegt; er erhöht sich von q = 1 für Röntgen- und Elektronenstrahlen mit einem linearen Energieübertragungsvermögen von 3,5 keV/μm in Wasser auf Werte bis zu q = 20 für Neutronen und schwere geladenen Teilchen, bei denen größere Energieübertragungsvermögen vorliegen.

Für die Äquivalentdosis wurde folgende Definition gewählt: Die *Äquivalentdosis H* (nach ICRU „dose equivalent") ist das Produkt aus der Energiedosis D für Gewebe und einem dimensionslosen Bewertungsfaktor q. Werte für q werden für verschiedene Strahlenarten, Energien und Bestrahlungsbedingungen durch Vereinbarung so festgesetzt, daß gleiche Äquivalentdosis gleiches Strahlenrisiko bedeutet. Für harte Röntgen- und Gammastrahlung ist bei Bestrahlung von außen q = 1.

Die SI-Einheit der Äquivalentdosis ist das Sievert mit 1 Sv = 1 J/kg. Die bisher benützte Einheit war das Rem, wobei 1 rem = 10 mSv.

Für Photonenstrahlung ist die Photonenäquivalentdosis H_x gleich dem Produkt aus der Standardionendosis und dem konstanten Faktor c = 0,01 Sv/R.

Praktische Dosimetrie

Aufgabe der Dosimetrie ist es, die Dosisgröße quantitativ zu bestimmen, die für die Strahlenwirkung in der bestrahlten Materie ausschlaggebend ist. Von den besprochenen Dosisgrößen ist die Energiedosis, mit der die auf die Materie übertragene Energie erfaßt wird, die entscheidende Größe. In biologischem Gewebe kann die Energiedosis jedoch i. allg. nicht unmittelbar, d. h. im Körpergewebe selbst, gemessen werden. Man ist daher darauf angewiesen, an der interessierenden Stelle eine Sonde anzubringen, die strahlenempfindlich ist und eine durch die Strahlung verursachte meßbare Wirkung aufweist.

Als Sonden werden i. allg. Ionisationskammern geeigneter Bauart verwendet. Durch Multiplikation der gemessenen Ionendosis mit dem Sondenfaktor, der sich aus der Ionisierungskonstante und geometrischen Daten der Sonde berechnen läßt oder durch Kalibrierung zu bestimmen ist, erhält man die Energiedosis in der Sonde, die als Sondendosis bezeichnet wird. Da das Sondenmaterial, im Fall der luftgefüllten Ionisationskammer also die Luft, in der Regel von dem Material verschieden ist, aus dem das bestrahlte Objekt besteht, muß die Sondendosis in die Energiedosis des bestrahlten Objektes umgerechnet werden.

Wurde die Sondendosis bei konventionellen Röntgenstrahlen durch Messung der Standardionendosis, d. h. bei Vorliegen von Sekundärelektronengleichgewicht im Sondenvolumen, ermittelt, so ist der mit f bezeichnete Dosisumrechnungsfaktor gleich dem Verhältnis der über das Photonenspektrum gemittelten Massenabsorptionskoeffizienten des bestrahlten Objektes und der Sonde.

Bei Sondendosiswerten, die bei Bestrahlung mit ultraharten Röntgenstrahlen oder energiereichen Elektronen durch Messung der Hohlraumionendosis ermittelt wurden, ist der mit g bezeichnete Dosisumrechnungsfaktor gleich dem Verhältnis der über das Elektronenspektrum gemittelten Massenstoßbremsvermögen für das bestrahlte Objekt und das Material der Sonde. Zur Bestimmung der Hohlraumionendosis muß die Sonde den Bragg-Gray-Bedingungen genügen. Diese besagen, daß der luftgefüllte Hohlraum der Sonde so klein sein muß, daß der Elektronenfluß aus der Umgebung durch den Hohlraum nicht gestört wird und die im Hohlraum durch Photonen ausgelösten Sekundärelektronen nur einen vernachlässigbaren Beitrag zur gemessenen Ionisation liefern. Ferner muß die Flußdichte der Elektronen aller Generationen innerhalb des Hohlraumes ortsunabhängig sein.

Werte für die Dosisumrechnungsfaktoren f und g, mit denen die Energiedosis in Muskel, Knochen, Fettgewebe und Wasser aus der Sondendosis für Röntgen- und Elektronenstrahlung ermittelt werden kann, sind in DIN 6800 Teil 2 angegeben.

Übersicht über bewährte Dosismeßverfahren

Für die Absolutbestimmung der Energiedosis, bei der nur Grundgrößen oder daraus abgeleitete physikalische Größen sowie bekannte physikalische Konstanten benötigt werden, kommen als Strahlenreaktionen neben der Luftionisation die Erwärmung und chemische Reaktionen in Frage. Für Relativbestimmungen der Energiedosis stehen weitere Dosismeßverfahren zur Verfügung.

Ionisationsdosimetrie

Die Absolutbestimmung der Energiedosis aus der Luftionisation erfordert die Messung der in einem festgelegten Luftvolumen durch Strahlung gebildeten Ionen und die Bestimmung der Masse der

Luft innerhalb des Volumens. Der mit der Ionisierungsenergie pro Ionenpaar multiplizierte Quotient aus gemessener Ionenladung und Masse des Volumeninhalts ist die gesuchte Energiedosis. Die Forderung, die in der Luft des Volumens gebildeten Ionen zu erfassen, läßt sich meßtechnisch nur bei Vorliegen von Sekundärelektronengleichgewicht erfüllen. Dazu muß das Volument allseitig von Luft in einer Dicke umgeben sein, die mindestens der Reichweite der Sekundärelektronen entspricht. Die diesen Forderungen entsprechenden Standardkammern, bei denen das Volumen durch das ausgeblendete Röntgenstrahlenbündel und das sorgfältig gestaltete elektrische Feld zur Sammlung der Ionen festgelegt wird, sind daher voluminös und aufwendig; sie finden nur in Zentrallaboratorien Verwendung.
Für Routinemessungen wurden Gebrauchsdosimeter entwickelt, bei denen die umgebende Lufthülle durch die Kammerwand mit luftäquivalenter Zusammensetzung ersetzt ist.

Kalorimetrie

Die Kalorimetrie, bei der die durch Absorption der Strahlung verursachte Erwärmung eines Probekörpers gemessen wird, stellt an die thermische Isolation des Probekörpers und an die Instrumentierung wegen der geringen Temperaturerhöhungen große Anforderungen und bedingt einen erheblichen apparativen Aufwand. Die Kalorimeter sind daher i. allg. kompliziert aufgebaut und schlecht zu transportieren, so daß sie für Messungen in der Praxis oder am Patienten nicht in Frage kommen. Überwiegend werden sie in Standardlaboratorien zur Kalibrierung von Dosimetern und zur Ermittlung dosimetrischer Größen eingesetzt. Vorteilhaft ist die Unabhängigkeit der Erwärmung von der Dosisleistung und von der Höhe des Energieübertragungsvermögens sowie die relative Stabilität gegenüber Strahlenschädigung bei hohen Dosiswerten. Die Meßunsicherheit ist mit 2–3% bei Dosisleistungen über 10 rd/min anzusetzen.

Chemische Dosimetrie

Das am eingehendsten untersuchte chemische Dosismeßverfahren ist die Eisensulfatdosimetrie, bei der die strahlenbedingte Oxydation von Fe^{2+}-Ionen in luftgesättigter 0,4 molarer Schwefelsäure ausgenützt wird. Die gebildeten Fe^{3+}-Ionen, deren Konzentration in einem begrenzten Bereich dosisproportional ist, können mit hoher Genauigkeit durch Absorptionsspektroskopie gemessen werden. Mit dem G-Faktor, der die Zahl der gebildeten Fe^{3+}-Ionen pro 100 eV angibt, erhält man die Energiedosis.
Die verdünnten wäßrigen Lösungen stimmen in der effektiven Ordnungszahl und in der Dichte mit Wasser weitgehend überein, so daß Energieunabhängigkeit gegenüber der Wasser-Energiedosis gewährleistet ist; bis zu $2 \cdot 10^6$ Gy/s ist das Ferrosulfatdosimeter dosisleistungsunabhängig und kann für Energiedosismessungen im Bereich von 40–400 Gy eingesetzt werden. Die Lösungsbehälter können in Form und Größe vom Objekt angepaßt werden, was die Bestimmung der mittleren Dosis durch Mischen der bestrahlten Lösung ermöglicht. Nachteilig ist die mangelhafte Stabilität der Dosimeterlösung, was die kommerzielle Verfügbarkeit einschränkt und eine sorgfältige Naßchemie im Nutzerlabor notwendig macht.
Die nachstehend beschriebenen Dosismeßverfahren sind für Bestimmungen von Dosisverteilungen geeignet. Für die Angabe von Dosiswerten ist eine Kalibrierung erforderlich, die entsprechend den jeweiligen Bestrahlungsbedingungen durchgeführt werden muß.

Filmdosimetrie

Die Filmdosimetrie beruht auf der durch Absorption ionisierender Strahlung hervorgerufenen Schwärzung von Silberbromidfilmen, die in einem begrenzten Bereich proportional zur Energiedosis in dem Filmmaterial ist und mit kommerziell erhältlichen Densitometern unterschiedlicher Bauart gemessen werden kann. Die Filme ermöglichen die Bestimmung der flächenhaften Dosisverteilung bei ausgezeichnetem Auflösungsvermögen. Die Schwärzung ist dosisleistungsunabhängig und erfüllt bei Röntgenstrahlen das Reziprozitätsgesetz von Dosisleistung und Belichtungsdauer. Nachteilig ist die starkte Energieabhängigkeit, die auf den Silberbromidgehalt der Filme zurückzuführen ist. Die Schwärzung ist neben den Bestrahlungsbedingungen vom Alter der Filme und deren Aufbewahrung, vor allem aber von den Entwicklungsbedingungen abhängig, die sorgfältig kontrolliert werden müssen. In zahlreichen Untersuchungen hat sich die Entwicklung in gut gewarteten Entwicklungsmaschinen bewährt.

Thermolumineszenzdosimetrie

Bestimmte Substanzen ermittieren Licht, wenn sie nach Bestrahlung erwärmt werden. Die Lichtintensität, die mit Photomultipliern zu messen ist, nimmt mit steigender Temperatur der Substanz zunächst zu, fällt aber nach Durchlaufen eines oder mehrerer Maxima wieder ab. Die als Funktion der Temperatur aufgetragene Lichtintensität wird als Glowkurve bezeichnet. Für die Dosisangabe kann der Maximalwert oder die einen ausgewählten Temperaturbereich umfassende Fläche unter der Glowkurve verwendet werden.
Von den Sutbstanzen, die Thermolumineszenz aufweisen, hat sich mit Mg bzw. Ti aktiviertes LiF bewährt. Mit einer effektiven Ordnungszahl von 8,2 kommt es der von Luft nahe und weist deshalb nur eine geringe Energieabhängigkeit gegenüber der Standardionendosis auf. Ferner ist der als Fading bezeichnete Rückgang des latenten TLD-Signals zwischen Bestrahlung und Auswertung bei LiF mit etwa 5% in 12 Wochen gering. Die gemessene Lichtintensität ist bis 10^3 rd dosisproportional, zeigt aber bei höheren Dosiswerten Supralinearität.
Vorteilhaft ist die geringe Größe der in verschiedenen Formen sowie als Pulver erhältlichen Detektoren sowie deren Wiederverwendbarkeit nach kontrollierter Ausheizung. Bei sorgfältiger Handhabung ist eine Genauigkeit von etwa 2% erreichbar.

Radiophotolumineszenzdosimetrie

Bestimmte Materialien, insbesondere Gläser, leuchten auf, wenn sie nach Bestrahlung mit ionisierender Strahlung UV-Licht ausgesetzt werden. Diese Erscheinung wird als Radiophotolumineszenz bezeichnet und kann dosimetrisch ausgenützt werden. Das Licht wird mit Photomultipliern gemessen. Bei der Ausleuchtung der Detektoren, die in verschiedenen Formen und Abmessungen verfügbar sind, wird nur ein geringer Teil der durch die Absorption ionisierender Strahlung gespeicherten Energie gelöscht, so daß bei aufeinanderfolgenden Bestrahlungen eine eingeschränkte Summierung selbst bei zwischenzeitlichen Ausleuchtungen zur Abfrage des Dosisstandes möglich ist.
Die Radiophotolumineszenz ist dosisleistungsunabhängig und über einen weiten Bereich dosisproportional, weist aber bei sehr hohen Dosiswerten Sättigung auf. Da die verwendeten Gläser Elemente höherer Ordnungszahl, insbesondere Phosphor und Silber enthalten, weisen die Detektoren im Röntgenbereich ausgeprägte Energieabhängigkeit auf. Durch Tageslicht und höhere Raumtemperaturen ist Fading zu verzeichnen. Eine vollständige Löschung der gespeicherten Energie und damit Wiederverwendbarkeit der Detektoren wird durch Erhitzen auf Temperaturen über 200 °C erreicht.
Durch Ausnützung weiterer strahlenbedingten Reaktionen wie Leitfähigkeitsänderung, Fluoreszenz von Leuchtstoffen und Farbänderung bzw. Änderung der optischen Dichte bestehen zusätzliche Möglichkeiten der Dosimetrie von Röntgenstrahlen, die bereits erfolgreich zur Bearbeitung spezieller Probleme herangezogen wurden.

Dosimetrie in der medizinischen Strahlenanwendung

Die Dosimetrie bildet die Grundlage für die Strahlenbehandlung. Umfangreiche Messungen von Dosisverteilungen, die unter verschiedenen Bestrahlungsbedingungen durchgeführt wurden, haben gezeigt, daß die für eine erfolgreiche Strahlentherapie erforderliche Dosis im Herdbereich bei gleichzeitiger Schonung benachbarten gesunden Gewebes im Fall tiefliegender Herde am besten mit ultraharten Röntgenstrahlen und bei oberflächlichen bzw. oberflächennahen Herden am günstigsten mit energiereichen Elektronen entsprechend gewählter Energie erzielt wird. Die direkte Messung der Herddosis ist nur in Sonderfällen möglich. Die Herddosis wird daher für Stehfelder i. allg. aus den in Tiefendosis- und Bestrahlungstabellen zusammengestellten Dosisverteilungsmessungen ermittelt. Abweichungen von der Form des Bestrahlungsfeldes und Inhomogenitäten, die aus zugehörigen CT-Querschnitten zu entnehmen sind, erfordern entsprechende Korrekturen. Die Gültigkeit der Bestrahlungstabellen und die Richtigkeit der Tiefendosistabellen ist dabei durch Kalibrierung des für die Bestrahlung eingesetzten Monitors sowie durch Überprüfung der Homogenität des Strahlungsfeldes und punktweise Kontrolle der Tiefendosiswerte zu sichern. Bei Kreuzfeuerbestrahlung und bei Bewegungsbestrahlungen können die Dosisverteilungen in beliebigen Schnittebenen durch Rechnereinsatz gewonnen werden.
Aufgabe der Dosimetrie in der Röntgendiagnostik ist die Bestimmung der Strahlenbelastung des untersuchenden Arztes und anderer an der Untersuchung beteiligten Personen. Die Dosismessung muß mit 2 voneinander unabhängigen Meßverfahren durchgeführt werden. Für die Dosismessung mit einem direkt anzeigenden Gerät eignen

sich insbesondere Füllhalterdosimeter, die auf der Basis von Ionisationskammern arbeiten und sich durch ihre Handlichkeit auszeichnen. Als zweites Meßverfahren haben sich Filmplaketten bewährt, die monatlich an eine autorisierte Meßstelle zur Auswertung einzusenden sind.
Eine Angabe über die Patientenbelastung liefern flache Ionisationskammern, die zwischen Brennfleck und Patient angeordnet sind. Das so gemessene Flächen-Dosis-Produkt liefert neben Angaben über die Strahlenbelastung des Patienten Anhaltspunkte für den Einfluß der verschiedenen Untersuchungsparameter und damit Hinweise für eine Verbesserung der Untersuchungstechnik zur Reduzierung der Patientenbelastung.
Der Dosimetrie kommt im Strahlenschutz besondere Bedeutung zu. Bei den Strahlenschutzmessungen ist zwischen Bestimmungen der Ortsdosis und der Ermittlung der Personendosis zu unterscheiden.
Mit Ortsdosis wird die an einem bestimmten Ort festgestellte Äquivalentdosis bezeichnet. Für die Messung der Ortsdosis, die der Überprüfung der vorhandenen Abschirmungen dient und an einzelnen Stellen der Kontroll- und Überwachungsbereiche durchzuführen ist, kommen Dosisleistungsmeßgeräte hoher Empfindlichkeit wie Proportionalzählrohre, großvolumige Ionisationskammern und luftäquivalente Szintillationszähler in Frage. Die mit der Einwirkungsdauer der Strahlung multiplizierten Meßwerte ergeben die Ortsdosis.
Die Personendosis, die über das individuelle Verhalten Auskunft gibt, ist die Äquivalentdosis für Weichteilgewebe an einer für die Strahlenexposition repräsentativen Stelle der Körperoberfläche. Sie ist mit integrierenden Meßgeräten wie Filmplaketten, Kondensatorkammern und Füllhalterdosimetern zu erfassen. Bei der Vielfalt der im Strahlenschutz auftretenden Probleme kommen neben den genannten Meßgeräten mehrere der bei den Relativverfahren der Dosimetrie beschriebenen Meßmethoden in Frage.

Literatur

Attix FH (1986) Introduction to radiological physics and radiation dosimetry. Wiley, New York

Attix FH, Roesch WC (1968) Radiation dosimetry, vol I. Academic Press, New York

DIN 6800 Teil 1, Dosismeßverfahren in der allgemeinen Technik: Allgemeines zur Dosimetrie von Photonen- und Elektronenstrahlung nach der Sondenmethode (Ausgabe 1980)

DIN 6800 Teil 2, Dosismeßverfahren in der radiologischen Technik: Ionisationsdosimetrie (Ausgabe 1980)

DIN 6800 Teil 3, Eisensulfatdosimetrie

DIN 6800 Teil 4, Filmdosimetrie

DIN 6800 Teil 5, Thermolumineszenzdosimetrie (TLD)

DIN 6800 Teil 6, Photolumineszenzdosimetrie (PLD)

Glocker R, Macherauch E (1971) Röntgen- und Kernphysik für Mediziner und Biophysiker. Thieme, Stuttgart

ICRU (1969) Radiation dosimetry: X-rays and gamma rays with maximum photon energies between 0,6 and 50 MeV. Report 14

ICRU (1970) Radiation dosimetry: X-rays generated at potentials of 5 to 150 kV, Report 17

Jaeger RG, Hübner W (1974) Dosimetrie und Strahlenschutz. 2. Aufl. Thieme, Stuttgart

Strahlenbiologie
Von den Anfängen zur heutigen Forschung

Hedi Fritz-Niggli

Die Strahlenbiologie ist eine interdisziplinäre Wissenschaft, die sich mit der Wirkung energiereicher Strahlung (zu der die Röntgenstrahlen gehören) auf das Lebewesen beschäftigt. Ihre Geschichte beginnt kurz nach der Entdeckung der Röntgenstrahlen, ist also praktisch 100 Jahre alt. Die biologische Strahlenwirkung führt, neben der Schaffung strahlenbiologischer Grundlagen für die Bedürfnisse der Medizin, zur Strahlentherapie des Krebses und zur Entwicklung des Strahlenschutzes, während die physikalische Strahlenwirkung für die medizinischen Belange in der Röntgendiagnostik angewendet wird. In der Geschichte der Strahlenbiologie zeichnen sich verschiedene Phasen ab, so die Phase I in der empirischen und experimentellen Sammlung von Fakten, die Phase II in der Entwicklung von Theorien, die Phase III in der Entdeckung der Abhängigkeit des strahlenbiologischen Effekts von verschiedenen Faktoren, wie Milieu, Qualität der Strahlen, Repair, während sich die heutige Strahlenbiologie zusehends mit der Deutung strahlenbiologischer Ereignisse durch biomolekulare Phänomene beschäftigt. Neben den biomedizinischen Errungenschaften schuf die Strahlenbiologie wichtige Einblicke in biologische Vorgänge, die prinzipielle Aussagen gestatteten.

Frühe Beobachtungen

Die Entdeckung von Röntgen wurde in einer bis dahin unbekannt schnellen Weise in der ganzen Welt verbreitet und mit größtem Interesse aufgenommen. Bereits am 5. Januar 1896 publizierte die Wiener Tageszeitung *Die Presse* die Nachricht unter dem Titel „Eine sensationelle Entdeckung" (Wieser 1989). Am 6. Januar, wurde die Nachricht von London aus (Glasser 1931) durch ein Kabel übertragen mit dem verstümmelten Namen Prof. Routgen, die schon am 8. Januar in amerikanischen Zeitschriften veröffentlicht wurde. Es ist deshalb nicht verwunderlich, daß die vermutlich ersten Beobachtungen der biologischen Wirkung und auch bereits die mögliche medizinische Anwendung der Röntgenstrahlen in Amerika gemacht wurden. So benutzte als erster Grubbé in Chicago (damals noch Nichtmediziner!) am 29. Januar 1896 die Röntgenstrahlen für die Behandlung eines Brustkarzinoms und einen Tag später zur Therapie eines Lupus vulgaris. Dies auf Anraten seines Arztes, der ihn wegen einer anscheinend durch Röntgenstrahlen entstandenen Dermatitis behandelte, so daß auch bereits zu einem so frühen Zeitpunkt nach der Endeckung der Röntgenstrahlen biologische Effekte an der Haut erwähnt wurden. Am 3. Februar wurde durch einen Dr. Voigt, der selber nicht publizierte (Freund 1904; Portmann 1933) ein Karzinom im Nasopharynx behandelt und damit die Schmerzen gelindert. Im März 1896 beobachtete Edison Augenirritationen durch Röntgenstrahlen, und zur gleichen Zeit wurde von Thomson (Portmann 1933) in Boston ein Epilationseffekt an seinem eigenen Finger beschrieben. Nach einer Veröffentlichung von 10. April 1896 beobachtete Daniel von der Vanderbilt-Universität ebenfalls einen Haarausfall am Kopf eines bestrahlten Kollegen. Am 8. Mai 1896 wurde in der *Science* (Bd. 3, S. 701) von einer Publikation im *British Medical* berichtet, daß „diejenigen, die mit Röntgenstrahlen arbeiten, an einer Reihe von Veränderungen leiden, die ganz ähnlich den Wirkungen des Sonnenbrandes sind". Ebenfalls im Mai beschrieb Feilchenfeld (Glasser 1931) ein Exzem „ähnlich dem Ecsema solare", das durch eine 1 1/2stündige Exposition mit Röntgenstrahlen hervorgerufen wurde. Am 9. Juli erschien in der *Deutschen Medizinischen Wochenschrift* die vielzitierte Beschreibung des Ingenieurs Leppin der Hautreaktion seiner eigenen Hand, die mit den Worten beginnt: „Es dürfte nicht allgemein bekannt sein, dass die so viel besprochenen X-Strahlen die Eigenschaft besitzen, ähnlich den Sonnenstrahlen, die Haut zu verbrennen. Ich hatte sehr viel mit den Röntgenschen Versuchen zu tun und benutzte als bequemstes Prüfungsobjekt stets meine linke Hand." Die Beobachtungen erstrecken sich über 5 Wochen. Im Jahrgang 1896 der *Deutschen Medizinischen Wochenschrift* erschienen später einige ausführliche Beschreibungen der biologischen Strahlenwirkungen, vor allem die Arbeit von Marcuse von 23. Juli über „Dermatitis und Alopecie nach Durchleuchtungsversuchen mit Röntgenstrahlen". Ausführlich wird die Strahlendermatitis und auch der Epilationseffekt am einem 17jährigen Mann beschrieben, die sich nach einem Nachtrag von Marcuse später zurückbildeten. Soweit die ersten Beobachtungen einer biologischen Wirkung der Röntgenstrahlen. Als frühe strahlentherapeutische Unternehmung seien noch die interessanten Feststellungen von Despeignes (Lyon) im Juli 1986 erwähnt, der eine Linderung der Schmerzen und eine Volumenabnahme des Tumors durch die Bestrahlung eines Patienten mit einem Magenkarzinom schildert. Über die späteren tatsächlichen Erfolge der Strahlentherapie sowohl gutartiger als auch bösartiger Leiden wird an anderer Stelle berichtet.

Während die biologischen Strahleneffekte in der Frühzeit nach der Entdeckung beinahe ausschließlich als Nebenerscheinungen der Strahlenanwendung am Menschen entdeckt wurden, sind zwei Arten von Untersuchungen bekannt, die als Anfänge einer experimentellen Strahlenbiologie gelten können: Zunächst wurde durch Lyon in einem Brief postuliert (datiert 29. Januar 1986, veröffentlicht 1. Februar), daß Röntgenstrahlen ähnlich wie die Sonnenstrahlen Bakterien abtöten könnten. Während vorläufige Experimente zu keinem Erfolg führten, wiesen später im April Pratt u. Wightman (Portmann 1933) eine bakterizide Wirkung nach. Großes Aufsehen erregten dann (Juni 1896) die Versuche von Lortet u. Genoud. Sie injizierten in die Leistengegend von 8 Meerschweinchen Tuberkelbazillen. Bei 3 Tieren wurden die Injektionsstellen 8 Wochen lang täglich bestrahlt. Sie blieben gesund, während die Kontrolltiere schwer erkrankten. Erst viel später, nämlich anfangs des Jahrhundert, wurden Versuche als eigentliche Anfänge der experimentellen Strahlenbiologie veröffentlicht. 1901 berichtete Becquerel, daß ein Louis Matout in Versuchen in seinem Laboratorium zeigen konnte, daß nach einer langen Bestrahlung mit Radium Kresse und Senfsamen die Keimungsfähigkeit verlieren. Des weiteren die Versuche von Albers-Schönberg 1903 an Kaninchen und Meerschweinchen, der eine Schädigung der männlichen Keimzellen beschrieb. Mit diesen Experimenten wurde gezeigt, daß die Röntgenstrahlen biologisch ohne schwere Schädigung der Oberfläche auch in der Tiefe wirken können. Als erster untersuchte Bohn 1903 die Wirkung von Radiumstrahlen auf Amphibienlarven und See-Igel-Eier. Er beobachtete Wachstumsverzögerung und Bildung von Monstren. Bei der ersten systematischen Untersuchung der Strahlenwirkung auf die inneren Organe von Säugetieren stelle Heineke 1904 die verschiedenen Sensibilitäten der einzelnen Organe fest.

Die weitere Geschichte der Strahlenbiologie wird nun in einzelnen Kapiteln näher beschrieben. Dabei werden im allgemeinen nur die frühen Beobachtungen zitiert (ausgenommen in den Kapiteln über Krebsinduktion, Strahlenmodifikatoren und Strahlenschutz). Als Abschluß werden noch einige Beispiele aus der neuesten Strahlenbiologie erwähnt.

Wirkung der Strahlen auf die Erbmasse (Strahlengenetik)

Die Strahlengenetik eröffnete ein bedeutsames Kapitel der Genetik überhaupt. Ohne Strahlengenetik der Drosophila keine Entwicklung der Humangenetik.

Seit der Mitteilung von Albers-Schönberg, daß durch die Bestrahlung der männlichen Gonaden die Keimzellen geschädigt werden können, suchte man in vielen Experimenten, die Strahlenwirkung auf die Erbmasse zu bestimmen. Bardeen (1907) bestrahlte Krötenspermien und befruchtete mit ihnen unbestrahlte Eier. Die Zygoten entwickelten sich abnorm, eine Erscheinung, die von Bardeen bereits als Änderung im genetischen Material der männlichen Keimzelle angesehen wurde. Er ist demnach der erste, der strahlenbedingte Mutationen feststellte. Bei Säugetieren beobachteten erstmals Regaud u. Debreuil (1908) die Auslösung von dominanten Letalfaktoren, indem sie Entwicklungsstörungen unter den Nachkommen bestrahlter männlicher Kaninchen beobachteten. Ebenfalls 1908 glaubte Gager Mutationen von Pflanzen nach Radiumbestrahlung festgestellt zu haben. 1911 beobachtete Morgan nach Radiumbehandlung von Drosophila Mutationen (Flügel), ebenso Loeb u. Bancroft. Im gleichen Jahr erschienen die Arbeiten von G. Hertwig (1911) und O. Hertwig (1911), die einwandfrei die Strahlenschädigung der Chromosomen und das Auftreten dominanter Letalfaktoren bei Amphibien nachwiesen. An Säugetieren stellten erst 1924 Little u. Bagg nach Bestrahlung von Mäusen erbliche Änderungen unter den Nachkommen fest. Der eigentliche Durchbruch in der Strahlengenetik gelang aber Muller 1927, der an einem genetisch leicht analysierbaren

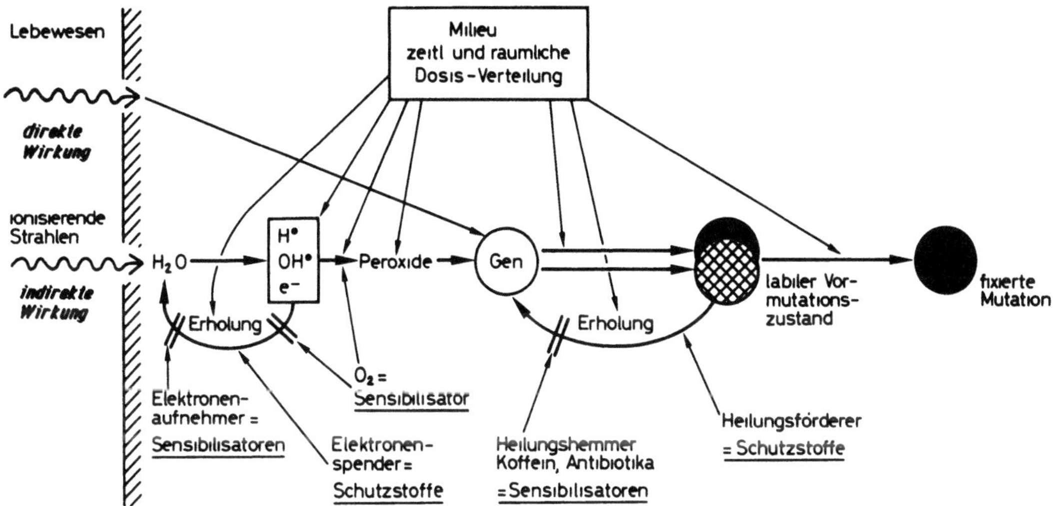

Abb. 1. Strahlenbiologische Wirkungskette. Direkte und indirekte Wirkung auf ein Gen und die Möglichkeiten der Beeinflussung des Weges zur endgültigen Fixierung des Strahlenschadens

Material, nämlich der Taufliege Drosophila, mit einer genialen Methode (der sog. CIB-Technik) einwandfrei quantitativ und qualitativ die mutagene Wirkung der energiereichen Strahlung nachweisen konnte. Bei Pflanzen (Stechapfel und Gerste) gelang eine klare Feststellung der mutagenen Strahlenwirkung zum gleichen Zeitpunkt (Gager u. Blakeslee 1927; Stadler 1928). Damit wurde die Ära der Strahlengenetik eröffnet, die sich zunächst durch eine Fülle von Arbeiten mit Drosophila auszeichnete. Über die Weiterentwicklung der Strahlengenetik nur einige wenige Bemerkungen.

Es zeigte sich, daß die mutagene Strahlenwirkung in Keimzellen in allen untersuchten Tieren und Pflanzen auftritt. An Säugetieren seien neben anderen die frühen Versuche von Snell (1935), Hertwig (1938) und später die ausgedehnten Experimente in Oak Ridge (wie z. B. Russell 1951) erwähnt. Die strahleninduzierte Mutationsrate hängt von verschiedenen Faktoren ab, so vom Entwicklungszustand der bestrahlten Keimzelle. Bereits 1928 wurde von Muller an Drosophila festgestellt, daß Spermien, die von bestrahlten Spermatogonien stammen, weniger Mutationen aufweisen als bestrahlte reife Spermien. Dies gilt auch für Säugetiere, wie Strandskov (1932) erstmals für die Produktion dominanter Letalfaktoren bei Meerschweinchen nachwies. Qualität der Strahlung und Milieufaktoren verändern ebenfalls die Mutationsrate und ganz besonders das Repairvermögen der Zelle (Abb. 1). Nachdem die Natur der Erbmasse als Desoxyribonukleinsäure (DNS) immer besser untersucht werden konnte, zeigte sich die Bedeutung des Reparaturvermögens der DNS für das Ausmaß der endgültig fixierten Mutation (s. z. B. Laskowski 1981; Fritz-Niggli 1991). Von den Milieufaktoren imponiert die Wirkung des Sauerstoffs. So erzielten Baker u. Sgourakis (1950), um nur eines der frühesten Experimente zu nennen, durch Bestrahlung in reinem Sauerstoff bei Drosophila mehr rezessive geschlechtsgebundene Letalfaktoren als nach Bestrahlung in reinem Stickstoff. Besonders im Hinblick auf die Bewertung der genetischen Strahlengefährdung des Menschen interessiert der Einfluß des Zeitfaktors (Fraktionierung, Verdünnung). Während bei Drosophila verschiedentlich (z. B. Herskowitz u. Abrahamson 1955) eine stärkere Wirkung der akuten, konzentrierten Bestrahlung gegenüber einer verdünnten festgestellt wurde, gelang dies eindeutig auch für Säugetiere (Russell u. Russell 1958). Sie bestrahlten Mäusemännchen mit 12 cGy pro Woche und 80 cGy pro Minute und sahen eine Reduktion in der Produktion rezessiver sichtbarer Mutationen durch die verdünnte Bestrahlung.

Somatische Mutationen

In bestrahlten somatischen Zellen können sich ebenfalls Mutationen ereignen. Sie wurden bereits 1928 von Patterson an Drosophila mit ihrer Mosaikentwicklung festgestellt. Er bestrahlte jugendliche Stadien, die für das Gen für weiße Augen (= w) heterozygot waren, also +/w (+ = normal) und als Adulte normal rotäugig sein sollten. In den adulten Augen befanden sich aber weiße für w-homozygote w/w-Bezirke. Sie ent-

standen durch die somatische Mutation von + zu w. Für den Menschen ist die Auslösung somatischer Mutationen von großer Bedeutung. Sie können u. a. für Krebsentstehung verantwortlich sein. Auf schmerzlose Weise ist es möglich, mit Blutzellkulturen strahleninduzierte Chromosomenmutationen festzustellen. Dabei werden Lymphozyten zur Zellteilung angeregt, in der sie ihre Chromosomenmutationen präsentieren. Die Methode bietet sich als *biologisches Strahlendosismeter* zur Schätzung einer Strahlenexposition an (Dolphin et al. 1973). Auch nach dem Reaktorunfall von Tschernobyl wurden die physikalischen Messungen für die am stärksten Strahlenexponierten durch die Zahl der induzierten Chromosomenaberrationen als biologisches Dosimeter ergänzt.
Die strahlengenetischen Untersuchungen aus jüngerer Zeit befassen sich zusammen mit epidemiologischen Studien am Menschen zusehends mit gesundheitlichen Risikoschätzungen im Dienste des Strahlenschutzes.

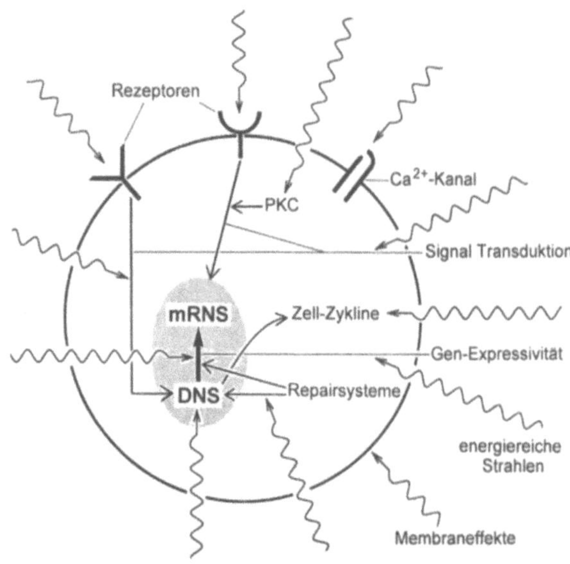

Abb. 2. Strahlenwirkungen auf die Zelle und biomolekulare Vorgänge. (*PKC* Proteinkinase C; *DNS* Desoxyribonukleinsäure, Erbsubstanz; *mRNS* Botenribonukleinsäure)

Strahlenwirkung auf Zelle und Zellteilung

In bestrahlten Zellen (Abb. 2) kann sich eine Vielfalt von Reaktionen ereignen:

- biochemische Änderungen,
- Membranstörungen,
- morphologische Änderungen, z. B. des Zytoskeletts,
- Induktion von Mutationen incl. Chromosomenaberrationen,
- reversible und irreversible Hemmung der Zellteilung (Inaktivierung),
- Zelltod usw.

Die Reaktionen sind miteinander verknüpft. So können induzierte Chromosomenänderungen zum sog. reproduktiven Zelltod führen. Im folgenden seien wichtige Zellstörungen zitiert, die früh bekannt geworden sind.
Die Wachstumshemmung proliferierender bestrahlter Gewebe wurde als erste strahlenbiologische Gesetzmäßigkeit entdeckt. Bereits 1901 sah Matout (s. Becquerel), daß sich Pflanzensamen nach langer Bestrahlung mit Radium nicht mehr weiter entwickelten. Bohn (1903) beobachtete eine Wachstumshemmung bestrahlter Amphibienlarven. Ebenso sahen Bergonié u. Tribondeau (1904), daß nach einer Hodenbestrahlung der weißen Ratte alle mitotisch aktiven Zellen geschädigt wurden, aber ruhende Zwischenzellen nicht. Sie stellen damit eine Gesetzmäßigkeit auf (genannt als das Bergonié-Tribondeausche Gesetz), daß eine Zelle um so strahlenempfindlicher ist, je lebhafter ihre Vermehrung und Teilungsfähigkeit sind. Dieses „Gesetz" trifft allerdings nicht für alle Zellen zu, denn die ruhenden Lymphozyten beispielsweise sind sehr strahlenempfindlich. Perthes (1904) beobachtete an Ascaris (Pferdespulwurm) ebenfalls eine Verlangsamung der Entwicklung und eine Störung der Chromosomen, und Koernicke (1905) beschrieb in seiner klassischen Arbeit an Pisum sativum (Saaterbse) und Vicia Faba (Pferdebohne) typische Mitosestörungen. Den rhythmischen Verlauf der Mitosestörung schilderten erstmals Lacassagne u. Monod (1922) im bestrahlten Krebsgewebe. Aber erst Alberti u. Politzer (1923, 1924) beschrieben ausführlich die Strahleneffekte auf den Ablauf der Mitose. Sie bestrahlten Urodelenlarven, untersuchten die Kornea und sahen, daß 2–4 h nach Bestrahlung die Zahl der Mitosen rapid abnimmt, so daß nach Stunden keine Mitose mehr zu sehen ist. Danach setzen aber wiederum die Mitosen ein. Den rhythmischen Verlauf der Mitosestörung schilderten eindrücklich Canti u. Spear (1929) an einer Gewebekultur (Huhn) nach Radiumbestrahlung. Bei verhältnismäßig niedrigen Dosen zeigte sich nach dem ersten Mitoseminimum ein Anstieg der Mitosen sogar über die Norm, gefolgt von einem erneuten Abfall der Mitosen. Dieser Anstieg über die Norm nach dem ersten Minimum kommt dadurch zustande, daß sich nach dem Mitoseblock frühere am Teilen verhinderte

Zellen zusätzlich zur Mitose anschicken. In Vicia Faba fanden Jüngling u. Langendorff (1930) ein geeignetes Objekt für das Studium der Mitosestörung. Auch sie sahen einen rhythmischen Verlauf der Störung. Viele Untersuchungen fanden im Anschluß an die Pionierexperimente statt, in denen die Abhängigkeiten der Wirkung vom bestrahlten Stadium, der Dauer des mitosefreien Intervalls von der Dosis, die Abhängigkeit des strahlenbiologischen Effektes von Milieufaktoren bestimmt wurden. Selbst bei kleinen Dosen wurde ein Absinken der Mitosezahl beobachtet. So fanden Carlson (1950) nach 4 cGy eine ausgesprochene Depression der Mitosen bei Neuroblasten einer Heuschrecke und Knowlton et al. (1948) eine Mitosehemmung in der Epidermis der Maus nach 5 cGy.

Nach Howard u. Pelc (1953) wird heute der Zellzyklus in bezug auf die DNS-Synthese in folgende Intervalle eingeteilt: G_1-Phase: präsynthetisches Intervall, S-Phase: Synthesephase der DNS, und G_2-Phase: postsynthetisches Intervall. Es folgt die eigentliche Mitose (M). Teilt sich die Zelle nicht mehr, dann verharrt sie in der G_0-Phase. Wie stets in einer experimentellen Wissenschaft sind Methoden stark an ihrer Entwicklung beteiligt. So führte die Methode von Puck u. Marcus (1956) der Bestrahlung von Zellkulturen in vitro zu einer Fülle von Erkenntnissen. In bezug auf den Zelltod sind die Zellen am empfindlichsten in der späten G_1- und vor allem in der G_2- und M-Phase, und in bezug auf Chromosomenaberrationen in der G_2- und M-Phase. Die Progression der G_2-Phase zu M(itose) wird je nach Dosis für kürzere oder längere Zeit blockiert. In dieser Blockierungszeit haben die Zellen bzw. die Chromosomenschäden Zeit, um sich zu erholen. In der Tat sind beispielsweise Mutanten, in denen die Bestrahlung keine G_2-Hemmung hervorruft, strahlensensibler als normale Zellen (Rowley 1992).

Die Ergebnisse der Bestrahlung von Zellkulturen in vitro lassen sich in Dosis-Effekt-Kurven darstellen, die u. U. einige Aussagen über den Schädigungsmechanismus gestatten. Fraktionierungsexperimente von Elkind u. Sutton (1960) zeigten so die Reparatur bzw. die Erholung vom subletalen Schaden. Sie bestätigen damit längst gemachte Beobachtungen in der Tumortherapie, in welcher bereits 1930 Coutard die Methode der protrahierten, fraktionierten Bestrahlung zur Schonung des gesunden Gewebes vorschlug.

Strahlenwirkung auf das sich entwickelnde Lebewesen

Fehlleitung und Unterbrechung der Entwicklung sind wohl die eindruckvollsten somatischen Strahleneffekte. Mit einem Minimum an Energie wird ein Maximum an Wirkung erzeugt. Sämtliche *heranwachsenden* Lebewesen, die untersucht wurden, seien sie nun Wirbellose oder Säugetiere, zeichnen sich durch ihre besondere Strahlensibilität aus. Die Diskrepanz in der Strahlensensibilität adulter und jugendlicher Formen zeigt sich besonders drastisch bei den Insekten, indem die Letaldosis für adulte Taufliegen beispielsweise 500mal größer sein kann als diejenige für gewisse Embryonalstadien.

1903 beginnt die Geschichte der Strahlenembryologie, als Bohn die Wirkung der Gammastrahlen des Radiums auf Amphibienlarven und auf befruchtete sowie unbefruchtete Eier von See-Igeln untersuchte. Er beobachtete Verzögerung des Wachstums und Bildung von Monstren und als wichtigstes die Weiterentwicklung sich furchender bestrahlter Amphibienembryonen bis zur Gastrula, also kritische Phasen. Systematisch untersuchte Perthes (1904) an Ascaris strahlenbedingte Entwicklungsstörungen und formulierte seine Ansichten über Strahleneffekte folgendermaßen: „Vieles deutet daraufhin, daß die chemische Wirkung von Röntgen- und Radiumstrahlen in der lebenden Zelle die Entstehung von Stoffen veranlaßt, welche ihrerseits wiederum das Chromatin des Kerns schädigen", eine durchaus moderne Ansicht. Gilman u. Baetjer (1904) sowie Tur (1904) führten Studien am Hühnchenei durch. Die Arbeit von Schaper (1904) an Amphibienembryonen (Frosch und Molch) zeigt mit eindrucksvollen Bildern sämtliche möglichen Mißbildungen, die O. Hertwig 1911 bestätigte, der den Namen Radiumkrankheit prägte. Vermutlich die ersten Experimente mit bestrahlen *Säugetierembryonen* unternahm Tousey (1905) an Katzen, denen sich Burckhard (1905) mit Untersuchungen an trächtigen weißen Mäusen und Lengfellner (1906) an Meerschweinchen anschlossen. Lengfellner sagte bereits aus, daß es wichtig sei, welches Stadium der Embryonalentwicklung bestrahlt werde, und daß kleine Dosen schaden. Fellner u. Neumann (1907) sahen eine Unterbrechung der Schwangerschaft trächtiger Kaninchen nach Bestrahlung am 7. bis 12. Tag der Entwicklung. Försterling (1907) und Sébileau (1906) beobachteten „Röntgenaborte", ein Name, den Schinz (1923) geprägt hat. Die ersten Mißbildungen bei Säugetierembryonen (Kaninchen) beschrieben v. Hippel u. Pagenstecher (1907), und zwar Star, Mikrophthalmie und Lidspalt. Bereits 1901 sahen Bar u. Boulle (zit. nach Job et al. 1935) beim *Menschen* eine Wirkung der Röntgenstrahlen auf den Fetus im Mutterleib (fetaler Tod), ebenso Schmidt (1909). Friedrich (1910) beschrieb vermutlich die erste strahleninduzierte Mißbildung beim Menschen. Nach der Einleitung eines künstlichen Aborts mit Röntgenstrahlen wurden am Fetus deutliche Veränderungen des lymphatischen Apparates gesehen. Aschenheim (1920) berichtet von einer schweren Strahlenschädigung eines Kindes, das in seinem 3. bis 6. Lebensmonat in utero wegen einer therapeutischen Bestrahlung der Mutter mitbestrahlt worden war. Das Kind war ein mikrozephaler Idiot mit verkümmertem optischem Nerv und Trübung der Linse.

Ebenso wie auf andere teratogene Agenzien reagieren die verschiedenen Entwicklungsstadien auf ionisierende Strahlen unterschiedlich. Im folgenden werden nur einige wenige Untersuchungen an Säugetieren berücksichtigt. Nachdem de Nobele u. Lams bereits 1927 festgestellt hatten, daß der Tod der Frucht um so sicherer eintritt, je frühzeitiger die Bestrahlung, haben Job et al. (1935) als erste von sensiblen Perioden gesprochen und unterschieden zwischen der Strahlenschädigung der sog. Präimplantationsperiode (Blastogenese), der Organogenese und der fetalen Entwicklung. Der Zeitpunkt des bestrahlten Entwicklungsstadiums bestimmt Ausmaß und Art der Entwicklungsstörung. In bezug auf den Entwicklungsstillstand bzw. intrauterinen Tod nimmt die Resistenz mit fortlaufender Entwicklung zu. Die Blastogenese ist das empfindlichste Stadium, so können bereits Dosen von 0,5 cGy (Rugh u. Grupp 1959) bei Mäusen zum Tode führen. Während der Organogenese sinkt die Empfindlichkeit für Strahlentod, hingegen steigt aber dramatisch die Zahl von Mißbildungen, Wachstumsänderungen und anderen Anomalien an, und zwar weisen bestimmte Anomalien Sensibilitätsgipfel auf (Fritz-Niggli 1972, 1991). Bei Mäusen wurde eine Dosis minima für die Gesamtschädigungsrate von 1 cGy (Michel u. Fritz-Niggli 1977) festgestellt. Nach einer Bestrahlung der Fetalperiode nimmt die Mißbildungsrate drastisch ab. Entsprechend der noch nicht abgeschlossenen Periode der Neurogenese und ihrer Komplexität bleibt das zentrale Nervensystem weiterhin sensibel.

Beim *Menschen* stehen nach Bestrahlung der Organogenese mit kleinen Dosen vermutlich Störungen des zentralen Nervensystems im Vordergrund. Dies zeigen die Befunde an Kindern, die in utero während der Atomwaffenexplosionen von Hiroshima und Nagasaki strahlenexponiert worden waren. Nach Otake u. Schull (1984) wurde eine lineare Dosiswirkung für das Auftreten schwerster geistiger Behinderung nach Bestrahlung der sensiblen Entwicklungsphase (8. bis 15. Woche der Gestation) beobachtet. Pro cGy beträgt die Wahrscheinlichkeit der Schädigung 0,4% (spontane Frequenz = 0,8%). Im Einklang dazu stehen übrigens die Feststellungen von Mikrozephalie und Untersuchungen über die Intelligenz, indem nach ICRP 1986 eine dosisbezogene Reduktion des mittleren Intelligenzquotienten für Gruppen beobachtet wurde, die während 8–25 Wochen nach der Befruchtung bestrahlt worden waren (weitere Daten UNSCEAR 1993).

Von ganz besonderem Interesse ist die hohe Sensibilität des Menschen in utero für die strahleninduzierte Kanzerogenese.

Strahleninduktion von Krebs

Die kanzerogene Wirkung energiereicher Strahlung ist verhältnismäßig früh erkannt worden, und zu Beginn des Jahrhunderts zeigte sich in erschreckender Deutlichkeit, daß unvorsichtige Strahlenexpositionen zu Krebs führen. 1911 demonstrierte Hesse bereits 54 Fälle von Strahlenkrebs, den er „Röntgenkarzinom“ nannte. Heute sind diese Karzinome, die auf dem Boden eines chronischen Hautschaden mit relativ hohen Strahlendosen entstanden, selten geworden. Aber das Problem der kanzerogenen Strahlenwirkung hat an Aktualität zugenommen, gilt es doch abzuklären, ob kleine Dosen die menschliche Krebserwartung erhöhen. Frieben (1902) hat als erster beim Menschen einen Hautkrebs beschrieben, der sich nach einer Röntgendermatitis entwickelte.

Das erste schlüssige Tierexperiment führten an Ratten Marie et al. (1910) durch und sie konnten Sarkome nach total 132 Gy Lokalbestrahlung erzeugen. Bloch (1923) und Schürch (1930) induzierten mit wiederholter Bestrahlung beim Kaninchen Hautkarzinome. Weitere experimentelle Tierversuche folgten. Daneben aber beschäftigen sich in zunehmendem Maße epidemiologische Untersuchungen mit der Krebsinduktion im Menschen. Heute weiß man, daß praktisch alle Organe des Menschen nach lokaler und Totalbestrahlung maligne entarten können, wobei die verschiedenen Organe unterschiedlich sensibel sind. Die meisten soliden Tumoren weisen eine mittlere minimale Latenzzeit von 10 Jahren auf, während die minimale Latenzzeit bei der strahleninduzierten Leukämie lediglich 2 Jahre ist.

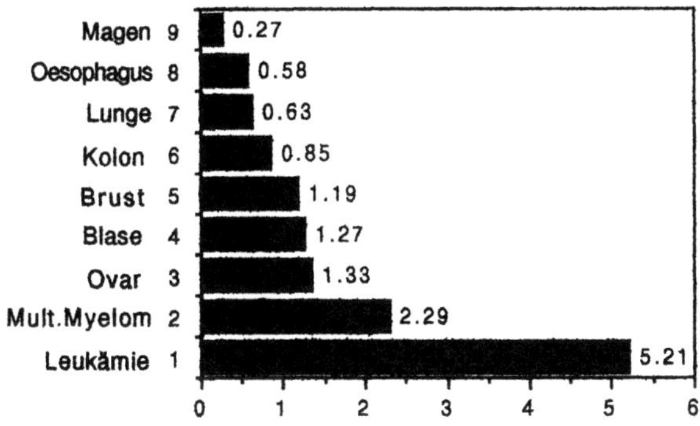

Abb. 3 Schätzungen des Todesrisikos durch verschiedenen Karzinome, basierend auf organabsorbierten Dosen (Hiroshima und Nagasaki, 1950–1985). Angegeben ist das relative Risiko für 1 Gray. (Nach Schull et al. 1990)

Nach Schull et al. (1990) stellte sich unter den Überlebenden der Atombomben von Hiroshima und Nagasaki für beide Geschlechter folgende Sensibilitätsskala (Abb. 3) für tödliche Krebsfälle ein: Am meisten wurden Leukämien induziert, gefolgt vom multiplen Myelom, dann mit abnehmender Frequenz Tumoren in Ovar, Blase, weiblicher Brust, Kolon, Lunge, Ösophagus und Magen. Wenn man lediglich die Inzidenz betrachtet, sind Schilddrüsenkarzinome zu erwähnen, die aber nicht häufig tödlich verlaufen. Leukämie, als häufigster Strahlenkrebs, wurde bei Mäusen 1930 von Krebs et al. erzeugt. Bei Menschen beschrieben Jagié et al. (1911) bereits 4 Leukämiefälle bei 3 Radiologen und einem Chemiker in einem Radiumwerk. Auch mit kleinen Dosen wurde Leukämie erzeugt, so nach Henshaw u. Hawkins (1944) bei amerikanischen Ärzten gegenüber der Normalbevölkerung. Nach Ulrich (1946) ist die Leukämie unter den Radiologen 8mal häufiger als bei den übrigen Ärzten, und ähnliche Zahlen findet March (1944, 1950). Nach den Untersuchungen von Court Brown u. Doll (1958) allerdings ist Leukämie nur bei denjenigen Radiologen häufiger, die vor 1920 begonnen haben, zu arbeiten.

Das Kind im Mutterleib scheint besonders empfindlich in bezug auf die strahlenbedingte Leukämieinduktion zu sein. Großes Aufsehen erregte eine Studie von Stewart et al. (1956) über die Strahlenvorgeschichte von 269 Kindern, die in England an Leukämie gestorben waren. Es zeigte sich, daß 42 an Leukämie erkrankte Kinder in utero (durch röntgendiagnostische Untersuchungen der Mutter) bestrahlt worden waren. Von gleich vielen leukämiefreien Kindern waren lediglich 24 vorbestrahlt. Die Feststellungen wurden von anderen bestätigt. Nicht nur für die Induktion von Leukämie ist das Kind im Mutterleib gefährdet, sondern auch für andere Tumoren. Krebs wird auch durch inkorporierte natürliche und künstliche Radionuklide erzeugt, deren Gefährlichkeit durch ihre physikalischen Eigenschaften (Halbwertszeit, Qualität und Energie der Strahlung) und durch die biologischen Eigenschaften bestimmt wird. Von der Fülle der Arbeiten seien lediglich zwei zitiert: So die Entstehung von Knochensarkomen bei Arbeiterinnen, die Leuchtzifferblätter herstellten und dabei durch das Anfeuchten der Pinsel mit den Lippen große Mengen von Radium inkorporierten (Martland u. Humphries 1929; Martland 1931). Durch Inkorporation von Radiojod in der Schilddrüse kann Krebs entstehen, und zwar sind Kinder besonders gefährdet. Dies zeigen u. a. die Untersuchungen von Kindern, die 1954 auf den Marshallinseln einem radioaktiven Fallout ausgesetzt worden waren (Conard 1984). Nach der Reaktorkatastrophe von Tschernobyl 1986 sind heute vermehrt Schilddrüsenkarzinome bei Kindern in den meisten verseuchten Gebieten Weißrußlands aufgetreten. Endgültige schlüssige Studien müssen erst erwartet werden (Reiners 1993).

Einen Sonderfall stellt Radon dar, das eingeatmet Lungenkrebs induzieren kann. Bei den Grubenarbeitern von Schneeberg und Joachimsthal trat gehäuft Lungenkrebs auf (seit dem 16. Jahrhundert als sog. Bergkrankheit bekannt). Nach Rajewsky et al. (1942, 1943) wird dieser Lungenkrebs durch Radon hervorgerufen. Ein Thema, das bei der heutigen natürlichen Strahlenexposition in Häusern durch Radon aktuell ist.

Über beruflich bedingte Kanzerogenese berichten ausführlich Trott u. Streffer (1990).

Strahlenpathologie

Die verschiedenen Lebewesen zeichnen sich durch eine unterschiedliche Strahlensensibilität aus, wobei sich die Variationsbreite der Letaldosen von einigen wenigen cGy bis über 500000 cGy erstrecken kann. Diese Strahlensensibilitätsskala spiegelt das Sensibilitätsmuster der verschiedenen Zellen und Organe wider. Jedes Lebewesen ist so strahlenempfindlich wie seine lebenswichtigen Organe oder Zellsysteme. Bereits bei der ersten systematischen Untersuchung der Strahlenwirkung auf die inneren Organe stellte Heineke (1904) die verschiedenen Empfindlichkeiten der einzelnen Organe fest. Summarisch lassen sich die Organe des erwachsenen Menschen einteilen in *strahlensensible* Organe und Zellsysteme, wie hämatopoetisches und lymphatisches System

(Lymphknoten, Lymphfollikel, Milz, Thymus, Knochenmark) Intestinalepithel, Gonaden, Augenlinse, in *mäßig strahlenempfindliche* Organe wie Haut, Auge (ausgenommen Linse), in *mäßig strahlenresistente* Organe wie Lunge, Leber, Niere, und *strahlenresistente* Organe sowie Zellsysteme wie Herz, Nervensystem, Muskulatur und Bindegewebe. Zu den einzelnen Systemen einige Bemerkungen (weiter Heuck u. Scherer 1985; ferner Scherer et al. 1991).

Proliferierende hämatopoetische Zellen, aber auch reife Lymphozyten gehören zu den strahlenempfindlichsten Elementen im Körper. Dies macht sich beispielsweise durch zytologische Änderungen im Knochenmark und Blutbildänderungen sofort nach Bestrahlung bemerkbar. So fanden Dougherty u. White (1946) 3–6 h nach einer Totalbestrahlung von Mäusen bereits mit 10 cGy eine signifikante Abnahme der Lymphozyten. Das Verschwinden der Lymphozyten ist ein ziemlich empfindlicher Indikator für einen akuten Strahleneffekt. Dies bestätigen auch die neuen Befunde an den stark bestrahlten Strahlenopfern des Tschernobyl-Reaktorunfalls, bei denen die Zahl der Lymphozyten mit steigender Dosis nach 3–6 h abnahm (IAEA 1986). Die Veränderungen im Blutbild, aber auch eine spätere dosisabhängige Regeneration zeigte an Kaninchen eindrucksvoll 1954 Jacobson. Seither sind viele verfeinernde Untersuchungen gemacht worden (s. u. a. Cronkite u. Fliedner 1972).

Die Strahlenschäden der Haut sind am frühesten und des öfteren beschrieben worden. Ihre Rötung diente früher als Strahlenmaß (HED: Hauterythemdosis). Die Strahlenschädigung verläuft in Wellen, die besonders von Miescher (1925) eingehend untersucht worden sind, wobei das Erythem als Frühreaktion imponiert. Spätreaktionen sind Pigmentierung, Dermatitis, Geschwüre und Krebs, des weiteren Atrophie der Schweiß- und Talgdrüsen, sowie der Haarfollikel und Fibrosen. Auch nach der Bestrahlung des Lungengewebes und der Leber treten als Spätschäden Fibrosen auf.

Die *Strahlenkrankheit,* das Strahlensyndrom des adulten Menschen, ist nach der Explosion der Atombomben von Hiroshima und Nagasaki erstmals in ihrer Tragweite erfaßt und untersucht worden. Je nach eingestrahlter Dosis auf größere Bereiche oder den ganzen Körper werden verschiedene Arten von Syndromen unterschieden (Howland u. Warren 1948; Cronkite u. Fliedner 1972; ICRP 60, 1991). Die mittlere letale Dosis beträgt 4–5 Gy. Mit Dosen unter 5 Gy überwiegt das Knochenmarksyndrom (Schädigung des hämatopoetischen Systems). Der Tod tritt in 30–60 Tagen nach Bestrahlung ein. Nach Dosen von 5 Gy und darüber stellt sich das gastrointestinale Syndrom ein, für dessen Symptome hauptsächlich die Schädigung des Dünndarms verantwortlich ist. Übelkeit und Erbrechen treten nach 1–2 h auf, denen bei geringerer Bestrahlung ein symptomfreies Intervall folgt. Der Tod, der nach 10–20 Tagen eintritt, kann auch durch Lungenschädigungen verursacht sein. Dosen über 15 Gy führen zum Tod innerhalb von 1–5 Tagen durch eine Schädigung des zentralen Nervensystems. Der Unfall von Tschernobyl zeigt bei den mit großen Dosen Exponierten (die im Kernkraftwerk während der Katastrophe Anwesenden) eine große Übereinstimmung mit den japanischen Befunden (IAEA 1986).

Soweit in Kürze einige Kapitel über wichtige Strahlenreaktionen des Lebewesens. Die Strahlenwirkung auf Tumorzellen wird an anderer Stelle dieses Bandes behandelt.

Abhängigkeit der biologischen Strahlenwirkung von verschiedenen Faktoren

Die Reaktionskette der biologischen Strahlenwirkung ist komplexer Natur (Abb. 1). Die energiereiche Strahlung tritt mit der organischen Materie in Wechselwirkung, die unmittelbar oder aber auch indirekt zum chemischen, dann zum biochemischen Effekt und zuletzt zur biologischen oder medizinischen Äußerung führt. Am Anfang stehen hauptsächlich Ionisationen von Atomen und Molekülen, die im sog. direkten Effekt bereits die biologische Wirkung induzieren können. Dem gegenüber werden beim indirekten Effekt die biologischen Änderungen erst durch chemische und/oder biochemische Strahlungsprodukte ausgelöst.

Abhängigkeit der Strahlenwirkung von der räumlichen Dosisverteilung (LET, RBW)

Je nach Art der Strahlung wird die Energie im durchstrahlten Material unterschiedlich verteilt (Abb. 4). Schwere Teilchen führen zu starker Ionisation und hinterlassen daher eine „dichte" Ionisationsspur. Schnelle, leichte Teilchen hingegen ionisieren „locker". Die räumliche Verteilung des Energieverlusts entlang des Durchganges eines Teilchens wird als lineare Energieübertragung (linear energy transfer: LET) beschrieben, ein Begriff, den Zirkle (1952) einführte. Der LET wird in keV/µm gemessen. Bereits 1955 zeigte Gray umfassend die starke Abhängigkeit des

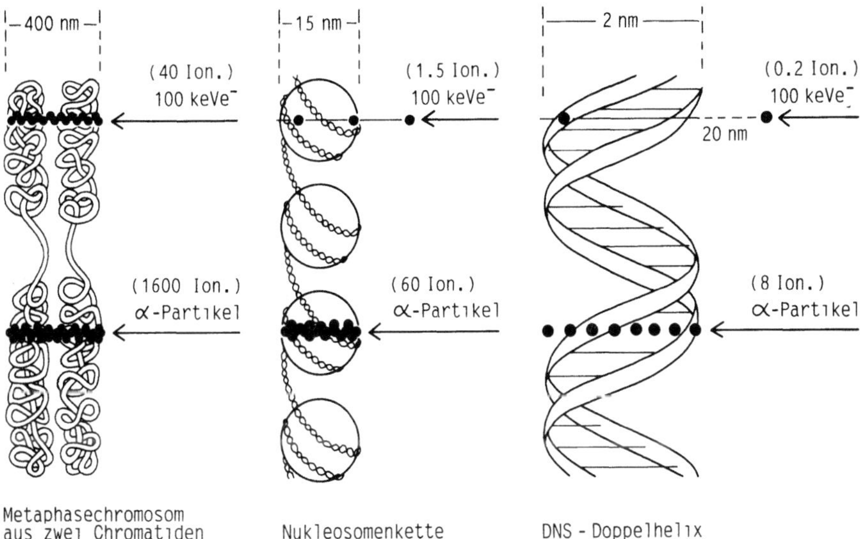

Abb. 4. LET (lineare Energieübertragung) und Ionisationsdichten (schematisch aufgezeichnet) einer 100 keV-Elektronen- und Alphapartikelstrahlung in der Desoxyribonukleinsäurekette in verschiedenen Vergrößerungen

biologischen Effekts von physikalischen Gegebenheiten und „übersetzte" den linearen Energieverlust in die Zahl der Ionisationen pro Weglänge. Die Abhängigkeit des biologischen Effekts vom LET ist besonders für die Strahlentherapie mit neuen Strahlenarten bedeutsam, gilt es doch, die *biologisch effektive Dosis* zu erkennen. Während früher als qualitativ von den Röntgenstrahlen verschiedene Strahlung nur die Alphastrahlung des Radiums getestet werden konnte, gesellten sich nach der Entdeckung der Neutronen deren Untersuchungen dazu. Am Beispiel der Mutationsinduktion einige Experimente, die zunächst der schwierigen Dosismessung wegen unterschiedlich ausfielen. So stellten Timoféeff-Ressovsky u. Zimmer (1938) auf die Mutationsrate von rezessiven geschlechtsgebundenen Letalfaktoren bei Drosophila eine geringere Wirksamkeit der dicht ionisierenden Neutronen fest. Erst Muller (1954) zeigte in der Erzeugung von Translokationen eine 2mal stärkere Wirksamkeit der Neutronen, ebenso Baker u. von Halle (1954) beim Testen dominanter Letalfaktoren. Mickey (1954) fand wiederum an Drosophila, daß dominante sichtbare Mutationen 3- bis 22mal häufiger durch Zyklotronneutronen mutieren als durch konventionelle Röntgenstrahlen. Russell et al. (1954) beobachteten bei der Erzeugung dominanter Letalfaktoren in männlichen Mäusen ebenfalls eine überlegene Wirkung der Neutronen. Weitere Experimente mit neuen Strahlenarten, wie Pionen, schweren Ionen folgten (Jung 1985). Auf allen Gebieten der Strahlenbiologie zeigte sich eine Abhängigkeit der biologischen Wirkung vom LET, die mit dem Faktor der relativen biologischen Wirksamkeit (RBW) beschrieben wird. Die RBW steigt mit steigendem LET bis zu Werten von 100 keV/μm, um dann wieder zu sinken. Für den Begriff der biologischen Dosis, der Äquivalentdosis (Einheit: Sievert = Sv), wird der Qualitätsfaktor Q (neu: Strahlenwichtungsfaktor) herangezogen, der für die jeweilige Strahlenart einen gemittelten Wert, gewonnen aus verschiedenen RBW-Werten, darstellt.

Erholungsvorgänge und Abhängigkeit der Strahlenwirkung von der zeitlichen Verteilung der Dosis

Bereits durch die Erfahrungen der Strahlentherapie wurde rasch bekannt, daß die zeitliche Verteilung der Strahlendosis (konzentriert oder verdünnt, einmalig oder fraktioniert) einen großen Einfluß auf den biologischen Effekt hat. Viele experimentelle Untersuchungen bestätigten die Wirkung des Zeitfaktors. Zumeist wirkt eine verdünnte oder fraktionierte Applikation locker ionisierender Strahlung weniger als eine konzentrierte einmalige. Stellvertretend für alle Experimente seien die Untersuchungen von Russell (1972) zitiert. Mit einer „verdünnten" Bestrahlung von 0,8 cGy/min erzielte er in den Spermatogonien von Mäusen 3mal weniger Spezifisch-Locus-Mutationen als nach der konzentrierten Applikation von 90 cGy/min, also einen Dosisreduktionsfaktor für verdünnte Bestrahlung von 3. Für die Belange des Strahlenschutzes interessiert

auch noch, und dies ganz besonders, der Dosisreduktionsfaktor für die Krebsinduktion, der für Leukämie mit 2 angegeben wird (ICRP Publication 60, 1991).
Die Abhängigkeit der biologischen Strahlenwirkung vom Zeitfaktor kann u. U. bedeuten, daß durch die verdünnte Bestrahlung andere (z. B. resistente) Phasen erfaßt werden als durch eine konzentrierte. In der Hauptsache sagt er aber aus, daß *Erholung und Repair* vom Strahlenschaden den endgültigen Schaden bestimmen. Durch die verdünnte oder fraktionierte Bestrahlung wird den biologischen Systemen Zeit gegeben, sich zu erholen. In der strahlenbiologischen Wirkungskette (Abb. 1) sind einzelne Vorgänge reversibel. Erholungs- und Reparaturvorgänge vollziehen sich in der physikalisch-chemischen, in der biochemischen, aber auch in der zellulären Ebene. Zelleigene Reparatursysteme können einen strahleninduzierten Schaden reparieren.

Abhängigkeit des Strahleneffekts vom Sauerstoff

Die strahlenbiologische Wirkung ist von verschiedenen Milieufaktoren, wie Temperatur, biochemischer Umgebung und vor allem von der Anwesenheit von Sauerstoff abhängig. Einige frühere Beobachtungen ließen vermuten, daß Sauerstoff die Strahlenwirkung verstärkt. So sah Schwarz (1909) eine Desensibilisierung der Haut gegenüber Strahlen durch Verminderung der Durchblutung. Der Strahlenchemiker Risse (1929) stellte erhebliche Unterschiede fest, wenn er belüftetes und sauerstofffreies Wasser bestrahlte. Im Wasser ohne Sauerstoff konnte nach Bestrahlung kaum Wasserstoffsuperoxid festgestellt werden. An tierischen Tumoren wurde (Crabtree u. Cramer 1934) die Wirkung durch Bestrahlung in Stickstoffatmosphäre herabgesetzt, ebenso nach Mottram (1935) die Mitosehemmung von Vicia-Faba-Wurzeln. Seither ist der Sauerstoffeffekt (OER: oxygen enhancement ratio), in vielen Systemen bestätigt worden. In der Tumortherapie wurde sogar eine „hyperbare Sauerstofftherapie" versucht, um anoxische Zellen zu sensibilisieren. Die OER ist am höchsten für eine niedrige LET-Strahlung und niedriger für eine hohe LET-Strahlung. Da sich die Krebszellen zumeist durch einen niedrigen Sauerstoffgehalt auszeichnen, ist strahlentherapeutisch eine hohe LET-Strahlung mit ihrer wenig sauerstoffabhängigen Wirkung vorteilhaft.

Strahlenschutzstoffe und Strahlensensibilisatoren

Chemische und biochemische Stoffe können vor Bestrahlung schützen oder den Effekt sensibilisieren. Als erste erzielten Treadwell et al. (1943) einen Schutzeffekt vor Strahlentod mit der Injektion von Hormonen in männliche Mäuse. Patt et al. (1949) entdeckten die schützende Wirkung von Zystein und Herve u. Bacq (1949) von Zyaniden. Nach der Entdeckung von Sulfhydrylverbindungen als Strahlenschutzstoffen wurden hauptsächlich im Walter-Reed-Armee-Spital mehr als 3000 Verbindungen synthetisiert, um Stoffe zu finden, welche die Bevölkerung und die Armee mit möglichst wenig Nebeneffekten in einem Nuklearkrieg schützen könnten. Es wurden u. a. WR-638, WR 2721 und WR 1607 hergestellt, wobei sich WR 2721 für die Radiotherapie (Schutz des gesunden Gewebes) am besten zu eignen scheint. Sulfhydrylverbindungen schützen durch das Wegfangen von reaktiven freien Radikalen und durch das Spenden von Elektronen. Neueste biomolekulare Forschungen zeigen eine strahlenschützende Wirkung der Interleukine IL-1 und IL-3 (Talmadge 1992) wobei IL-3 nicht nur die Myelodepression herabsetzt, sondern noch eine therapeutische Wirkung ausübt. Nach Kalechman et al. (1993) vergrößert der Immunomodulator AS 101 die Repair der DNS und wirkt strahlenschützend gegenüber Tod und Hämatopoeseschaden.
Für die Radiotherapie wurden hauptsächlich Strahlensensibilisatoren der anoxischen Zellen gesucht (s. Adams 1973) und in elektronenaufnehmenden Substanzen wie Ro-07-582 (Misonidazol) und Etanidazol gefunden. Misonidazol konnte sich klinisch nicht erfolgreich behaupten, da es besonders bei fraktionierter Bestrahlung neurotoxische Nebenwirkungen aufweist. Neueste Forschungen (Milas 1993) zeigten, daß Indomethacin bestrahlte Tumorzellen sensibilisiert, aber nicht das gesunde Gewebe, und zwar durch Hemmung der Prostaglandinsynthese, die Strahlenschutzstoffe sind. Nach Hallahan et al. (1992) sensibilisiert die Hemmung der Proteinkinasen menschliche Tumorzellen gegen Strahlen vermittels Sangivamycin und Stauroporin, die nach den Autoren eine neue Klasse von Strahlensensibilisatoren darstellen.
Als physikalischer Strahlensensibilisator sei noch die *Hyperthermie* erwähnt, die u. a. durch eine Hemmung der Reparatur sensibilisiert (Van Beuningen u. Streffer 1985; Kampinga u. Konings 1993).

Theoretische Interpretationen von Dosis-Wirkungs-Beziehungen

Das Aufstellen von Dosis-Wirkungs-Beziehungen ist sowohl für die Medizin als auch für den Strahlenschutz von großer Bedeutung. Ihre Interpretationen könnten, wie man besonders früher geglaubt hat, zu fundamentalen strahlenbiologischen Erkenntnissen führen. Es seien hier in Kürze nur einige frühere Theorien bzw. Hypothesen vorgestellt. Sie befassen sich alle mit der direkten Strahlenwirkung. Dessauer (1922) und Blau u. Altenburger (1922) zeigten, daß biologische Strahlenwirkungskurven meist keine gewöhnlichen S-förmigen Schädigungskurven darstellen, sondern eng mit der quantenhaften diskontinuierlichen Beschaffenheit des einwirkenden Agens verknüpft sind. Damit die Strahlenreaktion eintritt, muß das Objekt Treffer (hits) erhalten, die mit einer dosisabhängigen Wahrscheinlichkeit auftreten. Diese Treffer stellen Absorptionsereignisse, Ionisationen dar (nach der ursprünglichen Vorstellung von Dessauer: „Punktwärmen"). Crowther (1926, 1927) erweiterte die Treffertheorie zur Treffbereichstheorie und forderte ein Volumen (Treffbereich, target), in dem die Treffer wirken müssen. Experimentelle Grundlagen schuf u. a. Zuppinger (1928), der mit dem Mathematiker Meißner die biologische Variabilität in die mathematische Formulierung einbaute. In den Bearbeitungen von Lea (1946) und Timoféff-Ressovsky u. Zimmer (1947) erfuhr die Treffertheorie ihre Krönung. Viele weitere Analysen der Dosis-Wirkungs-Kurven folgten. Stellvertretend für sie sei die Darstellung von Kellerer u. Hug (1972) zitiert, die auch die Strahlenqualität und die RBW einbezogen, und die „Dual-radiation-action-Theorie" (Kellerer u. Rossi 1972), in der verschiedener LET-Strahlung qualitativ verschiedene Wirkungsweisen zugewiesen wurden. Wenn auch die theoretischen Analysen der Dosis-Wirkungs-Kurven strahlenbiologisch wertvoll sein können, dürfen sie aber nicht überschätzt werden. Die strahlenbiologische Wirkungskette ist komplex, und verschiedene zusätzliche Parameter wie das Reparaturvermögen verbieten vereinfachende Interpretationen.

Strahlenschutz

Ziel des Strahlenschutzes ist es, Individuen, ihre Nachkommen und die Menschheit als Ganzes vor der schädigenden Strahlenwirkung zu schützen. Gleichzeitig sollte aber eine Tätigkeit möglich sein, bei der eine zusätzliche Strahlenexposition unumgänglich ist. Dies erfordert eine sorgfältige Festlegung von Grenzwerten, welche die für den Menschen bedeutsamen biomedizinischen Strahlenwirkungen berücksichtigt. Die Sorge für einen Strahlenschutz beschränkte sich anfänglich nur auf die somatischen Schäden von Individuen mit größeren Strahlendosen (Radiologen, Physiker, Techniker), weitete sich aber spätestens 1927 auf die genetischen Schäden aus, als Muller erstmals quantitativ strahlenbedingte erbliche Schäden festgestellt hatte. Das genetische Risiko wurde lange Zeit in den Vordergrund gestellt, und erst mit der Entdeckung, daß auch kleine Dosen zu somatischen Änderungen (Krebs) führen können (s. March 1944, 1950), und der Schaffung der effektiven Äquivalentdosis zur Bewertung der gesamten möglichen Strahlenschädigung, wurde das „Gonadendenken" im Strahlenschutz abgelöst. Nach den Atombombenexplosionen von Hiroshima und Nagasaki entwickelten sich Strahlenschutzbetrachtungen auch für die nicht beruflich exponierte Bevölkerung und erweiterten sich besonders durch den BEIR-Report (1972) zusätzlich auf röntgendiagnostisch untersuchte Patienten. Nach Tschernobyl erfaßte das Strahlenschutzbewußtsein die gesamte Bevölkerung.

Verschiedentlich wurde bereits kurz nach der Entdeckung der biomedizinischen Strahlenwirkung die Notwendigkeit eines Schutzes eingesehen, und erstmals wurde auf dem 1. Deutschen Röntgenkongreß 1905 vom Arzt Hennecart aus Sedan nach einer Gesetzgebung für den Umgang mit Röntgenstrahlen gerufen (Beck 1988). Zunächst wurde von Mutscheller (1925) eine Toleranzdosis von 1/100 der Hauterythemdosis pro Monat vorgeschlagen, von Sievert (1925) eine Jahresdosis von 1/10 der Erythemdosis. Sie wurde umgewandelt von der ICRP 1934 in 0,2 R/Tag, während die deutsche Toleranzdosis 0,252 R/Tag betrug (Taylor 1981). Bald wurde erkannt, daß das Strahlenschutzproblem eine internationale Angelegenheit sein sollte. 1928 wurde, folgend einem Beschluß des 2. Internationalen Radiologiekongresses, die „International Commission on Radiological Protection" gegründet. Der erste Report datiert von 1928. Weitere Publikationen und Empfehlungen schlossen sich bis heute in rascher Folge an. Die Kommission arbeitet eng zusammen mit der „International Commission on Radiation Units and Measurement". Die Toleranzdosen wurden umgewandelt in maximal zulässige Dosen, dann in Grenzwerte. Es wurden die Schäden eingeteilt in stochastische und nichtstochastische (heute deterministische genannt) Schäden (Abb. 5). Dabei zeichnen sich deterministische Schäden durch einen Schwellenwert aus,

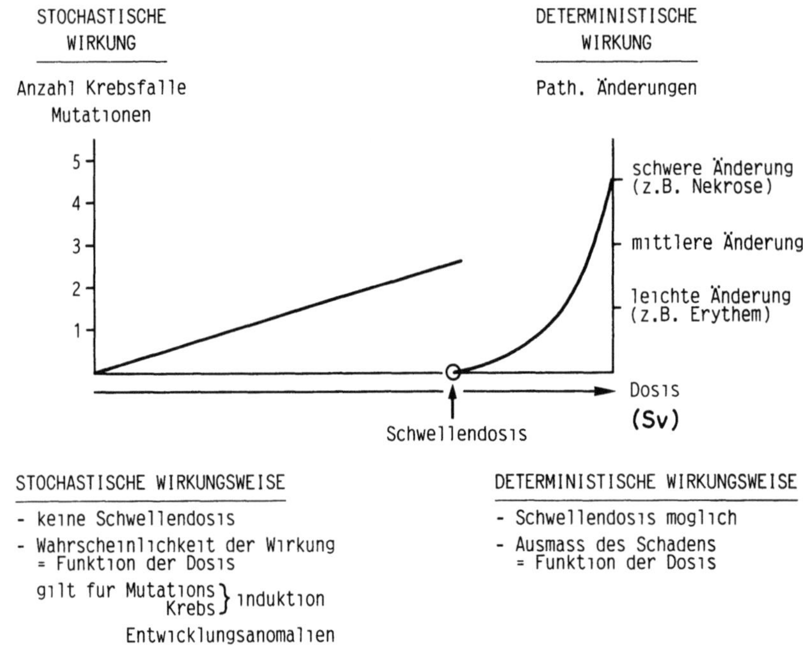

Abb. 5. Stochastische und deterministische Wirkungsweisen

unter dem kein Schaden zu verzeichnen ist. Ihr Schweregrad ist eine Funktion der Dosis. Im Gegensatz dazu weisen stochastische Schäden keine Schwellendosis auf, und die Wahrscheinlichkeit ihres Auftretens ist eine Funktion der Dosis. Zu ihnen gehören Krebsinduktion und vererbbare, genetische Schäden. Die wichtige ICRP-Publikation 26 (1977) umschrieb dann die Aufgaben des Strahlenschutzes darin: schädliche deterministische Wirkungen zu verhindern und die Wahrscheinlichkeit stochastischer Wirkungen auf ein Niveau zu begrenzen, das noch für annehmbar erachtet wird. Ein zusätzliches Ziel ist es, sicherzustellen, daß die Tätigkeiten, welche eine Strahlenexposition bedingen, auch gerechtfertigt sind. Um einigermaßen begründete Grenzwerte zu empfehlen, ist es nötig, die stochastischen Risiken zu bestimmen. Als Grundlage für das Krebsrisiko dienen in der Hauptsache die Analysen an den dem unmittelbaren Tod Entgangenen der Atombombenexpositionen von Hiroshima und Nagasaki. Für das genetische Risiko müssen Experimente an Tieren herangezogen werden. Da sich die Wirkung kleiner Dosen nicht direkt bestimmen läßt, muß aus Schädigungskurven interpoliert werden. Dabei entscheidet die Wahl der Kurvenform. Für die Krebsinduktion wurde mit der Wahl einer linearen Dosis-Wirkungs-Kurve und dem multiplikativen Projektionsmodell (ICRP 1991) für die erwachsenen beruflich Exponierten eine Wahrscheinlichkeit des Krebstodes mit 4 auf 100/Sv, für die allgemeine Bevölkerung mit 5 auf 100/Sv geschätzt (Sv: Sievert = biologisch effektive Dosis). Für schwere genetische Schäden wurde für die erwachsenen beruflich Exponierten ein Koeffizient von 0,8 Schäden auf 100/Sv, für die allgemeine Bevölkerung von 1,3 Schäden auf 100/Sv bestimmt. Als Dosisgrenzwerte wurden von ICRP 1991 für die beruflich Beschäftigten 20 mSv/Jahr, gemittelt über eine Periode von 5 Jahren, für die Bevölkerung von 1 mSv/Jahr vorgeschlagen.

Hormesis und adaptive Antwort

Im kleinsten Dosisbereich brauchen Strahlen nicht unbedingt nur schädigend zu sein. Viele Beobachtungen (z. B. Luckey 1980) sprechen dafür, daß kleine Dosen sogar durch Stimulierung von Reparaturvorgängen positiv wirken können. Ebenso kann eine Vorbehandlung mit kleinen Dosen die biologischen Systeme gegenüber einer Zweitbestrahlung resistenter machen. Diese adaptive Antwort wird u. a. von Shadley u. Wolff (1987) beschrieben.

Einiges aus der heutigen Strahlenbiologie

In der biomolekularen Aufklärung von biologischen Vorgängen und in der Genbiologie sind in der letzten Zeit große Fortschritte erzielt worden. Zelluläre und molekulare Biologie werden miteinander verknüpft, und es ist verständlich, daß sich die moderne Strahlenbiologie zusehends mit diesen Problemen beschäftigt. Einige neue Arbeiten seien hier zitiert (s. auch Abb. 2). Durch Bestrahlung wird der Tumornekrosefaktor (TNF) in Zellkulturen produziert (Hallahan et al. 1991), und zwar durch eine Zunahme der Genexpression. An dieser TNF-Induktion nimmt vermutlich die Proteinkinase C (PKC) teil, deren Aktivität sofort nach Bestrahlung (15–30 s) um das 4,5fache ansteigen kann. PKC vermittelt ihrerseits die Signaltransduktion von der Zelloberfläche ins Zellinnere (Gen). TNF selber wirkt zytotoxisch auf Tumoren, und auch die Lungenfibrose könnte durch TNF induziert werden. Nach Bestrahlung von Endothelialzellen werden Wachstumsfaktoren (Witte et al. 1989) induziert, die in der Pathogenese von frühem vaskulärem Schaden und einer späten Fibrose involviert sein können. Auch Jirtle u. Anscher (1992) glauben, daß der transformierende Wachstumsfaktor (TGF) β1-Fibroblasten stimuliert und in der Leber zu Fibrose führt. TGF-β1 wird in Hepatozyten durch Strahlen vermehrt.

Der Zellzyklusapparat wird durch Genprodukte der $p34^{cdc2}$-Familie, gebunden an Zykline, in Gang gehalten (Murray 1992). Es konnte nachgewiesen werden (Muschel et al. 1992; Datta et al. 1993), daß ionisierende Strahlen die Menge von Zyklin A und B herabsetzen, also wiederum eine Verbindung molekularen Geschehens mit den zellulären Vorkommnissen der strahleninduzierten Mitosehemmung.

Die heutige Strahlenbiologie sollte sich in zunehmendem Maße, auch im Interesse der Verbesserung der Strahlentherapie, mit weiteren molekularen Aufklärungen zellulärer Strahlenereignisse beschäftigen (Coleman 1993).

Gentherapie

Es wurde versucht (Roth 1992), die onkogene Expressivität durch rekombinante Genkonstrukte zu verändern und den transformierten Phänotyp zu revertieren. Mit Antisense-RNS-Konstrukten wurde das Onkogen K-ras in Lungenkarzinomzellen in der mRNS-(Boten-RNS-)Synthese gehemmt und damit unschädlich gemacht. Weichselbaum et al. (1992) schlagen eine Reihe möglicher Gentherapien vor.

So könnten Strahlen benutzt werden, um die Transkription von einzuschleusenden Genen zu aktivieren, die zytotoxische Proteine kodieren. Bereits wurde das TNF-Gen in Lymphozyten plaziert, die den Tumor infiltieren. Eine Bestrahlung würde das Toxin im bestrahlten Bereich induzieren.

Strahleninduktion von Apoptose

Apoptose ist ein programmierter Zelltod, eine zelluläre Selbstdestruktion, begleitet oder herbeigeführt durch eine irreversible DNS-Fragmentation, die durch Endonukleasen ausgelöst wird mit betonten Änderungen des Zytoskeletts. Oft ist Apoptose gleichzusetzen mit Interphasetod. Sie ist typisch für die embryonale Entwicklung. T- und B-Zellreifung und endokrin ausgelöste Atrophie. Krebszellen können deshalb wachsen, weil sie die Apoptose nicht aktivieren, und es wäre von besonderem Interesse, durch Bestrahlung die Apoptose zu fördern. Tatsächlich induzieren Strahlen Apoptose, so z. B. in menschlichen B-Lymphoblasten (Olive et al. 1993). In bestrahlten Tumoren ist ebenfalls Apoptose anzutreffen, ganz besonders in Lymphomen und auch Lymphomzellen in Kultur (Meyn et al. 1993). Interessanterweise wird das normale Tumorsuppressorgen p 53 benötigt, um durch Strahlen Apoptose auslösen zu können (Lowe et al. 1993). Für die Strahlentherapie nützlich wäre es, Faktoren einzusetzen, welche die strahleninduzierte Apoptose als irreversible Schädigung in malignen Zellen fördern. Es ist bereits gelungen (Macklis et al. 1992), mit ^{212}Bi-radioaktiv markierten, α-Partikel emittierenden Immunokonjugaten (spezifisch für ein Differenzierungsantigen) in Mauslymphomzellen in hohem Maße Apoptose zu induzieren.

Literatur

Adams GE (1973) Chemical radiosensitization of hypoxic cells. Br Med Bull 29:48–53

Albers-Schönberg HE (1903) Über eine bisher unbekannte Wirkung der Röntgenstrahlen auf den Organismus der Tiere. Münch Med Wochenschr 50:1859–1860

Alberti W, Politzer G (1923) Über den Einfluß der Röntgenstrahlen auf die Zellteilung. Arch Mikrosk Anat 100:83–109

Alberti W, Politzer G (1924) Über den Einfluß der Röntgenstrahlen auf die Zellteilung. II. Mitteilung. Arch Mikrosk Anat 103:284–307

Aschenheim E (1920) Schädigung einer menschlichen Frucht durch Röntgenstrahlen. Strahlentherapie 11:789–795

Baker WK, von Halle ES (1954) The production of dominant lethals in Drosophila by fast neutrons from cyclotron irradiation and nuclear detonations. Science 119:46–49

Baker WK, Sgourakis E (1950) The effect of oxygen concentration on the rate of x-ray induced mutations in Drosophila. Proc Natl Acad Sci (Wash) 36:176–184

Bardeen CR (1907) Abnormal development of toad ova fertilized by spermatozoa exposed to the roengen rays. J Exp Zool 4:1–44

Beck HR (1988) Geschichtliche Entwicklung der Röntgenverordnung. In: Dienstl E, Börner W, Holeczke F, Messerschmidt O (Hrsg) Strahlenschutz in Forschung und Praxis, Bd 30. Fischer, Stuttgart New York, S 169–179

Becquerel H (1901) Sur quelques effets chimiques produits par le rayonnement du radium. C R Acad Sci 133:709–712

BEIR-Report (1972) The effects on populations of exposure to low levels of lonizing radiation. Report of the advisory commitee on the biological effects of ionizing radiations. Divison of medical sciences. National Academy of Sciences, Nat Research Council, Washington

Bergonié J, Tribondeau L (1904) Actions des rayons X sur le testicule du rat blanc. C R Soc Biol 57:400–402

Blau M, Altenburgα K (1922) Über einige Wirkungen von Strahlen, II. Z Phys 12:315–329

Bloch B (1923) Carcinome expérimental provoqué par les rayons X chez le lapin. Congrès Cancer Strassbourgh 2:31–38

Bohn G (1903) Influence des rayons du radium sur les animaux en voie de croissance. C R Acad Sci 136:1012–1013

Burckhard G (1905) Über den Einfluß der Röntgenstrahlen auf den tierischen Organismus, insbesondere auf die Gravidität. Volkmanns Klin Vorträge 404 (Gyn 150):469–480

Canti RG, Spear FG (1929) The effect of gamma irradiation on cell division in tissue culture in vitro, part II. Proc Roy Soc B 105:93–98

Carlson JG (1950) Effects of radiation on mitosis. J Cell Comp Physiol 35 Suppl 1:89–101

Coleman CN (1993) Beneficial liaisons: radiobiology meets cellular and molecular biology. Radiother Oncol 28:1–15

Conard RA (1984) Late radiation effects in Marshall Islanders exposed to fallout 28 years ago. In: Boice JD, Fraumeni JF (eds) Radiation carcinogenesis. Raven, New York, pp 57–71

Court Brown WM, Doll R (1958) The expectation of life and cancer mortality of British radiologists. Second United Nations Intern Conf on the Peaceful Uses of Atomic Energy A/Conf 15/P/99 United Kingdom June 1958, Geneva

Coutard H (1930) Zusammenfassung der Grundlagen der röntgentherapeutischen Technik der tiefgelegenen Krebse. Strahlentherapie 37:50–58

Crabtree HG, Cramer W (1934) The action of radium on cancer cells. III. Factors determining the susceptibility of cancer cells to gamma radiation. Cancer Res Fund 11:103–117

Cronkite EP, Fliedner TM (1972) The radiation syndromes. In: Diethelm L, Olsson O, Strnad F, Vieten H, Zuppinger A (Hrsg) Handbuch der Medizinischen Radiologie, Bd II. Springer, Berlin Heidelberg New York, pp 299–339

Crowther JA (1926) A theory of the action of X-rays on living cells. Proc Cambridge Phil Soc 23:284–287

Crowther JA (1927) Analysis of some observations on the action of x-rays on Drosophila eggs. Br J Radiol 23:292

Daniel J (1896) The x-rays. Science 3:562–563

Datta R, Weichselbaum R, Kufe DW (1993) Ionizing radiation down regulates histone H1 gene expression by transcriptional and post-transcriptional mechanisms. Radiat Res 133:176–181

de Nobele, Lams (1927) Über die Wirkung der Röntgenstrahlen auf die Schwangerschaft und die Entwicklung des Fötus. Strahlentherapie 25:702–707

Despeignes V (1896) Observation concernant un cas de cancer de l'estomac traité par les rayons Roentgen. Lyon Med 82:428–430

Dessauer F (1922) Über einige Wirkungen von Strahlen, I. Z Phys 12:38–47

Dolphin GW, Lloyd DC, Purrot RJ (1973) Chromosome aberration analysis as a dosimetric technique in radiological protection. Health Phys 25:7–15

Dougherty TF, White A (1946) Pituitary-adrenal cortical control of lymphocyte structure and function as revealed by experimental x-radiation. Endocrinology 39:370–385

Edison (1896) In discussions about the effect of x-rays upon the eyes. Nature 53:421

Elkind MM, Sutton H (1960) Radiation response of mammalian cells grown in culture, 1. Repair of X-Ray damage in surviving chinese hamster cells. Radiat Res 13:556–593

Fellner OO, Neumann F (1907) Der Einfluß der Röntgenstrahlen auf die Eierstöcke trächtiger Kaninchen und auf die Trächtigkeit. Z Heilkd 28:162–202

Försterling K (1907) Wachstumsstörungen infolge von Röntgenisierung. Verh Dtsch Röntgenges 3:126–128

Frieben (1902) Demonstration eines Cancroids des rechten Handrückens, das sich nach lang dauernder Einwirkung von Röntgenstrahlen entwickelt hat. Fortschr Röntgenstr 6:106

Friedrich O (1910) Histologische Untersuchung eines intrauterin mit Röntgenstrahlen bestrahlten menschlichen Fötus. Z Röntgenkrkh 12:404–412

Fritz-Niggli H (1972) Strahlenbedingte Entwicklungsstörungen. In: Diethelm L, Olsson O, Strnad F, Vieten H, Zuppinger A (Hrsg) Handbuch der medizinischen Radiologie, Bd II. Springer, Berlin Heidelberg New York, S 235–297

Fritz-Niggli H (1991) Strahlengefährdung/Strahlenschutz. Huber, Bern Stuttgart Toronto

Gager CS (1908) Effects of the rays of radium on plants. Mem NY Bot Garden 4:1–278

Gager CS, Blakeslee AF (1927) Chromosome and Gene mutations in datura following exposure to radium rays. Proc Natl Acad Sci 13:75–79

Gilman PK, Baetjer FH (1904) Some effects of the roentgen rays on the development of embryos. Am J Physiol 10:222–224

Glasser O (1931) Wilhelm Conrad Röntgen und die Geschichte der Röntgenstrahlen. Springer, Berlin

Gray LH (1955) Aspects physiques de la radiobiologie. In: Haissinsky M (ed) Actions chimiques et biologiques des radiations. Masson, Paris, pp 1-91

Grubbé EH (1933) Priority in the therapeutic use of x-rays. Radiology 21:156-162

Hallahan DE, Subbulakshmi Virudachalam, Sherman ML, Huberman E, Kufe DW, Weichselbaum RR (1991) Tumor necrosis factor gene expression is mediated by protein kinase C following activation by ionizing radiation. Cancer Res 51:4565-4569

Hallahan DE, Subbulakshmi Virudachalam, Schwartz JL, Panje N, Mustafi R, Weichselbaum RR (1992) Inhibition of protein kinases sensitizes human tumor cells to ionizing radiation. Radiat Res 129:345-350

Heuck F, Scherer E (Hrsg) (1985) Handbuch der medizinischen Radiologie, Bd XX: Strahlengefährdung und Strahlenschutz, Springer, Berlin Heidelberg New York Tokyo

Heineke H (1904) Experimentelle Untersuchungen über die Einwirkung der Röntgenstrahlen auf innere Organe. Mitt Grenzgeb Med Chir 14:21-94

Henshaw PS, Hawkins JW (1944) Incidence of leukemia in physicians. J Natl Cancer Inst 4:339-346

Herskowitz JH, Abrahamson S (1955) The effect of x-ray intensity of the rate of sexlinked recessive lethal mutation induced following treatment of Drosophila oocytes. Drosophila Inf Serv No 29:125

Hertwig G (1911) Radiumbestrahlung unbefruchteter Froscheier und ihre Entwicklung nach Befruchtung mit normalem Samen. Arch Mikrosk Anat 77:165-209

Hertwig O (1911) Die Radiumkrankheit tierischer Keimzellen. Ein Beitrag zur experimentellen Zeugungs- und Vererbungslehre. Arch Mikrosk Anat 77:1-164

Hertwig P (1938) Unterschiede in der Entwicklungsfähigkeit von F 1 Mäusen nach Röntgenbestrahlung von Spermatogonien, fertigen und unfertigen Spermatozoen. Biol Zentralbl 58:273-301

Herve A, Bacq ZM (1949) Cyanure et dose léthale de rayons X. C R Soc Biol 143:881-883

Hesse O (1911) Symptomatologie, Pathogenese und Therapie des Röntgenkarzinoms. Barth, Leipzig (Zwanglose Abhandlungen aus dem Gebiete der medizinischen Elektrologie und Röntgenkunde Heft 10:1-156)

Howard A, Pelc SR (1953) Synthesis of desoxyribonucleic acid in normal and irradiated cells and its relation to chromosome breakage. Heredity 6:261-273

Howland JW, Warren SL (1948) The effects of the atomic bomb irradiation on the Japanese. Biol Med Phys I:387-408

IAEA (1986) Expert's Meeting, Vienna

Jacobson LO (1954) The hematologic effects of ionizing radiation. In: Hollaender A (ed) Radiation biology I. McGraw-Hill, New York, pp 1029-1090

Jagié N v, Schwarz G, v Siebenrock L (1911) Blutbefunde bei Röntgenologen. Berl Klin Wochenschr 48:1220-1222

ICRP-Publication 26 (1977) Recommendations of the International Commission on Radiological Protection. Pergamon, Oxford New York Frankfurt

ICRP-Publication 49 (1986) Developmental effects of irradiation on the brain of the embryo and fetus. Pergamon, Oxford New York Frankfurt

ICRP-Publication 60 (1991) 1990 Recommendations of the International Commission on Radiological Protection. Pergamon, Oxford New York Frankfurt Seoul Sidney Tokyo

Jirtle RL, Anscher MS (1992) The rôle of TG F-β 1 in the pathogenesis of radiation-induced hepatic fibrosis. In: Dewey WC, Edington M, Fry RJM, Hall EJ, Whitmore GF (eds) Radiation research, vol II ICRR 1991. Academic Press, San Diego Boston London Sidney Tokyo Toronto, pp 819-823

Job TT, Leibold GJ, Fitzmaurice HA (1935) Biological effects of roentgen rays. Am J Anat 56:97-117

Jung H (1985) Wirkung dicht ionisierender Teilchenstrahlen. In: Heuck F, Scherer E (Hrsg) Handbuch der medizinischen Radiologie, Strahlengefährdung und Strahlenschutz Bd: XX. Springer, Berlin Heidelberg New York Tokyo, S 41-68

Jüngling O, Langendorff H (1930) Über die Wirkung verschieden hoher Röntgendosen auf den Kernteilungsablauf bei Vicia faba equina. Strahlentherapie 38:1-10

Kalechman Y, Shani A, Albeck M, Sotnik Barkai I, Sredni B (1993) Increased DNA repair ability after irradiation following treatment with the immunomodulator AS101. Radiat Res 136:197-204

Kampinga HH, Konings AWT (1993) Radiosensitization by heat: mechanism of inhibition of DNA repair. In: 25th Annual Meeting of the European Society for Radiation Biology June 10-14 1993. ESRB, Stockholm, pp L07:05

Kellerer AM, Hug O (1972) Theory of dose-effect relations. In: Diethelm L, Olsson O, Strnad F, Vieten H, Zuppinger A (Hrsg) Handbuch der medizinischen Radiologie, Bd II. Springer, Berlin Heidelberg New York, S 1-42

Kellerer AM, Rossi HH (1972) The theory of dual radiation action. Curr Top Radiat Res 8:85-185

Knowlton NP, Hempelmann LH, Hoffman JG (1948) The effects of x-rays on the mitotic activity of mouse epidermis. Science 107:625-626

Koernicke M (1905) Über die Wirkung der Röntgen- und Radiumstrahlen auf pflanzliche Gewebe und Zellen. Ber Dtsch Bot Ges 23:404-415

Krebs C, Rask-Nielsen HC, Wagner A (1930) The origin of lymphosarcomatosis and its relation to other forms of leucosis in white mice. Acta Radiol Suppl 10:1-53

Lacassagne A, Monod O (1922) Les caryocinèses atypiques provoquées dans les cellules cancéreuses par les rayons X et γ et leur rôle dans la régression des tumeurs malignes irradiées. Arch Franc Pathol Gener Exp 1:1-32

Laskowski W (1981) Biologische Strahlenschäden und ihre Reparatur. De Gruyter, Berlin New York

Lea DE (1946) Action of radiations on living cells. University Press, Cambridge

Lengfellner K (1906) Über Versuche von Einwirkung der Röntgenstrahlen auf Ovarien und schwangeren Uterus von Meerschweinchen. Münch Med Wochenschr 53:2147–2148

Leppin O (1896) Aus kleine Mitteilungen. Dtsch Med Wochenschr 28 (9. Juli):454

Little CC, Bagg HJ (1924) The occurence of four inheritable morphological variations in mice and their possible relation to the treatment with x-rays. J Exp Zool 41:45–91

Loeb J, Bancroft FW (1911) Some experiments on the production of mutants in Drosophila. Science 33:781–783

Lortet L, Genoud (1896) Tuberculose expérimentale atténuée par la radiation Röntgen. C R Acad Sci Paris 122:1511–1512

Lowe SW, Schmitt EM, Smith SW, Osborne BA, Jacks T (1993) p 53 is required for radiation-induced apoptosis in mouse thymocytes. Nature 362:847–849

Luckey TD (1980) Hormesis with Ionizing Radiation. CRC Press, Boca Raton FL

Lyon TG (1896) The roentgen rays as a cure for disease. Lancet 74 (I):326

Macklis RM, Lin JY, Beresford B, Atcher RW, Hines JJ, Humm JL (1992) Cellular kinetics, dosimetry, and radiobiology of α-particle radiooimmunotherapy: Induction of apoptosis. Radiat Res 130:220–226

March HC (1944) Leukemia in radiologists. Radiology 43:275–278

March HC (1950) Leukemia in radiologists in a 20 year period. Am J Med Sci 220:282–286

Marcuse W (1896) Dermatitis und Alopecie nach Durchleuchtungsversuchen mit Röntgenstrahlen. Dtsch Med Wochenschr 30 (23. Juli):481–483

Marcuse W (1896) Nachtrag zu dem Fall von Dermatitis und Alopecie nach Durchleuchtungsversuchen mit Röntgenstrahlen. Dtsch Med Wochenschr 42:681–682

Marie P, Clunet J, Raulot-Lapointe G (1910) Contribution à l'étude du développement des tumeurs malignes sur les ulcères de roentgen. Bull Cancer 3:404–426

Martland HS, Humphries RE (1929) Osteogenic sarcoma in dial painters using luminous paint. Arch Pathol 7:406–417

Martland HS (1931) The occurence of malignancy in radioactive persons. Am J Cancer 15:2435–2516

Meyn RE, Stephens LC, Voehringer DW, Story MD, Mirkovic N, Milas L (1993) Biochemical modulation of radiation-induced apoptosis in murine lymphoma cells. Radiat Res 136:327–334

Michel C, Fritz-Niggli H (1977) Radiation damage in mouse embryos exposed to 1 rad X-rays or negative pions. Fortsch Röntgenstr 127:276–280

Mickey GH (1954) Visible and lethal mutations in Drosophila. Am Naturalist 88:241–255

Miescher G (1925) Die Histologie der akuten Röntgendermatitis (Röntgenerythem). Mit besonderer Berücksichtigung der Teilungsvorgänge. Arch Derm Syph 148:540–592

Milas L (1993) Prostaglandin inhibitors as potentiators of tumor radioresponse. Radiosensit Newsl 12:3–6

Morgan TH (1911) The origin of nine wing mutations in Drosophila. Science 33:496–499

Mottram JC (1935) Variations in the sensitivity of the cell to radiation in relation to mitosis. Br J Radiol 8:643–651

Muller HJ (1927) Artificial transmutation of the gene. Science 66:84–87

Muller HJ (1928) The production of mutations by x-rays. Proc Natl Acad Sci 14:714–726

Muller HJ (1954) The relation of neutron dose to chromosome changes and point mutations in Drosophila. I. Translocations. Am Nat 88:437–459

Murray AW (1992) Creative blocks: cell-cycle checkpoints and feedback controls. Nature 359:599–604

Muschel RJ, Hong Bing Zhang, Iliakis G, McKenna WG (1992) Effects of ionizing radiation on cyclin expression in HeLa cells. Radiat Res 132:153–157

Mutscheller A (1925) Physical standards of protection against roentgen-ray dangers. Am J Roentg Rad Ther 13:65–70

Olive PL, Frazer G, Banath JP (1993) Radiation-induced apoptosis measured in TK6 human B lymphoblast cells using the Comet assay. Radiat Res 136:130–136

Otake M, Schull WJ (1984) In utero exposure to A-bomb radiation and mental retardement; a reassessment. Br J Radiol 57:409–414

Patt HM, Tyree EB, Straube RL, Smith DE (1949) Cysteine protection against X-irradiation. Science 110:213–214

Patterson JT (1928) The effects of x-rays in producing mutations in the somatic cells of Drosophila melanogaster. Science 68:41–43

Perthes (1904) Versuche über den Einfluß der Röntgenstrahlen auf die Zellteilung. Dtsch Med Wochenschr 30:668–670

Portmann UV (1933) Roentgen therapy. In: Glasser O (ed) The science of radiology. Springfield, Maryland, pp 210–241

Puck TT, Marcus PI (1956) Action of x-rays on mammalian cells. J Exp Med 103:653–666

Rajewsky B, Schraub A, Kahlau G (1943) Experimentelle Geschwulsterzeugung durch Einatmung von Ra-Emanation. Naturwissenschaften 31:170–171

Rajewsky B, Schraub A, Schraub E (1942) Über die toxische Wirkung bei Einatmung von Ra-Emanation. Naturwissenschaften 30:489–492

Regaud C, Dubreuil G (1908) Perturbations dans le développement des oeufs fécondés par des spermatozoides roentgénisés chez le lapin. C R Soc Biol 64:1014–1016

Reiners C (1993) Strahleninduzierte Schilddrüsenkarzinome bei Kindern in Weißrussland. In: Winter M, Wicke A (Hrsg) Fortschritte in Strahlenschutz: Umweltradioaktivität, Radioökologie, Strahlenwirkungen. TÜV, Rheinland, S 804–809

Risse O (1929) Einige Bemerkungen zum Mechanismus chemischer Röntgenreaktionen in wäßrigen Lösungen. Strahlentherapie 34:578–581

Roth JA (1992) Molecular and cell biology of lung cancer. In: Dewey WC, Edington M, Fry RJM, Hall EJ, Whitmore GF (eds) Radiation research, vol II, I CRR

1991. Academic Press, San Diego New York Boston London Sydney Tokyo Toronto, pp 368–374

Rowley R (1992) Radiation - induced mitotic delay: A genetic characterization in the fission yeast. Radiat Res 132:144–152

Rugh R, Grupp E (1959) Response of the very early mouse embryo to low levels of ionizing radiations. J Exp Zool 141:571–587

Russell WL (1951) X-ray induced mutations in mice. Cold Spring Harbor Symposia on Quantitative Biology 16:327–336

Russell WL (1972) The genetic effects of radiation. In: Peaceful uses of atomic energy, 4th International Conference, vol 13. International Atomic energy Agency, Vienna, pp 487–500

Russell WL, Russell LB (1958) Radiation induced genetic damage in mice. Second United Nations Intern Conf on the peaceful Uses of Atomic Energy: A/Conf 15/P/897

Russell WL, Russell LB, Kimball AW (1954) The relative effectiveness of neutrons from a nuclear detonation and from a cyclotron in inducing dominant lethals in the mouse. Am Natural 88:269–286

Schaper A (1904) Experimentelle Untersuchungen über den Einfluß der Radiumstrahlen und der Radiumemanation auf embryonale und regenerative Entwicklungsvorgänge. Anat Anz 25:298–314, 326–337

Scherer E, Streffer Ch, Trott KR (1991) Radiopathology of organs and tissues. Springer, Berlin Heidelberg New York Tokyo

Schinz HR (1923) Der Röntgenabort. Strahlentherapie 15:146–181

Schmidt HE (1909) Zur Frage der Schwangerschaftsunterbrechnung durch Röntgenbestrahlung. Dtsch Med Wochenschr 35:1064–1065

Schull WJ, Shimizu Y, Kato H (1990) Hiroshima and Nagasaki: New doses, risks and their implications. Health Phys 59:69–75

Schürch OE (1930) Studien über Präcancerosen mit besonderer Berücksichtigung des experimentellen Röntgencarcinoms I. Teil. Z Krebsforsch 32:449–468

Schwarz G (1909) Über Desensibilisierung gegen Röntgen- und Radiumstrahlen. Münch Med Wochenschr 56:1217–1218

Sébileau M (1906) Action des rayons x sur la gestation. C R Soc Biol 61:637–638

Shadley JD, Wolff S (1987) Very low doses of X-rays can cause human lymphocytes to become less susceptible to ionizing radiation. Mutagenesis 2:95–96

Sievert RM (1925) Einige Untersuchungen über Vorrichtungen zum Schutze gegen Röntgenstrahlen. Acta Radiol 4:61–75

Snell GD (1935) The induction by x-rays of hereditary changes in mice. Genetics 20:545–567

Stadler LJ (1928) Mutations in barley induced by x-rays and radium. Science 68:186–187

Stewart A, Webb J, Giles D, Hewitt D (1956) Malignant disease in childhood and diagnostic irradiation in utero. Lancet II:447

Strandskov HH (1932) Effects of X-rays in an inbred strain of guinea-pigs. J Exp Zool 63:175–202

Talmadge JE (1992) Therapeutic potential of cytokines and peptides in irradiation-induced myelosuppression. In: Dewey WC, Edington M, Fry RJM, Hall EJ, Whitmore GF (eds) Radiation research, vol II: Congress Proceedings 9th ICRR 1991. Academic Press, San Diego New York Boston London Sydney Tokyo Toronto, pp 834–838

Taylor LS (1981) The development of radiation protection standards (1925–1940). Health Phys 41:227–232

Timoféeff-Ressovsky NW, Zimmer KG (1938) Neutronenbestrahlungsversuche zur Mutationsauslösung an Drosophila melanogaster. Naturwissenschaften 26: 362–365

Timoféeff-Ressovsky NW, Zimmer KG (1947) Das Trefferprinzip in der Biologie. Hirzel, Leipzig (Biophysik 1)

Tousey S (1905) In discussion of a Paper by EC Titus. J Adv Ther 23:650

Treadwell AG, Gardner WU, Lawrence JH (1943) Effect of combining estrogen with lethal doses of roentgenray in Swiss mice. Endocrinology 32:161–164

Trott KR, Streffer Ch (1990) Occupational radiation carcinogenesis. In: Scherer E, Streffer Ch, Trott KR (eds) Radiation exposure and occupational risks. Springer, Berlin Heidelberg New York Tokyo, pp 61–74

Tur J (1904) Sur les malformations embryonnaires obtenues par l'action du radium sur les oeufs de la poule. C R Soc Biol 57:236–238

Ulrich H (1946) The incidence of leukemia in radiologists. New Engl J Med 234:45–46

UNSCEAR (1993) Report to the General Assembly with Scientific Annexes. Annex H: Radiation effects on the developing human Brain. United Nations, New York, pp 805–867

Van Beuningen D, Streffer Ch (1985) Die Hyperthermie. In: Heuck F, Scherer E (Hrsg) (Bd XX: Handbuch der medizinischen Radiologie), Strahlengefährdung und Strahlenschutz. Springer, Berlin Göttingen Heidelberg, S 641–681

Von Hippel E, Pagenstecher H (1907) Über den Einfluß des Cholins und der Röntgenstrahlen auf den Ablauf der Gravidität. Münch Med Wochenschr 54:452–456

Weichselbaum RR, Hallahan DE, Sukhatme VP, Kufe DW (1992) Gene therapy targeted by ionizing radiation. Int J Radiat Oncol Biol Phys 24:565–567

Wieser C (1989) Eine physikalische Entdeckung führt zu einer neuen medizinischen Disziplin. In: Wieser C, Etter H, Wellauer J (Hrsg) Radiologie in der Schweiz. Huber, Bern Stuttgart Toronto, S 14–48

Witte L, Fuks Z, Haimowitz-Friedman A, Vlodavsky I, Goodman DS, Eldor A (1989) Effects of irradiation on the release of growth factors from cultured bovine, porcine, and human endothelial cells. Cancer Res 49:5066–5072

Zirkle RE (1952) Speculations on cellular actions of radiations. In: Nickson JJ (ed) Symp. on Radiobiology. Wiley, New York, pp 333–356

Zuppinger A (1928) Radiobiologische Untersuchungen an Ascariseiern. Strahlentherapie 28:639–758

Röntgenstrahlen in der Veterinärmedizin

Klaus Hartung

Schon sehr bald nach der bahnbrechenden Entdeckung der X-Strahlen durch Wilhelm Conrad Röntgen haben sich auch Tierärzte der neuen Technik bedient. Sie erkannten schnell den großen Wert und die Möglichkeiten für die direkte klinische Diagnostik, bald aber auch für die Erforschung bis dahin unbekannter Phänomene. Forschung mit Röntgenstrahlen in der Tiermedizin bedeutet in der Regel angewandte Forschung, orientiert an klinischen Problemen. Es gibt zwar eine Vielzahl von Forschungsergebnissen, die am Tier gewonnen wurden, diese sind jedoch meist nicht im Rahmen tiermedizinischer Untersuchungen entstanden, sondern benutzen das Tier als Modell. Dabei kommen die Untersucher aus den unterschiedlichsten naturwissenschaftlichen Fachgebieten.

Zur frühen Entwicklung der Radiologie in der Veterinärmedizin stellt Weiser im ersten Lehrbuch der tierärztlichen Röntgenkunde schon 1923 fest:

„Trotz alledem kommt man um die Tatsache nicht herum, daß das tierärztliche Röntgenverfahren nicht in einem Maße vorwärtsgekommen ist, welches seiner Leistungsfähigkeit entspricht ... Das Verfahren tritt in der Tierheilkunde sprunghaft auf ... Die Röntgenologie vermag sich nicht als ständig angewandtes Rüstzeug in die Kliniken, geschweige denn in die tierärztliche Praxis einzuführen. Sie steht und fällt immer mit einer Persönlichkeit, welche ihr eine Vorliebe und eine besondere Geschicklichkeit entgegenbringt."

Pommer stellte 1927 fest:

„Die Röntgenologie entwickelte sich in der Tiermedizin, im Gegensatz zu ihrem raschen Siegeszug in der Humanmedizin, nur allmählich. Die Veterinärmedizin mußte auf röntgenologischem Gebiete wegen vieler technischer Hindernisse zeitlich und in Bezug auf die Leistungen hinter der Humanmedizin zurückbleiben, trotzdem die Tierärzte von Anfang an keineswegs das notwendige Interesse an der Verwendung von Röntgenstrahlen auf ihrem Arbeitsgebiete fehlen ließen."

Die Einschätzungen aus der Frühzeit der Röntgenologie haben bis zum heutigen Tag eine gewisse Gültigkeit. Natürlich sind die tierärztlichen Universitätskliniken inzwischen mit entsprechend leistungsfähigen Geräten ausgestattet, die eine differenzierte Diagnostik bei Groß- und Kleintieren sowie vielfältige Forschungsaktivitäten erlauben. Die Röntgenabteilungen der Fakultäten, besonders in den USA und Australien, können sich durchaus mit den entsprechenden humanmedizinischen Abteilungen messen. In Europa gilt ähnliches jedoch nur an einigen wenigen Plätzen. Hier dient die Röntgenologie häufig nur als Mittel zum Zweck, sie ist in der Regel ein Teilgebiet der Chirurgie und wird von dieser mitvertreten. Spezialisierte Fachradiologen gibt es nur ausnahmsweise.

So ist Forschung abhängig vom Interesse und dem Enthusiasmus einzelner Kliniker, die Röntgenuntersuchungen zur Klärung klinischer Fragestellungen anwenden. Häufig ist es so, daß nach Ausscheiden eines solchen engagierten Klinikers die angefangene Arbeitsrichtung von den Nachfolgern nicht fortgeführt wird und langsam verkümmert.

Im Laufe der 100 Jahre veterinärmedizinischer Röntgenologie haben sich an verschiedenen Orten Schwerpunkte gebildet, die in der Frühzeit immer von einer einzelnen Person beeinflußt worden sind.

Man kann danach die Fortschritte in der klinischen Röntgendiagnostik und -therapie und damit auch in der Forschung in 4 große Etappen einteilen.

1. In den ersten Jahren und Jahrzehnten lag ein solcher Schwerpunkt an der chirurgischen Tierklinik der Königlich Tierärztlichen Hochschule in Berlin (Direktor Prof. Richard Eberlein, Abb. 1).
2. Den größten Fortschritt erbrachte die Gründung eines eigenständigen Röntgenologischen Instituts der Kliniken der Tierärztlichen Hochschule in Wien 1927. Sein Leiter, Prof. Alois Pommer, erhielt 1937 die erste Professur

Abb. 1. Prof. Dr. med. vet. Richard Eberlein (1870–1921), Direktor der Chirurgischen Tierklinik der Tierärztlichen Universität Berlin, Mitbegründer der Deutschen Röntgengesellschaft

für Röntgenologie in der Tiermedizin. Dieses Institut ist bis heute das einzige selbständige veterinärmedizinische Röntgeninstitut im deutschsprachigen Raum.

3. Nach dem 2. Weltkrieg verlagerte sich das Schwergewicht der Arbeiten in die USA, wo nach und nach an allen veterinärmedizinischen Schulen eigenständige Röntgenabteilungen entstanden, die sowohl vom Personal her als auch apparativ in der Lage waren, nicht nur alle denkbaren klinischen Untersuchungen durchzuführen, sondern auch größere Forschungsarbeiten kontinuierlich voranzutreiben.
4. Erst in den letzten 2 Jahrzehnten faßte die Röntgenologie in der Tiermedzin in Europa wieder Fuß. Viele jüngere Kollegen haben die Möglichkeit genutzt, in den Fachabteilungen in den USA zu arbeiten, und ihre Erkenntnisse zurück nach Europa gebracht. So entstanden an den europäischen Hochschulen röntgenologische Arbeitsgruppen, die spezialisierte Arbeit leisten und sich teilweise zu eigenständigen Abteilungen oder sogar Einrichtungen entwickeln konnten.

Schon im Jahre 1896 erschien eine Reihe von Arbeiten zur Anwendung der Röntgenstrahlen in der Tiermedizin (Troester, Eberlein, Hobday und Johnson, Lemeoine). Insbesondere Eberlein befaßte sich mit Untersuchungen zur Anwendung in der Tierheilkunde, wobei er nicht nur die Diagnostik im Auge hatte, sondern die Strahlen auch in der Therapie einsetzte. Er berichtete auf dem ersten und zweiten Kongreß der Deutschen Röntgengesellschaft (1905 und 1906) bereits über vielfältige Untersuchungen zur therapeutischen Wirkung der Röntgenstrahlen. Er bestrahlte unterschiedliche Tumoren mit teilweise beachtlichem Erfolg (z. B. Hufkrebs des Pferdes, Rundzellsarkome der Haut, Oberkiefersarkome beim Pferd). Darüber hinaus führte er Untersuchungen zur Wirkung der Röntgenstrahlen bei der Botryomykose des Pferdes durch (1911). Diese Untersuchungen waren angeregt worden durch eine Arbeit Bayreuthers, der die Wirkung von Röntgenstrahlen auf Eitererreger des Pferdes experimentell untersuchte.

Es war wiederum Eberlein, der auf dem 7. Kongreß der Deutschen Röntgengesellschaft (1911) eine der ersten Untersuchungen zu Strahlenschäden durch Röntgenbestrahlung vorstellte.

Die Berliner Röntgen-Vereinigung hatte beschlossen, zum zehnten Jahrestag der Entdeckung der Röntgenstrahlen (1905) einen Kongreß zu veranstalten. Die Leitung des Organisationsausschusses und der Vorsitz über den Kongreß wurden aufgrund seiner Verdienste um die Erforschung der Möglichkeiten des Einsatzes der Röntgenstrahlung in der Medizin dem Tierarzt Eberlein übertragen. Er wurde 1905 auch Mitbegründer der Deutschen Röntgengesellschaft und ihr erster Vorsitzender.

Ein weiterer Schwerpunkt der Entwicklung der veterinärmedizinischen Röntgenologie lag zu dieser Zeit an der Königlichen Tierärztlichen Hochschule in Dresden, die 1904 ihr erstes Röntgengerät angeschafft hatte. Müller, der Direktor der Klinik für kleine Haustiere, und seine Mitarbeiter veröffentlichten in den folgenden Jahren eine Vielzahl von Arbeiten, insbesondere zur Diagnostik.

Besonders hervorzuheben sind erste Untersuchungen zum Einsatz unterschiedlicher Kontrastsubstanzen. Müller kann als Begründer der tierärztlichen Röntgenuntersuchung des Magen-Darm-Traktes durch Eingabe von schattengebenden Mitteln angesehen werden. Er testete eine große Zahl von verschiedenen Substanzen, besonders Schwermetalle, aber auch schon Jodoformaufschwemmungen, z. B. für die Darstellung von Fisteln.

Untersuchungen über Strahlenschäden ergänzten Müllers klinische Untersuchungen.
Weiser wurde an der Tierärztlichen Hochschule in Dresden als Humanradiologe der wohl erste Dozent, der sich für das Fach Röntgenologie in der Veterinärmedizin habilitiert hatte. Ihm ist auch das erste Buch über *Tierärztliche Röntgenkunde* zu verdanken (1923).
In den ersten 35 Jahren nach der Entdeckung der Röntgenstrahlen konzentrierte sich die Forschung in der Veterinärmedizin neben direkten klinischen Fragestellungen auf anatomische und physiologische Studien. Im Rahmen der Anatomie fanden insbesondere vielfältige Mißbildungen das Interesse der röntgenologisch tätigen Tierärzte, später wurden die Röntgenstrahlen für normalanatomische Untersuchungen hauptsächlich beim Hund herangezogen (Wernicke 1926). Insbesondere die normale Stellungsanatomie und zusätzliche Bewegungsstudien ergaben völlig neue Erkenntnisse nicht nur der Normalanatomie. Die unterschiedlichen Verfasser identifizierten dabei auch Fehlerquellen der Interpretation z. B. durch unterschiedliche Strahleneinfallwinkel und Objekt-Fokus-Distanzen.
Küpfer u. Schinz (1923) untersuchten röntgenologisch die Anlage und Entwicklung des Knochenskelettes von Hausrindern intrauterin und post partum. In einer ausführlichen Studie, die noch heute durch ihre exakte Dokumentation besticht, erläuterten sie den Mechanismus der Skelettbildung und verglichen die Ossifikation des Rindes mit der des Menschen.
Auch aus dem Bereich der Veterinärphysiologie nutzte eine große Anzahl von Untersuchern die Röntgentechnik intensiv, wobei Kontrastmitteluntersuchungen besonders des Gastrointestinaltraktes im Vordergrund des Interesses standen. Schon 1896 veröffentlichten Cannon und Moser (Physiologisches Institut der Universität Harvard) eine Arbeit über die Nutzbarkeit von Wismutnitrat zur röntgenologischen Erforschung des Schluckaktes bei Gänsen. In der Folgezeit erschien eine Vielzahl von Arbeiten über die Magen-Darm-Motorik, insbesondere bei Wiederkäuern, die durch die Darstellung im Röntgenbild völlig neue Erkenntnisse brachte. So schreibt Abderhalden in einem Vorwort zu einer Arbeit über den Verdauungstrakt der Wiederkäuer im Röntgenbild (Czepa und Stiegler 1929):

„Rätselhaft blieb bisher der ganze Mechanismus des wiederholten Aufsteigens von bereits verschluckter Nahrung und der schließlichen Überführung des zur Verdauung im eigentlichen Magen genügend vorbereiteten Bissens.... Es war die Durchleuchtung mit Röntgenstrahlen, die in den Händen der Forscher ... den schon lange angestrebten Fortschritt auf dem... Forschungsgebiet ermöglicht hat."

Neben den Untersuchungen zum Verdauungstrakt der Wiederkäuer sind vielfältige Studien zum Verdauungsvorgang beim Hund zu erwähnen. Besonders hervorzuheben sind die Studien, die sich mit dem Brechakt des Hundes befassen (z. B. Hess 1913).
Schübel und Teschendorf (1927) veröffentlichten Röntgenuntersuchungen zur Physiologie und Pharmakologie des Katzen- und Kaninchenuterus. Sie betonen den Vorteil der Röntgentechnik, die eine weitaus bessere Beurteilung der physiologischen Zustände erlaubt als die eröffnete Leibeshöhle. Die Füllung des Uterus mit Kontrastmitteln mit geringem Überdruck bewirkt ihrer Meinung nach ähnliche Zustände wie eine Gravidität.
Der nächste wesentliche Schritt zur Etablierung der Röntgenologie in der Veterinärmedizin wurde in Wien getan. Pommer, zu dieser Zeit Assistent an der Chirurgischen Tierklinik, erkannte die faszinierenden Möglichkeiten der Röntgenologie und begann ein systematisches Studium der Röntgendiagnostik. Er arbeitete längere Zeit als Hospitant bei Holzknecht und belegte Kurse bei Schüller, Pordes und anderen humanmedizinischen Radiologen. Nach Abschluß dieser Ausbildung unternahm er eine größere Studienreise, um zahlreiche humanmedizinische Röntgenabteilungen und veterinärmedizinisch genutzte Röntgenapparaturen zu studieren und zu erproben.
1925 wurden in Wien Mittel der Rockefeller-Stiftung zur Anschaffung eigener Röntgengeräte bereitgestellt. Dieses war die Keimzelle des ersten tierärztlichen Röntgeninstitutes, das bis heute das einzige im gesamten deutschsprachigen Raum geblieben ist. Pommer wurde der Motor der Röntgenologie im Rahmen der Tiermedizin, er habilitierte 1932 für Interne Medizin mit besonderer Berücksichtigung der Röntgenologie und wurde 1937 a. o. Professor für Röntgenologie. Doch erst 1961, nach Pommers Tod, wurde sein langjähriges Wirken mit der Schaffung eines eigenen Ordinariats gewürdigt.
Grundlage der 30jährigen Forschungsarbeiten von Pommer bot das vielfältige Krankengut der Universität. Seine ersten Arbeiten waren Untersuchungen zur Röntgendiagnostik, erst des Skelettsystems bald aber auch der inneren Krankheiten der Haustiere. Einen wesentlichen Anteil hatten die Untersuchungen zur Röntgentherapie vor allem bei Erkrankungen der Haut. Seine Ergebnisse wurden nicht nur auf veterinärmedizinischen, sondern auch auf humanradiologischen und humandermatologischen Kongressen stark

beachtet, da er seine Beobachtungen protokollarisch exakt festhielt und wissenschaftlich aufs genaueste analysierte. Seine Arbeiten waren richtungsweisend für eine ganze Generation von interessierten Tierärzten nicht nur aus Europa, sondern aus der ganzen Welt.
Pommer wurde 1958 ein Opfer seiner langjährigen beruflichen Tätigkeit mit ionisierenden Strahlen.
Nach dem 2. Weltkrieg ging die weitere Entwicklung von den USA aus. Bis 1950 war allerdings dort das Interesse an der Radiologie nicht besonders groß. Einzelne Tierärzte, wie z. B. Emmerson, hatten zwar auf Europaaufenthalten bei Pommer studiert, aber in den USA kein Arbeitsfeld gefunden.
So gab es bis 1950 in den Vereinigten Staaten keinen Tierarzt, der sich ausschließlich mit Radiologie befaßt hätte. Zwei Kollegen hatten jedoch die Notwendigkeit einer Spezialisierung auf dem Fachgebiet Radiologie erkannt und durchgesetzt, daß sie wenigstens 50% ihrer Zeit radiologisch tätig sein konnten: Emmerson an der Iowa State University und Schnelle am Angel Memorial Hospital in Boston. Erst 1950 wurde der Humanradiologe Patterson der erste spezialisierte Radiologe an einer tierärztlichen Schule in den USA (Colorado State University). Von diesen 3 Universitäten ging dann allerdings eine sehr rasche Entwicklung aus, die an allen Universitäten zu hochentwickelten radiologischen Departments führte. Die Entwicklung in Europa verlief dagegen nur punktuell entsprechend und im ganzen wesentlich langsamer.
Die veröffentlichten Forschungsergebnisse aus den letzten 40 Jahren Veterinärröntgenologie zeigen 3 Hauptarbeitsrichtungen:

1. Ein Schwerpunkt lag bei strahlenbiologischen Fragen, hauptsächlich im Zusammenhang mit der Strahlentherapie oder mit Strahlenschäden.
2. Das primäre Augenmerk wurde auf die klinische Diagnostik gelegt.
3. Ein ganz wesentliches Gebiet war die Erforschung und damit auch die Bekämpfung von vererbbaren Entwicklungsstörungen und rassetypischen Erkrankungen, die die Leistung von Tieren teilweise erheblich einschränken.

Unter den Persönlichkeiten, die die Entwicklung beeinflußten, einzelne herauszustellen oder bestimmte Forschungsarbeiten besonders hervorzuheben, fällt außerordertlich schwer. Dennoch sollen hier exemplarisch einige wesentliche Forschungsrichtungen am Beispiel einiger hervorragender Persönlichkeiten erwähnt werden.

Strahlenbiologische Fragen wurden und werden in den letzten Jahrzehnten in der Tiermedizin hauptsächlich an Universitäten in den Vereinigten Staaten bearbeitet. Einige große Forschungszentren untersuchten an Patienten und Versuchstieren die Wirkung verschiedener Bestrahlungen auch im Zusammenhang mit chemischen oder physikalischen Therapien. Hervorzuheben sind die Arbeitsgruppen an der University of Pennsylvania und an der Colorado State University. Insbesondere die letzte Gruppe unter Gillette hat viele neue radiobiologische Erkenntnisse erarbeitet, wobei sich eine Vielzahl ihrer Untersuchungen mit der therapeutischen Wirkung von Strahlen unter Hyperthermie befaßt. Diese beiden Arbeitsgruppen wurden aufgrund ihrer Untersuchungsergebnisse von der American Cancer Society anerkannt und gefördert.
Es soll nicht unerwähnt bleiben, daß vielfältige Versuche über Strahlenschäden bei Tieren im Zusammenhang mit erhöhter oder hoher Strahlenbelastung bei nuklearen Katastrophen in den Ländern des ehemaligen Ostblocks, insbesondere in der Sowjetunion, durchgeführt wurden.
Aus dem großen Bereich der klinischen Diagnostik soll Suter genannt werden, der als Hochschullehrer sowohl in den USA als auch in der Schweiz viele neue Erkenntnisse für die röntgenologische Diagnostik erarbeitet hat. Einen bedeutenden Beitrag stellen z. B. seine Arbeiten zum Leber- und Portalvenenkreislauf bei kleinen Haustieren dar, die sowohl an normalen Tieren als auch bei Tieren mit verschiedenen Lebererkrankungen, insbesondere mit Hepatoenzephalopathien, durchgeführt wurden. Angiographische Untersuchungen wurden durch indirekte und direkte Druckmessungen ergänzt. So konnten z. B. verschiedene Formen der portovaskulären Anomalien differenziert und dadurch eine gezielte, effektive Diagnostik eingeführt werden. Weitere Untersuchungen beschäftigten sich mit dem normalen Schluckakt und pathologischen Schluckstörungen (Dysphagien) des Hundes.
Eine Vielzahl von Suters Arbeiten ist der Röntgendiagnostik der unterschiedlichsten thorakalen Prozesse gewidmet.
In Weiterführung der sehr frühen Untersuchungen zu Mißbildungen bei Haustieren stehen vielfältige neuere Arbeiten zu Entwicklungsstörungen, besonders bei Hunden. Durch die intensive Zucht und unterschiedliche äußere Faktoren, z. B. Fütterungsfehler, treten bei zahlreichen Hunderassen, insbesondere groß- und riesenwüchsigen Hunden, bestimmte Entwicklungsstörungen immer häufiger auf und führen bei den betroffenen Tieren zu schweren degenerativen

Veränderungen. Hier sind besonders Gelenkveränderungen zu nennen, die schon frühzeitig zu schweren Arthrosen führen können.
Dämmrich hat für seine pathologischen Untersuchungen dieser Störungen neben histologischen Präparaten die Röntgenstrukturaufnahme als wesentliche Untersuchungsmethode verwendet und so die Verbindung von Pathologie und Klinik hergestellt. Als ein Ergebnis seiner Untersuchungen kommt er zu dem Schluß, daß eine Reihe von Wachstumsstörungen, die früher als selbständige Erkrankungen angesehen wurden, ein und dem selben Formenkreis zuzuordnen sind, z. B. die aseptische Nekrose des Humeruskopfes, die Osteochondrosis dissecans, das Osgood-Schlatter-Syndrom, die Panostitis eosinophilica, der isolierte Processus anconaeus sowie weitere verbreitete Erkrankungen junger Hunde.
Insbesondere die Hüftgelenkdysplasie und die Osteochondrosis dissecans spielen beim Hund, aber auch bei anderen Tierarten eine große Rolle.
Das röntgenologische Bild der Hüftgelenkdysplasie (HD) wurde von Schnelle (1935) erstmals beschrieben, ihre Erblichkeit wurde 1959 von Henricson, Norberg und Olsson endgültig bestätigt. Durch eingehende röntgenanatomische und röntgenpathologische Untersuchungen konnte das Bild der HD genau beschrieben werden. Genetische Untersuchungen im Zusammenhang mit den Röntgenuntersuchungen führten zu einem Protokoll, in dessen Folge die HD in den letzten Jahren bei vielen Rassen deutlich reduziert werden konnte.
Eine wesentliche Rolle bei der Bekämpfung der Hüftgelenkdysplasie fällt Olsson zu, der mit den Untersuchungen seiner Arbeitsgruppe die Grundlagen für die Bekämpfung dieser Fehlbildung legte.
Olsson, Leiter der Klinischen Radiologie an der königlichen tierärztlichen Hochschule in Schweden, war besonders interessiert an vergleichenden Aspekten bestimmter Erkrankungen von Mensch und Tier. So studierte er, nachdem er schon 10 Jahre Professor war, noch nebenbei Humanmedizin. Seine Hauptarbeitsgebiete lagen im Bereich der Entwicklungsstörungen beim wachsenden Hund, wobei er sich jedoch immer wieder bemühte, die vergleichenden Aspekte zu betonen.
Von großer Bedeutung sind Olssons Arbeiten zur Osteochondrosis dissecans bei Mensch und Tier. In langjährigen experimentellen und klinischen Untersuchungen hat er grundlegende neue Erkenntnisse sowohl zur Pathologie und Pathogenese als auch zu Diagnostik und Therapie dieser Erkrankung erarbeitet.
Seine Arbeitsphilosophie kann man vielleicht am besten seinen einführenden Worten zu dem von ihm herausgegebenen Buch *Osteochondrosis in domestic animals* entnehmen:

„Diseases in domestic animals are of importance not only because they are negative factors in animal husbandry but also because they may serve as models for many disease processes in man. To the benefit of man and animals alike, much can be learned by comparing pathology and natural course of a certain disease in a number of species of animals. Similarities and differences as they are correlated with physiology and anatomy of the species under study may provide a clue to etiology. In addition, with such information as a background, more adequate experiments using the right species of animal can be performed."

Diese gedankliche Arbeitsgrundlage, die nicht nur Olsson und seine vielen Schüler aus aller Welt, sondern auch die Mehrzahl der wissenschaftlich tätigen Veterinärradiologen auszeichnet, hat in den letzten Jahrzehnten zu einem großen Zugewinn an Kenntnissen geführt, die sowohl das Grundlagenwissen erweitert, als auch die klinische Veterinärmedizin bereichert haben.
Bei all den Fortschritten darf man jedoch nicht übersehen, daß die Radiologie in der Veterinärmedizin an vielen Orten noch immer ein Schattendasein führt. Tatsachen, die schon Weiser 1923 in der ersten Veterinärmedizinischen Röntgenkunde betont hat, sind leider vielerorts in der Tiermedizin heute noch richtig und sollen daher hier noch einmal in Auszügen zitiert werden:

„So liegt unsere Aufgabe klar vor Augen: Heute gilt es nicht mehr, nach neuen Anwendungsmöglichkeiten zu suchen, sondern heute geht es einzig und allein darum, die regelrechte Anwendung des Röntgenverfahrens in der tierärztlichen Klinik und in der tierärztlichen Praxis durchzusetzen. Die Aufgabe ist tatsächlich schwieriger als es im ersten Augenblicke scheint. Denn es liegen in der Tierheilkunde für die Einführung des Röntgenverfahrens ganz andere Schwierigkeiten vor wie in der Menschenheilkunde. Solche Hindernisse können wohl im Sturmeslaufe der Entdeckungszeit überrannt werden, sie vermögen aber offenbar, die ständige Anwendung des Verfahrens wesentlich zu hemmen.

1. Es fehlt die Mitwirkung des Patienten. Das Tier ist dem kleinen Kinde gleichzuachten, das während der Einstellung und der Belichtung nur auf gutes Zureden und nur im Vertrauen auf seine Angehörigen stille hält. Bisweilen ist alle Mühe vergeblich. Denn es fehlt dem Kinde

wie dem Tiere die Einsicht für die Notwendigkeit der Röntgenaufnahme.

2. Wir finden im Bau und in den Größenunterschieden der mannigfaltigen Tierarten für die Röntgenaufnahme ganz andere Schwierigkeiten vor als beim Menschen. Auch bei ihm kommen zwar beträchtliche Massenunterschiede vor. Sie sind jedoch geringfügig im Vergleich zum Unterschied zwischen den zarten Teilen einer Taube und den starken Gliedmaßen eines Pferdes.
3. Bei den großen Haustieren kommt als weiteres Hindernis die Anhäufung von Weichteilmassen hinzu. Die mächtige Struppe eines Belgiers bereitet auch heute noch die allgergrößten Schwierigkeiten. ...Überschreiten die Massen ein bestimmtes Maß, so ist alle Mühe vergebens. Wir haben dann die von Natur gezogene Grenze des Röntgenverfahrens erreicht."

Weiser betont ferner schon 1923 die Notwendigkeit der Spezialisierung im Fach Radiologie:

„Röntgenärzte wären für die Tierheilkunde mit ihrer schwierigen Aufnahmetechnik noch notwendiger gewesen als für die Menschenheilkunde. Unmöglich kann der Hochschullehrer, der nur gelegentlich Röntgenaufnahmen fertigt, das Verfahren in allen Teilen so beherrschen wie der Röntgenarzt, der es tagtäglich stundenlang ausschließlich betreibt. Von diesem erfordern selbst schwierige Aufnahmen sein jedesmaliges Einarbeiten. Beim tierärztlichen Hochschullehrer hingegen besteht ein Mißverhältnis zwischen der Mühewaltung, die eine gelegentliche Röntgenaufnahme von ihm verlangt, und zwischen dem Werte, den sie als diagnostisches Hilfsmittel für ihn besitzt. Dieses Mißverhältnis ist nach meinem Empfinden die hauptsächliche Ursache für die verzögerte Einführung des Verfahrens in die tierärztlichen Kliniken. ... die Unterweisung der Studenten ist unbedingt erforderlich, wenn das Verfahren von den jungen Tierärzten mit in die Praxis hinausgenommen werden soll. Dazu aber ist notwendig, daß das Röntgenverfahren nicht mehr wie bisher nur gelegentlich im klinischen Unterricht mitbesprochen, sondern daß es in besonders angesetzten Vorlesungen und Übungen planmäßig in jedem Semester gelehrt wird."

Diesen vor 70 Jahren geschriebenen Worten ist eigentlich leider nichts hinzuzufügen. Wenn dennoch in den 100 Jahren seit Entdeckung der Röntgenstrahlen die Radiologie in der Veterinärmedizin sowohl in der Grundlagenforschung wie auch in der klinischen Diagnostik wesentliche Fortschritte verzeichnen konnte, dann spricht das für den Einsatz einzelner Persönlichkeiten, die nie müde wurden, durch ihre intensive Arbeit den Wert der Röntgenologie auch in der Tierheilkunde zu dokumentieren.

Literatur

Dämmrich K (1985) Entwicklungsstörungen des Skeletts. In: Joest E (Hrsg) Handbuch der Speziellen pathologischen Anatomie der Haustiere. Parey, Berlin Hamburg

Kealy K (1992) Veterinary radiology, a historical perspective. Vet Radiol 33:1, 5

Küpfer M, Schinz HR (1923) Beiträge zur Kenntnis der Skelettbildung bei domestizierten Säugetieren auf Grund röntgenologischer Untersuchungen. Denkschrift der schwiezerischen Naturforschenden Gesellschaft

Olsson S-E (1978) Osteochondrosis in domestic animals. Pathogenesis and pathology in pigs, horses, bulls, turkeys and broilers, with comparative aspects on osteochondritis dissecans in man. Acta Radiol (Suppl) 358

Pommer A (1934) Röntgentherapie der Hautkrankheiten bei Hunden und Katzen. Wien Tierärztl Monatschr 21

Schmidt S, Suter PF (1980) Indirect and direct determination of the portal vein pressure in normal and abnormal dogs and cats. Vet Radiol 21:246

Schmidt S, Suter PF (1980) Angiography of the hepatic and portal venous system in the dog and cat. Vet Radiol 21:57

Schnelle GB (1968) The history of veterinary radiology. J Am Vet Radiol Soc 9:5

Weiser M (1923) Tierärztliche Röntgenkunde. Enke, Stuttgart

Whiteley MB, Kestenman DB, Feeney DA (1991) A bibliography of veterinary radiotherapy. Vet Radiol 32:35

Fortschritte in den Natur- und Ingenieurwissenschaften

Allgemeine Entwicklung bis Mitte der 20er Jahre

Eckard Macherauch und Hans Neff

Bevor nachfolgend auf einige wichtig erscheinende Forschungen und Entwicklungen eingegangen wird, die sich bis etwa 1925 als Folge der Entdeckung der Röntgenstrahlen ergaben, erscheint es zweckmäßig, zunächst kurz die um die Jahrhundertwende bestehende Situation auf einigen Gebieten der Physik zu beleuchten. Daran schließen sich Angaben über die anfängliche Entwicklung von Einrichtungen und Geräten zur Erzeugung von Röntgenstrahlen an. Erst danach werden für drei zweckmäßig begrenzte Zeitabschnitte herausstellungswürdige Forschungsresultate auf dem Gebiet der Röntgenstrahlen mit ihren Konsequenzen insbesondere für die Naturwissenschaften beschrieben. Die Abb. 1 faßt die Entwicklung der „physikalischen Röntgenliteratur" von 1896–1925 mit mehr als 3000 Arbeiten zusammen. Der durch Röntgens Entdeckung ausgelöste Anfangsboom von etwa 400 Arbeiten im Jahre 1896 blieb ein singuläres Ereignis. Nach Erreichen eines absoluten Publikationsminimums 1905 stieg das Engagement auf dem Gebiete der Forschung über bzw. mit Röntgenstrahlen zunächst nur leicht, und erst nach Entdeckung der Röntgenbeugung im Jahre 1912 wieder stärker an. Dem verständlichen Rückgang der veröffentlichten Arbeiten während des 1. Weltkrieges folgte dann ab 1919 erneut ein stärkerer Anstieg der jährlichen Publikationen.

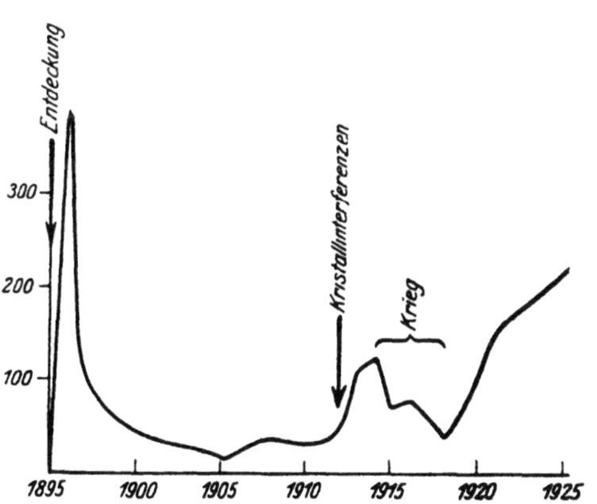

Abb. 1. Die zeitliche Entwicklung der physikalischen Röntgenliteratur bis 1925. (Nach Kirchner 1930)

Zur Situation in der Physik um die Jahrhundertwende

Die zweite Hälfte des 19. Jahrhunderts und der Übergang in das 20. Jahrhundert gelten heute als die abschließende Periode in der Entwicklung der klassischen Physik. Dieser Zeitabschnitt war – um nur einige Gesichtspunkte anzusprechen – gekennzeichnet durch

- die sich an die Formulierung des Prinzips von der Erhaltung der Energie anschließende Entwicklung der beiden Hauptsätze der Thermodynamik und deren Anwendung auf die kinetische Gastheorie und chemische Vorgänge,
- das Studium der optischen Erscheinungen bei glühenden Körpern, Gasen und elektrischen Entladungen sowie die rasche Entwicklung der Spektralanalyse mit Schaffung der ersten Seriengesetze für die Spektrallinien von Elementen,
- die Durchführung spektroskopischer Beobachtungen im ultravioletten und im ultraroten Lichtbereich und die Bemühungen um die Gesetzmäßigkeiten der Temperaturstrahlung,
- die Untersuchung elektrischer und magnetischer Wirkungen zwischen Körpern unter Einbezug der Vorstellung von elektrischen und magnetischen Kraftlinien, die sich daraus entwickelnde elektromagnetische Feldtheorie und die Diskussion um die Existenz eines „Äthers" als Übertragungsmedium elektromagnetischer Wirkungen,
- die Auffassung des Lichtes als elektromagnetische Wellen und deren experimenteller Nachweis,
- die Untersuchung der mit den Entladungserscheinungen in verdünnten Gasen verknüpften Transporterscheinungen und die Bemü-

hungen um die Aufklärung der Natur der Kathoden- und Kanalstrahlen,
- das Einfließenlassen molekularer und atomarer Vorstellungen in die Beurteilung elektrischer Leitungsphänomene und magnetischer Wirkungen,
- die Vorstellung, „daß auch die Elektrizität, positive wie negative, in bestimmte Quanta geteilt ist, die sich wie Atome der Elektrizität verhalten" (H. v. Helmholtz 1881),
- die Bemühungen um eine „Theorie der elektrischen und optischen Erscheinungen", die mit den Maxwellschen Gleichungen nicht zu beschreiben waren,
- die stets beobachtete Bindung positiver elektrischer Ladungen an Ionen gewöhnlicher Materieatome und das Vorkommen negativer Ladungen außer in Ionen auch „losgelöst von aller gewöhnlichen Materie".

Um die Jahrhundertwende bot sich etwa folgendes Bild:

Nachdem H. Hertz 1888 die elektromagnetischen Wellen im freien Laborraum entdeckt, ihre Spiegelung, Brechung, Polarisation sowie Beugung nachgewiesen, ihre Ausbreitungsgeschwindigkeit als identisch mit der Lichtgeschwindigkeit gefunden und 1890 dem System der Maxwellschen Gleichung seine endgültige Form gegeben hatte, schienen die physikalischen Grundlagen der Elektrodynamik weitgehend abgeschlossen. 1896 bewies O. H. Wiener noch, daß bei polarisierten elektromagnetischen Lichtschwingungen der elektrische Feldvektor in der Polarisationsebene und der magnetische Feldvektor senkrecht dazu schwingt, und 1901 gelang P. N. Lebedew die Messung des Lichtdruckes, dessen Existenz J. H. Poynting 1884 aus der Maxwell-Theorie gefolgert hatte.

Ende der 90er Jahre führten auch die Bemühungen um das Verständnis der elektrischen Transportphänomene in verdünnten Gasen zu erheblichen Fortschritten. Bereits mit dem Faradayschen Äquivalentgesetz des elektrolytischen Stromtransports war 1834 nachgewiesen worden, daß bei der Elektrolyse ein Mol beliebiger ein- bzw. zweiwertiger Ionen eine bzw. die doppelte Menge einer Ladung von 96490 Coulomb überträgt. Das legte nahe, den Ionen eine ihrer Wertigkeit entsprechende Zahl von Elementarladungen zuzuordnen, und davon wurde auch später bei der Aufstellung der Theorien der elektrolytischen Dissoziation (S. Arrhenius 1887) und der elektromotorischen Kraft galvanischer Elemente (W. Nernst 1889) erfolgreich Gebrauch gemacht. Aber erst 1897 wurde für die Kathodenstrahlen durch die Arbeiten von E. Wiechert, W. Wien und J. J. Thomson zweifelsfrei nachgewiesen, daß sie aus negativ geladenen Teilchen bestehen. Elektrische Beschleunigungs- und magnetische Ablenkungsversuche ergaben für diese Teilchen ein etwa 2000mal größeres Verhältnis von Ladung/Masse als beim Wasserstoffion. Ordnete man den Kathodenstrahlteilchen und den Wasserstoffionen jeweils eine Elementarladung zu, so folgte für erstere eine Masse von nur etwa 1/2000 des Wasserstoffions. Da bei der 1897 von J. J. Thomson gegebenen Deutung der von P. Zeemann (1896) entdeckten Aufspaltung der Spektrallinien durch ein magnetisches Feld für die dabei wirksamen Ladungsträger dasselbe Verhältnis von Ladung/Masse auftrat, war hinreichend gesichert, daß es subatomare Teilchen mit einer negativen elektrischen Elementarladung und einer Masse von etwa 1/2000 der Wasserstoffatommasse gibt. Diese Teilchen wurden daraufhin allgemein als Elektronen bezeichnet. Die Grundzüge einer Elektronentheorie der Metalle auf klassischer Basis mit der Annahme freier Elektronen als Ladungsträger entwickelten E. Rieke (1898) und P. Drude (1900).

Die nur wenige Monate nach der unerwarteten Entdeckung der Röntgenstrahlen Anfang 1896 ebenso überraschend erfolgte Entdeckung der Radioaktivität durch H. Bequerel erwies sich als zweites Ereignis von außerordentlicher Tragweite für die weitere Entwicklung des Verständnisses atomarer Vorgänge. Bereits 1898 fanden M. Sklodowska-Curie und P. Curie die Radioaktivität des Poloniums und des Radiums sowie G. C. Schmidt die des Thoriums. 1899 stellte A. Debierne fest, daß auch Aktinium radioaktiv ist. Im gleichen Jahr formulierten E. Elster und H. Geitel das Zerfallsgesetz der Atome der radioaktiven Elemente. Ferner wies E. Rutherford nach, daß von Uran zwei radioaktive Strahlungsarten ausgehen, nämlich leicht absorbierbare α- und weiterreichende β-Strahlen. 1900 entdeckte P. Villard als dritte Strahlungsart noch die wesentlich durchdringungsfähigeren, aber weder elektrisch noch magnetisch ablenkbaren γ-Strahlen. β-Strahlen stellten sich rasch als Elektronenstrahlen heraus. Schließlich gab 1905 E. v. Schweidler, ausgehend von zeitunabhängigen Umwandlungswahrscheinlichkeiten für jedes Atom, eine statistische Deutung der radioaktiven Zerfallserscheinungen.

1902 vertraten E. Rutherford und F. Soddy erstmals die Auffassung, daß die Erscheinung der Radioaktivität mit Elementumwandlungen verknüpft ist. 1903 wies E. Rutherford nach, daß das e/m-Verhältnis von α-Teilchen mit dem von dop-

pelt positiv geladenen Heliumatomen übereinstimmt.
In den 90er Jahren des letzten Jahrhunderts kamen auch die klassischen Formulierungen der Strahlungsgesetze zu einem gewissen Abschluß. Besonderes theoretisches und praktisches Interesse beanspruchte damals der Gleichgewichtszustand der Wärmestrahlung, die sich bei gegebener Temperatur in einem von einem beliebigen Körper umschlossenen Raum einstellt. Eine solche Wärmestrahlung wurde „schwarze" Strahlung genannt, weil sie dasselbe Wellenlängenspektrum mit derselben Intensitätsverteilung besitzt wie ein nicht reflektierender schwarzer Körper der gleichen Temperatur. Bei seinen Bemühungen um eine Verknüpfung thermodynamischer Wärmegleichgewichtsbetrachtungen mit den elektromagnetischen Prinzipien der Wärme- und Lichtemission und -absorption fand M. Planck 1900, daß ein mit den experimentellen Beobachtungen übereinstimmendes Strahlungsgesetz nur zu erhalten war, wenn mit den bisher darüber bestehenden klassischen Vorstellungen gebrochen wurde. Planck behandelte als Modell für die strahlungsabsorbierenden und -emittierenden Atome der Wärmestrahler einen harmonischen Oszillator, der nur ganzzahlige Vielfache ($n = 1, 2, 3, \ldots$) seiner mit einer Konstanten h multiplizierten Eigenfrequenz ν als gequantelte Energiebeiträge $E = nh\nu$ aufnehmen und abgeben konnte. Mit Hilfe dieser Energiequanten gelang die theoretische Ableitung einer Strahlungsformel, die voll im Einklang mit den damals neuesten Messungen von O. Lummer, E. Pringsheim, F. Kurlbaum und H. Rubens war. Der 14. Dezember 1900, an dem Planck seine Ergebnisse in Berlin vortrug, gilt als Geburtsstunde der Quantentheorie. Sie bedeutete einen radikalen Bruch im Weltbild der Physik und leitete einen tiefgreifenden Wandel für die Betrachtung atomarer Vorgänge ein.
1899 deutete P. Lenard den von W. Hallwachs (1888) entdeckten lichtelektrischen Effekt als „Erzeugung von Kathodenstrahlen durch ultraviolettes Licht" und stellte später (1902) fest, daß dabei die erregende Lichtintensität nicht die Geschwindigkeit, sondern nur die Zahl der negativen Ladungsträger erhöht. Die Geschwindigkeit stieg aber mit der Frequenz ν des erregenden Lichtes an. A. Einstein gelang 1905 mit dem „die Erzeugung und Verwandlung des Lichtes betreffenden heuristischen Gesichtspunkt", daß Quantenprozesse die Atomistik des lichtelektrischen Effektes bestimmen, die quantitative Beschreibung dieser Beobachtungen. Damit war bewiesen, daß Licht als quantenhafte Erscheinung wirksam sein kann.
Im gleichen Jahre begründete Einstein seine spezielle Relativitätstheorie, nach der jede bewegte Masse mit zunehmender Geschwindigkeit einen Massezuwachs erfährt und bei Annäherung an Lichtgeschwindigkeit unendlich groß wird. W. Kaufmann hatte damals bereits systematisch die Auswirkung elektrischer und magnetischer Felder auf die von Radiumpräparaten mit unterschiedlicher Geschwindigkeit emittierten β-Strahlen untersucht und nachgewiesen, daß die Masse der Elektronen in eindeutiger Weise mit deren Geschwindigkeit wächst. Quantitativ ergab sich volle Übereinstimmung mit Einsteins Aussagen. Die spezielle Relativitätstheorie brachte zudem mit dem Postulat der Konstanz der Lichtgeschwindigkeit eine Begründung für die Beobachtung von A. A. Michelson (1881, 1887), daß sich die in verschiedenen Richtungen auf der Erde gemessenen Lichtgeschwindigkeiten nicht unterscheiden. Damit wurde das Ende der Lichtätherhypothese eingeleitet.

Zur Technik der Röntgenstrahlenerzeugung

Röntgen arbeitete bei seiner Entdeckung mit einer auf einem Holzgestell gelagerten Entladungröhre, die er mehrere Stunden lang mit Hilfe einer Pumpe auf etwa 1 mbar evakuierte (s. S. 3). Als Hochspannungsquelle für die benutzte restgashaltige Ionenröhre diente ein „größerer" Rühmkorffscher Funkeninduktor. Dieses Gerät, dessen Prinzip aus Abb. 2 hervorgeht, bestand aus einer Primärspule P mit wenigen Windungen eines dicken Kupferdrahtes, die zusammen mit einer Sekundärspule S aus vielen Windungen eines dünnen Kupferdrahtes einen Eisenkern E umgab. Letzterer wurde zur Vermeidung von Wirbelströmen aus einem Bündel dünner Eisendrähte hergestellt. Wurde im Primärkreis mit der Spannungsquelle V der Schalter Sch geschlossen, so entstand beim Öffnen und Schließen des Unterbrechers U durch Induktionswirkung an den Enden der Sekundärspule S eine um so größere Spannungsdifferenz, je größer deren Windungszahl war und je stärker und je schneller sich der Primärstrom auf- bzw. abbaute. Da beim Betrieb der Röntgenröhre an den Polen von S kein Vorzeichenwechsel der Spannung auftreten durfte, nutzte man die Wirkung der Öffnungsinduktion mit ihrer höheren Sekundärspannung und vermied die der Schließungsinduktion dadurch, daß man den Primärstrom möglichst schnell entstehen bzw. verschwinden ließ. Dazu wurden die verschiedenartigsten Unterbrecher entwickelt. Röntgen arbeitete mit einem Platinkontakt-

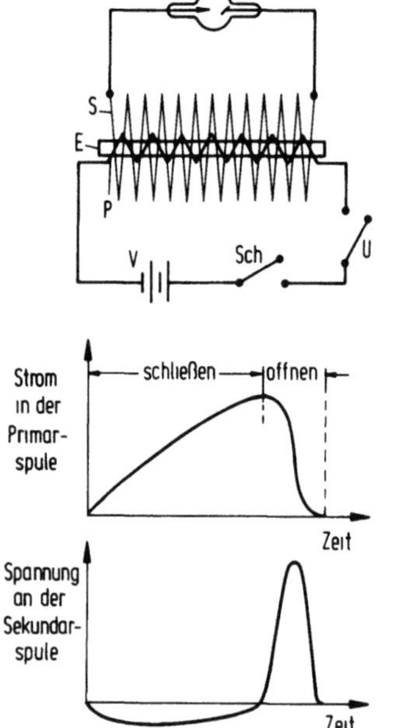

Abb. 2. Schematischer Aufbau eines Funkeninduktors (*oben*) mit Stromverlauf in der Primärspule (*Mitte*) und Spannungsverlauf an der Sekundärspule (*unten*) (s. auch Text)

Abb. 3. Schaltungsschema des Universalinduktors nach Rosenthal für Gleichspannungsbetrieb (s. auch Text) ▼

unterbrecher, einem sog. Wagnerschen Hammer. Später fanden Tauch-, Gleit-, Strahl- und Zentrifugalunterbrecher unter Benutzung von Quecksilber sowie Gasunterbrecher der verschiedensten Bauarten verbreitete Anwendung. Auch elektrolytische Unterbrecher wurden, insbesondere bei größeren Gleichspannungen bis etwa 250 V, häufig eingesetzt. Bei diesen bildete sich an der Spitze einer Elektrode als Folge der elektrolytischen Zersetzung und Verdampfung von verdünnter Schwefelsäure eine Dampfhülle, die den primären Stromfluß unterbrach. Die dadurch induzierte Öffnungsspannung führte zu einem Funkenüberschlag, der den Dampf zur Explosion brachte und den Stromkreis wieder schloß. Solche Wehnelt- oder Simon-Unterbrecher (1899) waren einfach zu handhaben, ohne großen Wartungsaufwand zu betreiben, und so miteinander kombinierbar (B. Walter 1901), daß sie in weiten Grenzen unterschiedlich große und unterschiedlich schnell aufeinanderfolgende sekundäre Hochspannungsstöße lieferten.

Die zum Betrieb von Röntgenröhren erforderlichen Hochspannungen wurden damals hauptsächlich von Induktionsapparaten mit Unterbrechern und nur selten von Influenzmaschinen erzeugt. In den folgenden Jahren bestimmten

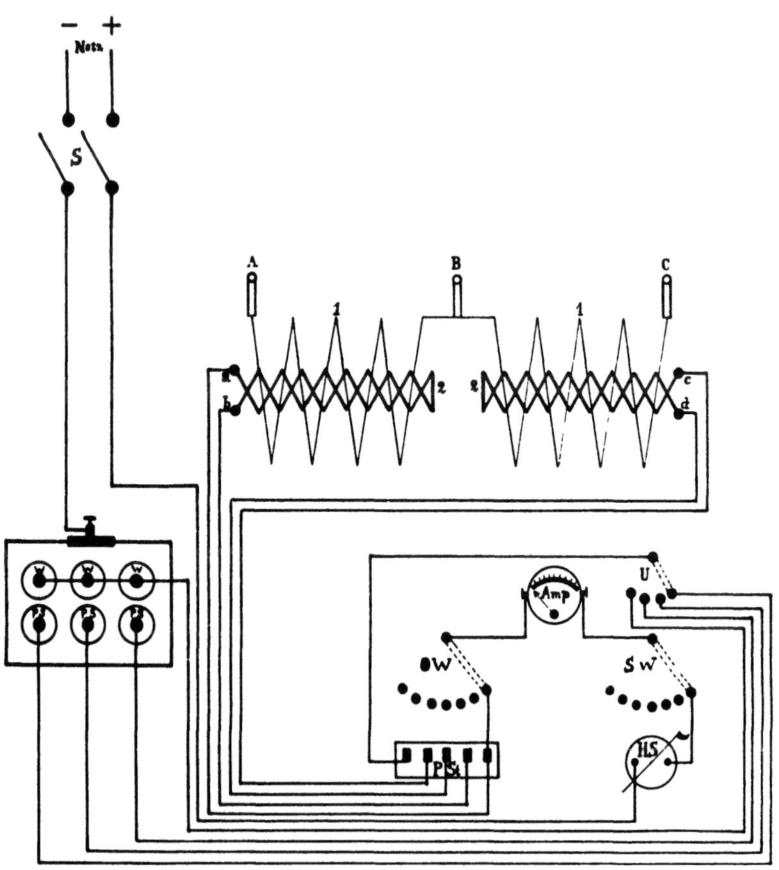

dann die Bedürfnisse der Medizin die „Röntgentechnik". Es setzten stürmische Entwicklungen auf den Gebieten der Hochspannungsaggregate, der Röntgenröhren und der für die jeweiligen Fragestellungen und Anwendungsbereiche erforderlichen Zusatz- und Hilfseinrichtungen ein, von denen einige erwähnenswert erscheinen.

Etwa um 1905 wurde die Hochspannungserzeugungstechnik für die medizinische Anwendung der Röntgenstrahlen durch den von J. Rosenthal konstruierten Universalinduktor repräsentiert. Ihm lag die in Abb. 3 gezeigte Schaltung zugrunde. Solche Anlagen wurden über den Schalter S an die damals weit verbreiteten Gleichstromnetze angeschlossen. Die zwei Primärspulen mit den Enden a, b und c, d ließen sich über die Schalteinheit PSt verschiedenartig miteinander verknüpfen. Die Sekundärspule umfaßte ebenfalls zwei Wicklungen AB und BC, die bei B miteinander verbunden waren. Die Ohmschen Widerstände SW bzw. ●W dienten der Grob- bzw. der Feinregulierung des Primärstromes. Über den Schalter U konnten verschiedene Unterbrechersysteme W und PS eingeschaltet werden. Die beiden Sekundärspulen ließen wahlweise den Betrieb von einer Röntgenröhre oder von zwei Röntgenröhren zu.

Einen wesentlichen Fortschritt stellten die unterbrecherlos arbeitenden Hochspannungserzeuger auf Wechselstrombasis unter Ausnutzung des Transformatorprinzips dar, die bei größerer Wirtschaftlichkeit eine gleichmäßige Spannungs- und Stromversorgung der Röntgenröhren ermöglichten. Pionierarbeit dafür leistete F. J. Koch mit seinem 1904 vorgestellten Röntgentransverter, dessen Prinzip in Abb. 4 skizziert ist. In der Sekundärwicklung S eines Hochspannungstransformators mit geschlossenem Eisenkern induzierte die von der Wechselstromquelle W der Primärwicklung P stammende Spannung eine hochgespannte Wechselspannung, die über einen rotierenden Hochspannungsschalter R der Röntgenröhre zugeführt wurde. Rotierte R synchron mit der sekundärseitigen Wechselspannung so, daß K_1 und K_2 bei der negativen Spannungshalbwelle miteinander verbunden, bei der positiven Halbwelle aber hinreichend getrennt blieben, so ließ sich jeweils eine Halbwelle a b c bzw. d e f der sekundären Hochspannungswechsel zum Röhrenbetrieb ausnutzen. Die erforderliche Synchronisierung war leicht durch Aufsetzen des Hochspannungsschalters auf die Achse der den Wechselstrom erzeugenden Dynamomaschine zu erreichen. Bereits ein Jahr später gaben F. J. Koch und K. A. Sterzel den durch Abb. 5 beschriebenen Gleichrichter an, mit dem die Gleichrichtung der

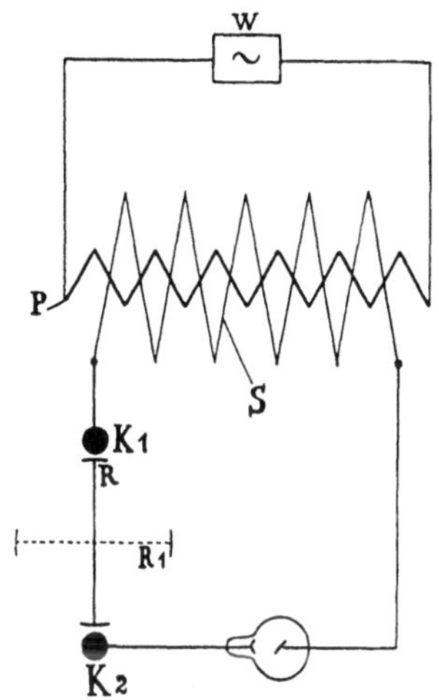

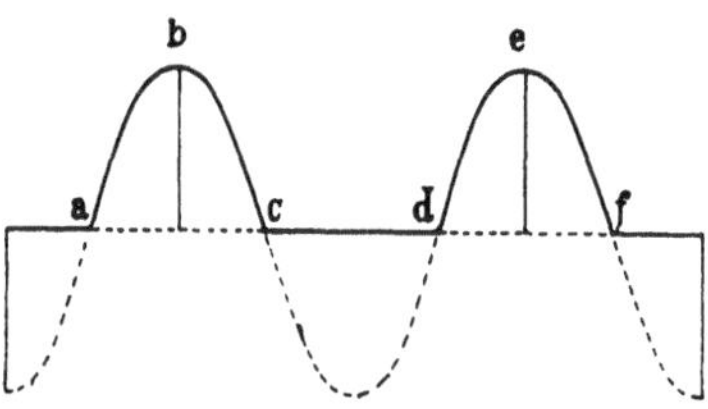

Abb. 4. Schaltschema des Röntgentransverter nach Koch für Halbwellen-Gleichspannungsbetrieb (s. auch Text)

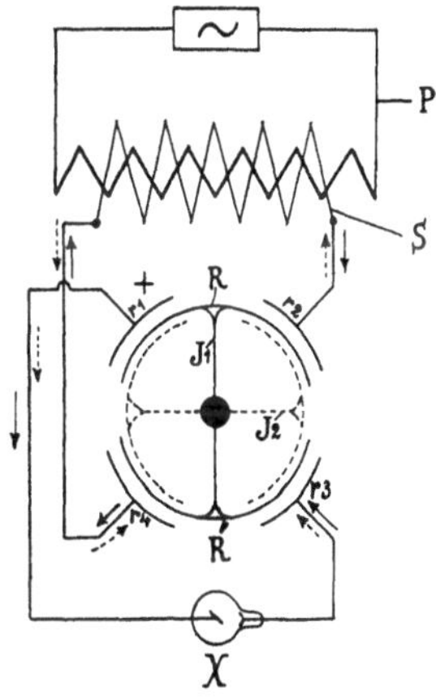

Abb. 5. Rotierender Gleichrichter zur Hochspannungserzeugung nach Koch und Sterzel (s. auch Text)

beiden Halbwellen der sekundären Hochspannungswechsel gelang. Dabei wurden mit Hilfe von zwei auf einer rotierenden Pertinaxscheibe sitzenden Metallsegmenten R und R′ vier feststehende Elektroden r_1, r_2, r_3 und r_4 jeweils so miteinander verbunden, daß an den Polen der Röntgenröhre stets eine mit doppelter Frequenz pulsierende Gleichspannung der richtigen Polarität auftrat. Ebenfalls 1905 wies F. J. Koch darauf hin, daß sich zum Betrieb von Röntgenanlagen auch mit Hilfe der früher von L. Graetz entwickelten Elektrolytventilzellen hochgespannte Wechselströme gleichrichten und damit Nachteile der rotierenden Hochspannungsgleichrichter, wie z. B. die Geräusche bei den Funkenübergängen zwischen den festen und den rotierenden Metallkontakten sowie die Entwicklung nitroser Gase, vermeiden lassen. Mit einem dem Primärkreis eines Transformators parallel geschalteten Ventil konnte die eine Halbwelle der Wechselspannung weitgehend eliminiert und ihre verbleibende Wirkung im Sekundärkreis durch ein der Röntgenröhre vorgeschaltetes Ventil beseitigt werden. Später wurden sog. Ionen- oder Gasventile entwickelt, die besonders ausgebildete Elektroden und ein kleineres Vakuum besaßen als die Ionenröntgenröhren. Sie ließen hochgespannten Strom bei richtiger Polung leicht passieren, sperrten diesen aber sehr stark bei entgegengesetzter Polung. Eine mit vier Gasventilröhren und vier Kondensatoren in Grätzscher Schaltung arbeitende Gleichrichtung wurde erstmals von E. Ruhmer vorgeschlagen.

In den ersten Jahren nach Röntgens Entdeckung bis 1912 fanden ausschließlich gashaltige Ionenröntgenröhren Anwendung. Der Betrieb derartiger Röhren erforderte die Konstanz eines optimal zu wählenden Vakuums in der Größenordnung von etwa 1 mbar. Anfangs wurden wegen ihrer geringen Zerstäubungsneigung Aluminium und Platin als Antikathodenmaterial gewählt. Beim Röhrenbetrieb erwärmten sich beide Elektroden so starkt, daß die dort akkumulierten Gase entwichen und den Druck im Gasraum erhöhten. Als Folge davon verstärkte sich die Stoßionisation. Dadurch entstand eine größere Leitfähigkeit mit entsprechend absinkender Röhrenspannung und somit eine weichere Röntgenstrahlung. Durch entgasendes Ausglühen der metallischen Teile der Röhren ließ sich dieses Problem bewältigen. Daneben trat aber bei Betrieb abgeschmolzener Röhren durch Zerstäubung der Kathodenoberfläche und durch die Bildung einer metallischen Schicht auf der Röhreninnenwand unter gleichzeitiger Anlagerung bzw. Inklusion von Restgasatomen eine Vakuumverbesserung auf, wodurch die Spannungen anstiegen und die Röhren härter wurden. Man brauchte also eine Vorrichtung zur Erhöhung des Gasdruckes in den Röntgenröhren. Eine weitere Schwierigkeit stellte die geringe Belastbarkeit der Antikathode dar. Wegen des geringen Wirkungsgrades bei der Röntgenstrahlenerzeugung traten besonders starke Erwärmungen der Antikathode mit der Gefahr lokaler Anschmelzungen und Abdampfungen auf. Deshalb wurde der Übergang von blechartigen zu massiveren Antikathoden mit verbesserter Wärmeableitung vollzogen. Insgesamt setzte sich ein kugelförmiger Röhrentyp mit hohlspiegelartig geformter Kathode aus Aluminium durch, bei dem die Antikathodenoberfläche aus Platin unter 45° zur Kathodenstrahlrichtung angeordnet und möglichst effektiv gekühlt wurde. Zusätzlich wurde mit einer Hilfsanode aus Aluminium gearbeitet. Diese wurde mit der Platinantikathode leitend verbunden und wirkte mit ihr als Kathode, wenn während des Röntgenbetriebes mit dem Funkeninduktor ein Vorzeichenwechsel der Sekundärspannung auftrat. Dadurch gelang eine Absenkung der Zerstäubung von Platin im Vakuum während der Entladung. Ferner wurden an die Röntgenröhren noch Ansatzstücke zur Vakuumbeeinflussung angeschmolzen. In diesen wurden z. B. Stoffe untergebracht, die bei Erhitzung durch Stromdurchfluß Gase abgaben und damit das Vakuum verschlechterten. Eine elegante automatische Regulierung ließ sich erreichen, wenn die eine Elektrode für die Stromerzeugung in der gasabgebenden Substanz mit der Antikathode verbunden, und die andere Elektrode mit einem Metalldraht versehen wurde, der in einem geeignet gewählten Abstand von der Kathode endete. Erst wenn die Röhre hinreichend hart geworden war, setzte ein Funkenüberschlag zwischen Draht und Kathode ein und betätigte das Reguliersystem. Nach hinreichendem Druckanstieg fiel die Spannung ab, der Funke brach zusammen und die Regeneriervorrichtung wirkte nicht mehr. Besonders häufig wurden später in der Medizin zur Vakuumbeeinflussung die sog. Villard-Chaboudsche Osmoregulierung und die Bauersche Luftregulierung angewandt. Erstere arbeitete mit wasserstoffbeladenem Palladium, das bei Erhitzung durch eine Flamme Wasserstoff abgab. Bei letzterer wurde der Röntgenröhre dosiert atmosphärische Luft über ein geeignetes Verschlußsystem zugeführt.

Einige typische Konstruktionen von Ionenröntgenröhren jener Zeit zeigt Abb. 6. Bei Röhre a, einer Luftkühlröhre von Gundelach, war die Rückseite der Antikathode zur Wärmeableitung mit einer dicken Kupferstange verbunden und trug zusätzlich an ihrem Ende sinnvoll ausgebildete Rippenkühler. Über der nicht sichtbaren Antikathode befand sich ein mit einer Blendenöffnung versehener Metallzylinder. Bei anderen Röhren dieses Types konnten einem massiven Kupferstab, der zur Verbesserung der Wärmeableitung von der Antikathode diente, noch zusätzlich leicht auswechselbare Kühlzangen angesetzt werden (Zangenröhren). Die Antikathode der Röhre b wurde von einem dünnwandigen, einseitig abgeschlossenen Hohlzylinder aus Platin gebildet, der mit seinem offenen Ende in die Wan-

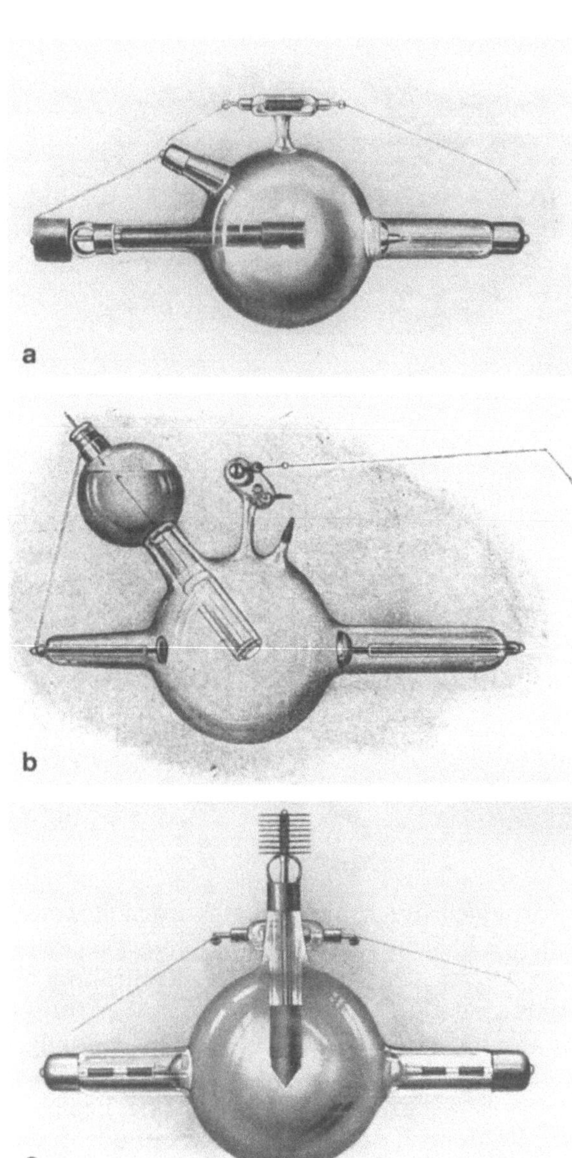

Abb. 6a–c. Einige Ionenröntgenrohren. **a** Luftgekühlte Röhre nach Gundelach, **b** Wasserkühlröhre nach Walter, **c** Bikathodenröhre mit luftgekühlter Antikathode nach Gundelach

dung eines kugelförmigen Wasserbehälters eingeschmolzen war. Durch die sich bei Röhrenbetrieb ausbildende Konvektionsströmung wurde das Innere des Platintopfes dauernd mit Wasser bespült. Bei einem anderen Röhrentyp, der Buckyschen Siedekühlröhre, diente ein doppelwandiges Gefäß mit einem evakuierten Zwischenraum zur Aufnahme von heißem Wasser. Für die Kühlung wurde die große Verdampfungswärme beim Sieden des Wassers ausgenutzt. Die Bikathodenröhre c, die mit Wechselspannung betrieben wurde, besaß eine luftgekühlte Antikathode. Neben den angesprochenen Kühlungsarten wurden auch Wasser- und Luftzirkulationskühlungen sowie preßluftgesteuerte Wasserzerstäubungskühlungen realisiert. Hinzu kam, daß neben abgeschmolzenen Röhren vor allem für naturwissenschaftliche Zwecke problemspezifisch konzipierte offene Ionenröhren vielseitig eingesetzt wurden. Statt der zunächst im Röhrenbau ausschließlich benutzten Platinantikathoden fanden später auch solche aus Osmium, Iridium, Tantal und Wolfram Anwendung. Nachdem C. L. und F. A. Lindemann ein leichatomiges Glas mit relativ hohen Lithium-, Beryllium- und Boranteilen (Lindemann-Glas) entwickelt hatten, gelang schließlich auch die Herstellung von Röntgenröhren mit „Lindemann-Fenstern", durch die sehr weiche Röntgenstrahlen aus dem Innern der Röhren austreten konnten.

Einen entscheidenen Fortschritt für den Röntgenröhrenbau brachten die Glühkathodenröntgenröhren. 1911 entwickelte J. E. Lilienfeld - unter Ausnutzung der 1904 von O. W. Richardson entdeckten thermischen Elektronenemission heißer Metalle - die in Abb. 7 oben gezeigte erste Röntgengröhre dieser Art. Die Glühkathode G bestand aus einer Drahtspirale, die von einem Heiztransformator auf Weißglut erhitzt wurde. Die kathodenseitig emittierten Elektronen wurden, wenn die Halbwellen der Sekundärspannung eines Hochspannungstransformators zwischen Antikathode A und G mit richtigem Vorzeichen wirkten, durch die hohl ausgebildete Kathode K hindurch auf A hin beschleunigt und dort abgebremst. Die Kühlung der Platinantikathode erfolgte unter Nutzung eines kugelförmigen Wasserreservoirs durch Wasserzirkulation.Damit stand erstmals eine Röhre zur Verfügung, bei der sich durch Variation der Röhrenspannung die Härte der Röntgenstrahlen und durch Variation der Kathodenheizleistung auch deren Intensität unabhängig voneinander verändern ließen. Unter Verzicht auf den von Lilienfeld benutzten Vorraum zur Glühelektronenerzeugung entwickelte W. D. Coolidge 1913 eine erheblich einfachere gasfreie Röntgenröhre mit dem aus Abb. 7 unten ersichtlichen prinzipiellen Aufbau. Eine durch Gleich- oder Wechselstrom erhitzte Wolframdrahtspirale (25), die zur Bündelung der Elektronen von einem leicht konischen Molybdänrohr (21) umgeben war, wirkte als Kathode. Die aus Wolfram bestehende Antikathode (2) wurde von sinnvoll angebrachten Stäben (4) und aufgetrennten Hohlzylindern aus Molybdän (11) gestützt. Die Röhre selbst arbeitete luftgekühlt ohne besondere Kühlungshilfen für die Antikathode. Das von Coolidge angegebene Konstruktionsprinzip

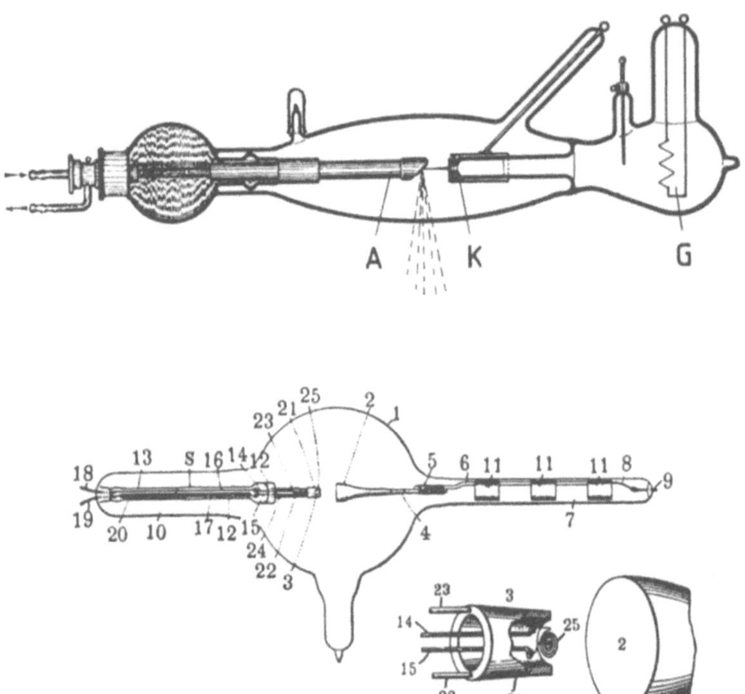

Abb. 7. Die ersten Glühkathodenröntgenröhren. Lilienfeld-Röhre (*oben*), Coolidge-Röhre mit Kathodenausbildung (*unten*) (s. auch Text)

setzte sich rasch in der Röhrentechnik durch. Neben luftgekühlten wurden später auch mit speziellen Antikathodenkühlungen versehene Coolidge-Röhren gebaut, wobei ähnliche Lösungen wie bei den Ionenröntgenröhren Anwendung fanden. Während Coolidge-Röhren mit gekühlten Antikathoden bei Wechselstrombetrieb für die Halbwellen falscher Polarität undurchlässig blieben, traten bei ungekühlten Röhren wegen der meist rotglühenden Antikathoden unabhängig von der Polarität der Halbwellen Stromdurchgänge auf, was zur Röhrenzerstörung führte. Deshalb durften letztere nur mit Hochspannungen ohne Vorzeichenwechsel betrieben werden.
Mit einem neuentwickelten durchschlagsicheren Hochspannungstransformator gelang F. Dessauer bereits 1917 der Betrieb einer Coolidge-Röhre mit Wolframantikathode mit Maximalspannungen bis zu 310000 Volt. Nachdem wassergekühlte Glühkathodenröntgenröhren zur Verfügung standen, wurden auch sog. Stoßstromgeneratoren entwickelt, mit denen sich unsymmetrische Wechselspannungen erzeugen ließen. Wurden letztere Hochspannungstransformatoren zugeleitet, so entstanden sekundärseitig Halbwellen mit sehr großen und sehr kleinen Spannungsamplituden, von denen die ersteren bei entsprechender Polung zum Betrieb von Glühkathodenröntgenröhren ausgenutzt werden konnten. Für die kleinen Halbwellen mit entgegengesetztem Vorzeichen wirkten die Röntgenröhren jeweils wie undurchlässige Ventile (Selbstsperrung). Später hat M. Siegbahn (1915) offene Coolidge-Röhren noch dadurch weiter vervollkommnet, daß er sie fast ganz aus Metall herstellte. Lediglich der Röhrenteil, mit dem die Antikathode in das Röhreninnere eingeführt wurde, war noch als Glasschliff ausgebildet. Die Röntgenstrahlung verließ die Röhre durch ein mit einer dünnen Aluminiumfolie abgedecktes Fenster. Metallkörper und Antikathode der mit 1–2 kW belastbaren Röhren wurden durch fließendes Wasser gekühlt.
Die Herstellung scharfer Durchstrahlungsaufnahmen erforderte punktförmige Röntgenstrahlenquellen und damit hinreichend kleine Brennfleckgrößen. Dies wurde durch die Bündelung der von der Glühkathode ausgehenden Elektronen auf den „Fokus" der Antikathode mit Hilfe einer von Wehnelt bereits 1902 vorgeschlagenen zylinderförmigen Fokussierungseinrichtung erreicht. Der spätere Übergang vom Rundfokus zum Strichfokus erbrachte intensitätsmäßig erhebliche Fortschritte. Goetze ersetzte in den 20er Jahren, wie in Abb. 8 angedeutet, die spiralförmige Kathode durch eine zylinderförmig gewickelte, und erreichte durch geeignete Fokussierungsble-

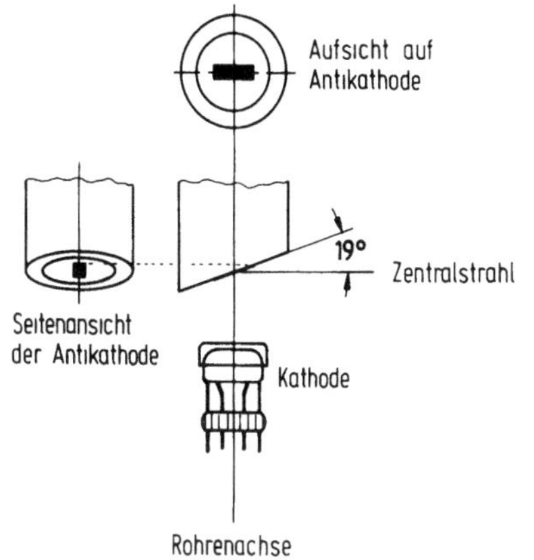

Abb. 8. Erläuterung des Goetze-Prinzipes

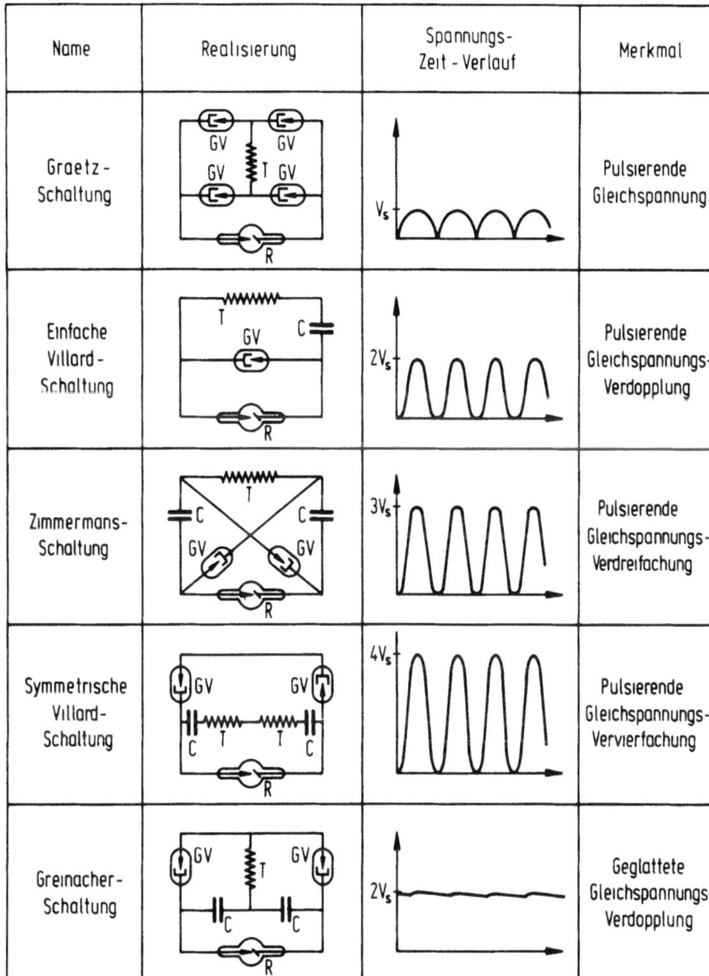

▶ **Abb. 9.** Charakteristische Schaltungen zur Hochspannungserzeugung für den Betrieb von Röntgenröhren

che eine strichförmige Brennfleckausbildung auf einer etwa um 70° zum Elektronenstrahl geneigten Antikathode. Bei Nutzung der Röntgenstrahlen parallel zur Längsachse des Strichfokus mit flachem Strahlenaustritt wurde ein quadratisch begrenzter Fokus wirksam, der eine um etwa einen Faktor 3 größere Intensität abstrahlte als ein gleich großer Fokus auf einer unter 45° zum Elektronenstrahl geneigten Antikathodenfläche.

Parallel zu der Entwicklung der Glühkathodenröntgenröhren verlief die der Glükathodenventilröhren, die auch als Elektronenventilröhren oder kurz als Glühventile bezeichnet wurden. Sie bestanden aus einem Glasgefäß, in dem sich gegenüber einer Glühkathode eine metallische Anode befand. Solche Röhren erlaubten bei negativer Kathode und positiver Anode Stromdurchgang, bei umgekehrter Polung der Spannung dagegen nicht. Damit ergaben sich verschiedenartige Möglichkeiten, alte und neuentwickelte Schaltungen zur Erzeugung der für den Betrieb der Röntgenröhren benötigten Hochspannungen auszunutzen. Bereits Mitte des ersten Weltkrieges (1916) war ein unterbrechungsfreier Röntgenröhrenbetrieb mit einer vier Glühventile umfassenden Graetzschen Schaltung möglich. Später wurden auch die anderen aus Abb. 9 ersichtlichen Schaltungen mit sinnreichen Kombinationen aus Glühventilen und Kondensatoren zur Hochspannungserzeugung ausgenutzt. Mitte der 20er Jahre standen für medizinische Zwecke Anlagen zur Verfügung, die mit Hilfe eines Hochspannungstransformators sowie vier Glühventilen und vier Kondensatoren nahezu konstante Gleichspannungen von 250 kV zum Betrieb von je zwei Röntgenröhren lieferten (Stabilivoltanlagen von Siemens & Halske).

Während des betrachteten Zeitabschnittes entsprach die röntgentechnisch engagierte Industrie weitestgehend und bestmöglich „den Ansprüchen ihres medizinischen Kundenkreises“. Demgegenüber blieben die bei natur- und ingenieurwissenschaftlichen Fragestellungen vorliegenden Bedürfnisse einer erheblich kleineren Anwendergruppe zunächst für industrielle Entwicklungen von untergeordneter Bedeutung. Mitte der 20er

Jahre erfolgte noch der größte Teil der physikalisch-chemisch orientierten Röntgenuntersuchungen mit offenen Röntgenröhren, wozu die großen Fortschritte auf dem Gebiete der Hochvakuumtechnik erheblich beigetragen hatten. Hinzu kam, daß nur ein begrenztes Röhrenangebot für wissenschaftliche Zwecke vorlag. Außerdem waren die Anschaffungskosten für abgeschmolzene Röntgenröhren relativ groß und deren Lebensdauer oft unzureichend. Das erkennbar anwachsende Interesse für die Anwendung von Röntgenmethoden in den Naturwissenschaften und in der Technik ließen aber durchaus erwarten, daß die Röntgenröhren- und Röntgengeräteindustrie bei zunehmendem Bedarf auch die Belange dieser Bereiche stärker als bisher berücksichtigen würde. Diese Entwicklung setzte ab Ende der 20er Jahre ein.

Röntgens Arbeiten nach 1896

1897 faßte W. C. Röntgen in den Mitteilungen aus den Sitzungsberichten der Preußischen Akademie der Wissenschaften, Phys.-math. Klasse, in 11 Punkten „Weitere Beobachtungen über die Eigenschaften der X-Strahlen“ zusammen, die er seit Frühjahr 1896 gemacht hatte. Von diesen sind besonders erwähnenswert:

- der Nachweis einer Winkelabhängigkeit in der Intensitätsverteilung bei den von einer Platinantikathode ausgehenden Strahlen,
- die Einführung einer auf die durchstrahlte Materialdicke bezogenen „Durchlässigkeit“,
- die Ergebnisse vergleichender Durchlässigkeitsuntersuchungen an Aluminium und Platin,
- die Beschreibung einer „Platin-Aluminium-Fenster“ genannten Vorrichtung zur Festlegung des Härtegrades von Röhren,
- der Nachweis, „daß ein und derselbe Körper bei gleicher durchstrahlter Dicke für Strahlen einer härteren Röhre durchlässiger als für Strahlen einer weicheren Röhre“ ist,
- die Beschreibung der Faktoren, die für die „Qualität der von ein und derselben Röhre gelieferten Strahlen“ verantwortlich sind,
- die Feststellung, daß die photographischen und elektrischen Wirkungen der Strahlen verschieden harter Röhren nicht „miteinander parallel gehen“,
- der Beleg, daß „4 cm dicke Eisenplatten“ für Strahlungen von sehr harten Röhren noch durchlässig sind,
- der Hinweis, daß „mit einer sehr hart gewordenen Röhre von dem Doppellauf eines Jagdgewehrs mit eingesteckten Patronen ein sehr schönes Schattenbild erhalten“ wurde, „in welchem alle Details der Patronen, die inneren Fehler der Damastläufe usw. sehr deutlich und scharf erkennbar sind“ (s. S. 25) sowie
- die Anmerkung, daß mit keiner „genügenden Sicherheit die Überzeugung von der Existenz einer Beugung der X-Strahlen“ gelang.

Damit war unter voller Ausnutzung der damals verfügbaren experimentellen Möglichkeiten eine verbesserte Charakterisierung der physikalischen Eigenschaften der Röntgenstrahlen gelungen. Die ebenfalls getroffene Feststellung, daß die X-Strahlen und die Kathodenstrahlen „Erscheinungen derselben Natur sind“, ließ sich allerdings nicht halten. Dagegen erwiesen sich die zur Erklärung der von bestrahlten Körpern ausgehenden sekundären Röntgenstrahlen herangezogenen Begriffe „diffuse Reflexion oder ein der Fluoreszenz ähnlicher Vorgang“ später durchaus als im Grundsatz zutreffend.

Wegen der ungewöhnlichen Resonanz, die Röntgens Entdeckung in und außerhalb der Fachwelt fand, häuften sich für Röntgen Verpflichtungen und Aufgaben der verschiedensten Art, die ihn belasteten und seine Freiräume für weitere wissenschaftliche Arbeiten erheblich einschränkten. Hinzu kam das ehrenvolle und kaum ablehnbare Angebot, an der Universität München den Lehrstuhl und das Institut für Experimentalphysik zu übernehmen. Röntgens nahm diesen Ruf an und siedelte 1900 von Würzburg nach München über. 1901 erhielt er von der Königlich-Schwedischen Akademie der Wissenschaften in Stockholm den 1. Nobelpreis für Physik, wodurch die damalige Einschätzung der Bedeutung und der Tragweite seiner Entdeckung besonders zum Ausdruck kam. Röntgen hat danach „zu dem Gegenstand seiner Strahlen kaum mehr öffentlich das Wort ergriffen“. Er verfolgte aber die Entwicklungen auf dem Gebiete der Röntgenphysik mit wachem Interesse. Erst 1907, also 10 Jahre nach seiner später als dritte Mitteilung bezeichneten Arbeit, trat er wieder mit einer eigenen wissenschaftlichen Publikation hervor. Darin behandelte er den Einfluß der von ihm entdeckten Strahlen auf die elektrische Leitfähigkeit von Kalkspat. Danach erschienen von ihm, obwohl in seinem Münchner Institut intensiv röntgenographisch gearbeitet und in mehreren Dissertationen von v. Angerer, Bassler, Friedrich, Wagner, Joffé, Dagor sowie Glocker interessanten röntgenphysikalischen Fragestellungen nachgegangen wurde, nur noch vier weitere Publikationen. Zwei dieser Arbeiten (1912, 1914) beschäftigten sich mit dem thermischen Ausdehnungs-, sowie mit dem pyro- und piezoelektrischen Verhalten von Kristallen. Die beiden anderen, in denen zusammenfassend über die Bestrahlungseinflüsse auf die Elektrizitätsleitung in einigen Kristallen berichtet wurde, verfaßte er 1913 und, ein Jahr nach seiner Emeritierung, 1921 gemeinsam mit A. F. Joffé.

Der Zeitabschnitt von 1897–1911

Röntgen hatte beim Experimentieren mit seinen Strahlen vergeblich nach Brechungs-, Polarisations- und Beugungserscheinungen gesucht, die eindeutige Beweise für deren Wellennatur gewesen wären. Er hatte ferner beobachtet, daß je nach verwendeter Antikathode härterer oder weichere inhomogene Strahlungsgemische entstehen, die Materieschichten stärker oder schwächer durchdringen. Zudem hatte er erkannt, daß diese Strahlen beim Auftreffen auf Materie weitere Strahlen auslösen, die G. Sagnac (1897) sekundäre Röntgenstrahlen nannte.

Da keine Methode zur Wellenlängenbestimmung existierte, bot es sich an, die von den Antikathoden ausgehenden Röntgenstrahlen zunächst durch ihre Absorption in einem geeigneten Material zu charakterisieren. Eine grundsätzliche Schwierigkeit bestand dabei darin, daß keine eindeutigen Aussagen über die spektrale Zusammensetzung der primären Röntgenstrahlungen möglich waren. Von einer homogenen Strahlung der Ausgangsintensität I_0 erwartete man, daß sie von gleichdicken Schichten eines homogenen Mediums jeweils gleich stark absorbiert wird, so daß nach Durchdringen der Dicke x noch die Strahlungsintensität

$$I(x) = I_0 \exp[-\mu x] \qquad (1)$$

vorliegt, wenn μ der lineare Absorptionskoeffizient ist. 1897 wies Benoist nach, daß sich μ bei Temperatursteigerung proportional zur Dichte ϱ der durchstrahlten Körper ändert. Deshalb wurden Massenabsorptionskoeffizienten μ/ϱ eingeführt. Diese erwiesen sich nach Benoist (1901) und G. Holtsmark (1903) stark vom Atomgewicht der absorbierenden Körper abhängig, wobei wiederum für harte Röntgenstrahlen bei bestimmten Elementen anomale Absorptionserscheinungen auftraten. Bald bestand Einmütigkeit darüber, daß sich primäre Röntgenstrahlungen wegen ihrer Heterogenität nur bedingt mit Hilfe von μ bzw. μ/ϱ charakterisieren lassen. Man griff deshalb bei der Festlegung von Strahlungshärten auf Grund von Absorptionsmessungen auf das Standardmaterial Aluminium zurück und gab meist μ_{Al} bzw. $(\mu/\varrho)_{Al}$ als Qualitätsmaß für die benutzten Röntgenstrahlungen an.

Verständlicherweise interessierte besonders die Natur der von den Antikathoden ausgehenden Strahlen und deren Wirkung auf andere Materie. So wurde mit verschiedenen Methoden versucht, die bei vollständiger Absorption von Röntgenstrahlungen durch Metalle auftretenden Wärmemengen quantitativ zu erfassen. Die pro Entladungsstoß der benutzten Funkeninduktoren von Platinantikathoden emittierte Röntgenstrahlenenergie wurde zu etwa 10^{-4} cal ermittelt. Die gleichzeitige Bestimmung der Energie der auf die Antikathode auffallenden Kathodenstrahlen erlaubte damit Abschätzungen des Wirkungsgrades der Röntgenstrahlerzeugung in der Größenordnung von wenigen Zehntel Promille. Rasch zeigt sich auch, daß der Wirkungsgrad der Röhren mit deren Betriebsspannung und mit dem Atomgewicht des benutzten Antikathodenmaterials anstieg.

Nachdem B. Walter bereits 1896 für 22 Elemente gezeigt hatte, daß das Auftreten und die Intensität sekundärer Röntgenstrahlen von der Stellung dieser Elemente im Periodensystem abhängig ist, wiesen A. Roiti (1898) und L. Benoist (1902) nach, daß die Sekundärstrahlungsintensität mit dem Atomgewicht der von der Primärstrahlung getroffenen Materie zunimmt. Bei Absorptionsexperimenten fand G. Sagnac (1897–1898), daß sekundär ausgelöste Röntgenstrahlen beim Durchgang durch bestimmte Absorber stärker geschwächt werden als die Primärstrahlung. Er beobachtete aber bei der Erzeugung sekundärer Röntgenstrahlen auch das Auftreten einer weiteren, außerordentlich stark von Luft absorbierbaren Strahlungsart. E. Dorn (1900) erkannte, daß es sich dabei um Elektronen handelte, die bei der Absorption der primären Röntgenstrahlung gebildet werden. Dieses Phänomen wurde intensiv untersucht. Die Geschwindigkeiten der ausgelösten Elektronen schwankten zwischen $5 \cdot 10^9$ und $15 \cdot 10^9$ cm/s und waren unabhängig von der Intensität der sie erzeugenden Röntgenstrahlen. 1903 bewies C. G. Barkla, daß auch alle bestrahlten Gase Sekundärstrahlen emittieren und daß diese von Aluminium in gleicher Weise absorbiert werden wie die Primärstrahlen.

Auch zur Beugungsfähigkeit der Röntgenstrahlen erfolgten neue Experimente. 1903 führten H. Haga und C. H. Wind entsprechende Versuche an einem keilförmigen Spalt durch und erhielten dabei Bilder, die denen der klassischen Optik zu entsprechen schienen. Die beobachteten Verbreiterungen konnten aber später von B. Walter und R. Pohl (1908) auf eine optische Täuschung zu-

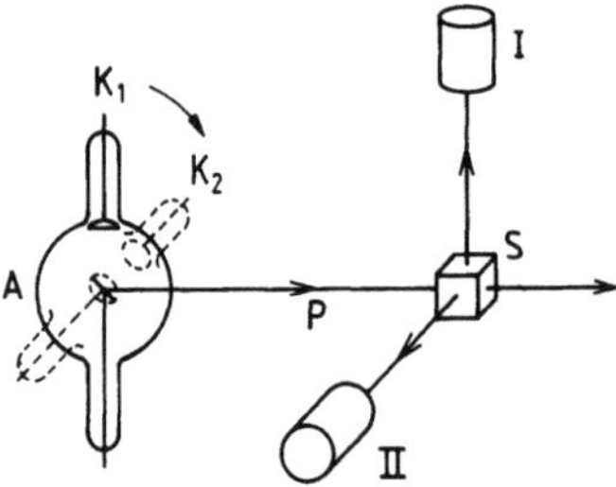

Abb. 10. Versuchsanordnung zum Nachweis der Polarisation der Röntgenstrahlen

rückgeführt werden. Die sich anschließenden Bemühungen der beiden letztgenannten Forscher (1909), Beugungserscheinungen an Spalten nachzuweisen, führten ebenfalls zu keinen eindeutigen Ergebnissen, obwohl die spätere Nachphotometrierung ihrer „Beugungsaufnahmen" durch P. P. Koch (1912) Intensitätsverteilungen ergab, wie sie A. Sommerfeld schon 1900 theoretisch als Beugungsphänomene für kurzwellige elektromagnetische Schwingungen vorausgesagt hatte.

Dagegen gelang C. G. Barkla (1905) mit der Entdeckung der teilweisen Polarisation einer primären Röntgenstrahlung der erste zweifelsfreie Nachweis, daß Röntgenstrahlen tatsächlich transversale elektromagnetische Schwingungen sind. Dabei arbeitete er mit der in Abb. 10 schematisch skizzierten Versuchseinrichtung, bei der die Kathode der Röntgenröhre durch Drehung die Positionen K_1 und K_2 einnehmen konnte. Die senkrecht zueinander, aber im gleichen Abstand von einem Paraffinkörper S angebrachten Elektroskope I und II registrierten die sekundären Röntgenstrahlen. Die Strahlungsintensität war jeweils in dem Elektroskop am größten, das senkrecht zur Richtung K_1A bzw. K_2A der Kathodenstrahlen in der Röntgenröhre angeordnet war. Das war in Übereinstimmung mit der klassischen Impulsbremstheorie. Danach sollte bei der Kathodenstellung K_1 (K_2) der elektrische Feldvektor der in A entstehenden primären Röntgenstrahlen P parallel zu K_1A (K_2A) schwingen und daher in S sekundäre Röntgenstrahlen mit maximaler Intensität in der Richtung S II (S I) und der Intensität Null in der Richtung S I (S II) erzeugen. Tatsächlich beobachtete Barkla mit den Elektroskopen in den Positionen I und II Streuintensitätsunterschiede von 10–20% und schloß daraus auf eine partielle Polarisation der primären Röntgenstrahlung. Wichtige weitere Polarisationsuntersuchungen erfolgten später von H. Haga (1907), J. Herweg (1909) und insbesondere von E. Bassler (1909), der in München unter Anleitung von Röntgen seine Dissertation erstellte.

Von erheblicher Bedeutung für die Röntgentechnik erwiesen sich die Arbeiten von A. Wehnelt und W. Trenkle (1905), die erstmals die von einer Oxydkathode austretenden Elektronen mit Hilfe unterschiedlich großer elektrischer Felder beschleunigten und zur Erzeugung von Röntgenstrahlen abbremsten. Die bei 400 V Beschleunigungsspannung entstandenen Röntgenstrahlen durchdrangen noch 0.004 mm Aluminium. Damit waren ultraweiche Röntgenstrahlen nachgewiesen. Diese Arbeiten legten den Grundstein für die spätere Ausnutzung des glühelektrischen Effektes bei der Konstruktion von Glühkathodenröntgenröhren und Glühventilgleichrichtern.

1904 beobachteten J. Elster und H. Geitel, daß Röntgenstrahlen beim Auftreffen auf Zinksulfidleuchtschirme einzelne Lichtblitze erzeugen. Diese und die schon genannten Dornschen Experimente über das Auftreten von Elektronen bei der Erzeugung von sekundären Röntgenstrahlen waren Vorläufer der 1907 von W. H. Bragg entwickelten Vorstellung, daß es sich bei den Röntgenstrahlen um eine Strahlung aus „neutralen Paaren" positiver und negativer Teilchen handele. Bereits ein Jahr später gab aber C. G. Barkla aufgrund seiner Polarisations- und Streuexperimente „conclusive evidence against the neutral pair hypothesis". W. Wien und unabhängig davon J. Stark kamen 1907 ebenfalls auf die Dornsche Entdeckung zurück und erklärten die Entstehung von „Photoelektronen" bei der Erzeugung sekundärer Röntgenstrahlen in formal gleicher Weise, wie Einstein den Photoeffekt als Auslösung von Elektronen durch auffallende Strahlungsquanten definierter Frequenz gedeutet hatte. Damit wurden erstmals quantenhafte Prozesse im Zusammenhang mit Absorptions- und Emissionsvorgängen von Röntgenstrahlen diskutiert.

1906 zeigte Barkla eindeutig, daß die Elemente H bis S und leichtatomige Verbindungen dieser Elemente bei Röntgenbestrahlung polarisierte Sekundärstrahlen emittieren, die das gleiche Absorptionsverhalten wie die primären Röntgenstrahlen besitzen. Dagegen waren bei Substanzen mit Atomgewichten $A \gtrsim 30$, also bei den im Periodensystem etwa auf Schwefel folgenden Elementen und bei Verbindungen dieser Elemente, die entstehenden sekundären Röntgenstrahlen nicht polarisiert, stiegen in ihren Härten aber mit A an. Durch weitere Untersuchungen war bis 1908 geklärt, daß die von der gleichen Primärstrahlung bei verschiedenen Elementen erzeugten Sekundärstrahlen beim nachfolgenden Durchgang durch dünne tertiäre Schichten in einer periodisch vom Atomgewicht dieser Schichten abhängigen Weise geschwächt werden. 1909 ent-

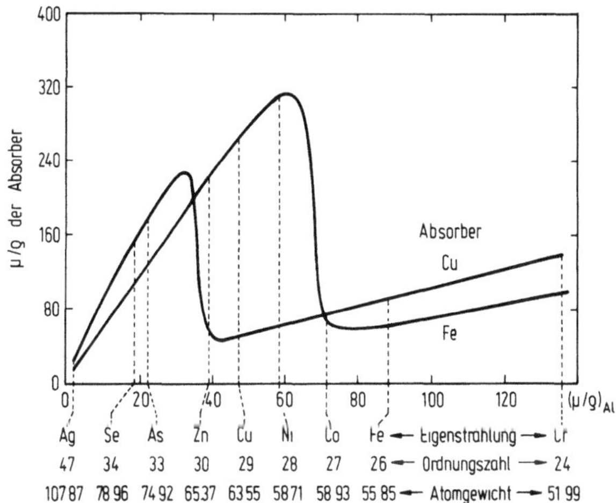

Abb. 11. Massenabsorptionskoeffizienten μ/ϱ der Absorber Kupfer und Eisen als Funktion homogener Sekundärstrahlungen, die durch ihre Absorption $(\mu/\varrho)_{Al}$ in Aluminium gekennzeichnet sind. Bei den $(\mu/\varrho)_{Al}$-Werten sind jeweils die chemischen Elementsymbole sowie deren Ordnungszahlen und Atomgewichte vermerkt

deckten C. G. Barkla und C. A. Sadler, daß es sich dabei um die Wirkung „charakteristischer Sekundärstrahlen" handelt, die entstehen, wenn die primären Röntgenstrahlen eine mit dem Atomgewicht der Streukörper ansteigende Mindesthärte überschreiten. Dabei erwies sich das Absorptionsverhalten dieser elementspezifischen Röntgenstrahlen als unabhängig von der Dicke der absorbierenden Substanzen und jeweils durch den gleichen Absorptionskoeffizienten beschreibbar. Daher mußte es sich um nahezu homogene Strahlen handeln. Der Massenabsorptionskoeffizient in Aluminium nahm für die charakteristische Strahlung der Streukörper systematisch ab, wenn deren Atomgewicht anwuchs.

Besonders wichtig waren die Beobachtungen von Barkla und Sadler über das Streustrahlungs- und Absorptionsverhalten von benachbarten Elementen im Periodensystem. Die Absorption der homogenen Sekundärstrahlen nahm bei allen Absorbern, deren Atomgewichte sich hinreichend von denen der Sekundärstrahler unterschieden, mit sinkendem A ab. Das geht für die Absorber Kupfer und Eisen aus Abb. 11 hervor, das Meßdaten aus der Originalarbeit von Barkla und Sadler wiedergibt. War der Absorber jedoch mit dem Sekundärstrahler identisch, so wurde minimale Absorption beobachtet, besaß ersterer aber benachbarte kleinere Atomgewichte, so traten anomal große Absorptionserscheinungen auf. Diese wurden als Absorptionskanten angesprochen. Beispielsweise absorbierte eine dünne Kupferschicht (A = 63,55) die homogene Sekundärstrahlung von Eisen (A = 55,85) teilweise, veränderte aber den durchgehenden Strahlungsanteil nicht im Charakter. Dagegen wurde die homogene Sekundärstrahlung von Kupfer in einer hinreichend dicken Eisenschicht nahezu vollständig absorbiert, und als durchgehende Strahlung trat eine für das Element Eisen charakteristische Strahlung auf. Damit war erkannt, daß jedes Element mit hinreichend großem A eine charakteristische homogene Sekundärröntgenstrahlung emittiert, wenn es von einer Röntgenstrahlung getroffen wird, die durchdringungsfähiger ist als diese. Insgesamt durfte deshalb gefolgert werden, daß die sekundären Röntgenstrahlen zwei unterschiedliche Strahlungsarten umfassen, nämlich einen Bremsstrahlungsanteil und einen charakteristischen Eigenstrahlungsanteil. Da in allen Fällen die erregenden Röntgenstrahlen härter als die ausgelösten charakteristischen Eigenstrahlen sein mußten, wurden letztere von Barkla - in Analogie zu den bei optischen Fluoreszenzerscheinungen vorliegenden Verhältnissen - auch als Röntgenfluoreszenzstrahlen bezeichnet. Bei Elementen mit $A \gtrsim 100$, also bei den im Periodensystem etwa auf Silber folgenden Elementen, wurde zusätzlich noch eine zweite Gruppe solcher nahezu homogener Sekundärstrahlungen entdeckt, die von Aluminium erheblich stärker absorbiert wurden als die bisher angesprochenen. In Abb. 12 sind nach Barkla (1911) die durch $(\mu/\varrho)_{Al}$-Werte gekennzeichneten Röntgenfluoreszenzstrahlen als Funktion des Atomgewichts der als „Streuer" wirksamen Elemente wiedergegeben. Die „härtere" Gruppe wurde als K-, und die „weichere" Gruppe als L-Strahlungsserie bezeichnet, weil es Barkla „highly probable" erschien, daß beidseitig von diesen weitere Serien „both more absorbable and more penetrating" existieren.

Bei der Einordnung der bei Fe(A = 55,85), Ni(A = 58,71), Co(A = 58,93) und Cu(A = 63,55) beobachteten Absorptionskanten gemäß der Atomgewichte zeigte sich für Nickel und Kobalt eine Anomalie, die darauf hinwies, daß Nickel eigentlich ein größeres Atomgewicht als Kobalt haben müsse. Deshalb wurde zunächst für Nickel A = 61,3 angenommen. Barkla vertrat dann aber zu Recht die Auffassung, daß die Lage der beobachteten Absorptionskanten für die Elementfolge im Periodensystem zwingend ... Fe, Co, Ni, Cu ... verlange und schlug deshalb vor, zukünftig anstelle des Atomgewichts A als Reihungskriterium eine Ordnungszahl Z zu benutzen. Für alle Elemente mit $A \gtrsim 30$ (Schwefel) vermutete er $Z \approx A/2$. Die Abb. 13 zeigt die ersten 1911 von Barkla veröffentlichten Röntgenspektren von Antimon, Jod und Barium mit den

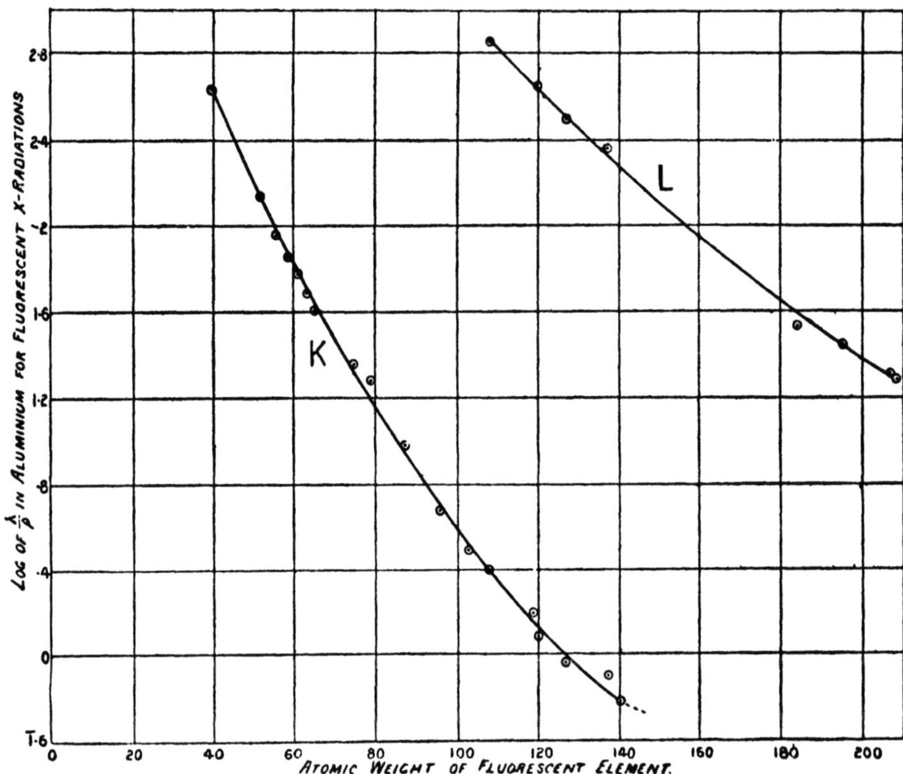

Abb. 12. K- und L-Fluoreszenzstrahlungen als Funktion des Atomgewichtes. (Nach Barkla, 1911)

relevanten Lagen der K- und L-Absorptionskanten, wobei zur Strahlungskennzeichnung noch der dekadische Logarithmus des Massenabsorptionskoeffizienten in Aluminium diente.

In der beschriebenen Weise gelangten Barkla und Sadler allein aufgrund geistreicher Absorptionsanalysen zu ersten Aussagen über die Röntgenspektren von Elementen mit größeren Atomgewichten. Bereits 1909 zeigte G. W. C. Kaye, daß auch die Antikathoden der Röntgenröhren Eigenstrahlungen emittieren. Damit war bewiesen, daß die primären Röntgenstrahlungen aus heterogenen Bremsstrahlungen und homogenen Fluoreszenzstrahlungen zusammengesetzt sind.

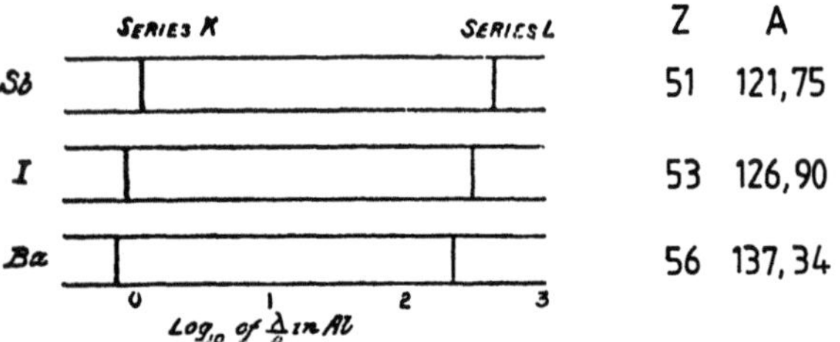

Abb. 13. Die ersten von Barkla angegebenen Röntgenspektren. Die Ordnungszahlen *Z* und die Atomgewichte *A* wurden dem Original hinzugefügt (s. auch Text)

In diesem Zusammenhang sind auch die von J. L. Glasson (1910) und J. C. Chapman (1911) geführten Nachweise anzuführen, daß die Röntgenfluoreszenzstrahlung offenbar nicht vom physikalischen und chemischen Zustand der Elemente beeinflußt wird. Außerdem interessierte die Frage, ob und welche Mindeströhrenspannungen erforderlich sind, damit bei verschiedenen Antikathodenmaterialien charakteristische Röntgenstrahlungen auftreten. R. Widdington (1911) zeigte, daß dazu die Geschwindigkeiten der Elektronenstrahlen materialspezifische, proportional mit dem Atomgewicht anwachsende Mindestwerte v_0 überschreiten müssen, wonach dann die Intensität der Eigenstrahlung mit der 4. Potenz der Elektronengeschwindigkeit ansteigt. Bei diesen Untersuchungen wurde auch gefunden, daß Aluminium als Antikathodenmaterial ab etwa 12 kV Röhrenspannung eine sehr weiche Eigenstrahlung emittiert.

Erwähnenswert sind noch die in Abb. 14 gezeigten Intensitätsverteilungen von Streustrahlungen, die C. G. Barkla und T. Ayres (1911) publizierten. Die äußere Kurve (I) wurde bei einer weichen gestreuten Röntgenbremsstrahlung, die innere Kurve (II) bei einer Kupfereigenstrahlung gemessen. Die horizontale Linie gibt dabei jeweils die Richtung der streustrahlungsauslösenden Rönt-

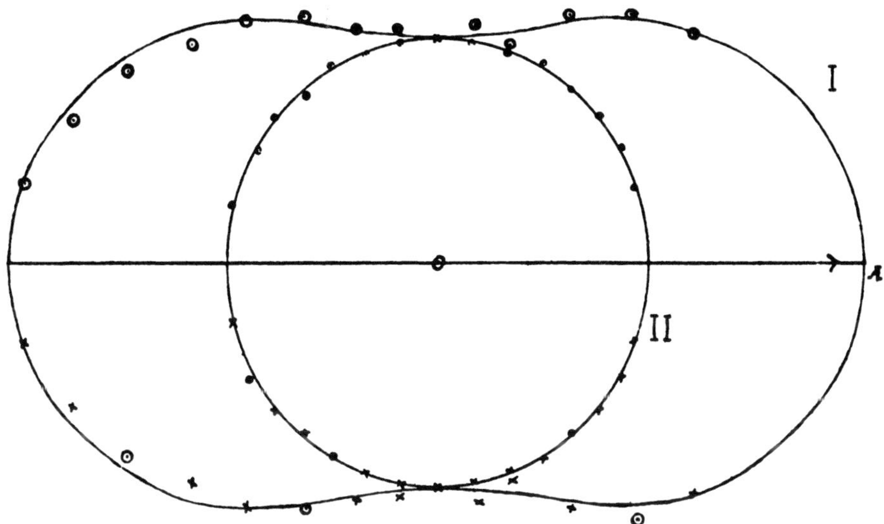

Abb. 14. Verteilungen einer an Kupfer gestreuten Röntgenbremsstrahlung (*Kurve I*) und einer Cu-Eigenstrahlung (*Kurve II*) (s. auch Text)

genstrahlen an. Die äußere Kurve stimmt vollständig überein mit der Verteilung, die nach der Impulstheorie der Röntgenstrahlenerzeugung aufgrund der Größe

$$P = (1 + \cos^2\alpha) \qquad (2)$$

erwartet wurde. Dabei ist α der Winkel zwischen induzierender und gestreuter Strahlung. P wurde später Polarisationsfaktor genannt und erwies sich bei der Röntgenbeugung als unentbehrlich für die quantitative Beurteilung von Strahlungsintensitäten.

1917 wurde C. G. Barkla für seine grundlegenden Arbeiten über die Natur der Röntgenstrahlen mit dem Nobelpreis für Physik ausgezeichnet.

Neben den beschriebenen röntgenphysikalischen Arbeiten war die Entwicklung der Physik im ersten Jahrzehnt des 20. Jahrhunderts vor allem durch die starke Kenntnismehrung auf dem Gebiet der Atomphysik geprägt, wobei die bereits erwähnten Erscheinungen der Radioaktivität (s. S.326) eine zentrale Rolle spielten. Bis 1910/1913 war geklärt, daß sich alle natürlichen radioaktiven Stoffe in bestimmte Zerfallsreihen einordnen lassen und dabei Plätze im Periodensystem einnehmen, die bei der Emission von α-Strahlen durch eine um zwei Einheiten kleinere und bei der Emission von β-Strahlen durch eine um eine Einheit größere Ordnungszahl bestimmt sind. Diesem von A. S. Russel, K. Fajans und F. Soddy aufgestellten „radioaktiven Verschiebungssatz" waren subtile Detailuntersuchungen von anderen Forschergruppen vorausgegangen. Zu nennen sind in diesem Zusammenhang u. a. die experimentelle Ermittlung der radioaktiven Zerfallgesetze für verschiedene Elemente (F. Kohlrausch, E. Meyer, E. Regener und H. Geiger 1906/1908), die visuelle Zählung der von Radium emittierten α-Teilchen mit Hilfe eines Leuchtschirms (E. Rutherford und H. Geiger 1908) sowie der Nachweis isotoper radioaktiver Elemente, die bei gleicher Ordnungszahl unterschiedliche Atomgewichte aufweisen (F. Soddy 1910).

1909 untersuchten H. Geiger und E. Marsden die Streuung von α-Teilchen beim Beschuß einer dünnen Goldfolie, wobei die meisten der positiv geladenen Heliumteilchen die Folie ohne Ablenkung durchdrangen. Einige von ihnen wurden aber stark abgelenkt, jedoch ohne wesentliche Geschwindigkeitsverluste. Daraus zog 1911 E. Rutherford den Schluß, daß die Atome ähnlich wie ein Planetensystem aufgebaut und deshalb weitgehend materiefrei sind. Praktisch die gesamte Atommasse sollte einen sehr kleinen positiv geladenen Atomkern bilden, um den die zur Ladungskompensation erforderlichen negativ geladenen Elektronen in einem größeren Abstand die Elektronenhülle bilden und den Atomkern umkreisen. Die Probleme der Stabilität dieses Atommodells wurden zunächst nicht weiter betrachtet.

Der Zeitabschnitt von 1912–1914

Den größten Fortschritt auf dem Gebiete der Röntgenstrahlen seit Röntgens Entdeckung brachte das Jahr 1912. Angeregt durch Diskussionen mit P. P. Ewald kam M. Laue in München auf den Gedanken, die in einem Kristall nach den Vorstellungen von Bravais raumgitterartig angeordneten atomaren Bausteine als Beugungsgitter für Röntgenstrahlen auszunutzen. Entsprechende Versuche von W. Friedrich und P. Knipping waren erfolgreich. Damit wurde zweifelsfrei bewiesen, daß Röntgenstrahlen sehr kurzwellige elektromagnetische Schwingungen und damit wesensgleich mit den anderen Strahlen des elektromagnetischen Spektrums sind. Unmittelbar an diese wissenschaftliche Glanzleistung schlossen sich die Untersuchungen von W. L. Bragg in Cambridge über die selektive Reflexion von Röntgenstrahlen an den Atomgitterebenen von Kristallen an. Mit diesen Arbeiten eröffneten sich neuartige Anwendungsgebiete der Röntgenstrahlen einerseits für den Bereich der Kristallstrukturanalyse und andererseits für den Bereich der Spektroskopie mit großen Entwicklungsmöglichkeiten.

An der Ludwig-Maximilian-Universität in München hatte zu dieser Zeit W. C. Röntgen noch den Lehrstuhl für Experimentalphysik inne. A. Sommerfeld war 1906 auf den Lehrstuhl für Theoretische Physik berufen worden. Von Aachen kommend hatte er P. Debye als Assistent mitgebracht. 1909 kam M. Laue als junger Privatdozent nach München. P. P. Ewald begann 1910 bei Sommerfeld seine Doktorarbeit über den Durchgang von Lichtwellen durch Kristalle. Seit 1911 war F. Friedrich als Assistent im Institut für Theoretische Physik tätig und beschäftigte sich mit Röntgenbremsstrahlungsverteilungen. P. Knipping hatte gerade seine Doktorarbeit abgeschlossen. Bei Röntgen arbeiteten damals C. M. Brentano, G. Dagor, R. Glocker, A. F. Joffé und W. Wagner. Nach seiner Doktorprüfung im März 1912 ging P. P. Ewald nach Göttingen.

Die Münchener Versuche wurden trotz anfänglicher Einwände von Sommerfeld und Zweifel von Röntgen, dann aber doch mit deren Unterstützung seit dem 21. April 1912 durchgeführt. Dabei ließ man ein feinausgeblendetes Röntgenstrahlenbündel einer mit einem Funkeninduktor betriebenen Intensivröhre von Gundelach bzw. Rapidröhre von C. H. F. Müller zunächst auf einen im Zentrum eines Goniometers positionierten triklinen Kupfersulfatkristall und später auf einen regulären Zinksulfidkristall fallen und registrierte mit verschiedenen angeordneten Photoplatten die von den Kristallen ausgehende Strahlenwirkung. Die Abb. 15 zeigt das Protokoll über die am 4. Mai 1912 mit der skizzierten Versuchseinrichtung gemachten Aufnahmen. Auf senkrecht hinter dem Kristall befindlichen Photoplatten traten bei geeigneter Kristallorientierung symmetrisch zum Durchstoßpunkt des Primärstrahls liegende Schwärzungspunkte auf, deren Lage sich veränderte, wenn der Kristall um den Primärstrahl gedreht wurde. Die Form der Schwärzungsflecken änderte sich mit dem Abstand der registrierenden Photoplatte vom Kristall. Außerdem waren bei konstantem Film-Kristall-Abstand einige Flecken intensiver geschwärzt als andere. Die Abb. 16 zeigt die Aufnahme von einem senkrecht zu einer Würfelfläche durchstrahlten Zinksulfidkristall mit vierzähliger Symmetrie der Interferenzpunkte. Daraus durfte auf die reale Existenz der bis dahin nur hypothetisch diskutierten räumlichen Gitterstruktur der Atome in dem Durchstrahlungsobjekt geschlossen werden. Am 8. Juni 1912 legte A. Sommerfeld die gesamte Untersuchung der Bayerischen Akademie der Wissenschaften vor mit dem Titel „Interferenz-Erscheinungen bei Röntgenstrahlen. Theoretischer Teil von M. Laue. Experimenteller Teil von W. Friedrich und P. Knipping." Nach einem Bericht, den A. Sommerfeld im Juni 1912 über die in München erzielten Ergebnisse in Göttingen gab, fand P. P. Ewald rasch mit der Vorstellung des „reziproken Gitters" und der „Reflexionskugel (Ausbreitungskugel)" einen einfachen geometrischen Weg zur Voraussage der bei gegebener Primärstrahlrichtung und Wellenlänge in Raumgittern möglichen Röntgeninterferenzerscheinungen. M. Laue berichtete am 6. Juli 1912 vor der Bayerischen Akademie der Wissenschaften über eine Prüfung seiner Theorie anhand der beobachteten Interferenzerscheinungen, wobei er fälschlicherweise von einem rein kubischen Raumgitter für ZnS ausging und jedem beobachteten Interferenzpunkt unter Rückgriff auf bestimmte Wellenlängen jeweils „drei ganze Zahlen h_1, h_2, h_3, seine Ordnungszahlen", zuwies.

W. L. Bragg (1912) in Cambridge beschritt bei der Interpretation der in München erhaltenen Beugungsaufnahmen einen anderen Weg. Er ging davon aus, daß dafür die selektiven Reflexionen von Bremsstrahlungswellenlängen an den Gitterebenen des ZnS verantwortlich sind. Dabei griff er Vorstellungen von W. J. Pope und W. Barlow in Cambridge auf, wonach die Raumgitterstruktur des kubischen ZnS von zwei sich durchdringenden Teilgittern aus Zn- und S-Atomen gebildet wird. Noch Ende 1912 wies W. L. Bragg die selektive Reflexion der Röntgenstrahlen auf Anregung von C. T. R. Wilson auch direkt an einer

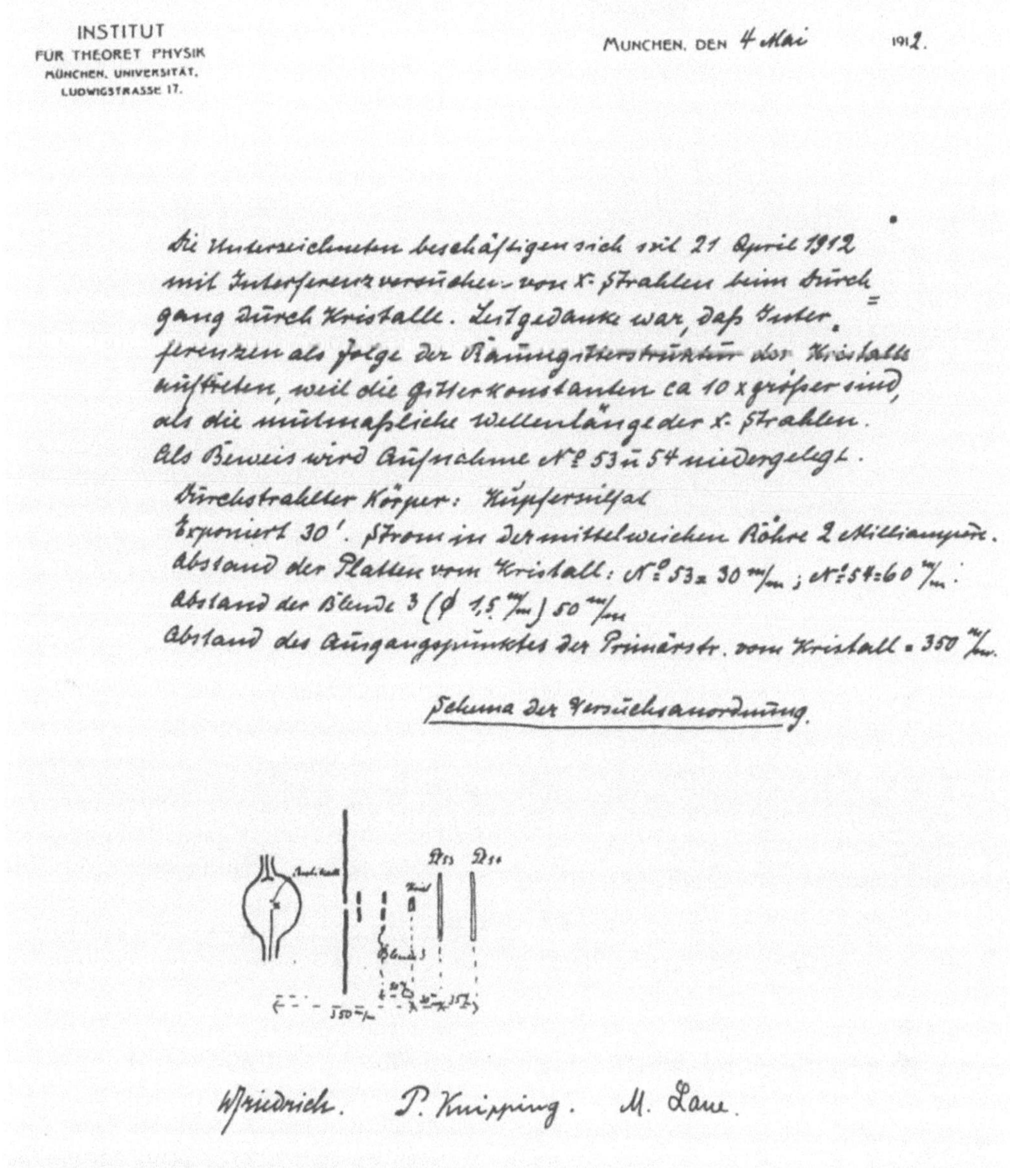

INSTITUT
FÜR THEORET PHYSIK
MÜNCHEN, UNIVERSITÄT,
LUDWIGSTRASSE 17.

MÜNCHEN, DEN 4 Mai 1912.

Die Unterzeichneten beschäftigen sich seit 21 April 1912 mit Interferenzversuchen von X-Strahlen beim Durchgang durch Kristalle. Leitgedanke war, daß Interferenzen als Folge der Raumgitterstruktur der Kristalle auftreten, weil die Gitterkonstanten ca 10 x größer sind als die mutmaßliche Wellenlänge der X-Strahlen.
Als Beweis wird Aufnahme N° 53 u 54 niedergelegt.
Durchstrahlter Körper: Kupfersulfat
Exponiert 30'. Strom in der mittelweichen Röhre 2 Milliampère.
Abstand der Platten vom Kristall: N° 53 = 30 mm; N° 54 = 60 mm.
Abstand der Blende 3 (ϕ 1,5 mm) 50 mm
Abstand des Ausgangspunktes der Primärstr. vom Kristall = 350 mm.

Schema der Versuchsanordnung.

W. Friedrich. P. Knipping. M. Laue.

Abb. 15. Protokoll über den von Laue, Friedrich und Knipping am 4. Mai 1912 durchgeführten Versuch

Spaltfläche von Glimmer nach und Anfang 1913 beschrieb er zusammen mit seinem Vater W. H. Bragg den Reflexionsvorgang quantitativ durch die Beziehung

$$n\lambda = 2d \sin \theta, \tag{3}$$

die seither Braggsche Gleichung genannt wird. Dabei ist $n = 1, 2, 3 \ldots$ die Ordnung der Reflexionen, λ die Wellenlänge der reflektierten Röntgenstrahlung, d der Atomebenenabstand sowie θ der Winkel zwischen dem einfallenden Röntgenstrahl und den reflektierenden Atomgitterebenen.
Bereits im Juni 1913 konnte W. L. Bragg mit Hilfe von Laue-Aufnahmen die Kristallstrukturen von Kalziumfluorid (CaF_2) und Kalziumkarbonat ($CaCO_3$) sowie von Steinsalz (NaCl), Sylvin (KCl), Kaliumbromid (KBr) und Kaliumjodid (KJ) beschreiben. Außerdem zeigte er, daß die Millerschen Indizes h k l der von ihm als reflexionsfähig angenommenen Gitterebenen identisch sind mit den zur Beschreibung der Wellenlängendifferenzen in Laues Beugungstheorie benötigen Indizes h_1, h_2, h_3. Die von W. L. Bragg für NaCl, KCl, KBr und KJ angegebene kubische Gitterstruktur zeigt Abb. 17, die der ins Deutsche übersetzten Originalarbeit entnommen wurde. Längs der Würfelkanten wechseln Atome der Alkalimetalle mit Atomen der Halogengruppen-

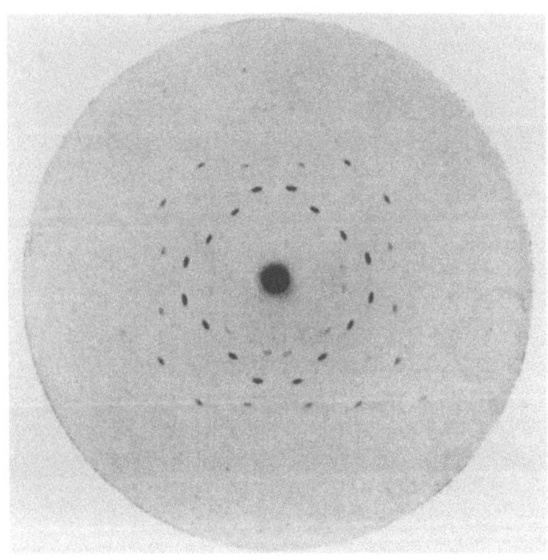

Abb. 16. Aufnahme an einem parallel zur Würfelkante durchstrahlten Zinkblendekristall

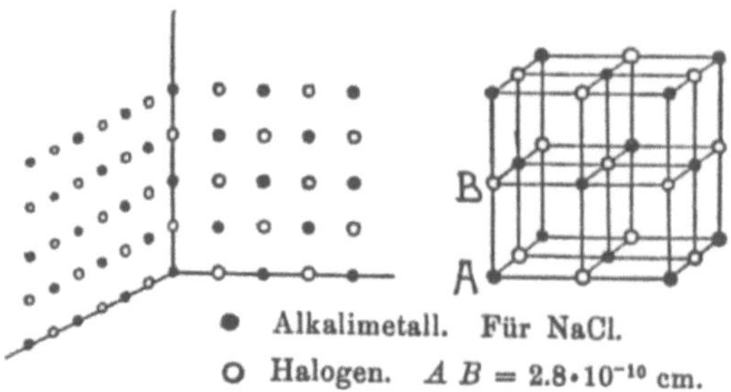

Abb. 17. Struktur der Alkalihalogenide. (Nach W. L. Bragg 1913)

elemente ab. Der Abstand benachbarter Würfelflächenebenen war demnach durch den Abstand $d_{\langle 100 \rangle}$ von gleichartigen Atomen längs der Würfelkanten gegeben. Wurde bei NaCl jedem Atom ein gleich großes Volumen $d^3_{\langle 100 \rangle}$ zugeordnet, so ließ sich mit dem Atomgewicht von Natrium $A_{Na} = 23{,}0$ und dem Atomgewicht von Chlor $A_{Cl} = 53{,}6$ und unter weiterer Zuhilfenahme der Masse des Wasserstoffatoms $m_H = 1{,}64 \cdot 10^{-24}$ g die mittlere NaCl-Masse zu

$$\bar{m}_{NaCl} = \{(23{,}0 + 35{,}5)/2\}\ 1{,}64 \cdot 10^{-24}\ \text{g} \qquad (4)$$

berechnen. Mit der bekannten Dichte $\varrho_{NaCl} = 2{,}17\ \text{g/cm}^3$ ergab sich andererseits

$$\bar{m}_{NaCl} = \varrho_{NaCl} \cdot d^3_{\langle 100 \rangle}, \qquad (5)$$

so daß Bragg für den Abstand der Würfelflächenebenen

$$d_{\langle 100 \rangle} = \sqrt[3]{\bar{m}_{NaCl}/\varrho_{NaCl}} = 2{,}81 \cdot 10^{-8}\ \text{cm} \qquad (6)$$

erhielt. Damit konnte man aber unter Zuhilfenahme von Gl. 3 erstmals – was einen ganz wesentlichen Fortschritt bedeutete – für Röntgenfluoreszenzstrahlen eindeutige Wellenlängen angeben und auf die bisher zu deren Charakterisierung benutzten $(\mu/\varrho)_{Al}$-Werte verzichten. Alle später in Europa gemessenen Röntgenwellenlängen wurden längere Zeit – einem Vorschlag W. Wagners folgend – auf den Abstand der Würfelfächenebenen von Steinsalz mit $2{,}814 \cdot 10^{-8}$ cm bezogen.

Parallel zu den geschilderten Arbeiten entwickelten W. L. und W. H. Bragg ein Röntgenspektrometer, in dessen Zentrum sie die Spaltfläche eines Kristalls drehbar so anbrachten, daß die dort auffallenden Röntgenstrahlen nach ihrer Reflexion mit einer Ionisationskammer vermessen werden konnten. Bei Drehung des Kristalls ließ sich dann durch Strahlungsreflexion an den gleichen Atomebenen (d = const.) das ganze Eigenstrahlungsspektrum eines Antikathodenmaterials mit seinen verschiedenen Wellenlängen unter bestimmten „Braggwinkeln θ" registrieren. Wurden andererseits beim Arbeiten mit homogener Röntgenstrahlung (λ = const.) durch Drehung des Kristalls nacheinander verschiedene Atomgitterebenen mit unterschiedlichen Abständen d in reflexionsfähige Stellung gebracht, so konnten aus den zugehörigen Bragg-Winkeln und den reflektierten Intensitäten Rückschlüsse auf Art und Lage der Atome und deren räumliche Anordnung erfolgen. Während sich W. H. Bragg bei seinen weiteren Arbeiten auf die Bestimmung der Wellenlängen der Röntgenspektren der Elemente Platin, Osmium, Iridium, Palladium, Rhodium, Kupfer und Nickel konzentrierte, erforschte W. L. Bragg den strukturellen Aufbau von Kupfer, Flußspat, Cuprit, Zinkblende, Eisenkies, Chilesalpeter und Calcit.

1913 entwickelte Laue eine Theorie der räumlichen Interferenzerscheinungen für Kristalle mit mehreren Atomen in der Elementarzelle und formulierte dabei einen Streufaktor, der als Strukturfaktor von zentraler Bedeutung für alle späteren Gitterstrukturbestimmungen mit Röntgenstrahlen wurde. Im gleichen Jahr beobachtete W. Friedrich, daß bei der Durchstrahlung von Paraffin und Wachs auf einem senkrecht zum primären Röntgenstrahl befindlichen Film diffuse ringförmige Beugungserscheinungen auftreten. Unabhängig voneinander zeigten dann 1914 G. Wulf und T. Terade, daß die Lauesche Deutung der Beugungserscheinungen an Kristallen als Raumgitterwirkung die gleichen Ergebnisse wie die Braggsche Deutung durch selektive Reflexionen ergeben muß. Ferner untersuchte

P. Debye die Auswirkungen der Wärmebewegung der Atome auf die Intensität der an Atomebenen reflektierten bzw. abgebeugten Röntgenstrahlen. Im gleichen Jahr bereits übte aber C. G. Darwin Kritik an den Laueschen Vorstellungen und entwickelte eine neue Theorie für die Braggschen Kristallflächenreflexionen. Die dabei auftretenden Diskrepanzen zwischen berechneten und beobachteten Beugungsintensitäten wurden mit der Vorstellung des Mosaikkristalls überwunden, bei dem anstelle einer großvolumigen idealen Kristallausbildung kleine Kristallbereiche mit gegeneinander geringen Mißorientierungen die reale Gitterstruktur bilden.

Bereits die erwähnten ersten spektroskopischen Untersuchungen von W. H. Bragg zeigten, daß sich die bisher als homogen angesehenen K-Strahlungen von Cu, Ni, Pd und Rh sowie die L-Strahlungen von Pt, W, Os und Ir aus mehreren homogenen Strahlungsanteilen zusammensetzten. Die dann von H. G. J. Moseley und C. G. Darwin (1913) sowie M. de Broglie (1913) erreichten Verbesserungen der spektroskopischen Methoden für die Bestimmung von Röntgenwellenlängen erwiesen sich für die weitere Erforschung der Röntgenspektren der Elemente von großer Bedeutung. Die ersten systematischen Untersuchungen dazu führte H. G. J. Moseley noch 1913 durch. Die Abb. 18 zeigt daraus die Photogramme der K-Strahlungen von Messing und von einigen leichten Elementen ($A \leq 65$), wie sie sich nach Reflexion an Ferrozyankalium in dritter Ordnung ($n = 3$) mit relativ zueinander verschobenen Bragg-Winkellagen ergaben. Bei großen θ treten jeweils die sog. Kα- und bei kleinen θ die sog. Kβ-Linien auf. Das aus Cu- und Zn-Atomen bestehende Messing (Brass) ergab neben der ZnKα- und ZnKβ-Linie auch noch die CuKα- und CuKβ-Linie, wobei die letzteren lagemäßig vollkommen mit den bei Kupfer auftretenden Linien übereinstimmen. Offensichtlich erhielt die vermessene Co-Antikathode Fe- und Ni-Anteile, und die vermessene Ni-Antikathode besaß Mn-Anteile. Die in Abb. 18 von oben nach unten mit zunehmendem Atomgewicht auftretenden systematischen Verschiebungen der Linienlagen deuteten auf einen gesetzmäßigen Zusammenhang mit der Stellung der benutzten Antikathodenmaterialien im Periodensystem der Elemente hin. Moseley trug die Wurzel aus der den Linien der Elemente zukommenden Schwingungsfrequenz $\sqrt{\nu} = \sqrt{1/\lambda}$ als Funktion der Ordnungszahl Z auf und erhielt als Zusammenhang für die K-Strahlung

$$\sqrt{\nu} = \sqrt{R}(Z - 1)\sqrt{3/4} \qquad (7)$$

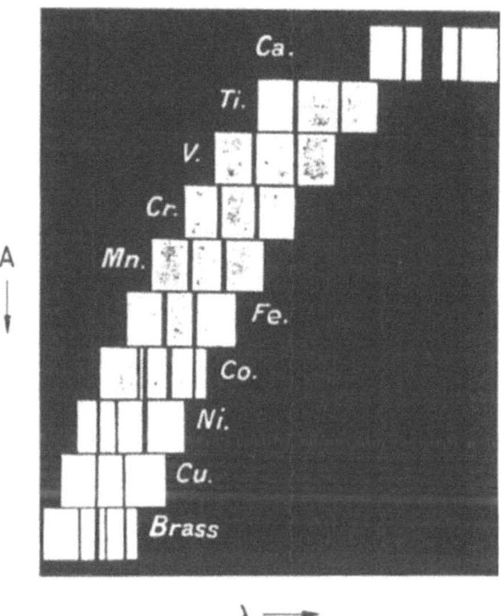

Abb. 18. Röntgen-K-Spektren (nach H. G. J. Moseley 1913). (Die Symbole λ für die Wellenlänge und A für das Atomgewicht wurden dem Original hinzugefügt.)

und für die L-Strahlung

$$\sqrt{\nu} = \sqrt{R}(Z - 7{,}5)\sqrt{5/36}. \qquad (8)$$

Dabei war R identisch mit den bereits für die optischen Spektren bekannten Rydberg-Konstanten. Dagegen ergaben sich keine solch einfachen linearen Zusammenhänge, wenn anstelle der Ordnungszahl Z das Atomgewicht A als Versuchsvariable gewählt wurde. Damit bestätigte Moseley die frühere Barklasche Feststellung (s. S. 337), daß für die Reihenfolge der Elemente im Periodischen System nicht das Atomgewicht, sondern die Ordnungszahl maßgebend ist. Der lineare Zusammenhang zwischen $\sqrt{\nu}$ und Z erwies sich später als wichtiges Hilfsmittel für die Suche bisher noch nicht entdeckter Elemente des periodischen Systems (s. S. 345), aber auch für die richtige Einordnung von bereits bekannten Elementen in das Periodensystem.

Einen weiteren Höhepunkt in der physikalischen Forschung stellte das 1913 von N. Bohr entwickelte Atommodell dar, das konsequent auf Vorstellungen der Lichtquantentheorie zurückgriff. Dabei wurde angenommen, daß Z Elektronen einen Z-fach positiv geladenen Atomkern nur auf solchen Kreisbahnen umlaufen, auf denen der Betrag des Bahndrehimpulses ein ganzzahliges Vielfaches des auf 2π bezogenen Planckschen Wirkungsquantums h ist. Den Elektronen sollte aber erlaubt sein, unter Absorption (Emission) von Lichtquanten $h\nu$ von einem besetzten Elektronenplatz auf einer inneren (äußeren) Bahn auf einen freien Elektronenplatz einer äußeren (inneren) Bahn überzuwechseln. Damit waren energetisch diskrete Elektronenzustände postuliert und die Lageänderungen der Elektronen in der Atomhülle mit der Absorption und Emission von Lichtquanten verknüpft, womit ein Instrument zur Erklärung der optischen Spektren der Atome zur Verfügung stand. Als Frequenzen für die bei Elektronensprüngen von der m-ten auf die n-te Bahn (m > n) emittierten Spektrallinien von Wasserstoffatomen (Z = 1) berechnete Bohr

$$\nu = RZ^2 \left(\frac{1}{n^2} - \frac{1}{m^2}\right), \tag{9}$$

wobei sich R wiederum als identisch mit der Rydberg-Konstanten erwies. Mit n = 1 und m = 2,3 ... ergaben sich die experimentell beobachteten Spektrallinien der Lymann-Serie, mit n = 2 und m = 3,4 ... die der Balmer-Serie des Wasserstoffspektrums. Bohr schloß ferner, daß sich bei Kernladungen Z > 1 die Spektralserien durch

$$\nu = RZ_{eff}^2 \left(\frac{1}{n^2} - \frac{1}{m^2}\right) \tag{10}$$

beschreiben lassen, wobei Z_{eff} eine effektive Kernladungszahl ist. In seiner zweiten, ebenfalls 1913 erschienenen Arbeit zeigte er außerdem, daß die 1911 von R. Whiddington experimentell bestimmten Elektronengeschwindigkeiten, die zur Auslösung charakteristischer K-Röntgenstrahlen erforderlich waren, gut mit der Geschwindigkeit übereinstimmten, die in seinem Atommodell für die Elektronen erwartet wurden, die auf der innersten Bahn die Atomkerne mit der Ladung Ze umkreisen. Daraus folgerte er, daß die härtesten Röntgenstrahlen von Elektronen der innersten Ringbahn erzeugt wurden.

1914 gab dann W. Kossel unter Bezug auf das Bohrsche Atommodell eine korrekte Deutung der Grundzüge der beobachteten Röntgenspektren. Er ging von maximal mit Elektronen besetzten Bahnen in der Atomhülle aus und nahm an, daß Elektronen auf inneren Bahnen durch den Stoß von außen kommender energiereicher Elektronen in unendlich große Entfernung gebracht werden können. Bei den dadurch möglichen Rücksprüngen von Elektronen aus weiter außen liegenden auf die freigewordenen inneren Bahnplätze sollten Röntgenstrahlungsquanten emittiert werden. Die oben beschriebenen Moseleyschen Untersuchungen der K- und L-Serien der Röntgenspektren der Elemente erlaubten es W. Kossel, seine Vorstellungen zu quantifizieren. Für die K-Serie ließ sich Gl. 7 nämlich in die Form

$$\nu = R(Z-1)^2 \frac{3}{4} = R(Z-1)^2 \left(\frac{1}{1^2} - \frac{1}{2^2}\right) \tag{11}$$

umschreiben. Das bedeutete im Bohrschen Sinne Übergänge von der zweitinnersten auf die innerste Elektronenbahn, bei Wirksamkeit fast der ganzen Kernladung $(Z-1)^2$. Die Gl. 8 für die L-Serie erlaubte die Umformung

$$\nu = R(Z-7{,}5)^2 \frac{5}{36} = R(Z-7{,}5)^2 \left(\frac{1}{2^2} - \frac{1}{3^2}\right). \tag{12}$$

Das wies auf Elektronenübergänge zwischen der drittinnersten und der zweitinnersten Kreisbahn hin, bei allerdings durch die Zahl 7,5 erheblich abgeminderter effektiver Kernladungszahl (Z – 7,5). Da somit die Entstehung der K- und L-Serie der Röntgenspektren der Atome mit Elektronenübergängen auf ihre Elektronenbahnen mit n = 1 und n = 2 verknüpft werden konnte, nannte man später auch die innerste Elektronenbahn K-Schale, die zweitinnerste L-Schale und die weiter außen liegenden Elektronenbahnen M-, N...-Schalen. Damit wurde offensichtlich, welch große Bedeutung den Röntgenspektren für die Erarbeitung korrekter Vorstellungen über den Aufbau der inneren Bereiche der Elektronenhüllen der Atome mit größeren Ordnungszahlen zukam.

Auch das Fehlen von Absorptionslinien und das gleichzeitige Auftreten von K- und L-Eigenstrahlungen war mit Kossels „Vorstellung vom Herausreißen innerer und Nachfallen äußerer Elektronen“ leicht zu erklären. Die Absorptionen waren offenbar stets mit dem Entfernen von Elektronen der inneren Bahnen in das Umfeld der Elektronenhülle verbunden. Wurde dann ein leerer Platz auf der innersten Bahn von einem Elektron der benachbarten nächsten Bahn unter Emission von K-Strahlung wiederbesetzt, so hinterließ es dort einen freien Platz, der seinerseits von Elektronen aus weiter außen liegenden Bahnen unter Emission von L-Strahlung eingenommen werden konnte. Entsprechende Vorstellungen hat W. Kossel auch zur Deutung der M- und N-Serien der Röntgenspektren herangezogen.

Neben den geschilderten großen Entdeckungen auf dem Gebiete der Röntgenstrahlen in München, in Cambridge und in Manchester sowie neben der Formulierung des Bohrschen Atommodells und der Deutung der Röntgenspektren können für den Zeitabschnitt von 1912–1914 noch weitere wissenschaftliche Glanzleistungen angeführt werden, die erheblich zur Ausweitung der Kenntnisse über die Eigenschaften und den

Feinaufbau der Atome beitrugen. Zu nennen sind die 1912 von A. Einstein erfolgte Formulierung des photomechanischen Grundgesetzes sowie die im gleichen Jahr von J. J. Thompson bereits intuitiv vorgenommene Erklärung der K- und L-Röntgenserien durch die Annahme diskreter atomarer Energieniveaus. Erwähnt werden müssen aber auch die Entwicklung der Expansionsnebelkammer zum direkten Nachweis ionisierender Strahlen durch C. T. R. Wilson (1912), die quantitative Erfassung der α-Teilchenstreuung an Materieschichten durch H. Geiger und E. Mardsen, der direkte Nachweis der Existenz diskreter Energiezustände in Atomen durch die Stoßexperimente von J. Frank und G. Hertz (1913), das Auffinden der Isotopie bei nicht radioaktiven Elementen durch J. J. Thompson (1913) sowie schließlich die Entdeckung der Aufspaltung der Spektrallinien des Wasserstoffs unter Einwirkung elektrischer Felder durch J. Stark (1913). Die neu erarbeiteten theoretischen und experimentellen Befunde stützten insgesamt die Vorstellungen über den atomaren Aufbau der Materie und sicherten die Ansicht, daß sich bei Kristallen die Atome in kristallographisch eindeutig beschreibbaren Strukturen zusammenfügen. Damit eröffnete sich der naturwissenschaftlichen Forschung ein weites Feld mit faszinierenden Perspektiven.

Der Zeitabschnitt 1915–1925

Dieses Zeitintervall war geprägt durch die Entwicklung einer eigenständigen Röntgenspektralanalyse sowie durch die Vervollkommnung der theoretischen und der methodischen Grundlagen zur Kistallstrukturanalyse mit vielfältigen Anwendungen in Chemie, Metallkunde, Mineralogie und Kristallographie. Daneben wurden weitere grundlegende Fragen des optischen und des Streuverhaltens der Röntgenstrahlen geklärt.

Die nach 1915 erzielten Fortschritte auf dem Gebiete der Röntgenspektroskopie sind vor allem M. Siegbahn und seinen Mitarbeitern J. Mahner, E. Frimann und W. Stenström zu verdanken. Da Luft unter Laborbedingungen Röntgenstrahlen mit Wellenlängen $\lambda > 10^{-8}$ cm zunehmend absorbiert, wurden Vakuumspektrographen entwickelt, die Anfang der 20er Jahre Messungen bis zu Wellenlängen von etwa $13 \cdot 10^{-8}$ cm ermöglichten. 1916 gelang M. Siegbahn, 1919 W. Stenström und 1921 D. Koster bei Elementen mit Ordnungszahlen >70 der experimentelle Nachweis von Röntgenlinien der M-Serien. Dabei wurde mit Analysatorkristallen aus Gips bzw. Zucker mit großen Gitterkonstanten gearbeitet. 1922 wies V. Dolejšek erstmals die N-Eigenstrahlungsspektren von U, Th und Bi nach. Durch diese Experimente wurde gesichert, daß die einzelnen Röntgenspektralserien nach Überschreiten kritischer Beschleunigungsspannungen bzw. Elektronengeschwindigkeiten in den Röntgenröhren jeweils komplett auftreten. Die Intensitäten der Eigenstrahlungen stiegen proportional zum Quadrat der die Anregungsspannungen übersteigenden Spannungsbeträge an. Die apparativen Entwicklungen auf dem Gebiete der Röntgenspektroskopie hat M. Siegbahn erstmals 1916 und erneut 1922 zusammenfassend beschrieben.

1915 wurden auch die kurzwelligen Begrenzungen der von den Antikathoden der Röntgenröhren ausgehenden Strahlungsspektren genauer untersucht. Schon die ersten diesbezüglichen Experimente von W. Duane und F. Hunt (1915) ergaben, daß die Grenzfrequenzen ν_{max} der kontinuierlichen Bremsspektren unabhängig vom Antikathodenmaterial in eindeutiger Weise mit der Röhrenspannung U verknüpft sind und sich quantitativ durch die Einsteinsche Gleichung

$$eU = h\nu_{max} \tag{13}$$

beschreiben lassen, wobei e die Elektronenladung und h die Plancksche Konstante ist. Bis 1919 wurde dann durch weitere Arbeiten von A. W. Hull, R. Ledoux-Lebard und A. Dauvillier sowie F. Dessauer und E. Back die Gültigkeit von Gl. 13 bis zu Röhrenspannungen von 216 kV nachgewiesen. Da das Produkt eU auch die kinetische Energie und damit die Geschwindigkeit der auf die Antikathoden auffallenden Elektronen festlegt, bestimmt die Elektronengeschwindigkeit die kurzwellige Grenze des Bremsspektrums und nicht die abbremsende Atomart. Letztere beeinflußt aber in ausgeprägter Weise die Intensitätsverteilung des Bremsspektrums. Die maximal auftretenden Intensitäten ergaben sich als proportional zur Ordnungszahl, die abgestrahlten Gesamtintensitäten als proportional zu U^2. Vor allem die 1918 von C. T. Ulrey für verschiedene Antikathodenmaterialien durchgeführten Messungen lieferten wichtige Erkenntnisse über die für die Bremsstrahlung gültigen Gesetzmäßigkeiten. Die Abb. 19 zeigt als Beispiel die Abhängigkeit des Bremsstrahlungsspektrums einer Wolframröhre von der Betriebsspannung.

Die Gl. 13 schließt die grundsätzliche Möglichkeit einer röntgenographischen Bestimmung des Planckschen Wirkungsquantums h ein. Von 1916–1920 wurden von D. L. Webster und C. L. Clark, F. C. Blake und W. Duane sowie E. Wagner entsprechende Messungen unter Rückgriff auf vorliegende Daten über die Elektronenladung

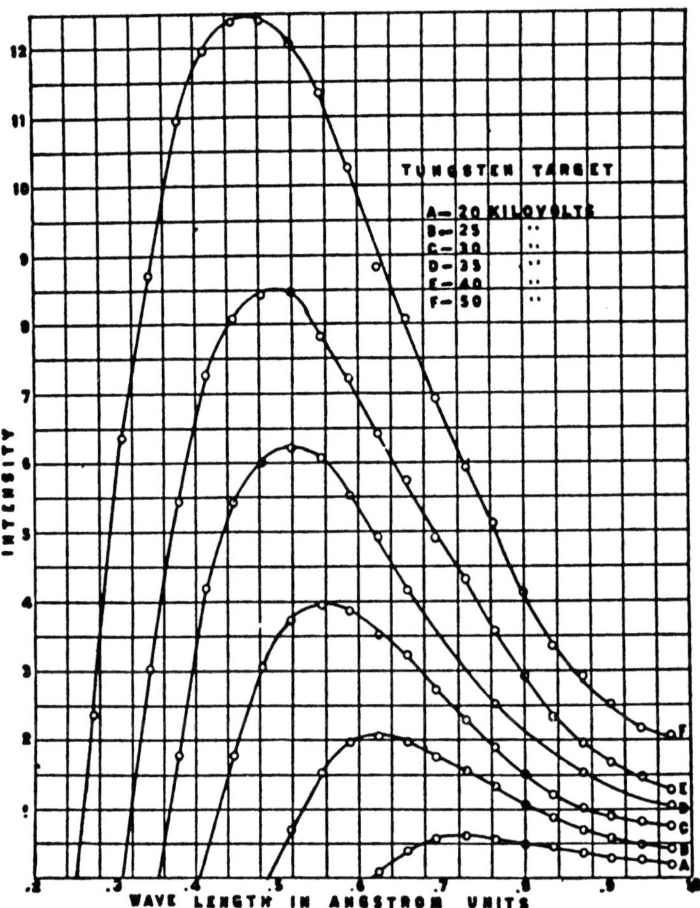

Abb. 19. Bremsstrahlungsverteilungen einer mit verschiedenen Spannungen betriebenen Wolframröhre. (Nach C. T. Ulrey 1918)

vorgenommen. Der damals gefundene Mittelwert von $h = 6{,}537 \cdot 10^{-34}$ Js wich nur um etwa 1,3% von dem 1986 international festgelegten Wert der Planckschen Konstanten ab.

Für die weitere Entwicklung der Strukturanalyse mit Röntgenstrahlen haben sich die theoretischen Untersuchungen von P. Debye (1915) über die Beugungserscheinungen sowie das von W. H. Bragg (1915) entwickelte fourieranalytische Verfahren, aus Beugungsintensitäten die in Kristallen vorliegenden Elektronendichteverteilungen zu bestimmen, als sehr wichtig erwiesen. Die 1916 von P. Debye und P. Scherrer vorgestellte Methode zur Ermittlung der Gitterstruktur von Kristalliten, die in pulverisierter Form vorliegen, erbrachte besondere Fortschritte. Dieses mit Hilfe monochromatischer Röntgenstrahlen arbeitende Verfahren fand wegen seiner relativen Einfachheit bei den verschiedensten Strukturbestimmungen rasche Anwendung. Die dem Debye-Scherrer-Verfahren zugrunde liegende Idee wurde in völlig unabhängiger Weise 1917 auch von A. W. Hull in den USA entwickelt.

P. Debye und P. Scherrer klärten 1917 die zwischen Graphit und Diamant bestehenden Strukturunterschiede. 1917 zeigte P. Debye, daß Wolfram kubischraumzentriert kristallisiert, und 1918 fand P. Scherrer, daß Aluminium eine kubischflächenzentrierte Gitterstruktur besitzt. Von 1917 an untersuchte A. W. Hull mit seinen Mitarbeitern die Kristallstrukturen reiner Metalle und vieler anderer Materialien. Dabei gelang ihm durch Anbringung geeigneter Filter eine Reduzierung der Bremsstrahlung in den auf die Kristallpulver auftreffenden Primärstrahlenbündeln und dadurch eine erheblich verbesserte Aufnahmequalität. Erreicht wurde dies unter konsequenter Anwendung des von Barkla entdeckten Prinzips der selektiven Absorption, wobei jeweils als Filter ein Metall benutzt wurde, dessen Absorptionskante zwischen den Wellenlängen der $K\alpha$- und $K\beta$-Linien der verwendeten Röntgenröhre lag. Die Abb. 20 zeigt als Beispiel die Auswirkung von 0,35 und 0,58 mm dicken Zirkonschichten auf das Strahlungsspektrum der Mo-Antikathode einer Röhre, die mit 28 kV betrieben wurde. Seit dieser

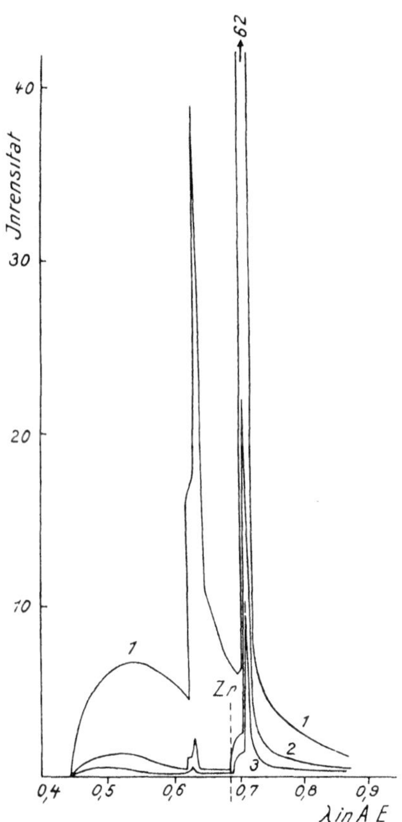

Abb. 20. Auswirkung unterschiedlich dicker Zirkonfilter auf das Strahlungsspektrum einer Molybdänröhre. (Nach A. W. Hull 1917)

Zeit haben sich gefilterte Primärstrahlungen bei Röntgenbeugungsuntersuchungen allgemein durchgesetzt.

Bis 1921 war nachgewiesen, daß viele Metalle einfach kubischflächenzentrierte (z. B. Ag, Au, Pb, Ni, γ-Fe), kubischraumzentrierte (z. B. α-Fe, Ta, W, Mo, Cr) und hexagonale (z. B. Mg, Zn, Ti, Zr, β-Co) Kristallstrukturen besitzen. Daneben waren aber auch einige kompliziertere Gitterstrukturen vom Steinsalztyp (z. B. CaO, SrO), vom Zinkblendetyp (z. B. ZnS, SiC), vom Kalkspattyp (z. B. $CaCo_3$, $NaNO_3$) sowie einige rhomboedrische (z. B. As, Sb) und diamantähnliche Strukturen (z. B. Si, α-Sn) aufgeklärt.

1916 diskutierte W. Kossel die Molekülbindung unter Zugrundelegung des Aufbaus der Elektronenhülle der beteiligten Atome und legte mit subtilen Detailbetrachtungen die Grundlagen für eine atomare Begründung des Periodensystems der Elemente. Im gleichen Jahr verallgemeinerte A. Sommerfeld das Bohrsche Atommodell unter Aufgabe der Beschränkung auf ausschließlich kreisförmige Bahnen der Elektronen in der Atomhülle. Damit schuf er eine wesentliche Grundlage für das vertiefte Verständnis der optischen und der Röntgenspektren. Außerdem publizierte P. P. Ewald 1918 seinen ersten Beitrag zur dynamischen Theorie der Röntgeninterferenzen, und wies W. Stenström 1919 die von Ewald vorausgesagten Abweichungen von der einfachen Bragg-Gleichung durch Präzisionsmessungen nach. Unabhängig voneinander gaben H. Seemann (1919) und H. Bohlin (1920) ein von der Braggschen Anordnung abweichendes Goniometerprinzip an, bei dem Strahlenquelle, Probenoberfläche und Detektor auf dem Goniometerkreis angeordnet waren. 1920 zeigten S. Nishikawa und A. Asaharo mit Hilfe von Röntgenaufnahmen, daß sich als Folge von Verformungsprozessen in metallischen Werkstoffen Texturen ausbilden. Außerdem wurde röntgenographisch entdeckt, daß in kaltgewalztem Zinn bei Raumtemperaturauslagerung Rekristallisationserscheinungen ablaufen.

1921 beschrieb A. W. Hull eine Röntgenanlage mit 15 radial angeordneten Vorrichtungen zur Anfertigung von Debye-Scherrer-Aufnahmen. Damit fanden Röntgenfeinstrukturmethoden zum ersten Male Anwendung bei der Kontrolle von industriellen Fertigungsabläufen. Anfang der 20er Jahre wurden Röntgenstrahlen auch erstmals zur Untersuchung natürlicher biologischer Faserstoffe (R. O. Herzog und W. Jancke 1921) und zum Studium der Vorgänge bei der plastischen Verformung von Zinkeinkristallen (H. Mark, M. Polany und E. Schmid 1922) herangezogen. Ferner entwickelte sich die Röntgenfluoreszenzspektrokopie zu einem wichtigen Hilfsmittel der chemischen Analytik. 1923 wurde damit von G. v. Hevesy das Element Hafnium, 1925 von W. Noddack, I. Tacke und O. Berg das Element Rhenium entdeckt.

Unmittelbar nach der Entwicklung der Coolidge-Röhren (s. S. 332), die problemlos über Stunden betrieben werden konnten, wurden in den USA bei General Electric und in England im Woolwich-Arsenal radiologische Laboratorien für die Durchführung von Materialprüfungen eingerichtet. An vielen Bauteilen und Konstruktionen erfolgten während des 1. Weltkrieges Röntgengrobstrukturuntersuchungen. Auch nichtmetallische Werkstoffe wurden zur Überprüfung ihrer inneren Defektstruktur in diese Untersuchungen einbezogen. Der Anwendungsbereich der Röntgendurchstrahlung für Materialprüfzwecke unterlag aber hinsichtlich der Dicke der Objekte erheblichen Einschränkungen, weil zunächst keine technischen Röntgenröhren für größere Betriebsspannungen als 125 kV verfügbar waren. Die Situation änderte sich zu Beginn der 20er Jahre, als erstmals eine Coolidge-Röhre, die mit

5 mA bei 200 kV betreibbar war, im US Government Arsenal Watertown erfolgreich für Materialprüfzwecke installiert wurde. Von da an setzten eigenständige Entwicklungen auf dem Gebiete der „technischen Röntgenkunde" ein. Diese wurden stark gefördert durch erhöhte Sicherheits- und Wirtschaftlichkeitsforderungen im Zusammenhang mit Leichtbaubestrebungen bei neuen technischen Produkten (z. B. im Fahrzeug- und Flugzeugbau) sowie bei der Anwendung bestimmter Technologien (z. B. in der Schweiß- und Gießtechnik).

1923 beobachtete A. H. Compton mit Röntgenstrahlen hinreichend großer Wellenlänge bei streifendem Einfall unter dem Glanzwinkel der Totalreflexion an mechanisch hergestellten Strichgittern Beugungserscheinungen. Da die Strichabstände mit mechanisch-optischen Methoden gemessen werden konnten, wurden damit erstmals Absolutbestimmungen von Röntgenwellenlängen möglich. Damit war der Anschluß der Röntgenspektroskopie an das dem metrischen System zugrunde liegende Eichnormal hergestellt. Im gleichen Jahr gelang A. H. Compton eine weitere experimentelle Glanzleistung. Er wies zweifelsfrei nach, daß energiereiche homogene Röntgenstrahlen unter Erhalt des Impuls- und Energiesatzes an Elektronen inkohärent gestreut werden, wobei ihre Wellenlänge zunimmt. Zur klassischen Streuung trat die Compton-Streuung hinzu, womit das Problemfeld der Streuung der Röntgenstrahlung durch Materie einen gewissen Abschluß fand. Schließlich gelang dann 1924 I. Waller, M. Siegbahn und A. Larsson der erste erfolgreiche Nachweis, daß Röntgenstrahlen wie andere elektromagnetische Strahlen gebrochen werden. Dabei wurde mit Glas- bzw. Quarzprismen und streifendem Primärstrahleinfall gearbeitet. Die gebrochenen Röntgenstrahlen zeigten eine Ablenkung zur brechenden Oberfläche hin, so daß auf einen Brechungskoeffizienten n von Glas bzw. Quarz für Röntgenstrahlen <1 geschlossen werden mußte. Damit war bewiesen, daß Glas bzw. Quarz für Röntgenlicht optisch dünnere Medien darstellen als Luft. Für CuKα-Strahlung mit $\lambda = 1{,}54 \cdot 10^{-8}$ cm besitzt Glas den Brechungsindex $n = 0{,}999993$, für AlKα-Strahlung mit $\lambda = 8{,}32 \cdot 10^{-8}$ cm dagegen $n = 0{,}999654$. Diese Abrundung des Kenntnisstandes über das optische Verhalten der Röntgenstrahlen erfolgte in dem Jahr, in dem L. de Broglie in Paris die Idee der Materiewellen entwickelte und M. Born, W. Heisenberg und P. Jordan in Göttingen die Vorarbeiten leisteten, die 1925 mit der Vorstellung der Quantenmechanik eine neue Ära in der Behandlung atom- und strahlungsphysikalischer Vorgänge einleitete.

Literatur

Zur Situation in der Physik um die Jahrhundertwende

Kirchner F (1930) Physik der Röntgenstrahlen. In: Wien W, Harms F (Hrsg) Handbuch der Experimentalphysik, Bd 24, 1. Teil. Akademische Verlagsgesellschaft, Leipzig

Laue M v (1959) Geschichte der Physik, 4. Aufl. Ullstein, Frankfurt/M. (Ullstein Buch Nr. 222)

Pais A (1986) Inward bound, of matter and forces in the physical world. Clarondon, Oxford, Oxford University Press New York

Schreier W et al. (1991) Geschichte der Physik, 2. Aufl. Deutscher Verlag der Wissenschaften, Berlin

Wien W (1920) Zur Entdeckung der Röntgenstrahlen vor 25 Jahren, Naturwissenschaften 7: 961 ff (mit weiteren Beiträgen von Levy-Dorn M, Knipping P, von Laue M, Rinne F, Wagner E, Kossel W, Pfeiffer P)

Zur Technik der Röntgenstrahlenerzeugung

Albers-Schönberg HE (1913) Die Röntgentechnik, Handbuch für Ärzte und Studierende. Lucas Gräfe & Sillem, Hamburg

Cermak P (1923) Die Röntgenstrahlen. In: Graetz L (Hrsg) Handbuch der Elektrizität und des Magnetismus, Bd 3: Elektronen und Ionen. Barth, Leipzig S 901–1022

Coolidge WD (1913)A powerful Röntgen-ray-tube with pure electron-discharge

Dessauer F (1917) Über einen neuen Hochspannungstransformator und seine Anwendung zur Erzeugung durchdringungsfähiger Röntgenstrahlen. Verh Dtsch Phys Ges 19: 155–230

Dessauer F (1956) Erinnerungen aus der Entwicklung der Röntgentechnik. Röntgenblätter 9: 65–71, 101–109, 152–156

Glocker R (1928) Materialprüfung mit Röntgenstrahlen. Springer, Berlin

Graetz L (1897) Ein elektrochemisches Verfahren, um Wechselströme in Gleichströme zu verwandeln. Ann Phys 62: 323–327

Graetz L (1924) Die Elektrizität und ihre Anwendungen. Engelhorns, Stuttgart

Koch PJ (1904) Über eine Einrichtung zur Erzeugung hochgespannten Gleichstroms in Anschluß an eine Wechsel- oder Gleichstromquelle. Ann Phys 14: 547–555

Lilienfeld JE, Rosenthal WJ (1912) Fortschr Geb Röntgenstr 18: 256

Marx E (1919) Handbuch der Radiologie, Bd 5: Kathoden- und Röntgenstrahlen. Akademische Verlagsgesellschaft, Leipzig S 151–706

Richardson OW (1904) Die Abgabe negativer Elektrizität von heißen Körpern. Jahrb Radioakt Elektronik I:300–315

Rosenthal J (1925) Röntgentechnik. In: Rieder H, Rosenthal J (Hrsg) Lehrbuch der Röntgenkunde, Bd II. Barth, Leipzig, S 810–1000

Ruhmer E (1904) Konstruktion, Bau und Betrieb von Funkeninduktoren mit besonderer Berücksichtigung der Röntgenstrahltechnik. Hachmeister & Thal, Leipzig

Siegbahn M (1924) Spektroskopie der Röntgenstrahlen. Springer, Berlin

Simon HTH (1899) Das Wirkungsgesetz des Wehnelt-Unterbrechers. Ann Phys 68:273–298

Wehnelt A (1899) Ein elektrolytischer Stromunterbrecher. Ann Phys 68:233–274

Wehnelt A (1902) Über die Verteilung des Stroms an der Oberfläche von Kathoden mit Entladungsröhren. Ann Phys 7:237–255

Röntgens Arbeiten nach 1896

Röntgen WC (1897) Weitere Beobachtungen an den Eigenschaften der X-Strahlen. (3. Mitteilung) Aus den Sitzungsber der k preuss Akad der Wissensch zu Berlin. Jahrgang 1897:576–596

Röntgen WC (1907) Über die Leitung der Elektrizität in Kalkspat und über den Einfluß der X-Strahlen darauf. Sitzungsberichte der bayer Akad Wiss Math-phys Kl 37:113

Röntgen WC (1912) Bestimmung des thermischen linearen Ausdehnungskoeffizienten von Duperit und Diamant. Sitzungsberichte der bayer Akad Wiss Math-phys Kl 42:381

Röntgen WC, Joffé A (1913) Über die Elektrizitätsleitung in einigen Kristallen und über den Einfluß der Bestrahlung darauf. Am Phys u Chem 41:449

Röntgen WC (1914) Pyro- und piezo-elektrische Untersuchungen. Am Phys 45:737

Röntgen WC, Joffé A (1921) Über die Elektrizitätsleitung in einigen Kristallen und über den Einfluß der Bestrahlung darauf. Am Phys 64:1

Der Zeitabschnitt von 1897–1911

Barkla CG (1903) Secondary radiation from gases subject to X-rays. Phil Mag 5:685–698

Barkla CG (1904) Energy of secondary Röntgen-radiation. Phil Mag 8:543–561

Barkla CG (1905) Polarised Röntgen-radiation. Phil Trans A 214:467–479

Barkla CG (1908) Note on X-rays and scattered X-rays. Phil Mag 16:228–296

Barkla CG, Sadler CA (1909) The absorption of Röntgen-Rays. Phil Mag 17:739–760

Barkla CG (1911) The spectra of the fluorescent Röntgen-radiation. Phil Mag 22:396–407

Barkla CG, Ayres T (1911) The distribution of secondary X-rays and the electromagnetic pulse-theory. Phil Mag 21:270–278

Bassler E (1909) Polarisation der X-Strahlen, nachgewiesen mit Sekundärstrahlung. Ann Phys 28:808–884

Benoist L (1897) Loi de transparence des gas pour les rayons X. Compt Rend 124:146–148

Benoist L (1901) Lois de transparence de la matière pour les rayons X. J Phys 3ième Sér 10:653–667

Benoist L (1902) Définition experimentale des diverses sortes des rayons X par le radiochromètre. Compt Rend 134:225–227

Bragg WH (1907) On the properties and natures of various electric radiations. Phil Mag 14:429–449

Chapman JC (1911) Homogeneous Röntgen-radiation from vapoures. Phil Mag 21:446–454

Dorn E (1897) Über die erwärmende Wirkung der Röntgenstrahlen. Wied Ann 63:160–176

Dorn E (1900) Arb d Naturf Ges Halle, 20. Januar

Geiger H, Marsden E (1909) On a diffuse reflection of the α-particle. Proc Roy Soc A 82:495–500

Glasson JL (1910) Secondary Röntgen-rays from metallic salts. Proc Cambr Soc 15:437–441

Holtsmark G (1903) Eine Methode für die Intensitätsmessung von Röntgenstrahlen nebst einer Berechnung der Wellenlänge derselben. Ann Phys 10:552–541

Haga H, Wind CH (1899) Die Beugung von Röntgenstrahlen. Wied Ann 68:884–901

Haga H (1907) Über die Polarisation der Röntgenstrahlen und der Sekundärstrahlen. Ann Phys 23:439–444

Herweg J (1909) Über die Herabsetzung des Funkenpotentials durch Bestrahlung der Funkenstrecke mit Kathodenstrahlen. Ann Phys 24:326–350

Kaye GWC (1910) On the distribution of the Röntgen-rays from a focus bulb. Proc Roy Soc 83:189–194

Koch PP (1912) Über die Messung der Schwärzungs-Verteilung in einigen Röntgenstrahlen-Spalt-Photogrammen von Walter und Pohl. Ann Phys 38:507–522

Pohl R (1912) Die Physik der Röntgenstrahlen. Vieweg, Braunschweig

Roiti A (1898) Whether the X-rays always exist in the cathodic beam, which produces them. Phil Mag 45:503–510

Rutherford E, Soddy F (1902) The cause and nature of radioactivity. Phil Mag 4:370–569

Rutherford E, Geiger H (1908) On the charge and nature of the α-particle. Proc Roy Soc A 81:162–177

Rutherford E (1911) The scattering of α- and β-particles and the structure of the atom. Phil Mag 21:669–688

Sagnac G (1897) Sur la transformation des rayons X per les métaux. Compt Rend 125:230–232

Sagnac G (1898) Emission des rayon sécondaires par l'aire sour l'influence des rayons X. Compt Rend 126:521–523

Sommerfeld A (1900) Theoretisches über die Beugung von Röntgenstrahlen. Phys Z 2:55–60

Stark J (1907) Elementarquantum der Energie, Modell der negativen und der positiven Elektrizität. Phys Z 8:881–884

Walter B (1896) Über die Brechbarkeit und die Wellenlänge von Röntgenstrahlen. Naturw Rundsch 11:322–323

Walter B, Pohl R (1908) Zur Frage der Beugung von Röntgenstrahlen. Ann Phys 25:715–724

Wehnelt A, Trenkle W (1905) Ber d phys med Soc Erlangen 37:312–315
Whiddington R (1911) The production and properties of soft Röntgen-radiation. Proc Roy Soc 85:99–118
Wien W (1907) Über eine Berechnung der Wellenlängen der Röntgenstrahlen aus dem Planckschen Energieelement. Göttinger Nachr:598–601

Der Zeitabschnitt von 1912–1914

Bohr N (1913) Of the constitution of atoms and molecules. Phil Mag 26:476–857
Bragg WL (1912) The diffraction of short electromagnetic waves by a crystal. Proc Cambr Phil Soc 17:43–57
Bragg WH (1913) The reflection of X-rays by crystals. Proc Roy Soc London A 88:428–438
Bragg WL (1913) The structure of some crystals as indicated by their diffraction of X-rays. Proc Roy Soc A 89:248–277
Bragg WH, Bragg WL (1918) X-rays and crystal structure. Bells, London
Bragg WL (1943) The history of X-rays analysis. Longmans Green, London New York Toronto
Bragg WL (1947) Geschichte der Röntgenspektralanalyse. Archiv und Kartei, Berlin
Cermak P (1923) Die Röntgenstrahlen. In: Graetz L (Hrsg) Handbuch der Elektrizität und des Magnetismus. Barth, Leipzig
Cruickshank DWJ, Juretschke HJ, Kato N (1992) PP Ewald and his dynamical theory of X-ray diffraction. Int Union of Cryst, Oxford University Press
Darwin CG (1914) X-ray Reflection. Phil Mag 27:315, 675–690
de Broglie M (1913) Sur un nouveau procédé permettant d'obtenier la photographie des spectres des rayons Röntgen. Compt Rend 157:924–926
de Broglie M (1913) Enregistrement photographic continu des spectres des rayons de Röntgen. Compt Rend 157:1413–1416
de Broglie M (1914) Observation fluoroscopic par vision directe des spectres des rayons Röntgen. Compt Rend 158:180–181
Einstein A (1912) Thermodynamische Begründung des photomechanischen Äquivalenzgesetzes. Ann Phys 37:832–838
Ewald PP (1913) Zur Theorie der Interferenzen der Röntgenstrahlen in Kristallen. Phys Z 14:465–472
Ewald PP (ed) (1962) Fifty years of X-ray diffraction. Oosthoek's Mitgeversmaatschappij, Utrecht, The Netherlands
Ewald PP (1923) Kristalle und Röntgenstrahlen. Springer, Berlin
Frank J, Hertz G (1913) Über den Zusammenhang zwischen Stoßionisation und Elektronenaffinität. Phys Z 14:1115–1117
Friedrich W, Knipping P, Laue M (1912) Interferenzerscheinungen bei Röntgenstrahlen. Sitz Ber Math und Phys Klasse der Bayer Akad d Wissensch:303–322
Friedrich W (1913) Eine neue Interferenz bei Röntgenstrahlen. Z Phys 14:317–319
Hildebrandt G (1993) The discovery of the diffraction of X-rays in crystals – A historical review. Cryst Res Technol 28:747–766
Kossel W (1914) Bemerkung zur Absorption homogener Röntgenstrahlen. Verh Dtsch Phys Ges 16:898–909, 953–963
Moseley HGJ (1913) The high-frequency spectra of the elements. Phil Mag 26:1024–1034
Kossel W (1914) Bemerkungen zur Absorption von Röntgenstrahlen. Verh Dtsch Phys Ges 20:898–909
Laue M v (1959) Geschichte der Physik, 4. Aufl. Ullstein, Frankfurt/M. (Ullstein Buch Nr. 222)
Laue M v, Friedrich W, Knipping P (1912) Interferenzerscheinungen mit Röntgenstrahlen. Ann Phys 41:971–988
Siegbahn M (1916) Jahrb Radioakt Elektronik 13:296
Schreier W (Hrsg) (1991) Geschichte der Physik – Ein Abriß, 2.Aufl. Deutscher Verlag der Wissenschaften, Berlin
Sommerfeld A (1913) Unsere gegenwärtigen Anschauungen über Röntgenstrahlen. Naturwissenschaften 1:705–713
Stintzing H (1921) N. Bohrs Abhandlungen über Atombau aus den Jahren 1913–1916. Vieweg, Braunschweig
Wilson CTR (1912) On an expansion apparatus for making visible the tracks of ionising particles in gases and some results obtained by its use. Proc Roy Soc A 87:277–292
Wulf G (1913) Über die Kristallröntgenogramme. Phys Z 14:217–220

Der Zeitabschnitt von 1915–1925

Bohlin H (1920) Eine neue Anordnung für röntgenkristallographische Untersuchung von Kristallpulvern. Ann Phys 61:421–439
Bragg WH (1915) X-rays and crystal structure. Phil Trans Roy Soc 215:253–274
Compton AH (1923) The total reflexion of X-rays. Phil Mag 45:1121–1131
Compton AH (1923) Scattering of X-rays by light elements. Phys Rev 21:483–502
Coster D (1921) Präzisionsmessungen in der L-Serie der schweren Elemente. Z Phys 4:178–188
Debye P (1915) Zerstreuung von Röntgenstrahlen. Ann Phys 46:809–823
Debye P, Scherrer P (1916) Interferenzen an regellos orientierten Kristallen im Röntgenlicht. Phys Z 17:277–283
Die Naturwissenschaften, Zehn Jahre Laue-Diagramm 10:363–416
Dessauer F, Back E (1919) Über Röntgenstrahlerregung mit sehr hohen Spannungen. Verh Dtsch Phys Ges 21:168–200
Friedrich W (1922) Die Geschichte der Auffindung der Röntgeninterferenzen. Naturwissenschaften 10:363–366
Dolejšek V (1922) Über die N-Serie der Röntgenspektren. Z Phys 120:129–136

Duane W, Hunt F (1915) On X-ray wavelengths. Phys Rev 6:166–172

Ewald PP (1916) Zur Begründung der Kristalloptik. I. Theorie der Dispersion. Ann Phys 49:1–38. II. Theorie der Refraktion und Brechung. Ann Phys 49:118–143

Ewald PP (1917) Die Kristalloptik der Röntgenstrahlen. Ann Phys 54:519–597

Herzog IO, Jancke W (1921) Verwendung von Röntgenstrahlen zur Untersuchung metamikroskopischer Strukturen. Festschr der Kais.-Wilh.-Ges. Springer, Berlin

Hevesy VG (1923) Über das Element der Atomzahl 72. Naturwissenschaften 11:133

Hull AW (1917) A new method of X-ray crystal analysis. Phys Rev 6:661–696

Hull AW (1921) X-ray crystal analysis of thirteen common metals. Phys Rev 17:571–588

Hunt W, Duane FL (1915) On X-ray wavelengths. Phys Rev 6:166–172

Kossel W (1916) Über die Molekülbildung als Frage des Atombaus. Ann Phys 49:229–362

Kossel W (1921) Valenzkräfte und Röntgenspektren. Springer, Berlin

Larsson A, Siegbahn M, Waller I (1924) Der experimentelle Nachweis der Brechung von Röntgenstrahlen. Naturwissenschaften 12:1212–1213

Ledoux-Lebard R, Dauvillier A (1917) Contribution à l'etude des séries L des eléments de poids atomique elévé. Compt Rend 164:687–690

Mark H, Polanyi M, Schmid E (1922) Vorgänge bei der Dehnung von Zinkkristallen. Z Phys 12:58–116

Nishikawa S, Asaharo G (1920) Some studies of metals by X-rays. Phys Rev 15:38–45

Noddak W, Tacke I (1925) Die Ekamangane. Röntgenspektroskopischer Teil. Naturwissenschaften 13:571–574

Seemann H (1919) Eine fokussierende röntgenspektroskopische Anordnung für Kristallpulver. Ann Phys 59:455–464

Siegbahn M (1915) Ein neues Röntgenrohr für spektroskopische Zwecke. Verh Dtsch Phys Ges 17:469–470

Siegbahn M (1916) Sur l'esixtence d'un nouveau groupe de lignes (Série M). Compt Rend 162:787–788

Siegbahn M (1917) Emissions- und Absorptionsspektren der Röntgenstrahlen. Naturwissenschaften 5:513–519

Siegbahn M (1924) Spektroskopie der Röntgenstrahlen. Springer, Berlin

Sommerfeld A (1922) Atombau und Spektrallinien, 3. Aufl. Vieweg, Braunschweig

Stenström W (1919) Dissertation Lund

Ulrey CT (1918) An experimental investigation of the energy in the continuous X-ray spectra of certain elements. Phys Rev 11:401–410

Wagner E (1912) Über die Messung der Planckschen Quantenkonstanten h aus dem zur Erzeugung homogener Bremsstrahlung notwendigen Minimumpotential. Ann Phys 57:401–470

Wagner E (1916) Über vergleichende Raumgittermessungen an Steinsalz und Sylvin mittels homogener Röntgenstrahlen und über deren exakte Wellenlängenbestimmung. Ann Phys 49:625–647

Webster DL, Clark H (1916) A test of X-ray refraction made with monochromatic rays. Phys Rev 8:528–533

Entwicklung von Detektoren für Röntgenstrahlen

Herbert E. Göbel und Hans Neff

Als Röntgen im Jahre 1895 die nach ihm benannten Strahlen entdeckte, hatte er mit dem Leuchtschirm und der strahlenempfindlichen Photoplatte 2 fast ideale zweidimensionale Detektoren für diese Art von Strahlung gefunden. In seiner zweiten Publikation vom März 1896 teilte er noch mit, daß ihm zur Zeit der ersten Publikation bekannt war, daß diese Strahlen imstande sind, elektrische Körper zu entladen, was er mit einem Elektroskop festgestellt hatte. Damit hatte Röntgen mit der Ionisationskammer einen dritten, allerdings eindimensionalen Detektor hinzugefügt.

Der grundlegende primäre Prozeß für alle Detektoren ist die ionisierende Wirkung von Röntgenphotonen auf Materie. Nicht jeder Stoff ist aber deshalb in gleicher Weise als Detektor geeignet. Die primär erzeugten Ladungsträger müssen auf möglichst zuverlässige und einfache Weise nach außen übertragbar sein und der menschlichen Wahrnehmung zugänglich gemacht werden. Im Laufe der Entwicklung haben sich daher insbesondere Detektionsverfahren durchgesetzt, bei denen der primäre Prozeß in einem Edelgas (Gasdetektoren), einem Halbleiter (Halbleiterdetektoren) oder einem festen Nichtleiter (Szintillationsdetektor, Film oder Bildplatte) stattfindet. Für jedes Röntgenphoton erfolgt eine Konversion in elektrische (Gas- und Halbleiterdetektoren) oder in optische Signale (Szintilationsdetektor, reduzierte Silberionen im Röntgenfilm oder Farbzentren in Speicherleuchtstoffen). Diese elektrischen Ladungen oder Lichtquanten werden in detektorspezifischer Weise verstärkt und ausgelesen. Man kann die interessierende Intensität mit integrierenden Detektoren als Analogwerte, z. B. als Schwärzung eines Films oder Strom in einer Ionisationskammer, messen. Man kann die Intensität aber auch, aufgelöst nach Ortskoordinaten und Photonenenergie, in Einzelphotondetektoren messen.

Die Eigenschaften dieser Detektoren und Detektorsysteme sowie ihre gegenwärtigen Einsatzgebiete werden in folgenden Abschnitten behandelt:

- Filme und Verstärkerfolien, Leuchtschirme und Speicherleuchtstoffe
- Röntgenbildverstärker
- Ionisationskammern, Zählrohre und Szintillationszähler
- Halbleiterdetektoren
- Ortsauflösende gasgefüllte Detektoren
- Ortsauflösende Halbleiterdetektoren
- Charge Coupled Devices (CCD)

Filme und Verstärkerfolien, Leuchtschirme und Speicherleuchtstoffe

Röntgen selbst hatte bemerkt, daß die von ihm verwendeten Platten nicht sehr empfindlich waren. Daher sandte er am 13. Mai 1896 an den Hersteller von photochemischen Platten, Dr. Schleussner, eine Anfrage nach verbesserten Platten, die mit folgender Feststellung endete:

„Eine gewöhnliche Platte absorbiert nämlich nicht alle wirksamen X-Strahlen, zu viele gehen nutzlos hindurch.
Hochachtungsvoll Dr. W. C. Röntgen."

1897 schlug M. Levy vor, nach einem „Sandwich-Prinzip" die Filme beidseitig zu beschichten und zwischen 2 Verstärkerfolien zu legen. Doch wurden die Ideen von Levy erst 1933 von potenten Herstellerfirmen realisiert. Im Februar 1896 hatte M. Pupin auf die Photoplatte einen Leuchtschirm gelegt und mit dieser Kombination eine Hand durchstrahlt. Er publizierte am 2. März 1896, daß ihm mit dieser Kombination eine Verkürzung der Belichtungszeit um etwa eine Größenordnung gelungen sei. Etwa zur gleichen Zeit untersuchte Th. A. Edison etwa 800 Substanzen auf ihre Eignung als Fluoreszenzschirme. Dabei fand er, daß Kalziumwolframat die höchste Lichtausbeute lieferte. $CaWO_4$-Verstärkerfolien sind auch heute noch viel im Gebrauch. Die Abb. 1 zeigt den Aufbau eines heutigen Röntgenfilms, Abb. 2 den Aufbau von Verstärkerfolien.

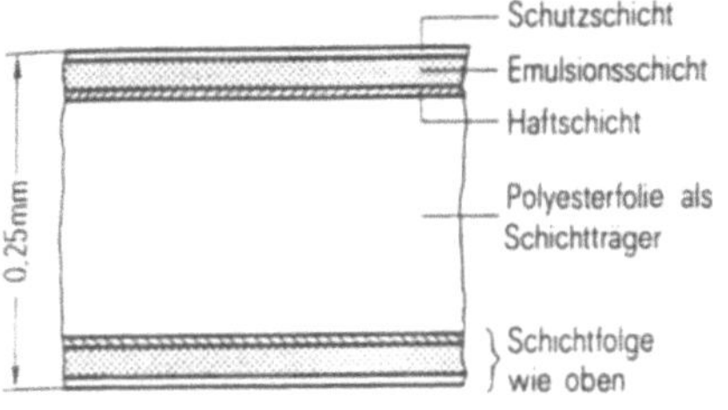

Abb. 1. Aufbau eines beidseitig beschichteten Röntgenfilms

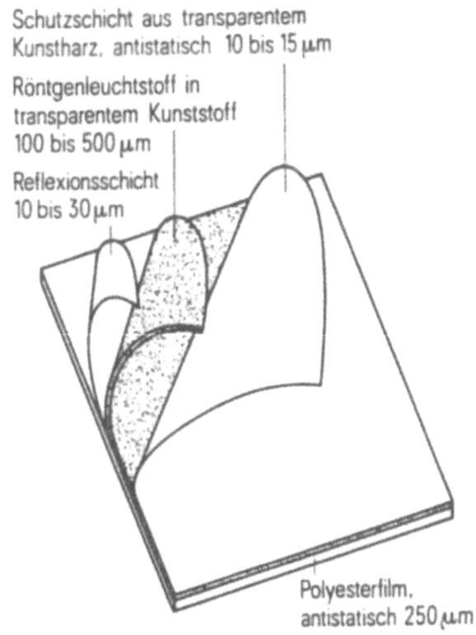

Abb. 2. Schichtaufbau einer Verstärkerfolie

Insgesamt wird der Film bei dieser Kombination durch Röntgenstrahlen nur noch mit 3% geschwärzt, während die Verstärkerfolien mit 97% zur Schwärzung beitragen. Damit wird eine wesentliche Senkung der Strahlenexposition von Patienten erreicht. Gleichzeitig werden Bewegungsunschärfen stark verringert.

Der Röntgenfilm selbst ist ein Beispiel für einen integrierenden Detektor. In ihm erfolgt eine analoge Zwischenspeicherung der Zahl der registrierten Photonen in Form von reduzierten Ag-Ionen im AgBr. Im Entwicklungsprozeß werden pro reduziertem Ag-Atom bis zu 10^9 weitere Ag-Ionen reduziert. Dadurch entsteht die Filmschwärzung. Leider ist die Dynamik des Röntgenfilms, d. h. das Verhältnis von größter zu kleinster meßbarer Intensität, mit 1:20 recht gering. Die Grenzen werden beim Film einerseits durch den Grundschleier und andererseits durch die Totalschwärzung gesetzt. Für die Ansprüche bei physikalischen Experimenten reicht diese Dynamik fast nie aus, da man häufig sehr stark unterschiedliche Intensitäten in Dynamikbereichen bis $1:10^5$ zu verarbeiten hat. Bei den Röntgenleuchtstoffen waren bis in die 60er Jahre das $CaWO_4$ und das ZnS vorherrschend. In Anlehnung an die Entwicklung von Leuchtstoffen für Fernsehröhren wurden auch geeignete Verbindungen für Röntgenleuchtstoffe untersucht. Dabei zeigte sich, daß die Oxisulfide und Oxihalogenide von Lanthan und Gadolinium sowohl einen höheren Wirkungsgrad der Lichtemission, als auch eine höhere Absorption aufweisen. Damit treten sie in Konkurrenz zu dem fast ein Jahrhundert beherrschenden $CaWO_4$ in der medizinisch-diagnostischen Anwendung.

Für die Optimierung spezieller Anwendungszwecke werden meist 3 Typen der neuen Verstärkerfolien angeboten:

1. Feinzeichnende Folien mit geringerer Verstärkung, die natürlich eine höhere Strahlenbelastung für den Patienten zur Folge haben.
2. Hochverstärkende Folien mit vermindertem Auflösungsvermögen.
3. Universalfolien als Kompromiß zwischen Verstärkerwirkung und Bildschärfe.

Speicherleuchtstoffbildplatte

Auf der Suche nach einem Ersatz für den Röntgenfilm wurde Anfang der 80er Jahre die Speicherleuchtstoffbildplatte entdeckt. In vielen Materialien beobachtet man eine Verfärbung des Materials bei der Bestrahlung mit Röntgenquanten, die nach einiger Zeit von selbst oder beim Heizen wieder verschwindet. Ein Teil der bei der Bestrahlung entstehenden Elektronen wird dabei in metastabilen Farbzentren gespeichert. In Eu-dotiertem BaFBr hat man beobachtet, daß diese beim Bestrahlen mit sichtbarem Licht, z. B. einem Laserstrahl, durch Emission von Lumineszenzlicht (Abb. 3) rekombinieren (Seggern et al. 1988). Diese „photostimulierten" Lichtquanten liegen in einem anderen Wellenlängenbereich als der anregende Laserstrahl und lassen sich durch geeignete Filter von diesem trennen. Ein Photomultiplier verstärkt sie in ein der ursprünglichen Röntgenintensität proportionales elektronisches Signal, das Bildpunkt für Bildpunkt (z. B. 20 μm × 20 μm) auf ein computerlesbares Speichermedium (Magnetplatte, -band, magnetooptische Platte) übertragen wird. Nach dem Auslesen können die Speicherleuchstoffe gelöscht und mehrere tausendmal neu beschrieben werden.

Gegenüber dem Röntgenfilm zeichnet sich die Bildplatte durch eine entscheidend höhere Dynamik ($1:10^5$) aus, die die Möglichkeit einer Fehlbelichtung ausschließt. Durch Verbesserungen am

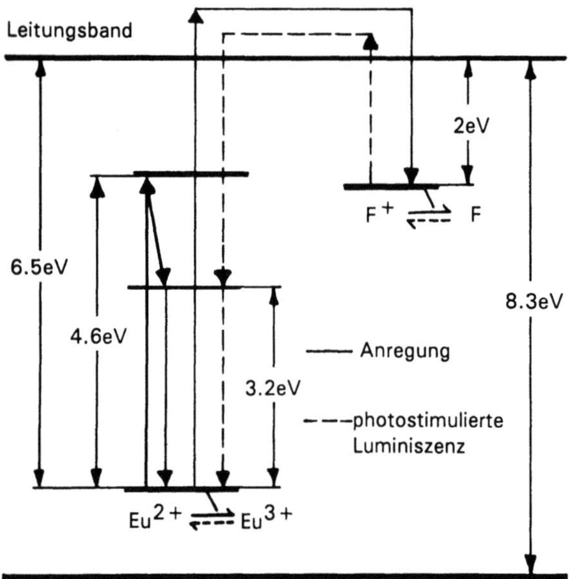

Abb. 3. Energiebänderschema für den Mechanismus der photostimulierten Lumineszenz in BaFBr:Eu^{2+} beim Auslesen einer Bildplatte. (Mit freundlicher Genehmigung von Dr. von Seggern)

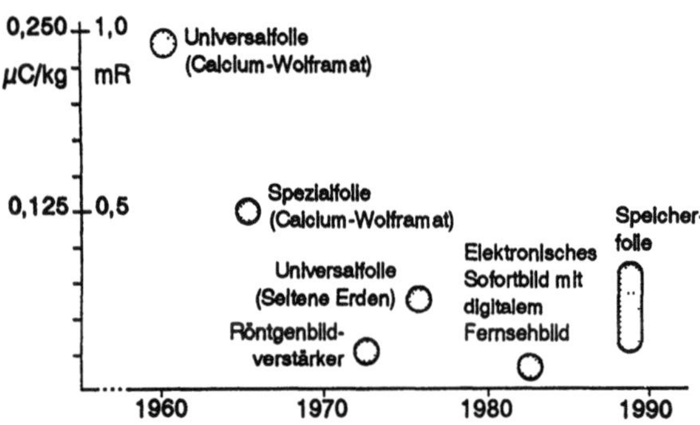

Abb. 4. Neue Leuchtstoffe, Bildverstärker und digitalisierte Bildverarbeitung ermöglichen eine drastische Senkung der Strahlendosis bei der Röntgendiagnostik. (Siemens AG, Bereich Medizinische Technik)

Speicherleuchtstoff und an der Ausleseelektronik konnte eine Senkung der Strahlenbelastung um ca. eine Größenordnung bei gleichzeitiger Verbesserung des Kontrasts und der Bildauflösung erzielt werden. Da die Bildplatte wie ein Film in jedem herkömmlichen Röntgengerät belichtet werden kann, ist eine Einführung dieser Technik in den medizinischen Röntgenlabors zu erhoffen. Das Speichern der Bilder auf elektronische Medien hoher Kapazität sowie die Standardisierung von Wiedergabe und Bildübermittlung in Datennetzen sind z. Z. noch in Entwicklung, doch erhofft man sich auch hier längerfristig einen entscheidenden Durchbruch gegenüber der derzeitig noch üblichen Archivierung von Röntgenfilmen. Die Abb. 4 zeigt die Erfolge zur Verringerung der Strahlenbelastung von Patienten, die in den Jahren 1960–1990 mit den einzelnen Aufnahmetechniken erzielt werden konnten.

Röntgenbildverstärker

Während die Röntgenaufnahmetechnik bald nach der Entdeckung der Röntgenstrahlen einen brauchbaren Stand erreicht hatte, blieb die Röntgendurchleuchtung bis in die 50er Jahre praktisch unverändert und war nach heutigen Gesichtspunkten unbefriedigend. Der Radiologe betrachtete den Leuchtschirm mit dunkeladaptiertem Auge bei entsprechend schlechten Sehverhältnissen. Bei üblichen Durchleuchtungsdosisleistungen lag ein krasses Mißverhältnis zwischen der Strahlenbelastung des Patienten und dem vom Arzt aufgenommenen Informationsfluß vor. Eine wirksame Abhilfe konnte erst mit der Einführung der elektronenoptischen Röntgenbildverstärkerröhre (RBV) durch J. W. Coltmann gefunden werden. Doch benötigte man über 20 Jahre, bis man alle Komponenten so im Griff hatte, daß sie heute zu den Standardausrüstungen in den Kliniken und Praxen der Radiologen gehört.

Die Röntgenbildverstärkerröhre (RBV) ist eine Vakuumröhre, in der ein Röntgenbild in ein sichtbares Bild hoher Leuchtdichte umgewandelt wird. Die Abb. 5 zeigt einen Längsschnitt durch eine RBV-Röhre, bei der nur die wesentlichen Bauelemente dargestellt sind. Die durch das Objekt tretende Röntgenstrahlung durchdringt das strahlendurchlässige Eingangsfenster der Röhre und fällt auf einen Röntgenleuchtschirm. In optischem Kontakt mit dem Röntgenleuchtschirm befindet sich eine sehr dünne lichtempfindliche Schicht, die Photokathode. Sie wandelt die Helligkeitsverteilung des optischen Bildes in eine Elektronenflußdichteverteilung um. Die von einem Photokathodenpunkt in verschiedene Richtungen emittierten Elektronen werden durch das elektrische Feld im Innern des Bildverstärkers so gelenkt, daß ihre Bahnen zusammen ein keulenförmiges Bündel bilden, das seine größte Dicke nahe der Photokathode erreicht und zur Anode hin allmählich schlanker wird. Auf dem Ausgangsleuchtschirm vereinigen sich die Elektronenstrahlen wieder in einem Punkt, dem Bildpunkt. Während ihrer Bewegung in dem von außen angelegten elektrischen Feld nehmen die Elektronen kinetische Energie auf. Nach Durchlaufen einer Potentialdifferenz von etwa 25–35 kV

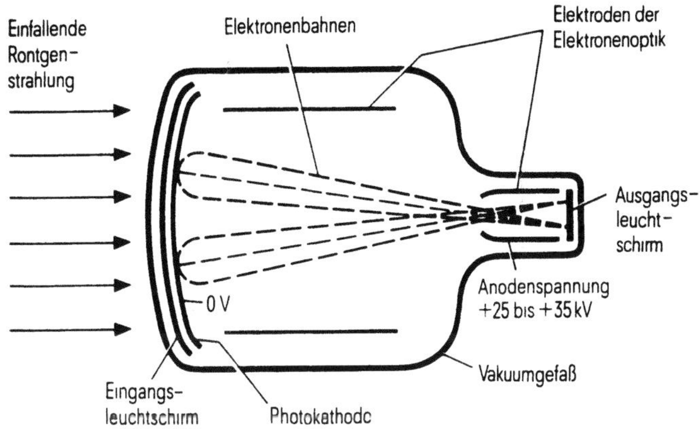

Abb. 5. Längsschnitt durch einen Röntgenbildverstärker (schematisch)

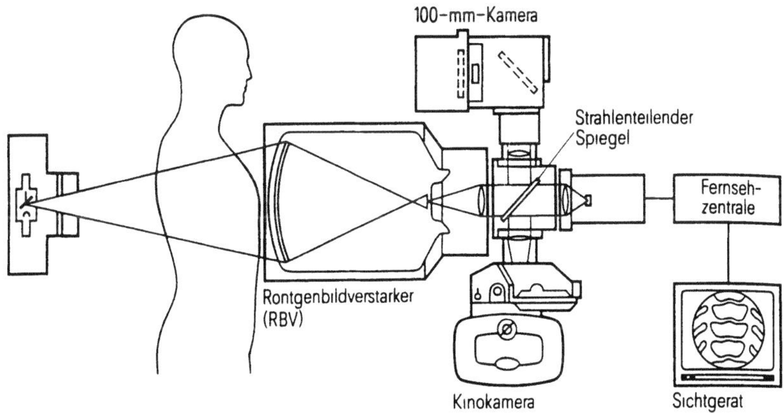

Abb. 6. Schema einer Röntgenanlage mit 3-Kanal-Lichtverteiler. Der teildurchlässige Lichtverteilerspiegel im parallelen Strahlengang ermöglicht die Fernsehmitbeobachtung bei Kino- oder Einzelbildaufnahme

genügt die Energie eines Elektrons, um im Ausgangsleuchtschirm etwa 1000 Lichtquanten zu erzeugen. Das kleine helle Ausgangsbild ist für eine Bildübertragung auf nachgeschaltete Systeme, z. B. Fernsehkamera, Kinokamera oder Einzelbildkamera, sehr gut geeignet.

Anfangs stellte das sog. Quantenrauschen, d. h. der statistische Fehler der pro Bildpunkt nachgewiesenen Röntgenquanten, ein Problem dar, das jedoch durch den Einsatz effizienterer Eingangsleuchtstoffe entscheidend verbessert werden konnte. Die älteren RBV hatten Eingangsleuchtschirme aus silberdotiertem Zink-Cadmium-Sulfid. Die neuen sind mit solchen aus natriumdotiertem Cäsium-Jodid ausgerüstet. Dies führte zu einer bedeutenden Verbesserung der Bildqualität. Zudem kann man die Photokathode auf den Eingangsleuchtschirm direkt aufdampfen, wodurch die Zwischenschicht entfällt. Die Photokathode selbst besteht aus Antimon und Cäsium und erhält eine Dicke von ca. 20 nm. Die Photoelektronenemission ist somit eine „Kontaktkopie" der augenblicklichen Lumineszenzlichtverteilung im Röntgenschirm. Der Ausgangsleuchtschirm selbst besteht aus einer wenige µm dünnen Leuchtstoffschicht von silberdotiertem Zink-Cadmium-Sulfid und neuerdings Terbium dotiertes Gadolinium-Oxysulfid (Gd_2O_2S:Tb), der auf das Austrittsfenster direkt aufgebracht wird. An den Ausgangsleuchtschirm wird normalerweise eine lichtstarke Tandemoptik angeschlossen. Man versteht darunter eine Anordnung aus 2 Objektiven, bei der der RBV-Ausgangsleuchtschirm in der Brennebene des 1. Objektivs liegt, während das Bild in der Brennebene des 2. Objektivs entsteht. Dort wird die Fernsehaufnahmeröhre angeschlossen. In der Tandemoptik kann man einen teildurchlässigen Spiegel unter 45° aufstellen, der es ermöglicht, neben dem Sichtgerät noch eine Kinokamera oder eine Kamera für Einzelbildaufnahmen anzuschließen. Die Abb. 6 zeigt das Schema einer derartigen Röntgenanlage.

Ionisationskammern, Zählrohre und Szintillationszähler

Während in der medizinischen Diagnostik bildgebende Verfahren von besonderer Bedeutung sind, sind bei physikalischen Experimenten häufig sehr genaue Messungen der Intensität, Wellenlänge und Richtung von Röntgenstrahlen vorrangig.
Die *Ionisationskammer* ist eine gasgefüllte Kammer mit 2 ebenen oder zylinderförmigen Elektroden. In der Ionisationskammer wird die Primärionisation des Gases durch die Strahlung gemessen. Bei Verwendung von Edelgasen mit hohen Ordnungszahlen (Ar, Xe, Kr) erhält man hohe Nachweiswahrscheinlichkeiten bei Gaswegen von wenigen cm Länge. Im elektrischen Fed der angelegten Spannung laufen Elektronen und Ionen getrennt zu der + und − Elektrode. Es fließt ein Strom, der der Dosisleistung der ankommenden Strahlung proportional ist. Die mit Ionisationskammern meßbare minimale Photonenzählrate hängt von der Empfindlichkeit des Strommeßgerätes ab: Im Röntgengebiet ist die Absorption von einzelnen Photonen nicht nachweisbar. Doch ist der Meßbereich von Ionisationskammern für hohe Intensitäten unbegrenzt. Ihr Einsatzbereich liegt daher bei der Messung im Primärstrahl als Monitoranordnung.
Unter den *gasgefüllten Zählrohren* erreichte zunächst das von Geiger u. Müller (1928) entwickelte die größte Bedeutung. Allerdings waren Zählrohre dieser Art zu Beginn wenig betriebssicher. Die Ursache dafür wurde von A. Trost im Jahre 1937 gefunden. Die bei der Entladung entstehende UV-Strahlung führte zu unerwünschten Folgeimpulsen, die die Messungen störten. Trost setzte seinen Zählrohren organische Dampfzusätze zu, die in der Lage waren, die UV-Strahlen auf dem Wege zur Kathode zu absorbieren. Diese Zusätze führten dazu, daß die Zählrohre „selbstlöschend" wurden.
Das Zählrohr selbst besteht aus einem elektrisch leitenden Zylinder, in dem ein dünner Draht axial aufgespannt ist. Der Zylinder ist die Kathode, der Draht die Anode. Der Drahtdurchmesser liegt zwischen 30 und 200 µm. In der Nähe des Zählrohrdrahts ist die Feldstärke so hoch, daß die durch die Strahlung freigesetzten Elektronen weitere Gasmoleküle durch Stoß ionisieren. Damit wächst die Verstärkung in der Nähe des Anodendrahts lawinenartig an. Bis etwa 1950 arbeitete man im sog. Auslösebereich. Hier breitet sich die Ionisation in Form eines Schlauchs längs des gesamten Zähldrahts aus. Man bezeichnet diese Entladungsform als Korona-Entladung. Auslösezählrohre liefern sehr hohe Ausgangsimpulse. Doch haften ihnen 2 Nachteile an: Erstens sind die Impulse unabhängig von der Photonenenergie alle gleich groß. Zweitens ist die Totzeit, d. h. die Zeitspanne, während der der Detektor nach einem Impuls paralysiert ist, mit etwa 100 µs sehr groß, so daß die Zählkapazität schon bei geringen Intensitäten gesättigt wird.
Mit der Verbesserung der elektronischen Verstärkertechniken gelang es, etwa ab der Mitte dieses Jahrhunderts die Spannung am Zähldraht unter Verzicht auf die hohe Gasverstärkung so abzusenken, daß sich der Entladungsschlauch nicht mehr über die ganze Länge des Zähldrahts ausbreitet, sondern nur noch in einem sehr kleinen Bereich begrenzt bleibt. Man nennt diese Entladungsform „Townsend-Lawine" und die Betriebsform den Proportionalbereich. Die Abb. 7 zeigt die Verstärkung der primären Ionisation mit zunehmender elektrischer Feldstärke (Detektorspannung), wobei die Ionisationskammern ohne Gasverstärkung betrieben werden.
Im Proportionalbereich ist die Höhe der Impulse proportional der Energie der einfallenden Photonen. Daher kann man in Folgeschaltkreisen Photonen nach ihrer Energie sortieren und damit Spektren aufnehmen. Bei Anwendungen mit fester Wellenlänge können Photonen gewünschter Energien als Nutzimpulse ausgelesen werden, während jene außerhalb des eingestellten Diskrimatorfensters als Störimpulse verworfen werden. Da die Totzeiten bis auf etwa 20 ns abgesenkt werden können, weil die Energieauflösung ebenfalls beachtlich gut ist (etwa 10% der Quantenenergie) und sein Dynamikbereich zwischen

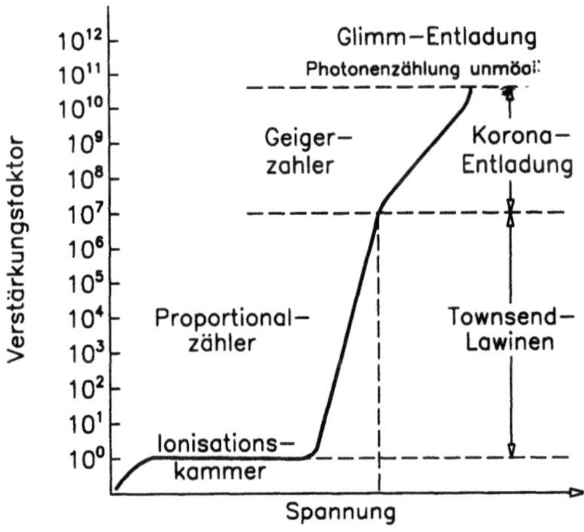

Abb. 7. Verstärkung der primären Ionisation mit zunehmender Feldstärke (Detektorspannung). Ionisationskammern werden ohne Gasverstärkung im Analogbetrieb (kontinuierliche Messung) betrieben. Beim Proportional- und Geigerzähler erfolgt eine Zählung der verstärkten Impulse

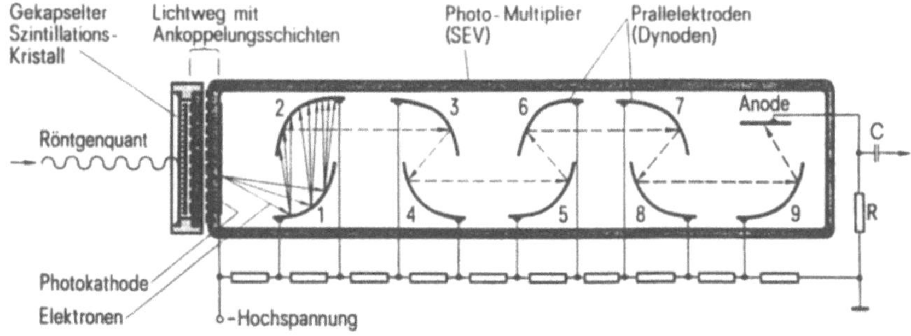

Abb. 8. Sekundäralektronenvervielfacher mit Leuchtkristall

1 : 10^6 liegt, ist er z. Z. als Standarddetektor für Photonen des Energiebereichs zwischen 50 eV und 40 keV anzusehen.

Szintillationszähler bestehen aus einem Sekundärelektronenvervielfacher oder Multiplier und einem Leuchtkristall. Der Multiplier hat eine Photokathode, aus welcher beim Auftreten von Licht Photoelektronen ausgelöst werden. Die ausgelösten Photoelektronen werden in einem Feld beschleunigt und treffen auf eine Dynode D1 (Abb. 8), wobei ein auffallendes Elektron 2–3 weitere Sekundärelektronen auslöst. Diese wiederum werden auf eine 2., 3. usw. Dynode beschleunigt, wobei sie jeweils wieder weitere Sekundärelektronen auslösen. Bei Auftreffen auf die letzte Elektrode, die Anode, haben sie sich so verstärkt, daß pro emittiertem Primärelektron 10^6 Sekundärelektronen entstehen können. Vor die Photokathode setzt man einen Leuchtkristall, in welchem ionisierende Strahlen Lichtblitze erzeugen. Man kann damit rechnen, daß pro 200 eV Energie des einfallenden Photons ein Photoelektron aus der Kathode ausgelöst wird, daß man also bei 8 keV Photonenenergie 40 Elektronen auslöst, die dann 10^6-fach verstärkt werden können. Bei spektrometrischen Messungen ist die energetische Auflösung nur halb so gut wie die eines Proportionalzählrohrs.

Ist allerdings die Photonenenergie sehr groß, z. B. über 60 keV, so muß man Szintillationszähler verwenden, da die Quantenausbeute (d. h. der Wirkungsgrad) von Szintillationszählern besser wird als der gasgefüllter Proportionalzählrohre. Eine Strahlung mit 60 keV Quantenenergie wird im Gasraum nicht mehr vollständig absorbiert, während die Ausbeute in Leuchtkristallen immer noch nahe bei 100% liegt. Mit Szintillationszählern kann man Strahlungen bis hoch in den MeV-Bereich messen. Bei kleinen Photonenenergien, etwa unter 5 keV, ist der Szintilationszähler weniger geeignet, da die Photokathode auch ohne Belichtung bereits Elektronen emittiert, was zu einem zunehmend starken Untergrundsrauschen Anlaß gibt. Der Dynamikbereich des Szintillationszählers ist gegenüber dem Proportionalzählrohr etwas eingeschränkt. Ursache ist die Abklingdauer des Lichtblitzes. Sie liegt bei dem häufig eingesetzten NaJ(TI)-Kristall bei etwa 150 ns, ist also um eine Größenordnung länger als die Sammelzeit für die Elektronenlawine des Proportionalzählrohrs und verringert somit den Dynamikbereich um eine Größenordnung.

Halbleiterdetektoren

Ähnlich wie in einer Gasionisationskammer durch die Absorption von Röntgenstrahlen Elektron-Ion-Paare erzeugt werden, werden in einem Festkörper Elektronen aus dem Valenzband in das Leitungsband gehoben. In einem hochohmigen Halbleiterkristall (z. B. intrinsisch leitendes Reinstgermanium, Lithiumdotiertes Silizium) entstehen Elektronen-Loch-Paare mit hoher Beweglichkeit, die nicht sofort rekombinieren. Bei Anlegen einer elektrischen Feldstärke werden diese voneinander getrennt und an den beiden Elektroden als Ladungsimpuls gesammelt (Abb. 9). Elektronisch realisiert wird dies in p-i-n-Dioden, die mit einer Vorspannung in Sperrichtung gepolt werden.

Aufgrund der niedrigen Ionisierungsenergie von nur rd. 3 eV zur Erzeugung eines Elektron-Loch-Paares werden von einem Röntgenphoton in Ge oder Si (Abb. 10) wesentlich mehr Ladungsträger als in einem Gas (Ionisierungsenergie ca. 20 eV) produziert. Auf eine intrinsische Verstärkung der Elektron-Loch-Paare, ähnlich der Gasverstärkung in einem Zählrohr oder der photographischen Filmentwicklung, kann daher verzichtet werden. Schon für relativ weiche Röntgenstrahlen reicht die Zahl der primär erzeugten Elektron-Loch-Paare aus, um sie als Impulse gegenüber dem elektronischen Rauschen herauszuheben.

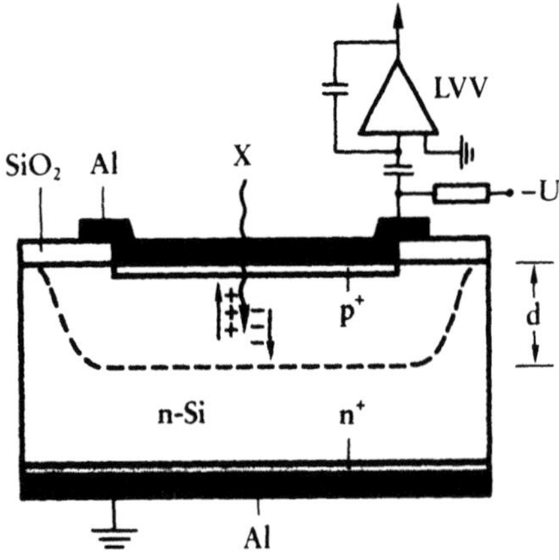

Abb. 9. Aufbau und Wirkungsweise eines p^+nn^--Halbleitersperrschichtdetektors. Beim Anlegen eines elektrischen Feldes in Sperrichtung der Diode verarmt das schwach n-dotierte Volumen an Ladungsträgern und es bildet sich im gesamten Volumen ein elektrisches Feld aus, das die durch das Röntgenquant erzeugten Elektron-Loch-Paare trennt und den Kontaktelektroden als Ladungsimpuls zuführt. (*LVV* ladungsempfindlicher Vorverstärker; *U* Detektorspannung; *Al* Kontaktelektroden; *d* Dicke der Verarmungszone; *n-Si* n-dotiertes Silizium). (Mit freundlicher Genehmigung von Dr. Josef Kemmer)

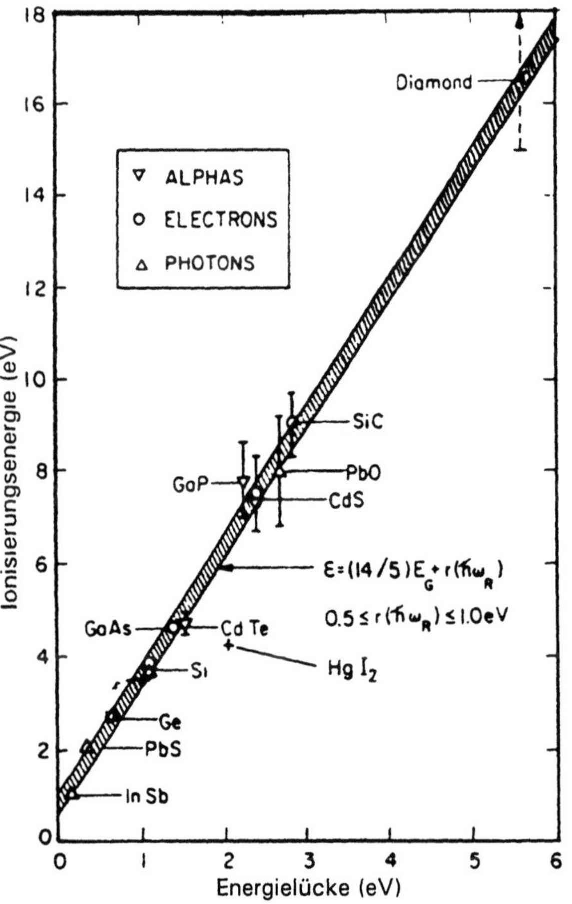

Abb. 10. Energielücke und Ionisierungsenergien verschiedener Halbleitermaterialien

Die nachfolgende elektronische Verstärkung gibt diese Impulse weitgehend unverfälscht weiter. Die Kleinheit der Signale erfordert jedoch besondere Sorgfalt, um Störsignale zu unterdrücken. Die niedrige Energielücke erlaubt sogar eine thermische Anregung von Ladungsträgern bei Raumtemperatur, so daß eine Kühlung der Diode und der ersten Vorverstärkerstufe(n) notwendig wird. Dadurch gelingt es, die Beiträge des thermischen Rauschens so weit zu unterdrücken, daß die gemessenen Ladungsimpulse fast ausschließlich die statistischen Schwankungen der primär erzeugten Elektron-Loch-Paare als Unschärfe zeigen. Diese liegen in der Größenordnung von wenigen Prozent der Quantenenergie, gut genug, um die Halbleiterdetektoren für die Spektroskopie der Röntgenfluoreszenzstrahlung einzusetzen. Si(Li)- und HP-Ge-Halbleiterdetektoren erreichen bei der üblicherweise für die Spezifikation verwendeten Fe55-Strahlung von 5,9 keV eine Energieauflösung von nur wenig mehr als 100 eV Halbwertsbreite (Abb. 11). Stetige Verbesserungen der Rauscharmut der Verstärkerelektronik und der Dioden lassen Auflösungen im Bereich von 50 eV erhoffen. Die weite Verbreitung dieser Detektoren als „energiedispersive" Röntgenspektrometer (EDX) für die Röntgenmikroanalyse in der Elektronenmikroskopie sorgt für eine stetige Verbesserung ihrer Eigenschaften, aber auch grundlegend neue Konzepte.

Dazu einige Beispiele:

Wegen der Notwendigkeit der Kühlung sind Halbleiterdetektoren mit großen Vorratsgefäßen für flüssigen Stickstoff (ca. 5–10 l) ausgestattet, was sie unhandlich und für eine Reihe von Anwendungen nicht einsetzbar macht. Aus diesem Grunde beschreitet man 2 Wege zur Verbesserung der Halbleiterdetektoren:

- Einsatz elektrischer Kühltechniken mit Hilfe des Peltier-Effekts (Abb. 12): Detektoren mit Peltier-Kühlung erreichen zwar noch nicht die Spitzenwerte an Rauscharmut und Energieauflösung, doch haben sie sich für Anwendungen, in denen nicht allzu hohe Anforderungen an die Energieauslösung gestellt werden (z. B. Röntgenbeugung), weitgehend gegenüber den stickstoffgekühlten Detektoren durchgesetzt.
- Neue Halbleitermaterialien: Auf der Suche nach neuen geeigneten Halbleitermaterialien mit größerer Energielücke (Abb. 10), die eine Kühlung überflüssig macht, ist man von kommerziellen Produkten noch entfernt, doch ha-

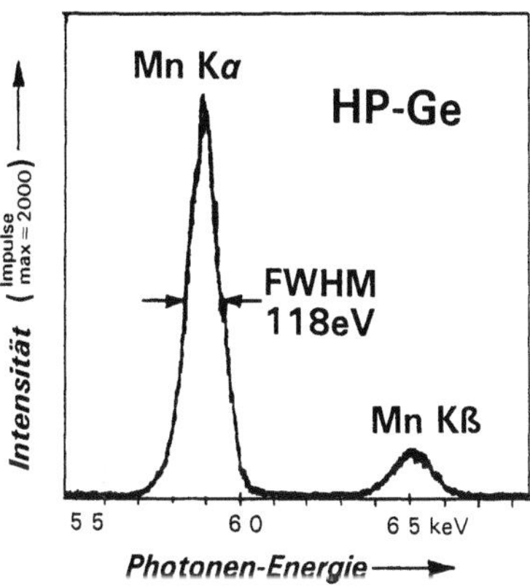

Abb. 11. Energieauflösung eines Reinst-Germanium-Halbleiterdetektors, gemessen an den Mn-K-Emissionslinien, die beim radioaktiven Zerfall von Fe^{55} entstehen. Diese Linien werden häufig zur Spezifikation der Detektorauflösung verwendet. Die Halbwertsbreite (*FWHM* Full Width at Half Maximum) von 118eV entspricht dem gegenwärtigen Stand der Technik. (Bild: Tracor)

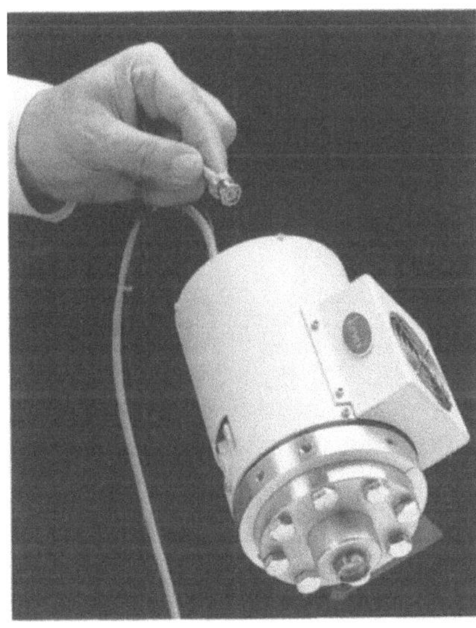

Abb. 12. Kommerzielle Ausführung eines Peltier-gekühlten Si(LI) - Halbleiterdetektors. Das großvolumige Vorratsgefäß für flüssigen Stickstoff entfällt. (Bild: Kevex)

ben sich HgJ_2 in den 80er Jahren und neuerdings SiC und Diamant als aussichtsreiche Kandidaten herauskristallisiert.

Ortsauflösende gasgefüllte Detektoren

Neben dem bloßen Nachweis von Röntgenstrahlen war von Anfang an auch die örtliche Verteilung der Intensität ein Hauptanliegen der Detektorentwicklung. Während sich in der Röntgendiagnostik zumeist integrierende bildgebende Nachweisverfahren als geeignet erwiesen, ist für viele analytische Röntgenverfahren der ortsaufgelöste Nachweis einzelner Photonen von großer Bedeutung. In der Folge werden also integrierende Detektoren und Einzelquantendetektoren getrennt behandelt.

Eindimensional ortsauflösende Detektoren sind überall dort von Interesse, wo die zu messenden Röntgenphotonen entlang einer eindimensionalen Linie (z. B. einem Meß- oder Fokussierungskreis, einer Meßgeraden) parallel erfaßt und nach Filterung ihrer Impulshöhe in ein Intensitätsverteilungsdiagramm aufsummiert werden. Dies gilt insbesondere für den Fall der Pulver-Röntgendiffraktometrie und der fokussierenden Röntgenspektralanalyse. In der Pulver-Röntgendiffraktometrie sind daraus wichtige Meßverfahren entstanden (Göbel 1979).

Eindimensionale Proportionalzählrohre

Ortsauflösende Proportionalzählrohre sind in erster Linie Proportionalzähler (s. S. 356), doch wurden bei ihnen elektronische Vorkehrungen auf der Kathoden- bzw. Anodenseite eingebaut, die zusätzlich zum eigentlichen Photonenimpuls eine Bestimmung des Einfallsorts ermöglichen. Die Ortskodierung soll dabei mit möglichst geringem elektronischem Zusatzaufwand erfolgen und die Impulsverarbeitungszeit nur geringfügig verlängern.

Ein erster Ansatz zeigte sich Anfang der 70erJahre mit Hilfe hochohmiger Zähldrähte. Dabei wird das Anodensignal einer Impulsformanalyse unterzogen, die die unterschiedliche R · C-Integration der Anstiegsflanke durch den Widerstand des Anodendrahts und die Streukapazität des Zählrohres zu den beiden Drahtenden hin in eine Zeitdifferenz umsetzt. Diese ist der Länge proportional, die das Signal vom Ort seiner Entstehung bis zu den Vorverstärkern an den beiden Enden des Zähldrahts zu durchlaufen hatte. Zähler dieser Art schaffen eine Ortsauflösung von 50 µm auf 5 cm Zählrohrlänge. Die Impulsverarbeitungsgeschwindigkeit und Energieauflösung des Proportionszählers wird dabei nur unerheblich beeinträchtigt.

Die hochohmigen Anodendrähte bestehen aus beschichteten Quarzglasfasern. Als Beschichtungen werden entweder dünne Kohlenstoff- oder Metallsilizidschichten aufgebracht. Unter dem Einfall der Townsend-Lawinen altern diese Schichten im Laufe längerer Betriebszeiten, so daß ein häufigeres Kalibrieren des Ortsmaßstabes

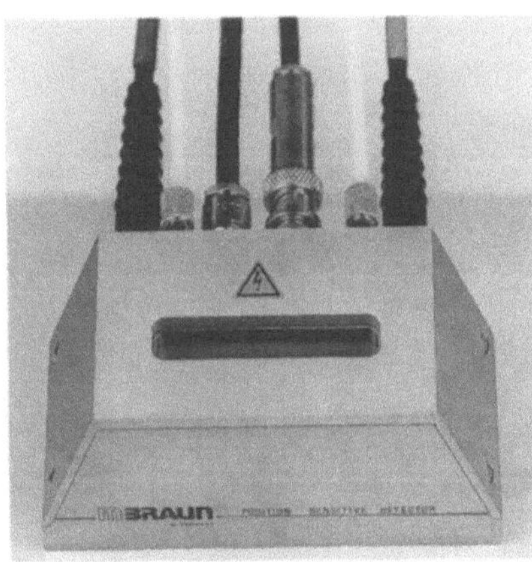

Abb. 13. Eindimensional ortsauflösendes Proportionalzählrohr (Hersteller: M. Braun GmbH, München) für den Einsatz in der Röntgenbeugung. Entlang des 50 mm langen Fensters (Breite 10 mm) beträgt die Ortsauflösung 50 µm. (Bild: M. Braun GmbH)

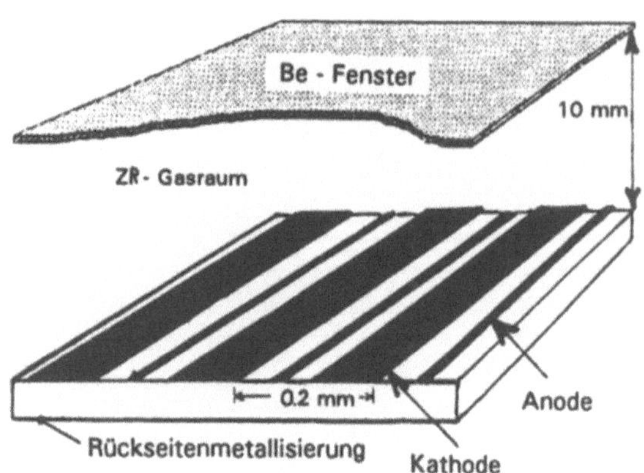

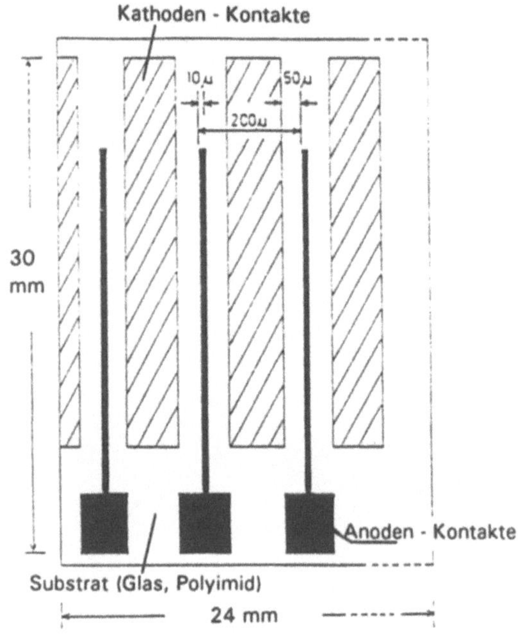

Abb. 14. Lithographisch hergestellte Struktur eines Mikrostreifendetektors als moderne Weiterentwicklung ortsauflösender Proportionalzählrohre

und schließlich Wechseln des Zähldrahts nötig sind. Einen Ausweg bietet die Ortsauslesung über das Kathodensignal, das als gespiegelte Ladung der Townsend-Lawine auf der Kathodenseite des Zählrohrs influenziert wird. Dort bieten sich mehrere Prinzipien der Ortsgewinnung an (Arndt 1992):

1. Eine Ladungsteilung auf einer geometrisch geteilten Kathodenstruktur
2. Eine LC-Verzögerungsleitung (Delay-Line) entlang einer in Streifen geteilten Kathode
3. Eine resistive R · C-Impulsintegration, ähnlich der obigen Impulsformanalyse auf der Anodenseite

Alle 3 Verfahren erreichen geringfügig schlechtere Ortsauflösung als die Auslesung über das Anodensignal, sind jedoch von der praktischen Realisierung einfacher und robuster als die hochohmigen und sehr dünnen Zähldrähte. Kommerzielle Produkte wurden insbesondere mit den ersten beiden Prinzipien realisiert (Abb. 13). Verbreitet sind Zählrohre, die nach dem Ladungsteilungsprinzip arbeiten, doch ist bei diesen Detektoren die Signalverarbeitungsgeschwindigkeit langsam und damit die maximal zu verarbeitende Impulsrate gering. Eine Sättigung des Detektors ist bereits bei wenigen 10^4 Impulse/s erreicht. Sie sind also nur für Systeme einsetzbar, in denen schwache Meßsignale zu erwarten sind.
Eine wesentliche Verbesserung von gasgefüllten Zählrohren ist durch die lithographisch erzeugten Mikrostreifendetektoren (Abb. 14) (Oed 1988) zu erwarten, die durch die Einführung der Mikrotechnologie in den letzten Jahren herstellbar wurden. Mit einer Periode von ca. 200 µm sind jeweils feine metallische Anodenstreifen (10 µm) und breitere Kathodenstreifen (ca. 140 µm) auf einem elektronenleitendem Glassubstrat strukturiert. Die gesamte Flächenausdehnung ist prinzipiell nicht begrenzt. Die Gasverstärkung erfolgt wie bei normalen Zählrohren in der Nähe der feinen Anodenstrukturen. Die Anoden (oder Kathoden) können über eine Widerstandsschicht miteinander verbunden sein und erlauben so eine R·C-Ladungsintegrationskodierung für den Ortsnachweis. Mit ihnen sollte die Verarbeitung von mehr als 10^6 Impulsen/s möglich werden.

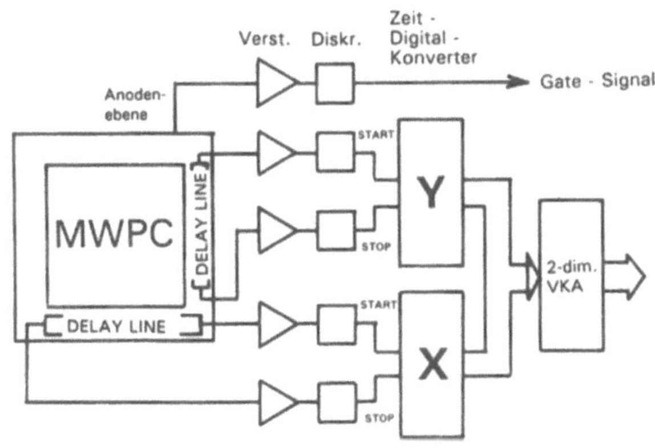

Abb. 15. Zweidimensional ortsauflösender Vieldrahtproportionalzähler mit Delay-Line Ortsauslesung für x und y

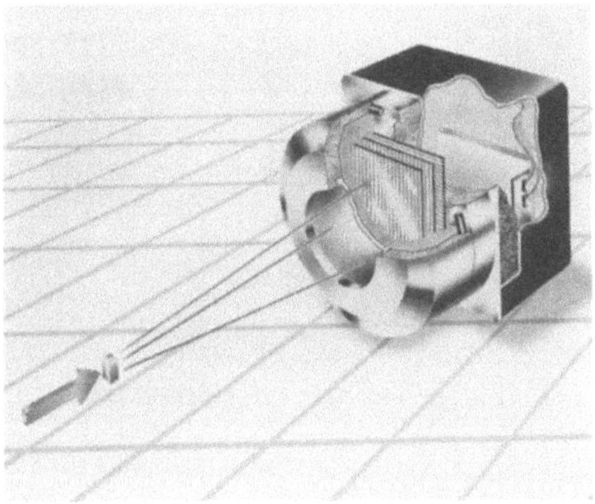

Abb. 16. Kommerzieller zweidimensionaler Proportionalzähler (Siemens AG, Bereich Röntgenanalysegeräte) für den Einzelquantennachweis in der Röntgenbeugung

Zweidimensionale Vieldrahtproportionalzähler

Verwendet man in einem Proportionalzähler nicht nur einen Anodendraht, sondern eine Vielzahl von Anodendrähten, die in einer Ebene wie bei einer Harfe in Abständen von etwa 1 mm aufgespannt sind (multi-wire proportional counter: MWPC), so erreicht man eine zweidimensionale Lokalisierbarkeit der Gasverstärkungslawine. Die Ortsinformation wird über gekreuzt ausgelegte Kathodenanordnungen erzielt, die nach den auf S. 360 beschriebenen Kodierungsverfahren arbeiten. Dabei hat sich insbesondere die Auslesung über Delay-Lines (Abb. 15) oder Ladungsaufteilung bewährt. Ein kommerzieller Detektor, der die Ladungsteilung für die Ortsinformation nutzt, ist in Abb. 16 dargestellt. Er besitzt einen Durchmesser von 11 cm, der in ein Raster von 1024 × 1024 Bildpunkte aufgelöst wird. Die Impulsverarbeitungsgeschwindigkeit läßt eine maximale Intensität von ca. 10^5 Photonen pro Sekunde auf der gesamten Detektorfläche zu. Seine Einsatzgebiete liegen überall dort, wo es darum geht, mit hoher Empfindlichkeit geringe Intensitäten untergrundarm zu messen. Typische Anwendungen liegen im Bereich der Kleinwinkelröntgenstreuung und Röntgenbeugung, hier speziell für Microbeam-Anwendungen und Einkristalldiffraktometrie.

Auch für die zweidimensionalen Gasdetektoren eröffnen die oben erwähnten Mikrostripdetektoren neue Wege, mit denen entscheidend höhere Impulsraten verarbeitbar sind. Als Erweiterung zu Abb. 14 wird in zweidimensionalen Mikrostripdetektoren die Rückseitenmetallisierung ebenfalls als Streifenmuster strukturiert, das um 90° gegen die Vorderseite gedreht ist. Die x- bzw. y-Koordinaten werden über das oben erwähnte resistive Ausleseverfahen bestimmt. Damit sind etwa 1.5 Größenordnungen an Dynamik zu gewinnen. Noch höhere Impulsraten (> 10^7 Photonen/s) sind nur mit entscheidend höherem elektronischen Aufwand zu erzielen. Dabei erhält jeder einzelne Streifen eine eigene Verstärkereinheit und die Impulsverarbeitung erfolgt parallel. Als nächsten Schritt in die Richtung schnellerer Detektoren kann man sich Flächenzähler vorstellen, bei denen jeder Bildpunkt einzeln kontaktiert ist („Pixel"-Detektoren). Detektoren dieser Art sind z. Z. in Entwicklung, insbesondere Zusammenhang mit der Meßtechnik an intensiven Synchrotronstrahlungsquellen.

Ortsauflösende Halbleiterdetektoren

Wie auf S. 357 beschrieben, kann man in einem Halbleiter einzelne Photonen allein aus dem Signal ihrer primär erzeugten Ladungen nachweisen und dabei eine sehr hohe Energieauflösung zu erzielen. Die Kleinheit der Ladungssignale wird jedoch zum Problem, wenn man daraus zusätzlich den Einfallsort eines Röntgenquants zu bestimmen hat. Aus diesem Grunde haben sich für Halbleiterdetektoren mit Einzelquantennachweis noch keine befriedigenden Lösungen ergeben.

Eine relativ vielversprechende Entwicklung sind die Halbleiterstreifendetektoren. Bei ihnen werden die Kontaktelektroden in schmale Streifen mit wenigen Zehntelmillimetern Breite aufgeteilt und entweder einzeln oder über ein Widerstandsnetzwerk ausgelesen. Wird jeder Streifen einzeln kontaktiert und verstärkt, so nimmt der elektronische Aufwand beträchtliche Ausmaße an. Der Lohn für diesen Aufwand ist eine weitgehende

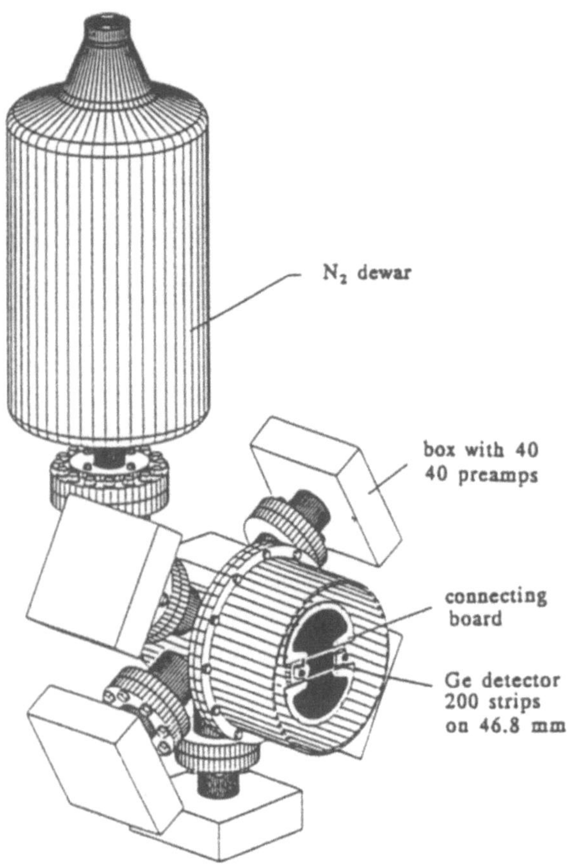

Abb. 17. Eindimensionaler Ge-Halbleiterdetektor mit 200 Streifenelektroden und 200 Vorverstärkereinheiten. (Mit freundlicher Genehmigung von Prof. W. Schülke)

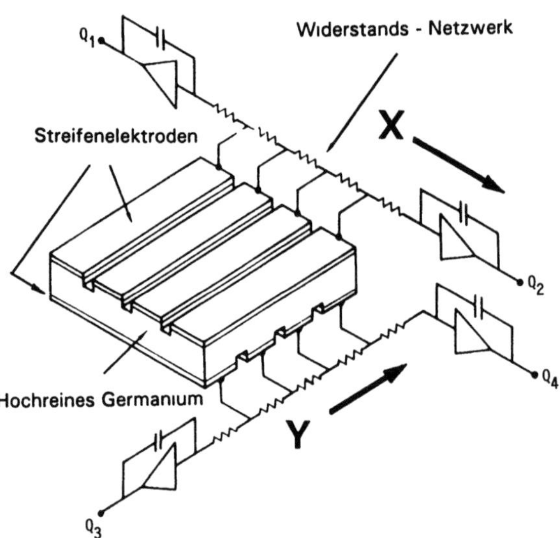

Abb. 18. Zweidimensionaler Halbleiterstreifendetektor. Die Ortsinformation für *x* und *y* wird durch die Ladungsaufteilung in einem Widerstandsnetzwerk gewonnen

Erhaltung der guten Energieauflösung. Ein eindimensionaler Ge-Detektor mit 200 Streifenelektroden wird z. Z. bei DESY an der dortigen Synchrotronstrahlungsquelle DORIS erprobt (Schülke et al. 1991). In Abb. 17 ist ein Schema dieses Detektors dargestellt. In den 5 Boxen, die radial um das Detektorelement angeordnet sind, befinden sich jeweils 40 Vorverstärker.

Bei zweidimensionalen Streifendetektoren sind auf beiden Seiten des Halbleiterwafers gekreuzte Elektroden angebracht, die über ein resistives Ausleseverfahren eine Positionierung einfallender Röntgenstrahlen erlauben (Abb. 18) (Haubold 1992). Dabei wird die an den beiden Enden der jeweiligen Widerstandskette beobachtete Ladungsaufteilung für die Ortserkennung in x- und y-Richtung verwendet. Man erreicht damit Ortsauflösungen zwischen 5 und 50 µm bei einer Energieauflösung von ca. 1–5 keV. Ein besserer Weg wäre sicher auch hier die Kontaktierung jeder einzelnen Elektrode, doch müßten hierfür auch die Vorverstärker mit auf den Detektorkristall integriert werden. Entwicklungen in dieser Richtung sind zwar versucht worden, doch sind dafür unterschiedliche Halbleitertechnologieprozesse zu kombinieren. Die geringen Stückzahlen rechtfertigen aber den hierfür erforderlichen Aufwand nicht. Aus diesem Grunde greift man lieber auf verfügbare Bauelemente zurück, die aber ursprünglich nicht für den Nachweis von Röntgenstrahlen, sondern für die optische Bildverarbeitung entwickelt wurden, d. h. eindimensionale Photodioden-Arrays und zweidimensionale CCD (Charge Coupled Devices, s. unten). Diese Bausteine sammeln in ihren Einzelelementen die erzeugten Ladungen und geben die Inhalte als integrale Information weiter.

Die einfachste Form einer linearen Detektorkette ist in Abb. 19 dargestellt (Rossner u. Grabmaier 1991), wie sie heute in der Computertomographie eingesetzt wird. Es ist eine Kette individueller Photodioden, auf die winzige Szintillatorkristalle aufgesetzt sind, um das Röntgenlicht in sichbares Licht umzuwandeln, das von den Photodioden als Photostrom nachgewiesen wird. Die damit erreichbare Auflösung ist aber für viele andere Anwendungen zu grob, ebenso ist eine Erweiterung auf Flächendetektoren nicht denkbar.

Charge Coupled Devices (CCD)

CCD finden in Videokameras eine breite Anwendung. Bei hoher Pixelauflösung (bis zu 4096×4096 Bildpunkte) vereinen sie die Funktion von Detektor, Speicher und Auslesung in

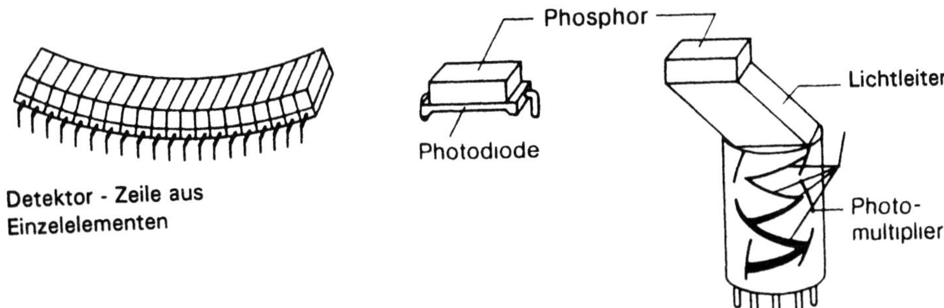

Abb. 19. Diskret aufgebaute Detektorzeile für die Computertomographie. Jede Photodiode besitzt einen Röntgenphosphorkristall, der die einfallenden Röntgenstrahlen zuerst in sichtbares Licht umwandelt (Rossner u. Grabmaier 1992). Die hohe Ausbeute moderner Phosphore erlaubt einen Verzicht auf Photoelektronenvervielfacher, was wesentlich kompaktere Detektorzeilen ermöglichte. Integrierte Photodioden-Arrays bestehen heute z. B. aus 1024 Dioden mit je 25 μm Breite. (Mit freundlicher Genehmigung von Frau Prof. Chr. Grabmaier)

sehr intelligenter Weise und erfordern nur einen geringen Aufwand an umgebender Elektronik. Für wissenschaftliche Zwecke wurden spezielle CCD mit besonders hoher Auflösung, hoher Dynamik und Linearität und damit hoher Empfindlichkeit entwickelt. Um diese voll ausnützen zu können, wird das CCD gekühlt. Damit wird der Dunkelstrom extrem niedrig. Gleichzeitig kann die Auslesefrequenz reduziert, d. h. die Integrationszeit vergrößert werden. Anwendungen in der Optik sind z. B. Nachtsichtgeräte.
Ein CCD ist im Prinzip ein zweidimensionales Feld von hochohmigen Photozellen, die den Photostrom in winzigen Kapazitäten speichern. Untereinander sind sie wie ein zweidimensionales Schieberegister organisiert (Abb. 20). Die gespeicherten Ladungen werden zeilenweise parallel in das oben dargestellte serielle Register transferiert und dort über den Ausgangsverstärker ausgelesen. Das Weiterschieben der Information nach einer Art „Eimerkettenprinzip" ist im unteren Teil von Abb. 20 anhand eines 3-Phasen-CCD dargestellt.

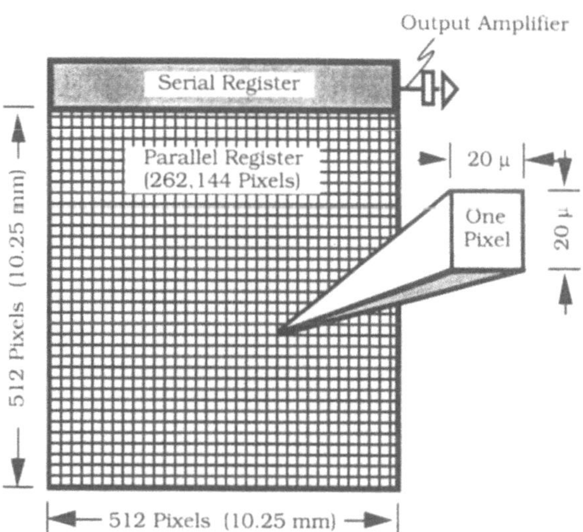

Abb. 20. Aufbau und Wirkungsweise eines CCD-Bausteins (Bild: Photometrics). (*Oben*) Das zweidimensionale Raster von photoempfindlichen Zellen wird zeilenweise in das Ausleseregister geschoben und von dort Bildpunkt für Bildpunkt an die Abbildungselektronik übertragen. (*Unten*) „Eimerkettenprinzip" eines 3-Phasen-Schieberegisters
▼

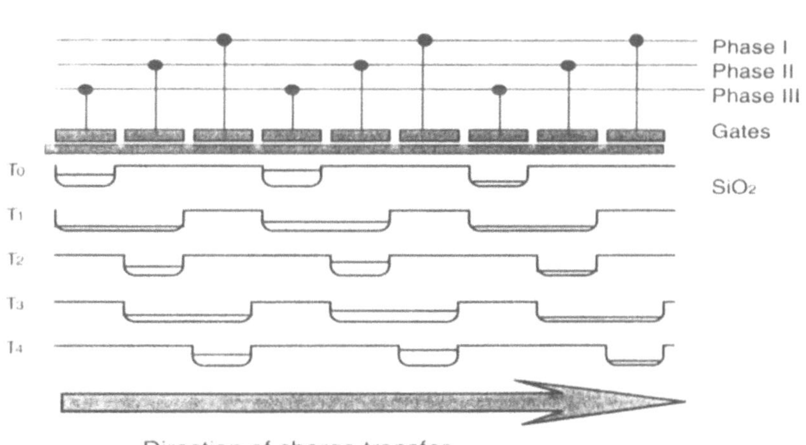

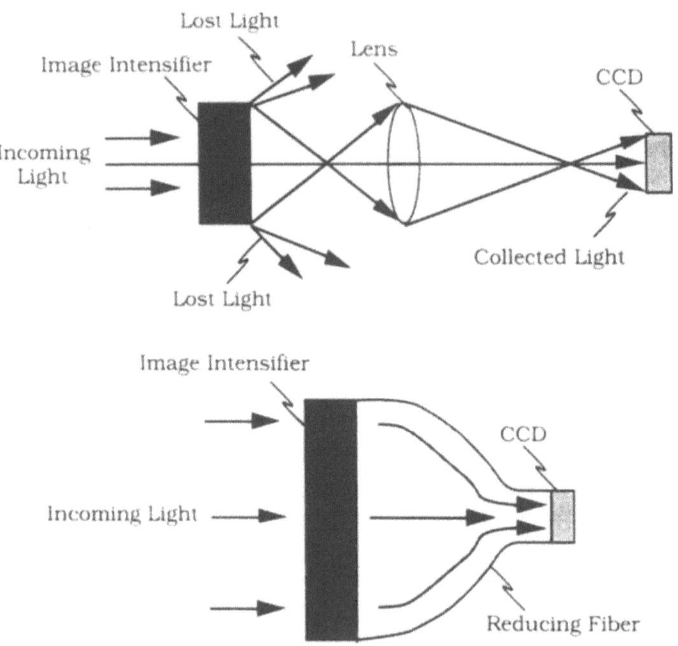

Abb. 21. Hochauflösender Flächendetektor mit CCD-Bildauswertung. Für die verlustarme Verkleinerung des im Phosphor in sichtbare Photonen umgewandelten Röntgenbildes werden Lichtleitfaserbündel eingesetzt

Das Problem bei der Aufnahme von Röntgenbildern liegt aber erneut in der geringen Nachweisempfindlichkeit der extrem dünnen lichtempfindlichen Schicht dieser CCD für Röntgenstrahlung (verbunden mit der Gefahr von Strahlenschädigung), ebenso wie in der Kleinheit der CCD-Chips (typischerweise ca. 2 cm^2).

Röntgenabbildungen sind zumeist 1:1-Abbildungen menschlicher Dimensionen, d. h. sie besitzen Kantenlängen von 10–30 cm Länge. Auf diese Größe sind auch die meisten Streu- und Beugungsmuster zugeschnitten. Daraus ergibt sich die Notwendigkeit (Abb. 21) einer Umwandlung von Röntgenstrahlung in sichtbares Licht und einer verkleinernden Abbildung auf die Abmessungen des CCD-Chips.

Diese beiden Schritte konnten in der Vergangenheit nicht effizient realisiert werden, da die Phosphore nicht die hohe Lichtausbeute heutiger Materialien hatten und die Verluste bei der Abbildung mit Linsenoptiken zu groß waren. Es mußten stets zusätzliche Bildverstärker verwendet werden, so daß eine sehr ungenaue und schlecht reproduzierbare Intensitätsmessung die Folge waren.

Die Verbesserung der Phosphore, eine verlustarme Kopplung der Lichtausbeute über Lichtleitfaseroptiken und die verbesserte Empfindlichkeit der CCD erlauben heute eine direkte Umsetzung selbst sehr intensitätsarmer Röntgenbilder auf das CCD. Ein entsprechendes System für kristallographische Anwendungen wurde kürzlich von Siemens (Bereich Röntgenanalysengeräte) vorgestellt. Der Phosphorschirm hat einen Durchmesser von 7 cm, der durch die Faseroptik auf einen 1-Zoll-CCD-Chip verkleinert wird. Als phosphoreszierende Materialien werden die hochempfindlichen Materialien wie Gd_2O_2S oder CsI:Tl eingesetzt. Systeme dieser Art erlauben eine sehr schnelle Auslesung der gewonnenen Röntgenbilder mit einer Empfindlichkeit, die der Einzelquantenzählung nahe kommt. Sie sind daher sowohl im Bereich der Kristallographie, aber auch der medizinischen Durchleuchtungsdiagnose von großem Interesse. Für eine Reihe von Anwendungen sind sie auf Grund ihrer Schnelligkeit und vergleichbaren Dynamik den Speicherleuchtstoff Platten (Image Plates) überlegen.

Literatur

Originalliteratur

Coltmann JW (1948) Fluoroscopic image brightening by electronic means. Radiology 51:359–367

Geiger H, Müller W (1928) Das Elektronenzählrohr. Phys Z 29:839–841

Göbel HE (1979) A new method for fast XRPD using a position-sensitive detector. Adv X-Ray Anal 22:255–265

Haubold H-G (1992) Röntgendetektoren für Experimente mit Synchrotronstrahlung. 23. IFF Ferienkurs am Forschungszentrum Jülich, ISBN 3-89336-088-3, S 22.1–22.31

Kemmer J (1988) Zweidimensionale Röntgendetektoren auf Silizium-Basis. Physik in unserer Zeit 19/5:150–158

Oed A (1988) Position-sensitive detector with microstrip anode for electron multiplication with gases. Nucl Inst Meth A263:351–359

Rossner W, Grabmaier BC (1991) Phosphors for X-ray detectors in computed tomography. J Luminesc 48+49:29–36

Schülke W et al. (1991) The Ge 200-Strip Detector of the HARVI Compton Spectrometer at HASYLAB. In: Walenta AH (ed) Proc. European Workshop on X-Ray Detectors for Synchrotron Radiation Sources (Aussois, France, 30.9.–4.10.91), pp 181–184

Seggern H von, Voigt T, Knüpfer W, Lange G (1988) Physical model of photostimulated luminescence of X-ray irradiated BaFBr:Eu^{2+}. J Appl Phys 64/3: 1405–1412

Trost A (1937) Über Zählrohre mit Dampfzusatz. Z Phys 105:399–444

Zusammenfassende neuere Werke

Krestel E (Hrsg) (1994) Bildgebende Systeme für die medizinische Diagnostik, 3. Aufl. Verlag der Siemens A. G. Berlin München (2. Aufl 1988)

Wilson AJC (Hrsg) International Tables for Crystallography. In: Measurement of Intensities, Detectors for X-Rays, vol C, Chapt 7.1 Kluwer Academic Publishers, Dordrecht Boston London, pp 538–554

Röntgenstrahlen in der Kristallographie

Kurt Hümmer

Einleitung

Mit Kristallographie bezeichnet man die Wissenschaft, die sich mit dem räumlich periodisch geordneten Zustand der Materie befaßt. Sie behandelt die mathematischen, physikalischen und chemischen Gesetzmäßigkeiten der translationssymmetrischen Ordnung von Atomen und Molekülen in Kristallen. Die Kristallographie bildet somit eine Klammer zwischen den verschiedenen Disziplinen der Wissenschaft von der kondensierten Materie, wie z. B. Festkörperphysik, Festkörperchemie, Mineralogie, Werkstoffwissenschaften, und über die mathematischen Gesetzmäßigkeiten der Symmetrietheorie (Gruppentheorie) hat sie einen engen Bezug zur Mathematik.

Eine ihrer wesentlichen Aufgaben besteht in der Aufklärung der Anordnung der Atome und Moleküle im kristallisierten Zustand. Die Kenntnis der Kristallstruktur ist eine wesentliche Voraussetzung zum grundlegenden Verständnis der physikalischen und chemischen Eigenschaften und den darausfolgenden Werkstoffeigenschaften. Sie liefert damit auch den Schlüssel zur Entwicklung neuer Materialien mit maßgeschneiderten Eigenschaften.

In der Kristallstrukturanalyse liegt der Berührungspunkt zur Röntgenstrahlung. Die wichtigste Methode zur Bestimmung von Kristallstrukturen ist nämlich die Beugung von Röntgenstrahlen an Kristallen. Die Röntgenstrukturbestimmung und Entwicklung ihrer Methoden ist eine der bedeutendsten Teildisziplinen innerhalb der Kristallographie. Dazu gehört aber auch die Grundlagenforschung zur Wechselwirkung zwischen Röntgenstrahlen und Materie und zur Physik der Streuung und Beugung.

Die Erfassung der Meßdaten und deren Auswertung sind heute unter der Kontrolle von leistungsfähigen Rechnern weitgehend automatisiert. In vielen Laboratorien von Forschungseinrichtungen und der Industrie wird die Strukturbestimmung mit Röntgenstrahlen routinemäßig eingesetzt.

Der wesentliche Teil dieses Beitrages behandelt demzufolge die theoretischen und experimentellen Entwicklungen zur Beugung von Röntgenstrahlen an Kristallen.

Die Entwicklung der geometrischen Kristallographie bis zur Entdeckung der Röntgenstrahlbeugung

Der augenfällige Ausdruck der periodischen Ordnung ist die polyedrische Gestalt von natürlichen oder im Labor gezüchteten Kristallen. Erste systematische Untersuchungen an Kristallpolyedern wurden an natürlich vorkommenden Kristall vorgenommen.

Das Wort „Kristall“ stammt aus dem Griechischen. Mit κρυσταλλος, das ursprünglich „Eis“ bedeutete, wurde der Bergkristall (Quarz) bezeichnet, weil man glaubte, Quarz sei nichts anderes als Eis, das durch die ständige Kälteeinwirkung in den Bergen dauerhaft verfestigt sei.

Die Bezeichnung Kristallographie mit allgemeinerem Bezug auf die Untersuchung von Kristallpolyedern, die dem Gesetz der Winkelkonstanz genügen, geht auf J. B. L. Romé de l'Isle (1783) zurück. Dieses Gesetz, ein Meilenstein in der Entwicklung der Kristallographie, wurde schon 1669 von Nils Stensen (wissenschaftlicher Name: Nikolaus Steno) an Bergkristallen entdeckt: Die Winkel zwischen sich entsprechenden Flächenpaaren an verschiedenen, unterschiedlich geformten Kristallpolyedern sind gleich.

Bis zum Ende des 19. Jahrhunderts entstand die Vorstellung, daß die beobachteten Gesetzmäßigkeiten von Kristallpolyedern nur unter der Annahme erklärt werden können, daß die atomistische Struktur der Kristalle gitterhaft aufgebaut ist. Der mikroskopische Aufbau der Kristalle kann als dreidimensional periodische Anordnung von kongruenten Bausteinen verstanden werden, eine periodische Wiederholung einer mit „Teilchen“ erfüllten Einheitszelle. Sie stellt ein Parallelepiped dar, das auch schiefwinklig sein kann

und das durch 3 linear unabhängige Vektoren $\mathbf{a}_1, \mathbf{a}_2, \mathbf{a}_3$, die Translationen genannt werden, aufgespannt wird.
Wesentlich unterstützt wurden diese Vorstellungen durch die mathematische Behandlung der Symmetrien, die man zum Teil auch an den Kristallpolyedern beobachten konnte. Unter Symmetrie versteht man die Abbildung eines Objektes oder, mathematisch abstrakter, eines Punktsystems auf sich. Diese Überlegungen gipfelten in der Ableitung der 230 Raumgruppen (1891), unabhängig voneinander durch den russischen Mineralogen und Kristallographen E. S. Fedorov (1853–1919) in St. Petersburg und durch den deutschen Mathematiker Arthur Schoenflies (1853–1928) in Göttingen. Unter einer Raumgruppe versteht man eine mögliche Kombination der kristallographischen, d. h. mit der Translationssymmetrie der Kristalle verträgliche Symmetrieoperationen im dreidimensionalen Raum.
Die wichtigsten Stationen auf diesem Weg sind mit folgenden Namen verbunden:

- dem französischen Abbé R. J. Haüy (1743–1826), der als erster einen Kristall als eine periodische Anordnung von gleichen Teilchen, den „molécules intégrantes“, betrachtete;
- Christian Samuel Weiss (1780–1856), Professor für Mineralogie in Berlin, der die kristallographischen Koordinatensysteme einführte, unter dem Gesichtspunkt, daß man jeder Kristallart ein eigenes Koordinatensystem so zuordnen kann, daß die Verhältnisse der Achsenabschnitte der am Kristall auftretenden Flächen durch kleine ganze Zahlen ausgedrückt werden können (Rationalitätsgesetzt);
- A. Bravais (1811–1863), einem französischen Marineoffizier, mit dem wichtigen Beitrag zur Strukturtheorie, daß translatorisch gleichwertige Punkte – das sind Punkte, die durch Translationen aufeinander abgebildet werden – nur in 14 verschiedenen Arten von Gittern angeordnet werden können, die sich durch ihre Symmetrie und Geometrie unterscheiden;
- dem deutschen Physiker Leonhard Sohncke (1842–1897), der den Bravaisschen Ansatz der reinen Gittertranslationen um Schraubenachsen und Gleitspiegelebenen erweiterte, also um Kombinationen von Drehungen und Spiegelungen mit Translationen, die nur ein Bruchteil von Gittertranslationen sind, die aber mit letzteren kompatibel sein müssen.

Schoenflies hat schließlich den wichtigen Satz, der von Fedorov behauptet wurde, bewiesen, daß eine Gruppe von Bewegungen (Symmetrieoperationen) im dreidimensionalen Raum, die ein Punktsystem auf sich selbst abbildet, notwendig eine Untergruppe enthält, die aus 3 linear unabhängigen Gittertranslationen a_1, a_2, a_3 erzeugt wird. Das bedeutet einerseits, daß die kristallographisch erlaubten Symmetrieoperationen nur mit zwei-, drei-, vier- und sechszähligen Drehungen von $360°/n$ mit $n = 1, 2, 3, 4, 6$ gebildet werden können und andererseits, daß die Bravais-Gitter „Untergitter“ in solchen regulären Punktsystemen sind. Gleichbedeutend damit ist die Aussage, daß eine Kristallstruktur aus ineinander gestellten, sich gegenseitig durchdringenden, geometrisch identischen Translationsgittern aufgebaut ist, wobei jedem Gitterpunkt eines Untergitters eine Atomart zuzuordnen ist.
Die historische Entwicklung der kristallographischen Symmetrietheorie ist in Lima-de-Faria (1990) ausführlich dargestellt. Dort findet der interessierte Leser auch die Zitate zu Originalarbeiten.

Der kristallographische Hintergrund zur Entdeckung der Röntgenstrahlbeugung

An der Wende zum 20. Jahrhundert waren also die Grundlagen der geometrischen Kristallographie vollständig erarbeitet. Die Vorstellung von der gitterhaften Anordnung der Kristallbausteine bildete schließlich die Grundlage für Laues Entdeckung der Beugung von Röntgenstrahlen an Kristallen.
Es muß jedoch bezweifelt werden, daß zu dieser Zeit die Theorie der Raumgruppen und die ihr zu Grunde liegende Translationssymmetrie der Kristallgitter selbst in kristallographischen Fachkreisen als physikalische Realität akzeptiert wurden. Zu viele Fragen über Größe und Inhalt der Elementarzellen und über die physikalische Natur der „Teilchen“ waren offen, die durch die Symmetrieoperationen auf symmetrisch äquivalente Plätze verteilt und vervielfältigt sein sollten.
Diese Situation beleuchtet das für die Lauesche Entdeckung so günstige Umfeld an der Universität München. Geheimrat Paul von Groth, Professor für Kristallographie und Mineralogie, angeregt durch die Sohnckeschen Kristallstrukturmodelle, vertrat die Ansicht, die symmetrisch äquivalenten Plätze der Raumgruppen mit Atomen zu besetzen. Arnold Sommerfeld, Professor für Theoretische Physik, hatte die physikalische Realität der Kristallgittertheorie wohl ebenso erkannt, denn er vergab an P. P. Ewald eine Doktorarbeit, in der die beobachtete optische Doppel-

brechung, d. h. die anisotropen optischen Eigenschaften von Kristallen, aus einem mikroskopischen Modell berechnet werden sollte. Als Modell sollten isotrope optische Resonatoren angenommen werden, die das Licht zwar richtungsunabhängig streuen, die jedoch räumlich anisotrop, gitterperiodisch angeordnet sein sollten, d. h. mit verschiedenen Gitterperioden längs der 3 Koordinatenachsen. Schließlich war Röntgen selbst Professor für Experimentalphysik. Laue erlebte so vor Ort, vielleicht im Café Lutz im Münchner Hofgarten, dem Treffpunkt der Physiker nach dem Essen, die Diskussion um die Natur der X-Strahlen und kannte ihre damals bekannten Eigenschaften, zumal sich Sommerfeld auch mit der Theorie der X-Strahlen beschäftigte.
Bei der Diskussion der Ergebnisse seiner Doktorarbeit mit von Laue hatte Ewald wohl den entscheidenden Funken ausgelöst. Nach seinen eigenen Aussagen war Ewald überrascht, daß offensichtlich bis dahin die Vorstellung vom gitterhaften Aufbau der Kristalle für Laue neu war.
Der zweite Umstand, der die Lauesche Intuition begünstigte, war sicherlich, daß Laue kurz zuvor, in einem Artikel für die Enzyklopaedie der mathematischen Wissenschaften zur Wellenoptik, die Beugung von Licht an optischen Gittern behandelte.
Der erfolgreiche Versuch zur Beugung von Röntgenstrahlen an Kristallen lieferte den experimentellen Beweis für die Kristallgittertheorie und ist damit eine der bedeutendsten Entdeckungen für unser heutiges Verständnis über kondensierte Materie.
Weitere Einzelheiten am Rande dieses historischen Ereignisses sind in Ewald (1962) ausführlich und aus erster Hand geschildert.

Kristalstrukturbestimmung mit Röntgenstrahlen

Der Anfang durch Vater William Henry und Sohn William Lawrence Bragg

W. H. Bragg war 1912 Professor für Physik an der University of Leeds, Großbritannien. Sehr wahrscheinlich erhielten die Braggs Kenntnis von den Laueschen Arbeiten anläßlich des 250. Jahrestages der Royal Society, die im Juli 1912 in London gefeiert wurde. Vater W. H. Bragg untersuchte damals bereits die Absorption von α- und X-Strahlen und er war wohl deswegen ein Verfechter der Teilchennatur der Röntgenstrahlen. Er versuchte zunächst die Beugungserscheinungen durch Ausbreitung der Teilchen der X-Strahlung längs Schächten oder Röhren in Kristallen zu erklären.
Der Sohn wiederholte die Münchner Versuche zunächst mit Zinkblende- (ZnS-) Kristallen und später mit Alkalihalogeniden. Er kam zu dem wichtigen Ergebnis (1912, 1913a), daß die Beugung durch Interferenzreflexion an internen, von Atomen gebildeten Folgen von Ebenen mit definiertem Abstand d (Netzebenen in einem dreidimensionalen Punktgitter), so als wären diese teils durchlässige und teils reflektierende Spiegel, erklärt werden kann.
Diese Interpretation inspirierte wiederum Vater Bragg, ein Kristallspektrometer zur Messung der spektralen Verteilung der X-Strahlen von verschiedenen Anodenmaterialen zu bauen (Bragg u. Bragg 1913). Dieses Instrument war bereits der Vorläufer für die heutigen automatischen Einkristalldiffraktometer.
Der große Durchbruch gelang W. L. Bragg (1913b) mit der vollständigen Strukturbestimmung von 4 Alkalihalogeniden NaCl, KCl, KBr, KI aus der Intensitätsverteilung der Laue-Aufnahmen.
Ähnlich wie in München war auch in Cambridge das wissenschaftliche Umfeld wesentlich am Erfolg von W. L. Bragg, der dort am Trinity College Dozent war, beteiligt. Pope, Professor für Chemie in Cambridge und ein Kollege von Barlow, machte nämlich Bragg auf die Barlowschen Arbeiten (1883) über die Packung von kugelförmigen Atomen in Kristallen aufmerksam, in denen bereits die kubisch dichteste Packung der Atome in ZnS und in den Alkalihalogenidstrukturen vorgeschlagen wurde.
Die Argumentation von W. L. Bragg zur Strukturbestimmung der Alkalihalogenide ist faszinierend. Denn obwohl alle 4 zum gleichen Strukturtyp, nämlich der vom Steinsalz NaCl, gehören, waren die Laue-Beugungsdiagramme von NaCl verschieden zu denen von KCl und diese wiederum charakteristisch unterschiedlich zu denen von KBr bzw. KI. Bragg erklärt das mit einem Streuvermögen der Atome (heute Atomstreufaktor oder Atomformfaktor) proportional zum Atomgewicht. K(39) und Cl(35,5) sind so ähnlich, daß der Kristall praktisch nur aus einer Art von Streuern besteht. Bei Na(23) und Cl(35,5) dagegen wird das Beugungsdiagramm durch 2 Streuer bestimmt. Bei K(39) und Br(80) bzw. I(129) kann man das Streuvermögen des leichten K vernachlässigen. Der Kristall besteht praktisch, für die damalige Meßgenauigkeit, aus einer Sorte von Streuern, jedoch nur halb so viele mit etwa doppeltem Abstand wie bei KCl.

Dieser Gedankengang zeigt die geniale Leistung von W. L. Bragg.

Das Prinzip der Kristallstrukturbestimmung

Es soll hier kurz das Prinzip erläutert werden, wie man aus der Röntgenbeugung Informationen über die Kristallstruktur bekommen kann.
Um die interatomaren Abstände, die einige 0,1 nm (= 1 Ångström) betragen, auflösen zu können, muß die Wellenlänge der verwendeten Strahlung auch in diesem Bereich liegen. Röntgenstrahlung erfüllt diese Forderung. Es ist aber nicht möglich, für dieses kurzwellige Licht Mikroskope zu bauen, wie sie für sichtbares Licht oder Elektronenstrahlen verwendet werden. Die Brechzahl für Röntgenlicht weicht nämlich, unabhängig vom Material, nur um etwa 10^{-5} von 1 ab, d. h. es findet fast keine Brechung an den Materialgrenzen statt. Das wiederum bedeutet, daß es keine handhabbaren optischen Linsen für Röntgenlicht gibt. Für Wellenlängen um 0,1 nm können auch bis heute keine Zonenplatten zur optischen Abbildung hergestellt werden. Man ist also bei der Bestimmung der Anordnung der Atome in einem Kristall auf die Information, die in den abgebeugten Strahlen enthalten ist, angewiesen.
Die Beugung kommt durch die Wechselwirkung von elektromagnetischer Strahlung mit Elektronen zustande. Im Bild der klassischen Physik werden die Elektronen durch das zeitlich periodische elektrische Feld zu erzwungenen Schwingungen angeregt. Die schwingenden Elektronen sind Hertzsche Dipole, die ihrerseits Röntgenstrahlung aussenden.Die Überlagerung (Interferenz) der Streuwellen in verschiedenen Richtungen ergibt das beobachtete Beugungsdiagramm. Die Streuung an den schweren Atomkernen spielt dabei keine Rolle.

Auswertung der Meßdaten

Die quantitative Messung besteht aus 3 Teilaufgaben:

1. Die Messung der Beugungswinkel 2ϑ. Daraus werden die Translationsperioden $\mathbf{a}_1, \mathbf{a}_2, \mathbf{a}_3$ bestimmt. Die Laueschen Gleichungen $(\mathbf{s}-\mathbf{s}_0)\mathbf{a}_i = h_i \cdot \lambda$ mit $i = 1, 2, 3$ bzw. die Braggsche Gleichung $2d \sin\vartheta = n\lambda$ sind Bedingungsgleichungen dafür, in welchen Richtungen $\mathbf{h} = (\mathbf{s}-\mathbf{s}_0)/\lambda$ mit $|\mathbf{h}| = 2\sin\vartheta/\lambda$ abgebeugte Strahlung auftreten kann. $\mathbf{s}_0$ und $\mathbf{s}$ sind Einheitsvektoren $|\mathbf{s}_0| = |\mathbf{s}| = 1$ in Ausbreitungsrichtung der einfallenden und gebeugten Strahlen. Dazu muß der Weg- oder Gangunterschied $(\mathbf{s}-\mathbf{s}_0)\mathbf{a}_i$ bzw. $2d \sin\vartheta$ der Streuwellen von translatorisch äquivalenten Atomen, ein ganzzahliges Vielfaches h_i bzw. n der Wellenlänge λ sein. Dann ergibt die Überlagerung aller Streuwellen (Interferenz) ein Beugungsmaximum. Im Sinne der Braggschen Interpretation der Beugung spricht man auch vom Auftreten eines Bragg-Reflexes. Jeder Bragg-Reflex kann also durch 3 ganze Zahlen h_i - meistens als (hkl) bezeichnet - gekennzeichnet werden. In allen anderen Richtungen löschen sich die Streuwellen durch Interferenz aus.
   Ewald hat zur geometrischen Lösung der Beugungsbedingungen eine elegante Konstruktion abgeleitet, die nach ihm benannt ist (Ewald-Konstruktion). Jedem Bragg-Reflex ist danach ein sog. reziproker Gittervektor $\mathbf{h} = h\mathbf{a}^* + k\mathbf{b}^* + l\mathbf{c}^*$ zugeordnet, wobei $\mathbf{a}^*, \mathbf{b}^*, \mathbf{c}^*$ die Basisvektoren des reziproken Gitters sind. Diese sind so definiert, daß h eine Lösung der Laue-Gleichungen darstellt und daß die Länge von $|\mathbf{h}| = 1/d_{(hkl)}$ durch den reziproken Netzebenenabstand d(hkl) gegeben ist. $\mathbf{h}$ steht senkrecht auf der Netzebene.
   Die Bedingungsgleichungen bestimmen die möglichen Meßtechniken. Entweder man verwendet sog. „weißes Röntgenlicht", d. h. ein breites Wellenlängenspektrum, bei feststehender Probe oder monochromatische Strahlung, d. h. ein schmales Wellenlängenintervall mit $\Delta\lambda/\lambda \approx 10^4$, dann muß die Probe bewegt werden. Im ersten Fall, der Laue-Methode, sind die Beugungsbedingungen für jeden Reflex jeweils für eine bestimmte Wellenlänge erfüllt; es erscheinen viele Reflexe gleichzeitig. Bei den monochromatischen Methoden dagegen werden die Reflexe zeitlich nacheinander registriert. Bei einem Pulverpräparat liegen viele kristalline Körner, typischerweise mit Durchmessern im Bereich von einigen µm, regellos orientiert vor, d. h. im günstigsten Fall alle Orientierungen gleichzeitig, so daß die Probe auch bei monochromatischer Röntgenstrahlung nicht bewegt werden muß. Die abgebeugte Strahlung erscheint auf Kegelmänteln um den Primärstrahl.
2. Die Messung der Beugungsintensitäten: Sie enthalten Information über die Struktur. Die Beugungsintensität für verschiedene Bragg-Reflexe (hkl) ist durch den Strukturfaktor F(hkl) bestimmt: $I(hkl) \sim |F(hkl)|^2$. Er gibt die resultierende Amplitude $|F(hkl)|$ und Phase

ϕ(hkl) aus der Überlagerung der Streuwellen aller Elektronen der N Atome einer Elementarzelle an:

$$F(hkl) = \sum_{j=1}^{N} f_j \exp(2\pi i(hx_j + ky_j + lz_j))$$
$$= |F(hkl)| \exp 2\pi i\phi(hkl). \quad (1)$$

Dabei genügt es, über den Inhalt einer Elementarzelle zu summieren, da wegen der Translationssymmetrie in jeder Elementarzelle die identische Verteilung der Atome vorliegt. f_j bedeutet die Amplitude der atomaren Streuwelle des j-ten Atoms (Atomstreu- oder Atomformfaktor); darin sind die Streubeiträge der Atomelektronen zusammengefaßt. Die Berechnung der Atomstreufaktoren f_j erfolgt aus der Elektronendichteverteilung der „freien" Atome oder Ionen. Man vernachlässigt dabei die geringfügige Umordnung der Elektronen, die an der Bindung in einem Festkörper beteiligt sind. $\varphi j = 2\pi(hxj + kxj + lzj) = 2\pi g/\lambda$ ist die Phase der Streuwelle des j-ten Atoms für den Bragg-Reflex (hkl) auf Grund des Gangunterschiedes g der Streuwelle, wenn die Lage des Atoms in der Elementarzelle durch den Ortsvektor $\mathbf{r}_j = x_j\mathbf{a}_1 + y_j\mathbf{a}_2 + z_j\mathbf{a}_3$ mit den Koordinaten $0 \leq x_j, y_j, z_j \leq 1$ gegeben ist.

Die Intensität der Bragg-Reflexe hängt also von der Verteilung (x_j, y_j, z_j) und der chemischen Art der Atome in der Elementarzelle ab, oder, nur mit feinerer Auflösung betrachtet, von der Verteilung der Elektronendichte in der Elementarzelle.

3. Die Bestimmung der Raumgruppen: Aus den systematischen fehlenden oder den sog. „ausgelöschten" Reflexen, deren Strukturfaktoren F(hkl) auf Grund der Symmetrie null sind, kann die Raumgruppe der Struktur bestimmt werden. Es gibt insgesamt 120 verschiedene Kombinationen von Auslöschungen für die 230 Raumgruppen. Nur 58 Raumgruppen können durch die Auslöschungen eindeutig identifiziert werden. Für die anderen muß man zusätzliche Entscheidungskriterien heranziehen.

Das Phasenproblem der Kristallographie

Vom mathematischen Standpunkt aus betrachtet sind die Strukturfaktoren F(hkl) die Komponenten der Fouriertransformierten der Elektronendichteverteilung in der Elementarzelle. Durch Umkehrung dieser Fouriertransformation erhält man die Elektronendichteverteilung ϱ(xyz).

$$\varrho(xyz) = \frac{1}{V_z} \sum_{hkl=-\infty}^{+\infty} F(hkl) \exp(-2\pi i(hx + ky + lz)). \quad (2)$$

Physikalisch bedeutet das nichts anderes als die Überlagerung (Interferenz) der vom Kristall gebeugten Wellen am Ort mit den Koordinaten xyz. Bei der direkten Bilderzeugung im Mikroskop würde diese Operation durch die Linsen bewerkstelligt, d. h. die Fourier-Rücktransformation analog berechnet werden.

Nun wäre es denkbar, die Natur zu überlisten, wenn sie schon den Bau von abbildenden Systemen für kurzwellige Röntgenstrahlung verhindert, indem man die Fourier-Rücktransformation mit Hilfe von elektronischen Rechnern ausführt, was mit der Leistungsfähigkeit der heutigen Rechnergeneration auch für große biologische Strukturen mit einigen hundert Atomen in der Elementarzellen, leicht zu machen wäre. Hier türmt sich aber ein anderes Hindernis beim Übergang vom Fourier-Raum (Beugungsbild) in den direkten Raum (Kristallstruktur) auf, nämlich das sog. Phasenproblem.

Aus dem Experiment kann nur die Amplitude |F(hkl)| bestimmt werden. Die Röntgendetektoren können nämlich nur den Energiefluß, d. h. Intensität, messen, die proportional zum Betragsquadrat der Amplitude einer elektromagnetischen Welle ist: $I(hkl) \sim |F(hkl)|^2$. Mit anderen Worten, die Röntgendetektoren sind phasenblind. Die Phase ϕ(hkl), die zur Berechnung der Fourier-Rücktransformation nötig ist, bleibt unbekannt. Die Meßgrößen eines Röntgenbeugungsexperimentes reichen nicht aus, um die Elektronendichte direkt zu berechnen.

Die Bestimmung eines Strukturmodells

Da man wegen des Phasenproblems aus den Meßdaten nicht direkt ein Bild der Kristallstruktur erhalten kann, steht am Ende eines Strukturbestimmungsprozesses ein Vorschlag über ein Strukturmodell. Erste Voraussetzung ist die Kenntnis der chemischen Zusammensetzung. Entweder wurde das Modell mit Hilfe von klugen chemischen Argumenten im Fall einfacher Strukturen, mit nur wenigen Atomen in der Elementarzelle, mehr oder weniger erraten oder es ist mit ausgefeilten Methoden (Patterson-Methode, Direkte Methoden gelungen, das Phasenproblem zu überwinden und aus mehreren Strukturvorschlä-

gen ein Modell als das wahrscheinlichste herauszufinden. Man braucht also ein objektives Kriterium, um die Verträglichkeit des Modells mit den Meßdaten abzuschätzen.
Aus den Positionen der Atome des Modells, unter Berücksichtigung der Temperaturbewegung (Temperatur-, Debye-Waller-Faktor), berechnet man die Strukturfaktoren: $F_c(hkl)$, der Index c steht für calculated. Aus dem Intensitätsdatensatz I(hkl) erhält man unter Berücksichtigung von Korrekturfaktoren, die für jeden Reflex einzeln berechnet werden müssen (Polarisations-, Lorentz-, Absorptionsfaktor) die Beträge der sog. beobachteten (observed) Strukturfaktoren $|F_o(hkl)|$. Die Übereinstimmung zwischen dem Modell und der tatsächlichen Struktur wird durch den sog. R-Wert ausgedrückt:

$$R = \sum_{hkl} ||F_o(hkl)| - K|F_c(hkl)|| / \sum_{hkl} |F_o(hkl)| \qquad (3)$$

wobei K ein Skalenfaktor ist, um F_o auf F_c zu normieren.
Je größer dabei die Überbestimmtheit ist, d. h. je größer das Verhältnis zwischen der Anzahl der beobachteten Reflexe und der Anzahl der zu bestimmenden Parameter ist, und je kleiner der R-Wert, desto verläßlicher ist das Sturkturmodell. Für anorganische und kleine organische Strukturen sollte am Ende der R-Wert besser als 0,07 sein.
Aus dem Strukturmodell können die Phasen $\phi(hkl)$ und mit $|F_o(hkl)|$ bzw. $|F_c(hkl)|$ eine experimentelle $\varrho_o(xyz)$ bzw. eine theoretische $\varrho_c(xyz)$ Elektronendichte berechnet werden. Die Differenzdichte $\Delta\varrho(xyz) = \varrho_o(xyz)\text{-}\varrho_c(xyz)$, die sog. Deformationsdichte, zeigt den Einfluß der chemischen Bindung auf die Elektronendichte.
Das Strukturmodell, das man nach Anwendung der Patterson-Methode oder der Direkten Methoden erhält, ist oft nur eine grobe erste Annäherung an die wirkliche Struktur mit einem R-Wert zwischen 0.5 und 0.4, d. h. nur etwa 50 bis 60% der Elektronendichte ist richtig lokalisiert. Das genügt jedoch, um die Struktur zu „verfeinern", d. h. ein besseres Strukturmodell zu finden. Mit den aus dem Strukturvorschlag berechneten Phasen und den gemessen $|F_o(hkl)|$ berechnet man eine erste Elektronendichtekarte oder eine erste Deformationsdichte. Dann findet man weitere Atome (Maxima von $\varrho(xyz)$ bzw. $\Delta\varrho(xyz)$), berechnet daraus neue Phasen und in einem weiteren Zyklus, eine neue Elektronendichte usw., bis das Verfahren konvergiert.
Ein weiterer Schritt zur Verfeinerung ist die Anwendung der Methode der „kleinsten quadratischen Abweichungen". Dabei werden durch Variation der Parameter die Abweichungen zwischen Modell und Wirklichkeit minimiert. Dieses Verfahren funktioniert aber nur, wenn eine Überbestimmtheit vorliegt.

Die Entwicklung der röntgenographischen Strukturbestimmung

Zur quantitativen Berechnung der Beugungsintensitäten

Unmittelbar in den Jahren nach den ersten erfolgreichen Strukturbestimmungen, nachdem man erkannt hatte, daß die Beugungsintensitäten den Schlüssel zur Struktur liefern, wurde in verschiedenen Arbeiten die Theorie zur Berechnung der Beugungsintensitäten erweitert.
Debye (1914, erste Konferenzberichte gab es schon 1913) und später Waller (1923) berechneten die Intensitäten unter Berücksichtigung der thermischen Bewegung der Atome. Debye räumte damit die Zweifel darüber aus, ob es wegen der Wärmebewegung zu Interferenzerscheinungen kommen könne. Der Einfluß läßt sich durch den sog. Debye-Waller-Faktor oder Temperaturfaktor ausdrücken, der die Intensität der Bragg-Reflexe verringert, weil die Phasendifferenzen zwischen den Atomstreuwellen wegen der Schwingungen der Atome um ihre Gleichgewichtslagen zeitlich fluktuieren. Die Winkelbreite der Bragg-Reflexe wird davon aber nicht beeinflußt, d. h. es tritt keine Verbreiterung der Bragg-Reflexe auf. Die fehlende Intensität in den Braggreflexen findet man als diffuse Streuung im Untergrund zwischen den Reflexen wieder. Die Intensitätserniedrigung nimmt mit zunehmendem Beugungswinkel zu.
Darwin veröffentlichte 1914 zwei bedeutende Arbeiten zur Theorie der Röntgenstrahlbeugung auf der Grundlage der Braggschen Interpretation der Interferenzreflexion. In seinen Berechnungen wurde zum ersten Mal Vielfachreflexion in Betracht gezogen. Dabei wird berücksichtigt, daß die gebeugten bzw. reflektierten Strahlen wiederum gebeugt bzw. reflektiert werden können. Diese Theorie, der eigentliche Beginn der Entwicklung der Dynamischen Theorie der X-Strahlbeugung, muß bei großen perfekten Kristallen angewendet werden, weil nur in perfekten Kristallen die Netzebenen über große Volumenstücke exakt parallel verlaufen und somit die Bedingung für Mehrfachreflexion erfüllt ist. Die Mehrfachreflexion führt gegenüber dem einfachen, sog. kinematischen Ansatz zu einer Reduzierung der Intensität.

Der Vergleich der experimentellen Werte mit der nach der Darwinschen Theorie berechneten ergab oft erhebliche größere Intensitäten im Experiment. Darwin war von der Richtigkeit seiner Berechnung so überzeugt, daß er aus dieser Diskrepanz schloß, daß die Grundannahme eines perfekten Kristalls nicht stimmen konnte. Er führte den sog. Mosaikbau der Kristalle ein; das sind kleine Domänen (Mosaikblöcke), die um kleine Winkel gegeneinander verkippt sind, so daß Vielfachreflexionen verhindert werden. Jedoch findet man auch in diesem Fall eine Verminderung der Beugungsintensität gegenüber dem kinematischen Ansatz, bei dem in jedem Volumenelement die gleiche Primärstrahlintensität angenommen wird. Jeder Mosaikblock beugt nämlich einen Teil der Primärstrahlintensität ab. Die Beugung in den nachfolgenden Mosaikblöcken wird also von einer verringerten Intensität angeregt. Darwin bezeichnete die Intensitätskorrektur durch Vielfachreflexion als „primär Extinktion", den Abschirmeffekt in Mosaikkristallen als „sekundär Extinktion". Die Extinktionskorrekturen in den heute verwendeten Rechenprogrammen gehen auf eine von Zachariasen (1963) entwickelte Theorie zurück. Sein Ansatz berücksichtigt die Erhaltung der Gesamtenergie des Strahlungsfeldes, die in der kinematischen Theorie der Röntgenbeugung nicht gewährleistet ist. Danach müssen die kinematisch berechneten Beugungsintensitäten durch einen Extinktionsfaktor korrigiert werden.

Ein weiterer bedeutender Beitrag zum Verständnis und zur quantitativen Auswertung der Beugungsintensitäten geht ebenfalls auf Darwin und Lorentz, der an der Universität in Leiden lehrte, zurück. Darwin führte den Begriff der Integralintensität ein. Das Profil eines Bragg-Reflexes in Abhängigkeit vom Beugungswinkel kann man näherungsweise durch eine Gaußsche Glockenkurve beschreiben, deren Maximum in guter Näherung beim Braggwinkel liegt. Die Breite des Intensitätsprofils hängt von verschiedenen Parametern ab: Kristallgröße, Winkeldivergenz der einfallenden Strahlung, Bandbreite des Wellenlängenintervalls, Winkelverteilung der Mosaikblöcke. Maßgebend für die Bestimmung der Strukturfaktorbeträge ist das Integral über das Intensitätsprofil (Integralintensität). Darwin und Lorentz zeigten, daß die Integralintensität vom Beugungswinkel mit dem Faktor $1/\sin 2\vartheta$ (Lorentz-Faktor) abhängt.

Die Schwächung der Beugungsintensität durch Absorption auf dem Weg der Röntgenstrahlen durch den Kristall wurde ebenfalls schon von Darwin behandelt, und in der Folgezeit wurden Korrekturformeln dafür abgeleitet, insbesondere für geometrisch einfach geformte Proben, wie z. B. für „unendlich" dicke Platten, für Zylinder oder Kugeln. Für beliebige geformte Proben kann man den Absorptionsfaktor auf schnellen Rechnern auswerten, wenn man die Kristallform genau genug vermessen kann. Mitte der 70er Jahre wurden weitere Methoden für unbekannte Probenformen entwickelt (Maslen 1992).

Trotz ausgefeilter Methoden zur Extinktions- und Absorptionskorrektur sind beide bis heute ernste Fehlerquellen bei der Auswertung der Integralintensitäten geblieben. Häufig versucht man die Primärextinktion auszuschalten, indem man absichtlich Mosaikkristalle, also möglichst nicht ideale perfekte Kristalle, zur Strukturbestimmung nimmt.

Mit der Entwicklung der Quantenmechanik und der Hartree-Methode zur Berechnung der Elektronendichteverteilung der Atome konnten die Atomstreufaktoren für Röntgenstrahlen berechnet werden. Damit war seit etwa 1930 ein quantitativer Vergleich zwischen der beobachteten und aus dem Kristallstrukturmodell berechneten Beugungsintensitäten möglich. Die heute verwendeten und in den International Tables for Crystallography (Wilson 1992) veröffentlichten Atomstreufaktoren werden aus relativistischen Dirac-Slater-Wellenfunktionen für freie Atome und Ionen berechnet. Darüber hinaus kann für gebundene Atome die Störung der Elektronendichte durch chemische Bindung mit den Nachbaratomen durch eine sog. Multipolentwicklung nach Kugelflächenfunktionen berücksichtigt werden (Maslen et al. 1992).

Zur Anwendung der Symmetrietheorie

Obwohl, wie oben schon erwähnt wurde, die Theorie der Kristallsymmetrie (Raumgruppen) zu Beginn des 20. Jahrhunderts entwickelt war, dauerte es doch bis etwa 1920, bis die Anwendung der Symmetrietheorie in der Kristallstrukturbestimmung Eingang fand.

Allerdings wurde schon von Beginn an die Symmetrie in den Beugungsdiagrammen selbst diskutiert. Bereits im Juni 1913 wies Friedel, an der Bergbau Schule in St. Étienne, darauf hin, daß die Beugungsintensitäten zentrosymmetrisch verteilt sind: $I(hkl) = I(-h, -k, -l)$.

Diese Regel wird als Friedelsches Gesetz bezeichnet. Die Symmetrie der Beugungsbilder ist dann einer der 11 zentrosymmetrischen kristallographischen Punktgruppen, den sog. Laue-Klassen, zuzuordnen.

Es waren im wesentlichen 2 Publikationen, die den Zugang der Symmetrietheorie in die Kristallstrukturbestimmung eröffneten. Nigglis Buch (1919) und eine ausführliche Arbeit von Astbury u. Yardley (1924) enthielten graphische und analytische Darstellungen der Raumgruppen und Hinweise darüber, wie man aus den ausgelöschten Reflexen die Raumgruppe bestimmen kann. Schließlich hat Buerger 1935 darauf hingewiesen, daß man aus Weissenberg-Aufnahmen alle Information über die Kristallsymmetrie erhalten kann. Die bis in die 30er Jahre erarbeiteten Ergebnisse wurden 1935 in der ersten Ausgabe der *Internationalen Tabellen zur Bestimmung von Kristallstrukturen* (Herausgeber: Hermann) zusammengestellt. Sie enthalten u. a. graphische Darstellungen der Symmetriegerüste (Kombinationen der kristallographischen Symmetrieelemente) und die von Hermann und Mauguin gemeinschaftlich ausgearbeitete neue Symbolik für die 230 Raumgruppen, sowie eine Zusammensetzung der Intensitätsformeln für Röntgenstrahlbeugung zusammen mit den dafür notwendigen Zahlentabellen. 1952 (Herausgeber: Henry u. Lonsdale) und 1983 (Herausgeber: Hahn) erschienen umfangreich überarbeitete und erweiterte Ausgaben der *International Tables for (X-Ray) Crystallography.*

Zur anomalen Streuung

Das Friedelsche Gesetz gilt streng nur für zentrosymmetrische Strukturen. Deutliche Abweichungen für nicht-zentrosymmetrische Strukturen findet man, wenn die Wellenlänge der Strahlung mit einer Absorptionskante einer bestimmten Atomsorte der Struktur übereinstimmt. Experimentell wurde die Verletzung des Friedelschen Gesetzes bei der Beugung an den (111)- und (−1, −1, −1)-Flächen von ZnS-Kristallen von Coster et al. (1930), Professor in Groningen, nachgewiesen. Sie benutzten die $L\alpha_1$ bzw. $L\alpha_2$ Emissionslinien von Gold, denn die Au-$L\alpha_2$ Linie liegt sehr nahe an der K-Absorptionskante von Zink.
Diese Beobachtung war der Beginn der Anwendung der anomalen Streuung in der Strukturbestimmung, an deren Entwicklung Bijvoet – von 1939–1962 Professor für Anorganische Chemie an der Universität Utrecht – entscheidenden Anteil hatte. Unter der Bezeichnung „anomale Streuung" werden die Effekte zusammengefaßt, die insbesondere dann zu berücksichtigen sind, wenn die Frequenz des Röntgenstrahls in der Nähe einer Absorptionskante eines Atoms der Struktur liegt. Anomale Streuung ist ein Resonanzeffekt. Dabei werden sowohl der Realteil als auch der Imaginärteil des Atomstreufaktors beeinflußt: $f = f_0 + f' + if''$. f_0 ist der Anteil des Atomstreufaktors, wenn die Frequenz der Strahlung wesentlich höher als die Resonanzfrequenz der Absorptionskanten ist. f' und f'' bezeichnet man als Dispersionskorrekturen. Die ersten Berechnungen dazu wurden für wasserstoffähnliche Atome von Hönl (1933) publiziert. Heute werden allgemein die von Cromer u. Libermann (1983) berechneten Werte benutzt.
Für Strukturen mit nicht-zentrosymmetrischen Raumgruppen gibt es immer 2 enantiomorphe Formen, d. h. daß ein Strukturpaar, das durch ein gedachtes Symmetriezentrum aufeinander abgebildet werden könnte (Enantiomorphie-Problem). Die Auflösung dieser Zweideutigkeit bezeichnet man allgemein als „Bestimmung der absoluten Struktur". Solange die Atomstreufaktoren f als reell betrachtet werden können, gilt das Friedelsche Gesetzt. Dann sind die beiden enantiomorphen Formen aus Röntgenbeugungsdaten allein nicht zu unterscheiden. Der Imaginärteil f'' führt zur Verletzung der Friedelsches Gesetzes für nicht-zentrosymmetrische Strukturen, d. h. $I(hkl) \neq I(-h, -k, -l)$, aus der man die beiden Konfigurationen unterscheiden kann.
Bijvoet et al. (1951) haben als erste die anomale Streuung zur Bestimmung der absoluten Konfiguration von chiralen, optisch aktiven Verbindungen, welche die Polarisationsebene des Lichts drehen, angewandt. Unter absoluter Konfiguration versteht man die Zuordnung der enantiomorphen Form zur Chiralität.
Die Bestimmung der absoluten Konfiguration ist für physiologisch wirksame Substanzen, z. B. Pharmazeutika, äußerst wichtig. Verbindungen unterschiedlicher Chiralität können dramatisch unterschiedliche physiologische Wirkungen haben. Während die eine Form die gewünschte pharmakologische Wirkung zeigt, kann die andere sogar toxisch wirken.
Bijvoet hat auch darauf hingewiesen, daß die Effekte durch anomale Streuung zur Bestimmung der Strukturfaktorphasen benutzt werden können (s. unten).
Untersuchungen in den letzten Jahren zeigten, daß in der Nähe von Absorptionskanten die dielektrischen Materialkonstanten auch für Röntgenstrahlen anisotrop, d. h. richtungsabhängig, in tensorieller Form behandelt werden. Das führt dazu, daß die Auslöschungsregeln für bestimmte Beugungsgeometrien aufgehoben werden (Templeton u. Templeton 1985; Dmitrienko 1983). Diese neue Beugungsphysik ist Gegenstand der aktuellen Forschung.

Zur Überwindung des Phasenproblems

Wie schon weiter oben ausgeführt wurde, können die Phasen der gebeugten Wellen nicht direkt gemessen werden (Phasenproblem). Somit ist es nicht möglich, die Elektronendichteverteilung auf direktem Wege aus einer Fourier-Reihe zu berechnen. Es wurden jedoch Methoden zur Überwindung des Phasenproblems erarbeitet, und heute ist es sogar möglich, Phasenbeziehungen zwischen Bragg-Reflexen experimentell zu bestimmen. Die Weiterentwicklung dieser Methoden ist bis heute Gegenstand der Forschung.

Die ersten einfachen Strukturen, d. h. Strukturen mit wenigen Atomen in der Elementarzellen, wurden durch das Trial-and-error-Verfahren gelöst. Mit plausiblen chemischen Argumenten, wie z. B. Packung von Kugeln mit atomspezifischen Radien, wurden Strukturmodelle mehr oder weniger erraten, daraus Beugungsintensitäten berechnet und mit den gemessenen Beugungsintensitäten verglichen (R-Wert-Test). Mit zunehmender Komplexität der Strukturen wurden die Erfolgsaussichten, mit der Trial-and-error-Methode, ein angenähertes Modell zu finden, immer unwahrscheinlicher. Man suchte nach systematischen Methoden zur Überwindung des Phasenproblems. Bereits 1930 wies Zachariasen darauf hin, daß es bei Anwesenheit von schweren Atomen hoher Ordnungszahl bereits genügen könnte, die Lage der Schweratome zu erraten.

Die resultierende Phase aus den Streuwellen der schweren Atome bestimmt im wesentlichen die Phase des Strukturfaktors. Eine Fourier-Reihe, berechnet aus den gemessenen Strukturfaktorbeträgen mit den durch die Lage der Schweratome bestimmten Phasen, ergibt dann ein grobes Bild der Struktur, das weiter verfeinert werden kann. Die erste Struktur, die mit einer solchen Trial-and-error-Schweratom-Methode gelöst wurde, war KH_2PO_4 (West 1930).

Die Schweratommethode wurde schnell auch auf die Bestimmung organischer Strukturen übertragen, wobei Schweratome als Substituenten chemisch eingebaut wurden. Sie wird heute häufig in Kombination mit der Patterson-Methode angewendet.

Patterson veröffentlichte 1934 eine Fourier-Reihen-Methode auf der Basis der Betragsquadrate der Strukturfaktoren $|F(h)|^2$, die direkt aus den gemessenen Intensitäten der Bragg-Reflexe bestimmt werden können. Die Patterson-Funktion $P(\mathbf{u})$ ist nichts anderes als die Selbstfaltung (Autokorrelationsfunktion) der Elektronendichte. Sie weist Maxima an den Stellen $\mathbf{u}$ auf, wenn der Verschiebungsvektor $\mathbf{u}$ einem Abstand zwischen 2 Atomen entspricht. Die Höhe eines Maximums der Patterson-Funktion ist proportional zum Produkt der Ordnungszahlen der beiden verknüpften Atome. Da die Zahl der Maxima N(N-1) mit der Zahl N der Atome in der Elementarzelle quadratisch anwächst, ist es bei wachsendem N schwierig, die Maxima wegen zu starker Überlappung zu erkennen. Aber oft gelingt es wenigstens, die Maxima von interatomaren Vektoren zwischen Schweratomen wegen ihrer besonderen Höhe zu erkennen. Daraus können dann die Lagen der Schweratome bestimmt werden.

Heute gibt es ausgefeilte Computer-Programme für die automatische Auswertung der Patterson-Funktion (Robinson u. Sheldrick 1988) zur Bestimmung der Lagen der Schweratome, wobei insbesondere die Maxima in der Patterson-Funktion, die auf Harker-Schnitten und Harker-Geraden liegen, ausgewertet werden. Harker hat schon 1936 darauf hingewiesen, daß es Ebenen und Gerade in der Patterson-Funktion gibt, auf denen idealerweise nur Maxima von symmetrisch-äquivalenten Atomen erscheinen.

Die heute wichtigste Methode zur Bestimmung der Kristallstrukturen sind die sog. „Direkten Methoden". Diese Methoden werden so bezeichnet, weil sie auf direktem Weg aus den beobachteten Strukturfaktorbeträgen – Amplituden der Bragg-Reflexe – Beziehungen zwischen Strukturfaktorphasen auf Grund von mathematischen Gesetzmäßigkeiten ableiten. Wenn man plausible Annahmen für die Elektronendichteverteilung macht, entstehen Beziehungen zwischen Amplituden und Phasen:

a) Die Elektronendichte soll überall positiv sein.
b) Die Elektronendichte soll atomistisch aufgelöst sein, d. h. vernachlässigbarer Überlapp der Elektronendichten benachbarter Atome.

Die Entwicklung der Direkten Methoden geht auf Sayre (1952) und Karle u. Hauptmann (1953) zurück. Letztere wurden 1985 mit dem Nobelpreis für Chemie ausgezeichnet. Heute werden über 80% aller Strukturen mit Hilfe der Direkten Methoden gelöst.

Die zentrale Rolle spielt dabei die sog. Triplettphasenbeziehung $\phi(\mathbf{kh}) = \varphi(-\mathbf{h}) + \varphi(\mathbf{k}) + \varphi(\mathbf{h}-\mathbf{k}) \approx 0$. Sie besagt, daß die Summe der Strukturfaktorphasen φ, deren zugehörige Vektoren des reziproken Gitters ein geschlossenes Dreieck bilden mit $-\mathbf{h}+\mathbf{k}+(\mathbf{h}-\mathbf{k})=0$, näherungsweise null ist, d. h. aus 2 bekannten Phasen kann der wahrscheinliche Wert für die dritte Phase abgeschätzt werden. Die Wahrscheinlichkeit für Zuverlässigkeit der Abschätzung ist um so größer, je größer die relativen, geeignet normierten Strukturfaktoren der zugehörigen Bragg-Reflexe sind. Sie kann aus wahrscheinlichkeitstheoretischen Gesetzmäßigkeiten unter der Voraussetzung, daß die Atome in der Elementarzelle statistisch verteilt sind, d. h. die Ortskoordinaten unabhängige Variable sind, berechnet werden (Cochran 1955).

In den letzten Jahren ist eine neue Methode zur direkten experimentellen Bestimmung von Triplettphasen entwickelt worden. Bei gleichzeitiger Anregung von wenigstens 2 Bragg-Reflexen kommt es wegen ihrer gegenseitigen Kopplung zu Interferenzerscheinungen. Der Interferenzkontrast hängt von der Triplettphase der beteiligten Bragg-Reflexe ab. Er wird mit einem besonderen Drehkristallverfahren gemessen (Hümmer u. Billy 1985; Chang 1987). Besonders vorteilhaft ist dabei die Verwendung von Synchrotronstrahlung. Diese Methode eröffnet neue Wege in der Strukturbestimmung, insbesondere für biologische Makromolekülstrukturen, z. B. Proteine (Weckert et al. 1993), für die Direkten Methoden nicht unmittelbar angewendet werden können und deren Strukturlösung bis heute über mehrere chemische Zwischenschritte (isomorpher Ersatz) erfolgt und damit sehr zeitaufwendig ist.

Die Methode des „isomorphen Ersatzes“ ist die wichtigste Methode zur Lösung von Makromolekülstrukturen. Dabei werden mit Hilfe des im Kristall vorhandenen Lösungsmittels meistens Schweratomgruppen z. B. an ein Protein angehängt, wobei angenommen wird, daß dadurch die ursprüngliche Struktur nicht geändert wird. Man braucht mindestens 2 Derivate, um aus den Differenzen der Intensitäten die Strukturfaktorphasen eindeutig bestimmen zu können.

Ebenfalls auf der Auswertung von Intensitätsdifferenzen zur Phasenbestimmung beruht die MAD-Methode (Multi-wavelength Anomalous Dispersion). Dazu werden mehrere Datensätze bei unterschiedlichen Wellenlängen gemessen. Diese werden so gewählt, daß die Dispersionskorrekturen f' und f'' möglichst unterschiedlich große Beiträge liefern (Helliwell 1992).

Zur experimentellen Entwicklung

Bis Mitte der 20er Jahre wurde hauptsächlich die Laue-Methode verwendet. Die Beugung an kristallinen Pulverproben wurde 1916 von Debye u. Scherrer entdeckt. Die nach ihnen benannte Pulverkamera ist ein sehr einfaches Instrument zur photographischen Registrierung des Beugungsbildes. Um die Probe liegt zylindrisch ein Filmstreifen, auf dem dann Schnitte durch die Beugungskegel, sog. Pulverlinien, zu sehen sind. Sie wird z. B. zur schnellen und genauen Bestimmung von Gitterkonstanten eingesetzt. Seemann (1919) und Bohlin entwickelten eine „fokussierende“ Pulverkamera; dazu müssen Lichtquelle, beugende Probe und Film auf einem Kreis (Fokussierungskreis) angeordnet sein (vgl. Abb. 2). Guinier (1937) hat diese Anordnung weiter verbessert durch Vorsatz eines fokussierenden Monochromators, bestehend aus einem gekrümmten Kristall, der für den gebeugten Strahl wie ein Hohlspiegel wirkt.

Die monochromatischen Beugungsmethoden, wobei der Kristall in irgend einer Weise gedreht oder gekippt werden muß, kamen erst Mitte der 20er Jahre in Gebrauch. Die einfachste Anordnung, die Drehkristallmethode, bei der ein vororientierter Kristall um eine Achse gedreht wird und der Film zylindrisch um die Drehachse angeordnet ist, wurde erst durch die Arbeit von Bernal (1926) für quantitative Messungen genutzt.

Weissenberg hat bei der nach ihm benannten Kamera die Drehbewegung mit einer Translation des Filmzylinders in Richtung der Drehachse gekoppelt. Durch Blenden gelangen nur gebeugte Strahlen von bestimmten Ebenen des reziproken Gitters auf den Film. Damit können die (hkl)-Indizes der Reflexe, die Symmetrie des Gitters, die Gitterparameter und systematische Auslöschungen bestimmt werden. Weissenberg-Aufnahmen werden auch heute noch angefertigt, um sich einen schnellen Überblick zu verschaffen.

In der Folgezeit wurden verschiedene Techniken mit ebenen Filmen entwickelt. Am meisten verbreitet ist heute die Buerger-Präzession-Kamera. Dabei führt die Normale einer Ebene des reziproken Gitters eine präzedierende Bewegung aus und der ebene Film wird immer parallel dazu mitbewegt. Während die Weissenberg-Kamera eine verzerrte Abbildung des reziproken Gitters liefert, erhält man bei der Präzessionkamera eine unverzerrte vergrößerte Abbildung. Die Auswertung ist somit wesentlich einfacher. Durch Verschiebung von Blenden kann man nacheinander verschiedene ebene Schnitte durch das reziproke Gitter legen.

Zur Strukturbestimmung ist die genaue Vermessung der Beugungsintensitäten notwendig, denn sie enthalten die Strukturinformation. Filmmethoden eignen sich nur bedingt für die Messung der Integralintensitäten. Die Basis für einen elektronischen Detektor bildete der während des 2. Weltkriegs entwickelte Geiger-Müller-Zähler. Die Proportionalzähler wurden zunächst mit Weissenberg-Goniometer kombiniert.

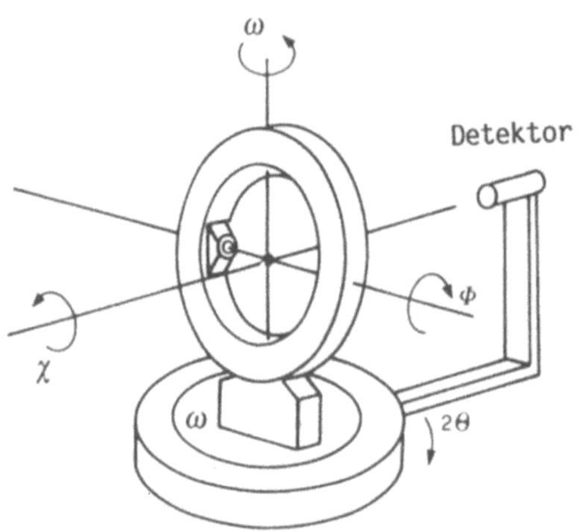

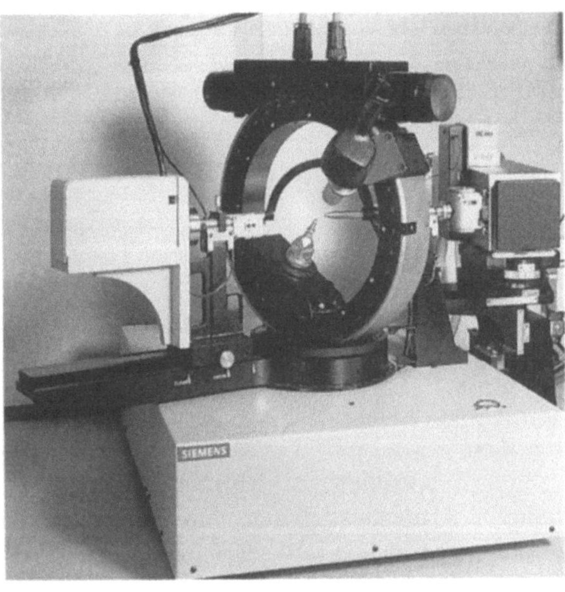

Abb. 1. Prinzipskizze *(oben) und* technische Ausführung eines Vierkreisdiffraktometers mit Vollkreis-Euler-Wiege *(unten)*

Mitte der 50er Jahre setzte die Entwicklung der heute gebräuchlichen automatischen Einkristalldiffraktometer ein. Die automatische Steuerung der Kristall- und Detektorbewegung war eine Folge der Rechnerentwicklung. Die Automatisierung der Meßdatenerfassung war einer der Meilensteine in der Entwicklung der Kristallstrukturanalyse. Das ist allein daran zu ermessen, daß für eine mittelgroße Struktur die Integralintensität von einigen hundert oder sogar einigen tausend Reflexen zu messen sind. Die heute angebotenen Seriengeräte bestehen im allgemeinen aus 3 Drehkreisen für die Kristallbewegung und einem Drehkreis für die Bewegung des Detektors auf einer Kreisbahn um den Kristall. Mit den Kristalldrehkreisen wird der Kristall so orientiert, daß der gebeugte Strahl in der Ebene, in der sich der Detektor bewegt, erscheint und gleichzeitig wird die Beugungsposition eingestellt (vgl. Abb. 1).

Die Messung eines Intensitätsdatensatzes läuft im Prinzip nach folgendem Schema ab: Zunächst werden durch systematische Bewegung des Kristalls etwa 20–30 starke Reflexe gesucht. Aus den Beugungswinkeln berechnet das Computerprogramm die Gitterparameter und die Orientierung des Gitters bezüglich eines festen Koordinatensystems bezogen auf das Diffraktometer. Dann können weitere Reflexe gezielt angefahren werden, deren Beugungswinkel zur Verbesserung der Orientierung herangezogen werden. Anschließend beginnt die systematische Messung der Integralintensitäten nacheinander für die einzelnen Reflexe. Es können etwa 100 Reflexe pro Stunde gemessen werden.

Automatische Pulverdiffraktometer sind einfacher aufgebaut. Im Prinzip muß nur der Detektor um die Probe bewegt werden. Die handelsüblichen Diffraktometer verwenden entweder die Guinier-Geometrie mit vorgeschaltetem fokussierendem Monochromator, häufig in Kombination mit einem ortsempfindlichen Detektor, oder die Seemann-Bohlin-Geometrie. Bei der letzten Anordnung wird die ebene Probe oder die Röntgenquelle so gedreht, daß bezüglich der Probenebene Einfalls- und Ausfallswinkel gleich sind (vgl. Abb. 2). Der Detektor registriert die gebeugte Intensität (Pulverlinien) in Abhängigkeit vom Beugungswinkel.

Häufig wird die Pulverbeugung bei der Untersuchung der chemischen Zusammensetzung von polykristallinen Proben, wie sie z. B. in einem Reaktionsprozeß anfallen, eingesetzt. Die einzelnen Komponenten können aus den auftretenden Beugungswinkeln, die mit den Gitterparametern zusammenhängen, und den zugehörigen Intensitäten, die für die Struktur charakteristisch sind, identifiziert werden. Jede Struktur liefert ein typisches Pulverbeugungsdiagramm, ähnlich einem Fingerabdruck. Die Pulverbeugungsdiagramme für etwa 45000 Substanzen sind in einem Powder Diffraction File (PDF) zusammengestellt, der von einer internationalen Organisation, der Joint Committee for Powder Diffraction Standards (JCPDS), verwaltet wird.

Für die Bestimmung unbekannter Strukturen ist Pulverdiffraktometrie weniger gut geeignet. Das liegt einmal daran, daß alle Bragg-Reflexe, die zu reziproken Gittervektoren gleicher Länge gehören, beim gleichen Beugungswinkel zusammenfallen, zum anderen daran, daß wegen der Überlappung der Intensitätsprofile benachbarter Pulverlinien die Messung der Integralintensitäten mit großen Fehlern behaftet ist. Diese Auswertung ist

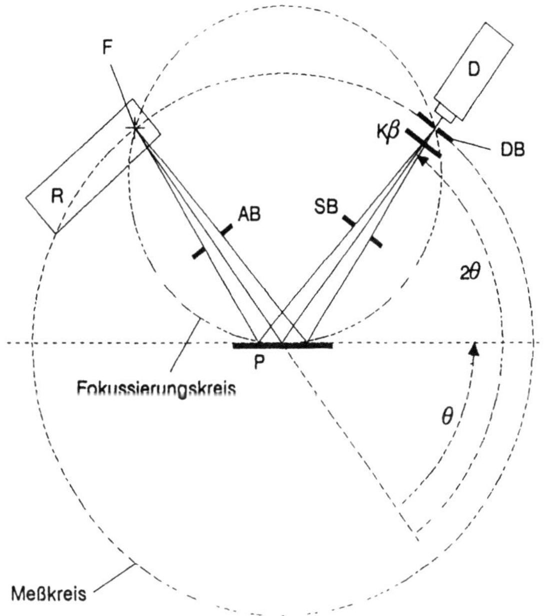

θ	Glanzwinkel	Kβ	Kβ-Filter
2θ	Beugungswinkel	P	Probe
AB	Aperturblende	R	Rontgenröhre
D	Detektor	SB	Streustrahlblende
DB	Detektorblende		
F	Brennfleck		

Strahlengang des Diffraktometers

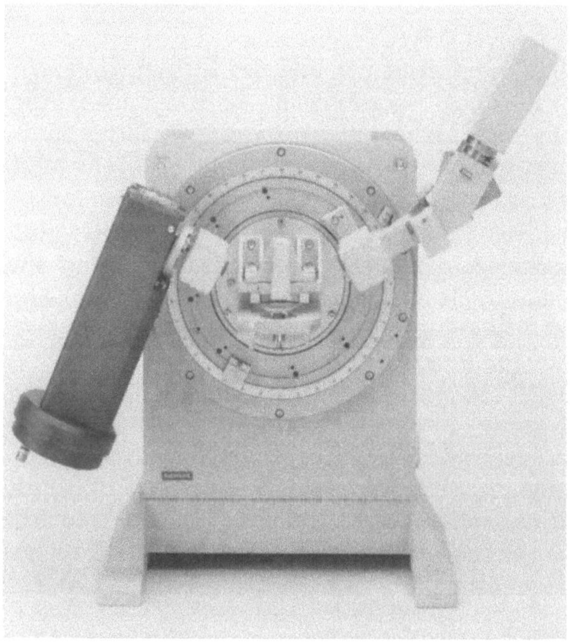

Abb. 2. Prinzipskizze *(oben)* und technische Ausführung eines Pulverdiffraktometers in Seemann-Bohlin-Geometrie *(unten)*

mit Einführung der Rietveld-Verfeinerung (1969) wesentlich verbessert worden. Dabei werden vorgebene Profilfunktionen, in den einfachsten Fällen Gauß- oder Lorentz-Funktionen, an die gemessenen Intensitätsprofile angepaßt und daraus die Integralintensitäten berechnet.
Die Laue-Methode hat in den letzten Jahren, insbesondere in Zusammenhang mit der Bestimmung von Makromolekülstrukturen, eine Renaissance erlebt (Helliwell 1992). Die Schwierigkeiten der Intensitätsmessung mit der Laue-Methode bestehen aus folgenden Gründen:

1. Die Bragg-Reflexe verschiedener Beugungsordnungen der gleichen Netzebenenschar fallen zusammen, da die Braggsche Gleichung für die n-te Ordnung und für die Wellenlänge λ/n bei konstantem Beugungswinkel erfüllt ist.
2. Jedes Beugungsmaximum enthält eine andere Wellenlänge und die gemessenen Intensitäten müssen bezüglich der Wellenlänge normiert werden. Nun zeigen aber Abschätzungen, daß in 83% aller Laue-Maxima nur eine Beugungsordnung enthalten ist und bei Verwendung von Synchrotronstrahlung ist die Wellenlängen-Normierung leichter durchzuführen. Der große Vorteil der Laue-Methode ist jedoch die Schnelligkeit, mit der man ein Laue-Diagramm aufnehmen kann, da alle Laue-Maxima gleichzeitig erscheinen. Mit Synchrotronstrahlung sind Laue-Aufnahmen im Millisekunden-Bereich möglich. Das erlaubt es, dynamische Vorgänge zu studieren.

Mit der Verwendung von Synchrotronstrahlung mit seinem breiten Wellenspektrum nahezu konstanter Intensität und der Entwicklung von Halbleiterdetektoren mit hoher Energieauflösung besteht die Möglichkeit, energiedispersive Beugungsmethoden einzusetzen (Buras u. Gerward 1992). Dabei wird weiße Röntgenstrahlung verwendet und der energieauflösende Detektor mißt die unter einem festen Winkel abgebeugte Strahlung, wobei das Energiefenster des Detektors kontinuierlich verändert wird. Diese Methode wird meistens dann angewandt, wenn die Probe äußeren Bedingungen ausgesetzt wird, wie z. B. hohen Drücken. Durch die Probenumgebung wird oft die freie Beweglichkeit behindert und die abgebeugte Strahlung kann nur in einem eng begrenzten Winkelbereich beobachtet werden. In diesen Fällen würden die Diffraktormetermethoden zu wenige Meßdaten liefern.

Zum Stand der Strukturanalyse

Der steile Anstieg der Strukturbestimmungen seit Mitte der 60er Jahre ist aus einem Histogramm (Abb. 3, Luger 1993) zu ersehen, das die Zahl der im Cambridge Data File registrierten organischen und metallorganischen Verbindungen darstellt. Dieser Anstieg fällt mit der Verfügbarkeit von automatischen Diffraktometern und elektronischen Rechnern sowie der Lösung des Phasenproblems durch die Direkten Methoden und deren Entwicklung zusammen. Heute werden etwa 10000 Strukturen pro Jahr publiziert.

Durch die Entwicklung von Flächendetektoren (vgl. Beitrag Göbel u. Neff, S. 352) und die zunehmende Verfügbarkeit von Synchrotronstrahlung verlagert sich das Gewicht auf die Lösung von biologisch wichtigen Makromolekülstrukturen, wie z. B. Proteine (vgl. Beitrag Reinemer u. Huber, S. 402). Die Proteinkristallographie hat sich zu einer weitgehend eigenständigen Teildisziplin entwickelt, weil für die Lösung von Proteinstrukturen besondere Techniken angewandt werden.

Im Bereich der anorganischen und organischen Strukturen sind heute hochgenaue Analysen möglich. Ein Beispiel zeigt eine neuere Strukturbestimmung mit Hilfe von Synchrotronstrahlung eines Feldspatminerals: Sanidin aus Volkesfeld in der Eifel: $(K_xNa_{1-x})AlSi_3O_8$ mit 13,7 Mol% Na (Eichhorn et al. 1994).

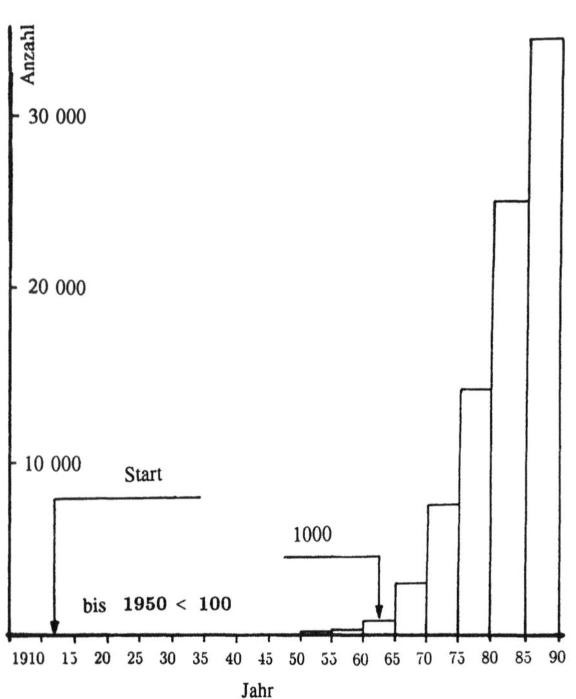

Abb. 3. Histogramm der Eintragungen im Cambridge Data File. (Modifiziert nach Luger 1993)

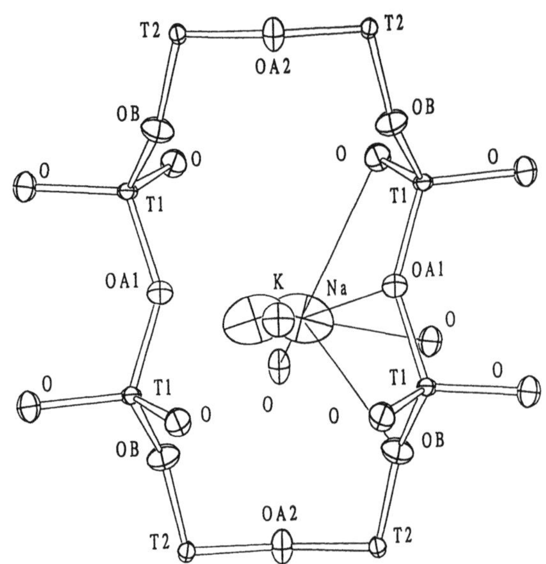

Abb. 4. Ausschnitt aus der Kristallstruktur von Sanidin. $(K_xNa_{1-x})AlSi_3O_8$. *T1, T2* Plätze der Aluminium- bzw. Silizium-Atome, die tetraedrisch von Sauerstoff *O* umgeben sind *(OA1, OA2, OB* Sauerstoffplätze in den Schnittebenen von Abb. 5). Die Ellipsoide der anisotropen thermischen Schwingungen geben eine Aufenthaltswahrscheinlichkeit von 50% an

Die Abb. 4 zeigt ein Bild der Struktur mit den anisotropen thermischen Schwingungen, die Abb. 5 die Höhenlinienkarte einer Deformationsdichte $\Delta\varrho$ in der Umgebung der Si,Al-Plätze. Man erkennt deutlich die Umlagerung der Bindungselektronen auf die Verbindungslinien T-O, dort erscheinen nämlich Maxima. Die Anhäufung von Bindungselektronen geht auf Kosten der Elektronendichte auf den abgewandten Seiten der T-O Bindung (negative $\Delta\varrho$-Dichte).

Die Abb. 6 zeigt die Genauigkeit, die bei der Messung mit Synchrotronstrahlung, insbesondere für schwache Reflexe (kleine Strukturfaktorbeträge), zu erreichen ist. Die erreichte Auflösung bei dieser Strukturbestimmung (s. Abb. 5) ist auf die genaue Messung der schwachen Reflexe zurückzuführen.

Die Dynamische Theorie der Röntgenbeugung

Die Auswertung und Berechnung der Beugungsintensitäten zur Strukturbestimmung werden im allgemeinen unter sehr vereinfachenden Annahmen der kinematischen Theorie durchgeführt. Die Schwächung der Primärstrahles durch Beugung und Mehrfachbeugung werden vernachlässigt. Diese Fehler werden häufig bei der Verfeine-

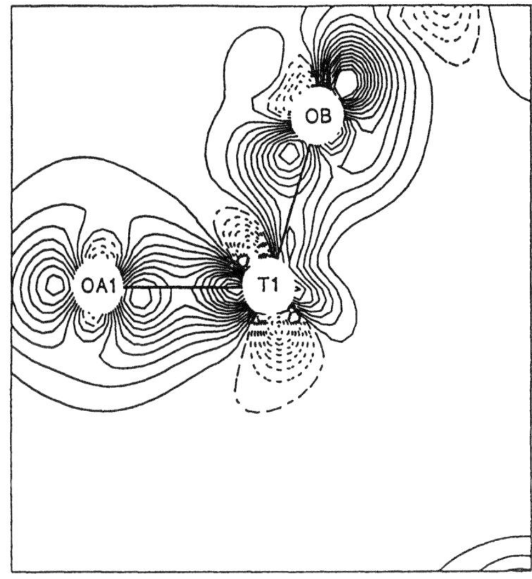

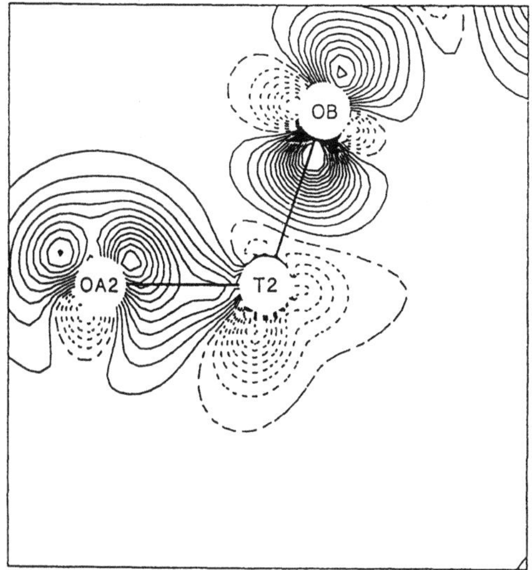

Abb. 5. Höhenlinienkarte einer Deformationsdichte $\Delta\varrho$ in der Umgebung der Al- bzw. Si-Plätze. *(T_1, T_2)* in 2 verschiedenen Schnittebenen durch die Sauerstoffatome OA1, OB bzw. OA2, OB. Die Höhenlinien sind in Abständen von $0.05 \cdot 10^{-3}$ Elektronen/nm^3 gezogen (*volle Linien* positive Dichte; *gestrichelte Linien* negative Dichte)

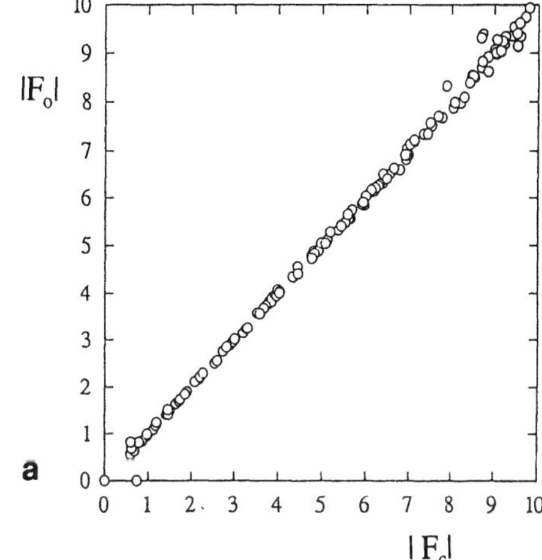

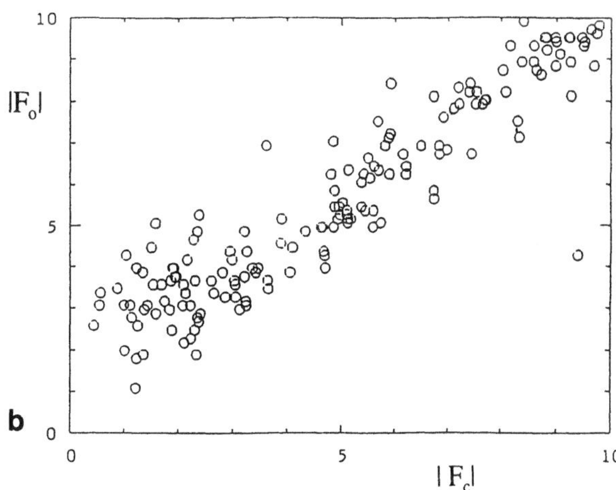

Abb. 6 a, b. Vergleich der gemessenen Strukturfaktoren $|F_0|$ mit den aus dem Strukturmodell berechneten $|F_c|$ für schwache Reflexe $|F| < 10$. **a** Synchrotronstrahlung, **b** Labormessung unter Verwendung einer Feinfokusröntgenröhre

rung der Struktur durch Extinktionsfaktoren nachträglich korrigiert.

In der dynamischen Theorie, d. h. in der elektrodynamischen Behandlung der Ausbreitung der Röntgenwellen in einem translations-periodischen Medium (Kristalloptik), ist die wechselseitige Beeinflussung der angeregten Wellenfelder, die über den Streuprozeß miteinander gekoppelt sind, selbstkonsistent enthalten. Selbstkonsistenz ist ein wichtiges Konzept in der modernen Physik. Ewald (1917) war einer der Pioniere, der dieses Konzept bei der Ableitung der Kristalloptik für Röntgenwellen in die Physik eingeführt hat.

Die Begründung der dynamischen Theorie der Röntgenbeugung für die Ausbreitung ebener Wellen in ideal perfekten Kristallen geht auf Darwin, Ewald und von Laue zurück. Bethe hat dieses Konzept auf die Elektronenbeugung übertragen. Später wurde sie von Takagi, Taupin und Kato für Kugelwellen und für Realkristalle erweitert. Einen zusammenfassenden Überblick findet der Leser in einer von der International Union of Crystallography herausgegebenen Monographie zum 100. Geburtstag von Ewald (Cruickshank et al. 1992).

Der entscheidende Ansatz dieser Theorie ist, daß die Wellenfelder wegen der Translationssymmetrie als Wellen mit gitterperiodisch sich ändernden Amplituden beschrieben werden müssen. Mit anderen Worten, das gesamte, sich selbstkonsistent einstellende Wellenfeld kann durch eine Überlagerung (Fourier-Transformation) von Wellen, die sich nur um reziproke Gittervektoren unterscheiden können, dargestellt werden. Später

hat Bloch diesen Ansatz zur Berechnung der Elektronenzustände und Elektronenwellenfunktionen in Kristallen herangezogen. Die Festkörperphysiker nennen diesen Ansatz deswegen Bloch-Wellenansatz.
Die Ausbreitung dieser Wellen wird, wie in der Kristalloptik für sichtbares Licht, durch die aus den Maxwellschen Gleichungen abgeleitete Wellengleichung beschrieben. Die Wechselwirkung mit der Materie, d.h. mit den Elektronen des Kristalls, ist in der dielektrischen Suszeptibilität enthalten, die man auch in die Brechzahl für Röntgenlicht umrechnen kann, und die mit der translationsperiodischen Elektronendichte zusammenhängt. Aus den Lösungen des daraus folgenden Eigenwertproblems, den sog. Grundgleichungen der dynamischen Theorie, erhält man die Phasengeschwindigkeiten oder die Wellenvektoren und die Amplituden der im Kristall möglichen Wellenfelder, in Abhängigkeit von der Beugungsgeometrie, durch die die Randbedingungen vorgegeben werden. Daraus können die Profilformen der Beugungserscheinungen für beliebige Geometrien berechnet werden.
Die experimentelle Überprüfung und Anwendung der theoretischen Ergebnisse verzögerte sich bis in die 50er Jahre, weil bis dahin keine Kristalle genügend guter Qualität zur Verfügung standen. Borrman (1950) entdeckte die anomale Transmission von gebeugten Strahlen, wobei die Absorption um Größenordnungen reduziert wird, wenn die Beugungsbedingungen geometrisch exakt eingestellt werden. Diesen Effekt hatte Ewald schon in seiner Habilitationsschrift berechnet und vorhergesagt.
Die Ergebnisse der dynamischen Theorie finden Anwendung z.B. bei der Interpretation von Topographieaufnahmen (Tanner 1976), der genauen Bestimmung von Strukturfaktoren über Pendellösungsinterferenzen und bei der Bestimmung von Gitterparametern mit höchster Genauigkeit (Hart 1981). Mit der zunehmenden Verfügbarkeit von Synchrotronstrahlung und der damit verbundenen Entwicklung neuer Meßmethoden ergaben sich neue Anwendungsbereiche: Design von Monochromatoren für Synchrotronstrahlung mit hoch perfekten Kristallen, Röntgeninterferrometer (Bonse u. Hart 1965), Untersuchung von Oberflächenstrukturen mit der Methode der „stehenden Wellen", experimentelle Lösung des Phasenproblems durch Messung von Phasenbeziehungen zwischen Bragg-Reflexen mit Hilfe von Mehrstrahlinterferenzen (Hümmer et al. 1992).
Einen Überblick über die dynamische Röntgenbeugung findet man bei Pinsker (1978).

Oberflächenkristallographie mit Röntgenstrahlen

Zum Verständnis der physikalisch-chemischen Eigenschaften sowie der Werkstoffeigenschaften ist die Kenntnis über die atomare Struktur der Oberläche ebenso wichtig wie die über die Volumenstruktur.
Viele Prozesse werden von der Oberfläche entscheidend beeinflußt, wie z.B. Katalyse, Korrosion, Kristallwachstum, insbesondere Epitaxie, Phasenumwandlungen.
Die Struktur an der Oberfläche kann nicht einfach durch einen geometrischen Schnitt durch die Volumenstruktur erklärt werden. Da die Bindungen der Oberflächenatome einseitig ins Leere greifen, wird eine Rekonstruktion der Oberfläche, eine Umordnung der Oberflächenatome gegenüber ihrer Lage im Volumen, stattfinden. Dabei wird nicht nur die äußerste Atomlage einbezogen, sondern der Übergang vom Volumen zum Vakuum umfaßt i. allg. einige Atomlagen. Rekonstruierte Zwischenschichten durch Anpassung der jeweiligen Strukturen findet man auch im Bereich der Grenzschicht zwischen 2 Materialien, z.B. bei der Epitaxie.
Durch die unabgesättigten Bindungen an der Oberfläche wird die Anlagerung von Fremdatomen aus der umgebenden Gasatmosphäre begünstigt.
Es ist eine Reihe von Methoden zur Untersuchung von Oberflächenstrukturen in den letzten 2 Jahrzehnten entwickelt worden: Beugung langsamer Elektronen (LEED), Streuung niederenergetischer Ionen (LEIS), Rastertunnelmikroskopie (RTM).
Die Röntgenbeugung an Oberflächen gehört neben der RTM zu den jüngeren Methoden. Das hängt mit der relativ schwachen Wechselwirkung zwischen Röntgenstrahlen und Elektronen und der damit verbundenen großen Eindringtiefe zusammen. Deshalb erhält man mit herkömmlichen Beugungsexperimenten nur Informationen über die Volumenstruktur.
Läßt man dagegen den Röntgenstrahl fast streifend auf eine Oberfläche fallen, der Einstrahlwinkel beträgt dabei einige Zehntel Grad, so findet Totalreflexion statt, da die Brechzahl n für Röntgenlicht <1 ist. Es gilt $n = 1 - \delta$ mit δ in der Größenordnung von 10^{-5}. Der Grenzwert für den Winkel der Totalreflexion – gemessen gegen die Oberfläche – ergibt sich aus $\alpha_c = (2\delta)^{1/2}$. Im Bereich der Totalreflexion reduziert sich die Eindringtiefe auf typisch 5 nm. Unter streifendem Einfall (GID: grazing incidence diffraction) wird die Beugung an Netzebenen, die senkrecht zur

Oberfläche stehen, beobachtet (Feidenhans'l 1989; Robinson 1991).
Einer der Vorteile der Röntgenbeugung an Oberflächen im Vergleich zu LEED liegt in der Auswertung der Intensitätsdaten. Für Röntgenbeugung kann die einfache kinematische Näherung, unter Vernachlässigung von Vielfachstreuung, herangezogen werden.
Die steile Entwicklung dieser Methode setzte nach der Pionierarbeit von Eisenberger u. Marra (1981) Mitte der 80er Jahre ein. Sie hängt mit der Verfügbarkeit von Synchrotronstrahlung zusammen. Eine typische Kristalloberfläche hat 10^{15} Atome/cm^2. Bei einer bestrahlten Fläche von 1 cm^2 würden die Oberflächenatome ein Volumen von etwa 10 µm^3 einnehmen. Diese Abschätzung macht die Notwendigkeit des Einsatzes von leuchtstarken Röntgenstrahlquellen deutlich.
Mit der Methode der „stehenden Wellen" wird insbesondere die Lage von adsorbierten Atomen an der Oberfläche untersucht. Bei der Beugung an Netzebenen des Kristallgitters, die parallel zur Oberfläche liegen, bildet sich in der Nähe der Oberfläche ein stehendes Wellenfeld aus, dessen Knotenebenen parallel zur Oberfläche liegen. Bei geringer Änderung des Einstrahlwinkels verschieben sich die Knoten senkrecht zur Oberfläche. Die adsorbierten Atome in Bereichen großer elektrischer Feldstärke zwischen den Knotenebenen werden zur Röntgenfluoreszenz angeregt. Aus der Fluoreszenzausbeute als Funktion des Einstrahlwinkels kann die Lage der Atome über der Oberfläche bestimmt werden (Bedzyk u. Materlik 1985).

Röntgenographische Untersuchung der Realstruktur und Röntgentopographie

Im allgemeinen beziehen sich die angegebenen Koordinaten der Atomlagen, die aus Beugungsdaten bestimmt werden, auf eine Idealstruktur. Darunter versteht man eine ungestörte, dreidimensional periodische Struktur, in der die Lage deren räumlichen und zeitlichen Mittelwerten, der sog. „gemittelten Struktur", entsprechen. Die Beugungserscheinungen werden jedoch auch durch alle Abweichungen von der Idealstruktur, durch die Realstruktur, beeinflußt. Störungen sind mit Verzerrungen des Gitters verbunden, wodurch sich einerseits die Orientierung und der Abstand der Netzebenen verändern, was zu einer Verschiebung bzw. Verbreiterung der Reflexe (Orientierungseffekte) führt; andererseits beeinträchtigen die zeitlichen und/oder räumlichen Abweichungen von der Idealstruktur die Kohärenz der gestreuten Wellen, wodurch die Intensität der Bragg-Reflexe beeinflußt wird (Extinktionseffekte) und diffuse Streuung neben den Bragg-Reflexen auftritt.
Eine unvermeidbare Störung ist die durch die thermische Energie bedingte Schwingung der Atome um ihre Gleichgewichtslage. Diese Schwingungen kann man als eine Überlagerung von vielen elastischen Wellen, den sog. akustischen und optischen Phononen, die durch den Kristall laufen, darstellen. Daraus berechneten Debye (1914) und Waller (1923), daß die Intensität der Bragg-Reflexe vermindert wird (s. oben). Aus Gründen der Energieerhaltung muß sog. thermisch diffuse Streuung (TDS) auftreten. Bereits in den 20er Jahren wurden diffuse Streifen und Maxima auf Laue-Aufnahmen diskutiert, ohne daß man ihren Ursprung zufriedenstellend erkären konnte. Die ersten systematischen experimentellen Untersuchungen zur TDS und Berechnungen zum Zusammenhang zwischen TDS und thermisch angeregten elastischen Wellen auf der Grundlage der Debye-Waller-Theorie wurden von Laval (1938) durchgeführt. Ramachandran u. Wooster (1949) verwendeten diese Theorie zur Bestimmung der elastischen Konstanten von kubischen Kristallen aus der TDS.
In dicht gepackten Strukturen, wie in metallischen Legierungen, können die in einem Wirtsmetall gelösten Atome (feste Lösung) auf Grund ihrer unterschiedlichen Größe statische Verzerrungen erzeugen, ganz analog zu den dynamischen eleastischen Verzerrungen durch Temperaturbewegung. Sie verursachen ebenfalls diffuse Streuung ähnlich zur TDS. Außerdem kann sich die Gitterkonstante in Abhängigkeit von der Zusammensetzung verändern, die sich dann in Lageverschiebungen der Bragg-Reflexe bemerkbar macht. Bei vielen Mischkristallen bzw. Legierungen ändern sich die Gitterkonstanten näherungsweise linear mit der Zusammensetzung (Vegardsche Regel).
Orientierung- und Extinktionseffekte werden auch von Kristalldefekten verursacht. Dazu gehören Liniendefekte, wie Versetzungen, ebene Defekte, wie z. B. Stapelfehler und Punktdefekte, wie Leerstellen, Zwischengitteratome und Fehlbesetzungen.
Die räumliche Verteilung des Intensitätskontrastes innerhalb eines Bragg-Reflexes durch Orientierungs- und Extinktionseffekte wird mit einer speziellen röntgenographischen Methode, der Röntgentopographie, untersucht. Zusammenfassende Artikel über diffuse Streuung findet man in den *International Tables for Crystallography, Volume B* (Willis 1993; Jagodzinski u. Frey 1993).

Röntgenstrahltopographie

Die Entwicklung dieser Technik zur Abbildung von Defekten in sonst perfekten Kristallen begann Ende der 50er, Anfang der 60er Jahre (vgl. Tanner 1976). Im Gegensatz zur Elektronenmikroskopie können mit der Röntgentopographie große Bereiche von dicken Kristallen untersucht werden. Sie wird heute vornehmlich als Standardmethode zur Qualitätskontrolle in der Kristallzüchtung und insbesondere zur Kontrolle des Ausgangsmaterials bei der Herstellung von hochintegrierten elektronischen Bauelementen eingesetzt.
Der experimentelle Aufbau ist sehr einfach. Auf einem ebenen Film wird die Intensität eines bestimmten Bragg-Reflexes eines großflächig beleuchteten Kristalls entweder in Reflexion oder Transmission aufgezeichnet. Der Hell-dunkel-Kontrast innerhalb des gebeugten Strahls wird von Defekten im nahezu perfekten Kristall erzeugt.
Zur quantitativen Auswertung und Interpretation der Topographieaufnahmen hinsichtlich der Art der Defekte muß die dynamische Theorie herangezogen werden.

Modulierte Strukturen und Quasikristalle

Die dreidimensionale Gitterperiodizität ist die grundlegende Symmetrie zur Charakterisierung des kristallinen Zustandes, und sie ist die Basis der 230 Raumgruppen der kristallographischen Symmetrieoperationen. Bereits zu Beginn des 20. Jahrhunderts und in der Folgezeit immer häufiger wurden kondensierte Phasen beobachtet, die eine langreichweitige Ordnung, aber im strengen Sinn keine Gitterperiodizitäten, zeigten. Ihre Beugungsbilder zeichnen sich dadurch aus, daß zwar scharfe Bragg-Reflexe beobachtet wurden, diese aber nicht einem dreidimensionalen reziproken Gitter zugeordnet werden können.
Inkommensurabel modulierte Strukturen (IMS) sind durch sog. Satellitenreflexe charakterisiert, die von den Hauptstrukturreflexen durch ganzzahlige Vielfache eines Modulationsvektors q* getrennt sind. Die Menge der Reflexe kann durch reziproke Vektoren $\mathbf{H} = h\mathbf{a}^* + k\mathbf{b}^* + l\mathbf{c}^* + m\mathbf{q}^*$ dargestellt werden, wobei die Menge der Vektoren **H** kein dreidimensionales Gitter bildet, d. h. **q*** hat irrationale Komponenten bezüglich **a***, **b***, **c***. Mit anderen Worten, die Bragg-Reflexe können nicht durch 3 ganze Zahlen bezüglich einer Basis **a***, **b***, **c*** eines dreidimensionalen reziproken Gitters indiziert werden. Im allgemeinen nimmt die Intensität der Satellitenreflexe mit zunehmenden m schnell ab. Man unterscheidet zwischen Verschiebungs- und Dichte-, oder Besetzungsmodulationen.
Die Beugungsbilder von Quasikristallen zeigen sog. „nicht-kristallographische" Symmetrien, wie 5, 8, 10 oder 12zählige Drehachsen, die in dreidimensional periodischen Gittern nicht auftreten können.
Die ersten Hinweise auf langreichweitig geordnete Phasen wurden bei der Untersuchung des Minerals Calaverit entdeckt (Smith 1903). Die gut ausgebildeten Flächen der „Kristalle" gehorchten nicht dem Rationalitätsgesetz. Donnay (1935) konnte zeigen, daß Flächen, die nicht ganzzahlig zu indizieren waren, zusätzliche Bragg-Reflexe – Satellitenreflexe – zur Folge haben. Die bemerkenswerte „nicht-kristallographische" Morphologie von Calaverit konnte durch eine inkommensurable Modulation erklärt werden (Dam et al. 1985). Satellitenreflexe wurden auch in magnetisch geordneten Strukturen entdeckt (Herpin et al. 1960).
In einer Aufsehen erregenden Arbeit zeigten Shechtman et al. (1984) zum ersten Mal 5zählige Symmetrie im Elektronenbeugungsbild von sehr schnell abgeschreckten Legierungen von Aluminium mit 10–14% Mangan, Eisen oder Chrom. Sie bestimmten die Punktgruppe des Beugungsbildes zu $m\bar{3}\bar{5}$ (Ikosaeder-Symmetrie), mit 6 5zähligen, 10 3zähligen und 15 2zähligen Drehachsen und zusätzlicher Zentrosymmetrie. Diese Symmetriegruppe ist mit der dreidimensionalen Translatinssymmetrie nicht vereinbar. Zur ganzzahligen Indizierung der Reflexe benötigt man, wie bei den modulierten Strukturen, mehr als 3 Indizes.
Die Möglichkeit, die Reflexe in diesen langreichweitig geordneten, jedoch dreidimensional nichtperiodischen Strukturen, in einem $(3+d)$-dimensionalen Raum ganzzahlig indizieren zu können, legt den Schluß nahe, das Beugungsbild und die Struktur selbst in einem $(3+d)$-dimensionalen Raum zu beschreiben. In dem höherdimensionalen Raum liegt wieder strenge Translatinssymmetrie vor. Den dreidimensionalen Beobachtungsraum erhält man aus einem Schnitt bzw. einer Projektion des höherdimensionalen Raumes. Die $(3+d)$-dimensionale Translationssymmetrie führt zu Superraumgruppen (Janssen et al. 1992).

Röntgenographische Untersuchung der lokalen Struktur (EXAFS)

Mit Hilfe von Röntgenbeugungsexperimenten gewinnt man Information über die gemittelte translationsperiodische oder langreichweitig geordnete Struktur. Die Untersuchung der Feinstruktur auf der kurzwelligen Flanke der Absorptionskante eines bestimmten chemischen Elementes in einem Kristall, die bei Röntgenabsorptionsmessungen zu beobachten ist, liefert Information über die lokale Umgebung dieses Atoms. Diese Methode wird mit EXAFS bezeichnet: Extended X-ray Absorption Fine Structure.

Durch Absorption wird z. B. ein Elektron aus der K-Schale angeregt. Die Energie des Röntgenlichts liegt dabei um einige eV höher als die Energie der K-Absorptionskante. Mit dieser überschüssigen kinetischen Energie läuft das Elektron durch den Kristall und wird an den Nachbaratomen zurückgestreut. Durch die Interferenz der auslaufenden und zurückgestreuten Elektronenwelle wird die Übergangswahrscheinlichkeit, d. h. die Absorption, erhöht oder erniedrigt, je nachdem, ob die Phasendifferenz der Wellen zu einer konstruktiven oder destruktiven Interferenz am Ort des beobachteten Atoms führt. Die Phasendifferenz hängt vom doppelten Abstand zum Nachbaratom, von der Energie, d. h. von der Wellenlänge, des auslaufenden Elektrons und von der chemischen Natur der Nachbaratome ab. Dies führt zu einer periodischen Modulation des Absorptionskoeffizienten als Funktion der Energie auf der hochenergetischen Flanke einer Absorptionskante. Frequenz und Amplitude der Modulation enthalten Information über die Geometrie und Chemie der lokalen Umgebung des Atoms, dessen Absorptionsfeinstruktur gemessen wird.

Im Prinzip ist diese Methode eine Elektronenbeugungsmethode, wobei ausgewählte Atome als Elektronenquellen und Elektronendetektoren gleichzeitig wirken. Die Elektronenbeugung wird jedoch durch Röntgenabsorption angeregt und die Elektronenenergie kann über die Energie des Röntgenlichts mit hoher Auflösung abgestimmt werden.

Die Feinstruktur der Röntgenabsorptionsspektren ist seit langem bekannt. Anfang der 70er Jahre entwickelte Stern (1974) die Theorie zur quantitativen Auswertung. Mit der zunehmenden Verfügbarkeit von Synchrotronstrahlung hat diese Methode ein weites Anwendungsgebiet gefunden. Synchrotronstrahlung bietet wegen seines kontinuierlichen Spektrums eine leichte Abstimmbarkeit der Wellenlänge mit hoher Auflösung und gleichzeitig hohe Intensität.

Weitere Einzelheiten findet man z. B. bei Schwarz u. Cohen (1987).

Literatur

Astbury WT, Yardley K (1924) Tabulated data for the examination of the 230 space groups by homogeneous X-rays. Philos Trans R Soc London A224:221–257

Barlow W (1883) Probable nature of the internal symmetry of crystals. Nature (London) 29:186–188, 205–207

Bedzyk M, Materlik G (1985) X-Ray standing wave analysis for bromine chemisorbed on germanium. Surf Sci 152:10–16

Bernal JD (1926) On the interpretation of X-ray single-crystal rotation photographs. Proc R Soc London A 113:117–170

Bijvoet JM, Peerdeman AF, Van Bommel AJ (1951) Determination of the absolute configuration of optically active compounds by means of X-rays. Nature (London) 168:271

Bonse U, Hart M (1965) An X-ray Interferometer. Appl Phys Letters 6:155–156

Borrmann G (1950) Die Absorption von Röntgenstrahlen im Fall der Interferenz. Z Phys 127:297–323

Bragg WH, Bragg WL (1913) The reflection of X-rays by crystals. Proc R Soc London A 88:428–438

Bragg WL (1912) The specular reflexion of X-rays. Nature (London) 90:410

Bragg WL (1913a) The diffraction of short electromagnetic waves by a crystal. Proc Cambridge Philos Soc 17:43–57

Bragg WL (1913b) The structure of some crystals as indicated by their diffraction of X-rays. Proc R Soc London A 89:248–277

Buerger MJ (1935) The application of plane groups to the interpretation of Weissenberg photographs. Z Kristallogr 88:356–380

Buras B, Gerward L (1992) Energy-dispersive techniques for X-rays. In: Wilson AJC (ed) International tables for crystallography, vol C. Kluwer Academic Publishers, Dordrecht Boston London, pp 84–87

Cochran W (1955) Relations between the phases of structure factors. Acta Cryst 8:473–478

Coster D, Knol KS, Prins JA (1930) Unterschiede in der Intensität der Röntgenstrahlenreflexion an den beiden 111-Flächen der Zinkblende. Phys 63:345–369

Cromer DT, Liberman DA (1983) Calculations of anomalous scattering factors at arbitrary wavelength. J Appl Cryst 16:437

Cruickshank DWJ, Juretschke HJ, Kato N (1992) (eds) P. P. Ewald and his dynamical theory of X-ray diffraction. Oxford University Press, New York

Dam B, Janner A, Donnay JDH (1985) Incommensurate morphology of calaverite crystals. Phys Rev Lett 55:2301–2304

Darwin CG (1914) The theory of X-ray reflection. Philos Mag 27:315–333, 675–690

Debye P (1914) Interferenz von Röntgenstrahlen und Wärmebewegung. Ann Phys (Leipzig) 43:49–95

Debye P, Scherrer P (1916) Interferenz an regellos orientierten Teilchen im Röntgenlicht. Phys Z 17:277–283

Dmitrienko VE (1983) Forbidden reflections due to anisotropic X-ray susceptibility of crystals. Acta Cryst A 39:29–35

Donnay JDH (1935) Morphologie des cristaux de calaverite. Ann Soc Geol Belg B55:222-230

Eichhorn K, Kek S, Schmidt C, Kirfel A, Bismayer U (1994) Redetermination of the crystal structure of sanidine: a synchroton radiation study. (to be published)

Eisenberger P, Marra WC (1981) X-ray diffraction study of the Ge(001) reconstructed surface. Phys Rev Letters 46:1081-1084

Ewald PP (1917) Zur Begründung der Kristalloptik. Ann Phys (Leipzig) 54:519–597

Ewald PP (ed) (1962) Fifty years of X-ray diffraction. NVA Oosthoek's Uitgeversmaatschapij, Utrecht

Feidenhans'l R (1989) Surface structure determination by X-ray diffraction. Surf Sci Rep 10:105–188

Friedel G (1913) Sur les symétries cristallines que peut révéler la diffraction des rayons Röntgen. Compt Rend Acad Sci 157:1533–1536

Guinier A (1937) Rayons-X-dispositif permettant d'obtenir des diagrammes de diffraction de poudres cristalins trés intenses avec un rayonnement monochromatique. Compt Rend Acad Sci 204:1115–1116

Hahn T (1992) International tables for crystallography, vol A: Space group symmetry. Reidel, Dordrecht

Harker D (1936) The application of the three-dimensional Patterson method. J Chem Phys 4:381-390

Hart M (1981) Bragg angle measurement and mapping. J Cryst Growth 55:409–427

Helliwell JR (1992) Macromolecular crystallography with synchrotron radiation. Cambridge University Press, Cambridge

Henry NFM, Lonsdale K (eds) (1952) International tables for X-ray crystallography, vol 1 Kynoch, Birmingham

Hermann CH (Hrsg) (1935) Internationale Tabellen zur Bestimmung von Kristallstrukturen, Bd 1. Borntraeger, Berlin

Hönl H (1933) Atomfaktor für Röntgenstrahlen als Problem der Dispersionstheorie (K-Schale). Ann Phys (Leipzig) 18:625–657

Hümmer K, Schwegle W, Weckert E (1992) Experimental determination of reflection phases by three-beam diffraction and its application. Acta Phys Pol A 82:83–102

Jagodzinski H, Frey F (1993) Disorder diffuse scattering of X-ray and neutrons. In: Shmueli U (ed) International tables for crystallography, vol B. Kluwer Academic Publishers, Dordrecht Boston London, pp 392–434

Janssen T, Janner A, Looijenga- Vos A, Wolff PM (1992) Incommensurate and commensurate modulated structures. In: Wilson AJC (ed) International tables for crystallography, vol C. Kluwer Academic Publishers, Dordrecht Boston London, pp 797–845

Laval J (1938) Sur la diffusion des rayons X par un cristal. C R Acad Sci 207:169–170

Lima-de-Faria J (1990) Historical atlas of crystallography. Kluwer Academic Publishers, Dordrecht Boston London

Luger P (1993) Crystal structure analysis at normal and low temperature conditions. Cryst Res Tech 28:767–794

Maslen EN (1992) X-ray Absorption. In: Wilson AJC (ed) International tables for crystallography, vol C. Kluwer Academic Publishers, Dordrecht Boston London, pp 520–530

Maslen EN, Fox AG, O'Keefe MA (1992) Interpretation of diffracted intensities. X-ray scattering. In: Wilson AJC (ed) International tables for crystallography, vol C. Kluwer Academic Publishers, Dordrecht Boston London, pp 476–512

Monaco HL (1992) Experimental methods in X-ray crystallography. In: Giocavazzo C (ed) Fundamentals of crystallography. Oxford University Press, New York, pp 229–318

Niggli P (1919) Geometrische Kristallographie des Diskontinuums. Borntraeger, Leipzig

Patterson AL (1934) A Fourier series method for the determination of the components of interatomic distances in crystals. Phys Rev 46:372–376

Pinsker ZG (1978) Dynamical scattering of X-ray in crystals. In: Cardona M, Fulde P, Quesser JH (eds) Springer Series in Solid-State Sciences 3. Springer, Berlin Heidelberg New York

Ramachandran GN, Wooster WA (1949) Determination of elastic constants from diffuse reflexion of X-rays. Nature (London) 164:839–840

Rietveld HM (1969) A profile finement method for nuclear and magnetic structures. J Appl Cryst 2:65–71

Robinson IK (1991) Surface crystallography; In: Brown GS, Moncton DE (eds) Handbook on synchrotron radiation. North-Holland, Amsterdam Oxford New York Tokio, pp 221–266

Robinson W, Sheldrick GM (1988) In: Isaacs NW, Taylor RM (eds) Crystallographic computing 4. Oxford University Press, Oxford, pp 366–377

Schwarz LH, Cohen JB (1987) Diffraction from materials. Springer, Berlin Heidelberg New York Tokyo

Seemann H (1919) Eine fokussierende röntgenspektroskopische Anordnung für Kristallpulver. Ann Phys (Leipzig): 59:455–464

Shechtman D, Blech I, Gratias D, Cahn JW (1984) Metallic phase with long-range orientational order and no translational symmetry. Phys Rev Lett 53:1951–1953

Smith GFH (1903) Über das bemerkenswerte Problem der Entwicklung der Krystallformen des Calaverit. Z Kristalogr 37:209–234

Stern EA (1974) Theory of the extended X-ray absorption fine structure. Phys Rev 10:3027–3028

Tanner BK (1976) X-ray diffraction topography. Pergamon, Oxford New York Toronto Sydney Paris Frankfurt

Templeton DM, Templeton LK (1985) Tensor X-ray optical properties of the bromate ion. Acta Cryst A41:133–142

Waller I (1923) Zur Frage der Einwirkung der Wärmebewegung auf die Interfeenz von Röntgenstrahlen. Z Phys 17:398–408

Weissenberg K (1924) Ein neues Röntgengoniometer. Z Phys 23:229–239

West J (1930) A quantitative X-ray analysis of the structure of potassium dihydrogen phosphate (KH2PO4). Z Kristallogr 74:306–332

Willis BTM (1993) Thermal diffuse scattering of X-rays and neutrons. In: Shmueli U (ed) International tables for crystalography, vol B. Kluwer Academic Publishers, Dordrecht Boston London, pp 384–392

Wilson AJC (ed) (1992) International tables for crystallography, vol C. Mathematical, physical and chemical tables. Kluwer Academic Publishers, Dordrecht Boston London

Zachariasen WH (1929) The crystal structure of sodium chlorate. Z Kristallogr 71:517–529

Zachariasen WH (1963) The secondary extinction correction. Acta Cryst A16:1139–1144

Röntgenstrahlen in der Chemie

Hartmut Fueß

Einleitung

Kaum eine andere einzelne Methode hat mehr zum Verständnis des räumlichen Aufbaus kristalliner Materie beigetragen wie die Röntgenbeugung. So lieferte die Röntgenstrukturanalyse an Einkristallen die sichersten, genauesten und umfangreichsten Daten chemischer Strukturen. Aus diesen Daten werden Größen wie die Abstände und Winkel zwischen Atomen in Molekülen und Kristallen, oder die Konfiguration und Konformation von Molekülen erhalten. Gleichzeitig liefern diese Daten die Basis für die Rechnungen der theoretischen Chemiker, die diese der Molekülmechanik und -dynamik zugrunde legen.

Andere Röntgentechniken geben zusätzlich Aufschluß über Strukturen von Oberflächen, Gläsern oder anderen Formen kondensierter Materie.

Speziell die Anordnung von Atomen und Molekülen im Kristall bliebe ohne Röntgens Entdeckung auf indirekte Schlüsse und Spekulation angewiesen. Bereits das erste Röntgenbeugungsexperiment von Friedrich, Knipping und Laue (1912) brachte den Nachweis der regelmäßigen Anordnung von Einzelbausteinen im Kristall. Somit steht das trikline Kupfersulfat $CuSO_4 \cdot 5H_2O$ am Anfang der Entwicklung der Röntgenbeugung in der Chemie. Für Chemiker, Mineralogen und Kristallographen hat dadurch Laue und das Jahr 1912 eine ähnlich grundlegende Bedeutung wie Röntgen und das Jahr 1895. Für eine ausführliche Beschreibung dieser wichtigen Entdeckung siehe Hildebrandt (1993) und Ewald (1962).

Während diese erste „Röntgendurchleuchtung" eines Kristalls nach mehreren Versuchen nur wenige Reflexe ergab, lassen sich heute durch Synchrotronstrahlung Tausende von Reflexen in wenigen Sekunden messen.

Nach den ersten Strukturbestimmungen 1913 durch Bragg an Alkalihalogeniden (Abb. 1) brachten die folgenden Jahre die Grundlagen der Kristallchemie, die zur Ableitung der Ionenradien durch Goldschmidt (1926) führten. Aufbauend darauf entwickelte ab ca. 1927 Pauling (Pauling 1962) qualitative Ansätze zum Verständnis der chemischen Bindung im Festkörper.

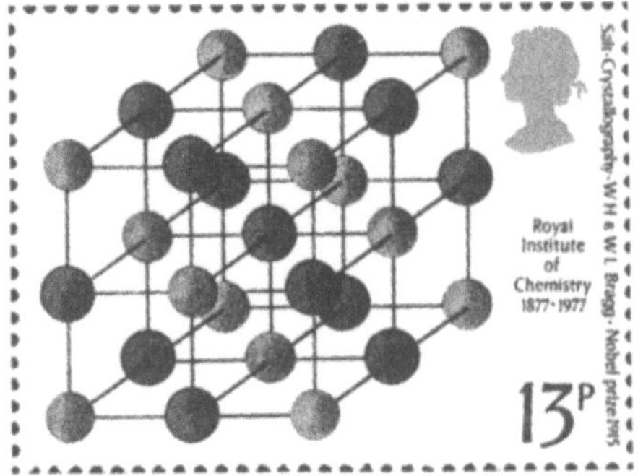

Abb. 1. Die Struktur des Natriumchlorids. Briefmarke der britischen Post von 1977 zu Ehren von W. H. Bragg und W. L. Bragg

Diese Grundkonzepte zur Bestimmung von Ionengrößen aus Daten der Röntgenstrukturanalyse fanden durch die umfangreichen Tabellen von Shannon (1976) einen gewissen Abschluß. Parallel dazu erfolgte eine systematische Erfassung und Einordnung von klassischen Strukturtypen, die besonders für die Vielzahl silikatischer Mineralien präzise Vorstellungen über die Bauprinzipien brachten (Liebau 1988).

Standen zunächst überwiegend Ionenkristalle im Fokus von Röntgenstrahlen, so wird zunächst vereinzelt, seit etwa 1950, überwiegend über die Strukturen von Molekülkristallen berichtet. Freilich vergingen mehrere Jahrzehnte von den ersten Aufnahmen von Proteinkristallen (etwa 1935) bis zur ersten vollständigen Struktur eines Proteins (1958/1960). Der Durchbruch der direkten Methoden seit ca. 1960 und die weitgehende Automatisierung der Datensammlung bringt jedes Jahr mehrere Tausend neue Kristall- und Molekülstrukturen, überwiegend aus der organischen und metallorganischen Chemie. Die Röntgenstrukturanalyse ist zu einer unentbehrlichen

Grundlage jeden Arbeitens in der Chemie geworden.
Die Kristallographie befaßt sich hauptsächlich mit der Weiterentwicklung der Methoden zur Strukturlösung, mit der apparativen Verbesserung (Flächendetektoren, Intensität der Quellen, instrumentelle Auflösung) und der Verbesserung der Auswerteprogramme. Auch die Lösung schwieriger Spezialfälle (modulierte Anordnung der Atome, Zwillingsbildung oder extrem große Strukturen) gehört zu den Aufgaben der Kristallographie. Diese Teilaspekte der Röntgenbeugung sind im Beitrag von Hümmer (S. 366) bereits dargestellt worden. Für methodische Fragen sei deshalb darauf verwiesen.
Die Strukturchemie setzt die Röntgenbeugung als analytisches Werkzeug ein, das häufig erst Klärung über das Ergebnis einer chemischen Reaktion liefert. So hat sich die Zahl der Strukturbestimmungen seit dem Einsatz immer leistungsfähigerer Rechner und der Anwendung der „direkten Methoden“ in kurzer Zeit vervielfacht (s. Abb. 3, Beitrag Hümmer, S. 378). Es dürften allein für 1994 ca. 10000 Daten organischer und metallorganischer Verbindungen werden. Bearbeitet werden Pulver und Einkristalle, wobei die Grenzziehung zwischen beiden fließend ist. Synchrotronstrahlung vermag etwa an µm-großen Teilchen, die im Labormaßstab als „Pulver“ gehandelt werden, noch Einkristallreflexe zu messen.
Nach der erfolgreichen Automatisierung der Einkristallstrukturanalyse wurde die Pulverbeugung auf die Verifizierung von Syntheseprodukten reduziert. Erst die gesamte Analyse eines Beugungsdiagramms, die Rietveld (1969) für die Neutronenbeugung entwickelte, führte zu einer Renaissance der Pulverdiffraktometrie, auch in der Röntgenbeugung, eine Entwicklung, die durch die hohe Auflösung, die die Synchrotronstrahlung ermöglicht (Löchner et al. 1993), nachhaltig gefördert wurde. Dadurch ließen sich Strukturen mit Patterson- oder „direkten“ Methoden aus Pulverdaten unmittelbar bestimmen.
Maßgeblich für chemische Reaktionen ist die Verteilung von Elektronen in Atomen und Molekülen. Da die Wechselwirkung der Röntgenstrahlen unmittelbar mit den Elektronen erfolgt, kann die Röntgenstrukturanalyse Aussagen zur Verteilung der Elektronen im Festkörper liefern.
Zur Untersuchung der Strukturen von Flüssigkeiten, Gläsern und Schmelzen hat sich die Kleinwinkel- und Weitwinkelstreuung fest etabliert. Auch Strukturuntersuchungen an Flüssigkristallen greifen auf diese Methoden zurück.
Erhebliche Fortschritte hat die Methode des „streifenden Einfalls“ für die Untersuchung von Oberflächen und Grenzflächen gebracht. Der Einsatz ortsempfindlicher Detektorsysteme hat die Zeitskala für die Röntgenbeugung erheblich reduziert. Dadurch sind kinetische Untersuchungen von Festkörperreaktionen möglich. Gleichzeitig wurde in den letzten Jahren auch die Probenumgebung erheblich verbessert, so daß jetzt Temperaturen zwischen 4 K und 2000 K ebenso zugänglich sind wie Drücke bis zum Giga-Pascal-Bereich.

Kristallstrukturbestimmungen

Anorganische Materialien

Wenn auch das Konzept des regelmäßigen periodischen Aufbaus der Kristalle aus Atomen, Ionen oder Molekülen im Jahre 1912 bereits seit mehreren Jahren existierte, so gehörte es keineswegs zum allgemein akzeptierten Wissensstand. Laue erfuhr diese Hypothese in einem Gespräch mit Ewald und überzeugte Friedrich und Knipping, der Assistent bei Röntgen in München war, erste Experimente zur Beugung der X-Strahlen durchzuführen. Gegen die skeptische Einstellung von Röntgen begannen die Experimente „etwas hinter dem Rücken der jeweiligen Chefs“ (Sommerfeld und Röntgen, zitiert nach Hildebrandt 1993). Den ersten vollständigen Strukturanalysen der Alkalihalogenide KCl, NaCl, KBr folgten bald weitere kubische Strukturen wie ZnS und CaF_2 und auch $CaCO_3$ (Bragg 1913). Bereits der NaCl-Typ bewies den Aufbau der Kristalle aus Ionen und bietet die Grundlage für den erfolgreichen Ausbau kristallchemischer Vorstellungen, die sich aus der Kenntnis der Röntgenstrukturen entwickelten.
Die entsprechenden Daten sind die geometrische Umgebung eines Atoms, der Abstand zu den Nachbaratomen und die Bindungswinkel zwischen Atomen. So ist im NaCl-Typ jedes Na^+-Ion von 6 Cl-Ionen in Form eines Oktaeders umgeben. Diese Koordinationspolyeder werden häufig zur Beschreibung der Kristallstrukturen herangezogen.
Erfolgreich ist dieses Konzept vor allem in der Silikatchemie und in der Klassifizierung silikatischer Mineralien, die den wesentlichen Anteil (ca. 90%) der Erdkruste bilden. Die Grundeinheit ist hier das Tetraeder aus 4 Sauerstoffen, in deren Mittelpunkt ein Si-Atom sitzt. Da dieses Tetraeder eine Ladung von $[SiO_4]^{2-}$ aufweist, werden Kationen zur Kompensation eingebaut. Die Verknüpfungen über gemeinsame Ecken, Kanten oder Flächen führen zur Ausbildung von Struk-

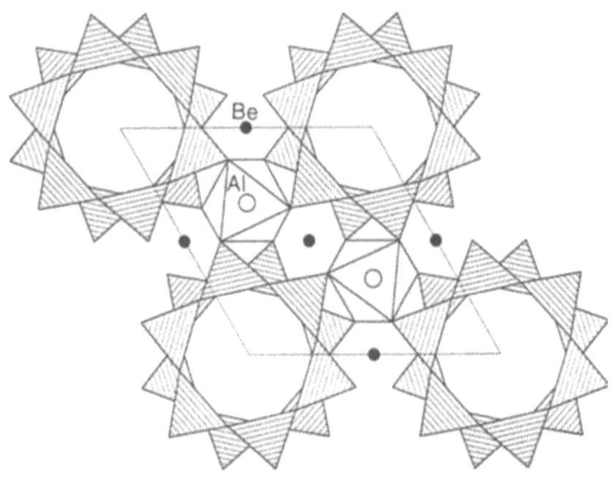

Abb. 2. Das Mineral Beryll. (*Oben*) Die Kristallstruktur zeigt Sechsringe aus SiO_4-Tetraedern. (*Unten*) Der Edelstein Smaragd, mit gleicher chemischer Zusammensetzung wie Beryll, weist in seiner äußeren Gestalt Sechszähligkeit auf

turen mit isolierten Tetraedern (Inselsilikate), Gruppen, Ketten, Bändern, Ringen oder dreidimensionalen Netzwerken, die die Vielfalt der natürlichen Silikate ausmachen. Die Abb. 2a zeigt die Kristallstruktur des Berylls, $Al_2Be_3Si_6O_{18}$, der in Edelsteinqualität in grüner Farbe als Smaragd (Abb. 2b) und in blaßblauer Farbe als Aquamarin bekannt ist. Hier wird das sog. Korrespondenzprinzip deutlich: Der innere Aufbau (sechseckige Ringe aus SiO_4-Tetraedern) zeigt sich in der äußeren sechseckigen (hexagonalen) Form der Kristalle. So war es ein wesentliches Ergebnis der Strukturbestimmungen, Beispiele für die theoretischen Vorstellungen der Kristallsymmetrie, die auf mathematischen Konzepten zur Parkettierung der Ebene und der Raumerfüllung beruhten und zur Ableitung von 32 Kristallklassen und 230 Raumgruppen führten, überzeugend zu bestätigen. Die allgemeine Bedeutung der Symmetrie im Alltag, in der Strukturchemie, der Quantenmechanik und anderen Bereichen der Naturwissenschaft wird anschaulich von Heilbronner u. Dunitz (1993) beschrieben.

Während die einfachen Ionenkristalle (NaCl, Fluorit: CaF_2, ZnS: Zinkblende) und fast alle Metalle in den Kristallsystemen mit der höchsten Symmetrie (kubisch, hexagonal) kristallisieren, weist die häufigste Mineralart der Erdkruste, die Feldspäte, niedrige Symmetrie (orthorhombisches, monoklines und triklines Kristallsystem) auf. Bei den Feldspäten sind die $[SiO_4]^{2-}$-Tetraeder über alle 4 Ecken mit benachbarten Einheiten verknüpft (s. Abb. 4, Beitrag Hümmer, S. 378), ein Strukturprinzip, das auch bei Quarz und den weiteren SiO_2-Modifikationen angetroffen wird. Die Variationsbreite silikatischer Minerale wird auch durch den teilweisen Ersatz des Si im Mittelpunkt der Tetraeder erweitert. Vorzugsweise wird dabei Al eingebaut, das durch seine geringere positive Ladung dem Gerüst der (Si, Al)O_4-Tetraeder insgesamt eine negative Ladung verleiht, die durch Kationen (Ca, Na, K) kompensiert wird.

Ein vergleichbares Bauprinzip wird auch bei porösen Kristallphasen, den Zeolithen, mit großen Hohlraumsystemen angetroffen. Das Alumosilikatgerüst bildet Kanäle oder geschlossene Kammern, die durch Kationen und kleine Moleküle besetzt werden können.

In natürlichen Zeolithen sind meist Ca-, Na- oder Ba-Ionen, umgeben von Wasser, enthalten. In synthetischen Produkten, die in der Erdölchemie als Katalysatoren für Crackprozesse eingesetzt werden, werden durch einen Aktivierungsprozeß saure Zentren (Protonen) erzeugt. Der leichte Ersatz der Kationen führt zur Verwendung als Ionenaustauscher. Bei Zeolithen mit durchgehenden Kanälen bestimmt die Porenöffnung die Größe von Molekülen, die passieren können (Molekularsieb). Da diese Materialien lediglich als sehr kleine Kristallite vorliegen, wird zur Röntgenstrukturanalyse die Beugung von Pulverproben eingesetzt. Die Abb. 3 zeigt Pulverdiagramme eines unbeladenen Zeolithen und eines Zeolithen, der mit dem organischen Molekül Dinitrobenzol beladen ist. Die Intensitätsdifferenz ist ebenfalls eingezeichnet.

Die Anordnung der Moleküle von Dinitrobenzol ist in Abb. 4 dargestellt. Die Bindung an das Gerüst erfolgt dabei über die geladenen Kationen durch π-Bindung mit einem aromatischen Ring oder durch Wechselwirkung mit den negativen

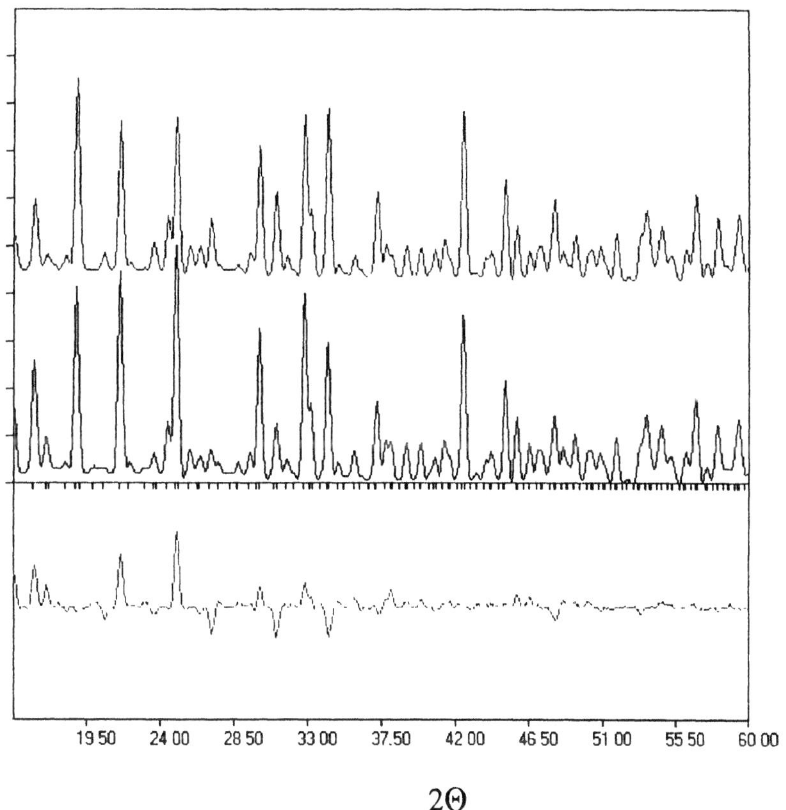

Abb. 3. Pulverdiagramm (Intensität gegen Beugungswinkel) eines Zeolithen *(oben)* beladen mit Dinitrobenzol *(Mitte)*, und Intensitätsdifferenz, die durch die Beladung verursacht wird *(unten)*. *Unter dem mittleren* Diagramm sind die Miller-Indizes der Reflexe durch *Striche* angegeben

Teilladungen der Gerüstsauerstoffe. In einzelnen Fällen wird auch eine Verstärkung der Bindung über Wasserstoffbrückenbildung erreicht.

Aus den mehreren 10000 anorganischen Verbindungen, deren Strukturen seit 1912/1913 bestimmt wurden, seien lediglich zwei gegenwärtig sehr aktuelle und vieldiskutierte Beispiele herausgegriffen.

Die Struktur des Hochtemperatursupraleiters $YBa_2Cu_3O_7$ zeichnet sich durch Schichten und Ketten, die durch Kupfer und Sauerstoff gebildet werden, aus (Abb. 5). Die Schichten sind senkrecht zur kristallographischen c-Achse angeordnet. Dazwischen liegen die Barium- und Yttrium-Ionen. Sehr bald zeigte die Strukturanalyse, daß die Supraleitung mit orthorhombischer Symmetrie (a- und b-Achsen, die senkrecht zur c-Achse liegen, sind unterschiedlich lang) verbunden ist. Eine Reduktion des Sauerstoffgehaltes oder eine Substitution des Kupfers durch Eisen, Kobalt oder Aluminium (mehr als 2,5%) zerstören mit der Supraleitung auch die orthorhombische Symmetrie, die beiden Achsen werden gleich lang und das Kristallsystem ist tetragonal. Kontrovers wurde die Besetzung der Sauerstofflagen 0(4) und

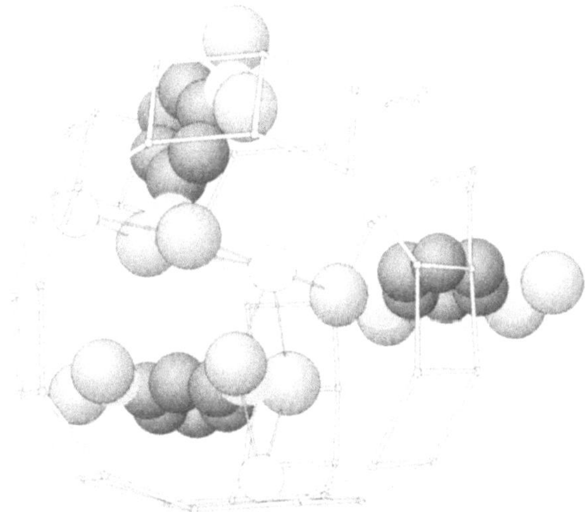

Abb. 4. Einlagerung von Kationen und Dinitrobenzol in das Gerüst eines Zeolithen

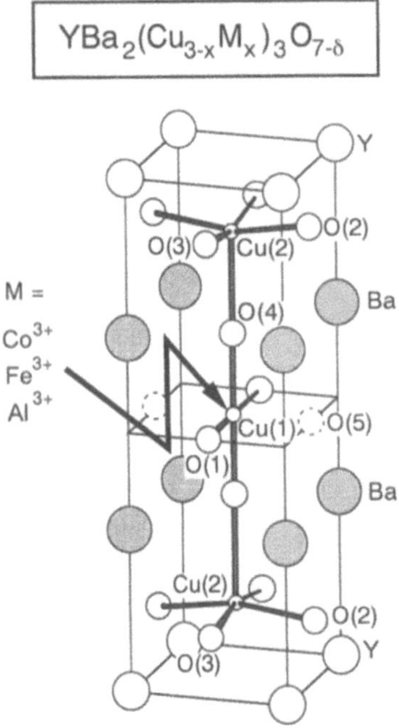

Abb. 5. Die Kristallstruktur des Hochtemperatursupraleiters $YBa_2Cu_3O_7$, wobei 5 δ die Abweichung von der idealen Stöchiometrie angibt

0(5) diskutiert, die in der tetragonalen Phase gleich sein muß. Die Mehrzahl der Strukturbestimmungen ergab auch für die orthorhombische, supraleitende Phase eine ganze oder teilweise Besetzung der O(5)-Position. Dieser Anteil ließ sich durch Zwillingsbildung innerhalb der orthorhombischen Phase erklären. Da sich bald zeigte, welche Wichtigkeit der Sauerstoffgehalt und die Verteilung der Sauerstoffatome für die Supraleitung haben, nahm diese Frage zentrale Bedeutung bei der Strukturuntersuchung der Supraleiter ein. Allerdings wurde dabei in vielen Fällen Neutronenbeugung komplementär zur Röntgenanalyse eingesetzt, da Neutronen besser zur Lokalisierung leichter Elemente geeignet sind. Steigt nämlich das Streuvermögen der Elemente mit der Zahl der Elektronen und damit der Ordnungszahl für Röntgenstrahlen regelmäßig an, haben leichte Elemente für Neutronen ein vergleichbares Streuvermögen wie schwerere Elemente. Neutronen sind deshalb eine ideale Sonde für die Lokalisierung von Sauerstoff- oder Wasserstoffatomen neben schweren Elementen.

Ähnliches Aufsehen wie die Hochtemperatursupraleiter haben die Fullerene seit ca. 1990 hervorgerufen. Die Bezeichnung Fullerene oder auch Buckminster-Fullerene steht dabei als Sammelbegriff für eine ganze Klasse von Molekülen, die nur das Element Kohlenstoff enthalten und deshalb häufig auch als Modifikationen des Kohlenstoffs bezeichnet werden, obwohl sie weder durch Druck- noch Temperaturänderung in Graphit oder Diamant umgewandelt werden können und im Phasendiagramm nicht vorkommen.

Bildet der Kohlenstoff im Graphit Schichten, im Diamant starke kovalente Bindungen aus, so formiert er sich in den Fullerenen zu C_{60}-, C_{70}-Molekülen, die untereinander lediglich durch Van-der-Waals-Kräfte verbunden sind. Durch diese geringen Kräfte bedingt, bilden diese Moleküle in festem Zustand sog. „plastische Kristalle". Nur die Schwerpunkte der Moleküle bilden ein dreidimensional periodisches Gitter aus, während der Rest des Moleküls sich relativ frei um diesen Schwerpunkt bewegt. Neben den Fullerenen werden diese plastischen Kristalle auch bei kleinen, kugelförmigen Molekülen wie Methan CH_4 (unterhalb von 27K) oder Ammoniumsalzen wie etwa NH_4Br im festen Zustand beobachtet. Durch diese „Plastizität" ließ sich die Kristallstruktur der Fullerene zunächst nur schwer bestimmen.

Die Fixierung gelang durch Co-Kondensation mit anderen Molekülen wie Schwefel, S_8, oder Ferrocen $Fe(C_5H_5)_2$. Die Strukturanalyse (Abb. 6) ergab für C_{60} eine Ikosaedersymmetrie mit 12 Fünfecken und 20 Sechsecken (Abb. 6a), eine Struktur, die den Vergleich mit einem Fußball nahelegt. Das C_{70}-Molekül wird aus 12 Fünfecken und 25 Sechsecken gebildet (Abb. 6b). Bemerkenswert ist das Auftreten der fünfzähligen Symmetrie bei diesen Molekülen, die mit dreidimensionaler periodischer Anordnung nicht vereinbar ist. Bei der Kristallstruktur, der Anordnung der Moleküle im Kristall, wird diese lokale Symmetrie nicht ausgebildet (Abb. 6c), es ergeben sich vielmehr orthorhombische oder monokline Anordnungen.

Chemiker und Physiker haben diese Substanzen modifiziert (andere Moleküle eingelagert; Seitengruppen angebracht) und mit allen festkörperspektroskopischen Methoden traktiert. Eine kristallographische Charakterisierung dieser Kohlenstoffmoleküle findet sich bereits bei den Entdeckern (Krätschmer et al. 1990), die Pulveraufnahmen anfertigten. Eine ausführliche Darstellung der Einkristallstrukturen gibt Roth (1993).

Eine besondere Kuriosität stellen die Quasikristalle (Shechtman et al. 1984) dar, bei denen uns die „nichtkristallographische" fünfzählige Symmetrie wieder begegnet. Hatten bis zu diesem Zeitpunkt alle Experimente die theoretischen Konzepte bestätigt, die eine lückenlose dreidimensionale periodische Anordnung als unvereinbar mit fünf- oder zehnzähliger Symmetrie ansa-

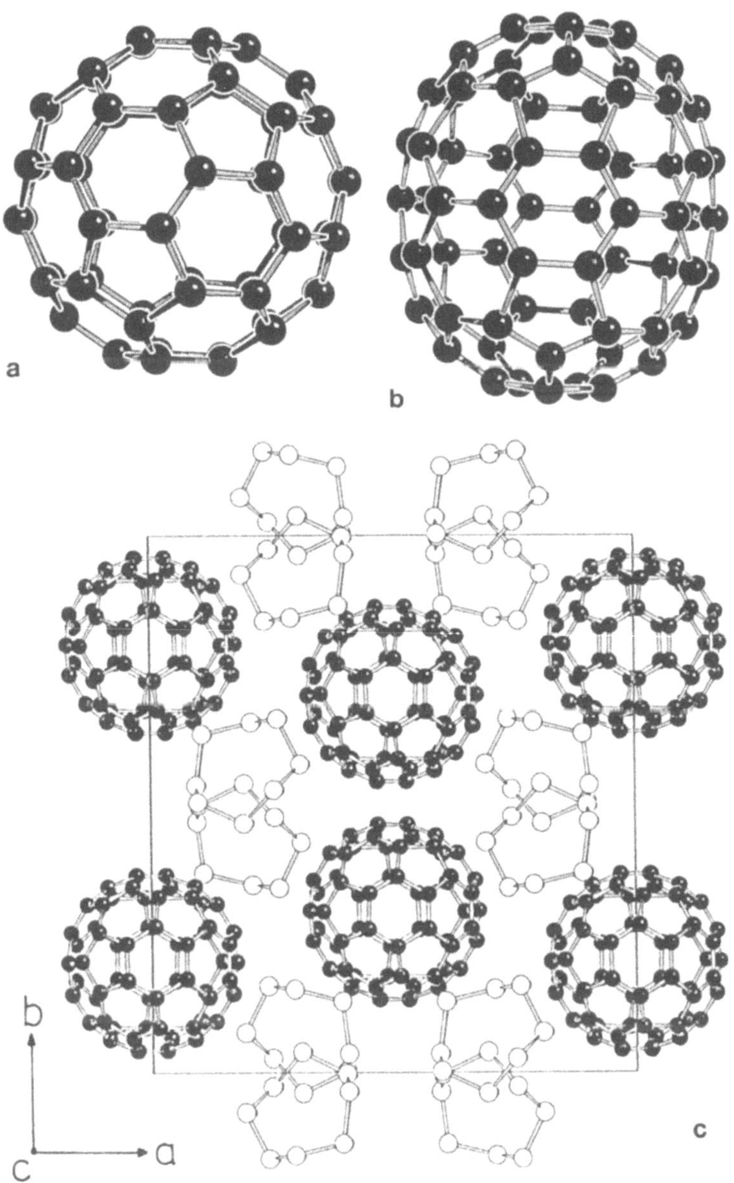

Abb. 6a–c. Molekul- und Kristallstruktur der Fulerene. **a** Molekülstruktur des C_{60}, **b** Molekülstruktur des C_{70}, **c** die Anordnung der C_{70} – und von Ferrocen-Molekülen $Fe(C_5H_5)$ im Kristall. (Roth 1993)

hen, so ergaben sich eindeutig fünfzählige Beugungsmuster für schnellabgekühlte Legierungen. In der Arbeit von Shechtman war dies die Legierung $Al_{86}Mn_{14}$. Inzwischen wurden Quasikristalle an vielen anderen Systemen beschrieben, die meist Aluminium enthalten (z. B. Al_5Ir, $Al_{65}Cu_{20}Fe_{15}$, $Al_{74}Mn_{17.6}Fe_{2.4}Si_6$) (Abb. 7). Die Erklärung dieser Muster führte zu unterschiedlichen Interpretationen. Die meisten Arbeiten gehen von lokaler fünf- und zehnzähliger Symmetrie aus, wobei unterschiedliche große Rhomben zu einer lückenlosen Bedeckung der Ebene führen (Abb. 7b). Damit lassen sich die Beugungsmuster erklären. Eine dreidimensionale periodische Anordnung gleichgroßer Elementarzellen, die Grundlage der kristallographischen Symmetrievorstellungen, ist auch nach diesen fünfzähligen Beugungsmustern nicht mit fünfzähliger Symmetrie zu erreichen. Muster wie in Abb. 7b wurden auf mathematischer Grundlage in großer Zahl entwickelt, wobei sowohl die lückenlose Parkettierung der Ebene (z. B. Penrose 1979) als auch die mögliche Anzahl von Verknüpfungen von Linien als Ausgangspunkte angenommen wurden. Die Strukturbestimmung aus Röntgenbeugungsintensitäten hat aber für die Quasikristalle noch

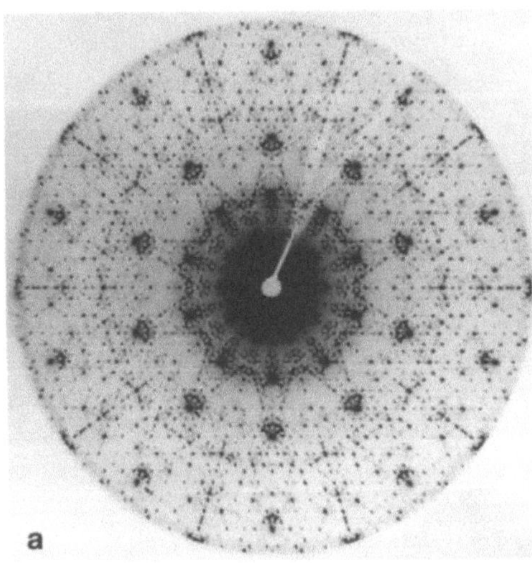

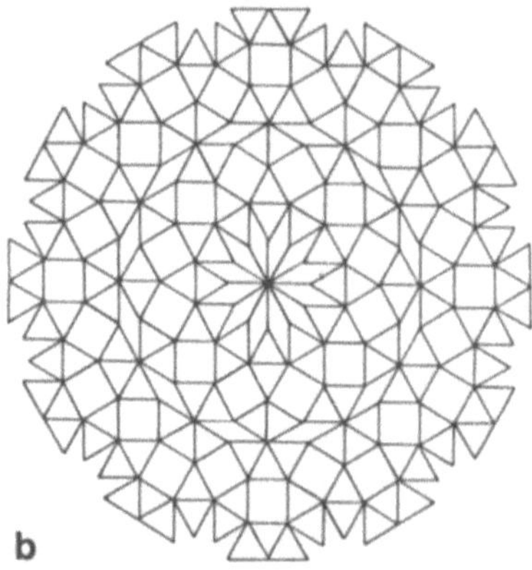

Abb. 7. a Präzessionsaufnahme von dekagonalem $Al_{70,5}$-$Mn_{16,5}Pd_{13}$ (die Aufnahme verdanken wir W. Steurer). **b** Regelmäßiges Muster eines dekagonalen Quasigitters mit fünfzähliger Symmetrie, das keine langreichweitige Periodizität ausbildet. (Penrose 1979)

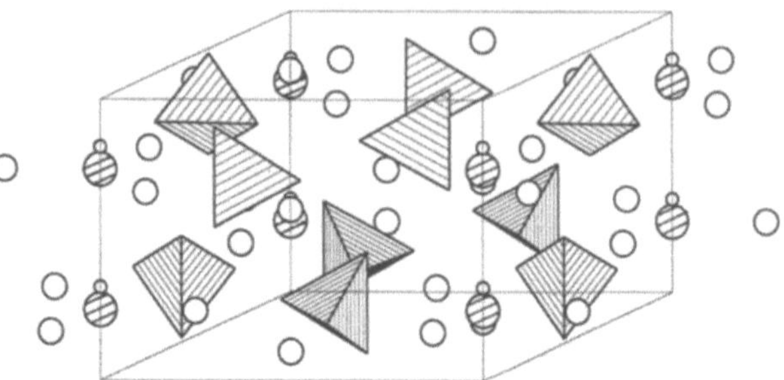

Abb. 8. Die Kristallstruktur des Minerals Apatit $Ca_5(PO_4)_3OH$. *Offener Kreis* Ca; *schraffierter Kreis* Hydroxylgruppen

keine befriedigende Zuordnung von Atomen zu den vorgeschlagenen Mustern gebracht. Das Problem der „Dekorierung", d. h. der Besetzung der Muster mit Atomen, ist noch zu lösen (Steurer 1990).

Die Beiträge aus dem Bereich der Medizin aufgreifend, sei die Kristallstruktur des Apatits $Ca_5(PO_4)_3OH$ vorgestellt (Abb. 8), der den Hauptbestandteil der mineralischen Substanz der Knochen und Zähne darstellt. Die relativ lose gebundenen Hydroxylgruppen lassen sich gegen Fluor austauschen (diadocher Ersatz). Da der Fluorapatit erheblich härter als Hydroxylapatit ist, läßt sich damit die Härtung des Zahnschmelzes durch Fluorierung (Trinkwasser, Zahnpasta) leicht aus der Röntgenstruktur ableiten. Materialien, die als Ersatz für Zähne und Knochen gebraucht werden können, enthalten deshalb Apatit. Kommerziell werden etwa gesinterte Produkte aus gemahlenen Rinderknochen verwandt. Ein anderer Weg wurde bei der Temperung von Glaskeramiken beschritten. Aus einem röntgenamorphen Glas kristallisiert bei Erhöhung der Temperatur eine Folge unterschiedlicher Phosphate aus, die sich im Röntgendiagramm durch entsprechende Reflexe zu erkennen geben (Abb. 9). Der Hauptbestandteil der kristallinen Phase ist dabei der Apatit, der neben dem Restglasanteil verbleibt. Diese Materialien wurden bereits für den Ersatz verschiedener Knochen eingesetzt (Vogel u. Höland 1987). Die Abb. 9 stellt gleichzeitig ein Beispiel für ein Pulverdiagramm dar, bei dem strukturelle Änderungen als Folge äußerer Parameter (in diesem Fall der Temperatur) direkt im Röntgenstrahl verfolgt werden. Derartige In-situ-Messungen erlauben, strukturelle Phasenübergänge, De- und Rehydratisierung (etwa das Abbinden von Zement und die kristallinen Phasen, die sich dabei bilden) direkt zu verfolgen.

Organische Strukturen

In den ersten Jahren nach v. Laues Entdeckung waren fast ausschließlich Minerale und anorganische Kristalle Gegenstand der Röntgenstrukturanalyse. Bald setzten Untersuchungen faserförmiger Makromoleküle ein, die zu der kettenförmigen Verknüpfung von Glukosemolekülen in der Cellulose führten (s. Reiser et al. 1955). Die Strukturanalyse an kleineren und mittleren organischen Molekülen gewann seit Mitte der 30er Jahre mehr und mehr an Bedeutung (vgl. auch Beitrag Reinemer und Huber, S. 402). Erste Röntgenaufnahmen an Insulin-Kristallen wurden 1934 durchgeführt. Die Strukturaufklärung des Penicillins (Crowfoot et al. 1949) „changed organic chemistry forever". Damit war eine Methode gefunden, die den strukturellen Aufbau organi-

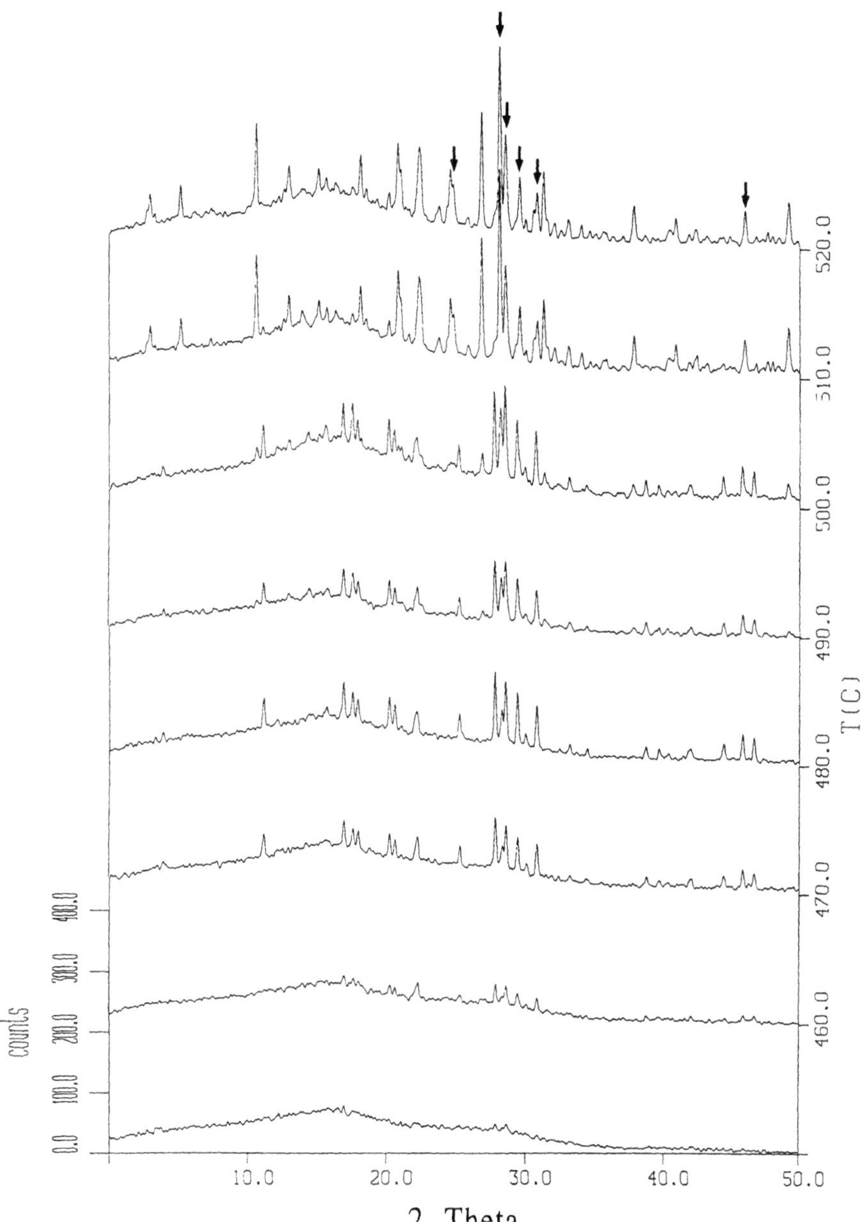

Abb. 9. Kristallisation (20 °C < T < 520 °C) einer Bioglaskeramik aus einem amorphen Grundglas Meßdauer 10 min bei jeder Temperatur. Durch *Pfeile* ist das Auftreten von Apatitinterferenzen bis 520 °C gekennzeichnet

scher Moleküle zerstörungsfrei klären konnte. Zeitraubende chemische Abbaureaktionen traten mit der weiteren Verfeinerung der strukturanalytischen Methode und der Automatisierung der Verfahren in den Hintergrund. Nur die Kernresonanz hat für die Strukturaufklärung vergleichbare Bedeutung, vor allem für die Struktur und Konformation in Lösung, während die Röntgenanalyse den Kristall benötigt.

Vergleiche der Ergebnisse beider Methoden und damit der Konformation in Lösung und im Kristall wurden an vielen Molekülen durchgeführt. Dabei zeigte sich eine gute Übereinstimmung der Konformationen für ringförmige Moleküle, während Unterschiede bei linearen Molekülen mit großer Beweglichkeit auftreten konnten. Die Lösung der Struktur des Penicillins (Abb. 10) erfolgte durch Patterson-Synthese an den Na- und K-Salzen, wobei die Alkalimetalle als „Schwere Atome" eingesetzt wurden. Die restlichen Atome wurden mit viel Intuition, Geduld und chemisch-kristallographischem Wissen in langjähriger Kleinarbeit aus Differenzfouriersynthesen lokalisiert. Die Grenzen der Schweratommethode wurden bei der Analyse des Vitamin B_{12} erreicht, bei der das Cobalt-Atom im Porphyrin-Ring ledig-

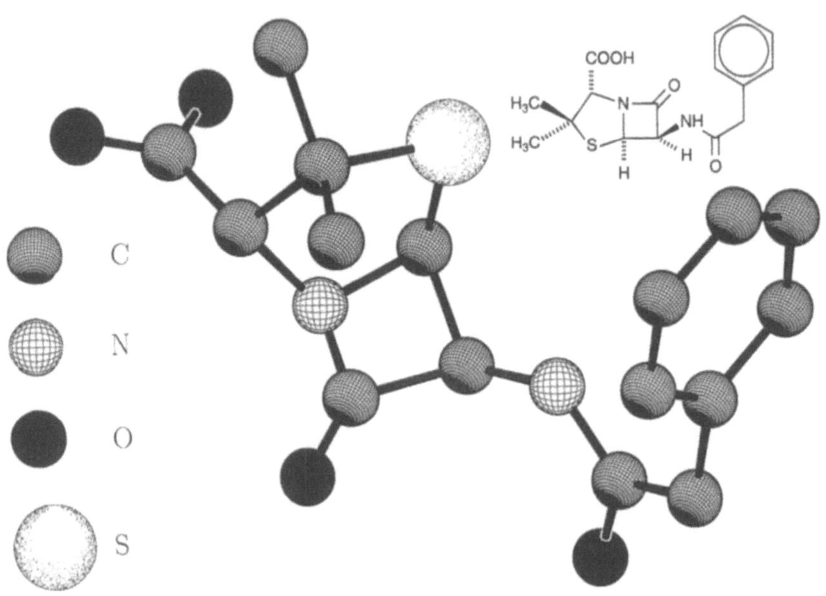

Abb. 10. Die Molekülstruktur des Penicillins. (Crowfoot et al. 1949)

lich wenige Prozent des gesamten Streuvermögens des Moleküls ausmacht. Die Lösung der Struktur gelang (Nockolds et al. 1967) durch Kombination der Schweratommethode und der Ausnutzung der „anomalen Dispersion", die wesentlich in der Proteinkristallographie entwickelt wurde (Abb. 11). Für die Methodenentwicklung und die ersten Strukturanalysen an Naturstoffen erhielt D. Crowfoot Hodgkin (1910–1994) im Jahr 1964 als eine von neun Frauen in einem naturwissenschaftlichen Fach den Nobelpreis.

Durch die praktische Anwendung der „anomalen Dispersion" (s. Beitrag Hümmer, S. 366) gelang es erstmals Bijvoet et al. (1951), die absolute Konfiguration organischer chiraler Moleküle durch Röntgenbeugung zu bestimmen. Unter Chiralität ist der Drehsinn, etwa einer Schraube oder eines Schneckenhauses, zu verstehen. Moleküle unterschiedlicher Chiralität unterscheiden sich wie linke und rechte Hand. (Sie werden als Enantiomere bezeichnet.) Bereits Pasteur hatte unterschiedliche Kristalle des Natriumammoniumsalzes der Weinsäure unter dem Mikroskop erkannt (Abb. 12a), die letztlich auf die atomare Anordnung in den Molekülen zurückgehen (Abb. 12b), auch dies ein Beispiel für das Korrespondenzprinzip, die Verbindung zwischen molekularer und makroskopischer Chiralität.

Die Strukturanalyse hat auch das ausschließliche Auftreten der D-Konfiguration in natürlichen Aminosäuren geklärt. L-Aminosäuren dagegen treten in Giftstoffen wie etwa dem Knollenblätterpilz auf. Auch Contergan enthielt D- und L-Moleküle mit erheblich verschiedener Wirkung.

Abb. 11. Die Molekülstruktur des Vitamin B_{12} (Nockolds et al. 1967)

Seither sind in Arzneimitteln nur phasenreine Enantiomere enthalten, deren Konfiguration zum Teil durch Röntgenstrukturanalyse nachgewiesen wird.

Große Bedeutung für chemische Synthesen haben die Kronenether erlangt, bei denen die Krone jeweils ein Kation einschließt (Lehn 1988). Dieses Ion ist austauschbar und kann deshalb leicht auf

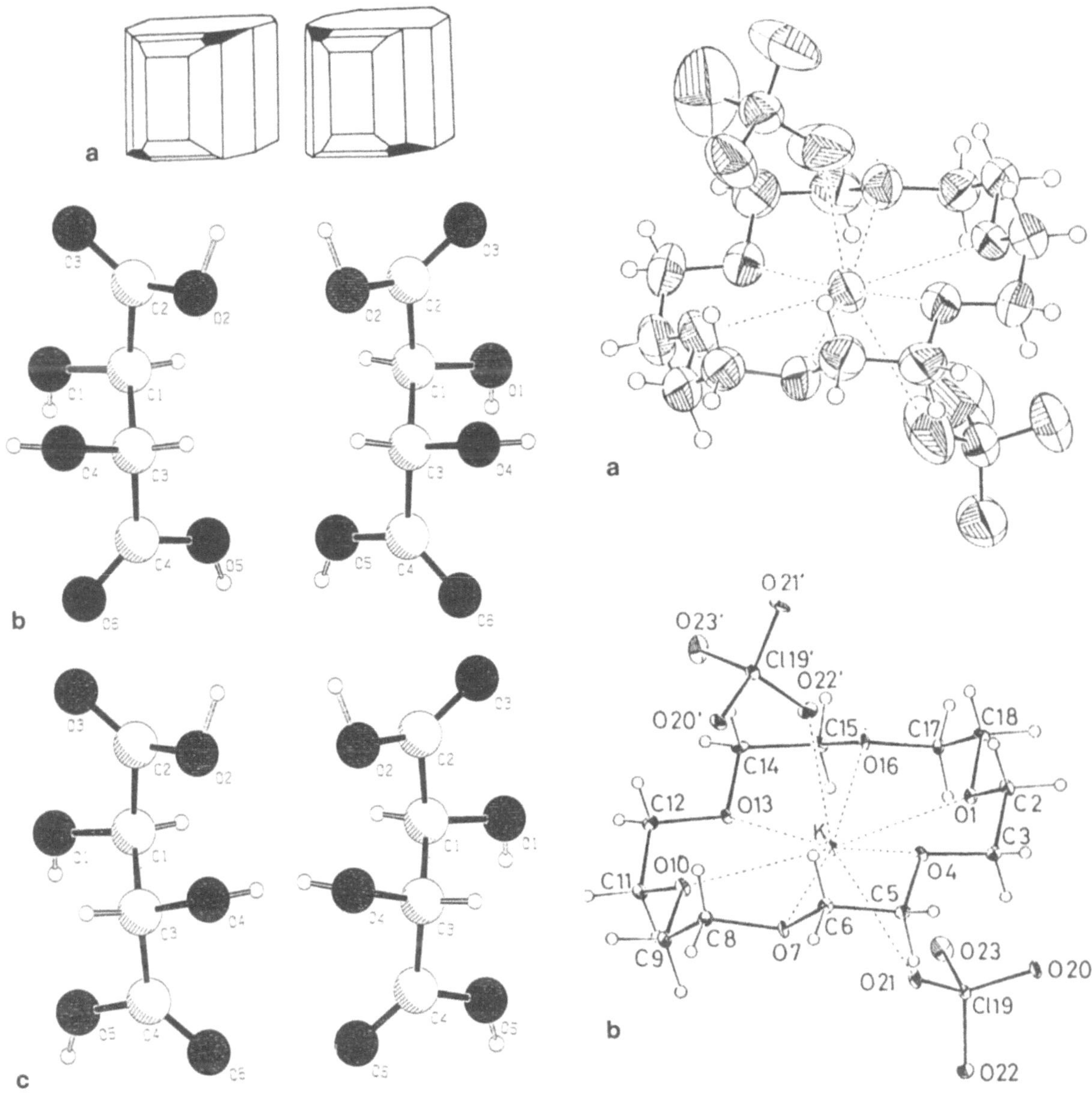

Abb. 12a–c. Enantiomere Formen der Weinsäure. **a** Kristalle von Natriumammoniumtartrat, **b** Struktur von D,L-Weinsäure, **c** Struktur von Mesoweinsäure

Abb. 13a, b. Darstellung des Kronenethers 18-Krone-6x$KClO_4$: **a** bei 293K, **b** 20K. Die thermische Bewegung (Ellipsoide der Atome) ist bei tiefen Temperaturen stark reduziert. (Luger et al. 1992)

andere Moleküle bei chemischen Synthesen übertragen werden. Der Kronenether-Komplex 16-Krone $6 \times KClO_4$ (Abb. 13) wurde bei 293 K und 20 K vermessen. Bemerkenswert ist dabei die Reduzierung der chemischen Bewegung der Atome, die in der Ausdehnung der Schwingungsellipsoide deutlich wird (Luger et al. 1992).

Elektronendichteverteilung

Die primären Streuzentren für Röntgenstrahlen sind die Elektronen. Die räumliche Verteilung der Elektronen im Kristall ergibt also direkte Aussagen zur chemischen Bindung. Erste Experimente wurden in den 30er Jahren durchgeführt (Brill 1967). Die Abb. 14 stellt Elektronendichten in einem kovalent gebundenen Festkörper (Diamant), einem Metall (Aluminium) und dem Ionenkristall NaCl nebeneinander. Bei der kovalenten Bindung sinkt die Dichte zwischen 2 Nach-

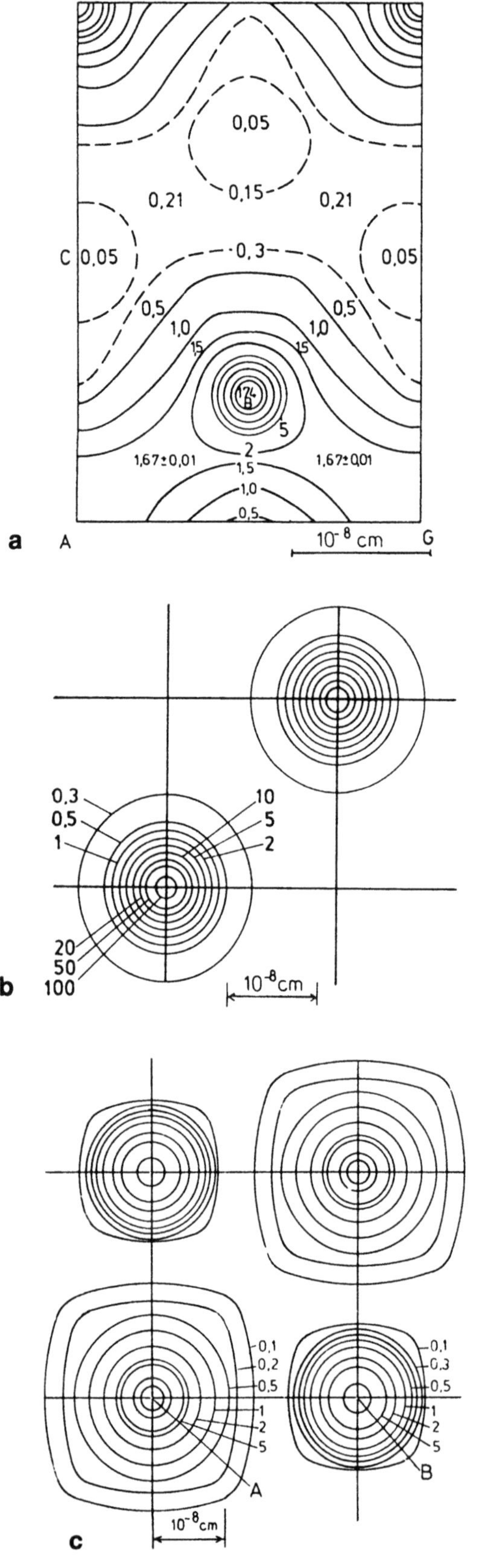

Abb. 14a–c. Elektronendichteverteilung in unterschiedlichen chemischen Bindungen: **a** Diamant {110}-Ebene: kovalente Bindung, **b** Aluminium {110}-Ebene: Metallbindung, **c** NaCl {110}-Ebene: Ionenbindung. (Nach Weiss u. Witte 1983)

baratomen nicht auf Null, sondern es besteht eine Elektronenbrücke. Im Aluminium wird eine kugelsymmetrische Verteilung um die Atomrümpfe beobachtet, die auch zwischen den Atomen zu einer geringen Dichte führt. Beim Ionenkristall erhält man im Innern der Ionen kugelsymmetrische Verteilung, im Gebiet geringer Elektronendichte treten leichte Verzerrungen auf. Zwischen den Ionen sinkt die Elektronendichte praktisch auf Null (Weiss u. Witte 1983). Überraschend stimmte das Minimum der Elektronendichte auf der Verbindungslinie zwischen den Atomen nicht mit den tabellierten Ionenradien überein. Nach diesen Minima sind die Radien der Kationen größer, die der Anionen als kleiner anzunehmen, als die gängigen Tabellen angeben. Eine generelle Ableitung der Ionenradien aus Elektronendichten konnte wegen der geringen Zahl von entsprechenden Untersuchungen noch nicht erfolgen. Allerdings zeigt sich die Problematik der Zuordnung von Radien auf einzelne Atome, da allein der Abstand als physikalische Meßgröße zugänglich ist. Da der Anteil der Bindungselektronen an der Gesamtelektronendichte nur gering ist, bildet sich ihre Deformation durch chemische Bindung nur in kleinen Änderungen ab. Um diese Anteile deutlicher zu erkennen, schlug Coppens (Coppens u. Hall 1982) vor, Differenzelektronendichten zu bestimmen, bei denen eine Modelldichte der inneren Elektronen

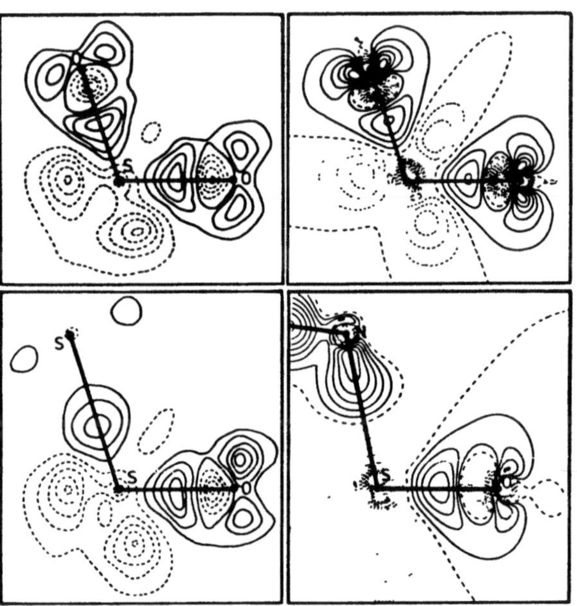

Abb. 15. Experimentelle *(links)* und theoretische *(rechts)* Elektronendichte in dem Anion $S_2O_3^{2-}$. (Fuess et al. 1985)

von der experimentellen Dichte subtrahiert wird. Der verbleibende Anteil ergibt die Deformation durch die chemische Bindung. Ein Beispiel aus der Mineralogie ist im Beitrag Hümmer, Abb. 5, dargestellt. Eine der am besten untersuchten Verbindungen ist Oxalsäuredihydrat. Die genaue Bestimmung der Elektronendichte in Molekülkristallen rief Theoretiker auf den Plan, durch immer ausgedehntere Rechnungen Vergleiche mit den experimentellen Daten anzustellen. Qualitativ ergab sich dabei gute Übereinstimmung (Abb. 15), obwohl es sich als schwierig erwies, quantitative Größen aus den experimentellen Dichten abzuleiten. So konnten verläßliche Werte weder für Ionenladungen noch für elektrische Feldgradienten aus den Dichten gewonnen werden. Die Hauptschwierigkeit bei der quantitativen Interpretation bildeten die Integrationsgrenzen, d. h. die Zuordnung von Elektronen zu den Ionen, das gleiche Problem, das sich bei der Ableitung der Ionenradien stellt. Da die Qualität der experimentellen Daten sehr von der genauen Ausführung der Korrekturen für Absorption und Extinktion abhängt, werden zunehmend Elektronendichten durch kurzwellige Synchrotronstrahlung bestimmt, um wellenlängenabhängige Korrekturen zu minimieren.

Die Fortschritte der theoretischen Chemie haben es ermöglicht, Gesamtelektronendichten auf Abinitio-Basis zu berechnen, insbesondere für kleine Moleküle mit leichten Atomen. Dies bringt nun für die Experimentatoren die Herausforderung, Gesamtelektronendichten bei kurzen Wellenlängen und tiefen Temperaturen (Verringerung der thermischen Verschmierung) zu ermitteln. So lassen sich aus dem Zusammenspiel genauer Röntgendaten und den Fortschritten der Theoretischen Chemie noch gewichtige Beiträge zum Verständnis der chemischen Bindung erwarten.

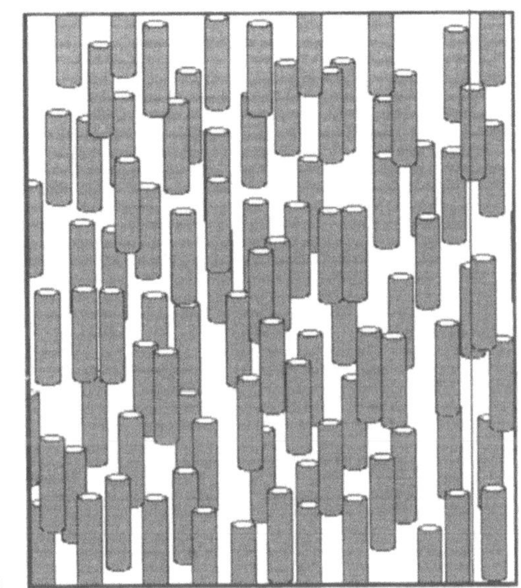

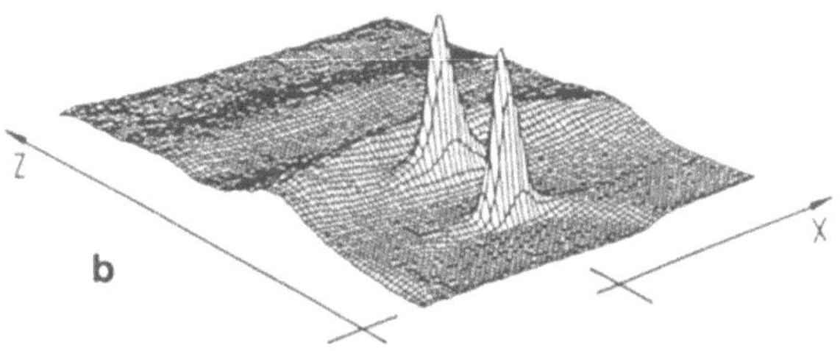

Abb. 16 a, b. Die Struktur von Flüssigkristallen. **a** Schematische Anordnung in der smektischen Phase. **b** Dreidimensionales Beugungsbild

Flüssigkeiten, Gläser, Flüssigkristalle

Durch das Fehlen der Fernordnung in Flüssigkeiten, Lösungen und amorphen Stoffen bildet sich keine kohärente Röntgenstreuung aus. Während somit keine diskreten Bragg-Reflexe ausgebildet werden, führt die Nahordnung zu einer gewissen Strukturierung des Beugungsdiagramms („Glasbuckel"). In Abb. 9 war bereits die Streukurve eines Phosphatglases gezeigt, bei der die gestreute Intensität in den diffusen breiten Reflexen auf die Nahordnung zurückgeführt werden kann.

In den Flüssigkristallen, die als Wärmesensoren große Bedeutung haben und für flache Fernsehschirme eingesetzt werden, bildet sich eine teilweise periodische Ordnung aus, die bei den kristallin smektischen Phasen zweidimensional ausgebildet ist (Abb. 16a). Entsprechend weist das Beugungsbild neben diffusen Bereichen auch ausgeprägte Maxima der Streuintensität auf (Abb. 16b). Die Umwandlung der Ordnungsgrade der Flüssigkristalle ineinander bedingt ihre Sensibilität bei Änderungen der Temperatur. Ein Beispiel für diesen Polymorphismus und für die entsprechenden Beugungsdiagramme ist in Abb. 17 gezeigt. Dargestellt sind Röntgenbeugungsdiagramme als Funktion der Temperatur, die jeweils in wenigen Millisekunden mit Synchrotronstrahlung aufgenommen wurden. Im Temperaturbereich von wenigen Grad treten eine hexagonale Struktur und 2 unterschiedliche lamellare Anordnungen auf, die durch charakteristische Beugungsreflexe gekennzeichnet sind. Diese Aufnahmen zeigten eindrucksvoll, daß die Phasenübergänge schnell und gekoppelt ablaufen.

Aussagen zur strukturellen Organisation in Systemen ohne Fernordnung lassen sich durch die Klein- und Großwinkelstreuung gewinnen. Die

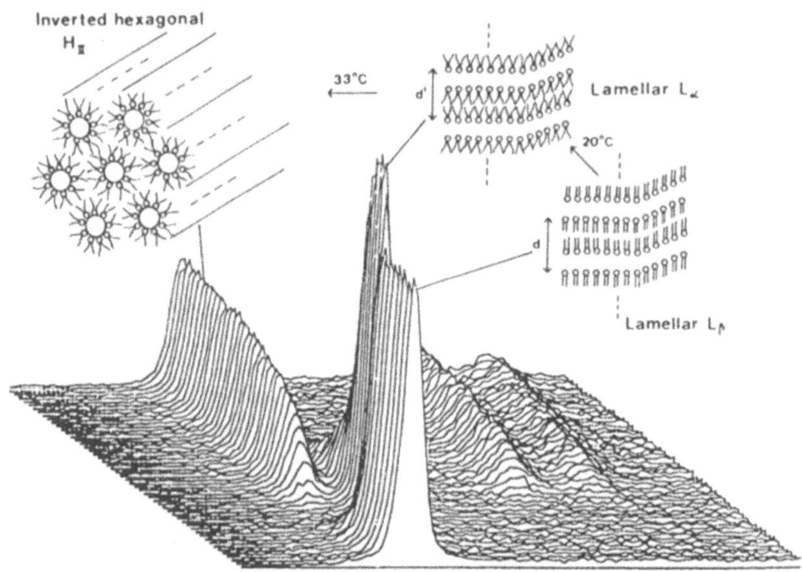

Abb. 17. Gebeugte Intensität bei der Phasenumwandlung von Flüssigkristallen in Abhängigkeit vom Streuwinkel (nach rechts) und von der Temperatur (nach hinten). (Kratky u. Lagger 1987)

Kleinwinkelstreuung, die maßgeblich von Kratky entwickelt wurde, gewinnt aus Röntgenstreukurven bei Winkeln kleiner als 2° Aussagen zur Struktur relativ großer Objekte. Besonders erfolgreich wurde die Kleinwinkelstreuung bei Ausscheidungen in Metallen und Legierungen oder bei Kolloidteilchen in Lösungen oder bei Micellen-Bildung eingesetzt (Kratky u. Lagger 1987). Besonders deutlich wird hierbei wieder die Reziprozität, die die Röntgenbeugung beherrscht. Große Objekte ergeben Intensitäten bei kleinen Winkeln, kleine periodische Gitterabstände führen zu Interferenzen bei großen Winkeln. Da die bestimmende Größe für die gestreute Intensität der Streukontrast (etwa zwischen gelösten Partikeln und Lösungsmittel) ist, läßt sich durch Variation dieses Kontrastes (etwa Zuckerlösung) zusätzliche Information erhalten.

Als Beispiel für eine Kleinwinkelstreukurve aus der Metallurgie ist in Abb. 18 die Legierung Al(20)-Ag(80) gezeigt. In Abb. 18b ist daraus abgeleitet die Wahrscheinlichkeit, ein Silberatom im Abstand r zu finden, wenn der Ursprung auf einem Silberatom angenommen wird. Die Kurve zeigt eine 100%ige Wahrscheinlichkeit, alle Silberatome im Abstand von 20Å zu finden, was auf eine Entmischung und Clusterbildung in dieser Legierung hindeutet (Guinier u. Fournet 1955).

Dem Prinzip der Reziprozität entsprechend ergibt die Großwinkelstreuung Aussagen zur Nahbereichsordnung in amorphen Systemen und Flüssigkeiten. An Abb. 19a ist der Intensitätsverlauf für amorphe und mikrokristalline SiO_2-Phasen als Funktion des Streuwinkels dargestellt. Aus dieser gestreuten Intensität läßt sich die Radialverteilungsfunktion (Abb. 19b) durch Fourier-Inversion berechnen. Die Abstände, die am häufigsten in der amorphen Substanz auftreten, ergeben Maxima in dieser Verteilungsfunktion, etwa der Abstand von 1,6 Å für den Si-O-Abstand. Somit ergeben sich für das dreidimensionale System gemittelte eindimensionale Informationen. Die Radialverteilungsfunktion des Kieselglases (amorphes SiO_2) und der nicht-kristallinen Opale weisen bis zu interatomaren Abständen von r = 10 Å 8 Maxima auf (Abb. 19b). Da sich die Verteilungsfunktionen nur geringfügig unterscheiden, läßt sich auf eine ähnliche Nahordnung trotz unterschiedlicher Entstehungsgeschichte schließen.

Die Maxima der radialen Verteilungsfunktion bei 1,6 Å und 2,6 Å entsprechen den intratetraedrischen Si-O- und O-O-Abständen. Die kürzesten Si-Si-Abstände liegen bei allen $Si0_2$-Modifikationen mit 4-fach koordiniertem Si bei ca. 3.1 Å, und die intertetraedrischen Si-O- und 0-0-Abstände ergeben ein Maximum bei ca. 4.0 Å. Von besonderem Interesse für die Untersuchung gelöster Teilchen ist eine Kombination von Klein- und Weitwinkelstreuung, die allerdings bisher nur in wenigen Fällen realisiert ist. Zur Berechnung radialer Verteilungsfunktionen und zum Vergleich mit experimentellen Kurven lassen sich strukturchemische Kenntnisse wie etwa die Tetraederanordnung der SiO_4-Einheiten in Silikaten heranziehen.

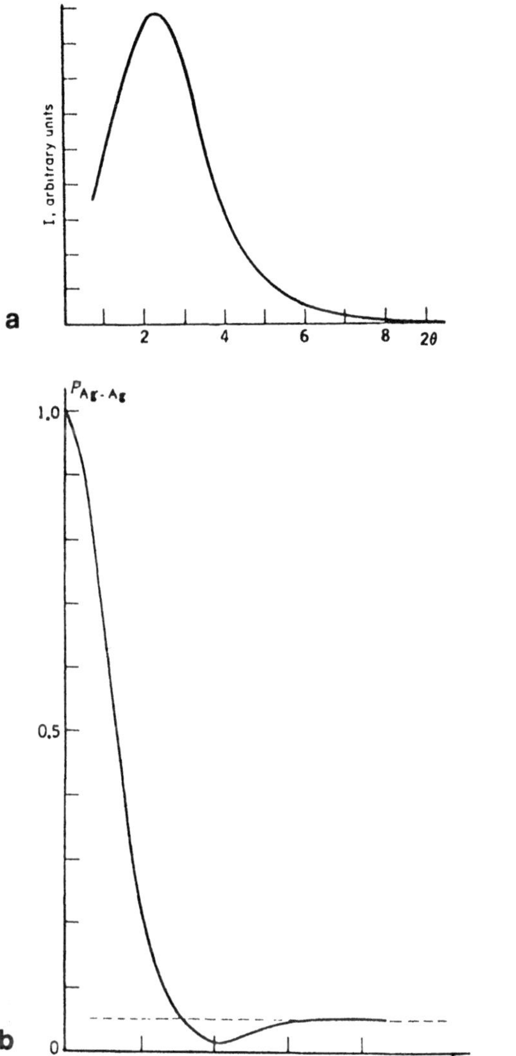

Abb. 18a, b. Kleinwinkelstreuung an Legierungen. **a** Streukurve einer Al (20)-Ag (80)-Legierung, **b** Radialverteilungsfunktion für die Silberatome in Al(20)-Ag(80). (Guinier u. Fournet 1955)

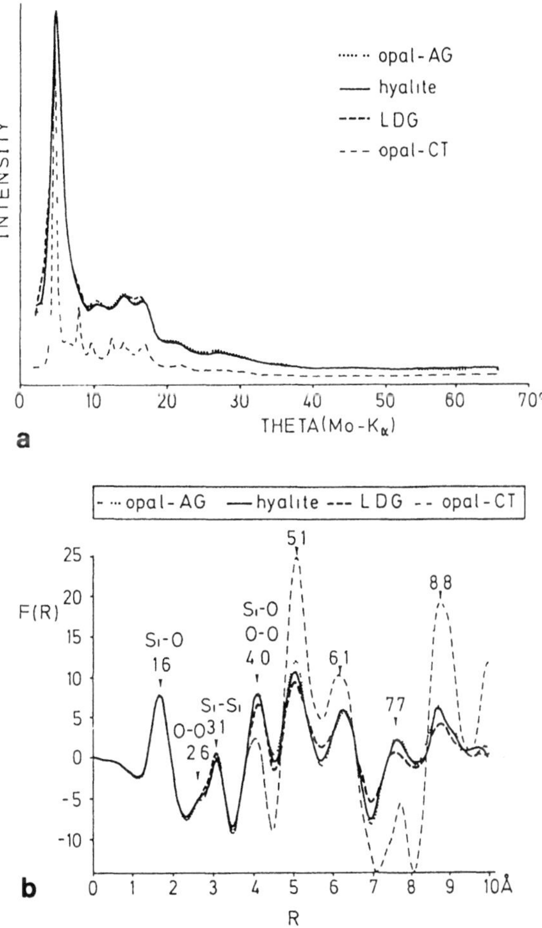

Abb. 19a, b. Röntgenbeugung an amorphen SiO_2-Phasen (3 Opale und Kieselglas). **a** Streukurven, **b** Radialverteilungsfunktion, die die wichtigsten Abstände zeigt

Für die Modellierung der Strukturen organischer Flüssigkeiten, etwa metallorganischer Precursoren bei Sol-Gel-Prozessen, können Ab-initio-Rechnungen der theoretischen Chemie verwendet werden.

Oberflächen und Grenzflächen

Aussagen zur Struktur von Oberflächen und Grenzflächen werden auf unterschiedliche Weise erhalten. Durch Röntgenbeugung an den Oberflächen lassen sich kohärente Reflexe und diffuse Streuung von aufgedampften Schichten auf einem Substrat vermessen. Die Abb. 20 zeigt die Röntgenbeugung von $YBa_2Cu_3O_7$-Filmen, die auf ein Substrat ($SrTiO_3$) aufgedampft sind. Das supraleitende Material wächst dabei mit den Ebenen, die durch a- und b-Achse gebildet werden, auf dem Substrat auf, die lange c-Achse steht senkrecht.

Da innerhalb der Ebene a und b Richtungen auftreten, die sich in der Länge nur wenig unterscheiden, wird jeder Reflex aufgespalten. Hinzu kommt eine weitere Aufspaltung durch die bereits weiter oben beschriebene Verzwillingung. Es entsteht dann ein charakteristisches Beugungsbild, das 4 Einzelmaxima anstelle eines Einzelreflexes aufweist. Parallel zur Substratoberfläche liegen die a- und b-Achse, deren Längen in der orthorhombischen Phase nur gering voneinander abweichen. Auf der Oberfläche bilden sich damit Bereiche aus, die den Orientierungen in diesen beiden Richtungen entsprechen. Jede Richtung bildet wiederum eine Verzwillingung, auf die bereits bei der Einkristallstruktur (Abb. 5) hingewiesen wurde.

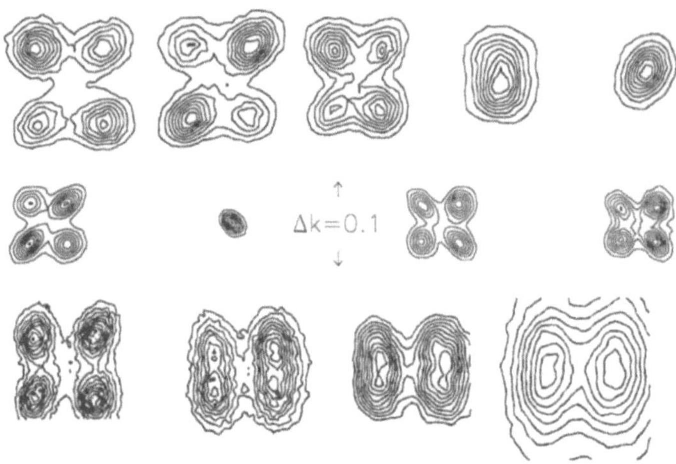

Abb. 20. Textur von Reflexen von dünnen Filmen von $YBa_2Cu_3O_7$ auf $SrTiO_3$-Substrat. (*Oben*) Zunehmender Einbau von Eisen, (*Mitte*) Reduzierung und Reoxidation, (*unten*) Bestrahlung mit schweren Ionen. (Steinborn et al. 1994)

Die Abb. 20 (oben) verdeutlicht den Übergang vom orthorhombischen supraleitenden Zustand zum tetragonalen Nichtleiter bei Einbau eines Kations (hier Fe), das Cu substituiert (s. Abb. 5). In Abb. 20 (Mitte) zeigt sich die tetragonale Phase bei Reduktion und die Reversibilität durch nochmalige Oxidation (Mitte). Die Änderung der Reflexform in Abb. 20 (unten) ist auf eine Bestrahlung der YBCO-Filme mit schweren Ionen (hier 238U) zurückzuführen. Die Reflexe werden breiter, die Verbindung mit dem Substrat wird geringer. Gleichzeitig erhöht die Bestrahlung aber die kritische Stromdichte, da Pinning-Zentren gebildet werden, an denen die Flußschläuche der Supraleitung fixiert werden können. Die Lage und Form der Reflexe ist vom Substrat und der damit erzielten epitaktischen Anpassung der Gitter von Substrat und Film abhängig (Steinborn et al. 1994).
Auf die wichtige Methode zur Charakterisierung „Dünner Schichten“ und Schichtenfolgen auf unterschiedlichen Substraten hat sich die Reflektometrie und Interferometrie mit Röntgenstrahlen bei Primärstrahleneinfall unter sehr kleinen Winkeln gegenüber der Oberfläche erwiesen (s. auch Beitrag Steeb und Lamparter, S. 541).

Ausblick

Trotz des Alters von 100 Jahren für die Röntgenstrahlen und von mehr als 80 Jahren für die Röntgenbeugung an Einkristallen, ist die Entwicklung der Strukturchemie, die durch diese beiden Entdeckungen in Gang gesetzt wurde, noch längst nicht abgeschlossen. Dafür zeugen die Zehntausende neuer Kristall- und Molekülstrukturen, die in jedem Jahr bestimmt werden, ebenso wie der Einsatz in immer neuen Bereichen der physikalisch-chemischen Forschung. Einen beträchtlichen Schub haben diese Arbeiten durch die intensiven Synchrotronquellen erhalten, die seit einigen Jahren verfügbar werden. Entwicklungen, die dort vorangetrieben wurden (Monochromatoren, Detektoren, Datenerfassung), haben wieder auf die Arbeit mit der traditionellen Röntgenröhre zurückgewirkt und zu einer fruchtbaren wechselseitigen Fortentwicklung des gesamten Gebiets geführt.

Literatur

Bijvoet JM, Peerdeman AF, Van Bommel AJ (1951) Determination of the absolute configuration of optically active compounds by means of X-rays. Nature 168:271-272

Bragg WH, Bragg WL (1915) Seven papers by WHB and WLB from the period 1912/14 were reprinted in German translation. Z Anorg Allgem Chem 90:153-296

Bragg WL (1913) The structure of some crystals as indicated by their diffraction of x-rays. Proc Roy Soc A 89:248-277

Brill R (1967) Determination of electron distribution in crystals by means of X-rays. Solid State Phys 20:1-35

Coppens P, Hall MB (eds) (1982) Electron distribution and the chemical bond. Plenum, New York

Crowfoot D, Bunn CW, Rogers-Low BW, Turner-Jones A (1949) The chemistry of penicillin. Princeton University Press, Princeton, pp 310 367

Ewald PP (ed) (1962) Fifty years of x-ray diffraction. NVA Oostholk's uitgeversmaatschappij, Utrecht

Friedrich W, Knipping P, Laue M (1912) Interferenz-Erscheinungen bei Röntgenstrahlen. Bayr Akad Wiss 303:322

Fuess H, Bats JW, Cruickshank DWJ, Eisenstein M (1985) Comparison of theoretical and experimental deformation densities in S-O bonds. Angew Chem Int Ed Eng 24:509-510

Goldschmidt VM (1926) Geochemische Verteilungsgesetze der Elemente, Bd VIII: Gesetze der Kristallochemie. Skrifter Norske Videnskaps-Akademie, Oslo

Guinier A, Fournet G (1955) Small angle scattering of X-rays. Wiley, New York

Heilbronner E, Dunitz JD (1993) Reflections on symmetry in chemistry and elsewhere. Helvetica Chimica Acta, Basel; VCH, Weinheim

Hildebrandt G (1993) The discovery of the diffraction of x-rays in crystals - A historical review. Cryst Res Technol 28:747-766

Krätschmer W, Lamb LD, Fostiropoulos K, Huffman DR (1990) Solid C_{60}: a new form of carbon. Nature 347:354-358

Kratky O, Lagger P (1987) X-ray small angle scattering. Encyclopedia of physical science and technology Academic Press, London, pp 693-742

Lehn JM (1988) Supramolekulare Chemie-Moleküle, Übermoleküle und molekulare Funktionseinheiten (Nobel-Vortrag). Angew Chem 100:91-116

Liebau F (1985) Structural chemistry of silicates - (Structure bonding and classification). Springer, Berlin Heidelberg New York Tokyo

Löchner U, Pennartz PU, Miehe G, Fuess H (1993) Synchrotron powder diffractometry at Hasylab (Doris) reviewed. Z Kristallogr 204:1-41

Luger P, Andre C, Rudert R, Zobel D, Knöchel A, Krause A (1992) X-ray structure of 18-crown-6-$KClO_4$ at room temperature and 20K. Acta Cryst B 48:33-37

Nockolds CK, Ramaseshan S, Waters TNM, Waters JM, Hodgkin DC (1967) Structure of monocarboxylic acid derivative of vitamin B_{12}. Nature 214:129-133

Pauling L (1962) Die Natur der chemischen Bindung. Verlag Chemie, Weinheim

Penrose R (1979) Pentaplexity. A class of non periodic tilings of the plane. Math Intelligencer 2:32-37

Reiser HS, Rookaby HP, Wilson AJC (1955) The powder and fibre methods in polymer and biological research. X-Ray Diffraction Ch 26:533

Rietveld HM (1969) A profile refinement method for nuclear and magnetic structures. J Appl Cryst 2:65-71

Roth G (1993) Kristallstrukturen und Kristallchemie van der Waals-gebundener Fullerene. Habilitationsschrift, Universität Marburg

Shannon RD (1976) Revised effective ionic radii and systematic studies of interatomic distances in halides and chalcogenides. Acta Cryst A 32:751-767

Shechtman D, Blech I, Gratias D, Cahn JW (1984) Metallic phase with long-range orientational and no translational symmetry. Phys Rev Lett 53:1951-1953

Steinborn T, Miehe G, Wiesner J et al. (1994) Twinning of $YBa_2Cu_3O_7$ thin films on different substrates and modification by irradiation. Physica C 220:219-226

Steurer W (1990) The structure of quasicrystals. Z Kristallogr 190:179-234

Vogel W, Höland W (1987) The development of bioglass ceramics for medical applications. Angew Chem Int Ed Engl 26:527-544

Weiss A, Witte H (1983) Kristallstruktur und chemische Bindung. Verlag Chemie, Weinheim

Röntgenstrahlen in der Biochemie

Peter Reinemer und Robert Huber

Gemeinhin sagt man, es gebe Feuer, Wasser, Luft und Erde. Es gebe süß und bitter, heiß und kalt. Gemeinhin sagt man, es gebe eine natürliche Ordnung im Universum. In Wahrheit gibt es nichts als Atome und Leere.

Demokrit, 400 v. Chr.

Einführung

Von ihren Anfängen an ist es ein Erfolgskonzept der Biochemie gewesen, die biologischen Funktionen auf der Basis chemischer Strukturen zu erklären. So ist unser heutiges Verständnis der Lebenserscheinungen nachhaltig von den Strukturaufklärungen biochemisch relevanter Moleküle beeinflußt worden. Dies gilt insbesondere für die Makromoleküle, die die zentralen Träger biologischer Information und Funktion sind: die Nukleinsäuren und Proteine. Ganz offensichtlich ist die Entschlüsselung ihres Aufbaus notwendige Voraussetzung für das Verständnis ihrer Funktion; M. Perutz schrieb dazu mit Blick auf die Enzyme, einer Klasse von Proteinen, die als biologische Katalysatoren in allen biochemischen Prozessen mitwirken:

„Um die chemischen Grundlagen des Lebens verstehen zu können, müssen wir den Apparat kennen, der komplizierte Pflanzen und Tiere aus einfachen chemischen Verbindungen aufbaut. Welche Werkzeuge besitzen lebende Zellen, um große organische Moleküle in wässrigem Medium bei normalen Temperaturen und in neutraler Lösung aufzubauen, ein Vorhaben, für das der Chemiker wirksame Lösungsmittel, hohe Temperaturen, niedrige Drücke und starke Säuren oder Basen braucht?“ (Perutz 1971).

Sicherlich entstammt ein wesentlicher Teil unserer Kenntnisse über die strukturellen Details der Moleküle röntgenkristallographischen Untersuchungen. Dabei waren die Arbeiten zunächst geprägt von Strukturaufklärungen an kleinen, zumeist hochsymmetrischen, anorganischen Verbindungen. Bald darauf, mit zunehmender Fortentwicklung der Methode, begann man auch mit Strukturuntersuchungen größerer und komplizierterer Moleküle und schließlich auch mit Arbeiten an Biopolymeren. Als die Entschlüsselung der ersten Proteinstrukturen Anfang der 60er Jahre gelang, waren seit der ersten geglückten Röntgenaufnahme eines Proteinkristalls fast 25 Jahre vergangen, bis sich zum ersten Mal die Struktur eines so komplizierten und großen Moleküls abzeichnete, das noch vor kurzem außerhalb der Untersuchungsmöglichkeiten von Chemie und Physik zu liegen schien. Die Faltung der Polypeptidketten war unerwartet kompliziert und die überwältigende Fülle von Strukturdetails hatte zunächst Fragen nach der Chemie der Proteinreaktion in den Hintergrund gedrängt. Dennoch zeigte sich, daß keine neuen Naturgesetze zur Erklärung ihrer Architektur bemüht werden müssen. Ihre molekularen Konfigurationen genügen den chemischen Prinzipien, die auch die Form kleinerer Moleküle determinieren. Wenngleich auch heute die Gesetzmäßigkeiten der Proteinfaltung kaum durchsichtiger sind als vor 30 Jahren, so hat die Vielzahl gelöster Strukturen doch ganz wesentlich dazu beigetragen, die Funktionsweise der Proteine besser zu verstehen. Aus der immer schneller wachsenden Anzahl enträtselter Molekülstrukturen schöpfen wir heute Einsichten in die Baupläne der Natur, die noch vor wenigen Jahren unvorhersehbar waren. Durch die Vielfalt struktureller Information eröffnet sich uns eine veränderte Betrachtung der Biochemie als Ganzes: Wir erkennen nun grundlegende Prinzipien, wo vorher viele Einzeltatsachen beziehungslos nebeneinander standen. Molekulare Verwandtschaften und gemeinsame Mechanismen werden offenbar und gestatten die Ableitung von klaren Struktur-Funktions-Beziehungen.

Auch die Strukturaufklärung der Desoxyribonukleinsäure (DNS) war ein Meilenstein in der Biochemie. Die sich daraus ergebenden Konsequenzen waren in vielerlei Hinsicht vielleicht noch radikaler, war hier doch die molekulare Grundlage der Vererbung evident. Die Gene waren nicht länger nur mysteriöse Einheiten, deren Eigenschaften allenfalls durch Züchtungsexperimente studiert werden konnten. Sie wurden zu realen molekularen Objekten, von denen man erkannte, daß die Gesetze der Chemie nicht nur zum Verständnis der Proteinstruktur ausreichten, sondern auch mit allen Phänomenen der Vererbung konsistent waren. Auch anfängliche Befürchtungen, daß ihre Struktur vielleicht nicht preisgeben würde, wie die Gene funktionieren bzw. repliziert werden, haben sich - glücklicherweise - nicht erfüllt. So war z. B. das Prinzip der semikonservativen Replikation eine sich geradezu aufdrängende Schlußfolgerung aus der doppelhelikalen Struktur komplementärer DNS-Stränge.

Sicherlich ist es ganz unmöglich, hier alle Entwicklungen der Biochemie zu beleuchten, die von Strukturanalysen profitiert haben; vielmehr wollen wir uns darauf beschränken, die Entwicklung der Kristallographie der Biopolymere von ihren Anfängen bis zum heutigen Stand nachzuzeichnen. Unsere Reise durch die Geschichte der Proteinkristallographie, haben wir - etwas willkürlich - in 4 größere Perioden unterteilt, die von verschiedenen Schwerpunkten geprägt waren: Strukturuntersuchungen an Faserproteinen (1912–1934), Röntgenbeugungsdaten von Proteineinkristallen, die Suche nach einem systematischen Weg von den Diffraktionsdaten zur Struktur und die Entschlüsselung der DNS-Struktur (1934–1954), die Epoche der methodischen Fortentwicklung und der ersten Strukturen (1954–1975), sowie Informationsvielfalt und neuere Methoden (1975–heute).

1912–1934: Röntgenographische Untersuchung faserbildender Proteine

Die chemischen Strukturen hochmolekularer Verbindungen waren zu Beginn dieses Jahrhunderts weitgehend unverstanden. Ihre Eigenschaften wurden zunächst mit amorphen Strukturen assoziiert und es galt die Ansicht, daß für die Bestandteile der belebten Materie auf bzw. unterhalb der zellulären Ebene keine geordneten Strukturen zu erwarten seien. Erst mit der Entdeckung der Röntgendiffraktion in Jahre 1912 (Friedrich et al. 1912) eröffnete sich eine physikalische Methode, die eine direkte experimentelle Untersuchung des atomaren Aufbaus erlaubte. Soweit die Biochemie in dieser frühen Periode betroffen war, konzentrierten sich die Arbeiten zunächst auf hochmolekulare, meist faserbildende Naturstoffe. Ein Charakteristikum solcher Fasern ist es, daß sie eine grundlegende Baueinheit besitzen, die aus einer relativ kleinen Anzahl von Atomen besteht und sich regulär entlang der Faserachse wiederholt. Daran können zusätzlich variierende Seitengruppen angeknüpft sein. Wird ein solches Objekt mit Röntgenlicht bestrahlt, so erzeugen die sich regulär wiederholenden Elemente ein charakteristisches Diffraktionsbild, während variierende Teile nur zu einer diffusen Hintergrundstreuung beitragen. Obgleich die dabei erhaltenen Röntgendaten zu fragmentarisch sind, um die atomare Anordnung aufzulösen, kann eine solche Röntgenanalyse doch die Ableitung der zugrundeliegenden Grobstruktur der repetitiven Einheit gestatten.

Eine erste, eher zufällige Annäherung an die Strukturen faserbildender Materialien wurde bereits 1913 unternommen. S. Nikishawa, damals Assistent von T. Terada am Institut für Physik der Universität Tokyo, bestrahlte zusammen mit einem seiner Studenten, S. Ono, eine Anzahl willkürlich ausgewählter Materialien, darunter Seide, Holz und Bambus, mit Röntgenlicht (Nishikawa u. Ono 1913). Ihre Aufnahmen zeigten einige wenige, breite Reflexe und führten zu der Schlußfolgerung, daß diesen Materialien ein gewisses Maß an molekularer Ordnung zugrunde liegen mußte.

Umfangreichere Studien sollten jedoch erst einige Jahre später folgen: R. O. Herzog, Direktor am Kaiser-Wilhelm-Institut für Faserstoffchemie in Berlin-Dahlem, begann 1920 eine systematische Untersuchung der Faserstruktur mit Röntgenlicht an seinem Institut. Zusammen mit seinem Assistenten W. Jahncke erhielt er gute Beugungsphotographien einiger natürlicher Fasern, darunter Cellulose und Seide. Eine zunächst rein qualitative Betrachtung ergab, daß die Fasern offensichtlich ein hohes Maß an Regularität entlang ihrer Achse aufweisen (Herzog u. Jahncke 1920). Eine detaillierte Analyse der Celluloseaufnahmen, die auch in einen ersten Strukturvorschlag mündete, wurde anschließend von M. Polanyi, ebenfalls Assistent bei Herzog, unternommen. Polanyi erarbeitete zunächst eine Methode zur Indizierung der Reflexe des Faserdiffraktogramms. Er erkannte, daß alle Reflexe auf einer Schar von Hyperbeln zu liegen kommen, wobei jede einzelne Hyperbel aber nur Reflexe umfaßt, die durch Reflexion an Netzebenen entstehen, die identische Indizes in Richtung der Faserachse besitzen. Somit konnte er dann eine Bestimmungsgleichung für die Hyperbelschar auf der Basis der Identitätsperiode der Faser ableiten und schließlich die Elementarzelle der Cellulose bestimmen. Polanyi schlug 2 mögliche Strukturen für die Cellulose vor, die mit den Röntgendaten kompatibel waren: eine lange, polymere Kette von verknüpften Hexosen oder ein Aggregat von Hexobiose-Anhydriden (Polanyi 1921). Dieser Erfolg ermutigte Herzog, eine ähnliche Analyse auch für das Seidenfibroin zu beginnen, das zu dieser Zeit die schönsten Diagramme lieferte. Auf

seine Veranlassung und unter Leitung von Polanyi untersuchte R. Brill, Doktorand am Herzogschen Institut, die Seiden röntgenographisch. Er bestimmte mit der Polanyischen Methode die Elementarzelle des Seidenfibroins und folgerte, daß ebenfalls 2 Strukturvorschläge mit den Röntgendaten in Einklang zu bringen waren: entweder ein Aggregat kleiner Glycyl-D-alanyl-Dipeptide oder eine lange Polypeptidkette (Brill 1923).
Dennoch verblieb eine gewisse Unsicherheit darüber, wie lang ein einzelnes Molekül einer solchen Faser sein könnte. Die vorherrschenden Ansichten korrespondierten mit den von Polanyi und Brill vorgeschlagenen Strukturmodellen: Eine Auffassung war, daß ein Fasermolekül nur so lang sein könne wie die repetitive Einheit, die aus der kristallographischen Analyse folgte; eine andere Auffassung war, daß die kristallographisch abgeleitete Basiseinheit nur die Periodizität der Faser wiedergebe, ein Fasermolekül jedoch sehr viel länger sein könne. Es ging hier also nicht nur um die Interpretation unklarer Röntgenbeugungsmuster, sondern vielmehr um die ganz generelle Frage nach dem chemischen Aufbau dieser Naturstoffe.

Eine tiefe Kontroverse darüber, ob die Makromoleküle, die H. Staudinger (1926) postuliert hatte, tatsächlich existierten, spaltete damals die wissenschatliche Gemeinde. Dieser Widerspruch wurde einige Jahre nach den Arbeiten in Dahlem durch Untersuchungen von K. H. Meyer und H. Mark im Hauptlabor der IG Farben in Ludwigshafen zugunsten der Existenz der Makromoleküle aufgelöst. Das Hauptlabor verfügte über sehr gute Röntgenquellen und zusammen mit H. Hopff, der bei der Präparation sehr reiner und orientierter Proben behilflich war, erhielten Meyer und Mark viele sehr gute Röntgenaufnahmen. Einige davon waren gut genug, um die Raumgruppen zu bestimmen und grobe Intensitätsmessungen auszuführen. Eine erste Arbeit beschäftigte sich mit der Struktur der Cellulose (Meyer u. Mark 1928a). Unter Verwendung Braggscher Atomradien leiteten sie ein Strukturmodell für die Basiseinheit ab, bestehend aus 2 1,4-O-glykosidisch verknüpften Glucoseresten, dessen Raumerfüllung mit den Dimensionen der Elementarzelle in Einklang stand. Berücksichtigte man ferner die röntgenographisch festgestellte Symmetrie, führte dies zu einem Bild der Faser als langem Makromolekül, das aus entlang der Faserachse orientierten 1,4-O-glykosidisch verknüpften Basiseinheiten bestand. Diese Auffassung vom Bau der Cellulose war nicht nur mit den Röntgendaten, sondern insbesondere mit den physikalischen und chemischen Eingenschaften der Cellulose verträglich, während früher vorgeschlagene Modelle von aggregierten kleineren Struktureinheiten dies nicht waren. In anschließenden Arbeiten widmeten sich Meyer und Mark den Strukturen des Seidenfibroins (Meyer u. Mark 1928b), des Chitins (Meyer u. Mark 1928c) sowie des Kautschuks (Meyer u. Mark 1928d). Für alle Fasern konnten sie durch Anwendung der bei der Cellulosestruktur verwendeten Methode ein Strukturmodell vorschlagen; erwähnenswert erscheint hier insbesondere das Strukturmodell für die Seide, wobei ein in gestreckter Konformation vorliegendes Glycyl-D-Alanyl-Dipeptid die Basiseinheit bildet, die sich entlang der Faserachse wiederholt. Wiederum war dieser Strukturvorschlag mit den chemischen und physikalischen Eingenschaften, aber auch mit den schon erwähnten Brillschen Röntgendaten kompatibel. Die Bedeutung dieser Arbeiten kann darin gesehen werden, daß hier nicht nur die Existenz der Makromoleküle untermauert, sondern auch das Bild vom Aufbau der natürlichen Fasern als Bündel von langen Molekülen, die aus kleinen, sich periodisch wiederholenden Basiseinheiten bestehen, geboren war.

Die Untersuchungen der Gruppe um Herzog in Dahlem hatten auch die Aufmerksamkeit von W. H. Bragg, damals Direktor an der Royal Institution in London, geweckt. Er erbat von einem seiner Assistenten, W. T. Astbury, eine Serie von Faseraufnahmen, um einen Vortrag zu illustrieren. So kam Astbury 1926 eher zufällig mit diesem Arbeitsgebiet in Kontakt, das seine weitere wissenschaftliche Karriere prägen sollte. Astbury wurde 1928 als Dozent für Textilphysik nach Leeds berufen, wo zwischen 1931 und 1935 seine bedeutendsten Arbeiten entstanden, die sich mit der Beziehung zwischen der molekularen Struktur der Fasern und ihren physikalischen Eigenschaften, insbesondere ihrer Elastizität, beschäftigten. Zusammen mit seinen Assistenten H. J. Woods and A. Street gelang es ihm, zu zeigen, daß Keratin je nach seinem Spannungszustand verschiedene Faserdiffraktogramme lieferte: eine sog. α-Aufnahme für die entspannte Faser sowie eine β-Aufnahme für die gedehnte Faser (Astbury 1931; Astbury u. Street 1931). Er folgerte aus dem α-Diagramm, das einen charakteristischen meridonalen Reflex im Abstand von 5,1 Å zeigte, daß dies einem bestimmten Typus der Peptidkettenfaltung, der sog. α-Faltung, entsprach, die reversibel zu einer gestreckten Peptidkettenkonformation gedehnt werden konnte, um dann ein β-Diagramm mit einem charakteristischen meridionalen Reflex im Abstand von 3,4 Å zu liefern (Astbury u. Woods 1930; Astbury u. Street 1931). Astburys Strukturvorschläge für α- und β-Keratin waren ein Weg, die charakteristische Elastizität des Keratins mit einem Bild auf molekularer Ebene zu erklären. Das Besondere an diesem Modell war sicherlich die Idee, daß der gleiche Strang in einem kontrahierten und einem expandierten Zustand existieren kann, obwohl sein Strukturvorschlag die Dreidimensionalität der Struktur unberücksichtigt ließ und zu sehr in der Zweidimensionalität verhaftet blieb (Astbury u. Woods 1934; Astbury u. Sisson 1935; Astbury u. Bell 1941). Ähnlichkeiten und Unterschiede in den Röntgendiagrammen einer Vielzahl von Fasern führten Astbury schließlich zu einer allgemeinen Einteilung der faserbildenden Proteine. Viele dieser Proteine lieferten Keratin-ähnliche Aufnahmen, so z. B. Myosin, Elastin und Fibrinogen, die zusammen mit dem Keratin die sog. k•m•e•f-Gruppe bildeten und für die er annahm, daß sie ähnliche Strukturen ausbilden (Astbury 1933). Im Gegensatz dazu zeigte das Kollagen ein deutlich abweichendes Röntgendiagramm mit einem meridionalen Reflex bei einem Abstand von 2,8 Å. Offensichtlich lag hier ein von den keratinoiden Proteinen abweichendes Strukturprinzip zugrunde (Astbury 1933). Die Bedeutung der Astburyschen Untersuchungen ging sicherlich über die reine Strukturuntersuchung der faserbildenden Proteine hinaus. Astbury darf daher als Vorreiter der strukturellen Molekularbiologie angesehen werden, der als einer der ersten eine Kombination von physikalischen und chemischen Untersuchungsmethoden auf biologische Moleküle anwandte. Er erkannte die grundlegende Bedeutung solch interdisziplinärer Arbeitsansätze für das Verständnis der Biologie und propagierte den Begriff der „Molekularen Biologie“ (Astbury 1961). Der größte Teil seiner Arbeiten konzentrierte sich auf die Strukturen der Proteine, und tatsächlich machte er den ersten Versuch, die molekulare Basis für Strukturänderungen in Proteinen zu ergründen. Obwohl sich viele seiner Ideen nachträglich als nicht haltbar erwiesen, hatten doch einige inspirierenden Charakter für nachfolgende Generationen, wie z. B. sein Vorschlag, daß H-Brückenbindungen, die zwischen den Carbonyl- und Aminogruppen räumlich benachbarter Polypeptidketten gebildet werden, die Struktur eines Proteins zusammenhalten können, aber auch die Basis für ihre konformationelle Beweglichkeit bilden (Astbury u. Woods 1931).

1934–1954: Strukturuntersuchung globulärer Proteine und DNS-Struktur

Die Zeit zwischen 1934 und 1954 war ganz wesentlich von den Arbeiten an Proteineinkristallen geprägt. Ihre Existenz war seit Mitte des vergangenen Jahrhunderts für eine ganze Reihe von Proteinen beschrieben und eine erste Arbeit, die über das Auftreten von Hämoglobinkristallen berichtet, datiert auf das Jahr 1830 (Baumgärtner 1830). Nach der Entdeckung der Röntgendiffraktion (Friedrich et al. 1912) wurden einige Versuche unternommen, auch von diesen Kristallen Beugungsaufnahmen zu erhalten. Jedoch aus Gründen, die erst später offenbar wurden, zeigten diese Aufnahmen nur vereinzelte, stark diffuse Schwärzungen. Ein erster Fortschritt auf dem Weg zur Strukturaufklärung der Proteine gelang im Jahre 1934, als es Bernal und Crowfoot gelang, eine gut aufgelöste Beugungsphotographie von Pepsineinkristallen zu erhalten (Bernal u. Crowfoot 1934). Ein Rückblick in jene Zeit offenbart uns, daß jenes Experiment nur durch eine Verkettung von glücklichen Zufällen möglich wurde (Crowfoot-Hodgkin u. Riley 1968), und es erscheint hier angemessen, den Bericht etwas ausführlicher zu gestalten.

Die Pepsinkristalle, die Bernal und Crowfoot untersuchten, stammten von J. Philpot, der Anfang der 30er Jahre in Uppsala an der Präparation des Pepsins arbeitete. Er hatte eine sehr reine Pepsinpräparation erhalten, die ungestört einige Zeit im Kühlschrank gestanden hatte, während Philpot zum Skilaufen war. Als er nach 2 Wochen zurückkehrte, fand er zu seinem großen Erstaunen, daß aus der Lösung große, 2 mm lange hexagonal-bipyramidale Kristalle gewachsen waren. Er zeigte sie G. Millikan, einem Gast aus Cambridge, der Bernals Interesse an Proteinkristallen kannte und darum bat, einige Kristalle mit nach Cambridge zu nehmen. Philpot stimmte zu, und so gelangten die Pepsinkristalle in Millikans Manteltasche nach Cambridge zu Bernal.

Im Nachhinein darf sicherlich bemerkt werden, daß es ein großer Glücksfall für die Proteinkristallographie war, daß Millikan die Kristalle in ihrer Mutterlauge transportierte. Dies ermöglichte Bernal eine wichtige Beobachtung: Die Kristalle verloren ihre Fähigkeit zur Doppelbrechung, wenn sie aus ihrer Mutterlauge entnommen wurden. Im Röntgenstrahl offenbarte sich dann, daß die getrockneten Kristalle offensichtlich ihre innere Ordnung verloren hatten und keine Röntgendiffraktion zeigten. Durch seine erste Beobachtung alarmiert, montierte Bernal anschließend einen Kristall in seiner Mutterlauge in einer

Glaskapillare und wiederholte das Experiment. Diesmal erhielt er eine Vielzahl gut aufgelöster Reflexe, die sich über den ganzen Film ausdehnten und bis zu einer Auflösung von 2 Å (d. h. bis zu einem Braggschen Netz-Ebenen-Abstand d_{min} von 2 Å entsprechend 2 Θ ~ 50° für CuK_α-Strahlung) reichten. Auffällig waren auch die großen Zellkonstanten, die er zu a = b ~ 67 Å, c ~ n · 154 Å, abgeleitet aus dem von ihm bestimmten Achsverhältnis c/a = 2,3, bestimmen konnte [die exakten Zellkonstanten wurden später zu a = b = 67,9 Å, c = 292 Å (Perutz 1949) bestimmt]. Bernal und Crowfoot hatten mit ihrem Experiment, das die Proteinkristallographie begründen sollte, einen Weg gewiesen, wie Röntgenbeugungsdaten von Proteinkristallen erhalten werden konnten, und schon kurz darauf wurden auch Untersuchungen an anderen Proteinen, darunter Insulin (Crowfoot 1935), Excelsin (Astbury et al. 1935), Lactoglobulin (Crowfoot u. Riley 1938), Hämoglobin und Chymotrypsin (Bernal et al. 1938), aufgenommen. Damit war gezeigt, daß auch die Strukturen großer Makromoleküle grundsätzlich der Röntgenstrukturanalyse zugänglich sind, sofern es möglich sein würde, eine Methode zu entwickeln, die es erlaubt, eine grundsätzliche Schwierigkeit jeder Kristallstrukturbestimmung, die als „Phasenproblem" der Röntgenstrukturanalyse bekannt ist, zu überwinden, und somit die Struktur eines Proteins ausgehend von seinen Difraktionsdaten zu bestimmen.

Das Phasenproblem hat seine Ursache darin, daß Röntgenlicht, dessen Wellenlänge den Dimensionen der Moleküle entspricht, zwar grundsätzlich geeignet ist, um die Struktur eines Moleküls „sichtbar" zu machen, das entstehende, für den Kristall- und Molekülbau charakteristische Beugungsbild die Strukturinformation jedoch verschlüsselt enthält. Die Darstellung des Objektes gelingt auch nicht, wie bei Lichtmikroskopen, mit Hilfe von Spiegeln und Linsen, sondern erst durch Anwendung einer Fourier-Transformation, wobei ausgehend von den Amplituden und Phasen des Beugungsmusters eine dreidimensionale Elektronendichteverteilung berechnet wird. Die dazu nötigen Intensitäten des Beugungsmusters können gemessen werden, während die Phaseninformation nicht direkt aus dem Röntgenbeugungsexperiment erhalten werden kann, sondern zusätzlich erschlossen werden muß.

Es sollte noch 20 Jahre dauern, bis sich eine Möglichkeit abzeichnete, wie das Phasenproblem bei Proteinstrukturen überwunden werden konnte und die 1937 von Perutz begonnenen Arbeiten am Hämoglobin (Bernal et al. 1938) bzw. die 1947 von Kendrew begonnenen Arbeiten am Myoglobin (Kendrew 1948) mit ersten Strukturen gekrönt wurden. Perutz und Mitarbeiter konnten 1954 zeigen, daß die Methode des isomorphen Ersatzes erfolgreich zur Phasenbestimmung bei Proteinen eingesetzt werden kann (Green et al. 1954). Um diese bahnbrechende Entdeckung und nachfolgende Fortschritte nachzeichnen zu können, müssen wir an dieser Stelle etwas weiter ausholen und wenden uns zunächst der allgemeinen Entwicklung der Patterson-Funktion, der Methode des isomorphen Ersatzes sowie der Verwendung der anomalen Dispersion zu; alles methodische Ansätze, die heute von grundlegender Bedeutung sind und ohne deren Anwendung keine Proteinstruktur hätte aufgeklärt werden können. Während die Lösung der ersten Strukturen kleinerer Moleküle durch Symmetriebetrachtungen bzw. durch Modellbauversuche gelang, war die Anwendung dieser Methoden auf größere Moleküle nur wenig praktikabel.

Eine wesentliche Fortentwicklung, die schließlich die Bestimmung größerer und komplizierterer Moleküle gestattete, war die Ableitung der Patterson-Funktion (Patterson 1934, 1935). Patterson war Student bei W. H. Bragg an der Royal Institution gewesen, wo er mit Fourier-Methoden in Berührung kam. Ihre Verwendung zur Berechnung von Elektronendichten war 1915 von Bragg vorgeschlagen worden (Bragg 1915) und ab 1925 in Form ein- und zweidimensionaler Fourier-Serien realisiert (Duane 1925; Havighurst 1926; Warren u. Bragg 1928). Nach seiner Rückkehr ans Massachusetts Institute of Technology – inspiriert durch Arbeiten von Zernike u. Prins (1927) sowie von Warren u. Gingrich (1934), die zeigen konnten, daß die radiale Verteilung von Atomen in einer Flüssigkeit bzw. einer Pulverprobe durch Fourier-Analyse einer Röntgenbeugungsaufnahme bestimmt werden kann – arbeitete er über Fourier-Theorie und erkannte schließlich, daß er durch Fourier-Summation der Quadrate der Strukturamplituden eine dreidimensionale Funktion berechnen konnte, die er $|F|^2$-Serie nannte und die dort Maxima zeigt, wo der Endpunkt eines Interatomvektors zu liegen kommt, und deren Höhen dem Produkt $z_i z_j$ (d. h. den Elektronenzahlen der beteiligten Atome) proportional sind. Die Koeffizienten stammten dabei aus den gemessenen Intensitäten, womit zur Berechnung der $|F|^2$-Serie keine Phaseninformation notwendig war und alle Distanzen und Richtungen von jedem Interatomvektor der Struktur voraussetzungsfrei berechenbar waren (Patterson 1934, 1935). Harker konnte anschließend die Interpretation der Patterson-Funktion vereinfachen, indem er zeigen konnte, daß relativ kleine Teile der Patterson-Karte, die heute als Harker-Schnitte bekannt sind, einen großen Teil der zur Strukturlösung benötigten Information enthalten (Harker 1936). Somit mußten häufig nur noch ein- bzw. zweidimensionale Schnitte der Patterson-Funktion, die nach Lipson u. Beevers (1936) schnell zugänglich waren, berechnet werden, was zu jener Zeit, als die Analysen noch ohne die Benutzung von Computern auskommen mußten, außerordentlich hilfreich war. Obwohl eine direkte Interpretation der Patterson-Karte – sie enthält für eine N-atomige Struktur N^2 Abstandsvektoren (incl. N Selbstvektoren, die sich im Ursprung superpositionieren) – im Sinne einer Struktur i. allg. nicht möglich ist, waren Patterson- und Schweratommethoden für lange Zeit die wichtigsten Instrumente zur Strukturlösung und sind bis heute bei der Lösung von Proteinstrukturen unentbehrlich.

Eine andere Methode, die zur Phasenbestimmung verwendet werden kann, ist der isomorphe Ersatz. Die Bezeichnung Isomorphie geht auf Mitscherlich (1819) zurück und beschreibt das Phänomen, daß 2 verschiedene Substanzen in gleichen Kristallformen existieren, wobei es möglich ist, daß ein Kristall der einen Verbindung in einer Lösung der zweiten ungestört weiterwachsen kann. Isomorphe Paare wurden erstmals von Cork, und später von Lipson und Beevers bei der Strukturaufklärung der Alaune ($M^{(I)}{}_2SO_4 \cdot M'^{(III)}{}_2(SO_4)_3 \cdot 24\,H_2O$) zur Phasierung verwendet (Cork 1927; Lipson u. Beevers 1935). Sie bestimmten dazu die Intensitäten verschiedener Alaune, die sich jeweils in den einwertigen (Cork 1927) bzw. den dreiwertigen (Lipson u. Beevers 1935) Kationen unterschieden. Sind dabei 2 zentrosymmetrische, perfekt isomorphe Kristallformen vorhanden, resultieren Intensitätsdifferenzen einzig von den verschiedenen Streubeiträgen der ersetzten Atome, während der Beitrag des Restes der Struktur konstant bleibt; Phaseninformation kann in diesem Fall einfach durch Vergleich der Reflexintensitäten des isomorphen Paares bestimmt werden.

Eine wichtige Strukturaufklärung gelang anschließend ebenfalls durch isomorphen Ersatz: Robertson bestimmte die Struktur des metallfreien Phthalocyanins, einem großen Makrozyklus mit ersetzbarem Metallatom, durch Vergleich der Intensitäten eines nickelhaltigen sowie eines metallfreien Phthalocyanins (Robertson 1936). Als ein Ergebnis dieser Studie, die Schweratomderivate verwendet hatte, schlug Robertson vor, daß in Analogie zum Ni-Phthalocyanin der Ersatz eines Zinkatoms im Insulin (Crowfoot u. Riley 1939) durch ein schwereres Atom, wie z. B. Hg, auch die Lösung einer kleinen Proteinstruktur ermöglichen könnte (Robertson 1939). Damit wird in der Literatur erstmals die Idee aufgenommen, die Strukturen der Proteine durch Verwendung isomorpher Paare zu phasieren; eine erfolgreiche Anwendung dieser Technik zur Phasenbestimmung des Hämoglobins gelang aus verschiedenen Gründen (vgl. unten) allerdings erst wesentlich später (Green et al. 1954).

Die Theorie für die Methode des isomorphen Ersatzes und ihre Erweiterung auf den azentrischen Fall wurde detailliert von Bijvoet und Mitarbeitern (Bokhoven et al. 1949) sowie von Harker (1956) ausgearbeitet. Sie zeigten, daß für azentrische Kristalle für jeden Reflex 2 Phasenwinkel möglich sind, wenn ein isomorphes Paar vorhanden ist (Bokhoven et al. 1949). Harker demonstrierte anschließend, daß die vollständige Struktur eines azentrischen Kristalls bis auf eine verbleibende Händigkeitsambiguität bestimmt werden kann, wenn 2 voneinander unabhängige isomorphe Paare, die an verschiedenen Stellen der Struktur modifiziert sind, zur Verfügung stehen (Harker 1956).

Schließlich kann das Phasenproblem auch durch Verwendung anomaler Differenzen überwunden werden. Der Effekt der anomalen Dispersion, ursprünglich von Mark und Mitarbeitern untersucht (Mark u. Szilard 1925; Kallmann u. Mark 1927) und von Prins (1928) und Hönl (1933) theoretisch beschrieben, tritt auf, wenn die Wellenlänge des Primärstrahles in der Nähe einer Absorptionskante eines Atoms der Struktur liegt, und hat zur Folge, daß die Gültigkeit des Friedelschen Gesetzes ($|F|_{hkl} = |F|_{-h-k-l}$; Friedel 1913) durchbrochen wird (Nishikawa u. Matukawa 1928; Coster et al. 1930). Die dabei auftretenden Intensitätsdifferenzen zwischen solchen Friedel-Paaren können zur Ableitung von Phaseninformation verwendet werden (Bijvoet 1954).

Ausgehend von den Röntgenaufnahmen der Proteine war die zu bewältigende Aufgabe klar: Wie konnten Zehntausende von Reflexen praktisch dazu verwendet werden, die Elektronendichteverteilung eines Proteins zu bestimmen? Wie bereits erwähnt, besteht dieses Problem grundsätzlich auch bei der Strukturlösung kleinerer Moleküle, und viele der Methoden, die dort entwickelt wurden (vgl. oben) wurden im Laufe der Zeit auch auf Proteine angewendet, allerdings zunächst ohne erkennbaren Erfolg. So gab es bereits Mitte der 30er Jahre Versuche mit isomorphen Paaren, wie z. B. dem Paar Cd/Zn-Insulin, das von Crowfoot untersucht, jedoch aufgrund der zu erwartenden, geringen Intensitätsdifferenzen und mangelnder Kristallqualität der Cd-Insulin-Kristalle für ungeeignet befunden wurde. Ebenso scheiterten Versuche mit jodiertem Insulin (Harrington u. Neuberger 1936), da nur wenig Jod gebunden und über zu viele Positionen verteilt war. Auch die Analyse der Patterson-Karten der Proteine brachte nur wenig Greifbares, abgesehen von der Erkenntnis, daß Proteinmoleküle nicht aus einfach gepackten Peptidketten bestehen können (Crowfoot u. Riley 1968). Ein ganz anderer Ansatz wurde 1938 in Bernals Labor aufgegriffen; getrocknete Kristalle des Chymotrypsins zeigen nicht nur veränderte Zellkonstanten, sondern auch veränderte relative Intensitäten. Wenn man dabei annimmt, daß bei der Trocknung Lösungsmittel zwischen den Proteinmolekülen entfernt wird und diese sich als rigide Einheiten bei der Schrumpfung nur relativ zueinander bewegen, so können systematische Untersuchungen an Kristallen verschiedenen Feuchtigkeitsgrades dazu verwendet werden, Phaseninformation abzuleiten. Dieser Ansatz wurde in den folgenden 10 Jahren von Perutz systematisch studiert. Er erhielt schließlich eine Serie mit verschiedenen Schrumpfungsstadien der Hämoglobinkristalle, und es gelang ihm, die relativen Vorzeichen entlang paralleler Reihen der zentrischen h0l-Reflexe zu bestimmen (Bragg u. Perutz 1952a, b). Unglücklicherweise trat die Schrumpfung nur entlang einer Richtung auf, so daß es nahezu unmöglich war, die Phasenbeziehungen verschiedener Reihen miteinander zu korrelieren (Kendrew 1954).

Anfang der 50er Jahre waren die kristallographischen Arbeiten an den verschiedenen Proteinen nicht wesentlich vorangekommen; es existierte eine Vielzahl von Messungen, Berechnungen, Spekulationen, auch von guten Ideen, jedoch bis dahin wenig Konkretes. Ein bedeutender Beitrag, der die anschließende Bestimmung verschiedener Proteinstrukturen und auch der DNS-Struktur nachhaltig beeinflußt hat, kam unterdessen von anderer Seite. Bernal und Pauling vertraten unabhängig voneinander die Auffassung, daß Kenntnisse über die Strukturen der Bausteine der Proteine essentiell für die Interpretation der Proteinstrukturen sind. Die akkurate und vollständige Bestimmung der Kristallstrukturen von Aminosäuren, kleinen Peptiden und anderen proteinähnlichen Verbindungen sollte Bindungslängen, -winkel und andere stereochemische Parameter liefern, die eine verläßliche Vorhersage der Konformation der Polypeptidkette erlauben (Bernal 1931; Pauling et al. 1951). Die erste Struktur einer Aminosäure, des Glycins, konnte 1939 durch umfassende Analyse von Harker-Schnitten aus einer dreidimensionalen Patterson-Funktion abgeleitet werden (Albrecht u. Corey 1939). Pauling hatte bereits 1933, auf der Basis theoretischer Überlegungen, postuliert, daß die Amidgruppe in Peptiden planar sein muß (Pauling u. Sherman 1933). Eine experimentelle Bestätigung dieses Postulats gelang 1938, als die Struktur des 2,5-Diketopiperazin, eines zyklischen Dipeptids, gelöst werden konnte und tatsächlich eine planare Anordnung der „Peptidgruppe" aufgefunden wurde (Corey 1938). Weitere Peptide (Hughes u. Moore 1949; Yakel u. Hughes 1954; Leung u. Marsh 1958) und Aminosäuren (Gurskaya 1968) folgten und lieferten eine Vielzahl von Strukturmodellen, aus denen die stereochemischen Parameter der Aminosäuren und der Peptidbindung abgeleitet werden konnten.

Schon während der 40er Jahre hatte es verschiedene Versuche gegeben, Modelle für die Polypeptidkette zu bauen (Huggins 1940, 1943; Astbury u. Bell 1941; Bragg et al. 1950), die sich jedoch nachträglich alle als nicht haltbar herausstellten. Erst Pauling erkannte 1948, ausgehend von den Kristallstrukturdaten von Aminosäuren und Peptiden, daß es möglich ist, eine helikale Polypeptidkettenkonformation aufzubauen, die H-Brückenbindungen zwischen den Carbonyl- und Aminogruppen verschiedener Schleifen der Helix besitzt, wenn eine nicht-ganzzahlige Anzahl von Resten [3,6 in der α-Helix (Abb. 1a) bzw. 5,1 in der γ-Helix] pro Umdrehung angenommen wird (Pauling u. Corey 1950, 1951a; Pauling et al. 1951). Die Existenz der α-Helix und damit die Richtigkeit der Paulingschen Modellvorstellung konnte kurz darauf von Perutz experimentell bestätigt werden. Er zeigte, daß sowohl für die Proteine als auch für synthetische Polypeptidfasern vom α-Keratin-Typ ein prominenter meridionaler Reflex bei 1,5 Å auftritt, der bislang übersehen worden war, und der sehr gut mit der axialen Wiederholung der Baueinheit entlang der Polypeptidkette übereinstimmte (Perutz 1951). Nachdem die α-Helix vorgeschlagen und ihre Existenz bewiesen war, war es notwendig, die Beugungsbilder helikaler Polypeptide mit denen zu vergleichen, die für eine Paulingsche Helix zu erwarten waren. Die Theorie der helikalen Diffraktion wurde 1952 ausgehend von der α-Helix als Modell von Cochran, Crick und Vand erarbeitet; sie entwickelten einen Formalismus, der die Vorhersage der Reflexe sowie ihrer Intensitäten auf der Basis der strukturellen Parameter der Helix gestattete (Cochran et al. 1952). Neben der α- und γ-Helix sind noch andere helikale Polypeptidkettenkonformationen vorgeschlagen worden. Low und Mitarbeiter postulierten eine π-Helix

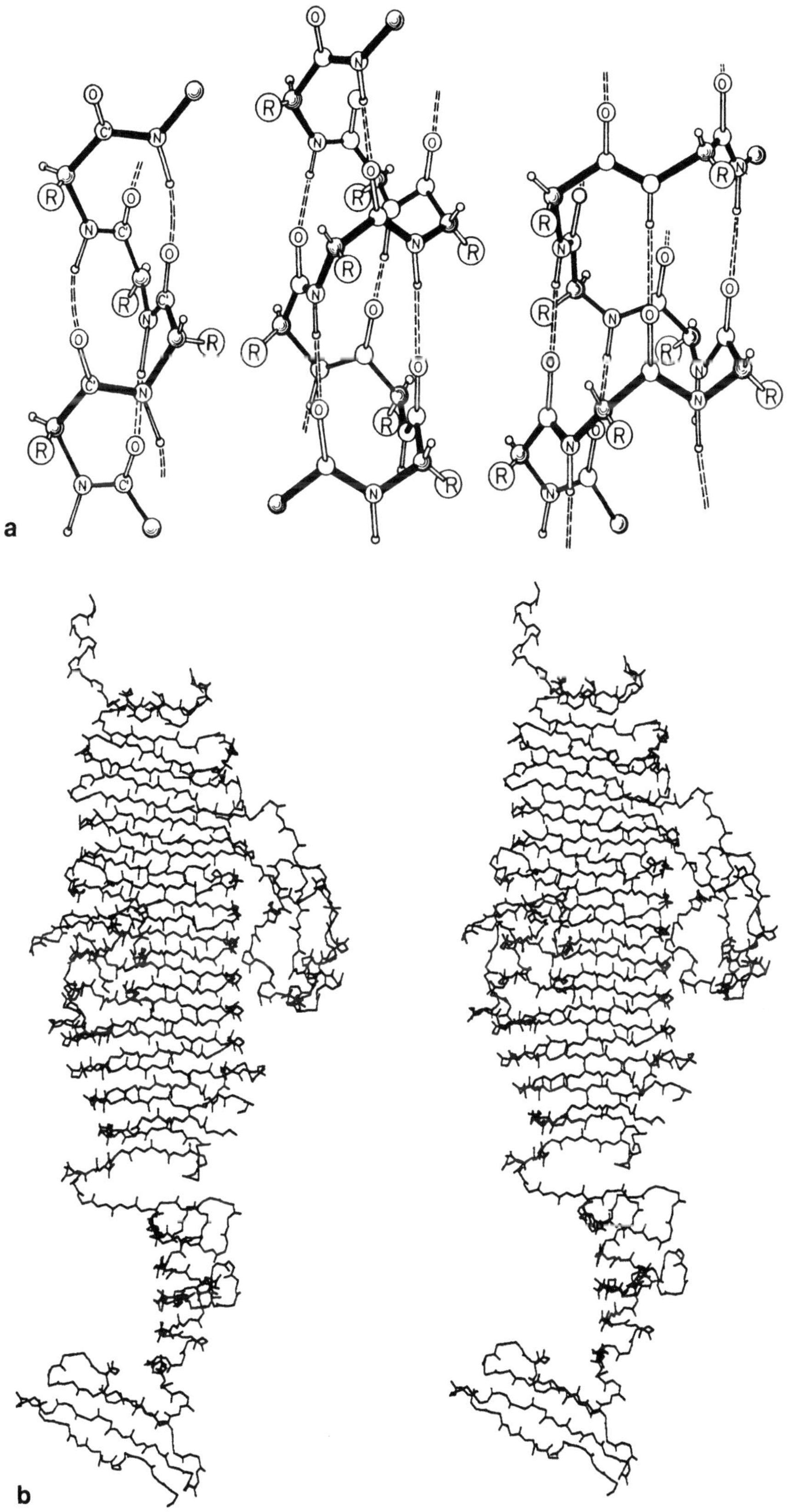

Abb. 1 a, b. Helikale Bauelemente in Proteinen. **a** Helikale Polypeptidkettenfaltungen mit internen H-Brückenbindungen: Abgebildet sind (von *links* nach *rechts*) die 3_{10}-Helix (Donohue 1953), die α-Helix (Pauling et al. 1951) und die π-Helix (Low u. Baybutt 1952). (Reproduziert mit freundlicher Genehmigung aus Schulz u. Schirmer 1978.) **b** Stereozeichnung des Polypeptidkettenrückgrates (–N–Cα–C(O)–) einer Untereinheit des Tailspike-Proteins des *Salomonella typhimurium* Phagen P22 (Steinbacher et al. 1994). Zentrales Element ist eine große, 13 vollständige Windungen umfassende β-Helix, in der sich parallele β-Stränge helikal winden

mit 4,3 Resten pro Windung (Low u. Baybutt 1952; Low u. Grenville-Wells 1953) und Donohue schlug eine als 3_{10}-Helix bezeichnete Struktur vor, die 3 Reste pro Windung aufweist (Donohue 1953). Die Vielzahl der heute bekannten Proteinstrukturen zeigt, daß die α-Helix in großer Variabilität ein häufig auftretendes Sekundärstrukturelement in Proteinen ist, während die 3_{10}- und die π-Helix nur höchst vereinzelt und oftmals nur als eine Windung langes Element auftreten; die γ-Helix konnte bisher noch nie beobachtet werden. Ein weiteres, wie die α-Helix, häufig auftretendes Sekundärstrukturelement wurde ebenfalls 1951 von Pauling und Corey postuliert. In dieser Struktur, die sie β-Faltblatt nannten, sind die Polypeptidketten parallel oder antiparallel Seite an Seite orientiert und über annähernd planare H-Brückenbindungen zwischen den Carbonyl- und Aminogruppen auf jeder Seite eines Stranges verbunden (Pauling u. Corey 1951b).

Die Entdecklung der α-Helix stimulierte auch weitere Fortschritte auf dem Gebiet der Strukturen faserbildener Proteine: In einer weiteren Arbeit schlugen Pauling und Corey vor, daß die α-Helix auch die von Astbury (Astbury u. Street 1931) beobachteten Röntgenbeugungsbilder für die Proteine der k·m·e·f-Gruppe erklären könnte (Pauling u. Corey 1951c). Obschon dieser Vorschlag grundsätzlich möglich erschien, konnte die Annahme einer perfekten, parallel zur Faserachse angeordneten Helix die Charakteristika der Beugungsaufnahmen nicht hinreichend exakt erklären, so daß ein verfeinertes Modell abgeleitet wurde, das auf einer als „coiled-coil" bezeichneten Struktur aus ineinander verwundener α-Helizex basiert und das nun mit den Röntgendaten gut in Einklang stand (Crick 1953a b; Pauling u. Corey 1953). Auch für das Kollagen konnte ein Strukturmodell abgeleitet werden. Ausgehend von einem Vorschlag einer tripel-helikalen Anordnung von Pauling u. Corey (1951d) leiteten Ramachandran und Kartha sowie Rich und Crick ein stereochemisch akzeptables Modell ab, das in guter Übereinstimmung mit den Röntgendaten war, und aus einer rechtsgängigen Superhelix bestand, die aus 3 parallelen, gestreckten linksgängigen Helices aufgebaut war (Ramachandran u. Kartha 1954, 1955; Rich u. Crick 1955). Der Aufbau dieses Models war durch vorangegangene Strukturuntersuchungen an synthetischen Polyprolinen bzw. Polyglycinen (Cowan u . McGavin 1955; Bamford et al. 1955; Crick u. Rich 1955), deren Röntgenbilder denen des Kollagens ähneln, wesentlich erleichtert worden.

Die kristallographische Analyse war Anfang der 50er Jahre durch verschiedene Fortentwicklungen, insbesondere auf dem Gebiet der akkuraten Intensitätsmessungen sowie der Elektronenrechner, vereinfacht worden. Bokhoven, Schoone und Bijvoet hatten gezeigt, daß durch genaue Messung von mehr als 2 isomorphen Derivaten Phasenwinkel für azentrische Kristalle bestimmt werden können (Bokhoven et al. 1951). Der Durchbruch bei der Strukturaufklärung der Proteine gelang 1953 als Resultat eines Experiments von Perutz. Obwohl er Zweifel hatte, daß ein Schweratom die Beugungsintensitäten der Hämoglobinkristalle ändern würde, unternahm er die Bestimmung der Absolutwerte einiger Reflexe und fand heraus, daß die Strukturamplituden überraschend klein waren. Eine anschließend rasch ausgeführte Berechnung ergab, daß die Addition eines Schweratoms Änderungen produzierte, die leicht zu messen sein sollten. Zunächst hatte er jedoch keine Vorstellung davon, wie ein Schweratom an Hämoglobin gebunden werden könnte. Dann erhielt er eine Kopie einer Arbeit von A. F. Riggs (1952), der untersucht hatte, ob sich Hämoglobin A und S in der Anzahl ihrer Thiolatgruppen unterscheiden. Dazu titrierte er die beiden Hämoglobine mit p-Mercuribenzoat und bestimmte die O_2-Gleichgewichtskurven der derivatisierten Hämoglobine, die er gegenüber dem nativen Zustand kaum geändert fand. Riggs Arbeit gab den entscheidenden Anhaltspunkt, zeigte sie doch, daß man p-Mercuribenzoat an Hämoglogin binden konnte, ohne die Struktur drastisch zu stören. Ein Derivathämoglobin war anschließend rasch präpariert, kristallisiert und röntgenphotographisch charakterisiert; schon die erste Präzessionsaufnahme zeigte, daß Derivat- und Nativkristall isomorph waren und signifikante Intensitätsunterschiede zeigten (vgl. dazu auch Abb. 2) (Green et al. 1954; Crowfoot-Hodgkin 1979). Nur 2 Wochen später war die Methode dazu benutzt worden, um die Phasen der zonalen h0l-Reflexe zu bestimmen (Green et al. 1954) und eine erste zweidimensionale Projektion der Elektronendichte des Hämoglobins zu berechnen (Bragg u. Perutz 1954), die ein komplexes und irreguläres Molekül offenbarte, ohne allerdings strukturelle Details aufzulösen. Ein Vergleich der ermittelten Phasen mit den nach der Schrumpfungsmethode abgeleiteten zeigte darüber hinaus die prinzipielle Anwendbarkeit dieser Methode.

6 Jahre später schließlich war für das erste Protein, Myoglobin (Kendrew et al. 1960) ein dreidimensionales, bei nahezu atomarer Auflösung (2.0 Å) abgeleitetes Modell bestimmt und das Phasenproblem für Proteine, das verschiedene Forscher 25 Jahre lang beschäftigt hatte, bezwungen worden.

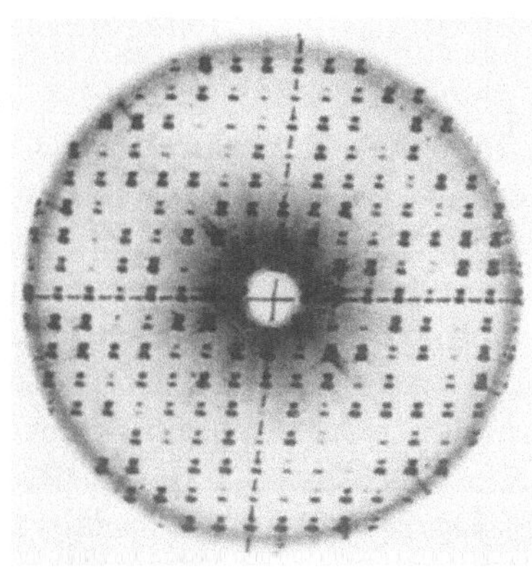

Abb. 2. Übereinander gelegte Rontgenbeugungsaufnahmen eines Proteinkristalls und seines Schweratomderivates. Deutlich ist zu erkennen, daß das isomorphe Paar Nativ-/Derivatkristall starke Intensitätsunterschiede zeigt, die zur Phasenbestimmung verwendet werden können

Neben den Arbeiten an Proteineinkristallen, die die Zeit zwischen 1934 und 1953 dominierten, fiel auch die Strukturaufklärung der DNS in diese Epoche. Wiederum war es Astbury, der zusammen mit F. C. Bell 1938 Pionierarbeit auf diesem Gebiet leistete. Sie untersuchten einen gestreckten und getrockneten DNS-Film mit Röntgenlicht und erhielten eine erste Faseraufnahme. Obwohl diese Röntgenaufnahme nur wenige Details zeigte, war eine Periodizität doch deutlich zu erkennen und ließ auf einige Charakteristika der Struktur schließen. Durch Vergleich mit bekannten Strukturen flacher und dichtgepackter Moleküle folgerten Astbury und Bell, daß der beobachteten Periodizität von 3,3 Å eine relativ rigide Struktur zugrunde liegen mußte, die durch Stapelung planarer Nucleoside entlang der Faserachse des Moleküls entsteht (Astbury u. Bell 1938).

Den Astburyschen Arbeiten sollten für etwas mehr als 10 Jahre keine weiteren Untersuchungen zur Struktur der DNS folgen, und es ist bemerkenswert, daß die Nukleinsäuren bis zur Erkenntnis, daß sie das primäre genetische Material darstellen (Avery et al. 1944; Hershey u. Chase 1952), nur eine untergeordnete Rolle spielten, während die Bedeutung der Proteine allgemein anerkannt war.

Ein nächster Beitrag zur Strukturaufklärung der DNS kam Ende der 40er Jahre aus dem Bernalschen Arbeitskreis. S. Furberg, damals Doktorand bei Bernal, begann 1948 mit Strukturuntersuchungen an Nukleosiden, die Bernal von D. O. Jordan erhalten hatte. Es gelang ihm, die Struktur des Cytidins ohne Zuhilfenahme eines Schweratoms zu lösen (Furberg 1949a, 1950a). Furberg erkannte, daß das von Astbury vorgeschlagene Modell der DNS als ein Stapel planarer Nukleoside nicht haltbar war, da seine Strukturanalyse zeigte, daß das Cytidin nicht planar war. Im Gegensatz dazu waren jedoch Base und Zucker annähernd senkrecht zueinander angeordnet, so daß eine Stapelung der planaren Nukleobasen entlang der Faserachse dennoch möglich erschien. Obwohl Furberg mit der Strukturanalyse des Cytidin-monophosphatnukleotids keinen Erfolg hatte, gelang es ihm zu zeigen, daß wahrscheinlich alle Nukleoside und Nukleotide die von ihm bestimmte Anordnung von Zucker und Base aufweisen (Furberg 1949b) und leitete ausgehend von der Cytidinstruktur eine wahrscheinlichste allgemeine Struktur der Nukleotide ab, die er als Standardkonformation bezeichnete. Darauf basierend erarbeitete er ein Strukturmodell für die DNS, das einfach den stereochemisch wahrscheinlichsten Weg darstellte, Nukleotide in Standardkonformation miteinander zu verbinden. Das Modell bestand aus einer einzelsträngigen Helix, in der die Nukleobasen senkrecht zum Rückgrat angeordnet sind und sich entlang der Faserachse stapeln; der Basen-Basen-Abstand betrug 3,4 Å und eine vollständige helikale Windung umfaßte 8 Basen (Furberg 1950b, 1952). Der Furbergsche Ansatz für die Untersuchung der DNS-Struktur war also ähnlich dem, den Bernal und Pauling bei der Untersuchung der Proteine eingeschlagen hatten: Da das intakte Makromolekül einer vollständigen Strukturanalyse (noch) nicht zugänglich war, unternahmen sie zunächst detaillierte Kristallstrukturanalysen der monomeren Bausteine bzw. kleiner oligomerer Einheiten, um dann daraus auch für das Makromolekül gültige Schlußfolgerungen abzuleiten. Verschiedene Besonderheiten der DNS verhinderten jedoch einen Erfolg: So wird die Anzahl der möglichen Konformationen eines Polypeptids durch die Planarität der peptidbindung limitiert, während für die Phosphorsäureesterbindung keine stereochemischen Einschränkungen bestehen. Weiterhin konnte die Natur der Phosphodiesterbindungen nicht direkt experimentell untersucht werden, da seinerzeit keine Oligo- bzw. Dinukleotide verfügbar waren, und schließlich war die Annahme einer einzelsträngigen Struktur experimentell nicht gesichert.

Erst detailliertere Röntgenuntersuchungen an DNS-Fasern, die in den 50er Jahren von M. Wilkins und R. Franklin in der Abteilung von R. Randall am King's College in London durchgeführt wurden, ermöglichten weitere Fortschritte. Wilkins erhielt 1950 eine hochpolymere DNS-Probe von R. Signer, an der er die Orientierung der Basen mit verschiedenen physikalischen Methoden studieren wollte. Doch schon bei der Manipulation des DNS-Gels fiel ihm auf, wie leicht das Material Fasern bildete, und weckte so sein Interesse für eine Röntgenuntersuchung dieser Fasern. Zusammen mit R. Gosling fand er, daß Bündel solcher Fasern sehr klare Diffraktogramme lieferten, die deutlich höher aufgelöst waren als die, die Astbury 1938 erhalten hatte. Eine Ursache dafür war, daß sie die Fasern, im Unterschied zu Astbury, bei der Aufnahme feucht gehalten hatten; in Analogie zu den Proteinkristallen zeigt das Material eine detailreiche und gut aufgelöste Aufnahme, solange es in Kontakt mit seiner Mutterlauge bleibt, während seine Röntgendiffraktion nahezu verschwindet, wenn es trocken wird (Wilkins et al. 1951). Zusammen mit A. Stokes erarbeitete Wilkins eine theoretische Beschreibung der helikalen Diffraktion von Nukleinsäuren und obwohl Cochran, Crick und Vand ihre Abhandlung über die Theorie der helikalen Diffraktion unter Verwendung der α-Helix als Modell zuerst publizierten (Cochran et al. 1952), gelangten Wilkins und Stokes zu einem ähnlichen Ansatz (Stokes 1955). So kam Wilkins zu der Überzeugung, daß die DNS-Aufnahmen ein Diffraktiosmuster zeigten, das mit der Annahme einer helikalen Grundstruktur verträglich war. Durch Analyse der Beugungsaufnahmen von DNS-Proben verschiedener Spezies sowie durch Untersuchungen an intakten Spermienköpfen konnte Wilkins weiterhin zeigen, daß die beobachteten Beugungsbilder i. allg. sehr ähnlich waren, womit die Allgemeingültigkeit der Struktur, auch in vivo, demonstriert war (Wilkins u. Randall 1953).

Die Qualität der Faserbündelaufnahmen war jedoch für eine weitergehende Analyse nicht hinreichend, und es war offensichtlich, daß Untersuchungen an Einzelfasern mit kleinen Durchmessern notwendig wurden. Randall holte 1951 R. Franklin in die Gruppe am King's College, die zusammen mit Gosling eine systematische Untersuchung an DNS-Fasern durchführen sollte. Sie begannen mit der Entwicklung eines verbesserten röntgenphotographischen Aufbaus, der für die Arbeit mit Einzelfasern geeignet war, und analysierten anschließend den Einfluß des Feuchtigkeitsgehaltes der Probe auf das Röntgenbeugungsbild. Durch Variation der relativen Feuchte erhielten sie deutlich verschiedene Beugungsaufnahmen (Abb. 3), aus denen sie ableiten konnten, daß 2 DNS-Strukturen existieren, die sich leicht ineinander umwandeln lassen (Franklin u. Gosling 1953a). In ihrer Arbeit zeigten sie, daß bei höheren Feuchtigkeitsgehalten eine weniger kristalline DNS-Phase auftritt, die sie B-Form nannten. Durch Verringerung der relativen Feuchte geht die B-Form reversibel in eine höher geordnete DNS-Phase über, die mit der von Gosling und Wilkins zuerst beschriebenen Form identisch ist, und die sie als A-Form bezeichneten (Franklin u. Gosling 1953a). In dem Bestreben, die Existenz beider Formen sowie die Abhängigkeit ihrer Strukturen vom Feuchtigkeitsgehalt zu erklären, postulierten sie ein Modell, in dem die fundamentale strukturelle Einheit der DNS eine Gruppe von Polynukleotidketten ist, die derart arrangiert ist, daß die Phosphatgruppen zum Lösungsmittel hin orientiert sind, während die Nukleobasen vom Lösungsmittel abgeschirmt im Zentrum der Struktur lokalisiert sind und die einzelnen Ketten durch Wasserstoffbrückenbindungen zusammenhalten (Franklin u. Gosling 1953a). Diese Strukturvorstellung war insbesondere konsistent mit Resultaten, die früher durch Titration von DNS

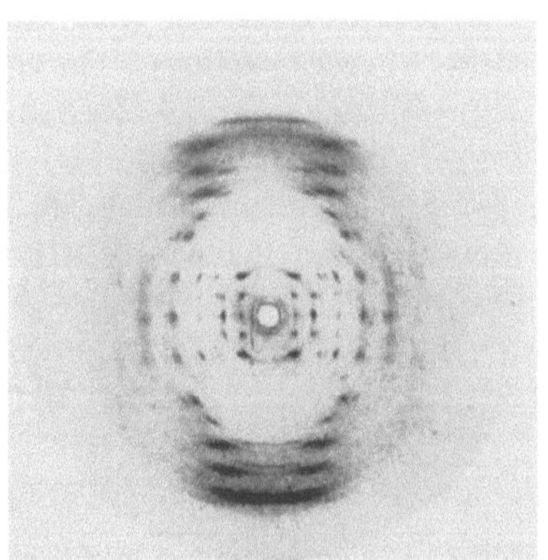

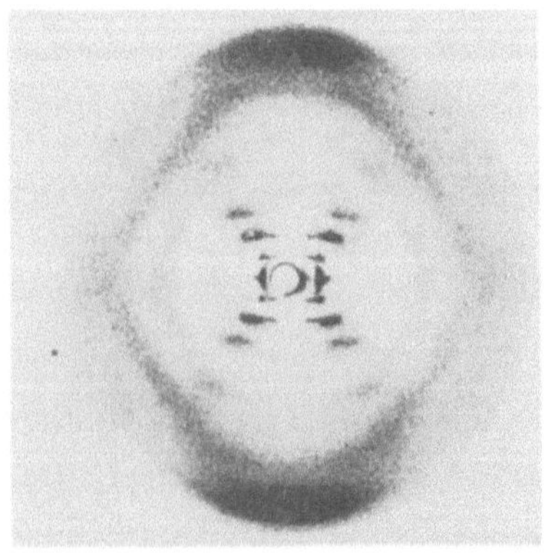

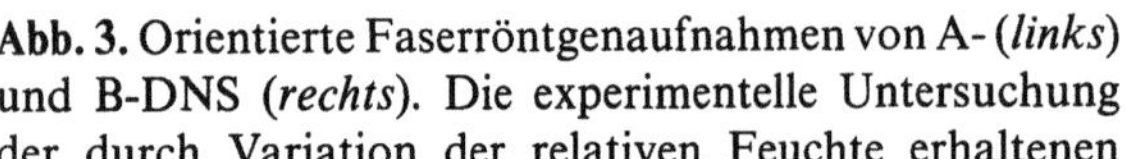

Abb. 3. Orientierte Faserröntgenaufnahmen von A- (*links*) und B-DNS (*rechts*). Die experimentelle Untersuchung der durch Variation der relativen Feuchte erhaltenen verschiedenen DNS-Strukturen war die Basis für die Strukturaufklärung der DNS. (Reproduziert mit freundlicher Genehmigung aus Franklin u. Gosling 1953a.)

erzielt worden waren (Gulland et al. 1947). Ferner erkannten sie in den Aufnahmen der B-Form Charakteristika einer helikalen Struktur und konnten durch genaue Bestimmung der Dichte und des Wassergehaltes der Proben zeigen, daß sich eine DNS-Einheit aus 2 oder 3 Polynukleotidketten zusammensetzt. Franklin vertrat jedoch die Überzeugung, daß die Aufklärung der Struktur nur über eine objektive kristallographische Analyse der höher geordneten A-Form gelingen konnte, da hier mehr und genauere Intensitäten erhältlich waren. Sie erhoffte sich eine Lösung durch Analyse der Patterson-Funktion der A-Form, die voraussetzungsfrei aus den Intensitäten berechnet werden kann und für die Nukleinsäuren hauptsächlich von der räumlichen Anordnung der Phosphoratome geprägt sein sollte. Dazu bestimmten Franklin und Gosling für 66 Reflexe der A-Form die Intensitäten und berechneten damit eine zylindersymmetrische Patterson-Funktion, auf deren Basis es schließlich möglich war, die Zellkonstanten zu bestimmen und alle 66 beobachteten Reflexe zu indizieren.

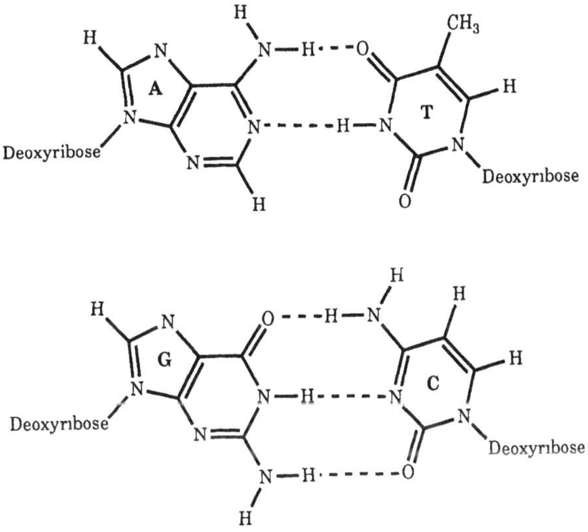

Abb. 4. Die Watson-Crick-Basenpaare. Die von Watson u. Crick (1953a) vorgeschlagene Anordnung komplementärer Basen, in der jeweils Adenin mit Thymin *(oben)* bzw. Guanin mit Cytosin *(unten)* über H-Brückenbindungen verbunden sind, so daß Paare nahezu identischer Raumerfüllung entstehen, war der Schlüssel zur Strukturlösung der DNS

Sicherlich darf rückblickend festgehalten werden, daß Franklin und Gosling durch ihre experimentellen Untersuchungen sowie durch die Beschreibung der Grobstruktur die Aufklärung der DNS-Struktur ermöglicht haben, obgleich ihnen die eigentliche Lösung verwehrt geblieben ist, die im April 1953 von anderer Seite kam. J. D. Watson und F. Crick, die am Labor für Molekulare Biologie des Medical Research Council in Cambridge über DNS arbeiteten, verfolgten zusammen mit Wilkins einen anderen Lösungsansatz. Während Franklin der Auffassung war, daß eine Strukturanalyse unbedingt auf die Verwendung von intuitiv gefundenen Modellvorstellungen verzichten sollte, waren Watson und Crick davon überzeugt, daß die Röntgenanalyse durch Modellbau unterstützt werden müßte.

Die entscheidende Schwierigkeit beim Modellbau war die unverstandene Anordnung der Nukleobasen. Es war evident, daß in einem DNS-Molekül 2 oder mehr Polynukleotidketten mit irregulärer Basensequenz so arrangiert sind, daß schließlich eine hochgradig reguläre, helikale Struktur mit nach innen orientierten Nukleobasen entsteht. Dies war ein schwieriges Problem, und tatsächlich lag der Schlüssel zur Struktur in der Anordnung der Basen. Watson und Crick fanden eine Basenanordnung, in der jeweils ein Purin und ein Pyrimidin über H-Brückenbindungen verbunden sind, so daß Basenpaare entstehen, die eine nahezu identische Raumerfüllung besitzen (Abb. 4). Diese sind gegeneinander austauschbar, d. h. sie können sich in der Struktur gegenseitig ersetzen, ohne die Konformation des Rückgrates zu stören. Darauf aufbauend bauten sie ein Strukturmodell für B-DNS, das mit den experimentellen Daten konsistent war. Es erfüllte insbesondere Chargaffs Regel (Chargaff 1950) und war ebenfalls mit den Geometrie- und Symmetrieanforderungen konsistent, die aus den Röntgenuntersuchungen folgten. Die ideale B-DNS besteht aus 2 Polynukleotidketten, die sich antiparallel in einer rechtsgängigen Schraubung umeinander winden, und bildet so eine plektonemische Doppelhelix von etwa 20 Å Durchmesser. Die Nukleobasen sind im Zentrum der Struktur und annähernd senkrecht zur Faserachse angeordnet und bilden komplementäre Basenpaare, die durch Wasserstoffbrückenbindungen verknüpft sind. Sie besitzt 10 Basenpaare pro Windung mit einem Basen-Basen-Abstand von 3,4 Å und einer Ganghöhe von 34 Å (Watson u. Crick 1953a). Anschließend zeigten Wilkins et al. und insbesondere Franklin und Gosling durch Anwendung der Diffraktionstheorie helikaler Strukturen, daß die Struktur der B-Form mit dem Watson-Crick-Modell verträglich ist (Franklin u. Gosling 1953c; Wilkins et al. 1953a). In einer weiteren Arbeit zeigten zunächst Franklin und Gosling durch Analyse der zylindersymmetrischen Patterson-Funktion, die sie bereits früher berechnet hatten (Franklin u. Gosling 1953b), und später auf anderem Weg Wilkins et al., daß A-DNS eine der B-Form grundsätzlich ähnliche,

jedoch komprimiertere Struktur aufweist. Sie bildet eine weitere und flachere rechtsgängige Doppelhelix, die 11 Basenpaare pro Windung mit einen Basen-Basen-Abstand von 2,5 Å und einer Ganghöhe von 28 Å besitzt. Ihr auffälligstes Merkmal sind die um etwa 20° relativ zur Faserachse verdrehten Basenpaare (Franklin u. Gosling 1953d; Wilkins et al. 1953b). Schließlich bestimmten Franklin und Gosling durch Interpretation einer dreidimensionalen Patterson-Funktion der A-Form die Orientierung des helikalen Moleküls in der Elementarzelle und präsentierten ein detailliertes Bild der Anordnung der Phosphatgruppen (Franklin u. Gosling 1955).
Die Strukturaufklärung hatte bedeutende genetische Konsequenzen und hat das Verständnis der Biologie revolutioniert. So zeigt das Watson-Crick-Modell auch, wie ein DNS-Molekül seine eigene Replikation kontrolieren kann: Jeder der beiden Polynukleotidstränge dient als Matrize für die Synthese eines neuen, wiederum komplementären Stranges (Watson u. Crick 1953b). Dieses ausgehend von der Struktur vorgeschlagene Modell der semikonservativen Replikation konnte 1958 von M. Meselson und F. Stahl experimentell bewiesen werden (Meselson u. Stahl 1958).

1954–1975: Methodische Fortentwicklung und erste Proteinstrukturen

Zwischen 1954 und 1975 lagen die wesentlichen methodischen Fortentwicklungen in der makromolekularen Kristallographie, die sicher ganz allgemein auch von der rasch voranschreitenden Computerentwicklung begünstigt wurden. Die aus unserer Sicht bedeutendsten Fortschritte waren die verfeinerte theoretische Behandlung der Methode des multiplen isomorphen Ersatzes (MIR), die Entwicklung der Faltmolekülmethode sowie die Einführung von Verfeinerungsmethoden für große Strukturen.
Ausgangspunkt für die Betrachtungen zum isomorphen Ersatz war die theoretische Behandlung des doppelten isomorphen Ersatzes durch Harker (1956). Blow u. Crick (1959) entwickelten einen erweiterten Ansatz, der auch den auftretenden experimentellen Fehlern (Crick u. Magdoff 1956) Rechnung trägt und für jede Phase eine Wahrscheinlichkeitsverteilung angibt. Sie zeigten ferner, daß eine Elektronendichte mit minimalem Fehler resultiert, wenn nicht die Phase mit der maximalen Wahrscheinlichkeit (sog. „most probable" Fourier), sondern die Phase im Schwerpunkt der Wahrscheinlichkeitsverteilung (sog. „best" Fourier) gewählt wird. Ein Vergleich der Dichten zeigt, daß sie zwar recht ähnlich sind, die beste Fourier jedoch aufgrund etwas besserer Auflösung vorzuziehen ist (Dickerson et al. 1961; Cullis et al. 1961b). Auch heute verwendete MIR-Algorithmen basieren grundsätzlich auf dem Blow-Crick-Ansatz, verwenden jedoch häufig erweiterte Behandlungen, die eine einfache Kombination von Phaseninformation aus verschiedenen Quellen gestatten (Hendrickson u. Lattmann 1970). Da es oft Schwierigkeiten bereitet, eine hinreichende Anzahl isomorpher Paare zu finden, wurde der Einbeziehung zusätzlicher Informationen, insbesondere aus anomalen Streubeiträgen, deren Verwendung auf Bijvoet (1954) zurückgeht und von Ramachandran u. Raman (1956) erstmals realisiert wurde, große Aufmerksamkeit gewidmet. Blow (1958) demonstrierte die Nützlichkeit von anomalen Beiträgen bei der Phasenbestimmung von Makromolekülen, und Blow u. Rossmann (1961) bearbeiteten den einfachen isomorphen Ersatz (SIR) und die Kombination mit anomalen Beiträgen (SIRAS) theoretisch. Eine erweiterte Behandlung, die auch die Kombination von MIR-Daten mit anomalen Daten umfaßt, findet sich bei North (1965) und schließlich in allgemeingültiger Form bei Matthews (1966a).
In der praktischen Durchführung ist die Lokalisierung der Schweratompositionen aus den beobachteten Intensitätsdifferenzen einer Serie isomorpher Paare mit einigen Schwierigkeiten verbunden: Zunächst müssen die Positionen der Schweratome in jeder einzelnen Verbindung separat bestimmt werden, anschließend sind ihre relativen Positionen in verschiedenen Derivaten konsistent zu ermitteln, und schließlich muß die korrekte absolute Konfiguration der Schweratomstruktur bestimmt werden. Hierzu sind zahlreiche Vorschläge erarbeitet worden, von denen sich verschiedene Differenz-Patterson-, anomale Differenz-Patterson- sowie verschiedene Differenz-Fourier-Synthesen bewährt haben (Perutz 1956; Blow 1958; Rossmann 1960, 1961; Kartha u. Parthasarathy 1965a, b; Matthews 1966b). Sind auf diesem Weg einmal annähernde Schweratomparameter ermittelt, so werden diese nach einem von Dickerson et al. (1961) erarbeiteten Verfahren optimiert, das die Methode der kleinsten Fehlerquadrate verwendet, ehe sie zur Phasenbestimmung herangezogen werden. Die Methode, die in ihren Grundzügen noch heute Verwendung findet, arbeitet halbautomatisch und ist die mathematisch plausibelste Lösung des Problems, weist allerdings einige Beschränkungen auf. So besitzt sie z. B. ein begrenztes Konvergenzverhalten und kann fehlende Schweratombindungsstellen nicht aufzeigen. Daher hat sich

die zusätzliche Verwendung einer speziellen Fourier-Synthese, der sog. doppelten Differenzdichte oder Residualdichte, bewährt, die von Hoppe (1959) eingeführt wurde. Sie repräsentiert die Differenz zwischen „wahrer" Schweratomdichte (d. h. der Differenzdichte zwischen nativem Protein und dem isomorphen Derivat) und einer aufgrund der ermittelten Schweratomparameter berechneten Dichte. Zusätzliche Positionen liefern eine positive Differenzdichte, während unrichtig bestimmte Schweratomlagen eine negative Differenzdichte liefern; in Abwesenheit von Fehlern entsteht eine Nulldichte. Damit kann die Residualdichte sowohl zur Verfeinerung von Schweratompositionen als auch zur Kontrolle der Interpretation verwendet werden, was sie zu einem wichtigen Werkzeug in der praktischen Arbeit macht.

Wie wir gesehen haben, bietet die Methode des isomorphen Ersatzes eine generelle Lösung des Phasenproblems in der makromolekularen Kristallographie; das Verfahren beruht auf der eigentümlich gelartigen Natur der Proteinkristalle, die die Diffusion und Bindung von Liganden gestattet und zu kleinen Intensitätsdifferenzen zwischen nativem und derivatisiertem Kristall führt, die zur Phasenbestimmung ausgenutzt werden können (vgl. oben). Da die Methode jedoch mit einer ganzen Reihe inhärenter Schwierigkeiten behaftet ist (so ist insbesondere das Aufsuchen geeigneter Derivate ein unbequemer und empirischer Prozeß), sind alternative Ansätze höchst willkommen. Ein solcher Ansatz ist ein Verfahren, das auf der Hoppeschen Faltmolekülmethode basiert und in Fällen anwendbar ist, wo die vollständige oder teilweise Molekülstruktur bekannt ist. W. Hoppe entdeckte und formulierte Anfang der 50er Jahre, daß die Patterson-Funktion eines Molekülkristalls in molekulare Funktionen, die er „Faltmoleküle" nannte, zerlegt werden kann (Hoppe 1957a, b). Die Anwendbarkeit zur Strukturlösung basiert auf den Eigenschaften verschiedener Faltmoleküle. Dabei repräsentiert ein erster Typ einen intramolekularen Vektorsatz, der im Ursprung zentriert ist und zur Bestimmung der Orientierung der Molekülstruktur benutzt werden kann, während ein zweiter Typ einen intermolekularen Vektorsatz darstellt, der in den Endpunkten der Differenzvektoren zwischen den Molekülen zentriert ist und zur Bestimmung der Translation der Molekülstruktur relativ zu den Symmetrieelementen des Kristalls benutzt werden kann. Somit kann das 6-dimensionale Problem der Bestimmung von Orientierung und Positionierung einer (teilweise) bekannten Molekülstruktur in einer unbekannten Kristallstruktur gelöst und die korrekt positionierte Molekülstruktur zur Phasierung der unbekannten Kristallstruktur verwendet werden. Rossmann und Blow (1962) untersuchten nicht-kristallographische Symmetrierelationen in Proteinkristallen, entdeckten unabhängig die Beziehungen zwischen Patterson-Funktion und molekularen Vektorsätzen und leiteten alternative Formulierungen von Rotations- (Rossmann u. Blow 1962) und Translationsfunktion (Tollin 1966; Crowther u. Blow 1967) im reziproken Raum her. Beide Formulierungen wurden auf verschiedene Weise programmiert (Nordman u. Nakatsu 1963; Huber 1965; Tollin u. Rossmann 1966) und ab Anfang der 70er Jahre erfolgreich zur Strukturlösung eingesetzt (Tollin 1969; Fehlhammer u. Bode 1975). Ein anderer Ansatz, ursprünglich von Rossmann u. Blow (1963) formuliert und später von Main u. Rossmann (1966) verallgemeinert, verwendet nicht-kristallographische Symmetrien zur Ableitung von Phasenrestriktionen. Dabei kann jedoch gezeigt werden, daß die mathematische Behandlung des Gleichungssystems, daß die Phaseneinschränkungen beschreibt, zu einem identischen Ergebnis führt, wie ein sukzessives Mitteln der Elektronendichten unabhängiger Moleküle im direkten Raum (Main 1967). Eine erste Anwendung der Phasenverbesserung durch Mittelung gelingt 1967 (Muirhead et al. 1967): Eine grob interpretierbare Elektronendichte für ein reduziertes humanes Hämoglobin war zunächst durch isomorphen Ersatz erhalten worden. In der untersuchten Kristallform fiel die molekulare zweizählige Achse nicht mit der kristallographischen zweizähligen Achse zusammen, so daß eine Mittelung der Elektronendichten der beiden unabhängigen Molekülhälften möglich war und somit ein verbesserter Phasensatz erhältlich wurde. Heute ist die Faltmolekülmethode (auch Patterson-Suchmethode oder molekularer Ersatz genannt) ein bedeutendes Werkzeug in der makromolekularen Kristallographie, das häufige Anwendung bei der Strukturanalyse von Mutanten, verwandten Molekülstrukturen oder oligomeren Komplexen findet.

Ein gravierendes Problem der MIR-Phasen ist, daß ihre Qualität häufig limitiert ist und die MIR-Methode aufgrund mangelnder Isomorphie ganz grundsätzlich keine Phasenbestimmung jenseits etwa 2 Å-Auflösung gestattet. Daher bestand eine generelle Notwendigkeit für die Entwicklung von Methoden, die einerseits verbesserte Phasen liefern, andererseits eine Ausdehnung zu höheren Auflösungen erlauben. Verschiedene Verfeinerungsansätze, die ein breites methodisches Spektrum umfaßten und gemeinsam hatten, daß sie die experimentell bestimmten (isomorphen) Phasen nur in den Anfangsstadien der Interpretation verwendeten und sie im Fortgang der Analyse durch verbesserte (berechnete) Phasen ersetzten, sind in den frühen 70er Jahren vorgeschlagen worden. Die Diskussion hier soll sich auf 3 verschiedene Ansätze beschränken, die zunächst erfolgreich bei der Verfeinerung eingesetzt wurden. Jensen und Mitarbeiter, später Freer und Mitarbeiter verwendeten die klassische Differenz-Fourier-Technik, die von Cochran (1951) für kleine Moleküle eingeführt worden war, zur Verfeinerung (Watenpaugh et al. 1973; Freer et a. 1975). In einem anderen Ansatz verfeinerte Sayre nur die Phasen, d. h. er suchte einen selbstkonsistenten Phasensatz auf, ohne von der Strukturinformation Gebrauch zu machen (Sayre 1974). Huber und Mitarbeiter entwickelten schließlich ein Verfeinerungsverfahren, das auf dem Diamondschen „Real-Space-Algorithmus" (Diamond 1971) in Verbindung mit stereochemischen Resktriktionen beruhte (Huber et al. 1974). Keines dieser ursprünglich angewendeten Verfahren konnte sich jedoch auf Dauer durchsetzen. Die Anwendbarkeit der beiden ersten Methoden ist häufig dadurch begrenzt, daß dafür sehr gut aufgelöste Daten zur Verfügung stehen müssen, die eine signifikante Überbestimmung des Systems gestatten (d. h. das Verhältnis Meßdaten: Strukturparameter sollte 10:1 erreichen bzw. überschreiten); eine Situation, die i. allg. für Proteine nicht gegeben ist. Die Anwendbarkeit des „Real-Space-Verfahrens" scheitert oft daran, daß das Konvergenzverhalten bei schlechten Ausgangsphasen unbefriedigend ist. Die spätere Entwicklung kehrte daher wieder zu Verfahren zurück, die im reziproken Raum arbeiten und das Problem der Unterbestimmung entweder durch Verringerung der Anzahl der Strukturparameter (sog. „constrained-least-squares-Verfeinerung", die starre Gruppen verwendet) oder durch Einführung zusätzlicher „Observablen" (sog. restrained-least-squares-Verfeinerung) behandeln. Die Einführung geometrischer Einschränkungen als künstliche Meßdaten in den Verfeinerungsprozeß wurde, einem Ansatz von Waser (1963) für kleine Moleküle folgend, von Konnert und Hendrickson (Konnert 1976; Hendrickson 1985) vorgeschlagen. Dabei werden zusätzlich zum klassischen kristallographischen Residual ($S_1 = \Sigma\, w(|F_o| - |F_c|)^2$) Funktionen vom Typ $S_2 = \Sigma\, w\,(d_{ideal} - d_{calc})^2$ eingeführt, die die Abweichungen der Molekülgeometrie des Modells von vorgegebenen Idealwerten minimieren. Sussmann und Mitarbeiter haben eine Methode eingeführt, die den „constrained"- und den „restrained"-Ansatz kombiniert: Das Molekül wird dabei als aus rigiden Gruppen aufgebaut angesehen, deren Abstände eingeschränkt werden (Sussman et al. 1977). In einem anderen sehr interessanten Ansatz haben Jack und Levitt vorgeschlagen, anstelle geometrischer Abweichungen den Ausdruck $S = E + D$ zu minimieren, wobei E eine empirische Energiefunktion darstellt, die aus der Molekülmechanik stammende Kraftfeldterme zur Beschreibung der Molekülgeometrie enthält, und D den klassischen kristallographischen Residual repräsentiert (Jack u. Levitt 1978). Die damit eingeführte Methode, den kristallographischen R-Faktor und eine empirische Funktion der potentiellen Energie des Systems gleichzeitig zu minimieren, hat sich heute allgemein durchgesetzt und wird auch in jüngst entwickelten Programmsystemen mit großem Erfolg verwendet. Schließlich sei noch angemerkt, daß kürzlich die Anwendung der Molekulardynamik in die kristallographische Verfeinerung von Makromolekülen eingeführt wurde (Brünger et al. 1987; Fujinaga et al. 1989) und bei einigen Systemen bereits mit Erfolg angewendet werden konnte (Brünger et al. 1989, 1990).

Die technischen und methodischen Fortschritte gestatteten es, bis 1975 über 70 Proteinstrukturen zu bestimmen. Zweifelsohne liegt eine auch nur annähernd vollständige Darstellung der enormen Vielfalt von Strukturinformation, die seit 1960 entstanden ist, weit jenseits dessen, was unsere Darstellung zu leisten vermag. Daher wollen wir uns hier auf den Zeitraum zwischen 1960 und 1970 beschränken, in dem die Bestimmung von 18 Proteinstrukturen bei mittlerer (3,5–2,5 Å) bis hoher (≤ 2,5 Å) Auflösung (vgl. Tabelle 1) gelang, die ausnahmlos mit der Methode des isomorphen Ersatzes gelöst wurden. An den beiden in jener Zeit am häufigsten untersuchten Proteinfamilien – den Globinen und den Proteasen – wollen wir demonstrieren, wie unser Verständnis von Funktion und Struktur der Proteine wesentlich durch röntgenkristallographische Untersuchungen beeinflußt wurde. Der generelle Aufbau des Myoglobins mit der α-Helix als vorherrschendem Sekundärstrukturelement und der größtenteils vergrabenen Hämgruppe wurde durch eine erste Strukturanalyse offenbar (Kendrew et al. 1960). Im Gegensatz dazu ist das Hämoglobin, dessen Struktur 1968 bei guter Auflösung bestimmt werden konnte (Perutz et al. 1968a, b), ein Tetramer, das aus 2 α- und 2 β-Untereinheiten aufgebaut ist. Obgleich die Polypeptidkettenfaltung des Myoglobins und der Hämoglobinuntereinheiten, die beide O_2 binden können, sehr ähnlich ist, zeigt das Hämoglobin Kooperativität, d. h. die

Tabelle 1. Proteinstrukturen, die zwischen 1960 und 1970 mit mittlerer bis hoher Auflösung (≤ 3,5 Å) bestimmt wurden

Jahr[a]	Protein	Molmasse [kD]	Raumgruppe	Zellkonstanten	Inhalt der asymmetrischen Einheit	Auflösung [Å]	Anzahl der Derivate	Literatur
1960	Myoglobin	17.8	$P2_1$	a = 65,7, b = 31,1, c = 34,8 Å β = 105,5°	1 Molekül	2,0	5	Kendrew et al. 1958, 1960; Bodo et al. 1959
1965	Lysozym	14,6	$P4_32_12$	a = b = 79,1, c = 37,9 Å	1 Molekül	2,0	7	Blake et al. 1965
1967	Carboxypeptidase A	34,6	$P2_1$	a = 51,5, b = 59,9, c = 47,1 Å β = 97,3°	1 Molekül	2,8	3	Hartsuck et al. 1965; Ludwig et al. 1967
	α-Chymotrypsin	25,0	$P2_1$	a = 49,1, b = 67,4, c = 65,9 Å β = 101,8°	2 Moleküle	2,0	4	Matthews et al. 1967
	Ribonuklease A	13,7	$P2_1$	a = 30,1, b = 38,1, c = 53,3 Å β = 105,8°	1 Molekül	2,0	6	Kartha et al. 1967
	Ribonuklease S	13,7	$P3_121$	a = b = 44,5, c = 97,3 Å	1 Molekül	3,5	3	Wyckoff et al. 1967a, b
1968	Oxy-Hämoglobin (Pferd)	66,5	C2	a = 109,0, b = 63,5, c = 54,9 Å β = 110,5°	1/2 Molekül	2,8	6	Cullis et al. 1961a; Perutz et al. 1968a, b
	Papain	23,0	$P2_12_12_1$	a = 45,0, b = 104,3, c = 50,8 Å	1 Molekül	2,8	5	Drenth et al. 1968
1969	Erythrocruorin	17,0	$P3_2$	a = b = 54,2, c = 35,3 Å	1 Molekül	2,8	7	Huber et al. 1969
	Insulin	5,8	R3	a = b = 82,6, c = 34,0 Å (hexagonale Aufstellung)	2 Moleküle	2,8	5	Harding et al. 1966; Adams et al. 1969
	Subtilisin BPN'	27,5	C2	a = 66,7, b = 54,4, c = 62,9 Å β = 91.9°	1 Molekül	2,5	4	Wright et al. 1969
1970	Rubredoxin	6,0	R3	a = b = 64,5, c = 32,7 Å (hexagonale Aufstellung)	1 Molekül	2,5	1 + anomale Dispersion	Herriot et al. 1970
	Elastase	25,9	$P2_12_12_1$	a = 51,5, b = 58,0, c = 75,5 Å	1 Molekül	3,5	3	Watson et al. 1970; Shotton u. Watson 1970
	Deoxy-Hämoglobin (Pferd)	66,6	$C222_1$	a = 77,0, b = 81,8, c = 92,7 Å	1/2 Molekül	2,8	3	Bolton et al. 1968; Bolton u. Perutz 1970
	Deoxy-Hämoglobin (Mensch)	66,5	$P2_1$	a = 63,2, b = 83,4, c = 53,8 Å β = 99,3°	1 Molekül	3,5	3	Muirhead u. Greer 1970
	Lactat-Dehydrogenase	140,0	F422	a = b = 146,8, c = 155,4 Å	1/4 Molekül	2,8	4	Adams et al. 1970
	Chymotrypsinogen	25,0	$P2_12_12_1$	a = 52,0, b = 69,9, c = 77,1 Å	1 Molekül	2,5	4	Freer et al. 1970
	Trypsin-Inhibitor (Trasylol)	6,5	$P2_12_12_1$	a = 43,1, b = 22,9, c = 48,6 Å	1 Molekül	2,5	5	Huber et al. 1970

[a] Die Zuordnung zu einem Jahr wurde danach vorgenommen, wann die Struktur beschrieben wurde, vorläufige Berichte (z. B. über Kristallisation) wurden jedoch zusätzlich aufgeführt.

Bindung von O_2 an ein Häm erhöht die O_2-Affinität der verbleibenden unbesetzten Hämgruppen. Die Strukturanalyse zeigt nun nicht nur den statischen Aufbau des tetrameren Komplexes, sondern offenbart darüber hinaus den Mechanismus der kooperativen Effekte im Hämoglobin (Perutz 1970) und hat die Entwicklung von Modellvorstellungen für allosterische Enzyme nachhaltig beeinflußt (Monod et al. 1965; Koshland et al. 1966; Baldwin u. Chothia 1979). Umfangreiche röntgenkristallographische Arbeiten wurden auch an verschiedenen Serinproteasen [α-Chymotrypsin (Matthews et al. 1967); Subtilisin BPN' (Wright et al. 1969); Elastase (Shotton u. Watson 1970); γ-Chymotrypsin (Segal et al. 1971 a); Trypsin (Stroud et al. 1971; Bode u. Schwager 1975); Subtilisin Novo (Drenth et al. 1971)], Cysteinproteiasen [Papain (Drenth et al. 1968)] und Zinkproteasen [Carboxypeptidase A (Ludwig et al. 1967); Thermolysin (Matthews et al. 1972a, b)] durchgeführt. Neben der Bestimmung der Polypeptidkettenkonformation, die in weiten Teilen nichthelikal war und wieder den antiparallelen β-Strang, der erstmals im Lysozym (Blake et al. 1965) beobachtet worden war, als Sekundärstrukturelement offenbarte, stand hierbei die Frage nach dem Katalysemechanismus im Vordergrund. Blow und Mitarbeiter konnten 1969 ausgehend von den Röntgenstrukturdaten einen katalytischen Mechanismus vorschlagen, in dem Ser^{195}, His^{57} und Asp^{102} eine katalytische Triade bilden, die als sog. „charge-relay-system" funktionieren und das katalytisch aktive Ser^{195} zu einem ungewöhnlich starken Nucleophil aktivieren (Blow et al. 1969). In einer Anzahl von Untersuchungen wurde anschließend die Bindung von kleinen Inhibitoren und Substratanalogen studiert (Steitz et al. 1969; Henderson 1970; Henderson et al. 1971; Segal et al. 1971 a, b; Blow et al. 1972), die ein recht konsistentes Bild von der Wechselwirkung eines Substrates mit dem Enzym vermitteln konnten. Von besonderer Bedeutung war in diesem Zusammenhang sicher die Strukturaufklärung von 2 Trypsin-Trypsin-inhibitor-Komplexen, die erstmals die Wechselwirkung des Enzyms mit einem natürlichen Serinproteaseinhibitor offenbarten (Rühlmann et al. 1973; Huber et al. 1974; Blow et al. 1974; Sweet et al. 1974) und zeigten, daß das an kleinen Inhibitoren abgeleitete Modell grundsätzlich korrekt war.

1975–heute: Informationsvielfalt und neuere Methoden

Wiederum können wir von den jüngsten Entwicklungen der makromolekularen Kristallographie nur einige wenige anreißen, die wir für besonders bedeutsam halten.

Die Jahre nach 1975 waren wesentlich gekennzeichnet von einem massiven technischen Innovationsgewinn und einer – teilweise dadurch ermöglichten – stetig steigenden Anzahl gelöster Strukturen. Wir haben gesehen, daß es Anfang der 60er Jahre die große Überraschung war, daß Proteinstrukturen tatsächlich mit röntgenkristallographischen Methoden bestimmt werden können. Während der 60er Jahre wurde jedes einzelne Strukturmodell mit großer Spannung erwartet und die sich offenbarenden Konstruktionsprinzipien mit Begeisterung aufgenommen. Jedoch schon während der 70er Jahre wurden Jahr für Jahr 5–10 neue Strukturen gelöst, die nun eine Vielzahl von Motiven zeigten, von denen sich die Mehrheit aber auf wenige generelle Typen zurückführen ließ. Spätestens aber ab Mitte der 80er Jahre erlebte die makromolekulare Kristallographie eine Informationsexplosion, und die Anzahl der neu hinzukommenden Strukturen steigerte sich bis heute auf über 100 pro Jahr (vgl. auch Abb. 5).

Dabei gewährt die Röntgenkristallographie – und in zunehmendem Maße auch die mehrdimensionale Kernresonanzspektroskopie (Wüthrich 1989) – Einsichten in den Aufbau einer Vielzahl, teilweise komplex organisierter, biologischer Strukturen, wobei immer wieder neue Motive und überraschende Topologien auftauchen. So wurde z. B. erst kürzlich ein ungewöhnliches neues Bauprinzip, die β-Helix, gefunden (Yoder et al. 1993; Baumann et al. 1993; Steinbacher et al. 1994), in der sich parallele β-Stränge helikal winden; das bislang größte derartige Motiv, das 13 komplette β-helikale Windungen umfaßt, wurde im Tailspike-Protein des Phagen P22 gefunden (Steinbacher et al. 1994) und ist in Abb. 1b gezeigt.

Ein weiteres Beispiel sind kristallographische Studien an Viren, makromolekularen Komplexen an der Grenze zum Lebenden, die in den späten 30er Jahren begonnen wurden. Die meisten kleinen Viren haben stabförmige spherische Gestalt und bestehen aus einer Nukleinsäure, umgeben von einem Kapsid aus kleinen Proteinmolekülen; theoretische Arbeiten über ihre Struktur basierten auf Symmetriebetrachtungen und führten zu der Vorstellung, daß stabförmige Viren helikal aufgebaut sind, während in spherischen Viren die

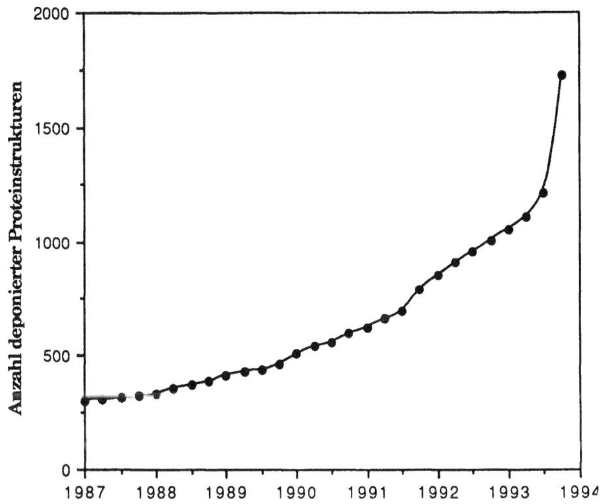

Abb. 5. Entwicklung der Anzahl deponierter Proteinstrukturen in der Brookhaven Protein Data Bank (Bernstein et al. 1977) zwischen 1987 und 1993. Während die Anzahl der Proteinstrukturen vor 1987 nur sehr langsam wuchs, zeigt sich zu Beginn der 60er Jahre ein drastischer Anstieg der jährlich hinzukommenden Proteinstrukturen

Proteinmoleküle in hexagonalen und pentagonalen Einheiten auf einer spherischen Oberfläche gruppiert sind, wobei jedes Proteinmolekül zu jedem anderen in einer nicht-kristallographischen Symmetrierelation steht (Crick u. Watson 1956; Caspar u. Klug 1962). Das Tabak-Mosaik-Virus (TMV) war das erste Virus, das mit kristallographischen Techniken studiert wurde (Wyckoff u. Corey 1936; Bernal u. Fankuchen 1941); die Lösung seiner Struktur und der anderer Viren wurde jedoch erst durch Fortschritte in der kristallographischen Instrumentierung (Harrison 1968) und der Methodik (Bricogne 1976) möglich. Hochaufgelöste Strukturen für spherische und stabförmige Viren (z. B. Bloomer et al. 1978; Butler u. Klug 1978; Harrison et al. 1978) konnten schließlich erhalten werden und zeigten den Aufbau der Viren in nahezu atomarer Auflösung, was die früher vorgeschlagenen geometrischen Prinzipien ihres Aufbaus bestätigte. Schließlich gelang unlängst auch der Zugang zu einigen integralen Membranproteinen, von denen die bekanntesten das photosynthetische Reaktionszentrum des Purpurbakteriums Rhodopseudomonas viridis (Deisenhofer et al. 1984, 1985) und das Porin aus Rhodobacter capsulatus (Weiss et al. 1990) sind. H. Michel gelang es, Kristalle des Reaktionszentrums zu erhalten, die für eine Röntgenstrukturanalyse tauglich waren (Michel 1982). Die Strukturaufklärung des bis heute größten unsymmetrischen Proteinkomplexes (10288 Nicht-H-atome, 95762 symmetrieunabhängige Reflexe bis 2,3 Å Auflösung) glückte nur wenige Jahre später (Deisenhofer et al. 1984, 1985) und gewährte erstmals Einblick in den Aufbau eines membrandurchspannenden Proteins und die Funktion des photosynthetischen Elektrontransfers (Abb. 6).

Die wesentlichen theoretischen Prinzipien der Proteinkristallographie sind in den 60er und 70er Jahren entwickelt worden und auch heute angewendete Methoden basieren generell auf den seinerzeit gelegten Grundlagen. Die Weiterentwicklungen nach 1975 betrafen hauptsächlich technische Aspekte der kristallographischen Strukturbestimmung. Einer der bedeutendsten Fortschritte lag sicherlich in der Entwicklung flächensensitiver Röntgendetektoren (Übersicht vgl. Pflugrath 1992), mit denen – gleich einem röntgenemfindlichen Film – eine Vielzahl von Reflexen gleichzeitig vermessen werden kann und die die Datensammlungen massiv beschleunigt haben. Bemerkenswert ist in diesem Zusammenhang auch die Reinaissance der Weissenberg-Methode (Weissenberg 1924) bei der Datensammlung (Stuart u. Jones 1993). Von der Vereinfachung der Strukturanalyse durch die Einführung von Verfeinerungsmethoden und die allgemeine Computerentwicklung ist bereits die Rede gewesen; zusätzliche Erleichterung brachte auch eine Vielzahl von verschiedenen Programmsystemen, die – speziell auf die Belange der makromolekularen Kristallographie zugeschnitten – Datenmanipulation, isomorphe Phasierung und Modellbau vereinfachten (Übersicht vgl. Finzel 1993). Einer der vielleicht nachhaltigsten Fortschritte war die Verfügbarkeit interaktiver Graphiksysteme und entsprechender Programme (z. B. FRODO; Jones et al. 1978) für den Modellbau, die den bis dahin vorherrschenden Aufbau physikalischer Modelle zur Interpretation der Elektronendichte mit Hilfe der Richards-Box (Richards 1968) überflüssig machten. Das Phasenproblem bleibt jedoch – ungeachtet aller Fortschritte – die zentrale Schwierigkeit jeder Proteinstrukturbestimmung. Obwohl hierüber viel nachgedacht wurde, ist eine in ihrer Bedeutung den direkten Methoden gleichzustellende Lösung nicht in Sicht, und der isomorphe Ersatz bleibt die wesentliche Technik zur De-novo-Bestimmung von Proteinstrukturen. Dennoch haben sich unlängst hoffnungsvolle Ansätze ergeben, die die gezielte Mutagenese von Proteinen zur Einführung von Schweratombindungsstellen nutzen (z. Übersicht vgl. Forest u. Schutt 1992). Insbesondere in Kombination mit der Methode der multiplen anomalen Dispersion, die die Wellenlängenabhängigkeit der anomalen Röntgendispersion zur Phasenbestimmung nutzt (Hendrick-

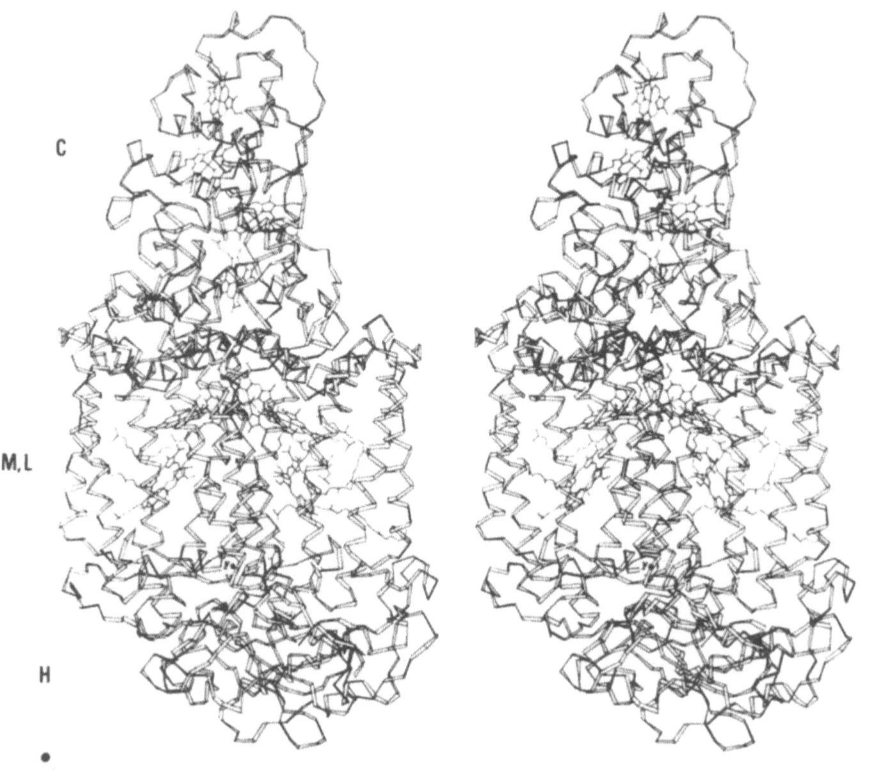

Abb. 6. Stereozeichnung der Cα-Positionen des photosynthetischen Reaktionszentrums von *Rhodopseudomonas viridis*. (Deisenhofer et al. 1984, 1985)

son 1991) und durch die Verfügbarkeit durchstimmbarer Röntgenquellen (z. Übersicht vgl. Ealick u. Walter 1993) anwendbar wurde, konnten bereits beachtliche Erfolge bei verschiedenen Strukturuntersuchungen erzielt werden (Forest u. Schutt 1992).

Anerkennung. Wir danken Dr. A. Burger, Dr. H. Nar, U. Gohlke, M. Reinemer, S. Steinbacher und D. Stock für die kritische Durchsicht des Manuskriptes, vielfältige Anregungen und hilfreiche Diskussionen. Prof. Dr. G. Schulz (Freiburg) und Dr. P. Strikland (Editor Acta Crystalographica) danken wir für die freundliche Genehmigung, Abbildungen reproduzieren zu dürfen. Dr. E. Abola und K. Smith von der Protein Data Bank am Brookhaven National Laboratory sind wir für ihre freundliche Unterstützung zu Dank verpflichtet. P. R. dankt der BAYER AG (PF-F/Biotechnologie, Monheim) für finanzielle Unterstützung.

Literatur

Adams MJ, Blundell TL, Dodson EJ et al. (1969) Structure of rhombohedral 2 zinc insulin crystals. Nature 224:491–495

Adams MJ, Ford GC, Koekoek R et al. (1970) Structure of lactate dehydrogenase at 2,8 Å resolution. Nature 227:1098–1103

Albrecht G, Corey RB (1939) The crystal structure of glycine. J Am Chem Soc 61:1087–1103

Astbury WT (1931) X-ray investigations of the inner structure of wool. J Textile Sci 4:1–5

Astbury WT (1933) Fundamentals of fibre structure. Oxford University Press, New York

Astbury WT (1961) Molecular biology or ultrastructural biology? Nature 190:1124

Astbury WT, Bell FC (1938) X-ray study of thymonucleic acid. Nature 141:747–748

Astbury WT, Bell FC (1941) Nature of the intramolecular fold in α-keratin and α-myosin. Nature 147:696–699

Astbury WT, Sisson WA (1935) X-ray studies of the structures of hair, wool and related fibers. III. The configuration of the keratin molecule and its orientation in the biological cell. Proc Roy Soc (London) A150:333–351

Astbury WT, Street A (1931) X-ray studies of the structure of hair, wool and related fibers. I. General. Trans Roy Soc (London) A230:75–101

Astbury WT, Woods JH (1930) The X-ray interpretation of the structure and elastic properties of hair keratin. Nature 126:913–914

Astbury WT, Woods HJ (1931) Molecular weights of proteins. Nature 127:663–665

Astbury WT, Woods HJ (1934) X-ray studies of the structure of hair, wool and related fibers. II. The molecular structure and elastic properties of hair keratin. Trans Roy Soc (London) A232:333–394

Astbury WT, Dickinson S, Bailey K (1935) The X-ray interpretation of denaturation and the structure of the seed globulin. Biochem J 29:2351–2361

Avery OT, MacLeod CM, MacCarty M (1944) Studies on the chemical nature of the substance inducing transformation of pneumococcal types. J Exp Med 79:137–158

Baldwin J, Chothia C (1979) Haemoglobin: The structural changes related to binding and its allosteric mechanism. J Mol Biol 129:175–220

Bamford CH, Brown L, Cant EM, Elliott A, Hanley WE, Malcolm BR (1955) Structure of polyglycine. Nature 176:396–397

Baumann U, Shan W, Flaherty KM, McKay DB (1993) Three-dimensional structure of the alkaline protease of pseudomonas aeruginosa: A two-domain protein with a calcium binding parallel beta roll motif. EMBO J 12:3357–3364

Baumgärtner KH (1830) Beobachtungen über die Nerven und das Blut. Freiburg

Bernal JD (1931) The crystal structure of natural amino acids and related compounds. Z Krist 78:363–369

Bernal JD, Crowfoot D (1934) X-ray photographs of crystalline pepsin. Nature 133:794–795

Bernal JD, Fankuchen I (1941) X-ray and crystallographic studies of plant virus preparations. I. Introduction and preparation of specimens. II. Mode of aggregation of the virus particle. III. X-ray and crystallographic studies of plant virus preparations. J Gen Physiol 25:111–165

Bernal JD, Fankuchen I, Perutz MF (1938) X-ray study of chymotrypsin and hemoglobin. Nature 141:523–524

Bernstein FC, Koetzle TF, Williams GJB et al. (1977) The protein data bank: A computer-based archival file for macromolecular structures. J Mol Biol 112:535–542

Bijvoet JM (1954) Structure of optically active compounds in the solid state. Nature 173:888–891

Blake CCF, Koenig DF, Mair GA, North ACT, Phillips DC, Sarma VR (1965) Structure of hen egg-white lysozyme. A three-dimensional Fourier-synthesis at 2 Å resolution. Nature 206:757–761

Bloomer AC, Champness JN, Bricogne G, Staden R, Klug A (1978) Protein discs of tobacco mosaic virus at 2,8 Å resolution showing the interactions within and between subunits. Nature 276:362–368

Blow DM (1958) The structure of haemoglobin. VII. Determination of phase angles in the noncentrosymmetric (100) zone. Proc Roy Soc (London) A247:302–336

Blow DM, Crick FHC (1959) The treatment of errors in the isomorphous replacement method. Acta Cryst 12:794–802

Blow DM, Rossmann MG (1961) The single isomorphous replacement methode. Acta Cryst 14:1195–1202

Blow DM, Birkroft JJ, Hartley BS (1969) Role of a buried acid group in the mechanism of action of chymotrypsin. Nature 221:337–340

Blow DM, Janin J, Sweet RM (1974) Mode of action of soybean trypsin inhibitor (Kunitz) as a model for specific protein-protein-interactions. Nature 249:54–57

Blow DM, Wright CS, Kukla D, Rühlmann A, Steigemann W, Huber R (1972) A model for the association of bovine pancreatic trypsin inhibitor with chymotrypsin and trypsin. J Mol Biol 69:137–144

Bode W, Schwaer P (1975) The refined crystal structure of bovine β-trypsin at 1,8 Å resolution. II. Crystallographic refinement, calcium binding site, benzamidine binding site and active site at pH 7.0. J Mol Biol 98:693–717

Bodo G, Dintzis HM, Kendrew JC, Wyckoff HW (1959) Crystal structure of myoglobin. V. Low-resolution three-dimensional Fourier synthesis of sperm whale myoglobin crystals. Proc Roy Soc (London) A253:70–102

Bolton W, Cox JM, Perutz MF (1968) Structure and function of haemoglobin IV. A three-dimensional Fourier synthesis of horse deoxyhaemoglobin at 5,5 Å resolution. J Mol Biol 33:283–297

Bolton W, Perutz MF (1970) Three-dimensional Fourier synthesis of horse deoxyhaemoglobin at 2,8 Å resolution. Nature 228:551–552

Bokhoven C, Schoone JC, Bijvoet JM (1949) On the crystal structure of strychnine sulfate and selenate. III. [001]-Projection. Proc Kgl Ned Akad Wet 52:120–121

Bokhoven C, Schoone JC, Bijvoet JM (1951) The Fourier synthesis of the crystal structure of strychnine sulfate pentahydrate. Acta Cryst 4:275–280

Bragg WH (1915) IX. Bakerian Lecture: X-rays and crystal structures. Trans Roy Soc (London) A215:253–274

Bragg WL, Perutz MF (1952a) The structure of hemoglobin. Proc Roy Soc (London) A213:425–435

Bragg WL, Perutz MF (1952b) The external form of the haemoglobin molecule. II. Acta Cryst 5:323–328

Bragg WL, Perutz MF (1954) The structure of hemoglobin. VI. Fourier projections on the 010 plane. Proc Roy Soc (London) A225:315–329

Bragg WL, Kendrew JC, Perutz MF (1950) Polypeptide chain configurations in crystalline proteins. Proc Roy Soc (London) A203:321–357

Bricogne G (1976) Methods of programms for direct-space exploitation of geometric-redundancies. Acta Cryst A32:832–847

Brill R (1923) Über Seidenfibroin. Liebigs Ann Chemie 434:204–217

Brünger AT, Kuriyan J, Karplus M (1987) Crystallographic R-factor refinement by molecular dynamics. Science 235:458–460

Brünger AT, Karplus M, Petsko GA (1989) Crystallographic refinement by simulated annealing: Application to Crambin. Acta Cryst A45:50–61

Brünger AT, Krukowski A, Erikson J (1990) Slow-cooling protocols for crystallographic refinement by simulated annealing. Acta Cryst A46:585–593

Butler PJG, Klug A (1978) The assembly of a virus. Sci Am 239:62–69

Caspar DLD, Klug A (1962) Physical principles in the construction of regular viruses. Cold Spring Harbour Symp Quant Biol 27:1–24

Chargaff E (1950) Chemical specificity of nucleic acids and mechanism of their enzymatic degradation. Experientia 6:201–209

Cochran W (1951) The structures of pyrimidines and purines. V. The electron distribution in adenine hydrochloride. Acta Cryst 4:81–92

Cochran W, Crick FHC, Vand V (1952) Structure of synthetic polypeptides. I. The transform of atoms on a helix. Acta Cryst 5:581–586

Corey RB (1938) Crystal structure of diketopiperazine. J Am Chem Soc 60:1598–1604

Cork JM (1927) Crystal structures of the alums. Phil Mag 4:688–698

Coster D, Knol KS, Prins JA (1930) Unterschiede in der Intensität der Röntgenstrahlenreflexion an den beiden 111-Flächen der Zinkblende. Z Phys 63:345–369

Cowan PM, McGavin S (1955) Structure of Poly-L-proline. Nature 176:501–503

Crick FHC (1953a) Is α-Keratin a coiled coil? Nature 170:882–883

Crick FHC (1953b) The packing of α-helices: Simple coiled-coils. Acta Cryst 6:689–697

Crick FHC, Magdoff BS (1956) The theory of the method of isomorphous replacement for protein crystals. I. Acta Cryst 9:901–908

Crick FHC, Rich A (1955) Structure of polyglycine II. Nature 176:780–781

Crick FHC, Watson JD (1956) Structure of small viruses. Nature 177:473–475

Crowfoot D (1935) X-ray single crystal photographs of insulin. Nature 135:591–592

Crowfoot-Hodgkin D (1979) Crystallographic measurements and the structure of protein molecules as they are. Ann N Y Acad Sci 325:121–145

Crowfoot D, Riley DP (1938) X-ray study of Palmer's lactoglobulin. Nature 141:521–522

Crowfoot D, Riley DP (1939) X-ray measurements of wet insulin crystals. Nature 144:1011–1012

Crowfoot-Hodgkin D, Riley DP (1968) Some ancient history of protein X-ray analysis. In: Rich A, Davidson N (eds) Structural chemistry and molecular biology. Freeman, San Francisco

Crowther RA, Blow DM (1967) A method of positioning a know molecule in an unknown crystal structure. Acta Cryst 23:544–548

Cullis AF, Muirhead H, Perutz MF, Rossmann MG, North ACT (1961a) Structure of haemoglobin. VIII. A three-dimensional Fourier synthesis at 5,5 Å resolution. Determination of phase angles. Proc Roy Soc (London) A265:15–38

Cullis AF, Muirhead H, Perutz MF, Rossmann MG, North ACT (1961b) Structure of haemoglobin. IX. A Three-dimensional Fourier synthesis at 5,5 resolution: Description of the structure. Proc Roy Soc (London) A 265:161–187

Deisenhofer J, Epp O, Miki K, Huber R, Michel H (1984) X-ray structure analysis of a membrane protein complex: Electron density map at 3 Å resolution and a model of the chromophores of the photosynthetic reaction center from rhodopseudomonas viridis. J Mol Biol 180:385–398

Deisenhofer J, Epp O, Miki K, Huber R, Michel H (1985) Structure of the protein subunits in the photosynthetic reaction centre of rhodopseudomonas viridis at 3 Å Resolution. Nature 318:618–624

Diamond R (1971) A real-space refinement procedure for proteins. Acta Cryst A 27:436–452

Dickerson RE, Kendrew JC, Strandberg BE (1961) The crystal structure of myoglobin: Phase determination to a resolution of 2 Å by the method of isomorphous replacement. Acta Cryst 14:1188–1195

Donohue J (1953) Hydrogen-bonded helical configurations of the polypeptide chain. Proc Natl Acad Sci USA 39:470–478

Drenth J, Jansonius JN, Koekoek R, Swen HM, Wolthers BG (1968) Structure of papain. Nature 218:929–932

Drenth J, Hol WG, Jansonius JN, Kroekoek R (1971) A comparison of the three-dimensional structures of Subtilisin BPN' and Subtilisin Novo. Cold Spring Harbour Symp Quant Biol 36:107–116

Duane W (1925) The calculation of the X-ray diffraction power at points in a crystal. Proc Natl Acad Sci USA 11:489–493

Ealick SE, Walter RL (1993) Synchrotron beamlines for macromolecular crystallography. Curr Opin Struct Biol 3:725–736

Fehlhammer H, Bode W (1975) The refined crystal structure of bovine β-trypsin at 1,8 Å resolution. I. Crystallization, data collection and application of Patterson search techniques. J Mol Biol 98:683–692

Finzel BC (1993) Software for macromolecular crystallography: A user's overview. Curr Opin Struct Biol 3:741–747

Forest K, Schutt C (1992) Protein engineering for structure determination. Curr Opin Struct Biol 2:576–581

Franklin RE, Gosling RG (1953a) The structure of sodium thymonucleate fibers. I. The influence of water content. Acta Cryst 6:673–677

Franklin RE, Gosling RG (1953b) The structure of sodium thymonucleate fibers. II. The cylindrically symmetrical Patterson-function. Acta Cryst 6:678–685

Franklin RE, Gosling RG (1953c) Molecular configuration of sodium thymonucleate. Nature 171:740–741

Franklin RE, Gosling RG (1953d) Evindence for 2-chain helix in crystalline structure of sodium desoxyribonucleate. Nature 172:156–157

Franklin RE, Gosling RG (1955) The structure of sodium thymonucleate fibers. III. The three-dimensional Patterson function. Acta Cryst 8:151–156

Freer ST, Kraut J, Robertus JD, Wright HT, Xuong NH (1970) Chymotrypsinogen: 2,5 Å crystal structure, comparison with α-chymotrypsin, and implications for zymogen activation. Biochemistry 9:1997–2009

Freer ST, Alden RA, Carter CW, Kraut J (1975) Crystallographic structure refinement of chromatin high potential protein at 2 Å resolution. J Biol Chem 250:46–54

Friedel G (1913) Sur les symétries cristallines que peut reveler la diffraction des rayons Röntgen. Compt Rend 157:1533–1536

Friedrich W, Knipping P, Laue M (1912) Interferenz-Erscheinungen bei Röntgenstrahlen. Sitzungsber Kgl Bayer Akad Wiss 303–322

Fujinaga M, Gros P, van Gunsteren WF (1989) Testing the method of crystallographic refinement using molecular dynamics. J Appl Cryst 22:1–8

Furberg S (1949a) Crystal structure of cytidine. Nature 164:22

Furberg S (1949b) An X-ray study of some nucleosides and nucleotides. Dissertation, Universität London

Furberg S (1950a) The crystal structure of cytidine. Acta Cryst 3:325–333

Furberg S (1950b) X-ray studies on the decomposition products of the nucleic acids. J Chem Soc Faraday Trans 46:791

Furberg S (1952) On the structure of nucleic acids. Acta Chem Scand 6:634–640

Green DW, Ingram VM, Perutz MF (1954) The structure of haemoglobin. IV. Sign determination by the isomorphous replacement method. Proc Roy Soc (London) A225:287–307

Gulland JM, Jordan DO, Taylor HFW (1947) Desoxypentose nucleic acids. II. Electrometric titration of the acidic and basic groups of the desoxypentose nucleic acid of calf thymus. J Chem Soc 1131–1141

Gurskaya GV (1968) The molecular structure of amino acids. Determination by X-ray diffraction analysis. Consultants Bureau, New York

Harding MM, Crowfoot-Hodgkin DC, Kennedy AF, O'Connor A, Weitzmann PDJ (1966) The crystal structure of insulin. II. An investigation of rhombohedral zinc insulin crystals and a report of other crystalline forms. J Mol Biol 16:212–226

Harker D (1936) The application of the three-dimensional Patterson method and the crystal structure of prousite Ag_3AsS_3, and pyrargyrite, Ag_3SbS_3. J Chem Phys 4:381–390

Harker D (1956) The determination of the phases of the structure factors of non-centrosymmetric crystals by the method of double isomorphous replacement. Acta Cryst 9:1–9

Harrington CR, Neuberger A (1936) Electrometric titration of insulin. Preparation and properties of iodinated insulin. Biochem J 30:809–820

Harrison SC (1968) A point-focussing camera for single-crystal diffraction. J Appl Cryst 1:84–90

Harrison SC, Olson AJ, Schutt CE, Winkler FK, Bricogne G (1978) Tomato bushy stunt virus at 2,9 Å resolution. Nature 276:368–373

Hartsuck JA, Ludwig ML, Muirhead H, Steitz TA, Lipscomb WN (1965) Carboxypeptidase A. II. The three-dimensional electron density map at 6 Å resolution. Proc Natl Acad Sci USA 53:396–403

Havighurst RJ (1926) Parameters in crystal structure. The mercurous halides. J Am Chem Soc 48:2113–2125

Henderson R (1970) Structure of crystalline α-chymotrypsin. IV. The structure of indoleacryloyl-α-chymotrypsin and its relevance to the hydrolytic mechanism of the enzyme. J Mol Biol 54:341–354

Henderson R, Wright CS, Hess GP, Blow DM (1971) α-Chymotrypsin: What can we learn about catalysis from X-ray diffraction. Cold Spring Harbour Symp Quant Biol 36:63–70

Hendrickson WA, Lattmann EE (1970) Representation of phase probability distributions for simplified combination of independent phase information. Acta Cryst B26:136–143

Hendrickson WA (1985) Stereochemically restrained refinement of macromolecular structures. Meth Enzymol 115:252–270

Hendrickson WA (1991) Determination of macromolecular structures from anomalous diffraction of synchrotron radiation. Science 254:51–58

Herriott JR, Sicker LC, Jensen LH, Lovensberg W (1970) Structure of rubredoxin: An X-ray study to 2,5 Å resolution. J Mol Biol 50:391–406

Hershey AD, Chase M (1952) Independent functions of viral protein and nucleic acid in growth of bacteriophage. J Gen Physiol 36:39–56

Herzog RO, Jahncke W (1920) Über den physikalischen Aufbau einiger hochmolekularer organischer Verbindungen. Ber Dtsch Chem Ges 53:2162–2164

Hoppe W (1957a) Die Faltmolekülmethode: eine neue Methode zur Bestimmung der Kristallstruktur bei ganz oder teilweise bekannten Molekülstrukturen. Acta Cryst 10:750–751

Hoppe W (1957b) Die Faltmolekülmethode und ihre Anwendung in der röntgenographischen Konstitutionsanalyse von Biflorin ($C_{20}H_{20}O_4$). Z Elektrochem 61:1076–1083

Hoppe W (1959) Die Bestimmung genauer Schweratomparameter in isomorphen azentrischen Kristallen. Acta Cryst 12:665–674

Hönl H (1933) Zur Dispersionstheorie der Röntgenstrahlen. Z Phys 84:1–16

Huber R (1965) Die automatisierte Faltmolekülmethode. Acta Cryst 19:353–356

Huber R, Epp O, Formanek H (1969) Aufklärung der Molekülstruktur des Insekten-Hämoglobins. Naturwissenschaften 56:362–367

Huber R, Kukla D, Rühlmann A, Epp O, Formanek H (1970) The basic trypsin inhibitor of bovine pancreas. I. Structure analysis and conformation of the polypeptide chain. Naturwissenschaften 57:389–392

Huber R, Kukla D, Bode W, Schwager P, Bartels K, Deisenhofer J, Steigemann W (1974) Structure of the complex formed by bovine trypsin and bovine pancreatic trypsin inhibitor. II. Crystallographic refinement at 1,9 Å resolution. J Mol Biol 89:73–101

Huggins ML (1940) Some hydrogen-bridge modells for globular proteins. J Chem Phys 8:598–600

Huggins ML (1943) The structure of fibrous proteins. Chem Rev 32:195–218

Hughes EW, Moore WJ (1949) The crystal structure of α-glycylglycine. J Am Chem Soc 71:2618–2623
Jack A, Levitt MA (1978) Refinement of large structures by simultaneous minimization of energy and R-factor. Acta Cryst A34:931–935
Jones TA (1978) A graphics model building and refinement system for macromolecules. J Appl Cryst 11:268–272
Kallmann H, Mark H (1927) Über die Dispersion und Streuung von Röntgenstrahlen. Ann Phys 82:585–604
Kartha G, Parthasarathy R (1965a) Combination of multiple isomorphous replacement and anomalous dispersion data for protein structure determination. I. Determination of heavy atom positions in protein derivatives. Acta Cryst 18:745–749
Kartha G, Parthasarathy R (1965b) Combination of multiple isomorphous replacement and anomalous dispersion data for protein structure determination. II. Correlation of the heavy-atom positions in different isomorphous protein crystals. Acta Cryst 18:749–753
Kartha G, Bello J, Harker D (1967) Tertiary structure of ribonuclease. Nature 213:862–865
Kendrew JC (1948) Preliminary X-ray data for horse and whale myoglobins. Acta Cryst 1:336
Kendrew JC (1954) The crystalline proteins: Recent X-Ray studies and structural hypotheses. Prog Biophys Biophys Chem 4:244–287
Kendrew JC, Bodo G, Dintzis HM, Parrish RG, Wyckoff H (1958) A three-dimensional model of the myoglobin molecule obtained by X-ray analysis. Nature 181:662–666
Kendrew JC, Dickerson RE, Strandberg BE, Hart RG, Davis DR (1960) Structure of myoglobin. A three-dimensional Fourier synthesis at 2 Å resolution. Nature 185:422–427
Konnert H (1976) A restrained-parameter structure-factor least-squares refinement procedure for large asymmetric units. Acta Crystr A32:614–617
Koshland DE jr, Némethy G, Filmer D (1966) Comparison of experimental binding data and theoretical models in proteins containing subunits. Biochemistry 5:365–385
Lipson H, Beevers CA (1935) The crystal structure of the alaums. Proc Roy Soc (London) A148:664–680
Lipson H, Beevers CA (1936) An improved numerical method of two-dimensional Fourier synthesis for crystals. Proc Phys Soc (London) 48:772–780
Ludwig ML, Hartsuck JA, Steitz TA, Muirhead H, Coppola JC, Reeke GN, Lipscomb WN (1967) The structure of carboxypeptidase A. IV. Preliminary results at 2,8 Å resolution, and a substrate complex at 6 Å resolution. Proc Natl Acad Sci USA 57:511–514
Leung YC, Marsch RE (1958) The crystal structure of L-leucyl-L-prolyl-glycine. Acta Cryst 11:17–31
Low BW, Baybutt RB (1952) The π-helix – A hydrogen bonded configuration of the polypeptide chain. J Am Chem Soc 74:5806–5807
Low BW, Grenville-Wells (1953) Generalized mathematical relationships for polypeptide chain helices. The coordinates of the π-helix. Proc Natl Acad Sci USA 39:785–801
Main P (1967) Phase determination using non-crystallographic symmetry. Acta Cryst 23:50–54
Main P, Rossmann MG (1966) Relationships among structure factors due to identical molecules in different crystallographic environments. Acta Cryst 21:67–72
Mark H, Szilard L (1925) Ein einfacher Versuch zur Auffindung eines selektiven Effektes bei der Zerstreuung von Röntgenstrahlen. Z Phys 33:688–691
Matthews BW (1966a) The extension of the isomorphous replacement method to include anomalous scattering measurements. Acta Cryst 20:82–86
Matthews BW (1966b) The determination of the position of anomalously scattering heavy atom groups in protein crystals. Acta Cryst 20:230–239
Matthews BW, Colman PM, Jansonius JN, Titani K, Walsh KA, Neurath H (1972b) Structure of thermolysin. Nature New Biol 238:41–43
Matthews BW, Jansonius JN, Colman PM, Schoenborn BP, Dupourque D (1972a) Three-dimensional structure of thermolysin. Nature New Biol 238:37–41
Matthews BW, Sigler PB, Henderson R, Blow DM (1967) Three-dimensional structure of tosyl-α-chymotrpysin. Nature 214:652–656
Meselson M, Stahl FW (1958) The replication of DNA in Escherichia Coli. Proc Natl Acad Sci USA 44:671–682
Meyer KH, Mark H (1928a) Über den Bau des krystallisierten Anteils der Cellulose. Ber Dtsch Chem Ges 61:593–614
Meyer KH, Mark H (1928b) Über den Aufbau des Seiden-Fibroins. Ber Dtsch Chem Ges 61:1932–1936
Meyer KH, Mark H (1928c) Über den Aufbau des Chitins. Ber Dtsch Chem Ges 61:1936–1939
Meyer KH, Mark H (1928d) Über den Kautschuk. Ber Dtsch Chem Ges 61:1939–1949
Michel H (1982) Three-dimensional crystals of a membrane protein complex. The photosynthetic reaction center from Rhodopseudomonas viridis. J Mol Biol 158:562–567
Mitscherlich E (1819) Über die Kristallisation der Salze in denen das Metall der Basis mit zwei Proportionen Sauerstoff verbunden ist. Abh Kgl Akad Wiss (Berlin):427–437
Monod J, Wyman J, Changeux J-P (1965) On the nature of allosteric transitions: A plausible model. J Mol Biol 12:88–118
Muirhead H, Greer J (1970) Three-dimensional Fourier synthesis of human deoxyhaemoglobin at 3,5 Å resolution. Nature 228:516–519
Muirhead H, Cox JM, Mazzarella L, Perutz MF (1967) Structure and function of haemoglobin. III. A three-dimensional Fourier synthesis of human deoxyhaemoglobin at 5,5 Å resolution. J Mol Biol 28:117–156
Nishikawa S, Ono S (1913) Transmission of X-rays through fibrous, lamellar and granular substances. Proc Tokyo Math Phys Soc 7:131–138
Nishikawa S, Matukawa K (1928) Hemihedry of zinc blende and X-ray reflection. Proc Imp Acad (Japan) 4:96–97
Nordman CE, Nakatsu K (1963) Interpretation of the Patterson function of crystals containing a known

molecular fragment. The structure of an alstonine alkaloid. J Am Chem Soc 85:353-354

North ACT (1965) The combination of isomorphous replacement and anomalous scattering data in phase determination of non-centrosymmetric reflexions. Acta Cryst 18:212-216

Patterson AL (1934) A Fourier series method for the determination of the components of interatmic distances in crystals. Phys Rev 46:372-376

Patterson AL (1935) A direct method for the determination of the components of interatomic distances in crystals. Z Krist A90:517-542

Pauling L, Sherman J (1933) The nature of the chemical bond. VI. The calculation from thermochemical data of the energy of resonance of molecules among several electronic structures. J Chem Phys 1:606-617

Pauling L, Corey RB (1950) Two hydrogen-bonded spiral configurations of the polypeptide chain. J Am Chem Soc 72:5349

Pauling L, Corey RB (1951a) Atomic coordinates and structure factors for two helical configurations of polypeptide chains. Proc Natl 37:235-240

Pauling L, Corey RB (1951b) The pleated sheet, a new layer configuration of polypeptide chains. Proc Natl Acad Sci USA 37:251-256

Pauling L, Corey RB (1951c) The structure of hair, muscle and related proteins. Proc Natl Acad Sci USA 37:261-271

Pauling L, Corey RB (1951d) The structure of fibrous proteins of the collagen-gelatin group. Proc Natl Acad Sci USA 37:272-281

Pauling L, Corey RB (1953) Compound helical configurations of polypeptide chains: Structure of proteins of the α-keratin type. Nature 171:59-61

Pauling L, Corey RB, Branson HR (1951) The structure of proteins: Two hydrogen-bonded helical configurations of the polypeptide chain. Proc Natl Acad Sci USA 37:205-211

Perutz MF (1949) X-ray studies of crystalline proteins. Research 2:52-61

Perutz MF (1951) New X-ray evidence on the configuration of polypeptide chains. Polypeptide chains in poly-γ-benzyl.L-glutamate, keratin and haemoglobin. Nature 167:1053-1054

Perutz MF (1956) Isomorphous replacement and phase determination in non-centrosymmetric space groups. Acta Cryst 9:867-873

Perutz MF (1970) Stereochemistry of cooperative effects in haemoglobin. Nature 228:726-734

Perutz MF (1971) Geleitwort. In: Dickerson RE, Geis I (Hrsg) Struktur und Funktion der Proteine. Verlag Chemie, Weinheim

Perutz MF, Muirhead H, Cox JM, Goaman LCG, Mathews FS, McGandy EL, Webb LE (1968a) Three-dimensional Fourier synthesis of horse oxyhaemoglobin at 2,8 Å resolution. I. X-ray analysis. Nature 219:29-32

Perutz MF, Muirhead H, Cox JM, Goaman LCG (1968b) Three-dimensional Fourier synthesis of horse oxyhaemoglobin at 2,8 Å resolution. II. The atomic model. Nature 219:131-139

Pflugrath W (1992) Developments in X-ray detectors. Curr Opin Struct Biol 2:811-815

Polanyin M (1921) Faserstruktur im Röntgenlichte. Naturwissenschaften 9:337-340

Prins JA (1928) Über die Dispersion und Absorption von Röntgenstrahlen. Z Phys 47:479-498

Ramachandran GN, Kartha G (1954) Structure of collagen. Nature 174:269-270

Ramachandran GN, Kartha G (1955) Structure of collagen. Nature 176:593-595

Ramachandran GN, Raman S (1956) New method for the structure analysis of noncentrosymmetric crystals. Curr Sci 25:348-351

Rich A, Crick FHC (1955) The structure of collagen. Nature 176:915-916

Richards FM (1968) The matching of physical models to three-dimensional electron-density maps: A simple optical device. J Mol Biol 37:225-230

Riggs AF (1952) Sulfhydryl groups and the interaction between the hems in hemoglobin. J Gen Physiol 36:1-16

Robertson JM (1936) An X-ray study of phthalocyanines. Part II. Quantitative structure determination of the metal-free compound. J Chem Soc 1195-1209

Robertson JM (1939) Vector maps and heavy atoms in crystal analysis and the insulin structure. Nature 143:75-76

Rossmann MG (1960) The accurate determination of the position and shape of heavy-atom replacement groups in Proteins. Acta Cryst 13:221-226

Rossmann MG (1961) The position of anomalous scatterers in protein crystals. Acta Cryst 14:383-388

Rossmann MG, Blow DM (1962) The detection of subunits within the crystallographic asymmetric unit. Acta Cryst 15:24-31

Rossmann MG, Blow DM (1963) Determination of phases by the conditions of non-crystallographic symmetry. Acta Cryst 16:39-45

Rühlmann A, Kukla D, Schwager P, Bartels K, Huber R (1973) Structure of the complex formed by bovine trypsin and bovine pancreatic trypsin inhibitor. I. Crystal structure determination and stereochemistry of the contact region. J Mol Biol 77:417-436

Sayre D (1974) Least-squares phase refinement. II. High-resolution Phasing of a small protein. Acta Cryst A30:180-184

Schulz GE, Schirmer RH (1978) Principles of protein structure. Springer, New York

Segal DM, Cohen GC, Davies DR, Powers JC, Wilcox PE (1971a) The stereochemistry of substrate binding to chymotrypsin Aγ. Cold Spring Harbour Symp Quant Biol 36:85-90

Segal DM, Powers JC, Cohen GC, Davies DR, Wilcox PE (1971b) Substrate binding sites in bovine chymotrypsin Aγ. A crystallographic study using peptide chloromethyl ketones as site-specific inhibitors. Biochemistry 10:3728-3738

Shotton DM, Watson HC (1970) Three-dimensional structure of tosyl-elastase. Nature 225:811-816

Staudinger H (1926) Die Chemie der hochmolekularen orgnischen Stoffe im Sinne der Kekuléschen Strukturlehre. Ber Dtsch Chem Ges 59:3019-3043

Steinbacher S, Seckler R, Miller S, Steipe B, Huber R, Reinemer P (1994) X-ray structure of a shortened P22 tailspike: Interdigitated subunits in a thermostable trimer. Science 265:383–386

Steitz TA, Henderson R, Blow DM (1969) Structure of crystalline α-chymotrypsin. III. Crystallographic studies of substrates and inhibitors bound to the active site of α-chymotrypsin. J Mol Biol 46:337–348

Stokes AR (1955) The theory of X-ray fibre diagramms. Prog Biophys 5:140–167

Stroud RM, Kay LM, Dickerson RE (1971) The crystal and molecular structure of DIP-inhibited bovine trypsin at 2,7 Å resolution. Cold Spring Harbour Symp Quant Biol 36:125–140

Stuart DI, Jones EY (1993) Weissenberg data collection for macromolecular crystallography. Curr Opin Struct Biol 3:737–740

Sussman JL, Holbrook SR, Church GM, Kim SH (1977) A structure-factor least-squares refinement procedure for macromolecular structures using constrained and restrained parameters. Acta Cryst A 33:800–804

Sweet RM, Wright HT, Janin J, Chothia CH, Clow DM (1974) Crystal structure of the complex of bovine trypsin with soybean trypsin inhibitor (Kunitz) at 2,6 Å resolution. Biochemistry 13:4212–4228

Tollin P (1966) On the determination of molecular location. Acta Cryst 21:613–614

Tollin P (1969) Determination of the orientation and position of the myoglobin molecule in the crystal of seal myoglobin. J Mol Biol 45:481–490

Tollin P, Rossmann MG (1966) A description of various rotation function programms. Acta Cryst 21:872–876

Warren B, Bragg WL (1928) The structure of diopoide, $CaMg(SiO_3)_2$. Z Krist 69:168–193

Warren BE, Gingrich NS (1934) Fourier integral analysis of X-ray powder patterns. Phys Rev 46:368–372

Waser J (1963) Least-squares refinement with subsidiary conditions. Acta Cryst 16:1091–1094

Watenpaugh KD, Sieker LC, Herriot JR, Jensen LH (1973) Refinement of the model of a protein: Rubredoxin at 1,5 Å resolution. Acta Cryst B29:943–956

Watson HC, Shotton DM, Cox JM, Muirhead H (1970) Three-dimensional Fourier synthesis of Tosyl-elastase at 3,5 Å resolution. Nature 225:806–811

Watson JD, Crick FHC (1953a) A structure of deoxyribose nucleic acid. Nature 171:737–738

Watson JD, Crick FHC (1953b) Genetical implications of the sturcture of deoxyribonucleic acid. Nature 171:962–967

Weiss MS, Wacker T, Weckesser J, Welte W, Schultz GE (1990) The three-dimensional structure of porin from rhodobacter capsulatus at 3 Å resolution. FEBS Lett 267:268–272

Weissenberg K (1924) Ein neues Röntgengoniometer. ZPhys 23:229–238

Wilkins MHF, Randall JT (1953) Crystallinity in sperm heads: Molecular structure of nucleoprotein in vivo. Biochim Biophys Acta 10:192–193

Wilkins MHF, Gosling RG, Seeds WE (1951) Nucleic acid: An extensibile molecule. Nature 167:759–760

Wilkins MHF, Stokes AR, Wilson HR (1953a) Molecular structure of deoxypenstose nucleic acids. Nature 171:738–740

Wilkins MHF, Seeds WE, Stokes AR, Wilson HR (1953b) Helical structure of crystalline deoxypentose nucleic acid. Nature 172:759–762

Wright CS, Alden RA, Kraut J (1969) Structure of subtilisin BPN' at 2,5 Å resolution. Nature 221:235–242

Wütherich K (1989) Protein structure determination in solution by nuclear magnetic resonance spectroscopy. Science 243:45–50

Wyckoff HW, Hardman KD, Allewell NM, Inagami T, Tsernoglou D, Johnson LN, Richards FM (1967a) The structure of ribonuclease-S at 6 Å resolution. J Biol Chem 242:3749–3753

Wyckoff HW, Hardman KD, Allewell NM, Inagami T, Johnson LN, Richards FM (1967b) The structure of ribonuclease-S at 3,5 Å resolution. J Biol Chem 242:3984–3988

Wyckoff RWG, Corey RB (1936) X-ray diffraction patterns of crystalline tobacco mosaic virus. J Biol Chem 116:51–56

Yakel HL jr, Hughes EW (1954) The crystal structure of N,N'-diglycyl-L-cysteine Dihydrate. Acta Cryst 7:291–297

Yoder MD, Keen NT, Jurnak F (1993) New domain motif: The structure of pectate lyase C, a secreted plant virulence factor. Science 260:1503–1507

Zernike F, Prins JA (1927) The bending of X-rays in liquid as an effect of molecular arrangement. Z Phys 41:184–194

Röntgenbeugung an Mischkristallen

Volkmar Gerold

Einleitung

Überblick

In diesem Aufsatz sollen die Entwicklungen beschrieben werden, die sich bei der Anwendung auf die Untersuchung der atomistischen Struktur von Mischkristallen ergeben haben. Dabei handelt es sich einmal um das Studium der Atomverteilung in thermodynamisch stabilen, homogenen Mischkristallen, zum anderen um das Studium feindisperser Ausscheidungen aus übersättigten Mischkristallen. Diesen Ausscheidungen verdanken viele Legierungen den Effekt der Aushärtung, d. h. eine erhebliche Steigerung ihrer Festigkeit. In allen Fällen hat die Untersuchung der mehr oder weniger diffusen Streuung von monochromatischer Röntgenstrahlung zwischen den Bragg-Reflexen von Einkristallen wesentlich zum Verständnis der atomaren Strukturen und Vorgänge beigetragen. Durch die Hinzunahme von Neutronenstreuung sowie der Möglichkeit, mit Hilfe von Speicherringen intensive Röntgenstrahlung beliebiger Wellenlängen (Synchrotronstrahlung) zu erzeugen, wurden die Untersuchungsmöglichkeiten auf diesem Gebiet wesentlich erweitert.
Bei den stabilen Mischkristallen liegt das Hauptinteresse dieser Untersuchungen darin, aus der gemessenen diffusen Streuung einen Streuterm I_{SRO} herauszufiltern, der Auskunft über die Nahordnung (SRO = short-range order) geben kann. Auf diese Weise erhält man einen Satz von Nahordnungskoeffizienten α_i für die einzelnen Atomabstände i im Gitter (s. S. 430). Wie sich zeigt, ist der Weg dahin sehr steinig, da eine Vielzahl von anderen Streutermen vorher eliminiert werden muß. Diese hängen zum großen Teil mit dem Atomgrößeneffekt zusammen, der bei unterschiedlicher Größe der beteiligten Atome im Mischkristall zu lokalen Gitterverzerrungen führt und damit zu komplexen Streuanteilen.
Die Kenntnis der Nahordnungskoeffizienten sagt zunächst noch nichts aus über die lokalen Atomanordnungen im Mischkristall und ihre Häufigkeitsverteilung. Hierüber können jedoch Modellkristalle nähere Auskunft geben, die die gleiche Zusammensetzung und den gleichen Satz von Nahordnungskoeffizienten haben wie die untersuchten Mischkristalle. Wie diese Modelle im Computer durch eine Monte-Carlo-Methode erwürfelt werden, ist auf S. 437 zu erfahren. Mit solchen Methoden ist es sogar möglich, die sog. Paarwechselwirkungsenergien zu bestimmen, die für das thermodynamische Gleichgewicht der Atomverteilung maßgeblich sind.
Durch die Bildung von feindispersen Ausscheidungen verschiebt sich im Streudiagramm die diffuse Streuung drastisch in Richtung zu den Bragg-Reflexen und zur Primärstrahlung, und verstärkt sich dort beträchtlich. In der Nähe des Primärstrahls wird dann die Kleinwinkelstreuung (KWS) gefunden, die sehr gut quantitative Auskunft über die Form und Größe der Ausscheidungsteilchen geben kann (s. S. 442). Darüber hinaus ist sie in der Lage, auch über die Zusammensetzung der Teilchen Aussagen zu machen. Der wesentliche Grund dafür ist die Tatsache, daß in diesem Streubereich die ebenfalls vorhandenen Gitterverzerrungen nur eine untergeordnete Rolle spielen. Die ebenfalls vorhandene Streuung in der Nähe der Bragg-Reflexe ist dagegen wesentlich schwieriger zu interpretieren, weil bei ihrer Intensitätsverteilung sowohl die Teilchenmorphologie als auch die Gitterverzerrungen Einfluß haben.
In diesem Bericht können nur exemplarisch einige Beispiele diskutiert werden, wobei vorzugsweise solche herangezogen werden sollen, über die verschiedene Autoren berichtet haben, die fallweise entweder Übereinstimmung oder große Diskrepanzen zeigen. Dabei wird deutlich, daß die quantitative Interpretation der Ergebnisse wegen der häufig nur näherungsweise möglichen Beschreibung an Grenzen stößt.

Grundsätzliches zur Beugung von Röntgenstrahlen an Kristallen

Zum Verständnis der vorliegenden Ausführungen sind einige Grundkenntnisse über die Beschreibung der Streuvorgänge in Einkristallen Voraussetzung, die hier kurz skizziert werden sollen. In den Untersuchungsbeispielen kommt nur ein Kristallgittertyp zur Sprache, und das ist das kubisch flächenzentrierte (kfz.) Gitter. Bei ihm sind nicht nur die Eckpunkte der Elementarwürfel (Kantenlänge a) mit Atomen besetzt, sondern auch die Mitten der Würfelflächen. Für die Beschreibung der Gitterplätze und der wichtigen Atomabstände entstehen dadurch halbzahlige Koordinaten, die man gern in ganzzahligen Tripeln [lmn] darstellt, indem man die Abstände usw. in Einheiten von a/2 mißt. Dabei ergibt sich die Regel, daß nur solche Tripel existieren, deren Quersumme geradzahlig ist. Die Abstände der ersten bis vierten Nachbarschaft haben dann die Bezeichnung: [110], [200], [211], [220].
Bei der Beschreibung der Beugung ist der Ausgangspunkt die berühmte Bragg-Gleichung: $n\lambda = 2d \cdot \sin\Theta$, die die Bedingung ist für die Erzeugung von Bragg-Reflexionen an einer Netzebenenschar, die den Ebenenabstand d hat. Weiterhin ist λ die Wellenlänge der Strahlung und Θ der Bragg-Winkel zwischen dem einfallenden Strahl und der betrachteten Netzebene, der zugleich auch der Winkel zwischen Ebene und reflektiertem Strahl ist. Der Beugungswinkel ist dann immer 2Θ. Die ganze Zahl n gibt die Ordnung der Beugung an.
Die Bragg-Gleichung läßt sich nun in folgender Form schreiben:

$$\frac{2\sin\Theta}{\lambda} = \frac{n}{d}. \tag{1}$$

In einem Einkristall kommt dann noch hinzu, daß es sehr viele Netzebenenscharen mit unterschiedlichen Orientierungen gibt. Will man all dies gleichzeitig beschreiben, kommt man schließlich zu einer vektoriellen Darstellung der Gl. (1). Dabei werden die Größen auf der rechten Seite der Gleichung in Richtung der jeweiligen Netzebenennormalen aufgetragen. Damit erhält man für alle möglichen Netzebenenscharen eine Beschreibung im sog. reziproken Gitter (die Einheiten sind reziproke Längen), das ebenfalls kubisch ist, und in dem die Größen n/d in Einheiten von 1/a in den 3 Achsrichtungen beschrieben werden. Die Koordinaten der entstehenden Gitterpunkte werden mit ganzzahligen Tripeln $(h_1h_2h_3)$ beschrieben, die zugleich die Millerschen Indizes der Netzebenenscharen sind. Wegen des kfz.-Atomgitters findet man nicht an allen Gitterpunkten des reziproken Gitters auch einen Bragg-Reflex. Die Bedingung für einen Reflex ist, daß das Tripel entweder nur aus geraden oder ungeraden Zahlen bestehen darf. Danach gibt es nur die Reflexe (111), (200), (220), (311) usw.
Die hier diskutierte diffuse Streuung zwischen den Bragg-Reflexen wird nun ebenfalls in diesem reziproken Gitter beschrieben, wobei das Zahlentripel $(h_1h_2h_3)$ nun den Charakter von laufenden Koordinaten annimmt. Diese bedeutet praktisch, daß der Streuvektor h [dessen Betrag die linke Seite von Gl. (1) ist] in Einheiten des reziproken Gitters gemessen wird. Die Bedeutung des Winkels Θ reduziert sich dann auf den halben Beugungswinkel.
Es werden nun Intensitätsverteilungen diskutiert, die durch die Streuung der Gitteratome A und B entstehen. Dabei spielen die atomaren Streufaktoren f_A und f_B eine Rolle, die keine Intensitäten, sondern Streuamplituden sind. Bei Röntgenstrahlen sind sie bei kleinen Streuvektoren gleich der Ordnungszahl der Atome und nehmen mit steigendem $\sin\Theta/\lambda$ kontinuierlich ab. Die Werte können in Tabellenwerken gefunden werden. Bei einer Wellenlänge in der Nähe einer Absorptionskante eines beteiligten Atoms werden die Streufaktoren in starkem Maße von ihr abhängig, wodurch das Verhältnis f_A/f_B deutlich variiert werden kann. Daraus ergeben sich zusätzliche Informationen über die Anordnung der Atome. Bei der Neutronenstreuung sind die f_n dagegen konstante Größen. In allen Fällen folgt die Intensitätsverteilung aus der allgemeinen Formel

$$I(\mathbf{h}) = \sum_{\mathbf{n}} \sum_{\mathbf{m}} f_{\mathbf{n}} f_{\mathbf{n}+\mathbf{m}} \exp(2\pi i\, \mathbf{m}\mathbf{h}). \tag{2}$$

Dabei bedeuten $\mathbf{n}$ die Koordinaten der Gitterplätze im kubischen Gitter, $\mathbf{m} = [lmn] \cdot (\alpha/2)$ die Vektoren von Gitterabständen, und $\mathbf{h} = (h_1h_2h_3)(1/\mathbf{a})$ der Beugungsvektor, dessen Betrag $2 \cdot \sin(\theta)/\lambda$ ist.

Untersuchung der Nahordnung in homogenen Mischkristallen

Vorgeschichte

Für die Anwendung von Röntgenstrahlen zum Studium von kristallinen Strukturen ist das Jahr 1912 entscheidend. In diesem Jahr wurden auf den Vorschlag von Laue die ersten Beugungsuntersuchungen von Röntgenstrahlen an einem Einkristall durch Friedrich und Knipping durchgeführt. Im gleichen Jahr beschrieb Ewald diese Beugung mit Hilfe des reziproken Gitters und der Ewaldschen Ausbreitungskugel. Nur wenige Jahre später erkannte von Laue (1918), daß bei Beugungsvorgängen an einem binären Mischkristall noch eine zusätzliche diffuse Streuung zwischen den Reflexen des Einkristalls entstehen muß. Bei der von ihm angenommenen homogenen und völlig regellosen Verteilung der beteiligten Atomsorten A und B sollte eine diffuse Streuung entstehen, deren Intensität mit steigendem Beugungswinkel (d. h. mit zunehmendem Abstand vom Nullpunkt des reziproken Gitters) kontinuierlich proportional zu $(f_A - f_B)^2$ abnimmt. Da diese Streuung nur sehr schwach ist und zudem durch andere diffuse Streuanteile (Compton-Streuung sowie die durch Gitterschwingungen hervorgerufene Temperaturstreuung) überlagert wird, konnte zur damaligen Zeit der experimentelle Nachweis dieser Streuung nicht erbracht werden. Später erhielt sie dann die Bezeichnung „monotone Laue Streuung" (Warren et al. 1951).

Die Entstehung dieser monotonen Laue-Streuung kann man wie folgt erklären: Die Bragg-Reflexe des Mischkristalls werden durch ein mittleres Gitter erzeugt. Für einen binären Mischkristall mit A- und B-Atomen und den atomaren Konzentrationen c_A und $c_B = 1 - c_A$ haben die Gitterplätze n einen mittleren Strukturfaktor $\langle f_n \rangle = c_A f_A + c_B f_B$. Dieses mittlere Gitter hat an jedem Platz eine atomare Störung, die gegeben ist entweder durch $\Delta_A = f_A - \langle f_n \rangle$ oder $\Delta_B = f_B - \langle f_n \rangle$. Bei einer regellosen Verteilung dieser Störungen auf den N Gitterplätzen ist deren Streuintensität gegeben durch

$$I_L = N\,[c_A(\Delta_A)^2 + c_B(\Delta_B)^2] = N c_A c_B (f_A - f_B)^2, \quad (3)$$

wobei der zweite Ausdruck aus dem ersten folgt. Von Laue hat diese Streuung aus der bekannten allgemeinen Formel Gl. (2) für die gestreute Intensität eines Kristallgitters hergeleitet.

In einem regellosten Mischkristall ist für alle Abstände $\mathbf{m} \neq 0$ das über n gemittelte Produkt $\langle f_n f_{n+m} \rangle$ gegeben durch $\langle f_n \rangle^2$. Für $\mathbf{m} = 0$ erhält man dagegen einen Wert $\langle f_n^2 \rangle$. Damit wird aus Gl. (2)

$$I(\mathbf{h}) = N[\langle f_n^2 \rangle - \langle f_n \rangle^2] + \langle f_n \rangle^2 \sum_n \sum_m \exp(2\pi i \mathbf{mh}). \quad (4)$$

Die beiden Glieder in der eckigen Klammer sind identisch mit Gl. (3). Die Doppelsumme, die auch die Glieder mit $\mathbf{m} = 0$ enthält, ergibt die Bragg-Reflexe.

In den 30er Jahren beschäftigte man sich theoretisch mit den möglichen Atomverteilungen in einem homogenen Mischkristall und kam zu dem Ergebnis, daß zumindest bei den nächsten Nachbarn eine regellose Verteilung nicht anzunehmen ist. Aufgrund der chemischen Wechselwirkung zwischen nächsten Nachbarn muß vielmehr angenommen werden, daß eine Nahordnung vorliegt, bei der die Wahrscheinlichkeit, mit der auf einem zu einem A-Atom benachbarten Gitterplatz wieder ein A-Atom zu finden ist entweder größer oder kleiner als c_A, aber kaum gleich c_A ist. Der Einfluß einer solchen Nahordnung auf die monotone Laue-Streuung wurde jedoch noch nicht diskutiert.

Die monotone Laue-Streuung $I_L(\mathbf{h})$ von Gl. (3) stellt die Basis der zu besprechenden diffusen Streuung $I(\mathbf{h})$ von nahgeordneten Mischkristallen dar, weshalb diese häufig in sog. Laue-Einheiten angegeben wird: $I_D(\mathbf{h}) = I(\mathbf{h})/I_L(\mathbf{h})$.

Die ersten Messungen der Nahordnung in Cu_3Au

Es dauerte dann nocheinmal ein Jahrzehnt, bis die ersten erfolgreichen Debye-Scherrer-Aufnahmen zur Untersuchung des diffusen Streuuntergrundes eines Mischkristalls durchgeführt werden konnten. Wilchinsky (1944) verwendete dazu Pulver der Legierung Cu_3Au, das von 2 verschiedenen Temperaturen oberhalb des kritischen Punktes abgeschreckt worden war. Zur Vermeidung von Streueffekten der Bremsstrahlung mußte die verwendete CuK_α-Strahlung durch einen Kristall monochromatisiert werden, wobei zu beachten war, daß die dabei ebenfalls reflektierte $\lambda/2$-Strahlung sehr kräftig das L-Spektrum von Gold anregt, wodurch eine zusätzliche diffuse Streuung entsteht. Daher wurde als Monochromator die (111)-Netzebene eines CaF_2-Kristalls verwendet, deren Strukturfaktor $F_{111} = 4f_{Ca}$ ist. Für die $\lambda/2$-Strahlung ändert sich dieser Faktor zu $F_{222} = 4(f_{Ca} - 2f_F) \approx 0$, so daß kaum $\lambda/2$-Strahlung auf die Probe kommt. Die Auswertung der Filmaufnahmen erfolgte dabei mittels eines Photometers.

In der gleichen Arbeit entwickelte Wilchinsky auch eine Beugungstheorie, allerdings mit einer anderen Nomenklatur als der heutigen. Die Genauigkeit dieser Ergebnisse war nicht sehr groß, sie wurde sehr bald ganz erheblich dadurch verbessert, daß für solche Untersuchungen ausschließlich Einkristalle verwendet wurden. Im wesentlichen war es B. E. Warren, der das Studium der Nahordnung mit seiner Schule vorantrieb.

Die ersten Messungen dieser Art wurden von Cowley (1950) wiederum an Cu_3Au durchgeführt. Die theoretische Formulierung der Streuung resultierte in der Beziehung

$$I(h) = N c_A c_B (f_A - f_B)^2 I_{SRO}(h),$$

wobei I_{SRO} die auf die sog. Laue-Einheiten normierte diffuse Streuung der Nahordnung ist:

$$I_{SRO}(h_1h_2h_3) = 1 + \sum_{lmn \neq 000} \alpha_{lmn} \cos(\pi h_1 l) \cos(\pi h_2 m) \cos(\pi h_3 n). \quad (5)$$

Danach ist die Streuung proportional zu $(f_A - f_B)^2$ und setzt sich aus einer Summe von cos-Termen zusammen, wobei jeder Term einem Gitterabstandsvektor $m = [lmn] \cdot (a/2)$ zugeordnet ist. Die Vorfaktoren α_{lmn}, werden als Nahordnungskoeffizienten bezeichnet. Diese α-Werte hängen nur vom Betrag des Abstandes [lmn] ab, der durch eine laufende Nummer i charakterisiert werden kann. Die α_i sind definiert durch

$$\alpha_i = \frac{P_i^{AA} - c_A}{1 - c_A}, \quad (6)$$

wobei P_i^{AA} die Wahrscheinlichkeit dafür ist, daß auf einem Gitterplatz in i-ter Nachbarschaft zu einem A-Atom wiederum ein A-Atom zu finden ist (entsprechende Formeln gibt es auch für die anderen 3 Gruppen von Wahrscheinlichkeiten P_i^{JK}, die alle mathematisch zusammenhängen: $P_i^{AB} = 1 - P_i^{AA}$; $c_A P_i^{AB} = c_B P_i^{BA}$; $P_i^{BB} = 1 - P_i^{BA}$). Für den Abstand Null gilt immer $\alpha_0 = 1$. Der zugehörige Term ist in Gl. (5) als 1 aus der Summe herausgezogen, er stellt die oben genannte monotone Laue-Streuung I_L dar, die durch die anderen Glieder $i > 0$ moduliert wird (Abb. 1). Ist $P_i^{AA} = c_A$, so entspricht das einer regellosen Atomverteilung und $\alpha_i = 0$. Das trifft im stabilen Mischkristall für größere i-Werte zu, jedoch nicht für kleinere, und nur diese tragen zur Modulation von I_L bei. Für die Art der Nahordnung ist das Vorzeichen von α_1 der ersten Koordinatenschale entscheidend. Ist $\alpha_1 < 0$, so ist ein A-Atom bevorzugt von B-Atomen umgeben ($P_1^{AA} < c_A$) und man spricht von einer echten Nahordnung. Die zugehörige Modulation verringert die Intensität von I_L am Nullpunkt und in der Nähe der Bragg-Reflexe, und erhöht sie an den Stellen, wo bei einer entsprechenden Fernordnung Überstrukturreflexe auftreten können (Abb. 1, Kurve NO). Ist jedoch $\alpha_1 > 0$, so ist ein A-Atom bevorzugt von anderen A-Atomen umgeben ($P_1^{AA} > c_A$) und man spricht von Nahentmischung oder Cluster-

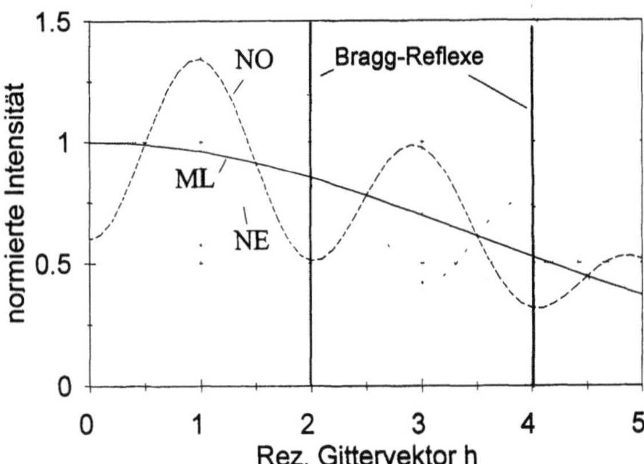

Abb. 1. Schematische Darstellung der Streuterms I_{SRO} als Funktion der Koordinate (h00). (*ML* monotone Laue-Streuung I_L; *NO* Streuung eines nahgeordneten Mischkristalls, echte Nahordnung; *NE* Streuung eines nahentmischten Mischkristalls)

bildung. In diesem Fall verstärkt die Modulation die Intensität von I_L am Nullpunkt sowie in der Nähe der Bragg-Reflexe und schwächt sie dazwischen (Kurve NE). Als Beispiel für diese beiden Fälle sind in Abb. 2 zwei Aufnahmen von Vielkristallen mit einer Guinier-Kammer abgebildet (Flinn et al. 1953).

Für die ersten Untersuchungen von Cowley (1950) an Cu_3Au-Einkristallen mußte die experimentelle Anordnung erst entwickelt werden. Da ebene Kristallmonochromatoren zu wenig Intensität brachten, wurde von ihm ein elastisch gebogener Quarzkristall verwendet, der die Primärstellung in einer Richtung fokussiert. Bei diesen Untersuchungen kommt es vor allem auf eine hohe Intensität der monochromatischen Strahlung an. Eine exakte Fokussierung ist nicht nötig, da die diffuse Streuung nur eine allmähliche Änderung der Intensität mit dem Beugungswinkel zeigt. Daher wurde später von Warren (1954) ein doppelt gebogener Monochromator aus LiF entwickelt. In späteren Jahren wurde dieser doppelt gekrümmte LiF-Kristall durch einen doppelt gekrümmten Graphitmonochromator aus pyrolytischem Graphit ersetzt (Bardhan u. Cohen 1976).

Da es 1950 noch keine energiedispersive Registriermöglichkeit mit Proportionalzählrohren oder Szintillationszählern gab, mit denen die Streuung der aus dem Monochromator auch austretenden λ/2-Strahlung unterdrückt werden konnte, mußte mit ausbalancierten Filterfolien (balanced filters) gearbeitet werden. Die beiden Filterfolien (z. B. aus Aluminium und aus Nickel) werden in ihrer Dicke so aufeinander abgestimmt, daß bei der Differenzbildung beider

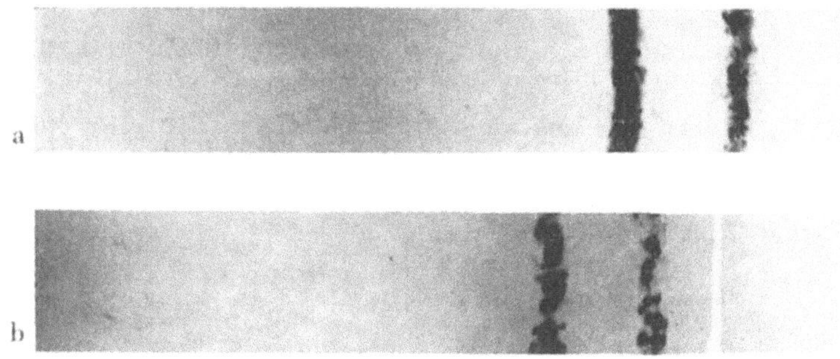

Abb. 2a, b. Guinier-Aufnahmen (Aufnahmen von Vielkristallen mit monochromatischer CuK_α-Strahlung) von (**a**) Cu_3Au (von 900°C abgeschreckt, Nahordnung) und (**b**) AlZn (bei 400°C, Nahentmischung). (Aus Glocker 1971)

Messungen der Beitrag der $\lambda/2$-Strahlung voll eliminiert wird. Diese Eliminierung ist deshalb besonders wichtig, weil die von ihr erzeugten Bragg-Reflexe häufig genau an den Stellen der Nahordnungsmaxima liegen. Dadurch wird eine quantitative Messung von I_{SRO} wesentlich erschwert.

Die Untersuchungen erfolgen ausschließlich in Rückstrahlung von einer planen Oberfläche des Einkristalls, auf die auch der Primärstrahl trifft. Dazu muß der Kristall in einer geeigneten Halterung um 3 Achsen drehbar auf einem Zählrohrgoniometer angebracht werden. Die konstruierte Anordnung ist ein Vorläufer der heute kommerziell erhältlichen Euler-Wiege. Zusätzlich war in diese Halterung eine elektrische Heizung eingebaut, mit der der Kristall bis auf 550°C erhitzt werden konnte. Insgesamt wurden etwa 450 Meßpunkte im reziproken Gitterraum angesteuert, damals noch eine mühsame Handarbeit.

Die quantitative Auswertung der Messungen durch Cowley (1951) gestaltete sich noch relativ einfach, weil der eigentlich nicht zu vernachlässigende Einfluß des Atomgrößeneffekts auf die Streuung nicht berücksichtigt wurde. Wegen der hohen Symmetrie der Nahordnungsterme I_{SRO} wurde nur eine Messung in einem relativ kleinen Raum des reziproken Gitters (ein 48stel der Brillouin-Zone) benötigt: die Erweiterung erfolgte über die bekannten Symmetrieeigenschaften der Streuung.

Zuvor mußten jedoch verschiedene Korrekturen vorgenommen und vor allem die Temperaturstreuung von den gemessenen Intensitäten subtrahiert werden. Sie ist um die Bragg-Reflexe konzentriert und zeigt im übrigen eine stark anisotrope Verteilung im reziproken Gitter. Diese Anteile wurden von Cowley dadurch bestimmt, daß die diffuse Streuung zunächst für verschiedene Temperaturen unterhalb der Ordnungstemperatur T_c gemessen wurde, wo praktisch $I_{SRO} = 0$ ist. Von dort konnten diese Streuanteile dann auf die höheren Meßtemperaturen extrapoliert werden.

Die nach der Korrektur erhaltene Mischkristallstreuung I_{SRO} wird zunächst immer in einem relativen Maßstab erhalten. Der Übergang auf absolute Werte erfolgte im vorliegenden Fall über die Bedingung $\alpha_0 = 1$, der nach der Theorie mit dem Integralwert von I_{SRO} über das Volumen einer Brillouin-Zone (d. h. eines Bereichs im reziproken Gitter, der einem Bragg-Reflex zugeordnet ist) identisch ist. Die übrigen Nahordnungskoeffizienten α_i konnten dann durch eine Fourier-Transformation erhalten werden.

Der Einfluß des Atomgrößeneffekts auf die diffuse Streuung

Die Vernachlässigung der durch die Gitterverzerrungen hervorgerufenen zusätzlichen Modulation von I_L ist natürlich für Cu_3Au nicht erlaubt, denn der Atomgrößeneffekt in dieser Legierung ist beträchtlich. Auf seinen Einfluß bei der diffusen Streuung hatte bereits von Laue (1941) in seinem Lehrbuch *Röntgenstrahl-Interferenzen* hingewiesen. Der Effekt ruft systematische lokale Verschiebungen der Atome von ihren periodisch angeordneten Gitterplätzen hervor, wodurch die Streuformeln erheblich komplizierter und unübersichtlicher werden. In Gl. (2) muß dann nämlich für das Produkt $f_n f_{n+m}$ die wesentlich kompliziertere Größe $f_n f_{n+m} \exp(2\pi i \delta_{nm} \mathbf{h})$ eingesetzt werden, wobei δ_{nm} die Änderung des Abstandsvektors m an der Stelle n ist. Im allgemeinen kann der Exponentialausdruck durch eine Reihenentwicklung bis zum zweiten Glied angenähert werden:

$$f_n f_{n+m} \exp(2\pi i \delta_{nm} \mathbf{h}) \approx f_n f_{n+m} [(1 + 2\pi i(\delta_{nm} \mathbf{h}) - 2\pi^2(\delta_{nm} \mathbf{h})^2]. \quad (7)$$

Über alle Gitterplätze **n** gemittelt ergeben sich daraus die unbekannten Parameter δ_m^{AA} und δ_m^{BB} (der dritte Parameter mit dem Index AB kann aus den anderen beiden berechnet werden, da der Mittelwert δ_m für alle **m** gleich Null sein muß).
Die mathematische Durchführung der Rechnung ergab schließlich die folgende komplizierte Formel:

$$I(\mathbf{h}) = N c_A c_B (f_A - f_B)^2 I_D(\mathbf{h}),$$

$$\text{mit} \quad I_D = \{I_{SRO} + I_1 + I_2\}. \tag{8}$$

$I_D(\mathbf{h})$ ist dabei die in Laue-Einheiten gemessene diffuse Streuintensität, von der außer I_{SRO} hier nur der Term I_1 beschrieben werden soll:

$$I_1 = \sum_i h_i [\eta Q_i^{AA}(h) - \zeta Q_i^{BB}(h)]. \tag{9}$$

Dabei bedeuten die griechischen Symbole die folgenden Streufaktorenverhältnisse:

$$\eta = f_A/(f_A - f_B), \tag{10}$$

$$\zeta = f_B/(f_A - f_B). \tag{11}$$

Die Funktionen Q_i^{KK} sind dabei insgesamt 6 periodische Funktionen im reziproken Gitter. Der Intensitätsbeitrag I_1 ist proportional zu $h \propto 2 \sin \Theta/\lambda$, er spielt also erst bei größeren Streuwinkeln eine Rolle, allerdings kann wegen der Strahlengeometrie nur dort gemessen werden. Die Intensität I_2 ist proportional zu h^2 und beinhaltet insgesamt 18 weitere periodische Funktionen. Diese insgesamt 24 Terme müssen mit einer geeigneten Methode bestimmt und von der gemessenen Intensität abgezogen werden, um I_{SRO} zu erhalten. Das ist gewiß eine sehr schwierige Aufgabe, zumal vorher die Intensität auf abolute Einheiten umgerechnet (meist über eine zusätzliche Messung mit einem geeigneten Eichpräparat) und andere Streuterme eliminiert werden müssen (Compton- und Temperaturstreuung).
Da vielfach in der Gl. (9) die beiden Terme in der eckigen Klammer nicht separiert werden können, werden sie auch zusammengefaßt zu Termen Q_i. Die erste Komponente ($i = 1$ oder $i = x$) lautet dann:

$$Q_x = \eta Q_x^{AA} - \zeta Q_x^{BB}$$
$$= \sum_{lmn} \gamma_{lmn}^x \sin(\pi h_1 l) \cos(\pi h_2 m) \cos(\pi h_3 n), \tag{12}$$

mit

$$\gamma_{lmn}^x = -2\pi \, [\eta(c_A/c_B + \alpha_{lmn}) \langle x_{lmn}^{AA} \rangle - \zeta(c_B/c_A + \alpha_{lmn}) \langle x_{lmn}^{BB} \rangle], \tag{13}$$

wobei z. B. $\langle x_{lmn}^{AA} \rangle$ die x-Komponente von δ_m^{AA} ist.
Aufgrund ihrer Symmetrie gehen die verschiedenen Funktionen Q_i durch Koordinatentausch ineinander über.
In der ersten Arbeit von Warren et al.(1951) über dieses Thema wurde nur der Beitrag von I_1 diskutiert. Für die Intensität längs der $(h_1 00)$-Richtung lautet beispielsweise der Beitrag aller 12 Glieder $lmn = \langle 110 \rangle$

$$I_1(h_1 00) = 8 \gamma_{110}^x h_1 \sin(\pi h_1). \tag{14}$$

Die Wirkung dieses Terms auf die diffuse Streuung von Cu_3Au ist in Abb. 3 zu sehen. Dort ist die Kurve A die gemessene diffuse Streuung $I(h_1 00)$ eines nahgeordneten Cu_3Au-Einkristalls dargestellt (Warren et al. 1951), die in 2 Anteile B

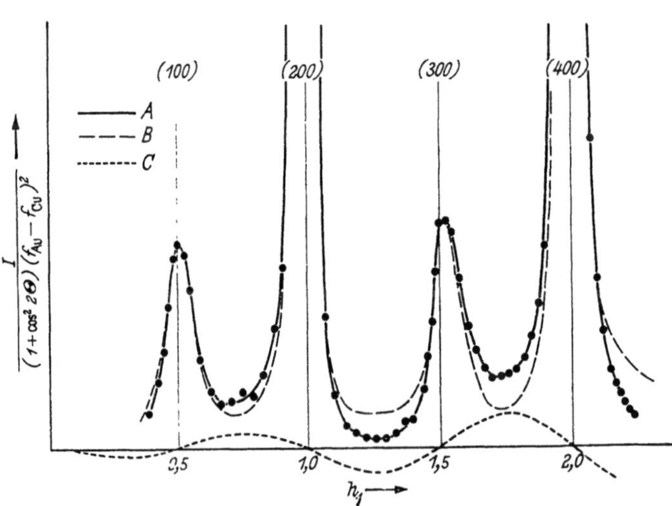

Abb. 3. Streukurve eines Cu_3Au-Einkristalls längs $(h_1 00)$, der von 500°C abgeschreckt wurde. (Aus Glocker 1971) *A* experimentell gemessen; *B* Anteil I_{SRO} (Nahordnung); *C* Anteil I_1 (Atomgrößeneffekt). Die Koordinate h_1 muß mit 2 multipliziert werden, um mit dem Text übereinzustimmen

(Nahordnung) und C (Atomgrößeneffekt) aufgespalten wurde. Dabei entspricht die Kurve C der Gl. (14) mit einem negativen Wert von γ_{110}^{x}, weil das stärker streuende Atom (A = Au; η, ζ und $\langle x_{110}^{AA} \rangle$ sind positiv) zugleich das größere ist. Im anderen Fall (z. B. G.P.I-Zonen in Al-Cu, s. S. 441) dreht sich das Vorzeichen um.
Während der lineare Verzerrungsterm I_1 nur den Streuanteil I_{SRO} moduliert [ohne Normierung enthält er nämlich noch den Proportionalitätsfaktor $(f_A - f_B)$] und keine zusätzliche Streuung darstellt, ist dies bei den quadratischen Termen I_2 nicht mehr der Fall. Sie erzeugen ähnlich wie die Temperaturstreuung I_T einen neuen Intensitätsbeitrag, der im wesentlichen durch die Schwächung der Matrixreflexe kompensiert wird und hautpsächlich in der Nähe der Bragg-Reflexe zu finden ist. Dies ist wohl der wesentliche Grund dafür, daß mit dieser Methode nur sehr wenig Untersuchungen von Legierungen mit Clusterbildung vorliegen. Dort findet man die Maxima von I_{SRO} an den gleichen Stellen, wo auch die maximalen Beiträge von $I_T + I_2$ zu finden sind.

Separationsmethoden zur Eliminierung der Verzerrungsterme

Für die Separierung der insgesamt 25 verschiedenen Intensitätsterme sind insgesamt 4 verschiedene Methoden entwickelt worden (Schönfeld 1993), die hier kurz skizziert werden sollen.

Die Separationsmethode von Borie-Sparks

Der erste Vorschlag einer vollständigen Analyse der diffusen Streuung mit allen Termen stammt von Borie u.Sparks (1971). Zur Vereinfachung nehmen diese Autoren an, daß die in Gl. (10) und Gl. (11) angegebenen Streufaktorenverhältnisse η und ζ von h unabhängig und daher Konstanten sind. Dadurch reduziert sich die Zahl der unbekannten periodischen Funktionen letztlich auf 4: I_{SRO}, Q_x, und 2 weitere Funktionen der quadratischen Terme.
Die Autoren geben Wege an, wie diese Funktionen durch Messungen der diffusen Streuung $I_D(h)$ in einem größeren Bereich des reziproken Gitters voneinander separiert werden können. Da die Verzerrungsstreuung mit steigendem Beugungswinkel zunimmt, sollte für eine Separierung die Messung der Streuung möglichst bei kleinen Winkeln beginnen. Da die Messungen jedoch in Reflexion von der Kristalloberfläche durchgeführt werden, wird der mögliche Streuwinkel nach unten hin deutlich begrenzt. Praktisch liegt der minimale h-Vektor bei (100). Hier wäre die Verwendung von Neutronenstreuung ein großer Vorteil, weil dort die Probe leichter durchstrahlt werden kann, wodurch auch die kleineren h-Werte zugänglich sind. Für Röntgenstrahlung haben Gragg u.Cohen (1971) sowie Epperson et al. (1978) je ein minimales Meßvolumen angegeben; beide unterscheiden sich geringfügig voneinander. Der kürzeste Vektor ist $h_{min} = (100)$, der größte $h_{max} = (203)$.
Mit dieser Separationsmethode sind von Bardhan u. Cohen (1976) zahlreiche Intensitätsmessungen an Cu_3Au bei Meßtemperaturen zwischen 396 und 930 °C durchgeführt worden. Die Ergebnisse nach der hier skizzierten Methode sind jedoch nicht sehr überzeugend, zumal der Testparameter α_o, der theoretisch bei 1.0 liegen sollte, zwischen 1.3 und 1.9 gefunden wurde. Mit steigender Temperatur nahm der Koeffizient α_1 von $\alpha_1 = -0.176$ ($P_1^{AuAu} = 0{,}12$) im Betrag mit Schwankungen deutlich ab und erreichte bei 930 °C sogar einen positiven Wert. Er bleibt somit auch bei der niedrigsten Temperatur deutlich oberhalb seines minimal möglichen Wertes von -0.33 ($P_1^{AuAu} = 0$), weshalb es immer zahlreiche nächste Nachbarn Au-Au gibt. Der Koeffizient α_2 nimmt ebenfalls von $\alpha_2 = +0{,}214$ ($P_2^{AuAu} = 0{,}41$) ab, bleibt aber immer positiv. In übernächster Nachbarschaft findet man also häufig Au-Au-Paare.

Die Least-squares-Anpassung nach Williams

Während die Methode von Borie und Sparks die Trennung der Intensitätsterme punktweise durch den Vergleich der Intensitäten an äquivalenten Punkten im reziproken Gitter – beispielsweise die Stellen (h_1, h_2, h_3) und $(h_1 + 2, h_2, h_3)$ – durchführt, versucht Williams (1972), die Trennung mit einem Least-squares-Verfahren unter gleichzeitiger Einbeziehung aller Meßpunkte vorzunehmen. Die Qualität seiner Methode demonstriert er (Williams 1974) mit Hilfe von Röntgenuntersuchungen von Borie u. Sparks (1964) an einer Cu-16 At.% Al-Legierung, die vorher bei 150 °C ausgelagert worden war. Dabei beschränkten sich diese Autoren auf Messungen in den 2 Ebenen $h_3 = 0$ und $h_2 = h_1 + h_3$ des reziproken Gitters, aus denen mit der konventionellen Methode nach Borie-Sparks nur zweidimensionale Nahordnungskoeffizienten gewonnen werden können. Die Methode von Williams erlaubt jedoch die Ermittlung der dreidimensionalen Koeffizienten, von denen die ersten 6 in Tabelle 1 aufgelistet sind. Diese Koeffizienten werden dort mit sol-

Tabelle 1. Vergleich von Nahordnungskoeffizienten von Cu-Al-Mischkristallen, die nach der Methode von Borie-Sparks bzw. von Williams ermittelt wurden (in Einheiten von 10^{-3}). (W = Williams 1974: Cu + 16 At.% Al. 54 h bei 150 °C; $\alpha_{min} = -0.190$; E = Epperson et al. 1978: Cu + 14.76 At.% Al. 1580 h bei 150 °C. Auslagerung bei 250 °C: a: 2.5 min; b: 20 min; c: 117 h. 650q: Von 650 °C abgeschreckt; $\alpha_{min} = -0.173$)

T/°C	α_0	α_1	α_2	α_3	α_4	α_5	α_6	Autor
150	1220	-164	155	41	30	-61	-34	W
150	1015	-171	125	42	-4	-34	-32	E
650q	1052	-175	127	41	-2	-33	-33	E
250a	1043	-166	98	39	3	-27	-29	E
250b	1048	-156	91	32	0	-23	-24	E
250c	998	-149	83	33	-2	-21	-22	E

chen von Epperson et al. (1978) verglichen, die an einer Legierung mit 14.76 At.% Al nach Borie-Sparks gewonnen wurden. Neben der Messung des Gleichgewichtszustandes bei 150 °C sind zusätzlich noch die Ergebnisse einer Auslagerung bei 250 °C hinzugefügt, bei der sich der Grad der Nahordnung langsam verringert, wie aus der Änderung der Nahordnungskoeffizienten zu entnehmen ist. Dabei ist zu bemerken, daß vermutlich nur die mit 250c bezeichnete Wärmebehandlung zu einem echten thermodynamischen Gleichgewicht geführt hat. Bei einem Vergleich der beiden 150 °C-Datensätze fällt eine hohe Übereinstimmung bei den meisten α_i, jedoch auch ein deutlicher Unterschied für α_4 und α_5 auf. Wie die übrigen Messungen von Epperson zeigen, ist der Unterschied offensichtlich systematisch. Weiterhin ist zu sehen, daß die von 650 °C abgeschreckte Probe die gleiche Nahordnung hat wie die bei 150 °C ausgelagerte. Offensichtlich finden während des Abschreckens und wohl auch kurz danach wegen der überhöhten Leerstellenkonzentration noch lokale Diffusionsvorgänge statt, die diese Nahordnung erzeugen.

Trennungsmethode von Georgopoulos-Cohen

Die Annahme, daß die in Gl. (10) und (11) aufgeführten Streufaktorenverhältnisse im Meßbereich Konstanten sind, gilt wohl für Neutronenstrahlung, jedoch nicht für Röntgenstrahlung. Dort findet man eine mehr oder weniger große Abhängigkeit von $|h| \propto \sin\Theta/\lambda$, wodurch die Methode von Borie-Sparks ungenau wird. Hier schlagen nun Georgopoulos u. Cohen (1977) eine neue Methode vor, bei der sie die Variation der Streufaktorenverhältnisse mit $\sin\theta/\lambda$ zulassen. Damit erhalten sie nach Abzug der Temperaturstreuung für jede Stelle $h = (h_1 h_2 h_3)$ im reziproken Gitter den Beitrag von insgesamt 25 Funktionen zur gemessenen Streuintensität. Um diese zu separieren, muß die Intensität mindestens an 25 äquivalenten Punkten (bei symmetrischen Punkten kann sich die Zahl bis auf 4 reduzieren) im reziproken Gitter gemessen werden. Wegen der Meßungenauigkeiten sollten jedoch erheblich mehr äquivalente Punkte ausgemessen werden. Die Separation erfolgt dann über eine Least-squares-Methode. Diese Prozedur muß für alle Punkte h im Minimalvolumen (z. B. 1/48 der Brillouin-Zone) wiederholt werden.

Da sich die Streufaktorenverhältnisse im Bereich von h nicht drastisch ändern, lassen sich die Gleichungssysteme meist nur sehr schwer lösen und verlangen spezielle Techniken (ridge regression technique) (Schönfeld 1993). Anwendungsbeispiele werden im Zusammenhang mit der folgenden Methode beschrieben.

Die 3λ-Methode von Ice et al. (1992)

Die bisherigen Methoden hatten bei der Anwendung von Röntgenstrahlen die Messung bei einer konstanten Wellenlänge (d. h. der Eigenstrahlung der benutzten Röntgenröhre) zur Voraussetzung, für die im allgemeinen $(f_A - f_B)^2 \sim (\Delta z)^2$ gilt. Dementsprechend mußte ein hinreichend großer Unterschied in der Ordnungszahl z vorhanden sein, damit ein Kontrast zustande kommt. Heute stehen jedoch für Beugungsexperimente Synchrotronstrahlenquellen zur Verfügung, die sehr intensive Röntgenstrahlung mit variabler Wellenlänge liefern, so daß man sich mit geeigneten Monochromatoren Wellenlängen aussuchen kann, die bisher nicht zur Verfügung standen. Wie bekannt ist, nimmt bei Wellenlängen in der Nähe der Absorptionskante der Realteil des Atomformfaktors deutlich ab, wodurch sich die

Tabelle 2. Nahordnungskoeffizienten von Ni-20 At.% Cr-Mischkristallen mit verschiedenen Auswertungsmethoden (in Einheiten von 10^{-3}; $\alpha_{min} = -0.250$). (S1 = Schönfeld et al. 1988; S2 = Schönfeld et al. 1994; wl = Neutronenstrahlung, Messung der Ebenen (h_1h_20) und ($h_1h_1h_3$), Auswertung nach Williams; gc = Messung mit Synchrotronstrahlung (3λ), Auswertung nach Georgopoulos und Cohen (λ_1, λ_2, $\lambda_1+\lambda_2$); 3λ = Auswertung mit der 3λ-Methode)

T/°C	α_0	α_1	α_2	α_3	α_4	α_5	α_6	Autor
468	870	-106	89	42	-36	-19	-34	S1/wl
471	983	-122	61	30	-48	-11	-19	S2/gc
471	985	-139	37	69	-40	-27	-61	S2/gc
471	996	-122	60	41	-42	-14	-33	S2/gc
471	1285	-112	64	36	-45	-22	-33	S2/3λ

Möglichkeit ergibt, auch binäre Legierungen mit dicht beieinander liegenden Ordnungszahlen der beteiligten Atompartner zu untersuchen.

In diesem Zusammenhang haben Ice et al. (1992) Messungen mit 3 verschiedenen Wellenlängen (λ_1 bis λ_3) vorgeschlagen, wobei 2 davon (λ_1 und λ_2) dicht unterhalb je einer der beiden Absorptionskanten liegen müssen. Dies wurde am Beispiel einer Ni-22.5 At.% Fe-Legierung demonstriert (Ordnungszahlen 28 und 26). Wie gezeigt wird, hängt das Vorzeichen von $(f_A - f_B)$ von der gewählten Wellenlänge λ_1 bzw. λ_2 ab, der Betrag davon ist an der Fe-Kante am größten. Bei der mittleren Wellenlänge λ_3 ist $(f_A - f_B) \approx 0$, weshalb bei dieser Messung die Intensitäten I_{SRO} und I_1 in Gl. (8) nahezu Null sind. Nur die quadratischen Terme I_2 sowie die Temperaturstreuung tragen zur Intensität bei. Daher können diese Beiträge von den anderen beiden Messungen separiert werden, vorausgesetzt, daß vorher alle Messungen mit genügender Genauigkeit auf absolute Einheiten umgerechnet wurden. Auf diese Weise erhält man für 2 Wellenlängen λ_1 und λ_2 nur die Anteile $I_{SRO} + I_1$, wobei zusätzlich bei beiden Parametern η und ζ bei λ_1 und λ_2 sehr unterschiedlich im reziproken Gitter variieren. Damit können wie bei der Methode von Georgopoulos und Cohen (jedoch erheblich genauer) die beiden Streuanteile Q_1^{AA} und Q_1^{BB} in I_1 voneinander separiert werden (s. die Gl. 9, 12 und 13), und man erhält die beiden Verzerrungsanteile $\langle x_{lmn}^{AA} \rangle$ und $\langle x_{lmn}^{BB} \rangle$.

Jede neue Methode erzeugt natürlich auch neue Schwierigkeiten. Die in der Nähe von Absorptionskanten verursachte Verringerung des atomaren Streufaktors hängt direkt mit der Erzeugung einer sehr kräftigen resonanten Raman-Streuung zusammen, deren Wellenlänge ähnlich wie die der Compton-Streuung etwas größer ist als die Primärstrahlung, die jedoch viel intensiver ist und die sogar deutlich intensiver sein kann als die kohärente Streuung, die man untersuchen will. Auf diese Probleme gehen Schönfeld et al. (1994) im Zusammenhang mit ihren Untersuchungen der Nahordnung eines Ni-20 At.% Cr-Mischkristalls mit Hilfe der 3λ-Methode ein. Eine Abtrennung dieser unerwünschten Streuung ist nur mit Hilfe eines guten Monochromators möglich und benötigt außerdem ausgefeilte Techniken, da die Wellenlängen sehr dicht beieinanderliegen.

Die Nahordnung dieser Ni-Cr-Legierung wurde schon früher von Schönfeld et al. (1988) mit Neutronen untersucht, wobei die Intensitätsverteilung nur in den 2 Ebenen (h_1h_20) und ($h_1h_1h_3$) aufgenommen wurde. Die anschließende Auswertung nach der Methode von Williams ergab ähnlich wie bei dem berichteten Fall der Cu-Al-Legierung die dreidimensionalen Nahordnungskoeffizienten. Die neuesten Untersuchungen 1994 wurden mit Hilfe von Synchrotronstrahlung bei 3 Wellenlängen durchgeführt, wobei die Auswertung einmal nach Georgopoulos und Cohen [dabei wurden 1. nur dieMessungen bei λ_1, 2. nur die bei λ_2 und 3. die bei $(\lambda_1 + \lambda_2)$ zusammen ausgewertet], zum anderen aber auch nach der 3λ-Methode erfolgte. Die Ergebnisse sind in Tabelle 2 zusammengestellt, wobei die aus den unterschiedlichen Experimenten und mit unterschiedlichen Methoden bestimmten Werte keine gravierenden Unterschiede zeigen und im Bereich der normalen Streuung liegen.

Die Auswertung der Verzerrungsterme

Nachdem die verschiedenen Auswertemethoden eine einigermaßen verläßliche Bestimmung der Nahordnung erlauben, sollte man annehmen, daß die Auswertung der Verzerrungsstreuung ebenfalls zu sinnvollen Ergebnissen führt. Das ist jedoch leider nicht der Fall. Die meisten Autoren beschränken sich auf die Angabe der Verzer-

Tabelle 3. Mit der 3λ-Methode gemessene Verzerrungsparameter $\langle x_{lmn} \rangle$. (Ni-Fe: Ice et al. 1993; Ni-Cr: Schönfeld et al. 1994)

lmn	Ni-23.5 At.% Fe		Ni-20 At.% Cr	
	$\langle x_{lmn}^{FeFe} \rangle$ 10^{-3}	$\langle x_{lmn}^{NiNi} \rangle$ 10^{-3}	$\langle x_{lmn}^{CrCr} \rangle$ 10^{-3}	$\langle x_{lmn}^{NiNi} \rangle$ 10^{-3}
110	8.44	-0.045	10.1	0.03
200	-3.10	0.006	3.4	0.07
211	-0.28	0.100	-1.6	0.10
121	-0.56	-0.020	0.5	0.01
220	1.97	-0.180	9.8	-0.34

rungsparameter γ_{lmn}^{x}. (Gl. 12), wobei vielfach schon das Vorzeichen des ersten Parameters γ_{110}^{x} nicht dem entspricht, was man aus Gl. (13) erwartet. Bei Cu_3Au müßte dieser Wert beispielsweise <0 sein, was den meisten Ergebnissen von Bardhan u. Cohen (1976) widerspricht.

Vertrauenerweckender sind die jüngsten Ergebnisse mit der 3λ-Methode von Ice et al. (1993) an einer Ni-Fe-Legierung und Schönfeld et al. (1994) an einer Ni-Cr-Legierung. Mit dieser Methode können unmittelbar die Verzerrungsparameter $\langle x_{lmn}^{AA} \rangle$ und $\langle x_{lmn}^{BB} \rangle$ bestimmt werden. Das Ergebnis ist in Tabelle 3 wiedergegeben. Zwischen den beiden Datensätzen sind Parallelen, aber auch deutliche Unterschiede festzustellen. Auffallend sind die relativ hohen Parameterwerte für den Abstand 220. Für Ni-Cr haben Schönfeld et al. (1994) auch versucht, die gleichen Parameter mit der Methode von Georgopoulos und Cohen zu finden, wobei sie einmal nur die Messungen bei je einer der beiden Kantenwellenlängen für die Auswertung benutzt haben, zum dritten jedoch auch beide Messungen zusammen. In allen 3 Serien kommen deutlich unterschiedliche Ergebnisse heraus, die sich alle 3 von den Werten der 3λ-Methode unterscheiden. Es bleibt der Eindruck, daß die Abseparierung der Verzerrungsterme wohl zu einem Nahordnungsterm I_{SRO} führt, der im Rahmen der Genauigkeit unabhängig vom Separationsverfahren ist. Die Verzerrungsterme selbst hängen jedoch vom Separationsverfahren ab und führen zu unterschiedlichen Ergebnissen, wobei diejenigen der 3λ-Methode noch die besten zu sein scheinen.

Simulation von Mischkristallen

Die Bestimmung der Nahordnungskoeffizienten α_i mit Hilfe der diffusen Streuung von Röntgenstrahlen ist eine sicher schwierige Aufgabe, sie kann jedoch nicht das Endziel sein. Vielmehr ergeben sich mindestens zwei Fragestellungen, die gelöst werden sollten. Einmal ist es die Statistik von konkreten Atomanordnungen in einem nahgeordneten Mischkristall, beispielsweise die Häufigkeit von bestimmten Atomkonfigurationen in der nächsten Nachbarschaftsschale eines B-Atoms. Eine andere interessante Fragestellung ist die der notwendigen Wechselwirkungsenergien zwischen den Atomen, die bei einer bestimmten Temperatur zu einer bestimmten Nahordnung im thermodynamischen Gleichgewicht führen. Diese Fragen können vor allem durch Computersimulationen eines Mischkristalls beantwortet werden.

Der Ausgangspunkt für eine Simulation ist meist ein Mischkristall mit der gleichen Zusammensetzung wie der zu simulierende, jedoch mit völlig regelloser Atomanordnung. Dieser Mischkristall wird mit seinen Gitterkoordinaten und Atombesetzungen in den Rechner eingewürfelt. Zur Erzeugung einer Nahordnung werden willkürlich ein A- und ein B-Atom herausgegriffen und entschieden, ob sie ihre Plätze tauschen sollen oder nicht (Monte-Carlo-Methode). Als Kriterium für den Tausch dient entweder die dadurch bewirkte Verbesserung der Nahordnung oder die Erniedrigung der Konfigurationsenergie, je nachdem, welche Vorgaben gemacht werden. Um dabei die Randatome in der Nähe der Oberfläche des Modellkristalls sinnvoll mitverwenden zu können, werden sog. periodische Randbedingungen verwendet, die den endlichen (meist sehr kleinen) würfelförmigen Kristall periodisch in allen 3 Raumrichtungen fortsetzt. In den folgenden Abschnitten werden einige Anwendungen dieser Methode beschrieben.

Simulation eines Mischkristalls mit vorgegebener Nahordnung

Diese Methode wurde erstmals von Gehlen u. Cohen (1965) entwickelt. Aus den vorgegebenen Nahordnungskoeffizienten α_i können für einen zu simulierenden Kristall mit N Atomen die Zahl N_i^{AA} der A-A-Paare in der iten Koordinationsschale berechnet werden, die dann als Soll-Werte gelten. Sie werden jeweils mit den entsprechenden Ist-Werten des simulierten Kristalls verglichen. Dabei wird sinnvollerweise die Anzahl i_{max} dieser

Tabelle 4. Die ersten 20 Konfigurationen von A-Atomen in der ersten Koordinationsschale um ein Zentralatom (A oder B). (n = Zahl der A-Atome in der Koordinationsschale; M = Multiplizität der Konfiguration. Die Konfiguration der n A-Atome wird durch die Abstände zwischen ihnen charakterisiert: 1 = ⟨110⟩; 2 = ⟨200⟩; 3 = ⟨211⟩; 4 = ⟨220⟩)

Ck	n	M	Abstände
C1	0	1	
C2	1	12	
C3	2	12	2
C4	2	6	4
C5	2	24	3
C6	2	24	1
C7	3	12	2,2,4
C8	3	24	2,3,3
C9	3	8	3,3,3
C10	3	48	1,2,3
C11	3	48	1,3,4
C12	3	24	1,3,3
C13	3	24	1,1,2
C14	3	24	1,1,3
C15	3	8	1,1,1
C16	4	3	2,2,2,2,4,4
C17	4	6	2,2,3,3,3,3
C18	4	48	1,2,2,3,3,4
C19	4	48	1,2,3,3,3,3
C20	4	48	1,1,2,2,3,4

Schalen begrenzt, beispielsweise auf 6. Ein Tausch von Atompaaren wird nur dann vorgenommen, wenn sich für den simulierten Kristall keine der Ist-Werte gegenüber den Soll-Werten verschlechtert. Die Prozedur wird beendet, sobald die Ist-Werte sich genügend nah bei den Soll-Werten befinden oder wenn sich keine Verbesserung mehr erreichen läßt.

Mit Hilfe des so erstellten Modellkristalls lassen sich dann weitere Untersuchungen über die Atomverteilung anstellen. Als Beispiel seien die Nächste-Nachbar-Konfigurationen erwähnt, die von Clapp (1971) eingeführt wurden. Meist wird als Zentralatom ein Majoratom B genommen und nach der Konfiguration der A-Nachbarn auf den 12 nächstbenachbarten Gitterplätzen gefragt. Jede der 144 möglichen Konfigurationen wird mit C und einer laufenden Nummer 1 bis 144 bezeichnet (s. auch Epperson 1979). Von diesen gibt es jeweils eine für keinen (C1) sowie eine für einen A-Nachbarn (C2). Für 2 bis 5 A-Nachbarn gibt es dann jeweils 4 (C3–C6), 9 (C7–C15), 18 (C16–C33) und 24 (C34–C57) Konfigurationen. Die ersten 20 von ihnen sind in Tabelle 4 zusammengestellt.

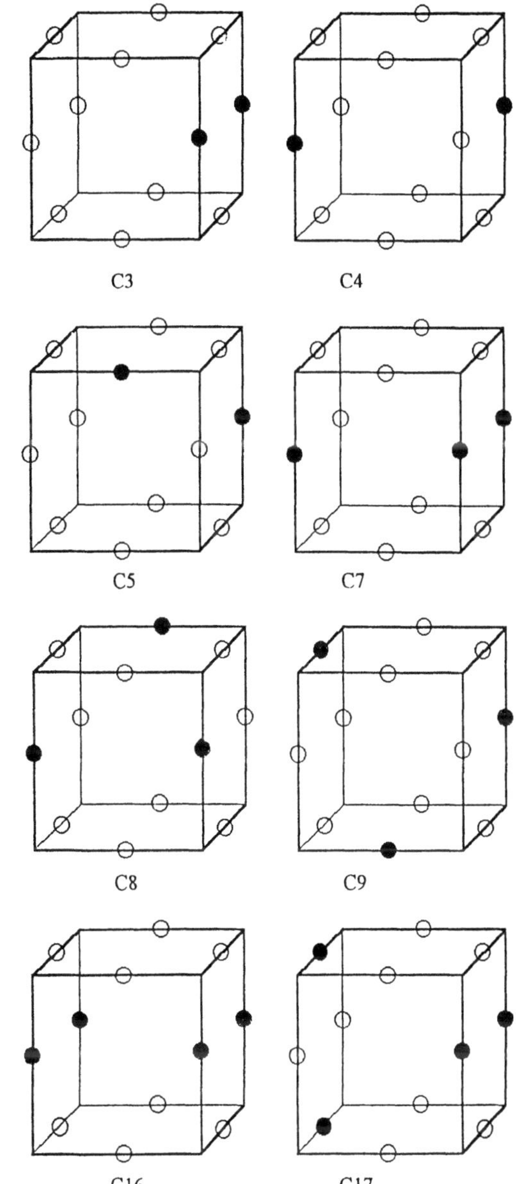

Abb. 4. Darstellung einiger Konfigurationen von A-Atomen (*ausgefüllte Kreise*) im kfz.-Gitter um ein (nicht gezeichnetes) zentrales B-Atom, das jeweils in der Mitte der Würfel sitzt (s. Text)

Da in Kristallen mit echter Nahordnung das A-Atom nächste Nachbarschaft mit seiner Art meidet, sind vor allem diejenigen Konfigurationen interessant, bei denen diese nächste Nachbarschaft von A-Atomen innerhalb der 12 Gitterplätze nicht auftritt. Für 2 bis 4 A-Atome sind dies jeweils 3 (C3–C5), 3 (C7–C9) und 2 (C16–C17) Konfigurationen. Diese 8 Konfigurationen sind in Abb. 4 zusammengestellt worden. Das (nicht gezeichnete) zentrale B-Atom befindet sich dabei in der Mitte der gezeichneten Würfel, die 12 nächstbenachbarten Gitterplätze liegen dann auf den 12 Kantenmitten. Bei 5 und mehr A-Atomen

Tabelle 5. Häufigkeiten in % (*oben*) und Verstärkungsfaktoren (*unten*) verschiedener Atomkonfigurationen von Minoratomen um ein Majoratom in nahgeordneten Mischkristallen. (E1 = Epperson 1979 nach Messungen von Moss 1964; E2 = Epperson et al. 1978; S1 = Schönfeld et al. 1994; S2 = Schönfeld 1993; W = Williams 1974)

Konfig.	Cu-Au 25% Au	Ni-Cr 19.9% Cr	Cu-Al 16.0% Al	Cu-Al 14.76% Al	Cu-Al 9.13% Al	Ni-Al 8.9% Al
α_1/α_{min}	0.59	0.49	0,86	0,99	1.08	0.66
C7	9.0	4.1	8.6	7.6	2.05	1.5
C8	-	10.1	14.8	15.0	3.23	2.0
C9	2.1	3.2	4.1	4.3	0.63	-
C16	8.2	0.6	2.1	0.88	0.15	0.1
C17	6.5	1.8	4.0	1.67	0.14	0.1
C7	6.4	3.2	8.4	8.3	5.3	4.1
C8	-	3.9	7.2	8.2	4.2	2.7
C9	2.2	3.7	6.0	7.1	2.5	-
C16	68.3	7.5	43	22.2	15.5	11.2
C17	28.2	11.3	41	21.0	7.2	5.6
Autoren	E1	S1	W	E2	E2	S2

zeigen alle Konfigurationen mindestens einen A-A-Nachbarn. Von den genannten 8 Konfigurationen ohne A-A-Nachbar entsprechen C3, C4, C7 und C16 Atomanordnungen der ferngeordneten Struktur Cu_3Au, in der die Minoratome zweit- und viertnächste Nachbarn sind. Die anderen Konfigurationen enthalten auch drittnächste A-A-Nachbarn.

Von den Modellkristallen kann nun leicht die Häufigkeitsverteilung H(k) der Koordinationen Ck angegeben werden. Diese wird dann häufig mit der entsprechenden Verteilung $H_o(k)$ im regellosen Mischkristall verglichen, die gegeben ist durch (Parameter s. Tabelle 4):

$$H_o(k) = M c_A^n c_B^{12-n}. \tag{15}$$

Aus dem jeweiligen Verhältnis kann dann ein Verstärkungsfaktor $V(k) = H(k)/H_o(k)$ ermittelt werden, der für die oben erwähnten 8 Konfigurationen $V > 1$, sonst jedoch $V < 1$ ist. Als Beispiel sind in Tabelle 5 für verschiedene Konfigurationen die Häufigkeiten H(k) und die Verstärkungsfaktoren V(k) von einigen Legierungen aufgelistet, wobei als Reihenfolge die Legierungskonzentration c_A gewählt wurde. Als Maß für den Nahordnungsgrad ist noch das Verhältnis α_1/α_{min} angegeben, das für die einzelnen Legierungen sehr unterschiedlich ist (der Wert 1.08 zeigt die Ungenauigkeit der Analyse, denn 1.0 ist das Maximum). Sieht man sich die Verstärkungsfaktoren an, so nehmen sie sowohl mit steigendem α_1/α_{min} als auch mit steigendem c_A zu. So zeigt beispielsweise Ni-Cr trotz der relativ hohen Konzentration c_A wegen des niedrigen Verhältnisses α_1/α_{min} relativ kleine Häufigkeiten H und Verstärkungsfaktoren V. Von den beiden 4er-Konfigurationen C16 und C17 wird die zur Fernordnung Cu_3Au gehörende C16 deutlich bevorzugt bei Cu-Au und Ni-Al, etwas weniger bei Cu-Al und noch weniger bei Ni-Cr.

Die Bestimmung von Paarwechselwirkungsenergien V_i

Eine völlig andere Methode, die Nahordnung zu studieren, ist ihre Beschreibung über den Einfluß von Paarwechselwirkungsenergien V_i auf das thermodynamische Gleichgewicht der Atomverteilung. Dies war die ursprüngliche Anwendung von Monte-Carlo-Methoden auf Modellmischkristalle. Als Eingangsparameter diente neben der Temperatur ein Satz von Energien V_i, wobei man sich meist auf die ersten beiden beschränkte. Die Paarwechselwirkungsenergie V_i der i-ten Koordinationsschale ist dabei definiert als

$$V_i = (V_i^{AA} + V_i^{BB} - 2V_i^{AB})/2. \tag{16}$$

Wird jetzt in einem gegebenen Modellmischkristall je ein beliebiges A- und B-Atom ausgetauscht, so ändert sich dabei für die i-te Nachbarschaftsschale die Zahl der AA-Paare um $\Delta N_{i,k}$, wobei k eine laufende Nummer ist, die die Zahl der versuchten Platzwechsel zählt. Die Änderung der Zahl der anderen Paare A-B und B-B ist damit ebenfalls bestimmt, so daß sich beim k-ten Platzwechsel eine Energieänderung

$$\Delta H_k = 2 \sum_i \Delta N_{i,k} V_i \tag{17}$$

ergibt. Ob der Platztausch stattfindet oder nicht, entscheidet eine Wahrscheinlichkeit $p_k \leq 1$, die beispielsweise gegeben ist durch (k_B = Boltzmann-Konstante, T = absolute Temperatur)

$$p_k = \frac{\exp(-\Delta H_k/k_B T)}{1 + \exp(-\Delta H_k/k_B T)}, \tag{18}$$

und die im Computer erwürfelt wird. Je nach dem Ergebnis findet der Platztausch statt oder nicht. Nach einer sehr großen Zahl k_{max} von solchen Austauschversuchen hat sich die Zahl der A-A-Paare in der i-ten Schale insgeamt geändert um

$$\Delta N_i = \sum_k \Delta N_{i,k} p_k. \tag{19}$$

Wenn das thermodynamische Gleichgewicht erreicht ist, sollte bei nachfolgenden j_{max} Platzwechselversuchen für alle Koordinationsschalen i herauskommen:

$$\Delta N_i = \sum_j \Delta N_{i,j} p_j \approx 0, \quad \text{für } 1 \leq i \leq i_{max}. \tag{20}$$

Unter der Voraussetzung, daß die Mischkristalle, von denen die Nahordnungskoeffizienten experimentell ermittelt wurden, sich im thermodynamischen Gleichgewicht befanden, wurde nun eine Methode vorgeschlagen, die unbekannten Energieparameter V_i zu ermitteln (Gerold u. Kern 1987). Dazu wird ein erwürfelter Modellkristall mit den gegebenen α_i und die Gl. (20) verwendet, in der das Ungefährzeichen durch ein Gleichheitszeichen ersetzt wird. Die Größen $\Delta N_{i,j}$ werden durch virtuelle Platzwechsel in dem Modellkristall erhalten, die nur simuliert und nicht ausgeführt werden, da ja die dazu notwendigen Wahrscheinlichkeiten p_j, Gl. (18), nicht bekannt sind. Man erhält dann einen Gleichungssatz

$$\sum_{j=1}^{j_{max}} \Delta N_{i,j} \frac{\exp(-2 \sum_l \Delta N_{l,j} V_l/k_B T)}{1 + \exp(-2 \sum_l \Delta N_{l,j} V_l/k_B T)} = 0,$$

$$\text{für } 1 \leq i \leq i_{max}, \tag{21}$$

der zu lösen ist. Typischerweise werden Modellkristalle mit etwa 15000–35000 Gitterplätzen benutzt, die Zahl j_{max} an virtuellen Platzwechseln liegt bei 30000.

Diese Methode wurde von den Autoren auf mehrere α_i-Datensätze aus der Literatur angewandt. In einigen Fällen wurde die maximale Zahl i_{max} der zu bestimmenden V_i zwischen 2 und 8 variiert, um die Stabilität der Ergebnisse zu überprüfen. Es zeigte sich, daß $i_{max} \geq 4$ sein muß, um verläßliche V_i-Werte zu erhalten, die von der Wahl von i_{max} unabhängig sind. In der Zwischenzeit wurde die Metode von zahlreichen Autoren auf andere Legierungen angewandt. Auch dort zeigte sich, daß mindestens 4 Energieparameter V_i bestimmt werden müssen, um einen konstanten Datensatz zu bekommen (z. B. Schönfeld 1993). In Tabelle 6 sind für die ersten 4 Koordinationsschalen V_i/k-Werte (in Kelvin gemessen) von verschiedenen Legierungen zusammengestellt. Der Werteverlauf für Cu-Au und Ni-Al zeigt gewisse Ähnlichkeiten, in beiden Fällen existiert in der Legierung eine ferngeordnete Phase vom Typ Cu_3Au. Die nächsten beiden Legierungen Cu-Al und Ni-Cr haben beide deutlich andere und voneinander verschiedene Abhängigkeiten, die darauf schließen lassen, daß hier wohl andere Ordnungsstrukturen eine Rolle spielen. Das letzte Beispiel stellt eine Legierung mit Clusterbildung dar, bei der $\alpha_1 > 0$ und $V_1 < 0$ sind.

Tabelle 6. Mit der inversen Monte-Carlo-Methode (IMC) bestimmte Wechselwirkungsenergien V_i/k_B (in K) verschiedener Mischkristalle. (B = Bardhan u. Cohen 1976: Messungen bei 420 °C, nur α_i; E = Epperson et al. 1978: nur α_i, Daten von Tabelle 1, 250°C/c; G = Gerold u. Kern 1987: nur IMC; S1 = Schönfeld 1993; S2 = Schönfeld et al. 1994; W = Wagner et al. 1980: nur α_i)

Legierung	V_1/k_B	V_2/k_B	V_3/k_B	V_4/k_B	Autor
Cu-25% Au	144	-27	-190	-65	B/G
Ni-8.9% Al	369	-133	-58	-100	S1
Cu-14.7% Al	1130	290	180	120	E/G
Ni-20% Cr	449	-37	42	173	S2
Ni-41% Cu	-145	70	0	8	W/G

Untersuchung von feindispersen Ausscheidungen in übersättigten Mischkristallen

Einleitung

Im Anfang dieses Jahrhunderts entdeckte Wilm (1911) erstmals die Aushärtung von Leichtmetalllegierungen, wobei geeignete Wärmebehandlungen eine wesentliche Rolle spielen. Die damaligen metallographischen Untersuchungen mit dem Lichtmikroskop ergaben, daß sich der Zustand der Legierung bei der Aushärtung offenbar nicht änderte; es lag immer nur der gleiche einphasige Mischkristall vor. Bald erkannte man, daß nur solche Legierungen aushärtbar waren, bei denen im Zustandsdiagramm bei hoher Temperatur ein homogener Mischkristallbereich existierte, bei niedrigen Temperaturen dagegen ein Zweiphasengebiet. Durch Abschreckung von hohen Temperaturen auf Raumtemperatur erhält man dann einen instabilen, übersättigten Mischkristall, dessen Zustand sich offenbar sogar noch bei Raumtemperatur änderte und zur sog. Kaltaushärtung führte. Man vermutete eine Änderung der Atomverteilung in diesem Mischkristall und sprach von einphasiger Entmischung, die die Aushärtung bewirken sollte. Ein Beweis dafür konnte jedoch erst gegen Ende der 30er Jahre erbracht werden. Unabhängig voneinander gelang damals Guinier (1938) und Preston (1938) mit verschiedenen röntgenographischen Methoden der Nachweis dieser Entmischung, und die entstehenden Gebilde nannte man Guinier-Preston-Zonen (abgekürzt G.P.-Zonen). Ein wesentlicher Gesichtspunkt ist, daß diese Zonen die gleiche Gitterstruktur besitzen mußten wie die umgebende Matrix. Viel später entdeckte man, daß diese G.P.-Zonen sich wie metastabile, feindisperse Ausscheidungen verhalten, die sich nach thermodynamischen Gesichtspunkten bilden. Es konnten sogar die zugehörigen metastabilen Mischungslücken quantitativ bestimmt werden (Gerold 1961a), wobei noch zu besprechende röntgenographische Methoden eine Rolle spielen. Feindisperse Ausscheidungen mit Teilchengrößen unterhalb 10 nm (die wesentliche Voraussetzung für eine Aushärtung) können nur dann entstehen, wenn die zugehörige Grenzflächenenergie klein ist; das ist bei kohärenten Ausscheidungen der Fall, die die gleiche Gitterstruktur besitzen wie der übersättigte Mischkristall, allenfalls nur eine etwas andere Gitterkonstante.

Die Struktur der Guinier-Preston-Zonen in Al-Cu

Die erste Entdeckung von Entmischungsvorgängen in übersättigten Mischkristallen fand an Einkristallen der Al-reichen Legierung Al-Cu statt, in der bei hohen Temperaturen bis zu 2 At.% Cu in Lösung gehen. Schreckt man eine entsprechende Legierung von ca. 550°C in Wasser ab, so härtet diese anschließend bei Raumtemperatur über mehrere Tage aus. Entsprechende Einkristalle wurden unabhängig voneinander von Guinier und von Preston untersucht.
Durch die Entmischung verschiebt sich die ursprünglich diffuse Intensitätsverteilung des übersättigten Mischkristalls in Richtung zum Primärstrahl und zu den Bragg-Reflexen, wobei die dortige lokale Intensitätsverteilung wiederum von der Form der entstehenden Entmischungszonen abhängt. So ergeben flächenhafte Ansammlungen eindimensionale Intensitätsstreifen im reziproken Gitter, die senkrecht zu den Flächen liegen. Kugelförmige Ausscheidung zeigen dagegen auch eine kugelförmige Verteilung um den Primärstrahl oder die Bragg-Reflexe (Abb. 5).
Preston (1938) benutzte eine Röntgenröhre mit Cu-Anode sowie drahtförmige Einkristalle, die er um eine [100]- oder [110]-Achse oszillieren ließ. Zusätzlich machte er auch noch Laue-Aufnahmen mit weißem Röntgenlicht. Mit beiden Aufnahmetechniken beobachtete er zusätzlich zu den Bragg-Reflexen noch Intensitätsstreifen auf seinen Filmen, die in ⟨100⟩-Zonen lagen und die mit flächenhaften Anordnungen von Cu-Atomen in {100}-Ebenen in Zusammenhang gebracht werden konnten.

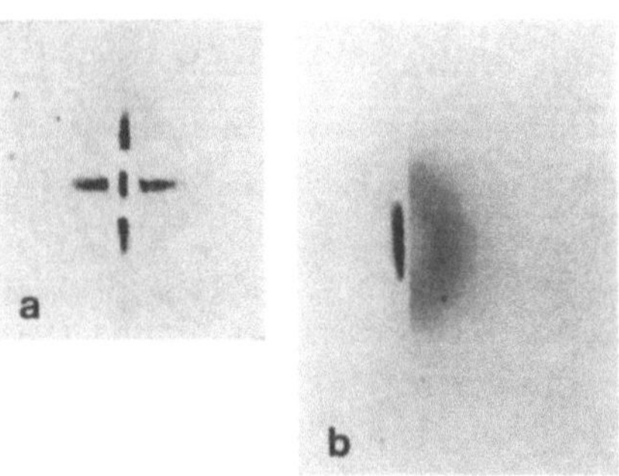

Abb. 5a, b. Kleinwinkelstreuung (CuK_α-Strahlung) von (**a**) einem in [100]-Richtung durchstrahlten Al-Cu-Einkristall, der G.P.I-Zonen enthält (Nach Guinier; die Intensitätsstreifen reichen bis etwa 10°); (**b**) einer vielkristallinen Al-Ag-Legierung mit kugelförmigen G.P.-Zonen (Nach Gerold; das Maximum des Intensitätsrings liegt bei etwa 1°). (Aus Glocker 1971)

Guinier (1938) wendete dagegen erstmals eine völlig neue Methode an, die ihn schließlich berühmt machte: die Röntgenkleinwinkelstreuung. Er untersuchte dünne einkristalline Scheiben mit monochromatischer CuK_α-Strahlung, wobei er sein Augenmerk auf den Bereich kleiner Streuwinkel richtete. Er fand mit seinen Untersuchungen ebenfalls Intensitätsstreifen auf seinen Filmen, die vom Primärstrahl ausgingen und in ⟨100⟩-Richtungen lagen. Die Abb. 5a zeigt eine Aufnahme der Kleinwinkelstreuung eines Al-Cu-Einkristalls mit Einstrahlrichtung [100]. Man sieht die symmetrischen Streifen ($0h_20$) und ($00h_3$). Nach einer Auslagerung zwischen 100 und 200°C verschwinden diese Streifen und machen (durch Gitterverzerrungen verschobenen) Überstrukturreflexen Platz. Die zugehörigen Gebilde werden G.P.II-Zonen genannt zur Unterscheidung von den vorhergehenden Zonen, die den Namen G.P.I-Zonen haben. In diesem Bericht soll ausschließlich auf die G.P.I-Zonen eingegangen werden.

In späteren Jahren wurden die röntgenographischen Aufnahmetechniken immer mehr verbessert, wozu in den 50er Jahren auch die Verwendung eines einfach gekrümmten Quarzmonochromators mit exakter Fokussierung gehörte. Diese Fokussierung wird nach dem Johansson-Prinzip dadurch erreicht, daß das Kristallplättchen zunächst mit einem Radius 2R angeschliffen und anschließend mit dem gleichen Radius elastisch gebogen wird. Mit dieser Geometrie liegt es mit seiner Oberfläche exakt auf dem Umfang eines Fokussierungskreises mit dem Radius R. Wenn der punktförmige (oder senkrecht zur Kreisebene liegende strichförmige) Brennfleck der Röntgenröhre ebenfalls auf dem Kreisumfang liegt, so wird die von ihm ausgehende divergente Strahlung am Monochromatorkristall zu einem konvergenten monochromatischen Primärstrahl reflektiert, der in einem Punkt (bzw. senkrechten Linie) auf dem Kreisumfang exakt fokussiert ist. Solch ein Monochromator erlaubt im Gegensatz zu dem früher behandelten doppelt gekrümmten Kristallmonochromator (s. S. 430) in einer Dimension die exakte Messung von Intensitätskonzentrationen außerhalb der Bragg-Reflexe des Mischkristalls.

Weitere Untersuchungen an den G.P.I-Zonen ergaben, daß solche Streifen auch von den Bragg-Reflexen ausgehen, jedoch dort meist asymmetrisch sind. Sie gehen immer von den Reflexen in Richtung zu größeren Winkeln aus. Man war sich sehr bald bewußt, daß diese Asymmetrie mit Gitterverzerrungen zu tun haben mußte, doch versagten die Modelle die Übereinstimmung mit den Meßergebnissen. Hier konnte Gerold (1954) schließlich zeigen, daß in unmittelbarer Nähe der Reflexe zusätzliche Intensitätsmaxima auftraten, die offensichtlich auch zu dem Beugungsphänomen gehörten . Die Abb. 6 zeigt den qualitativen Intensitätsverlauf der Streifen in (00h), (20h) und (11h). Dabei ist auffallend, daß die Intensitätsmaxima an den Stellen h = 0 nicht auftreten, ein deutlicher Hinweis, daß es sich um die Wirkung von Gitterverzerrungen handelt. Dem Autor gelang es auch, ein befriedigendes Modell zu finden, das diese Streuung erklärt. Er postulierte als G.P.I-Zone eine monoatomare Schicht von Cu-Atomen (Durchmesser etwa 3–4 nm) in einer (002)-Netzebene, einem um 10% verringerten

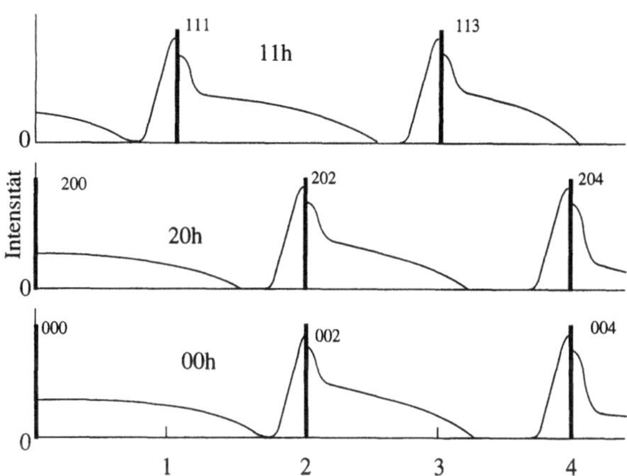

Abb. 6. Schematischer Verlauf der von G.P.I-Zonen erzeugten Intensitätsstreifen längs (00h), (20h) und (11h)

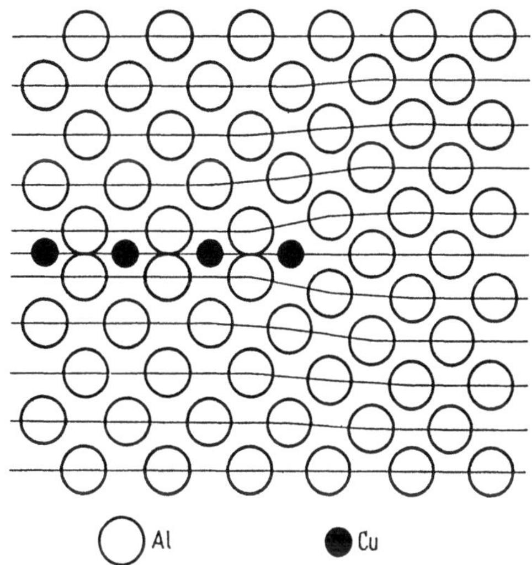

Abb. 7. Schnitt durch den Rand einer G.P.I-Zone. Ein Durchmesser der Zone von 3–4 nm entspricht im Schnittbild einer Reihe von 8–10 Cu-Atomen. (Aus Gerold 1961b)

Abstand der benachbarten Al-Ebene mit einem daraus folgenden weitreichenden Verzerrungsfeld über ±15 Netzebenen, das eine Reichweite von etwa ±3 nm entspricht. Dieses Modell ist in Abb. 7 zu sehen, wobei allerdings die Verzerrungen stark übertrieben sind und die Reichweite nicht so groß dargestellt ist.

Dieses Modell war über viele Jahre anerkannt, bis Auvray et al. (1981) Zweifel anmeldeten. Diese Autoren wendeten die ihnen sehr gut bekannte Methode der dreidimensionalen Untersuchung der diffusen Streuung von Mischkristallen an und benutzten die Auswertung nach Georgopoulos-Cohen (s. S. 434), um die Einflüsse von Nahordnung und Verzerrung zu trennen. Die Autoren kamen zu dem Schluß, daß etwa 20–25% der G.P.I-Zonen aus bis zu 5 unregelmäßigen Schichten bestehen. Dabei muß festgehalten werden, daß die Messungen in einem dreidimensionalen Bereich $1.8<|h|<5$ durchgeführt wurden mit einer Aussparung $|\Delta h|=0.3$ um die Bragg-Reflexe.

Unterstützung erhielten Auvray et al. durch die Ergebnisse anderer Forscher, die mit Hilfe der hochauflösenden Elektronenmikroskopie und der Feldionenmikroskopie zu den gleichen Schlußfolgerungen kamen. In diesem Zusammenhang wurde 35 Jahre nach seiner Dissertation (Gerold 1988) gebeten, mit den Ergebnissen verschiedener anderer Autoren einen „Viewpoint Set“ über sein Doktorthema zusammenzustellen. Darunter fand sich eine interessante Arbeit, die später ausführlich veröffentlicht wurde (Müller et al. 1989). Diese Autoren führten Messungen mit Neutronen durch, wobei sie ausschließlich die eindimensionale Intensitätsverteilung I(00h) it $0.175<h<6.9$ untersuchten. Dabei konnten sie zeigen, daß in diesem Fall eine Separation nach Borie-Sparks (und damit auch nach Georgopoulus-Cohen) nur dann zu sinnvollen Ergebnissen führt, wenn der Bereich $h<1$ bei der Separation mit berücksichtigt wird. Zu den gleichen Schlußfolgerungen waren vorher schon Bubeck u. Gerold (1986) aufgrund von Modellrechnungen gekommen. Das Ergebnis der Untersuchungen von Müller et al. liegt damit näher bei dem Modell von Gerold als bei dem von Auvray et al.

Die Anwendung der Kleinwinkelstreuung zum Studium feindisperser Ausscheidung

Die Kleinwinkelstreuung (KWS) ist eine ausgezeichnete Methode, um Ausscheidungsvorgänge in übersättigten Mischkristallen quantitativ zu studieren. Die Ergebnisse sind dabei um so genauer, je mehr die Teilchen kugelförmig sind. In diesem Fall können auch Polykristalle untersucht werden. Andererseits kann die Anisotropie der Teilchenform an Einkristallen gut nachgewiesen werden, da diese meist kristallographisch ausgerichtet sind. Bei diesen Untersuchungen spielt die Strahlengeometrie eine wesentliche Rolle. Die Theorie setzt für die Analyse einen punktförmigen Primärstrahl voraus, der die Probe durchstrahlt. Aus Intensitätsgründen wird jedoch häufig ein Strahl mit spaltförmigem Querschnitt benützt, wodurch die Form der Streukurve verfälscht (verschmiert) wird. Die Entschmierung kann mit Rechenprogrammen erfolgen, bei denen die genaue Geometrie des Strahlengangs eingeht. Sie setzt jedoch eine isotrope Streuung voraus. Wichtig ist auch die Vermeidung von Blendenstreuung. Hier wurde die Kratky-Kammer entwickelt, die den spaltförmigen Strahl zu einer Seite hin durch plane Flächen begrenzt (Kratky 1954). Bei einem punktförmigen Primärstrahl kann mit einem Flächendetektor die zweidimensionale Intensitätsverteilung aufgenommen werden.

Ein wesentlicher Punkt ist die Auflösung der verwendeten Kleinwinkelkammer, die durch den kleinstmöglichen Winkel ε_{min} und die Wellenlänge bestimmt wird. Typischerweise ist $\varepsilon_{min} \approx 0.0017$ ($=0.1°$), damit können bei Verwendung von CuK_α-Strahlung Teilchenradien bis zu maximal 10 nm bestimmt werden. Zur Messung der Teilchengröße wird die Guinier-Näherung verwendet, die für die kleinen Streuwinkel gilt. Sie beschreibt die Intensitätsverteilung mit der Formel

$$I(s) = I_o \exp\left[-(2\pi s R_g)^2/3\right], \quad \text{für } sR_g < 0.25. \tag{22}$$

Dabei ist $s = 2\sin\Theta/\lambda$ der schon mit Gl. (1) definierte Streuvektor, und R_g ist der Guinier- oder Streumassenradius, der für ein homogenes kugelförmiges Teilchen mit einem Radius R_s wie folgt zusammenhängt: $R_s^2 = 5/3 \cdot R_g^2$. Zur Auswertung wird ln(I) gegen s^2 aufgetragen. Bei einem hohen Volumenanteil der Teilchen ($v > 2\%$) ergeben sich durch die Interpartikelstreuung zu kleinen s-Werten hin eine deutliche Schwächung der Intensität I(s), so daß ein Maximum entsteht (Abb. 5b). Dadurch wird der Gültigkeitsbereich der Guinier-Näherung wesentlich eingeschränkt.

Die zweite wichtige Näherung ist das asymptotische Verhalten der Streukurve zu großen s-Werten, die Porod-Näherung. Danach fällt die Streuintensität bei Teilchen mit scharfen Grenzflächen mit $1/s^4$ ab.

Schließlich ist noch eine dritte Größe sehr wichtig, die allerdings eine absolute Intensitätsmessung (I_s) in atomaren Einheiten (a.u. = atomic units) verlangt, und das ist die Integralintensität der Kleinwinkelstreuung. Bei isotroper Streuung wird sie gegeben durch

$$Q_o = 4\pi \int s^2 I_s(s) ds. \tag{23}$$

Ein großer Anteil zu diesem Integral steckt im asymptotischen Bereich der Streukurve. Da gleichzeitig ein praktisch konstanter Streuuntergrund vorhanden ist (Reste von Mischkristallstreuung), der absepariert werden muß, dient die Porod-Näherung als einfache Möglichkeit, eine Separierung zum Streuuntergrund vorzunehmen und den Integralbeitrag zu noch größeren s-Werten hin mathematisch zu erfassen.
Diese Integralintensität ist nach der Beugungstheorie identisch mit der Größe

$$\begin{aligned} Q_o &= \frac{V_a}{V} \int (\langle \varrho^2 \rangle - \langle \varrho \rangle^2) dV, \\ &= V_a \, \nu(1-\nu)(\Delta\varrho)^2 \end{aligned} \tag{24}$$

Hierbei ist V_a das Atomvolumen und V das Integrationsvolumen. Die Streudichte ϱ kann mit $\bar{f}/V_a$ definiert werden, wobei $\bar{f}$ einem lokalen Mittelwert des atomaren Streufaktors entspricht. Besteht in einem binären Mischkristall der Zusammensetzung c_A eine Entmischung in 1. kleine Teilchen mit einer A-Konzentration c_p und in 2. eine umgebende verarmte Matrix mit der A-Konzentration c_m, so geht Gl. (24) über in

$$Q_o = (c_p - c_A)(c_A - c_m)(f_A - f_B)^2 / V_a. \tag{25}$$

Die KWS kann als ein Teil der monotonen Laue-Streuung betrachtet werden, der durch die Entmischung entstanden ist. Der andere Teil bleibt als diffuser Streuuntergrund der beiden Mischkristallanteile mit den A-Konzentrationen c_p und c_m bestehen.
Nimmt man an, daß nach hinreichend langer Auslagerung bei einer konstanten Temperatur die beiden unbekannten Konzentrationen c_m und c_p den Grenzen einer metastabilen Mischungslücke entsprechen, daß sie also unabhängig von der Zusammensetzung c_A der Legierung sind, so bietet Gl. (25) die Möglichkeit, durch die Messung von Q_o an mehreren Legierungen über eine Least-squares-Methode diese Konzentrationen zu berechnen (Gerold 1961a). Für Al-Zn konnten auf diese Weise die Grenzen bei Raumtemperatur angegeben werden: Eine spätere Neuberechnung berücksichtigte auch noch die Tatsache, daß die Gitterkonstante der kohärenten Ausscheidung etwas kleiner ist als die der Matrix. Dadurch ändern sich natürlich zusätzlich die in Gl. (24)

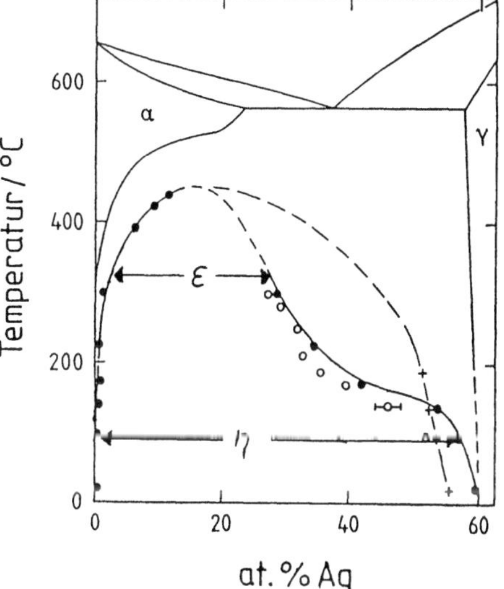

Abb. 8. Die metastabile Mischungslücke in Al-Ag im Bereich des stabilen Zweiphasenbereichs (α + γ). [● nach Baur u. Gerold 1962 (KWS); + nach Naudon u. Caisso 1974 (KWS); ○ nach Osamura et al. 1987 (FIM)]

eingehenden Streudichten und beeinflussen die Integralintensität (Gerold 1977).
Als Beispiel für die Bestimmung einer metastabilen Mischungslücke durch mehrere Arbeitsgruppen sind in Abb. 8 neben dem stabilen Zustandsdiagramm Al-Ag verschiedene metastabile Lücken aus der Literatur wiedergegeben. Die zunächst von Baur u. Gerold (1962) durch KWS bestimmte Mischungslücke zeigt deutlich 2 von der Temperatur abhängige, unterschiedliche Stadien ε und η, die sich auch in den mechanischen Eigenschaften deutlich voneinander unterscheiden. Sie wurde später von Osamura et al. (1987) durch Untersuchungen mit dem Feldionenmikroskop (FIM) in etwa bestätigt. Dem widersprechen jedoch die Ergebnisse von Naudon u. Caisso (1974), die bei ihren KWS-Untersuchungen für die Ausscheidungsteilchen eine von der Temperatur nahezu unabhängige Ag-Konzentration zwischen 50 und 55 At.% erhalten haben. Die Ursache für diese Diskrepanz ist bei der ε-Phase ein zusätzlicher Buckel in der Streukurve im Bereich der Porod-Asymptote, der von den Autoren unterschiedlich bewertet wurde und daher zu unterschiedlichen Ergebnissen führte. Daraufhin wurde der Fall noch einmal von Dubey et al. (1991) mit KWS genauer untersucht. Diese Autoren kommen zu dem Schluß, daß die Ag-Konzentration der Teilchen im ganzen Temperaturbereich bei etwa 71 At.% Ag liegt, daß die Ag-Atome jedoch bei höheren Temperaturen deutlich inhomogen verteilt sind. Um den Buckel zu erklären, müßte dort eine Segregation von Ag aus den

Zonen in die Grenzfläche stattgefunden haben. Eine daraufhin erfolgte Untersuchung mittels FIM durch Al-Kassab u. Haasen (1993) konnte dieses Ergebnis jedoch nicht bestätigen. Eine Segregation der Ag-Atome konnte nicht entdeckt werden. Bei einer mittleren Temperatur fanden die Autoren vielmehr ein Gemisch von Ausscheidungen mit 2 verschiedenen Ag-Konzentrationen von etwa 31 und 57 At.% vor, von dem sie annehmen, daß das Mengenverhältnis beider Teilchenarten deutlich temperaturabhängig ist.

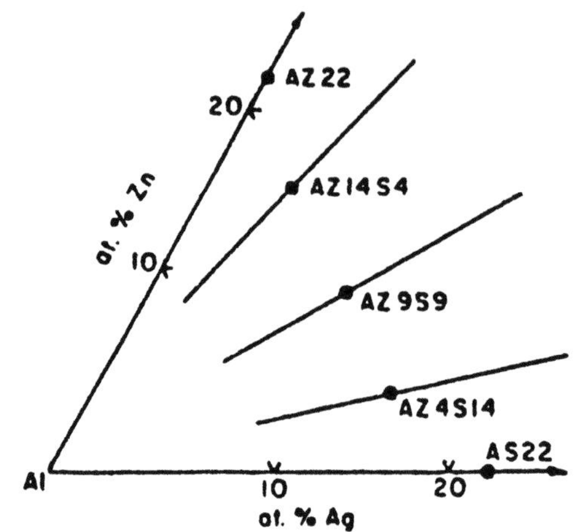

Abb. 9. Die Al-Ecke des Zustandsdiagramms Al-Zn-Ag mit den Geraden des Entmischungsverlaufs von 2 binären und 3 ternären Legierungen. (Nach Lyon et al. 1985)

Untersuchungen von Entmischungsvorgängen in ternären Mischkristallen

In ternären Mischkristallen sind im Vergleich zum binären Fall die Verhältnisse wesentlich komplizierter. Der Grund ist darin zu sehen, daß beispielsweise die Zahl der auf S. 430 diskutierten Paarwahrscheinlichkeiten wie P_i^{AA} (für ein bestimmtes i) von 4 auf 9 anwächst, während die Zahl der Beziehungen untereinander sich nur von 3 auf 6 erhöht, so daß statt einer jetzt 3 unabhängige Wahrscheinlichkeiten existieren. Für die Streukurve bedeutet dies, daß sich beispielsweise der Term I_{SRO} (oder die daraus sich abspaltende KWS) aus 3 unabhängigen sog. partiellen Strukturfunktionen (PSF) zusammensetzt, die für eine genauere Analyse zunächst separiert werden müssen (Lyon et al. 1985).

Bei Entmischungsvorgängen (A und C sind die zulegierten Komponenten) wird häufig angenommen, daß im ternären Zustandsdiagramm (das für jeweils eine Temperatur als Konzentrationsdreieck dargestellt wird, s. Abb. 9) die Entmischung längs einer Geraden verläuft, die durch den Konzentrationspunkt der Ausgangslegierung hindurchgeht, und die beispielsweise durch ihre Steigerung charakterisiert werden kann. Durch diese Zusatzbedingung reduziert sich für die resultierende KWS die Zahl der unabhängigen PSF wieder auf Eins. Wie im binären Fall benötigt man zur Bestimmung der Mischungslücke mehrere Legierungen, die jetzt jedoch längs der zunächst unbekannten Geraden im ternären Diagramm liegen müssen. Zur Bestimmung ihrer Steigerung benötigt man zusätzliche Messungen mit einer zweiten Strahlung, bei der das Verhältnis $\beta = (f_A - f_B)/(f_C - f_B)$ deutlich unterschiedlich ist. Erreicht werden kann dies beispielsweise durch zusätzliche Neutronen-KWS (Gerold 1977). Eine andere Alternative ist die Anwendung von Röntgenstrahlen in der Nähe der Absorptionskante einer der beteiligten zulegierten Komponenten. Wie Lyon et al. (1985) am Beispiel von Al-reichen Legierungen Al-Zn-Ag gezeigt haben, läßt sich die Steigung der Geraden durch Messung der Wellenlängenabhängigkeit der Streuintensität in der Nähe der Zn-K-Kante ein und derselben Probe ermitteln (Abb. 9).

Deutlich komplexere Verhältnisse findet man bei Mischkristallen in Legierungssystemen wie Cu-Ni-Fe (im Bereich 42 At.% Ni und 15 At.% Fe), deren Entmischungsvorgänge sich trotz der im Periodensystem dicht beieinander liegenden Legierungspartner durch intensive „Seitenbänder" zu Debye-Scherrer-Linien (DS) bemerkbar machen (Bradley 1940). Die quantitative Interpretation dieser Bänder ist sehr schwierig, da sie im wesentlichen durch weitreichende Gitterverzerrungen hervorgerufen werden, die im Zuge der Entmischung in Cu-reiche Bereiche mit größerer Gitterkonstante und Ni-Fe-reiche Bereiche mit kleinerer Gitterkonstante entstehen. Außerdem ist die Entmischung nicht isotrop, sondern zeigt Bevorzugung von ⟨100⟩-Richtungen (bei Einkristallen findet man Satellitenreflexe in diesen Richtungen). Bisher kann man mit hinreichender Genauigkeit nur eine Periodenlänge L der Entmischung angeben, die sich aus den (reziproken) Winkelabständen der Seitenbänder von den DS-Linien errechnen lassen.

Die Möglichkeiten der Synchrotronstrahlung erlauben es heute, trotz der engen Nachbarschaft von Cu, Ni und Fe im Periodensystem auch Untersuchungen im Kleinwinkelbereich vorzunehmen, wo Kontraste hauptsächlich durch die Unterschiede der Streuvermögen der verschiedenen Atomsorten entstehen und weniger durch Gitterverzerrungen. Durch die Verwendung von Röntgenstrahlen in der Nähe der K-Kanten von

Ni und Fe konnten Lyon u. Simon (1988) zeigen, daß die gemessene Streuung nicht den Kriterien einer quasi-binären Entmischung entspricht. Ihre Schlußfolgerungen sind, daß in der Ni-Fe-reichen Phase diese beiden Atomsorten nicht gleichmäßig verteilt sind, sondern vermutlich in die Grenzflächen segregieren.

Schlußbemerkungen

Die Ausführungen haben gezeigt, wie schwierig es ist, genaue quantitative Aussagen über die Atomanordnungen zu machen, sobald die idealen periodischen Strukturen verlassen werden. Immerhin kann man mit einiger Genauigkeit die Atomanordnung in binären nahgeordneten Mischkristallen durch Beugungsuntersuchungen mit Röntgenstrahlen feststellen und daraus Informationen über Häufigkeiten von Atomkonfigurationen erhalten. Die Bestimmung von Wechselwirkungsenergien zwischen den verschiedenen Atomsorten ist ebenfalls möglich. Sehr schwierig ist es dagegen, quantitative Informationen über die Gitterverzerrungen zu erhalten. Hier bietet die Anwendung von Synchrotronstrahlung neue und genauere Möglichkeiten, wenn die K-Kanten beider Legierungspartner im Bereich der auswählbaren Wellenlängen liegen. Das ist jedoch nur für eine begrenzte Anzahl von Legierungen möglich, die mit konventionellen Röntgenverfahren normalerweise nicht untersucht werden können, weil die Ordnungszahlen der Legierungspartner zu dicht beieinander liegen.
Bei Entmischungsvorgängen ist es möglich, mit der Methode der Röntgenkleinwinkelstreuung Informationen über Form und Größe feindisperser Ausscheidungen zu erhalten. Weitergehende Aussagen über die chemische Zusammensetzung von Ausscheidung und verarmter Mischkristallmatrix sind ebenfalls möglich, benötigen aber einen erheblich größeren Aufwand, da mehrere Legierungen untersucht werden müssen. Hier erlaubt die Synchrotronstrahlung für bestimmte Legierungen sogar einen Vorstoß in den ternären Legierungsbereich.

Danksagung. Der Autor möchte sich bei Herrn Dr. B. Schönfeld, Zürich, für die kritische Durchsicht des Manuskripts sowie für wesentliche sachliche Hinweise bedanken.

Literatur

Zeitschriften

Al-Kassab T, Haasen P (1993) Early stages of precipitation in dilute Al-Ag alloys. Z Metallk 84:248–250

Auvray X, Georgopoulos P, Cohen JB (1981) The structure of G.P.I-zones in al-1.7 At.% Cu. Acta Metall 29:1061–1075

Bardhan P, Cohen JB (1976) A structural study of the alloy Cu_3Au above its critical temperature. Acta Cryst A 32:597–614

Baur R, Gerold V (1962) The existence of a metastable miscibility gap in aluminum-silver alloys. Acta Metall 10:637–645

Borie BS, Sparks CJ (1964) The short-range structure of copper - 16 At.% aluminum. Acta Cryst 17:827–835

Borie B, Sparks CJ (1971) The interpretation of intensity distributions from disordered binary alloys. Acta Crystal A 27:198–201

Bradley AJ (1940) X-ray evicence of intermediate stages during precipitation from solid solution. Proc Phys Soc 52:80–86

Bubeck E, Gerold V (1986) On the limitations of the Borie-Sparks method to determine short-range-order coefficients from diffraction experiments. J Appl Cryst 19:164–167

Clapp PC (1971) Atomic configurations in binary alloys. Phys Rev 4B:255–270

Cowley JM (1950) X-ray measurements of order in single crystals of Cu_3Au. J Appl Phys 21:24–30

Dubey PhA, Schönfeld B, Kostorz G (1991) Shape and internal structure of Guinier-Preston zones in Al-Ag. Acta Metall Mater 39:1161–1170

Epperson JE (1979) Determination of local atomic configurations for binary substitutional alloys. J Appl Cryst 12:351–356

Epperson JE, Fürnrohr P, Oritz C (1978) The short-range-order structure of α-phase Cu-Al alloys. Acta Cryst A 34:667–681

Flinn PA, Averbach BL, Cohen M (1953) Local atomic arrangements in gold-nickel alloys. Acta Metall 1:664–673

Gehlen PC, Cohen JB (1965) Computer simulation of the structure associated with local order in alloys. Phys Rev 139 A:844–854

Georgopoulous P, Cohen JB (1977) The determination of short range order and local atomic displacements in disordered binary solid solutions. J Physique Coll 38:C7-191–C7-196

Gerold V (1954) Über die Struktur der bei der Aushärtung einer Aluminium-Kupfer-Legierung auftretenden Zustände. Z Metall 45:599–607

Gerold V (1961a) Die Zonenbildung im Aluminium-Zink-Legierungen. Phys Stat Sol 1:37–49

Gerold V (1961b) Röntgenographische Untersuchungen von Gitterstörungen in Mischkristallen. Ergeb Exakt Naturwiss 33:105–174

Gerold V (1977) On the determination of the metastable miscibility gap in ternary alloys from small-angle measurements. I. Theoretical background. J Appl Phys 10:25–27

Gerold V, Kern J (1987) The determination of atomic interaction energies in solid solutions from short range order coefficients – An inverse Monte-Carlo method. Acta Metall 35:393–399

Glocker R (1971) Materialprüfung mit Röntgenstrahlen unter besonderer Berücksichtigung der Röntgenmetallkunde. Springer, Berlin Heidelberg New York

Gragg JE, Cohen JB (1971) The structure of Guinier-Preston zones in aluminum-5 at.% silver. Acta Metall 19:507–519

Guinier A (1938) Un nouveau type de diagrammes de rayons X. Compt Rend 206:1641–1643

Ice GE, Sparks CJ, Haberschuß A, Shaffer LB (1992) Anomalous X-ray scattering measurement of near-neighbor individual pair displacements and chemical order in $Fe_{22.5}Ni_{77.5}$. Phys Rev Lett 68:863–866

Kratky O (1954) Neues Verfahren zur Herstellung von blendenfreien Röntgen-Kleinwinkelaufnahmen. Z Elektrochem 58:49–53

Laue M von (1918) Röntgenstrahlinterferenz und Mischkristalle. Ann Phys 56:497–506

Laue M von (1941) Röntgenstrahl-Interferenzen. Akademische Verlagsgesellschaft, Leipzig

Lyon O, Hoyt JJ, Pro R, Davis BEC, Clark B, de Fontaine D, Simon JP (1985) Anomalous small-angle scattering on Al-Zn and Al-Zn-Ag alloys. J Appl Cryst 18:480–486

Lyon O, Simon JP (1988) An Analysis of the partial structure functions in unmixed Cu-Ni-Fe alloys studied by anomalous small-angle X-ray scattering. J Phys F Met Phys 18:1787–1799

Müller PP, Schönfeld B, Kostorz G, Bührer W (1989) Guinier-Preston I zones in Al-1.75at% Cu single crystals. Acta Metall 37:2125–2132

Naudon A, Caisso J (1974) Etude de la lacune de miscibilité métastable et de la structure cristallographique des zones G.P. dans les alliages aluminium-argent. J Appl Cryst 7:25–36

Osamura K, Nakamura T, Kobayashi A, Hashizume T, Sakurai T (1987) Chemical composition of G.P. zones in Al-Ag alloys. Scripta Metall 21:255–258

Preston GD (1938) The diffraction of X-rays by age-hardening aluminium-copper alloys. Proc Roy Soc A 167:526–538

Schönfeld B (1993) Local atomic ararrangements in binary alloys. Habilitationsschrift, Eidgenössische Technische Hochschule (ETH) Zürich, Schweiz

Schönfeld B, Reinhard L, Kostorz G (1988) Short range order and atomic displacements in Ni-20 at.% Cr single crystals. Phys Stat Sol (b) 148:457–471

Schönfeld B, Ice GE, Sparks CJ, Haubold H-G, Schweika W, Schaffer LB (1994) X-ray study of diffuse scattering in Ni-20 at.% Cr. Phys Stat Sol (submitted)

Warren BE (1954) Monochromatic X-rays for single crystal diffuse scattering. J Appl Phys 25:814–815

Warren BE, Averbach BL, Roberts BW (1951) Atomic size effect in the X-ray scattering of alloys. J Appl Phys 22:1493–1496

Wilchinsky ZW (1944) X-ray measurement of order in the alloy Cu_3Au. J Appl Phys 15:806–812

Williams RO (1972) A computer program for the reduction of diffuse X-ray data from solid solutions. Report ORNL-4828, Oak Ridge National Laboratory, Oak Ridge, Tennessee, USA

Williams RO (1974) Short range order structure in a copper 16 atomic percent aluminium alloy. Metall Trans 5:1843–1850

Williams RO (1976) A computer program for the simulation of solid solutions. Report ORNL-5140, Oak Ridge, Tennessee

Wilm A (1911) Physikalisch-metallurgische Untersuchungen über magnesiumhaltige Aluminiumlegierungen. Metallurgie 8:225–227

Monographien

Guinier A (1963) X-ray diffraction in crystals, imperfect crystals and amorphous bodies. Freeman, San Francisco London

Guinier A, Fournét G (1955) Small-angle scattering of X-rays. Wiley, New York

Schwartz LH, Cohen JB (1987) Diffraction from materials. Springer, Berlin Heidelberg New York Tokyo

Röntgenbeugung an nichtkristallinen Metallen und Legierungen

Siegfried Steeb und Peter Lamparter

Einleitung

Zur Herstellung metallischer Legierungen werden mehrere Metalle, d. h. mehrere Elemente, zu einer Legierungsschmelze zusammengeschmolzen. Erstarrt eine Legierungsschmelze relativ langsam z. B. in einer Gußform, dann wird normalerweise die feste Legierung in kristalliner Form vorliegen. Wird die Schmelze sehr rasch abgeschreckt, kann die feste Legierung amorph oder glasartig sein. Der Vergleich von magnetischen bzw. mechanischen Eigenschaften derselben Legierungskomposition, jedoch einmal in der kristallinen und einmal in der amorphen Modifikation, fällt i. allg. für den amorphen Zustand sehr günstig aus. Amorphe Legierungen enthalten keine Korngrenzen, sie besitzen hohe Härte, hohe Zugfestigkeit und hohe Korrosionsbeständigkeit. Aufnahme- und Wiedergabeköpfe von Videogeräten sowie Videobänder beispielsweise bestehen praktisch immer aus amorphem Material (vgl. Steeb et al. 1990).

Abgesehen von Beugungsuntersuchungen des gasförmigen Zustands wurde über die erste Untersuchung an einem flüssigen Metall nämlich an flüssigem Quecksilber, von Debye u. Menke (1930) berichtet. Weiterführende Angaben über die ersten Schritte auf diesem Gebiet finden sich bei Ewald (1933). Im vorliegenden Artikel seien zunächst die wichtigsten physikalischen Grundlagen skizziert und dann anhand ausgewählter Beispiele aufgezeigt, zu welchen Ergebnissen und Einsichten die Methode der Röntgenbeugung und der Röntgenstrahlabsorption auf diesem Gebiet geführt hat.

Es wird schließlich auch deutlich werden, daß der eigentliche Durchbruch zum Verständnis des Aufbaus nichtkristalliner Materie mit Röntgenstrahlung allein nicht möglich ist, sondern nur durch Kombination der Röntgenbeugung mit der Beugung anderer Strahlenarten, wobei hauptsächlich die Neutronenstrahlen zu nennen sind.

Physikalische Grundlagen

Bei einem Beugungsexperiment, wie es in Abb. 1 schematisch dargestellt ist, bewegt sich ein Zählrohr auf einem Kreis um die im Mittelpunkt angeordnete Probe, welche von einem primären Röntgenstrahl durchdrungen wird. Dabei wird die gemessene Intensität in Abhängigkeit vom Winkel 2Θ registriert. Eine Intensitätskurve ist dann die Darstellung der auf verschiedene Störeinflüsse korrigierten und geeichten gemessenen Intensität über der Größe

$$Q = \frac{4\pi}{\lambda} \sin \Theta, \quad (1)$$

λ = Wellenlänge der Röntgenstrahlung.
2Θ = Winkel zwischen Primärstrahl und Zählrohrarm.

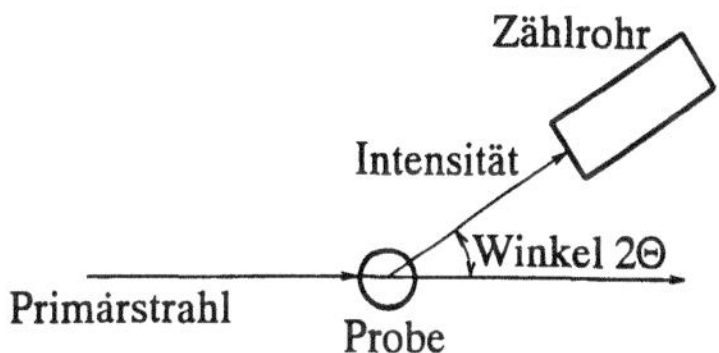

Abb. 1. Schematische Darstellung eines Beugungsexperimentes

Um das Beugungsbild rechnerisch nachbilden zu können, teilt man die gesamte Probe in Atompaare auf, berechnet für alle diese Paare das jeweilige Interferenzmuster und überlagert alle diese Muster. Auf diese Weise erhält man eine Beziehung für die Intensitätsverteilung. In diese geht die sog. Anzahldichte ein, also die Zahl der Atome pro Volumenelement, die von Ort zu Ort verschieden ist. Damit hängt die Intensität ab von dieser atomaren Anzahldichte $\rho(R)$, die durch eine sog. Fourier-Transformation aus der Intensität berechnet werden kann (Abb. 2).

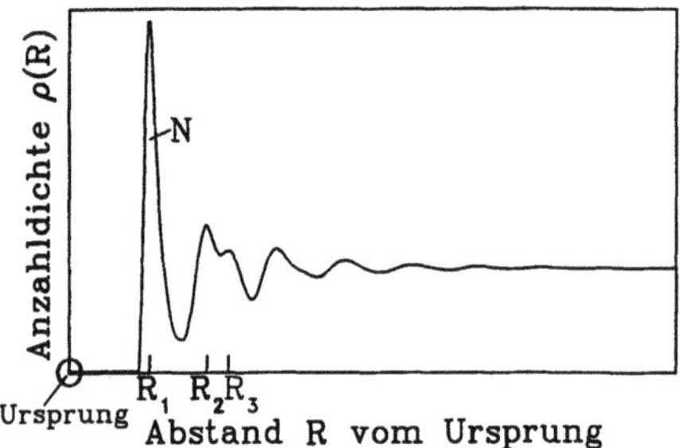

Abb. 2. Atomare Anzahldichte $\rho(R)$

Eine derartige Kurve wird folgendermaßen interpretiert: Ein im Ursprung gelegenes Atom hat im Abstand R_1 eine bestimmte Anzahl N nächster Nachbarn, und bei R_2 entsprechend die übernächsten Nachbarn. Jeweils die Fläche unter einem Maximum ist ein Maß für die Anzahl der dort befindlichen Nachbarn.

Atomare Nahordnung mittels Weitwinkelstreuung

Schmelzen

Elementschmelzen

Die an geschmolzenen Metallen erhaltenen Ergebnisse sind zusammengefaßt und diskutiert bei Richter u. Breitling (1966), Steeb (1968) sowie Lamparter u. Steeb (1993). In Abb. 3 sind für 26 Elementschmelzen die Zahl nächster Nachbarn (oben) und das Verhältnis des Abstandes R^{II} übernächster Nachbarn zum Abstand R^{I} nächster Nachbarn (unten) dargestellt. Das Verhältnis R^{II}/R^{I} beträgt im Durchschnitt etwa 1,9, die Zahl nächster Nachbarn liegt bei etwa 10. Metalle, die im festen Zustand eine kleine Koordinationszahl haben, vergrößern diese beim Aufschmelzen, und bei Metallen mit großer Koordinationszahl im festen Zustand wird diese beim Aufschmelzen kleiner.

Legierungsschmelzen

Aufgrund thermodynamischer Überlegungen hat Sauerwald (1944, 1950) gezeigt, daß binäre Schmelzen in eine von drei Gruppen eingeteilt werden können, nämlich die Gruppen der Verbindungsschmelzen, der Löslichkeitsschmelzen und der Entmischungsschmelzen.

Aus Abb. 4 geht hervor, daß sich diese Gruppeneinteilung in der Konzentrationsabhängigkeit der totalen Koordinationszahl widerspiegelt. Trägt man entsprechend Abb. 4 die gemessene Zahl nächster Nachbarn über der Konzentration auf, dann ergibt sich für Schmelzen mit statistischer Verteilung der Atome beider Sorten umeinander (Löslichkeitsschmelzen, L-Typ) eine Gerade. Die entsprechende Kurve für Verbindungsschmelzen (V-Typ) liegt darunter, diejenige für Entmischungsschmelzen (E-Typ) darüber.

Aus dem System Magnesium-Zinn sind in Abb. 5 die an 10 verschiedenen Schmelzen erhaltenen Strukturfaktoren aufgetragen. Dieser Struktur-

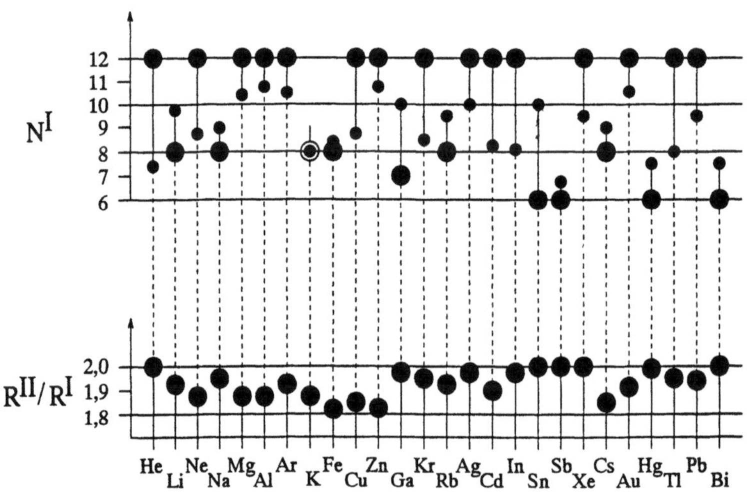

Abb. 3. Verhältnis R^{II}/R^{I} und Zahl nächster Nachbarn N^{I} bei unlegierten Metallschmelzen. (*Oben*) Die Punkte mit großem Durchmesser bedeuten die im festen Zustand, die Punkte mit kleinem Durchmesser die in der Schmelze vorliegende Zahl N^{I}. Bezüglich Sb und Bi ist anzumerken, daß die Angabe der Koordinationszahl 6 sich folgendermaßen ergibt: Sb hat je 3 Atome bei 2,87 und 3,37 Å, Bi bei 3,10 und 3,47 Å. (Nach Steeb 1968)

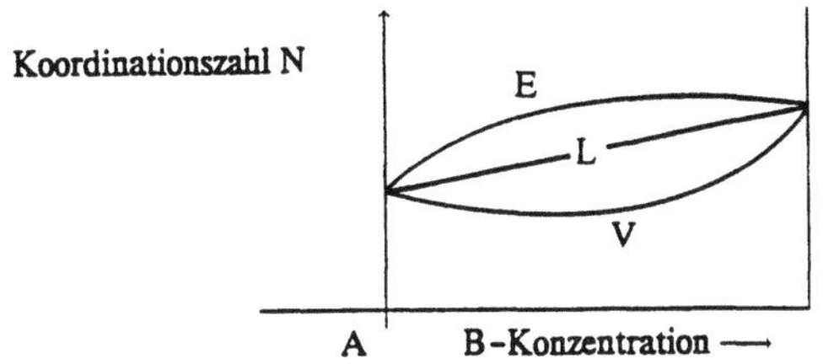

Abb. 4. Konzentrationsabhängigkeit der totalen Koordinationszahl. (Steeb u. Hezel 1966)

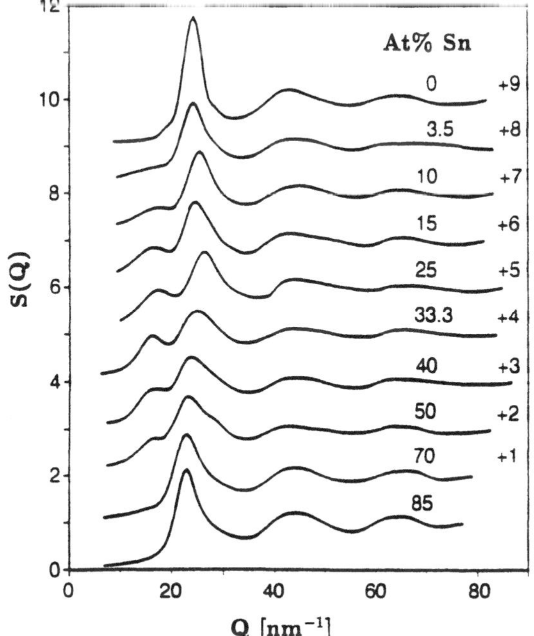

Abb. 5. Magnesium-Zinn-Schmelzen; Röntgenbeugung. Totale Strukturfaktoren. (Steeb u.Entress 1966)

faktor S(Q) folgt aus der experimentell ermittelten, kohärent gestreuten Intensität $I_{koh}(Q)$ entsprechend Gl. (2):

$$S(Q) = \frac{I_{koh}(Q) - c_A c_B (b_A - b_B)^2}{(c_A b_A + c_B b_B)^2}, \qquad (2)$$

Q $= (4\pi/\lambda) \sin \Theta$,
λ = Wellenlänge,
2Θ = Streuwinkel,
c_A, c_B = atomare Konzentration,
b_A, b_B = Streulänge.

Die oberste Kurve wurde an geschmolzenem Magnesium erhalten und zeigt den charakteristischen Verlauf einer sog. Schmelzkurve.

Im mittleren Konzentrationsbereich sind die Maxima weniger deutlich ausgeprägt. An diesen Kurven wurde erstmals bei Q-Werten von etwa $15\,nm^{-1}$ ein sog. Vormaximum beobachtet, für das wir den Namen Prepeak geprägt haben und das direkt anzeigt, daß es sich hier um Schmelzen mit starker Verbindungstendenz handelt.

In Abb. 6 wird die Konzentrationsabhängigkeit des Abstandes R^I nächster Nachbarn, der Anzahl N^I nächster Nachbarn, des spezifischen elektrischen Widerstandes ϱ_{el}, der Viskosität η und der Mischungswärme ΔH sowie das Zustandsdiagramm Mg-Sn dargestellt. Bei der Konzentration der intermetallischen Verbindung Mg_2Sn zeigt sich immer ein Maximum oder Minimum, und wir erinnern daran (vgl. Abb. 4), daß ein durchhängender Verlauf bei der Koordinationszahl Verbindungsbildung anzeigt. Der hohe spezifische elektrische Widerstand bei der Konzentration von 33 At. % Zinn bedeutet, daß offenbar die Elektronen nicht mehr zur Stromleitung zur Verfügung stehen, sondern für die chemische Bindung gebraucht werden.

Eine Zusammenstellung der mit Röntgenbeugung erarbeiteten Legierungssysteme findet sich bei Steeb (1969).

Die Ergebnisse, welche mit Röntgenstrahlen zu erhalten sind, können noch erweitert werden durch weitere Experimente mit anderen Strahlenarten, hier speziell mit Neutronen. Um die nächste Nachbarschaft der beiden Sorten A bzw. B beschreiben zu können, benötigt man die 3 partiellen Koordinationszahlen N_{AA}, N_{BB} und N_{BA} sowie die 3 atomaren Abstände R_{AA}, R_{BB} und R_{BA}.

Bezugsatom A

N_{AA} = Zahl von A-Nachbarn um das A-Atom
R_{AA} = Abstand der A-Nachbarn vom A-Atom
N_{AB} = Zahl von B-Nachbarn um das A-Atom
R_{AB} = Abstand der B-Nachbarn vom A-Atom

Bezugsatom B

N_{BB} = Zahl von B-Nachbarn um das B-Atom
R_{BB} = Abstand der B-Nachbarn vom B-Atom
N_{BA} = Zahl von A-Nachbarn um das B-Atom
R_{BA} = Abstand der A-Nachbarn vom B-Atom

Es handelt sich hierbei um sog. partielle Größen. Für die partielle Koordinationszahlen N_{AB} und N_{BA} gilt der Zusammenhang:

$$N_{AB} = \frac{c_B}{c_A} N_{BA}. \qquad (3)$$

Wir interessieren uns somit jetzt nicht mehr wie oben für die totale atomare Anzahldichte ϱ_{tot}, sondern vielmehr für die partiellen Dichten

$\varrho_{AA}(R)$, $\varrho_{BB}(R)$ und $\varrho_{BA}(R)$.

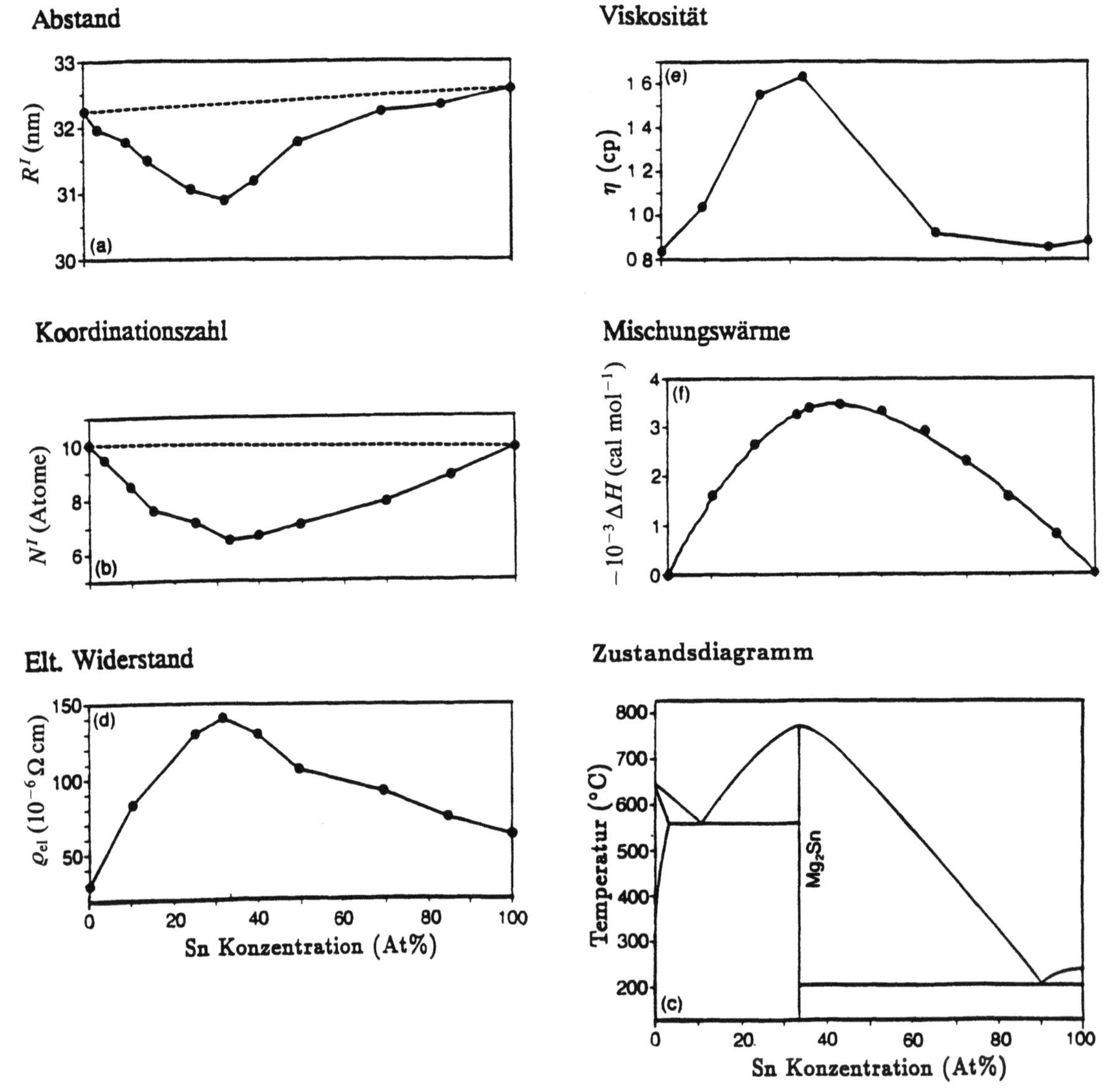

Abb. 6. Mg-Sn-Schmelzen. Konzentrationsabhängigkeit verschiedener physikalischer Größen. (Nach Steeb u. Entress 1966)

Für die Zerlegung von ϱ_{tot} gilt:

$$\varrho_{tot}(R) = \frac{c_A b_A^2}{\langle b \rangle^2}\,\varrho_{AA} + \frac{c_B b_B^2}{\langle b \rangle^2}\,\varrho_{BB} + \frac{2 c_B b_A b_B}{\langle b \rangle^2}\,\varrho_{BA}. \quad (4)$$

$\varrho_{AA}(R)$ gibt an jedem Ort R an, wieviele Atome der Sorte A sich dort in einem kleinen Volumenelement befinden, wenn bei $R=0$ ebenfalls ein A-Atom liegt. ϱ_{BA} gibt entsprechend an jedem Ort an, wieviele Atome der Sorte A sich dort in einem kleinen Volumenelement befinden, wenn bei $R=0$ ein B-Atom liegt. Bei der Ermittlung der partiellen Dichten haben wir jetzt das Problem, daß wir aus einer Gl. (4) 3 unbekannte Funktionen ermitteln sollen, und das geht nicht. Jedoch können wir uns überlegen, ob es nicht möglich ist, durch geeignete Vorbereitung des Experimentes 3 totale Funktionen ϱ_{tot}^{I}, ϱ_{tot}^{II} und ϱ_{tot}^{III} zu ermitteln. Da wir eine bestimmte Legierung mit festgelegten Konzentrationen c_A und c_B untersuchen wollen, liegen diese Konzentrationswerte fest und man kann deshalb nur an den b-Werten etwas ändern. Diese b-Werte sind die sog. Streulängen.

Aus Abb. 7 ist zu entnehmen, daß der Streuquerschnitt $4\pi b^2$ die Oberfläche des streuenden Teilchens darstellt und daß die Streulänge b seinem effektiven Radius entspricht. Dringt ein Neutron oder ein Röntgenquant in den Streuquerschnitt ein, dann wird es gestreut.

Ein Element kann aus verschiedenen Isotopen bestehen. Diese unterscheiden sich durch die Zahl der in ihren Kernen enthaltenen Neutronen und

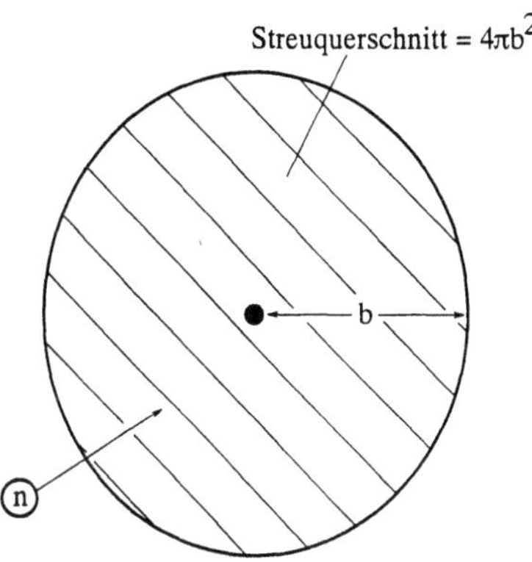

Abb. 7. Streulänge b und Streuquerschnitt $4\pi b^2$

unter anderem daher auch in der Streulänge b für Neutronenstrahlung. Stellt man nun eine Isotopenmischung für ein bestimmtes Element her, dann errechnet sich die Streulänge des Isotopengemisches b_{Mischung} nach Gl. (5) aus den Streulängen $b_{\text{Isotop i}}$ der einzelnen Isotope i zu

$$b_{\text{Mischung}} = c_{\text{Isotop 1}} \cdot b_{\text{Isotop 1}} + c_{\text{Isotop 2}} \cdot b_{\text{Isotop 2}} + \ldots, \quad (5)$$

so daß man durch die Mischung von Isotopen die Streulänge des betreffenden Elements variieren kann.

Zur Bestimmung der partiellen Dichtefunktionen in Gl. (4) muß man also Neutronenbeugung betreiben unter Anwendung der Methode der Isotopensubstitution.

Die Isotope unterscheiden sich stark in den Anschaffungskosten. Eines der billigsten ist Lithium. Von Ruppersberg et al. (1982) wurden mehrere Lithium-haltige Schmelzen untersucht (siehe dazu auch das ausführliche Verzeichnis in Lamparter u. Steeb 1993). Da alle anderen Isotope sehr teuer sind, wollen wir an dieser Stelle die Schmelzen aus Kostengründen verlassen und uns rasch abgeschreckten amorphen Materialien zuwenden. Diese festen Legierungen können ohne Risiko für die teuren Isotope bei Raumtemperatur untersucht werden. Sie stehen mit der entsprechenden Schmelze am Glasübergangspunkt im thermodynamischen Gleichgewicht.

Amorphe Materialien

Amorphe Elemente

Für die Untersuchung eines amorphen Elements genügt die Durchführung eines Beugungsexperimentes und man erhält damit entsprechend Abb. 2 schließlich den Dichteverlauf über der Ortskoordinate R bzw. die Paarkorrelationsfunktion über R. Aus solchen Funktionen folgt die Lage nächster, übernächster usw. Nachbarn sowie deren Anzahl in der betreffenden Koordinationsschale. Je nachdem, ob die betreffenden Atome eher zu homöopolarer Bindung neigen oder zu metallischer Bindung, bilden sich lokal begrenzte Strukturbausteine stärker oder schwächer aus.

Wegen der ausführlichen Beschreibung einzelner Beispiele und wegen eines zusammenfassenden Überblickes über die bisher untersuchten amorphen Elemente sei erneut auf die Arbeiten von Richter u. Breitling (1966), Steeb (1968) sowie Lamparter u. Steeb (1993) verwiesen.

Amorphe Legierungen

Aus den auf S. 450 gemachten Ausführungen muß klar geworden sein, daß nach Durchführung eines Röntgenbeugungsexperimentes an einer amorphen binären Legierung allein keine vollständige Strukturaufklärung möglich ist. Nunmehr soll aufgezeigt werden, welche Informationen durch die Kombination von 3 Experimenten, also z. B. X, n_1, n_2 oder X, e, n, oder n_1, n_2, n_3, erarbeitet werden können. Dabei bedeutet „X" Röntgenbeugung, „e" Elektronenbeugung und „n, n_i" eines oder mehrere Neutronenbeugungsexperimente.

Hier soll behandelt werden die Ermittlung der partiellen Größen von amorphem $Ni_{80}P_{20}$ (Lamparter u. Steeb 1985). Die Streulänge von Nickel mit natürlicher Isotopenzusammensetzung (Ni^{nat}) beträgt $1{,}03 \cdot 10^{-12}$ cm, die des Nickelisotops ^{62}Ni $-0{,}87 \cdot 10^{-12}$ cm, und die einer Mischung aus 46 At.% Ni^{nat} und 54 At.% ^{62}Ni Null. Für die Ermittlung der partiellen Dichtefunktionen an amorphem $Ni_{80}P_{20}$ erhalten wir durch Untersuchung der entsprechenden Probe jeweils eine totale Dichte. Es gelten die folgenden aus Gl. (4) berechneten 3 Gleichungen zur Ermittlung von $\varrho_{NiNi}(R)$, $\varrho_{PP}(R)$ und $\varrho_{PNi}(R)$:

$^{nat}Ni_{80}P_{20}$:

$$^{nat}\varrho_{\text{total}} = 1.00\ \varrho_{NiNi} + 0{,}06\ \varrho_{PP} + 0{,}25\ \varrho_{PNi} \quad (6)$$

$^{62}Ni_{80}P_{20}$:

$$^{62}\varrho_{\text{total}} = 1{,}71\ \varrho_{NiNi} + 0{,}15\ \varrho_{PP} - 0{,}20\ \varrho_{PNi} \quad (7)$$

$^{0}Ni_{80}P_{20}$:

$$^{0}\varrho_{\text{total}} = 5{,}00\ \varrho_{PP} \quad (8)$$

Aus dem System der Gl. (6)–(8) können die 3 partiellen Funktionen $\varrho_{NiNi}(R)$, $\varrho_{PP}(R)$ und $\varrho_{PNi}(R)$ berechnet werden.

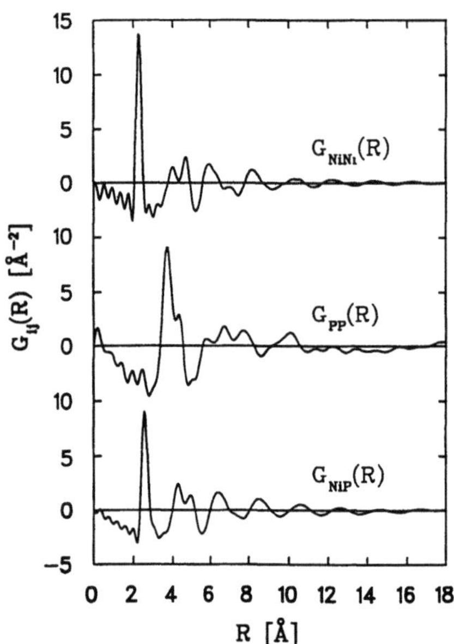

Abb. 8. Amorphes $Ni_{80}P_{20}$ nach Lamparter u. Steeb (1985). Partielle Dichten ϱ_{ij} dargestellt in Form der Paarkorrelationsfunktion $G_{ij}(R)=4\pi R[(\varrho_{ij}/c_j)-\varrho_o]$

In Abb. 8 sind die auf diese Art für amorphes $Ni_{80}P_{20}$ erhaltenen partiellen Funktionen dargestellt. Die zugehörigen Beugungsexperimente wurden am Institut Laue-Langevin in Grenoble am dortigen Hochflußreaktor durchgeführt. In Tabelle 1 finden sich die aus den partiellen Funktionen berechneten Koordinationszahlen mit den zugehörigen Abständen. Aus den Koordinationszahlen wurde entsprechend Gl. (9) der sog. chemische Nahordnungsparameter ermittelt, der sich zu 100% ergibt. Somit umgeben sich alle Atome möglichst mit Atomen der anderen Sorte und es besteht vollständige chemische Nahordnung.

In Tabelle 2 sind diejenigen amorphen Übergangsmetall-Metalloid-Legierungen zusammengestellt, von denen partielle Größen vorliegen. Die Konzentrationen entsprechen jeweils in etwa den eutektischen Konzentrationen. Die eutektische Konzentration ist bevorzugt diejenige, bei der eine Legierung sich in amorpher Form durch rasches Abschrecken der Schmelze leicht herstellen läßt.

Wir kommen zu einer näheren Betrachtung der atomaren Anordnung weiter unten auf die in Tabelle 2 erwähnte amorphe Phase $Ni_{81}B_{19}$ zurück. Zuvor sei jedoch noch anhand von Tabelle 3 aufgezeigt, welche Art von Metall-Metall-Legierungen in amorpher Form bisher hergestellt wurden. Stellvertretend für die Metall-Metall-Legierungen erkennt man in Abb. 9 die partiellen Paarkorrelationsfunktionen von amorphem $Ni_{50}Nb_{50}$ nach Lamparter et al. (1990). Die aus

Tabelle 1. Amorphes $Ni_{80}P_{20}$. Atomabstände und partielle Koordinationszahlen

Atompaar i-j	R_{ij} [Å]	N_{ij}
Ni-Ni	2.56	9.4
P-Ni	2.28	9.3
Ni-P	2.28	2.3
P-P	3.73	5.3
P-P	4.30	3.3

Tabelle 2. Zusammenstellung von amorphen Übergangsmetall-Metalloid-Legierungen, von denen die partiellen Größen vorliegen

$Fe_{80}B_{20}$	$Co_{80}P_{20}$
$Ni_{81}B_{19}$	$Ti_{84}Si_{16}$
$Ni_{67}B_{33}$	$Pd_{80}Si_{20}$
$Ni_{64}B_{36}$	$Pd_{80}Ge_{20}$
$Ni_{80}P_{20}$	

Tabelle 3. Zusammenstellung bisher bekannt gewordener Gruppen amorpher binärer Metall-Metall-Legierungen

Spätes und frühes Übergangsmetall			
Co-Ti	Ni-Zr	Ni-Nb	
Metall-Metall			
Al-Ca	Mg-Ca	Mg-Cu	Mg-Zn
Metall-Übergangsmetall			
Mg-Ni	Be-Ti		
Übergangsmetall-Metall einer Seltenen Erde			
Fe-Tb	Ni-Dy	Co-Gd	

diesen Kurven entnommenen partiellen Koordinationszahlen N_{ij} und atomaren Abständen R_{ij} sind in Tabelle 4 zusammengetragen, und zwar zusammen mit dem normalisierten chemischen Nahordnungsparameter.

$$\alpha_{norm} = \left[1 - \frac{N_{12}(c_1N_1 + c_2N_2)}{c_2N_1N_2}\right]\frac{c_2N_2}{c_1N_1}, \tag{9}$$

$$N_1 = N_{11} + N_{12},$$
$$N_2 = N_{22} + N_{21}.$$

Die Herleitung von Gl. (9) findet sich bei Steeb u. Lamparter (1992). $\alpha_{norm.}$ ist positiv für Entmischung und negativ für Verbindungsbildung.

Tabelle 4. Amorphe Nickel-Niob-Legierungen nach Lamparter et al. (1990). Atomare Abstände R_{ij}, partielle Koordinationszahlen und chemischer Nahordnungsparameter α_{norm}

	$Ni_{40}Nb_{60}$	$Ni_{50}Nb_{50}$	$Ni_{56}Nb_{44}$	$Ni_{63}Nb_{37}$
R_{NiNi}	2.50	2.50	2.48	2.50
N_{NiNi}	3.8	5.0	5.50	6.6
R_{NbNb}	2.98	3.02	3.02	3.06
N_{NbNb}	9.0	7.5	6.5	5.6
R_{NiNb}	2.66	2.64	2.64	2.62
N_{NiNb}	8.2	7.4	6.6	5.9
N_{NbNi}	5.5	7.4	8.4	10.0
α_{norm}	-0.11	-0.11	-0.11	-0.16

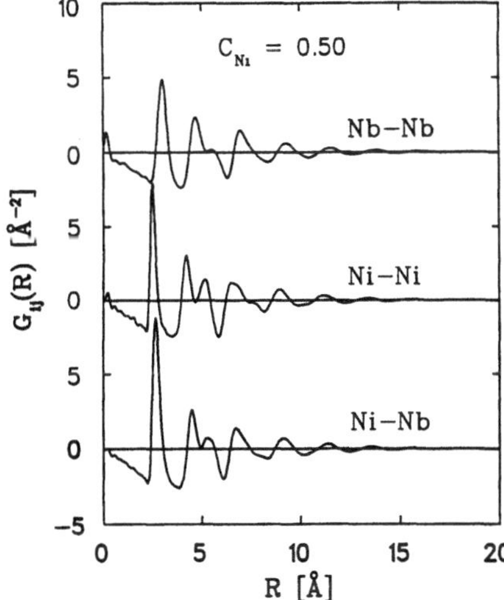

Abb. 9. Amorphes $Ni_{50}Nb_{50}$ nach Lamparter et al. (1990). Partielle Paarkorrelationsfunktionen

Bei gleichbleibendem Abstand R_{NiNi} nimmt die Zahl N_{NiNi} mit steigender Ni-Konzentration zu von 3,8 bis 6,6. Gleichzeitig nimmt bei wachsendem Abstand R_{NbNb} die Zahl N_{NbNb} mit steigender Ni-Konzentration ab. Entsprechend nimmt bei abnehmendem Abstand R_{NiNb} die Zahl N_{NiNb} mit steigender Ni-Konzentration ebenfalls ab. Der Nahordnungsparameter α_{norm} zeigt mit steigendem Nickelgehalt eine etwas stärker werdende Verbindungsbildung an.

Bezüglich der Ermittlung der Ordnung in nichtkristalliner Materie sind die 3 folgenden Punkte wichtig:

1. Vormaximum: Erste Beobachtung in Mg-Sn-Schmelzen (Steeb u. Entress 1966). Zeigt Verbindungsbildung an.
2. Nahordnungsparameter: Eingeführt von Warren und Cowley für kristalline Substanzen. Übertragen auf nichtkristalline Substanzen (Steeb u. Hezel 1966). Formuliert für unterschiedliche Atomdurchmesser beider Komponenten durch Cargill u. Spaepen (1981). Gibt ein quantitatives Maß für die chemische Nahordnung.
3. Topologische Nahordnung: In keiner Weise quantitativ festgelegt (s. dazu die folgenden Ausführungen).

Wie immer bei der Interpretation von Beugungsexperimenten muß zur Ermittlung der vorliegenden atomaren Struktur ein Modell erarbeitet werden. Dazu gibt es verschiedene Möglichkeiten. Eine der jüngsten ist die von Hausleitner u. Hafner (1992) vorgeschlagene Lösung, bei der unter Verwendung von atomaren Potentialen die Atomanordnung in amorphen Übergangsmetalllegierungen berechnet wurde, und zwar mit folgenden Ergebnissen (vgl. Hausleitner u. Hafner 1992a):

1. Legierungsreihe Ni-Y Ni-Zr Ni-Nb: Längs dieser Reihe ist ein Übergang von starker chemischer Ordnung zu eher schwächerer Ordnung zu beobachten. Die Struktur von Strukturbausteinen geht über von trigonal prismatisch zu tetraedrisch.
2. Innerhalb eines Ni-Metall-Systems: Bei zunehmender Ni-Konzentration nimmt die chemische Ordnung zu, und entsprechend nehmen die trigonal prismatisch strukturierten Bereiche ab zugunsten der tetraedrischen Bereiche.

Ein vielversprechender Zugang zur Ermittlung der topologischen Anordnung ergibt sich neuerdings durch die sog. Reverse-Monte-Carlo-Methode nach McGreevy u. Pusztai (1988). So wurde z. B. von Back et al. (1993) mit dieser Methode ein Strukturvorschlag über den topologischen Aufbau von amorphem $Ni_{81}B_{19}$ erarbeitet. Als Ergebnis wurde für die topologische Umgebung der Boratome in etwa folgendes ermittelt: 45% der Boratome sind von Archimedischen Antiprismen umgeben, 42% von trigonalen Prismen mit aufgesetzten vierseitigen Pyramiden, 10% von einer hexagonal dichtest gepackten Atomanordnung mit Koordinationszahl 12 und schließlich 2% von Ikosaedern.

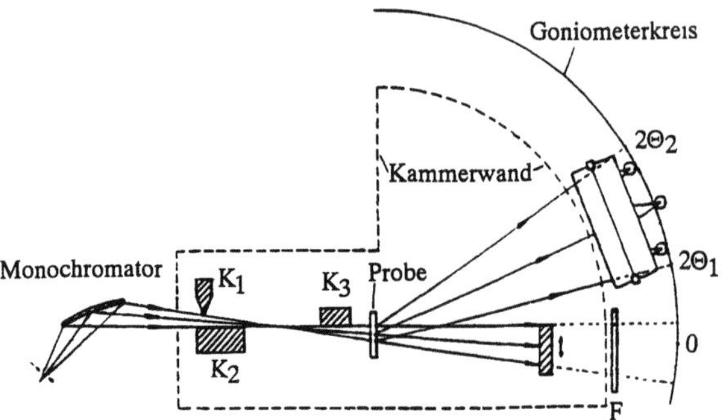

Abb. 10. Kleinwinkelstreukammer (*K_1, K_2, K_3* Kratky-System; *$2\Theta_1$ bis $2\Theta_2$* vom Linearzähler gleichzeitig erfaßter Winkelbereich; *F* Absorptionsfolie)

Mittelreichweitige Ordnung mittels Kleinwinkelstreuung

Je größer die Bereiche sind, welche mit Beugungsmethoden erfaßt werden sollen, desto kleiner sind die Q-Werte, bei denen die entsprechenden Beugungserscheinungen auftreten, d. h. um so eher hat man sich mit der Methode der Röntgenkleinwinkelstreuung zu befassen. Instrumente zu deren Durchführung sind einmal solche mit Kratky-Kollimation und zum anderen solche mit Punktkollimation. Die Abb. 10 zeigt eine Kratky-Kammer. Die monochromatische Strahlung wird in einem aus 3 Blöcken K_1, K_2 und K_3 bestehenden Kratky-System so ausgeblendet, daß rechts von diesem System nach oben (in der Papierebene) ohne Probe keine Strahlung gelangen kann. Der gesamte Winkelbereich von $2\Theta_1$ bis $2\Theta_2$ wird mit einem ortsempfindlichen Detektor gleichzeitig erfaßt. Da man zu Normierungszwecken auch die zu größeren Winkeln gestreute Strahlung benötigt, besteht die Möglichkeit, bis zu $2\Theta \approx 90°$ zu messen. Der Nachteil bei der Kratky-Kammer besteht darin, daß sie Schlitzkollimation hat. Die Intensitätskurven müssen daher einer mathematischen Prozedur, der sog. Entschmierung, unterzogen werden. Der Vorteil der Kratky-Kammer besteht in ihrer hohen Intensität. Eine Lochblendenkamera, bei welcher der Primärstrahl durch 3 hintereinander angeordnete Lochblenden kollimiert wird, ist intensitätsschwächer als die Kratky-Kamera, jedoch hat sie den Vorteil, daß die Intensitätskurven nicht entschmiert werden müssen.

Kleinwinkelstreuung tritt auf, wenn in einer Matrix M Inhomogenitäten Inh. enthalten sind. Für die in den Kleinwinkelbereich gestreute Intensität gilt

$$I = \text{const.} \cdot [(b \cdot \varrho)_{Inh} - (b \cdot \varrho)_M]^2, \qquad (10)$$

ϱ = atomare Anzahldichte,
b = Streulänge.

Zwei Extremfälle sind denkbar, und zwar einmal, daß sich die Matrix und die Inhomogenitäten nur in der Dichte unterscheiden, dann gilt

$$I = \text{const.} \cdot b^2[\varrho_{Inh.} - \varrho_M]^2. \qquad (11)$$

Im anderen Extremfall unterscheiden sich beide nur in der Streulänge, dann gilt

$$I = \text{const.} \cdot \varrho^2[b_{Inh.} - b_M]^2. \qquad (12)$$

Für die Streulänge b kann man im Falle der Röntgenstrahlen die Ordnungszahl Z setzen, so daß also bei den Röntgenstrahlen die Elektronendichtedifferenz die entscheidende Größe ist. Für die Auswertung von Kleinwinkelintensitätskurven wählt man eine Auftragung der Intensität derart, daß der Verlauf eine Gerade ergibt. Dabei haben sich unter anderem 2 Methoden herausgebildet, nämlich die Guinier-Auftragung und die doppeltlogarithmische Darstellung.

1. Guinier-Auftragung

Diese Methode beruht auf der Beziehung

$$I(Q) = \text{const.} \cdot \exp(-Q^2R_g^2/3). \qquad (13)$$

R_g ist der Streumassenradius, der mit dem Radius kugelförmiger Teilchen R_{Kugel} über die Beziehung

$$R_{Kugel} = \sqrt{\frac{5}{3}} \cdot R_g \qquad (14)$$

verknüpft ist. Diese Methode ist anwendbar, wenn für die Abmessung der Inhomogenitäten

$$L \approx \frac{1}{Q}$$

gilt. Wird ln I über Q^2 aufgetragen, so liefert die Steigung m den Streumassenradius $R_g = \sqrt{3m}$.

2. Doppelt logarithmische Auftragung

Diese Methode beruht auf der Gleichung

$$I(Q) = \text{const.} \cdot Q^{(-2D_V + D_A)}, \qquad (15)$$

D_A = Oberflächenfraktaldimension,
D_V = Volumenfraktaldimension.

Aufgetragen wird log I über log Q und es folgt dann direkt aus der Steigung die Größe $(D_A - 2D_V)$. Für Inhomogenitäten mit kompaktem Volumen ist $D_V = 3$. Besitzen sie außerdem eine glatte Oberfläche, dann ist $D_A = 2$. Insgesamt ergibt sich in diesem Falle

$$I(Q) = \text{const.} \cdot Q^{-4}. \qquad (16)$$

Dieses ist die sog. Porod-Gleichung.

Schmelzen

Beispiele für Kleinwinkelstreuuntersuchungen an geschmolzenen Legierungen sind zusammengetragen bei Lamparter u. Steeb (1993). Als Beispiel wird hier herausgegriffen das System Kadmium-Gallium. Die Abb. 11 zeigt das Zustandsdiagramm dieses Systems, in das oberhalb des kritischen Punktes P nach oben konvexe Kurven mit Meßpunkten eingezeichnet sind. Auf jeder dieser Kurven ist die Ausdehnung von Inhomogenitäten, welche auch als Korrelationslänge R_c bezeichnet wird, konstant. Die oberste Kurve entspricht einer Korrelationslänge von 0,4 nm, die unterste einer solchen von 4,0 nm.

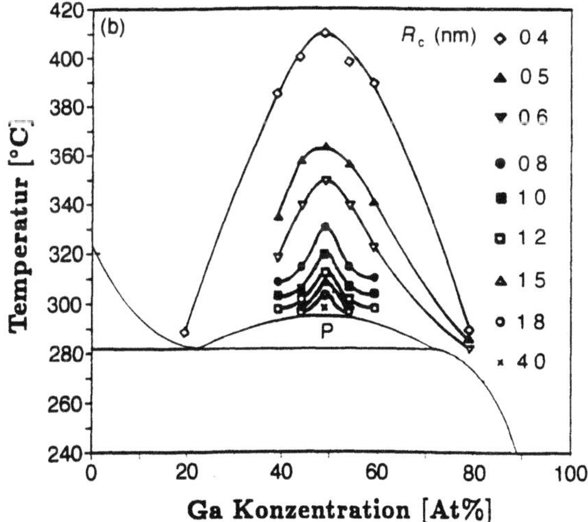

Abb. 11. Kadmium-Gallium-Schmelzen nach Hermann et al. (1980). Zustandsdiagramm und Linien konstanter Korrelationslänge R_c

Amorphe Substanzen

Amorphe Legierungen enthalten i. allg. 2 Sorten von Inhomogenitäten, nämlich solche mit kleinen Abmessungen von etwa 2 nm und solche mit großen Abmessungen von etwa 100 nm. Gerade die Natur der ausgedehnten Fluktuationen bedarf weiterer Aufklärung. Es sei betont, daß es neben der atomaren Struktur besonders die inhomogene mittelreichweitige Struktur ist, welche die spezifischen Eigenschaften metallischer Gläser bei technischen Anwendungen prägt.
Als Ursachen von Kleiwinkelstreuung in amorphen Proben sind u. a. folgende Effekte denkbar:

1. Amorphe Inhomogenitäten in amorpher Matrix.
2. Kristalline Inhomogenitäten in amorpher Matrix.
3. Inhomogenitäten mit von der Matrix unterschiedlicher Dichte.
4. Inhomogenitäten mit von der Matrix unterschiedlicher Konzentration.
5. Inhomogenitäten mit von der Matrix unterschiedlicher Dichte und Konzentration.
6. Inhomogenitäten mit von der Matrix unterschiedlicher Orientierung magnetischer Momente und/oder Dichte magnetischer Momente.
7. Alle genannten Effekte können im Materialinnern oder/und an der Oberfläche auftreten.

Insgesamt gibt es also sehr viele Möglichkeiten.

Inhomogenitäten mit kleinen Abmessungen

Bei Glühbehandlung oberhalb der Kristallisationstemperatur wandelt sich amorphe Materie in kristalline um. Dem Kristallisationsprozeß voraus geht eine Phasenseparation, die darin besteht, daß in der amorphen Matrix Inhomogenitäten auftreten, die ebenfalls aus einer amorphen Phase bestehen, welche jedoch eine andere Zusammensetzung als die Matrix hat. In Abb. 12 erkennt man die Guinier-Auftragung einer frisch hergestellten $Fe_{80}B_{20}$-Probe im Vergleich zu derjenigen einer bei 300 °C, 1 h geglühten. Die frisch hergestellte Probe hat einen Guinier-Radius von 0,48 nm, die geglühte einen solchen von 0,92 nm. Es existieren 2 amorphe Phasen der Zusammensetzung $T_{75}M_{25}$ sowie $T_{100-x}M_x$ nebeneinander (vgl. Faigel u. Sváb 1985):

$$T_{80}M_{20} \rightarrow y\, T_{75}M_{25} + (1 - y)\, T_{100-x}M_x.$$

Die Phase $T_{100-x}M_x$ enthält weniger Metalloid als die Ausgangssubstanz. In diesem Zusammenhang interessieren drei Fragen:

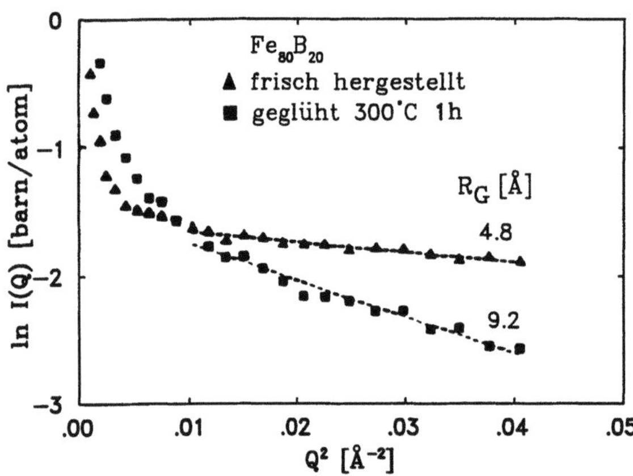

Abb. 12. Amorphes $Fe_{80}B_{20}$: Guinier-Plot. (Nach Lamparter u. Steeb 1988)

Abb. 13. Amorphes $Ni_{80}P_{20}$: Partielle Strukturfaktoren im Kleinwinkelbereich. (Nach Schild et al. 1985)

1. die Größe der Inhomogenitäten,
2. die Art der Inhomogenitäten, d. h. ihre Konzentration oder Dichte im Vergleich zur Konzentration oder Dichte ihrer Umgebung,
3. der Anteil der Inhomogenitäten in der Probe.

Zu 1: Die Größe der Inhomogenitäten folgt z. B. aus einer Guinier-Auftragung entsprechend Abb. 12 nach dem auf S. 454 angegebenen Verfahren.

Zu 2: Die Bestimmung der Art der Inhomogenitäten erfolgt in analoger Weise, wie auf S. 451 dargestellt, nur daß hier nicht so sehr die Verteilung der Atome der verschiedenen Sorten interessiert, sondern die Frage, ob sich die Inhomogenitäten von der Matrix in der Dichte oder in der Konzentration unterschieden. Dazu wird die Methode nach Bhatia u. Thornton (1970) verwendet, nach der die korrigierte und normierte Intensität I(Q) entsprechend Gl. (17) in 3 partielle Bhatia-Thornton-Strukturfaktoren S_{NN}, S_{CC} und S_{NC} zerlegt werden kann gemäß

$$I(Q) = \langle b\rangle^2 S_{NN} + c_1 c_2 (\Delta b)^2 S_{CC} + 2\langle b\rangle \Delta b\, S_{NC}, \tag{17}$$

$\langle b\rangle = c_1 b_1 + c_2 b_2$,
c_i = Atomare Konzentrationen,
b_i = Streulängen,
$\Delta b = b_1 - b_2$,
S_{NN} = Beitrag zur Gesamtstreuung, hervorgerufen durch Unterschiede in der Dichte,
S_{CC} = Beitrag zur Gesamtstreuung, hervorgerufen durch Unterschiede in der Konzentration,
S_{NC} = Beitrag zur Gesamtstreuung, hervorgerufen durch Unterschiede im Durchmesser der Atome beider Sorten.

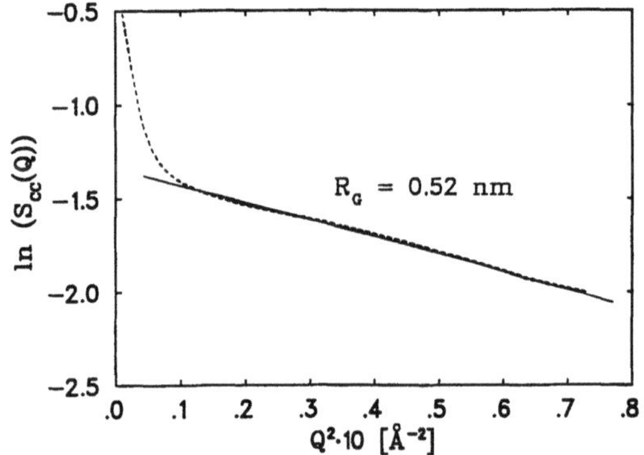

Abb. 14. Amorphes $Ni_{80}P_{20}$: Guinier-Auftragung von S_{CC}. (Nach Schild et al. 1985)

Um die Vorgehensweise zu verdeutlichen, nehmen wir als Beispiel die amorphe Phase $Ni_{80}P_{20}$ und führen an denselben, unter Verwendung verschiedener Nickelisotope hergestellten Proben jeweils ein Neutronenkleinwinkelstreuexperiment durch. Das Gleichungssystem aus 3 Gl. (17) liefert dann, wie beim Gleichungssystem aus den 3 Gl. (6–8) gezeigt, entsprechend 3 partielle Strukturfaktoren im Kleinwinkelbereich. In Abb. 13 ist das Ergebnis dargestellt. Demnach liefert nur die Funktion S_{CC} einen Anstieg im Kleinwinkelbereich. Dies bedeutet, daß sich die Inhomogenitäten hauptsächlich in ihrer Konzentration von der Umgebung unterscheiden. Entsprechend dem Guinier-Plot in Abb. 14 haben die Inhomogenitäten einen Durchmesser von 1,35 nm, wenn man annimmt, daß es sich um Kugeln handelt.

Zu 3: Die Bestimmung des Volumenanteils $v_{Inh.}$ von Inhomogenitäten in der Probe erfolgt im Prinzip über die integrierte Intensität, welche auch als Invariante I_{Inv} bezeichnet wird. Eine Unsicherheit besteht dabei in der Ermittlung der atomaren Dichte in den Inhomogenitäten, die nur abgeschätzt, aber nicht gemessen werden kann. Nimmt man nach Schild et al. (1985) für den Fall des amorphen $Ni_{80}P_{20}$ an, daß die Zusammensetzung der Inhomogenitäten $Ni_{75}P_{25}$ beträgt, dann bestehen 40 Vol% der Probe aus Inhomogenitäten. Würde es sich um scharf abgegrenzte Bereiche handeln, dann wären interpartikuläre Interferenzeffekte zu erwarten. Da dies nicht der Fall ist, handelt es sich um Konzentrationsschwankungen, die im statistischen Mittelwert die oben angegebenen Werte ergeben.

Inhomogenitäten mit großen Abmessungen

Für Q < 0,1 Å ergibt sich im Guiniert-Plot keine Linearität. Bei zahlreichen Metall-Metalloid- und Metall-Metall-Gläsern erhält man hier einen Intensitätsverlauf entsprechend

$$I(Q) = \text{const. } Q^{-S}, \qquad (19)$$

mit −S zwischen −3 und −4.

In Abb. 15 sind log-log-Auftragungen dargestellt von Intensitätsverläufen, wie sie an $Ni_{80}P_{20}$, $Fe_{80}B_{20}$, $Ni_{32}Pd_{52}P_{16}$ und $Fe_{80}B_{16}Si_2C_2$ erhalten wurden. Da diese Kurven bis hinab zu $10^{-2}\,nm^{-1}$ reichen, entsprechen sie Längenabmessungen von mindestens 100 nm. Zu beachten ist, daß die meltgesponnenen und die elektrolytisch niedergeschlagenen Schichten im Prinzip dasselbe Signal liefern. Alle Steigungen liegen bei −3 bis −4. Eine Steigung −3,6 ist durch die in Abb. 15 von oben links (8) nach unten rechts (0) durchgezogen eingezeichnete Gerade angedeutet. Für den Fall von amorphem $Ni_{80}P_{20}$ wird in Abb. 16 gezeigt, daß die großen Inhomogenitäten im wesentlichen durch Konzentrationseffekte bewirkt sind, weil S_{CC} um eine Größenordnung größer als S_{NN} ist. Außerdem stellen wir fest, daß bei amorphem $Ni_{80}P_{20}$ das Streuverhalten im Bereich der großen Inhomogenitäten einem Potenzgesetz der Form

$$I(Q) = \text{const. } Q^{-3} \qquad (20)$$

folgt. Es gibt mehrere Erklärungen für das Streuverhalten entsprechend einem Potenzgesetz:

1. Boucher et al. (1983) postulieren für gesputtertes amorphes $Tb_{22}Cu_{78}$ ein zufälliges Netzwerk großer Domänen mit Durchmessern von etwa 100 nm. Durch Annahme von Domänengrenzen mit entsprechenden Konzentrationsgradienten konnte die Steigung −3 erklärt werden. Jedoch wurde ein derartiges Streuverhalten für andere amorphe Legierungen ebenfalls erhalten, und zwar unabhängig von der speziellen Herstellungsmethode.
2. Nach Martin u. Hurd (1987) gilt

$$I(Q) = \text{const. } Q^{-(6-D_S)}, \qquad (21)$$

D_S = fraktale oder Hausdorff-Dimension, für die $2 \leq D_S \leq 3$ gilt.

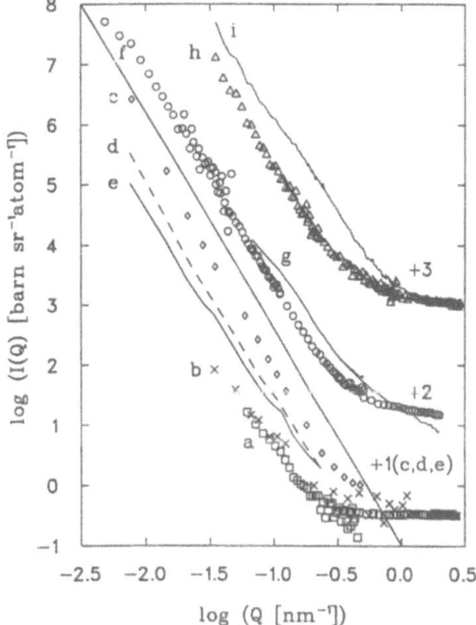

Abb. 15. Kleinwinkelstreukurven in doppelt logarithmischer Darstellung. Amorphes $Ni_{80}P_{20}$: *a* Meltgesponnen; *b* elektrolytisch niedergeschlagen. Amorphes $Ni_{32}Pd_{52}P_{16}$: *c* Frisch hergestellt; *d* 260 °C (20 h) und bei 334 °C (20 h); *e* 297 °C (20 h). Amorphes $Fe_{80}B_{20}$: *f* Frisch hergestellt; *g* 300 °C (7 h). Amorphes $Fe_{80}B_{16}Si_2C_2$: *h* Frisch hergestellt; *i* 300 °C (147 h). (Kurve *c* nach Schaal et al. 1989; *a, b, d–i* nach Lamparter u. Steeb 1988)

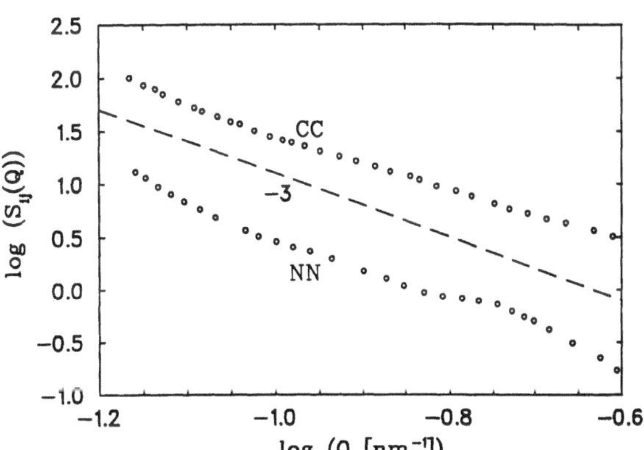

Abb. 16. Amorphes $Ni_{80}P_{20}$: Partielle Strukturfaktoren S_{CC} und S_{NN} im Kleinwinkelbereich. (Nach Schild et al. 1985)

Für eine glatte Oberfläche ist $D_S = 2$ und Gl. (21) geht dann, wie bereits weiter oben ausgeführt, über in das Porod-Gesetz, nach welchem

$$I(Q) = \text{const.} \cdot Q^{-4}. \quad (22)$$

Bei amorphem $Ni_{80}P_{20}$, bei welchem, wie oben erwähnt, die Kleinwinkelstreuung hauptsächlich bedingt ist durch S_{CC}, d. h. durch die Zusammensetzung, kommt man also zu der Aussage, daß solche Gläser innere Oberflächen enthalten. Diese sind selbstähnlich, d. h. fraktal, und sie sind charakterisiert durch eine uneinheitliche Verteilung der verschiedenen Atomsorten.

Das Kleinwinkelstreuverhalten während der Glühung einer amorphen Probe im Bereich der großen Inhomogenitäten ist recht kompliziert. Es können deshalb keine allgemein gültigen Aussagen gemacht werden. Schaal et al. (1989) haben das Relaxationsverhalten von amorphem $Ni_{32}Pd_{52}P_{16}$ studiert und bei verschiedenen Glühtemperaturen die bereits in Abb. 15 gezeigten Kurven c, d und e erhalten. Danach besitzen die frisch hergestellten Proben (Kurve c) glatte innere Oberflächen. Diese werden durch Glühung bei 260 °C (20 h) und 297 °C (20 h) immer rauher, um dann bei 334 °C (20 h) wieder glatter zu werden. Die gemessenen Oberflächenfraktaldimensionen liegen dabei in der Größe derjenigen, die Gouyet et al. (1988) für eine Diffusionsfront mit 2,5 berechnet haben, was dann bedeutet, daß ausgeschiedene Bereiche durch Diffusion wachsen.

Die weiter oben bereits angesprochene amorphe Probe $Ni_{63}Nb_{37}$ zeigt im Bereich $0{,}01\,\text{Å}^{-1} \leq Q \leq 0{,}04\,\text{Å}^{-1}$ sowohl für S_{CC} als auch für S_{NN} einen ausgeprägten Anstieg, wobei beide Male die Steigung $-3{,}6$ beträgt Schaal et al. (1988). Ein solcher Anstieg könnte inneren fraktalen Oberflächen mit $D_S = 2{,}4$ entsprechen. Amorphe $Ni_{63}Nb_{37}$-Legierungen enthalten in der Matrix Bereiche, welche sich von ihr in Dichte und Konzentration unterscheiden und welche von der Matrix durch innere Oberflächen mit der Fraktaldimension 2,4 abgegrenzt sind.

Nimmt man die Größe $S_{CC}(Q)$ als Maß für den Grad der Inhomogenität einer amorphen Substanz, dann ist festzustellen, daß amorphes $Ni_{80}P_{20}$ wesentlich inhomogener aufgebaut ist als die Metall-Metall-Legierung $Ni_{63}Nb_{37}$.

Die Dicke der mit der Methode der Kleinwinkelstreuung untersuchten amorphen Proben beträgt üblicherweise ca. 50 µm, so daß das Verhältnis von Probenoberfläche zu Probenvolumen relativ groß ist. Deshalb macht sich in der Kleinwinkelintensitätskurve jede Art von Oberflächeneffekt, der eine Schwankung in der Streulängendichte repräsentiert, relativ stark bemerkbar. Dies bedeutet, daß man bei Kleinwinkeluntersuchungen an amorphen Substanzen stets sehr sorgfältig die Frage prüfen muß, ob es sich um Oberflächen- oder Volumeneffekte handelt. Trennen kann man beide Effekte durch die sog. Immersionsmethode, welche auf der Methode der Neutronenbeugung basiert. Bei der Immersionsmethode wird als Probenträger eine Küvette aus Quarzglas mit glatten Wänden benutzt. Diese Küvette enthält die Immersionsflüssigkeit und das Probenmaterial. Die Immersionsflüssigkeit sollte dieselbe Streulängendichte wie das Probenmaterial haben und außerdem die Probenoberfläche vollständig benetzen. Für diesen Idealfall sollte ein evtl. vorhandener Oberflächenstreueffekt vollständig verschwinden. Die bisher durchgeführten Experimente lieferten verschiedene Resultate: Rodmacq et al. (1984) berichten, daß amorphes $Pd_{80}Si_{20}$ keine Volumen-, sondern Oberflächenstreuung zeigt. Nach Maret et al. (1988) gibt es in amorphem $Ni_{33}Y_{67}$ nur geringe Oberflächenstreuung, und Träuble et al. (1992) finden für amorphes $^{54}Fe_{44}{}^{62}Ni_{36}{}^{11}B_{20}$ eine starke Oberflächenstreuung.

Röntgenstrahlabsorption

Für den Entwurf von atomaren Modellanordnungen wäre es eine große Hilfe, wenn man auch eine Aussage über die Winkel zwischen den Verbindungslinien zu den einzelnen Atomen hätte. Das heißt, es müssen atomare Tripletts gesucht werden. Ein experimenteller Zugang zu Tripletts wird erschlossen durch die Energieabhängigkeit der Röntgenstrahlabsorption. In Abb. 17 wird dies verdeutlicht:

In Abb. 17a erkennt man den wohlbekannten Verlauf einer Röntgenstrahlabsorptionskante. Dort ist auch angedeutet, in welchem Energiebereich sich die EXAFS- bzw. die XANES-Spektroskopie abspielt (dabei bedeutet EXAFS = extended X-ray absorption fine structure, d. h. die Feinstruktur der Röntgenstrahlabsorption fern von der Kante; XANES = X-ray absorption near edge structure, d. h. die Feinstruktur der Röntgenstrahlabsorption nahe der Kante).

Anhand Abb. 17b wird eine Erklärung für das Zustandekommen einer derartigen Oszillation gegeben: Ein Röntgenquant wird dadurch absorbiert, daß es z. B. im ersten Atom ein Elektron ablöst, das sich dann in Form einer Kugelwelle ausbreitet. Diese kann an einem zweiten Atom entweder reflektiert oder in Richtung zu einem dritten Atom abgebeugt werden. Die am zweiten Atom reflektierte Welle kann mit der von dem

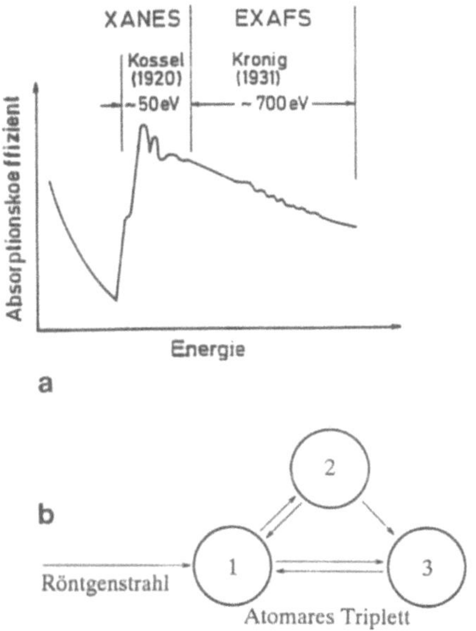

Abb. 17. **a** Energieabhängigkeit der Röntgenstrahlabsorption, **b** atomares Triplett

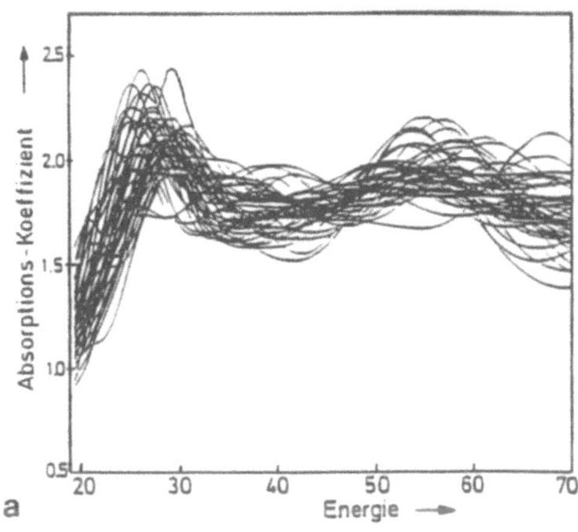

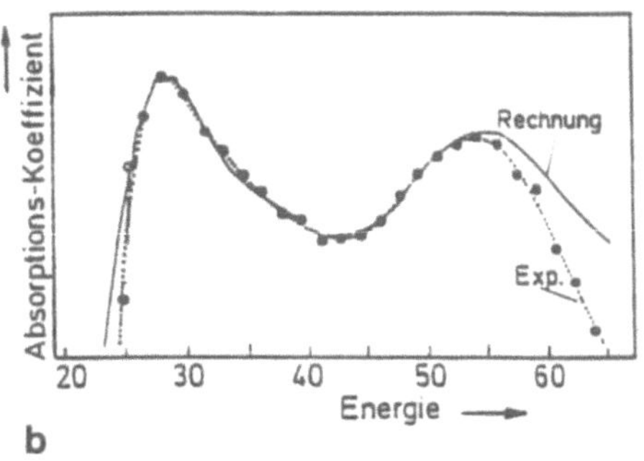

Abb. 18 a, b. Röntgenstrahlabsorption an amorphem $Fe_{80}B_{20}$ und $Ni_{80}B_{20}$. **a** Berechnete Kurven, **b** berechnete und experimentelle Kurven. Energie in eV

ersten Atom auslaufenden Welle interferieren. Positive Interferenzen bedeuten hohe Absorptionswahrscheinlichkeit für das primäre Röntgenquant, und zwar im EXAFS-Bereich. Die Interferenzeffekte zwischen dem dritten und dem ersten Atom spielen sich im XANES-Bereich ab, und es leuchtet ein, daß die dort auftretenden Maxima und Minima im Verlauf des Absorptionskoeffizienten sehr empfindlich von der gegenseitigen Anordnung der Atome im Triplett abhängen; vgl. dazu auch Kizler et al. (1989) und Kizler (1991), deren Ergebnisse in Abb. 18 dargestellt sind.

Die gemessene Energieabhängigkeit im Verlauf des Absorptionskoeffizienten von amorphem $Fe_{80}B_{20}$ wird in Abb. 18b als gepunktete Kurve gezeigt. Zwischen 2 Maxima liegt ein Minimum mit einem schwach angedeuteten Buckel. Zur Berechnung dieses XANES-Spektrums werden die Atomkoordinaten herangezogen, wie sie als Ergebnis von Modellrechnungen erhalten wurden, und man berechnet für jedes einzelne Atom in seiner speziellen Umgebung den zu erwartenden Verlauf von $\mu(E)$. Für 50 verschiedene Atomumgebungen sind diese Kurven in Abb. 18a eingezeichnet, während die resultierende $\mu(E)$-Kurve als durchgezogene Linie in Abb. 18b dargestellt ist. Es stellt sich heraus, daß nur wenige der zahlreichen Modellvorschläge eine gute Übereinstimmung zwischen experimentellen und berechneten $\mu(E)$-Kurven liefern. Das bedeutet, daß mit dieser Methode die Zahl der vorgeschlagenen Modelle beträchtlich eingeschränkt werden kann. Kizler (1991) hat gezeigt, daß der Buckel festgelegt ist durch Ni-B-Ni-Tripletts mit folgenden Abmessungen: Der Abstand Ni-B beträgt jeweils 2 Å, der Abstand Ni-Ni 2,5 Å und der Winkel zwischen den beiden Verbindungslinien von Bor zu den Nickelatomen 77°.

Zusammenfassung

Der derzeitige Stand der Erforschung der atomaren Anordnung in nichtkristalliner Materie mittels Beugungsmethoden stellt sich so dar, daß bei *Legierungsschmelzen* ein Überwiegen von Verbindungs- und Entmischungstendenz oder aber das Vorliegen einer statistischen Verteilung der Atome beider Sorten ermittelt werden kann, und zwar aus der Konzentrationsabhängigkeit der Koordinationszahl in qualitativer, und über den chemischen Nahordnungsparameter in quantitativer Weise. Im Nahordnungsbereich können alle gegenseitigen atomaren Abstände und Koordinationszahlen ermittelt werden. Im Bereich der mittelreichweitigen Ordnung können Größe und Zusammmensetzung von Inhomogenitäten erfaßt werden.

Der derzeitige Stand der Kenntnisse über die atomare Anordnung in *amorphen Legierungen* ist durch folgende Aussagen charakterisiert:

1. Im allgemeinen liefern amorphe Legierungen nahezu denselben Intensitätsverlauf, unabhängig davon ob durch Melt-spinnen, durch mechanisches Legieren oder durch Sputtern hergestellt. Dies bedeutet, daß die atomare Anordnung weitgehend unabhängig ist von der Herstellungsmethode der amorphen Proben.
2. Sämtliche partiellen Abstände und Koordinationszahlen können ermittelt werden. Letztere liefern den chemischen Nahordnungsparameter, der häufig 100% beträgt, d. h. es liegt eine vollständige chemische Nahordnung vor.
3. Jeweils mehrere Modelle beschreiben i. allg. die partiellen Paarverteilungskurven gleich gut, obwohl die Modelle von verschiedenen Ausgangskonfigurationen starten. Sie werden durch Computerrelaxation ähnlich.
4. Die triplettempfindliche XANES-Methode schränkt die Zahl der Modelle erheblich ein.
5. These 4 gilt besonders dann, wenn die Kante einer jeden Komponente herangezogen werden kann, so wie das bei $Fe_{90}Zr_{10}$ der Fall ist. Hier gilt das Modell nach Brandt in der von Kizler modifizierten Form.
6. Hausleitner u. Hafner (1992) haben erstmals auf der Basis eines mit Potentialen arbeitenden Modells für Nickellegierungen strukturelle Tendenzen aufzeigen können.
7. Mit der Reverse-Monte-Carlo-Methode können alle partiellen Funktionen im Rechner perfekt nachvollzogen werden.
8. Amorphe binäre Legierungen enthalten häufig Bereiche mit einem Durchmesser von etwa 1.5 nm, die sich in der Konzentration von der Umgebung unterscheiden.
9. Sie enthalten außerdem große Bereiche, deren Oberfäche mehr oder weniger rauh ist, je nach Relaxationsbehandlung.

Literatur

Back C, Dubois JM, Bellissent R (1993) Reverse Monte Carlo Simulations of the $Ni_{81}B_{19}$ Metallic Glass. In: Suck JB, Raoux D, Chieux P, Riekel C (eds) Methods in the determination of partial structure factors. Proceedings on Partial Structure Factors 10./11. Sept. 1992, Grenoble. World Scientific Publ, Singapore New Jersey London Hongkong

Bhatia AB, Thornton DE (1970) Structural aspects of the electrical resistivity of binary alloys. Phys Rev B2:3004

Boucher B, Chieux P, Convert P, Tournarie M (1983) Small-angle neutron scattering determination of medium and long range order in the amorphous metallic alloy $TbCu_{3,54}$. J Phys F: Met Phys 13:1339

Cargill GS, Spaepen F (1981) Description of chemical ordering in amorphous alloys. J Non-Cryst Sol 43:91

Debye P, Menke H (1930) Bestimmung der inneren Struktur von Flüssigkeiten mit Röntgenstrahlen. Phys Z 31:797

Ewald PP (1933) Handbuch der Physik, 2. Aufl. Bd. 23, Teil 2. Springer, Berlin, S 468

Faigel G, Sváb E (1985) Sructure study of amorphous Fe-B and Ni-Fe-B. In: Steeb S, Warlimont H (eds) Rapidly quenched metals V, vol 1. North-Holland, Amsterdam, pp 487–490

Gouyet JF, Rosso M, Sapoval B (1988) Fractal structure of diffusion and invasion fronts in the three-dimensional lattices through the gradient percolation approach. Phys Rev B37:1832

Hausleitner C, Hafner J (1992) Hybridized nearly-free-electron tight-binding-bond approach to interatomic forces in disordered transition-metal alloys. I. Theory Phys Rev B45:115

Hausleitner C, Hafner J (1992a) Hybridized nearly-free-electron tight-binding-bond approach to interatomic forces in disordered transition-metal alloys. II. Modelling of metallic glasses. Phys Rev B45:128

Hermann G, Rainer-Harbach G, Steeb S (1980) Structure of Cd-Ga-melts. Z Naturforsch 35a:938

Kizler P (1991) Three-body correlation in the metallic glass $Ni_{81}B_{19}$ probed by X-ray-absorption near-edge structure spectroscopy. Phys Rev Letters 67:3555

Kizler P, Lamparter P, Steeb S (1989) X-ray absorption near edge structure (XANES). Calculations for the amorphous $Fe_{80}B_{20}$ - and $Ni_{80}B_{20}$ - alloy. Z Naturforsch 44a:189

Kossel W (1920) Zum Bau der Röntgenspektren. Z Phys 1:119

Kronig RL (1931) Zur Theorie der Feinstruktur in den Röntgenabsorptionsspektren. Z Phys 70:317

Lamparter P, Steeb S (1985) Atomic structure of the metallic glass $Ni_{80}P_{20}$. Proc RQ5 1:459–462

Lamparter P, Steeb S (1988) Small angle X-ray and neutron scattering for the investigation of the medium-range structure of metallic glasses. J Non-Cryst Sol 106:137

Lamparter P, Steeb S (1993) Structure of amorphous and molten alloys. VCH, Weinheim, pp 217–288 (Materials Science and Technology, vol 1)

Lamparter P, Schaal M, Steeb S (1990) Neutron- and X-ray diffraction with amorphous Ni-Nb-alloys. Inst Phys Conf Series 101:51 IOP

Maret M, Chieux P, Hicter P (1988) Small-angle neutron scattering of Y-based metallic glasses. Proc LAM VI:109

Martin JE, Hurd AJ (1987) Scattering from fractals. J Appl Cryst 20:61

McGreevy RL, Pusztai L (1988) Reverse Monte Carlo Simulation: A new technique for the determination of disordered structures. Mol Sim 1:359

Richter H, Breitling G (1966) Struktur einatomiger Metallschmelzen nach Beugungsversuchen mit Röntgen-, Elektronen- und Neutronenstrahlen. Fortschr Phys 14:71–140

Rodmacq B, Mangin P, Chamberod A (1984) Small-angle neutron scattering by surface imperfections in amorphous alloys. Phys Rev B30:6188

Ruppersberg H, Reiter H (1982) Chemical short-range order in liquid LiPb alloys. J Phys F: Met Phys 12:1311

Sauerwald F (1944) Zur Systematik schmelzflüssiger Legierungen. Z Metallkd 38:188, 35:105

Sauerwald F (1950) Zur Systematik schmelzflüssiger Legierungen. Z Metallkd 41:97, 214

Schaal M, Lamparter P, Steeb S (1988) Concentration and density fluctuations with amorphous $Ni_{63}Nb_{37}$ by means of neutron scattering at small momentum transfer (SANS). Z Naturforsch 43a:1061

Schaal M, Lamparter P, Steeb S (1989) Fractal behaviour of amorphous $Ni_{32}Pd_{52}P_{16}$ studied by SANS. Z Naturforsch 44a:4

Schild K, Frisius F, Lamparter P, Steeb S (1985) Evaluation of partial structure factors in the small Q-region with amorphous $Ni_{80}P_{20}$ by neutron diffraction using isotopic substitution. Z Naturforsch 40a:551

Steeb S (1968) Geschmolzene Metalle und Legierungen, Struktur und Eigenschaften. Fortschr Chem Forsch 10:473–582

Steeb S (1969) Die Ermittlung des atomaren Aufbaues und einiger Eigenschaften von Metall- und Legierungsschmelzen durch Beugungsexperimente speziell von Röntgenstrahlen im Weit- und Kleinwinkelbereich. Habilitationsschrift, Universität Stuttgart, S 1–179

Steeb S, Entress H (1966) Atomverteilung sowie spezifischer elektrischer Widerstand geschmolzener Magnesium-Zinn-Legierungen. Z Metallkd 57:803–807

Steeb S, Hezel R (1966) Über die Interpretation der Röntgenbeugungsdiagramme von mehrkomponentigen Schmelzen. Z Phys 191:398

Steeb S, Lamparter P (1992) Investigation of order-disorder in non-crystalline binaries using diffraction methods. In: Yavari AR (ed) Ordering and disordering in alloys. Elsevier, Amsterdam

Steeb S, Fähnle M, Moser N, Neuhäuser H, Sommer F, Wengerter R (1990) Glasartige Metalle. Expert, Ehningen

Träuble H, Lamparter P, Steeb S (1992) Medium-range structure of amorphous $Fe_{44}Ni_{36}B_{20}$-alloys by means of neutron-scattering at small momentum transfer. J Phys I France 2:1029

Texturforschung mit Röntgenstrahlen

Günter Gottstein und Eva Nüsperling

Was ist Textur?

Die meisten technisch nutzbaren Festkörper, also die Werkstoffe, sind kristallin. Das bedeutet, daß die Atome streng periodisch angeordnet sind, so daß zur Beschreibung des atomistischen Aufbaus eines Werkstoffs die Anordnung der Atome in einem kleinen Bereich, der Elementarzelle, genügt. Diese Elementarzellen lassen sich vollständig raumerfüllend zum makroskopischen Festkörper zusammensetzen. Mit der Kenntnis des atomaren Aufbaus der Elementarzelle, also der Kristallstruktur, ist aber noch nicht festgelegt, wie die Elementarzelle bezüglich eines äußeren Bezugssystems, also des Probenkoordinatensystems, ausgerichtet ist. Diese räumliche Ausrichtung der Elementarzelle wird auch als Orientierung des Kristalls bezeichnet. Sie ist wichtig, weil die meisten physikalischen Eigenschaften von kristallinen Festkörpern orientierungsabhängig sind und eigentlich als Tensoren 2. Stufe dargestellt werden müssen, wie z. B. die elektrische Leitfähigkeit, die Diffusionskonstante, die elastischen Konstanten etc.

Technische Werkstoffe bestehen praktisch nie aus einem einzelnen Kristall, auch Einkristall genannt, sondern aus einer großen Anzahl von Kristalliten, den Körnern. Größenordnungsmäßig enthalten kommerzielle Werkstoffe, wie Stähle oder Aluminiumlegierungen, mehr als 100000 Körner pro mm^3. Diese Körner unterscheiden sich in ihrer Orientierung und sind an ihren Berührungsflächen durch Korngrenzen getrennt. Die Verteilung der Orientierungen in einem Vielkristall wird als seine kristallographische Textur bezeichnet. In der Praxis kommen sowohl Fälle vor, bei der Texturen extrem ausgeprägt sind, fast wie ein Einkristall, als auch nahezu regellose Orientierungsverteilungen (Abb. 1).

Die Richtungsabhängigkeit physikalischer Eigenschaften, also ihre Anisotropie, in einem Einkristall schlägt sich im Vielkristall in einer Texturabhängigkeit der Eigenschaft nieder. Insbesondere bei stark richtungsabhängigen Eigenschaften und

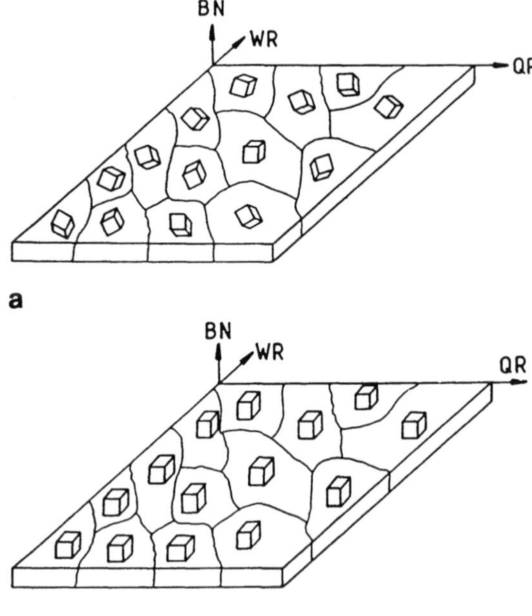

Abb. 1 a, b. Schematische Darstellung (**a**) einer nahezu regellosen Textur in einer Walzprobe (*WR* Walzrichtung; *BN* Blechnormale; *QR* Querrichtung) eines Materials mit kubischer Kristallstruktur und (**b**) einer extrem ausgeprägten Textur (Würfeltextur: (001)[100], die in gewalztem und anschließend geglühtem Aluminium vorkommt

bei sehr ausgeprägter Abweichung von einer regellosen Orientierungsverteilung wird die Textur eines Werkstoffs für die technische Anwendung wichtig. Da es fast nie gelingt, eine völlig regellose Textur einzustellen, sondern bei der Herstellung eines Werkstoffs fast immer Vorzugsorientierungen gebildet werden, gehört die Textur eines Werkstoffs zu dessen grundlegenden Beschreibungselementen, wie die Korngröße oder Phasenverteilung.

Deshalb war man seit langem bemüht, die Textur in einem Vielkristall zu bestimmen. Dazu ist es notwendig, die Orientierungsverteilung der Kristallite zu ermitteln. Das setzt voraus, daß man Methoden entwickelt, die eine Bestimmung der

Kristallorientierung oder zumindest der Häufigkeit ihres Vorkommens in einem Vielkristall gestatten. Die einfachste und heute kommerziell genutzte Methode ist die Beugung von Röntgenstrahlen am Kristallgitter. Im folgenden werden wir die geschichtliche Entwicklung dieser Methode bis zu ihrer heutigen Serienreife nachzeichnen.

Beugung von Röntgenstrahlen am Kristallgitter

Obwohl Röntgen in seinen Mitteilungen bereits wesentliche Eigenschaften der von ihm 1895 entdeckten Strahlung beschrieben hatte (Röntgen 1895) wurde jedoch erst 1912 durch v. Laue, Friedrich und Knipping (Laue et al. 1912) der unmittelbare experimentelle Beweis für die elektromagnetische Natur der Strahlen durch die Entdeckung der Beugung von Röntgenstrahlen an Kristallen geliefert.

Auf eine Vermutung v. Laues hin, daß die regelmäßige Anordnung der Atome in einem Kristall beim Durchgang von Röntgenstrahlen Interferenzerscheinungen verursachen müßte, führten Friedrich und Knipping (Friedrich 1913) praktische Versuche an Kristallen durch. Aus dem Strahlengang einer Röntgenröhre wurde durch mehrere dicke Bleiblenden ein schmales Strahlenbündel von ca. 1 mm^2 Querschnitt ausgeblendet. Der zu untersuchende Körper wurde in den Strahlengang gebracht und dahinter in einigen Zentimetern Entfernung eine photographische Platte aufgestellt. Wie vermutet, ergaben sich regelmäßige Interferenzfiguren auf der Photographie (Abb. 2a).

Dieser Versuch war von größter Bedeutung für die Untersuchung kristalliner Materie mit Röntgenstrahlen, denn die Interpretation der erzeugten Interferenzmuster bildete die Grundlage für die Untersuchung des atomistischen Aufbaus kristalliner Festkörper und aller weiteren damit verknüpften Fragestellungen, so auch der Textur.

Gleichzeitig mit v. Laue beschäftigten sich auch W. H. und W. L. Bragg (1915) mit der Theorie der Röntgeninterferenzen und ihrer Anwendung für die Kristallographie. Sie betrachteten die Reflexion von Röntgenstrahlen am Kristallgitter und gelangten zu dem Ergebnis, daß man die Gitterebenen (Netzebenen) in einem Kristall als halbdurchlässige Spiegel auffassen darf. Damit ergeben sich verstärkende Interferenzen nur dann, wenn der Wegunterschied der auf benachbarten parallelen Gitterebenen, die den Abstand d (Netzebenenabstand) voneinander haben, gebeugten Strahlen ein ganzzahliges Vielfaches der Wellenlänge λ der Röntgenstrahlung ist, oder, mit dem Glanzwinkel θ

$$n\lambda = 2d \sin\theta. \tag{1}$$

Die natürliche Zahl n = 1, 2, .. gibt die Ordnung der Beugung an. Die Gl. (1) ist das berühmte Bragg-Gesetz, das die Grundlage zu allen Untersuchungen durch Röntgenbeugung am Kristallgitter darstellt, u. a. auch die Grundlage der Untersuchung der kristallographischen Textur mit Röntgenstrahlen.

Zur einfachsten Anwendung dieser Beziehung wird ein feststehender gut ausgebildeter Kristall mit monochromatischer Röntgenstrahlung, d. h. Röntgenstrahlung einer einzigen Wellenläge λ, bestrahlt. Durch Messung der Glanzwinkel θ oder des Winkels 2θ, den der reflektierte Strahl mit dem Primärstrahl einschließt, erhält man Kenntnis über die Abstände der Netzebenen und damit auf Umwegen über das Raumgitter. Voraussetzung bei diesem Verfahren ist die Kenntnis des Kristallsystems, dem der zu untersuchende Kristall angehört. Man wäre sonst nicht in der Lage, den Kristall so zu orientieren, daß eine gewünschte Netzebene zur Reflexion käme.

Die Vorabkenntnis des Kristallsystems kann vermieden werden durch die Verwendung der Drehkristallmethode nach Seemann (1919), Polanyi (1921), Schiebold (1924) und Weissenberg (1924). Wird ein einzelner Kristall mit einem eng ausgeblendeten monochromatischen Röntgenstrahlenbündel bestrahlt, so findet i. allg. keine einzige Reflexion statt, weil keine der Netzebenen mit dem Primärstrahl gerade den zur Reflexion nach der Bragg-Gleichung erforderlichen Winkel θ bildet. Dreht man den Kristall gegenüber dem einfallenden Strahlenbündel während der Illumination, so wird für eine Reihe von Netzebenen die Bragg-Beziehung (Gl. 1) erfüllt (Abb. 2b). Beispielsweise durchläuft θ bei den zur Drehachse parallelen Netzebenen alle Werte zwischen 0° und 90°, so daß, abgesehen von dem seltenen Fall, daß $\lambda > 2d$ ist, immer eine Reflexion erfolgen muß. Sofern optische oder kristallographische Merkmale die Einstellung einer bekannten Gitterrichtung in die Drehachse erlauben, läßt sich das Drehkristallverfahren auch zur Orientierungsbestimmung von Kristallen verwenden, wie Mark, Polanyi und Schmid (Mark et al. 1922) oder Schiebold (1924) zeigen konnten.

Ohne Kenntnis der kristallographischen Drehachse ist aber unbekannt, unter welchem Drehwinkel des rotierenden Kristalls eine Gitterebene zur Reflexion kommt, so daß keine eindeutige Zuordnung von Reflex zu Netzebenenschar hergestellt werden kann. Diese Schwierigkeit läßt

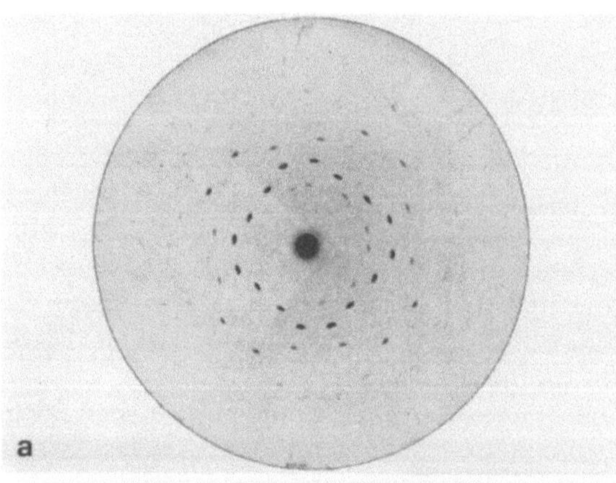

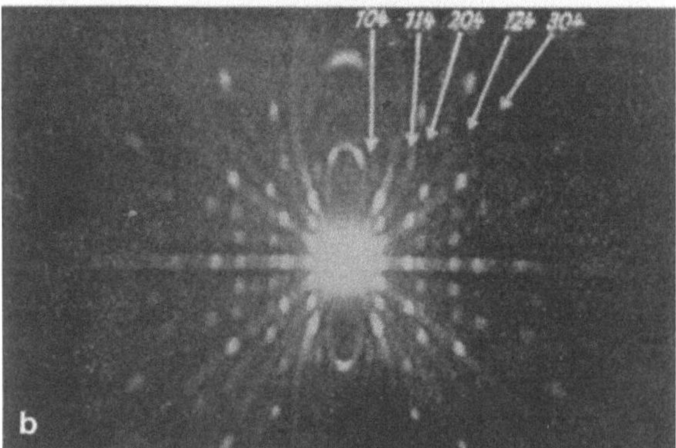

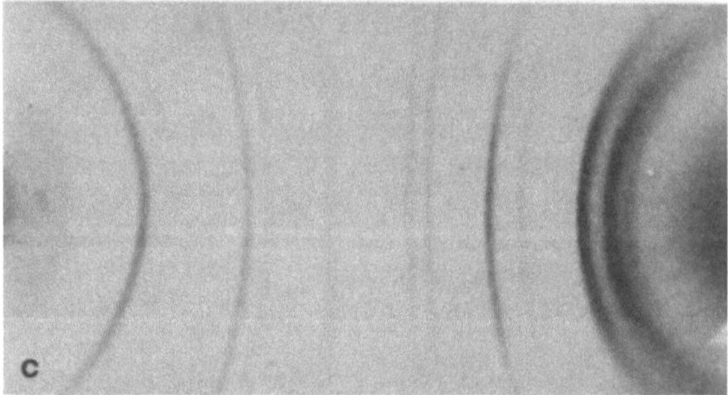

sich aber mit dem Röntgengoniometer, das von Weissenberg (1924) vorgestellt wurde, umgehen. Dazu wird synchron zur Drehung des Kristalls der zylindrische Film parallel zu seiner Achse verschoben. So können alle Winkel einer Gitterrichtung bezüglich eines probenfesten Koordinatensystems oder mit anderen reflektierenden Netzebenen ausgemessen und entsprechend Kristallorientierung und Kristallstruktur bestimmt werden. Dennoch hat sich zur Orientierungsbestimmung von Einkristallen wegen seiner einfachen Handhabung schließlich das Laue-Verfahren durchgesetzt (s. unten).

Orientierungsbestimmung von Einzelkristallen mit weißem Röntgenlicht: Laue-Verfahren

Mit Hilfe ihres Verfahrens zur Erzeugung von Röntgeninterferenzmustern konnten v. Laue, Friedrich und Knipping auch die Orientierung von Kristalliten bestimmen. Dazu wird ein einzelner feststehender Kristall mit polychromatischem (weißem) Röntgenlicht, d. h. mit Röntgenstrahlen verschiedener Wellenlänge, durchstrahlt. Um ein möglichst breites Wellenlängenspektrum zu verwenden, wird die Bremsstrahlung und nicht die charakteristische Eigenstrahlung der Röntgenröhre benutzt. Aus der emittierten Strahlung der Röntgenröhre wird durch Blenden ein möglichst paralleles Strahlenbündel, der Primärstrahl, erzeugt, der auf den zu untersuchenden Kristall auftrifft. Der Kristall ist auf einem Halter montiert, der geeignete Drehvorrichtungen besitzt,

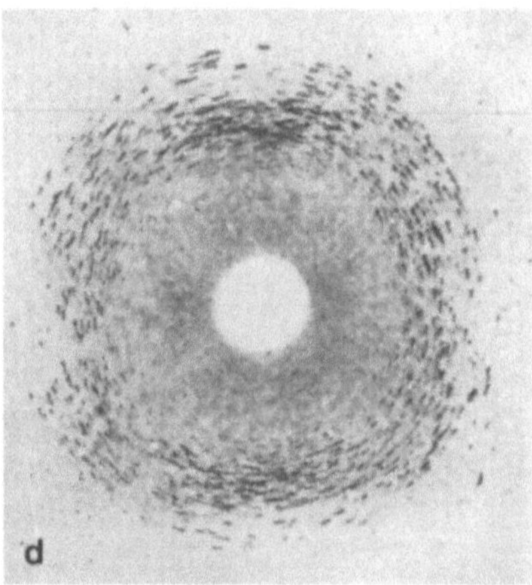

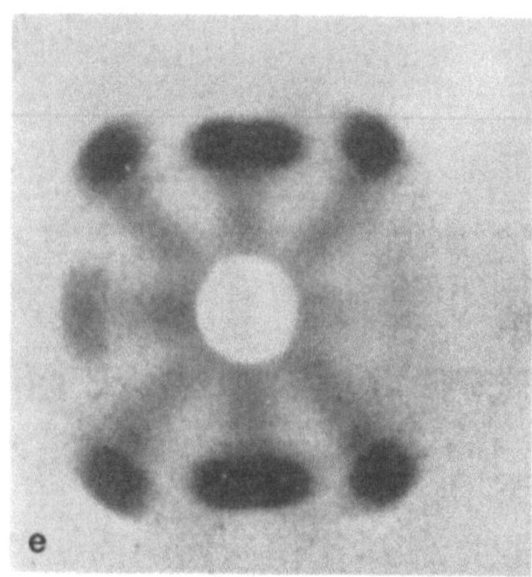

Abb. 2a–e. Beugungsdiagramme von Röntgenstrahlen an Kristallgittern: **a** Durchstrahl-Laue-Aufnahme von Zinkblende (Friedrich et al. 1912). **b** Drehkristallbeugungsdiagramm von Aluminium-Nitrid um die hexagonale Achse (Schiebold 1924). **c** Debye-Scherrer-Diagramm eines Lithium-Fluorid-Pulvers (Debye u. Scherrer 1917). **d** Debye-Scherrer-Diagramm eines Aluminiumvielkristalls vor der Verformung (Wever 1924). **e** Nach 99% Walzgrad (Wever 1924)

um eine weitgehend beliebige Orientierung des Kristalls gegenüber der Strahlrichtung einstellen zu können. Hinter dem Kristall ist im Abstand von einigen Zentimetern senkrecht zum Primärstrahl eine photographische Platte auf eine Haltevorrichtung montiert. Nach Justage des Kristalls wird er dem Primärstrahl ausgesetzt, und bei entsprechender Belichtungszeit erscheint auf der Filmplatte ein punktförmiges Muster, das Laue-Beugungsmuster (Abb. 2a).
Um aus dem photographisch gewonnenen Beugungsmuster die Orientierung des Kristalls, d. h. die räumliche Lage der Gitterebenen und -richtungen bezüglich der Probengeometrie oder der Filmebene, zu ermitteln, ist es sinnvoll und allgemein üblich, die Beugungspunkte in die stereographische Projektion zu übertragen und mit der stereographischen Projektion des bekannten Kristallsystems zu vergleichen. Durch entsprechende Manipulationen (Ausführung von Drehoperationen) in der Projektion gelingt es, die räumliche Lage der Elementarzelle bezüglich der makroskopischen Probengeometrie zu bestimmen (Barrett u . Massalski 1980). Die Genauigkeit des Verfahrens hängt hauptsächlich von der Unsicherheit bei der Einstellung der Bezugsrichtungen des Präparats gegenüber Röntgenstrahl und photographischer Platte ab. Hinzu kommt die Ungenauigkeit bei der Übertragung der Interferenzpunkte in die stereographische Projektion. Bei sorgfältiger Versuchsführung kann aber der Gesamtfehler unter 2° gehalten werden.
E. Schiebold und G. Sachs haben 1926 erstmals Laue-Aufnahmen zur Orientierungsbestimmung von Kristalliten in rekristallisierten Aluminiumdrähten verwendet (Schiebold u. Sachs 1926). Mitter der 20er Jahre standen die Mechanismen der plastischen Verformung im Vordergrund des Interesses. Mittlerweile hatte sich die Erkenntnis durchgesetzt, daß sich Kristalle durch kristallographische Gleitung auf definierten kristallographischen Ebenen in definierten kristallographischen Richtungen verformen. Deshalb war die Lage des Gleitsystems bezüglich der angreifenden äußeren Kräfte wichtig, um insbesondere die im Gleitsystem wirksame Schubspannung zu berechnen. Entsprechend gab es umfangreiche Bemühungen, um die Orientierungen der Kristallite und ihre Änderung während der plastischen Verformung zu bestimmen. Insbesondere Göler u. Sachs (1927, 1929) befaßten sich mit dieser Problematik und benutzten Laue-Aufnahmen zur experimentellen Überprüfung ihrer modellmäßigen Voraussagen. Allerdings zeigten sich bald die Grenzen des Laue-Verfahrens für die Untersuchung von Vielkristallen. Die Größe des Primärstrahls im Verhältnis zur Korngröße und die extrem große Anzahl von Körnern in technischen vielkristallinen Werkstoffen gaben den Ausschlag, daß das Laue-Verfahren sich lediglich für Einkristalluntersuchungen durchgesetzt hat, aber für die Entwicklung der Texturforschung eine untergeordnete Rolle spielt. Erst durch die jüngst verfügbare extrem brillante Synchrotronstrahlung sind der Mikro-Laue-Technik neue Anwendungen in den Texturuntersuchungen im Mikrobereich eröffnet worden (s. unten) (Gottstein 1988).

Vielkristalluntersuchungen mit monochromatischer Röntgenstrahlung: Debye-Scherrer-Verfahren

Die wohl entscheidende Entdeckung für die Texturforschung der letzten 70 Jahre machten allerdings Debye u. Scherrer (1917), indem sie fanden, daß nicht nur große Kristalle, sondern bereits kleine Kristallite im Röntgenlicht scharfe Interferenzen lieferten. Entsprechend zeigt eine Anhäufung kleiner Kristalle, beispielsweise ein Kristallpulver, bei Durchstrahlung mit monochromatischer Röntgenstrahlung scharfe charakteristische Beugungsmuster (Abb. 2c).
In einem mikrokristallinen Pulver kommen Kristallite und damit die Netzebenen in allen möglichen Orientierungen vor. Wenn man dieses Pulver mit einem dünnen Bündel monochromatischen Röntgenlichts durchstrahlt, wird es stets Kristallite geben, die so orientiert sind, daß für eine bestimmte Netzebenenschar die Bragg-Reflexionsbedingung mit der verwendeten Wellenlänge erfüllt ist. Die reflektierten Strahlen liegen auf dem Mantel eines Kegels mit der Primärstrahlrichtung als Achse und dem Öffnungswinkel 2θ. Um alle auftretenden Interferenzen zu erfassen, wird für die Aufnahmen eine zylinderförmige Kamera benutzt, in deren Achse das Kristallpulver in Form eines gepreßten Stäbchens aufgestellt wird. Längs der Innenwand der Kamera befindet sich der zylindrisch gebogene Film. Die reflektierte Strahlung schneidet in den zylindrischen Film die charakteristischen Kurven ein. Diese Kurven sind für ganz kleine und ganz große Werte von θ Kreisausschnitte und entarten zu geraden Linien für den Sonderfall $2\theta = 90°$. Jeder „Debye-Ring" auf dem entwickelten Film entspricht der Reflexion der Wellenlänge λ an einer definierten Netzebenenart, die durch die Miller-Indizes $\{hkl\}$ festgelegt sind. Nach der Aufnahme wird der Film abgerollt, und die Winkel θ werden ausgemessen. Der Vorteil dieses Verfahrens besteht vor allem

darin, daß kein perfekter Einkristall vorliegen muß, sondern daß ein kristallines Pulver ausreicht. Statt in Pulverform kann die Probe aber auch in Form eines feinkörnigen Vielkristalls vorliegen. Hierin liegt die Bedeutung des Debye-Scherrer-Verfahrens für die Texturuntersuchung.

Polfigurbestimmung mit dem Debye-Scherrer-Verfahren

Pulverproben erzeugen beim Debye-Scherrer-Verfahren gleichmäßig belegte Ringe auf der Photoplatte, weil die Orientierungsverteilung der Pulverkörner völlig regellos ist und deshalb in jeder beliebigen Rotationslage um den einfallenden Strahl ein geeignet orientiertes Korn vorliegt, dessen reflektierende Netzebene unter dem Winkel θ zum Primärstrahl liegt. Das gleiche trifft auch auf Vielkristalle mit regelloser Orientierungsverteilung zu. Besitzt der Vielkristall dagegen eine ausgeprägte kristallographische Textur, so sind die Ringe nicht mehr gleichmäßig belegt, sondern einige Teile sind schwach oder gar nicht erkennbar, während andere Ringsegmente eine hohe Intensität aufweisen (Abb. 2d). Diese Tatsache machte sich Wever (1924) zunutze, um als erster Polfiguren verformter und deshalb texturierter Metalle zu bestimmen.

Dabei beschränkt man sich auf einen einzelnen Debye-Scherrer-Kreis, der zu einer Netzebenenschar mit den Indizes {hkl} gehört, also beispielsweise zu den 4 {111} Ebenen im kubischen Kristallsystem. Würde man einen geeignet orientierten Einkristall mit monochromatischer Strahlung beleuchten, so würden sich auf dem {111} Debye-Scherrer-Ring nur 4 Punkte zeigen. In einem Vielkristall ist selbst bei scharfer Textur immer eine Streuung der Orientierung vorhanden, so daß die Intensität längs des Ringes verschmiert. In einem Einkristall erhält man diese Punkte nur, wenn die Ebenen unter dem Winkel θ zum Primärstrahl liegen, andernfalls erhält man gar keine reflektierte Intensität. Zur Untersuchung der Textur eines Vielkristalls oder der Orientierung eines Einkristalls muß man deshalb die Probe in alle möglichen Lagen bezüglich des einfallenden Röntgenstrahls verkippen. Auf diese Weise erhält man die räumliche Verteilung der {hkl} Achsen. Überträgt man die Lage dieser Achsen in die stereographische Projektion, so entsprechen den {hkl} Kristallachsen die {hkl} Pole, und die Verteilung der {hkl} Pole in der stereographischen Projektion nennt man die {hkl} Polfigur (Abb. 3a).

Die {hkl} Polfigur eines Einkristalls ist eine eindeutige Angabe seiner Orientierung, weil wegen der bekannten Winkelbeziehung der Achsen bei bekannter Kristallstruktur beliebige andere Pole konstruiert werden können. Üblicherweise erfolgt die Darstellung der Polfigur im Koordinatensystem der makroskopischen Probe (Abb. 1), also bei einem Blech, aufgespannt durch die Blechnormale (Mittelpunkt der stereographischen Projektion), die Walzrichtung (Nordpol der Projektion) und die Querrichtung, die zu beiden anderen Achsen senkrecht steht und daher am rechten Rand der Polfigur liegt. Die Orientierung in einer Polfigur wird traditionell angegeben durch die Miller-Indizes der kristallographischen Ebene, die parallel zur Blechoberfläche liegt, und der kristallographischen Richtung, die sich parallel zur Walzrichtung erstreckt, also beispielsweise im kubischen Gitter (001)[100], wenn die kristallographischen Achsen des Elementarwürfels parallel zu den Probenachsen ausgerichtet sind (s. Abb. 1a). Bereits Wever (1924) erkannte die Bedeutung der stereographischen Projektion für die Darstellung kristallographischer Texturen. Er schlug vor, eine regellose Textur durch eine gleichmäßige Polbelegung der Lagenkugel zu beschreiben, wie es auch heute noch gebräuchlich ist und insbesondere für Textursimulationen verwendet wird. Entsprechend ist die Intensität in einer gemessenen Polfigur ein Maß für die Belegungsdichte der betreffenden Orientierung mit Netzebenen der untersuchten Flächenart {hkl}. Die von Wever bestimmten {111} und {100} Polfiguren von stark gewalztem Aluminium sind in Abb. 3d wiedergegeben.

Anlaß für Wevers Untersuchungen war das Interesse, die durch das Kaltwalzen bedingte Änderung der mechanischen Eigenschaften zu erklären. Die Strukturänderung durch das Kaltwalzen wurde in einzelnen Stufen röntgenographisch festgehalten, um im Anschluß die Texturentwicklung nachvollziehen zu können. Die benutzte Kamera war für die gerichteten Aufnahmen zur Ermittlung der Polfigur mit einem kleinen zweikreisigen Drehapparat versehen, mit dessen Hilfe sich beliebige Einfallswinkel gegen die Hauptrichtungen der gewalzten Folie einstellen ließen (Abb. 3c).

Röntgentexturgoniometer

Im Jahre 1940 wurde zum ersten Mal von Lindemann u. Trost ein Interferenzzählrohr anstelle eines photographischen Filmes zur Aufnahme von Pulverdiagrammen benutzt. In den folgenden

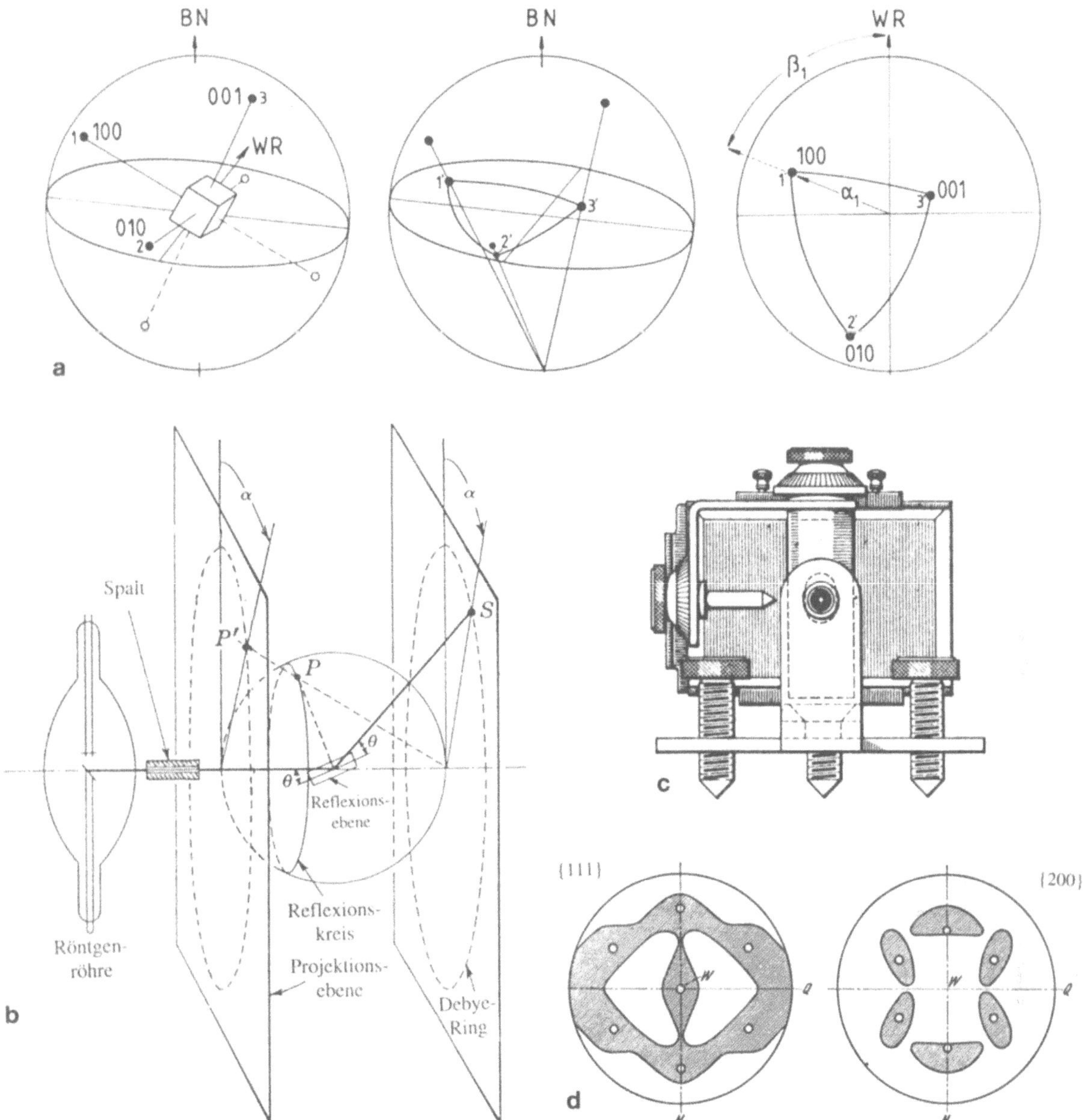

Abb. 3. a Konstruktion der {100} Polfigur eines kubischen Kristalls (Abkürzungen s. Abb. 1a). **b** Zusammenhang von Strahlengang, Beugungsdiagramm und stereographischer Projektion. Der Pol *P*, seine Projektion *P'* und der Beugungspunkt *S* auf dem Film liegen in einer Ebene, die auch den einfallenden Strahl enthält. **c** Zweikreisdrehapparatur von Wever (Wever 1924) zur Bestimmung der kristallographischen Textur; man blickt in Richtung des einfallenden Primärstrahls. Die *oben* und *links* erkennbaren Rändelschrauben dienen zur Verkippung der Probe bezüglich des Primärstrahls. **d** Originaldarstellung der von Wever gemessenen {111} und {200} Polfiguren von gewalztem Aluminium

Jahren wurde die Verwendung von Röntgendetektoren zur Messung von gebeugter Strahlung und so zur Aufnahme von Polfiguren für die Texturbestimmung von Blechen angewendet. Es stellte sich heraus, daß die so aufgenommennen Polfiguren wesentlich genauer waren als solche, die mit dem photographischen Verfahren ermittelt wurden.

Decker, Asp und Harker (Decker et al. 1948) veröffentlichten 1948 eine Methode zur Bestimmung der Textur von Blechen im Durchstrahlverfahren mit einem Geiger-Zählrohr. Im wesentlichen handelte es sich um das bereits von Wever benutzte Verfahren, nur daß ein Zählrohr statt eines Filmes benutzt wurde. Dabei wird die Position des Zählrohrs zur Quelle so eingerichtet,

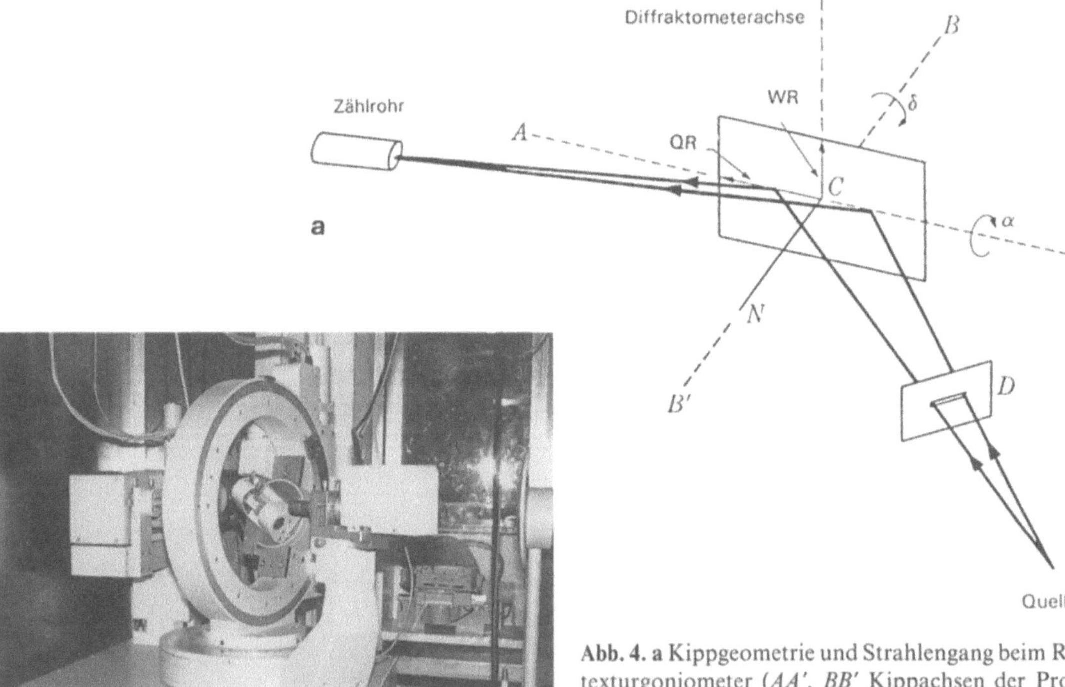

Abb. 4. a Kippgeometrie und Strahlengang beim Röntgentexturgoniometer (*AA'*, *BB'* Kippachsen der Probe; *CN* Normale der reflektierenden Ebene; *D* Schlitzblende des Primärstrahls). **b** Modernes vollautomatisches Röntgentexturgoniometer (Institut für Metallkunde und Metallphysik, RWTH Aachen)

daß für die verwendete Wellenlänge λ und die betrachtete Netzebenenschar {hkl} das Bragg-Gesetz (Gl. 1) erfüllt wird (Abb. 4a).

Ein prinzipieller Unterschied besteht lediglich darin, daß auf der (zweidimensionalen) Filmebene mehrere Reflexe gleichzeitig abgebildet werden können, während bei der (eindimensionalen) Zählrohrgeometrie jeweils nur ein einziger Reflex gemessen wird und deshalb die Probe so verkippt werden muß, daß alle möglichen räumlichen Lagen der kristallographischen Ebenen {hkl} zur Reflexion kommen können.

Unter Zuhilfenahme einer Korrekturformel, die die Änderungen der gemessenen Intensität bei Drehung der Probe gegenüber dem Primärstrahl berücksichtigt, kann damit ein Teil der Polfigur bestimmt werden. Bei der Durchstrahlmethode gelingt es allerdings nicht, die Lagen der reflektierenden Ebenen im mittleren Teil der Polfigur zu bestimmen. Schulz (1949) konnte nachweisen, daß bei geeigneter Kippbewegung der Probe und entsprechender Öffnung der Zählrohrblende bis zu einem Kippwinkel von etwa 70° praktisch keine Intensitätskorrektur erforderlich ist. Außerdem entwickelte er eine Rückstrahlmethode, die es vor allem gestattete, den bei Verwendung der Durchstrahlmethode nicht erfaßten Teil der Polfigur zu bestimmen. In der fast gleichzeitig erschienenen Arbeit von Field u. Merchant (1949) wird ein von dem Schulz-Verfahren etwas abweichendes Rückstrahlverfahren beschrieben, das vor allem für dicke Proben geeignet ist. Die nach Schulz benannte Methode ist aber heute Standard der Texturmessung geworden.

Beck, Hu und Sperry (Beck et al. 1952) nahmen durch Kombination der Durchstrahlmethode von Decker, Asp und Harker und der Rückstrahlmethode von Schulz zum ersten Mal vollständige Polfiguren auf, und zwar von kubisch flächenzentrierten Metallen. Sie benötigten dazu jedoch sehr feinkörniges Material, um eine statistisch relevante Aussage zu erhalten, da der erfaßte Probenbereich auf den relativ geringen Strahldurchmesser beschränkt war.

Mit dem Ziel, Texturuntersuchungen in größerem Umfange an technischen Proben vorzunehmen, wurde schließlich von Bunk, Lücke und Masing (Bunk et al. 1954) auf der Grundlage der Methoden von Decker, Asp und Harker und von Schulz 1954 eine Apparatur gebaut, bei der angestrebt wurde, eine relativ hohe Genauigkeit mit einer geringen Empfindlichkeit der Justierung und mit möglichst kurzer Arbeitszeit zu verbinden. Vor allem gestattete die Anlage aber auch, das etwas grobkörnigere kommerzielle Material zu untersuchen. Die Anordnung für die Durchstrahlung von Decker, Asp und Harker gibt, wie erwähnt, nur bei sehr feinkörnigen Blechen eine befriedigende Mittelung über die Lagen der Kristallebenen. Im allgemeinen sind technische Bleche aber weniger feinkörnig. Um hier über die verschiedenen Orientierungen der Körner richtig zu mitteln, müssen möglichst viele Körner erfaßt werden. Bei dem Verfahren von Bunk, Lücke und Masing geschieht das in der Weise, daß die ganze Probenhalterung mit einem Motor über eine Schwalbenschwanzführung in ihrer horizontalen Richtung hin- und herbewegt wird, so daß der Röntgenstrahl eine größere Probenfläche überstreicht. Für die Rückstrahlanordnung wurde im wesentlichen dieselbe Anordnung wie für die Durchstrahlmethode benutzt, lediglich die Blendenmaße und die Anbringung der Probe waren etwas verändert.

Zur Auswertung in Form von Polfiguren mußte das Registrierpapier des Schreibers, der die Zählrate des Detektors zeitlinear aufzeichnete, ausgewertet und in die stereographische Projektion übertragen werden. Die Auftragung der Polfiguren erfolgte in Form von Niveaulinien, d. h. durch Aufzeichnen der Linien gleicher Belegungsdichte. Gegenüber der photographischen Methode stellte dieses Verfahren eine Verkürzung der Meßzeit auf weniger als 10% dar. Abgesehen von der größeren Genauigkeit der Ergebnisse, war es überhaupt erst mit Hilfe der Zählrohrmethode möglich geworden, die Bestimmung von Polfiguren auf eine Arbeitszeit zu reduzieren, die es erlaubte, systematische Texturuntersuchungen größeren Stils durchzuführen.

Mit diesen Entwicklungen war die prinzipielle Methodik der Texturermittlung durch Polfigurbestimmung, wie sie auch noch heute benutzt wird, im wesentlichen verfügbar. Die weiteren Entwicklungen in den 60er Jahren bestanden hauptsächlich in einer Verbesserung der Meßtechnik, um die Texturmessung für die großtechnische Anwendung brauchbar zu machen. Insbesondere die Gruppe um K. Lücke an der RWTH Aachen, vor allem der Leiter der mechanischen Werkstatt, G. Burmeister, hatte es sich zur Aufgabe gemacht, das schnellste Röntgentexturgoniometer der Welt zu entwickeln (Hirsch et al. 1986). Wesentliche Schritte hierzu waren einmal die Entwicklung des Polfigurplotters, der die umständliche Übertragung von Registrierkurven in die stereographische Projektion überflüssig machte und damit zu einer erheblichen Zeitersparnis beitrug. Eine weitere bedeutsame Entwicklung war die automatische Intensitätskorrektur mittels vorgefertigter Korrekturscheiben, die es erlaubte, im Rückstrahlverfahren die Polfigur im Kippbereich $0<\alpha<85°$ aufzunehmen, was eine erhebliche Verbesserung der Texturinformation erlaubte, so daß man auf ergänzende Durchstrahlmessungen verzichten konnte. Dennoch warend die experimentellen Polfiguren mit einem nicht unerheblichen experimentellen Fehler behaftet, der hauptsächlich auf der Unzulänglichkeit der Meß- und Regelkreise beruhte. Erst die Verbesserung der Positioniergenauigkeit mittels hochgenauer Schrittmotoren, eine verbesserte Detektortechnik und die Einführung des Computers für Steuerung und Datenerfassung führten zu den heute üblichen Geschwindigkeiten (etwa 15 min pro Polfigur) und Genauigkeiten der Polfigurmessungen. Durch Mehrfachprobenhalter und automatische Einstellung der Bragg-Winkel für die vorgegebenen Reflexe sind heute Messungen im industriellen Maßstab üblich. Die Abb. 4b zeigt das derzeit an der RWTH Aachen betriebene moderne Texturgoniometer.

Neuere Entwicklungen der Texturforschung

Mit der Entwicklung des vollautomatischen Röntgentexturgoniometers war die prinzipielle Methodik der Texturmessung mit Röntgenstrahlen eigentlich vorläufig abgeschlossen. Dennoch hat erst die Verfügbarkeit auch kommerzieller Geräte die Texturforschung zu einer eigenständigen Disziplin der Materialforschung gemacht. Wassermann (1962) hat in seinem Standardwerk die bis zu den 60er Jahren veröffentlichten Ergebnisse, die zum großen Teil aus seinen eigenen Arbeiten stammten, zusammengefaßt. Seit den 70er Jahren hat die Texturforschung weltweit einen stetigen Aufschwung erlebt. Davon zeugen allein die alle 3 Jahre stattfinden internationalen Texturkonferenzen, von denen die 10. im Jahr 1993 in Clausthal-Zellerfeld stattfand. Das ständig wachsende Interesse erklärt sich insbesondere aus der Anwendung der Texturmessung in der industriellen Praxis, vor allem dort, wo die kristallographische Textur eine für die Gebrauchseigenschaften der Werkstoffe wichtige Rolle spielt, also beispielsweise für Tiefziehbleche im Automobilbau, bei Transformatorblechen für Umspannstationen oder topotaktisch aufgewachsenen dünnen Schichten in der Mikroelektronik etc.

Ein wichtiger Grund für das wachsende Interesse an der kristallographischen Textur eines Werkstoffs war die in den 70er Jahren beginnende Verfügbarkeit schneller Computer, mit denen es erstmals möglich wurde, aus mehreren unvollständigen Polfiguren die Orientierungsverteilungsfunktion (OVF) zu berechnen. Die Problematik liegt darin, daß die Polfigur nur eine Verteilung äquivalenter kristallographischer Achsen angibt, die keine direkte Schlußfolgerung über die Orientierungsverteilung zuläßt, da man nicht weiß, welche Achsen zur gleichen Orientierung gehören. Nur durch Vergleich mehrerer Polfiguren kann man eine solche Zuordnung herleiten, was natürlich manuell außerordentlich zeitraubend und daher praktisch unmöglich ist. Erst durch die sog. Polfigurinversion mit Hilfe schneller Computer aus mehreren, mindestens 3 Polfiguren ist eine Bestimmung der Orientierungsverteilung möglich (Bunge 1969). Heute ist eine Berechnung der Orientierungsverteilungsfunktion Standard und bedeutet selbst für Mikrocomputer keine Schwierigkeiten mehr. Am Röntgentexturgoniometer des IMM der RWTH Aachen dauert die Bestimmung einer OVF inklusive der Messung von 4 Polfiguren etwa 1 h.

Während die 70er Jahre geprägt waren von der Entwicklung mathematischer Verfahren zur Berechnung der OVF, der Behebung ihrer Unzulänglichkeiten und natürlich der Problematik der Texturentstehung sowie der Textursteuerung in der praktischen Anwendung, erfuhren in den 80er Jahren die experimentellen Techniken der Texturmessung einen neuen Schub. Dazu gehörte einmal die Entwicklung von ortsempfindlichen Detektoren, die eine erhebliche Verbesserung der Auflösung des Bragg-Winkels gestatten, was insbesondere für die Untersuchung von mehrphasigen Materialien dringend notwendig ist, da die Reflexe der verschiedenen Phasen sich bei kleinen Bragg-Winkeln – und das sind zumeist die Reflexe höchster Intensität, die auch die höchste Meßgenauigkeit garantieren – häufig überlappen und deshalb bei mangelnder Winkelauflösung des Detektors nicht getrennt werden können.

Eine weitere wichtige Neuerung für die Untersuchung von Texturen mit Röntgenstrahlen war die Verfügbarkeit von Synchrotronstrahlung, die eine um mehrere Größenordnungen höhere Intensität als die herkömmlichen Feinfokusröhren oder rotierende Anoden bietet. Es ist aber nicht nur die Intensität, sondern vielmehr die außerordentlich geringe Divergenz des Strahlenbündels, die für die Texturforschung mit Synchrotronstrahlung ganz neue Anwendungen erlaubt. So kann man beispielsweise einen sehr dünnen Strahl mit einem Durchmesser von Mikrometern ausblenden und die Orientierung einzelner Körner im Laue-Verfahren mit Belichtungszeiten von Sekunden bestimmen. In Verbindung mit einem ortsempfindichen Flächendetektor und einer Computersteuerung für Probentisch und Datenerfassung läßt sich praktisch vollautomatisch eine Orientierungslandkarte erstellen, in der neben der Häufigkeitsverteilung der Orientierungen auch noch ihre räumliche Anordnung bestimmt werden kann (Gottstein 1988). Darüber hinaus lassen sich die Orientierungsverteilungen in lamellaren Strukturen messen, was mit herkömmlichen Röntgenmethoden durch die unterschiedliche Absorption der Schichtstruktur praktisch unerreichbar ist. Letztlich ist aber die Methodenentwicklung in der Texturforschung in den letzten Jahren auch durch die Anwendung anderer Strahlenquellen als die elektromagnetische Röntgenstrahlung geprägt.

Konkurrierende Methoden: Neutronen und Elektronen

Die Verfügbarkeit geeigneter Techniken zur Texturbestimmung hat in den letzten Jahren zu immer neuen Anwendungen und Fragestellungen geführt. Dazu zählen insbesondere Untersuchungen an mehrphasigen Werkstoffen und geologischen Materialien sowie die Bestimmung lokaler Orientierungsverteilungen und der Orientierungstopographie. Für die Untersuchung von geologischen Präparaten hat die Röntgenstrahlung den Nachteil, daß ihre Eindringtiefe nur gering ist, so daß nur oberflächennahe Bereiche erfaßt werden können. Geologische Materialien haben aber gewöhnlich eine sehr große Korngröße, so daß mit Röntgenpolfigurmessungen keine statistisch relevante Texturmessung möglich ist. Neutronen bieten den Vorteil einer sehr großen durchstrahlbaren Dicke. Da die Gültigkeit der Bragg-Gleichung nicht auf elektromagnetische Strahlung beschränkt ist, sondern ebenso auf Elektronen- und Neutronenwellen anwendbar ist, können auch diese Elementarteilchen zur Texturmessung verwendet werden. Entsprechend können Polfiguren an massiven Proben mit Neutronen im Durchstrahlverfahren ermittelt werden (Bunge 1989). Dadurch erhält man eine gute Statistik der Orientierungsverteilung im makroskopischen Probenvolumen. Für mehrphasige Werkstoffe ist die Eigenschaft von Neutronen, daß ihre Absorption wenig vom Material abhängig ist, von Vorteil. Die Korrektur der Absorption in mehrphasigen Gefügen ist für die Texturmessung mit Röntgenstrahlen ein erhebliches Problem. Allerdings hat die Messung mit Neutronen dagegen den sehr praktischen Nachteil, daß geeignete Neutronenquellen nur an bestimmten Groß-

forschungsanlagen vorhanden und deshalb nur begrenzt und zeitlich nicht beliebig verfügbar sind. Aus dem gleichen Grund ist auch die Synchrotronstrahlung für die Texturforschung bis heute praktisch ungenutzt, insbesondere weil Verfahren mit Elektronenbeugung dazu in Konkurrenz stehen, die bequem im eigenen Labor durchgeführt werden können.
Öffnet sich mit Neutronen die Anwendung zu makroskopischen Dimensionen, so erschließen sich mit Elektronen die mikroskopischen Dimensionen kristalliner Festkörper. Mit Polfigurmessungen erhält man statistische Mittelwerte über die Orientierungshäufigkeit in einer Probe, aber keine Information über die lokale Anordnung der Orientierungen. Für die heute üblichen technischen Anwendungen braucht man diese lokale Information zumeist auch nicht, wenn nur das makroskopische Werkstoffverhalten von primärem Interesse ist. Für die quantitative Mikrostrukturbeschreibung hingegen, die insbesondere für eine gezielte Werkstoffentwicklung und für ein tieferes Verständnis der Mikrostrukturentwicklung von vorrangiger Bedeutung ist, sind aber Informationen über lokale Orientierungsverteilungen, Orientierungskorrelationen, Nachbarschaftsbeziehungen, Korngrenzencharakterverteilungen etc. notwendig. Diese erhält man bequem mit Elektronenstrahlen, die sich zu feinen Sonden fokussieren lassen und deshalb eine Abbildung der Mikrostruktur eines kristallinen Werkstoffs liefern. Mittels Elektronenbeugung im Rasterelektronenmikroskop können Orientierungen in Volumina von Mikrometerdimensionen an makroskopischen Proben schnell, in großer Zahl und automatisch bestimmt werden (Dingley 1988; Engler u. Gottstein 1992; Adams 1993). Für Orientierungsbestimmungen im Submikrometerbereich stehen heute moderne Transmissionselektronenmikroskope zur Verfügung, die mittels konvergenter Beugung auch im Nanometerbereich Orientierungsinformationen liefern oder zur Messung lokaler Polfiguren im Mikrometerbereich umgebaut werden können (Schwarzer 1990). Mit der gleichzeitigen Information über Ort und Orientierung hat die Texturforschung heute eine neue Qualität erreicht, die weit über die Röntgentexturmessung hinausgeht.

Zusammenfassung

Mit der Entdeckung der Beugung von Röntgenstrahlen am Kristallgitter durch v. Laue, Friedrich und Knipping und ihrer handlichen Beschreibung durch Bragg wurde auch die Orientierung der Kristallite in einem vielkristallinen Festkörper bestimmbar. Über viele definierte Entwicklungssprünge, die sich vor allem neben den oben Genannten mit den Namen Debye und Scherrer, Wever, Decker, Asp und Harker sowie Schulz und Field und Merchant, und schließlich in Deutschland mit Wassermann und Lücke verbinden, wurde das Röntgentexturgoniometer entwickelt, das in seiner heutigen, mit Computersteuerung und ausgeklügelter Meßtechnik ausgestatteten kommerziellen Version eine rasche und bequeme Bestimmung der Orientierungsverteilung in einem kristallinen Festkörper zuläßt.
Aufgrund dieser Entwicklung gehört die Bestimmung der Textur heute zur Routinecharakterisierung eines Werkstoffs und findet immer stärkere Anwendung zur Qualitätskontrolle in der industriellen Praxis. Mit der Verfügbarkeit schneller Röntgentexturgoniometer wurde die Texturforschung zu einem eigenständigen Forschungsgebiet der Materialwissenschaften, das bis heute einen ungebrochenen Aufschwung verzeichnet und in vielen Gebieten der Werkstofftechnik Eingang findet, von der Stahlherstellung bis zur Mikroelektronik. Während die Röntgentexturuntersuchungen Standard der Texturmessung sind und bleiben, werden sie durch Anwendungen der Neutronenbeugung im makroskopischen Bereich und Elektronenbeugung in mikroskopischen Dimensionen ergänzt.
Die Entwicklung, die hier nachvollzogen wurde, zeigt in vielleicht typischer Weise den synergetischen Charakter des wissenschaftlich-technischen Fortschritts, in dem die getrennte Entwicklung in verschiedenen Gebieten, u. a. Kristallphysik, Mechanik, Detektortechnik, Metallkunde und Informatik, über unvorhersehbare Berührungspunkte zur Entwicklung einer analytischen Methode und damit letztlich zur eigendynamischen Entwicklung eines neuen und breiten Forschungsgebietes in den Materialwissenschaften geführt hat.

Literatur

Adams BL, Wright SI, Kunze K (1993) Orientation imaging: the emergence of a new microscopy. Met Trans A 24A:819–831

Barrett C, Massalski TB (1980) Structure of metals, 3rd edn., Pergamon, Oxford, pp 30ff.

Beck PA, Chernock WP (1952) Analysis of certain errors in the x-ray reflection method for the quantitative determination of preferred orientation. J Appl Phys 23. 1:341–345

Beck PA, Hsun Hu, Sperry PR (1952) Rolling textures in fcc metals. Trans AIME 194:78

Bragg WH, Bragg WL (1915) X-rays and crystal structure. London

Bunge HJ (1969) Mathematische Methoden der Texturanalyse. Akademie-Verlag, Berlin

Bunge HJ (1989) Advantages of neutron diffraction in texture analysis. Text Microstruct 10:265

Bunk W, Lücke K, Masing G (1954) Zur Anwendung des Zählrohres für die Texturbestimmung. Z Metallk 45:269–275

Debye P, Scherrer P (1917) Interferenzen an regellos orientierten Teilchen im Röntgenlicht 3. Physikal Z 18:291–301

Decker BF, Asp ET, Harker D (1948) Preferred orientation determination using a Geiger counter x-ray diffraction goniometer. J Appl Phys 19. 1:388–393

Dingley DJ (1988) On line microtexture determination using backscatter Kikuchi diffraction in a scanning electron microscope. In: Kallend J, Gottstein G (eds) ICOTOM 8. TMS Warrendale, Pa, pp 189–194

Engler O, Gottstein G (1992) A new approach in texture research: Local orientation determination with EBSP. Steel Res 63:413–202

Field M, Merchant ME (1949) Reflection method of determining preferred orientation on the Geiger counter spectrometer. J Appl Phys 20. 2:741–745

Friedrich W, Knipping P, Laue M v (1912) Grundlegende Arbeit über Beugung der Röntgenstrahlung in Kristallen. Bayr Akad Ber 303

Friedrich W (1913) Eine neue Interferenzerscheinung bei Röntgenstrahlen. Physikal Z 14:317–321

Göler v, Sachs G (1927) Das Verhalten von Aluminiumkristallen bei Zugversuchen. Z Physik 41:103–115

Göler v, Sachs G (1929) Zugversuche an Kristallen aus Kupfer und α-Messing. Z Physik 55:582–599

Gottstein G (1988) Automatic microstructure determination with synchrotron radiation. In: Kallend J, Gottstein G (eds) ICOTOM 8. TMS Warrendale, Pa, pp 195–202

Hirsch J, Burmeister G, Hoenen L, Lücke K (1986) Autex III – a high speed texture goniometer and data processing system. In: Bunge J (ed) Experimental techniques of texture analysis. DGM, Oberursel, pp 63

Laue M v, Friedrich W, Knipping P (1912) Interferenz-Erscheinungen bei Röntgenstrahlen. Sitzungsbericht d. Bayr. Ak. d. Wiss., Math.-Phys. Klasse 303–322

Lindemann R, Trost A (1940) Das Interferenz-Zählrohr als Hilfsmittel der Feinstrukturforschung mit Röntgenstrahlen. Z Physik 115:456–468

Mark H, Polanyi M, Schmid E (1922) Vorgänge bei der Dehnung von Zinkkristallen. Allgemeine Beschreibung der Erscheinungen und Untersuchungsmethoden. Z Physik 12:58–77

Polanyi M (1921) Das Röntgen-Faserdiagramm. Z Physik 7:149–180

Röntgen WC (1895) Über eine neue Art von Strahlen. Sitzungsbericht d. phys.-med. Ges. Würzburg 132–138

Schiebold E (1924) Über die graphische Auswertung von Röntgenphotogrammen. Z Physik 28:355–370

Schiebold E, Sachs G (1926) Graphische Bestimmung der Gitterorientierung von Kristallen mit Hilfe des Laueverfahrens. Gesetzmäßiges Wachstum von Aluminiumkristallen bei der Rekristallisation. Z Kristallogr 63:34–48

Schulz LG (1949) Determination of preferred orientation in flat transmission samples using a Geiger counter x-ray spectrometer. J Appl Phys 20. 2:1033–1036

Schwarzer RA (1990) Measurement of local textures with transmission and scanning electron microscopes. Text Microstruct 13:15–30

Seeman H (1919) Vollständige Spektraldiagramme von Kristallen. Physikal Z 8:169–175

Taylor GI (1938) Plastic strain in metals. J Inst Metals 62:307–324

Wassermann G, Grewen J (1962) Texturen metallischer Werkstoffe. Springer, Berlin Göttingen Heidelberg

Wassermann G, Wiewiorowsky J (1953) Über ein Geiger-Zählrohr-Goniometer nach dem Seemann-Bohlin-Prinzip. Z Metallk 44:567–570

Weissenberg K (1924) Ein neues Röntgengoniometer. Z Physik 23:229–238

Wever F (1924) Über die Walzstruktur kubisch kristallisierender Metalle. Z Physik 28:69–90

Röntgenographische Bestimmung elastischer Spannungen

Eckard Macherauch und Bernd Eigenmann

Die röntgenographische Spannungsmessung (RSM) gewann im Laufe ihrer Entwicklung für die verschiedensten materialwissenschaftlichen und materialtechnischen Gebiete erhebliche Bedeutung. Sie fand bei naturwissenschaftlichen Fragestellungen ebenso Anwendung wie bei ingenieurwissenschaftlichen. Nachfolgend wird deshalb auf eine fachspezifische Unterteilung verzichtet und die chronologische Entwicklung dieser Disziplin unter Herausstellung wichtiger Untersuchungen und Forschungsergebnisse für 5 abgrenzungswürdig erscheinende Zeitabschnitte beschrieben. Das Gebiet der RSM ist durch die bibliographischen Arbeiten von Isenburger (1949, 1953) und besonders J. Hauk (1976, 1982, 1987, 1990, 1992, 1993, 1994) nahezu vollständig erfaßt.

In einigen Büchern (z. B. Glocker 1936, 1942, 1948, 1971; Barrett 1943, 1952; Noyan u. Cohen 1987; Scholtes 1991), in einigen Übersichtsarbeiten (z. B. Wever 1938; Greenough 1952; Hauk 1955, 1964, 1967; Glocker 1958; Möller 1958; Macherauch 1963, 1980; Hauk u. Macherauch 1982; Niku-Lari 1987; Eigenmann u. Macherauch 1995) sowie in einigen Tagungsbänden (z. B. Macherauch u. Hauk 1983, 1987; Hauk et al. 1991) liegen jeweils aktuelle Bestandsaufnahmen vor.

Der Zeitabschnitt von 1925–1945

Unter der Einwirkung äußerer oder innerer Spannungen, man spricht auch von Last- und Eigenspannungen, ändert sich in den Kristalliten eines vielkristallinen Werkstoffs der Abstand D_0 des spannungsfreien Zustandes der Gitterebenen mit den Millerschen Indizes hkl und geht in den Abstand D des verspannten Zustandes über. Die Größe

$$\varepsilon^g = \frac{D - D_0}{D_0} = \frac{dD}{D_0} \tag{1}$$

wird Gitterdehnung genannt. Aus der Braggschen Gleichung

$$n\lambda = 2D \sin \Theta \tag{2}$$

folgt bei konstanter Wellenlänge λ durch totale Differentiation

$$\varepsilon^g = -\cot \Theta_0 d\Theta. \tag{3}$$

Werden also mit monochromatischen Röntgenstrahlen Winkellageänderungen $d\Theta$ von Interferenzlinien {hkl} gegenüber dem Bragg-Winkel Θ_0 des spannungsfreien Zustandes gemessen, so lassen sich aus diesen Interferenzlinienverschiebungen Gitterdehnungen ε^g ermitteln und daraus Rückschlüsse auf die wirksamen Spannungen ziehen. Das ist der Grundgedanke der röntgenographischen Spannungsermittlung. Er kam Mitte der 20er Jahre auf (Lester u. Aborn 1925/26). Die 1929 erschienene Arbeit von Aksenow „Messung von elastischen Spannungen im feinkristallinischen Aggregat nach der Debye-Scherrer-Methode“ gab den eigentlichen Anstoß zur Entwicklung der RSM. Dazu waren praktikable Methoden erforderlich, um mit Hilfe der beschriebenen Dehnungsmessungen in atomaren Bereichen unter Rückgriff auf elastizitätstheoretische Beziehungen zu quantitativen Spannungsaussagen zu gelangen. Die zu ermittelnden Gitterdehnungen wurden betragsmäßig als sehr klein ($<10^{-3}$) erwartet. Deshalb mußten, um nach Gl. (3) möglichst große Verschiebungen $d\Theta$ der Interferenzlinien zu erhalten, {hkl}-Interferenzen mit großen Bragg-Winkeln Θ_0 vermessen werden. Dafür lagen aber Ende der 20er Jahre durch die von van Arkel (1926) und Dehlinger (1927) entwickelten Rückstrahlkammern die notwendigen Voraussetzungen vor. Sie ermöglichten auf eben oder zylindrisch angebrachten Röntgenfilmen die Registrierung der äußersten Debye-Scherrer-Ringe, der sog. Rückstrahlinterferenzen, und damit die Präzisionsbestimmung von Interferenzlinienlagen bzw. von Gitterebenenabständen bzw. von Gitterkonstanten. Die Lage der Interferenzlinien auf den Filmen wurde dabei entweder direkt

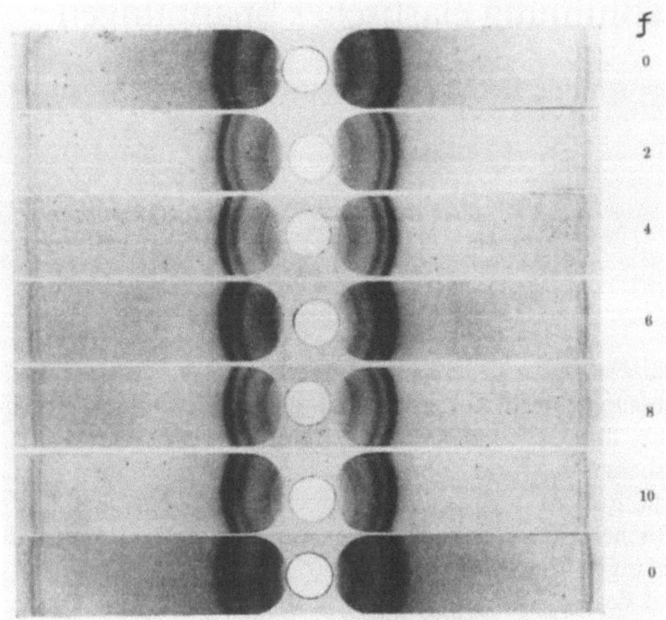

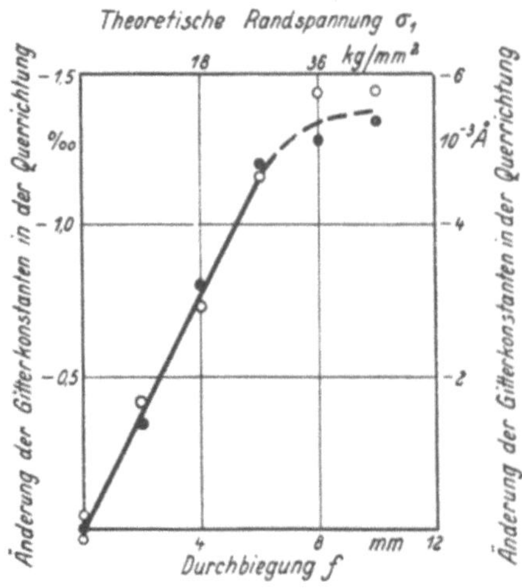

Abb. 1. Änderung der Lage der Interferenzringe {511/333} (*links*) und Gitterkonstanten (*rechts*) in Abhängigkeit von der Randspannung σ_l bzw. der Durchbiegung *f* bei der Biegung eines Duraluminbleches. (Sachs u. Weerts 1930)

visuell oder mit geringer mikroskopischer Vergrößerung oder nach Photometrierung der Filme auf einem Photometerschrieb jeweils mit einem Koinzidenzmaßstab ermittelt.

Bei der RSM werden wegen der geringen Eindringtiefe der dafür geeigneten Röntgenstrahlen bei metallischen Werkstoffen stets nur sehr dünne Oberflächenschichten erfaßt. 1930 wandten erstmals Sachs u. Weerts das Röntgenrückstrahlverfahren bei einer auf Biegung beanspruchten Aluminiumlegierung an und erhielten durch Vermessung der Abstände von nahezu parallel zur Probenoberfläche vorliegenden Gitterebenen Aussagen über die in den Randschichten auftretenden Lastspannungen. Abb. 1 zeigt Originalaufnahmen und das Ergebnis dieser Untersuchungen. Um es verstehen zu können, sind einige elastizitätstheoretische Kenntnisse erforderlich. Liegt bei einem Vielkristall, wie in Abb. 2 skizziert, ein ebener Spannungszustand mit den Hauptspannungen σ_1 und σ_2 parallel zur Oberfläche vor, so liefert die Elastizitätstheorie für die im Azimut φ gegenüber σ_1 unter den Neigungswinkeln ψ bezüglich dem Oberflächenlot L auftretende Dehnungsverteilung

$$\varepsilon_{\varphi,\psi} = \frac{\nu+1}{E}(\sigma_1 \cos^2\varphi + \sigma_2 \sin^2\varphi)\sin^2\psi - \frac{\nu}{E}(\sigma_1+\sigma_2). \quad (4)$$

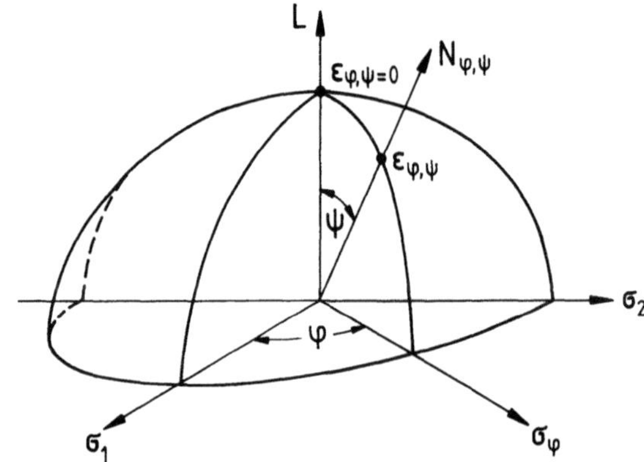

Abb. 2. Dehnungsellipsoid eines zweiachsigen Spannungszustandes mit oberflächenparallelen Hauptspannungen

Dabei ist E der Elastizitätsmodul und ν die Querkontraktionszahl. Außerdem ist die im Azimut φ wirksame Oberflächenspannung

$$\sigma_\varphi = \sigma_1 \cos^2\varphi + \sigma_2 \sin^2\varphi. \quad (5)$$

Damit und mit den Voigtschen Elastizitätskonstanten

$$\tfrac{1}{2} s_2 = \frac{\nu+1}{E} \quad \text{und} \quad s_1 = -\frac{\nu}{E} \quad (6)$$

läßt sich Gl. (4) auch schreiben

$$\varepsilon_{\varphi,\psi} = \tfrac{1}{2} s_2 \sigma_\varphi \sin^2\psi + s_1(\sigma_1+\sigma_2). \quad (7)$$

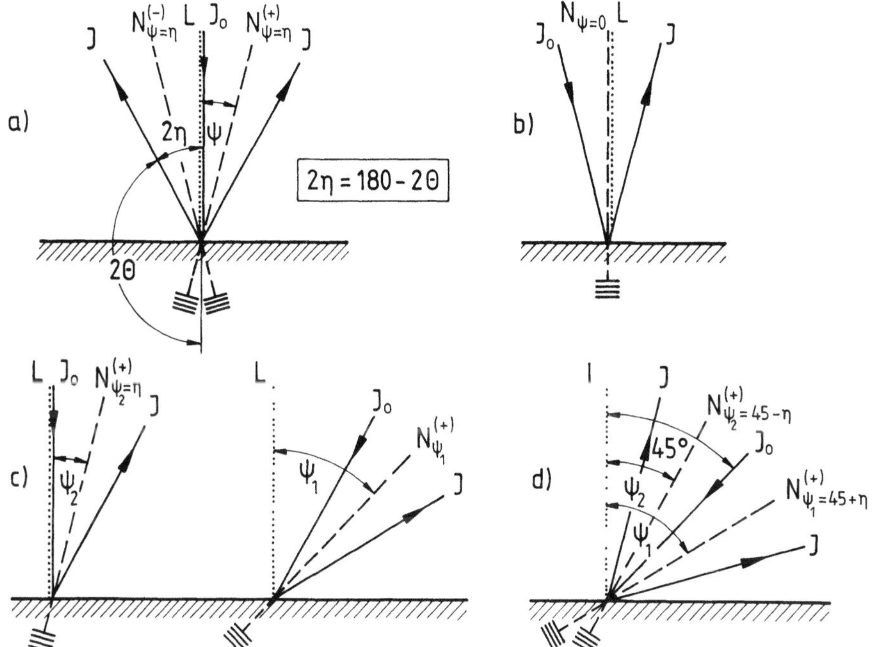

Abb. 3a–d. Strahlengänge (J_o primärer Strahl; Θ Bragg-Winkel; J abgebeugter Strahl; L Oberflächenlot) bei der Vermessung gleicher Gitterebenen {hkl}, deren Normalen N_ψ unter verschiedenen Neigungswinkeln ψ gegenüber dem Oberflächenlot L vorliegen. **a** Klassisches Senkrechtverfahren. **b** Modifiziertes Senkrechtverfahren. **c** Senkrecht-Schräg-Verfahren. **d** 45°-Verfahren

Wird also bei einem einachsigen Spannungszustand ($\sigma_2 = 0$), wie er z. B. bei Biegung vorliegt, für $\psi \approx 0$ die Gitterdehnung $\varepsilon^g_{\varphi,\psi\approx 0} = (D_{\varphi,\psi\approx 0} - D_o)/D_o$ gemessen und mit der elastizitätstheoretisch erwarteten Dehnung $\varepsilon_{\varphi,\psi=0}$ identifiziert, so sollte nach Gl. (7) die Gitterdehnung $\varepsilon^g_{\varphi,\psi\approx 0}$ bzw. $D_{\varphi,\psi\approx 0}$ bzw. die dazu proportionale Gitterkonstante $a_{\varphi,\psi\approx 0}$ linear mit σ_1 zunehmen, so wie es Abb. 1 (rechts) zeigt.

Die von Sachs u. Weerts angewandte Methode der Spannungsermittlung mit Senkrechteinstrahlung zur Probenoberfläche (vgl. Abb. 3a) haben Wever u. Möller (1931) zum sog. Senkrechtverfahren der RSM weiterentwickelt. Sie bestimmten (vgl. Abb. 3b) mit einer Röntgenaufnahme den senkrecht (⊥) zur Oberfläche für $\psi = 0$ vorliegenden Gitterebenenabstand $D_{\varphi,\psi=0} = D_\perp$ und erhielten durch Vergleich mit D_o die Gitterdehnung

$$\varepsilon^g_{\varphi,\psi=0} = \frac{D_{\varphi,\psi=0} - D_o}{D_o} = \frac{D_\perp - D_o}{D_o}. \tag{8}$$

In Richtung $\varphi, \psi = 0$ war andererseits Gl. (7) bei einem zweiachsigen Hauptspannungszustand als Dehnung

$$\varepsilon_{\varphi,\psi=0} = s_1(\sigma_1 + \sigma_2) \tag{9}$$

zu erwarten. Somit ergab die Gleichsetzung beider Dehnungswerte bei bekanntem s_1 und D_o die Summe der Hauptspannungen zu

$$(\sigma_1 + \sigma_2) = \frac{\varepsilon_{\varphi,\psi=0}}{s_1} = \frac{1}{s_1}\,\frac{D_\perp - D_o}{D_o}. \tag{10}$$

Aussagen über Größe und Orientierung von σ_1 und σ_2 in den lokal vermessenen Werkstoffbereichen waren nicht möglich. Die Brauchbarkeit dieser Methode wurde von Wever u. Möller (1932, 1934) sowie Möller u. Barbers (1934, 1935) in mehreren Modellversuchen nachgewiesen.

Eine in den Anfangsjahren der RSM benutzte ebene Rückstrahlkammer mit Filmregistrierung ist in Abb. 4 skizziert. Zur Fokussierung des divergenten Primärstrahlenbündels in der Filmebene lagen die Blende, die Schnittlinie des Interferenzkegels mit der Filmebene und die bestrahlte Oberfläche näherungsweise auf einer Kugelfläche. Die Filmkassette war seitlich in drei Rollenpaaren gelagert, von denen eines durch eine biegsame Welle angetrieben werden konnte. Bei zu grobkristallinen Werkstoffen wurde durch Rotation der Kassette erreicht, daß die dann auftretenden Interferenzpunkte zu einem Interferenzring verschmierten. Zur Ermittlung der Interferenzlinienlage war die genaue Kenntnis des Abstandes zwischen Film und Werkstoffoberfläche erforderlich. Dieser wurde nach einem Vor-

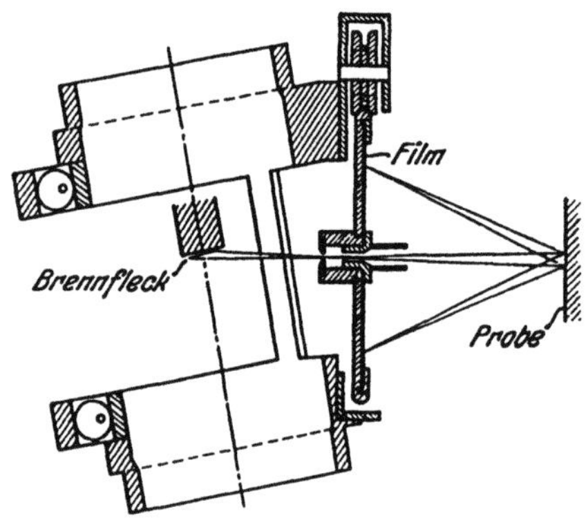

Abb. 4. Prinzipskizze einer Rückstrahlfilmkammer. (Wever u. Möller 1932)

schlag von Wever u. Möller (1933) dadurch erhalten, daß eine Interferenzlinie von einem zusätzlich auf das Objekt aufgebrachten Eichstoff mit bekannter Gitterkonstante auf dem Film mitregistriert und vermessen wurde.

Bei der Untersuchung von unter definierten mechanischen Spannungen σ^{mech} stehenden Stählen mit verschiedenen Röntgenwellenlängen wurden mit CoKα-Strahlung stets größere, mit CrKα-Strahlung dagegen kleinere „röntgenographische Spannungen σ^{ro}" als die mechanisch aufgeprägten Spannungen ermittelt. Als Ursache dieser Diskrepanz erkannten Möller u. Barbers (1935) die elastische Anisotropie der Kristallite der vermessenen Werkstoffe. Von den zur Interferenz beitragenden oberflächennahen Kristalliten wurden stets Gitterebenen {hkl} des gleichen Typs vermessen und somit die Abstandsänderungen in Richtung ihrer Ebenennormalen erfaßt, bezüglich der die Kristallite aber im Idealfall beliebig orientiert vorlagen. Deshalb wirkte sich die elastische Anisotropie der Gitterstruktur auf die Meßwerte aus. Als pragmatisches Anisotropiemaß wurde zunächst die Größe

$$\xi = \frac{\sigma^{ro}}{\sigma^{mech}} \tag{11}$$

eingeführt. Erste Abschätzungen der zur Interpretation der Versuchsergebnisse erforderlichen Elastizitätsmoduln erfolgten unter der Annahme, daß „sich die einzelnen Kristallite unabhängig voneinander verformen". Für Messungen mit CoKα-Strahlung an {310}-Ebenen des Ferrits von Stahl wurde unter Zugrundelegung von Einkristalldaten ein „Röntgenelastizitätsmodul" abgeschätzt, der um etwa 8% kleiner als der mechanische war.

Glocker u. Osswald (1935) sowie Gisen et al. (1936) entwickelten das erste Röntgenverfahren zur Bestimmung einzelner Spannungskomponenten σ_φ eines Oberflächenspannungszustandes. Dazu wurde neben einer Gitterdehnung $\varepsilon^g_{\varphi,\psi=0}$ senkrecht zur Objektoberfläche eine weitere Gitterdehnung $\varepsilon^g_{\varphi,\psi}$ im Azimut φ unter einem Winkel ψ gegenüber dem Oberflächenlot gemessen (vgl. Abb. 2 und Abb. 3c). Für die Gitterdehnungsdifferenz konnte deshalb nach Gl. (7) angesetzt werden

$$\varepsilon^g_{\varphi,\psi} - \varepsilon^g_{\varphi,\psi=0} = {}^1\!/\!_2\, s_2 \sigma_\varphi \sin^2\psi, \tag{12}$$

so daß sich die Oberflächenspannungskomponente im Azimut φ zu

$$\sigma_\varphi = \frac{\varepsilon^g_{\varphi,\psi} - \varepsilon^g_{\varphi,\psi=0}}{{}^1\!/\!_2\, s_2 \sin^2\psi} \tag{13}$$

ergab. Bei diesem Senkrecht-Schrägverfahren der RSM ließ sich für die Gitterdehnungsdifferenz

$$\frac{D_{\varphi,\psi} - D_{\varphi,\psi=0}}{D_o} \approx \frac{D_{\varphi,\psi} - D_{\varphi,\psi=0}}{D_{\varphi,\psi=0}} \tag{14}$$

schreiben, ohne daß das Ersetzen von D_o durch den Meßwert $D_{\varphi,\psi=0}$ die Genauigkeit der Dehnungsdifferenzangabe wesentlich beeinträchtigte. Somit ergab sich mit Hilfe einer Senkrechtaufnahme (zur Bestimmung von $D_{\varphi,\psi=0}$) und einer Schrägaufnahme (zur Bestimmung von $D_{\varphi,\psi}$) bei bekanntem ${}^1\!/\!_2 s_2$ eine beliebige Oberflächenspannungskomponente zu

$$\sigma_\varphi = \frac{D_{\varphi,\psi} - D_{\varphi,\psi=0}}{D_{\varphi,\psi=0}\, {}^1\!/\!_2\, s_2 \sin^2\psi}. \tag{15}$$

Gisen et al. (1993b) zeigten zudem, daß durch Messung von zwei weiteren Gitterebenenabständen $D_{\varphi+\alpha,\psi}$ und $D_{\varphi+90°,\psi}$ in den Azimuten $\varphi+\alpha$ und $\varphi+90°$, insgesamt also mit Hilfe von vier Rückstrahlaufnahmen, ein ebener Spannungszustand hinsichtlich Größe und Lage der Hauptspannungen vollständig bestimmbar ist.

1938 entwickelten Glocker et al. das Schrägverfahren der RSM (vgl. Abb. 2 und Abb. 3d), mit dem bei Kenntnis von ${}^1\!/\!_2 s_2$ die Bestimmung einer beliebigen Spannungskomponente σ_φ aus einer Rückstrahlaufnahme, wiederum ohne Kenntnis des spannungsfreien Gitterebenenabstands D_o, möglich wurde. Die Gl. (7) ergab bei konstantem Azimut φ für $\psi = \psi_1$ und $\psi = \psi_2$ als Differenz der Gitterdehnungen

$$\varepsilon^g_{\varphi,\psi_1} - \varepsilon^g_{\varphi,\psi_2} = {}^1\!/\!_2\, s_2 \sigma_\varphi (\sin^2\psi_1 - \sin^2\psi_2), \tag{16}$$

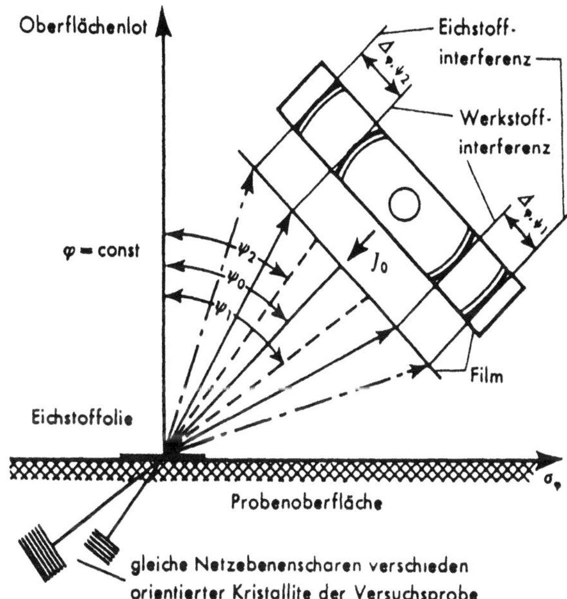

Abb. 5. Geometrische Verhältnisse bei einer Rückstrahlschrägaufnahme von einer mit einem Eichstoff bedeckten Versuchsprobe

oder

$$\sigma_\varphi = \frac{\varepsilon^g_{\varphi,\psi_1} - \varepsilon^g_{\varphi,\psi_2}}{1/2\, s_2(\sin^2\psi_1 - \sin^2\psi_2)} \approx \frac{D_{\varphi,\psi_1} - D_{\varphi,\psi_2}}{D_{\varphi,\psi_1}\, 1/2\, s_2(\sin^2\psi_1 - \sin^2\psi_2)}. \tag{17}$$

Wurde unter einem Winkel $\psi_o = 45°$ zum Oberflächenlot eingestrahlt, so lieferte, wie in Abb. 5 veranschaulicht, die Interferenzlinienlage auf der einen Seite des Debye-Scherrer-Ringes D_{φ,ψ_1} für die Meßrichtung $\psi_1 = 45° + \eta_1$ und die auf der anderen Seite D_{φ,ψ_2} für $\psi_2 = 45° - \eta_2$. Dabei war jeweils $\eta_i - 90° - \Theta_i \approx \eta$. Damit vereinfachte sich Gl. (17) zu

$$\sigma_\varphi \approx \frac{D_{\varphi,45°+\eta_1} - D_{\varphi,45°-\eta_2}}{D_{\varphi,45°+\eta_1}\, 1/2\, s_2 \sin 2\eta}. \tag{18}$$

Die Abb. 5 beschreibt die Verhältnisse, wie sie z. B. bei der Bestimmung der Spannungskomponente einer Stahlprobe mit CrK α-Strahlung unter Verwendung von Chrom-Eichpulver vorlagen.

Im Zuge der Entwicklung der RSM versuchte man auch, aus einer einzigen vollständigen Rückstrahlschrägaufnahme in verschiedenen radialen Richtungen Interferenzlinienlagen zu entnehmen und damit das Problem der vollständigen Bestimmung eines Oberflächenspannungszustandes nach Betrag und Richtung der vorliegenden Hauptspannungen zu lösen. Vorschläge dazu erfolgten von Dorgelo u. de Graaf (1935), Barrett u. Gensamer (1936), Möller u. Neerfeld (1939) sowie Stäblein (1939).

Einen wichtigen Fortschritt für die korrekte Berechnung von Spannungsbeträgen aus röntgenographisch ermittelten Gitterdehnungen brachten Detailuntersuchungen zum Problem der Auswirkung der elastischen Anisotropie der vermessenen Kristallite der Vielkristalle auf die Interferenzlinienlage. Nahm man nach Voigt (1928) an, daß die Kristallite bei Beanspruchung alle gleich gedehnt werden, dann sollten bei der Vermessung verschiedener Gitterebenen {hkl} die gleichen elastischen Konstanten $(s_1)_{\text{Voigt}}$ und $(^1\!/\!_2 s_2)_{\text{Voigt}}$ wirksam sein. Das stand im Gegensatz zu der inzwischen vorliegenden Erfahrung. Aufgrund der auf Reuß (1929) zurückgehenden Annahme gleicher Spannung in den Kristalliten sollten dagegen, wie Glocker (1938) sowie Schiebold (1938) zeigten, bei verschiedenen Gitterebenen {hkl} unterschiedliche Werte $(s_1)_{\text{Reuß}}$ und $(^1\!/\!_2 s_2)_{\text{Reuß}}$ den Zusammenhang zwischen Gitterdehnungen und Spannungen beschreiben. Die erforderlichen Berechnungen erfolgten mit Hilfe der Elastizitätskoeffizienten, die bei Einkristallen der vermessenen Kristallite mit kubischer Gitterstruktur das elastische Verformungsverhalten bestimmen. Auch die unter Zugrundelegung dieser Reußschen elastischen Konstanten aus Gitterdehnungen berechneten röntgenographischen Spannungen wichen aber von den mechanischen Spannungswerten ab. Deshalb schlugen Möller u. Neerfeld (1941) vor, die Auswertung röntgenographischer Gitterdehnungsmessungen mit den Mittelwerten der nach den Grenzannahmen von Voigt und Reuß berechneten Konstanten vorzunehmen.

Mitte der 30er Jahre wurde auch schon das Problem erörtert, ob und wie sich unterhalb der Oberfläche von Vielkristallen möglicherweise vorliegende dreiachsige Spannungszustände auf die röntgenographisch in den Randschichten meßbaren Gitterdehnungen auswirken. Pionierarbeit dafür leistete Romberg (1937), der erstmals räumliche Spannungszustände erörterte und feststellte, daß bei allgemeiner Orientierung der drei Hauptnormalspannungen „sechs röntgenographische Aufnahmen erforderlich" sind, „um die sechs unbekannten Komponenten σ_{xx}, σ_{yy}, σ_{zz} und σ_{xy}, σ_{yz}, σ_{xz} des Spannungstensors zu bestimmen". Bei diesen Betrachtungen wurde von dem „allgemeinen Ausdruck für die Deformation in einer beliebigen Richtung“ φ, ψ eines räumlichen Spannungszustandes

$$\varepsilon_{\varphi,\psi} = (\varepsilon_{xx}\cos^2\varphi + 2\varepsilon_{xy}\sin\varphi\cos\varphi + \varepsilon_{yy}\sin^2\varphi)\sin^2\psi + \varepsilon_{zz}\cos^2\psi + (\varepsilon_{zx}\cos\varphi + \varepsilon_{yz}\sin\varphi)\sin 2\psi \quad (19)$$

ausgegangen, wobei ε_{xx}, ε_{yy}, ε_{zz} die Normal- und ε_{xy}, ε_{yz}, ε_{zx} die Schubdehnungskomponenten des Dehnungstensors sind.

Der erste zweifelsfreie Nachweis, daß bei Vielkristallen randnah dreiachsige Spannungszustände auftreten können, gelang Schaaber (1939) bei röntgenographischen Untersuchungen an Leichtmetallen.

Es lag nahe, die entwickelten röntgenographischen Methoden auch zur Ermittlung von Eigenspannungen auszunutzen, die sich als Folge inhomogener elastisch-plastischer Verformungen bei allen technologischen Werkstoffbehandlungen ausbilden. Aufgrund der Untersuchungen von Heyn (1921) sowie Masing (1925) wurde Anfang der 30er Jahre vielfach schon zwischen homogen über größere Werkstoffbereiche wirksamen Eigenspannungen makroskopischer Natur (Makroeigenspannungen, Eigenspannungen I. Art) und solchen Eigenspannungen unterschieden, die in kleinen Werkstoffbereichen entweder homogen oder inhomogen verteilt (Mikroeigenspannungen, Eigenspannungen II. oder III. Art) auftreten. Nur Makroeigenspannungen sollten sich wie Lastspannungen in Interferenzlinienverschiebungen, Mikroeigenspannungen dagegen in Interferenzlinienverbreiterungen auswirken.

1932 wurden erstmals von Norton Schweißeigenspannungen, 1933 von Wever u. Möller Verformungseigenspannungen, 1935 von Wassermann Abschreckeigenspannungen, 1938 von Nishihara u. Kojima Gußeigenspannungen, 1940 von Altschuler u. Speranski Bearbeitungseigenspannungen, sowie von Mahla Deckschichteigenspannungen bei elektrolytischen Beschichtungen und 1945 von Milburn Kugelstrahleigenspannungen auf röntgenographischem Wege bestimmt. Parallel dazu fand die RSM rasch auch Anwendungen bei Fragestellungen im Rahmen mechanischer Werkstoffprüfungen. So führte z. B. Barrett (1937) röntgenographische Eigenspannungsbestimmungen an schwingbeanspruchten Werkstoffproben durch. Ferner ermittelten Bollenrath u. Schiedt (1938) die bei und nach elastischen und elastisch-plastischen Biegeverformungen auftretenden Spannungen, Gisen u. Glocker (1938) die zeitlichen Änderungen des Eigenspannungszustandes bei Biegewechselbeanspruchung sowie Glocker et al. (1939) die während zyklischer Materialbeanspruchung lokal wirksamen Spannungen. 1939 wurden von Krächter auch erstmals Formzahlen von Kerbstäben röntgenographisch bestimmt. Außerdem erfolgten schon 1937 von Norton Experimente zum thermischen Abbau von Schweißeigenspannungen sowie 1943 von Neerfeld u. Möller Untersuchungen zum Eigenspannungsabbau durch Schwingbeanspruchung. Ferner beschäftigten sich Wood u. Smith (1940, 1941) sowie Smith u. Wood (1942) mit den „atomaren Spannungs-Dehnungskurven“ verschiedener Werkstoffe.

Abb. 6. Entwicklung der Veröffentlichungen pro Jahr auf dem Gebiet der RSM. (Nach Angaben von J. Hauk)

Die bisher gemachten Angaben charakterisieren die Breite der Anwendungen, die die RSM in wenigen Jahren erreicht hat. Bis 1945 lagen, wie Abb. 6 erkennen läßt, zu diesem Gebiete insgesamt etwa 170 Veröffentlichungen vor.

Der Zeitabschnitt von 1945–1960

In den ersten Jahren nach dem zweiten Weltkrieg wurden mit den dargelegten klassischen Röntgenverfahren sehr verschiedenartige Untersuchungen vorgenommen. Dies erschien sowohl methodisch als auch grundsätzlich gerechtfertigt, nachdem diese bei der Bestimmung bekannter Lastspannungen ihre Zuverlässigkeit und Brauchbarkeit erwiesen hatten. So berichteten z. B. Bollenrath u. Hauk (1946) über den Gefügeeinfluß auf die RSM bei Stählen, Norton et al. (1946) über den Einfluß von Druckeigenspannungen auf das Ermüdungsverhalten von Kerbstäben, Böklen u. Glocker (1947) über die Vorgänge bei elastisch-plastischer Biegeverformung, Hauk (1948) über Punktschweißeigenspannungen, Osswald (1948) über die Auswirkung randnaher Spannungsgradienten auf röntgenographische Spannungsanalysen sowie Glocker u. Hasenmeier (1949) über die Tiefenverteilung von Härte- und Nitriereigenspannungen. Ferner führten mehrere Autoren röntgenographische Arbeiten zum Problemfeld der Ausbildung von Eigenspannungen bei einfachen elastisch-plastischen Verformungsvorgängen durch (s. z. B. Greenough 1952). Frohnmeyer u. Hofmann (1952) untersuchten mit einer Rückstrahlkippmethode das Zugverformungsverhalten einzelner Ferritkristallite in Stählen. Außerdem wurden neue Möglichkeiten zur Bestimmung der spannungsfreien Werte D_0 der Gitterebenenabstände verspannter Werkstoffe diskutiert. Nach Vorarbeiten von Durer (1946) zeigte Glocker (1951), wie mit Hilfe einer Röntgenrückstrahlaufnahme Aussagen über eine Spannungskomponente σ_φ und über D_0 erhältlich sind. Lösungen für D_0-Bestimmungen unter Einbezug der Gesamtheit der dehnungsfreien Richtungen zweiachsiger Spannungszustände gaben Binder u. Macherauch (1955).

In den 50er Jahren begann auch ein durchgreifender Wandel bei den für die RSM verfügbaren Versuchseinrichtungen. Nachdem Möller u. Neerfeld (1948) die grundsätzliche Nutzbarkeit des Proportionalzählrohrs für Interferenzlinienlagebestimmungen durch die in Abb. 7 wiedergegebenen Ergebnisse nachgewiesen hatten, wurden zur Registrierung von Rückstrahlinterferenzen anstelle von Rückstrahlkammern mit Filmen

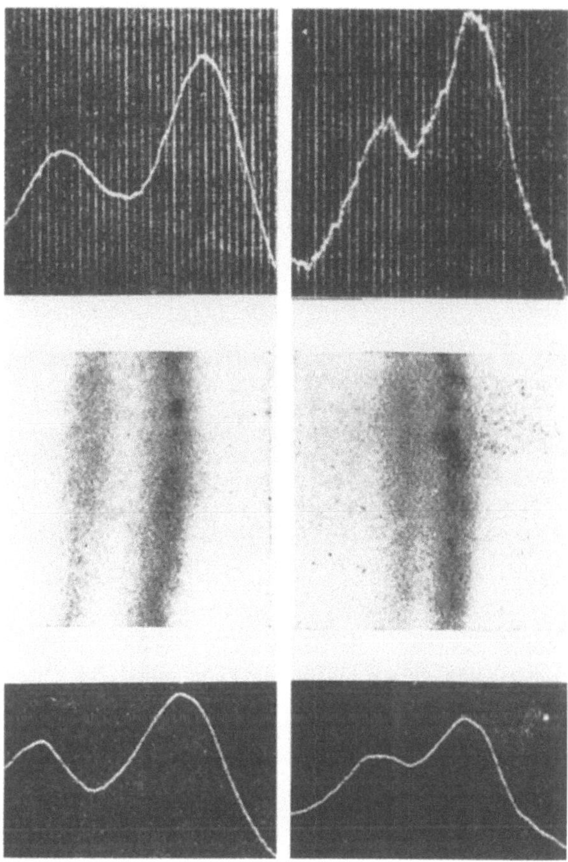

Abb. 7. {310}-Interferenzlinie (*Mitte links*) und {211}-Interferenzlinie (*Mitte rechts*) von α-Eisen, (*oben*) Zählrohrschrieb, (*unten*) Photometerschrieb. (Möller u. Neerfeld 1948)

bald Diffraktometervorrichtungen entwickelt, bei denen zunächst Proportionalzählrohre und später Szintillationszähler als Strahlungsdetektoren dienten. Manches mit Filmregistrierung nur bedingt oder gar nicht lösbare Eigenspannungsproblem konnte auf diese Weise bearbeitet werden. Die ersten erfolgreichen Spannungsmessungen mit Zählrohrdiffraktometern wurden von Maloof u. Erard (1952), Maloof (1953) sowie von Christenson und Rowland (1952/53) durchgeführt. Bei martensitisch gehärteten und damit hochfesten Stählen mußten dabei sehr stark verbreiterte Interferenzlinien mit Halbwertsbreiten bis zu 12° in 2Θ vermessen werden, was die Berücksichtigung der Bragg-Winkelabhängigkeit des Absorptions- und des Lorentz-Polarisationsfaktors erforderlich machte. In Deutschland veröffentlichten Möller u. Hauk (1955) erste Erfahrungen mit Zählrohrdiffraktometern bei der RSM. Anfänglich fanden überwiegend „Bragg-Brentano-Diffraktometer" mit sog. ω-Geometrie Anwendung. Bei diesen war, wie in Abb. 8 oben

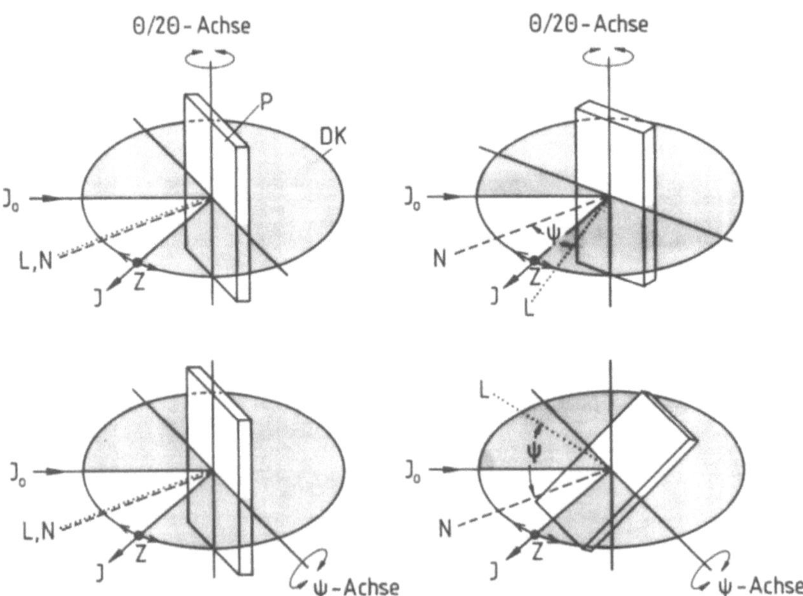

Abb. 8. Schematischer Aufbau eines ω-Diffraktometers (*oben*) und eines ψ-Diffraktometers (*unten*). Bei dem ω-Diffraktometer erfolgt die Probendrehung zur ψ-Einstellung um die Θ/2Θ-Achse, bei dem ψ-Diffraktometer um die ψ-Achse

links angedeutet, bei fester Primärstrahlrichtung J_0 die Probe P mit ihrer Oberfläche im Zentrum drehbar um die Θ/2Θ-Achse (Diffraktometerachse) angeordnet. Unterschiedliche Meßrichtungen ψ wurden (vgl. Abb. 8, oben rechts) durch Verdrehung der Probe um diese Achse in entsprechende Positionen eingestellt. Das Zählrohr Z wurde auf dem Diffraktometerkreis DK um die Θ/2Θ-Achse bewegt. Zur Registrierung einer Interferenzlinie wurde die Probe mit einfacher und das Zählrohr mit doppelter Winkelgeschwindigkeit um die Diffraktometerachse gedreht und dabei die der abgebeugten Strahlungsintensität J proportionale Detektoranzeige von einem xy-Schreiber als Funktion von 2Θ registriert. Zur Linienlagebestimmung auf den J,2Θ-Schrieben wurden von Ogilvie (1952) sowie von Koistinen u. Marburger (1959) praktikable Methoden entwickelt. 1957 verwendeten Möller u. Brasse erstmals bei Gitterdehnungsmessungen einen Szintillationszähler. Die weitere Entwicklung der RSM mit Bragg-Brentano-Diffraktometern wurde durch die Idee von Wolfstieg (1959) wesentlich beeinflußt, zur Einstellung der ψ-Winkel die Probenoberfläche im Diffraktometerzentrum nicht um die Diffraktometerachse, sondern um die dazu senkrechte, in der Diffraktometerebene liegende ψ-Achse (sog. ψ-Geometrie) zu verdrehen. (vgl. Abb. 8, unten rechts). Derartige „ψ-Diffraktometer" erbrachten gegenüber den „ω-Diffraktometern" erhebliche Vorteile.

Im Laufe der Zeit ergaben sich aber auch wichtige Gesichtspunkte, die die uneingeschränkte Anwendbarkeit der klassischen Methoden der RSM belasteten. So blieben Unsicherheiten bestehen hinsichtlich des Einflusses der elastischen Anisotropie auf die röntgenographisch ermittelten Spannungswerte. Ferner erwies sich bei der Untersuchung von Werkstoffen bzw. Werkstoffzuständen mit stark verbreiterten Röntgeninterferenzen die Festlegung der Interferenzlinienlagen als problematisch, so daß sich für viele in der Praxis interessante Fälle (z. B. bei gehärteten Stählen) Schwierigkeiten bei der Anwendung der Methoden ergaben. Aber auch der relativ hohe und meist ungewohnte experimentelle Aufwand führte zu einer erheblich geringeren Anwendung der Verfahren der RSM, als man zu Beginn ihrer Entwicklung erwartet hatte. Zu diesen Einschränkungen kam noch eine schwerwiegendere hinzu, auf die Greenough 1949 aufmerksam machte. Bei röntgenographischen Eigenspannungsbestimmungen wurde bis dahin als selbstverständlich angenommen, daß nur die in Betrag und Richtung über mehrere Kristallite konstanten Eigenspannungen I. Art erfaßt werden. Greenough zeigte, daß diese Voraussetzung nicht allgemein erfüllt ist, sondern daß bei makroeigenspannungsfreien Werkstoffen auch von Kristallit zu Kristallit in Betrag und Vorzeichen unterschiedliche Eigenspannungen II. Art Verschiebungen der Röntgeninterferenzlinien bewirken können. Da-

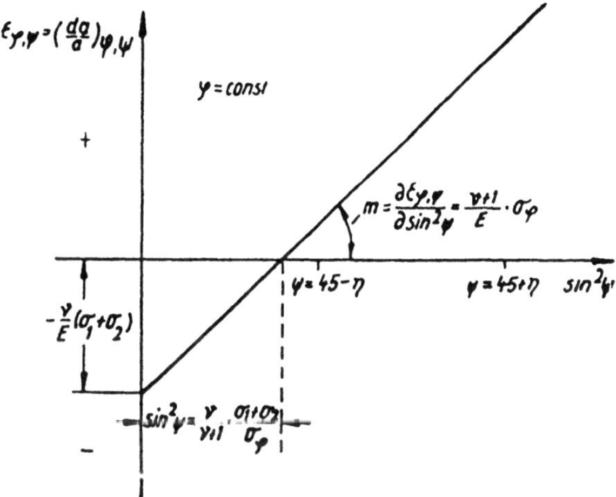

Abb. 9. Gitterdehnungsverteilung in einem beliebigen Azimut $\psi = \text{const.}$ des Deformationsellipsoids eines ebenen Oberflächenspannungszustandes. (Macherauch 1958)

mit trat eine Unsicherheit in der Bewertung aller Meßergebnisse auf, die bisher für eigenspannungsbehaftete homogene und heterogene Werkstoffe vorlagen. Außerdem ergab sich vor allem bei Eigenspannungsbestimmungen an plastisch verformten Werkstoffen, daß die Anwendung der verfügbaren Methoden der RSM zu widersprüchlichen Werten der Beträge und in ungünstigen Fällen sogar der Vorzeichen vorliegender Spannungen führen konnte. Darüber hinaus erwiesen sich nicht in allen Fällen röntgenographisch ermittelte Verformungseigenspannungen als mit Eigenspannungen I. Art identisch.

In methodischer Hinsicht führten diese Schwierigkeiten zur Entwicklung des $\sin^2\psi$-Verfahrens der röntgenographischen Spannungsmessung (Macherauch 1958; Macherauch u. Müller 1961), das eine hinreichend genaue Ermittlung beliebiger Spannungskomponenten und der Hauptspannungen zweiachsiger oberflächenparalleler Spannungszustände zuließ. In solchen Fällen sind bei wirksamen Last- und/oder Eigenspannungen nach Gl. (7) in jedem Azimut φ, wie in Abb. 9, lineare Gitterdehnungsverteilungen über $\sin^2\psi$ zu erwarten. Werden diese mit dem Film- oder dem Diffraktometerverfahren hinreichend genau bestimmt, so liefern die Anstiege m_φ der Ausgleichsgeraden durch die Meßpunkte die azimutalen Spannungskomponenten

$$\sigma_\varphi = \frac{m_\varphi}{{}^1\!/_2 s_2} = \frac{E}{\nu + 1} m_\varphi \tag{20}$$

und die Ordinatenabschnitte $\varepsilon_{\varphi,\psi=0}$ die Hauptspannungssummen

$$(\sigma_1 + \sigma_2) = \frac{\varepsilon_{\varphi,\psi=0}}{s_1} = -\frac{E}{\nu}\,\varepsilon_{\varphi,\psi=0} \tag{21}$$

Zur Berücksichtigung des Einflusses der elastischen Anisotropie mußten zusätzlich noch ${}^1\!/_2 s_2$ und s_1 durch die röntgenographischen elastischen Konstanten (REK) s_1^{ro} und ${}^1\!/_2 s_2^{ro}$ ersetzt werden, für deren Bestimmung von Macherauch u. Müller (1958) die genauesten experimentellen Verfahren angegeben wurden.

Der Zeitabschnitt von 1960–1970

1960 schlossen sich die in der damaligen BRD auf dem Gebiete der RSM tätigen Wissenschaftler und Ingenieure zum Erfahrungsaustausch in einem Arbeitskreis „Eigenspannungen“ zusammen, der von K. Kallhardt im Rahmen der Arbeitsgemeinschaft für Wärmebehandlung und Werkstofftechnik (AWT) betreut wurde und aus dem sich später zwei Fachausschüsse bildeten. Unter dem Eindruck der 1960 in Tokio auf der 3. Internationalen Konferenz über zerstörungsfreie Materialprüfung präsentierten Beiträge zur RSM gründete die Japanese Society of Testing Materials 1962 ein Komitee, das sich unter Leitung von K. Kojima, S. Karashima und S. Taira speziell mit Problemen der röntgenographischen Messung von Gitterdehnungen und deren Interpretation beschäftigte. Dieses Komitee berichtete jährlich in einem Sonderheft des *Journal of the Japanese Society of Materials Science* über die neuesten Forschungsergebnisse seiner Mitglieder und förderte stark die Kooperation und den Erfahrungsaustausch zwischen japanischen und deutschen Forschergruppen auf dem Gebiete der RSM (s. z. B. Karashima 1965).

In den 60er Jahren erfolgten viele weiterführende Studien über die sich in homogenen und heterogenen metallischen Werkstoffen als Folge von mechanischen Grundverformungsarten ausbildenden Eigenspannungen, deren Abhängigkeit vom Verformungsgrad, deren Verteilung und deren Charakter. Dabei wurden Abätzmethoden gekoppelt mit dem $\sin^2\psi$-Verfahren zur Bestimmung von Eigenspannungstiefenverteilungen angewandt und die dabei erforderlichen Korrekturen nach Moore u. Evans (1958) vorgenommen, sowie Probleme der Trennung von Eigenspannungen I. und II. Art intensiv bearbeitet (s. z. B. Hauk 1967). Ferner erfolgte die endgültige Abkehr von den verfahrensabhängigen ξ-Werten gemäß Gl. (10) zur Beschreibung des Anisotropieeinflusses bei der RSM (Prümmer u. Macherauch 1966). Diese wurde gefördert durch REK-Experimente zum Verformungseinfluß bei un- und chromlegierten Stählen sowie zum Kohlenstoffeinfluß bei martensitisch gehärteten unle-

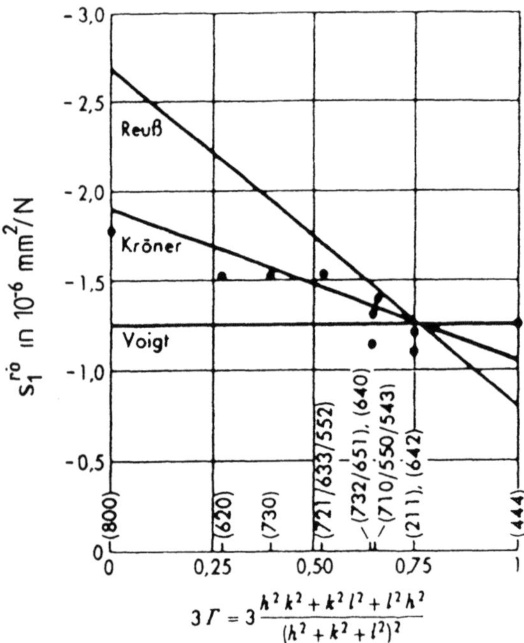

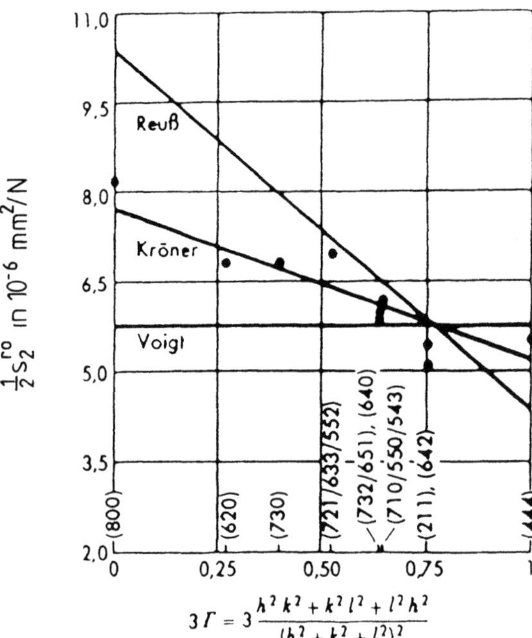

Abb. 10. Vergleich der mit verschiedenen Röntgenwellenlängen an mehreren Gitterebenen des Ferrits des Baustahls St 37 ermittelten REK-Werten mit den nach Voigt, Reuß und Kröner berechneten Werten

gierten Stählen (Prümmer u. Macherauch 1966), zum Restausteniteinfluß bei einsatzgehärteten Stählen (Weigel et al. 1969) und zum Legierungskonzentrationseinfluß bei Nickel-Kupfer-Mischkristallen (Faninger 1969). Ferner wurden von Taira et al. (1967/68) bei verschiedenen Werkstoffen REK-Werte in Abhängigkeit vom Verformungsgrad und von den dabei entstehenden Texturen ermittelt. Ein besonderer Fortschritt gelang Bollenrath et al. (1967), die die von Kröner (1958) entwickelte Methode zur Berechnung von elastischen Vielkristallkonstanten aus Einkristalldaten so modifizierten, daß sich damit auch die röntgenographischen elastischen Konstanten $(s_1^{ro})_{Kroner}$ und $(\frac{1}{2}s_2^{ro})_{Kroner}$ für Messungen an verschiedenen {hkl}-Ebenen bei Werkstoffen mit kubischer Kristallstruktur berechnen ließen. Die erhaltenen REK-Werte lagen zwischen den nach den Voigt-Reußschen Grenzannahmen berechneten und waren in guter Übereinstimmung mit den Experimenten. Als Beispiel sind in Abb. 10 die für mehrere {hkl}-Ebenen des Ferrits des Baustahls St 37 berechneten REK über dem dreifachen Orientierungsfaktor $3\Gamma = 3(h^2k^2 + k^2l^2 + l^2h^2)/(h^2 + k^2 + l^2)^2$ aufgetragen und experimentell ermittelten Werten gegenübergestellt. Bollenrath et al. berechneten auch erstmals für die beiden Phasen eines heterogenen Werkstoffs ($\alpha + \beta$-Messing) REK-Werte.

Ausgehend vom $\sin^2\psi$-Verfahren behandelte Stroppe 1963 die röntgenographische Ermittlung randnaher homogener dreiachsiger Spannungszustände. Bei bekanntem oberflächenparallelem Hauptachsensystem gilt anstelle von Gl. (7) für den Zusammenhang zwischen Dehnungen und Hauptspannungen

$$\varepsilon_{\varphi,\psi} = \tfrac{1}{2}s_2[(\sigma_1 \cos^2\varphi + \sigma_2 \sin^2\varphi) - \sigma_3]\sin^2\psi + s_1(\sigma_1 + \sigma_2) + (\tfrac{1}{2}s_2 + s_1)\sigma_3. \qquad (22)$$

Die Steigungen der in beliebigen Azimuten φ vorliegenden Dehnungsverteilungen

$$\frac{\partial\varepsilon_{\varphi,\psi}}{\partial\sin^2\psi} = \tfrac{1}{2}\,s_2\,(\sigma_\varphi - \sigma_3) = M_\varphi, \qquad (23)$$

sind deshalb durch $(\sigma_\varphi - \sigma_3)$ und die Ordinatenabschnitte

$$\varepsilon_{\varphi,\psi=0} = s_1(\sigma_1 + \sigma_2) + (\tfrac{1}{2}s_2 + s_1)\sigma_3, \qquad (24)$$

durch die drei Hauptspannungen σ_1, σ_2 und σ_3 bestimmt. Werden mit Hilfe von Gitterdehnungsmessungen in den Azimuten φ und $\varphi + 90°$ die Anstiege M_φ und $M_{\varphi+90°}$ ermittelt, so ergibt sich mit Hilfe der Invarianzbedingung $\sigma_{xx} + \sigma_{yy} + \sigma_{zz} = \sigma_1 + \sigma_2 + \sigma_3$ als Bestimmungsgleichung für die dritte Hauptspannung

$$\sigma_3 = \frac{E}{(1-2\nu)}\left[\varepsilon_3 + \frac{\nu}{(1+\nu)}(M_\varphi + M_{\varphi+90°})\right]. \qquad (25)$$

Es muß also $\varepsilon_3 = \varepsilon^g_{\varphi,\psi=0} = (D_{\varphi,\psi=0} - D_o)/D_o$ und damit D_o hinreichend genau bekannt sein, um alle drei Hauptspannungen angeben zu können. Stroppe zeigte noch, wie sich ohne genaue Kenntnis von D_0 durch Messung von mindestens drei Dehnungsverteilungen in verschiedenen Azimuten die Hauptschubspannungen τ_1, τ_2 und τ_3 eines dreiachsigen Spannungszustandes nach einer von ihm $\sin^2\varphi$-Verfahren genannten Methode bestimmen lassen. Später ermittelten Stroppe u. Schäffer (1967) bei einer stumpfgeschweißten Aluminiumlegierung AlMg 3 die drei Hauptnormal- und die drei Hauptschubspannungen in den oberflächennahen Werkstoffbereichen.

In den 60er Jahren lösten bei röntgenographischen Spannungsbestimmungen hinsichtlich der Versuchseinrichtungen vielerorts die Diffraktometerverfahren die Filmverfahren ab. Von Neff (1963) sowie Kolb u. Macherauch (1964) wurden die ersten mobilen Diffraktometer entwickelt, mit denen an größeren Bauteilen auch außerhalb von Röntgenlaboratorien röntgenographische Spannungsanalysen durchgeführt werden konnten (s. dazu auch Lange 1966). Außerdem wurde erstmals ein nach dem Seemann-Bohlin-Prinzip arbeitendes Diffraktometer von Kunze u. Wassermann (1963) für Zwecke der RSM eingesetzt.

Neben den bisher genannten Untersuchungen wurden viele weitere grundlagen- und anwendungsorientierte Fragestellungen bearbeitet. So wurden z. B. die Auswirkungen von Eigenspannungen auf das Dauerschwingverhalten von verschiedenartig wärmebehandelten Werkstoffen sowie auf das Überrollverhalten von Wälzlagerstählen ohne und mit Schlupf untersucht. Ferner wurden Experimente zum Eigenspannungsabbau durch Recken (Sauer 1964), durch Ermüdung (Taira et al. 1964, 1968) und durch Anlaßbehandlungen (Hanke 1969) vorgenommen. Daneben erfolgten erstmals Anwendungen der RSM bei keramischen Werkstoffen (Grossmann u. Fulrath 1961), bei mechanisch beanspruchtem teilkristallinem Polypropylen (Sakurada et al. 1962) und bei Sinterwerkstoffen (Hoffmann 1969). 1965 nutzte Emter zugemischte feinkristalline Pulverteilchen als Meßindikatoren für röntgenographische Spannungsbestimmungen bei Beton aus. Außerdem wurden röntgenographische Spannungsanalysen an elektrochemischen Beschichtungen (Bush u. Read 1964), an Titanbasiswerkstoffen (Braski u. Royster 1967) und an hochfesten Aluminiumlegierungen (Hilley et al. 1967) durchgeführt.

Weitere Forschungsarbeiten betrafen Eigenspannungsanalysen an gehärteten Stählen (Neff 1960; Koistinen 1964; Hanke u. Marx 1968), an einsatzgehärteten Stählen (Stroppe u. Blumenauer 1960; Bierwirth 1961; Bond 1966; Motoyama et al. 1968), an vergüteten Stählen (Nelson et al. 1969), an weichnitrierten Kurbelwellen (v. Schieszl 1961), an großen Schmiedestücken aus Stahl (Shimoda u. Arakida 1963), an kaltgezogenen Rohren und Stangen (Bollenrath et al. 1964), an geschweißten Großrohren (Gorissen 1966), an einsatzgehärteten Zahnrädern (Kirk et al. 1966; Lankin u. Ovseenko 1968), an induktiv gehärteten Wellen mit Querschnittsübergängen (Schäfer u. Ehl 1966) und an speziellen Stahlbauteilen (Iwamoto et al. 1967; Ishii et al. 1968), an kugelgestrahltem Federstahl (Aoyama et al. 1968), an elektronenstrahlstumpfgeschweißten Stahlblechen (Prümmer 1968), an WC-Co-Cermets (French 1969) und an spiralgeschweißten Rohren (Hrdina 1969). 1965 berichteten Fuks u. Gladkikh über Gitterdehnungsmessungen an drehbearbeiteten Werkstoffen, wobei erstmals in den Azimuten $\varphi = 0°$ (Drehrichtung) und $\varphi = 180°$ in Abhängigkeit von $\sin^2\psi$ keine übereinstimmenden, sondern unterschiedlich gekrümmte Dehnungsverteilungen beobachtet und als Folge einer Kippung des randnahen Haupteigenspannungssystems gegenüber der Oberflächennormalen gedeutet wurden. Wichtig erwiesen sich auch die Untersuchungen von Shiraiwa u. Sakamoto (1967), die bei der Vermessung gehärteter Stahlproben mit Röntgenwellenlängen verschiedener Eindringtiefen ebenfalls systematische Abweichungen von linearen Gitterdehnungsverteilungen über $\sin^2\psi$ feststellten.

Der Zeitabschnitt von 1970–1980

Anfang der 70er Jahre berechneten Evenschor et al. (1971/72) und Hauk et al. (1971) die REK für homogene hexagonale Vielkristalle nach den Annahmen von Reuß, Voigt und Kröner. Dabei ergaben wiederum die nach der Krönerschen Theorie erhaltenen Rechenwerte recht gute Übereinstimmung mit den experimentellen Beobachtungen. Später wurden von V. Hauk und Mitarbeitern entsprechende Rechnungen und Messungen für mehrphasige sowie für poren-, ausscheidungs- und dispersionsbehaftete Werkstoffzustände durchgeführt. Auch Faser- und Schichtverbunde wurden in diese Arbeiten einbezogen. 1973 gaben Macherauch et al. zweckmäßige Eigenspannungsdefinitionen, die sich bei röntgenographischen Untersuchungen als sehr hilfreich erwiesen. In der Meßtechnik setzten sich die Diffraktometerverfahren vollends durch (s. z. B. Wolfstieg 1976; Neff 1982), wobei die ψ-Diffraktometer zunehmend die ω-Diffraktometer verdrängten. Wolfstieg (1976) entwickelte eine für Zwecke der RSM nützliche Symmetrisierungsblende. Erstmals wurden auch energiedispersive Detektoren (Nagao u. Kusomoto 1979) und ortsempfindliche Detektoren (James u. Cohen 1976) zur Registrierung abgebeugter Strahlungsintensitäten angewandt. Die Entwicklung mobiler Diffraktometereinrichtungen machte ebenso weitere Fortschritte wie die der rechnergestützten ortsfesten Diffraktometersysteme.

In den Mittelpunkt des wissenschaftlichen Interesses rückten in diesem Zeitabschnitt zunehmend die nichtlinearen Gitterdehnungsverteilungen über $\sin^2\psi$. Es wurde rasch klar, daß diese bei der röntgenographischen Vermessung oberflächennaher Werkstoffbereiche zu erwarten sind, wenn dort steile Spannungsgradienten (Iwanaga et al. 1972) oder starke Abweichungen von einer regellosen Orientierung der Körner, also ausgeprägte Texturen (Shiraiwa u. Sakamoto 1970; Faninger u. Hauk 1976), vorliegen. Hinzu traten die Beobachtung von Diament (1973, 1974) und von Walburger (1973), daß auch bei geschliffenen Stahlproben Messungen im Azimut $\varphi = 0°$, also in positiven ψ-Richtungen, und im Azimut $\varphi = 180°$, also in negativen ψ-Richtungen, zu unterschiedlich gekrümmten Gitterdehnungsverteilungen führen. Dieses ψ-Aufspaltung (ψ-splitting) genannte Phänomen (Faninger u. Walburger 1976) wurde bei geschliffenen Stählen durch weitere Untersuchungen (Wolfstieg u. Macherauch 1976) abgesichert und auch nach Wälzbeanspruchung (Krause u. Jühe 1976) gefunden. Insgesamt bot sich an, neben linearen Gitterdehnungsverteilungen wie in Abb. 11a die in Abb. 11b–d wiedergegebenen Grundtypen nichtlinearer Gitterdehnungsverteilungen zu unterscheiden (Dölle u. Hauk 1977). Die erwähnten Arbeiten induzierten erweiterte methodische Ansätze zur besseren Beurteilung nichtlinearer Gitterdehnungsverteilungen. 1975 griffen Evenschor u. Hauk sowie Krause u. Christ zur Deutung gekrümmter und aufgespaltener Gitterdehnungsverteilungen über $\sin^2\psi$ (vgl. Abb. 11b) auf die von Romberg (1937) im Zusammenhang mit dreiachsigen Randspannungszuständen bereits erörterte Gl. (17) zurück, die sich in der Form

$$\begin{aligned}\varepsilon_{\varphi,\psi} &= (\varepsilon_{xx}\cos^2\varphi + \varepsilon_{xy}\sin 2\varphi + \varepsilon_{yy}\sin^2\varphi - \varepsilon_{zz})\sin^2\psi \\ &\quad + (\varepsilon_{yz}\sin\varphi + \varepsilon_{zx}\cos\varphi)\sin 2\psi + \varepsilon_{zz} \qquad (26)\\ &= A\sin^2\psi + B\sin 2\psi + C\end{aligned}$$

schreiben läßt. Davon ausgehend entwickelten Dölle u. Hauk (1976) ein Verfahren zur Erfassung dreiachsiger Spannungszustände beliebiger Orientierung. Wegen des Termes mit $\sin 2\psi$ sind bei gegebenem Spannungszustand in den Azimuten φ und $\varphi + 180°$ für gleichgroße positive (ψ^+)-

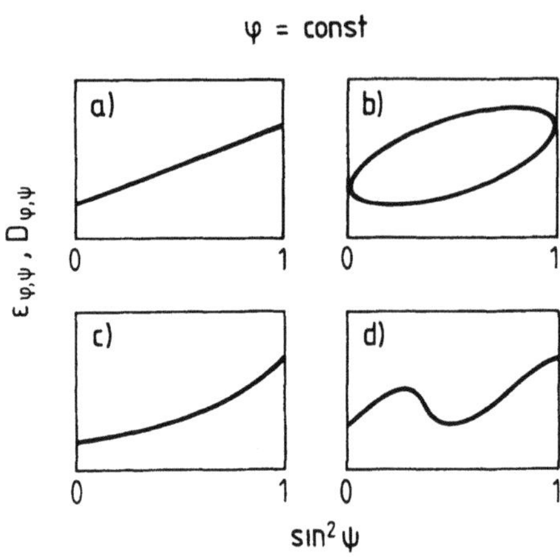

Abb. 11a–d. Grundtypen der Verteilung von Gitterdehnungen bzw. der zu diesen proportionalen Gitterebenenabstände über $\sin^2\psi$. (Dölle u. Hauk 1977). **a** Lineare Verteilung. **b** Aufgespaltene Verteilung. **c** Gekrümmte Verteilung. **d** Oszillierende Verteilung

und negative (ψ^-)-Richtungen unterschiedliche Dehnungswerte $\varepsilon_{\varphi,\psi^+}$ und $\varepsilon_{\varphi,\psi^-}$ zu erwarten. Dabei gilt

$$\tfrac{1}{2}(\varepsilon_{\varphi,\psi^+} + \varepsilon_{\varphi,\psi^-}) = A\sin^2\psi + C = a_\psi^+ \qquad (27)$$

und

$$\tfrac{1}{2}(\varepsilon_{\varphi,\psi^+} - \varepsilon_{\varphi,\psi^-}) = B\sin 2\psi = a_\psi^-. \qquad (28)$$

Im allgemeinen Fall ist deshalb, wie in Abb. 12 dargestellt, der Anstieg A der a_ψ^+, $\sin^2\psi$-Verteilung durch ε_{xx}, ε_{yy} und ε_{xy} und der Ordinatenabschnitt C stets durch ε_{zz} gegeben. Der Anstieg B der a_ψ^-, $\sin 2\psi$-Verteilung wird dagegen durch ε_{yz} und ε_{zx} bestimmt. Somit lassen sich nach Messung von Gitterdehnungsverteilungen in mindestens drei Azimuten sämtliche Komponenten des Dehnungstensors angeben. Das verallgemeinerte Hookesche Gesetz liefert dann mit Hilfe der Beziehung

$$\sigma_{ij} = \frac{1}{\tfrac{1}{2}s_2}\left[\varepsilon_{ij} - \frac{s_1}{3s_1 + \tfrac{1}{2}s_2}\delta_{ij}(\varepsilon_{xx} + \varepsilon_{yy} + \varepsilon_{zz})\right] \qquad (29)$$

und mit

$$\delta_{ij} = \begin{cases} 1 \text{ für } i = j \\ 0 \text{ für } i \neq j \end{cases} \quad \text{sowie } i, j = x, y, z$$

die Komponenten σ_{xx}, σ_{yy}, σ_{zz}, σ_{xy}, σ_{yz} und σ_{zx} des Spannungstensors. Auch Peiter (1976) hat die mit dem Auftreten gekrümmter Dehnungsverteilungen über $\sin^2\psi$ verknüpften Probleme untersucht und die bestehenden elastizitätstheoretischen Zusammenhänge für Dehnungsmessungen in verschiedenen Richtungen eines allgemeinen Spannungszustandes dargelegt, dessen σ_{zz}-Achse mit

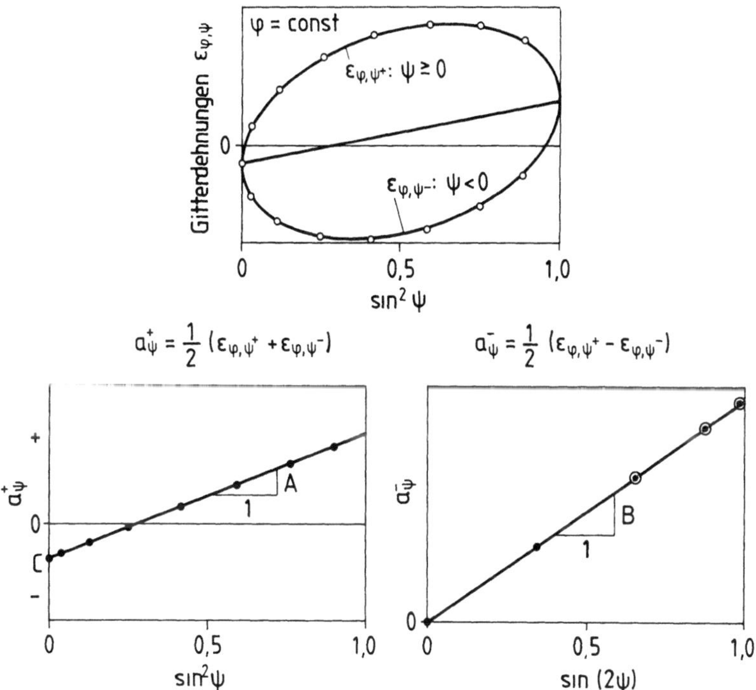

Abb. 12. Dreidimensionale Gitterdehnungsanalyse für randnahe Werkstoffbereiche mit einem Spannungszustand allgemeiner Orientierung. (Dölle u. Hauk 1976)

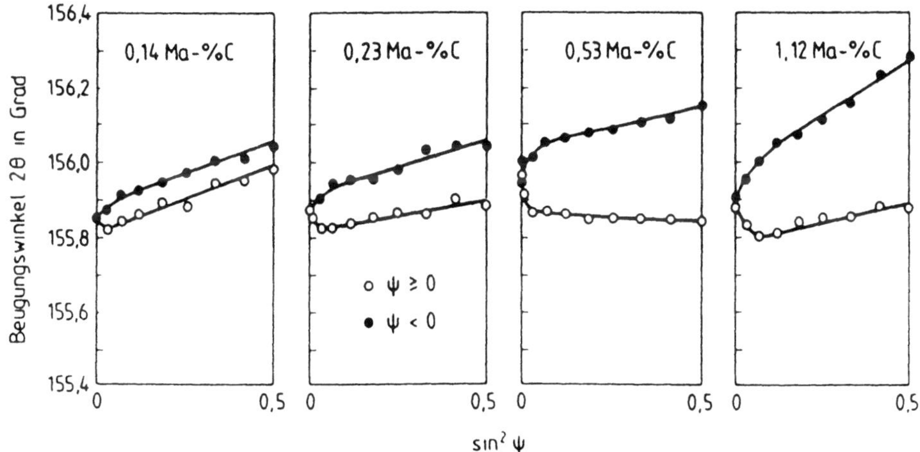

Abb. 13. ψ-Aufspaltung bei gleichartig geschliffenen unlegierten Stählen mit unterschiedlichen Kohlenstoffgehalten. (Wakabayashi et al. 1977)

der Oberflächennormalen übereinstimmt bzw. gegenüber dieser beliebig geneigt ist.

Wakabayashi et al. (1977) zeigten, wie Abb. 13 belegt, daß bei unlegierten Stählen nach vergleichbaren Schleifbearbeitungen um so größere ψ-Aufspaltungen vorliegen, je größer der Kohlenstoffgehalt und damit auch der Zementitanteil des Gefüges ist. Bei Armco-Eisen wurde keine ψ-Aufspaltung beobachtet. Bei einer geschliffenen Aluminiumlegierung fand Zschunke (1976) mit der nur wenig eindringenden CrKα-Strahlung in vier Azimuten φ die in Abb. 14 oben gezeigten linearen Verteilungen der Gitterdehnungen über $\sin^2\psi$ mit unterschiedlichen Anstiegen. Die erheblich tiefer eindringende CuKα-Strahlung ergab dagegen die in Abb. 14 unten wiedergegebenen Verteilungen mit unterschiedlichen Krümmungen (vgl. auch Abb. 11c). Diese beruhen darauf, daß die in den einzelnen ψ-Richtungen gemessenen Gitterdehnungswerte

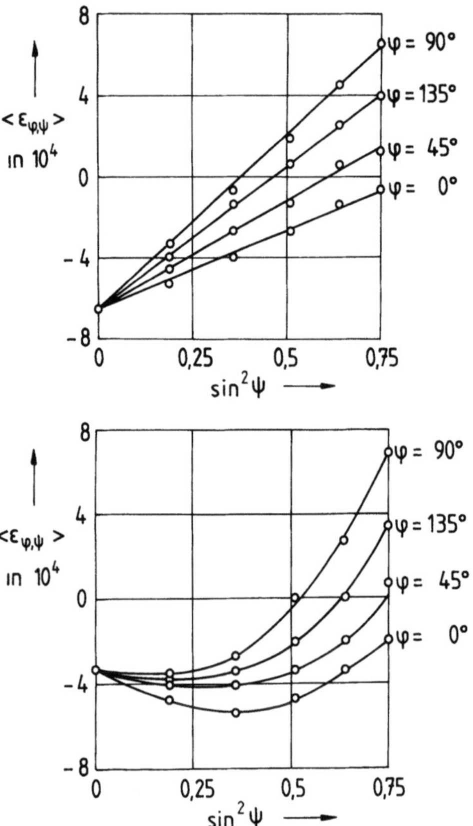

Abb. 14. Mit CrKα- (*oben*) und CuKα-Strahlung (*unten*) in verschiedenen Azimuten einer geschliffenen Aluminiumlegierung gemessene Gitterdehnungsverteilungen. (Zschunke 1976)

$$\langle \varepsilon^{g}_{\varphi,\psi} \rangle = \frac{\int\limits_{V} \varepsilon^{g}_{\varphi,\psi}(z) \exp(-z/z^*)\,dV}{\int\limits_{V} \exp(-z/z^*)\,dV} \tag{30}$$

stets absorptionsgewichtete Mittelwerte über die im jeweils erfaßten randnahen Probenvolumen V vorliegende Gitterdehnungsverteilung $\varepsilon^{g}_{\varphi,\psi}(z)$ darstellen. Die Eindringtiefe z^* der bei den Messungen benutzten Röntgenstrahlen ist von deren linearen Schwächungskoeffizienten, dem Bragg-Winkel der vermessenen Interferenz und von ψ abhängig. Die Meßwerte in Abb. 14 weisen auf dreiachsige Spannungszustände unterhalb der Werkstoffoberfläche mit randnahen Spannungsgradienten hin. Der Einfluß mehrachsiger tiefenabhängiger Randspannungszustände auf die meßbaren Gitterdehnungsverteilungen wurde von Dölle u. Hauk (1979) genauer untersucht.

Treten bei Gitterdehnungsbestimmungen in den vermessenen Azimuten oszillierende Verteilungen wie in Abb. 11 d auf, so liegen texturbehaftete Randschichten vor und die bisher besprochenen Auswertungsmethoden der RSM sind nur noch mit Einschränkungen oder gar nicht mehr anwendbar. In solchen Fällen erwies es sich als notwendig, jeweils für mehrere hkl-Ebenen mit meist mehreren Wellenlängen Gitterdeformationsverteilungen zu messen. Auf diesem Gebiete haben insbesondere V. Hauk und Mitarbeiter ab Mitte der 70er Jahre wichtige Beiträge zur RSM geleistet. So wurde z. B. für kubische Werkstoffe empfohlen, Interferenzen vom Typ {h00} oder {hhh} zu vermessen, bei denen kein Einfluß der elastischen Anisotropie der Kristallite auf die Meßergebnisse vorliegt (Evenschor u. Hauk 1975). Daneben wurden Messungen an Mehrfachinterferenzen, zu denen verschiedene Gitterebenen mit gleicher Quadratsumme der Millerschen Indizes hkl beitragen, als günstig angesehen. Ferner wurden zur Interpretation gemessener Gittereigendeformationsverteilungen verschiedene Verfahren entwickelt, wie z. B. die Methode der inversen Polfigur (Hauk et al. 1975), die Methode der texturunabhängigen Richtungen (Hauk u. Sesemann 1976) und die Methode der richtungsabhängigen REK (Dölle u. Hauk 1979). Bei diesen Bemühungen, aus Gitterdehnungsverteilungen von texturbehafteten Vielkristallen auf vorliegende Eigenspannungen zu schließen, wurden unterschiedliche Voraussetzungen gemacht. Bei der Methode der richtungsabhängigen Elastizitätskonstanten wurde angenommen, daß die Abweichungen der beobachteten Deformationsverteilungen von linearen Zusammenhängen allein auf elastischen Anisotropieeffekten beruhen. Die Berechnung entsprechender REK erfolgte unter Zugrundelegung inverser Polfiguren der vermessenen Werkstoffzustände bei Reußschem Kristallitverhalten für einachsige Spannungszustände (Hauk u. Kockelmann 1978). Daneben wurden Texturen unter Rückgriff auf Ideallagen von Kristallitgruppen beschrieben, so daß nur für ganz bestimmte Meßrichtungen φ, ψ die Interferenzlinienlagen zu betrachten waren. Den Spannungsangaben wurden die für diese Richtungen nach Reuß berechneten REK zugrunde gelegt (Shiraiwa u. Sakamoto 1970; Dölle u. Hauk 1978). Bei den REK-Abschätzungen fanden außerdem gemischte Ansätze Anwendung, wobei für einen Teil der Kristallite von Ideallagen und für den Rest von regellosen Orientierungsverteilungen ausgegangen wurde. Auch bei dem Verfahren der texturunabhängigen Richtungen wurde die vorliegende Textur durch Ideallagen beschrieben und die für diese bei bestimmten Spannungszuständen meßbaren Gitterdehnungen über $\sin^2\psi$ durch Polynome höherer Ordnung approximiert. Aus den Schnittpunkten dieser

Polynome mit den bei Texturfreiheit errechneten Gitterdehnungsverteilungen ließen sich die ψ-Richtungen bestimmen, in denen texturbehaftete und texturfreie Zustände die gleichen Gitterdehnungen aufweisen. Auf die dort gemessenen $\varepsilon_{\varphi,\psi}$-Werte wurden die üblichen Auswerteverfahren der RSM angewandt (Hauk et al. 1975; Dölle et al. 1977).

Neben den beschriebenen Arbeiten wurden in den 70er Jahren aber auch auf verschiedenen anderen Gebieten wichtige Fortschritte erzielt. Als Beispiele können genannt werden Forschungsarbeiten über

- die Bestimmung der Komponenten der Spannungs- und Deformationstensoren in grobkörnigen Werkstoffen (Bolshakov et al. 1975),
- den Einfluß von Bearbeitungseigenspannungen unterschiedlicher Vorzeichen, aber gleicher Oberflächenbeträge bei vergleichbaren Tiefenverteilungen auf das Wechselbiegeverhalten von Stählen (Syren et al. 1975),
- die Eigenspannungsverteilungen in der Nähe von Rißspitzen (Arima u. Kamachi 1977; Taira u. Tanaka1978, 1979; Schröder et al. 1980),
- die Eigenspannungszustände in galvanisch erzeugten Nickelschichten (Naumann 1980), in aus der Dampfphase abgeschiedenen TiC-Schichten (Kämpfe et al. 1976; Krause u. Jühe 1977) sowie in PbSn-Schichten auf Si-Substraten (Murakami 1978),
- die Ermittlung von Eigenspannungen bei kohlefaserverstärkten Polymerwerkstoffen (Predecki u. Barrett 1979) sowie bei borfaser- (Samoilov et al. 1977) und siliziumpartikelverstärktem Aluminium (Vladimirow u. Monin 1977).

Ferner wurden röntgenographisch bei Polymerwerkstoffen mit Hilfe zugesetzter Kristallpulver als Dehnungsindikatoren Spannungen ermittelt (Barrett u. Predecki 1976). Dieselben Autoren bestimmten über zugemischte Ag-, Nb- und CdO-Pulver 1979 Eigenspannungen in kohlefaserverstärkten Epoxydharzen. Des weiteren wurden aufgrund von Modellversuchen die Ursachen von Schweißeigenspannungen systematisch analysiert (Wohlfahrt u. Macherauch 1977; Christian u. Elfinger 1978), röntgenographisch ermittelte Eigenspannungen gezielt zur Kontrolle von nach der Finite-Element-Methode berechneten Abschreck- und Umwandlungseigenspannungen eingesetzt (Yu et al. 1978, 1979), eine Methode zur polychromatischen RSM vorgestellt (Nagao u. Kusumoto 1979) und überrollbeanspruchte Werkstoffoberflächen systematisch untersucht (Voskamp et al. 1980). Weitere interessante Anwendungen betrafen die Analyse von Spannungszuständen in Einkristallen (Godijk et al. 1980) und in dünnen Schichten auf einkristallinen Substraten (Bong 1978). Schließlich wurde die RSM in zunehmendem Maße auch bei den verschiedensten Werkstoffen bzw. Werkstoffzuständen zur Beurteilung von Eigenspannungsauswirkungen auf das Schwingfestigkeitsverhalten eingesetzt. Schreiber et al. (1978) bestimmten z. B. die erreichbaren Steigerungen der Biegewechselfestigkeiten durch Einsatzhärtung von 16MnCr5. Auch der grundsätzliche Aspekt der Auswirkung randnaher Eigenspannungen auf die Entwicklung von oberflächenfernen Ermüdungsrissen wurde durch röntgenographische Untersuchungen geklärt (Starker et al. 1979).

Der Zeitabschnitt nach 1980

Ab Anfang der 80er Jahre erfuhr die RSM dadurch einen merklichen Aufschwung, daß weltweit das Interesse an Eigenspannungen, ihrer Entstehung, ihrer Messung, ihrer Berechnung und ihrer Auswirkung auf das Verhalten von Bauteilen stark anwuchs. Stimulierend wirkte dabei die Tatsache, daß sich durch die gezielte Erzeugung von Eigenspannungen in vielen Fällen erhebliche Verbesserungen des Bauteilverhaltens bei mechanischen und/oder korrosiven Beanspruchungen einstellten. Aber auch die Einsicht, daß in der Technik nur selten makroeigenspannungsfreie und nie mikroeigenspannungsfreie Bauteile vorliegen, und daß deshalb, wenn zuverlässige Konstruktionen bei optimiertem Werkstoffaufwand angestrebt werden, realistische Versagensbetrachtungen zwingend die Kenntnis und Berücksichtigung von Eigenspannungen erfordern, regte zu vielen neuen röntgenographischen Untersuchungen an. So stellten Lode u. Peiter (1980) eine als ψ-Integralverfahren bezeichnete Methode der RSM vor. Aus Gl. (26) folgt mit

$$\sin^2\psi = \tfrac{1}{2}(1-\cos 2\psi) \quad \text{und}$$

$$\cos^2\psi = \tfrac{1}{2}(1+\cos 2\psi) \tag{31}$$

die Beziehung

$$\varepsilon_{\varphi,\psi} = \tfrac{1}{2}A_0^{\varphi} + A_2^{\varphi}\cos 2\psi + B_2^{\varphi}\sin 2\psi, \tag{32}$$

die den Aufbau einer Fourier-Reihe mit den Koeffizienten

$$\tfrac{1}{2}A_0^{\varphi} = \tfrac{1}{2}(\varepsilon_{xx}\cos^2\varphi + \varepsilon_{xy}\sin 2\varphi + \varepsilon_{yy}\sin^2\varphi + \varepsilon_{zz}),$$

$$A_2^{\varphi} = -\tfrac{1}{2}(\varepsilon_{xx}\cos^2\varphi + \varepsilon_{xy}\sin 2\varphi + \varepsilon_{yy}\sin^2\varphi - \varepsilon_{zz})$$

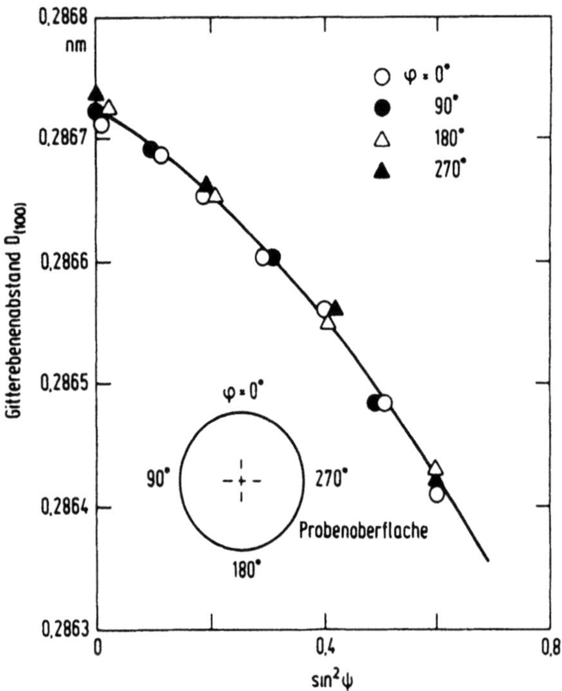

Abb. 15. Gitterdehnungsverteilungen in vier Azimuten einer geläppten Stahloberfläche. (Hanabusa et al. 1981)

und

$$B_2^{\varphi} = \varepsilon_{xx} \cos \varphi + \varepsilon_{xy} \sin 2\varphi \tag{33}$$

hat. Die Fourier-Koeffizienten können aus den in zweckmäßig gewählten Azimuten gemessenen Gitterdehnungsverteilungen über geeignete Zwischenschritte nach der Methode der kleinsten Fehlerquadrate ermittelt werden. Die Auswertung von Messungen in drei Azimuten erlaubt die vollständige Bestimmung der Komponenten des Deformations- und damit auch die des Spannungstensors.

In den USA standen anwendungsorientierte Fragestellungen vor allem auf dem Gebiet der Werkstoffermüdung und dabei insbesondere die Einflüsse von Eigenspannungen auf Rißbildung und Rißausbreitung im Vordergrund des Interesses. So wurde z. B. eindeutig nachgewiesen, daß Oberflächeneigenspannungen die Rißuferöffnung von Mikrorissen beeinflussen (Hack u. Leverant 1980). Ferner wurde bei schwingbeanspruchten hochfesten Aluminiumlegierungen ein deutlicher Rückgang der durch den Bruch spröder Teilchen ausgelösten Mikrorisse beobachtet, wenn Oberflächendruckeigenspannungen vorlagen (James u. Morris 1980). Außerdem erfolgten Lebensdauerabschätzungen für autofrettierte Rohre mit Hilfe von bruchmechanischen Betrachtungen unter Berücksichtigung der vorliegenden Eigenspannungen (Underwood u. Thropp 1979) sowie Studien zum Abbau von Eigenspannungen in duktilen Werkstoffen durch Schwingbeanspruchung (James u. Cohen 1982).

Von Hanabusa et al. (1981) wurden bei geläppten Proben eines Kugellagerstrahls mit großen oberflächennahen Eigenspannungsgradienten in vier Azimuten miteinander übereinstimmende einsinnig gekrümmte Gitterdehnungsverteilungen über $\sin^2\psi$ gemessen und, ausgehend von Gl. (32), die in Abb. 15 gezeigten Meßwerte mit Hilfe einer „Weighted-Averaging-Method" in bester Übereinstimmung mit dem Experiment berechnet.

Gekrümmte Gitterdehnungsverteilungen werden auch gemessen, wenn innerhalb der Eindringtiefe der benutzten Röntgenstrahlen als Folge von Konzentrationsgradienten unterschiedliche Gitterkonstanten vorliegen. Prümmer u. Pfeiffer-Vollmar (1981) erhielten bei Armcoeisen mit einer an Cr-Atomen angereicherten Randschicht die in Abb. 16 gezeigten Meßwerte. Bei bekanntem Konzentrationstiefenverlauf und damit bekannter spannungsfreier $D_o(z)$-Verteilung lassen sich mit Hilfe von

$$\langle D_{\varphi,\psi} \rangle = \frac{\int_V D_o(z) \exp(-z/z^*) dV}{\int_V \exp(-z/z^*) dV} \tag{34}$$

für die einzelnen Meßrichtungen φ, ψ die absorptionsgewichteten mittleren Gitterebenenabstände aufgrund des vorliegenden Konzentrationsgradienten berechnen. Der Vergleich mit den

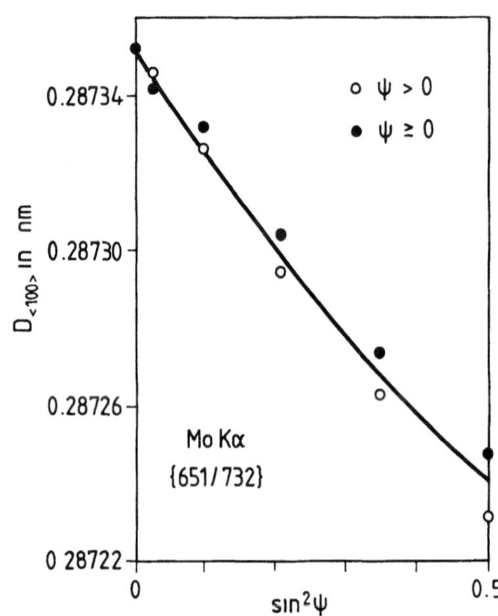

Abb. 16. Gekrümmte Gitterdehnungsverteilungen als Folge eines randnahen Gradienten an Substitutionsatomen bei Armcoeisen. (Prümmer u. Pfeiffer-Vollmar 1981)

Meßwerten in Abb. 16 erlaubte dann näherungsweise Rückschlüsse auf die vorliegenden Eigenspannungen.
Die geringe Eindringtiefe der bei der RSM benutzten Röntgenstrahlen ermöglicht zerstörungsfrei nur Aussagen über oberflächennahe Spannungszustände. Bei grundlagen- und anwendungsorientierten Fragestellungen besteht aber oft ein großes Interesse an Informationen über die Eigenspannungsverteilung in größeren Werkstoffvolumina. Diese für die RSM bestehende Einschränkung induzierte Anfang der 80er Jahre die Idee zur Spannungsanalyse mit Neutronenstrahlen. 1981 wurden erstmals von Pintschovius et al. im Innern einer biegeverformten Aluminiumlegierung mit Neutronen Last- und Eigenspannungsmessungen durchgeführt. Letztere korrespondierten vorzüglich mit röntgenographisch bestimmten Oberflächeneigenspannungen. Seit dieser Zeit hat sich weltweit ein wachsendes Interesse an der Neutronenspannungsanalyse entwickelt. Den aktuellen Stand beschreibt der von Hutchings u. Krawitz (1992) herausgegebene Konferenzbericht.
Die fortschreitende Entwicklung der Mikroelektronik führte nach 1980 dazu, daß an vielen Stellen rechnergestützte Röntgendiffraktometersysteme entstanden, wobei die Rechner neben dem Funktionsablauf bei den Messungen auch die Meßdatenauswertung vornahmen. Außerdem setzte die Entwicklung spezieller „Textur- und Spannungs-Diffraktometer" ein (z. B. Krause u. Mathias 1984; Hoffmann et al. 1986), wodurch auch die gesamten Meß-, Registrier- und Auswer-

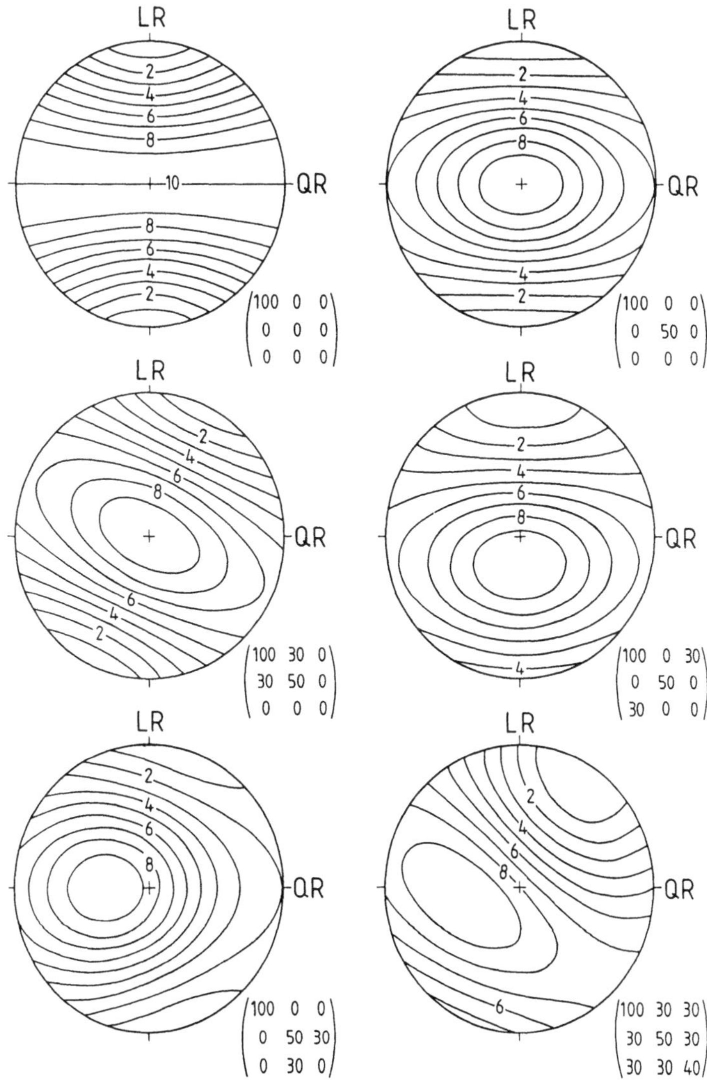

Abb. 17. Gitterdehnungspolfiguren für verschiedene randnahe Spannungszustände (*LR* Probenlängsrichtung; *LQ* Probenquerrichtung). Die Kurven *1...10* beschreiben konstante Dehnungen mit unterschiedlichen Beträgen und Vorzeichen. (Maurer 1987)

tungsprozeduren beeinflußt wurden. Die Ermittlung von Gitterdeformationsverteilungen in vielen Azimuten bei gleichzeitiger Registrierung von Texturpolfiguren wurde relativ einfach möglich. Folgerichtig wurden zur Charakterisierung vorliegender Oberflächenspannungszustände sog. Gitterdeformationspolfiguren (Hoffmann et al. 1983; Hauk u. Vaessen 1983) entwickelt. Typische Beispiele zeigt die Abb. 17. Auch neue mobile Diffraktometerkonstruktionen wurden bekannt (s. z. B. Christian u. Elfinger 1982).

1983 formulierten Hanabusa et al. ein wichtiges Kriterium für die widerspruchsfreie dreiachsiale Eigenspannungsanalyse mit Röntgenstrahlen in oberflächennahen Werkstoffschichten, wobei die erforderlichen Gleichgewichtsbedingungen für die randnächsten Spannungskomponenten die notwendige Beachtung fanden. Später gaben Eigenmann u. Wagner (1987) das sog. φ-Integralverfahren der RSM an. Dazu wurde Gl. (26) mit Hilfe von

$$\cos^2 \varphi = \tfrac{1}{2}(1 + \cos 2\varphi)$$

und

$$\sin^2 \varphi = \tfrac{1}{2}(1 + \sin 2\varphi) \tag{35}$$

in die Beziehung

$$\varepsilon_{\varphi,\psi} = \tfrac{1}{2}A_0^\psi + A_1^\psi \cos \varphi + A_2^\psi \cos 2\varphi + B_1^\psi \sin \varphi + B_2^\psi \sin 2\varphi \tag{36}$$

übergeführt. Die Koeffizienten dieser Fourier-Reihe sind durch

$$A_n^\psi = \frac{1}{\pi} \int_0^{2\pi} \varepsilon_{\varphi,\psi} \cos n\varphi \, d\varphi \quad \text{und}$$

$$B_n^\psi = \frac{1}{\pi} \int_0^{2\pi} \varepsilon_{\varphi,\psi} \sin n\varphi \, d\varphi \tag{37}$$

festgelegt. Zu ihrer Bestimmung sind Gitterdehnungsmessungen bei konstantem Neigungswinkel ψ in verschiedenen Azimuten φ erforderlich. Messungen in mindestens zwei ψ-Richtungen bei geeignet über den gesamten Bereich $0° \leq \varphi \leq 360°$ verteilten Azimuten werden benötigt, um das Gleichungssystem nach der Methode der kleinsten Fehlerquadrate lösen und alle Dehnungs- und Spannungskomponenten angeben zu können. Die Abb. 18 zeigt das Ergebnis entsprechender Messungen an einer gewalzten und einer geschliffenen Aluminiumlegierung. 1983 entwickelte Ortner ein Diffraktometerverfahren zur automatisierten Orientierungs- und Spannungsbestimmung bei Einkristallen, 1985 ermittelten Crostack et al. die vollständigen Spannungszustände einzelner Kristallite in grobkristallinen Werkstoffen. 1985 wurden von Black et al. erste räumliche Gitterdehnungsanalysen mit Hilfe der energiedispersiven Röntgenspektroskopie durchgeführt. Ab 1984/85 wurden auch erste Spannungsanalysen mit Synchrotronröntgenstrahlung vorgenommen (Barral et al. 1984; Yoshioka et al. 1985), denen rasch weitere folgten. 1988 führten Schlaak et al. zum ersten Male in-situ-Messungen des Eigenspannungsabbaus bei hohen Temperaturen durch. 1993 stellten Baron et al. eine rechnergesteuerte räumlich frei positionierbare Diffraktometereinrichtung für RSM an technischen Bauteilen und Modellkörpern vor.

Der schon angesprochene starke Anstieg der jährlichen Publikationen auf dem Gebiete der RSM in den 80er Jahren (vgl. Abb. 6), der vor allem Forschungen auf dem Gebiet der Eigenspannungen zuzuschreiben ist, fällt zeitlich zusammen mit einer deutschen Initiative (V. Hauk u. E. Macherauch) zur Schaffung einer *I*nternational *C*onference on *R*esidual *S*tresses. Der 1986 in Garmisch-Partenkirchen abgehaltenen ICRS I folgten 1988 die ICRS II in Nancy, 1991 die ICRS III in Tokushima und 1994 die ICRS IV in Baltimore. Die Proceedings dieser Konferenzen (Macherauch u. Hauk 1987; Beck et al. 1989; Fujiwara et al. 1991; James 1994) geben vorzügliche Überblicke über die weltweiten Aktivitäten auf dem Gebiet der RSM in den letzten Jahren.

Brakman (1983, 1985, 1987), Penning u. Brakman (1988), Barral (1983) und Barral et al. (1986, 1987) benutzten bei Spannungsermittlungen an texturierten Werkstoffzuständen experimentelle Orientierungsverteilungsfunktionen zur Berechnung der REK unter Zuhilfenahme der Kristallitkopplungsbedingungen nach Voigt und Reuß. Bei ähnlichen Untersuchungen gingen Serruys et al. (1987) wiederum von gekoppelten Volumenanteilen mit Voigtschem bzw. Reußschem Verformungsverhalten der Kristallite aus. Weitere Fortschritte, die mit Hilfe röntgenographischer Gitterdehnungsmessungen erzielt wurden, betrafen neben meß- und auswertungstechnischen Details die verschiedensten materialwissenschaftlichen Gebiete und dort insbesondere wieder die thermischen, thermochemischen und die thermomechanischen Werkstoffbehandlungen, die unlösbaren Fügeverbindungen, die Umform- und Bearbeitungsverfahren sowie den umfangreichen Fragenkomplex des Verhaltens von eigenspannungsbehafteten Werkstoffen bzw. Werkstoffzuständen und Bauteilen bei rein mechanischer, aber auch komplex mechanisch-thermischer oder mechanisch-korrosiver Beanspruchung. Beispielsweise wurden wesentliche Fortschritte hinsichtlich des Verständnisses des thermischen Abbaus von Eigenspannungen in kugelgestrahlten sowie

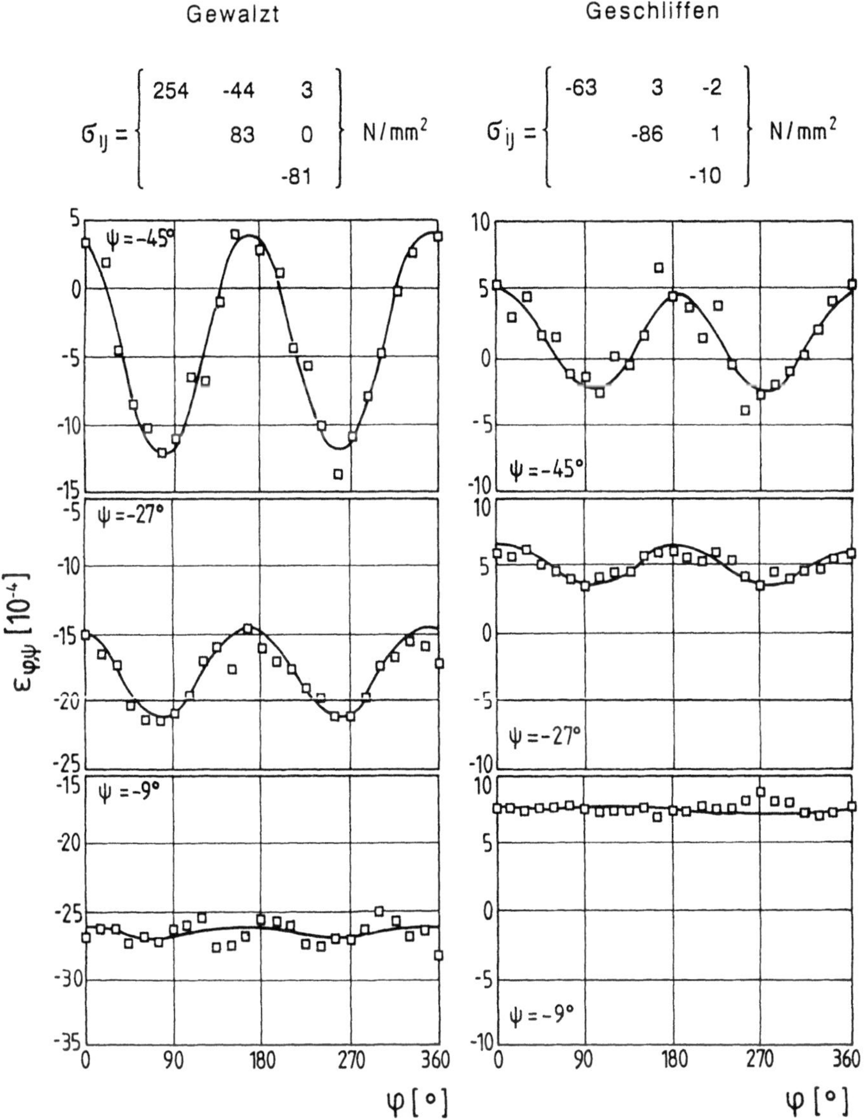

Abb. 18. Für drei ψ-Richtungen gemessene und nach dem Integralverfahren ausgewertete Gitterdehnungsverläufe gewalzter und geschliffener AlZn6MgCu-Proben und die daraus folgenden Eigenspannungszustände. (Eigenmann u. Wagner 1987)

in spanend bearbeiteten Oberflächenbereichen von verschiedenen Eisen-, Aluminium-, Titan- und Nickellegierungen erzielt. Die erfolgreiche Anwendung der sog. Zener-Wert-Avrami-Funktion zur quantitativen Beschreibung der Abbauvorgänge durch Vöhringer u. Wohlfahrt (1982) stimulierte viele weitere Detailuntersuchungen (s. z. B. Hoffmann 1985; Ebenau 1989). Den erreichten Fortschritt belegt Abb. 19, die den Einfluß der Auslagerungstemperatur T_a bei verschiedenen Auslagerungszeiten t_a auf die Eigenspannungsabbaurate einer kugelgestrahlten AlMg 5-Legierung wiedergibt. Parallel zu diesen Untersuchungen erfolgten grundlegende Studien über den Eigenspannungsabbau durch quasistatische Beanspruchungen (s. z. B. Schulze 1993). Daneben brachte die Fortführung von Experimenten über den Abbau von Eigenspannungen durch zyklische mechanische Beanspruchung eine Fülle neuer Erkenntnisse. Aufgrund ausführlicher röntgenographischer Untersuchungen wurden auch viele Probleme der Werkzeug-Werkstück-Wechselwirkung bei spanenden Fertigungsprozessen einer Lösung zugeführt. Es wurden z. B. aufgrund röntgenographischer Untersuchungen Voraussageschemata entwickelt für die sich nach Schleif- und Fräsbearbeitungen einstellenden oberflächennahen Werkstoffzustände unter besonderer Berücksichtigung der sich dabei ausbildenden Oberflächentopogra-

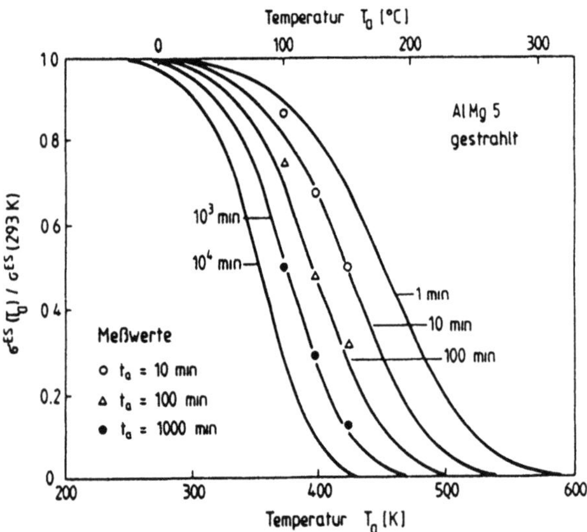

Abb. 19. Berechneter und experimentell ermittelter Eigenspannungsabbau bei kugelgestrahltem AlMg 5 als Folge unterschiedlich langer Glühungen bei verschiedenen Temperaturen. (Hoffmann et al. 1987)

phien, Randverfestigungen sowie Makro- und Mikroeigenspannungen. Dazu und über andere Details finden sich ausführliche Angaben bei Scholtes (1991), der die gesamte Entwicklung der Anwendung der RSM auf Probleme mechanisch randschichtverformter Werkstoffzustände zusammengefaßt hat. Das wachsende Interesse an keramischen Werkstoffen führte dazu, daß auch dort die RSM vielfältige Anwendung fand (s. z. B. Eigenmann et al. 1989). Ferner wurde die RSM mehrfach für die Lösung spezieller Fragen bei unverstärkten und verstärkten Polymerwerkstoffen unter Zuhilfenahme zugemischter Kristallpulver eingesetzt (s. z. B. Hauk et al. 1987, 1992). Bei teilkristallinen Polymerwerkstoffen gelangen inzwischen auch Ermittlungen röntgenographischer elastischer Konstanten. Bemerkenswert ist außerdem die starke Zunahme von in-situ-Untersuchungen. So wurden bei Gasnitrierbehandlungen die während der Diffusionsprozesse (Kraefft et al. 1993) und die bei Hochtemperaturglühungen in oxydierender Atmosphäre während der Oxidationsprozesse (Liu et al. 1992; Stout et al. 1992) oberflächennah auftretenden Gitterdehnungsverteilungen analysiert. Außerdem erfolgten Untersuchungen über die sich bei höheren Temperaturen in einem SiC-whiskerverstärkten Al_2O_3 (Ballard et al. 1991) und in einer Al_2O_3-faserverstärkten AlMg-Legierung (Ohlsson u. Ericsson 1992) einstellenden Eigenspannungen.

Besonders häufige Anwendungen fand die RSM aber in den letzten anderthalb Jahrzehnten bei der Untersuchung von Werkstoffbeschichtungen. Bei modernen Bauteilen der Mikroelektronik werden z. B. dünne epitaktische Filme auf einkristallinen Substraten vielfältig ausgenutzt. Die Eigenschaften dieser Materialfilme werden außer von der Mikrostruktur auch von den in ihnen wirksamen Eigendehnungs- und Eigenspannungszuständen stark beeinflußt. Für die Charakterisierung dieser extrem dünnen Schichten haben Röntgenbeugungsmethoden inzwischen große Bedeutung gewonnen (s. z. B. Segmüller et al. 1989, und den Beitrag von Steeb u. Lamparter, S. 541). Daneben besteht an Werkstoffbeschichtungen, die das Widerstandsverhalten von Bauteilen gegenüber mechanischen und/oder chemischen Beanspruchungen verbessern, ein großes Interesse. Zur Beurteilung solcher Bauteile, die meist hohe Beanspruchungen ohne Versagen ertragen sollen, müssen die durch die Beschichtungsvorgänge hervorgerufenen Eigenspannungen bekannt sein. Typische Beispiele stellen durch Chemical Vapor Depositing (CVD) oder Physical Vapor Depositing (PVD) hergestellte Schichten dar. Wegen ihrer geringen Dicke bieten sich für die Analyse der dort vorliegenden Eigenspannungszustände langwellige Röntgenstrahlen mit kleiner Eindringtiefe an, aber auch zusätzlich Vermessungen von Vorderstrahlinterferenzen mit kleinen Bragg-Winkeln. Es besteht weitgehend Übereinstimmung darüber, daß bei hinreichend kleinen Schichtdicken zweiachsige Eigenspannungszustände vorliegen. Da die Erzeugung der Schichten meist mit der Ausbildung von Texturen verbunden ist, sind Spannungsanalysen zusätzlich erschwert.

CVD- und PVD-Hartstoffschichten aus TiC, TiN und TiCN auf verschiedenen Substratwerkstoffen wurden ab Mitte der 80er Jahre mehrfach röntgenographisch untersucht (s. z. B. Kamachi et al. 1986; Rickerby 1987; Sloof et al. 1987; Hirsch u. Mayr 1988). Dabei stand der Einfluß der Beschichtungsparameter auf die Eigenspannungsausbildung im Vordergrund des Interesses. Kürzlich wurde über Stand und Probleme der Eigenspannungsmessungen an Hartstoffschichten zusammenfassend berichtet (Hirsch et al. 1993). Viele der bisher in PVD-Schichten aus TiN auf unterschiedlichen Stählen in Abhängigkeit von der elektrischen Substratvorspannung gemessenen Eigenspannungswerte zeigt Abb. 20 (Hirsch 1994, persönliche Mitteilung).

Bei PVD-Schichten aus TiC mit ausgeprägten Fasertexturen gelangen mit dem φ-Integralverfahren durch Vermessung von {420}-Ebenen in zwei geeignet gewählten ψ-Richtungen eindeutige Eigenspannungsanalysen (Eigenmann et al. 1988). Dabei fanden näherungsweise bekannte D_o-Wer-

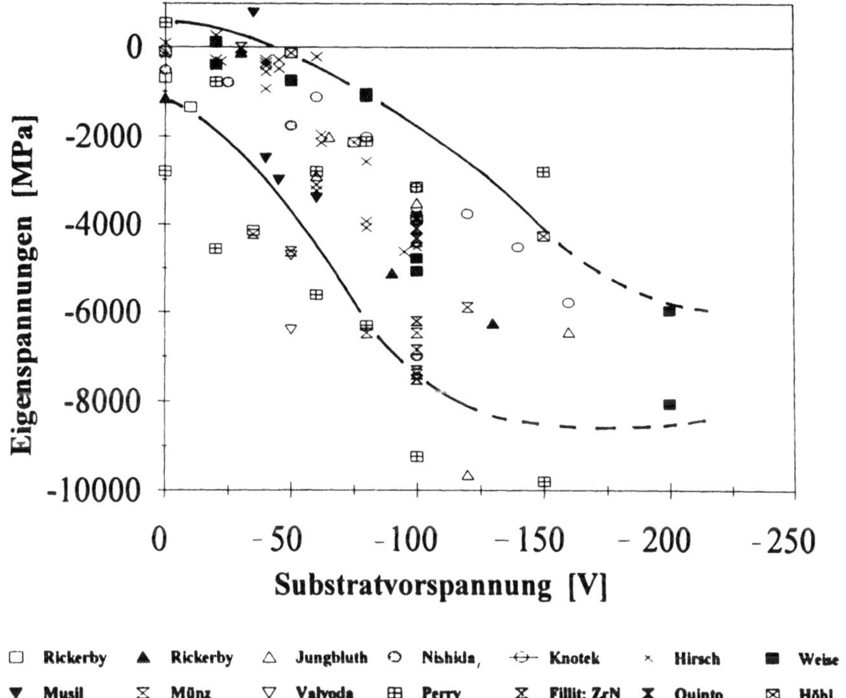

Abb. 20. Röntgenographisch ermittelte Eigenspannungen in dünnen TiN-Schichten auf Stahlsubstraten in Abhängigkeit von der bei der PVD-Beschichtung wirksamen elektrischen Subtratvorspannung. (Nach einer Zusammenstellung von Hirsch 1994)

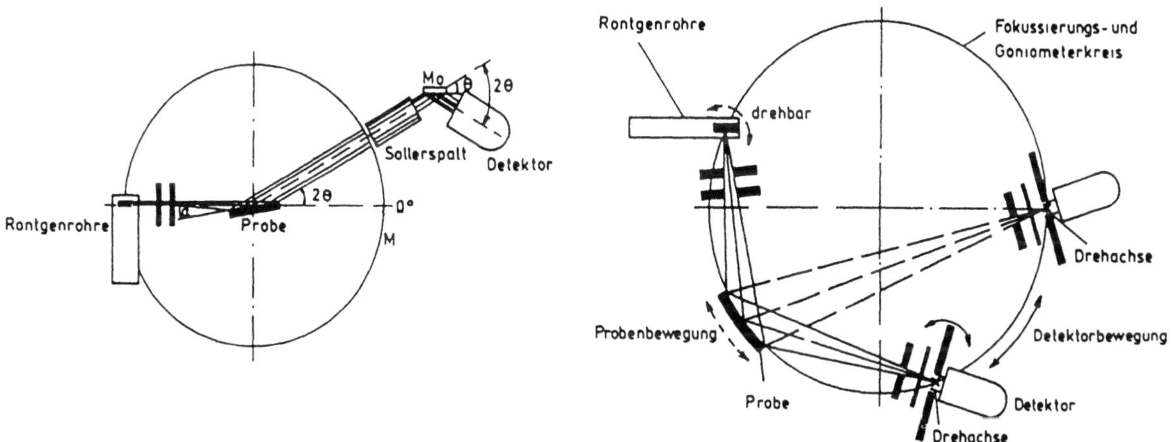

Abb. 21. Bei Spannungsbestimmungen an dünnen Schichten benutzte Bragg-Brentano- (*links*) und Seemann-Bohlin- (*rechts*) Diffraktometereinrichtungen. (Hirsch et al. 1993)

te Anwendung, die in der von Torbaty et al. (1983) vorgeschlagenen Weise korrigiert wurden.

Bei der Untersuchung beschichteter Werkstoffe unter Zuhilfename des konventionellen $\sin^2\psi$-Verfahrens werden in einem ω-Diffraktometer in verschiedenen ψ-Richtungen gleiche Gitterebenen {hkl} über verschieden tiefe Randbereiche vermessen. Dieser Nachteil läßt sich vermeiden, wenn, wie aus Abb. 21 (links) ersichtlich, eine beschichtete Probe im Diffraktometerzentrum in unveränderlicher Position unter einem flachen Winkel α angestrahlt und der Detektor längs des Diffraktometerkreises zur Aufnahme verschiedener Interferenzen bewegt wird. Man spricht von einer „defokussierenden Bragg-Brentano-Geometrie“. Die abgebeugten Strahlen durchlaufen dabei ein langes Sollerkollimatorsystem und werden über einen geeigneten Monochromator Mo dem Detektor zugeführt. Beim Abfahren des Diffraktometerkreises werden nacheinander bei verschiedenen $2\Theta_i$ unterschiedliche {hkl}-Ebenen mit Neigungswinkeln $\psi_i = \alpha - \Theta_i$ gegenüber dem Oberflächenlot vermessen. Liegt in der vermessenen Schicht ein rotationssymmetrischer zweiachsiger Spannungszustand mit $\sigma_1 = \sigma_2 = \sigma_{xx} = \sigma_{yy} = \sigma_\varphi$ vor, so folgt aus Gl. (4) und (6)

$$\begin{aligned}\varepsilon_{\varphi,\psi} &= {}^1\!/_2\, s_2 \sigma_\varphi \sin^2\psi + s_1 2\sigma_\varphi \\ &= -\,{}^1\!/_2\, s_2 \cos^2\psi + ({}^1\!/_2\, s_2 + 2 s_1)\sigma_\varphi . \end{aligned} \qquad (38)$$

Wird isotropes Schichtverhalten vorausgesetzt, so gelten für alle ψ die gleichen s_1- und ${}^1\!/_2 s_2$-Werte und über $\cos^2\psi$ ergibt sich unabhängig von φ eine lineare $\varepsilon_{\varphi,\psi}$-Verteilung. Wird Reußsches Kristallitverhalten angenommen, dann sind für jedes ψ die dann wirksamen $(s_1)_{Reuß}$- und $({}^1\!/_2 s_2)_{Reuß}$-Werte einzusetzen, und es sind systematische Abweichungen von der linearen $\varepsilon_{\varphi,\psi}$, $\cos^2\psi$-Verteilung zu erwarten. De Buyser et al. (1991), die diese Vorgehensweise wählten, bestimmten bei einer 2 µm dicken texturarmen Nickelschicht auf einem Kupfersubstrat mit $\alpha = 6°$ und CuKα-Strahlung die in Abb. 22 wiedergegebene Dehnungsverteilung und berechneten daraus die vermerkten Eigenspannungen.

Neben dem defokussierend betriebenen Bragg-Brentano-Diffraktometer wird als weitere Dünnschichtmeßeinrichtung das in Abb. 21 (rechts) schematisch gezeigte Seemann-Bohlin-Diffraktometer (s. z. B. Oettel 1989) benutzt. Dabei befinden sich Röhrenfokus bzw. Eintrittsspalt, Probe und Detektor auf dem mit dem Fokussierungskreis identischen Diffraktometerkreis. Mit dem asymmetrischen Strahlengang lassen sich bei festem, aber kleinem Einstrahlwinkel α verschiedene Interferenzen aus praktisch gleich dicken Oberflächenbereichen vermessen. Durch die Wahl von α kann die Eindringtiefe definiert variiert werden. Mit einer solchen Anordnung haben z. B. Perry et al. (1992) die Spannungszustände in TiN-, ZrN- und HfN-beschichteten austenitischen Stählen ermittelt. Bei 5 µm dicken Filmen wurden rotationssymmetrische Druckeigenspannungszustände mit etwa −5500 bzw. −8350 bzw. −4800 N/mm² gemessen.

In den letzten Jahren hat auch die Synchrotronstrahlung für die RSM zunehmende Bedeutung erlangt. Bei einem Synchrotron mit Speicherring strahlen bekanntlich die auf einer geschlossenen Bahn mit Energien im GeV-Bereich umlaufenden Elektronen tangential zur Umlaufbahn in Vorwärtsrichtung ein kontinuierliches Spektrum von Wellenlängen ab, das vom ultraroten Strahlungsbereich bis zum ultraharten Röntgenstrahlungs-

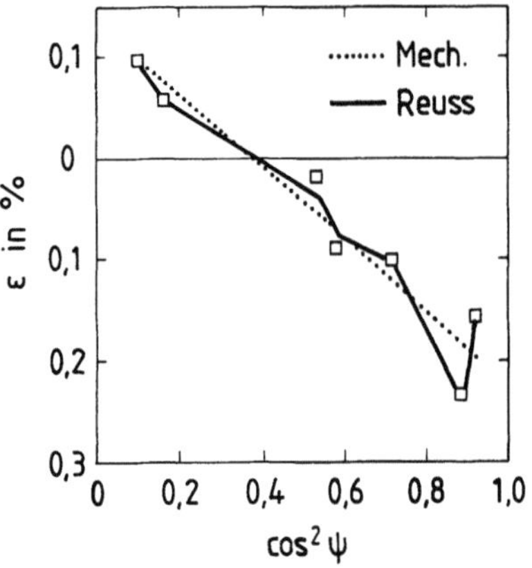

Abb. 22. Gitterdehnungsverteilung über $\cos^2\psi$ bei einer 0.6 µm dicken Nickelschicht auf Kupfer. Die Auswertung mit isotroper REK liefert $\sigma = 363$ N/mm², die mit Reußschen REK dagegen $\sigma = 332$ N/mm². (De Buyser et al. 1991)

bereich reicht. Der Öffnungswinkel 2δ der Synchrotronstrahlung wird um so kleiner, je größer die Elektronenenergie und je kleiner die abgestrahlte Wellenlänge ist. Bei einer Teilchenenergie von 4 GeV nimmt 2δ im Röntgenbereich Werte von etwa $10^{-4} - 10^{-3}$ rad = 0,0006° − 0,06° an. Beim Einsatz von geeigneten Primär- und Sekundärmonochromatoren stehen somit praktisch monochromatische Röntgenstrahlen hoher Intensität mit kleinster Strahldivergenz zur Verfügung. Damit lassen sich z. B. bei randeigenspannungsbehafteten Werkstoffzuständen unter relativ flacher Einstrahlung gegenüber den Oberflächen Interferenzlinienlagen mit kleinen Bragg-Winkeln mit hoher Genauigkeit vermessen. In (Abb. 23, oben) sind für die Al_2O_3-Phase einer hartbearbeiteten Mischkeramik aus Al_2O_3/50Ma.-% ZrO_2 exemplarisch die Ergebnisse von $2\Theta_{\varphi,\psi}$-Messungen im Bereich $-89° \leq \psi \leq +89°$ quer zur Schleifrichtung gezeigt. Aus diesen und anderen Messungen wurden mit Hilfe des von Eigenmann et al. (1992) vorgeschlagenen Polynomverfahrens die Tiefenverteilung (Abb. 23, unten) der in Schleifrichtung und quer dazu vorliegenden Druckeigenspannungen mit Beträgen von etwa 4000 N/mm² und randnahen Eigenspannungsgradienten von etwa $6 \cdot 10^6$ N/mm³ ermittelt.

Auch unter Benutzung konventioneller Röntgenstrahlungsquellen wurden bei geschliffenen Keramiken in den Randschichten Druckeigenspannungsbeträge von mehreren 1000 N/mm² nachgewiesen (Eigenmann et al. 1990, 1991). Dies gelang näherungsweise durch Messung von Gitterdehnungsverteilungen mit mehreren Röntgenwellenlängen und Ausgleich der gekrümmt über $\sin^2\psi$

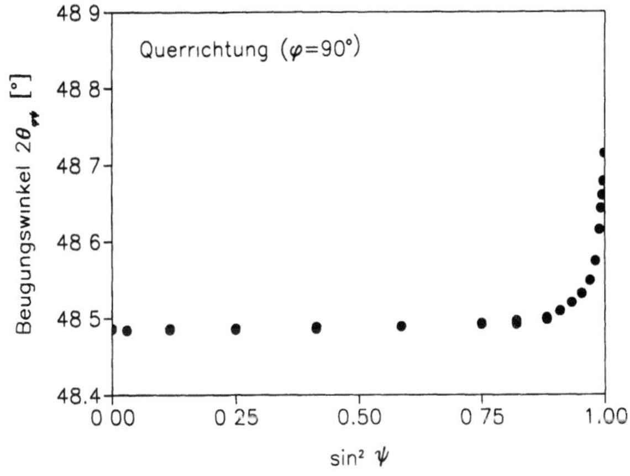

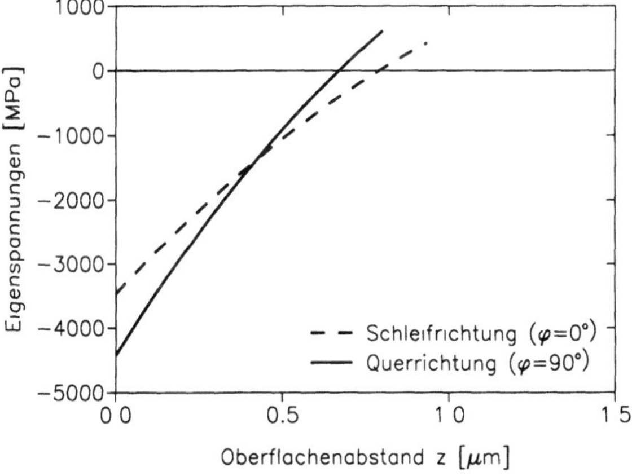

Abb. 23. Mit Synchrotronröntgenstrahlung gemessene $2\Theta_{\varphi,\psi}$-$\sin^2\psi$-Verteilung der Al_2O_3-Phase einer geschliffenen Mischkeramik Al_2O_3-50 Ma.-% ZrO_2 (*oben*) und nach dem Polynomverfahren ermittelte randnahe Eigenspannungsverteilungen (*unten*). (Eigenmann et al. 1995).

verteilten Meßwerte unter iterativer Anwendung des Polynomverfahrens.

Herausstellungswürdig erscheinen ferner noch neuere Eigenspannungsanalysen bei SiC-verstärkten Aluminiumlegierungen nach thermischen Wechselbeanspruchungen unter Lastkonstanz (Ericsson u. Vigneron 1991), bei Al_2O_3-faserverstärktem Silikatglas (Hehn u. Predecki 1991), bei gerichtet erstarrten Eutektika (Durand et al. 1992) und bei Verbindungsschichten nitrierter Eisenwerkstoffe (Somers u. Mittemeijer 1992). Außerdem verdienen Beachtung zusammenfassende Berichte über Eigenspannungen in Verbundwerkstoffen (Arsenault 1992; Cohen 1992), Beiträge zur Erfassung des Anisotropieproblems bei texturierten Werkstoffen (Behnken u. Hauk 1991; Pochettino et al. 1992) sowie die Arbeiten (Ruppersberg et al. 1991; Ruppersberg 1992) über die oberflächennächsten Spannungskomponenten und deren Tiefenverteilungen.

In versuchstechnischer Hinsicht ist für die letzten Jahre zudem anzumerken, daß mehrere Hersteller moderner Experimentaleinrichtungen auch Softwarepakete zur rechneruntersützten röntgenographischen Analyse von Makro- und Mikroeigenspannungszuständen zur Verfügung stellten. Erwähnenswert sind auch noch kürzlich erschienene Arbeiten, die über ein Röntgenmikrodiffraktometer für Messungen mit Synchrotronstrahlung (Hirano et al. 1992) sowie die Ausnutzung von Bildplatten (Image-Plates) zur Registrierung von Röntgeninterferenzen bei der RSM (Yoshioka u. Ohya 1992) berichteten. Schließlich erscheint noch der Hinweis angebracht, daß Anfang der 90er Jahre auch Expertensysteme für die Bewertung von RSM-Daten (Tricard et al. 1991) und für röntgenographische Eigenspannungsbestimmungen (Tricard et al. 1992) vorgestellt sowie ein Managementsystem für den Kenntnisstand auf dem Eigenspannungsgebiete (Courtney et al. 1992) entwickelt wurden.

Schlußbemerkung

Die vorangegangenen Ausführungen belegen eindrücklich, daß die röntgenographische Spannungsmessung seit ihren Anfängen in den 20er Jahren bis heute viele aussagekräftige Methoden entwickelt hat, mit denen über die Entstehung, die Stabilität und die Auswirkung von Eigenspannungen bei metallischen, anorganisch-nichtmetallischen und polymeren Werkstoffen sowie bei Verbundwerkstoffen und Werkstoffverbunden viele neue Kenntnisse und vertiefte Einsichten erzielt wurden. Sowohl grundlagen- als auch anwendungsorientierte Forschungsarbeiten mit großer Themenvielfalt haben dabei für die verschiedensten Gebiete der Material- und Ingenieurwissenschaften erhebliche Fortschritte erbracht. Auch nach dem Zentenarium von Röntgens Entdeckung dürfte der RSM eine interessante Weiterentwicklung sicher sein.

Literatur

Aksenov GJ (1929) Measurement of elastic stress in a finegrained material. Tech Phys USSR 6:3–16

Altschuler, Speranski (1940) Residual stresses caused by grinding. Vest Met USSR 1:15

Aoyama S, Namikawa H, Iwanaga S (1968) X-Ray Measurement of stress in shot-peened spring steel (correlations between the stress measured by x-ray and the nominal stress). J Soc Mater Sci Japan 17:1083–1088

Arima M, Kamachi K (1977) X-ray measurement of concentrated stresses at crack tip of mild steel. J Soc Mater Sci Japan 26:329–333

Arkel AE van (1926) Physica 6:64

Arsenault RJ (1992) Residual stresses in composites. In: Fujiwara H, Abe T, Tanaka K (eds) Residual stresses-III, science and technology, ICRS-III, vol 1. Elsevier Applied Science, London New York, pp 1–10

Ballard B, Predecki PK, Hubbert C (1991) Residual strains in Al_2O_3/SiC (Whisker) composite from 25–1000°C. Adv X-Ray Anal 34:465–471

Baron HU, Bayer E, Steinhauser L, Bradaczek H, Wasiewicz E (1993) A 13-axis X-ray goniometer for diffraction investigations on large samples. Eur J Non-Destruct Test 3:17–23

Barral M, Sprauel JM, Maeder G (1983) Stress measurements by X-ray diffraction on textured material characterised by its orientation distribution function. In: Macherauch E, Hauk V, (Hrsg) Eigenspannungen. Entstehung - Messung - Bewertung, Bd 2. DGM Informationsgesellschaft, Oberursel, pp 31–47

Barral M, Sprauel JM, Lebrun JL, Maeder G, Megtert S (1984) On the use of synchroton radiation for the study of the mechanical behaviour of materials. Adv X-Ray Anal 27:149–158

Barral M, Sprauel JM, Lebrun JL, Maeder G (1986) X-ray macrostresses determination and microstrains evaluation on a textured material. In: Bunge HJ (ed) Experimental techniques of texture analysis. DGM Informationsgesellschaft, Oberursel, pp 419–427

Barral M, Lebrun JL, Sprauel JM, Maeder G (1987) X-ray macrostress determination on textured material. Use of the ODF for calculating the X-ray compliances. Metall Trans 18A:1229–1238

Barrett CS, Gensamer M (1936) Stress analysis by X-ray diffraction. Physics 7:1–8

Barrett CS (1937) X-ray analysis of fatigue in metals. Trans ASM 25:1115–1148, Metals a Alloys 8:13, Met Progr 32:677–678

Barrett CS (1952) Structure of metalls, 2nd edn. McGraw Hill, New York (1943) 1st (edn)

Barrett CS, Predecki P (1976) Stress measurement in polymeric materials by X-ray diffraction. Polymer Eng Sci 16:602–608

Beck G, Denis S, Simon A (eds) (1989) Int Conf on Residual Stresses, ICRS-II. Elsevier Applied Science, London New York

Behnken H, Hauk V (1991) Berechnung der röntgenographischen Spannungsfaktoren texturierter Werkstoffe – Vergleich mit experimentellen Ergebnissen. Z Metallkde 82:151–158

Bierwirth G (1961) Die röntgenographische Bestimmung des Restaustenit in einsatzgehärteten Stählen. Materialprüf 3:228–233

Binder F, Macherauch E (1955) Die dehnungsfreien Richtungen des ebenen Spannungszustandes und ihre Bedeutung für röntgenographische Spannungsmessungen und Untersuchungen von Strukturen. Arch Eisenhüttenwes 26:541–545

Black DR, Bechtoldt CJ, Placious RC, Kuriyama M (1985) Three dimensional strain measurements with X-ray energy dispersive spectroscopy. J Nondestr Eval 5 1:21–25

Böklen R, Glocker R (1947) Röntgenographische und mechanische Untersuchung des Fließvorganges bei Biegung. Z Metallkde 38:304–309

Bollenrath F, Schiedt E (1938) Röntgenographische Spannungsmessungen bei Überschreiten der Fließgrenze an Biegestäben aus Flußstahl. VDI Z 82: 1094–1098

Bollenrath F, Osswald E (1939) Über den Beitrag einzelner Kristallite eines vielkristallinen Körpers zur Spannungsmessung mit Röntgenstrahlen. Z Metallkde 31:151–159

Bollenrath F, Hauk V (1946) Röntgenspannungsmessungen an Stählen mit verschiedenem Kohlenstoffgehalt und unterschiedlicher Gefügeausbildung. Z Metallkde 37:161–167

Bollenrath F, Hauk V, Ohly W (1964) Vergleich von röntgenographisch und mechanisch ermittelten Eingenspannungen in kaltgezogenen Rohren und Stangen. Z Metallkde 55:655–659

Bollenrath F, Hauk V, Müller EH (1967) Zur Berechnung der vielkristallinen Elastizitätskonstanten aus den Werten der Einkristalle. Z Metallkde 58:76–82

Bollenrath F, Hauk V, Müller EH (1968) Röntgenographische Verformungsmessungen an Einzelkristallen verschiedener Korngröße. Metall 22:442–449

Bol'shakov PP, Vasil'ev DM, Titovets YF (1975) X-ray and mechanical elastic constants of polycrystalline metals. Bull JSME 18:95–103

Bond WB (1966) X-ray diffraction studies of the residual stress level in an AMS 6260 (SAE 9310) carburized case. Norelco Rep 13:18

Bong A (1978) Measurement of stresses in thin films on single crystalline substrates. Phys Stat Sol (A) Appl Res 46:445–450

Brakman CM (1983) Residual stresses in cubic materials with orthorhombic or monoclinic specimen symmetry: Influence of texture on ψ splitting and nonlinear behaviour. J Appl Cryst 16:325–340

Brakman CM (1985) A general treatment of X-ray (residual) macro-stress determination in textured cubic materials. Cryst Technol 20:593–618

Brakman CM (1987) Diffraction elastic constants of textured cubic materials. Phil Mech A 55:39–58

Brakman CM (1987) Application of the o. d. f. to residual stress analysis problems of textured cubic materials. In: Bunge H (ed) Theor Meth Texture Anal. DGM Informationsgesellschaft, Oberursel, pp 377–390

Braski DN, Royster DM (1967) X-ray measurement of residual stresses in titanium alloy sheet. Adv X-Ray Anal 10:295-309

Bush GW, Read HJ (1964) X-ray determination of residual stresses in electro-deposited coatings. J Electrochem Soc 111 3:289-296

Buyser De L, Van Houtte P, Aernout E (1991) X-ray measurement of residual stresses in thin layers. In: Hauk V, Hougardy H, Macherauch E (eds) Residual stresses - measurement, calculation, evaluation. DGM Informationsgesellschaft, Oberursel, pp 27-32

Christenson AL, Rowland ES (1952/53) Residual stress in hardened high carbon steel. ASM-Preprint 22 Oct

Christian H, Elfinger FX, Schüller HJ (1978) Eigenspannungen in Schweißnähten und ihre Auswirkungen. Maschinenschaden 51:124-130

Christian H, Elfinger FX (1982) Mobile Diffractometer - Einrichtung. In: Hauk V, Macherauch E (Hrsg) HTM-Beiheft: Eigenspannungen u. Lastspannungen. Hanser, München Wien, S 28-34

Cohen JB (1992) Determining stresses in composites. Adv X-ray Anal 35A:439-447

Courtney S, Potet J, Tricard M, Hendricks RW (1992) A residual stress database management system. In: Fujiwara H, Abe T, Tanaka K (eds) Residual stresses-III, science and technology, vol 2. Elsevier Applied Science, London New York, pp 1549-1554

Crostack HA, Reimers W, Nihus R (1985) X-ray diffraction analysis of stress and strains in coarse grained materials. 11th WCNDT 1985:622-628

Dehlinger U (1927) Über die Verbreiterung der Debyelinien bei kaltbearbeiteten Metallen. Z Kristallogr 65:615-631

Diament A (1973) Problèmes de déformations plastiques et de texture dans l'analyse des contraintes par rayons X. Colloque Siemens (1973) Monaco

Diament A (1974) La méthode radiocristallographique d'analyse de contraintes, ses possibilités et ses limites. Rev Franc Mec 39:55-62

Dölle H, Hauk V (1976) Röntgenographische Spannungsermittlung für Eigenspannungssysteme allgemeiner Orientierung. Härterei-Tech Mitt 31:165-168

Dölle H, Hauk V (1977) Systematik möglicher Gitterdehnungsverteilungen bei mechanisch beanspruchten metallischen Werkstoffen. Z Metallkde 68:725-728

Dölle H, Hauk V, Kockelmann H, Sesemann H (1977) X-ray stress measurement on steels having preferred orientation. J Strain Anal 12:62-65

Dölle H, Hauk V, Kloth H, Over H, Wichert W (1977) Röntgenographische Elastizitätskonstanten von Stählen bei ein- und zweiachsiger Zugbeanspruchung in Abhängigkeit von der plastischen Dehnung. Arch Eisenhüttenwes 48:601-605

Dölle H, Hauk V, Kockelmann H (1978) Effect of texture upon the determination of stress by X-rays. In: Gottstein G, Lücke K (eds) Textures of materials, vol 2. Springer, Berlin Heidelberg New York, pp 413-420

Dölle H, Hauk V (1978) Einfluß der mechanischen Anisotropie des Vielkristalls (Textur) auf die röntgenographische Spannungsermittlung. Z Metallkde 69:410-417

Dölle H, Hauk V (1979) Der theoretische Einfluß mehrachsiger tiefenabhängiger Eigenspannungszustände auf die röntgenographische Spannungsermittlung. Härterei-Tech Mitt 34:272-277

Dölle H, Hauk V (1979) Röntgenographische Ermittlung von Eigenspannungen in texturierten Werkstoffen. Z Metallkde 70:682-685

Dorgelo HB, Graaf De JE (1935) Über die Möglichkeiten der Messung von elastischen Spannungen mit Röntgenstrahlen. Ingenieur 50 8:E 31-E 35

Durand L, Lavelle B, Coulomb P, Dabosi F (1992) Determination by X-ray diffraction in a Cu-Cr fibrous oriented eutectic. In: Fujiwara H, Abe T, Tanaka K (eds) Residual stresses-III, science and technology, ICRS-III, vol. 2. Elsevier Applied Science, London New York, pp 991-994

Durer A (1946) Verfahren zur Bestimmung der Gitterkonstanten spannungsbehafteter Proben. Z Metallkde 37:60-62

Ebenau A (1989) Das Verhalten von kugelgestrahltem 42 CrMo 4 im normalisierten und vergüteten Zustand unter einachsig homogener und inhomogener Wechselbeanspruchung. Dr.-Ing. Diss, Universität Karlsruhe (TH)

Eigenmann B, Wagner CNJ (1987) Stress analysis on aluminum alloy 7075 (AlZn6MgCu). In: Macherauch E, Hauk V (eds) Residual stresses in science and technology, DGM Informationsgesellschaft, Oberursel, pp 319-326

Eigenmann B, Scholtes B, Macherauch E (1988) Röntgenographische Eigenspannungsmessung an texturbehafteten PVD-Schichten aus Titancarbid. Härterei-Tech Mitt 43:208-211

Eigenmann B, Scholtes B, Macherauch E (1989) Determination of residual stresses in ceramics and ceramic-metal composites by X-ray diffraction methods. Mat Sci Eng A118:1-17

Eigenmann B, Scholtes B, Macherauch E (1990) Eine Mehrwellenlängenmethode zur röntgenographischen Analyse oberflächennaher Eigenspannungszustände in Keramiken. Mat Wiss Werkstofftech 21:257-265

Eigenmann B, Wüst M, Scholtes B, Macherauch E (1991) The near surface residual stress state of machined ceramic materials. In: Hauk V, Hougardy H, Macherauch E (eds) Residual stresses - measurement, calculation, evaluation. DGM Informationsgesellschaft, Oberursel, pp 233-238

Eigenmann B, Scholtes B, Macherauch E (1992) An improved technique for X-ray residual stress determinations on ceramics with steep subsurface stress gradients. In: Fujiwara H, Abe T, Tanaka K (eds) Residual stresses-III, science and technology, vol 2. Elsevier Applied Science, London New York, pp 601-606

Eigenmann B, Macherauch E (1995) Röntgenographische Untersuchungen von Spannungszuständen in Werkstoffen. Mat Wiss Werkstofftech 26

Eigenmann B, Macherauch E (1995) Determination of grinding residual stresses in surface layers of engineering ceramics using synchrotron X-radiation. Z Metallkde 86

Emter D (1965) Mitteilung der MPA f d Bauwesen, München

Ericsson T, Vigneron B (1991) 3D-residual stresses in AA7075 and AA7050 with 15 Vol.-% SiC whiskers after thermal cycling unter constant applied load. In: Hauk V, Hougardy H, Macherauch E (eds) Residual stresses, measurement, calculation, evaluation. DGM Informationsgesellschaft, Oberursel, pp 115-120

Evenschor PD, Fröhlich W, Hauk V (1971) Berechnung der röntgenographischen Elastizitätskonstanten aus den Einkristallkoeffizienten hexagonal kristallisierender Metalle. Z Metallkde 62:38–42

Evenschor PD, Hauk V (1972) Berechnung der röntgenographischen Elastizitätskonstanten aus den Einkristallkoeffizienten hexagonal kristallisierender Metalle. Z Metallkde 63:798–801

Evenschor PD, Hauk V (1975) Röntgenographische Elastizitätskonstanten und Netzebenenabstandsverteilungen von Werkstoffen mit Textur. Z Metallkde 66:164–166

Evenschor PD, Hauk V (1975) Berechnung der röntgenographischen Elastizitätskonstanten von Mehrstoffsystemen. Z Metallkde 66:210–213

Faninger G (1969) Die elastischen Konstanten von Kupfer-Nickel-Vielkristallen. Z Metallkde 60:601-605

Faninger G, Hauk V (1976) Gitterdehnungen in texturbehafteten Proben. Härterei-Tech Mitt 31:98–108

Faninger G, Walburger H (1976) Anomalien bei der röntgenographischen Ermittlung von Schleifeigenspannungen. Härterei-Tech Mitt 31:79–82

French DN (1969) X-ray stress analysis of WC-Co cermets. J Am Cer Soc I: Procedures 52:267–271, II: Temperature stresses 52:271–275

Frohnmayer G, Hofmann EG (1952) Röntgenographische Spannungsmessungen an einzelnen Kristalliten eines auf Zug beanspruchten Stahls. Z Metallkde 43:151–158

Fujiwara H, Abe T, Tanaka K (eds) (1991) Residual stresses-III, science and technology, ICRS-III. Elsevier Applied Science, London New York

Fuks MA, Gladkikh IJ (1965) On some distinctive features of the X-ray method of measuring elastic stresses. Zavodskaya Laboratoriya 31:978–982

Gisen F, Glocker R, Osswald E (1936) Einzelbestimmungen von elastischen Spannungen mit Röntgenstrahlen II. Z Tech Phys 17:145–155

Gisen F, Glocker R (1938) Röntgenographische Bestimmungen der zeitlichen Änderung des Eigenspannungszustandes bei Biegewechselbeanspruchung. Z Metallkde 30:297–298

Glocker R, Osswald E (1935) Einzelbestimmungen der elastischen Hauptspannungen mit Röntgenstrahlen. Z Tech Phys 16:237–242

Glocker R, Hess B, Schaaber O (1938) Einzelbestimmungen von elastischen Spannungen mit Röntgenstrahlen III. Z Tech Phys 19:194–204

Glocker R (1938) Einfluß einer elastischen Anisotropie auf die röntgenographische Messung von Spannungen. Z Tech Phys 19:289–293

Glocker R, Kemmnitz G, Schaal A (1939/40) Röntgenographische Spannungsmessung bei dynamischer Beanspruchung. Arch Eisenhüttenwes 13:89–92

Glocker R, Hasenmaier H (1949) Röntgenbestimmung der Tiefenverteilung von Härte- und Nitrierspannungen. Z Metallkde 40:182–186

Glocker R (1951) Bestimmung der Spannung und des Wertes der Gitterkonstanten für den spannungsfreien Zustand aus einer Röntgenrückstrahlaufnahme. Z Metallkde 42:122–124

Glocker R (1958) In: Siebel E (Hrsg) Handbuch der Materialprüfung. Springer, Berlin Göttingen Heidelberg, S 548–574

Glocker R (1971) Materialprüfung mit Röntgenstrahlen, 5. Aufl (1936: 2. Aufl; 1942: 3. Aufl; 1948: 4. Aufl). Springer, Berlin Heidelberg

Godijk J, Nannenberg S, Willemse PF (1980) A Goniometer for the measurement of stresses in single crystals and coarse-grained specimens. J Appl Crystallogr 13:128–131

Gorissen E (1966) Schweißtemperatur und Schweißeigenspannungen bei Großrohren. Arch Eisenhüttenwes 37:49–55

Greenough GB (1949) Residual lattice strains in plastically deformed polycrystalline metal aggregates. Proc Roy Soc London A 197:556–567

Greenough GB (1952) Quantitative X-ray diffraction observations on strained metal aggregates. Progr Met Phys 3:176–219

Grossmann LN, Fullrath RM (1961) X-ray strain measurement techniques for ceramic bodies. J Am Ceram Soc 44:567–571

Hack JE, Leverant GE (1980) Fatigue microcrack behaviour under the influence of surface residual stress. Southwest Research Institute, St. Antonio Texas

Hanabusa T, Fujiwara H, Nishioka K (1981) Theory of the weighted averaging method on the X-ray residual stress analysis for the deformed layer with steep stress gradient. J Soc Mater Sci Japan 30:247–253

Hanabusa T, Nishioka K, Fujiwara H (1983) Criterion for the triaxial X-ray residual stress analysis. Z Metallkde 74:307–313

Hanke E, Marx KW (1968) Röntgenographische Eigenspannungsmessungen an einem gehärteten, niedrig legierten Werkzeugstahl 100 CrMn 6. Härterei-Tech Mitt 23:208–216

Hanke E (1969) X-ray stress analysis as related to tempering and tempering kinetics. SAE SP-362

Hauk J (1976) Schrifttum 1925–1975. Härterei-Tech Mitt 31:112–124

Hauk J (1982) Schrifttum über röntgenographische Spannungsermittlung ab 1975. Härterei-Tech Mitt 37:223-237

Hauk J (1987) Schrifttum über röntgenographische Spannungsermittlung 1982 bis 1985 sowie Ergänzungen 1981. Härterei-Tech Mitt 42:225–239

Hauk J (1990) Schrifttum über röntgenographische Spannungsermittlung 1986–1988 sowie Ergänzungen 1985. Härterei-Tech Mitt 45:373–388

Hauk J (1992) Schrifttum über röntgenographische Spannungsermittlung 1989. Härterei-Tech Mitt 47:189–195

Hauk J (1993) Schrifttum über röntgenographische Spannungsermittlung 1990. Härterei-Tech Mitt 48:133-136
Hauk J (1994) Schrifttum über röntgenographische Spannungsermittlung mit Röntgen- und Neutronenstrahlen. Härterei-Tech Mitt 49 (im Druck)
Hauk V (1948) Über Eigenspannungen von Punktschweißverbindungen. Z Metallkde 39:276-279
Hauk V (1955) Zum gegenwärtigen Stand der Spannungsmessung mit Röntgenstrahlen. Arch Eisenhüttenwes 26:275-278
Hauk V (1964) Grundlagen, Anwendungen und Ergebnisse der röntgenographischen Spannungsmessung. Z Metallkde 55:626-638
Hauk V (1967) Der gegenwärtige Stand der röntgenographischen Ermittlung von Spannungen. Arch Eisenhüttenwes 38:233-240
Hauk V, Ott W, Sesemann H (1971) Röntgenographische Elastizitätskonstanten von Zirkon. Z Metallkde 63: 796-798
Hauk V, Herlach R, Sesemann H (1975) Über nichtlineare Gitterebenenabstandsverteilungen in Stählen, ihre Entstehung, Berechnung und Berücksichtigung bei der Spannungsermittlung. Z Metallkde 66:734-737
Hauk V, Sesemann H (1976) Abweichungen von linearen Gitterebenenabstandsverteilungen in kubischen Metallen und ihre Berücksichtigung bei der röntgenographischen Spannungsermittlung. Z Metallkde 67:646-650
Hauk V, Kockelmann H (1978) Berechnung der Intensitäts- und Gitterdehnungsverteilung aus inversen Polfiguren. Z Metallkde 69:16-21
Hauk V, Macherauch E (1982) Eigenspannungen und Lastspannungen. Moderne Ermittlung - Ergebnisse - Bewertung. Hanser München Wien
Hauk V, Vaessen G (1983) Röntgenographische Spannungsermittlung an texturierten Stählen. In: Macherauch E, Hauk V (Hrsg) Eigenspannungen, Entstehung - Messung - Bewertung, Bd 2. Deutsche Gesellschaft für Metallkunde, S 9-30
Hauk V (1987) Non-destructive methods of measurement of residual stresses. Adv Surface Treatm 4:251-302
Hauk V, Troost A, Ley D (1987) Lattice strain measurement and evaluation of residual stresses on polymeric materials. In: Macherauch E, Hauk V (eds) Residual stresses in science and technology, vol 1. DGM Informationsgesellschaft, Oberursel, pp 177-125
Hauk V, Hougardy H, Macherauch E (eds) (1991) Residual stresses - measurement - calculation - evaluation. DGM Informationsgesellschaft, Oberursel
Hauk V (1992) Entwicklung und Anwendung der röntgenographischen Spannungsanalyse an polymeren Werkstoffen und deren Verbunden. Z Metallkde 83:276-282
Hauk V, Hougardy HP, Macherauch E, Tietz HD (eds) (1993) Residual stresses. DGM Informationsgesellschaft, Oberursel
Hehn L, Predecki P (1991) Residual stresses in unidirectional Al_2O_3 fiber-silicat glass composites by X-ray diffraction. Adv X-ray Anal 34:669-677
Heyn E (1921) Eine Theorie der Verfestigung von metallischen Stoffen infolge Kaltreckens. Festschrift der Kaiser-Wilhelm-Ges. Springer, Berlin, S 121-131
Hilley ME, Wert JJ, Goodrich RS (1967) Experimental factors concerning X-ray residual stress measurement in highstrength aluminium alloy. Adv X-Ray Anal 10:284-294
Hirano T, Higashi F, Usami K (1992) X-ray microdiffractometer using synchrotron radiation. Rev Sci Instr 63:5602-5606
Hirsch T, Mayr P (1988) Eigenspannungsmessungen an TiN-Hartstoffschichten. Härterei-Tech Mitt 43:212-218
Hirsch T, Tomara V, Stahl F, Kraefft U, Mayr P (1993) Eigenspannungen - Empfehlungen zur Eigenspannungsbestimmung in dünnen Schichten. Beuth, Berlin: (Fachbericht 39)
Hoffmann H (1969) Röntgenographische Untersuchungen zum Spannungs-Deformationsverhalten von Eisen-Kupfer und Eisen-Sinter-Werkstoffen. Wiss Z TH Otto von Guericke Magdeburg 13:391-397
Hoffmann J (1985) Entwicklung schneller röntgenographischer Spannungsmeßverfahren und ihre Anwendung bei Untersuchungen zum thermischen Eigenspannungsabbau. Dr.-Ing. Diss, Universität Karlsruhe (TH)
Hoffmann J, Neff H, Scholtes B, Macherauch E (1983) Flächenpolfiguren und Gitterdeformationspolfiguren von texturierten Werkstoffzuständen. Härterei-Tech Mitt 38:180-183
Hoffmann J, Maurer G, Neff H, Scholtes B, Macherauch E (1986) A PSD-diffractometer for the determination of texture and lattice deformation pole figures. In: Bunge HJ (ed) Experimental techniques of texture analysis. DGM Informationsgesellschaft, Oberursel, pp 409-418
Hoffmann J, Scholtes B, Vöhringer O, Macherauch E (1987) Relaxation of residual stresses of various sources by annealing. In: Macherauch E, Hauk V (eds) Residual stresses in science and technology, vol 2. DGM Informationsgesellschaft, Oberursel, pp 695-702
Hrdina K (1969) Eigenspannungen in spiralgeschweißten Rohren. Hutnik, Praha 19/10:391-393
Hutchings NT, Krawitz AD (eds) (1992) Measurement of residual and applied stress using neutron diffraction. Kluwer, Acad Pub, Dordrecht Boston London
Isenburger HR (1953) Bibliography on X-rays stress analysis, 2nd edn. St. John X-Ray Laboratory, California N. J. USA (1949 1st edn)
Ishii K, Iwamoto M, Shiraiwa T, Sakamoto Y (1968) Residual stress in the induction hardened surface of steel. SAE. SP-362:7
Iwamoto M, Kikuchi H, Ide H, Kagami Y (1967) Residual stress characteristic of the induction hardened steel. J Soc Mater Sci Japan 16:962-965
Iwanaga S, Namikawa H, Aoyama S (1972) X-ray stress measurement of a specimen with a steep stress gradient in its near surface layer. J Soc Mater Sci Japan, 21:1106-1111

James MR, Cohen JB (1976) The application of a position sensitive X-ray detector to the measurement of residual stresses. Adv X-Ray Anal 19:695–708

James MR, Cohen JB (1980) Treatise on materials science and technology. Academic Press, London, 19A, pp 1–62

James MR, Morris WL (1980) The relaxation of machining stresses in aluminum alloys during fatigue. ASM Conf on Residual Stress for Designers and Metallurgists, Chicago

James MR, Cohen JB (1982) Present activities in USA. In: Hauk V, Macherauch E (eds) HTM-Beiheft: Eigenspannungen u. Lastspannungen. Hanser, München Wien, pp 220–222

James MR (ed) (1994) Proceedings of the Fourth International Conference on Residual Stresses. SEM, Inc Bethel CT, USA

Kämpfe B, Wieghardt G, Rühl R (1976) Röntgenographische Spannungsmessung in dünnen Titankarbidschichten auf Werkzeugstahl. Neue Hütte 21:503–504

Kamachi K, Ito T, Yamamoto TA (1986) A comparison of residual stresses in cemented carbide cutting tips coated with TiN by the CVD and PVD processes and their effect on failure resistance. Surf J Int 1/3: 82–86

Karashima S (1965) Neue Fortschritte bei röntgenographischen Spannungsmessungen in Japan. Härterei-Tech Mitt 20:131–135

Kirk D, Nelms PR, Arnold B (1966) Residual stresses and fatigue life of case-carburized gears. Metallurgia 74:255–257

Koistinen DP, Marburger RE (1959) A simplified procedure for calculating peak position in X-ray residual stress measurements on hardened steel. Trans ASM 51:537–555

Koistinen DP (1964) The generation of residual compressive stresses in the surface layers of through-hardening steel components by heat treatment. Trans Am Soc Met 57:581–588

Kolb K, Macherauch E (1964) Ein Rückstrahlgoniometer nach dem Bragg-Brentano-Prinzip zur röntgenographischen Spannungsmessung, J Soc Mater Sci Japan 13:918–919

Kraefft U, Hoffmann F, Hirsch T, Mayr P (1993) Investigation of the formation of residual stresses in the compound layer during gasnitriding. In: Hauk V, Hougardy HP, Macherauch E, Tietz HD (eds) Residual stress. DGM Informationsgesellschaft, Oberursel, pp 115–122

Krächter H (1939) Röntgenographische Bestimmung der Formziffer gekerbter Rundstäbe. Z Metallkde 31:114–115

Krause H, Christ E (1975) Das röntgenographische Spannungsmeßverfahren. Prinzip und Anwendung; Ermittlung von Eigenspannungen in den Oberflächen von Wälzkörpern und Eisenbahnrädern. VDI-Z 117:884–890

Krause H, Jühe HH (1976) Röntgenographische Eigenspannungsmessungen an Oberflächen wälzbeanspruchter Kohlenstoffstähle. Härterei-Tech Mitt 31:168–170

Krause H, Jühe HH (1977) Röntgenographische Eigenspannungsmessungen an aus der Gasphase abgeschiedenen Titancarbidschichten. Härterei-Tech Mitt 32:302–307

Krause H, Mathias M (1984) A new goniometer for simultaneous determination of texture and residual stresses in crystalline materials. In: Brakman CM, Jongenburger P, Mittemeijer EJ (eds) Proc 7th Internat Conf Text Mat (ICOTOM7). The Netherlands Society for Materials Science, Zwijudrecht, pp 787–792

Kröner E (1958) Berechnung der elastischen Konstanten des Vielkristalls aus den Konstanten des Einkristalls. Z Physik 151:504–518

Kunze G, Wassermann G (1963) Anwendung des Zählrohrgoniometers nach dem Seemann-Bohlin-Prinzip zur Spannungsmessung. Arch Eisenhüttenwes 34: 195–204

Lange H (1966) Ein im Mittelpunkt freies Goniometer zur Ermittlung elastischer Spannungen nach dem Röntgenverfahren und seine Anwendung bei großen Bauteilen aus dem Bereich des Eisenbahnwesens. VDI Ber 102:51–58

Lankin PA, Ovseenko AN (1968) Residual stress in fillets of gear teeth. Metal Sci Heat Treat 207–210 (übersetzt aus dem Russischen: Metalloved I Term Obr Metallov Jan)

Lester HH, Aborn RH (1925/26) Behavior under stress of the iron crystals in steel. Army Ordnance 6, pp 120–127, 200–207, 283–287, 364–369

Liu C, Lebrun JL, Huntz AM (1992) In situ stress determination at high temperature in NiO scaled b X-ray diffraction. In: Fujiwara H, Abe T, Tanaka K (eds) Residual stresses-III, science and technology, vol 2. Elsevier Applied Science, London New York, pp 963–968

Lode W, Peiter A (1980) Theorie des Röntgen-Integralverfahrens. Härterei-Tech Mitt 35:148–155

Macherauch E, Müller P (1958) Ermittlung der röntgenographischen Werte der elastischen Konstanten von kalt gerecktem Armco-Eisen und Chrom-Molybdän-Stahl. Arch Eisenhüttenwes 29:257–260

Macherauch E (1958) Die Eigenspannungsbestimmung mit Röntgenstrahlen. Tagungsber III. Internat Koll Hochsch Elektrotech Ilmenau, S 359–364

Macherauch E, Müller P (1961) Das $\sin^2\psi$-Verfahren der röntgenographischen Spannungsmessung. Z Angew Phys 13:305–312

Macherauch E (1963) Grundlagen und Probleme der röntgenographischen Ermittlung elastischer Spannungen. Materialprüf 5:14–26

Macherauch E, Wohlfahrt H, Wolfstieg U (1973) Zur zweckmäßigen Definition von Eigenspannungen. Härterei-Tech Mitt 28:201–211

Macherauch E (1980) Stand und Perspektiven der röntgenographischen Spannungsmessung. Metall 34:443–453, 1087–1094

Macherauch E, Hauk V (eds) (1983) Eingenspannungen. Entstehung – Messung – Bewertung, 2 Bde. Deutsche Gesellschaft für Metallkunde, Oberursel

Macherauch E, Hauk V (eds) (1986) Residual stresses. DGM Informationsgesellschaft, Oberursel

Macherauch E, Hauk V (eds) (1987) Residual stresses in science and technology, ICRS-I, 2 Bde. DGM Informationsgesellschaft, Oberursel

Mahla EM (1940) Stress in electrodeposited copper. Trans Electrochem Soc 77:145-150

Maloof SR, Erard HR (1952) A critical evaluation of the Norelco high angle X-ray spectrometer for elastic strain measurements. Rev Sci Instr 23:687-692

Maloof SR (1953) X-ray strain measurement techniques with a Norelco wide-range X-ray diffractometer. Norelco Rep 1:34-38

Marburger RE, Koistinen DP (1959) X-ray measurement of residual stresses in hardened steel. In: Rassweiler G, Grube WL (eds) Internal stresses and fatigue in metals. Elsevier, Amsterdam, pp 98-109

Marburger RE, Koistinen DP (1959) Internal stresses induced by phase transformations. In: Rassweiler G, Grube WL (eds) Internal stresses and fatigue in metals. Elsevier, Amsterdam, pp 110-119

Masing G (1925) Eigenspannungen in kaltgereckten Metallen. Z Tech Phys 6:569-573

Maurer G (1987) Röntgenografische Bestimmung von Texturen und Eigenspannungen an metallischen Werkstoffen in unterschiedlichen Bearbeitungs- und Wärmebehandlungszuständen. Dr.-Ing. Diss, Universität Karlsruhe (TH)

Milburn EW (1945) X-Ray diffraction applied to shotpeened surfaces. Met Treat 12:259-260

Möller H, Barbers J (1934) Über die röntgenographische Messung elastischer Spannungen. Mitt KWI Eisenforsch Düsseldorf 16:21-31

Möller H, Barbers J (1935) Röntgenographische Untersuchung über Spannungsverteilung und Überspannungen im Flußstahl. Mitt KWI Eisenforsch Düsseldorf 17:157-166

Möller H, Neerfeld H (1939) Bestimmung des ebenen Spannungszustandes aus einer einzigen Röntgenaufnahme. Mitt KWI Eisenforsch Düsseldorf 21:289-293

Möller H, Neerfeld H (1941) Zur Berechnung röntgenographischer Elastizitätskonstanten. Mitt KWI Eisenforsch Düsseldorf 23:97-104

Möller H, Neerfeld H (1948) Die Verwendung des Interferenzzählrohrs zur röntgenographischen Spannungsmessung. Arch Hüttenwes 19:187-190

Möller H, Hauk V (1955) Erfahrungen mit Zählrohrgeräten für Röntgen-Feinstrukturuntersuchungen und -Emissionsspektralanalyse. Arch Eisenhüttenwes 26:171-178

Möller H, Brasse F (1957) Ausmessung von Röntgen-Interferenzkurven mit einem Szintillationszähler. Arch Eisenhüttenwes 28:831-837

Möller H (1958) Spannungsmessung mit Röntgenstrahlen. In: Fink K, Rohrbach C (Hrsg) Handbuch der Spannungs- und Dehnungsmessung. VDI Düsseldorf, S 67-92

Moore NG, Evans WP (1958) Mathematical correction for stress in removed layers in X-ray diffraction residual stress analysis. SAE Trans 66:341-345

Motoyama M, Horisawa H (1968) Residual stress measurements of case-hardened steels. SAE SP-362:88

Murakami M (1978) Residual strains of Pb thin films deposited onto si substrates. Acta Met 26:175-183

Nagao M, Kusumoto S (1979) Polychromatic X-ray stress analysis and its application. In: Burke JJ, Weis V (eds) Nondestructive evaluation of materials. Plenum, New York London, pp 221-256

Naumann R (1980) Eigenspannungen in galvanisch abgeschiedenen Nickelschichten. Eigenspannungen Deutsche Gesellschaft für Metallkunde, Oberursel, S 95-106

Neerfeld H, Möller H (1943) Zur Frage des Spannungsabbaus durch Schwingungsbeanspruchung. Jahrb 1943 Dtsch Luftfahrtforsch, S 9

Neff H (1960) Röntgenographische Spannungsmessungen an gehärteten Stählen, Teil 1: Bestimmung der Makrospannungen. ATM Lieferung 298, V 1373-1:229-232

Neff H (1963) Mobiles Röntgendiffraktometer. Siemens Bericht

Neff H (1982) Stationäre Diffraktometer-Einrichtungen. In: Hauk V, Macherauch E (Hrsg) HTM-Beiheft: Eigenspannungen u. Lastspannungen. Hanser, München Wien, S 19-25

Nelson DV, Ricklefs RE, Evans WP (1969) Residual stresses in quenched and tempered plain carbon steels. SAE, SP-362:9

Niku-Lari A (ed) (1987) Non-destructive methods of measurement of residual stresses. In: Adv in Surface treatments, vol 4. Pergamon, Oxford

Nishihara K, Kojima K (1938) X-ray-stress analysis of cast iron. Trans Japan SME 4:110-112

Norton JT (1932) On X-ray determination of stresses in welds. Weld J 11 9:5-7

Norton JT (1937) X-ray methods of studying stress relief in welds. Weld J Res Suppl 16:19-22

Norton JT, Rosenthal D, Maloof SB (1946) X-ray diffraction study of the effect of residual compression on the fatigue of notched specimens. Weld Res Counc 729-735

Noyan IC, Cohen JB (1987) Residual stress. Springer, Berlin Heidelberg New York Tokyo

Oettel H (1989) Röntgendiffraktometrische Strukturcharakterisierung beschichteter Werkstoffe. Neue Hütte 34:111-115

Ogilvie RE (1952) Stress Measurement with X-ray Spectrometer. Thesis, Massachusetts Institute of Technology, Cambridge Mass

Ohlsson A, Ericsson T (1992) Elevated temperature X-ray measurement of thermal residual stresses and stress relaxation in Al_2O_3 fibre reinforced Al-Mg alloy. In: Fujiwara H, Abe T, Tanaka K (eds) Residual stresses-III, science and technology, ICRS3, vol 2. Elsevier Applied Science, London New York, pp 907-914

Ortner B (1983) Röntgenographische Spannungsmessung an einkristallinen Proben. In: Macherauch E, Hauk V (Hrsg) Eigenspannungen, Entstehung - Messung - Bewertung, Bd 2. Deutsche Gesellschaft für Metallkunde e.V., Oberursel, S 74-80

Osswald E (1948) Der Einfluß einer tiefenabhängigen Spannungsverteilung auf die röntgenographische Spannungsmessung. Metallkde 39:279-288

Peiter A (1976) Das φ, ψ, ξ-Verfahren der Röntgen-Spannungsmessung. Härterei-Tech Mitt 31:158–165

Penning P, Brakman CM (1988) The influence of texture on the strain measurement by diffraction. Acta Cryst A44:157–163

Perry AJ, Valvoda V, Rafaja D (1992) X-ray residual stress measurement in TiN, ZrN and HfN films using the Seemann-Bohlin-method. Thin Solid Films 214:169–174

Pintschovius L, Jung V, Macherauch E, Schäfer R, Vöhringer O (1981) Determination of residual stress distribution in the interior of technical parts by means of neutron diffraction. Proc 28 Sagamore Army Mat Res Conf 1981, Lake Placid New York

Pochettino A, Ortiz M, Lebrun JL, Maeder G (1992) X-ray elastic constants in textured hexagonal materials. In: Fujiwara H, Abe T, Tanaka K (eds) Residual stresses-III, science and technology, ICRS-III, vol 2. Elsevier Applied Science, London New York, pp 927–932

Predecki P, Barrett CS (1979) Stress measurement in graphite/epoxy composites by X-ray diffraction from fillers. J Comp Mater 13:61–71

Prümmer R, Macherauch E (1966) Zur Erfassung der elastischen Anisotropie bei röntgenographischen Gitterdehnungsmessungen am Ferrit von Eisenwerkstoffen. Mater Prüf 8:281–288

Prümmer R, Macherauch E (1966) Der Verformungseinfluß auf die röntgenographischen elastischen Konstanten und die Oberflächeneigenspannungen unlegierter und chromlegierter Stähle. Z Naturforsch 21a:661–662

Prümmer R (1968) Residual stresses due to electron beam butt welding of a 0.32% plain carbon steel. J Soc Mater Sci Japan 17:1066–1071

Prümmer R, Pfeiffer-Vollmar HW (1981) Einfluß eines Konzentrationsgradienten bei röntgenographischen Spannungsmessungen Z Werkst Tech 12:282–289

Reuß A (1929) Berechnung der Fließgrenze von Mischkristallen aufgrund der Plastizitätsbedingung für Einkristalle. ZAMM 9:49–58

Rickerby DS, Eckold G, Scott KT, Buckley-Golder IM (1987) The interrelationship between internal stress, processing parameters and microstructure of physically vapour deposited and thermally sprayed coatings. Thin Solid Films 154:125–141

Romberg W (1937) X-ray determination of stress-tensor. Tech Phys USSR 4:524–532

Ruppersberg H, Detemple I, Krier J (1991) $\sigma_{xx}(z)$ and $\sigma_{yy}(z)$ stress-fields calculated from diffraction experiments performed with synchrotron radiation. Z Kristall 195:189–203

Ruppersberg H (1992) Formalism for the evaluation of pseudo-macro stress fields $\sigma_{33}(z)$ from ω- and ψ-mode diffraction experiments performed with synchrotron radiation. Adv X-Ray Anal 35A:481–487

Sachs G, Weerts J (1930) Elastizitätsmessungen mit Röntgenstrahlen. Z Phys 64:344–358

Sakurada J, Nikushina Y, Ito T (1962) Experimental determination of the elastic modulus of crystalline regions in oriented polymers. J Polym Sci 57:651–660

Samoilov AI, Svetlov IL, Krivko AI, Chubarov VM, Sakharov VV (1977) X-ray study of residual stresses in aluminum composites reinforced with boron fibres. Fiz Khim Obrab Mater 3:121–126

Sauer G (1964) Recken als Mittel zur Verminderung der Eigenspannungen 1. Art. Z Metallkde 55:811–815

Schaaber O (1939) Röntgenographische Spannungsmessungen an Leichtmetallen. Z Tech Phys 20:264–278

Schäfer A, Ehl J (1966) Eigenspannungen und Dauerfestigkeit induktiv gehärteter Wellen mit Querschnittsübergängen. Arch Eisenhüttenw 37:491–497

Schiebold E (1938) Beitrag zur Theorie der Messungen elastischer Spannungen in Werkstoffen mit Hilfe von Röntgenstrahlen-Interferenzen. Berg Hüttenm Monatsh 86:278–295

Schieszl S v (1961) Zur röntgenographischen Bestimmung von Oberflächendruckspannung an mechanisch verfestigten und an weichnitrierten Kurbelwellen. VDI Z 103:1105–1108

Schlaak U, Hirsch T, Mayr P (1988) Röntgenographische in-situ-Messungen zum thermischen Eigenspannungsabbau bei erhöhter Temperatur. Härterei-Tech Mitt 43:92–102

Scholtes B (1991) Eigenspannungen in mechanisch randschichtverformten Werkstoffzuständen. Ursachen – Ermittlung – Bewertung. DGM Informationsgesellschaft, Oberursel

Schreiber R, Wohlfahrt H, Macherauch E (1978) Zum Einfluß von Kugelstrahlbehandlung auf das Biegewechselverhalten von einsatzgehärtetem 16 MnCr 5 im angelassenen Zustand. Arch Eisenhüttenwes 49:265–269

Schröder R, Wolfstieg U, Macherauch E (1980) Eigenspannungsverteilungen in der Umgebung von Rißspitzen. Eigenspannungen, Deutsche Gesellschaft für Metallkunde, Oberursel, S 107–120

Schulze V (1993) Die Auswirkungen kugelgestrahlter Randschichten auf das quasistatische sowie ein- und zweistufige zyklische Verformungsverhalten von vergütetem 42 CrMo 4. Dr.-Ing. Diss, Universität Karlsruhe (TH)

Segmüller A, Noyan IC, Speriosu VS (1989) X-ray diffraction studies of thin films and multilayer structures. Proc Crystal Growth Charact 18:21–66

Serruys W, Van Houtte P, Aernoudt E (1987) X-ray measurement of residual stresses in textured materials with the aid of orientation distribution functions. In: Macherauch E, Hauk V (eds) Residual stresses in science and technology, vol 1. DGM Informationsgesellschaft, Oberursel, pp 417–424

Shimoda H, Arakida Y (1963) On the measurement of residual stress of cylindrical steel (comparison between the residual stress distribution obtained by Sachs method and the surface stress obtained by X-ray method). J Soc Mater Sci Japan 12:875–881

Shimoda H, Arakida Y (1963) Problems connected with the measurement by X-rays of residual stresses in large steel forgings. Proc 4 Internat Conf Non-Destruct Test London: 327–339

Shiraiwa T, Sakamoto Y (1967) The effect of X-ray penetration on the stress measurement of hardened steels. J Soc Mater Sci Japan 16:943–947

Shiraiwa T, Sakamoto Y (1970) The X-ray stress measurement of the deformed steel having preferred orientation. The 13th Jap Congr on Mater. Res Metal Mater 25–32

Sloof WG, Rijkema HJM, Delhez R, de Keijser TH, Mittemeijer EJ (1987) Prediction and measurement of compressive and tensile stresses in coating of TiC and TiN chemically vapour deposited on various substrates. Surg Eng 3:59–63

Smith SL, Wood WA (1942) A stress strain curve for the atomic lattice of mild steel and the physical significance of the yield point of a metal. Proc Roy Soc A 179:450–460

Smith SL, Wood WA (1942) A stress strain curve for the atomic lattice of mild steel in compression. Proc Roy Soc A 181:72–83

Somers MAJ, Mittemeijer EJ (1992) Eigenspannungen in der Verbindungsschicht nitrierter Eisenwerkstoffe. Härterei-Tech Mitt 47:175–182

Stäblein F (1939) Vereinfachtes Verfahren zur röntgenographischen Ermittlung der Hauptspannungen nach Größe und Richtung. Tech Mit Krupp-Forsch-Ber 2: Anhang 29–33

Starker P, Wohlfahrt H, Macherauch E (1979) Subsurface crack initiation during fatigue as a result of residual stresses. Fatig Engin Mater Struct 1:319–327

Stout JH, Goedjen JG, Guo Q, Shores DA (1992) An in situ X-ray diffraction method for the determination of interfacial stresses during high temperature oxidation. In: X-ray methods in corrosion and interfacial electrochemistry. Proc Conf Phoenix, Arizona, USA, The Electrochem Soc, New Jersey, USA, pp 101–114

Stroppe H, Blumenauer H (1960) Röntgenographische Untersuchungen über die Tiefenverteilung der Eigenspannungen in einsatzgehärteten Stählen. Wiss Z Hochsch Schwermaschinenbau Magdeburg 4:157–164

Stroppe H (1963) Grundlagen der röntgenographischen Messung dreiachsiger Spannungszustände. Wiss Z TH Otto von Guericke Magdeburg 7:345–350

Stroppe H, Schäffer A (1967) Die röntgenographische Messung dreiachsiger Spannungszustände. Wiss Z TH Otto von Guericke Magdeburg 11:689–694

Syren B, Wohlfahrt H, Macherauch E (1975) Der Einfluß von Bearbeitungseigenspannungen auf das Biegewechselverhalten von Stahl Ck 45 im weichgeglühten Zustand. Arch Eisenhüttenwes 46:735–739

Taira S, Hayashi K (1964) X-ray investigation on fatigue fracture of notched steel specimens. Proc 7 Jap Congr Test Mater 38–44

Taira S, Honda K, Abe T (1964) X-ray investigation on fatigue damage of metals. Proc 7 Jap Congr Test Mater 26–30

Taira S, Honda K, Abe T (1965) X-ray investigation on fatigue damage of metals under mean stress. Bull Jap Soc Mech Eng 8:557–565

Taira S, Abe T (1967) Deformation and microscopic lattice strains in polycrystalline metals (crystal plane dependence of the peak shift of X-ray diffraction line in elastically and plastically anisotropic metals after tension). Proc 10 Jap Congr Test Mater, Soc Mater Sci Kyoto

Taira S, Hayashi K, Nishino Y (1967) X-ray investigation on the strength of inhomogenous metallic materials (deformation behaviour and X-ray elastic constants of cast iron). J Soc Mater Sci Japan 16:1020–1026

Taira S, Abe T, Ehiro T (1968) X-ray investigation on surface residual stress produced in fatigue process. Proc 11 Jap Congr Test Mater Kyoto 32–38

Taira S, Hayashi K, Watase Z (1968) X-ray investigation on the deformation of polycrystalline metals (on the change in X-ray elastic constants by plastic deformation). J Soc Mater Sci Japan 17:1151–1157

Taira S, Tanaka K (1978) Local residual stress near fatigue crack tip. J Soc Mater Sci Japan 27:411–418

Taira S, Tanaka K (1979) Local residual stress near fatigue crack tip. Trans Iron Steel Inst Japan 19:411–418

Torbaty S, Sprauel JM, Maeder G, Markho PH (1983) On the X-ray diffraction method of measurement of triaxial stresses with particular reference to the angle 2Θ. Adv X-Ray Anal 26:245–253

Tricard M, Hendricks RW, Guillot M (1991) An expert system for the validation and interpretation of X-ray residual stress data. Adv X-Ray Anal 34:601–610

Tricard M, Courtney SB, Potet J, Guillot M, Hendricks RW (1992) An expert system for residual stress measurements. In: Fujiwara H, Abe T, Tanaka K (eds) Residual stresses-III science and technology, ICRS-III, vol 2. Elsevier Applied Science, London New York, pp 1019–1024

Underwood JH, Throop JF (1979) Surface crack K-estimates and fatigue life calculations in cannon tubes. In: ASTM STP 687, Proc part through crack fatigue life predict. Symp., San Diego Ca, American Society Testing Materials, Philadelphia Pa, pp 195–219

Vladimirov VI, Monin VI (1977) Study of the internal stresses in composite materials strengthened by particles (Si in Al). Fiz Metallov Metalloved 44 5:1031–1037

Vöhringer O, Wohlfahrt H (1982) Abbau von Eigenspannungen. In: Hauk V, Macherauch E (Hrsg) HTM-Beiheft: Eigenspannungen u. Lastspannungen. Hanser, München Wien, S 144–156

Voigt (1928) Lehrbuch der Kristallphysik. Teubner, Leipzig Berlin

Voskamp AP, Österlund R, Becker PC, Vingsbo O (1980) Gradual changes in residual stress and microstructure during contact fatigue in ball bearings. Met Technol 7:14–21

Wakabayashi M, Nakayana M, Nagata A (1977) Influence of grinding direction on residual strains measured by X-ray. J Jap Soc Prec Eng 43:661–667

Walburger H (1973) Fachausschußsitzung Spannungsmeßtechnik, Plettig

Wassermann G (1935) Über Abschreckspannungen. Röntgenographische Untersuchungen zur Frage der Gitterkonstantenunterschiede. Mitt KWI Eisenforsch Düsseldorf 17:167–174

Weigel L, Lucas G, Diergarten H (1969) Röntgenographische Eigenspannungsmessungen am Martensit und Restaustenit einsatzgehärteter Stähle. Härterei-Tech Mitt 24:225–232
Wever F, Möller H (1931) Über ein Verfahren zum Nachweis innerer Spannungen. Arch Eisenhüttenwes 5:215–218
Wever F, Möller H (1932) X-ray diffraction patterns showing stress. Weld Eng 17/4:35–37
Wever F, Möller H (1933) Über die Präzisionsbestimmung von Gitterkonstanten mit dem Rückstrahlverfahren. Mitt KWI Eisenforsch Düsseldorf 15:59–69
Wever F, Möller H (1934) Über den Nachweis innerer Spannungen mit Hilfe von Röntgenstrahlen. Naturwissenschaften 22:402–403
Wever F (1938) Grundlagen und Anwendung der Messung innerer Spannungen mit Hilfe von Röntgenstrahlen. Ergeb Techn Röntgenk 6:9–33
Wohlfahrt H, Macherauch E (1977) Die Ursachen des Schweißeigenspannungszustandes. Materialprüf 19: 272–280
Wolfstieg U (1959) Röntgenographische Spannungsmessungen mit breiten Linien. Arch Eisenhüttenwes 30:447–450
Wolfstieg U, Macherauch E (1976) Zur Azimut- und Tiefenverteilung von röntgenographisch ermittelten Schleifeigenspannungen. Härterei-Tech Mitt 31:83–85
Wolfstieg U (1976) Die Symmetrisierung unsymmetrischer Interferenzlinien mit Hilfe von Spezialblenden. Härterei-Tech Mitt 31:23–26
Wolfstieg U (1976) Spezielle Anordnungen – zusammengestellt nach Unterlagen der angeführten Institute. Härterei-Tech Mitt 31:33–37
Wood WA, Smith SL (1940) A lattice stress-strain diagram. Nature 146:400
Wood WA, Smith SL (1941) Stress-strain curve for atomic lattice of aluminium. Inst Metals 67:315–324
Yoshioka Y, Matsui H, Morooka T, Hasegawa Ki, Nakajima T (1985) X-ray stress measurement by use of synchroton radiation source. In: Proc of the 22nd Symposium on X-ray Studies on mechanical behavior of materials. Kyoto, The Soc Mat Sci, Japan, pp 11–15
Yoshioka Y, Ohya S (1992) X-ray analysis of stress in a localized area by use of imaging plate. Adv X-Ray Anal 35A:537–543
Yu HJ, Wolfstieg U, Macherauch E (1978) Eigenspannungen in umwandlungsfrei abgeschreckten Stahlzylindern. Arch Eisenhüttenwes 49:549–552
Yu HJ, Wolfstieg U, Macherauch E (1979) Berechnung der Abschreckspannungen in Stahlzylindern unter Berücksichtigung der Umwandlungsvorgänge. Arch Eisenhüttenwes 50:81–84
Zschunke P (1976) Röntgenographische Untersuchung des Eigenspannungszustandes in geschliffenen Metalloberflächen bei gleichzeitiger Erfassung des Spannungsgradienten senkrecht zur Probenoberfläche. Wiss Z TH Otto von Guericke Magdeburg 20:503–508

Röntgenspektroskopie und Fluoreszenzanalyse

Horst Ebel

Geschichtliche Entwicklung

„Über eine neue Art von Strahlen"

Die geschichtliche Entwicklung sei anhand einiger herausragender Arbeiten zur Röntgenspektroskopie und Fluoreszenzanalyse dargestellt. Den Anfang macht naturgemäß die Originalarbeit Röntgens aus dem Jahre 1895. Unter dem Titel „Über eine neue Art von Strahlen" gibt Röntgen einen Bericht zu den Ergebnissen von Untersuchungen zu Gasentladungen, der eine bei diesen Versuchen beobachtete und bis dahin unbekannte Strahlung außerhalb des Bereiches des sichtbaren Lichtes zum Gegenstand hat, wobei besonders die starke Durchdringungsfähigkeit der Strahlung auffällt. Vergleichende Experimente zu sichtbarem Licht lehrten, daß die neue Art von Strahlen keine Brechung erfährt und auch der Versuch, eine Reflexion oder aber Polarisation der Strahlung zu erreichen, zu einem negativen Ergebnis führte. Wir wissen heute, daß Röntgen mit der ihm zur Verfügung stehenden Versuchseinrichtung zu diesem Befund gelangen mußte. Damit ergab sich naturgemäß die Frage nach der Art der neuen Strahlung. Da die Versuche, die Strahlung dem Spektrum der elektromagnetischen Wellen - also Transversalwellen - zuzuordnen, aus der Sicht Röntgens fehlgeschlagen waren, wurde von ihm die Vermutung geäußert, daß die Strahlung elastische Longitudinalwellen im Lichtäther sein könnten. Dazu ist zu bemerken, daß zu diesem Zeitpunkt zwar bereits der Ausgang des Experiments von Michelson u. Morley (1887) bekannt war, das Fallenlassen des Lichtätherkonzepts aber erst mit mit der Lorentz-Transformation und der Vorstellung der speziellen Relativitätstheorie durch Einstein (1905) vollzogen wurde.

Photoabsorption

Eine wissenschaftliche Arbeit, die zunächst eher als nicht zu der hier behandelten Thematik gehörend bezeichnet werden könnte, sei an dieser Stelle vorgestellt. Es handelt sich dabei um die theoretisch exakte Begründung des äußeren lichtelektrischen Effektes, die nach unserem heutigen Wissensstand die Grundlage der Photoabsorption von Röntgenstrahlung in Materie beschreibt. Zur Erklärung des äußeren lichtelektrischen Effektes verwendete Einstein (1905) erstmals die Beschreibung elektromagnetischer Wellen durch Energiequanten. Damit konnte der Energieerhaltungssatz in der Form

$$E_{kin} = h\nu - \Phi \qquad (1)$$

angeschrieben werden. E_{kin} ist die kinetische Energie des durch den äußeren lichtelektrischen Effekt losgelösten Photoelektrons, $h\nu$ die Energie der Lichtquanten und Φ die Austrittsarbeit. Wird die Gl. (1) auf die Photoabsorption von Röntgenstrahlen übertragen, so erhält man

$$E_{kin} = h\nu - E_B - \Phi \qquad (2)$$

mit der Bindungsenergie E_B der Hüllelektronen. Es sei hier angemerkt, daß die Bedeutung der Gl. (1) für die Photoabsorption der Röntgenstrahlung erst nach den ersten Versuchen zur Beschreibung eines Atommodells und dem Zusammenhang zwischen der Emission charakteristischer Röntgenspektren und der Ordnungszahl der chemischen Elemente erkannte wurde.

Röntgenstrahlen sind elektromagnetische Wellen

Die ersten Meilensteine auf dem Wege zu einer praktisch anwendbaren Röntgenspektroskopie und Fluoreszenzanalyse wurden von Barkla mit den nachstehend auszugsweise wiedergegebenen Arbeiten gesetzt.

Die Zielsetzung der ersten Forschungsarbeiten Barklas war der Wellennatur der Röntgenstrahlung, und zwar dem Nachweis dafür gewidmet, daß es sich um elektromagnetische Wellen handelt. Dazu wurden ein wesentliches Charakteristikum elektromagnetischer Wellen, nämlich deren Polarisierbarkeit, herangezogen. Nachdem es Barkla (1905) gelungen war, die Polarisierbarkeit der von einer Röntgenröhre ausgehenden Strahlung zu zeigen, beschreibt er 1 Jahr später (Barkla 1906) eine in Anlehnung an optische Experimente zur Polarisation gestreuten Lichtes ausgeführte Versuchsreihe an sekundärer Röntgenstrahlung. Als sekundäre Röntgenstrahlung war die von einem mit einer Röntgenröhre bestrahlten Körper ausgehende Röntgenstrahlung bezeichnet worden. Es wird noch keine Unterscheidung zwischen gestreuter und Fluoreszenzstrahlung gemacht. Allerdings weist Barkla darauf hin, daß ein wesentlicher Unterschied im erzielbaren Polarisationsgrad bei der Verwendung von Graphit und von Eisen als Streukörper zu beobachten sei.

Fluoreszenzstrahlung

Im Jahre 1908 berichteten Barkla und Sadler über Absorptionsuntersuchungen und die dabei gemachte Beobachtung, daß die Sekundärstrahlung neben der gestreuten Primärstrahlung (inhomogeneous secondary Röntgen radiation) auch eine Strahlungskomponente enthält, die für die im Streukörper enthaltenen chemischen Elemente charakteristisch ist.

Kantenstruktur der Massenschwächungskoeffizienten

Ein Jahr später (1909), also 3 Jahre vor der Entdeckung der Röntgenbeugung, beschreiben Barkla und Sadler die Kantenstruktur der Massenschwächungskoeffizienten, indem sie die gemessenen Absorptionswerte der charakteristischen Röntgenstrahlung (homogeneous secondary Röntgen radiation), in C, Mg, Fe, Ni, Cu, Zn, Ag, Sn, Pt und Au über jener in Al graphisch darstellten.

Charakteristische Röntgenspektren

1911 gibt Barkla einen umfassenden Bericht über seine Versuchsergebnisse zur Röntgenfluoreszenz und weist in der Einleitung zu seiner Arbeit darauf hin, daß er erstmals im Jahre 1906 über die Existenz einer Fluoreszenzstrahlung berichtet hatte. Die Spektroskopie mußte in Ermangelung einer wellenlängen- oder aber energiedispersiven Analyse der Strahlung durch vergleichende Absorptionsmessungen in Al als Relativmessung vorgenommen werden. So schreibt Barkla auf Seite 406 der Arbeit

„As we have no method of determining the wavelength of the radiation with which we deal, it is necessary to classify the various X-radiations by their absorption in some standard substance."

In dieser Arbeit werden bereits Spektralserien vorgestellt, und es ist interessant zu sehen, wie die heutige Bezeichung der Serien (K, L, M, N) und damit auch die spätere Kennung der Elektronenschalen zustandekam. So findet man ebenfalls auf Seite 406 der Arbeit die Feststellung

„It is seen that the radiations fall into two distinct series, here denoted by the letters K and L."

mit der Fußnote

„Previously denoted by letters B and A (Proc. Camb. Phil. Soc. May 1909). The letters K and L are, however, preferable, as it is highly probable that series of radiations both more absorbable and more penetrating exist."

Röntgenstrahlenbeugung

Anschließend an die Pionierleistungen Barklas, die etwa 10–15 Jahre nach Röntgens Entdeckung erbracht wurden, folgte eine erste Blütezeit der Röntgenspektroskopie, an deren Beginn die Entdeckung der Röntgenbeugung im Jahre 1912 stand. Zwei der klassischen Originalarbeiten müssen hier genannt werden. Es ist dies zunächst die von Friedrich, Knipping und Laue (1913) veröffentlichte Arbeit „Interferenzerscheinungen bei Röntgenstrahlen", die auf den in den Sitzungsberichten der Königlich Bayerischen Akademie der Wissenschaften vom Juni 1912 erstmalig vorgestellten Ergebnissen aufbaut. Dieser Entdeckung lagen die folgenden Überlegungen zugrunde.

1. Barklas Untersuchungen belegten die Streuung der Röntgenstrahlung an Materie.
2. Nach Bravais sind die Atome in einem Kristall in einem regelmäßigen Raumgitter angeordnet.
3. Wenn die Röntgenstrahlen elektromagnetische Wellen sind, so ist zu vermuten, daß die Raumgitterstruktur Anlaß zu Interferenzerscheinungen ähnlich der Beugung von Licht an einem optischen Strichgitter gibt.

4. Die Gitterkonstanten der Raumgitter lassen sich zu etwa 10^{-8} cm abschätzen und die Wellenlänge der Röntgenstrahlen zu etwa 10^{-9} cm.
5. Als Komplikation war die im Gegensatz zur ein- bzw. zweidimensionalen Periodizität der optischen Gitter gegebene dreifache Periodizität der Raumgitter eines Kristalls zu werten.

Die von W. L. Bragg (1912) veröffentlichte Beschreibung der Beugung von Röntgenstrahlen an einem Kristall baut auf den Laueschen Überlegungen (1913) auf und zeichnet sich durch die sehr anschauliche Beschreibung der Kristallgitterbeugung mit dem Netzebenenkonzept aus. Mit diesen beiden grundlegenden Arbeiten konnte neben der Kristallstrukturuntersuchung der Materie auch die Wellenlängendispersion der Röntgenstrahlung bewerkstelligt werden.

Zusammenhang zwischen der Energie der charakteristischen Linienspektren und der Ordnungszahl der Elemente

Aufbauend auf den von Barkla angegebenen Zusammenhängen zwischen den Spektren der chemischen Elemente und deren Ordnungszahl im periodischen System konnte Moseley unter Verwendung eines Bragg-Goniometers die Wellenlängen der charakteristischen Linien messen und damit die Abhängigkeit der Wellenlängen von der Ordnungszahl formulieren. Moseley publizierte die Ergebnisse seiner Untersuchungen in den Jahren 1913 und 1914, und schreibt in der Einleitung der ersten der beiden Arbeiten auf den Seiten 1024 und 1025, daß seine Ergebnisse, die in Analogie zur Beschreibung der Wasserstoffspektren gegeben werden, eine wesentliche Bedeutung im Zusammenhang mit dem von Rutherford im Jahre 1911 und von Bohr im Jahre 1913 vorgeschlagenen Atommodell besäßen. Hier sei ganz besonders auf die in der zweiten Arbeit auf Seite 713 gegebene Zusammenfassung hingewiesen, die als eine der knappesten Beschreibungen elementarer Grundlagen der Röntgenspektroskopie zu bezeichnen ist.

„Summary

1. Every element from aluminium to gold is characterized by an integer N which determines its X-ray spectrum. Every detail in the spectrum of an element can therefore be predicted from the spectra of its neighbours.
2. This integer N, the atomic number of the element, is identified with the number of positive units of electricity contained in the atomic nucleus.
3. The atomic numbers for all elements from Al to Au have been tabulated on the assumption that N for Al is 13.
4. The order of the atomic numbers is the same as that of the atomic weights, except where the latter disagrees with the order of the chemical properties.
5. Known elements correspond with all the numbers between 13 and 79 except three. There are here three possible elements still undiscovered.
6. The frequency of any line in the X-ray spectrum is approximately proportional to $A(N-b)^2$, where A and b are constants."

Die fehlenden Elemente waren Tc, Pm und Re. Mit diesem Wissenstand schließen die ersten 20 Jahre nach der Entdeckung der Röntgenstrahlen. Der erste Weltkrieg ist ausgebrochen, und Moseley fällt in der Dardanellenschlacht in Gallipoli am 10. August 1915.

Kontinuierliches (weißes) Röntgenspektrum

Die Röntgenfluoreszenzanalyse als quantitatives Analysenverfahren setzt die Kenntnis des von einer Röntgenröhre emittierten Röntgenstrahlenspektrums voraus. Hier hat Kulenkampff mit seiner Münchener Dissertation „Über das kontinuierliche Röntgenspektrum", die 1923 veröffentlicht wurde, ganz wesentlich zur Entwicklung der Röntgenspektroskopie und der Fluoreszenzanalyse beigetragen. Die Beschreibung des kontinuierlichen Röntgenröhrenspektrums in Abhängigkeit von der Energie mit der Ordnungszahl Z des Anodenmaterials, der hochenergetischen Energiegrenze $E_0 = e \cdot V$ mit der Röntgenröhrenspannung V und dem Röntgenröhrenstrom i als Parameter kann nach Kulenkampff durch die Beziehung

$$\Delta n_E = x_E \cdot \Delta E = \mathrm{const} \cdot i \cdot Z \cdot (E_0/E - 1) \cdot \Delta E \qquad (3)$$

ausgedrückt werden. Diese Gleichung, die von Kramers (1923) mit einer semiquantenmechanischen Behandlung der Aufgabenstellung theoretisch bestätigt wurde, ist als Kramers-Gleichung in die Literatur eingegangen und erhielt erst etwa 50 Jahre später durch Stathams (1976) vergleichende Betrachtungen zur Tiefenverteilung der Erzeugung charakteristischer und weißer Röntgenstrahlung bei Elektronenanregung eine den heutigen Bedürfnissen nach einer möglichst universellen und präzisen Spektrenbeschreibung entsprechende Anpassung hinsichtlich der Berücksichtigung der Eigenabsorption der Röntgenstrahlung im Anodenmaterial.

Inelastische Streuung der Röntgenstrahlung

Die Relativitätstheorie und die Quantenmechanik als theoretisches Rüstzeug sowie eine verfeinerte Meßtechnik ermöglichten es Compton (1923), neben der elastischen auch eine inelastische Streuung der Röntgenstrahlung an Materie zu entdecken und zu erklären. Damit war ein zweiter Streumechanismus gefunden worden, der bei der Darstellung des Massenschwächungskoeffizienten μ in der Summe aus den möglichen Wechselwirkungen der Röntgenstrahlung mit Materie, nämlich dem Photoabsorptionskoeffizienten τ, dem elastischen Streukoeffizienten σ_{el} und dem inelastischen Streukoeffizienten σ_{in}, in Erscheinung tritt.

Fluoreszenzausbeute

Betrachtet man den Relaxationsprozeß nach einer Photoabsorption in einem der Rumpfniveaus eines Atoms, so kann die Auffüllung der entstandenen Vakanz durch ein äußeres Hüllelektron entweder unter Emission einer charakteristischen Röntgenstrahlung oder unter Emission eines Elektrons - Auger-Elektron - erfolgen. Den Konkurrenzprozeß zur Fluoreszenzstrahlenemission beschrieb Auger (1925). Dieser Tatsache ist bei der theoretischen Beschreibung des Zusammenhanges zwischen der Probenzusammensetzung und den gemessenen Fluoreszenzsignalstärken durch die Verwendung der Fluoreszenzausbeute ω Rechnung zu tragen.

Fluoreszenzanregung

Die charakteristischen Röntgenspektren einer Probe können sowohl durch Stoßionisation und durch Eigenabsorption des hochenergetischen Teiles des kontinuierlichen Röntgenspektrums als Folge eines Elektronenbeschusses direkt angeregt werden, als auch als Folge einer Bestrahlung mit ausreichend hochenergetischen Röntgenquanten als Fluoreszenzstrahlung in Erscheinung treten. Beide Varianten weisen für die Röntgenanalytik Vor- und Nachteile auf.

Als Vorteil der Direktanregung durch Elektronenbeschuß ist der damit erzielbare starke Röntgenfluß zu nennen, als Nachteil neben einem vergleichsweise hohen weißen Strahlenuntergrund die Erwärmung, die zur Verdampfung der Probe oder einer Zersetzung chemischer Verbindungen in der Probe führen kann. Diesem Phänomen verdankt die Direktanregung auch die Bezeichnung Warmanregung. Außerdem ist noch die Notwendigkeit des Arbeitens unter Vakuum anzufügen. Trotzdem werden auch heute noch viele Arbeiten im Bereiche der langwelligen Röntgenspektroskopie mit Direktanregung ausgeführt. In einer, im Vergleich zu den Beschreibungen der Experimente durch Moseley, wesentlich subtileren Form findet das Prinzip der Direktanregung heute in der Elektronenstrahlmikroanalyse eine äußerst erfolgreiche Anwendung.

Die Fluoreszenzanregung führt zu keiner störenden Wärmeentwicklung und wird deshalb auch als Kaltanregung bezeichnet. Sie hat ein vergleichsweise günstigeres Verhältnis von Liniensignalstärke zum weißen Streuuntergrund und damit günstigere Nachweisgrenzen. Als Nachteil war, aus der Sicht der hier vorgestellten geschichtlichen Entwicklung, die vergleichsweise geringe Ausbeute an charakteristischer Strahlung zu nennen. Dieser Makel konnte mit der besonders nach dem zweiten Weltkrieg einsetzenden Geräteentwicklung - Röntgenröhren, Analysatorkristalle, Detektoren - beseitigt werden. Darüber hinaus ist auch noch die Anregung von Fluoreszenzstrahlung durch Synchrotronstrahlung zu nennen.

Den Beginn der theoretisch untermauerten Röntgenfluoreszenzanalyse setzten Glocker u. Schreiber (1928) mit der zu dieser Zeit noch üblichen Bezeichnung für die Fluoreszenzanregung, nämlich „Kalterregung des Spektrums". Die Entwicklung zu einer immer besseren Beschreibung der Fluoreszenzsignalstärken bei definierten Meßbedingungen und bekannter Probenzusammensetzung setzte sich bis zu den Arbeiten von Sherman (1955) und Shiraiwa u. Fujino (1966) fort, die die Grundlagen für die heute in Verwendung befindlichen Rechenprogramme für die quantitative Röntgenfluoreszenzanalyse schufen.

Während Glocker und Schreiber, Sherman und schließlich Shiraiwa und Fujino das analytische Problem aus der Sicht der Möglichkeit, die Fluoreszenzsignale der zu untersuchenden Probe zu berechnen, behandelten, befaßten sich Criss u. Birks (1968) mit der Inversion der Aufgabenstellung, nämlich der Berechnung der Probenzusammensetzung aus gemessenen Fluoreszenzsignalen.

Röntgenspektroskopie am Beispiel der Relaxation eines im K-Niveau ionisierten As-Atoms

Aus der Abb. 1 ist das Termschema eines As-Atoms zusammen mit einem Flußschema dargestellt, das es gestattet, mögliche Elektronenübergänge zu erörtern. Die Besetzung der einzelnen Elektronenniveaus und die zugehörigen Bindungsenergiewerte sind aus Tabelle 1 zu ersehen. Es möge eines der beiden 1s-Elektronen durch Photoabsorption einer Quantenstrahlung der Energie hν aus der K-Schale entfernt worden sein. Das 1s-Photoelektron erhält dabei eine aus der Einstein-Beziehung folgende kinetische Energie.
Die Vakanz in der K-Schale kann mit der Wahrscheinlichkeit $\omega_K \cdot p_{KL2}$ durch ein Elektron aus dem L2-Niveau unter Emission der charakteristischen Strahlung AsK α2 mit einer Quantenenergie von 11,222 keV aufgefüllt werden. Es handelt sich um einen strahlenden Übergang. ω_K ist die Fluoreszenzausbeute bei K-Ionisation und P_{KL2} die Wahrscheinlichkeit dafür, daß die K-Vakanz durch ein 2p1/2-Elektron aus dem L2-Niveau aufgefüllt wird. Die Vakanz hat sich dabei von der K-Schale in die L2-Schale verlagert. Der angegebene Wert der Quantenenergie ist gleich der Differenz der Bindungsenergien der 1s- und der 2p1/2-Elektronen.
Die Vakanz in L2 möge ebenfalls durch einen strahlenden Übergang aufgefüllt werden. Dafür gibt es 2 Möglichkeiten: Den Weg über die Wahrscheinlichkeit $\omega_{L2} \cdot p_{L2M1}$, der Anlaß zur Emission der charakteristischen AsLn-Strahlung mit einer Quantenenergie von 1,321 keV gibt. Es geht dabei ein 3s-Elektron aus dem M1-Niveau in das L2-Niveau über, womit sich die Vakanz in das M1-Niveau verlagert hat. Die Quantenenergie ist gleich der Differenz der Bindungsenergien der 2p1/2- und der 3s-Elektronen. Die zweite Möglichkeit eines strahlenden Überganges besteht im Übergang eines 3d3/2-Elektrons aus dem M4-Niveau unter Emission der charakteristischen Lβ1-Strahlung, deren Quantenenergie 1,237 keV beträgt. Die Wahrscheinlichkeit für diesen Übergang beträgt $\omega_{L2} \cdot p_{L2M4}$, wobei sich die Vakanz von L2 nach M4 verlagert. Die angegebene Quantenenergie folgt aus der Differenz der Bindungsenergien der 2p1/2- und der 3d3/2-Elektronen.
Eine andere Variante eines strahlenden Überganges ist der eines 3p3/2-Elektrons aus dem M3- in das K-Niveau unter Emission der charakteristischen AsKβ1-Strahlung mit einer Quantenenergie von 12,389 keV. Die K-Vakanz hat sich dabei von der K-Schale in die M3-Schale verlagert. Hier ist die Quantenenergie gleich der Bindungsenergiedifferenz der 1s- und der 3p3/2-Elektronen.
Es fällt auf, daß es keinen Übergang von L1 nach K gibt. Es ist dies ein verbotener Übergang. Ein strahlungsloser Übergang ist allerdings möglich. Das L1-Niveau kann mit der Wahrscheinlichkeit $1-\omega_K$ durch einen strahlungslosen KL1X- oder KXL1-Auger-Übergang von einem der beiden 2s-Elektronen befreit werden. Die darauf fogenden möglichen strahlenden Übergänge erfolgen mit einer Wahrscheinlichkeit $\omega_{L1} \cdot p_{L1M3}$ für die AsLβ3-Strahlung und $\omega_{L1} \cdot p_{L1N3}$ für die AsLγ3-Strahlung.
Betrachtet man nochmals die Emission der AsKM3-Strahlung, so kann man sich leicht vorstellen, daß auch die von K nach M gewanderte Vakanz wieder durch einen strahlenden Übergang eines N-Elektrons in das M-Niveau aufgefüllt werden kann, wobei sich die Quantenenergie der charakteristischen AsM-Strahlungen aus der Differenz der Bindungsenergien der jeweils in diesen Übergang involvierten Niveaus ergibt. Aufbauend auf der Äquivalenz der Bindungsenergiedifferenz und der Quantenenergie der zugehörigen charakteristischen Strahlung erlaubt somit die systematische Analyse der Röntgenspektren eines chemischen Elementes die quantitative Beschreibung seiner Elektronenhülle hinsichtlich Bindungsenergie und Besetzung.
Aus den in Tabelle 1 angegebenen Bindungsenergiewerten ist zu ersehen, daß die charakteristischen AsK-Strahlungen eine höhere Quantenenergie aufweisen müssen als die charakteristischen AsL-Strahlungen, und diese wieder eine höhere Quantenenergie als die charakteristischen AsM-Strahlungen. Eine von charakteristischer K- zu L- zu M-Strahlung abnehmende Quantenenergie bedeutet, daß die Wellenlänge λ der Strahlung zunimmt – die Strahlung wird also

Tabelle 1. Bindungsenergie und Besetzung der Elektronenniveaus in As

Elektronen-niveau	Besetzung	Bindungsenergie (in keV)
K	2	11,867
LI	2	1,527
LII	2	1,359
LIII	4	1,323
MI	2	0,204
MII	2	0,147
MIII	4	0,141
M 45	10	0,041
M 23 + 2	5	0,003

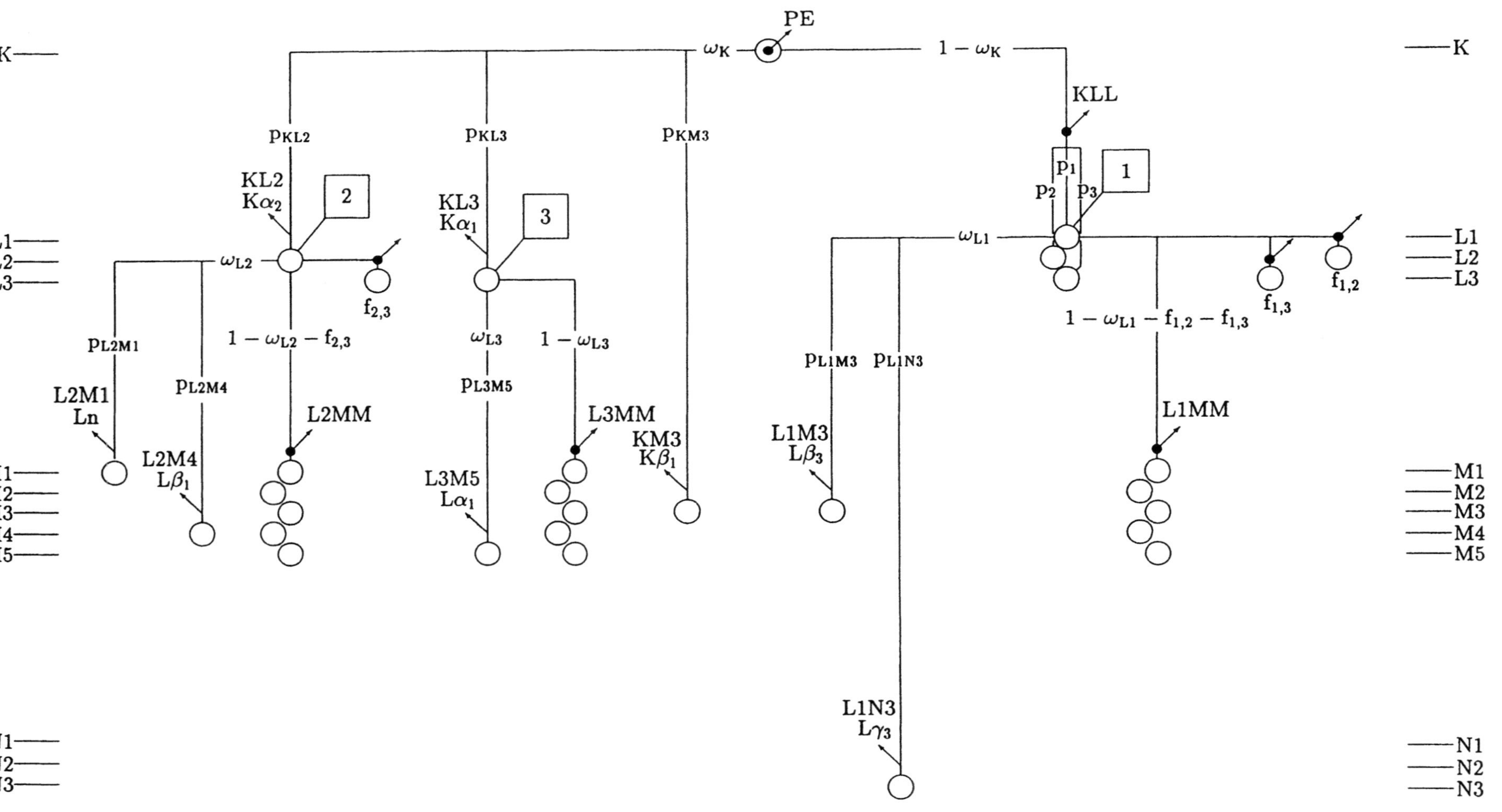

Abb. 1. Mögliche Sequenzen der Auffüllung von Elektronenvakanzen in einem As-Atom

langwelliger. Aus Tabelle 1 ist auch ersichtlich, daß bei As die Besetzung der Elektronenschalen bis zur N-Schale reicht. Die Bindungsenergie erreicht dort ihr Minimum.

Berücksichtigt man nun noch die Tatsache, daß die Elektronen aus dem Niveau mit der kleinsten Bindungsenergie ganz wesentlich in die Bindung des betrachteten Atoms zu seinen Nachbarn eingebunden sind und damit ihre Bindungsenergie durch die chemische Nachbarschaft geprägt wird, so ist aus den vorangegangenen Überlegungen zu schließen, daß die langwelligen Röntgenspektren Aufschluß über die Bindung geben.

Das jeweilige Produkt aus der Fluoreszenzausbeute ω und der Übergangswahrscheinlichkeit p gibt Aufschluß über die Wahrscheinlichkeit eines strahlenden Überganges. Eine große Wahrscheinlichkeit ist Voraussetzung für eine große Intensität der untersuchten Strahlung. Während aus den Linienlagen der charakteristischen Linien auf die Bindungsenergien der in den Übergang eingebundenen Elektronenniveaus geschlossen und damit der Aufbau der Atomhülle untersucht werden kann, geben die Linienintensitäten Aufschluß über die Fluoreszenzausbeute und die Übergangswahrscheinlichkeit. Eine systematische Untersuchung der Fluoreszenzausbeuten in Abhängigkeit von der Ordnungszahl des Elements und der Elektronenschale lehrt, daß ω_K größer als ω_L usw. ist. Dies hat eine von K zu L zu M abnehmende Wahrscheinlichkeit für einen strahlenden Elektronenübergang, oder anders ausgedrückt, eine vergleichsweise geringe Fluoreszenzintensität der L- und der M-Strahlungen zur Folge.

Ebenso nehmen die Fluoreszenzausbeuten einer bestimmten Elektronenschale mit abnehmender Ordnungszahl der Elemente ab. Das bedeutet aber, daß die für die Untersuchung von Bindungszuständen interessante langwellige Röntgenspektrometrie eine Konfrontation mit dem Problem geringer charakteristischer Linienintensitäten mit sich bringt. Dies erklärt auch die häufige Verwendung der Elektronenstrahlanregung zur Anregung der charakteristischen Röntgenspektren im Bereich der langwelligen Röntgenspektrometrie.

Wie bereits von Moseley in der Zusammenfassung seiner Versuchsergebnisse ausgeführt, nimmt die Frequenz der charakteristischen Strahlungen mit $A(N-b)^2$ ab (A und b sind Konstanten). Elemente mit geringer Ordnungszahl N zeichnen sich somit durch eine charakteristische Röntgenstrahlung niedriger Frequenz, bzw. großer Wellenlänge λ aus. Die Schwächung der Röntgenstrahlungen in Materie kann in erster Näherung direkt proportional zu λ^3 angenommen werden. Das bedeutet eine starke Absorption der charakteristischen Strahlungen von chemischen Elementen niederer Ordnungszahl in Materie. So nimmt die Intensität der charakteristischen AlKα-Strahlung in Luft unter Normaldruck entlang eines Weges von 1 cm auf etwa $^1/_3$ des ursprünglichen Wertes ab. Die sich daraus ergebende Konsequenz lautet: Langwellige Röntgenstrahlexperimente sind unter Vakuum auszuführen.

Als Detektoren für langwellige Röntgenstrahlungen kommen Gasproportionalzähler und energiedispersive Detektoren in Frage. Bei beiden Detektortypen sind der Probenraum und das empfindliche Detektorvolumen durch ein Fenster voneinander getrennt. Die Absorption im Detektorfenster nimmt ebenso mit λ^3 zu und bedingt somit die Verwendung extrem dünner Fenster (µm).

Faßt man die Probleme der langwelligen Röntgenspektrometrie zusammen, so sind diese durch eine geringe Fluoreszenzausbeute, d. h. durch eine geringe Wahrscheinlichkeit für einen strahlenden Elektronenübergang in das vakante Elektronenniveau und eine starke Absorption der langwelligen charakteristischen Strahlungen in Luft und im Detektorfenster zu beschreiben. Trotzdem zählt heute beispielsweise die Fluoreszenzanalytik von Kohlenstoff mit einer Wellenlänge der CK-Strahlung von 4,5 nm bereits zur Routine und erfährt höchstens durch den ihr anhaftenden Informationsgehalt zur Bindung des Kohlenstoffs in der zu untersuchenden Probe eine eher unerwünschte Komponente.

Quantitative Röntgenfluoreszenzanalyse

Die Primäranregung

Es möge gemäß Abb. 2 ein paralleles Röntgenstrahlenbündel, von der Röntgenröhre kommend, auf der Probe unter einem Winkel α zum Flächenlot auftreffen. Die von der Röntgenstrahlung getroffene Fläche sei A, und der Quantenfluß x_E beschreibe die spektrale Dichteverteilung der je Zeiteinheit durch die Flächeneinheit des Strahlenbündels transportierten Röntgenquanten. Somit treffen auf der Fläche A je Zeiteinheit insgesamt $x_E \cdot dE \cdot A \cdot \cos\alpha$ pseudomonoenergetische Röntgenquanten aus dem Quantenenergieintervall von E bis $E + dE$ auf. Um die in einem in der Tiefe t befindlichen differentiell kleinen Volumen $A \cdot dt$ im chemischen Element i photoabsorbierten Röntgenquanten angeben zu können, muß zuerst die Schwächung des Signals von der

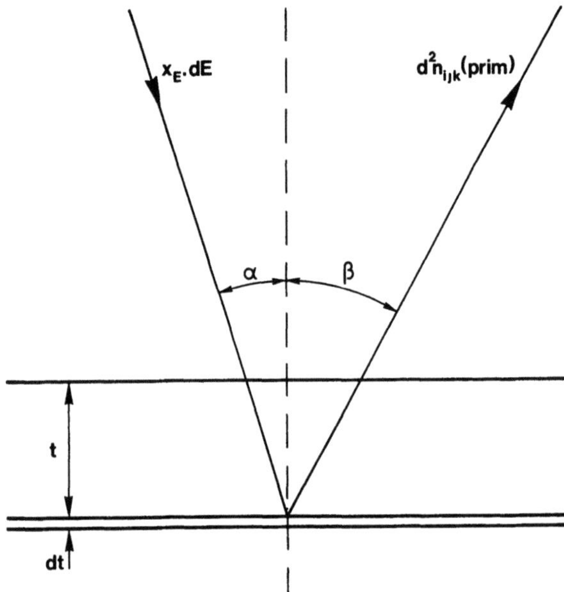

Abb. 2. Geometrie bei der Primäranregung von Röntgenfluoreszenzstrahlung

Probenoberfläche entlang des Weges $t/\cos\alpha$ berücksichtigt werden.

$$e^{-\tau_{E,c}\cdot\varrho_c\cdot\frac{t}{\cos\alpha}}\,. \tag{4}$$

$\tau_{E,c}$ ist der in cm^2g^{-1} angegebene Photoabsorptionskoeffizient für Röntgenstrahlung mit der Quantenenergie E in der durch den Index c (composition) gekennzeichneten Mehrelementprobe. Die Dichte des Probenmaterials ist ϱ_c in gcm^{-3}. Die ankommenden Röntgenquanten durchsetzen das Volumenelement entlang des Weges $dt/\cos\alpha$ und erfahren im statistischen Mittel

$$x_E\cdot dE\cdot A\cdot\cos\alpha\cdot e^{-\tau_{E,c}\cdot\varrho_c\cdot\frac{t}{\cos\alpha}}\cdot\frac{dt}{\cos\alpha}\cdot\tau_{E,c}\cdot\varrho_c \tag{5}$$

Photoabsorptionen. Es wird dabei in dem mit der Röntgenfluoreszenzanalyse erfaßbaren Probentiefenbereich von einigen Zehntelmillimetern eine homogene Verteilung der chemischen Elemente vorausgesetzt. Unter dieser Voraussetzung errechnet sich der resultierende Photoabsorptionskoeffizient $\tau_{E,c}$ der aus n verschiedenen chemischen Elementen q aufgebauten Mehrelementprobe mit den Elementphotoabsorptionskoeffizienten $\tau_{E,q}$ zu

$$\tau_{E,c}=\sum_{q=1}^{n}c_q\cdot\tau_{E,q}. \tag{6}$$

c_q ist die in Gewichtsteilen ausgedrückte Konzentration des Elements q. Im Element i werden davon $c_i\cdot\tau_{E,i}/\tau_{E,c}$ der Röntgenquanten photoabsorbiert. c_i ist die in Gewichtsteilen ausgedrückte Konzentration des Elements i, und $\tau_{E,i}$ der Photoabsorptionskoeffizient der Röntgenstrahlung mit der Quantenenergie E im Element i. Zur Angabe der Photoabsorptionen in einem bestimmten Atomniveau j des Elements i muß mit den folgenden Faktoren M_{ij} multipliziert werden:
Für Quantenenergien E oberhalb der K-Absorptionskante

$$\begin{aligned}
&K && M_{iK}=\frac{S_{iK}-1}{S_{iK}},\\
&L1 && M_{iL1}=\frac{1}{S_{iK}}\cdot\frac{S_{iL1}-1}{S_{iL1}},\\
&L2 && M_{iL2}=\frac{1}{S_{iL2}}\cdot\frac{1}{S_{iL1}}\cdot\frac{S_{iL2}-1}{S_{iL2}},\\
&L3 && M_{iL3}=\frac{1}{S_{iK}}\cdot\frac{1}{S_{iL1}}\cdot\frac{1}{S_{iL2}}\cdot\frac{S_{iL3}-1}{S_{iL3}};
\end{aligned} \tag{7}$$

und zwischen der L3- und der K-Kante

$$\begin{aligned}
&L1 && M_{iL1}=\frac{S_{iL1}-1}{S_{iL1}},\\
&L2 && M_{iL2}=\frac{1}{S_{iL1}}\cdot\frac{S_{iL2}-1}{S_{iL2}},\\
&L3 && M_{iL3}=\frac{1}{S_{iL1}}\cdot\frac{1}{S_{iL2}}\cdot\frac{S_{iL3}-1}{S_{iL3}}.
\end{aligned} \tag{8}$$

S_{ij} ist der Absorptionskantensprung des Elements i im Bereich der j-Absorptionskante (j-Orbital). Eine Vakanz in einem der betrachteten Niveaus muß, wie bereits im Zusammenhang mit dem Auger-Effekt ausgeführt wurde, nicht notwendigerweise mit der Emission von Fluoreszenzstrahlung verbunden sein. Die Fluoreszenzausbeute ω_{ij} beschreibt jenen Prozentsatz von Ionisationen im Niveau j des Elements i, der unter Emission von Fluoreszenzstrahlung relaxiert. Da grundsätzlich mehrere erlaubte Übergänge zur Auffüllung der Vakanz möglich sind, muß jener Übergang aus dem durch den Index k gekennzeichneten Atomniveau, der Anlaß zur gemessenen Fluoreszenzstrahlung gibt, mit seiner Wahrscheinlichkeit p_{ijk} in die Rechnung eingesetzt werden. Die Emission der Fluoreszenzstrahlung ist räumlich gleichverteilt, so daß der in den Detektionsraumwinkel Ω gelangende Anteil $\Omega/4\pi$ ist. Auf dem Wege $t/\cos\beta$ vom Entstehungsort zur Probenoberfläche erfährt die Fluoreszenzstrahlung eine Schwächung

$$e^{-\tau_{ijk,c}\cdot\varrho_c\cdot\frac{t}{\cos\beta}}\,. \tag{9}$$

Der durch die Indizes i für das Element und j und k für die untersuchte charakteristische Fluoreszenzstrahlung gekennzeichnete Photoabsorptionskoeffizient $\tau_{ijk,c}$ im Probenmaterial c setzt sich wieder aus den Elementphotoabsorptionskoeffizienten $\tau_{ijk,q}$ gemäß

$$\tau_{ijk,c} = \sum_{q=1}^{n} c_q \cdot \tau_{ijk,q} \tag{10}$$

zusammen. Der Winkel β, unter dem die Fluoreszenzstrahlung beobachtet wird, bezieht sich, ebenso wie der Einfallswinkel α, auf das Lot auf die Probenoberfläche. Schließlich wird von den in das Detektionssystem gelangenden Fluoreszenzquanten nur ein durch die Detektoreffizienz ε_{ijk} quantifizierter Anteil tatsächlich meßtechnisch erfaßt. Somit beträgt der vom pseudomonochromatischen Primärstrahlungsanteil $x_E \cdot dE$ im Volumenelement $A \cdot dt$ verursachte Beitrag $d^2n_{ijk}(\text{prim})$ zur insgesamt gemessenen Fluoreszenzzählrate n_{ijk}

$$d^2n_{ijk}(\text{prim}) = x_E \cdot dE \cdot A \cdot e^{-\tau_{E,c} \cdot \varrho_c \cdot \frac{t}{\cos\alpha}} \cdot dt \cdot \varrho_c \cdot c_i \cdot \tau_{E,i} \cdot M_{ij} \cdot \omega_{ij} \cdot p_{ijk} \cdot \frac{\Omega}{4\pi}\, e^{-\tau_{ijk,c} \cdot \varrho_c \cdot \frac{t}{\cos\beta}} \cdot \varepsilon_{ijk} \tag{11}$$

Integration über die Gesamtheit der differentiellen Volumenelemente $A \cdot dt$ von $t=0$ bis $t=\infty$ ergibt den Beitrag dn_{ijk} (prim):

$$dn_{ijk}(\text{prim}) = x_E \cdot dE \cdot A \cdot c_i \cdot M_{ij} \cdot \omega_{ij} \cdot p_{ijk} \cdot \frac{\Omega}{4\pi} \cdot \varepsilon_{ijk} \cdot \frac{\tau_{E,i}}{\frac{\tau_{E,c}}{\cos\alpha} + \frac{\tau_{ijk,c}}{\cos\beta}}\,. \tag{12}$$

E_0 sei die durch die Röntgenröhrenspannung U definierte Maximalenergie $e \cdot U$ des Röntgenkontinuums, und E_{ij} die zur j-Kante des Elements i gehörende Bindungsenergie der Elektronen. Wird über den Quantenenergiebereich von E_{ij} bis E_0 des Röntgenröhrenspektrums, dessen Röntgenquanten im Niveau j des Elements i durch Photoabsorption eine Vakanz zu schaffen vermögen, integriert, so erhält man den von der Primäranregung herrührenden Anteil $n_{ijk}(\text{prim})$ zur gemessenen Fluoreszenzzählrate:

$$n_{ijk}(\text{prim}) = A \cdot c_i \cdot M_{ij} \cdot \omega_{ij} \cdot p_{ijk} \cdot \frac{\Omega}{4\pi} \cdot \varepsilon_{ijk} \cdot \int_{E=E_{ij}}^{E_0} \frac{x_E \cdot \tau_{E,i}}{\frac{\tau_{E,c}}{\cos\alpha} + \frac{\tau_{ijk,c}}{\cos\beta}} \cdot dE. \tag{13}$$

Überlegungen zur Analytik

In Gl. (13) für $n_{ijk}(\text{prim})$ sind die folgenden Größen aus Tabellenwerken zu entnehmen:

Absorptionskantensprung S_{ij} (und damit M_{ij}),
Fluoreszenzausbeute ω_{ij},
relative Intensitäten rel. Int. (und damit p_{ijk}),
Detektoreffizienz ε_{ijk} (nur für energiedispersive Halbleiterdetektoren),
spektrale Dichteverteilung x_E,
charakteristische Energien E_{ij}, E_{ijk},
Grenzenergie des Kontinuums $E_0 = e \cdot U$ (U Spannung an der Röntgenröhre in kV),
Photoabsorptionskoeffizienten $\tau_{a,b}$,
charakteristische Winkel α, β.

Unbekannt sind A und Ω. Faßt man die unbekannten Größen in Const und, mit Ausnahme von c_i und ε_{ijk}, die vor dem Integral stehenden bekannten Größen in B_{ijk} zusammen, so lautet die Gleichung für $n_{ijk}(\text{prim})$:

$$n_{ijk}(\text{prim}) = c_i \cdot \text{Const} \cdot B_{ijk} \cdot \varepsilon_{ijk} \cdot \int_{E=E_{ij}}^{E=E_0} \frac{x_E \cdot \tau_{E,i}}{\frac{\tau_{E,c}}{\cos\alpha} + \frac{\tau_{ijk,c}}{\cos\beta}} \cdot dE. \tag{14}$$

In Gl. (14) sind die gesuchten Konzentrationen zuzüglich zu c_i auch noch in $\tau_{E,c}$ und $\tau_{ijk,c}$ enthalten. Die zu analysierende Probe bestehe beispielsweise aus 3 chemischen Elementen, und deren gemessene Fluoreszenzstrahlungen mögen ausschließlich durch Primäranregung verursacht worden sein. Es müssen daher

$$n_{i_1j_1k_1}(\text{gemessen}) = n_{i_1j_1k_1}(\text{prim}), \tag{15}$$

$$n_{i_2j_2k_2}(\text{gemessen}) = n_{i_2j_2k_2}(\text{prim}), \tag{16}$$

$$n_{i_3j_3k_3}(\text{gemessen}) = n_{i_3j_3k_3}(\text{prim}) \tag{17}$$

gelten. Zur Lösung des analytischen Problems steht zusätzlich zu Gl. (15–17)

$$\sum_{q=1}^{3} c_q = 1 \tag{18}$$

zur Verfügung. Dem stehen die 4 Unbekannten c_1, c_2, c_3 und Const gegenüber. Im Verlaufe des nachstehend beschriebenen Iterationsverfahrens wird in der Gl. (14) der Wert von Const willkürlich $=1$ gesetzt. Da die gemessenen Fluoreszenzzählraten in erster Näherung proportional zu den gesuchten Konzentrationen sind, kann als erste Näherung

$$c_c(1) = \frac{n_{I_b J_b k_b}}{\sum_{q=1}^{3} n_{I_q J_q k_q}} \quad 1 \le b \le 3 \tag{19}$$

verwendet werden. Diese Gl. (19) erfüllt automatisch Gl. (18). Setzt man die Konzentrationswerte $c_1(1)$, $c_2(1)$ und $c_3(1)$ in die Gl. (15–17) ein, so werden durch Quotientenbildung die Korrekturfaktoren

$$k_b(1) = \frac{n_{I_b J_b k_b}\,(\text{gemessen})}{n_{I_b J_b k_b}\,(\text{prim}, 1)} \quad 1 \le b \le 3 \tag{20}$$

erhalten. Zum Abschluß der Ausführungen über die iterative Konzentrationsbestimmung wird noch die Bedeutung der Korrekturfaktoren $k_b(z)$, wobei z den Iterationsschritt bezeichnet, behandelt werden. Unter Verwendung der 3 Korrekturfaktoren $k_1(1)$, $k_2(1)$ und $k_3(1)$ wird als 2. Näherung (z = 2) der gesuchten Konzentrationswerte

$$c_b(2) = \frac{k_b(1) \cdot c_b(1)}{\sum_{q=1}^{3} k_q(1) \cdot c_q(1)} \quad 1 \le b \le 3 \tag{21}$$

bestimmt. Auch Gl. (21) erfüllt automatisch Gl. (18). Die Konzentrationen $c_b(2)$ werden wieder in die Gl. (15–17) eingesetzt und anschließend analog zu $k_b(1)$ die Korrekturfaktoren $k_b(2)$ berechnet, aus denen sich die korrigierten Konzentrationen $c_b(3)$ ergeben. Dies ist dann die dritte Näherung (z = 3). Das heißt, daß sich beispielsweise die 9. Näherung aus der 8. in folgender Weise errechnet:

$$k_b(8) = \frac{n_{I_b J_b k_b}\,(\text{gemessen})}{n_{I_b J_b k_b}\,(\text{prim}, 8)} \quad 1 \le b \le 3, \tag{22}$$

$$c_b(9) = \frac{k_b(8) \cdot c_b(8)}{\sum_{q=1}^{3} k_q(8) \cdot c_q(8)} \quad 1 \le b \le 3. \tag{23}$$

Mit zunehmender Zahl z der Iterationsschritte unterscheiden sich die Konzentrationswerte von 2 aufeinanderfolgenden Schritten immer weniger voneinander, so daß

$$\Delta c_b = |c_b(z) - c_b(z-1)| \tag{24}$$

gegen 0 konvergiert. Ebenso unterscheiden sich die Korrekturfaktoren von 2 aufeinanderfolgenden Schritten immer weniger voneinander, so daß auch

$$\Delta k_b = |k_b(z) - k_b(z-1)| \tag{25}$$

gegen 0 konvergiert. Darüber hinaus werden aber auch $k_1(z)$, $k_2(z)$ und $k_3(z)$ immer ähnlicher um im Grenzfall $z \to \infty$ gegen die 4. gesuchte Größe, nämlich Const zu konvergieren. Die Güte der durch die Iteration erzielten Annäherung an die gesuchte „wahre" Konzentration äußert sich nach diesen Überlegungen in der Größe von Δc_b. Im Zusammenhang mit den später gezeigten Fehlerüberlegungen zu den gemessenen Fluoreszenzzählraten und den fundamentalen Parametern kann eine Schranke Δc definiert werden. Unterschreiten Δc_1, Δc_2 und Δc_3 diese, dann wird die Iteration abgebrochen. Δc definiert somit die Abbruchbedingung der Iterationsschleife im Rechenprogramm.

Die Sekundäranregung

Im Falle der Sekundäranregung wird die Fluoreszenzstrahlung ijk durch eine der charakteristischen Strahlungen eines anderen Probenelements zusätzlich angeregt. Betrachtet man z. B. eine binäre Cu-Zn-Legierung (Messing), so vermag das Element Zn mit seiner Kβ-Strahlung das K-Niveau des Elements Cu zu ionisieren. Wird die Zählrate der CuKα-Strahlung gemessen, so muß neben der bereits behandelten Primäranregung durch das Röntgenröhrenspektrum x_E auch noch die zusätzliche Anregung (Sekundäranregung) der CuKα-Strahlung durch die ZnKβ-Strahlung in die Rechnung miteinbezogen werden.

Die Herleitung des von der Sekundäranregung herrührenden Beitrages zur gemessenen Fluoreszenzzählrate wird anhand von Abb. 3 vorgenommen. Ähnlich zur Primäranregung wird ein Volumen $A \cdot d\xi$ betrachtet, in welchem die von der Röntgenröhre kommende Strahlung eine charakteristische Fluoreszenzstrahlung anregt. Diese Strahlung wird zur Unterscheidung von der in der Analytik verwendeten ijk durch das Zahlentripel xyz gekennzeichnet.

Im Falle des Beispiels Messing und der gemessenen CuKα-Strahlung, die durch die ZnKβ-Strahlung zusätzlich angeregt wird, ist für das erste Tripel i = Cu, j = K und k = L23 und für das zweite Tripel x = Zn, y = K und z = M23 einzusetzen. Die in $A \cdot d\xi$ erzeugte xyz-Fluoreszenzstrahlung erfüllt den gesamten Raumwinkel 4π gleichmäßig. Betrachtet man den unter dem Winkel γ zum Flächenlot in Richtung $A \cdot dt$ sich ausbreitenden Anteil, so beträgt der, in einen Winkelbereich von γ bis $\gamma + d\gamma$ gelangende Anteil

$$\frac{2 \cdot r \cdot \sin\gamma \cdot \pi \cdot r \cdot d\gamma}{4 \cdot \pi \cdot r^2} = \frac{\sin\gamma \cdot d\gamma}{2}. \tag{26}$$

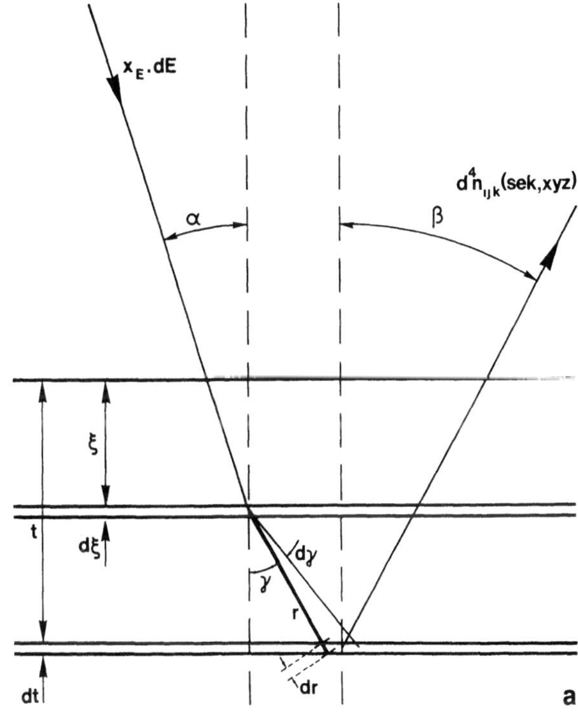

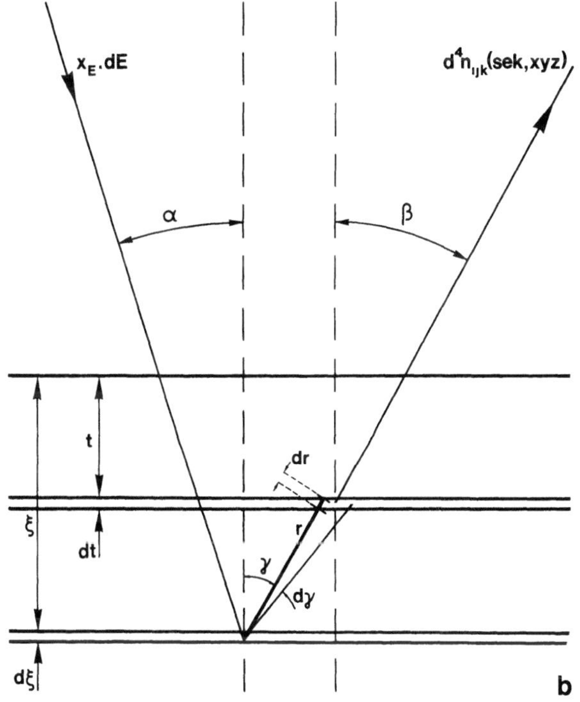

Abb. 3a, b. Geometrie bei der Sekundäranregung von Röntgenfluoreszenzstrahlung

Sodann ist die Schwächung der xyz-Strahlung entlang des Weges r zu berücksichtigen. r folgt aus der Abb. 3a zu

$$r = \frac{t-\xi}{\cos\gamma}, \tag{27}$$

und das Wegstück dr innerhalb des Volumens $A \cdot dt$ zu

$$dr = \frac{dt}{\cos\gamma}. \tag{28}$$

In der Gl. (29) wird die entlang dr erzeugte ijk-Fluoreszenzstrahlung beschrieben. Die weiteren Überlegungen können daher in Analogie zur Primäranregung geführt werden. Der Anteil $d^4n_{ijk}(sek, xyz)$ gemäß Abb. 3a errechnet sich zu

$$\begin{aligned} d^4n_{ijk}(sek, xyz) &= x_E \cdot dE \cdot A \cdot e^{-\tau_{E,c} \cdot \varrho_c \cdot \frac{\xi}{\cos\alpha}} \\ &\cdot d\xi \cdot \varrho_c \cdot c_x \cdot \tau_{E,c} \cdot M_{xy} \cdot \omega_{xy} \cdot p_{xyz} \cdot \frac{\sin\gamma \cdot d\gamma}{2} \\ &\cdot e^{-\tau_{xyz,c} \cdot \varrho_c \cdot \frac{t-\xi}{\cos\gamma}} \cdot \frac{dt}{\cos\gamma} \cdot c_i \cdot \varrho_c \cdot \tau_{xyz,i} \cdot M_{ij} \\ &\cdot p_{ijk} \cdot \frac{\Omega}{4\pi} \cdot e^{-\tau_{ijk,c} \cdot \varrho_c \cdot \frac{t}{\cos\beta}} \cdot \varepsilon_{ijk}. \end{aligned} \tag{29}$$

Das Integrationsintervall von ξ kann für die in Abb. 3a gezeigte Geometrie von 0 bis t erstreckt werden. Aus der Abb. 3b folgt für r

$$r = \frac{\xi - t}{\cos\gamma}, \tag{30}$$

und für dr wieder

$$dr = \frac{dt}{\cos\gamma}. \tag{31}$$

Es ändert sich also ausschließlich das Vorzeichen im Exponenten des die Schwächung entlang r beschreibenden Exponentialausdrucks. Der mit Ausnahme dieses Unterschieds völlig identische Ausdruck zu $d^4n_{ijk}(sek, xyz)$ kann über ξ von t bis ∞ integriert werden.

a) Um von $d^4n_{ijk}(sek, xyz)$ zu $n_{ijk}(sek, xyz)$ zu gelangen, werden zunächst die beiden Ausdrücke über ξ innerhalb der genannten Grenzen integriert.
b) Nunmehr können die nur mehr von t, γ und E abhängenden beiden Teilausdrücke aufsummiert werden.
c) Daran anschließend wird über t von 0 bis ∞ integriert.
d) Die weitere Integration erfolgt über γ von 0 bis π/2.

e) Letztlich verbleibt noch die Integration über die Quantenenergie E innerhalb der Grenzen E_{xy} bis E_0.

Der endgültige Ausdruck für den von der xyz-Strahlung herrührenden Beitrag $n_{ijk}(sek, xyz)$ zu n_{ijk} lautet dann

$$n_{ijk}(sek, xyz) = c_i \cdot \text{Const} \cdot B_{ijk} \cdot \varepsilon_{ijk} \cdot \frac{1}{2} \cdot (c_x \cdot B_{xyz} \cdot \tau_{xyz,i}) \cdot \int\limits_{E=E_{xy}}^{E_0} \frac{x_E \cdot \tau_{E,x}}{\frac{\tau_{E,c}}{\cos\alpha} + \frac{\tau_{ijk,c}}{\cos\beta}} \cdot \left[\frac{\cos\beta}{\tau_{ijk,c}} \cdot \ln\left[1 + \frac{1}{\cos\beta} \cdot \frac{\tau_{ijk,c}}{\tau_{xyz,c}}\right] + \frac{\cos\alpha}{\tau_{E,c}} \cdot \ln\left[1 + \frac{1}{\cos\alpha} \cdot \frac{\tau_{E,c}}{\tau_{xyz,c}}\right]\right] \cdot dE, \quad (32)$$

wobei die bereits im Abschnitt zur Analytik eingeführten Abkürzungen bedeuten:

$$\text{Const} = A \cdot \frac{\Omega}{4\pi},$$

$$B_{ijk} = M_{ij} \cdot \omega_{ij} \cdot p_{ijk},$$

und analog dazu

$$B_{xyz} = M_{xy} \cdot \omega_{xy} \cdot p_{xyz}.$$

Zunächst fällt an diesem Ausdruck auf, daß auch hier der Faktor $c_i \cdot \text{Const} \cdot B_{ijk} \cdot \varepsilon_{ijk}$ enthalten ist. Im Falle des als Beispiel gewählten binären Cu-Zn-Systems kann mit einem einzigen Sekundäranregungsterm das Auslangen gefunden werden. Anders liegen die Verhältnisse bei dem ternären System Cr-Fe-Ni. Es ist dies ein Paradebeispiel für die Anwendung des fundamentalen Parameteransatzes auf Proben in der Edelstahlherstellung (Chromnickelstähle). Es mögen die Kα-Strahlungen der Elemente für die quantitative Analytik herangezogen werden. Nun vermögen die charakteristischen Strahlungen NiKα, NiKβ, FeKα und FeKβ die CrKα-Strahlung sekundär anzuregen, und NiKα und NiKβ die FeKα-Strahlung. Das bedeutet für CrKα insgesamt 4 Sekundäranregungsbeiträge

$$n_{CrKL23}(\text{gemessen}) = n_{CrKL23}(\text{prim}) + \sum_{u=1}^{4} n_{CrKL23}(sek, x_u y_u z_u), \quad (33)$$

und für FeKα 2 Sekundäranregungsbeiträge. In dem Beispiel für CrKα steht z. B. u = 1 für NiKα, u = 2 für NiKβ, u = 3 für FeKα und u = 4 für FeKβ. Der Ausdruck für n_{CrKL23} läßt erkennen, daß auch aus dem Gesamtausdruck wieder $c_i \cdot \text{Const} \cdot B_{ijk} \cdot \varepsilon_{ijk}$ herausgehoben werden kann. Aufgrund dieser Tatsache ist es möglich, den im Zusammenhang mit den „Überlegungen zur Analytik" entwickelten iterativen Lösungsweg für primär angeregte Fluoreszenzspektren auch auf den Fall zusätzlicher Sekundäranregungen übertragen zu können.

Das Röntgenröhrenspektrum

Das weiße Spektrum einer Röntgenröhre wurde in den vorangegangenen Abschnitten durch die spektrale Verteilungsfunktion x_E beschrieben. Definiert man $x_E dE$ als die von der Anode einer Röntgenröhre je Sekunde in die Einheit des Raumwinkels emittierte Anzahl von Photonen aus dem Energieintervall von E bis E + dE, so kann x_E durch

$$x_E = \text{const}_W \cdot Z \cdot \left(\frac{E_0}{E} - 1\right)^x \cdot i \cdot f(\chi_E) \quad (34)$$

ausgedrückt werden. Die universelle Konstante const_W hat den empirisch gefundenen Zahlenwert

$$\text{const}_W = 1{,}36 \cdot 10^9 \, sr^{-1} mA^{-1} keV^{-1} s^{-1}. \quad (35)$$

Z ist die Ordnungszahl des Anodenmaterials der Röntgenröhre und E_0 gibt das von der Röntgenröhrenspannung her definierte hochenergetische Ende des Röntgenröhrenspektrums an. E_0 und E werden in keV angegeben. Der Exponent x hat einen Wert nahe 1 und hängt in geringem Maße von E_0 und Z ab:

$$x = 1{,}0314 - 0{,}0032 \cdot Z + 0{,}0047 \cdot E_0. \quad (36)$$

i is der in mA einzusetzende Anodenstrom der Röntgenröhre. $f(\chi_E)$ beschreibt die Eigenabsorption der Röntgenstrahlung im Anodenmaterial:

$$f(\chi_E) = \frac{1 - \exp(-2 \cdot \chi_E \cdot \varrho \bar{z}_E \cdot \sin\gamma)}{2 \cdot \chi_E \cdot \varrho \bar{z}_E \cdot \sin\gamma}. \quad (37)$$

Die mittlere Austrittstiefe $\varrho \bar{z}_E$ kann durch die Dichte ϱ des Anodenmaterials und einen angenäherten Zahlenwert von $\bar{z}_E$ von $1 \cdot 10^{-4}$ cm ausgedrückt werden. Eine ausführliche Beschreibung der Berechnung von $\varrho \bar{z}_E$ kann in der Arbeit von Ebel et al. (1992) gefunden werden. γ ist der Winkel zwischen der Auftreffrichtung der Elektronen auf die Anode und der Anodenoberfläche und χ_E folgt aus

$$\chi_E = \frac{\tau_E}{\sin\varepsilon} \quad (38)$$

mit dem in $cm^2 g^{-1}$ ausgedrückten Photoabsorptionskoeffizienten der Quantenstrahlung der Energie E im Anodenmaterial, und ε gibt schließ-

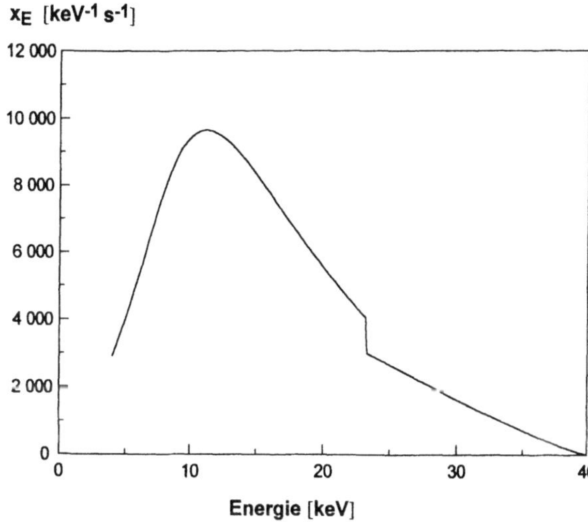

Abb. 4. Röntgenröhrenspektrum

lich den Winkel zwischen der Abnahmerichtung der Röntgenstrahlung und der Anodenoberfläche an.

Für das charakteristische Röntgenröhrenspektrum gilt

$$n_{jk} = \text{const} \cdot \frac{1}{S_j} \cdot R \cdot \omega_j \cdot p_{jk} \cdot f(\chi_{jk}) \cdot i. \qquad (39)$$

n_{jk} gibt die je Sekunde in die Raumwinkeleinheit emittierte Anzahl von Photonen entsprechend dem strahlenden Übergang von Elektronen aus dem Niveau k in das Niveau j des Anodenmaterials an.

Die empirisch ermittelte Konstante hat den Zahlenwert

$$\text{const} = 6 \cdot 10^{13}\,\text{sr}^{-1}\text{mA}^{-1}\text{s}^{-1}. \qquad (40)$$

Die Größen $1/S_j$ (Intensitätsfaktor), R (Rückstreufaktor) und $f(\chi_{jk})$ (Absorptionsfaktor) können wieder in der im Titel zu diesem Abschnitt zitierten Arbeit gefunden werden. ω_j ist die Fluoreszenzausbeute und p_{jk} die Übergangswahrscheinlichkeit.

Aus der Abb. 4 ist das Röntgenröhrenspektrum einer Röhre mit Rhodiumanode zu ersehen. Die Betriebsdaten der Röhre wurden mit $i = 0{,}01$ mA, $U = 40$ kV, der Eintrittswinkel der Elektronen mit 90°, der Abnahmewinkel der Röntgenstrahlung mit 6° und der erfaßte Raumwinkelbereich $A \cdot \cos\alpha/r^2$ zu 10^{-3} sr angenommen. A ist die von der Röntgenstrahlung getroffene Probenfläche, α ist der Winkel zwischen der auf die Probe auftreffenden Röntgenstrahlung und dem Lot auf die Probenoberfläche, und r der Abstand zwischen der Anode und der Probe. Ergänzend seien auch noch die Daten der charakteristischen K-Strahlungen angegeben:

RhKα1:
$h\nu = 20{,}213$ keV, $n_{RhKL3} = 1{,}494232 \cdot 10^6 s^{-1}$,

RhKα2:
$h\nu = 20{,}070$ keV, $n_{RhKL2} = 0{,}788810 \cdot 10^6 s^{-1}$,

RhKβ1:
$h\nu = 22{,}720$ keV, $n_{RhKM3} = 0{,}474242 \cdot 10^6 s^{-1}$.

Abschließende Bemerkungen

Den derzeitigen Stand der Röntgenfluoreszenzanalyse mögen einige Arbeiten charakterisieren. In der vorliegenden Übersicht wurden die Primär- und die Sekundärregung der charakteristischen Probenstrahlungen behandelt. Natürlich gibt es noch einige andere Anregungs- und auch Streumechanismen, die zum gemessenen Signal beitragen. Es sind dies in der Reihenfolge der Wechselwirkung der Strahlungen mit der Probenmaterie die folgenden Sekundäranregungsmechanismen:

a) Röntgenröhrenstrahlung – elastische Streuung – Fluoreszenzanregung
b) Röntgenröhrenstrahlung – inelastische Streuung – Fluoreszenzanregung
c) Röntgenröhrenstrahlung – Fluoreszenzanregung – elastische Streuung
d) Röntgenröhrenstrahlung – Fluoreszenzanregung – inelastische Streuung
e) Röntgenröhrenstrahlung – Fluoreszenzanregung 1 – Fluoreszenzanregung
f) Röntgenröhrenstrahlung – Photoelektron – Anregung der charakteristischen Strahlung
g) Röntgenröhrenstrahlung – Augerelektron – Anregung der charakteristischen Strahlung

und die Tertiäranregungsmechanismen:

h) Röntgenröhrenstrahlung – Fluoreszenzanregung 1 – Fluoreszenzanregung 2 – Fluoreszenzanregung

etc.

Die beiden zuletzt genannten Sekundäranregungsmechnismen sind von besonderer Bedeutung bei der Untersuchung von Elementen niederer Ordnungszahl in einer Matrix aus Elementen hoher Ordnungszahl. Nach Mantler (1993) kann der von den Mechanismen f. und g. herrührende Beitrag die Signalstärke um etwa eine Zehnerpotenz anheben. Dieses Ergebnis wurde bei den Elementen C, B und Be gefunden.

Ein anderer Beitrag zur Weiterentwicklung der Röntgenfluoreszenzanalyse besteht in der Umsetzung eines ausschließlich der Analytik gewidmeten Verfahrens zu einem abbildenden. Dies kann auf unterschiedliche Weise erfolgen. Es wird entweder die vom Primärstrahl getroffene Probenfläche so klein als möglich gemacht und die Probenoberfläche punktweise abgerastert. Das damit erzielbare laterale Auflösungsvermögen kann mit einigen µm angenommen werden. Diese Abbildungstechnik findet bereits in der Halbleiter- und Leiterplattenfertigung Anwendung. Ein anderes Konzept baut auf dem in der Computertomographie verwendeten Prinzip der Rekonstruktion von Punktinformation aus Linieninformation auf. Bavdaz u. Gurker (1993) konnten mit diesem Konzept Fluoreszenztomogramme herstellen. Die von den Autoren gezeigten Anwendungsbeispiele stammen aus dem Bereich der Botanik und der Medizin.

Die Nachweisgrenze der Röntgenfluoreszenzanalyse wird durch das Verhältnis des gemessenen Liniensignals zum Linienuntergrund bestimmt. Der Linienuntergrund entsteht zumeist durch die an der Probe gestreute weiße Strahlung der Röntgenröhre. Nach dem derzeitigen Wissensstand kann entweder zwischen die Röntgenröhre - oder eine Synchrotronquelle - und die Probe ein Monochromator eingefügt werden, oder es wird dafür gesorgt, daß die Röntgenröhrenstrahlung nicht in die Probe einzudringen vermag. Dazu muß die Röntgenröhrenstrahlung unter einem streifenden Winkel von weniger als 1° auf die Probenoberfläche auftreffen. Dies gibt Anlaß zur Totalreflexion der Röntgenstrahlung. Die tatsächliche Versuchsdurchführung erfolgt derart, daß auf ebene Substratgläser die gelösten Proben aufpipettiert werden, der Probentropfen durch Abdampfen des Flüssigkeitsanteils zu einer extrem dünnen Probenschicht - weniger als 10 nm - führt und die so präparierte Probe unter streifendem Einfallswinkel zur Röntgenfluoreszenz angeregt wird. Damit gelingt es, den Linienuntergrund drastisch abzusenken und das Verhältnis von Linie zu Untergrund so zu verbessern, daß die Nachweisgrenzen für Elemente aus dem mittleren Ordnungszahlbereich bei 0,1 pg, also besser als bei der sonst für derartige Aufgaben verwendeten Atomabsorptionsspektrometrie, zu liegen kommen.

Die Anregung zur quantitativen Totalreflexionsröntgenfluoreszenzanalyse stammt von Aiginger u. Wobrauschek (1974).

Datensammlungen. Photoabsorptionskoeffizienten, kohärenten und inkohärenten Streukoeffizienten, Energiewerten der Absorptionskanten, Absorptionskantensprüngen von McMaster et al. (1969), zur Fluoreszenzausbeute von Bambynek et al. (1972), zu Übergangswahrscheinlichkeiten (relative Intensitäten), Energiewerten der charakteristischen Strahlungen von Johnson u. White (1970).

Literatur

Aiginger H, Wobrauschek P (1974) A method for quantitative X-ray fluorescence analysis in the nanogram region. Nucl Instr Meth 114:157–158

Auger P (1925) Sur l'effet photoélectrique composé. J Phys 6:205–208

Bambynek W, Crasemann B, Fink RW et al. (1972) X-ray fluorescence yields, Auger, and Coster-Kronig transition probabilities. Rev Mod Phys 44:716–809

Barkla CG (1905) Polarised Röntgen radiation. Phil Trans A204:467–479

Barkla CG (1906) Polarisation in secondary Röntgen radiation. Proc Roy Soc A77:247–255

Barkla CG, Sadler CA (1908) Homogeneous secondary Röntgen radiations. Phil Mag 16:550–584

Barkla CG, Sadler CA (1909) The absorption of Röntgen rays. Phil Mag 17:739–760

Barkla CG (1911) The spectra of the fluorescent Röntgen radiations. Phil Mag 22:396–412

Bavdaz M, Gurker N (1993) Coded imaging X-ray microprobe. X-Ray Spectrom 22:65–70

Bohr N (1913) On the constitution of atoms and molecules, part I. Phil Mag 26:1–25

Bohr N (1913) On the constitution of atoms and molecular, part II: Systems containing only a single nucleus. Phil Mag 26:476–502

Bohr N (1913) On the constitution of atoms and molecules, part III: Systems containing several nuclei. Phil Mag 26:857–875

Bragg WL (1912) The diffraction of short electromagnetic waves by a crystal. Camb Phil Soc Proc 17:43–57

Compton AH (1923) A quantum theory of the scattering of X-rays by light elements. Phys Rev 21:483–502

Criss JW, Birks LS (1968) Empirical coefficients vs. fundamental parameters. Anal Chem 40:1080–1086

Ebel H, Wiederschwinger H, Wernisch J, Pella PA (1992) An algorithm for the description of white and characteristic tube spectra ($11 \leq Z \leq 83$, $10\,keV \leq E_0 \leq 50\,keV$). Adv X-Ray Anal 35:721–726

Einstein A (1905) Über einen die Erzeugung und Verwandlung des Lichtes betreffenden heuristischen Gesichtspunkt. Ann Phys 17:132–148

Einstein A (1905) Zur Elektrodynamik bewegter Körper. Ann Phys 17:891–921

Friedrich W, Knipping P, Laue M v (1913) Interferenzerscheinungen bei Röntgenstrahlen. Ann Phys 41:971–988

Glocker R, Schreiber H (1928) Quantitative Röntgenspektralanalyse mit Kalterregung des Spektrums. Ann Phys 85:1089–1102

Johnson jr GG, White EW (1970) X-ray emission wavelengths and keV-tables for nondiffractive analysis.

Am Soc Test Mater (1916 Race Street, Philadelphia, Pa. 19103), ASTM Data Series DS 46

Kramers HA (1923) On the theory of X-ray absorption and of the continuous X-ray spectrum. Phil Mag 46:836–871

Kulenkampff H (1922) Über das kontinuierliche Röntgenspektrum. Ann Phys 69:548–596

Mantler M (1993) Quantitative XRFA of light elements by the fundamental parameter method. Adv X-Ray Anal 36:27–33

McMaster WH, Del Grande NK, Mallett JH, Hubbell JH (1969) Compilation of X-ray cross sections. UCRL-50174, Section II, Revision I, Lawrence Livermore Laboratory, University of California, Livermore

Michelson AA. Morley EW (1887) On the relative motion of the earth and the luminiferous ether. Am J Sci 34:333–345

Moseley HGJ (1913) The high frequency spectra of the elements. Phil Mag 26:1024–1034

Moseley HGJ (1914) The high frequency spectra of the elements, part II. Phil Mag 27:703–713

Röntgen WC (1895) Über eine neue Art von Strahlen. Sitzungsber Würzburger Phys-Medic Ges 1–12

Rutherford E (1911) The scattering of α und β particles by matter and the structure of the atom. Phil Mag 21:669–688

Sherman J (1955) The theoretical derivation of fluorescent X-ray intensities from mixtures. Spectrochim Acta 7:283–306

Shiraiwa T, Fujino N (1966) Theoretical calculation of fluorescent X-ray intensities in fluorescent X-ray spectrochemical analysis. Jap J Appl Phys 5:886–896

Statham P (1976) The generation, absorption and anisotropy of thick-target Bremsstrahlung and implication for quantitative energy dispersive analysis. X-Ray Spectrom 5:154–168

Röntgenphotoelektronenspektrometrie

Maria F. Ebel

Einleitung

In den letzten 25 Jahren hat die Photoelektronenspektrometrie einen wichtigen Platz unter den analytischen Techniken erobert. Historisch gesehen, können je nach anregender Photonenenergie 3 Methoden unterschieden werden: XPS (X-ray Photoelectron Spectroscopy), UPS (Ultraviolet Photoelectron Spectroscopy) und Synchrotron als Anregungsquelle.

XPS, die älteste der 3 Methoden, auch unter der Bezeichnung ESCA (Electron Spectroscopy for Chemical Analysis) bekannt, bietet die Möglichkeit, die äußersten Atomlagen von Festkörperoberflächen zu analysieren. Einige Anwendungsbereiche seien ohne Anspruch auf Vollständigkeit aufgezählt: Metallurgie, Korrosion, Katalyse, Segregation, Mikroelektronik, Keramik, Polymere, Biomaterial, Adhäsions- und Adsorptionsvorgänge und Oxidationszustände.

Historische Entwicklung

Als Grundlage der Photoelektronenspektrometrie können die von Hertz 1887 veröffentlichten Untersuchungen zum äußeren lichtelektrischen (photoelektrischen) Effekt angesehen werden. Hertz beschrieb erstmals Versuche mit Funkensendern und zeigte, daß ultraviolettes Licht die Fähigkeit besitzt, die Schlagweite eines Induktoriums zu vergrößern. Systematisch wurden die Versuche von Hallwachs (1888), Stoletow (1888), Elster u. Geitel (1889) und Lenard (1889) fortgesetzt. Die Entdeckung der X-Strahlen 1895 durch Röntgen und die Beschreibung des Elektrons durch Thomson 1897 trugen maßgeblich zum Verständnis des photoelektrischen Effektes und zu einer Intensivierung des experimentellen Arbeitens bei. Aber erst unter Verwendung der von Planck 1900 beschriebenen Theorie der Energiequanten konnte Einstein 1905 eine Erklärung geben. In seiner Arbeit „Über einen die Erzeugung und Verwandlung des Lichtes betreffenden heuristischen Gesichtspunkt" interpretiert er den äußeren lichtelektrischen Effekt in der uns heute bekannten Form und erhielt dafür 1921 den Nobelpreis für Physik.

Die Publikation von Simons 1921 zeigt bereits Parallelen zum heutigen Verständnis des photoelektrischen Effektes durch Röntgenstrahlung. De Broglie folgerte 1921 aus seinen Experimenten Analogien zwischen Röntgenemissionsspektrometrie und Röntgenphotoelektronenspektrometrie.

Robinson und Young konnten 1930 erstmals mit XPS eine Linienverschiebung als Folge der chemischen Änderung (chemical shift) beobachten. Steinhardt publizierte 1950 als „X-ray Photoelectron Spectrometer for Chemical Analysis" und entwickelte gemeinsam mit Serfass 1951 ein Gerät mit einer Mo-Röntgenröhre. 1967 erschien das von Siegbahn et al. verfaßte Standardwerk *ESCA, Atomic, Molecular and Solid State Structure Studied by Means of Electron Spectroscopy*, dessen Bedeutung auch noch für den heutigen Stand der Röntgenphotoelektronenspektrometrie hervorzuheben ist. Siegbahn erhielt 1981 für seine Forschungsaktivitäten den Nobelpreis für Physik.

Um den historischen Überblick abzurunden, sei noch auf die 1964 von Nordling et al. entwickelte neue Generation von hochauflösenden Röntgenphotoelektronenspektrometern verwiesen, die auf dem von Steinhardt aufgezeigten Prinzip aufbauen.

Die Entwicklung eines theoretischen Konzepts zur quantitativen Analyse mittels XPS war durch die Verwendung der fundamentalen Parameter – Photoabsorptionswirkungsquerschnitt σ (Scotfield 1976), Asymmetrieparameter β (Reilman et al. 1976) und inelastische mittlere freie Weglänge (Penn 1976) – möglich.

In den letzten 15 Jahren wurden bahnbrechende Entwicklungen zum Einsatz der Röntgenphotoelektronenspektrometrie als abbildendes Verfahren publiziert und entsprechende Geräte entwickelt, wodurch XPS einen neuen Aufschwung erfuhr. Eine übersichtliche Zusammenstellung dieser Weiterentwicklung von XPS wurde 1990 von Ebel et al. gegeben.

Physikalische Grundlagen

Basierend auf dem photoelektrischen Effekt läßt sich der Entstehungsmechanismus der Röntgenphotoelektronen folgendermaßen beschreiben: Treffen Röntgenquanten einer bestimmten Energie auf Materie auf, so werden Elektronen freigesetzt. Die so emittierten Elektronen bezeichnet man als Röntgenphotoelektronen (XP-Elektronen). Die in der Röntgenphotoelektronenspektrometrie am häufigsten verwendeten Röntgenstrahlen sind die charakteristischen Kα-Strahlungen der Elemente Mg und Al, deren Quantenenergie hν 1253.6eV, bzw. 1486.6eV beträgt.

Die von Einstein 1905 unter Verwendung des Satzes von der Erhaltung der Energie aufgestellte Gleichung für die kinetische Energie der Röntgenphotoelektronen lautet in der heute üblichen Schreibweise:

$$E_{kin} = h\nu - \Phi - E_B. \qquad (1)$$

Φ ist die Austrittsarbeit der Elektronen aus dem Festkörperverband und E_B die Bindungsenergie der Elektronen.

Mit einem Röntgenphotoelektronenspektrometer wird die kinetische Energie der Röntgenphotoelektronen gemessen. Die Austrittsarbeit variiert je nach Material und Oberfläche der zu untersuchenden Probe, kann aber im Bereiche von etwa 5eV angenommen werden. Gemäß der Einstein-Gleichung können daher mit einem Gerät mit Mg-Anode Elektronen mit einer Bindungsenergie von maximal 1248.6eV ausgelöst werden. Die Bindungsenergie der Elektronen ist eine element-, und darüber hinaus, eine bindungsspezifische Eigenschaft. Das heißt, daß sich die Methode nicht nur Bestimmung der atomaren Zusammensetzung einer Probe eignet, sondern auch zur Untersuchung der chemischen Bindung (chemical-shift-Information).

Zur Veranschaulichung der elementspezifischen Aussage des Verfahrens ist in Abb. 1 (unten) das mit einem Gerät mit Mg-Anode gemessene Spektrum von Au (Z=79) dargestellt. Anstelle der kinetischen Energie der Röntgenphotoelektronen wird als Abszissenmaßstab zumeist die Bindungs-

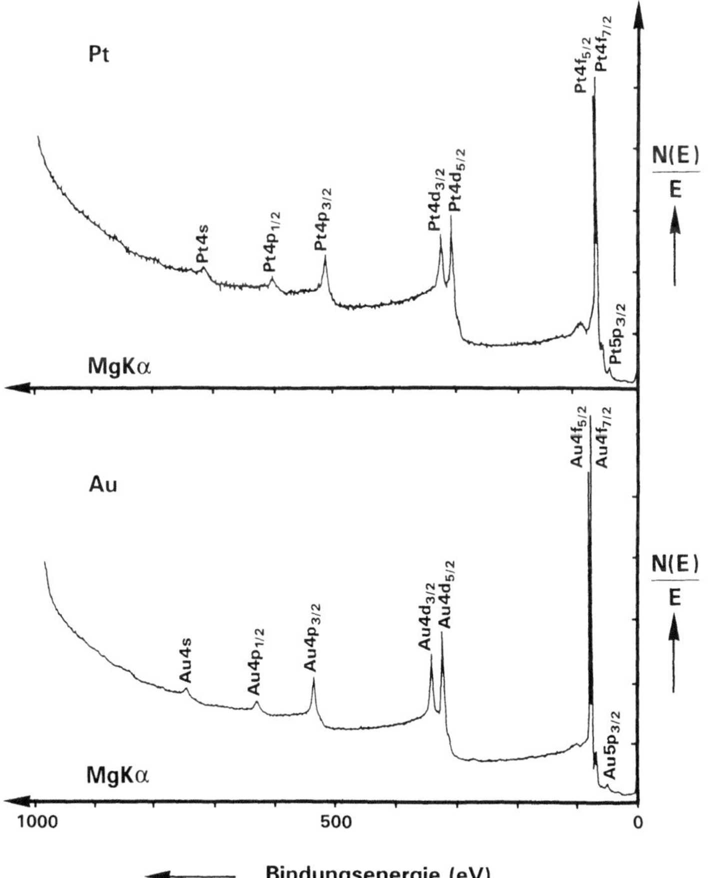

Abb. 1. Röntgenphotoelektronenspektren von Pt und Au, gemessen mit einem Gerät mit Mg-Anode

Tabelle 1. Elektronenhülle von Au. (Siegbahn et al. 1967)

Energieniveau	Bindungsenergie (in eV)
1s1/2	80725
2s1/2	14353
2p1/2	13733
2p3/2	11918
3s1/2	3425
3p1/2	3150
3p3/2	2743
3d3/2	2291
3d5/2	2206
4s1/2	759
4p1/2	644
4p3/2	546
4d3/2	352
4d5/2	334
4f5/2	87
4f7/2	83
5s1/2	108
5p1/2	72
5p3/2	54
5d3/2	3

energie der zugehörigen Elektronenhülle verwendet. In Tabelle 1 sind für Au die Bindungsenergiewerte der einzelnen Elektronenniveaus enthalten. Man ersieht daraus, daß bei Mg-Anregung nur Elektronenniveaus mit einer Bindungsenergie kleiner als der oben angegebene Grenzwert von 1248.6eV nachgewiesen werden können. Zum Vergleich ist in Abb. 1 (oben) das Spektrum des im periodischen System der chemischen Elemente benachbarten Elements Pt ($Z=78$) wiedergegeben. Aus der Lage der Photoelektronenlinien im Spektrum kann somit eindeutig auf das chemische Element geschlossen werden.

Die Höhe der Linien, oder besser deren Signalstärke, variiert mit dem zugehörigen Elektronenniveau. Die Signalstärke hängt vom Photoabsorptionswirkungsquerschnitt σ (Scofield 1976) ab. Im Falle der 2 behandelten Elemente weisen die 4f-Linien das beste Verhältnis von Signalstärke zu Untergrund auf. Im Bereich der Ordnungszahlen $3 \leq Z \leq 11$ ist es die 1s-Linie, für $12 \leq Z \leq 30$ sind es die 2p-Linien, für $31 \leq Z \leq 60$ die 3d-Linien, und für $61 \leq Z$ die 4d- bzw. die 4f-Linien.

Die bindungsspezifische Information ergibt sich aus der Tatsache, daß sich die Bindungsenergie der Elektronen je nach der chemischen Bindung des Ursprungsatoms um bis zu einige eV ändert.

Tabelle 2. Bindungsenergie von Fe in verschiedenen Fe(II)-Komplexen. (Burger et al. 1982)

	E_b (eV)		
	N1s	$Fe2p_{1/2}$	$Fe2p_{3/2}$
Komplex			
$Fe(phen)_2Cl_2$	399.2	721.9	708.3
$Fe(phen)_2(OCN)_2$	398.8	722.1	708.6
$Fe(phen)_2(NO_2)_2$	399.7	723.5	710.0
$Fe(phen)_2(NCS)_2$	399.0	722.6	709.2
$Fe(phen)_3(ClO_4)_2$	399.0	720.7	707.8
Standard			
BN	397.9		
Fe		719.95	706.75
Fe_2O_3		724.3	710.7

Dies möge durch Tabelle 2 veranschaulicht werden. Hier sind die Ergebnise von XPS-Untersuchungen an Fe(II)-Komplexen von Burger et al. (1982) zusammengefaßt.

Zusammen mit einer qualitativen und einer quantitativen Analyse, der Kenntnis der möglichen Verbindungen und einer theoretischen Behandlung der durch die chemische Bindung verursachten Linienverschiebung ist eine eindeutige Aussage über die chemische Bindung der untersuchten Atomart möglich.

Bedingt durch die Eindringtiefe der verwendeten Röntgenstrahlung von einigen μm werden bis zu einer Tiefe von einigen μm – von der Probenoberfläche gerechnet – Photoelektronen von den Atomen abgetrennt. Diese erfahren auf dem Weg durch die Probe inelastische Stöße mit Elektronen des Probenmaterials. Bei einem inelastischen Stoß verliert das Elektron einen Teil seiner kinetischen Energie. Das bedeutet, daß es im Elektronenspektrum nicht mehr bei der durch die Einstein-Gleichung angegebenen kinetischen Energie in Erscheinung tritt. Es trägt zum Linienuntergrund bei.

Die inelastische mittlere freie Weglänge ist ein Maß für den Weg, den ein Elektron im Probenmaterial ohne inelastischen Stoß zurücklegen kann. Die inelastische mittlere freie Weglänge hängt von der Probenzusammensetzung und der kinetischen Energie der Photoelektronen ab und kann mit etwa 1–3 nm angenommen werden. Das bedeutet, daß Elektronen, die aus einer größeren Probentiefe kommen, mit hoher Wahrscheinlichkeit bereits inelastische Stöße erfahren haben und so nicht mehr zur element- und bindungsspezifi-

schen Information des Röntgenphotoelektronenspektrums beizutragen vermögen. Die Informationstiefe von XPS beträgt daher einige nm. Die Röntgenphotoelektronenspektrometrie ist also ein Verfahren zur Untersuchung oberflächennaher Probenbereiche - eine Oberflächenmethode.
Die Informationstiefe von einigen nm gilt für Röntgenphotoelektronen, deren Bewegungsrichtung senkrecht zur Probenfläche verläuft. Werden die Röntgenphotoelektronen, die unter einem zur Probenoberfläche geneigten Winkel aus der Probe austreten, beobachtet, so verringert sich wegen des größeren Weges vom Entstehungsort zur Probenoberfläche die Informationstiefe. Im Grenzfall beträgt die Informationstiefe nur noch einige Zehntel nm. Dieses Konzept ist die Grundlage der Röntgenphotoelektronenspektrometrie mit variablem Beobachtungswinkel. Sie gestattet es, die untersuchte Atomart hinsichtlich ihres von der Probenoberfläche aus gerechneten Ortes zu lokalisieren. Die Methode des variablen Beobachtungswinkels gestattet eine zerstörungsfreie Tiefenprofilanalyse der Probenzusammensetzung und, als Sonderfall derselben, die Bestimmung der Dicke - maximal einige nm - dünner Oberflächenschichten.

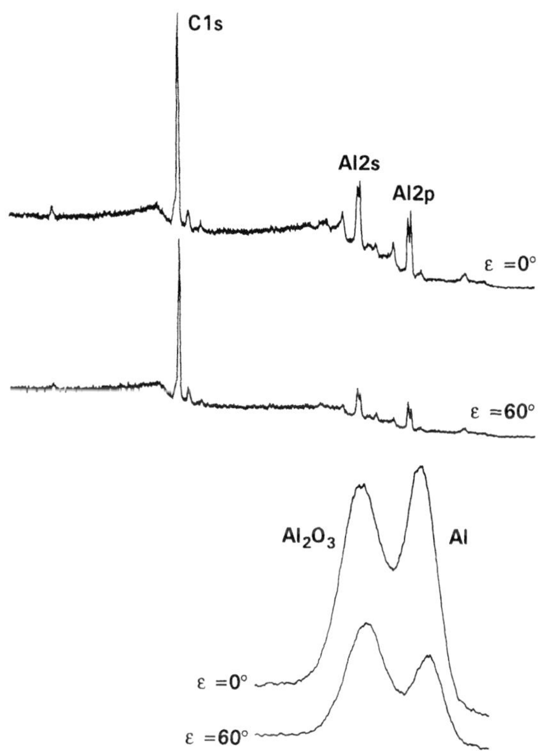

Abb. 2. Unter verschiedenen Beobachtungswinkeln ε gemessene Übersichts- und Al2p-Spektren einer Reinaluminiumblechprobe

Qualitative und quantitative Analyse

Aus dem Übersichtsspektrum der zu analysierenden Probe werden zunächst die relativen Signalstärken und die Bindungsenergiewerte sämtlicher erkennbarer Linien bestimmt. In den meisten Fällen gestattet bereits ein Vergleich mit literaturbekannten Reinelementspektren (vgl. Abb. 1) eine eindeutige Zuordnung der gemessenen Linien zu den in der Probe enthaltenen Elementen. Natürlich kann diese visuelle Methode durch ein auf diesen Literaturdaten aufbauendes Rechenprogramm zur Elementidentifikation ersetzt werden. Probleme können sich aus dem Auftreten von durch die Röntgenstrahlung angeregte Auger-Elektronenspektren und durch mögliche Artefaktlinien von der Röntgenröhre ergeben. So kann beispielsweise durch die weiße Röntgenstrahlung einer Röntgenröhre mit Mg-Anode in den üblicherweise verwendeten Röhrenfenstern aus Al die charakteristische AlKα-Strahlung angeregt werden und damit zu Artefaktlinien Anlaß geben.
Die Messung derartiger Übersichtsspektren unter 2 möglichst unterschiedlichen Beobachtungswinkeln gestattet sodann die Lokalisierung der identifizierten chemischen Elemente hinsichtlich der von der Probenoberfläche gerechneten Probentiefe. Es fällt dabei auf, daß bei Proben ohne gesonderte Vorbehandlung, wie etwa Ausheizung oder Ar-Ionenätzung, grundsätzlich an der äußersten Oberfläche eine kohlenstoffhaltige Schicht, eine zumeist vom Öl der Vorpumpe des Spektrometers herrührende Kontaminationsschicht aus Kohlenwasserstoffen zu beobachten ist. Diese Tatsache ist natürlich bei der Untersuchung kohlenstoffhaltiger Proben zu berücksichtigen. Die Abb. 2 zeigt die unter 0° und unter 60° zum Lot auf die Probenoberfläche gemessenen Übersichtsspektren und die unter denselben Beobachtungswinkeln gemessenen Al2p-Linien einer Reinaluminiumprobe. Aus der relativen Änderung der Signalstärken (C1s/Al2p) ist deutlich die an der äußersten Oberfläche befindliche Kontaminationsschicht zu erkennen. Aus der relativen Änderung der dem null- und dem dreiwertigen Aluminium zuzuordnenden Al2p-Signalstärken ist wieder zu erkennen, daß sich die Aluminiumoxidschicht zwischen der Reinelementunterlage und der Kontaminationsschicht befindet und daß schließlich die Gesamtdicke der beiden Schichten nur einige nm betragen kann, da die Reinaluminiumunterlage im gemessenen Spektrum sehr gut zu erkennen ist.

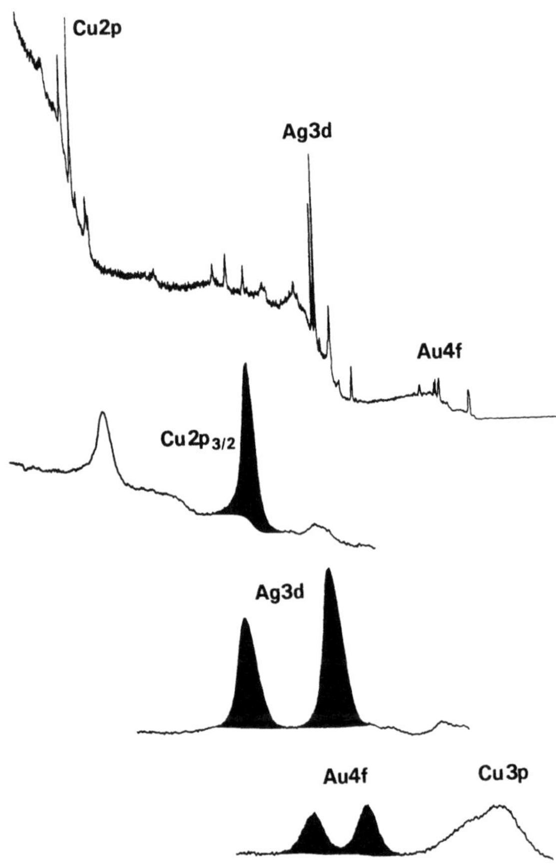

Abb. 3. Übersichtsspektren einer ternären Ag-Au-Cu-Probe und die für die quantitative Analyse verwendeten Dublette Ag3d, Au4f und Cu2p. Neben den gemessenen Dublettverläufen sind noch die Ergebnisse nach der Abtrennung der Cu3p-Au4f-Überlagerung und des Linienuntergrundes eingetragen. Die gesuchten Linienintegrale sind durch die *schwarzen* Flächen charakterisiert. (Ebel u. Ebel 1982)

Für die quantitative Analyse sind aus dem Übersichtsspektrum jene Linien heranzuziehen, die ein gutes, also ein statistisch signifikantes Ergebnis erwarten lassen. Außerdem sollen sie möglichst nicht nur durch Überlagerung mit einer oder mehrerer Linien anderer, in der Probe enthaltener chemischer Elemente beeinflußt werden. Erst nach einer umständlichen mathematischen Vorbereitung (Entfaltung) kann dann eine Verwendung solcher Linien für die quantitative Analyse gewährleistet werden.

Zur Veranschaulichung der quantitativen Analyse werden in der Abb. 3 die von einer ternären Ag-Au-Cu-Legierung erhaltenen Linien, die den angeführten Bedingungen genügen, gezeigt. Es sind dies die Ag3d-, Au4f- und Cu2p-Dubletten. Hier ist nur das Au4f-Dublett mit dem Cu3p-Dublett überlagert. Die Abtrennung der Überlagerung erfolgt mit einem Entfaltungsprogramm. Die Aufgabe der Spektrenauswertung für die quantitative Analyse besteht in der Bestimmung der Fläche unter der Linie. Dazu ist zunächst der Linienuntergrund abzuziehen. Die dafür erforderlichen Rechenalgorithmen sind in Programmpaketen enthalten und ermöglichen es, unter verschiedenen, für die jeweiligen Aufgabenstellungen sinnvollen Untergrundverläufen auszuwählen. Anschließend kann bereits das Linienintegral bestimmt werden. Die so gefundenen Integralwerte repräsentieren die zugehörigen chemischen Elemente im Rahmen der quantitativen Analyse.

Zwischen dem Linienintegral n(i) des chemischen Elements i und der in Atomprozent ausgedrückten Konzentration c(i) dieses Elements besteht der folgende Zusammenhang:

$$n(i) = \text{const} \cdot \sigma \cdot \lambda \cdot c(i) \cdot \beta \cdot T \cdot E. \qquad (2)$$

σ steht für den Photoabsorptionswirkungsquerschnitt (Scofield 1976), λ für die inelastische mittlere freie Weglänge (Penn 1976), β für in bezug auf die Röntgenstrahlenrichtung ungleichmäßige Winkelverteilung der Röntgenphotoelektronenemission (Reilman et al. 1976), T beschreibt das Transmissionsvermögen des Spektrometers und E eine etwaige Schwächung des Röntgenphotoelektronensignals in einer Oberflächenschicht – z. B. Kontaminationsschicht.

Die Größen σ, λ und β sind sog. fundamentale Parameter, während T eine gerätespezifische und E eine probenspezifische Größe repräsentieren. Letztere sind meßtechnisch erfaßbar. Zusammen mit der Bedingung, daß die Summe der Konzentrationen 100% beträgt, ergibt sich für das in Abb. 3 dargestellte Versuchsergebnis eines ternären Systems ein Satz von 3 homogenen und einer inhomogenen Gleichung zur Bestimmung der 3 unbekannten c(i)-Konzentrationswerte und der in den Gleichungen stehenden Konstante. Die Auswertung der Versuchsergebnisse ergibt die Zusammensetzung in At%, und kann für das konkrete Beispiel mit den, von der Einwaage her gegebenen Erwartungswerten der Probenzusammensetzung verglichen werden. Die Abweichungen betragen maximal einige At%.

Der einfache Zusammenhang zwischen der Meßgröße, dem Linienintegral und der gesuchten Größe, der Probenzusammensetzung, kennzeichnet einen der wesentlichen Vorteile der Röntgenphotoelektronenspektrometrie gegenüber anderen Oberflächenverfahren. Es gestattet eine quantitative Analyse ohne Verwendung bekannter Vergleichsproben – eichprobenfreie Oberflächenanalytik. Die Gl. (2) kann aber auch für eine auf Vergleichsproben aufbauende Analytik dienen.

Der mit der Röntgenphotoelektronenspektrometrie erfaßbare Elementbereich überstreicht das gesamte periodische System der Elemente mit Ausnahme der beiden leichtesten Elemente H und He. Die Standardinstrumentierung ist alledings so ausgelegt, daß damit nur kompakte bzw. pulverförmige Proben mit geringem Dampfdruck untersucht werden können, da die Messungen unter Hochvakuum bzw. Ultrahochvakuum auszuführen sind. Die untere Analysegrenze hängt vom jeweiligen Element ab und kann mit etwa 1At% angenommen werden.

Anwendungsbeispiele

Im folgenden sei anhand einiger Beispiele die Aussagekraft von XPS und der Stand der Forschung, Ergebnisse und Bedeutung dieses Fachgebietes aufgezeigt.

Segregation von Li in einer binären Al-Li-Legierung

Li (Z=3) repräsentiert das erste Element im Periodensystem, das der Röntgenphotoelektronenspektrometrie zugänglich ist. Aus der Abb. 4 ist das schwache Li1s-Signal neben dem Al2p-Signal zu ersehen. Das Al2p-Signal ist in einen Oxidanteil und in einen Metallanteil aufgespalten. Die Probe wurde bei einer Temperatur von 150 °C wärmebehandelt und das Tiefenprofil der Probenzusammensetzung durch Winkelvariation bestimmt. Die in Abb. 4 ebenfalls dargestellten Tiefenprofile der Konzentration von Li wurden mittels Ausgleichsrechnung aus den Versuchsergebnissen erhalten, wobei der exponentielle Verlauf (Abb. 4; Insert: 3) die Meßergebnisse am besten wiedergibt. Der in Abb. 4 (Insert) mit den Tiefenprofilen gestrichelt eingetragene Verlauf beschreibt die Li-Konzentration der Probe im nichtsegregierten Zustand.

Trotz der hohen Konzentration von 70At% Li an der Oberfläche ist das im Spektrenverlauf gezeigte Li1s-Signal deutlich kleiner als das Al2p-Signal. Dies ist auf den geringen Photoabsorptionswirkungsquerschnitt σ von Li zurückzuführen.

Untersuchung von Tiefenprofilen durch Ar-Ionenabtrag am Beispiel von durch Plasmabeschichtung hergestellten dünnen GeC-Schichten

Es wurden die Signalstärken der Ge3d-, C1s- und O1s-Linien der Proben nach unterschiedlichem Ätzabtrag Abb. 5 (d) in Hinblick auf die Probenzusammensetzung in der jeweiligen Probentiefe ausgewertet. Die Abb. 5 (links) zeigt, daß die Oberflächenzusammensetzung mit jener in der Tiefe der Probe nicht übereinstimmt und sich die Zusammensetzung ab einer Tiefe von rund 10 nm

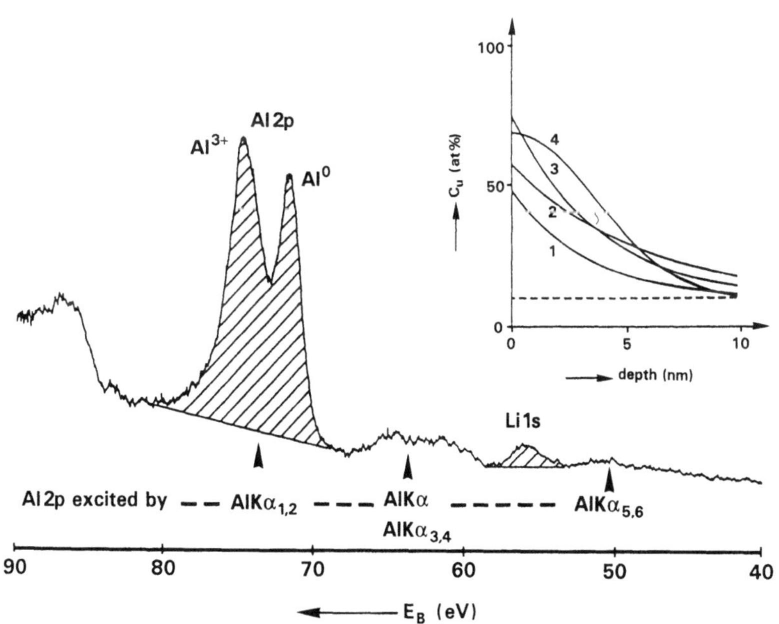

Abb. 4. Al2p- und Li1s-Signale einer binären Al-Li-Legierung nach segregationsbedingter oberflächlicher Anreicherung mit Li. (Ebel et al. 1991)

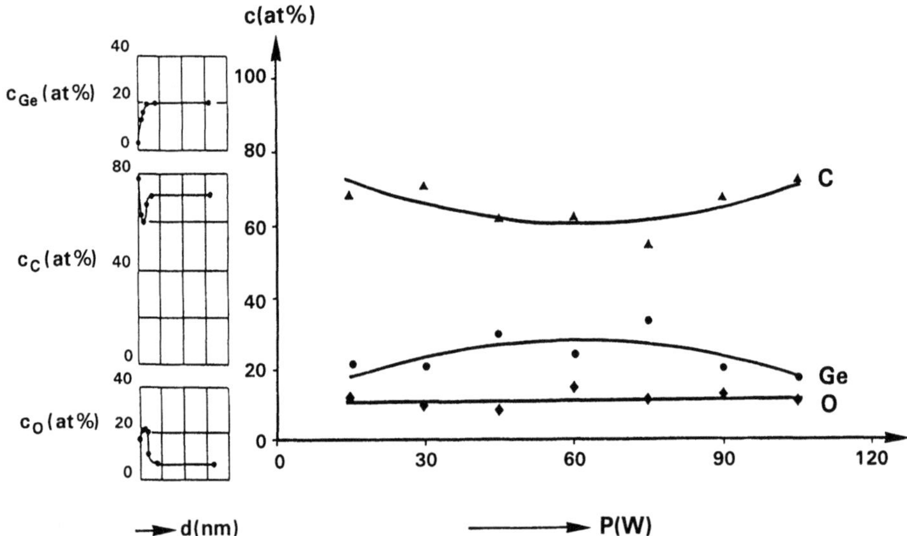

Abb. 5. Durch Ar-Ionenabtragung bestimmter Tiefenverlauf der Probenzusammensetzung einer durch Plasmabeschichtung hergestellten GeC-Schicht (*links*). Abhängigkeit der Gleichgewichtszusammensetzung (entsprechend einem Ätzabtrag von mehr als 10 nm) von der bei der Schichtherstellung verwendeten Plasmaleistung P (*rechts*). (Ebel et al. 1992)

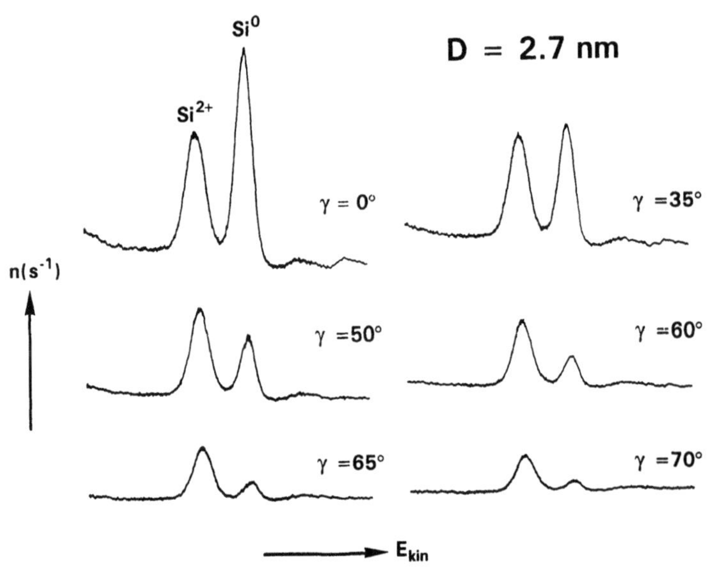

Abb. 6. Unter unterschiedlichen Beobachtungswinkeln γ gemessene Si2p-Spektren einer SiO_2-Schicht von 2.7 nm Dicke auf Si. (Grasserbauer et al. 1986)

nicht mehr ändert. Wird diese Gleichgewichtskonzentration entsprechend Abb. 5 (rechts) in Abhängigkeit von der Plasmaleistung bei der Schichtherstellung aufgetragen, so kann damit gezeigt werden, daß die Plasmaleistung das Verhältnis von Ge/C beeinflußt.

Schichtdickenbestimmung mit der Methode des variablen Beobachtungswinkels am Beispiel einer dünnen SiO_2-Schicht auf einem Si-Wafer

Der Winkel γ zwischen dem Lot auf die Probenoberfläche und der Beobachtungsrichtung der Si2p-Röntgenphotoelektronen wird im Bereich von 0° bis 70° variiert. Die gemessenen Spektren der Abb. 6 zeigen eine deutliche Abnahme des Substratsignals Si^0 und relativ dazu eine Zunah-

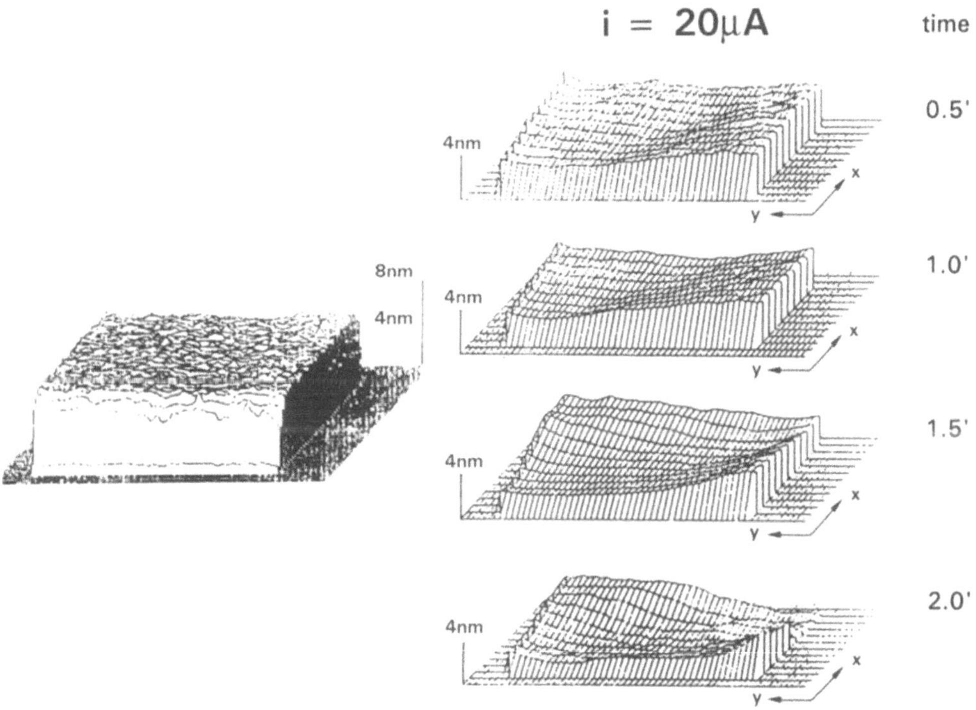

Abb. 7. Mit Hilfe eines abbildenden Röntgenphotoelektronenspektrometers erhaltene Si2p-Schichtbilder von Oxidschichten auf Si-Wafern vor und nach unterschiedlichem Ar-Ionenätzabtrag. (Ebel et al. 1990)

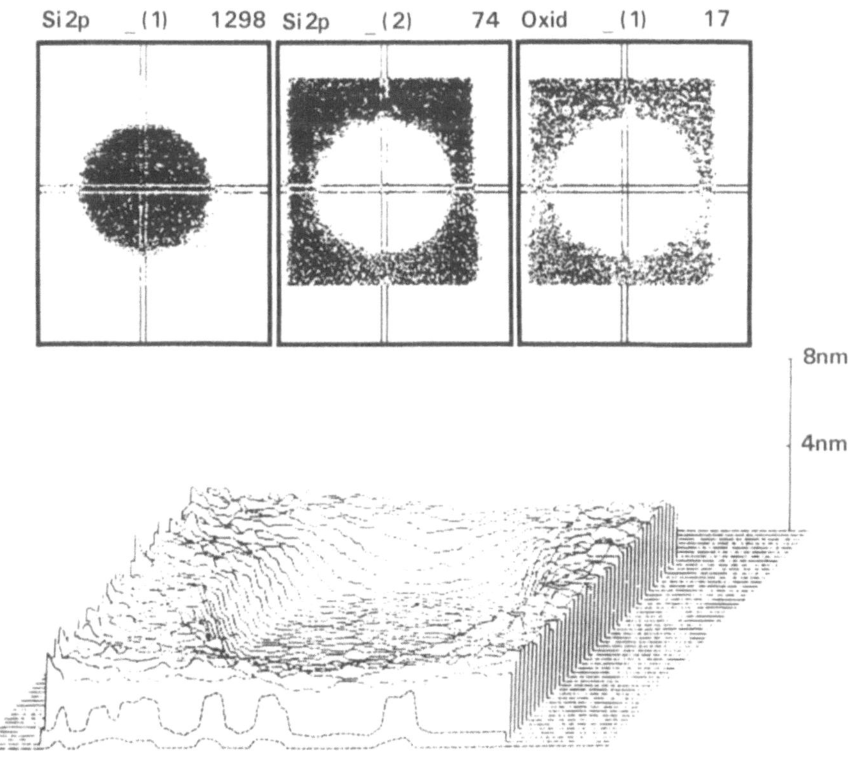

Abb. 8. Si2p- und O1s-Verteilungsbilder und Netzdarstellung der Oxidschicht eines mit einer SiO_2-Schicht bedeckten Si-Wafers nach einer lokalen Ätzung mit Flußsäure. (Ebel et al. 1990)

me des Oxidsignals Si^{2+} aus der Oxidschicht. Die Auswertung der Ergebnisse führt unter Verwendung der inelastischen mittleren freien Weglänge der Photoelektronen (λ) zu einer Oxidschichtdicke, deren Wert sehr gut mit den Ergebnissen ellipsometrischer Messungen übereinstimmt.

Schichtdickenbestimmung mit Hilfe der abbildenden Röntgenphotoelektronenspektrometrie am Beispiel dünner Oxidschichten auf Si-Wafer

In Abb. 7 (links) ist die mit einem abbildenden Röntgenphotoelektronenspektrometer gemessene Oxidschicht von 6.3 nm Dicke dargestellt. Das an der Oberfläche erkennbare Rauschen rührt von der statistischen Signifikanz der Messungen her und kann durch eine Erhöhung der Meßzeit deutlich verringert werden. Die Abb. 7 (rechts) zeigt die nach Ar-Ionenätzung von unterschiedlicher Dauer gefundenen Schichtbilder. Daraus ist deutlich der über eine Probenfläche von 6 mm*6mm uneinheitliche Ätzabtrag zu erkennen. Dieser rührt von der inhomogenen Verteilung der Ionenstromdichte der verwendeten Ar-Ionenkanone her.

In Abb. 8 sind die Ergebnisse der abbildenden Röntgenphotoelektronenspektrometrie wiedergegeben, die von einer Oxidschicht auf einem Si-Wafer erhalten wurden, bei dem die Oxidschicht an einer Stelle durch einen Tropfen Flußsäure abgetragen worden war. In Abb. 8 (oben) ist die laterale Verteilung des Si2p-Signals des Substrats, des Si2p-Signals der Oxidschicht und des O1s-Signals der Oxidschicht gezeigt. Dunkle Stellen stehen für eine hohe Konzentration der jeweiligen Komponente. Aus der quantitativen Analyse in den einzelnen Bildpunkten – Pixelanalyse – läßt sich die Schicht als SiO_2-Schicht identifizieren und darüber hinaus die Schichtdicke, wie sie in der Netzdarstellung zu erkennen ist, berechnen.

Literatur

Broglie M de (1921) Les phenoménes photo-électriques pour les rayons X et les spectres corpusculairs des élements. J Phys 2:265–287

Burger K, Ebel H, Madeja K (1982) The effect of spin states of iron (II) on the XPS of its mixed complexes. J Electron Spectrosc Relat Phenom 28:115–121

Ebel H, Ebel MF, Svagera R, Wernle ME (1990) Imaging XPS. Communications Symposium on Surface Science, La Plagne: 1–10

Ebel H, Ebel MF, Mantler M, Barnegg-Golwig G, Svagera R, Gurker N (1990) Imaging XPS with a hemispherical analyzer and multichannelplate detection. Surface Sci 231:233–239

Ebel H, Ebel MF, Svagera R, Winklmayr E, Varga P (1991) A comparison of two XPS methods for quantification of concentration profiles. J Electron Spectrosc Relat Phenom 57:15–32

Ebel MF, Ebel H, Hirokawa K (1981) Quantitative analysis by X-ray photoelectron spectroscopy without reference samples. Spectrochim Acta 37B/6:461–471

Ebel MF, Ebel H, Mantler M et al. (1992) X-ray analysis of thin $Ge_xC_yO_z$:H films. X-Ray Spectrom 21:137–142

Einstein A (1905) Über einen die Erzeugung und Verwandlung des Lichtes betreffenden heuristischen Gesichtspunkt. Ann Phys 17:132–148

Elster J, Geitel H (1889) Notiz über die Zerstreuung der negativen Electricität durch das Sonnen- und Tageslicht. Ann Phys 38:40–41

Elster J, Geitel H (1889) Über die Entladung negativ electrischer Körper durch das Sonnen- und Tageslicht. Ann Phys 38:497–514

Grasserbauer M, Dudek HJ, Ebel MF (1986) Angewandte Oberflächenanalyse. Springer, Berlin Heidelberg New York Tokyo, S 261–264

Hallwachs W (1888) Über den Einfluß des Lichtes auf elektrostatisch geladene Körper. Wiedemannsche Ann 33:301–312

Hertz H (1888) Ueber den Einfluß des ultravioletten Lichtes auf die electrische Entladung. Wiedemannsche Ann 31:983–1000

Lenard P, Wolf M (1889) Zerstäuben der Körper durch das ultraviolette Licht. Ann Phys 37:443–456

Nordling C, Hagström S, Siegbahn K (1964) Application of electron spectroscopy to chemical analysis. Z Phys 178:433–438

Penn DR (1976) Quantitative chemical analysis by ESCA. J Electron Spectrosc Relat Phenom 9:29–40

Planck M (1900) Ueber irreversible Strahlungsvorgänge. Ann Phys 1:69–122

Planck M (1900) Zur Theorie des Gesetzes der Energieverteilung im Normalspectrum. Verh Dtsch Phys Ges 2:237–245

Reilman RF, Msezane A, Manson ST (1976) Relative intensities in photoelectron spectroscopy of atoms and molecules. J Electron Spectrosc Relat Phenom 8:389–394

Robinson HR, Young CL (1930) The influence of chemical state on critical X-ray absorption frequencies. Phil Mag 10:71–75

Röntgen WK (1895) Über eine neue Art von Strahlen. Sitzungsber Würzburger Physik. Medicin Gesellschaft: 1–12

Scofield JH (1976) Hartree-Slater subshell photoionization cross-sections at 1254 and 1487eV. J Electron Spectrosc Relat Phenom 8: 129–137

Siegbahn K, Nordling C, Fahlmann A et al. (1967) ESCA: Atomic, molecular and solid state structure studied by means of electron spectroscopy. Almqvist & Wiksells, Boktryckeri, Uppsala

Simons L (1921) The beta-ray emission from thin films of the elements exposed to Röntgen rays. Phil Mag 41: 120–140

Steinhardt RG (1950) X-ray photoelectron spectrometer for chemical analysis. Ph D thesis, Lehigh Univ Pa

Steinhardt RG, Serfass EJ (1951) X-ray photoelectron spectrometer for chemical analysis. Anal Chem 23: 1585–1590

Stoletow MA (1888) Sur une sorte de courants électriques, provoqués par les rayons ultra-violets. Compt Rend 106: 1149–1152

Stoletow MA (1888) Sur les courants activo-électriques au travers de l'air. Compt Rend 106: 1593–1595

Stoletow MA (1888) Suite de recherches activo-électriques. Compt Rend 107: 91–92

Thomson JJ (1897) Cathode rays. Phil Mag 44: 293–316

Weiterführende Literatur

Briggs D, Seah MP (1990) Practical surface analysis, vol 1: Auger and X-ray photoelectron spectroscopy. Wiley, Chichester New York Brisbane Toronto Singapore

Moulder F, Stickle WF, Sobol PE, Bomben KD (1992) Handbook of X-ray photoelectron spectroscopy. Perkin Elmer, Eden Prairie

Elektronenstrahlmikroanalyse

Johann Wernisch

Der heutige Stand der Elektronenstrahlmikroanalyse in der mannigfaltigen Anwendung basiert einerseits auf der Entwicklung der Elektronenoptik und andererseits auf der Interpretation der für Analysen heranzuziehenden Röntgenstrahlen. Das Elektronenmikroskop als unentbehrliches Werkzeug der Forschung in der Biologie und Medizin, Physik der Metalle und Metallurgie, in der Forschung der polymeren Stoffe und Chemie wurde nicht als Kunststück entwickelt, wie es so manche Bücher behaupten, und ist im Einsatz mit einem energie- oder/und wellenlängendispersivem Röntgendetektorsystem als „Mikrosonde" zu einem mit eigenen wissenschaftlichen Tagungen versehenen Fachgebiet herangereift. Von der Entdeckung der ersten experimentell erzeugten Leuchterscheinungen bis zum ersten serienmäßig hergestellten Elektronenmikroskop vergingen rund 100 Jahre, und erst in den letzten 40 Jahren ist die Elektronenstrahlmikroanalyse letztlich durch computerunterstützte Verfahren als ein leistungsstarkes Analyseverfahren nicht nur für Mikrobereiche anzusehen. Die historische Entwicklung der Elektronenstrahlmikroanalyse bis zum heutigen Stand der Technik sowohl vom Standpunkt der physikalischen Grundlagen mit besonderer Berücksichtigung der Röntgenstrahlen, als auch vom Standpunkt der Evolution der Instrumentierung kurz darzustellen, ist Ziel dieses Beitrages.

Historischer Überblick

1832 stellt Faraday Versuche mit „luftverdünnten Röhren" an und beobachtet dabei Leuchterscheinungen. Rund 60 Jahre später führt Thomson 1896 die ersten umfangreichen, fundierten und experimentellen Studien an Kathodenstrahlen durch. Hierbei stellt er fest, daß es sich um einen Strahl negativ geladener Teilchen handelt, die er vorschlägt, Elektronen zu nennen. Zwei Jahre zuvor entdeckt der damals 50jährige Röntgen 1895 mittels einer Crookesschen Röhre die später im deutschen Sprachraum nach ihm benannten X-Strahlen. Dies bringt als einzigen finanziellen Nutzen – denn er legte nie Wert auf finanzielle Ausschlachtung seiner Entdeckung, sondern stellte sie sofort der gesamten wissenschaftlichen Forschung zur Verfügung – im Jahre 1901 den Nobelpreis ein. Die erste Röntgenröhre mit Glühkathode entwickelt Coolidge 1913. Dadurch ist erstmals eine unabhängige Einstellmöglichkeit von Röhrenspannung und Röhrenstrom gegeben, die zusammen mit den Weiterentwicklungen der Transformatoren, eine Fülle neuer Anwendungsgebiete eröffnet.

Hier sind vor allem die Elektromedizin und die Röntgendiffraktrometrie zu nennen. Die von de Broglie 1924 eingeführte „Welle-Teilchen – Elektronenbeschreibung" kann als Grundstein für die Elektronenmikroskopie angesehen werden. Mit dem Einbau einer 2. Linse in den Strahlengang des Kathodenstrahls nehmen Knoll u. Ruska (1930) das erste (17fach) vergrößerte Bild eines Gegenstandes mittels Elektronenstrahls auf. Dies ist die Geburtsstunde des Elektronenmikroskops. Mit der Erfindung einer Elektronenmikrosonde begründen Castaing u. Guinier (1949) die Elektronenstrahlmikroanalyse (ESMA). In seiner Doktorarbeit beschreibt Castaing (1951) detailliert das Verfahren der Elektronenstrahlmikroanalyse. Cosslet u. Duncumb (1956) entwickeln die Möglichkeit einer Abrasterung (scanning) der Probenoberfläche. Durch den Einbau des Abrasterungsmechanismus durch Duncumb u. Melford (1959) in den Castaingschen Prototyp entsteht das erste Rasterelektronenmikroskop (REM). Zur Entwicklung von energiedispersiven Röntgendetektoren war die Arbeit von Pell (1962) maßgeblich. In den folgenden Jahren werden viele Halbleitermaterialien (Si, Ge) auf ihre Eigenschaften für Detektoren getestet. Neben der raschen technischen Weiterentwicklung am Gerätesektor wurden auch gleichzeitig die theoretischen Grundlagen zur Analytik verbessert. Green u. Cosslett (1961) liefern Theorien zu Reinelementzählraten und zum Primärintensitätsverhältnis von angeregter zu anregender Strahlung, das für die Berechnung des Fluoreszenzkorrekturfaktors notwendig ist. Dieser wurde von Reed (1965) wesentlich verbessert. Duncumb u. Shields (1963) verbessern die Theorie, die die Umrechnung der Röntgenzählraten in die chemische Zusammensetzung der Probe zum Inhalt haben. Dabei wird das sog. ZAF-Korrekturmodell angewendet. Eine Verbesserung dieses Modells liefern Packwood u. Brown (1981) durch die erste Therapie zur Tiefenverteilungsfunktion, die von Bastin (1984), sowie von Karduck u. Rehbach (1985) verbessert wird. Weitere Beiträge kommen von Pouchou et al. (1980) (Monte-Carlo-Methode), Pouchou u. Pichoir (1984) und durch August u. Wernisch (1990) (Theoretisches Modell, basierend auf fundamentalen Parametern). Eine eichprobenfreie Analytik wird mit Verwendung energiedispersiver Röntgendetektoren erstmals von Wernisch (1985) entwickelt, wobei die einfache Tiefenverteilungsfunktion nach Love et al. (1975) verwendet wird. Neueste Entwicklungen in der ESMA sind in der Quantifizierung dünner Schichten sowie in der Analytik leichter Elemente zu finden.

Abbildungsvermögen des Rasterelektronenmikroskops

Die derzeitige Entwicklungsetappe in der physikalisch-chemischen Analytik von Festkörpern ist gekennzeichnet durch das Bestreben, von immer kleineren Dimensionen chemische, physikalische oder auch morphologische Informationen zu gewinnen. So können z. B. in einem Werkstoff Veränderungen in mikroskopischen Abmessungen bereits von großer technologischer Bedeutung für den Verwendungszweck sein.

Das Abbildungsvermögen einer Oberfläche mittels Lichtmikroskop (LM) ist begrenzt durch die Wellenlänge des verwendeten Lichts. Die Auflösungsgrenze eines Rasterelektronenmikroskops (REM) von 3–10 nm ist um ca. eine Zehnerpotenz besser als die eines LM und um etwas mehr als eine Zehnerpotenz schlechter als die eines Transmissionselektronenmikroskops (TEM). Während beim LM mit zunehmender Vergrößerung die Schärfentiefe stark abnimmt und Oberflächenstrukturen mit einem TEM nur auf dem Umweg über Oberflächenabdrücke abgebildet werden können, läßt sich mittels eines REM jede Oberfläche unmittelbar mit großer Schärfentiefe abbilden (Abb. 1). Das Objekt muß vakuumbeständig und die Oberfläche elektrisch leitend sein. Nichtleitende Objekte müssen mit einer leitenden Schicht (C, Au) belegt werden.

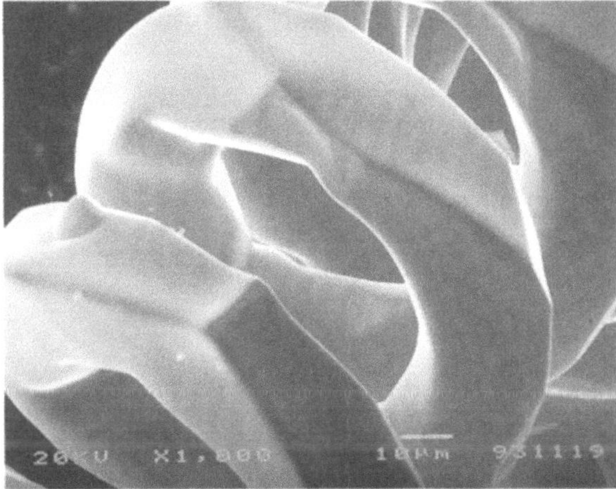

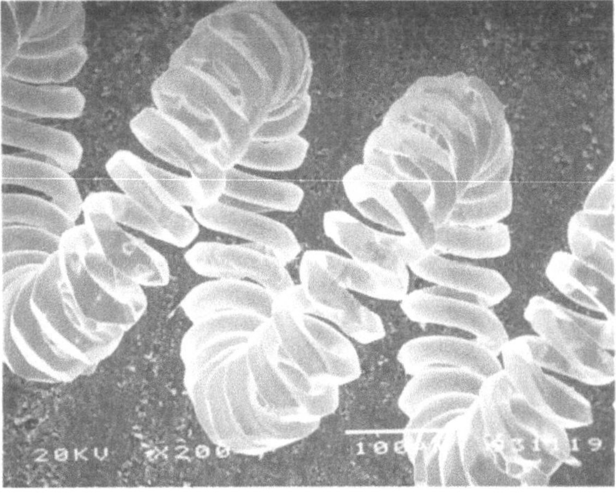

Abb. 1. Drahtwendel einer ausgebrannten Glühlampe bei verschiedenen Vergrößerungen. (*Oben*) 1000fach, (*unten*) 200fach

Wechselwirkungsphänomene von Elektronen

Neben der Topographie eines Festkörpers ist seine chemische Zusammensetzung, sei es an der Oberfläche – wichtig z. B. bei Fragen der Korrosion oder der katalytischen Wirkungen – oder im Inneren von großem Interesse. Vielfach zeigt sich, daß die gestellte Aufgabe nicht allein mit einer Methode gelöst werden kann, sondern daß nacheinander am gleichen Objekt sich ergänzende Untersuchungen durchzuführen sind. Dazu ist es zweckmäßig, die Wechselwirkungsphänomene von Elektronen, Ionen, Photonen und evtl. von Neutralteilchen mit den im speziellen Fall interessierenden Festkörperbereichen zu betrachten (Tabelle 1). Die physikalischen Grundlagen der Elektronenstrahlmikroanalyse (ESMA) bestehen

Tabelle 1. Matrix der Anregungs- und Emissionsprozesse

Anregung	Photonen	Elektronen	Ionen
Emission			
Photonen	Röntgenfluoreszenzanalyse (RFA) Röntgendiffraktiometrie	Elektronenstrahlmikroanalyse (ESMA)	Anregung von Röntgenspektren
Elektronen	Photoelektronenspektrometrie (ESCA, XPS, UPS)	Sekundärelektronen (REM) Energieverlustspektrom (EELS)	Ioneninduzierte Sekundärelektronen
Ionen	Photodesorption von Ionen	Massenspektroskopie	Sekundärionenmassenspektroskopie (SIMS)

aus den zwischen Elektronen und Probenatomen auftretenden Wechselwirkungen.

Folge: Ionisation bzw. Änderung der Parameter der in der Probe eindringenden Elektronen.

Parameter
- Strahlstrom ≠ Probenstrom
- Geschwindigkeit der Primärelektronen (PE)
- Richtungsänderung und Energieverlust der PE

Die mit der Anregung und Ionisation der Probenatome verbundene Emission elektromagnetischer Strahlung und Sekundärelektronen (SE) bzw. Rückstreuelektronen (RE), sowie die Energie- und Bahnänderung der Primärelektronen (PE) ergeben Möglichkeiten für analytische Aussagen über den untersuchten Stoff. Die genaue Kenntnis über Art, Stärke und Ort der Wechselwirkung zwischen Probenatomen und Elektronen ist dafür erforderlich.

Mögliche Wechselwirkungen bei Elektronenbeschuß einer Probe sind:
- Elastische Rückstreuung der Elektronen (RE)
- Auslösung von SE
- Anregung von Schwingungen des Elektronenplasmas
- Anregung thermischer Schwingungen und IR-Strahlung
- Abbremsung der PE und Erzeugung der Röntgenbremsstrahlung
- Ionisation innerer Elektronenniveaus mit Erzeugung von charakteristischer Röntgenstrahlung und von Auger-Elektronen
- Ionisation äußerer Elektronenniveaus mit der Erzeugung von Elektronen-Loch-Paaren und der Erzeugung von Kathodenlumineszenz
- Veränderung des chemischen Bindungszustandes und Erzeugung von Gitterdefekten
- Beugungs- und Interferenzeffekte der Elektronen und der erzeugten Röntgenstrahlen

Topographische Abbildungsmöglichkeiten

Die elastische Streuung der PE bewirkt in der ESMA keine herausragende Information über Art des streuenden Atoms, jedoch für topographische Beobachtungen. Inelastisch gestreute Elektronen (SE) können aufgrund ihrer geringen Energie (< 50 eV) nur aus oberflächennahen Bereichen der Probe stammen. Die Plastizität der RE-Aufnahmen ist im Vergleich zu SE-Aufnahmen wesentlich größer (Abb. 2). Die Trennung der RE von den SE-Elektronen wird durch Anbringen eines Gegenpotentials vor dem Elektronendetektor erzielt.

Während über die SE-Ausbeute keine Aussage über die Zusammensetzung möglich ist, sind über die RE zumindest Aussagen über hohe bzw. niedere Ordnungszahlen der in der Probe vorkommenden Elemente bei gleichzeitiger Untersuchung möglich. Dies beruht auf der Tatsache, daß der Rückstreukoeffizient η der RE im Gegensatz zur Sekundärelektronenausbeute ε der SE ordnungszahlabhängig ist. η nimmt mit steigender Ordnungszahl zu, ε bleibt nahezu konstant. Eine praktische Anwendung ist z. B. im Aufzeigen von Pb-Einschlüssen in einer geätzten Messingprobe gegeben (Abb. 3).

In der SE-Aufnahme sind die Pb-Ausscheidungen kaum erkennbar, in der RE-Aufnahme hingegen erscheinen diese aufgrund des höheren Wertes von η als helle Punkte.

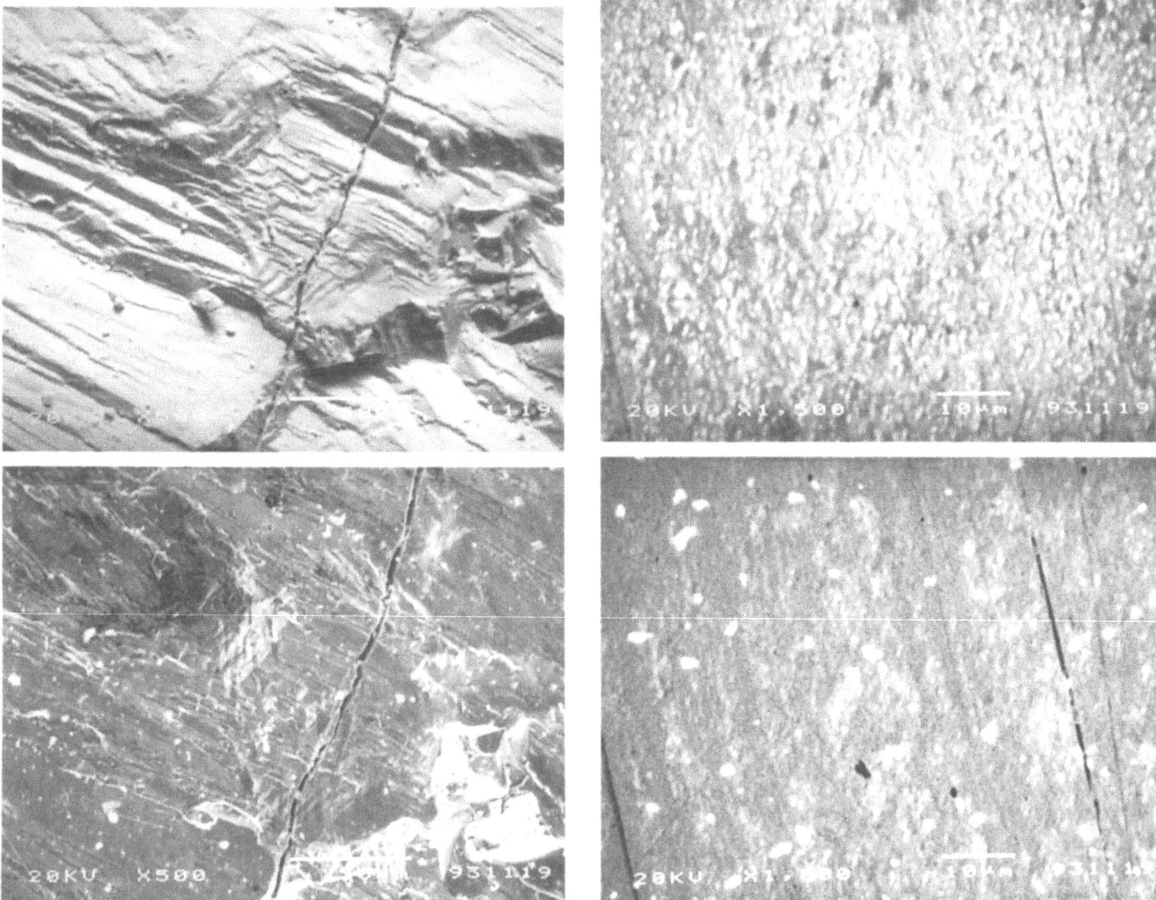

Abb. 2. Bruchfläche eines Cr-Metallstückes. (*Oben*) RE-Aufnahme, (*unten*) SE-Aufnahme

Abb. 3. Geätzte Messingprobe. (*Oben*) SE-Aufnahme, (*unten*) RE-Aufnahme

Reichweite der Primärelektronen

Eine Angabe der Reichweite von PE in einer Probe kann auf der Grundlage der mit wachsender Präparatdicke abnehmenden Zahl transmittierter Elektronen als auch über die Abnahme des Ionisationsvermögens erfolgen. Beide Möglichkeiten führen zu verschiedenen Definitionen und Abhängigkeiten der Reichweiten. Von größerer Bedeutung für die ESMA jedoch sind die effektiven Reichweitenangaben, die sich auf die Schichtdicken bis zum völligen Verlust der kinetischen Energie der Elektronen bzw. bis zum Verlieren des Ionisationsvermögens - d. h. bis keine charakteristische Röntgenstrahlung des in der Probe befindlichen Elements entsteht - beziehen. Die Reichweite der PE nimmt mit zunehmender Ordnungszahl ab und mit zunehmender Beschleunigungsspannung zu, wie auszugsweise auch Tabelle 2 zu entnehmen ist.

Tabelle 2. Reichweite der Primärelektronen. (Nach Goldstein et al. 1981)

Element	Beschleunigungsspannung	
	10 kV	30 kV
Al	1,1	8,3
Cu	0,5 (μm)	2,9 (μm)
Au	0,3	1,7

Verlauf und Verteilung der Elektronenbahnen bzw. Röntgenquanten

Beim Eintritt der PE in die Probe wird das Verhalten der Elektronen durch die Winkelverteilung der Streuung, den Energieverlust sowie durch die mittlere Entfernung zwischen 2 Wech-

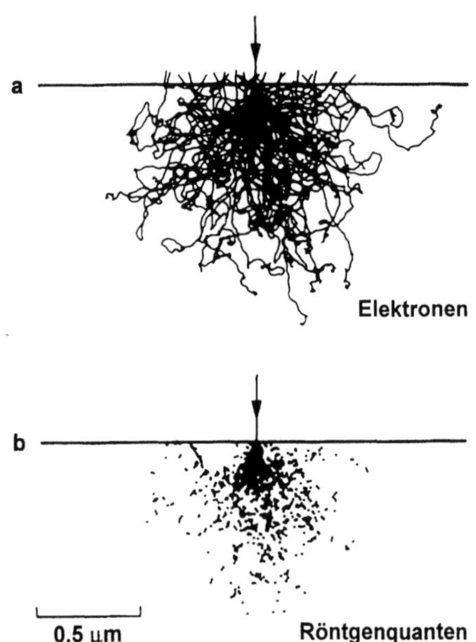

Abb. 4. a 100 Bahnen von 20 keV-Elektronen in Cu, b Verteilung der charakteristischen Röntgenquanten nach Monte-Carlo-Rechnungen. (Reimer u. Pfefferkorn 1977)

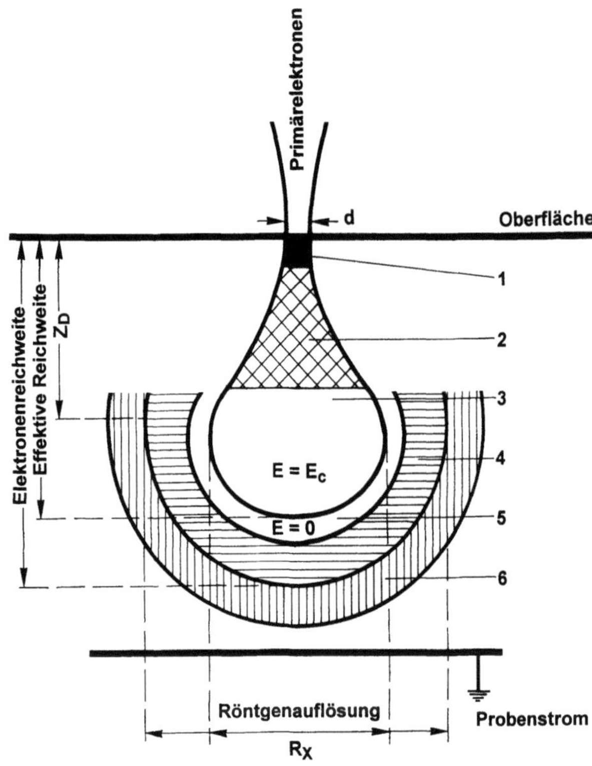

Abb. 5. Schematische Darstellung der Anregungsbereiche für charakteristische Röntgenstrahlung (*3*), Bremsstrahlung (*5*) und Sekundäranregung (*4*), sowie der Austrittsbereich von Sekundär- (*1*) und Rückstreuelektronen (*2*) sowie von Kossel-Interferenzen (*6*)

selwirkungen charakterisiert. Den Verlauf der Elektronenbahnen und die Verteilung der Röntgenquanten, projiziert auf die Zeichenebene, ist Abb. 4 zu entnehmen.

Man sieht, daß die „Diffusionswolke" eine Birnenform aufweist, und ferner, daß die Ausbreitung der „Röntgendiffusionswolke" aufgrund des Ionisationsvermögens der Elektronen geringer ist. Eine schematische Übersicht über die geometrischen Verhältnisse im angeregten Probenbereich zeigt Abb. 5.

Neben der charakteristischen Röntgenstrahlung, der Röntgenbremsstrahlung, sowie der Austrittsbereiche der RE und SE, gibt es Bereiche, wo es zu einer Sekundäranregung kommt. Zusätzlich können die in der Probe erzeugten Röntgenstrahlen unter bestimmten Beugungsbedingungen an interferenzfähigen Netzebenen „reflektiert" werden (Kossel-Interferenzen). Mit dieser Methode können in monokristallinen Partikeln Gitterkonstantenbestimmungen durchgeführt werden. Neben der lateralen Röntgenauflösung R_x, die von den Elementen in der Probe und der Beschleunigungsspannung abhängt und im µm-Bereich liegt, ist die Tiefenverteilung der Erzeugung charakteristischer Röntgenstrahlung bei der quantitativen Analyse von entscheinder Bedeutung. Sie wird durch eine Verteilungsfunktion $\Phi(\varrho z)$ beschrieben (ϱz: Massenbelegung mit ϱ: Dichte, z: Abstand in die Probe). Die Verteilungsfunktion beschreibt die Anzahl der in der Massentiefe ϱz erzeugten charakteristischen Röntgenquanten.

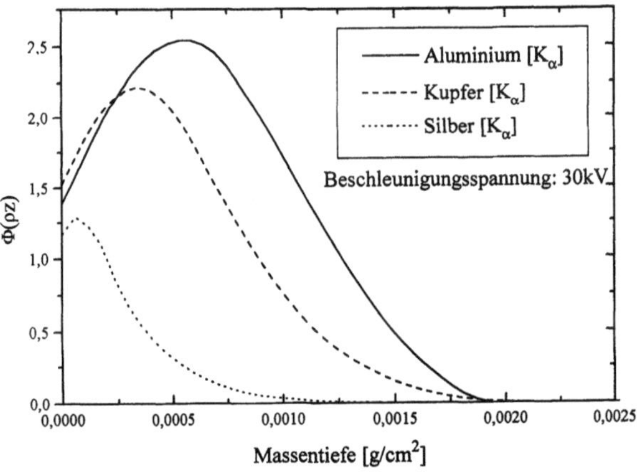

Abb. 6. Röntgentiefenverteilungsfunktion für AlK_α, CuK_α und AgK_α; Beschleunigungsspannung 30 kV. (August u. Wernisch 1990)

Aus Abb. 6 sind die Tiefenverteilungsfunktionen nach August u. Wernisch (1990) für die Elemente Al, Cu und Ag zu ersehen.

Bremsstrahlung

Das emittierte Röntgenspektrum besteht aus einer Überlagerung der kontinuierlichen Bremsstrahlung und des Linienspektrums der charakteristischen Strahlung. Das Kontinuum entsteht durch die Abbremsung der Elektronen im Coulomb-Feld eines Target-Atomkerns. Nach den Gesetzen der Elektrodynamik führt die negative Beschleunigung einer Ladung zur Emission elektromagnetischer Strahlung. Die obere Grenzfrequenz ν_0 bzw. eine untere Grenzwellenlänge λ_0 des Bremsspektrums ergibt sich, wenn die gesamte kinetische Energie $E_0 = e\,U_0$ (e Elementarladung des Elektrons, U_0 Beschleunigungsspannung) des Elektrons in einem einzigen Bremsakt umgewandelt wird. Zwischen Wellenlänge λ und Quantenenergie $E_x = h\nu$ besteht die Beziehung

$$\lambda\,(\mathrm{nm}) = hc/E_x = 1{,}24/E_x\,(\mathrm{keV}). \qquad (1)$$

Die spektrale Häufigkeitsverteilung der Bremsstrahlung - die Anzahl der Quanten in einem Wellenlängenintervall je Zeiteinheit - wird in erster guter Näherung durch Kramers (1923) beschrieben. Die Abb. 7 zeigt schematisch die spektrale Intensität des Röntgenspektrums in Abhängigkeit von E bzw. λ mit überlagerten Linienspektren. Während sich die Absolutintensitäten der Bremsstrahlung proportional zu Z (Ordnungszahl) verhalten, ist der relative Intensitätsverlauf von Z weitgehend unabhängig. Für die Analyse stellt die Bremsstrahlung eine Untergrundstrahlung dar, die bei Konzentrationsbestimmungen berücksichtigt werden muß. Die Größe der Untergrundstrahlung spielt auch bei der Bestimmung der Nachweisgrenze - dem Verhältnis Linie zu Untergrund - eine wesentliche Rolle. Die genaue Kenntnis des Bremsspektrums ist ferner auch in der Röntgenfluoreszenzanalyse erforderlich.

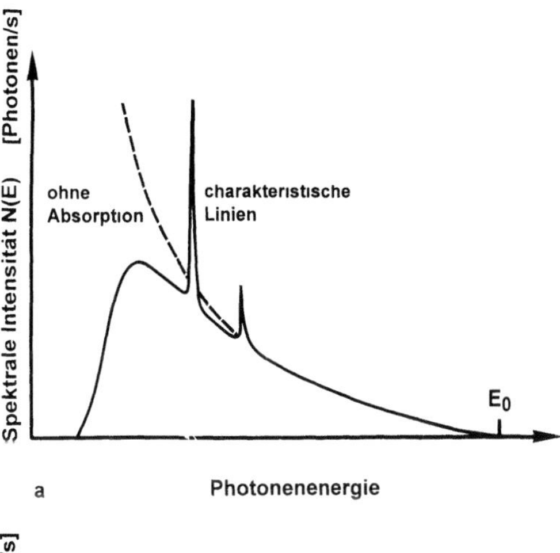

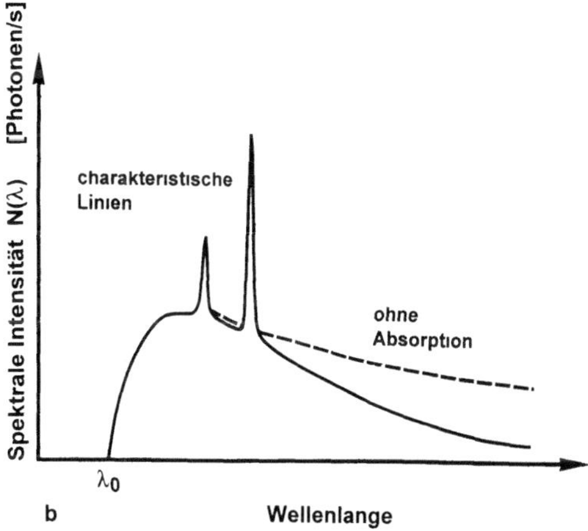

Abb. 7a, b. Spektrale Intensität des Röntgenspektrums in Abhängigkeit der Photonenenergie (**a**) und der Wellenlänge (**b**) mit überlagertem Linienspektrum (schematisch)

Charakteristische Strahlung

Voraussetzung für die Erzeugung charakteristischer Röntgenstrahlung ist die Ionisierung einer inneren Elektronenschale bzw. die Anregung des entsprechenden inneren Röntgenniveaus. Das erfolgt bei der Elektronen- oder Primäranregung durch Elektronenstoßprozesse, bei denen das innere Elektron in eine der unbesetzten äußeren Schalen gehoben oder ganz vom Atom entfernt wird. Dazu muß die Energie E_0 der anregenden Elektronen größer sein als die kritische Anregungs- oder Ionisationsenergie E_c. Sie stellt eine für das Atom und die betreffende Schale charakteristische Energie dar. In der allgemeinen Form beschreibt Moseley (1914) die Beziehung zwischen der Ordnungszahl der emittierenden Atome und der Frequenz bzw. Wellenlänge ihrer charakteristischen Röntgenstrahlung und bildet die Grundlage der Röntgenspektroalanalyse. Für die K_α-Strahlung gilt genahert

$$\lambda = 121/(Z-1)^2 \quad \text{in nm}. \qquad (2)$$

Die Wahrscheinlichkeit für die Ionisation einer Schale durch Elektronenstoß wird durch einen von Z und E_0 abhängigen Ionisationswirkungsquerschnitt beschrieben. Ionisation kann auch durch Photoabsorption energiereicher Photonen erfolgen (Röntgenfluoreszenzanalyse). Die Bezeichnung der wichtigsten charakteristischen Röntgenlinien erfolgt nach Brümmer (1977) anhand des in Abb. 8 wiedergegebenen Diagramms.

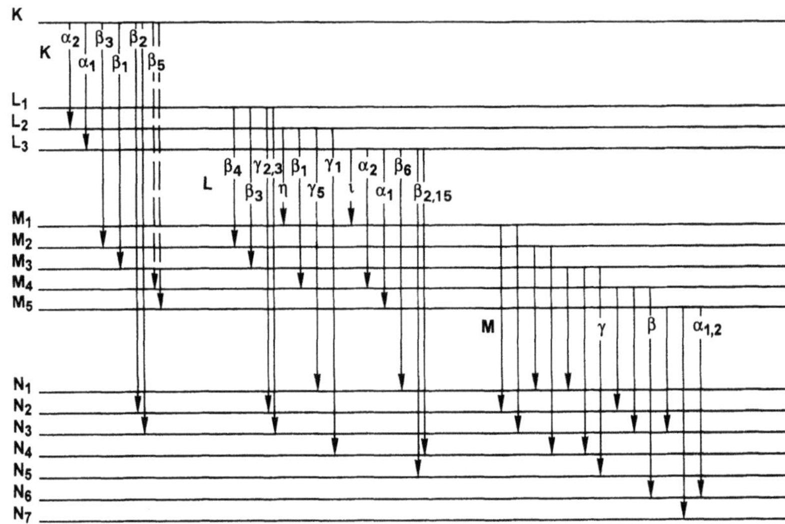

Abb. 8. Röntgenniveaudiagramm: Die wichtigsten erlaubten Röntgenübergänge sind durch *Pfeile* markiert und mit traditionellen Linienbezeichnungen versehen

Methoden der quantitativen Elektronenstrahlmikroanalyse

Für die quantitative Analyse wird i. allg. die charakteristische Röntgenstrahlung der in der Probe enthaltenen Elemente herangezogen. Der Abzug des Untergrundes muß dabei berücksichtigt werden. Die Bestimmung von Konzentrationen kann

1. mit Hilfe von Eichstandards und hyperbolischer Approximation erfolgen. Diese Methode ist besonders bei der Konzentrationsbestimmung einer großen Anzahl von Proben ähnlicher Zusammensetzung vorteilhaft.
2. Mit der Entwicklung des ersten Elektronenstrahlmikroanalysators zeigte Castaing (1951), daß zwischen der Intensität einer charakteristischen Röntgenlinie, die von einer Probe emittiert wird, und der Konzentration des diese Linie emittierenden Elements ein eindeutiger Zusammenhang besteht. Wegen der Schwierigkeiten, die mit absoluten Intensitätsmessungen verbunden sind, schlug Castaing vor, zur Ermittlung von Masseprozenten der in der Probe enthaltenen Elemente die Intensität der von der Probe emittierten charakteristischen Röntgenstrahlung des Elements mit der eines entsprechenden Standards (meist der des Reinelements) unter identischen experimentellen Bedingungen zu vergleichen. Das Verhältnis k der beiden Intensitäten ist ein Maß für die Konzentration und kann in 1. Näherung als solche verwendet werden. Für genauere Aussagen sind jedoch Korrekturen anzubringen, die im wesentlichen folgende Effekte berücksichtigen:
   - die Unterschiede im Abbremsverlauf der einfallenden Elektronen und im Rückstreukoeffizienten für Probe und Standard (Ordnungszahlkorrektur Z),
   - die unterschiedliche Absorption der primär durch den Elektronenstrahl angeregten charakteristischen Strahlung in Probe und Standard (Absorptionskorrektur A),
   - die Sekundärfluoreszenzanregung der charakteristischen Röntgenstrahlung des interessierenden Elements durch die charakteristischen Strahlungen von anderen, im primär angeregten Probenvolumen vorhandenen Elemente bzw. durch den kontinuierlichen Untergrund der Bremsstrahlung (Fluoreszenzkorrektur F).

   Bei der Umrechnung der gemessenen k-Werte in die interessierenden Konzentrationen spricht man daher von der sog. ZAF-Korrektur.
3. Die physikalischen Grundlagen der Korrekturverfahren wurden in der Folge von zahlreichen Autoren, wie bereits im historischen Überblick erwähnt, weiterentwickelt. Daraus entstand als neue Perspektive, Konzentrationsbestimmungen nur mit Hilfe der sog. fundamentalen Parameter bei Kenntnis der Detektoreffizienz durchzuführen. Mit der Weiterentwicklung der PC werden aber auch komplexe Systeme, wie sie im Bereich dünner Schichten vorzufinden sind, lösbar. Aber auch Probleme, wie Überlagerungen und Überlap-

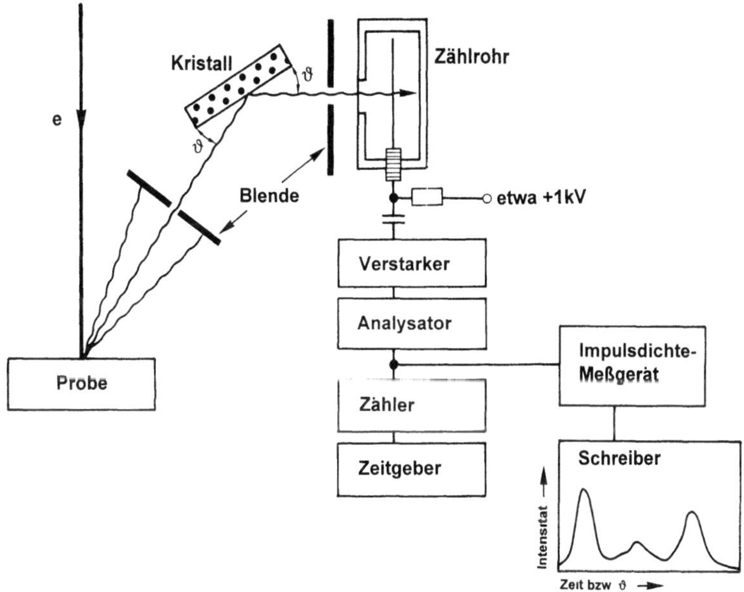

Abb. 9. Prinzipieller Aufbau des wellenlängendispersiven Spektrometers

pungen von Linien, die oft bei einer Analyse hinderlich sein können, können dadurch effektiver und genauer einer Lösung zugeführt werden.

Röntgenspektrometer

Zur Bestimmung der Konzentration eines Elementes in einer Probe benötigt man die Intensität I der Röntgenstrahlung des jeweiligen Elementes. Die Messung erfolgt mit Hilfe von Spektrometern. Messen diese $I(\lambda)$, so heißen diese wellenlängendispersiv (WDS); messen sie $I(E)$, werden sie energiedispersiv (EDS) genannt.

Wellenlängendispersives Spektrometer (WDS)

Die von der Probe zum Kristrall gelangende Röntgenstrahlung kann an den Netzebenen des Kristalls reflektiert werden, wenn deren Abstand d, der Einfallswinkel Θ und die Wellenlänge λ die Bragg-Bedingung (Bragg 1912)

$$n\lambda = 2d \sin \Theta \qquad (3)$$

erfüllen. $n = 1, 2, 3, \ldots$ ist die Ordnung der Beugung. Die reflektierten Quanten gelangen zum Proportionalzählrohr. In diesem erfolgt nicht nur eine Umwandlung in ein energieproportionales Signal, sondern gleichzeitig auch eine interne Verstärkung. Es wird ein von Θ bzw. der Zeit und somit von λ abhängiges Röntgenspektrum erhalten (Abb. 9). Durch geeignete Wahl der Kristalle ist es möglich, Analysen von Elementen mit $Z > 4$ durchzuführen. Der größte Vorteil des WDS liegt im hohen energetischen Auflösungsvermögen von einigen eV, das 1–2 Zehnerpotenzen besser ist als beim EDS. Ein hohes Linien-Untergrund-Verhältnis macht die Korrektur des Untergrundes unkritisch. Bei neueren Geräten besteht außerdem die Möglichkeit, mehrere Elemente gleichzeitig und vollautomatisch zu messen.

Energiedispersives Spektrometer (EDS)

Das EDS ist zweifellos zu den bedeutendsten gerätetechnischen Entwicklungen der Röntgenspektrometrie zu zählen. Der Detektor ist eine in Sperrichtung vorgespannte Silizium-Diode (Si und Li getriftet), die als „Ionisationskammer" angesehen werden kann. Ein Röntgenquant der Energie E wird im Detektor abgebremst. Dabei werden $N = E/\varepsilon$ Elektron-Loch-Paare gebildet ($\varepsilon_{Si} = 3{,}8$ eV). Die Ladungsträger wandern zu den entsprechenden Elektroden. Das Signal wird in einem ladungsempfindlichen Vorverstärker derartig geformt, daß sie vom Vielkanalanalysator verarbeitet werden können (Abb. 10). Am Bildschirm erscheint ein von E abhängiges Röntgenspektrum. Die simultane Erfassung der Röntgenquanten aus einem großen Energiebereich ist ein faszinierender Vorzug dieses Spektrometers. Das EDS ist für schnelle qualitative und quantitative Analysen hervorragend geeignet und erfaßt aufgrund vakuumtechnischer Gründe den Elementbereich für $Z > 11$; mit „fensterlosen" Detektoren

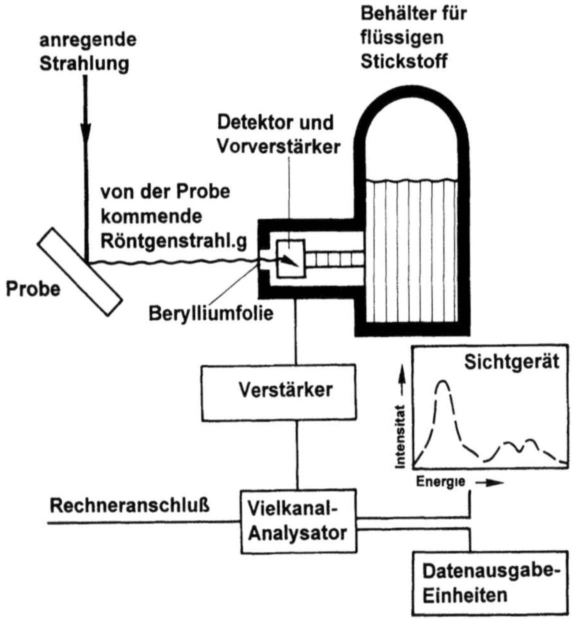

Abb. 10. Prinzipieller Aufbau des energiedispersiven Spektrometers

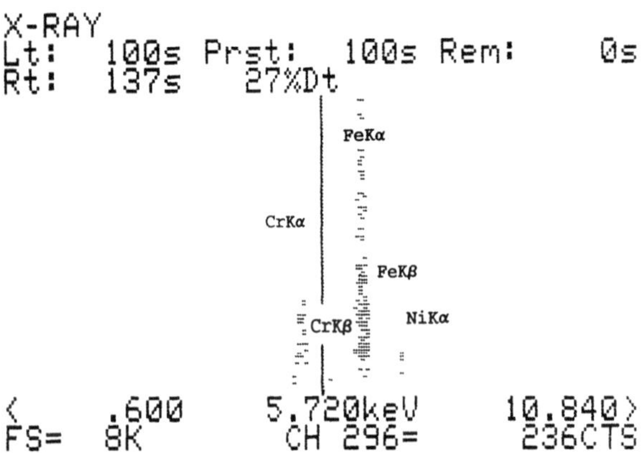

Abb. 11. Mittels EDS-System aufgenommenes Röntgenspektrum eines 18/8-Stahls

können auch die leichten Elemente erfaßt werden. Für höherenergetische Strahlung werden auch Ge-Halbleiterdetektoren eingesetzt. Das energetische Auflösungsvermögen, das sich mit steigender Energie verschlechtert, bringt oft sowohl bei der qualitativen als auch quantitativen Analyse Probleme mit sich, da durch die Überlappung der einzelnen Linien insbesondere die für eine quantitative Analyse erforderliche integrale Auftrennung nur ungenau erzielt werden kann. Ein Nachteil bei diesem System ist darin zu sehen, daß die Detektoreinheit permanent mit flüssigem Stickstoff zu kühlen ist. In Abb. 11 ist ein typisches mittels EDS aufgenommenes Röntgenspektrum eines 18/8-Stahls mit ca. 18 Gew.% Cr und 8 Gw.% Ni zu sehen. Eine geringe Anwesenheit von Mn (die MnKα-Linie liegt im CrK$_\beta$-Bereich) wäre mit dieser Methode kaum nachzuweisen, da das Auflösungsvermögen des EDS von ca. 140 eV zu gering ist. Die Anschaffungskosten eines EDS einschließlich Auswerteeinheiten ist denen eines vollfokussierenden WDS vergleichbar.

Anwendungen

Neben den topographischen Vorzügen, die mit einem REM erzielt werden können, werden mit Hilfe eines an ein REM adaptierten Röntgenspektrometers Möglichkeiten geschaffen, die für Untersuchungen im Mikrobereich hervorragende Ergebnisse erwarten lassen. Der Einsatz ist sehr mannigfaltig und überstreicht werkstoffkundliche Untersuchungen, Korrosionsvorgänge, Analysen bezüglich Entmischungen in Werkstoffen und Korngrenzenausscheidungen, sowie Untersuchungen an Sintermaterialien. Daneben können aufgrund der geringen Eintrittstiefe der Elektronen die Dicke und Zusammensetzung dünner Schichten bei oberflächlich behandelten Werkstoffen untersucht werden. Ein großes Anwendungsgebiet liegt im Bereich biologischer Materialien, sei es mittels der beschriebenen Technologie oder aber im Transmissionsmodus und EDS-System.

In Abb. 12 soll ein Anwendungsbeispiel des Si-(Li)-Detektors dargestellt werden. An einer Larvikit-Gesteinsprobe wird mit dem beschriebenen Rasterverfahren unter Verwendung des charakteristischen Röntgensignals eines Elements eine flächenhafte Verteilung der analysierten Elemente gezeigt. Die hellen, durch weiße Punkte angereicherten Bereiche beinhalten je nach Helligkeit eine Anreicherung des angegebenen Elementes.

▶

Abb. 12a–h. Larvakit-Gestein mit Fe-Ti-Oxideinschlüssen. (**a**) RE-Aufnahme eines Oxidkornes mit Umgebung aus Feldspat und Glimmer; Abbildung der Elementverteilung mittels der (**b**) Si-, (**c**) K-, (**d**) Fe-, (**e**) Ti- und (**f**) Ca-Röntgen-K$_\alpha$-Linie. (**g**) und (**h**) Entmischungslamellen des Oxidkorns aus einer Fe- und Ti-reichen Phase mit den Verteilungen des Fe und Ti längs der geraden Abtastlinie. (Reimer u. Pfefferkorn (1977)

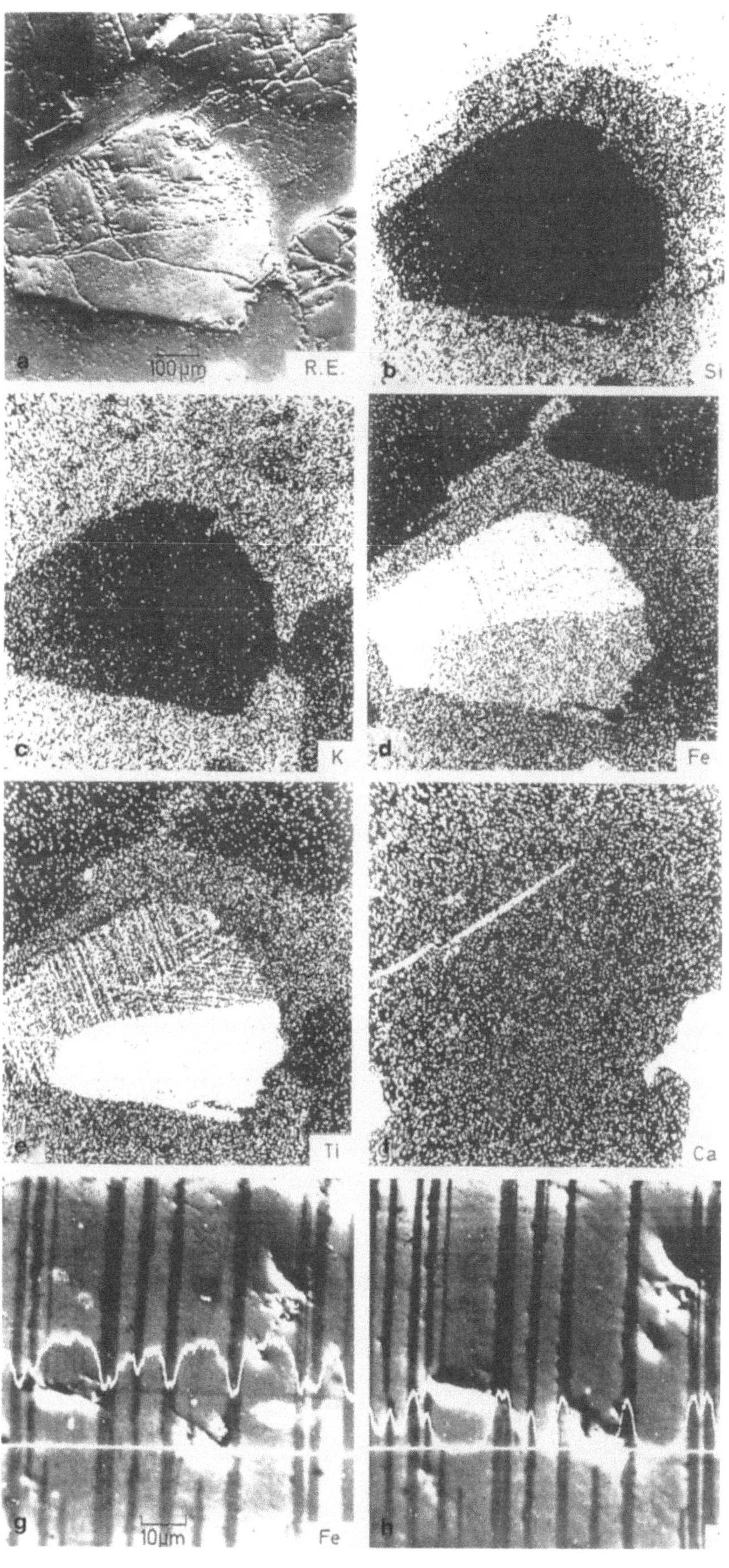
a
100 µm
R.E.
b
Si
c
K
d
Fe
e
Ti
f
Ca
g
10 µm
Fe
h

Literatur

August HJ, Wernisch J (1990) Calculation of depth distribution functions for characteristic X-radiation using an electron scattering model. X-Ray Spectrom 20:131-140

Bastin GF, van Loo FJJ, Heijligers HJM (1984) Evaluation of the use of Gaussian $\Phi(\varrho z)$ curves in quantitative electron probe microanalysis: a new optimization. X-Ray Spectrom 13/2:91-97

Bragg WL (1912) The diffraction of short electromagn. waves by a crystal. Phil Soc Proc 17:43-57

Broglie Lde (1924) On the definition of the correspondence between wafe and motion. Phil Mag 47:446

Brümmer O (1977) Mikroanalyse mit Elektronen- und Ionensonden. VEB Deutscher Verlag für Grundstoffindustrie, Leipzig, S 39

Castaing R (1951) Thèse de doctorat-Paris, Publication O.N.E.R.A No. 55

Castaing R, Guinier A (1949) Proceedings of the Conference on Electron Microscopy, Delft

Cosslett VE, Duncumb P (1956) Microanalysis by a flying-spot X-ray method. Nature 177:1172

Coolidge WD (1913) Powerful Röntgen-ray tube with a pure electron discharge. Phys Rev 2/2:409-30

Duncumb P, Melford DA (1959) Proceedings of the second intern Symp. on X-Ray Microsc. and X-Ray Microanal. Stockholm 1959

Duncumb P, Shields PK (1963) The present state of quantitative X-ray microanalysis I: Physical basis. Br J Appl Phys 14/10:617-25

Faraday M (1832) Experimentaluntersuchungen über Elektricität. Phil Transact 1832 (Reihe 1, 2) Oettingen AJ v (Hrsg), Ostw Class Nr 81:96, Leipzig 1896

Green M, Cosslett VE (1961) The efficency of production of characteristic X-radiation in thick targets of a pure element. Proc Phys Soc (GB) 78/6i:1206-14

Karduck P, Rehbach W (1985) Experimental determination of the depth distribution of X-ray production $\Phi(\varrho z)$ for X-ray energies below 1 keV. Microchim Acta 11:289-297

Knoll M, Ruska E (1932) Geometric electron optics. Z Phys 78:318

Love G, Cox MG, Scott VD (1975) Assessment of Philibert's absorptons correction models in electron-probe microanalysis. J Phys D 8:1686-1702

Moseley HGJ (1914) The high-frequency spectra of the elements. Phil Mag 27:703

Packwood RH, Brown JD (1981) A Gaussian expression to describe $\Phi(\varrho z)$ curves for quantitative electron probe microanalysis. X-Ray Spectrom 10:138

Pell EM (1960) Effect of Li-B Ion pairing on Li^+ ion drift in Si. J Appl Phys 31:1675

Pouchou JL, Pichoir F, Girard F (1980) Application de la methode de Monte-Carlo a L'analyse X de couches in ces deposees sur substrat. J Microscop Electron 5:425

Pouchou JL, Pichoir F (1984) Un nouveau modèle de calcül pour la microanalyse quantitative par spectrometric de rayons X. Rech Aerosp 3:167-192

Reed SJB (1965) Characteristic fluorescence corrections in electron-probe microanalysis. Br J Appl Phys 16:913

Reimer L, Pfefferkorn G (1977) Rasterelektronenmikroskopie, 2. Aufl. Springer, Berlin Heidelberg New York, S 32. 197-198

Röntgen WC (1895) Ueber eine neue Art von Strahlen. Sitzber Würzb Med-Phys Ges 137-141

Thomson JJ (1896) On the nature of the Röntgen rays. Sill J (4) 2:381-390

Thomson JJ (1896) Longitudinal electric waves and Röntgen's X rays. Cambridge Proc 9/2:49-61

Wernisch J (1985) Quantitative electron microprobe analysis without standard samples. X-Ray Spectrom 14/3:109-119

Röntgenstrahlen als Sonde zur Untersuchung dünner Schichten

Siegfried Steeb und Peter Lamparter

Einleitung

In der modernen Technik gewinnen dünne Schichten zur Verspiegelung, Oberflächenvergütung, als Antireflexschicht und bei der Herstellung von Miniaturbauteilen immer mehr an Bedeutung. In diesem Zusammenhang sind vor allem auch zu nennen elektronische Bauelemente für die elektronische Datenverarbeitung, Sensoren, Antriebselemente, Festkörperlaser, Infrarotdetektoren, magnetooptische Speicher etc. Bei derartigen Bauteilen spielen stets dünne, auf einkristallinem Material aufgebrachte Materialschichten eine große Rolle. Es besteht daher ein Bedarf an Methoden, mit denen der atomare Aufbau solcher Schichten sowie deren Dicke, Dichte und Rauhigkeit untersucht werden können.

Der atomare Aufbau der Materie wird mit Beugungsmethoden erforscht, für die neben Röntgenstrahlen auch Neutronen- und Elektronenstrahlen zur Verfügung stehen. Das Beugungsbild hebt sich am stärksten gegen den Untergrund ab, wenn die untersuchte Probe die sog. optimale Schichtdicke besitzt, für die unabhängig von der Strahlenart

$$\text{optimale Dicke} = 1/\text{Absorptionskoeffizient} \quad (1)$$

gilt. Daraus folgt für Elektronenstrahlen eine optimale Dicke von etwa $5 \cdot 10^{-8}$ m (= 50 nm), für Röntgenstrahlen eine solche von etwa $10 \cdot 10^{-6}$ m und für Neutronenstrahlen eine solche von etwa 10^{-2} m. Demnach wären Elektronenstrahlen optimal geeignet zur Untersuchung dünner Filme mit einer Dicke von etwa 50 nm. Da diese jedoch auf einem festen Substrat aufgebracht sind, kommen nur Reflexionselektronenbeugungsuntersuchungen in Frage, die jedoch mit der hier erforderlichen Präzision nicht durchführbar sind. Außerdem besteht der Wunsch nach einer großflächigen Untersuchungsmethode, die Probenflächen von mehreren Quadratzentimetern erfaßt.

Diese Tatbestände haben dazu geführt, daß in den letzten Jahren verschiedene röntgenographische Verfahren zur Bestimmung von Struktur, Dichte, Dicke, Rauhigkeit und Gitterfehlanpassungen von Einfach- und Mehrfachschichten entwickelt wurden, über die nachfolgend berichtet wird. Ebenfalls behandelt wird die damit eng verknüpfte Methode der Totalreflexions-Röntgenfluoreszenz-Analyse und die Röntgenfluoreszenzanalyse von Fremdatomen, welche durch stehende Wellen angeregt werden. Bei den genannten Methoden werden neben den klassischen Röntgenstrahlungsquellen in bestimmten Fällen auch die intensiven und kontinuierlich auf bestimmte Wellenlängen abstimmbaren Röntgenstrahlen aus Synchrotronstrahlungsquellen eingesetzt. Die zu besprechenden neuen Verfahren besitzen für Forschung, Entwicklung und Qualitätskontrolle erhebliche Bedeutung.

Physikalische Grundlagen

Fällt ein Röntgenstrahl auf Materie, dann wird er gebrochen, gespiegelt und gebeugt. Außerdem kann er sekundäre Röntgenstrahlung erzeugen. Die Abb. 1 (oben) veranschaulicht den Fall der Brechung, welche bei Röntgenstrahlung beim Übergang von Luft in feste Materie vom Oberflächenlot weg erfolgt, weil der Brechungsindex $n < 1$ ist. Für Materie gegenüber Röntgenstrahlen der Wellenlänge λ gilt

$$n = 1 - \delta - i\beta, \quad (2)$$

$$\beta = \frac{\lambda}{4\pi}\mu(\lambda, Z),$$

δ = const. ϱ Z,
μ = Absorptionskoeffizient,
ϱ = makroskopische Dichte,
Z = Ordnungszahl.

Es gibt den sog. Grenzwinkel α_g für Totalreflexion. Ein unter diesem Winkel einfallender Röntgenstrahl wird parallel zur Oberfläche hin abgelenkt. Wird unter einem kleineren Winkel eingestrahlt (vgl. Abb. 1 Mitte), dann beobachtet man

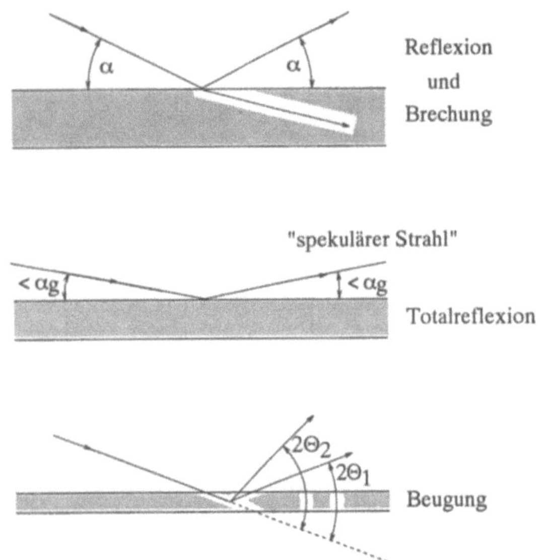

Abb. 1. Erscheinungen beim Auftreffen von Röntgenstrahlung auf eine Probe. (*Oben*) Brechung und Reflexion, (*Mitte*) Totalreflexion, (*unten*) Beugung

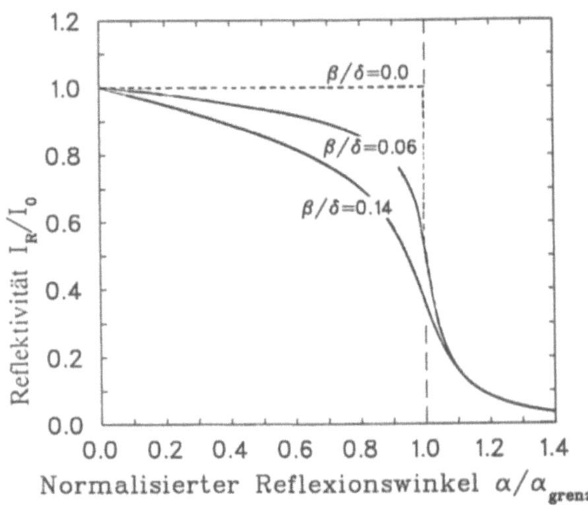

Abb. 2. Theoretisch berechnete Reflexionskurve für verschiedene Werte von β/δ prop. μ/ϱ. (Nach Ender 1991)

einen total reflektierten, sog. spekulären Strahl. Für den Grenzwinkel α_g der Totalreflexion gilt:

$$\alpha_g = \sqrt{r_o \varrho_{e^-} \lambda^2/\pi}. \tag{3}$$

r_o = Elektronenradius,
ϱ_{e^-} = Elektronendichte,
λ = Wellenlänge.

Typische Werte für α_g liegen bei wenigen Zehntel Grad. Zum Beispiel beträgt nach Ender (1991) für eine Wellenlänge von 2,29 Å der Grenzwinkel bei Gold 0,810°, bei Nickel 0,600° und für Silizium 0,329°. Für den Fall der Totalreflexion ist die gesamte eingestrahlte Intensität auf eine sehr dünne Oberflächenschicht konzentriert. Diese beträgt nach Schuster u. Göbel (1987) für Chrom-Kα-Strahlung in einer Siliziumprobe nur 3 nm. Die flache Einstrahlung ist daher sehr geeignet für die Methoden der Dünnschichtröntgenfluoreszenz, der Beugung bei streifendem Einfall und der Reflektometrie.

In Abb. 2 ist das Verhältnis I_R/I_o der reflektierten Intensität I_R zur eingestrahlten Intensität I_o über dem auf den Grenzwinkel der Totalreflexion α_{grenz} bezogenen Reflexionswinkel α (normalisierter Reflexionswinkel) dargestellt. Das Verhältnis I_R/I_o ist die sog. Reflektivität. Der Parameter β/δ ist (vgl. Gl. 2) proportional zu den Massenschwächungskoeffizienten μ/ϱ. Für Absorption Null ergibt sich die gestrichelt eingezeichnete Stufenfunktion, aus welcher der Wert $\alpha = \alpha_{grenz}$ sehr genau bestimmt werden kann. Die Bestimmung von α_{grenz} wird mit steigendem μ/ϱ-Wert immer ungenauer.

Wie in Abb. 1 (unten) angedeutet, treten bei der Beugung monochromatischer Röntgenstrahlen an vielkristallinen Schichten abgebeugte Strahlen unter den Winkeln $2\Theta_1, 2\Theta_2$ usw. gegenüber dem Primärstrahl auf.

Der Zusammenhang zwischen den Netzebenenabständen d eines kristallinen Gitters, den Beugungswinkeln 2Θ und der Wellenlänge λ wird beschrieben durch die Bragg-Gleichung (Bragg 1913)

$$\lambda = 2d \sin \Theta. \tag{4}$$

Totalreflexions-Röntgenfluoreszenz-Analyse

Bei der Totalreflexions-Röntgenfluoreszenz-Analyse (TRFA) handelt es sich um eine Methode zur qualitativen und quantitativen chemischen Analyse geringster Probenmengen, wie sie sich z. B. auf einer ebenen Siliziumunterlage befinden können. Die in Abb. 3 schematisch skizzierte Methode geht auf Yoneda et al. (1971) zurück. Der von der Anode der Röntgenröhre ausgehende primäre Röntgenstrahl wird durch zweimalige Reflexion an Reflektorkristallen eng begrenzt und unter dem Grenzwinkel der Totalreflexion auf das Probenmaterial geführt, welches sich als dünner Niederschlag auf dem Siliziumträger befindet. Die im Probenmaterial angeregte Röntgenfluoreszenzstrahlung wird mit einem Si(Li)-Halbleiterdetektor erfaßt und mit nachgeschalteter Elektronik quantitativ ausgewertet. Die Nachweisgrenze M_{grenz} – das ist die Masse, welche

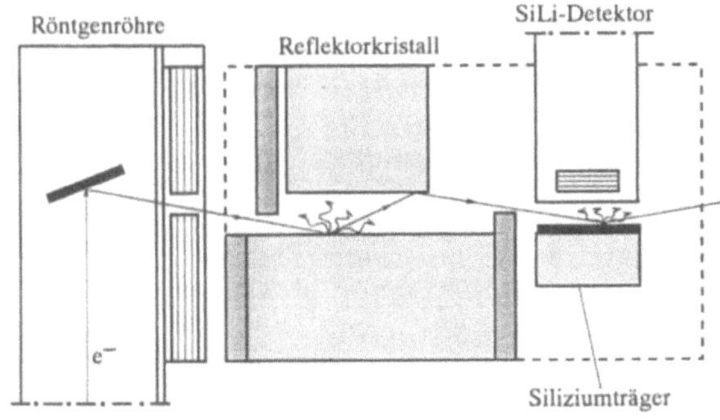

Abb. 3. TRFA. Strahlengang (schematisch). (Nach Prange 1987)

Tabelle 1. TRFA. Nachweisgrenze M_{grenz} für verschiedene Elemente, charakterisiert durch deren Ordnungszahl (1 pg $\triangleq 10^{-12}$ g)

M_{grenz} [pg]	Ordnungszahl (Element)		
> 100	11 (Na)	12 (Mg)	
30 ÷ 100	13 (Al)	14 (Si)	
10 ÷ 30	15 (P)	16 (S)	44 ÷ 46
	93 (Np)	94 (Pu)	
5 ÷ 10	17 (Cl)	39 ÷ 43	47 ÷ 52
	65 ÷ 75	88 ÷ 92	
< 5	18 ÷ 38	53 ÷ 64	76 ÷ 83

mindestens benötigt wird, um ein meßbares Signal zu erhalten – hängt ab von dem zu untersuchenden Element und wird angegeben in Pikogramm (pg).
Dabei gilt 1 pg $\triangleq 10^{-12}$ Gramm. Für M_{grenz} gilt

$$M_{grenz} = 3 \frac{M}{P} \sqrt{\frac{B}{T}}, \tag{5}$$

M_{grenz} = Minimal nachweisbare Masse,
M = Masse der Probe,
P = Nettoimpulsrate (Zahl der Impulse/Meßzeit),
B = Impulsrate des Untergrunds (Zahl der Impulse/Meßzeit),
T = Meßzeit.

Die nach Gl. (5) ermittelten Werte für M_{grenz} sind in Tabelle 1 für verschiedene Elemente aufgelistet. Die TRFA findet Anwendung bei der Untersuchung von verunreinigten Siliziumwafern, von Halbleiteroberflächen, von Oxidschichten, von Spurenelementen in Ölen und Fetten sowie in der Wasser- und der Blutanalytik.

Röntgenfluoreszenzanalyse einzelner Atome, erzeugt durch eine stehende Welle

Diese Methode erlaubt es, die Position eines in einem Metallgitter gelösten Atomes zu bestimmen, und zwar durch Messung der von ihm ausgehenden Röntgenfluoreszenzstrahlung. Sie geht zurück auf Batterman (1969) und beruht auf der Tatsache, daß bei der Beugung eines Röntgenstrahls an einem perfekten Kristall sich dort durch Wechselwirkung zwischen Primärstrahl und abgebeugtem Strahl eine stehende Welle mit Intensitätsmaxima und Intensitätsknoten der Intensität Null ausbildet. Dieser Effekt wurde theoretisch in der dynamischen Theorie des Zweistrahlfalles (Laue 1960) behandelt und ergab Knotenebenenabstände, die mit den Abständen der abbeugenden Netzebenen übereinstimmen.
Von Golovchenko et al. (1974) wurde das von Batterman (1969) angegebene Verfahren weiterentwickelt und der aus Abb. 4 ersichtliche experimentelle Aufbau beschrieben. Die primäre Mo-Kα-Strahlung wird an einem Siliziumkristall (Kristall 1) monochromatisiert. Parallel zu diesem Monochromator befindet sich die Probe (Kristall 2), z. B. eine mit Arsen dotierte Siliziumscheibe. Mittels eines Szintillationszählrohres wird die abgebeugte Strahlung, z. B. die (220)-Siliziumbeugungslinie, registriert. Mit einem oberhalb der Probenebene angeordneten Halbleiterdetektor [Si(Li)-Detektor] wird die Fluoreszenzstrahlung des Arsens gemessen. Beim langsamen Drehen des Probenkristalls um eine senkrecht zur Zeichenebene stehende Drehachse wird von kleinen zu großen Θ-Werten übergehend die Position der (220)-Linie durchlaufen (s. Abb. 5a). Dabei sinkt die Intensität der Arsenfluoreszenzstrahlung von ihrem Mittelwert ausgehend zunächst ab (s. Abb. 5b), durchläuft beim exakten Θ-Wert (Drehwinkel Null) einen Wendepunkt und fällt dann nach Erreichen eines Maximalwertes wieder auf den Mittelwert ab.

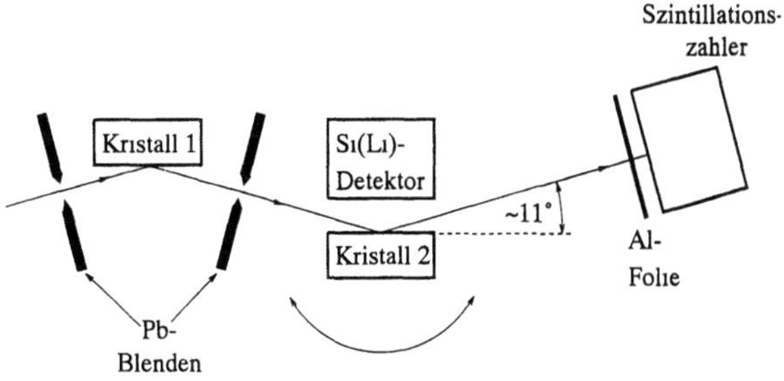

Abb. 4. Experimentelle Anordnung der Methode der stehenden Wellen. (Nach Golovchenko et al. 1974)

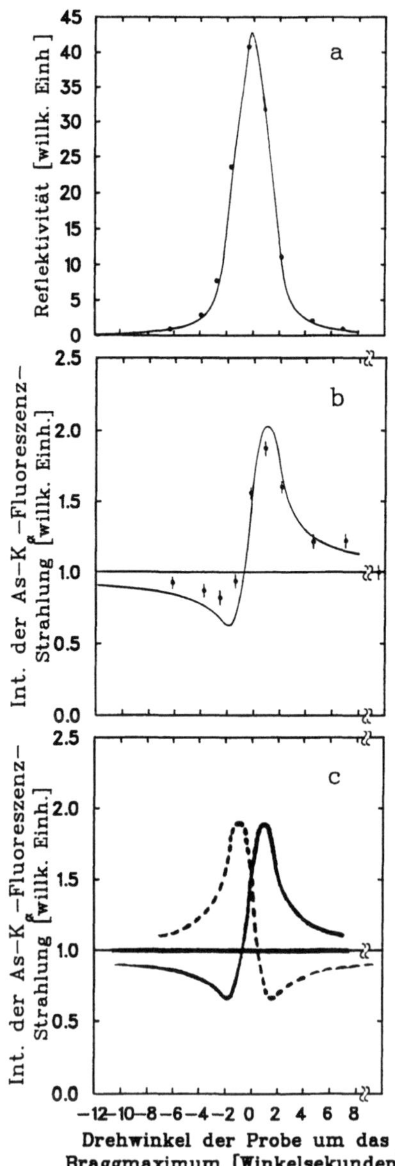

Abb. 5a–c. Methode der stehenden Wellen. (Nach Golovchenko et al. 1974). **a** Rocking-Kurve des (200) Reflexes (Anzeige des Szintillationszählers von Abb. 4). **b** Intensität der As-Kα-Fluoreszenzstrahlung. Experimentelles Ergebnis. **c** Intensität der As-Kα-Fluoreszenzstrahlung. Theoretische Erwartung (—— Arsenatome in der Siliziumatomebene; --- Arsenatome zwischen den Siliziumatomebenen)

Von Golovchenko et al. (1974) wurde theoretisch gezeigt, daß ein solcher Intensitätsverlauf dann zu erwarten ist, wenn die Arsenatome in den (220)-Siliziumebenen liegen.

Die Abb. 5c zeigt zum Vergleich außerdem noch (gestrichelt) den Verlauf der Fluoreszenzintensität für den Fall, daß sich die Arsenatome nicht *auf*, sondern *zwischen* den mit Siliziumatomen belegten Ebenen befinden.

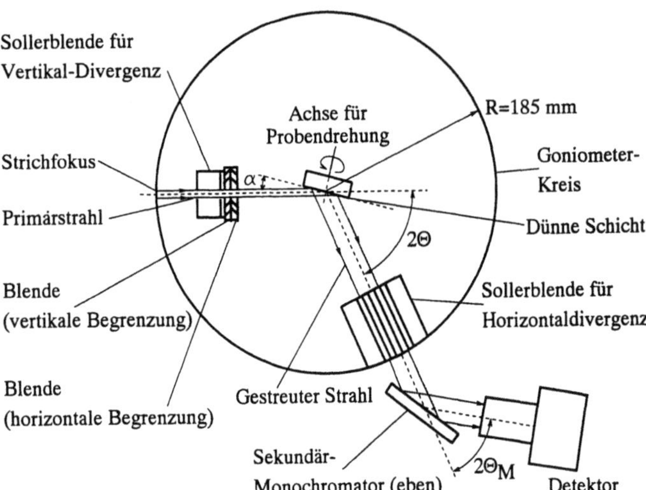

Abb. 6. Beugung unter streifendem Einfall. Strahlengang schematisch

Eine interessante Anwendung dieser Methode zur Lokalisation von elektrolytisch auf einer oxidierten Kupferfläche niedergeschlagenen Bleiatomen findet sich bei Zegenhagen u. Materlik (1993).

Röntgenbeugung unter streifendem Einfall

Die Abb. 6 zeigt schematisch eine Meßanordnung für Beugungsuntersuchungen unter streifendem Einfall. Ein Röntgenstrahl mit strichförmigem Querschnitt wird unter einem flachen Einstrahlwinkel von 0,2°–5° auf die Probenoberfläche gerichtet, wodurch der zu untersuchende dünne Film im Röntgenstrahl schwimmt. Der Winkel 2Θ wird experimentell dadurch sehr genau definiert, daß sich auf der Sekundärseite eine Sollerblende befindet, die praktisch nur Parallelstrahlung erfaßt. Die Wellenlänge λ wird durch den Sekundärmonochromator festgelegt. Bei der Messung bleiben der Primärstrahl und die Probe fest. Der Detektorarm mit aufgesetztem Kollimator und Sekundärmonochromator tastet den 2Θ-Bereich ab.

Mit dieser Methode kann Röntgenstrahlbeugung an dünnen Schichten mit einer Dicke von 10–20 nm bei gutem Signal-Rausch-Verhältnis betrieben werden. Konventionelle Goniometer können durch einen entsprechenden Zusatz zu einer solchen Beugungseinrichtung für streifenden Einfall umgerüstet werden. Die Abb. 7 belegt, daß mit einem Zusatz für streifenden Einfall mit Chromstrahlung das Beugungsbild (Abb. 7a) einer auf Silizium aufgedampften Goldschicht (Dicke 10 nm) registriert werden kann, mit einem

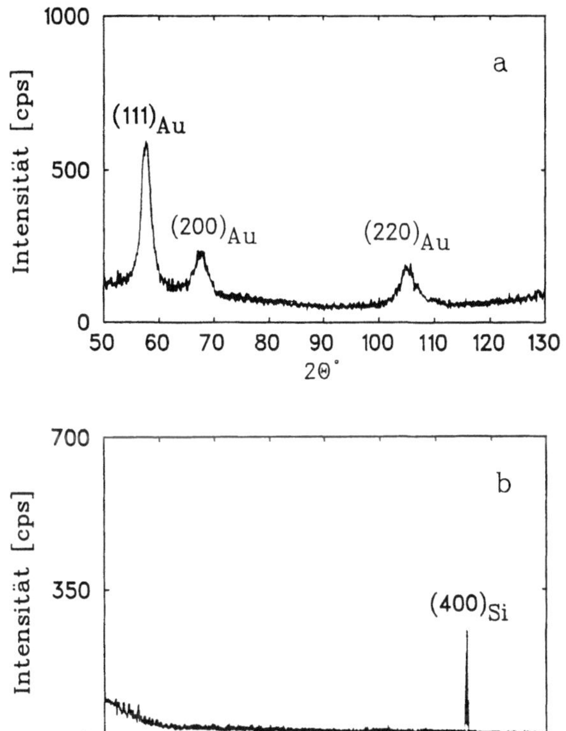

Abb. 7a, b. Goldschicht mit einer Dicke von 10 nm auf Silizium. Chromstrahlung. **a** Messung mit Dünnfilmzusatz. Goldlinien deutlich sichtbar. **b** Konventionelle Aufnahme. Nur Silizium trägt zum Beugungsbild bei. (Nach Rigaku 1992)

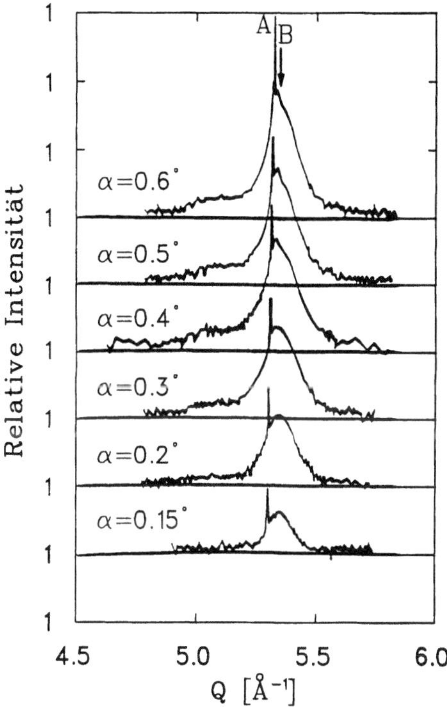

Abb. 8. Niobschicht mit einer Dicke von 12 nm auf Aluminiumoxid. Streifender Einfall zwischen 0,15° ≤ Einfallswinkel ≤ 0,6°. (Nach Lee u. Liang 1992)

konventionellen Goniometer ohne den Zusatz für streifenden Einfall dagegen nicht (Abb. 7b).

Die Abb. 8 zeigt, wie sich bei der Untersuchung einer 12 nm dicken einkristallinen Niobschicht auf einem Aluminiumoxideinkristall das Beugungsbild im Bereich der bei A gelegenen (22.0)-Al_2O_3-Linie mit dem Einstrahlwinkel α verändert. Die bei B gelegene $(2\bar{2}0)$-Niob-Linie tritt um so deutlicher hervor, je kleiner α ist. Als Abszisse ist in Abb. 8 die Größe

$$Q = \frac{4\pi}{\lambda} \cdot \sin \Theta \quad (6)$$

gewählt, die dem Betrag des beim Beugungsprozeß übertragenen Impulses entspricht.

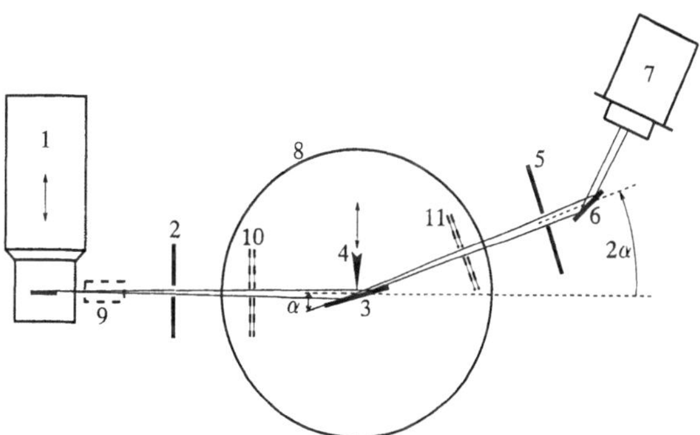

Abb. 9. Reflektometeraufbau (Nach Ender 1991). *1* Röntgenröhre; *2* Strahlrohrblende; *3* Probe; *4* Schneidenblende; *5* Detektorblende; *6* Monochromator; *7* Detektor; *8* Vakuumkammer; *9* Kollimator; *10* Schlitzblende; *11* Schlitzblende

Reflektometrie

Die Methode der Reflektometrie geht zurück auf grundlegende Untersuchungen von Kiessig (1931) und Parratt (1954). Sie wurde weiterentwickelt durch Nevot u.Croce (1980). Der neuere Stand wird dargelegt von Ender (1991) und Zorn (1994).

Der prinzipielle Aufbau einer Reflektometrieanordnung geht aus Abb. 9 hervor. Der in der Röntgenröhre 1 erzeugte Röntgenstrahl wird durch eine Schlitzblende 2 ausgeblendet und trifft auf die Probe 3, vor der sich eine justierbare Schneidenblende 4 befindet. Der reflektierte Strahl gelangt durch die Detektorblende 5 auf den Monochromator 6 und schließlich in den Detektor 7. Bei der Messung wird die Probe mit der Winkelgeschwindigkeit $\dot{\alpha}$ um sich selbst und der Detektor mit der Winkelgeschwindigkeit $2\dot{\alpha}$ um die Probendrehachse gedreht. Bei experimentellen Untersuchungen ist stets ein möglichst scharf ausgeprägter Knick in der Reflektivitätskurve (I_R/I_o-Kurve) an der Stelle des Grenzwinkels der Totalreflexion anzustreben.

Reflektometrie an Materieoberflächen

Als Beispiel zeigt Abb. 10 (gepunktet) das Meßergebnis bei Totalreflexion an einer Quarzglasoberfläche. Außerdem sind durchgezogene Linien wiedergegeben, welche unter Zugrundelegung verschiedener Dichtewerte $\varrho[\mathrm{g/cm^3}]$ berechnet wurden. Offenbar beschreibt die der Dichte 2,2 g/cm³ entsprechende Kurve das experimentelle Resultat am besten. Eine perfekte Übereinstimmung zwischen experimenteller und simulierter Kurve kann erhalten werden durch rechnerische Berücksichtigung des Einflusses der Oberflächenrauhigkeit σ auf die Reflektivität, die durch

$$R_{rauh} = R_{glatt} \exp\left[-\frac{\sigma^2 \cos^2 \alpha}{\lambda^2}\right] \tag{7}$$

beschrieben wird. Dabei ist α der Einfallswinkel des primären Röntgenstrahles und R_{glatt} die Reflektivität der ideal glatten Probe. Damit ist gezeigt, daß mit der Methode der Totalreflexion Aussagen über die Dichte und die Oberflächenrauhigkeit des reflektierenden Mediums möglich sind.

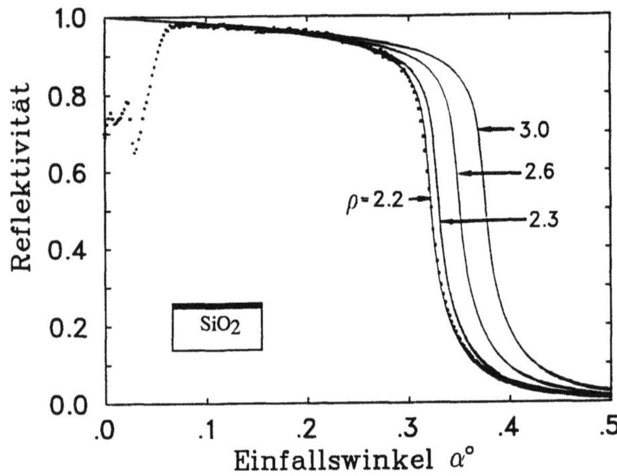

Abb. 10. Quarzglas. Experimentell erhaltene Reflektivität (....) und Simulationskurven (——) für verschiedene Dichtewerte, gemessen mit Cr-Kα. (Nach Ender 1991)

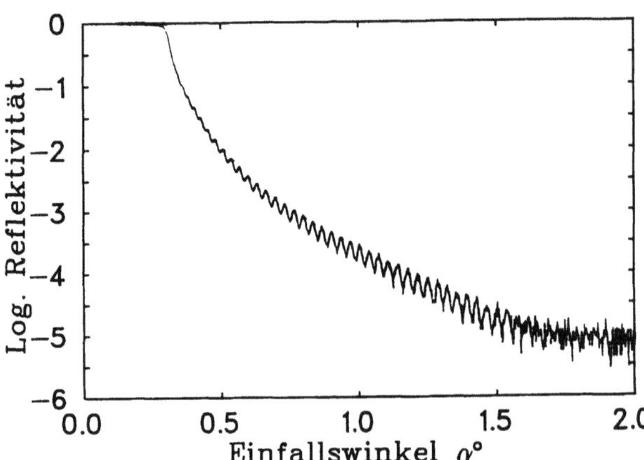

Abb. 11. Reflektivitätskurve einer Bornitridschicht (Dicke 185 nm) auf Silizium. Gemessen mit Chrom-Kα. (Nach Ender 1991)

Reflektometrie an Materieschichten

Befindet sich auf einer Siliziumunterlage eine Bornitridschicht, dann wird der Primärstrahl an der Siliziumoberfläche und an der Schichtoberfläche reflektiert und es werden diese beiden Strahlen miteinander interferieren. Damit entsteht der in Abb. 11 gezeigte Zusammenhang zwischen Reflektivität und Einfallswinkel. Dem nach Abb. 10 zu erwartenden kontinuierlichen Abfall der Reflektivitätskurve überlagern sich Oszillationen.

Für die Lage α_{max} der Maxima dieser Oszillationen gilt nach Ender (1991):

$$\alpha_{max}^2 = \alpha_{grenz}^2 + \frac{\lambda^2}{4D^2} m^2, \tag{8}$$

D = Schichtdicke,
m = Zählnummer der Oszillationen.

Die Abb. 12 belegt, daß Gl. (8) bei richtiger Wahl der Numerierung, d. h. für $\Delta m = 0$, für mit Bornitrid beschichtetes Silizium erfüllt ist. Dabei bedeutet Δm die Abweichung zwischen der zur Auftragung herangezogenen und der richtigen Numerierung. Als Beispiel für durch falsche Numerierung hervorgerufene Abweichungen im Kurvenverlauf sind in Abb. 12 die sich für $\Delta m = +3$ bzw. $\Delta m = -3$ ergebenden Verläufe mit eingetragen. Aus der Steigung $\left[\frac{\lambda^2}{4D^2}\right]$ der Geraden (+++) läßt sich bei bekannter Wellenlänge die Schichtdicke D berechnen.

Bei der Reflektometrie ist die Vorgehensweise so, daß die experimentell erhaltene Kurve unter Verwendung eines Simulationsprogrammes aus-

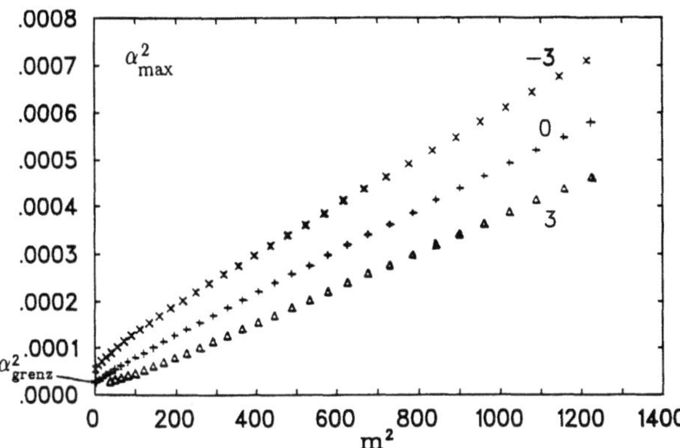

Abb. 12. Maximumlagen aus Abb. 9 über Maximumnummer m. Parameter Δm entsprechend der Abweichung von der korrekten Maximumnummer

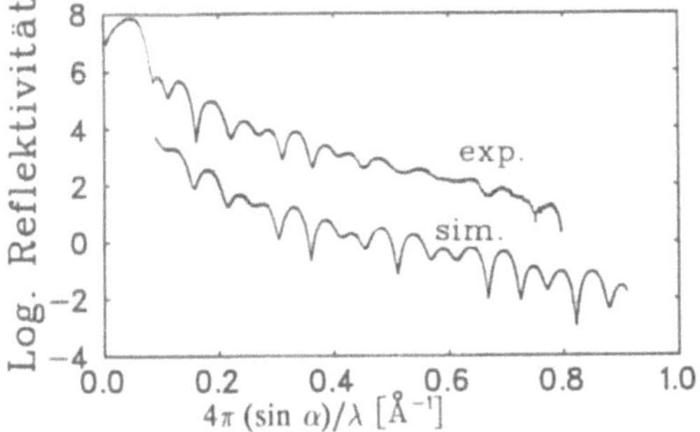

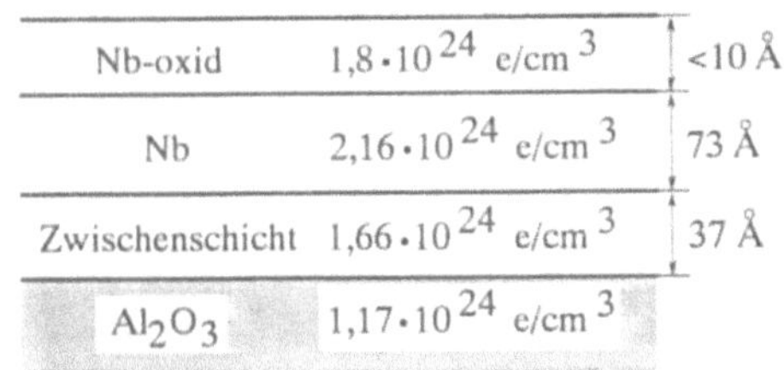

Abb. 13. Niobschicht auf Aluminiumoxid. Reflektometriekurve (*exp.*) mit Simulationskurve (*sim.*) und Schichtmodell. (Nach Lee et al. 1991)

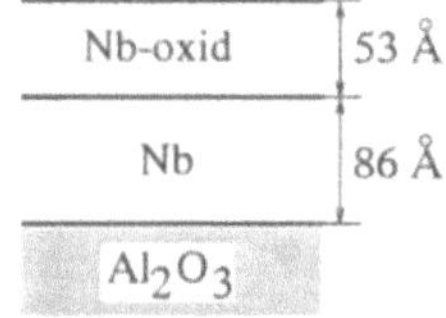

Abb. 14. Niobschicht auf Aluminiumoxid. Schichtmodell. (Nach Lee u. Liang 1992)

gewertet wird und daß als Ergebnis an Einfach- und Merhfachschichten für jede Schicht die Dicke, Dichte und Rauhigkeit folgt. Offenbar war diese Simulation bis vor kurzem noch verbesserungsbedürftig. Dies sei anhand von Abb. 13 und 14 belegt. Die Abb. 13 zeigt die von Lee et al. (1991) an einer auf Al_2O_3 aufgebrachten Niobschicht erhaltene Reflektivitätskurve samt Simulationsergebnis. Danach liegt auf Al_2O_3 mit der angegebenen Elektronendichte eine Zwischenschicht vor, auf die eine Niob- und schließlich eine Nioboxidschicht folgt. Die entsprechenden Dicken sind angegeben. Dagegen ergibt eine neuere Auswertung derselben experimentellen Kurve nach der Simulation von Lee u. Liang (1992) den in Abb. 14 gezeigten einfacheren Schichtaufbau, der nur aus Nb und Nb-Oxid besteht.

Hochauflösende Diffraktometrie

Die hochauflösende Diffraktometrie erlaubt es, mit großer Empfindlichkeit Abweichungen von einem idealen Gitteraufbau zu bestimmen. In vielen Fällen wird sie zur routinemäßigen Überwachung des Produktionsprozesses von Halbleiterbauelementen eingesetzt. Auf der anderen Seite werden damit auch diffizile Probleme des Aufbaus von Zwischenschichtstrukturen bewältigt. Die Methode wurde erstmals von Halliwell (1989) beschrieben. Alle Aspekte der hochauflösenden Diffraktometrie sind umfassend dargestellt bei Zaus (1992) sowei bei Schuster u. Herres (1994). Hochauflösende Diffraktometrie dünner Schichten ist nur bei einkristallinem oder nahezu einkristallinem Material möglich, weil nur dort so intensitätsstarke Beugungseffekte auftreten, daß diese auch ohne spezielle Vorkehrungen, wie z. B. streifenden Einfall (s. S. 544) gemessen werden können. Dabei werden im Röntgenvorwärtsstrahlbereich mit hoher Präzision geringste Veränderungen in der Größe der Netzebenenabstände ermittelt. Die totale Differentiation der Bragg-Gleichung (s. Gl. (4)) ergibt

$$\frac{\Delta d}{d} = \Delta\Theta \cdot \mathrm{ctg}\, \Theta + \frac{\Delta\lambda}{\lambda}. \tag{9}$$

Somit lassen sich auftretende Abweichungen Δd eines Netzebenenabstandes d aus der experimentell bestimmten Änderung $\Delta\Theta$ des Bragg-Winkels ermitteln, wenn die spektrale Breite $\Delta\lambda$ der zur Untersuchung herangezogenen Strahlung bekannt ist.

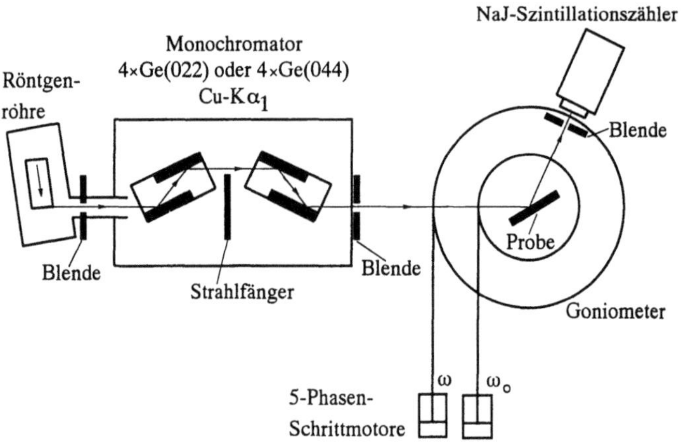

Abb. 15. Hochauflösendes Diffraktometer in schematischer Darstellung. (Nach Zaus 1992)

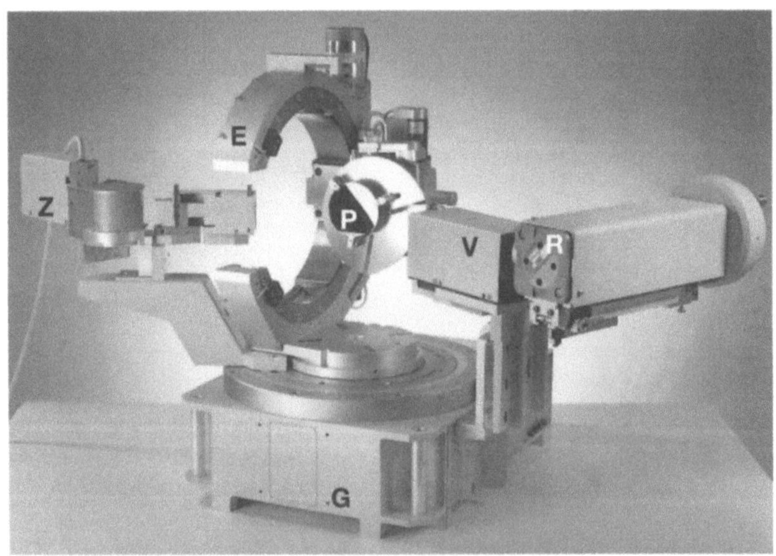

Abb. 16. Hochauflösendes Diffraktometer (Typ D5000HR, Fa. Siemens). *R* Rontgenrohre; *V* Vierfachmonochromator; *E* Euler-Wiege; *P* Präparat; *Z* Zähler; *G* Goniometer

Apparatives

Die Abb. 15 zeigt den schematischen Aufbau, Abb. 16 die Ansicht eines hochauflösenden Diffraktometers. Der Primärstrahl wird in einem Germanium-Vierfachmonochromator wahlweise an den (022)- oder (044)-Ebenen monochromatisiert. Bei Messung mit Cu-Kα-Strahlung in (022)- bzw. (044)-Stellung nimmt $\Delta\lambda/\lambda$ den Wert $1{,}5 \cdot 10^{-4}$ bzw. $2{,}2 \cdot 10^{-5}$ an. Damit liefert die (044)-Position eine höhere Präzision für $\frac{\Delta d}{d}$-Bestimmungen als die (022)-Position. Die Drehung des Probenkreises (Winkel Θ) erfolgt mit dem Schrittmotor ω_0, diejenige des Detektorkreises (2Θ) mit dem Motor ω, wobei die Unsicherheit $\Delta\omega_0 = 2 \cdot 10^{-4}$ Grad $= 0{,}08''$ bzw. $\Delta\omega = 5 \cdot 10^{-5}$ Grad $= 0{,}02''$ beträgt. Der Unsicherheit von 0,02 Winkelsekunden entspricht ein Punktabstand von 1 mm auf einem Kreis mit einem Radius von 1 km. Die relativen Unsicherheiten für Netzebenenabstandsbestimmungen $\frac{\Delta d}{d}$ mit der (044)-Position des Monochromators ergeben sich bei Θ-Werten von 10°, 20°, 30° bzw. 40° zu $158 \cdot 10^{-6}$, $88 \cdot 10^{-6}$, $64 \cdot 10^{-6}$ bzw. $23 \cdot 10^{-6}$. Auf dem Probenkreis in Abb. 16 ist eine sog. Euler-Wiege befestigt, auf welcher sich ein Probentisch für die Aufnahme der einkristallinen Proben mit Durchmessern bis zu 6 Zoll befindet. Dadurch

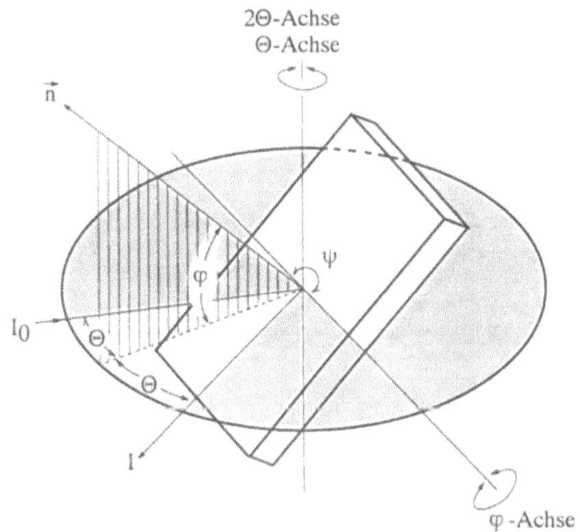

Abb. 17. Hochauflösendes Diffraktometer, Θ-, 2Θ-, φ- und ψ-Achse ($\vec{n}$ Richtung der Probennormale)

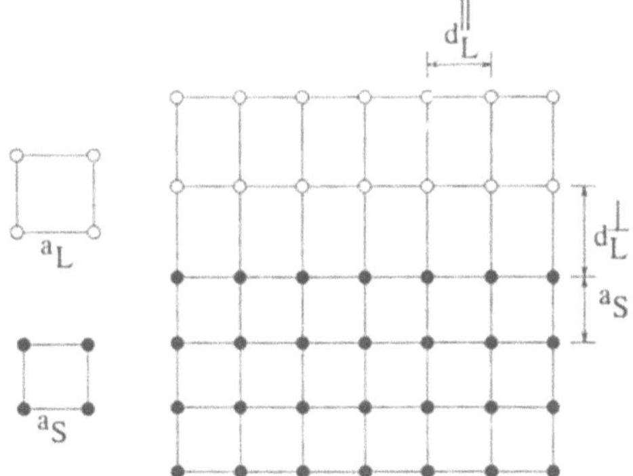

Abb. 18. Epitaktisches Wachstum einer Schicht *L* auf einem Substrat *S*. (Nach Zaus 1992)

wird das ursprüngliche Zweikreisgoniometer mit den beiden Achsen ω_o und ω bzw. Θ und 2Θ zum Vierkreisgoniometer mit zusätzlichen φ- und ψ-Drehachsen, deren Lage bezüglich der Probe aus Abb. 17 hervorgeht. Drehung um die φ-Achse bedeutet Kippung der Probe aus ihrer senkrechten Lage nach hinten (oder vorne), Drehung um die ψ-Achse ist identisch mit der Rotation der Präparatoberfläche um die Probennormale $\vec{n}$.

Größen zur Charakterisierung epitaktischer Schichten

In Abb. 18 sind nach Zaus (1992) 2 Reihen Elementarzellen einer Schicht skizziert, die auf 3 Reihen Elementarzellen eines Substrates aufgebracht sind. Links ist die Kantenlänge a_S einer Elementarzelle des ungestörten Substratmaterials und darüber die Kantenlänge a_L einer Elementarzelle des ungestörten Schichtmaterials angegeben. Das Material der dünnen Schicht paßt sich beim epitaktischen Wachstum an die Abmessungen des Substrates an. Dabei wird d_L'' gleich a_S und es wird für $a_L \gtrless a_S$ die Länge $d_L^\perp \gtrless a_L$.

Die auf die Gitterkonstante des ungestörten Substratmaterials bezogene Differenz der beiden ungestörten Gitterkonstanten der Schicht und des Substrates

$$\frac{\Delta a}{a} = (a_L - a_S)/a_S \tag{10}$$

wird relaxierte Gitterfehlanpassung genannt.

Als röntgenographische Gitterfehlanpassungen werden definiert

$$(\Delta d/d)^\perp = (d_L^\perp - a_S)/a_S, \tag{11}$$

und

$$(\Delta d/d)'' = (d_L'' - a_S)/a_S. \tag{12}$$

Alle Gitterfehlanpassungen werden also auf die Gitterkonstante a_S des Substrates bezogen (vgl. Zaus 1992). Üblicherweise gelten für die röntgenographischen Gitterfehlanpassungen Werte zwischen $-10^{-3} \leq \left[\frac{\Delta d}{d}\right]^\perp \leq +10^{-3}$. Nur bei stark fehlangepaßten Schichten treten Werte in den Grenzen $-10^{-2} \leq \left[\frac{\Delta d}{d}\right]^\perp \leq +10^{-2}$ auf. Bei einer versetzungsfreien Schicht wird $(\Delta d/d)'' = 0$.

Als Verknüpfungsbeziehung zwischen der relaxierten Gitterfehlanpassung nach Gl. (10) und den röntgenographischen Gitterfehlanpassungen nach Gl. (11) und (12) liefert die Elastizitätstheorie

$$\left[\frac{\Delta a}{a}\right] = \frac{C_{11}}{C_{11} + 2C_{12}} \left[\left[\frac{\Delta d}{d}\right]^\perp - \left[\frac{\Delta d}{d}\right]''\right] + \left[\frac{\Delta d}{d}\right]'', \tag{13}$$

wobei C_{11} und C_{12} Elastizitätskoeffizienten der einkristallinen Schicht sind.

Werden die in hochaufgelösten Diffraktometerexperimenten gemessenen $\left[\frac{\Delta d}{d}\right]^\perp$- und $\left[\frac{\Delta d}{d}\right]''$-Werte in Gl. (13) eingesetzt, so ergibt sich die tatsächliche Gitterfehlanpassung.

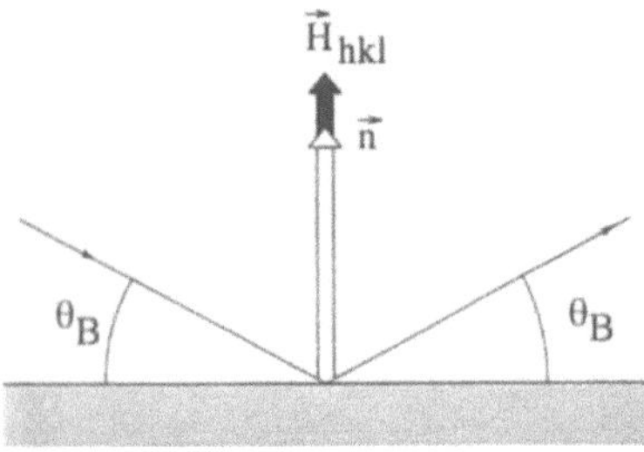

Abb. 19. Symmetrischer Bragg-Reflex. (Nach Zaus 1992)

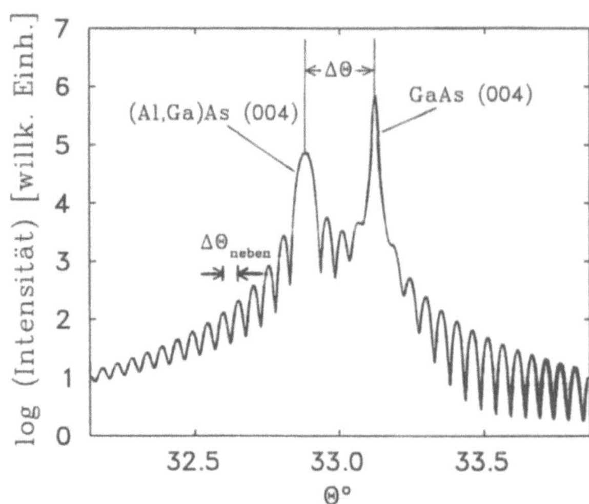

Abb. 20. $Al_{0,5}Ga_{0,5}As$-Schicht (Dicke 500 nm) auf GaAs-Substrat (*Al* Aluminium; *As* Arsen; *Ga* Gallium). Hochauflösende Diffraktometrie mit CuKα-Strahlung. (Nach Zaus 1992)

Experimentelle Bestimmung der röntgenographischen Gitterfehlanpassungen

Je nach Schichtsystem können symmetrische oder asymmetrische Bragg-Reflexe auftreten.

Symmetrischer Bragg-Reflex

Ist die Normale $\vec{H}_{hkl}$ der Schicht, wie in Abb. 19 gezeigt, exakt parallel zur Normale $\vec{n}$, dann hat man den Fall eines sog. symmetrischen Bragg-Reflexes vorliegen, und es gilt

$$(\Delta d/d)^{\perp} = -\Delta\Theta \operatorname{ctg} \Theta_B, \tag{14}$$

Θ_B = Bragg-Winkel des betreffenden Reflexes,
$\Delta\Theta$ = Winkeldifferenz zwischen dem Winkel des Schicht- und dem des Substratreflexes.

Die Abb. 20 zeigt das mittels hochauflösender Diffraktometrie an einer 500 nm dicken $Al_{0,5}Ga_{0,5}As$-Schicht auf einem GaAs Substrat erhaltene Beugungsbild, das neben den Schicht- und Substratreflexen noch periodisch auftretende Nebenreflexe enthält. Zwischen dem (004)-Schichtreflex und dem (004)-Substratreflex besteht die Winkeldifferenz $\Delta\Theta$, die nach Gl. (14) die röntgenographische Gitterfehlanpassung $(\Delta d/d)^{\perp} = +6{,}5 \cdot 10^{-3}$ ergibt. Aus der Winkeldifferenz benachbarter Nebenmaxima $\Delta\Theta_{neben}$ sind Rückschlüsse auf die Dicke der betreffenden Schicht möglich.

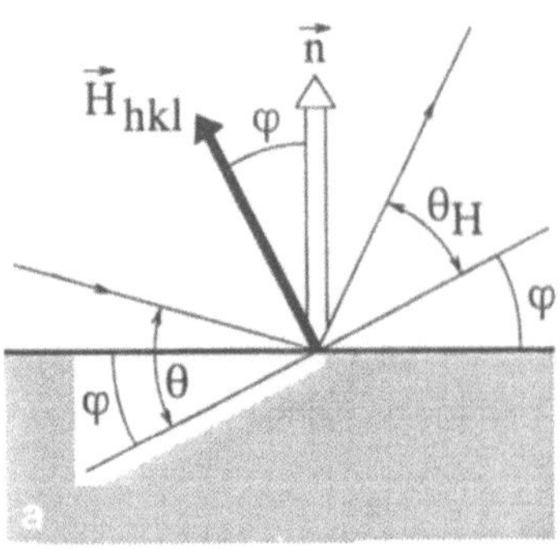

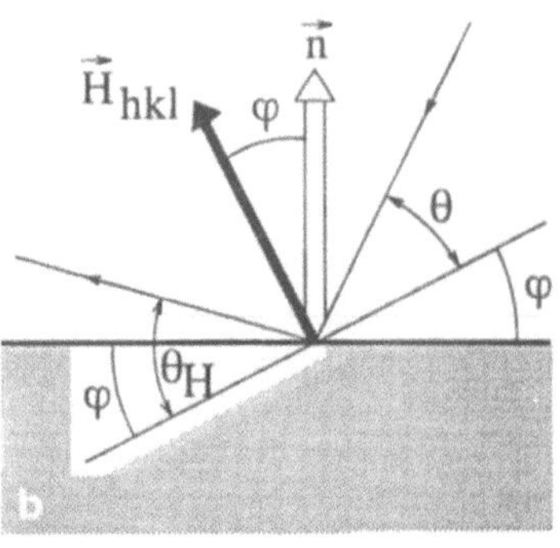

Abb. 21 a, b. Asymmetrischer Bragg-Reflex. (Θ_H Winkel zwischen dem reflektierten Strahl und den Bragg-Ebenen). (Nach Zaus 1992)

Asymmetrischer Bragg-Reflex

Von einem asymmetrischen Bragg-Reflex spricht man dann, wenn die das Intensitätsmaximum der Schicht bildenden Netzebenen nicht exakt parallel sind zu den das Intensitätsmaximum des Substrates bildenden Netzebenen. In diesem Fall sind dann die Schichtnormale $\vec{H}$ und die Substratnormale $\vec{n}$ um den Winkel φ gegeneinander verdreht (vgl. Abb. 21). Die recht komplexen geometrischen Zusammenhänge sind in Zaus (1992) dargestellt. Je nach Einstrahlrichtung erhält man im Fall des Strahlenganges a) die Winkeldifferenz

$$\Delta\omega_{-} = \Delta\Theta - \Delta\varphi, \tag{15}$$

und im Fall des Strahlenganges b) die Winkeldifferenz

$$\Delta\omega_{+} = \Delta\Theta + \Delta\varphi \qquad (16)$$

erhält. Dabei ist nach Zaus (1992) wegen der leicht verschiedenen Netzebenenabstände von Schicht und Substrat

$$\Delta\Theta = \Theta_{L} - \Theta_{S},$$

sowie wegen Verkippung der Netzebenen mit gleicher Indizierung von Schicht und Substrat

$$\Delta\psi = \varphi_{L} - \varphi_{S}.$$

Die gesuchten röntgenographischen Gitterfehlanpassungen $(\Delta d/d)^{\perp}$ und $(\Delta d/d)''$ ergeben sich zu

$$(\Delta d/d)^{-} = -\Delta\Theta \cot \Theta_{B} + \Delta\varphi \tan \varphi, \qquad (17)$$

und

$$(\Delta d/d)'' = -\Delta\Theta \cot \Theta_{B} - \Delta\varphi \cot \varphi. \qquad (18)$$

$\Delta\Theta$ und $\Delta\varphi$ berechnen sich mit Hilfe von Gl. (15) und (16) aus den experimentell ermittelten Winkeldifferenzen $\Delta\omega_{-}$ und $\Delta\omega_{+}$. Einsetzen der Gl. (17) und (18) in Gl. (13) liefert die relaxierte, d. h. tatsächliche Gitterfehlanpassung $\frac{\Delta a}{a}$.

Ist für das betreffende Schichtmaterial der Zusammenhang zwischen Gitterkonstante und Konzentration bekannt (sog. Vegard-Gesetz), dann kann mit dem so ermittelten Wert von $\frac{\Delta a}{a}$ die Konzentration des Schichtmaterials ermittelt werden.

Charakterisierung von Implantierungsvorgängen

Von Klappe (1994) liegt eine zusammenfassende Darstellung der Einsatzmöglichkeiten der hochauflösenden Diffraktometrie bei der Herstellung von mit Arsen, Bor, Kohlenstoff oder Phosphor dotierten einkristallinen Siliziumplatten vor. Daraus geht hervor, daß der Prozeß der raschen Glühung mit dieser Methode studiert und optimiert werden kann, sowie daß die durch Ionenimplantation direkt eingebrachten und die durch Glühung erzeugten Defekte charakterisiert werden können. Weiterhin wird dort die Identifizierung von Versetzungsringen und die Ermittlung der Ausdehnung derselben ausführlich dargestellt.

Zusammenfassung

In den letzten 5–10 Jahren wurde der Röntgenstrahlung ein sehr wichtiges Anwendungsgebiet beim Studium von dünnen Schichten erschlossen. Fünf Methoden werden besprochen. Mit der *Totalreflexions-Röntgenfluoreszenz-Analyse* gelingt es, kleine dünne Proben auf ihre chemische Zusammensetzung hin quantitativ und qualitativ zu untersuchen, wobei die nachzuweisende Masse bei 10^{-12} liegt. Mit der *lokalen Röntgenfluoreszenzanalyse, angeregt durch eine stehende Welle,* gelingt es, gelöste Atome in einer Matrix zu lokalisieren. Die *Beugung unter streifendem Einfall* erlaubt es, dünne Filme bezüglich ihrer atomaren Struktur zu analysieren. Mit der *Reflektometriemethode* kann die Dicke, Dichte und Rauhigkeit von dünnen Schichten bzw. von Materieoberflächen bestimmt werden. Die *Methode der hochauflösenden Diffraktometrie* schließlich erlaubt die Analyse dünner, epitaktisch aufgewachsener einkristalliner Filme. Es wird aufgezeigt, wie man mit dieser diffizilen Methode die röntgenographische Gitterfehlanpassung bestimmen und auch Rückschlüsse auf die Zusammensetzung der betreffenden Schicht ziehen kann. Weiterhin ist es mit dieser Methode möglich, die bei Implantierungsvorgängen wichtigen Effekte, wie Defektcharakterisierung und Verhalten bei rascher thermischer Behandlung, zu studieren.

Literatur

Batterman BW (1969) Detection of foreign atom sites by their X-ray fluorescence scattering. Phys Rev Letters 22:703–705

Bragg WH, Bragg WL (1913) The reflexion of X-rays by crystals. Proc Roy Soc 88 A:428

Ender E (1991) Ein Meß- und Auswertesystem für die Röntgenreflektometrie an dünnen Schichten und Oberflächen. Diplomarbeit, Universität München

Golovchenko JA, Batterman BW, Brown WL (1974) Observation of internal X-ray wave fields during Bragg diffraction with an application to impurity lattice location. Phys Rev B 10:4239–4243

Halliwell M (1989) Characterization of structures grown by MOVPE using X-ray diffraction. Prog Cryst Growth Char 19:249–256

Kiessig H (1931) Interferenz von Röntgenstrahlen an dünnen Schichten. Ann Phys 10:769–788

Klappe J (1994) Silicon process characterisation by means of X-ray diffraction. Thesis work, Enschede

Laue M (1960) Röntgenstrahlinterferenzen. Akademische Verlagsgesellschaft, Frankfurt/Main

Lee CH, Liang KS (1992) X-ray studies of misfit dislocations in the interface of epitaxial Nb films on sapphire. Acta Metall Mat 40:S 143

Lee CH, Liang KS, Shieu FS, Sass SL, Flynn CP (1991) Interface structure of epitaxial Nb films of sapphire. Grazing incidence of X-ray diffraction and X-ray reflectivity studies. Mat Res Soc Symp Proc 209:679

Nevot L, Croce P (1980) Charactérisation des surfaces par reflexion rasante de rayons X. Application a l'étude du polissage de quelques verres silicates. Rev Phys Appl 15:761–769

Parratt LG (1954) Surface studies of solids by total reflection of X-rays. Phys Rev 95:359

Prange A (1987) Totalreflexions-Röntgenfluoreszenzanalyse. GIT 6:513

Rigaku (1992) Thin Film X-ray diffractometer. Paper GED 221 H/871010 KO

Schuster M, Göbel H (1987) Dünnschicht- und Oberflächenanalyse mit Röntgenstrahlen: Techniken bei streifendem Einfall und Totalreflexion. Siemens Berichte 4-060, 4-061

Schuster M, Herres N (1994) An introduction to high-resolution X-ray diffractometry. Proceedings zur Herbstschule Röntgenoptik der AK Realstruktur und AK Röntgentopographie, Güntersberge, 27.09.–29.09.93

Yoneda Y, Horiuchi T (1971) Optical flats for use in X-ray spectrochemical microanalysis. Rev Sci Instr 42:1069

Zaus R (1992) Charakterisierung von III/V Halbleiter-Heterostrukturen mit hochauflösender Röntgendiffraktometrie. Dissertation, Universität München

Zegenhagen J, Materlik G (1993) X-ray standing wave studies of electrode-electrolyte interfaces. Synchroton Radiat News 6:19–22

Zorn GM (1994) The new Siemens X-ray reflectometer, a tool with outstanding capabilities. Siemens Analysentech Mitt 1–9

Röntgenmikroskopie

Günter Schmahl und Dietbert Rudolph

Einleitung

Bereits unmittelbar nach der Entdeckung der Röntgenstrahlung durch W. C. Röntgen im Jahre 1895 versuchte man, diese Strahlung zur Sichtbarmachung von Mikrostrukturen zu nutzen. Etwa 2 Jahrzehnte später erkannte man, daß Röntgenstrahlung elektromagnetische Strahlung kurzer Wellenlänge ist. Damit war klar, daß mit Röntgenstrahlen die durch die Wellenlänge des sichtbaren Lichtes gegebene Auflösungsgrenze überwunden werden kann. Die Entwicklung der Röntgenmikroskopie standen jedoch 2 praktische Schwierigkeiten im Weg: Weder gab es Röntgenquellen ausreichender Stärke, noch gelang es, die für mikroskopische Abbildungen erforderlichen Optiken mit entsprechend hoher Auflösung zu bauen.
Eine höhere Auflösung als mit der Lichtmikroskopie ließ sich bisher nur mit der Elektronenmikroskopie erzielen. Röntgenstrahlen haben jedoch gegenüber Elektronen für die Abbildung z. B. biologischer Strukturen gewichtige Vorteile. So erlauben sie, Zellen und Zellstrukturen in natürlichem Zustand, d. h. naß, zu unteruschen. Außerdem kann man vollständige, intakte Zellen mit hoher Auflösung studieren. Chemische Fixierung, Färbung und Anfertigung von Dünnschnitten, wie in der Elektronenmikroskopie üblich, entfallen in der Röntgenmikroskopie. Dies gilt nicht nur für biologische Objekte, sondern für alle Strukturen, die mit hoher Auflösung in wäßriger Umgebung untersucht werden. Anwendungsgebiete sind neben der Biologie, Biophysik und Medizin z. B. die Kolloidchemie und Bodenwissenschaften.

Wechselwirkung weicher Röntgenstrahlen mit Materie

Zur Darstellung von Mikrostrukturen mit Röntgenstrahlung muß die Wechselwirkung mit den Atomen der durchstrahlten Materie hinreichend stark sein, um Strukturen von sublichtmikroskopischer Ausdehnung mit genügendem Kontrast sichtbar zu machen. Dies bedeutet, daß für röntgenmikroskopische Untersuchungen wesentlich energieärmere Röntgenstrahlung als z. B. in der Medizin benutzt werden muß. Für diese weiche Röntgenstrahlung setzt sich die Wechselwirkung mit Materie aus elastischer Streuung und photoelektrischer Absorption zusammen. Im Wellenbild bedeutet das eine Phasenschiebung der Welle und eine Dämpfung ihrer Amplitude.
Betrachtet man eine Materieschicht der Dicke t mit der komplexen Brechzahl $n = 1 - \delta - i\beta$, die mit einer ebenen Welle mit der Amplitude A_0 bestrahlt wird, und ist A_1 die Amplitude der hindurchgehenden Welle, so ergibt sich für die Amplitudentransmission

$$T = \frac{A_1}{A_0} = e^{-\frac{2\pi}{\lambda}\beta t} \cdot e^{i\frac{2\pi}{\lambda}\delta t} \cdot e^{-i\frac{2\pi}{\lambda}t} . \quad (1)$$

Der erste Faktor beschreibt die Schwächung der Amplitude der einfallenden Welle, der zweite die Phasenschiebung der Welle relativ zu einer Welle im Vakuum. Mit $A_0 A_0^* = I_0$ und $A_1 A_1^* = I_1$ folgt für die Intensität

$$\frac{I_1}{I_0} = e^{-\frac{4\pi}{\lambda}\beta t} . \quad (2)$$

Man nennt die Größe $\mu_l = 4\pi\beta/\lambda$ den linearen Absorptionskoeffizienten. Teilt man μ_l durch N, d. h. die Anzahldichte der Atome, so ergibt sich der atomare Wirkungsquerschnitt für photoelektrische Absorption $\sigma_a = \mu_l/N$. Tabelliert ist häufig auch der Massenabsorptionskoeffizient $\mu = \mu_l/\varrho$.
Behandelt man Phasenschiebungen, so müssen die Amplituden und nicht die Intensitäten betrachtet werden. Entsprechend kann man einen Koeffizienten für die Phasenschiebung einführen, nämlich $\eta = 2\pi\delta/\lambda$.
Phasenschiebung und Absorption, beschrieben durch die komplexe Brechzahl n, können zurückgeführt werden auf die Streuung der Welle an den Atomen der Materieschicht, beschrieben durch den atomaren Streufaktor $f = f_1 + if_2$ (James

1982). Die an einem Atom gestreuete Amplitude ist gegeben durch diesen Faktor f, multipliziert mit der Amplitude, die gestreut würde, wenn das Atom durch ein freies Elektron ersetzt würde. Überlagert man die Amplituden der an den einzelnen Atomen der Materieschicht gestreuten Wellen, so erhält man eine resultierende Welle, deren Wechselwirkung mit dem Material, also durch f_1 und f_2, beschrieben wird. Damit ergibt sich ein Zusammenhang zwischen der komplexen Brechzahl n und dem atomaren Streufaktor f in folgender Form:

$$\delta = \frac{r_0\lambda^2}{2\pi} N f_1 \quad \text{und} \quad \beta = \frac{r_0\lambda^2}{2\pi} N f_2. \tag{3}$$

$r_0 = 2.82 \cdot 10^{-15}$ m ist der klassische Elektronenradius, $N = N_A \varrho / M$ ist die Anzahldichte der Atome, N_A die Avogadro-Konstante, M die molare Masse und ϱ die Dichte des Materials. Zahlenwerte für den atomaren Streufaktor sind von Henke et al. (1993) für den Wellenlängenbereich $0{,}04\,\text{nm} \leq \lambda \leq 24{,}8\,\text{nm}$ für 92 Elemente angegeben. Die Abb. 1 zeigt als Beispiel f_1- und f_2-Werte für Kohlenstoff mit der ausgeprägten K-Absorptionskante bei der Wellenlänge $\lambda = 4{,}4$ nm. Es ergibt sich, daß β und δ sehr viel kleiner als 1 sind. Dies hat u. a. zur Folge, daß in mikroskopischen Objekten praktisch keine Streureflexion an Grenzflächen unterschiedlicher Brechzahl auftritt und daß daher sehr klare röntgenmikroskopische Bilder zu erwarten sind.

Für viele Anwendungen ist der Wellenlängenbereich zwischen 2,3 nm und 4,4 nm, den K-Absorptionskanten des Sauerstoffs bzw. des Kohlenstoffs, sehr gut geeignet. In Abb. 2 ist der lineare Absorptionskoeffizient μ_l von Wasser und Protein in der Zusammensetzung $C_{94}H_{139}N_{24}O_{31}S$ und der Dichte $\varrho = 1{,}35\,\text{gcm}^{-3}$ dargestellt. Man sieht, daß im Wellenlängenbereich zwischen den K-Kanten des Sauerstoffs und des Kohlenstoffs Wasser sehr viel transparenter ist als organisches Material. Daraus ergibt sich für Zellen und Zellorganellen in natürlichem, wäßrigem Zustand ein natürlicher Kontrast. Die hohe Transparenz des Wassers hat zur Folge, daß Schichtdicken von mehreren Mikrometern gut durchstrahlt werden können. Man bezeichnet den o. g. Wellenlängenbereich daher in der Röntgenmikroskopie auch als Wasserfenster. Da auch viele anorganische Materialien, wie z. B. Silikate, im Vergleich zum Wasser Röntgenstrahlung stark absorbieren, lassen sich auch solche Stoffe in wäßrigen Systemen mit hoher Auflösung und hohem Kontrast darstellen. Es kann daher bei röntgenmikroskopischen Untersuchungen auf präparative Maßnahmen zur Kontrastverstärkung, wie sie in der Licht- und Elektronenmikroskopie üblich sind, verzichtet werden.

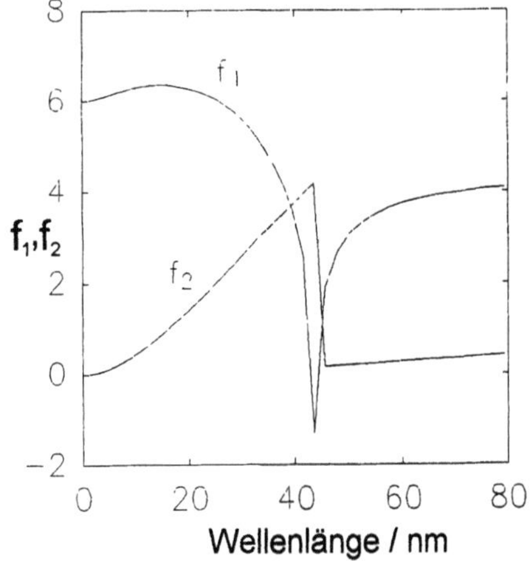

Abb. 1. f_1, f_2-Werte des atomaren Streufaktors $f = f_1 + if_2$ für Kohlenstoff als Funktion der Wellenlänge

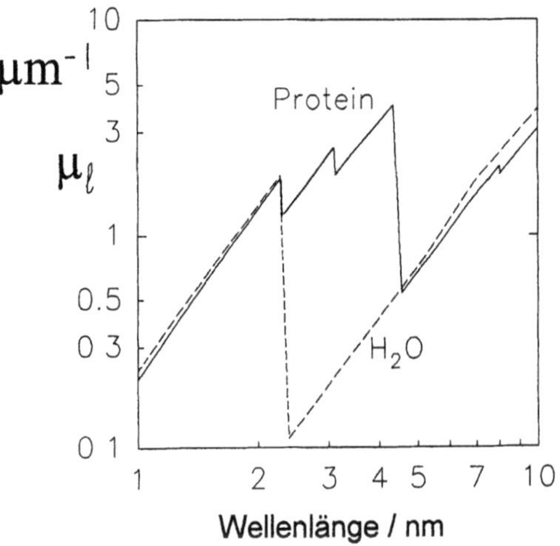

Abb. 2. Linearer Absorptionskoeffizient μ_l für Protein und Wasser als Funktion der Wellenlänge

Im Bereich der weichen Röntgenstrahlung sind für viele Elemente die f_1-Werte größer als die f_2-Werte (vgl. Abb. 1). Dies gilt auch für die Differenzen der f_1- und f_2-Werte verschiedener Stoffe. Das bedeutet, daß eine erhebliche Kontraststeigerung mit Hilfe von Phasenkontrastverfahren möglich ist. Der Phasenkontrast ermöglicht es darüber hinaus, auch bei kürzeren Wellenlängen um 0,3 nm Röntgenmikroskopie zu betreiben (Schmahl u. Rudolph 1987).

Röntgenoptiken

Da der Realteil der Brechzahl nur wenig von 1 abweicht und alle in Frage kommenen Linsenmaterialien relativ stark absorbieren, lassen sich Brechungslinsen für weiche Röntgenstrahlung praktisch nicht verwenden. Auch konventionelle Spiegel können nicht benutzt werden, weil der Reflexionsgrad bei senkrechtem Einfall für weiche Röntgenstrahlung für alle Materialien sehr klein ist.
Für Röntgenstrahlen ist Materie optisch dünner als Vakuum oder Luft, daher lassen sich Röntgenspiegel für Reflexion in streifendem Einfall benutzen. Für größere Einfallswinkel können Spiegel aus Mehrfachschichten gebaut werden, die unter Ausnutzung von Interferenzeffekten höhere Reflexionsgrade als konventionelle Spiegel aufweisen. In beiden Fällen gelingt es jedoch nicht, hochauflösende Röntgenoptiken mit kurzen Brennweiten für die Röntgenmikroskopie zu bauen, u. a. wegen der extremen Anforderungen an die Güte der Spiegeloberflächen.
Eine weitere Möglichkeit, mit Röntgenstrahlen optische Abbildungen durchzuführen, besteht darin, die Beugung an Kreisgittern auszunutzen. Soret hat bereits im Jahre 1875 optische Abbildungen mit Kreisgittern untersucht. In Wellenlängenbereichen, für die es Brechungslinsen gibt, haben Kreisgitter als abbildende Systeme praktisch keine Anwendung gefunden. Es ist aber sinnvoll, geeignet dimensionierte Kreisgitter für kurzwellige Strahlung einzusetzen, für die es keine Brechungslinsen gibt. Solche Kreisgitter mit radial ansteigender Linsendichte werden auch als Fresnelsche Zonenplatten bezeichnet; sie bestehen aus abwechselnd durchlässigen und absorbierenden bzw. phasenschiebenden Zonen. Ist r_1 der Radius der innersten Zone einer Zonenplatte, r_n der Radius der äußersten Zone und n die Zonenzahl, so ergeben sich folgende Beziehungen: Brennweite (1. Beugungsordnung) $f = r_1^2/\lambda$, Breite der äußersten Zone $dr_n \approx r_n/2n$, Auflösung entsprechend dem Rayleigh-Kriterium $\delta = 1{,}22\,dr_n$. Der Beugungswirkungsgrad, d. h. das Verhältnis der Intensitäten der in die erste Beugungsordnung gebeugten Strahlung zur einfallenden Strahlung, beträgt für optisch dünne Amplitudenzonenplatten für $\lambda = 2{,}4$ nm bis zu 10%, für optisch dünne Phasenzonenplatten je nach Material zwischen 18% und 24%. Für optisch dicke Zonenplatten, bei denen die Bragg-Reflexion ausgenutzt wird, kann eine hohe Auflösung von $\delta < 10$ nm mit großem Beugungswirkungsgrad von etwa 40% kombiniert werden (Maser u. Schmahl 1991; Maser 1993).

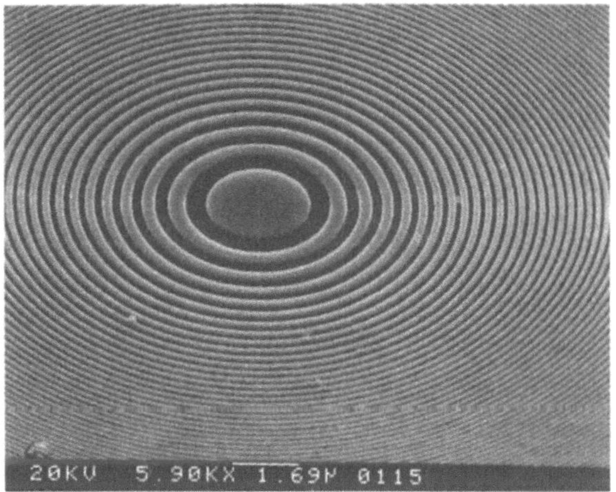

Abb. 3. Rasterelektronenmikroskopische Aufnahme des mittleren Teils einer Zonenplatte

Bisher gibt es 3 Methoden, mit denen Zonenplatten für die Röntgenmikroskopie hergestellt werden. Zonenplattenmuster können holographisch mit UV-Laserstrahlung erzeugt werden (Schmahl et al. 1984). Durch die Wellenlänge des verwendeten Laserlichtes sind die kleinsten erzeugbaren Zonen etwa 50 nm breit. Die holographische Methode läßt den Bau sehr großer Zonenplatten zu und ist deshalb insbesondere für Röntgenkondensoren gut geeignet. Hochauflösende Röntgenobjektive sind Zonenplatten mit einigen hundert Zonen. Solche Zonenplatten mit kleinsten Zonenbreiten im Bereich von 20–30 nm können mit Hilfe der Elektronenstrahllithographie erzeugt werden (David et al. 1992; Thieme et al. 1994). Bei beiden Methoden wird das erzeugte Zonenplattenmuster, das zunächst in einem Photoresist vorliegt, mit Hilfe von Mikrostrukturtechniken in ein geeignetes phasenschiebendes Material, wie z. B. Germanium, übertragen. Die Abb. 3 zeigt eine rasterelektronenmikroskopische Aufnahme des mittleren Teils einer Zonenplatte, die mit Hilfe der Elektronenstrahllithographie erzeugt wurde (Thieme et al. 1994). Um Zonenplatten mit noch kleineren Zonenbreiten ($\lesssim 10$ nm) herzustellen, werden abwechselnd dünne Schichten aus Materialien mit unterschiedlich absorbierenden bzw. phasenschiebenden Eigenschaften auf einen dünnen Draht von einigen Mikrometern Durchmesser aufgebracht. Aus diesen Draht werden Schichten herausgeschnitten, die anschließend gedünnt werden. Mit diesem Verfahren lassen sich optisch dicke Zonenplatten mit den oben erwähnten Eigenschaften herstellen.

Quellen für weiche Röntgenstrahlung

Klassische Röntgenröhren für weiche Röntgenstrahlung sind für die Röntgenmikroskopie wegen ihrer geringen Intensität unbrauchbar. Wesentlich intensivere Röntgenquellen sind Elektronenspeicherringe als Synchrotronstrahlungsquellen. Diese Strahlung entsteht, wenn Elektronen, die sich mit nahezu Lichtgeschwindigkeit bewegen, beschleunigt werden, das heißt z. B. zum Umlauf auf eine Kreisbahn gezwungen werden. In den letzten Jahren hat sich gezeigt, daß auch gepulste Plasmaquellen, z. B. Pinchplasmen oder lasererzeugte Plasmen, geeignete Röntgenstrahlung für die Röntgenmikroskopie liefern können. Mit solchen Quellen lassen sich in Zukunft auch – unabhängig von derzeit nur in Großforschungseinrichtungen betriebenen Elektronenspeicherringen – Röntgenmikroskope als kompakte Laborsysteme bauen.

Röntgenmikroskope

Die moderne Entwicklung der hochauflösenden Röntgenmikroskopie begann 1975 mit einem Röntgenmikroskop mit Zonenplatten, das von unserer Gruppe am Synchrotron DESY in Hamburg aufgebaut wurde (Niemann et al. 1976). Die Abb. 4 zeigt den röntgenoptischen Strahlengang eines weiterentwickelten Röntgenmikroskops, das mit Synchrotronstrahlung am Elektronenspeicherring BESSY in Berlin betrieben wird (Rudolph et al. 1984; Niemann et al. 1994). Die kontinuierliche Strahlung trifft auf eine Kondensorzonenplatte, die Strahlung der gewünschten Wellenlänge in eine Lochblende in der Objektebene fokussiert. Die Anordnung Kondensorzonenplatte und Lochblende dient als Linearmonochromator mit einem spektralen Auflösungsvermögen $\lambda/\Delta \approx D/2d$. Dabei ist D der Durchmesser der Kondensorzonenplatte und d der Durchmesser der Lochblende. Typische Werte sind $D = 9\,mm$ und $d = 20\,\mu m$, d. h. $\lambda/\Delta\lambda \approx 225$. Im weiteren Strahlengang haben wir es also mit quaismonochromatischer Strahlung zu tun, die notwendig ist, um beugungsbegrenzt abzubilden. Die zentrale Blende auf der Kondensorzonenplatte dient zur Abschattung der nullten Ordnung und verhindert zusätzlich, daß die nullte Ordnung der Mikrozonenplatte das Bildfeld erreicht. Hinter dem Objekt befindet sich eine Mikrozonenplatte, die als hochauflösende Röntgenlinse das Objekt vergößert abbildet. Das Röntgenbild kann dann mit einem Mikrokanalmultiplier zum direkten Betrachten in ein sichtbares Bild umgewandelt oder mit einer CCD-Kamera direkt aufgnommen werden. Der Strahlengang zeigt die Anordnung für die Abbildung von Amplitudenobjekten. Um im Phasenkontrast abzubilden, benutzt man eine Mikrozonenplatte mit einem Phasenring in der hinteren Brennebene in Verbindung mit einer darauf abgestimmten ringförmigen Blende vor dem Kondensor (Schmahl et al. 1994). Durch Herausklappen der ringförmigen Blende läßt sich schnell von Phasenkontrast auf Amplitudenkontrast umstellen.

Die Abb. 5 zeigt das Schema des Röntgenmikroskops am BESSY. Der Röntgenkondensor befindet sich in einem flexiblen Strahlrohr, das an der Spitze durch eine dünne, für Röntgenlicht durchlässige Folie abgeschlossen ist. Diese Folie trennt das Vakuum im Strahlrohr von der umgebenden Luft. Das Objekt befindet sich in einer Kammer zwischen 2 dünnen Folien. Die anschließende Vakuumkammer enthält Eintrittsfenster, hochauflösendes Röntgenobjektiv und CCD-Kamera. Der Strahlengang befindet sich – außer einem kurzen Bereich für die Objektbühne – im Vakuum, da sonst die weiche Röntgenstrahlung zu stark absorbiert würde. Um das Objekt einzustellen und zu fokussieren, kann anstelle des Kon-

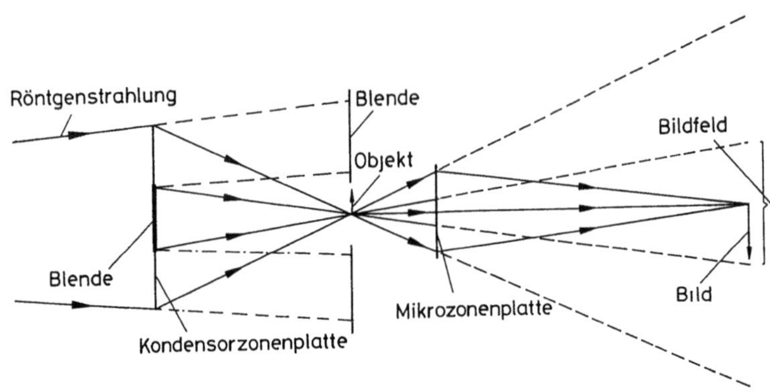

Abb. 4. Röntgenoptischer Strahlengang eines Röntgenmikroskops

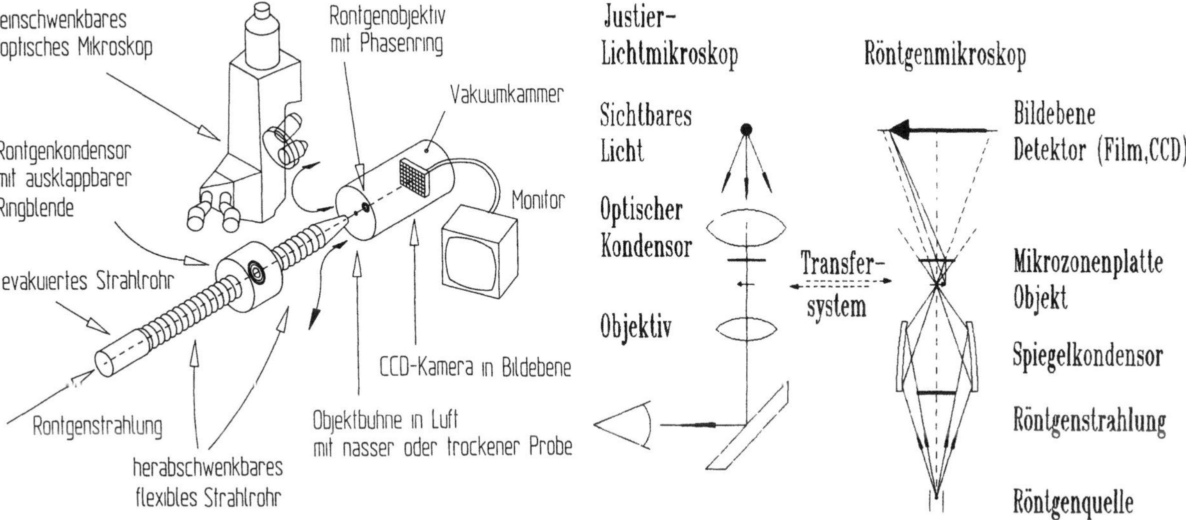

Abb. 5. Schema des Röntgenmikroskops am Elektronenspeicherring BESSY

Abb. 7. Schema des Aufbaus und röntgenoptischer Strahlengang des Röntgenmikroskops mit gepulster Plasmaquelle

densorstrahlrohres ein Lichtmikroskop eingeschwenkt werden. Ein Bild des mittleren Teils des Röntgenmikroskops zeigt Abb. 6.

Am BESSY ist zusätzlich ein Rasterröntgenmikroskop aufgebaut. Dabei wird das Objekt mit einem fokussierten Röntgenstrahl punktweise abgetastet. Die durch das Objekt hindurchgehende Strahlung wird von einem Detektor registriert. Röntgenmikroskope und Rasterröntgenmikroskope sind an Elektronenspeicherringen in mehreren Ländern aufgebaut oder in der Entwicklung (Schmahl u. Rudolph 1984; Sayre et al. 1988; Michette et al. 1992; Aristov u. Erko 1994).

Um röntgenmikroskopische Untersuchungen unabhängig von Speicherringen als Röntgenquellen durchführen zu können, wird ein Röntgenmikroskop mit einer gepulsten Plasmaquelle entwickelt (Rudolph et al. 1992). Die Abb. 7 zeigt das Schema des Röntgenmikroskops mit dem röntgenoptischen Strahlengang. Als Strahlungsquelle dient ein Pinchplasma. Durch eine Stickstoffgasentladung wird ein leitfähiges Plasma erzeugt, das durch hohe Ströme aufgeheizt und durch die dabei entstehenden hohen Magnetfelder auf ein kleines zylindrisches Gebiet zusammengedrückt wird. Dort herrscht für eine Zeit

Abb. 6. Mittlerer Teil des Rontgenmikroskops am BESSY

Abb. 8. Röntgenmikroskop mit gepulster Plasmaquelle

von etwa 5–10 ns ein Zustand mit Temperaturen von etwa 2 Millionen Grad, dabei wird intensive Röntgenstrahlung ausgesandt. Für die röntgenmikroskopischen Untersuchungen wird eine starke Emissionslinie des 6fach ionisierten Stickstoffs der Wellenlänge $\lambda = 2{,}48$ nm genutzt. Die Abb. 8 zeigt ein Bild des Röntgenmikroskops, mit dem bereits Bilder mit einem Röntgenpuls erzeugt worden sind (Rudolph et al. 1994). Durch weitere Verbesserungen der Röntgenquelle sowie der Röntgenoptiken wird es möglich sein, hochaufgelöste Bilder von nassen Objekten mit einem Puls zu erhalten.

Anwendungen der Röntgenmikroskopie

Hier sollen einige Anwendungen der Röntgenmikroskopie in den Gebieten Bodenkunde, Biophysik und Biologie kurz beschrieben werden.

Die Röntgenmikroskopie ist in der Lage, die räumliche Anordnung von Bodenkolloiden im wäßrigen Millieu mit dem erforderlichen Auflösungsvermögen direkt darzustellen und damit einer morphometrischen Analyse zugänglich zu machen (Niemeyer et al. 1994). Untersucht werden Wechselwirkung von Tonen mit Bakterien, die Aggregation kolloidaler Teilchen sowie der Einfluß von ausgewählten Sanierungsverfahren auf die räumliche Anordnung der Bodenkolloide. Die Bodenkolloide sind Bausteine der Mikroaggregate und damit des Mikrogefüges der Böden. Das Porensystem innerhalb dieses Gefüges konnte bislang nicht direkt dargestellt werden, so daß bisher indirekte Verfahren zur ungefähren Charakterisierung dieses Systems benutzt worden sind. Eine detaillierte Kenntnis und damit Parametrisierung der Form und der Größe dieses Hohlraumsystems ist jedoch erforderlich, um Wasser- und Stoff-Flüsse innerhalb dieses Gefüges beschreiben zu können.

Mit Hilfe der Röntgenmikroskopie ist es gelungen, die innere Struktur der Mikroaggregate darzustellen und den Einfluß von Tensiden und Nährstofflösungen auf diese Struktur zu analysieren. Solche Untersuchungen sind mit der Elektronenmikroskopie nicht möglich, da bei den erforderlichen Präparationen die Strukturen zerstört werden. Die Abb. 9 zeigt ein röntgenmikroskopisches Bild eines Mikroaggregats einer Montmorillonit-Feinton-Suspension mit Nährlösung. (Die Abb. 9–12 wurden mit dem Röntgenmikroskop am BESSY mit der Wellenlänge $\lambda = 2{,}4$ nm aufgenommen.)

Ein Beispiel aus der Biophysik ist die Strukturuntersuchung am künstlichen Lipidmembranen (Guttmann u. Klösgen 1994). Mit der Röntgenmikroskopie können Materialien untersucht werden, die im Skalenbereich von wenigen molekularen Aggregaten bis hin zu ausgedehnten makroskopischen Systemen strukturbildend sind. Ein Beispiel dafür sind die Systeme aus Amphiphilen und Wasser. Hier ergibt sich, je nach Zusammensetzung, eine große Anzahl verschiedener Strukturen, von Mikroemulsionen über mizelläre Lösungen bis hin zu verschiedenen, auf der Grundstruktur (biologischer) Membranen aufgebauten Phasen (planar lamellare, hexagonale, kubische

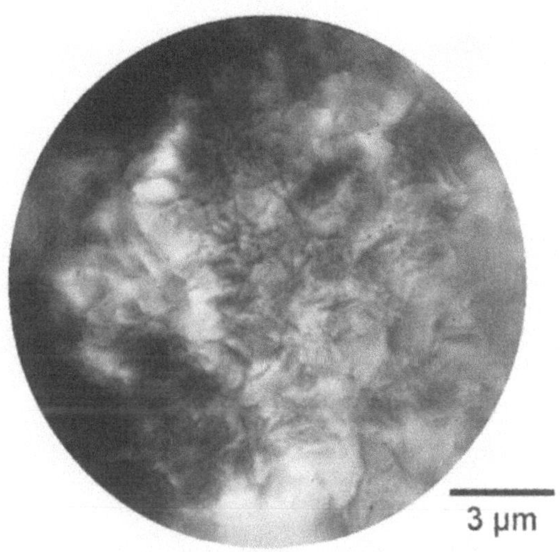

Abb. 9. Röntgenmikroskopische Aufnahmen einer Suspension von Montmorillonit-Feinton mit Nährlösung

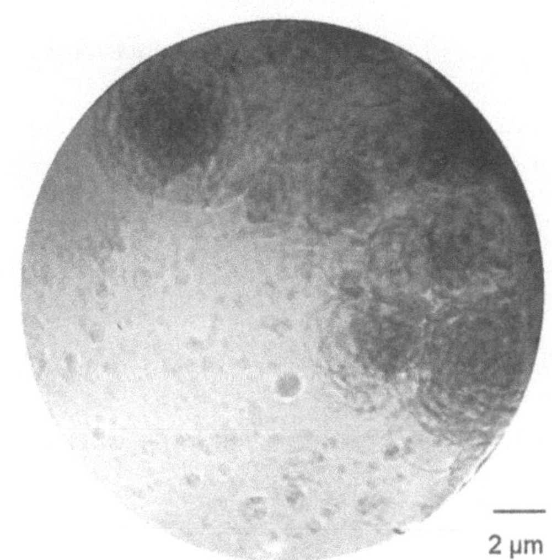

Abb. 10. Röntgenmikroskopisches Bild von POPC-Vesikeln in Wasser

Phasen). Beim Übergang von ausgedehnten (kontinuierlichen) Strukturen zu solchen aus (relativ) wenigen Molekülen gebildeten ist dabei die Skaleninvarianz nicht unbedingt als gegeben anzunehmen.

Die Untersuchungen konzentrieren sich bisher auf Vesikel aus synthetischen Lipiden (DMPC, POPC). Hier gibt es, aus den Ergebnissen von lichtmikroskopischen Untersuchungen, u. a. zur Adhäsion, Evidenz für die Bildung einer submikroskopischen Überstruktur in der planaren Phase. Diese Vorstellungen konnten zwar durch die Anwendung der Kryo-Transmissionselektronenmikroskopie weiter erhärtet, aber bisher nicht bewiesen werden. Die Gründe hierfür sind: Frierartefakte beeinflussen die Struktur in der Probe und müssen sehr sorgfältig betrachtet und diskutiert werden. Die für die Transmissionsuntersuchungen nötige geringe Dicke der Probe (maximal 500 nm) beschränkt die Untersuchung auf kleine Vesikeln. Die wechselseitige Beeinflussung von Membrankrümmung und Ausbildung von Überstrukturen in der fluiden Phase ist bisher nicht eindeutig geklärt. Es gibt keine Möglichkeit, die Präparation der Probe durch lichtmikroskopische Kontrolle zu steuern oder gar innerhalb der Probe Bereiche zu selektieren.

Zu all diesen Punkten trägt die Röntgenmikroskopie positiv bei: Es können Vesikeln mit einem Radius von ca. 2 µm bis hinunter zu 150 nm in vitro bei Raumtemperatur und Normaldruck untersucht werden. Strukturverändernde Präparationsartefakte werden völlig vermieden. Die bisher erreichte Sichtbarmachung von bis zu 25 nm kleinen Strukturen gestattet die Suche nach einer Überstruktur in der fluiden Phase. Dieser Effekt sollte in der kooperativen Ausbildung von Falten oder Furchen in ungespannten Lipidmembranen bestehen. Es wird sich der durch die normale Krümmungselastizität bestimmten Form der Vesikel überlagern. Im Lichtmikroskop ist es wegen der begrenzten Auflösung nicht zu erwarten, diesen Effekt zu beobachten. Jedoch zeigen einige der ansonsten sphärischen Vesikeln, die mit dem Röntgenmikroskop abgebildet wurden, zeitlich stabile Auffaltungen auf der Membran. Diese ersten Ergebnisse müssen natürlich weiter abgesichert werden. Insbesondere ist eine Verbesserung der präparativen Seite erforderlich, die zu einer erhöhten Ausbeute möglichst unilamellarer ungespannter Vesikel führt.

Mit den Ergebnissen konnte gezeigt werden:

1. Unilammelare Vesikelmembranen für Vesikel mit Dimensionen bis hinunter zu etwa 300 nm können im Röntgenmikroskop abgebildet werden. Dabei können z. B. Strukturen bis zu 25 nm sichtbar gemacht werden
2. Es existiert ein Werkzeug, elektronenmikroskopische Untersuchungen in bezug auf die dort unvermeidlichen Artefakte zu kontrollieren. Der dort zugängliche Bereich liegt bei Vesikelradien von 30 nm bis ca. 250 nm.

3. Es wird möglich sein, den Einfluß der Systemgröße auf die Strukturbildung zu untersuchen.

Die Abb. 10 zeigt ein röntgenmikroskopisches Bild von Palmitoyl-Oleyl-Phosphatidylcholin-Vesikeln, aufgenommen im Phasenkonstrast. Aus den röngenmikroskopischen Untersuchungen biologischer Objekte seien 2 Beispiele genannt.

Röntgenmikroskopische Untersuchungen an Primärkulturen von Kupfferschen Sternzellen der Rattenleber

Diese Untersuchungen verfolgen die Ziele, für Makrophagen spezifische Antigene auf der Zelloberfläche nachzuweisen, sowie Zellen in verschiedenen Phasen der Phagozytose abzubilden. Der Nachweis der Antigene geschieht über eine monoklonale Antikörperfärbung mit Silberverstärkung. Durch ganzheitliche Abbildung der Zelle im Röntgenmikroskop stellen sich die Silberkomplexe als zusammenhängende Strukturen dar. Bei der Elektronenmikroskopie hingegen ist die Zuordnung wegen der notwendigen Partialvolumenanschnitte sehr viel schwieriger.
Die Abb. 11 zeigt röntgenmikroskopische Aufnahmen einer Kupfferschen Sternzelle in wäßriger Umgebung, fixiert in Glutaraldehyd, im Amplitudenkontrast (Abb. 11a) und im Phasenkontrast (Abb. 11b) (Schmahl et al. 1994). In weiteren Untersuchungen soll u. a. der Transport von phagozytiertem Material ins Zellinnere genauer untersucht werden.

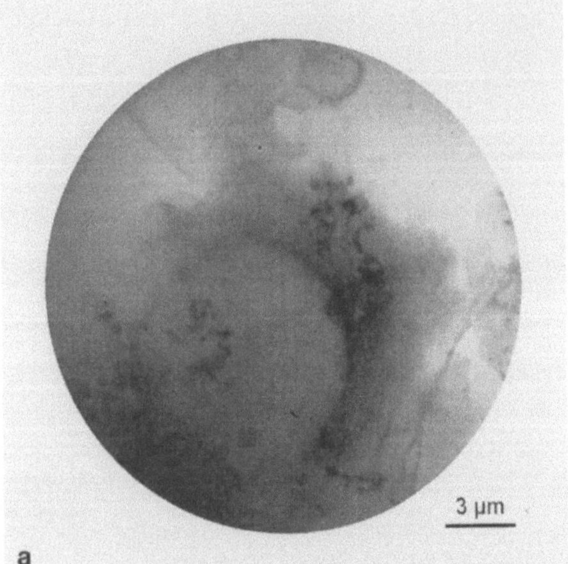

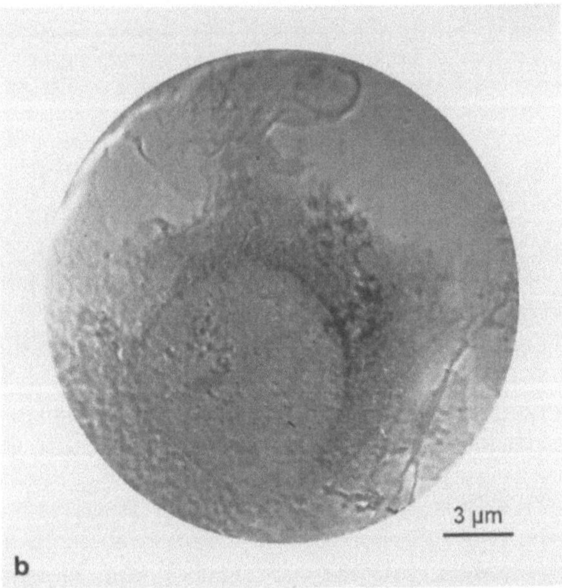

Abb. 11 a, b. Röntgenmikroskopische Aufnahme einer Kupfferschen Sternzelle. **a** Amplitudenkontrast, **b** Phasenkontrast

Röntgenmikroskopische Untersuchungen an Chromosomen der Speicheldrüse von Larven von Chironomus thummi

Die Struktur von Chromosomen im Bereich zwischen 10 nm und einigen Mikrometern ist von großer Bedeutung für ihre Funktion. Bisher ist allerdings der Zusammenhang zwischen Form und Funktion in diesem Bereich weitgehend unbekannt. Da die Röntgenmikroskopie ganze Chromosomen in natürlichem, wäßrigem Zustand zu untersuchen gestattet, ist sie in der Lage, dazu beizutragen, diese Kenntnislücke zu schließen. Daher wurden Untersuchungen an kondensierten und dekondensierten Chromosomen vorgenommen. Bei den dekondensierten Chromosomen bilden Chromatinfäden Schleifen, die an der Peripherie der Chromosomen austreten. Die Durchmesser der Fäden legen den Schluß nahe, daß diese Strukturen bei der Dekondensation nicht neu gebildet werden, sondern sich aus dem kondensierten Zustand auffasern. Die Abb. 12 zeigt die röntgenmikroskopische Aufnahme eines solchen Chromosoms im kondensierten Zustand in physiologischer Salzlösung, fixiert in Glutaraldehyd (Guttmann et al. 1992).
Fortschritte in der Röntgenmikroskopie hängen wesentlich von verbesserten Röntgenoptiken und Röntgenquellen ab. Die Stärke der Röntgen-

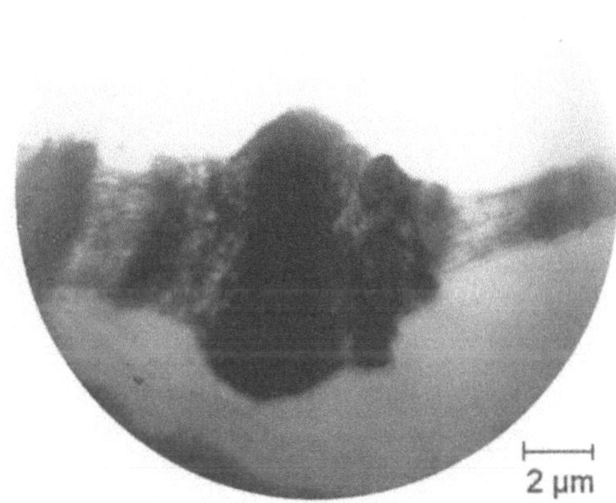

Abb. 12. Röntgenmikroskopische Aufnahme eines kondensierten polytenen Chromosoms aus der Speicheldrüse einer Larve von Chironomus thummi in physiologischer Salzlösung

mikroskopie liegt darin, daß relativ dicke Objekte in natürlichen, wäßrigem Zustand artefaktfrei abgebildet werden können. Für Abbildungen mit verbesserter Auflösung ist es notwendig, Unschärfen im Bild durch mögliche Bewegungen und Diffusionsvorgänge im Objekt zu vermeiden. Dies kann durch Belichten mit sehr kurzen Pulsen geschehen (s. S. 558). Eine weitere Möglichkeit besteht darin, die Objekte einzufrieren (Kryoröntgenmikroskopie).

Danksagung. Wir danken der Berliner Elektronenspeichering-Gesellschaft für Synchrotronstrahlung mbH (BESSY) für die guten Experimentierbedingungen, dem Fraunhofer Institut für Lasertechnik und der Firma C. Zeiss für die Zusammenarbeit bei der Entwicklung des Röntgenmikroskops mit gepulster Plasmaquelle sowie dem Bundesministerium für Forschung und Technologie (BMFT) für die Förderung der Arbeiten.

Literatur

Aristov VV, Erko AI (eds) (1994) X-ray microscopy IV. Bogorodski Pechatnik, Chernogolovka, Moscow Region

David C, Thieme J, Guttmann P, Schneider G, Rudolph D, Schmahl G (1992) Electron-beam generated X-ray optics for high resolution microscopy studies. Optik 91/3:95–99

Guttmann P, Klösgen B (1994) X-ray microscopy studies of artificial lipid membranes. In: Aristov VV, Erko AI (eds) X-ray microscopy IV. Bogoradski Pechatnik, Chernogolovka, Moscow Region, pp 217–229

Guttmann P, Schneider G, Robert-Nicoud M et al. (1992) X-ray microscopy investigations on polytene chromosomes isolated from salilvary glands of Chironomus thummi larvae. In: Michette AG, Morrison GR, Buckley CJ (eds) X-ray microscopy III. Springer, Berlin Heidelberg New York Tokyo, pp 404–407

Henke BL, Gullikson EM, Davis JC (1993) X-ray interactions: Photoabsorption, scattering, transmission and reflection, E = 50–30000 eV, Z = 1–92. Submitted to Atomic Data and Nuclear Data Tables

James RW (1982) The optical principles of the diffraction of X-rays. Ox Bow Woodbridge, Conneticut

Lebert R, Holz R, Rothweiler D, Richter F, Neff W (1992) A plasma source for an imaging X-ray microscope. In: Michette AG, Morrison GR, Buckley CJ (eds) X-ray microscopy III. Springer, Berlin Heidelberg New York Tokyo, pp 62–65

Maser J (1993) Theoretische Beschreibung der Beugungs- und Abbildungseigenschaften hochauflösender Zonenplatten für die Röntgenmikroskopie. Dissertation, Mathematisch-Naturwissenschaftliche Fachbereiche der Georg-August-Universität Göttingen

Maser J, Schmahl G (1991) Coupled wave description of the diffraction by zone plates with high aspect ratios. Opt Communic 89:355–362

Michette AG, Morrison GR, Buckley CJ (eds) (1992) X-ray microscopy III. Springer, Berlin Heidelberg New York Tokyo (Springer Series in Optical Sciences, vol 67)

Niemann B, Schneider G, Guttmann P, Rudolph D, Schmahl G (1994) The new Göttingen X-ray microscope with object holder in air for wet specimens. In: Aristov VV, Erko AI (eds) X-ray microscopy IV. Bogorodski Pechatnik, Chernogolovka, Moscow Region, pp 66–75

Niemeyer J, Thieme J, Guttmann P (1994) Colloidal systems in the soil investigated by X-ray microscopy. In: Aristov VV, Erko AI (eds) X-ray microscopy IV. Bogorodski Pechatnik, Chernogolovka, Moscow Region, pp 164–170

Rudolph D, Niemann B, Schmahl G, Christ O (1984) The Göttingen X-ray microscope and X-ray microscopy experiments at the BESSY storage ring. In: Schmahl G, Rudolph D (eds) X-ray microscopy. Springer, Berlin Heidelberg New York

Rudolph D, Schmahl G, Niemann B (1994) Wet specimen immaging with an X-ray microscope with a pulsed plasma source. In: Aristov VV, Erko AI (eds) X-ray microscopy IV. Bogorodski Pechatnik, Chernogolovka, Moscow Region, pp 380–385

Sayre D, Howells M, Kirz J, Rarback H (eds) (1988) X-ray microscopy II. Springer, Berin Heidelberg New York Tokyo (Springer Series in Optical Sciences, vol 56)

Schmahl G, Rudolph D (eds) (1984) X-ray microscopy. Springer, Berlin Heidelberg New York, Tokyo (Springer Series in Optical Sciences, vol 43)

Schmahl G, Rudolph D (1987) Proposal for a phase contrast X-ray microscope. In: Cheng PC, Jan GJ (eds) X-ray microscopy, instrumentaion and biological applications. Springer, Berlin Heidelberg New York Tokyo, pp 231–238

Schmahl G, Rudolph D, Guttmann P, Christ O (1984) Zone plates for X-ray microscopy. In: Schmahl G, Rudolph D (eds) X-ray microscopy. Springer, Berlin Heidelberg New York

Schmahl G, Rudolph D, Schneider G, Guttmann P, Niemann B (1994) Phase contrast X-ray microscopy studies. Optik 97/4: 181–182

Soret JL (1875) Über die durch Kreisgitter erzeugten Diffractionsphänomene. Poggendorffs Ann CLVI: 99–113

Thieme J, David C, Fay N et al. (1994) Zone plates for high resolution X-ray microscopy. In: Aristov VV, Erko AI (eds) X-ray microscopy IV. Bogorodski Pechatnik, Chernogolovka, Moscow Region, pp 487–493

Röntgenstrahlen aus dem Universum

Ernst Stuhlinger, Joachim E. Trümper und Martin C. Weisskopf

Im Jahre 1970 wurde E. Stuhlinger von der Deutschen Röntgengesellschaft eingeladen, aus Anlaß des 75jährigen Jubiläums von Röntgens Entdeckung der Röntgenstrahlen einen Vortrag über „Röntgenastronomie" zu halten (Stuhlinger 1970). Während jener Vortrag über Einzelheiten der Röntgenphysik und der Entdeckung kosmischer Röntgenstrahlen berichtete, beschreibt der vorliegende Aufsatz vor allem den ungeheuren Fortschritt, den unser Wissen und unser Verständnis während der vergangenen 25 Jahre auf dem Gebiet der Röntgenstrahlen aus dem Universum gemacht haben.

Röntgenstrahlen in irdischen Laboratorien

Als Wilhelm Conrad Röntgen seine Strahlung vor 100 Jahren entdeckte, schien es, daß er auf eines der seltensten und flüchtigsten Mitglieder der Familie der Grundbausteine unserer natürlichen Welt gestoßen war. Heute berichten die Kosmologen, daß ein wesentlicher Teil der gigantischen Strahlungsenergie im Weltall aus Röntgenstrahlen besteht, die die kosmischen Räume mit Lichtgeschwindigkeit durcheilen.

Röntgen erzeugte seine Strahlen in gasgefüllten Glasröhren, sog. Kathodenstrahlröhren, in denen er elektrische Entladungen unterhielt. Er nannte die neu entdeckten Strahlen „X-Strahlen", aber in Deutschland bürgerte sich rasch die Bezeichnung „Röntgenstrahlen" ein. Es zeigte sich bald, daß Röntgenstrahlen immer dann entstehen, wenn Elektronen hoher Geschwindigkeit sehr rasch abgebremst werden. Physiker vermuteten bald, daß diese neue Strahlung aus elektromagnetischen Wellen besteht, ähnlich den Wellen, die von Quellen sichtbaren oder ultravioletten Lichtes ausgesandt werden, doch konnte die Wellennatur der Röntgenstrahlen erst Jahre später experimentell bewiesen werden: Im Jahre 1912 hatte Max von Laue die glänzende Idee, Kristalle mit ihren regelmäßig geschichteten Atomlagen als Beugungsgitter für Röntgenstrahlen zu benützen. Er zeigte, daß diese Strahlung Beugungs- und Interferenzeffekte erzeugt, ähnlich denen des sichtbaren Lichts, aber mit tausendmal kürzeren Wellenlängen. Gleichzeitig erwies sich seine Idee nicht nur für das weitere Studium von Röntgenstrahlen als äußerst nützlich, sondern auch für weite Gebiete der Kristallographie und der Materialkunde.

Der nahe Zusammenhang zwischen der Abbremsung von Elektronen und der Erzeugung elektromagnetischer Strahlung kann aufgrund der Maxwellschen Gleichungen verstanden werden. Zusammen mit den von Laueschen Beobachtungen führte dies zu dem Schluß, daß Röntgenstrahlen einen Ausschnitt darstellen aus dem großen Spektrum elektromagnetischer Strahlungen, das mit Radiowellen sehr großer Wellenlängen beginnt und sich über Mikrowellen, Wärmestrahlungen, infrarotes, sichtbares und ultraviolettes Licht, Röntgenstrahlen und schließlich Gammastrahlen erstreckt. Die Eigenschaft jeder dieser Strahlungen ist eindeutig durch die Frequenz ihrer elektromagnetischen Schwingungen bestimmt.

Während sich die Röntgenstrahlen sehr rasch als ein äußerst interessantes Phänomen für Physiker erwiesen, waren die Hauptnutznießer ihrer Entdeckung die Ärzte, und noch mehr deren Patienten. Es wurde geschätzt, daß durch Röntgenstrahlen schon mehr Leben gerettet werden konnten, als in sämtlichen Kriegen geopfert wurden! Kaum weniger wichtig waren die Anwendungen bei der Materialprüfung und der Werkstofftechnik.

Die Beobachtung von Röntgenstrahlen aus dem Weltraum

Von der Sonne wußte man seit den 30er Jahren, daß sie von einer heißen Hülle, der Korona, umgeben ist, und die extrem kurzwellige Ultraviolett- und Röntgenstrahlung aus dieser Schicht wurde für die Ionisation der obersten Atmosphärenschicht unserer Erde, der Ionosphäre, verantwortlich gemacht. Aber direkt nachweisen konnte man diese Strahlung nicht, da die Erdatmosphäre für sie völlig undurchlässig ist. Dann, um die Mitte unseres Jahrhunderts, begann die Menschheit zum ersten Mal über die engen Bezirke ihrer irdischen Umgebung hinauszugreifen und die schützende Lufthülle zu verlassen. Nur Raketenfahrzeuge sind in der Lage, in die weiten Räume jenseits unserer Atmosphäre vorzudringen. Während die ersten großen Raketen für lange Reichweiten unter militärischer Leitung und deshalb als potentielle Waffen entwickelt wurden, war es von Anfang jener Entwicklungen an klar, daß die gleichen Raketen auch in der Lage sein würden, wissenschaftliche Instrumente und sogar Menschen zu tragen, selbst zu Höhen, die weit über den äußersten Grenzen unserer Atmosphäre liegen - in fernerer Zukunft sogar zum Mond und zu einigen der Planeten.

Am Ende des Zweiten Weltkrieges beschloß die amerikanische Armee, eine Anzahl der in Peenemünde entwickelten A-4-Raketen (auch V-2 genannt) in die Vereinigten Staaten zu bringen, in erster Linie, um dem Militär und auch der amerikanischen Industrie die Gelegenheit zu geben, etwas über die neue Raketentechnik zu lernen. Im Sommer und Herbst 1945 wurden Teile von etwa 100 A-4-Raketen von Deutschland nach White Sands in Neu Mexiko verfrachtet, einem von der Armee betriebenen Prüfplatz für Artillerie und Raketen. Etwa 70 vollständige A-4-Raketen konnten in White Sands zusammengebaut und abgeschossen werden. Trotz der äußerst rauhen Behandlung, die die Raketenteile während ihres langen und beschwerlichen, oft auch abenteuerlichen Weges aus dem vom Krieg verwüsteten Deutschland in die Wüste von White Sands ertragen mußten, erreichten die meisten der abgeschossenen Raketen Höhen von 100 km und mehr.

Einige junge Wissenschaftler in Amerika erkannten die einzigartige Gelegenheit, mit diesen Raketen wissenschaftliche Instrumente in große Höhen zu transportieren und Beobachtungen jenseits der Atmosphäre durchzuführen. Während A-4-Raketen als Waffen im Krieg nur über eine Zeitspanne von einem halben Jahr benutzt wurden, dienten sie in White Sands der Forschung über eine Zeitraum von mehr als 6 Jahren, bis 1952.

Nachweismethoden für Röntgenstrahlen

Röntgenstrahlen sind für das menschliche Auge unsichtbar, aber sie können mit mehreren Methoden nachgewiesen werden. Röntgen bekam die ersten Anzeichen der neuartigen Strahlung aus seiner Entladungsröhre, weil eine in der Nähe liegende chemische Substanz, Barium-Platin-Cyanid, eine schwache grünliche Fluoreszenz zeigte, wenn sie den Strahlen ausgesetzt wurde. Wenig später bemerkte er, daß photographische Platten auf Röntgenstrahlen ähnlich wie auf Lichtstrahlen - durch Schwärzung - reagierten. Mehrere Jahre später, nachdem Hans Geiger sein Geiger-Zählrohr zum Nachweis von Teilchenstrahlungen erfunden hatte, wurde festgestellt, daß Geiger-Zähler auch auf Röntgenstrahlen ansprechen, besonders wenn sie mit dünnen Eintrittsfenstern versehen waren. Noch besser eignen sich die den Geiger-Zählern verwandten „Proportionalzähler“, in denen die Energie der Röntgenquanten gemessen werden kann, und neuerdings Röntgendetektoren auf Halbleiterbasis.

Röntgenstrahlen von der Sonne

Der erste Nachweis von Röntgenstrahlen in der Hochatmosphäre wurde 1948 von T. R. Burnight geführt, der photographische Platten, durch dünne Berylliumfolien geschützt, mit einer A-4-Rakete in 168 km Höhe brachte. Die Existenz von UV- und Röntgenstrahlung wurde von Richard Tousey mit zwei A-4-Flügen 1949 und 1950 bestätigt. Beide Experimente hatten jedoch keine Zeit- oder Winkelauflösung und konnten nicht eindeutig den solaren Ursprung der Strahlung beweisen. Dies gelang zum ersten Mal zweifelsfrei Herbert Friedman und seiner Gruppe, die 1949 Geiger-Müller-Zählrohre auf einer rotierenden Rakete einsetzten. Die im Takt der Rotation modulierte Röntgenstrahlung kam eindeutig von der Sonne. Dieses Experiment war besonders erfolgreich; es bewies, daß die berühmte E-Region der Ionospäre durch Röntgenstrahlen aus der Sonne erzeugt und aufrechterhalten wird (Friedman 1990).

In den 50er Jahren berechnete der Tübinger Astrophysiker Gerhard Elwert das Röntgenspektrum der Sonnenkorona und sagte die Randaufhellung der solaren Röntgenemission voraus. Die Bestätigung dieser Theorie kam im Jahre 1960, als die erste Aufnahme der Sonne im Röntgenlicht während des Fluges einer Aerobee-Rakete gelang. Diese trug eine sehr primitive Lochkamera, deren Öffnung mit einer dünnen Metallfolie überdeckt war, um ultraviolettes und sichtbares Licht abzuhalten. Das erste Sonnenbild im Röntgenlicht ließ erkennen, daß Röntgenstrahlen vorwiegend vom Rand und von lokalisierten Regio-

nen höherer Dichte in der Korona emittiert werden.
Ein wesentlicher Fortschritt gegenüber der Lochkamera ergab sich durch den Einsatz von Fresnelschen Zonenplatten als abbildende Elemente. Diese wurden in den 60er und 70er Jahren von einer Wissenschaftlergruppe am Astronomischen Institut der Universität Tübingen unter Leitung von G. Möllenstedt und Mitwirkung von G. Elwert auf Skylarkraketen für Abbildungen der Sonnenkorona zum Einsatz gebracht. Allerdings waren die Durchmesser dieser „Objektive" auf wenige Millimeter begrenzt und eigneten sich nicht für Beobachtungen der relativ schwachen kosmischen Röntgenquellen. Weit bessere Möglichkeiten ergaben sich aufgrund einer Erfindung des deutschen Physikers Hans Wolter in Kiel. Man wußte bereits seit langem, daß Röntgenstrahlen von Spiegelflächen unter äußerst kleinen Reflexionswinkeln reflektiert werden. Die einfachste Optik, ein Parabolspiegel, zeigt allerdings unter den Bedingungen des streifenden Einfalls extreme Bildfehler. Diese können korrigiert werden, und dies war die Idee von Wolter, wenn man hinter den Parabolspiegel einen Hyperbolspiegel setzt, an dem die Strahlen ein zweites Mal reflektiert werden (Wolter 1952). Ein Spiegelsystem dieser Art kann Röntgenbilder mit einer Auflösung von einigen Bogensekunden liefern. Die ersten Röntgenbilder von der Sonne mit Hilfe eines „Wolter-Teleskops" wurden von Giacconis' Gruppe im Jahre 1965 gemacht. Ihnen folgten wesentlich bessere Bilder in den 70er Jahren, die mit Wolter-Teleskopen auf der großen Skylab-Raumstation gemacht wurden. Drei Mannschaften von je 3 Astronauten lebten an Bord des Skylab für 171, 59, und 84 Tage; sie beobachteten die Sonne ohne Unterbrechung über eine Zeit von 9 Monaten. Die Wolter-Bilder zeigten, daß das heiße Plasma der Korona in Magnetfeldern gefangen ist, in sog. magnetischen Flußröhren, die ihren Ursprung in der Photosphäre haben, und auch dort wieder enden.
Im August 1991, 18 Jahre nach Skylab, begann der gemeinsam von Japan, den USA und Großbritannien gebaute Yohkoh- („Sonnenstrahl"-) Satellit (Abb. 1), eine reiche Ernte von hochaufgelösten Röntgenbildern der Sonne zu bringen (Petersen et al. 1993). Im Laufe von 2 Jahren machte er über eine Million Sonnenbilder; sie zeigten, daß die „solar flares" (Sonneneruptionen) dann entstehen, wenn sich 2 der plasmagefüllten magnetischen Flußröhren innerhalb der äußerst turbulenten Sonnenkorona berühren, und sich dabei ihre magnetischen Flußlinien vermischen. Ähnlich wie bei der Berührung von

Abb. 1. Yohkoh („Sonnenstrahl"), ein japanisch-amerikanisch-britischer Röntgensatellit für Sonnenbeobachtung (1991). (Aus Peterson et al. 1993)

2 elektrischen Drähten entsteht dabei ein „magnetischer Kurzschluß" mit der explosionsartigen Freisetzung von Energie, die bei großen Flares dem Energiebetrag von einer Milliarde nuklearer Explosionen von je einer Megatonne TNT-Äquivalent gleichkommen kann. Solche Ereignisse tragen zur Aufheizung der Korona bei, und damit zu einer starken Emission von Röntgenstrahlen. Zwei von Yohkoh aufgenommene Röntgenbilder (Abb. 2a, b) zeigen die Sonne in einer aktiven und einer ruhigen Periode.

Röntgenstrahlen aus Quellen außerhalb des Sonnensystems

Röntgenstrahlen von extrasolaren Quellen wurden erstmalig 1962 von Riccardo Giacconi und seinen Mitarbeitern entdeckt. Sie versuchten damals, mit raketengetragenen Geiger-Zählrohren solare Röntgenstrahlen nachzuweisen, die vom Mond reflektiert wurden. Dafür waren jedoch diese Instrumente viel zu unempfindlich, und erst im Jahre 1990 konnte der deutsche Röntgensatellit ROSAT die ersten Röntgenbilder vom Mond machen (Abb. 3). Stattdessen fanden Giacconi et al. eine starke Röntgenquelle nahe dem Zentrum unserer Milchstraße im Sternbild Skorpion (Giacconi et al. 1962). Von dieser Quelle stellte man später fest, daß es sich um einen Neutronenstern in einem Doppelsternsystem handelt, der Materie von seinem Begleiter ansaugt. Daneben wurde in diesem Pionierexperiment ein diffuser

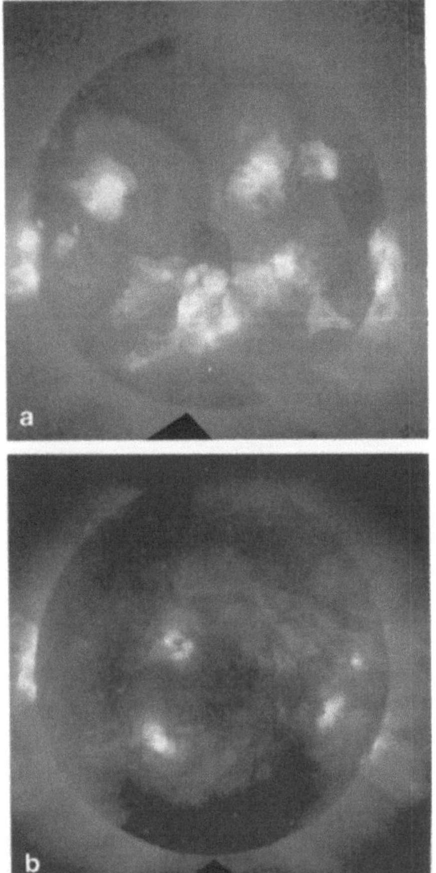

Abb. 2a b. Emission weicher Röntgenstrahlen von der Sonne; **a** während einer „aktiven" Periode, **b** während einer „ruhigen" Periode, 18 Monate später (Yohkoh 1991). (Aus Peterson et al. 1993)

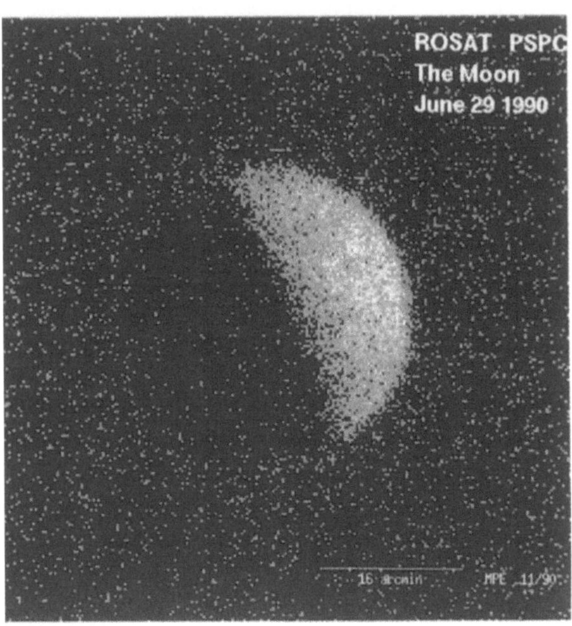

Abb. 3. ROSAT-Aufnahme des Mondes; die von der Sonne bestrahlte Mondhälfte reflektiert Röntgenstrahlen von der Sonne; die dunkle Mondhälfte absorbiert die diffuse Röntgenhintergrundstrahlung aus dem Raum (ROSAT 1992). (Aus Trümper 1994)

Röntgenhintergrund gefunden. Dessen Intensität war jedoch geringer, als man nach der Theorie der „continuous creation", die von Hermann Bondi, Thomas Gold und Fred Hoyle für die Entwicklung des Universums vorgeschlagen worden war, erwarten würde. Diese Entdeckung wurde dann bald zu einer starken Stütze für die konkurrierende Theorie des „Big Bang" (Urknall). Erst mit ROSAT ist es gelungen, die Natur des Röntgenhintergrundes weitgehend zu enträtseln.

Die 60er und 70er Jahre sahen ein fast explosives Anwachsen von Entdeckungen der Röntgenastronomen. Dieses Feld wurde bald eines der am raschesten wachsenden Gebiete wissenschaftlicher Forschung. Etwa 60 diskrete Röntgenquellen waren bis zum Jahre 1970 entdeckt worden, die meisten innerhalb der galaktischen Ebene und offenbar Mitglieder unseres eigenen Milchstraßensystems, aber einige von ihnen lagen auch in hohen nördlichen oder südlichen Breiten.

Röntgensatelliten

Der Wunsch, die Himmelskugel systematisch nach Röntgenquellen zu durchsuchen, führte zum Bau von Röntgensatelliten mit großflächigen Detektoren. Der erste Satellit dieser Art, UHURU, wurde von Giacconi und seinen Mitarbeitern gebaut und von einer Ölbohrungsplattform nahe der Küste von Kenya im Dezember 1970 in einen äquatorialen Orbit gebracht (Giacconi et al. 1971). Er war mit Proportionalzählern ausgestattet, die durch vorgeschaltete Kollimatoren die Ermittlung der Einfallsrichtung der Röntgenstrahlung erlaubte. Zur Orientierung am Himmel dienten Stern- und Sonnensensoren. Während seiner 3jährigen Lebenszeit entdeckte UHURU 339 diskrete Röntgenquellen. Viele dieser Quellen konnten mit bekannten sichtbaren Sternen oder mit anderen Objekten des Himmels identifiziert werden.

In den frühen 70er Jahren begann eine Gruppe junger Astronomen unter der Leitung von J. Trümper am Astronomischen Institut Tübingen mit einem Programm röntgenastronomischer Forschung, das ab 1975 am Max-Planck-Institut für Extraterrestrische Physik (MPE) gemeinsam mit Tübingen fortgesetzt wurde. Diese Aktivitäten sollten sich als äußerst fruchtbar erweisen.

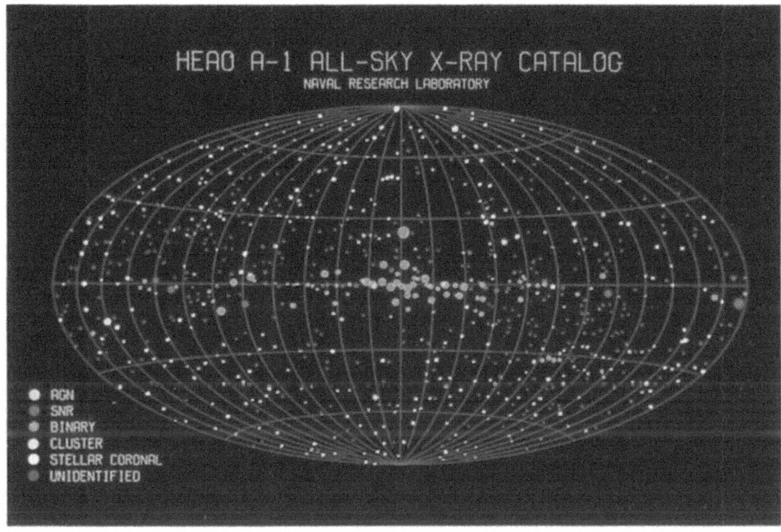

Abb. 4. Himmelskarte mit 846 Röntgenquellen (HEAO 1, 1984). (Aus Friedman 1990)

Ballongetragene Sensoren mit dem Namen HEXE erlaubten 1976 erstmals die direkte spektroskopische Messung des gigantischen Magnetfeldes eines Neutronensterns (Trümper et al. 1978). Über 10 Jahre später wurde der HEXE-Detektor auf der russischen Raumstation MIR eingesetzt und damit die Röntgenstrahlung von der berühmten Supernova 1987A entdeckt, nur 5 Monate nach ihrem Ausbruch.

Zur ergiebigsten Quelle unseres Wissens über Röntgenstrahlen aus der Tiefe des Universums vor dem Jahre 1990 wurde das HEAO-Satellitenprogramm (High Energy Astronomical Observatory). HEAO-1 wurde von einer Atlas-Centaur Rakete im August 1977 in den Orbit gebracht. Es besaß u. a. eine große, von Friedman und seinen Mitarbeitern gebaute Anordnung von Proportionalzählern und lieferte Daten für einen Röntgenkatalog, der 840 einzelne Röntgenquellen enthielt (Abb. 4). HEAO-2, von Giacconi und seinen Mitarbeitern gebaut, wurde später Einstein Observatory getauft. Es wurde 1978 in den Orbit gebracht und trug einen Wolter-Spiegel mit einer Brennweite von 3,44 m und einer Auflösung von 10 Bogensekunden (Giacconi et al. 1979). Das Einstein-Teleskop war mit 2 verschiedenen Bilddetektoren ausgerüstet: einer Anordnung von abbildenden Proportionalzählern, und einem „Multi-Channeltron", das aus Millionen von feinen, parallelen Glaskapillaren bestand. Einfallende Röntgenstrahlen lösen Lawinen von Elektronen entlang den Wänden der Kapillaren aus und führen so zu einem Bild der Röntgenquelle. Während HEAO-1 vorwiegend einen Überblick über die Verteilung der hellen Röntgenquellen am Himmel lieferte, zeigte HEAO-2 eine Menge von Einzelheiten dieser Objekte und stieß zu hundertmal schwächeren Quellen vor.

Im Verlauf der 80er Jahre verlagerte sich dann der Schwerpunkt der Röntgenastronomie nach Europa und Japan. 1983–1986 war der EXOSAT der ESA im Orbit, der 2 Wolter-Teleskope und großflächige Detektoren mit Kollimatoren besaß. Die besondere Stärke von EXOSAT war der hochexzentrische Orbit mit einem erdfernsten Punkt in 400000 km Entfernung. Damit war es erstmals in der Röntgenastronomie möglich, lange ununterbrochene Beobachtungen einzelner Quellen auszuführen – mit bis zu 60 h Länge! Japan beeinflußte den Gang der Röntgenastronomie mit einer Serie von 4 kleineren Satelliten, die seit 1979 in fast ununterbrochener Serie viele interessante Ergebnisse, vor allem über Neutronensterne, erbracht haben.

ROSAT – Ein deutsches Röntgenobservatorium

Vorgeschlagen vom Max-Planck-Institut für Extraterrestrische Physik (MPE) und realisiert unter seiner wissenschaftlichen Leitung hat ROSAT in den letzten Jahren die Röntgenastronomie revolutioniert. ROSAT steht für *RO*ENTGEN *SAT*ELLIT. Sein Hauptinstrument ist ein Röntgenteleskop mit 4 ineinander geschachtelten Wolter-Spiegelsystemen, das fast eine Tonne wiegt. Es besitzt eine Winkelauflösung von 3,5 Bogensekunden und verfügt über 2 Röntgenbildwandler in der Fokalebene, die im Energiebereich von 0,1–2,5 keV (entsprechend

Abb. 5. ROSAT, ein deutsch-amerikanisch-britischer Satellit zur Durchmusterung des Röntgenhimmels. (Aus Trümper 1994)

Wellenlängen von 0,5–12,4 nm) arbeiten. Einer der Detektoren ist ein Vieldrahtproportionalzähler (PSPC) aus dem Max-Planck-Institut für Extraterrestrische Physik, der es gestattet, 4 „Röntgenfarben" aufzulösen. Seine Winkelauflösung beträgt 25 Bogensekunden. Der zweite Detektor ist ein amerikanischer Multi-Channeltron-Detektor (HRI), der „Schwarz-weiß-Bilder" mit 5 Bogensekunden Auflösung macht.

Neben dem Röntgenteleskop gibt es an Bord ein kleineres Extrem-Ultraviolett-Teleskop, das von einem englischen Konsortium gebaut wurde und das den ROSAT-Energiebereich zu kleineren Photonenenergien hin erweitert (0,03–0,1 keV). Eine detaillierte Beschreibung der Instrumente und des Satelliten findet sich in den *Physikalischen Blättern* (Trümper et al. 1990). In Abb. 5 ist ROSAT dargestellt, der am 1. Juni 1990 mit einer amerikanischen Delta-II-Rakete gestartet wurde.

Eines der wichtigsten Ziele von ROSAT war, zum ersten Mal mit einem abbildenden Röntgenteleskop den ganzen Himmel zu durchmustern. Dieser Teil der Mission dauerte nur ein halbes Jahr und konnte im Februar 1991 erfolgreich abgeschlossen werden. Dabei konnten Quellen erfaßt werden, deren Intensität hundertmal schwächer war als die der schwächsten Quellen bisheriger Röntgensurveys. Entsprechend reich ist die wissenschaftliche Ausbeute:

Die vorläufigen Auswertungen lassen erwarten, daß dabei mehr als 60000 Röntgenquellen registriert und lokalisiert wurden (Abb. 6) – ein Quantensprung im Vergleich mit dem bisher umfangreichsten „all sky survey", der mit dem HEAO-1-Satelliten gemacht wurde und 840 Quellen ergab. Zu den neuentdeckten Quellen gehören fast alle bekannten Arten astrophysikalischer Objekte von den nahen Sternen bis zu den Quasaren am Rande des beobachteten Universums. Vielleicht noch wichtiger als der quantitative Fortschritt jedoch ist der Gewinn an Qualität. Die Abb. 7 zeigt ein kleines Stück ($\approx 1\%$) des ROSAT-Himmels in der Nähe des galaktischen Zentrums im Detail. Man erkennt neben den hellen Quellen, bei denen es sich um Röntgendoppelsterne handelt, viele schwache Objekte, vorwiegend normale Sterne. Rechts in Abb. 7 ist eine berühmte Supernovaexplosionswolke zu sehen. Sie stammt von „Keplers' Nova" (1604) und ist die letzte Supernova in unserer Milschstraße, die mit bloßem Auge gesehen wurde. Daneben erkennt man weiträumige Strukturen diffuser Emission, die vom heißen interstellaren Gas herrühren, das durch Supernovaexplosionen geheizt wird und eine Temperatur von etwa einer Million Grad

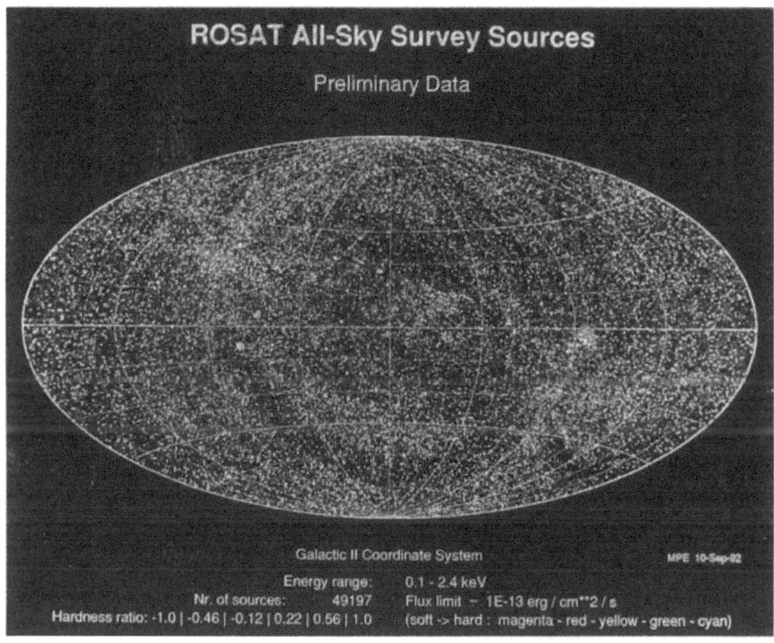

Abb. 6. Himmelskarte mit 50000 Rontgenquellen, ROSAT 1992. (Aus Trümper 1994)

besitzt. Einige hellere „Fetzen" diffuser Emission dürften Überbleibsel von sehr alten Supernovaexplosionswolken sein. Mit ROSAT ist zum ersten Mal die direkte Abbildung der diffusen Emission des heißen interstellaren Mediums ermöglicht worden.

Im Anschluß an die Himmelsdurchmusterung, also während der letzten 3 Jahre, ist der Satellit für Detailbeobachtungen einzelner Quellen eingesetzt worden. Die Beobachtungszeit wird dabei, wie in der Astronomie üblich, ausgeschrieben und verteilt sich auf viele Gastbeobachter. Insgesamt wurden bisher etwas mehr als 4000 Einzelbeobachtungen ausgeführt. Auch in diesem Teil der Mission bringt ROSAT wesentliche Verbesserungen im Vergleich zu seinen Vorgängern, und zwar hinsichtlich der Empfindlichkeit, der Winkelauflösung, der spektralen Bildauflösung und vor allem hinsichtlich des Detektorrauschens. Die Abb. 2 zeigt als Beispiel das erste Röntgenbild des Mondes. Es wurde im Juli 1990 mit ROSAT gemacht und zeigt die Reflexion der solaren Röntgenstrahlung durch unseren Erdtrabanten. Gleichzeitig wirft dieser einen Schatten auf den kosmischen „Röntgenhintergrund".

Insgesamt haben die ROSAT-Himmelsdurchmusterung und die Detailbeobachtungen eine Ernte erbracht, die in ihrer Quantität und Qualität alles in den Schatten stellt, was bisher mit abbildenden Röntgenteleskopen gefunden wurde (Trümper 1994).

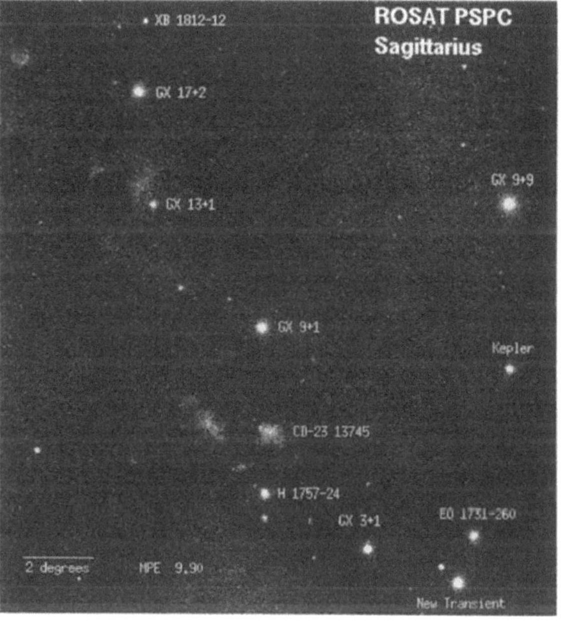

Abb. 7. Ausschnitt aus der Sagittariusregion nahe dem galaktischen Zentrum im Röntgenlicht; *helle Punkte* sind Röntgendoppelsterne, *schwächere Punkte* sind normale Sterne. *Rechts* Kepler-Supernova vom Jahre 1604. Diffuse Röntgenemission von heißen interstellaren Gasen (1 Million Grad Kelvin), ROSAT 1992. (Aus Trümper 1994)

Die Natur kosmischer Röntgenquellen

Mit der Entdeckung von mehr und mehr Röntgenquellen im Universum, viele von ihnen mit unvorstellbar hoher Energieproduktion, verfeinerten sich unsere Vorstellungen von den Lebenszyklen der Sterne. Frühere Generationen hielten den Sternenhimmel für einen Bereich überlegener Ruhe. Während der letzten Jahrzehnte lernten wir, daß der Kosmos erfüllt ist von unglaublich gewaltsamen Prozessen und Veränderungen. Manche von ihnen ereignen sich innerhalb von Bruchteilen von Sekunden.

Wir wissen heute, daß Sterne geboren werden, leben und sterben. Massearme Sterne wie unsere Sonne leben von der Kernfusion viele Milliarden Jahre und dämmern dann langsam in das Endstadium der Weißen Zwerge hinüber. Hingegen durchlaufen massereiche Sterne die nukleare Brennphase in wenigen Millionen Jahren, und am Ende bricht der ausgebrannte Kern in Bruchteilen einer Sekunde in sich zusammen, wobei die Atome ihre Identität verlieren: Die Elektronen werden in die Atomkerne gequetscht und verbinden sich dort mit den Protonen zu Neutronen. So entsteht ein Neutronenstern, ein riesiger Atomkern mit einem Radius von 10 km und einer Dichte von mehreren hundert Millionen Tonnen pro Kubikzentimeter. Die Existenz von Neutronensternen wurde in den 30er Jahren von Walter Baade und Fritz Zwicky vorausgesagt. Einige Jahre später zeigte J. Robert Oppenheimer, daß diese Idee richtig sein müßte. Aber es sollte noch lange Zeit, nämlich bis zum Jahr 1967, dauern, bis die Neutronensterne von Hewish und Bell als Radiopulsare entdeckt wurden.

Bei der Implosion des stellaren Kerns zum Neutronenstern wird so viel Energie freigesetzt, daß der restliche Stern durch eine gewaltige Explosion zerrissen wird. Derartige Supernovaexplosionen sind im Anfangsstadium so hell, daß sie in sehr entfernten Galaxien gesehen werden können. In späteren Phasen sind sie ausgedehnte Radio- und Röntgenquellen. In unserer Milchstraße sind etwa 200 Supernovaexplosionswolken, die innerhalb der letzten zigtausend Jahre explodiert sind, als heiße Feuerbälle und starke Röntgenstrahler zu bewundern. Die Abb. 8 zeigt als Beispiel den Vela-Supernovaüberrest – Alter 14000 Jahre –, in dessen Zentrum sich ein Neutronenstern, ein 89-ms-Pulsar, befindet. Neugeborene Neutronensterne besitzen extreme Eigenschaften: Da beim Kollaps Drehimpuls und magnetischer Fluß konstant bleiben, rotiert der Neutronenstern mit einigen hundert Umdrehungen pro Sekunde, und sein Magnetfeld wächst auf Billionen Gauß an.

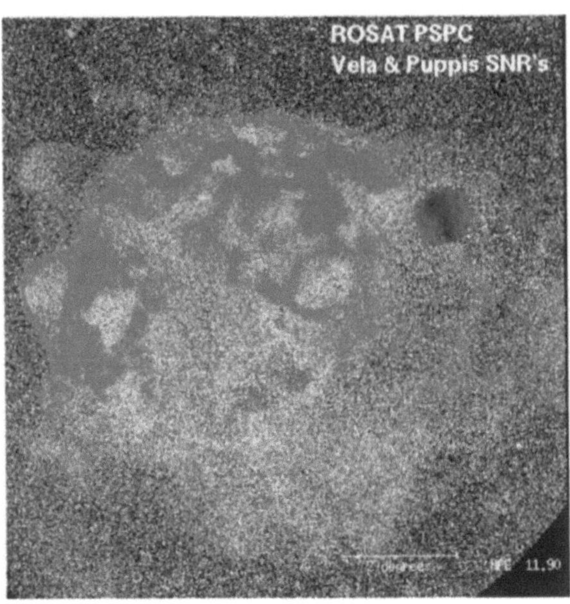

Abb. 8. Röntgenbild der Supernovaexplosionswolken in den Sternbildern Vela und Puppis (*oben rechts*). Im Zentrum des Vela-Supernova-Überrests ist der Vela-Pulsar zu sehen, der eine Periode von 89 ms besitzt. (Aus Trümper et al. 1993)

Als Folge davon besitzen diese Sterne eine extreme Magnetosphäre, aus deren polaren Regionen ungeheuer intensive Bündel von Radiostrahlung emittiert werden, die als Folge der Rotation wie ein Leuchtfeuer den Raum durchstreifen. Dies sind die Radiopulsare, von denen wir heute über 500 kennen. Die jüngsten und aktivsten Pulsare strahlen auch Bündel von sichtbarem Licht, Röntgen- und Gammastrahlung ab. Dazu gehört zum Beispiel der berühmte Crabpulsar, der in der „chinesischen" Supernovaexplosion des Jahres 1054 geboren wurde. Seine Röntgenstrahlung wurde bereits Ende der 60er Jahre entdeckt. Die Abb. 9 zeigt eine optische und eine ROSAT-Aufnahme des Crabpulsars und des umgebenden Nebels, der im Synchrotronlicht extrem hochenergetischer Elektronen ($\approx 10^{15}$ eV!) leuchtet, die von dem Neutronenstern beschleunigt werden.

Da Neutronensterne heiß geboren werden, sollten sie auch aufgrund ihrer thermischen Strahlung im Röntgenbereich sichtbar sein, solange sie heiß genug sind. Dies ist von besonderem Interesse, da sie im Licht der thermischen Strahlung von allen Richtungen sichtbar sind und nicht wie die Radiopulsare nur dann, wenn uns der Scheinwerfer des Leuchtfeuers trifft. Nachdem mit dem Einstein-Observatorium erste Andeutungen für diese thermische Röntgenstrahlung gefunden wurden, hat

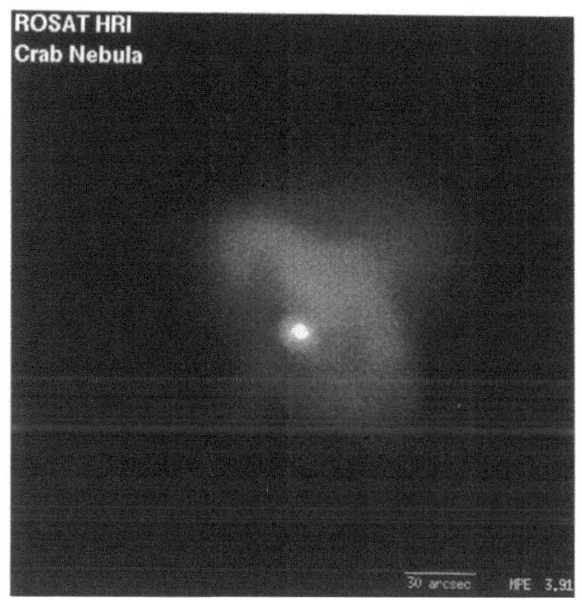

Abb. 9. Crab-Nebel im Rontgenlicht, mit zentralem Pulsar und diffuser Röntgenemissionsregion, ROSAT. (Aus Trümper 1994)

man mit ROSAT bisher 8 Neutronensterne gefunden, deren Alter zwischen 10000 und 1 Million Jahren liegen und die Temperaturen von etwa einer Million Grad aufweisen. Ältere Sterne sind offenbar schon zu weit abgekühlt. Allerdings wurde mit ROSAT ein 5,75-ms-Pulsar entdeckt, der 2 Milliarden Jahre alt ist und immer noch einen heißen Fleck von über einer Million Grad Temperatur besitzt. Dies läßt vermuten, daß alte Neutronensterne durch die magnetosphärischen Prozesse, die zur Radiostrahlung führen, ständig nachgeheizt werden. Schließlich entdeckte ROSAT auch den ersten Pulsar, der nicht im Radiobereich sichtbar ist, sondern mit 237-ms-Periode lediglich im Röntgen- und Gammabereich strahlt. Dieses merkwürdige Objekt mit dem Namen Geminga ist eine der hellsten Gammastrahlungsquellen am Himmel.

Besonders helle Röntgenquellen sind enge Doppelsternsysteme, bei denen Material von einem normalen Stern auf einen Neutronenstern übergeht. Wegen der ungeheuren Gravitation von 100 Milliarden „g" beträgt die Fallgeschwindigkeit auf einem Neutronenstern etwa 1/3 der Lichtgeschwindigkeit.

Zugleich wird das einfallende Material von den superstarken Magnetfeldern auf die magnetischen Pole gelenkt, wo Brennflecke entstehen, deren Temperatur über 100 Millionen Grad ist, und deren Energieabstrahlung bis zum 10000fachen der Abstrahlung der Sonne beträgt. Dabei ist der Brennfleck weniger als 1 km^2 groß! Der gesamte Primärenergiebedarf von Deutschland wird hier auf einer Fläche erzeugt, die nur ein tausendstel Millimeter Durchmesser beträgt!

Diese extremen Objekte wurden in den frühen Raketenexperimenten entdeckt und von vielen Satelliten genauer studiert. UHURU-Messungen zeigten zum ersten Mal die Pulsationen, die auf die Rotation des Neutronensterns zurückzuführen sind, und Bedeckungen aufgrund der Bahnbewegung. Mit dem Ballonexperiment HEXE wurde zum ersten Mal das gigantische Magnetfeld eines dieser Objekte gemessen: Auf dem Neutronenstern Hercules X-1 herrscht eine Polfeldstärke von $5 \cdot 10^{12}$ Gauß. Unter solchen Bedingungen steckt in einem Kubikzentimeter Vakuum so viel magnetische Energie, daß man damit die Stadt Würzburg für einige Jahre mit Energie versorgen könnte.

Aber es gibt auch Doppelsternsysteme, in denen relativ schwach-magnetische Neutronensterne sitzen. Zwar sind ihre Magnetfelder mit 10^8–10^9 Gauß immer noch weitaus stärker als die stärksten Magnetfelder in irdischen Labors (10^6 Gauß), aber sie reichen nicht aus, um den gewaltigen Materieeinfall zu kanalisieren. Deshalb umfließt die einfallende Materie den Neutronenstern, und es bildet sich eine hochverdichtete Schicht, die im wesentlichen aus Wasserstoff und Helium besteht. Dabei kommt es – alle paar Stunden bis Tage – zu gewaltigen thermonuklearen Explosionen, deren Stärke viele Milliarden Tonnen TNT beträgt und die von gewaltigen Röntgenausbrüchen begleitet sind. Der erste „Röntgenburster" wurde 1975 von dem niederländisch-amerikanischen ANS-Satelliten entdeckt, und seitdem sind diese Ausbrüche mit vielen Röntgeninstrumenten studiert worden.

Wenn ein kollabierender Stern mehr als etwa 3 Sonnenmassen besitzt, so wird die Implosion nicht im Stadium des Neutronensterns gestoppt, sondern geht weiter. Es entsteht ein Schwarzes Loch, dessen Gravitationsfeld so groß ist, daß nichts, selbst nicht elektromagnetische Strahlung, seinem Schwerfeld entkommen kann. Der direkte Nachweis eines Schwarzen Lochs ist bisher nicht gelungen, aber einige Kandidaten sind bekannt, in vorderster Linie Cygnus X-1 im Sternbild des Schwans, eine sehr starke Röntgenquelle, die 1964 von der Friedman-Gruppe entdeckt wurde. Sie zeigt sehr rasche Schwankungen der Intensität. Durch optische Beobachtungen wurde ein Blauer Riesenstern als Begleiter und Materiespender identifiziert. Aus der bekannten Masse dieses Riesen, seiner Bahngeschwindigkeit im Doppelsternsystem, die mit dem Doppler-Effekt gemes-

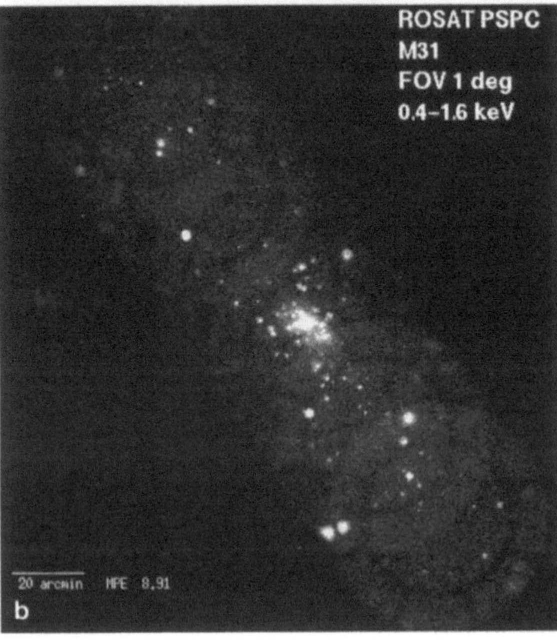

Abb. 10 a, b. Andromedagalaxie, M 31; **a** im sichtbaren Licht (Celestron International), **b** im Röntgenlicht. ROSAT entdeckte etwa 400 einzelne Röntgenquellen im Andromedanebel. (Aus Trümper 1994)

sen wird, und aus der Umlaufperiode ergibt sich nach dem 3. Keplerschen Gesetz die Masse des Röntgensterns. Sie ist mit 8 Sonnenmassen erheblich größer als die maximal mögliche Masse eines Neutronensterns, so daß es sich um ein Schwarzes Loch handeln dürfte. Dabei kommt die beobachtete Röntgenstrahlung natürlich nicht vom Schwarzen Loch selbst. Sie entsteht durch die extreme Kompression und Erhitzung der einfallenden Materie auf Temperaturen von einigen hundert Millionen Grad, bevor sie auf Nimmerwiedersehen verschwindet.

Mit den Röntgenteleskopen ist es auch möglich gewesen, die hellen Röntgenquellen in fernen Galaxien zu erfassen. Die Abb. 10a, b zeigt den Andromedanebel, der eine Entfernung von 2 Millionen Lichtjahren besitzt, im sichtbaren und im Röntgenlicht. Während man im sichtbaren Licht etwa 100 Milliarden Sterne sieht, zeigt das ROSAT-Bild 400 helle Röntgenquellen. Die meisten davon sind Röntgendoppelsterne, einige sind Supernovaexplosionswolken. Nichts verdeutlicht besser den Fortschritt der Röntgenastronomie als die Tatsache, daß ROSAT in dieser fernen Galaxie etwa ebensoviele Röntgenquellen fand wie UHURU und HEAO-1 in unserer Milchstraße!

Bekanntlich sind Galaxien räumlich nicht gleichmäßig verteilt, sondern ballen sich mehr oder weniger zu „Galaxienhaufen“ zusammen, bei denen es sich um die größten physikalischen Gebilde in unserem Kosmos handelt. Es war eine große Überraschung, als UHURU starke Röntgenstrahlung von diesen Objekten entdeckte. Weitere Untersuchungen zeigten, daß die Strahlung nicht von den Galaxien des Haufens stammt, sondern von einer heißen Plasmawolke, die eine Temperatur von zig Millionen Grad besitzt. Inzwischen wissen wir durch die Messungen vom Einstein-Observatorium und von ROSAT, daß diese Gaswolken Durchmesser von Millionen von Lichtjahren haben und Massen besitzen, die etwa 5mal größer sind als die aller Haufengalaxien zusammengenommen. Um einen weiteren Faktor 3–4 größer ist jedoch die Masse, die vorhanden sein muß, um die heiße Plasmawolke durch ihre Gravitation zusammenzuhalten. Die Natur dieser unsichtbaren „Dunklen Materie“ ist vorläufig noch ungeklärt. Mit ROSAT wurde weiterhin festgestellt, daß viele Galaxienhaufen Strukturen zeigen, die auf Wechselwirkungs- und Vereinigungsprozesse hindeuten. So sieht man bei Abell 2256 (Abb. 11) ganz deutlich 2 Haufen, die aufeinanderprallen und in einigen Milliarden Jahren zu einem Gebilde verschmolzen sein werden. Diese Ergebnisse stützen sehr die Hypothese einer hierarchischen Strukturbildung im Kosmos, wonach die großen Strukturen durch die Vereinigung von kleineren Gebilden entstehen. Insgesamt enthält die ROSAT-Durchmusterung etwa 4000 Galaxienhaufen; erste Messungen ihrer großräumigen Verteilung zeigen eine ähnliche Blasenstruktur wie die Verteilung von Galaxien. Aber während die optischen Galaxienmessungen „nur“ bis zu Entfernungen von 2 Milliarden Lichtjahren reichen, erstrecken sich die ROSAT-

Abb. 11. Zwei Galaxienhaufen in Kollision, Abell 2256, ROSAT 1992. (Aus Trümper 1994)

Messungen bis etwa 6 Milliarden Lichtjahre Entfernung!

In noch größeren Entfernungen findet man die Quasare, die aussehen wie Sterne („Quasi-stellare" Objekte), deren Rotverschiebungen aber auf Entfernungen bis 13 oder 14 Milliarden Lichtjahre hinweisen. Sie strahlen in allen Wellenlängenbereichen, vor allem auch im Röntgenbereich, gewaltige Energiebeträge ab. So emittiert der helle, relativ nahe Quasar 3C 273 so viel Energie wie 10^{14} Sterne oder 1000 Galaxien. Gleichzeitig weist die zeitliche Variabilität daraufhin, daß die Strahlung aus einem sehr kleinen Volumen kommt, das nicht größer ist als einige Lichtwochen im Durchmesser. Man vermutet in Analogie zu den kompakten Röntgendoppelsternen, daß es sich hier um supermassive Schwarze Löcher handelt, die Materie ansaugen. Bei 3C273 muß die Masse des Schwarzen Lochs etwa 10^9 Sonnenmassen betragen, und das Monster verschluckt etwa eine Erdmasse pro Sekunde. Insgesamt sind heute tausende von Quasaren bekannt. Die meisten ROSAT-Quellen, nämlich etwa 25000, sind Quasare, von denen allerdings erst ein kleiner Teil als solche identifiziert wurden.

ROSAT-Messungen zeigten auch, daß entfernte Quasare im wesentlichen die kosmische Hintergrundstrahlung im Röntgenbereich produzieren, die 1962 anstelle des Mondes entdeckt wurde. Um zu diesem Ergebnis zu kommen, wurde an einer Stelle im Sternbild „Großer Wagen" die tiefste ROSAT-Beobachtung mit insgesamt 60 h Meßzeit gemacht. Die Dichte der Röntgenquellen am Himmel beträgt dabei 400 pro Quadratgrad! Die Beobachtung zeigt, daß mindestens 75% der Hintergrundstrahlung von diskreten Quellen stammt. Nachbeobachtungen mit dem 5 m-Spiegel auf dem Mt.-Palomar-Teleskop zeigten, daß die meisten der schwachen Objekte Quasare sind. Zur Identifizierung der schwächsten ROSAT-Quellen werden allerdings die Teleskope der nächsten Generation gebraucht. Beobachtungen mit dem 10 m-Keck-Teleskop auf Hawaii haben im Frühjahr 1994 begonnen.

Alle diese exotischen astronomischen Objekte – Supernovae, X-ray Bursters, Neutronensterne, Pulsare, Quasare und Schwarzen Löcher – haben eine Zug gemeinsam: Sie emittieren große Mengen von Röntgenstrahlen. Zum Glück sind alle weit von unserer Erde entfernt. Befände sich z. B. die Röntgenquelle Sco XR-1 an der Stelle unserer Sonne, statt in einer Entfernung von 800 Lichtjahren, so würde unsere Erde eine Röntgendosis von 2000 Kilowatt Leistung auf jeden Quadratmeter erhalten – ein Betrag, der sofort die Atmosphäre zerstören und allein schon dadurch die Entstehung und Erhaltung von Leben unmöglich machen würde!

Die Arbeit der Röntgenastronomen während der vergangenen 35 Jahre war ein höchst interessantes und erfolgreiches Zusammenspiel zwischen den kosmischen Röntgenquellen und den irdischen Forschern: Die Existenz der Röntgenquellen bot einen starken Ansporn für die Entwicklung immer besserer Beobachtungsmethoden, und die besseren Instrumente wiederum setzten die Forscher in die Lage, mehr und mehr wichtige Einzelheiten über Röntgenstrahlen aus dem Universum zu erkunden.

AXAF und XMM, die großen Röntgenobservatorien der Zukunft

Am Ende der 90er Jahre sollen 2 große Röntgenobservatorien gestartet werden, die ganz verschiedene Eigenschaften haben und sich gegenseitig ergänzen. AXAF (Advanced X-ray Astrophysics Facility) ist ein Projekt der NASA, das ein großes Röntgenteleskop sehr großer Auflösung (0,5 Bogensekunden) trägt und auch spektroskopische Untersuchungen hoher Auflösung machen kann. Sein Gegenstück ist XMM (X-Ray Multi-Mirror Mission) der europäischen Weltraumbehörde ESA. Es besitzt nur eine mittlere Auflösung (20 Bogensekunden), aber eine sehr große Sammelfläche, die Untersuchungen der Spektren und

Abb. 12. AXAF-Röntgensatellit, vermutlicher Start im Jahre 1998. (Neal V; NASA-MSFC; NASA-OSSA; Smithsonian Astrophys. Ob., US Govt Print Off, EP 199, Washington, DC)

Abb. 13. Röntgenobservatorium XMM der European Space Agency, voraussichtlicher Start 1999

Zeitvariationen sehr schwacher Quellen ermöglicht. In beiden Missionen kommen Wolter-Teleskope zum Einsatz, beide sollen eine lange Lebensdauer besitzen und allen Wissenschaftlern offen stehen.

Das AXAF-Teleskop (Abb. 12) wird bei einem Durchmesser von 120 cm 4 koaxiale Paraboloid-Hyperboloid-Paare von Wolter-Spiegeln enthalten und eine Brennweite von 10 m besitzen. Alle 8 Elemente des Teleskops sollen 1995 fertiggestellt sein. Sie werden im NASA-Marshall Space Flight Center unter der Leitung von M. Weisskopf geprüft und kalibriert; der Start von AXAF ist für Ende 1998 geplant. Sein Teleskop wird mit 2 Arten von abbildenden Detektoren ausgestattet sein, einem „Multi-Channeltron" ähnlich dem

Channeltron auf ROSAT, und einem CCD, einem röntgenempfindlichen „Charge-coupled Device", wie er für sichtbares Licht in Camcordern verwendet wird. Dazu wird AXAF 2 Dispersionsgitter enthalten zur Analyse des Energiespektrums der Röntgenquellen; die Gitter werden in Gemeinschaftsarbeit zwischen dem Max-Planck-Institut (MPE) in Garching und dem Laboratory for Space Research in Utrecht gebaut. AXAFs Fähigkeit, Objekte geringer Intensität zu entdecken, wird die seiner Vorgänger erheblich übertreffen; seine Auflösung bei der Analyse von Spektren wird um den Faktor 10 besser sein.

XMM wird 3 große Wolter-Spiegelsysteme mit 8 m Brennweite besitzen, von denen jedes aus 58 (!) koaxialen Schalen besteht (Abb. 13). Die wissenschaftliche Betreuung dieser Spiegel liegt beim MPE, das auch die Kalibration der Spiegel und später der vollständigen Teleskope in seiner Röntgentestanlage durchführt. Zwei der Teleskope werden mit CCD der University of Leicester und Röntgenspektrometern aus Utrecht bestückt. Das dritte Teleskop wird im Fokus eine ganz neuartige Röntgen-CCD-Kamera besitzen, die sich von den sonst üblichen CCD durch eine besonders große Effizienz bei hohen Energien – bis 15 keV – und eine exzellente Zeitauflösung unterscheidet. Bei diesem Detektor handelt es sich um eine Spezialentwicklung des MPE. XMM soll 1999 in einen hochexzentrischen Orbit gestartet werden, der Erdabschattungen vermeidet und dadurch lange ununterbrochene Beobachtungszeiten ermöglicht.

Von AXAF und XMM sind wichtige neue Impulse für den Fortschritt der Astrophysik zu erwarten, da sie ganz neue Meßmöglichkeiten bieten. Auf einige der Fragen wird im folgenden eingegangen.

Fragen der künftigen Röntgenastronomie

Da die Röntgenstrahlung von der heißen Oberfläche von Neutronensternen (Radiopulsaren) sehr schwach ist, kann man mit ROSAT nur wenige nahe Objekte studieren. Die Sammelfläche von XMM wird es erlauben, erheblich schwächere, d. h. entferntere Objekte zu sehen. Gleichzeitig sollten die Spektrometer auf XMM es ermöglichen, Spektrallinien und Absorptionskanten in den Röntgenspektren zu finden, aus denen auf die Zusammensetzung der Neutronensternoberfläche geschlossen werden kann. Nach den theoretischen Vorstellungen sollte es sich dabei im wesentlichen um Eisen handeln. Wegen der starken Magnetfelder erwartet man starke Verschiebungen der Spektrallinien, also einen extremen Zeeman-Effekt. Derartige Untersuchungen sollten interessante Aufschlüsse über die Beschaffenheit von Neutronensternen und das Verhalten der Materie bei extrem großen Dichten liefern.

Erhebliche Fortschritte werden auch bei Untersuchungen an Galaxienhaufen erwartet. Die sehr hohe räumliche und spektrale Auflösung von AXAF, sowie die große Sammelfläche und spektrale Auflösung von XMM werden es ermöglichen, die räumliche Verteilung der Temperatur und der Elementhäufigkeiten in Galaxienhaufen zu bestimmen. Falls alle schweren Elemente in Sternen entstehen, dann sollten AXAF- und XMM-Studien von weiter entfernten, und daher jüngeren Galaxienhaufen Anzeichen einer Evolution ergeben, da jüngere Sterne weniger Zeit hatten, schwere Elemente zu entwickeln. Eine wichtige Frage beim Studium der Galaxienhaufen betrifft das Aufheizen und Abkühlen des Gases, das sich in Galaxienhaufen findet. Die Art und Weise, wie sich intergalaktische Gase abkühlen, hat große Bedeutung für die Sternbildung, bei der große Mengen von Gas genügend Wärmeenergie verlieren müssen, bevor sie unter ihrer eigenen Schwerkraft kollabieren können.

Ein anderes grundlegendes Problem, dem sich die Röntgenastronomie zuwendet, ist der Entfernungsmaßstab des Universums, sowie sein Alter und sein weiteres Schicksal. Das Hubble-Teleskop wird Entfernungsmessungen hoher Genauigkeit ermöglichen, aber nur bis zu relativ begrenzten Entfernungen. Eine grundsätzlich neuartige Methode der Messung kosmischer Entfernungen ergibt sich aus einer Verbindung von Röntgenstudien von Galaxienhaufen mit erdgebundenen Mikrowellenbeobachtungen an der kosmischen 2,7 K-Hintergrundstrahlung. Diese Strahlung gilt als Relikt des Urknalls und erfüllt den ganzen Kosmos gleichförmig. Dort wo die Mikrowellenstrahlung auf Galaxienhaufen trifft, wird sie durch das heiße Plasma etwas aufgeheizt, d. h. sie erfährt eine geringe Temperaturerhöhung. Dieser Sunyaev-Zel'dovich-Effekt kann in Kombination mit Röntgenbeobachtungen des Galaxienhaufens zur Bestimmung seiner Entfernung und damit der Hubble-Konstanten dienen. Da die Röntgen- und auch die Mikrowellenbeobachtungen bis zu sehr großen Entfernungen durchgeführt werden können, bietet sich hier die erste Gelegenheit, die Hubble-Konstante als Funktion der Entfernung zu messen. Erste Ergebnisse, die mit ROSAT und ASCA (Advanced Satellite for Cosmology and Astrophysics) an nahen Haufen gewonnen wurden, liegen bereits vor. AXAF und XMM sollten es ermöglichen, Änderungen in der Hubble-Konstanten mit einer Genauigkeit von 20% zu ermitteln; diese Genauigkeit würde eine Entscheidung zwischen einem „offenen“ und einem „geschlossenen“ Universum ermöglichen. Ein „offenes“ Universum ist in unbegrenzter Expansion begriffen, die mit dem einmaligen Urknall begann und nie aufhören wird. Ein „geschlossenes“ Universum wird sich so lange ausdehnen, bis seine inneren Gravitationskräfte die beim Urknall erhaltene Expansionsgeschwindigkeit so verlangsamt haben, daß schließlich eine Kontraktion beginnt, die zu einem „Endkollaps“ führt. Unsere heutigen Kenntnisse lassen nicht entscheiden, welche dieser Möglichkeiten für unseren Kosmos zutrifft. Zukünftige Forschungen mit Röntgensatelliten sollten helfen, diese Fragen zu klären.

Mit AXAF und XMM sollte es auch gelingen, genaueres über die „Dunkle Materie“ zu erfahren. Man weiß, daß diese Materie vorhanden ist, in Galaxien, in Galaxienhaufen, und in Haufen von Haufen, den sog. Superhaufen. Aber es ist unklar, ob es sich dabei um Neutrinos, exotische Elementarteilchen, Planeten oder Wackersteine handelt. Das sehr heiße Gas, wie es in Abb. 11 zu sehen ist und das nur auf Röntgenbildern gesehen werden kann, wird offenbar durch Gravitationskräfte der dunklen Materie zusammengehalten, denn das beobachtbare Material in den Galaxien ist dazu nicht in der Lage. Aus sorgfältigen Beobachtungen des heißen Gases kann die Struktur des Gravitationsfeldes ermittelt werden, die wiederum von der Masse und Verteilung der dunklen Materie abhängt; auch auf ihre Zusammensetzung können daraus Schlüsse gezogen werden.

Schließlich könnten die Observatorien der Zukunft wie AXAF und XMM auch direkte Messungen der Röntgenemission von exotischen Kandidaten dunkler Materie ermöglichen, wie der Schwarzen Löcher, oder auch der eindimensionalen Diskontinuitäten, die von den Theoretikern „Strings“ genannt werden. Möglicherweise wurden die Strings während der frühen Lebensphasen des Universums gebildet, als einer der Grundbausteine des Universums. Falls die Strings, wie angenommen wird, Supraleiter sind, dann könnte ihre Bewegung durch die Dunkelmaterie in Galaxien oder Galaxienhaufen eine Emission von Röntgenstrahlen bewirken, die vielleicht von AXAF oder XMM entdeckt wird. Wahrscheinlich aber wird man etwas ganz anderes finden. Die Geschichte der Astronomie und Kosmologie ist voller Überraschungen, denn neue Beobachtungsmöglichkeiten haben stets unerwartete Ergebnisse gebracht. Dafür legt auch ganz besonders die Entwicklung der Röntgenastronomie in den letzten Jahrzehnten Zeugnis ab.

Wir wissen nicht, ob aus den Erkentnissen dieser neuen Wissenschaft jemals Nutzanwendungen erwachsen werden. Aber zweifellos hat sie wichtige technologische Impulse gebracht, so für die Herstellung extrem genauer Spiegeloberflächen. Der eigentliche Wert jedoch liegt in den neuen Erkenntnissen über unseren Kosmos. Über ihn haben wir viel durch die Röntgenstrahlung gelernt. Aber vieles liegt noch im Dunkeln. So ist in den Röntgenstrahlen aus dem Universum etwas von jenem Geheimnis bewahrt, mit dem Wilhelm Conrad Röntgen vor 100 Jahren seine Zeitgenossen in Erstaunen und Bewunderung versetzt hat.

Literatur

Friedman H (1990) The astronomer's universe. Norton, New York

Giacconi R, Gursky H, Paolini FR, Rossi BB (1962) Evidence for X-rays from sources outside the solar system. Phys Rev Lett 9:439

Giacconi R, Kellogg E, Gorenstein P, Gursky H, Tananbaum H (1971) An X-ray scan of the galactic plane from Uhuru. Astrophys J 165:L27

Giacconi R, Branduardi G, Briel U et al. (1979) The Einstein (HEAO 2) X-ray observatory. Astrophys J 230:540

Petersen CC, Bruner M, Acton L, Ogawara Y (1993) Yohkoh and the mysterious solar flares. Sky Tel 20

Stuhlinger E (1970) Röntgen-Astronomie. Röntgenstrahlen – Aus der Welt der medizinischen Radiologie. Müller, Hamburg (Heft 23, S 2)

Stuhlinger E (1973) Röntgenstrahlen aus dem Kosmos. Fortschr Röntgenstr 118:365–377

Trümper JE (1990) Der Röntgensatellit ROSAT. Phys Bl 46:197

Trümper JE (1993) ROSAT – A new look at the X-ray sky. Science 260:1769

Trümper JE (1974) ROSAT – Zwischenbilanz – ein neues Bild des Himmels. Phys Bl 50:35

Trümper JE, Pietsch W, Reppin C, Voges W, Staubert R, Kendziorra E (1978) Evidence for strong cyclotron line emission on the hard X-ray spectrum of Hercules X-1. Astrophys J 219

Wolter H (1952) Spiegelsysteme streifenden Einfalls als abbildende Optiken für Röntgenstrahlen. Annal Phys 10:52

Industrielle Nutzung der Röntgenstrahlung für die Mikrosystemtechnik

Wolfgang Menz und Jürgen Mohr

Einleitung

Einst ein unerwünschter Nebeneffekt bei der Beschleunigung geladener relativistischer Teilchen, hat sich die Synchrotronstrahlung heute zu einem unverzichtbaren Mittel zur Oberflächenanalyse, zur Spektroskopie und schließlich zur Fertigung von Komponenten der Mikrosystemtechnik herausgebildet. Wenn das Synchrotron auch im Prinzip das ganze Spektrum der elektromagnetischen Strahlung liefert, ist doch der kurzwellige Anteil des Spektrums von besonderem wissenschaftlichen und industriellen Interesse. Qualitätsfaktoren wie Divergenz der Strahlung, Leuchtdichte und Polarisationsgrad werden von keiner anderen Röntgenstrahlquelle auch nur annähernd erreicht.

Eine erste industrielle Anwendung erfährt die Synchrotronstrahlung seit den 80er Jahren im Rahmen der Herstellung von mikroelektronischen Schaltkreisen durch Röntgenlithographie. Ein weiterer Ansatz ergibt sich in der Mikrosystemtechnik, wobei im Rahmen des sog. LIGA-Verfahrens die Synchrotronstrahlung für die Herstellung von Mikrostrukturen mit hohem Aspektverhältnis und Strukturdimensionen bis hinunter in den Submikrometerbereich mit hoher Präzision genutzt wird.

Synchrotronstrahlung

Bewegen sich Elektronen auf einer kreisförmigen Umlaufbahn, strahlen sie aufgrund der wirksamen Zentripetalbeschleunigung Energie ab. Die kreisförmige Umlaufbahn ergibt sich dabei durch die Umlenkung der Teilchen in geeigneten Umlenkmagneten. Ist die Umlaufgeschwindigkeit in einer relativistischen Größenordnung, so wird diese Strahlung als bandförmige, in vertikaler Richtung hoch kollimierte Keule tangential zur Bewegungsrichtung des Elektrons ausgesendet. Diese Strahlung, Synchrotronstrahlung, wurde zum ersten Mal am 24. April 1947 am 70 MeV Synchrotron von General Electric in Schenectady, New York, beobachtet (Elder et al. 1947).

Die Synchrotronstrahlung zeichnet sich durch ihre hohe Intensität, durch die hohe Kollimation und damit geringere Divergenz in vertikaler Richtung, durch ihre gut definierte Zeitstruktur und durch die Tatsache aus, daß das Spektrum vom Infraroten bis in den Röntgenbereich reicht. Das Spektrum kann auf einfache Art und Weise berechnet werden und wird durch die charakteristische Wellenlänge definiert. Dabei bezeichnet man als charakteristische Wellenlänge die Wellenlänge, die das Spektrum in 2 leistungsgemäß gleich große Teile aufteilt. Sie ist gegeben durch:

$$\lambda_c(\mathrm{nm}) = 0{,}550\ R(\mathrm{m})E^3(\mathrm{GeV}) = 1{,}864/(B(\mathrm{T})E^2(\mathrm{GeV})). \quad (1)$$

Die Abb. 1 zeigt als universelle Kurve den auf die Elektronenenergie und die charakteristische Wellenlänge normierten Photonenfluß der abgestrahlten Synchrotronstrahlung. Die spektrale Verteilung für einen bestimmten Speicherring erhält man durch Multiplikation der Achsen mit der charakteristischen Wellenlänge, der Elektronenenergie und dem Elektronenstrom. Nach Abb. 1 fällt der Photonenfluß für Wellenlängen kleiner λ_c sehr stark ab und ist bei $\lambda_c/6$ nur noch 1% des Flusses bei λ_c.

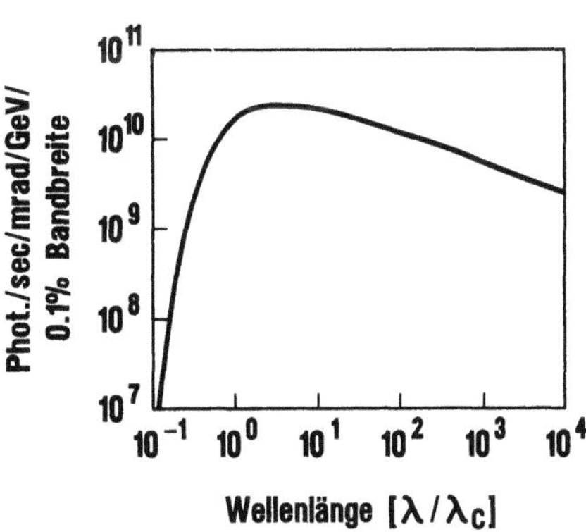

Abb. 1. Photonenfluß der Synchrotronstrahlung als Funktion der Wellenlänge

Wie aus Gl. (1) zu erkennen, wird die charakteristische Wellenlänge und damit die zugängliche Photonenenergie durch das Magnetfeld oder die Elektronenenergie bestimmt. Technisch erreichbare Magnetfelder liegen bei 1.5 T für normalleitende, und 5 T für supraleitende Magneten. Die Elektronenenergie liegt bei Speicherringen, an denen Synchrotronstrahlungsexperimente durchgeführt werden, zwischen 1 GeV und 6 GeV. Somit sind Photonen mit Wellenlängen bis hinunter zu typischerweise 0.05 nm für Maschinen mit normalleitenden Magneten und solche mit weniger als 0.01 nm für Maschinen mit supraleitenden Magneten zugänglich. Da die obere Grenze des Spektrums durch die Umlauffrequenz der Elektronen gegeben ist, die typischerweise im Bereich von 1 Megahertz liegt, ist durch die Synchrotronstrahlung ein extrem breiter Wellenlängenbereich zugänglich, der durch entsprechende Filter oder Monochromatoren auf das vorliegende Forschungziel angepaßt werden kann. Dies ist ein unschätzbarer Vorteil der Synchrotronstrahlung gegenüber der Strahlung anderer Quellen.
Mit diesen Eigenschaften ist die Synchrotronstrahlung nicht nur für grundlagenorientierte Untersuchungen interessant, sondern kann auch als Werkzeug der Mikrostrukturtechniken zur Herstellung von Polymerformen, z. B. im Rahmen des LIGA-Verfahrens, eingesetzt werden.

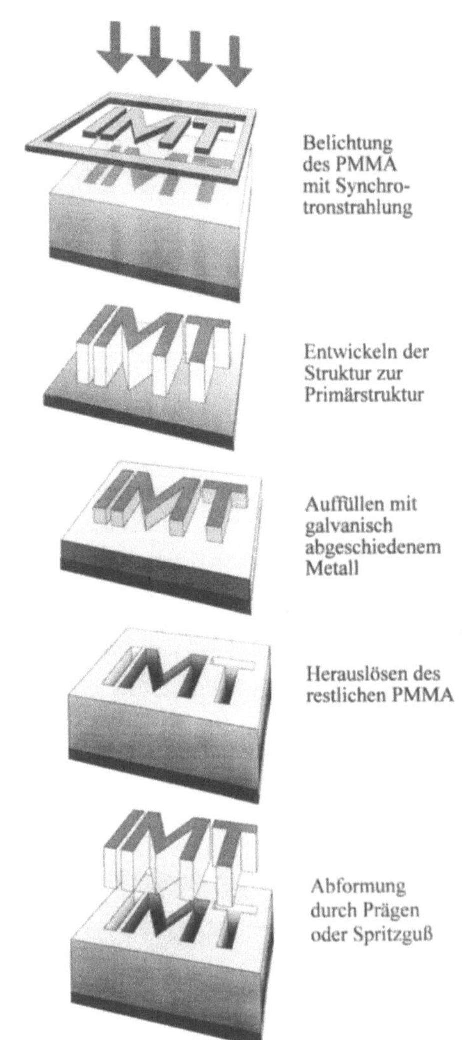

Abb. 2. Prinzipielle Verfahrensschritte der LIGA-Technik

Das LIGA-Verfahren

Bereits in den frühen 80er Jahren wurde am Institut für Kernverfahrenstechnik, einem Gemeinschaftsinstitut der Universität Karlsruhe und des Kernforschungszentrums Karlsruhe (dem Vorgänger des heutigen Instituts für Mikrostrukturtechnik), eine Entwicklung zur Mikrostrukturtechnik begonnen, die sich die besonderen Eigenschaften der Synchrotronstrahlung zunutze machte (Becker et al. 1986).
Dieses Verfahren, heute weltweit unter dem Namen LIGA (Röntgentiefen*li*thographie mit Synchrotronstrahlung, *G*alvanoformung und *A*bformung) bekannt, soll im folgenden näher erläutert werden. Die Abb. 2 zeigt die prinzipiellen Verfahrensschritte. Auf ein feinstbearbeitets, elektrisch leitendes Substrat wird eine Kunststoffschicht aus PMMA (Polymethylmethacrylat) aufpolymerisiert. Diese PMMA-Schicht, die mehrere hundert Mikrometer dick sein kann, ist für die energiereiche Synchrotronstrahlung empfindlich, dergestalt, daß in dem Kunststoff photochemische Reaktionen ablaufen, die eine Änderung der Löslichkeit gegenüber bestimmten „Entwicklern" bewirkt. Benutzt man also die Synchrotronstrahlung, um den Schattenwurf einer Maske in den Kunststoff abzubilden, so können die „belichteten" Stellen der Abbildung herausgelöst werden, während die Bereiche, die durch die absorbierenden Teile der Maske vor der Strahlung geschützt wurden, stehenbleiben. Wegen der geringen Divergenz der Strahlung und der vernachlässigbaren Beugung erhält man Mikrostrukturen im PMMA mit sehr parallelen, ebenen Wänden in der vollen Höhe der Schichtdicke. Ein typisches Beispiel einer solchen „Primästruktur" ist in Abb. 3 gezeigt.
Da die Primärstruktur auf einer metallischen Grundplatte steht, kann der zuvor belichtete und nach dem Entwickeln freie Teil der Polymerstruktur mittels galvanischer Abscheidung wieder durch Metall „aufgefüttert" werden. Diese metallische Struktur wächst von der Grundplatte, der

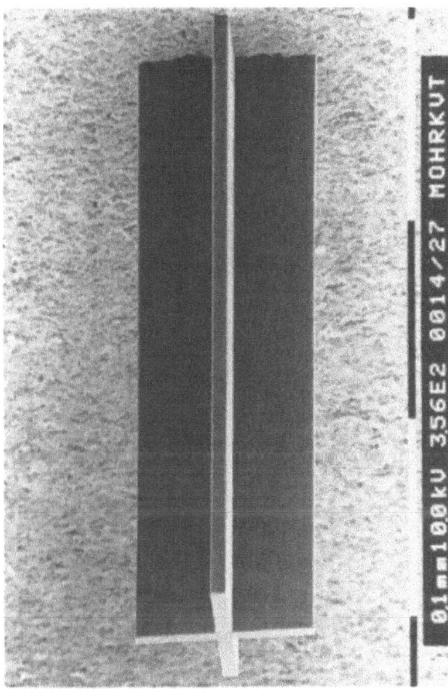

Abb. 3. LIGA-Primärstruktur in Polymethylmethacrylat. Die Kreuzstruktur zeigt die Vorteile des LIGA-Verfahrens: die große Strukturhöhe (400 µm), das hohe Aspektverhältnis (Balkenbreite 10 µm) und die hohe Präzision (Abweichung über der Strukturhöhe 0,05 µm/100 µm)

galvanischen Startschicht, zur vollen Höhe der Mikrostruktur oder, wenn es gewünscht wird, sogar darüber hinaus, wobei sich eine exakte Komplementärstruktur der Primärstruktur bildet. Das Herauslösen der Primärstruktur ist der letzte Prozeßschritt in der Herstellung der metallischen Sekundärstruktur.
Diese Sekundärstruktur kann als Formeinsatz für einen Spritzgießprozeß, für einen Abformprozeß mit einem Zweikomponentenharz oder für ein Prägeverfahren benutzt werden. Dies stellt einen entscheidenden Vorteil für die industrielle Einführung der Mikrosystemtechnik dar. Die teuren Vorarbeiten zur Herstellung des Formeinsatzes werden bei der nun folgenden Mengenfertigung auf das tausendfach vervielfältigte Mikrostrukturprodukt heruntergebrochen. In einer industriellen Fertigung muß man den Einsatz des Synchrotrons vor diesem Hintergrund sehen. Je nach der Stückzahl, die mit einem Abformwerkzeug gefertigt werden kann, schlagen die Betriebskosten nur noch mit Pfennigbeträgen zu Buche.
Wenn auch die Kosten für das Synchrotron bei einer Massenfertigung immer weiter in den Hintergrund treten, hat doch die Röntgenlithographie einen ganz entscheidenden Einfluß auf die Qualität, insbesondere auf die Strukturdetails der Mikrostruktur. Außerdem wird sie immer dann eingesetzt werden, wenn kleine Stückzahlen oder erste Funktionsmuster herzustellen sind, mit denen ein Sensor- oder Aktorprinzip zu demonstrieren ist, bevor die Massenproduktion anlaufen kann.
Im folgenden werden die Anforderungen an eine Synchrotronstrahlenquelle, die Maskenherstellung und die eigentliche Bestrahlung näher erläutert.

Anforderungen an ein Synchrotron aus der Sicht der LIGA-Fertigung

Für die Strukturierung dicker Resistschichten mit Synchrotronstrahlung ist im wesentlichen der Wellenlängenbereich von 1,3–0,1 nm von Interesse. Dabei hängt der optimale Bereich von der jeweils zu strukturierenden Dicke ab. Er verschiebt sich mit zunehmender Dicke zu kleineren Wellenlängen. Die Strahlung größerer Wellenlängen wird überwiegend in den obersten Resistschichten absorbiert und führt im Extremfall zu einer Gasbildung in diesen Schichten sowie zu einer starken Erwärmung der Masken. Dieser Anteil der Strahlung muß deshalb mit geeigneten Filterfolien aus dem Spektrum herausgefiltert werden. Die kurzwellige Strahlung durchdringt den Resist paraktisch ohne Wechselwirkung und wird überwiegend im Substrat absorbiert, wodurch sich jedoch durch Fluoreszenz und Sekundärelektronen eine unerwünschte Wirkung auf den Resist ergeben kann. Außerdem muß, um diese Strahlung von den abgeschatteten Bereichen fernzuhalten, die Absorberdicke erhöht werden. Man wird deshalb stets versuchen, den Anteil der harten Strahlung möglichst gering zu halten.
Ein Parameter, der bei der Definition eines Synchrotrons für das LIGA-Verfahren besonders beachtet werden muß, ist die Leistung. Sie sollte für den genannten Energiebereich bei 1–2 W/cm^2 liegen, um einerseits die Dauer der Bestrahlung möglichst gering zu halten und andererseits Defekte aufgrund thermischer Belastung von Maske und Resist zu vermeiden. Im Falle einer höheren Synchrotronstrahlungsleistung läßt sich aber der Leistungseinfall auch begrenzen. Dazu lassen sich Vorabsorber, besser noch Vorabsorber in Kombination mit einem Spiegel, einsetzen, da dadurch das eingestrahlte Strahlungsband beidseitig eingeschränkt wird.
Eine weitere wichtige Größe, die die Strahlung charakterisiert, ist die Divergenz. Da der Einfluß von Photoelektronen und Beugungseffekten an Absorberkanten für den oben genannten Wellenlängenbereich vernachlässigt werden kann, be-

stimmt die Divergenz im wesentlichen die Qualität und insbesondere die Kantenschräge der hergestellten Mikrostrukturen. Um möglichst zueinander parallele Seitenwände strukturieren zu können, sollte die Divergenz im Bereich von wenigen mrad liegen.

Andere Parameter, wie etwa eine hohe Brillanz, verteuern eine Synchrotronquelle erheblich. Anders als in vielen Fragestellungen der Grundlagenforschung spielen solche Eigenschaften bei der LIGA-Technik keine Rolle. Eine für die LIGA-Technik dedizierte Quelle kann also relativ preiswert aufgebaut werden.

Abb. 4. Rasterelektronenmikroskopische Aufnahme einer Arbeitsmaske für die Röntgentiefenlithographie. Hierbei handelt es sich um das Detail eines Spektrometergitters mit Abmessungen im Submikrometerbereich (Stufenlänge: 2,8 µm, Stufenhöhe: 0,32 µm)

Maskenherstellung

Mit der Röntgenmaske muß sichergestellt werden, daß in den zu belichtenden Bereichen der Polymerschicht die einfallende Strahlung möglichst ungeschwächt auftritt, während in den abgeschatteten Bereichen die Intensität der Strahlung keine Reaktionen im Resist mehr auslösen darf. Da es für Röntgenstrahlung weder vollständig transparente noch vollständig opake dünne Schichten gibt, wird man als Trägermembran ein Material mit möglichst geringer Absorption und damit geringer Ordnungszahl einsetzen. Besonders geeignet ist Beryllium, das jedoch aufgrund seiner Toxizität gewisse Probleme bei der Verarbeitung mit sich bringt. In Frage kommen auch Silizium oder Diamant oder, wenn die Ansprüche an die Lebensdauer und die Abbildungsgenauigkeit bei der Strukturierung gering sind, Polyimid. Bisher wurde allerdings überwiegend Titan als Membranmaterial eingesetzt, da es sich als Folie mit den entsprechenden Spannungszuständen durch Sputterprozesse relativ einfach herstellen läßt. Im IMT wird eine solche Titanfolie in einer Dicke von etwa 3 µm auf einem glatten Siliziumwafer durch Aufsputtern erzeugt und durch Abhebetechnik auf den Maskenrahmen übertragen (Schomburg et al. 1991).

Das Absorbermaterial der Röntgenmaske muß eine möglichst hohe Ordnungszahl besitzen. Geeignet sind Materialien wir Gold, Wolfram oder Platin. Da sich Goldabsorberstrukturen durch metallische Abscheidung relativ einfach erzeugen lassen, wird es überwiegend für die Absorber eingesetzt.

Um Resistschichten mit Dicken von mehreren hundert Mikrometern mit einem möglichst hohen Kontrast bestrahlen zu können, sind Absorberstrukturen mit einer Dicke von 10–15 µm notwendig, so daß auch die für die Tiefenlithographie unerwünschten harten Anteile des Spektrums genügend geschwächt werden. Für die galvanische Herstellung dieser dicken Goldstrukturen muß ebenfalls eine Form aus Polymer erzeugt werden. Hierzu sind abhängig von den Qualitätsanforderungen an die zu erzeugenden Strukturen unterschiedliche Verfahren einsetzbar, die je nach Aufwand einen wesentlichen Anteil der Kosten für die Röntgenmaske ausmachen. Die einfachste Möglichkeit ist die direkte Erzeugung der Strukturen in der benötigten Dicke mit Hilfe optischer Lithographie oder Elektronstrahllithographie. Für beide Verfahren ist die Auflösung auf 1–2 µm begrenzt. Soll eine höhere Auflösung der Strukturen erreicht werden, so muß zunächst mit Hilfe des Elektronenstrahlschreibers und einer nachfolgenden Galvanik eine etwa 2 µm dicke Absorberstruktur („Zwischenmaske") erzeugt werden, die mit Hilfe weicher Röntgenstrahlung in die gewünschte „Arbeitsmaske" umkopiert wird. Wie Abb. 4 zeigt, können damit Strukturdetails bis zu 100 nm noch problemlos aufgelöst werden.

Herstellung der Primärstrukturen durch Synchrotronbestrahlung

Die Bestrahlung der Polymerstrukturen mit Synchrotronbestrahlung bedingt aufgrund der Absorption der Strahlung im Material eine mit der Tiefe abnehmende Dosisablagerung. Diese wird bestimmt von dem eingestrahlten Spektrum, d. h. von der Elektronenenergie und den Speicherringparametern sowie vom Absorptionskoeffizienten des Resistmaterials und der evtl. im Strahlengang befindlichen Vorabsorber. Der typische Verlauf

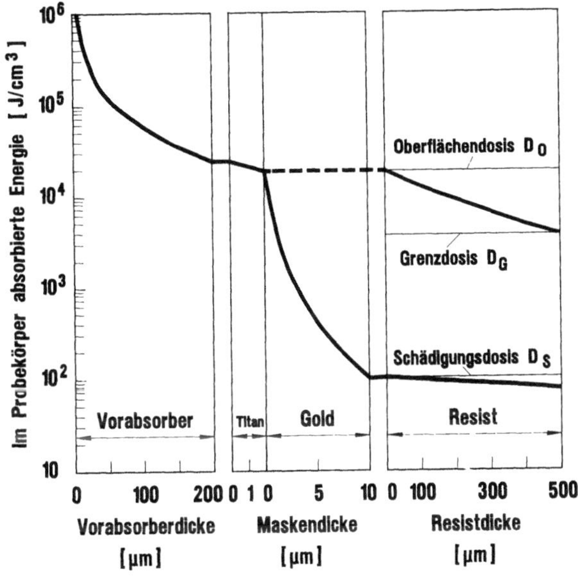

Abb. 5. Dosisverteilung bei der Bestrahlung einer Resistschicht entlang des Strahlweges. Angegeben ist die in einem Resistwürfel von 1 cm^3 abgelagerte Dosis

der Dosisverteilung entlang des Röntgenstrahls sowohl im absorberfreien Resistbereich als auch im abgeschatteten Bereich ist in Abb. 5 dargestellt. In diesem Fall wurden für die Bestrahlung und für die Vorabsorber Parameter gewählt, die der Randbedingung gerecht werden, daß die in der Tiefe abgelagerte Dosis mindestens 4 kJ/cm^3 betragen sollte, um eine vollständige Entwicklung sicherzustellen. Die Dosis an der Oberfläche sollte für PMMA 20 kJ/cm^3 nicht überschreiten, da es sonst zu einer starken Gas- und Blasenbildung im Resist kommt, die im ungünstigen Fall nicht nur das Werkstück, sondern auch die teure Maske zerstört.

Durch die Dosisablagerung im Resist erfolgt ein Aufbrechen der Polymerketten. Dabei werden durch die hochenergetische Röntgenstrahlung Elektronen angeregt, die ihrerseits die Erzeugung von Auger- und Photoelektronen nach sich ziehen. Es wird angenommen, daß diese Elektronen ihre Energie kaskadenförmig auf benachbarte Moleküle übertragen, bis die gesamte Energie thermalisiert ist. Daraus ergeben sich ionisierte und angeregte Moleküle, thermische Elektronen und Molekülradikale. Diese angeregten Zustände können nun durch verschiedene Mechanismen zum Bruch der Hauptkette der Polymere führen. Bei PMMA wird angenommen, daß ein Methylmetacrylatmolekül der Kette angeregt und eine Methylgruppe abgespalten wird, die in gasförmige Produkte zerfällt. Das freie Elektron in der Kette löst eine Doppelbindung zwischen 2 Kohlenstoffatomen aus, so daß eine Kettenspaltung unter Bildung eines weiteren Radikales erfolgt (Schnabel 1978). Damit entstehen kürzere Ketten, die von einem molekulargewichtsempfindlichen Entwickler selektiv aufgelöst werden können. Diese Mechanismen erlauben die Strukturierung von Resistschichten mit Synchrotronstrahlung.

Erweiterungen des LIGA-Verfahrens

Wäre das LIGA-Verfahren nur auf die Herstellung von Mikrostrukturen beschränkt, die eine große Strukturhöhe mit sehr senkrechten Wänden haben und die fest auf einer Unterlage aufsitzen, so wäre das Potential für industrielle Anwendungen sehr eingeschränkt. Durch die Kombination mit anderen Verfahren, wie z. B. der Dünnschichttechnik und durch Variation der Strukturierungsverfahren, sind jedoch auch dreidimensionale Strukturen und bewegliche Strukturen herstellbar. Im folgenden soll gezeigt werden, wie Modifikationen des Standard-LIGA-Verfahrens die Anwendungsmöglichkeiten von Mikrokomponenten erweitern.

Das Opferschichtverfahren

Eine entscheidende Erweiterung erhielt die LIGA-Technik mit der Einführung des sog. Opferschichtverfahrens (Rohr et al. 1990). Dabei wird insbesondere die Präparation des Substrates vor dem eigentlichen LIGA-Prozeß um einige Verfahrenschritte erweitert (Abb. 6). Statt einer metallisch leitenden Grundplatte wählt man eine isolierende Oberfläche auf der die spätere LIGA-Struktur aufgebaut werden soll. Ein häufig verwendetes Stubstrat ist eine Al_2O_3-Keramikplatte oder ein undotierter Silizium-Wafer. Auf die Oberfläche wird mittels Dünnschichttechnik eine Schichtkombination aus Haftschicht (meist Chrom) und elektrisch leitender Schicht, die gleichzeitig als Startschicht für den nachfolgenden Galvanikprozeß dient (meist Silber), aufgebracht. Dieses Schichtsystem wird mit den konventionellen Verfahren der Photolithographie strukturiert. In einem zweiten Prozeß wird nun eine weitere Metallschicht, die „Opferschicht", von einigen Mikrometern Dicke aufgebracht und ebenfalls strukturiert. Hierbei hat sich Titan als geeignet erwiesen.

In dem nachfolgenden LIGA-Prozeß muß die erzeugte Mikrostruktur präzise zur Unterstruktur

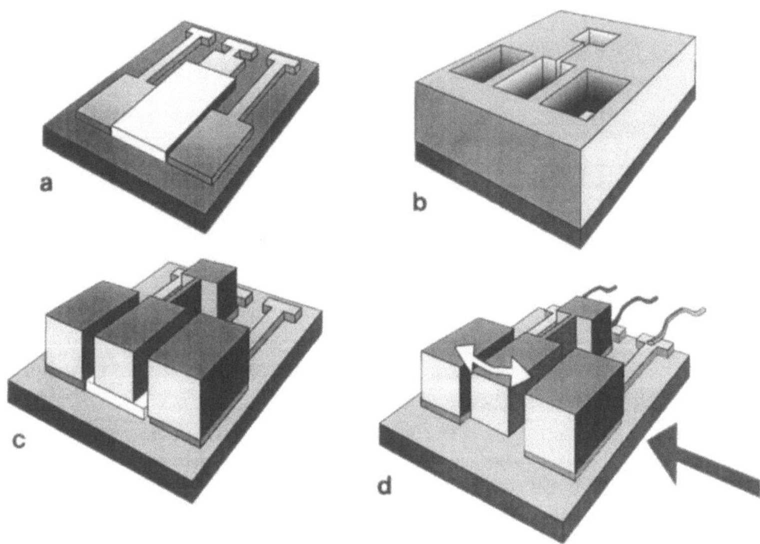

Abb. 6a–d. Prinzip der Opferschichttechnik zur Herstellung schwingender oder freibeweglicher Strukturen. **a** Strukturierung leitfähige Schicht und Opferschicht; **b** Beschichten mit PMMA, Bestrahlung, Entwicklung; **c** Galvanisieren, Entfernen des PMMA; **d** Ätzen der Opferschicht

auf dem Substrat positioniert sein, dergestalt, daß vorbestimmte Teile der Mikrostruktur genau über der Chrom-Silber-Struktur, andere genau über der Titanschicht sitzen. In einem letzten Verfahrensschritt wird nun das Titan unter der LIGA-Struktur in Nickel naßchemisch herausgeätzt. Als Ätzmittel greift Flußsäure wohl das Titan an, läßt aber das Nickel als auch die Schichtkombination Chrom-Silber unbehelligt. Mit diesem letzten Ätzschritt werden also Teile der LIGA-Struktur vom Substrat gelöst, während andere Teile, die direkt auf dem Silber sitzen, nach wie vor fest mit dem Stubstrat verankert sind.
Durch geeignete Formgebung und positionierten Aufbau der Strukturen zueinander lassen sich mit dem Opferschichtverfahren flexible oder freibewegliche Mikrostrukturen aufbauen. Wie weiter unten an Beispielen gezeigt wird, kann damit eine Vielzahl von Produktideen verwirklicht werden: vom Beschleunigungssensor über die Turbine, vom Elektromotor bis zu verfahrbaren mikrooptischen Aufbauten. Wenn auch die Notwendigkeit der präzisen Positionierung eine zusätzliche Erschwernis des Verfahrens bringt, liegt der Vorteil in der Einsparung kostenintensiver Montagearbeiten von Mikrokomponenten.

Erweiterung der Strukturvielfalt

LIGA-Mikrostrukturen sind nicht auf durchgehend senkrechte Wände beschränkt. Durch Neigung des Substrates zur Richtung der Synchrotronstrahlung lassen sich Strukturen mit schrägstehenden Wänden oder durch eine Taumelbewegung bei der Bestrahlung auch konische Formen erzielen (El-Kholi et al. 1993). Ballige Strukturen entstehen, wenn Sekundäreffekte der Synchrotronstrahlung, etwa die Fluoreszenzstrahlung aus der Maskenmembran oder einer zwischen Maske und Probe eingebrachten Folie, ausgenutzt werden. Durch die isotrop abgestrahlte Fluoreszenzstrahlung werden die Randbereiche der Strukturen unter dem Absorber erfaßt, so daß sie vom Entwickler gelöst werden können.
Durch die Kombination mit anderen Strukturierungsverfahren, wie z. B. der Siliziumätztechnik oder der spanabhebenden Präzisionsbearbeitung, können auch Strukturen mit variierender Querschnittsgeometrie über der Strukturhöhe hergestellt werden. In diesem Fall werden keine Substrate mit glatten Oberflächen, sondern solche, die bereits eine vorstrukturierte Topographie besitzen, eingesetzt, etwa Siliziumwafer, die mit Ätzgruben versehen sind (Müller et al. 1993).
Da PMMA den Vorteil hat, daß es sowohl als strahlenempfindliches Material, also als Resist, benutzt, ebenso aber auch im Spitzgießverfahren geformt werden kann, bietet sich die Möglichkeit, eine abgeformte Struktur anschießend durch eine Maske mit Synchrotronstrahlung zu bestrahlen und zu entwickeln und damit mehrfach gestufte Strukturen in präziser LIGA-Geometrie zu erzeugen (Harmening et al.1992) (Abb. 7).

Abb. 7. Gestufte Mikrostruktur, die durch die Kombination von Mikroabformung und einem nachfolgenden zweiten Röntgentiefenlithographieschritt strukturiert wurde

Die Integration mit der Mikroelektronik

Für die Herstellung kompletter Mikrosysteme ist es wünschenswert, mikromechanische und mikrooptische Komponenten auf möglichst einfache Art mit der Mikroelektronik zu kombinieren. Hierfür läge es auf der Hand, die LIGA-Strukturen im Standardverfahren auf einem mit Mikroelektronik versehenem Wafer aufzubauen. Leider ist die Synchrotronstrahlung für die empfindlichen mikroelektronischen Schaltungen nicht verträglich. Es mußte also ein Verfahren entwickelt werden, welches die Belastung des Siliziumwafers mit Synchrotronstrahlung vermeidet. Eine derartige Möglichkeit stellt das Prägen mit einem durch den LIGA-Prozeß hergestellten Abformwerkzeug dar (Ruprecht et al. 1993). Dazu versieht man den Wafer zunächst mit einer Passivierungsschicht aus Si_3N_4, die die Schaltung chemisch und physikalisch vor den LIGA-Prozeßschritten schützt. Zur Kontaktierung der darüberliegenden Struktur mit der mikroelektronischen Schaltung müssen Durchkontaktierungslöcher eingebracht werden. Auf diese Passivierungsschicht wird eine elektrisch leitfähige Schicht aufgebracht, die das spätere Galvanisieren ermöglicht. Darüber werden 2 Kunststoffschichten aufgebracht, eine untere zur Haftvermittlung mit dem Wafer und eine obere, in die die LIGA-Struktur eingeprägt werden kann. Dieses Schichtsystem wird über die Erweichungstemperatur des Kunststoffes erwärmt. In diese Schicht von honigartiger Konsistenz wird der Prägestempel eingedrückt, der die LIGA-Struktur in den Kunststoff überträgt.
Nach dem Abkühlen der Kunststoffstruktur wird das Prägewerkzeug wieder vom Schichtverband getrennt. Allerdings läßt sich das Prägewerkzeug nicht bis auf die Metallisierungsschicht durchdrücken; dazu wären unendlich hohe Kräfte nötig. Die verbleibende Restschicht im Strukturgrund wird im Sauerstoffplasma geätzt, um die Metallisierungsschicht für die folgende Galvanisierung freizulegen. Nach der Galvanisierung wird die noch zusammenhängende Galvanikstartschicht naßchemisch in den exponierten Teilen entfernt, um die einzelnen LIGA-Strukturen elektrisch voneinander zu isolieren.
Dieses Integrationsverfahren hat offensichtlich keine nachteiligen Einflüsse auf die elektronischen Eigenschaften der darunterliegenden Schaltung. In einem Versuch wurden elektronische Teststrukturen vor und nach dem Aufbau von LIGA-Strukturen vermessen; es konnten keine durch das Abformverfahren bedingten Veränderungen in den Parametern gemessen werden.

Prototypen

LIGA-Komponenten finden vor allem Anwendung in der Optik, der Sensorik, der Aktorik und der Fluidik, wobei das Interesse einerseits bei dem Einsatz von Einzelkomponenten liegt, andererseits aber die Komponenten Bestandteile komplexer Systeme darstellen. Für die Qualifizierung solcher Komponenten ist es wichtig, daß die Prototypen durch Synchrotronstrahlung und nachfolgende Galvanik hergestellt werden können, so daß der Aufwand für die Herstellung eines Abformwerkzeuges zunächst vermieden wird. Erst nach erfolgreichem Test der Prototypen wird in der Mengenfertigung dieser Prozeßschritt angewendet.
Im folgenden sollen exemplarisch einige Prototypen in LIGA-Technik aus den Bereichen Optik, Sensorik, Aktorik und Fluidik beschrieben werden.

Optische Anwendungen

Die Möglichkeit, LIGA-Strukturen direkt als mikrooptische Komponenten einzusetzen, ergibt sich aus der optischen Transparenz der Werkstoffe im sichtbaren und nahen infraroten Spektralbereich, die sowohl in der Röntgentiefenlithographie (PMMA, deuteriertes PMMA) als auch in der Abformung (z. B. PMMA, Polycarbonat) eingesetzt werden, der geringen Seitenwandrauhigkeit (< 30 nm) und der geringen Konizität der Strukturen (< 0,03 µm/100 µm). Es lassen sich somit Zylinderlinsen, Mikroprismen und Inten-

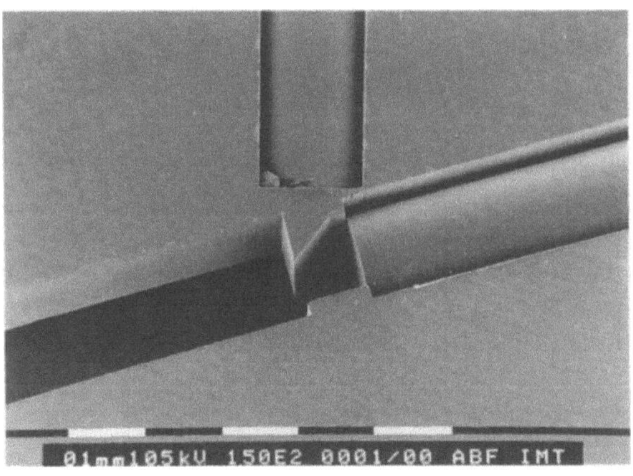

Abb. 8. Koppelstruktur für Multimodefaser für bidirektionale Datenübertragung

sitätsstrahlteiler herstellen (Göttert et al. 1993). Durch den positionsgenauen Aufbau mehrerer optischer Komponenten, gemeinsam mit Haltestrukturen und Justieranschlägen für Lichtleitfasern, und hybride optische Komponenten lassen sich auch Aufbauplatten für komplexe mikrooptische Bänke realisieren. Ein einfaches Beispiel eines mikrooptischen Aufbaus wurde in Form eines bidirektionalen Koppelelementes realisiert, bei dem ein Mikroprisma im Kreuzungspunkt von 3 in Faserführungsschächten fixierten Fasern angeordnet ist. Prisma und Faserführungsschächte werden in einem Strukturierungsprozeß erzeugt. Durch diesen Aufbau wird ein Teil des von einer Faser abgestrahlten Lichtes in Richtung der dritten Faser umgelenkt, während der andere Teil direkt in die zweite Faser übertreten kann (Göttert et al. 1992) (Abb. 8).

Durch die Möglichkeit, Haltestrukturen positionsgenau zueinander zu strukturieren, lassen sich auch komplexe mikrooptische Aufbauplatten für hybrid einzufügende Elemente realisieren. Durch die Integration von Aktorstrukturen auf der mikrooptischen Bank werden auch anspruchsvollere Systemkomponenten realisiert, wie z. B. eine optische Bypass-Schaltung für Monomodefasern (Mohr et al. 1993).

Neben einfachen Resistaufbauten lassen sich auch mehrschichtige Aufbauten, wie z. B. ein lichtleitender Dreischichtaufbau, strukturieren. Als Beispiel wurde ein planares Gitterspektrometer mit einem selbstfokussierenden Reflexionsgitter gewählt (Müller u. Mohr 1993) (Abb. 9). Bei der Herstellung des Reflektionsgitters in einem 125 µm dicken Resist kommen 2 Vorteile der Röntgentiefenlithographie mit Synchrotronstrahlung zur Geltung: die Möglichkeit der Strukturierung beliebiger Querschnittsgeometrie und die hohe Genauigkeit der Strukturierung, die sich in der Qualität der Gitterstufen mit einer Stufenhöhe im Bereich von 0,2 µm zeigt. Durch die freie Geometriewahl der einzelnen Gitterzähne kann das Gitter so optimiert werden, daß Abbildungsfehler weitgehend vermieden werden und eine möglichst hohe Effizienz des Gitters erreicht wird. Diese beträgt bis zu 25% im Bereich der Blaze-Wellenlänge. Für Gitter, die in erster Ordnung arbeiten und deren Gitterstufe etwa 0,3 µm über der gesamten Strukturhöhe von 125 µm ist, kann der gesamte Spektralbereich von 400–

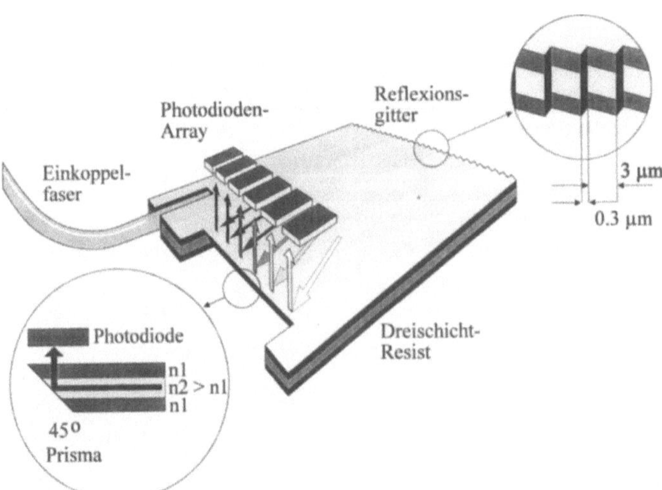

Abb. 9. Prinzipielles Layout eines planaren Gitterspektrometers, das mit dem LIGA-Verfahren hergestellt wird. Das Licht wird über eine Faser in das Spektrometer eingekoppelt. Nach der Reflexion am „Blazing"-Gitter werden die spektralen Anteile des Lichtes über ein 45°-Prisma aus dem Spektrometerkörper ausgekoppelt und mit einer Photodiodenzeile ausgelesen

1100 nm abgedeckt werden. Bei einer Breite der Gitterzähne von etwa 1 µm ergibt sich mit dem Gitter eine Auflösung von ca. 0,2 nm/µm. Wird an der Fokuszeile des Spektrographen durch eine schräge Röntgenbestrahlung eine 45°-Kante erzeugt, mit der das Licht von der Horizontalen in die Vertikale umgelenkt wird, kann der Spektrograph direkt auf eine Diodenzeile aufgelegt werden. Für eine Pixelbreite auf der Diodenzeile von 25 µm wird mit diesem Aufbau eine Auflösung gemäß dem Raleigh-Kriterium von etwa 5 nm ermittelt.

Mikromechanische Anwendungen

Mikromechanische Komponenten in LIGA-Technik finden sowohl in der Sensorik als auch in der Aktorik Anwendung. Dabei sind die Möglichkeiten in der Aktorik aufgrund der großen Strukturhöhe, die sich durch die Anwendung der Röntgenstrahlung erreichen läßt, und durch die Materialvielfalt deutlich größer im Vergleich zur Siliziummikromechanik.

Sensorik

Aufbauend auf der Opferschichttechnik wurde ein kapazitiver Beschleunigungssensor entwickelt (Burbaum u. Mohr 1991). Bei dem Design dieses Sensors wird die freie Geometriewahl zur Realisierung eines temperaturkompensierten Designs genutzt. Dabei ist eine gabelförmige Struktur als seismische Masse über eine Biegezunge an einem Lagerblock auf dem Substrat verankert. Die seismische Masse schwingt frei zwischen 2 Paaren feststehender Gegenelektroden. Bisher wurden Sensoren mit einem Meßbereich von 5 g und einer Empfindlichkeit von 4%/g, sowie mit 1 g und einer Empfindlichkeit von 20%/g realisiert. Im ersten Fall beträgt die Resonanzfrequenz 1250 Hz und der Dämpfungskoeffizient 0,25, im zweiten Fall 560 Hz und ca. 0,6, wobei die maximale Meßfrequenz bis zu 500 Hz sein kann. In Verbindung mit einer hochempfindlichen Meßschaltung werden Sensorsysteme hergestellt, die eine Auflösung von 50 µg und damit einen Dynamikbereich von 100 dB erreichen.
Neben diesen schwingenden Strukturen wurden in Opferschichttechnik auch rotierende Strukturen hergestellt. Beispiel hierfür ist eine Mikroturbine mit einem Rotordurchmesser von wenigen hundert Mikrometern (Himmelhaus et al. 1992). Diese Struktur kann in Verbindung mit einer Drehzahlmessung als Strömungssensor eingesetzt werden.

Aktorik

Zusätzlich zu den Anwendungen im Sensorbereich können die Mikroturbinen als Aktoren Anwendung finden. Derzeit wird untersucht, inwieweit mit Flüssigkeiten angetriebene Turbinen als abrasive Werkzeuge in der Medizintechnik, z. B. in einem Katheter, eingesetzt werden können.
Einen anwendungsnahen Stand haben nach dem LIGA-Verfahren hergestellte elektrostatische Linearaktoren erreicht, bei denen sich die große Strukturhöhe positiv auf die resultierende Stellkraft auswirkt (Mohr et al. 1993). Bei diesen Aktoren taucht eine bewegliche, kammartige Struktur in eine komplementäre feststehende Kammstruktur ein (Abb. 10). Der „Läufer" ist über Federn derart aufgehängt, daß beim Anlegen einer Spannung zwischen den beiden Kondensatoranordnungen eine Bewegung parallel zur Längsrichtung der Kammstrukturen erfolgt. Die treibende Kraft ergibt sich aus der Kapazitätsänderung der Kondensatoren. Der Stellweg ist eine Funktion der Steifigkeit der Federelemente, an denen die Kammstruktur aufgehängt ist. Ein besonders hoher Stellweg bei gleichzeitig geringer Ansteuerspannung kann erreicht werden, wenn die Kondensatorplatten konisch ausgeführt werden. So wurde beispielsweise ein Schalter realisiert, der einen Stellweg von 190 µm bei einer Ansteuerspannung von ca. 60 Volt zuläßt.
Da sich über den Galvanoformungsprozeß magnetische Materialien, wie z. B. Nickel oder auch Legierungen aus Eisen und Nickel, vergleichbar

Abb. 10. Elektrostatischer Linearaktor mit großem Stellweg bei kleinen Ansteuerspannungen. Der Aktor besteht aus 550 Einzelelementen konisch ineinandergreifender Kondensatorplatten. Der Aktor wird eingesetzt, um das von einer Multimodefaser abgestrahlte Licht wahlweise auf 2 Fasern umzuschalten

zu Permalloy, abscheiden lassen, ist das LIGA-Verfahren besonders prädestiniert, um neben den erwähnten elektrostatischen Aktoren auch elektromagnetische Aktoren herzustellen (Thommes et al. 1993).
Weiterhin werden Aktoren entwickelt, die auf dem thermomechanischen Prinzip, auf der Volumenänderung von Gelen oder auf dem Formgedächtniseffekt bestimmter Legierungen beruhen. Damit wird der Tatsache Rechnung getragen, daß die LIGA-Technik wegen ihrer Materialvielfalt für die Herstellung von Mikroaktoren besonders geeignet ist, während die Siliziumtechnologie in diesem Bereich an ihre Grenzen stößt.

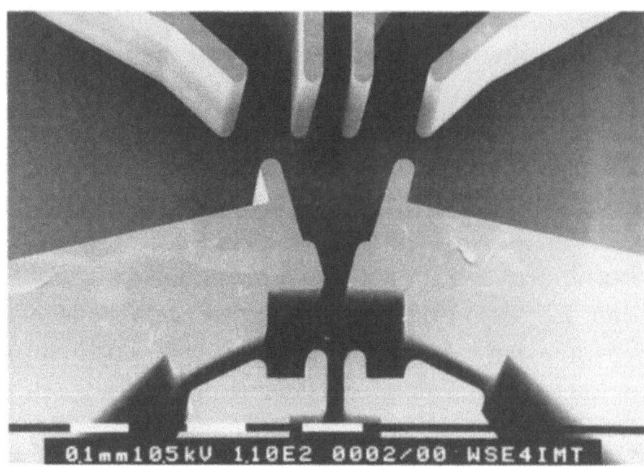

Abb. 11. Bistabiler fluidischer Schalter in LIGA-Technik. Rasterelektronenmikroskopische Aufnahme eines bistabilen fluidischen Schalters in LIGA-Technik. Die Struktur hat eine Höhe von 500 µm. Die Versorgungsdüse (*unten Mitte*) hat eine Breite von 30 µm

Fluidische Anwendungen

Der Vorteil der Batch-Fertigung durch mikrotechnische Abformprozesse liegt darin, daß Strukturen mit sehr kleinen Abmessungen in großer Zahl und mit hoher Packungsdichte auf einem Substrat hergestellt werden, die sich zu einer hohen Systemleistung verknüpfen lassen. Diese Verknüpfung zu erhöhter Funktionalität ist insbesondere in der Fluidik gegeben, wie in dem nachfolgenden Beispiel gezeigt wird. Die Abb. 11 zeigt einen bistabilen fluidischen Schalter in LIGA-Technik (Vollmer et al. 1993). Aufgrund des Coanda-Effektes wird sich ein Gasstrom, der aus einer Versorgungsdüse in den Schaltraum eintritt, nicht geradlinig fortbewegen, sondern sich an eines der Wandführungselemente anlegen und gegen kleine Störungen von der Seite her stabil in dieser Position verbleiben. Übersteigt jedoch diese „Störung" einen gewissen Betrag, „schaltet" der Fluidstrom um, indem er sich an das gegenüberliegende Wandführungselement anlegt.
Durch Steuerpulse kann der Hauptfluidstrom wie bei einem elektrischen Schalter in verschiedene Ausgänge gesteuert werden. Wie bei elektrischen Schaltern lassen sich diese fluidischen Wandstrahlelemente zu Untergruppen kombinieren, etwa zu einem linearen Verstärker, wenn man den Ausgang des einen Elementes mit dem Steuereingang eines nachfolgenden Elementes verbindet. Ein Oszillator entsteht, wenn man jeweils einen Teil des Hauptausgangsstromes auf die eigene Steuerleitung rückkoppelt. Durch Kombination mehrerer Elemente und geeigneter Verschaltung können also Subsysteme mit komplexer Hydraulik aufgebaut werden.
Neben diesen Schaltelementen werden andere fluidische Komponenten, wie etwa Pumpen oder aktive Mehrfachventile, in LIGA-Technik hergestellt (Büstgens et al. 1994). Die Antriebe für diese Elemente werden durch elektrisch beheizte Kammern realisiert, die durch eine Folie abgeschlossen sind. Durch Strompulse wird das Gas in der Kammer erwärmt, dadurch wölbt sich die Membran aus und leistet die zum Pumpen oder zum Verschließen eines Ventils nötige Arbeit.

Mikrosystemtechnik

Die oben dargestellten Komponenten erreichen erst ihre volle Leistung, wenn sie durch die Kombination untereinander und mit der Mikroelektronik zu komplexen Systemen verschaltet werden. Genau daran zeigt sich der Vorteil der Mikrosystemtechnik. Ebenso wie erst die Systemleistung des Mikroprozessors in der Mikroelektronik die technologischen Umwälzungen in fast allen Bereichen der Technik und unseres täglichen Lebens bewirkt hat, wird auch erst die Zusammenfassung von Mikrostrukturkomponenten zum Mikrosystem den wirtschaftlichen Durchbruch auf diesem Gebiet bringen.
Der Vorteil der Mikrosystemtechnik läßt sich durch die folgende Betrachtungsweise verbildlichen: Das Mikrosystem ist eine um viele Fähigkeiten erweiterter Mikroprozessor, der dank seiner Sensoren sein Umfeld „wahrnehmen" und mittels seiner Aktoren auf äußere Signale reagieren, Entscheidungen treffen, Manipulationen durchführen oder gar seine Position verändern kann. Ein Mikrosystem könnte also so programmiert werden, daß es, durch Sensoren gesteuert, verschiedene, örtlich getrennte Meßstellen anfährt, dort Meßwerte aufnimmt und aufgrund der

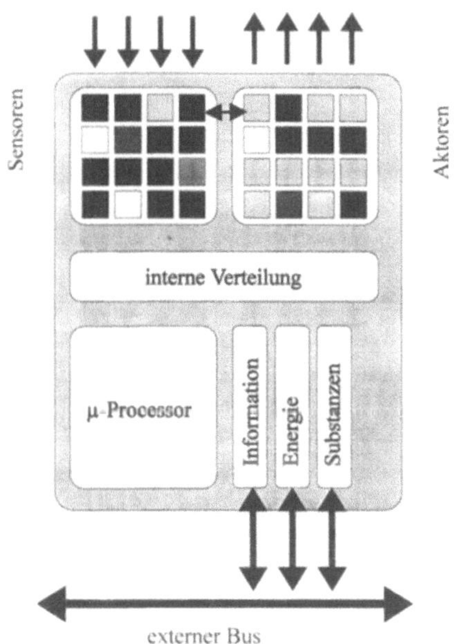

Abb. 12. Schema eines vollständigen Mikrosystems mit den Gruppen Sensorik, Aktorik, Informationsverarbeitung und Mikro-Makro-Koppelstellen

Meßresultate Entscheidungen fällt und bestimmte Manipulationen ausführt. In Abb. 12 ist das Grundkonzept eines Mikrosystems dargestellt. Der spezielle Vorteil der Mikrosystemtechnik gegenüber konventionellen Konzepten der (makroskopischen) Systemtechnik ist darin zu sehen, daß die Komponenten, wie Sensoren und Aktoren, sowohl von der Größe, vom Leistungsspektrum und von den Herstellkosten her mit den Komponenten der Mikroelektronik kompatibel sind, und auch nach ähnlichen Gesetzmäßigkeiten miteinander zu Systemleistungen verschaltet werden können.

Ein Sensor, etwa ein Beschleunigungssensor, ist in der Mikrosystemtechnik nicht mehr ein kostspieliges, individuell abgeglichenes Unikat, sondern kann in großer Zahl auf kleinstem Raum auf dem gleichen Substrat mit geringer Fertigungsstreuung hergestellt werden. Der Einzelsensor wird durch das Array ersetzt. Wenn im Array ein Einzelelement ausfällt, bleiben genügend andere Sensoren im Array reaktionsfähig, so daß das Gesamtsystem funktionsfähig bleibt. Neben der Steigerung der Zuverlässigkeit des Systems läßt sich durch die Anordnung von Sensoren im Array auch die Qualität der Messung erhöhen, indem etwa die Sensoren in ihren Empfindlichkeitsbereichen so gestuft sind, daß unabhängig vom Meßwert stets einige Sensoren im optimalen Bereich arbeiten. Bei chemischen Meßproblemen kann man mit Arrays aus Sensoren unterschiedlicher Selektivität „Fingerprints" von komplexen Verbindungen erhalten und mittels Mustererkennung zu einer Analyse kommen. Es scheint auch möglich, durch geeignete informationstechnische Konzepte (neuronale Netze, Fuzzy Logik), das Mikrosystem für bestimmte Meßprobleme zu „schärfen". Damit lassen sich autarke Meßsysteme denken, die unterschiedliche Meßaufgaben nacheinander mit jeweils hoher Trennschärfe abarbeiten können.

Wenn die Sensoren sozusagen die Sinnesorgane des Mikrosystems darstellen, können die Aktoren als die „Hände und Füße" des Systems betrachtet werden. Sie befähigen das System, auf äußere Reize zu reagieren. Mit Hilfe intelligenter, sensorgestützter Werkzeuge können komplexe Aufgaben abgearbeitet werden. Auch hier gilt das gleiche Konzept: Wegen der kleinen Dimensionen und der kostengünstigen Fertigungsmöglichkeiten lassen sich in einem System redundante Subsysteme bereitstellen, die im Notfall aktiviert werden können. Dies wiederum erhöht die Zuverlässigkeit des Gesamtsystems.

Besonders hohe Anforderungen werden in der Mikrosystemtechnik an die Informationsverarbeitung zur Bewältigung der Datenflut aus den Arrays in Echtzeit gestellt. Hierzu müssen neue Konzepte zur Informationsverarbeitung entwickelt werden. Weitere Aufgaben einer intelligenten Signal- und Meßwertverarbeitung im Mikrosystem sind der Selbsttest, die Selbstkorrektur und die Verwaltung redundanter Subsysteme. Mit solchen Maßnahmen läßt sich die Zuverlässigkeit von Mikrosystemen um Größenordnungen gegenüber konventionellen Systemen steigern und erlaubt Anwendungen, die wegen extremer Zuverlässigkeitsanforderungen bis heute mit konventionellen Methoden noch nicht realisiert werden konnten. Ein Beispiel dafür sind Mikroendoskope für den Einsatz in der minimal-invasiven Therapie.

Der Begriff „Schnittstelle" ist in der Mikrosystemtechnik wesentlich weiter zu fassen, als das in der Mikroelektronik üblich ist. Da in der Mikrosystemtechnik nicht nur Informationen, sondern auch Energie und Substanzen in ein Mikrosystem hinein oder aus ihm heraus übertragen werden, wird der Begriff „Mikro-Makro-Koppelstelle" dem Problem besser gerecht (Kohl u. Menz 1993). Für die in der Mikrosystemtechnik notwendigen komplexen Koppelstellen gibt es derzeit noch keine befriedigenden technischen Lösungen.

Es ist daher nicht von der Hand zu weisen, daß die Marktfähigkeit zukünftiger Mikrosysteme wesentlich davon abhängt, ob es in naher Zukunft

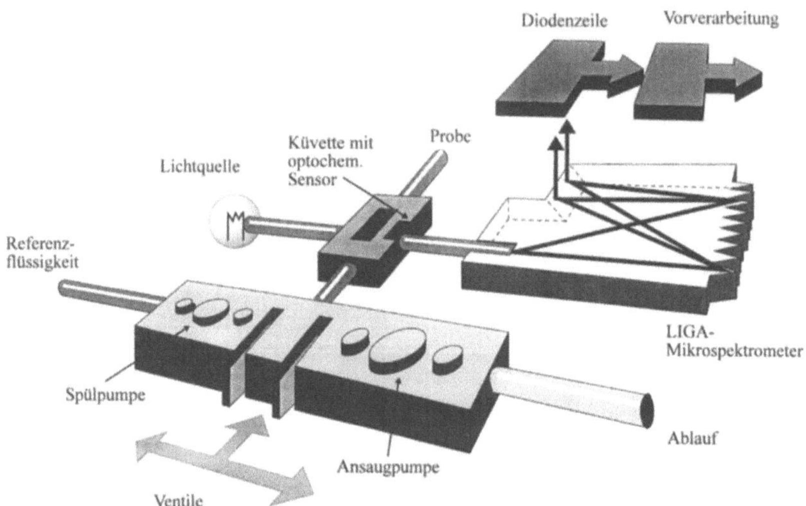

Abb. 13. Aufbau eines optochemischen Analysesystems in Mikrotechnik. Das System gliedert sich in die 3 Gruppen: chemische Analyse, spektroskopische Evaluierung und Fluidhandhabung. Mit dem Fluidhandhabungssystem kann die Küvette wahlweise mit dem Analyten oder einer Referenzflüssigkeit gefüllt werden

gelingt, über die Strukturierungsmethoden hinaus technisch vernünftige Konzepte der Mikro-Makro-Koppelstellen oder allgemein einer wirtschaftlichen Aufbau- und Verbindungstechnik für Mikrosysteme zu entwickeln.

Industrieller Gesichtspunkt der Mikrosystemtechnik

Die Abb. 13 zeigt den Aufbau eines optochemischen Analysesystems, das als wesentliches Element ein Mikrospektrometer, wie es oben beschrieben wurde, enthält (Schomburg et al. 1993). Zur Handhabung der Analyte bzw. der Referenzflüssigkeiten bedarf es eines Systems von Pumpen, Ventilen und Leitungen. Für die Funktion eines Mikroanalysesystems ist also ein Subsystem „Fluidhandhabung" aufzubauen, das auch für viele andere Anwendungen genutzt werden könnte. In dem Prinzipbild ist diese Fluidhandhabung als ein einzelner Block dargestellt. Sicherlich würde ein solches Konzept nicht einer wirtschaftlich realen Ausführung entsprechen. Aus Gründen einer flexiblen Fertigung von Mikrosystemen, insbesondere für kleine und mittelständische Unternehmen, ist es nötig, handhabbare Komponenten zu entwickeln, die von hochspezialisierten Herstellern gefertigt und auf dem freien Markt angeboten werden.

Der Hersteller eines Mikrosystems kann sich dann auf einen Katalog von Komponenten abstützen, die er von außen beziehen und mit relativ einfachen technischen Mitteln zu seiner individuellen Systemlösung zusammenfügen kann. Da es sich in der Regel um hybride Systeme handeln wird, müssen Komponenten der Mikrostrukturtechnik mit solchen der konventionellen Feinwerktechnik oder gar des Maschinenbaus kombiniert werden können.

Ausblick

Die LIGA-Technik stellt eine der ersten industriellen Anwendungen der Synchrotronstrahlung dar. Daraus resultierende Vorurteile gegenüber der LIGA-Technik, etwa hohe Investitionskosten oder mangelnde Verfügbarkeit eines für die Grundlagenforschung konzipierten Großgerätes, können leicht entkräftet werden. Die Synchrotronstrahlung wird nur für die Herstellung der Masken und des Werkzeuges zum Spritzgießen oder Prägen eingesetzt. Der überwiegende Teil der Kosten einer industriellen Mengenfertigung tritt beim Abformen und der Weiterverarbeitung der Mikrostrukturen auf. Bricht man die Kosten, die das Synchrotron verursacht, auf das Einzelprodukt herunter, bewegt man sich im Bereich weniger Pfennige oder gar Bruchteilen von Pfennigen.

Eine komplette Halbleiterlinie stellt heutzutage eine Investition in der Größenordnung von einer Milliarde DM dar. Dennoch würde keiner auf die Idee kommen, den Einsatz von integrierten Schaltungen in einem Produkt wegen der hohen Investitionskosten in Frage zu stellen. Deshalb müssen die Technologien der Mikrostrukturtechnik,

insbesondere die Röntgentiefenlithographie mit Synchrotronstrahlung und die damit verbundenen Apparaturen und Geräte, verfügbar sein, soll die Mikrosystemtechnik zu einem wirtschaftlichen Erfolg geführt werden.
Für den zukünftigen wirtschaftlichen Erfolg der Mikrosystemtechnik ist eine Aufgabenteilung zwischen hochspezialisierter Fertigung der Komponenten und breitangelegter Weiterverarbeitung der Komponenten zu Mikrosystemem mit weitgestreuter Anwendungspalette von entscheidender Bedeutung. Dazu müssen Konzepte entwickelt werden, die es kleinen und mittelständischen Unternehmen ermöglichen, aus den Komponenten ihre individuellen Systemlösungen mit wirtschaftlichen Mitteln und Geräten aufzubauen. Mehr als in anderen Branchen ist hier eine interdisziplinäre und multinationale Zusammenarbeit gefordert. Die Schwierigkeiten dafür dürfen nicht unterschätzt werden. Die Möglichkeiten der Mikrosystemtechnik sind allerdings so beträchtlich, so daß sich dieser Aufwand, wie auch die Investition in entsprechende Fertigungsgeräte, lohnen sollte.

Literatur

Becker EW, Ehrfeld W, Hagmann P, Maner A, Münchmeyer D (1986) Fabrication of microstructures with high aspect ratios and great structural heights by synchrotron radiation lithography, galvanoformung, and plastic molding (LIGA process).Microelekt Engin 4:35

Büstgens B, Bacher W, Menz W, Schomburg WK (1994) Micropump manufactured by thermoplastic molding, Proc. of Micro Electro Mechanical Systems'94, January 25-28, 1994, Oiso, Japan, pp 18-21

Burbaum C, Mohr J (1991) KfK-Bericht 4859. Kernforschungszentrum Karlsruhe

Elder FR, Gurewitsch AM, Langmuir RV, Pollock HC (1947) Radiation from electrons in a synchrotron. Phys Rev 71:829

El-Kholi A, Bacher W, Menz B, Mohr J, Stransky R (1993) Entwicklungen und Erweiterungen der Strukturierungsmöglichkeiten in der Röntgentiefenlithographie. KfK-Bereicht 5238, Kernforschungszentrum Karlsruhe, S 114–119

Göttert J, Mohr J, Müller C (1992) Coupling elements formultimode fibers by the LIGA Process. In: Reichl H (ed) Micro system technologies 92. VDE, Berlin, pp 297-307

Göttert J, Mohr J, Müller C (1993) In: Ehrfeld W et al. (eds) Integrated optics and micro-optics with polymers. Teubner, Stuttgart, pp 219–247 (Teubner-Texte zur Physik)

Harmening M, Bacher W, Bley P et al. (1992) Proc. Int. Conf. Micro Electro Mechanical Systems MEMS'92, Travemünde (Feb. 1992), pp 202–207

Himmelhaus M, Bley P, Mohr J, Wallrabe U, (1992) Micromech Microeng 2:196–198

Kohl M, Menz W (1993) Berücksichtigung der Mikro/Makro-Ankopplung am Beispiel des Entwurfs eines Medikamentendosiersystems, „Untersuchung zum Entwurf von Mikrosystemem“, BMFT-Verbundprojekt, Zwischenbericht zum Statusseminar, 3. Oktober 1993

Mohr J, Burbaum C, Bley P, Menz W, Wallrabe U (1990) In: Reichl H (ed) Micro system technologies 90. Springer, Berlin Heidelberg New York Tokyo, pp 528–537

Mohr J, Göttert J, Kohl M, Müller A (1993) KfK-Bericht 5238, Kernforschungszentrum Karlsruhe, pp 71–75

Mohr J, Kohl M, Menz W (1993) Micro optical switching by electrostatic linear actuators with large displacements. Proc. 7th Int. Conf. on Solid State Sensors and Actuators, Tansducers '93. Yokohama, Japan (June 1993), pp 120–123

Müller A, Göttert J, Mohr J (1993) LIGA-micro-structures on top of micro-machined silicon wafers used to tabricate a micro-optical switch. Proc. Workshop Micromechanic Europe MME '93, Neuchatel, Schweiz (Sept. 1993), pp 101–104

Müller C, Mohr J (1993) A microspectrometer fabricated by the LIGA Process. Interdisc Sci Rev 3:273–279

Ruprecht R, Bacher W, Both A, Dinglreiter H, Kalb H (1993) Darstellung einfacher Mikrosysteme durch durch Kunststoffabformung und Galvanoformung auf integrierten Schaltkreisen. KfK-Bericht 5238, Kernforschungszentrum Karlsruhe, S 122–128

Schnabel J (1978) In: Jellinek HHG (ed) Aspects of degradation and stabilisation of polymers. Elsevier, Amsterdam, p 149

Schomburg WK, Baving HJ, Bley P (1991) Ti- and Be- X-ray masks with alignment windows for the LIGA processs. Microelekt Engin 13:323–326

Schomburg WK, Rapp R, Büstgens B, Reichert J, Frombein O (1993) Mikromembranpumpen als Elemente eines optochemischen Mikroanalysesystems. KfK-Bericht 5238, Kernforschungszentrum Karlsruhe, S 76–82

Thommes A, Stark W, Leyendecker K, Bacher W, Liebscher H, Jakob Ch (1993) „LIGA Microstructures from a NiFe-Alloy: Preparation by Elekctroforming and Magnetic Probperties“, Proc 184th Meeting of the Electrochemical Societey, New Orleans, USA, October 10-15, 1993

Vollmer J, Hein H, Menz W, Walter F (1993) Bistable fluidic elements in LIGA-technique as microactuators. Proc. Transducers 93, Yokohama, Japan (June 7.-10.1993), pp 116

Röntgengrobstrukturuntersuchungen

Heinrich Heidt, Pieter Perdieus, Eberhard Nabel, Jürgen Goebbels und Uwe Ewert

Die Grobstrukturprüfung mit Röntgenstrahlen zielt auf den Nachweis und die Beschreibung von makroskopischen Bauteil- und Strukturfehlern ab, deren Größe zwischen einigen Mikrometern und Zentimetern liegen kann. Dabei durchdringen die vom Röntgenbrennfleck ausgehenden Röntgenstrahlen die Prüfobjekte und liefern aufgrund der dort örtlich vorliegenden Dichte- und/oder Dickenunterschiede ein Schattenbild, das z. B. mit einem Leuchtschirm betrachtet oder auf einem photographischen Film registriert werden kann. Die Dicke der Objekte reicht von Mikrometern (z. B. bei Folien) bis hin zu mehreren Dezimetern (z. B. bei Beton- oder Leichtmetallteilen). Die gesuchten Fehler, die sich als Dichte- oder Materialunterschiede abbilden, umfassen in der Realität sowohl Lufteinschlüsse (Poren, Lunker, Risse etc.) als auch Fremdkörper (Schlacken, Schwermetalleinschlüsse etc.).

Die bei Röntgengrobstrukturuntersuchungen eingesetzten Verfahren haben eine wesentliche Bedeutung für die Sicherheit und Qualität industrieller Anlagen und Produkte erlangt. Während dabei zunächst die Analyse und vor allem die Begrenzung der Größe der im Bauteil vorhandenen Fehler im Vordergrund des Interesses stand, wird die Röntgenprüfung heute im erheblichen Umfang zur Prozeßkontrolle eingesetzt, um Fehler gar nicht erst entstehen zu lassen. Derzeit werden in Deutschland pro Jahr ungefähr 10 Millionen Aufnahmen auf etwa 230000 m^2 Röntgenfilm belichtet. Hinzu kommen etwa 250 Durchstrahlungsanlagen, die vorwiegend für die filmlose Prüfung von Serienteilen eingesetzt werden.

Historische Entwicklung

W. C. Röntgen erkannte frühzeitig die Bedeutung der von ihm entdeckten Strahlen für die Untersuchung von Materialien. Die berühmte Aufnahme seines Jagdgewehres (s. Abb. 7, S. 25) belegt bereits die wesentlichen Merkmale der noch heute verwendeten Aufnahmetechnik:

- Anbringung eines Röntgenfilms in engem Kontakt mit dem Prüfobjekt,
- Projektion der Objektdetails auf den Film durch die vom Röhrenfokus ausgehende Strahlung,
- Beurteilung der Röntgenaufnahme, die außer den Fehlern (Lunker) auch die Dichteunterschiede des Materials und die Form des Objekts erkennen läßt.

Die Abb. 1 zeigt eine Aufnahme verlöteter Metallstreifen, die ebenfalls von W. C. Röntgen (1895) angefertigt wurde. Mit dieser ersten Lötnahtprüfung hat Röntgen bereits die bis heute häufigste industrielle Anwendung von Röntgendurchstrahlungen in der Technik vorweggenommen: die Prüfung von Schweißnähten bei Rohren und Behältern. Diese bildet in der modernen Technik die Basis für die Sicherheit von zahlreichen Industrieanlagen, von kerntechnischen An-

Abb. 1. Erste Fugenahtröntgenaufnahme (hergestellt von Röntgen 1895) von 4 verlöteten und anschließend ausgewalzten Zinkstreifen

lagen und von Gas- und Ölpipelines. In den ersten Jahren nach Röntgens Entdeckung kam jedoch der Materialprüfung mit Röntgenstrahlen noch keine sehr große Bedeutung zu. Da dazu wesentlich größere Röhrenspannungen als in der medizinischen Diagnostik benötigt wurden, vergingen mehrere Jahre, bis die ersten technischen Anwendungsgebiete erschlossen wurden. So liegen bis 1912 nur wenige Hinweise auf erfolgreiche Materialprüfungen mit Röntgenstrahlen vor (Glocker 1927; John u. Isenburger 1934). Mit Einführung der bei General Electric in den USA von Coolidge (1913) entwickelten Röhren veränderte sich die Situation grundlegend, weil nunmehr hinsichtlich Beschleunigungsspannung und Stromstärke getrennt regelbare Röhren auch für längere Betriebszeiten zur Verfügung standen.

Während des 1. Weltkrieges wurden bereits Röntgenstrahlen für Kontrollzwecke bei Flugzeugbauteilen und in der Munitionsfertigung eingesetzt. In den folgenden Jahren wurden in den führenden Industrienationen in zunehmendem Maße Röntgengrobstrukturuntersuchungen an Gußteilen und metallurgischen Produkten sowie an nichtmetallischen Materialien vorgenommen. Der eigentliche Durchbruch für die Entwicklung einer eigenständigen industriellen Radiologie wurde aber wohl 1922 in den USA mit der Herstellung von Coolidge-Röhren eingeleitet, die mit Hilfe entsprechender Versorgungseinrichtungen kontinuierlich mit 220 kV und 5 mA betrieben werden konnten (Coolidge 1913). Damit wurden Durchstrahlungen von Stahlstücken bis zu etwa 70 mm Dicke möglich. 1925 wurde, ebenfalls in den USA, das erste kommerzielle Röntgenlaboratorium gegründet, das sich ausschließlich mit Grobstrukturuntersuchungen befaßte. Sechs Jahre später, 1931, wurde bereits aufgrund der mit Grobstrukturuntersuchungen erzielten Erfolge der Boiler-Code of the American Society of Mechanical Engineers dahingehend geändert, daß geschweißte Druckkessel mit Wandstärken bis 108 mm mit röngengeprüften Schweißnähten auch für höhere Drücke freigegeben wurden. Parallel dazu liefen ähnliche Entwicklungen in England (John u. Isenburger 1934; Stephan 1932).

In Deutschland wurde 1920 von R. Glocker das Röntgenlaboratorium an der Technischen Hochschule Stuttgart geschaffen, wo von Anfang an ebenfalls Fragestellungen der Materialprüfung mit Röntgenstrahlen bearbeitet wurden. Im Rahmen von Dissertationen in Stuttgart und anderen Orten (Schlechter 1921; Sterzel 1924; Neeff 1925) wurde schon Anfang der 20er Jahre gezeigt, daß die Probleme der Streustrahlung und der optimalen Aufnahmeanordnung bei Grobstrukturuntersuchungen technisch lösbar sind. Neben den verschiedenen mechanischen Blendenformen wurden bereits Zinnfilter vorgeschlagen (Glocker et al. 1924), wie sie auch heute noch im Gebrauch sind. Die physiologischen Grenzen der visuellen Filmauswertung wurden mit ähnlichen Ergebnissen wie heute untersucht (Neeff 1925), wenn dabei auch durch die Verwendung von fluoreszierenden Verstärkerfolien die Filmschwärzung auf Werte unter 3 begrenzt blieb.

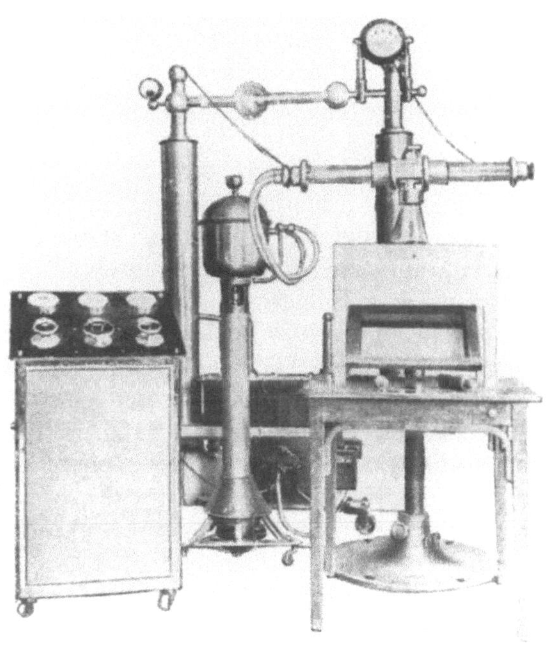

Abb. 2. Komplette Rontgenanlage mit Bedienpult, Hochspannungstransformator und Röhre (über dem Transformator) von Seifert & Co (1927)

Erst in der zweiten Hälfte der 20er Jahre begann auch in Deutschland die Entwicklung leistungsfähiger Röntgenanlagen für den industriellen Einsatz. Den Stand der Gerätetechnik bei Beginn dieser Entwicklung dokumentiert Abb. 2. Auf der 1927 in Berlin abgehaltenen Werkstoffschau wurde die erste ortsbewegliche Röntgeneinrichtung für technische Zwecke vorgestellt. Sie wurde anschließend im Reichsbahnausbesserungswerk Wittenberge für Durchstrahlungsprüfungen eingesetzt und leitete die Anwendung von Röntgenstrahlen bei Materialprüfungen in der Technik ein. Bald folgten auch Grobstrukturuntersuchungen an rollendem Material und an Brückenbauten (Kantner u. Herr 1927; Herr 1930). Diese Initiative der Deutschen Reichsbahn resultierte aus den Forderungen nach erhöhter Sicherheit in dem sich damals stark entwickelnden Verkehrswesen. Ende der 20er Jahre wurden die ersten systematischen Röntgendurchleuchtungen in der eisen-, stahl- und metallerzeugenden und -verarbeitenden Industrie bekannt (Morgenstern 1927; Eggert u. Schiebold 1930; v. Schwarz 1928, 1930; Reininger 1930; Leifring 1931).

Im März 1929 konstituierte sich die „Deutsche Gesellschaft für technische Röntgenkunde", die sich ein Jahr später dem „Deutschen Verband für Materialprüfungen der Technik" anschloß. Auf ihrer ersten wissenschaftlichen Veranstaltung, einem im November 1929 in Berlin abgehaltenen Hochschulkurs über „Die Röntgentechnik in der Materialprüfung", wurden neben den Grundlagen der Röntgentechnik die damals in Deutschland vorliegenden Ergebnisse der Röntgenforschung in der Materialprüfung sowie die zukünftigen Perspektiven der Röntgengrobstrukturuntersuchungen behandelt. Der von Eggert u. Schiebold (1930) herausgegebene Tagungsband enthält interessante Beiträge zum damaligen Stand der Röntgendurchstrahlungstechnik in Deutschland. Insbesondere die zunehmende Anwendung von Schweiß- anstelle von Nietverfahren in der Technik erforderte zuverlässige Prüfmethoden zum Nachweis von Innenfehlern. Auch Veränderungen der Fertigungsverfahren für Druckbehälter und druckführende Leitungen förderten den Aufschwung der Röntgenverfahren. Daneben erforderte der Einsatz höherfester und damit sprödbruchempfindlicher Stähle eine verbesserte Qualitätssicherung. Die Gerätetechnik paßte sich schnell den veränderten technischen Anforderungen an. Bei den Röntgenröhren setzte sich das Strahlenschutzgehäuse mit Bleiabschirmung durch, das neben dem Personenschutz eine Abschirmung gegen Streustrahlung bot und damit zusätzlich die Bildqualität verbesserte. Hinreichende Mobilität, geringe Größe und geringes Gewicht der Röntgenanlagen waren schon damals weitere wichtige Entwicklungsziele: Die für die Untersuchungen notwendigen Anlagenteile sollten genormte Mannlöcher, wie sie für die Inneninspektion von Brücken, Behältern und Schächten üblich sind, passieren können.

Anfang der 30er Jahre waren in Deutschland neben ortsbeweglichen 100-kV-Röntgenanlagen für die Durchstrahlung von Stahl bis 10 mm Dicke, von Kupferbasiswerkstoffen bis 5 mm Dicke und von Leichtmetallen bis 100 mm Dicke bereits auch ortsbewegliche Geräte mit 200-kV-Scheitelspannung für die Durchstrahlung größerer Werkstückdicken verfügbar (Berthold 1930, 1934; Fischer 1933). Eine bewegliche Röntgeneinrichtung mit Röhrenbehälter R, Ständer St, Ölpumpe P, Hochspannung H1 und H2, Hochspannungskabel HK und Schaltkasten K zeigt die

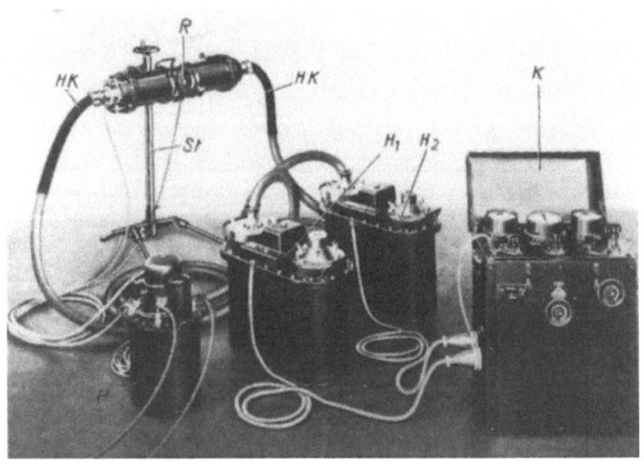

Abb. 3. Siemens-200 kV-Röntgenanlage (1932)

Abb. 3. Der Prinzipaufbau der strahlengeschützen Röhren, die damals Anwendung fanden, geht aus Abb. 4 hervor (Berthold 1934). Diese dokumentiert im Vergleich zu der in Abb. 5 wiedergegebenen Röntgenröhre, die 1901 von der Deutschen Röntgengesellschaft für gute Ortsauflösung und Durchdringungsfähigkeit ausgezeichnet wurde, den in 30 Jahren Röntgenröhrenbau erreichten Fortschritt.

Der Initiative von R. Berthold war es zu verdanken, daß im Sommer 1933 eine „Röntgenstelle beim Staatlichen Materialprüfungsamt Berlin-Dahlem" gegründet werden konnte, die durch eine 20 Mitglieder umfassende „Fördergemeinschaft" unterstützt wurde, der Behörden, Verbände, Gesellschaften und Industriebetriebe angehörten. Aus der Röntgenstelle wurde 1936 die „Reichsröntgenstelle" mit öffentlich-rechtlichen Aufgaben, die „Fördergemeinschaft" wurde Anfang 1937 in die „Gesellschaft zur Förderung zerstörungsfreier Prüfverfahren e. V." umgewandelt.

Mitte der 30er Jahre wurden außer von der Berliner Röntgenstelle und den Reichsbahnausbesserungswerken vor allem auch von der Reichsmarine in Wilhelmshaven und von Röntgengeräteherstellern Grobstrukturuntersuchungen mit zum Teil spektakulären Ergebnissen durchgeführt. Die Abb. 6–9 vermitteln davon einen Eindruck (Krüger u. Weeber 1983). In Abb. 6 ist der Reichsbahnmeßzug, der über eine Gleichspannungsröntgenanlage mit maximal 500 kV (20 mA) verfügte, in Arbeitsstellung bei der Inspektion einer Eisenbahnbrücke zu sehen. Bei dieser und ähnlichen Untersuchungen erfolgte die Zuführung der Hochspannung zu den Röntgenröhren über Freileitungen, die auf Isolatoren abgestützt wurden. Kabellängen von 50–100 m wurden dabei (bei 500 kV) riskiert.

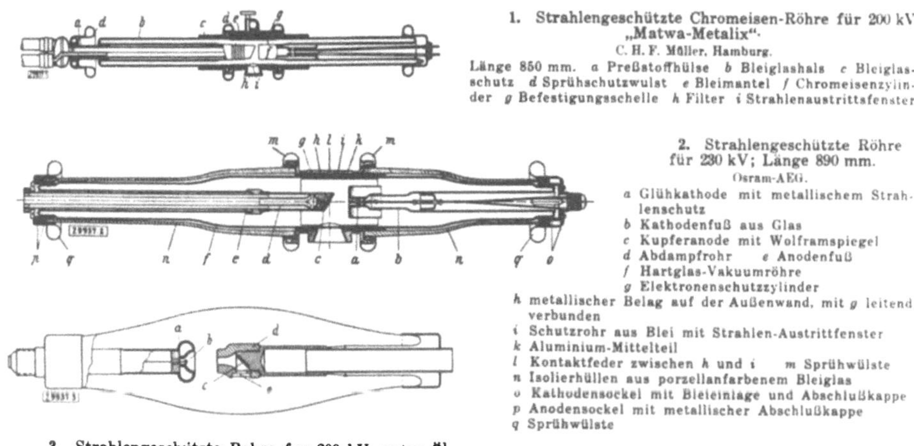

Abb. 4. Anfang der 30er Jahre in Deutschland für Materialprüfzwecke hergestellte Röntgenröhren. Ähnliche Röhren wurden bis in die 70er Jahre gefertigt

Mit an sich verfügbaren ölisolierten Kabeln, die als unzuverlässig und als zu schwer galten, wurde nicht gearbeitet.

Einen durchschlagenden Erfolg erzielte die Röntgenstelle 1935 mit ihrer ersten, im Auftrage der Reichsbahn durchgeführten Röntgenprüfung einer geschweißten Autobahnbrücke. Bei diesen Untersuchungen mit dem in Abb. 7 dokumentierten Versuchsaufbau erwiesen sich 34% der geprüften Schweißnähte als reparaturbedürftig.

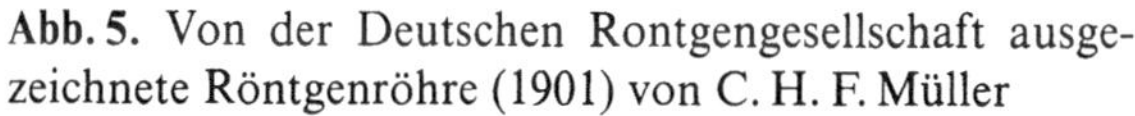

Abb. 5. Von der Deutschen Rontgengesellschaft ausgezeichnete Röntgenröhre (1901) von C. H. F. Müller

Abb. 6. Reichsbahnmeßzug bei einer Bruckenprufung mit frei aufgeständerten Hochspannungsleitungen

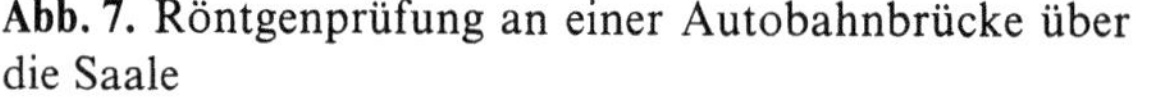

Abb. 7. Röntgenprüfung an einer Autobahnbrücke über ▶ die Saale

Abb. 8. Röntgenprüfung an der Druckkugel des Stratospharenballons von August Picard (1932), Röntgenanlage C. H. F. Müller 200 kV

Abb. 9. Röntgenprüfung eines Hochdruckkessels bei Fa. Steinmuller, Gummersbach, mit mobiler Röntgenanlage (*links* C. H. F. Müller, Metalix Typ 180)

Bei einer Eisenbahnbrücke in Berlin-Zehlendorf gelang damals der Nachweis „vorgetäuschter Schweißnähte". In Abb. 8 ist festgehalten, mit welcher Versuchsanordnung Picard Anfang der 30er Jahre die Druckgondel prüfen ließ, die bei seinen aufsehenerregenden Ballonstratosphäreflügen benutzt wurde. Beachtenswert ist die kompakte Ausführung der dabei angewandten Röntgeneinrichtung. Die Abb. 9 schießlich zeigt, wie Mitte der 30er Jahre im industriellen Bereich Durchstrahlungen von Hochdruckkesseln durchgeführt wurden.

1935 gründete Schiebold, der sich um die Etablierung der erwähnten Deutschen Gesellschaft für technische Röntgenkunde schon große Verdienste erworben hatte, an der Universität Leipzig das „Institut für röntgentechnische Roh- und Werkstoff-Forschung" und richtete für Ausbildungszwecke eine „Kraftwagen-Röntgenprüf- und Lehrstation" ein (Mundry 1993). Die Entwicklungen in den 30er Jahren wurden gekrönt durch den Bau einer 1-MV-Röntgenanlage für medizinische Zwecke, mit der Vaupel 1939 Durchstrahlungen von Stahlteilen mit 230 mm Dicke vornehmen konnte (Krüger u. Weber 1983).

Eine sehr persönliche Schilderung über „Die Entwicklung der technischen Durchstrahlungsprüfung in Deutschland" ist Krüger u. Weeber (1983) zu verdanken.

Optimierung der Durchstrahlungsprüfung

Die Durchstrahlungsprüfung hatte bis etwa 1950 in den Industrieländern vor allem die Aufgabe, die Sicherheit von technischen Geräten, Anlagen, Fahrzeugen und Verkehrswegen zu gewährleisten sowie - in den Kriegsjahren - die Waffentechnik zu verbessern. Ein geschlossenes theoretisches Konzept zum Verständnis bzw. zur Verbesserung der Durchstrahlungstechnik fehlte noch, obwohl die grundlegenden Kenntnisse über die Wechselwirkungen zwischen Strahlung und Materie bereits in den 20er Jahren erarbeitet wurden. Die wesentlichen Behinderungen bei der Anwendung der Röntgentechnik waren:

- Unhandliche, teilweise auch gefährliche Gerätetechnik
- Begrenzter Anwendungsbereich durch niedrige Anodenspannungen und Röhrenfenster aus Glas
- Mäßige Filmqualität und mühsame Filmverarbeitung
- Anwendung von Fluoreszenzfolien mit hoher Unschärfe
- Provisorische Betrachtungsgeräte mit geringer Lichtstärke
- Unvollständige Kenntnisse über die Auswirkungen von Kontrast, Unschärfe, Körnigkeit sowie Streustrahlung auf die Fehlererkennbarkeit
- Schwankende Prüfqualität durch Prozeßabweichungen
- Hohe Kosten

Verbesserung von Gerät und Film

Die Geräteindustrie reagierte auf die Forderungen der Anwender mit der Entwicklung von Eintankanlagen, bei denen ein (einfacher) Hochspannungsgenerator und die Röntgenröhre in einem Gehäuse integriert sind (Abb. 10). Diese Technik ist bis ca. 300 kV Röhrenspannung anwendbar. Die meisten Anlagen wurden mit Spannungen zwischen 140 und 200 kV hergestellt und für die Durchstrahlungsprüfung vor Ort, d. h. im Rohr- und Anlagenbau oder an Brücken, eingesetzt. Diesen robusten Geräten folgte die Eintankanlage in Mittelfrequenztechnik (Abb. 11), bei der durch Anwendung von Frequenzen um 20 kHz anstelle der Netzfrequenz von 50 Hz eine wesentliche Gewichtseinsparung und Leistungssteigerung möglich wurde.
Die Anwendung der Röntgentechnik im Bereich geringer Wandstärken, bei Kunststoffen und Leichtmetallen wurde durch die Einführung von Röhrenfenstern aus Beryllium verbessert, die den weichen Anteil des Strahlungsspektrums wesentlich weniger schwächen als Fenster aus Glas oder Aluminium. Damit konnten auch kleinere Röhrenspannungen eingesetzt werden, die einen guten Kontrast bei gering absorbierendem Material ermöglichen.
Bei der Durchstrahlung von großen Wanddicken und stark absorbierendem Material werden hohe Röhrenspannungen benötigt, um akzeptable Belichtungszeiten und einen auswertbaren Objektumfang (Wanddickenbereich innerhalb einer Aufnahme) zu erzielen: Die Gerätehersteller konnten in den 60er Jahren betriebssichere Gleichspannungsanlagen mit einer Röhrenspan-

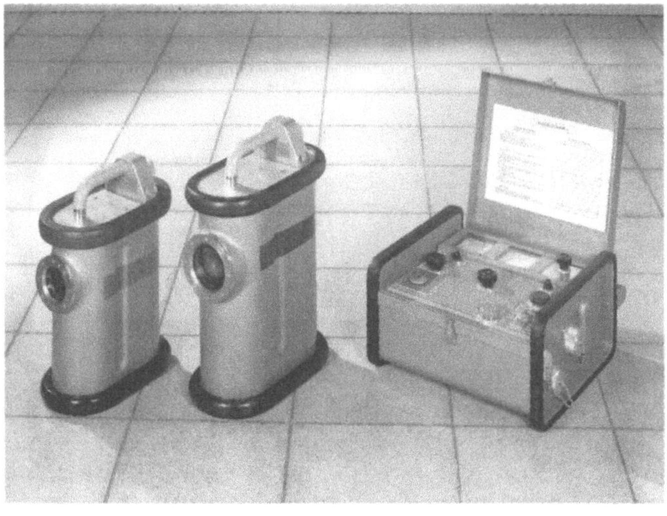

Abb. 10. Eintankröntgengeräte 140 kV und 200 kV (C. H. F. Müller 1960)

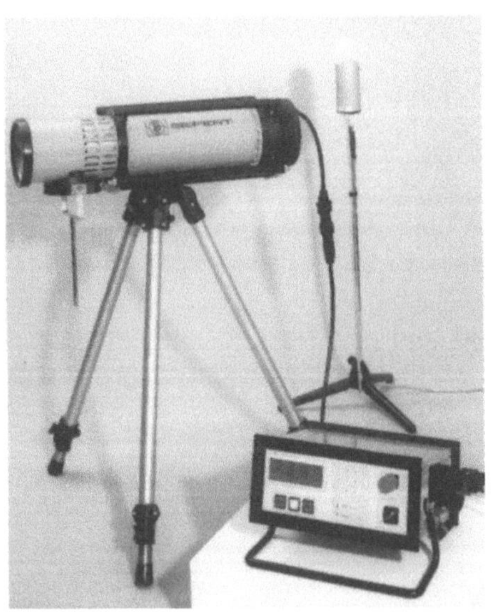

Abb. 11. Moderne Mittelfrequenzeintankanlage 200 kV. (Seifert 1993)

nung von 400 kV bereitstellen (Abb. 12); heute sind auch Anlagen bis zu 450 kV verfügbar. Diese Anlagen sind prinzipiell in Zweipoltechnik aufgebaut, die 2 getrennte Hochspannungsgeneratoren für Anode und Kathode benötigen. Für den mobilen Einsatz eignet sich mehr die Einpoltechnik, die heute bis zu einer Anodenspannung von 225 kV angeboten wird. Diese Anlagen werden in großer Zahl bei der Inspektion von kerntechnischen Anlagen eingesetzt, wo sie bei hoher Strahlungsleistung eine ausgezeichnete Bildqualität gewährleisten. Prinzipiell bietet eine Gleichspannungsanlage gegenüber einer konventionellen Eintankhalbwellenanlage eine höhere Strahlungsleistung und Stabilität, doch kann dieser Vorteil der Gleichspannungsanlage heute durch verbesserte Schaltungstechnik der kleineren Mittelfrequenzanlagen weitgehend aufgewogen werden.

Auch bei der Entwicklung der Röntgenröhren wurden die Ziele Verkleinerung, Gewichtseinsparung und Leistungssteigerung erreicht. Gegenüber der ursprünglichen Ausführung mit Glas-

Abb. 12. Rontgenanlage 400 kV im industriellen Einsatz. (Seifert 1963)

Abb. 13. Schnittbild einer modernen 160-kV-Metall-Keramik-Rohre mit Stecker und Gehäuse. (C. H. F. Müller 1975)

kolben (vgl. Abb. 4 und 5) bestehen die modernen Röntgenröhren aus Keramik im Verbund mit Metallteilen (Abb. 13), so daß wesentlich kleinere Bauformen möglich wurden. Die geringere Gehäusegröße führt zu einer Reduktion der Bleiabschirmung und damit zur Gewichtseinsparung. Die mehrstündige Einfahrzeit der alten Röntgenröhre konnte auf Minuten verkürzt werden und entfällt bei niedrigen Spannungen oft ganz. Die Röntgenröhren haben zumeist eine feststehende Anode mit 2 umschaltbaren Brennflecken verschiedener Größe. Sonderbauformen mit Stabanode ermöglichen die Durchstrahlungsprüfung von Rohren mit Rundnähten.

Auch die Verbesserung der Röntgenfilme wurde gemäß den industriellen Anforderungen beschleunigt. Schon bald nach seiner Entdeckung hatte Röntgen festgestellt, daß trockene photographische Platten empfindlich für Röntgenstrahlen sind. Es stellte sich heraus, daß Belichtungen auf photographischen Materialien sich sehr dafür eigneten, die Beobachtungen mit dem Röntgenbildschirm zu bestätigen. Bereits damals wurde das existierende photographische Material für die 4 Grundfunktionen verwendet, die es heutzutage im Bereich der Materialforschung noch immer erfüllt:

- Detektion von Röntgenstrahlen
- Sichtbarmachung des mit Röntgenstrahlen hergestellten Bildes
- Dokument für Kommunikation
- Dokument für Archivierung

Von Anfang an gab es einen Bedarf an höherempfindlichen photographischen Platten. Auf Anfrage von Röntgen (Abb. 14) entwickelte Schleußner 1896 eine photographische Platte mit einer erhöhten Belegung der Silberbromidemulsion. Die ersten typischen photographischen Materialien für die Röntgenstrahlenphotographie waren geboren. 1918 erscheint der erste Film mit einer Emulsionsschicht auf beiden Seiten des Trägers. Da die Röntgenstrahlen gleichzeitig die beiden Emulsionsschichten belichten, wurde das erhaltene Bild nach der Entwicklung verstärkt, wodurch die Gesamtschwärzung und der Kontrast zunahmen. Dies führte zu einem höheren diagnostischen Wert der erhaltenen Bilder, und die Empfindlichkeit des photographischen Materials wurde verdoppelt. In dieser Periode werden die gleichen Materialien für medizinische Anwendungen eingesetzt.

Weil Gegenstände oft auf einem fluoreszierenden Schirm betrachtet wurden, kam man bald auf die Idee, diese Schirme zu photographieren, indem man ein photoempfindliches Material mit dem

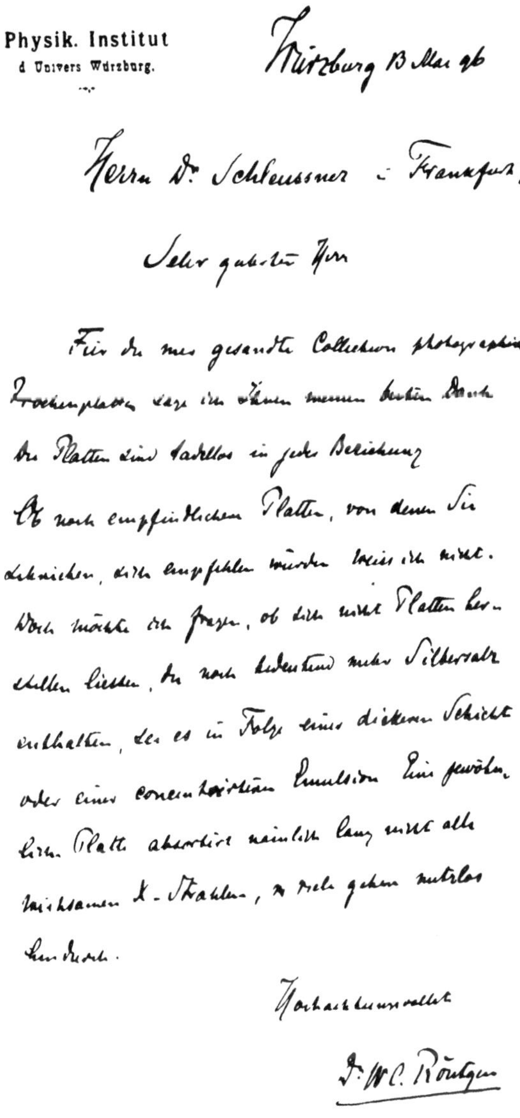

Physik. Institut
d. Univers. Würzburg.

Würzburg 13 Mai 96

Herrn Dr. Schleussner in Frankfurt a/M

Sehr geehrter Herr

Für die mir gesandte Collection photographischer Trockenplatten sage ich Ihnen meinen besten Dank. Die Platten sind tadellos in jeder Beziehung. Die noch empfindlicheren Platten, von denen Sie schreiben, dass empfohlen würden, kenne ich nicht. Doch möchte ich fragen, ob sich nicht Platten herstellen liessen, die noch bedeutend mehr Silbersalz enthalten, sei es in Folge einer dickeren Schicht oder einer concentrirteren Emulsion. Eine gewöhnliche Platte absorbirt nämlich lang nicht alle wirksamen X-Strahlen, so viele gehen nutzlos hindurch.

Hochachtungsvollst

Dr. W. C. Röntgen

Abb. 14. Schreiben von W. C. Röntgen an C. Schleußner mit der Bitte um empfindlichere Filmemulsionen

Schirm in Berührung brachte. Der Gebrauch von Fluoreszenzschirmen verkürzte die Belichtungszeit zwar stark, verursachte aber ein verrauschtes und unscharfes Bild. Außerdem mußte man die Platte gut auf den Bildschirm pressen, um wenigstens ausreichend scharfe Aufnahmen zu erzielen. Aus diesen Gründen wurden für Aufnahmen je nach der gewünschten Bildqualität sowohl Fluoreszenzschirme wie auch die direkte Radiographie verwendet.

Vom 1. Weltkrieg an wurde mangels ausreichender Mengen an Glas, das traditionell aus Belgien eingeführt wurde, allmählich mehr photographisches Material auf flexibler, transparenter Unterlage hergestellt. Diese Unterlage bestand anfänglich aus Nitrocellulose, wurde aber ab den 30er Jahren durch das sichere Celluloseacetat ersetzt.

Mit dieser flexiblen Unterlage hergestellte Materialien wurden für industrielle Anwendungen bevorzugt, weil der Film gebogen werden konnte und folglich viel näher am zu radiographierenden Gegenstand angeordnet werden konnte, was die Bildqualität förderte. In den 30er Jahren verschwindet der Gebrauch von Glasplatten völlig. 1933 erscheinen Materialien, deren Unterlage blau getönt ist, um die visuelle Lesbarkeit des Bildes zu verbessern. 1936 kommt ein spezielles Material für Röntgenaufnahmen ohne Verwendung von Fluoreszenzschirmen auf den Markt.

Obwohl die bildverstärkende Wirkung von Metallfolien bei der Belichtung von Filmen bereits Röntgen bekannt war, erfolgte deren industrieller Einsatz bei Grobstrukturuntersuchungen zuerst 1929 in den USA durch Fink und Archer. In Deutschland begann man Anfang der 40er Jahre mit der Verwendung von Bleifolien. Ihre allgemeine Nutzung bei Grobstrukturuntersuchungen fand jedoch erst nach 1950 (!) statt (Schnitger 1984). Mit Metallfolien (überwiegend aus Blei) und entsprechend angepaßten Feinkornfilmemulsionen wurden gegenüber üblichen Filmen mit Fluoreszenz- oder Salzverstärkerfolien höhere Kontraste und bessere Zeichenschärfen erzielt und damit auch die Fehlererkennbarkeit erheblich gesteigert. Von besonderem Vorteil war, daß bei der Verwendung ausreichend hoher Strahlungsenergie (> 150 kV) eine Verstärkung der Belichtung und damit ein Empfindlichkeitsgewinn erzielt werden konnte. Überdies absorbiert Blei einen beträchtlichen Anteil der Streustrahlung, wodurch sich die Bildqualität der Aufnahme bedeutend verbesserte.

Etwa ab 1950 boten die meisten Filmhersteller Sortimente photographischer Materialien an, die sich hinsichtlich Bildqualität und Empfindlichkeit unterschieden. Die meisten Belichtungen wurden mit Hilfe von Bleifolien ausgeführt. In den Fällen, in denen der Empfindlichkeitsgewinn mehr interessierte als die Bildqualität, wurden aber noch immer Salzfolien eingesetzt.

Nach 1950 ist vor allem an der weiteren Verbesserung der Materialien bezüglich Bildqualität und Empfindlichkeit sowie an der Anwendungsfreundlichkeit der Filmverarbeitung gearbeitet worden. Ein bemerkenswerter Meilenstein in diesem Zusammenhang war das 1952 erteilte Patent von Nosbüsch für die Herstellung von fertig verpackten Filmen mit Bleiverstärkerfolien, die ohne Aufnahmekassette verwendet werden können. Diese Verpackung bietet den Vorteil des Nutzungskomforts und gewährleistet einen ausreichenden Kontakt zwischen Film und Bleifolie. Seit den 80er Jahren werden Film und Blei zusammen in einer gebrauchsfertigen Verpackung unter Vakuum angeboten, wodurch der Film-Folien-Kontakt auch beim Biegen mit kleinen Krümmungsradien optimal gesichert wird.

Die Filmmaterialien wurden auch auf dem Gebiet der Bildqualität optimiert, so daß für die unterschiedlichen Anwendungen Materialien mit einem optimalen Kompromiß zwischen Detailwahrnehmbarkeit und Empfindlichkeit verfügbar wurden.

Wichtige Entwicklungen waren dabei die Optimierung der Bleifoliendicke auf 27 µm (1962), und die Einführung der Polyesterunterlage (1963). Zu Beginn der 80er Jahre wurden die konventionellen Salzfolien durch Verbindung mit einer die Röntgenstrahlenabsorption der Folie verbessernden Bleioxydschicht optimiert. Die Optimierung der Emulsionstechnologie hat dazu geführt, daß die modernsten Materialien auf der Basis kleiner, homogener, kubischer Kristalle aufgebaut sind. Hierdurch werden Filmmaterialien erzielt, welche unter den unterschiedlichsten Umständen ein konsistentes, gleichmäßiges Bild ergeben, verbunden mit der bestmöglichen Fehlererkennbarkeit bei einer vorgegebenen Empfindlichkeit.

Sicherung der Prüfqualität

Die Verbesserung der Gerätetechnik und des Filmmaterials allein hätte nicht die notwendigen Auswirkungen auf die Prüfqualität gehabt, wenn nicht gleichzeitig das theoretische Verständnis der physikalischen Vorgänge, die Ausbildung des Prüfpersonals und die Kontrollmöglichkeiten verbessert worden wären. Durch eine sinnvolle flexible Gestaltung von Prüfnormen wurde zugleich der Weg zu einer vereinheitlichten Prüfqualität bereitet, der sich heute in der europäischen und internationalen Normung fortsetzt.

Ab Mitte der 20er Jahre erschienen grundlegende Publikationen zur Materialprüfung mit Röntgenstrahlen und zur Weiterentwicklung der Prüfverfahren: Glocker (1927), Eggert u. Schiebold (1930), Berthold (1930), John u. Isenburger (1934); später Müller (1959) und Halmshaw (1966). Ferner wurden in zahlreichen Vorträgen und Aufsätzen physikalische Phänomene, Anwendungen und Erfahrungen beschrieben.

Um eine Plattform für diese Kenntnisse und für den Kenntnistransfer an die Prüfer und die für die Prüfplanung Verantwortlichen zu schaffen, wurde 1933 unter Beteiligung der oben genannten Fördergemeinschaft der Reichsröntgenstelle in Berlin die Gesellschaft zur Förderung von zerstö-

rungsfreien Prüfverfahren e. V. - zunächst allerdings als formlose Gemeinschaft - gegründet. Bis heute führt die Deutsche Gesellschaft für zerstörungsfreie Prüfung e. V. (DGZfP) diese Tradition fort und koordiniert die Ausbildung von Röntgenprüfern - inzwischen nach europäischen Normen. Der DGZfP sind anerkannte Ausbildungsstätten angeschlossen, die in allen Teilen Deutschlands nach einheitlichen Lehrplänen ausbilden.
Die Kontrolle der Prüfqualität war wegen der vielen variablen Prüfparameter frühzeitig ein wichtiges Anliegen der Auftraggeber, aber auch der für die öffentliche Sicherheit zuständigen Behörden. Der Reichsröntgenstelle beim staatlichen Materialprüfungsamt Berlin-Dahlem waren z. B. während des 2. Weltkrieges alle im öffentlichen Auftrag angefertigten Röntgenaufnahmen zur Nachbegutachtung vorzulegen. Die Reichsröntgenstelle hatte Außenstellen in Düsseldorf, Nürnberg, Wien und zeitweise in Halle/Saale sowie vertragliche Bindungen mit den Röntgenlabors an 4 Hochschulen. Um die Bildqualität jeder einzelnen Röntgcnaufnahmc zu überwachen, wurden ab 1935 Bildgüteprüfkörper (BPK) auf jeden einzelnen Film mitbelichtet (DIN 1914, August 1935). Der deutsche BPK besteht aus 7 einzelnen Drähten mit unterschiedlichem Durchmesser und aus mit dem Prüfobjekt artgleichen Material. Je nach Kontrast und Qualität der Aufnahme sind die in der Prüfvorschrift geforderten Drähte sichtbar oder verschwinden im Kornrauschen. Für die unterschiedlichen Wanddickenbereiche gibt es 4 Gruppen mit Drahtdurchmessern von 0,1–3,2 mm. Die BPK sind inzwischen auch im europäischen Regelwerk genormt. Neben dem Drahtsteg gibt es Penetrameter aus Blechplättchen unterschiedlicher Dicke und mit kleinen Bohrungen, die ebenfalls auf der Röntgenaufnahme mit abgebildet werden können. Als Qualitätsmerkmal wird die Erkennbarkeit der Bohrungen gefordert. Beide BPK-Typen führen zu ähnlichen Ergebnissen, so daß sie gemäß der europäischen Normung alternativ angewendet werden dürfen.
Die Geschichte der Normen für die Röntgenprüfung geht zurück bis in das Jahr 1935. Während die erste Norm DIN 1914 einen Umfang von nur 2 Seiten hatte, hat das heutige europäische Normwerk für Röntgenprüfung, Film- und Geräteeigenschaften mehrere hundert Seiten, die durch zahlreiche produktspezifische Regelwerke und Fehlerkataloge ergänzt werden. Eine Schlüsselstellung nimmt in der Entwicklung die Norm DIN 54111 mit den Teilen 1 (Schweißnahtprüfung) und 2 (Gußteilprüfung) ein, die seit 1954 in mehreren Etappen weiterentwickelt wurde und jetzt die Basis der Europanormen EN 444 (Grundlagen der Durchstrahlungsprüfung) und EN 1435 (Schweißnahtprüfung) sowie einer neuen Norm für Gußteilprüfung bildet. Diese Normen erleichtern es dem Röntgenprüfer, die geometrische Aufnahmeanordnung, die Aufnahmeparameter und das Filmmaterial auszuwählen. Durch physikalisch sinnvolle Festsetzung von zulässigen Grenzwerten wird die Aufnahmequalität auf einem guten Niveau fixiert, so daß Röntgenaufnahmen, die normgerecht ausgeführt werden, die Erwartungen an die Fehlererkennbarkeit im Regelfall erfüllen.
Mit der Ausweitung des Marktes für Röntgengeräte und Fimmaterialien wurde auch die normgerechte Beschreibung der Film- und Geräteeigenschaften immer wichtiger. Nach europäischen Normen werden die Filmeigenschaften klassifiziert (EN 584), die Betrachtungsgeräte optimiert (EN 25580) und die Eigenschaften der Röntgengeräte (Röhrenspannung, Fokusgröße) einheitlich gemessen. Die Einhaltung der genormten Eigenschaften kann nach einfachen Verfahren in der Praxis überprüft werden, so daß systematische Fehler durch Gerätealterung oder -schäden bzw. durch Fehler bei der Filmverarbeitung vermieden werden können.
Insgesamt kann die Prüfqualität heute bei sorgfältiger und normgerechter Arbeitsweise auf hohem Niveau und stabil eingehalten werden. Für Sonderfälle können Verbesserungen gegenüber dem Standard erreicht werden, wenn die physikalischen Möglichkeiten weiter ausgereizt werden. Das Ziel der Röntgenprüfung ist jedoch immer eine möglichst gute Fehlerdetektion und -klassifizierung, so daß sich aufwendige Verfahrensvarianten stets einem statistischen Vergleich gegenüber der Standardtechnik stellen sollten. Erprobte Verfahren für solche Vergleiche sind POD (Probability of Detection), wobei die Wahrscheinlichkeit der Fehlerdetektion gegen die Fehlergröße aufgetragen wird, und ROC (Receiver Operating Characteristic), bei der für ein bestimmtes Fehlerkollektiv die Wahrscheinlichkeit für Richtigdetektion gegenüber der Wahrscheinlichkeit für Falschdetektion aufgetragen wird.

Alternative Bildgeber

Bei Röntgendurchleuchtungen wurde seit der Entdeckung der Röntgenstrahlung zur Bildbetrachtung alternativ zum Röntgenfilm der Leuchtschirm benutzt, der seine Weiterentwicklung in den modernen Radioskopiesystemen fand. Gegenüber den medizinischen Anwendun-

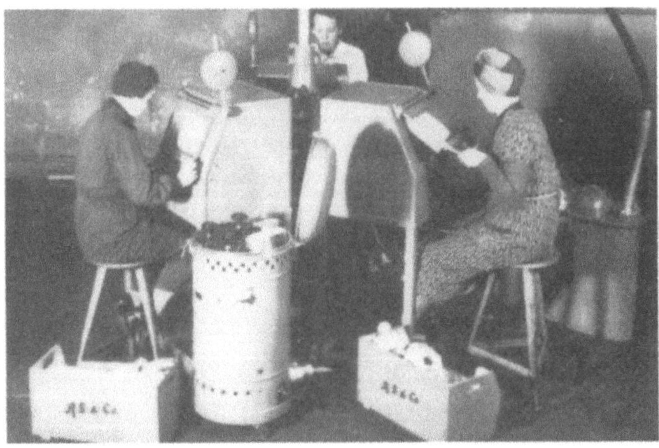

Abb. 15. Röntgendurchleuchtung von Aluminiumserienteilen mit zentral angeordneter Röntgenröhre. (Seifert um 1935)

gen erforderte die Materialprüfung jedoch einige Besonderheiten:

- Einsatzfähigkeit auch bei hohen Strahlungsenergien
- Größtmögliche Schärfe bei ausreichender Empfindlichkeit
- Geringes Nachleuchten, um auch bewegte Teile beobachten zu können

Anwendungen von Durchleuchtungssystemen mit Leuchtschirmen für die Serienteilprüfung finden sich schon in den 30er Jahren (Abb. 15). Diese Systeme mit Direktbetrachtung waren lichtschwach und aus Strahlenschutzgründen auf niedrige Strahlungsenergie beschränkt. Für die Schweißnahtprüfung wurden sie nicht empfohlen (DIN 1914).

Später folgten einfache Radioskopiesysteme mit Fernsehtechnik, die sowohl das Strahlenschutzproblem lösten als auch erste Möglichkeiten zur Bildverbesserung durch Kontrastverbesserung und Kantenanhebung boten.

Moderne Radioskopiesysteme werden im Regelfall mit einer digitalen Bildverarbeitung gekoppelt, die standardmäßig folgende Funktionen bereitstellt:

- Bildintegration zur Verbesserung des Signal-Rausch-Verhältnisses
- Filterfunktionen zur Unterdrückung störender Strukturen und zur Hervorhebung von Details
- Große Regelbereiche für Kontrast und Helligkeit
- Positiv-/Negativdarstellung
- Häufig Meßmöglichkeiten für Fehlerabstände, -durchmesser und -flächen

Fortgeschrittene Systeme, die auf die jeweilige Anwendung angepaßt werden können, ermöglichen eine automatische Fehlerdetektion und -klassifizierung (Abb. 16). Damit wird der menschliche Auswerter wesentlich entlastet und die Röntgenauswertung wird unabhängig von Ermüdung und Fehleinschätzungen. Aufgrund der in der Durchstrahlungspraxis vorliegenden Vielzahl von Prüfobjekten, Fehlertypen und Bewertungen ist jedoch ein Universalsystem für die automatische Fehlerauswertung nicht zu erwarten. Hinzu kommt, daß genauso wie der menschliche Auswerter auch der Computer trainiert und angelernt werden muß, bis er seine Arbeit mit der notwendigen Zuverlässigkeit ausführen kann. Ein Vergleich der ROC von Mensch und Maschine zeigt jedoch in Routinefällen schon heute eine Überlegenheit des Computers.

Im Laufe der Zeit wurden noch weitere Alternativen zu Röntgenfilm und Leuchtschirm angewendet. Als wesentliche Entwicklung seien die Xeroradiographie (Aufzeichnung des latenten Bildes auf einer Selenplatte und Sichtbarmachung durch Pulverbestäubung) in den 60er Jahren, die Übernahme von photographischen Sofortbildverfahren in den 80er Jahren oder die neuen, aus der Medizin übernommenen Thermolumineszens-(TLD-) und Photolumineszenz-(PLD-)Verfahren genannnt. Entweder aus Kostengründen oder wegen Mängeln in der Bildqualität konnten sich diese Verfahren aber (noch) nicht auf breiter Ebene durchsetzen.

Abb. 16. Moderne Räderprüfanlage mit automatischer Fehlererkennung und Klassifizierung. (Seifert 1994)

Neue Anwendungsgebiete

Die Durchstrahlungsprüfung befaßt sich zunächst und vordringlich mit der Suche und Analyse von Innenfehlern mit Größen über etwa 0,2 mm (Grobstrukturprüfung). Die Detektion von kleineren Fehlern scheiterte an den zu großen Brennflecken der Röntgenröhren und an der inneren Unschärfe von Film und Aufnahmefolien, obwohl durch die Einführung der Metallfolien in den 50er Jahren eine deutliche Verbesserung erzielt wurde. Mit der zunehmenden Verwendung von Hochleistungskeramik und der Miniaturisierung der Elektronik stieg in den 80er Jahren der Bedarf an Röntgenverfahren, die Fehler bis hinab in den Mikrobereich entdecken können. Da die hochenergetische Röntgenstrahlung nicht fokussiert werden kann, konnte nur das Verfahren der Direktvergrößerung eingesetzt werden, das jedoch genügend kleine (Mikro-)Foci erfordert. Die eigens für diesen Zweck entwickelten Mikrofokusanlagen weisen heute einen Spannungsbereich bis zu 200 kV und Brennfleckgrößen zwischen einigen µm und etwa 50 µm auf (Abb. 17)

Abb. 17. Moderne Mikrofokusröntgenröhre. (Philips 1986)

Ein weiteres Problem bei der Radiographie ist der Zeitaufwand für Belichtung, Filmverarbeitung und Auswertung. Alternative Bildgeber lösen die Bilderfassung, -verarbeitung und -wiedergabe auf elektronischem Wege. Oft ist jedoch gerade bei der automatisierten Serienteilprüfung die Darstellung eines Bildes gar nicht notwendig, da die Prüfaussage auch automatisch anhand von Dichte- oder Absorptionsunterschieden getroffen werden kann. Einfache radiometrische Systeme mit einem Linearvorschub des Prüfobjekts, einer Röntgenquelle, einem oder zwei Kollimatoren und einem Strahlungsdetektor genügen oft, um dann mit Hilfe einer digitalen oder analogen Signalverarbeitung die Prüfkriterien abzufragen. Da nur in einer einzelnen Zeile oder wenigen benachbarten Zeilen geprüft wird, kann die Prüfgeschwindigkeit erheblich höher als bei der eines vollständigen Bildaufbaus sein. Prüfgeschwindigkeiten über 1 m/s wurden realisiert.

Die üblichen Filmbelichtungszeiten von einigen Minuten sind auch bei der Aufnahme bewegter Vorgänge sehr hinderlich. Schon in den 40er Jahren wurden deshalb Geräte zur Hochgeschwindigkeitsradiographie entwickelt, die einen oder mehrere Strahlungsblitze mit einer Dauer von Mikrosekunden bis Nanosekunden ausbringen. Damit wurde die Aufnahme sehr schneller Vorgänge, etwa im ballistischen Bereich oder bei Verbrennungsmaschinen, möglich (Schaafs).

Mikrofokustechnik

Die Mikrofokustechnik, die Röntgenaufnahmen bis etwa 200 keV mit sehr kleinen, meist einige 10 µm großen Brennflecken herzustellen vermag, hat im letzten Jahrzehnt einige Bedeutung gewonnen und teilweise neue Betätigungsfelder für die Radiographie eröffnet, so in der Elektronik, bei der Verwendung herkömmlicher und vor allem neuer Werkstoffe, aber auch in der Medizin und auf anderen Gebieten.
Die Bedeutung der Fokusgröße für die Schärfe der Abbildung war lange erkannt und man bemühte sich, mindestens für spezielle Anwendungsfälle einen möglichst kleinen Fokus zu benutzen. Röhren mit einem Minifokus von 0,2 mm waren bereits handelsüblich. Es heißt dazu:
„Dieses Röhrenmodell ist nicht so sehr deshalb entwickelt worden, um die Randunschärfe möglichst weit herunterzusetzen und damit schärfere Röntgenaufnahmen zu erzielen, sondern vielmehr, um dem ungünstigen Einfluß der inneren Unschärfe der Bildschicht auf die Fehlererkennbarkeit durch Herstellung vergrößerter Röntgenbilder wirksam begegnen zu können. Besonders bei der Röntgenprüfung mittels Leuchtschirm, dessen innere Unschärfe besonders groß ist, bedeutet die Möglichkeit, mit der Feinfokusröhre vergrößerte Röntgenbilder zu erzeugen, eine sehr nutzbringende Bereicherung der Untersuchungstechnik, die solche Fehlstellen noch zu erkennen erlaubt, welche mit den bisher verwendeten Methoden nicht nachweisbar waren" (Eggert u. Grajewski 1942).
Diese Aussagen sind auch heute noch für die wesentlich kleiner gewordenen Mikrobrennflecke gültig. In den meisten Fällen ist nämlich der aus der Notwendigkeit der Abbildung feinster Details geborene Zwang zur Überwindung der inneren Unschärfe des Aufnahmemediums der einzige Grund für die Anwendung der Mikrofokustechnik. Neue Anforderungen ergaben sich nur teilweise aus der Notwendigkeit, kleinere Details auf dem klassischen Röntgenfilm sichtbar zu machen. Größer war der Bedarf an sehr kleinen Brennflecken für die Echtzeitradioskopie mit Röntgenfernsehsystemen in Vollschutzkabinen. Dabei wird üblicherweise ein Röntgenbildverstärker mit einer Fernsehkamera gekoppelt, so daß man die Prüfobjekte in Bewegung oder über einen Manipulator von außen optimal positioniert durchleuchten kann. Für Röntgenfernsehsysteme gilt wie für Leuchtschirme, daß deren innere Unschärfe sehr groß und damit deren Ortsauflösung sehr klein ist.
An Bauformen haben sich neben den allgemein üblichen hermetisch abgeschlossenen Röhren in Glas- und Metallkeramikausführung auch solche Röhren etabliert, die man öffnen kann. Ihr Vakuum muß zwar ständig gepumpt werden, sie bieten aber den Vorteil, daß man defekte Heizfäden und durch hohe Belastung angestochene Targets leicht selbst reparieren kann. Letzteres geschieht meist unter Vakuum von außen durch einfaches Verschieben oder Verdrehen des Targetträgers. Zum Auswechseln des Heizfadens müssen die Röhren geöffnet werden, was nach Abschalten der teilweise technisch aufwendigen und die Portabilität der Röhre behindernden Vakuumpumpen und Öffnen einiger Schnellverschlüsse problemlos möglich ist.
Ein weiterer Vorteil dieser Röhren ist die Möglichkeit, bei abgeschaltetem Vakuum auch das Target auszuwechseln und das Strahlungsfeld der Röhre sehr flexibel an die Aufgabenstellung anzupassen. Das übliche, wassergekühlte und mit etwa 150 W hoch belastbare, seitlich abstrahlende Target kann gegen Stabanoden, z. B. mit Rundstrahlcharakteristik, oder gegen dünne Transmissionstargets mit besonders kleinen Brennflecken ausgewechselt werden.
Mit einer entsprechend dimensionierten, rund strahlenden Stabanode ist es dann möglich, z. B. in einem Stahlrohr von 20 mm Innendurchmesser und 2 mm Wanddicke eine Rundschweißnaht normgerecht in hervorragender Qualität zu prüfen oder z. B. mit einer anderen, 3 m langen Stabanode in die Hohlwelle eines Flugzeugtriebwerkes einzufahren und die Brennkammern zu durchstrahlen.
Vor 50 Jahren war auch bereits bekannt, daß die spezifische Dauerbelastbarkeit bei sehr kleinen Brennflecken sehr günstig ist, weil infolge des steilen Temperaturgefälles vom Mittelpunkt des Brennfleckes nach dem Rande hin die Wärme allseitig rasch abgeführt wird (Eggert u. Gajewski 1942). Mikrobrennflecke sind demzufolge sehr „hell". Sie zeichnen sich durch eine hohe Strahldichte aus, die für einige Zwecke ebenfalls vorteil-

haft ausgenutzt werden kann. Der manchmal nur einige µA betragende maximale Röhrenstrom verschleiert gelegentlich diese Tatsache. Die oben zitierte Rundschweißnaht erforderte z. B. eine bei technischen Aufnahmen ganz normale Belichtungszeit von 2 min bei 90 kV und 100 µA.

Es bleibt festzustellen, daß der Radiograf mit der Mikrofokustechnik ein neues, sehr flexibel einsetzbares Mittel in die Hand bekommen hat, welches auf der Basis lange bekannter physikalischer Zusammenhänge neue Probleme der Durchstrahlungsprüfung gut lösen kann.

Prüfsysteme mit dreidimensionaler Ergebnisdarstellung

Der üblichen Projektionsradiographie auf Röntgenfilm und der filmlosen Radioskopie fehlt die Fähigkeit zur Tiefendarstellung von Fehlerlage und -ausdehnung, da wegen der geradlinigen Ausbreitung der Röntgenstrahlung ein Fehler, unabhängig von seiner Lage im Prüfobjekt, immer mit dem gleichen Kontrast und der gleichen Größe auf dem Bildgeber abgebildet wird. Für die Beurteilung von Fehlern sind jedoch deren Lage und Tiefenausdehnung oft entscheidend. Deshalb wurden seit langem Wege gesucht, um in der Durchstrahlungsprüfung die dritte Dimension zu ermitteln. Ein bereits früh angewendetes Verfahren ist die Stereoradiographie, bei der 2 Röntgenaufnahmen mit geringem Versatz der Strahlenquelle angefertigt werden. Die 2 Aufnahmen können entweder mit einem Binokular gleichzeitig betrachtet werden, wodurch ein dreidimensionaler Bildeindruck entsteht und die Fehler gleichsam im Raum zu schweben scheinen, oder sie können benutzt werden, um die Verschiebung von Details zu messen und danach mit dem Strahlensatz die Entfernung von Strahlenquelle bzw. Film zu bestimmen.

Die Stereotechnik ist nur auf kontrastreiche Details anwendbar. Deshalb wurde die Entwicklung der Filmtomographie in den 30er Jahren sehr begrüßt, mit der mehrere Tiefenebenen voneinander getrennt abgebildet werden können. Im Gegensatz zur medizinischen Anwendung treten jedoch bei kontrastreichen technischen Objekten, die außerdem noch Oberflächenstrukturen wie Schweißnahtraupen aufweisen, sehr störende Artefakte auf, die die Anwendung der Tomographie auf Röntgenfilm behindern.

Der entscheidende Durchbruch bei den dreidimensional abbildenden Röntgenverfahren gelang erst in den 70er Jahren mit der Realisierung der Computertomographie. Neben dem Vorteil der guten Dichteauflösung und des hohen Automatisierungsgrades ist für die Materialprüfung die ortsrichtige Darstellung von Innenfehlern und Objektgestalt besonders wichtig, die mit keinem anderen zerstörungsfreien Prüfverfahren erreicht werden kann.

Die Vorteile der CT werden erkauft mit relativ langen Abtastzeiten und der Forderung nach Rundumzugänglichkeit des Prüfobjekts. Außerdem sind die Geräte (CT-Scanner) nur im Ausnahmefall transportabel. Für flächenartig ausgedehnte Teile wurden deshalb Verfahren entwickelt, die eine gute Tiefenauflösung unter Verzicht auf die vollständige Zugänglichkeit ermöglichen. Der CT verwandt ist die Laminographie die eine beidseitige Zugänglichkeit der Flächen erfordert. Eine einseitige Zugänglichkeit genügt, wenn die von der Röntgenstrahlung angeregte Streu-

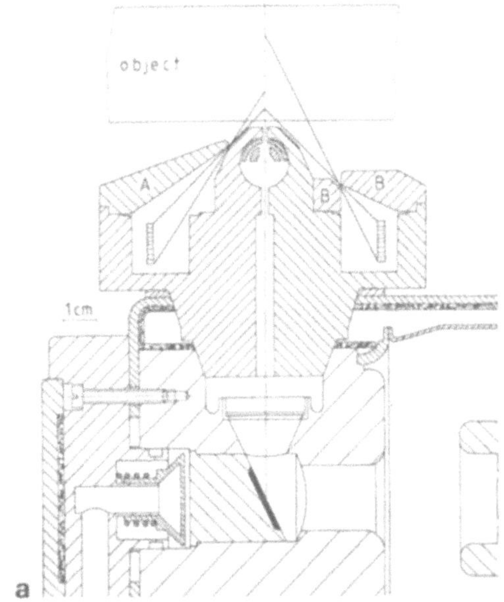

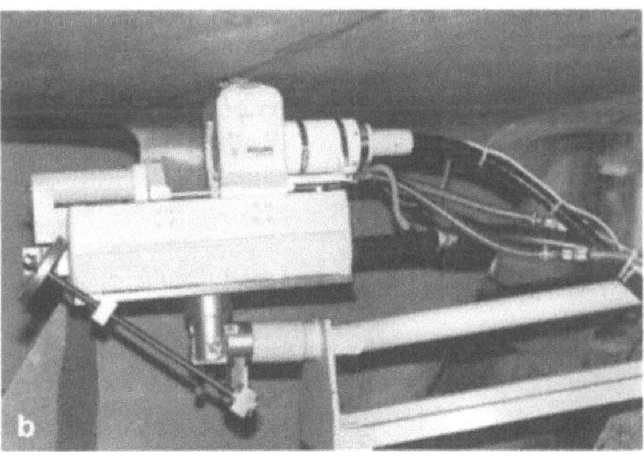

Abb. 18. **a** Prinzipskizze der Röntgenrückstreutechnik COMSCAN (Philips 1991). **b** Röntgenrückstreutechnik für den industriellen Einsatz

strahlung des Prüfobjektes unter Nutzung der Compton-Streuung ausgewertet wird (Abb. 18). Je nach Material sind Prüftiefen bis zu 100 mm möglich. Die Qualität der Abbildung nimmt mit der Tiefe ab.

Computertomographie

Nach dem überwältigendem Erfolg der Computertomographie in der Medizin Anfang der 70er Jahre wurde bald nach Anwendungen für diese bildgebende Methode in der Materialprüfung gesucht. Die ersten Versuche mit medizinischen Tomographen zeigten die Notwendigkeit einer eigenen Entwicklung für Materialprüfzwecke (Reimers et al. 1980). Neben einer höheren Ortsauflösung machte insbesondere die bei stark schwächenden Materialien erforderliche hohe Energie der Röntgenstrahlung die Entwicklung angepaßter Detektorsysteme, Abtastverfahren und Bildrekonstruktionsmethoden notwendig. Den größten Anteil an der Entwicklung der CT für technische Zwecke haben die USA, bedingt vor allem durch Anwendungen für militärische Zwecke. Die kontinuierlichen Forschungs- und Entwicklungsarbeiten in Deutschland wurden im wesentlichen durch die Bundesanstalt für Materialforschung und -prüfung (BAM) in Berlin, und das Fraunhofer-Institut für zerstörungsfreie Prüfverfahren (IzfP) in Saarbrücken durchgeführt. In den letzten Jahren kam es zur routinemäßigen Anwendung der Methode in Prüflabors der Industrie und erstmals auch in der Produktion (Oster 1994).
Insbesondere bei komplexen Bauteilgeometrien oder Verbundwerkstoffen zeigen sich die Vorteile dieser zerstörungsfreien Prüfmethode gegenüber anderen Verfahren. Als Hauptanwendungsgebiete sind dabei anzusprechen:

- das Auffinden und die ortsgetreue Abbildung von Fehlern und Inhomogenitäten,
- die Dimensionskontrolle, z. B. Wandstärkenbestimmung bei Turbinenschaufeln,
- der Nachweis von Lagenaufbau, Delaminationen, Poren, u. a. in Verbundwerkstoffen,
- die Bestimmung der Dichteverteilung, z. B. bei Keramikgrünkörpern.

Je nach Größe und Zusammensetzung der zu untersuchenden Proben gelangen die unterschiedlichsten Kombinationen von Röntgenstrahlenquellen und Detektorarten zur Anwendung. Das Spektrum reicht von hochauflösenden CT-Anlagen mit Mikrofokusröntgenröhren über Anlagen zur Grobstrukturprüfung bis hin zu Computertomographen mit Elektronenlinearbeschleunigern für extrem schwächende Objekte (Heidt et al. 1985). Im Röntgenenergiebereich zwischen 200 keV und 12 MeV werden in der untersuchten Querschnittsebene Ortsauflösungen zwischen 0,5 und 1 mm erzielt. Die erreichbaren Kontrastauflösungen liegen im Bereich von 1–5 %, bezogen auf benachbarte Volumenelemente (Voxel).
Die steigenden Anforderungen der Anwender an das Ortsauflösungsvermögen der CT führten zu 2 verschiedenen Lösungsansätzen, der hochauflösenden Computertomographie (Mikrocomputertomographie) und der Ausschnittstomographie (Region-of-Interest-Verfahren).

Hochauflösende Computertomographie. Für kleinere Proben, bei denen mit Röntgenenergien bis 200 kV gearbeitet werden kann, hat sich die Mikrocomputertomographie mit einer Ortsauflösung unter 50 µm bewährt. Wird mit Vergrößerungen unter 1,2 gearbeitet, so genügt eine Minifokusröntgenröhre (Brennfleckgröße etwa 200 µm), wobei der Detektor jedoch die geforderte Ortsauflösung unter 50 µm aufweisen muß. Eine solche Anordnung, bei der als Detektor eine CCD-Zeile (Zeilenkamera) benutzt wird, erstmals in der Kernforschungsanlage Karlsruhe (KFK) entwickelt (Steinbock 1988) führt zu einer Ortsauflösung von etwa 50 µm (Goebbels 1990). Nutzt man unter Verwendung einer Mikrofokusröntgenröhre die Vergrößerungsmöglichkeiten, so genügt ein Detektor mittlerer Ortsauflösung. Der Brennfleckdurchmesser (unter 10 µm) ist dabei der begrenzende Faktor für die erzielbare Ortsauflösung. Diese Entwicklung wurde insbesondere am IzfP in Saarbrücken verfolgt (Maisl u.Reiter 1989). Prinzipiell können bei kleineren Brennfleckabmessungen noch höhere Ortsauflösungen erreicht werden. Jedes Elektronenmikroskop bietet diese Möglichkeit, allerdings ist der Elektronenstrom auf einige nA begrenzt bei einer Strahlungsenergie bis etwa 40 kV. Diese Idee wurde erstmals in der Kernforschungsanlage (KFA) Jülich verwirklicht (Fuhrmann 1993).
Eine Alternative zu Röntgenquellen mit kleinen Brennflecken ist die Nutzung paralleler Röntgenstrahlen, wie sie an Elektronensynchrotronbeschleunigern zur Verfügung stehen. Pioniere auf diesem Gebiet sind in Deutschland Bonse in Dortmund und Graeff am DESY in Hamburg (Bonse et al. 1986; Graeff u. Engelke 1990).

Ausschnittstomographie. Die hohe Ortsauflösung in Verbindung mit großen technischen Prüfgegenständen führt zu nicht mehr praktikablen Meßzeiten und Bildmatrixgrößen. Einen Ausweg bietet die Ausschnittstomographie (Reimers et al. 1990). Hierbei wird nur der interessierende Bereich mit hoher Orts- und/oder Kontrastauflösung gemessen. Die notwendigen Informationen über den nicht vermessenen Bereich können dabei von verschiedenen Quellen herrühren:

- Ausnutzen von a-priori-Kenntnissen, z. B. von einer CAD-Zeichnung oder einem Testgegenstand mit bekannter Materialzusammensetzung.
- Bei der Prüfung einer Seric glcichartigcr Gegenstände können die Daten von einem Standardobjekt, bei zylindrischen Objekten von benachbarten Ebenen aufgenommen werden.
- Simultane Messung mit einem zweiten Detektor geringerer Ortsauflösung und/oder Dynamik.

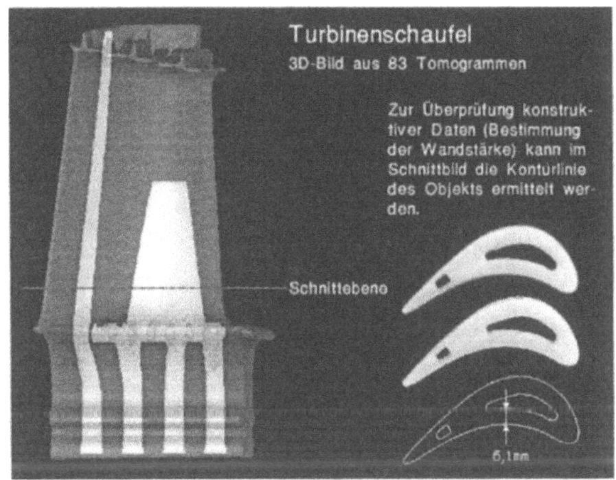

Abb. 19. Dimensionsanalyse einer Gasturbinenschaufel. Aufnahme mit dem Universaltomograph der BAM (Aufnahmedaten: 380 kV, 4 mA)

Dreidimensionale Computertomographie. In der Materialentwicklung, aber auch bei Bauteilen, die in Längsrichtung wegen ihrer hohen Schwächung nicht durchstrahlt werden können, ist eine vollständige dreidimensionale Abbildung mittels CT notwendig. Dadurch wird eine vollständige Volumenprüfung erreicht. Es können auch vom Computer Querschnittsebenen berechnet werden, die eine optimale Wiedergabe der interessierenden Struktur erlauben. Drei Methoden stehen hierfür zur Verfügung: Messung eines Satzes paralleler Schnitte (Abb. 19), die spirale CT, die bisher nur in der Medizin angewandt wurde, oder die 3D-CT (Cone beam CT, Abb. 20). Das zu untersuchende Bauteil wird hierbei im Röntgenstrahlkegel gedreht, und durch Verwendung eines Flächendetektors wird eine Vielzahl von Querschnittsebenen gleichzeitig vermessen. Die Bildrekonstruktion erfordert dabei neue Algorithmen, wobei der am häufigsten benutzte (Feldkamp et al. 1984) ein Näherungsverfahren ist, das für nicht zu große Öffnungswinkel bis etwa 20 Grad befriedigende Rekonstruktionsergebnisse liefert.
In Deutschland wurde der erste 3D-Tomograph in der BAM installiert (Riesemeier et al. 1993). Dieser in Zusammenarbeit mit der Fa. Isotopentechnik Dr. Sauerwein (ITS) entwickelte Tomograph arbeitet mit einer annähernd punktförmigen Röntgenquelle (Mikrofokusröntgenröhre, Brennfleck unter 10 μm) und einem großflächigen Szintillatorschirm mittlerer Auflösung (Bildwandler, Ortsauflösung etwa 400 μm). Durch Vergrößerungstechnik wird mit dieser Anordnung je nach Objektgröße eine Ortsauflösung im Objekt von bis zu 18 μm erreicht. Dabei fallen bei voller Ausnutzung des Flächendetektors 1024

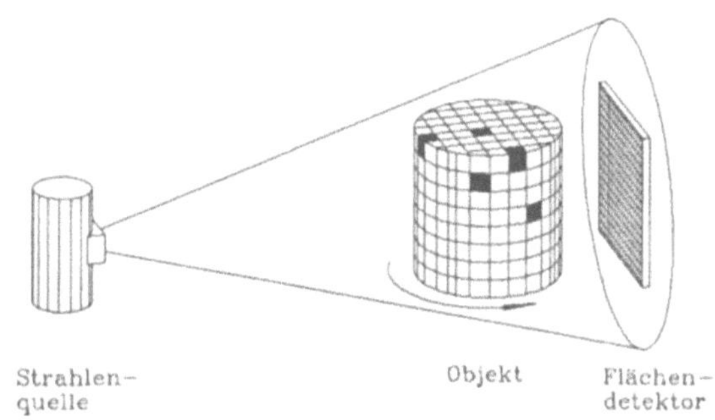

Abb. 20. Prinzip der dreidimensionalen Computertomographie

Schnittbilder mit je 1024 × 1024 Bildpunkten an. Damit müssen bis zu 1 GByte Daten bei der Bildrekonstruktion verarbeitet werden. Obwohl bei diesem Verfahren noch einige Fragen offen sind, bietet es dennoch erhebliche Vorteile, insbesondere bei der Materialentwicklung (Abb. 21).

Laminographie

Ende der 30er Jahre wurden die ersten Versuche bekannt, das Problem der Tiefenlagenbestimmung in der Radiographie mittels Tomographie zu lösen. Es wurde die Methode der Verschmiertomographie (später auch Laminographie genannt) erfunden (Keifer 1939). Das Grundprinzip ist in Abb. 22 dargestellt.
Die Methode wurde vorwiegend in der Medizin angewendet. Diverse Anlagen wurden konstruiert und auch eingesetzt.

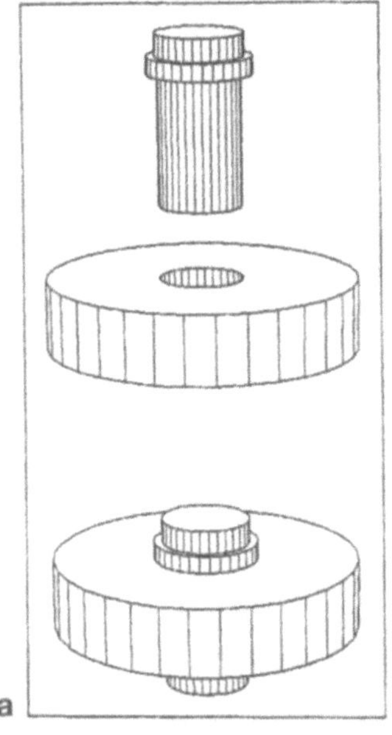

Abb. 21 a, b. 3D-Tomographie einer Al_2O_3-Scheibe mit eingelöteter metallischer Welle. **a** Prinzipbild der Keramik-Welle-Verbindung. **b** Tomographiebild der der Keramikscheibe zugewandten Oberfläche der Lotnaht, die einige Benetzungsfehler aufweist. (Aufnahmedaten des BAM-3D-Tomographen: 200 kV, 0,1 mA)

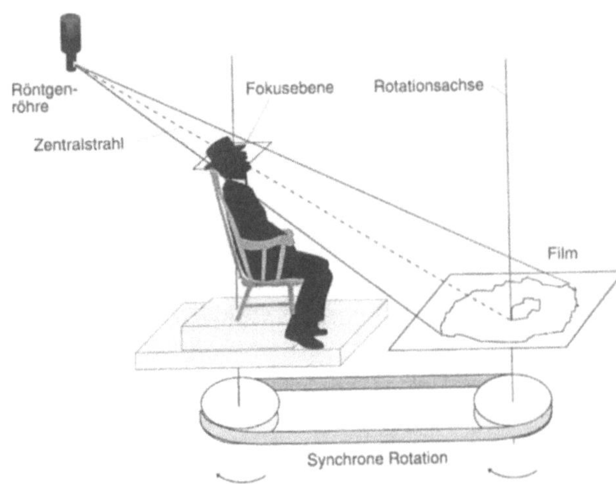

Abb. 22. Prinzipskizze der Filmtomographie (ab ca. 1930)

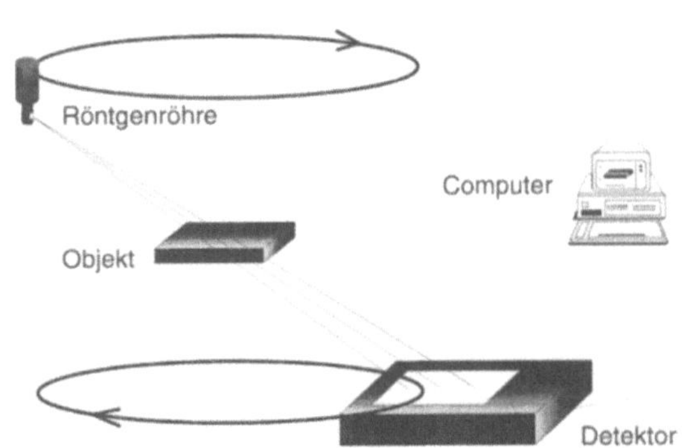

Abb. 23. Koplanare Rotationslaminographie mit Computereinsatz

Es ist bemerkenswert, daß hierbei keinerlei Computer erforderlich waren.
Bei der Anlage nach Abb. 23 handelt es sich um die koplanare Rotationslaminographie. Im Gegensatz zur Computertomographie (CT) wird bei diesem Verfahren nicht der vollständige Zugang von allen Projektionsrichtungen gefordert. Dieser klare Vorteil läßt die Methode aus heutiger Sicht insbesondere für die Inspektion großer Werkstücke, Bauwerke oder Fahrzeuge geeignet erscheinen. Dabei wird nicht mehr die klassische Filmlaminographie eingesetzt, sondern die digitale Laminographie, bei der die kontinuierliche Rotation durch eine schrittweise Rotation ähnlich wie bei der CT ersetzt wird. Es werden verschiedene Projektionen mit digitalen Bildaufnehmern gemessen. Durch Bildverarbeitungsroutinen, wie Translation und Rotation, ist es möglich, aus einem Satz von Projektionen (Schors et al. 1993) einen kompletten dreidimensionalen Datensatz zu berechnen. Die beiden bekanntesten Verfahren sind hierbei die koplanare Rotationslaminographie und die koplanare Translationslaminographie (Abb. 23). In einigen Fällen können Strukturen bereits mit einer geringen Zahl von Projektionen dreidimensional aufgelöst werden. Vorteilhaft gegenüber dem klassischen Verfahren ist die Möglichkeit, Methoden der Bildverarbeitung zur Kontrastoptimierung einzusetzen. Die gemessenen Projektionen können gefiltert rückprojiziert werden, es können aber auch nichtlineare Rückprojektionsverfahren eingesetzt werden. Die Anwendungsbreite der digitalen Laminographie reicht von der Rekonstruktion fliegender Projektile bis zur Inspektion von

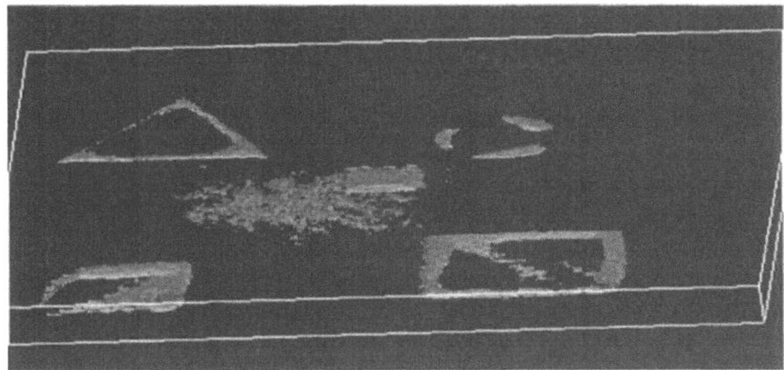

Abb. 24. Dreidimensionale Darstellung eines 8 mm dicken Pakets von Kohlefaserkompositen mit 300 µm dicken Gewebeeinlagerungen. Durchstrahlung erfolgte mit Mikrofokusanlage

Brücken (Ewert et al. 1994). Dabei besteht auch die Möglichkeit, anstelle der Bewegung von Röhre und Bildaufnehmer mit mehreren fest positionierten Röhren an verschiedenen Positionen zu arbeiten, die nacheinander gezündet werden (Altuhov et al. 1989).

Als Beispiel für die Anwendung der digitalen koplanaren Rotationslaminographie zeigt Abb. 24 das Ergebnis der Vermessung von 300 µm dicken Gewebeeinlagerungen in einem Paket von Kohlefaserkompositplatten. Mit einer Mikrofokusanlage wurde das Plattenpaket (8 mm dick) in Vergrößerungstechnik aus 16 verschiedenen Richtungen durchstrahlt. Anschließend konnte mittels eines nichtlinearen Rekonstruktionsverfahrens (Extremwertmethode, Schors et al. 1993) die in Abb. 24 wiedergegebene dreidimensionale Darstellung rekonstruiert werden. Dabei wurde die Faserkompositmatrix durchsichtig und die Gewebeeinlagerungen undurchsichtig vorgewählt.

Die digitale Laminographie sollte als ergänzendes Verfahren zur CT betrachtet werden. Sie kann außer bei großen stationären Werkstücken und Bauwerken auch bei der Untersuchung ausgedehnter flacher Objekte eingesetzt werden. Die einzige, bisher kommerziell verfügbare Anlage dient der Inspektion von Leiterplatten.

Literatur

Altuhov A et al. (1989) Strong current flash X-ray units for NDT diagnostics. 12. World Conference on NDT, Amsterdam (NL), 23. 4.–28. 4. 89

Bardach F (1928) Werkstoffprüfung in den Vereinigten Staaten von Nordamerika. Z VDI 72:1677–1682

Berthold R (1930) Grundlagen der technischen Röntgendurchstrahlung. Barth, Leipzig

Berthold R (1934) Stand und Entwicklung der zerstörungsfreien Werkstoffprüfung. Z VDI 78/6:173–181

Bonse U, Johnson QC, Nichols MC, Nusshardt R, Kranicki S, Kinney JH (1986) High resolution tomography with chemical specifity. Nucl Inst Meth A246:644–648

Boogard J et al. (1989) Nondestructive testing. Proceedings, vol 1. Elsevier Science, Amsterdam, pp 51

Coolidge WD (1913) A powerful Röntgen-ray-tube with pure electron-discharge

DIN 1914: Prüfung von Schweißverbindungen mit Röntgen- und Gammastrahlen, Richtlinien (August 1935)

DIN 54111, Teil 1: Zerstörungsfreie Prüfung – Prüfung metallischer Werkstoffe mit Röntgen- und Gammastrahlen – Aufnahme von Durchstrahlungsbildern von Schmelzschweißverbindungen (Letzte Ausgabe Mai 1988)

DIN 54111, Teil 2: Zerstörungsfreie Prüfung – Prüfung metallischer Werkstoffe mit Röntgen- und Gammastrahlen – Aufnahme von Durchstrahlungsbildern von Gußteilen (Letzer Entwurf Okt. 1990)

DIN EN 444: Zerstörungsfreie Prüfung – Grundlagen für die Durchstrahlungsprüfung von metallischen Werkstoffen mit Röntgen- und Gammastrahlen (1993)

Eggert J, Schiebold E (Hrsg) (1930–1933) Ergebnisse der Technischen Rontgenkunde, Bde I–III. Akademische Verlagsgesellschaft, Leipzig

Eggert J, Gajewski H (1942) Einführung in die technische Röntgenphotographie. Hirzel, Leipzig

Ewert U, Malitte H-J, Stade J (1994) Quantitative radiographische Bestimmung von Position und Durchmesser mehrlagiger Armierungen mittels digitaler Translationslaminografie. DGZfP-Jahrestagung, Timmendorfer Strand 9–11. 5. 94, p 22

Feldkamp LA, Davis LC, Kress JW (1984) Practical cone-beam algorithm. J Opt Soc Am 1/6:612–619

Fink WL, Archer RS (1929) Radiography as a tool in the metal industry. Transact Am Soc Steel Treating 16:551–599

Fischer O (1933) Neue Apparate für die Materialuntersuchung mit Röntgenstrahlen. In: Eggert J, Schiebold E (Hrsg) Ergebnisse der Technischen Röntgenkunde, Bd III. Akad. Verlagsgesellschaft, Leipzig, S 118–128

Fuhrmann G (1993) Entwicklung eines Mikrotomographiesystems als Zusatz für Rasterelektronenmikroskope. Berichte des Forschungszentrums Jülich, 2718

Glocker R (1927) Materialprüfung mit Röntgenstrahlen. Springer, Berlin

Glocker R, Berthold R, Neeff TH (1924) Nat. Wiss. Januar 1924

Goebbels J (1990) Entwicklung und Einsatz computertomographischer Verfahren für die Prüfung von Keramik-Rotoren und Verbindungsstellen. In: 2. Werkstoffkolloquium des Sonderforschungsbereiches 339 „Schaufeln und Scheiben in Gasturbinen - Werkstoff- und Bauteilverhalten -"; Berlin, 10. und 11. Mai 1990 Fortschr -Ber VDI Reihe 5 Nr 203, Düsseldorf, S 201–212

Graeff W, Engelke K (1990) Microradiography and tomography. Internal Report DESY F41, HASYLAB 90-04

Heidt H, Goebbels J, Reimers P, Kettschau A (1985) Development and application of an universal CAT-Scanner. 11th World Conference on NDT, Las Vegas, Novembre 3–8, pp 664–671

Herr A (1939a) Röntgenstrahlen als neuzeitliche Prüfmittel bei Konstruktion und Fertigmontage. In: Eggert J, Schiebold E (Hrsg) Ergebnisse der Technischen Röntgenkunde, Bd. I. Akademische Verlagsgesellschaft, Leipzig S. 181–190

Herr A (1930b) Ortsbewegliche und zerlegbare Röntgenanlagen für Werkstoffprüfungen. Z VDI 74:89–90

Herr A (1930c) Röntgendurchstrahlung im Großkanalbetreib. Z VDI 74:1432

John ASt (1923) Chem Met Ent 29:280

John ASt, Isenburger HI (1934) Industrial radiography. Wiley, New York

Kantner C (1930) Die Verwendung der Röntgenstrahlen in der Schweißtechnik. In: Eggert J, Schiebold E (Hrsg) Ergebnisse der Technischen Röntgenkunde, Bd. II. Akademische Verlagsgesellschaft, Leipzig, S 172–180

Kantner C (1931) Röntgenprüfanlagen für Werkstoffe der Deutschen Reichsbahn-Gesellschaft in der Schweißtechnischen Versuchsabteilung des Reichsbahn-Ausbesserungswerkes Wittenberg. Z VDI 75:399

Kantner C, Herr A (1927) Anwendung der Röntgenstrahlen in der Schweißtechnik. Z VDI 71:571–576

Kantner C, Herr A (1928) Die Verwendbarkeit der Röntgenverfahren in der Technik. VDI-Verlag, Berlin

Keifer J (1939) Analysis of laminographic motions and their values. Radiology 33:560

Krüger G, Weeber H (1983) Die Entwicklung der technischen Durchstrahlungsprüfung in Deutschland - Streiflichter und Erinnerungen - Wilhelm Nosbüsch KG, Düsseldorf und AGFA-GEVAERT AG, Leverkusen

Lefring N (1931) Diaskopische Untersuchungen mit Röntgenstrahlen. In: Eggert J, Schiebold E (Hrsg) Ergebnisse der Technischen Röntgenkunde, Bd. I. Akademische Verlagsgesellschaft, Leipzig, S 313–327

Lossen H (1953) Ärztliche Röntgenkunde und Frankfurt am Main. Dr. C. Schleussner Fotowerke, Frankfurt

Maisl M, Reiter R (1989) Nondestructive investigation of new materials and electronic by microfocal radiography and high resolution tomography. 12th World Conference on NDT, Amsterdam, April 23–28. Elsevier Science, Amsterdam

Morgenstern O (1927) Der gegenwärtige Stand der Röntgendurchstrahlung von Metallen. Siemens-Reiniger-Veifa GmbH, Berin

Mundry E (1993) Zur Geschichte der DGZfP. Deutsche Gesellschaft für Zerstörungsfreie Prüfung

Neeff Th (1925) Beiträge zur Metalluntersuchung mittels Röntgenstrahlen. Z Techn Phys 6:208–216, 7:250–258

Norton JT (1926) Referiert von Oberländer P, Sachs G: Die Prüfung von Schweißnähten durch Röntgenstrahlen. Z VDI 70:1622–1623

Nosbüsch. DRP

Oster R (to be published) Computed tomography (CT) as a non-destructive test method used for composite helicopter components. Int Symposium on Computerized Tomography, 8–10. Juni 1994, Berlin (Berichtsband der DGZfP)

Reimers P, Heidt H, Stade J, Weise HP (1980) Beispiele für Anwendung der Computer-Tomographie (CAT) in der zerstörungsfreien Materialprüfung. Materialprüfung 22:214–217

Reimers P, Kettschau A, Goebbels J (1990) Region-of-interest (ROI) mode in industrial X-ray computed tomography. NDT International 23:255–261

Reiniger H (1930) Röntgenologische Erkennungsmöglichkeiten von Gußerzeugungsfehlern in Gießereibetrieben. Die Gießerei 17:40–47, 63–71

Riesemeier H, Goebbels J, Illerhaus B, Onel Y, Reimers P (1993) 3-D Mikrocomputertomograph für die Werkstoffentwicklung und Bauteilprüfung. DGZfP Berichtsband 37:280–287

Schaafs W. Handbuch der Physik

Schnitger D (1984) Radiographie mit Elektronen aus Metallverstärkerfolien. Dissertation, TU Berlin

Schors J, Ewert U, Nockemann C, Bellon C (1993) Digitale Mehrebenenlaminografie auf der Basis einer Mikrofokusanlage. DGZfP-Jubiläumstagung, Garmisch-Partenkirchen, 17.–19. 5. 93, S 296–304

Schwarz V (1928) Die Gießerei 15:36–37

Schwarz V (1930) Die Gießerei 17:37–39

Steinbock L (1988) A line scan camera for radiography and tomography of nuclear fuel elements. Proc of the 4th European Conf on NDT, London, 13–18 Sept 1987. Pergamon, Oxford, p 2150

Stephen RA (1932) X-rays in the welding industry. The Engineer April 8th, 1932

Sterzel KA (1924) Grundlagen der technischen Strahlendiagnostik des Eisens. Z Techn Phys

Bildanalyse in der Kunst

Andreas Beck

Bereits 1895 entdeckte Wilhelm Conrad Röntgen, daß Bleifarben Röntgenstrahlen absorbieren. Diese Kenntnisse setzte er aber nicht auf Gemäldeuntersuchungen fort. Jedoch schon 1896 durchleuchtete W. König die ersten Gemälde und berichtete über seine Ergebnisse. Zwischen 1896 und 1914 erschienen bereits vereinzelte Publikationen über Versuche von Röntgenuntersuchungen an Gemälden (Faber 1914; Glasser 1931; Testing Pictures by Roentgen Rays 1897). Erstmals untersuchte der Röntgenologe Dr. A. Faber zwischen 1913 und 1914 systematisch die Möglichkeit der Gemälderöntgenuntersuchung, wobei es ihm gelang, anhand von nur 4 durchleuchteten Gemälden die wichtigsten Differenzierungsmöglichkeiten bei Gemäldeuntersuchungen mit Röntgenstrahlen zu beschreiben. Seine Arbeit wurde bahnbrechend für die Entwicklung der Gemälderadiologie, und so erschien von ihm sogar 1914 ein Patent über die Anwendung von Röntgenstrahlen bei Gemälden (Faber 1914). Aufgrund dieser Auffassung erschienen in kurzer Folge mehrere kontrovers diskutierte Arbeiten (Tabelle 1), die extreme Standpunkte bei der Untersuchung von Gemälden vertraten (Bode 1921; Chéron 1920). Zum Beispiel schrieb André Chéron in Paris, daß er in der Lage sei, mit Hilfe der neu entdeckten Strahlen das ungefähre Alter und die Echtheit eines Gemäldes feststellen zu können. Diese Behauptung wurde schon nach

Tabelle 1. Historischer Überblick über die Entwicklung der Röntgenologie in der Medizin und in der Kunst

Medizin		Kunst	
1895	W. C. Röntgen entdeckt die nach ihm benannten Röntgenstrahlen	1896	W. König durchleuchtet die ersten Gemälde
1905	Bariumsulfat wird als Kontrastmittel entdeckt	1913	Der Röntgenarzt Dr. Faber erforscht die Möglichkeit der Röntgenuntersuchung von Gemälden und läßt sich diese patentieren
1918	Einführung der Bronchographie durch Chevalier Jackson (USA)	1924	Erste Röntgenuntersuchungen am Fogg Art Museum der Harvard University in Cambridge durch A. Burroughs
1924	Entwicklung der Hartstrahltechnik	1933	Die Presse veröffentlicht Meldungen über angebliche Zerstörungen an Gemälden
1931	Einführung der arteriellen Gefäßdarstellung durch Dos Santos, Lamas und Caldas	1934	Es erfolgt ein allgemeines Verbot, Gemälde aus Staatsbesitz zu röntgen
1936	Einführung der Schirmbildmethode	1935	Vermehren fertigt erstmals Schichtbild- und Stereoaufnahmen an
1947	Entwicklung der retroperitonealen Gasfüllung	1938	Ch. Wolters veröffentlicht die noch heute maßgebliche Arbeit über die Bedeutung der Gemäldedurchleuchtung für die Kunstgeschichte
1952	Einführung der Lymphographie durch Kinmonth	1978	Erstmalige Anwendung der Computertomographie in der Kunst
1953	Erweiterung der Gefäßdarstellung durch die von Seldinger entwickelte Kathetertechnik	1990	Erste Gesamtdarstellung der „Bildgebenden Verfahren in der Kunst“
1975	Einführung der Computertomographie		
1979	Einführung der Kernspintomographie		

den damaligen Kenntnissen für übertrieben gehalten und forderte den Widerspruch geradezu heraus: Wilhelm Bode, Generaldirektor der staatlichen Berliner Museen, lehnte daraufhin die Röntgenuntersuchung als Hilfsmittel für die Kunstwissenschaft vollkommen ab und bezeichnete sie als „Mumpitz und Gegenstück zum Wünschelring" (Bode 1921). Trotz dieser konträren Auffassungen setzte sich die Röntgendiagnostik auch in der Kunst durch, so daß bereits 1924 in den größten Museen der Welt, wie an der Pinakothek in München und im Louvre von Paris, Röntgenapparaturen zur Bildanalyse aufgestellt wurden. Berühmte Radiologen, wie z. B. G. Holzknecht, führten an der röntgentechnischen Versuchsanstalt in Wien die Bilddurchleuchtung als Arbeitsprogramm ein. Im Jahre 1931 wurde sogar von der Industrie (Firma Siemens) das erste Gemälderöntgengerät gebaut und angeboten. Es besaß eine luftgekühlte Miniaturröhre mit einem Lindemann-Fenster sowie 2 Schalftstufen, 20 und 30 kV mit einer maximalen Röhrenspannung von 6 mA. Aufgrund der immer weiter um sich greifenden, gelegentlich auch überinterpretierten und falsch ausgelegten Röntgenergebnisse behinderten die Kunstwissenschaftler im Jahre 1933 für eine kurze Zeit die Röntgendiagnostik an Kunstwerken völlig: Es erschienen in diesem Jahr Sensationsmeldungen in der Tagespresse über Zerstörungen an Gemälden durch Röntgenstrahlen (Rinnebach 1936). Aufgrund dieser Meldungen untersagten beispielsweise die Generaldirektoren des Staatlichen Museums in Berlin das Röntgen von Gemälden. Danach erfolgte ein Verbot, Gemälde aus Staatsbesitz zu röntgen. Erst nachfolgende, umfangreiche Untersuchungen von Farbaufstrichen und an wertlosen Gemälden konnten beweisen, daß die Gemälderöntgenuntersuchung keinerlei Schäden hinterläßt (Rowlins 1937). Einen wesentlichen Anteil an der nun wieder streng wissenschaftlich gewordenen Untersuchungstechnik an Gemäldedurchleuchtungen mit Röntgenstrahlen hatte das Buch von Christian Wolters *Die Bedeutung der Gemäldedurchleuchtung mit Röntgenstrahlung für die Kunstgeschichte* (26). Weitere wesentliche Arbeiten erschienen 1958 durch die Veröffentlichungen von Bridgman, Sherwood und Keck, die über das Verfahren der Elektronenemissionsradiographie berichteten, mit der es zum ersten Mal möglich geworden ist, auch undurchdringbare Untergründe wie Kupfertafeln oder bemalte Eisentafeln zu röntgen (Bridgman 1958, 1961, 1964). Seit dieser Zeit sind lediglich vereinzelte Arbeiten unter Einbeziehung der neueren Techniken wie Computertomographie, 3-D-Rekonstruktionen im CT sowie zusammenfassende Beurteilungen der bisher durchgeführten Röntgendiagnostik erschienen (Corney 1965; Houtzager 1969; Marx 1899, 1986; Padron 1973). In neuester Zeit erschienen vereinzelt Arbeiten über spezielle Gegenstände kunstgeschichtlichen Interesses, die mittels radiologischer Verfahren untersucht wurden, wie Schwarzwalduhren, Glas, Porzellane und Briefmarken sowie Drucke (Beck 1987–1990; Pollack 1955).

Benötigt die Kunstwissenschaft bei der Beurteilung von Kunstgegenständen die Röntgendiagnostik oder ist sie ein unbrauchbares Vehikel zur Beurteilung von immer raffinierteren Fälschungen oder komplexer werdenden Restaurierungsmethoden? Im folgenden sollen, fernab von allen Spekulationen, sichere radiologische Kriterien präsentiert werden, die reproduzierbar und auf alle beschriebenen Kunstgegenstände anwendbar zu einem deutlichen diagnostischen Zugewinn, gelegentlich sogar zur frappanten alleinigen Diagnostik führen.

Technische und apparative Voraussetzungen

Röntgenstrahlen, die einen Kunstgegenstand verschiedenen Materials durchdringen, werden auf ihrem Weg durch die einzelnen Substanzen des Objektes verschieden stark geschwächt. Es erscheint eine Substanz im Röntgenbild um so heller, je mehr Widerstand das betreffende Material den Röntgenstrahlen entgegensetzt. Die ionisierenden Strahlen der konventionellen und digitalen Röntgentechnik beruhen auf diesem bekannten Prinzip. Die rasante Entwicklung der bildgebenden Verfahren mit den daraus resultierenden vielfältigen diagnostischen Möglichkeiten erfordert vertiefte Kenntnisse der einzelnen Verfahren und zwingt weit mehr als früher zur differenzierten Betrachtung der einzelnen Untersuchungsergebnisse. Die Wertung der einzelnen Methoden und ihrer Ergebnisse erfolgt unter der Voraussetzung einer sinnvollen Ausschöpfung der Röntgendiagnostik – konventionell wie digital – und der Verfügbarkeit aller hier behandelten bildgebenden Verfahren. Die bisher radiologisch gewonnenen Ergebnisse der Untersuchung von Kunstgegenständen betreffen im allergrößten Maße die konventionelle Röntgendiagnostik und ihre Modifikationen, wie z. B. die konventionelle Schichttechnik. Neueste Methoden wie die digitale Radiographie, Computertomographie und Kernspintomographie zeigen Ergebnisse, die bisher nicht ausgewertet wurden. Der Einsatz nuklearmedizinischer Methoden ist in der Kunstgeschichte bisher ebenfalls nicht beschrieben. Die Prinzipien der medizinischen Untersuchungstechniken als Voraussetzung für das Verständnis der gewonnenen Ergebnisse bei Kunstgegenständen setzt eine Basiskenntnis der diagnostischen Möglichkeiten, sowohl die ionisierenden Strahlen, der digitalen Technik, der Computertomographie als auch der Nuklearmedizin voraus. Zum Verständnis der Kernspintomographie ist es ebenfalls notwendig, die prinzipielle Bildgebung zu verstehen, um die damit gewonnenen Erkenntnisse überhaupt erst deuten zu können. Kernspintomographische Untersuchungen von Kunstgegenständen sind bisher nicht beschrieben. Auch hier sind die ersten Denkanstöße gegeben, und es bleibt weiteren Untersuchungen vorbehalten, dieses neue bildgebende Verfahren in die Welt der Kunstdiagnostik einzuführen.

Radiologische Materialuntersuchungen

Ausgedehnte Untersuchungsreihen an bekannten Farben der verschiedenen Jahrhunderte und Herkunftsorte ergeben eine fast nicht begrenzbare Fülle von Informationen über Röntgenabsorption und die dazugehörenden Hounsfield-Einheiten bzw. die meßbaren Absorptionskurven. Aus einem der großen Museen Freiburgs wurden unter Mithilfe der Kunstwissenschaftler verschiedene Farbpigmente, bekannte Farbträgerstoffe der verschiedenen Jahrhunderte, Lasuren aus verschiedenen Zeiten sowie verschiedener Herkunft, Untermalungsmaterialien sowie Holzstrukturen, Leinwände und in der Malerei notwendige Metallstrukturen wie Nägel und Schrauben aus den betreffenden Zeiten analysiert. Die so „in vitro" gefundenen Ergebnisse lassen sich dann auf unbekannte Gemäldegrundierungen, auf die verschiedenen Malschichten sowie auf Firnisanteile, Lasuren, Leinwände und Holzbefestigungen übertragen.

Radiologische Farbdiagnostik

Für die Absorption von Röntgenstrahlen sind in Farben Pigmente einerseits und Lösungs- und Bindemittel als „Trägerstoffe" der Farben andererseits verantwortlich. Diese Trägerstoffe haben in der Röntgenuntersuchung primär eine untergeordnete Bedeutung, da ionisierende Strahlungen sie nur unwesentlich absorbieren. Sobald diese Stoffe in verschiedenen Verdünnungsreihen mit den eigentlichen absorbierenden Farbpigmenten vermischt sind, haben sie hingegen eine große Bedeutung. Farbpigmente können, je nach ihrem Verdünnungsgrad, einem höheren oder niedrigeren Grauwert und damit meßbaren Hounsfield-Wert entsprechen (Tabelle 2). Farbpigmente hingegen sind entsprechend ihrer Ordnungszahl im Elementensystem verschiedenen röntgenstrahlenabsorbierend. Cadmium, Zink, Titan, Blei, Kobalt sowie Chromoxyd sind an verschiedenen Stellen im Elementensystem angesiedelt, zeigen verschiedene Ordnungszahlen, somit verschiedene Dichten und werden dementsprechend im Röntgenbild verschieden absorbiert, was sich in den einzelnen Graustufen manifestiert.

Die wichtigsten Farben einer Malerpalette wurden unverdünnt und mit Terpentinöl (30%) verdünnt computertomographisch gemessen und die entsprechenden Hounsfield-Einheiten bestimmt. Anhand von Tabelle 2 und 3 ist es möglich, auch unter dicken Lasuren, Firnissen oder Gipsschichten die Farben aufzuspüren und sie anhand ihrer Hounsfield-Einheiten den entsprechenden Werten zerstörungsfrei zuzuordnen.

Radiologische Diagnostik bei der Beurteilung von alten Bildern

Bilder bestehen neben dem eigentlichen, abzubildenden Gegenstand aus verschiedenen Materialien, die röntgenologisch beurteilt werden können. In erster Linie können Bildträger beurteilt werden, wobei sowohl die zugrundeliegenden Materialien, wie Holz und Leinwand, sowie deren Verarbeitung Gegenstand radiologischer Untersuchung sein können.

Neben den Bildträgern sind Grundierungen unter der eigentlichen Malschicht von besonderem kunstwissenschaftlichem Interesse. Hier kann die Radiologie sowohl konventionell als auch computerunterstützt wichtige Informationen betreffs des Materials, der Dicke, dem Vorhandensein von Unterzeichnungen, von Metallauflagerungen oder gar von Schädigungen wie Farbabhebungen, Leinwand- oder Malschichtbrüchen liefern.

Die eigentliche Malschicht läßt sich problemlos in mehreren Schnittebenen erfassen: Sowohl Pinselführung, Aufbau, die Dichte der aufgetragenen Farbpigmente als auch die verschiedenen Lasuren finden ein eindeutiges Korrelat im Röntgenbild. Insbesondere ist es für die Restauration eines Kunstwerkes entscheidend, über unter der Malschicht liegende Kittungen, Abhebungen oder Signaturen Bescheid zu wissen.

Auch die obersten Schichten eines Gemäldes lassen sich differenzieren, da sowohl das Firnisalter als auch die Retusche, verschiedene Über-

Tabelle 2. Computertomographisch gemessene Dichtewerte (Hounsfield-Einheiten) von Körpergeweben und Körperflüssigkeiten (*links*). Zum Vergleich Dichtewerte von verschiedenen Farben (*rechts*)

Medizinische Hounsfield-Einheiten		Farben
Dichter Knochen	1000	
	800	
Knochen	600	
		Zinnoberrot
Geronnenes Blut	400	Neapelgelb
		Cadmiumrot
Hirnsubstanz	200	Zink-Titanweiß
Blut		Preußischblau
Wasser	0	Indischgelb
Fett		
	-200	
	-400	
	-600	
	-800	
Luft	-1000	

Tabelle 3. Computertomographisch gemessene Dichtewerte verschiedener wichtiger Farben in Hounsfield-Einheiten

Farben	Unverdünnt	Terpentinöl verdünnt (30%)	Farben	Unverdünnt	Terpentinöl verdünnt (30%)
Zink-Titanweiß	208	33	Indischgelb		
Neapelgelb	445	88	+ Preußischblau	38	10
Cadmiumgelb	20	6	Kobaltviolett		
Indischgelb	-10	-13	+ Neapelgelb	292	60
Zinnoberrot (Hell)	565	134	Chromoxidgrün		
Cadmiumrot (dunkel)	385	71	+ Zinnoberrot	481	179
Kobaltviolett	81	22	Zink-Titanweiß		
Ultramarin (dunkel)	23	15	+ Ultramarin	42	34
Preußischblau	67	25	Goldocker		
Chromoxidgrün (fertig)	58	38	+ Cadmiumgelb	76	10
Goldocker	68	17	Honig	9	
Sepia	50	14	Wasser	0	
Vandyckbraun	78	12	Salbe (Wasser in Öl)	22	
Kontrastmittel	600	200	Salbe (Öl in Wasser)	-80	

malungen und vorhandene Signaturen sich darin abbilden lassen (Tabelle 4). Insgesamt können die bereits bekannten, röntgendiagnostischen Kriterien der Gemäldediagnostik auch auf die überlagerungsfreie Computertomographie übertragen werden. Hier zeigt es sich, daß durch densitometrische Bestimmungen, Distanzmessungen der verschiedensten Malschichten oder durch starke Vergrößerungstechniken und beliebige Schnittführungen eine genauere Bildanalyse möglich geworden ist. Somit ist die Computertomographie eine sinnvolle Ergänzung zur konventionellen Röntgendiagnostik geworden. Inwieweit die Kernspintomographie bereits hier eine Rolle spie-

Tabelle 4. Wertigkeit radiodiagnostischer Kriterien bei der Untersuchung von Gemälden, abhängig von den verschiedenen Untersuchungsarten

Radiologische Gemäldediagnostik	Konventionelle Röntgendiagnostik	CT	Kernspin
I Bildträger	●●	●●●	●
a) Material	●	●●●	●
b) Holzart	○	●●●	○
c) Holzbearbeitung	●	●●●	○
d) Holzschäden	●	●●●	●
e) Leinwandtextur	●	●●●	–
f) Gewebeschäden	●●	●●	–
g) Gewebeausbesserungen	●●	●●	○
II Grundierung	●	●●	○
a) Material	●	●●	–
b) Dicke	●	●●●	○
c) Ritzungen	●●	●●	–
d) Zeichnungen	●●	●●	–
e) Metallauflagen	●●	●	–
f) Schäden	●●	●●	–
III Malschicht	●	●●	○
a) Pinselführung	●●	●	–
b) Aufbau	●	●	–
c) Farbpigmente	●	●●	●●
d) Lasuren	●●	●	–
e) Craquelée	●●●	●●	–
f) Kittungen	●●●	●●●	–
g) Abhebungen	●	●●●	–
h) Signaturen	●	●	–
IV Firnis			
a) Alter und Erhaltung	●	–	–
b) Retusche	●	○	–
c) Übermalung	●●	○	–
d) Signaturen	●	○	–

●●● Diagnostische Methode der Wahl; ●● gute Darstellbarkeit; ● Darstellung möglich; ○ mit Einschränkung darstellbar; – keine suffiziente Aussage möglich.

len kann, ist bis auf wenige Ausnahmen noch unklar. Bedingt durch die häufig vorhandenen Metallteile in alten Bildern verbieten sich kernspintomographische Untersuchungen im Hochfeld ohnehin. Eindeutige radiologische Kriterien können im eigentlichen Bildträger erstellt werden, jedoch ist die Grundierung wie auch die eigentliche Malschicht für die MR-Untersuchung zugänglich.

Meßtechnisch ist es möglich geworden, verschiedene Kriterien zur Fälschungsdiagnostik von Gemälden aufzulisten. Die in Tabelle 5 aufgeführten Kriterien sind hierbei eindeutig, sollten aber in Zusammenarbeit mit Kunstwissenschaftlern interpretiert werden. So sind Farbpigmente von untypischen Absorptionskurven relativ leicht voneinander zu trennen, insbesondere wenn es sich bei alten Bildern um neue Polyacrylfarben handelt. Diese können beispielsweise unter einer dicken Firnisschicht liegen und somit den Betrachter ohne eine durchgeführte Materialentnahme mit nachfolgender chemischer Analyse täuschen. Computertomographisch lassen sich durch starke Vergrößerungsrekonstruktionen Unterscheidungsmerkmale für das Craquelée in der Bildoberfläche erkennen und damit neu von alt differenzieren. Die Craquelüren alter Herkunft betreffen nicht nur die Firnisschicht, sondern auch die gesamte Malschicht bis auf die Grundierung und die zugrundeliegende Leinwand, während moderne Reißlackverfahren Bildoberflächen künstlich altern lassen können. Übermalungen von zeitlich späteren Bildern bei Verwendung von alter Leinwand sind ebenfalls

Tabelle 5. Mögliche meßtechnisch erfaßbare Kriterien zur Fälschungsdiagnostik von alten Gemälden durch die Radiologie

	CT	Konventionelle und digitale Radiographie
Farbpigmente mit untypischen Absorptionskurven oder densitometrischen Messungen	+	+
Craquelée alt/neu	+	–
Übermalungen von zeitlich späteren Bildern bei Verwendung alter Leinwand	–	+
Radiologisch „stumme" Weißareale angeblich alter Bilder	(+)	+
Nägel, Spannrahmen, Rahmen und Dübeltechniken nicht der Entstehungszeit korrespondierend	(+)	–
Leinwandanstückelung	+	–
Grundierungsauftrag zu regelmäßig	+	+
Holztafel zu regelmäßig gesägt	+	+
Holztafel mit Grundierungsmasse oder Farbe in den Wurmlöchern	+	+

+ Sichere Kriterien; (+) eingeschränkte Beurteilbarkeit; – unsichere Kriterien.

leicht bereits im Übersichtsbild nachzuweisen. Falls Weißdarstellungen im Röntgenbild alter Gemälde nicht sichtbar sind, besteht ein hochgradiger Verdacht auf eine spätere „Redaktion", da Weißtöne im Mittelalter nahezu ausschließlich auf Bleibasis hergestellt wurden und somit stets röntgenologisch sichtbar sind. Lediglich bei Kreide-Abkömmlingen kann dieses Kriterium fehlen, ebenso bei Polyacrylharzlacken; beide Methoden wurden erst ab dem 19. Jahrhundert begründet. Die den Bildern zugrundeliegenden Malträger wie Nägel, Spannrahmen und die Verzapfungstechniken können zerstörungsfrei dargestellt und eingeordnet werden. Auch können Leinwände analysiert werden, ohne beispielsweise Duplierungen lösen zu müssen, was einen großen Eingriff in ein Kunstwerk darstellt. Ein weiteres sicheres Kriterium zur Beurteilung von alten und neuen Gegenständen ist der Grundierungsfarbauftrag, der als Handarbeit von einer modernen Spritztechnik gut unterscheidbar ist. Ebenso sind Holztafeln mit allzu regelmäßiger, maschinell geschnittener Kontur sehr verdächtig auf eine Herkunft aus industrieller Zeit. Das Vorhandensein von Grundierungsmasse in der Malschicht einer Holztafel ist ebenfalls sehr verdächtig auf das Vorliegen von Fälschungen, da normalerweise ein alter Meister niemals seine Werke auf eine verwurmte Holztafel auftragen wird.

Radiologische Figurendiagnostik

Ein besonderer Vorteil im Vergleich zu allen anderen Untersuchungsmethoden der Kunstwissenschaft stellt die konventionelle Röntgendiagnostik und in überragender Weise neuerdings die Computertomographie bei der Diagnostik von figürlichen Abbildungen dar (Tabelle 6). Es ist im Übersichtsbild im überlagerungsfreien Computertomogramm möglich, sowohl das zugrundeliegende Material als auch dessen Verarbeitung und derzeitigen Zustand zu analysieren. Hier scheint die Computertomographie eindeutig den übrigen Methoden überlegen zu sein, bedingt durch die Schnittführung in verschiedenen Abschnitten eines Kunstobjektes. Insbesondere bei Holzgegenständen, aber auch bei Stein-, Gips- und Metallfiguren, lassen sich klare Kriterien über Herkunft und Alter des Materials stellen, was bis dato nur durch in das Kunstwerk eingreifende Maßnahmen wie Probepunktionen und Probefreilegungen bzw. Materialentnahme möglich war. Lange bekannt sind bereits die Schädigungen von zugrundeliegenden Holzstrukturen durch Parasitenbefall, dessen Ausmaß computertomographisch leicht nachzuweisen ist, jedoch auch mit Hilfe der konventionellen Röntgendiagnostik, der MR-Tomographie und sogar durch die nuklearmedizinische Gas-Technetium-Insufflation sichtbar gemacht werden kann.

Sämtliche Kriterien der auf einer Plastik aufliegenden Fassung können wie bei der Beurteilung von Gemälden ebenfalls bei Figuren (Abb. 1) herausgearbeitet werden, so die Grundierung, die eigentlichen Malschichten, die Signaturen bis zur

Tabelle 6. Radiologische Diagnostik bei Figuren

Radiologische Figurendiagnostik		Konventionelle Röntgendiagnostik (Schicht, Vergröße-rungstechnik)	CT	Nuklear-medizin	MR
I	Material	●●	●●●	–	●●
II	Holzart	●	●●●	–	●●●
III	Holzbearbeitung	●	●●●	–	●●
IV	Holzschäden (Wurmbefall)	●●	●●●	●●	●●
V	Binnenstrukturen (z. B. verborgenes Metall oder andere Strukturen)	●●●	●●	●	●●
VI	Grundierung				
	a) Dicke	●	●●	–	●
	b) Material	●	●●	–	●
	c) Grundierungsgrad	●	●●	–	●
	d) Vorritzung	●	●●	–	●
	e) Unterzeichnung	●	●●	–	●
	f) Metallauflagen	●	●●	–	●
	g) Schäden	●●	●●	–	●
VII	Malschichten				
	a) Aufbau	●	●	–	–
	b) Pinselführung	●●	●	–	–
	c) Weißverwendung	●	●●	–	●
	d) Pigmentkorn	●	●	–	●
	e) Lasuren	●	●	–	–
	f) Craquelée	●●	●●	–	–
	g) Kittungen	●●	●●●	–	●
	h) Abhebungen	●	●●●	–	●
VIII	Signaturen	●	●	–	–
IX	Firnis				
	a) Retuschen	●	●	–	○
	b) Übermalungen	●●	●●	–	–
	c) Erhaltung	●●	●●	–	–

●●● Diagnostische Methode der Wahl; ●● gute Darstellbarkeit; ● Darstellung möglich; ○ mit Einschränkung darstellbar; – keine suffiziente Aussage möglich.

äußersten Firnisschicht. Auch hier sind kunstwissenschaftliche Fragestellungen nach der Dicke, dem Material sowie den verschiedenen Verarbeitungen in der Grundierung von großer Bedeutung. Metallauflagen oder Schäden lassen sich leicht nachweisen. Die eigentlichen Malschichten können nach den gefundenen Ergebnissen der Farbanalysen und Pigmentstudien analog herausgearbeitet werden (Abb. 2). Interpretationen der gefundenen Materialstrukturen sollten dann anhand der Bilder mit den Spezialisten, beispielsweise den Dendrochronologen, im einzelnen besprochen werden. Eine Zuordnung ist bei größeren Holzfragmenten mit vorhandenem Kernholz mit hoher Treffsicherheit möglich, so daß von diesen Angaben leicht Rückschlüsse auf den dargestellten Gegenstand gezogen werden können (Tabelle 7). So ist eine gotische, hochmittelalterliche Madonna, sei sie auch noch so kunstvoll und perfekt hergestellt, nicht denkbar, wenn sie aus einem Buchenholz des 19. Jahrhunderts geschnitzt ist, oder wenn chinesische Buddhafiguren des angeblichen 17. Jahrhunderts auf finnischem, geleimtem Tannenholz hergestellt wurden.

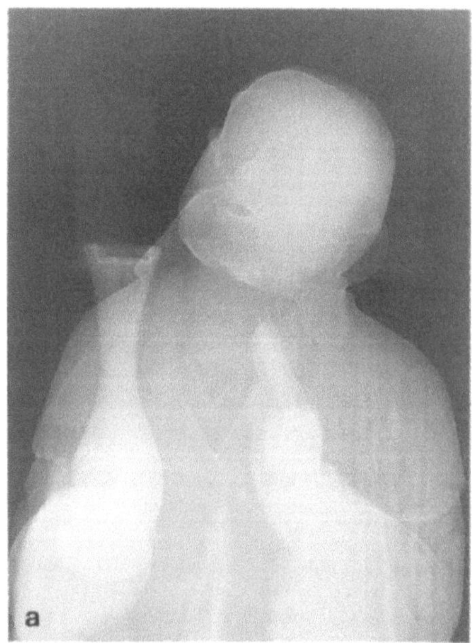

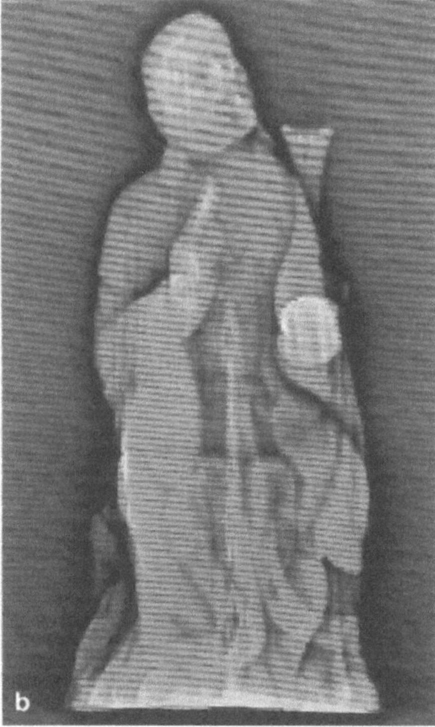

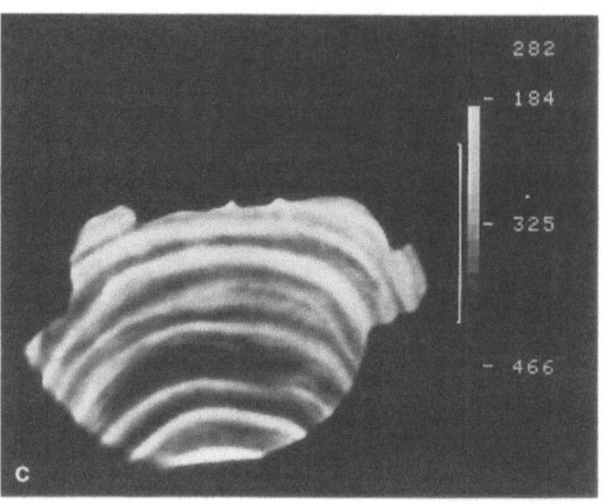

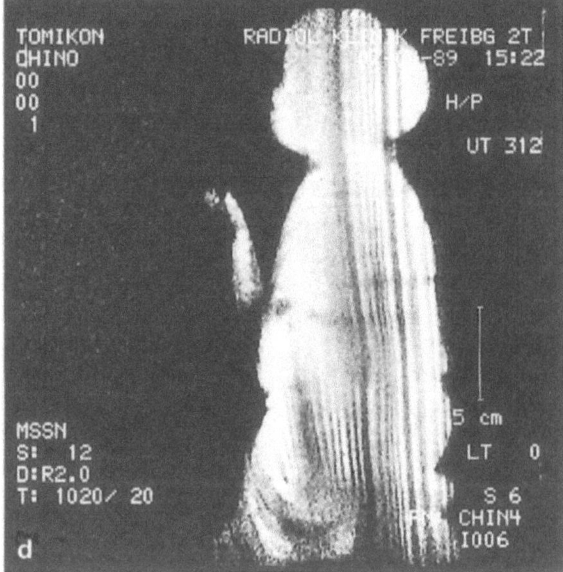

Abb. 1a–d. Chinesische Tempelfigur. **a** Übersichtsbild einer chinesischen Kultfigur aus dem frühen 17. Jahrhundert. Das Übersichtsbild zeigt eine Holzmaserung, die durch die gesamte Figur hindurchgeht. Somit scheint die Figur nicht zusammengesetzt zu sein. Keine weitere Diagnostik. **b** Die digitale Radiographie ergibt im Vergleich zum konventionellen Bild weitere Befunddiagnosen aufgrund der Kantenaufhärtung des Bildes. Die Holzmaserung des gesamten Figurencorpus kann abgeschätzt werden. Eine verborgene Malfassung ist nicht vorhanden. Die Figur erscheint aus einem Guß. **c** Computertomographischer Schnitt durch die Bartregion der Figur. Zerstörungsfrei läßt sich eine dünne 2-mm-Schicht des betroffenen Holzsegmentes abbilden. Die Dendrochronologie dieses Bezirkes lautete: Eibenholz von mindestens 230 Jahre Alter. Herkunft: China. **d** Kernspintomographie des Objektes mit Darstellung eines T2-Bildes. Kernspintomographischer Nachweis der Holzmaserung quer durch die gesamte Figur in mehreren Projektionsebenen möglich: Kein wesentlicher Vorteil derzeit noch gegenüber der Computertomographie erkennbar

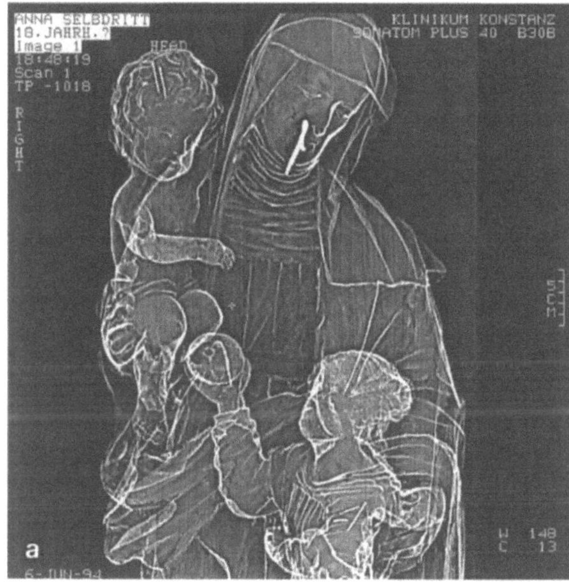

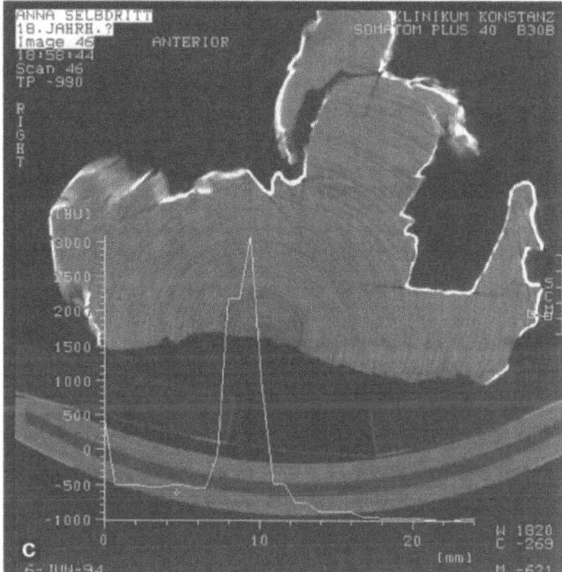

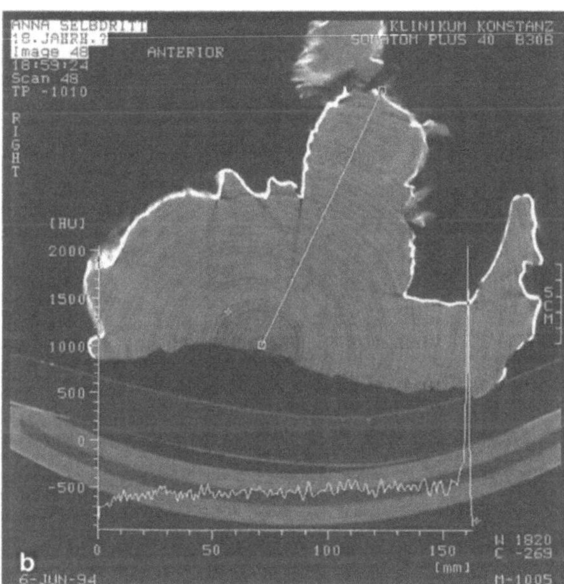

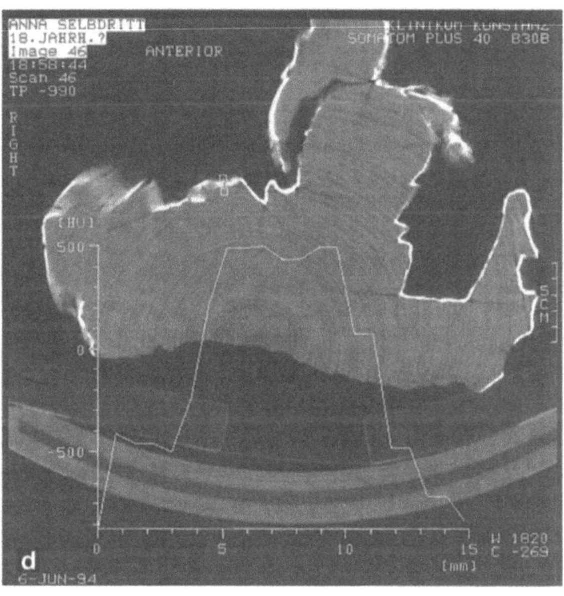

Abb. 2a–d. Hl. Anna Selbdritt, Holz, 18. Jahrhundert, rheinischer Herkunft. Spätere Fassung? Altersbestimmung? Zustand des Holzes, Farbschichten? **a** Das Computertomogramm zeigt die Figur mit mehreren Farbschichten, insbesondere im Bereich der Falten sowohl der großen wie der beiden kleinen Figuren. Holzwurmfraß mit Aufhellungszonen im Bereich des Armes des Jesusknaben sowie im gesamten Kopfbereich des Hl. Johannes. Alte Metallimplantate im Kopf des Jesusknaben sowie im Halsbereich der Hl. Anna. **b** Spiral-CT mit 2 mm Schichtdicke, 560 mA/s sowie nachfolgende Densitometrie durch die Holzstruktur vom Kernholz bis über die Fassung hinaus. Mäßiger Wurmbefall der dorsalen Abschnitte der Figur, welche aus einem Stück geschnitzt ist. Das Kernholz zeigt bis zur äußeren Fassung densitometrisch die Jahresringe in der Kurve aufgetragen. Dendrochronologisches Gutachten: Buchenholz, Entstehungsdatum 1720. Neben den Kurvenverläufen der Jahresringe zeigt sich noch die Fassung am äußeren rechten Bildrand mit Hounsfield-Einheiten von 2000 HE. **c** Farbschichtmessung durch Densitometrie am rechten Bildrand. Die Dicke des Farbauftrages beträgt ca. 3 mm, wobei die nächste Hounsfield-Einheit-Erhebung bei 3000 HE liegt und somit korrespondierend dem Makrobefund einer Bleiweißbemalung entspricht. Grundierung mit einem Wert von 2100 HE, ebenfalls einer Bleiweißaufschwemmung entsprechend. **d** Fassungsmessung im vorderen Mantelbereich. Der Farbschichtauftrag beträgt hier etwa 7 mm und ist inhomogen. Es liegen HE der Hauptfarbschicht von 500, bei abfallendem Gipfel sowie noch einem zweiten Peak von 500 vor, ebenso eine Firnisschicht mit HE von etwa 100. Die Farbe ist an dieser Stelle nicht mehr original wie auf der noch unberührten lateralen Stelle (**c**), sondern mit anderen, neueren Farben und dickerem Firnis überstrichen. Dieser Befund hat sich bei der Restauration bestätigt

Tabelle 7. Mögliche meßtechnisch erfaßbare Kriterien zur Fälschungsdiagnostik von alten Figuren

	CT	Konventionelle und digitale Radiographie
Zeitlich und geographisch nicht korrespondierende Holzarten	+	–
Dendrochronologische und computertomographische Differenzen bei der zeitlichen Zuordnung	+	–
Material: Holz versus Holzfüllstoffe oder Harze	+	+
Holzverarbeitung: Maschine versus Handarbeit	+	–
Metallteile nicht der angegeben Entstehungszeit entsprechend	–	+
Kittungs- und Fassungsreste in Holznischen oder Wurmlöchern	+	(+)
Farbpigmente der Fassungen mit untypischen Absorptionskurven zeitlich nicht korrespondierend	+	(+)

\+ Sichere diagnostische Kriterien; (+) eingeschränkte Beurteilbarkeit; – unsichere Kriterien.

Schwieriger wird die Situation dann, wenn dendrochronologische Diagnosen deutlich vor das vermutliche Entstehungsalter eines Kunstwerkes plaziert werden: Hier sind Fälschungen nicht ausgeschlossen, da beispielsweise alte Holzmaterialien zur Herstellung von Fälschungen verwendet werden. Ein sicheres Fälschungskriterium im Röntgenbild sind unter den vorhandenen Fassungen verschiedenartige Verarbeitungen des Holzes oder auch anderer Basisstoffe. So ist eine zeitlich und geographisch nicht korrespondierende Holzart leicht mittels dendrochronologischer Kriterien zu erarbeiten. Eine oberschwäbische Madonna des 17. Jahrhunderts kann schwerlich aus einem Stück japanischer Eibe geschnitzt sein, auch kann ein Renaissancekästchen aus Florenz nicht aus Mahagoni oder beispielsweise aus südamerikanischer Fichte hergestellt sein (Abb. 3). Dendrochronologische Differenzen bei der zeitlichen Zuordnung sind eines der sichersten Kriterien der Fälschungsdiagnostik geworden. Alle Arten von Metallstrukturen in figürlichen Darstellungen sind leicht zu erkennen und zerstörungsfrei zu analysieren. Bei innen liegenden Metallnägeln ebenso wie bei Metallklammern können Altersbestimmungen relativ genau durchgeführt werden, obwohl sie einem Betrachter unter Fassungen verborgen sind. Die in einer Holzfigur liegenden Metallteile müssen mit der entsprechenden Zeit korrelieren oder weisen auf spätere Restaurierungen bzw. auf Fälschungen hin. Auch kann Holz gegenüber Holzersatzstoffen sowie Holzfüllstoffen genau differenziert werden. Die Holzverarbeitung durch eine Maschine oder durch Handarbeit ist ebenalls recht gut zu unterscheiden. Wichtige Kriterien ergeben Fassungsreste einer Figur in Nischen, die ansonsten nicht zugänglich sind für die direkte Betrachtung, und wichtige Aufschlüsse über den Urzustand einer derartigen Figur geben können. Ähnlich wie bei der Diagnostik von Gemälden ist auch hier die Farbpigmentanalyse mit untypischen Absorptionskurven, die zeitlich nicht zusammenpassen, sehr sicher.

Röntgendiagnostik von Metallobjekten

In der Regel sind Metallobjekte der normalen Röntgendiagnostik, die Energie bis 120 kV aufbringen kann, nicht zugänglich. Hierbei bietet es sich jedoch an, daß beispielsweise bei Broncefiguren oder Steinobjekten die hohen Energien der Strahlentherapie eingesetzt werden, beispielsweise durch Kobalt^{60}, Linear- oder Kreisbeschleuniger von 10–20 MeV. Es können dabei herkömmliche Filme wie bei der Patientensimulation verwendet werden. Die oberflächlichen Metallstrukturen sind hierbei besonders aufschlußreich, da sie beispielsweise bei antiken Figuren einen langen Oxydationsprozeß organischerseits hinter sich gebracht haben. Diese können gegenüber neu aufgetragenen, künstlichen Alterungsoxydanzien durch ihre Irregularität differenziert werden (Tabelle 8). Moderne Figuren haben im Vergleich zu antiken Gegenständen in den meisten Fällen zu glatte Oberflächen, die der radiologischen Diagnostik nicht entgehen. Der zu gleichmäßige Metallmantel beispielsweise einer Broncefigur spricht ebenfalls für das Vorliegen eines Objektes aus neuester Zeit, da die antike Metallverarbeitung nicht in der Lage war, Gegenstände mit gleicher Metalldicke in allen Abschnitten herzustellen. Dieses Kriterium kann beispielsweise im

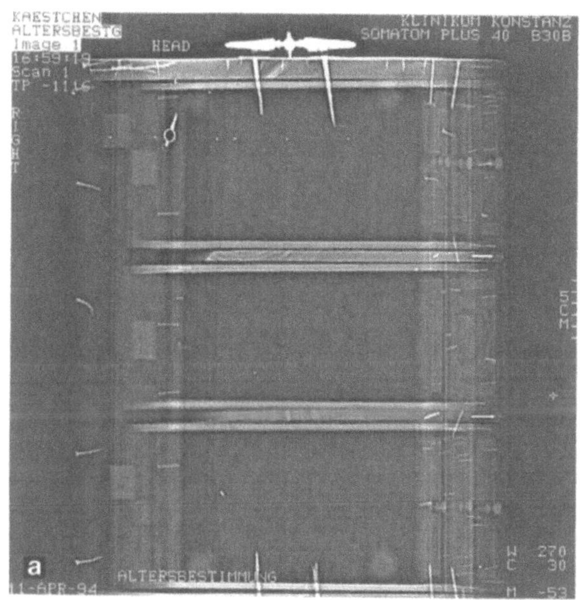

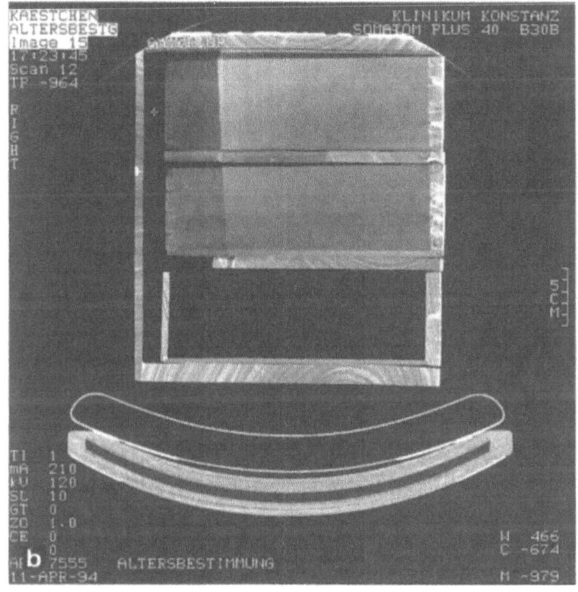

Abb. 3a–c. Renaissancekastchen aus italienischem Museumsstück. **a** Die Übersichtsaufnahme zeigt bereits inhomogene Holzstrukturen sowohl der Fächerböden als auch der Schubladenböden, die nicht aus einer Zeit stammen. Die Verzapfungen sind am linken Bildrand neuester Art. Die Metallstrukturen der Nägel zeigen am Kästchenboden sowie in den Schubladen und in der Rückseite Nägel aus neuester industrieller Machart. Neueste Nägel finden sich auch unter den Intarsienarbeiten des Kästchendeckels, dilettantische Anbringung eines offensichtlich älteren Metallgriffes, der mit 2 Spießen über 4 cm in das Innere des Kästchens vorragt. **b** Spiral-CT, 2 mm Schichtabstand, PITCH 1,0. Darstellung verschiedener Holzteile sowohl des Deckels als auch des Fußes. Der obere Fachboden ist aus 2 verschiedenen Hölzern zusammengesetzt, wobei der hintere Anteil eine Preßspannplatte ist. Die Rückwand ist aus andersartigem, dünnem Holz neuester Zeit. **c** s. rechts oben

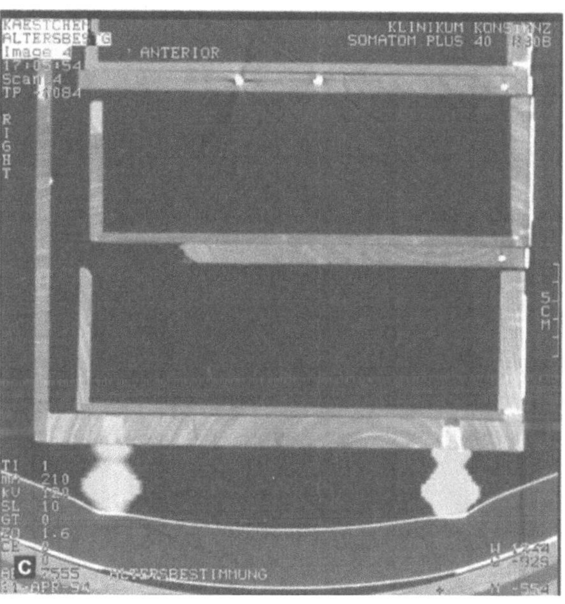

Abb. 3. c 3-C-Weichteilfenster einer anderen Region desselben Kästchens: Preßspanplatte ohne Holzstruktur des hinteren oberen Fachbodens mit fehlerhafter Verleimung. Verschiedene Dicken der Frontschubladen. Fehlerhafte Verzapfung der Füßchen. Zusammenfassend handelt es sich um ein „Komposit-Kästchen", das aus verschiedenen Materialien bis hin zu Preßspanplatten in minderwertiger handwerklicher Arbeit zusammengesetzt wurde. Aufgrund der Zusammenschau muß es sich um eine Fälschung neuester Provenienz handeln

Übersichtsbild bereits sicher beurteilt werden. Als wesentliche Neuerung des Einsatzes von konventionellen Röntgenstrahlern auch höherer, strahlentherapeutischer Herkunft finden sich Binnenstrukturen im Metall, die bei antiken sowie bis zu romanischen Objekten einen Einschluß von Sand und Luft aufwiesen, hingegen nach der Zeit der Gotik sich homogen abbilden. Bei modernen Objekten ist die Homogenität eindeutig zu diagnostizieren. Fälschungen sind möglich, wenn antike Gußtechniken wiederbelebt werden.

Radiologische Diagnostik von Porzellan und Glas

Sowohl im konventionellen Röntgenbild als auch in der überlagerungsfreien Computertomographie können Glas und Porzellanobjekte problemlos untersucht werden. Die verschiedenen Absorptionswerte betreffen das eigentliche Material, die Bemalung und die verschiedenen Glasuren. Auch Ritz- und Ätztechniken können als radiologische Kriterien fungieren. Die in großen Serien

Tabelle 8. Mögliche radiologisch-meßtechnisch erfaßbare Kriterien zur Fälschungsdiagnostik von alten Metallobjekten

	CT	Konventionelle und digitale Radiographie
Zu glatte, regelmäßige Metallstrukturen	(+)	+[a]
Zu glatte Oberflächen	(+)	+
Zu gleichmäßiger Metallmantel	(+)	+
Binnenstrukturen des Metalls bei antiken Objekten ohne jeden Einschluß	−	+

+ Gute diagnostische Kriterien; (+) eingeschränkte Beurteilbarkeit; − unsichere Kriterien.
[a] Messungen meist nur durch hohe Energien in der Strahlentherapie möglich, beispielsweise durch Co-60, Linear- oder Kreisbeschleuniger von 10–20 MeV.

Tabelle 9. Auflistung verschiedener Porzellan- und Steingutsorten mit den computertomographisch sich ergebenden Hounsfield-Einheiten und radiologischen Besonderheiten

Porzellanart	Computertomographisch mittlere HE-Werte	Radiologische Besonderheiten
Steingut (neu)	700–1000	Absolute Regelmäßigkeit bei Dicke und Radius
Steingut (alt)	650–1000	Gelegentlich Lufteinschlüsse, unregelmäßige Wanddicke, unregelmäßige Radien bei Geschirr
Porzellan (neu)	>1000	Unregelmäßigkeit in der Dicke des Materials, Ausschluß einer Serienfertigung bei mehreren vorhandenen Objekten eines Services
Glasur	300–600	Nur bei dicker Glasur auf relativ dünnem Material erkennbar
Farbaufträge (alt)	-100–600	Malereien gut sichtbar, Maltechnik beurteilbar, Restaurierungsgrad gut sichtbar
Farbaufträge (neu)	0–300	Malereien gelegentlich sichtbar, Maltechnik nicht beurteilbar

untersuchten Porzellanobjekte ergaben differenzierbare Merkmale insbesondere in der Regelmäßigkeit von Dicke, des Radius von runden Porzellanen sowie die Lufteinschlüsse bei alten Objekten. Serienfertigungen können gegenüber Einzelstücken in fast allen Fällen glatt unterschieden werden, da 2 handgemachte „gleiche" Objekte auf einer Porzellan- oder Töpferdrehscheibe niemals entstehen können. Diagnostische Merkmale bei Glasuren sowie Farbaufträge älterer und neuerer Zeit können analog den Farbkriterien bei der Malerei von Gemälden oder Figuren entsprechend angewandt werden (Tabelle 9, 10). Ähnliche Kriterien wie bei der Beurteilung von Porzellan- und Steingutobjekten ergeben sich auch bei der Begutachtung von Gläsern, die computertomographisch typische Materialwerte zwischen etwa 700–2000 HE aufweisen, je nach Herkunft, Alter und Verarbeitung. Der entscheidende Punkt der Beurteilung dieser Glasobjekte ist die zerstörungsfreie Vermessung der Gegenstände in allen, auch schlecht zugänglichen Arealen sowie die Möglichkeit der Untersuchung der Glasbinnenstrukturen, die immer bei alten Objekten Lufteinschlüsse nachweist. Typische Kriterien für das Vorliegen von alten Objekten ist auch der Einschluß von Sand, der bei antiker Manufaktur in Resten im allgemeinen immer zu erkennen ist. Für Farbeinschlüsse, Farbaufträge sowie Gravuren gelten analog die Kriterien, die auch für die Beurteilung von Bildern und Figuren zutreffen.
Mögliche meßtechnisch erfaßbare Kriterien zur Fälschungsdiagnostik von altem Glas und Porzellan sind relativ einfach zu erfassen (Tabelle 11). Alte Gläser weisen im Vergleich zu modernem Industrieglas eine deutliche Verschiebung der Hounsfield-Einheiten nach unten auf und erreichen im allgemeinen nirgends 1,000 HE, was bei modernen Preßglasverfahren stets der Fall ist. Morphologisch „alte" Glasobjekte mit derartig

Tabelle 10. Verschiedene Glas- und Kristallsorten mit ihren computertomographisch gemessenen Hounsfield-Einheiten und radiologisch erkennbaren Besonderheiten

Glasart	Computertomographisch mittlere HE-Werte	Radiologische Besonderheiten
Glas - modern	850–1000	Absolute regelmäßige Wandung
Glas - 14. Jhdt.	650–900	Unregelmäßige Wandung, gelegentlich Lufteinschlüsse, bei Geschirr gelegentlich unregelmäßige Radien
Glas - römisch	500–800	Fast immer Luft- und Sandeinschlüsse, immer unregelmäßige Wanddicke, unregelmäßige Radien bei Bechern in verschiedenen Meßhohen
Kristallteile	>980	Inhomogene Binnenstruktur
Bernstein	> 1000	Lufteinschlüsse unterschiedlichen Ausmaßes
Farbeinschlüsse	600–1000	Insbesondere bei altem Glas beurteilbar
Farbaufträge	–200–600	Bei altem Glas gut sichtbar
Gravuren		Im CT und Nativröntgen gut als Negativkontrast sichtbar

Tabelle 11. Mögliche meßtechnisch erfaßbare Kriterien zur Fälschungsdiagnostik von altem Glas und Porzellan durch die Radiologie

	CT	Konventionelle und digitale Radiographie
Glas:		
Untypische Hounsfield-Einheiten bei alten Gläsern im Vergleich zu Industrieglas	+	–
Absolut regelmäßige Abmessungen der Objekte	+	–
Absolut regelmäßige Durchmesser des Materials	+	+
Bei alten Objekten fehlende Einschlüsse	–	+[a]
Porzellan:		
Absolut regelmäßige Abmessungen der Objekte	+	–
Absolut regelmäßige Dicke des Materials	+	–
Untypische Hounsfield-Einheiten bei altem Porzellan im Vergleich zu Industrieporzellan oder Steingut	–	+
Negativer Farbauftrag bei alten Objekten	–	+
Fehlende Lufteinschlüsse bei alten Objekten	+	+[a]

+ Gute diagnostische Methode; – bedingt diagnostische Methode.
[a] Messungen meist nur durch hohe Energien in der Strahlentherapie möglich, beispielsweise durch Co-60, Linear- oder Kreisbeschleuniger von 10–20 MeV.

hohen Hounsfield-Einheiten sind stets mit großer Vorsicht zu betrachten. Als einfaches und einleuchtendes Kriterium erscheint die Vermessung von Glas- und Porzellanobjekten: Absolut regelmäßige Abmessungen der Radien von Gefäßen, der Dicke der Objekte oder der Symmetrie von Dekorierungen lassen einen sicheren Schluß auf die Handarbeit versus industrielle Fertigung zu. Bei alten Objekten sind fast immer Einschlüsse in den Binnenstrukturen zu erkennen, was bei modernem Industrieglas nicht der Fall ist. Analog gelten diese Kriterien der Glasbeurteilung auch für Porzellane und Steingut. Was die Bemalungen der Objekte angeht, so gelten auch hier die Kriterien der Farbanalysen von Bildern und Figuren. Falls bei alten Objekten der sichtbare Farbauftrag nicht zu erkennen ist, so bestehen erhebliche Bedenken gegen die antike Herkunft, da alte Farbpigmente stets röntgenologisch sichtbar wurden.

Zusammenfassung

Die Ergebnisse der Röntgendiagnostik bei der Untersuchung von Kunstgegenständen waren in der frühen Röntgenzeit in der überwiegenden Mehrzahl Einzelbeobachtungen, die anfänglich nicht selten überinterpretiert wurden (Faber 1914; Chéron 1920; Bode 1921). Die Verfeinerungen der radiologischen Methoden der letzten Jahre, bedingt durch rechnerunterstützte Radiologie, ergeben auch im Kunstdiagnostikbereich überlagerungsfreie Abbildungen von sehr hoher Auflösung und hervorragender Qualität (Beck 1989; Marx 1986, 1988).
Nachdem die Kunstwissenschaft die konventionelle radiologische Diagnostik und deren Wertigkeit bei der Beurteilung von Kunstwerken in ihr Spektrum seit 50 Jahren eingegliedert hatte (Wolters 1938), sind durch die neuen digitalen Methoden völlig neue, erweiterte Fragestellungen hinzugekommen: Es ist in der Regel der Wunsch der Kunstwissenschaft, neue Techniken zu finden, die zerstörungsfrei weitere Kriterien für Zuordnung, Provenienz, Erhaltungsgrad, Restaurierungsgrad oder auch für Fälschungen liefert. Bereits mit den konventionellen Techniken konnte die Frage nach der radiologischen Effizienz der Kunstdiagnostik mit einem weitgehenden Ja beantwortet werden. Die neuen Techniken hingegen liefern zusätzlich eine Fülle von Informationen, die durch ihre ungewohnte, neue Abbildungsqualität noch ausgewertet werden müssen.
Dadurch daß sich in den letzten Jahrzehnten der Wert und auch die Anzahl von Antiquitäten vervielfacht haben, sind naturgemäß zahlreiche gefälschte Objekte im Handel, die mit bisherigen kunstwissenschaftlichen Methoden nicht oder nur teilweise als solche erkannt werden konnten. Die radiologische Technik ist insbesondere seit Einführung der Schnittbildverfahren in der Lage, in vielen, wenn auch nicht in allen Fällen in notwendiger Zusammenarbeit mit den Kunstwissenschaftlern eine Klärung zu erbringen. Insbesondere hat die systematische Materialanalyse von Holz, Glas, Porzellan, Papier, Druckerzeugnissen, Stichen, Farbpigmenten und Farbträgerstoffen wesentliche diagnostische Möglichkeiten eröffnet. Die Fragen nach früherer handwerklicher Technik sowie nach Alter und Herkunft können radiologisch beantwortet werden. Insbesondere sind die Methoden der Werkstoffprüfung, beispielsweise bei Holzstrukturen, aber auch Metall, Stein und Glas durch radiologische Techniken erfaßbar. Die zerstörungsfreie Analyse von Werkstoffen durch digitale Techniken ist mit keiner anderen Methode möglich. Dadurch, daß die radiologische Materialprüfung an einem Kunstwerk in jedem Fall zerstörungsfrei abläuft, besitzt sie einen einzigartigen Stellenwert als Untersuchung der ersten Wahl. Nicht die Diagnostik des gesamten Kunstwerkes ist dabei der Sinn der Röntgenuntersuchung, sondern die fern von allen Spekulationen liegenden Fakten, die sich in das Gesamtwerk als Mosaiksteine einpassen müssen oder ggf. als „Stolpersteine" bestehen bleiben. Die Diagnostik bei Kunstgegenständen hat in aller Regel auch Konsequenzen für die „Therapie" von Objekten, da der Zustandsbefund, der Zerstörungsgrad durch Parasiten oder Materialuntergang eines Kunstwerkes festgestellt werden können und somit der Restaurierung eine wertvolle Hilfe sind. Übermalungen, Untermalungen, nicht sichtbare, unter Fassungen liegende Strukturen sind eine Domäne der Röntgendiagnostik und durch keine anderen Methoden zu verifizieren. Das Röntgenbild eines Kunstgegenstandes hält in jedem Fall Informationen bereit, die nach sorgfältiger Analyse und der Einbeziehung sämtlicher Details um den abgebildeten Gegenstand zusammen ein harmonisches Ganzes ergeben müssen. Falls unüberbrückbare Differenzen aufgrund des Röntgenbildes auftauchen, die nicht mit dem Kunstobjekt in Einklang zu bringen sind, handelt es sich nach unserer Erfahrung in allen Fällen um problematische, teils überarbeitete, restaurierte, umfunktionierte, künstlerisch weitergeführte oder schlicht gefälschte Gegenstände: Auslöser der dann in Gang gekommenen Kontroverse ist das stets unbestechliche, jedoch mit großer Erfahrung und Vorsicht zu interpretierende Röntgenbild.

Literatur

Beck A, Milic St (1989) Radiography of old porcelain and glassware: a possible guide to authenticity. Medicamundi 34 2:75–81

Beck A (1987) Die Schwarzwälder Bogenschilduhr im Röntgenbild. Radiologe 9:131–137

Beck A (1988) Zur Frühgeschichte der Röntgendokumentation. Radiologe 7:124–129

Beck A (1990) Original – Fälschung. Bildgebende Verfahren bei der Diagnostik von Kunstwerken. Schnetztor, Konstanz

Bode W (1921) Kunstexpertise durch Röntgenstrahlen. Der Kunstwanderer 2

Bridgman ChF (1964) The amazing patent on the radiography of paintings. Stud Conserv 9:135–139

Bridgman ChF, Keck S, Sherwood HF (1958) The radiography of panel paintings by electron emission. Stud Conserv 3:175–178

Bridgman ChF, Keck S (1961) The radiography of paintings. Med Radiogr Photogr 37:62–70
Chéron A (1920) La radiographie des tableaux. Acad Sci (Paris) 172:57–59
Corney GM (1965) Radiography of La Pieta. Med Radiogr Photogr 41:1–2
Elliott WJ (1943) The use of the Roentgen ray in the scientific examination of paintings. AJR 50:779–790
Faber A (1914) Ölgemälde im Röntgenlicht. Museumskunde 10/3:153–170
Faber A (1914) Eine neue Anwendung der Röntgenstrahlen. Umschau 18/12:246–253
Glasser O (1931) W. C. Röntgen. Berlin
Gray PHK (1967) Radiography of ancient egyptian mummies. Med Radiogr Photogr 43:34–44
Houtzager ME, Meier-Siem M, Stark H (1967) Röntgenonderzoeck van de oude schilderjen. Centraal Museum, Utrecht
Marx M, D'Auria SH (1986) CT examination of eleven egyptian mummies. Radiographics 321–330
Marx M, D'Auria SH (1988) Three-dimensional CT reconstruction of an ancient human egyptian mummy. AJR 150:147–149
Padron MD, Recchiuto A (1973) Application of x-rays to the study of some paintings in the Prado Museum. Radiologia
Pollack HC, Bridman CF, Splettstosser HR (1955) The x-ray investigation of postage stamps. Med Radiogr Photogr 30–31:75–78
Rinnebach H (1936) Zur Frage der Schädigung von Gemälden durch Röntgenstrahlen. Museumskunde, N.F. 8, 15–22. Tech Mitt Malerei 52:55–60
Rawlins FIG (1937) The physics and chemistry of paintings. Royal Society Arts, March
Testing pictures by the Roentgen rays (1897) Electr Rev 40:607
Tevis M (1921) X-ray tests of old paintings. Sci Am Monthly 165–167, Feb 3
Wehlte K (1936) Untersuchungsergebnisse über die Frage von Röntgenschäden an Gemälden und ihre praktische Bedeutung. Tech Mitt Malerei 52:175–178
Wolters Ch (1938) Die Bedeutung der Gemäldedurchleuchtung mit Röntgenstrahlen für die Kunstgeschichte. Prestel, Frankfurt am Main

Röntgentechniken in Anthropologie und Archäologie

Bernd Herrmann

Wenn in diesem Beitrag zwei heute selbständige und von ihren Objekten und Methoden verschiedene Disziplinen Beispiele für das Buchthema liefern, so ist dies weniger überraschend, als auf den ersten Blick zu vermuten wäre. Beide Fächer bildeten zur Zeit der Entdeckung der Röntgenstrahlen praktisch noch eine fachliche Einheit. Schließlich haben beide Disziplinen auch in ihren Erkenntnisinteressen ein hohes Maß an Übereinstimmung: Sie systematisieren Probleme, denen sich der Mensch in der Geschichte gegenübersah, und die Lösungen, die er dafür gefunden hat oder die als Anpassungen entstanden sind. Darüber hinaus haben beide Disziplinen Röntgenstrahlen überwiegend aus denselben Gründen eingesetzt: denen der Strukturaufklärung und Materialanalyse, die sich heute zur Archäometrie verselbständigen. Es sei daran erinnert, daß in den hier behandelten Bereichen keine Weiterentwicklung von Röntgentechniken betrieben wurde. Vielmehr haben die Disziplinen den anderenorts verfügbaren Entwicklungsstand der Röntgentechnik auf Objekte ihrer Fächer übertragen. Auch Anstöße zur Entwicklung spezieller Techniken haben sie offenbar nicht gegeben, ihrerseits aber vom technologischen Fortschritt außerordentlich profitiert.

Röntgenologische Arbeiten mit genuiner anthropologischer Zielsetzung, also auf die vergleichende Biologie des Menschen und der Primaten ausgerichtet, sind selten durchgeführt worden. [Die frühe und bemerkenswerte Arbeit von Walkhoff (1902) ist meines Wissens ohne erwähnenswerte Nachfolger geblieben.] Anfangs sind sie in fachanatomischen Zusammenhängen angesiedelt und forschungsgeschichtlich der Medizin und ihren nichtklinischen Disziplinen verpflichtet. Sie sind auch nicht als monographische Werke konzipiert, sondern nutzten diese neue Technik der Befunderhebung eher durch Zusammentragen von Ergebnissen. So sind es denn auch eher punktuelle, episodenartige Anwendungen, die sich kaum zu einem geschlossenen Ideenstrang verbinden und am ehesten mit den Stichwörtern Strukturaufklärung, Erfassung von Variabilität und ontogenetischen Abläufen sowie nichtinvasive Untersuchung beschreiben lassen.

Auch nach dem Zweiten Weltkrieg ist die Verwendung der Röntgentechnik mit anthropologischer Zielsetzung nicht grundsätzlich häufiger geworden, so daß eine historische Betrachtung hierzu eigentlich entfällt. Wege fachlicher Eigenständigkeit hat die Anthropologie mit dem Einsatz der Röntgentechnik nicht betreten, sondern immer in enger Berührung oder gar in personeller Identität mit Klinikern in folgenden Bereichen betrieben: in der Humangenetik, in der Biologie des Wachstums und der Reife sowie in der Röntgenanatomie vor- und frühgeschichtlicher menschlicher Überreste.

Die technischen Schwierigkeiten des Betriebs einer Röntgenanlage unter den feldmäßigen Bedingungen einer Forschungsexpedition standen Untersuchungen am Lebenden, die ausschließlich oder überwiegend Fragen der normalen Variabilität menschlicher Merkmale verfolgten, an entlegenen Ethnien oder Bevölkerungsgruppen immer entgegen. Selten hat man kleinere epidemiologische Studien, die dabei jüngeren Datums sind, mit derartigen Fragen verbunden (z. B. auf Neuguinea; Fleckenstein 1981). Ein größerer Einsatz ist aber letztlich wohl weniger aus technischen Problemen denn aus Mangel an geeigneten Fragestellungen für Untersuchungen zur Variabilität rezenter Menschengruppen unterblieben, die ein derart aufwendiges Untersuchungskonzept rechtfertigen würden.

Humangenetik und Wachstumsbiologie

Umfangreich und systematisch ist die radiographische Darstellung am Lebenden mit humangenetischer Fragestellung eingesetzt worden (z. B. Becker 1964). Auch hier sind die klinischen bzw. kurativen Aspekte ursächlich für die Untersuchungen. Diese bedürfen zur diagnostischen Absicherung jedoch der Kenntnis normaler genetischer Variabilität. Einschlägiges Wissen hierzu haben vor allem die Pädiater und Radiologen gesammelt. Sehr früh wurden genetische Aspekte radiologisch verfolgt (z.B. Joachimsthal 1900). Begünstigt durch die bereits zur Frühzeit der klinischen Radiologie erreichte gute Darstellbarkeit, ist die Genetik und Pathogenetik des Skelettsystems heute eines der bestbekannten polygenen Merkmalskomplexe.

In der Wachstumsbiologie hatte man z. B. für die Reifediagnostik die Darstellung der Handwurzelkerne als selbstverständliches Hilfsmittel genutzt (für die Altersbestimmung bei Identifikationsfällen von „Suchkindern" nach dem Zweiten Weltkrieg). Der zunehmend reglementierte Umgang mit Röntgenstrahlen sowie die apparativen Voraussetzungen hatten aber auch auf diesem Gebiet zur Folge, daß anthropologische Fragestellungen von Medizinern und weniger von Fachanthropologen aufgegriffen und behandelt wurden. So sind die Arbeiten von Garn et al. (1968) sowie Virtama u. Helelä (1969) zwar klassische Arbeiten zur Wachstumsbiologie, denen wir Referenzdaten zu Wachstumsgeschwindigkeiten und „Normalwerte" über Strukturelemente der Extremitätenknochen verdanken. Themen und Präsentationen weisen diese Arbeiten indes eindeutig als „spinoff"-Arbeiten mit klinischem Hintergrund aus. Hier steht also ideengeschichtlich nicht die anthropologische Thematik am Anfang. Vielmehr verselbständigten sich diese Arbeiten zu eigenständigen Abhandlungen aus jeweils anderen Ursprüngen.

Anders verhielt es sich mit Arbeiten über Alterungsprozesse des Skelettsystems, vor allem jenseits der Menopause, die, auch unter der zunehmend verlängerten Lebenszeit, heute in der Osteoporoseforschung hohe klinische Aktualität haben. Es bedurfte zunächst des Zusammentragens der „normalen" Befunde (z. B. Meema 1963), um so Kenntnis der klinisch unauffälligen Variabilität zu erwerben (Zusammenfassungen bei Heuck 1986, 1987). Erst an solcherart erhobenen Verteilungskurven für den Mineralgehalt von Skelettelementen bei gesunden Männern und Frauen verschiedener Altersstufen konnten sich klinische Diagnosen entwickeln.

Orientierungen für den medizinischen Anwendungsfall wurden auch für einen hochspezialisierten Bereich der Arbeitsmedizin gezielt aus der normalen Variablität skelettanatomischer und -physiologischer Merkmale abgeleitet. Das Internationale Biologische Programm der 60er Jahre untersuchte mit dem Thema „Anpassung an Höhenstress", u. a. an südamerikanischen Indianern, nicht nur einen höchst interessanten Sonderfall der Humanökologie. Einer der Hintergründe war die Bereitstellung von Basiswissen für die bemannte Raumfahrt (z. B. Whedon 1980), bei der dem Speicherorgan Knochen wegen der Folgen der Schwerelosigkeit große Aufmerksamkeit zuteil wurde.

Heute erscheint das Gefährdungsrisiko durch Untersuchung für die Genehmigungen von Röntgenuntersuchungen, die ausschließlich der Darstellung des ontogenetischen Verlaufes normaler menschlicher Merkmale dienen, zu groß, und der Wissenszuwachs nur noch durch das Zusammentragen von (zufällig) miterhobenen Befunden bzw. durch den Einsatz anderer Techniken als der Radiographie möglich.

Menschliche Fossilfunde

Der dritte Bereich, in dem es zum Einsatz der Röntgentechnik kam, ist die Untersuchung vor- und frühgeschichtlicher menschlicher Überreste, die in der Regel aus subfossilen bzw. fossilierten Skelettresten bestehen.

Die frühesten einschlägigen Arbeiten scheinen ebenfalls von Walkhoff (1902, 1903) zu stammen, der u. a. die Kiefer der Funde von Goyet, Krapina, La Naulette, Predmost, Sipka und Spy abbildet und bezüglich Kinnentwicklung, Binnenstrukturen und Zahnmorphologie untersucht. Trotz zeitbedingter Irrtümer sind seine Darstellungen auch heute noch anregend und lesenswert. Seine Annahme, wonach „die Radiographie voraussichtlich bei jeder Untersuchung über den Aufbau eines Knochens immer von unschätzbarem Werte sein (werde)" (1902, S. 211) hat sich, obwohl richtig, so für die Beurteilung menschlicher Fossilien nicht erfüllt. Dies lag sicher daran, daß die funktionelle Deutung der Knochenbinnenstrukturen in wesentlichen erst mit der Theorie der Kausalen Histogenese in den 50er und 60er Jahren dieses Jahrhunderts geleistet wurde und daher über viele Jahre hinweg die Befunde nur deskriptiv erhoben werden konnten. Darüber hinaus sind Fossilfunde oder teilfossilierte Knochen oft von erstaunlicher Strukturarmut im Röntgenbild, so daß der Erkentniszuwachs dann geringer als erwartet ausfällt.

Hatte Walkhoff gleich mehrere Fossilfunde vorgestellt und in der gleichen Reihe 1904 auch noch Röntgenaufnahmen der Femora von den Fundorten Krapina und Spy veröffentlicht, wurden Röntgenbilder anderer Fossilfunde später nur vereinzelt publiziert.

1908 veröffentlicht Schoetensack Röntgenbilder des ca. 500000 Jahre alten Unterkiefers des Homo erectus von Mauer (Heidelberg). Im gleichen Jahr wurde der Neanderthaler von Le Moustier entdeckt (Hauser 1908). Dieser wird zusammen mit dem jüngeren Fund von Combe Capelle zwischen 1909 und 1911 einer eingehenden radiologischen Untersuchung unterzogen:

„Nach Vereinbarung mit dem Königlichen Museum für Völkerkunde und mit Herrn Hauser wurden auf Befehl Seiner Exzellenz des Generalstabsarztes der Armee Prof. Dr. v. Schjerning die Reste der Knochengerüste des Homo Mousteriensis und Aurignaciensis Hauseri im Röntgenlaboratorium (Stabsarzt Dr. Thiemich) der Kaiser-Wilhelm Akademie in Berlin eingehenden Untersuchungen mit Röntgenstrahlen unterzogen. Daneben wurden vergleichende Aufnahmen von Skeletteilen angefertigt, die Menschen der Jetztzeit und anthropoiden Affen (Gorilla, Schimpanse) entstammen. Die gewonnenen Röntgenbilder, die demnächst in ausführlicher Darstellung veröffentlicht werden sollen, sind äußerst lehrreich. So haben sich bemerkenswerte Aufschlüsse über Knochenbau und -entwicklung, insbesondere den Schädel, die Warzenfortsätze, über die Anordnung und innere Gestaltung der Zähne und Zahnfächer, über die Belastungsknochenbälkchen in den Oberschenkelbeinen usw. jener vorgeschichtlichen Menschen ergeben.

Stabsarzt Dr. Schmidt
Medizinal-Abteilung des Kriegsministeriums."

(Undatierter Aktenvermerk, Stück 17 in „ACTA betreffend die Erwerbung zweier Skelette von O. Hauser, Vol. 2, vom 2. 11. 1909–Ende 1911". Heute im Museum für Vor- und Frühgeschichte, Staatliche Museen Berlin.)

Leider ist keine dieser Aufnahmen erhalten bzw. veröffentlicht worden. Der Erstbearbeiter Klaatsch bildete lediglich eine (zeitgleiche?) Gebißaufnahme des Neanderthalers von Le Moustier ab (1909). Seitdem ist bekannt, daß die Zähne des Neanderthalers (wie sich zeigte, auch die des viel älteren Homo erectus) gegenüber denen des Homo sapiens sapiens sehr viel größere Pulpahöhlen aufweisen (sog. Taurodontie).

Wegen der Materialsubstitution unter dem Fossilisationsvorgang stellten sich Röntgenaufnahmen einschlägiger Fundstücke in der Regel als wenig aufschlußreich heraus. Dies ist vermutlich auch der Grund für ihre relativ geringe Zahl. Die Grenzen konventioneller Röntgentechnik in der Darstellung solcher Stücke sind mit der zwar umfänglichen Gesamtdarstellung, aber dem vom Informationsgehalt sehr begrenzten *Atlas of Radiographics of Early Man* (Skinner u. Sperber 1982)

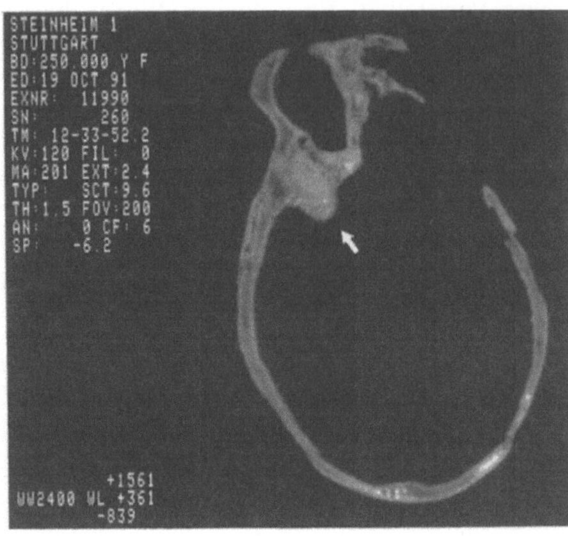

Abb. 1. CT-Bild des mittelpleistozänen Schädelfundes von Steinheim a. d. Murr (ca. 250000 Jahre). Schnittführung durch oberen Orbitateil; hochmineralisierte Einschlüsse im Okzipitale; im Innenraum, hinter der Orbita (*Pfeil*) Sedimentreste. (Die Abbildung verdanke ich dem Entgegenkommen des Museums für Naturkunde, Ludwigsburg, und Herrn Prof. Dr. F. Zonneveld, Utrecht)

gegeben. Die speziellen paläontologischen Röntgentechniken von Stürmer et al. (1980), mit der selbst fossilierte Weichteile dargestellt wurden, sind offenbar in der Radiologie menschlicher Fossilfunde nicht eingesetzt worden. Für die Darstellung der Makrostrukturen und Objektdetails des Lupenbereichs verwendet man seit den 80er Jahren vorzugsweise computertomographische Techniken (z. B. Zonneveld u. Wind 1985; Wind u. Zonneveld 1989; vgl. Abb. 1). Mit ihnen ist es möglich geworden, die Knochenstruktur auch an solchen Fossilfunden zu untersuchen, die noch von Gesteinsresten bedeckt sind. Unbestreitbar sind mit dieser Untersuchungstechnik weitere Vorteile verbunden, wie etwa die Möglichkeit der winkeltreuen Osteometrie bzw. Schnittdarstellungen, die für morphologische Arbeiten unentbehrlich sind. Leider sind erst sehr wenige Fossilfunde zur menschlichen Stammesgeschichte mit diesen Techniken untersucht worden. Insofern ist auch noch nicht abschätzbar, in welchem Umfang die hier gewonnenen Erkenntnisse über solche, die mit traditionellen morphologischen Methoden ermittelt wurden, hinausgehen. Sicher ist, daß die Koppelung von CT-Techniken und Bildverarbeitungssystemen die vergleichende Morphologie grundsätzlich beeinflussen wird.

Ein Desiderat ist nach wie vor die vergleichende Histologie menschlicher Fossilfunde. Mikro-

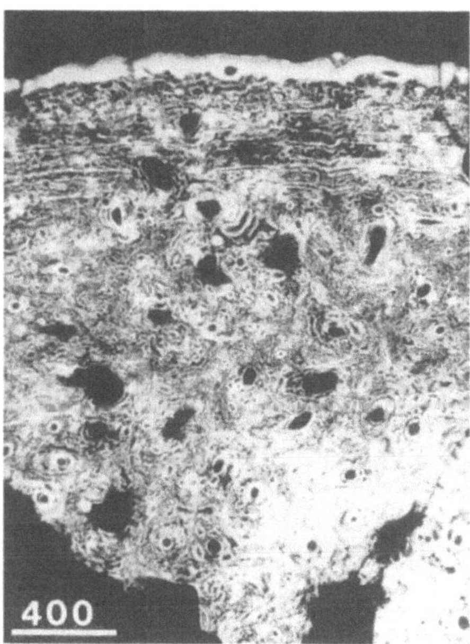

Abb. 2. Mikroradiographie eines periostseitigen Femurquerschnittes des jugendlichen Neanderthalers von Le Moustier. Ausgedehnte Strukturauslöschungen durch mikrobielle Dekomposition und sekundäre Mineralisationen. Es persistieren hochmineralisierte „resting lines", die bei infantilen und juvenilen Individuen als Folge von Wachstumsirritationen auftreten. Die Linien entsprechen periostseitigen Mineralisationsfronten und werden daher über den gesamten Umfang gebildet (Vergrößerung in μm)

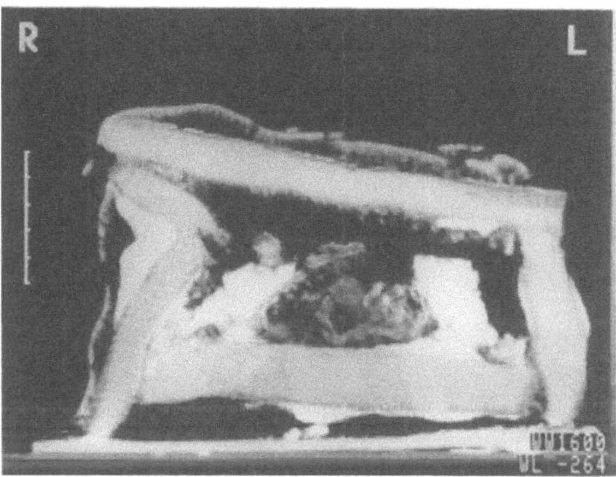

Abb. 3. CT-Bild eines hochmittelalterlichen Sarges (Schleswig). Im Inneren des Kindersarges ist der annähernd im Verband befindliche Thorax erkennbar, den seitlich (*helle Partien*) eingeschwemmtes Sediment umgibt. In der *linken* Seitenwand ist die Holzmaserung deutlich erfaßt. Zur Konservierung wurde der Sarg nach der Bergung tiefgefroren; die umhüllende Plastikfolie stellt sich mit aufgewachsenen Eiskristallen dar

strukturelle Darstellungen dieser Knochen sind in lichtmikroskopischen Techniken nur bedingt möglich, wenn sie überhaupt für derartige Untersuchungen zur Verfügung stehen. Unter Ausnutzung der differentiellen Materialsubstitution durch die Fossilisierung konnten Knochenbinnenstrukturen in mikroradiographischer Technik erfolgreich erfaßt werden (Herrmann 1977; vgl. Abb. 2). Sie erlauben einerseits die Beurteilung histologischer Details, die etwa zur Bestimmung des Individualalters wichtig sind.

Andererseits wurden mit diesen Techniken Einsichten über den durch Mikroorganismen verursachten strukturellen Umbau unter der Liegezeit gewonnen. Diese Arbeiten waren und sind notwendige Vorarbeiten für die heute möglichen vielfältigen Analysen der „molekularen Archäologie" (vgl. Herrmann 1994), da Aussagen zur alten DNA, zu Spurenelementmustern etc. wesentlich von der Erhaltungsqualität und den Einflüssen unter der Liegezeit abhängen.

Daß die radiologische Inspektion bei der Untersuchung von Skelettfunden auch jüngerer Zeitstellungen selbstverständlich und z. B. in der paläopathologischen Diagnostik unentbehrliches Hilfsmittel ist, bedarf keiner besonderen Erwähnung. Die zahlreichen Skelettfunde der Vor- und Frühgeschichte werden bei ihrer anthropologischen Bearbeitung im Bedarfsfalle auch radiographisch inspiziert. Knochenaffine Krankheiten, Spuren von Gewalteinwirkung, Dysplasien etc. geben so ein Spektrum von Krankheit und Lebensbedingung einer Menschengruppe in Raum und Zeit. Die Interpretation der Befunde als kulturabhängig und naturräumlich bedingt, ist Aufgabe der Prähistorischen Anthropologie und abhängig vom jeweiligen konkreten Erkenntnisinteresse (vgl. hierzu ausführlich Herrmann et al. 1990).

Archäometrie

Die radiologische Untersuchung anthropologischer und archäologischer Objekte kann man unter den Gesichtspunkten von zerstörungsfreier Inspektion und Strukturdarstellung zusammenfassen (Abb. 3), die heute methodisch in der Archäometrie systematisiert werden können (Herrmann 1994). Hier sollen nur die bildgebenden Verfahren angesprochen werden. Die bei röntgendiffraktometrischen Analysen von Produkten Anwendung findenden Prinzipien sind für den Bereich der Kunst auf S. 609–623 dargestellt (vgl. auch Graham u. Eddie 1985.)

Abb. 4. Handzeichnung des Durchleuchtungsbildes eines Mumienbündels durch Baessler (1906). Die moderne Nachuntersuchung zeigt eine Mumie eines etwa halbjährigen Kindes in ausgestreckter Position. Die „metallenen Kugeln", die Baessler sah, sind eindeutig als Kalebassen identifiziert. Die Zeichnung gibt also die phantasievolle Deutung des Durchleuchtungsbildes wieder, nicht die wirklichen Verhältnisse. (Aus Baessler 1906, zu Tafel 11)

Gerade die Möglichkeit des zerstörungsfreien Zuganges zum Untersuchungsgegenstand machte die Röntgentechnik praktisch unmittelbar nach ihrer Entdeckung zum attraktiven Hilfsmittel bei der Untersuchung von Sachüberresten. Bereits 1896 röntgte König die Knieregion einer ägyptischen Kindermumie und den Kopf einer Katzenmumie. Er leitete damit ein Forschungsthema ein, dem bis heute ein hohes Maß öffentlicher Aufmerksamkeit sicher sein kann. Die erste monographische Darstellung von Röntgenuntersuchungen an Mumien legte der Kaufmann und Privatgelehrte Baessler (1906) vor (Abb. 4). Seine Befunde sind, wohl noch wegen der mangelnden Erfahrung über Absorptionsdifferenzen und allgemeine strahlenphysikalische Prinzipien, teilweise unzutreffend, wie neuzeitliche Nachuntersuchungen zeigten (Herrmann u. Meyer 1993; Abb. 5).

Seit dieser Zeit haben Mumien radiographisch Konjunktur. Der Katalog von Moodie (1931) kann nicht nur als früher drucktechnischer Höhepunkt für Röntgenbilder (von Mumien) gelten. Moodie und seine Helfer hatten überformatige Filme, auf die sie ihre Objekte abbildeten. Zu bewundern ist dabei die Emulsionsgleichheit des Filmmaterials wie auch die hohe technische Fertigkeit, solche Filme im Handverfahren zu entwickeln. Die Filme sind noch heute im Chicagoer Field Museum erhalten.

Hatte Moodie Objekte aus den beiden Zentren intentionaler Mumifikation vorgestellt, werden später ägyptische Mumien katalogmäßig erfaßt (Dawson u. Gray 1968) oder monographisch aufgearbeitet (Harris u. Weeks 1973). Während die musealen Untersuchungen in europäischen Museen technisch auf dem Stand ihrer Zeit sind, wurden die Pharaonenmumien zuerst wie unter Feldbedingungen geröntgt, bevor die Befunde autoptisch an ihnen erhoben wurden.

Röntgenbilder von Mumien erbrachten nicht nur den Nachweis der Mumifikation auch von Tieren (bereits durch König 1896) im alten Ägypten. Sie lieferten auch zahlreiche Hinweise auf Mumifikationstechniken und den hohen Stand ägyptischer Chirurgie (vgl. u. a. Hübener u. Pahl 1981; Drenkhahn u. Germer 1991).

Die umfassendste Arbeit zur Radiographie ägyptischer Mumien, nicht an der Zahl, wohl aber in Konzeption und Ertrag, ist wohl mit dem Manchester Mummy Project (David 1980) geleistet worden, in dem auch Fragen der biologischen Verwandtschaft zwischen den Mumienindividuen diskutiert wurden.

Auch auf diesem Gebiet wurde durch die CT-Technik eine Änderung der Untersuchungsstrategie möglich. Die früher wie selbstverständlich durchgeführten Mumienautopsien konnten durch CT-Techniken nun unterbleiben. Jetzt sind dank der angeschlossenen Bildverarbeitungstechniken virtuelle Auswicklungen einbandagierter Mumien und virtuelle Schnittführungen möglich (Yasuda et al. 1992; Abb. 6). Damit ist das Ziel der nichtinvasiven, zerstörungsfreien Untersuchung optimal erreicht, und jederzeit sind heute Detailbefunde zur Funeralpraxis, zur Leichentoilette oder über etwaige Beigaben berührungsfrei zu erheben.

In letzter Zeit hat es eine verstärkte Hinwendung zu südamerikanischen Mumien gegeben (z. B. Herrmann u. Meyer 1993). Dabei sind bemerkenswerte Belege für aufwendige Mumifikationstechniken radiologisch nachgewiesen worden, so daß heute als sicher gilt, daß die Mumifikation auf hohem Stand in Südamerika wenigstens 2000 Jahre länger praktiziert wurde als in Ägypten (vgl. Abb. 5c).

Im Prinzip wie bei der Mumienuntersuchung, wird die radiographische Inspektion heute an

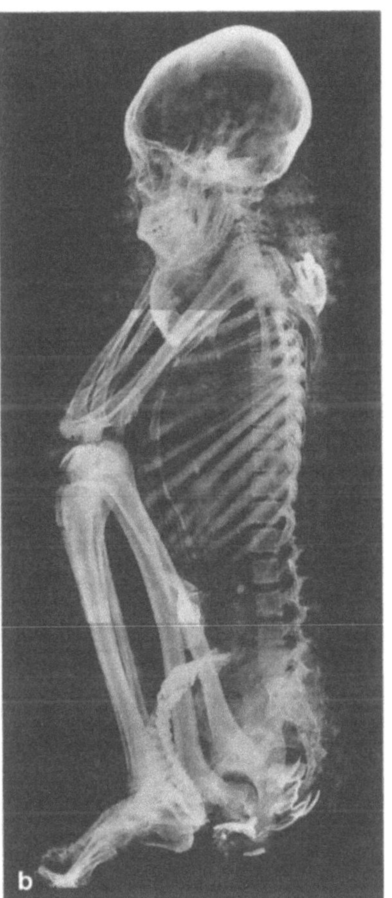

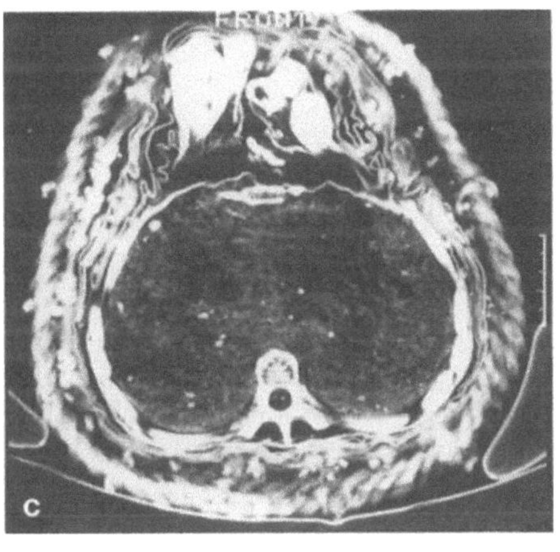

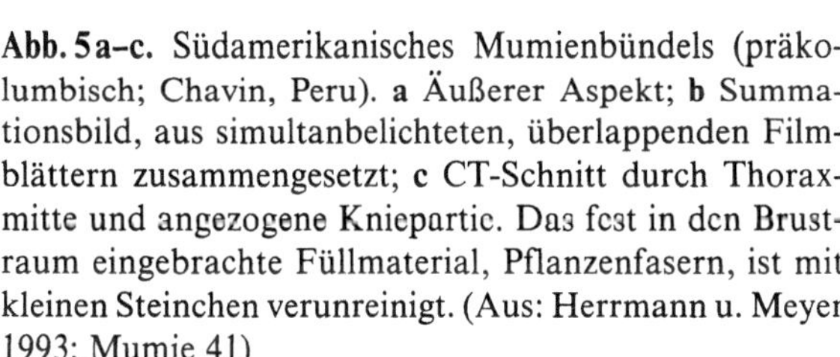

Abb. 5a–c. Südamerikanisches Mumienbündels (präkolumbisch; Chavin, Peru). **a** Äußerer Aspekt; **b** Summationsbild, aus simultanbelichteten, überlappenden Filmblättern zusammengesetzt; **c** CT-Schnitt durch Thoraxmitte und angezogene Kniepartie. Das fest in den Brustraum eingebrachte Füllmaterial, Pflanzenfasern, ist mit kleinen Steinchen verunreinigt. (Aus: Herrmann u. Meyer 1993; Mumie 41)

allen Formen menschlicher Überreste durchgeführt, wobei die Fragestellungen von der Identifikation bis zu Details des Totenkultes reichen (vgl. Abb. 3).

Sie hat selbstverständlich auch eine herausgehobene Stellung im Untersuchungsgang der Gletscherleiche vom Hauslabjoch („Ötzi"; zur Nedden u. Wicke 1992).

Im Gegensatz zu radiographischen Untersuchungen menschlicher Überreste ist die Anfertigung von Röntgenaufnahmen kulturhistorischer Objekte zur Beschreibung ihrer Form und ihrer materiellen Eigenschaften ausschließlich von technikgeschichtlichen und konservatorischen Interessen, wie beispielsweise die Aufklärung des Erhaltungszustandes, bestimmt (Abb. 7 und 8). Die Vielfalt der Objekte steht einer Systematisierung als „archäologische Radiographie" (Driehaus 1968) sicher entgegen. Zutreffender ist es, von radiographischen Darstellungen archäologi-

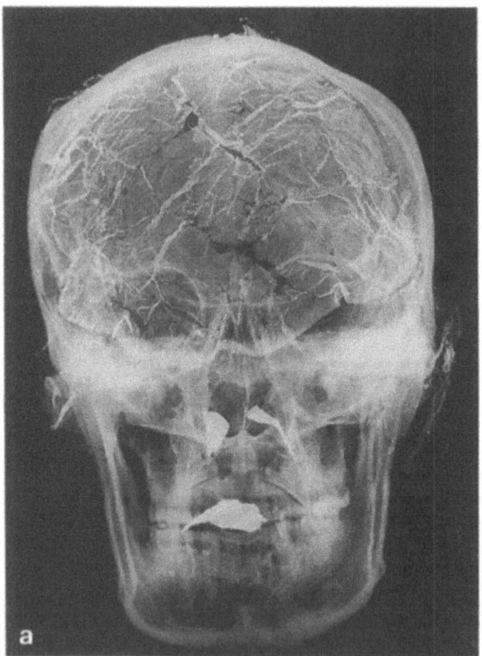

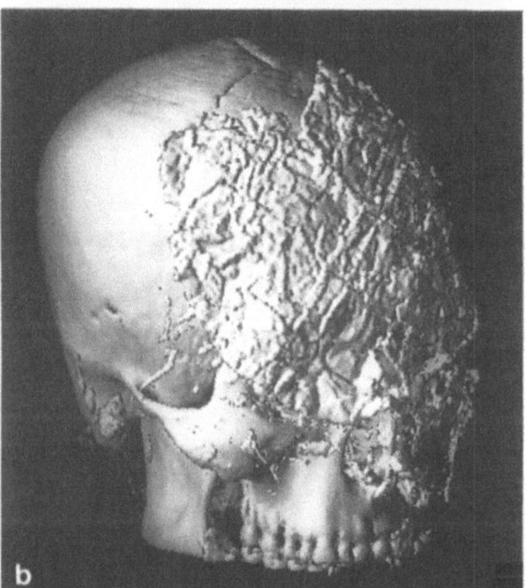

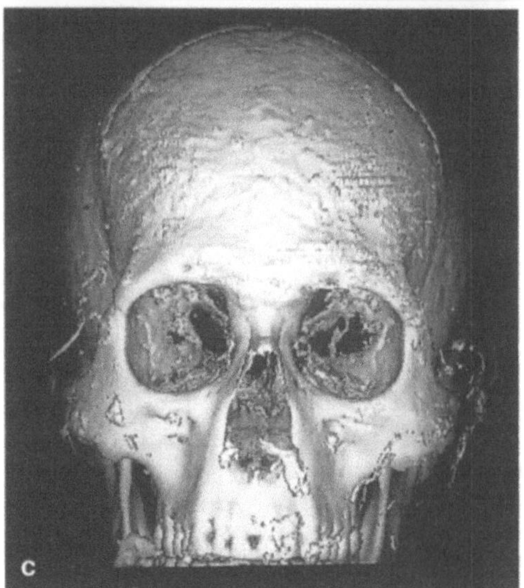

◀ **Abb. 6a–c.** Vollständig mit Textilien umhüllter Mumienkopf, präkolumbisch, Peru. **a** Summationsbild: Vor der Stirn und dem Obergesicht befindet sich eine Maske aus dünnem Silberblech, in Nasenöffnungen und Mundhöhle sind kleine Stücke dickeren Silberbleches. Ein dünner Zinnoberauftrag bildet sich rechts und links auf den Wangenpartien röntgendicht ab. **b** Die CT-gestützte 3D-Darstellung zeigt deutlich, daß die Maske der natürlichen Gesichtsoberfläche folgt. **c** Durch anschließende Bildverarbeitung kann auf rechnerischem Wege die Maske aus der Aufnahme entfernt und die Darstellung der anatomisch relevanten Strukturen erreicht werden. (Für die umfangreiche Unterstützung zur Herstellung dieser Aufnahmen danke ich den Herren Dr. P. Bertsch und Weber, Siemens AG, Bereich Medizinische Technik, Erlangen. Aufnahme mit Somatom Plus-S und HiQ-S)

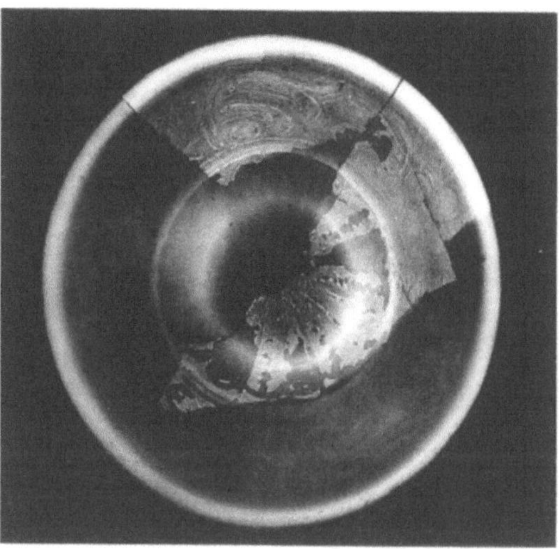

Abb. 7. Spätmittelalterliche Schalenfragmente mit Bleiglasur (Weserkeramik), zur Vollständigkeit ergänzt. Im äußeren Aspekt erscheint die Schale unversehrt, die Röntgenaufnahme gibt Aufschluß über den Umfang der Restauratorenarbeit

scher Objekte zu sprechen. In diesem Bereich werden Röntgengeräte überwiegend für technische Anwendungen eingesetzt, da z. B. Rostpakete oder stärkere Sedimentschichten hohe und andauernde Röhrenleistungen erfordern (Abb. 9). Wann erstmals Bodenfunde radiographisch dargestellt wurden, ist nicht bekannt. Driehaus vermutet, daß dieses zwischen 1920 und 1930 erfolgte. Die 1938 durchgeführte Rekonstruktion eines bronzezeitlichen Holzgefäßes gilt als frühes wichtiges Ergebnis der „Röntgengrobstrukturuntersuchung" (Toepfer 1939). Aber erst 1956 wurde eine Röntgenanalyse für den archäologischen Untersuchungsbetrieb an einer großen musealen Einrichtung in Deutschland (RGZM, Mainz)

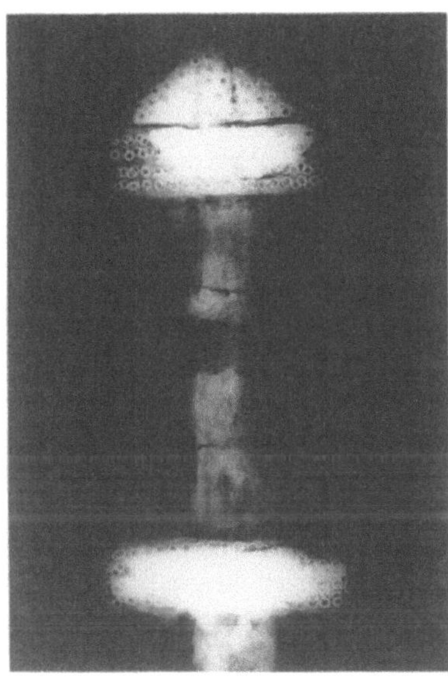

Abb. 8. Griff einer Spatha (zweischneidiges Langschwert) mit röhrenförmigen Messingtauschierungen auf dem Knauf und der Parierstange. Die Messingröhrchen sind mit nur teilweise erhaltenem farbigen Glas besetzt (frühmittelalterlich, 8. Jahrhundert; Hamminkeln, Dinden-Langern, Kreis Wesel). (Für die Aufnahme danke ich Herrn Dir. Dr. B. Trier, Westf. Museum f. Archäologie, Münster)

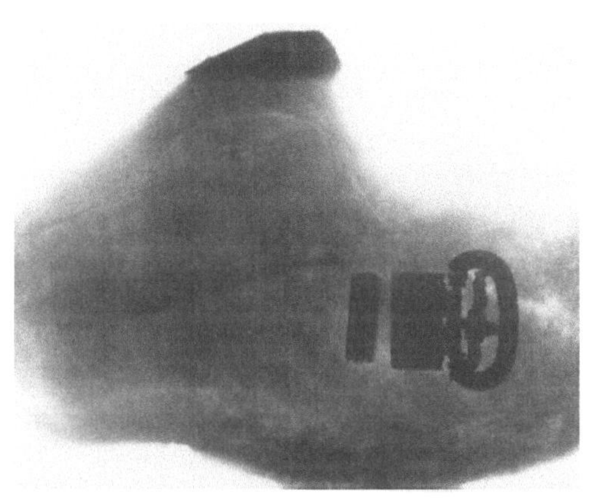

Abb. 9. Spätrömische Gürtelschnalle aus Bronze und stark korrodiertes Eisenmesser im Durchstrahlungsbild einer gipsumfangenen Blockbergung. (Für die Aufnahme danke ich Herrn ArchOR M. Schön, Museum Burg Bederkesa)

etabliert. In diese Zeit fallen gleiche Entwicklungen auch in anderen Ländern.

Angesichts der Selbstverständlichkeit, mit der wir heute den Einsatz der Radiographie in Anthropologie und Archäologie voraussetzen und auch praktizieren, sind zwei Dinge bemerkenswert: einmal, daß bereits sehr früh in einschlägigen Arbeiten der Wert der zerstörungsfreien Untersuchungsmöglichkeit erkannt wurde. Zum anderen, daß der sich beschleunigende Forschungsfortschritt auch hier zu einer disproportionierten Verteilung von Ergebnissen geführt hat und daß das Gros der Resultate erst Frucht der jüngsten Vergangenheit war.

Literatur

Baessler A (1906) Peruanische Mumien. Untersuchungen mit X-Strahlen. Reimer, Berlin

Becker PE (Hrsg) (1964) Humangenetik. Ein kurzes Handbuch in fünf Bänden. Bd II: Kyematopathien, Wachstum und Körperform, Skelettsystem, Gliedmaßen, Zähne, Mund und Kiefer, Kopf und Wirbelsäule, Rippen, Becken, Schultergürtel. Thieme, Stuttgart

David AR (1980) Ägyptische Mumien. In: Ditfurth H v (Hrsg) Mannheimer Forum 80/81. Boehringer Mannheim, Mannheim, S 173–237

Dawson WR, Gray PAK (1968) Catalogue of Egyptian Antiquities in the British Museum. I: Mummies and human remains. British Museum, London

Drenkhahn R, Germer R (Hrsg) (1991) Mumie und Computer, ein interdisziplinäres Forschungsprojekt. Kestner-Museum, Hannover

Driehaus J (1968) Archäologische Radiographie. Rheinland Vlg, Düsseldorf

Fleckenstein P (1981) Analyse röntgenologischer Untersuchungen bei den Bime, einem Stamm aus West-Irian auf Neuguinea. Medizinische Disertation, Universität Heidelberg

Garn S, Silverman F, Hertzog K, Rohmann C (1968) Lines and bands of increased density. Med Radiogr Photogr 44:58–89

Graham D, Eddie T (1985) X-ray techniques in art galleries and museums. Hilger, Bristol Boston

Harris J, Weeks K (1973) X-raying the Pharaohs. Macdonald, London

Hauser O (1908) Homo Mousteriensis Hauseri. Schweiz Vjschr Zahnheilkd 19:6–16

Herrmann B (1977) Über die Reste des postcranialen Skelettes des Neanderthalers von Le Moustier. Z Morph Anthrop 68:129–149

Herrmann B (Hrsg) (1994) Archäometrie. Naturwissenschaftliche Untersuchung von Sachüberresten. Springer, Berlin Heidelberg New York Tokyo

Herrmann B, Grupe G, Hummel S, Piepenbrink H, Schutkowski H (1990) Prähistorische Anthropologie. Springer, Berlin Heidelberg New York Tokyo

Herrmann B, Meyer R-D (1993) Südamerikanische Mumien aus vorspanischer Zeit. Veröff Museum Völkerkunde NF 58, Staatl Museen, Berlin
Heuck F (1986) Die Meßverfahren zur weiterführenden radiologischen Analyse des Knochens. Radiologie 26:280–289
Heuck F (1987) Radiological detection of osteoporosis. In: Kuhlencordt F, Dietsch P, Keck E, Kruse HP (eds) Generalized bone diseases. Springer, Berlin Heidelberg New York Tokyo, pp 21–35
Hübener KH, Pahl WM (1981) Computertomographische Untersuchungen an altägyptischen Mumien. Fortschr Röntgenstr 135:213–219
Joachimstal G (1900) Die angeborenen Verbildungen der oberen Extremitäten. Fortschr Röntgenstr 2 (Suppl)
Klaatsch H (1909) Die neuesten Ergebnisse der Palaeontologie des Menschen und ihre Bedeutung für das Abstammungsproblem. Z Ethnol 41:537–580
König W (1896) 14 Photographien mit Röntgen-Strahlen aufgenommen im Physikalischen Verein Frankfurt am Main. Barth, Leipzig
Meema HE (1963) Cortical bone atrophy and osteoporosis as a manifestation of aging. Am J Roentgenol 89:1278–1295
Moodie RL (1931) Roentgenologic studies of Egyptian and Peruvian mummies. Field Museum of Natural History, Chicago (Anthropology Mem, vol 3)
Nedden D zur, Wicke K (1992) Der Eismann aus der Sicht der radiologischen und computertomographischen Daten. In: Höpfel F, Platzer W, Spindler K (Hrsg) Der Mann im Eis. 1. Bericht über das internationale Symposium 1992 in Innsbruck. Veröff Univ Innsbruck 187
Schoetensack O (1908) Der Unterkiefer des Homo heidelbergensis aus den Sanden von Mauer bei Heidelberg. Engelmann, Leipzig
Skinner MF, Sperber GH (1982) Atlas of radiographs of early man. Liss, New York
Stürmer W, Schaarschmidt F, Mittmeyer HG (1980) Versteinertes Leben im Röntgenbild. Kl Senckenberg-Reihe 11, Frankfurt/Main
Toepfer V (1939) Zur Wiederherstellung einer Holzschale der germanischen Bronzezeit. Nachr Bl Dtsch Vorzeit 15:149
Virtama P, Helelä T (1969) Radiographic measurements of cortical bone. Acta Radiol Suppl 293
Walkhoff O (1902) Der Unterkiefer der Anthropomorphen und des Menschen in seiner funktionellen Entwicklung und Gestalt. In: Selenka E (Hrsg) Studien über Entwicklungsgeschichte der Tiere, 9. Heft. Kreidel, Wiesbaden
Walkhoff O (1903) Studien über Entwicklung und Schädelbau. Die diluvialen menschlichen Kiefer Belgiens und ihre pithekoiden Eigenschaften. In: Selenka E (Hrsg) Studien über Entwicklungsgeschichte der Tiere, 11. Heft. Kreidel, Wiesbaden
Whedon GD (1980) Changes of bone and Calcium metabolism caused by space flight. In: Kuhlencordt K, Bartelheimer F (Hrsg) Handbuch der inneren Medizin, 5. Aufl., Bd 6, Teil 1b. Springer, Berlin Heidelberg New York, S 1245–1253
Wind J, Zonneveld FW (1989) Computed tomography of an Australopithecus skull (Mrs Ples): A new technique. Naturwissenschaften 76:325–327
Yasuda T, Yokoi S, Oshita H, Toriwaki J (1992) 3 D visualization of an ancient egyptian mummy. IEEE Comput Graph Applic 12 (3):13–17
Zonneveld FW, Wind J (1985) High-resolution computed tomography of fossil Hominid skulls: A new method and some results. In: Tobias PV (ed) Hominid evolution: Past, present and future. Liss, New York, pp 427–436

Paläontologie

Jörg Habersetzer

Wenige Monate, nachdem W. C. Röntgen die „X-Strahlen" entdeckte, wurden bereits Röntgenaufnahmen von Fossilien in Berlin (Brühl 1896) und in Paris (Lemoine 1896) angefertigt, die jedoch leider nicht bis heute erhalten geblieben sind. Eine Literaturübersicht über die ersten Anwendungen der Röntgenstrahlung in der Paläontologie findet sich bei Stürmer (1980b). Bis in die 30er Jahre war der Einsatz von Röntgentechniken in dieser Disziplin der Wissenschaft eher sporadisch. Die Möglichkeit, Röntgenuntersuchungen als selbständiges Forschungsinstrument einzusetzen, wurde erst sehr viel später erkannt und genutzt. Eine der größten heute noch vorhandenen Röntgenbildsammlungen devonischer Fossilien befindet sich im Geologisch-Paläontologischen Institut der Universität Bonn und ist dort in der Ausstellung der Öffentlichkeit zugänglich. Sie wurde von Prof. Lehmann in den 30er Jahren an Fossilien des Hunsrück-Schiefers erstellt. Der Hauptnutzen dieser Röntgenbilder für die Forschung bestand darin, Fossilteile, die unmittelbar übereinander liegen und deshalb nicht freipräpariert werden können, überhaupt erst sichtbar zu machen.

In den 60er und 70er Jahren wurden folienlose Materialprüffilme und Dünnschichtemulsionen verwendet, die mit elektronischen (Transicon) und konventionellen photographischen Maskierungsverfahren nachbearbeitet wurden. Mit diesen verfeinerten Methoden gelangen von unterdevonischen Fossilien des Hunsrück aufsehenerregende Aufnahmen, die beispielsweise eine detailreiche Weichteilerhaltung des Tintenbeutels mit Schließmuskulatur von Tintenfischen und eine Weichteilerhaltung des Darmtraktes von Trilobiten, wie auch der Facettenaugen zeigen (Stürmer 1980a). Oft sind nur auf den Röntgenplatten Details zu sehen, die selbst bei sorgfältigster Präparation nicht erhalten werden können. Ohne Röntgenbild sind viele Informationen für die wissenschaftliche Bearbeitung unwiderruflich verloren. In den 80er Jahren wurde die auf Weichstrahltechnik fußende Mikroradiographie von einem Schüler Stürmers an der Universität Erlangen für den Einsatz an Evertebraten weiterentwickelt (Mehl u. Noe 1990). Die taxonomische Bedeutung dieser Röntgenstrahlenanwendung in der Mikropaläontologie besteht darin, daß die dreidimensionalen Strukturen der Gehäuseformen anhand von Stereoaufnahmen wesentlich besser erfaßt werden können, als beispielsweise durch lichtmikroskopische Untersuchungen von Dünnschliffen. 1980–1987 wurden die Aufnahmen Stürmers im Senckenbergmuseum Frankfurt ausgestellt. Anschließend wurden sie auf dem 2. Internationalen Devonkongreß in Calgery gezeigt und sind heute im Geologischen Institut der Universität in Calgery zu sehen. Die Abb. 1 zeigt eine paläontologische Rarität aus der Sammlung des Staatl. Museums für Naturkunde Stuttgart (Dr. M. Urlichs). Zwischen den Cirren einer Seelilie, die in Bruchstücken über das gesamte Bildfeld verteilt und besonders gut am linken Bildrand (Abb. 1) zu erkennen sind, liegt die zu den Blastoidea gehörende Pentremitella osoleae. Neben dem Holotypus ist es das zweite bis jetzt bekannt gewordene, besonders gut und vollständig erhaltene Exemplar dieser Gattung und Art. Während auf der Plattenoberfläche nur der Stiel (geldrollenförmige Struktur am unteren Bildrand von Abb. 1) und einige Cirren der Seelilie freigelegt wurden, zeigt das Röntgenbild die komplette Gestalt von Pentremitella, die ohne Röntgenaufnahme wahrscheinlich nie entdeckt worden wäre.

Es kommt relativ häufig vor, daß ein Präparationsvorgang, d. h. eine möglichst weitgehende Freilegung des Fossils aus dem umgebenden Sedimentationsgestein, vorzeitig beendet werden muß, wenn die Fossilplatte zu brechen droht oder wenn das Fossil sich aufgrund des Erhaltungszustandes nicht mehr sinnvoll oder nur unter großen Substanzverlusten freipräparieren läßt. In einem solchen Falle hilft die Röntgenaufnahme, die permanent im Gestein verborgenen Fossilanteile sichtbar zu machen, und vermittelt so einen umfassenden Eindruck über das gesamte Fossil. Bei dem in Abb. 2 dargestellten Exemplar von

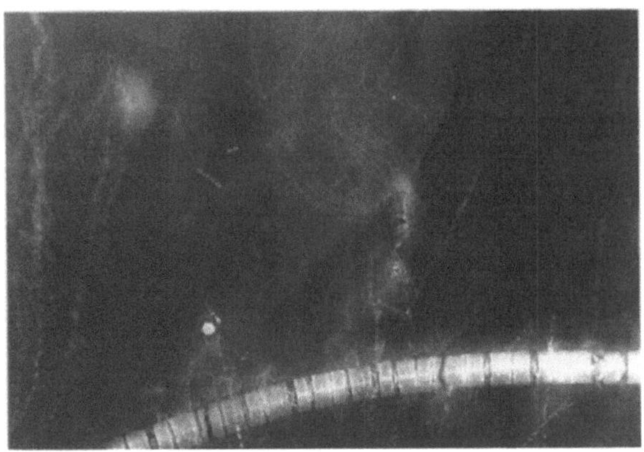

Abb. 1. Pentremitella osoleae. (Röntgenaufnahme: W. Stürmer Nr. 2303, digital nachbearbeitet)

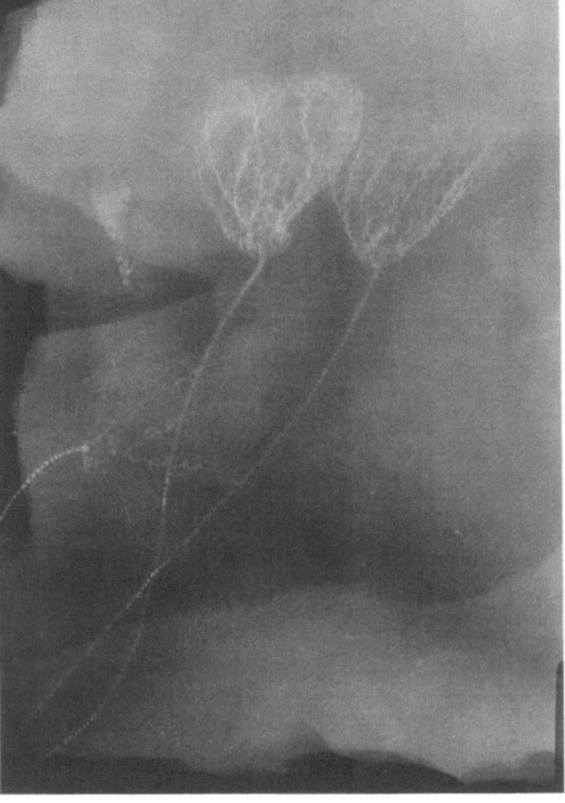

▶ **Abb. 2.** Thallocrinus procerus. (Röntgenaufnahme: W. Stürmer Nr. 4136, digital nachbearbeitet)

Abb. 3. Phacops ferdinandi. (Röntgenaufnahme: W. Stürmer Nr. 10491, digital nachbearbeitet) ▼

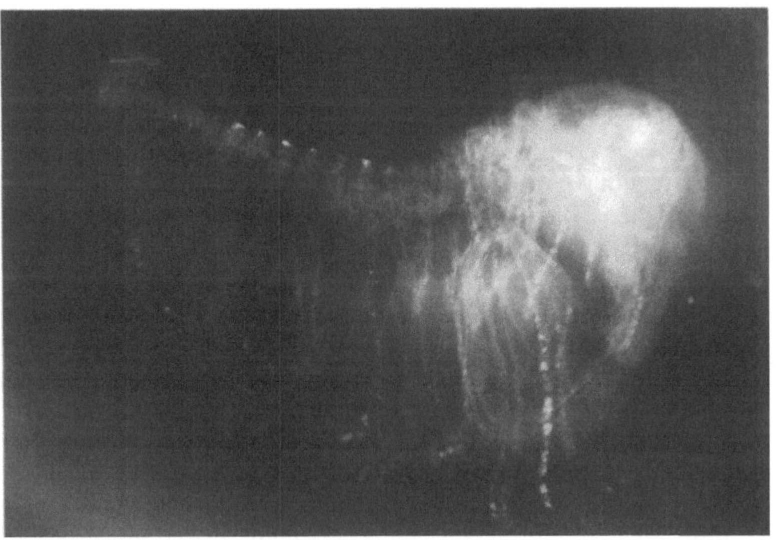

Thallocrinus procerus ist der rechte Kelch noch in der Gesteinsplatte vorborgen. Das dritte Beispiel zeigt die Weichteilerhaltung bei einem Trilobiten, Phacops ferdinandi, und stammt wie die oben vorgestellten Blastoide und Crinoide aus dem Unterdevon (Bundenbach). Außer dem Exoskelett sind im Röntgenbild die Spaltbeine sichtbar. Als Besonderheit sind die Divertikel des Proventrikulus (Magen) im vorderen Körperabschnitt zu erkennen (Abb. 3). Diese erstaunlich detailreiche Weichteilerhaltung kommt dadurch zustande, daß der im Eiweiß enthaltene Schwefel diagenetisch in Pyritkristallen gebunden wird, wodurch die feine Divertikelstruktur handschuhfingerförmig als röntgendichteste Stelle des Fossils imponiert.

Nach dem Tode von Prof. Stürmer im Jahre 1986 ging das bislang wohl umfangreichste Röntgenarchiv paläontologischer Objekte (22000 Röntgenaufnahmen von 8900 Fossilien) an das Forschungsinstitut Senckenberg. Hier wurde es vom Verfasser bearbeitet und steht heute als Computerdatenbank in der Abteilung Geologie für Recherchen zur Verfügung. Eine Zusammenstellung der zahlreichen, interdisziplinär-radiologischen Arbeiten Stürmers findet sich bei Werner (1988). Als besonders hervorzuhebende Resultate der paläontologischen Forschung auf der Basis von Röntgenaufnahmen sei hier auf die umfangreichen Arbeiten von Stürmer u. Bergström (1973, 1976, 1978) verwiesen. Hier wurden Tiergruppen neu beschrieben und detaillierte Studien über den Körperbau devonischer Trilobiten und Arthropoden vorgelegt.

Seit Mitte der 80er Jahre wurden Röntgenuntersuchungen in einem anderen Schwerpunkt - der Wirbeltierpaläontologie - am Forschungsinstitut Senckenberg durchgeführt. Über den Einsatz von Röntgenstrahlen an Fossilfunden aus der eozänen Fundstätte Messel bei Darmstadt finden sich bei Schaal u. Ziegler (1988) zahlreiche Beispiele aus allen Wirbeltierklassen, die den Informationsgewinn durch Röntgenaufnahmen für die Forscher aufzeigen:

Die für die Artbeschreibung wichtige Schlundbezahnung von Barschen ist meist vollständig durch den knöchernen Kiemenapparat verdeckt und läßt sich komplett nur mit einer Röntgenaufnahme darstellen, wenn das Fossil unzerstört bleiben soll (Micklich 1988). Gebisse in Okklusion und der Lokomotionsapparat bei übereinanderliegend fossilisierten Säugerskeletten lassen sich ebenfalls nur mit einer Röntgenaufnahme vollständig wiedergeben (Koenigswald et al. 1988). Bereits 1988 konnte im Senckenbergmuseum eine zweite Röntgensonderausstellung eröffnet werden, in der radiologische Befunde von 15 Wirbeltierfossilien aus der Ölschiefergrube Messel vorgestellt wurden. Die Ausstellung „Unsichtbares sichtbar machen - Messelfossilien unter Röntgenstrahlen“ wird nach der Ausleihe an verschiedene Museen in Deutschland und England ab 1996 als Dauerausstellung in Messel der Öffentlichkeit zugänglich sein.

„Die Messelforschung ist eine Hohe Schule der interdisziplinären, fächerübergreifenden Zusammenarbeit. Hier kooperieren Mammologen, Ornithologen, Herpetologen, Entomologen, Paläoanthropologen und Paläobotaniker ganz selbstverständlich über ihre Abteilungs- und Sektionsgrenzen hinweg an den in Messel gegrabenen Fossilien“ (Ziegler 1992). Nachdem über viele Jahre das Schicksal der international berühmten Fossilfundstätte Messel politisch im Unklaren lag, hat das Land Hessen im Mai 1991 die Grube Messel gekauft und dem Forschungsinstitut Senckenberg die Betreiberfunktion der Grube Messel übertragen. Es lag also nahe, in der neugeschaffenen Abteilung Messelforschung ein radiologisches Zentrum institutionell zu verankern. Außer Bundes- und Landesmitteln trugen hierzu im Vorfeld mehrere DFG-Forschungsprojekte und Gerätespenden der Werner-von-Siemens-Stiftung bei. Im Folgenden sollen die unterschiedlichen Funktionen, die die verschiedenen Röntgeneinrichtungen haben, sowie einige radiologische Forschungsergebnisse exemplarisch vorgestellt werden:

Bei der Bergung eines frischen Fundes geht es zunächst um die Frage, ob dieser vollständig im Ölschiefergestein erhalten ist oder ob er nur als Fragment vorliegt. In diesem Fall oder auch nur bei dem vagen Verdacht, daß eine Probe Fossilien enthalten könnte, hilft eine auf maximalen Kontrast ausgelegte Röntgenbildverstärkeranlage, eine Entscheidung zu treffen, und ermöglicht in vielen Fällen bereits eine Artdiagnose. Damit bei der Suche nach Fossilien im Gestein den unterschiedlichen Größenverhältnissen vom Kleinsäuger bis zum Urpferdchen Rechnung getragen werden kann, wurde eigens ein 4-Feld-Röntgenbildverstärker zu einem 8-Feld-Röntgenbildverstärker umgebaut. Knochenfragmente von weniger als 0,5 mm werden im Ölschiefer sichtbar gemacht. Dadurch ist das Risiko, daß fossilhaltiges Material fälschlich verworfen wird, weitestgehend ausgeschlossen (Habersetzer u. Schaal 1990).

Bergfrische Ölschieferplatten sind nur über eine begrenzte Zeit lagerbar, da Pilze und Bakterien den bituminösen Ölschiefer wie auch die empfindliche, z. T. freiliegende Fossiloberfläche angreifen. Die Lagerzeit läßt sich erheblich verlängern, wenn diese ungeschützte Oberfläche mit Kunstharz versiegelt wird und dieser sog. Einbettungsblock im Wasserbad gelagert wird (Schaal u. Habersetzer 1991). Durch die Röntgendokumentation ist es möglich, diese versiegelten und von daher nicht mehr ohne weiteres von außen einsehbaren Zwischenprodukte für eine spätere Feinpräparation über Jahre zu konservieren, bis ein ausreichender Fundus von Fossilien bzw. Fossilfragmenten Projekte mit wissenschaftlicher Fragestellung (s. unten) ermöglicht.

In der wissenschaftlichen Bearbeitung der Fossilien werden hochauflösende Röntgenverfahren eingesetzt: entweder die Vergrößerungsradiographie mittels einer Mikrofokusröhre, oder die Mikroradiographie auf entsprechend dünnen, hochauflösenden Filmemulsionen, oder auch die

Abb. 4. Photographie des Schädels der Messeler Fledermaus Hassianycteris messelensis

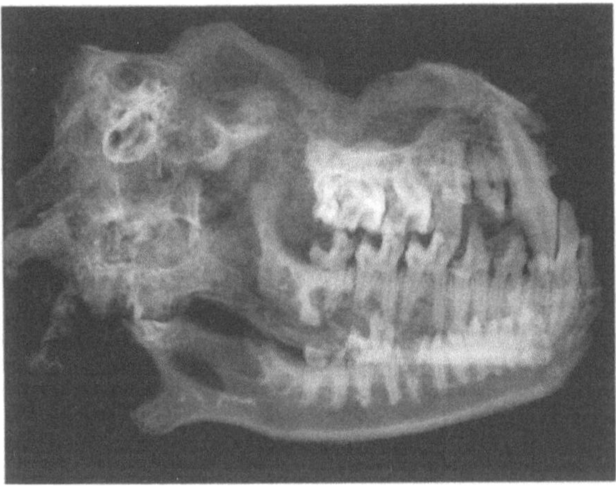

Abb. 5. Röntgenaufnahme des Schädels von Hassianycteris messelensis

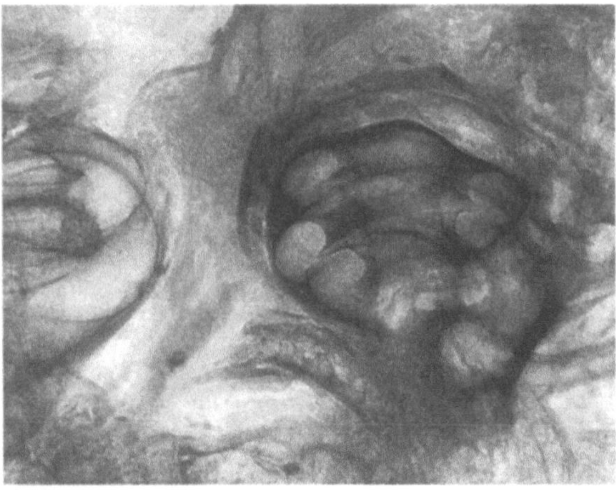

Abb. 6. Hochvergrößernde Innenohraufnahme von Hassianycteris messelensis

Kombination von beiden Methoden (Habersetzer 1991). Die Abb. 4 zeigt im oberen Teil die makroskopische Aufsicht auf den Schädel einer 49 Millionen Jahre alten Fledermaus, Hassianycteris messelensis, bei der nicht zu beurteilen ist, ob unter den frakturierten Schädelknochen die knöchernen Innenohren erhalten sind. Das Röntgenbild (Abb. 5) zeigt deutlich, daß die rechte Cochlea und der Bogengangapparat erhalten sind. Auf dieser Lateralaufnahme erkennt man die prominente basale Windung der Cochlea, deren Modiolarachse apikal nach medial verkippt ist, so daß sich neben einem partiellen Einblick in die Basalwindung der Blick in den basalen Anteil der Modiolarachse (Austritt des N. cochlearis) ergibt. Die rechte Cochlea ist nur in ihren vagen Umrissen zu erkennen, die von zahlreichen Knochenkapselfragmenten dargestellt werden. In Abb. 6 erkennt man an einer hochvergrößerten Innenohraufnahme derselben Fledermausart, daß sowohl die Binnenräume, in denen sich die häutige Schnecke befand, erhalten sind, wie auch die feinen Ausläufer der knöchernen Spirallaminae, zwischen denen sich die Basilarmembran befand. Der Durchmesser der Innenohrkapsel beträgt 2,4 mm, über die Basalwindung gemessen. An derart hervorragend erhaltenem Fossilmaterial lassen sich die Anschnitte der Skalenräume und auch die Breite der Basilarmembran ermitteln und Rückschlüsse auf das Echoortungsverhalten dieser Fledermäuse im Vergleich mit heute lebenden Arten ziehen (Habersetzer u. Storch 1992). Die Untersuchungen ergaben, daß im Gegensatz zu den vollständig entwickelten und hochdifferenzierten Flugapparaten der eozänen Fledermausarten (Habersetzer u. Storch 1989) die Innenohren durchweg kleiner waren als die heutiger Arten.

Besondere funktionsmorphologische Spezialisierungen der Innenohren wurden bei den fossilen Fledermäusen in keinem Fall gefunden, woraus sich schließen läßt, daß das Echoortungssystem der eozänen Fledermäuse noch nicht so ausgefeilt war, wie wir es von heutigen Fledermäusen her kennen (Habersetzer u. Storch 1993).

Die heutigen Ameisenbären zeigen im Röntgenbild eine sehr charakteristische Struktur der Gehör- und Schädelregion. Nachdem für den im Messeler Ölschiefer gefundenen fossilen Vertreter Eurotamandua joresi (Abb. 7 Aufsicht, Abb. 8 Röntgenbild) zunächst eine primitive Struktur der Gehörregion vermutet wurde, konnte anhand von Röntgenbildern nachgewiesen werden, daß die für heutige Ameisenbären charakteristischen Strukturen eines verlängerten Gaumens, einer nach kaudal verlagerten Cochlea und einer se-

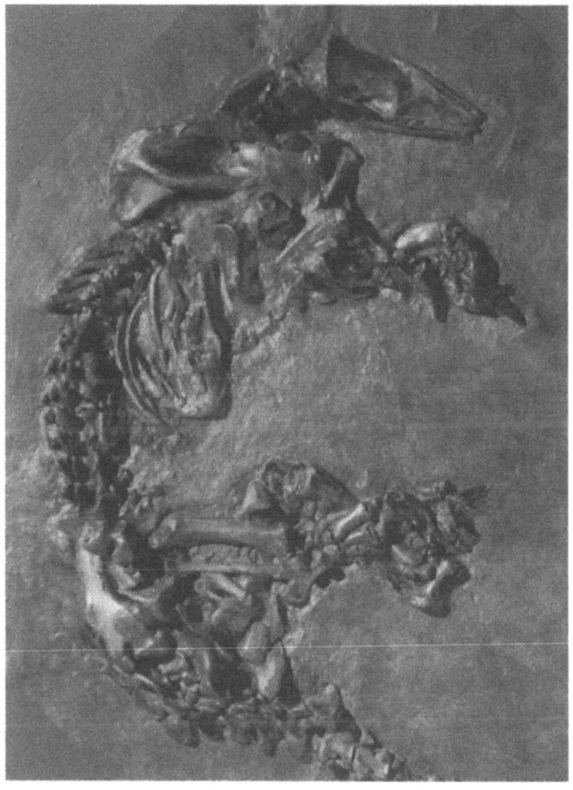

Abb. 7. Fossilplatte des Messeler Ameisenbären Eurotamandua joresi

Abb. 8. Röntgenbildverstärkeraufnahme von Eurotamandua joresi

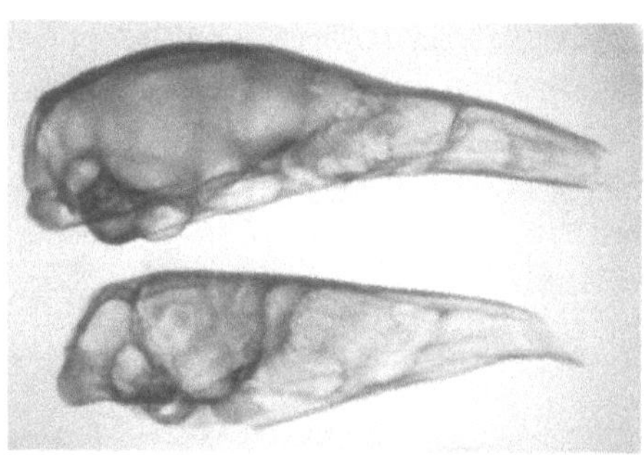

Abb. 9. Röntgenbildverstärkeraufnahme des rezenten Ameisenbären Tamandua tetradactyla (*oben*) und des rezenten Schuppentiers Manis javanica (*unten*)

kundären, rostal vorgelagerten Bulla tympanica bereits zur damaligen Zeit vorhanden waren. Die Abb. 9 (oben) zeigt anhand des heute lebenden Ameisenbären Tamandua tetradactyla, daß die besondere Ausbildung einer sekundären Bulla tympanica einen charakteristischen Röntgenschatten erzeugt, der vor dem Tympanalraum liegt, der die Gehörknöchelchen enthält. Obwohl der Schädel des fossilen Ameisenbären stark frakturiert ist und die einzelnen Knochenelemente disloziert sind, ist eine topographisch äußerst ähnliche Abfolge der 3 Ringschatten in Abb. 10 zu erkennen. Aufgrund dieser Merkmale konnte eine phylogenetische Trennung zu den Schuppentieren, die diese Merkmale nicht aufweisen (Abb. 9, unten), deutlicher gezogen werden (Storch u. Habersetzer 1991). Außerdem wurde vermutet, daß der zusätzliche Bullaraum als Helmholtz-Resonator wirkt, der den Hörbereich des Ameisenbären zu tieffrequenten Schallereignissen hin erweitert und möglicherweise die Perkussion von nahrungsträchtigen Hohlräumen in Termitenbauten erleichtert. Da die Wände von Termitenbauten oft betonhart sind, wäre eine solche akustische Kontrolle ein biologisch sehr sinnvoller Schutz für die lebenswichtigen, zu meißelförmigen Organen umgeformten Mittelzehen der Vorderextremitäten des Ameisenbären (Abb. 7 und 8). Der Vergleich von Abb. 8 (Bildebene parallel zur Fossilplatte ausgerichtet) mit Abb. 10 (Bildebene um 35° gekippt und Zentralstrahl orthograd durch die Fossa subarcuata verlaufend) ergibt, daß nur in Abb. 10 die oben angesprochenen Strukturen eindeutig dargestellt sind. Dies bedeutet, daß eine Röntgendurchleuchtung aus verschiedenen Bildwinkeln grund-

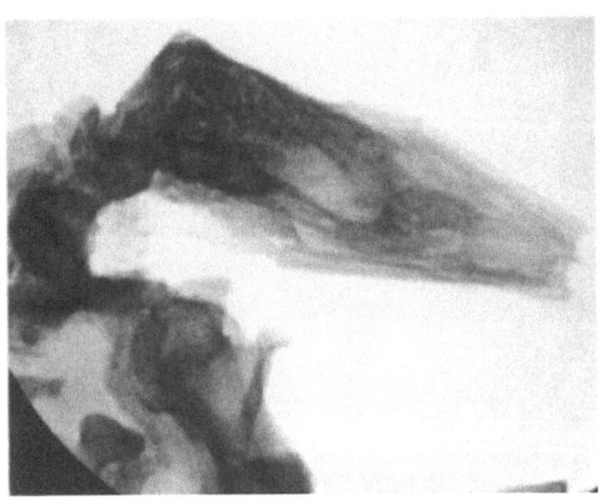

Abb. 10. Laterale Röntgenbildverstärkeraufnahme des Hinterschädels von Eurotamandua joresi

sätzlich die bessere Lösung darstellt als das Freipräparieren oder Abschleifen der verdeckten, knöchernen Strukturen. Außerdem wäre eine Zerstörung dieses außerordentlich wertvollen Einzelstücks ohnehin niemals in Frage gekommen, und so wären die dargestellten Strukturen unentdeckt geblieben.

Die heute durch Grabungen erschlossenen Messeler Ölschieferprofile umfassen einen Ablagerungszeitraum von ca. 300000 Jahren. Für diesen Zeitraum war es bislang nicht möglich, beispielsweise bei Fledermäusen oder anderen Wirbeltieren innerartliche Entwicklungstendenzen nachzuweisen. Demgegenüber konnten bei den Messeler rallenartigen Vögeln (Abb. 11) Veränderungen des Fußskelettes und des Flügelskelettes beschrieben werden, die beide auf eine gleichsinnige biologische Anpassung hindeuten. Bei den jüngeren Formen aus den obersten Ablagerungen derselben Art (Messelornis cristata) setzt die erste Fußzehe tiefer an und ermöglicht damit eine bessere Greiffunktion, beispielsweise beim Sitzen auf Geäst. Die von dem Handskelett gebildete Flügelspitze ist kürzer und ermöglicht damit wendigere Flugmanöver in hindernisreichem Gelände, so daß man für diese jüngeren Formen eine baumbewohnende Lebensweise in Betracht ziehen kann. Demgegenüber zeigen sich umgekehrte morphologische Verhältnisse bei den älteren Formen, woraus man eher auf eine Lebensweise auf dem Boden schließen kann. Die Abb. 12 und 13 zeigen das Beispiel eines Fuß- bzw. Flügelskelettes dieser jüngeren Form, das sich durch morphometrische Vermessungen von der älteren Form abgrenzen läßt (Hesse u. Habersetzer 1993). Die Röntgenaufnahmen erlauben, unter vielen Fossilfunden diejenigen zu selektieren, bei denen die Meßstrecken nicht durch diagenetische Frakturierungen und Dislokationen verfälscht sind. Selbst bei Überlagerung mit anderen knöchernen Elementen läßt sich trotzdem eine genaue Lagebestimmung von Gelenkflächen oder Insertionsstellen verknöcherter Sehnen durchführen.

Die Paläontologie ist ohne den Vergleich mit heutigen Lebensformen kaum vorstellbar, und dies gilt auch für die radiologische Untersuchung paläogener Lebewesen. Beispielsweise steht der oben dargestellten Untersuchung der Innenohren von 6 Messeler Fledermausarten, wobei unter ca. 500 Fossilfunden nur ein Dutzend gut erhaltener Cochleae gefunden wurden, die radiologische Untersuchung von mehreren Hundert heutigen Fledermausarten gegenüber. Der große Vorteil der Röntgenbilder besteht darin, daß von Fossil- wie Rezentmaterial mit der gleichen Methode direkt vergleichbare Daten erhoben werden können. Das letzte Beispiel behandelt einen interessanten Grenzfall, und zwar den erst in diesem Jahrhundert von Menschen ausgerotteten tasma-

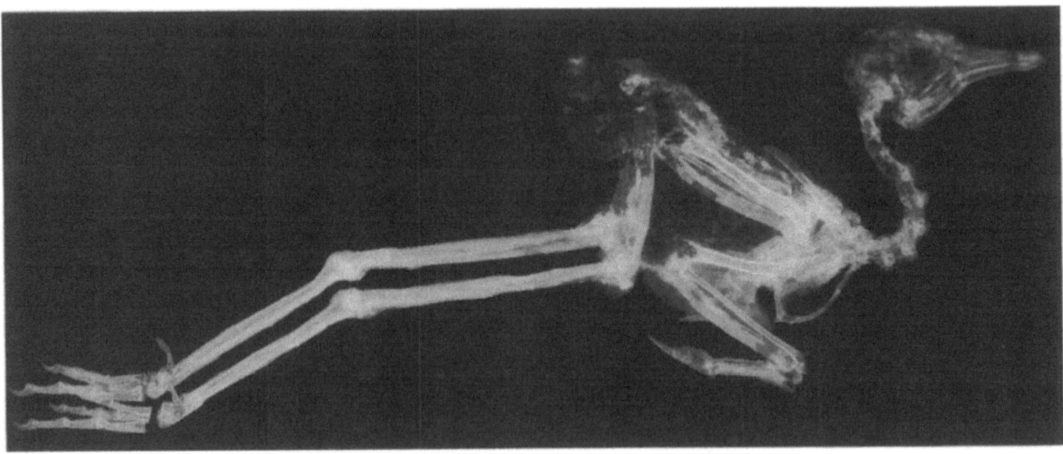

Abb. 11. Röntgenübersichtsaufnahme von Messelornis cristata, einem rallenartigen Messeler Vogel

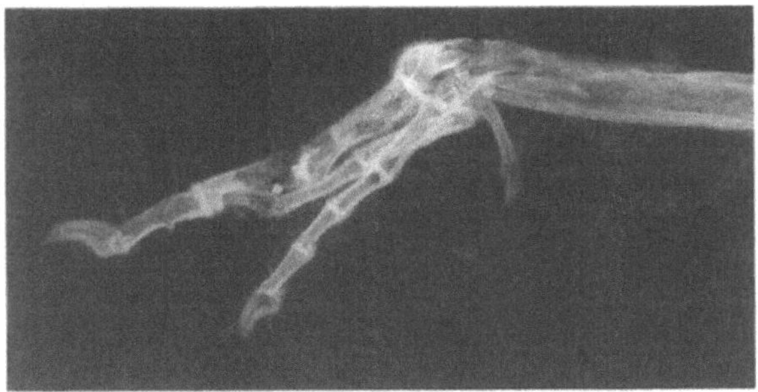

Abb. 12. Fußskelett von Messelornis cristata mit distal inserierendem Hallux

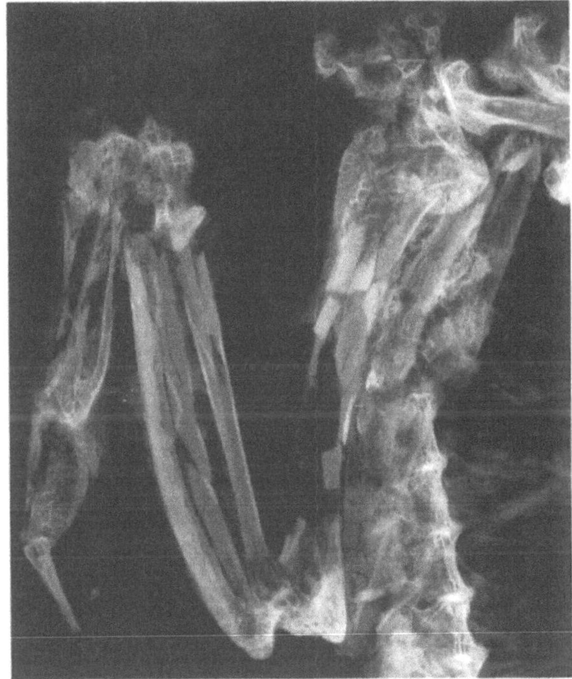

▶

Abb. 13. Flügelskelett von Messelornis cristata mit einem (in Relation zu Humerus und Radius) verkürzten Handskelett

nischen Beutelwolf. Dieser zeigt in seinem Gebiß- und Körperbau eine konvergente Entwicklung zu den fleischfressenden Säugetieren, er unterscheidet sich aber grundsätzlich in Zahnwechsel und Zahnzahl von den Eutheria. Die Zahnbildung von Beuteltieren läßt sich embryologisch gut studieren. Die 3 letzten weltweit vorhandenen Beutelwolfembryonen stellen also in dieser Hinsicht eine einzigartige Möglichkeit dar. Das in Abb. 14 und 15 dargestellte Exemplar wurde im Rahmen wissenschaftlich noch nicht abgeschlossener histologisch-embryologischer Untersuchungen (in Zusammenarbeit mit Prof. Klima) geröntgt.

Die Röntgenaufnahme (Abb. 15) erlaubt sowohl eine Aussage über die Verknöcherung der Skelettelemente, als auch über Größe, Lage und Anzahl der gebildeten Schmelzkappen der Zähne (Abb. 15, links), eine Information, die durch die Entkalkung bei der histologischen Aufarbeitung zwangsläufig zum großen Teil verlorengeht. Die schmale, bandförmige Verknöcherung der Klavikula und der Verknöcherungsgrad der Beckenknochen und des Femurschafts ist in Abb. 15 (mittleres und rechtes Inset) dargestellt.

Gegenüber der Licht- und Elektronenmikroskopie hat die Röntgenuntersuchung paläontologischer und zoologischer Objekte trotz der oft bestechenden Erfolge noch immer eine nachrangige Bedeutung. Durch die Einführung digitaler Techniken ist es inzwischen nicht mehr notwendig, erst eine Röntgenaufnahme auf Film anzufertigen und sich nach der Entwicklung von dem Ergebnis überraschen zu lassen. Sowohl die Bildverstärker- als auch die Röntgenkameratechnik (direkt röntgensensitive Videoeinheit mit Auflösungen um 20 µm) versetzen den Wissenschaftler in eine Arbeitssituation, die beispielsweise der am Rasterelektronenmikroskop entspricht: Er kann unter Sichtkontrolle das Objekt manipulieren, freiprojizieren und in der Bewegung räumlich beurteilen. Über die Fortschritte in der hochauflösenden Computertomographie (Zonneveld 1987) und der 3-dimensionalen Oberflächenrekonstruktion (Meinzer 1993) hinaus besteht jedoch besonders für wissenschaftliche Detailuntersuchungen der Bedarf an einer echten Röntgenmikrotomographie. Die von uns im Versuchsaufbau erprobte konventionelle Mikrotomographie sowie die in der Bundesanstalt für Materialprüfung entwickelte Computermikrotomographie (Riesenmeier et al. 1993) bieten jetzt die Möglichkeit, die vorgestellten Röntgenuntersuchungen in der Paläontologie und den Biowissenschaften sogar bei stark maskierenden Störstrukturen um die mikroskopische Dimension zu erweitern.

Abb. 14. Embryo des Beutelwolfs Thylacinus cynocephalus

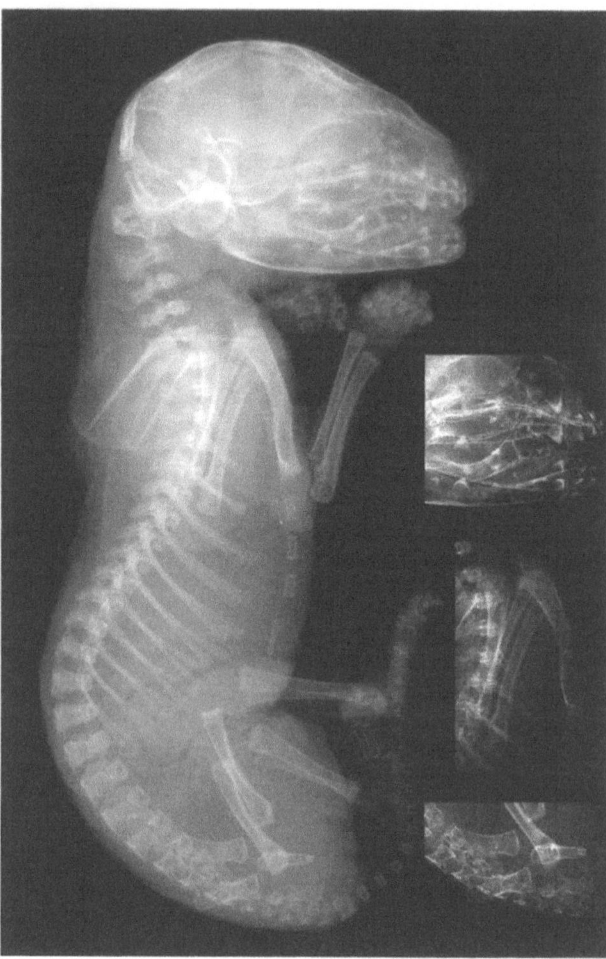

Abb. 15. Röntgenaufnahme von Thylacinus cynocephalus und Knochenfensterdarstellungen (*Insets*)

Literatur

Brühl L (1896) Über Verwendung von Röntgenschen X-Strahlen zu paläontologischen diagnostischen Zwecken. Verh Berliner Physiol Ges, Arch Anat Physiol Berlin 547

Habersetzer J (1991) Die verschiedenen Mikro-Röntgenverfahren und ihre Weiterentwicklung für paläontologische und biologische Anwendungen. Courier Forsch Inst Senckenberg 139:147–155

Habersetzer J, Schaal S (1990) Röntgenmethoden zur Untersuchung fossiler und rezenter Wirbeltiere. Natur Museum 120/8:254–266

Habersetzer J, Storch G (1989) Ecology and echolocation of the eocene Messel bats. In: Hanák V, Horácek I, Gaisler J (eds) European bat research 1987. Charles University Press, Prag, pp 213–233

Habersetzer J, Storch G (1992) Cochlea size in extant chiroptera and middle eocene microchiropterans from Messel. Naturwissenschaften 79:462–466

Habersetzer J, Storch G (1993) Radiographic studies of the cochlea in extant chiroptera and microchiropterans from Messel. Kaupia 3:97–105

Hesse A, Habersetzer J (1993) Intraspecific development of various foot- and wing- proportions of Messelornis cristata (Aves: Gruiformes: Messelornithidae). Kaupia 3:41–53

Koenigswald W von, Storch G, Richter G (1988) Ursprüngliche „Insektenfresser", extravagante Igel und Langfinger. In: Schaal S, Ziegler W (Hrsg) Messel – Ein Schaufenster in die Geschichte der Erde und des Lebens. Kramer, Frankfurt/M (Senckenerg-Buch 64, S 159–177

Lemoine V (1896) De l'application des rayons Röntgen à l'étude des ossements fossiles des environs de Reims. C R Soc Biol France 3/10:878–881

Mehl JO, Noe SU (1990) Morphological investigations of Miliolidae (Foraminifera) from the Upper Permian of the Southern Alps, based on thin sections and stereoscopic X-ray microradiographs. Paläontol Z 64(3/4): 173–192

Meinzer H (1993) Räumliche Bilder des Körperinneren. Spektrum der Wissenschaft 7:56–65

Micklich N (1988) Urtümliche Panzerträger und moderne Kannibalen. In: Schaal S, Ziegler W (Hrsg) Messel –

Ein Schaufenster in die Geschichte der Erde und des Lebens. Kramer, Frankfurt/M (Senckenberg-Buch 64, S 69–92

Riesenmeier H, Goebbels J, Illerhaus B et al. (1993) 3D – Mikrocomputertomograph für die Werkstoffentwicklung und Bauteilprüfung. In: 60 Jahre DGZfP – Erfahrungen und Nutzen für Europa. Dtsch Ges für zerstörungsfreie Prüfung Berlin

Schaal S, Habersetzer J (1991) Ein neues Verfahren zum Schutz und zur dauerhaften Erhaltung geborgener Fossilien aus der Fundstätte Messel. Courier Forsch Inst Senckenerg 139:165–169

Schaal S, Ziegler W (eds) (1988) Messel – Ein Schaufenster in die Geschichte der Erde und des Lebens. Kramer, Frankfurt/M Senckenerg-Buch 64, 315 S

Storch G, Habersetzer J (1991) Rückverlagerte Choanen und akzessorische Bulla tympanica bei rezenten Vermilingua und Eurotamandua aus dem Eozän von Messel (Mammalia: Xenarthra). Z Säugetierkde 56:257–271

Stürmer W (1980a) Röntgenstrahlen erforschen die Urzeit. In: Versteinertes Leben im Röntgenlicht. Kramer, Frankfurt/M (Kleine Senckenberg-Reihe 11:3–18)

Stürmer W (1980b) Arbeiten über Anwendung von Röntgenstrahlen in der Geologie und Paläontologie. In: Versteinertes Leben im Röntgenlicht. Kramer, Frankfurt/M (Kleine Senckenberg-Reihe 11:72–79)

Stürmer W, Bergström J (1973) New discoveries on trilobites by X-rays. Paläontol Z 47:104–141

Stürmer W, Bergström J (1976) The arthropods Mimetaster and Vachonisia from the Devonian Hunsrück shale. Paläontol Z 50:78–111

Stürmer W, Bergström J (1978) The arthropod Cheloniellon from the Devonian Hunsrück shale. Paläontol Z 52:57–81

Werner R (1988) Wilhelm Stürmer 1917–1986: Leben und Werk. Paläontol aktuell 17/5:16–21

Ziegler W (1992) Die Wissenschaften am Forschungsinstitut Senckenberg 1967–1992. In: 175 Jahre Senckenbergische Naturforschende Gesellschaft. Jubiläumsband I. Kramer, Frankfurt/M (Senckenberg-Buch 67, S 149–232)

Zonneveld FW (1987) Computed tomography of the temporal bone and orbit. Technique of direct multiplanar, high-resolution CT and correlative cryosectional anatomy. Urban & Schwarzenberg, München Wien Baltimore, 203 pp

Verzeichnis der Autoren

(mit Kurzbiographien nach Angaben der Autoren)

Anacker, Hermann, Prof. Dr. med.
Geboren am 18. Juli 1917 in St. Privat/Lothringen

1936–1942	Medizinstudium in Marburg, München, Halle, Wien
1942	Staatsexamen und Promotion in München
1944–1952	Assistent im Röntgeninstitut bei der Chirurgischen Klinik der Universität München
1947	Facharzt für Röntgenologie und Strahlenheilkunde
1948	Beginn mit Kontrastfüllung des Pankreasgangs am Präparat
1949	Herzkatheterisierung und Angiokardiographie; Selbstversuch mit Herzkatheter
1952–1963	Leiter der Röntgenabteilung der Chirurgischen Universitätsklinik Gießen
1955	Habilitation
1961	Außerplanmäßiger Professor
1963	Chefarzt der Strahlenabteilung des Krankenhauses rechts der Isar, München
1968	Ordinarius für Röntgendiagnostik an der Technischen Universität München
1985	Emeritierung

Forschungsgebiete
Bronchologie, Angiographie, Röntgenologie des Pankreas.

Publikationen
161 wissenschaftliche Arbeiten und Vorträge. 13 Monographien und Buchbeiträge.

Mitgliedschaften
Mitglied zahlreicher medizinischer Fachgesellschaften, Vorsitzender der Hessischen Gesellschaft für Medizinische Strahlenkunde (1957–1958), Sekretär bzw. Präsident der International Commission for Stage-Grouping on Cancer (I.C.P.R.) (1959–1977), Fellow Scientific Council International College of Angiology (F.I.C.A) (1964), Vorsitzender der Bayerischen Röntgengesellschaft (1967), Präsident des Deutschen Röntgenkongresses (1981).

Auszeichnungen/Ehrungen
Goldmedaille des Internationalen Radiologenkongresses Madrid (1973), Justus-Liebig-Plakette der Universität Gießen (1985), Ehrenmitglied der Società Italiana di Radiologia e Medicina Nucleare (1974), der Bayerischen Röntgengesellschaft (1987) und der Deutschen Röntgengesellschaft (1989).

Anschrift
Schiffmannstraße 12, 82166 Gräfeling

Beck, Andreas, Priv.-Doz. Dr. med. Dr. theol.
Geboren am 30. Oktober 1948 in Hornberg

1967–1973	Studium der katholischen Theologie, Philosophie und Historie in Freiburg, Rom, Madrid, Lissabon und London; Medizinstudium in Freiburg
1973	Medizinische Promotion über alkalische Phosphatasen/Isoenzyme
1975	Theologische Promotion über den Untergang des Templer-Ordens im 13. Jahrhundert
1990	Habilitation (Die perkutane transluminale Angioskopie)
1985–1991	Oberarzt der Radiologischen Universitätsklinik Freiburg
seit 1992	Chefarzt des Instituts für Röntgendiagnostik und Nuklearmedizin der Krankenanstalten Konstanz

Forschungsgebiete
Perkutane transluminale Angioskopie, Angiographie der oberen Extremität, interventionelle Radiologie, MR-Angiographie. Radiologie in Kunst und Archäologie, Geschichte der Radiologie sowie historische Forschungsgebiete aus dem 13. Jahrhundert.

Publikationen
9 Monographien und 110 wissenschaftliche Publikationen.

Anschrift
Institut für Röntgendiagnostik und Nuklearmedizin, Krankenanstalten, Luisenstraße 7, 78461 Konstanz

Benz, Christoph, Priv.-Doz. Dr. med. dent. habil.
Geboren am 29. März 1960 in Mainz

1978–1983	Studium der Zahnheilkunde in Göttingen
1983	Staatsexamen
1986	Promotion am Institut für Geschichte der Medizin in Göttingen
ab 1985	Poliklinik für Zahnerhaltung und Parodontologie der Ludwig-Maximilians-Universität München
1990	Habilitation
seit 1990	Oberarzt

Forschungsgebiete
Zahnärztliche, insbesondere digitale Radiographie, diagnostische Verfahren, computergestützte Zahnrestaurationen, Geschichte der Zahnheilkunde.

Publikationen
47 wissenschaftliche Publikationen, darunter 5 Buchbeiträge.

Mitgliedschaften
Deutsche Gesellschaft für Zahn-, Mund- und Kieferheilkunde, Deutsche Gesellschaft für Zahnerhaltung, Arbeitsgemeinschaft für Röntgenologie, Arbeitsgemeinschaft für Grundlagenforschung.

Anschrift
Poliklinik für Zahnerhaltung und Parodontologie, Ludwig-Maximilians-Universität, 80336 München

Breitling, Gerhard, Prof. Dr. rer. nat.
Geboren am 28. Dezember 1920 in Stuttgart

1946–1950	Studium der Physik an der Technischen Hochschule Stuttgart, Abschluß mit Diplom-Hauptprüfung in Physik
1952	Promotion zum Dr. rer. nat.
1956	Ernennung zum Dozenten
1956	Übernahme der Tätigkeit als Physiker am Medizinischen Strahleninstitut der Universität Tübingen
1959	Umhabilitation an die Mathematisch-Naturwissenschaftliche Fakultät der Universität Tübingen
1962	Ernennung zum außerplanmäßigen Professor
1964	Abteilungsvorsteher der Strahlenphysikalischen Abteilung am Medizinischen Strahleninstitut der Universität Tübingen
1969	Ruf auf den Lehrstuhl für Biophysik der Medizinischen Fakultät der Universität Bonn
1971	Ernennung zum ordentlichen Professor, Übertragung des Lehrstuhls für Strahlenphysik (Fachbereich Klinische Medizin) der Universität Tübingen
1986	Emeritierung

Forschungsgebiete
Struktur von Gläsern, Schmelzen und amorphen Stoffen; Strahlungsmeßtechnik; Wechselwirkung von Elektronen mit Materie; Entwicklung von Bestrahlungstechniken mit optimaler Dosisverteilung.

Publikationen
5 Buchbeiträge und 65 Publikationen in physikalischen, naturwissenschaftlichen und radiologischen Zeitschriften.

Mitgliedschaften
Deutsche Röntgengesellschaft, Deutsche Gesellschaft für Medizinische Physik.

Anschrift
Achalmstraße 1, 72116 Mössingen

Ebel, Horst, Prof. Dr. techn. Dipl.-Ing.
Geboren am 9. September 1934 in München

1954–1959	Studium an der Technischen Universität Wien, Studienrichtung Technische Physik
1960	Promotion
1966	Habilitation
1971	Ernennung zum ordentlichen Universitätsprofessor
seit 1986	Vorstand des Instituts für Angewandte und Technische Physik der Technischen Universität Wien

Forschungsgebiete
Physikalische Analytik, Röntgenphysik; Physik-Grundlagen-Vorlesungen.

Publikationen
195 wissenschaftliche Publikationen; ca. 90 Vorträge bei internationalen Fachtagungen.

Mitgliedschaften
Österreichische Physikalische Gesellschaft.

Anschrift
Institut für Angewandte und Technische Physik, Technische Universität Wien, Wiedner Hauptstraße 8–10, A-1040 Wien

Ebel, Maria F., Prof. Dr. techn. Dipl.-Ing.
Geboren am 2. April 1936 in Wien

1954–1959	Studium an der Technischen Universität Wien, Studienrichtung Technische Physik
1970	Promotion
1982	Habilitation
ab 1972	Freie Mitarbeiterin am Institut für Angewandte und Technische Physik der Technischen Universität Wien
1993	Ernennung zur tit. a. o. Professorin

Forschungsgebiete
Oberflächenanalytik, Photoelektronenspektrometrie.

Publikationen
115 wissenschaftliche Publikationen; etwa 50 Vorträge bei internationalen Fachtagungen.

Mitgliedschaften
Österreichische Physikalische Gesellschaft.

Anschrift
Institut für Angewandte und Technische Physik, Technische Universität Wien, Wiedner Hauptstraße 8–10, A-1040 Wien

Eigenmann, Bernd, Dr.-Ing. Dipl.-Ing.
Geboren am 7. Juli 1961 in Bretten

1981–1986	Studium des allgemeinen Maschinenbaus an der Universität Karlsruhe (TH)
1985	Diplomarbeit an der University of California, Los Angeles, am Department of Materials Science and Engineering
1986–1990	Wissenschaftlicher Mitarbeiter im Röntgenlabor des Instituts für Werkstoffkunde I der Universität Karlsruhe (TH)
1990	Promotion
seit 1991	Leiter des Röntgenlabors am Institut für Werkstoffkunde I der Universität Karlsruhe (TH)

Forschungsgebiete
Röntgenographische und mechanische Ermittlung sowie Bewertung von Eigen- und Lastspannungszuständen in homogenen sowie heterogenen, metallischen und keramischen Werkstoffen, Verbundwerkstoffen und Schichtsystemen, Eigenspannungen in der Schadenskunde.

Publikationen
45 Veröffentlichungen, 54 Fachvorträge

Mitgliedschaften
Deutsche Gesellschaft für Materialkunde, Verein Deutscher Ingenieure, Verein Deutscher Eisenhüttenleute.

Anschrift
Institut für Werkstoffkunde I, Universität Karlsruhe (TH), Kaiserstraße 12, 76128 Karlsruhe

Eisenmenger, Wolfgang, Prof. Dr. med.
Geboren am 4. Februar 1944 in Waldshut

1963–1968	Studium der Medizin an den Universitäten Freiburg im Breisgau und Wien
1970	Promotion und Approbation
1970/71	Wissenschaftlicher Assistent am Institut für Rechtsmedizin in Freiburg
seit 1972	Institut für Rechtsmedizin der Universität München
1977	Habilitation
1978	Wissenschaftlicher Rat und Professor; Facharztanerkennung als Arzt für Rechtsmedizin
1985	Berufung zum Professor C3
1988	Ruf auf den Lehrstuhl an der Universität Freiburg
seit 1989	Ordinarius für Rechtsmedizin und Vorstand des Instituts für Rechtsmedizin der Universität München
seit 1991	Stellvertretender ärztlicher Direktor des Klinikums Innenstadt
seit 1993	Vertreter der medizinischen Fakultät im Senat der Ludwig-Maximilians-Universität München

Forschungsgebiete
Forensisch-pathologische Morphologie, Arztrecht.

Publikationen
181 Publikationen und Buchbeiträge; Mitherausgeber bzw. wissenschaftlicher Beirat der Zeitschriften *Therapiewoche, Rechtsmedizin, Legal Medicine, Münchener Medizinische Wochenschrift (MMW).*

Mitgliedschaften
Mitglied zahlreicher wissenschaftlicher Gremien und Gesellschaften, z. B. Académie Internationale de Médecine Légale et de Médecine Sociale, European Council for Legal Medicine, Deutsche Gesellschaft für Medizinrecht, Deutsche Gesellschaft für Rechtsmedizin, Deutsche Gesellschaft für Unfallchirurgie, Internationale Gesellschaft für forensische Hämogenetik.

Auszeichnungen/Ehrungen
Poster-Preis der European Association for Gastroenterology and Endoscopy (1986), Preis für Gerichtliche Medizin der Humboldt-Universität Berlin (1987), Richard-Kockel-Medaille der Gesellschaft für Gerichtliche Medizin (1990), Goldenes Ehrenzeichen für Verdienste um die Republik Österreich (1991).

Anschrift
Institut für Rechtsmedizin, Universität München, Frauenlobstraße 7a, 80337 München

Elke, Manfred, Prof. Dr. med.
Geboren am 29. Dezember 1928 in Bad-Frankenhausen/Thüringen

1949–1954	Studium an der Freien Universität Berlin und in Heidelberg
1954	Staatsexamen und Promotion in Heidelberg
1960	Facharzt für innere Medizin
1964	Facharzt für Radiologie (Prof. E. Zdansky, Basel)
1969/70	Habilitation für klinische Radiologie an der Universität Basel
1972	Abteilungsleiter radiologische Diagnostik
1976	Professur
1993	Emeritierung

Forschungsgebiete
Radiologische Diagnostik, speziell kardiovaskuläre, nephrologisch-urologische und onkologische Krankheiten; Tuberkulose; Röntgenkontrastmittel und ihre Nebenwirkungen; Lymphographie (seit 1963); CT EMI-Mark I (seit 1973); Leberdiagnostik.

Publikationen
156 Publikationen, darunter zahlreiche Buchbeiträge.

Mitgliedschaften
Mitglied u. a. der Deutschen Röntgengesellschaft, Schweizer Röntgengesellschaft; Ehrenmitglied der Französischen Radiologischen Gesellschaft (1985).

Anschrift
Universitäts-Institut für klinische Radiologie, Kantonsspital, CH-Basel
Privat: Rieschweg 26, CH-4123 Allschwil/BL

Ewert, Uwe, Dr. rer. nat. Dipl.-Chem.
Geboren am 17. März 1952 in Königs Wusterhausen

1970–1974	Studium der physikalischen und theoretischen Physik an der Humboldt-Universität zu Berlin
1974–1979	Wissenschaftlicher Assistent an der Humboldt-Universität
1979	Promotion
1979–1989	Wissenschaftlicher Mitarbeiter im Zentrum für Wissenschaftlichen Gerätebau (ZWG) der Akademie der Wissenschaften
1980–1989	Leiter des Applikationslabors für EPR-Techniken des ZWG
1989/90	Cornell-University New York
1991	Leiter der Forschungsstelle für ortsauflösende Meßtechnik im ZWG
seit 1992	Laborleiter „Strahlenverfahren" der Bundesanstalt für Materialforschung und -prüfung

Forschungsgebiete
Werkstoffprüfung mittels Röntgen- und Gammastrahlung, ortsauflösende Methoden im mobilen und stationären Einsatz, Computertomographie, Tomosynthese und laminographische Verfahren, Elektronenspinresonanz (ESR) und Magnetresonanztomographie.

Publikationen
30 Veröffentlichungen, 79 Vorträge, 8 Patente.

Mitgliedschaften
Gesellschaft Deutscher Chemiker, Deutsche Physikalische Gesellschaft, Deutsche Gesellschaft für Zerstörungsfreie Prüfung, International EPR (ESR) Society.

Anschrift
Labor Strahlenverfahren, Bundesanstalt für Materialforschung und -prüfung, Unter den Eichen 87, 12205 Berlin

Fournier, Dietrich von, Prof. Dr. med.
Geboren am 9. Dezember 1941 in Rettkewitz/Pommern

1961–1968	Medizinstudium in Hamburg und Heidelberg
1968	Staatsexamen und Promotion
1969	Studienaufenthalt bei der NASA in Huntsville, Alabama
1971–1975	Facharztausbildung in der Radiologischen Universitätsklinik Heidelberg
1975	Facharzt im Gesamtfach Radiologie
1970–1971	Beginn der Ausbildung zum Facharzt für Gynäkologie und Geburtshilfe an der Universitätsfrauenklinik Heidelberg
1976–1978	Fortsetzung der Facharztausbildung an der Universitätsfrauenklinik
1978	Habilitation (Thema: „Natürliche Wachstumsrate beim Mammakarzinom")
seit 1982	Ärztlicher Direktor der Abteilung für Gynäkologische und Geburtshilfliche Radiologie am Universitätsklinikum Heidelberg

Forschungsgebiete
Diagnostik, Früherkennung und Therapie von Brustkrebs. Einführung von Afterloadingverfahren für die Brachytherapie.

Publikationen
211 Publikationen, 26 Buchbeiträge. Herausgeber oder Mitherausgeber von 4 Fachbüchern, Mitherausgeber der Fachzeitschrift *Zentralblatt für Gynäkologie.*

Anschrift
Abteilung für Gynäkologische Radiologie, Universitätsklinikum Heidelberg, Voßstraße 9, 69115 Heidelberg

Frik, Wolfgang, Prof. Dr. med.
Geboren am 14. August 1918 in Berlin
Gestorben am 15. März 1994 in Aachen

1936–1941	Medizinstudium in Berlin, München und Hamburg
1941	Staatsexamen in Berlin
1949	Promotion in Hamburg
1957	Habilitation in Erlangen-Nürnberg
1963	Ernennung zum außerplanmäßigen Professor
1966	Berufung zum Ordinarius für Röntgenologie und Strahlenheilkunde an die Rheinisch-Westfälische Technische Hochschule Aachen, Ernennung zum Abteilungsvorstand
1984	Emeritierung

Forschungsgebiete
Physikalisch-technische Grundlagen der Röntgendiagnostik und röntgendiagnostische Probleme des Magen-Darm-Kanals; grundlegende Arbeiten über das Magenfeinrelief.

Publikationen
Über 400 Veröffentlichungen, darunter 120 Zeitschriftenartikel, 60 veröffentlichte Vorträge, 12 wissenschaftliche Kinofilme, 2 Monographien, 1 Lehrbuch sowie etwa 30 Beiträge in deutschen und ausländischen Hand- und Lehrbüchern.

Mitgliedschaften
Mitglied zahlreicher medizinischer Fachgesellschaften; Vorsitzender der Bayerischen Röntgengesellschaft (1966), der Vereinigung Deutscher Strahlenschutzärzte (1967), der Rheinisch-Westfälischen Röntgengesellschaft (1971–1973), der Deutschen Röntgengesellschaft (1975–1979), des Normenausschusses Radiologie im DIN (1981–1987).

Auszeichnungen/Ehrungen
Ehrenmitglied der Zentralamerikanischen Radiologischen Gesellschaft (1965), der Belgischen Gesellschaft für Gastroenterologie (1969), der Königlich-Belgischen Gesellschaft für Radiologie (1978), der Ungarischen Radiologengesellschaft (1981), der Deutschen Röntgengesellschaft (1988), der Vereinigung Deutscher Strahlenschutzärzte (1989). Ehrenvorsitzender der Rheinisch-Westfälischen Röntgengesellschaft (1988). Hermann-Holthusen-Ring der Deutschen Röntgengesellschaft (1957), Schleussner-Preis (1959), Ehrenmedaille der Universität Lüttich (1970), Albers-Schönberg-Medaille der Deutschen Röntgengesellschaft (1982), Beuth-Gedenkmedaille (1987), Boris-Rajewsky-Medaille der Europäischen Radiologengesellschaft (1989); Bundesverdienstkreuz 1. Klasse (1984).

Fritz-Niggli, Hedi, Prof. Dr. phil.
Geboren am 22. Oktober 1921 in Zürich

1940–1946	Studium der Medizin und Biologie an der Universität Zürich
1952	Habilitation an der Medizinischen Fakultät der Universität Zürich
1958	Titularprofessorin
1963	a. o. Professorin und Direktorin des Strahlenbiologischen Instituts
1970	Ordinaria
1989	Honorarprofessorin

Forschungsgebiete
Strahlengenetik; Strahlenembryologie; Forschung mit Betatronstrahlen, Pionen, schweren Ionen; Erholungseffekte.

Publikationen
Ungefähr 270 Veröffentlichungen, darunter 4 Lehr- und Handbücher.

Mitgliedschaften
Mitglied zahlreicher wissenschaftlicher Gesellschaften, Gründerin und Präsidentin der Schweizerischen Gesellschaft für Strahlenbiologie (1964–1968), Jahrespräsidentin der Europäischen Gesellschaft für Strahlenbiologie (1968, 1984), Präsidentin der Naturforschenden Gesellschaft in Zürich (1970–1972), Mitglied des Schweizerischen Wissenschaftsrats (1969–1978), Mitglied der Life Sciences Working Group der European Space Agency (1978–1981), Strahlenexpertin der WHO (1986–1992).

Auszeichnungen/Ehrungen
Mitglied der Leopoldina (1965), korrespondierendes Mitglied und Ehrenmitglied zahlreicher weiterer Gesellschaften.

Anschrift
Bellariarain 2, CH-8038 Zürich

Fueß, Hartmut, Prof. Dr. rer. nat.
Geboren am 9. Juni 1941 in Wiesbaden

1960–1965	Chemie- und Physikstudium an der Technischen Hochschule Darmstadt und der Universität Grenoble
1964	Diplôme d'Etudes Supérieures (Grenoble)
1965	Diplom-Hauptprüfung in Chemie (Darmstadt)
1968	Promotion in Chemie (Darmstadt)
1968/69	Euratom-Stipendium (Grenoble)
1969–1975	Institut Laue-Langevin, Grenoble (1970/71 AERE Harwell und Universität Oxford)
1975–1989	Professor für Kristallographie und Mineralogie an der Universität Frankfurt
seit 1989	Professor für Materialwissenschaft an der Technischen Hochschule Darmstadt

Forschungsgebiete
Beziehung zwischen Struktur und Eigenschaften von Festkörpern, Synchrotronstrahlung, Neutronenstreuung, Elektronenmikroskopie.

Publikationen
Ca. 200 Veröffentlichungen in Zeitschriften mit Referatesystem, ca. 10 Buchbeiträge.

Mitgliedschaften
Mitglied mehrerer wissenschaftlicher Gesellschaften, Vertrauensdozent der Studienstiftung, Mitglied in Gutachterausschüssen (Deutscher Akademischer Austauschdienst, Bundesministerium für Forschung und Technologie, Deutsche Forschungsgemeinschaft), Koordinator eines Schwerpunktprogramms der Deutschen Forschungsgemeinschaft, Chairman des European Crystallography Committee.

Auszeichnungen/Ehrungen
Humboldt-Forschungspreis des französischen Forschungsministeriums und der Alexander-von-Humboldt-Stiftung (1991).

Anschrift
FB Materialwissenschaften/FG Strukturforschung, TH Darmstadt, Petersenstraße 20, 64287 Darmstadt

Georgi, Max, Prof. Dr. med.
Geboren am 6. November 1934 in Kirchhain/Niederlausitz

1953–1959	Studium der Medizin an den Universitäten Greifswald, Freie Universität Berlin und Heidelberg
1959	Staatsexamen
1960	Promotion
1968	Habilitation
1979	Ordinarius für Radiologie
seit 1979	Direktor des Instituts für Klinische Radiologie des Klinikums Mannheim der Universität Heidelberg

Forschungsgebiete
Radiologische Diagnostik des Endokriniums; Großbildverstärkertechnik, digitale Radiographie.

Publikationen
150 Veröffentlichungen, darunter mehrere Buchbeiträge.

Mitgliedschaften
Deutsche Röntgengesellschaft, Cardiovascular and Interventional Radiological Society of Europe.

Auszeichnungen/Ehrungen
Präsident des 75. Deutschen Röntgenkongresses (1994).

Anschrift
Institut für Klinische Radiologie, Klinikum Stadt Mannheim, Fakultät für Klinische Medizin Mannheim, Universität Heidelberg, Theodor-Kutzer-Ufer 1-3, 68167 Mannheim

Gerold, Volkmar, Prof. Dr. rer. nat.
Geboren am 23. August 1922 in Hermsdorf/Thüringen

1946–1952	Studium der Physik an der damaligen TH Stuttgart
1953	Promotion
1958	Habilitation in der Fachrichtung Metallphysik
1953–1964	Wissenschaftlicher Mitarbeiter am Max-Planck-Institut für Metallforschung in Stuttgart
1962/63	Gastprofessor an der University of Florida in Gainesville
1964–1968	Professor und Abteilungsleiter an der Technischen Hochschule Stuttgart
1966–1990	Wissenschaftliches Mitglied und (ab 1970) Mitglied des Leitungskollegiums am Max-Planck-Institut für Metallforschung
1968–1990	Professor für Metallkunde an der Universität Stuttgart
1990	Emeritierung

Forschungsgebiete
Röntgenographische Untersuchungen zu Ausscheidungsvorgängen in übersättigten Mischkristallen sowie zur Nahordnung in stabilen Mischkristallen; Bestimmung von atomaren Wechselwirkungsenergien aus experimentell ermittelten Nahordnungsparametern; quantitativer Zusammenhang zwischen Aushärtung und Ausscheidungszustand; Mechanismen bei der Wechselverformung von ausscheidungsverfestigten Legierungen; Mechanismen der Porenbildung bei der Hochtemperaturwechselverformung von Superlegierungen.

Publikationen
190 Veröffentlichungen in wissenschaftlichen Zeitschriften und Tagungsbänden, Mitherausgeber in Tagungsbänden und Buchreihen.

Mitgliedschaften
Deutsche Gesellschaft für Materialkunde, Deutsche Physikalische Gesellschaft, European Physical Society.

Auszeichnungen/Ehrungen
Masing-Gedächtnispreis der DGM (1962), Ehrenmitglied der DGM (1992).

Anschrift
Institut für Werkstoffwissenschaft, Max-Planck-Institut für Metallforschung, Seestraße 92, 70174 Stuttgart
Privat: Klingenäcker 13, 73765 Neuhausen

Göbel, Herbert Ernst, Dr. rer. nat. Dipl.-Phys.
Geboren am 7. August 1940 in Reichenberg/Böhmen

1960–1966	Studium der Physik an der Technischen Universität München
1964/65	Diplomarbeit (Themengebiet Kernspaltung)
1966–1969	Doktorarbeit (Themengebiet Kernspektroskopie) am Physikdepartment der Technischen Universität München (Prof. H. Maier-Leibnitz)
seit 1970	Mitarbeiter in den zentralen Forschungslaboratorien der Siemens AG in München

Forschungsgebiete
Materialforschung mit Röntgenstrahlen, Kristallographie und Spektroskopie. Organisator der ersten europäischen Tagung über Röntgen-Pulverdiffraktometrie (EPDIC 1).

Publikationen
Etwa 60 Veröffentlichungen; zahlreiche Vorträge auf internationalen Tagungen.

Mitgliedschaften
Deutsches Komitee für Synchrotronstrahlung, Deutsche Physikalische Gesellschaft, Deutsche Gesellschaft für Kristallographie, JCPDS-ICDD (International Center for Diffraction Data, USA).

Anschrift
Zentrale Forschung und Entwicklung, Siemens AG, Otto-Hahn-Ring 6, 81739 München

Goebbels, Jürgen, Dr. rer. nat. Dipl.-Phys.
Geboren am 21. Februar 1946 in Arloff/Eifel

1966–1972	Studium der Physik an der Technischen Hochschule Karlsruhe
1977	Promotion (Mikrowellenabsorption amorpher Supraleiter)
1977–1982	Assistent am Institut für Atomphysik der Freien Universität Berlin (NMR an supraleitenden Metallen)
seit 1982	Wissenschaftlicher Mitarbeiter der Bundesanstalt für Materialforschung und -prüfung
seit 1986	Leiter der Projektgruppe Computertomographie

Forschungsgebiete
Computertomographie mit Röntgen- und Gammastrahlen, Bildrekonstruktionsalgorithmen, zerstörungsfreie Prüfverfahren.

Publikationen
Mehr als 50 Veröffentlichungen über Computertomographie.

Mitgliedschaften
Deutsche Physikalische Gesellschaft, Obmann des Unterausschusses Computertomographie der Deutschen Gesellschaft für Zerstörungsfreie Prüfung.

Anschrift
Bundesanstalt für Materialforschung und -prüfung, Unter den Eichen 87, 12205 Berlin

Goerke, Heinz, Prof. Dr. med. Dr. h. c. mult.
Geboren am 13. Dezember 1917 in Allenstein/Ostpreußen

1939–1943	Studium der Medizin in Berlin und Jena
1943	Staatsexamen, Approbation und Promotion in Berlin
1943–1945	Tätigkeit in Lazaretten und als Truppenarzt
1945–1951	Tätigkeit in eigener Praxis, in Kliniken und im öffentlichen Gesundheitswesen in Potsdam und Berlin
1950	Facharzt für Innere Medizin
1955	Facharzt für Röntgenologie und Strahlenheilkunde
1952–1957	Röntgenologe in Örebro (Schweden)
1957–1962	Leitender Arzt der Röntgenabteilung des Beobachtungskrankenhauses der AOK Berlin
1960	Habilitation für Geschichte der Medizin an der Freien Universität Berlin
1962–1969	Professor für Geschichte der Medizin an der Freien Universität Berlin
1967–1969	Ärztlicher Direktor des Klinikums Steglitz
1969–1986	Professor für Geschichte der Medizin an der Universität München
1970–1982	Ärztlicher Direktor des Klinikums Großhadern
1986	Emeritierung

Forschungsgebiete
Geschichte der schwedischen und der Berliner Medizin, Medizin und Technik, Krankenhausplanung und -organisation. Gründung des Deutschen Medizinhistorischen Museums in Ingolstadt (1973).

Publikationen
Etwa 300 Zeitschriften- und Buchbeiträge; zahlreiche Buchveröffentlichungen, u. a. *75 Jahre Deutsche Röntgengesellschaft* (1980), *Arzt und Heilkunde* (2. Aufl. 1987), *Medizin und Technik* (1988), *Carl von Linné* (2. Aufl. 1989; engl. Übers. 1973, jap. Übers. 1994).

Mitgliedschaften
Mitglied des Ausschusses Medizin des Wissenschaftsrates (1971–1987), Mitglied der Kgl.-Schwedischen Akademie der Wissenschaften (1990).

Auszeichnungen/Ehrungen
Ehrenmitglied zahlreicher in- und ausländischer Fachgesellschaften, u. a. der Deutschen Röntgengesellschaft (1990), Ehrendoktor der Universitäten Lund (1967) und Istanbul (1982), Sudhoff-Plakette (1982), Paul-Schürmann-Plakette (1982), Bayerischer Verdienstorden (1986), Großes Bundesverdienstkreuz (1990), Kommandeur-Kreuz VO der Republik Italien, Ehrenbürger von Bergama (Pergamon) (1993).

Anschrift
Strähuberstraße 11, 81479 München

Gottstein, Günter, Prof. Dr. rer. nat.
Geboren am 23. April 1944 in Albendorf/Schlesien

1964–1969	Physikstudium an der Rheinisch-Westfälischen Technischen Hochschule (RWTH) Aachen
1973	Promotion zum Dr. rer. nat.
1979	Habilitation im Fach Metallkunde und Metallphysik
1979/80	Visiting Scientist am Argonne National Laboratory (USA)
1981/82	Visiting Associate Professor am Massachusetts Institute of Technology
1983/84	Associate Professor an der Michigan State University
1984–1989	Professor an der Michigan State University
seit 1989	Professor für Allgemeine Metallkunde und Metallphysik an der RWTH Aachen

Forschungsgebiete
Metallkunde und Metallphysik, speziell: Rekristallisation, kristallographische Texturen, Hochtemperaturplastizität, Grenzflächen.

Publikationen
Autor und Koautor von 95 wissenschaftlichen Publikationen in Fachzeitschriften, (Mit)herausgeber von 3 Fachbüchern.

Mitgliedschaften
Deutsche Gesellschaft für Materialkunde, Deutsche Physikalische Gesellschaft, American Physical Society, Materials Research Society, The Metals, Minerals and Materials Society, Sigma Xi.

Auszeichnungen/Ehrungen
Masing-Preis der Deutschen Gesellschaft für Metallkunde (1982), Heisenberg-Stipendium (1981–1983).

Anschrift
Institut für Metallkunde und Metallphysik, RWTH Aachen, 52056 Aachen

Günther, Rolf W., Prof. Dr. med.
Geboren am 24. Februar 1943 in Straßburg

1963–1968	Medizinstudium in Heidelberg und Wien
1968	Staatsexamen und Promotion in Heidelberg
1971	Approbation und Beginn der Facharztweiterbildung an der Universitätsstrahlenklinik Heidelberg
1975	Facharztanerkennung
1972–1984	Wissenschaftlicher Assistent am Institut für Klinische Strahlenkunde Mainz
1979	Habilitation (Universität Mainz)
1980	Ernennung zum C2-Professor
seit 1984	Ordinarius für Radiologische Diagnostik am Klinikum der Rheinisch-Westfälischen Technischen Hochschule Aachen

Forschungsgebiete
Interventionelle Radiologie, Sonographie, Computertomographie.

Publikationen
350 Publikationen und 340 Vorträge. Bücher: *Ultraschalldiagnostik* (1989), *Interventionelle Radiologie* (1988, Neuauflage 1995), *Jahrbuch Radiologie* (1991–1995). Mitherausgeber der Zeitschriften *Fortschritte auf dem Gebiet der Röntgenstrahlen* (seit 1991) und *Cardiovascular and Interventional Radiology* (seit 1990). Mehrere Patente und Gebrauchsmuster.

Mitgliedschaften
Mitglied mehrerer Fachgesellschaften, Vorsitzender der Rheinisch-Westfälischen Röntgengesellschaft (1990/91), Mitglied des Exekutivkomitees der Cardiovascular and Interventional Radiological Society of Europe (seit 1992), korrespondierendes Mitglied der Österreichischen Röntgengesellschaft, Fachgutachter der Deutschen Forschungsgemeinschaft (seit 1992).

Auszeichnungen/Ehrungen
C.E.-Alken-Preis (Urologie) (1981), Ehrenmitglied der Kgl.-Belgischen Röntgengesellschaft.

Anschrift
Klinik für Radiologische Diagnostik, Medizinischen Fakultät, RWTH Aachen, Pauwelsstraße 30, 52057 Aachen

Habersetzer, Jörg, Dr. phil. nat.
Geboren am 11. April 1952 in Münden/Niedersachsen

1971–1985	Studium der Biologie und Humanmedizin (Wahlfach Radiologie) in Göttingen und Frankfurt. Erarbeitung von Röntgenverfahren zur Untersuchung von zoologischen Objekten und von Fossilien (Prof. Klemencic), wissenschaftlicher Angestellter an der Universität Frankfurt
1983	Promotion in Biologie über Verhalten, Echoortung und Flugbiologie von Fledermäusen (Prof. Neuweiler, München)
seit 1985	Wissenschaftliche Tätigkeit am Forschungsinstitut Senckenberg

Forschungsgebiete
Weiterentwicklung digitaler und mikroradiologischer Methoden für die Untersuchung von Wirbeltieren, Arbeiten über Messeler Fledermäuse und rezente Fledermäuse aus Indien und Malaysia.

Publikationen
27 Veröffentlichungen.

Mitgliedschaften
Deutsche Paläontologische Gesellschaft, Senckenbergische Naturforschende Gesellschaft.

Anschrift
Forschungsinstitut Senckenberg, Senckenberganlage 25, 60325 Frankfurt

Hagen, Thomas, Dr. med.
Geboren am 22. September 1965 in Kempten

1986–1992	Studium der Humanmedizin an der Ludwig-Maximilians-Universität (LMU) München
1992	Ärztliche Prüfung
1992/93	Arzt im Praktikum an der Neurochirurgischen und Radiologischen Klinik, Klinikum Großhadern, München
1993	Promotion am Institut für physikalische Biochemie der LMU München
seit 1993	Assistent am Institut für Neuroradiologie, Universitätskliniken des Saarlandes, Homburg/Saar

Forschungsgebiete
Digitale Bildverarbeitung, computergestützte Auswertesysteme.

Publikationen
8 Publikationen, darunter 2 Buchbeiträge.

Auszeichnungen
Stipendiat der John-Lösch-Stiftung (LMU München) (1988–1992).

Anschrift
Institut für Neuroradiologie, Universitätskliniken des Saarlandes, 66421 Homburg/Saar

Hartung, Klaus, Prof. Dr. med. vet.
Geboren am 26. Februar 1938 in Oldenburg

1957–1962	Studium in Berlin und München
1962	Staatsexamen in München
1962	Approbation als Tierarzt, Promotion zum Dr. med. vet.
1963	Assistent am Institut für Röntgenologie, Tierzahnheilkunde und Veterinärorthopädie der Freien Universität Berlin
1966	Oberassistent
1970	Habilitation für das Fach Radiologie in der Veterinärmedizin
1970	Ernennung zum Professor am Fachbereich Vetrinärmedizin der Freien Universität Berlin

Forschungsgebiete
Strahlenschutz bei der Anwendung von Röntgenstrahlen in der Tiermedizin, Röntgendiagnostik bei Groß- und Kleintieren, Röntgenentzündungstherapie.

Publikationen
ca. 70 Fachveröffentlichungen.

Mitgliedschaften
Sprecher der Fachgruppe Radiologie der Deutschen Veterinärmedizinischen Gesellschaft, Vorsitzender der Fachgruppe Radiologie der Akademie für Tierärztliche Fortbildung; President elect (1991) und President (1994) der International Veterinary Radiology Association. Foundation member des European College of Veterinary Diagnostic Imaging.

Anschrift
Klinische Radiologie, Fachbereich Veterinärmedizin, Freie Universität Berlin, Oertzenweg 19b, 14163 Berlin

Heidt, Heinrich, Dr.-Ing. Dipl. Ing.
Geboren am 7. Mai 1949 in Berlin

1967–1971	Studium der Elektrotechnik an der Technischen Hochschule Darmstadt (Diplom)
1972–1978	Forschung am Lehrstuhl Landtechnik und Baumaschinen, Technische Universität Berlin
1976	Promotion
1978–1992	Laborleiter Strahlenverfahren und Strahlenschutz an der Bundesanstalt für Materialforschung und -prüfung in Berlin
seit 1992	Geschäftsführender Direktor der Materialforschungs- und -prufanstalt

Forschungsgebiete
Durchstrahlungsverfahren, Bildverarbeitung, Computertomographie, Tropfengrößenanalyse, Meß- und Prüftechnik.

Publikationen
ca. 130 Veröffentlichungen und 150 Vorträge.

Mitgliedschaften
Mitglied im Verband der Materialprüfungsämter, Beiratsmitglied der Deutschen Gesellschaft für Zerstörungsfreie Prüfung, Obmann von Normausschüssen bei DIN, CEN (Comité Européen de Coordination des Normes) und ISO (International Organization for Standardization).

Anschrift
Materialforschungs- und -prüfanstalt Weimar, Postfach 310, 99404 Weimar

Herrmann, Bernd, Prof. Dr. rer. nat.
Geboren am 3. Februar 1946 in Berlin

1965–1970	Studium der Anthropologie, Zoologie, Geologie, Paläontologie und Biomathematik an der Freien Universität Berlin
1970	Diplom (Biologie)
1973	Promotion
1975	Habilitation an der Freien Universität Berlin
seit 1978	Professor für Anthropologie an der Universität Göttingen

Forschungsgebiete
Historische Anthropologie, Umweltgeschichte, Humanökologie.

Publikationen
Zahlreiche Aufsätze in Fachzeitschriften; Mitautor bzw. Herausgeber von Fachbüchern, z. B. *Mensch und Umwelt im Mittelalter* (1986), *Prähistorische Anthropologie* (1990), *Ancient DNA* (1993), *Archäometrie* (1994). Mitherausgeber der *Naturwissenschaften* und des *Anthropologischen Anzeigers.*

Mitgliedschaften
Gesellschaft für Anthropologie; European Anthropological Association; Gesellschaft für Primatologie; American Association of Physicians and Anthropologists; The Galton Institute (London), Mediaevistenverband; Human Genome Organisation.

Anschrift
Institut für Anthropologie, Georg-August-Universität, Bürgerstraße 50, 37073 Göttingen

Heuck, Friedrich H.W., Prof. Dr. med. und Hon.-Prof.
Geboren am 20. Januar 1921 in Glogau/Schlesien

1939–1944	Studium der Humanmedizin in Berlin, Danzig, Innsbruck und Wien
1944	Staatsexamen in Berlin
1944	Promotion in Danzig
1957	Habilitation für Röntgenologie und Strahlenheilkunde an der Medizinischen Fakultät der Universität Kiel
1963	Außerplanmäßiger Professor an der Universität Kiel
1964	Ärztlicher Direktor am Zentralen Röntgeninstitut (später Radiologisches Institut im Zentrum Radiologie) des Katharinenhospitals der Stadt Stuttgart, Lehrkrankenhaus der Universität Tübingen
1969	Berufung auf den Lehrstuhl für Radiologie der Universität Hamburg
1969	Lehrauftrag an der Universität Stuttgart (Biomedizinische Technik)
1970	Honorarprofessor der Universität Stuttgart
1971	Außerplanmäßiger Professor für Radiologie an der Universität Tübingen
1986	Versetzung in den Ruhestand

Forschungsgebiete
Pathomorphologie, Mikroradiographie und Radiologie der Skeletterkrankungen, insbesondere generalisierter Osteopathien; qualitative und quantitative Analyse des Knochens. Klinisch-radiologische Studien der Kreislaufdynamik mit densitometrischen Verfahren. Morphologie und Radiologie der Lunge. Radiologische Diagnostik von Pankreas und Gallenwegen.

Publikationen
328 wissenschaftliche Veröffentlichungen in verschiedenen, vorwiegend radiologischen Zeitschriften. Referate, Vorträge, Fortbildung auf nationalen und internationalen Tagungen. 6 wissenschaftliche Filme zu verschiedenen Themen. Autor zahlreicher Monographien und Buchbeiträge, Herausgeber und Mitherausgeber von Hand- und

Lehrbüchern, u. a. *Skelet* (Bd. 1 und 2) in R. Haubrich: *Klinische Röntgendiagnostik innerer Krankheiten* (1972); *Handbuch der medizinischen Radiologie* (seit 1971), danach *Medical Radiology* (seit 1985); Lehrbuchreihe: *Klinische Radiologie* (seit 1986); *Radiology Today*, Bd. 1-4 (seit 1980); *Frontiers in European Radiology* (1982-1993). Mitherausgeber der Zeitschriften *Biomedizinische Technik* (seit 1970), *Der Radiologe* (seit 1973), *Skeletal Radiology* (seit 1976).

Mitgliedschaften
Mitglied zahlreicher medizinischer Fachgesellschaften, Mitglied des Präsidiums und stellv. Präsident der Arbeitsgemeinschaft Wissenschaftlicher Medizinischer Fachgesellschaften (1986-1990); Präsident der Vereinigung Südwestdeutscher Radiologen und Nuklearmediziner (1968), des Deutschen Röntgenkongresses (1972), der Deutschen Gesellschaft für Osteologie (1986-1988); Meeting Chairman (1979, 1990), President elect (1982-1984) und President (1984-1986) der International Skeletal Society. Fachgutachter der Deutschen Forschungsgemeinschaft für Klinische Strahlenkunde (1975-1983), Berufung in den Sachverständigenbeirat des Ministeriums für Arbeit und Sozialordnung (1980).

Auszeichnungen/Ehrungen
Korrespondierendes Mitglied (1965) und Ehrenmitglied (1981) der Österreichischen Röntgengesellschaft, korrespondierendes Mitglied der Finnischen Radiologengesellschaft (1976). Ehrenmitglied der Radiologischen Gesellschaft in der J. E. Purkyne Medizinischen Gesellschaft der Tschechoslowakei (1981), der Ungarischen Radiologengesellschaft (1984), der Kgl.-Belgischen Radiologengesellschaft (1984), der Vereinigung Südwestdeutscher Radiologen und Nuklearmediziner (1985), der Deutschen Röntgengesellschaft (1988), der Bulgarischen Radiologengesellschaft (1990), der Deutschen Gesellschaft für Biomedizinische Technik (1991), der International Skeletal Society (1991), der Deutschen Gesellschaft für Osteologie (1992). Olle Olsson-Lecture, Universität Lund (1987); „Founders Lecture" der International Skeletal Society (Salzburg 1990). Albers-Schönberg-Medaille der Deutschen Röntgengesellschaft (1984), Carl-Wegelius-Medaille der Finnischen Gesellschaft für Radiologie (1986), Bundesverdienstkreuz (1986), Boris Rajewsky-Medal der European Association of Radiology (1993), Founders Gold Medal der International Skeletal Society (1995).

Anschrift
Ehem. Radiologisches Institut am Katharinenhospital der Stadt Stuttgart, Kriegsbergstraße 60, 70174 Stuttgart
Privat: Hermann-Kurz-Straße 5, 70192 Stuttgart

Huber, Robert, Prof. Dr. rer. nat. Dr. h. c. mult.
Geboren am 20. Februar 1937 in München

1960	Diplom in Chemie an der Technischen Universität München
1963	Promotion (Dr. rer. nat.)
1968	Habilitation
1972	Wissenschaftliches Mitglied der Max-Planck-Gesellschaft und Direktor am Max-Planck-Institut für Biochemie
1976	Außerplanmäßiger Professor an der Technischen Universität München

Forschungsgebiete
Struktur und Funktion von biologischen Makromolekülen. Strukturelle Grundlage von Protein-Protein- und Protein-Ligand-Interaktionen; Flexibilität und ihre funktionelle Bedeutung. Systeme: Proteaseinhibitoren, Proteasen, Antikörper und Enzymkomplexe, Proteine der Photosynthese, Proteine des Energie- und Elektronentransports. Experimentelle und theoretische Methoden für die Röntgenkristallographie von Proteinen. Patterson-Methoden, strukturelle Verfeinerung, Intensitätsmessungen.

Publikationen
457 Publikationen, Herausgeber des *Journal of Molecular Biology*.

Mitgliedschaften
Deutsche Chemische Gesellschaft, Gesellschaft für Biologische Chemie, Europäische Molekuarbiologie-Organisation (EMBO).

Auszeichnungen/Ehrungen
Mitglied der Bayerischen Akademie der Wissenschaften, der Deutschen Akademie der Naturforscher Leopoldina, der Accademia Nazionale dei Lincei, des Ordens Pour le Mérite für Wissenschaften und Künste. Korrespondierendes Mitglied der Kroatischen Akademie der Wissenschaften; Ehrenmitglied der American Society of Biological Chemists, der Schwedischen Gesellschaft für Biophysik und der Japanese Biochemical Society.
E.K.-Frey-Medaille, Gesellschaft für Chirurgie (1972); Otto-Warburg-Medaille, Gesellschaft für Biologische Chemie (1977); Emil-von-Behring-Medaille, Universität Marburg (1982); Keilin Medal, Biochemical Society (1987); Richard-Kuhn-Medaille, Gesellschaft Deutscher Chemiker (1987); Dr. h. c., Université Catholique de Louvain (1987); Nobelpreis für Chemie (1988); E. K. Frey/E. Werle-Gedächtnismedaille (1989); Dr. h. c., Universität von Ljubljana (1989); Kone Award, Association of Clinical Biochemists (1990); Dr. h. c. für Medizin und Chirurgie, Universität Tor Vergata, Rom (1991); Sir-Hans-Krebs-Medaille, Federation of European Biochemical Societies (1992); Bayerischer Maximiliansorden für Wissenschaft und Kunst (1993).

Anschrift
Abteilung für Strukturforschung, Max-Planck-Institut für Biochemie, Am Klopferspitz 18a, 82152 Martinsried

Hümmer, Kurt, Prof. Dr. rer. nat.
Geboren am 3. April 1939 in Forchheim/Oberfranken

1958–1965	Studium der Physik (Diplom) an der Universität Erlangen-Nürnberg
1971	Promotion über magnetooptische Eigenschaften im Bereich der Eigenabsorption von II-VI-Verbindungen
1978	Habilitation über Kristalloptik der exzitonischen Polarisationen in einachsigen Kristallen
1979	Ernennung zum Professor für Kristallographie an der Universität Erlangen-Nürnberg
1992	Berufung auf den Lehrstuhl für Kristallographie und Leiter des Instituts für Kristallographie der Universität Karlsruhe (TH)

Forschungsgebiete
Kristallstrukturbestimmung mit Röntgenstrahlen unter Einsatz von Synchrotronstrahlung. Dynamische Theorie der Röntgenbeugung mit dem Schwerpunkt auf Mehrstrahlanregungen. Experimentelle Bestimmung von Phasenbeziehungen zwischen Bragg-Reflexen mit Hilfe des Mehrstrahlfalls und deren Anwendung zur Bestimmung der Polarität und Chiralität von Leichtatomstrukturen (Naturstoffe, pharmazeutische Wirkstoffe) sowie zur Kristallstrukturbestimmung von Makromolekülstrukturen (Proteine) durch Kombination mit statistischen Methoden.

Publikationen
Etwa 60 Publikationen in Periodika.

Mitgliedschaften
Deutsche Gesellschaft für Kristallographic, Deutsche Physikalische Gesellschaft.

Anschrift
Institut für Kristallographie, Universität Karlsruhe (TH), Postfach 6980, 76128 Karlsruhe

Jungius, Karl-Peter, Dr. med.
Geboren am 8. März 1965 in Frankfurt am Main

1986–1992	Studium der Medizin an den Universitäten Mainz, Würzburg, Heidelberg und Rotterdam
1992	Ärztliche Prüfung an der Universität Heidelberg
1994	Approbation
1994	Promotion an der Universität Würzburg
seit 1993	Wissenschaftlicher Mitarbeiter von Prof. Dr. M. Georgi am Institut für Klinische Radiologie am Klinikum der Stadt Mannheim (Fakultät für Klinische Medizin der Universität Heidelberg), zunächst als Arzt im Praktikum, dann als Assistenzarzt in der Weiterbildung zum Arzt für diagnostische Radiologie

Forschungsgebiet
In-vivo-Magnetresonanzspektroskopie.

Mitgliedschaften
Deutsche Röntgengesellschaft, Vereinigung Südwestdeutscher Radiologen und Nuklearmediziner.

Anschrift
Institut für Klinische Radiologie, Klinikum der Stadt Mannheim, Fakultät für Klinische Medizin, Universität Heidelberg, Theodor-Kutzer-Ufer 1–3, 68167 Mannheim

Kauffmann, Günter W., Prof. Dr. med.
Geboren am 3. Januar 1942 in München

1961–1966	Studium der Medizin in München
1966	Staatsexamen
1967–1969	Medizinalassistenz in München
1970–1972	Ausbildung an der University of Massachusetts in Worcester/Mass. (Innere Medizin und Chirurgie)
1973–1987	Radiologische Diagnostik an der Universitätsklinik Freiburg (Prof. Wenz)
1978	Habilitation
seit 1988	Professor C4, Ärztlicher Direktor der Abteilung für Radiologische Diagnostik der Universität Heidelberg

Forschungsgebiete
Bildgebende Diagnostik der Gallengänge, klinische Diagnostik von Knochentumoren und Knochenentzündung, Interventionsradiologie.

Publikationen
Über 150 Publikationen, darunter zahlreiche Buchbeiträge. Herausgeber: *Röntgenfibel* (1974), *Gefäßintervention* (1994).

Mitgliedschaften
Cardiovascular and Interventional Radiological Society of Europe, Society of Cardiovascular and Interventional Radiology, International Society of Biliary Radiology, Deutsche Röntgengesellschaft.

Anschrift
Abteilung Radiodiagnostik, Radiologische Universitätsklinik der Ruprecht-Karls-Universität Heidelberg, Im Neuenheimer Feld 110, 69120 Heidelberg

Kimmig, Bernhard N., Prof. Dr. med. Dr. rer. nat.
Geboren am 6. Dezember 1947 in Bad Peterstal/Baden

1967–1973	Studium der Physik an der Universität Heidelberg. Danach (bis 1977) Teilzeitbeschäftigung als Physiker an der Universitäts-Strahlenklinik Heidelberg
1971–1977	Studium der Medizin. Abschluß mit der Promotion über ein Verfahren zur Berechnung von Dosisverteilungen schneller Elektronen
1979–1985	Ausbildung in radiologischer Diagnostik, Nuklearmedizin und Strahlentherapie
1982	Promotion in Physik über ein Verfahren zur Dosimetrie bei der Therapie mit Jod 131
1986	Habilitation und Ernennung zum Privatdozenten mit der Venia legendi für das Fach Klinische Radiologie
1986–1991	Oberarzt an der Radiologischen Universitätsklinik Heidelberg (Strahlentherapie)
seit 1991	Direktor der Klinik für Strahlentherapie (Radioonkologie) und (seit 1992) Leiter des Tumorzentrums an der Christian-Albrechts-Universität Kiel

Forschungsgebiete
Dosimetrie, computergestützte Bestrahlungsplanung. Thema der Habilitation: Selektive Strahlentherapie endokrin aktiver Tumoren - biophysikalische Grundlagen, Pharmakokinetik und Dosimetrie. Leitung einer Forschungsgruppe am Deutschen Krebsforschungszentrum mit den Forschungsschwerpunkten: Therapie mit schnellen Neutronen, stereotaktische Methoden in der Strahlentherapie von Tumoren des ZNS.

Auszeichnungen/Ehrungen
Holthusen-Ring der Deutschen Röntgengesellschaft (1990).

Anschrift
Klinik für Strahlentherapie (Radioonkologie), Christian-Albrechts-Universität Kiel, Arnold-Heller-Straße 9, 24105 Kiel

Lamparter, Peter, Dr. rer. nat. Dipl.-Phys.
Geboren am 23. Februar 1943 in Stuttgart

1963–1969	Physikstudium an der Universität Stuttgart
1971	Diplomarbeit am Max-Planck-Institut für Metallforschung, Stuttgart
1976	Promotion an der Universität Stuttgart
seit 1976	Wissenschaftlicher Mitarbeiter am Max-Planck-Institut, Stuttgart
1984/85	Gastwissenschaftler am Oak Ridge National Laboratory

Forschungsgebiete
Strukturaufklärung mit Röntgen- und Neutronenbeugung und mit EXAFS, Struktur und Eigenschaften amorpher und flüssiger Materie.

Publikationen
Etwa 50 Veröffentlichungen, darunter einige Buchbeiträge.

Mitgliedschaften
Deutsche Gesellschaft für Materialkunde.

Anschrift
Institut für Werkstoffwissenschaft, Max-Planck-Institut für Metallforschung, Seestraße 92, 70174 Stuttgart

Macherauch, Eckard, Prof. Dr. rer. nat. Dr.-Ing. E. h. mult.
Geboren am 30. September 1926 in Stadtilm/Thüringen

1948–1953	Physikstudium an der TH Stuttgart (Diplom)
1953–1955	Wissenschaftlicher Mitarbeiter am Röntgeninstitut bei Prof. Dr. phil. Dr. med. h. c. R. Glocker
1955	Promotion
1955–1960	Wissenschaftlicher Mitarbeiter am Institut für Metallphysik am Max-Planck-Institut für Metallforschung in Stuttgart
1960	Habilitation für Metallphysik an der TH Stuttgart
1960–1966	Abteilungsleiter am Max-Planck-Institut für Metallforschung
1966–1994	Ordinarius für Werkstoffkunde an der Universität Karlsruhe

Forschungsgebiete
Allgemeine Werkstoffkunde; Strukturmechanik; Bruchmechanik; Materialprüfung; Schadenskunde. Röntgenographische Spannungsanalyse; Struktur-Eigenschafts-Beziehungen metallischer Werkstoffe; Vielkristallplastizität und Bruchvorgänge; isotherme und thermische Ermüdung; mechanische Eigenschaften bei hohen Temperaturen; Randschichtphänomene; Wärmebehandlung metallischer Werkstoffe; Entstehung, Erfassung, Berechnung und Bewertung von Eigenspannungen.

Publikationen
420 Veröffentlichungen, Mitherausgeber mehrerer wissenschaftlicher Zeitschriften, Buchreihen und Tagungsbände. Lehrbücher: *Praktikum in Werkstoffkunde*, 10. Aufl., *Röntgen- und Kernphysik für Mediziner und Biophysiker* (gemeinsam mit R. Glocker), 2. Aufl., *Einführung in die Versetzungslehre*, 6. Aufl.

Mitgliedschaften
Mitglied des Verwaltungsrats der Universität Karlsruhe (TH) (1970–1979), Mitglied mehrerer Kuratorien, Mitglied von zwei Stiftungsvorständen, Mitglied des Wissenschaftsrates (1985–1990). Ordentliches Mitglied der Heidelberger Akademie der Wissenschaften. Deutsche Gesellschaft für Materialkunde, Deutsche Physikalische Gesellschaft, Verein Deutscher Eisenhüttenleute, Verein Deutscher Gießereifachleute, Deutscher Verband für Materialprüfung, American Society for Metals. Fachgutachter wissenschaftsfördernder Institutionen.

Ehrungen/Auszeichnungen
Erich-Siebel-Gedenkmünze (1979), Honorary Professor der Xi'an Jiaotong University (1982), Emil-Heyn-Denkmünze (1984), Dr.-Ing. E. h. (TH Darmstadt, 1984), Sherman Fairchild Distinguished Scholarship (Caltec, Pasadena, 1987), Röntgen-Plakette (1988), Fellow of the Society of the ASM (1988), Adolf-Martens-Medaille (1988), Award der Wallenberg Foundation (Swedish Academy of Engineering, 1988), Karl-Wellinger-Ehrenmedaille (1992), Dr.-Ing. E. h. (RWTH Aachen, 1993).

Anschrift
Institut für Werkstoffkunde I, Universität Karlsruhe (TH), Kaiserstraße 12, 76128 Karlsruhe
Privat: Nonnenbühl 10, 76227 Karlsruhe

Menz, Wolfgang, Prof. Dr. rer. nat.
Geboren am 18. August 1938 in Berlin

1958–1965	Studium der Physik in Bonn und Hamburg
1965	Diplom am Institut für angewandte Physik in Hamburg (Prof. Dr. H. Raether)
1967	Promotion (ebenda)
1967–1989	Tätigkeit in der Industrie (Forschung und Entwicklung) bei den Firmen IBM und Robert Bosch AG
1989	Ruf an die Universität Karlsruhe auf eine C4-Professur für Mikrostrukturtechnik und Übernahme der Leitung des Instituts für Mikrostrukturtechnik (Gemeinschaftsinstitut des Kernforschungszentrums Karlsruhe und der Universität Karlsruhe)

Forschungsgebiete
Mikrosystemtechnik.

Publikationen
50 Veröffentlichungen im Fachgebiet, darunter das Lehrbuch *Mikrosystemtechnik für Ingenieure* (1993).

Anschrift
Institut für Mikrostrukturtechnik, Kernforschungszentrum Karlsruhe, Postfach 3640, 76021 Karlsruhe

Mohr, Jürgen, Dr.-Ing. Dipl. Phys.
Geboren am 28. Februar 1957 in Karlsruhe

1977–1983	Studium der Physik an der Universität Karlsruhe
1983	Diplom auf dem Gebiet der Photovoltaik am Institut für Angewandte Physik der Universität Karlsruhe (unter Prof. Dr. Ruppel)
seit 1986	Wissenschaftlicher Angestellter des Kernforschungszentrums Karlsruhe
1987	Promotion auf dem Gebiet der Röntgentiefenlithographie am Institut für Kernverfahrenstechnik des Kernforschungszentrums Karlsruhe (unter Prof. Dr. Becker und Prof. Dr. Ehrfeld)
1987–1993	Leiter der Gruppe Grundlagen der Röntgentiefenlithographie am Institut für Mikrostrukturtechnik des Kernforschungszentrums Karlsruhe
seit 1993	Leiter der Abteilung Röntgentiefenlithographie (ebenda)

Forschungsgebiete
Wissenschaftliche und prozeßtechnische Fragestellungen zur Herstellung von Mikrostrukturen mit Synchrotronstrahlung; Anwendungsbeispiele von Mikrostrukturen im Bereich der Sensorik, Aktorik und Mikrooptik.

Publikationen
Etwa 40 Veröffentlichungen auf dem Gebiet der Röntgentiefenlithographie und im Bereich mikrosystemtechnischer Anwendungen.

Mitgliedschaften
Institute of Electrical and Electronic Engineers, Fachausschuß Mikroaktorik der VDE/VDI-Gesellschaft für Mikroelektronik.

Anschrift
Institut für Mikrostrukturtechnik, Kernforschungszentrum Karlsruhe, Postfach 3640, 76021 Karlsruhe

Müller, Jürgen, Dr. med.
Geboren am 5. Mai 1963 in Würzburg

1984–1990	Studium der Medizin in Würzburg und der Philosophie in Würzburg und Saarbrücken (seit 1989)
seit 1991	Assistenzarzt im Institut für Neuroradiologie sowie in der Neurologischen und der Psychatrischen Klinik der Universität des Saarlandes
1991	Promotion im Fach Medizingeschichte (Thema: „Oskar Panizza - Versuch einer immanenten Interpretation")

Forschungsgebiete
Risikofaktoren zerebraler Makro- und Mikroangiopathien; Kasuistiken zur Neurozystizerkose, zur spinalen Subarachnoidalblutung durch sklerodermieinduzierte Aneurysmen und zur neuropsychologischen Analyse von Teilleistungsstörungen. Medizingeschichtliche Forschungen (O. Panizza, A. Bingel, Neuroproktologie).

Publikationen
Edition der in Textübertragung herausgegebenen *Imperjalja* und Rundfunkinterview zu Oskar Panizza (1993). Weitere medizingeschichtliche Arbeiten über Oskar Panizzas antipsychatrisches Konzept und Adolf Bingel, den Miterfinder der Pneumenzephalographie. Verschiedene klinische Kasuistiken.

Auszeichnungen/Ehrungen
Preis der Unterfränkischen Gedenkjahrstiftung (1992).

Anschrift
Institut für Neuroradiologie der Universität des Saarlandes, 66421 Homburg/Saar

Nabel, Eberhard, Dipl.-Ing.
Geboren am 14. April 1944 in Langenfelde

1963–1970	Studium der Nachrichtentechnik an der Technischen Universität Berlin, Mitarbeit am Institut für Lichttechnik
seit 1970	Wissenschaftlicher Mitarbeiter an der Bundesanstalt für Materialforschung und -prüfung in Berlin, Fachgruppe Zerstörungsfreie Prüfung

Forschungsgebiete
Grobstrukturprüfung mit Ultraschall und Radiographie.

Publikationen
Etwa 180 Veröffentlichungen und Fachvorträge.

Mitgliedschaften
Deutsche Gesellschaft für Zerstörungsfreie Prüfung.

Anschrift
Bundesanstalt für Materialforschung und -prüfung, Unter den Eichen 87, 12205 Berlin

Neff, Hans, Prof. Dr. rer. nat.
Geboren am 11. Juni 1920 in Baden-Baden

1940	Beginn des Studiums der Physik an der Universität (TH) Karlsruhe
1946–1951	Fortsetzung des Physikstudiums
1949	Dipl.-Phys.
1951	Promotion
1951–1981	Angestellter bei der Siemens AG
1956	Laborvorstand für Röntgenanalysegeräte
1966	Prokurist und Entwicklungsleiter für Analysegeräte und Elektronenmikroskope
1975	Leiter der Applikationslaboratorien für instrumentelle Analytik
1958–1990	Nebentätigkeit an der Universität (TH) Karlsruhe
1958	Lehrauftrag für Röntgenographie
1964	Habilitation und Venia legendi für das Fach Physik
1970	Außerplanmäßiger Professor
1981–1990	Freier Mitarbeiter im Institut für Werkstoffkunde I

Forschungsgebiete
Röntgendiffraktometrie, Röntgenfluoreszenzanalyse und Texturbestimmungen.

Publikationen
2 Fachbücher (*Röntgen-Feinstruktur-Analyse,* 1959, und *Physikalische Meßtechnik,* 1976) sowie 35 weitere Veröffentlichungen.

Mitgliedschaften
Gesellschaft Deutscher Naturforscher und Ärzte, Deutsche Physikalische Gesellschaft, Deutsche Mineralogische Gesellschaft, Deutsche Gesellschaft für Kristallographie, Deutsche Gesellschaft für Materialkunde.

Anschrift
Grünberger Straße 17a, 76139 Karlsruhe

Nüsperling, Eva-Maria, cand.-ing.
Geboren am 31. Dezember 1969 in Köln

Seit 1989	Studium des Hüttenwesens mit Vertiefungsgebiet Metallkunde an der Technischen Universität Berlin (Abschluß voraussichtlich im März 1995)
1993	Gastsemester am Institut für Metallkunde und Metallphysik der RWTH Aachen

Forschungsgebiete
Herstellung und Eigenschaften von Legierungen, Batterielegierungen, Mischungsenthalpieuntersuchungen.

Mitgliedschaften
Stipendiatin und Mitglied des Vereins Deutscher Eisenhüttenleute.

Anschrift
Mollwitzstraße 3, Apt. 312, 14059 Berlin

Penning, Randolph L.K.A., Priv.-Doz. Dr. med. habil. cand. iur.
Geboren am 23. September 1954 in Plainfield, New Jersey

1974–1981	Studium der Medizin in München
1981–1987	Studium der Rechtswissenschaften in München
1981	Staatsexamen und Approbation als Arzt
1983	Promotion
1988	Facharztanerkennung für Rechtsmedizin
1990	Habilitation zum Thema „Alterskorrelierte Schätzung der Körpergröße aus Längenmaßen der Extremitätenknochen"

Forschungsgebiete
Forensische Anthropologie und Identifizierungsfragen, Arztrecht, Drogentodesfälle.

Publikationen
83 Publikationen und Buchbeiträge, 31 Abstracts zu vorwiegend rechtsmedizinischen Themen.

Mitgliedschaften
Deutsche Gesellschaft für Rechtsmedizin, Deutsche Gesellschaft für Medizinrecht, Identifizierungskommission des Bundeskriminalamts.

Anschrift
Institut für Rechtsmedizin, Universität München, Frauenlobstraße 7a, 80337 München

Perdieus, Pieter, Ingenieur
Geboren am 15. September 1957 in Menen/Belgien

1975–1980	Studium der Ingenieurswissenschaften, Fachrichtung Metallurgie, an der Katholischen Universität Löwen (Katholieke Universiteit Leuven)
1980	Burgerlijk Metallurgisch Ingenieur (entspr. Dipl.-Ing.)
1980–1982	Wissenschaftlicher Mitarbeiter der Abteilung Metallurgie an der Katholischen Universität
ab 1983	Angestellter bei Agfa-Gevaert N. V. in Mortsel/Belgien
1983–1989	Systemingenieur, Abteilung Technische Verkaufsunterstützung der Sparte Röntgen
seit 1990	Projektleiter, Abteilung Forschung und Entwicklung, Business Unit NDT

Forschungsgebiete
Bildqualität von Röntgensystemen.

Publikationen
Mehrere Veröffentlichungen und Vorträge zum Fachgebiet.

Anschrift
Agfa-Gevaert N.V., PRO/NDT Abt. 3630, Septestraat 27, B-2640 Mortsel

Persigehl, Manfred, Prof. Dr. med.
Geboren am 20. Oktober 1943 in Setterich bei Aachen

1965–1971	Studium der Medizin in Köln, Aachen und Bonn
1971	Staatsexamen und Promotion in Bonn
1971–1976	Medizinische Ausbildung in der Medizinischen Universitätspoliklinik Bonn, im Medizinischen Institut der Kernforschungsanlage Jülich und in der Abteilung Radiologie der Rheinisch-Westfälischen Technischen Hochschule (RWTH) Aachen
1976	Facharzt für Radiologie
ab 1977	Oberarzt und leitender Oberarzt in der Abteilung Radiologie der RWTH Aachen
1980	Habilitation im Fach Radiologie
1983	Ernennung zum C3-Professor
1986	Ernennung zum außerplanmäßigen Professor
seit 1985	Chefarzt des Instituts für Diagnostische Radiologie des Klinikums Rosenheim

Forschungsgebiete
Gastrointestinale Radiologie, Computertomographie, interventionelle Radiologie.

Publikationen
122 Publikationen, u. a. Lehrbuchkapitel über Ösophagus einschl. Hypopharynx.

Mitgliedschaften
Deutsche und Bayerische Röntgengesellschaft, Deutsche Gesellschaft für Ultraschall in der Medizin, Radiological Society of North America, Society of Magnetic Resonance.

Anschrift
Institut für Diagnostische Radiologie, Klinikum Rosenheim, Pettenkoferstraße 10, 83022 Rosenheim

Peters, Peter-Edzard, Prof. Dr. med.
Geboren am 19. Oktober 1937 in Grossenhain/Sachsen

1959–1964	Studium der Medizin an den Universitäten Freiburg und München
1964	Staatsexamen in Freiburg
1966	Promotion an der Ludwig-Maximilians-Universität München
1975	Habilitation an der Westfälischen Wilhelms-Universität Münster
1967–1970	Fachausbildung an den Universitäten Zürich und Freiburg
1970/71	Research Fellow in Abdominal Imaging and Radiation Physics, Mallinckrodt Institute of Radiology, Washington University, St. Louis
1971–1973	Deutsche Klinik für Diagnostik
1973	Facharzt
1973–1978	Oberarzt an der Radiologischen Klinik der Universität Münster
1979–1983	Wissenschaftlicher Rat und Professor am Radiologischen Institut der Universität Köln
seit 1983	Direktor des Instituts für Klinische Radiologie der Universität Münster

Forschungsgebiete
Abdominelle Radiologie, Lymphologie, Intensivmedizin, PACS, Skelettradiologie, CT/MRT.

Publikationen
5 Monographien, ca. 250 Publikationen, zahlreiche Buchbeiträge. Herausgeber: *Der Radiologe.*

Mitgliedschaften
Mitglied im Wissenschaftlichen Beirat der WHO (seit 1989), Mitglied im European College of Radiologic Education (seit 1991). Delegierter der Deutschen Röntgengesellschaft bei der European Association of Radiology (seit 1991). Committee of International Radiology Education der Radiological Society of North America (seit 1991). Vorsitzender der Sektion Diagnostische Radiologie der Deutschen Röntgengesellschaft (1991–1994), Vorstandsmitglied der Deutschen Röntgengesellschaft (1991–1994). Mitglied im Wissenschaftlichen Beirat der Bundesärztekammer. Wahl (1994) zum Präsidenten des Deutschen Röntgenkongresses 1995. Mitglied in zahlreichen weiteren wissenschaftlichen Gesellschaften.

Anschrift
Institut für Klinische Radiologie, Medizinische Fakultät der Universität Münster, Albert-Schweitzer-Straße 33, 48129 Münster

Pfannenstiel, Claus, Dr. med.
Geboren am 7. Mai 1965 in Freiburg im Breisgau

1985–1992	Studium der Humanmedizin an den Universitäten Mainz, Tübingen und Maastricht
1992	Ärztliche Prüfung in Tübingen
1993	Promotion in Tübingen
seit 1993	Ärztliche Tätigkeit an der Medizinischen Fakultät der Rheinisch-Westfälischen Technischen Hochschule Aachen (zunächst Klinik für Radiologische Diagnostik, dann Kinderklinik)

Forschungsgebiete
Pädiatrische Pneumologie und Allergologie, interventionelle Radiologie, Tumorimmunologie.

Anschrift
Klinik für Radiologische Diagnostik, Medizinische Fakultät der RWTH Aachen, Pauwelstraße 30, 52057 Aachen

Piepgras, Uwe, Prof. Dr. med.
Geboren am 28. Februar 1933 in Bad Bramstedt/Schleswig-Holstein

1953–1958	Medizinstudium in Freiburg und Düsseldorf
1958	Medizinisches Staatsexamen in Düsseldorf
1960	Promotion an der Universität Kiel
1971	Habilitation an der Universität des Saarlandes, Medizinische Fakultät in Homburg/Saar
seit 1972	Direktor zunächst der Abteilung, seit 1982 des Instituts für Neuroradiologie der Universität des Saarlandes

Forschungsgebiete
Diagnostische Neuroradiologie, Nuklearmedizin, Neurokernspintomographie.

Publikationen
113 Veröffentlichungen, darunter 3 Fachbücher.

Mitgliedschaften
Vereinigung Südwestdeutscher Radiologen und Nuklearmediziner (1977/78 Erster Vorsitzender, 1978 Präsident der Jahrestagung); Berufsverband Deutscher Neuroradiologen (1985–1990 Präsident); Scientific Committee der European Association of Clinical Anatomy; Deutsche Gesellschaft für Neuroradiologie (1988–1990 Präsident); European Society of Neuroradiology (seit 1990 Vice-President).

Auszeichnungen/Ehrungen
Ehrenmitglied der Radiological Society of North America.

Anschrift
Institut für Neuroradiologie, Universität des Saarlandes, 66421 Homburg/Saar

Post, Karin, Dr. med.
Geboren am 15. November 1962 in Saarbrücken

1983–1989	Studium an der Universität Heidelberg, der University of Virginia, Norfolk, und am Kantonsspital Basel
1989	Promotion an der Universität Heidelberg
1990/91	Klinisches Jahr an der Chirurgischen Universitätsklinik Heidelberg
seit 1989	Wissenschaftliche Assistentin an der Abteilung für Radiodiagnostik und der Abteilung für Klinische Radiologie der Radiologischen Universitätsklinik Heidelberg

Forschungsgebiete
Gynäkologische Endokrinologie, CT-gesteuerte Knochendichtemessung, CT-Angiographie der Karotiden.

Publikationen
19 Veröffentlichungen.

Mitgliedschaften
Deutsche Röntgengesellschaft.

Anschrift
Abteilung für Radiodiagnostik, Radiologische Universitätsklinik Heidelberg, Im Neuenheimer Feld 110, 69120 Heidelberg

Preidler, Klaus-Werner, Dr. med. univ.
Geboren am 23. Juli 1963 in Graz

1982–1989	Medizinstudium an der Karl-Franzens-Universität Graz
1989	Promotion zum Dr. med. univ.
1989/90	Ausbildung in Allgemeinmedizin
seit 1990	Assistenzarzt an der Universitätsklinik für Radiologie der Karl-Franzens-Universität Graz

Forschungsgebiete
MR-Perfusionsstudien des Urogenitalsystems, Osteoporose.

Publikationen
13 Veröffentlichungen.

Mitgliedschaften
Mitglied der Österreichischen Röntgengesellschaft.

Anschrift
Universitätsklinik für Radiologie, Auenbrugger Platz 9, A-8036 Graz

Reinemer, Peter, Dr. rer. nat. Dipl.-chem.
Geboren am 23. März 1963 in Hilden/Rheinland

1983–1989	Studium der Chemie an der Heinrich-Heine-Universität Düsseldorf
1990	Diplom am Institut für Anorganische Chemie und Strukturchemie (Prof. Dr. G. Hägele)
1990–1993	Doktorarbeit am Max-Planck-Institut für Biochemie in Martinsried (Prof. Dr. R. Huber)
1993	Promotion
seit 1993	Post-Doktorand am Institut für Biotechnologie des Geschäftsbereichs Pflanzenschutz der Bayer AG, Monheim, und am Max-Planck-Institut für Biochemie in Martinsried

Forschungsgebiete
Röntgenstruktanalyse von Proteinen.

Publikationen
20 Veröffentlichungen.

Mitgliedschaften
Gesellschaft Deutscher Chemiker, Gesellschaft für Biologische Chemie, Deutsche Gesellschaft für Kristallographie.

Auszeichnungen/Ehrungen
Aufnahme in die Studienstiftung des Deutschen Volkes.

Anschrift
Abteilung für Strukturforschung, Max-Planck-Institut für Biochemie, Am Klopferspitz 18a, 82152 Martinsried

Rudolph, Dietbert, Dr. rer. nat. Dipl.-Phys.
Geboren am 30. September 1935 in Lobenstein/Thüringen

1956–1962	Studium der Physik in Tübingen und Göttingen
1962	Physik-Diplom
1973	Promotion an der Universitätssternwarte Göttingen
seit 1962	Wissenschaftlicher Mitarbeiter, Universität Göttingen

Forschungsgebiete
Astronomie, Optik, Röntgenphysik, Röntgenmikroskopie.

Publikationen
98 Veröffentlichungen, darunter 4 Buchbeiträge.

Anschrift
Forschungseinrichtung Röntgenphysik, Georg-August-Universität Göttingen, Geiststraße 11, 37073 Göttingen

Schmahl, Günter, Prof. Dr. rer. nat. Dipl.-Phys.
Geboren am 26. März 1936 in Wilhelmshaven

1956–1962	Studium der Physik in Hannover, Göttingen und Heidelberg
1962	Physik-Diplom
1966	Promotion an der Universitätssternwarte Göttingen
1972	Habilitation
1976–1980	Außerplanmäßiger Professor für Astronomie und Astrophysik an der Universität Göttingen
1980–1988	Professor für Astronomie und Astrophysik
seit 1988	Professor für Röntgenphysik

Forschungsgebiete
Astrophysik, Optik, Röntgenphysik, Röntgenmikroskopie.

Publikationen
107 Veröffentlichungen, darunter 9 Buchbeiträge.

Mitgliedschaften
Deutsche Physikalische Gesellschaft, Deutsche Gesellschaft für angewandte Optik, Deutsche Gesellschaft für Elektronenmikroskopie, Optical Society of America, European Synchrotron Radiation Society.

Auszeichnungen/Ehrungen
Niedersachsenpreis für Wissenschaft (1985), Röntgenplakette (1992). Ehrenmitglied der Gesellschaft der Freunde und Förderer des Deutschen Röntgenmuseums in Remscheid-Lennep.

Anschrift
Forschungseinrichtung Röntgenphysik, Georg-August-Universität Göttingen, Geiststraße 11, 37073 Göttingen

Schreyer, Herbert, Prof. Dr. med.
Geboren am 22. Januar 1933 in Graz

1951–1957	Medizinstudium an der Karl-Franzens-Universität Graz
1957	Promotion
1971	Habilitation für das Sonderfach Medizinische Radiologie
1974	Ernennung zum Professor und Leiter der Abteilung für spezielle radiologische und sonstige bildgebende Verfahren an der Universitätsklinik für Radiologie Graz

Forschungsgebiete
Uroradiologie, vaskuläre und interventionelle Radiologie.

Publikationen
155 wissenschaftliche Publikationen.

Mitgliedschaften
Österreichische Röntgengesellschaft (Präsident 1992–1995), Deutsche Röntgengesellschaft, Radiological Society of North America, European Society of Uroradiology.

Anschrift
Universitätsklinik für Radiologie Graz, Auenbruggerplatz 9, A-8036 Graz

Sonnabend, Eberhard, Prof. Dr. med. dent. Dr. med. h.c.
Geboren am 22. Januar 1923 in Bochum

1946–1955	Studium der Medizin und Zahnheilkunde in Göttingen
1950	Promotion zum Dr. med. dent.
ab 1951	Oberarzt der Chirurgischen Abteilung am Zahnärztlichen Institut der Universität Göttingen
1960	Habilitation
1960–1969	Leiter der Konservierenden Abteilung in Göttingen
1969–1992	Lehrstuhl für Zahnerhaltung und Parodontologie in München; Direktor der Klinik für Zahn-, Mund- und Kieferkrankheiten der Ludwig-Maximilians-Universität

Forschungsgebiete
Zahnärztliche Chirurgie, Zahnerhaltung und Parodontologie, zahnärztliche Radiologie, Umweltschutz.

Publikationen
Über 200 Publikationen, darunter Bücher und Buchbeiträge.

Mitgliedschaften
Mitglied mehrerer wissenschaftlicher zahnärztlicher Gesellschaften sowie der Deutschen Röntgengesellschaft.

Auszeichnungen/Ehrungen
Ehrenmitglied der Österreichischen, Ungarischen und Deutschen Gesellschaft für Mund-, Zahn- und Kieferheilkunde; Verdienstmedaillen der Universitäten Helsinki (Silber, Bronze), Budapest und Zagreb; Hermann-Euler-Medaille der Deutschen Gesellschaft für Zahn-, Mund- und Kieferheilkunde. Ehrenpromotion der Medizinischen Akademie Breslau.

Anschrift
Klinik für Zahn-, Mund- und Kieferkrankheiten, Universität München, Goethestraße 70, 80336 München

Spann, Wolfgang, Prof. Dr. med. Dr. h. c. mult.
Geboren am 29. August 1921 in Spalt

1939–1947	Studium der Humanmedizin
1948–1951	Studium der Rechtswissenschaften
1947	Promotion zum Thema „Der bakterielle Abbau des Tryptophans“
1947/48	Medizinalassistent
1948	Ärztliche Approbation
1948–1952	Volontärassistent, dann Wissenschaftlicher Assistent
1956	Habilitation zum Thema „Meteorologische Probleme in der Gerichtlichen Medizin“; Ernennung zum Privatdozenten
1966–1969	Professor für Gerichtliche Medizin an der Universität Freiburg und Direktor des Instituts für Gerichtliche und Versicherungsmedizin
1968/69	Dekan der Medizinischen Fakultät Freiburg
1969–1989	Professor und Vorstand des Instituts für Rechtsmedizin der Ludwig-Maximilians-Universität München
1970–1989	Dekan der Medizinischen Fakultät der Ludwig-Maximilians-Universität
1989	Emeritierung

Publikationen
290 Publikationen und Buchbeiträge.

Mitgliedschaften
Mitglied zahlreicher wissenschaftlicher Gesellschaften.

Ehrungen/Auszeichnungen
Bayerischer Verdienstorden (1981), Ehrendoktor der Universität Istanbul (1985), Bayerische Verfassungsmedaille in Silber (1990), Ehrendoktor der Universität Freiburg (1990), Bundesverdienstkreuz 1. Klasse (1994).

Anschrift
Institut für Rechtsmedizin der Ludwig-Maximilians-Universität, Frauenlobstraße 7a, 80337 München

Steeb, Siegfried, Prof. Dr. rer. nat.
Geboren am 28. Mai 1931 in Stuttgart

1952–1956	Physikstudium an der Universität Stuttgart
1956	Diplom (Prof. Dr. H. O. Kneser)
1958	Promotion zum Dr. rer. nat. (Prof. Dr. Dr. R. Glocker)
seit 1959	Wissenschaftlicher Mitarbeiter am Max-Planck-Institut für Metallforschung, Institut für Werkstoffwissenschaft
1971	Habilitation im Fachbereich Physik der Universität Stuttgart
1977	Außerplanmäßiger Professor im Fachbereich Physik der Universität Stuttgart

Forschungsgebiete
Erforschung der Struktur nichtkristalliner Materie mittels Röntgenstrahlbeugung, Neutronenbeugung und Elektronenbeugung sowie Absorption von Röntgenstrahlen (EXAFS und XANES). Erforschung der Struktur von kristallinen Dünnfilmsystemen. Experimentelle Bestimmung der elektronischen Zustandsdichte in Hochtemperatursupraleitern und amorphen Legierungen.

Publikationen
275 Publikationen; Herausgeber von 2, Autor von 5 Fachbüchern.

Auszeichnungen/Ehrungen
Medaille für die Anwendung moderner Röntgenmethoden in der Metallphysik beim 4ème Colloque International sur les Méthodes Analytiques avec Rayonnements X (Straßburg 1977). Tammann-Preis der Deutschen Gesellschaft für Metallkunde (1983).

Anschrift
Institut für Werkstoffwissenschaft, Max-Planck-Institut für Metallforschung, Seestraße 92, 70174 Stuttgart

Stender, Hans-Stephan, Prof. Dr. med.
Geboren am 4. Januar 1920 in Hannover

1940–1945	Studium der Medizin, Philosophie und Psychologie in Marburg, Gießen und Leipzig
1945	Medizinisches Examen
1947	Promotion
1945–1956	Weiterbildung in Innerer Medizin, Röntgenologie und Strahlenheilkunde in Gießen
1956–1965	Oberarzt an der Strahlenklinik der Universität Marburg
1957	Habilitation
1965–1985	Professor für Klinische Radiologie und Leiter der Radiologischen Abteilung der Medizinischen Hochschule Hannover
1969–1971	Rektor der Medizinischen Hochschule Hannover

Forschungsgebiete
Strahlenschäden an zellulären und immunologischen Systemen. Röntgendiagnostik der Lunge, der Gallenwege und des Magen-Darm-Kanals; Bildqualität und Qualitätssicherung in der radiologischen Diagnostik.

Publikationen
Über 300 Veröffentlichungen in Zeitschriften und Büchern; Herausgeber mehrerer Fachbücher.

Mitgliedschaften
Vereinigung Deutscher Strahlenschutzärzte, Deutsche Röntgengesellschaft, Deutsche Gesellschaft für Medizinische Physik.

Ehrungen/Auszeichnungen
Hans-Meyer-Stipendium (1958), Ernst-von-Bergmann-Plakette (1963), Hermann-Rieder-Medaille (1985), Röntgenplakette (1990), Hanns-Langendorff-Medaille (1993), Bundesverdienstkreuz am Bande (1993). Ehrenmitglied der Deutschen Röntgengesellschaft (Präsident des 64. Deutschen Röntgenkongresses in Hannover 1983).

Anschrift
Zentrum Radiologie, Medizinische Hochschule Hannover, Konstanty-Gutschow-Straße 8, 30625 Hannover

Stuhlinger, Ernst, Prof. Dr. rer. nat. Dr. h. c. mult.
Geboren am 19. Dezember 1913 in Niederrimbach/Kreis Mergentheim

1932–1936	Studium der Physik, Mathematik und Zoologie in Tübingen, München und Königsberg
1936	Promotion bei Prof. Hans Geiger über kosmische Strahlung
1936–1941	Arbeiten über kosmische Strahlung, Kernphysik und Kernenergie an der Technischen Hochschule Berlin-Charlottenburg
1943–1945	Dienstverpflichtung zum Raketenentwicklungszentrum Peenemünde
1946	Übersiedlung in die USA als Mitarbeiter Wernher von Brauns
1946–1960	Arbeiten an Lenk- und Kontrollsystemen für Raketen und Satelliten im Auftrag der US-Armee
1960–1976	Mitglied der NASA in Huntsville, Alabama (Associate Director for Science)
1976–1981	Senior Research Associate, Teledyne Brown Engineering Co., Huntsville
1981–1985	Adjunct Professor of Physics an der University of Alabama in Huntsville

Forschungsgebiete
Kernphysik, Raketentechnik und Raumforschung. Mitarbeit an wissenschaftlichen Raumprojekten; Studien über elektrische Raumantriebe.

Publikationen
Mehr als 200 Veröffentlichungen über wissenschaftliche und technische Themen zu den Fachgebieten. Autor und Koautor mehrerer Bücher, z. B. *Ion Propulsion for Space Flight* (1964), *Skylab, a Handbook* (1973), *Project Viking* (1976), *Wernher von Braun, Aufbruch in den Weltraum* (1992).

Mitgliedschaften
Mitglied zahlreicher wissenschaftlicher Gesellschaften, darunter American Astronautical Society, American Institute of Aeronautics and Astronautics, British Interplanetary Society, International Academy of Astronautics, Deutsche Physikalische Gesellschaft, Deutsche Röntgengesellschaft. Gründungsmitglied der Von Braun Astronomical Society, korrespondierendes Mitglied der Heidelberger Akademie der Wissenschaften.

Ehrungen/Auszeichnungen
Zahlreiche Preise und Auszeichnungen, u. a. American Rocket Propulsion Award (1960), Hermann-Oberth-Preis (1964), NASA Medal for Exceptional Scientific Achievement (1964), NASA Exceptional Service Award (1969), Wilhelm-Conrad-Röntgen-Preis (1970), Dr.-Ing. h. c. der Universität Berlin (1973) und Dr. h. c. der University of Alabama (1976), Wernher-von-Braun-Preis der Deutschen Gesellschaft für Luft- und Raumfahrt (1981), Alexander-von-Humboldt-Medaille (1986), Werner von Braun Space Flight Award des National Space Club (1991), Benennung des „Ernst-Stuhlinger-Laboratoriums für Raumfahrttechnik“ an der TU München (1993). Ehrenmitglied der Deutschen Gesellschaft für Luft- und Raumfahrt und der Hermann-Oberth/Werner-von-Braun-Gesellschaft.

Anschrift
3106 Rowe Drive S.E., Huntsville, AL 35801, USA

Szolar, Dieter H., Dr. med.
Geboren am 24. Oktober 1964 in Klagenfurt

1983–1989	Studium der Humanmedizin
1989	Promotion an der Karl-Franzenz-Universität Graz
1989–1991	Allgemeine klinische Ausbildung
1991–1994	Ausbildung im Hauptfach Radiologie
seit 1994	Forschungsstipendiat der Max Kade Foundation an der University of California, San Francisco (Department of Radiology/MRI Section)

Forschungsgebiete
Myokardiale MR-Funktions- und Perfusionsstudien; MR-Angiographie; Urogenitalradiologie.

Publikationen
13 Veröffentlichungen in Fachzeitschriften, zahlreiche Vorträge.

Mitgliedschaften
Mitglied der Österreichischen Röntgengesellschaft.

Anschrift
Department of Radiologie/MRI-Section, University of California, San Francisco, CA 94143–0628, USA

Trümper, Joachim E., Prof. Dr. rer. nat.
Geboren am 27. Mai 1933 in Haldensleben

1952–1959	Physikstudium an den Universitäten Halle, Hamburg, Kiel
1959	Promotion in Kiel (Kernphysik, kosmische Strahlung)
1966	Habilitation über kosmische Strahlung in Kiel
1969/70	Gastdozent am Max-Planck-Institut für Extraterrestrische Physik in Garching
1970	Professor in Kiel
1971–1975	Inhaber des Lehrstuhls für Astronomie und Direktor des Astronomischen Instituts des Universität Tübingen
seit 1975	Wissenschaftliches Mitglied und Direktor am Max-Planck-Institut für Extraterrestrische Physik; Honorarprofessor an der Ludwig-Maximilians-Universität München

Forschungsgebiete
Kosmische Strahlung, Röntgenastronomie, Neutronensterne, Kosmologie.

Publikationen
300 Veröffentlichungen.

Mitgliedschaften
Deutsche Physikalische Gesellschaft, Astronomische Gesellschaft, Gesellschaft Deutscher Naturforscher und Ärzte, European Physical Society. Ordentliches Mitglied der Deutschen Akademie der Naturforscher Leopoldina (1988) und der International Academy of Astronautics, Paris (1989); Mitglied der Academia Europaea, London (1989). Präsident (1986–1988) und Vizepräsident (1988–1990) der Deutschen Physikalischen Gesellschaft; President of Commission 44 (Astronomy from Space) der International Astronomical Union (1990), Associate Royal Astronomical Society (1994).

Ehrungen/Auszeichnungen
Röntgenmedaille Würzburg (1979), Bundesverdienstkreuz (1986), Ziolkowski-Medaille der Kosmonautischen Föderation der UDSSR, COSPAR Space Science Award (1994), Karl-Schwarzschild-Medaille der Astronomischen Gesellschaft (1994).

Anschrift
Max-Planck-Institut für Extraterrestrische Physik, Postfach 1603, 85740 Garching

Vorwerk, Dierk, Priv.-Doz. Dr. med. habil.
Geboren am 18. Mai 1958 in Düren

1976–1983	Studium der Humanmedizin in Mainz
1983	Approbation
1984	Promotion
1984–1990	Weiterbildung in Radiologischer Diagnostik in Aachen
seit 1990	Arzt für Radiologische Diagnostik; Oberarzt an der Klinik für Radiologische Diagnostik der Rheinisch-Westfälischen Technischen Hochschule Aachen
1992	Habilitation für das Fach Radiologische Diagnostik

Forschungsgebiete
Interventionelle Radiologie, Ultraschalldiagnostik, Computertomographie.

Publikationen
70 Veröffentlichungen und 11 Buchbeiträge.

Mitgliedschaften
Deutsche Röntgengesellschaft; Deutsche Gesellschaft für Ultraschall in der Medizin; Cardiovascular and Interventional Radiological Society of Europe (seit 1991 im Executive Board, seit 1994 Schatzmeister).

Ehrungen/Auszeichnungen
Röntgenpreis (2. Preis) der Deutschen Röntgengesellschaft (1994).

Anschrift
Klinik für Radiologische Diagnostik, Medizinischen Fakultät der RWTH Aachen, Pauwelsstraße 30, 52057 Aachen

Weiss, Hans-Dieter, Prof. Dr. med.
Geboren am 6. Juni 1938 in Rottweil/Neckar

1958–1964	Studium der Medizin in Tübingen und München
1964	Medizinisches Staatsexamen in München
1966	Promotion an der Ludwig-Maximilians-Universität
1966–1970	Assistent der Inneren Medizin in München
1970–1974	Assistent am Institut für Röntgendiagnostik des Klinikums rechts der Isar der Technischen Universität München
1974	Facharzt an diesem Institut
1976	Oberarzt an diesem Institut
1978	Habilitation im Fachgebiet Radiologie
1979	Privatdozent
1980	Professor (C4)
seit 1980	Direktor des Instituts für Radiologie der Medizinischen Universität zu Lübeck

Forschungsgebiete
Endoskopische retrograde Pankreatikocholangiographie; Pankreasdiagnostik; digitale Subtraktionsangiographie (u. a. CO_2 als Kontrastmittel; Angioskopie unter CO_2-Anwendung; interventionelle Radiologie (u. a. Angioplastie mit gepulstem Farbstofflaser); Dialyseshuntrekanalisation.

Publikationen
Etwa 110 Publikationen, darunter eine Monographie und mehrere Buchbeiträge.

Mitgliedschaften
Deutsche Röntgengesellschaft, Norddeutsche Röntgengesellschaft (Vorsitzender 1992–1994), Deutsche Gesellschaft für Endoskopie, Cardiovascular and Interventional Radiological Society of Europe, Gesellschaft für Senologie, Deutsch-Finnische Röntgengesellschaft, German-Japanese Radiological Affilation; Gründungsmitglied der Deutsch-Polnischen Radiologischen Gesellschaft.

Auszeichnungen/Ehrungen
Hermann-Holthusen-Ring der Deutschen Röntgengesellschaft (1980).

Anschrift
Institut für Radiologie, Medizinische Universität zu Lübeck, Ratzeburger Allee 160, 23538 Lübeck

Weisskopf, Martin Charles, Dr. rer. nat.
Geboren am 21. April 1942 in Omaha/Nebraska

1969–1977	Research Associate, Lecturer und Assistant Professor of Physics an der Columbia University in New York
1977–1985	Senior X-Ray Astronomer bei der NASA
1985–1993	Chief (X-Ray Astronomy Branch)
seit 1993	Chief Scientist for X-Ray Astronomy bei der NASA (Marshall Space Flight Center in Huntsville, Alabama)

Forschungsgebiete
Atomphysik, Astrophysik.

Publikationen
145 Veröffentlichungen.

Mitgliedschaften
American Astronomical Society, American Physical Society (Fellow).

Auszeichnungen/Ehrungen
NASA Medal for Exceptional Service.

Anschrift
ESØ1, NASA/MSFC, Huntsville, AL 35812, USA

Wernisch, Johann, Dozent Dr. techn. Dipl. Ing.
Geboren am 5. April 1941 in Mörtschach/Kärnten

1962–1971	Studium der Technischen Physik an der Technischen Universität Wien
1973	Promotion
1985	Habilitation
seit 1986	Assistenzprofessor am Institut für Angewandte und Technische Physik der Technischen Universität Wien

Forschungsgebiete
Elektronenstrahlmikroanalyse, physikalische Analytik.

Publikationen
85 wissenschaftliche Publikationen und zahlreiche Vorträge zu den Fachgebieten.

Mitgliedschaften
Österreichische Physikalische Gesellschaft, Gründungsmitglied der European Microbeam Analysis Society (EMAS).

Anschrift
Institut für Angewandte und Technische Physik, Technische Universität Wien, Wiedner Hauptstraße 8-10, A-1040 Wien

Willich, Eberhard, Prof. Dr. med.
Geboren am 19. Februar 1919 in Stuttgart

1938–1943	Medizinstudium an den Universitäten Berlin und Tübingen
1943	Staatsexamen in Berlin
1943	Promotion in Tübingen
1945–1950	Lagerarzt in der UDSSR
1950–1961	Internistische, pädiatrische und radiologische Facharztweiterbildung in Gießen, Stuttgart und Bremen
1956	Übernahme der Röntgenabteilung der Kinder- und Kinderchirurgischen Klinik Bremen
1963	Oberarzt des Röntgeninstituts der Städtischen Krankenanstalten Bremen
1969	Röntgenabteilung der Universitätskinderklinik Heidelberg
1970	Habilitation
1973	Professur
1974–1984	Direktor der Röntgenabteilung an der Universitätskinderklinik Heidelberg
1984	Emeritierung

Forschungsgebiete
Ösophagus, Urogenitale und Mediastinum des Kindes.

Publikationen
254 Veröffentlichungen; 4 Hand- und 6 Lehrbuchbeiträge. Mitherausgeber von Fachbüchern.

Mitgliedschaften
Gesellschaft für Pädiatrische Radiologie, Deutsche Gesellschaft für Kinderheilkunde, Deutsche Gesellschaft für Kinderchirurgie, Gesellschaft für Pädiatrische Onkologie, European Society of Pediatric Radiology, Deutsche Röntgengesellschaft.

Auszeichnungen/Ehrungen
Preis der Bremer Stiftung zur Förderung der Wissenschaften und der Universität (1965). Ehrenmitglied der European Society of Pediatric Radiology (1983), der Gesellschaft für Pädiatrische Radiologie (1984), der Polnischen (1986), der Ungarischen (1987) und der Deutschen Röntgengesellschaft (1991).

Anschrift
Abteilung für Pädiatrische Radiologie, Kinderklinik, Universität Heidelberg, Im Neuenheimer Feld 153, 69120 Heidelberg
Privat: Sitzbuchweg 20, 69118 Heidelberg

Zeitler, Eberhard Paul, Prof. Dr. med.
Geboren am 9. März 1930 in Mylau/Vogtland

1950–1955	Studium an der Humboldt-Universität Berlin
1955	Approbation
1956	Promotion
1967	Habilitation an der Johannes-Gutenberg-Universität Mainz
1967–1976	Chefarzt der Abteilung Radiologie der Aggertalklinik Engelskirchen bei Köln
seit 1976	Leiter der Abteilung Diagnostische und Interventionelle Radiologie am Klinikum Nürnberg
1977	Außerplanmäßiger Professor an der Universität Erlangen-Nürnberg

Forschungsgebiete
Kardiovaskuläre Radiologie inkl. Koronarographie; digitale Radiologie, insbesondere DSA; Magnetresonanztomographie; interventionelle Radiologie, insbesondere Angioplastie.

Publikationen
Über 300 Veröffentlichungen.

Mitgliedschaften
Mitglied in verschiedenen angiologischen, radiologischen und medizinischen Gesellschaften, u. a. Deutsche Röntgengesellschaft, Radiological Society of North America, Deutsche Gesellschaft für Angiologie, Deutsche Gesellschaft für Kardiologie.

Auszeichnungen/Ehrungen
Ehrenmitglied der österreichischen, belgischen, französischen und italienischen Röntgengesellschaften sowie der Schweizer Gesellschaft für Angiologie. Charles Dotter Award der Society of Cardiovascular and Interventional Radiology in Orlando/ Florida (1985), Andreas R. Grüntzig Award der Emory-Universität Atlanta (1987), Antoine-Béclère-Medaille der Association Radiologique Française (1988), Grashey-Medaille der Bayerischen Röntgengesellschaft (1990), Ernennung zum Distinguished Fellow auf der Jahrestagung der CIRSE in Budapest (1993), Guido Holzknecht Honorary Lecturer beim ECR-Kongreß in Wien (1993).

Anschrift
Institut für Diagnostische und Interventionelle Radiologie, Klinikum Nürnberg-Nord, Flurstraße 17, 90430 Nürnberg

zum Winkel, Karl, Prof. Dr. med.
Geboren am 15. Mai 1920 in Weida/Thüringen

1939–1945	Medizinstudium an den Universitäten Jena, München, Berlin, Königsberg, Breslau und Göttingen
1945	Promotion in Göttingen
1946	Staatsexamen an der Universität Leipzig
1947–1957	Praktischer Arzt in Weida
1957	Facharzt für Radiologie
1962	Habilitation an der Universität Heidelberg
1969–1975	Ordinarius für Klinische Radiologie an der Freien Universität Berlin
1975–1988	Ordinarius für Klinische Radiologie an der Universität Heidelberg
1988	Emeritierung

Forschungsgebiete
Konventionelle Röntgendiagnostik und Computertomographie, Radiotherapie im HNO-Bereich, synchronisierte Radiochemotherapie, Ganzkörperbestrahlung, morphologisch-dynamische Untersuchungen und Therapie in der Nuklearmedizin.

Publikationen
405 Veröffentlichungen zu den Fachgebieten, davon 7 Bücher mit z. T. neuen Auflagen.

Mitgliedschaften
Deutsche Röntgengesellschaft, Deutsche Gesellschaft für Nuklearmedizin, Deutsche Krebsgesellschaft. Vorsitzender des Hochschulausschusses der Deutschen Röntgengesellschaft.

Ehrungen/Auszeichnungen
Otto-Hahn-Preis (1970), Johann-Georg-Zimmermann-Preis (Hannover 1990). Maestro und Verdienstmedaille der Universität Nuevo Len/Mexiko (1982).

Anschrift
Radiologische Universitätsklinik Heidelberg, Im Neuenheimer Feld 400, 69120 Heidelberg
Privat: Im Lindenried 1b, 69118 Heidelberg

Springer-Verlag und Umwelt

Als internationaler wissenschaftlicher Verlag sind wir uns unserer besonderen Verpflichtung der Umwelt gegenüber bewußt und beziehen umweltorientierte Grundsätze in Unternehmensentscheidungen mit ein.

Von unseren Geschäftspartnern (Druckereien, Papierfabriken, Verpackungsherstellern usw.) verlangen wir, daß sie sowohl beim Herstellungsprozeß selbst als auch beim Einsatz der zur Verwendung kommenden Materialien ökologische Gesichtspunkte berücksichtigen.

Das für dieses Buch verwendete Papier ist aus chlorfrei bzw. chlorarm hergestelltem Zellstoff gefertigt und im pH-Wert neutral

MIX
Papier aus verantwortungsvollen Quellen
Paper from responsible sources
FSC® C105338

If you have any concerns about our products,
you can contact us on
ProductSafety@springernature.com

In case Publisher is established outside the EU,
the EU authorized representative is:
Springer Nature Customer Service Center GmbH
Europaplatz 3, 69115 Heidelberg, Germany

Printed by Libri Plureos GmbH
in Hamburg, Germany